U0365267

“十二五”国家重点图书出版规划项目

危险化学品安全技术大典

（第Ⅳ卷）

中国石油化工股份有限公司青岛安全工程研究院
国家安全生产监督管理总局化学品登记中心 组织编写

孙万付 主编

中国石化出版社

内容提要

本书提供了危险化学品的标识、危害信息、危险性类别、燃烧与爆炸危险性、活性反应、禁忌物、毒性、中毒表现、侵入途径、职业接触限值、环境危害、理化特性、主要用途、包装与储运信息、中毒急救措施、灭火方法、泄漏应急处置等信息，分5大项20余小项，是危险化学品安全管理和技术人员必须重点掌握的信息。其中选录的化学品，是目前我国石油化学工业中生产、流通量大，最常用的化学品；也是列入我国一些重要的危险化学品管理名录、目录或标准，危害性大的化学品。

本书数据资料全面、准确、可靠，反映了国内外危险化学品安全管理和技术的新进展，可作为危险化学品登记、编制安全技术说明书的参考书，亦是化工和石油化工行业从事设计、生产、科研、供销、安全、环保、消防和储运等工作的专业人员必备的工具书。

图书在版编目（CIP）数据

危险化学品安全技术大典．第4卷/孙万付主编；中国石油化工股份有限公司青岛安全工程研究院，国家安全生产监督管理总局化学品登记中心组织编写．—北京：中国石化出版社，2015.5

ISBN 978-7-5114-3228-5

Ⅰ.①危… Ⅱ.①孙… ②中… ③国… Ⅲ.①化学品-危险物品管理-安全管理 Ⅳ.①TQ086.5

中国版本图书馆CIP数据核字（2015）第039629号

中国石化出版社出版发行

地址：北京市东城区安定门外大街58号

邮编：100011 电话：(010)84271850

读者服务部电话：(010)84289974

http://www.sinopec-press.com

E-mail:press@sinopec.com

北京富泰印刷有限责任公司印刷

全国各地新华书店经销

*

787×1092毫米 16开本 79.5印张 2074千字

2015年7月第1版 2015年7月第1次印刷

定价：358.00元

《危险化学品安全技术大典》编写委员会

主　　任	蒋振盈
副 主 任	孙万付
委　　员（按姓氏笔画排序）	
	万世波　王志远　王绍民　王森林　王豫安
	方　莹　方祥飞　卢世红　卢传敬　白永忠
	孙　锐　牟善军　杜红岩　李祥寿　杨文德
	谷彦坡　张光华　张志刚　张晓鹏　张海峰
	陈　飞　陈　俊　俞新培　洪　宇　袁仲全
	郭秀云　黄志华　曹永友　路念明
主　　编	孙万付
副 主 编	郭秀云　李运才
编写人员	慕晶霞　翟良云　李永兴　陈　军　陈金合
	郭宗舟　郭　帅　纪国峰　孙吉胜　石燕燕
	李　菁　姜　迎　李雪华　龚腊芬　王樟龄
	彭湘濰　蒋　涛　杨春笋　姜春明

前　言

随着我国对危险化学品安全管理力度的不断加强，国家相继出台和修订了一系列危险化学品的管理法规和标准，同时，国内外有关危险化学品的安全技术、毒理、健康危害和环境影响方面的科学技术研究也发展较快。为反映这些新变化和新技术成果，适应管理部门和企业对危险化学品安全管理和技术的新需求，中国石油化工股份有限公司青岛安全工程研究院、国家安全生产监督管理总局化学品登记中心组织有关专业人员，在广泛搜集目前国内外化学品安全管理和技术最新资料和已出版的类似出版物的基础上，结合国内危险化学品管理的实践经验，联合编写了《危险化学品安全技术大典》。

本书选录化学品的原则为：目前我国生产、流通量大的化学品；列入我国重点管理危险化学品名录、目录或标准的化学品；危害性大的化学品。针对危险化学品管理和技术人员必须重点掌握的有关信息，每种物质均列出化学品标识、危害信息、理化特性与用途、包装与储运、紧急处置信息 5 大项；大项下列小项目 20 余项。

相信《危险化学品安全技术大典》的出版，会为从事危险化学品安全管理和安全技术研究的工作者，提供一本数据资料翔实、可靠、实用的专业参考工具书；会为我国危险化学品生产、使用、储存、运输、经营、废弃等各环节的安全管理及危害控制、化学事故应急救援提供重要的参考数据源；会为我国全面落实《安全生产法》《危险化学品安全管理条例》等法律法规发挥一定作用。

《危险化学品安全技术大典》由多卷构成，每卷文前设中文词目索引，文后设卷索引，以方便读者使用。

限于编者的水平，《危险化学品安全技术大典》可能存在一些错误和不足之处，敬请读者给予批评和指正。

目　录

编写说明

Ⅰ. 项目编写和解释

一、标识

包括下列项目：

(1) 中文名称　化学品的中文名称。命名基本上是依据中国化学会1980年推荐使用的《有机化学命名原则》和《无机化学命名原则》进行的。

(2) 英文名称　化学品的英文名称。命名是按国际通用的IUPAC(International Union of Pure & Applied Chemistry)推荐使用的命名原则进行的。

(3) 别名　未包含在“中文名称”中的其他中文名称。

(4) 分子式　指用元素符号表示的物质分子的化学成分。排列的规定为：有机化合物先按C、H、O、N顺序排列，其余按英文字顺排列；有机金属化合物把有机基团写在前，金属离子及络合水写在后；无机物按常规形式排列。

(5) 结构式　用元素符号相互连接，表示出化合物分子中原子排列和结合方式的式子。

(6) CAS号　CAS是Chemical Abstract Service的缩写。CAS号是美国化学文摘社对化学物质登录的检索服务号。该号是检索化学物质有关信息资料最常用的编号。

(7) 铁危编号　指《铁路危险货物品名表》规定的编号。

(8) UN号　是联合国《关于危险货物运输的建议书》对危险货物规定的编号。编号后注明“[海]”的，指《国际海运危险货物规则》的编号。

二、危害信息

(1) 危险性类别　按《危险货物品名表》(GB 12268)和《危险货物分类和品名编号》(GB 6944)的分类依据编写，对于有多种危险性类别的物质，只标注主危险性。

(2) 燃烧与爆炸危险性　简要描述化学品所具有的主要燃烧爆炸危险性。

(3) 活性反应　活性反应主要指化学品本身固有的活性结构特点与其他化学品接触或受到外界环境条件(如光、热、高压、震动等)影响，或两种及多种物质混合时，所引起的能量释放而产生的危害(如燃烧、爆炸、分解、聚合等)；其中包括化学品与空气(主要是氧气或水)接触发生的活性反应；化学品在一定条件下与其他物质接触发生的活性反应等。本书中活性反应主要是与其他物质发生的危险反应。

(4) 禁忌物　指与该化学品在化学性质上相抵触的物质，该化学品与这些物质混合或接触时，可能会发生燃烧爆炸或其他化学反应，酿成灾害。

(5) 毒性　给出了化学品的动物毒性试验数据。采用了国际癌症研究机构(IARC)对化学品致癌性的分类数据和《欧盟物质和混合物的分类、标签和包装法规》(CLP法规)对化学品致癌性、生殖细胞突变性和生殖毒性的分类数据。对于列入《危险化学品目录》(2015版)并作为剧毒品管理的化学品，给予特别指出。

使用了以下毒性指标：

LD_{50}　半数致死剂量

LC_{50}　半数致死浓度

LD　致死剂量

LC　致死浓度

LDLo 最小致死剂量
LCLo 最小致死浓度
TDLo 最小中毒剂量
TCLo 最小中毒浓度
IARC 对化学品致癌性的分类：
G1——确认人类致癌物；
G2A——可能人类致癌物；
G2B——可疑人类致癌物。

（6）中毒表现 简要描述化学毒物经不同途径侵入机体后引起的急慢性中毒的典型临床表现，以及毒物对眼睛和皮肤等直接接触部位的损害作用。很少涉及化验和特殊检查所见。对一些无人体中毒资料或人体中毒资料较少的毒物，以动物实验资料补充之。

（7）侵入途径 化学毒物主要通过三种途径侵入机体而引起伤害，即吸入、食入和经皮吸收。在工业生产中，毒物侵入机体的主要途径为吸入和经皮吸收，食入的可能性较小。

（8）职业接触限值 是对接触职业有害因素（如化学、生物和物理因素）所规定的容许（可接受的）接触水平，即限量标准。目前，各国家机构或团体所制定的车间空气中化学物质的职业接触限值的类型各不相同。本书采用的化学物质的职业接触限值为：

①《工作场所有害因素职业接触限值》（GBZ 2.1—2007）

a. 时间加权平均容许浓度（PC-TWA） 以时间为权数规定的 8h 工作日、40h 工作周的平均容许接触浓度。

b. 短时间接触容许浓度（PC-STEL） 在遵守 PC-TWA 前提下容许短时间（15min）接触的浓度。

c. 最高容许浓度（MAC） 工作地点、在一个工作日内、任何时间有毒物质均不应超过的浓度。

② 美国政府工业卫生学家会议（ACGIH）阈限值（TLV）

a. 时间加权平均阈限值（TLV-TWA） 是指每日工作 8h 或每周工作 40h 的时间加权平均浓度，在此浓度下反复接触对几乎全部工人都不致产生不良效应。

b. 短时间接触阈限值（TLV-STEL） 是在保证遵守 TLV-TWA 的情况下，容许工人连续接触 15min 的最大浓度。此浓度在每个工作日中不得超过 4 次，且两次接触间隔至少 60min。它是 TLV-TWA 的一个补充。

c. 阈限值的峰值（TLV-C） 瞬时亦不得超过的限值。是专门对某些物质如刺激性气体或以急性作用为主的物质规定的。

（9）环境危害 简要描述化学品对环境的危害。

三、理化特性与用途

（1）理化特性

① 外观与性状 是对化学品外观和状态的直观描述。主要包括常温常压下该物质的颜色、气味和存在的状态。同时还采集了一些难以分项的性质，如潮解性、挥发性等。

② pH 值 表示氢离子浓度的一种方法。其定义是氢离子活度的常用对数的负值。

③ 熔点 晶体熔解时的温度称为熔点。一般情况填写常温常压的数值，特殊条件下得到的数值，标出技术条件。

④ 沸点 在 101.3kPa 大气压下，物质由液态转变为气态的温度称为沸点。一般填写常温常压的沸点值，若不是在 101.3kPa 大气压下得到的数据或者该物质直接从固态变成气态（升华），或者在溶解（或沸腾）前就发生分解的，则在数据之后用“（ ）”标出技术条件。

⑤ 相对密度（水=1） 在给定的条件下，某一物质的密度与参考物质（水）密度的比值。填写 20℃时物质的密度与 4℃时水的密度比值。

⑥ 相对蒸气密度(空气=1)　在给定的条件下，某一物质的蒸气密度与参考物质(空气)密度的比值。填写0℃时物质的蒸气与空气密度的比值。

⑦ 饱和蒸气压　在一定温度下，真空容器中纯净液体与蒸气达到平衡量时的压力。用kPa表示，并标明温度。

⑧ 燃烧热　指1mol某物质完全燃烧时产生的热量，用kJ/mol表示。

⑨ 临界温度　物质处于临界状态时的温度。就是加压后使气体液化时所允许的最高温度，用℃表示。

⑩ 临界压力　物质处于临界状态的压力。就是在临界温度时使气体液化所需要的最小压力，也就是液体在临界温度时的饱和蒸气压，用MPa表示。

⑪ 辛醇/水分配系数　当一种物质溶解在辛醇/水的混合物中时，该物质在辛醇和水中浓度的比值称为分配系数，通常以10为底的对数形式($\lg K_{ow}$)表示。辛醇/水分配系数是用来预计一种物质在土壤中的吸附性、生物吸收、亲脂性储存和生物富集的重要参数。

⑫ 闪点　指在规定的条件下，试样被加热到它的蒸气与空气的混合气体接触火焰时，能产生闪燃的最低温度。闪点有开杯和闭杯两种值，书中的开杯值用(OC)标注，闭杯值用(CC)标注。闪点是评价液体物质燃爆危险性的重要指标，闪点越低，燃爆危险性越大。

⑬ 引燃温度　是指物质在没有火焰、火花等火源作用下，在空气或氧气中被加热而引起燃烧的最低温度。

从引燃机理可知，引然温度是一个非物理常数，它受各种因素的影响，如可燃物浓度、压力 、反应容器、添加剂等。引燃温度越低，则该物质的燃爆危险性越大。

⑭ 爆炸极限　易燃和可燃气体、液体蒸气、固体粉尘与空气形成混合物，遇火源即能发生燃烧爆炸的最低浓度，称为该气体、蒸气或粉尘的爆炸下限；同时，易燃和可燃气体、蒸气或粉尘与空气形成混合物，遇火源即能发生燃烧爆炸的最高浓度，称为爆炸上限。上下限之间的浓度范围称为爆炸范围。爆炸极限通常用可燃气体或蒸气在混合气中的体积分数[%(V/V)]表示，粉尘的爆炸极限用mg/m^3表示。

爆炸极限是评价可燃气体、蒸气或粉尘能否发生爆炸的重要参数，爆炸下限越低，爆炸极限范围越宽，则该物质的爆炸危险性越大。

⑮ 溶解性　指在常温常压下该物质在溶剂(以水为主)中的溶解性，分别用混溶、易溶、溶于、微溶表示其溶解程度。

(2)主要用途　简述化学品的主要用途。大多数化学品的用途很广泛，此处只列举化工方面的主要用途。

四、包装与储运

(1) 包装标志　是指标示危险货物危险性的图形标志名称，通常按《危险货物品名表》(GB 12268)规定编写。

(2) 包装类别　根据危险性大小确定的包装级别。本栏目是依据《危险货物品名表》(GB 12268)和《危险货物运输包装类别划分原则》(GB/T 15098)进行编写的。

(3) 安全储运　主要根据《铁路危险货物运输管理规则》(2006版)的规定编写。

五、紧急处置信息

(1) 急救措施　主要给出的是机体受到化学毒物急性损害时所应采取的现场自救、互救、急救措施，一般不涉及就医后的进一步治疗措施。

在现场急救中应重点注意以下几个问题：①施救者要做好个体防护，佩戴合适的防护器具。②迅速将患者移至空气新鲜处，松开衣领和腰带，取出口中义齿和异物，保持呼吸道通畅。呼吸困难和有紫绀者给吸氧，注意保暖。③如有呼吸心跳停止者，应立即在现场进行人工呼吸和胸外心脏按压术，一般不要轻易放弃。对氰化物等剧毒物质中毒者，不要进行口对口人工呼吸。④某些毒物中毒的特殊解毒剂，应在现场即刻使用，如氰化物中毒，应吸入亚硝酸异戊酯。⑤皮肤接触强腐蚀性和易经皮肤吸收引起中毒的物质时，要迅速脱去污染的衣着，立即用大量流动清水彻底清洗，清洗时应注意头发、手足、指甲及皮肤皱褶处，冲洗时间一般不小于20min。⑥眼睛受污染时，用流水彻底冲洗。对强刺激和腐蚀性物质冲洗时间不少于15min。冲洗时应将眼睑分开，注意将结膜囊内的化学物质全部冲出，要边冲洗边转动眼球。⑦口服中毒患者，尤其是LD_{50}<200mg/kg且能被快速吸收的毒物，应立即催吐。在催吐前给饮水500~600mL（空胃不易引吐），然后用手指或钝物刺激舌根部和咽后壁，即可引起呕吐。催吐要反复数次，直至呕吐物纯为饮入的清水为止。为防止呕吐物呛入气道，患者应取侧卧、头低体位。以下情况禁止催吐：意识不清的患者，或预计半小时内会出现意识障碍的患者；吞服强酸、强碱等腐蚀性毒物者；吞服低黏度有机溶剂，一旦呕吐物呛入呼吸道可造成吸入性肺炎者，也不能催吐。对于口服中毒应否催吐，本书主要以《国际化学品安全卡》的提法为依据。⑧迅速将患者送往就近医疗部门做进一步检查和治疗。在护送途中，应密切观察呼吸、心跳、脉搏等生命体征；某些急救措施，如输氧、人工心肺复苏术等亦不能中断。

（2）灭火方法 描述灭火过程中应注意的有关事项，主要包括：①消防人员应配备的个人防护设备。②灭火过程中对火场容器的冷却与处理措施。③灭火过程中发生异常情况时消防人员应采取的安全、紧急避险措施。④化学品发生火灾后或化学品处于火场情况下，灭火时可选用的灭火剂及禁止使用的灭火剂。

（3）泄漏应急处置 在化学品的生产、储运和使用过程中，常常发生一些意外的破裂、倒洒等事故，造成危险品的外漏，需要采取简单有效的应急措施和消除方法来消除或减小泄漏危害，即泄漏处理。

本栏目的主要内容为：

① 应急行动 包括切断点火源，疏散无关人员，隔离泄漏污染区等。如果泄漏物是易燃物，则必须首先消除泄漏污染区域的点火源。是否疏散和隔离，视泄漏物毒性和泄漏量的大小而定。本书中所谓的小量泄漏是指单个小包装（小于200L）、小钢瓶的泄漏或大包装（大于200L）的滴漏；大量泄漏是指多个小包装或大包装的泄漏。

② 应急人员防护 本书中给出了呼吸系统（呼吸器）和皮肤（防护服）的防护，但并未给出防护级别，所以实际应用时应根据具体情况，选择适当的防护用品。

③ 环保措施 介绍了在泄漏事故处理过程中应注意的事项及如何避免泄漏物对周围环境带来的潜在危害。

④ 消除方法 主要根据物质的物态（气、液、固）及其危险性（燃爆特性、毒性）给出具体的处置方法。

a. 气体泄漏物 应急人员能做的仅是止住泄漏。如果可能的话，用合理通风和喷雾状水等方法消除其潜在影响。

b. 液体泄漏物 在保证安全的前提下切断泄漏源。采用适当的收容方法、覆盖技术和转移工具消除泄漏物。

c. 固体泄漏物 用适当的工具收集泄漏物。

Ⅱ. 有关问题的说明

（1）“职业接触限值”栏目中有关[ ]注释：

① 限值后有[皮]标记者为除经呼吸道吸收外，尚易经皮肤吸收的有毒物质。

② 限值后有[敏]标记者指该物质可能有致敏作用。

③ 限值后的[G1][G2A][G2B]标记表示IARC的致癌性分类。

除以上标记外限值后又有[ ]者，如氟化氢及氟化物限值后的[F]、重铬酸盐限值后的[Cr]，表示该物质的职业接触限值应按[ ]内物质计算。如氟化氢及氟化物换算成F、重铬酸盐换算成 Cr 等。

(2)计量单位的使用　本书使用法定计量单位。为了读者使用方便，书中保留了一些有关专业中少量经常使用的单位，如 ppm、ppb 等。

d	天(日)	h	小时	min	分
s	秒	m^3	立方米	kg	千克(公斤)
m	米	cm^3	立方厘米	g	克
mm	毫米	L	升	mg	毫克
μm	微米	mL	毫升	μg	微克

Pa　帕斯卡，压力单位，表示气压和液压，1 标准大气压 = 101325Pa

kPa　千帕斯卡

MPa　兆帕斯卡

mg(g)/kg　每千克体重给予化学物质的毫克(克)数(用以表示剂量)；每千克介质中含有化学物质的毫克(克)数(用以表示含量或浓度)

mg(g)/m^3　每立方米空气中含化学物质的毫克(克)数(表示化学物质在空气中的浓度)

ppm　百万分之一，10^{-6}

ppb　十亿分之一，10^{-9}

中文词目索引

A

丁酰-L-丙氨酰-L-丙氨酸 ………… 29
5-氨基-2,4,6-三碘-1,3-
苯二羧酸酰氯 ………………………… 2
5-氨基-2,4,6-三碘异酞酰氯……………… 2
氨基树脂(561 型) …………………………… 39
2-氨基-5-硝基苯甲腈 ………………… 30
2-氨基-5-硝基苄基腈 ………………… 30
2-氨基辛烷……………………………… 31
氨基乙基对二氮己环 ………………… 580
2-氨基-4-乙酰氨基苯甲醚 …………… 23
2-氨基正丁醇 ……………………………… 9
N-氨乙基哌嗪 ………………………… 580
胺甲萘粉剂 ……………………………… 409

B

(3aα,4α,7α,7aα)-八氢-4,7-
亚甲基-3aH-茚-3a-甲酸乙酯 ………… 32
巴豆醛缩二乙醇 ………………………… 129
巴豆酸酐 ………………………………… 128
巴黎绿 …………………………………… 1014
钯 …………………………………………… 33
百克敏 ……………………………………… 34
稗草丹 …………………………………… 742
稗草畏 …………………………………… 742
倍硫磷亚砜 ………………………………… 35
苯氨基重氮苯 …………………………… 1111
苯胺盐酸盐 ……………………………… 913
苯巴比妥 ………………………………… 945
N-[(1,4-苯并二噁烷-2-基)羰基]
哌嗪盐酸盐 ……………………………… 36
1-(1,4-苯并二噁烷-2-羰基)-哌嗪
盐酸盐 …………………………………… 37
2-苯并噻唑基硫代丁二酸二-叔-
(十二~十四)烷基铵 …………………… 38
2-(1,3-苯并噻唑-2-基氧)-*N*-
甲基-*N*-苯基乙酰胺 ………………… 52
苯并三聚氰二胺树脂 ……………………… 39
苯代三聚氰胺甲醛树脂 …………………… 38
1,2-苯二胺 ……………………………… 39
1,4-苯二胺二盐酸盐 ……………………… 41
1,2-苯二胺二盐酸盐 …………………… 458
1,3-苯二胺盐酸盐 ……………………… 426
1,2-苯二甲酸二丙烯酯 ………………… 460
1,3-苯二甲酸二[4-(乙烯氧基)
丁基]酯 ………………………………… 42
1,3-苯二甲酸-1,3-二[4-(乙烯氧基)
丁基]酯 ………………………………… 42
6-苯二甲酰亚氨基过氧己酸 ……………… 43
苯二甲酰亚氨基过氧已酸 ………………… 43
(1,2-苯二羧酸根合)二氧化三铅 …… 250
苯氟仿 …………………………………… 666
苯磺酸 ……………………………………… 44
苯磺酸钠 …………………………………… 45
苯磺酰胺 …………………………………… 46
3-[4-(4-苯基丁氧基)苯甲酰基
氨基]-2-羟基苯乙酮 ………………… 1007
苯基环己烷 ……………………………… 337
4-(苯基偶氮)苯胺 ………………………… 25
苯基取代的硫代吗啉 ……………………… 47
苯基溴化镁 ………………………………… 48
苯基溴化镁[浸在乙醚中的] ……………… 48
2-苯基乙醛 ………………………………… 59
苯甲酰胺 …………………………………… 49
苯甲酰丙烯酸乙酯 ………………………… 50
3-苯甲酰基丙烯酸乙酯 …………………… 50
苯甲酰氧基苯-4-磺酸钠 ………………… 51
苯肼硫酸盐 ……………………………… 484
苯肼盐酸盐 ……………………………… 914
苯硫威 ……………………………………… 55
苯醚氰菊酯 ……………………………… 1089
苯鸟粪胺树脂 ……………………………… 39
苯噻酰草胺 ………………………………… 52
苯三氟甲烷 ……………………………… 666
苯三唑十八胺 ……………………………… 53
苯霜灵 ……………………………………… 54
苯缩水甘油醚 …………………………… 344

苯酰胺 …… 49
S-4-苯氧丁基-N,N-二甲基硫代
氨基甲酸酯 …… 55
苯氧基醋酸 …… 56
苯氧基乙酸 …… 56
苯乙醚 …… 57
苯乙醛 …… 58
苯乙酸 …… 60
N-苯乙酰基-N-(2,6-二甲基苯基)-
DL-α-氨基丙酸甲酯 …… 54
吡草酮 …… 213
吡虫啉 …… 501
2-(3-吡啶基)-哌啶 …… 61
2-(3-吡啶基)-哌啶硫酸盐 …… 62
吡咯烷 …… 791
吡螨胺 …… 743
吡唑硫磷 …… 500
吡唑特 …… 200
避蚊胺 …… 270
苄草唑 …… 201
S-苄基-N-(1,2-二甲基丙基)-
N-乙基硫代氨基甲酸酯 …… 63
S-苄基-S-乙基二硫代磷酸丁酯 …… 64
3-[2-(3-苄基-4-乙氧基-2,5-二氧
代咪唑烷-1-基)-4,4-二甲基-3-
氧代戊酰胺基]-4-氯苯甲酸十二
基酯 …… 65
苄螨醚 …… 879
苄乙丁硫磷 …… 64
β-丙氨酸-N,N-二乙酸三钠 …… 756
丙草胺 …… 514
丙虫磷 …… 163
丙醇酸丙酯 …… 72
1,3-丙二胺四乙酸 …… 66
丙二醇甲醚醋酸酯 …… 962
1,2-丙二醇碳酸酯 …… 67
丙二酸 …… 68
丙二酸二乙酯 …… 69
1-丙基磷酸酐 …… 70
1-丙基磷酸环酐 …… 70
1-丙基磷酸三环酸酐 …… 70
丙基三氯硅烷 …… 1098
丙硫磷 …… 198
β-丙内酯 …… 71
丙森锌 …… 890
丙酸烯丙酯 …… 73
丙酸仲丁酯 …… 74
丙酮基丙酮 …… 75
1,3-丙烷二羧酸 …… 841
4-丙烯基-2-甲氧基苯酚 …… 1042
丙烯酸 2-(二甲基氨基)乙酯 …… 76
丙烯酸-2,3-环氧丙酯 …… 77
丙烯酸己酯 …… 79
丙烯酸缩水甘油酯 …… 77
丙烯酰胺基甲氧基乙酸甲酯(含
≥0.1%丙烯酰胺) …… 80
丙烯酰氯 …… 81
丙酰胺 …… 82
4-丙氧基苯甲醛 …… 135
菠萝蛋白酶 …… 83
菠萝酶 …… 83

C

彩色显影剂 CD-2 …… 266
残余蜡 …… 737
草胺膦 …… 28
草灭畏 …… 11
草酸 …… 942
草酸铵 …… 84
草酸铵 …… 943
草酸二钾 …… 87
草酸钙 …… 85
草酸高铁铵 …… 86
草酸钾 …… 87
草酸钾钛 …… 91
草酸锰 …… 88

草酸钠 ………………………………… 89
草酸钛 ………………………………… 90
草酸钛钾 ……………………………… 91
草酸钍 ………………………………… 92
草酸锌 ………………………………… 93
草酸亚铁 ……………………………… 94
草酸亚锡 ……………………………… 95
草酰氯 ……………………………… 944
超氧化钾 ……………………………… 96
超氧化钠 ……………………………… 97
虫螨灵 ……………………………… 455
虫酰肼 ……………………………… 749
除害威 ……………………………… 237
醇酸树脂 ……………………………… 98
次氮基三乙酸 ……………………… 102
次氯酸锂 ……………………………… 99
促进剂 NS ………………………… 741
醋酸钡 ……………………………… 964
醋酸苯乙酯 ………………………… 966
醋酸苯酯 …………………………… 967
醋酸钴 ……………………………… 971
醋酸环已酯 ………………………… 973
醋酸已酯 …………………………… 989
醋酸甲氧基乙基汞 ………………… 974
醋酸铍 ……………………………… 975
醋酸铅 ……………………………… 977
醋酸铊 ……………………………… 986
醋酸铜 ……………………………… 981
醋酸烯丙酯 ………………………… 982
醋酸辛酯 …………………………… 984
醋酸亚汞 …………………………… 985
醋酸亚砷酸铜 ……………………… 1014
醋酸异丙烯酯 ……………………… 988
醋酸异辛酯 ………………………… 987
醋酸正已酯 ………………………… 989

D

哒草特 ……………………………… 100
哒嗪硫磷 …………………………… 230
大茴香醛 …………………………… 144
代森福美锌 ………………………… 908
单过氧草酸-O,O-叔丁基-O-
二十二基酯 ………………………… 101
氮川三乙酸 ………………………… 102
氘 …………………………………… 103
稻丰磷 ……………………………… 511
稻瘟净 ……………………………… 268
稻瘟灵 ……………………………… 192
等规聚丙烯 ………………………… 443
低亚硫酸钾 ………………………… 452
敌草腈 ……………………………… 202
敌死通 ……………………………… 937
地乐酚三乙醇胺盐 ………………… 713
碘 …………………………………… 104
3-碘-2-丙烯 ……………………… 106
碘酐 ………………………………… 840
碘化铅 ……………………………… 107
碘化氢[无水] ……………………… 108
碘化亚铜 …………………………… 109
碘化乙酰 …………………………… 1005
碘酸钾合二碘酸 …………………… 110
2-(2-碘乙基)-1,3-丙二醇二乙酸酯
…………………………………… 111
碘乙酰 ……………………………… 1005
α-淀粉酶 …………………………… 112
3-叠氮基磺酰基苯甲酸 …………… 113
叠氮镁 ……………………………… 114
丁二醛 ……………………………… 115
丁二酸 ……………………………… 116
丁二酸二丁酯 ……………………… 117
丁二酸二乙酯 ……………………… 118
N-丁基苯胺 ……………………… 1099
2-(1-丁基-2-苯基-3,5-二氧代-
1,2,4-三唑烷-4-基)-5′-(3-
十二烷磺酰基-2-甲基丙酰氨基)-
2′-甲氧基-4,4-二甲

基-3-氧代戊酰苯胺 …………………… 120
N-丁基吡咯烷 ………………………… 121
1-丁基吡咯烷 ………………………… 121
N-丁基-2-(4-吗啉基羰基)苯甲酰胺
…………………………………………… 122
丁基-(R)-2-[4-(4-氰基-2-
氟苯氧基)苯氧基]丙酸酯 ………… 123
丁基三氯硅烷 ……………………… 1100
丁基乙基醚 ………………………… 957
2-丁基-2-乙基-1,5-戊二胺 ………… 119
丁基乙基乙醛 ……………………… 948
丁醚脲 ……………………………… 744
γ-丁内酯 …………………………… 124
丁炔二氯 …………………………… 205
3-丁炔-2-酮………………………… 125
丁酸2-丙烯酯 ……………………… 127
丁酸烯丙酯 ………………………… 127
丁酸乙烯酯………………………… 1102
丁酮酸甲酯 ……………………… 1016
1-丁烯-3-炔………………………… 995
丁烯酸酐 …………………………… 128
丁烯缩醛 …………………………… 129
丁酰胺 ……………………………… 130
丁酰氯……………………………… 1103
丁香酚甲醚 ………………………… 846
啶虫脒 ……………………………… 283
(-)-毒藜碱 …………………………… 61
杜鹃花酸 …………………………… 634
杜塞酰胺 …………………………… 285
对氨基苯磺酸 ……………………… 131
对氨基苯甲醚 ……………………… 415
对氨基苯甲酸 ………………………… 8
对氨基苯醛 ………………………… 132
对氨基萘磺酸 ……………………… 133
对苯二胺二盐酸盐 …………………… 41
对苯二甲醚 ………………………… 187
对苄氧基苯酚 ……………………… 134
对丙烯基邻甲氧基苯酚 …………… 1042
对丙氧基苯醛 ……………………… 135
对二氮己环 ………………………… 579
对二甲氨基苯甲醛 ………………… 138
对二甲苯磺酸 ……………………… 136
对二甲基氨基苯基硫酸重氮盐 …… 137
对二甲基氨基苯醛 ………………… 138
对茴香胺 …………………………… 415
对甲苯磺酸 ………………………… 139
对甲苯磺酸甲酯 …………………… 141
对甲苯磺酸一水合物 ……………… 139
对甲苯醛 …………………………… 142
对甲基苯胺 ………………………… 143
对甲基苯磺酸2,5-二丁氧基-4-
(吗啉-4-基)重氮苯 ……………… 368
对甲基环己醇 ……………………… 386
对甲氧基苯胺 ……………………… 415
对甲氧基苯醛 ……………………… 144
对氯磷 ……………………………… 176
对羟基苯甲酸 ……………………… 145
对羟基苯醛 ………………………… 146
对叔丁基甲苯 ……………………… 147
对硝基苯甲醛 ……………………… 149
对硝基苯甲酸 ……………………… 150
对硝基苯异氰酸酯 ………………… 1054
对辛基苯酚 ………………………… 151
N-(对溴苄基)-2-单氟乙酰胺 ……… 152
N-对溴苄基-2-氟乙酰胺 ………… 152
对亚硝基苯胺 ……………………… 903
对乙酰氨基苯乙醚 ………………… 1025
对乙酰乙氧基苯胺 ………………… 1019
对异丙基苯酚 ……………………… 1028
多氯三联苯 ………………………… 153
多溴联苯 …………………………… 154

E

蒽油 ………………………………… 155
1,2-二氨基苯 ………………………… 40
4,4′-二氨基-3,3′-二氯二苯基甲烷

…………………………………… 157
2,6-二氨基-3,5-二乙基甲苯………… 158
二氨基镁 ………………………………… 159
二苯二氯硅烷 ………………………… 161
二苯基二甲氧基硅烷 ………………… 160
二苯基二氯硅烷 ……………………… 161
二苯基镁 ………………………………… 162
1,3-二苯基-1-三氮烯 ……………… 1111
二丙基-4-甲基硫代苯基磷酸酯……… 163
二-2-丙烯基胺………………………… 238
二碘化铅 ………………………………… 107
N,N-二丁基乙醇胺 …………………… 280
二噁英类化合物 ……………………… 165
3,3-二[(1,1-二甲基丙基)二氧代]
丁酸乙酯 ……………………………… 156
2-[2,4-二(1,1-二甲基乙基)苯氧基]-
N-(2-羟基-5-甲基苯基)己酰胺
…………………………………………… 166
二氟二氯甲烷 ………………………… 167
二氟化锡 ………………………………… 168
二氟氯甲烷 …………………………… 930
二庚胺 …………………………………… 281
二硅化铁 ………………………………… 320
二环戊二烯环氧化物 ………………… 254
N-(4-((4-(二甲氨基)苯基)(4-
(乙基((3-磺基苯基)甲基)氨基)
苯基)亚甲基)-2,5-亚环已二烯基)-
N-乙基-3-磺基苯甲铵内盐钠盐 … 804
二甲氨基甲酰氯 ……………………… 170
N,N-二甲氨基乙醇丙烯酸酯 ………… 76
3,4-二甲苯胺 ………………………… 172
2,5-二甲苯磺酸(二水物) …………… 136
N-(2′,6′-二甲苯基)-2-哌啶甲酰胺盐
酸盐 …………………………………… 169
2,6-二甲酚 …………………………… 174
N,N-二甲基-2-氨基磺酰基-3-吡啶甲
酰胺 ……………………………………… 17
二甲基氨基甲酰氯 …………………… 170
5-二甲基氨基-1,2,3-三噻烷草酸盐
…………………………………………… 171
3,4-二甲基苯胺 ……………………… 172
2,6-二甲基苯酚 ……………………… 174
(E)-α-(1,3-二甲基-5-苯氧基吡唑-
4-亚甲基氨基氧)对甲苯甲酸叔丁酯
…………………………………………… 1122
N,N-二甲基丙胺 ……………………… 175
二甲基(丙基)胺 ……………………… 175
二甲基-S-对氯苯基硫代磷酸酯……… 176
二甲基二硫代氨基甲酸三苯基锡 …… 177
1,3-二甲基-1,3-二(三甲基甲硅
烷基)脲………………………………… 381
2,6-二甲基-4-庚酮 ………………… 279
1,2-二甲基环已烷 …………………… 178
1,1-二甲基环戊烷 …………………… 180
1,3-二甲基环戊烷 …………………… 181
O,O-二甲基-O-(2-氯-4-硝基苯基)
硫代磷酸酯 …………………………… 1051
2-[(4,6-二甲基嘧啶-2-基)氨基
羰基氨基磺酰基]苯甲酸-3-
氧杂环丁基酯 ………………………… 346
N,N-二甲基-1,2,3-三硫杂环已烷-
5-胺草酸盐 …………………………… 171
N,N-二甲基-1-十二胺 N-氧化物 …… 182
N,N-二甲基十二烷基-N-氧化胺 …… 182
2,2-二甲基-4-戊烯醛………………… 183
3,7-二甲基辛腈 ……………………… 184
1,1-二甲基乙基-1-甲基-1-苯基
乙基过氧化物 ………………………… 185
O,S-二甲基乙酰基硫代磷酰胺……… 1011
1,4-二甲氧基苯 ……………………… 186
3,4-二甲氧基苯甲酸 4-氯丁酯 ……… 449
1,3-二甲氧基丁烷 …………………… 187
二甲氧基二苯基硅烷 ………………… 160
3,4-二甲氧基-2-氯甲基吡啶翁盐
酸盐 …………………………………… 521
1,1-二(2-甲氧基乙氧基)乙烷 ……… 189

1-(4,6-二甲氧嘧啶-2-基)-3-[2-乙基磺酰基咪唑并(1,2-a)吡啶-3-基]磺酰脲 ………………………… 352
二苦基胺铵盐 …………………………… 498
二硫代二乙酸双(2-乙基己基) 酯 …… 190
二硫代磷酸的 *O*-乙基-*O*-(4-甲基硫代苯基)-*S*-正丙酯 ………………… 191
二硫代磷酸-*O*-(2,4-二氯苯基)-*O*-乙基-*S*-丙酯 …………………………… 198
1,3-二硫杂环戊烷-2-叉丙二酸二异丙酯 ……………………………………… 192
1-(2,4-二氯苯胺基羰基)环丙烷羧酸 ……………………………………………… 333
2,4-二氯苯酚 ………………………… 194
2,6-二氯苯酚 ………………………… 196
3-(2,4-二氯苯基)-6-氟喹唑啉-2,4(1H,3H)-二酮 …………………… 197
3-(3,5-二氯苯基)-5-甲基-5-乙烯基-1,3-噁唑烷-2,4-二酮 …… 998
O-2,4-二氯苯基-*O*-乙基-*S*-丙基二硫代磷酸酯 ……………………… 198
2,4-二氯苯基异氰酸酯 ……………… 199
2,3-二氯苯基异氰酸酯 ……………… 1057
2,5-二氯苯基异氰酸酯 ……………… 1058
2,6-二氯苯基异氰酸酯 ……………… 1059
4-(2,4-二氯苯甲酰基)-1,3-二甲基-5-吡唑基-4-甲苯磺酸盐…………… 200
2-[4-(2,4-二氯苯甲酰基)-1,3-二甲基-5-吡唑基氧]乙酰苯酮 …… 201
2,6-二氯苯甲腈 ……………………… 202
1,2-二氯-3-苯氧基苯………………… 222
2-(2,4-二氯苯氧基)-(*R*)-丙酸钾 … 203
二氯吡啶酸 …………………………… 204
3,6-二氯吡啶-2-羧酸………………… 204
1,4-二氯-2-丁炔……………………… 205
二氯二苯醚 …………………………… 222
3,5-二氯-2,6-二氟-4-氨基吡啶 ……… 4
1-(3,5-二氯-2,4-二氟苯基)-3-(2,6-二氟苯甲酰基)脲 ………… 206
3,5-二氯-*N*-(1,1-二甲基-2-丙炔基)苯甲酰胺 …………………… 207
二氯二氰基苯醌 ……………………… 231
二氯二硝基甲烷 ……………………… 208
2,4-二氯酚 …………………………… 194
2,6-二氯酚 …………………………… 196
二氯化二硫 …………………………… 932
二氯化钛 ……………………………… 209
二氯化锡 ……………………………… 210
二氯化锡 ……………………………… 520
二氯甲基膦 …………………………… 392
3,6-二氯-2-甲氧基苯甲酸钠………… 212
2-[4-(2,4-二氯间甲苯酰)-1,3-二甲基-5-吡唑基氧]-4-甲基苯乙酮 ……………………………… 213
3,6-二氯邻甲氧基苯甲酸钠 ………… 212
二氯皮考啉酸 ………………………… 204
N-(2,3-二氯-4-羟基苯基)-1-甲基环己基甲酰胺 ………………… 341
(2,2-二氯-*N*-[2-羟基-1-(羟甲基)-2-(4-硝基苯基)乙基]乙酰胺 …… 214
2′,4-二氯-α,α,α-三氟-4′-硝基间甲苯磺酰苯胺 …………………… 215
2,2-二氯-1,1,1-三氟乙烷…………… 216
3,5-二氯-4-(1,1,2,2-四氟乙氧基)苯胺 ……………………………………… 193
二氯五氟丙烷 ………………………… 217
3,3-二氯-1,1,1,2,2-五氟丙烷……… 217
1,2-二氯-3-硝基苯…………………… 218
2,3-二氯硝基苯 ……………………… 218
2,5-二氯硝基苯 ……………………… 219
1,4-二氯-2-硝基苯…………………… 219
2,4-二氯-6-硝基苯酚………………… 220
2,4-二氯-6-硝基苯酚钠盐…………… 221
二氯氧化二苯 ………………………… 222
3′,5′-二氯-4′-乙基-2′-羟基棕榈酸酰苯胺 ………………………… 223

2,4-二羟基苯甲醛 …………………… 224
2,5-二羟基苯甲酸 …………………… 225
2,4-二羟基-*N*-(2-甲氧基苯基)
苯甲酰胺 …………………… 226
2,3-二氢吡喃 …………………… 227
二氢吡喃 …………………… 227
二氢化脂二甲基氯化铵 …………………… 228
O-(1,6-二氢-6-氧代-1-苯基-3-
哒嗪基)-*O*,*O*-二乙基硫代磷酸酯
…………………… 230
2,3-二氰-5,6-二氯苯醌 …………………… 231
二氰合金酸钾 …………………… 232
二十二烯酸酰胺 …………………… 440
3,5-二叔丁基-4-羟基苯甲酸-2,4-
二叔丁基苯酯 …………………… 816
3,3-二(叔戊基过氧)丁酸乙酯 …………………… 156
二水合氯化钡 …………………… 233
二水合氯化铜铵 …………………… 234
二水合乙二酸锌 …………………… 93
二水合重铬酸锂 …………………… 235
二缩水甘油间苯二酚醚 …………………… 427
二缩原磷酸 …………………… 591
二烯丙胺 …………………… 238
4-二烯丙基氨基-3,5-二甲基苯基-
N-甲基氨基甲酸酯 …………………… 236
二烯丙基胺 …………………… 238
4,6-二硝基-2-氨基苯酚锆[干的或
含水<20%] …………………… 239
4,6-二硝基-2-氨基苯酚钠 …………………… 240
二硝基巴豆酸酯 …………………… 241
二硝基(苯)酚碱金属盐[干的或
含水<15%] …………………… 243
2,6-二硝基-*N*,*N*-二丙基-4-
(三氟甲基)苯胺 …………………… 296
1,8-二硝基萘 …………………… 244
二硝酸氧化锆 …………………… 869
2,3-二溴丙腈 …………………… 245
2,3-二溴丙烯 …………………… 874
1,2-二溴-1-氯乙烷 …………………… 246
3,5-二溴-4-羟基-4′-硝基偶氮苯 …………………… 247
二溴四氟乙烷 …………………… 248
1,2-二溴四氟乙烷 …………………… 248
2,6-二溴-4-[2-(4-硝基苯基)
二氮烯基]苯酚 …………………… 247
1,3-二(2,2-亚丙基)苯双(过氧化
新癸酰) …………………… 249
二盐基邻苯二甲酸铅 …………………… 250
二盐基性亚硫酸铅 …………………… 251
二盐基亚磷酸铅 …………………… 895
5-(2,4-二氧代-1,2,3,4-四氢嘧啶)-
3-氟-2-羟甲基四氢呋喃 …………………… 252
二氧化丁二烯 …………………… 253
二氧化二聚环戊二烯 …………………… 254
二氧化二戊烯 …………………… 255
二氧化硫脲 …………………… 256
二氧化锰 …………………… 257
二氧化钠 …………………… 97
二氧化钛 …………………… 258
二氧化碳[液化的] …………………… 259
二氧化萜二烯 …………………… 255
二氧化锡 …………………… 261
二氧化乙烯基环已烯 …………………… 262
5-二乙氨基-2-戊酮 …………………… 263
2-二乙氨基乙胺 …………………… 274
二乙醇亚硝胺 …………………… 904
二乙二醇单乙基醚醋酸酯 …………………… 264
二乙二醇二乙烯基醚 …………………… 265
N-(3-(4-(二乙基氨基)-2-甲基
苯基)亚氨基)-6-氧代-1,4-环已
二烯-1-基乙酰胺 …………………… 267
N,*N*-二乙基扁桃酰胺 …………………… 271
二乙基-*S*-苄基-硫代磷酸酯 …………………… 268
N,*N*-二乙基-3-甲基-1,4-
苯二胺盐酸盐 …………………… 266
4-(*N*,*N*-二乙基)-2-甲基
苯二胺盐酸盐 …………………… 266

N,*N*-二乙基-3-甲基苯甲酰胺 ········· 270
N,*N*-二乙基间甲苯酰胺 ················ 269
二乙基肼 ······································· 276
O,*O*-二乙基-*O*-(3-氯-4-甲基
香豆素-7-基)硫代磷酸酯·········· 1079
D,L-(*N*,*N*-二乙基-2-羟基-
2-苯乙酰胺) ································ 271
N,*N*-二乙基-3-(2,4,6-三甲基苯基
磺酰基)-1H-1,2,4-三唑-1-
甲酰胺 ······································· 272
二乙基硒 ····································· 273
N,*N*-二乙基乙二胺 ····················· 274
N,*N*-二乙基-1,2-乙二胺 ············· 274
O,*O*-二乙基-*S*-[2-(乙硫基)乙基]
二硫代磷酸酯 ····························· 937
O,*O*-二乙基-*O*-(2-(乙硫基)乙基)
硫代磷酸酯和 *O*,*O*-二乙基-*S*-
(2-(乙硫基)乙基)硫代磷酸酯
混剂 ·· 568
二乙基乙酸 ································· 275
N,*N*′-二乙肼······························· 276
二乙肼 ······································· 276
二乙酰乙酸甲酯 ·························· 278
2-(二乙氧基磷酰亚氨基)-1,3-
二硫戊环 ···································· 480
二异丁基甲酮 ····························· 279
二异丁基酮 ································ 279
二异氰酸异佛尔酮酯 ··················· 1044
二月桂基硫代二丙酸酯 ················ 476
2-(二正丁基氨基)乙醇 ················ 280
二正庚胺 ···································· 281

F

矾土 ··· 923
反-4-苯基-L-脯氨酸 ···················· 282
反-3-苯甲酰丙烯酸乙酯 ················· 50
反十六烷酸-3,7-二甲基-2,6-
辛二烯酯 ···································· 284
(*S*,*S*)-反-4-(乙酰胺基)-5,6-二氢-
6-甲基-7,7-二氧代-4H-噻吩并
[2,3-b]噻喃-2-磺酰胺 ··············· 285
非那西丁 ····································· 1019
非那西酊 ····································· 1025
肥酸乙酯 ····································· 359
翡翠绿 ·· 1014
芬螨酯 ·· 286
风梨醛 ·· 362
氟胺草唑 ····································· 534
氟胺氰菊酯 ·································· 287
氟苯脲 ·· 206
3-氟丙酸 ····································· 289
ω-氟丙酸 ····································· 289
氟虫腈 ··· 13
4-氟丁醛 ····································· 290
4-氟丁酸 ····································· 291
氟啶胺 ·· 528
3′-氟-2′,3′-二脱氧尿苷················ 252
氟光气 ·· 812
氟硅酸钙 ····································· 292
氟硅酸镁 ····································· 496
氟硅酸锰 ····································· 497
氟硅酸铜 ····································· 489
氟硅酸锡 ····································· 293
氟化钙 ·· 294
氟化钛钾 ····································· 299
氟化碳酰 ····································· 812
氟化锑(Ⅴ) ·································· 827
氟化亚锡 ····································· 168
氟节胺 ·· 295
氟蚧胺 ·· 928
氟乐灵 ·· 296
氟利昂-12 ··································· 167
氟利昂-123 ································· 216
氟利昂 114B-2 ····························· 248
氟利昂-124 ································· 532
氟利昂-13 ··································· 668

氟利昂-11 …………………………… 693
氟利昂 115 …………………………… 828
氟利昂 22 …………………………… 930
氟磷酸二异丙酯 …………………… 297
氟磷酸异丙酯 ……………………… 297
氟硫隆 ……………………………… 527
氟氯菊酯 …………………………… 455
氟螨胺 ……………………………… 152
氟醚 ………………………………… 193
氟硼酸锂 …………………………… 776
氟硼酸镁 …………………………… 298
氟硼酸钠 …………………………… 777
氟钛酸钾 …………………………… 299
氟蚜螨 ……………………………… 395
氟乙醛 ……………………………… 300
α-氟乙醛 …………………………… 300
氟乙酰溴苯胺 ……………………… 928
福代锌 ……………………………… 908
福化利 ……………………………… 287
福美锌 ……………………………… 379
富含芳香族的碳氢化合物 ………… 301

G

甘醇酸 ……………………………… 610
高氯酸锶 …………………………… 302
高氯酸亚铁 ………………………… 303
高灭磷 ……………………………… 1011
(高)铅酸钙 ………………………… 304
格利雅溶液 ………………………… 403
格列美脲磺胺 ……………………… 949
铬红 ………………………………… 311
铬黄 ………………………………… 307
铬酸铋 ……………………………… 305
铬酸铅 ……………………………… 306
铬酸锌 ……………………………… 308
铬酸锌钾 …………………………… 309
铬酸氧铅 …………………………… 310
铬酸银 ……………………………… 312
2-庚醇 ……………………………… 313
3-庚醇 ……………………………… 314
1,6-庚二炔 ………………………… 315
庚基氰 ……………………………… 1108
庚烷异构体 ………………………… 316
庚烷(异构体的混合物) …………… 317
光稳定剂 120 ……………………… 816
硅化镁 ……………………………… 318
硅酸铝铂 …………………………… 319
硅铁[30%≤含硅<90%] ………… 320
硅铁锂 ……………………………… 321
癸二酸二丙酯 ……………………… 322
癸二酸二丁酯 ……………………… 323
癸二酸二甲酯 ……………………… 324
癸二酸二壬酯 ……………………… 325
癸二酸二辛酯 ……………………… 326
癸二酸二乙酯 ……………………… 327
癸二酸二正丙酯 …………………… 322
癸基苯磺酸 ………………………… 733
过氯甲硫醇 ………………………… 632
过氧化二(对甲基苯甲酰) ………… 328
过氧化二(4-甲基苯甲酰) ………… 328
过氧化钾 …………………………… 96
过氧化锰 …………………………… 257
过氧化氢对薄荷烷 ………………… 329
过氧化氢(对)孟烷 ………………… 329
过氧化叔丁基异丙苯 ……………… 185

H

氦[液化的] ………………………… 330
害扑威 ……………………………… 367
禾草克 ……………………………… 525
核糖核酸酶 ………………………… 575
黑色氧化镍 ………………………… 707
胡萝卜酸乙酯 ……………………… 69
琥珀醛 ……………………………… 115
琥珀酸 ……………………………… 116
琥珀酸二正丁酯 …………………… 117

琥珀酸乙酯 …………………………… 118
花椒毒素 ……………………………… 331
1-环丙基-6,7-二氟-1,4-二氢-4-氧代-3-喹啉甲酸 ………………………… 332
1-环丙基-6,7-二氟-1,4-二氢-4-氧代喹啉-3-羧酸 ………………………… 332
环丙酰胺酸 …………………………… 333
环丙唑醇 ……………………………… 334
环丁烷 ………………………………… 336
环己基苯 ……………………………… 337
N-环己基-1,1-二氧-苯并[b]噻吩-2-甲酰胺 ……………………………… 338
环己基甲酸甲酯 ……………………… 339
环己基羧酸甲酯 ……………………… 339
环己基溴 ……………………………… 340
环己基乙酸酯 ………………………… 973
3-环己烯甲醛 ………………………… 789
2-环己烯-1-酮 ………………………… 348
2-环己烯酮 …………………………… 348
环戊基溴 ……………………………… 875
环酰菌胺 ……………………………… 341
1,2-环氧-3-苯氧基丙烷 ……………… 344
2,3-环氧-1-丙醇 ……………………… 342
环氧丙醇 ……………………………… 342
环氧丙基苯基醚 ……………………… 344
2,3-环氧丙基异丙基醚 ……………… 1030
3,4-环氧丁酸异丁酯 ………………… 345
环氧嘧磺隆 …………………………… 346
3-环氧乙基-7-氧杂二环[4,1,0]庚烷 ………………………………………… 262
1,2-环氧-4-乙烯基环己烷 …………… 347
1,2-环氧-3-异丙氧基丙烷 ………… 1030
磺胺酸 ………………………………… 131
磺基乙酸 ……………………………… 350
2-磺基乙酸 …………………………… 350
磺菌胺 ………………………………… 215
磺菌威 ………………………………… 388
磺酰胺 ………………………………… 351
磺酰磺隆 ……………………………… 352
混合甲酚 ……………………………… 363

J

机油 …………………………………… 640
305 极压/抗磨添加剂 ………………… 823
1-己醇 ………………………………… 353
1,6-己二醇二丙烯酸酯 ……………… 354
N,N′-1,6-己二基二[N-(2,2,6,6-四甲基-4-哌啶)]-甲酰胺 ……………… 355
1,6-己二基双-氨基甲酸双[2-[2-(1-乙戊基)-3-恶唑烷基]乙基]酯 ……… 356
己二醛 ………………………………… 357
1,6-己二醛 …………………………… 357
己二酸二(2-乙基-己醇)酯 ………… 358
己二酸二乙酯 ………………………… 359
己二酸二异辛酯 ……………………… 358
2,5-己二酮 …………………………… 75
己二烯 ………………………………… 361
己酸烯丙酯 …………………………… 362
4-甲氨基苯酚硫酸盐 ………………… 366
甲苯氟磺胺 …………………………… 215
4-甲苯磺酸甲酯 ……………………… 141
甲丙硫磷 ……………………………… 191
甲酚 …………………………………… 363
甲磺酸 ………………………………… 364
N-甲基-4-氨基苯酚硫酸盐 ………… 366
N-甲基氨基甲酰-2-氯酚 …………… 367
4-甲基苯胺 …………………………… 143
甲基苯酚 ……………………………… 363
4-甲基苯磺酸 2,5-二丁氧基-4-(吗啉-4-基)重氮苯 ………………… 368
4-甲基苯磺酸一水合物 ……………… 139
3-(3-甲基苯基氨基甲酰氧基)苯基氨基甲酸甲酯 ………………………… 817
2-甲基-2-苯基丙烷 ………………… 740
甲基苯基硅树脂 …………………… 1088
4-甲基苯甲醛 ………………………… 142

2-甲基苯甲酸 …………………………… 469
(*Z*)-2′-甲基苯乙酮-4,6-二甲基-2-
嘧啶腙 ………………………………… 369
1-甲基-2-(3-吡啶)吡咯烷 ………… 573
甲基苄基溴 …………………………… 370
2-甲基丙酸1-甲基乙酯………………… 1039
2-甲基丙酸甲酯 ……………………… 1038
甲基丙烯酸6-(2,3-二甲基马来酰
亚胺基)己酯 ………………………… 371
甲基丙烯酸三丁基锡 ………………… 372
甲基丙烯酸三硝基乙酯 ……………… 373
甲基丙烯酸-2-乙基己醇酯…………… 374
2-甲基-2-丙烯酸-2-乙基己基酯 …… 374
甲基丙烯酰胺 ………………………… 375
2-甲基丙烯酰胺 ……………………… 375
4-(11-甲基丙烯酰胺基十一酰胺基)
苯磺酸钾 ……………………………… 376
2-甲基丙酰氯 ………………………… 1041
1-甲基丁胺 …………………………… 1110
2-甲基-1-丁硫醇……………………… 377
3-甲基丁酸 …………………………… 1071
3-甲基丁酸甲酯 ……………………… 1073
2-甲基丁烯 …………………………… 1074
3-甲基丁酰氯 ………………………… 1075
甲基丁香酚 …………………………… 846
N-甲基二硫代氨基甲酸 ……………… 378
甲基二硫代氨基甲酸锌 ……………… 379
2-(1-甲基庚基)-4,6-二硝基苯基
巴豆酸酯的多种异构体混合物 …… 241
5-甲基-3-庚酮………………………… 382
2-甲基环己醇 ………………………… 383
3-甲基环己醇 ………………………… 384
4-甲基环己醇 ………………………… 386
O-甲基-*O*-环己基-4-氯苯基
硫代磷酸酯 ………………………… 387
甲基磺酸 ……………………………… 364
S-(4-甲基磺酰氧苯基)-*N*-甲基
硫代氨基甲酸酯 …………………… 388
甲基己基甲酮 ………………………… 389
S-甲基-*N*-(甲基氨基甲酰氧基)
硫代乙酰亚胺酸酯 ………………… 559
1-甲基-4-(2-甲基环氧乙烷基)-
7-氧杂双环[4.1.0]庚烷 ………… 255
甲基芥子油 …………………………… 1048
甲基膦酸二甲酯 ……………………… 390
甲基膦酰二氯 ………………………… 391
N′-(2-甲基-4-氯苯基)-*N*,*N*-
二甲基甲脒盐酸盐 ………………… 393
甲基-3-氯-5-(4,6-二甲氧基-2-
嘧啶基氨基甲酰基氨磺酰基)-1-
甲基吡唑-4-甲酸酯 ………………… 394
N-甲基-*N*-(1-萘基)单氟乙酰胺 ……… 395
甲基硼 ………………………………… 679
甲基三乙氧基硅烷 …………………… 719
甲基砷酸铁 …………………………… 396
甲基双乙磺丙烷 ……………………… 397
6-甲基-2,5,7,10-四氧杂十一烷 …… 189
3-甲基戊二醛 ………………………… 398
3-甲基-1,5-戊二醛…………………… 398
甲基戊二烯 …………………………… 399
4-甲基-1,3-戊二烯…………………… 399
4-甲基戊酸 …………………………… 400
2-甲基戊烯 …………………………… 1047
2-甲基-2-戊烯醛……………………… 401
2-甲基-2-戊烯醛……………………… 404
甲基锌乃浦 …………………………… 890
甲基溴化镁的乙醚溶液 ……………… 403
甲基溴化镁[在乙醚中] ……………… 403
1-甲基-2-(3,4-亚甲基二氧基苯基)
乙基辛基亚砜………………………… 1097
α-甲基-β-乙基丙烯醛………………… 401
2-甲基-3-乙基丙烯醛………………… 404
N-(1-甲基乙基)-2-丙烯酰胺 ……… 1029
甲基乙烯醚 …………………………… 992
甲基异丙基醚 ………………………… 405
甲基异丙烯基醚 ……………………… 406

甲基紫 …… 408
2甲4氯乙硫酯 …… 950
甲脒亚磺酸 …… 256
甲萘威粉剂 …… 409
甲酸苯甲酯 …… 410
甲酸苄酯 …… 410
甲酸乙烯酯 …… 411
甲烷磺酸 …… 364
甲酰胺 …… 413
甲氧滴滴涕 …… 414
4-甲氧基苯胺 …… 415
4-甲氧基苯甲醛 …… 144
3-甲氧基苯甲酰氯 …… 416
2-甲氧基丙烷 …… 405
2-甲氧基-1-丙烯 …… 407
8-甲氧基补骨脂素 …… 331
甲氧基醋酸 …… 420
1-甲氧基-1,3-丁二烯 …… 418
3-甲氧基丁基乙酸酯 …… 421
3-甲氧基丁醛 …… 419
β-甲氧基丁醛 …… 419
甲氧基乙酸 …… 420
3-甲氧基乙酸丁酯 …… 421
甲氧基异氰酸甲酯 …… 423
甲氧沙林 …… 331
钾钠合金 …… 424
假木贼碱 …… 61
间氨基苯磺酸 …… 425
间氨基氯苯 …… 428
间胺酸 …… 425
间苯二胺二盐酸盐 …… 426
间苯二酚二缩水甘油醚 …… 427
间叠氮基磺酰基苯甲酸 …… 113
间甲基环己醇 …… 384
(间)甲基异丙基苯 …… 433
间甲氧基苯甲酰氯 …… 417
间氯苯胺 …… 428
间氯苯甲酸 …… 429
间羟基苯甲酸 …… 430
间硝基苯甲醛 …… 431
间硝基苯乙酮 …… 859
间异丙酚 …… 1027
间异丙基苯酚 …… 1027
间异丙基甲苯 …… 432
碱式铬酸锌 …… 434
碱式碳酸铋 …… 435
焦磷酸铜 …… 436
焦磷酸锡(Ⅱ) …… 437
焦磷酸锌 …… 438
焦磷酸亚锡 …… 437
焦硼酸钠十水合物 …… 786
焦亚硫酸钠 …… 589
焦油 …… 439
结晶紫 …… 408
芥酸酰胺 …… 440
金属钕 …… 576
金属铈 …… 739
金属铜粉 …… 821
精吡氟禾草灵 …… 441
精喹禾灵 …… 525
2-肼基乙醇 …… 611
聚氨酯 …… 442
聚氨酯树脂 …… 442
聚丙烯[等规] …… 443
聚(乙氧基)壬基苯醚 …… 444

K

抗氧剂1010 …… 445
氪[压缩的] …… 446
苦氨酸锆 …… 239
苦氨酸钠 …… 240
苦基磺酸钠 …… 699
苦味酸钠 …… 697
苦味酸乙酯 …… 700
喹啉铜 …… 608
醌肟腙 …… 447

L

拉沙里菌素 ………………………… 448
蓝矾 ………………………………… 838
雷琐醛 ……………………………… 224
藜芦酸 4-氯丁酯 ………………… 449
沥青 ………………………………… 450
连二亚硫酸钙 …………………… 451
连二亚硫酸钾 …………………… 452
连二亚硫酸锌 …………………… 453
连三氯苯 ………………………… 689
联苯菊酯 ………………………… 455
联苯菊酯 ………………………… 455
邻氨基苯磺酰胺 ………………… 456
邻氨基苯甲酸 …………………… 457
邻苯二胺 …………………………… 40
邻苯二胺二盐酸盐 ……………… 458
邻苯二甲酸单四甲基铵盐 ……… 780
邻苯二甲酸二丙烯酯 …………… 460
邻苯二甲酸二(2-甲氧乙基)酯 ……… 459
邻苯二甲酸二甲氧乙酯 ………… 459
邻苯二甲酸二甲酯 ……………… 461
邻苯二甲酸二壬酯 ……………… 463
邻苯二甲酸二乙酯 ……………… 464
邻苯二甲酸二异丙酯 …………… 465
邻苯二甲酸二异丁酯 …………… 466
邻苯二甲酸二正庚酯 …………… 467
邻苯二酸 ………………………… 468
邻甲苯甲酸 ……………………… 469
邻甲基环已醇 …………………… 383
邻甲基溴化苄 …………………… 370
邻氯苄腈 ………………………… 503
邻氯硝基苯 ……………………… 535
邻氯乙酰基乙酰苯胺 ………… 1010
邻羟基苯甲酸 …………………… 470
邻羟基苯甲酰胺 ………………… 768
邻硝基苯甲酸 …………………… 471
邻异丙基苯酚 ………………… 1026
磷酸二甲酚酯 …………………… 473
磷酸钙 …………………………… 472
磷酸三(二甲苯酚)酯 …………… 473
磷酸三(二甲苯)酯 ……………… 473
磷酸三钙 ………………………… 472
硫丙磷 …………………………… 191
硫代二丙酸十八烷基十二酯 ………… 475
硫代二丙酸双十二烷酯 ………… 476
硫代二丙酸月桂十八酯 ………… 475
硫代氰酸锌 ……………………… 477
硫代异丙醇 …………………… 1034
硫代异氰酸甲酯 ……………… 1048
硫化剂 MOCA …………………… 157
硫化砷 …………………………… 478
硫化碳酰 ………………………… 814
硫化羰 …………………………… 814
硫化亚砷 ………………………… 479
硫环磷 …………………………… 480
硫脲-*S*,*S*-二氧化物 ………… 256
硫氰酸亚铜 ……………………… 481
硫双灭多威 ……………………… 482
硫双威 …………………………… 483
硫酸苯肼(2∶1) ………………… 484
硫酸镉 …………………………… 485
硫酸假木贼碱 ……………………… 62
硫酸钠 …………………………… 486
硫酸铍四水合物 ………………… 795
硫酸三氧化四铅 ………………… 706
硫酸锡(Ⅱ) ……………………… 487
硫酸亚锡 ………………………… 487
硫酸银 …………………………… 488
硫酰胺 …………………………… 351
六氟硅酸铜(Ⅱ) ………………… 489
六氟合硅酸钙 …………………… 292
六氟砷酸锂 ……………………… 490
六六六 …………………………… 492
(1*R*,4*S*,5*R*,8*S*)-1,2,3,4,10,10-
六氯-1,4,4a,5,6,7,8,8a-八氢-

6,7-环氧-1,4：5,8-二亚甲基萘 …… 1035
1,4,5,6,7,7-六氯二环[2,2,1]庚-5-烯-2,3 二甲酸 …… 491
1,2,3,4,5,6-六氯环已烷 …… 492
六氯氧化二苯 …… 494
六偏磷酸钠 …… 495
六氢邻二甲苯 …… 179
(2*R*,6a*S*,12a*S*)-1,2,6,6a,12,12a-六氢-2-异丙烯基-8,9-二甲氧基苯丙吡喃[3,4-b]呋喃并[2,3-H]吡喃-6-酮 …… 1091
六水高氯酸锶 …… 302
六水合高氯酸亚铁 …… 303
六水合六氟硅酸镁 …… 496
六水合六氟硅酸锰 …… 497
六水合硝酸钐 …… 868
六硝基二苯胺铵盐 …… 498
六硝基-1,2-二苯乙烯 …… 499
六硝基芪 …… 499
龙胆二糖酶 …… 594
龙胆酸 …… 225
2-氯-6-氨基甲苯 …… 526
3-氯苯胺 …… 428
N-[2-[[1-(4-氯苯基)吡唑-3-基]氧甲基]苯基]-*N*-甲氧基氨基甲酸甲酯 …… 34
O-1-(4-氯苯基)-4-吡唑基-*O*-乙基-*S*-丙基硫代磷酸酯 …… 500
O-(6-氯-3-苯基哒嗪-4-基)-*S*-辛基硫代碳酸酯 …… 100
(2*RS*,3*RS*;2*RS*,3*SR*)-2-(4-氯苯基)-3-环丙基-1-(1H-1,2,4-三唑-1-基)丁-2-醇 …… 335
2-氯苯基-*N*-甲基氨基甲酸酯 …… 367
S-(((4-氯苯基)硫代)甲基)-*O*,*O*-二乙基二硫代磷酸酯 …… 688
3-氯苯甲酸 …… 429
1-氯-4-苯氧基苯 …… 931
[3-[(6-氯-3-吡啶基)甲基]-1,3-噻唑啉-2-亚基]氰胺 …… 642
1-(6-氯-3-吡啶基甲基)-*N*-硝基亚咪唑烷-2-基胺 …… 501
N-(6-氯-3-吡啶甲基)-*N*′-氰基-*N*-甲基乙脒(反式) …… 283
氯吡嘧磺隆 …… 394
4-氯苄基-*N*-(2,4-二氯苯基)-2-(1H-1,2,4-三唑-1-基)硫代乙酰胺化物 …… 502
4-氯苄基-*N*-(2,4-二氯苯基)-2(1H-1,2,4-三唑-1-基)硫代乙酰胺酯 …… 502
2-氯苄腈 …… 503
(*S*)-2-氯丙酸甲酯 …… 504
氯丙酮 …… 506
1-氯-2-丙酮 …… 506
氯醋酸钠 …… 934
(2*S*)-2-氯代丙酸 …… 507
α-氯代萘 …… 529
3-氯丁酮 …… 508
3-氯-2-丁酮 …… 508
氯丁酰 …… 1103
4-氯二苯醚 …… 929
2-氯-4,5-二甲基苯基-*N*-甲基氨基甲酸酯 …… 510
2-氯-1-(2,4-二氯苯基)乙烯基乙基甲基磷酸酯 …… 511
1-氯-2,4-二硝基苯 …… 512
1-氯-1,2-二溴乙烷 …… 246
N-(5-氯-3-((4-(二乙氨基)-2-甲苯基)亚氨基-4-甲基-6-氧代-1,4-环已二烯-1-基)苯甲酰胺 …… 513
2-氯-2′,6′-二乙基-*N*-(2-丙氧基乙基)乙酰苯胺 …… 514
2-氯-1,1-二乙氧基乙烷 …… 539
氯氟吡氧乙酸甲酯 …… 5

N-(2-氯-6-氟苄基)-N-乙基-2,6-
二硝基-4-三氟甲基苯胺………… 295
氯化铵 ………………………………… 515
氯化钡二水合物 ……………………… 233
氯化苯醚 ……………………………… 494
氯化氮 ………………………………… 516
氯化丁酰 …………………………… 1103
氯化铌 ………………………………… 832
氯化镍(Ⅱ) ………………………… 518
氯化铅(Ⅱ) ………………………… 519
氯化三苯基硅烷 ……………………… 645
氯化三丁基锡 ………………………… 654
氯化三氟乙酰 ………………………… 673
氯化三乙基锡 ………………………… 715
氯化钽 ………………………………… 834
氯化铜铵(二水物) ………………… 234
氯化亚镍 ……………………………… 518
氯化亚锡 ……………………………… 210
氯化亚锡 ……………………………… 520
氯化乙二酰 …………………………… 944
氯化异丁酰 ………………………… 1041
2-氯甲基-3,4-二甲氧基吡啶盐酸盐
………………………………………… 521
氯甲酸环戊酯 ………………………… 522
2-氯-N-(3-甲氧基-2-噻吩甲基)-
2′,6′-二甲基乙酰苯胺……………… 523
氯菌酸 ………………………………… 491
2-[4-(6-氯-2-喹喔啉氧基)苯氧基]
丙酸乙酯 …………………………… 524
3-氯邻甲苯胺 ………………………… 526
N-(3-氯-4-氯二氟甲基硫代苯基)
N′,N′-二甲基脲 …………………… 527
3-氯-N-(3-氯-5-三氟甲基-2-
吡啶基)-α,α,α-三氟-2,6-
二硝基对甲苯胺 …………………… 528
氯霉素 ………………………………… 214
氯灭杀威 ……………………………… 510
1-氯萘 ………………………………… 529
α-氯萘 ………………………………… 529
5-氯-2-羟基苯甲醛…………………… 609
4-氯-1-羟基丁烷-1-磺酸钠 ……… 530
4-氯-1-羟基丁烷磺酸钠 …………… 530
氯桥酸 ………………………………… 491
2-氯-1,1,2-三氟-1-甲氧基乙烷 … 531
2-氯-1,1,2-三氟乙基甲醚………… 531
氯三氟乙烯 …………………………… 669
5-氯水杨醛 …………………………… 609
2-氯-1,1,1,2-四氟乙烷…………… 532
氯酸钙 ………………………………… 533
1-[4-氯-3-((2,2,3,3,3-五氟丙
氧基)甲基)苯基]-5-苯基-1H-
1,2,4-三唑-3-甲酰胺 …………… 534
氯五氟乙烷 …………………………… 828
氯硝酚 ………………………………… 221
2-氯硝基苯 …………………………… 535
1-氯-2-硝基苯………………………… 535
4-氯-2-硝基苯酚……………………… 536
4-氯-2-硝基酚………………………… 536
4-氯-3-乙基-1-甲基-N-((4-(4-
甲基苯氧基)苯基)-甲基)-1H
吡唑-5-甲酰胺 …………………… 1121
2-氯-2′-乙基-N-(2-甲氧基-1-
甲基乙基)-6′-甲基乙酰苯胺 ……… 537
2-氯乙基膦酸 ………………………… 999
(2-氯乙基)乙烯醚………………… 1000
氯乙醛缩二乙醇 ……………………… 539
氯乙酸钠 ……………………………… 934
氯乙缩醛 ……………………………… 539
2-氯乙酰胺 …………………………… 540
氯乙酰胺 ……………………………… 540
氯乙酰氯 ……………………………… 541
1-[2-(2-氯乙氧基)苯基磺酰基]-
3-(4-甲氧基-6-甲基-1,3,5-
三嗪- 2-基)脲 …………………… 554
5-氯-N-[2-[4-(2-乙氧基乙基)-
2,3-二甲基苯氧基] 乙基]-

6-乙基嘧啶-4-胺 …… 542
氯异丁酰 …… 1041
螺噁茂胺 …… 544
螺环菌胺 …… 543

M

马来酸 …… 544
4-吗啉基丙胺 …… 1
麦草畏钠盐 …… 212
毛沸石 …… 546
煤焦油 …… 547
美克立酯 …… 623
镁粉 …… 548
猛杀威 …… 549
锰粉 …… 550
锰酸钾 …… 552
迷迭香油 …… 553
醚苯磺隆 …… 554
米妥尔 …… 366
脒基亚硝氨基脒基四氮烯[含水≥30%] …… 555
脒基亚硝氨基脒基四氮烯[含水或水加乙醇≥30%] …… 556
嘧啶磷 …… 557
嘧菌腙 …… 369
嘧螨醚 …… 543
棉体火棉胶 …… 855
灭多威 …… 559
灭杀威 …… 560
灭鼠优 …… 857
灭瘟素的苄氨基苯磺酸盐 …… 561
灭蚜磷 …… 562
莫能菌素 …… 563
莫能菌素钠盐 …… 565
莫能霉素钠 …… 565
莫能星 …… 564
莫诺苯宗 …… 135
木瓜蛋白酶 …… 566
木瓜胶液 …… 566
木瓜酶 …… 566
钼酸铵 …… 567

N

氖[液化的] …… 569
耐火云母带 …… 1095
1-萘胺-4-磺酸 …… 133
萘丙胺 …… 571
2-萘磺酸 …… 570
β-萘磺酸 …… 570
1-萘基-*N*-甲基氨基甲酸酯 …… 409
萘基芥子油 …… 1049
1-萘氧二氯化膦 …… 572
2-(2-萘氧基)丙酰替苯胺 …… 571
1-萘氧基二氯化膦 …… 572
硇砂 …… 515
内吸磷 …… 568
尼古丁 …… 573
凝乳酶 …… 575
农利灵 …… 998
钕[浸在煤油中的] …… 576

O

2,2′-偶氮-二-(2-甲基丁腈) …… 577
1,1′-偶氮-二-(六氢苄腈) …… 578
偶氮二异戊腈 …… 577
1,1′-偶氮(氰基环已烷) …… 578

P

哌嗪 …… 579
2-(1-哌嗪基)乙胺 …… 580
硼砂 …… 786
硼酸 …… 582
硼酸甲酯 …… 585
硼酸铅 …… 583
硼酸三丙酯 …… 584
硼酸三甲酯 …… 585

硼酸三乙酯 …………………………… 587
硼酸三异丙酯 ………………………… 588
硼酸(三)异丙酯 ……………………… 588
硼酸乙酯 ……………………………… 587
硼酸异丙酯 …………………………… 588
硼酸正丙酯 …………………………… 584
皮脂酸二丙酯 ………………………… 322
皮脂酸二丁酯 ………………………… 323
皮脂酸二甲酯 ………………………… 324
皮脂酸二壬酯 ………………………… 325
皮脂酸二辛酯 ………………………… 326
偏二亚硫酸钠 ………………………… 589
偏磷酸 ………………………………… 590
偏磷酸钠玻璃 ………………………… 495
偏硼酸钡 ……………………………… 592
偏硼酸铅一水物 ……………………… 583
偏四氯乙烷 …………………………… 593
扑虱灵 ………………………………… 750
β-葡糖苷酶 …………………………… 594

Q

七氟菊酯 ……………………………… 775
七硫化磷 ……………………………… 595
七硫化四磷 …………………………… 595
七硫化亚磷 …………………………… 595
七氯 …………………………………… 596
七氯化茚 ……………………………… 596
1,4,5,6,7,8,8-七氯-3a、4、7、7a-
四氢-4,7-甲撑-H-茚 ……………… 596
七水合硫酸锌 ………………………… 597
羟胺硝酸 ……………………………… 867
2-[4-[(4-羟苯基)磺酰基]苯氧基]-
4,4-二甲基-N-[5-[(甲磺酰基)
氨基]-2-[4-(1,1,3,3-四甲基
丁基)苯氧基]苯基]-3-氧代戊
酰胺 ………………………………… 598
4-[(3-羟丙基)氨基]-3-硝基苯酚 … 599
[羟基(4-苯丁基)氧膦基]乙酸苄酯 ……
……………………………………… 601
4-羟基苯甲醛 ………………………… 146
4-羟基苯甲酸 ………………………… 145
3-羟基苯甲酸 ………………………… 430
3-羟基丙腈 …………………………… 602
3-羟基丁酸甲酯 ……………………… 603
4-羟基丁酸内酯 ……………………… 124
1-羟基-2,6-二甲基苯 ……………… 174
2-羟基庚烷 …………………………… 313
3-羟基庚烷 …………………………… 314
α-羟基己二醛 ………………………… 604
2-羟基己二醛 ………………………… 605
1-羟基-5-(2-甲基丙氧基碳酰
胺基)-N-(3-十二烷氧基丙基)-
2-萘甲酰胺 ………………………… 606
2-羟基-2-甲基-3-丁烯酸 2-
甲基丙酯 …………………………… 600
2-羟基-4-甲硫基丁酸 ……………… 606
8-羟基喹啉铜 ………………………… 608
2-羟基-5-氯苯甲醛 ………………… 609
5-羟基水杨酸 ………………………… 225
9-羟基-9-芴甲酸 …………………… 845
羟基乙硫醚 …………………………… 959
羟基乙酸 ……………………………… 610
2-羟甲基-2-硝基-1,3-丙二醇 ……… 695
(2-羟乙基)肼 ………………………… 611
羟乙肼 ………………………………… 611
氢过氧化 1,2,3,4-四氢化-1-萘 …… 613
氢过氧化四氢萘 ……………………… 613
氢化铝钠 ……………………………… 614
氢醌苄基醚 …………………………… 135
氢醌二甲基醚 ………………………… 187
氢氧化铬水合物 ……………………… 616
氢氧化铬酸锌钾 ……………………… 309
氢氧化铅 ……………………………… 617
氢[液化的] …………………………… 612
氰 ……………………………………… 618
3-[2-[4-[2-(4-氰苯基)乙烯基]
苯基]乙烯基]苄腈 ………………… 619

氰氟草酯 …………………………… 123
氰化亚金钾 ………………………… 232
氰化乙醇 …………………………… 602
氰化银(Ⅰ) ………………………… 620
α-氰基-3-苯氧基苄基-2,2-二氯-
  1-(4-乙氧基苯基)环丙烷甲酸酯 … 622
(*RS*)-α-氰基-3-苯氧基苄基-*N*-(2-
  氯-4-三氟甲基苯基)-D-氨基
  异戊酸酯 ………………………… 287
2-氰基丙烯酸甲酯 ………………… 623
氰基丙烯酸甲酯 …………………… 623
3-氰基-*N*-(1,1-二甲基乙基)
雄-3,5-二烯-17-β-甲酰胺 ……… 624
N-[4-(4-氰基-2-呋喃亚甲基-2,5-
  二氢-5-氧代-3-呋喃基)苯基]
  丁烷-1-磺酰胺…………………… 625
2-氰基-4-硝基苯胺 ……………… 30
氰硫基乙酸乙酯 …………………… 626
氰尿酰氯 …………………………… 627
氰酸钾 ……………………………… 628
氰亚金酸钾 ………………………… 232
β-巯基丙酸 ………………………… 630
3-巯基丙酸 ………………………… 630
2-巯基丙烷………………………… 1034
5-巯基-1H-四氮唑-1-乙酸 ……… 631
5-巯基四唑并-1-乙酸……………… 631
5-巯基四唑乙酸 …………………… 631
曲砜那 ……………………………… 397
全氯甲硫醇 ………………………… 632
炔苯酰草胺 ………………………… 207

R

1-壬醇 ……………………………… 633
壬二酸 ……………………………… 634
壬二酸二丁酯 ……………………… 635
6-(壬基氨基)-6-氧代-过氧己酸 …… 636
壬基酚聚氧乙烯醚 ………………… 444
壬酸 ………………………………… 637
壬酸乙酯 …………………………… 639
润滑油 ……………………………… 640
润滑脂 ……………………………… 641

S

噻虫啉 ……………………………… 642
噻吩草胺 …………………………… 523
噻嗪酮 ……………………………… 750
赛璐珞 ……………………………… 643
三苯基氟化锡 ……………………… 644
三苯基氯硅烷 ……………………… 645
三苯基氯化锡 ……………………… 646
三苯基锡 *N*,*N*-二甲基二硫代氨基
  甲酸盐 …………………………… 178
三苯基锡氯乙酸盐 ………………… 647
三苯基乙酸锡 ……………………… 648
三丙基氯化锡 ……………………… 650
2,4,6-三丙基-1,3,5,2,4,6-三氧
  杂三磷-2,4,6-三氧化物 ………… 70
三(2-丙烯基)胺 …………………… 696
三草酸铁三钠 ……………………… 651
三草酰铁酸三铵 …………………… 86
三醋酸锑 …………………………… 716
三氮二苯 …………………………… 1111
三碘醋酸 …………………………… 652
三碘乙酸 …………………………… 652
三丁基铝 …………………………… 653
三丁基氯化锡 ……………………… 654
三丁基硼 …………………………… 655
三丁基氢氧化锡 …………………… 656
三丁基锡磺胺酸盐 ………………… 657
三丁基锡氢氧化物 ………………… 656
三丁基锡十二酸盐 ………………… 658
三丁基锡月桂酸盐 ………………… 658
三丁基乙酸锡 ……………………… 659
1,1,1-三氟-2,2-二氯乙烷………… 216
三氟化氯 …………………………… 661
三氟化硼醋酸酐 …………………… 663

三氟化硼二甲基氧基络合物 ………… 662
三氟化硼-二甲醚络合物 ……………… 662
三氟化硼酐 ……………………………… 663
三氟化硼甲醚络合物 ………………… 662
三氟化硼乙酸酐 ……………………… 663
三氟化硼乙酸络合物 ………………… 979
三氟化砷(Ⅲ) ………………………… 664
三氟甲苯 ………………………………… 666
3-三氟甲苯基异氰酸酯 ……………… 1062
三氟甲磺酸 …………………………… 667
(*R*)-2-(4-((5-(三氟甲基)-2-
吡啶基)氧基)苯氧基)丙酸丁酯 …… 441
三氟甲烷磺酸 ………………………… 667
三氟氯甲烷 …………………………… 668
三氟氯乙烯 …………………………… 669
1,1,1-三氟-*N*-[(三氟甲基磺酰基)
甲磺酰胺]锂盐 ……………………… 670
三氟溴甲烷 …………………………… 672
三氟乙酰氯 …………………………… 673
三甘醇 …………………………………… 714
三甲胺溶液 …………………………… 674
三甲胺 45%~50%水溶液 …………… 674
3,5,5-三甲基-2-环己烯-1-酮 …… 1043
3,5,5-三甲基-1-己醇 ……………… 676
2,2,4-三甲基己烷 …………………… 677
三甲基铝 ……………………………… 678
三甲基硼 ……………………………… 679
2,4,4-三甲基-2-戊烯 ……………… 680
三甲基乙氧基硅烷 …………………… 681
三甲硼烷 ……………………………… 679
三甲氧基硼烷 ………………………… 585
三碱式硫酸铅 ………………………… 706
三聚甲醛 ……………………………… 712
三聚氰酰氯 …………………………… 627
三硫代环庚二烯-3,4,6,7-四腈 …… 683
三硫代磷酸三丁酯 …………………… 684
三硫化二磷 …………………………… 685
三硫化磷 ……………………………… 686
三硫化砷 ……………………………… 478
三硫化四磷 …………………………… 686
三硫化亚磷 …………………………… 685
三硫磷 …………………………………… 688
1,2,3-三氯苯 ………………………… 689
三氯丙基硅烷 ………………………… 1098
三氯丁基硅烷 ………………………… 1100
三氯(1,1-二甲基乙基)硅烷 ………… 746
三氯化氮 ……………………………… 516
三氯硫氯甲烷 ………………………… 632
1,2,4-三氯-5-[(4-氯苯基)磺酰]苯
……………………………………… 691
三氯三氟乙烷 ………………………… 690
1,1,1-三氯三氟乙烷 ………………… 690
2,4,6-三氯-1,3,5-三嗪 …………… 627
三氯杀螨砜 …………………………… 691
1,1,1-三氯-2,2-双(对甲氧苯基)
乙烷 ……………………………………… 414
三氯(四氯苯基)硅烷 ……………… 783
三氯戊基硅烷 ………………………… 842
三氯硝基乙烯 ………………………… 692
三氯一氟甲烷 ………………………… 693
三(羟甲基)硝基甲烷 ………………… 695
三赛昂 …………………………………… 688
三烯丙胺 ……………………………… 696
三烯丙基胺 …………………………… 696
2,4,6-三硝基苯酚钠 ………………… 697
三硝基苯磺酸 ………………………… 698
2,4,6-三硝基苯磺酸 ………………… 698
2,4,6-三硝基苯磺酸钠 ……………… 699
三硝基苯乙醚 ………………………… 700
三硝基间苯二酚铅 …………………… 701
2,4,6-三硝基间苯二酚铅 …………… 703
三硝基萘 ……………………………… 704
1,3,6-三硝基萘 ……………………… 704
三溴化碘 ……………………………… 705
三盐基硫酸铅 ………………………… 706
三氧化二铬 …………………………… 920

三氧化二镍 …… 707
三氧化二铅 …… 708
三氧化钼 …… 709
三氧化锑 …… 711
三氧杂环己烷 …… 712
三乙醇铵-2,4-二硝基-6-(1-甲基丙基)酚盐 …… 713
三乙二醇 …… 714
三乙基氯化锡 …… 715
三乙基亚磷酸酯 …… 898
三乙酸基氨 …… 102
三乙酸锑 …… 716
三乙氧基丙烷 …… 1092
1,1,1-三乙氧基丙烷 …… 1092
1,1,3-三乙氧基己烷 …… 717
三乙氧基甲基硅烷 …… 718
三乙氧基膦 …… 898
三乙氧基硼烷 …… 587
三乙氧基乙基硅烷 …… 952
三乙氧基乙烯硅烷 …… 1002
三异丁酸甘油酯 …… 720
三正丁基铝 …… 653
三正丁基硼 …… 655
杀虫环草酸盐 …… 171
杀虫净 …… 230
杀虫灵 …… 1011
杀虫脒盐酸盐 …… 393
杀螟菊酯 …… 622
杀虱多 …… 568
杀线酯 …… 626
沙利霉素 …… 911
砷酸铜 …… 721
十八酸丁酯 …… 1080
十八酸镉盐 …… 1081
十八酸锌 …… 1084
十八酸乙酯 …… 1085
十八碳二烯酸 …… 909
十八烷 …… 722
十八(烷基)异氰酸酯 …… 1063
十八烷基异氰酸酯 …… 1063
十八烷酰氯 …… 723
十八(烷)酰氯 …… 723
十八烯酸甲氧基乙酯 …… 1086
十八酰胺 …… 1086
十八酰氯 …… 723
十二碳酰胺 …… 1094
十二烷基苯磺酸 …… 724
十二烷基二甲基氧化胺 …… 182
3-十二烷基-1-(1,2,2,6,6-五甲基-4-哌啶基)-2,5-吡咯烷二酮 …… 726
十二烷基-*N*-(1,2,2,6,6-五甲基-4-哌啶基)琥珀酰亚胺 …… 726
十二烷酸乙酯 …… 1093
十二(烷)酰氯 …… 727
3-[[3-(十二烷氧基)-3-氧代丙基]硫代]-丙酸十八烷酯 …… 475
十六烷酸乙酯 …… 1120
N-(3-十六烷氧基-2-羟丙基)-*N*-(2-羟乙基)棕榈酸酰胺 …… 728
十三烷基苯磺酸 …… 729
十三烷基苯磺酸钠 …… 730
十四烷基苯磺酸 …… 731
十四烷基苯磺酸钠 …… 732
十碳酰氯 …… 872
十烷基苯磺酸 …… 733
十溴二苯醚 …… 734
十溴联苯醚 …… 734
十一烷基苯磺酸钠 …… 735
石灰石 …… 806
石油焦油 …… 736
石油脚子油 …… 737
石油疏松石蜡 …… 738
铈[浸在煤油中的] …… 739
收敛酸铅 …… 701,703
受阻尼龙稳定剂 …… 765
叔丁苯 …… 740

叔丁基苯 …………………………… 740
N-叔丁基-2-苯并噻唑亚磺酰胺 …… 741
O-3-叔丁基苯基-N-(6-甲氧基-2-吡啶基)-N-甲基硫代氨基甲酸酯 …………………………… 742
N-(4-叔丁基苄基)-4-氯-3-乙基-1-甲基吡唑-5-甲酰胺 ………… 743
1-叔丁基-3-(2,6-二异丙基-4-苯氧基苯基)硫脲 ………………… 744
4-叔丁基甲苯 ………………………… 147
N-(叔丁基)-3-甲基吡啶-2-酰胺 … 745
叔丁基三氯硅烷 ……………………… 746
(S)-N-叔丁基-1,2,3,4-四氢异喹啉-3-甲酰胺 …………………… 748
叔丁基溴 ……………………………… 884
N-叔丁基-N′-(4-乙基苯甲酰基)-3,5-二甲基苯甲酰肼 ……………… 749
叔丁基异氰酸酯 …………………… 1065
2-叔丁亚氨基-3-异丙基-5-苯基-4H-1,3,5-噻二嗪-4-酮 ………… 750
叔辛胺 ………………………………… 751
疏松石蜡 ……………………………… 738
薯瘟锡 ………………………………… 648
曙黄 …………………………………… 498
树脂酸和松香酸锰盐 ……………… 754
树脂酸铝 ……………………………… 752
树脂酸锰 ……………………………… 753
树脂酸锌 ……………………………… 754
树脂酸与松香酸锌盐 ……………… 754
双丙氨膦 ……………………………… 29
双丙氨膦钠 …………………………… 27
双环氧乙烷 …………………………… 253
3,6-双(2-氯苯基)-1,2,4,5-四嗪 … 756
双[2-(5-氯-4-硝基-2-氧苯偶氮基)-5-磺基-1-萘酚基]铬酸三钠 ……………………… 757
双胍 …………………………………… 892
1,3-双(柠康亚酰胺甲基)苯 ……… 888
双羟乙基双鲸蜡基马来酰胺 ……… 764
双(氢化牛油烷基)二甲基氯化铵 …… 758
双(三丁基锡)-2,3-二溴丁二酸盐…… 759
双(三丁基锡)反丁烯二酸盐 ……… 760
双(三丁基锡)富马酸盐 …………… 760
双(三丁基锡)邻苯二甲酸盐 ……… 761
双(三丁基锡)顺丁烯二酸盐 ……… 763
双三氟甲烷磺酰亚胺锂 …………… 671
双十八烷基二甲基氯化铵 ………… 229
N,N′-双十六基-N,N′-二(2-羟乙基)丙二酰胺 …………………………… 764
双鼠脲 ………………………………… 891
N,N′-双(2,2,6,6-四甲基-4-哌啶基)-1,3-苯二甲酰胺 ………… 765
双(2,2,6,6-四甲基-4-哌啶基)丁二酸酯 …………………………… 765
N,N-双(羧甲基)-β-氨基丙酸三钠盐 …………………………… 755
双乙磺酰丙烷 ………………………… 766
1,3-双(乙烯基磺酰基乙酰氨基)丙烷 …………………………………… 767
双(2-乙烯氧乙基)醚 ……………… 265
水合氧化铬 …………………………… 616
水杨酸 ………………………………… 470
水杨酰胺 ……………………………… 768
顺丁烯二酸 …………………………… 545
四氨硝酸镍 …………………………… 769
四氮烯 ………………………………… 556
四氮唑乙酸 …………………………… 800
四(3,5-二叔丁基-4-羟基)苯丙酸季戊四醇酯 ……………………… 445
2,3,5,6-四氟安息香酸 …………… 770
2,3,5,6-四氟苯甲酸 ……………… 770
四氟苯菊酯 …………………………… 771
2,3,5,6-四氟苄基 (1R,3S)-3-(2,2-二氯乙烯基)-2,2-二甲基环丙烷羧酸酯 …………………… 771
四氟(代)肼 …………………………… 772

1,1,2,2-四氟代肼 ………………………… 772
四氟化二氮 ………………………… 772
四氟化硫 ………………………… 774
2,3,5,6-四氟-4-甲基苄基-(*Z*)-3-
(2-氯-3,3,3-三氟-1-丙烯基)-
2,2-二甲基环丙烷甲酸酯 ………… 775
四氟硼酸锂 ………………………… 776
四氟硼酸钠 ………………………… 777
四氟硼酸四乙胺 ………………………… 800
1,1,3,3-四甲基丁胺 ………………………… 751
1,1,3,3-四甲基丁基过氧化氢
［工业纯］ ………………………… 778
1,1,3,3-四甲基丁基氢过氧化物 …… 778
四甲基邻苯二甲酸氢铵 ………………… 779
四甲基铅 ………………………… 780
四甲铅 ………………………… 780
四硫化四砷 ………………………… 782
四氯苯基三氯硅烷 ………………………… 783
2,3,4,5-四氯苯甲酰氯 ………………… 784
四氯化铅 ………………………… 785
1,1,1,2-四氯乙烷 ………………………… 593
四螨嗪 ………………………… 756
四咪唑 ………………………… 787
四硼酸钠十水合物 ………………………… 786
(*S*)-2,3,5,6-四氢-6-苯基
咪唑并(2,1-b)噻唑………………… 787
(*S*)-2,3,5,6-四氢-6-苯基
咪唑并(2,1-b)噻唑盐酸盐………… 788
1,2,3,6-四氢苯甲醛 ………………… 789
四氢氮杂茂 ………………………… 791
1,2,5,6-四氢化苯甲醛 ………………… 789
四氢化吡咯 ………………………… 791
四氢化铝钠 ………………………… 614
四氢糠胺 ………………………… 792
2-四氢糠胺 ………………………… 792
四氢-2-糠酸甲酯………………………… 794
2-四氢糠酸甲酯 ………………………… 794
(*S*)-1,2,3,4-四氢异喹啉-3-
羧丁酰胺 ………………………… 748
四水合硫酸铍 ………………………… 795
2,3,4,6-四硝基苯胺 ………………… 796
四硝基苯胺 ………………………… 796
四硝基萘胺 ………………………… 797
四溴菊酯 ………………………… 798
四乙基四氟硼酸铵 ………………………… 799
四唑并-1-乙酸………………………… 800
松焦油 ………………………… 801
松馏油 ………………………… 801
松香 ………………………… 803
松香酸铝 ………………………… 752
酸式碳酸铵 ………………………… 810
酸式碳酸钾 ………………………… 811
酸性紫 49 ………………………… 804
N-羧甲基-*N*-(2-(2-羟基乙氧基)
乙基)氨基乙酸二钠 ………………… 805
缩苹果酸………………………… 68
缩水甘油 ………………………… 342
缩水甘油苯醚 ………………………… 344

T

钛白粉 ………………………… 259
钛酸钡 ………………………… 805
酞酸 ………………………… 468
酞酸二壬酯 ………………………… 463
酞酸二乙酯 ………………………… 464
酞酸二异丙酯 ………………………… 465
酞酸二异丁酯 ………………………… 466
碳酸丙二醇酯 ………………………… 67
碳酸钙 ………………………… 806
碳酸酐 ………………………… 259
碳酸镉 ………………………… 807
碳酸铬 ………………………… 808
碳酸锰(Ⅱ) ………………………… 809
碳酸氢铵 ………………………… 810
碳酸氢钾 ………………………… 811
碳酸亚锰 ………………………… 809

碳酸氧铋 …………………………… 435
碳酰氟 ………………………………… 812
羰基氟 ………………………………… 812
羰基硫 ………………………………… 814
特屈拉辛 ……………………………… 556
锑 ……………………………………… 815
天王星 ………………………………… 455
添加剂 O ……………………………… 816
甜菜宁 ………………………………… 817
萜品油烯 ……………………………… 818
铁铈齐 ………………………………… 820
铜粉 …………………………………… 821
1-(2′-脱氧-5′-*O*-三苯甲基-*β*-D-
苏戊呋喃糖基)胸腺嘧啶 ………… 822
脱叶磷 ………………………………… 684

W

烷基磷酸酯 …………………………… 823
胃蛋白酶 ……………………………… 824
胃酶 …………………………………… 824
温石棉 ………………………………… 825
无水芒硝 ……………………………… 486
五氟化砷(Ⅴ) ……………………… 826
五氟化锑 ……………………………… 827
五氟氯乙烷 …………………………… 828
2,2,4,4,6-五甲基庚烷 …………… 829
五氯苯酚 ……………………………… 831
五氯酚 ………………………………… 831
五氯化铌 ……………………………… 832
五氯化砷 ……………………………… 833
五氯化钽 ……………………………… 834
五氯联苯 ……………………………… 835
五氯硝基苯 …………………………… 836
五水合硫酸铜(Ⅱ) ………………… 838
五氧化二氮 …………………………… 839
五氧化二碘 …………………………… 840
戊草丹 ………………………………… 63
戊二酸 ………………………………… 841
戊基三氯硅烷 ………………………… 842
2-戊炔 ………………………………… 843
戊炔草胺 ……………………………… 207
戊酸 …………………………………… 1105
芴丁酸 ………………………………… 845

X

西维因粉剂 …………………………… 409
硒化氢 ………………………………… 849
4-烯丙基-1,2-二甲氧基苯 ……… 846
N-(2-(1-烯丙基-4,5-二氰基咪唑-
2-基偶氮)-5-(二丙氨基)苯基)-
乙酰胺 ……………………………… 847
烯丙基乙基醚 ………………………… 954
烯丙基乙烯基醚 ……………………… 848
锡 ……………………………………… 850
细菌性淀粉酶 ………………………… 112
纤维二糖酶 …………………………… 594
氙[液化的] ………………………… 851
橡胶促进剂 PZ ……………………… 379
硝酐 …………………………………… 839
硝化丙三醇乙醇溶液[含硝化甘油 1%~
10%] ……………………………… 852
硝化淀粉[干的或含水<20%] …… 854
硝化甘油乙醇溶液[含硝化甘油 1%~
10%] ……………………………… 852
硝化棉 ………………………………… 855
硝化纤维素 …………………………… 855
硝化纤维塑料 ………………………… 643
4-硝基苯氨基乙基脲 ……………… 856
1-(4-硝基苯基)-3-(3-吡啶基甲基)
脲 …………………………………… 857
4-硝基苯甲醛 ………………………… 149
3-硝基苯甲醛 ………………………… 431
4-硝基苯甲酸 ………………………… 150
2-硝基苯甲酸 ………………………… 471
2-(3-硝基苯亚甲基)乙酰乙酸甲酯 … 858
3-硝基苯乙酮 ………………………… 859

硝基芘 …………………………………… 860
5-硝基芘 …………………………………… 860
硝基甲烷 …………………………………… 861
5-硝基邻氨基苯甲腈 …………………… 30
硝基脲 …………………………………… 862
N-硝基脲 …………………………………… 862
3-硝基-4-羟丙氨基苯酚 ……………… 599
硝基五氯苯 ……………………………… 837
硝基纤维素 ……………………………… 855
3-硝基乙酰苯 …………………………… 859
硝酸苯重氮盐 …………………………… 870
硝酸铒 …………………………………… 863
硝酸锆酰 ………………………………… 869
硝酸镓 …………………………………… 864
硝酸镍铵 ………………………………… 769
硝酸镨 …………………………………… 865
硝酸羟胺 ………………………………… 867
硝酸钐 …………………………………… 868
硝酸氧锆 ………………………………… 869
硝酸重氮苯 ……………………………… 870
缬草酸甲酯 ……………………………… 1107
2-辛胺 …………………………………… 31
4-辛基苯酚 ……………………………… 151
辛腈 ……………………………………… 1108
2-辛酮 …………………………………… 389
辛烷异构体 ……………………………… 871
锌白 ……………………………………… 927
锌矾 ……………………………………… 597
锌铬黄、锌黄 …………………………… 434
锌黄 ……………………………………… 308
新癸酰氯 ………………………………… 872
溴代环己烷 ……………………………… 340
溴代环戊烷 ……………………………… 875
溴代叔丁烷 ……………………………… 884
溴代仲丁烷 ……………………………… 877
α-溴丁酸 ………………………………… 876
2-溴丁酸 ………………………………… 876
2-溴丁烷 ………………………………… 877
2-(4-溴二氟甲氧基苯基)-2-甲基
　丙基-3-苯氧基苄基醚 ………………… 878
O-(4-溴-2,5-二氯苯基)-*O*,*O*-
　二甲基硫代磷酸酯 …………………… 885
O-(4-溴-2,5-二氯苯基)-*O*,*O*-
　二乙基硫代磷酸酯 …………………… 956
2-溴-1-(2-呋喃基)-2-硝基乙烯 …… 879
溴化苯基镁 ……………………………… 48
溴化甲基镁的乙醚溶液 ………………… 403
溴化钾 …………………………………… 880
溴化氢 …………………………………… 881
溴化氢[无水的] ………………………… 882
溴化银 …………………………………… 883
2-溴-2-甲基丙烷 ……………………… 884
溴硫磷 …………………………………… 885
溴氯氰聚酯 ……………………………… 798
5-溴-8-萘内酰胺 ……………………… 886
5-溴-8-内酰亚胺 ……………………… 886
溴三氟甲烷 ……………………………… 672
1-溴-2,2,2-三氟乙烷 ………………… 887
2-溴烯丙基溴 …………………………… 874
2-(2-溴-2-硝基乙烯基)呋喃 ……… 880

Y

亚胺唑 …………………………………… 502
1,1′-[1,3-亚苯基二(亚甲基)]
　二[3-甲基-1H-吡咯-2,5-二酮]
　……………………………………………… 888
N,*N*′-1,4-亚苯基双(2-(2-甲氧基-
　4-硝基苯基)偶氮)-3-氧代
　丁酰胺 ………………………………… 889
N,*N*′-亚丙基双(二硫代氨基甲酸)锌
　……………………………………………… 890
亚铬酸 …………………………………… 616
1,1′-亚甲基二氨基硫脲 ……………… 891
4,4′-亚甲基二(2-氯苯胺) …………… 157
N,*N*″-(亚甲基二-4,1-亚苯基)
　二[*N*′-环己基脲] ……………………… 893

N,*N*″-(亚甲基二-4,1-亚苯基)
二[*N*′-十八烷基脲] …………………… 892
4,4′-亚甲基双(邻乙基)苯胺 ………… 894
4,4′-亚甲基双(2-乙基)苯胺 ………… 894
亚磷酸二氢铅 …………………………… 895
亚磷酸甲酯 ……………………………… 897
亚磷酸三甲酯 …………………………… 897
亚磷酸三乙酯 …………………………… 898
亚硫酸氢钙 ……………………………… 451
亚氯酸钙 ………………………………… 899
亚氯酸钠 ………………………………… 900
亚锑酐 …………………………………… 711
亚硒酸 …………………………………… 902
4-亚硝基苯胺 …………………………… 903
N-亚硝基二乙醇胺 …………………… 904
亚硝酸戊酯 ……………………………… 906
亚硝酸银 ………………………………… 905
亚硝酸正戊酯 …………………………… 906
亚乙基胲 ………………………………… 960
亚乙基羟胺 ……………………………… 960
N,*N*′-亚乙基双(二硫代氨基甲酸锌)
双(*N*,*N*-二甲基二硫代氨基甲酸盐)
…………………………………… 907
亚油酸 …………………………………… 909
氩[液化的] …………………………… 910
烟碱 ……………………………………… 573
烟嘧磺胺 ………………………………… 17
盐霉素 …………………………………… 911
盐霉素钠盐 ……………………………… 912
盐酸苯胺 ………………………………… 913
盐酸苯肼 ………………………………… 914
盐酸胲 …………………………………… 915
盐酸邻苯二胺 …………………………… 458
盐酸羟胺 ………………………………… 915
盐酸左旋咪唑 …………………………… 788
洋绣球酸乙酯 …………………………… 639
洋绣球酸 ………………………………… 637
3-氧代丁酸丁酯 ………………………… 1015
3-氧代丁酸乙酯 ………………………… 1017
氧代-((2,2,6,6-四甲基-4-哌啶基)
氨基)乙酰肼 …………………………… 918
氧化钡 …………………………………… 918
氧化高镍 ………………………………… 707
氧化高锡 ………………………………… 261
氧化铬(Ⅲ) …………………………… 920
氧化铬绿 ………………………………… 920
氧化汞(Ⅱ) …………………………… 921
氧化钴 …………………………………… 922
氧化六氯二苯 …………………………… 494
氧化铝 …………………………………… 923
氧化镍 …………………………………… 924
氧化铜 …………………………………… 925
氧化锌 …………………………………… 926
氧化亚锰 ………………………………… 935
氧硫化碳 ………………………………… 814
氧[液化的] …………………………… 916
叶枯炔 …………………………………… 961
液态羟基蛋氨酸 ………………………… 607
液氧 ……………………………………… 916
一氟乙酸对溴苯胺 ……………………… 928
一氯丙酮 ………………………………… 506
一氯二苯醚 ……………………………… 929
一氯二氟甲烷 …………………………… 930
一氯化苯醚 ……………………………… 931
一氯化硫 ………………………………… 932
一氯乙酸钠 ……………………………… 933
一水合草酸铵 …………………………… 84
一缩原高碘酸钠 ………………………… 1109
一溴三氟乙烷 …………………………… 887
一氧化钡 ………………………………… 919
一氧化钴 ………………………………… 922
一氧化锰 ………………………………… 935
一氧化镍 ………………………………… 924
一氧化乙烯基环己烯 …………………… 347
胰蛋白酵素 ……………………………… 936
胰蛋白酶 ………………………………… 936

乙拌磷 …………………………………… 937
乙丙二砜 ………………………………… 766
乙醇钠 …………………………………… 938
乙醇钠乙醇溶液 ………………………… 939
乙醇酸 …………………………………… 610
乙丁二砜 ………………………………… 397
乙二醇异丙醚 …………………………… 940
乙二腈 …………………………………… 618
乙二酸 …………………………………… 942
乙二酸铵 ………………………………… 84
乙二酸铵盐 ……………………………… 943
乙二酸二钾盐 …………………………… 87
乙二酸钙 ………………………………… 85
乙二酸锰 ………………………………… 88
乙二酸钠 ………………………………… 89
乙二酸钛 ………………………………… 90
乙二酸钍 ………………………………… 92
乙二酸亚铁 ……………………………… 94
乙二酸亚锡 ……………………………… 95
乙二酰氯 ………………………………… 944
5-乙基-5-苯基-2,4,6-(1H,3H,5H)-
　嘧啶三酮 ……………………………… 945
N-乙基-*N*-丙基-8-叔丁基-1,4-
　二氧杂螺[4.5]癸烷-2-甲胺 ………… 544
2-乙基丁胺 ……………………………… 946
2-乙基丁酸 ……………………………… 275
2-乙基己醛 ……………………………… 948
乙基己醛 ………………………………… 948
3-乙基-2-甲基丙烯醛 ………………… 401
4-(2-(3-乙基-4-甲基-2-氧-3-
　吡咯啉-甲酰胺基)乙基)苯磺酰胺
　…………………………………………… 949
乙基甲基乙炔 …………………………… 843
乙基卡必醇醋酸酯 ……………………… 264
S-乙基-2-(4-氯-2-甲基苯氧基)
　硫代乙酸
　酯 ……………………………………… 950
1-乙基-6,7,8-三氟-1,4-二氢-
　4-氧代-3-喹啉甲酸乙酯 …………… 951
乙基三乙氧基硅烷 ……………………… 952
乙基烯丙基醚 …………………………… 953
乙基香兰素 ……………………………… 1024
O-乙基-*O*-(6-硝基-间甲苯基-
　仲丁基)硫代磷酰胺酯 ……………… 955
乙基溴硫磷 ……………………………… 956
乙基乙烯醚 ……………………………… 994
4-[4-(2-乙基己氧基)苯基](1,4-
　噻嗪-1,1-二氧化物) ………………… 47
乙基异氰酸酯 …………………………… 1066
2-乙基正丁胺 …………………………… 947
乙基正丁基醚 …………………………… 957
乙基仲戊基甲酮 ………………………… 382
乙硫基乙醇 ……………………………… 959
α-乙硫基乙醇 …………………………… 959
乙氰菊酯 ………………………………… 622
乙醛肟 …………………………………… 960
乙炔二羰酰胺 …………………………… 961
乙酸钡 …………………………………… 964
乙酸苯甲酯 ……………………………… 968
乙酸苯乙酯 ……………………………… 966
乙酸苯酯 ………………………………… 967
乙酸苄酯 ………………………………… 968
乙酸高汞 ………………………………… 970
乙酸庚酯 ………………………………… 969
乙酸汞(Ⅱ) ……………………………… 970
乙酸钴 …………………………………… 971
乙酸环己酯 ……………………………… 972
2-乙酸-4-甲基戊酯 …………………… 991
乙酸-3-甲氧基丁酯 …………………… 421
乙酸-2-甲氧基-1-甲基乙基酯 ……… 962
乙酸甲氧基乙基汞 ……………………… 974
乙酸铍 …………………………………… 975
乙酸铅 …………………………………… 976
乙酸铅三水合物 ………………………… 977
乙酸壬酯 ………………………………… 978
乙酸三氟化硼 …………………………… 979

乙酸双氧铀 …………………………… 980
乙酸铊 ………………………………… 986
乙酸锑 ………………………………… 716
乙酸铜 ………………………………… 981
乙酸烯丙酯 …………………………… 982
乙酸辛酯 ……………………………… 983
乙酸亚汞 ……………………………… 984
乙酸亚铊 ……………………………… 986
乙酸-2-乙基己酯……………………… 987
乙酸 2-乙酰氧甲基-4-苄基氧-1-
丁基酯 ……………………………… 963
乙酸异丙烯酯 ………………………… 988
乙酸正庚酯 …………………………… 969
乙酸正己酯 …………………………… 989
乙酸正壬酯 …………………………… 978
乙酸仲己酯 …………………………… 991
乙烯基丁酸酯 ………………………… 1102
4-乙烯基环氧环己烷 ………………… 347
乙烯基甲基醚 ………………………… 992
乙烯基甲醚 …………………………… 992
乙烯基烯丙基醚 ……………………… 848
3-乙烯基-7-氧杂二环[4.1.0]庚烷
………………………………………… 347
乙烯基乙醚 …………………………… 994
乙烯基乙炔 …………………………… 995
乙烯基异丙基醚 ……………………… 1033
乙烯基异丁醚 ………………………… 1037
乙烯(基)异丁醚……………………… 1037
乙烯基正丁基醚 ……………………… 996
乙烯(基)正丁醚 ……………………… 996
乙烯菌核利 …………………………… 998
乙烯利 ………………………………… 999
乙烯磷 ………………………………… 999
乙烯(2-氯乙基)醚…………………… 1000
乙烯-2-氯乙醚 ……………………… 1000
乙烯三乙氧基硅烷 …………………… 1001
4-乙酰氨基-2-氨基苯甲醚 ………… 23
(2-乙酰胺基-5-氟-4-异硫氰基
苯氧基)乙酸乙酯 …………………… 1003
乙酰苯肼 ……………………………… 1004
1-乙酰-2-苯肼 ……………………… 1004
乙酰碘 ………………………………… 1005
乙酰对氨基苯乙醚 …………………… 1019
3-乙酰-1-二乙氨基丙烷……………… 263
4-乙酰基吗啉 ………………………… 1006
N-乙酰基吗啉 ……………………… 1006
N-(3-乙酰基-2-羟苯基)-4-
(4-苯基丁氧基)苯甲酰胺…………… 1007
3′-(3-乙酰基-4-羟苯基)-
1,1-二乙脲 ………………………… 1008
N-(3-((2-(乙酰基氧)乙基)苄基
氨基)-4-甲氧基苯基)乙酰胺 …… 1009
乙酰基乙酰邻氯苯胺 ………………… 1010
乙酰甲胺磷 …………………………… 1011
(*S*)-α-(乙酰硫)苯丙酸 …………… 1013
(*S*)-2-乙酰硫-3-苯基丙酸………… 1013
乙酰亚砷酸铜 ………………………… 1014
乙酰氧基三苯基锡 …………………… 648
乙酰乙酸丁酯 ………………………… 1015
乙酰乙酸甲酯 ………………………… 1016
乙酰乙酸乙酯 ………………………… 1017
3-乙酰乙酰胺基-4-甲氧甲苯基-
6-磺酸钠 …………………………… 1018
乙酰乙酰克利西丁磺酸钠盐 ………… 1019
乙酰乙氧基苯胺 ……………………… 1019
乙氧呋草黄 …………………………… 1020
乙氧基苯 ……………………………… 57
4′-乙氧基-2-苯并咪唑酰苯胺……… 1021
2-乙氧基-3,3-二甲基-2H-1-
苯并呋喃-5-基甲磺酸酯 ………… 1020
2-乙氧基-3,4-二氢-1,2-吡喃 …… 1022
乙氧基化壬基酚 ……………………… 444
乙氧基钠 ……………………………… 938
乙氧基钠乙醇溶液 …………………… 939
3-乙氧基-4-羟基苯甲醛 …………… 1023
乙氧基三甲基硅烷 …………………… 682

乙氧基乙烯 …… 994
4′-乙氧基乙酰苯胺 …… 1024
S-(N-乙氧羰基-N-甲基氨基甲酰甲基)-O,O-二乙基二硫代磷酸酯 …… 562
2-异丙基苯酚 …… 1026
3-异丙基苯酚 …… 1027
4-异丙基苯酚 …… 1028
N-异丙基丙烯酰胺 …… 1029
3-异丙基-5-甲基苯基甲基氨基甲酸酯 …… 549
异丙基缩水甘油醚 …… 1030
S-[2-(异丙基亚硫酰基)乙基]-O,O-二甲基硫代磷酸酯 …… 1032
异丙基乙烯基醚 …… 1033
异丙基异氰酸酯 …… 1067
异丙甲草胺 …… 538
异丙硫醇 …… 1034
2-异丙氧基乙醇 …… 941
异狄氏剂 …… 1035
异丁基乙烯(基)醚 …… 1037
异丁基乙烯基醚[抑制了的] …… 1037
异丁酸甲酯 …… 1038
异丁酸异丙酯 …… 1039
异丁酰氯 …… 1040
异丁氧基乙烯 …… 1037
异丁子香酚 …… 1042
异佛尔酮 …… 1043
异佛尔酮二异氰酸酯 …… 1044
异庚烯 …… 1046
异己酸 …… 400
异己烯 …… 1047
异硫氰酸甲酯 …… 1048
异硫氰酸-1-萘酯 …… 1049
异氯磷 …… 1050
异氰基乙酸乙酯 …… 1052
异氰酸丙酯 …… 1053
异氰酸丁酯 …… 1070
异氰酸对硝基苯 …… 1054
异氰酸对硝基苯酯 …… 1054
异氰酸对溴苯酯 …… 1055
异氰酸-2,4-二氯苯酯 …… 199
异氰酸-2,3-二氯苯酯 …… 1056
异氰酸-2,5-二氯苯酯 …… 1058
异氰酸-2,6-二氯苯酯 …… 1059
1-异氰酸基-2-甲基丙烷 …… 1069
异氰酸基甲氧基甲烷 …… 423
异氰酸-β-萘酯 …… 1060
异氰酸-2-萘酯 …… 1060
异氰酸-1-萘酯 …… 1061
异氰酸-α-萘酯 …… 1061
异氰酸三氟甲苯酯 …… 1062
异氰酸十八酯 …… 1063
异氰酸叔丁酯 …… 1065
异氰酸-4-硝基苯酯 …… 1054
异氰酸-4-溴苯酯 …… 1055
异氰酸乙酯 …… 1066
异氰酸异丙酯 …… 1067
异氰酸异丁酯 …… 1069
异氰酸正丙酯 …… 1053
异氰酸正丁酯 …… 1070
异氰乙酸乙酯 …… 1052
异壬烷 …… 677
异十二烷 …… 830
异松油烯 …… 818
(异)戊酸 …… 1071
异戊酸甲酯 …… 1073
异戊烯 …… 1074
异戊酰氯 …… 1075
抑草磷 …… 955
银 …… 1077
荧光增白剂 MP …… 619
萤蒽 …… 1078
萤石 …… 294
蝇毒磷 …… 1079
蝇毒硫磷 …… 1079

硬化剂 ME-DDM ······ 894
硬脂酸丁酯 ······ 1080
硬脂酸镉 ······ 1081
硬脂酸甲酯 ······ 1082
硬脂酸锌 ······ 1083
硬脂酸乙酯 ······ 1084
硬脂酰胺 ······ 1085
硬脂酰氯 ······ 723
油酸甲氧基乙酯 ······ 1086
油酸酰胺 ······ 1087
油酰胺 ······ 1087
T406 油性剂 ······ 53
有机硅树脂 ······ 1088
右旋反式苯氰菊酯 ······ 1089
鱼藤精 ······ 1091
鱼藤酮 ······ 1090
原丙酸三乙酯 ······ 1092
原丙酸乙酯 ······ 1092
月桂酸乙酯 ······ 1093
月桂酰胺 ······ 1094
月桂酰氯 ······ 727
云母带 ······ 1095

Z

杂醇油 ······ 1096
杂戊醇 ······ 1095
增效砜 ······ 1097
正丙基三氯硅烷 ······ 1098
N-正丁基苯胺 ······ 1099
正丁基三氯硅烷 ······ 1100
正丁基乙烯(基)醚 ······ 996
正丁酸乙烯酯 ······ 1102
正丁酰胺 ······ 130
正丁酰氯 ······ 1103
正丁氧基乙烯 ······ 996
正庚醇 ······ 1104
正己醇 ······ 353
正壬醇 ······ 633
正十八烷 ······ 722
正戊酸 ······ 1105
正戊酸甲酯 ······ 1106
正辛腈 ······ 1108
制冷剂 R-13B1 ······ 672
中国红 ······ 311
仲丁基溴 ······ 877
仲高碘酸钠 ······ 1109
仲戊胺 ······ 1110
仲辛酮 ······ 389
重氮氨基苯 ······ 1111
重氮醋酸乙酯 ······ 1112
重氮乙酸乙酯 ······ 1112
重铬酸 ······ 1113
重铬酸钡 ······ 1115
重铬酸钡二水合物 ······ 1115
重铬酸钾 ······ 1116
重铬酸锂二水合物 ······ 235
重铬酸铯 ······ 1117
重铬酸锌 ······ 1119
重氢 ······ 103
重碳酸钾 ······ 811
重土 ······ 919
紫外线吸收剂 4050H ······ 355
棕榈酸香叶酯 ······ 284
棕榈酸乙酯 ······ 1120
唑草胺 ······ 272
唑虫酰胺 ······ 1121
唑菌胺酯 ······ 34
唑螨酯 ······ 1122

1. N-氨丙基吗啉

标　识

中文名称　N-氨丙基吗啉

英文名称　N-Aminopropyl morpholine；3-Morpholinopropylamine；N-(3-Aminopropyl) morpholine

别名　N-(3-氨丙基)吗啉；4-吗啉基丙胺

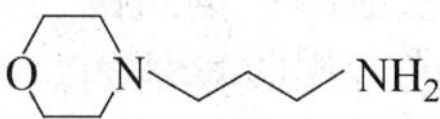

分子式　$C_7H_{16}N_2O$

CAS 号　123-00-2

危害信息

危险性类别　第 8 类　腐蚀品

燃烧与爆炸危险性　可燃。其蒸气与空气混合，能形成爆炸性混合物。受高热分解放出有毒气体。蒸气比空气重，能在较低处扩散到相当远的地方，遇火源会着火回燃和爆炸(闪爆)。

活性反应　与氧化剂可发生反应。

禁忌物　强氧化剂、酸类、酸酐、酰基氯。

毒性　大鼠经口 LD_{50}：3560mg/kg；兔经皮 LD_{50}：1230μL/kg。

中毒表现　眼、皮肤直接接触可发生化学灼伤。误服引起口腔和消化道灼伤。

侵入途径　吸入、食入、经皮吸收。

理化特性与用途

理化特性　无色透明液体，有类似鱼的气味。溶于水，溶于乙醇、苯、己烷。pH 值 12，熔点-15℃，沸点 224℃，相对密度(水=1)0.98，相对蒸气密度(空气=1)4.97，辛醇/水分配系数-0.84，闪点 98℃，引燃温度 250℃。

主要用途　用作化学中间体；用于合成纤维。

包装与储运

包装标志　腐蚀品

包装类别　Ⅲ类

安全储运　储存于阴凉、通风的库房。远离火种、热源。防止阳光直射。保持容器密封。应与氧化剂、酸类、酸酐、酰基氯等隔离储运。避免使用铜、铝及其合金制设备。搬运时轻装轻卸，防止容器受损。

紧急处置信息

急救措施

吸入：迅速脱离现场至空气新鲜处。保持呼吸道通畅。如呼吸困难，给输氧。呼吸、心跳停止，立即进行心肺复苏术。就医。

眼睛接触：立即分开眼睑，用流动清水或生理盐水彻底冲洗 10~15min。就医。

皮肤接触：立即脱去污染的衣着，用大量流动清水彻底冲洗，冲洗时间一般要求 20~30min。就医。

食入： 用水漱口，禁止催吐。给饮牛奶或蛋清。就医。

灭火方法 消防人员穿全身防毒、耐腐蚀消防服，佩戴正压自给式呼吸器，在上风向灭火。尽可能将容器从火场移至空旷处。喷水保持火场容器冷却直至灭火结束。处在火场中的容器若已变色或从安全泄压装置发出响声，须马上撤离。

灭火剂：雾状水、泡沫、干粉、二氧化碳、沙土。

泄漏应急处置 根据液体流动和蒸气扩散的影响区域划定警戒区，无关人员从侧风、上风向撤离至安全区。建议应急处理人员戴防毒面具，穿耐腐蚀、防毒服。穿上适当的防护服前严禁接触破裂的容器和泄漏物。尽可能切断泄漏源。防止泄漏物进入水体、下水道、地下室或有限空间。小量泄漏：用干燥的沙土或其他不燃材料吸收或覆盖，收集于容器中。大量泄漏：构筑围堤或挖坑收容。用沙土或惰性物质吸收大量液体。用耐腐蚀泵转移至槽车或专用收集器内。

2. 5-氨基-2,4,6-三碘异酞酰氯

标　识

中文名称 5-氨基-2，4，6-三碘异酞酰氯

英文名称 5-Amino-2，4，6- triiodisophthaloyl acid dichloride；5-Amino-2，4，6-triiodisophthaloyl dichloride

别名 5-氨基-2，4，6-三碘-1，3-苯二羧酸酰氯

分子式 $C_8H_2Cl_2I_3NO_2$

CAS 号 37441-29-5

危害信息

禁忌物 强氧化剂。

中毒表现 本品对皮肤有致敏性。

侵入途径 吸入、食入。

环境危害 对水生生物有毒，可能在水生环境中造成长期不利影响。

理化特性与用途

理化特性 淡黄色结晶或淡黄色至灰白色粉末。熔点 207~211℃，沸点 567℃，相对密度(水=1)2.83，辛醇/水分配系数 3.21。

主要用途 用作医药中间体和碘代 X-线造影剂的中间体。

包装与储运

包装标志 杂项

包装类别 Ⅲ类

安全储运 储存于阴凉、通风的库房。远离火种、热源。应与强氧化剂、强酸等隔离储运。

紧急处置信息

急救措施

吸入： 迅速脱离现场至空气新鲜处。保持呼吸道通畅。如呼吸困难，给输氧。呼吸、

心跳停止，立即进行心肺复苏术。就医。

眼睛接触：立即分开眼睑，用流动清水或生理盐水彻底冲洗。就医。

皮肤接触：立即脱去污染的衣着，用肥皂水和清水彻底冲洗。就医。

食入：漱口，饮水。就医。

泄漏应急处置 隔离泄漏污染区，限制出入。消除所有点火源。建议应急处理人员戴防尘口罩，穿防酸碱服。作业时使用的所有设备应接地。穿上适当的防护服前严禁接触破裂的容器和泄漏物。尽可能切断泄漏源。扫起或用真空吸除泄漏物，置于洁净、干燥的容器中待处置。

3. 3-氨基-2-丁烯酸 2-(N-苄基-N-甲氨基)乙酯

标 识

中文名称 3-氨基-2-丁烯酸 2-(N-苄基-N-甲氨基)乙酯

英文名称 2-(N-Benzyl-N-methylamino)ethyl 3-amino-2-butenoate; 2-(N-Methylbenzylamino)ethyl-3-aminobut-2-enoate

分子式 $C_{14}H_{20}N_2O_2$

CAS 号 54527-73-0

N O O NH_2

危害信息

禁忌物 强氧化剂。

中毒表现 本品对皮肤有致敏性。

侵入途径 吸入、食入。

环境危害 对水生生物有毒，可能在水生环境中造成长期不利影响。

理化特性与用途

理化特性 固体。微溶于水。熔点 59~61℃，沸点 383℃，相对密度(水=1)1.083，饱和蒸气压 0.63mPa(25℃)，辛醇/水分配系数 2.03，闪点 185℃。

主要用途 用作医药原料。

包装与储运

包装标志 杂项

包装类别 Ⅲ类

安全储运 储存于阴凉、通风的库房。远离火种、热源。应与强氧化剂、强酸、强碱等隔离储运。搬运时轻装轻卸，防止容器受损。

紧急处置信息

急救措施

吸入：迅速脱离现场至空气新鲜处。保持呼吸道通畅。如呼吸困难，给输氧。呼吸、心跳停止，立即进行心肺复苏术。就医。

眼睛接触：立即分开眼睑，用流动清水或生理盐水彻底冲洗。就医。

皮肤接触：立即脱去污染的衣着，用肥皂水和清水彻底冲洗。就医。

食入：漱口，饮水。就医。

泄漏应急处置　隔离泄漏污染区，限制出入。消除所有点火源。建议应急处理人员戴防尘口罩，穿防毒服。穿上适当的防护服前严禁接触破裂的容器和泄漏物。尽可能切断泄漏源。用塑料布覆盖泄漏物，减少飞散。勿使水进入包装容器内。用洁净的铲子收集泄漏物，置于干净、干燥、盖子较松的容器中，将容器移离泄漏区。

4. 4-氨基-3,5-二氯-2,6-二氟吡啶

标　识

中文名称　4-氨基-3，5-二氯-2，6-二氟吡啶

英文名称　3，5-Dichloro-2，6-difluoropyridin-4-amine；4-Amino-3，5-dichloro-2，6-difluoropyridine

别名　3，5-二氯-2，6-二氟-4-氨基吡啶

分子式　$C_5H_2Cl_2F_2N_2$

CAS 号　2840-00-8

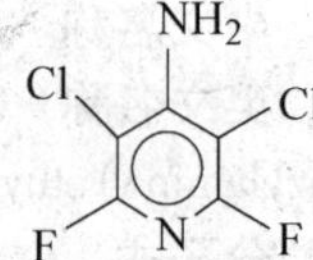

危害信息

燃烧与爆炸危险性　易燃。其粉体与空气混合能形成爆炸性混合物，遇明火高热有引起燃烧爆炸的危险。燃烧产生有毒的一氧化碳、氯化氢和氮氧化物气体。

禁忌物　强氧化剂。

中毒表现　食入和经皮吸收有害。

侵入途径　吸入、食入、经皮吸收。

环境危害　对水生生物有毒，可能在水生环境中造成长期不利影响。

理化特性与用途

理化特性　白色结晶或白色至浅茶色粉末。熔点 112~114℃，沸点 281.7℃，相对密度(水=1)1.697，闪点 124.2℃。

主要用途　用作农用化学品和医药中间体，用于有机合成。

包装与储运

包装标志　杂项

包装类别　Ⅲ类

安全储运　储存于阴凉、通风的库房。远离火种、热源。应与强氧化剂等隔离储运。

紧急处置信息

急救措施

吸入：迅速脱离现场至空气新鲜处。保持呼吸道通畅。如呼吸困难，给输氧。呼吸、心跳停止，立即进行心肺复苏术。就医。

眼睛接触：立即分开眼睑，用流动清水或生理盐水彻底冲洗。就医。

皮肤接触：立即脱去污染的衣着，用肥皂水和清水彻底冲洗。就医。

食入：漱口，饮水。就医。

灭火方法 消防人员须穿全身消防服，佩戴正压自给式呼吸器，在上风向灭火。尽可能将容器从火场移至空旷处。喷水保持火场容器冷却，直至灭火结束。

灭火剂：雾状水、泡沫、二氧化碳、干粉、沙土。

泄漏应急处置 隔离泄漏污染区，限制出入。消除所有点火源。建议应急处理人员戴防尘口罩，穿防毒服。穿上适当的防护服前严禁接触破裂的容器和泄漏物。尽可能切断泄漏源。用塑料布覆盖泄漏物，减少飞散。勿使水进入包装容器内。用洁净的铲子收集泄漏物，置于干净、干燥、盖子较松的容器中，将容器移离泄漏区。

5. *O*-(4-氨基-3,5-二氯-6-氟-2-吡啶氧基)乙酸甲酯

标　识

中文名称 *O*-(4-氨基-3，5-二氯-6-氟-2-吡啶氧基)乙酸甲酯

英文名称 Methyl *O*-(4-amino-3，5-dichloro-6-fluoropyridin-2-yloxy)acetate；Acetic acid，(4-amino-3，5-dichloro-6-fluoro-2-pyridinyl)oxy-，methyl ester；Fluroxypyr methyl ester

别名 氯氟吡氧乙酸甲酯

分子式 $C_8H_7Cl_2FN_2O_3$

CAS 号 69184-17-4

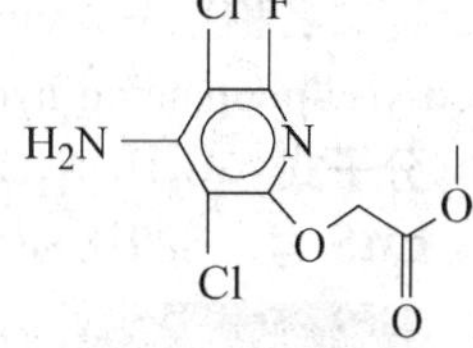

危害信息

燃烧与爆炸危险性 可燃。其蒸气与空气混合能形成爆炸性混合物。燃烧产生有毒的氮氧化物等有毒气体。

禁忌物 强氧化剂。

侵入途径 吸入、食入。

环境危害 对水生生物有毒，可能在水生环境中造成长期不利影响。

理化特性与用途

理化特性 不溶于水。沸点 346℃，相对密度(水=1)1.55，饱和蒸气压 7.85mPa(25℃)，辛醇/水分配系数 3.23，闪点 163℃。

主要用途 用作除草剂。

包装与储运

包装标志 杂项

包装类别 Ⅲ类

安全储运 储存于阴凉、通风的库房。远离火种、热源。应与强氧化剂、强酸、强碱等隔离储运。搬运时轻装轻卸，防止容器受损。

紧急处置信息

急救措施

吸入：脱离接触。如有不适感，就医。

眼睛接触：分开眼睑，用流动清水或生理盐水冲洗。如有不适感，就医。

皮肤接触：脱去污染的衣着，用肥皂水和清水冲洗。如有不适感，就医。

食入：漱口，饮水。就医。

灭火方法 消防人员须穿全身消防服，佩戴正压自给式呼吸器，在上风向灭火。尽可能将容器从火场移至空旷处。喷水保持火场容器冷却，直至灭火结束。

灭火剂：泡沫、二氧化碳、干粉、沙土。

泄漏应急处置 根据液体流动和蒸气扩散的影响区域划定警戒区，无关人员从侧风、上风向撤离至安全区。建议应急处理人员戴正压自给式呼吸器，穿防毒服。穿上适当的防护服前严禁接触破裂的容器和泄漏物。尽可能切断泄漏源。防止泄漏物进入水体、下水道、地下室或有限空间。小量泄漏：用干燥的沙土或其他不燃材料吸收或覆盖，收集于容器中。大量泄漏：构筑围堤或挖坑收容。用泵转移至槽车或专用收集器内。

6. 4-氨基-*N*-甲基-*α*-甲苯磺胺盐酸盐

标　识

中文名称 4-氨基-*N*-甲基-*α*-甲苯磺胺盐酸盐

英文名称 4-Amino-*N*-methyl-*α*-toluenesulphonamide hydrochloride; 4-Amino-*N*-methylbenzylsulphonamide hydrochloride

分子式 $C_8H_{12}N_2O_2S \cdot HCl$

CAS 号 88918-84-7

危害信息

禁忌物 强氧化剂。

中毒表现 能引起严重的眼损害。对皮肤有致敏性。

侵入途径 吸入、食入。

环境危害 对水生生物有毒，可能在水生环境中造成长期不利影响。

理化特性与用途

理化特性 固体。熔点 134℃。

主要用途 供研究用。

包装与储运

包装标志 杂项

包装类别 Ⅲ类

安全储运 储存于阴凉、通风的库房。远离火种、热源。应与强氧化剂等隔离储运。

紧急处置信息

急救措施

吸入：迅速脱离现场至空气新鲜处。保持呼吸道通畅。如呼吸困难，给输氧。呼吸、心跳停止，立即进行心肺复苏术。就医。

眼睛接触：立即分开眼睑，用流动清水或生理盐水彻底冲洗 10~15min。就医。

皮肤接触：立即脱去污染的衣着，用大量流动清水彻底冲洗。就医。

食入：漱口，饮水。就医。

泄漏应急处置 隔离泄漏污染区，限制出入。建议应急处理人员戴防尘口罩，穿防毒服。穿上适当的防护服前严禁接触破裂的容器和泄漏物。尽可能切断泄漏源。用塑料布覆盖泄漏物，减少飞散。勿使水进入包装容器内。用洁净的铲子收集泄漏物，置于干净、干燥、盖子较松的容器中，将容器移离泄漏区。

7. 4-氨基安替比林

标 识

中文名称 4-氨基安替比林

英文名称 4-Aminoantipyrine；Ampyrone；4-Amino-2，3-dimethyl-1-phenyl-3-pyrazolin-5-one

别名 4-氨基非那宗；4-氨基-1，5-二甲基-2-苯基-3-吡唑啉酮

分子式 $C_{11}H_{13}N_3O$

CAS 号 83-07-8

O NH$_2$ N N

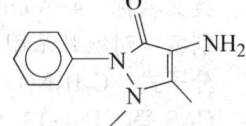

危害信息

燃烧与爆炸危险性 可燃。其粉体与空气混合，能形成爆炸性混合物，当达到一定浓度时，遇火星会发生爆炸。受高热分解放出有毒气体。

禁忌物 强氧化剂、强酸、酸酐、酰基氯。

毒性 大鼠经口 LD_{50}：1700mg/kg；小鼠经口 LD_{50}：800mg/kg。

中毒表现 吸入对呼吸道有刺激性，引起咳嗽、气短。大量口服刺激胃肠道。对眼和皮肤有刺激性。

侵入途径 吸入、食入、经皮吸收。

理化特性与用途

理化特性 黄色至棕色结晶粉末。易溶于水，易溶于乙醇、氯仿，溶于苯，难溶于乙醚。pH 值 7.1（100g/L 水溶液，20℃），熔点 107~109℃，相对密度（水=1）0.8，辛醇/水分配系数-0.07。

主要用途 用于有机合成和色谱分析，用作医药中间体。

包装与储运

安全储运 储存于阴凉、通风的库房。远离火种、热源。防止阳光直射。应与强氧化剂等隔离储运。

紧急处置信息

急救措施

吸入：迅速脱离现场至空气新鲜处。保持呼吸道通畅。如呼吸困难，给输氧。呼吸、心跳停止，立即进行心肺复苏术。就医。

眼睛接触：立即分开眼睑，用流动清水或生理盐水彻底冲洗。就医。

皮肤接触：立即脱去污染的衣着，用肥皂水和清水彻底冲洗。就医。

食入：漱口，饮水。就医。

灭火方法　消防人员穿全身消防服，佩戴正压自给式呼吸器，在上风向灭火。尽可能将容器从火场移至空旷处。喷水保持火场容器冷却，直至灭火结束。

灭火剂：雾状水、泡沫、干粉、二氧化碳、沙土。

泄漏应急处置　隔离泄漏污染区，限制出入。消除所有点火源。建议应急处理人员戴防尘口罩，穿防毒服。穿上适当的防护服前严禁接触破裂的容器和泄漏物。尽可能切断泄漏源。用塑料布覆盖泄漏物，减少飞散。勿使水进入包装容器内。用洁净的铲子收集泄漏物，置于干净、干燥、盖子较松的容器中，将容器移离泄漏区。

8. 4-氨基苯甲酸

标　识

中文名称　4-氨基苯甲酸

英文名称　4-Aminobenzoic acid；*p*-Aminobenzoic acid

别名　对氨基苯甲酸

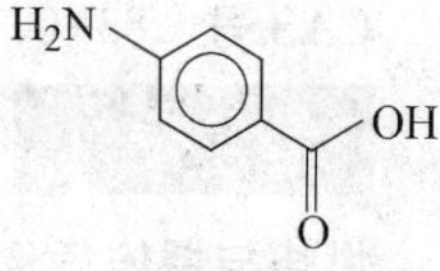

分子式　$C_7H_7NO_2$

CAS 号　150-13-0

危害信息

燃烧与爆炸危险性　可燃，遇明火、高热可燃。其粉体与空气混合，能形成爆炸性混合物。燃烧产生有毒的氮氧化物气体。

禁忌物　强氧化剂。

毒性　大鼠经口 LD_{50}：>6g/kg；小鼠经口 LD_{50}：2850mg/kg。

中毒表现　本品具有刺激性。

侵入途径　吸入、食入。

理化特性与用途

理化特性　白色至淡黄色结晶或结晶粉末。溶于水，易溶于乙醇，溶于碱、乙烷，微溶于丙酮，不溶于氯仿。pH 值 3.5(0.5%水溶液)，熔点 188.5℃，相对密度(水=1)1.37，相对蒸气密度(空气=1)2，饱和蒸气压 0.04Pa(25℃)，辛醇/水分配系数 0.83。

主要用途　用于有机合成、染料中间体、制药等。

包装与储运

安全储运　储存于阴凉、通风的库房。远离火种、热源。应与强氧化剂等隔离储运。

紧急处置信息

急救措施

吸入：迅速脱离现场至空气新鲜处。保持呼吸道通畅。如呼吸困难，给输氧。呼吸、心跳停止，立即进行心肺复苏术。就医。

眼睛接触：立即分开眼睑，用流动清水或生理盐水彻底冲洗。就医。

皮肤接触：立即脱去污染的衣着，用肥皂水和清水彻底冲洗。就医。

食入：漱口，饮水。就医。

灭火方法　消防人员须穿全身耐酸碱消防服，佩戴正压自给式呼吸器，在上风向灭火。尽可能将容器从火场移至空旷处。喷水保持火场容器冷却，直至灭火结束。

灭火剂：雾状水、泡沫、干粉、二氧化碳、沙土。

泄漏应急处置　隔离泄漏污染区，限制出入。消除所有点火源。建议应急处理人员戴防尘口罩，穿防毒服。穿上适当的防护服前严禁接触破裂的容器和泄漏物。尽可能切断泄漏源。用塑料布覆盖泄漏物，减少飞散。勿使水进入包装容器内。用洁净的铲子收集泄漏物，置于干净、干燥、盖子较松的容器中，将容器移离泄漏区。

9. 2-氨基丁醇-1

标　识

中文名称　2-氨基丁醇-1

英文名称　2-Amino-1-butanol；2-Aminobutan-1-ol；2-Aminobutyl alcohol

别名　2-氨基正丁醇

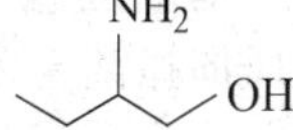

分子式　$C_4H_{11}NO$

CAS 号　96-20-8

危害信息

危险性类别　第 8 类　腐蚀品

燃烧与爆炸危险性　可燃。其蒸气与空气混合，能形成爆炸性混合物。受高热分解放出有毒气体。蒸气比空气重，能在较低处扩散到相当远的地方，遇火源会着火回燃和爆炸(闪爆)。在高温火场中受热的容器有破裂和爆炸的危险。具有腐蚀性。燃烧产生有毒的氮氧化物气体。

活性反应　与氧化剂发生反应。

禁忌物　强氧化剂、强酸。

毒性　小鼠经口 LD_{50}：2300mg/kg。

中毒表现　误服引起口腔和消化道灼伤。眼直接接触发生结膜、角膜损伤。可引起皮肤灼伤。吸入刺激呼吸系统。

侵入途径　吸入、食入、经皮吸收。

理化特性与用途

理化特性　无色透明液体，有氨的气味。溶于水，溶于乙醇、乙醚。熔点-2℃，沸点176~178℃，相对密度(水=1)0.94(20℃)，相对蒸气密度(空气=1)3.06，饱和蒸气压0.13kPa(30℃)，辛醇/水分配系数-0.7，闪点84℃。

主要用途　用于制造乳化剂、清洁剂、润肤剂、药物、织物整理剂等，也用作医药原料。

包装与储运

包装标志　腐蚀品

包装类别　Ⅲ类

安全储运 储存于阴凉、通风的库房。远离火种、热源。储存温度不超过30℃。保持容器密封。应与强氧化剂、强酸、酰基氯、酸酐、氯仿等隔离储运。避免使用铜、铝及其合金制设备。搬运时轻装轻卸，防止容器受损。

紧急处置信息

急救措施

吸入：迅速脱离现场至空气新鲜处。保持呼吸道通畅。如呼吸困难，给输氧。呼吸、心跳停止，立即进行心肺复苏术。就医。

眼睛接触：立即分开眼睑，用流动清水或生理盐水彻底冲洗10~15min。就医。

皮肤接触：立即脱去污染的衣着，用大量流动清水彻底冲洗，冲洗时间一般要求20~30min。就医。

食入：用水漱口，禁止催吐。给饮牛奶或蛋清。就医。

灭火方法 消防人员穿全身消防服，佩戴正压自给式呼吸器，在上风向灭火。尽可能将容器从火场移至空旷处。喷水保持火场容器冷却直至灭火结束。处在火场中的容器若已变色或从安全泄压装置发出响声，须马上撤离。

灭火剂：雾状水、泡沫、干粉、二氧化碳、沙土。

泄漏应急处置 根据液体流动和蒸气扩散的影响区域划定警戒区，无关人员从侧风、上风向撤离至安全区。消除所有点火源。建议应急处理人员戴防毒面具，穿防腐蚀、防毒服。穿上适当的防护服前严禁接触破裂的容器和泄漏物。尽可能切断泄漏源。防止泄漏物进入水体、下水道、地下室或有限空间。小量泄漏：用干燥的沙土或其他不燃材料吸收或覆盖，收集于容器中。大量泄漏：构筑围堤或挖坑收容。用碳酸氢钠（$NaHCO_3$）或石灰（CaO）中和。用耐腐蚀泵转移至槽车或专用收集器内。

10. 4-氨基丁醇-1

标　识

中文名称 4-氨基丁醇-1

英文名称 4-Amino-1-butanol；4-Aminobutanol

别名 4-氨基丁醇

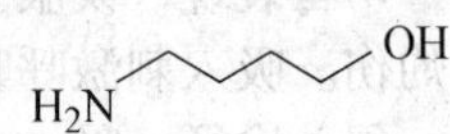

分子式 $C_4H_{11}NO$

CAS 号 13325-10-5

危害信息

危险性类别 第8类 腐蚀品

燃烧与爆炸危险性 可燃。其蒸气与空气混合，能形成爆炸性混合物。受高热分解放出有毒气体。在高温火场中受热的容器有破裂和爆炸的危险。具有腐蚀性。

活性反应 与氧化剂可发生反应。

禁忌物 强氧化剂、酸类。

毒性 大鼠经口 LD_{50}：1150mg/kg。

中毒表现 误服引起口腔和消化道灼伤。眼直接接触发生结膜、角膜损伤。可引起皮肤灼伤。本品沸点较高，在室温下吸入中毒的可能性不大。

侵入途径 吸入、食入、经皮吸收。

理化特性与用途

理化特性 无色至淡黄色油状液体，有吸湿性。混溶于水，混溶于乙醇，不溶于乙醚。熔点16~18℃，沸点206℃，相对密度(水=1)0.967，饱和蒸气压7.98Pa(25℃)，辛醇/水分配系数-0.77，闪点104℃。

主要用途 用于制造乳化剂、清洁剂、润肤剂、药物、织物整理剂。

包装与储运

包装标志 腐蚀品

包装类别 Ⅲ类

安全储运 储存于阴凉、通风的库房。远离火种、热源。储存温度不超过30℃。保持容器密封。应与强氧化剂、强酸、酰基氯、酸酐、氯仿等隔离储运。避免使用铜、铝及其合金制设备。搬运时轻装轻卸，防止容器受损。

紧急处置信息

急救措施

吸入：迅速脱离现场至空气新鲜处。保持呼吸道通畅。如呼吸困难，给输氧。呼吸、心跳停止，立即进行心肺复苏术。就医。

眼睛接触：立即分开眼睑，用流动清水或生理盐水彻底冲洗10~15min。就医。

皮肤接触：立即脱去污染的衣着，用大量流动清水彻底冲洗，冲洗时间一般要求20~30min。就医。

食入：用水漱口，禁止催吐。给饮牛奶或蛋清。就医。

灭火方法 消防人员穿全身消防服，佩戴正压自给式呼吸器，在上风向灭火。尽可能将容器从火场移至空旷处。喷水保持火场容器冷却直至灭火结束。处在火场中的容器若已变色或从安全泄压装置发出响声，须马上撤离。

灭火剂：雾状水、泡沫、干粉、二氧化碳、沙土。

泄漏应急处置 根据液体流动和蒸气扩散的影响区域划定警戒区，无关人员从侧风、上风向撤离至安全区。消除所有点火源。建议应急处理人员戴防毒面具，穿防酸碱服。穿上适当的防护服前严禁接触破裂的容器和泄漏物。尽可能切断泄漏源。防止泄漏物进入水体、下水道、地下室或有限空间。小量泄漏：用干燥的沙土或其他不燃材料吸收或覆盖，收集于容器中。大量泄漏：构筑围堤或挖坑收容。用耐腐蚀泵转移至槽车或专用收集器内。

11. 3-氨基-2,5-二氯苯甲酸

标　识

中文名称 3-氨基-2，5-二氯苯甲酸

英文名称 3-Amino-2，5-dichlorobenzoic acid；Chloramben

别名 氨基二氯苯甲酸；草灭畏

分子式 $C_7H_5Cl_2NO_2$

CAS号 133-90-4

Cl NH$_2$ HO O Cl

危害信息

燃烧与爆炸危险性 可燃。其粉体与空气混合，能形成爆炸性混合物，当达到一定浓度时，遇火星会发生爆炸。受高热分解放出有毒气体。

禁忌物 强氧化剂。

毒性 大鼠经口 LD_{50}：3500mg/kg；小鼠经口 LD_{50}：3725mg/kg；大鼠经皮 LD_{50}：>2200mg/kg；兔经皮 LD_{50}：3136mg/kg。

中毒表现 可引起轻至中度皮肤刺激。

侵入途径 吸入、食入、经皮吸收。

环境危害 对水生生物有毒，可能在水生环境中造成长期不利影响。

理化特性与用途

理化特性 白色无臭结晶。微溶于水，溶于乙醇、甲醇、丙酮、异丙醇、二甲基甲酰胺。熔点 200～201℃，沸点 312℃，密度 1.607g/mL，饱和蒸气压 0.93Pa（100℃），辛醇/水分配系数 1.90。

主要用途 用作除草剂。

包装与储运

包装标志 杂项

包装类别 Ⅲ类

安全储运 储存于阴凉、通风的库房。远离火种、热源。应与强氧化剂等隔离储运。

紧急处置信息

急救措施

吸入：迅速脱离现场至空气新鲜处。保持呼吸道通畅。如呼吸困难，给输氧。呼吸、心跳停止，立即进行心肺复苏术。就医。

眼睛接触：立即分开眼睑，用流动清水或生理盐水彻底冲洗。就医。

皮肤接触：立即脱去污染的衣着，用肥皂水和清水彻底冲洗。就医。

食入：漱口，饮水。就医。

灭火方法 消防人员穿全身消防服，佩戴正压自给式呼吸器，在上风向灭火。尽可能将容器从火场移至空旷处。喷水保持火场容器冷却直至灭火结束。切勿将水流射向熔融物，以免引起严重的流淌火灾或引起剧烈的沸溅。

灭火剂：雾状水、泡沫、干粉、二氧化碳、沙土。

泄漏应急处置 隔离泄漏污染区，限制出入。消除所有点火源。建议应急处理人员戴防尘口罩，穿一般作业工作服。尽可能切断泄漏源。用塑料布覆盖泄漏物，减少飞散。勿使水进入包装容器内。用洁净的铲子收集泄漏物，置于干净、干燥、盖子较松的容器中，将容器移离泄漏区。

12. 5-氨基-1-［2，6-二氯-4-（三氟甲基）苯基］-3-氰基-4-［（三氟甲基）亚磺酰基］吡唑

标 识

中文名称 5-氨基-1-［2，6-二氯-4-(三氟甲基)苯基］-3-氰基-4-［(三氟甲基)亚磺酰基］

吡唑

英文名称 Fipronil; (*RS*)-5-Amino-1-(2, 6-dichloro-4-trifluoromethylphenyl)-4-(trifluoromethylsulfinyl)pyrazole-3-carbonitrile

别名 氟虫腈; 5-氨基-1-(2, 6-二氯-4-三氟甲苯基)-4-三氟甲基亚磺酰基吡唑-3-腈

分子式 $C_{12}H_4Cl_2F_6N_4OS$

CAS 号 120068-37-3

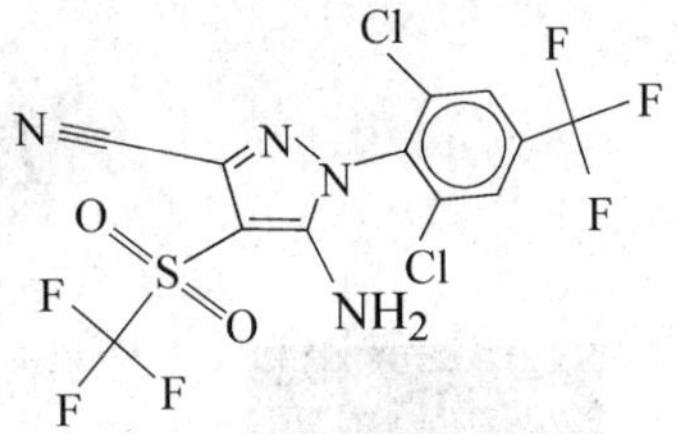

危害信息

危险性类别 第6类 有毒品

燃烧与爆炸危险性 可燃。其粉体与空气混合能形成爆炸性混合物，遇明火高热有引起燃烧爆炸的危险。燃烧产生有毒的氮氧化物和硫氧化物气体。

禁忌物 强氧化剂。

毒性 大鼠经口 LD_{50}：97mg/kg；小鼠经口 LD_{50}：95mg/kg；大鼠经皮 LD_{50}：>2000mg/kg；兔经皮 LD_{50}：354mg/kg。

中毒表现 口服或皮肤接触后可出现头痛、头晕、恶心和呕吐等症状。对眼睛有轻度刺激作用。

侵入途径 吸入、食入、经皮吸收。

环境危害 对水生生物有极高毒性，可能在水生环境中造成长期不利影响。

理化特性与用途

理化特性 白色固体。不溶于水，溶于丙酮，微溶于二氯甲烷、甲苯，不溶于己烷。熔点 200~201℃，沸点 510℃，相对密度(水=1)1.477~1.626(20℃)，辛醇/水分配系数 4，闪点 262℃。

主要用途 高活性杀虫剂。用于水稻、棉花、蔬菜、大豆、油菜、马铃薯、玉米、果树及公共卫生和畜牧业防治半翅目、蝇翅目、鳞翅目、鞘翅目等害虫。

包装与储运

包装标志 有毒品

包装类别 Ⅲ类

安全储运 储存于阴凉、通风的库房。远离火种、热源。储存温度不超过 35℃，相对湿度不超过 85%。保持容器密封。应与强氧化剂等隔离储运。搬运时轻装轻卸，防止容器受损。

紧急处置信息

急救措施

吸入：迅速脱离现场至空气新鲜处。保持呼吸道通畅。如呼吸困难，给输氧。呼吸、心跳停止，立即进行心肺复苏术。就医。

眼睛接触：立即分开眼睑，用流动清水或生理盐水彻底冲洗。就医。

皮肤接触：立即脱去污染的衣着，用肥皂水和清水彻底冲洗。就医。

食入：饮适量温水，催吐(仅限于清醒者)。就医。

灭火方法 消防人员须穿全身防毒消防服，佩戴正压自给式呼吸器，在上风向灭火。尽可能将容器从火场移至空旷处。喷水保持火场容器冷却，直至灭火结束。

灭火剂：雾状水、泡沫、二氧化碳、干粉、沙土。

泄漏应急处置 隔离泄漏污染区，限制出入。消除所有点火源。建议应急处理人员戴

防毒面具，穿防静电防腐蚀服。尽可能切断泄漏源。用塑料布覆盖泄漏物，减少飞散。勿使水进入包装容器内。用洁净的铲子收集泄漏物，置于干净、干燥、盖子较松的容器中，将容器移离泄漏区。

13. 氨基胍重碳酸盐

标　识

中文名称　氨基胍重碳酸盐

英文名称　Aminoguanidinium hydrogen carbonate；Hydrazinecarboximidamide，carbonate (1:1)

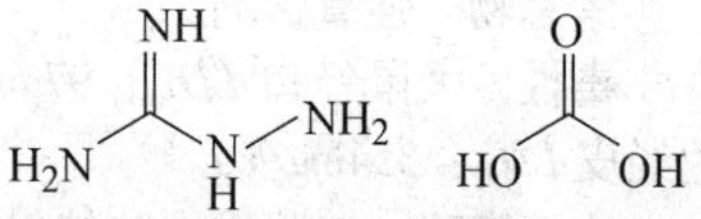

别名　氨基胍碳酸氢盐

分子式　$CH_6N_4 \cdot H_2CO_3$

CAS 号　2582-30-1

铁危编号　41529

危害信息

危险性类别　第 4.1 类　易燃固体

燃烧与爆炸危险性　易燃。其粉体与空气混合能形成爆炸性混合物，遇明火高热有引起燃烧爆炸的危险。受热易分解。在高温火场中，受热的容器或储罐有破裂和爆炸的危险。

禁忌物　强氧化剂、强酸。

毒性　大鼠经口 LD_{50}：6000mg/kg；小鼠经口 LD_{50}：2833.3mg/kg。

中毒表现　本品有致敏性。

侵入途径　吸入、食入。

环境危害　对水生生物有害。

理化特性与用途

理化特性　白色结晶粉末，无气味。几乎不溶于水，不溶于乙醇和其他酸。熔点 125℃，加热至 171~173℃时全部分解，相对密度(水=1)1.60，相对蒸气密度(空气=1)4.7，引燃温度 245℃。

主要用途　用作医药、农药、染料、照相药剂、发泡剂和炸药的合成原料。

包装与储运

包装标志　易燃固体

包装类别　Ⅲ类

安全储运　储存于阴凉、通风的库房。远离火种、热源。储存温度不超过 35℃。保持容器密封。禁止使用易产生火花的机械设备和工具。应与氧化剂等隔离储运。

紧急处置信息

急救措施

吸入：迅速脱离现场至空气新鲜处。保持呼吸道通畅。如呼吸困难，给输氧。呼吸、心跳停止，立即进行心肺复苏术。就医。

眼睛接触： 立即分开眼睑，用流动清水或生理盐水彻底冲洗。就医。

皮肤接触： 立即脱去污染的衣着，用肥皂水和清水彻底冲洗。就医。

食入： 漱口，饮水。就医。

灭火方法 消防人员须穿全身消防服，佩戴正压自给式呼吸器，在上风向灭火。尽可能将容器从火场移至空旷处。喷水保持火场容器冷却，直至灭火结束。

灭火剂：雾状水、泡沫、二氧化碳、干粉、沙土。

泄漏应急处置 隔离泄漏污染区，限制出入。消除所有点火源。建议应急处理人员戴防尘口罩，穿防毒服。穿上适当的防护服前严禁接触破裂的容器和泄漏物。尽可能切断泄漏源。用塑料布覆盖泄漏物，减少飞散。勿使水进入包装容器内。用洁净的铲子收集泄漏物，置于干净、干燥、盖子较松的容器中，将容器移离泄漏区。

14. 氨基化锂

标　识

中文名称 氨基化锂

英文名称 Lithium amide；Lithamide

别名 氨基锂

$Li — NH_2$

分子式 $Li(NH_2)$

CAS 号 7782-89-0

铁危编号 43042

UN 号 1390

危害信息

危险性类别 第 4.3 类　遇湿易燃固体

燃烧与爆炸危险性 遇湿易燃。遇明火、高热引起燃烧爆炸。遇水分解放热并散出易燃的氨气。

禁忌物 强氧化剂、酸类、水、醇类。

中毒表现 对皮肤和黏膜有强刺激。中毒症状有：厌食、口干、恶心、呕吐、腹泻、手震颤、肌无力、白细胞升高、注意力和记忆障碍。肾损伤初期表现为多尿。

侵入途径 吸入、食入、经皮吸收。

理化特性与用途

理化特性 白色四方晶体或白色结晶粉末，有氨样气味。与水发生剧烈反应。不溶于无水乙醇、苯、甲苯、煤油，微溶于乙醇、液氨。熔点 373℃，沸点 430℃，相对密度(水=1)1.18。

主要用途 用于有机合成、药物制造。

包装与储运

包装标志 遇湿易燃固体

包装类别 Ⅱ类

安全储运 储存于阴凉、干燥、通风的库房。远离火种、热源。储存温度不超过 32℃，相对湿度不超过75%。保持容器密封，不可与空气接触。应与强氧化剂、酸、醇等隔离储运。禁止使用易产生火花的机械设备和工具。

紧急处置信息

急救措施

吸入：迅速脱离现场至空气新鲜处。保持呼吸道通畅。如呼吸困难，给输氧。呼吸、心跳停止，立即进行心肺复苏术。就医。

眼睛接触：立即分开眼睑，用流动清水或生理盐水彻底冲洗10~15min。就医。

皮肤接触：立即脱去污染的衣着，用大量流动清水彻底冲洗，冲洗时间一般要求20~30min。就医。

食入：用水漱口，禁止催吐。给饮牛奶或蛋清。就医。

灭火方法　消防人员穿全身消防服，佩戴防毒面具，在上风向灭火。尽可能将容器从火场移至空旷处。喷水保持火场容器冷却直至灭火结束。禁止用水和泡沫灭火。

灭火剂：干粉、二氧化碳、沙土。

泄漏应急处置　隔离泄漏污染区，限制出入。消除所有点火源。建议应急处理人员戴防尘口罩，穿防毒、防静电服。禁止接触或跨越泄漏物。尽可能切断泄漏源。严禁用水处理。小量泄漏：用干燥的沙土或其他不燃材料覆盖泄漏物，然后用塑料布覆盖，减少飞散、避免雨淋。粉末泄漏：用塑料布或帆布覆盖泄漏物，减少飞散，保持干燥。在专家指导下清除。

15. 氨基化钠

标　　识

中文名称　氨基化钠

英文名称　Sodium amide；Sodamide

别名　氨基钠

$Na — NH_2$

分子式　$Na(NH_2)$

CAS 号　7782-92-5

UN 号　1390

危害信息

危险性类别　第4.3类遇湿易燃固体。

燃烧与爆炸危险性　遇湿易燃。受高热或接触明火易发生爆炸。遇水或水蒸气反应放热，并产生有毒的腐蚀性气体。

活性反应　与氧化剂混合，可发生爆炸。遇水或水蒸气反应。

禁忌物　强氧化剂、水、空气、强酸、卤素、醇类。

毒性　强烈刺激眼、皮肤和呼吸道。

侵入途径　吸入、食入、经皮吸收。

理化特性与用途

理化特性　白色结晶粉末或白色至灰色固体，有氨气味。与水剧烈反应。不溶于乙醇、煤油。熔点210℃，沸点400℃，相对密度(水=1)1.39，引燃温度450℃。

主要用途 用于制造氰化钠，有机合成中用作缩合促进剂，也作脱水剂、烷基化剂等以及药物制造。

包装与储运

包装标志 遇湿易燃固体

包装类别 Ⅱ类

安全储运 储存于阴凉、干燥、通风的库房。远离火种、热源。储存温度不超过32℃，相对湿度不超过75%。保持容器密封，不可与空气接触。应与强氧化剂、酸、醇等隔离储运。禁止使用易产生火花的机械设备和工具。

紧急处置信息

急救措施

吸入：迅速脱离现场至空气新鲜处。保持呼吸道通畅。如呼吸困难，给输氧。呼吸、心跳停止，立即进行心肺复苏术。就医。

眼睛接触：立即分开眼睑，用流动清水或生理盐水彻底冲洗10~15min。就医。

皮肤接触：立即脱去污染的衣着，用大量流动清水彻底冲洗，冲洗时间一般要求20~30min。就医。

食入：用水漱口，禁止催吐。给饮牛奶或蛋清。就医。

灭火方法 消防人员穿全身消防服，佩戴防毒面具，在上风向灭火。尽可能将容器从火场移至空旷处。喷水保持火场容器冷却直至灭火结束。禁止用水和泡沫灭火。

灭火剂：干粉、二氧化碳、沙土。

泄漏应急处置 隔离泄漏污染区，限制出入。消除所有点火源。建议应急处理人员戴防尘口罩，穿防酸碱服。禁止接触或跨越泄漏物。小量泄漏：用洁净的铲子收集泄漏物，置于干净、干燥、盖子较松的容器中，将容器移离泄漏区。大量泄漏：用塑料布覆盖。收集回收或运至废物处理场所处置。防止泄漏物进入水体、下水道、地下室或有限空间。

16. 2-氨基磺酰基-*N*,*N*-二甲基烟酰胺

标　识

中文名称 2-氨基磺酰基-*N*，*N*-二甲基烟酰胺

英文名称 2-Aminosulfonyl-*N*，*N*-dimethylnicotinamide

别名 *N*，*N*-二甲基-2-氨基磺酰基-3-吡啶甲酰胺；烟嘧磺胺

分子式 $C_8H_{11}N_3O_3S$

CAS号 112006-75-4

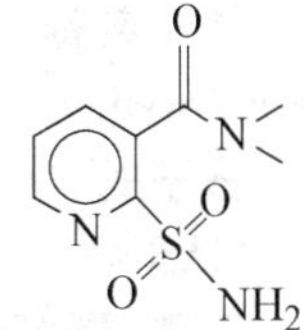

危害信息

燃烧与爆炸危险性 可燃。其粉体与空气混合能形成爆炸性混合物，遇明火高热有引起燃烧爆炸的危险。燃烧产生有毒的氮氧化物气体。

禁忌物 强氧化剂、强酸。

中毒表现 本品对皮肤有致敏性。

侵入途径 吸入、食入。

环境危害 生物有害，可能在水生环境中造成长期不利影响。

理化特性与用途

理化特性 白色结晶。不溶于水，溶于石油醚和异丙醚等溶剂。熔点 74~74.5℃，沸点 488.9℃，相对密度(水=1)1.373，闪点 249.5℃。

主要用途 用作除草剂烟嘧磺隆的中间体，用于合成杀虫剂和药物。

包装与储运

包装标志 杂项

包装类别 Ⅲ类

安全储运 储存于阴凉、通风的库房。远离火种、热源。应与强氧化剂等隔离储运。

紧急处置信息

急救措施

吸入： 迅速脱离现场至空气新鲜处。保持呼吸道通畅。如呼吸困难，给输氧。呼吸、心跳停止，立即进行心肺复苏术。就医。

眼睛接触： 立即分开眼睑，用流动清水或生理盐水彻底冲洗。就医。

皮肤接触： 立即脱去污染的衣着，用肥皂水和清水彻底冲洗。就医。

食入： 漱口，饮水。就医。

灭火方法 消防人员须穿全身消防服，佩戴正压自给式呼吸器，在上风向灭火。尽可能将容器从火场移至空旷处。喷水保持火场容器冷却，直至灭火结束。

灭火剂：雾状水、泡沫、二氧化碳、干粉、沙土。

泄漏应急处置 隔离泄漏污染区，限制出入。建议应急处理人员戴防尘口罩，穿防毒服。穿上适当的防护服前严禁接触破裂的容器和泄漏物。尽可能切断泄漏源。用塑料布覆盖泄漏物，减少飞散。勿使水进入包装容器内。用洁净的铲子收集泄漏物，置于干净、干燥、盖子较松的容器中，将容器移离泄漏区。

17. 2-氨基磺酰基-6-(三氟甲基)吡啶-3-羧酸甲酯

标 识

中文名称 2-氨基磺酰基-6-(三氟甲基)吡啶-3-羧酸甲酯

英文名称 Methyl 2-aminosulfonyl-6-(trifluoromethyl)pyridine-3-carboxylate; 3-Pyridinecarboxylicacid, 2-(aminosulfonyl)-6-(trifluoromethyl)-, methyl ester

分子式 $C_8H_7F_3N_2O_4S$

CAS 号 144740-59-0

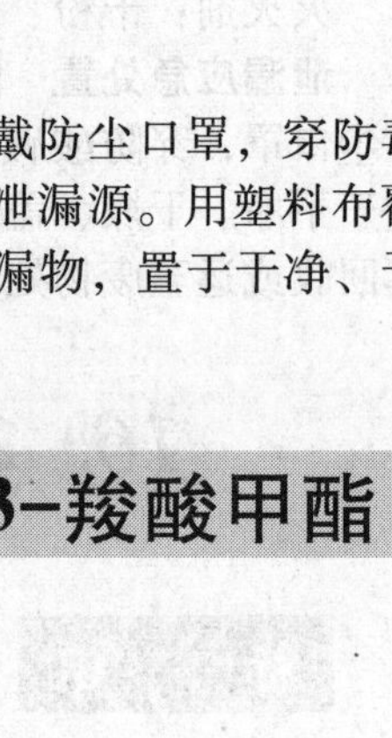

危害信息

燃烧与爆炸危险性 可燃。燃烧产生有毒的氮氧化物和硫氧化物气体。

禁忌物 强氧化剂、强酸。

中毒表现 对皮肤有致敏性。

侵入途径 吸入、食入。

环境危害 对水生生物有毒，可能在水生环境中造成长期不利影响。

理化特性与用途

理化特性 微溶于水。沸点 411℃，相对密度(水=1)1.552，饱和蒸气压 0.08mPa (25℃)，辛醇/水分配系数 1.12，闪点 202℃。

主要用途 用作医药原料。

包装与储运

包装标志 杂项

包装类别 Ⅲ类

安全储运 储存于阴凉、通风的库房。远离火种、热源。应与强氧化剂、强酸、强碱等隔离储运。

紧急处置信息

急救措施

吸入：迅速脱离现场至空气新鲜处。保持呼吸道通畅。如呼吸困难，给输氧。呼吸、心跳停止，立即进行心肺复苏术。就医。

眼睛接触：立即分开眼睑，用流动清水或生理盐水彻底冲洗。就医。

皮肤接触：立即脱去污染的衣着，用肥皂水和清水彻底冲洗。就医。

食入：漱口，饮水。就医。

灭火方法 消防人员须穿全身消防服，佩戴正压自给式呼吸器，在上风向灭火。尽可能将容器从火场移至空旷处。喷水保持火场容器冷却，直至灭火结束。

灭火剂：雾状水、泡沫、二氧化碳、干粉、沙土。

泄漏应急处置 根据液体流动和蒸气扩散的影响区域划定警戒区，无关人员从侧风、上风向撤离至安全区。消除所有点火源。建议应急处理人员戴防毒面具，穿防毒服。穿上适当的防护服前严禁接触破裂的容器和泄漏物。尽可能切断泄漏源。防止泄漏物进入水体、下水道、地下室或有限空间。小量泄漏：用干燥的沙土或其他不燃材料吸收或覆盖，收集于容器中。大量泄漏：构筑围堤或挖坑收容。用泵转移至槽车或专用收集器内。

18. 氨基-3-甲基吡啶

标　识

中文名称 氨基-3-甲基吡啶

英文名称 2-Amino-3-methylpyridine；3-Methyl-2-pyridylamine

别名 2-氨基-BETA-皮考林

分子式 $C_6H_8N_2$

CAS 号 1603-40-3

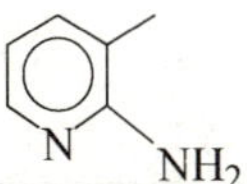

危害信息

危险性类别 第6类 有毒品

燃烧与爆炸危险性 可燃。其粉体与空气混合，能形成爆炸性混合物，当达到一定浓度时，遇火星会发生爆炸。受高热分解放出有毒的氮氧化物气体。

禁忌物 强氧化剂、强酸。

毒性 大鼠经口 LD_{50}：100mg/kg；大鼠吸入 $LCLo$：650ppm(6h)。

中毒表现 吸入、摄入或经皮肤吸收后会中毒，引起头痛、恶心、呕吐、血压升高，重者可引起惊厥、昏迷、呼吸困难，甚至死亡。对眼睛、皮肤和黏膜有刺激作用。

侵入途径 吸入、食入、经皮吸收。

理化特性与用途

理化特性 黄色结晶。易溶于水，溶于多数有机溶剂。熔点 32～34℃，沸点 221～222℃，相对密度(水=1)1.07，相对蒸气密度(空气=1)3.73，辛醇/水分配系数 1.08，闪点 111℃。

主要用途 用于有机合成。

包装与储运

包装标志 有毒品

包装类别 Ⅱ类

安全储运 储存于阴凉、通风的库房。远离火种、热源。储存温度不超过 35℃，相对湿度不超过 85%。保持容器密封。应与强氧化剂、强酸、强碱等隔离储运。搬运时轻装轻卸，防止容器受损。

紧急处置信息

急救措施

吸入：迅速脱离现场至空气新鲜处。保持呼吸道通畅。如呼吸困难，给输氧。呼吸、心跳停止，立即进行心肺复苏术。就医。

眼睛接触：立即分开眼睑，用流动清水或生理盐水彻底冲洗。就医。

皮肤接触：立即脱去污染的衣着，用流动清水彻底冲洗。就医。

食入：饮适量温水，催吐(仅限于清醒者)。就医。

灭火方法 消防人员须穿全身消防服，佩戴正压自给式呼吸器，在上风向灭火。尽可能将容器从火场移至空旷处。喷水保持火场容器冷却，直至灭火结束。

灭火剂：雾状水、泡沫、干粉、二氧化碳、沙土。

泄漏应急处置 隔离泄漏污染区，限制出入。消除所有点火源。建议应急处理人员戴防尘口罩，穿防毒服。穿上适当的防护服前严禁接触破裂的容器和泄漏物。尽可能切断泄漏源。用塑料布覆盖泄漏物，减少飞散。勿使水进入包装容器内。用洁净的铲子收集泄漏物，置于干净、干燥、盖子较松的容器中，将容器移离泄漏区。

19. 2-氨基-4-甲基吡啶

标　识

中文名称 2-氨基-4-甲基吡啶

英文名称 4-Methyl-2-pyridinamine；2-Amino-4-picoline；2-Amino-4-methylpyridine

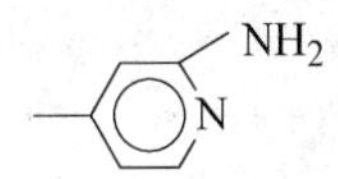

别名 2-氨基-4-皮考林

分子式 $C_6H_8N_2$

CAS 号 695-34-1

危害信息

危险性类别 第6类 有毒品

燃烧与爆炸危险性 可燃。其粉体与空气混合，能形成爆炸性混合物。受高热分解放出有毒的氮氧化物气体。

禁忌物 强氧化剂、强酸、酸酐、酰基氯。

毒性 大鼠经口 LD_{50}：200mg/kg；豚鼠经皮 LD_{50}：500mg/kg。

中毒表现 吸入、摄入或经皮肤吸收后会中毒，引起头痛、恶心、呕吐、血压升高，重者可引起惊厥、昏迷、呼吸困难，甚至死亡。对眼睛、皮肤和黏膜有刺激作用。

侵入途径 吸入、食入、经皮吸收。

理化特性与用途

理化特性 浅黄色至褐色叶片状结晶。易溶于水，易溶于乙醇、二甲基甲酰胺。熔点96~101℃，沸点230℃，相对密度(水=1)1.068，相对蒸气密度(空气=1)3.73，饱和蒸气压10.6Pa(25℃)，辛醇/水分配系数0.56，闪点118℃(闭杯)。

主要用途 用作有机合成中间体。

包装与储运

包装标志 有毒品

包装类别 Ⅲ类

安全储运 储存于阴凉、通风的库房。远离火种、热源。储存温度不超过35℃，相对湿度不超过85%。保持容器密封。应与强氧化剂、强酸、强碱等隔离储运。搬运时轻装轻卸，防止容器受损。

紧急处置信息

急救措施

吸入：迅速脱离现场至空气新鲜处。保持呼吸道通畅。如呼吸困难，给输氧。呼吸、心跳停止，立即进行心肺复苏术。就医。

眼睛接触：立即分开眼睑，用流动清水或生理盐水彻底冲洗。就医。

皮肤接触：立即脱去污染的衣着，用流动清水彻底冲洗。就医。

食入：饮适量温水，催吐(仅限于清醒者)。就医。

灭火方法 消防人员须穿全身消防服，佩戴正压自给式呼吸器，在上风向灭火。尽可能将容器从火场移至空旷处。喷水保持火场容器冷却，直至灭火结束。

灭火剂：雾状水、泡沫、干粉、二氧化碳、沙土。

泄漏应急处置 隔离泄漏污染区，限制出入。消除所有点火源。建议应急处理人员戴防尘口罩，穿防毒服。穿上适当的防护服前严禁接触破裂的容器和泄漏物。尽可能切断泄漏源。用塑料布覆盖泄漏物，减少飞散。勿使水进入包装容器内。用洁净的铲子收集泄漏物，置于干净、干燥、盖子较松的容器中，将容器移离泄漏区。

20. 2-氨基-6-甲基吡啶

标　识

中文名称　2-氨基-6-甲基吡啶

英文名称　6-Amino-2-picoline；2-Amino-6-methyl pyridine；6-Methyl-2-pyridylamine

别名　2-氨基-6-皮考林

分子式　$C_6H_8N_2$

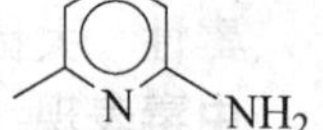

CAS 号　1824-81-3

危害信息

危险性类别　第6类　有毒品

燃烧与爆炸危险性　可燃。其粉体与空气混合，能形成爆炸性混合物。受高热分解放出有毒的氮氧化物气体。

禁忌物　强氧化剂、强酸。

毒性　大鼠经口 LD_{50}：100mg/kg；豚鼠经皮 LD_{50}：200mg/kg。

中毒表现　吸入、摄入或经皮肤吸收后会中毒，引起头痛、恶心、呕吐、血压升高，重者可引起惊厥、昏迷、呼吸困难，甚至死亡。对眼睛、皮肤和黏膜有刺激作用。

侵入途径　吸入、食入、经皮吸收。

理化特性与用途

理化特性　无色至黄色结晶或灰白色结晶粉末。易溶于水，微溶于二甲苯，溶于乙醇、乙醚、苯等多数有机溶剂。熔点 40～45℃，沸点 208～209℃，相对蒸气密度(空气=1) 3.73，辛醇/水分配系数 1.08，闪点 103℃。

主要用途　用于制造照相显影剂、染料及药物。

包装与储运

包装标志　有毒品

包装类别　Ⅱ类

安全储运　储存于阴凉、通风的库房。远离火种、热源。储存温度不超过 35℃，相对湿度不超过 85%。保持容器密封。应与强氧化剂、强酸、强碱等隔离储运。搬运时轻装轻卸，防止容器受损。

紧急处置信息

急救措施

吸入：迅速脱离现场至空气新鲜处。保持呼吸道通畅。如呼吸困难，给输氧。呼吸、心跳停止，立即进行心肺复苏术。就医。

眼睛接触：立即分开眼睑，用流动清水或生理盐水彻底冲洗。就医。

皮肤接触：立即脱去污染的衣着，用流动清水彻底冲洗。就医。

食入：饮适量温水，催吐(仅限于清醒者)。就医。

灭火方法　消防人员须穿全身消防服，佩戴正压自给式呼吸器，在上风向灭火。尽可

能将容器从火场移至空旷处。喷水保持火场容器冷却，直至灭火结束。

灭火剂：雾状水、泡沫、干粉、二氧化碳、沙土。

泄漏应急处置 隔离泄漏污染区，限制出入。消除所有点火源。建议应急处理人员戴防尘口罩，穿防毒服。穿上适当的防护服前严禁接触破裂的容器和泄漏物。尽可能切断泄漏源。用塑料布覆盖泄漏物，减少飞散。勿使水进入包装容器内。用洁净的铲子收集泄漏物，置于干净、干燥、盖子较松的容器中，将容器移离泄漏区。

21. 3-氨基-4-甲氧基乙酰苯胺

标 识

中文名称 3-氨基-4-甲氧基乙酰苯胺

英文名称 3-Amino-4-methoxyacetanilide；3′-Amino-4′-methoxyacetanilide

别名 2-氨基-4-乙酰氨基苯甲醚；4-乙酰氨基-2-氨基苯甲醚

分子式 $C_9H_{12}N_2O_2$

CAS 号 6375-47-9

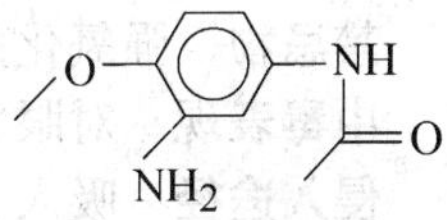

NH
O
NH2

危害信息

燃烧与爆炸危险性 可燃。其粉体与空气混合能形成爆炸性混合物，遇明火高热有引起燃烧爆炸的危险。燃烧产生有毒的氮氧化物气体。

禁忌物 强氧化剂、强酸。

侵入途径 吸入、食入。

理化特性与用途

理化特性 白色结晶。熔点 116~118℃。

主要用途 主要用作分散染料中间体，用于分散蓝 79#等染料中间体的生产。

包装与储运

安全储运 储存于阴凉、通风的库房。远离火种、热源。应与强氧化剂等隔离储运。

紧急处置信息

急救措施

吸入：脱离接触。如有不适感，就医。

眼睛接触：分开眼睑，用流动清水或生理盐水冲洗。如有不适感，就医。

皮肤接触：脱去污染的衣着，用肥皂水和清水冲洗。如有不适感，就医。

食入：漱口，饮水。就医。

灭火方法 消防人员须穿全身消防服，戴正压自给式呼吸器，在上风向灭火。尽可能将容器从火场移至空旷处。喷水保持火场容器冷却，直至灭火结束。

灭火剂：雾状水、泡沫、二氧化碳、干粉、沙土。

泄漏应急处置 隔离泄漏污染区，限制出入。消除所有点火源。建议应急处理人员戴防尘口罩，穿一般作业工作服。尽可能切断泄漏源。用塑料布覆盖泄漏物，减少飞散。勿使水进入包装容器内。用洁净的铲子收集泄漏物，置于干净、干燥、盖子较松的容器中，将容器移离泄漏区。

22. 6-氨基喹啉

标　识

中文名称　6-氨基喹啉

英文名称　6-Aminoquinoline；Quinolin-6-amine；6-Quinolinamine

别名　6-氨基氮杂萘

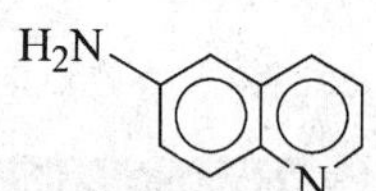

分子式　$C_9H_8N_2$

CAS 号　580-15-4

危害信息

燃烧与爆炸危险性　可燃。其粉体与空气混合，能形成爆炸性混合物，当达到一定浓度时遇火星易发生爆炸。受高热分解放出有毒的氮氧化物气体。

禁忌物　强氧化剂、强酸。

中毒表现　对眼、皮肤有刺激性。可引起皮肤过敏反应。

侵入途径　吸入、食入、经皮吸收。

环境危害　对水生生物有害，可能在水生环境中造成长期不利影响。

理化特性与用途

理化特性　灰绿色结晶粉末。微溶于水，溶于乙醇、乙醚、氨，微溶于石油醚。熔点115~119℃，沸点192~195℃(1.86kPa)，辛醇/水分配系数1.28。

主要用途　用于有机合成，用作医药中间体。

包装与储运

安全储运　储存于阴凉、通风储存于阴凉、通风的库房。远离火种、热源。应与强氧化剂等隔离储运。

紧急处置信息

急救措施

吸入：迅速脱离现场至空气新鲜处。保持呼吸道通畅。如呼吸困难，给输氧。呼吸、心跳停止，立即进行心肺复苏术。就医。

眼睛接触：立即分开眼睑，用流动清水或生理盐水彻底冲洗。就医。

皮肤接触：立即脱去污染的衣着，用流动清水彻底冲洗。就医。

食入：漱口，饮水。就医。

灭火方法　消防人员须穿全身消防服，佩戴正压自给式呼吸器，在上风向灭火。尽可能将容器从火场移至空旷处。喷水保持火场容器冷却，直至灭火结束。

灭火剂：雾状水、泡沫、干粉、二氧化碳、沙土。

泄漏应急处置　隔离泄漏污染区，限制出入。消除所有点火源。建议应急处理人员戴防尘口罩，穿防毒服。穿上适当的防护服前严禁接触破裂的容器和泄漏物。尽可能切断泄漏源。用塑料布覆盖泄漏物，减少飞散。勿使水进入包装容器内。用洁净的铲子收集泄漏物，置于干净、干燥、盖子较松的容器中，将容器移离泄漏区。

23. 4-氨基偶氮苯

标 识

中文名称 4-氨基偶氮苯

英文名称 4-Aminoazobenzene；C. I. Solvent Yellow 1；*p*-Aminoazobenzene

别名 4-(苯基偶氮)苯胺

分子式 $C_{12}H_{11}N_3$

CAS 号 60-09-3

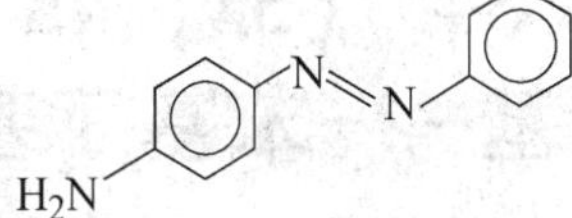

危害信息

燃烧与爆炸危险性 可燃。其粉体与空气混合，能形成爆炸性混合物，当达到一定浓度时，遇火星易发生爆炸。受高热分解放出有毒的氮氧化物气体。

禁忌物 强氧化剂。

毒性 小鼠腹腔内 LD_{50}：200mg/kg。

IARC 致癌性评论：G2B，可疑人类致癌物。

欧盟法规 1272/2008/EC 将本品列为第 1B 类致癌物——可能对人类有致癌能力。

中毒表现 对眼睛、皮肤、黏膜和上呼吸道有刺激作用。受热分解释出氮氧化物。本品对皮肤有致敏作用。

侵入途径 吸入、食入、经皮吸收。

环境危害 对水生生物有极高毒性，可能在水生环境中造成长期不利影响。

理化特性与用途

理化特性 黄褐色针状结晶或橙色单斜针状结晶。不溶于水，溶于乙醇、苯、氯仿、乙醚、油类。熔点 127℃，沸点 360℃，相对密度(水 = 1) 1.05，饱和蒸气压 0.2mPa (25℃)，辛醇/水分配系数 3.41。

主要用途 用于制偶氮染料和噁嗪染料等，并用作醇溶黄和 pH 值指示剂。

包装与储运

包装标志 杂项

包装类别 Ⅲ类

安全储运 储存于阴凉、通风的库房。远离火种、热源。保持容器密封。应与强氧化剂、酸、酰基氯、酸酐、氯仿等隔离储运。

紧急处置信息

急救措施

吸入：迅速脱离现场至空气新鲜处。保持呼吸道通畅。如呼吸困难，给输氧。呼吸、心跳停止，立即进行心肺复苏术。就医。

眼睛接触：立即分开眼睑，用流动清水或生理盐水彻底冲洗。就医。

皮肤接触：立即脱去污染的衣着，用流动清水彻底冲洗。就医。

食入：漱口，饮水。就医。

灭火方法 消防人员须穿全身消防服，佩戴正压自给式呼吸器，在上风向灭火。尽可能将容器从火场移至空旷处。喷水保持火场容器冷却，直至灭火结束。

灭火剂：雾状水、泡沫、干粉、二氧化碳、沙土。

泄漏应急处置 隔离泄漏污染区，限制出入。消除所有点火源。建议应急处理人员戴防尘口罩，穿一般作业工作服。尽可能切断泄漏源。用塑料布覆盖泄漏物，减少飞散。勿使水进入包装容器内。用洁净的铲子收集泄漏物，置于干净、干燥、盖子较松的容器中，将容器移离泄漏区。

24. (3*S*, 4a, 8a*S*)-2-[(2*R*, 3*S*)-3-氨基-2-羟基-4-苯基丁基]-*N*-叔丁基十氢异喹啉-3-甲酰胺

标 识

中文名称 (3*S*, 4a, 8a*S*)-2-[(2*R*, 3*S*)-3-氨基-2-羟基-4-苯基丁基]-*N*-叔丁基十氢异喹啉-3-甲酰胺

英文名称 3-Isoquinolinecarboxamide, 2-[(2*R*, 3*S*)-3-amino-2-hydroxy-4-phenylbutyl]-*N*-(1, 1-dimethylethyl)decahydro-, (3*S*, 4a*S*, 8a*S*)-

分子式 $C_{24}H_{39}N_3O_2$

CAS 号 136522-17-3

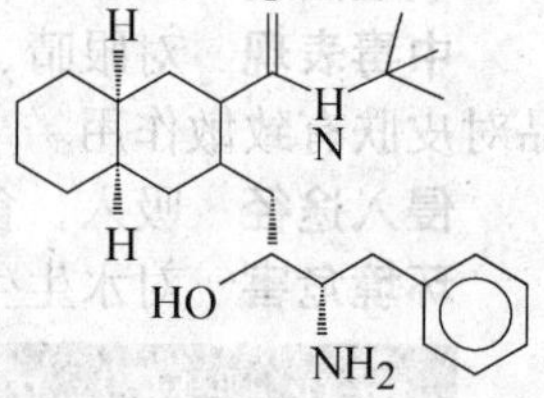

危害信息

禁忌物 强氧化剂。

中毒表现 食入有害。

侵入途径 吸入、食入。

环境危害 对水生生物有害，可能在水生环境中造成长期不利影响。

理化特性与用途

理化特性 固体。熔点 124℃，相对密度(水=1)1.078。

主要用途 用作医药中间体。

包装与储运

安全储运 储存于阴凉、通风的库房。远离火种、热源。应与强氧化剂等隔离储运。

紧急处置信息

急救措施

吸入：迅速脱离现场至空气新鲜处。保持呼吸道通畅。如呼吸困难，给输氧。呼吸、心跳停止，立即进行心肺复苏术。就医。

眼睛接触：立即分开眼睑，用流动清水或生理盐水彻底冲洗。就医。

皮肤接触：立即脱去污染的衣着，用肥皂水和清水彻底冲洗。就医。

食入：漱口，饮水。就医。

泄漏应急处置 隔离泄漏污染区，限制出入。建议应急处理人员戴防尘口罩，穿防毒服。穿上适当的防护服前严禁接触破裂的容器和泄漏物。尽可能切断泄漏源。用塑料布覆

盖泄漏物，减少飞散。勿使水进入包装容器内。用洁净的铲子收集泄漏物，置于干净、干燥、盖子较松的容器中，将容器移离泄漏区。

25. L-2-氨基-4-[(羟基)(甲基)-氧膦基]丁酰-L-丙氨酰-L-丙氨酸的钠盐

标 识

中文名称 L-2-氨基-4-[(羟基)(甲基)-氧膦基]丁酰-L-丙氨酰-L-丙氨酸的钠盐

英文名称 Sodium salt of L-2-amino-4-[(hydroxyl)(methyl)phosphinoyl]butyryl-L-alanyl-L-alanin; Bialaphos sodium; Bilanafos-sodium

别名 双丙氨膦钠

分子式 $C_{11}H_{21}N_3O_6P \cdot Na$

CAS 号 71048-99-2

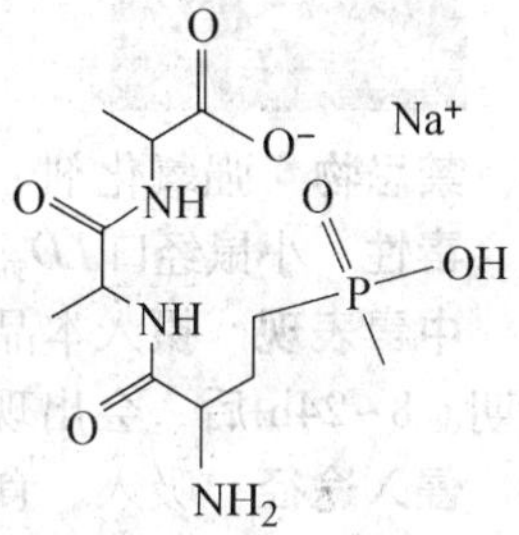

危害信息

禁忌物 强氧化剂、强酸。

毒性 大鼠经口 LD_{50}：268mg/kg；小鼠经口 LD_{50}：372mg/kg；大鼠吸入 LC_{50}：2570mg/m^3；大鼠经皮 LD_{50}：3g/kg。

中毒表现 口服或经皮吸收对身体有害。对眼有刺激性。对呼吸道有致敏性。

侵入途径 吸入、食入、经皮吸收。

理化特性与用途

理化特性 无色粉末或灰白色至黄色粉末。易溶于水，不溶于丙酮、苯、正丁醇、氯仿、乙醇、乙醚，溶于甲醇。熔点 160℃(分解)。

主要用途 用于防除一年生和多年生禾本科杂草和阔叶杂草。

包装与储运

安全储运 储存于阴凉、通风的库房。远离火种、热源。应与强氧化剂等隔离储运。

紧急处置信息

急救措施

吸入：迅速脱离现场至空气新鲜处。保持呼吸道通畅。如呼吸困难，给输氧。呼吸、心跳停止，立即进行心肺复苏术。就医。

眼睛接触：立即分开眼睑，用流动清水或生理盐水彻底冲洗。就医。

皮肤接触：立即脱去污染的衣着，用肥皂水和清水彻底冲洗。就医。

食入：漱口，饮水。就医。

泄漏应急处置 隔离泄漏污染区，限制出入。消除所有点火源。建议应急处理人员戴防尘口罩，穿防毒服。穿上适当的防护服前严禁接触破裂的容器和泄漏物。尽可能切断泄漏源。用塑料布覆盖泄漏物，减少飞散。勿使水进入包装容器内。用洁净的铲子收集泄漏物，置于干净、干燥、盖子较松的容器中，将容器移离泄漏区。

26. 2-氨基-4-[羟基(甲基)氧膦基]丁酸

标　识

中文名称　2-氨基-4-[羟基(甲基)氧膦基]丁酸

英文名称　2-Amino-4-[hydroxyl(methyl)phosphinyl] butanoic acid；Glufosinate；Phosphinothricin

别名　草胺膦

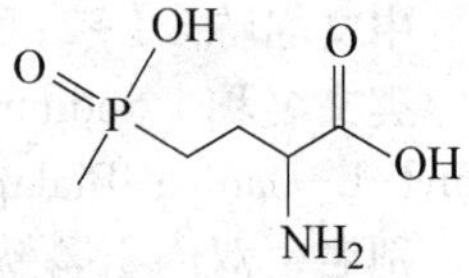

分子式　$C_5H_{12}NO_4P$

CAS 号　51276-47-2

危害信息

禁忌物　强氧化剂。

毒性　小鼠经口 LD_{50}：416mg/kg；大鼠经口 LD_{50}：1510mg/kg；大鼠经皮 LD_{50}：1380mg/kg。

中毒表现　摄入本品会导致恶心、呕吐、腹泻等症状，之后会有一个短暂的无症状潜伏期。8~24h 后，会出现神经系统症状，包括意识混乱、惊厥和呼吸暂停。

侵入途径　吸入、食入、经皮吸收。

理化特性与用途

理化特性　固体。熔点 230℃（分解），辛醇/水分配系数-3.96。

主要用途　可用于果园、葡萄园、非耕地除草，也可用于马铃薯田。

包装与储运

安全储运　储存于阴凉、通风的库房。远离火种、热源。应与强氧化剂等隔离储运。

紧急处置信息

急救措施

吸入：迅速脱离现场至空气新鲜处。保持呼吸道通畅。如呼吸困难，给输氧。呼吸、心跳停止，立即进行心肺复苏术。就医。

眼睛接触：立即分开眼睑，用流动清水或生理盐水彻底冲洗。就医。

皮肤接触：立即脱去污染的衣着，用流动清水彻底冲洗。就医。

食入：漱口，饮水。就医。

泄漏应急处置　隔离泄漏污染区，限制出入。建议应急处理人员戴防尘口罩，穿防毒服。穿上适当的防护服前严禁接触破裂的容器和泄漏物。尽可能切断泄漏源。用塑料布覆盖泄漏物，减少飞散。勿使水进入包装容器内。用洁净的铲子收集泄漏物，置于干净、干燥、盖子较松的容器中，将容器移离泄漏区。

27. L-2-氨基-4-[(羟基)(甲基)氧膦基]丁酰-L-丙氨酰-L-丙氨酸

标　识

中文名称　L-2-氨基-4-[(羟基)(甲基)氧膦基]丁酰-L- 丙氨酰-L-丙氨酸

英文名称　L-2-Amino-4[hydroxyl(methyl) phosphinoyl]butyryl-L-alanyl-L-alanine; gamma-(Hydroxymethylphosphinyl)-L-alpha-aminobutyryl-L-alanyl-L-alanine; Bilanafos

别名　双丙氨膦

分子式　$C_{11}H_{22}N_3O_6P$

CAS 号　35597-43-4

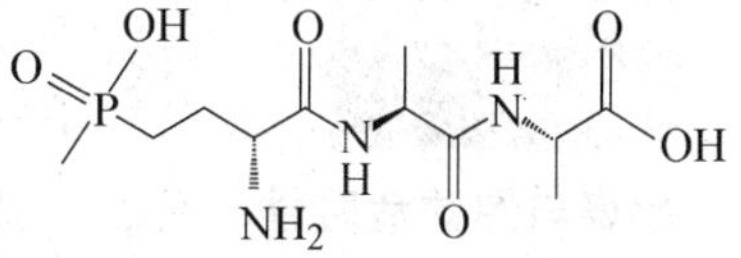

危害信息

禁忌物　强氧化剂、强碱。

毒性　小鼠经口 LD_{50}：500mg/kg；人经口 *TDLo*：457mg/kg。

中毒表现　食入有害。

侵入途径　吸入、食入、经皮吸收。

理化特性与用途

理化特性　白色粉末。溶于水。熔点 159~161℃，相对密度(水=1)1.33，辛醇/水分配系数-2.64。

主要用途　用于生化研究。用于非耕地、果园和蔬菜的行间，防除一年生和一些多年生禾本科及某些阔叶杂草。

包装与储运

安全储运　储存于阴凉、通风的库房。远离火种、热源。应与强氧化剂等隔离储运。

紧急处置信息

急救措施

吸入：迅速脱离现场至空气新鲜处。保持呼吸道通畅。如呼吸困难，给输氧。呼吸、心跳停止，立即进行心肺复苏术。就医。

眼睛接触：立即分开眼睑，用流动清水或生理盐水彻底冲洗。就医。

皮肤接触：立即脱去污染的衣着，用肥皂水和清水彻底冲洗。就医。

食入：漱口，饮水。就医。

泄漏应急处置　隔离泄漏污染区，限制出入。建议应急处理人员戴防尘口罩，穿防毒服，戴橡胶手套。穿上适当的防护服前严禁接触破裂的容器和泄漏物。尽可能切断泄漏源。用塑料布覆盖泄漏物，减少飞散。勿使水进入包装容器内。用洁净的铲子收集泄漏物，置于干净、干燥、盖子较松的容器中，将容器移离泄漏区。

28. 2-氨基-5-硝基苯甲腈

标　识

中文名称　2-氨基-5-硝基苯甲腈

英文名称　2-Amino-5-nitrobenzonitrile；5-Nitroanthranilonitrile；2-Cyano-4-nitroaniline

别名　2-氰基-4-硝基苯胺；2-氨基-5-硝基苄基腈；5-硝基邻氨基苯甲腈

分子式　$C_7H_5N_3O_2$

CAS 号　17420-30-3

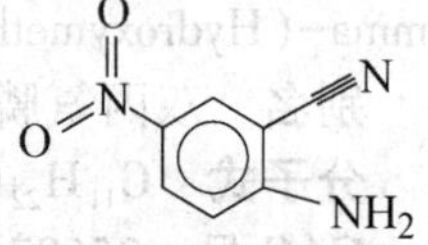

危害信息

燃烧与爆炸危险性　可燃。其粉体与空气混合能形成爆炸性混合物，遇明火高热有引起燃烧爆炸的危险。燃烧产生有毒的氮氧化物气体。

禁忌物　强氧化剂、强酸。

毒性　大鼠经口 LD_{50}：3884mg/kg；小鼠经口 LD_{50}：6710mg/kg。

侵入途径　吸入、食入。

理化特性与用途

理化特性　淡黄色或橙色至褐色粉末，有潮解性。溶于水。熔点 207~210℃，相对密度(水=1)1.41，辛醇/水分配系数 0.52，闪点 185.6℃。

主要用途　合成分散染料的重要中间体，用于合成分散红玉 SE-GFL、分散大红 S-FL、分散蓝 SE-2R、分散艳紫 S-R 等多种高温或中温分散染料。

包装与储运

安全储运　储存于阴凉、通风的库房。远离火种、热源。应与强氧化剂等隔离储运。

紧急处置信息

急救措施

吸入：迅速脱离现场至空气新鲜处。保持呼吸道通畅。如呼吸困难，给输氧。呼吸、心跳停止，立即进行心肺复苏术。就医。

眼睛接触：立即分开眼睑，用流动清水或生理盐水彻底冲洗。就医。

皮肤接触：立即脱去污染的衣着，用肥皂水和清水彻底冲洗。就医。

食入：漱口，饮水。就医。

灭火方法　消防人员须穿全身消防服，佩戴正压自给式呼吸器，在上风向灭火。尽可能将容器从火场移至空旷处。喷水保持火场容器冷却，直至灭火结束。

灭火剂：雾状水、抗溶性泡沫、二氧化碳、干粉、沙土。

泄漏应急处置　隔离泄漏污染区，限制出入。消除所有点火源。建议应急处理人员戴防尘口罩，穿防毒服。尽可能切断泄漏源。用塑料布覆盖泄漏物，减少飞散。勿使水进入包装容器内。用洁净的铲子收集泄漏物，置于干净、干燥、盖子较松的容器中，将容器移离泄漏区。

29. 2-氨基辛烷

标　识

中文名称　2-氨基辛烷

英文名称　2-Aminooctane；2-Octanamine

别名　2-辛胺

分子式　$C_8H_{19}N$

CAS 号　693-16-3

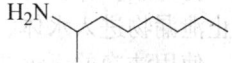

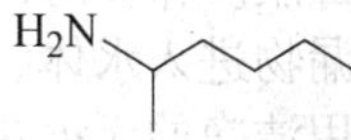

危害信息

危险性类别　第 8 类　腐蚀品

燃烧与爆炸危险性　易燃。其蒸气与空气混合，能形成爆炸性混合物。燃烧产生有毒的氮氧化物气体。

禁忌物　氧化剂、卤素、酸酐、酸类、金属及金属盐等。

毒性　大鼠经口 LD_{50}：165μL/kg；豚鼠经皮 *LDLo*：100μL/kg。

中毒表现　吸入、摄入或经皮肤吸收对身体有害。本品具有强烈刺激性，高浓度接触严重损害黏膜、上呼吸道、眼睛和皮肤。接触后引起烧灼感、咳嗽、喘息、喉炎、气短、头痛、恶心和呕吐。

侵入途径　吸入、食入、经皮吸收。

理化特性与用途

理化特性　无色至淡黄色透明液体。微溶于水。沸点 165℃，相对密度(水=1)0.771，闪点 50℃。

主要用途　用于有机合成；用作环氧催化剂，染料中间体和润滑剂的添加剂及生产杀虫剂的中间体。

包装与储运

包装标志　腐蚀品，易燃液体

包装类别　Ⅱ类

安全储运　储存于阴凉、通风的库房。远离火种、热源，避免阳光直射。储存温度不超过 30℃，相对湿度不超过 80%。炎热季节早晚运输。应与氧化剂、强酸、酰基氯等隔离储运。禁止使用易产生火花的机械设备和工具。灌装时注意控制流速，防止静电积聚。搬运时轻装轻卸，防止容器受损。

紧急处置信息

急救措施

吸入：迅速脱离现场至空气新鲜处。保持呼吸道通畅。如呼吸困难，给输氧。呼吸、心跳停止，立即进行心肺复苏术。就医。

眼睛接触：立即分开眼睑，用流动清水或生理盐水彻底冲洗 10~15min。就医。

皮肤接触：立即脱去污染的衣着，用大量流动清水彻底冲洗，冲洗时间一般要求 20~

30min。就医。

食入: 用水漱口，禁止催吐。给饮牛奶或蛋清。就医。

灭火方法 消防人员须穿全身防火防毒服，佩戴正压自给式呼吸器，在上风向灭火。尽可能将容器从火场移至空旷处。喷水保持火场容器冷却，直至灭火结束。处在火场中的容器若发生异常变化或发出异常声音，须马上撤离。

灭火剂：雾状水、泡沫、干粉、二氧化碳、沙土。

泄漏应急处置 根据液体流动和蒸气扩散的影响区域划定警戒区，无关人员从侧风、上风向撤离至安全区。消除所有点火源。建议应急处理人员戴防毒面具，穿防静电、防腐蚀、防毒服。作业时使用的所有设备应接地。禁止接触或跨越泄漏物。尽可能切断泄漏源。防止泄漏物进入水体、下水道、地下室或有限空间。小量泄漏：用沙土或其他不燃材料吸收。使用洁净的无火花工具收集吸收材料。大量泄漏：构筑围堤或挖坑收容。用泡沫覆盖，减少蒸发。喷水雾能减少蒸发，但不能降低泄漏物在有限空间内的易燃性。用防爆、耐腐蚀泵转移至槽车或专用收集器内。

30. (3aα，4α，7α，7aα)-八氢-4，7-亚甲基-3aH-茚-3a-甲酸乙酯

标 识

中文名称 (3aα，4α，7α，7aα)-八氢-4，7-亚甲基-3aH-茚-3a-甲酸乙酯

英文名称 4，7-Methano-3aH-indene-3a-carboxylic acid，octahydro-，ethyl ester，(3aα，4α，7α，7aα)-；Ethyl hexahydro-4，7-methanoindane-3a-carboxylate

分子式 $C_{13}H_{20}O_2$

CAS 号 80657-64-3

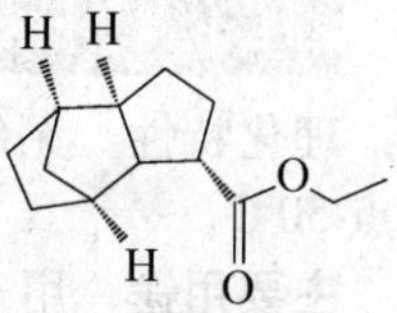

危害信息

燃烧与爆炸危险性 可燃。其蒸气与空气混合能形成爆炸性混合物，遇明火、高热易燃烧或爆炸。在高温火场中，受热的容器或储罐有破裂和爆炸的危险。

禁忌物 强氧化剂。

中毒表现 本品对皮肤有刺激性。

侵入途径 吸入、食入。

环境危害 对水生生物有毒，可能在水生环境中造成长期不利影响。

理化特性与用途

理化特性 无色透明液体，有水果香味。相对密度(水=1)1.046~1.166。[异构体的混合物沸点 254~261℃，相对密度(水=1)1.034~1.051，饱和蒸气压 1.3Pa/20℃，辛醇/水分配系数 3.59，闪点 103.3℃(Tag 闭杯)]

主要用途 用作香料成分。

包装与储运

包装标志 杂项

包装类别 Ⅲ类

安全储运 储存于阴凉、通风的库房。远离火种、热源。应与强氧化剂等隔离储运。搬运时轻装轻卸，防止容器受损。

紧急处置信息

急救措施

吸入：迅速脱离现场至空气新鲜处。保持呼吸道通畅。如呼吸困难，给输氧。呼吸、心跳停止，立即进行心肺复苏术。就医。

眼睛接触：立即分开眼睑，用流动清水或生理盐水彻底冲洗。就医。

皮肤接触：立即脱去污染的衣着，用流动清水彻底冲洗。就医。

食入：漱口，饮水。就医。

灭火方法 消防人员须穿全身消防服，佩戴正压自给式呼吸器，在上风向灭火。尽可能将容器从火场移至空旷处。喷水保持火场容器冷却，直至灭火结束。处在火场中的容器若发生异常变化或发出异常声音，须马上撤离。

灭火剂：泡沫、二氧化碳、干粉、沙土。

泄漏应急处置 消除所有点火源。根据液体流动和蒸气扩散的影响区域划定警戒区，无关人员从侧风、上风向撤离至安全区。建议应急处理人员戴正压自给式呼吸器，穿防静电服。作业时使用的所有设备应接地。禁止接触或跨越泄漏物。尽可能切断泄漏源。防止泄漏物进入水体、下水道、地下室或有限空间。小量泄漏：用沙土或其他不燃材料吸收。使用洁净的无火花工具收集吸收材料。大量泄漏：构筑围堤或挖坑收容。用沙土或惰性物质吸收大量液体。用防爆泵转移至槽车或专用收集器内。喷雾状水驱散蒸气、稀释液体泄漏物。

31. 钯

标 识

中文名称 钯

英文名称 Palladium

分子式 Pd

CAS 号 7440-05-3

危害信息

燃烧与爆炸危险性 可燃。其粉体与空气混合，能形成爆炸性混合物。燃烧产生有毒的氧化钯。

活性反应 其粉体遇高温、明火能燃烧。

禁忌物 强酸、卤素。

毒性 长期、反复接触或可引起接触性过敏性皮炎。

侵入途径 吸入、食入、经皮吸收。

环境危害 对水生生物有害。

理化特性与用途

理化特性 银白色柔性金属或灰色至黑色粉末。不溶于水，溶于王水、熔融的碱，不溶于有机酸。熔点 1555℃，沸点 2963 ~ 3167℃，相对密度(水 = 1) 12.02，饱和蒸气压

3.74Pa(1552℃)，引燃温度>604℃。

主要用途 用于制合金、钟表轴承及零件、镜面、加氢催化剂等。

包装与储运

安全储运 储存于阴凉、通风的库房。远离火种、热源。应与强酸等隔离储运。

紧急处置信息

急救措施

吸入：迅速脱离现场至空气新鲜处。保持呼吸道通畅。如呼吸困难，给输氧。呼吸、心跳停止，立即进行心肺复苏术。就医。

眼睛接触：立即分开眼睑，用流动清水或生理盐水彻底冲洗。就医。

皮肤接触：立即脱去污染的衣着，用肥皂水和清水彻底冲洗。就医。

食入：漱口，饮水。就医。

灭火方法 消防人员须穿全身防火防毒服，佩戴空气呼吸器，在上风向灭火。尽可能将容器从火场移至空旷处。喷水保持火场容器冷却，直至灭火结束。

灭火剂：干粉、沙土。

泄漏应急处置 隔离泄漏污染区，限制出入。建议应急处理人员戴防尘口罩，穿防毒服。穿上适当的防护服前严禁接触破裂的容器和泄漏物。尽可能切断泄漏源。用塑料布覆盖泄漏物，减少飞散。勿使水进入包装容器内。用洁净的铲子收集泄漏物，置于干净、干燥、盖子较松的容器中，将容器移离泄漏区。

32. 百克敏

标 识

中文名称 百克敏

英文名称 Pyraclostrobine; Carbamic acid, (2-(((1-(4-chlorophenyl)-1H-pyrazol-3-yl)oxy)methyl)phenyl)methoxy-, methyl ester

别名 *N*-[2-[[1-(4-氯苯基)吡唑-3-基]氧甲基]苯基]-*N*-甲氧基氨基甲酸甲酯；唑菌胺酯(通用名)

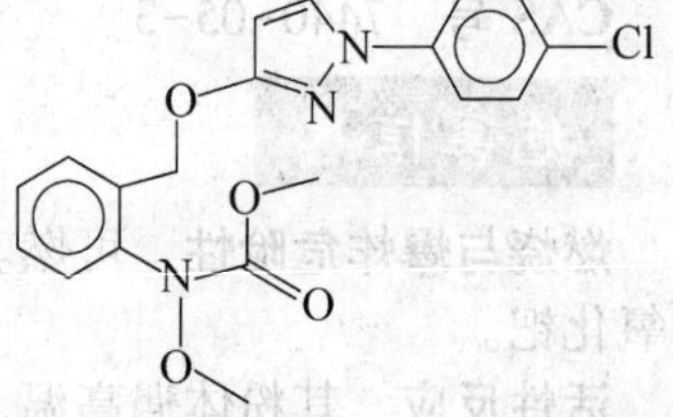

分子式 $C_{19}H_{18}ClN_3O_4$

CAS号 175013-18-0

危害信息

危险性类别 第6类 有毒品

燃烧与爆炸危险性 可燃。其粉体与空气混合能形成爆炸性混合物，遇明火高热有引起燃烧爆炸的危险。燃烧产生有毒的氮氧化物、氯化氢等气体。在高温火场中，受热的容器有破裂和爆炸的危险。

禁忌物 强氧化剂。

毒性 大鼠经口 *TDLo*：1000mg/kg；大鼠吸入 LC_{50}：0.58mg/L。

中毒表现 食入可致死。对眼和皮肤有刺激性。

侵入途径 吸入、食入、经皮吸收。

环境危害 对水生生物有极高毒性，可能在水生环境中造成长期不利影响。

理化特性与用途

理化特性 白色至浅米色结晶固体，无气味。不溶于水。熔点 63.7～65.2℃，相对密度(水=1)1.285(20℃)，辛醇/水分配系数 3.99(20℃)。

主要用途 用于小麦、水稻、花生、葡萄、蔬菜、果树、烟草、咖啡、观赏植物、草坪等防治由于囊菌、担子菌、半知菌和卵菌纲真菌引起的各种病害。

包装与储运

包装标志 有毒品

包装类别 Ⅲ类

安全储运 储存于阴凉、通风的库房。远离火种、热源。储存温度不超过 35℃，相对湿度不超过 85%。保持容器密封。应与强氧化剂、强碱等隔离储运。搬运时轻装轻卸，防止容器受损。

紧急处置信息

急救措施

吸入：迅速脱离现场至空气新鲜处。保持呼吸道通畅。如呼吸困难，给输氧。呼吸、心跳停止，立即进行心肺复苏术。就医。

眼睛接触：立即分开眼睑，用流动清水或生理盐水彻底冲洗。就医。

皮肤接触：立即脱去污染的衣着，用肥皂水和清水彻底冲洗。就医。

食入：漱口，饮水。就医。

灭火方法 消防人员须穿全身消防服，佩戴正压自给式呼吸器，在上风向灭火。尽可能将容器从火场移至空旷处。喷水保持火场容器冷却，直至灭火结束。

灭火剂：雾状水、泡沫、二氧化碳、干粉、沙土。

泄漏应急处置 隔离泄漏污染区，限制出入。建议应急处理人员戴防尘口罩，穿防毒服。尽可能切断泄漏源。用塑料布覆盖泄漏物，减少飞散。勿使水进入包装容器内。用洁净的铲子收集泄漏物，置于干净、干燥、盖子较松的容器中，将容器移离泄漏区。

33. 倍硫磷亚砜

标　识

中文名称 倍硫磷亚砜

英文名称 Fenthion-sulfoxide；Phosphorothioic acid，*O*，*O*-dimethyl-*O*-[3-methyl-4-(methylsulfinyl)phenyl] ester

分子式 $C_{10}H_{15}O_4PS_2$

CAS 号 3761-41-9

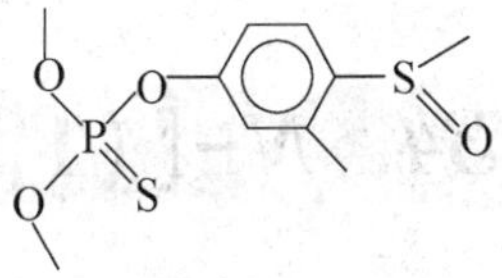

危害信息

危险性类别 第 6 类 有毒品

燃烧与爆炸危险性 可燃。其粉体与空气混合能形成爆炸性混合物，遇明火高热有引起燃烧爆炸的危险。燃烧产生有毒的磷氧化物和硫氧化物。

禁忌物 强氧化剂。

毒性 大鼠经口 LD_{50}：125mg/kg；小鼠经口 LD_{50}：220mg/kg；大鼠经皮 LD_{50}：3g/kg。

中毒表现 抑制体内胆碱酯酶活性，造成神经生理功能紊乱。大量误服出现急性有机磷中毒症状。表现有头痛、头昏、乏力、食欲不振、恶心、呕吐、腹痛、腹泻、流涎、瞳孔缩小、呼吸道分泌物增多、多汗、肌束震颤等。重度中毒者出现肺水肿、昏迷、呼吸麻痹、脑水肿。血胆碱酯酶活性降低。

侵入途径 吸入、食入、经皮吸收。

环境危害 对水生生物有极高毒性，可能在水生环境中造成长期不利影响。

理化特性与用途

理化特性 白色结晶或结晶性粉末。不溶于水，溶于丙酮、甲醇、乙醚。熔点 56.5~58.5℃，沸点 110℃(1.33Pa)，饱和蒸气压 0.73mPa(25℃)，辛醇/水分配系数 1.92。

主要用途 用作杀虫剂。

包装与储运

包装标志 有毒品

包装类别 Ⅲ类

安全储运 储存于阴凉、通风的库房。远离火种、热源。储存温度不超过 35℃，相对湿度不超过 85%。保持容器密封。应与强氧化剂、强碱等隔离储运。搬运时轻装轻卸，防止容器受损。

紧急处置信息

急救措施

吸入：迅速脱离现场至空气新鲜处。保持呼吸道通畅。如呼吸困难，给输氧。呼吸、心跳停止，立即进行心肺复苏术。就医。

眼睛接触：分开眼睑，用流动清水或生理盐水冲洗。就医。

皮肤接触：立即脱去污染的衣着，用肥皂水及流动清水彻底冲洗污染的皮肤、头发、指甲等。就医。

食入：饮足量温水，催吐(仅限于清醒者)。口服活性炭。就医。

解毒剂：阿托品、胆碱酯酶复能剂。

灭火方法 消防人员须穿全身消防服，佩戴正压自给式呼吸器，在上风向灭火。尽可能将容器从火场移至空旷处。喷水保持火场容器冷却，直至灭火结束。

灭火剂：雾状水、泡沫、二氧化碳、干粉、沙土。

泄漏应急处置 隔离泄漏污染区，限制出入。建议应急处理人员戴防尘口罩，穿防毒服。穿上适当的防护服前严禁接触破裂的容器和泄漏物。尽可能切断泄漏源。用塑料布覆盖泄漏物，减少飞散。勿使水进入包装容器内。用洁净的铲子收集泄漏物，置于干净、干燥、盖子较松的容器中，将容器移离泄漏区。

34. N-[(1,4-苯并二噁烷-2-基)羰基]哌嗪盐酸盐

标　识

中文名称 N-[(1, 4-苯并二噁烷-2-基)羰基]哌嗪盐酸盐

英文名称 1-(1，4-Benzodioxan-2-ylcarbonyl) piperazine hydrochloride；1-(2，3-Dihydro-1，4-benzodioxin-2-ylcarbonyl) piperazine hydrochloride

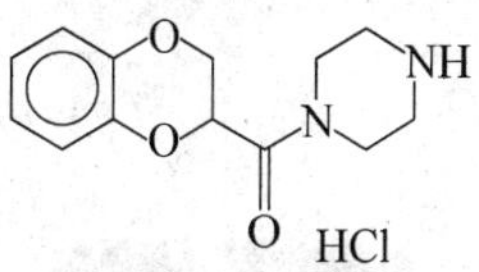

别名 1-(1，4-苯并二噁烷-2-羰基)-哌嗪盐酸盐

分子式 $C_{13}H_{16}N_2O_3 \cdot HCl$

CAS 号 70918-74-0

危害信息

危险性类别 第6类 有毒品

燃烧与爆炸危险性 可燃。其粉体与空气混合能形成爆炸性混合物，遇明火高热有引起燃烧爆炸的危险。燃烧产生有毒的氮氧化物气体。

禁忌物 强氧化剂。

中毒表现 吸入、食入或经皮吸收有毒。长期反复接触可能对器官造成损害。

侵入途径 吸入、食入、经皮吸收。

环境危害 对水生生物有毒，可能在水生环境中造成长期不利影响。

理化特性与用途

理化特性 白色或类白色结晶粉末。熔点 105~108℃，沸点 437.2℃，闪点 218.2℃。

主要用途 用作多沙唑嗪类药物中间体。

包装与储运

包装标志 有毒品

包装类别 Ⅲ类

安全储运 储存于阴凉、通风的库房。远离火种、热源。储存温度不超过 35℃，相对湿度不超过 85%。保持容器密封。应与强氧化剂、强酸等隔离储运。搬运时轻装轻卸，防止容器受损。

紧急处置信息

急救措施

吸入：迅速脱离现场至空气新鲜处。保持呼吸道通畅。如呼吸困难，给输氧。呼吸、心跳停止，立即进行心肺复苏术。就医。

眼睛接触：立即分开眼睑，用流动清水或生理盐水彻底冲洗。就医。

皮肤接触：立即脱去污染的衣着，用肥皂水和清水彻底冲洗。就医。

食入：饮水。就医。

灭火方法 消防人员须穿全身消防服，佩戴正压自给式呼吸器，在上风向灭火。尽可能将容器从火场移至空旷处。喷水保持火场容器冷却，直至灭火结束。

灭火剂：雾状水、泡沫、二氧化碳、干粉、沙土。

泄漏应急处置 隔离泄漏污染区，限制出入。消除所有点火源。建议应急处理人员戴防尘口罩，穿防毒服。穿上适当的防护服前严禁接触破裂的容器和泄漏物。尽可能切断泄漏源。用塑料布覆盖泄漏物，减少飞散。勿使水进入包装容器内。用洁净的铲子收集泄漏物，置于干净、干燥、盖子较松的容器中，将容器移离泄漏区。

35. 2-苯并噻唑基硫代丁二酸二-叔-(十二~十四)烷基铵

标　识

中文名称　2-苯并噻唑基硫代丁二酸二-叔-(十二~十四)烷基铵
英文名称　Di-tert-($C_{12\sim14}$)-alkylammonium 2-benzothiazolylthiosuccinate
CAS 号　125078-60-6

危害信息

禁忌物　强氧化剂。
中毒表现　食入有害。眼接触引起严重损害。对皮肤有刺激性。
侵入途径　吸入、食入。
环境危害　对水生生物有毒，可能在水生环境中造成长期不利影响。

理化特性与用途

理化特性　灰褐色固体。不溶于水。相对密度(水=1)1.0。
主要用途　用作阻蚀剂。

包装与储运

包装标志　杂项
包装类别　Ⅲ类
安全储运　储存于阴凉、通风的库房。远离火种、热源。应与强氧化剂、强酸等隔离储运。搬运时轻装轻卸，防止容器受损。

紧急处置信息

急救措施
吸入：迅速脱离现场至空气新鲜处。保持呼吸道通畅。如呼吸困难，给输氧。呼吸、心跳停止，立即进行心肺复苏术。就医。
眼睛接触：立即分开眼睑，用流动清水或生理盐水彻底冲洗 10~15min。就医。
皮肤接触：立即脱去污染的衣着，用大量流动清水彻底冲洗。就医。
食入：漱口，饮水。就医。
泄漏应急处置　隔离泄漏污染区，限制出入。消除所有点火源。建议应急处理人员戴防尘口罩，穿一般作业工作服。尽可能切断泄漏源。用塑料布覆盖泄漏物，减少飞散。勿使水进入包装容器内。用洁净的铲子收集泄漏物，置于干净、干燥、盖子较松的容器中，将容器移离泄漏区

36. 苯代三聚氰胺甲醛树脂

标　识

中文名称　苯代三聚氰胺甲醛树脂

英文名称 Formaldehyde, polymer with 6-phenyl-1, 3, 5-triazine-2, 4- diamine, butylated; Benzoguanamine, formaldehyde, 1-butanol polymer

别名 氨基树脂(561 型); 苯鸟粪胺树脂; 苯并三聚氰二胺树脂

分子式 $(C_9H_9N_5 \cdot CH_2O)_x$

CAS 号 68002-26-6

铁危编号 32145(含易燃溶剂)

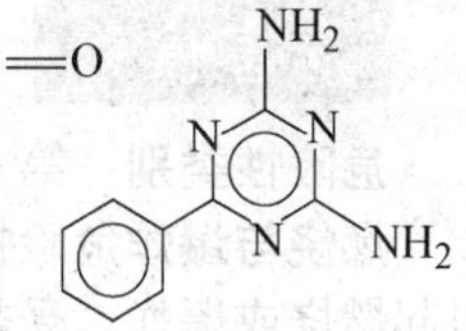

危害信息

危险性类别 第 3 类 易燃液体[含易燃溶剂]

燃烧与爆炸危险性 易燃。其粉体与空气混合能形成爆炸性混合物，遇明火高热有引起燃烧爆炸的危险。燃烧或受热分解产生有毒的烟气。

禁忌物 强氧化剂。

侵入途径 吸入、食入。

理化特性与用途

主要用途 用于油漆、油墨工业。

包装与储运

包装标志 易燃液体(含易燃溶剂)

包装类别 Ⅲ类

安全储运 储存于阴凉、通风的库房。远离火种、热源，避免阳光直射。如果含易燃溶剂，储存温度不超过 37℃。炎热季节早晚运输。应与氧化剂等隔离储运；禁止使用易产生火花的机械设备和工具。搬运时轻装轻卸，防止容器受损。

紧急处置信息

急救措施

吸入：脱离接触。如有不适感，就医。

眼睛接触：分开眼睑，用流动清水或生理盐水冲洗。如有不适感，就医。

皮肤接触：脱去污染的衣着，用肥皂水和清水冲洗。如有不适感，就医。

食入：漱口，饮水。就医。

灭火方法 消防人员须穿全身消防服，佩戴正压自给式呼吸器，在上风向灭火。尽可能将容器从火场移至空旷处。喷水保持火场容器冷却，直至灭火结束。

灭火剂：泡沫。

37. 1,2-苯二胺

标　　识

中文名称 1, 2-苯二胺

英文名称 *o*-Phenylenediamine; 1, 2-Benzenediamine

别名 邻苯二胺; 1, 2-二氨基苯

分子式 $C_6H_8N_2$

37. 1,2-苯二胺

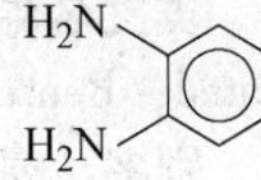

CAS 号 95-54-5

铁危编号 61789

UN 号 1673

危害信息

危险性类别 第6类 有毒品

燃烧与爆炸危险性 可燃。其粉体与空气混合能形成爆炸性混合物，遇明火高热可能引起燃烧或爆炸。受热分解放出有毒的氮氧化物烟气。

禁忌物 强氧化剂、酸类。

毒性 大鼠经口 LD_{50}：510mg/kg；小鼠经口 LD_{50}：366mg/kg；大鼠吸入 LC_{50}：1873mg/m^3；小鼠吸入 LC_{50}：>91mg/m^3(4h)；大鼠经皮 LD_{50}：>5g/kg。

欧盟法规 1272/2008/EC 将本品列为第2类致癌物——可疑的人类致癌物；第2类生殖细胞致突变物——由于可能导致人类生殖细胞可遗传突变而引起人们关注的物质。

中毒表现 对眼睛、黏膜、呼吸道有刺激性。对皮肤有致敏性，可引起皮炎。可引起高铁血红蛋白血症。

侵入途径 吸入、食入、经皮吸收。

【职业接触限值】

美国(ACGIH)：TLV-TWA 0.1mg/m^3。

环境危害 对水生生物有极高毒性，可能在水生环境中造成长期不利影响。

理化特性与用途

理化特性 无色单斜结晶或浅棕褐色至棕褐色片状物，在空气和日光中颜色变深。微溶于冷水，易溶于乙醇、乙醚、氯仿，溶于苯。熔点 103~104℃，沸点 256~258℃，相对密度(水=1)1.14，相对蒸气密度(空气=1)3.73，饱和蒸气压 0.13Pa(20℃)，燃烧热-3511kJ/mol，辛醇/水分配系数 0.15，闪点 156℃(闭杯)，引燃温度 540℃，爆炸下限 1.5%。

主要用途 用于制染料、农用杀菌剂、照相显影剂，用于有机合成，用作实验试剂。

包装与储运

包装标志 有毒品

包装类别 Ⅲ类

安全储运 储存于阴凉、通风的库房。远离火种、热源。储存温度不超过 35℃，相对湿度不超过 85%。保持容器密封。应与强氧化剂、酸、酸酐、酰基氯、氯仿等隔离储运。搬运时轻装轻卸，防止容器受损。

紧急处置信息

急救措施

吸入：迅速脱离现场至空气新鲜处。保持呼吸道通畅。如呼吸困难，给输氧。呼吸、心跳停止，立即进行心肺复苏术。就医。

眼睛接触：立即分开眼睑，用流动清水或生理盐水彻底冲洗。就医。

皮肤接触：立即脱去污染的衣着，用肥皂水和清水彻底冲洗。就医。

食入：漱口，饮水。就医。

高铁血红蛋白血症，可用美蓝和维生素C治疗。

灭火方法 消防人员穿全身防火防毒服，佩戴正压自给式呼吸器，在上风向灭火。尽可能将容器从火场移至空旷处。喷水保持火场容器冷却，直至灭火结束。

灭火剂：雾状水、二氧化碳、沙土。

泄漏应急处置 隔离泄漏污染区，限制出入。消除所有点火源。建议应急处理人员戴防尘口罩，穿防毒服。穿上适当的防护服前严禁接触破裂的容器和泄漏物。尽可能切断泄漏源。用塑料布覆盖泄漏物，减少飞散。勿使水进入包装容器内。用洁净的铲子收集泄漏物，置于干净、干燥、盖子较松的容器中，将容器移离泄漏区。

38. 1,4-苯二胺二盐酸盐

标　识

中文名称 1，4-苯二胺二盐酸盐

英文名称 1，4-Benzenediamine，dihydrochloride；*p*-Phenylenediamine，dihydrochloride

别名 对苯二胺二盐酸盐

H_2N HCl HCl NH_2

分子式 $C_6H_8N_2 \cdot 2HCl$

CAS 号 624-18-0

铁危编号 61790

危害信息

危险性类别 第6类 有毒品

燃烧与爆炸危险性 可燃。其粉体与空气混合能形成爆炸性混合物，遇明火高热有引起燃烧爆炸的危险。燃烧产生有毒的氮氧化物气体。

禁忌物 强氧化剂、强酸。

毒性 大鼠经口 LD_{50}：147mg/kg；小鼠经口 LD_{50}：316mg/kg。

中毒表现 食入有毒。对眼有刺激性。本品可引起过敏性皮炎。

侵入途径 吸入、食入、经皮吸收。

环境危害 对水生生物有极高毒性，可能在水生环境中造成长期不利影响。

理化特性与用途

理化特性 白色至微红色结晶或灰色粉末。易溶于水，溶于醇、氯仿等。熔点 275℃，相对密度(水=1)>1.0，相对蒸气密度(空气=1)6.2。

主要用途 用作染料中间体、黑白和彩色胶片显影剂、抗氧化剂和测定戊醇和硫化氢的试剂，用于日用化妆品的生产。

包装与储运

包装标志 有毒品

包装类别 Ⅲ类

安全储运 储存于阴凉、通风的库房。远离火种、热源。储存温度不超过 35℃，相对湿度不超过 85%。保持容器密封。应与强氧化剂、酸类等隔离储运。搬运时轻装轻卸，防止容器受损。

紧急处置信息

急救措施

吸入：迅速脱离现场至空气新鲜处。保持呼吸道通畅。如呼吸困难，给输氧。呼吸、心跳停止，立即进行心肺复苏术。就医。

眼睛接触：立即分开眼睑，用流动清水或生理盐水彻底冲洗。就医。

皮肤接触：立即脱去污染的衣着，用肥皂水和清水彻底冲洗。就医。

食入：饮适量温水，催吐(仅限于清醒者)。就医。

灭火方法　消防人员须穿全身消防服，佩戴正压自给式呼吸器，在上风向灭火。尽可能将容器从火场移至空旷处。喷水保持火场容器冷却，直至灭火结束。

灭火剂：雾状水、抗溶性泡沫、二氧化碳、干粉、沙土。

泄漏应急处置　隔离泄漏污染区，限制出入。消除所有点火源。建议应急处理人员戴防尘口罩，穿防毒服。穿上适当的防护服前严禁接触破裂的容器和泄漏物。尽可能切断泄漏源。用塑料布覆盖泄漏物，减少飞散。勿使水进入包装容器内。用洁净的铲子收集泄漏物，置于干净、干燥、盖子较松的容器中，将容器移离泄漏区。

39. 1,3-苯二甲酸二[4-(乙烯氧基)丁基]酯

标　识

中文名称　1，3-苯二甲酸二[4-(乙烯氧基)丁基]酯

英文名称　1，3-Benzenedicarboxylic acid，1，3-bis(4-(ethenyloxy)butyl) ester；1，3-Benzenedicarboxylic acid，bis(4-(ethenyloxy)butyl) ester

别名　1，3-苯二甲酸-1，3-二[4-(乙烯氧基)丁基]酯

分子式　$C_{20}H_{26}O_6$

CAS 号　130066-57-8

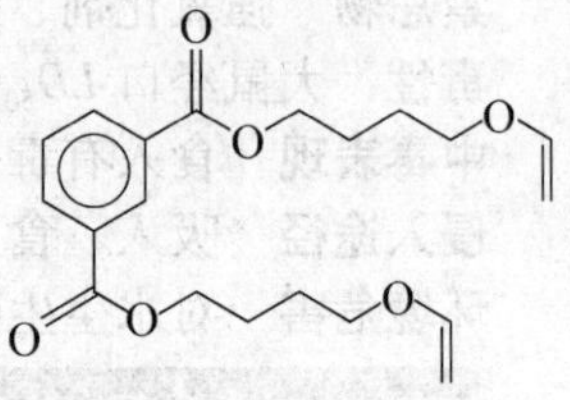

危害信息

燃烧与爆炸危险性　可燃。在高温火场中，受热的容器或储罐有破裂和爆炸的危险。

禁忌物　强氧化剂。

中毒表现　本品对皮肤有致敏性。

侵入途径　吸入、食入。

环境危害　对水生生物有极高毒性，可能在水生环境中造成长期不利影响。

理化特性与用途

理化特性　无色液体。密度 1.1g/mL(25℃)，闪点 113℃。

主要用途　用作医药原料。

包装与储运

包装标志　杂项

包装类别　Ⅲ类

安全储运 储存于阴凉、通风的库房。远离火种、热源。应与强氧化剂、强酸、强碱等隔离储运。搬运时轻装轻卸，防止容器受损。

紧急处置信息

急救措施

吸入： 迅速脱离现场至空气新鲜处。保持呼吸道通畅。如呼吸困难，给输氧。呼吸、心跳停止，立即进行心肺复苏术。就医。

眼睛接触： 立即分开眼睑，用流动清水或生理盐水彻底冲洗。就医。

皮肤接触： 立即脱去污染的衣着，用肥皂水和清水彻底冲洗。就医。

食入： 漱口，饮水。就医。

灭火方法 消防人员须穿全身消防服，佩戴空气呼吸器，在上风向灭火。尽可能将容器从火场移至空旷处。喷水保持火场容器冷却，直至灭火结束。处在火场中的容器若发生异常变化或发出异常声音，须马上撤离。

灭火剂：泡沫、二氧化碳、干粉、沙土。

泄漏应急处置 根据液体流动和蒸气扩散的影响区域划定警戒区，无关人员从侧风、上风向撤离至安全区。隔离泄漏污染区，限制出入。消除所有点火源。建议应急处理人员戴防毒面具，穿作业防护服。穿上适当的防护服前严禁接触破裂的容器和泄漏物。尽可能切断泄漏源。防止泄漏物进入水体、下水道、地下室或有限空间。小量泄漏：用干燥的沙土或其他不燃材料吸收或覆盖，收集于容器中。大量泄漏：构筑围堤或挖坑收容。用泵转移至容器或专用收集器中待处置。

40. 6-苯二甲酰亚氨基过氧己酸

标　识

中文名称 6-苯二甲酰亚氨基过氧己酸

英文名称 6-(Phthalimido)peroxyhexanoic acid；1，3-Dihydro-1，3-dioxo-2H-isoindole-2-hexaneperoxoic acid

别名 苯二甲酰亚氨基过氧己酸

分子式 $C_{14}H_{15}NO_5$

CAS 号 128275-31-0

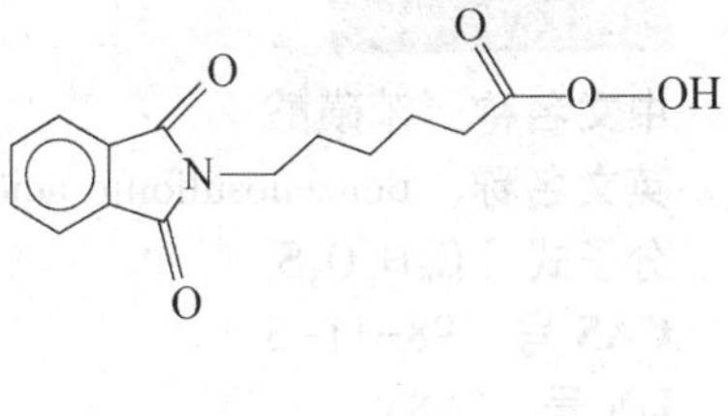

危害信息

危险性类别 第 4.2 类 有机过氧化物

燃烧与爆炸危险性 可燃。其粉体与空气混合能形成爆炸性混合物，遇明火高热有引起燃烧爆炸的危险。燃烧产生有毒的氮氧化物气体。

禁忌物 强还原剂、强酸。

中毒表现 眼接触可造成严重损害。

侵入途径 吸入、食入。

环境危害 对水生生物有极高毒性。

理化特性与用途

理化特性 白色粉末，无气味。溶于乙醇、乙醚、酯类。熔点 75~78℃，相对密度(水=

1)1.4，辛醇/水分配系数 2.2，引燃温度 470℃，自加速分解温度>75℃，最小点火能 1~3mJ。

主要用途 用于漂白剂、洗涤剂、化妆品、水处理剂和化学工业，用作氧化剂。

包装与储运

包装标志 有机过氧化物

安全储运 储存于阴凉、低温、通风的不燃材料结构的库房，储存温度不超过 30℃，相对湿度不超过 80%，大量储存的库房内必须有自动喷水装置。远离火种、热源，防止阳光直射。应与还原剂、有机物、可燃物及强酸等隔离储运。禁止使用易产生火花的机械设备和工具。禁止震动、撞击和摩擦。

紧急处置信息

急救措施

吸入：迅速脱离现场至空气新鲜处。保持呼吸道通畅。如呼吸困难，给输氧。呼吸、心跳停止，立即进行心肺复苏术。就医。

眼睛接触：立即分开眼睑，用流动清水或生理盐水彻底冲洗 10~15min。就医。

皮肤接触：立即脱去污染的衣着，用流动清水彻底冲洗。就医。

食入：漱口，饮水。就医。

灭火方法 消防人员须穿全身消防服，佩戴正压自给式呼吸器，在上风向灭火。尽可能将容器从火场移至空旷处。喷水保持火场容器冷却，直至灭火结束。

灭火剂：雾状水、泡沫、二氧化碳、干粉、沙土。

泄漏应急处置 隔离泄漏污染区，限制出入。消除所有点火源。建议应急处理人员戴防尘口罩，穿一般作业工作服。尽可能切断泄漏源。避免泄漏物接触还原剂、有机物、可燃物。用塑料布覆盖泄漏物，减少飞散。勿使水进入包装容器内。用洁净的铲子收集泄漏物，置于干净、干燥、盖子较松的容器中，将容器移离泄漏区。

41. 苯磺酸

标 识

中文名称 苯磺酸

英文名称 Benzenesulfonic acid; Phenylsulfonic acid

分子式 $C_6H_6O_3S$

CAS 号 98-11-3

UN 号 2585

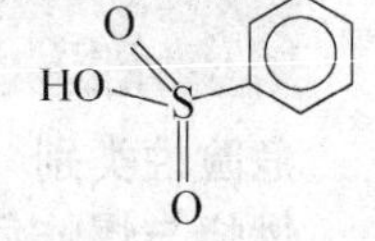

危害信息

危险性类别 第 8 类 腐蚀品

燃烧与爆炸危险性 可燃。燃烧或受高热分解放出有毒的硫化物烟气。

禁忌物 强氧化剂、强酸、碱。

毒性 大鼠经口 LD_{50}：1100mg/kg。

中毒表现 吸入、摄入或经皮肤吸收后对身体有害。本品对眼睛、皮肤、黏膜和上呼吸道有强烈的刺激作用。可致眼和皮肤灼伤。吸入后，可引起喉、支气管的痉挛、炎症及水肿，化学性肺炎或肺水肿。中毒的症状可有烧灼感、咳嗽、喘息、气短、喉炎、头痛、恶心和呕吐。

侵入途径 吸入、食入、经皮吸收。

理化特性与用途

理化特性 无色针状或片状结晶，或浅褐色固体，有吸湿性。易溶于水，易溶于乙醇，溶于乙酸，微溶于苯，不溶于乙醚、二硫化碳。熔点 51℃，沸点 190℃，相对密度(水=1) 1.3，相对蒸气密度(空气=1)5.5，饱和蒸气压 3.14mPa(25℃)，辛醇/水分配系数-1.2，闪点 113℃。

主要用途 主要用于经碱熔制苯酚，也用于制间苯二酚等，还用作催化剂。

包装与储运

包装标志 腐蚀品

包装类别 Ⅲ类

安全储运 储存于阴凉、通风的库房。远离火种、热源。储存温度不超过 32℃，相对湿度不超过 80%。保持容器密封。应与强氧化剂、强碱、酸类等隔离储运。搬运时轻装轻卸，防止容器受损。

紧急处置信息

急救措施

吸入：迅速脱离现场至空气新鲜处。保持呼吸道通畅。如呼吸困难，给输氧。呼吸、心跳停止，立即进行心肺复苏术。就医。

眼睛接触：立即分开眼睑，用流动清水或生理盐水彻底冲洗 10~15min。就医。

皮肤接触：立即脱去污染的衣着，用大量流动清水彻底冲洗，冲洗时间一般要求 20~30min。就医。

食入：用水漱口，禁止催吐。给饮牛奶或蛋清。就医。

灭火方法 消防人员必须穿全身防火防毒服，佩戴正压自给式呼吸器，在上风向灭火。灭火时尽可能将容器从火场移至空旷处。

灭火剂：雾状水、抗溶性泡沫、干粉、二氧化碳、沙土。

泄漏应急处置 隔离泄漏污染区，限制出入。建议应急处理人员戴防尘口罩，穿防腐蚀、防毒服。穿上适当的防护服前严禁接触破裂的容器和泄漏物。尽可能切断泄漏源。用塑料布覆盖泄漏物，减少飞散。勿使水进入包装容器内。用洁净的铲子收集泄漏物，置于干净、干燥、盖子较松的容器中，将容器移离泄漏区。

42. 苯磺酸钠

标 识

中文名称 苯磺酸钠

英文名称 Sodium benzene sulfonate；Benzenesulfonic acid，sodium salt

分子式 $C_6H_5O_3S \cdot Na$

CAS 号 515-42-4

O
$^-O-S-$
O Na$^+$

危害信息

燃烧与爆炸危险性　可燃。其粉体与空气混合，能形成爆炸性混合物。受高热分解产生有毒的硫化物烟气。

禁忌物　强氧化剂。

毒性　小鼠经口 LD_{50}：9378mg/kg。

侵入途径　吸入、食入。

理化特性与用途

理化特性　白色或类白色针状结晶或结晶性粉末。易溶于热水，微溶于热乙醇。熔点450℃，相对密度(水=1)1.124。

主要用途　用作分析试剂及有机合成中间体。用于染料中间体、洗涤助剂以及铸造行业。

包装与储运

安全储运　储存于阴凉、通风的库房。远离火种、热源。应与强氧化剂等隔离储运。

紧急处置信息

急救措施

吸入：脱离接触。如有不适感，就医。

眼睛接触：分开眼睑，用流动清水或生理盐水冲洗。如有不适感，就医。

皮肤接触：脱去污染的衣着，用流动清水冲洗。如有不适感，就医。

食入：漱口，饮水。就医。

灭火方法　消防人员须穿全身消防服，佩戴正压自给式呼吸器，在上风向灭火。尽可能将容器从火场移至空旷处。喷水保持火场容器冷却，直至灭火结束。

灭火剂：雾状水、泡沫、干粉、二氧化碳、沙土。

泄漏应急处置　隔离泄漏污染区，限制出入。消除所有点火源。建议应急处理人员戴防尘口罩，穿防毒服。穿上适当的防护服前严禁接触破裂的容器和泄漏物。尽可能切断泄漏源。用塑料布覆盖泄漏物，减少飞散。勿使水进入包装容器内。用洁净的铲子收集泄漏物，置于干净、干燥、盖子较松的容器中，将容器移离泄漏区。

43. 苯磺酰胺

标　识

中文名称　苯磺酰胺

英文名称　Benzene sulfonamide; Benzenesulphonamide

分子式　$C_6H_7NO_2S$

CAS 号　98-10-2

危害信息

燃烧与爆炸危险性　可燃。其粉体与空气混合，能形成爆炸性混合物。燃烧产生有毒的氮、硫的氧化物等毒性气体。

禁忌物 强氧化剂、强酸、强碱。

毒性 大鼠经口 LD_{50}：991mg/kg；小鼠经口 LD_{50}：740mg/kg。

中毒表现 食入有害。

侵入途径 吸入、食入。

理化特性与用途

理化特性 白色单斜针状或片状结晶或结晶粉末。微溶于水，易溶于碱、热乙醇、乙醚。熔点 151~153℃，沸点 315.5℃，相对密度(水=1)1.32，饱和蒸气压 0.12Pa(25℃)，辛醇/水分配系数 0.31，闪点 250℃。

主要用途 用于有机合成和制药工业，制造药物、增塑剂、染料中间体、荧光树脂。

包装与储运

安全储运 储存于阴凉、通风的库房。远离火种、热源。应与强氧化剂、酸碱等隔离储运。

紧急处置信息

急救措施

吸入：迅速脱离现场至空气新鲜处。保持呼吸道通畅。如呼吸困难，给输氧。呼吸、心跳停止，立即进行心肺复苏术。就医。

眼睛接触：立即分开眼睑，用流动清水或生理盐水彻底冲洗。就医。

皮肤接触：立即脱去污染的衣着，用流动清水彻底冲洗。就医。

食入：漱口，饮水。就医。

灭火方法 消防人员须穿全身防火防毒服，佩戴正压自给式呼吸器，在上风向灭火。尽可能将容器从火场移至空旷处。喷水保持火场容器冷却，直至灭火结束。

灭火剂：雾状水、泡沫、干粉、二氧化碳、沙土。

泄漏应急处置 隔离泄漏污染区，限制出入。消除所有点火源。建议应急处理人员戴防尘口罩，穿防毒服。穿上适当的防护服前严禁接触破裂的容器和泄漏物。尽可能切断泄漏源。用塑料布覆盖泄漏物，减少飞散。勿使水进入包装容器内。用洁净的铲子收集泄漏物，置于干净、干燥、盖子较松的容器中，将容器移离泄漏区。

44. 苯基取代的硫代吗啉

标　识

中文名称 苯基取代的硫代吗啉

英文名称 4-[4-(2-Ethylhexyloxy)phenyl](1, 4-thiazinane-1, 1-dioxide)

别名 4-[4-(2-乙基己氧基)苯基](1, 4-噻嗪-1, 1-二氧化物)

分子式 $C_{18}H_{29}NO_3S$

CAS 号 133467-41-1

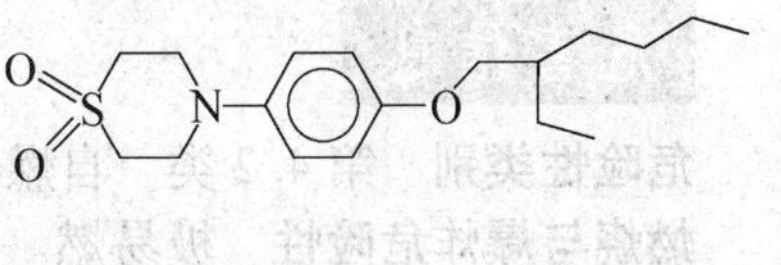

危害信息

禁忌物　强氧化剂。

侵入途径　吸入、食入。

环境危害　对水生生物有极高毒性，可能在水生环境中造成长期不利影响。

理化特性与用途

理化特性　不溶于水。相对密度(水=1)1.1，辛醇/水分配系数3.5。

主要用途　用作照相化学品、化学助剂和添加剂。

包装与储运

包装标志　杂项

包装类别　Ⅲ类

安全储运　储存于阴凉、通风的库房。远离火种、热源。应与强氧化剂等隔离储运。

紧急处置信息

急救措施

吸入：脱离接触。如有不适感，就医。

眼睛接触：分开眼睑，用流动清水或生理盐水冲洗。如有不适感，就医。

皮肤接触：脱去污染的衣着，用肥皂水和清水冲洗。如有不适感，就医。

食入：漱口，饮水。就医。

泄漏应急处置　根据液体流动和蒸气扩散的影响区域划定警戒区，无关人员从侧风、上风向撤离至安全区。消除所有点火源。建议应急处理人员戴正压自给式呼吸器，穿防毒服。穿上适当的防护服前严禁接触破裂的容器和泄漏物。尽可能切断泄漏源。防止泄漏物进入水体、下水道、地下室或有限空间。小量泄漏：用干燥的沙土或其他不燃材料吸收或覆盖，收集于容器中。大量泄漏：构筑围堤或挖坑收容。用泵转移至槽车或专用收集器内。

45. 苯基溴化镁

标　识

中文名称　苯基溴化镁

英文名称　Bromophenylmagnesium；Phenylmagnesium bromide；Phenyl magnesium bromide (in ethyl ether)

别名　溴化苯基镁；苯基溴化镁[浸在乙醚中的]

分子式　C_6H_5BrMg

Mg—Br

CAS 号　100-58-3

铁危编号　42019(浸在乙醚中的)

危害信息

危险性类别　第4.2类　自燃物品

燃烧与爆炸危险性　极易燃。其蒸气与空气混合能形成爆炸性混合物，遇明火、高热极易燃烧或爆炸。在高温火场中，受热的容器或储罐有破裂和爆炸的危险。

禁忌物 强氧化剂。

侵入途径 吸入、食入。

理化特性与用途

理化特性 无色结晶，遇水发生剧烈反应。商品通常为乙醚(四氢呋喃或二甲基甲酰胺)的溶液。下面是40%~50%乙醚溶液的理化特性：无色液体。相对密度(水=1)1.14，闪点-45℃。

主要用途 用于有机合成。

包装与储运

包装标志 自燃物品

包装类别 Ⅱ类

安全储运 储存于阴凉、通风的库房。远离火种、热源。储存温度不超过30℃，相对湿度不超过80%。保持容器密封，不可与空气接触。应与强氧化剂、强碱、酸、醇等隔离储运。禁止使用易产生火花的机械设备和工具。

紧急处置信息

急救措施

吸入：脱离接触。如有不适感，就医。

眼睛接触：分开眼睑，用流动清水或生理盐水冲洗。如有不适感，就医。

皮肤接触：脱去污染的衣着，用肥皂水和清水冲洗。如有不适感，就医。

食入：漱口，饮水。就医。

灭火方法 消防人员须穿全身消防服，佩戴空气呼吸器，在上风向灭火。尽可能将容器从火场移至空旷处。喷水保持火场容器冷却，直至灭火结束。处在火场中的容器若发生异常变化或发出异常声音，须马上撤离。

灭火剂：干粉、沙土。用水灭火无效。

泄漏应急处置 消除所有点火源。根据液体流动和蒸气扩散的影响区域划定警戒区，无关人员从侧风、上风向撤离至安全区。建议应急处理人员戴正压自给式呼吸器，穿防毒、防静电服，戴橡胶耐油手套。作业时使用的所有设备应接地。禁止接触或跨越泄漏物。尽可能切断泄漏源。防止泄漏物进入水体、下水道、地下室或有限空间。小量泄漏：用沙土或其他不燃材料吸收。使用洁净的无火花工具收集吸收材料。大量泄漏：构筑围堤或挖坑收容。用泡沫覆盖，减少蒸发。与水容易发生剧烈反应，尽量避免接触到水或蒸汽。

46. 苯甲酰胺

标　识

中文名称 苯甲酰胺

英文名称 Benzamide；Benzoylamide；Phenylcarboxyamide

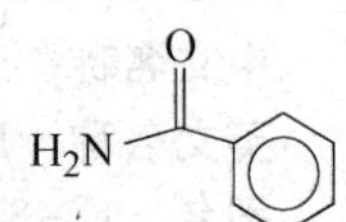

别名 苯酰胺

分子式 C_7H_7NO

CAS 号　55-21-0

危害信息

燃烧与爆炸危险性　可燃。其粉体与空气混合，能形成爆炸性混合物。燃烧或受热分解时，放出有毒的氮氧化物气体。

禁忌物　强氧化剂、强酸、强碱。

毒性　小鼠经口 LD_{50}：1160mg/kg。

中毒表现　摄入有一定毒性。

侵入途径　吸入、食入。

理化特性与用途

理化特性　无色单斜棱晶或板状结晶或白色粉末。微溶于水，微溶于乙醚、苯，易溶于乙醇、四氯化碳、二硫化碳，溶于氨。熔点 125~129℃，沸点 288℃，相对密度(水=1) 1.34，饱和蒸气压 0.12Pa(25℃)，辛醇/水分配系数 0.64，闪点 180℃，引燃温度>500℃，燃烧热-3548.7kJ/mol。

主要用途　用于有机合成。

包装与储运

安全储运　储存于阴凉、通风的库房。远离火种、热源。应与强氧化剂、酸碱等隔离储运。

紧急处置信息

急救措施

吸入：迅速脱离现场至空气新鲜处。保持呼吸道通畅。如呼吸困难，给输氧。呼吸、心跳停止，立即进行心肺复苏术。就医。

眼睛接触：立即分开眼睑，用流动清水或生理盐水彻底冲洗。就医。

皮肤接触：立即脱去污染的衣着，用流动清水彻底冲洗。就医。

食入：漱口，饮水。就医。

灭火方法　消防人员须穿全身防火防毒服，佩戴正压自给式呼吸器，在上风向灭火。尽可能将容器从火场移至空旷处。喷水保持火场容器冷却，直至灭火结束。

灭火剂：雾状水、泡沫、干粉、二氧化碳、沙土。

泄漏应急处置　隔离泄漏污染区，限制出入。消除所有点火源。建议应急处理人员戴防尘口罩，穿防毒服。穿上适当的防护服前严禁接触破裂的容器和泄漏物。尽可能切断泄漏源。用塑料布覆盖泄漏物，减少飞散。勿使水进入包装容器内。用洁净的铲子收集泄漏物，置于干净、干燥、盖子较松的容器中，将容器移离泄漏区。

47. 苯甲酰丙烯酸乙酯

标　识

中文名称　苯甲酰丙烯酸乙酯

英文名称　Ethyl 3-benzoylacrylate; trans-3-Benzoylacrylic Acid Ethyl Ester

别名　反-3-苯甲酰丙烯酸乙酯；3-苯甲酰基丙烯酸乙酯

分子式 $C_{12}H_{12}O_3$

CAS号 15121-89-8

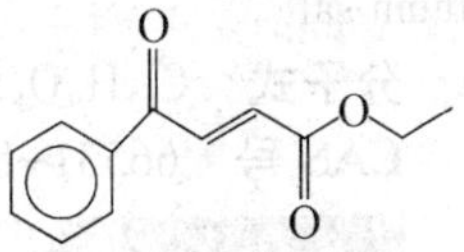

危害信息

燃烧与爆炸危险性 可燃。燃烧或受热分解产生有毒和刺激性的烟气。

禁忌物 强氧化剂、强酸。

中毒表现 食入和经皮吸收对身体有害。对眼有强烈刺激性。对皮肤有刺激和致敏性。

侵入途径 吸入、食入、经皮吸收。

环境危害 对水生生物有极高毒性，可能在水生环境中造成长期不利影响。

理化特性与用途

理化特性 沸点 184~185℃(3.33kPa)，相对密度(水=1)1.112，闪点 113℃。

主要用途 用作精细化工原料和医药中间体。

包装与储运

包装标志 杂项

包装类别 Ⅲ类

安全储运 储存于阴凉、通风的库房。远离火种、热源。应与强氧化剂、强酸、强碱等隔离储运。搬运时轻装轻卸，防止容器受损。

紧急处置信息

急救措施

吸入： 迅速脱离现场至空气新鲜处。保持呼吸道通畅。如呼吸困难，给输氧。呼吸、心跳停止，立即进行心肺复苏术。就医。

眼睛接触： 立即分开眼睑，用流动清水或生理盐水彻底冲洗 10~15min。就医。

皮肤接触： 立即脱去污染的衣着，用大量流动清水彻底冲洗。就医。

食入： 漱口，饮水。就医。

灭火方法 消防人员须穿全身消防服，佩戴正压自给式呼吸器，在上风向灭火。尽可能将容器从火场移至空旷处。喷水保持火场容器冷却，直至灭火结束。

灭火剂：雾状水、泡沫、二氧化碳、干粉、沙土。

泄漏应急处置 根据液体流动和蒸气扩散的影响区域划定警戒区，无关人员从侧风、上风向撤离至安全区。消除所有点火源。建议应急处理人员戴正压自给式呼吸器，穿防静电服。作业时使用的所有设备应接地。禁止接触或跨越泄漏物。尽可能切断泄漏源。防止泄漏物进入水体、下水道、地下室或有限空间。少量泄漏，用不燃材料吸收，收集于可密闭的容器中。大量泄漏，筑围堤或挖坑收容，用泵转移至容器或专用收集器中。

48. 苯甲酰氧基苯-4-磺酸钠

标　识

中文名称 苯甲酰氧基苯-4-磺酸钠

英文名称 Sodium benzoyloxybenzene-4-sulfonate; Benzenesulfonic acid, (phenylmethoxy)-, sodium salt

分子式 $C_{13}H_9O_5S \cdot Na$

CAS 号 66531-87-1

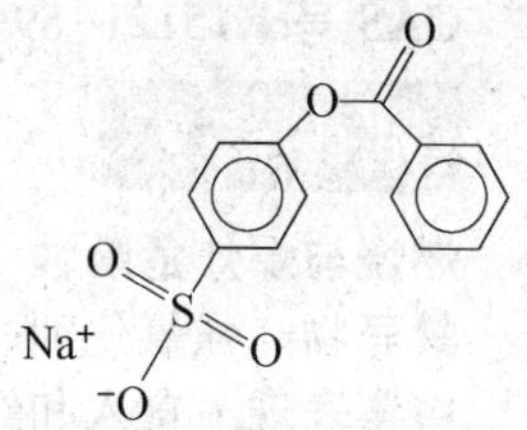

危害信息

禁忌物 强氧化剂。

中毒表现 对皮肤有致敏性。

侵入途径 吸入、食入。

包装与储运

安全储运 储存于阴凉、通风的库房。远离火种、热源。应与强氧化剂等隔离储运。

紧急处置信息

急救措施

吸入：脱离接触。如有不适感，就医。

眼睛接触：分开眼睑，用流动清水或生理盐水冲洗。如有不适感，就医。

皮肤接触：脱去污染的衣着，用肥皂水和清水冲洗。如有不适感，就医。

食入：漱口，饮水。就医。

49. 苯噻酰草胺

标　识

中文名称 苯噻酰草胺

英文名称 2-(Benzothiazol-2-yloxy)-*N*-methyl-*N*-phenylacetamide；Mefenacet

别名 2-(1，3-苯并噻唑-2-基氧)-*N*-甲基-*N*-苯基乙酰胺

分子式 $C_{16}H_{14}N_2O_2S$

CAS 号 73250-68-7

危害信息

燃烧与爆炸危险性 可燃。燃烧或受热分解产生有毒的氮氧化物气体。

禁忌物 强氧化剂、强酸。

毒性 大鼠经口 LD_{50}：>5g/kg；大鼠吸入 LC_{50}：>94500μg/m^3；大鼠经皮 LD_{50}：>5g/kg。

侵入途径 吸入、食入、经皮吸收。

环境危害 对水生生物有毒，可能在水生环境中造成长期不利影响。

理化特性与用途

理化特性 无色无臭结晶。不溶于水，溶于二氯甲烷，微溶于甲苯、异丙醇。熔点134.8℃，沸点441℃，辛醇/水分配系数3.23，闪点221℃。

主要用途 除草剂，细胞生长和分裂抑制剂。用于水稻秧田防除一年生及部分多年生杂草。

包装与储运

包装标志 杂项

包装类别 Ⅲ类

安全储运 储存于阴凉、通风的库房。远离火种、热源。应与强氧化剂、强酸等隔离储运。

紧急处置信息

急救措施

吸入：迅速脱离现场至空气新鲜处。保持呼吸道通畅。如呼吸困难，给输氧。呼吸、心跳停止，立即进行心肺复苏术。就医。

眼睛接触：立即分开眼睑，用流动清水或生理盐水彻底冲洗。就医。

皮肤接触：立即脱去污染的衣着，用肥皂水和清水彻底冲洗。就医。

食入：漱口、饮水。就医。

灭火方法 消防人员须穿全身消防服，佩戴正压自给式呼吸器，在上风向灭火。尽可能将容器从火场移至空旷处。喷水保持火场容器冷却，直至灭火结束。

灭火剂：雾状水、泡沫、二氧化碳、干粉、沙土。

泄漏应急处置 消除所有点火源。隔离泄漏污染区，限制出入。建议应急处理人员戴防尘口罩，穿一般作业工作服。避免接触泄漏物。尽可能切断泄漏源。用塑料布覆盖泄漏物，减少飞散。勿使水进入包装容器内。用洁净的铲子收集泄漏物，置于干净、干燥、盖子较松的容器中，将容器移离泄漏区。

50. 苯三唑十八胺

标 识

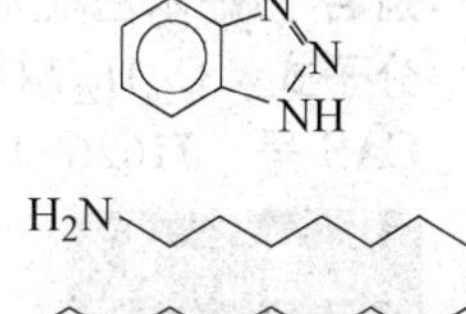

中文名称 苯三唑十八胺

英文名称 Benzotriazole, octadecylamine salt

别名 T406 油性剂

分子式 $C_6H_5N_3 \cdot NHC_{18}H_{37}$

危害信息

燃烧与爆炸危险性 可燃。其粉体与空气混合，能形成爆炸性混合物。受高热或燃烧发生分解，放出有毒的氮氧化物气体。

禁忌物 强氧化剂。

侵入途径 吸入、食入。

理化特性与用途

理化特性 微黄色蜡状固体。熔点 52~60℃。

主要用途 用于极压工业齿轮油、双曲线齿轮油、抗磨液压油、油膜轴承油、润滑脂等润滑油脂中，可作防锈和气相缓蚀剂。

包装与储运

安全储运　储存于阴凉、干燥、通风的库房。远离火种、热源。防止受潮。应与强氧化剂、强酸等隔离储运。

紧急处置信息

急救措施

吸入：脱离接触。如有不适感，就医。

眼睛接触：分开眼睑，用流动清水或生理盐水冲洗。如有不适感，就医。

皮肤接触：脱去污染的衣着，用流动清水冲洗。如有不适感，就医。

食入：漱口，饮水。就医。

灭火方法　消防人员须穿全身防火防毒服，佩戴正压自给式呼吸器，在上风向灭火。尽可能将容器从火场移至空旷处。喷水保持火场容器冷却，直至灭火结束。

灭火剂：雾状水、泡沫、干粉、二氧化碳、沙土。

泄漏应急处置　隔离泄漏污染区，限制出入。建议应急处理人员戴防尘口罩，穿一般作业工作服。尽可能切断泄漏源。用塑料布覆盖泄漏物，减少飞散。勿使水进入包装容器内。用洁净的铲子收集泄漏物，置于干净、干燥、盖子较松的容器中，将容器移离泄漏区。

51. 苯霜灵

标　识

中文名称　苯霜灵

英文名称　Benalaxyl；Methyl *N*-(2，6-dimethylphenyl)-*N*-(phenylacetyl)-DL-alaninate

别名　*N*-苯乙酰基-*N*-(2，6-二甲基苯基)-DL-α-氨基丙酸甲酯

分子式　$C_{20}H_{23}NO_3$

CAS 号　71626-11-4

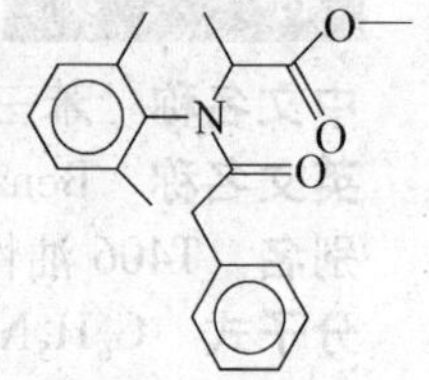

危害信息

燃烧与爆炸危险性　可燃。其粉体与空气混合能形成爆炸性混合物，遇明火高热有引起燃烧爆炸的危险。燃烧产生有毒的氮氧化物气体。

禁忌物　强氧化剂。

毒性　大鼠经口 LD_{50}：4200mg/kg；小鼠经口 LD_{50}：680mg/kg；大鼠吸入 LC_{50}：>10g/m^3(4h)；大鼠经皮 LD_{50}：>5g/kg；兔经皮 LD_{50}：>5g/kg。

侵入途径　吸入、食入、经皮吸收。

环境危害　对水生生物有极高毒性，可能在水生环境中造成长期不利影响。

理化特性与用途

理化特性　无色或几乎无臭固体。不溶于水，溶于丙酮、甲醇、乙酸乙酯、二甲苯、1，2-二氯乙烷等有机溶剂。熔点 78～80℃，相对密度(水=1)1.181(20℃)，饱和蒸气压 0.66mPa(25℃)，辛醇/水分配系数 3.4。

主要用途 杀菌剂和核糖核酸RNA-多聚酶抑制剂。用于葡萄、烟草、柑橘、大豆、草莓、啤酒花、马铃薯及多种蔬菜、花卉、草坪等防治霜霉病、疫病等病害。

包装与储运

包装标志 杂项

包装类别 Ⅲ类

安全储运 储存于阴凉、通风的库房。远离火种、热源。应与强氧化剂、强碱等隔离储运。

紧急处置信息

急救措施

吸入：迅速脱离现场至空气新鲜处。保持呼吸道通畅。如呼吸困难，给输氧。呼吸、心跳停止，立即进行心肺复苏术。就医。

眼睛接触：立即分开眼睑，用流动清水或生理盐水彻底冲洗。就医。

皮肤接触：立即脱去污染的衣着，用肥皂水和清水彻底冲洗。就医。

食入：漱口、饮水。就医。

灭火方法 消防人员须穿全身消防服，佩戴正压自给式呼吸器，在上风向灭火。尽可能将容器从火场移至空旷处。喷水保持火场容器冷却，直至灭火结束。

灭火剂：雾状水、泡沫、二氧化碳、干粉、沙土。

泄漏应急处置 隔离泄漏污染区，限制出入。消除所有点火源。建议应急处理人员戴防尘口罩，穿防毒服。穿上适当的防护服前严禁接触破裂的容器和泄漏物。尽可能切断泄漏源。用塑料布覆盖泄漏物，减少飞散。勿使水进入包装容器内。用洁净的铲子收集泄漏物，置于干净、干燥、盖子较松的容器中，将容器移离泄漏区。

52. *S*-4-苯氧丁基-*N*,*N*-二甲基硫代氨基甲酸酯

标　识

中文名称 *S*-4-苯氧丁基-*N*，*N*-二甲基硫代氨基甲酸酯

英文名称 *S*-4- Phenoxybutyl-*N*，*N*-dimethyl thiocarbamate；Fenothiocarb

别名 苯硫威

分子式 $C_{13}H_{19}NO_2S$

CAS 号 62850-32-2

危害信息

禁忌物 强氧化剂。

毒性 大鼠经口LD_{50}：1150mg/kg；小鼠经口LD_{50}：4875mg/kg；小鼠经皮LD_{50}：>8g/kg。

侵入途径 吸入、食入、经皮吸收。

环境危害 对水生生物有极高毒性，可能在水生环境中造成长期不利影响。

理化特性与用途

理化特性 纯品为白色结晶。不溶于水，易溶于丙酮、甲醇、乙醇、环己酮、二甲苯

等多数有机溶剂。熔点 40~41℃，沸点 155℃(2.67Pa)，饱和蒸气压 0.166mPa(23℃)，辛醇/水分配系数 3.28。

主要用途　杀螨剂，对所有发育阶段的螨都有效，特别是对卵更有效。

包装与储运

包装标志　杂项

包装类别　Ⅲ类

安全储运　储存于阴凉、通风的库房。远离火种、热源。应与强氧化剂、强碱等隔离储运。

紧急处置信息

急救措施

吸入： 迅速脱离现场至空气新鲜处。保持呼吸道通畅。如呼吸困难，给输氧。呼吸、心跳停止，立即进行心肺复苏术。就医。

眼睛接触： 立即分开眼睑，用流动清水或生理盐水彻底冲洗。就医。

皮肤接触： 立即脱去污染的衣着，用肥皂水和清水彻底冲洗。就医。

食入： 漱口，饮水。就医。

泄漏应急处置　隔离泄漏污染区，限制出入。消除所有点火源。建议应急处理人员戴防尘口罩，穿防毒服。尽可能切断泄漏源。用塑料布覆盖泄漏物，减少飞散。勿使水进入包装容器内。用洁净的铲子收集泄漏物，置于干净、干燥、盖子较松的容器中，将容器移离泄漏区。

53. 苯氧基乙酸

标　识

中文名称　苯氧基乙酸

英文名称　Phenoxyacetic acid; Acetic acid, 2-phenoxy-; *o*-Phenylglycolic acid

别名　苯氧基醋酸

分子式　$C_8H_8O_3$

CAS 号　122-59-8

O
OH

危害信息

燃烧与爆炸危险性　可燃。其粉体与空气混合，能形成爆炸性混合物。受热分解产生有毒的烟气。

禁忌物　强氧化剂、强碱。

毒性　大鼠经口 LD_{50}：1500mg/kg；小鼠经口 LD_{50}：3750mg/kg；兔经皮 LD_{50}：>5g/kg。

中毒表现　对眼、皮肤、黏膜和上呼吸道有刺激作用。

侵入途径　吸入、食入。

理化特性与用途

理化特性　无色结晶或白色结晶粉末。溶于水，易溶于醇、醚、苯、二硫化碳、冰醋酸等。熔点 98~99℃，沸点 285℃，相对密度(水=1)1.221，相对蒸气密度(空气=1)5.25，饱和蒸气压 0.22Pa(25℃)，辛醇/水分配系数 1.34，闪点 115℃，燃烧热-3782kJ/mol。

主要用途 用于制造染料、药物、杀虫剂等，也可用作杀菌剂。该品是除草剂、植物激素和中枢神经兴奋药的中间体，也是测定钍的试剂。工业产品用于杀菌剂、角蛋白脱落，作为染料、杀虫剂和其他有机物的中间体。也是调味品、实验室试剂。在抗生素发酵、制药工业中，是用于头孢、氯酯醒，特别是青霉素 V 中的前体。

包装与储运

安全储运 储存于阴凉、通风的库房。远离火种、热源。应与强氧化剂、强碱等隔离储运。

紧急处置信息

急救措施

吸入：迅速脱离现场至空气新鲜处。保持呼吸道通畅。如呼吸困难，给输氧。呼吸、心跳停止，立即进行心肺复苏术。就医。

眼睛接触：立即分开眼睑，用流动清水或生理盐水彻底冲洗。就医。

皮肤接触：立即脱去污染的衣着，用肥皂水和清水彻底冲洗。就医。

食入：漱口，饮水。就医。

灭火方法 消防人员须佩戴空气呼吸器，穿全身耐酸碱消防服，在上风向灭火。尽可能将容器从火场移至空旷处。喷水保持火场容器冷却，直至灭火结束。

灭火剂：雾状水、泡沫、干粉、二氧化碳、沙土。

泄漏应急处置 隔离泄漏污染区，限制出入。消除所有点火源。建议应急处理人员戴防尘口罩，穿一般作业工作服。尽可能切断泄漏源。用塑料布覆盖泄漏物，减少飞散。勿使水进入包装容器内。用洁净的铲子收集泄漏物，置于干净、干燥、盖子较松的容器中，将容器移离泄漏区。

54. 苯乙醚

标 识

中文名称 苯乙醚

英文名称 Phenetole；Ethoxybenzene；Phenyl ethyl ether

别名 乙氧基苯

分子式 $C_8H_{10}O$

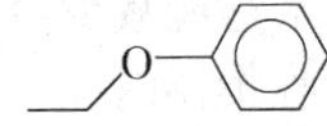

CAS 号 103-73-1

危害信息

危险性类别 第 3 类 易燃液体

燃烧与爆炸危险性 易燃。其蒸气与空气混合，能形成爆炸性混合物。若遇高热，容器内压增加，有开裂和爆炸的危险。

禁忌物 强氧化剂。

毒性 小鼠经口 LD_{50}：2200mg/kg。

中毒表现 本品具有刺激性。

侵入途径 吸入、食入、经皮吸收。

理化特性与用途

理化特性 无色至淡黄色油状液体，有轻微的香味。不溶于水，溶于乙醇、乙醚、四氯化碳。熔点-30℃，沸点169~170℃，相对密度(水=1)0.966，相对蒸气密度(空气=1)4.2，饱和蒸气压 0.20kPa(25℃)，辛醇/水分配系数 2.51，闪点 57℃，临界温度 374.15℃，临界压力3.42MPa。

主要用途 用作化工生产的中间体，用于制作香料、药物、染料等。

包装与储运

包装标志 易燃液体

包装类别 Ⅲ类

安全储运 储存于阴凉、通风的库房。远离火种、热源，避免阳光直射。储存温度不超过37℃。炎热季节早晚运输。应与氧化剂、强酸等隔离储运。禁止使用易产生火花的机械设备和工具。灌装时注意控制流速，防止静电积聚。搬运时轻装轻卸，防止容器受损。

紧急处置信息

急救措施

吸入：迅速脱离现场至空气新鲜处。保持呼吸道通畅。如呼吸困难，给输氧。呼吸、心跳停止，立即进行心肺复苏术。就医。

眼睛接触：立即分开眼睑，用流动清水或生理盐水彻底冲洗。就医。

皮肤接触：立即脱去污染的衣着，用肥皂水和清水彻底冲洗。就医。

食入：漱口，饮水。就医。

灭火方法 消防人员须穿全身消防服，佩戴空气呼吸器，在上风向灭火。尽可能将容器从火场移至空旷处。喷水保持火场容器冷却，直至灭火结束。处在火场中的容器若发生异常变化或发出异常声音，须马上撤离。

灭火剂：雾状水、泡沫、干粉、二氧化碳、沙土。

泄漏应急处置 根据液体流动和蒸气扩散的影响区域划定警戒区，无关人员从侧风、上风向撤离至安全区。消除所有点火源。建议应急处理人员戴防毒面具，穿防静电服。作业时使用的所有设备应接地。禁止接触或跨越泄漏物。尽可能切断泄漏源。防止泄漏物进入水体、下水道、地下室或有限空间。小量泄漏：用沙土或其他不燃材料吸收。使用洁净的无火花工具收集吸收材料。大量泄漏：构筑围堤或挖坑收容。用泡沫覆盖，减少蒸发。喷水雾能减少蒸发，但不能降低泄漏物在有限空间内的易燃性。用防爆泵转移至槽车或专用收集器内。

55. 苯乙醛

标　识

中文名称 苯乙醛

英文名称 Phenylacetaldehyde；Benzeneacetaldehyde

别名 2-苯基乙醛

分子式 C_8H_8O

CAS 号 122-78-1

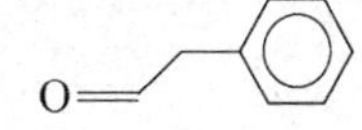

危害信息

燃烧与爆炸危险性 可燃。其蒸气与空气混合，能形成爆炸性混合物。若遇高热，容器内压增加有开裂和爆炸的危险。

禁忌物 强氧化剂、强酸、强碱。

毒性 大鼠经口 LD_{50}：1550mg/kg；小鼠经口 LD_{50}：3890mg/kg；小鼠吸入 LC_{50}：2g/m^3；兔经皮 LD_{50}：>5g/kg；豚鼠经口 LD_{50}：3890mg/kg。

中毒表现 对眼和呼吸道有刺激性。误服易呛入气管，引起吸入性肺炎。皮肤接触：干燥、皲裂。

侵入途径 吸入、食入、经皮吸收。

理化特性与用途

理化特性 无色至淡黄色黏稠油状液体。有强烈风信子香气。微溶于水，溶于乙醇、乙醚、大多数非挥发性油和丙二醇，不溶于甘油和矿物油。熔点-10℃，沸点195℃，相对密度(水=1)1.029，相对蒸气密度(空气=1)4.14，饱和蒸气压0.04kPa(20℃)，辛醇/水分配系数1.78，闪点68℃。

主要用途 用于香料工业，是调制花香香精的重要原料。

包装与储运

安全储运 储存于阴凉、通风的库房。远离火种、热源。应与强氧化剂、强碱等隔离储运。搬运时轻装轻卸，防止容器受损。

紧急处置信息

急救措施

吸入：迅速脱离现场至空气新鲜处。保持呼吸道通畅。如呼吸困难，给输氧。呼吸、心跳停止，立即进行心肺复苏术。就医。

眼睛接触：立即分开眼睑，用流动清水或生理盐水冲洗。就医。

皮肤接触：立即脱去污染的衣着，用肥皂和清水彻底冲洗。就医。

食入：漱口，饮水，不要催吐。就医。

灭火方法 消防人员须穿全身消防服，佩戴空气呼吸器，在上风向灭火。尽可能将容器从火场移至空旷处。喷水保持火场容器冷却，直至灭火结束。处在火场中的容器若发生异常变化或发出异常声音，须马上撤离。

灭火剂：雾状水、泡沫、干粉、二氧化碳、沙土。

泄漏应急处置 根据液体流动和蒸气扩散的影响区域划定警戒区，无关人员从侧风、上风向撤离至安全区。消除所有点火源。建议应急处理人员戴正压自给式呼吸器，穿防护服。穿上适当的防护服前严禁接触破裂的容器和泄漏物。尽可能切断泄漏源。防止泄漏物进入水体、下水道、地下室或有限空间。小量泄漏：用干燥的沙土或其他不燃材料吸收或覆盖，收集于容器中。大量泄漏：构筑围堤或挖坑收容。用泵转移至槽车或专用收集器内。

56. 苯乙酸

标　识

中文名称　苯乙酸

英文名称　Phenylacetic acid；Benzencacetic acid

分子式　$C_8H_8O_2$

CAS 号　103-82-2

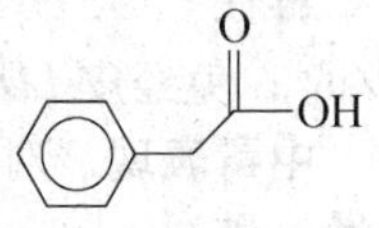

危害信息

燃烧与爆炸危险性　可燃。其粉体与空气混合，能形成爆炸性混合物。遇明火、高热可燃。

禁忌物　强氧化剂、强还原剂、强碱。

毒性　大鼠经口 LD_{50}：2250mg/kg；小鼠经口 LD_{50}：2250mg/kg；兔经皮 LD_{50}：>5g/kg。

中毒表现　对眼、皮肤和上呼吸道有刺激性。

侵入途径　吸入、食入、经皮吸收。

理化特性与用途

理化特性　白色至淡黄色片状或板状有光泽的结晶或粉末，有特殊气味。微溶于冷水，易溶于热水，易溶于乙醇、乙醚、二硫化碳，溶于丙酮，微溶于氯仿。熔点 76.5℃，沸点 265.5℃，相对密度（水＝1）1.091（77/4℃），相对蒸气密度（空气＝1）4.0，饱和蒸气压 0.5Pa（25℃），辛醇/水分配系数 1.41，闪点 132℃（闭杯），引燃温度 543℃，燃烧热 −3897kJ/mol。

主要用途　苯乙酸是医药、农药、香料等有机合成的中间体。在医药工业中用于青霉素、地巴唑等药物的生产。用于稻丰散和乙基稻丰散的生产，这两种农药是广谱性有机磷杀虫剂。苯乙酸本身也是农药植物生长刺激素，广泛存在于葡萄、草莓、可可、绿茶、蜂蜜等中。

包装与储运

安全储运　储存于阴凉、通风的库房。远离火种、热源。应与强氧化剂、碱、强还原剂等隔离储运。

紧急处置信息

急救措施

吸入：迅速脱离现场至空气新鲜处。保持呼吸道通畅。如呼吸困难，给输氧。呼吸、心跳停止，立即进行心肺复苏术。就医。

眼睛接触：立即分开眼睑，用流动清水或生理盐水彻底冲洗。就医。

皮肤接触：立即脱去污染的衣着，用流动清水彻底冲洗。就医。

食入：漱口，饮水。就医。

灭火方法　消防人员须佩戴空气呼吸器，穿全身耐酸碱消防服，在上风向灭火。尽可能将容器从火场移至空旷处。喷水保持火场容器冷却，直至灭火结束。

灭火剂：雾状水、泡沫、干粉、二氧化碳、沙土。

泄漏应急处置 隔离泄漏污染区，限制出入。消除所有点火源。建议应急处理人员戴防尘口罩，穿一般作业工作服。尽可能切断泄漏源。用塑料布覆盖泄漏物，减少飞散。勿使水进入包装容器内。用洁净的铲子收集泄漏物，置于干净、干燥、盖子较松的容器中，将容器移离泄漏区。

57. 2-(3-吡啶基)-哌啶

标　识

中文名称 2-(3-吡啶基)-哌啶

英文名称 2-(3-Pyridyl) piperidine；Anabasine

别名 假木贼碱；(-)-毒藜碱

分子式 $C_{10}H_{14}N_2$

CAS 号 494-52-0

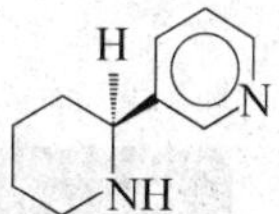

危害信息

燃烧与爆炸危险性 可燃。其蒸气与空气混合能形成爆炸性混合物，遇明火、高热易燃烧或爆炸。燃烧产生有毒的氮氧化物气体。在高温火场中，受热的容器或储罐有破裂和爆炸的危险。

禁忌物 强氧化剂。

毒性 狗经口 *LDLo*：50mg/kg；豚鼠经皮 *LDLo*：100mg/kg。

中毒表现 口服后出现口腔烧灼感、流涎、恶心、腹痛、恶心、呕吐、腹泻。全身影响有头痛、头晕、视觉障碍、精神错乱、虚弱、共济失调等、瞳孔缩小、血压下降。重者可因呼吸肌麻痹而死亡。

侵入途径 吸入、食入、经皮吸收。

理化特性与用途

理化特性 无色至淡黄色液体，暴露在空气中颜色变深。溶于水，溶于多数有机溶剂。熔点 9℃，沸点 270~272℃，相对密度(水=1)1. 0455(20℃/4℃)，辛醇/水分配系数 0. 97，闪点 93℃。

主要用途 用作杀虫剂。

包装与储运

安全储运 储存于阴凉、通风的库房。远离火种、热源。应与氧化剂等隔离储运。搬运时轻装轻卸，防止容器受损。

紧急处置信息

急救措施

吸入：迅速脱离现场至空气新鲜处。保持呼吸道通畅。如呼吸困难，给输氧。呼吸、心跳停止，立即进行心肺复苏术。就医。

眼睛接触：立即分开眼睑，用流动清水或生理盐水彻底冲洗。就医。

皮肤接触：立即脱去污染的衣着，用肥皂水和清水彻底冲洗。就医。

食入：饮适量温水，催吐(仅限于清醒者)。就医。

灭火方法 消防人员须穿全身消防服，佩戴正压自给式呼吸器，在上风向灭火。尽可能将容器从火场移至空旷处。喷水保持火场容器冷却，直至灭火结束。处在火场中的容器若发生异常变化或发出异常声音，须马上撤离。

灭火剂：抗溶性泡沫、二氧化碳、干粉、沙土。

泄漏应急处置 根据液体流动和蒸气扩散的影响区域划定警戒区，无关人员从侧风、上风向撤离至安全区。消除所有点火源，建议应急处理人员戴正压自给式呼吸器，穿防毒服。穿上适当的防护服前严禁接触破裂的容器和泄漏物。尽可能切断泄漏源。防止泄漏物进入水体、下水道、地下室或有限空间。小量泄漏：用干燥的沙土或其他不燃材料吸收或覆盖，收集于容器中。大量泄漏：构筑围堤或挖坑收容。用泵转移至槽车或专用收集器内。

58. 2-(3-吡啶基)-哌啶硫酸盐

标　识

中文名称 2-(3-吡啶基)-哌啶硫酸盐

英文名称 2-(3-Pyridyl) piperidine sulfate；Anabasine sulfate

别名 硫酸假木贼碱

分子式 $C_{10}H_{14}N_2 \cdot \frac{1}{2}H_2O_4S$

CAS 号 3901-59-5；6382-19-0

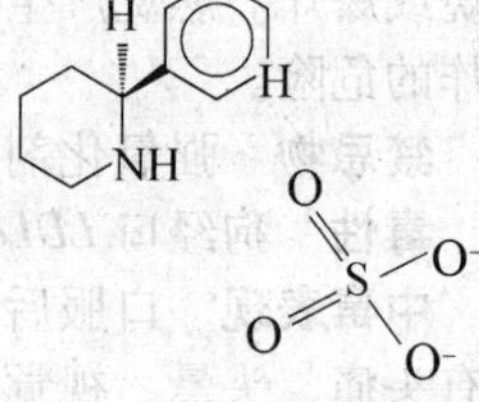

危害信息

危险性类别 第6类 有毒品

禁忌物 强氧化剂

侵入途径 吸入、食入。

理化特性与用途

主要用途 用作杀虫剂。

包装与储运

包装标志 有毒品

包装类别 Ⅲ类

安全储运 储存于阴凉、通风的库房。远离火种、热源。储存温度不超过35℃，相对湿度不超过85%。保持容器密封。应与强氧化剂、强酸等隔离储运。搬运时轻装轻卸，防止容器受损。

紧急处置信息

急救措施

吸入：迅速脱离现场至空气新鲜处。保持呼吸道通畅。如呼吸困难，给输氧。呼吸、心跳停止，立即进行心肺复苏术。就医。

眼睛接触： 立即分开眼睑，用流动清水或生理盐水彻底冲洗。就医。

皮肤接触： 立即脱去污染的衣着，用肥皂水和清水彻底冲洗。就医。

食入： 漱口，饮水。就医。

泄漏应急处置 隔离泄漏污染区，限制出入。消除所有点火源。建议应急处理人员戴防尘口罩，穿防毒服。穿上适当的防护服前严禁接触破裂的容器和泄漏物。尽可能切断泄漏源。用塑料布覆盖泄漏物，减少飞散。勿使水进入包装容器内。用洁净的铲子收集泄漏物，置于干净、干燥、盖子较松的容器中，将容器移离泄漏区。

59. S-苄基-N-(1,2-二甲基丙基)-N-乙基硫代氨基甲酸酯

标　识

中文名称 S-苄基-N-(1，2-二甲基丙基)-N-乙基硫代氨基甲酸酯

英文名称 S-Benzyl-N-(1，2-dimethyl propyl)-N-ethyl thiocarbamate；Esprocarb

别名 戊草丹

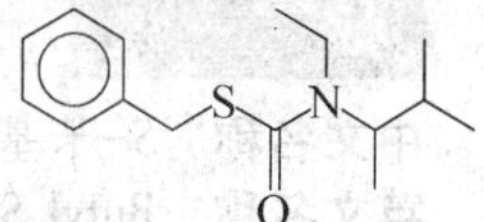

分子式 $C_{15}H_{23}NOS$

CAS 号 85785-20-2

危害信息

燃烧与爆炸危险性 可燃。其蒸气与空气混合能形成爆炸性混合物，遇明火、高热易燃烧或爆炸。燃烧产生有毒的氮氧化物和硫氧化物气体。在高温火场中，受热的容器或储罐有破裂和爆炸的危险。

禁忌物 强氧化剂。

毒性 大鼠经口 LD_{50}：>2g/kg；大鼠经皮 LD_{50}：>2g/kg。

侵入途径 吸入、食入、经皮吸收。

环境危害 对水生生物有极高毒性，可能在水生环境中造成长期不利影响。

理化特性与用途

理化特性 液体。不溶于水，溶于乙醇、二甲苯、氯苯、丙酮、乙腈。熔点<25℃，沸点 135℃(4.67kPa)、357.4℃，相对密度(水=1)1.0353，饱和蒸气压 1.01mPa(25℃)，辛醇/水分配系数 4.6，闪点 170℃。

主要用途 芽前苗后除草剂。主要用于稻田防治稗草。

包装与储运

包装标志 杂项

包装类别 Ⅲ类

安全储运 储存于阴凉、通风的库房。远离火种、热源。应与强氧化剂等隔离储运。

紧急处置信息

急救措施

吸入： 迅速脱离现场至空气新鲜处。保持呼吸道通畅。如呼吸困难，给输氧。呼吸、

心跳停止，立即进行心肺复苏术。就医。

眼睛接触：立即分开眼睑，用流动清水或生理盐水彻底冲洗。就医。

皮肤接触：立即脱去污染的衣着，用肥皂水和清水彻底冲洗。就医。

食入：漱口，饮水。就医。

灭火方法 消防人员须穿全身消防服，佩戴正压自给式呼吸器，在上风向灭火。尽可能将容器从火场移至空旷处。喷水保持火场容器冷却，直至灭火结束。处在火场中的容器若发生异常变化或发出异常声音，须马上撤离。

灭火剂：泡沫、二氧化碳、干粉、沙土。

泄漏应急处置 根据液体流动和蒸气扩散的影响区域划定警戒区，无关人员从侧风、上风向撤离至安全区。消除所有点火源。建议应急处理人员戴防毒面具，穿防毒服。穿上适当的防护服前严禁接触破裂的容器和泄漏物。尽可能切断泄漏源。防止泄漏物进入水体、下水道、地下室或有限空间。小量泄漏：用干燥的沙土或其他不燃材料吸收或覆盖，收集于容器中。大量泄漏：构筑围堤或挖坑收容。用泵转移至槽车或专用收集器内。

60. *S*-苄基-*S*-乙基二硫代磷酸丁酯

标 识

中文名称 *S*-苄基-*S*-乙基二硫代磷酸丁酯

英文名称 Butyl *S*-benzyl-*S*-ethyl dithiophosphate；Conen

别名 苄乙丁硫磷

分子式 $C_{13}H_{21}O_2PS_2$

CAS 号 27949-52-6

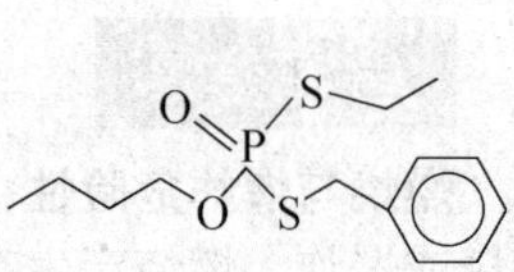

危害信息

禁忌物 强氧化剂。

毒性 大鼠经口 LD_{50}：870mg/kg；小鼠经口 LD_{50}：120mg/kg。

中毒表现 抑制体内胆碱酯酶活性，造成神经生理功能紊乱。大量误服出现急性有机磷中毒症状。表现有头痛、头昏、乏力、食欲不振、恶心、呕吐、腹痛、腹泻、流涎、瞳孔缩小、呼吸道分泌物增多、多汗、肌束震颤等。重度中毒者出现肺水肿、昏迷、呼吸麻痹、脑水肿。血胆碱酯酶活性降低。

侵入途径 吸入、食入、经皮吸收。

理化特性与用途

理化特性 微黄色油状液体。不溶于水，溶于丙酮、芳烃。

主要用途 用作杀菌剂。

包装与储运

安全储运 储存于阴凉、通风的库房。远离火种、热源。应与强氧化剂等隔离储运。

紧急处置信息

急救措施

吸入：迅速脱离现场至空气新鲜处。保持呼吸道通畅。如呼吸困难，给输氧。呼吸、心跳停止，立即进行心肺复苏术。就医。

眼睛接触： 分开眼睑，用流动清水或生理盐水冲洗。就医。

皮肤接触： 立即脱去污染的衣着，用肥皂水及流动清水彻底冲洗污染的皮肤、头发、指甲等。就医。

食入： 饮足量温水，催吐(仅限于清醒者)。口服活性炭。就医。

解毒剂：阿托品、胆碱酯酶复能剂。

泄漏应急处置 根据液体流动和蒸气扩散的影响区域划定警戒区，无关人员从侧风、上风向撤离至安全区。消除所有点火源。建议应急处理人员戴防毒面具，穿防毒服。穿上适当的防护服前严禁接触破裂的容器和泄漏物。尽可能切断泄漏源。防止泄漏物进入水体、下水道、地下室或有限空间。少量泄漏，用不燃材料吸收，收集于容器中。大量泄漏，构筑围堤或挖坑收容，用泵转移至槽车或专用收集器中。

61. 3-[2-(3-苄基-4-乙氧基-2，5-二氧代咪唑烷-1-基)-4，4-二甲基-3-氧代戊酰胺基]-4-氯苯甲酸十二基酯

标识

中文名称 3-[2-(3-苄基-4-乙氧基-2，5-二氧代咪唑烷-1-基)-4，4-二甲基-3-氧代戊酰胺基]-4-氯苯甲酸十二基酯

英文名称 Dodecyl 3-[2-(3-benzyl-4-ethoxy-2，5-dioxoimidazolidin-1-yl)-4，4-dimethyl-3-oxovaleramido]-4-chlorobenzoate

分子式 $C_{38}H_{52}ClN_3O_7$

CAS 号 92683-20-0

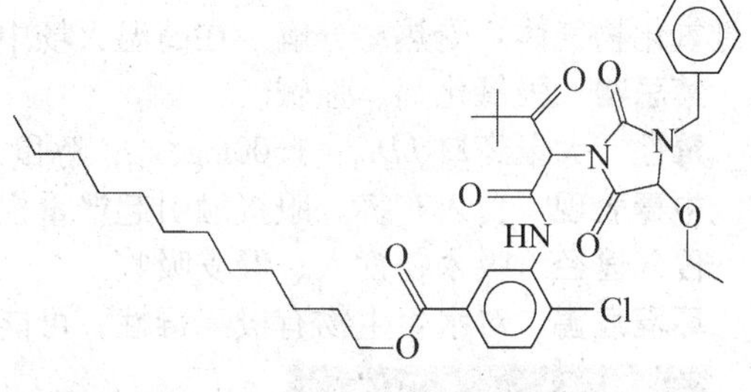

危害信息

禁忌物 强氧化剂。

侵入途径 吸入、食入。

环境危害 可能在水生环境中造成长期不利影响。

理化特性与用途

理化特性 不溶于水。相对密度(水=1)1.2，辛醇/水分配系数 10.85。

主要用途 用作中间体。

包装与储运

包装标志 杂项

包装类别 Ⅲ类

安全储运 储存于阴凉、通风的库房。远离火种、热源。应与强氧化剂、强酸、强碱等隔离储运。

紧急处置信息

急救措施

吸入： 脱离接触。如有不适感，就医。

眼睛接触：分开眼睑，用流动清水或生理盐水冲洗。如有不适感，就医。

皮肤接触：脱去污染的衣着，用肥皂水和清水冲洗。如有不适感，就医。

食入：漱口，饮水。就医。

泄漏应急处置 隔离泄漏污染区，限制出入。建议应急处理人员戴防尘口罩，穿防毒服。穿上适当的防护服前严禁接触破裂的容器和泄漏物。尽可能切断泄漏源。用塑料布覆盖泄漏物，减少飞散。勿使水进入包装容器内。用洁净的铲子收集泄漏物，置于干净、干燥、盖子较松的容器中，将容器移离泄漏区。

62. 1，3-丙二胺四乙酸

标 识

中文名称 1，3-丙二胺四乙酸

英文名称 Trimethylenediaminetetraacetic acid；(Trimethylenedinitrilo)tetraacetic acid；Trimethylenediamine-*N*，*N*，*N*′，*N*′-tetraacetic acid

分子式 $C_{11}H_{18}N_2O_8$

CAS 号 1939-36-2

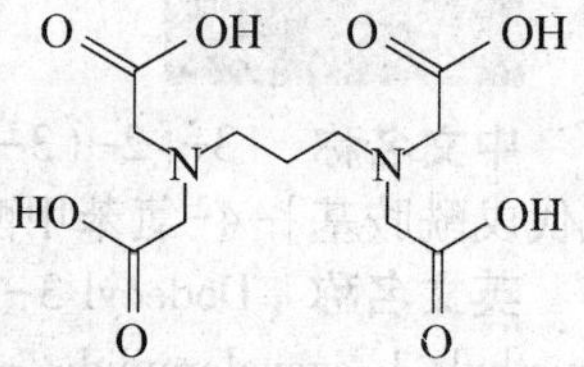

危害信息

燃烧与爆炸危险性 可燃。其粉体与空气混合能形成爆炸性混合物，遇明火高热有引起燃烧爆炸的危险。燃烧产生有毒的氮氧化物气体。受热易分解。在高温火场中，受热的容器有破裂和爆炸的危险。

禁忌物 强氧化剂、强碱。

毒性 大鼠经口 LD_{50}：1600mg/kg；豚鼠经皮 LD_{50}：>1g/kg。

中毒表现 食入有害。眼接触引起严重损害。

侵入途径 吸入、食入、经皮吸收。

环境危害 对水生生物有极高毒性，可能在水生环境中造成长期不利影响。

理化特性与用途

理化特性 白色结晶或米黄色粉末。熔点 250℃(分解)。

主要用途 用作医药原料。

包装与储运

包装标志 杂项

包装类别 Ⅲ类

安全储运 储存于阴凉、通风的库房。远离火种、热源。应与强氧化剂、强碱等隔离储运。

紧急处置信息

急救措施

吸入：迅速脱离现场至空气新鲜处。保持呼吸道通畅。如呼吸困难，给输氧。呼吸、心跳停止，立即进行心肺复苏术。就医。

眼睛接触：立即分开眼睑，用流动清水或生理盐水彻底冲洗10~15min。就医。

皮肤接触：立即脱去污染的衣着，用大量流动清水彻底冲洗。就医。

食入：用水漱口。就医。

灭火方法 消防人员须穿全身消防服，佩戴正压自给式呼吸器，在上风向灭火。尽可能将容器从火场移至空旷处。喷水保持火场容器冷却，直至灭火结束。

灭火剂：雾状水、泡沫、二氧化碳、干粉、沙土。

泄漏应急处置 隔离泄漏污染区，限制出入。消除所有点火源。建议应急处理人员戴防尘口罩，穿一般作业工作服。尽可能切断泄漏源。用塑料布覆盖泄漏物，减少飞散。勿使水进入包装容器内。用洁净的铲子收集泄漏物，置于干净、干燥、盖子较松的容器中，将容器移离泄漏区。

63. 1,2-丙二醇碳酸酯

标　识

中文名称 1，2-丙二醇碳酸酯

英文名称 Propylene carbonate；Carbonic acid，cyclic propylene ester；4-Methyl-1，3-dioxolan-2-one

别名 碳酸丙二醇酯

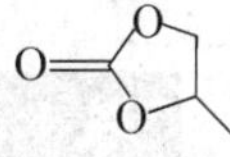

分子式 $C_4H_6O_3$

CAS号 108-32-7

危害信息

燃烧与爆炸危险性 可燃，遇明火、高热可燃。其蒸气与空气混合，能形成爆炸性混合物。

禁忌物 强氧化剂。

毒性 大鼠经口 LD_{50}：>5000mg/kg；小鼠经口 LD_{50}：20700mg/kg；大鼠吸入 LC_{50}：>5g/m^3；兔经皮 LD_{50}：>20mL/kg。

中毒表现 吸入、摄入或经皮肤吸收后对身体有害。对眼睛、皮肤有刺激作用。

侵入途径 吸入、食入、经皮吸收。

理化特性与用途

理化特性 无色无臭液体。溶于水，溶于四氯化碳，与乙醚、丙酮、苯、氯仿、醋酸乙酯等混溶。熔点-49℃，沸点242℃，相对密度(水=1)1.2047，相对蒸气密度(空气=1)3.5，饱和蒸气压5.99Pa(25℃)，辛醇/水分配系数-0.41，闪点123℃，引燃温度435℃，爆炸下限1.8%，爆炸上限14.3%。临界温度502℃，临界压力5.4MPa。

主要用途 用作油性溶剂、纺丝溶剂，烯烃、芳烃萃取剂，二氧化碳吸收剂，水溶性染料及颜料的分散剂等。

包装与储运

安全储运 储存于阴凉、通风的库房。远离火种、热源。应与强氧化剂等隔离储运。搬运时轻装轻卸，防止容器受损。

紧急处置信息

急救措施

吸入：迅速脱离现场至空气新鲜处。保持呼吸道通畅。如呼吸困难，给输氧。呼吸、心跳停止，立即进行心肺复苏术。就医。

眼睛接触：立即分开眼睑，用流动清水或生理盐水彻底冲洗。就医。

皮肤接触：立即脱去污染的衣着，用流动清水彻底冲洗。就医。

食入：漱口，饮水。就医。

灭火方法　消防人员须穿全身消防服，佩戴防毒面具，在上风向灭火。尽可能将容器从火场移至空旷处。喷水保持火场容器冷却，直至灭火结束。

灭火剂：雾状水、泡沫、干粉、二氧化碳、沙土。

泄漏应急处置　根据液体流动和蒸气扩散的影响区域划定警戒区，无关人员从侧风、上风向撤离至安全区。消除所有点火源。建议应急处理人员戴防毒面具，穿一般作业工作服。尽可能切断泄漏源。防止泄漏物进入水体、下水道、地下室或有限空间。小量泄漏：用干燥的沙土或其他不燃材料吸收或覆盖，收集于容器中。大量泄漏：构筑围堤或挖坑收容。用泵转移至槽车或专用收集器内

64. 丙二酸

标　识

中文名称　丙二酸

英文名称　Propanedioic acid; Malonic acid

别名　缩苹果酸

分子式　$C_3H_4O_4$

CAS 号　141-82-2

危害信息

燃烧与爆炸危险性　可燃。其粉体与空气混合，能形成爆炸性混合物。受高热分解放出刺激性烟气。

禁忌物　碱、氧化剂、还原剂。

毒性　小鼠经口 LD_{50}：4g/kg。

中毒表现　吸入后引起咳嗽、咽喉疼痛。对眼和皮肤有刺激性。食入引起腹痛、腹泻、恶心、呕吐。

侵入途径　吸入、食入。

环境危害　对水生生物有害，可能在水生环境中造成长期不利影响。

理化特性与用途

理化特性　白色结晶或结晶性粉末。溶于水，溶于乙醇、乙醚。熔点 135℃，沸点 386.8℃，相对密度(水=1)1.63，相对蒸气密度(空气=1)3.6，饱和蒸气压 0.2Pa(25℃)，辛醇/水分配系数-0.81，闪点 157℃(闭杯)，引燃温度 580℃。

主要用途　用于生产巴比妥酸盐和其他药物等。用于生化研究、有机合成，用作色谱

分析标准和测定铍、铜的络合剂。

包装与储运

安全储运 储存于阴凉、通风的库房。远离火种、热源。应与强氧化剂、碱类、强还原剂等隔离储运。

紧急处置信息

急救措施

吸入：迅速脱离现场至空气新鲜处。保持呼吸道通畅。如呼吸困难，给输氧。呼吸、心跳停止，立即进行心肺复苏术。就医。

眼睛接触：立即分开眼睑，用流动清水或生理盐水彻底冲洗。就医。

皮肤接触：立即脱去污染的衣着，用流动清水彻底冲洗。就医。

食入：漱口，饮水。就医。

灭火方法 消防人员须佩戴空气呼吸器，穿全身耐酸碱消防服，在上风向灭火。尽可能将容器从火场移至空旷处。喷水保持火场容器冷却，直至灭火结束。

灭火剂：雾状水、泡沫、干粉、二氧化碳、沙土。

泄漏应急处置 隔离泄漏污染区，限制出入。消除所有点火源。建议应急处理人员戴防尘口罩，穿防毒服。作业时使用的所有设备应接地。穿上适当的防护服前严禁接触破裂的容器和泄漏物。尽可能切断泄漏源。用干燥的沙土或其他不燃材料覆盖泄漏物，然后用塑料布覆盖，减少飞散、避免雨淋。用洁净的铲子收集泄漏物，置于干净、干燥、盖子较松的容器中，将容器移离泄漏区。

65. 丙二酸二乙酯

标　识

中文名称 丙二酸二乙酯

英文名称 Diethyl malonate；Propanedioic acid，diethyl ester

别名 胡萝卜酸乙酯

分子式 $C_7H_{12}O_4$

CAS 号 105-53-3

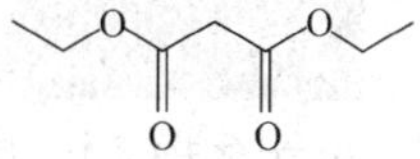

危害信息

燃烧与爆炸危险性 可燃。其蒸气与空气混合，能形成爆炸性混合物。

禁忌物 酸类、碱类、氧化剂、还原剂。

毒性 大鼠经口 LD_{50}：14900μL/kg；小鼠经口 LD_{50}：6400mg/kg；兔经皮 LD_{50}：>16mL/kg。

中毒表现 对眼睛、皮肤、黏膜有刺激作用。

侵入途径 吸入、食入、经皮吸收。

理化特性与用途

理化特性 无色透明液体，略带芳香气味。微溶于水，溶于乙醇，乙醚，氯仿和苯。

熔点-50℃，沸点199℃，相对密度(水=1)1.06，相对蒸气密度(空气=1)5.5，饱和蒸气压0.036kPa(25℃)，燃烧热-3603kJ/mol，辛醇/水分配系数0.96，闪点93℃，引燃温度424℃，爆炸下限0.8%，爆炸上限12.8%。

主要用途 用于有机合成，也是染料、香料的中间体，并作为医药的原料。

包装与储运

安全储运 储存于阴凉、通风的库房。远离火种、热源。应与强氧化剂、强酸、强碱等隔离储运。搬运时轻装轻卸，防止容器受损。

紧急处置信息

急救措施

吸入：迅速脱离现场至空气新鲜处。保持呼吸道通畅。如呼吸困难，给输氧。呼吸、心跳停止，立即进行心肺复苏术。就医。

眼睛接触：立即分开眼睑，用流动清水或生理盐水彻底冲洗。就医。

皮肤接触：立即脱去污染的衣着，用流动清水彻底冲洗。就医。

食入：漱口，饮水。就医。

灭火方法 消防人员须穿全身消防服，佩戴防毒面具，在上风向灭火。尽可能将容器从火场移至空旷处。喷水保持火场容器冷却，直至灭火结束。处在火场中的容器若发生异常变化或发出异常声音，须马上撤离。

灭火剂：雾状水、泡沫、干粉、二氧化碳、沙土。

泄漏应急处置 根据液体流动和蒸气扩散的影响区域划定警戒区，无关人员从侧风、上风向撤离至安全区。消除所有点火源。建议应急处理人员戴防毒面具，穿防毒服。穿上适当的防护服前严禁接触破裂的容器和泄漏物。尽可能切断泄漏源。防止泄漏物进入水体、下水道、地下室或有限空间。小量泄漏：用干燥的沙土或其他不燃材料吸收或覆盖，收集于容器中。大量泄漏：构筑围堤或挖坑收容。用泵转移至槽车或专用收集器内。

66. 1-丙基磷酸环酐

标　识

中文名称 1-丙基磷酸环酐

英文名称 1，3，5，2，4，6-Trioxatriphosphorinane，2，4，6-tripropyl-，2，4，6-trioxide；1-Propylphosphonic acid cyclic anhydride

别名 1-丙基磷酸酐；1-丙基磷酸三环酸酐；2，4，6-三丙基-1，3，5，2，4，6-三氧杂三磷-2，4，6-三氧化物

分子式 $C_9H_{21}O_6P_3$

CAS号 68957-94-8

危害信息

危险性类别 第8类 腐蚀品

燃烧与爆炸危险性 易燃。其蒸气与空气混合能形成爆炸性混合物，遇明火、高热易燃烧或爆炸。燃烧产生有毒的磷氧化物。在高温火场中，受热的容器或储罐有破裂和爆炸

的危险。

活性反应 与强碱发生反应。

禁忌物 强氧化剂、强碱。

中毒表现 本品对眼和皮肤有腐蚀性。

侵入途径 吸入、食入。

理化特性与用途

理化特性 商品通常为溶液。下面是50%醋酸乙酯溶液的物性：液体。沸点65℃，相对密度(水=1)1.09，闪点-4℃。

主要用途 医药、化工中间体。

包装与储运

包装标志 腐蚀品

包装类别 Ⅲ类

安全储运 储存于阴凉、通风的库房。远离火种、热源。储存温度不超过32℃，相对湿度不超过80%。保持容器密封。应与强氧化剂、碱类等隔离储运。搬运时轻装轻卸，防止容器受损。

紧急处置信息

急救措施

吸入：迅速脱离现场至空气新鲜处。保持呼吸道通畅。如呼吸困难，给输氧。呼吸、心跳停止，立即进行心肺复苏术。就医。

眼睛接触：立即分开眼睑，用流动清水或生理盐水彻底冲洗10~15min。就医。

皮肤接触：立即脱去污染的衣着，用大量流动清水彻底冲洗，冲洗时间一般要求20~30min。就医。

食入：用水漱口，禁止催吐。给饮牛奶或蛋清。就医。

灭火方法 消防人员须穿全身消防服，佩戴正压自给式呼吸器，在上风向灭火。尽可能将容器从火场移至空旷处。喷水保持火场容器冷却，直至灭火结束。处在火场中的容器若发生异常变化或发出异常声音，须马上撤离。

灭火剂：泡沫、二氧化碳、干粉、沙土。

泄漏应急处置 根据液体流动和蒸气扩散的影响区域划定警戒区，无关人员从侧风、上风向撤离至安全区。消除所有点火源。建议应急处理人员戴防毒面具，穿一般作业工作服。尽可能切断泄漏源。防止泄漏物进入水体、下水道、地下室或有限空间。小量泄漏：用干燥的沙土或其他不燃材料吸收或覆盖，收集于容器中。大量泄漏：构筑围堤或挖坑收容。用泵转移至槽车或专用收集器内。

67. β-丙内酯

标　识

中文名称 β-丙内酯

英文名称 2-Oxetanone；Propiolactone；β-Proprolactone

67. β-丙内酯

别名　丙醇酸丙酯

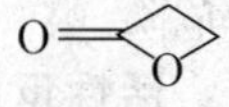

分子式　$C_3H_4O_2$

CAS 号　57-57-8

危害信息

危险性类别　第 6 类　有毒品

燃烧与爆炸危险性　可燃。其蒸气与空气混合，能形成爆炸性混合物。

禁忌物　强氧化剂、强碱。

毒性　大鼠吸入 LC_{50}：25ppm(6h)；小鼠腹腔内 LD_{50}：405mg/kg。

IARC 致癌性评论：G2B，可疑人类致癌物。

欧盟法规 1272/2008/EC 将本品列为第 1B 类致癌物——可能对人类有致癌能力。

中毒表现　吸入后引起烧灼感、咳嗽、头痛、恶心、呕吐和气短。眼和皮肤接触可引起灼伤。

侵入途径　吸入、食入、经皮吸收。

职业接触限值　美国(ACGIH)：TLV-TWA 0.5ppm。

理化特性与用途

理化特性　无色液体，有刺激性气味。溶于水，混溶于乙醇。熔点-33.4℃，沸点(分解)155℃，相对密度(水=1)1.146，饱和蒸气压 0.3kPa(25℃)，辛醇/水分配系数-0.8，闪点 74℃，爆炸下限 2.9%。

主要用途　用于香料、制药工业，用作有机合成中间体和杀菌消毒剂。

包装与储运

包装标志　有毒品

包装类别　Ⅰ类

安全储运　储存于阴凉、通风的库房。远离火种、热源。储存温度不超过 30℃，相对湿度不超过 85%。保持容器密封。应与强氧化剂、强酸、胺类等隔离储运。搬运时轻装轻卸，防止容器受损。

紧急处置信息

急救措施

吸入：迅速脱离现场至空气新鲜处。保持呼吸道通畅。如呼吸困难，给输氧。呼吸、心跳停止，立即进行心肺复苏术。就医。

眼睛接触：立即分开眼睑，用流动清水或生理盐水彻底冲洗 10~15min。就医。

皮肤接触：立即脱去污染的衣着，用大量流动清水彻底冲洗，冲洗时间一般要求 20~30min。就医。

食入：用水漱口，禁止催吐。给饮牛奶或蛋清。就医。

灭火方法　消防人员须穿全身防火防毒服，佩戴空气呼吸器，在上风向灭火。尽可能将容器从火场移至空旷处。喷水保持火场容器冷却，直至灭火结束。处在火场中的容器若发生异常变化或发出异常声音，须马上撤离。

灭火剂：雾状水、泡沫、干粉、二氧化碳、沙土。

泄漏应急处置　根据液体流动和蒸气扩散的影响区域划定警戒区，无关人员从侧风、上风向撤离至安全区。消除所有点火源。建议应急处理人员戴防毒面具，穿防毒服。穿上适当的防护服前严禁接触破裂的容器和泄漏物。尽可能切断泄漏源。防止泄漏物进入水体、下水道、地下室或有限空间。小量泄漏：用干燥的沙土或其他不燃材料吸收或覆盖，收集于容器中。大量泄漏：构筑围堤或挖坑收容。用泵转移至槽车或专用收集器内。

68. 丙酸烯丙酯

标 识

中文名称 丙酸烯丙酯

英文名称 Allyl propionate；Propanoic acid，2-propen-1-yl ester

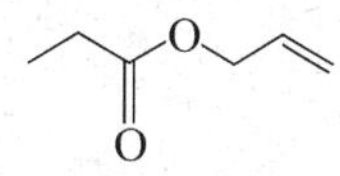

分子式 $C_6H_{10}O_2$

CAS 号 2408-20-0

铁危编号 31239

危害信息

危险性类别 第3类 易燃液体

燃烧与爆炸危险性 易燃。其蒸气与空气混合能形成爆炸性混合物，遇明火、高热易燃烧或爆炸。在高温火场中，受热的容器或储罐有破裂和爆炸的危险。

禁忌物 强氧化剂。

侵入途径 吸入、食入。

理化特性与用途

理化特性 无色液体，有芳香气味。微溶于水，溶于乙醇、乙醚、丙酮。沸点124℃，相对密度(水=1)0.904，相对蒸气密度(空气=1)3.9，饱和蒸气压2.0kPa(20℃)，辛醇/水分配系数1.71，闪点39.4℃，临界温度304℃，临界压力3.27MPa。

主要用途 用作食用香料和有机合成中间体。

包装与储运

包装标志 易燃液体

包装类别 Ⅲ类

安全储运 储存于阴凉、通风的库房。远离火种、热源，避免阳光直射。储存温度不超过37℃。炎热季节早晚运输，应与氧化剂、强酸、强碱等隔离储运。禁止使用易产生火花的机械设备和工具。灌装时注意控制流速，防止静电积聚。搬运时轻装轻卸，防止容器受损。

紧急处置信息

急救措施

吸入：脱离接触。如有不适感，就医。

眼睛接触：分开眼睑，用流动清水或生理盐水冲洗。如有不适感，就医。

皮肤接触：脱去污染的衣着，用肥皂水和清水冲洗。如有不适感，就医。

食入：漱口，饮水。就医。

灭火方法 消防人员须穿全身消防服，佩戴空气呼吸器，在上风向灭火。尽可能将容

器从火场移至空旷处。喷水保持火场容器冷却，直至灭火结束。处在火场中的容器若发生异常变化或发出异常声音，须马上撤离。

灭火剂：泡沫抗溶性泡沫、二氧化碳、干粉、沙土。

泄漏应急处置　消除所有点火源。根据液体流动和蒸气扩散的影响区域划定警戒区，无关人员从侧风、上风向撤离至安全区。建议应急处理人员戴正压自给式呼吸器，穿防毒、防静电服。作业时使用的所有设备应接地。禁止接触或跨越泄漏物。尽可能切断泄漏源。防止泄漏物进入水体、下水道、地下室或有限空间。小量泄漏：用沙土或其他不燃材料吸收。使用洁净的无火花工具收集吸收材料。大量泄漏：构筑围堤或挖坑收容。用泡沫覆盖，减少蒸发。喷水雾能减少蒸发，但不能降低泄漏物在有限空间内的易燃性。用防爆泵转移至槽车或专用收集器内。

69. 丙酸仲丁酯

标　识

中文名称　丙酸仲丁酯

英文名称　sec-Butyl propionate；Propionic acid sec-butyl ester

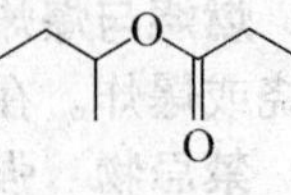

分子式　$C_7H_{14}O_2$

CAS 号　591-34-4

危害信息

危险性类别　第 3 类　易燃液体

燃烧与爆炸危险性　易燃。其蒸气与空气混合能形成爆炸性混合物，遇明火、高热易燃烧或爆炸。在高温火场中，受热的容器或储罐有破裂和爆炸的危险。

禁忌物　强氧化剂。

侵入途径　吸入、食入。

理化特性与用途

理化特性　无色液体。微溶于水。熔点-78℃，沸点 133℃，相对密度(水=1)0.87，辛醇/水分配系数 2.26，闪点 33.4℃。

主要用途　用作溶剂。

包装与储运

包装标志　易燃液体

包装类别　Ⅱ类

安全储运　储存于阴凉、通风的库房。远离火种、热源，避免阳光直射。储存温度不超过 37℃。炎热季节早晚运输，应与氧化剂等隔离储运。禁止使用易产生火花的机械设备和工具。灌装时注意控制流速，防止静电积聚。搬运时轻装轻卸，防止容器受损。

紧急处置信息

急救措施

吸入：脱离接触。如有不适感，就医。

眼睛接触： 分开眼睑，用流动清水或生理盐水冲洗。如有不适感，就医。

皮肤接触： 脱去污染的衣着，用肥皂水和清水冲洗。如有不适感，就医。

食入： 漱口，饮水。就医。

灭火方法 消防人员须穿全身消防服，佩戴空气呼吸器，在上风向灭火。尽可能将容器从火场移至空旷处。喷水保持火场容器冷却，直至灭火结束。处在火场中的容器若发生异常变化或发出异常声音，须马上撤离。

灭火剂：泡沫、二氧化碳、干粉、沙土。

泄漏应急处置 消除所有点火源。根据液体流动和蒸气扩散的影响区域划定警戒区，无关人员从侧风、上风向撤离至安全区。建议应急处理人员戴正压自给式呼吸器，穿防静电服。作业时使用的所有设备应接地。禁止接触或跨越泄漏物。尽可能切断泄漏源。防止泄漏物进入水体、下水道、地下室或有限空间。小量泄漏：用沙土或其他不燃材料吸收。使用洁净的无火花工具收集吸收材料。大量泄漏：构筑围堤或挖坑收容。用泡沫覆盖，减少蒸发。喷水雾能减少蒸发，但不能降低泄漏物在有限空间内的易燃性。用防爆泵转移至槽车或专用收集器内。

70. 丙酮基丙酮

标　识

中文名称 丙酮基丙酮

英文名称 Acetonyl acetone；2，5-Hexanedione

别名 2，5-己二酮

分子式 $C_6H_{10}O_2$

CAS 号 110-13-4

危害信息

燃烧与爆炸危险性 可燃。其蒸气与空气混合，能形成爆炸性混合物。若遇高热，容器内压增加，有开裂和爆炸的危险。

禁忌物 强氧化剂、强还原剂、强碱。

毒性 大鼠经口 LD_{50}：1600mg/kg；小鼠经口 LD_{50}：2386mg/kg；大鼠吸入 LC_{50}：2000ppm(4h)；豚鼠经皮 LD_{50}：6.6mL/kg。

中毒表现 眼接触后能引起刺激和损害。引起皮炎、皮肤染色现象。

侵入途径 吸入、食入、经皮吸收。

理化特性与用途

理化特性 黄色至棕色透明低挥发性液体。混溶于水，溶于多数有机溶剂。熔点-6~-5℃，沸点185~193℃，相对密度(水=1)0.97，相对蒸气密度(空气=1)3.9，饱和蒸气压0.39kPa(25℃)，辛醇/水分配系数-0.27，闪点78℃，引燃温度400℃，爆炸下限1.5%。

主要用途 用作各种物质的溶剂，也用作化学合成的中间产物；还用作皮革鞣剂、橡胶硫化促进剂、杀虫剂和药物的原料。

包装与储运

安全储运　储存于阴凉、通风的库房。远离火种、热源。应与强氧化剂、强还原剂、碱类等隔离储运。搬运时轻装轻卸，防止容器受损。

紧急处置信息

急救措施

吸入：迅速脱离现场至空气新鲜处。保持呼吸道通畅。如呼吸困难，给输氧。呼吸、心跳停止，立即进行心肺复苏术。就医。

眼睛接触：立即分开眼睑，用流动清水或生理盐水彻底冲洗。就医。

皮肤接触：立即脱去污染的衣着，用肥皂水和清水彻底冲洗。就医。

食入：漱口，饮水。就医。

灭火方法　消防人员须穿全身消防服，佩戴防毒面具，在上风向灭火。尽可能将容器从火场移至空旷处。喷水保持火场容器冷却，直至灭火结束。处在火场中的容器若发生异常变化或发出异常声音，须马上撤离。

灭火剂：水、雾状水、抗溶性泡沫、干粉、二氧化碳、沙土。

泄漏应急处置　根据液体流动和蒸气扩散的影响区域划定警戒区，无关人员从侧风、上风向撤离至安全区。消除所有点火源。建议应急处理人员戴防毒面具，穿防毒服。穿上适当的防护服前严禁接触破裂的容器和泄漏物。尽可能切断泄漏源。防止泄漏物进入水体、下水道、地下室或有限空间。小量泄漏：用干燥的沙土或其他不燃材料吸收或覆盖，收集于容器中。大量泄漏：构筑围堤或挖坑收容。用泵转移至槽车或专用收集器内。

71. 丙烯酸2-(二甲基氨基)乙酯

标　识

中文名称　丙烯酸2-(二甲基氨基)乙酯

英文名称　2-(Dimethylamino)ethyl acrylate; Dimethylaminoethyl acrylate; 2-Propenoic acid, 2-(dimethylamino)ethyl ester

别名　*N*, *N*-二甲氨基乙醇丙烯酸酯

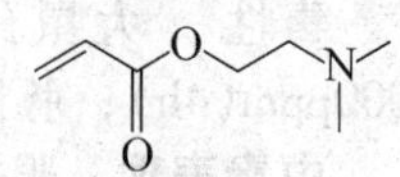

分子式　$C_7H_{13}NO_2$

CAS号　2439-35-2

危害信息

危险性类别　第6类　有毒品

燃烧与爆炸危险性　易燃。其蒸气与空气混合能形成爆炸性混合物，遇明火、高热易燃烧或爆炸。燃烧产生有毒的氮氧化物和碳氧化物气体。在高温火场中，受热的容器或储罐有破裂和爆炸的危险。

禁忌物　强氧化剂。

毒性　大鼠经口 LD_{50}：455mg/kg；大鼠吸入 LC_{50}：66mg/m^3(4h)。

中毒表现　对眼、皮肤和呼吸道有强烈的刺激性和腐蚀性。本品有致敏性。

侵入途径　吸入、食入、经皮吸收。

环境危害 对水生生物有极高毒性，可能在水生环境中造成长期不利影响。

理化特性与用途

理化特性 无色至淡黄色液体，有刺激性气味。混溶于水。熔点<-60℃，沸点167℃，相对密度(水=1)0.943，饱和蒸气压68Pa(20℃)，辛醇/水分配系数0.95，闪点58℃，引燃温度209℃，爆炸下限0.6%，爆炸上限5.5%。

主要用途 用于制造共聚物；用作化学合成和精细化工原料，以及医药中间体。

包装与储运

包装标志 有毒品

包装类别 Ⅲ类

安全储运 储存于阴凉、通风的库房。远离火种、热源。避免接触空气和光照。储存温度不超过35℃，相对湿度不超过85%。保持容器密封。应与强氧化剂、酸碱等隔离储运。搬运时轻装轻卸，防止容器受损。

紧急处置信息

急救措施

吸入：迅速脱离现场至空气新鲜处。保持呼吸道通畅。如呼吸困难，给输氧。呼吸、心跳停止，立即进行心肺复苏术。就医。

眼睛接触：立即分开眼睑，用流动清水或生理盐水彻底冲洗10~15min。就医。

皮肤接触：立即脱去污染的衣着，用大量流动清水彻底冲洗，冲洗时间一般要求20~30min。就医。

食入：用水漱口，禁止催吐。给饮牛奶或蛋清。就医。

灭火方法 消防人员须穿全身消防服，佩戴正压自给式呼吸器，在上风向灭火。尽可能将容器从火场移至空旷处。喷水保持火场容器冷却，直至灭火结束。处在火场中的容器若发生异常变化或发出异常声音，须马上撤离。

灭火剂：泡沫、二氧化碳、干粉、沙土。

泄漏应急处置 根据液体流动和蒸气扩散的影响区域划定警戒区，无关人员从侧风、上风向撤离至安全区。消除所有点火源。建议应急处理人员戴防毒面具，穿防静电服。作业时使用的所有设备应接地。禁止接触或跨越泄漏物。尽可能切断泄漏源。防止泄漏物进入水体、下水道、地下室或有限空间。小量泄漏：用沙土或其他不燃材料吸收。使用洁净的无火花工具收集吸收材料。大量泄漏：构筑围堤或挖坑收容。用泡沫覆盖，减少蒸发。喷水雾能减少蒸发，但不能降低泄漏物在有限空间内的易燃性。用防爆泵转移至槽车或专用收集器内。

72. 丙烯酸-2,3-环氧丙酯

标　识

中文名称 丙烯酸-2，3-环氧丙酯

英文名称 2，3-Epoxypropyl acrylate；Glycidyl acrylate

别名 丙烯酸缩水甘油酯

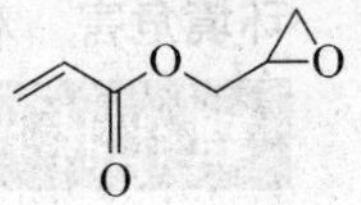

分子式 $C_6H_8O_3$

CAS 号 106-90-1

危害信息

危险性类别 第6类 有毒品

燃烧与爆炸危险性 易燃。其蒸气与空气混合，能形成爆炸性混合物，高速冲击、流动、激荡后，可因产生静电火花放电引起燃烧爆炸。蒸气比空气重，能在较低处扩散到相当远的地方，遇火源会着火回燃和爆炸(闪爆)。在高温火场中，受热的容器有破裂和爆炸的危险。容易自聚。

活性反应 与氧化剂可发生反应。

禁忌物 强氧化剂、强酸、强碱。

毒性 大鼠经口 LD_{50}：210mg/kg；大鼠吸入 $LCLo$：125ppm(4h)；兔经皮 LD_{50}：400 μL/kg。

中毒表现 吸入高浓度引起咳嗽、呼吸困难、流涎，结膜炎。可引起肺水肿。眼和皮肤接触引起灼伤。也可引起过敏性皮肤反应。

侵入途径 吸入、食入、经皮吸收。

理化特性与用途

理化特性 浅琥珀色液体。不溶于水。熔点-41.5℃(凝固点)，沸点57℃(0.27kPa)，相对密度(水=1)1.1，相对蒸气密度(空气=1)4.4，饱和蒸气压0.4kPa(25℃)，辛醇/水分配系数0.27，闪点61℃，引燃温度415℃。

主要用途 用于有机合成，用作生产胶黏剂和涂料的单体。

包装与储运

包装标志 有毒品，腐蚀品

包装类别 Ⅱ类

安全储运 储存于阴凉、通风的库房。远离火种、热源。储存温度不超过30℃，相对湿度不超过80%。保持容器密封。避免接触空气和光照。应与强氧化剂、酸碱、胺类、还原剂等隔离储运。搬运时轻装轻卸，防止容器受损。

紧急处置信息

急救措施

吸入: 迅速脱离现场至空气新鲜处。保持呼吸道通畅。如呼吸困难，给输氧。呼吸、心跳停止，立即进行心肺复苏术。就医。

眼睛接触: 立即分开眼睑，用流动清水或生理盐水彻底冲洗10~15min。就医。

皮肤接触: 立即脱去污染的衣着，用大量流动清水彻底冲洗，冲洗时间一般要求20~30min。就医。

食入: 用水漱口，禁止催吐。给饮牛奶或蛋清。就医。

灭火方法 消防人员须穿全身防火防毒服，佩戴空气呼吸器，在上风向灭火。尽可能将容器从火场移至空旷处。喷水保持火场容器冷却，直至灭火结束。处在火场中的容器若发生异常变化或发出异常声音，须马上撤离。

灭火剂：雾状水、泡沫、干粉、二氧化碳、沙土。

泄漏应急处置 消除所有点火源。根据液体流动和蒸气扩散的影响区域划定警戒区，无关人员从侧风、上风向撤离至安全区。建议应急处理人员戴正压自给式呼吸器，穿防毒、防静电服。作业时使用的所有设备应接地。禁止接触或跨越泄漏物。尽可能切断泄漏源。防止泄漏物进入水体、下水道、地下室或有限空间。小量泄漏：用沙土或其他不燃材料吸收。使用洁净的无火花工具收集吸收材料。大量泄漏：构筑围堤或挖坑收容。用泡沫覆盖，减少蒸发。喷水雾能减少蒸发，但不能降低泄漏物在有限空间内的易燃性。用防爆泵转移至槽车或专用收集器内。

73. 丙烯酸己酯

标　识

中文名称　丙烯酸己酯

英文名称　Hexyl acrylate；2-Propenoic acid，hexyl ester

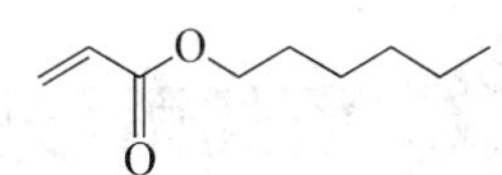

分子式　$C_9H_{16}O_2$

CAS 号　2499-95-8

危害信息

燃烧与爆炸危险性　可燃。其蒸气与空气混合能形成爆炸性混合物，遇明火、高热能引起燃烧爆炸。

禁忌物　强氧化剂。

毒性　大鼠经口 LD_{50}：26mL/kg；兔经皮 LD_{50}：5660μL/kg。

中毒表现　对眼、上呼吸道和皮肤有刺激性。对皮肤有致敏性。

侵入途径　吸入、食入、经皮吸收。

环境危害　对水生生物有毒，可能在水生环境中造成长期不利影响。

理化特性与用途

理化特性　无色液体。不溶于水。熔点-45℃，沸点 88~90℃(3.19kPa)，相对密度(水=1)0.888，相对蒸气密度(空气=1)5.39，辛醇/水分配系数 3.33~3.39，闪点 68℃，引燃温度 340℃。

主要用途　作为共聚单体用于制造胶黏剂，用作黏度指数改进剂。

包装与储运

包装标志　杂项

包装类别　Ⅲ类

安全储运　储存于阴凉、通风的库房。远离火种、热源。避免接触空气和光照。应与强氧化剂、强酸、强碱等隔离储运。搬运时轻装轻卸，防止容器受损。

紧急处置信息

急救措施

吸入：迅速脱离现场至空气新鲜处。保持呼吸道通畅。如呼吸困难，给输氧。呼吸、心跳停止，立即进行心肺复苏术。就医。

眼睛接触：立即分开眼睑，用流动清水或生理盐水彻底冲洗。就医。

皮肤接触：立即脱去污染的衣着，用肥皂水和清水彻底冲洗。就医。

食入：漱口、饮水。就医。

灭火方法 消防人员须穿全身消防服，佩戴空气呼吸器，在上风向灭火。尽可能将容器从火场移至空旷处。喷水保持火场容器冷却，直至灭火结束。处在火场中的容器若发生异常变化或发出异常声音，须马上撤离。

灭火剂：泡沫、二氧化碳、干粉、沙土。

泄漏应急处置 根据液体流动和蒸气扩散的影响区域划定警戒区，无关人员从侧风、上风向撤离至安全区。消除所有点火源。建议应急处理人员戴防毒面具，穿防静电服。作业时使用的所有设备应接地。禁止接触或跨越泄漏物。尽可能切断泄漏源。防止泄漏物进入水体、下水道、地下室或有限空间。小量泄漏：用沙土或其他不燃材料吸收。使用洁净的无火花工具收集吸收材料。大量泄漏：构筑围堤或挖坑收容。用泡沫覆盖，减少蒸发。喷水雾能减少蒸发，但不能降低泄漏物在有限空间内的易燃性。用防爆泵转移至槽车或专用收集器内。

74. 丙烯酰胺基甲氧基乙酸甲酯(含 ≥ 0.1% 丙烯酰胺)

标　识

中文名称 丙烯酰胺基甲氧基乙酸甲酯(含≥0.1% 丙烯酰胺)

英文名称 Methyl acrylamidomethoxyacetate (containing ≥0.1% acrylamide); Acetic acid, methoxy((1-oxo-2-propenyl)amino)-, methyl ester; Methyl acrylamidoglycolate methyl ether

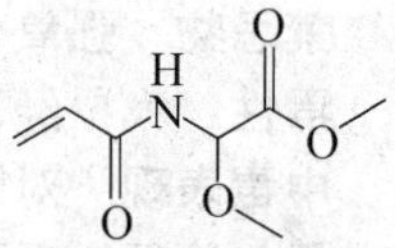

分子式 $C_7H_{11}NO_4$

CAS 号 77402-03-0

危害信息

燃烧与爆炸危险性 可燃。其粉体与空气混合能形成爆炸性混合物，遇明火高热有引起燃烧爆炸的危险。燃烧产生有毒的氮氧化物气体。

禁忌物 强氧化剂、强酸。

毒性 大鼠经口 LD_{50}：2091mg/kg；大鼠吸入 LC_{50}：>186mg/m^3(4h)；兔经皮 LD_{50}：>2g/kg。

欧盟法规 1272/2008/EC 将本品列为第 1B 类致癌物——可能对人类有致癌能力；第 1B 类生殖细胞致突变物——应认为可能引起人类生殖细胞可遗传突变的物质。

中毒表现 食入有害，对眼有刺激性。

侵入途径 吸入、食入、经皮吸收。

理化特性与用途

理化特性 固体。熔点 73~75℃。

主要用途 用作聚合物的单体。

包装与储运

安全储运 储存于阴凉、通风的库房。远离火种、热源。应与强氧化剂等隔离储运。

紧急处置信息

急救措施

吸入：迅速脱离现场至空气新鲜处。保持呼吸道通畅。如呼吸困难，给输氧。呼吸、心跳停止，立即进行心肺复苏术。就医。

眼睛接触：立即分开眼睑，用流动清水或生理盐水彻底冲洗。就医。

皮肤接触：立即脱去污染的衣着，用流动清水彻底冲洗。就医。

食入：漱口、饮水。就医。

灭火方法 消防人员须穿全身消防服，佩戴正压自给式呼吸器，在上风向灭火。尽可能将容器从火场移至空旷处。喷水保持火场容器冷却，直至灭火结束。

灭火剂：雾状水、泡沫、二氧化碳、干粉、沙土。

泄漏应急处置 隔离泄漏污染区，限制出入。消除所有点火源。建议应急处理人员戴防尘口罩，穿一般作业工作服。尽可能切断泄漏源。用塑料布覆盖泄漏物，减少飞散。勿使水进入包装容器内。用洁净的铲子收集泄漏物，置于干净、干燥、盖子较松的容器中，将容器移离泄漏区。

75. 丙烯酰氯

标　识

中文名称 丙烯酰氯

英文名称 Acryloyl chloride；2-Propenoyl chloride

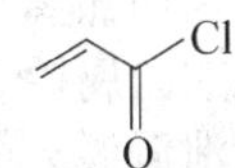

分子式 C_3H_3ClO

CAS 号 814-68-6

危害信息

危险性类别 第 3 类 易燃液体

燃烧与爆炸危险性 易燃。其蒸气与空气混合，能形成爆炸性混合物。受热或遇水分解放热，放出有毒的腐蚀性烟气。

禁忌物 氧化剂、醇类、强碱、水。

毒性 小鼠吸入 LC_{50}：$92mg/m^3(2h)$。

中毒表现 本品对眼睛、皮肤、黏膜和上呼吸道有强烈刺激作用。可引起灼伤。吸入后可引起喉、支气管的炎症、水肿、痉挛，化学性肺炎或肺水肿。接触后可引起烧灼感、咳嗽、喘息、头痛、喉炎、恶心和呕吐等。

侵入途径 吸入、食入。

环境危害 对水生生物有极高毒性。

理化特性与用途

理化特性 淡黄色液体。在水和乙醇中分解。混溶于氯仿。沸点 72~76℃，相对密度(水=1)1.11，相对蒸气密度(空气=1)>1，饱和蒸气压 12.37kPa(25℃)，辛醇/水分配系数 0.17，闪点 16℃。

主要用途 用作有机合成中间体、高分子化合物的单体。

包装与储运

包装标志　易燃液体，有毒品，腐蚀品。

包装类别　Ⅰ类

安全储运　储存于阴凉、通风的库房。远离火种、热源。避免阳光直射。储存温度不超过 30℃，相对湿度不超过 75%。炎热季节早晚运输，应与氧化剂、醚类、强碱、醇等隔离储运。禁止使用易产生火花的机械设备和工具。灌装时注意控制流速，防止静电积聚。搬运时轻装轻卸，防止容器受损。

紧急处置信息

急救措施

吸入：迅速脱离现场至空气新鲜处。保持呼吸道通畅。如呼吸困难，给输氧。呼吸、心跳停止，立即进行心肺复苏术。就医。

眼睛接触：立即分开眼睑，用流动清水或生理盐水彻底冲洗 10~15min。就医。

皮肤接触：立即脱去污染的衣着，用大量流动清水彻底冲洗，冲洗时间一般要求 20~30min。就医。

食入：用水漱口，禁止催吐。给饮牛奶或蛋清。就医。

灭火方法　消防人员须穿全身耐酸碱消防服，佩戴正压自给式呼吸器，在上风向灭火。尽可能将容器从火场移至空旷处。喷水保持火场容器冷却，直至灭火结束。处在火场中的容器若发生异常变化或发出异常声音，须马上撤离。禁止用水、泡沫和酸碱灭火剂灭火。

灭火剂：干粉、二氧化碳、沙土。

泄漏应急处置　根据液体流动和蒸气扩散的影响区域划定警戒区，无关人员从侧风、上风向撤离至安全区。消除所有点火源。建议应急处理人员戴正压自给式呼吸器，穿防静电、防腐蚀、防毒服。作业时使用的所有设备应接地。禁止接触或跨越泄漏物。尽可能切断泄漏源。防止泄漏物进入水体、下水道、地下室或有限空间。小量泄漏：用沙土或其他不燃材料吸收。使用洁净的无火花工具收集吸收材料。大量泄漏：构筑围堤或挖坑收容。用泡沫覆盖，减少蒸发。喷水雾能减少蒸发，但不能降低泄漏物在有限空间内的易燃性。用防爆、耐腐蚀泵转移至槽车或专用收集器内。

76. 丙酰胺

标　识

中文名称　丙酰胺

英文名称　Propionamide；Propanamide

分子式　C_3H_7NO

CAS 号　79-05-0

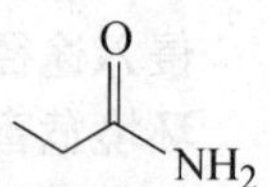

危害信息

燃烧与爆炸危险性　可燃。其粉体与空气混合，能形成爆炸性混合物。燃烧分解放出有毒的氮氧化物气体。

禁忌物　强氧化剂、酸类、碱、强还原剂。

毒性 大鼠吸入 *LCLo*：8000 ppm。

中毒表现 对眼睛和皮肤有刺激作用。吸入有一定毒性。

侵入途径 吸入、食入、经皮吸收。

理化特性与用途

理化特性 白色至淡黄色结晶粉末或灰白色固体。易溶于水，易溶于乙醇、乙醚、二氯丙烷。熔点 79~83℃，沸点 213℃，相对密度(水=1)1.042，饱和蒸气压 5.03Pa(25℃)，辛醇/水分配系数-0.66，闪点>100℃。

主要用途 用于有机合成，用于麦迪霉素药物的合成。

包装与储运

安全储运 储存于阴凉、通风的库房。远离火种、热源。应与强氧化剂、碱类、强酸、强还原剂等隔离储运。

紧急处置信息

急救措施

吸入：迅速脱离现场至空气新鲜处。保持呼吸道通畅。如呼吸困难，给输氧。呼吸、心跳停止，立即进行心肺复苏术。就医。

眼睛接触：立即分开眼睑，用流动清水或生理盐水彻底冲洗。就医。

皮肤接触：立即脱去污染的衣着，用流动清水彻底冲洗。就医。

食入：漱口、饮水。就医。

灭火方法 消防人员须穿全身消防服，佩戴正压自给式呼吸器，在上风向灭火。尽可能将容器从火场移至空旷处。喷水保持火场容器冷却，直至灭火结束。

灭火剂：雾状水、泡沫、干粉、二氧化碳、沙土。

泄漏应急处置 隔离泄漏污染区，限制出入。消除所有点火源。建议应急处理人员戴防尘口罩，穿一般作业工作服。尽可能切断泄漏源。用塑料布覆盖泄漏物，减少飞散。勿使水进入包装容器内。用洁净的铲子收集泄漏物，置于干净、干燥、盖子较松的容器中，将容器移离泄漏区。

77. 菠萝蛋白酶

标 识

中文名称 菠萝蛋白酶

英文名称 Bromelain，fruit；Bromelain；Plant protease concentrate

别名 菠萝酶

CAS 号 9001-00-7

危害信息

燃烧与爆炸危险性 可燃。其粉体与空气混合能形成爆炸性混合物，遇明火高热有引起燃烧爆炸的危险。燃烧产生有毒的氮氧化物气体。

禁忌物 强氧化剂。

理化特性与用途

理化特性 淡黄色或白色结晶粉末或白色至褐色无定形粉末。溶于水，不溶于乙醇、氯仿、乙醚。

主要用途 制备蛋白质水解液；用于某些化妆品，如洗面乳；是一种安全有效的治疗药物，在医药领域它可以阻止血小板凝集、纤维蛋白溶解，具有消炎作用、抗肿瘤作用、细胞因子和免疫调节作用，皮肤清创，促进其他药物的吸收，促进黏液溶解作用，帮助消化，促进伤口愈合，改善心血管和循环系统。

包装与储运

安全储运 储存于阴凉、通风的库房。远离火种、热源。应与强氧化剂等隔离储运。

紧急处置信息

灭火方法 消防人员须穿全身消防服，佩戴空气呼吸器，在上风向灭火。尽可能将容器从火场移至空旷处。喷水保持火场容器冷却，直至灭火结束。

灭火剂：雾状水、泡沫、二氧化碳、干粉、沙土。

泄漏应急处置 隔离泄漏污染区，限制出入。建议应急处理人员戴防尘口罩，穿一般作业工作服。尽可能切断泄漏源。用塑料布覆盖泄漏物，减少飞散。用洁净的铲子收集泄漏物，置于干净、干燥、盖子较松的容器中，将容器移离泄漏区。

78. 草酸铵

标　识

中文名称 草酸铵

英文名称 Ammonium oxalate; Ethanedioic acid, diammonium salt, monohydrate

别名 乙二酸铵；一水合草酸铵

分子式 $C_2H_8N_2O_4 \cdot H_2O$

CAS 号 6009-70-7

危害信息

燃烧与爆炸危险性 可燃。其粉体与空气混合能形成爆炸性混合物，遇明火高热有引起燃烧爆炸的危险。燃烧产生有毒的氮氧化物气体。

禁忌物 强氧化剂、强酸。

中毒表现 对眼和皮肤有刺激性。

侵入途径 吸入、食入、经皮吸收。

理化特性与用途

理化特性 白色斜方晶系结晶或粉末。溶于水，微溶于乙醇，不溶于氨水。熔点 70℃，沸点(分解)，相对密度(水=1)1.5，相对蒸气密度(空气=1)4.3。

主要用途 用于制安全炸药和供分析试剂等用。

包装与储运

安全储运 储存于阴凉、通风的库房。远离火种、热源。应与强氧化剂等隔离储运。

紧急处置信息

急救措施

吸入：迅速脱离现场至空气新鲜处。保持呼吸道通畅。如呼吸困难，给输氧。呼吸、心跳停止，立即进行心肺复苏术。就医。

眼睛接触：立即分开眼睑，用流动清水或生理盐水彻底冲洗。就医。

皮肤接触：立即脱去污染的衣着，用肥皂水和清水彻底冲洗。就医。

食入：漱口、饮水。就医。

灭火方法 消防人员须穿全身消防服，佩戴正压自给式呼吸器，在上风向灭火。尽可能将容器从火场移至空旷处。喷水保持火场容器冷却，直至灭火结束。

灭火剂：雾状水、抗溶性泡沫、二氧化碳、干粉、沙土。

79. 草酸钙

标 识

中文名称 草酸钙

英文名称 Calcium oxalate；Ethanedioic acid，calcium salt（1:1）

别名 乙二酸钙

分子式 C_2CaO_4

CAS 号 563-72-4

O O O^- O^- Ca^{2+}

危害信息

燃烧与爆炸危险性 可燃。其粉体与空气混合能形成爆炸性混合物，遇明火高热有引起燃烧爆炸的危险。燃烧产生有毒气体。

禁忌物 强氧化剂、强酸。

侵入途径 吸入、食入。

理化特性与用途

理化特性 无色结晶或白色结晶性粉末。相对密度(水=1)2.2，饱和蒸气压 0.33mPa（25℃），辛醇/水分配系数-0.97。

主要用途 用作载体分离稀土金属，分析钙，制备草酸；用于陶瓷上釉。

包装与储运

安全储运 储存于阴凉、通风的库房。远离火种、热源。应与强氧化剂等隔离储运。

紧急处置信息

急救措施

吸入：脱离接触。如有不适感，就医。

眼睛接触：分开眼睑，用流动清水或生理盐水冲洗。如有不适感，就医。

皮肤接触：脱去污染的衣着，用肥皂水和清水冲洗。如有不适感，就医。

食入：漱口，饮水。就医。

灭火方法 消防人员须穿全身消防服，佩戴空气呼吸器，在上风向灭火。尽可能将容器从火场移至空旷处。喷水保持火场容器冷却，直至灭火结束。

灭火剂：雾状水、抗溶性泡沫、二氧化碳、干粉、沙土。

泄漏应急处置 隔离泄漏污染区，限制出入。消除所有点火源。建议应急处理人员戴防尘口罩，穿防毒服。穿上适当的防护服前严禁接触破裂的容器和泄漏物。尽可能切断泄漏源。用塑料布覆盖泄漏物，减少飞散。勿使水进入包装容器内。用洁净的铲子收集泄漏物，置于干净、干燥、盖子较松的容器中，将容器移离泄漏区。

80. 草酸高铁铵

标 识

中文名称 草酸高铁铵

英文名称 Ferric ammonium oxalate; Ethanedioic acid, ammonium iron(3+) salt; Triammonium iron(3+) trioxalate

别名 三草酰铁酸三铵

分子式 $C_6H_{12}FeN_3O_{12}$

CAS 号 2944-67-4

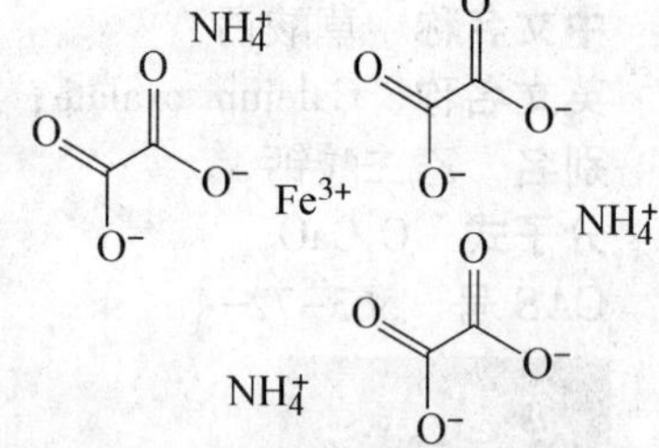

危害信息

禁忌物 强氧化剂、强酸。

中毒表现 对眼、皮肤和黏膜有刺激性。

侵入途径 吸入、食入。

理化特性与用途

理化特性 绿色结晶。溶于水，不溶于乙醇。熔点(分解)，相对密度(水=1)1.78。

主要用途 广泛用于医药工业作为纯化剂，稀土金属加工业中作沉淀剂，纺织和木材工业中作漂白剂，还用作金属除锈剂和废水处理剂。

包装与储运

安全储运 储存于阴凉、通风的库房。远离火种、热源。应与强氧化剂等隔离储运。

紧急处置信息

急救措施

吸入：迅速脱离现场至空气新鲜处。保持呼吸道通畅。如呼吸困难，给输氧。呼吸、心跳停止，立即进行心肺复苏术。就医。

眼睛接触：立即分开眼睑，用流动清水或生理盐水彻底冲洗。就医。

皮肤接触：立即脱去污染的衣着，用肥皂水和清水彻底冲洗。就医。

食入：漱口，饮水。就医。

泄漏应急处置 隔离泄漏污染区，限制出入。消除所有点火源。建议应急处理人员戴防尘口罩，穿一般作业工作服。尽可能切断泄漏源。用塑料布覆盖泄漏物，减少飞散。勿使水进入包装容器内。用洁净的铲子收集泄漏物，置于干净、干燥、盖子较松的容器中，将容器移离泄漏区。

81. 草酸钾

标　识

中文名称 草酸钾

英文名称 Dipotassium oxalate；Ethanedioic acid，dipotassium salt；Potassium oxalate；

别名 草酸二钾；乙二酸二钾盐

分子式 $C_2K_2O_4$

CAS 号 583-52-8

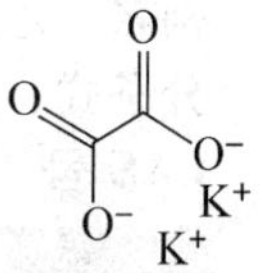

危害信息

燃烧与爆炸危险性 可燃。其粉体与空气混合能形成爆炸性混合物，遇明火高热有引起燃烧爆炸的危险。

禁忌物 强氧化剂。

毒性 大鼠经口 LD_{50}：660mg/kg；人(女性)*LDLo*：1g/kg。

中毒表现 食入有害。

侵入途径 吸入、食入、经皮吸收。

理化特性与用途

理化特性 无色或白色结晶，无气味。溶于水。熔点160℃，相对密度(水=1)2.13，辛醇/水分配系数-7.0。

主要用途 用作分析试剂，用于制草酸，在纺织和照相中用作漂白剂、清洗剂和着色剂等。

包装与储运

安全储运 储存于阴凉、通风的库房。远离火种、热源。应与强氧化剂等隔离储运。

紧急处置信息

急救措施

吸入：迅速脱离现场至空气新鲜处。保持呼吸道通畅。如呼吸困难，给输氧。呼吸、心跳停止，立即进行心肺复苏术。就医。

眼睛接触：立即分开眼睑，用流动清水或生理盐水彻底冲洗。就医。

皮肤接触：立即脱去污染的衣着，用肥皂水和清水彻底冲洗。就医。

食入：漱口，饮水。就医。

灭火方法 消防人员须穿全身消防服，佩戴空气呼吸器，在上风向灭火。尽可能将容器从火场移至空旷处。喷水保持火场容器冷却，直至灭火结束。

灭火剂：雾状水、抗溶性泡沫、二氧化碳、干粉、沙土。

泄漏应急处置 隔离泄漏污染区，限制出入。消除所有点火源。建议应急处理人员戴防尘口罩，穿防毒服。穿上适当的防护服前严禁接触破裂的容器和泄漏物。尽可能切断泄漏源。用塑料布覆盖泄漏物，减少飞散。勿使水进入包装容器内。用洁净的铲子收集泄漏物，置于干净、干燥、盖子较松的容器中，将容器移离泄漏区。

82. 草酸锰

标 识

中文名称 草酸锰

英文名称 Manganese (Ⅱ) oxalate；Manganese，(ethanedioato(2-)-kappaO1，kappaO2)-

别名 乙二酸锰

分子式 C_2MnO_4

CAS 号 640-67-5

Mn^{2+}

危害信息

燃烧与爆炸危险性 可燃。其粉体与空气混合能形成爆炸性混合物，遇明火高热有引起燃烧爆炸的危险。

禁忌物 强氧化剂、强酸。

中毒表现 长期反复接触锰化合物对中枢神经系统和肺产生损害。

侵入途径 吸入、食入。

理化特性与用途

理化特性 白色结晶。微溶于水，溶于稀酸。熔点150℃，相对密度(水=1)2.453，辛醇/水分配系数-0.17。

主要用途 用于涂料、油漆催干剂。

包装与储运

安全储运 储存于阴凉、通风的库房。远离火种、热源。应与强氧化剂等隔离储运。

紧急处置信息

急救措施

吸入：迅速脱离现场至空气新鲜处。保持呼吸道通畅。如呼吸困难，给输氧。呼吸、心跳停止，立即进行心肺复苏术。就医。

眼睛接触：立即分开眼睑，用流动清水或生理盐水彻底冲洗。就医。

皮肤接触：立即脱去污染的衣着，用肥皂水和清水彻底冲洗。就医。

食入：漱口，饮水。就医。

灭火方法 消防人员须穿全身消防服，佩戴空气呼吸器，在上风向灭火。尽可能将容器从火场移至空旷处。喷水保持火场容器冷却，直至灭火结束。

灭火剂：雾状水、抗溶性泡沫、二氧化碳、干粉、沙土。

泄漏应急处置 隔离泄漏污染区，限制出入。建议应急处理人员戴防尘口罩，穿一般

作业工作服。穿上适当的防护服前严禁接触破裂的容器和泄漏物。尽可能切断泄漏源。用塑料布覆盖泄漏物，减少飞散。勿使水进入包装容器内。用洁净的铲子收集泄漏物，置于干净、干燥、盖子较松的容器中，将容器移离泄漏区。

83. 草酸钠

标　识

中文名称　草酸钠

英文名称　Disodium oxalate; Ethanedioic acid, disodium salt; Sodium oxalate

别名　乙二酸钠

分子式　$C_2Na_2O_4$

CAS 号　62-76-0

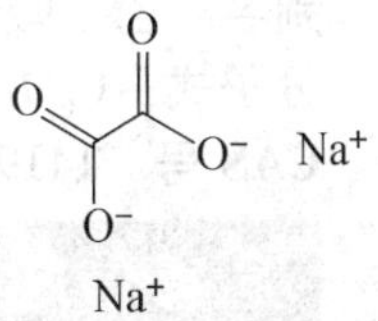

危害信息

燃烧与爆炸危险性　可燃。其粉体与空气混合能形成爆炸性混合物，遇明火高热有引起燃烧爆炸的危险。

禁忌物　强氧化剂、强酸。

毒性　大鼠经口 LD_{50}：11160mg/kg；小鼠经口 LD_{50}：5094mg/kg。

中毒表现　本品对眼有刺激性。

侵入途径　吸入、食入。

理化特性与用途

理化特性　白色结晶性粉末，无气味，有吸湿性。难溶于水，不溶于醇和乙醚，溶于稀酸。熔点 250~270℃，相对密度(水=1)2.34，辛醇/水分配系数-7.0。

主要用途　主要作生产草酸的中间体，也可用于纤维素整理剂、纺织品、皮革加工等；分析化学中作为标定高锰酸钾溶液的基准品；焰火黄色发光剂。

包装与储运

安全储运　储存于阴凉、通风的库房。远离火种、热源。应与强氧化剂等隔离储运。

紧急处置信息

急救措施

吸入：迅速脱离现场至空气新鲜处。保持呼吸道通畅。如呼吸困难，给输氧。呼吸、心跳停止，立即进行心肺复苏术。就医。

眼睛接触：立即分开眼睑，用流动清水或生理盐水彻底冲洗。就医。

皮肤接触：立即脱去污染的衣着，用肥皂水和清水彻底冲洗。就医。

食入：漱口、饮水。就医。

灭火方法　消防人员须穿全身消防服，佩戴空气呼吸器，在上风向灭火。尽可能将容器从火场移至空旷处。喷水保持火场容器冷却，直至灭火结束。

灭火剂：雾状水、抗溶性泡沫、二氧化碳、干粉、沙土。

泄漏应急处置　隔离泄漏污染区，限制出入。消除所有点火源。建议应急处理人员戴

防尘口罩，穿一般作业工作服。尽可能切断泄漏源。用塑料布覆盖泄漏物，减少飞散。勿使水进入包装容器内。用洁净的铲子收集泄漏物，置于干净、干燥、盖子较松的容器中，将容器移离泄漏区。

84. 草酸钛

标　识

中文名称　草酸钛

英文名称　Titanium oxalate

别名　乙二酸钛

分子式　$C_6O_{12}Ti_2$

CAS 号　14194-07-1

$$[Ti^{3+}]_2 \left[{}^{-}O-C(=O)-C(=O)-O^{-} \right]_3$$

危害信息

燃烧与爆炸危险性　可燃。其粉体与空气混合能形成爆炸性混合物，遇明火高热有引起燃烧爆炸的危险。

禁忌物　强氧化剂、强酸。

侵入途径　吸入、食入。

理化特性与用途

理化特性　黄色棱柱形结晶。溶于水，不溶于乙醇和乙醚。

主要用途　合成用试剂。

包装与储运

安全储运　储存于阴凉、通风的库房。远离火种、热源。应与强氧化剂等隔离储运。

紧急处置信息

急救措施

吸入：脱离接触。如有不适感，就医。

眼睛接触：分开眼睑，用流动清水或生理盐水冲洗。如有不适感，就医。

皮肤接触：脱去污染的衣着，用肥皂水和清水冲洗。如有不适感，就医。

食入：漱口，饮水。就医。

灭火方法　消防人员须穿全身消防服，佩戴空气呼吸器，在上风向灭火。尽可能将容器从火场移至空旷处。喷水保持火场容器冷却，直至灭火结束。

灭火剂：雾状水、抗溶性泡沫、二氧化碳、干粉、沙土。

泄漏应急处置　隔离泄漏污染区，限制出入。消除所有点火源。建议应急处理人员戴防尘口罩，穿防毒服，戴橡胶手套。穿上适当的防护服前严禁接触破裂的容器和泄漏物。尽可能切断泄漏源。用干燥的沙土或其他不燃材料覆盖泄漏物，然后用塑料布覆盖，减少飞散、避免雨淋。用洁净的铲子收集泄漏物，置于干净、干燥、盖子较松的容器中，将容器移离泄漏区。

85. 草酸钛钾

标 识

中文名称 草酸钛钾

英文名称 Potassium titanium oxalate; Dipotassium bis(oxalato)oxotitanate(2-)

别名 草酸钾钛

分子式 $C_4O_9Ti \cdot K_2$

CAS 号 14481-26-6

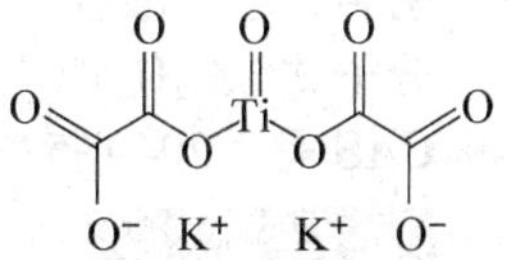

危害信息

燃烧与爆炸危险性 可燃。其粉体与空气混合能形成爆炸性混合物，遇明火高热有引起燃烧爆炸的危险。

禁忌物 强氧化剂、强酸。

侵入途径 吸入、食入。

理化特性与用途

理化特性 白色结晶或结晶性粉末。易溶于水，不溶于醇。

主要用途 用作分析试剂和棉、革的媒染剂、漂白剂，金属表面和大理石表面处理剂。

包装与储运

安全储运 储存于阴凉、通风的库房。远离火种、热源。应与强氧化剂等隔离储运。

紧急处置信息

急救措施

吸入：脱离接触。如有不适感，就医。

眼睛接触：分开眼睑，用流动清水或生理盐水冲洗。如有不适感，就医。

皮肤接触：脱去污染的衣着，用肥皂水和清水冲洗。如有不适感，就医。

食入：漱口，饮水。就医。

灭火方法 消防人员须穿全身消防服，佩戴空气呼吸器，在上风向灭火。尽可能将容器从火场移至空旷处。喷水保持火场容器冷却，直至灭火结束。

灭火剂：雾状水、抗溶性泡沫、二氧化碳、干粉、沙土。

泄漏应急处置 隔离泄漏污染区，限制出入。消除所有点火源。建议应急处理人员戴防尘口罩，穿防毒服，戴橡胶手套。穿上适当的防护服前严禁接触破裂的容器和泄漏物。尽可能切断泄漏源。用干燥的沙土或其他不燃材料覆盖泄漏物，然后用塑料布覆盖，减少飞散、避免雨淋。用洁净的铲子收集泄漏物，置于干净、干燥、盖子较松的容器中，将容器移离泄漏区。

86. 草酸钍

标　识

中文名称　草酸钍

英文名称　Thorium dioxalate；Oxalic acid，thorium(4+) salt (2:1)；Thorium oxalate

别名　乙二酸钍

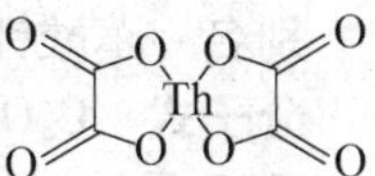

分子式　C_4O_8Th

CAS 号　2040-52-0

危害信息

燃烧与爆炸危险性　可燃。其粉体与空气混合能形成爆炸性混合物，遇明火高热有引起燃烧爆炸的危险。

禁忌物　强氧化剂、强酸。

侵入途径　吸入、食入。

理化特性与用途

理化特性　白色结晶。溶于热草酸铵水溶液，微溶于酸，极微溶于水。相对密度(水=1)4.637。

主要用途　主要用于制备其他纯的钍化合物；也用于陶瓷。

包装与储运

安全储运　储存于阴凉、通风的库房。远离火种、热源。应与强氧化剂等隔离储运。

紧急处置信息

急救措施

吸入：迅速脱离现场至空气新鲜处。保持呼吸道通畅。如呼吸困难，给输氧。呼吸、心跳停止，立即进行心肺复苏术。就医。

眼睛接触：立即分开眼睑，用流动清水或生理盐水彻底冲洗。就医。

皮肤接触：立即脱去污染的衣着，用肥皂水和清水彻底冲洗。就医。

食入：漱口，饮水。就医。

灭火方法　消防人员须穿全身消防服，佩戴空气呼吸器，在上风向灭火。尽可能将容器从火场移至空旷处。喷水保持火场容器冷却，直至灭火结束。

灭火剂：雾状水、抗溶性泡沫、二氧化碳、干粉、沙土。

泄漏应急处置　隔离泄漏污染区，限制出入。消除所有点火源。建议应急处理人员戴防尘口罩，穿防毒服。穿上适当的防护服前严禁接触破裂的容器和泄漏物。尽可能切断泄漏源。用塑料布覆盖泄漏物，减少飞散。勿使水进入包装容器内。用洁净的铲子收集泄漏物，置于干净、干燥、盖子较松的容器中，将容器移离泄漏区。

87. 草酸锌

标　识

中文名称　草酸锌

英文名称　Zinc oxalate; Zinc,(ethanedioato(2-)-kappao1, kappao2)-; Zinc oxalate dihydrate

别名　二水合乙二酸锌

分子式　C_2O_4Zn

CAS 号　4255-07-6; 547-68-2

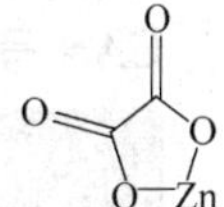

危害信息

燃烧与爆炸危险性　可燃。其粉体与空气混合能形成爆炸性混合物。

禁忌物　强氧化剂。

侵入途径　吸入、食入。

理化特性与用途

理化特性　白色粉末。微溶于水，溶于酸、碱溶液。熔点 100℃(分解)，相对密度(水=1)2.562，辛醇/水分配系数-0.87。

主要用途　用于制造氧化锌和用作有机合成的原料。

包装与储运

安全储运　储存于阴凉、通风的库房。远离火种、热源。应与强氧化剂等隔离储运。

紧急处置信息

急救措施

吸入：脱离接触。如有不适感，就医。

眼睛接触：分开眼睑，用流动清水或生理盐水冲洗。如有不适感，就医。

皮肤接触：脱去污染的衣着，用肥皂水和清水冲洗。如有不适感，就医。

食入：漱口，饮水。就医。

灭火方法　消防人员须穿全身消防服，佩戴空气呼吸器，在上风向灭火。尽可能将容器从火场移至空旷处。喷水保持火场容器冷却，直至灭火结束。

灭火剂：雾状水、泡沫、二氧化碳、干粉、沙土。

泄漏应急处置　隔离泄漏污染区，限制出入。消除所有点火源。建议应急处理人员戴防尘口罩，穿一般作业工作服。尽可能切断泄漏源。用塑料布覆盖泄漏物，减少飞散。勿使水进入包装容器内。用洁净的铲子收集泄漏物，置于干净、干燥、盖子较松的容器中，将容器移离泄漏区。

88. 草酸亚铁

标　识

中文名称　草酸亚铁

英文名称　Ferrous oxalate；Iron(Ⅱ) oxalate

别名　乙二酸亚铁

分子式　C_2O_4Fe

CAS 号　516-03-0

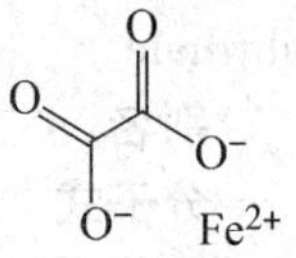

危害信息

燃烧与爆炸危险性　可燃。其粉体与空气混合能形成爆炸性混合物，遇明火高热有引起燃烧爆炸的危险。

禁忌物　强氧化剂、强酸。

中毒表现　对眼、皮肤和黏膜有刺激性。

侵入途径　吸入、食入。

理化特性与用途

理化特性　浅黄色结晶性粉末，无气味，有吸湿性。微溶于水，溶于稀无机酸。熔点190℃(分解)，相对密度(水=1)2.3，辛醇/水分配系数-1.17。

主要用途　用作照相显影剂、颜料，用于制作药物、玻璃器皿。

包装与储运

安全储运　储存于阴凉、通风的库房。远离火种、热源。应与强氧化剂等隔离储运。

紧急处置信息

急救措施

吸入：迅速脱离现场至空气新鲜处。保持呼吸道通畅。如呼吸困难，给输氧。呼吸、心跳停止，立即进行心肺复苏术。就医。

眼睛接触：立即分开眼睑，用流动清水或生理盐水彻底冲洗。就医。

皮肤接触：立即脱去污染的衣着，用肥皂水和清水彻底冲洗。就医。

食入：漱口，饮水。就医。

灭火方法　消防人员须穿全身消防服，佩戴空气呼吸器，在上风向灭火。尽可能将容器从火场移至空旷处。喷水保持火场容器冷却，直至灭火结束。

灭火剂：雾状水、抗溶性泡沫、二氧化碳、干粉、沙土。

泄漏应急处置　隔离泄漏污染区，限制出入。消除所有点火源。建议应急处理人员戴防尘口罩，穿防毒服。穿上适当的防护服前严禁接触破裂的容器和泄漏物。尽可能切断泄漏源。用塑料布覆盖泄漏物，减少飞散。勿使水进入包装容器内。用洁净的铲子收集泄漏物，置于干净、干燥、盖子较松的容器中，将容器移离泄漏区。

89. 草酸亚锡

标　识

中文名称　草酸亚锡

英文名称　Tin(II) oxalate; Oxalic acid, tin(2+) salt

别名　乙二酸亚锡

分子式　C_2O_4Sn

CAS 号　814-94-8

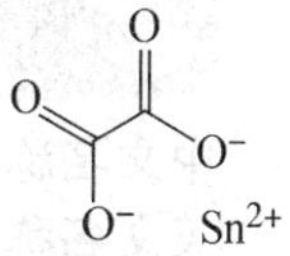

危害信息

燃烧与爆炸危险性　可燃。其粉体与空气混合能形成爆炸性混合物，遇明火高热有引起燃烧爆炸的危险。燃烧产生有毒气体。

禁忌物　强酸。

毒性　大鼠经口 LD_{50}：3620mg/kg；兔经皮 LD：>2g/kg。

中毒表现　有机锡中毒的主要临床表现有：眼和鼻黏膜的刺激症状；中毒性神经衰弱综合征；重症出现中毒性脑病。溅入眼内引起结膜炎。可致变应性皮炎。摄入有机锡化合物可致中毒性脑水肿，可产生后遗症，如瘫痪、精神失常和智力障碍。

侵入途径　吸入、食入、经皮吸收。

职业接触限值　美国(ACGIH)：TLV-TWA 0.1mg/m^3，STEL 0.2mg/m^3[按 Sn 计][皮]。

理化特性与用途

理化特性　白色粉末，有特性气味。不溶于水，溶于酸类。熔点 280℃(分解)，相对密度(水=1)3.56，辛醇/水分配系数-2.82。

主要用途　用作织物印染剂，酯化反应、煤的气化催化剂以及蓝图印纸的晒制。

包装与储运

安全储运　储存于阴凉、通风的库房。远离火种、热源。应与强氧化剂等隔离储运。

紧急处置信息

急救措施

吸入：迅速脱离现场至空气新鲜处。保持呼吸道通畅。如呼吸困难，给输氧。呼吸、心跳停止，立即进行心肺复苏术。就医。

眼睛接触：立即分开眼睑，用流动清水或生理盐水彻底冲洗。就医。

皮肤接触：立即脱去污染的衣着，用肥皂水和清水彻底冲洗。就医。

食入：漱口，饮水。就医。

灭火方法　消防人员须穿全身消防服，佩戴正压自给式呼吸器，在上风向灭火。尽可能将容器从火场移至空旷处。喷水保持火场容器冷却，直至灭火结束。

灭火剂：雾状水、泡沫、二氧化碳、干粉、沙土。

泄漏应急处置　隔离泄漏污染区，限制出入。消除所有点火源。建议应急处理人员戴

防尘口罩，穿防毒服，戴橡胶手套。穿上适当的防护服前严禁接触破裂的容器和泄漏物。尽可能切断泄漏源。用干燥的沙土或其他不燃材料覆盖泄漏物，然后用塑料布覆盖，减少飞散、避免雨淋。用洁净的铲子收集泄漏物，置于干净、干燥、盖子较松的容器中，将容器移离泄漏区。

90. 超氧化钾

标　识

中文名称　超氧化钾

英文名称　Potassium superoxide; Potassium dioxide

别名　过氧化钾

$^{+}K—O^{-}=O$

分子式　KO_2

CAS 号　12030-88-5

铁危编号　51011

UN 号　2466

危害信息

危险性类别　第 5.1 类　氧化剂

燃烧与爆炸危险性　助燃。在高温火场中，受热的容器有破裂和爆炸的危险。受热分解，放出有毒烟雾。

禁忌物　还原剂。

中毒表现　对眼和皮肤有腐蚀性。

侵入途径　吸入、食入。

理化特性与用途

理化特性　白色至淡黄色固体或黄色块状物。与水发生剧烈反应。熔点 400℃，相对密度(水=1)2.14。

主要用途　用作化学氧发生剂，在灭火/矿山救援中用作氧气呼吸器。

包装与储运

包装标志　氧化剂

包装类别　Ⅰ类

安全储运　储存于阴凉、通风的库房。远离火种、热源。储存温度不超过 30℃，相对湿度不超过 80%。保持容器密封。应与强酸、醇类、可燃物、胺、还原剂等隔离储运。

紧急处置信息

急救措施

吸入：迅速脱离现场至空气新鲜处。保持呼吸道通畅。如呼吸困难，给输氧。呼吸、心跳停止，立即进行心肺复苏术。就医。

眼睛接触：立即分开眼睑，用流动清水或生理盐水彻底冲洗 10~15min。就医。

皮肤接触：立即脱去污染的衣着，用大量流动清水彻底冲洗，冲洗时间一般要求 20~

30min。就医。

食入: 用水漱口，禁止催吐。给饮牛奶或蛋清。就医。

灭火方法 喷水保持火场容器冷却，直至灭火结束。尽可能将容器从火场移至空旷处。禁止用水灭火。

本品不燃，根据着火原因选择适当灭火剂灭火。

泄漏应急处置 隔离泄漏污染区，限制出入。消除所有点火源。建议应急处理人员戴防毒面具，穿防静电防腐蚀服。尽可能切断泄漏源。避免泄漏物接触还原剂、可燃物。用塑料布覆盖泄漏物，减少飞散。勿使水进入包装容器内。用洁净的铲子收集泄漏物，置于干净、干燥、盖子较松的容器中，将容器移离泄漏区。

91. 超氧化钠

标　识

中文名称 超氧化钠

英文名称 Sodium superoxide

别名 二氧化钠

$^{+}Na—O^{-}=O$

分子式 NaO_2

CAS 号 12034-12-7

铁危编号 51011

UN 号 2547

危害信息

危险性类别 第 5.1 类　氧化剂

燃烧与爆炸危险性 助燃。与水剧烈反应。

禁忌物 还原剂。

中毒表现 对眼和皮肤有腐蚀性。

侵入途径 吸入、食入。

理化特性与用途

理化特性 黄色结晶固体。遇水分解。熔点 552℃，沸点(分解)，相对密度(水=1)2.2。

主要用途 作为供氧剂，广泛用于煤矿、化工、潜水、救护、高山测绘、高空飞行等需要供氧的场合以及有毒的环境。

包装与储运

包装标志 氧化剂

包装类别 Ⅰ类

安全储运 储存于阴凉、通风的库房。远离火种、热源。储存温度不超过 30℃，相对湿度不超过 80%。保持容器密封。应与强酸、醇类、可燃物、胺、还原剂等隔离储运。

紧急处置信息

急救措施

吸入: 迅速脱离现场至空气新鲜处。保持呼吸道通畅。如呼吸困难，给输氧。呼吸、心跳停止，立即进行心肺复苏术。就医。

眼睛接触： 立即分开眼睑，用流动清水或生理盐水彻底冲洗 10~15min。就医。

皮肤接触： 立即脱去污染的衣着，用大量流动清水彻底冲洗，冲洗时间一般要求 20~30min。就医。

食入： 用水漱口，禁止催吐。给饮牛奶或蛋清。就医。

灭火方法　消防人员须穿全身消防服，佩戴空气呼吸器，在上风向灭火。尽可能将容器从火场移至空旷处。喷水保持火场容器冷却，直至灭火结束。切勿将水流直接射至熔融物，以免引起严重的流淌火灾或引起剧烈的沸溅。

本品不燃，根据着火原因选择适当灭火剂灭火。

泄漏应急处置　隔离泄漏污染区，限制出入。消除所有点火源。建议应急处理人员戴防毒面具，穿防静电防腐蚀服。尽可能切断泄漏源。避免泄漏物接触还原剂、可燃物。用塑料布覆盖泄漏物，减少飞散。勿使水进入包装容器内。用洁净的铲子收集泄漏物，置于干净、干燥、盖子较松的容器中，将容器移离泄漏区。

92. 醇酸树脂

标　识

中文名称　醇酸树脂

英文名称　Alkyd resins；Terlon

CAS 号　63148-69-6

铁危编号　31297(含易燃溶剂)

危害信息

危险性类别　第 3 类　易燃液体(含易燃溶剂)

燃烧与爆炸危险性　易燃。其蒸气与空气混合能形成爆炸性混合物，遇明火高热有引起燃烧爆炸的危险。

禁忌物　强氧化剂。

毒性　大鼠经口 *LD*：>5g/kg；小鼠经口 *LD*：>2g/kg。

理化特性与用途

理化特性　一类油改性聚酯树脂。通常为溶液。闪点 23~61℃。

主要用途　主要用作涂料、油漆，在金属防护、家具、车辆、建筑等方面有广泛应用，也可用作漆包线的绝缘层，制成油墨大量应用于印刷工业，此外也用于制造模压塑料。

包装与储运

包装标志　易燃液体(含易燃溶剂)

包装类别　Ⅲ类

安全储运　储存于阴凉、通风的库房。远离火种、热源，避免阳光直射。如果含易燃溶剂，储存温度不超过 37℃；炎热季节早晚运输，应与氧化剂等隔离储运；禁止使用易产生火花的机械设备和工具；搬运时轻装轻卸，防止容器受损。

紧急处置信息

急救措施

吸入：迅速脱离现场至空气新鲜处。保持呼吸道通畅。如呼吸困难，给输氧。呼吸、心跳停止，立即进行心肺复苏术。就医。

眼睛接触：立即分开眼睑，用流动清水或生理盐水彻底冲洗。就医。

皮肤接触：立即脱去污染的衣着，用肥皂水和清水彻底冲洗。就医。

食入：漱口，饮水。就医。

灭火方法　消防人员须穿全身消防服，佩戴空气呼吸器，在上风向灭火。尽可能将容器从火场移至空旷处。喷水保持火场容器冷却，直至灭火结束。

灭火剂：雾状水、泡沫、二氧化碳、干粉、沙土。

泄漏应急处置　消除所有点火源。根据液体流动和蒸气扩散的影响区域划定警戒区，无关人员从侧风、上风向撤离至安全区。建议应急处理人员戴正压自给式呼吸器，穿防静电服。作业时使用的所有设备应接地。禁止接触或跨越泄漏物。尽可能切断泄漏源。防止泄漏物进入水体、下水道、地下室或有限空间。小量泄漏：用沙土或其他不燃材料吸收。使用洁净的无火花工具收集吸收材料。大量泄漏：构筑围堤或挖坑收容。用泡沫覆盖，减少蒸发。喷水雾能减少蒸发，但不能降低泄漏物在有限空间内的易燃性。用防爆泵转移至槽车或专用收集器内。

93. 次氯酸锂

标　识

中文名称　次氯酸锂

英文名称　Lithium hypochlorite；Hypochlorous acid，lithium salt

分子式　LiClO

CAS 号　13840-33-0

铁危编号　51044

UN 号　1471

Li^+ O^-—Cl

危害信息

危险性类别　第 5.1 类　氧化剂

燃烧与爆炸危险性　助燃。在高温火场中，受热的容器有破裂和爆炸的危险。易分解放出有毒和腐蚀性的气体。

禁忌物　强氧化剂。

毒性　大鼠经口 *TDLo*：5g/kg。

侵入途径　吸入、食入。

理化特性与用途

理化特性　白色颗粒或片状固体，有氯的气味。溶于水。熔点 135℃（分解），相对密度（水=1）0.9~1.0。

主要用途　主要用作消毒剂和漂白剂。

包装与储运

包装标志　氧化剂

包装类别　Ⅱ类

安全储运　储存于阴凉、通风的库房。远离火种、热源。储存温度不超过 30℃，相对湿度不超过 80%。保持容器密封。应与酸、可燃物、胺、还原剂等隔离储运。

紧急处置信息

急救措施

吸入：迅速脱离现场至空气新鲜处。保持呼吸道通畅。如呼吸困难，给输氧。呼吸、心跳停止，立即进行心肺复苏术。就医。

眼睛接触：立即分开眼睑，用流动清水或生理盐水彻底冲洗 10~15min。就医。

皮肤接触：立即脱去污染的衣着，用大量流动清水彻底冲洗，冲洗时间一般要求 20~30min。就医。

食入：用水漱口，禁止催吐。给饮牛奶或蛋清。就医。

灭火方法　消防人员须穿全身消防服，佩戴正压自给式呼吸器，在上风向灭火。尽可能将容器从火场移至空旷处。喷水保持火场容器冷却，直至灭火结束。

灭火剂：雾状水、抗溶性泡沫、二氧化碳、干粉、沙土。

泄漏应急处置　隔离泄漏污染区，限制出入。建议应急处理人员戴防尘口罩，穿防毒服，戴氯丁橡胶手套。勿使泄漏物与可燃物质（如木材、纸、油等）接触。穿上适当的防护服前严禁接触破裂的容器和泄漏物。尽可能切断泄漏源。勿使水进入包装容器内。小量泄漏：用洁净的铲子收集泄漏物，置于干净、干燥、盖子较松的容器中，将容器移离泄漏区。大量泄漏：泄漏物回收后，用水冲洗泄漏区。

94. 哒草特

标　识

中文名称　哒草特

英文名称　*O*-(6-Chloro-3-phenylpyridazin-4-yl)-*S*-octyl thiocarbonate；Pyridate

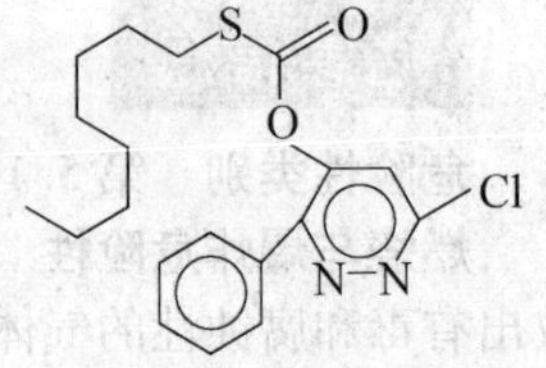

别名　*O*-(6-氯-3-苯基哒嗪-4-基)-*S*-辛基硫代碳酸酯

分子式　$C_{19}H_{23}ClN_2O_2S$

CAS 号　55512-33-9

危害信息

燃烧与爆炸危险性　可燃。其粉体与空气混合能形成爆炸性混合物，遇明火高热有引起燃烧爆炸的危险。燃烧或受热分解产生有毒的氮氧化物和硫氧化物烟气。

禁忌物　强氧化剂。

毒性　大鼠经口 LD_{50}：1970mg/kg；小鼠经口 LD_{50}：10g/kg；兔经皮 LD_{50}：3400mg/kg。

中毒表现　对皮肤有刺激性和致敏性。

侵入途径　吸入、食入、经皮吸收。

环境危害 对水生生物有极高毒性，可能在水生环境中造成长期不利影响。

理化特性与用途

理化特性 无色结晶(工业品为棕色黏性液体)。不溶于水，易溶于大多数有机溶剂。熔点27℃，沸点220℃(13.3Pa)，相对密度(水=1)1.169(20℃)，辛醇/水分配系数4.01，闪点131℃(闭杯)。

主要用途 苗后除草剂和光合作用抑制剂。用于玉米、油菜、水稻、花生和蔬菜田防除一年生阔叶杂草。

包装与储运

包装标志 杂项

包装类别 Ⅲ类

安全储运 储存于阴凉、通风的库房。远离火种、热源。应与强氧化剂、强酸、碱类等隔离储运。

紧急处置信息

急救措施

吸入：迅速脱离现场至空气新鲜处。保持呼吸道通畅。如呼吸困难，给输氧。呼吸、心跳停止，立即进行心肺复苏术。就医。

眼睛接触：立即分开眼睑，用流动清水或生理盐水彻底冲洗。就医。

皮肤接触：立即脱去污染的衣着，用肥皂水和清水彻底冲洗。就医。

食入：漱口，饮水。就医。

灭火方法 消防人员须穿全身消防服，佩戴正压自给式呼吸器，在上风向灭火。尽可能将容器从火场移至空旷处。喷水保持火场容器冷却，直至灭火结束。

灭火剂：雾状水、泡沫、二氧化碳、干粉、沙土。

泄漏应急处置 隔离泄漏污染区，限制出入。消除所有点火源。建议应急处理人员戴防尘口罩，穿防毒服。穿上适当的防护服前严禁接触破裂的容器和泄漏物。尽可能切断泄漏源。用塑料布覆盖泄漏物，减少飞散。勿使水进入包装容器内。用洁净的铲子收集泄漏物，置于干净、干燥、盖子较松的容器中，将容器移离泄漏区。

95. 单过氧草酸-*O*,*O*-叔丁基-*O*-二十二基酯

标　识

中文名称 单过氧草酸-*O*，*O*-叔丁基-*O*-二十二基酯

英文名称 *O*，*O*-tert-Butyl-*O*-docosyl monoperoxyoxalate；Kenodox

分子式 $C_{28}H_{54}O_5$

CAS 号 116753-76-5

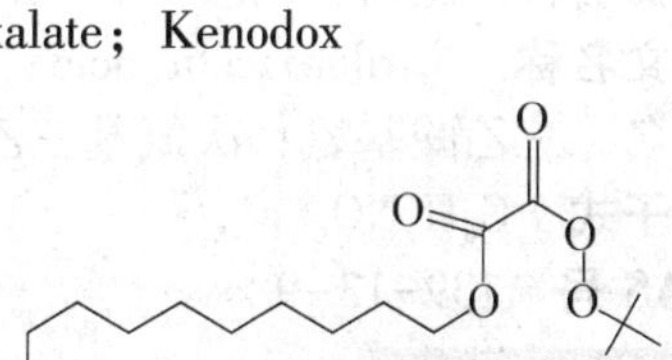

危害信息

危险性类别 第5.2类 有机过氧化物

燃烧与爆炸危险性 助燃。其粉体与空气混合能形成爆炸性混合物，遇明火高热有引起燃烧爆炸的危险。

禁忌物 强氧化剂。

侵入途径 吸入、食入。

环境危害 对水生生物有极高毒性，可能在水生环境中造成长期不利影响。

理化特性与用途

理化特性 不溶于水。沸点514℃，相对密度(水=1)0.933，辛醇/水分配系数12.81，闪点211℃。

主要用途 医药原料。

包装与储运

包装标志 有机过氧化物。

安全储运 储存于阴凉、低温、通风的不燃材料结构的库房，储存温度不超过30℃，相对湿度不超过80%，大量储存的库房内必须有自动喷水装置。远离火种、热源，防止阳光直射。应与还原剂、促进剂、有机物、可燃物及强酸等隔离储运。禁止使用易产生火花的机械设备和工具。禁止震动、撞击和摩擦。

紧急处置信息

急救措施

吸入：脱离接触。如有不适感，就医。

眼睛接触：分开眼睑，用流动清水或生理盐水冲洗。如有不适感，就医。

皮肤接触：脱去污染的衣着，用流动清水冲洗。如有不适感，就医。

食入：漱口，饮水。就医。

灭火方法 消防人员须穿全身消防服，佩戴空气呼吸器，在上风向灭火。尽可能将容器从火场移至空旷处。喷水保持火场容器冷却，直至灭火结束。

灭火剂：雾状水、泡沫、二氧化碳、干粉、沙土。

泄漏应急处置 隔离泄漏污染区，限制出入。消除所有点火源。建议应急处理人员戴防毒面具，穿防静电防腐蚀服。尽可能切断泄漏源。用塑料布覆盖泄漏物，减少飞散。勿使水进入包装容器内。用洁净的铲子收集泄漏物，置于干净、干燥、盖子较松的容器中，将容器移离泄漏区。

96. 氮川三乙酸

标 识

中文名称 氮川三乙酸

英文名称 Nitrilotriacetic acid; Aminotriethanoic acid

别名 三乙酸基氨；次氮基三乙酸

分子式 $C_6H_9NO_6$

CAS号 139-13-9

HO O N O OH OH O

危害信息

燃烧与爆炸危险性 可燃。其粉体与空气混合能形成爆炸性混合物，遇明火高热有引起燃烧爆炸的危险。燃烧产生有毒的氮氧化物气体。

禁忌物 强氧化剂、强碱。

毒性 大鼠经口 LD_{50}：1100mg/kg；小鼠经口 LD_{50}：3160mg/kg。

IARC 致癌性评论：G2B，可疑人类致癌物。

中毒表现 对眼有刺激性。

侵入途径 吸入、食入。

环境危害 对水生生物有害，可能在水生环境中造成长期不利影响。

理化特性与用途

理化特性 白色棱形结晶或粉末。微溶于水，溶于乙醇，不溶于多数有机溶剂。熔点242℃(分解)，相对密度(水=1)1.67，辛醇/水分配系数-3.8，闪点255℃。

主要用途 是一种相当重要的氨羧络合剂，广泛应用于各个工业领域，尤其是洗涤剂、阻垢剂和除垢剂、无氰电镀、聚氨酯泡沫发泡催化剂等。

包装与储运

安全储运 储存于阴凉、通风的库房。远离火种、热源。应与强氧化剂等隔离储运。

紧急处置信息

急救措施

吸入：迅速脱离现场至空气新鲜处。保持呼吸道通畅。如呼吸困难，给输氧。呼吸、心跳停止，立即进行心肺复苏术。就医。

眼睛接触：立即分开眼睑，用流动清水或生理盐水彻底冲洗。就医。

皮肤接触：立即脱去污染的衣着，用肥皂水和清水彻底冲洗。就医。

食入：漱口，饮水。就医。

灭火方法 消防人员须穿全身消防服，佩戴正压自给式呼吸器，在上风向灭火。尽可能将容器从火场移至空旷处。喷水保持火场容器冷却，直至灭火结束。

灭火剂：雾状水、泡沫、二氧化碳、干粉、沙土。

泄漏应急处置 隔离泄漏污染区，限制出入。建议应急处理人员戴防尘口罩，穿防毒服。穿上适当的防护服前严禁接触破裂的容器和泄漏物。尽可能切断泄漏源。用塑料布覆盖泄漏物，减少飞散。勿使水进入包装容器内。用洁净的铲子收集泄漏物，置于干净、干燥、盖子较松的容器中，将容器移离泄漏区。

97. 氘

标　识

中文名称 氘

英文名称 Deuterium；Heavy hydrogen

别名 重氢

D—D

分子式 D_2

CAS 号 7782-39-0

铁危编号 21004

UN 号 1957

危害信息

危险性类别 第 2.1 类 易燃气体

燃烧与爆炸危险性 易燃。与空气混合能形成爆炸性混合物，遇高热和明火能引起燃烧或爆炸。

中毒表现 本品在生理学上是惰性气体，仅在高浓度时，由于空气中氧分压降低才引起窒息。

侵入途径 吸入。

理化特性与用途

理化特性 无色无气味的气体。微溶于冷水。熔点-254℃，沸点-250℃，相对密度(水=1)0.169(-250.9℃，液体)，相对蒸气密度(空气=1)0.14，临界温度-234.75℃，临界压力 1.66MPa，引燃温度 560℃，爆炸下限 5%，爆炸上限 75%。

主要用途 用于核能、可控核聚变反应、氘化光导纤维、氘润滑油、激光器、灯泡、实验研究、半导体材料韧化处理及核医学、核农业等方面；在军事上用于制造氢弹、中子弹和 DF 激光武器。

包装与储运

包装标志 易燃气体。

安全储运 储存于阴凉、通风的库房或大型气柜。远离火源和热源。储存温度不超过 30℃。储存时，应与氧化剂隔离。禁止使用易产生火花的机械设备和工具。运输时防止雨淋、曝晒。搬运时轻装轻卸，须戴好钢瓶安全帽和防震橡皮圈，防止钢瓶撞击。

紧急处置信息

急救措施

吸入： 迅速脱离现场至空气新鲜处。保持呼吸道通畅。如呼吸困难，给输氧。呼吸、心跳停止，立即进行心肺复苏术。就医。

灭火方法 切断气源。若不能切断气源，则不允许熄灭泄漏处的火焰。消防人员须穿全身消防服，佩戴空气呼吸器，在上风向灭火。喷水保持火场容器冷却，直至灭火结束。尽可能将容器从火场移至空旷处。

灭火剂：雾状水、泡沫、干粉、沙土。

泄漏应急处置 消除所有点火源。根据气体扩散的影响区域划定警戒区，无关人员从侧风、上风向撤离至安全区。建议应急处理人员戴正压自给式呼吸器，穿防静电服。作业时使用的所有设备应接地。尽可能切断泄漏源。喷雾状水抑制蒸气或改变蒸气云流向。防止气体通过下水道、通风系统和有限空间扩散。隔离泄漏区直至气体散尽。

98. 碘

标　识

中文名称 碘

英文名称 Iodine

I—I

分子式 I_2

CAS 号 7553-56-2

危害信息

危险性类别 第 8 类 腐蚀品

燃烧与爆炸危险性 不燃，无特殊燃爆特性。受热释出有毒烟雾。

活性反应 与金属粉末、锑、氨、乙醛和乙炔激烈反应。

禁忌物 铝、氨、镁锌。

毒性 小鼠经口 LD_{50}：1000mg/kg；大鼠吸入 *LCLo*：137ppm（1h）；人经口 *LDLo*：28mg/kg；人经口 *TDLo*：25mg/kg。

中毒表现 人口服的致死剂量约 2～3g。碘的蒸气对黏膜有明显刺激性，可引起结膜炎、支气管炎等。有时可能发生过敏性皮炎或哮喘。皮肤接触碘，发生强刺激作用，甚至灼伤。接触后可引起咳嗽、胸闷、流泪、流涕、喉干、皮疹，还有食欲亢进、体重减轻、轻度腹泻、四肢无力、记忆减退、多梦、震颤、精神萎靡等。

侵入途径 吸入、食入。

职业接触限值 中国：MAC 1mg/m^3。

美国（ACGIH）：TLV-C 0.1ppm。

理化特性与用途

理化特性 有金属光泽的紫黑色斜方结晶，有刺激性气味。微溶于水，易溶于氯仿、四氯化碳、二硫化碳，溶于碱金属碘化物溶液。熔点 114℃，沸点 184℃，相对密度（水＝1）4.93，相对蒸气密度（空气＝1）8.8，饱和蒸气压 0.04kPa（25℃），临界温度 546℃，临界压力 11.6MPa，辛醇/水分配系数 2.49。

主要用途 主要用于制造碘化物，也用于制备农药、饲料添加剂、染料、碘酒、试纸、药物等。用作分析试剂。

包装与储运

包装标志 腐蚀品，氧化剂

包装类别 Ⅱ类

安全储运 储存于阴凉、通风的库房。远离火种、热源。储存温度不超过 30℃，相对湿度不超过 80%。保持容器密封。应与强碱、可燃物、胺、还原剂等隔离储运。搬运时轻装轻卸，防止容器受损。

紧急处置信息

急救措施

吸入： 迅速脱离现场至空气新鲜处。保持呼吸道通畅。如呼吸困难，给输氧。呼吸、心跳停止，立即进行心肺复苏术。就医。

眼睛接触： 立即分开眼睑，用流动清水或生理盐水彻底冲洗 10～15min。就医。

皮肤接触： 立即脱去污染的衣着，用大量流动清水彻底冲洗，冲洗时间一般要求 20～30min。就医。

食入： 用水漱口，禁止催吐。给饮牛奶或蛋清。就医。

灭火方法 消防人员须穿全身防火防腐蚀服，佩戴正压自给式呼吸器，在上风向灭火。尽可能将容器从火场移至空旷处。

本品不燃，根据着火原因选择适当灭火剂灭火。

泄漏应急处置　隔离泄漏污染区，限制出入。建议应急处理人员戴防尘口罩，穿防腐蚀服。穿上适当的防护服前严禁接触破裂的容器和泄漏物。尽可能切断泄漏源。用塑料布覆盖泄漏物，减少飞散。勿使水进入包装容器内。用洁净的铲子收集泄漏物，置于干净、干燥、盖子较松的容器中，将容器移离泄漏区。

99. 3-碘-2-丙烯

标　识

中文名称　3-碘-2-丙烯

英文名称　cis-1-Iodopropene；3-Iodo-2-propene；trans-1-Iodopropene

分子式　C_3H_5I

CAS 号　7796-36-3

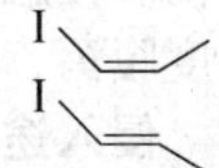

危害信息

危险性类别　第 3 类　易燃液体

禁忌物　强氧化剂。

侵入途径　吸入、食入。

理化特性与用途

理化特性　液体。熔点-96.45℃，沸点 92.3℃，临界温度 309.79℃。

包装与储运

包装标志　易燃液体

包装类别　Ⅱ类

安全储运　储存于阴凉、通风的库房。远离火种、热源，避免阳光直射。储存温度不超过 37℃。炎热季节早晚运输，应与氧化剂等隔离储运。禁止使用易产生火花的机械设备和工具。灌装时注意控制流速，防止静电积聚。搬运时轻装轻卸，防止容器受损。

紧急处置信息

急救措施

吸入：脱离接触。如有不适感，就医。

眼睛接触：分开眼睑，用流动清水或生理盐水冲洗。如有不适感，就医。

皮肤接触：脱去污染的衣着，用肥皂水和清水冲洗。如有不适感，就医。

食入：漱口，饮水。就医。

泄漏应急处置　消除所有点火源。根据液体流动和蒸气扩散的影响区域划定警戒区，无关人员从侧风、上风向撤离至安全区。建议应急处理人员戴正压自给式呼吸器，穿防毒、防静电服。作业时使用的所有设备应接地。禁止接触或跨越泄漏物。尽可能切断泄漏源。防止泄漏物进入水体、下水道、地下室或密闭性空间。小量泄漏：用沙土或其他不燃材料吸收。使用洁净的无火花工具收集吸收材料。大量泄漏：构筑围堤或挖坑收容。用泡沫覆盖，减少蒸发。喷水雾能减少蒸发，但不能降低泄漏物在有限空间内的易燃性。用防爆泵转移至槽车或专用收集器内。

100. 碘化铅

标　识

中文名称　碘化铅

英文名称　Lead(Ⅱ) iodide; Lead diiodide

别名　二碘化铅

I—Pb—I

分子式　PbI_2

CAS 号　10101-63-0

危害信息

燃烧与爆炸危险性　不燃。在高温火场中，受热的容器有破裂和爆炸的危险。受热分解，放出有毒烟雾。

毒性　IARC 致癌性评论：G2A，可能人类致癌物。

欧盟法规 1272/2008/EC 将本品列为第 1A 类生殖毒物——已知的人类生殖毒物。

中毒表现　铅及其化合物损害造血、神经、消化系统及肾脏。职业中毒主要为慢性。神经系统主要表现为神经衰弱综合征，周围神经病，重者出现铅中毒性脑病。

职业接触限值　中国：PC-TWA 0.05mg/m^3[铅尘][按 Pb 计]，0.03mg/m^3[铅烟][按 Pb 计][G2A]。

美国(ACGIH)：TLV-TWA 0.05mg/m^3[按 Pb 计]。

理化特性与用途

理化特性　黄色六角结晶或淡黄色粉末。不溶于水，溶于碘化钾和碘化钠溶液，不溶于乙醇。熔点 402℃，沸点 954℃，相对密度(水=1)6.16，饱和蒸气压 0.133kPa(479℃)。

主要用途　用于制药工业，照像业，镀青铜。

包装与储运

安全储运　储存于阴凉、通风的库房。远离火种、热源。应与强氧化剂等隔离储运。

紧急处置信息

急救措施

吸入：迅速脱离现场至空气新鲜处。保持呼吸道通畅。如呼吸困难，给输氧。呼吸、心跳停止，立即进行心肺复苏术。就医。

眼睛接触：立即分开眼睑，用流动清水或生理盐水彻底冲洗。就医。

皮肤接触：立即脱去污染的衣着，用肥皂水和清水彻底冲洗。就医。

食入：漱口，饮水。就医。

解毒剂：依地酸二钠钙、二巯基丁二酸钠、二巯基丁二酸等。

灭火方法　消防人员穿全身消防服，佩戴正压自给式呼吸器，在上风向灭火。喷水保持火场容器冷却，直至灭火结束。尽可能将容器从火场移至空旷处。

本品不燃，根据着火原因选择适当灭火剂灭火。

泄漏应急处置　隔离泄漏污染区，限制出入。建议应急处理人员戴防尘口罩，穿防静电、防腐、防毒服。穿上适当的防护服前严禁接触破裂的容器和泄漏物。尽可能切断泄漏源。用塑料布覆盖泄漏物，减少飞散。勿使水进入包装容器内。用洁净的铲子收集泄漏物，置于干净、干燥、盖子较松的容器中，将容器移离泄漏区。

101. 碘化氢［无水］

标　识

中文名称　碘化氢［无水］

英文名称　Hydrogen iodide，anhydrous；Hydrogen iodide

分子式　HI　　H—I

CAS 号　10034-85-2

铁危编号　22024

危害信息

危险性类别　第 2.3 类　有毒气体。

燃烧与爆炸危险性　不燃，无特殊燃爆特性。加热可产生有毒的碘烟雾。遇水或水蒸气时有强腐蚀性，能灼伤皮肤。

活性反应　能与氟、硝酸、氯酸钾等剧烈反应。和碱金属接触会爆炸。

禁忌物　强氧化剂、碱类。

中毒表现　吸入后引起咳嗽、咽喉疼痛、胸骨后疼痛、呼吸困难，重者发生肺水肿。眼和皮肤接触可引起灼伤。接触液态本品可引起冻伤。

侵入途径　吸入。

职业接触限值　美国（ACGIH）：TLV-TWA 0.01 ppm［按 I 计］。

理化特性与用途

理化特性　无色气体，在潮湿空气中发烟，有辛辣气味。极易溶于水。熔点-50.8℃，沸点-35.5℃，相对蒸气密度（空气=1）4.4，饱和蒸气压 733kPa（20℃），临界温度 151℃，临界压力 8.3MPa。

主要用途　用于有机碘化物的制造；用作通用试剂、医药中间体、分析试剂等。

包装与储运

包装标志　有毒气体，腐蚀品。

安全储运　储存于阴凉、通风的库房或大型气柜。远离火源和热源。储存温度不超过 30℃。储存时，应与氧化剂、碱类、胺等隔离。运输时防止雨淋、曝晒。搬运时轻装轻卸，须戴好钢瓶安全帽和防震橡皮圈，防止钢瓶撞击。

紧急处置信息

急救措施

吸入：迅速脱离现场至空气新鲜处。保持呼吸道通畅。如呼吸困难，给输氧。呼吸、心跳停止，立即进行心肺复苏术。就医。

眼睛接触：立即分开眼睑，用流动清水或生理盐水彻底冲洗 10~15min。就医。

皮肤接触：立即脱去污染的衣着，用大量流动清水彻底冲洗。如发生冻伤，用温水(38~42℃)复温，忌用热水或辐射热，不要揉搓。就医。

灭火方法 消防人员须穿戴全身消防服，佩戴正压自给式呼吸器。关闭火场中钢瓶的阀门，减弱火势，并用水喷淋保护去关闭阀门的人员。喷水冷却容器，可能的话将容器从火场移至空旷处。

本品不燃，根据着火原因选择适当灭火剂灭火。

泄漏应急处置 根据气体扩散的影响区域划定警戒区，无关人员从侧风、上风向撤离至安全区。建议应急处理人员穿内置正压自给式呼吸器的全封闭防化服。禁止接触或跨越泄漏物。尽可能切断泄漏源。防止气体通过下水道、通风系统和有限空间扩散。高浓度泄漏区，喷氨水或其他稀碱液中和。隔离泄漏区直至气体散尽。

102. 碘化亚铜

标　识

中文名称 碘化亚铜

英文名称 Copper(Ⅰ) iodide; Cuprous iodide

分子式 CuI

Cu—I

CAS 号 7681-65-4

危害信息

燃烧与爆炸危险性 不燃。受热易分解产生刺激或腐蚀性气体。

禁忌物 强氧化剂。

中毒表现 对上呼吸道、眼和皮肤有刺激性。

侵入途径 吸入、食入。

理化特性与用途

理化特性 白色立方结晶或白色至黄褐色粉末。不溶于水，不溶于稀酸溶液，溶于氨溶液、碱金属的碘化物和氰化物溶液和稀盐酸。熔点 605℃，沸点 1290℃，相对密度(水=1)5.62，饱和蒸气压 1.33kPa(656℃)。

主要用途 用作分析试剂、有机合成催化剂、树脂改性剂、人工降雨剂、阳极射线管覆盖物，以及加碘盐中的碘来源。

包装与储运

安全储运 储存于阴凉、通风的库房。远离火种、热源。应与强氧化剂等隔离储运。

紧急处置信息

急救措施

吸入：迅速脱离现场至空气新鲜处。保持呼吸道通畅。如呼吸困难，给输氧。呼吸、心跳停止，立即进行心肺复苏术。就医。

眼睛接触：立即分开眼睑，用流动清水或生理盐水彻底冲洗。就医。

皮肤接触：立即脱去污染的衣着，用肥皂水和清水彻底冲洗。就医。

食入： 漱口，饮水。就医。

灭火方法 消防人员须穿全身消防服，戴空气呼吸器，在上风向灭火。尽可能将容器从火场移至空旷处。喷水保持火场容器冷却，直至灭火结束。

本品不燃，根据火灾原因选择适当的灭火剂灭火。

泄漏应急处置 隔离泄漏污染区，限制出入。建议应急处理人员戴防尘口罩，穿防毒服。穿上适当的防护服前严禁接触破裂的容器和泄漏物。尽可能切断泄漏源。用塑料布覆盖泄漏物，减少飞散。勿使水进入包装容器内。用洁净的铲子收集泄漏物，置于干净、干燥、盖子较松的容器中，将容器移离泄漏区。

103. 碘酸钾合二碘酸

标　识

中文名称 碘酸钾合二碘酸

英文名称 Potassium iodate acid

分子式 $KIO_3 \cdot 2HIO_3$

CAS 号 7758-05-6(碘酸钾)

危害信息

危险性类别 第 5.1 类 氧化剂

燃烧与爆炸危险性 助燃。受热分解放出有毒气体。在高温火场中，受热的容器有破裂和爆炸的危险。

禁忌物 强还原剂、活性金属粉末等。

毒性 小鼠腹腔内 LD_{50}：136mg/kg(碘酸钾)；人的可能致死剂量为 50~500mg/kg(碘酸钾)。

侵入途径 吸入、食入。

理化特性与用途

理化特性 无色单斜晶体，无臭。溶于水和碘化钾水溶液、稀硫酸，不溶于乙醇和液氨。

主要用途 用作氧化剂。

包装与储运

包装标志 氧化剂

包装类别 Ⅱ类

安全储运 储存于阴凉、通风的库房。远离火种、热源。储存温度不超过 30℃，相对湿度不超过 80%。保持容器密封。应与酸、可燃物、胺、还原剂等隔离储运。

紧急处置信息

急救措施

吸入： 迅速脱离现场至空气新鲜处。保持呼吸道通畅。如呼吸困难，给输氧。呼吸、心跳停止，立即进行心肺复苏术。就医。

眼睛接触: 立即分开眼睑，用流动清水或生理盐水彻底冲洗。就医。

皮肤接触: 立即脱去污染的衣着，用肥皂水和清水彻底冲洗。就医。

食入: 漱口，饮水。就医。

灭火方法 消防人员须穿全身消防服，戴正压自给式呼吸器，在上风向灭火。尽可能将容器从火场移至空旷处。喷水保持火场容器冷却，直至灭火结束。用大量水灭火。

泄漏应急处置 隔离泄漏污染区，限制出入。建议应急处理人员戴防尘口罩，穿防毒服，戴橡胶手套。勿使泄漏物与可燃物质(如木材、纸、油等)接触。穿上适当的防护服前严禁接触破裂的容器和泄漏物。尽可能切断泄漏源。勿使水进入包装容器内。小量泄漏:用洁净的铲子收集泄漏物，置于干净、干燥、盖子较松的容器中，将容器移离泄漏区。大量泄漏: 泄漏物回收后，用水冲洗泄漏区。

104. 2-(2-碘乙基)-1,3-丙二醇二乙酸酯

标　识

中文名称 2-(2-碘乙基)-1, 3-丙二醇二乙酸酯

英文名称 1, 3-Propanediol, 2-(2-iodoethyl)-, diacetate; 2-(2-Iodoethyl)-1, 3-propanediol diacetate; 2-(Acetoxymethyl)-4-iodobutyl acetate

分子式 $C_9H_{15}IO_4$

CAS 号 127047-77-2

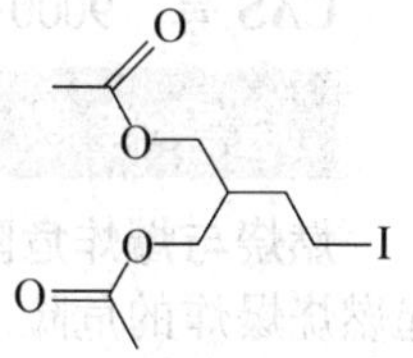

危害信息

燃烧与爆炸危险性 可燃。燃烧或受高热分解产生有毒或刺激性烟气。

禁忌物 强氧化剂。

侵入途径 吸入、食入。

环境危害 对水生生物有毒，可能在水生环境中造成长期不利影响。

理化特性与用途

理化特性 不溶于水。沸点 329℃，相对密度(水=1) 1.545，饱和蒸气压 23.9mPa (25℃)，闪点 153℃。

主要用途 用作医药原料。

包装与储运

包装标志 杂项

包装类别 Ⅲ类

安全储运 储存于阴凉、通风的库房。远离火种、热源。应与强氧化剂、强酸、强碱等隔离储运。搬运时轻装轻卸，防止容器受损。

紧急处置信息

急救措施

吸入: 脱离接触。如有不适感，就医。

眼睛接触：分开眼睑，用流动清水或生理盐水冲洗。如有不适感，就医。

皮肤接触：脱去污染的衣着，用肥皂水和清水冲洗。如有不适感，就医。

食入：漱口，饮水。就医。

灭火方法 消防人员须穿全身消防服，佩戴空气呼吸器，在上风向灭火。尽可能将容器从火场移至空旷处。喷水保持火场容器冷却，直至灭火结束。

灭火剂：泡沫、二氧化碳、干粉、沙土。

泄漏应急处置 隔离泄漏污染区，限制出入。消除所有点火源。建议应急处理人员戴防尘口罩，穿一般作业工作服。尽可能切断泄漏源。用塑料布覆盖泄漏物，减少飞散。勿使水进入包装容器内。用洁净的铲子收集泄漏物，置于干净、干燥、盖子较松的容器中，将容器移离泄漏区。

105. α-淀粉酶

标　识

中文名称 α-淀粉酶

英文名称 α-Amylase；1，4-α-D-Glucan-glucanohydrolase

别名 细菌性淀粉酶

CAS 号 9000-90-2

危害信息

燃烧与爆炸危险性 可燃。其粉体与空气混合能形成爆炸性混合物，遇明火高热有引起燃烧爆炸的危险。燃烧产生有毒的氮氧化物气体。

禁忌物 强氧化剂。

理化特性与用途

理化特性 近乎白色至浅棕黄色无定形粉末，或为浅棕黄色至暗棕色液体。几乎不溶于乙醇、氯仿和乙醚，溶于水。

主要用途 使淀粉转化为麦芽糖和葡萄糖。

包装与储运

安全储运 储存于阴凉、通风的库房。远离火种、热源。应与强氧化剂、强酸、酰基氯、酸酐、氯仿等隔离储运。

紧急处置信息

灭火方法 消防人员须穿全身消防服，佩戴空气呼吸器在上风向灭火。尽可能将容器从火场移至空旷处。喷水保持火场容器冷却，直至灭火结束。

灭火剂：雾状水、抗溶性泡沫、二氧化碳、干粉、沙土。

泄漏应急处置 隔离泄漏污染区，限制出入。建议应急处理人员戴防尘口罩，穿一般作业工作服。尽可能切断泄漏源。用塑料布覆盖泄漏物，减少飞散。用洁净的铲子收集泄漏物，置于干净、干燥、盖子较松的容器中，将容器移离泄漏区。

106. 3-叠氮基磺酰基苯甲酸

标 识

中文名称 3-叠氮基磺酰基苯甲酸

英文名称 *m*-Azidosulfonylbenzoic acid; 3-(Azidosulfonyl)benzoic acid

别名 间叠氮基磺酰基苯甲酸

分子式 $C_7H_5N_3O_4S$

CAS 号 15980-11-7

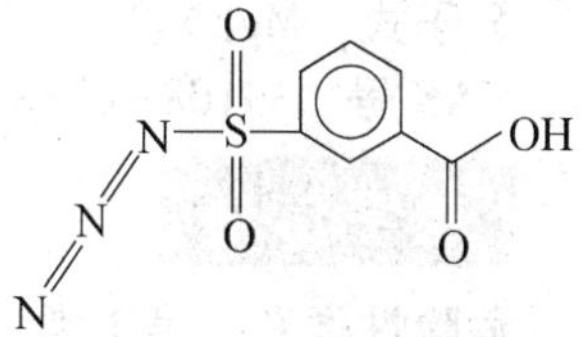

危害信息

危险性类别 第1类 爆炸品

燃烧与爆炸危险性 受撞击、摩擦、遇明火或其他点火源极易爆炸。

中毒表现 长期和反复接触可造成器官损害。眼睛接触可造成严重损害。对皮肤有致敏性。

侵入途径 吸入、食入。

理化特性与用途

理化特性 沸点565.27℃(预测值),熔点243.09℃(预测值)。

主要用途 有机合成中间体。

包装与储运

包装标志 爆炸品

安全储运 储存于阴凉、干燥、通风的爆炸品专用库房。远离火种、热源。储存温度不宜超过32℃,相对湿度不超过80%。若以水作稳定剂,储存温度应大于1℃,相对湿度小于80%。保持容器密封。应与其他爆炸品、氧化剂、还原剂、碱等隔离储运。采用防爆型照明、通风设施。禁止使用易产生火花的机械设备和工具。搬运时轻装轻卸,防止容器受损。禁止震动、撞击和摩擦。

紧急处置信息

急救措施

吸入: 迅速脱离现场至空气新鲜处。保持呼吸道通畅。如呼吸困难,给输氧。呼吸、心跳停止,立即进行心肺复苏术。就医。

眼睛接触: 立即分开眼睑,用流动清水或生理盐水彻底冲洗10~15min。就医。

皮肤接触: 立即脱去污染的衣着,用大量流动清水彻底冲洗。就医。

食入: 漱口,饮水。就医。

灭火方法 消防人员穿全身消防服,佩戴正压自给式呼吸器,须在防爆掩蔽处操作。遇大火切勿轻易接近。在物料附近失火,须用水保持容器冷却。用大量水灭火。禁止用沙土盖压。

107. 叠氮镁

标　识

中文名称　叠氮镁

英文名称　Magnesium azide

分子式　$Mg(N_3)_2$

CAS 号　39108-12-8

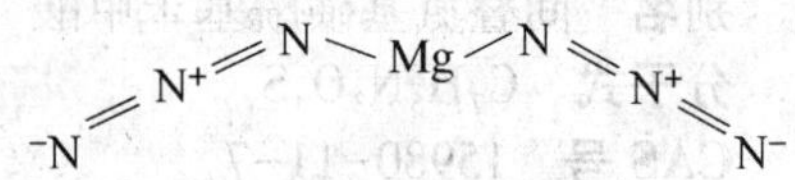

危害信息

危险性类别　第 1 类　爆炸品

燃烧与爆炸危险性　受撞击、摩擦，遇明火或其他点火源极易爆炸。

禁忌物　强氧化剂、卤素。

中毒表现　热解时，放出有毒的氮氧化物烟雾，对眼睛、上呼吸道有刺激作用，甚至发生肺水肿。

侵入途径　吸入、食入。

理化特性与用途

理化特性　黄绿色结晶。溶于水。相对密度(水=1)1.84。

主要用途　用作起爆药。

包装与储运

包装标志　爆炸品

安全储运　储存于阴凉、干燥、通风的爆炸品专用库房。远离火种、热源。库温不宜超过 30℃。保持容器密封。应与氧化剂、卤素等隔离储运。采用防爆型照明、通风设施。禁止使用易产生火花的机械设备和工具。禁止震动、撞击和摩擦。

紧急处置信息

急救措施

吸入：迅速脱离现场至空气新鲜处。保持呼吸道通畅。如呼吸困难，给输氧。呼吸、心跳停止，立即进行心肺复苏术。就医。

眼睛接触：分开眼睑，用流动清水或生理盐水冲洗。就医。

皮肤接触：立即脱去污染的衣着，用肥皂水和清水彻底冲洗。如有不适感，就医。

食入：漱口，饮水。就医。

灭火方法　消防人员须穿全身消防服，戴好防毒面具，在安全距离以外，在上风向灭火。消防人员须在有防爆掩蔽处操作。禁止用沙土压盖。

灭火剂：水、泡沫。

泄漏应急处置　隔离泄漏污染区，限制出入。消除所有点火源。建议应急处理人员戴防尘口罩，穿防毒、防静电服。作业时使用的所有设备应接地。禁止接触或跨越泄漏物。在专家指导下清除。

108. 丁二醛

标　识

中文名称　丁二醛

英文名称　Succinaldehyde；Butanedial

别名　琥珀醛

分子式　$C_4H_6O_2$

CAS 号　638-37-9

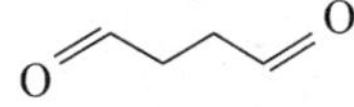

危害信息

危险性类别　第 3 类　易燃液体

燃烧与爆炸危险性　易燃。其蒸气与空气混合，能形成爆炸性混合物。若遇高热，可发生聚合反应，放出大量热量而引起容器破裂和爆炸事故。

禁忌物　强氧化剂、强酸。

中毒表现　本品的水溶液对眼睛、皮肤有较强刺激作用。

侵入途径　吸入、食入。

理化特性与用途

理化特性　无色液体。溶于水，溶于乙醇、乙醚、乙酸。沸点 56℃(1.2kPa)、169～170℃(分解)，相对密度(水=1)1.064(20℃/4℃)，相对蒸气密度(空气=1)3.0，饱和蒸气压 0.13kPa(25℃)，闪点 50.4℃。

主要用途　用于有机合成，用作医药中间体。

包装与储运

包装标志　易燃液体

包装类别　Ⅲ类

安全储运　储存于阴凉、通风的库房。远离火种、热源。库温不宜超过 37℃。包装要求密封，不可与空气接触。应与氧化剂、酸类等隔离储运。采用防爆型照明、通风设施。禁止使用易产生火花的机械设备和工具。

紧急处置信息

急救措施

吸入：迅速脱离现场至空气新鲜处。保持呼吸道通畅。如呼吸困难，给输氧。呼吸、心跳停止，立即进行心肺复苏术。就医。

眼睛接触：立即分开眼睑，用流动清水或生理盐水彻底冲洗。就医。

皮肤接触：立即脱去污染的衣着，用流动清水彻底冲洗。就医。

食入：漱口，饮水。就医。

灭火方法　消防人员必须佩戴空气呼吸器，穿全身防火防毒服，在上风向灭火。尽可能将容器从火场移至空旷处。喷水保持火场容器冷却，直至灭火结束。处在火场中的容器若已变色或从安全泄压装置发出响声，必须马上撤离。

灭火剂：雾状水、泡沫、干粉、二氧化碳、沙土。

泄漏应急处置 根据液体流动和蒸气扩散的影响区域划定警戒区，无关人员从侧风、上风向撤离至安全区。消除所有点火源。建议应急处理人员戴正压自给式呼吸器，穿防毒服。作业时使用的所有设备应接地。禁止接触或跨越泄漏物。尽可能切断泄漏源。防止泄漏物进入水体、下水道、地下室或有限空间。小量泄漏：用沙土或其他不燃材料吸收。使用洁净的无火花工具收集吸收材料。大量泄漏：构筑围堤或挖坑收容。用泡沫覆盖，减少蒸发。喷水雾能减少蒸发，但不能降低泄漏物在有限空间内的易燃性。用防爆泵转移至槽车或专用收集器内。

109. 丁二酸

标　识

中文名称 丁二酸

英文名称 Succinic acid；Butanedioic acid；Amber acid

别名 琥珀酸

分子式 $C_4H_6O_4$

CAS 号 110-15-6

HO
OH
O
O

危害信息

燃烧与爆炸危险性 可燃。其粉体与空气混合，能形成爆炸性混合物。受高热分解，放出刺激性烟气。

禁忌物 碱类、氧化剂、还原剂。

毒性 大鼠经口 LD_{50}：2260mg/kg。

中毒表现 对眼、呼吸道、皮肤有刺激作用。偶见过敏反应。

侵入途径 吸入、食入。

理化特性与用途

理化特性 白色单斜或三斜棱晶，有酸味。溶于水，溶于乙醇、乙醚、丙酮、甲醇，不溶于苯、甲苯、二硫化碳、石油醚、四氯化碳。熔点 185～190℃，沸点 235℃（分解），相对密度（水 = 1）1.56，饱和蒸气压 2.26Pa（25℃），辛醇/水分配系数 -0.59，闪点 110.56℃，引燃温度 470℃。

主要用途 用于医药、香料、染料和油漆的制造。

包装与储运

安全储运 储存于阴凉、通风的库房。远离火种、热源。应与氧化剂、还原剂、碱类等隔离储运。

紧急处置信息

急救措施

吸入： 迅速脱离现场至空气新鲜处。就医。

眼睛接触： 立即分开眼睑，用生理盐水或清水冲洗至少 15min。就医。

皮肤接触：立即脱去污染的衣着，用肥皂和清水彻底冲洗。就医。

食入：漱口，饮水。就医。

灭火方法 消防人员必须穿全身耐酸碱消防服，佩戴空气呼吸器，在上风向灭火。尽可能将容器从火场移至空旷处。喷水保持火场容器冷却，直至灭火结束。

灭火剂：雾状水、泡沫、干粉、二氧化碳、沙土。

泄漏应急处置 隔离泄漏污染区，限制出入。消除所有点火源。建议应急处理人员戴防尘口罩，穿防毒服。作业时使用的所有设备应接地。穿上适当的防护服前严禁接触破裂的容器和泄漏物。尽可能切断泄漏源。用干燥的沙土或其他不燃材料覆盖泄漏物，然后用塑料布覆盖，减少飞散、避免雨淋。用洁净的铲子收集泄漏物，置于干净、干燥、盖子较松的容器中，将容器移离泄漏区。

110. 丁二酸二丁酯

标 识

中文名称 丁二酸二丁酯

英文名称 Dibutyl succinate；Butanedioic acid，1，4-dibutyl ester

别名 琥珀酸二正丁酯

分子式 $C_{12}H_{22}O_4$

CAS 号 141-03-7

危害信息

燃烧与爆炸危险性 可燃。其蒸气与空气混合，能形成爆炸性混合物。

禁忌物 强氧化剂、强酸、强碱。

毒性 大鼠经口 LD_{50}：8g/kg。

侵入途径 吸入、食入。

理化特性与用途

理化特性 无色至淡黄色透明液体。不溶于水，混溶于多数有机溶剂。熔点-29℃，沸点 274.5℃，相对密度(水=1)0.9768(20℃/4℃)，饱和蒸气压 0.73Pa(25℃)，辛醇/水分配系数 3.35，闪点 122.78℃(Tag 闭杯)、135℃(开杯)。

主要用途 主要用作防虫剂和有机合成试剂，也用作溶剂和气相色谱固定液。

包装与储运

安全储运 储存于阴凉、通风的库房。远离火种、热源。应与氧化剂、酸类、碱类等隔离储运。

紧急处置信息

急救措施

吸入：迅速脱离现场至空气新鲜处。保持呼吸道通畅。如呼吸困难，给输氧。呼吸、心跳停止，立即进行心肺复苏术。就医。

眼睛接触：立即分开眼睑，用流动清水或生理盐水彻底冲洗。就医。

皮肤接触：立即脱去污染的衣着，用流动清水彻底冲洗。就医。

食入：漱口，饮水。就医。

灭火方法　消防人员须佩戴防毒面具，穿全身消防服，在上风向灭火。尽可能将容器从火场移至空旷处。喷水保持火场容器冷却，直至灭火结束。

灭火剂：雾状水、泡沫、干粉、二氧化碳、沙土。

泄漏应急处置　根据液体流动和蒸气扩散的影响区域划定警戒区，无关人员从侧风、上风向撤离至安全区。消除所有点火源。建议应急处理人员戴防毒面具，穿一般作业工作服。尽可能切断泄漏源。防止泄漏物进入水体、下水道、地下室或有限空间。小量泄漏：用干燥的沙土或其他不燃材料吸收或覆盖，收集于容器中。大量泄漏：构筑围堤或挖坑收容。用泵转移至槽车或专用收集器内。

111. 丁二酸二乙酯

标　识

中文名称　丁二酸二乙酯

英文名称　Diethyl succinate；Butanedioic acid，diethyl ester

别名　琥珀酸乙酯

分子式　$C_8H_{14}O_4$

CAS 号　123-25-1

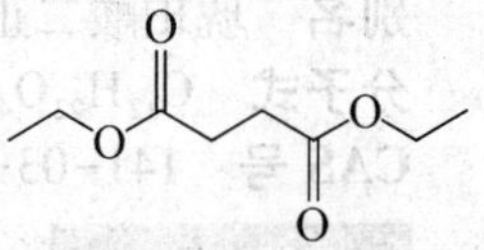

危害信息

燃烧与爆炸危险性　可燃。其蒸气与空气混合，能形成爆炸性混合物。燃烧或受热分解产生有点或刺激性的烟气。

禁忌物　酸类、碱类、氧化剂、还原剂。

毒性　大鼠经口 LD_{50}：8530mg/kg。

中毒表现　对眼有刺激性，引起红肿。

侵入途径　吸入、食入。

理化特性与用途

理化特性　无色透明液体，有特性气味。微溶于水，混溶于乙醇、乙醚。熔点-21℃，沸点 217℃，相对密度(水=1)1.04，相对蒸气密度(空气=1)6.01，饱和蒸气压 0.133kPa(55℃)，辛醇/水分配系数 1.2，燃烧热-4219kJ/mol，闪点 90℃(闭杯)。

主要用途　用作溶剂、食品加香剂、有机合成中间体、气相色谱固定液。

包装与储运

安全储运　储存于阴凉、通风的库房。远离火种、热源。应与氧化剂、酸类、碱类等隔离储运。

紧急处置信息

急救措施

吸入：迅速脱离现场至空气新鲜处。保持呼吸道通畅。如呼吸困难，给输氧。呼吸、

心跳停止，立即进行心肺复苏术。就医。

眼睛接触：立即分开眼睑，用流动清水或生理盐水彻底冲洗。就医。

皮肤接触：立即脱去污染的衣着，用流动清水彻底冲洗。就医。

食入：漱口，饮水。就医。

灭火方法 消防人员须佩戴防毒面具，穿全身消防服，在上风向灭火。尽可能将容器从火场移至空旷处。喷水保持火场容器冷却，直至灭火结束。处在火场中的容器若已变色或从安全泄压装置发出响声，必须马上撤离。

灭火剂：雾状水、泡沫、干粉、二氧化碳、沙土。

泄漏应急处置 根据液体流动和蒸气扩散的影响区域划定警戒区，无关人员从侧风、上风向撤离至安全区。消除所有点火源。建议应急处理人员戴防毒面具，穿防护服。穿上适当的防护服前严禁接触破裂的容器和泄漏物。尽可能切断泄漏源。防止泄漏物进入水体、下水道、地下室或有限空间。小量泄漏：用干燥的沙土或其他不燃材料吸收或覆盖，收集于容器中。大量泄漏：构筑围堤或挖坑收容。用泵转移至槽车或专用收集器内。

112. 2-丁基-2-乙基-1,5-戊二胺

标　识

中文名称 2-丁基-2-乙基-1，5-戊二胺

英文名称 2-Butyl-2-ethyl-1，5-pentanediamine；C_{11}-Neodiamine

分子式 $C_{11}H_{26}N_2$

CAS 号 137605-95-9

NH_2

NH_2

危害信息

危险性类别 第 8 类 腐蚀品

燃烧与爆炸危险性 可燃。其蒸气与空气混合能形成爆炸性混合物，遇明火、高热易燃烧或爆炸。燃烧或受高热分解产生有毒的氮氧化物气体。在高温火场中，受热的容器或储罐有破裂和爆炸的危险。

禁忌物 强氧化剂。

中毒表现 食入或经皮吸收对身体有害。长期或反复接触可引起器官损害。对皮肤有腐蚀和致敏性。

侵入途径 吸入、食入、经皮吸收。

环境危害 对水生生物有害，可能在水生环境中造成长期不利影响。

理化特性与用途

理化特性 液体。熔点-41℃，沸点 270. 75℃，相对密度(水=1)0. 876，闪点 121℃。

主要用途 用于胶黏剂、密封剂、着色剂、涂料、塑料、聚合物、纤维、建筑、电子工业和电镀等。

包装与储运

包装标志 腐蚀品

包装类别 Ⅲ类

安全储运 储存于阴凉、通风的库房。远离火种、热源。储存温度不超过 30℃，相对湿度不超过 80%。保持容器密封。应与强氧化剂、酸等隔离储运。搬运时轻装轻卸，防止容器受损。

紧急处置信息

急救措施

吸入：迅速脱离现场至空气新鲜处。保持呼吸道通畅。如呼吸困难，给输氧。呼吸、心跳停止，立即进行心肺复苏术。就医。

眼睛接触：立即分开眼睑，用流动清水或生理盐水彻底冲洗 10~15min。就医。

皮肤接触：立即脱去污染的衣着，用大量流动清水彻底冲洗，冲洗时间一般要求 20~30min。就医。

食入：用水漱口，禁止催吐。给饮牛奶或蛋清。就医。

灭火方法 消防人员须穿全身消防服，佩戴正压自给式呼吸器，在上风向灭火。尽可能将容器从火场移至空旷处。喷水保持火场容器冷却，直至灭火结束。处在火场中的容器若发生异常变化或发出异常声音，须马上撤离。

灭火剂：泡沫、二氧化碳、干粉、沙土。

泄漏应急处置 根据液体流动和蒸气扩散的影响区域划定警戒区，无关人员从侧风、上风向撤离至安全区。消除所有点火源。建议应急处理人员戴正压自给式呼吸器，穿防静电服。作业时使用的所有设备应接地。禁止接触或跨越泄漏物。尽可能切断泄漏源。防止泄漏物进入水体、下水道、地下室或有限空间。小量泄漏：用干燥的沙土或其他不燃材料吸收或覆盖，收集于容器中。大量泄漏：构筑围堤或挖坑收容。用泵转移至槽车或专用收集器内。

113. 2-(1-丁基-2-苯基-3，5-二氧代-1，2，4-三唑烷-4-基)-5′-(3-十二烷磺酰基-2-甲基丙酰氨基)-2′-甲氧基-4，4-二甲基-3-氧代戊酰苯胺

标 识

中文名称 2-(1-丁基-2-苯基-3，5-二氧代-1，2，4-三唑烷-4-基)-5′-(3-十二烷磺酰基-2-甲基丙酰氨基)-2′-甲氧基-4，4-二甲基-3-氧代戊酰苯胺

英文名称 2-(1-Butyl-3，5-dioxo-2-phenyl-(1，2，4)-triazolidin-4-yl)-4，4-dimethyl-3-oxo-*N*-(2-methoxy-5-(2-(dodecyl-1-sulfonyl))propionylamino)-phenyl)-pentanamide

分子式 $C_{42}H_{63}N_5O_8S$

CAS 号 118020-93-2

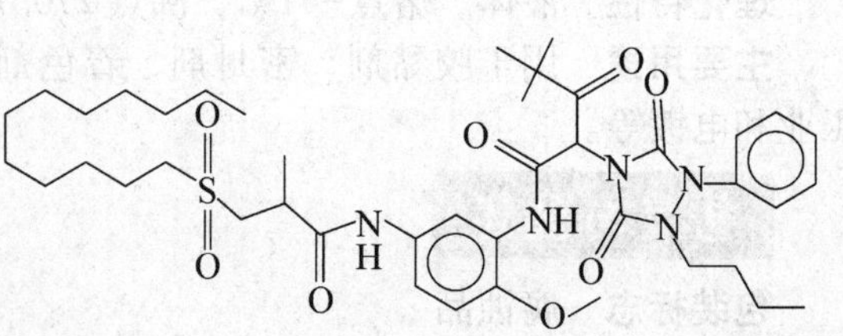

危害信息

禁忌物 强氧化剂、强酸。

侵入途径 吸入、食入。

环境危害 可能在水生环境中造成长

期不利影响。

理化特性与用途

理化特性 不溶于水。相对密度(水=1)1.181，辛醇/水分配系数 8.71。

主要用途 用作医药原料。

包装与储运

安全储运 储存于阴凉、通风的库房。远离火种、热源。应与强氧化剂等隔离储运。

紧急处置信息

急救措施

吸入：脱离接触。如有不适感，就医。

眼睛接触：分开眼睑，用流动清水或生理盐水冲洗。如有不适感，就医。

皮肤接触：脱去污染的衣着，用肥皂水和清水冲洗。如有不适感，就医。

食入：漱口，饮水。就医。

泄漏应急处置 隔离泄漏污染区，限制出入。消除所有点火源。建议应急处理人员戴防毒面具，穿防静电、防腐蚀服。尽可能切断泄漏源。用塑料布覆盖泄漏物，减少飞散。勿使水进入包装容器内。用洁净的铲子收集泄漏物，置于干净、干燥、盖子较松的容器中，将容器移离泄漏区。

114. *N*-丁基吡咯烷

标 识

中文名称 *N*-丁基吡咯烷

英文名称 *N*-Butyl pyrrolidine；1-Butylpyrrolidine

别名 1-丁基吡咯烷

分子式 $C_8H_{17}N$

CAS 号 767-10-2

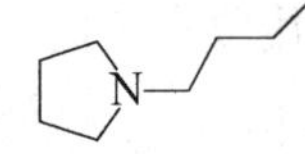

危害信息

危险性类别 第6类 有毒品

燃烧与爆炸危险性 易燃。其蒸气与空气混合能形成爆炸性混合物，遇明火、高热易燃烧或爆炸。燃烧产生有毒的氮氧化物气体。在高温火场中，受热的容器或储罐有破裂和爆炸的危险。蒸气比空气重，能在较低处扩散到相当远的地方，遇火源会着火回燃和爆炸(闪爆)。

禁忌物 强氧化剂。

毒性 小鼠经口 LD_{50}：51mg/kg；小鼠经皮 LD_{50}：820mg/kg。

中毒表现 食入或经皮吸收有毒。对上呼吸道有刺激性。

侵入途径 吸入、食入、经皮吸收。

理化特性与用途

理化特性 无色透明液体。易溶于水。沸点 154.5℃，相对密度(水=1)0.814，饱和蒸气压 0.41kPa(25℃)，辛醇/水分配系数 2.38，闪点 36℃。

主要用途　用作有机合成中间体。

包装与储运

包装标志　有毒品，易燃液体

包装类别　Ⅲ类

安全储运　储存于阴凉、通风的库房。远离火种、热源。炎热季节早晚运输，储存温度不超过 35℃，相对湿度不超过 85%。保持容器密封。应与强氧化剂、强酸等隔离储运。搬运时轻装轻卸，防止容器受损。

紧急处置信息

急救措施

吸入：迅速脱离现场至空气新鲜处。保持呼吸道通畅。如呼吸困难，给输氧。呼吸、心跳停止，立即进行心肺复苏术。就医。

眼睛接触：立即分开眼睑，用流动清水或生理盐水彻底冲洗。就医。

皮肤接触：立即脱去污染的衣着，用肥皂水和清水彻底冲洗。就医。

食入：饮适量温水，催吐(仅限于清醒者)。就医。

灭火方法　消防人员须穿全身消防服，佩戴正压自给式呼吸器，在上风向灭火。尽可能将容器从火场移至空旷处。喷水保持火场容器冷却，直至灭火结束。处在火场中的容器若发生异常变化或发出异常声音，须马上撤离。

灭火剂：抗溶性泡沫、二氧化碳、干粉、沙土。

泄漏应急处置　根据液体流动和蒸气扩散的影响区域划定警戒区，无关人员从侧风、上风向撤离至安全区。消除所有点火源。建议应急处理人员戴防毒面具，穿一般作业工作服。作业时使用的所有设备应接地。禁止接触或跨越泄漏物。尽可能切断泄漏源。防止泄漏物进入水体、下水道、地下室或有限空间。小量泄漏：用沙土或其他不燃材料吸收。使用洁净的无火花工具收集吸收材料。大量泄漏：构筑围堤或挖坑收容。用泡沫覆盖，减少蒸发。喷水雾能减少蒸发，但不能降低泄漏物在有限空间内的易燃性。用泵转移至槽车或专用收集器内。

115. N-丁基-2-(4-吗啉基羰基)苯甲酰胺

标　识

中文名称　N-丁基-2-(4-吗啉基羰基)苯甲酰胺

英文名称　N-Butyl-2-(4-morpholinylcarbonyl)benzamide

分子式　$C_{16}H_{22}N_2O_3$

CAS 号　104958-67-0

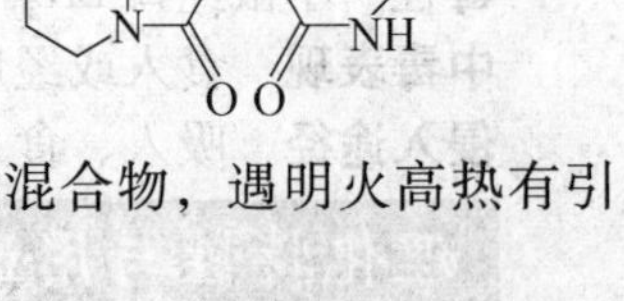

O N NH O O

危害信息

燃烧与爆炸危险性　可燃。其粉体与空气混合能形成爆炸性混合物，遇明火高热有引起燃烧爆炸的危险。燃烧产生有毒的氮氧化物气体。

禁忌物　强氧化剂、强酸。

中毒表现 本品对眼有刺激性，对皮肤有致敏性。

侵入途径 吸入、食入。

环境危害 对水生生物有害，可能在水生环境中造成长期不利影响。

理化特性与用途

理化特性 沸点 502℃，相对密度(水=1)1.136，闪点 257.4℃。

主要用途 医药原料。

包装与储运

安全储运 储存于阴凉、通风的库房。远离火种、热源。应与强氧化剂等隔离储运。

紧急处置信息

急救措施

吸入：迅速脱离现场至空气新鲜处。保持呼吸道通畅。如呼吸困难，给输氧。呼吸、心跳停止，立即进行心肺复苏术。就医。

眼睛接触：立即分开眼睑，用流动清水或生理盐水彻底冲洗。就医。

皮肤接触：立即脱去污染的衣着，用肥皂水和清水彻底冲洗。就医。

食入：漱口，饮水。就医。

灭火方法 消防人员须穿全身消防服，佩戴正压自给式呼吸器，在上风向灭火。尽可能将容器从火场移至空旷处。喷水保持火场容器冷却，直至灭火结束。

灭火剂：雾状水、泡沫、二氧化碳、干粉、沙土。

泄漏应急处置 隔离泄漏污染区，限制出入。消除所有点火源。建议应急处理人员戴防毒面具，穿防护服。尽可能切断泄漏源。用塑料布覆盖泄漏物，减少飞散。勿使水进入包装容器内。用洁净的铲子收集泄漏物，置于干净、干燥、盖子较松的容器中，将容器移离泄漏区。

116. 丁基-(*R*)-2-[4-(4-氰基-2-氟苯氧基)苯氧基]丙酸酯

标　识

中文名称 丁基-(*R*)-2-[4-(4-氰基-2-氟苯氧基)苯氧基]丙酸酯

英文名称 Butyl-(*R*)-2-[4-(4-cyano-2-fluorophenoxy) phenoxy] propionate; Cyhalofop-butyl

别名 氰氟草酯

分子式 $C_{20}H_{20}FNO_4$

CAS 号 122008-85-9

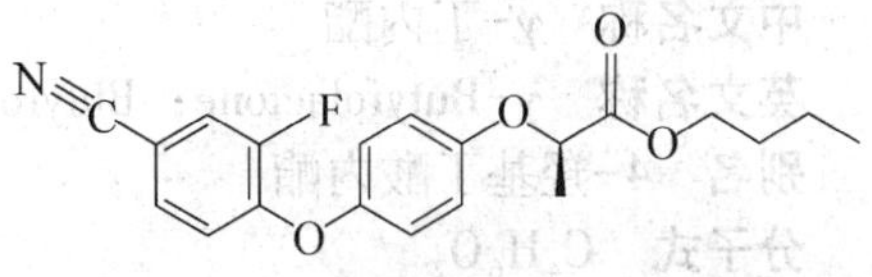

危害信息

燃烧与爆炸危险性 可燃。燃烧或受热分解产生有毒或刺激性的烟气。

禁忌物 强氧化剂。

毒性 大鼠经口 LD_{50}：>5000mg/kg；大鼠吸入 LC_{50}：>5.63mg/L(4h)；大鼠经皮

LD_{50}: >2000mg/kg。

中毒表现　苯氧类除草剂急性中毒后出现恶心、呕吐、腹痛、腹泻。轻度中毒表现头痛、头晕、嗜睡、无力、肌肉压痛、肌束颤动，严重者出现昏迷、抽搐、呼吸衰竭。重症者可出现肺水肿以及肝肾损害。可有心律失常。

侵入途径　吸入、食入、经皮吸收。

环境危害　对水生生物有极高毒性，可能在水生环境中造成长期不利影响。

理化特性与用途

理化特性　白色结晶或类白色粉末，微有芳香气味。不溶于水，溶于多数有机溶剂。熔点49.5℃，沸点>270℃，相对密度(水=1)1.172，辛醇/水分配系数3.31，闪点122℃(闭杯)、255℃(开杯)。

主要用途　选择性除草剂。脂肪酸合成抑制剂。用于水稻防除稗草、千金子、马唐、狗尾草、看麦娘、牛筋草等禾本科杂草。

包装与储运

包装标志　杂项

包装类别　Ⅲ类

安全储运　储存于阴凉、通风的库房。远离火种、热源。应与强氧化剂等等隔离储运。

紧急处置信息

急救措施

吸入：迅速脱离现场至空气新鲜处。保持呼吸道通畅。如呼吸困难，给输氧。呼吸、心跳停止，立即进行心肺复苏术。就医。

眼睛接触：立即分开眼睑，用流动清水或生理盐水彻底冲洗。就医。

皮肤接触：立即脱去污染的衣着，用流动清水彻底冲洗。就医。

食入：漱口，饮水。就医。

泄漏应急处置　隔离泄漏污染区，限制出入。消除所有点火源。建议应急处理人员戴防毒面具，穿防静电、防腐蚀服。尽可能切断泄漏源。用塑料布覆盖泄漏物，减少飞散。勿使水进入包装容器内。用洁净的铲子收集泄漏物，置于干净、干燥、盖子较松的容器中，将容器移离泄漏区。

117. γ-丁内酯

标　识

中文名称　γ-丁内酯

英文名称　γ-Butyrolactone; Butyrolactone; Dihydro-2(3H)-furanone

别名　4-羟基丁酸内酯

分子式　$C_4H_6O_2$

CAS号　96-48-0

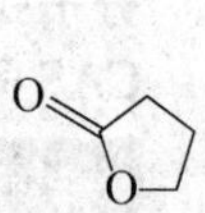

危害信息

燃烧与爆炸危险性　可燃。其蒸气与空气混合，能形成爆炸性混合物。燃烧或受热分解产生有毒或刺激性烟气。

禁忌物 强氧化剂、强酸、强碱、强还原剂。

毒性 大鼠经口 LD_{50}：1540mg/kg；小鼠经口 LD_{50}：1460mg/kg；大鼠吸入 LC_{50}：>5100mg/m^3(4h)；豚鼠经皮 LD_{50}：>5g/kg。

中毒表现 对眼有刺激性，引起红肿、疼痛。食入后出现呕吐、倦睡、呼吸困难，甚至神志不清。

侵入途径 吸入、食入、经皮吸收。

理化特性与用途

理化特性 无色油状液体，有轻微令人愉快的气味，有吸湿性。混溶于水，混溶于乙醇、乙醚，溶于苯、丙酮。熔点-44℃，沸点204℃，相对密度(水=1)1.12，相对蒸气密度(空气=1)3.0，饱和蒸气压0.06kPa(25℃)，临界温度436℃，临界压力3.43MPa，燃烧热-20145kJ/mol，辛醇/水分配系数-0.64，闪点98℃(闭杯)，引燃温度455℃，爆炸下限2.7%，爆炸上限15.6%。

主要用途 用作树脂等的溶剂，也用于制吡咯烷酮、丁酸、琥珀酸、去漆药水等。

包装与储运

安全储运 储存于阴凉、通风的库房。远离火种、热源。应与强氧化剂等隔离储运。搬运时轻装轻卸，防止容器受损。

紧急处置信息

急救措施

吸入：迅速脱离现场至空气新鲜处。保持呼吸道通畅。如呼吸困难，给输氧。呼吸、心跳停止，立即进行心肺复苏术。就医。

眼睛接触：立即分开眼睑，用流动清水或生理盐水彻底冲洗。就医。

皮肤接触：立即脱去污染的衣着，用流动清水彻底冲洗。就医。

食入：漱口，饮水。就医。

灭火方法 消防人员须佩戴防毒面具，穿全身消防服，在上风向灭火。尽可能将容器从火场移至空旷处。喷水保持火场容器冷却，直至灭火结束。处在火场中的容器若已变色或从安全泄压装置发出响声，必须马上撤离。

灭火剂：雾状水、抗溶性泡沫、干粉、二氧化碳、沙土。

泄漏应急处置 根据液体流动和蒸气扩散的影响区域划定警戒区，无关人员从侧风、上风向撤离至安全区。消除所有点火源。建议应急处理人员戴防毒面具，穿防毒服。穿上适当的防护服前严禁接触破裂的容器和泄漏物。尽可能切断泄漏源。防止泄漏物进入水体、下水道、地下室或有限空间。小量泄漏：用干燥的沙土或其他不燃材料吸收或覆盖，收集于容器中。大量泄漏：构筑围堤或挖坑收容。用泵转移至槽车或专用收集器内。

118. 3-丁炔-2-酮

标　识

中文名称 3-丁炔-2-酮

英文名称 3-Butyn-2-one；But-3-yn-2-one

118. 3-丁炔-2-酮

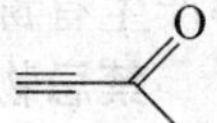

分子式 C_4H_4O

CAS 号 1423-60-5

危害信息

危险性类别 第 3 类 易燃液体

燃烧与爆炸危险性 易燃。其蒸气与空气混合，能形成爆炸性混合物。蒸气比空气重，能在较低处扩散到相当远的地方，遇火源会着火回燃和爆炸(闪爆)。若遇高热，容器内压增大，有开裂和爆炸的危险。

活性反应 与氧化剂能发生强烈反应。

禁忌物 强氧化剂、强碱、强还原剂。

中毒表现 对眼、皮肤和呼吸道黏膜有刺激作用。

侵入途径 吸入、食入、经皮吸收。

理化特性与用途

理化特性 黄色至橙棕色透明液体。溶于水。沸点 85℃，相对密度(水=1)0.87，相对蒸气密度(空气=1)2.35，辛醇/水分配系数-0.52，闪点-1℃。

主要用途 用于有机合成。底物，用在一个氯化镓(Ⅲ)介入的具立体选择性、共轭芳基化的反应中，生成(*E*)-α，β-不饱和酮。

包装与储运

包装标志 易燃液体，有毒品

包装类别 Ⅱ类

安全储运 储存于阴凉、通风的库房。远离火种、热源。储存温度不超过 35℃，相对湿度不超过 85%。包装要求密封，不可与空气接触。应与氧化剂、还原剂、碱类等隔离储运。采用防爆型照明、通风设施。禁止使用易产生火花的机械设备和工具。

紧急处置信息

急救措施

吸入：迅速脱离现场至空气新鲜处。保持呼吸道通畅。如呼吸困难，给输氧。呼吸、心跳停止，立即进行心肺复苏术。就医。

眼睛接触：立即分开眼睑，用流动清水或生理盐水彻底冲洗。就医。

皮肤接触：立即脱去污染的衣着，用流动清水彻底冲洗。就医。

食入：漱口，饮水。就医。

灭火方法 消防人员须佩戴防毒面具，穿全身消防服，在上风向灭火。尽可能将容器从火场移至空旷处。喷水保持火场容器冷却，直至灭火结束。处在火场中的容器若已变色或从安全泄压装置发出响声，必须马上撤离。

灭火剂：雾状水、抗溶性泡沫、干粉、二氧化碳、沙土。

泄漏应急处置 根据液体流动和蒸气扩散的影响区域划定警戒区，无关人员从侧风、上风向撤离至安全区。消除所有点火源。建议应急处理人员戴正压自给式呼吸器，穿防毒、防静电服。作业时使用的所有设备应接地。禁止接触或跨越泄漏物。尽可能切断泄漏源。防止泄漏物进入水体、下水道、地下室或有限空间。小量泄漏：用沙土或其他不燃材料吸收。使用洁净的无火花工具收集吸收材料。大量泄漏：构筑围堤或挖坑收容。用泡沫覆盖，减少蒸发。喷水雾能减少蒸发，但不能降低泄漏物在有限空间内的易燃性。用防爆泵转移至槽车或专用收集器内。

119. 丁酸烯丙酯

标　识

中文名称　丁酸烯丙酯

英文名称　Allyl butyrate；Butanoic acid，2-propenyl ester

别名　丁酸 2-丙烯酯

分子式　$C_7H_{12}O_2$

CAS 号　2051-78-7

铁危编号　32098

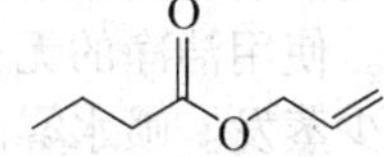

危害信息

危险性类别　第 3 类　易燃液体

燃烧与爆炸危险性　易燃。其蒸气与空气混合，能形成爆炸性混合物。流速过快，容易产生和积聚静电。容易自聚，聚合反应随着温度的上升而急骤加剧。若遇高热，容器内压增大，有开裂和爆炸的危险。

活性反应　与氧化剂可发生反应。

禁忌物　强氧化剂、强酸、强碱。

毒性　大鼠经口 LD_{50}：250mg/kg；兔经皮 LD_{50}：530mg/kg。

中毒表现　对皮肤有轻度刺激。

侵入途径　吸入、食入、经皮吸收。

理化特性与用途

理化特性　无色透明液体。不溶于水，溶于乙醇、乙醚。熔点-80℃，沸点 142℃、44~45℃(2.0kPa)，相对密度(水=1)0.902，饱和蒸气压 2.0kPa(45℃)，辛醇/水分配系数 2.2，闪点 41.7℃。

主要用途　用于有机合成。

包装与储运

包装标志　易燃液体，有毒品

包装类别　Ⅲ类

安全储运　储存于阴凉、通风的库房。远离火种、热源。储存温度不超过 35℃，相对湿度不超过 80%。应与氧化剂、酸类、碱类、食用化学品等隔离储运。不宜大量储存或久存。采用防爆型照明、通风设施。禁止使用易产生火花的机械设备和工具。

紧急处置信息

急救措施

吸入：迅速脱离现场至空气新鲜处。保持呼吸道通畅。如呼吸困难，给输氧。呼吸、心跳停止，立即进行心肺复苏术。就医。

眼睛接触：立即分开眼睑，用流动清水或生理盐水彻底冲洗。就医。

皮肤接触：立即脱去污染的衣着，用肥皂水和清水彻底冲洗。就医。

食入：漱口，饮水。就医。

灭火方法 消防人员须佩戴防毒面具，穿全身消防服，在上风向灭火。尽可能将容器从火场移至空旷处。喷水保持火场容器冷却，直至灭火结束。处在火场中的容器若已变色或从安全泄压装置发出响声，必须马上撤离。

灭火剂：雾状水、泡沫、干粉、二氧化碳、沙土。

泄漏应急处置 消除所有点火源。根据液体流动和蒸气扩散的影响区域划定警戒区，无关人员从侧风、上风向撤离至安全区。建议应急处理人员戴正压自给式呼吸器，穿防毒、防静电服。作业时使用的所有设备应接地。禁止接触或跨越泄漏物。尽可能切断泄漏源。防止泄漏物进入水体、下水道、地下室或有限空间。小量泄漏：用沙土或其他不燃材料吸收。使用洁净的无火花工具收集吸收材料。大量泄漏：构筑围堤或挖坑收容。用泡沫覆盖，减少蒸发。喷水雾能减少蒸发，但不能降低泄漏物在有限空间内的易燃性。用防爆泵转移至槽车或专用收集器内。

120. 丁烯酸酐

标　识

中文名称 丁烯酸酐

英文名称 Crotonic anhydride；2-Butenoic anhydride；2-Butenoic acid，anhydride

别名 巴豆酸酐

分子式 $C_8H_{10}O_3$

CAS 号 623-68-7

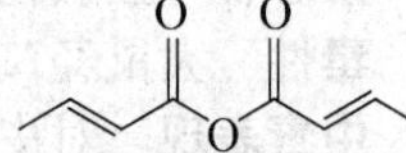

危害信息

危险性类别 第 8 类　腐蚀品

燃烧与爆炸危险性 可燃。其蒸气与空气混合，能形成爆炸性混合物。

禁忌物 强氧化剂、强酸、强碱、水蒸气。

毒性 大鼠经口 LD_{50}：2830mg/kg。

中毒表现 本品对眼睛、皮肤、黏膜和上呼吸道有强烈刺激作用。可引起眼睛、皮肤灼伤，但皮肤无疼痛感觉。吸入后可引起喉、支气管的痉挛、炎症、水肿，化学性肺炎或肺水肿。接触后可引起烧灼感、咳嗽、喉炎、气短、头痛、恶心和呕吐等。

侵入途径 吸入、食入。

环境危害 对水生生物有极高毒性。

理化特性与用途

理化特性 无色或浅黄色液体，有轻微的特殊气味。在水和乙醇中分解。溶于乙醚、苯、丙酮等有机溶剂。沸点 247℃，相对密度(水=1)1.04，辛醇/水分配系数 0.96，闪点 110.6℃。

主要用途 重要的医药中间体、农药中间体、染料中间体、化妆品原料、表面活性剂原料。

包装与储运

包装标志 腐蚀品

包装类别 Ⅱ类

安全储运 储存于阴凉、通风的库房。远离火种、热源。储存温度不超过32℃，相对湿度不超过80%。保持容器密封。应与强氧化剂、强碱等隔离储运。搬运时轻装轻卸，防止容器受损。

紧急处置信息

急救措施

吸入： 迅速脱离现场至空气新鲜处。保持呼吸道通畅。如呼吸困难，给输氧。呼吸、心跳停止，立即进行心肺复苏术。就医。

眼睛接触： 立即分开眼睑，用流动清水或生理盐水彻底冲洗10~15min。就医。

皮肤接触： 立即脱去污染的衣着，用大量流动清水彻底冲洗，冲洗时间一般要求20~30min。就医。

食入： 用水漱口，禁止催吐。给饮牛奶或蛋清。就医。

灭火方法 消防人员必须穿全身耐酸碱消防服，佩戴空气呼吸器，在上风向灭火。尽可能将容器从火场移至空旷处。喷水保持火场容器冷却，直至灭火结束。

灭火剂：雾状水、泡沫、干粉、二氧化碳、沙土。

泄漏应急处置 根据液体流动和蒸气扩散的影响区域划定警戒区，无关人员从侧风、上风向撤离至安全区。消除所有点火源。建议应急处理人员戴防毒面具，穿防腐蚀、防毒服。穿上适当的防护服前严禁接触破裂的容器和泄漏物。尽可能切断泄漏源。防止泄漏物进入水体、下水道、地下室或有限空间。小量泄漏：用干燥的沙土或其他不燃材料吸收或覆盖，收集于容器中。大量泄漏：构筑围堤或挖坑收容。用耐腐蚀泵转移至槽车或专用收集器内。

121. 丁烯缩醛

标　识

中文名称 丁烯缩醛

英文名称 1，1-Diethoxybut-2-ene；2-Butenal diethyl acetal；Crotonaldehyde acetal

别名 巴豆醛缩二乙醇

分子式 $C_8H_{16}O_2$

CAS号 10602-34-3

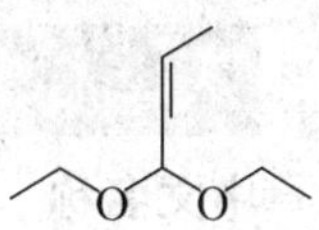

危害信息

燃烧与爆炸危险性 易燃。其蒸气与空气混合，能形成爆炸性混合物。若遇高热，容器内压增大，有开裂和爆炸的危险。

禁忌物 强氧化剂、强酸。

中毒表现 本品具有刺激和麻醉作用。

侵入途径 吸入、食入、经皮吸收。

理化特性与用途

理化特性 无色至淡黄色透明液体。不溶于水，溶于乙醇、乙醚、苯。沸点146~

148℃，相对密度(水=1)0.861，相对蒸气密度(空气=1)5.0，辛醇/水分配系数1.97，闪点38.9℃。

主要用途　作为溶剂、化学中间体、增塑剂等。

包装与储运

安全储运　储存于阴凉、通风的库房。远离火种、热源。应与氧化剂、酸类等隔离储运。

紧急处置信息

急救措施

吸入： 迅速脱离现场至空气新鲜处。保持呼吸道通畅。如呼吸困难，给输氧。呼吸、心跳停止，立即进行心肺复苏术。就医。

眼睛接触： 立即分开眼睑，用流动清水或生理盐水彻底冲洗。就医。

皮肤接触： 立即脱去污染的衣着，用流动清水彻底冲洗。就医。

食入： 漱口，饮水。就医。

灭火方法　消防人员须佩戴防毒面具，穿全身消防服，在上风向灭火。尽可能将容器从火场移至空旷处。喷水保持火场容器冷却，直至灭火结束。处在火场中的容器若已变色或从安全泄压装置发出响声，必须马上撤离。

灭火剂：雾状水、泡沫、干粉、二氧化碳、沙土。

泄漏应急处置　根据液体流动和蒸气扩散的影响区域划定警戒区，无关人员从侧风、上风向撤离至安全区。消除所有点火源。建议应急处理人员戴防毒面具，穿防毒服。作业时使用的所有设备应接地。禁止接触或跨越泄漏物。尽可能切断泄漏源。防止泄漏物进入水体、下水道、地下室或有限空间。小量泄漏：用沙土或其他不燃材料吸收。使用洁净的无火花工具收集吸收材料。大量泄漏：构筑围堤或挖坑收容。用泡沫覆盖，减少蒸发。喷水雾能减少蒸发，但不能降低泄漏物在有限空间内的易燃性。用防爆泵转移至槽车或专用收集器内。

122. 丁酰胺

标　识

中文名称　丁酰胺

英文名称　Butyramide；*n*-Butyramide；Butanamide

别名　正丁酰胺

分子式　C_4H_9NO

CAS 号　541-35-5

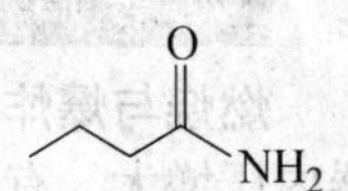

危害信息

燃烧与爆炸危险性　可燃。其粉体与空气混合，能形成爆炸性混合物。燃烧或受热分解时，放出有毒的氮氧化物气体。

禁忌物　强氧化剂、强还原剂、酸类、碱。

中毒表现　对眼睛、皮肤、黏膜和上呼吸道有刺激作用。

侵入途径 吸入、食入。

理化特性与用途

理化特性 白色至淡黄色叶片状结晶或粉末。溶于水，溶于乙醇，微溶于乙醚，不溶于苯。熔点 114~117℃，沸点 216℃，相对密度(水=1)1.03，饱和蒸气压 0.52Pa(25℃)，辛醇/水分配系数-0.21，闪点>93.3℃。

主要用途 用于有机合成。

包装与储运

安全储运 储存于阴凉、通风的库房。远离火种、热源。应与氧化剂、还原剂、酸类等等隔离储运。

紧急处置信息

急救措施

吸入： 迅速脱离现场至空气新鲜处。保持呼吸道通畅。如呼吸困难，给输氧。呼吸、心跳停止，立即进行心肺复苏术。就医。

眼睛接触： 立即分开眼睑，用流动清水或生理盐水彻底冲洗。就医。

皮肤接触： 立即脱去污染的衣着，用流动清水彻底冲洗。就医。

食入： 漱口，饮水。就医。

灭火方法 消防人员须佩戴正压自给式呼吸器，穿全身消防服，在上风向灭火。尽可能将容器从火场移至空旷处。喷水保持火场容器冷却，直至灭火结束。

灭火剂：雾状水、泡沫、干粉、二氧化碳、沙土。

泄漏应急处置 隔离泄漏污染区，限制出入。消除所有点火源。建议应急处理人员戴防尘口罩，穿一般作业工作服。尽可能切断泄漏源。用塑料布覆盖泄漏物，减少飞散。勿使水进入包装容器内。用洁净的铲子收集泄漏物，置于干净、干燥、盖子较松的容器中，将容器移离泄漏区。

123. 对氨基苯磺酸

标 识

中文名称 对氨基苯磺酸

英文名称 *p*-Aminobenzene sulfonic acid; Sulfanilic acid; 4-Aminobenzenesulfonic acid

别名 磺胺酸；4-氨基苯磺酸

分子式 $C_6H_7NO_3S$

CAS 号 121-57-3

危害信息

燃烧与爆炸危险性 可燃。其粉体与空气混合，能形成爆炸性混合物。受热分解，放出氮、硫的氧化物等毒性气体。

禁忌物 强氧化剂、强酸、强碱。

毒性 大鼠经口 LD_{50}：12300mg/kg。

中毒表现 对眼和皮肤有刺激性。对皮肤有致敏性。

侵入途径 吸入、食入。

理化特性与用途

理化特性 白色至灰色结晶或白色结晶粉末，见光变色。易溶于氨和碱金属氢氧化物或碳酸盐溶液中，较易溶于热水，微溶于冷水，几乎不溶于醇、醚和苯。熔点288℃，相对密度(水=1)1.485(25℃/4℃)，饱和蒸气压0.03mPa(25℃)，辛醇/水分配系数-0.9，燃烧热-3351kJ/mol。

主要用途 用于制造偶氮染料、药物等，用作分析试剂。

包装与储运

安全储运 储存于阴凉、通风的库房。远离火种、热源。应与氧化剂、酸碱等隔离储运。

紧急处置信息

急救措施

吸入：迅速脱离现场至空气新鲜处。保持呼吸道通畅。如呼吸困难，给输氧。呼吸、心跳停止，立即进行心肺复苏术。就医。

眼睛接触：立即分开眼睑，用流动清水或生理盐水彻底冲洗。就医。

皮肤接触：立即脱去污染的衣着，用流动清水彻底冲洗。就医。

食入：漱口，饮水。就医。

灭火方法 消防人员必须穿全身耐酸碱消防服，佩戴正压自给式呼吸器，在上风向灭火。灭火时尽可能将容器从火场移至空旷处。

灭火剂：雾状水、抗溶性泡沫、干粉、二氧化碳、沙土。

泄漏应急处置 隔离泄漏污染区，限制出入。建议应急处理人员戴防尘口罩，穿防酸碱服。穿上适当的防护服前严禁接触破裂的容器和泄漏物。尽可能切断泄漏源。用塑料布覆盖泄漏物，减少飞散。勿使水进入包装容器内。用洁净的铲子收集泄漏物，置于干净、干燥、盖子较松的容器中，将容器移离泄漏区。

124. 对氨基苯醛

标 识

中文名称 对氨基苯醛

英文名称 4-Aminobenzaldehyde; *p*-Aminobenzaldehyde

别名 4-氨基苯甲醛

分子式 C_7H_7NO

CAS 号 556-18-3

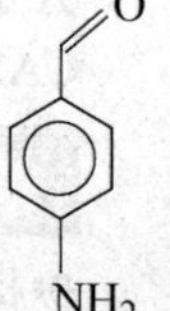

危害信息

燃烧与爆炸危险性 可燃。其粉体与空气混合，能形成爆炸性混合物。受热分解放出有毒的氮氧化物烟气。

禁忌物 强氧化剂、强酸。

毒性 小鼠腹腔内 LD_{50}：912mg/kg。

中毒表现 本品对眼、皮肤和黏膜有刺激作用。

侵入途径 吸入、食入。

理化特性与用途

理化特性 黄色结晶。不溶于水，溶于乙醇、丙酮、苯、稀酸。熔点 71℃，沸点 278.1℃，相对密度（水=1）1.171，相对蒸气密度（空气=1）4.2，饱和蒸气压 0.58Pa（25℃），闪点 122℃。

主要用途 广泛用于香料工业，用作感光树脂原料，染料中间体，医药中间体。

包装与储运

安全储运 储存于阴凉、通风的库房。远离火种、热源。应与氧化剂、酸类等等隔离储运。

紧急处置信息

急救措施

吸入：迅速脱离现场至空气新鲜处。保持呼吸道通畅。如呼吸困难，给输氧。呼吸、心跳停止，立即进行心肺复苏术。就医。

眼睛接触：立即分开眼睑，用流动清水或生理盐水彻底冲洗。就医。

皮肤接触：立即脱去污染的衣着，用流动清水彻底冲洗。就医。

食入：漱口，饮水。就医。

灭火方法 消防人员须佩戴正压自给式呼吸器，穿全身消防服，在上风向灭火。尽可能将容器从火场移至空旷处。喷水保持火场容器冷却，直至灭火结束。

灭火剂：雾状水、泡沫、干粉、二氧化碳、沙土。

泄漏应急处置 隔离泄漏污染区，限制出入。消除所有点火源。建议应急处理人员戴防尘口罩，穿防毒服。穿上适当的防护服前严禁接触破裂的容器和泄漏物。尽可能切断泄漏源。用塑料布覆盖泄漏物，减少飞散。勿使水进入包装容器内。用洁净的铲子收集泄漏物，置于干净、干燥、盖子较松的容器中，将容器移离泄漏区。

125. 对氨基萘磺酸

标　识

中文名称 对氨基萘磺酸

英文名称 *p*-Aminonaphthalene sulfonic acid；4-Aminonaphthalene-1-sulphonic acid；Naphthionic acid

别名 1-萘胺-4-磺酸；4-氨基-1-萘磺酸

分子式 $C_{10}H_9NO_3S$

CAS 号 84-86-6

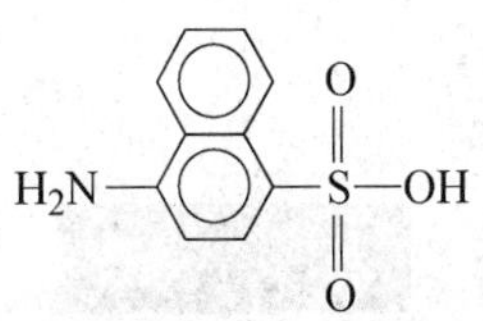

H_2N—(naphthalene)—$S(=O)_2$—OH

危害信息

危险性类别 第 8 类 腐蚀品

燃烧与爆炸危险性 可燃。其粉体与空气混合，能形成爆炸性混合物。受热分解，放出氮、硫的氧化物等毒性气体。

禁忌物 强氧化剂、强碱。

毒性 大鼠经口 *LD*：>7500mg/kg。

中毒表现 本品对眼睛、皮肤、黏膜和上呼吸道有强烈刺激作用。吸入后可引起喉、支气管的痉挛、水肿、炎症，化学性肺炎或肺水肿。中毒表现有烧灼感、咳嗽、喘息、气短、喉炎、头痛、恶心、呕吐等。

侵入途径 吸入、食入。

理化特性与用途

理化特性 白色至灰色粉末。溶于水。沸点>300℃（分解），相对密度（水=1）1.67，辛醇/水分配系数-0.91，燃烧热-5263kJ/mol。

主要用途 用作制造偶氮染料等，也可用作防治麦锈病的农药。

包装与储运

包装标志 腐蚀品

包装类别 Ⅲ类

安全储运 储存于阴凉、通风的库房。远离火种、热源。储存温度不超过32℃，相对湿度不超过80%。保持容器密封。应与强氧化剂、强碱等隔离储运。搬运时轻装轻卸，防止容器受损。

紧急处置信息

急救措施

吸入：迅速脱离现场至空气新鲜处。保持呼吸道通畅。如呼吸困难，给输氧。呼吸、心跳停止，立即进行心肺复苏术。就医。

眼睛接触：立即分开眼睑，用流动清水或生理盐水彻底冲洗10~15min。就医。

皮肤接触：立即脱去污染的衣着，用大量流动清水彻底冲洗，冲洗时间一般要求20~30min。就医。

食入：用水漱口，禁止催吐。给饮牛奶或蛋清。就医。

灭火方法 消防人员必须穿全身耐酸碱消防服，佩戴正压自给式呼吸器，在上风向灭火。尽可能将容器从火场移至空旷处。喷水保持火场容器冷却，直至灭火结束。

灭火剂：雾状水、泡沫、干粉、二氧化碳、沙土。

泄漏应急处置 隔离泄漏污染区，限制出入。消除所有点火源。建议应急处理人员戴防尘口罩，穿防酸碱服。穿上适当的防护服前严禁接触破裂的容器和泄漏物。尽可能切断泄漏源。用塑料布覆盖泄漏物，减少飞散。勿使水进入包装容器内。用洁净的铲子收集泄漏物，置于干净、干燥、盖子较松的容器中，将容器移离泄漏区。

126. 对苄氧基苯酚

标　识

中文名称 对苄氧基苯酚

英文名称 Monobenzone；Benzylhydroquinone；*p*-Benzyloxyphenol

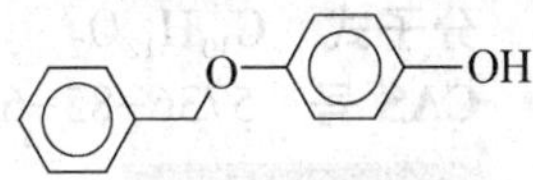

别名 氢醌苄基醚；莫诺苯宗

分子式 $C_{13}H_{12}O_2$

CAS 号 103-16-2

危害信息

燃烧与爆炸危险性 可燃。其粉体与空气混合，能形成爆炸性混合物。

禁忌物 强氧化剂、强碱。

毒性 大鼠腹腔内 LD_{50}：4500mg/kg；小鼠腹腔内 LD_{50}：>600mg/kg。

中毒表现 本品对眼睛、皮肤、黏膜和上呼吸道有刺激作用。对皮肤有致敏性。

侵入途径 吸入、食入。

理化特性与用途

理化特性 有光泽的片状结晶或白色结晶粉末。不溶于水，溶于乙醇、乙醚，易溶于丙酮、苯，不溶于石油烃。熔点 122.5℃，沸点 328℃，相对密度(水=1)1.26，饱和蒸气压 3.0mPa(25℃)，辛醇/水分配系数 3.3。

主要用途 在橡胶工业中用作抗氧剂，也用作稳定剂、阻聚剂和化学中间体。

包装与储运

安全储运 储存于阴凉、通风的库房。远离火种、热源。应与氧化剂、强酸等隔离储运。

紧急处置信息

急救措施

吸入：迅速脱离现场至空气新鲜处。保持呼吸道通畅。如呼吸困难，给输氧。呼吸、心跳停止，立即进行心肺复苏术。就医。

眼睛接触：立即分开眼睑，用流动清水或生理盐水彻底冲洗。就医。

皮肤接触：立即脱去污染的衣着，用流动清水彻底冲洗。就医。

食入：漱口，饮水。就医。

灭火方法 消防人员须佩戴防毒面具，穿全身消防服，在上风向灭火。尽可能将容器从火场移至空旷处。喷水保持火场容器冷却，直至灭火结束。

灭火剂：雾状水、泡沫、干粉、二氧化碳、沙土。

泄漏应急处置 隔离泄漏污染区，限制出入。消除所有点火源。建议应急处理人员戴防尘口罩，穿一般作业工作服。尽可能切断泄漏源。用塑料布覆盖泄漏物，减少飞散。勿使水进入包装容器内。用洁净的铲子收集泄漏物，置于干净、干燥、盖子较松的容器中，将容器移离泄漏区。

127. 对丙氧基苯醛

标　识

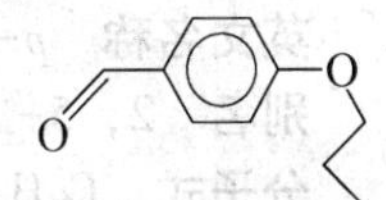

中文名称 对丙氧基苯醛

英文名称 *p*-Propoxy benzaldehyde；4-Propoxybenzaldehyde

别名 4-丙氧基苯甲醛

分子式　$C_{10}H_{12}O_2$

CAS 号　5736-85-6

危害信息

燃烧与爆炸危险性　遇明火、高热可燃。燃烧或受热分解产生有毒或刺激性烟气。

禁忌物　强氧化剂、强酸。

毒性　大鼠经口 LD_{50}：1600μL/kg；小鼠经口 LD_{50}：1800μL/kg；大鼠经皮 LD_{50}：9mL/kg。

中毒表现　本品对眼睛和上呼吸道黏膜具有一定的刺激作用。

侵入途径　吸入、食入、经皮吸收。

理化特性与用途

理化特性　无色至淡黄色透明液体。沸点 129～130℃（1.33kPa），相对密度（水＝1）1.039，闪点 113℃。

主要用途　用作香料、中间体等。

包装与储运

安全储运　储存于阴凉、通风的库房。远离火种、热源。应与氧化储存于阴凉、通风的库房。远离火种、热源。应与强氧化剂等隔离储运。搬运时轻装轻卸，防止容器受损。

紧急处置信息

急救措施

吸入：迅速脱离现场至空气新鲜处。保持呼吸道通畅。如呼吸困难，给输氧。呼吸、心跳停止，立即进行心肺复苏术。就医。

眼睛接触：立即分开眼睑，用流动清水或生理盐水彻底冲洗。就医。

皮肤接触：立即脱去污染的衣着，用流动清水彻底冲洗。就医。

食入：漱口，饮水。就医。

灭火方法　消防人员须佩戴防毒面具，穿全身消防服，在上风向灭火。尽可能将容器从火场移至空旷处。喷水保持火场容器冷却，直至灭火结束。

灭火剂：雾状水、泡沫、干粉、二氧化碳、沙土。

泄漏应急处置　隔离泄漏污染区，限制出入。消除所有点火源。建议应急处理人员戴防毒面具，穿一般作业防护服。尽可能切断泄漏源。防止泄漏物进入水体、下水道、地下室或有限空间。小量泄漏：用干燥的沙土或其他不燃材料吸收或覆盖，收集于容器中。大量泄漏：构筑围堤或挖坑收容。用泵转移至槽车或专用收集器内。

128. 对二甲苯磺酸

标　识

中文名称　对二甲苯磺酸

英文名称　*p*-Xylene-2-sulfonic acid；Benzenesulfonic acid，2，5-dimethyl-

别名　2，5-二甲苯磺酸(二水物)

分子式　$C_8H_{10}O_3S$

CAS 号 609-54-1

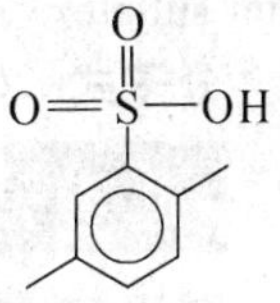

危害信息

危险性类别 第 8 类 腐蚀品

燃烧与爆炸危险性 可燃。其粉体与空气混合，能形成爆炸性混合物。受高热分解产生有毒的硫化物烟气。

禁忌物 强氧化剂、碱类。

中毒表现 对眼睛、皮肤、黏膜和上呼吸道有刺激作用。

侵入途径 吸入、食入。

理化特性与用途

理化特性 白色结晶。溶于水。熔点 86℃。

主要用途 用于有机合成；铸造工业呋喃树脂的硬化剂；制造二甲酚特化品的原料；作为清洁剂主要原料的助溶剂；模具固化系统催化剂。

包装与储运

包装类别 Ⅱ类

安全储运 储存于阴凉、通风的库房。远离火种、热源。储存温度不超过 32℃，相对湿度不超过 80%。保持容器密封。应与强氧化剂、强碱等隔离储运。搬运时轻装轻卸，防止容器受损。

紧急处置信息

急救措施

吸入：迅速脱离现场至空气新鲜处。保持呼吸道通畅。如呼吸困难，给输氧。呼吸、心跳停止，立即进行心肺复苏术。就医。

眼睛接触：立即分开眼睑，用流动清水或生理盐水彻底冲洗 10~15min。就医。

皮肤接触：立即脱去污染的衣着，用大量流动清水彻底冲洗，冲洗时间一般要求 20~30min。就医。

食入：用水漱口，禁止催吐。给饮牛奶或蛋清。就医。

灭火方法 消防人员必须穿全身耐酸碱消防服，佩戴正压自给式呼吸器，在上风向灭火。尽可能将容器从火场移至空旷处。喷水保持火场容器冷却，直至灭火结束。

灭火剂：雾状水、泡沫、干粉、二氧化碳、沙土。

泄漏应急处置 隔离泄漏污染区，限制出入。消除所有点火源。建议应急处理人员戴防尘口罩，穿防酸碱服。穿上适当的防护服前严禁接触破裂的容器和泄漏物。尽可能切断泄漏源。用塑料布覆盖泄漏物，减少飞散。勿使水进入包装容器内。用洁净的铲子收集泄漏物，置于干净、干燥、盖子较松的容器中，将容器移离泄漏区。

129. 对二甲基氨基苯基硫酸重氮盐

标　识

中文名称 对二甲基氨基苯基硫酸重氮盐

英文名称 *p*-Dimethyl aminophenyl-di- azonium sulfate；4-(dimethylamino)benzenediazonium sulfate

分子式 $C_8H_{10}N_3O_4S^-$

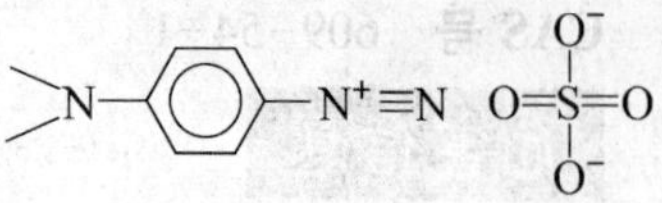

危害信息

燃烧与爆炸危险性 遇明火、高热可燃。燃烧或受热分解产生有毒的含有氮氧化物、硫氧化物等的烟气。

禁忌物 强氧化剂。

侵入途径 吸入、食入。

理化特性与用途

理化特性 固体。一般溶于水。

主要用途 可用作有机合成中间体。

包装与储运

安全储运 储存于阴凉、通风的库房。远离火种、热源。保持容器密闭。应与强氧化剂等隔离储运。搬运时轻装轻卸，防止包装或容器受损。

紧急处置信息

急救措施

吸入: 脱离接触。如有不适感，就医。

眼睛接触: 分开眼睑，用流动清水或生理盐水冲洗。如有不适感，就医。

皮肤接触: 脱去污染的衣着，用流动清水冲洗。如有不适感，就医。

食入: 漱口，饮水。就医。

灭火方法 消防人员必须穿全身防毒消防服，佩戴正压自给式呼吸器，在上风向灭火。尽可能将容器从火场移至空旷处。喷水保持火场容器冷却，直至灭火结束。

灭火剂：雾状水、泡沫、干粉、二氧化碳、沙土。

泄漏应急处置 隔离泄漏污染区，限制出入。消除所有点火源。建议应急处理人员戴防尘口罩，穿防毒服。穿上适当的防护服前严禁接触破裂的容器和泄漏物。尽可能切断泄漏源。用塑料布覆盖泄漏物，减少飞散。勿使水进入包装容器内。用洁净的铲子收集泄漏物，置于干净、干燥、盖子较松的容器中，将容器移离泄漏区。

130. 对二甲基氨基苯醛

标　识

中文名称 对二甲基氨基苯醛

英文名称 *p*-Dimethylaminobenzaldehyde；4-Dimethylaminobenzaldehyde

别名 对二甲氨基苯甲醛

分子式 $C_9H_{11}NO$

CAS 号 100-10-7

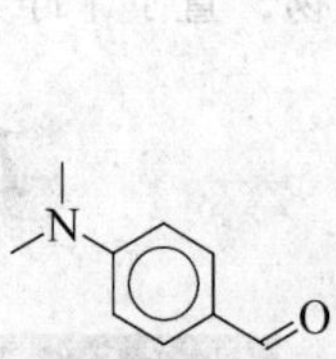

危害信息

燃烧与爆炸危险性 可燃。其粉体与空气混合，能形成爆炸性混合物。燃烧或受高热分解，放出有毒和刺激性的烟雾。

禁忌物 强氧化剂、强碱。

毒性 小鼠经口 LD_{50}：800mg/kg。

中毒表现 本品对眼睛、皮肤、黏膜和上呼吸道有刺激作用。

侵入途径 吸入、食入。

理化特性与用途

理化特性 白色至淡黄色结晶或粉末。微溶于水，溶于乙醇、乙醚、氯仿、酸等多数有机溶剂。熔点 74.5℃，沸点 176～177℃（2.26kPa），相对密度（水=1）1.1，相对蒸气密度（空气=1）5.15，饱和蒸气压 0.5Pa（25℃），辛醇/水分配系数 1.81，闪点 164℃，引燃温度 445℃。

主要用途 用于定量测定微量联氨，用于生产染料。

包装与储运

安全储运 储存于阴凉、通风的库房。远离火种、热源。应与强氧化剂等隔离储运。

紧急处置信息

急救措施

吸入：迅速脱离现场至空气新鲜处。保持呼吸道通畅。如呼吸困难，给输氧。呼吸、心跳停止，立即进行心肺复苏术。就医。

眼睛接触：立即分开眼睑，用流动清水或生理盐水彻底冲洗。就医。

皮肤接触：立即脱去污染的衣着，用流动清水彻底冲洗。就医。

食入：漱口，饮水。就医。

灭火方法 消防人员须佩戴正压自给式呼吸器，穿全身消防服，在上风向灭火。尽可能将容器从火场移至空旷处。喷水保持火场容器冷却，直至灭火结束。

灭火剂：雾状水、泡沫、干粉、二氧化碳、沙土。

泄漏应急处置 隔离泄漏污染区，限制出入。消除所有点火源。建议应急处理人员戴防尘口罩，穿一般作业工作服。尽可能切断泄漏源。用塑料布覆盖泄漏物，减少飞散。勿使水进入包装容器内。用洁净的铲子收集泄漏物，置于干净、干燥、盖子较松的容器中，将容器移离泄漏区。

131. 对甲苯磺酸

标 识

中文名称 对甲苯磺酸

英文名称 Benzenesulfonic acid, 4-methyl-, monohydrate; *p*-Toluene sulfonic; 4-Methylbenzenesulfonic acid monohydrate

别名 4-甲基苯磺酸一水合物；对甲苯磺酸一水合物

分子式 $C_7H_8O_3S \cdot H_2O$

CAS 号 6192-52-5

UN 号 2585

O
S—OH
O H_2O

危害信息

危险性类别 第8类 腐蚀品

燃烧与爆炸危险性 可燃。其粉体与空气混合，能形成爆炸性混合物。燃烧或受高热分解产生有毒的硫化物烟气。

禁忌物 强氧化剂、强碱。

毒性 大鼠经口 LD_{50}：2570mg/kg；小鼠经口 LD_{50}：1683mg/kg。

中毒表现 吸入、摄入或经皮肤吸收后对身体有害。本品对眼睛、皮肤、黏膜和上呼吸道有强烈刺激作用。吸入后，可引起喉、支气管的痉挛、水肿，化学性肺炎或肺水肿。中毒表现有烧灼感、咳嗽、喘息、喉炎、气短、头痛、恶心和呕吐。

侵入途径 吸入、食入。

理化特性与用途

理化特性 白色至灰白色结晶。溶于水，溶于乙醇、乙醚，难溶于苯、甲苯。熔点103~106℃，沸点140℃(2.67kPa)，相对密度(水=1)1.24，相对蒸气密度(空气=1)5.9，闪点180℃，引燃温度350℃。

主要用途 用于医药、农药、染料和洗涤剂等工业，还可用于塑料和涂料工业。

包装与储运

包装标志 腐蚀品

包装类别 Ⅲ类

安全储运 储存于阴凉、通风的库房。远离火种、热源。储存温度不超过32℃，相对湿度不超过80%。保持容器密封。应与强氧化剂、强碱等隔离储运。搬运时轻装轻卸，防止容器受损。

紧急处置信息

急救措施

吸入：迅速脱离现场至空气新鲜处。保持呼吸道通畅。如呼吸困难，给输氧。呼吸、心跳停止，立即进行心肺复苏术。就医。

眼睛接触：立即分开眼睑，用流动清水或生理盐水彻底冲洗10~15min。就医。

皮肤接触：立即脱去污染的衣着，用大量流动清水彻底冲洗，冲洗时间一般要求20~30min。就医。

食入：用水漱口，禁止催吐。给饮牛奶或蛋清。就医。

灭火方法 消防人员必须穿全身耐酸碱消防服，佩戴正压自给式呼吸器，在上风向灭火。尽可能将容器从火场移至空旷处。喷水保持火场容器冷却，直至灭火结束。

灭火剂：雾状水、泡沫、干粉、二氧化碳、沙土。

泄漏应急处置 隔离泄漏污染区，限制出入。消除所有点火源。建议应急处理人员戴防尘口罩，穿防酸碱服。穿上适当的防护服前严禁接触破裂的容器和泄漏物。尽可能切断泄漏源。用塑料布覆盖泄漏物，减少飞散。勿使水进入包装容器内。用洁净的铲子收集泄漏物，置于干净、干燥、盖子较松的容器中，将容器移离泄漏区。

132. 对甲苯磺酸甲酯

标　识

中文名称　对甲苯磺酸甲酯

英文名称　Methyl *p*-toluene sulfonate；Methyl toluene-4-sulphonate

别名　4-甲苯磺酸甲酯

分子式　$C_8H_{10}O_3S$

CAS 号　80-48-8

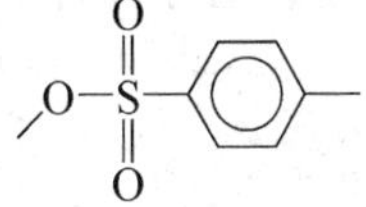

危害信息

危险性类别　第 8 类　腐蚀品

燃烧与爆炸危险性　可燃。其粉体或蒸气与空气混合，能形成爆炸性混合物。受高热分解产生有毒的硫化物烟气，

禁忌物　强氧化剂、强酸、强碱。

毒性　大鼠经口 LD_{50}：341mg/kg。

中毒表现　本品对眼睛、皮肤、黏膜和上呼吸道有强烈刺激作用。本品有强烈的起疱作用。引起手和面部皮疹，多感疼痛、发痒；有时手水肿。全身中毒症状一般不发生。对皮肤有致敏作用，可引起荨麻疹。

侵入途径　吸入、食入。

理化特性与用途

理化特性　白色至浅褐色结晶或结晶粉末。不溶于水，微溶于石油醚，溶于乙醚，易溶于乙醇、苯、氯仿。熔点 24~30℃，沸点 292℃，相对密度(水=1)1.23，相对蒸气密度(空气=1)6.45，饱和蒸气压 0.13kPa(20℃)，辛醇/水分配系数 1.47，闪点 113℃。

主要用途　在有机合成反应中作甲基化剂，用作醇酸树脂的催化剂及碱性染料的中间体。

包装与储运

包装标志　腐蚀品

包装类别　Ⅱ类

安全储运　储存于阴凉、通风的库房。远离火种、热源。储存温度不超过 32℃，相对湿度不超过 80%。保持容器密封。应与强氧化剂、强碱等隔离储运。搬运时轻装轻卸，防止容器受损。

紧急处置信息

急救措施

吸入：迅速脱离现场至空气新鲜处。保持呼吸道通畅。如呼吸困难，给输氧。呼吸、心跳停止，立即进行心肺复苏术。就医。

眼睛接触：立即分开眼睑，用流动清水或生理盐水彻底冲洗 10~15min。就医。

皮肤接触：立即脱去污染的衣着，用大量流动清水彻底冲洗，冲洗时间一般要求 20~

30min。就医。

食入：用水漱口，禁止催吐。给饮牛奶或蛋清。就医。

灭火方法 消防人员须佩戴正压自给式呼吸器，穿全身消防服，在上风向灭火。尽可能将容器从火场移至空旷处。喷水保持火场容器冷却，直至灭火结束。

灭火剂：雾状水、泡沫、干粉、二氧化碳、沙土。

泄漏应急处置 隔离泄漏污染区，限制出入。消除所有点火源。建议应急处理人员戴防尘口罩，穿防腐蚀服。穿上适当的防护服前严禁接触破裂的容器和泄漏物。尽可能切断泄漏源。用塑料布覆盖泄漏物，减少飞散。勿使水进入包装容器内。用洁净的铲子收集泄漏物，置于干净、干燥、盖子较松的容器中，将容器移离泄漏区。

133. 对甲苯醛

标　识

中文名称 对甲苯醛

英文名称 *p*-Methylbenzaldehyde；4-Methylbenzaldehyde；*p*-Tolylaldehyde

别名 4-甲基苯甲醛

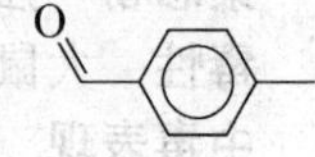

分子式 C_8H_8O

CAS 号 104-87-0

危害信息

燃烧与爆炸危险性 可燃。其蒸气与空气混合，能形成爆炸性混合物。若遇高热，容器内压增大，有开裂和爆炸的危险。

禁忌物 强碱、强氧化剂、强还原剂。

毒性 大鼠经口 LD_{50}：1600mg/kg；小鼠经口 LD_{50}：3200mg/kg；大鼠经皮 LD_{50}：2500mg/kg；大鼠吸入 LC：>2200mg/m^3。

中毒表现 吸入、摄入或经皮肤吸收后对身体可能有害，具有刺激作用。

侵入途径 吸入、食入、经皮吸收。

理化特性与用途

理化特性 无色至淡黄色透明油状液体，有花香气味。微溶于水，混溶于乙醇、乙醚、丙酮，易溶于氯仿。熔点-6℃，沸点 204.5℃，相对密度(水=1)1.015，相对蒸气密度(空气=1)4.2，饱和蒸气压 0.03kPa(25℃)，辛醇/水分配系数 2.26，闪点 80℃(Tag 闭杯)，引燃温度 435℃，爆炸下限 0.9%，爆炸上限 5.6%。

主要用途 用作香料和医药、染料中间体。

包装与储运

安全储运 储存于阴凉、通风的库房。远离火种、热源。应与强氧化剂、还原剂、碱类等隔离储运。搬运时轻装轻卸，防止容器受损。

紧急处置信息

急救措施

吸入：迅速脱离现场至空气新鲜处。保持呼吸道通畅。如呼吸困难，给输氧。呼吸、

心跳停止，立即进行心肺复苏术。就医。

眼睛接触：立即分开眼睑，用流动清水或生理盐水彻底冲洗。就医。

皮肤接触：立即脱去污染的衣着，用流动清水彻底冲洗。就医。

食入：漱口，饮水。就医。

灭火方法 消防人员须佩戴防毒面具，穿全身消防服，在上风向灭火。尽可能将容器从火场移至空旷处。喷水保持火场容器冷却，直至灭火结束。处在火场中的容器若已变色或从安全泄压装置发出响声，必须马上撤离。

灭火剂：雾状水、泡沫、干粉、二氧化碳、沙土。

泄漏应急处置 根据液体流动和蒸气扩散的影响区域划定警戒区，无关人员从侧风、上风向撤离至安全区。消除所有点火源。建议应急处理人员戴防毒面具，穿一般作业工作服。尽可能切断泄漏源。防止泄漏物进入水体、下水道、地下室或有限空间。小量泄漏：用干燥的沙土或其他不燃材料吸收或覆盖，收集于容器中。大量泄漏：构筑围堤或挖坑收容。用泵转移至槽车或专用收集器内。

134. 对甲基苯胺

标 识

中文名称 对甲基苯胺

英文名称 *p*-Toluidine；4-Methylbenzenamine；4-Aminotoluene

别名 4-甲基苯胺；4-氨基甲苯

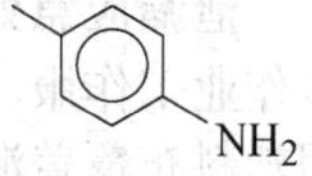

分子式 C_7H_9N

CAS 号 106-49-0

危害信息

危险性类别 第6类 有毒品

燃烧与爆炸危险性 易燃。其粉体与空气混合能形成爆炸性混合物，遇明火高热有引起燃烧爆炸的危险。燃烧产生有毒的氮氧化物气体。

禁忌物 强氧化剂、强酸。

毒性 大鼠经口 LD_{50}：336mg/kg；小鼠经口 LD_{50}：330mg/kg；大鼠吸入 LC_{50}：640mg/m^3(1h)；兔经皮 LD_{50}：890mg/kg。

中毒表现 本品有致高铁血红蛋白血症作用。对眼和皮肤有强烈刺激性。

侵入途径 吸入、食入、经皮吸收。

职业接触限值 美国(ACGIH)：TLV-TWA 2ppm[皮]。

环境危害 对水生生物有极高毒性，可能在水生环境中造成长期不利影响。

理化特性与用途

理化特性 白色有光泽的片状结晶，暴露于空气和日光下颜色变深。微溶于水，溶于乙醇、乙醚、二硫化碳和油类。熔点 44.5℃，沸点 200℃，相对密度(水=1)1.046，相对蒸气密度(空气=1)3.9，饱和蒸气压 0.13kPa(42℃)，辛醇/水分配系数 1.39，临界温度 394℃，临界压力 2.3MPa，闪点 87℃(闭杯)，引燃温度 480℃，爆炸下限 1.1%，爆炸上限 6.6%。

主要用途 主要用作染料中间体、医药中间体和农药中间体。用于有机合成和制备离子交换树脂等，也用作分析试剂。

包装与储运

包装标志 有毒品

包装类别 Ⅲ类

安全储运 储存于阴凉、通风的库房。远离火种、热源。储存温度不超过35℃，相对湿度不超过85%。保持容器密封。应与强氧化剂、强碱等隔离储运。搬运时轻装轻卸，防止容器受损。

紧急处置信息

急救措施

吸入： 立即脱离接触。如呼吸困难，给吸氧。如呼吸心跳停止，立即行心肺复苏术。就医。

眼睛接触： 分开眼睑，用清水或生理盐水冲洗。如有不适感，就医。

皮肤接触： 立即脱去污染衣着，用肥皂水或清水彻底冲洗。就医。

食入： 漱口，饮水。就医。

高铁血红蛋白血症，可用美蓝和维生素 C 治疗。

灭火方法 消防人员须穿全身消防服，佩戴正压自给式呼吸器，在上风向灭火。尽可能将容器从火场移至空旷处。喷水保持火场容器冷却，直至灭火结束。

灭火剂：雾状水、泡沫、二氧化碳、干粉、沙土。

泄漏应急处置 消除所有点火源。隔离泄漏区。建议应急处理人员戴防毒面具，穿一般作业工作服。穿上适当的防护服前严禁接触破裂的容器和泄漏物。尽可能切断泄漏源。用塑料布覆盖泄漏物，减少飞散。勿使水进入包装容器内。用洁净的铲子收集泄漏物，置于干净、干燥、盖子较松的容器中，将容器移离泄漏区。

135. 对甲氧基苯醛

标　识

中文名称 对甲氧基苯醛

英文名称 4-Methoxybenzaldehyde；*p*-Methoxybenzaldehyde；*p*-Anisaldehyde

别名 4-甲氧基苯甲醛；大茴香醛

分子式 $C_8H_8O_2$

CAS 号 123-11-5

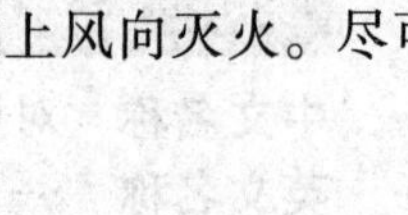

危害信息

燃烧与爆炸危险性 可燃。其蒸气与空气混合，能形成爆炸性混合物。若遇高热，容器内压增大，有开裂和爆炸的危险。

禁忌物 强碱、强氧化剂、强还原剂。

毒性 大鼠经口 LD_{50}：1510mg/kg；小鼠经口 LD_{50}：1858.6mg/kg；兔经皮 LD_{50}：>5000mg/kg。

中毒表现 吸入、摄入或经皮肤吸收本品后可能对身体产生危害，具有刺激作用。

侵入途径 吸入、食入、经皮吸收。

理化特性与用途

理化特性 无色至淡黄色油状液体，有山楂树气味。微溶于水，混溶于乙醇、乙醚，易溶于丙酮，溶于苯、氯仿，不溶于甘油。熔点-1℃，沸点248~249℃，相对密度(水=1)1.1191(15℃/4℃)，相对蒸气密度(空气=1)4.7，饱和蒸气压0.13kPa(73℃)，辛醇/水分配系数1.76，闪点116℃，引燃温度225℃，爆炸下限1.4%，爆炸上限5.3%。

主要用途 用作香料，医药工业；用于制造抗微生物的药物羟氨苄基青霉素等；是抗组织胺药物的中间体。

包装与储运

安全储运 储存于阴凉、通风的库房。远离火种、热源。应与强氧化剂、还原剂、碱类等隔离储运。搬运时轻装轻卸，防止容器受损。

紧急处置信息

急救措施

吸入：迅速脱离现场至空气新鲜处。保持呼吸道通畅。如呼吸困难，给输氧。呼吸、心跳停止，立即进行心肺复苏术。就医。

眼睛接触：立即分开眼睑，用流动清水或生理盐水彻底冲洗。就医。

皮肤接触：立即脱去污染的衣着，用流动清水彻底冲洗。就医。

食入：漱口，饮水。就医。

灭火方法 消防人员须佩戴防毒面具，穿全身消防服，在上风向灭火。尽可能将容器从火场移至空旷处。喷水保持火场容器冷却，直至灭火结束。

灭火剂：雾状水、泡沫、干粉、二氧化碳、沙土。

泄漏应急处置 根据液体流动和蒸气扩散的影响区域划定警戒区，无关人员从侧风、上风向撤离至安全区。消除所有点火源。建议应急处理人员戴防毒面具，穿防毒服。穿上适当的防护服前严禁接触破裂的容器和泄漏物。尽可能切断泄漏源。防止泄漏物进入水体、下水道、地下室或有限空间。小量泄漏：用干燥的沙土或其他不燃材料吸收或覆盖，收集于容器中。大量泄漏：构筑围堤或挖坑收容。用泵转移至槽车或专用收集器内。

136. 对羟基苯甲酸

标　识

中文名称 对羟基苯甲酸

英文名称 *p*-Hydroxybenzoic acid；4-Hydroxybenzoic acid

别名 4-羟基苯甲酸

分子式 $C_7H_6O_3$

CAS 号 99-96-7

O HO OH

危害信息

燃烧与爆炸危险性 可燃。其粉体与空气混合，能形成爆炸性混合物。

禁忌物　强氧化剂

毒性　大鼠经口 LD_{50}：>10g/kg；小鼠经口 LD_{50}：2200mg/kg。

中毒表现　对眼和皮肤有刺激性。

侵入途径　吸入、食入。

理化特性与用途

理化特性　白色针状结晶或粉末。微溶于水，微溶于氯仿，溶于乙醇、乙醚、丙酮，不溶于二硫化碳。pH 值 3.3（1g/L 水溶液），熔点 214.5℃，沸点 334～335℃，相对密度（水＝1）1.46，饱和蒸气压 0.03mPa（25℃），辛醇/水分配系数 1.58，闪点 199℃，引燃温度 250℃。

主要用途　用于有机合成和制造药物、染料、杀菌剂，其酯类用作防腐剂。

包装与储运

安全储运　储存于阴凉、通风的库房。远离火种、热源。应与强氧化剂等隔离储运。

紧急处置信息

急救措施

吸入：迅速脱离现场至空气新鲜处。保持呼吸道通畅。如呼吸困难，给输氧。呼吸、心跳停止，立即进行心肺复苏术。就医。

眼睛接触：立即分开眼睑，用流动清水或生理盐水彻底冲洗。就医。

皮肤接触：立即脱去污染的衣着，用流动清水彻底冲洗。就医。

食入：漱口，饮水。就医。

灭火方法　消防人员必须穿全身耐酸碱消防服，佩戴空气呼吸器，在上风向灭火。尽可能将容器从火场移至空旷处。喷水保持火场容器冷却，直至灭火结束。

灭火剂：雾状水、泡沫、干粉、二氧化碳、沙土。

泄漏应急处置　隔离泄漏污染区，限制出入。消除所有点火源。建议应急处理人员戴防尘口罩，穿防毒服。穿上适当的防护服前严禁接触破裂的容器和泄漏物。尽可能切断泄漏源。用塑料布覆盖泄漏物，减少飞散。勿使水进入包装容器内。用洁净的铲子收集泄漏物，置于干净、干燥、盖子较松的容器中，将容器移离泄漏区。

137. 对羟基苯醛

标　识

中文名称　对羟基苯醛

英文名称　*p*-Hydroxy benzaldehyde；4-Hydroxybenzaldehyde

别名　4-羟基苯甲醛

分子式　$C_7H_6O_2$

CAS 号　123-08-0

HO—(C6H4)—CHO

危害信息

燃烧与爆炸危险性　可燃。其粉体与空气混合，能形成爆炸性混合物。

禁忌物 强氧化剂、强酸、强碱、强还原剂。

毒性 大鼠经口 LD_{50}：2250mg/kg；小鼠经口 LD_{50}：2720mg/kg。

中毒表现 本品对眼、皮肤、黏膜和上呼吸道有刺激作用。

侵入途径 吸入、食入。

理化特性与用途

理化特性 黄色至浅棕色粉末，有轻微令人愉快的气味。微溶于水，溶于乙醇、乙醚、丙酮、乙酸乙酯。熔点 117℃，沸点 310℃，相对密度(水=1)1.13，相对蒸气密度(空气=1)4.2，饱和蒸气压 2.67Pa(25℃)，辛醇/水分配系数 1.35，闪点 101℃(Tag 闭杯)。

主要用途 为医药、香料、液晶的中间体。用于生产抗菌增效剂 TMP(甲氧苄氨嘧啶)、羟氨苄青霉素、羟氨苄头孢霉素、人造天麻、杜鹃素、苯扎贝特、艾司洛尔，也用于生产香料茴香醛、香兰素、乙基香兰素、覆盆子酮。

包装与储运

安全储运 储存于阴凉、通风的库房。远离火种、热源。应与强氧化剂、还原剂、酸碱等隔离储运。

紧急处置信息

急救措施

吸入：迅速脱离现场至空气新鲜处。保持呼吸道通畅。如呼吸困难，给输氧。呼吸、心跳停止，立即进行心肺复苏术。就医。

眼睛接触：立即分开眼睑，用流动清水或生理盐水彻底冲洗。就医。

皮肤接触：立即脱去污染的衣着，用流动清水彻底冲洗。就医。

食入：漱口，饮水。就医。

灭火方法 消防人员须佩戴防毒面具，穿全身消防服，在上风向灭火。尽可能将容器从火场移至空旷处。喷水保持火场容器冷却，直至灭火结束。

灭火剂：雾状水、泡沫、干粉、二氧化碳、沙土。

泄漏应急处置 隔离泄漏污染区，限制出入。消除所有点火源。建议应急处理人员戴防尘口罩，穿一般作业工作服。尽可能切断泄漏源。用塑料布覆盖泄漏物，减少飞散。勿使水进入包装容器内。用洁净的铲子收集泄漏物，置于干净、干燥、盖子较松的容器中，将容器移离泄漏区。

138. 对叔丁基甲苯

标 识

中文名称 对叔丁基甲苯

英文名称 *p*-tert-Butyltoluene；4-tert-Butyltoluene；4-Methyl-tert-butylbenzene

别名 4-叔丁基甲苯

分子式 $C_{11}H_{16}$

CAS 号 98-51-1

UN 号 2667

危害信息

危险性类别 第6类 有毒品

燃烧与爆炸危险性 易燃。其蒸气与空气混合，能形成爆炸性混合物。高速冲击、流动、激荡后可因产生静电火花放电引起燃烧爆炸。若遇高热，容器内压增大，有开裂和爆炸的危险。

活性反应 与氧化剂可发生反应。

禁忌物 强氧化剂、酸类、卤素等。

毒性 大鼠经口 LD_{50}：1555mg/kg；大鼠吸入 LC_{50}：165ppm(8h)；小鼠经口 LD_{50}：778mg/kg；小鼠吸入 LC_{50}：248ppm(4h)；兔经皮 LD_{50}：16934mg/kg。

中毒表现 吸入：咽痛、咳嗽、金属味、呼吸费力。皮肤：发红。眼：发红、痛。**食入：**精神恍惚、惊厥。

侵入途径 吸入、食入、经皮吸收。

职业接触限值 中国：PC-TWA 6mg/m^3。美国(ACGIH)：TLV-TWA 1ppm。

环境危害 对水生生物有毒。

理化特性与用途

理化特性 无色至淡黄色透明液体，有芳香气味。不溶于水，微溶于乙醇，溶于丙酮、苯，易溶于乙醚、氯仿。熔点-62.5℃，沸点193℃，相对密度(水=1)(水=1)0.86，相对蒸气密度(空气=1)4.62，饱和蒸气压80Pa(20℃)，辛醇/水分配系数4.35，闪点63℃(闭杯)，引燃温度510℃，爆炸下限0.7%，爆炸上限7.1%。

主要用途 用作制造树脂的溶剂及用于有机合成。

包装与储运

包装标志 有毒品

包装类别 Ⅲ类

安全储运 储存于阴凉、通风的库房。远离火种、热源。储存温度不超过35℃，相对湿度不超过85%。保持容器密封。应与氧化剂、食用化学品等隔离储运。采用防爆型照明、通风设施。禁止使用易产生火花的机械设备和工具。搬运时轻装轻卸，防止容器受损。

紧急处置信息

急救措施

吸入：迅速脱离现场至空气新鲜处，保持呼吸道通畅。如呼吸困难，给输氧。呼吸、心跳停止，立即进行人工呼吸和胸外心脏按压术。就医。

眼睛接触：分开眼睑，用生理盐水或流动清水冲洗。就医。

皮肤接触：立即脱去污染的衣着，用肥皂和水冲洗。就医。

食入：漱口，饮水。就医。

灭火方法 消防人员须佩戴防毒面具，穿全身消防服，在上风向灭火。尽可能将容器从火场移至空旷处。喷水保持火场容器冷却，直至灭火结束。处在火场中的容器若已变色或从安全泄压装置发出响声，必须马上撤离。

灭火剂：雾状水、泡沫、干粉、二氧化碳、沙土。

泄漏应急处置 根据液体流动和蒸气扩散的影响区域划定警戒区，无关人员从侧风、上风向撤离至安全区。消除所有点火源。建议应急处理人员戴正压自给式呼吸器，穿防毒、防静电服。作业时使用的所有设备应接地。禁止接触或跨越泄漏物。尽可能切断泄漏源。

防止泄漏物进入水体、下水道、地下室或有限空间。小量泄漏：用沙土或其他不燃材料吸收。使用洁净的无火花工具收集吸收材料。大量泄漏：构筑围堤或挖坑收容。用泡沫覆盖，减少蒸发。喷水雾能减少蒸发，但不能降低泄漏物在有限空间内的易燃性。用防爆泵转移至槽车或专用收集器内。

139. 对硝基苯甲醛

标　识

中文名称　对硝基苯甲醛

英文名称　4-Nitrobenzaldehyde；*p*-Nitrobenzaldehyde

别名　4-硝基苯甲醛

分子式　$C_7H_5NO_3$

CAS 号　555-16-8

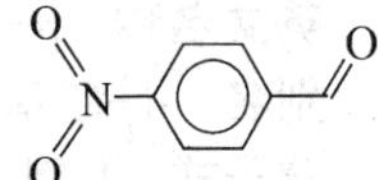

危害信息

燃烧与爆炸危险性　可燃。其粉体与空气混合，能形成爆炸性混合物，当达到一定浓度时，遇火星会发生爆炸。受高热分解，放出有毒和刺激性的烟雾。

禁忌物　强氧化剂、强碱、强还原剂。

毒性　大鼠经口 LD_{50}：4700mg/kg；大鼠经皮 LD_{50}：16g/kg。

中毒表现　本品对眼睛、黏膜有刺激作用。

侵入途径　吸入、食入。

理化特性与用途

理化特性　白色或淡黄色棱形结晶。不溶于水，微溶于乙醚，溶于乙醇、丙酮、苯。熔点 103～107℃，相对密度(水=1)1.496，相对蒸气密度(空气=1)5.21，饱和蒸气压 0.47Pa(25℃)，辛醇/水分配系数 1.56。

主要用途　为合成染料、医药等的中间体。

包装与储运

安全储运　储存于阴凉、通风的库房。远离火种、热源。应与强氧化剂、还原剂、碱等隔离储运。

紧急处置信息

急救措施

吸入：迅速脱离现场至空气新鲜处。保持呼吸道通畅。如呼吸困难，给输氧。呼吸、心跳停止，立即进行心肺复苏术。就医。

眼睛接触：立即分开眼睑，用流动清水或生理盐水彻底冲洗。就医。

皮肤接触：立即脱去污染的衣着，用流动清水彻底冲洗。就医。

食入：漱口，饮水。就医。

灭火方法　消防人员须佩戴正压自给式呼吸器，穿全身消防服，在上风向灭火。尽可能将容器从火场移至空旷处。喷水保持火场容器冷却，直至灭火结束。

灭火剂：雾状水、泡沫、干粉、二氧化碳、沙土。

泄漏应急处置 隔离泄漏污染区，限制出入。消除所有点火源。建议应急处理人员戴防尘口罩，穿防毒服。穿上适当的防护服前严禁接触破裂的容器和泄漏物。尽可能切断泄漏源。用塑料布覆盖泄漏物，减少飞散。勿使水进入包装容器内。用洁净的铲子收集泄漏物，置于干净、干燥、盖子较松的容器中，将容器移离泄漏区。

140. 对硝基苯甲酸

标　识

中文名称 对硝基苯甲酸

英文名称 *p*-Nitrobenzoic acid；4-Nitrobenzoic acid

别名 4-硝基苯甲酸

分子式 $C_7H_5NO_4$

CAS 号 62-23-7

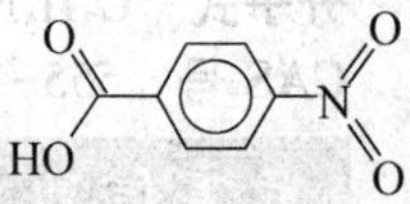

危害信息

燃烧与爆炸危险性 可燃。其粉体与空气混合，能形成爆炸性混合物。受热分解放出有毒的氮氧化物烟气。

禁忌物 强氧化剂、强碱。

毒性 大鼠经口 LD_{50}：1960mg/kg。

中毒表现 本品对眼睛、皮肤、黏膜和上呼吸道有刺激性。食入引起恶心、呕吐。

侵入途径 吸入、食入。

理化特性与用途

理化特性 白色至浅黄色单斜小叶状或片状结晶，或淡黄色粉末。不溶于冷水，溶于热水，溶于乙醇、乙醚、丙酮、氯仿，微溶于苯、二硫化碳。熔点 242℃，沸点 350℃（分解），相对密度（水＝1）1.61，相对蒸气密度（空气＝1）5.76，饱和蒸气压 1Pa（50℃），辛醇/水分配系数 1.89，闪点 201℃（闭杯），引燃温度 300℃，爆炸下限 1.8%。

主要用途 用作测定生物碱、钍的标准物；用作医药中间体，也是生产染料的原料。

包装与储运

安全储运 储存于阴凉、通风的库房。远离火种、热源。应与强氧化剂、碱等隔离储运。

紧急处置信息

急救措施

吸入：迅速脱离现场至空气新鲜处。保持呼吸道通畅。如呼吸困难，给输氧。呼吸、心跳停止，立即进行心肺复苏术。就医。

眼睛接触：立即分开眼睑，用流动清水或生理盐水彻底冲洗。就医。

皮肤接触：立即脱去污染的衣着，用流动清水彻底冲洗。就医。

食入：漱口，饮水。就医。

灭火方法 消防人员必须穿全身耐酸碱消防服，佩戴正压自给式呼吸器，在上风向灭火。尽可能将容器从火场移至空旷处。喷水保持火场容器冷却，直至灭火结束。

灭火剂：雾状水、泡沫、干粉、二氧化碳、沙土。

泄漏应急处置 隔离泄漏污染区，限制出入。消除所有点火源。建议应急处理人员戴防尘口罩，穿防毒服。穿上适当的防护服前严禁接触破裂的容器和泄漏物。尽可能切断泄漏源。用塑料布覆盖泄漏物，减少飞散。勿使水进入包装容器内。用洁净的铲子收集泄漏物，置于干净、干燥、盖子较松的容器中，将容器移离泄漏区。

141. 对辛基苯酚

标　识

中文名称 对辛基苯酚

英文名称 *p*-Octylphenol；4-Octylphenol；1-(*p*-Hydroxyphenyl)octane

别名 4-辛基苯酚

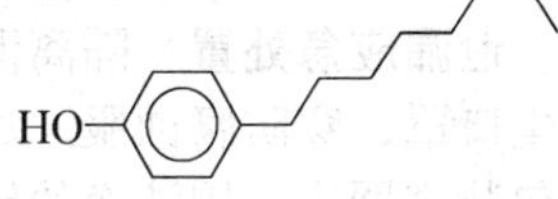

分子式 $C_{14}H_{22}O$

CAS 号 1806-26-4

UN 号 2430

危害信息

危险性类别 第 8 类 腐蚀性物质

燃烧与爆炸危险性 可燃。其粉体与空气混合能形成爆炸性混合物，遇明火高热有引起燃烧爆炸的危险。燃烧产生具有腐蚀性的气体。

禁忌物 强氧化剂、强碱。

毒性 大鼠经口 LD_{50}：1.2g/kg。

中毒表现 吸入后引起烧灼感、咳嗽、咽喉疼痛、呼吸困难。食入后出现烧灼感、腹痛、休克。眼和皮肤接触引起灼伤。

侵入途径 吸入、食入。

环境危害 对水生生物有极高毒性，可能在水生环境中造成长期不利影响。

理化特性与用途

理化特性 白色结晶或粉末。不溶于水，溶于乙醇、丙酮。熔点 44～45℃，沸点 280℃、150℃(0.53kPa)，相对密度(水=1)0.961，相对蒸气密度(空气=1)7.1，辛醇/水分配系数 5.66，闪点 113℃(闭杯)。

主要用途 用于制造非离子表面活性剂、增塑剂、抗氧剂、燃油稳定剂、杀菌剂、染料、胶黏剂、橡胶化学品等。

包装与储运

包装标志 腐蚀性物质

包装类别 Ⅲ类

安全储运 储存于阴凉、通风的库房。远离火种、热源。储存温度不超过 32℃，相对湿度不超过 80%。保持容器密封。应与强氧化剂、强还原剂、强碱等隔离储运。避免使用铝铜及其合金制设备。搬运时轻装轻卸，防止容器受损。

紧急处置信息

急救措施

吸入：迅速脱离现场至空气新鲜处。保持呼吸道通畅。如呼吸困难，给输氧。呼吸、心跳停止，立即进行心肺复苏术。就医。

眼睛接触：立即分开眼睑，用大量流动清水或生理盐水彻底冲洗 10~15min。就医。

皮肤接触：立即脱去污染衣物，用大量流动清水彻底冲洗，冲洗后即用浸过 30%~50% 酒精棉花擦洗创面至无酚味为止(注意不能将患处浸泡于酒精溶液中)。如有条件可用数块浸有聚乙二醇(300 或 400)的海绵反复擦洗污染部位，至少 20min。然后再用大量水冲洗 10min 以上。就医。

食入：漱口，给服植物油 15~30mL，催吐。对食入时间长者禁用植物油，可口服牛奶或蛋清。就医。

灭火方法 消防人员须穿全身消防服，佩戴空气呼吸器，在上风向灭火。尽可能将容器从火场移至空旷处。喷水保持火场容器冷却，直至灭火结束。

灭火剂：雾状水、泡沫、二氧化碳、干粉、沙土。

泄漏应急处置 隔离泄漏污染区，限制出入。消除所有点火源。建议应急处理人员戴防尘口罩，穿防腐蚀服。尽可能切断泄漏源。用塑料布覆盖泄漏物，减少飞散。勿使水进入包装容器内。用洁净的铲子收集泄漏物，置于干净、干燥、盖子较松的容器中，将容器移离泄漏区。

142. N-(对溴苄基)-2-单氟乙酰胺

标　识

中文名称 N-(对溴苄基)-2-单氟乙酰胺

英文名称 N-(p-Bromobenzyl)-2-mono fluoroacetamide; N-((4-Bromophenyl) methyl)-2-fluoroacetamide; FABB

别名 氟螨胺；N-对溴苄基-2-氟乙酰胺

分子式 C_9H_9BrFNO

CAS 号 24312-44-5

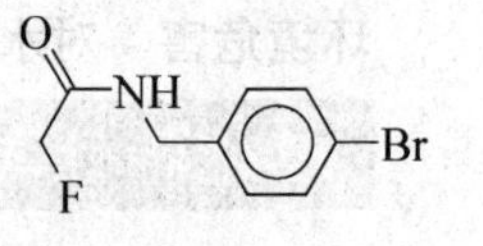

危害信息

禁忌物 强氧化剂。

毒性 大鼠经口 LD_{50}：410mg/kg；小鼠经口 LD_{50}：410mg/kg。

侵入途径 吸入、食入、经皮吸收。

理化特性与用途

理化特性 白色结晶或蓝色粉末。难溶于水，溶于甲醇、丙酮等有机溶剂。熔点 115~116℃。

主要用途 杀虫、杀螨剂。用于防治苹果、梨红蜘蛛和棉叶螨，以及柑橘矢尖蚧、锈螨、橘全爪螨、龟蜡蚧和橘蚜。

包装与储运

安全储运 储存于阴凉、通风的库房。远离火种、热源。应与强氧化剂、强酸等隔离储运。

紧急处置信息

急救措施

吸入：迅速脱离现场至空气新鲜处。保持呼吸道通畅。如呼吸困难，给输氧。呼吸、心跳停止，立即进行心肺复苏术。就医。

眼睛接触：立即分开眼睑，用流动清水或生理盐水彻底冲洗。就医。

皮肤接触：立即脱去污染的衣着，用肥皂水和清水彻底冲洗。就医。

食入：漱口，饮水。就医。

泄漏应急处置 隔离泄漏污染区，限制出入。建议应急处理人员戴防尘口罩，穿防毒服。穿上适当的防护服前严禁接触破裂的容器和泄漏物。尽可能切断泄漏源。用塑料布覆盖泄漏物，减少飞散。勿使水进入包装容器内。用洁净的铲子收集泄漏物，置于干净、干燥、盖子较松的容器中，将容器移离泄漏区。

143. 多氯三联苯

标 识

中文名称 多氯三联苯

英文名称 Terphenyl，chlorinated；Polychlorinated terphenyls；Polychloroterphenyls

分子式 $C_{18}H_{14-n}Cl_n$

CAS 号 61788-33-8

危害信息

燃烧与爆炸危险性 可燃。在高温火场中，受热的容器或储罐有破裂和爆炸的危险。燃烧或受热分解防出有毒和腐蚀性烟气。

禁忌物 强氧化剂、强酸。

毒性 小鼠经口 LD_{50}：2100mg/kg。

侵入途径 吸入、食入。

环境危害 对水生生物有极高毒性，可能在水生环境中造成长期不利影响。

理化特性与用途

理化特性 黄色固体。不溶于水，溶于多种有机溶剂和油类。

主要用途 用于变压器油、润滑油和切削油；用作合成树脂增塑剂、胶黏剂、润滑剂、纸涂料、印刷油墨、密封剂、阻燃剂等。

包装与储运

包装标志 杂项

包装类别 Ⅲ类

安全储运　储存于阴凉、通风的库房。远离火种、热源。应与强氧化剂、强酸等隔离储运。

紧急处置信息

急救措施

吸入：迅速脱离现场至空气新鲜处。保持呼吸道通畅。如呼吸困难，给输氧。呼吸、心跳停止，立即进行心肺复苏术。就医。

眼睛接触：立即分开眼睑，用流动清水或生理盐水彻底冲洗。就医。

皮肤接触：立即脱去污染的衣着，用流动清水彻底冲洗。就医。

食入：漱口，饮水。就医。

灭火方法　消防人员须穿全身消防服，佩戴正压自给式呼吸器，在上风向灭火。尽可能将容器从火场移至空旷处。喷水保持火场容器冷却，直至灭火结束。

灭火剂：泡沫、二氧化碳、干粉、沙土。

泄漏应急处置　隔离泄漏污染区，限制出入。建议应急处理人员戴防尘口罩，穿防毒服。穿上适当的防护服前严禁接触破裂的容器和泄漏物。尽可能切断泄漏源。用塑料布覆盖泄漏物，减少飞散。勿使水进入包装容器内。用洁净的铲子收集泄漏物，置于干净、干燥、盖子较松的容器中，将容器移离泄漏区。

144. 多溴联苯

标　识

中文名称　多溴联苯

英文名称　Polybrominated biphenyls

分子式　$C_{18}H_{10}-nBr_x$

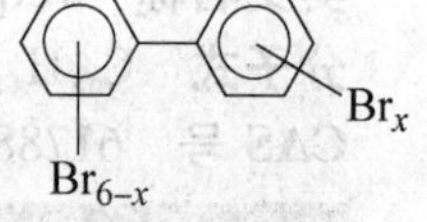

危害信息

燃烧与爆炸危险性　可燃。其粉体与空气混合能形成爆炸性混合物，遇明火高热有引起燃烧爆炸的危险。

禁忌物　强氧化剂。

毒性　IARC 致癌性评论：G2A，可能人类致癌物。

中毒表现　食入有害。对眼和皮肤有刺激性。

侵入途径　吸入、食入。

理化特性与用途

理化特性　白垩固体。不溶于水，溶于脂肪，微溶至易溶于各种有机溶剂。熔点 75℃，分解温度 300℃，饱和蒸气压 10.1mPa(90℃)。

主要用途　用作塑料阻燃剂。

包装与储运

安全储运　储存于阴凉、通风的库房。远离火种、热源。应与强氧化剂、强酸等隔离储运。

紧急处置信息

急救措施

吸入：迅速脱离现场至空气新鲜处。保持呼吸道通畅。如呼吸困难，给输氧。呼吸、心跳停止，立即进行心肺复苏术。就医。

眼睛接触：立即分开眼睑，用流动清水或生理盐水彻底冲洗。就医。

皮肤接触：立即脱去污染的衣着，用肥皂水和清水彻底冲洗。就医。

食入：漱口，饮水。就医。

灭火方法 消防人员须穿全身消防服，佩戴正压自给式呼吸器，在上风向灭火。尽可能将容器从火场移至空旷处。喷水保持火场容器冷却，直至灭火结束。

灭火剂：雾状水、泡沫、二氧化碳、干粉、沙土。

泄漏应急处置 隔离泄漏污染区，限制出入。建议应急处理人员戴防尘口罩，穿一般作业工作服。尽可能切断泄漏源。用塑料布覆盖泄漏物，减少飞散。勿使水进入包装容器内。用洁净的铲子收集泄漏物，置于干净、干燥、盖子较松的容器中，将容器移离泄漏区。

145. 蒽油

标　识

中文名称 蒽油

英文名称 Anthracene oil

CAS 号 90640-80-5

危害信息

燃烧与爆炸危险性 可燃。其蒸气与空气混合能形成爆炸性混合物。在高温火场中，受热的容器有破裂和爆炸的危险。

禁忌物 强氧化剂。

毒性 欧盟法规 1272/2008/EC 将本品列为第 1B 类致癌物——可能对人类有致癌能力。

侵入途径 吸入、食入。

理化特性与用途

理化特性 米色至淡绿色结晶或深褐色至黑色膏体。微溶于水，溶于乙醇、乙醚。熔点 40~60℃，沸点 250~400℃，相对密度（水=1）1.044~1.15，饱和蒸气压<200Pa（20℃），辛醇/水分配系数 3.45~4.8，闪点>100℃，引燃温度>450℃。

主要用途 主要用于提取粗蒽、菲、芴、芘、咔唑等产品，也可用于生产炭黑、木材防腐油和杀虫剂等。

包装与储运

安全储运 储存于阴凉、通风的库房。远离火种、热源。应与强氧化剂等隔离储运。

紧急处置信息

急救措施

吸入：迅速脱离现场至空气新鲜处。保持呼吸道通畅。如呼吸困难，给输氧。呼吸、

心跳停止，立即进行心肺复苏术。就医。

眼睛接触： 立即分开眼睑，用流动清水或生理盐水彻底冲洗。就医。

皮肤接触： 立即脱去污染的衣着，用肥皂水和清水彻底冲洗。就医。

食入： 漱口，饮水。就医。

灭火方法 消防人员须穿全身消防服，佩戴正压自给式呼吸器，在上风向灭火。尽可能将容器从火场移至空旷处。喷水保持火场容器冷却，直至灭火结束。

灭火剂：抗溶性泡沫、二氧化碳、干粉、沙土。

泄漏应急处置 隔离泄漏污染区，限制出入。消除所有点火源。建议应急处理人员带防尘口罩，穿防腐蚀、防毒服，戴橡胶手套。穿一般作业工作服。尽可能切断泄漏源。用塑料布覆盖泄漏物，减少飞散。勿使水进入包装容器内。用洁净的铲子收集泄漏物，置于干净、干燥、盖子较松的容器中，将容器移离泄漏区。

146. 3,3-二[(1,1-二甲基丙基)二氧代]丁酸乙酯

标　识

中文名称 3，3-二[(1，1-二甲基丙基)二氧代]丁酸乙酯

英文名称 Butanoic acid，3，3-bis((1，1-dimethylpropyl)dioxy)-，ethyl ester；Ethyl 3，3-bis(tert-amylperoxy)butyrate

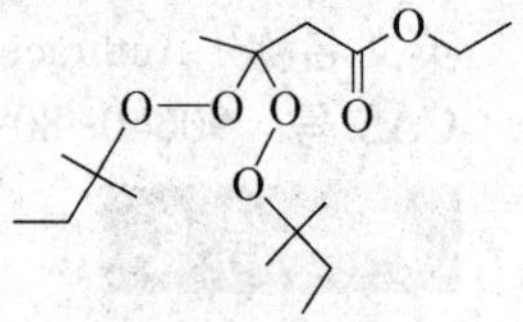

别名 3，3-二(叔戊基过氧)丁酸乙酯

分子式 $C_{16}H_{32}O_6$

CAS 号 67567-23-1

危害信息

危险性类别 第 1 类　爆炸品

禁忌物 强氧化剂。

侵入途径 吸入、食入。

环境危害 对水生生物有毒，可能在水生环境中造成长期不利影响。

理化特性与用途

理化特性 通常为 75% 的矿油精溶液。密度 0.894g/L(25℃)，活性氧含量 7.39～7.59，自动加速分解温度(SATD)80℃。

主要用途 用作聚合引发剂、聚合物改性剂、热塑性塑料交联剂和丙烯酸树脂浆的固化剂。

包装与储运

包装标志 爆炸品

安全储运 储存于阴凉、干燥、通风的爆炸品专用库房。远离火种、热源。储存温度不宜超过 32℃，相对湿度不超过 80%。若以水作稳定剂，储存温度应大于 1℃，相对湿度小于 80%。保持容器密封。应与其他爆炸品、氧化剂、还原剂、酸碱等隔离储运。采用防爆型照明、通风设施。禁止使用易产生火花的机械设备和工具。搬运时轻装轻卸，防止容器受损。禁止震动、撞击和摩擦。

紧急处置信息

急救措施

吸入：脱离接触。如有不适感，就医。

眼睛接触：分开眼睑，用流动清水或生理盐水冲洗。如有不适感，就医。

皮肤接触：脱去污染的衣着，用肥皂水和清水冲洗。如有不适感，就医。

食入：漱口，饮水。就医。

泄漏应急处置 根据液体流动和蒸气扩散的影响区域划定警戒区，无关人员从侧风、上风向撤离至安全区。建议应急处理人员戴正压自给式呼吸器，穿防毒服。穿上适当的防护服前严禁接触破裂的容器和泄漏物。尽可能切断泄漏源。防止泄漏物进入水体、下水道、地下室或有限空间。小量泄漏：用干燥的沙土或其他不燃材料吸收或覆盖，收集于容器中。大量泄漏：构筑围堤或挖坑收容。用泵转移至槽车或专用收集器内。

147. 4,4′-二氨基-3,3′-二氯二苯基甲烷

标　识

中文名称 4，4′-二氨基-3，3′-二氯二苯基甲烷

英文名称 4，4′-Methylenebis(2-chloroaniline)；3，3′-Dichloro-4，4′-diaminodiphenylmethane

别名 4，4′-亚甲基二(2-氯苯胺)；硫化剂 MOCA

分子式 $C_{13}H_{12}Cl_2N_2$

CAS 号 101-14-4

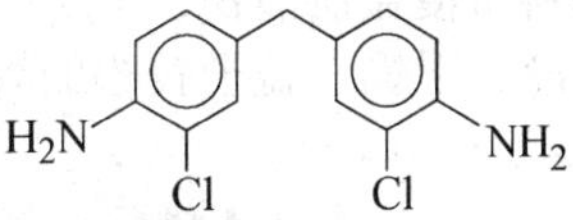

H_2N Cl Cl NH_2

危害信息

燃烧与爆炸危险性 可燃。其粉体与空气混合能形成爆炸性混合物，遇明火高热有引起燃烧爆炸的危险。燃烧产生有毒的氮氧化物气体。

禁忌物 强氧化剂。

毒性 大鼠经口 LD_{50}：1140mg/kg；小鼠经口 LD_{50}：640mg/kg；兔经皮 LD_{50}：>5000mg/kg。

IARC 致癌性评论：G2A，可能人类致癌物。

欧盟法规 1272/2008/EC 将本品列为第 1B 类致癌物——可能对人类有致癌能力。

中毒表现 高浓度对眼和皮肤有刺激性。可引起高铁血红蛋白血症。接触者可出现血尿和蛋白尿。

侵入途径 吸入、食入、经皮吸收。

职业接触限值 美国(ACGIH)：TLV-TWA 0.01ppm［皮］。

环境危害 对水生生物有极高毒性，可能在水生环境中造成长期不利影响。

理化特性与用途

理化特性 无色结晶至浅棕色颗粒或白色至淡黄色针晶，微有吸湿性。微溶于水，溶于热甲乙酮、丙酮、酯类、醚、醇、二甲亚砜、芳烃等。熔点 110℃，沸点 378.9℃、202℃(0.04kPa)，相对密度(水=1)1.44，饱和蒸气压 0.04mPa(25℃)，辛醇/水分配系数 3.94，临界温度 631℃，临界压力 3.01MPa。

主要用途 用作浇注型聚氨酯橡胶的硫化剂，也可用于固化环氧树脂。

包装与储运

包装标志 杂项

包装类别 Ⅲ类

安全储运 储存于阴凉、干燥、通风的库房。远离火种、热源。应与强氧化剂、酸、酰基氯、酸酐、氯仿等隔离储运。

紧急处置信息

急救措施

吸入： 立即脱离接触。如呼吸困难，给吸氧。如呼吸心跳停止，立即行心肺复苏术。就医。

眼睛接触： 分开眼睑，用清水或生理盐水冲洗。如有不适感，就医。

皮肤接触： 立即脱去污染衣着，用肥皂水或清水彻底冲洗。就医。

食入： 漱口，饮水。就医。

高铁血红蛋白血症，可用美蓝和维生素 C 治疗。

灭火方法 消防人员须穿全身消防服，佩戴正压自给式呼吸器，在上风向灭火。尽可能将容器从火场移至空旷处。喷水保持火场容器冷却，直至灭火结束。

灭火剂：雾状水、泡沫、二氧化碳、干粉、沙土。

泄漏应急处置 隔离泄漏污染区，限制出入。建议应急处理人员戴防尘口罩，穿防静电、防毒服。穿上适当的防护服前严禁接触破裂的容器和泄漏物。尽可能切断泄漏源。用塑料布覆盖泄漏物，减少飞散。勿使水进入包装容器内。用洁净的铲子收集泄漏物，置于干净、干燥、盖子较松的容器中，将容器移离泄漏区。

148. 2,6-二氨基-3,5-二乙基甲苯

标　识

中文名称 2，6-二氨基-3，5-二乙基甲苯

英文名称 2，6-Diamino-3，5-diethyltoluene；3，5-Diethyltoluene-2，6-diamine；4，6-Diethyl-2-methylbenzene-1，3-diamine

分子式 $C_{11}H_{18}N_2$

CAS 号 2095-01-4

NH_2 NH_2

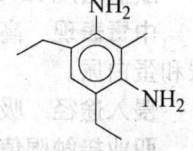

危害信息

禁忌物 强氧化剂。

中毒表现 食入或经皮吸收对身体有害。长期或反复接触可造成器官损害。对眼有刺激性。

侵入途径 吸入、食入、经皮吸收。

环境危害 对水生生物有极高毒性，可能在水生环境中造成长期不利影响。

理化特性与用途

理化特性 液体。沸点 314.4℃，相对密度(水=1)1.013。

主要用途 用于固化剂。

包装与储运

包装标志 杂项

包装类别 Ⅲ类

安全储运 储存于阴凉、通风的库房。远离火种、热源。应与强氧化剂等隔离储运。搬运时轻装轻卸，防止容器受损。

紧急处置信息

急救措施

吸入：迅速脱离现场至空气新鲜处。保持呼吸道通畅。如呼吸困难，给输氧。呼吸、心跳停止，立即进行心肺复苏术。就医。

眼睛接触：立即分开眼睑，用流动清水或生理盐水彻底冲洗。就医。

皮肤接触：立即脱去污染的衣着，用肥皂水和清水彻底冲洗。就医。

食入：漱口，饮水。就医。

泄漏应急处置 根据液体流动和蒸气扩散的影响区域划定警戒区，无关人员从侧风、上风向撤离至安全区。建议应急处理人员戴正压自给式呼吸器，穿防毒、防静电服。作业时使用的所有设备应接地。禁止接触或跨越泄漏物。尽可能切断泄漏源。防止泄漏物进入水体、下水道、地下室或有限空间。少量泄漏：用干燥的沙土或其他不燃材料吸收或覆盖，收集于容器中。大量泄漏：构筑围堤或挖坑收容。用泵转移至槽车或专用收集器内。

149. 二氨基镁

标　识

中文名称 二氨基镁

英文名称 Magnesium amide；Magnesium diamide

分子式 $Mg(NH_2)_2$

CAS 号 7803-54-5

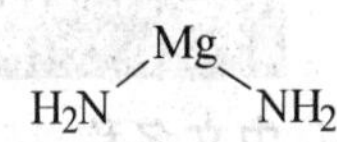

危害信息

危险性类别 第 4.2 类　自燃物品

燃烧与爆炸危险性 易燃。其粉体与空气混合能形成爆炸性混合物，遇明火高热有引起燃烧爆炸的危险。燃烧产生有毒的氮氧化物气体。在高温火场中，受热的容器有破裂和爆炸的危险。

活性反应 与水剧烈反应。

禁忌物 强氧化剂、水。

侵入途径 吸入、食入。

理化特性与用途

理化特性 苍白色至灰色结晶或白色粉末。与水发生剧烈反应。熔点(分解)，相对密度(水=1)1.39。

主要用途 用作化学中间体和聚合催化剂。

包装与储运

包装标志 自燃物品

包装类别 Ⅱ类

安全储运 储存于阴凉、干燥、通风的库房。远离火种、热源。储存温度不超过30℃，相对湿度不超过80%。保持容器密封，不可与空气、湿气接触。应与强氧化剂、酸、醇等隔离储运。禁止使用易产生火花的机械设备和工具。

紧急处置信息

急救措施

吸入： 脱离接触。如有不适感，就医。

眼睛接触： 分开眼睑，用流动清水或生理盐水冲洗。如有不适感，就医。

皮肤接触： 脱去污染的衣着，用肥皂水和清水冲洗。如有不适感，就医。

食入： 漱口，饮水。就医。

灭火方法 消防人员须穿全身消防服，佩戴正压自给式呼吸器，在上风向灭火。尽可能将容器从火场移至空旷处。喷水保持火场容器冷却，直至灭火结束。

灭火剂：雾状水、泡沫、二氧化碳、干粉、沙土。

泄漏应急处置 严禁用水处理。隔离泄漏污染区，限制出入。消除所有点火源。建议应急处理人员戴防尘口罩，穿防酸碱服，戴橡胶手套。禁止接触或跨越泄漏物。尽可能切断泄漏源。保持泄漏物干燥。小量泄漏：用干燥的沙土或其他不燃材料覆盖泄漏物，然后用塑料布覆盖，减少飞散、避免雨淋。粉末泄漏：用塑料布或帆布覆盖泄漏物，减少飞散，保持干燥。在专家指导下清除。

150. 二苯基二甲氧基硅烷

标　识

中文名称 二苯基二甲氧基硅烷

英文名称 Dimethoxydiphenylsilane; diphenyldimethoxysilane; Benzene, 1, 1′-(dimethoxysilylene) bis-

别名 二甲氧基二苯基硅烷

分子式 $C_{14}H_{16}O_2Si$

CAS 号 6843-66-9

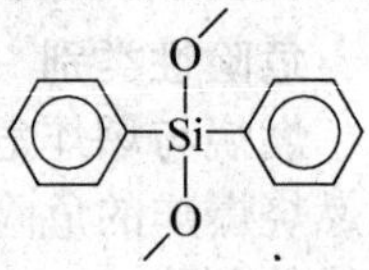

危害信息

燃烧与爆炸危险性 可燃。其蒸气与空气混合，能形成爆炸性混合物。

禁忌物 强氧化剂、强酸。

毒性 大鼠吸入 *LC*：>42mg/m^3(4h)。

侵入途径 吸入、食入。

理化特性与用途

理化特性 无色透明液体。溶于丙酮、苯、甲醇。沸点 286℃、161℃(2.0kPa)，相对密度(水=1)1.08，闪点121℃。

主要用途 主要用于丙烯聚合反应中作为助催化剂，起着提高等规度的作用；可作为苯基硅油的原料。

包装与储运

安全储运 储存于阴凉、通风的库房。远离火种、热源。应与强氧化剂等隔离储运。搬运时轻装轻卸，防止容器受损。

紧急处置信息

急救措施

吸入：迅速脱离现场至空气新鲜处。保持呼吸道通畅。如呼吸困难，给输氧。呼吸、心跳停止，立即进行心肺复苏术。就医。

眼睛接触：立即分开眼睑，用流动清水或生理盐水彻底冲洗。就医。

皮肤接触：立即脱去污染的衣着，用流动清水彻底冲洗。就医。

食入：漱口，饮水。就医。

灭火方法 消防人员须佩戴防毒面具，穿全身消防服，在上风向灭火。尽可能将容器从火场移至空旷处。喷水保持火场容器冷却，直至灭火结束。

灭火剂：雾状水、泡沫、干粉、二氧化碳、沙土。

泄漏应急处置 根据液体流动和蒸气扩散的影响区域划定警戒区，无关人员从侧风、上风向撤离至安全区。消除所有点火源。建议应急处理人员戴防毒面具，穿防毒服。穿上适当的防护服前严禁接触破裂的容器和泄漏物。尽可能切断泄漏源。防止泄漏物进入水体、下水道、地下室或有限空间。小量泄漏：用干燥的沙土或其他不燃材料吸收或覆盖，收集于容器中。大量泄漏：构筑围堤或挖坑收容。用泵转移至槽车或专用收集器内。

151. 二苯基二氯硅烷

标　识

中文名称 二苯基二氯硅烷

英文名称 Diphenyldichlorosilane；Dichloro(diphenyl)silane

别名 二苯二氯硅烷

分子式 $C_{12}H_{10}Cl_2Si$

CAS 号 80-10-4

铁危编号 81133

UN 号 1769

Cl
Si—Cl

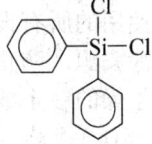

危害信息

危险性类别 第8类 腐蚀品

燃烧与爆炸危险性 可燃。遇水产生刺激性气体。受热分解或接触酸、酸雾能散发出有毒的烟雾。遇潮时对大多数金属有强腐蚀性。

活性反应 与氧化剂接触发生猛烈反应。

禁忌物 强氧化剂、水。

中毒表现 急性吸入引起喷嚏、胸痛、窒息感、喉炎，可发展为肺炎、肺水肿。可有鼻、口腔黏膜溃疡、出血。皮肤和眼灼伤、角膜糜烂、失明。食入引起食道和胃灼伤，吞咽困难。

侵入途径 吸入、食入、经皮吸收。

理化特性与用途

理化特性 无色至黄棕色液体，有刺激性气味。与水反应。溶于乙醇、乙醚、丙酮、苯等多数有机溶剂。熔点-22℃，沸点305℃，相对密度(水=1)1.204(25℃/4℃)，相对蒸气密度(空气=1)8.45，饱和蒸气压0.11Pa(25℃)，燃烧热-6583.2kJ/mol，辛醇/水分配系数5.06，闪点142℃(闭杯)，引燃温度400℃。

主要用途 用于制造硅酮润滑脂。

包装与储运

包装标志 腐蚀品

包装类别 Ⅱ类

安全储运 储存于阴凉、干燥、通风的库房。远离火种、热源。储存温度不超过30℃，相对湿度不超过75%。保持容器密封。应与强氧化剂、强碱、醇类等隔离储运。搬运时轻装轻卸，防止容器受损。

紧急处置信息

急救措施

吸入：迅速脱离现场至空气新鲜处。保持呼吸道通畅。如呼吸困难，给输氧。呼吸、心跳停止，立即进行心肺复苏术。就医。

眼睛接触：立即分开眼睑，用流动清水或生理盐水彻底冲洗10~15min。就医。

皮肤接触：立即脱去污染的衣着，用大量流动清水彻底冲洗，冲洗时间一般要求20~30min。就医。

食入：用水漱口，禁止催吐。给饮牛奶或蛋清。就医。

灭火方法 消防人员须佩戴正压自给式呼吸器，穿全身消防服，在上风向灭火。尽可能将容器从火场移至空旷处。禁止用水、泡沫和酸碱灭火剂灭火。

灭火剂：干粉、二氧化碳、沙土。

泄漏应急处置 根据液体流动和蒸气扩散的影响区域划定警戒区，无关人员从侧风、上风向撤离至安全区。建议应急处理人员戴正压自给式呼吸器，穿防腐蚀、防毒服。作业时使用的所有设备应接地。穿上适当的防护服前严禁接触破裂的容器和泄漏物。尽可能切断泄漏源。防止泄漏物进入水体、下水道、地下室或有限空间。严禁用水处理。小量泄漏：用干燥的沙土或其他不燃材料覆盖泄漏物。大量泄漏：构筑围堤或挖坑收容。用碎石灰石($CaCO_3$)、苏打灰(Na_2CO_3)或石灰(CaO)中和。用耐腐蚀泵转移至槽车或专用收集器内。

152. 二苯基镁

标 识

中文名称 二苯基镁

英文名称 Diphenylmagnesium；Magnesium diphenyl

分子式 $C_{12}H_{10}Mg$

CAS号 555-54-4

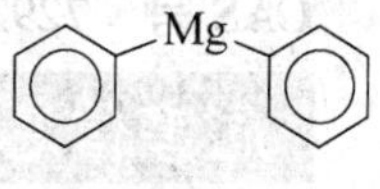

危害信息

危险性类别 第4.2类 自燃物品

燃烧与爆炸危险性 可燃。遇水发生放热反应。

活性反应 与水发生剧烈反应。

禁忌物 强氧化剂、水、酸类。

侵入途径 吸入、食入。

理化特性与用途

理化特性 苍白色至灰色结晶。熔点25.9℃，沸点264.5℃，相对密度(水=1)1.161。

主要用途 用作化学中间体。

包装与储运

包装标志 自燃物品

包装类别 Ⅰ类

安全储运 储存于阴凉、干燥、通风的库房。远离火种、热源。储存温度不超过30℃，相对湿度不超过80%。保持容器密封，不可与空气接触。应与强氧化剂、酸、醇等隔离储运。禁止使用易产生火花的机械设备和工具。

紧急处置信息

急救措施

吸入：脱离接触。如有不适感，就医。

眼睛接触：分开眼睑，用流动清水或生理盐水冲洗。如有不适感，就医。

皮肤接触：脱去污染的衣着，用肥皂水和清水冲洗。如有不适感，就医。

食入：漱口，饮水。就医。

灭火方法 消防人员须穿全身消防服，佩戴正压自给式呼吸器，在上风向灭火。尽可能将容器从火场移至空旷处。喷水保持火场容器冷却，直至灭火结束。不要用水灭火。

灭火剂：泡沫、二氧化碳、干粉、沙土。

泄漏应急处置 隔离泄漏污染区，限制出入。消除所有点火源。建议应急处理人员戴防尘口罩，穿防毒服。穿上适当的防护服前严禁接触破裂的容器和泄漏物。尽可能切断泄漏源。用塑料布覆盖泄漏物，减少飞散。勿使水进入包装容器内。用洁净的铲子收集泄漏物，置于干净、干燥、盖子较松的容器中，将容器移离泄漏区。

153. 二丙基-4-甲基硫代苯基磷酸酯

标 识

中文名称 二丙基-4-甲基硫代苯基磷酸酯

英文名称 Phosphoric acid, 4-(Methylthio)phenyl dipropyl ester; Propaphos

别名 丙虫磷

153. 二丙基-4-甲基硫代苯基磷酸酯

分子式 $C_{13}H_{21}O_4PS$

CAS 号 7292-16-2

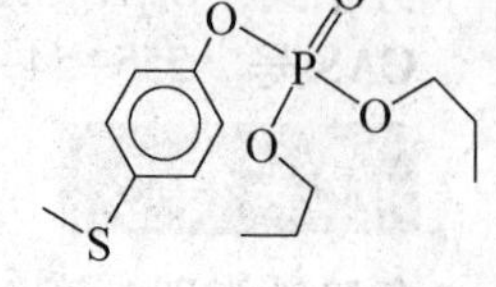

危害信息

危险性类别 第6类 有毒品

燃烧与爆炸危险性 可燃。燃烧产生有毒的硫氧化物和磷氧化物烟气。在高温火场中，受热的容器有破裂和爆炸的危险。

禁忌物 强氧化剂。

毒性 大鼠经口 LD_{50}：61mg/kg；小鼠经口 LD_{50}：90mg/kg；大鼠经皮 LD_{50}：88.5mg/kg。

中毒表现 抑制体内胆碱酯酶活性，造成神经生理功能紊乱。大量误服出现急性有机磷中毒症状。表现有头痛、头昏、乏力、食欲不振、恶心、呕吐、腹痛、腹泻、流涎、瞳孔缩小、呼吸道分泌物增多、多汗、肌束震颤等。重度中毒者出现肺水肿、昏迷、呼吸麻痹、脑水肿。血胆碱酯酶活性降低。

侵入途径 吸入、食入、经皮吸收。

环境危害 对水生生物有毒，可能在水生环境中造成长期不利影响．

理化特性与用途

理化特性 无色至淡黄色透明液体。不溶于水，溶于多数有机溶剂。沸点 175~177℃(0.11kPa)，相对密度(水=1)1.1504，饱和蒸气压 0.12mPa(25℃)，辛醇/水分配系数 3.67，闪点 174℃。

主要用途 内吸性杀虫剂。用于水稻田防治叶蝉、飞虱、稻象甲、负泥虫、二化螟等。

包装与储运

包装标志 有毒品

包装类别 Ⅰ类

安全储运 储存于阴凉、通风的库房。远离火种、热源。储存温度不超过35℃，相对湿度不超过85%。保持容器密封。应与强氧化剂、强碱等隔离储运。搬运时轻装轻卸，防止容器受损。

紧急处置信息

急救措施

吸入：迅速脱离现场至空气新鲜处。保持呼吸道通畅。如呼吸困难，给输氧。呼吸、心跳停止，立即进行心肺复苏术。就医。

眼睛接触：分开眼睑，用流动清水或生理盐水冲洗。就医。

皮肤接触：立即脱去污染的衣着，用肥皂水及流动清水彻底冲洗污染的皮肤、头发、指甲等。就医。

食入：饮足量温水，催吐(仅限于清醒者)。口服活性炭。就医。

解毒剂：阿托品、胆碱酯酶复能剂。

灭火方法 消防人员须穿全身消防服，佩戴正压自给式呼吸器，在上风向灭火。尽可能将容器从火场移至空旷处。喷水保持火场容器冷却，直至灭火结束。

灭火剂：泡沫、二氧化碳、干粉、沙土。

泄漏应急处置 根据液体流动和蒸气扩散的影响区域划定警戒区，无关人员从侧风、上风向撤离至安全区。消除所有点火源。建议应急处理人员戴防毒面具，穿一般作业工作服。尽可能切断泄漏源。防止泄漏物进入水体、下水道、地下室或有限空间。小量泄漏：

用干燥的沙土或其他不燃材料吸收或覆盖，收集于容器中。大量泄漏：构筑围堤或挖坑收容。用泵转移至槽车或专用收集器内。

154. 二噁英类化合物

标识

中文名称 二噁英类化合物

英文名称 Dioxins

危害信息

危险性类别 第6类 有毒品

禁忌物 强氧化剂。

毒性 大鼠(雄性)经口 LD_{50}：22μg/kg(TCDD)；小鼠(雄性)经口 LD_{50}：114μg/kg(TCDD)；兔经皮 LD_{50}：275μg/kg(TCDD)。

IARC 致癌性评论：G1，确认人类致癌物(TCDD)。

中毒表现 进入人体后产生慢性毒性效用，包括类激素效应，可影响内分泌功能、生殖功能和免疫功能等。

侵入途径 吸入、食入、经皮吸收。

环境危害 对水生生物有极高毒性，可能在水生环境中造成长期不利影响。

理化特性与用途

理化特性 二噁英类化合物(Dioxins，简称 DXN)，是一类多氯代三环芳烃类化合物的统称，有209种异构体。主要是多氯代二苯并对二噁英和多氯代二苯并呋喃。

包装与储运

包装标志 有毒品

包装类别 Ⅰ类

安全储运 储存于阴凉、通风的库房。远离火种、热源。储存温度不超过35℃，相对湿度不超过85%。保持容器密封。应与强氧化剂、强碱等隔离储运。搬运时轻装轻卸，防止容器受损。

紧急处置信息

急救措施

吸入：迅速脱离现场至空气新鲜处。保持呼吸道通畅。如呼吸困难，给输氧。呼吸、心跳停止，立即进行心肺复苏术。就医。

眼睛接触：立即分开眼睑，用流动清水或生理盐水彻底冲洗。就医。

皮肤接触：立即脱去污染的衣着，用肥皂水和清水彻底冲洗。就医。

食入：漱口，饮水。就医。

泄漏应急处置 隔离泄漏污染区，限制出入。建议应急处理人员戴防尘口罩，穿防毒服。穿上适当的防护服前严禁接触破裂的容器和泄漏物。尽可能切断泄漏源。用塑料布覆盖泄漏物，减少飞散。勿使水进入包装容器内。用洁净的铲子收集泄漏物，置于干净、干

燥、盖子较松的容器中，将容器移离泄漏区。二噁英类化合物容易在生物体内富集，尽量不要使化学品泄漏入水环境中。

155. 2-[2,4-二(1,1-二甲基乙基)苯氧基]-N-(2-羟基-5-甲基苯基)己酰胺

标　识

中文名称　2-[2, 4-二(1, 1-二甲基乙基)苯氧基]-*N*-(2-羟基-5-甲基苯基)己酰胺

英文名称　2-[2, 4-Bis(1, 1-dimethylethyl) phenoxy]-*N*-(2-hydroxy-5-methylphenyl)-hexanamide

分子式　$C_{27}H_{39}NO_3$

CAS 号　104541-33-5

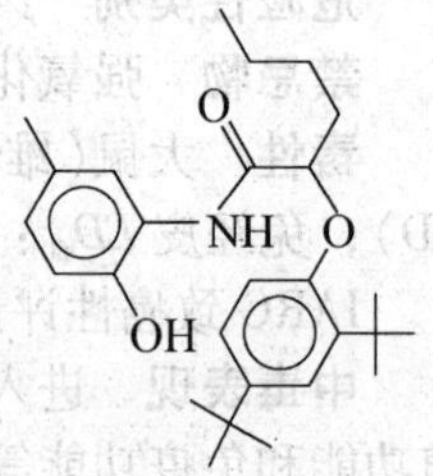

危害信息

燃烧与爆炸危险性　可燃。燃烧或受热分解产生有毒的氮氧化物气体。

禁忌物　强氧化剂、强酸。

侵入途径　吸入、食入。

环境危害　可能在水生环境中造成长期不利影响。

理化特性与用途

理化特性　微溶于水。沸点 559℃，相对密度(水=1)1.049，辛醇/水分配系数 8.15，闪点 292℃。

主要用途　用作医药原料。

包装与储运

安全储运　储存于阴凉、通风的库房。远离火种、热源。应与强氧化剂等隔离储运。

紧急处置信息

急救措施

吸入：脱离接触。如有不适感，就医。

眼睛接触：分开眼睑，用流动清水或生理盐水冲洗。如有不适感，就医。

皮肤接触：脱去污染的衣着，用肥皂水和清水冲洗。如有不适感，就医。

食入：漱口，饮水。就医。

灭火方法　消防人员须穿全身消防服，佩戴正压自给式呼吸器，在上风向灭火。尽可能将容器从火场移至空旷处。喷水保持火场容器冷却，直至灭火结束。

灭火剂：雾状水、抗溶性泡沫、二氧化碳、干粉、沙土。

泄漏应急处置　根据液体流动和蒸气扩散的影响区域划定警戒区，无关人员从侧风、上风向撤离至安全区。消除所有点火源。建议应急处理人员戴防毒面具，穿一般作业工作服。尽可能切断泄漏源。防止泄漏物进入水体、下水道、地下室或有限空间。小量泄漏：用干燥的沙土或其他不燃材料吸收或覆盖，收集于容器中。大量泄漏：构筑围堤或挖坑收

容。用泵转移至槽车或专用收集器内。

156. 二氟二氯甲烷

标　识

中文名称　二氟二氯甲烷

英文名称　Dichlorodifluoromethane; Freon 12

别名　氟利昂-12

分子式　CCl_2F_2

CAS 号　75-71-8

铁危编号　22045

UN 号　1028

Cl
F—C—Cl
F

危害信息

危险性类别　第 2.2 类　不燃气体

燃烧与爆炸危险性　不燃，无特殊燃爆特性。受高热分解，放出有毒的氟化物和氯化物气体。

毒性　小鼠吸入 LC_{50}：3348g/m^3(3h)；人吸入 *TCLo*：200000ppm(30min)。

中毒表现　高浓度吸入引起心律不齐、头昏、精神错乱、神志不清。对眼有刺激性，引起红肿、疼痛。直接接触本品液体可引起冻伤。

侵入途径　吸入。

职业接触限值　美国(ACGIH)：TLV-TWA 1000ppm。

理化特性与用途

理化特性　无色气体，高浓度有轻微的乙醚气味。不溶于水，溶于乙醇、乙醚。熔点-158℃，沸点-29.8℃，相对密度(水=1)1.486(-29.8℃)，相对蒸气密度(空气=1)4.2，饱和蒸气压 568kPa(20℃)，辛醇/水分配系数 2.16，临界温度 111.8℃，临界压力 4.12MPa。

主要用途　该品是稳定的致冷剂，能得到-60℃的低温。也用作灭火剂、杀虫剂和烟雾剂。也是氟树脂的原料。广泛用于香料、医药、喷漆等工业。

包装与储运

包装标志　不燃气体

安全储运　储存于阴凉、通风的库房或大型气柜。远离火源和热源。储存温度不超过 30℃。运输时防止雨淋、曝晒。搬运时轻装轻卸，须戴好钢瓶安全帽和防震橡皮圈，防止钢瓶撞击。

紧急处置信息

急救措施

吸入：迅速脱离现场至空气新鲜处。保持呼吸道通畅。如呼吸困难，给输氧。呼吸、心跳停止，立即进行心肺复苏术。就医。

眼睛接触：立即分开眼睑，用流动清水或生理盐水彻底冲洗。就医。

皮肤接触：如发生冻伤，用温水（38～42℃）复温，忌用热水或辐射热，不要揉搓。就医。

灭火方法　消防人员须佩戴防毒面具，穿全身消防服，在上风向灭火。切断气源。喷水冷却容器，可能的话将容器从火场移至空旷处。

本品不燃，根据着火原因选择适当灭火剂灭火。

泄漏应急处置　根据气体的影响区域划定警戒区，无关人员从侧风、上风向撤离至安全区。建议应急处理人员戴正压自给式呼吸器，穿一般作业工作服。液化气体泄漏时穿防寒服。禁止接触或跨越泄漏物。尽可能切断泄漏源。喷雾状水抑制蒸气或改变蒸气云流向，避免水流接触泄漏物。禁止用水直接冲击泄漏物或泄漏源。若可能翻转容器，使之逸出气体而非液体。防止气体通过下水道、通风系统和有限空间扩散。漏出气允许排入大气中。泄漏场所保持通风。

157. 二氟化锡

标　识

中文名称　二氟化锡

英文名称　Tin difluoride；Tin(Ⅱ)fluoride；Stannous fluoride

别名　氟化亚锡

分子式　SnF_2

CAS 号　7783-47-3

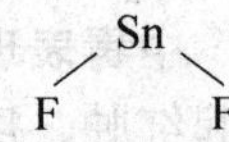

危害信息

危险性类别　第 6 类　有毒品

燃烧与爆炸危险性　不燃，无特殊燃爆特性。受高热分解，放出有毒或刺激性烟气。

禁忌物　强氧化剂、强碱。

毒性　大鼠经口 LD_{50}：360mg/kg；小鼠经口 LD_{50}：184mg/kg。

中毒表现　对眼和呼吸道有刺激性。长期经呼吸道接触可引起锡尘肺。长期接触氟化合物引起骨骼损害。

侵入途径　吸入、食入。

职业接触限值　中国：PC-TWA 2mg/m³[按 F 计]。

美国(ACGIH)：TLV-TWA 2.5mg/m³[按 F 计]；TLV-TWA 2mg/m³[按 Sn 计]。

理化特性与用途

理化特性　无色单斜片状结晶或白色结晶粉末。对湿敏感。溶于水，几乎不溶于乙醇、乙醚和氯仿。熔点 213℃，沸点 850℃，相对密度(水=1)4.57。

主要用途　用于配制预防龋齿牙膏和其他牙科制剂，用作还原剂。

包装与储运

包装标志　有毒品

包装类别　Ⅲ类

安全储运 储存于阴凉、干燥、通风的库房。远离火种、热源。储存温度不超过35℃，相对湿度不超过80%。保持容器密封。应与强氧化剂、强碱等隔离储运。搬运时轻装轻卸，防止容器受损。

紧急处置信息

急救措施

吸入：迅速脱离现场至空气新鲜处。保持呼吸道通畅。如呼吸困难，给输氧。呼吸、心跳停止，立即进行心肺复苏术。就医。

眼睛接触：立即分开眼睑，用流动清水或生理盐水彻底冲洗。就医。

皮肤接触：立即脱去污染的衣着，用肥皂水和清水彻底冲洗。就医。

食入：漱口，饮水。就医。

泄漏应急处置 隔离泄漏污染区，限制出入。建议应急处理人员戴防尘口罩，穿防毒服，戴乳胶手套。穿上适当的防护服前严禁接触破裂的容器和泄漏物。尽可能切断泄漏源。用塑料布覆盖泄漏物，减少飞散。勿使水进入包装容器内。用洁净的铲子收集泄漏物，置于干净、干燥、盖子较松的容器中，将容器移离泄漏区。

158. N-(2′,6′-二甲苯基)-2-哌啶甲酰胺盐酸盐

标　识

中文名称 N-(2′, 6′-二甲苯基)-2-哌啶甲酰胺盐酸盐

英文名称 N-(2′, 6′-Dimethylphenyl)-2-piperidinecarboxamide hydrochloride; 2-Pipecolinoxylidide hydrochloride

分子式 $C_{14}H_{20}N_2O \cdot HCl$

CAS 号 65797-42-4

H
N
N
H
O
H—Cl

危害信息

禁忌物 强氧化剂。

中毒表现 食入有害。

侵入途径 吸入、食入。

环境危害 对水生生物有害，可能在水生环境中造成长期不利影响。

理化特性与用途

理化特性 固体。熔点267~268℃。

主要用途 医药中间体。

包装与储运

安全储运 储存于阴凉、通风的库房。远离火种、热源。应与强氧化剂等隔离储运。

紧急处置信息

急救措施

吸入：迅速脱离现场至空气新鲜处。保持呼吸道通畅。如呼吸困难，给输氧。呼吸、心跳停止，立即进行心肺复苏术。就医。

眼睛接触：立即分开眼睑，用流动清水或生理盐水彻底冲洗。就医。

皮肤接触：立即脱去污染的衣着，用肥皂水和清水彻底冲洗。就医。

食入：漱口，饮水。就医。

泄漏应急处置 隔离泄漏污染区，限制出入。消除所有点火源。建议应急处理人员戴防尘口罩，穿防毒服。穿上适当的防护服前严禁接触破裂的容器和泄漏物。尽可能切断泄漏源。用塑料布覆盖泄漏物，减少飞散。勿使水进入包装容器内。用洁净的铲子收集泄漏物，置于干净、干燥、盖子较松的容器中，将容器移离泄漏区。

159. 二甲基氨基甲酰氯

标 识

中文名称 二甲基氨基甲酰氯

英文名称 Dimethylcarbamyl chloride；*N*，*N*-Dimethylcarbamoyl chloride；(Dimethylamino) carbonyl chloride

别名 二甲氨基甲酰氯

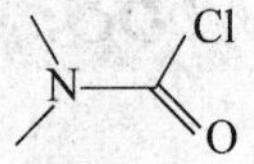

分子式 C_3H_6ClNO

CAS 号 79-44-7

铁危编号 81119

UN 号 2262

危害信息

危险性类别 第 8 类 腐蚀品

燃烧与爆炸危险性 可燃。遇高热、明火或与氧化剂接触，有引起燃烧的危险。遇水或水蒸气反应放热并产生有毒的腐蚀性气体。

活性反应 与氧化剂接触，有引起燃烧的危险。

禁忌物 强氧化剂、强碱、水、碱类。

毒性 大鼠经口 LD_{50}：1000mg/kg；大鼠吸入 LC_{50}：180ppm(6h)。

IARC 致癌性评论：G2A，可能人类致癌物。

欧盟法规 1272/2008/EC 将本品列为第 1B 类致癌物——可能对人类有致癌能力。

中毒表现 本品有腐蚀性。

侵入途径 吸入、食入、经皮吸收。

理化特性与用途

理化特性 无色至黄色透明液体，有刺激性气味。能被水水解。溶于乙醇。熔点-33℃，沸点 167℃，相对密度(水=1)1.168(25℃)，相对蒸气密度(空气=1)3.73，饱和蒸气压 0.26kPa(25℃)，辛醇/水分配系数-0.72，闪点 68.3℃。

主要用途 用于有机合成，是生产染料、医药、杀虫剂等的中间体。

包装与储运

包装标志 腐蚀品

包装类别 Ⅱ类

安全储运 储存于阴凉、干燥、通风的库房。远离火种、热源。储存温度不超过32℃，相对湿度不超过80%。保持容器密封。应与强氧化剂、强碱等隔离储运。搬运时轻装轻卸，防止容器受损。

紧急处置信息

急救措施

吸入：迅速脱离现场至空气新鲜处。保持呼吸道通畅。如呼吸困难，给输氧。呼吸、心跳停止，立即进行心肺复苏术。就医。

眼睛接触：立即分开眼睑，用流动清水或生理盐水彻底冲洗10~15min。就医。

皮肤接触：立即脱去污染的衣着，用大量流动清水彻底冲洗，冲洗时间一般要求20~30min。就医。

食入：用水漱口，禁止催吐。给饮牛奶或蛋清。就医。

灭火方法 消防人员必须穿全身耐酸碱消防服，佩戴正压自给式呼吸器，在上风向灭火。尽可能将容器从火场移至空旷处。处在火场中的容器若已变色或从安全泄压装置发出响声，必须马上撤离。禁止用水、泡沫和酸碱灭火剂灭火。

灭火剂：干粉、二氧化碳、沙土。

泄漏应急处置 根据液体流动和蒸气扩散的影响区域划定警戒区，无关人员从侧风、上风向撤离至安全区。消除所有点火源。建议应急处理人员戴正压自给式呼吸器，穿防酸碱服。作业时使用的所有设备应接地。穿上适当的防护服前严禁接触破裂的容器和泄漏物。尽可能切断泄漏源。防止泄漏物进入水体、下水道、地下室或有限空间。严禁用水处理。小量泄漏：用干燥的沙土或其他不燃材料覆盖泄漏物。大量泄漏：构筑围堤或挖坑收容。用耐腐蚀泵转移至槽车或专用收集器内。

160. 5-二甲基氨基-1,2,3-三噻烷草酸盐

标　识

中文名称 5-二甲基氨基-1，2，3-三噻烷草酸盐

英文名称 *N*，*N*-Dimethyl-1，2，3-trithian-5-amine，ethanedioate；Thiocyclam oxalate

别名 杀虫环草酸盐；*N*，*N*-二甲基-1，2，3-三硫杂环己烷-5-胺草酸盐

分子式 $C_5H_{11}NS_3.C_2H_2O_4$

CAS号 31895-22-4

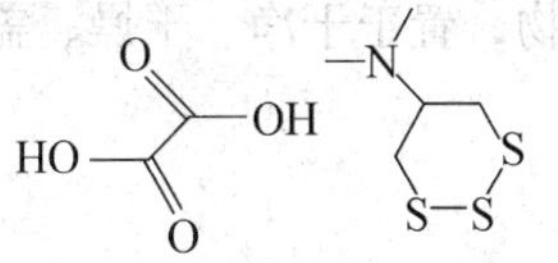

危害信息

危险性类别 第6类 有毒品

燃烧与爆炸危险性 可燃。其粉体与空气混合能形成爆炸性混合物，遇明火高热有引起燃烧爆炸的危险。燃烧产生有毒的氮氧化物和硫氧化物气体。

禁忌物 强氧化剂、强酸。

毒性 大鼠经口 LD_{50}：195mg/kg；小鼠经口 LD_{50}：156mg/kg；大鼠吸入 LC_{50}：>4500mg/m^3；大鼠经皮 LD_{50}：1g/kg。

中毒表现 轻度中毒有头痛、头晕、乏力、恶心、呕吐、腹痛、腹泻、流涎、多汗、胸闷、烦躁不安等，有的患者有低热、肌束震颤、瞳孔缩小。重者出现休克、紫绀、昏迷、

全身肌肉抽搐。可因呼吸肌麻痹而致呼吸衰竭。重度中毒可伴有心、肝、肾等脏器损害，可发生肺水肿。

侵入途径 吸入、食入、经皮吸收。

环境危害 对水生生物有害，可能在水生环境中造成长期不利影响。

理化特性与用途

理化特性 无色无臭结晶。溶于水，溶于二甲亚砜，微溶于甲醇、乙醇，不溶于煤油、丙酮。熔点 125~128℃（分解），相对密度（水=1）0.6，饱和蒸气压 0.545mPa（20℃），辛醇/水分配系数-0.07。

主要用途 选择性杀虫剂。用于水稻、蔬菜、茶树等作物防治多种害虫。

包装与储运

包装标志 有毒品

包装类别 Ⅲ类

安全储运 储存于阴凉、通风的库房。远离火种、热源。储存温度不超过 35℃，相对湿度不超过 85%。保持容器密封。应与强氧化剂等隔离储运。搬运时轻装轻卸，防止容器受损。

紧急处置信息

急救措施

吸入：迅速脱离现场至空气新鲜处。保持呼吸道通畅。如呼吸困难，给输氧。呼吸、心跳停止，立即进行心肺复苏术。就医。

眼睛接触：立即分开眼睑，用流动清水或生理盐水彻底冲洗。就医。

皮肤接触：立即脱去污染的衣着，用流动清水彻底冲洗。就医。

食入：饮适量温水，催吐（仅限于清醒者）。就医。

灭火方法 消防人员须穿全身消防服，佩戴正压自给式呼吸器，在上风向灭火。尽可能将容器从火场移至空旷处。喷水保持火场容器冷却，直至灭火结束。

灭火剂：雾状水、抗溶性泡沫、二氧化碳、干粉、沙土。

泄漏应急处置 隔离泄漏污染区，限制出入。消除所有点火源。建议应急处理人员戴防尘口罩，穿防毒服。穿上适当的防护服前严禁接触破裂的容器和泄漏物。尽可能切断泄漏源。用塑料布覆盖泄漏物，减少飞散。勿使水进入包装容器内。用洁净的铲子收集泄漏物，置于干净、干燥、盖子较松的容器中，将容器移离泄漏区。

161. 3,4-二甲基苯胺

标　识

中文名称 3，4-二甲基苯胺

英文名称 3，4-Xylidine；3，4-Dimethylbenzenamine

别名 3，4-二甲苯胺；1-氨基-3，4-二甲苯；1-氨基-3，4-二甲基苯；4-氨基邻二甲苯

分子式 $C_8H_{11}N$

CAS 号 95-64-7

铁危编号 61753

UN 号 3452

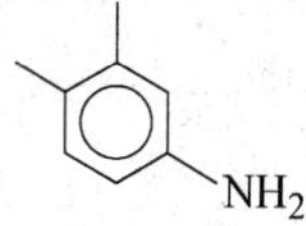

危害信息

危险性类别 第6类 有毒品

燃烧与爆炸危险性 可燃。其粉体与空气混合，能形成爆炸性混合物，当达到一定浓度时，遇火星会发生爆炸。受高热分解放出有毒的气体。

活性反应 与氧化剂可发生反应。

禁忌物 强氧化剂、强酸、酸酐、酰基氯、卤素。

毒性 大鼠经口 LD_{50}：812mg/kg；小鼠经口 LD_{50}：707mg/kg。

中毒表现 本品为高铁血红蛋白形成剂。吞食、吸入、经皮肤吸收引起中毒，表现为头昏，嗜睡，头痛，恶心，意识障碍，唇、指甲、皮肤紫绀。

侵入途径 吸入、食入、经皮吸收。

理化特性与用途

理化特性 灰白色片状或柱状结晶。微溶于水，溶于乙醚、石油醚、芳烃。熔点 51℃，沸点 228℃，相对密度（水 = 1）1.07，相对蒸气密度（空气 = 1）4.19，饱和蒸气压 4Pa（25℃），辛醇/水分配系数 1.84，闪点 98℃，引燃温度 580℃，爆炸下限 1.5%。

主要用途 用作染料中间体及用于有机合成。

包装与储运

包装标志 有毒品

包装类别 Ⅱ类

安全储运 储存于阴凉、通风的库房。远离火种、热源。储存温度不超过 35℃，相对湿度不超过 85%。保持容器密封。应与氧化剂、酸类、酸酐、酰基氯、卤素等隔离储运。搬运时轻装轻卸，防止容器受损。

紧急处置信息

急救措施

吸入：立即脱离接触。如呼吸困难，给吸氧。如呼吸心跳停止，立即行心肺复苏术。就医。

眼睛接触：分开眼睑，用清水或生理盐水冲洗。如有不适感，就医。

皮肤接触：立即脱去污染衣着，用肥皂水或清水彻底冲洗。就医。

食入：漱口，饮水。就医。

高铁血红蛋白血症，可用美蓝和维生素 C 治疗。

灭火方法 消防人员必须佩戴正压自给式呼吸器，穿全身防火防毒服，在上风向灭火。尽可能将容器从火场移至空旷处。喷水保持火场容器冷却，直至灭火结束。

灭火剂：雾状水、泡沫、干粉、二氧化碳、沙土。

泄漏应急处置 隔离泄漏污染区，限制出入。消除所有点火源。建议应急处理人员戴防尘口罩，穿防毒服。穿上适当的防护服前严禁接触破裂的容器和泄漏物。尽可能切断泄漏源。用塑料布覆盖泄漏物，减少飞散。勿使水进入包装容器内。用洁净的铲子收集泄漏物，置于干净、干燥、盖子较松的容器中，将容器移离泄漏区。

162. 2,6-二甲基苯酚

标　识

中文名称　2，6-二甲基苯酚

英文名称　2，6-Dimethylphenol；2，6-Xylenol；1-Hydroxy-2，6-dimethylbenzene

别名　1-羟基-2，6-二甲基苯；2，6-二甲酚

分子式　$C_8H_{10}O$

CAS 号　576-26-1

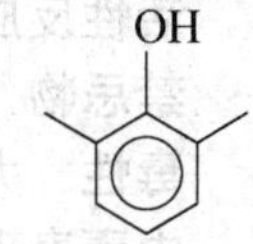

危害信息

危险性类别　第 6 类　有毒品

燃烧与爆炸危险性　可燃。其粉体与空气混合能形成爆炸性混合物，遇明火高热有引起燃烧爆炸的危险。燃烧产生有毒气体。

禁忌物　强氧化剂、强碱。

毒性　大鼠经口 LD_{50}：296mg/kg；小鼠经口 LD_{50}：450mg/kg；大鼠经皮 LD_{50}：2325mg/kg；兔经皮 LD_{50}：1g/kg。

中毒表现　本品蒸气能刺激眼睛、皮肤和呼吸系统。误服或经皮肤吸收能导致头痛、眩晕、恶心、呕吐、腹痛、衰竭、昏迷等症状。皮肤和眼接触可造成腐蚀性灼伤。

侵入途径　吸入、食入、经皮吸收。

环境危害　对水生生物有害，可能在水生环境中造成长期不利影响。

理化特性与用途

理化特性　无色至米黄色针状结晶。微溶于水，溶于乙醇、乙醚、四氯化碳，易溶于氯仿、苯。熔点 45~48℃，沸点 203℃，相对密度(水=1)1.132，饱和蒸气压 20Pa(20℃)，临界温度 433℃，临界压力 4.3MPa，燃烧热-3260kJ/mol，辛醇/水分配系数 2.36，闪点 73℃，引燃温度 555℃，爆炸下限 1.4%。

主要用途　用于有机合成和防腐消毒、医药、溶剂和抗氧剂。用作酚醛树脂的原料。

包装与储运

包装标志　有毒品

包装类别　Ⅲ类

安全储运　储存于阴凉、通风的库房。远离火种、热源。储存温度不超过 35℃，相对湿度不超过 85%。保持容器密封。应与强氧化剂、强碱等隔离储运。搬运时轻装轻卸，防止容器受损。

紧急处置信息

急救措施

吸入：迅速脱离现场至空气新鲜处。保持呼吸道通畅。如呼吸困难，给输氧。呼吸、心跳停止，立即进行心肺复苏术。就医。

眼睛接触：立即分开眼睑，用大量流动清水或生理盐水彻底冲洗 10~15min。就医。

皮肤接触：立即脱去污染衣物，用大量流动清水彻底冲洗，冲洗后即用浸过30%~50%酒精棉花擦洗创面至无酚味为止(注意不能将患处浸泡于酒精溶液中)。如有条件可用数块浸有聚乙二醇(300或400)的海绵反复擦洗污染部位，至少20min。然后再用大量水冲洗10min以上。

食入：漱口，给服植物油15~30mL，催吐。对食入时间长者禁用植物油，可口服牛奶或蛋清。就医。

灭火方法 消防人员须穿全身消防服，佩戴正压自给式呼吸器，在上风向灭火。尽可能将容器从火场移至空旷处。喷水保持火场容器冷却，直至灭火结束。

灭火剂：雾状水、泡沫、二氧化碳、干粉、沙土。

泄漏应急处置 隔离泄漏污染区，限制出入。消除所有点火源。建议应急处理人员戴防尘口罩，穿防毒服。穿上适当的防护服前严禁接触破裂的容器和泄漏物。尽可能切断泄漏源。用塑料布覆盖泄漏物，减少飞散。勿使水进入包装容器内。用洁净的铲子收集泄漏物，置于干净、干燥、盖子较松的容器中，将容器移离泄漏区。

163. *N*,*N*-二甲基丙胺

标　识

中文名称 *N*，*N*-二甲基丙胺

英文名称 Dimethyl(propyl)amine；Dimethyl-*n*-propylamine

别名 二甲基(丙基)胺

分子式 $C_5H_{13}N$

CAS号 926-63-6

危害信息

危险性类别 第3类 易燃液体

燃烧与爆炸危险性 易燃。其蒸气与空气混合能形成爆炸性混合物，遇明火、高热极易燃烧或爆炸。燃烧产生有毒的氮氧化物气体。在高温火场中，受热的容器或储罐有破裂和爆炸的危险。

禁忌物 强氧化剂、强酸。

中毒表现 吸入或食入可引起中毒。吸入本品蒸气引起头昏或窒息。皮肤和眼接触可引起灼伤。

侵入途径 吸入、食入。

理化特性与用途

理化特性 无色液体，有令人不愉快的气味。易溶于水。沸点66℃，相对密度(水=1)0.700，辛醇/水分配系数1.02，临界温度242℃，临界压力3.47MPa，闪点-11℃(闭杯)。

主要用途 用作医药、农药和其他有机化工品生产的中间体。

包装与储运

包装标志 易燃液体，腐蚀品

包装类别 Ⅱ类

安全储运 储存于阴凉、通风的库房。远离火种、热源。储存温度不超过30℃，相对湿度不超过80%。保持容器密封。炎热季节早晚运输，应与强氧化剂、强酸等隔离储运。禁止使用易产生火花的机械设备和工具。灌装时注意控制流速，防止静电积聚。搬运时轻装轻卸，防止容器受损。

紧急处置信息

急救措施

吸入：迅速脱离现场至空气新鲜处。保持呼吸道通畅。如呼吸困难，给输氧。呼吸、心跳停止，立即进行心肺复苏术。就医。

眼睛接触：立即分开眼睑，用流动清水或生理盐水彻底冲洗10~15min。就医。

皮肤接触：立即脱去污染的衣着，用大量流动清水彻底冲洗，冲洗时间一般要求20~30min。就医。

食入：用水漱口，禁止催吐。给饮牛奶或蛋清。就医。

灭火方法 消防人员须穿全身消防服，佩戴正压自给式呼吸器，在上风向灭火。尽可能将容器从火场移至空旷处。喷水保持火场容器冷却，直至灭火结束。处在火场中的容器若发生异常变化或发出异常声音，须马上撤离。

灭火剂：泡沫、二氧化碳、干粉、沙土。用水灭火无效。

泄漏应急处置 消除所有点火源。根据液体流动和蒸气扩散的影响区域划定警戒区，无关人员从侧风、上风向撤离至安全区。建议应急处理人员戴正压自给式呼吸器，穿防静电、防腐蚀、防毒服，戴橡胶耐油手套。作业时使用的所有设备应接地。禁止接触或跨越泄漏物。尽可能切断泄漏源。防止泄漏物进入水体、下水道、地下室或有限空间。小量泄漏：用沙土或其他不燃材料吸收。使用洁净的无火花工具收集吸收材料。大量泄漏：构筑围堤或挖坑收容。用抗溶性泡沫覆盖，减少蒸发。喷水雾能减少蒸发，但不能降低泄漏物在有限空间内的易燃性。用防爆、耐腐蚀泵转移至槽车或专用收集器内。

164. 二甲基-S-对氯苯基硫代磷酸酯

标 识

中文名称 二甲基-*S*-对氯苯基硫代磷酸酯

英文名称 Phosphorothioic acid，*S*-(4-chlorophenyl)-*O*，*O*-dimethyl ester；Dimethyl-*S*-(*p*-chlorophenyl) thiophosphate；Fujithion

别名 对氯磷

分子式 $C_8H_{10}ClO_3PS$

CAS 号 3309-87-3

S O P O O Cl

危害信息

危险性类别 第6类 有毒品

燃烧与爆炸危险性 可燃。燃烧或受热分解产生有毒和腐蚀性的硫氧化物、磷氧化物和氯化氢烟气。在高温火场中，受热的容器有破裂和爆炸的危险。

禁忌物 强氧化剂。

毒性 大鼠经口 LD_{50}：100mg/kg；小鼠经口 LD_{50}：94mg/kg；大鼠经皮 LD_{50}：160mg/kg。

中毒表现 抑制体内胆碱酯酶活性，造成神经生理功能紊乱。大量误服出现典型急性有机磷中毒症状。表现有头痛、头昏、乏力、食欲不振、恶心、呕吐、腹痛、腹泻、流涎、瞳孔缩小、呼吸道分泌物增多、多汗、肌束震颤等。重度中毒者出现肺水肿、昏迷、呼吸麻痹、脑水肿。血胆碱酯酶活性降低。

侵入途径 吸入、食入、经皮吸收。

理化特性与用途

理化特性 无色透明液体。溶于乙醇、丙酮、苯。沸点 317℃、101～106℃(0.8Pa)，相对密度(水=1)1.35，饱和蒸气压 0.05Pa(25℃)，闪点 145.5℃。

主要用途 用作杀虫剂。

包装与储运

包装标志 有毒品

包装类别 Ⅱ类

安全储运 储存于阴凉、通风的库房。远离火种、热源。储存温度不超过 35℃，相对湿度不超过 85%。保持容器密封。应与氧化剂、酸类、酸酐等隔离储运。搬运时轻装轻卸，防止容器受损。

紧急处置信息

急救措施

吸入：迅速脱离现场至空气新鲜处。保持呼吸道通畅。如呼吸困难，给输氧。呼吸、心跳停止，立即进行心肺复苏术。就医。

眼睛接触：分开眼睑，用流动清水或生理盐水冲洗。就医。

皮肤接触：立即脱去污染的衣着，用肥皂水及流动清水彻底冲洗污染的皮肤、头发、指甲等。就医。

食入：饮足量温水，催吐(仅限于清醒者)。口服活性炭。就医。

解毒剂：阿托品、胆碱酯酶复能剂。

灭火方法 消防人员须穿全身消防服，佩戴正压自给式呼吸器，在上风向灭火。尽可能将容器从火场移至空旷处。喷水保持火场容器冷却，直至灭火结束。

灭火剂：泡沫、二氧化碳、干粉、沙土。

泄漏应急处置 根据液体流动和蒸气扩散的影响区域划定警戒区，无关人员从侧风、上风向撤离至安全区。消除所有点火源。建议应急处理人员戴正压自给式呼吸器，穿防毒、防静电服。作业时使用的所有设备应接地。穿上适当的防护服前严禁接触破裂的容器和泄漏物。尽可能切断泄漏源。防止泄漏物进入水体、下水道、地下室或有限空间。小量泄漏：用沙土或其他不燃材料吸收。使用洁净的无火花工具收集吸收材料。大量泄漏：构筑围堤或挖坑收容。用防爆、耐腐蚀泵转移至槽车或专用收集器内。

165. 二甲基二硫代氨基甲酸三苯基锡

标　识

中文名称 二甲基二硫代氨基甲酸三苯基锡

英文名称　Triphenyl tin -*N*, *N*-dimethyldithiocarbamate; Carbamodithoic acid, *N*, *N*-dimethyl-, triphenylstannyl ester

别名　三苯基锡 *N*, *N*-二甲基二硫代氨基甲酸盐

分子式　$C_{21}H_{21}NS_2Sn$

CAS 号　1803-12-9

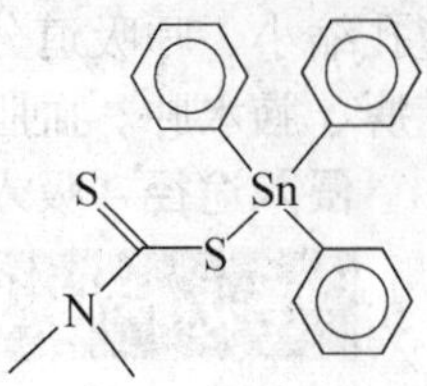

危害信息

禁忌物　强氧化剂、强酸。

中毒表现　有机锡中毒的主要临床表现有：眼和鼻黏膜的刺激症状；中毒性神经衰弱综合征；重症出现中毒性脑病。溅入眼内引起结膜炎。可致变应性皮炎。摄入有机锡化合物可致中毒性脑水肿，可产生后遗症，如瘫痪、精神失常和智力障碍。

侵入途径　吸入、食入、经皮吸收。

职业接触限值　美国(ACGIH)：TLV-TWA 0.1mg/m^3，TLV-STEL 0.2mg/m^3[按 Sn 计][皮]。

环境危害　对水生生物有极高毒性，可能在水生环境中造成长期不利影响。

理化特性与用途

理化特性　固体。

主要用途　用作杀菌剂、防腐剂。

包装与储运

包装标志　杂项

包装类别　Ⅲ类

安全储运　储存于阴凉、通风的库房。远离火种、热源。应与强氧化剂等隔离储运。搬运时轻装轻卸，防止容器受损。

紧急处置信息

急救措施

吸入：迅速脱离现场至空气新鲜处。保持呼吸道通畅。如呼吸困难，给输氧。呼吸、心跳停止，立即进行心肺复苏术。就医。

眼睛接触：立即分开眼睑，用流动清水或生理盐水彻底冲洗。就医。

皮肤接触：立即脱去污染的衣着，用肥皂水和清水彻底冲洗。就医

食入：漱口，饮水。就医。

泄漏应急处置　隔离泄漏污染区，限制出入。建议应急处理人员戴防尘口罩，穿防毒服。穿上适当的防护服前严禁接触破裂的容器和泄漏物。尽可能切断泄漏源。用塑料布覆盖泄漏物，减少飞散。勿使水进入包装容器内。用洁净的铲子收集泄漏物，置于干净、干燥、盖子较松的容器中，将容器移离泄漏区。

166. 1,2-二甲基环己烷

标　识

中文名称　1, 2-二甲基环己烷

英文名称 1，2-Dimethylcyclohexane

别名 六氢邻二甲苯

分子式 C_8H_{16}

CAS 号 583-57-3

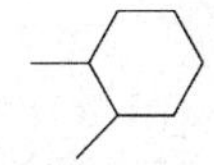

危害信息

危险性类别 第3类 易燃液体

燃烧与爆炸危险性 易燃。其蒸气与空气混合能形成爆炸性混合物，遇明火、高热极易燃烧或爆炸。在高温火场中，受热的容器或储罐有破裂和爆炸的危险。蒸气比空气重，能在较低处扩散到相当远的地方，遇火源会着火回燃和爆炸(闪爆)。

禁忌物 强氧化剂。

侵入途径 吸入、食入。

理化特性与用途

理化特性 无色透明液体，稍有气味。不溶于水。沸点124℃，相对密度(水=1)0.778，相对蒸气密度(空气=1)3.87，饱和蒸气压1.93kPa(25℃)，临界温度324℃，临界压力3.04MPa，辛醇/水分配系数4.01，闪点15℃。

主要用途 用作溶剂、分析试剂，用于有机合成。

包装与储运

包装标志 易燃液体

包装类别 Ⅱ类

安全储运 储存于阴凉、通风的库房。远离火种、热源，避免阳光直射。储存温度不超过37℃。炎热季节早晚运输，应与氧化剂等隔离储运。禁止使用易产生火花的机械设备和工具。灌装时注意控制流速，防止静电积聚。搬运时轻装轻卸，防止容器受损。

紧急处置信息

急救措施

吸入：脱离接触。如有不适感，就医。

眼睛接触：分开眼睑，用流动清水或生理盐水冲洗。如有不适感，就医。

皮肤接触：脱去污染的衣着，用肥皂水和清水冲洗。如有不适感，就医。

食入：漱口，饮水。就医。

灭火方法 消防人员须穿全身消防服，佩戴空气呼吸器，在上风向灭火。尽可能将容器从火场移至空旷处。喷水保持火场容器冷却，直至灭火结束。处在火场中的容器若发生异常变化或发出异常声音，须马上撤离。

灭火剂：泡沫、二氧化碳、干粉、沙土。用水灭火无效。

泄漏应急处置 消除所有点火源。根据液体流动和蒸气扩散的影响区域划定警戒区，无关人员从侧风、上风向撤离至安全区。建议应急处理人员戴正压自给式呼吸器，穿防静电服。作业时使用的所有设备应接地。禁止接触或跨越泄漏物。尽可能切断泄漏源。防止泄漏物进入水体、下水道、地下室或有限空间。小量泄漏：用沙土或其他不燃材料吸收。使用洁净的无火花工具收集吸收材料。大量泄漏：构筑围堤或挖坑收容。用泡沫覆盖，减少蒸发。喷水雾能减少蒸发，但不能降低泄漏物在有限空间内的易燃性。用防爆泵转移至槽车或专用收集器内。

167. 1,1-二甲基环戊烷

标　识

中文名称 1，1-二甲基环戊烷

英文名称 1，1-Dimethyl cyclopentane

分子式 C_7H_{14}

CAS 号 1638-26-2

危害信息

危险性类别 第3类　易燃液体

燃烧与爆炸危险性 易燃。其蒸气与空气混合能形成爆炸性混合物，遇明火、高热极易燃烧或爆炸。蒸气比空气重，能在较低处扩散到相当远的地方，遇火源会着火回燃和爆炸(闪爆)。在高温火场中，受热的容器或储罐有破裂和爆炸的危险。

禁忌物 强氧化剂。

侵入途径 吸入、食入。

理化特性与用途

理化特性 无色透明液体。不溶于水。熔点-69.8℃，沸点 87.5℃，相对密度(水=1) 0.759，饱和蒸气压 10.13kPa(25℃)，临界温度 273.85℃，临界压力 3.44MPa，燃烧热 -4586kJ/mol，辛醇/水分配系数 3.56，闪点-16℃，爆炸下限 1.1%，爆炸上限 6.8%。

主要用途 用于有机合成。

包装与储运

包装标志 易燃液体

包装类别 Ⅱ类

安全储运 储存于阴凉、通风的库房。远离火种、热源，避免阳光直射。储存温度不超过 37℃。炎热季节早晚运输，应与氧化剂等隔离储运。禁止使用易产生火花的机械设备和工具。灌装时注意控制流速，防止静电积聚。搬运时轻装轻卸，防止容器受损。

紧急处置信息

急救措施

吸入: 脱离接触。如有不适感，就医。

眼睛接触: 分开眼睑，用流动清水或生理盐水冲洗。如有不适感，就医。

皮肤接触: 脱去污染的衣着，用肥皂水和清水冲洗。如有不适感，就医。

食入: 漱口，饮水。就医。

灭火方法 消防人员须穿全身消防服，佩戴空气呼吸器，在上风向灭火。尽可能将容器从火场移至空旷处。喷水保持火场容器冷却，直至灭火结束。处在火场中的容器若发生异常变化或发出异常声音，须马上撤离。

灭火剂：泡沫、二氧化碳、干粉、沙土。用水灭火无效。

泄漏应急处置 消除所有点火源。根据液体流动和蒸气扩散的影响区域划定警戒区，

无关人员从侧风、上风向撤离至安全区。建议应急处理人员戴正压自给式呼吸器，穿防静电服。戴橡胶耐油手套。作业时使用的所有设备应接地。禁止接触或跨越泄漏物。尽可能切断泄漏源。防止泄漏物进入水体、下水道、地下室或有限空间。小量泄漏：用沙土或其他不燃材料吸收。使用洁净的无火花工具收集吸收材料。大量泄漏：构筑围堤或挖坑收容。用泡沫覆盖，减少蒸发。喷水雾能减少蒸发，但不能降低泄漏物在有限空间内的易燃性。用防爆泵转移至槽车或专用收集器内。

168. 1,3-二甲基环戊烷

标　识

中文名称　1，3-二甲基环戊烷

英文名称　1，3-Dimethyl cyclopentane

分子式　C_7H_{14}

CAS 号　2453-00-1

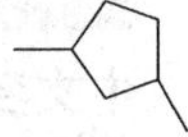

危害信息

危险性类别　第 3 类　易燃液体

燃烧与爆炸危险性　易燃。其蒸气与空气混合能形成爆炸性混合物，遇明火、高热极易燃烧或爆炸。在高温火场中，受热的容器或储罐有破裂和爆炸的危险。

禁忌物　强氧化剂。

侵入途径　吸入、食入。

理化特性与用途

理化特性　液体。不溶于水。熔点-136.7℃，沸点 97.2℃，相对密度(水=1)0.762。

主要用途　用作溶剂和用于有机合成。

包装与储运

包装标志　易燃液体

包装类别　Ⅱ类

安全储运　储存于阴凉、通风的库房。远离火种、热源，避免阳光直射。储存温度不超过 37℃。炎热季节早晚运输，应与氧化剂等隔离储运。禁止使用易产生火花的机械设备和工具。灌装时注意控制流速，防止静电积聚。搬运时轻装轻卸，防止容器受损。

紧急处置信息

急救措施

吸入：脱离接触。如有不适感，就医。

眼睛接触：分开眼睑，用流动清水或生理盐水冲洗。如有不适感，就医。

皮肤接触：脱去污染的衣着，用肥皂水和清水冲洗。如有不适感，就医。

食入：漱口，饮水。就医。

灭火方法　消防人员须穿全身消防服，佩戴空气呼吸器，在上风向灭火。尽可能将容器从火场移至空旷处。喷水保持火场容器冷却，直至灭火结束。处在火场中的容器若发生异常变化或发出异常声音，须马上撤离。

灭火剂：泡沫、二氧化碳、干粉、沙土。用水灭火无效。

泄漏应急处置 根据液体流动和蒸气扩散的影响区域划定警戒区，无关人员从侧风、上风向撤离至安全区。消除所有点火源。建议应急处理人员戴防毒面具，穿防静电服。作业时使用的所有设备应接地。禁止接触或跨越泄漏物。尽可能切断泄漏源。防止泄漏物进入水体、下水道、地下室或有限空间。小量泄漏：用沙土或其他不燃材料吸收。使用洁净的无火花工具收集吸收材料。大量泄漏：构筑围堤或挖坑收容。用泡沫覆盖，减少蒸发。喷水雾能减少蒸发，但不能降低泄漏物在有限空间内的易燃性。用防爆泵转移至槽车或专用收集器内。

169. *N*,*N*-二甲基十二烷基-*N*-氧化胺

标　识

中文名称 *N*，*N*-二甲基十二烷基-*N*-氧化胺

英文名称 *N*，*N*-Dimethyl dodecyl amine oxide；Dodecyldimethylamine oxide；Lauryldimethylamine Oxide

别名 十二烷基二甲基氧化胺；*N*，*N*-二甲基-1-十二胺-*N*-氧化物

分子式 $C_{14}H_{31}NO$

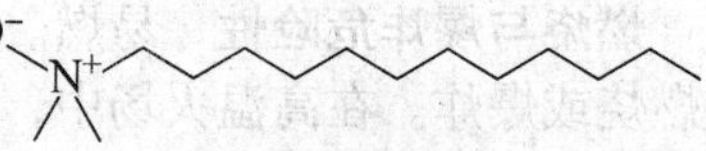

CAS 号 1643-20-5

危害信息

燃烧与爆炸危险性 可燃。其粉体与空气混合能形成爆炸性混合物，遇明火高热有引起燃烧爆炸的危险。燃烧产生有毒的氮氧化物气体。在高温火场中，受热的容器有破裂和爆炸的危险。

禁忌物 强氧化剂。

毒性 小鼠经口 LD_{50}：2700mg/kg。

侵入途径 吸入、食入、经皮吸收。

环境危害 对水生生物有极高毒性。

理化特性与用途

理化特性 无色针状结晶或白色粉末，易吸潮。溶于水。熔点 132～133℃，相对密度(水=1)0.996，饱和蒸气压 0.008mPa(25℃)，辛醇/水分配系数 4.67。

主要用途 用作香波、液体洗涤剂和泡沫浴的泡沫促进剂、调理剂、增稠剂和抗静电剂，还是合成两性表面活性剂的原料。

包装与储运

包装标志 杂项

包装类别 Ⅲ类

安全储运 储存于阴凉、干燥、通风的库房。远离火种、热源。应与强氧化剂等隔离储运。

紧急处置信息

急救措施

吸入：迅速脱离现场至空气新鲜处。保持呼吸道通畅。如呼吸困难，给输氧。呼吸、心跳停止，立即进行心肺复苏术。就医。

眼睛接触：立即分开眼睑，用流动清水或生理盐水彻底冲洗。就医。

皮肤接触：立即脱去污染的衣着，用肥皂水和清水彻底冲洗。就医。

食入：漱口，饮水。就医。

灭火方法 消防人员须穿全身消防服，佩戴正压自给式呼吸器，在上风向灭火。尽可能将容器从火场移至空旷处。喷水保持火场容器冷却，直至灭火结束。

灭火剂：雾状水、泡沫、二氧化碳、干粉、沙土。

泄漏应急处置 隔离泄漏污染区，限制出入。消除所有点火源。建议应急处理人员戴防尘口罩，穿防毒服。穿上适当的防护服前严禁接触破裂的容器和泄漏物。尽可能切断泄漏源。用塑料布覆盖泄漏物，减少飞散。勿使水进入包装容器内。用洁净的铲子收集泄漏物，置于干净、干燥、盖子较松的容器中，将容器移离泄漏区。

170. 2,2-二甲基-4-戊烯醛

标 识

中文名称 2，2-二甲基-4-戊烯醛

英文名称 2，2-Dimethyl-4-pentenal；2，2-Dimethylpent-4-enal

分子式 $C_7H_{12}O$

CAS 号 5497-67-6

危害信息

危险性类别 第3类 易燃液体

燃烧与爆炸危险性 易燃。其蒸气与空气混合，能形成爆炸性混合物。若遇高热，可发生聚合反应，放出大量热量而引起容器破裂和爆炸事故。

禁忌物 强氧化剂、强酸、强碱。

中毒表现 本品对皮肤有刺激作用，其蒸气或雾对眼睛、黏膜和上呼吸道有刺激作用。

侵入途径 吸入、食入、经皮吸收。

理化特性与用途

理化特性 无色至淡黄色透明液体。沸点 124~125℃，相对密度(水=1)0.825，饱和蒸气压 1.09kPa(25℃)，闪点 18℃。

主要用途 用作中间体和实验试剂。

包装与储运

包装标志 易燃液体

包装类别 Ⅱ类

安全储运 储存于阴凉、通风的库房。远离火种、热源，避免阳光直射。储存温度不

超过37℃。炎热季节早晚运输，应与氧化剂、酸碱等隔离储运。禁止使用易产生火花的机械设备和工具。灌装时注意控制流速，防止静电积聚。搬运时轻装轻卸，防止容器受损。

紧急处置信息

急救措施

吸入：迅速脱离现场至空气新鲜处。保持呼吸道通畅。如呼吸困难，给输氧。呼吸、心跳停止，立即进行心肺复苏术。就医。

眼睛接触：立即分开眼睑，用流动清水或生理盐水彻底冲洗。就医。

皮肤接触：立即脱去污染的衣着，用流动清水彻底冲洗。就医。

食入：漱口，饮水。就医。

灭火方法 消防人员须佩戴防毒面具，穿全身消防服，在上风向灭火。尽可能将容器从火场移至空旷处。喷水保持火场容器冷却，直至灭火结束。处在火场中的容器若已变色或从安全泄压装置发出响声，必须马上撤离。

灭火剂：雾状水、泡沫、干粉、二氧化碳、沙土。

泄漏应急处置 根据液体流动和蒸气扩散的影响区域划定警戒区，无关人员从侧风、上风向撤离至安全区。消除所有点火源。建议应急处理人员戴防毒面具，穿防静电服。作业时使用的所有设备应接地。禁止接触或跨越泄漏物。尽可能切断泄漏源。防止泄漏物进入水体、下水道、地下室或有限空间。小量泄漏：用沙土或其他不燃材料吸收。使用洁净的无火花工具收集吸收材料。大量泄漏：构筑围堤或挖坑收容。用泡沫覆盖，减少蒸发。喷水雾能减少蒸发，但不能降低泄漏物在有限空间内的易燃性。用防爆泵转移至槽车或专用收集器内。

171. 3,7-二甲基辛腈

标　识

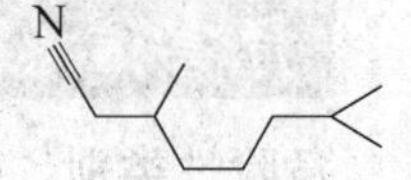

中文名称 3，7-二甲基辛腈

英文名称 3，7-Dimethyloctanenitrile

分子式 $C_{10}H_{19}N$

CAS 号 40188-41-8

危害信息

燃烧与爆炸危险性 可燃。其蒸气与空气混合能形成爆炸性混合物，遇明火、高热易燃烧或爆炸。燃烧产生有毒的氮氧化物气体。在高温火场中，受热的容器或储罐有破裂和爆炸的危险。

禁忌物 强氧化剂。

中毒表现 对皮肤有刺激和致敏作用。

侵入途径 吸入、食入。

环境危害 对水生生物有毒，可能在水生环境中造成长期不利影响。

理化特性与用途

理化特性 无色至淡黄色透明液体。微溶于水，溶于乙醇。沸点223~224℃，相对密度(水=1)0.815~0.826，饱和蒸气压 0.013kPa(25℃)，辛醇/水分配系数 3.68，闪点 87.78℃(Tag 闭杯)。

主要用途 作为芳香剂用于化妆品。

包装与储运

包装标志 杂项

包装类别 Ⅲ类

安全储运 储存于阴凉、通风的库房。远离火种、热源。应与强氧化剂、酸碱等隔离储运。搬运时轻装轻卸，防止容器受损。

紧急处置信息

急救措施

吸入：迅速脱离现场至空气新鲜处。保持呼吸道通畅。如呼吸困难，给输氧。呼吸、心跳停止，立即进行心肺复苏术。就医。

眼睛接触：立即分开眼睑，用流动清水或生理盐水彻底冲洗。就医。

皮肤接触：立即脱去污染的衣着，用肥皂水和清水彻底冲洗。就医。

食入：漱口，饮水。就医。

灭火方法 消防人员须穿全身消防服，佩戴正压自给式呼吸器，在上风向灭火。尽可能将容器从火场移至空旷处。喷水保持火场容器冷却，直至灭火结束。处在火场中的容器若发生异常变化或发出异常声音，须马上撤离。

灭火剂：泡沫、二氧化碳、干粉、沙土。

泄漏应急处置 根据液体流动和蒸气扩散的影响区域划定警戒区，无关人员从侧风、上风向撤离至安全区。消除所有点火源。建议应急处理人员戴正压自给式呼吸器，穿防毒服。作业时使用的所有设备应接地。禁止接触或跨越泄漏物。尽可能切断泄漏源。防止泄漏物进入水体、下水道、地下室或有限空间。小量泄漏：用沙土或其他不燃材料吸收。使用洁净的无火花工具收集吸收材料。大量泄漏：构筑围堤或挖坑收容。用泡沫覆盖，减少蒸发。喷水雾能减少蒸发，但不能降低泄漏物在有限空间内的易燃性。用泵转移至槽车或专用收集器内。

172. 1,1-二甲基乙基-1-甲基-1-苯基乙基过氧化物

标　识

中文名称 1，1-二甲基乙基-1-甲基-1-苯基乙基过氧化物

英文名称 tert-Butyl α，α-dimethylbenzyl peroxide

别名 过氧化叔丁基异丙苯

分子式 $C_{13}H_{20}O_2$

CAS 号 3457-61-2

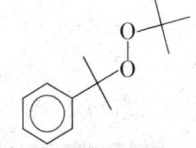

危害信息

危险性类别 第 5.2 类 有机过氧化物

燃烧与爆炸危险性 可燃。有机过氧化物，可能引燃可燃物。其蒸气与空气混合能形成爆炸性混合物，遇明火、高热易燃烧或爆炸。在高温火场中，受热的容器或储罐有破裂

和爆炸的危险。受热易分解并可能发生爆炸。

禁忌物 强氧化剂。

中毒表现 本品对皮肤有刺激性。

侵入途径 吸入、食入。

环境危害 对水生生物有毒，可能在水生环境中造成长期不利影响。

理化特性与用途

理化特性 无色至黄色透明液体，微有气味。不溶于水，溶于多数有机溶剂。熔点 5~8℃，相对密度(水=1)0.94，饱和蒸气压 0.01kPa(20℃)，辛醇/水分配系数 4.44，闪点72℃(闭杯)，活性氧含量 7.30%，自动加速分解温度(SADT)80℃。

主要用途 用作聚合引发剂、催化剂和硫化剂。

包装与储运

包装标志 有机过氧化物。

安全储运 储存于阴凉、低温、通风的不燃材料结构的库房，储存温度不超过 30℃，相对湿度不超过 80%，大量储存的库房内必须有自动喷水装置。远离火种、热源，防止阳光直射。应与还原剂、促进剂、有机物、可燃物及强酸等隔离储运。禁止使用易产生火花的机械设备和工具。禁止震动、撞击和摩擦。

紧急处置信息

急救措施

吸入: 迅速脱离现场至空气新鲜处。保持呼吸道通畅。如呼吸困难，给输氧。呼吸、心跳停止，立即进行心肺复苏术。就医。

眼睛接触: 立即分开眼睑，用流动清水或生理盐水彻底冲洗。就医。

皮肤接触: 立即脱去污染的衣着，用肥皂水和清水彻底冲洗。就医。

食入: 漱口，饮水。就医。

灭火方法 消防人员须穿全身消防服，佩戴空气呼吸器，在上风向灭火。尽可能将容器从火场移至空旷处。喷水保持火场容器冷却，直至灭火结束。处在火场中的容器若发生异常变化或发出异常声音，须马上撤离。用大量水灭火。

泄漏应急处置 根据液体流动和蒸气扩散的影响区域划定警戒区，无关人员从侧风、上风向撤离至安全区。消除所有点火源。建议应急处理人员戴正压自给式呼吸器，穿防毒服。勿使泄漏物与可燃物质(如木材、纸、油等)接触。穿上适当的防护服前严禁接触破裂的容器和泄漏物。尽可能切断泄漏源。防止泄漏物进入水体、下水道、地下室或有限空间。小量泄漏：用惰性、湿润的不燃材料吸收泄漏物，用洁净的非火花工具收集于一盖子较松的塑料容器中，待处理。大量泄漏：构筑围堤或挖坑收容。在专家指导下清除。

173. 1,4-二甲氧基苯

标　识

中文名称 1，4-二甲氧基苯

英文名称 1，4-Dimethoxybenzene；Hydroquinone dimethyl ether

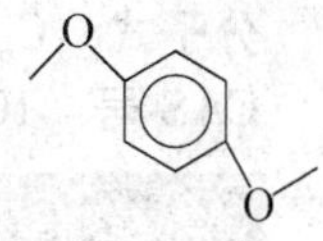

别名 氢醌二甲基醚；对苯二甲醚

分子式 $C_8H_{10}O_2$

CAS 号 150-78-7

危害信息

燃烧与爆炸危险性 可燃。其粉体与空气混合，能形成爆炸性混合物，遇明火、高热有引起燃烧爆炸的危险。

禁忌物 强氧化剂。

毒性 大鼠经口 LD_{50}：3600mg/kg；小鼠经口 LD_{50}：2300mg/kg。

侵入途径 吸入、食入。

理化特性与用途

理化特性 无色或白色片状结晶，与甜苜蓿的气味。微溶于水，易溶于乙醚、苯，溶于丙酮。熔点 58~60℃，沸点 212℃，相对密度(水=1)1.053，相对蒸气密度(空气=1)4.8，饱和蒸气压 11.6Pa(25℃)，辛醇/水分配系数 2.04，闪点 88℃，引燃温度 438℃，爆炸下限 1.2%，爆炸上限 5.6%。

主要用途 用作萘类染料及涂料和塑料的中间体，也用作肥皂、洗涤剂和油膏的香料。

包装与储运

安全储运 储存于阴凉、通风的库房。远离火种、热源。应与强氧化剂等隔离储运。

紧急处置信息

急救措施

吸入：迅速脱离现场至空气新鲜处。保持呼吸道通畅。如呼吸困难，给输氧。呼吸、心跳停止，立即进行心肺复苏术。就医。

眼睛接触：立即分开眼睑，用流动清水或生理盐水彻底冲洗。就医。

皮肤接触：立即脱去污染的衣着，用流动清水彻底冲洗。就医。

食入：漱口，饮水。就医。

灭火方法 消防人员须佩戴防毒面具，穿全身消防服，在上风向灭火。尽可能将容器从火场移至空旷处。喷水保持火场容器冷却，直至灭火结束。

灭火剂：雾状水、泡沫、干粉、二氧化碳、沙土。

泄漏应急处置 隔离泄漏污染区，限制出入。消除所有点火源。建议应急处理人员戴防尘口罩，穿一般作业工作服。尽可能切断泄漏源。用塑料布覆盖泄漏物，减少飞散。勿使水进入包装容器内。用洁净的铲子收集泄漏物，置于干净、干燥、盖子较松的容器中，将容器移离泄漏区。

174. 1,3-二甲氧基丁烷

标　识

中文名称 1，3-二甲氧基丁烷

英文名称 1，3-Dimethoxybutane

174. 1,3-二甲氧基丁烷

分子式 $C_6H_{14}O_2$

CAS 号 10143-66-5

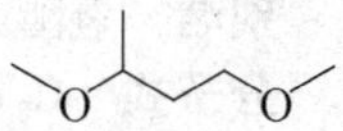

危害信息

危险性类别 第 3 类 易燃液体

燃烧与爆炸危险性 易燃。其蒸气与空气混合，能形成爆炸性混合物。蒸气比空气重，能在较低处扩散到相当远的地方，遇火源会着火回燃和爆炸(闪爆)。若遇高热，容器内压增大，有开裂和爆炸的危险。

活性反应 与氧化剂能发生强烈反应。

禁忌物 强氧化剂。

毒性 大鼠经口 LD_{50}：3730μL/kg；兔经皮 LD_{50}：10mL/kg；大鼠吸入 $LCLo$：8000ppm(4h)。

中毒表现 本品对眼、皮肤、黏膜和上呼吸道有刺激作用。

侵入途径 吸入、食入、经皮吸收。

理化特性与用途

理化特性 无色液体。沸点 116.8℃，相对密度(水=1)0.84，闪点 13.8℃。

主要用途 用作中间体。

包装与储运

包装标志 易燃液体

包装类别 Ⅲ类

安全储运 储存于阴凉、通风的库房。远离火种、热源，避免阳光直射。储存温度不超过 37℃。炎热季节早晚运输，应与氧化剂等隔离储运。禁止使用易产生火花的机械设备和工具。灌装时注意控制流速，防止静电积聚。搬运时轻装轻卸，防止容器受损。

紧急处置信息

急救措施

吸入：迅速脱离现场至空气新鲜处。保持呼吸道通畅。如呼吸困难，给输氧。呼吸、心跳停止，立即进行心肺复苏术。就医。

眼睛接触：立即分开眼睑，用流动清水或生理盐水彻底冲洗。就医。

皮肤接触：立即脱去污染的衣着，用流动清水彻底冲洗。就医。

食入：漱口，饮水。就医。

灭火方法 消防人员须佩戴防毒面具，穿全身消防服，在上风向灭火。尽可能将容器从火场移至空旷处。喷水保持火场容器冷却，直至灭火结束。处在火场中的容器若已变色或从安全泄压装置发出响声，必须马上撤离。

灭火剂：雾状水、泡沫、干粉、二氧化碳、沙土。

泄漏应急处置 根据液体流动和蒸气扩散的影响区域划定警戒区，无关人员从侧风、上风向撤离至安全区。消除所有点火源。建议应急处理人员戴正压自给式呼吸器，穿防静电服。作业时使用的所有设备应接地。禁止接触或跨越泄漏物。尽可能切断泄漏源。防止泄漏物进入水体、下水道、地下室或有限空间。小量泄漏：用沙土或其他不燃材料吸收。使用洁净的无火花工具收集吸收材料。大量泄漏：构筑围堤或挖坑收容。用泡沫覆盖，减少蒸发。喷水雾能减少蒸发，但不能降低泄漏物在有限空间内的易燃性。用防爆泵转移至槽车或专用收集器内。

175. 1,1-二(2-甲氧基乙氧基)乙烷

标　识

中文名称　1，1-二(2-甲氧基乙氧基)乙烷

英文名称　Acetaldehyde，bis(2-methoxyethyl) acetal；1，1-Di(2-methoxy ethoxy)ethane

别名　6-甲基-2，5，7，10-四氧杂十一烷

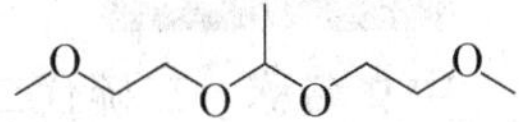

分子式　$C_8H_{18}O_4$

CAS 号　10143-67-6

危害信息

燃烧与爆炸危险性　可燃。其蒸气与空气混合，能形成爆炸性混合物。蒸气比空气重，能在较低处扩散到相当远的地方，遇火源会着火回燃和爆炸(闪爆)。若遇高热，容器内压增大，有开裂和爆炸的危险。

禁忌物　强氧化剂、强酸。

毒性　大鼠经口 LD_{50}：3260mg/kg；兔经皮 LD_{50}：4240μL/kg。

中毒表现　本品对眼、皮肤和黏膜有刺激作用。

侵入途径　吸入、食入、经皮吸收。

理化特性与用途

理化特性　无色液体。沸点 197.2℃，相对密度(水=1)0.956，饱和蒸气压 0.071kPa(25℃)，闪点 70.5℃。

主要用途　用作中间体。

包装与储运

安全储运　储存于阴凉、通风的库房。远离火种、热源。应与强氧化剂等隔离储运。

紧急处置信息

急救措施

吸入：迅速脱离现场至空气新鲜处。保持呼吸道通畅。如呼吸困难，给输氧。呼吸、心跳停止，立即进行心肺复苏术。就医。

眼睛接触：立即分开眼睑，用流动清水或生理盐水彻底冲洗。就医。

皮肤接触：立即脱去污染的衣着，用流动清水彻底冲洗。就医。

食入：漱口，饮水。就医。

灭火方法　消防人员须佩戴防毒面具，穿全身消防服，在上风向灭火。尽可能将容器从火场移至空旷处。喷水保持火场容器冷却，直至灭火结束。处在火场中的容器若已变色或从安全泄压装置发出响声，必须马上撤离。

灭火剂：雾状水、泡沫、干粉、二氧化碳、沙土。

泄漏应急处置　根据液体流动和蒸气扩散的影响区域划定警戒区，无关人员从侧风、上风向撤离至安全区。消除所有点火源。建议应急处理人员戴正压自给式呼吸器，穿防静

电服。作业时使用的所有设备应接地。禁止接触或跨越泄漏物。尽可能切断泄漏源。防止泄漏物进入水体、下水道、地下室或有限空间。小量泄漏：用沙土或其他不燃材料吸收。使用洁净的无火花工具收集吸收材料。大量泄漏：构筑围堤或挖坑收容。用泡沫覆盖，减少蒸发。用防爆泵转移至槽车或专用收集器内。

176. 二硫代二乙酸双(2-乙基己基) 酯

标识

中文名称 二硫代二乙酸双(2-乙基己基) 酯

英文名称 2，2′-Dithiobis(acetic acid)，bis(2-ethylhexyl) ester；Bis(2-ethylhexyl) 2，2′-dithiobisacetate

分子式 $C_{20}H_{38}O_4S_2$

CAS 号 62268-47-7

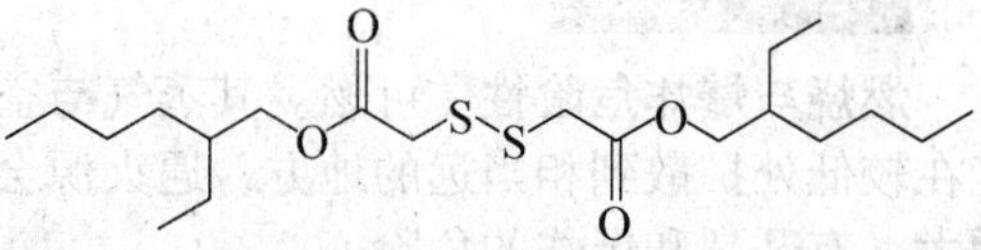

危害信息

危险性类别 第 3 类 易燃液体

燃烧与爆炸危险性 可燃。燃烧产生有毒的氮氧化物气体。在高温火场中，受热的容器或储罐有破裂和爆炸的危险。

禁忌物 强氧化剂。

中毒表现 食入有害。对皮肤有致敏性。

侵入途径 吸入、食入。

环境危害 对水生生物有毒，可能在水生环境中造成长期不利影响。

理化特性与用途

理化特性 沸点 463.6℃，相对密度(水=1)1.031。

包装与储运

包装标志 易燃液体

包装类别 Ⅲ类

安全储运 远离火种、热源，避免阳光直射。储存温度不超过 37℃。炎热季节早晚运输，应与氧化剂等隔离储运。禁止使用易产生火花的机械设备和工具。灌装搬运时轻装轻卸，防止容器受损。

紧急处置信息

急救措施

吸入：迅速脱离现场至空气新鲜处。保持呼吸道通畅。如呼吸困难，给输氧。呼吸、心跳停止，立即进行心肺复苏术。就医。

眼睛接触：立即分开眼睑，用流动清水或生理盐水彻底冲洗。就医。

皮肤接触：立即脱去污染的衣着，用肥皂水和清水彻底冲洗。就医。

食入：漱口，饮水。就医。

灭火方法 消防人员须穿全身消防服，佩戴空气呼吸器，在上风向灭火。尽可能将容

器从火场移至空旷处。喷水保持火场容器冷却，直至灭火结束。

灭火剂：泡沫、二氧化碳、干粉、沙土。

177. 二硫代磷酸的 O-乙基-O-(4-甲基硫代苯基)-S-正丙酯

标　识

中文名称　二硫代磷酸的 O-乙基-O-(4-甲基硫代苯基)-S-正丙酯

英文名称　O-Ethyl O-(4-methylthio phenyl)-S-propyl phosphorodithioate；sulprofos

别名　硫丙磷；甲丙硫磷

分子式　$C_{12}H_{19}O_2PS_3$

CAS 号　35400-43-2

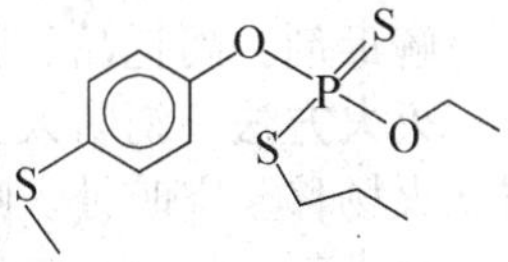

危害信息

危险性类别　第 6 类　有毒品

燃烧与爆炸危险性　可燃。在高温火场中，受热的容器或储罐有破裂和爆炸的危险。燃烧产生有毒的硫、磷氧化物气体。

禁忌物　强氧化剂。

毒性　大鼠经口 LD_{50}：65mg/kg；小鼠经口 LD_{50}：490mg/kg；大鼠经皮 LD_{50}：2500mg/kg；兔经皮 LD_{50}：820mg/kg。

中毒表现　接触本品可出现多汗、流涎、烦躁不安、视物模糊等，经口中毒时常先出现恶心、呕吐、腹痛等症状，严重者可出现呼吸衰竭。根据毒作用部位而引起的症状包括以下几个方面：毒蕈碱样症状——食欲减退、恶心、呕吐、腹痛、腹泻、流涎、多汗、视物模糊、瞳孔缩小、呼吸道分泌物增加、支气管痉挛、呼吸困难、肺水肿；烟碱样症状——肌束颤动、肌力减退、肌痉挛、呼吸肌麻痹；中枢神经系统症状——头痛、头晕、倦怠、乏力、失眠或嗜睡、烦躁、意识模糊、语言不清、谵妄、抽搐、昏迷，呼吸中枢抑制致呼吸停止。

侵入途径　吸入、食入、经皮吸收。

职业接触限值　美国(ACGIH)：TLV-TWA 0.1mg/m³[可吸入性颗粒物和蒸气][皮]。

环境危害　对水生生物有极高毒性，可能在水生环境中造成长期不利影响。

理化特性与用途

理化特性　无色至棕色油状液体，有硫醇气味。不溶于水，溶于有机溶剂。熔点 -15℃，沸点 155~158℃(13Pa)，相对密度(水=1)1.2，饱和蒸气压 0.16mPa(25℃)，辛醇/水分配系数 5.48，闪点 198℃。

主要用途　广谱杀虫剂。主要用于棉花、番茄、玉米、烟草等作物防治鳞翅目、英痴迷、双翅目、鞘翅目害虫。

包装与储运

包装标志　有毒品

包装类别　Ⅲ类

安全储运　储存于阴凉、通风的库房。远离火种、热源。储存温度不超过35℃，相对湿度不超过80%。保持容器密封。应与强氧化剂、酸碱等隔离储运。搬运时轻装轻卸，防止容器受损。

紧急处置信息

急救措施

吸入：迅速脱离现场至空气新鲜处。保持呼吸道通畅。如呼吸困难，给输氧。呼吸、心跳停止，立即进行心肺复苏术。就医。

眼睛接触：分开眼睑，用流动清水或生理盐水冲洗。就医。

皮肤接触：立即脱去污染的衣着，用肥皂水及流动清水彻底冲洗污染的皮肤、头发、指甲等。就医。

食入：饮足量温水，催吐(仅限于清醒者)。口服活性炭。就医。

解毒剂：阿托品、胆碱酯酶复能剂。

灭火方法　消防人员须穿全身消防服，佩戴空气呼吸器，在上风向灭火。尽可能将容器从火场移至空旷处。喷水保持火场容器冷却，直至灭火结束。

灭火剂：泡沫、二氧化碳、干粉、沙土。

泄漏应急处置　根据液体流动和蒸气扩散的影响区域划定警戒区，无关人员从侧风、上风向撤离至安全区。消除所有点火源。建议应急处理人员戴正压自给式呼吸器，穿防毒服。穿上适当的防护服前严禁接触破裂的容器和泄漏物。尽可能切断泄漏源。防止泄漏物进入水体、下水道、地下室或有限空间。小量泄漏：用沙土或其他不燃材料吸收。使用洁净的无火花工具收集吸收材料。大量泄漏：构筑围堤或挖坑收容。用防爆泵转移至槽车或专用收集器内。

178. 1,3-二硫杂环戊烷-2-叉丙二酸二异丙酯

标　　识

中文名称　1，3-二硫杂环戊烷-2-叉丙二酸二异丙酯

英文名称　Diisopropyl 1，3-dithiolan-2-ylidene propanedioate；Isoprothiolane

别名　稻瘟灵

分子式　$C_{12}H_{18}O_4S_2$

CAS 号　50512-35-1

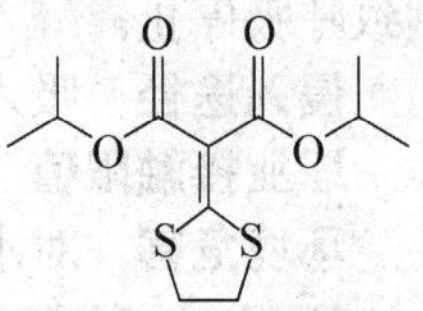

危害信息

燃烧与爆炸危险性　可燃。其粉体与空气混合能形成爆炸性混合物，遇明火高热有引起燃烧爆炸的危险。燃烧或受热分解产生有毒的硫氧化物气体。

禁忌物　强氧化剂。

毒性　大鼠经口 LD_{50}：1190mg/kg；小鼠经口 LD_{50}：1340mg/kg；大鼠经皮 LD_{50}：10250mg/kg。

侵入途径　吸入、食入、经皮吸收。

环境危害　对水生生物有毒，可能在水生环境中造成长期不利影响。

理化特性与用途

理化特性　无色无臭结晶。不溶于水，易溶于苯、乙醇、丙酮等有机溶剂。熔点54～

54.5℃，沸点167~169℃(66.7kPa)，相对密度(水=1)1.044，饱和蒸气压1.9kPa(25℃)，辛醇/水分配系数2.88。

主要用途 内吸性杀菌剂。用于防治水稻叶瘟、穗瘟，还能促进水稻分蘖，促进根系发育。

包装与储运

包装标志 杂项

包装类别 Ⅲ类

安全储运 储存于阴凉、通风的库房。远离火种、热源。应与强氧化剂、强酸、强碱等隔离储运。

紧急处置信息

急救措施

吸入：迅速脱离现场至空气新鲜处。保持呼吸道通畅。如呼吸困难，给输氧。呼吸、心跳停止，立即进行心肺复苏术。就医。

眼睛接触：立即分开眼睑，用流动清水或生理盐水彻底冲洗。就医。

皮肤接触：立即脱去污染的衣着，用流动清水彻底冲洗。就医。

食入：漱口，饮水。就医。

灭火方法 消防人员须穿全身消防服，佩戴正压自给式呼吸器，在上风向灭火。尽可能将容器从火场移至空旷处。喷水保持火场容器冷却，直至灭火结束。

灭火剂：雾状水、泡沫、二氧化碳、干粉、沙土。

泄漏应急处置 隔离泄漏污染区，限制出入。消除所有点火源。建议应急处理人员戴防尘口罩，穿一般作业工作服。尽可能切断泄漏源。用塑料布覆盖泄漏物，减少飞散。勿使水进入包装容器内。用洁净的铲子收集泄漏物，置于干净、干燥、盖子较松的容器中，将容器移离泄漏区。

179. 3,5-二氯-4-(1,1,2,2-四氟乙氧基)苯胺

标　识

中文名称 3，5-二氯-4-(1，1，2，2-四氟乙氧基)苯胺

英文名称 3，5-Dichloro-4-(1，1，2，2-tetrafluoroethoxy)aniline；3，5-Dichloro-4-(1，1，2，2-tetrafluoroethoxy)benzenamine

别名 氟醚

分子式 $C_8H_5Cl_2F_4NO$

CAS号 104147-32-2

Cl F F O F F H_2N Cl

危害信息

燃烧与爆炸危险性 可燃。其蒸气与空气混合能形成爆炸性混合物，遇明火高热有燃烧爆炸的危险。燃烧或受热分解产生有毒的烟气。在高温火场中，受热的容器或储罐有破裂和爆炸的危险。

禁忌物 强氧化剂、强酸。

侵入途径 吸入、食入。

环境危害 对水生生物有极高毒性，可能在水生环境中造成长期不利影响。

理化特性与用途

理化特性 新蒸馏的纯品为无色透明黏稠液体，在空气中遇光照逐渐变为深紫色。溶于甲苯。沸点 305℃、167~169℃(1.33kPa)，相对密度(水=1)1.558，闪点 138℃。

主要用途 生产杀虫剂氟铃脲的重要原料之一。

包装与储运

包装标志 杂项

包装类别 Ⅲ类

安全储运 储存于阴凉、通风的库房。远离火种、热源。应与强氧化剂、强酸等隔离储运。搬运时轻装轻卸，防止容器受损。

紧急处置信息

急救措施

吸入：脱离接触。如有不适感，就医。

眼睛接触：分开眼睑，用流动清水或生理盐水冲洗。如有不适感，就医。

皮肤接触：脱去污染的衣着，用肥皂水和清水冲洗。如有不适感，就医。

食入：漱口，饮水。就医。

灭火方法 消防人员须穿全身消防服，佩戴正压自给式呼吸器，在上风向灭火。尽可能将容器从火场移至空旷处。喷水保持火场容器冷却，直至灭火结束。

灭火剂：泡沫、二氧化碳、干粉、沙土。

泄漏应急处置 根据液体流动和蒸气扩散的影响区域划定警戒区，无关人员从侧风、上风向撤离至安全区。消除所有点火源。建议应急处理人员戴防毒面具，穿一般作业工作服。尽可能切断泄漏源。防止泄漏物进入水体、下水道、地下室或有限空间。小量泄漏：用干燥的沙土或其他不燃材料吸收或覆盖，收集于容器中。大量泄漏：构筑围堤或挖坑收容。用泵转移至槽车或专用收集器内。

180. 2,4-二氯苯酚

标　识

中文名称 2，4-二氯苯酚

英文名称 2，4-Dichlorophenol；1-Hydroxy-2，4-dichlorobenzene

别名 2，4-二氯酚

分子式 $C_6H_4Cl_2O$

HO—⟨苯环⟩—Cl, Cl

CAS 号 120-83-2

铁危编号 61704

UN 号 2020

危害信息

危险性类别 第 6 类 有毒品

燃烧与爆炸危险性 可燃。其粉体与空气混合，能形成爆炸性混合物。受热或接触酸或酸雾，产生氯化物烟气。

活性反应 与氧化剂接触发生猛烈反应。

禁忌物 强氧化剂、强酸、酸酐、酰基氯。

毒性 大鼠经口 LD_{50}：47mg/kg；小鼠经口 LD_{50}：1276mg/kg；哺乳类经皮 LD_{50}：790mg/kg。IARC 将本品列为 G2B 类——可疑人类致癌物。

中毒表现 引起皮肤、眼化学灼伤。吞食引起口腔、食管、胃的苍白坏死，表现为腹痛、呕吐、血性腹泻、休克、昏迷。吸入引起咽痛、咳嗽、胸骨后烧灼感，可发生肺水肿。

侵入途径 吸入、食入、经皮吸收。

环境危害 对水生生物有毒，可能在水生环境中造成长期不利影响。

理化特性与用途

理化特性 无色针状结晶或浅黄色固体，有强烈的药味。微溶于水，溶于乙醇、乙醚、苯、四氯化碳、碱液。熔点 45℃，沸点 210℃，相对密度(水=1)1.38，相对蒸气密度(空气=1)5.62，饱和蒸气压 0.133kPa(53℃)，辛醇/水分配系数 3.06，闪点 114℃。

主要用途 用于有机合成，制造杀虫剂、除草剂、染料等。

包装与储运

包装标志 有毒品

包装类别 Ⅲ类

安全储运 储存于阴凉、通风的库房。远离火种、热源。储存温度不超过 35℃，相对湿度不超过 85%。保持容器密封。应与强氧化剂、强酸等隔离储运。搬运时轻装轻卸，防止容器受损。

紧急处置信息

急救措施

吸入：迅速脱离现场至空气新鲜处。保持呼吸道通畅。如呼吸困难，给输氧。呼吸、心跳停止，立即进行心肺复苏术。就医。

眼睛接触：立即分开眼睑，用大量流动清水或生理盐水彻底冲洗 10~15min。就医。

皮肤接触：立即脱去污染衣物，用大量流动清水彻底冲洗，冲洗后即用浸过 30%~50% 酒精棉花擦洗创面至无酚味为止(注意不能将患处浸泡于酒精溶液中)。如有条件可用数块浸有聚乙二醇(300 或 400)的海绵反复擦洗污染部位，至少 20min。然后再用大量水冲洗 10min 以上。就医。

食入：漱口，给服植物油 15~30mL，催吐。对食入时间长者禁用植物油，可口服牛奶或蛋清。就医。

灭火方法 消防人员必须佩戴正压自给式呼吸器，穿全身防火防毒服，在上风向灭火。尽可能将容器从火场移至空旷处。喷水保持火场容器冷却，直至灭火结束。

灭火剂：雾状水、泡沫、干粉、二氧化碳、沙土。

泄漏应急处置 隔离泄漏污染区，限制出入。消除所有点火源。建议应急处理人员戴防尘口罩，穿防毒服。穿上适当的防护服前严禁接触破裂的容器和泄漏物。尽可能切断泄漏源。用塑料布覆盖泄漏物，减少飞散。勿使水进入包装容器内。用洁净的铲子收集泄漏物，置于干净、干燥、盖子较松的容器中，将容器移离泄漏区。

181. 2,6-二氯苯酚

标　识

中文名称　2，6-二氯苯酚

英文名称　2，6-Dichlorophenol

别名　2，6-二氯酚

分子式　$C_6H_4Cl_2O$

CAS 号　87-65-0

铁危编号　61704

UN 号　2020

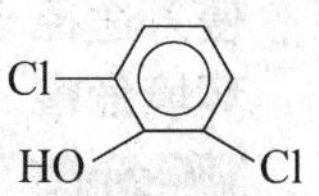

危害信息

危险性类别　第6类　有毒品

燃烧与爆炸危险性　可燃。其粉体与空气混合，能形成爆炸性混合物。燃烧或受热分解放出有毒气体。

活性反应　与强氧化剂接触可发生化学反应。

禁忌物　酸酐、酰基氯、强酸、强氧化剂。

毒性　小鼠经口 LD_{50}：2120mg/kg；大鼠腹腔内 LD_{50}：390mg/kg。

中毒表现　引起皮肤、黏膜化学灼伤。吞食引起口腔、食管、胃的苍白坏死，表现为腹痛、呕吐、血性腹泻、休克、昏迷。吸入可引起肺水肿。

侵入途径　吸入、食入、经皮吸收。

环境危害　对水生生物有毒，可能在水生环境中造成长期不利影响。

理化特性与用途

理化特性　白色至黄色针状结晶，有强烈的气味。微溶于水，易溶于乙醇、乙醚，溶于苯、石油醚。熔点 68~69℃，沸点 218~220℃，相对密度（水=1）1.653（20℃），饱和蒸气压 0.133kPa（59.5℃），辛醇/水分配系数 2.75。

主要用途　用作分析试剂及有机合成。

包装与储运

包装标志　有毒品

包装类别　Ⅲ类

安全储运　储存于阴凉、通风的库房。远离火种、热源。储存温度不超过 35℃，相对湿度不超过 85%。保持容器密封。应与强氧化剂、强酸等隔离储运。搬运时轻装轻卸，防止容器受损。

紧急处置信息

急救措施

吸入：迅速脱离现场至空气新鲜处。保持呼吸道通畅。如呼吸困难，给输氧。呼吸、心跳停止，立即进行心肺复苏术。就医。

眼睛接触：立即分开眼睑，用大量流动清水或生理盐水彻底冲洗 10~15min。就医。

皮肤接触：立即脱去污染衣物，用大量流动清水彻底冲洗，冲洗后即用浸过 30%~50% 酒精棉花擦洗创面至无酚味为止(注意不能将患处浸泡于酒精溶液中)。如有条件可用数块浸有聚乙二醇(300 或 400)的海绵反复擦洗污染部位，至少 20min。然后再用大量水冲洗 10min 以上。就医。

食入：漱口，给服植物油 15~30mL，催吐。对食入时间长者禁用植物油，可口服牛奶或蛋清。就医。

灭火方法 消防人员必须佩戴正压自给式呼吸器，穿全身防火防毒服，在上风向灭火。尽可能将容器从火场移至空旷处。喷水保持火场容器冷却，直至灭火结束。

灭火剂：雾状水、泡沫、干粉、二氧化碳、沙土。

泄漏应急处置 隔离泄漏污染区，限制出入。消除所有点火源。建议应急处理人员戴防尘口罩，穿防毒服。穿上适当的防护服前严禁接触破裂的容器和泄漏物。尽可能切断泄漏源。用塑料布覆盖泄漏物，减少飞散。勿使水进入包装容器内。用洁净的铲子收集泄漏物，置于干净、干燥、盖子较松的容器中，将容器移离泄漏区。

182. 3-(2,4-二氯苯基)-6-氟喹唑啉-2,4(1H,3H)-二酮

标　识

中文名称 3-(2, 4-二氯苯基)-6-氟喹唑啉-2, 4(1H, 3H)-二酮

英文名称 3-(2, 4-Dichlorophenyl)-6-fluoro-quinazoline-2, 4(1H, 3H)-dione

分子式 $C_{14}H_7Cl_2FN_2O_2$

CAS 号 168900-02-5

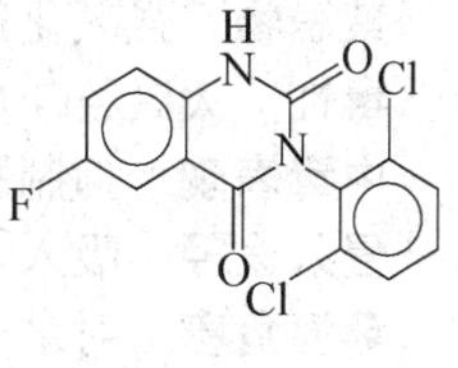

危害信息

禁忌物 强氧化剂。

侵入途径 吸入、食入。

环境危害 对水生生物有极高毒性，可能在水生环境中造成长期不利影响。

理化特性与用途

理化特性 不溶于水。相对密度(水=1)1. 558，辛醇/水分配系数 3. 58。

主要用途 用作医药原料。

包装与储运

包装标志 杂项

包装类别 Ⅲ类

安全储运 储存于阴凉、通风的库房。远离火种、热源。应与强氧化剂等隔离储运。

紧急处置信息

急救措施

吸入：脱离接触。如有不适感，就医。

眼睛接触：分开眼睑，用流动清水或生理盐水冲洗。如有不适感，就医。

皮肤接触：脱去污染的衣着，用肥皂水和清水冲洗。如有不适感，就医。

食入：漱口，饮水。就医。

泄漏应急处置　隔离泄漏污染区，限制出入。建议应急处理人员戴防尘口罩，穿防毒服。穿上适当的防护服前严禁接触破裂的容器和泄漏物。尽可能切断泄漏源。用塑料布覆盖泄漏物，减少飞散。勿使水进入包装容器内。用洁净的铲子收集泄漏物，置于干净、干燥、盖子较松的容器中，将容器移离泄漏区。

183. *O*-2,4-二氯苯基-*O*-乙基-*S*-丙基二硫代磷酸酯

标　识

中文名称　*O*-2，4-二氯苯基-*O*-乙基-*S*-丙基二硫代磷酸酯

英文名称　*O*-2，4-Dichlorophenyl-*O*-ethyl-*S*-propyl dithiophosphate；Prothiofos

别名　丙硫磷；二硫代磷酸-*O*-（2，4-二氯苯基）-*O*-乙基-*S*-丙酯

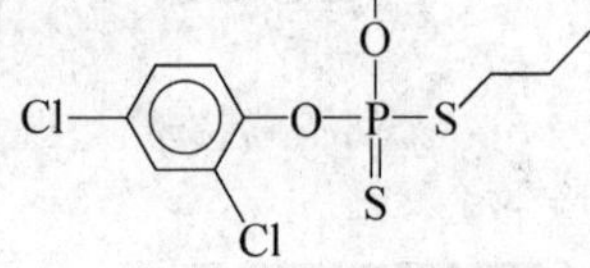

分子式　$C_{11}H_{15}Cl_2O_2PS_2$

CAS 号　34643-46-4

危害信息

燃烧与爆炸危险性　可燃，遇明火、高热能引起燃烧。燃烧或受热分解产生有毒的磷氧化物和硫氧化物气体。在高温火场中，受热的容器有破裂和爆炸的危险。

禁忌物　强氧化剂。

毒性　大鼠经口 LD_{50}：875mg/kg；大鼠经皮 LD_{50}：3900mg/kg；小鼠经口 LD_{50}：570mg/kg。

中毒表现　抑制胆碱酯酶活性。急性中毒出现有机磷农药中毒症状。

侵入途径　吸入、食入、经皮吸收。

环境危害　对水生生物有极高毒性，可能在水生环境中造成长期不利影响。

理化特性与用途

理化特性　无色液体。不溶于水，溶于二氯甲烷、异丙醇、甲苯等。沸点 398℃、125～128℃（13Pa），相对密度（水＝1）1.31，饱和蒸气压 1.25mPa（25℃），辛醇/水分配系数 5.67，闪点 194℃。

主要用途　杀虫剂。

包装与储运

包装标志　杂项

包装类别　Ⅲ类

安全储运　储存于阴凉、通风的库房。远离火种、热源。应与强氧化剂等隔离储运。

紧急处置信息

急救措施

吸入：迅速脱离现场至空气新鲜处。保持呼吸道通畅。如呼吸困难，给输氧。呼吸、

心跳停止，立即进行心肺复苏术。就医。

眼睛接触：分开眼睑，用流动清水或生理盐水冲洗。就医。

皮肤接触：立即脱去污染的衣着，用肥皂水及流动清水彻底冲洗污染的皮肤、头发、指甲等。就医。

食入：饮足量温水，催吐(仅限于清醒者)。口服活性炭。就医。

解毒剂：阿托品、胆碱酯酶复能剂。

灭火方法 消防人员须穿全身消防服，佩戴正压自给式呼吸器，在上风向灭火。尽可能将容器从火场移至空旷处。喷水保持火场容器冷却，直至灭火结束。

灭火剂：泡沫、二氧化碳、干粉、沙土。

泄漏应急处置 根据液体流动和蒸气扩散的影响区域划定警戒区，无关人员从侧风、上风向撤离至安全区。消除所有点火源。建议应急处理人员戴防毒面具，穿防毒服。穿上适当的防护服前严禁接触破裂的容器和泄漏物。尽可能切断泄漏源。防止泄漏物进入水体、下水道、地下室或有限空间。小量泄漏：用干燥的沙土或其他不燃材料吸收或覆盖，收集于容器中。大量泄漏：构筑围堤或挖坑收容。用泵转移至槽车或专用收集器内。

184. 2,4-二氯苯基异氰酸酯

标 识

中文名称 2，4-二氯苯基异氰酸酯

英文名称 2，4-Dichlorophenyl isocyanate；2，4-Dichloro-1-isocyanatobenzene

别名 异氰酸-2，4-二氯苯酯

分子式 $C_7H_3Cl_2NO$

CAS 号 2612-57-9

UN 号 2250

Cl Cl N C O

危害信息

危险性类别 第6类 有毒品

燃烧与爆炸危险性 可燃。其粉体与空气混合，能形成爆炸性混合物。燃烧或受热分解产生有毒的一氧化碳、氮氧化物、氯化氢和氰化氢。烟气。

活性反应 与醇类发生剧烈反应。

禁忌物 强氧化剂、强碱、水、醇类、胺类。

毒性 大鼠经口 LD_{50}：1017mg/kg。

中毒表现 吸入、摄入和经皮肤吸收后会中毒。刺激作用较强。

侵入途径 吸入、食入、经皮吸收。

理化特性与用途

理化特性 白色至米色结晶，有刺激性气味。不溶于水(在水中分解)，溶于多数有机溶剂。熔点 57~60℃，沸点 80℃(0.133kPa)，蒸气压 6.65Pa(25℃)，辛醇/水分配系数 3.98，闪点 87℃。

主要用途 用于有机合成，用于生产药物、杀虫剂、胺类和脲类等。

包装与储运

包装标志　有毒品

包装类别　Ⅱ类

安全储运　储存于阴凉、干燥、通风良好的库房。远离火种、热源。防止阳光直射。储存温度不超过35℃，相对湿度不超过85%。保持容器密封。应与氧化剂、碱类、醇类、胺类等等隔离储运。搬运时轻装轻卸，防止容器受损。

紧急处置信息

急救措施

吸入：迅速脱离现场至空气新鲜处。保持呼吸道通畅。如呼吸困难，给输氧。呼吸、心跳停止，立即进行心肺复苏术。就医。

眼睛接触：立即分开眼睑，用流动清水或生理盐水彻底冲洗。就医。

皮肤接触：立即脱去污染的衣着，用肥皂水和清水彻底冲洗。就医。

食入：漱口，饮水。就医。

灭火方法　消防人员须佩戴正压自给式呼吸器，穿全身消防服，在上风向灭火。尽可能将容器从火场移至空旷处。喷水保持火场容器冷却，直至灭火结束。

灭火剂：雾状水、泡沫、干粉、二氧化碳、沙土。

泄漏应急处置　隔离泄漏污染区，限制出入。建议应急处理人员戴防尘口罩，穿防毒服。作业时使用的所有设备应接地。穿上适当的防护服前严禁接触破裂的容器和泄漏物。尽可能切断泄漏源。用干燥的沙土或其他不燃材料覆盖泄漏物，然后用塑料布覆盖，减少飞散、避免雨淋。用洁净的铲子收集泄漏物，置于干净、干燥、盖子较松的容器中，将容器移离泄漏区。

185. 4-(2,4-二氯苯甲酰基)-1,3-二甲基-5-吡唑基-4-甲苯磺酸盐

标　识

中文名称　4-(2，4-二氯苯甲酰基)-1，3-二甲基-5-吡唑基-4-甲苯磺酸盐

英文名称　4-(2，4-Dichlorobenzoyl)-1，3-dimethyl-5-pyrazolyl-4-toluene sulfonate；Pyrazolynate

别名　吡唑特

分子式　$C_{19}H_{16}Cl_2N_2O_4S$

CAS 号　58011-68-0

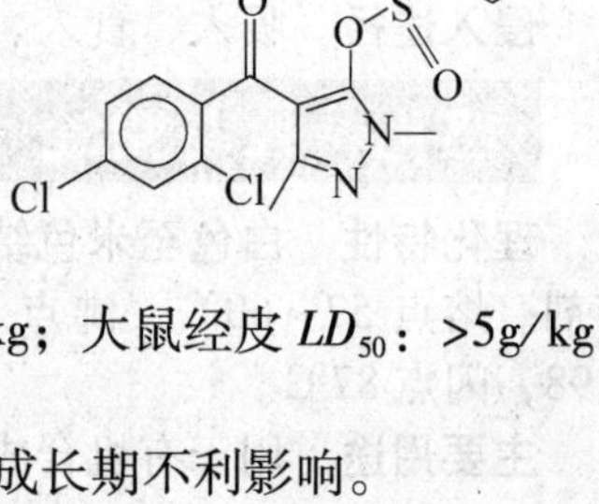

危害信息

禁忌物　强氧化剂、强酸。

毒性　大鼠经口 LD_{50}：9550mg/kg；小鼠经口 LD_{50}：>5g/kg；大鼠经皮 LD_{50}：>5g/kg。

侵入途径　吸入、食入、经皮吸收。

环境危害　对水生生物有极高毒性，可能在水生环境中造成长期不利影响。

理化特性与用途

理化特性 无色棒状结晶体。不溶于水，微溶于乙醇、已烷等。熔点 118℃，相对密度(水=1)1.47，辛醇/水分配系数 3.9。

主要用途 除草剂。叶绿素合成抑制剂。用于水稻田防除多种禾本科杂草。

包装与储运

包装标志 杂项

包装类别 Ⅲ类

安全储运 储存于阴凉、通风的库房。远离火种、热源。应与强氧化剂等隔离储运。

紧急处置信息

急救措施

吸入： 迅速脱离现场至空气新鲜处。保持呼吸道通畅。如呼吸困难，给输氧。呼吸、心跳停止，立即进行心肺复苏术。就医。

眼睛接触： 立即分开眼睑，用流动清水或生理盐水彻底冲洗。就医。

皮肤接触： 立即脱去污染的衣着，用肥皂水和清水彻底冲洗。就医。

食入： 漱口，饮水。就医。

泄漏应急处置 隔离泄漏污染区，限制出入。建议应急处理人员戴防尘口罩，穿防毒服。穿上适当的防护服前严禁接触破裂的容器和泄漏物。尽可能切断泄漏源。用塑料布覆盖泄漏物，减少飞散。勿使水进入包装容器内。用洁净的铲子收集泄漏物，置于干净、干燥、盖子较松的容器中，将容器移离泄漏区。

186. 2-[4-(2,4-二氯苯甲酰基)-1,3-二甲基-5-吡唑基氧]乙酰苯酮

标 识

中文名称 2-[4-(2，4-二氯苯甲酰基)-1，3-二甲基-5-吡唑基氧]乙酰苯酮

英文名称 2-[4-(2，4-Dichlorobenzoyl)-1，3-dimethyl -5-pyrazolyloxy] acetphenone；Pyrazoxyfen

别名 苄草唑

分子式 $C_{20}H_{16}Cl_2N_2O_3$

CAS 号 71561-11-0

O
O
O
N
N
Cl
Cl

危害信息

禁忌物 强氧化剂。

毒性 大鼠经口 LD_{50}：1644mg/kg；大鼠经皮 LD_{50}：>5g/kg；小鼠经口 LD_{50}：>8450mg/kg。

侵入途径 吸入、食入、经皮吸收。

环境危害 对水生生物有极高毒性，可能在水生环境中造成长期不利影响。

理化特性与用途

理化特性　无色结晶。微溶于水，溶于丙酮、苯、氯仿、己烷、甲苯，微溶于乙醇。熔点 111.5℃，相对密度(水=1)1.37，饱和蒸气压 0.048mPa(25℃)，辛醇/水分配系数 3.69。

主要用途　本品属吡唑类除草剂。叶绿素合成抑制剂。为广谱稻田除草剂，水稻移栽后 1~7 天杂草萌芽前或杂草萌芽后施用，可防除一年生和多年生杂草。

包装与储运

包装标志　杂项

包装类别　Ⅲ类

安全储运　储存于阴凉、通风的库房。远离火种、热源。应与强氧化剂等隔离储运。

紧急处置信息

急救措施

吸入：迅速脱离现场至空气新鲜处。保持呼吸道通畅。如呼吸困难，给输氧。呼吸、心跳停止，立即进行心肺复苏术。就医。

眼睛接触：立即分开眼睑，用流动清水或生理盐水彻底冲洗。就医。

皮肤接触：立即脱去污染的衣着，用肥皂水和清水彻底冲洗。就医。

食入：漱口，饮水。就医。

泄漏应急处置　隔离泄漏污染区，限制出入。消除所有点火源。建议应急处理人员戴防尘口罩，穿防毒服。穿上适当的防护服前严禁接触破裂的容器和泄漏物。尽可能切断泄漏源。用塑料布覆盖泄漏物，减少飞散。勿使水进入包装容器内。用洁净的铲子收集泄漏物，置于干净、干燥、盖子较松的容器中，将容器移离泄漏区。

187. 2,6-二氯苯甲腈

标　识

中文名称　2，6-二氯苯甲腈

英文名称　2，6-Dichlorobenzonitrile；Dichlobenil

别名　敌草腈

分子式　$C_7H_3Cl_2N$

CAS 号　1194-65-6

Cl
N≡(苯环)
Cl

危害信息

禁忌物　强氧化剂、强酸。

毒性　大鼠经口 LD_{50}：2710mg/kg；小鼠经口 LD_{50}：2056mg/kg；兔经皮 LD_{50}：1350mg/kg。

中毒表现　吸入对上呼吸道有刺激性。高浓度接触引起头痛、头晕、血压下降、脉搏增快、食欲不振、抽搐、昏迷，甚至死亡。对眼和皮肤有刺激性。可能引起肝肾损害。反复接触可引起皮肤氯痤疮样改变。

侵入途径　吸入、食入、经皮吸收。

环境危害 对水生生物有毒，可能在水生环境中造成长期不利影响。

理化特性与用途

理化特性 白色至灰白色结晶或浅褐色粉末，有芳香气味。不溶于水。熔点 145～146℃，沸点 270℃，相对密度(水=1)1.3，饱和蒸气压 0.073Pa(20℃)，辛醇/水分配系数 2.74。

主要用途 内吸性芽前、苗后除草剂。用于果园、公共绿地等选择性防除一年和多年生杂草。

包装与储运

包装标志 杂项
包装类别 Ⅲ类
安全储运 储存于阴凉、通风的库房。远离火种、热源。应与强氧化剂等隔离储运。

紧急处置信息

急救措施

吸入：迅速脱离现场至空气新鲜处。保持呼吸道通畅。如呼吸困难，给输氧。呼吸、心跳停止，立即进行心肺复苏术。就医。

眼睛接触：立即分开眼睑，用流动清水或生理盐水彻底冲洗。就医。

皮肤接触：立即脱去污染的衣着，用肥皂水和清水彻底冲洗。就医。

食入：漱口，饮水。就医。

泄漏应急处置 隔离泄漏污染区，限制出入。消除所有点火源。建议应急处理人员戴防毒面具，穿防静电防腐蚀服。尽可能切断泄漏源。用塑料布覆盖泄漏物，减少飞散。勿使水进入包装容器内。用洁净的铲子收集泄漏物，置于干净、干燥、盖子较松的容器中，将容器移离泄漏区。

188. 2-(2,4-二氯苯氧基)-(*R*)-丙酸钾

标　识

中文名称 2-(2，4-二氯苯氧基)-(*R*)-丙酸钾
英文名称 Potassium 2-(2，4-dichlorophenoxy)-(*R*)-propionate
分子式 $C_9H_7Cl_2O_3 \cdot K$
CAS 号 113963-87-4

Cl
O
O⁻
Cl
O
K+

危害信息

禁忌物 强氧化剂。
中毒表现 食入有害。眼接触引起严重损害。对皮肤有刺激性和致敏性。
侵入途径 吸入、食入。

理化特性与用途

理化特性 溶于水。

主要用途 用作除草剂和医药原料。

包装与储运

安全储运 储存于阴凉、通风的库房。远离火种、热源。应与强氧化剂等隔离储运。搬运时轻装轻卸，防止容器受损。

紧急处置信息

急救措施

吸入：迅速脱离现场至空气新鲜处。保持呼吸道通畅。如呼吸困难，给输氧。呼吸、心跳停止，立即进行心肺复苏术。就医。

眼睛接触：立即分开眼睑，用流动清水或生理盐水彻底冲洗10~15min。就医。

皮肤接触：立即脱去污染的衣着，用肥皂水和清水彻底冲洗。就医。

食入：漱口，饮水。就医。

泄漏应急处置 隔离泄漏污染区，限制出入。消除所有点火源。建议应急处理人员戴防毒面具，穿防护服。尽可能切断泄漏源。用塑料布覆盖泄漏物，减少飞散。勿使水进入包装容器内。用洁净的铲子收集泄漏物，置于干净、干燥、盖子较松的容器中，将容器移离泄漏区。

189. 二氯吡啶酸

标　识

中文名称 二氯吡啶酸

英文名称 3，6-Dichloropyridine-2-carboxylic acid；Clopyralid；3，6-Dichloropicolinic acid

别名 3，6-二氯吡啶-2-羧酸；二氯皮考啉酸

分子式 $C_6H_3Cl_2NO_2$

CAS 号 1702-17-6

Cl Cl N OH O

危害信息

燃烧与爆炸危险性 可燃。其粉体与空气混合能形成爆炸性混合物，遇明火高热有引起燃烧爆炸的危险。燃烧或受热分解产生有毒和腐蚀性烟气。

禁忌物 强氧化剂。

毒性 大鼠经口 LD_{50}：4300mg/kg；小鼠经口 LD_{50}：>5g/kg；兔经皮 LD_{50}：>2g/kg。

中毒表现 本品对眼有强烈刺激性。长期反复接触对皮肤有轻度刺激性。

侵入途径 吸入、食入、经皮吸收。

理化特性与用途

理化特性 无色或白色结晶。微溶于水，溶于乙腈、甲醇、丙酮，微溶于正己烷。熔点151~152℃，相对密度(水=1)1.57，饱和蒸气压1.6mPa(25℃)，临界温度537℃，临界压力4.59MPa，辛醇/水分配系数1.06。

主要用途 内吸性苗后除草剂。用于谷类、甜菜、亚麻、草莓、葱类作物田防除菊科(如田蓟)、豆科、茄科和伞形科等一年或多年生杂草。

包装与储运

安全储运 储存于阴凉、通风的库房。远离火种、热源。应与强氧化剂等隔离储运。

紧急处置信息

急救措施

吸入：迅速脱离现场至空气新鲜处。保持呼吸道通畅。如呼吸困难，给输氧。呼吸、心跳停止，立即进行心肺复苏术。就医。

眼睛接触：立即分开眼睑，用流动清水或生理盐水彻底冲洗 10~15min。就医。

皮肤接触：立即脱去污染的衣着，用大量流动清水彻底冲洗。就医。

食入：漱口，饮水。就医。

灭火方法 消防人员须穿全身消防服，佩戴正压自给式呼吸器，在上风向灭火。尽可能将容器从火场移至空旷处。喷水保持火场容器冷却，直至灭火结束。

灭火剂：雾状水、泡沫、二氧化碳、干粉、沙土。

泄漏应急处置 隔离泄漏污染区，限制出入。消除所有点火源。建议应急处理人员戴防毒面具，穿防护服。尽可能切断泄漏源。用塑料布覆盖泄漏物，减少飞散。勿使水进入包装容器内。用洁净的铲子收集泄漏物，置于干净、干燥、盖子较松的容器中，将容器移离泄漏区。

190. 1,4-二氯-2-丁炔

标　识

中文名称 1，4-二氯-2-丁炔

英文名称 1，4-Dichloro-2-butyne；1，4-Dichlorobut-2-yne

别名 丁炔二氯

分子式 $C_4H_4Cl_2$

CAS 号 821-10-3

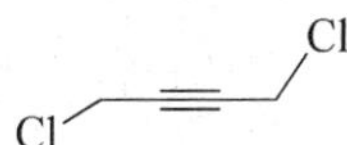

危害信息

危险性类别 第 6 类 有毒品

燃烧与爆炸危险性 可燃。燃烧或受热分解产生氯化物烟气。在高温火场中受热的容器有破裂和爆炸的危险。

禁忌物 强氧化剂。

毒性 小鼠经口 LD_{50}：53.6mg/kg。

侵入途径 吸入、食入。

理化特性与用途

理化特性 无色至淡黄色透明液体。不溶于水。熔点-34.5℃，沸点 165~168℃，相对密度(水=1)1.258，饱和蒸气压 0.25kPa(25℃)，辛醇/水分配系数 2.01，闪点 160℃。

主要用途 用于有机合成和用作医药中间体。

包装与储运

包装标志 有毒品

包装类别 Ⅲ类

安全储运 储存于阴凉、通风的库房。远离火种、热源。储存温度不超过35℃，相对湿度不超过80%。保持容器密封。应与强氧化剂等隔离储运。搬运时轻装轻卸，防止容器受损。

紧急处置信息

急救措施

吸入： 迅速脱离现场至空气新鲜处。保持呼吸道通畅。如呼吸困难，给输氧。呼吸、心跳停止，立即进行心肺复苏术。就医。

眼睛接触： 立即分开眼睑，用流动清水或生理盐水彻底冲洗。就医。

皮肤接触： 立即脱去污染的衣着，用肥皂水和清水彻底冲洗。就医。

食入： 漱口，饮水。就医。

灭火方法 消防人员须穿全身消防服，佩戴正压自给式呼吸器，在上风向灭火。尽可能将容器从火场移至空旷处。喷水保持火场容器冷却，直至灭火结束。处在火场中的容器若发生异常变化或发出异常声音，须马上撤离。

灭火剂：泡沫、二氧化碳、干粉、沙土。

泄漏应急处置 根据液体流动和蒸气扩散的影响区域划定警戒区，无关人员从侧风、上风向撤离至安全区。消除所有点火源。建议应急处理人员戴正压自给式呼吸器，穿防静电、防腐、防毒服。作业时使用的所有设备应接地。禁止接触或跨越泄漏物。尽可能切断泄漏源。防止泄漏物进入水体、下水道、地下室或有限空间。小量泄漏：用沙土或其他不燃材料吸收。使用洁净的无火花工具收集吸收材料。大量泄漏：构筑围堤或挖坑收容。用泡沫覆盖，减少蒸发。用防爆、耐腐蚀泵转移至槽车或专用收集器内。

191. 1-(3,5-二氯-2,4-二氟苯基)-3-(2,6-二氟苯甲酰基)脲

标　识

中文名称 1-(3，5-二氯-2，4-二氟苯基)-3-(2，6-二氟苯甲酰基)脲

英文名称 1-(3，5-Dichloro-2，4-difluorophenyl)-3-(2，6-di-fluorobenzoyl) urea；Teflubenzuron

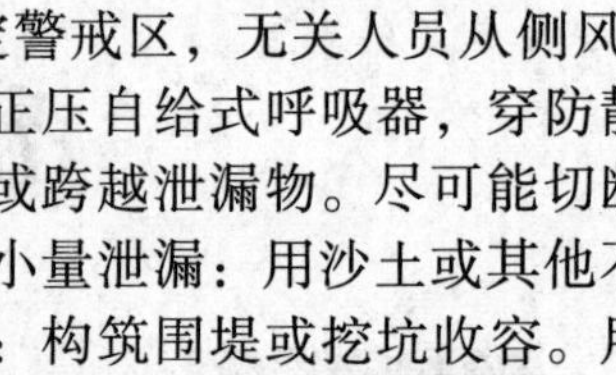

别名 氟苯脲

分子式 $C_{14}H_6Cl_2F_4N_2O_2$

CAS 号 83121-18-0

危害信息

燃烧与爆炸危险性 可燃。其粉体与空气混合能形成爆炸性混合物，遇明火高热有引起燃烧爆炸的危险。燃烧或受热分解产生有毒和腐蚀性的烟气。

禁忌物 强氧化剂。

毒性 大鼠经口 LD_{50}：>5g/kg；小鼠经口 LD_{50}：>5g/kg；大鼠吸入 LC_{50}：>5038mg/m³

(4h)；大鼠经皮 LD_{50}：>2g/kg。

侵入途径 吸入、食入、经皮吸收。

环境危害 对水生生物有极高毒性，可能在水生环境中造成长期不利影响。

理化特性与用途

理化特性 白色至黄色结晶固体。不溶于水，微溶于乙醇、丙酮等。熔点222.5℃，相对密度(水=1)1.68，辛醇/水分配系数4.56。

主要用途 杀虫、杀螨剂。用于柑橘、大豆、棉花、蔬菜、玉米等作物防治多种鳞翅目等害虫和螨类。

包装与储运

包装标志 杂项

包装类别 Ⅲ类

安全储运 储存于阴凉、通风的库房。远离火种、热源。应与强氧化剂等隔离储运。

紧急处置信息

急救措施

吸入：迅速脱离现场至空气新鲜处。保持呼吸道通畅。如呼吸困难，给输氧。呼吸、心跳停止，立即进行心肺复苏术。就医。

眼睛接触：立即分开眼睑，用流动清水或生理盐水彻底冲洗。就医。

皮肤接触：立即脱去污染的衣着，用流动清水彻底冲洗。就医。

食入：漱口，饮水。就医。

灭火方法 消防人员须穿全身消防服，佩戴正压自给式呼吸器，在上风向灭火。尽可能将容器从火场移至空旷处。喷水保持火场容器冷却，直至灭火结束。

灭火剂：雾状水、泡沫、二氧化碳、干粉、沙土。

泄漏应急处置 隔离泄漏污染区，限制出入。消除所有点火源。建议应急处理人员戴防尘口罩，穿防毒服。穿上适当的防护服前严禁接触破裂的容器和泄漏物。尽可能切断泄漏源。用塑料布覆盖泄漏物，减少飞散。勿使水进入包装容器内。用洁净的铲子收集泄漏物，置于干净、干燥、盖子较松的容器中，将容器移离泄漏区。

192. 3，5-二氯-N-(1，1-二甲基-2-丙炔基)苯甲酰胺

标 识

中文名称 3，5-二氯-N-(1，1-二甲基-2-丙炔基)苯甲酰胺

英文名称 Propyzamide；3，5-Dichloro-N-(1，1-dimethylprop-2-ynyl)benzamide

别名 炔苯酰草胺；戊炔草胺

分子式 $C_{12}H_{11}Cl_2NO$

CAS 号 23950-58-5

Cl O NH Cl

危害信息

燃烧与爆炸危险性 可燃。其粉体与空气混合能形成爆炸性混合物，遇明火高热有引

起燃烧爆炸的危险。燃烧或受热分解产生有毒的氮氧化物气体。

禁忌物　强氧化剂。

毒性　大鼠经口 LD_{50}：3350mg/kg；兔经皮 LD：>3160mg/kg。

欧盟法规 1272/2008/EC 将本品列为第 2 类致癌物——可疑的人类致癌物。

中毒表现　口服可引起中毒。对眼和皮肤有刺激作用。

侵入途径　吸入、食入、经皮吸收。

环境危害　对水生生物有毒，可能在水生环境中造成长期不利影响。

理化特性与用途

理化特性　白色结晶固体或白色粉末。易溶于许多脂肪族和芳香族溶剂。熔点 155~156℃，饱和蒸气压 11.3mPa(25℃)，辛醇/水分配系数 3.43。

主要用途　选择性苗后除草剂。用于小粒种子豆科植物、莴苣、草坪和一些观赏植物防除多种禾本科杂草和阔叶杂草。

包装与储运

包装标志　杂项

包装类别　Ⅲ类

安全储运　储存于阴凉、通风的库房。远离火种、热源。应与强氧化剂等隔离储运。

紧急处置信息

急救措施

吸入：迅速脱离现场至空气新鲜处。保持呼吸道通畅。如呼吸困难，给输氧。呼吸、心跳停止，立即进行心肺复苏术。就医。

眼睛接触：立即分开眼睑，用流动清水或生理盐水彻底冲洗。就医。

皮肤接触：立即脱去污染的衣着，用流动清水彻底冲洗。就医。

食入：漱口，饮水。就医。

灭火方法　消防人员须穿全身消防服，佩戴正压自给式呼吸器，在上风向灭火。尽可能将容器从火场移至空旷处。喷水保持火场容器冷却，直至灭火结束。

灭火剂：雾状水、泡沫、二氧化碳、干粉、沙土。

泄漏应急处置　隔离泄漏污染区，限制出入。建议应急处理人员戴防尘口罩，穿防毒服。穿上适当的防护服前严禁接触破裂的容器和泄漏物。尽可能切断泄漏源。用塑料布覆盖泄漏物，减少飞散。勿使水进入包装容器内。用洁净的铲子收集泄漏物，置于干净、干燥、盖子较松的容器中，将容器移离泄漏区。

193. 二氯二硝基甲烷

标　识

O^- N^+(=O) — C(Cl)(Cl) — N^+(=O) O^-

中文名称　二氯二硝基甲烷

英文名称　Dichlorodinitromethane

分子式　$CCl_2N_2O_4$

CAS 号　1587-41-3

危害信息

危险性类别 第6类 有毒品

燃烧与爆炸危险性 在火场中产生有毒、刺激性和腐蚀性烟气。受热分解产生有毒气体。

禁忌物 强氧化剂。

毒性 小鼠腹腔内 LD_{50}：20mg/kg。

中毒表现 食入有毒。

侵入途径 吸入、食入。

环境危害 对水生生物有毒，可能在水生环境中造成长期不利影响。

理化特性与用途

理化特性 液体，有刺激性气味。熔点>-10℃，沸点121~122.5℃，相对密度(水=1) 1.6124，饱和蒸气压1.34kPa(25℃)，辛醇/水分配系数0.200。

主要用途 用作土壤杀菌剂。

包装与储运

包装标志 有毒品

包装类别 Ⅲ类

安全储运 储存于阴凉、通风的库房。远离火种、热源。储存温度不超过35℃，相对湿度不超过80%。保持容器密封。应与强氧化剂等隔离储运。搬运时轻装轻卸，防止容器受损。

紧急处置信息

急救措施

吸入：迅速脱离现场至空气新鲜处。保持呼吸道通畅。如呼吸困难，给输氧。呼吸、心跳停止，立即进行心肺复苏术。就医。

眼睛接触：立即分开眼睑，用流动清水或生理盐水彻底冲洗。就医。

皮肤接触：立即脱去污染的衣着，用肥皂水和清水彻底冲洗。就医。

食入：漱口，饮水。就医。

泄漏应急处置 根据液体流动和蒸气扩散的影响区域划定警戒区，无关人员从侧风、上风向撤离至安全区。建议应急处理人员戴正压自给式呼吸器，穿防毒服，戴橡胶手套。穿上适当的防护服前严禁接触破裂的容器和泄漏物。尽可能切断泄漏源。防止泄漏物进入水体、下水道、地下室或有限空间。小量泄漏：用干燥的沙土或其他不燃材料吸收或覆盖，收集于容器中。大量泄漏：构筑围堤或挖坑收容。用沙土、惰性物质或蛭石吸收大量液体。用泵转移至槽车或专用收集器内。

194. 二氯化钛

标　识

中文名称 二氯化钛

英文名称 Titanium dichloride; Titanium chloride ($TiCl_2$)

分子式　$TiCl_2$

CAS 号　10049-06-6

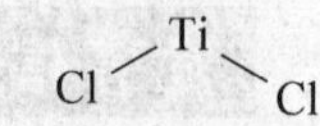

危害信息

燃烧与爆炸危险性　不燃，无特殊燃爆特性。与水强烈反应，放出易爆炸着火的氢气。

活性反应　与水强烈反应

禁忌物　强氧化剂。

中毒表现　本品对皮肤、黏膜有刺激性。

侵入途径　吸入、食入。

理化特性与用途

理化特性　黑色六边形结晶或红棕色固体，具有吸湿性。溶于乙酸，微溶于氯仿、乙醚、二硫化碳。熔点 1035℃，沸点 1500℃，相对密度(水=1)3.13。

主要用途　用作试剂等。

包装与储运

安全储运　储存于阴凉、干燥、通风的库房。远离火种、热源。保持容器密封。应与强氧化剂等隔离储运。

紧急处置信息

急救措施

吸入：迅速脱离现场至空气新鲜处。保持呼吸道通畅。如呼吸困难，给输氧。呼吸、心跳停止，立即进行心肺复苏术。就医。

眼睛接触：立即分开眼睑，用流动清水或生理盐水彻底冲洗。就医。

皮肤接触：立即脱去污染的衣着，用肥皂水和清水彻底冲洗。就医。

食入：漱口，饮水。就医。

灭火方法　消防人员必须穿全身防火防毒服，佩戴正压自给式呼吸器，在上风向灭火。灭火时，尽可能将容器从火场移至空旷处。

本品不燃，根据着火原因选择适当灭火剂灭火。

泄漏应急处置　隔离泄漏污染区，限制出入。建议应急处理人员戴防尘口罩，穿防腐蚀服。穿上适当的防护服前严禁接触破裂的容器和泄漏物。尽可能切断泄漏源。用塑料布覆盖泄漏物，减少飞散。勿使水进入包装容器内。用洁净的铲子收集泄漏物，置于干净、干燥、盖子较松的容器中，将容器移离泄漏区。

195. 二氯化锡

标　识

中文名称　二氯化锡

英文名称　Tin(Ⅱ)chloride；Stannous chloride

别名　氯化亚锡

分子式　$SnCl_2$

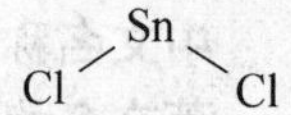

CAS 号 7772-99-8

危害信息

危险性类别 第 8 类 腐蚀品

燃烧与爆炸危险性 不燃，无特殊燃爆特性。受高热分解产生有毒的腐蚀性烟气。

禁忌物 强氧化剂。

毒性 大鼠经口 LD_{50}：700mg/kg；小鼠经口 LD_{50}：250mg/kg。

中毒表现 误服后可能发生胃肠道刺激反应，出现恶心、呕吐、腹泻症状。长期吸入粉尘，可引起锡肺。

侵入途径 吸入、食入。

职业接触限值 美国(ACGIH)：TLV-TWA 2mg/m^3[按 Sn 计]。

环境危害 对水生生物有极高毒性，可能在水生环境中造成长期不利影响。

理化特性与用途

理化特性 无色或白色单斜结晶或白色粉末。溶于水，溶于吡啶、乙酸甲酯、乙酸乙酯、异丁醇，不溶于石脑油。熔点 246℃，沸点 652℃，相对密度(水=1)3.95，饱和蒸气压 3.3kPa(427.9℃)。

主要用途 强还原剂。常用于纺织工业，还用于玻璃、搪瓷等工业。

包装与储运

包装标志 腐蚀品

包装类别 Ⅲ类

安全储运 储存于阴凉、通风的库房。远离火种、热源。储存温度不超过 30℃，相对湿度不超过 75%。保持容器密封。应与强氧化剂、强碱、醇类、胺类等隔离储运。搬运时轻装轻卸，防止容器受损。

紧急处置信息

急救措施

吸入：迅速脱离现场至空气新鲜处。保持呼吸道通畅。如呼吸困难，给输氧。呼吸、心跳停止，立即进行心肺复苏术。就医。

眼睛接触：立即分开眼睑，用流动清水或生理盐水彻底冲洗。就医。

皮肤接触：立即脱去污染的衣着，用流动清水彻底冲洗。就医。

食入：漱口，饮水。就医。

灭火方法 消防人员必须穿全身防火防毒服，佩戴正压自给式呼吸器，在上风向灭火。灭火时，尽可能将容器从火场移至空旷处。

本品不燃，根据着火原因选择适当灭火剂灭火。

泄漏应急处置 隔离泄漏污染区，限制出入。建议应急处理人员戴防尘口罩，穿防酸碱服，戴橡胶耐酸碱手套。穿上适当的防护服前严禁接触破裂的容器和泄漏物。尽可能切断泄漏源。小量泄漏：用干燥的沙土或其他不燃材料覆盖泄漏物，用洁净的无火花工具收集泄漏物，置于一盖子较松的塑料容器中，待处置。大量泄漏：用塑料布覆盖泄漏物，减少飞散，避免雨淋。在专家指导下清除。

196. 3,6-二氯-2-甲氧基苯甲酸钠

标　识

中文名称　3，6-二氯-2-甲氧基苯甲酸钠

英文名称　Sodium 3，6-dichloro-*o*-anisate；Sodium dicamba；Dicamba-sodium

别名　3，6-二氯邻甲氧基苯甲酸钠；麦草畏钠盐

分子式　$C_8H_6Cl_2O_3 \cdot Na$

CAS 号　1982-69-0

Cl　O　O^-　Na^+　O　Cl

危害信息

燃烧与爆炸危险性　可燃。其粉体与空气混合能形成爆炸性混合物，遇明火高热有引起燃烧爆炸的危险。燃烧或受热分解产生有毒和腐蚀性烟气。

禁忌物　强氧化剂。

毒性　大鼠经口 LD_{50}：>1000mg/kg；兔经皮 LD_{50}：>400mg/kg。

中毒表现　对皮肤黏膜有轻度刺激作用。吸入时可引起鼻咽部烧灼感、咳嗽等。胃肠道症状包括恶心、呕吐、腹痛、腹泻等。

侵入途径　吸入、食入、经皮吸收。

环境危害　对水生生物有害，可能在水生环境中造成长期不利影响。

理化特性与用途

理化特性　结晶固体或无色至浅黄色薄片。溶于水。沸点 326.1℃，闪点 151℃。

主要用途　用作除草剂。

包装与储运

安全储运　储存于阴凉、通风的库房。远离火种、热源。应与强氧化剂、酸类、重金属盐、石硫合剂等隔离储运。

紧急处置信息

急救措施

吸入：迅速脱离现场至空气新鲜处。保持呼吸道通畅。如呼吸困难，给输氧。呼吸、心跳停止，立即进行心肺复苏术。就医。

眼睛接触：立即分开眼睑，用流动清水或生理盐水彻底冲洗。就医。

皮肤接触：立即脱去污染的衣着，用肥皂水和清水彻底冲洗。就医。

食入：漱口，饮水。就医。

灭火方法　消防人员须穿全身消防服，佩戴正压自给式呼吸器，在上风向灭火。尽可能将容器从火场移至空旷处。喷水保持火场容器冷却，直至灭火结束。

灭火剂：雾状水、抗溶性泡沫、二氧化碳、干粉、沙土。

泄漏应急处置　隔离泄漏污染区，限制出入。消除所有点火源。建议应急处理人员戴防尘口罩，穿一般作业工作服。尽可能切断泄漏源。用塑料布覆盖泄漏物，减少飞散。勿使水进入包装容器内。用洁净的铲子收集泄漏物，置于干净、干燥、盖子较松的容器中，将容器移离泄漏区。

197. 2-[4-(2,4-二氯间甲苯酰)-1,3-二甲基-5-吡唑基氧]-4-甲基苯乙酮

标识

中文名称 2-[4-(2, 4-二氯间甲苯酰)-1, 3-二甲基-5-吡唑基氧]-4-甲基苯乙酮

英文名称 2-[4-(2, 4-Dichloro-*m*-toluoyl)-1, 3-dimethyl-5-pyrazolyloxy] -4-methyl acetophenone; Benzofenap

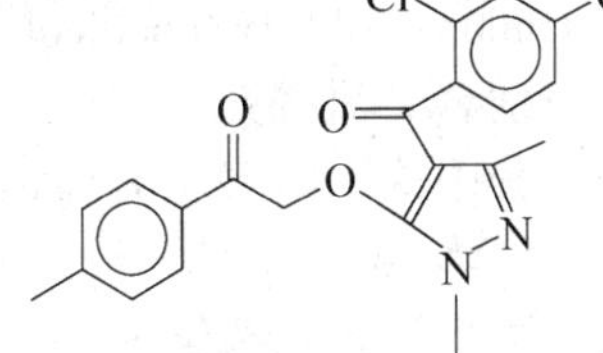

别名 吡草酮

分子式 $C_{22}H_{20}Cl_2N_2O_3$

CAS 号 82692-44-2

危害信息

燃烧与爆炸危险性 可燃。其粉体与空气混合能形成爆炸性混合物，遇明火高热有引起燃烧爆炸的危险。燃烧产生有毒和腐蚀性的烟雾。

禁忌物 强氧化剂。

毒性 大鼠经口 LD_{50}：>15g/kg；大鼠经皮 LD_{50}：>5g/kg；小鼠经口 LD_{50}：>15g/kg。

中毒表现 对眼和皮肤有刺激性。

侵入途径 吸入、食入。

环境危害 对水生生物有极高毒性，可能在水生环境中造成长期不利影响。

理化特性与用途

理化特性 无色或白色固体。不溶于水，溶于氯仿、二甲苯等。熔点 133.3℃，相对密度(水=1)1.3，饱和蒸气压 0.013mPa(30℃)，辛醇/水分配系数 4.69。

主要用途 除草剂。主要用于水稻田防除一年或多年生杂草。

包装与储运

包装标志 杂项

包装类别 Ⅲ类

安全储运 储存于阴凉、通风的库房。远离火种、热源。保持容器密封。应与强氧化剂等隔离储运。

紧急处置信息

灭火方法 消防人员须穿全身消防服，佩戴正压自给式呼吸器，在上风向灭火。尽可能将容器从火场移至空旷处。喷水保持火场容器冷却，直至灭火结束。

灭火剂：雾状水、泡沫、二氧化碳、干粉、沙土。

泄漏应急处置 隔离泄漏污染区，限制出入。消除所有点火源。建议应急处理人员戴防尘口罩，穿防毒服。穿上适当的防护服前严禁接触破裂的容器和泄漏物。尽可能切断泄漏源。用塑料布覆盖泄漏物，减少飞散。勿使水进入包装容器内。用洁净的铲子收集泄漏物，置于干净、干燥、盖子较松的容器中，将容器移离泄漏区。

198. (2,2-二氯-*N*-[2-羟基-1-(羟甲基)-2-(4-硝基苯基)乙基]乙酰胺

标　识

中文名称　(2，2-二氯-*N*-[2-羟基-1-(羟甲基)-2-(4-硝基苯基)乙基]乙酰胺

英文名称　2，2-Dichloro-*N*-[2-hydroxy-1-(hydroxymethyl)-2-(4-nitrophenyl)ethyl] acetamide；Chloramphenicol

别名　氯霉素

分子式　$C_{11}H_{12}Cl_2N_2O_5$

CAS 号　56-75-7

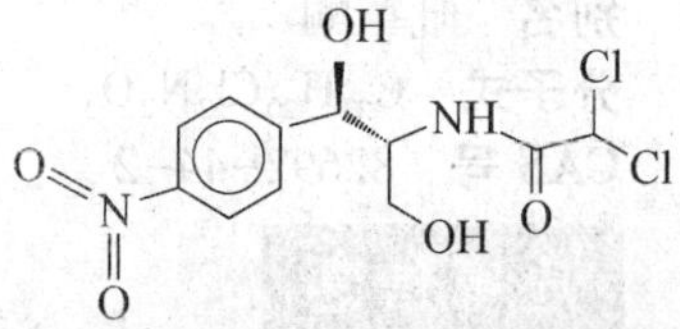

危害信息

燃烧与爆炸危险性　可燃。其粉体与空气混合能形成爆炸性混合物，遇明火高热有引起燃烧爆炸的危险。燃烧或受热产生有毒和腐蚀性的烟气。

禁忌物　强氧化剂。

毒性　大鼠经口 LD_{50}：2500mg/kg；小鼠经口 LD_{50}：1500mg/kg。

IARC 致癌性评论：G2A，可能人类致癌物。

中毒表现　口服后引起恶心、呕吐、食欲不振、舌炎、口腔炎。可致造血系统损害，出现贫血、白细胞减少和血小板减少，甚至严重的不可逆性再生障碍性贫血。可引起周围神经炎、视神经炎及视力障碍，可出现中毒性精神病。过敏反应较少见，可有各种皮疹、日光性皮炎、血管神经性水肿，偶可发生过敏性休克。

侵入途径　吸入、食入。

理化特性与用途

理化特性　白色、灰白色至淡黄色针状或柱状结晶或粉末。熔点 150.5~151.5℃，沸点(升华)，相对密度(水=1)1.49，相对蒸气密度(空气=1)11.1，辛醇/水分配系数 1.14。

主要用途　用于治疗由伤寒杆菌、痢疾杆菌、大肠杆菌、流感杆菌、布氏杆菌、肺炎球菌等引起的感染。也用作农用抗生素。

包装与储运

安全储运　储存于阴凉、通风的库房。远离火种、热源。应与强氧化剂等隔离储运。

紧急处置信息

急救措施

吸入：迅速脱离现场至空气新鲜处。保持呼吸道通畅。如呼吸困难，给输氧。呼吸、心跳停止，立即进行心肺复苏术。就医。

眼睛接触：立即分开眼睑，用流动清水或生理盐水彻底冲洗。就医。

皮肤接触：立即脱去污染的衣着，用流动清水彻底冲洗。就医。

食入：漱口，饮水。就医。

灭火方法　消防人员须穿全身消防服，佩戴正压自给式呼吸器，在上风向灭火。尽可

能将容器从火场移至空旷处。喷水保持火场容器冷却，直至灭火结束。

灭火剂：雾状水、泡沫、二氧化碳、干粉、沙土。

泄漏应急处置 隔离泄漏污染区，限制出入。建议应急处理人员戴防尘口罩，穿防毒服。穿上适当的防护服前严禁接触破裂的容器和泄漏物。尽可能切断泄漏源。用塑料布覆盖泄漏物，减少飞散。勿使水进入包装容器内。用洁净的铲子收集泄漏物，置于干净、干燥、盖子较松的容器中，将容器移离泄漏区。

199. 2′,4-二氯-α,α,α-三氟-4′-硝基间甲苯磺酰苯胺

标 识

中文名称 2′，4-二氯-α，α，α-三氟-4′-硝基间甲苯磺酰苯胺

英文名称 2′，4-Dichloro-α，α，α-trifluoro-4′-nitro-*m*-toluene sulfonanilide；Flusulfamide

别名 磺菌胺；甲苯氟磺胺

分子式 $C_{13}H_7Cl_2F_3N_2O_4S$

CAS号 106917-52-6

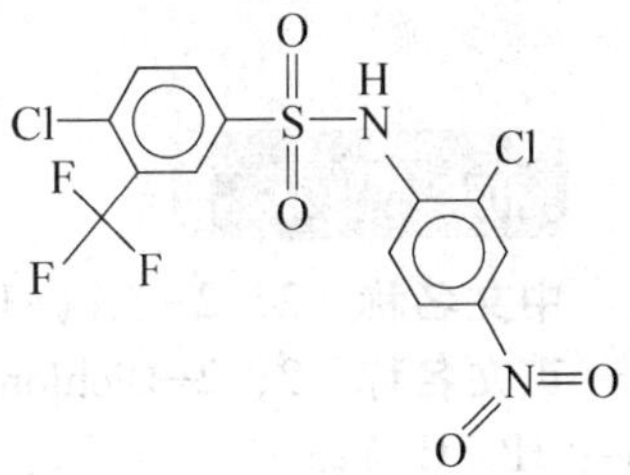

危害信息

危险性类别 第6类 有毒品

燃烧与爆炸危险性 可燃。燃烧产生有毒的氮氧化物和硫氧化物气体。

禁忌物 强氧化剂、强酸。

毒性 大鼠经口 LD_{50}：132mg/kg；小鼠经口 LD_{50}：245mg/kg；大鼠经皮 LD_{50}：>2000mg/kg。

侵入途径 吸入、食入、经皮吸收。

环境危害 对水生生物有极高毒性，可能在水生环境中造成长期不利影响。

理化特性与用途

理化特性 淡黄色结晶。不溶于水，溶于丙酮、四氢呋喃，微溶于甲醇、甲苯。熔点170℃，相对密度(水=1)1.739，辛醇/水分配系数5.79。

主要用途 杀菌剂。用于甜菜、白菜等作物防治根肿病等病害。

包装与储运

包装标志 有毒品

包装类别 Ⅱ类

安全储运 储存于阴凉、通风的库房。远离火种、热源。储存温度不超过35℃，相对湿度不超过85%。保持容器密封。应与强氧化剂、强碱等隔离储运。搬运时轻装轻卸，防止容器受损。

紧急处置信息

急救措施

吸入：迅速脱离现场至空气新鲜处。保持呼吸道通畅。如呼吸困难，给输氧。呼吸、心跳停止，立即进行心肺复苏术。就医。

眼睛接触：立即分开眼睑，用流动清水或生理盐水彻底冲洗。就医。

皮肤接触：立即脱去污染的衣着，用流动清水彻底冲洗。就医。

食入：饮适量温水，催吐(仅限于清醒者)。就医。

灭火方法 消防人员须穿全身消防服，佩戴正压自给式呼吸器，在上风向灭火。尽可能将容器从火场移至空旷处。喷水保持火场容器冷却，直至灭火结束。

灭火剂：雾状水、泡沫、二氧化碳、干粉、沙土。

泄漏应急处置 隔离泄漏污染区，限制出入。建议应急处理人员戴防尘口罩，穿防毒服。尽可能切断泄漏源。用塑料布覆盖泄漏物，减少飞散。勿使水进入包装容器内。用洁净的铲子收集泄漏物，置于干净、干燥、盖子较松的容器中，将容器移离泄漏区。

200. 2,2-二氯-1,1,1-三氟乙烷

标　识

中文名称 2，2-二氯-1，1，1-三氟乙烷

英文名称 2，2-Dichloro-1，1，1-trifluoroethane；1，1-Dichloro-2，2，2-trifluoroethane；HCFC-123

别名 1，1，1-三氟-2，2-二氯乙烷；氟利昂-123

分子式 $C_2HCl_2F_3$

CAS 号 306-83-2

F, F, F, Cl, Cl

危害信息

燃烧与爆炸危险性 不燃。在高温火场中，受热的容器有破裂和爆炸的危险。受热分解，放出有毒和腐蚀性的烟雾。

禁忌物 强氧化剂。

毒性 大鼠经口 *LDLo*：9g/kg；大鼠吸入 LC_{50}：32000ppm(4h)；小鼠吸入 LC_{50}：74000ppm(1h)；大鼠经皮 LD_{50}：>2000mg/kg；兔经皮 LD_{50}：>2000mg/kg。

中毒表现 高浓度吸入出现头昏、嗜睡、精神错乱、神志不清。对眼有刺激性，引起红肿、疼痛。

侵入途径 吸入、食入、经皮吸收。

理化特性与用途

理化特性 无色透明液体，微有醚的气味。微溶于水。熔点-107℃，沸点 28℃，相对密度(水=1)1.5，饱和蒸气压 95.5kPa(25℃)，临界温度 185℃，临界压力 3.79MPa，辛醇/水分配系数 2.17。

主要用途 用作制冷剂。

紧急处置信息

急救措施

吸入： 迅速脱离现场至空气新鲜处。保持呼吸道通畅。如呼吸困难，给输氧。呼吸、心跳停止，立即进行心肺复苏术。就医。

眼睛接触： 立即分开眼睑，用流动清水或生理盐水彻底冲洗。就医。

皮肤接触： 立即脱去污染的衣着，用流动清水彻底冲洗。就医。

食入： 漱口，饮水。就医。

灭火方法 消防人员佩戴正压自给式呼吸器，穿全身消防服，在上风向灭火。喷水保持火场容器冷却，直至灭火结束。尽可能将容器从火场移至空旷处。

本品不燃，根据着火原因选择适当灭火剂灭火。

泄漏应急处置 消除所有点火源。根据液体流动和蒸气扩散的影响区域划定警戒区，无关人员从侧风、上风向撤离至安全区。建议应急处理人员戴正压自给式呼吸器，穿防静电服。作业时使用的所有设备应接地。禁止接触或跨越泄漏物。尽可能切断泄漏源。喷雾状水抑制蒸气或改变蒸气云流向，避免水流接触泄漏物。禁止用水直接冲击泄漏物或泄漏源。防止泄漏物进入水体、下水道、地下室或有限空间。小量泄漏：用干燥的沙土或其他不燃材料吸收，收集于容器中。大量泄漏：构筑围堤或挖坑收容。用泵转移至槽车或专用收集器内。

201. 二氯五氟丙烷

标 识

中文名称 二氯五氟丙烷

英文名称 1，1-Dichloro-2，2，3，3，3-pentafluoropropane；Dichloropentafluoropropane；HCFC-225ca

别名 3，3-二氯-1，1，1，2，2-五氟丙烷

分子式 $C_3HCl_2F_5$

CAS 号 422-56-0

F F F F F Cl Cl

危害信息

燃烧与爆炸危险性 不燃。在高温火场中受热的容器有破裂和爆炸的危险。

禁忌物 强氧化剂。

毒性 大鼠经口 LD_{50}：>5g/kg；大鼠吸入 LC_{50}：37300ppm（4h）；大鼠经皮 LD_{50}：>52g/kg。

侵入途径 吸入、食入。

理化特性与用途

理化特性 无色无气味液体。熔点-94℃，沸点 51.1℃，相对密度（水=1）1.55，饱和蒸气压 31.9kPa（25℃），辛醇/水分配系数 3.2。

主要用途 用作清洗剂，可替代 CFC-113。

包装与储运

安全储运　储存于阴凉、通风的库房。远离火种、热源。

紧急处置信息

急救措施

吸入：迅速脱离现场至空气新鲜处。保持呼吸道通畅。如呼吸困难，给输氧。呼吸、心跳停止，立即进行心肺复苏术。就医

眼睛接触：立即分开眼睑，用流动清水或生理盐水彻底冲洗。就医

皮肤接触：立即脱去污染的衣着，用流动清水彻底冲洗。就医

食入：漱口，饮水。就医。

灭火方法　消防人员须穿全身消防服，佩戴正压自给式呼吸器，在上风向灭火。尽可能将容器从火场移至空旷处。喷水保持火场容器冷却，直至灭火结束。处在火场中的容器若发生异常变化或发出异常声音，须马上撤离。

灭火剂：泡沫、二氧化碳、干粉、沙土。

泄漏应急处置　根据液体流动和蒸气扩散的影响区域划定警戒区，无关人员从侧风、上风向撤离至安全区。建议应急处理人员戴正压自给式呼吸器，穿防毒服。穿上适当的防护服前严禁接触破裂的容器和泄漏物。尽可能切断泄漏源。防止泄漏物进入水体、下水道、地下室或有限空间。小量泄漏：用干燥的沙土或其他不燃材料吸收或覆盖，收集于容器中。大量泄漏：构筑围堤或挖坑收容。用泵转移至槽车或专用收集器内。

202. 1,2-二氯-3-硝基苯

标　识

中文名称　1，2-二氯-3-硝基苯

英文名称　1，2- Dichloro-3-nitrobenzene；2，3-Dichloronitro benzene

别名　2，3-二氯硝基苯

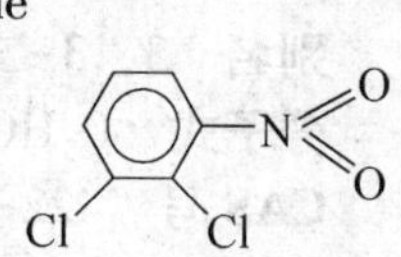

分子式　$C_6H_3Cl_2NO_2$

CAS 号　3209-22-1

Cl　Cl　N　O　O

危害信息

危险性类别　第 6.1 类　有毒品

燃烧与爆炸危险性　可燃。其粉体与空气混合能形成爆炸性混合物，遇明火高热有引起燃烧爆炸的危险。燃烧产生有毒的氮氧化物气体。

禁忌物　强氧化剂。

毒性　大鼠经口 LD_{50}：381mg/kg。

中毒表现　对皮肤、黏膜及呼吸道有刺激作用。吸收后导致体内形成高铁血红蛋白，引起紫绀。

侵入途径　吸入、食入、经皮吸收。

理化特性与用途

理化特性　无色至黄色单斜针状结晶。不溶于水，溶于乙醇、乙醚、丙酮、苯、石油

醚，微溶于氯仿。熔点 61℃，沸点 257~258℃，相对密度(水=1)1.7，相对蒸气密度(空气=1)6.6，饱和蒸气压 0.67Pa(25℃)，辛醇/水分配系数 3.05，闪点 123℃。

主要用途 用作化学中间体，用于制造农用化学品、抗菌和抗原虫药，及作为研究用化学品。

包装与储运

包装标志 有毒品

包装类别 Ⅲ类

安全储运 储存于阴凉、通风的库房。远离火种、热源。储存温度不超过 35℃，相对湿度不超过 85%。保持容器密封。应与强氧化剂、强酸等隔离储运。

紧急处置信息

急救措施

吸入：立即脱离接触。如呼吸困难，给吸氧。如呼吸心跳停止，立即行心肺复苏术。就医。

眼睛接触：分开眼睑，用清水或生理盐水冲洗。如有不适感，就医。

皮肤接触：立即脱去污染衣着，用肥皂水或清水彻底冲洗。就医。

食入：漱口，饮水。就医。

可引起高铁血红蛋白血症，可用美蓝和维生素 C 治疗。

灭火方法 消防人员须穿全身消防服，佩戴正压自给式呼吸器，在上风向灭火。尽可能将容器从火场移至空旷处。喷水保持火场容器冷却，直至灭火结束。

灭火剂：雾状水、泡沫、二氧化碳、干粉、沙土。

泄漏应急处置 隔离泄漏污染区，限制出入。消除所有点火源。建议应急处理人员戴防尘口罩，穿防毒服。穿上适当的防护服前严禁接触破裂的容器和泄漏物。尽可能切断泄漏源。用塑料布覆盖泄漏物，减少飞散。勿使水进入包装容器内。用洁净的铲子收集泄漏物，置于干净、干燥、盖子较松的容器中，将容器移离泄漏区。

203. 2,5-二氯硝基苯

标　识

中文名称 2，5-二氯硝基苯

英文名称 2，5-Dichloronitrobenzene；1，4-Dichloro-2-nitrobenzene

别名 1，4-二氯-2-硝基苯

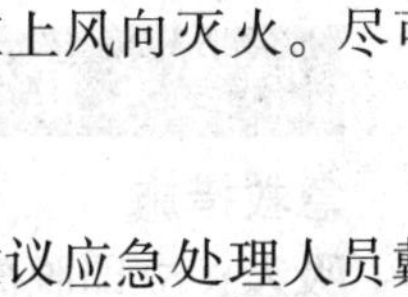

分子式 $C_6H_3Cl_2NO_2$

CAS 号 89-61-2

铁危编号 61679

危害信息

危险性类别 第 6 类 有毒品

燃烧与爆炸危险性 可燃。其粉体与空气混合，能形成爆炸性混合物，当达到一定浓度时，遇火星会发生爆炸。与氧化剂能发生强烈反应。燃烧或受高热分解放出有毒或刺激性的烟气。

禁忌物　强氧化剂。

毒性　大鼠经口 LD_{50}：1000mg/kg；小鼠经口 LD_{50}：2850mg/kg。

中毒表现　吸入、摄入或经皮肤吸收后对身体有害。对眼睛、皮肤、黏膜和上呼吸道有刺激作用。吸收后体内可形成高铁血红蛋白而致紫绀。

侵入途径　吸入、食入、经皮吸收。

理化特性与用途

理化特性　黄色片状结晶固体。不溶于水。熔点 55℃，沸点 267℃，相对密度(水=1) 1.67，相对蒸气密度(空气=1)6.6，饱和蒸气压 0.67Pa(25℃)，辛醇/水分配系数 2.93，闪点 135℃，引燃温度 465℃，爆炸下限 2.4%，爆炸上限 8.5%。

主要用途　用作染料中间体，也是氮肥增效剂。

包装与储运

包装标志　有毒品

包装类别　Ⅲ类

安全储运　储存于阴凉、通风的库房。远离火种、热源。储存温度不超过 35℃，相对湿度不超过 85%。保持容器密封。应与强氧化剂、强碱等隔离储运。搬运时轻装轻卸，防止容器受损。

紧急处置信息

急救措施

吸入：立即脱离接触。如呼吸困难，给吸氧。如呼吸心跳停止，立即行心肺复苏术。就医。

眼睛接触：分开眼睑，用清水或生理盐水冲洗。如有不适感，就医。

皮肤接触：立即脱去污染衣着，用肥皂水或清水彻底冲洗。就医。

食入：漱口，饮水。就医。

高铁血红蛋白血症，可用美蓝和维生素 C 治疗。

灭火方法　消防人员须佩戴正压自给式呼吸器，穿全身消防服，在上风向灭火。尽可能将容器从火场移至空旷处。喷水保持火场容器冷却，直至灭火结束。

灭火剂：雾状水、泡沫、干粉、二氧化碳、沙土。

泄漏应急处置　隔离泄漏污染区，限制出入。消除所有点火源。建议应急处理人员戴防尘口罩，穿防毒服。穿上适当的防护服前严禁接触破裂的容器和泄漏物。尽可能切断泄漏源。用塑料布覆盖泄漏物，减少飞散。勿使水进入包装容器内。用洁净的铲子收集泄漏物，置于干净、干燥、盖子较松的容器中，将容器移离泄漏区。

204. 2,4-二氯-6-硝基苯酚

标　识

中文名称　2，4-二氯-6-硝基苯酚

英文名称　2，4-Dichloro-6-nitrophenol

别名 氯硝酚

分子式 $C_6H_3Cl_2NO_3$

CAS 号 609-89-2

危害信息

燃烧与爆炸危险性 易燃。与空气混合能形成爆炸性混合物。燃烧或受热分解产生有毒和腐蚀性的烟气。在高温火场中，受热的容器有破裂和爆炸的危险。

禁忌物 强氧化剂。

中毒表现 对眼有刺激性。

侵入途径 吸入、食入。

理化特性与用途

理化特性 黄色至橙色粉末。熔点 118~120℃，饱和蒸气压 7.58mPa(25℃)，辛醇/水分配系数 3.2。

主要用途 用作医药、农药、有机合成的中间体。也是芽前苗后除草剂。

包装与储运

安全储运 储存于阴凉、通风的库房。远离火种、热源。应与强氧化剂等隔离储运。

紧急处置信息

急救措施

吸入：迅速脱离现场至空气新鲜处。保持呼吸道通畅。如呼吸困难，给输氧。呼吸、心跳停止，立即进行心肺复苏术。就医。

眼睛接触：立即分开眼睑，用流动清水或生理盐水彻底冲洗。就医。

皮肤接触：立即脱去污染的衣着，用肥皂水和清水彻底冲洗。就医。

食入：漱口，饮水。就医。

灭火方法 消防人员须穿全身消防服，佩戴正压自给式呼吸器，在上风向灭火。尽可能将容器从火场移至空旷处。喷水保持火场容器冷却，直至灭火结束。

灭火剂：雾状水、泡沫、二氧化碳、干粉、沙土。

泄漏应急处置 隔离泄漏污染区，限制出入。建议应急处理人员戴防尘口罩，穿防毒服。穿上适当的防护服前严禁接触破裂的容器和泄漏物。尽可能切断泄漏源。用塑料布覆盖泄漏物，减少飞散。勿使水进入包装容器内。用洁净的铲子收集泄漏物，置于干净、干燥、盖子较松的容器中，将容器移离泄漏区。

205. 2,4-二氯-6-硝基苯酚钠盐

标 识

中文名称 2，4-二氯-6-硝基苯酚钠盐

英文名称 2，4-Dichloro-6-nitrophenol sodium salt；Chloronitrophen

分子式 $C_6H_2Cl_2NO_3 \cdot Na$

CAS 号　64047-88-7

危害信息

危险性类别　第 6 类　有毒品

禁忌物　强氧化剂。

毒性　小鼠经口 LD_{50}：160mg/kg；小鼠经皮 LD_{50}：255mg/kg。

中毒表现　食入或经皮吸收有毒。

侵入途径　吸入、食入、经皮吸收。

理化特性与用途

理化特性　固体。饱和蒸气压 4.95mPa（25℃），辛醇/水分配系数 3.2。

主要用途　用作除草剂。

包装与储运

包装标志　有毒品

包装类别　Ⅲ类

安全储运　储存于阴凉、通风的库房。远离火种、热源。储存温度不超过 35℃，相对湿度不超过 85%。保持容器密封。应与强氧化剂、强酸等隔离储运。搬运时轻装轻卸，防止容器受损。

紧急处置信息

急救措施

吸入：迅速脱离现场至空气新鲜处。保持呼吸道通畅。如呼吸困难，给输氧。呼吸、心跳停止，立即进行心肺复苏术。就医。

眼睛接触：立即分开眼睑，用流动清水或生理盐水彻底冲洗。就医。

皮肤接触：立即脱去污染的衣着，用肥皂水和清水彻底冲洗。就医。

食入：饮适量温水，催吐（仅限于清醒者）。就医。

泄漏应急处置　隔离泄漏污染区，限制出入。消除所有点火源。建议应急处理人员戴防尘口罩，穿防毒服。穿上适当的防护服前严禁接触破裂的容器和泄漏物。尽可能切断泄漏源。用塑料布覆盖泄漏物，减少飞散。勿使水进入包装容器内。用洁净的铲子收集泄漏物，置于干净、干燥、盖子较松的容器中，将容器移离泄漏区。

206. 二氯氧化二苯

标　识

中文名称　二氯氧化二苯

英文名称　Dichlorodiphenyl oxide；Dichlorodiphenyl ether

别名　二氯二苯醚；1，2-二氯-3-苯氧基苯

分子式　$C_{12}H_8Cl_2O$

CAS 号　28675-08-3

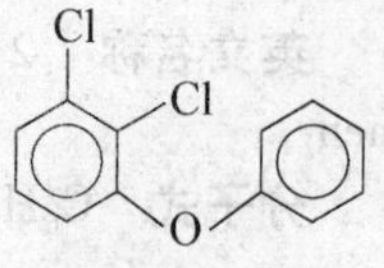

Cl
Cl
O

危害信息

燃烧与爆炸危险性 可燃。燃烧或受热分解时，放出有毒的腐蚀性的氯化物烟气。

禁忌物 强氧化剂。

毒性 豚鼠经口 *LDLo*：1g/kg。

中毒表现 皮肤长期、反复、过量接触引起皮肤发生痤疮样变且奇痒。

侵入途径 吸入、食入。

理化特性与用途

理化特性 无色黏性液体。不溶于水，溶于甲醇。沸点 168.2℃(1.1kPa)、299.6℃，相对密度(水=1)1.32，相对蒸气密度(空气=1)8.2，饱和蒸气压 0.28Pa(25℃)。

主要用途 用作化工生产的中间体。

包装与储运

安全储运 储存于阴凉、通风的库房。远离火种、热源。应与强氧化剂等隔离储运。

紧急处置信息

急救措施

吸入：迅速脱离现场至空气新鲜处。保持呼吸道通畅。如呼吸困难，给输氧。呼吸、心跳停止，立即进行心肺复苏术。就医。

眼睛接触：立即分开眼睑，用流动清水或生理盐水彻底冲洗。就医。

皮肤接触：立即脱去污染的衣着，用流动清水彻底冲洗。就医。

食入：漱口，饮水。就医。

灭火方法 消防人员须佩戴正压自给式呼吸器，穿全身消防服，在上风向灭火。尽可能将容器从火场移至空旷处。喷水保持火场容器冷却，直至灭火结束。处在火场中的容器若已变色或从安全泄压装置发出响声，必须马上撤离。

灭火剂：雾状水、泡沫、干粉、二氧化碳、沙土。

泄漏应急处置 根据液体流动和蒸气扩散的影响区域划定警戒区，无关人员从侧风、上风向撤离至安全区。消除所有点火源。建议应急处理人员戴防毒面具，穿防毒服。穿上适当的防护服前严禁接触破裂的容器和泄漏物。尽可能切断泄漏源。防止泄漏物进入水体、下水道、地下室或有限空间。小量泄漏：用干燥的沙土或其他不燃材料吸收或覆盖，收集于容器中。大量泄漏：构筑围堤或挖坑收容。用泵转移至槽车或专用收集器内。

207. 3′,5′-二氯-4′-乙基-2′-羟基棕榈酸酰苯胺

标 识

中文名称 3′，5′-二氯-4′-乙基-2′-羟基棕榈酸酰苯胺

英文名称 3′，5′-Dichloro-4′-ethyl-2′-hydroxypalmitanilide

分子式 $C_{24}H_{39}Cl_2NO_2$

CAS 号 117827-06-2

OH Cl N H O Cl

危害信息

禁忌物 强氧化剂、强酸。

中毒表现 本品对皮肤有致敏性。

侵入途径 吸入、食入。

理化特性与用途

理化特性 不溶于水。相对密度(水=1)1.087，辛醇/水分配系数10.92。

主要用途 医药原料。

包装与储运

安全储运 储存于阴凉、通风的库房。远离火种、热源。应与强氧化剂等隔离储运。

紧急处置信息

急救措施

吸入：迅速脱离现场至空气新鲜处。保持呼吸道通畅。如呼吸困难，给输氧。呼吸、心跳停止，立即进行心肺复苏术。就医。

眼睛接触：立即分开眼睑，用流动清水或生理盐水彻底冲洗。就医。

皮肤接触：立即脱去污染的衣着，用流动清水彻底冲洗。就医。

食入：漱口，饮水。就医。

泄漏应急处置 隔离泄漏污染区，限制出入。消除所有点火源。建议应急处理人员戴防毒面具，穿防静电防腐蚀服。尽可能切断泄漏源。用塑料布覆盖泄漏物，减少飞散。勿使水进入包装容器内。用洁净的铲子收集泄漏物，置于干净、干燥、盖子较松的容器中，将容器移离泄漏区。

208. 2,4-二羟基苯甲醛

标　识

中文名称 2，4-二羟基苯甲醛

英文名称 2，4-Dihydroxybenzaldehyde；β-Resorcylaldehyde；4-Hydroxysalicyladehyde

别名 雷琐醛

分子式 $C_7H_6O_3$

CAS 号 95-01-2

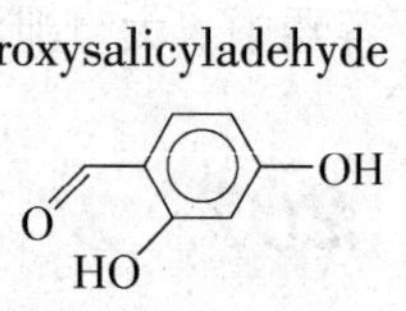

OH
O
HO

危害信息

燃烧与爆炸危险性 可燃。其粉体与空气混合，能形成爆炸性混合物。

禁忌物 强氧化剂、强碱。

毒性 大鼠经口 LD_{50}：400mg/kg；小鼠经口 LD_{50}：1380mg/kg。

中毒表现 吸入、摄入或经皮肤吸收本品，对身体有害。本品对眼睛、皮肤、黏膜和上呼吸道有刺激作用。

侵入途径 吸入、食入、经皮吸收。

理化特性与用途

理化特性 乳白色至浅棕色固体或灰白色至棕黄色粉末。易溶于水，易溶于乙醇、乙醚、氯仿、冰醋酸，微溶于苯。熔点 133～138℃，沸点 220～228℃（2.93kPa），相对密度（水=1）1.448，饱和蒸气压 2.67mPa（25℃），辛醇/水分配系数 1.53。

主要用途 用作染料和医药中间体，也用作试剂。

包装与储运

安全储运 储存于阴凉、通风的库房。远离火种、热源。应与强氧化剂、强酸、碱类等隔离储运。

紧急处置信息

急救措施

吸入：迅速脱离现场至空气新鲜处。保持呼吸道通畅。如呼吸困难，给输氧。呼吸、心跳停止，立即进行心肺复苏术。就医。

眼睛接触：立即分开眼睑，用流动清水或生理盐水彻底冲洗。就医。

皮肤接触：立即脱去污染的衣着，用流动清水彻底冲洗。就医。

食入：漱口，饮水。就医。

灭火方法 消防人员须佩戴防毒面具，穿全身消防服，在上风向灭火。尽可能将容器从火场移至空旷处。喷水保持火场容器冷却，直至灭火结束。

灭火剂：雾状水、泡沫、干粉、二氧化碳、沙土。

泄漏应急处置 隔离泄漏污染区，限制出入。消除所有点火源。建议应急处理人员戴防尘口罩，穿防毒服。穿上适当的防护服前严禁接触破裂的容器和泄漏物。尽可能切断泄漏源。用塑料布覆盖泄漏物，减少飞散。勿使水进入包装容器内。用洁净的铲子收集泄漏物，置于干净、干燥、盖子较松的容器中，将容器移离泄漏区。

209. 2,5-二羟基苯甲酸

标　识

中文名称 2，5-二羟基苯甲酸

英文名称 2，5-Dihydroxybenzoic acid；Gentisic acid

别名 5-羟基水杨酸；龙胆酸

分子式 $C_7H_6O_4$

CAS 号 490-79-9

HO OH O OH

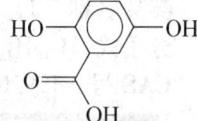

危害信息

燃烧与爆炸危险性 可燃。其粉体与空气混合，能形成爆炸性混合物。受高热分解，放出刺激性烟气。

禁忌物 强氧化剂、强碱、酰基氯、酸酐。

毒性 小鼠经口 LD_{50}：4500mg/kg。

中毒表现 本品对眼睛、皮肤、黏膜和上呼吸道有刺激作用。

侵入途径 吸入、食入。

理化特性与用途

理化特性 白色针状或棱柱状结晶或白色至浅灰色结晶粉末。溶于水，溶于甲醇、乙醇、乙醚，几乎不溶于苯、二硫化碳和氯仿。熔点204~207℃，相对密度(水=1)1.55，饱和蒸气压0.28mPa(25℃)，辛醇/水分配系数1.74。

主要用途 用作制造染料的原料。龙胆酸本身是一种解热镇痛药，也用作医药中间体。

包装与储运

安全储运 储存于阴凉、通风的库房。远离火种、热源。应与强氧化剂、强酸、碱类等隔离储运。

紧急处置信息

急救措施

吸入： 迅速脱离现场至空气新鲜处。保持呼吸道通畅。如呼吸困难，给输氧。呼吸、心跳停止，立即进行心肺复苏术。就医。

眼睛接触： 立即分开眼睑，用流动清水或生理盐水彻底冲洗。就医。

皮肤接触： 立即脱去污染的衣着，用流动清水彻底冲洗。就医。

食入： 漱口，饮水。就医。

灭火方法 消防人员必须穿全身耐酸碱消防服，佩戴空气呼吸器灭火。尽可能将容器从火场移至空旷处。喷水保持火场容器冷却，直至灭火结束。

灭火剂： 雾状水、泡沫、干粉、二氧化碳、沙土。

泄漏应急处置 隔离泄漏污染区，限制出入。消除所有点火源。建议应急处理人员戴防尘口罩，穿一般作业工作服。尽可能切断泄漏源。用塑料布覆盖泄漏物，减少飞散。勿使水进入包装容器内。用洁净的铲子收集泄漏物，置于干净、干燥、盖子较松的容器中，将容器移离泄漏区。

210. 2,4-二羟基-*N*-(2-甲氧基苯基)苯甲酰胺

标 识

中文名称 2，4-二羟基-*N*-(2-甲氧基苯基)苯甲酰胺

英文名称 2，4-Dihydroxy-*N*-(2-methoxyphenyl)benzamide

分子式 $C_{14}H_{13}NO_4$

CAS号 129205-19-2

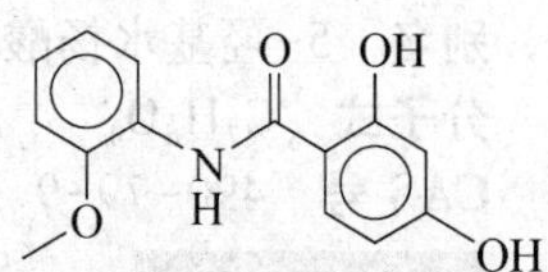

危害信息

燃烧与爆炸危险性 可燃。其蒸气与空气混合能形成爆炸性混合物，遇明火、高热易燃烧或爆炸。燃烧产生有毒的氮氧化物气体。在高温火场中，受热的容器或储罐有破裂和爆炸的危险。

禁忌物 强氧化剂。

中毒表现 本品对皮肤有致敏性。

侵入途径 吸入、食入。

环境危害 对水生生物有毒，可能在水生环境中造成长期不利影响。

理化特性与用途

理化特性 不溶于水。沸点 405℃，相对密度（水 = 1）1.37，饱和蒸气压 5.3mPa（25℃），辛醇/水分配系数 2.82，闪点 198℃。

主要用途 医药原料。

包装与储运

包装标志 杂项

包装类别 Ⅲ类

安全储运 储存于阴凉、通风的库房。远离火种、热源。应与强氧化剂、强酸等隔离储运。

紧急处置信息

急救措施

吸入：迅速脱离现场至空气新鲜处。保持呼吸道通畅。如呼吸困难，给输氧。呼吸、心跳停止，立即进行心肺复苏术。就医。

眼睛接触：立即分开眼睑，用流动清水或生理盐水彻底冲洗。就医。

皮肤接触：立即脱去污染的衣着，用肥皂水和清水彻底冲洗。就医。

食入：漱口，饮水。就医。

灭火方法 消防人员须穿全身消防服，佩戴正压自给式呼吸器，在上风向灭火。尽可能将容器从火场移至空旷处。喷水保持火场容器冷却，直至灭火结束。

灭火剂：泡沫、二氧化碳、干粉、沙土。

泄漏应急处置 隔离泄漏污染区，限制出入。消除所有点火源。建议应急处理人员戴防尘口罩，穿一般作业工作服。尽可能切断泄漏源。用塑料布覆盖泄漏物，减少飞散。勿使水进入包装容器内。用洁净的铲子收集泄漏物，置于干净、干燥、盖子较松的容器中，将容器移离泄漏区。

211. 2,3-二氢吡喃

标　识

中文名称 2，3-二氢吡喃

英文名称 Dihydro-2H-pyran；2，3-Dihydropyran

别名 二氢吡喃

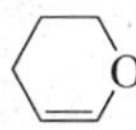

分子式 C_5H_8O

CAS 号 25512-65-6

危害信息

危险性类别 第 3 类 易燃液体

燃烧与爆炸危险性 易燃。其蒸气与空气混合能形成爆炸性混合物，遇明火、高热极易燃烧或爆炸。在高温火场中，受热的容器或储罐有破裂和爆炸的危险。

禁忌物　强氧化剂。

侵入途径　吸入、食入。

理化特性与用途

理化特性　无色透明液体，有类似醚的气味。溶于水和乙醇、乙醚等有机溶剂。熔点-70℃，沸点 86℃，相对密度(水=1)0.922，闪点-16℃。

主要用途　用于合成炔呋菊酯。制取四氢吡喃、戊二醇、戊二酸、戊内酯、戊二烯以及树脂类产品。

包装与储运

包装标志　易燃液体

包装类别　Ⅱ类

安全储运　储存于阴凉、通风的库房。远离火种、热源，避免阳光直射。储存温度不超过 37℃。炎热季节早晚运输，应与氧化剂等隔离储运。禁止使用易产生火花的机械设备和工具。灌装时注意控制流速，防止静电积聚。搬运时轻装轻卸，防止容器受损。

紧急处置信息

急救措施

吸入：脱离接触。如有不适感，就医。

眼睛接触：分开眼睑，用流动清水或生理盐水冲洗。如有不适感，就医。

皮肤接触：脱去污染的衣着，用肥皂水和清水冲洗。如有不适感，就医。

食入：漱口，饮水。就医。

灭火方法　消防人员须穿全身消防服，佩戴空气呼吸器，在上风向灭火。尽可能将容器从火场移至空旷处。喷水保持火场容器冷却，直至灭火结束。处在火场中的容器若发生异常变化或发出异常声音，须马上撤离。

灭火剂：泡沫、二氧化碳、干粉、沙土。用水灭火无效。

泄漏应急处置　消除所有点火源。根据液体流动和蒸气扩散的影响区域划定警戒区，无关人员从侧风、上风向撤离至安全区。建议应急处理人员戴正压自给式呼吸器，穿防毒、防静电服，戴橡胶耐油手套。作业时使用的所有设备应接地。禁止接触或跨越泄漏物。尽可能切断泄漏源。防止泄漏物进入水体、下水道、地下室或有限空间。小量泄漏：用沙土或其他不燃材料吸收。使用洁净的无火花工具收集吸收材料。大量泄漏：构筑围堤或挖坑收容。用泡沫覆盖，减少蒸发。喷水雾能减少蒸发，但不能降低泄漏物在有限空间内的易燃性。用防爆泵转移至槽车或专用收集器内。

212. 二氢化脂二甲基氯化铵

标　识

中文名称　二氢化脂二甲基氯化铵

英文名称　Dihydrogenated tallow dimethyl ammonium chloride；Dimethyldioctadecylammonium chloride

别名 双十八烷基二甲基氯化铵

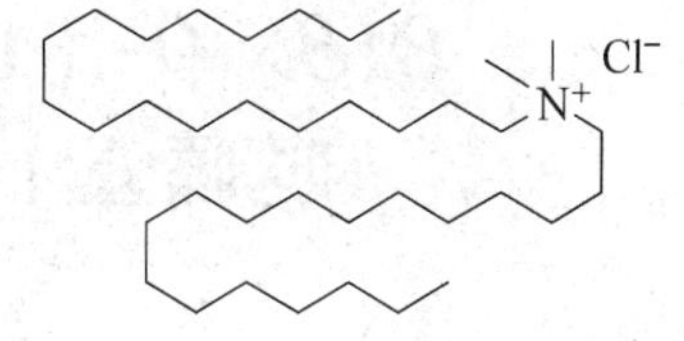

分子式 $C_{38}H_{80}ClN$

CAS 号 107-64-2

危害信息

燃烧与爆炸危险性 可燃。其粉体与空气混合能形成爆炸性混合物，遇明火高热有引起燃烧爆炸的危险。燃烧产生有毒的氮氧化物气体。

禁忌物 强氧化剂。

毒性 大鼠经口 LD_{50}：11300mg/kg。

中毒表现 吸入后引起咳嗽。眼接触引起红肿、疼痛、视觉模糊，甚至引起深度灼伤。对皮肤有刺激性。食入后咽喉和胸部出现烧灼感。

侵入途径 吸入、食入。

环境危害 对水生生物有极高毒性，可能在水生环境中造成长期不利影响。

理化特性与用途

理化特性 白色或微黄色膏状体或固体。微溶于水，易溶于极性溶剂。

主要用途 本品可作织物柔软剂，沥青乳化剂，有机膨润土覆盖剂，也用于三次采油作助剂。

包装与储运

包装标志 杂项

包装类别 Ⅲ类

安全储运 储存于阴凉、通风的库房。远离火种、热源。应与强氧化剂等隔离储运。

紧急处置信息

急救措施

吸入：迅速脱离现场至空气新鲜处。保持呼吸道通畅。如呼吸困难，给输氧。呼吸、心跳停止，立即进行心肺复苏术。就医。

眼睛接触：立即分开眼睑，用流动清水或生理盐水彻底冲洗 10~15min。就医。

皮肤接触：立即脱去污染的衣着，用流动清水彻底冲洗。就医。

食入：漱口，饮水。就医。

灭火方法 消防人员须穿全身消防服，佩戴正压自给式呼吸器，在上风向灭火。尽可能将容器从火场移至空旷处。喷水保持火场容器冷却，直至灭火结束。

灭火剂：雾状水、泡沫、二氧化碳、干粉、沙土。

泄漏应急处置 消除所有点火源。建议应急处理人员戴防毒面具，穿防毒服。穿上适当的防护服前严禁接触破裂的容器和泄漏物。尽可能切断泄漏源。防止泄漏物进入水体、下水道、地下室或有限空间。小量泄漏：用干燥的沙土或其他不燃材料吸收或覆盖，收集于容器中。大量泄漏：构筑围堤或挖坑收容。用泵转移至槽车或专用收集器内。

213. O-(1,6-二氢-6-氧代-1-苯基-3-哒嗪基)-O,O-二乙基硫代磷酸酯

标　识

中文名称　O-(1，6-二氢-6-氧代-1-苯基-3-哒嗪基)-O，O-二乙基硫代磷酸酯

英文名称　O，O- Diethyl-O-(6-oxo-1-phenyl-1，6-dihydro-3-pyridazinyl phosphorothioate；Pyridaphenthion

别名　哒嗪硫磷；杀虫净

分子式　$C_{14}H_{17}N_2O_4PS$

CAS 号　119-12-0

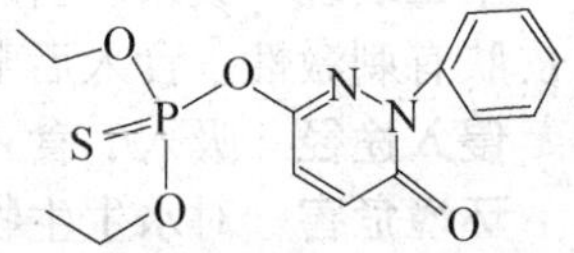

危害信息

燃烧与爆炸危险性　可燃。其粉体与空气混合能形成爆炸性混合物，遇明火高热有引起燃烧爆炸的危险。燃烧产生有毒的氮氧化物、磷氧化物和硫氧化物气体。

禁忌物　强氧化剂。

毒性　大鼠经口 LD_{50}：424mg/kg；小鼠经口 LD_{50}：237mg/kg；大鼠吸入 LC_{50}：1100mg/m^3(4h)；大鼠经皮 LD_{50}：2100mg/kg；兔经皮 LD_{50}：>2g/kg。

中毒表现　抑制体内胆碱酯酶活性，造成神经生理功能紊乱。大量误服出现急性有机磷中毒症状。表现有头痛、头昏、乏力、食欲不振、恶心、呕吐、腹痛、腹泻、流涎、瞳孔缩小、呼吸道分泌物增多、多汗、肌束震颤等。重度中毒者出现肺水肿、昏迷、呼吸麻痹、脑水肿。血胆碱酯酶活性降低。

侵入途径　吸入、食入、经皮吸收。

环境危害　对水生生物有极高毒性，可能在水生环境中造成长期不利影响。

理化特性与用途

理化特性　白色结晶或淡黄色固体。难溶于水，溶于丙酮、甲醇、乙醚，微溶于己烷、石油醚。熔点 54.5~56℃，相对密度(水=1)1.325，饱和蒸气压 0.0015mPa(20℃)。

主要用途　杀虫剂、杀螨剂。用于水稻、蔬菜、果树和园林植物多种刺吸式口器咀嚼式口器害虫的防治。

包装与储运

包装标志　杂项

包装类别　Ⅲ类

安全储运　储存于阴凉、通风的库房。远离火种、热源。应与强氧化剂、酸碱等隔离储运。

紧急处置信息

急救措施

吸入：迅速脱离现场至空气新鲜处。保持呼吸道通畅。如呼吸困难，给输氧。呼吸、心跳停止，立即进行心肺复苏术。就医。

眼睛接触： 分开眼睑，用流动清水或生理盐水冲洗。就医。

皮肤接触： 立即脱去污染的衣着，用肥皂水及流动清水彻底冲洗污染的皮肤、头发、指甲等。就医。

食入： 饮足量温水，催吐(仅限于清醒者)。口服活性炭。就医。

解毒剂：阿托品、胆碱酯酶复能剂。

灭火方法 消防人员须穿全身消防服，佩戴正压自给式呼吸器，在上风向灭火。尽可能将容器从火场移至空旷处。喷水保持火场容器冷却，直至灭火结束。

灭火剂：雾状水、泡沫、二氧化碳、干粉、沙土。

泄漏应急处置 隔离泄漏污染区，限制出入。消除所有点火源。建议应急处理人员戴防毒面具，穿防护服。尽可能切断泄漏源。用塑料布覆盖泄漏物，减少飞散。勿使水进入包装容器内。用洁净的铲子收集泄漏物，置于干净、干燥、盖子较松的容器中，将容器移离泄漏区。

214. 2,3-二氰-5,6-二氯苯醌

标　识

中文名称 2，3-二氰-5，6-二氯苯醌

英文名称 2，3-Dichloro-5，6-dicyano-*p*-benzoquinone；2，3-Dicyano-5，6-dichlorobenzoquinone；Dichlorodicyanobenzoquinone

别名 二氯二氰基苯醌

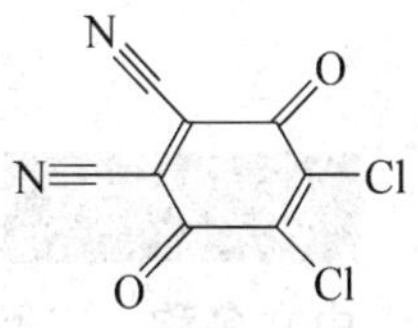

分子式 $C_8Cl_2N_2O_2$

CAS 号 84-58-2

铁危编号 61823

N
O
N≡ Cl
O Cl

危害信息

危险性类别 第 6 类 有毒品

燃烧与爆炸危险性 可燃。其粉体与空气混合，能形成爆炸性混合物。受热分解放出有毒气体。

禁忌物 强氧化剂、强还原剂、强酸、强碱。

毒性 小鼠腹腔内 LD_{50}：31mg/kg。

中毒表现 对呼吸道、眼有刺激性。吸入、食入、皮肤吸收，可能出现腈类中毒症状。

侵入途径 吸入、食入、经皮吸收。

理化特性与用途

理化特性 橘黄色粉末，有刺激性气味。溶于苯、乙酸、二氧六环，微溶于氯仿、二氯甲烷。熔点 213~216℃，沸点 396℃，相对密度(水=1)1.7，辛醇/水分配系数 3.89。

主要用途 用作对有机化合物选择性的氧化剂、分析试剂、医药中间体。

包装与储运

包装标志 有毒品

包装类别 Ⅲ类

安全储运 储存于阴凉、通风的库房。远离火种、热源。应与氧化剂、还原剂、酸类、碱类等隔离储运。

紧急处置信息

急救措施

吸入： 迅速脱离现场至空气新鲜处。保持呼吸道通畅。如呼吸困难，给输氧。呼吸、心跳停止，立即进行心肺复苏术。就医。

眼睛接触： 立即分开眼睑，用流动清水或生理盐水彻底冲洗。就医。

皮肤接触： 立即脱去污染的衣着，用肥皂水和清水彻底冲洗。就医。

食入： 催吐，给服活性炭悬液。就医。

如出现腈类物质中毒症状，使用亚硝酸钠和硫代硫酸钠解毒剂，也可用硫代硫酸钠加口服对氨基苯丙酮。

灭火方法 消防人员须佩戴正压自给式呼吸器，穿全身消防服，在上风向灭火。尽可能将容器从火场移至空旷处。喷水保持火场容器冷却，直至灭火结束。

灭火剂：雾状水、泡沫、干粉、二氧化碳、沙土。

泄漏应急处置 隔离泄漏污染区，限制出入。消除所有点火源。建议应急处理人员戴防尘口罩，穿防毒服。穿上适当的防护服前严禁接触破裂的容器和泄漏物。尽可能切断泄漏源。用塑料布覆盖泄漏物，减少飞散。勿使水进入包装容器内。用洁净的铲子收集泄漏物，置于干净、干燥、盖子较松的容器中，将容器移离泄漏区。

215. 二氰合金酸钾

标　识

中文名称 二氰合金酸钾

英文名称 Aurate(1-), dicyano-, potassium; Potassium dicyanoaurate

别名 氰化亚金钾；氰亚金酸钾

分子式 C_2AuN_2K

CAS 号 13967-50-5

$N{\equiv}C^- \ Au^+ \ {}^-C{\equiv}N \quad K^+$

危害信息

燃烧与爆炸危险性 不燃。受热分解放出有毒的氮氧化物气体。

禁忌物 强氧化剂、强酸。

侵入途径 吸入、食入、经皮吸收。

理化特性与用途

理化特性 白色结晶或结晶性粉末。溶于水，微溶于乙醇，几乎不溶于乙醚。相对密度(水=1)3.45。

主要用途 主要用于电子产品的电镀。用作分析试剂，也用于制药工业和电镀业。

包装与储运

安全储运 储存于阴凉、通风的库房。远离火种、热源。

紧急处置信息

急救措施

吸入：迅速脱离现场至空气新鲜处。保持呼吸道通畅。如呼吸困难，给输氧。呼吸、心跳停止，立即进行人工呼吸(勿用口对口)和胸外心脏按压术。如出现中毒症状给予吸氧和吸入亚硝酸异戊酯，将亚硝酸异戊酯的安瓿放在手帕里或单衣内打碎放在面罩内使伤员吸入15s，然后移去15s，重复5~6次。口服4-DMAP(4-二甲基氨基苯酚)1片(180mg)和PAPP(氨基苯丙酮)1片(90mg)。就医。

眼睛接触：立即分开眼睑，用大量流动清水或生理盐水彻底冲洗10~15min。如出现中毒症状，处理同吸入。

皮肤接触：立即脱去污染的衣着，用流动清水或5%硫代硫酸钠溶液彻底冲洗。如出现中毒症状，处理同吸入。

食入：如患者神志清醒，催吐，洗胃。如果出现中毒症状，处理同吸入。

灭火方法 消防人员须穿全身消防服，佩戴正压自给式呼吸器，在上风向灭火。尽可能将容器从火场移至空旷处。喷水保持火场容器冷却，直至灭火结束。禁止用水、二氧化碳灭火。

灭火剂：干粉、沙土。

泄漏应急处置 隔离泄漏污染区，限制出入。建议应急处理人员戴防尘口罩，穿防毒服，戴橡胶手套。穿上适当的防护服前严禁接触破裂的容器和泄漏物。尽可能切断泄漏源。用干燥的沙土或其他不燃材料覆盖泄漏物，然后用塑料布覆盖，减少飞散、避免雨淋。用洁净的铲子收集泄漏物，置于干净、干燥、盖子较松的容器中，将容器移离泄漏区。

216. 二水合氯化钡

标　识

中文名称 二水合氯化钡

英文名称 Barium chloride dihydrate; Barium dichloride dihydrate

别名 氯化钡二水合物

分子式 $BaCl_2.2H_2O$

CAS号 10326-27-9

Cl—Ba—Cl
H_2O H_2O

危害信息

危险性类别 第6类 有毒品

燃烧与爆炸危险性 不燃。在高温火场中受热的容器有破裂和爆炸的危险。

毒性 小鼠腹腔内LD_{50}：51mg/kg。

中毒表现 具有局部刺激和全身性毒作用。误服后出现进行性肌麻痹、心律紊乱、血压降低等，可死于心律紊乱和呼吸肌麻痹。长期接触可致口腔炎、鼻炎、结膜炎、脱发等。

侵入途径 吸入、食入。

职业接触限值 中国：PC-TWA 0.5mg/m^3，PC-STEL 1.5mg/m^3。

美国(ACGIH)：TLV-TWA 0.5mg/m^3[按Ba计]。

理化特性与用途

理化特性 白色结晶或粒状粉末。味苦咸。微有吸湿性。易溶于水，溶于甲醇，不溶于乙醇、乙酸乙酯和丙酮。pH 值 5~8(5%水溶液)，熔点 963℃，沸点 1560℃，相对密度(水=1)3.86。

主要用途 用于测定硫酸盐和硒酸盐等，色谱分析，点滴分析测定铂，软水剂和织物染色。

包装与储运

包装标志 有毒品

包装类别 Ⅲ类

安全储运 储存于阴凉、干燥、通风的库房。远离火种、热源。储存温度不超过 35℃，相对湿度不超过 85%。保持容器密封。应与强酸等隔离储运。搬运时轻装轻卸，防止容器受损。

紧急处置信息

急救措施

吸入：迅速脱离现场至空气新鲜处。保持呼吸道通畅。如呼吸困难，给输氧。呼吸、心跳停止，立即进行心肺复苏术。就医。

眼睛接触：立即分开眼睑，用流动清水或生理盐水冲洗。就医。

皮肤接触：脱去污染的衣着，用流动清水冲洗。就医。

食入：饮足量温水，催吐。用 2%~5%硫酸钠或硫酸镁溶液洗胃，导泻。就医。

灭火方法 消防人员须穿全身防火防毒服，佩戴空气呼吸器，在上风向灭火。尽可能将容器从火场移至空旷处。喷水保持火场容器冷却，直至灭火结束。

灭火剂：雾状水、泡沫、二氧化碳、干粉、沙土。

泄漏应急处置 隔离泄漏污染区，限制出入。建议应急处理人员戴防尘口罩，穿防毒服。穿上适当的防护服前严禁接触破裂的容器和泄漏物。尽可能切断泄漏源。用塑料布覆盖泄漏物，减少飞散。勿使水进入包装容器内。用洁净的铲子收集泄漏物，置于干净、干燥、盖子较松的容器中，将容器移离泄漏区。

217. 二水合氯化铜铵

标　识

中文名称 二水合氯化铜铵

英文名称 Ammonium copper(Ⅱ)chloride dihydrate; Diammonium tetrachlorocuprate dihydrate

别名 氯化铜铵(二水物)

分子式 $(NH_4)_2 \cdot CuCl_4 \cdot 2H_2O$

CAS 号 10060-13-6

Cl
|
Cl—Cu^{2-}—Cl
|
Cl
NH_4^+　NH_4^+

危害信息

燃烧与爆炸危险性 不燃。受热分解放出有毒的氮氧化物气体。

禁忌物 强酸。

中毒表现 吸入有害。对眼和皮肤有刺激性。

侵入途径 吸入、食入。

理化特性与用途

理化特性 蓝绿色四方晶体。易溶于水，溶于酸、乙醇，微溶于氨水。熔点 110℃(分解)，相对密度(水=1)1.993。

主要用途 用作分析试剂。

包装与储运

安全储运 储存于阴凉、通风的库房。远离火种、热源。

紧急处置信息

急救措施

吸入：迅速脱离现场至空气新鲜处。保持呼吸道通畅。如呼吸困难，给输氧。呼吸、心跳停止，立即进行心肺复苏术。就医。

眼睛接触：立即分开眼睑，用流动清水或生理盐水彻底冲洗。就医。

皮肤接触：立即脱去污染的衣着，用肥皂水和清水彻底冲洗。就医。

食入：漱口，饮水。就医。

灭火方法 消防人员须穿全身消防服，佩戴正压自给式呼吸器，在上风向灭火。尽可能将容器从火场移至空旷处。喷水保持火场容器冷却，直至灭火结束。

本品不燃，根据着火原因选择适当灭火剂灭火。

泄漏应急处置 隔离泄漏污染区，限制出入。建议应急处理人员戴防尘口罩，穿防腐蚀服。穿上适当的防护服前严禁接触破裂的容器和泄漏物。尽可能切断泄漏源。用塑料布覆盖泄漏物，减少飞散。勿使水进入包装容器内。用洁净的铲子收集泄漏物，置于干净、干燥、盖子较松的容器中，将容器移离泄漏区。

218. 二水合重铬酸锂

标 识

中文名称 二水合重铬酸锂

英文名称 Lithium dichromate dihydrate

别名 重铬酸锂二水合物

分子式 $Li_2Cr_2O_7 \cdot 2H_2O$

CAS 号 10022-48-7

Li^+ $^-O-Cr(=O)_2-O-Cr(=O)_2-O^-$ Li^+

危害信息

危险性类别 第 6 类 有毒品

毒性 六价铬化合物所致肺癌已列入《职业病分类和目录》，属职业性肿瘤。

IARC 致癌性评论：G1，确认人类致癌物。

欧盟法规 1272/2008/EC 将本品列为第 1B 类致癌物——可能对人类有致癌能力。

中毒表现 急性中毒表现为吸入后可引起急性呼吸道刺激症状、鼻出血、声音嘶哑、鼻黏膜黏膜萎缩，有时出现哮喘和紫绀。重者可发生化学性肺炎。口服可刺激和腐蚀消化道，引起恶心、呕吐、腹痛和血便等；重者出现呼吸困难、紫绀、休克、肝损害及急性肾功能衰竭等。皮肤或眼睛接触引起刺激或灼伤，可经皮肤吸收引起中毒死亡。对皮肤有致敏性。慢性影响表现为有接触性皮炎、铬溃疡、鼻炎、鼻中隔穿孔及呼吸道炎症等。六价铬为对人的确认致癌物。

侵入途径 吸入、食入、经皮吸收。

职业接触限值 中国：PC-TWA 0.05mg/m^3[按 Cr 计][G1]。

美国(ACGIH)：TLV-TWA 0.05mg/m^3[按 Cr 计]。

理化特性与用途

理化特性 淡红橙色结晶性粉末，易潮解，溶于水。熔点 130℃(分解)，在 110℃时失去 2 个结晶水，相对密度(水=1)2.34。

主要用途 用作制冷剂，减湿剂。

包装与储运

包装标志 有毒品

包装类别 Ⅲ类

安全储运 储存于阴凉、干燥、通风的库房。远离火种、热源。储存温度不超过 35℃，相对湿度不超过 85%。保持容器密封。应与还原剂、强酸等隔离储运。搬运时轻装轻卸，防止容器受损。

紧急处置信息

急救措施

吸入：迅速脱离现场至空气新鲜处。保持呼吸道通畅。如呼吸困难，给输氧。呼吸、心跳停止，立即进行心肺复苏术。就医。

眼睛接触：分开眼睑，用流动清水或生理盐水冲洗。就医。

皮肤接触：脱去污染的衣着，用肥皂水和清水彻底冲洗皮肤。就医。

食入：饮足量温水，催吐。用清水或 1%硫代硫酸钠溶液洗胃。给饮牛奶或蛋清。就医。

泄漏应急处置 隔离泄漏污染区，限制出入。建议应急处理人员戴防尘口罩，穿防酸碱服。穿上适当的防护服前严禁接触破裂的容器和泄漏物。尽可能切断泄漏源。用塑料布覆盖泄漏物，减少飞散。勿使水进入包装容器内。用洁净的铲子收集泄漏物，置于干净、干燥、盖子较松的容器中，将容器移离泄漏区。

219. 4-二烯丙基氨基-3,5-二甲基苯基-*N*-甲基氨基甲酸酯

标　识

中文名称 4-二烯丙基氨基-3，5-二甲基苯基-*N*-甲基氨基甲酸酯

英文名称 4-Diallylamino-3，5-dimethyl phenyl-*N*-methylcarbamate；Allyxycarb

别名 除害威

分子式 $C_{16}H_{22}N_2O_2$

CAS 号 6392-46-7

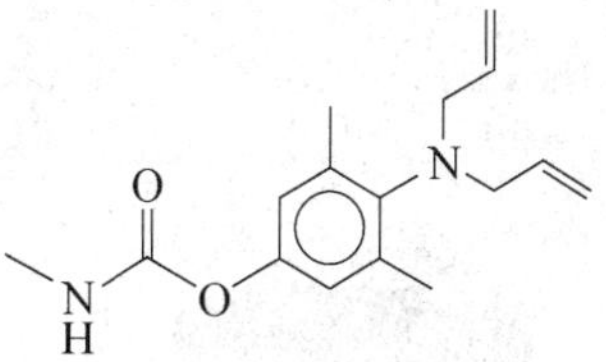

危害信息

危险性类别 第 6 类 有毒品

燃烧与爆炸危险性 可燃。其粉体与空气混合能形成爆炸性混合物，遇明火高热有引起燃烧爆炸的危险。燃烧产生有毒的氮氧化物气体。

禁忌物 强氧化剂。

毒性 大鼠经口 LD_{50}：89mg/kg；小鼠经口 LD_{50}：24.5mg/kg。

中毒表现 氨基甲酸酯类农药抑制胆碱酯酶，出现相应的症状。中毒症状有头痛、恶心、呕吐、腹痛、流涎、出汗、瞳孔缩小、步行困难、语言障碍，重者可发生全身痉挛、昏迷。

侵入途径 吸入、食入、经皮吸收。

理化特性与用途

理化特性 无色至淡黄色结晶。不溶于水，溶于丙酮。熔点 67℃，沸点 378.3℃，相对密度(水=1)1.044，饱和蒸气压 5.73mPa(50℃)，闪点 182.6℃。

主要用途 杀虫剂。用于落叶果树、柑橘、蔬菜、水稻、茶树防治飞虱、叶蝉、蚜虫、甘蓝夜蛾、食心虫等害虫。

包装与储运

包装标志 有毒品

包装类别 Ⅲ类

安全储运 储存于阴凉、通风的库房。远离火种、热源。储存温度不超过 35℃，相对湿度不超过 85%。保持容器密封。应与强氧化剂、强酸、强碱等隔离储运。搬运时轻装轻卸，防止容器受损。

紧急处置信息

急救措施

吸入：迅速脱离现场至空气新鲜处。保持呼吸道通畅。如呼吸困难，给输氧。呼吸、心跳停止，立即进行心肺复苏术。就医。

眼睛接触：立即分开眼睑，用流动清水或生理盐水彻底冲洗。就医。

皮肤接触：立即脱去污染的衣着，用流动清水彻底冲洗。就医。

食入：饮适量温水，催吐(仅限于清醒者)。就医。

解毒剂：阿托品。

灭火方法 消防人员须穿全身消防服，佩戴正压自给式呼吸器，在上风向灭火。尽可能将容器从火场移至空旷处。喷水保持火场容器冷却，直至灭火结束。

灭火剂：雾状水、泡沫、二氧化碳、干粉、沙土。

泄漏应急处置 隔离泄漏污染区，限制出入。消除所有点火源。建议应急处理人员戴防尘口罩，穿一般作业工作服。尽可能切断泄漏源。用塑料布覆盖泄漏物，减少飞散。勿使水进入包装容器内。用洁净的铲子收集泄漏物，置于干净、干燥、盖子较松的容器中，将容器移离泄漏区。

220. 二烯丙基胺

标　识

中文名称　二烯丙基胺
英文名称　Diallylamine
别名　二-2-丙烯基胺；二烯丙胺
分子式　$C_6H_{11}N$
CAS 号　124-02-7
铁危编号　31279
UN 号　2359

危害信息

危险性类别　第 3 类　易燃液体

燃烧与爆炸危险性　易燃。其蒸气与空气混合，能形成爆炸性混合物。容易自聚。蒸气比空气重，能在较低处扩散到相当远的地方，遇火源会着火回燃和爆炸(闪爆)。若遇高热，容器内压增大，有开裂和爆炸的危险。

活性反应　与氧化剂接触发生猛烈反应。

禁忌物　酸类、酰基氯、酸酐、强氧化剂。

毒性　大鼠经口 LD_{50}：578mg/kg；小鼠经口 LD_{50}：355mg/kg；大鼠吸入 LC_{50}：795ppm (8h)；兔经皮 LD_{50}：280μL /kg。

中毒表现　中毒症状有咳嗽、头痛、恶心、咽痛、呼吸急促。可出现肺水肿。吞食引起口腔和咽喉灼伤，出现腹痛、呕吐、腹泻、休克。眼、皮肤接触引起严重灼伤。

侵入途径　吸入、食入、经皮吸收。

理化特性与用途

理化特性　无色液体，有令人不愉快的气味。微溶于水，溶于乙醇、乙醚。熔点 -88.4℃，沸点 112℃，相对密度(水=1)0.76，相对蒸气密度(空气=1)3.4，饱和蒸气压 2.3kPa(20℃)，辛醇/水分配系数 1.08，临界温度 283℃，临界压力 3.32MPa，闪点 21℃，爆炸下限 2.2%，爆炸上限 22%，pH 值 11.5。

主要用途　用于制药、化工合成等。

包装与储运

包装标志　易燃液体，有毒品，腐蚀品
包装类别　Ⅱ类

安全储运　储存于阴凉、通风的库房。远离火种、热源。储存温度不超过 30℃，相对湿度不超过 80%。保持容器密封。应与氧化剂、酸类、食用化学品等隔离储运。采用防爆型照明、通风设施。禁止使用易产生火花的机械设备和工具。搬运时轻装轻卸，防止容器受损。

紧急处置信息

急救措施

吸入：迅速脱离现场至空气新鲜处。保持呼吸道通畅。如呼吸困难，给输氧。呼吸、

心跳停止，立即进行心肺复苏术。就医。

眼睛接触：立即分开眼睑，用流动清水或生理盐水彻底冲洗 10~15min。就医。

皮肤接触：立即脱去污染的衣着，用大量流动清水彻底冲洗，冲洗时间一般要求 20~30min。就医。

食入：用水漱口，禁止催吐。给饮牛奶或蛋清。就医。

灭火方法 消防人员须佩戴防毒面具，穿全身消防服，在上风向灭火。尽可能将容器从火场移至空旷处。喷水保持火场容器冷却，直至灭火结束。处在火场中的容器若已变色或从安全泄压装置发出响声，必须马上撤离。

灭火剂：水、雾状水、抗溶性泡沫、干粉、二氧化碳、沙土。

泄漏应急处置 消除所有点火源。根据液体流动和蒸气扩散的影响区域划定警戒区，无关人员从侧风、上风向撤离至安全区。建议应急处理人员戴正压自给式呼吸器，穿防静电、防腐蚀、防毒服。作业时使用的所有设备应接地。禁止接触或跨越泄漏物。尽可能切断泄漏源。防止泄漏物进入水体、下水道、地下室或有限空间。小量泄漏：用沙土或其他不燃材料吸收。使用洁净的无火花工具收集吸收材料。大量泄漏：构筑围堤或挖坑收容。用抗溶性泡沫覆盖，减少蒸发。喷水雾能减少蒸发，但不能降低泄漏物在受限制空间内的易燃性。用防爆、耐腐蚀泵转移至槽车或专用收集器内。

221. 4,6-二硝基-2-氨基苯酚锆[干的或含水<20%]

标 识

中文名称 4，6-二硝基-2-氨基苯酚锆[干的或含水<20%]

英文名称 Picramic acid，zirconium salt；Zirconium，tetrakis(2-amino-4，6-dinitrophenolato)-；Zirconium picramate，dry or wetted with <20% water，by mass

别名 苦氨酸锆

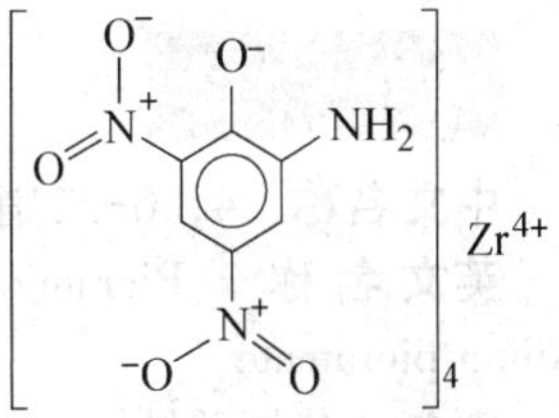

分子式 $C_{24}H_{16}N_{12}O_{20}Zr$

CAS 号 63868-82-6

铁危编号 13012

UN 号 0236

危害信息

危险性类别 第 1 类 爆炸品

燃烧与爆炸危险性 可燃。受撞击和高热易爆炸。燃烧产生有毒的氮氧化物气体。

禁忌物 强氧化剂。

侵入途径 吸入、食入。

职业接触限值 中国：PC-TWA 5mg/m^3，PC-STEL 10mg/m^3[按 Zr 计]。美国(ACGIH)：TLV-TWA 5mg/m^3，TLV-STEL 10mg/m^3[按 Zr 计]。

环境危害 对水生生物有害。

理化特性与用途

理化特性 黄色结晶的糊状物。

主要用途 用于医药。

包装与储运

包装标志　爆炸品

安全储运　储存于阴凉、干燥、通风的爆炸品专用库房。远离火种、热源。储存温度不宜超过 32℃，相对湿度不超过 80%。若以水作稳定剂，储存温度应大于 1℃，相对湿度小于 80%。保持容器密封。应与其他爆炸品、氧化剂、胺类、还原剂、重金属盐等隔离储运。采用防爆型照明、通风设施。禁止使用易产生火花的机械设备和工具。搬运时轻装轻卸，防止容器受损。禁止震动、撞击和摩擦。

紧急处置信息

急救措施

吸入：脱离接触。如有不适感，就医。

眼睛接触：分开眼睑，用流动清水或生理盐水冲洗。如有不适感，就医。

皮肤接触：脱去污染的衣着，用流动清水冲洗。如有不适感，就医。

食入：漱口，饮水。就医。

灭火方法　消防人员穿全身消防服，佩戴正压自给式呼吸器，须在防爆掩蔽处操作。遇大火切勿轻易接近。在物料附近失火，须用水保持容器冷却。用大量水灭火。禁止用沙土盖压。

泄漏应急处置　隔离泄漏污染区，限制出入。建议应急处理人员戴防尘口罩，穿防毒服。穿上适当的防护服前严禁接触破裂的容器和泄漏物。尽可能切断泄漏源。用塑料布覆盖泄漏物，减少飞散。勿使水进入包装容器内。用洁净的铲子收集泄漏物，置于干净、干燥、盖子较松的容器中，将容器移离泄漏区。

222. 4,6-二硝基-2-氨基苯酚钠

标　识

中文名称　4，6-二硝基-2-氨基苯酚钠

英文名称　Picramic acid，sodium salt；Sodium 2 - amino - 4，6 - dinitrophenoxide；Sodium picramate

别名　苦氨酸钠

分子式　$C_6H_5N_3O_5 \cdot Na$

CAS 号　831-52-7

铁危编号　13011(［干的或含水<20%］)；41029(含水≥20%)

UN 号　0235(［干的或含水<20%］)；1349(含水≥20%)

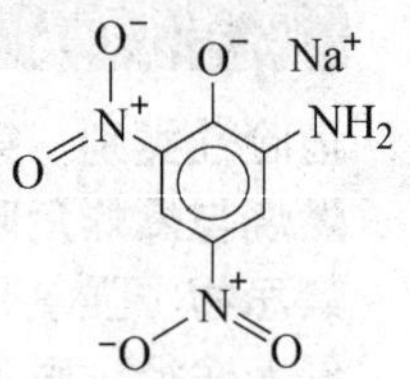

O^- O^- Na^+ N^+ NH_2 O N^+ ^-O O

危害信息

危险性类别　第 1 类　爆炸品(［干的或含水<20%］)；第 4.1 类　易燃固体(含水≥20%)

燃烧与爆炸危险性　可燃。其粉体与空气混合能形成爆炸性混合物，遇明火高热有引起燃烧爆炸的危险。燃烧产生有毒的氮氧化物气体。长期受热可能发生爆炸。在高温火场中，受热的容器有破裂和爆炸的危险。

禁忌物　强氧化剂、强酸。

毒性 小鼠经口 LD_{50}：378mg/kg。

中毒表现 食入有害。对皮肤有致敏性。

侵入途径 吸入、食入。

环境危害 对水生生物有害。

理化特性与用途

理化特性 棕红色的湿品，稍有气味。溶于水，溶于乙醇、乙醚、苯、苯胺。

主要用途 染料中间体。主要用于制造偶氮染料、酸性染料等。

包装与储运

包装标志 爆炸品([干的或含水<20%])，易燃固体(含水≥20%)

包装类别 Ⅰ类(含水≥20%)

安全储运 储存于阴凉、干燥、通风的爆炸品专用库房。远离火种、热源。储存温度不宜超过32℃，相对湿度不超过80%。若以水作稳定剂，储存温度应大于1℃，相对湿度小于80%。保持容器密封。应与其他爆炸品、氧化剂、酸类、胺类、还原剂、重金属盐等隔离储运。采用防爆型照明、通风设施。禁止使用易产生火花的机械设备和工具。搬运时轻装轻卸，防止容器受损。禁止震动、撞击和摩擦。

紧急处置信息

急救措施

吸入：迅速脱离现场至空气新鲜处。保持呼吸道通畅。如呼吸困难，给输氧。呼吸、心跳停止，立即进行心肺复苏术。就医。

眼睛接触：立即分开眼睑，用流动清水或生理盐水彻底冲洗。就医。

皮肤接触：立即脱去污染的衣着，用肥皂水和清水彻底冲洗。就医。

食入：漱口，饮水。就医。

灭火方法 消防人员须穿全身消防服，佩戴正压自给式呼吸器，在上风向灭火。尽可能将容器从火场移至空旷处。喷水保持火场容器冷却，直至灭火结束。用大量水灭火。

泄漏应急处置 隔离泄漏污染区，限制出入。消除所有点火源。建议应急处理人员戴防尘口罩，穿防静电服，戴橡胶手套。禁止接触或跨越泄漏物。尽可能切断泄漏源。保持泄漏物干燥。小量泄漏：用干燥的沙土或其他不燃材料覆盖泄漏物，然后用塑料布覆盖，减少飞散、避免雨淋。粉末泄漏：用塑料布或帆布覆盖泄漏物，减少飞散，保持干燥。在专家指导下清除。

223. 二硝基巴豆酸酯

标　识

中文名称 二硝基巴豆酸酯

英文名称 Dinocap；Crotonic acid，2(or 4)-(1-methylheptyl)-4，6(or 2，6)- dinitrophenyl ester

别名 2-(1-甲基庚基)-4，6-二硝基苯基巴豆酸酯的多种异构体混合物

分子式 $C_{18}H_{24}N_2O_6$

223. 二硝基巴豆酸酯

CAS 号　39300-45-3

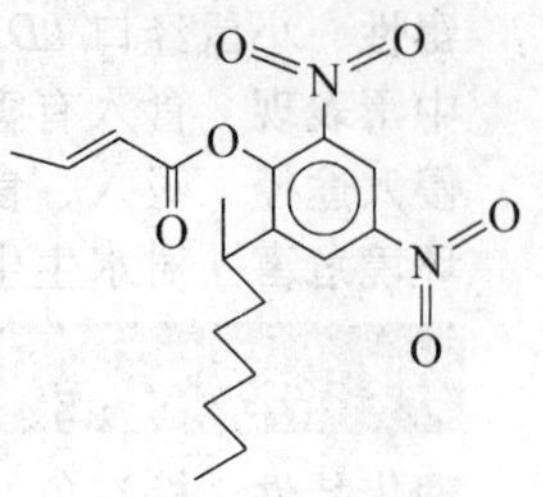

危害信息

危险性类别　第 6 类　有毒品

燃烧与爆炸危险性　可燃。受热易发生爆炸。在高温火场中，受热的容器有破裂和爆炸的危险。

禁忌物　强氧化剂。

毒性　大鼠经口 LD_{50}：766mg/kg；小鼠经口 LD_{50}：49500μL/kg；大鼠吸入 LC_{50}：360mg/m^3(4h)；兔经皮 LD_{50}：9400mg/kg。

欧盟法规 1272/2008/EC 将本品列为第 1B 类生殖毒物——可能的人类生殖毒物。

中毒表现　食入或吸入对身体有害。对皮肤有刺激性和致敏性。

侵入途径　吸入、食入、经皮吸收。

理化特性与用途

理化特性　暗褐色油状液体。不溶于水，溶于多数有机溶剂。沸点 138~140℃(7Pa)，相对密度(水=1)1.1，饱和蒸气压 0.005mPa(25℃)，辛醇/水分配系数 5.98。

主要用途　杀菌剂和杀螨剂。用于防治苹果、葡萄、烟草、蔷薇、菊花、黄瓜、啤酒花的白粉病，也可用于防治顶果的全爪螨，还可用作种子处理剂。

包装与储运

包装标志　有毒品

包装类别　Ⅰ类

安全储运　储存于阴凉、通风的库房。远离火种、热源。储存温度不超过 35℃，相对湿度不超过 85%。保持容器密封。应与强氧化剂、强酸、强碱等隔离储运。搬运时轻装轻卸，防止容器受损。

紧急处置信息

急救措施

吸入：迅速脱离现场至空气新鲜处。保持呼吸道通畅。如呼吸困难，给输氧。呼吸、心跳停止，立即进行心肺复苏术。就医。

眼睛接触：立即分开眼睑，用流动清水或生理盐水彻底冲洗。就医。

皮肤接触：立即脱去污染的衣着，用流动清水彻底冲洗。就医。

食入：漱口，饮水。就医。

灭火方法　消防人员须穿全身消防服，佩戴正压自给式呼吸器，在上风向灭火。尽可能将容器从火场移至空旷处。喷水保持火场容器冷却，直至灭火结束。处在火场中的容器若发生异常变化或发出异常声音，须马上撤离。

灭火剂：泡沫、二氧化碳、干粉、沙土。

泄漏应急处置　根据液体流动和蒸气扩散的影响区域划定警戒区，无关人员从侧风、上风向撤离至安全区。消除所有点火源。建议应急处理人员戴防毒面具，穿防毒、防静电服。作业时使用的所有设备应接地。禁止接触或跨越泄漏物。尽可能切断泄漏源。防止泄漏物进入水体、下水道、地下室或有限空间。小量泄漏：用沙土或其他不燃材料吸收。使用洁净的无火花工具收集吸收材料。大量泄漏：构筑围堤或挖坑收容。用泡沫覆盖，减少蒸发。用防爆泵转移至槽车或专用收集器内。

224. 二硝基(苯)酚碱金属盐[干的或含水<15%]

标　识

中文名称　二硝基(苯)酚碱金属盐[干的或含水<15%]

英文名称　Dinitrophenolates, alkali metals, dry or wetted with less than 15% water, by mass; Dinitrophenolates

分子式　$C_6H_3N_2O_5 \cdot Me$

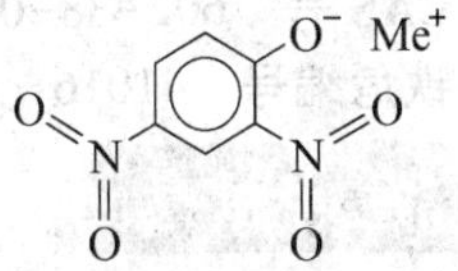

危害信息

危险性类别　第1类　爆炸品

燃烧与爆炸危险性　易燃。受撞击、摩擦、遇明火或其他点火源极易爆炸。燃烧产生有毒的氮氧化物气体。

禁忌物　强氧化剂、强酸。

侵入途径　吸入、食入。

理化特性与用途

理化特性　固体。

主要用途　制造炸药。

包装与储运

包装标志　爆炸品

安全储运　储存于阴凉、干燥、通风的爆炸品专用库房。远离火种、热源。储存温度不宜超过32℃，相对湿度不超过80%。若以水作稳定剂，储存温度应大于1℃，相对湿度小于80%。保持容器密封。应与其他爆炸品、氧化剂、还原剂、碱等隔离储运。采用防爆型照明、通风设施。禁止使用易产生火花的机械设备和工具。搬运时轻装轻卸，防止容器受损。禁止震动、撞击和摩擦。

紧急处置信息

急救措施

吸入：脱离接触。如有不适感，就医。

眼睛接触：分开眼睑，用流动清水或生理盐水冲洗。如有不适感，就医。

皮肤接触：脱去污染的衣着，用肥皂水和清水冲洗。如有不适感，就医。

食入：漱口，饮水。就医。

灭火方法　消防人员须穿全身消防服，佩戴正压自给式呼吸器，在防爆掩蔽处操作。遇大火切勿轻易接近。在物料附近失火，须用水保持容器冷却。用大量水灭火。禁止用沙土盖压。

泄漏应急处置　消除所有点火源。隔离泄漏污染区，限制出入。建议应急处理人员戴防尘口罩，穿防毒服，戴橡胶手套。作业时使用的所有设备应接地。禁止接触或跨越泄漏物。润湿泄漏物。严禁设法扫除干的泄漏物。

225. 1,8-二硝基萘

标　识

中文名称　1，8-二硝基萘

英文名称　1，8-Dinitronaphthalene

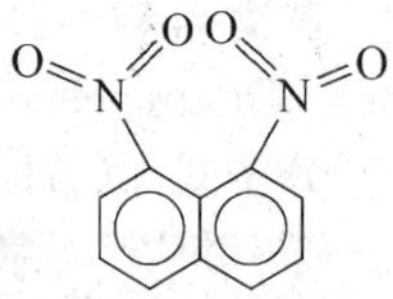

分子式　$C_{10}H_6N_2O_4$

CAS 号　602-38-0

铁危编号　41016

危害信息

危险性类别　第 4.1 类　易燃固体

燃烧与爆炸危险性　易燃。其粉体与空气混合能形成爆炸性混合物。燃烧产生有毒的氮氧化物气体。

禁忌物　强氧化剂。

侵入途径　吸入、食入。

环境危害　对水生生物有极高毒性，可能在水生环境中造成长期不利影响。

理化特性与用途

理化特性　黄色结晶或粉末。不溶于水，溶于吡啶、丙酮。熔点 171～172℃，沸点 390℃，相对密度（水＝1）1.481，相对蒸气密度（空气＝1）7.51，饱和蒸气压 0.57mPa（25℃），辛醇/水分配系数 2.52，闪点 200℃。

主要用途　用作有机合成中间体。

包装与储运

包装标志　易燃固体

包装类别　Ⅲ类

安全储运　储存于阴凉、通风的库房。远离火种、热源。储存温度不超过 35℃。保持容器密封。禁止使用易产生火花的机械设备和工具。应与强氧化剂、强碱等隔离储运。

紧急处置信息

急救措施

吸入：脱离接触。如有不适感，就医。

眼睛接触：分开眼睑，用流动清水或生理盐水冲洗。如有不适感，就医。

皮肤接触：脱去污染的衣着，用肥皂水和清水冲洗。如有不适感，就医。

食入：漱口，饮水。就医。

灭火方法　消防人员须穿全身消防服，佩戴正压自给式呼吸器，在上风向灭火。尽可能将容器从火场移至空旷处。喷水保持火场容器冷却，直至灭火结束。

灭火剂：雾状水、泡沫、二氧化碳、干粉、沙土。

泄漏应急处置　隔离泄漏污染区，限制出入。消除所有点火源。建议应急处理人员戴防尘口罩，穿防毒服。穿上适当的防护服前严禁接触破裂的容器和泄漏物。尽可能切断泄

漏源。用塑料布覆盖泄漏物，减少飞散。勿使水进入包装容器内。用洁净的铲子收集泄漏物，置于干净、干燥、盖子较松的容器中，将容器移离泄漏区。

226. 2,3-二溴丙腈

标 识

中文名称 2，3-二溴丙腈

英文名称 2，3-Dibromopropionitrile

分子式 $C_3H_3Br_2N$

CAS 号 4554-16-9

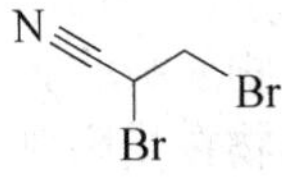

危害信息

危险性类别 第6类 有毒品

燃烧与爆炸危险性 可燃。其蒸气与空气混合能形成爆炸性混合物，遇明火、高热易燃烧或爆炸。燃烧产生有毒的氮氧化物气体。在高温火场中，受热的容器或储罐有破裂和爆炸的危险。

禁忌物 强氧化剂。

毒性 小鼠经口 LD_{50}：47mg/kg。

中毒表现 腈类物质可抑制细胞呼吸，造成组织缺氧。腈类中毒出现恶心、呕吐、腹痛、腹泻、胸闷、乏力等症状，重者出现呼吸抑制、血压下降、昏迷、抽搐等。

侵入途径 吸入、食入、经皮吸收。

理化特性与用途

理化特性 液体。沸点 173℃，相对密度(水=1)2.14，闪点 77℃。

主要用途 用于有机合成，生产丙炔腈等。

包装与储运

包装标志 有毒品

包装类别 Ⅱ类

安全储运 储存于阴凉、通风的库房。远离火种、热源。储存温度不超过 35℃，相对湿度不超过 85%。保持容器密封。应与强氧化剂、强酸等隔离储运。搬运时轻装轻卸，防止容器受损。

紧急处置信息

急救措施

吸入：迅速脱离现场至空气新鲜处。保持呼吸道通畅。如呼吸困难，给输氧。呼吸、心跳停止，立即进行心肺复苏术。就医。

眼睛接触：立即分开眼睑，用流动清水或生理盐水彻底冲洗。就医。

皮肤接触：立即脱去污染的衣着，用肥皂水和清水彻底冲洗。就医。

食入：饮适量温水，催吐(仅限于清醒者)。就医。

如出现腈类物质中毒症状，使用亚硝酸钠和硫代硫酸钠解毒剂，也可用硫代硫酸钠加口服对氨基苯丙酮。

灭火方法 消防人员须穿全身消防服，佩戴正压自给式呼吸器，在上风向灭火。尽可能将容器从火场移至空旷处。喷水保持火场容器冷却，直至灭火结束。处在火场中的容器若发生异常变化或发出异常声音，须马上撤离。

灭火剂：泡沫、二氧化碳、干粉、沙土。

泄漏应急处置 消除所有点火源。根据液体流动和蒸气扩散的影响区域划定警戒区，无关人员从侧风、上风向撤离至安全区。建议应急处理人员戴正压自给式呼吸器，穿防静电、防毒服。作业时使用的所有设备应接地。禁止接触或跨越泄漏物。尽可能切断泄漏源。防止泄漏物进入水体、下水道、地下室或有限空间。小量泄漏：用沙土或其他不燃材料吸收。使用洁净的无火花工具收集吸收材料。大量泄漏：构筑围堤或挖坑收容。用沙土或惰性物质吸收大量液体。用抗溶性泡沫覆盖，减少蒸发。喷水雾能减少蒸发，但不能降低泄漏物在受限制空间内的易燃性。用防爆泵转移至槽车或专用收集器内。

227. 1,2-二溴-1-氯乙烷

标　识

中文名称 1，2-二溴-1-氯乙烷

英文名称 1，2-Dibromo-1-chloroethane；1-Chloro-1，2-dibromoethane

别名 1-氯-1，2-二溴乙烷

分子式 $C_2H_3Br_2Cl$

CAS 号 598-20-9

Br
Br
Cl

危害信息

禁忌物 强氧化剂。

侵入途径 吸入、食入。

理化特性与用途

理化特性 液体。饱和蒸气压 0.26kPa(25℃)，辛醇/水分配系数 2.19。

主要用途 用于农药。

包装与储运

安全储运 储存于阴凉、通风的库房。远离火种、热源。应与强氧化剂等隔离储运。

紧急处置信息

急救措施

吸入：脱离接触。如有不适感，就医。

眼睛接触：分开眼睑，用流动清水或生理盐水冲洗。如有不适感，就医。

皮肤接触：脱去污染的衣着，用肥皂水和清水冲洗。如有不适感，就医。

食入：漱口，饮水。就医。

泄漏应急处置 消除所有点火源。根据液体流动和蒸气扩散的影响区域划定警戒区，无关人员从侧风、上风向撤离至安全区。建议应急处理人员戴正压自给式呼吸器，穿防静

电、防毒服。作业时使用的所有设备应接地。禁止接触或跨越泄漏物。尽可能切断泄漏源。防止泄漏物进入水体、下水道、地下室或有限空间。小量泄漏：用沙土或其他不燃材料吸收。使用洁净的无火花工具收集吸收材料。大量泄漏：构筑围堤或挖坑收容。用抗溶性泡沫覆盖，减少蒸发。用防爆泵转移至槽车或专用收集器内。

228. 3,5-二溴-4-羟基-4′-硝基偶氮苯

标　识

中文名称　3，5-二溴-4-羟基-4′-硝基偶氮苯

英文名称　3，5-Dibromo-4-hydroxy- 4′-nitroazobenzene；2，6-Dibromo-4-[(4-nitrophenyl)azo]phenol

别名　2，6-二溴-4-[2-(4-硝基苯基)二氮烯基]苯酚

分子式　$C_{12}H_7Br_2N_3O_3$

CAS 号　3281-96-7

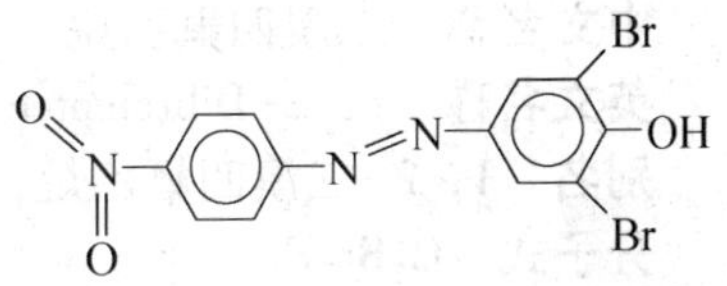

危害信息

危险性类别　第6类　有毒品

燃烧与爆炸危险性　可燃。其粉体与空气混合能形成爆炸性混合物，遇明火有引起燃烧爆炸的危险。燃烧产生有毒的氮氧化物气体。

禁忌物　强氧化剂。

毒性　小鼠经口 LD_{50}：176mg/kg。

中毒表现　食入有毒。

侵入途径　吸入、食入。

理化特性与用途

理化特性　固体。熔点205~206℃，沸点470.4℃，相对密度(水=1)1.94，闪点238.3℃。

主要用途　用作染料、农药和合成中间体。

包装与储运

包装标志　有毒品

包装类别　Ⅲ类

安全储运　储存于阴凉、通风的库房。远离火种、热源。储存温度不超过35℃，相对湿度不超过85%。保持容器密封。应与强氧化剂、强酸等隔离储运。搬运时轻装轻卸，防止容器受损。

紧急处置信息

急救措施

吸入：迅速脱离现场至空气新鲜处。保持呼吸道通畅。如呼吸困难，给输氧。呼吸、心跳停止，立即进行心肺复苏术。就医。

眼睛接触：立即分开眼睑，用流动清水或生理盐水彻底冲洗。就医。

皮肤接触：立即脱去污染的衣着，用肥皂水和清水彻底冲洗。就医。

食入： 饮适量温水，催吐(仅限于清醒者)。就医。

灭火方法　消防人员须穿全身消防服，佩戴正压自给式呼吸器，在上风向灭火。尽可能将容器从火场移至空旷处。喷水保持火场容器冷却，直至灭火结束。

灭火剂：雾状水、泡沫、二氧化碳、干粉、沙土。

泄漏应急处置　隔离泄漏污染区，限制出入。消除所有点火源。建议应急处理人员戴防尘口罩，穿防毒服。穿上适当的防护服前严禁接触破裂的容器和泄漏物。尽可能切断泄漏源。用塑料布覆盖泄漏物，减少飞散。勿使水进入包装容器内。用洁净的铲子收集泄漏物，置于干净、干燥、盖子较松的容器中，将容器移离泄漏区。

229. 二溴四氟乙烷

标　识

中文名称　二溴四氟乙烷

英文名称　1，2-Dibromotetrafluoroethane；Dibromotetrafluoroethane

别名　1，2-二溴四氟乙烷；氟利昂 114B-2

分子式　$C_2Br_2F_4$

CAS 号　124-73-2

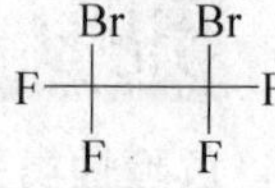

危害信息

燃烧与爆炸危险性　不燃。受热分解放出有毒和腐蚀性气体。在高温火场中，受热的容器有破裂和爆炸的危险。

禁忌物　强氧化剂。

毒性　大鼠吸入 LC_{50}：584g/m^3(4h)。

中毒表现　高浓度吸入蒸气可引起精神错乱、肺刺激、震颤，偶见昏迷。但这些影响一般为一过性，无后遗症。

理化特性与用途

理化特性　无色透明液体，有芳香气味。熔点 -110.32℃，沸点 47.3℃，相对密度(水=1)2.18，饱和蒸气压 43.2kPa(25℃)，临界温度 214.65℃，临界压力 3.39MPa，辛醇/水分配系数 2.96。

主要用途　用作灭火剂、制冷剂。

包装与储运

安全储运　储存于阴凉、通风的库房。远离火种、热源。应与强氧化剂等隔离储运。

紧急处置信息

急救措施

吸入： 迅速脱离现场至空气新鲜处。保持呼吸道通畅。如呼吸困难，给输氧。呼吸、心跳停止，立即进行心肺复苏术。就医。

眼睛接触： 立即分开眼睑，用流动清水或生理盐水彻底冲洗。就医。

皮肤接触： 立即脱去污染的衣着，用肥皂水和清水彻底冲洗。就医。

食入：漱口，饮水。就医。

灭火方法 消防人员须穿全身消防服，佩戴正压自给式呼吸器，在上风向灭火。尽可能将容器从火场移至空旷处。喷水保持火场容器冷却，直至灭火结束。

本品不燃，根据着火原因选择适当灭火剂灭火。

泄漏应急处置 根据液体流动和蒸气扩散的影响区域划定警戒区，无关人员从侧风、上风向撤离至安全区。建议应急处理人员戴正压自给式呼吸器，穿防毒服。禁止接触或跨越泄漏物。尽可能切断泄漏源。防止泄漏物进入水体、下水道、地下室或有限空间。小量泄漏：用沙土或其他不燃材料吸收。使用洁净的工具收集吸收材料。大量泄漏：构筑围堤或挖坑收容。用泡沫覆盖，减少蒸发。用泵转移至槽车或专用收集器内。

230. 1,3-二(2,2-亚丙基)苯双(过氧化新癸酰)

标　识

中文名称 1，3-二(2，2-亚丙基)苯双(过氧化新癸酰)

英文名称 1，3-Di(prop-2，2-diyl)benzene bis(neodecanoylperoxide)；Neodecaneperoxoic acid，1，3-phenylenebis(1-methylethylidene) ester

分子式 $C_{32}H_{54}O_6$

CAS 号 117663-11-3

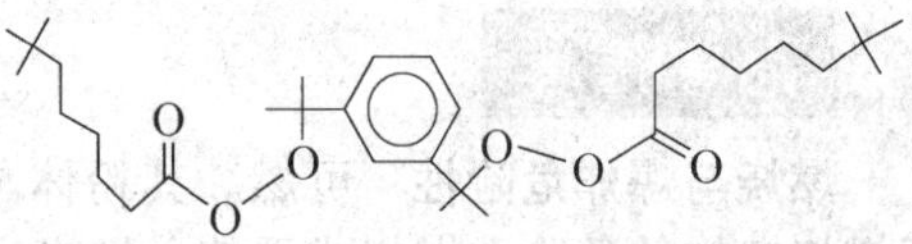

危害信息

危险性类别 第 5.2 类 有机过氧化物

禁忌物 强氧化剂。

侵入途径 吸入、食入。

环境危害 对水生生物有毒，可能在水生环境中造成长期不利影响。

理化特性与用途

理化特性 液体。

主要用途 医药原料。

包装与储运

包装标志 有机过氧化物，易燃液体

安全储运 储存于阴凉、低温、通风的不燃材料结构的库房，储存温度不超过 30℃，相对湿度不超过 80%，大量储存的库房内必须有自动喷水装置。远离火种、热源，防止阳光直射。应与还原剂、促进剂、有机物、可燃物及强酸等隔离储运。禁止使用易产生火花的机械设备和工具。禁止震动、撞击和摩擦。

紧急处置信息

急救措施

吸入：脱离接触。如有不适感，就医。

眼睛接触：分开眼睑，用流动清水或生理盐水冲洗。如有不适感，就医。

皮肤接触：脱去污染的衣着，用流动清水冲洗。如有不适感，就医。

食入：漱口，饮水。就医。

泄漏应急处置 根据液体流动和蒸气扩散的影响区域划定警戒区，无关人员从侧风、上风向撤离至安全区。消除所有点火源。建议应急处理人员戴正压自给式呼吸器，穿防毒服。作业时使用的所有设备应接地。禁止接触或跨越泄漏物。尽可能切断泄漏源。防止泄漏物进入水体、下水道、地下室或有限空间。小量泄漏：用沙土或其他不燃材料吸收。使用洁净的工具收集吸收材料。大量泄漏：构筑围堤或挖坑收容。用泡沫覆盖，减少蒸发。用泵转移至槽车或专用收集器内。

231. 二盐基邻苯二甲酸铅

标　识

中文名称 二盐基邻苯二甲酸铅

英文名称 Dibasic lead phthalate；(Phthalato(2-))dioxotrilead

别名 (1，2-苯二羧酸根合)二氧化三铅

分子式 $C_8H_4O_6Pb_3$

CAS 号 69011-06-9

危害信息

燃烧与爆炸危险性 可燃。其粉体与空气混合能形成爆炸性混合物，遇明火高热有引起燃烧爆炸的危险。燃烧或受热分解产生有毒的烟气。

禁忌物 强氧化剂、强酸。

毒性 欧盟法规 1272/2008/EC 将本品列为第 1A 类生殖毒物——已知的人类生殖毒物。

侵入途径 吸入、食入。

理化特性与用途

理化特性 白色结晶粉末。不溶于水，不溶于普通溶剂，溶于硝酸和乙酸。熔点大于 350℃，相对密度(水=1)4.5。

主要用途 聚氯乙烯的热稳定剂。

包装与储运

安全储运 储存于阴凉、通风的库房。远离火种、热源。应与强氧化剂等隔离储运。

紧急处置信息

急救措施

吸入：脱离接触。如有不适感，就医。

眼睛接触：分开眼睑，用流动清水或生理盐水冲洗。如有不适感，就医。

皮肤接触：脱去污染的衣着，用肥皂水和清水冲洗。如有不适感，就医。

食入：漱口，饮水。就医。

灭火方法 消防人员须穿全身消防服，佩戴正压自给式呼吸器，在上风向灭火。尽可能将容器从火场移至空旷处。喷水保持火场容器冷却，直至灭火结束。

灭火剂：雾状水、泡沫、二氧化碳、干粉、沙土。

泄漏应急处置 隔离泄漏污染区，限制出入。消除所有点火源。建议应急处理人员戴防尘口罩，穿防毒服。穿上适当的防护服前严禁接触破裂的容器和泄漏物。尽可能切断泄漏源。用塑料布覆盖泄漏物，减少飞散。勿使水进入包装容器内。用洁净的铲子收集泄漏物，置于干净、干燥、盖子较松的容器中，将容器移离泄漏区。

232. 二盐基性亚硫酸铅

标　识

中文名称 二盐基性亚硫酸铅

英文名称 Dibasic lead sulfite; Sulfurous acid, lead salt, dibasic

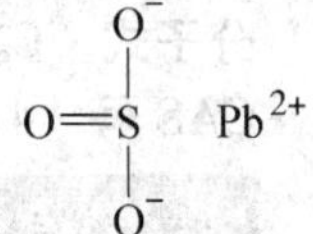

分子式 PbH_2SO_3

CAS 号 62229-08-7

危害信息

禁忌物 强氧化剂、强酸。

毒性 IARC 致癌性评论：G2A，可能人类致癌物。

欧盟法规 1272/2008/EC 将本品列为第 1A 类生殖毒物——已知的人类生殖毒物。

中毒表现 铅及其化合物损害造血、神经、消化系统及肾脏。职业中毒主要为慢性。神经系统主要表现为神经衰弱综合征，周围神经病，重者出现铅中毒性脑病。

侵入途径 吸入、食入。

职业接触限值 中国：PC-TWA 0.05mg/m^3[铅尘][按 Pb 计]，0.03mg/m^3[铅烟][按 Pb 计][G2A]。

美国(ACGIH)：TLV-TWA 0.05mg/m^3[按 Pb 计]。

理化特性与用途

理化特性 固体。

包装与储运

安全储运 储存于阴凉、通风的库房。远离火种、热源。应与强氧化剂等隔离储运。

紧急处置信息

急救措施

吸入：迅速脱离现场至空气新鲜处。保持呼吸道通畅。如呼吸困难，给输氧。呼吸、心跳停止，立即进行心肺复苏术。就医。

眼睛接触：立即分开眼睑，用流动清水或生理盐水彻底冲洗。就医。

皮肤接触：立即脱去污染的衣着，用流动清水彻底冲洗。就医。

食入：漱口，饮水。就医。

泄漏处置 隔离泄漏污染区，限制出入。建议应急处理人员戴防毒面具，穿防静电防腐蚀服。尽可能切断泄漏源。用塑料布覆盖泄漏物，减少飞散。勿使水进入包装容器内。用洁净的铲子收集泄漏物，置于干净、干燥、盖子较松的容器中，将容器移离泄漏区。

233. 5-(2,4-二氧代-1,2,3,4-四氢嘧啶)-3-氟-2-羟甲基四氢呋喃

标　识

中文名称　5-(2，4-二氧代-1，2，3，4-四氢嘧啶)-3-氟-2-羟甲基四氢呋喃

英文名称　5-(2，4-dioxo-1，2，3，4-tetrahydropyrimidine)-3-fluoro-2-hydroxymethyltetrahydrofuran；2′，3′-dideoxy-3′-fluoro uridine

别名　3′-氟-2′，3′-二脱氧尿苷

分子式　$C_9H_{11}FN_2O_4$

CAS 号　41107-56-6

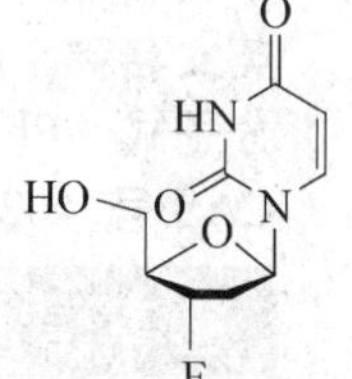

危害信息

燃烧与爆炸危险性　可燃。其粉体与空气混合能形成爆炸性混合物，遇明火高热有引起燃烧爆炸的危险。燃烧产生有毒的氮氧化物气体。

禁忌物　强氧化剂。

毒性　欧盟法规 1272/2008/EC 将本品列为第 2 类生殖细胞致突变物——由于可能导致人类生殖细胞可遗传突变而引起人们关注的物质。

侵入途径　吸入、食入。

理化特性与用途

理化特性　灰白色固体或白色粉末。溶于水。熔点 184～188℃，相对密度(水=1)1.5，辛醇/水分配系数-0.94。

主要用途　用作医药中间体和生化试剂。

包装与储运

安全储运　储存于阴凉、通风的库房。远离火种、热源。应与强氧化剂等隔离储运。

紧急处置信息

急救措施

吸入：迅速脱离现场至空气新鲜处。保持呼吸道通畅。如呼吸困难，给输氧。呼吸、心跳停止，立即进行心肺复苏术。就医。

眼睛接触：立即分开眼睑，用流动清水或生理盐水彻底冲洗。就医。

皮肤接触：立即脱去污染的衣着，用流动清水彻底冲洗。就医。

食入：漱口，饮水。就医。

灭火方法　消防人员须穿全身消防服，佩戴正压自给式呼吸器，在上风向灭火。尽可能将容器从火场移至空旷处。喷水保持火场容器冷却，直至灭火结束。

灭火剂：雾状水、抗溶性泡沫、二氧化碳、干粉、沙土。

泄漏应急处置　隔离泄漏污染区，限制出入。建议应急处理人员戴防尘口罩，穿防毒服。作业时使用的所有设备应接地。穿上适当的防护服前严禁接触破裂的容器和泄漏物。尽可能切断泄漏源。用干燥的沙土或其他不燃材料覆盖泄漏物，然后用塑料布覆盖，减少

飞散、避免雨淋。用洁净的铲子收集泄漏物，置于干净、干燥、盖子较松的容器中，将容器移离泄漏区。

234. 二氧化丁二烯

标　识

中文名称　二氧化丁二烯

英文名称　1，2，3，4-Diepoxybutane；2，2′-Bioxirane；butadiene dioxide

别名　双环氧乙烷

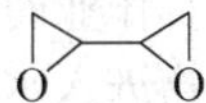

分子式　$C_4H_6O_2$

CAS 号　1464-53-5

危害信息

危险性类别　第 6 类　有毒品

燃烧与爆炸危险性　易燃。其蒸气与空气混合，能形成爆炸性混合物。若遇高热可发生剧烈分解，引起容器破裂或爆炸事故。

禁忌物　酸类、碱类、氧化剂。

毒性　大鼠经口 LD_{50}：78mg/kg；小鼠经口 LD_{50}：72mg/kg；大鼠吸入 LC_{50}：90ppm（4h）；兔经皮 LD_{50}：89μL/kg。

欧盟法规 1272/2008/EC 将本品列为第 1B 类致癌物——可能对人类有致癌能力；第 1B 类生殖细胞致突变物——应认为可能引起人类生殖细胞可遗传突变的物质。

中毒表现　对眼和皮肤有腐蚀性。

侵入途径　吸入、食入、经皮吸收。

理化特性与用途

理化特性　无色至黄色液体。混溶于水。熔点 4℃，沸点 138℃，相对密度（水=1）1.113，饱和蒸气压 0.52kPa（20℃），辛醇/水分配系数-0.28，闪点 45℃。

主要用途　用作化学中间体、交联剂，也用于制备丁四醇和药物。

包装与储运

包装标志　有毒品，易燃液体

包装类别　Ⅰ类

安全储运　储存于阴凉、通风的库房。远离火种、热源。储存温度不超过 32℃，相对湿度不超过 85%。保持容器密封。炎热季节早晚运输，应与氧化剂、酸碱、还原剂等隔离储运。禁止使用易产生火花的机械设备和工具。灌装时注意控制流速，防止静电积聚。搬运时轻装轻卸，防止容器受损。

紧急处置信息

急救措施

吸入：迅速脱离现场至空气新鲜处。保持呼吸道通畅。如呼吸困难，给输氧。呼吸、心跳停止，立即进行心肺复苏术。就医。

眼睛接触：立即分开眼睑，用流动清水或生理盐水彻底冲洗 10~15min。就医。

皮肤接触：立即脱去污染的衣着，用大量流动清水彻底冲洗，冲洗时间一般要求 20~30min。就医。

食入：用水漱口，禁止催吐。给饮牛奶或蛋清。就医。

灭火方法　消防人员必须佩戴空气呼吸器，穿全身防火防毒服，在上风向灭火。尽可能将容器从火场移至空旷处。喷水保持火场容器冷却，直至灭火结束。处在火场中的容器若已变色或从安全泄压装置发出响声，必须马上撤离。

灭火剂：水、雾状水、抗溶性泡沫、干粉、二氧化碳、沙土。

泄漏应急处置　根据液体流动和蒸气扩散的影响区域划定警戒区，无关人员从侧风、上风向撤离至安全区。消除所有点火源。建议应急处理人员戴防毒面具，穿防毒、防静电服。作业时使用的所有设备应接地。禁止接触或跨越泄漏物。尽可能切断泄漏源。防止泄漏物进入水体、下水道、地下室或有限空间。小量泄漏：用沙土或其他不燃材料吸收。使用洁净的无火花工具收集吸收材料。大量泄漏：构筑围堤或挖坑收容。用抗溶性泡沫覆盖，减少蒸发。喷水雾能减少蒸发，但不能降低泄漏物在受限制空间内的易燃性。用防爆泵转移至槽车或专用收集器内。

235. 二氧化二聚环戊二烯

标　识

中文名称　二氧化二聚环戊二烯

英文名称　1, 2:5, 6-Diepoxyhexahydro-4, 7-methanoindan; Dicyclopentadiene dioxide; Dicyclopentadiene diepoxide

别名　二环戊二烯环氧化物

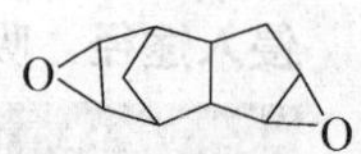

分子式　$C_{10}H_{12}O_2$

CAS 号　81-21-0

危害信息

燃烧与爆炸危险性　可燃。其粉体与空气混合，能形成爆炸性混合物。若遇高热可发生剧烈分解，引起容器破裂或爆炸事故。

禁忌物　强氧化剂、强酸。

毒性　大鼠经口 LD_{50}：210mg/kg；哺乳动物吸入 LC_{50}：10g/m^3(1h)；兔经皮 LD_{50}：8g/kg。

中毒表现　对眼、皮肤有轻度刺激性。

侵入途径　吸入、食入、经皮吸收。

理化特性与用途

理化特性　白色至米黄色结晶或粉末，有轻微的萜烯杨气味。微溶于水，溶于苯、甲醇、丙酮、乙醚。熔点 180~184℃，沸点 326.3℃、120~130℃(1.33kPa)，相对密度(水=1)1.331，相对蒸气密度(空气=1)4.77，饱和蒸气压 0.055Pa(25℃)，闪点 134.4℃。

主要用途　用作环氧树脂系统的基本组分，也用于醇酸树脂的改良，还可作为增塑剂和化学合成的中间体。

包装与储运

安全储运 储存于阴凉、通风的库房。远离火种、热源。应与强氧化剂等隔离储运。

紧急处置信息

急救措施

吸入：脱离接触。如有不适感，就医。

眼睛接触：分开眼睑，用流动清水或生理盐水冲洗。如有不适感，就医。

皮肤接触：脱去污染的衣着，用流动清水冲洗。如有不适感，就医。

食入：漱口，饮水。就医。

灭火方法 消防人员须佩戴防毒面具，穿全身消防服，在上风向灭火。尽可能将容器从火场移至空旷处。喷水保持火场容器冷却，直至灭火结束。

灭火剂：雾状水、泡沫、干粉、二氧化碳、沙土。

泄漏应急处置 隔离泄漏污染区，限制出入。消除所有点火源。建议应急处理人员戴防尘口罩，穿一般作业工作服。尽可能切断泄漏源。用塑料布覆盖泄漏物，减少飞散。勿使水进入包装容器内。用洁净的铲子收集泄漏物，置于干净、干燥、盖子较松的容器中，将容器移离泄漏区。

236. 二氧化二戊烯

标　识

中文名称 二氧化二戊烯

英文名称 1-Methyl-4-(2-methyloxiranyl)-7-oxabicyclo[4.1.0]heptane；1，2:8，9-Diepoxy-*p*-menthane；Dipentene dioxide

别名 二氧化萜二烯；1-甲基-4-(2-甲基环氧乙烷基)-7-氧杂双环[4.1.0]庚烷

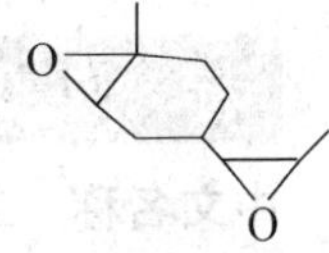

分子式 $C_{10}H_{16}O_2$

CAS 号 96-08-2

危害信息

燃烧与爆炸危险性 可燃。其蒸气与空气混合，能形成爆炸性混合物。若遇高热可发生剧烈分解，引起容器破裂或爆炸事故。

禁忌物 强氧化剂、强酸、卤代烃、卤素。

毒性 大鼠经口 LD_{50}：5630mg/kg；大鼠吸入 LC_{50}：60gm/m^3(1h)；兔经皮 LD_{50}：1770μL/kg。

中毒表现 对眼有中度刺激性。

侵入途径 吸入、食入、经皮吸收。

理化特性与用途

理化特性 无色至淡黄色透明液体，有甲醇气味。微溶于水，混溶于苯、甲醇、四氯化碳、己烷。熔点-100℃，沸点242℃，相对密度(水=1)1.0287(20℃/4℃)，相对蒸气密度(空气=1)7.4，饱和蒸气压2.7Pa(20℃)，闪点118℃(开杯)。

主要用途 用作环氧树脂稀释剂，是制备醇酸树脂的中间体，也用作增塑剂、润滑剂添加料和化学中间体。

包装与储运

安全储运 储存于阴凉、通风的库房。远离火种、热源。应与强氧化剂等隔离储运。

紧急处置信息

急救措施

吸入：迅速脱离现场至空气新鲜处。保持呼吸道通畅。如呼吸困难，给输氧。呼吸、心跳停止，立即进行心肺复苏术。就医。

眼睛接触：立即分开眼睑，用流动清水或生理盐水彻底冲洗。就医。

皮肤接触：立即脱去污染的衣着，用流动清水彻底冲洗。就医。

食入：漱口，饮水。就医。

灭火方法 消防人员须佩戴防毒面具，穿全身消防服，在上风向灭火。尽可能将容器从火场移至空旷处。喷水保持火场容器冷却，直至灭火结束。

灭火剂：雾状水、泡沫、干粉、二氧化碳、沙土。

泄漏应急处置 根据液体流动和蒸气扩散的影响区域划定警戒区，无关人员从侧风、上风向撤离至安全区。消除所有点火源。建议应急处理人员戴防毒面具，穿防毒服。作业时使用的所有设备应接地。禁止接触或跨越泄漏物。尽可能切断泄漏源。防止泄漏物进入水体、下水道、地下室或有限空间。小量泄漏：用沙土或其他不燃材料吸收。使用洁净的无火花工具收集吸收材料。大量泄漏：构筑围堤或挖坑收容。用泡沫覆盖，减少蒸发。用泵转移至槽车或专用收集器内。

237. 二氧化硫脲

标　识

中文名称 二氧化硫脲

英文名称 Aminoiminomethanesulphinic acid；Thiourea dioxide

别名 硫脲-*S*，*S*-二氧化物；甲脒亚磺酸

分子式 $CH_4N_2O_2S$

CAS 号 1758-73-2

OH
H_2N S=O
NH

危害信息

危险性类别 第 4.2 类 自燃物品

燃烧与爆炸危险性 可燃。其粉体与空气混合能形成爆炸性混合物，遇明火高热有引起燃烧爆炸的危险。燃烧产生有毒和刺激性的气体。在高温火场中，受热的容器有破裂和爆炸的危险。

禁忌物 强氧化剂。

毒性 大鼠经口 LD_{50}：1120mg/kg；小鼠经口 LD_{50}：1486mg/kg；大鼠吸入 LC_{50}：0.164mg/L(4h)；大鼠经皮 LD_{50}：>2000mg/kg。

侵入途径 吸入、食入、经皮吸收。

理化特性与用途

理化特性 白色或淡黄色结晶粉末，对湿敏感。易溶于水，溶于浓硫酸，微溶于冰乙酸，不溶于乙醚和苯等有机溶剂。pH 值 4(10g/L 水溶液)，熔点 126℃(分解)，相对密度(水=1)1.68，饱和蒸气压小于 0.36Pa(30℃)，辛醇/水分配系数-3.23。

主要用途 二氧化硫脲作为还原剂在印染工业广泛用于羊毛漂白；还原染料与硫化染料的染色；分散染料染色用的还原洗净剂、拔染脱色剂。还作为各种脱色剂，是照相胶化乳胶的敏化剂，分离稀有金属铑和铱的化学试剂，可提高聚乙烯的稳定性。

包装与储运

包装标志 自燃物品

包装类别 Ⅱ类

安全储运 储存于阴凉、通风的库房。远离火种、热源。储存温度不超过 32℃，相对湿度不超过 80%。保持容器密封。禁止使用易产生火花的机械设备和工具。应与氧化剂、醇、酸碱等隔离储运。

紧急处置信息

急救措施

吸入：迅速脱离现场至空气新鲜处。保持呼吸道通畅。如呼吸困难，给输氧。呼吸、心跳停止，立即进行心肺复苏术。就医。

眼睛接触：立即分开眼睑，用流动清水或生理盐水彻底冲洗。就医。

皮肤接触：立即脱去污染的衣着，用流动清水彻底冲洗。就医。

食入：漱口，饮水。就医。

灭火方法 消防人员须穿全身消防服，佩戴正压自给式呼吸器，在上风向灭火。尽可能将容器从火场移至空旷处。喷水保持火场容器冷却，直至灭火结束。

灭火剂：雾状水、干粉、二氧化碳。

238. 二氧化锰

标 识

中文名称 二氧化锰

英文名称 Manganese dioxide；Manganese peroxide；Manganese(Ⅳ)oxide

别名 过氧化锰

O═Mn═O

分子式 MnO_2

CAS 号 1313-13-9

危害信息

危险性类别 第 5.1 类 氧化剂

燃烧与爆炸危险性 不燃，无特殊燃爆特性。受高热分解放出有毒的气体。

禁忌物 强酸、强还原剂、易燃或可燃物。

毒性 大鼠经口 LD_{50}：>3478mg/kg。

中毒表现　工业生产中急性中毒少见，若短时间吸入大量本品烟尘，可发生“金属烟热”，病人出现头痛、恶心、寒战、高热、大汗。

慢性中毒表现有神经衰弱综合征，植物神经功能紊乱，兴奋和抑制平衡失调的精神症状，重者出现中毒性精神病；锥体外系受损表现有肌张力增高、震颤、言语障碍、步态异常等。吞食本品引起腹痛、恶心。

侵入途径　吸入、食入。

职业接触限值　中国：PC-TWA 0.15mg/m^3[按 MnO_2计]。

理化特性与用途

理化特性　黑色或棕黑色结晶或无定形粉末。不溶于水，溶于硝酸。分解温度535℃，相对密度(水=1)5.0，辛醇/水分配系数<0。

主要用途　主要在干电池中用作去极化剂。在玻璃工业中是良好的脱色剂。电子工业中用以制锰锌铁氧体磁性材料。炼钢工业中作为铁锰合金的原料，浇铸工业的增热剂。化学工业中作为氧化剂、有机合成的催化剂、油漆和油墨的干燥剂等。

包装与储运

包装标志　氧化剂

包装类别　Ⅲ类

安全储运　储存于阴凉、通风的库房。远离火种、热源。储存温度不超过30℃，相对湿度不超过80%。保持容器密封。应与酸、可燃物、胺、还原剂等隔离储运。

紧急处置信息

急救措施

吸入：迅速脱离现场至空气新鲜处。保持呼吸道通畅。如呼吸困难，给输氧。呼吸、心跳停止，立即进行心肺复苏术。就医。

眼睛接触：立即分开眼睑，用流动清水或生理盐水彻底冲洗。就医。

皮肤接触：立即脱去污染的衣着，用肥皂水和清水彻底冲洗。就医。

食入：漱口，饮水。就医。

灭火方法　消防人员必须穿全身防火防毒服，佩戴空气呼吸器，在上风向灭火。灭火时尽可能将容器从火场移至空旷处。

本品不燃，根据着火原因选择适当灭火剂灭火。

泄漏应急处置　隔离泄漏污染区，限制出入。建议应急处理人员戴防尘口罩，穿防毒服。穿上适当的防护服前严禁接触破裂的容器和泄漏物。尽可能切断泄漏源。用塑料布覆盖泄漏物，减少飞散。勿使水进入包装容器内。用洁净的铲子收集泄漏物，置于干净、干燥、盖子较松的容器中，将容器移离泄漏区。

239. 二氧化钛

标　　识

中文名称　二氧化钛

英文名称　Titanium dioxide；Titanium oxide

别名 钛白粉 O=Ti=O

分子式 TiO_2

CAS 号 13463-67-7

危害信息

燃烧与爆炸危险性 不燃，无特殊燃爆特性。

禁忌物 强酸。

侵入途径 吸入、食入

职业接触限值 中国：PC-TWA 8mg/m^3[总尘]。

美国(ACGIH)：TLV-TWA 10mg/m^3。

理化特性与用途

理化特性 白色四方晶体或粉末。不溶于水，不溶于有机溶剂、盐酸、硝酸或稀硫酸，溶于热硫酸、氢氟酸、碱。熔点 1855℃，沸点 2500~3000℃，相对密度(水=1)3.9~4.3。

主要用途 一种重要的白色颜料和瓷器釉料。

包装与储运

安全储运 储存于阴凉、通风的库房。远离火种、热源。应与强氧化剂、强碱等隔离储运。

紧急处置信息

急救措施

吸入： 脱离接触。如有不适感，就医。

眼睛接触： 分开眼睑，用流动清水或生理盐水冲洗。如有不适感，就医。

皮肤接触： 脱去污染的衣着，用流动清水冲洗。如有不适感，就医。

食入： 漱口，饮水。就医。

灭火方法 消防人员必须佩戴空气呼吸器，穿全身防火防毒服，在上风向灭火。尽可能将容器从火场移至空旷处。喷水保持火场容器冷却，直至灭火结束。

本品不燃，根据着火原因选择适当灭火剂灭火。

泄漏应急处置 隔离泄漏污染区，限制出入。建议应急处理人员戴防尘口罩，穿一般作业工作服。尽可能切断泄漏源。用塑料布覆盖泄漏物，减少飞散。勿使水进入包装容器内。用洁净的铲子收集泄漏物，置于干净、干燥、盖子较松的容器中，将容器移离泄漏区。

240. 二氧化碳[液化的]

标　识

中文名称 二氧化碳[液化的]

英文名称 Carbon dioxide, refrigerated liquid; Carbonic anhydride

别名 碳酸酐 O=C=O

分子式 CO_2

CAS 号 124-38-9

危害信息

危险性类别 第 2.2 类 不燃气体

燃烧与爆炸危险性 不燃。若遇高热，容器内压增加，有开裂和爆炸的危险。

毒性 小鼠吸入 *TCLo*：20%；大鼠吸入 *TCLo*：21%(1h)；家兔吸入 *TCLo*：5%(5h)；人吸入 *LCLo*：9%(5min)。

中毒表现 在低浓度时，对呼吸中枢呈兴奋作用，高浓度时则产生抑制甚至麻痹作用。中毒机制中还兼有缺氧的因素。急性中毒：轻度中毒出现头晕、头痛、疲乏、恶心等，脱离接触后较快恢复。人进入高浓度二氧化碳环境，在几秒钟内迅速昏迷倒下，反射消失、瞳孔扩大或缩小、大小便失禁、呕吐等，更严重者出现呼吸、心跳停止及休克，甚至死亡。

慢性影响：经常接触较高浓度的二氧化碳者，可有头晕、头痛、失眠、易兴奋、无力等神经功能紊乱。直接接触液态本品可引起冻伤。

侵入途径 吸入

职业接触限值 中国：PC-TWA 9000mg/m^3，PC-STEL 18000mg/m^3。

美国(ACGIH)：TLV-TWA 5000ppm，TLV-STEL 30000ppm。

理化特性与用途

理化特性 无色液体，微有刺激性气味。溶于水，混溶于烃类和多数有机液体。熔点-56℃，沸点-78.5℃(升华)，相对密度(水=1)0.914(液体，3.48MPa)，相对蒸气密度(空气=1)1.5，饱和蒸气压 5720kPa(20℃)，临界温度 31.13℃，临界压力 7.38MPa，辛醇/水分配系数 0.83。

主要用途 大量用作纯碱、小苏打、铅白、尿素和碳酸氢铵等的原料，还可用作灭火剂、保鲜制冷剂等。

包装与储运

包装标志 不燃气体

安全储运 储存于阴凉、通风的库房或大型气柜。远离火源和热源。储存温度不超过30℃。运输时防止雨淋、曝晒。搬运时轻装轻卸，须戴好钢瓶安全帽和防震橡皮圈，防止钢瓶撞击。

紧急处置信息

急救措施

吸入：迅速脱离现场至空气新鲜处。保持呼吸道通畅。如呼吸困难，给输氧。呼吸、心跳停止，立即进行心肺复苏术。就医。

皮肤接触：如发生冻伤，用温水(38~42℃)复温，忌用热水或辐射热，不要揉搓。就医。

灭火方法 消防人员穿全身消防服，戴空气呼吸器，在上风向灭火。喷水冷却容器，可能的话将容器从火场移至空旷处。

本品不燃，根据着火原因选择适当灭火剂灭火。

泄漏应急处置 根据液体流动和蒸气扩散的影响区域划定警戒区，无关人员从侧风、上风向撤离至安全区。建议应急处理人员戴正压自给式呼吸器，穿防毒服，戴防寒手套。禁止接触或跨越泄漏物。尽可能切断泄漏源。防止泄漏物进入水体、下水道、地下室或有限空间。合理通风，加速扩散，直至气体散尽。

241. 二氧化锡

标　识

中文名称　二氧化锡

英文名称　Tin dioxide；Tin oxide；Stannic oxide

别名　氧化高锡

O═Sn═O

分子式　SnO_2

CAS 号　18282-10-5

危害信息

燃烧与爆炸危险性　不燃，无特殊燃爆特性。

禁忌物　强酸、强碱。

毒性　大鼠经口 LD_{50}：>20g/kg；小鼠经口 LD_{50}：>20g/kg。

中毒表现　吸入冶炼过程中产生的氧化锡烟尘可发生金属烟热，先感全身无力、头痛、咽干、口内金属味和胸部压迫感，有时伴有恶心、呕吐、咳嗽、气促等，继而寒战和发热。

长期吸入二氧化锡烟尘可引起锡肺(锡末沉着症)。可引起皮炎。

侵入途径　吸入、食入。

职业接触限值　中国：PC-TWA 2mg/m^3[按 Sn 计]。

美国(ACGIH)：TLV-TWA 2mg/m^3[按 Sn 计]。

理化特性与用途

理化特性　白色四面体结晶或白色至灰白色粉末。不溶于水，不溶于乙醇、冷酸，溶于浓硫酸、盐酸，缓慢溶于热浓氢氧化钾和氢氧化钠溶液。熔点 1630℃，沸点(分解)，升华点 1800~1900℃，相对密度(水=1)6.95。

主要用途　用于锡盐、接触剂、化妆品、瓷釉、涂料、媒染剂、织物增重剂、磨光剂、乳白玻璃、不透明玻璃、搪瓷等的制造。

包装与储运

安全储运　储存于阴凉、通风的库房。远离火种、热源。应与酸类、碱类等隔离储运。

紧急处置信息

急救措施

吸入：迅速脱离现场至空气新鲜处。保持呼吸道通畅。如呼吸困难，给输氧。呼吸、心跳停止，立即进行心肺复苏术。就医。

眼睛接触：立即分开眼睑，用流动清水或生理盐水彻底冲洗。就医。

皮肤接触：立即脱去污染的衣着，用肥皂水和清水彻底冲洗。就医。

食入：漱口，饮水。就医。

灭火方法　消防人员须佩戴防毒面具，穿全身消防服，在上风向灭火。喷水冷却容器，可能的话将容器从火场移至空旷处。

本品不燃，根据着火原因选择适当灭火剂灭火。

泄漏应急处置 隔离泄漏污染区，限制出入。建议应急处理人员戴防尘口罩，穿一般作业工作服。尽可能切断泄漏源。用塑料布覆盖泄漏物，减少飞散。勿使水进入包装容器内。用洁净的铲子收集泄漏物，置于干净、干燥、盖子较松的容器中，将容器移离泄漏区。

242. 二氧化乙烯基环己烯

标　识

中文名称 二氧化乙烯基环己烯

英文名称 4-Vinyl-1-cyclohexene diepoxide；4-Vinylcyclohexene diepoxide；4-Vinylcyclohexene dioxide

别名 3-环氧乙基-7-氧杂二环[4，1，0]庚烷

分子式 $C_8H_{12}O_2$

CAS 号 106-87-6

危害信息

危险性类别 第 6 类 有毒品

燃烧与爆炸危险性 可燃。其蒸气与空气混合，能形成爆炸性混合物。若遇高热可发生剧烈分解，引起容器破裂或爆炸事故。

禁忌物 强氧化剂、强酸、强碱。

毒性 大鼠经口 LD_{50}：2130mg/kg；大鼠吸入 LC_{50}：800ppm（4h）；兔经皮 LD_{50}：620μL/kg。

IARC 致癌性评论：G2B，可疑人类致癌物。

欧盟法规 1272/2008/EC 将本品列为第 2 类致癌物——可疑的人类致癌物。

中毒表现 本品对眼、皮肤和呼吸道有刺激性。高浓度吸入可致肺水肿，甚至死亡。长期接触有可能对肾和生殖系统产生影响。

侵入途径 吸入、食入、经皮吸收。

职业接触限值 美国（ACGIH）：TLV-TWA 0.1ppm[皮]。

理化特性与用途

理化特性 无色透明液体，微有烯烃气味。溶于水。熔点<-55℃，沸点 227℃，相对密度（水=1）1.1，相对蒸气密度（空气=1）4.07，饱和蒸气压<0.13kPa（20℃），辛醇/水分配系数 1.3，闪点 110℃（开杯），引燃温度 393℃。

主要用途 一种化学中间体，用作制备含有不活泼环氧基团的聚乙二醇的单体。

包装与储运

包装标志 有毒品

包装类别 Ⅲ类

安全储运 储存于阴凉、通风的库房。远离火种、热源。储存温度不超过 35℃，相对湿度不超过 85%。保持容器密封。应与强氧化剂、强酸、胺类等隔离储运。搬运时轻装轻卸，防止容器受损。

紧急处置信息

急救措施

吸入： 迅速脱离现场至空气新鲜处。保持呼吸道通畅。如呼吸困难，给输氧。呼吸、心跳停止，立即进行心肺复苏术。就医。

眼睛接触： 立即分开眼睑，用流动清水或生理盐水彻底冲洗。就医。

皮肤接触： 立即脱去污染的衣着，用流动清水彻底冲洗。就医。

食入： 漱口，饮水。就医。

灭火方法 消防人员须佩戴防毒面具，穿全身消防服，在上风向灭火。尽可能将容器从火场移至空旷处。喷水保持火场容器冷却，直至灭火结束。处在火场中的容器若已变色或从安全泄压装置发出响声，必须马上撤离。

灭火剂：雾状水、泡沫、干粉、二氧化碳、沙土。

泄漏应急处置 根据液体流动和蒸气扩散的影响区域划定警戒区，无关人员从侧风、上风向撤离至安全区。消除所有点火源。建议应急处理人员戴防毒面具，穿防毒服。穿上适当的防护服前严禁接触破裂的容器和泄漏物。尽可能切断泄漏源。防止泄漏物进入水体、下水道、地下室或有限空间。小量泄漏：用干燥的沙土或其他不燃材料吸收或覆盖，收集于容器中。大量泄漏：构筑围堤或挖坑收容。用泵转移至槽车或专用收集器内。

343. 5-二乙氨基-2-戊酮

标　识

中文名称 5-二乙氨基-2-戊酮

英文名称 5-Diethylamino-2-pentanone；5-Diethylaminopentan-2-one

别名 3-乙酰-1-二乙氨基丙烷

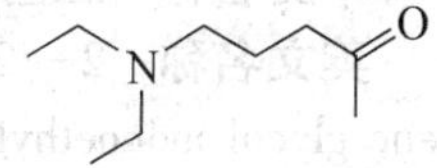

分子式 $C_9H_{19}NO$

CAS 号 105-14-6

危害信息

燃烧与爆炸危险性 可燃。其蒸气与空气混合，能形成爆炸性混合物。燃烧分解时，放出有毒的氮氧化物气体。

禁忌物 强氧化剂、强酸、强还原剂、强碱。

毒性 小鼠静脉 LD_{50}：190mg/kg。

中毒表现 高浓度对呼吸道、眼有刺激性。

侵入途径 吸入、食入、经皮吸收。

理化特性与用途

理化特性 浅黄色至浅棕色透明液体，有氨的气味。易溶于水。沸点 83～85℃(2.0kPa)，相对密度(水=1)0.86，相对蒸气密度(空气=1)5.42，闪点65℃。

主要用途 用于有机合成，用于医药工业。

包装与储运

安全储运 储存于阴凉、通风的库房。远离火种、热源。应与强氧化剂、酸碱、还原剂等隔离储运。搬运时轻装轻卸，防止容器受损。

紧急处置信息

急救措施

吸入： 迅速脱离现场至空气新鲜处。保持呼吸道通畅。如呼吸困难，给输氧。呼吸、心跳停止，立即进行心肺复苏术。就医。

眼睛接触： 立即分开眼睑，用流动清水或生理盐水彻底冲洗。就医。

皮肤接触： 立即脱去污染的衣着，用肥皂水和清水彻底冲洗。就医。

食入： 漱口，饮水。就医。

灭火方法 消防人员须佩戴正压自给式呼吸器，穿全身消防服，在上风向灭火。尽可能将容器从火场移至空旷处。喷水保持火场容器冷却，直至灭火结束。处在火场中的容器若已变色或从安全泄压装置发出响声，必须马上撤离。

灭火剂：雾状水、泡沫、干粉、二氧化碳、沙土。

泄漏应急处置 根据液体流动和蒸气扩散的影响区域划定警戒区，无关人员从侧风、上风向撤离至安全区。消除所有点火源。建议应急处理人员戴正压自给式呼吸器，穿防毒服。穿上适当的防护服前严禁接触破裂的容器和泄漏物。尽可能切断泄漏源。防止泄漏物进入水体、下水道、地下室或有限空间。小量泄漏：用干燥的沙土或其他不燃材料吸收或覆盖，收集于容器中。大量泄漏：构筑围堤或挖坑收容。用泵转移至槽车或专用收集器内。

244. 二乙二醇单乙基醚醋酸酯

标　识

中文名称 二乙二醇单乙基醚醋酸酯

英文名称 2-(2-Ethoxyethoxy)ethyl acetate; 2-(2-Ethoxyethoxy)ethanol acetate; Diethylene glycol monoethyl ether acetate

别名 乙基卡必醇醋酸酯

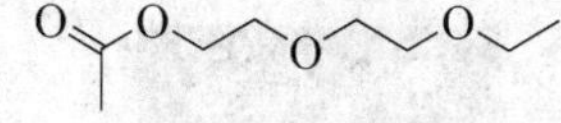

分子式 $C_8H_{16}O_4$

CAS 号 112-15-2

危害信息

燃烧与爆炸危险性 可燃。其蒸气与空气混合，能形成爆炸性混合物。接触空气或在光照条件下可生成具有潜在爆炸危险性的过氧化物。

禁忌物 强氧化剂、强酸。

毒性 大鼠经口 LD_{50}：11g/kg；兔经皮 LD_{50}：15100μL/kg。

侵入途径 吸入、食入、经皮吸收。

理化特性与用途

理化特性 无色液体，有特殊气味。易溶于水，混溶于乙醇、乙醚、丙酮、多数油类。熔点-25℃，沸点 218.5℃，相对密度(水=1)1.01(20℃)，相对蒸气密度(空气=1)6.07，饱和蒸气压 13Pa(20℃)，辛醇/水分配系数 0.32，闪点 100℃，引燃温度 310℃，爆炸下限 1.5%。

主要用途 为油脂、油墨、树脂的优良溶剂，用于制造油漆、黏合剂、塑料和除漆剂。

包装与储运

安全储运 储存于阴凉、通风的库房。远离火种、热源。应与强氧化剂、强酸、强碱等隔离储运。搬运时轻装轻卸，防止容器受损。

紧急处置信息

急救措施

吸入：迅速脱离现场至空气新鲜处。保持呼吸道通畅。如呼吸困难，给输氧。呼吸、心跳停止，立即进行心肺复苏术。就医。

眼睛接触：立即分开眼睑，用流动清水或生理盐水彻底冲洗。就医。

皮肤接触：立即脱去污染的衣着，用流动清水彻底冲洗。就医。

食入：漱口，饮水。就医。

灭火方法 消防人员须佩戴防毒面具，穿全身消防服，在上风向灭火。尽可能将容器从火场移至空旷处。喷水保持火场容器冷却，直至灭火结束。处在火场中的容器若已变色或从安全泄压装置发出响声，必须马上撤离。

灭火剂：水、雾状水、抗溶性泡沫、干粉、二氧化碳、沙土。

泄漏应急处置 根据液体流动和蒸气扩散的影响区域划定警戒区，无关人员从侧风、上风向撤离至安全区。消除所有点火源。建议应急处理人员戴防毒面具，穿防毒服。穿上适当的防护服前严禁接触破裂的容器和泄漏物。尽可能切断泄漏源。防止泄漏物进入水体、下水道、地下室或有限空间。小量泄漏：用干燥的沙土或其他不燃材料吸收或覆盖，收集于容器中。大量泄漏：构筑围堤或挖坑收容。用泵转移至槽车或专用收集器内。

245. 二乙二醇二乙烯基醚

标　识

中文名称 二乙二醇二乙烯基醚

英文名称 1，1′-(Oxybis(ethyleneoxy))diethylene；Bis(2-(vinyloxy)ethyl) ether；Diethylene glycol divinyl ether

别名 双(2-乙烯氧乙基)醚

分子式 $C_8H_{14}O_3$

CAS 号 764-99-8

危害信息

燃烧与爆炸危险性 可燃。其蒸气与空气混合，能形成爆炸性混合物。接触空气或在光照条件下可生成具有潜在爆炸危险性的过氧化物。若遇高热，可发生聚合反应，放出大量热量而引起容器破裂和爆炸事故。

活性反应 与氧化剂接触，有引起燃烧爆炸的危险。

禁忌物 强氧化剂、强酸、强碱。

毒性 大鼠经口 LD_{50}：3730mg/kg；小鼠经口 LD_{50}：2570mg/kg；兔经皮 LD_{50}：14100μL/kg。

侵入途径 吸入、食入、经皮吸收。

理化特性与用途

理化特性 无色透明液体。易溶于多数有机溶剂。熔点-21℃，沸点 198~199℃，相对密度(水=1)0.968，饱和蒸气压 0.03kPa(20℃)，辛醇/水分配系数 0.23，闪点 71℃。

主要用途 用于无汞法制乙醛及合成各种聚合物材料。

包装与储运

安全储运 储存于阴凉、通风的库房。远离火种、热源。应与强氧化剂、强酸、强碱等隔离储运。搬运时轻装轻卸，防止容器受损。

紧急处置信息

急救措施

吸入：迅速脱离现场至空气新鲜处。保持呼吸道通畅。如呼吸困难，给输氧。呼吸、心跳停止，立即进行心肺复苏术。就医。

眼睛接触：立即分开眼睑，用流动清水或生理盐水彻底冲洗。就医。

皮肤接触：立即脱去污染的衣着，用流动清水彻底冲洗。就医。

食入：漱口，饮水。就医。

灭火方法 消防人员须佩戴防毒面具，穿全身消防服，在上风向灭火。尽可能将容器从火场移至空旷处。喷水保持火场容器冷却，直至灭火结束。处在火场中的容器若已变色或从安全泄压装置发出响声，必须马上撤离。

灭火剂：雾状水、泡沫、干粉、二氧化碳、沙土。

泄漏应急处置 根据液体流动和蒸气扩散的影响区域划定警戒区，无关人员从侧风、上风向撤离至安全区。消除所有点火源。建议应急处理人员戴防毒面具，穿一般作业工作服。作业时使用的所有设备应接地。禁止接触或跨越泄漏物。尽可能切断泄漏源。防止泄漏物进入水体、下水道、地下室或有限空间。小量泄漏：用沙土或其他不燃材料吸收。使用洁净的无火花工具收集吸收材料。大量泄漏：构筑围堤或挖坑收容。用泡沫覆盖，减少蒸发。喷水雾能减少蒸发，但不能降低泄漏物在受限制空间内的易燃性。用泵转移至槽车或专用收集器内。

246. N,N-二乙基-3-甲基-1,4-苯二胺盐酸盐

标　识

中文名称 *N*，*N*-二乙基-3-甲基-1，4-苯二胺盐酸盐

英文名称 *N*，*N*-Diethyl-3-methyl-*p*-phenylenediamine hydrochloride；4-Amino-3-methyl-*N*，*N*-diethylaniline hydrochloride

别名 4-(*N*，*N*-二乙基)-2-甲基苯二胺盐酸盐；彩色显影剂 CD-2

分子式 $C_{11}H_{18}N_2 \cdot HCl$

CAS 号 2051-79-8

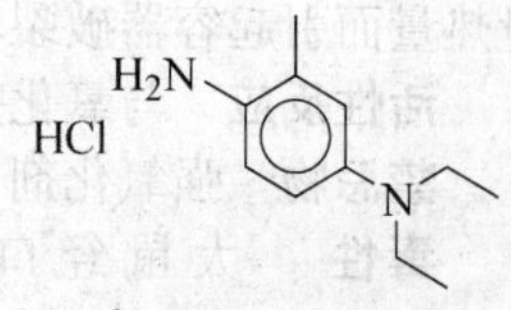

危害信息

燃烧与爆炸危险性 可燃。燃烧产生有毒的氮氧化物气体。水溶液具有腐蚀性。

禁忌物 强氧化剂、强酸。

毒性 大鼠经口 LD_{50}：200mg/kg；豚鼠经皮 LD_{50}：>1g/kg。

中毒表现 食入有毒。对眼有刺激性。对皮肤有致敏性。

侵入途径 吸入、食入、经皮吸收。

理化特性与用途

理化特性 白色或灰白色结晶粉末或颗粒，在空气中易氧化变深。易溶于水，易溶于甲醇及酸。pH 值 6.0(水溶液)，熔点 250℃，相对蒸气密度(空气=1)7.1。

主要用途 适用于油溶性彩底正片的显影。

包装与储运

安全储运 储存于阴凉、通风的库房。远离火种、热源。应与强氧化剂等隔离储运。

紧急处置信息

急救措施

吸入：迅速脱离现场至空气新鲜处。保持呼吸道通畅。如呼吸困难，给输氧。呼吸、心跳停止，立即进行心肺复苏术。就医。

眼睛接触：立即分开眼睑，用流动清水或生理盐水彻底冲洗。就医。

皮肤接触：立即脱去污染的衣着，用肥皂水和清水彻底冲洗。就医。

食入：饮适量温水，催吐(仅限于清醒者)。就医。

灭火方法 消防人员须穿全身消防服，佩戴正压自给式呼吸器，在上风向灭火。尽可能将容器从火场移至空旷处。喷水保持火场容器冷却，直至灭火结束。

灭火剂：雾状水、抗溶性泡沫、二氧化碳、干粉、沙土。

泄漏应急处置 隔离泄漏污染区，限制出入。建议应急处理人员戴防尘口罩，穿防毒服。穿上适当的防护服前严禁接触破裂的容器和泄漏物。尽可能切断泄漏源。用塑料布覆盖泄漏物，减少飞散。勿使水进入包装容器内。用洁净的铲子收集泄漏物，置于干净、干燥、盖子较松的容器中，将容器移离泄漏区。

247. N-(3-(4-(二乙基氨基)-2-甲基苯基)亚氨基)-6-氧代-1,4-环己二烯-1-基乙酰胺

标　识

中文名称 N-(3-(4-(二乙基氨基)-2-甲基苯基)亚氨基)-6-氧代-1，4-环己二烯-1-基乙酰胺

英文名称 N-(3-(4-(Diethylamino)-2-methylphenyl)imino)-6-oxo-1，4-cyclohexadienyl)acetamide

分子式 $C_{19}H_{23}N_3O_2$

CAS 号 96141-86-5

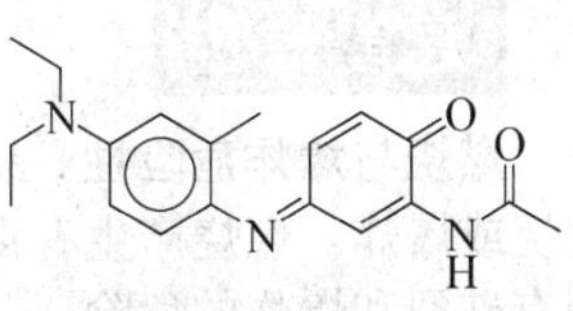

危害信息

燃烧与爆炸危险性 可燃。燃烧或受热分解产生有毒的氮氧化物气体。

禁忌物　强氧化剂、强酸。

侵入途径　吸入、食入。

环境危害　对水生生物有极高毒性，可能在水生环境中造成长期不利影响。

理化特性与用途

理化特性　沸点 473.1℃，相对密度(水=1)1.11，闪点 239.9℃。

主要用途　用作医药原料。

包装与储运

包装标志　杂项

包装类别　Ⅲ类

安全储运　储存于阴凉、通风的库房。远离火种、热源。应与强氧化剂等隔离储运。搬运时轻装轻卸，防止容器受损。

紧急处置信息

急救措施

吸入：脱离接触。如有不适感，就医。

眼睛接触：分开眼睑，用流动清水或生理盐水冲洗。如有不适感，就医。

皮肤接触：脱去污染的衣着，用肥皂水和清水冲洗。如有不适感，就医。

食入：漱口，饮水。就医。

灭火方法　消防人员须穿全身消防服，佩戴正压自给式呼吸器，在上风向灭火。尽可能将容器从火场移至空旷处。喷水保持火场容器冷却，直至灭火结束。

灭火剂：雾状水、泡沫、二氧化碳、干粉、沙土。

泄漏应急处置　隔离泄漏污染区，限制出入。消除所有火源。建议应急处理人员戴防尘口罩，穿防毒服。穿上适当的防护服前严禁接触破裂的容器和泄漏物。尽可能切断泄漏源。用塑料布覆盖泄漏物，减少飞散。勿使水进入包装容器内。用洁净的铲子收集泄漏物，置于干净、干燥、盖子较松的容器中，将容器移离泄漏区。

248. 二乙基-S-苄基-硫代磷酸酯

标　识

中文名称　二乙基-S-苄基-硫代磷酸酯

英文名称　Diethyl-S-benzyl thio phosphate；EBP；Kitazine

别名　稻瘟净

分子式　$C_{11}H_{17}O_3PS$

CAS 号　13286-32-3

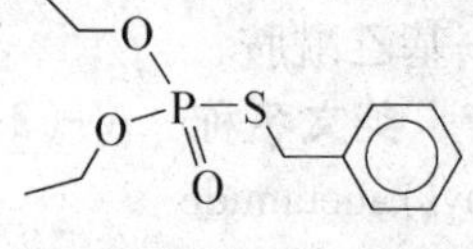

危害信息

燃烧与爆炸危险性　易燃。其蒸气与空气混合能形成爆炸性混合物，遇明火、高热易燃烧或爆炸。燃烧产生有毒的磷氧化物和硫氧化物气体。在高温火场中，受热的容器或储罐有破裂和爆炸的危险。

禁忌物　强氧化剂。

毒性 大鼠经口 LD_{50}：660mg/kg；小鼠经口 LD_{50}：230mg/kg；大鼠吸入 *LC*：>400ppm；兔经皮 *LDLo*：576mg/kg。

中毒表现 抑制体内胆碱酯酶活性，造成神经生理功能紊乱。大量误服出现急性有机磷中毒症状。表现有头痛、头昏、乏力、食欲不振、恶心、呕吐、腹痛、腹泻、流涎、瞳孔缩小、呼吸道分泌物增多、多汗、肌束震颤等。重度中毒者出现肺水肿、昏迷、呼吸麻痹、脑水肿。血胆碱酯酶活性降低。

侵入途径 吸入、食入、经皮吸收。

理化特性与用途

理化特性 纯品为无色透明油状液体，工业品为淡黄色液体，稍有特殊臭味。几乎不溶于水，易溶于乙醇、乙醚、二甲苯、环己酮等。沸点 120~130℃(13.3~20Pa)，相对密度(水=1)1.5258，饱和蒸气压 1.32Pa(20℃)，闪点 25~32℃。

主要用途 杀菌剂。用于防治水稻苗瘟和叶瘟，还能作为增效剂与杀虫剂混用或混配。

包装与储运

安全储运 储存于阴凉、通风的库房。远离火种、热源。应与强氧化剂等隔离储运。搬运时轻装轻卸，防止容器受损。

紧急处置信息

急救措施

吸入：迅速脱离现场至空气新鲜处。保持呼吸道通畅。如呼吸困难，给输氧。呼吸、心跳停止，立即进行心肺复苏术。就医。

眼睛接触：分开眼睑，用流动清水或生理盐水冲洗。就医。

皮肤接触：立即脱去污染的衣着，用肥皂水及流动清水彻底冲洗污染的皮肤、头发、指甲等。就医。

食入：饮足量温水，催吐(仅限于清醒者)。口服活性炭。就医。

解毒剂：阿托品、胆碱酯酶复能剂。

灭火方法 消防人员须穿全身消防服，佩戴正压自给式呼吸器，在上风向灭火。尽可能将容器从火场移至空旷处。喷水保持火场容器冷却，直至灭火结束。处在火场中的容器若发生异常变化或发出异常声音，须马上撤离。

灭火剂：泡沫、二氧化碳、干粉、沙土。

泄漏应急处置 根据液体流动和蒸气扩散的影响区域划定警戒区，无关人员从侧风、上风向撤离至安全区。消除所有点火源。建议应急处理人员戴防毒面具，穿防毒服。穿上适当的防护服前严禁接触破裂的容器和泄漏物。尽可能切断泄漏源。防止泄漏物进入水体、下水道、地下室或有限空间。小量泄漏：用干燥的沙土或其他不燃材料吸收或覆盖，收集于容器中。大量泄漏：构筑围堤或挖坑收容。用泵转移至槽车或专用收集器内。

249. *N*,*N*-二乙基间甲苯酰胺

标　识

中文名称 *N*，*N*-二乙基间甲苯酰胺

英文名称 *N*，*N*-Diethyl-*m*-toluamide；*N*，*N*-Diethyl-3-methylbenzamide

249. *N*,*N*-二乙基间甲苯酰胺

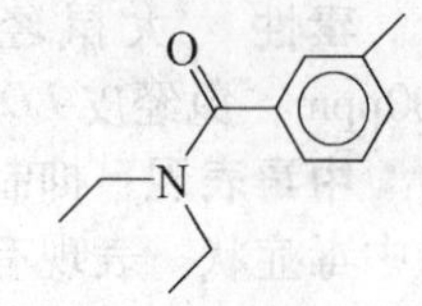

别名 避蚊胺；*N*, *N*-二乙基-3-甲基苯甲酰胺

分子式 $C_{12}H_{17}NO$

CAS 号 134-62-3

铁危编号 61756

危害信息

危险性类别 第6类 有毒品

燃烧与爆炸危险性 可燃。其蒸气与空气混合，能形成爆炸性混合物。燃烧或受热分解时，放出有毒的氮氧化物气体。

禁忌物 强氧化剂、强还原剂、强酸、强碱。

毒性 大鼠经口 LD_{50}：1800mg/kg；小鼠经口 LD_{50}：1170mg/kg；大鼠吸入 LC_{50}：5950mg/m^3；大鼠经皮 LD_{50}：5g/kg；兔经皮 LD_{50}：3180μL/kg。

中毒表现 本品对眼和皮肤有刺激作用。蒸气或雾对眼睛、黏膜和上呼吸道有刺激作用。摄入可引起中枢神经系统紊乱。对皮肤有致敏性。

侵入途径 吸入、食入、经皮吸收。

理化特性与用途

理化特性 水白色至琥珀色液体，微有特殊气味，具有吸湿性。微溶于水，易溶于苯、乙醇、乙醚、丙二醇、2-丙醇。熔点-45℃，沸点290℃、160℃(2.53kPa)，相对密度(水=1)0.996(20℃/4℃)，相对蒸气密度(空气=1)6.7，饱和蒸气压0.13kPa(111℃)，辛醇/水分配系数2.02，闪点155℃。

主要用途 用作驱虫剂，对蚊子特别有效；用于有机合成。

包装与储运

包装标志 有毒品

包装类别 Ⅲ类

安全储运 储存于阴凉、干燥、通风的库房。远离火种、热源。储存温度不超过35℃，相对湿度不超过85%。保持容器密封。应与强氧化剂、还原剂、强酸、碱等隔离储运。搬运时轻装轻卸，防止容器受损。

紧急处置信息

急救措施

吸入：迅速脱离现场至空气新鲜处。保持呼吸道通畅。如呼吸困难，给输氧。呼吸、心跳停止，立即进行心肺复苏术。就医。

眼睛接触：立即分开眼睑，用流动清水或生理盐水彻底冲洗。就医。

皮肤接触：立即脱去污染的衣着，用流动清水彻底冲洗。就医。

食入：漱口，饮水。就医。

灭火方法 消防人员须佩戴正压自给式呼吸器，穿全身消防服，在上风向灭火。尽可能将容器从火场移至空旷处。喷水保持火场容器冷却，直至灭火结束。

灭火剂：雾状水、泡沫、干粉、二氧化碳、沙土。

泄漏应急处置 根据液体流动和蒸气扩散的影响区域划定警戒区，无关人员从侧风、上风向撤离至安全区。消除所有点火源。建议应急处理人员戴正压自给式呼吸器，穿防毒服。穿上适当的防护服前严禁接触破裂的容器和泄漏物。尽可能切断泄漏源。防止泄漏物

进入水体、下水道、地下室或有限空间。小量泄漏：用干燥的沙土或其他不燃材料吸收或覆盖，收集于容器中。大量泄漏：构筑围堤或挖坑收容。用泵转移至槽车或专用收集器内。

250. D,L-(*N*,*N*-二乙基-2-羟基-2-苯乙酰胺)

标　识

中文名称　D，L-(*N*，*N*-二乙基-2-羟基-2-苯乙酰胺)

英文名称　D，L-(*N*，*N*-Diethyl-2-hydroxy-2-phenylacetamide)；*N*，*N*-Diethylmandelamide

别名　*N*，*N*-二乙基扁桃酰胺

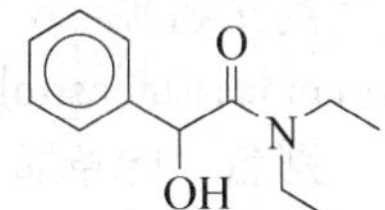

分子式　$C_{12}H_{17}NO_2$

CAS 号　65197-96-8

危害信息

燃烧与爆炸危险性　可燃。其粉体与空气混合能形成爆炸性混合物，遇明火高热有引起燃烧爆炸的危险。燃烧产生有毒的氮氧化物气体。

禁忌物　强氧化剂、强酸。

中毒表现　食入有害。眼接触可造成严重损害。

侵入途径　吸入、食入。

理化特性与用途

理化特性　微溶于水。沸点 349℃，相对密度(水=1)1.085，饱和蒸气压 2.53mPa(25℃)，闪点 165℃。

主要用途　用于有机合成。

包装与储运

安全储运　储存于阴凉、通风的库房。远离火种、热源。应与强氧化剂等隔离储运。搬运时轻装轻卸，防止容器受损。

紧急处置信息

急救措施

吸入：迅速脱离现场至空气新鲜处。保持呼吸道通畅。如呼吸困难，给输氧。呼吸、心跳停止，立即进行心肺复苏术。就医。

眼睛接触：立即分开眼睑，用流动清水或生理盐水彻底冲洗 10~15min。就医。

皮肤接触：立即脱去污染的衣着，用肥皂水和清水彻底冲洗。就医。

食入：漱口，饮水。就医。

灭火方法　消防人员须穿全身消防服，佩戴正压自给式呼吸器，在上风向灭火。尽可能将容器从火场移至空旷处。喷水保持火场容器冷却，直至灭火结束。

灭火剂：雾状水、泡沫、二氧化碳、干粉、沙土。

泄漏应急处置　隔离泄漏污染区，限制出入。消除所有点火源。建议应急处理人员戴防尘口罩，穿防毒服。穿上适当的防护服前严禁接触破裂的容器和泄漏物。尽可能切断泄漏源。用塑料布覆盖泄漏物，减少飞散。勿使水进入包装容器内。用洁净的铲子收集泄漏物，置于干净、干燥、盖子较松的容器中，将容器移离泄漏区。

251. N,N-二乙基-3-(2,4,6-三甲基苯基磺酰基)-1H-1,2,4-三唑-1-甲酰胺

标 识

中文名称 N,N-二乙基-3-(2,4,6-三甲基苯基磺酰基)-1H-1,2,4-三唑-1-甲酰胺

英文名称 N,N-Diethyl-3-(2,4,6- trimethyl phenyl sufonyl)-1H-1,2,4-triazol-1-carboxamide;Cafenstrole

别名 唑草胺

分子式 $C_{16}H_{22}N_4O_3S$

CAS 号 125306-83-4

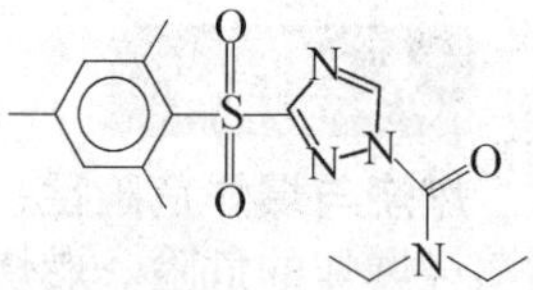

危害信息

禁忌物 强氧化剂。

中毒表现 口服可引起中毒,对皮肤有刺激作用。

侵入途径 吸入、食入。

环境危害 对水生生物有极高毒性,可能在水生环境中造成长期不利影响。

理化特性与用途

理化特性 无色结晶。不溶于水。熔点 114~116℃,相对密度(水=1)1.3,辛醇/水分配系数 3.21。

主要用途 除草剂。细胞生长抑制剂。用于水稻田防除稗草、异型莎草、鸭舌草等杂草。

包装与储运

包装标志 杂项

包装类别 Ⅲ类

安全储运 储存于阴凉、通风的库房。远离火种、热源。应与强氧化剂等隔离储运。搬运时轻装轻卸,防止容器受损。

紧急处置信息

急救措施

吸入:迅速脱离现场至空气新鲜处。保持呼吸道通畅。如呼吸困难,给输氧。呼吸、心跳停止,立即进行心肺复苏术。就医。

眼睛接触:立即分开眼睑,用流动清水或生理盐水彻底冲洗。就医。

皮肤接触:立即脱去污染的衣着,用肥皂水和清水彻底冲洗。就医。

食入:漱口,饮水。就医。

泄漏应急处置 隔离泄漏污染区,限制出入。消除所有点火源。建议应急处理人员戴防尘口罩,穿一般作业工作服。尽可能切断泄漏源。用塑料布覆盖泄漏物,减少飞散。勿使水

进入包装容器内。用洁净的铲子收集泄漏物,置于干净、干燥、盖子较松的容器中,将容器移离泄漏区。

252. 二乙基硒

标　识

中文名称　二乙基硒

英文名称　Diethyl selenide

分子式　$C_4H_{10}Se$

CAS 号　627-53-2

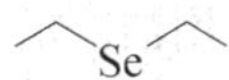

危害信息

危险性类别　第 4.2 类　自燃物品

燃烧与爆炸危险性　易燃。其蒸气与空气混合能形成爆炸性混合物，遇明火、高热极易燃烧或爆炸。受热发生爆炸性的分解反应。在高温火场中，受热的容器或储罐有破裂和爆炸的危险。蒸气比空气重，能在较低处扩散到相当远的地方，遇火源会着火回燃和爆炸(闪爆)。

禁忌物　强氧化剂、强酸。

毒性　小鼠吸入 *LCLo*：$3g/m^3$(10min)。

侵入途径　吸入、食入。

职业接触限值　中国：PC-TWA 0.1mg/m^3[按 Se 计]。

美国(ACGIH)：TLV-TWA 0.2mg/m^3[按 Se 计]。

环境危害　对水生生物有极高毒性，可能在水生环境中造成长期不利影响。

理化特性与用途

理化特性　淡黄色液体。不溶于水，易溶于乙醇、乙醚、苯和氯仿。沸点 108℃，相对密度(水=1) 1.232，相对蒸气密度(空气=1) 4.73，饱和蒸气压 4.11kPa(25℃)，闪点 22.2℃(闭杯)，爆炸下限 2.5% 。

主要用途　主要用以制备宽带Ⅱ～Ⅵ族含硒的半导体化合物，如 CdSe、PbSe。

包装与储运

包装标志　自燃物品，遇湿易燃物品。

包装类别　Ⅰ类

安全储运　储存于阴凉、通风的库房。远离火种、热源。储存温度不超过 30℃，相对湿度不超过 75%。保持容器密封，不可与空气接触。应与强氧化剂、酸碱、醇等隔离储运。禁止使用易产生火花的机械设备和工具。

紧急处置信息

急救措施

吸入：迅速脱离现场至空气新鲜处。保持呼吸道通畅。如呼吸困难，给输氧。呼吸、心跳停止，立即进行心肺复苏术。就医。

眼睛接触： 立即分开眼睑，用流动清水或生理盐水彻底冲洗。就医。

皮肤接触： 立即脱去污染的衣着，用肥皂水和清水彻底冲洗。就医。

食入： 漱口，饮水。就医。

灭火方法 消防人员须穿全身消防服，佩戴正压自给式呼吸器，在上风向灭火。尽可能将容器从火场移至空旷处。喷水保持火场容器冷却，直至灭火结束。处在火场中的容器若发生异常变化或发出异常声音，须马上撤离。禁止用水和二氧化碳灭火。

灭火剂：干粉、沙土。

泄漏应急处置 消除所有点火源。根据液体流动和蒸气扩散的影响区域划定警戒区，无关人员从侧风、上风向撤离至安全区。建议应急处理人员戴正压自给式呼吸器，穿防静电服。作业时使用的所有设备应接地。禁止接触或跨越泄漏物。尽可能切断泄漏源。防止泄漏物进入水体、下水道、地下室或有限空间。小量泄漏：用沙土或其他不燃材料吸收。使用洁净的无火花工具收集吸收材料。大量泄漏：构筑围堤或挖坑收容。用泡沫覆盖，减少蒸发。喷水雾能减少蒸发，但不能降低泄漏物在受限制空间内的易燃性。用防爆泵转移至槽车或专用收集器内。

253. *N*,*N*-二乙基乙二胺

标　识

中文名称 *N*，*N*-二乙基乙二胺

英文名称 *N*，*N*-Diethyl ethylene diamine；2-Aminoethyldiethylamine

别名 *N*，*N*-二乙基-1，2-乙二胺；2-二乙氨基乙胺

分子式 $C_6H_{16}N_2$

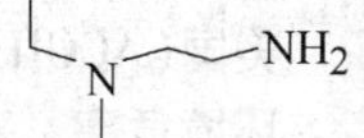

CAS 号 100-36-7

铁危编号 82024

UN 号 2685

危害信息

危险性类别 第 8 类　腐蚀品

燃烧与爆炸危险性 易燃。其蒸气与空气混合，能形成爆炸性混合物。燃烧产生有毒的氮氧化物气体。

活性反应 与氧化剂接触，有引起燃烧的危险。

禁忌物 强氧化剂、强酸。

毒性 大鼠经口 LD_{50}：2830mg/kg；兔经皮 LD_{50}：820μL /kg。

中毒表现 吸入可引起呼吸道刺激、肺炎，甚至发生肺水肿。皮肤或眼接触引起严重碱性化学灼伤；可致皮肤过敏。吞食引起消化道灼伤。

侵入途径 吸入、食入、经皮吸收。

理化特性与用途

理化特性 无色至淡黄色透明液体，有氨的气味。混溶于水，溶于乙醇、乙醚以及一般有机溶剂。熔点-70℃，沸点 145~147℃，相对密度(水=1)0.827，相对蒸气密度(空气=1)4.0，饱和蒸气压 0.4kPa(25℃)，辛醇/水分配系数 0.21，闪点 30℃。

主要用途 用作有机合成的中间体，用于制药。

包装与储运

包装标志 腐蚀品，易燃液体

包装类别 Ⅱ类

安全储运 储存于阴凉、通风的库房。远离火种、热源。库温不宜超过30℃，相对湿度不超过80%。保持容器密封。应与氧化剂、酸类等隔离储运。避免使用铜铝及其合金制设备。采用防爆型照明、通风设施。禁止使用易产生火花的机械设备和工具。

紧急处置信息

急救措施

吸入：迅速脱离现场至空气新鲜处。保持呼吸道通畅。如呼吸困难，给输氧。呼吸、心跳停止，立即进行心肺复苏术。就医。

眼睛接触：立即分开眼睑，用流动清水或生理盐水彻底冲洗10~15min。就医。

皮肤接触：立即脱去污染的衣着，用大量流动清水彻底冲洗，冲洗时间一般要求20~30min。就医。

食入：用水漱口，禁止催吐。给饮牛奶或蛋清。就医。

灭火方法 消防人员必须佩戴正压自给式呼吸器，穿全身防火防毒服，在上风向灭火。尽可能将容器从火场移至空旷处。喷水保持火场容器冷却，直至灭火结束。处在火场中的容器若已变色或从安全泄压装置中发出响声，必须马上撤离。

灭火剂：雾状水、抗溶性泡沫、干粉、二氧化碳、沙土。

泄漏应急处置 根据液体流动和蒸气扩散的影响区域划定警戒区，无关人员从侧风、上风向撤离至安全区。消除所有点火源。建议应急处理人员戴正压自给式呼吸器，穿防静电、防腐蚀、防毒服。作业时使用的所有设备应接地。禁止接触或跨越泄漏物。尽可能切断泄漏源。防止泄漏物进入水体、下水道、地下室或有限空间。小量泄漏：用沙土或其他不燃材料吸收。使用洁净的无火花工具收集吸收材料。大量泄漏：构筑围堤或挖坑收容。用抗溶性泡沫覆盖，减少蒸发。喷水雾能减少蒸发，但不能降低泄漏物在受限制空间内的易燃性。用防爆、耐腐蚀泵转移至槽车或专用收集器内。

254. 二乙基乙酸

标 识

中文名称 二乙基乙酸

英文名称 2-Ethylbutyric acid ; Diethylacetic acid

别名 2-乙基丁酸

分子式 $C_6H_{12}O_2$

CAS号 88-09-5

OH

O

危害信息

燃烧与爆炸危险性 可燃。其蒸气与空气混合，能形成爆炸性混合物。

禁忌物 碱、氧化剂、还原剂。

毒性　大鼠经口 LD_{50}：2200mg/kg；兔经皮 LD_{50}：520μL/kg。

中毒表现　摄入、吸入或经皮肤吸收后对身体有害。本品对眼睛、皮肤、黏膜和上呼吸道有强烈刺激作用。吸入后可引起喉、支气管的痉挛、炎症、水肿，化学性肺炎或肺水肿。接触后可引起烧灼感、喘息、喉炎、咳嗽、气短、头痛、恶心和呕吐。

侵入途径　吸入、食入、经皮吸收。

理化特性与用途

理化特性　无色至淡黄色透明液体，微有令人不愉快的气味。微溶于水，溶于乙醇、乙醚。pH 值 3(18g/L 水溶液，20℃)，熔点-15～-13℃，沸点 99～101℃、194℃，相对密度(水=1)0.92，相对蒸气密度(空气=1)4.0，饱和蒸气压 0.03kPa(25℃)，辛醇/水分配系数 1.68，闪点 87℃，引燃温度 345℃，爆炸下限 1.4％ 。

主要用途　用于制造酯类，用作药物和染料中间体，也是允许使用的食品用香料。

包装与储运

安全储运　储存于阴凉、通风的库房。远离火种、热源。应与强氧化剂、碱类、胺等隔离储运。搬运时轻装轻卸，防止容器受损。

紧急处置信息

急救措施

吸入：迅速脱离现场至空气新鲜处。保持呼吸道通畅。如呼吸困难，给输氧。呼吸、心跳停止，立即进行心肺复苏术。就医。

眼睛接触：立即分开眼睑，用流动清水或生理盐水彻底冲洗 10～15min。就医。

皮肤接触：立即脱去污染的衣着，用大量流动清水彻底冲洗，冲洗时间一般要求 20～30min。就医。

食入：用水漱口，禁止催吐。给饮牛奶或蛋清。就医。

灭火方法　消防人员必须穿全身耐酸碱消防服，佩戴空气呼吸器，在上风向灭火。尽可能将容器从火场移至空旷处。喷水保持火场容器冷却，直至灭火结束。处在火场中的容器若已变色或从安全泄压装置中发出响声，必须马上撤离。

灭火剂：雾状水、泡沫、干粉、二氧化碳、沙土。

泄漏应急处置　根据液体流动和蒸气扩散的影响区域划定警戒区，无关人员从侧风、上风向撤离至安全区。消除所有点火源。建议应急处理人员戴防毒面具，穿防腐蚀、防毒服。作业时使用的所有设备应接地。禁止接触或跨越泄漏物。尽可能切断泄漏源。防止泄漏物进入水体、下水道、地下室或有限空间。小量泄漏：用沙土或其他不燃材料吸收。使用洁净的无火花工具收集吸收材料。大量泄漏：构筑围堤或挖坑收容。用抗溶性泡沫覆盖，减少蒸发。用耐腐蚀泵转移至槽车或专用收集器内。

255. N,N′-二乙肼

标　识

中文名称　N，N′-二乙肼

英文名称　N，N′-Diethylhydrazine ；1，2-Diethylhydrazine

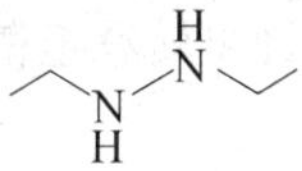

别名 二乙基肼；二乙肼

分子式 $C_4H_{12}N_2$

CAS 号 1615-80-1

铁危编号 32132

危害信息

危险性类别 第 3 类 易燃液体

燃烧与爆炸危险性 可燃。受高热分解放出有毒的气体。若遇高热，容器内压增大，有开裂和爆炸的危险。

活性反应 与氧化剂可发生反应。

禁忌物 强氧化剂、氧、酸类。

毒性 大鼠静脉 *TDLo*：150mg/kg。

IARC 致癌性评论：G2B，可疑人类致癌物。

中毒表现 引起灼伤，眼接触引起严重损害。

侵入途径 吸入、食入、经皮吸收。

理化特性与用途

理化特性 无色液体。混溶于水，易溶于乙醇、乙醚、苯、氯仿。沸点 85.5℃，相对密度(水=1)0.797(26℃/4℃)，饱和蒸气压 9.22kPa(25℃)，辛醇/水分配系数 0.45 。

主要用途 用于有机合成和化学实验室研究。

包装与储运

包装标志 易燃液体

包装类别 Ⅱ类

安全储运 储存于阴凉、通风的库房。远离火种、热源。库温不宜超过 37℃。应与氧化剂、氧、酸类等隔离储运。采用防爆型照明、通风设施。禁止使用易产生火花的机械设备和工具。

紧急处置信息

急救措施

吸入：迅速脱离现场至空气新鲜处。保持呼吸道通畅。如呼吸困难，给输氧。呼吸、心跳停止，立即进行心肺复苏术。就医。

眼睛接触：立即分开眼睑，用流动清水或生理盐水彻底冲洗 10~15min。就医。

皮肤接触：立即脱去污染的衣着，用大量流动清水彻底冲洗，冲洗时间一般要求 20~30min。就医。

食入：用水漱口，禁止催吐。给饮牛奶或蛋清。就医。

灭火方法 消防人员须佩戴正压自给式呼吸器，穿全身消防服，在上风向灭火。尽可能将容器从火场移至空旷处。喷水保持火场容器冷却，直至灭火结束。

灭火剂：雾状水、抗溶性泡沫、干粉、二氧化碳、沙土。

泄漏应急处置 消除所有点火源。根据液体流动和蒸气扩散的影响区域划定警戒区，无关人员从侧风、上风向撤离至安全区。建议应急处理人员戴正压自给式呼吸器，穿防毒服。作业时使用的所有设备应接地。禁止接触或跨越泄漏物。尽可能切断泄漏源。防止泄漏物进入水体、下水道、地下室或有限空间。小量泄漏：用沙土或其他不燃材料吸收。使用洁净的无火花工具收集吸收材料。大量泄漏：构筑围堤或挖坑收容。用抗溶性泡沫覆盖，减少蒸发。喷水雾能减少蒸发，但不能降低泄漏物在受限制空间内的易燃性。用防爆、耐腐蚀泵转移至槽车或专用收集器内。

256. 二乙酰乙酸甲酯

标　识

中文名称　二乙酰乙酸甲酯

英文名称　Methyl diacetoacetate；Acetoacetic acid，2-acetyl-，methyl ester

分子式　$C_7H_{10}O_4$

CAS 号　4619-66-3

危害信息

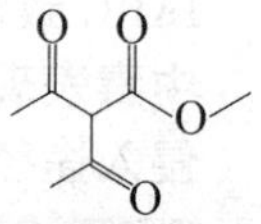

燃烧与爆炸危险性　可燃。其蒸气与空气混合，能形成爆炸性混合物。蒸气比空气重，能在较低处扩散到相当远的地方，遇火源会着火回燃和爆炸(闪爆)。若遇高热，容器内压增大，有开裂和爆炸的危险。

禁忌物　强氧化剂、强酸、强碱。

毒性　大鼠经口 LD_{50}：1700mg/kg。

中毒表现　摄入具中等毒性。对眼和皮肤有刺激作用。

侵入途径　吸入、食入。

理化特性与用途

理化特性　无色易挥发液体，有水果香味。沸点 209℃，相对密度(水=1)1.112，相对蒸气密度(空气=1)5.45，饱和蒸气压 0.03kPa(25℃)，闪点 82.4℃。

主要用途　用作有机溶剂、医药中间体等。

包装与储运

安全储运　储存于阴凉、通风的库房。远离火种、热源。应与强氧化剂、强酸、强碱、胺、硝酸盐等隔离储运。搬运时轻装轻卸，防止容器受损。

紧急处置信息

急救措施

吸入：迅速脱离现场至空气新鲜处。保持呼吸道通畅。如呼吸困难，给输氧。呼吸、心跳停止，立即进行心肺复苏术。就医。

眼睛接触：立即分开眼睑，用流动清水或生理盐水彻底冲洗。就医。

皮肤接触：立即脱去污染的衣着，用流动清水彻底冲洗。就医。

食入：漱口，饮水。就医。

灭火方法　消防人员须佩戴防毒面具，穿全身消防服，在上风向灭火。尽可能将容器从火场移至空旷处。喷水保持火场容器冷却，直至灭火结束。处在火场中的容器若已变色或从安全泄压装置中发出响声，必须马上撤离。

灭火剂：雾状水、泡沫、干粉、二氧化碳、沙土。

泄漏应急处置　根据液体流动和蒸气扩散的影响区域划定警戒区，无关人员从侧风、

上风向撤离至安全区。消除所有点火源。建议应急处理人员戴防毒面具，穿防毒服。穿上适当的防护服前严禁接触破裂的容器和泄漏物。尽可能切断泄漏源。防止泄漏物进入水体、下水道、地下室或有限空间。小量泄漏：用干燥的沙土或其他不燃材料吸收或覆盖，收集于容器中。大量泄漏：构筑围堤或挖坑收容。用泵转移至槽车或专用收集器内。

257. 二异丁基甲酮

标　识

中文名称　二异丁基甲酮

英文名称　Diisobutyl ketone；2，6-Dimethyl-4-heptanone

别名　二异丁基酮；2，6-二甲基-4-庚酮

分子式　$C_9H_{18}O$

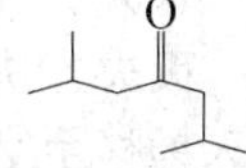

CAS 号　108-83-8

铁危编号　32085

UN 号　1157

危害信息

危险性类别　第 3 类　易燃液体

燃烧与爆炸危险性　易燃。其蒸气与空气混合，能形成爆炸性混合物。高速冲击、流动、激荡后可因产生静电火花放电引起燃烧爆炸。蒸气比空气重，能在较低处扩散到相当远的地方，遇火源会着火回燃和爆炸(闪爆)。若遇高热，容器内压增大，有开裂和爆炸的危险。

活性反应　与氧化剂可发生反应。

禁忌物　强氧化剂、强还原剂、强碱。

毒性　大鼠经口 LD_{50}：5750mg/kg；小鼠经口 LD_{50}：1416mg/kg；大鼠吸入 *LCLo*：2000ppm(4h)；兔经皮 LD_{50}：16gm/kg；人吸入 *TCLo*：50ppm。

中毒表现　接触引起咳嗽、头昏、头痛、咽痛、恶心、呕吐。吸入高浓度可有意识障碍。眼：红、痛。皮肤：发红、麻木。

侵入途径　吸入、食入、经皮吸收。

职业接触限值　中国：PC-TWA 145mg/m^3。

美国(ACGIH)：TLV-TWA 25 ppm。

理化特性与用途

理化特性　无色至淡黄色透明油状液体，略有薄荷气味。微溶于水，溶于四氯化碳、氯仿，混溶于乙醇、乙醚、苯等多数有机溶剂。熔点-42℃，沸点 168℃，相对密度(水=1)0.806，相对蒸气密度(空气=1)4.9，饱和蒸气压 0.22kPa(20℃)，临界温度 346℃，临界压力 2.94MPa，燃烧热-5300kJ/mol，辛醇/水分配系数 2.56，闪点 49℃(闭杯)，引燃温度 396℃，爆炸下限 0.8%，爆炸上限 6.2%(93℃)。

主要用途　用作硝化纤维素、橡胶、树脂等的溶剂，以及用于有机合成等 。

包装与储运

包装标志　易燃液体

包装类别　Ⅱ类

安全储运　储存于阴凉、通风的库房。库温不宜超过37℃。远离火种、热源。应与氧化剂、还原剂、碱类等隔离储运。采用防爆型照明、通风设施。禁止使用易产生火花的机械设备和工具。

紧急处置信息

急救措施

吸入：迅速脱离现场至空气新鲜处。保持呼吸道通畅。如呼吸困难，给输氧。呼吸、心跳停止，立即进行心肺复苏术。就医。

眼睛接触：立即分开眼睑，用流动清水或生理盐水彻底冲洗。就医。

皮肤接触：立即脱去污染的衣着，用肥皂水和清水彻底冲洗。就医。

食入：漱口，饮水。就医。

灭火方法　消防人员须佩戴防毒面具，穿全身消防服，在上风向灭火。尽可能将容器从火场移至空旷处。喷水保持火场容器冷却，直至灭火结束。处在火场中的容器若已变色或从安全泄压装置中发出响声，必须马上撤离。

灭火剂：雾状水、泡沫、干粉、二氧化碳、沙土。

泄漏应急处置　消除所有点火源。根据液体流动和蒸气扩散的影响区域划定警戒区，无关人员从侧风、上风向撤离至安全区。建议应急处理人员戴正压自给式呼吸器，穿防静电服。作业时使用的所有设备应接地。禁止接触或跨越泄漏物。尽可能切断泄漏源。防止泄漏物进入水体、下水道、地下室或有限空间。小量泄漏：用沙土或其他不燃材料吸收。使用洁净的无火花工具收集吸收材料。大量泄漏：构筑围堤或挖坑收容。用泡沫覆盖，减少蒸发。喷水雾能减少蒸发，但不能降低泄漏物在受限制空间内的易燃性。用防爆泵转移至槽车或专用收集器内。

258. 2-(二正丁基氨基)乙醇

标　识

中文名称　2-(二正丁基氨基)乙醇

英文名称　2-(Di-n-butyl amino) ethanol；2-Dibutylaminoethanol；*N*，*N*-Dibutylethanolamine

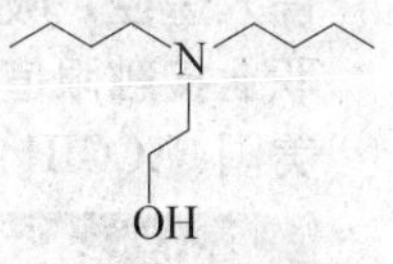

别名　*N*，*N*-二丁基乙醇胺

分子式　$C_{10}H_{23}NO$

CAS 号　102-81-8

危害信息

危险性类别　对水生生物有害，可能在水生环境中造成长期不利影响。

燃烧与爆炸危险性　可燃。其蒸气与空气混合能形成爆炸性混合物，遇明火、高热易燃烧或爆炸。燃烧产生有毒的氮氧化物气体。在高温火场中，受热的容器或储罐有破裂和爆炸的危险。

禁忌物　强氧化剂。

毒性 大鼠经口 LD_{50}：1070mg/kg；兔经皮 LD_{50}：1680 μL/kg。

中毒表现 吸入后引起咳嗽、咽喉疼痛、恶心、头昏、惊厥、呼吸困难、瞳孔缩小、肌痉挛、流涎、出汗、神志不清。眼和皮肤接触可引起灼伤。误服后出现腹痛、腹泻、呕吐、烧灼感、休克。

侵入途径 吸入、食入、经皮吸收。

职业接触限值 美国(ACGIH)：TLV-TWA 0.5 ppm［皮］。

理化特性与用途

理化特性 无色液体，有轻微的似鱼的气味。不溶于水。熔点-75℃，沸点 224~232℃，相对密度(水=1)0.85，相对蒸气密度(空气=1)6.0，饱和蒸气压 0.0133kPa(20℃)，辛醇/水分配系数 2.21，闪点 90℃(闭杯)，引燃温度 165℃，爆炸下限 0.5%，爆炸上限 0.9%。

主要用途 用作聚氨酯的催化剂，纤维助剂及乳化剂。用于制造其他化学品。

包装与储运

安全储运 储存于阴凉、通风的库房。远离火种、热源。应与强氧化剂等隔离储运。搬运时轻装轻卸，防止容器受损。

紧急处置信息

急救措施

吸入： 迅速脱离现场至空气新鲜处。保持呼吸道通畅。如呼吸困难，给输氧。呼吸、心跳停止，立即进行心肺复苏术。就医。

眼睛接触： 立即分开眼睑，用流动清水或生理盐水彻底冲洗 10~15min。就医。

皮肤接触： 立即脱去污染的衣着，用大量流动清水彻底冲洗，冲洗时间一般要求 20~30min。就医。

食入： 用水漱口，禁止催吐。给饮牛奶或蛋清。就医。

灭火方法 消防人员须穿全身消防服，佩戴正压自给式呼吸器，在上风向灭火。尽可能将容器从火场移至空旷处。喷水保持火场容器冷却，直至灭火结束。处在火场中的容器若发生异常变化或发出异常声音，须马上撤离。

灭火剂：泡沫、二氧化碳、干粉、沙土。

泄漏应急处置 消除所有点火源。根据液体流动和蒸气扩散的影响区域划定警戒区，无关人员从侧风、上风向撤离至安全区。建议应急处理人员戴正压自给式呼吸器，穿防静电、防腐蚀、防毒服。作业时使用的所有设备应接地。禁止接触或跨越泄漏物。尽可能切断泄漏源。防止泄漏物进入水体、下水道、地下室或有限空间。小量泄漏：用沙土或其他不燃材料吸收。使用洁净的无火花工具收集吸收材料。大量泄漏：构筑围堤或挖坑收容。用泡沫覆盖，减少蒸发。喷水雾能减少蒸发，但不能降低泄漏物在受限制空间内的易燃性。用防爆、耐腐蚀泵转移至槽车或专用收集器内。

259. 二正庚胺

标 识

中文名称 二正庚胺

英文名称　Diheptylamine；1-Heptanamine, *N*-heptyl-；Di-*n*-heptylamine

别名　二庚胺

分子式　$C_{14}H_{31}N$

CAS 号　2470-68-0

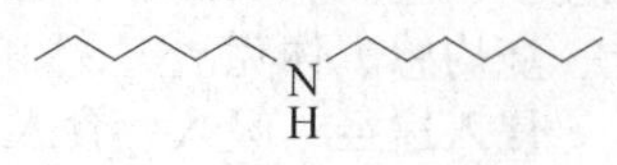

危害信息

燃烧与爆炸危险性　可燃。其粉体与空气混合，能形成爆炸性混合物。燃烧产生有毒的氮氧化物气体。

禁忌物　强氧化剂、强酸。

侵入途径　吸入、食入。

理化特性与用途

理化特性　固体。熔点 31.5℃，沸点 271℃，相对密度(水=1)0.79，辛醇/水分配系数 5.72，闪点 107.9℃。

主要用途　用于生产表面活性剂。

包装与储运

安全储运　储存于阴凉、通风的库房。远离火种、热源。保持容器密封。应与氧化剂、酸类等隔离储运。

紧急处置信息

急救措施

吸入：脱离接触。如有不适感，就医。

眼睛接触：分开眼睑，用流动清水或生理盐水冲洗。如有不适感，就医。

皮肤接触：脱去污染的衣着，用流动清水冲洗。如有不适感，就医。

食入：漱口，饮水。就医。

灭火方法　消防人员须佩戴正压自给式呼吸器，穿全身消防服，在上风向灭火。尽可能将容器从火场移至空旷处。喷水保持火场容器冷却，直至灭火结束。

灭火剂：雾状水、泡沫、干粉、二氧化碳、沙土。

泄漏应急处置　隔离泄漏污染区，限制出入。消除所有点火源。建议应急处理人员戴防尘口罩，穿一般作业工作服。尽可能切断泄漏源。用塑料布覆盖泄漏物，减少飞散。勿使水进入包装容器内。用洁净的铲子收集泄漏物，置于干净、干燥、盖子较松的容器中，将容器移离泄漏区。

260. 反-4-苯基-L-脯氨酸

标　识

中文名称　反-4-苯基-L-脯氨酸

英文名称　trans-4-Phenyl-L-proline；(4*S*)-4-Phenyl-L-proline

分子式　$C_{11}H_{13}NO_2$

CAS 号　96314-26-0

危害信息

燃烧与爆炸危险性　可燃。其粉体与空气混合能形成爆炸性混合物，遇明火高热有引起燃烧爆炸的危险。燃烧产生有毒的氮氧化物气体。

禁忌物　强氧化剂。

毒性　欧盟法规 1272/2008/EC 将本品列为第 2 类生殖毒物——可疑的人类生殖毒物。

中毒表现　本品对皮肤有致敏性。

侵入途径　吸入、食入。

理化特性与用途

理化特性　固体。熔点 372. 8℃，相对密度(水=1)1. 186，闪点大于 150℃

主要用途　用作医药原料和中间体。

包装与储运

安全储运　储存于阴凉、通风的库房。远离火种、热源。应与强氧化剂等隔离储运。搬运时轻装轻卸，防止容器受损。

紧急处置信息

急救措施

吸入：迅速脱离现场至空气新鲜处。保持呼吸道通畅。如呼吸困难，给输氧。呼吸、心跳停止，立即进行心肺复苏术。就医。

眼睛接触：立即分开眼睑，用流动清水或生理盐水彻底冲洗。就医。

皮肤接触：立即脱去污染的衣着，用肥皂水和清水彻底冲洗。就医。

食入：漱口，饮水。就医。

灭火方法　消防人员须穿全身消防服，佩戴正压自给式呼吸器，在上风向灭火。尽可能将容器从火场移至空旷处。喷水保持火场容器冷却，直至灭火结束。

灭火剂：雾状水、泡沫、二氧化碳、干粉、沙土。

泄漏应急处置　隔离泄漏污染区，限制出入。消除所有点火源。建议应急处理人员戴防尘口罩，穿防毒服。穿上适当的防护服前严禁接触破裂的容器和泄漏物。尽可能切断泄漏源。用塑料布覆盖泄漏物，减少飞散。勿使水进入包装容器内。用洁净的铲子收集泄漏物，置于干净、干燥、盖子较松的容器中，将容器移离泄漏区。

261. *N*-(6-氯-3-吡啶甲基)-*N′*-氰基-*N*-甲基乙脒(反式)

标　识

中文名称　*N*-(6-氯-3-吡啶甲基)-*N′*-氰基-*N*-甲基乙脒(反式)

英文名称　(*E*)-*N*-(6-Chloro-3-pyridyl)methyl-*N′*-cyano-*N*-methylacetamidine；Acetamiprid

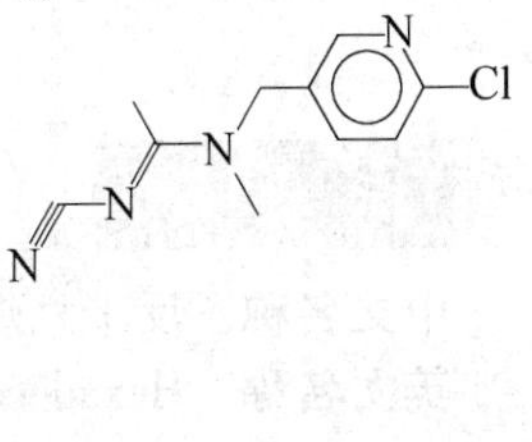

N　Cl　N　N　N

别名　啶虫脒

分子式　$C_{10}H_{11}ClN_4$

CAS 号　135410-20-7

危害信息

燃烧与爆炸危险性　可燃。其粉体与空气混合能形成爆炸性混合物，遇明火高热有引起燃烧爆炸的危险。燃烧产生有毒的氮氧化物气体。

禁忌物　强氧化剂。

毒性　大鼠经口 LD_{50}：146mg/kg；大鼠吸入 LC_{50}：>1.15g/m^3(4h)；大鼠经皮 LD_{50}：>2000mg/kg。

侵入途径　吸入、食入、经皮吸收。

环境危害　对水生生物有害，可能在水生环境中造成长期不利影响。

理化特性与用途

理化特性　白色晶体或结晶性粉末。微溶于水，溶于丙酮、甲醇、乙醇、二氯甲烷、氯仿、乙腈、四氢呋喃等。熔点 98.9℃，相对密度(水=1)1.33，饱和蒸气压 5.85mPa(25℃)，辛醇/水分配系数 0.8。

主要用途　内吸性杀虫剂。防治蔬菜、果树、茶叶等作物的半翅目、蝇翅目、和鳞翅目等害虫。

包装与储运

安全储运　储存于阴凉、通风的库房。远离火种、热源。应与强氧化剂等隔离储运。搬运时轻装轻卸，防止容器受损。

紧急处置信息

急救措施

吸入：迅速脱离现场至空气新鲜处。保持呼吸道通畅。如呼吸困难，给输氧。呼吸、心跳停止，立即进行心肺复苏术。就医。

眼睛接触：立即分开眼睑，用流动清水或生理盐水彻底冲洗。就医。

皮肤接触：立即脱去污染的衣着，用肥皂水和清水彻底冲洗。就医。

食入：饮适量温水，催吐(仅限于清醒者)。就医。

灭火方法　消防人员须穿全身消防服，佩戴正压自给式呼吸器，在上风向灭火。尽可能将容器从火场移至空旷处。喷水保持火场容器冷却，直至灭火结束。

灭火剂：雾状水、泡沫、二氧化碳、干粉、沙土。

泄漏应急处置　隔离泄漏污染区，限制出入。建议应急处理人员戴防尘口罩，穿防毒服。穿上适当的防护服前严禁接触破裂的容器和泄漏物。尽可能切断泄漏源。用塑料布覆盖泄漏物，减少飞散。勿使水进入包装容器内。用洁净的铲子收集泄漏物，置于干净、干燥、盖子较松的容器中，将容器移离泄漏区。

262. 反十六烷酸-3,7-二甲基-2,6-辛二烯酯

标　识

中文名称　反十六烷酸-3，7-二甲基-2，6-辛二烯酯

英文名称　Hexadecanoic acid，(2*E*)-3，7-dimethyl-2，6-octadienyl ester；Geranyl palmitate

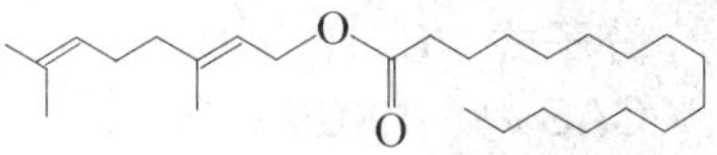

别名 棕榈酸香叶酯

分子式 $C_{26}H_{48}O_2$

CAS 号 3681-73-0

危害信息

燃烧与爆炸危险性 可燃。燃烧或受热分解产生有毒或刺激性的烟气。

禁忌物 强氧化剂。

中毒表现 本品对皮肤有刺激性。

侵入途径 吸入、食入。

理化特性与用途

理化特性 不溶于水。沸点 477℃，相对密度(水=1)0.876，辛醇/水分配系数 11.54，闪点 90℃。

包装与储运

安全储运 储存于阴凉、通风的库房。远离火种、热源。应与强氧化剂等隔离储运。搬运时轻装轻卸，防止容器受损。

紧急处置信息

急救措施

吸入：迅速脱离现场至空气新鲜处。保持呼吸道通畅。如呼吸困难，给输氧。呼吸、心跳停止，立即进行心肺复苏术。就医。

眼睛接触：立即分开眼睑，用流动清水或生理盐水彻底冲洗。就医。

皮肤接触：立即脱去污染的衣着，用肥皂水和清水彻底冲洗。就医。

食入：漱口，饮水。就医。

泄漏应急处置 根据液体流动和蒸气扩散的影响区域划定警戒区，无关人员从侧风、上风向撤离至安全区。消除所有点火源。建议应急处理人员戴正压自给式呼吸器，穿防毒服。穿上适当的防护服前严禁接触破裂的容器和泄漏物。尽可能切断泄漏源。防止泄漏物进入水体、下水道、地下室或有限空间。小量泄漏：用沙土或其他不燃材料吸收。使用洁净的无火花工具收集吸收材料。大量泄漏：构筑围堤或挖坑收容。用泡沫覆盖，减少蒸发。用泵转移至槽车或专用收集器内。

263. (S,S)-反-4-(乙酰胺基)-5,6-二氢-6-甲基-7,7-二氧代-4H-噻吩并[2,3-b]噻喃-2-磺酰胺

标　识

中文名称 (S, S)-反-4-(乙酰胺基)-5, 6-二氢-6-甲基-7, 7-二氧代-4H-噻吩并[2, 3-b]噻喃-2-磺酰胺

英文名称 (S, S)-trans-4-(Acetylamino)-5, 6-dihydro-6-methyl-7, 7-dioxo-4H-thieno[2, 3-b]thiopyran-2-sulfonamide；Dorzolamide

别名 杜塞酰胺

分子式 $C_{10}H_{14}N_2O_5S_3$

CAS 号 120298-38-6

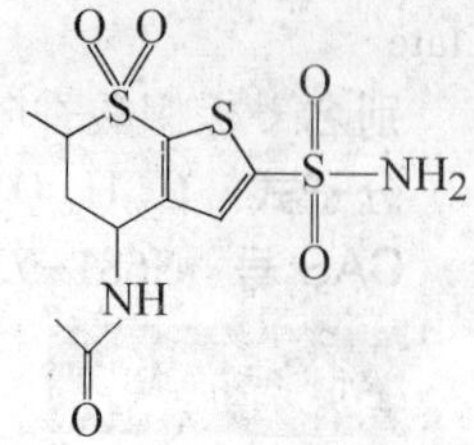

危害信息

禁忌物 强氧化剂。

中毒表现 本品对皮肤有致敏性。

侵入途径 吸入、食入。

环境危害 对水生生物有极高毒性，可能在水生环境中造成长期不利影响。

理化特性与用途

理化特性 白色结晶粉末。微溶于水。相对密度(水=1)1.62，辛醇/水分配系数-0.26。

主要用途 医药原料。

包装与储运

包装标志 杂项

包装类别 Ⅲ类

安全储运 储存于阴凉、通风的库房。远离火种、热源。应与强氧化剂等隔离储运。搬运时轻装轻卸，防止容器受损。

紧急处置信息

急救措施

吸入：迅速脱离现场至空气新鲜处。保持呼吸道通畅。如呼吸困难，给输氧。呼吸、心跳停止，立即进行心肺复苏术。就医。

眼睛接触：立即分开眼睑，用流动清水或生理盐水彻底冲洗。就医。

皮肤接触：立即脱去污染的衣着，用肥皂水和清水彻底冲洗。就医。

食入：漱口，饮水。就医。

泄漏应急处置 隔离泄漏污染区，限制出入。消除所有点火源。建议应急处理人员戴防毒面具，穿防护服。尽可能切断泄漏源。用塑料布覆盖泄漏物，减少飞散。勿使水进入包装容器内。用洁净的铲子收集泄漏物，置于干净、干燥、盖子较松的容器中，将容器移离泄漏区。

264. 芬螨酯

标 识

中文名称 芬螨酯

英文名称 4-Chlorophenyl benzenesulphonate；Fenson

分子式 $C_{12}H_9ClO_3S$

CAS 号 80-38-6

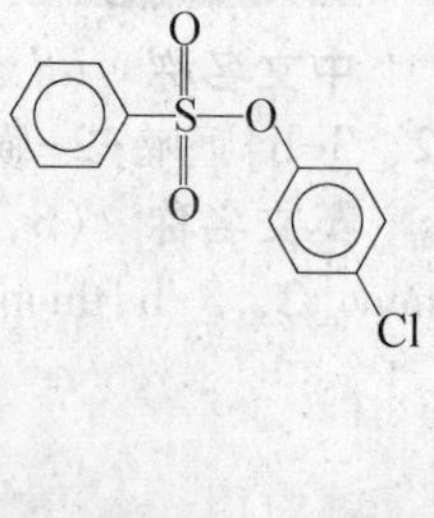

危害信息

燃烧与爆炸危险性 可燃。其粉体与空气混合能形成爆炸性混合物，遇明火高热有引起燃烧爆炸的危险。燃烧产生有毒和腐蚀性的烟气。

禁忌物 强氧化剂。

毒性 大鼠经口 LD_{50}：1350mg/kg；大鼠经皮 LD_{50}：>2gm/kg；兔经皮 LD_{50}：>2g/kg。

中毒表现 食入有害。对眼有刺激性。

侵入途径 吸入、食入、经皮吸收。

环境危害 对水生生物有毒，可能在水生环境中造成长期不利影响。

理化特性与用途

理化特性 无色结晶，工业品为浅粉红色粉末。不溶于水，溶于芳烃和极性溶剂。熔点 62℃，相对密度(水=1)1.33，饱和蒸气压 0.2mPa(25℃)，辛醇/水分配系数 3.57。

主要用途 杀螨剂。用于防治苹果、梨、柑橘等果树的红蜘蛛。

包装与储运

包装标志 杂项

包装类别 Ⅲ类

安全储运 储存于阴凉、通风的库房。远离火种、热源。应与强氧化剂等隔离储运。搬运时轻装轻卸，防止容器受损。

紧急处置信息

急救措施

吸入：迅速脱离现场至空气新鲜处。保持呼吸道通畅。如呼吸困难，给输氧。呼吸、心跳停止，立即进行心肺复苏术。就医。

眼睛接触：立即分开眼睑，用流动清水或生理盐水彻底冲洗。就医。

皮肤接触：立即脱去污染的衣着，用肥皂水和清水彻底冲洗。就医。

食入：漱口，饮水。就医。

灭火方法 消防人员须穿全身消防服，戴正压自给式呼吸器，在上风向灭火。尽可能将容器从火场移至空旷处。喷水保持火场容器冷却，直至灭火结束。

灭火剂：雾状水、泡沫、二氧化碳、干粉、沙土。

泄漏应急处置 隔离泄漏污染区，限制出入。消除所有点火源。建议应急处理人员戴防尘口罩，穿防毒服。穿上适当的防护服前严禁接触破裂的容器和泄漏物。尽可能切断泄漏源。用塑料布覆盖泄漏物，减少飞散。勿使水进入包装容器内。用洁净的铲子收集泄漏物，置于干净、干燥、盖子较松的容器中，将容器移离泄漏区。

265. 氟胺氰菊酯

标　识

中文名称 氟胺氰菊酯

265. 氟胺氰菊酯

英文名称 Tau-fluvalinate；D-Valine，*N*-(2-chloro-4-(trifluoromethyl)phenyl)-，cyano(3- phenoxyphenyl)methyl ester

别名 (*RS*)-*α*-氰基-3-苯氧基苄基-*N*-(2-氯-4-三氟甲基苯基)-D-氨基异戊酸酯；福化利

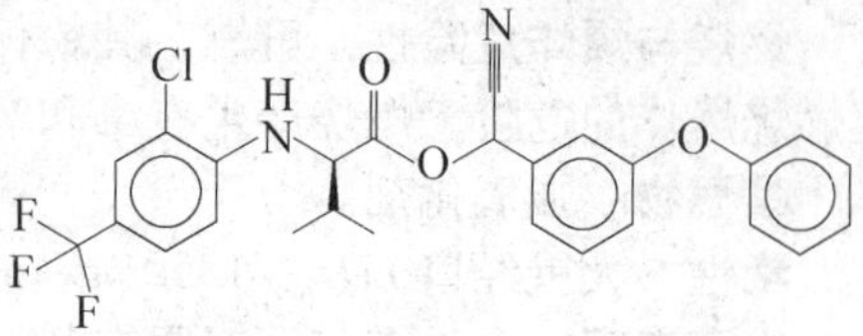

分子式 $C_{26}H_{22}ClF_3N_2O_3$

CAS 号 102851-06-9

危害信息

危险性类别 第6类 有毒品

燃烧与爆炸危险性 可燃。燃烧产生有毒的氮氧化物气体。在高温火场中，受热的容器有破裂和爆炸的危险。

禁忌物 强氧化剂。

中毒表现 本品属拟除虫菊酯类杀虫剂，该类杀虫剂为神经毒物。吸入引起上呼吸道刺激、头痛、头晕和面部感觉异常。食入引起恶心、呕吐和腹痛。重者出现出现阵发性抽搐、意识障碍、肺水肿，可致死。对眼有刺激性。对皮肤有致敏性。

侵入途径 吸入、食入、经皮吸收。

环境危害 对水生生物有毒，可能在水生环境中造成长期不利影响。

理化特性与用途

理化特性 黄色油状黏性液体。不溶于水，溶于甲醇、氯仿、丙酮，混溶于芳烃、二氯甲烷、乙醚。沸点164℃(9.3Pa)、450℃，相对密度(水=1)1.262。

主要用途 光谱杀虫剂、杀螨剂。用于防治棉花、果树、蔬菜、茶树等作物的鳞翅目、鞘翅目、同翅目、双翅目害虫和螨类。

包装与储运

包装标志 有毒品

包装类别 Ⅱ类

安全储运 储存于阴凉、通风的库房。远离火种、热源。保持容器密封。应与强氧化剂、强酸、强碱等隔离储运。搬运时轻装轻卸，防止容器受损。

紧急处置信息

急救措施

吸入：迅速脱离现场至空气新鲜处。保持呼吸道通畅。如呼吸困难，给输氧。呼吸、心跳停止，立即进行心肺复苏术。就医。

眼睛接触：立即分开眼睑，用流动清水或生理盐水彻底冲洗。就医。

皮肤接触：立即脱去污染的衣着，用肥皂水和清水彻底冲洗。就医。

食入：漱口，饮水。就医。

灭火方法 消防人员须穿全身消防服，佩戴正压自给式呼吸器，在上风向灭火。尽可能将容器从火场移至空旷处。喷水保持火场容器冷却，直至灭火结束。处在火场中的容器若发生异常变化或发出异常声音，须马上撤离。

灭火剂：泡沫、二氧化碳、干粉、沙土。

泄漏应急处置 消除所有点火源。根据液体流动和蒸气扩散的影响区域划定警戒区，无关人员从侧风、上风向撤离至安全区。建议应急处理人员戴正压自给式呼吸器，穿防毒服。禁止接触或跨越泄漏物。尽可能切断泄漏源。防止泄漏物进入水体、下水道、地下室或有限空间。小量泄漏．用沙土或其他不燃材料吸收。使用洁净的无火花工具收集吸收材料。大量泄漏：构筑围堤或挖坑收容。用泡沫覆盖，减少蒸发。用泵转移至槽车或专用收集器内。

266. 3-氟丙酸

标　识

中文名称　3-氟丙酸

英文名称　3-Fluoropropionic acid；β-Fluoropropioni acid

别名　β-氟丙酸

分子式　$C_3H_5FO_2$

CAS 号　461-56-3

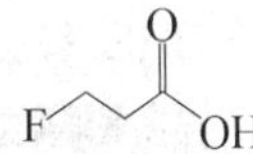

危害信息

燃烧与爆炸危险性　可燃。其蒸气与空气混合，能形成爆炸性混合物。受热分解放出有毒的氟化物气体。

禁忌物　强氧化剂、强碱。

毒性　小鼠腹腔内 LD_{50}：60mg/kg。

侵入途径　吸入、食入、经皮吸收。

理化特性与用途

理化特性　无色液体。沸点 83~84℃（1.87kPa）、185.4℃，相对密度（水=1）1.178，饱和蒸气压 0.04kPa（25℃），闪点 65.9℃。

包装与储运

安全储运　储存于阴凉、通风的库房。远离火种、热源。应与强氧化剂、碱类等隔离储运。搬运时轻装轻卸，防止容器受损。

紧急处置信息

急救措施

吸入：迅速脱离现场至空气新鲜处。保持呼吸道通畅。如呼吸困难，给输氧。呼吸、心跳停止，立即进行心肺复苏术。就医。

眼睛接触：立即分开眼睑，用流动清水或生理盐水彻底冲洗。就医。

皮肤接触：立即脱去污染的衣着，用流动清水彻底冲洗。就医。

食入：漱口，饮水。就医。

灭火方法　消防人员必须穿全身耐酸碱消防服，佩戴空气呼吸器，在上风向灭火。尽可能将容器从火场移至空旷处。喷水保持火场容器冷却，直至灭火结束。处在火场中的容器若已变色或从安全泄压装置中发出响声，必须马上撤离。

灭火剂：雾状水、泡沫、干粉、二氧化碳、沙土。

泄漏应急处置　根据液体流动和蒸气扩散的影响区域划定警戒区，无关人员从侧风、上风向撤离至安全区。消除所有点火源。建议应急处理人员戴正压自给式呼吸器，穿防毒服。穿上适当的防护服前严禁接触破裂的容器和泄漏物。尽可能切断泄漏源。防止泄漏物进入水体、下水道、地下室或有限空间。小量泄漏：用干燥的沙土或其他不燃材料吸收或覆盖，收集于容器中。大量泄漏：构筑围堤或挖坑收容。用泵转移至槽车或专用收集器内。

267. 4-氟丁醛

标　识

中文名称　4-氟丁醛

英文名称　4-Fluorobutanal；4-Fluorobutyraldehyde

分子式　C_4H_7FO

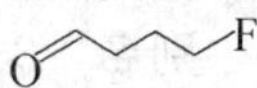

CAS 号　462-74-8

危害信息

燃烧与爆炸危险性　易燃。其蒸气与空气混合，能形成爆炸性混合物。蒸气比空气重，能在较低处扩散到相当远的地方，遇火源会着火回燃和爆炸(闪爆)。燃烧或受热分解产生有毒的烟气。

活性反应　与氧化剂能发生强烈反应。

禁忌物　强氧化剂、强酸。

毒性　小鼠腹腔内 LD_{50}：2mg/kg。

中毒表现　对眼、皮肤、黏膜和上呼吸道有刺激作用。

侵入途径　吸入、食入。

理化特性与用途

理化特性　液体。沸点 98.2℃、49℃(6.7kPa)，相对密度(水=1)0.925，饱和蒸气压 5.37kPa(25℃)，闪点 26.1℃。

包装与储运

安全储运　储存于阴凉、通风的库房。远离火种、热源。应与强氧化剂等隔离储运。搬运时轻装轻卸，防止容器受损。

紧急处置信息

急救措施

吸入：迅速脱离现场至空气新鲜处。保持呼吸道通畅。如呼吸困难，给输氧。呼吸、心跳停止，立即进行心肺复苏术。就医。

眼睛接触：立即分开眼睑，用流动清水或生理盐水彻底冲洗。就医。

皮肤接触：立即脱去污染的衣着，用流动清水彻底冲洗。就医。

食入：漱口，饮水。就医。

灭火方法　消防人员必须佩戴空气呼吸器，穿全身防火防毒服，在上风向灭火。尽可能将容器从火场移至空旷处。喷水保持火场容器冷却，直至灭火结束。处在火场中的容器若已变色或从安全泄压装置中发出响声，必须马上撤离。

灭火剂：雾状水、泡沫、干粉、二氧化碳、沙土。

泄漏应急处置 根据液体流动和蒸气扩散的影响区域划定警戒区，无关人员从侧风、上风向撤离至安全区。消除所有点火源。建议应急处理人员戴正压自给式呼吸器，穿防毒服。作业时使用的所有设备应接地。禁止接触或跨越泄漏物。尽可能切断泄漏源。防止泄漏物进入水体、下水道、地下室或有限空间。小量泄漏：用沙土或其他不燃材料吸收。使用洁净的无火花工具收集吸收材料。大量泄漏：构筑围堤或挖坑收容。用泡沫覆盖，减少蒸发。喷水雾能减少蒸发，但不能降低泄漏物在受限制空间内的易燃性。用泵转移至槽车或专用收集器内。

268. 4-氟丁酸

标　识

中文名称 4-氟丁酸

英文名称 4-Fluorobutyric acid

分子式 $C_4H_7FO_2$

CAS 号 462-23-7

OH
O F

危害信息

燃烧与爆炸危险性 可燃。其蒸气与空气混合，能形成爆炸性混合物。受热分解放出有毒的氟化物气体。

禁忌物 强氧化剂、强碱。

中毒表现 本品毒作用同氟乙酸，但毒性较其大。氟乙酸的中毒表现以中枢神经系统和心脏的混合型反应为主。中毒后先有呕吐、过度流涎、麻木感、精神恍惚、恐惧感、肌束颤动、视力障碍等，病人可因心跳骤停、抽搐发作时的窒息或中枢性呼吸衰竭而死亡。

侵入途径 吸入、食入、经皮吸收。

理化特性与用途

理化特性 无色油状液体。易溶于水，溶于多数有机溶剂。沸点 78~79℃(0.8kPa)。

包装与储运

安全储运 储存于阴凉、通风的库房。远离火种、热源。应与强氧化剂、碱类等隔离储运。搬运时轻装轻卸，防止容器受损。

紧急处置信息

急救措施

吸入：迅速脱离现场至空气新鲜处。保持呼吸道通畅。如呼吸困难，给输氧。呼吸、心跳停止，立即进行心肺复苏术。就医。

眼睛接触：立即分开眼睑，用流动清水或生理盐水彻底冲洗。就医。

皮肤接触：立即脱去污染的衣着，用流动清水彻底冲洗。就医。

食入：漱口，饮水。就医。

灭火方法 消防人员必须穿全身耐酸碱消防服，佩戴正压自给式呼吸器，在上风向灭火。尽可能将容器从火场移至空旷处。喷水保持火场容器冷却，直至灭火结束。处在火场中的容器若已变色或从安全泄压装置中发出响声，必须马上撤离。

灭火剂：雾状水、抗溶性泡沫、干粉、二氧化碳、沙土。

泄漏应急处置 根据液体流动和蒸气扩散的影响区域划定警戒区，无关人员从侧风、上风向撤离至安全区。消除所有点火源。建议应急处理人员戴正压自给式呼吸器，穿防毒服。穿上适当的防护服前严禁接触破裂的容器和泄漏物。尽可能切断泄漏源。防止泄漏物进入水体、下水道、地下室或有限空间。小量泄漏：用干燥的沙土或其他不燃材料吸收或覆盖，收集于容器中。大量泄漏：构筑围堤或挖坑收容。用泵转移至槽车或专用收集器内。

269. 氟硅酸钙

标　识

中文名称 氟硅酸钙

英文名称 Calcium hexafluorosilicate ; Calcium silicofluoride; Calcium fluosilicate

别名 六氟合硅酸钙

分子式 $CaSiF_6$

CAS 号 16925-39-6

铁危编号 61514

UN 号 2856

F^- F^- F^- Si^{4+} Ca^{2+} F^- F^- F^-

危害信息

危险性类别 第 6 类　有毒品

燃烧与爆炸危险性 不燃，无特殊燃爆特性。受热分解可能产生刺激性、腐蚀性或有毒的气体。

活性反应 与酸类反应。

禁忌物 强酸。

侵入途径 吸入、食入。

理化特性与用途

理化特性 无色四方结晶或白色晶状粉末。溶于水。相对密度(水=1)2.662(20℃)，分解温度 330℃。

主要用途 用作杀虫剂、木材防腐剂、浮选剂、混凝土硬化剂以及用于生产氟化钙和四氟化硅，还用于医药和陶瓷工业。

包装与储运

包装标志 有毒品

包装类别 Ⅲ类

安全储运 储存于阴凉、通风的库房。远离火种、热源。储存温度不超过 35℃，相对湿度不超过 80%。保持容器密封。应与强氧化剂、强碱等隔离储运。搬运时轻装轻卸，防止容器受损。

紧急处置信息

急救措施

吸入：脱离接触。如有不适感，就医。

眼睛接触：分开眼睑，用流动清水或生理盐水冲洗。如有不适感，就医。

皮肤接触：脱去污染的衣着，用流动清水冲洗。如有不适感，就医。

食入：漱口，饮水。就医。

灭火方法 消防人员必须穿全身防火防毒服，佩戴正压自给式呼吸器，在上风向灭火。灭火时尽可能将容器从火场移至空旷处。

本品不燃，根据着火原因选择适当灭火剂灭火。

泄漏应急处置 隔离泄漏污染区，限制出入。建议应急处理人员戴防尘口罩，穿一般作业工作服。尽可能切断泄漏源。用塑料布覆盖泄漏物，减少飞散。勿使水进入包装容器内。用洁净的铲子收集泄漏物，置于干净、干燥、盖子较松的容器中，将容器移离泄漏区。

270. 氟硅酸锡

标　识

中文名称 氟硅酸锡

英文名称 Stannous silicofluoride；Tin(Ⅱ) hexafluoridosilicate

分子式 $SnSiF_6$

CAS 号 74925-56-7

危害信息

禁忌物 强酸。

中毒表现 对眼和上呼吸道有刺激性。长期接触有可能引起氟骨症。

侵入途径 吸入、食入。

理化特性与用途

主要用途 灰白色立法立方结晶。溶于水，溶于氢氟酸。相对密度(水=1)3.56。

主要用途 用于配制电镀浴等。

包装与储运

安全储运 储存于阴凉、通风的库房。远离火种、热源。应与强氧化剂等隔离储运。搬运时轻装轻卸，防止容器受损。

紧急处置信息

急救措施

吸入：迅速脱离现场至空气新鲜处。保持呼吸道通畅。如呼吸困难，给输氧。呼吸、心跳停止，立即进行心肺复苏术。就医。

眼睛接触：立即分开眼睑，用流动清水或生理盐水彻底冲洗。就医。

皮肤接触：立即脱去污染的衣着，用肥皂水和清水彻底冲洗。就医。

食入：漱口，饮水。就医。

泄漏应急处置 隔离泄漏污染区，限制出入。消除所有点火源。建议应急处理人员戴防尘口罩，穿防毒服。尽可能切断泄漏源。用塑料布覆盖泄漏物，减少飞散。勿使水进入包装容器内。用洁净的铲子收集泄漏物，置于干净、干燥、盖子较松的容器中，将容器移离泄漏区。

271. 氟化钙

标 识

中文名称 氟化钙

英文名称 Calcium fluoride；Calcium difluoride

别名 萤石

分子式 CaF_2

CAS 号 7789-75-5

F—Ca—F

危害信息

燃烧与爆炸危险性 不燃，无特殊燃爆特性。受热分解产生刺激性、腐蚀性的气体。

禁忌物 酸类。

毒性 大鼠经口 LD_{50}：4250mg/kg 。

中毒表现 吸入其粉尘可致肺纤维化。长期接触氟化物可引起氟骨症。

侵入途径 吸入、食入。

职业接触限值 中国：PC-TWA 2mg/m^3[按 F 计]。

美国(ACGIH)：TLV-TWA 2.5mg/m^3[按 F 计]。

理化特性与用途

理化特性 白色立方结晶或粉末。不溶于水，微溶于无机酸。熔点 1403℃，沸点 2500℃，相对密度(水=1)3.18。

主要用途 用于制氢氟酸、氟、氟化物，也用于制陶器、搪瓷，并用作冶金助熔剂等。

包装与储运

安全储运 储存于阴凉、通风的库房。远离火种、热源。应与酸类等隔离储运。避免使用玻璃、陶瓷制设备。

紧急处置信息

急救措施

吸入：迅速脱离现场至空气新鲜处。保持呼吸道通畅。如呼吸困难，给输氧。呼吸、心跳停止，立即进行心肺复苏术。就医。

眼睛接触：立即分开眼睑，用流动清水或生理盐水彻底冲洗。就医。

皮肤接触：立即脱去污染的衣着，用流动清水彻底冲洗。就医。

食入：漱口，饮水。就医。

灭火方法 消防人员必须穿全身防火防毒服，佩戴正压自给式呼吸器，在上风向灭火。灭火时尽可能将容器从火场移至空旷处。

本品不燃，根据着火原因选择适当灭火剂灭火。

泄漏应急处置 隔离泄漏污染区，限制出入。建议应急处理人员戴防尘口罩，穿防毒服。穿上适当的防护服前严禁接触破裂的容器和泄漏物。尽可能切断泄漏源。用塑料布覆盖泄漏物，减少飞散。勿使水进入包装容器内。用洁净的铲子收集泄漏物，置于干净、干燥、盖子较松的容器中，将容器移离泄漏区。

272. 氟节胺

标 识

中文名称 氟节胺

英文名称 Flumetralin；2-Chloro-*N*-(2，6-dinitro-4-(trifluoromethyl)phenyl)-*N*-ethyl-6-fluorobenzenemethanamine

别名 *N*-(2-氯-6-氟苄基)-*N*-乙基-2，6-二硝基-4-三氟甲基苯胺

分子式 $C_{16}H_{12}ClF_4N_3O_4$

CAS 号 62924-70-3

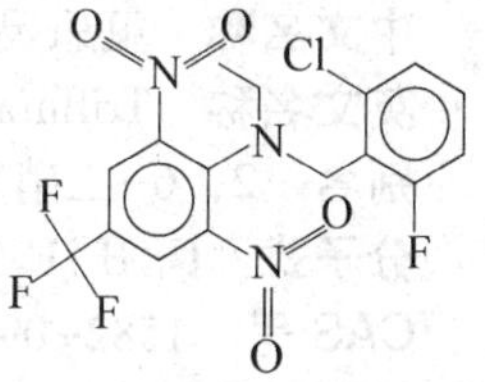

危害信息

燃烧与爆炸危险性 可燃。其粉体与空气混合能形成爆炸性混合物，遇明火高热有引起燃烧爆炸的危险。燃烧或受热分解产生有毒和腐蚀性的烟气。

禁忌物 强氧化剂。

毒性 大鼠经口 LD_{50}：3100mg/kg；大鼠经皮 LD_{50}：>2g/kg。

侵入途径 吸入、食入、经皮吸收。

环境危害 对水生生物有极高毒性，可能在水生环境中造成长期不利影响。

理化特性与用途

理化特性 黄色至橘黄色结晶。不溶于水，溶于丙酮、甲苯，微溶于乙醇、正辛烷、正辛醇。熔点 102℃，相对密度(水=1)1.54，饱和蒸气压 0.032mPa(25℃)，辛醇/水分配系数 5.45 。

主要用途 植物生长调节剂。用于烟草控制腋芽等。

包装与储运

包装标志 杂项

包装类别 Ⅲ类

安全储运 储存于阴凉、通风的库房。远离火种、热源。应与强氧化剂等隔离储运。搬运时轻装轻卸，防止容器受损。

紧急处置信息

急救措施

吸入：迅速脱离现场至空气新鲜处。保持呼吸道通畅。如呼吸困难，给输氧。呼吸、

心跳停止，立即进行心肺复苏术。就医。

眼睛接触：立即分开眼睑，用流动清水或生理盐水彻底冲洗。就医。

皮肤接触：立即脱去污染的衣着，用肥皂水和清水彻底冲洗。就医。

食入：漱口，饮水。就医。

灭火方法 消防人员须穿全身消防服，佩戴正压自给式呼吸器，在上风向灭火。尽可能将容器从火场移至空旷处。喷水保持火场容器冷却，直至灭火结束。

灭火剂：雾状水、泡沫、二氧化碳、干粉、沙土。

泄漏应急处置 隔离泄漏污染区，限制出入。建议应急处理人员戴防尘口罩，穿一般作业工作服。尽可能切断泄漏源。用塑料布覆盖泄漏物，减少飞散。勿使水进入包装容器内。用洁净的铲子收集泄漏物，置于干净、干燥、盖子较松的容器中，将容器移离泄漏区。

273. 氟乐灵

标 识

中文名称 氟乐灵

英文名称 Trifluralin；α，α，α-Trifluoro-2，6-dinitro-*N*，*N*-dipropyl-*p*-toluidine

别名 2，6-二硝基-*N*，*N*-二丙基-4-(三氟甲基)苯胺

分子式 $C_{13}H_{16}F_3N_3O_4$

CAS 号 1582-09-8

铁危编号 61892

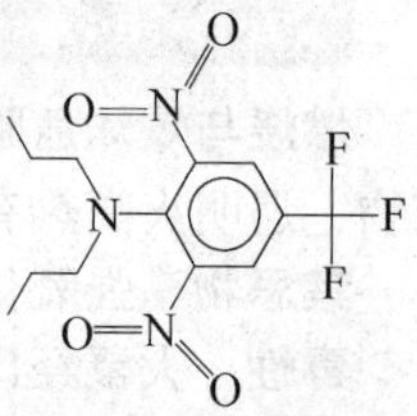

危害信息

危险性类别 第6类有毒品

燃烧与爆炸危险性 可燃。其粉体与空气混合，能形成爆炸性混合物。燃烧或受热分解，放出有毒的氮氧化物和氟化物烟气。

禁忌物 强氧化剂、强酸。

毒性 大鼠经口 LD_{50}：1930mg/kg；大鼠吸入 LC_{50}：2800mg/m^3(1h)；小鼠经 LD_{50}：3197mg/kg；大鼠经皮 LD_{50}：>5g/kg。

欧盟法规 1272/2008/EC 将本品列为第2类致癌物——可疑的人类致癌物。

中毒表现 对眼有刺激。反复接触可引起皮肤过敏。

侵入途径 吸入、食入。

环境危害 对水生生物有极高毒性，可能在水生环境中造成长期不利影响。

理化特性与用途

理化特性 黄色或橙黄色结晶，有芳香气味。微溶于水，溶于乙腈、二恶烷、氯仿、二甲基甲酰胺、甲乙酮等。熔点 49℃，沸点 139～140℃(0.5kPa)，相对密度(水=1) 1.294，饱和蒸气压 6.1mPa(25℃)，辛醇/水分配系数 5.34 。

主要用途 用作农用除草剂。

包装与储运

包装标志 有毒品

包装类别 Ⅲ类

安全储运 储存于阴凉、通风的库房。远离火种、热源。储存温度不超过35℃，相对湿度不超过85%。保持容器密封。应与强氧化剂、强酸等隔离储运。搬运时轻装轻卸，防止容器受损。

紧急处置信息

急救措施

吸入：迅速脱离现场至空气新鲜处。保持呼吸道通畅。如呼吸困难，给输氧。呼吸、心跳停止，立即进行心肺复苏术。就医。

眼睛接触：立即分开眼睑，用流动清水或生理盐水彻底冲洗。就医。

皮肤接触：立即脱去污染的衣着，用肥皂水和清水彻底冲洗。就医。

食入：漱口，饮水。就医。

灭火方法 消防人员必须佩戴正压自给式呼吸器，穿全身防火防毒服，在上风向灭火。尽可能将容器从火场移至空旷处。喷水保持火场容器冷却，直至灭火结束。

灭火剂：雾状水、泡沫、干粉、二氧化碳、沙土。

泄漏应急处置 隔离泄漏污染区，限制出入。消除所有点火源。建议应急处理人员戴防尘口罩，穿防毒服。穿上适当的防护服前严禁接触破裂的容器和泄漏物。尽可能切断泄漏源。用塑料布覆盖泄漏物，减少飞散。勿使水进入包装容器内。用洁净的铲子收集泄漏物，置于干净、干燥、盖子较松的容器中，将容器移离泄漏区。

274. 氟磷酸二异丙酯

标　识

中文名称 氟磷酸二异丙酯

英文名称 Diisopropyl phosphorofluoridate ; Diisopropyl fluorophosphate ; Isopropyl fluorophosphate

别名 氟磷酸异丙酯

分子式 $C_6H_{14}FO_3P$

CAS号 55-91-4

铁危编号 61114

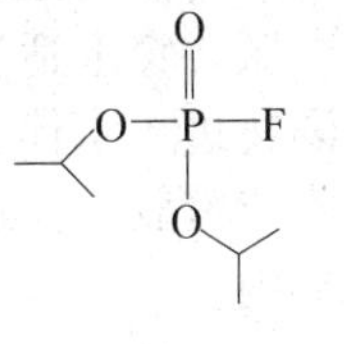

危害信息

危险性类别 第6类 有毒品

燃烧与爆炸危险性 可燃。其蒸气与空气混合，能形成爆炸性混合物。受高热分解放出有毒的气体。

禁忌物 强氧化剂、强碱。

毒性 大鼠经口 LD_{50}：5mg/kg；小鼠经皮 LD_{50}：72mg/kg。

根据《危险化学品目录》的备注，本品属剧毒化学品。

中毒表现　吸入、食入、经皮肤吸收都能引起中毒，表现为瞳孔缩小，唾液增多，出汗，肌痉挛，恶心，呕吐，腹泻，呼吸费力，头昏，惊厥，意识丧失。

侵入途径　吸入、食入、经皮吸收。

理化特性与用途

理化特性　无色或淡黄色油状液体，易潮解。微溶于水，溶于乙醇、乙醚、氯仿、植物油等有机溶剂。pH 值 2.5(1.54%水溶液)，熔点-82℃，沸点 183℃、62℃(1.2kPa)，相对密度(水=1)1.055，相对蒸气密度(空气=1)6.4，饱和蒸气压 0.077kPa(20℃)，辛醇/水分配系数 1.13。

主要用途　用于医药、杀虫剂等。

包装与储运

包装标志　有毒品

包装类别　Ⅰ类

安全储运　储存于阴凉、干燥、通风的库房。远离火种、热源。储存温度不超过 32℃，相对湿度不超过 80%。保持容器密封。应与强氧化剂、醇类等隔离储运。搬运时轻装轻卸，防止容器受损。应严格执行剧毒品“双人收发、双人保管”制度。

紧急处置信息

急救措施

吸入：迅速脱离现场至空气新鲜处。保持呼吸道通畅。如呼吸困难，给输氧。呼吸、心跳停止，立即进行心肺复苏术。就医。

眼睛接触：分开眼睑，用流动清水或生理盐水冲洗。就医。

皮肤接触：立即脱去污染的衣着，用肥皂水及流动清水彻底冲洗污染的皮肤、头发、指甲等。就医。

食入：饮足量温水，催吐(仅限于清醒者)。口服活性炭。就医。

解毒剂：阿托品、胆碱酯酶复能剂。

灭火方法　消防人员必须佩戴正压自给式呼吸器，穿全身防火防毒服，在上风向灭火。尽可能将容器从火场移至空旷处。喷水保持火场容器冷却，直至灭火结束。

灭火剂：雾状水、泡沫、干粉、二氧化碳、沙土。

泄漏应急处置　根据液体流动和蒸气扩散的影响区域划定警戒区，无关人员从侧风、上风向撤离至安全区。消除所有点火源。建议应急处理人员戴正压自给式呼吸器，穿防毒服。穿上适当的防护服前严禁接触破裂的容器和泄漏物。尽可能切断泄漏源。防止泄漏物进入水体、下水道、地下室或有限空间。小量泄漏：用干燥的沙土或其他不燃材料吸收或覆盖，收集于容器中。大量泄漏：构筑围堤或挖坑收容。用泵转移至槽车或专用收集器内。

275. 氟硼酸镁

标　识

中文名称　氟硼酸镁

英文名称 Magnesium tetrafluoroborate；Magnesium borofluoride

分子式 $Mg(BF_4)_2$

CAS 号 14708-13-5

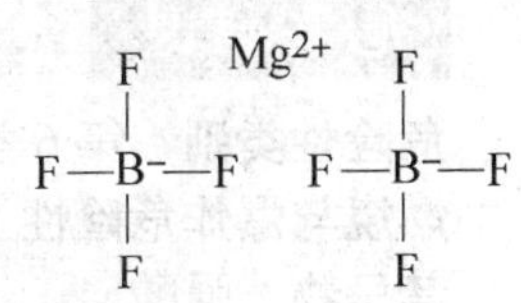

危害信息

燃烧与爆炸危险性 不燃。受热分解释放出有毒和腐蚀性的气体。

禁忌物 强酸。

中毒表现 对眼和上呼吸道有刺激性。长期接触有可能引起氟骨症。

侵入途径 吸入、食入。

理化特性与用途

理化特性 白色结晶固体。溶于水。熔点 50℃。

主要用途 在织物整理、防燃、电镀、金属切削及抛光、焊药、研磨以及催化剂方面都有广泛的用途。

包装与储运

安全储运 储存于阴凉、通风的库房。远离火种、热源。应与强氧化剂等隔离储运。搬运时轻装轻卸，防止容器受损。

紧急处置信息

急救措施

吸入： 迅速脱离现场至空气新鲜处。保持呼吸道通畅。如呼吸困难，给输氧。呼吸、心跳停止，立即进行心肺复苏术。就医。

眼睛接触： 立即分开眼睑，用流动清水或生理盐水彻底冲洗。就医。

皮肤接触： 立即脱去污染的衣着，用肥皂水和清水彻底冲洗。就医。

食入： 漱口，饮水。就医。

泄漏应急处置 隔离泄漏污染区，限制出入。建议应急处理人员戴防尘口罩，穿防毒服，戴氯丁橡胶手套。穿上适当的防护服前严禁接触破裂的容器和泄漏物。尽可能切断泄漏源。勿使水进入包装容器内。小量泄漏：用洁净的铲子收集泄漏物，置于干净、干燥、盖子较松的容器中，将容器移离泄漏区。大量泄漏：泄漏物回收后，用水冲洗泄漏区。

276. 氟钛酸钾

标　识

中文名称 氟钛酸钾

英文名称 Potassium fluorotitanate；Dipotassium hexafluorotitanate；Potassium hexafluorotitanate

别名 氟化钛钾

分子式 K_2TiF_6

CAS 号 16919-27-0

F^- K^+ F^- Ti^{4+} F^- F^- F^- K^+ F^-

危害信息

危险性类别 第 6 类 有毒品

燃烧与爆炸危险性 不燃，无特殊燃爆特性。受热分解放出有毒的氟化物气体。

禁忌物 强酸。

侵入途径 吸入、食入。

理化特性与用途

理化特性 白色单斜片状结晶。微溶于冷水，溶于热水，不溶于氨，微溶于无机酸。熔点 820℃，相对密度(水=1)3.01。

主要用途 制造钛酸及金属钛，也用于聚丙烯合成催化剂。

包装与储运

包装标志 有毒品

包装类别 Ⅲ类

安全储运 储存于阴凉、通风的库房。远离火种、热源。储存温度不超过 35℃，相对湿度不超过 80%。保持容器密封。应与强氧化剂、强酸等隔离储运。搬运时轻装轻卸，防止容器受损。

紧急处置信息

急救措施

吸入：脱离接触。如有不适感，就医。

眼睛接触：分开眼睑，用流动清水或生理盐水冲洗。如有不适感，就医。

皮肤接触：脱去污染的衣着，用流动清水冲洗。如有不适感，就医。

食入：漱口，饮水。就医。

灭火方法 消防人员必须穿全身防火防毒服，佩戴正压自给式呼吸器，在上风向灭火。灭火时尽可能将容器从火场移至空旷处。

本品不燃，根据着火原因选择适当灭火剂灭火。

泄漏应急处置 隔离泄漏污染区，限制出入。建议应急处理人员戴防尘口罩，穿防毒服。穿上适当的防护服前严禁接触破裂的容器和泄漏物。尽可能切断泄漏源。用塑料布覆盖泄漏物，减少飞散。勿使水进入包装容器内。用洁净的铲子收集泄漏物，置于干净、干燥、盖子较松的容器中，将容器移离泄漏区。

277. 氟乙醛

标　识

中文名称 氟乙醛

英文名称 Fluoroacetaldehyde

别名 α-氟乙醛

分子式 C_2H_3FO

CAS 号 1544-46-3

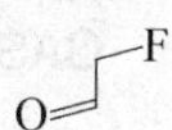

危害信息

燃烧与爆炸危险性 易燃。其蒸气与空气混合，能形成爆炸性混合物。蒸气比空气重，能在较低处扩散到相当远的地方，遇火源会着火回燃和爆炸(闪爆)。

活性反应 与氧化剂能发生强烈反应。

禁忌物 强氧化剂、强酸。

毒性 小鼠腹腔内 LD_{50}：6mg/kg 。

中毒表现 对眼睛、皮肤、黏膜和上呼吸道有刺激作用。

侵入途径 吸入、食入。

理化特性与用途

理化特性 黏性液体，易聚合成白色固体。沸点 64~65℃，相对密度(水=1)0.964，相对蒸气密度(空气=1)2.14 。

包装与储运

安全储运 储存于阴凉、通风的库房。远离火种、热源。应与强氧化剂、强酸等隔离储运。搬运时轻装轻卸，防止容器受损。

紧急处置信息

急救措施

吸入：迅速脱离现场至空气新鲜处。保持呼吸道通畅。如呼吸困难，给输氧。呼吸、心跳停止，立即进行心肺复苏术。就医。

眼睛接触：立即分开眼睑，用流动清水或生理盐水彻底冲洗。就医。

皮肤接触：立即脱去污染的衣着，用流动清水彻底冲洗。就医。

食入：漱口，饮水。就医。

灭火方法 消防人员必须佩戴空气呼吸器，穿全身防火防毒服，在上风向灭火。尽可能将容器从火场移至空旷处。喷水保持火场容器冷却，直至灭火结束。处在火场中的容器若已变色或从安全泄压装置中发出响声，必须马上撤离。

灭火剂：雾状水、泡沫、干粉、二氧化碳、沙土。

泄漏应急处置 根据液体流动和蒸气扩散的影响区域划定警戒区，无关人员从侧风、上风向撤离至安全区。消除所有点火源。建议应急处理人员戴正压自给式呼吸器，穿防毒服。作业时使用的所有设备应接地。禁止接触或跨越泄漏物。尽可能切断泄漏源。防止泄漏物进入水体、下水道、地下室或有限空间。小量泄漏：用沙土或其他不燃材料吸收。使用洁净的无火花工具收集吸收材料。大量泄漏：构筑围堤或挖坑收容。用泡沫覆盖，减少蒸发。喷水雾能减少蒸发，但不能降低泄漏物在受限制空间内的易燃性。用防爆泵转移至槽车或专用收集器内。

278. 富含芳香族的碳氢化合物

标　识

中文名称 富含芳香族的碳氢化合物

英文名称 Hydrocarbons $C_{26\sim55}$，arom-rich

CAS 号 97722-04-8

危害信息

燃烧与爆炸危险性 可燃。其蒸气与空气混合能形成爆炸性混合物。在高温火场中，受热的容器或储罐有破裂和爆炸的危险。

禁忌物 强氧化剂。

毒性 欧盟法规 1272/2008/EC 将本品列为第 1B 类致癌物——可能对人类有致癌能力。

侵入途径 吸入、食入。

理化特性与用途

理化特性 是从脂环烃馏分经溶剂萃取得到的复杂的混合物，主要有 $C_{26}\sim C_{55}$的芳烃组成。沸程为 395~640℃。

主要用途 用于分离制取各种芳烃和用作燃料。

包装与储运

安全储运 储存于阴凉、通风的库房。远离火种、热源。应与强氧化剂等隔离储运。搬运时轻装轻卸，防止容器受损。

紧急处置信息

急救措施

吸入：迅速脱离现场至空气新鲜处。保持呼吸道通畅。如呼吸困难，给输氧。呼吸、心跳停止，立即进行心肺复苏术。就医。

眼睛接触：立即分开眼睑，用流动清水或生理盐水彻底冲洗。就医。

皮肤接触：立即脱去污染的衣着，用肥皂水和清水彻底冲洗。就医。

食入：漱口，饮水。就医。

灭火方法 消防人员须穿全身消防服，佩戴空气呼吸器，在上风向灭火。尽可能将容器从火场移至空旷处。喷水保持火场容器冷却，直至灭火结束。

灭火剂：泡沫、二氧化碳、干粉、沙土。

泄漏应急处置 根据液体流动和蒸气扩散的影响区域划定警戒区，无关人员从侧风、上风向撤离至安全区。消除所有点火源。建议应急处理人员戴防毒面具，穿防毒服。穿上适当的防护服前严禁接触破裂的容器和泄漏物。尽可能切断泄漏源。防止泄漏物进入水体、下水道、地下室或有限空间。小量泄漏：用干燥的沙土或其他不燃材料吸收或覆盖，收集于容器中。大量泄漏：构筑围堤或挖坑收容。用泵转移至槽车或专用收集器内。

279. 高氯酸锶

标　识

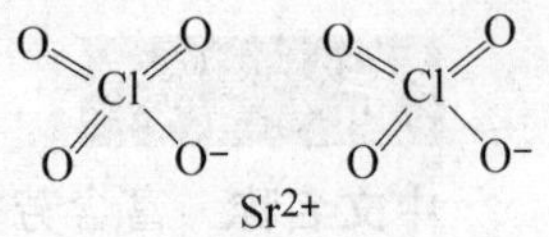

中文名称 高氯酸锶

英文名称 Strontium perchlorate；Perchloric acid，strontium salt

别名 六水高氯酸锶

分子式 $Sr(ClO_4)_2$

CAS 号 13450-97-0

危害信息

危险性类别 第5.1类 氧化剂

燃烧与爆炸危险性 助燃。在火场中能加速燃烧。受热分解放出有毒的腐蚀性烟雾。在高温火场中，受热的容器有破裂和爆炸的危险。

活性反应 与还原剂发生反应。

禁忌物 还原剂。

侵入途径 吸入、食入。

理化特性与用途

理化特性 无色结晶或白色结晶性粉末。溶于水。熔点100℃，相对密度(水=1)2.973。

主要用途 用于焰火、推进剂制造，也用于制造其他化学品。

包装与储运

包装标志 氧化剂

包装类别 Ⅱ类

安全储运 储存于阴凉、通风的库房。远离火种、热源。储存温度不超过30℃，相对湿度不超过80%。保持容器密封。应与酸、可燃物、胺、还原剂等隔离储运。

紧急处置信息

急救措施

吸入：脱离接触。如有不适感，就医。

眼睛接触：分开眼睑，用流动清水或生理盐水冲洗。如有不适感，就医。

皮肤接触：脱去污染的衣着，用流动清水冲洗。如有不适感，就医。

食入：漱口，饮水。就医。

灭火方法 消防人员须穿全身消防服，佩戴空气呼吸器，在上风向灭火。尽可能将容器从火场移至空旷处。喷水保持火场容器冷却，直至灭火结束。禁止用干粉、二氧化碳和泡沫灭火。用大量水灭火。

泄漏应急处置 隔离泄漏污染区，限制出入。消除所有点火源。建议应急处理人员戴防尘口罩，穿防毒服。禁止接触或跨越泄漏物。小量泄漏：用洁净的铲子收集泄漏物，置于干净、干燥、盖子较松的容器中，将容器移离泄漏区。大量泄漏：用水润湿，并筑堤收容。防止泄漏物进入水体、下水道、地下室或有限空间。

280. 高氯酸亚铁

标　识

中文名称 高氯酸亚铁

英文名称 Ferrous perchlorate；Iron(Ⅱ) perchlorate hydrate

别名 六水合高氯酸亚铁

O=Cl(=O)(=O)O⁻ O=Cl(=O)(=O)O⁻ Fe^{2+}

分子式 $Fe(ClO_4)_2 \cdot 6H_2O$
CAS 号 13520-69-9

危害信息

危险性类别 第 5.1 类 氧化剂

燃烧与爆炸危险性 助燃。在火场中能加速燃烧。受热分解放出有毒的腐蚀性烟雾。在高温火场中，受热的容器有破裂和爆炸的危险。

活性反应 与还原剂发生反应。

禁忌物 还原剂。

侵入途径 吸入、食入。

理化特性与用途

理化特性 浅棕色至浅灰绿色结晶或粉末或块状物。易溶于水，溶于乙醇、丙酮。分解温度大于 100℃。

主要用途 医药和化工原料。

包装与储运

包装标志 氧化剂

包装类别 Ⅱ类

安全储运 储存于阴凉、通风的库房。远离火种、热源。储存温度不超过 30℃，相对湿度不超过 80%。保持容器密封。应与酸、可燃物、胺、还原剂等隔离储运。

紧急处置信息

急救措施

吸入： 脱离接触。如有不适感，就医。

眼睛接触： 分开眼睑，用流动清水或生理盐水冲洗。如有不适感，就医。

皮肤接触： 脱去污染的衣着，用流动清水冲洗。如有不适感，就医。

食入： 漱口，饮水。就医。

灭火方法 消防人员须穿全身消防服，佩戴空气呼吸器，在上风向灭火。尽可能将容器从火场移至空旷处。喷水保持火场容器冷却，直至灭火结束。禁止用干粉、二氧化碳和泡沫灭火。用大量水灭火。

泄漏应急处置 隔离泄漏污染区，限制出入。消除所有点火源。建议应急处理人员戴防尘口罩，穿防毒服。禁止接触或跨越泄漏物。小量泄漏：用洁净的铲子收集泄漏物，置于干净、干燥、盖子较松的容器中，将容器移离泄漏区。大量泄漏：用水润湿，并筑堤收容。防止泄漏物进入水体、下水道、地下室或有限空间。

281. (高)铅酸钙

标　识

中文名称 (高)铅酸钙

英文名称 Calcium plumbate; Dicalcium lead tetraoxide

分子式 Ca_2PbO_4

$$O{=}\overset{\overset{\displaystyle O}{\|}}{\underset{\underset{\displaystyle O}{\|}}{Pb^{4-}}}{=}O \quad \begin{matrix} Ca^{2+} \\ Ca^{2+} \end{matrix}$$

CAS 号 12013-69-3

危害信息

禁忌物 强酸。

毒性 IARC 致癌性评论：G2A，可能人类致癌物。

欧盟法规 1272/2008/EC 将本品列为第 1A 类生殖毒物——已知的人类生殖毒物。

中毒表现 铅及其化合物损害造血、神经、消化系统及肾脏。职业中毒主要为慢性。神经系统主要表现为神经衰弱综合征，周围神经病，重者出现铅中毒性脑病。

侵入途径 吸入、食入。

职业接触限值 中国：PC-TWA 0.05mg/m^3[铅尘][按 Pb 计]，0.03mg/m^3[铅烟][按 Pb 计][G2A]。

美国(ACGIH)：TLV-TWA 0.05mg/m^3[按 Pb 计]。

环境危害 对水生生物有极高毒性，可能在水生环境中造成长期不利影响。

理化特性与用途

理化特性 乳白色至淡棕色或奶黄色粉末。不溶于水。熔点大于 950℃(分解)，相对密度(水=1)5.71。

主要用途 作为防锈颜料，用于制备钢材和镀锌钢材的底漆。

包装与储运

包装标志 杂项

包装类别 Ⅲ类

安全储运 储存于阴凉、通风的库房。远离火种、热源。应与强氧化剂、强酸等隔离储运。搬运时轻装轻卸，防止容器受损。

紧急处置信息

急救措施

吸入：迅速脱离现场至空气新鲜处。保持呼吸道通畅。如呼吸困难，给输氧。呼吸、心跳停止，立即进行心肺复苏术。就医。

眼睛接触：分开眼睑，用流动清水或生理盐水冲洗。就医。

皮肤接触：脱去污染的衣着，用流动清水冲洗。就医。

食入：漱口，饮水。就医。

解毒剂：依地酸二钠钙、二巯基丁二酸钠、二巯基丁二酸等。

泄漏应急处置 隔离泄漏污染区，限制出入。消除所有点火源。建议应急处理人员戴防尘口罩，穿一般作业工作服。尽可能切断泄漏源。用塑料布覆盖泄漏物，减少飞散。勿使水进入包装容器内。用洁净的铲子收集泄漏物，置于干净、干燥、盖子较松的容器中，将容器移离泄漏区。

282. 铬酸铋

标 识

中文名称 铬酸铋

282. 铬酸铋

英文名称 Bismuth chromate；Chromic acid，bismuth(3+) salt

分子式 $BiCrHO_5$

CAS 号 61204-26-0

$$O{=}Cr(=O)(-O^-)-O^- \quad Bi^{3+} \quad OH^-$$

危害信息

禁忌物 强酸。

毒性 六价铬化合物所致肺癌已列入《职业病分类和目录》，属职业性肿瘤。

IARC 致癌性评论：G1，确认人类致癌物。

欧盟法规 1272/2008/EC 将本品列为第 1B 类致癌物——可能对人类有致癌能力。

中毒表现 急性中毒表现为吸入后可引起急性呼吸道刺激症状、鼻出血、声音嘶哑、鼻黏膜黏膜萎缩，有时出现哮喘和紫绀。重者可发生化学性肺炎。口服可刺激和腐蚀消化道，引起恶心、呕吐、腹痛和血便等；重者出现呼吸困难、紫绀、休克、肝损害及急性肾功能衰竭等。皮肤或眼睛接触引起刺激或灼伤，可经皮肤吸收引起中毒死亡。对皮肤有致敏性。

慢性影响表现为有接触性皮炎、铬溃疡、鼻炎、鼻中隔穿孔及呼吸道炎症等。六价铬为对人的确认致癌物。

侵入途径 吸入、食入、经皮吸收。

职业接触限值 中国：PC-TWA 0.05mg/m^3[按 Cr 计][G1]。

美国(ACGIH)：TLV-TWA 0.05mg/m^3[按 Cr 计]。

理化特性与用途

理化特性 橙红色无定形粉末。溶于水。

主要用途 主要用作油漆的颜料。

包装与储运

安全储运 储存于阴凉、通风的库房。远离火种、热源。应与强氧化剂、强酸等隔离储运。搬运时轻装轻卸，防止容器受损。

紧急处置信息

急救措施

吸入：迅速脱离现场至空气新鲜处。保持呼吸道通畅。如呼吸困难，给输氧。呼吸、心跳停止，立即进行心肺复苏术。就医。

眼睛接触：分开眼睑，用流动清水或生理盐水冲洗。就医。

皮肤接触：脱去污染的衣着，用肥皂水和清水彻底冲洗皮肤。就医。

食入：饮足量温水，催吐。用清水或 1%硫代硫酸钠溶液洗胃。给饮牛奶或蛋清。就医。

泄漏应急处置 隔离泄漏污染区，限制出入。建议应急处理人员戴防尘口罩，穿防毒服。穿上适当的防护服前严禁接触破裂的容器和泄漏物。尽可能切断泄漏源。用塑料布覆盖泄漏物，减少飞散。勿使水进入包装容器内。用洁净的铲子收集泄漏物，置于干净、干燥、盖子较松的容器中，将容器移离泄漏区。

283. 铬酸铅

标　识

中文名称　铬酸铅

英文名称　Lead chromate；Plumbous chromate

别名　铬黄

分子式　$PbCrO_4$

CAS 号　7758-97-6

$$O=\overset{\overset{\displaystyle O}{\|}}{\underset{\underset{\displaystyle O^-}{|}}{Cr}}-O^- \quad Pb^{2+}$$

危害信息

燃烧与爆炸危险性　不燃，无特殊燃爆特性。与可燃物混合能形成爆炸性混合物。受热分解产生有毒的烟气。

禁忌物　易燃或可燃物。

毒性　小鼠经口 LD_{50}：>12g/kg。

六价铬所致肺癌已列入《职业病分类和目录》，属职业性肿瘤。

IARC 致癌性评论：G1，确认人类致癌物。

欧盟法规 1272/2008/EC 将本品列为第 1B 类致癌物——可能对人类有致癌能力；第 1A 类生殖毒物——已知的人类生殖毒物。

中毒表现　急性中毒表现为吸入后可引起急性呼吸道刺激症状、鼻出血、声音嘶哑、鼻黏膜黏膜萎缩，有时出现哮喘和紫绀。重者可发生化学性肺炎。口服可刺激和腐蚀消化道，引起恶心、呕吐、腹痛和血便等；重者出现呼吸困难、紫绀、休克、肝损害及急性肾功能衰竭等。皮肤或眼睛接触引起刺激或灼伤，可经皮肤吸收引起中毒死亡。对皮肤有致敏性。

慢性影响表现为有接触性皮炎、铬溃疡、鼻炎、鼻中隔穿孔及呼吸道炎症等。六价铬为对人的确认致癌物。

侵入途径　吸入、食入、经皮吸收。

职业接触限值　中国：PC-TWA 0.05mg/m^3[按 Cr 计][G1]。

美国(ACGIH)：TLV-TWA 0.012mg/m^3[按 Cr 计]；TLV-TWA 0.05mg/m^3[按 Pb 计]。

环境危害　对水生生物有极高毒性，可能在水生环境中造成长期不利影响。

理化特性与用途

理化特性　黄色斜方结晶或橙色单斜结晶或粉末。不溶于水，不溶于油类，溶于碱和无机酸。熔点 844℃，沸点(分解)，相对密度(水=1)6.3。

主要用途　用于制油漆、油墨、水彩、颜料，还用于色纸、橡胶、塑料制品的着色。

包装与储运

包装标志　杂项

包装类别　Ⅲ类

安全储运　储存于阴凉、通风的库房。远离火种、热源。应与强还原剂、强碱等隔离储运。

紧急处置信息

急救措施

吸入：迅速脱离现场至空气新鲜处。保持呼吸道通畅。如呼吸困难，给输氧。呼吸、心跳停止，立即进行心肺复苏术。就医。

眼睛接触：分开眼睑，用流动清水或生理盐水冲洗。就医。

皮肤接触：脱去污染的衣着，用肥皂水和清水彻底冲洗皮肤。就医。

食入：饮足量温水，催吐。用清水或1%硫代硫酸钠溶液洗胃。给饮牛奶或蛋清。就医。

灭火方法 消防人员必须穿全身防火防毒服，佩戴正压自给式呼吸器，在上风向灭火。灭火时尽可能将容器从火场移至空旷处。

本品不燃，根据着火原因选择适当灭火剂灭火。

泄漏应急处置 隔离泄漏污染区，限制出入。建议应急处理人员戴防尘口罩，穿防毒服。穿上适当的防护服前严禁接触破裂的容器和泄漏物。尽可能切断泄漏源。用塑料布覆盖泄漏物，减少飞散。勿使水进入包装容器内。用洁净的铲子收集泄漏物，置于干净、干燥、盖子较松的容器中，将容器移离泄漏区。

284. 铬酸锌

标　识

中文名称 铬酸锌

英文名称 Zinc chromate; Chromic acid, zinc salt

别名 锌黄

分子式 $ZnCrO_4$

CAS 号 13530-65-9

$$O{=}\overset{\overset{\large O}{\|}}{\underset{\underset{\large O^-}{|}}{Cr}}{-}O^- \quad Zn^{2+}$$

危害信息

危险性类别 第6类 有毒品

燃烧与爆炸危险性 不燃。受热分解放出有毒和腐蚀性烟气。

禁忌物 还原剂、易燃或可燃物、活性金属粉末、强酸。

毒性 小鼠静脉内 *LDLo*：30mg/kg。

六价铬化合物所致肺癌已列入《职业病分类和目录》，属职业性肿瘤。

IARC 致癌性评论：G1，确认人类致癌物。

欧盟法规 1272/2008/EC 将本品列为第 1B 类致癌物——可能对人类有致癌能力。

中毒表现 急性中毒表现为吸入后可引起急性呼吸道刺激症状、鼻出血、声音嘶哑、鼻黏膜萎缩，有时出现哮喘和紫绀。重者可发生化学性肺炎。口服可刺激和腐蚀消化道，引起恶心、呕吐、腹痛和血便等；重者出现呼吸困难、紫绀、休克、肝损害及急性肾功能衰竭等。皮肤或眼睛接触引起刺激或灼伤，可经皮肤吸收引起中毒死亡。对皮肤有致敏性。

慢性影响表现为有接触性皮炎、铬溃疡、鼻炎、鼻中隔穿孔及呼吸道炎症等。六价铬为对人的确认致癌物。

侵入途径 吸入、食入、经皮吸收。

职业接触限值 中国：PC-TWA 0.05mg/m^3[按 Cr 计][G1]。

美国(ACGIH)：TLV-TWA 0.01mg/m^3。

环境危害 对水生生物有极高毒性，可能在水生环境中造成长期不利影响。

理化特性与用途

理化特性 黄色结晶粉末。不溶于冷水，溶于酸、液氨，不溶于丙酮。熔点 316℃，相对密度(水=1)3.4。

主要用途 主要用于制造锌铬黄防锈底漆和其他涂料。

包装与储运

包装标志 有毒品

包装类别 Ⅲ类

安全储运 储存于阴凉、通风的库房。远离火种、热源。储存温度不超过 35℃，相对湿度不超过 85%。保持容器密封。应与强氧化剂、强酸、还原剂、可燃物等隔离储运。搬运时轻装轻卸，防止容器受损。

紧急处置信息

急救措施

吸入：迅速脱离现场至空气新鲜处。保持呼吸道通畅。如呼吸困难，给输氧。呼吸、心跳停止，立即进行心肺复苏术。就医。

眼睛接触：分开眼睑，用流动清水或生理盐水冲洗。就医。

皮肤接触：脱去污染的衣着，用肥皂水和清水彻底冲洗皮肤。就医。

食入：饮足量温水，催吐。用清水或 1%硫代硫酸钠溶液洗胃。给饮牛奶或蛋清。就医。

灭火方法 消防人员必须穿全身防火防毒服，佩戴正压自给式呼吸器，在上风向灭火。灭火时尽可能将容器从火场移至空旷处。

本品不燃，根据着火原因选择适当灭火剂灭火。

泄漏应急处置 隔离泄漏污染区，限制出入。建议应急处理人员戴防尘口罩，穿防毒服。穿上适当的防护服前严禁接触破裂的容器和泄漏物。尽可能切断泄漏源。用塑料布覆盖泄漏物，减少飞散。勿使水进入包装容器内。用洁净的铲子收集泄漏物，置于干净、干燥、盖子较松的容器中，将容器移离泄漏区。

285. 铬酸锌钾

标 识

O=Cr(=O)(O⁻)—O⁻ Zn^{2+} K^+

O=Cr(=O)(O⁻)—O⁻ Zn^{2+} OH^-

中文名称 铬酸锌钾

英文名称 Potassium zinc chromate；Potassium zinc chromate hydroxide

别名 氢氧化铬酸锌钾

分子式 $KZn_2 \cdot (OH)(CrO_4)_2$

CAS 号 11103-86-9

危害信息

燃烧与爆炸危险性　不燃。受热分解放出有毒气体。在高温火场中，受热的容器有破裂和爆炸的危险。

禁忌物　强酸。

毒性　六价铬化合物所致肺癌已列入《职业病分类和目录》，属职业性肿瘤。

IARC 致癌性评论：G1，确认人类致癌物。

欧盟法规 1272/2008/EC 将本品列为第 1B 类致癌物——可能对人类有致癌能力。

中毒表现　急性中毒表现为吸入后可引起急性呼吸道刺激症状、鼻出血、声音嘶哑、鼻黏膜萎缩，有时出现哮喘和紫绀。重者可发生化学性肺炎。口服可刺激和腐蚀消化道，引起恶心、呕吐、腹痛和血便等；重者出现呼吸困难、紫绀、休克、肝损害及急性肾功能衰竭等。皮肤或眼睛接触引起刺激或灼伤，可经皮肤吸收引起中毒死亡。

慢性影响表现为有接触性皮炎、铬溃疡、鼻炎、鼻中隔穿孔及呼吸道炎症等。六价铬为对人的确认致癌物。

侵入途径　吸入、食入、经皮吸收

职业接触限值　中国：PC-TWA 0.05mg/m^3[按 Cr 计][G1]。

美国(ACGIH)：TLV-TWA 0.01mg/m^3[按 Cr 计]。

环境危害　对水生生物有极高毒性，可能在水生环境中造成长期不利影响。

理化特性与用途

理化特性　黄绿色固体或粉末。不溶于水。熔点 968℃，相对密度(水=1)3.41。

主要用途　防锈颜料，用于金属涂料。

包装与储运

包装标志　杂项

包装类别　Ⅲ类

安全储运　储存于阴凉、通风的库房。远离火种、热源。应与强氧化剂、强碱等隔离储运。搬运时轻装轻卸，防止容器受损。

紧急处置信息

急救措施

吸入：迅速脱离现场至空气新鲜处。保持呼吸道通畅。如呼吸困难，给输氧。呼吸、心跳停止，立即进行心肺复苏术。就医。

眼睛接触：分开眼睑，用流动清水或生理盐水冲洗。就医。

皮肤接触：脱去污染的衣着，用肥皂水和清水彻底冲洗皮肤。就医。

食入：饮足量温水，催吐。用清水或 1%硫代硫酸钠溶液洗胃。给饮牛奶或蛋清。就医。

灭火方法　消防人员佩戴正压自给式呼吸器，穿全身消防服，在上风向灭火。

本品不燃，根据着火原因选择适当灭火剂灭火。

泄漏应急处置　隔离泄漏污染区，限制出入。建议应急处理人员戴防尘口罩，穿防毒服。穿上适当的防护服前严禁接触破裂的容器和泄漏物。尽可能切断泄漏源。用塑料布覆盖泄漏物，减少飞散，避免雨淋。用洁净的铲子收集泄漏物，置于干净、干燥、盖子较松的容器中，将容器移离泄漏区。

286. 铬酸氧铅

标　识

中文名称　铬酸氧铅

英文名称　Lead chromate oxide；Dilead chromate oxide

别名　中国红；铬红

分子式　$PbCrO_4 \cdot PbO$

CAS 号　18454-12-1

$$O{=}Cr(=O)(-O^-)-O^- \quad Pb^{2+} \quad Pb{=}O$$

危害信息

燃烧与爆炸危险性　不燃。受热易分解，放出有毒气体。在高温火场中，受热的容器有破裂和爆炸的危险。

禁忌物　强酸。

毒性　六价铬化合物所致肺癌已列入《职业病分类和目录》，属职业性肿瘤。

IARC 致癌性评论：G1，确认人类致癌物。

欧盟法规 1272/2008/EC 将本品列为第 1B 类致癌物——可能对人类有致癌能力；第 1A 类生殖毒物——已知的人类生殖毒物。

中毒表现　急性中毒表现为吸入后可引起急性呼吸道刺激症状、鼻出血、声音嘶哑、鼻黏膜萎缩，有时出现哮喘和紫绀。重者可发生化学性肺炎。口服可刺激和腐蚀消化道，引起恶心、呕吐、腹痛和血便等；重者出现呼吸困难、紫绀、休克、肝损害及急性肾功能衰竭等。皮肤或眼睛接触引起刺激或灼伤，可经皮肤吸收引起中毒死亡。对皮肤有致敏性。

慢性影响表现为有接触性皮炎、铬溃疡、鼻炎、鼻中隔穿孔及呼吸道炎症等。六价铬为对人的确认致癌物。

侵入途径　吸入、食入、经皮吸收。

职业接触限值　中国：PC-TWA 0.05mg/m^3[按 Cr 计][G1]。

美国(ACGIH)：TLV-TWA 0.01mg/m^3[按 Cr 计]。

环境危害　对水生生物有极高毒性，可能在水生环境中造成长期不利影响。

理化特性与用途

理化特性　红色结晶粉末。不溶于水，溶于酸、碱类。熔点 920℃，相对密度(水=1)6.63。

主要用途　用作颜料。

包装与储运

包装标志　杂项

包装类别　Ⅲ类

安全储运　储存于阴凉、通风的库房。远离火种、热源。应与强氧化剂、强碱等隔离储运。搬运时轻装轻卸，防止容器受损。

紧急处置信息

急救措施

吸入：迅速脱离现场至空气新鲜处。保持呼吸道通畅。如呼吸困难，给输氧。呼吸、

心跳停止，立即进行心肺复苏术。就医。

眼睛接触： 分开眼睑，用流动清水或生理盐水冲洗。就医。

皮肤接触： 脱去污染的衣着，用肥皂水和清水彻底冲洗皮肤。就医。

食入： 饮足量温水，催吐。用清水或 1% 硫代硫酸钠溶液洗胃。给饮牛奶或蛋清。就医。

灭火方法　消防人员须穿全身消防服，佩戴正压自给式呼吸器，在上风向灭火。尽可能将容器从火场移至空旷处。喷水保持火场容器冷却，直至灭火结束。

本品不燃，根据着火原因选择适当灭火剂灭火。

泄漏应急处置　隔离泄漏污染区，限制出入。建议应急处理人员戴防尘口罩，穿防毒服。尽可能切断泄漏源。用塑料布覆盖泄漏物，减少飞散。勿使水进入包装容器内。用洁净的铲子收集泄漏物，置于干净、干燥、盖子较松的容器中，将容器移离泄漏区。

287. 铬酸银

标　识

中文名称　铬酸银

英文名称　Silver chromate；Chromic acid，disilver salt

分子式　Ag_2CrO_4

CAS 号　7784-01-2

$$O{=}\overset{\overset{O}{\|}}{\underset{\underset{O^-}{|}}{Cr}}{-}O^-\quad Ag^+\ Ag^+$$

危害信息

燃烧与爆炸危险性　助燃。在高温火场中，受热的容器或储罐有破裂和爆炸的危险。

禁忌物　还原剂、强酸。

毒性　六价铬化合物所致肺癌已列入《职业病分类和目录》，属职业性肿瘤。

IARC 致癌性评论：G1，确认人类致癌物。

欧盟法规 1272/2008/EC 将本品列为第 1B 类致癌物——可能对人类有致癌能力。

中毒表现　急性中毒表现为吸入后可引起急性呼吸道刺激症状、鼻出血、声音嘶哑、鼻黏膜萎缩，有时出现哮喘和紫绀。重者可发生化学性肺炎。口服可刺激和腐蚀消化道，引起恶心、呕吐、腹痛和血便等；重者出现呼吸困难、紫绀、休克、肝损害及急性肾功能衰竭等。皮肤或眼睛接触引起刺激或灼伤，可经皮肤吸收引起中毒死亡。对皮肤有致敏性。

慢性影响表现为有接触性皮炎、铬溃疡、鼻炎、鼻中隔穿孔及呼吸道炎症等。六价铬为对人的确认致癌物。

侵入途径　吸入、食入、经皮吸收。

职业接触限值　中国：PC-TWA 0.05mg/m^3[按 Cr 计][G1]。

美国(ACGIH)：TLV-TWA 0.01mg/m^3[按 Cr 计]。

环境危害　对水生生物有极高毒性，可能在水生环境中造成长期不利影响。

理化特性与用途

理化特性　红棕色单斜结晶或粉末，有吸湿性，对光敏感。不溶于水，溶于硝酸、氨、氰化钾等。相对密度(水=1)5.625 。

主要用途 用作化学试剂。用作分析试剂，有机合成催化剂，电镀，卤化物莫氏法滴定确定终点的指示剂。

包装与储运

包装标志 杂项

包装类别 Ⅲ类

安全储运 储存于阴凉、干燥、通风的库房。远离火种、热源。避光保存。应与强氧化剂、强碱等隔离储运。搬运时轻装轻卸，防止容器受损。

紧急处置信息

急救措施

吸入：迅速脱离现场至空气新鲜处。保持呼吸道通畅。如呼吸困难，给输氧。呼吸、心跳停止，立即进行心肺复苏术。就医。

眼睛接触：分开眼睑，用流动清水或生理盐水冲洗。就医。

皮肤接触：脱去污染的衣着，用肥皂水和清水彻底冲洗皮肤。就医。

食入：饮足量温水，催吐。用清水或1%硫代硫酸钠溶液洗胃。给饮牛奶或蛋清。就医。

灭火方法 消防人员须穿全身消防服，佩戴正压自给式呼吸器，在上风向灭火。尽可能将容器从火场移至空旷处。喷水保持火场容器冷却，直至灭火结束。用大量水灭火。

泄漏应急处置 隔离泄漏污染区，限制出入。建议应急处理人员戴防尘口罩，穿防毒服。穿上适当的防护服前严禁接触破裂的容器和泄漏物。尽可能切断泄漏源。用塑料布覆盖泄漏物，减少飞散。勿使水进入包装容器内。用洁净的铲子收集泄漏物，置于干净、干燥、盖子较松的容器中，将容器移离泄漏区。

288. 2-庚醇

标　识

中文名称 2-庚醇

英文名称 2-Heptanol；2-Hydroxyheptane；sec-Heptyl alcohol

别名 2-羟基庚烷

分子式 $C_7H_{16}O$

CAS 号 543-49-7

OH

危害信息

燃烧与爆炸危险性 可燃。其蒸气与空气混合，能形成爆炸性混合物。

禁忌物 强氧化剂、强酸。

毒性 大鼠经口 LD_{50}：2580mg/kg；兔经皮 LD_{50}：1800mg/kg。

中毒表现 吸入、摄入或经皮肤吸收后对身体有害。对皮肤有刺激作用。其蒸气或雾对眼睛、黏膜和上呼吸道有刺激作用。接触后可引起眼睛的损害。

侵入途径 吸入、食入、经皮吸收。

理化特性与用途

理化特性　无色透明液体，略有醇的气味。微溶于水，溶于乙醇、乙醚。沸点 158～160℃。相对密度(水=1)0.82，相对蒸气密度(空气=1)4，饱和蒸气压 0.133kPa(20℃)，新春/水分配系数 2.31，闪点 71℃(闭杯)。

主要用途　添加于硝基喷漆溶剂中作助溶剂，用作增塑剂，润湿剂、医药、香料等的中间体，及分析化学试剂。

包装与储运

安全储运　储存于阴凉、通风的库房。远离火种、热源。应与强氧化剂等隔离储运。搬运时轻装轻卸，防止容器受损。

紧急处置信息

急救措施

吸入：迅速脱离现场至空气新鲜处。保持呼吸道通畅。如呼吸困难，给输氧。呼吸、心跳停止，立即进行心肺复苏术。就医。

眼睛接触：立即分开眼睑，用流动清水或生理盐水彻底冲洗。就医。

皮肤接触：立即脱去污染的衣着，用流动清水彻底冲洗。就医。

食入：漱口，饮水。就医。

灭火方法　消防人员须佩戴防毒面具，穿全身消防服，在上风向灭火。尽可能将容器从火场移至空旷处。喷水保持火场容器冷却，直至灭火结束。处在火场中的容器若已变色或从安全泄压装置中发出响声，必须马上撤离。

灭火剂：雾状水、泡沫、干粉、二氧化碳、沙土。

泄漏应急处置　根据液体流动和蒸气扩散的影响区域划定警戒区，无关人员从侧风、上风向撤离至安全区。消除所有点火源。建议应急处理人员戴防毒面具，穿防毒服。作业时使用的所有设备应接地。禁止接触或跨越泄漏物。尽可能切断泄漏源。防止泄漏物进入水体、下水道、地下室或有限空间。小量泄漏：用沙土或其他不燃材料吸收。使用洁净的无火花工具收集吸收材料。大量泄漏：构筑围堤或挖坑收容。用泡沫覆盖，减少蒸发。喷水雾能减少蒸发，但不能降低泄漏物在有限空间内的易燃性。用泵转移至槽车或专用收集器内。

289. 3-庚醇

标　识

中文名称　3-庚醇

英文名称　3-Heptanol；3-Hydroxyheptane

别名　3-羟基庚烷

分子式　$C_7H_{16}O$

CAS 号　589-82-2

危害信息

燃烧与爆炸危险性 易燃。其蒸气与空气混合，能形成爆炸性混合物。

禁忌物 强氧化剂。

毒性 大鼠经口 LD_{50}：500mg/kg；小鼠经口 LD_{50}：300mg/kg；兔经皮 LD_{50}：4400mg/kg。

中毒表现 对眼、皮肤和上呼吸道有刺激性。

侵入途径 吸入、食入、经皮吸收。

环境危害 对水生生物有毒。

理化特性与用途

理化特性 无色透明液体。微溶于水。熔点-70℃，沸点 156℃，相对密度(水=1) 0.81，相对蒸气密度(空气=1)4.01，饱和蒸气压 0.1kPa(22℃)，辛醇/水分配系数 2.24，闪点 60℃(开杯)。

主要用途 用作有机溶剂和涂料稀释剂。

包装与储运

安全储运 储存于阴凉、通风的库房。远离火种、热源。应与强氧化剂等隔离储运。搬运时轻装轻卸，防止容器受损。

紧急处置信息

急救措施

吸入： 迅速脱离现场至空气新鲜处。保持呼吸道通畅。如呼吸困难，给输氧。呼吸、心跳停止，立即进行心肺复苏术。就医。

眼睛接触： 立即分开眼睑，用流动清水或生理盐水彻底冲洗。就医。

皮肤接触： 立即脱去污染的衣着，用流动清水彻底冲洗。就医。

食入： 漱口，饮水。就医。

灭火方法 消防人员须佩戴防毒面具，穿全身消防服，在上风向灭火。尽可能将容器从火场移至空旷处。喷水保持火场容器冷却，直至灭火结束。处在火场中的容器若已变色或从安全泄压装置中发出响声，必须马上撤离。

灭火剂：雾状水、泡沫、干粉、二氧化碳、沙土。

泄漏应急处置 根据液体流动和蒸气扩散的影响区域划定警戒区，无关人员从侧风、上风向撤离至安全区。消除所有点火源。建议应急处理人员戴防毒面具，穿防静电服。作业时使用的所有设备应接地。禁止接触或跨越泄漏物。尽可能切断泄漏源。防止泄漏物进入水体、下水道、地下室或有限空间。小量泄漏：用沙土或其他不燃材料吸收。使用洁净的无火花工具收集吸收材料。大量泄漏：构筑围堤或挖坑收容。用泡沫覆盖，减少蒸发。喷水雾能减少蒸发，但不能降低泄漏物在有限空间内的易燃性。用防爆泵转移至槽车或专用收集器内。

290. 1,6-庚二炔

标 识

中文名称 1，6-庚二炔

290. 1,6-庚二炔

英文名称 1，6-Heptadiyne

分子式 C_7H_8

CAS 号 2396-63-6

危害信息

危险性类别 第 3 类 易燃液体

燃烧与爆炸危险性 易燃。其蒸气与空气混合，能形成爆炸性混合物。与氧化剂能发生强烈反应，可能引起燃烧或爆炸。是非常活泼的物质，容易发生聚合。

活性反应 与氧化剂能发生强烈反应。

禁忌物 氧化剂、碱金属、碱土金属、重金属及重金属盐、卤素。

毒性 大鼠经口 LD_{50}：2300mg/kg。

侵入途径 吸入、食入。

理化特性与用途

理化特性 无色至淡黄色透明液体。微溶于水。熔点-85℃，沸点 111.5℃，相对密度(水=1)0.805，饱和蒸气压 3.36kPa(25℃)，辛醇/水分配系数 2.24，闪点 9℃。

主要用途 用于有机合成。

包装与储运

包装标志 易燃液体

包装类别 Ⅱ类

安全储运 储存于阴凉、通风的库房。远离火种、热源，避免阳光直射。储存温度不超过 37℃。炎热季节早晚运输，应与氧化剂等隔离储运。禁止使用易产生火花的机械设备和工具。灌装时注意控制流速，防止静电积聚。搬运时轻装轻卸，防止容器受损。

紧急处置信息

急救措施

吸入：迅速脱离现场至空气新鲜处。保持呼吸道通畅。如呼吸困难，给输氧。呼吸、心跳停止，立即进行心肺复苏术。就医。

眼睛接触：立即分开眼睑，用流动清水或生理盐水彻底冲洗。就医。

皮肤接触：立即脱去污染的衣着，用流动清水彻底冲洗。就医。

食入：漱口，饮水。就医。

灭火方法 消防人员须佩戴防毒面具，穿全身消防服，在上风向灭火。尽可能将容器从火场移至空旷处。喷水保持火场容器冷却，直至灭火结束。处在火场中的容器若已变色或从安全泄压装置中发出响声，必须马上撤离。

灭火剂：雾状水、泡沫、干粉、二氧化碳、沙土。

泄漏应急处置 根据液体流动和蒸气扩散的影响区域划定警戒区，无关人员从侧风、上风向撤离至安全区。消除所有点火源。建议应急处理人员戴防毒面具，穿防静电服。作业时使用的所有设备应接地。禁止接触或跨越泄漏物。尽可能切断泄漏源。防止泄漏物进入水体、下水道、地下室或有限空间。小量泄漏：用沙土或其他不燃材料吸收。使用洁净的无火花工具收集吸收材料。大量泄漏：构筑围堤或挖坑收容。用泡沫覆盖，减少蒸发。喷水雾能减少蒸发，但不能降低泄漏物在有限空间内的易燃性。用防爆泵转移至槽车或专用收集器内。

291. 庚烷异构体

标　识

中文名称　庚烷异构体

英文名称　Heptane isomers；Heptane（all isomers）

别名　庚烷(异构体的混合物)

分子式　C_7H_{16}

铁危编号　31107

UN 号　1206

危害信息

危险性类别　第 3 类　易燃液体

燃烧与爆炸危险性　易燃。其蒸气与空气混合能形成爆炸性混合物，遇明火、高热易燃烧或爆炸。在高温火场中，受热的容器或储罐有破裂和爆炸的危险。高速冲击、流动、激荡后可因产生静电火花放电引起燃烧爆炸。蒸气比空气重，能在较低处扩散到相当远的地方，遇火源会燃烧或爆炸(闪爆)。

禁忌物　强氧化剂。

中毒表现　吸入后引起头痛、昏睡。食入引起腹痛、恶心、呕吐。对眼有刺激性。能引起皮肤干燥。

侵入途径　吸入、食入。

理化特性与用途

理化特性　无色透明液体，有似汽油的气味。

主要用途　用作胶水和油墨的溶剂。

包装与储运

包装标志　易燃液体

包装类别　Ⅱ类

安全储运　储存于阴凉、通风的库房。远离火种、热源，避免阳光直射。储存温度不超过 37℃。炎热季节早晚运输，应与氧化剂等隔离储运。禁止使用易产生火花的机械设备和工具。灌装时注意控制流速，防止静电积聚。搬运时轻装轻卸，防止容器受损 。

紧急处置信息

急救措施

吸入：迅速脱离现场至空气新鲜处。保持呼吸道通畅。如呼吸困难，给输氧。呼吸、心跳停止，立即进行心肺复苏术。就医。

眼睛接触：立即分开眼睑，用流动清水或生理盐水彻底冲洗。就医。

皮肤接触：立即脱去污染的衣着，用肥皂水和清水彻底冲洗。就医。

食入：饮水，禁止催吐。就医。

灭火方法　消防人员须穿全身消防服，佩戴空气呼吸器，在上风向灭火。尽可能将容

器从火场移至空旷处。喷水保持火场容器冷却，直至灭火结束。处在火场中的容器若发生异常变化或发出异常声音，须马上撤离。

灭火剂：泡沫、二氧化碳、干粉、沙土。用水灭火无效。

泄漏应急处置　消除所有点火源。根据液体流动和蒸气扩散的影响区域划定警戒区，无关人员从侧风、上风向撤离至安全区。建议应急处理人员戴正压自给式呼吸器，穿防静电服。作业时使用的所有设备应接地。禁止接触或跨越泄漏物。尽可能切断泄漏源。防止泄漏物进入水体、下水道、地下室或有限空间。小量泄漏：用沙土或其他不燃材料吸收。使用洁净的无火花工具收集吸收材料。大量泄漏：构筑围堤或挖坑收容。用泡沫覆盖，减少蒸发。喷水雾能减少蒸发，但不能降低泄漏物在有限空间内的易燃性。用防爆泵转移至槽车或专用收集器内。

292. 硅化镁

标　识

中文名称　硅化镁

英文名称　Dimagnesium silicide ; Magnesium silicide

分子式　Mg_2Si

CAS 号　22831-39-6，39404-03-0

铁危编号　43030

UN 号　2624

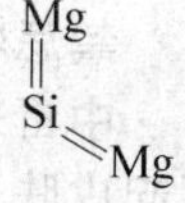

危害信息

危险性类别　第 4.3 类　遇湿易燃物品

燃烧与爆炸危险性　遇湿易燃。其粉体与空气混合能形成爆炸性混合物，遇明火高热有引起燃烧爆炸的危险。在高温火场中，受热的容器有破裂和爆炸的危险。遇水反应剧烈放出氢气。

禁忌物　强氧化剂。

侵入途径　吸入、食入。

理化特性与用途

理化特性　无色或蓝色结晶。不溶于水，与水反应。熔点 1102℃，相对密度相对密度(水=1)1.958。

主要用途　用于制铝合金和半导体研究。

包装与储运

包装标志　遇湿易燃物品

包装类别　Ⅱ类

安全储运　储存于阴凉、干燥、通风的库房。远离火种、热源。储存温度不超过 32℃，相对湿度不超过 75%。保持容器密封，不可与空气接触。应与强氧化剂、酸、醇等隔离储运。禁止使用易产生火花的机械设备和工具。

紧急处置信息

急救措施

吸入： 迅速脱离现场至空气新鲜处。保持呼吸道通畅。如呼吸困难，给输氧。呼吸、心跳停止，立即进行心肺复苏术。就医。

眼睛接触： 立即分开眼睑，用流动清水或生理盐水彻底冲洗。就医。

皮肤接触： 立即脱去污染的衣着，用肥皂水和清水彻底冲洗。就医。

食入： 漱口，饮水。就医。

灭火方法 消防人员须穿全身消防服，佩戴正压自给式呼吸器，在上风向灭火。尽可能将容器从火场移至空旷处。喷水保持火场容器冷却，直至灭火结束。禁止用水、泡沫和二氧化碳灭火。

灭火剂：干粉、沙土。

泄漏应急处置 隔离泄漏污染区，限制出入。消除所有点火源。建议应急处理人员戴防尘口罩，穿一般作业工作服。尽可能切断泄漏源。用塑料布覆盖泄漏物，减少飞散。勿使水进入包装容器内。用洁净的铲子收集泄漏物，置于干净、干燥、盖子较松的容器中，将容器移离泄漏区。

293. 硅酸铝铂

标　识

中文名称 硅酸铝铂

英文名称 Pt-aluminum silicate ; Platinumaluminum silicate

危害信息

燃烧与爆炸危险性 不燃，无特殊燃爆特性。

中毒表现 本品可经呼吸道进入人体。对眼睛、黏膜有强烈的刺激作用。皮肤直接接触可致灼伤，进入眼内可致失明。

侵入途径 吸入、食入。

理化特性与用途

理化特性 微球状或粉末状固体。

主要用途 用作催化剂。

包装与储运

安全储运 储存于阴凉、通风的库房。远离火种、热源。

紧急处置信息

急救措施

吸入： 迅速脱离现场至空气新鲜处。保持呼吸道通畅。如呼吸困难，给输氧。呼吸、心跳停止，立即进行心肺复苏术。就医。

眼睛接触： 立即分开眼睑，用流动清水或生理盐水彻底冲洗 10~15min。就医。

皮肤接触： 立即脱去污染的衣着，用大量流动清水彻底冲洗，冲洗时间一般要求 20~30min。就医。

食入： 用水漱口，禁止催吐。给饮牛奶或蛋清。就医。

灭火方法　消防人员必须佩戴空气呼吸器，穿全身防火防毒服，在上风向灭火。尽可能将容器从火场移至空旷处。喷水保持火场容器冷却，直至灭火结束。

本品不燃，根据着火原因选择适当灭火剂灭火。

泄漏应急处置　隔离泄漏污染区，限制出入。建议应急处理人员戴防尘口罩，穿防毒服。穿上适当的防护服前严禁接触破裂的容器和泄漏物。尽可能切断泄漏源。用塑料布覆盖泄漏物，减少飞散。勿使水进入包装容器内。用洁净的铲子收集泄漏物，置于干净、干燥、盖子较松的容器中，将容器移离泄漏区。

294. 硅铁［30%≤含硅<90%］

标　识

中文名称　硅铁［30%≤含硅<90%］

英文名称　Ferrosilicon；Ferrosilicon，with not less than 30% but less than 90% silicon

别名　二硅化铁

分子式　$FeSi_2$

CAS 号　8049-17-0

铁危编号　43505

UN 号　1408

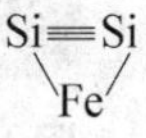

危害信息

危险性类别　第 4.3 类　遇湿易燃物品

燃烧与爆炸危险性　遇湿易燃。其粉体与空气混合，易形成爆炸性混合物。遇水发生爆炸性反应 。

活性反应　与强氧化剂反应。

禁忌物　强氧化剂。

毒性　兔经皮 LD_{50}：>20g/kg。

侵入途径　吸入、食入。

理化特性与用途

理化特性　银灰色无气味固体或粉末。不溶于水。熔点 1200℃，相对密度(水=1)5.4。

主要用途　在炼钢工业中用作脱氧剂和合金剂；在铸铁工业中用作孕育剂和球化剂；铁合金生产中用作还原剂；还常用于金属镁的高温冶炼过程中。

包装与储运

包装标志　遇湿易燃物品，有毒品

包装类别　Ⅲ类

安全储运　储存于阴凉、干燥、通风的库房。远离火种、热源。储存温度不超过 32℃，相对湿度不超过 75%。保持容器密封，不可与空气接触。应与强氧化剂、酸、醇等隔离储运。禁止使用易产生火花的机械设备和工具。

紧急处置信息

急救措施

吸入：迅速脱离现场至空气新鲜处。保持呼吸道通畅。如呼吸困难，给输氧。呼吸、心跳停止，立即进行心肺复苏术。就医。

眼睛接触：立即分开眼睑，用流动清水或生理盐水彻底冲洗。就医。

皮肤接触：立即脱去污染的衣着，用肥皂水和清水彻底冲洗。就医。

食入：漱口，饮水。就医。

灭火方法 消防人员须穿全身消防服，佩戴空气呼吸器，在上风向灭火。尽可能将容器从火场移至空旷处。喷水保持火场容器冷却，直至灭火结束。禁止用水、二氧化碳和泡沫灭火。

灭火剂：干粉、沙土。

泄漏应急处置 禁止用水处理。隔离泄漏污染区，限制出入。消除所有点火源。建议应急处理人员戴自吸过滤式防尘口罩，穿防护服。小量泄漏：避免扬尘，小心收集于干燥、洁净、有盖的容器中。转移回收。大量泄漏：用塑料布等覆盖。用无火花工具收集，转移回收。

295. 硅铁锂

标 识

中文名称 硅铁锂

英文名称 Iron lithium silicide；Lithium ferrosilicon

分子式 FeLiSi

CAS 号 64082-35-5；70399-13-2

铁危编号 43028

UN 号 2830

$Fe{\equiv}Si^{-}\ \ Li^{+}$

危害信息

危险性类别 第 4.3 类 遇湿易燃物品

燃烧与爆炸危险性 遇湿易燃。其粉体与空气混合能形成爆炸性混合物，遇明火高热有引起燃烧爆炸的危险。在高温火场中，受热的容器有破裂和爆炸的危险 。与水接触产生易燃和有毒的气体。

禁忌物 强氧化剂。

中毒表现 对呼吸道和消化道有刺激性。

侵入途径 吸入、食入。

理化特性与用途

理化特性 深色结晶，易碎的金属块或粉末。

包装与储运

包装标志　遇湿易燃物品

包装类别　Ⅱ类

安全储运　储存于阴凉、干燥、通风的库房。远离火种、热源。储存温度不超过 32℃，相对湿度不超过 75%。保持容器密封，不可与空气接触。应与强氧化剂、酸、醇等隔离储运。禁止使用易产生火花的机械设备和工具。

紧急处置信息

急救措施

吸入：迅速脱离现场至空气新鲜处。保持呼吸道通畅。如呼吸困难，给输氧。呼吸、心跳停止，立即进行心肺复苏术。就医。

眼睛接触：立即分开眼睑，用流动清水或生理盐水彻底冲洗。就医。

皮肤接触：立即脱去污染的衣着，用肥皂水和清水彻底冲洗。就医。

食入：漱口，饮水。就医。

灭火方法　消防人员须穿全身消防服，佩戴正压自给式呼吸器，在上风向灭火。尽可能将容器从火场移至空旷处。喷水保持火场容器冷却，直至灭火结束。禁止用水、二氧化碳和泡沫灭火。

灭火剂：干粉、沙土。

泄漏应急处置　建议应急处理人员戴防尘口罩，穿一般作业工作服。尽可能切断泄漏源。用塑料布覆盖泄漏物，减少飞散。勿使水进入包装容器内。用洁净的铲子收集泄漏物，置于干净、干燥、盖子较松的容器中，将容器移离泄漏区。

296. 癸二酸二丙酯

标　识

中文名称　癸二酸二丙酯

英文名称　Dipropy1 sebacate；Decanedioic acid，dipropyl ester

别名　癸二酸二正丙酯；皮脂酸二丙酯

分子式　$C_{16}H_{30}O_4$

CAS 号　15419-91-7

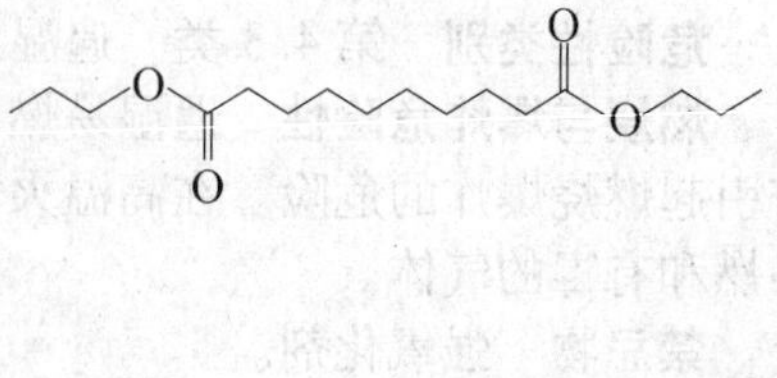

危害信息

燃烧与爆炸危险性　可燃。其蒸气与空气混合，能形成爆炸性混合物。

禁忌物　强氧化剂。

侵入途径　吸入、食入。

理化特性与用途

理化特性　无色液体。不溶于水，混溶于醇。沸点 326.6℃，相对密度（水＝1）0.95，闪点 146.4℃。

主要用途 用作塑料增塑剂，用于有机合成。

包装与储运

安全储运 储存于阴凉、通风的库房。远离火种、热源。应与强氧化剂等隔离储运。搬运时轻装轻卸，防止容器受损。

紧急处置信息

急救措施

吸入： 脱离接触。如有不适感，就医。

眼睛接触： 分开眼睑，用流动清水或生理盐水冲洗。如有不适感，就医。

皮肤接触： 脱去污染的衣着，用流动清水冲洗。如有不适感，就医。

食入： 漱口，饮水。就医。

灭火方法 消防人员须佩戴防毒面具，穿全身消防服，在上风向灭火。尽可能将容器从火场移至空旷处。喷水保持火场容器冷却，直至灭火结束。

灭火剂：雾状水、泡沫、干粉、二氧化碳、沙土。

泄漏应急处置 根据液体流动和蒸气扩散的影响区域划定警戒区，无关人员从侧风、上风向撤离至安全区。消除所有点火源。建议应急处理人员戴防毒面具，穿一般作业工作服。尽可能切断泄漏源。防止泄漏物进入水体、下水道、地下室或有限空间。小量泄漏：用干燥的沙土或其他不燃材料吸收或覆盖，收集于容器中。大量泄漏：构筑围堤或挖坑收容。用泵转移至槽车或专用收集器内。

297. 癸二酸二丁酯

标　识

中文名称 癸二酸二丁酯

英文名称 Dibutyl sebacate; Decanedioic acid, dibutyl ester

别名 皮脂酸二丁酯

分子式 $C_{18}H_{34}O_4$

CAS 号 109-43-3

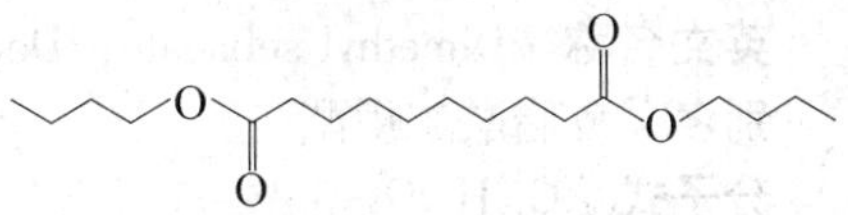

危害信息

燃烧与爆炸危险性 可燃。其蒸气与空气混合，能形成爆炸性混合物。

禁忌物 强氧化剂。

毒性 大鼠经口 LD_{50}：14870mg/kg；小鼠经口 LD_{50}：19500mg/kg；大鼠吸入 LC：>5400 μg/m^3(4h)。

侵入途径 吸入、食入。

理化特性与用途

理化特性 无色或淡黄色透明液体，无气味。不溶于水，溶于乙醚。熔点-10℃，沸点344~345℃，相对密度(水=1)0.94，相对蒸气密度(空气=1)10.8，饱和蒸气压0.62mPa

(25℃)，辛醇/水分配系数6.3，闪点167℃，引燃温度365℃。

主要用途 气相色谱固定液，分离分析烃和酯；用作增塑剂、橡胶软化剂；用于化妆品，香料，调味品。

包装与储运

安全储运 储存于阴凉、通风的库房。远离火种、热源。应与强氧化剂等隔离储运。搬运时轻装轻卸，防止容器受损。

紧急处置信息

急救措施

吸入：迅速脱离现场至空气新鲜处。保持呼吸道通畅。如呼吸困难，给输氧。呼吸、心跳停止，立即进行心肺复苏术。就医。

眼睛接触：立即分开眼睑，用流动清水或生理盐水彻底冲洗。就医。

皮肤接触：立即脱去污染的衣着，用肥皂水和清水彻底冲洗。就医。

食入：漱口，饮水。就医。

灭火方法 消防人员须佩戴防毒面具，穿全身消防服，在上风向灭火。尽可能将容器从火场移至空旷处。喷水保持火场容器冷却，直至灭火结束。

灭火剂：雾状水、泡沫、干粉、二氧化碳、沙土。

泄漏应急处置 根据液体流动和蒸气扩散的影响区域划定警戒区，无关人员从侧风、上风向撤离至安全区。消除所有点火源。建议应急处理人员戴防毒面具，穿一般作业工作服。尽可能切断泄漏源。防止泄漏物进入水体、下水道、地下室或有限空间。小量泄漏：用干燥的沙土或其他不燃材料吸收或覆盖，收集于容器中。大量泄漏：构筑围堤或挖坑收容。用泵转移至槽车或专用收集器内。

298. 癸二酸二甲酯

标　识

中文名称 癸二酸二甲酯

英文名称 Dimethyl sebacate；Decanedioic acid，dimethyl ester

别名 皮脂酸二甲酯

分子式 $C_{12}H_{22}O_4$

CAS号 106-79-6

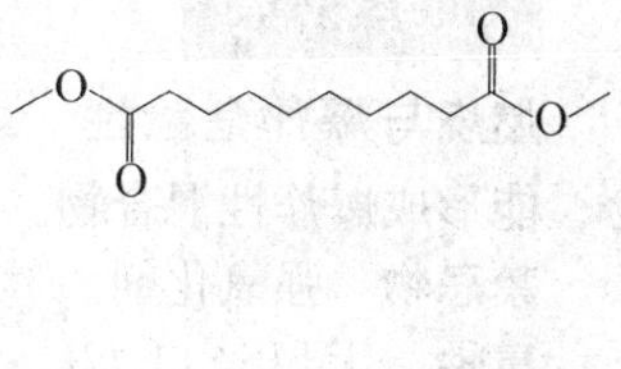

危害信息

燃烧与爆炸危险性 可燃。其粉体或蒸气与空气混合，能形成爆炸性混合物。

禁忌物 强氧化剂。

侵入途径 吸入、食入。

理化特性与用途

理化特性 无色液体或浅黄色针状或棱柱状结晶。溶于乙醇和乙醚，不溶于水。熔点

25～28℃，沸点287～289℃、158℃(1.33kPa)，相对密度(水=1)0.99，相对蒸气密度(空气=1)7.94，辛醇/水分配系数3.35，闪点145℃。

主要用途　用作乙烯树脂等的溶剂或韧化剂。

包装与储运

安全储运　储存于阴凉、通风的库房。远离火种、热源。应与强氧化剂等隔离储运。搬运时轻装轻卸，防止容器受损。

紧急处置信息

急救措施

吸入：脱离接触。如有不适感，就医。

眼睛接触：分开眼睑，用流动清水或生理盐水冲洗。如有不适感，就医。

皮肤接触：脱去污染的衣着，用流动清水冲洗。如有不适感，就医。

食入：漱口，饮水。就医。

灭火方法　消防人员须佩戴防毒面具，穿全身消防服，在上风向灭火。尽可能将容器从火场移至空旷处。喷水保持火场容器冷却，直至灭火结束。

灭火剂：雾状水、泡沫、干粉、二氧化碳、沙土。

泄漏应急处置　隔离泄漏污染区，限制出入。消除所有点火源。建议应急处理人员戴防毒面具，穿一般作业工作服。尽可能切断泄漏源。用塑料布覆盖泄漏物，减少飞散。勿使水进入包装容器内。用洁净的铲子收集泄漏物，置于干净、干燥、盖子较松的容器中，将容器移离泄漏区。

299. 癸二酸二壬酯

标　识

中文名称　癸二酸二壬酯

英文名称　Dinonyl sebacate; Decanedioic acid, 1, 10-dinonyl ester

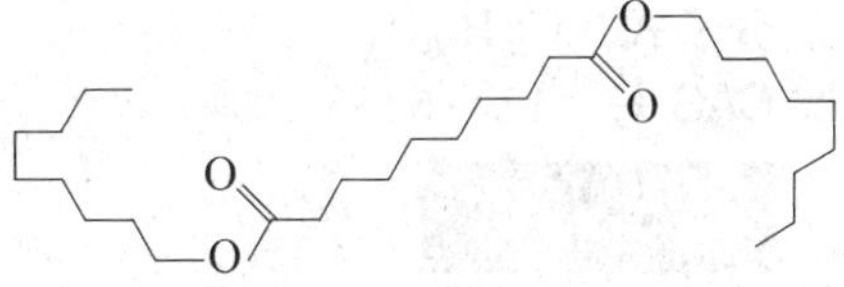

别名　皮脂酸二壬酯

分子式　$C_{28}H_{54}O_4$

CAS号　4121-16-8

危害信息

燃烧与爆炸危险性　可燃。其蒸气与空气混合，能形成爆炸性混合物。

禁忌物　强氧化剂。

侵入途径　吸入、食入。

理化特性与用途

理化特性　无色或淡黄色油状液体。不溶于水，可混溶于醇、酮、酯等多数有机溶剂。沸点462.9℃，相对密度(水=1)0.92，闪点207.9℃。

主要用途　用作增塑剂、分析试剂。

包装与储运

安全储运　储存于阴凉、通风的库房。远离火种、热源。应与强氧化剂等隔离储运。搬运时轻装轻卸，防止容器受损。

紧急处置信息

急救措施

吸入：脱离接触。如有不适感，就医。

眼睛接触：分开眼睑，用流动清水或生理盐水冲洗。如有不适感，就医。

皮肤接触：脱去污染的衣着，用流动清水冲洗。如有不适感，就医。

食入：漱口，饮水。就医。

灭火方法　消防人员须佩戴防毒面具，穿全身消防服，在上风向灭火。尽可能将容器从火场移至空旷处。喷水保持火场容器冷却，直至灭火结束。

灭火剂：雾状水、泡沫、干粉、二氧化碳、沙土。

泄漏应急处置　根据液体流动和蒸气扩散的影响区域划定警戒区，无关人员从侧风、上风向撤离至安全区。消除所有点火源。建议应急处理人员戴防毒面具，穿一般作业工作服。尽可能切断泄漏源。防止泄漏物进入水体、下水道、地下室或有限空间。小量泄漏：用干燥的沙土或其他不燃材料吸收或覆盖，收集于容器中。大量泄漏：构筑围堤或挖坑收容。用泵转移至槽车或专用收集器内。

300. 癸二酸二辛酯

标　识

中文名称　癸二酸二辛酯

英文名称　Dioctyl sebacate；Decanedioic acid，bis(2-ethylhexyl) ester

别名　皮脂酸二辛酯

分子式　$C_{26}H_{50}O_4$

CAS 号　122-62-3

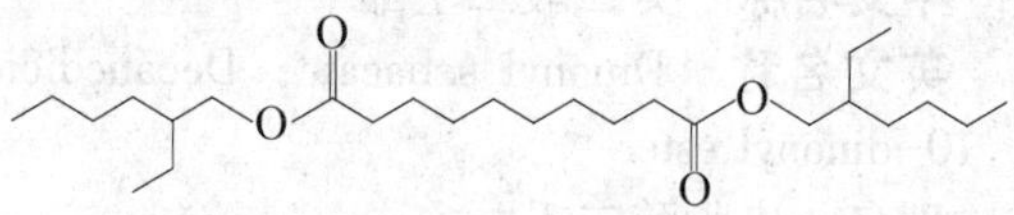

危害信息

燃烧与爆炸危险性　可燃。其蒸气与空气混合，能形成爆炸性混合物。

禁忌物　强氧化剂。

毒性　小鼠经口 LD_{50}：9500mg/kg。

侵入途径　吸入、食入。

理化特性与用途

理化特性　无色油状液体。熔点 -48℃，沸点 442℃，相对密度（水=1）0.914，闪点 198℃。

主要用途　用作塑料增塑剂。

包装与储运

安全储运 储存于阴凉、通风的库房。远离火种、热源。应与强氧化剂等隔离储运。搬运时轻装轻卸，防止容器受损。

紧急处置信息

急救措施

吸入：脱离接触。如有不适感，就医。

眼睛接触：分开眼睑，用流动清水或生理盐水冲洗。如有不适感，就医。

皮肤接触：脱去污染的衣着，用流动清水冲洗。如有不适感，就医。

食入：漱口，饮水。就医。

灭火方法 消防人员须佩戴防毒面具，穿全身消防服，在上风向灭火。尽可能将容器从火场移至空旷处。喷水保持火场容器冷却，直至灭火结束。

灭火剂：雾状水、泡沫、干粉、二氧化碳、沙土。

泄漏应急处置 根据液体流动和蒸气扩散的影响区域划定警戒区，无关人员从侧风、上风向撤离至安全区。消除所有点火源。建议应急处理人员戴防毒面具，穿一般作业工作服。尽可能切断泄漏源。防止泄漏物进入水体、下水道、地下室或有限空间。小量泄漏：用干燥的沙土或其他不燃材料吸收或覆盖，收集于容器中。大量泄漏：构筑围堤或挖坑收容。用泵转移至槽车或专用收集器内。

301. 癸二酸二乙酯

标　识

中文名称 癸二酸二乙酯

英文名称 Diethyl sebacate；Decanedioic acid，1，10-diethyl ester

分子式 $C_{14}H_{26}O_4$

CAS 号 110-40-7

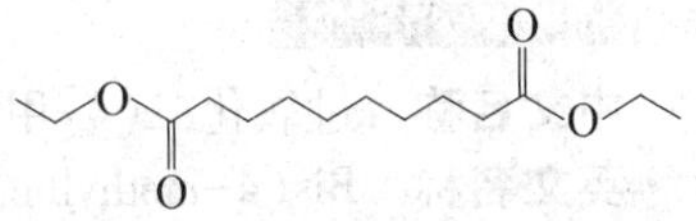

危害信息

燃烧与爆炸危险性 可燃。其蒸气与空气混合，能形成爆炸性混合物。

禁忌物 强氧化剂。

毒性 大鼠经口 LD_{50}：14470mg/kg。

中毒表现 其蒸气或雾对眼睛、黏膜和上呼吸道有刺激作用。对皮肤有刺激作用。

侵入途径 吸入、食入。

理化特性与用途

理化特性 无色或淡黄色透明油状液体。微有酯类特殊香味。不溶于水，易溶于醇、醚等有机溶剂。熔点 5℃，沸点 312℃，相对密度(水=1) 0.960~0.965 (20℃/4℃)，饱和蒸气压 0.71mPa(25℃)，辛醇/水分配系数 4.33，闪点>93℃。

主要用途 常用做此类树脂和乙烯基树脂的增塑剂，也可用于有机合成、溶剂及颜料、药物中间体。

包装与储运

安全储运 储存于阴凉、通风的库房。远离火种、热源。应与强氧化剂等隔离储运。搬运时轻装轻卸，防止容器受损。

紧急处置信息

急救措施

吸入：迅速脱离现场至空气新鲜处。保持呼吸道通畅。如呼吸困难，给输氧。呼吸、心跳停止，立即进行心肺复苏术。就医。

眼睛接触：立即分开眼睑，用流动清水或生理盐水彻底冲洗。就医。

皮肤接触：立即脱去污染的衣着，用流动清水彻底冲洗。就医。

食入：漱口，饮水。就医。

灭火方法 消防人员须佩戴防毒面具，穿全身消防服，在上风向灭火。尽可能将容器从火场移至空旷处。喷水保持火场容器冷却，直至灭火结束。处在火场中的容器若已变色或从安全泄压装置中发出响声，必须马上撤离。

灭火剂：雾状水、泡沫、干粉、二氧化碳、沙土。

泄漏应急处置 根据液体流动和蒸气扩散的影响区域划定警戒区，无关人员从侧风、上风向撤离至安全区。消除所有点火源。建议应急处理人员戴防毒面具，穿一般作业工作服。尽可能切断泄漏源。防止泄漏物进入水体、下水道、地下室或有限空间。小量泄漏：用干燥的沙土或其他不燃材料吸收或覆盖，收集于容器中。大量泄漏：构筑围堤或挖坑收容。用泵转移至槽车或专用收集器内。

302. 过氧化二(4-甲基苯甲酰)

标　识

中文名称 过氧化二(4-甲基苯甲酰)

英文名称 Bis(4-methylbenzoyl)peroxide；Peroxide，bis(4-methylbenzoyl)；*p*-Toluoyl peroxide

别名 过氧化二(对甲基苯甲酰)

分子式 $C_{16}H_{14}O_4$

CAS 号 895-85-2

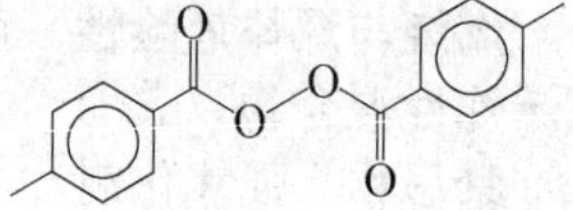

。

危害信息

危险性类别 第 5.2 类 有机过氧化物

燃烧与爆炸危险性 可燃。其粉体与空气混合能形成爆炸性混合物。燃烧产生有毒的氮氧化物气体。受热易分解。在高温火场中，受热的容器有破裂和爆炸的危险。

禁忌物 强还原剂。

侵入途径 吸入、食入。

环境危害 对水生生物有极高毒性，可能在水生环境中造成长期不利影响。

理化特性与用途

理化特性 白色固体。微溶于水。熔点 135~136℃，沸点 402℃，相对密度(水=1) 1.489，饱和蒸气压 0.133mPa(25℃)，辛醇/水分配系数 4.39，闪点 178℃，理论活性氧含量 5.91%，自动加速分解温度(SADT)80℃ 。

主要用途 用作硅橡胶的交联剂、橡胶硫化剂等。

包装与储运

包装标志 有机过氧化物

安全储运 储存于阴凉、低温、通风的不燃材料结构的库房，储存温度不超过 30℃，相对湿度不超过 80%，大量储存的库房内必须有自动喷水装置。远离火种、热源，防止阳光直射。应与还原剂、促进剂、有机物、可燃物及强酸等隔离储运。禁止使用易产生火花的机械设备和工具。禁止震动、撞击和摩擦。

紧急处置信息

急救措施

吸入：脱离接触。如有不适感，就医。

眼睛接触：分开眼睑，用流动清水或生理盐水冲洗。如有不适感，就医。

皮肤接触：脱去污染的衣着，用流动清水冲洗。如有不适感，就医。

食入：漱口，饮水。就医。

灭火方法 消防人员须穿全身消防服，佩戴空气呼吸器，在上风向灭火。尽可能将容器从火场移至空旷处。喷水保持火场容器冷却，直至灭火结束。

灭火剂：雾状水、抗溶性泡沫、二氧化碳、干粉、沙土。

泄漏应急处置 隔离泄漏污染区，限制出入。消除所有点火源。建议应急处理人员戴防尘口罩，穿防毒服。穿上适当的防护服前严禁接触破裂的容器和泄漏物。尽可能切断泄漏源。用塑料布覆盖泄漏物，减少飞散。勿使水进入包装容器内。用洁净的铲子收集泄漏物，置于干净、干燥、盖子较松的容器中，将容器移离泄漏区。

303. 过氧化氢(对)孟烷

标　识

中文名称 过氧化氢(对)孟烷

英文名称 *p*-Menthane-8-hydroperoxide；*p*-Menthane hydroperoxide

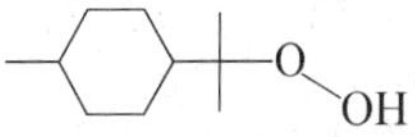

别名 过氧化氢对薄荷烷

分子式 $C_{10}H_{20}O_2$

CAS 号 80-47-7

O
OH

危害信息

危险性类别 第 5.2 类 有机过氧化物

燃烧与爆炸危险性 易燃。其蒸气与空气混合能形成爆炸性混合物，遇明火、高热易燃烧或爆炸。在高温火场中，受热的容器或储罐有破裂和爆炸的危险。

禁忌物　强氧化剂。

中毒表现　吸入有害。眼和皮肤接触能引起严重损害或灼伤。

侵入途径　吸入、食入。

理化特性与用途

理化特性　无色至淡黄色透明黏性液体。不溶于水，溶于乙醇、丙酮、二甲基亚砜。熔点-4℃，沸点 213℃，相对密度(水=1)0.92，辛醇/水分配系数 3.2，闪点 53℃。

主要用途　用作丁苯橡胶引发剂、不饱和聚酯的交联剂。

包装与储运

包装标志　有机过氧化物

安全储运　储存于阴凉、低温、通风的不燃材料结构的库房，储存温度不超过 30℃，相对湿度不超过 80%，大量储存的库房内必须有自动喷水装置。远离火种、热源，防止阳光直射。应与还原剂、促进剂、有机物、可燃物及强酸等隔离储运。禁止使用易产生火花的机械设备和工具。禁止震动、撞击和摩擦 。

紧急处置信息

急救措施

吸入：迅速脱离现场至空气新鲜处。保持呼吸道通畅。如呼吸困难，给输氧。呼吸、心跳停止，立即进行心肺复苏术。就医。

眼睛接触：立即分开眼睑，用流动清水或生理盐水彻底冲洗 10~15min。就医。

皮肤接触：立即脱去污染的衣着，用大量流动清水彻底冲洗，冲洗时间一般要求 20~30min。就医。

食入：用水漱口，禁止催吐。给饮牛奶或蛋清。就医。

灭火方法　消防人员须穿全身消防服，佩戴空气呼吸器，在上风向灭火。尽可能将容器从火场移至空旷处。喷水保持火场容器冷却，直至灭火结束。处在火场中的容器若发生异常变化或发出异常声音，须马上撤离。

灭火剂：泡沫、二氧化碳、干粉、沙土。

泄漏应急处置　消除所有点火源。根据液体流动和蒸气扩散的影响区域划定警戒区，无关人员从侧风、上风向撤离至安全区。建议应急处理人员戴正压自给式呼吸器，穿防静电服。作业时使用的所有设备应接地。禁止接触或跨越泄漏物。尽可能切断泄漏源。防止泄漏物进入水体、下水道、地下室或有限空间。小量泄漏：用沙土或其他不燃材料吸收。使用洁净的无火花工具收集吸收材料。大量泄漏：构筑围堤或挖坑收容。用沙土或惰性物质吸收大量液体。用抗溶性泡沫覆盖，减少蒸发。喷水雾能减少蒸发，但不能降低泄漏物在有限空间内的易燃性。用防爆泵转移至槽车或专用收集器内。

304. 氦［液化的］

标　识

中文名称　氦［液化的］

英文名称　Helium；Helium，refrigerated liquid

分子式 He
CAS 号 7440-59-7
铁危编号 22008
UN 号 1963

危害信息

危险性类别 第 2. 2 类 不燃气体

燃烧与爆炸危险性 不燃，无特殊燃爆特性。若遇高热，容器内压增大，有开裂和爆炸的危险。

中毒表现 头晕、头痛、迟钝、窒息。接触液态本品引起冻伤。

侵入途径 吸入。

理化特性与用途

理化特性 无色冷冻液化气体，无气味。极微溶于水，不溶于醇。熔点-272. 2℃，沸点-268. 9℃，相对蒸气密度(空气=1)0. 14，辛醇/水分配系数 0. 28。

主要用途 液氦可以用于超低温冷却。也广泛用于军工、科研、石化、制冷、医疗、半导体、管道检漏、超导实验、金属制造、深海潜水、高精度焊接、光电子产品生产等。

包装与储运

包装标志 不燃气体

安全储运 储存于阴凉、通风的库房或大型气柜。远离火源和热源。运输时防止雨淋、曝晒。搬运时轻装轻卸，须戴好钢瓶安全帽和防震橡皮圈，防止钢瓶撞击。

紧急处置信息

急救措施

吸入: 迅速脱离现场至空气新鲜处。保持呼吸道通畅。如呼吸困难，给输氧。呼吸、心跳停止，立即进行心肺复苏术。就医。

皮肤接触: 如发生冻伤，用温水(38～42℃)复温，忌用热水或辐射热，不要揉搓。就医。

灭火方法 消防人员须佩戴防毒面具，穿全身消防服，在上风向灭火。喷水冷却容器，可能的话将容器从火场移至空旷处。

本品不燃，根据着火原因选择适当灭火剂灭火。

泄漏应急处置 大量泄漏：根据气体扩散的影响区域划定警戒区，无关人员从侧风、上风向撤离至安全区。建议应急处理人员戴正压自给式呼吸器，穿一般作业工作服。气体泄漏时穿防寒服。尽可能切断泄漏源。漏出气允许排入大气中。泄漏场所保持通风，加速扩散，直至气体散尽。

305. 花椒毒素

标 识

中文名称 花椒毒素

305. 花椒毒素

英文名称 9-Methoxyfuro(3, 2-g)chromen-7-one ; 8-Methoxypsoralen ; 9-Methoxy-7H-furo(3, 2-g)(1)benzopyran- 7-one

别名 8-甲氧基补骨脂素；甲氧沙林

分子式 $C_{12}H_8O_4$

CAS 号 298-81-7

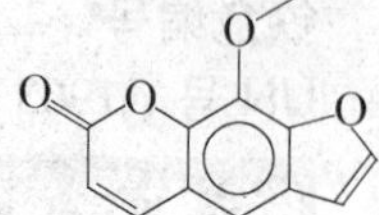

危害信息

燃烧与爆炸危险性 可燃。其粉体与空气混合能形成爆炸性混合物，遇明火高热有引起燃烧爆炸的危险。

禁忌物 强氧化剂。

毒性 大鼠经口 LD_{50}：791mg/kg；小鼠经口 LD_{50}：423mg/kg；豚鼠经皮 *TDLo*：1989mg/kg。

IARC 致癌性评论：G1，确认人类致癌物(加紫外线 A)。

中毒表现 吸入或食入有毒。对组织有腐蚀性。

侵入途径 吸入、食入、经皮吸收。

理化特性与用途

理化特性 白色至乳白色针状结晶，无气味。几乎不溶于冷水，微溶于沸水，溶于沸乙醇、丙酮、乙酸、植物固定油、丙二醇、苯。熔点 148℃，沸点 414.8℃，相对密度(水=1)1.368，饱和蒸气压 0.05mPa(25℃)，辛醇/水分配系数 2.14，闪点 205℃。

主要用途 用于生化研究；用作分析试剂、颜料沉淀剂；医药上用于治疗牛皮癣、白癜疯。

包装与储运

安全储运 储存于阴凉、通风的库房。远离火种、热源。应与强氧化剂等隔离储运。搬运时轻装轻卸，防止容器受损。

紧急处置信息

急救措施

吸入：迅速脱离现场至空气新鲜处。保持呼吸道通畅。如呼吸困难，给输氧。呼吸、心跳停止，立即进行心肺复苏术。就医。

眼睛接触：立即分开眼睑，用流动清水或生理盐水彻底冲洗 10~15min。就医。

皮肤接触：立即脱去污染的衣着，用大量流动清水彻底冲洗，冲洗时间一般要求 20~30min。就医。

食入：用水漱口，禁止催吐。给饮牛奶或蛋清。就医。

灭火方法 消防人员须穿全身消防服，佩戴空气呼吸器，在上风向灭火。尽可能将容器从火场移至空旷处。喷水保持火场容器冷却，直至灭火结束。

灭火剂：雾状水、抗溶性泡沫、二氧化碳、干粉、沙土。

泄漏应急处置 隔离泄漏污染区，限制出入。消除所有点火源。建议应急处理人员戴防尘口罩，穿防毒服。穿上适当的防护服前严禁接触破裂的容器和泄漏物。尽可能切断泄漏源。用洁净的铲子收集泄漏物，置于干净、干燥、盖子较松的容器中，将容器移离泄漏区。

306. 1-环丙基-6,7-二氟-1,4-二氢-4-氧代喹啉-3-羧酸

标识

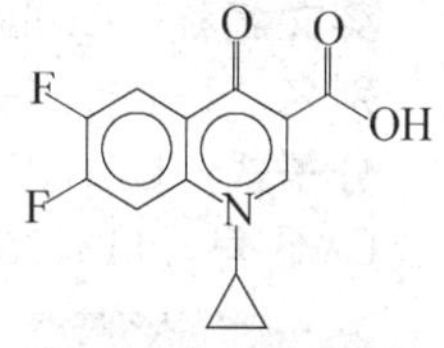

中文名称 1-环丙基-6，7-二氟-1，4-二氢-4-氧代喹啉-3-羧酸

英文名称 1-Cyclopropyl-6，7-difluoro-1，4-dihydro-4-oxoquinoline-3-carboxylic acid

别名 1-环丙基-6，7-二氟-1，4-二氢-4-氧代-3-喹啉甲酸

分子式 $C_{13}H_9F_2NO_3$

CAS 号 93107-30-3

危害信息

禁忌物 强氧化剂。

毒性 欧盟法规 1272/2008/EC 将本品列为第 2 类生殖毒物——可疑的人类生殖毒物。

侵入途径 吸入、食入。

环境危害 对水生生物有害，可能在水生环境中造成长期不利影响。

理化特性与用途

理化特性 固体。微溶于水。熔点 292~293℃，相对密度(水=1)1.63，辛醇/水分配系数 1.96 。

主要用途 用作医药中间体。

包装与储运

安全储运 储存于阴凉、通风的库房。远离火种、热源。应与强氧化剂、碱类等隔离储运。搬运时轻装轻卸，防止容器受损。

紧急处置信息

急救措施

吸入：迅速脱离现场至空气新鲜处。保持呼吸道通畅。如呼吸困难，给输氧。呼吸、心跳停止，立即进行心肺复苏术。就医。

眼睛接触：立即分开眼睑，用流动清水或生理盐水彻底冲洗。就医。

皮肤接触：立即脱去污染的衣着，用肥皂水和清水彻底冲洗。就医。

食入：漱口，饮水。就医。

泄漏应急处置 隔离泄漏污染区，限制出入。消除所有点火源。建议应急处理人员戴防尘口罩，穿防毒服。穿上适当的防护服前严禁接触破裂的容器和泄漏物。尽可能切断泄漏源。用塑料布覆盖泄漏物，减少飞散。勿使水进入包装容器内。用洁净的铲子收集泄漏物，置于干净、干燥、盖子较松的容器中，将容器移离泄漏区。

307. 环丙酰胺酸

标　识

中文名称　环丙酰胺酸

英文名称　Cyclanilide；1-(2，4-Dichloroanilinocarbonyl)cyclopropanecarboxylic acid

别名　1-(2，4-二氯苯胺基羰基)环丙烷羧酸

分子式　$C_{11}H_9Cl_2NO_3$

CAS 号　113136-77-9

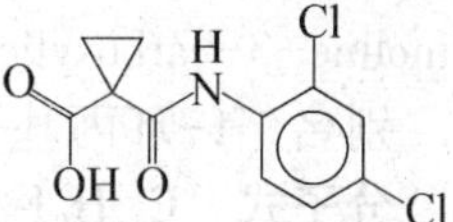

危害信息

燃烧与爆炸危险性　可燃。其粉体与空气混合能形成爆炸性混合物，遇明火高热有引起燃烧爆炸的危险。燃烧产生有毒和腐蚀性的烟气。

禁忌物　强氧化剂

毒性　大鼠经口 LD_{50}：208mg/kg；大鼠吸入 LC_{50}：2.64g/m^3(4h)；兔经皮 LD_{50}：2000mg/kg。

中毒表现　食入有毒。对眼和皮肤有刺激性。

侵入途径　吸入、食入、经皮吸收。

环境危害　对水生生物有毒，可能在水生环境中造成长期不利影响。

理化特性与用途

理化特性　粉末状固体。不溶于水，易溶于有机溶剂。pH 值 3.8[1%(W/V)水，21℃]，熔点 195.5℃，相对密度(水=1)1.47，饱和蒸气压<0.01mPa(25℃)，辛醇/水分配系数 3.25。

主要用途　植物生长调节剂。主要用于棉花、禾谷类作物、草坪等。

包装与储运

包装标志　杂项

包装类别　Ⅲ类

安全储运　储存于阴凉、通风的库房。远离火种、热源。应与强氧化剂等隔离储运。搬运时轻装轻卸，防止容器受损。

紧急处置信息

急救措施

吸入：迅速脱离现场至空气新鲜处。保持呼吸道通畅。如呼吸困难，给输氧。呼吸、心跳停止，立即进行心肺复苏术。就医。

眼睛接触：立即分开眼睑，用流动清水或生理盐水彻底冲洗。就医。

皮肤接触：立即脱去污染的衣着，用肥皂水和清水彻底冲洗。就医。

食入：漱口，饮水。就医。

灭火方法　消防人员须穿全身消防服，佩戴正压自给式呼吸器，在上风向灭火。尽可能将容器从火场移至空旷处。喷水保持火场容器冷却，直至灭火结束。

灭火剂：雾状水、泡沫、二氧化碳、干粉、沙土。

泄漏应急处置 隔离泄漏污染区，限制出入。消除所有点火源。建议应急处理人员戴防毒面具，穿防腐蚀服。尽可能切断泄漏源。用塑料布覆盖泄漏物，减少飞散。勿使水进入包装容器内。用洁净的铲子收集泄漏物，置于干净、干燥、盖子较松的容器中，将容器移离泄漏区。

308. 环丙唑醇

标　识

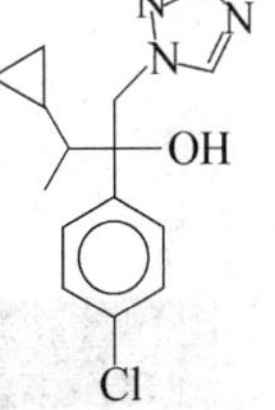

中文名称 环丙唑醇

英文名称 Cyproconazole；(2*RS*，3*RS*；2*RS*，3*SR*)-2-(4-Chlorophenyl)-3-cyclopropyl-1-(1H-1，2，4-triazol-1-yl)butan-2-ol

别名 (2*RS*，3*RS*；2*RS*，3*SR*)-2-(4-氯苯基)-3-环丙基-1-(1H-1，2，4-三唑-1-基)丁-2-醇

分子式 $C_{15}H_{18}ClN_3O$

CAS 号 94361-06-5

危害信息

燃烧与爆炸危险性 可燃。其粉体与空气混合能形成爆炸性混合物，遇明火高热有引起燃烧爆炸的危险。燃烧产生有毒和腐蚀性烟气。

禁忌物 强氧化剂。

毒性 大鼠经口 LD_{50}：1020mg/kg；小鼠经口 LD_{50}：352mg/kg；大鼠吸入 LC_{50}：>5650mg/m^3(4h)；大鼠经皮 LD_{50}：>2g/kg。

侵入途径 吸入、食入、经皮吸收。

环境危害 对水生生物有极高毒性，可能在水生环境中造成长期不利影响。

理化特性与用途

理化特性 无色结晶或黄色至橙色固体，无气味。微溶于水，易溶于丙酮、乙醇、二甲苯、二甲基亚砜。熔点 106.2~106.9℃，沸点>250℃，饱和蒸气压 0.03mPa(20℃)，辛醇/水分配系数 2.9。

主要用途 杀菌剂。用于禾谷类作物、甜菜、果树、葡萄、咖啡等防治白粉病、锈病、黑星病、叶斑病等。

包装与储运

包装标志 杂项

包装类别 Ⅲ类

安全储运 储存于阴凉、通风的库房。远离火种、热源。应与强氧化剂等隔离储运。搬运时轻装轻卸，防止容器受损。

紧急处置信息

急救措施

吸入：迅速脱离现场至空气新鲜处。保持呼吸道通畅。如呼吸困难，给输氧。呼吸、

心跳停止，立即进行心肺复苏术。就医。

眼睛接触：立即分开眼睑，用流动清水或生理盐水彻底冲洗。就医。

皮肤接触：立即脱去污染的衣着，用流动清水彻底冲洗。就医。

食入：漱口，饮水。就医。

灭火方法　消防人员须穿全身消防服，佩戴正压自给式呼吸器，在上风向灭火。尽可能将容器从火场移至空旷处。喷水保持火场容器冷却，直至灭火结束。

灭火剂：雾状水、泡沫、二氧化碳、干粉、沙土。

泄漏应急处置　隔离泄漏污染区，限制出入。消除所有点火源。建议应急处理人员戴防尘口罩，穿防毒服。穿上适当的防护服前严禁接触破裂的容器和泄漏物。尽可能切断泄漏源。用塑料布覆盖泄漏物，减少飞散。勿使水进入包装容器内。用洁净的铲子收集泄漏物，置于干净、干燥、盖子较松的容器中，将容器移离泄漏区。

309. 环丁烷

标　识

中文名称　环丁烷

英文名称　Cyclobutane；Tetramethylene

分子式　C_4H_8

CAS 号　287-23-0

铁危编号　21015

UN 号　2601

危害信息

危险性类别　第 2.1 类　易燃气体

燃烧与爆炸危险性　易燃。其蒸气与空气混合能形成爆炸性混合物，遇明火、高热极易燃烧或爆炸。在高温火场中，受热的容器或储罐有破裂和爆炸的危险。

禁忌物　强氧化剂

中毒表现　高浓度引起头痛、头晕恶心、呕吐、疲劳、精神错乱和意识丧失。接触液态本品可引起冻伤。

侵入途径　吸入。

理化特性与用途

理化特性　无色气体。不溶于水，易溶于乙醇、丙酮。熔点-90.6℃，沸点 12.6℃，相对密度（水=1）0.703（0℃），相对蒸气密度（空气=1）1.93，饱和蒸气压 156.94kPa（25℃），辛醇/水分配系数 2.19，闪点<10℃，爆炸下限 1.8% 。

主要用途　用于四节环的生理化学研究；用作溶剂，合成中间体。

包装与储运

包装标志　易燃气体

安全储运　储存于阴凉、通风的库房或大型气柜。远离火源和热源。储存温度不超过 30℃。储存时，应与氧化剂隔离。禁止使用易产生火花的机械设备和工具。运输时防止雨淋、曝晒。搬运时轻装轻卸，须戴好钢瓶安全帽和防震橡皮圈，防止钢瓶撞击。

紧急处置信息

急救措施

吸入：迅速脱离现场至空气新鲜处。保持呼吸道通畅。如呼吸困难，给输氧。呼吸、心跳停止，立即进行心肺复苏术。就医。

皮肤接触：如发生冻伤，用温水（38～42℃）复温，忌用热水或辐射热，不要揉搓。就医。

灭火方法 消防人员须穿全身消防服，佩戴空气呼吸器，在上风向灭火。切断气源。若不能切断气源，则不允许熄灭泄漏处的火焰。尽可能将容器从火场移至空旷处。喷水保持火场容器冷却，直至灭火结束。

灭火剂：泡沫、二氧化碳、干粉、沙土。用水灭火无效。

泄漏应急处置 根据气体扩散的影响区域划定警戒区，无关人员从侧风、上风向撤离至安全区。建议应急处理人员戴正压自给式呼吸器，穿防静电服。液化气体泄漏时穿防寒服。禁止接触或跨越泄漏物。尽可能切断泄漏源。喷雾状水抑制蒸气或改变蒸气云流向，避免水流接触泄漏物。禁止用水直接冲击泄漏物或泄漏源。若可能翻转容器，使之逸出气体而非液体。防止气体通过下水道、通风系统和密闭性空间扩散。漏出气允许排入大气中。泄漏场所保持通风。

310. 环己基苯

标　　识

中文名称 环己基苯

英文名称 Cyclohexylbenzene；Phenylcyclohexane

别名 苯基环己烷

分子式 $C_{12}H_{16}$

CAS 号 827-52-1

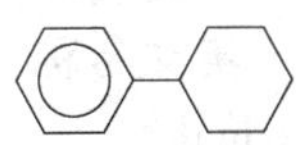

危害信息

燃烧与爆炸危险性 可燃。其蒸气与空气混合，能形成爆炸性混合物。

禁忌物 强氧化剂、酸类、卤素等。

毒性 大鼠经口 *LDLo*：5g/kg；兔经皮 LD_{50}：>7940mg/kg。

侵入途径 吸入、食入。

理化特性与用途

理化特性 无色透明液体，有令人愉快的气味。不溶于水，易溶于醇、丙酮、苯、四氯化碳、蓖麻油、己烷和二甲苯，不溶于甘油。熔点 5℃，沸点 240.1℃，相对密度（水=1）0.95，饱和蒸气压 5.31Pa（25℃），辛醇/水分配系数 4.81，闪点 81℃（闭杯），爆炸下限 0.7%，爆炸上限 5.4% 。

主要用途 用作高沸点溶剂、试剂和渗透剂，也用于有机合成。

包装与储运

安全储运　储存于阴凉、通风的库房。远离火种、热源。应与强氧化剂等隔离储运。搬运时轻装轻卸，防止容器受损。

紧急处置信息

急救措施

吸入：脱离接触。如有不适感，就医。

眼睛接触：分开眼睑，用流动清水或生理盐水冲洗。如有不适感，就医

皮肤接触：脱去污染的衣着，用流动清水冲洗。如有不适感，就医。

食入：漱口，饮水。就医。

灭火方法　消防人员须佩戴防毒面具，穿全身消防服，在上风向灭火。尽可能将容器从火场移至空旷处。喷水保持火场容器冷却，直至灭火结束。处在火场中的容器若已变色或从安全泄压装置中发出响声，必须马上撤离。

灭火剂：雾状水、泡沫、干粉、二氧化碳、沙土。

泄漏应急处置　根据液体流动和蒸气扩散的影响区域划定警戒区，无关人员从侧风、上风向撤离至安全区。消除所有点火源。建议应急处理人员戴防毒面具，穿防护服。穿上适当的防护服前严禁接触破裂的容器和泄漏物。尽可能切断泄漏源。防止泄漏物进入水体、下水道、地下室或有限空间。小量泄漏：用干燥的沙土或其他不燃材料吸收或覆盖，收集于容器中。大量泄漏：构筑围堤或挖坑收容。用泵转移至槽车或专用收集器内。

311. *N*-环己基-1,1-二氧-苯并[b]噻吩-2-甲酰胺

标　识

中文名称　*N*-环己基-1，1-二氧-苯并[b]噻吩-2-甲酰胺

英文名称　*N*-Cyclohexyl-*S*，*S*-dioxobenzo[b]thiophene-2-carboxamide

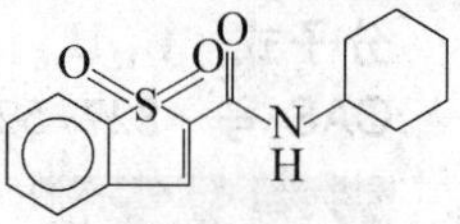

分子式　$C_{15}H_{17}NO_3S$

CAS 号　149118-66-1

危害信息

燃烧与爆炸危险性　可燃。其粉体与空气混合能形成爆炸性混合物，遇明火高热有引起燃烧爆炸的危险。燃烧产生有毒的氮氧化物和硫氧化物气体。

禁忌物　强氧化剂、强酸。

中毒表现　食入有害。眼接触可造成严重损害。

侵入途径　吸入、食入。

环境危害　对水生生物有极高毒性，可能在水生环境中造成长期不利影响。

理化特性与用途

理化特性　不溶于水。沸点 488℃，相对密度(水=1)1.33，辛醇/水分配系数 2.41，闪点 309℃。

主要用途 用作医药工业的原料。

包装与储运

包装标志 杂项

包装类别 Ⅲ类

安全储运 储存于阴凉、通风的库房。远离火种、热源。应与强氧化剂等隔离储运。搬运时轻装轻卸，防止容器受损。

紧急处置信息

急救措施

吸入：迅速脱离现场至空气新鲜处。保持呼吸道通畅。如呼吸困难，给输氧。呼吸、心跳停止，立即进行心肺复苏术。就医。

眼睛接触：立即分开眼睑，用流动清水或生理盐水彻底冲洗 10~15min。就医。

皮肤接触：立即脱去污染的衣着，用肥皂水和清水彻底冲洗。就医。

食入：漱口，饮水。就医。

灭火方法 消防人员须穿全身消防服，佩戴正压自给式呼吸器，在上风向灭火。尽可能将容器从火场移至空旷处。喷水保持火场容器冷却，直至灭火结束。

灭火剂：雾状水、泡沫、二氧化碳、干粉、沙土。

泄漏应急处置 隔离泄漏污染区，限制出入。消除所有点火源。建议应急处理人员戴防尘口罩，穿防护服。穿上适当的防护服前严禁接触破裂的容器和泄漏物。尽可能切断泄漏源。用塑料布覆盖泄漏物，减少飞散。勿使水进入包装容器内。用洁净的铲子收集泄漏物，置于干净、干燥、盖子较松的容器中，将容器移离泄漏区。

312. 环己基甲酸甲酯

标　识

中文名称 环己基甲酸甲酯

英文名称 Methyl cyclohexanecarboxylate ; Methyl cyclohexylformate

别名 环己基羧酸甲酯

分子式 $C_8H_{14}O_2$

CAS 号 4630-82-4

铁危编号 32095

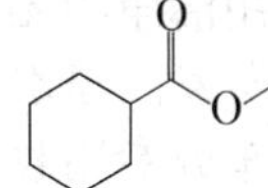

危害信息

危险性类别 第 3 类 易燃液体

燃烧与爆炸危险性 易燃。其蒸气与空气混合，能形成爆炸性混合物。高速冲击、流动、激荡后可因产生静电火花放电引起燃烧爆炸。蒸气比空气重，能在较低处扩散到相当远的地方，遇火源会着火回燃和爆炸(闪爆)。若遇高热，容器内压增大，有开裂和爆炸的危险。

活性反应 与氧化剂可发生反应。

禁忌物 强氧化剂、强酸、强碱。

毒性　大鼠经口 LD_{50}：3881mg/kg。

侵入途径　吸入、食入。

理化特性与用途

理化特性　无色至淡黄色透明液体。不溶于水，溶于甲醇、乙醇、氯仿等。沸点183℃，相对密度(水=1)0.995，相对蒸气密度(空气=1)4.9，辛醇/水分配系数 2.64，闪点 60℃。

主要用途　用作有机溶剂，用于制造香料、熏蒸杀虫剂和杀菌剂。

包装与储运

包装标志　易燃液体

包装类别　Ⅲ类

安全储运　储存于阴凉、通风的库房。远离火种、热源。库温不宜超过 37℃。应与氧化剂、酸类、碱类等隔离储运。采用防爆型照明、通风设施。禁止使用易产生火花的机械设备和工具。搬运时轻装轻卸，防止容器受损。

紧急处置信息

急救措施

吸入：迅速脱离现场至空气新鲜处。保持呼吸道通畅。如呼吸困难，给输氧。呼吸、心跳停止，立即进行心肺复苏术。就医。

眼睛接触：立即分开眼睑，用流动清水或生理盐水彻底冲洗。就医。

皮肤接触：立即脱去污染的衣着，用肥皂水和清水彻底冲洗。就医。

食入：漱口，饮水。就医。

灭火方法　消防人员须佩戴防毒面具，穿全身消防服，在上风向灭火。尽可能将容器从火场移至空旷处。喷水保持火场容器冷却，直至灭火结束。处在火场中的容器若已变色或从安全泄压装置中发出响声，必须马上撤离。

灭火剂：雾状水、泡沫、干粉、二氧化碳、沙土。

泄漏应急处置　消除所有点火源。根据液体流动和蒸气扩散的影响区域划定警戒区，无关人员从侧风、上风向撤离至安全区。建议应急处理人员戴正压自给式呼吸器，穿防静电服。作业时使用的所有设备应接地。禁止接触或跨越泄漏物。尽可能切断泄漏源。防止泄漏物进入水体、下水道、地下室或有限空间。小量泄漏：用沙土或其他不燃材料吸收。使用洁净的无火花工具收集吸收材料。大量泄漏：构筑围堤或挖坑收容。用泡沫覆盖，减少蒸发。喷水雾能减少蒸发，但不能降低泄漏物在有限空间内的易燃性。用防爆泵转移至槽车或专用收集器内。

313. 环己基溴

标　识

中文名称　环己基溴

英文名称　Bromocyclohexane；Cyclohexyl bromide

别名　溴代环己烷

分子式 $C_6H_{11}Br$

CAS 号 108-85-0

危害信息

燃烧与爆炸危险性 可燃。其蒸气与空气混合，能形成爆炸性混合物。受高热分解产生有毒的溴化物气体。

禁忌物 强氧化剂。

毒性 大鼠经口 LD_{50}：2800mg/kg；小鼠经口 LD_{50}：4100mg/kg。

中毒表现 吸入、摄入或经皮肤吸收后对身体有害。接触本品后可引起头痛、恶心和呕吐。

侵入途径 吸入、食入、经皮吸收。

理化特性与用途

理化特性 无色至淡黄色透明液体，有刺激性气味。不溶于水，混溶于乙醇、乙醚、丙酮、四氯化碳。熔点-56.5℃，沸点166~167℃，相对密度(水=1)1.324，相对蒸气密度(空气=1)5.62，饱和蒸气压0.48kPa(25℃)，辛醇/水分配系数3.21，闪点63℃(闭杯)。

主要用途 用于有机合成。

包装与储运

安全储运 储存于阴凉、通风的库房。远离火种、热源。应与强氧化剂等隔离储运。搬运时轻装轻卸，防止容器受损。

紧急处置信息

急救措施

吸入：迅速脱离现场至空气新鲜处。保持呼吸道通畅。如呼吸困难，给输氧。呼吸、心跳停止，立即进行心肺复苏术。就医。

眼睛接触：立即分开眼睑，用流动清水或生理盐水彻底冲洗。就医。

皮肤接触：立即脱去污染的衣着，用流动清水彻底冲洗。就医。

食入：漱口，饮水。就医。

灭火方法 消防人员须佩戴防正压自给式呼吸器，穿全身消防服，在上风向灭火。尽可能将容器从火场移至空旷处。喷水保持火场容器冷却，直至灭火结束。处在火场中的容器若已变色或从安全泄压装置中发出响声，必须马上撤离。

灭火剂：雾状水、泡沫、干粉、二氧化碳、沙土。

泄漏应急处置 根据液体流动和蒸气扩散的影响区域划定警戒区，无关人员从侧风、上风向撤离至安全区。消除所有点火源。建议应急处理人员戴防毒面具，穿一般作业工作服。尽可能切断泄漏源。防止泄漏物进入水体、下水道、地下室或有限空间。小量泄漏：用干燥的沙土或其他不燃材料吸收或覆盖，收集于容器中。大量泄漏：构筑围堤或挖坑收容。用泵转移至槽车或专用收集器内 。

314. 环酰菌胺

标　识

中文名称 环酰菌胺

314. 环酰菌胺

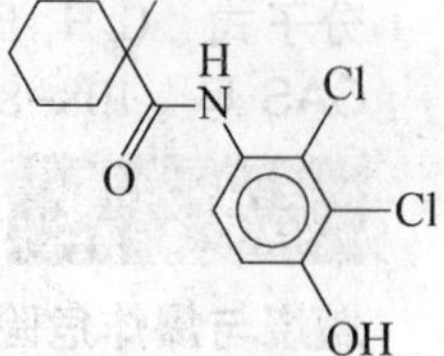

英文名称 Fenhexamid; N-(2, 3-Dichlor-4-hydroxyphenyl)-1-methylcyclohexancarboxamide

别名 N-(2, 3-二氯-4-羟基苯基)-1-甲基环己基甲酰胺

分子式 $C_{14}H_{17}Cl_2NO_2$

CAS 号 126833-17-8

危害信息

燃烧与爆炸危险性 不易燃。其粉体与空气混合能形成爆炸性混合物，遇明火高热有引起燃烧爆炸的危险。燃烧产生有毒的氮氧化物气体。

禁忌物 强氧化剂。

毒性 大鼠经口 LD_{50}：>5000mg/kg；大鼠吸入 LC_{50}：>0.322g/m^3(4h)；大鼠经皮 LD_{50}：>5000mg/kg 。

侵入途径 吸入、食入、经皮吸收。

环境危害 对水生生物有毒，可能在水生环境中造成长期不利影响。

理化特性与用途

理化特性 白色粉末。不溶于水，溶于二氯甲烷、异丙醇。熔点 153℃，沸点 320℃，相对密度(水=1)1.34，辛醇/水分配系数 3.51。

主要用途 杀菌剂。用于葡萄、核果、草莓、柑橘、蔬菜、观赏植物等防治灰霉病、菌核病及黑斑病。

包装与储运

包装标志 杂项

包装类别 Ⅲ类

安全储运 储存于阴凉、通风的库房。远离火种、热源。应与强氧化剂等隔离储运。搬运时轻装轻卸，防止容器受损。

紧急处置信息

急救措施

吸入：迅速脱离现场至空气新鲜处。保持呼吸道通畅。如呼吸困难，给输氧。呼吸、心跳停止，立即进行心肺复苏术。就医。

眼睛接触：立即分开眼睑，用流动清水或生理盐水彻底冲洗。就医。

皮肤接触：立即脱去污染的衣着，用肥皂水和清水彻底冲洗。就医。

食入：漱口，饮水。就医。

灭火方法 消防人员须穿全身消防服，佩戴正压自给式呼吸器，在上风向灭火。尽可能将容器从火场移至空旷处。喷水保持火场容器冷却，直至灭火结束。

灭火剂：雾状水、泡沫、二氧化碳、干粉、沙土。

泄漏应急处置 隔离泄漏污染区，限制出入。消除所有点火源。建议应急处理人员戴防尘口罩，穿一般作业工作服。尽可能切断泄漏源。用塑料布覆盖泄漏物，减少飞散。勿使水进入包装容器内。用洁净的铲子收集泄漏物，置于干净、干燥、盖子较松的容器中，将容器移离泄漏区。

315. 2,3-环氧-1-丙醇

标 识

中文名称 2，3-环氧-1-丙醇

英文名称 2，3-Epoxy-1-propanol；Glycidol ；Oxiranemethanol

别名 缩水甘油；环氧丙醇

分子式 $C_3H_6O_2$

CAS 号 556-52-5

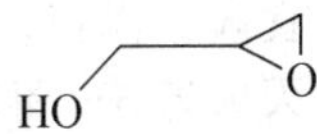

危害信息

危险性类别 第6类 有毒品

燃烧与爆炸危险性 可燃。其蒸气与空气混合，能形成爆炸性混合物。受高热发生剧烈分解，甚至发生爆炸。

禁忌物 强氧化剂、水蒸气、水。

毒性 大鼠经口 LD_{50}：420mg/kg；小鼠经口 LD_{50}：431mg/kg；大鼠吸入 LC_{50}：1260mg/m^3(4h)；小鼠吸入 LC_{50}：1069mg/m^3(4h)；兔经皮 LD_{50}：1980mg/kg。

IARC 致癌性评论：G2A，可能人类致癌物。

欧盟法规 1272/2008/EC 将本品列为第 1B 类致癌物——可能对人类有致癌能力；第 2 类生殖细胞致突变物——由于可能导致人类生殖细胞可遗传突变而引起人们关注的物质；第 1B 类生殖毒物——可能的人类生殖毒物。

中毒表现 吸入、摄入或经皮肤吸收对身体有害。蒸气或雾对眼、黏膜和上呼吸道有刺激性。对皮肤有刺激性。对中枢神经有抑制作用。长期反复接触对某些敏感个体有致敏性

侵入途径 吸入、食入、经皮吸收。

职业接触限值 美国(ACGIH)：TLV-TWA 2ppm。

理化特性与用途

理化特性 无色至微黄色透明液体，稍有黏性。混溶于水，混溶于醇、酯、酮、乙醚、苯、甲苯、苯乙烯、氯苯、氯甲烷、氯仿、三氯乙烯、二甲基甲酰胺、二甲基亚砜。几乎不溶于脂肪烃和脂环烃。pH 值 5(100g/L 水溶液)，熔点-45℃，沸点(分解)166℃，相对密度(水=1)1.11，相对蒸气密度(空气=1)2.15，饱和蒸气压 0.12kPa(25℃)，辛醇/水分配系数-0.95，闪点 72℃(闭杯)，引燃温度 415℃，爆炸下限 3.7%。

主要用途 主要用作环氧树脂稀释剂、塑料和纤维改性剂、卤代烃类的稳定剂、食品保藏剂、杀菌剂、制冷系统干燥剂和芳烃萃取剂等。缩水甘油的衍生物是树脂、塑料、医药、农药和助剂等工业的原料。也用作烷基化剂。

包装与储运

包装标志 有毒品

包装类别 Ⅲ类

安全储运 储存于阴凉、通风的库房。远离火种、热源。储存温度不超过 35℃，相对

湿度不超过85%。保持容器密封。应与强氧化剂、强酸、硝酸盐等隔离储运。搬运时轻装轻卸，防止容器受损。

紧急处置信息

急救措施

吸入：迅速脱离现场至空气新鲜处。保持呼吸道通畅。如呼吸困难，给输氧。呼吸、心跳停止，立即进行心肺复苏术。就医。

眼睛接触：立即分开眼睑，用流动清水或生理盐水彻底冲洗。就医。

皮肤接触：立即脱去污染的衣着，用流动清水彻底冲洗。就医。

食入：漱口，饮水。就医。

灭火方法 消防人员须佩戴防毒面具，穿全身消防服，在上风向灭火。尽可能将容器从火场移至空旷处。喷水保持火场容器冷却，直至灭火结束。处在火场中的容器若已变色或从安全泄压装置中发出响声，必须马上撤离。

灭火剂：水、雾状水、抗溶性泡沫、干粉、二氧化碳、沙土。

泄漏应急处置 根据液体流动和蒸气扩散的影响区域划定警戒区，无关人员从侧风、上风向撤离至安全区。消除所有点火源。建议应急处理人员戴防毒面具，穿防毒服。穿上适当的防护服前严禁接触破裂的容器和泄漏物。尽可能切断泄漏源。防止泄漏物进入水体、下水道、地下室或有限空间。小量泄漏：用干燥的沙土或其他不燃材料吸收或覆盖，收集于容器中。大量泄漏：构筑围堤或挖坑收容。用泵转移至槽车或专用收集器内。

316. 环氧丙基苯基醚

标　识

中文名称 环氧丙基苯基醚

英文名称 Phenyl glycidyl ether；2，3-Epoxypropyl phenyl ether；(Phenoxymethyl)oxirane

别名 1，2-环氧-3-苯氧基丙烷；缩水甘油苯醚；苯缩水甘油醚

分子式 $C_9H_{10}O_2$

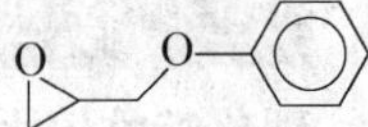

CAS 号 122-60-1

铁危编号 61593

危害信息

危险性类别 第6类 有毒品

燃烧与爆炸危险性 可燃。其蒸气与空气混合，能形成爆炸性混合物。若遇高热可发生剧烈分解，引起容器破裂或爆炸事故。

禁忌物 强氧化剂、强酸。

毒性 大鼠经口 LD_{50}：3850mg/kg；小鼠经口 LD_{50}：1400mg/kg；大鼠吸入 LC_{50}：>100 ppm(8h)；小鼠吸入 LC_{50}：>100 ppm(4h)；兔经皮 LD_{50}：1500μL/kg。

IARC 致癌性评论：G2B，可疑人类致癌物。

欧盟法规 1272/2008/EC 将本品列为第 1B 类致癌物——可能对人类有致癌能力；第 2 类生殖细胞致突变物——由于可能导致人类生殖细胞可遗传突变而引起人们关注的物质。

中毒表现 对眼、皮肤和上呼吸道有刺激性。长期反复接触可致皮炎，对皮肤有致敏作用。

侵入途径 吸入、食入、经皮吸收。

职业接触限值 美国(ACGIH)：TLV-TWA 0.1 ppm [皮][敏]。

理化特性与用途

理化特性 无色至黄色透明液体，有特殊气味。不溶于水，溶于辛烷，混溶于甲苯、丙酮。熔点3.5℃，沸点245℃，相对密度(水=1)1.11，相对蒸气密度(空气=1)4.37，饱和蒸气压1.33Pa(25℃)，辛醇/水分配系数1.12，闪点114℃(闭杯)，引燃温度430℃，爆炸下限1.1%。

主要用途 用作卤素化合物的稳定剂、环氧树脂增塑剂，也用作化学中间体。

包装与储运

包装标志 有毒品

包装类别 Ⅲ类

安全储运 储存于阴凉、通风的库房。远离火种、热源。储存温度不超过35℃，相对湿度不超过85%。保持容器密封。应与强氧化剂、强酸等隔离储运。搬运时轻装轻卸，防止容器受损。

紧急处置信息

急救措施

吸入：迅速脱离现场至空气新鲜处。保持呼吸道通畅。如呼吸困难，给输氧。呼吸、心跳停止，立即进行心肺复苏术。就医。

眼睛接触：立即分开眼睑，用流动清水或生理盐水彻底冲洗。就医。

皮肤接触：立即脱去污染的衣着，用流动清水彻底冲洗。就医。

食入：漱口，饮水。就医。

灭火方法 消防人员须佩戴防毒面具，穿全身消防服，在上风向灭火。尽可能将容器从火场移至空旷处。喷水保持火场容器冷却，直至灭火结束。

灭火剂：雾状水、泡沫、干粉、二氧化碳、沙土。

泄漏应急处置 根据液体流动和蒸气扩散的影响区域划定警戒区，无关人员从侧风、上风向撤离至安全区。消除所有点火源。建议应急处理人员戴防毒面具，穿防毒服。穿上适当的防护服前严禁接触破裂的容器和泄漏物。尽可能切断泄漏源。防止泄漏物进入水体、下水道、地下室或有限空间。小量泄漏：用干燥的沙土或其他不燃材料吸收或覆盖，收集于容器中。大量泄漏：构筑围堤或挖坑收容。用泵转移至槽车或专用收集器内。

317. 3,4-环氧丁酸异丁酯

标　识

中文名称 3，4-环氧丁酸异丁酯

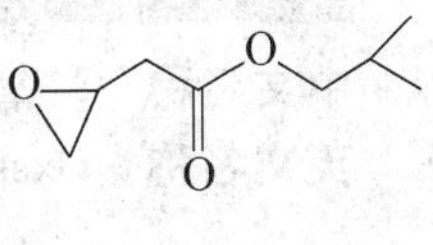

英文名称 Isobutyl 3，4-epoxybutyrate；Oxiraneacetic acid，2-methylpropyl ester

分子式　$C_8H_{14}O_3$

CAS 号　100181-71-3；111006-10-1

危害信息

燃烧与爆炸危险性　可燃。燃烧或受热分解产生有毒或刺激性烟气。

禁忌物　强氧化剂。

中毒表现　对皮肤有刺激性和致敏性。

侵入途径　吸入、食入。

理化特性与用途

理化特性　微溶于水。沸点 195℃，相对密度（水 = 1）1.042，饱和蒸气压 0.06kPa（25℃），辛醇/水分配系数 1.64，闪点 86℃。

主要用途　用作医药原料。

包装与储运

安全储运　储存于阴凉、通风的库房。远离火种、热源。应与强氧化剂等隔离储运。搬运时轻装轻卸，防止容器受损。

紧急处置信息

急救措施

吸入：迅速脱离现场至空气新鲜处。保持呼吸道通畅。如呼吸困难，给输氧。呼吸、心跳停止，立即进行心肺复苏术。就医。

眼睛接触：立即分开眼睑，用流动清水或生理盐水彻底冲洗。就医。

皮肤接触：立即脱去污染的衣着，用肥皂水和清水彻底冲洗。就医。

食入：漱口，饮水。就医。

灭火方法　消防人员须穿全身消防服，佩戴空气呼吸器，在上风向灭火。尽可能将容器从火场移至空旷处。喷水保持火场容器冷却，直至灭火结束。

灭火剂：雾状水、泡沫、二氧化碳、干粉、沙土。

泄漏应急处置　消除所有点火源。根据液体流动和蒸气扩散的影响区域划定警戒区，无关人员从侧风、上风向撤离至安全区。建议应急处理人员戴正压自给式呼吸器，穿防静电服，戴橡胶耐油手套。作业时使用的所有设备应接地。禁止接触或跨越泄漏物。尽可能切断泄漏源。防止泄漏物进入水体、下水道、地下室或有限空间。小量泄漏：用沙土或其他不燃材料吸收。使用洁净的无火花工具收集吸收材料。大量泄漏：构筑围堤或挖坑收容。用沙土、惰性物质或蛭石吸收大量液体。用泡沫覆盖，减少蒸发。用防爆泵转移至槽车或专用收集器内。

318. 环氧嘧磺隆

标　识

中文名称　环氧嘧磺隆

英文名称　Oxasulfuron；Oxetan-3-yl-2-[(4，6-dimethylpyrimidin-2-yl)-carbamoylsulfamoyl]benzoate

别名 2-[(4, 6-二甲基嘧啶-2-基)氨基羰基氨基磺酰基]苯甲酸-3-氧杂环丁基酯

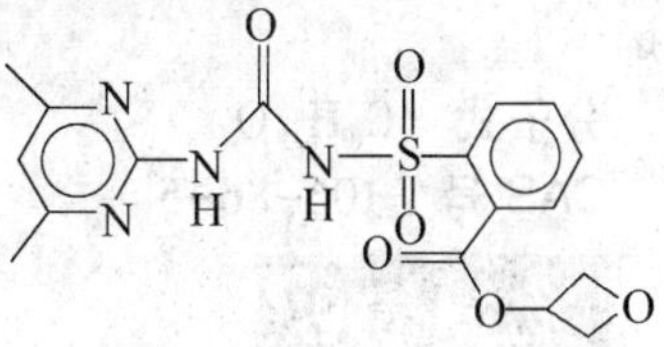

分子式 $C_{17}H_{18}N_4O_6S$

CAS 号 144651-06-9

危害信息

燃烧与爆炸危险性 受热易分解。燃烧或受热分解产生有毒烟雾。

禁忌物 强氧化剂。

侵入途径 吸入、食入、经皮吸收。

环境危害 对水生生物有极高毒性，可能在水生环境中造成长期不利影响。

理化特性与用途

理化特性 白色粉末。不溶于水。熔点 158℃(分解)，相对密度(水=1)1.41，辛醇/水分配系数 1.1 。

主要用途 除草剂。用于大豆田苗后防除阔叶杂草。

包装与储运

包装标志 杂项

包装类别 Ⅲ类

安全储运 储存于阴凉、通风的库房。远离火种、热源。应与强氧化剂等隔离储运。搬运时轻装轻卸，防止容器受损。

紧急处置信息

急救措施

吸入：迅速脱离现场至空气新鲜处。保持呼吸道通畅。如呼吸困难，给输氧。呼吸、心跳停止，立即进行心肺复苏术。就医。

眼睛接触：立即分开眼睑，用流动清水或生理盐水彻底冲洗。就医。

皮肤接触：立即脱去污染的衣着，用肥皂水和清水彻底冲洗。就医。

食入：漱口，饮水。就医。

泄漏应急处置 隔离泄漏污染区，限制出入。建议应急处理人员戴防尘口罩，穿防毒服，戴橡胶手套。穿上适当的防护服前严禁接触破裂的容器和泄漏物。尽可能切断泄漏源。用干燥的沙土或其他不燃材料覆盖泄漏物，然后用塑料布覆盖，减少飞散、避免雨淋。用洁净的铲子收集泄漏物，置于干净、干燥、盖子较松的容器中，将容器移离泄漏区。

319. 1,2-环氧-4-乙烯基环己烷

标 识

中文名称 1, 2-环氧-4-乙烯基环己烷

英文名称 1, 2-Epoxy-4-vinylcyclohexane; 3-Vinyl-7-oxabicyclo[4.1.0]heptane

319. 1,2-环氧-4-乙烯基环己烷

别名 4-乙烯基环氧环己烷；3-乙烯基-7-氧杂二环[4.1.0]庚烷；一氧化乙烯基环己烯

分子式 $C_8H_{12}O$

CAS 号 106-86-5

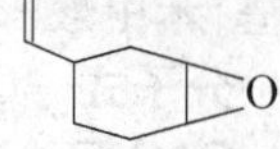

危害信息

危险性类别 第3类 易燃液体

燃烧与爆炸危险性 易燃。其蒸气与空气混合，能形成爆炸性混合物。接触空气或在光照条件下可生成具有潜在爆炸危险性的过氧化物。

禁忌物 强氧化剂、强酸。

毒性 大鼠经口 LD_{50}：2mL/kg；兔经皮 LD_{50}：2830μL/kg 。

侵入途径 吸入、食入、经皮吸收。

理化特性与用途

理化特性 无色液体，不稳定。不溶于水。熔点-100℃，沸点169℃，相对密度(水=1)0.952，相对蒸气密度(空气=1)3.75，饱和蒸气压0.68kPa(25℃)，辛醇/水分配系数2.08，闪点46℃。

主要用途 作为化学中间体。

包装与储运

包装标志 易燃液体

包装类别 Ⅲ类

安全储运 储存于阴凉、通风的库房。远离火种、热源，避免阳光直射。储存温度不超过37℃。炎热季节早晚运输，应与氧化剂、酸碱等隔离储运。禁止使用易产生火花的机械设备和工具。灌装时注意控制流速，防止静电积聚。搬运时轻装轻卸，防止容器受损。

紧急处置信息

急救措施

吸入：迅速脱离现场至空气新鲜处。保持呼吸道通畅。如呼吸困难，给输氧。呼吸、心跳停止，立即进行心肺复苏术。就医。

眼睛接触：立即分开眼睑，用流动清水或生理盐水彻底冲洗。就医。

皮肤接触：立即脱去污染的衣着，用流动清水彻底冲洗。就医。

食入：漱口，饮水。就医。

灭火方法 消防人员须佩戴防毒面具，穿全身消防服，在上风向灭火。尽可能将容器从火场移至空旷处。喷水保持火场容器冷却，直至灭火结束。处在火场中的容器若已变色或从安全泄压装置中发出响声，必须马上撤离。

灭火剂：雾状水、泡沫、干粉、二氧化碳、沙土。

泄漏应急处置 根据液体流动和蒸气扩散的影响区域划定警戒区，无关人员从侧风、上风向撤离至安全区。消除所有点火源。建议应急处理人员戴防毒面具，穿一般作业工作服。作业时使用的所有设备应接地。禁止接触或跨越泄漏物。尽可能切断泄漏源。防止泄漏物进入水体、下水道、地下室或有限空间。小量泄漏：用沙土或其他不燃材料吸收。使用洁净的无火花工具收集吸收材料。大量泄漏：构筑围堤或挖坑收容。用泡沫覆盖，减少蒸发。喷水雾能减少蒸发，但不能降低泄漏物在有限空间内的易燃性。用泵转移至槽车或专用收集器内。

320. 2-环己烯-1-酮

标 识

中文名称 2-环己烯-1-酮

英文名称 2-Cyclohexen-1-one；Cyclohex-2-enone

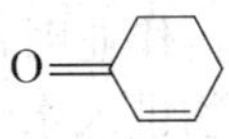

别名 2-环己烯酮

分子式 C_6H_8O

CAS 号 930-68-7

危害信息

危险性类别 第6类 有毒品

燃烧与爆炸危险性 易燃。其蒸气与空气混合，能形成爆炸性混合物。若遇高热，容器内压增大，有开裂和爆炸的危险。

禁忌物 强氧化剂、强碱、强还原剂。

毒性 大鼠经口 LD_{50}：220mg/kg；大鼠吸入 LC_{50}：250 ppm（4h）；兔经皮 LD_{50}：70mg/kg。

中毒表现 本品对眼睛、皮肤、黏膜和上呼吸道具有刺激作用。动物实验经皮吸收可致死。

侵入途径 吸入、食入、经皮吸收。

理化特性与用途

理化特性 无色或淡黄色至黄色透明液体，略有丙酮样气味。溶于水，溶于苯、乙醇。熔点-53℃，沸点168℃，相对密度(水=1)0.993，相对蒸气密度(空气=1)3.3，饱和蒸气压0.48kPa(25℃)，辛醇/水分配系数0.61，闪点59℃。

主要用途 用于有机合成。

包装与储运

包装标志 有毒品，易燃液体

包装类别 Ⅲ类

安全储运 储存于阴凉、通风的库房。远离火种、热源，避免阳光直射。储存温度不超过35℃，相对湿度不超过85%。保持容器密封。炎热季节早晚运输，应与氧化剂、碱、还原剂等隔离储运。禁止使用易产生火花的机械设备和工具。灌装时注意控制流速，防止静电积聚。搬运时轻装轻卸，防止容器受损。

紧急处置信息

急救措施

吸入：迅速脱离现场至空气新鲜处。保持呼吸道通畅。如呼吸困难，给输氧。呼吸、心跳停止，立即进行心肺复苏术。就医。

眼睛接触：立即分开眼睑，用流动清水或生理盐水彻底冲洗。就医。

皮肤接触：立即脱去污染的衣着，用流动清水彻底冲洗。就医。

食入：漱口，饮水。就医。

灭火方法　消防人员须佩戴防毒面具，穿全身消防服，在上风向灭火。尽可能将容器从火场移至空旷处。喷水保持火场容器冷却，直至灭火结束。处在火场中的容器若已变色或从安全泄压装置中发出响声，必须马上撤离。

灭火剂：雾状水、泡沫、干粉、二氧化碳、沙土。

泄漏应急处置　根据液体流动和蒸气扩散的影响区域划定警戒区，无关人员从侧风、上风向撤离至安全区。消除所有点火源。建议应急处理人员戴防毒面具，穿防毒、防静电服。作业时使用的所有设备应接地。禁止接触或跨越泄漏物。尽可能切断泄漏源。防止泄漏物进入水体、下水道、地下室或有限空间。小量泄漏：用沙土或其他不燃材料吸收。使用洁净的无火花工具收集吸收材料。大量泄漏：构筑围堤或挖坑收容。用抗溶性泡沫覆盖，减少蒸发。喷水雾能减少蒸发，但不能降低泄漏物在有限空间内的易燃性。用防爆泵转移至槽车或专用收集器内。

321. 磺基乙酸

标　识

中文名称　磺基乙酸

英文名称　Sulfoacetic acid；2-Sulfoacetic acid

别名　2-磺基乙酸

分子式　$C_2H_4O_5S$

CAS 号　123-43-3

O　O　S　O　OH OH

危害信息

危险性类别　第 8 类　腐蚀品

燃烧与爆炸危险性　不燃，无特殊燃爆特性。受高热分解产生有毒的硫化物烟气。

禁忌物　强氧化剂、强碱、水蒸气。

毒性　大鼠经口 LD_{50}：3160mg/kg；兔经皮 LD_{50}：1570mg/kg 。

中毒表现　高浓度磺基乙酸对皮肤、眼睛有严重损害。

侵入途径　吸入、食入。

理化特性与用途

理化特性　白色结晶固体，易潮解。溶于水，溶于乙醇、丙酮，不溶于乙醚、氯仿。熔点 85℃，沸点(分解)245℃，相对密度(水=1)1.875，辛醇/水分配系数-0.88。

主要用途　用作中间体。

包装与储运

包装标志　腐蚀品

包装类别　Ⅱ类

安全储运　储存于阴凉、通风的库房。远离火种、热源。储存温度不超过 32℃，相对湿度不超过 80%。保持容器密封。应与强氧化剂、碱等隔离储运。搬运时轻装轻卸，防止容器受损。

紧急处置信息

急救措施

吸入：迅速脱离现场至空气新鲜处。保持呼吸道通畅。如呼吸困难，给输氧。呼吸、心跳停止，立即进行心肺复苏术。就医。

眼睛接触：立即分开眼睑，用流动清水或生理盐水彻底冲洗 10~15min。就医。

皮肤接触：立即脱去污染的衣着，用大量流动清水彻底冲洗，冲洗时间一般要求 20~30min。就医。

食入：用水漱口，禁止催吐。给饮牛奶或蛋清。就医。

灭火方法 消防人员必须穿全身耐酸碱消防服，佩戴空气呼吸器，在上风向灭火。灭火时，尽可能将容器从火场移至空旷处。

灭火剂：雾状水、抗溶性泡沫、干粉、二氧化碳、沙土。

泄漏应急处置 隔离泄漏污染区，限制出入。建议应急处理人员戴防尘口罩，穿防腐蚀、防毒服。穿上适当的防护服前严禁接触破裂的容器和泄漏物。尽可能切断泄漏源。用塑料布覆盖泄漏物，减少飞散。勿使水进入包装容器内。用洁净的铲子收集泄漏物，置于干净、干燥、盖子较松的容器中，将容器移离泄漏区。

322. 磺酰胺

标 识

中文名称 磺酰胺

英文名称 Sulfamide；Sulphuric diamide

别名 氨基磺酰胺；硫酰胺

分子式 $H_4N_2O_2S$

CAS 号 7803-58-9

$H_2N-S(=O)_2-NH_2$

危害信息

燃烧与爆炸危险性 可燃。其粉体与空气混合，能形成爆炸性混合物。受热分解，放出氮、硫的氧化物等毒性气体。

禁忌物 强氧化剂、强酸、强碱、水及水蒸气。

中毒表现 吸入、摄入或经皮肤吸收后对身体有害。本品对眼睛、皮肤、黏膜和上呼吸道有刺激作用。

侵入途径 吸入、食入、经皮吸收。

理化特性与用途

理化特性 白色斜方晶系结晶或白色结晶粉末。易溶于水。pH 值 5~7(10%水溶液)，熔点 89~93℃，分解点 250℃，相对密度(水=1)1.61。

主要用途 用于医药、兽药、印染等。

包装与储运

安全储运 储存于阴凉、通风的库房。远离火种、热源。应与强酸、碱类等隔离储运。

紧急处置信息

急救措施

吸入：迅速脱离现场至空气新鲜处。保持呼吸道通畅。如呼吸困难，给输氧。呼吸、心跳停止，立即进行心肺复苏术。就医。

眼睛接触：立即分开眼睑，用流动清水或生理盐水彻底冲洗。就医。

皮肤接触：立即脱去污染的衣着，用肥皂水和清水彻底冲洗。就医。

食入：漱口，饮水。就医。

灭火方法 消防人员须佩戴正压自给式呼吸器，穿全身消防服，在上风向灭火。尽可能将容器从火场移至空旷处。喷水保持火场容器冷却，直至灭火结束。

灭火剂：雾状水、泡沫、干粉、二氧化碳、沙土。

泄漏应急处置 隔离泄漏污染区，限制出入。消除所有点火源。建议应急处理人员戴防尘口罩，穿一般作业工作服。尽可能切断泄漏源。用塑料布覆盖泄漏物，减少飞散。勿使水进入包装容器内。用洁净的铲子收集泄漏物，置于干净、干燥、盖子较松的容器中，将容器移离泄漏区。

323. 磺酰磺隆

标　识

中文名称 磺酰磺隆

英文名称 Sulfosulfuron; 1-(4, 6-Dimethoxypyrimidin-2-yl)-3-[2-ethylsulfonylimidazo(1, 2-a)pyridin-3-yl]sulfonylurea

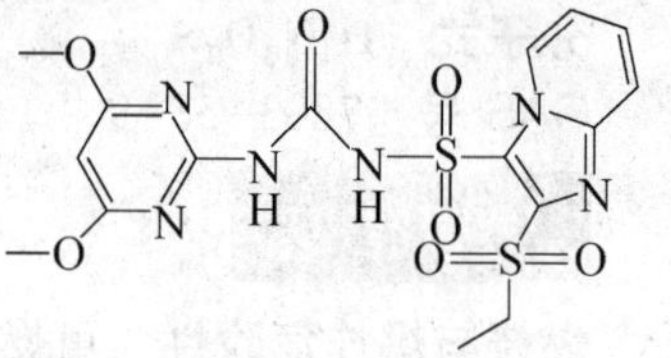

别名 1-(4, 6-二甲氧嘧啶-2-基)-3-[2-乙基磺酰基咪唑并(1, 2-a)吡啶-3-基]磺酰脲

分子式 $C_{16}H_{18}N_6O_7S_2$

CAS 号 141776-32-1

危害信息

燃烧与爆炸危险性 可燃。其粉体与空气混合能形成爆炸性混合物，遇明火高热有引起燃烧爆炸的危险。燃烧产生有毒的氮氧化物和硫氧化物气体。

禁忌物 强氧化剂。

毒性 大鼠经口 *LD*：>5000mg/kg；兔经皮 *LD*：>5000mg/kg。

侵入途径 吸入、食入。

环境危害 对水生生物有极高毒性，可能在水生环境中造成长期不利影响。

理化特性与用途

理化特性 白色无臭固体。不溶于水。熔点 201.1～201.7℃，相对密度（水=1）1.5185，辛醇/水分配系数 0.73（pH 值 5）、-0.77（pH 值 7）、-1.44（pH 值 9）。

主要用途 苗后除草剂。主要用于小麦田防除本科杂草和阔叶杂草。

包装与储运

包装标志 杂项

包装类别 Ⅲ类

安全储运 储存于阴凉、通风的库房。远离火种、热源。应与强氧化剂等隔离储运。搬运时轻装轻卸，防止容器受损。

紧急处置信息

急救措施

吸入：迅速脱离现场至空气新鲜处。保持呼吸道通畅。如呼吸困难，给输氧。呼吸、心跳停止，立即进行心肺复苏术。就医。

眼睛接触：立即分开眼睑，用流动清水或生理盐水彻底冲洗。就医。

皮肤接触：立即脱去污染的衣着，用肥皂水和清水彻底冲洗。就医。

食入：漱口，饮水。就医。

灭火方法 消防人员须穿全身消防服，佩戴正压自给式呼吸器，在上风向灭火。尽可能将容器从火场移至空旷处。喷水保持火场容器冷却，直至灭火结束。

灭火剂：雾状水、泡沫、二氧化碳、干粉、沙土。

泄漏应急处置 隔离泄漏污染区，限制出入。建议应急处理人员戴防尘口罩，穿防毒服，戴橡胶手套。穿上适当的防护服前严禁接触破裂的容器和泄漏物。尽可能切断泄漏源。用干燥的沙土或其他不燃材料覆盖泄漏物，然后用塑料布覆盖，减少飞散、避免雨淋。用洁净的铲子收集泄漏物，置于干净、干燥、盖子较松的容器中，将容器移离泄漏区。

324. 1-己醇

标 识

中文名称 1-己醇

英文名称 1-Hexanol

别名 正己醇

分子式 $C_6H_{14}O$

CAS 号 111-27-3

铁危编号 32054

UN 号 2282

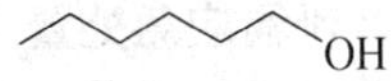

危害信息

危险性类别 第3类 易燃液体

燃烧与爆炸危险性 易燃。其蒸气与空气混合，能形成爆炸性混合物。受热放出辛辣的烟气。蒸气比空气重，能在较低处扩散到相当远的地方，遇火源会着火回燃和爆炸（闪爆）。若遇高热，容器内压增大，有开裂和爆炸的危险。

活性反应 与氧化剂可发生反应。

禁忌物 强氧化剂、强酸、酰基氯、酸酐。

毒性 大鼠经口 LD_{50}：720mg/kg；小鼠经口 LD_{50}：1950mg/kg；大鼠吸入 LC：>1060ppm（6h）；兔经皮 LD_{50}：3100μL/kg。

中毒表现 吸入可引起咳嗽、咽痛；皮肤反复接触引起脱脂干燥；对眼有刺激性；吞食有烧灼感。

侵入途径 吸入、食入、经皮吸收。

理化特性与用途

理化特性 无色液体，具有芳香气味。微溶于水，溶于乙醇、丙酮、氯仿，混溶于乙醚、苯，微溶于四氯化碳。熔点-44.6℃，沸点157℃，相对密度(水=1)0.82，相对蒸气密度(空气=1)3.52，饱和蒸气压0.12kPa(25℃)，辛醇/水分配系数2.03，临界温度338.35℃，临界压力3.51MPa，燃烧热-3985.24kJ/mol，闪点63℃(闭杯)，引燃温度290℃，爆炸下限1.2%，爆炸上限7.7%。

主要用途 用作溶剂，合成润滑油、香料及医药等。

包装与储运

包装标志 易燃液体

包装类别 Ⅲ类

安全储运 储存于阴凉、通风的库房。远离火种、热源。库温不宜超过37℃。应与氧化剂、酸类、食用化学品等隔离储运。采用防爆型照明、通风设施。禁止使用易产生火花的机械设备和工具。搬运时轻装轻卸，防止容器受损。

紧急处置信息

急救措施

吸入：迅速脱离现场至空气新鲜处。保持呼吸道通畅。如呼吸困难，给输氧。呼吸、心跳停止，立即进行心肺复苏术。就医。

眼睛接触：立即分开眼睑，用流动清水或生理盐水彻底冲洗。就医。

皮肤接触：立即脱去污染的衣着，用肥皂水和清水彻底冲洗。就医。

食入：漱口，饮水。就医。

灭火方法 消防人员须佩戴防毒面具，穿全身消防服，在上风向灭火。尽可能将容器从火场移至空旷处。喷水保持火场容器冷却，直至灭火结束。处在火场中的容器若已变色或从安全泄压装置中发出响声，必须马上撤离。

灭火剂：雾状水、泡沫、干粉、二氧化碳、沙土。

泄漏应急处置 消除所有点火源。根据液体流动和蒸气扩散的影响区域划定警戒区，无关人员从侧风、上风向撤离至安全区。建议应急处理人员戴正压自给式呼吸器，穿一般作业工作服。作业时使用的所有设备应接地。禁止接触或跨越泄漏物。尽可能切断泄漏源。防止泄漏物进入水体、下水道、地下室或有限空间。小量泄漏：用沙土或其他不燃材料吸收。使用洁净的无火花工具收集吸收材料。大量泄漏：构筑围堤或挖坑收容。用泡沫覆盖，减少蒸发。用防爆泵转移至槽车或专用收集器内。

325. 1,6-己二醇二丙烯酸酯

标 识

中文名称 1，6-己二醇二丙烯酸酯

英文名称 Hexamethylene diacrylate；1，6-Hexanediol diacrylate；Hexane-1，6-diol diacrylate

分子式 $C_{12}H_{18}O_4$

CAS 号 13048-33-4

危害信息

燃烧与爆炸危险性 可燃。其蒸气与空气混合能形成爆炸性混合物，遇明火、高热有引起燃烧或爆炸的危险。在高温火场中，受热的容器或储罐有破裂和爆炸的危险。

禁忌物 强氧化剂。

毒性 大鼠经口 LD_{50}：5g/kg；兔经皮 LD_{50}：3600μL/kg。

侵入途径 吸入、食入、经皮吸收。

理化特性与用途

理化特性 黄色透明液体，有吸湿性。不溶于水。沸点 130℃(0.133kPa)，相对密度(水=1)1.01，饱和蒸气压 2.26Pa(25℃)，辛醇/水分配系数 3.08，闪点>110℃。

主要用途 用于 UV 固化聚合物，如涂料用交联剂；也用于制造胶黏剂、油墨、涂料等。

包装与储运

安全储运 储存于阴凉、干燥、通风的库房。远离火种、热源。应与强氧化剂等隔离储运。搬运时轻装轻卸，防止容器受损。

紧急处置信息

急救措施

吸入： 迅速脱离现场至空气新鲜处。保持呼吸道通畅。如呼吸困难，给输氧。呼吸、心跳停止，立即进行心肺复苏术。就医。

眼睛接触： 立即分开眼睑，用流动清水或生理盐水彻底冲洗。就医。

皮肤接触： 立即脱去污染的衣着，用流动清水彻底冲洗。就医。

食入： 漱口，饮水。就医。

灭火方法 消防人员须穿全身消防服，佩戴空气呼吸器，在上风向灭火。尽可能将容器从火场移至空旷处。喷水保持火场容器冷却，直至灭火结束。

灭火剂：泡沫、二氧化碳、干粉、沙土。

泄漏应急处置 根据液体流动和蒸气扩散的影响区域划定警戒区，无关人员从侧风、上风向撤离至安全区。消除所有点火源。建议应急处理人员戴自给式呼吸器，穿一般作业工作服。禁止接触或跨越泄漏物。尽可能切断泄漏源。防止泄漏物进入水体、下水道、地下室或有限空间。小量泄漏：用沙土或其他不燃材料吸收。使用洁净的无火花工具收集吸收材料。大量泄漏：构筑围堤或挖坑收容。用泡沫覆盖，减少蒸发。用防爆泵转移至槽车或专用收集器内。

326. N,N′-1,6-己二基二[N-(2,2,6,6-四甲基-4-哌啶)]-甲酰胺

标　识

中文名称 N，N′-1，6-己二基二[N-(2，2，6，6-四甲基-4-哌啶)]-甲酰胺

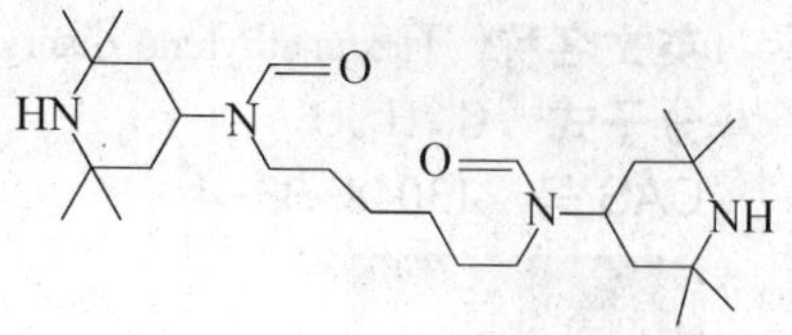

英文名称 N，N′-1，6-Hexanediylbis(N-(2，2，6，6-tetramethyl-piperidin-4-yl))-formamide

别名 紫外线吸收剂 4050H

分子式 $C_{26}H_{50}N_4O_2$

CAS 号 124172-53-8

危害信息

禁忌物 强氧化剂、强酸。

中毒表现 本品对眼有刺激性。

侵入途径 吸入、食入。

环境危害 对水生生物有害，可能在水生环境中造成长期不利影响。

理化特性与用途

理化特性 白色结晶粉末。溶于甲醇、四氢呋喃。熔点 155～158℃，相对密度(水=1)1.08。

主要用途 用作聚烯烃、ABS、尼龙等的光稳定剂，酚醛树脂的抗氧剂等。

包装与储运

安全储运 储存于阴凉、通风的库房。远离火种、热源。应与强氧化剂等隔离储运。搬运时轻装轻卸，防止容器受损。

紧急处置信息

急救措施

吸入：迅速脱离现场至空气新鲜处。保持呼吸道通畅。如呼吸困难，给输氧。呼吸、心跳停止，立即进行心肺复苏术。就医。

眼睛接触：立即分开眼睑，用流动清水或生理盐水彻底冲洗。就医。

皮肤接触：立即脱去污染的衣着，用肥皂水和清水彻底冲洗。就医。

食入：漱口，饮水。就医。

泄漏应急处置 隔离泄漏污染区，限制出入。消除所有点火源。建议应急处理人员戴防毒面具，穿防护服。尽可能切断泄漏源。用塑料布覆盖泄漏物，减少飞散。勿使水进入包装容器内。用洁净的铲子收集泄漏物，置于干净、干燥、盖子较松的容器中，将容器移离泄漏区。

327. 1,6-己二基双-氨基甲酸双[2-[2-(1-乙戊基)-3-恶唑烷基]乙基]酯

标　　识

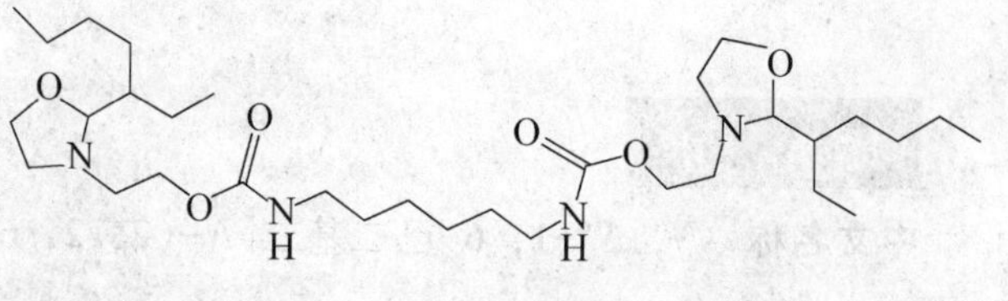

中文名称 1，6-己二基双-氨基甲酸双[2-[2-(1-乙戊基)-3-恶唑烷基]乙基]酯

英文名称 1，6-Hexanediyl-bis

[2-[2-(1-ethylpentyl)-3-oxazolidinyl]ethyl]carbamate

分子式 $C_{32}H_{62}N_4O_6$

CAS 号 140921-24-0

危害信息

燃烧与爆炸危险性 可燃。燃烧产生有毒的氮氧化物和氰化氢气体。受热易分解。在高温火场中，受热的容器有破裂和爆炸的危险。

禁忌物 强氧化剂。

中毒表现 本品对皮肤有致敏性。

侵入途径 吸入、食入。

理化特性与用途

主要用途 用作医药原料。

包装与储运

安全储运 储存于阴凉、通风的库房。远离火种、热源。应与强氧化剂等隔离储运。搬运时轻装轻卸，防止容器受损。

紧急处置信息

急救措施

吸入： 迅速脱离现场至空气新鲜处。保持呼吸道通畅。如呼吸困难，给输氧。呼吸、心跳停止，立即进行心肺复苏术。就医。

眼睛接触： 立即分开眼睑，用流动清水或生理盐水彻底冲洗。就医。

皮肤接触： 立即脱去污染的衣着，用肥皂水和清水彻底冲洗。就医。

食入： 漱口，饮水。就医。

灭火方法 消防人员须穿全身防火防毒服，佩戴正压自给式呼吸器，在上风向灭火。尽可能将容器从火场移至空旷处。喷水保持火场容器冷却，直至灭火结束。

灭火剂：泡沫、二氧化碳、干粉、沙土。

328. 己二醛

标　识

中文名称 己二醛

英文名称 Adipaldehyde; Adipic dialdehyde

别名 1，6-己二醛

分子式 $C_6H_{10}O_2$

CAS 号 1072-21-5

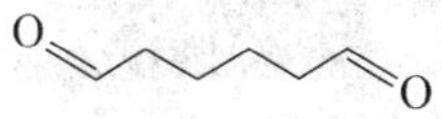

危害信息

燃烧与爆炸危险性 可燃。其蒸气与空气混合，能形成爆炸性混合物。若遇高热，可发生聚合反应，放出大量热量而引起容器破裂和爆炸事故。

禁忌物 强氧化剂、强酸、强碱。

中毒表现　其蒸气对眼睛、黏膜有刺激作用。可引起恶心、头痛、胸骨后疼痛和呼吸困难等。

侵入途径　吸入、食入、经皮吸收。

理化特性与用途

理化特性　无色液体。微溶于水，易溶于乙醇、乙醚、苯。熔点-8℃，沸点189.8℃、65~66℃(0.3kPa)，相对密度(水=1)0.933，相对蒸气密度(空气=1)4.0，饱和蒸气压1.2kPa(92~94℃)，辛醇/水分配系数0.31，闪点66.3℃。

主要用途　用于轻纺和医药工业。

包装与储运

安全储运　储存于阴凉、通风的库房。远离火种、热源。应与强氧化剂、酸碱等隔离储运。搬运时轻装轻卸，防止容器受损。

紧急处置信息

急救措施

吸入：迅速脱离现场至空气新鲜处。保持呼吸道通畅。如呼吸困难，给输氧。呼吸、心跳停止，立即进行心肺复苏术。就医。

眼睛接触：立即分开眼睑，用流动清水或生理盐水彻底冲洗。就医。

皮肤接触：立即脱去污染的衣着，用流动清水彻底冲洗。就医。

食入：漱口，饮水。就医。

灭火方法　消防人员须佩戴防毒面具，穿全身消防服，在上风向灭火。尽可能将容器从火场移至空旷处。喷水保持火场容器冷却，直至灭火结束。处在火场中的容器若已变色或从安全泄压装置中发出响声，必须马上撤离。

灭火剂：雾状水、泡沫、干粉、二氧化碳、沙土。

泄漏应急处置　根据液体流动和蒸气扩散的影响区域划定警戒区，无关人员从侧风、上风向撤离至安全区。消除所有点火源。建议应急处理人员戴正压自给式呼吸器，穿防毒、防静电服。作业时使用的所有设备应接地。禁止接触或跨越泄漏物。尽可能切断泄漏源。防止泄漏物进入水体、下水道、地下室或有限空间。小量泄漏：用沙土或其他不燃材料吸收。使用洁净的无火花工具收集吸收材料。大量泄漏：构筑围堤或挖坑收容。用泡沫覆盖，减少蒸发。喷水雾能减少蒸发，但不能降低泄漏物在有限空间内的易燃性。用防爆泵转移至槽车或专用收集器内。

329. 己二酸二(2-乙基-己醇)酯

标　识

中文名称　己二酸二(2-乙基-己醇)酯

英文名称　Di-2-ethyhexyl adipate；Bis(2-ethylhexyl) adipate

别名　己二酸二异辛酯

分子式　$C_{22}H_{42}O_4$

CAS号　103-23-1

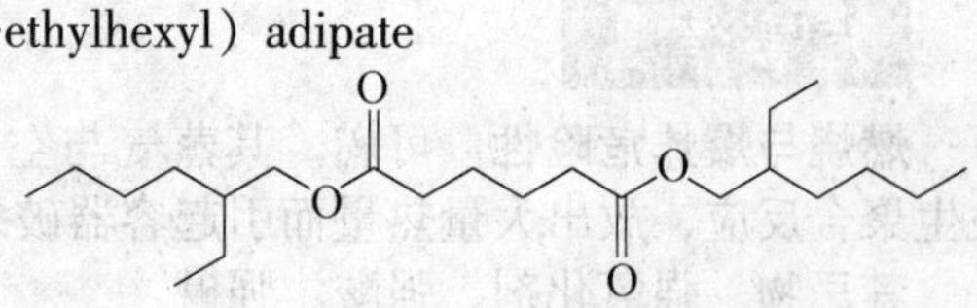

危害信息

燃烧与爆炸危险性 可燃。燃烧或受热分解产生有毒气体。在高温火场中，受热的容器有破裂和爆炸的危险。

禁忌物 强氧化剂。

毒性 大鼠经口 LD_{50}：7392mg/kg；小鼠经口 LD_{50}：15000mg/kg；兔经皮 LD_{50}：8410mg/kg（24h）。

中毒表现 本品对眼睛、皮肤有轻微刺激作用。

侵入途径 吸入、食入、经皮吸收。

理化特性与用途

理化特性 无色或极浅琥珀色油状液体，微有芳香气味。不溶于水，溶于多数有机溶剂。熔点-67.8℃，沸点417℃、214℃（0.67kPa），相对密度（水=1）0.92，相对蒸气密度（空气=1）12.8，饱和蒸气压0.11mPa（20℃），辛醇/水分配系数8.114，临界温度571.84℃，临界压力1.12MPa，闪点196℃，引燃温度377℃，爆炸下限0.38%。

主要用途 用作增塑剂、溶剂和气相色谱固定液。

包装与储运

安全储运 储存于阴凉、通风的库房。远离火种、热源。应与强氧化剂等隔离储运。搬运时轻装轻卸，防止容器受损。

紧急处置信息

急救措施

吸入： 迅速脱离现场至空气新鲜处。保持呼吸道通畅。如呼吸困难，给输氧。呼吸、心跳停止，立即进行心肺复苏术。就医。

眼睛接触： 立即分开眼睑，用流动清水或生理盐水彻底冲洗。就医。

皮肤接触： 立即脱去污染的衣着，用肥皂水和清水彻底冲洗。就医。

食入： 漱口，饮水。就医。

灭火方法 消防人员须穿全身消防服，佩戴空气呼吸器，在上风向灭火。尽可能将容器从火场移至空旷处。喷水保持火场容器冷却，直至灭火结束。

灭火剂：泡沫、二氧化碳、干粉、沙土。

泄漏应急处置 根据液体流动和蒸气扩散的影响区域划定警戒区，无关人员从侧风、上风向撤离至安全区。消除所有点火源。建议应急处理人员戴防毒面具，穿一般作业工作服。尽可能切断泄漏源。防止泄漏物进入水体、下水道、地下室或有限空间。小量泄漏：用干燥的沙土或其他不燃材料吸收或覆盖，收集于容器中。大量泄漏：构筑围堤或挖坑收容。用泵转移至槽车或专用收集器内。

330. 己二酸二乙酯

标　识

中文名称 己二酸二乙酯

330. 己二酸二乙酯

英文名称 Diethyl adipate; Hexanedioic acid, 1, 6-diethyl ester

别名 肥酸乙酯

分子式 $C_{10}H_{18}O_4$

CAS 号 141-28-6

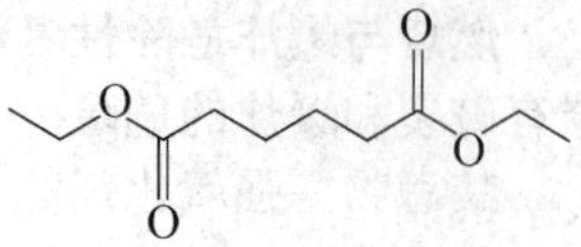

危害信息

燃烧与爆炸危险性 可燃。其蒸气与空气混合，能形成爆炸性混合物。

禁忌物 强氧化剂、强酸、强碱。

毒性 小鼠经口 LD_{50}：8100mg/kg 。

中毒表现 对眼、皮肤和黏膜有刺激作用。

侵入途径 吸入、食入。

理化特性与用途

理化特性 无色透明液体。不溶于水，溶于乙醇、乙醚。熔点-19.8℃，沸点 245℃，相对密度(水=1)1.0076，相对蒸气密度(空气=1)6.97，饱和蒸气压 7.71Pa(25℃)，辛醇/水分配系数 2.37，闪点>100℃。

主要用途 用作乙酸纤维素，乙酸丁酸纤维素及硝酸纤维素的增塑剂，也用作有机溶剂及用于有机合成。

包装与储运

安全储运 储存于阴凉、通风的库房。远离火种、热源。应与强氧化剂等隔离储运。搬运时轻装轻卸，防止容器受损。

紧急处置信息

急救措施

吸入：迅速脱离现场至空气新鲜处。保持呼吸道通畅。如呼吸困难，给输氧。呼吸、心跳停止，立即进行心肺复苏术。就医。

眼睛接触：立即分开眼睑，用流动清水或生理盐水彻底冲洗。就医。

皮肤接触：立即脱去污染的衣着，用流动清水彻底冲洗。就医。

食入：漱口，饮水。就医。

灭火方法 消防人员须佩戴防毒面具，穿全身消防服，在上风向灭火。尽可能将容器从火场移至空旷处。喷水保持火场容器冷却，直至灭火结束。

灭火剂：雾状水、泡沫、干粉、二氧化碳、沙土。

泄漏应急处置 根据液体流动和蒸气扩散的影响区域划定警戒区，无关人员从侧风、上风向撤离至安全区。消除所有点火源。建议应急处理人员戴防毒面具，穿一般作业工作服。尽可能切断泄漏源。防止泄漏物进入水体、下水道、地下室或有限空间。小量泄漏：用干燥的沙土或其他不燃材料吸收或覆盖，收集于容器中。大量泄漏：构筑围堤或挖坑收容。用泵转移至槽车或专用收集器内。

331. 己二烯

标　识

中文名称　己二烯

英文名称　Hexadiene；Hexadienes

分子式　C_6H_{10}

CAS 号　42296-74-2

铁危编号　31014

UN 号　2458

危害信息

危险性类别　第 3 类　易燃液体

燃烧与爆炸危险性　易燃。其蒸气与空气混合能形成爆炸性混合物，遇明火、高热极易燃烧或爆炸。在高温火场中，受热的容器或储罐有破裂和爆炸的危险。蒸气比空气重，能在较低处扩散到相当远的地方，遇火源会着火回燃和爆炸(闪爆)。

禁忌物　强氧化剂。

侵入途径　吸入、食入。

理化特性与用途

理化特性　无色透明液体，有似石油的气味。不溶于水。闪点<-18℃。

主要用途　用于有机合成。

包装与储运

包装标志　易燃液体

包装类别　Ⅱ类

安全储运　储存于阴凉、通风的库房。远离火种、热源，避免阳光直射。储存温度不超过 29℃。炎热季节早晚运输，应与氧化剂等隔离储运。禁止使用易产生火花的机械设备和工具。灌装时注意控制流速，防止静电积聚。搬运时轻装轻卸，防止容器受损。

紧急处置信息

急救措施

吸入：脱离接触。如有不适感，就医。

眼睛接触：分开眼睑，用流动清水或生理盐水冲洗。如有不适感，就医。

皮肤接触：脱去污染的衣着，用肥皂水和清水冲洗。如有不适感，就医。

食入：漱口，饮水。就医。

灭火方法　消防人员须穿全身消防服，佩戴空气呼吸器，在上风向灭火。尽可能将容器从火场移至空旷处。喷水保持火场容器冷却，直至灭火结束。处在火场中的容器若发生异常变化或发出异常声音，须马上撤离。

灭火剂：泡沫、二氧化碳、干粉、沙土。用水灭火无效。

泄漏应急处置　消除所有点火源。根据液体流动和蒸气扩散的影响区域划定警戒区，

无关人员从侧风、上风向撤离至安全区。建议应急处理人员戴正压自给式呼吸器，穿防静电、防毒服。穿上适当的防护服前严禁接触破裂的容器和泄漏物。尽可能切断泄漏源。防止泄漏物进入水体、下水道、地下室或有限空间。小量泄漏：用干燥的沙土或其他不燃材料吸收或覆盖，收集于容器中。大量泄漏：构筑围堤或挖坑收容。用泵转移至槽车或专用收集器内。

332. 己酸烯丙酯

标　识

中文名称　己酸烯丙酯

英文名称　Allyl caproate；Hexanoic acid，2-propenyl ester

别名　风梨醛

分子式　$C_9H_{16}O_2$

CAS 号　123-68-2

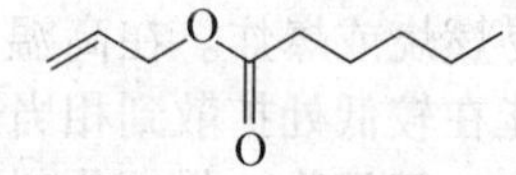

危害信息

危险性类别　第 6 类　有毒品

燃烧与爆炸危险性　可燃。其蒸气与空气混合，能形成爆炸性混合物。

禁忌物　强氧化剂、强酸、强碱。

毒性　大鼠经口 LD_{50}：218mg/kg；豚鼠经口 LD_{50}：280mg/kg；兔经皮 LD_{50}：300mg/kg。

侵入途径　吸入、食入、经皮吸收。

理化特性与用途

理化特性　无色透明黏性液体，有风梨香味。不溶于水，易溶于多数有机溶剂。沸点 185℃、75~76℃(2kPa)，相对密度(水=1)0.883~0.891，辛醇/水分配系数 3.12，闪点 66.11℃(Tag 闭杯)。

主要用途　用于生产香精、香料。

包装与储运

包装标志　有毒品

包装类别　Ⅲ类

安全储运　储存于阴凉、通风的库房。远离火种、热源。储存温度不超过 35℃，相对湿度不超过 85%。保持容器密封。应与强氧化剂、酸类等隔离储运。搬运时轻装轻卸，防止容器受损。

紧急处置信息

急救措施

吸入：迅速脱离现场至空气新鲜处。保持呼吸道通畅。如呼吸困难，给输氧。呼吸、心跳停止，立即进行心肺复苏术。就医。

眼睛接触：立即分开眼睑，用流动清水或生理盐水彻底冲洗。就医。

皮肤接触：立即脱去污染的衣着，用流动清水彻底冲洗。就医。

食入：漱口，饮水。就医。

灭火方法 消防人员须佩戴防毒面具，穿全身消防服，在上风向灭火。尽可能将容器从火场移至空旷处。喷水保持火场容器冷却，直至灭火结束。处在火场中的容器若已变色或从安全泄压装置中发出响声，必须马上撤离。

灭火剂：雾状水、泡沫、干粉、二氧化碳、沙土。

泄漏应急处置 根据液体流动和蒸气扩散的影响区域划定警戒区，无关人员从侧风、上风向撤离至安全区。消除所有点火源。建议应急处理人员戴防毒面具，穿防毒服。穿上适当的防护服前严禁接触破裂的容器和泄漏物。尽可能切断泄漏源。防止泄漏物进入水体、下水道、地下室或有限空间。小量泄漏：用干燥的沙土或其他不燃材料吸收或覆盖，收集于容器中。大量泄漏：构筑围堤或挖坑收容。用泵转移至槽车或专用收集器内。

333. 甲酚

标　识

中文名称 甲酚

英文名称 Methylphenol；Cresol

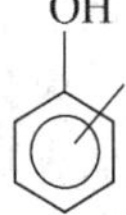

别名 甲基苯酚；混合甲酚

分子式 C_7H_8O

CAS 号 1319-77-3

危害信息

危险性类别 第6类 有毒品

燃烧与爆炸危险性 可燃。其蒸气与空气混合能形成爆炸性混合物，遇明火、高热可能引起燃烧或爆炸。在高温火场中，受热的容器或储罐有破裂和爆炸的危险。

禁忌物 强氧化剂、强碱。

毒性 大鼠经口 LD_{50}：1454mg/kg ；小鼠经口 LD_{50}：760mg/kg ；兔经皮 LD_{50}：200mg/kg。

中毒表现 本品对皮肤、黏膜有强烈刺激和腐蚀作用。引起多脏器损害。误服后会造成严重消化道灼伤，引起休克而致死。慢性中毒能引起消化系统及神经系统功能紊乱，昏厥，皮疹或尿毒症。

侵入途径 吸入、食入、经皮吸收。

职业接触限值 中国：PC-TWA 10mg/m^3[皮]。

美国(ACGIH)：TLV-TWA 5ppm[皮]。

理化特性与用途

理化特性 无色、淡黄色或粉红色液体，有酚的气味。溶于水，混溶于醇、醚、苯、甘油、石油醚等。熔点11~35℃，沸点191~203℃，相对密度(水=1)1.03~1.038，饱和蒸气压0.02kPa(25℃)，辛醇/水分配系数1.95，闪点81℃，引燃温度575℃，爆炸下限1.1%。

主要用途 用作合成树脂、绝缘漆、抗氧剂的原料，也用作消毒剂和溶剂。

包装与储运

包装标志 有毒品

包装类别 Ⅲ类

安全储运 储存于阴凉、通风的库房。远离火种、热源。储存温度不超过35℃，相对湿度不超过85%。保持容器密封。应与强氧化剂、强酸、胺类等隔离储运。搬运时轻装轻卸，防止容器受损。

紧急处置信息

急救措施

吸入：迅速脱离现场至空气新鲜处。保持呼吸道通畅。如呼吸困难，给输氧。呼吸、心跳停止，立即进行心肺复苏术。就医。

眼睛接触：立即分开眼睑，用大量流动清水或生理盐水彻底冲洗10~15min。就医。

皮肤接触：立即脱去污染衣物，用大量流动清水彻底冲洗，冲洗后即用浸过30%~50%酒精棉花擦洗创面至无酚味为止(注意不能将患处浸泡于酒精溶液中)。如有条件可用数块浸有聚乙二醇(300或400)的海绵反复擦洗污染部位，至少20min 。然后再用大量水冲洗10min以上。就医。

食入：漱口，给服植物油15~30mL，催吐。对食入时间长者禁用植物油，可口服牛奶或蛋清。就医。

灭火方法 消防人员须穿全身消防服，佩戴空气呼吸器，在上风向灭火。尽可能将容器从火场移至空旷处。喷水保持火场容器冷却，直至灭火结束。处在火场中的容器若发生异常变化或发出异常声音，须马上撤离。

灭火剂：抗溶性泡沫、二氧化碳、干粉、沙土。

泄漏应急处置 根据液体流动和蒸气扩散的影响区域划定警戒区，无关人员从侧风、上风向撤离至安全区。消除所有点火源。建议应急处理人员戴防毒面具，穿防毒服。穿上适当的防护服前严禁接触破裂的容器和泄漏物。尽可能切断泄漏源。防止泄漏物进入水体、下水道、地下室或有限空间。小量泄漏：用干燥的沙土或其他不燃材料吸收或覆盖，收集于容器中。大量泄漏：构筑围堤或挖坑收容。用泵转移至槽车或专用收集器内。

334. 甲磺酸

标　识

中文名称 甲磺酸

英文名称 Methanesulfonic acid；Methylsulfonic acid

别名 甲基磺酸；甲烷磺酸

分子式 CH_4O_3S

CAS号 75-75-2

铁危编号 81626

O=S=O
OH

危害信息

危险性类别 第8类 腐蚀品

燃烧与爆炸危险性 可燃。其粉体或蒸气与空气混合，能形成爆炸性混合物。受热分解为有毒的甲醛和二氧化硫。与氧化剂接触猛烈反应。

活性反应 与氧化剂接触发生猛烈反应。

禁忌物 碱类、胺类、强还原剂。

毒性 大鼠经口 LD_{50}：200mg/kg；大鼠吸入 LC：>330ppm(6h)；豚鼠经皮 LD_{50}：>2g/kg。

中毒表现 本品对黏膜、上呼吸道、眼和皮肤有强烈的刺激性。吸入后，可因喉及支气管的痉挛、炎症、水肿，化学性肺炎或肺水肿而致死。接触后出现烧灼感、咳嗽、喘息、喉炎、气短、头痛、恶心和呕吐。可致眼和皮肤灼伤。

侵入途径 吸入、食入。

理化特性与用途

理化特性 无色至淡黄色液体，具有刺激性气味。溶于水，溶于乙醇、乙醚，微溶于苯、甲苯、二硫化碳。熔点 20℃，沸点 167℃(1.33kPa)，相对密度(水=1)1.481(18℃/4℃)，相对蒸气密度(空气=1)3.3，饱和蒸气压 0.133kPa(20℃)，辛醇/水分配系数 -2.38,闪点 189(闭杯)。

主要用途 用作酯化、烷基化、烯烃聚合催化剂，用作溶剂和化学中间体，以及用于氧化反应。

包装与储运

包装标志 腐蚀品，有毒品

包装类别 Ⅲ类

安全储运 储存于阴凉、通风的库房。远离火种、热源。储存温度不超过 32℃，相对湿度不超过 80%。保持容器密封。应与强氧化剂、强碱、酸类等隔离储运。搬运时轻装轻卸，防止容器受损。

紧急处置信息

急救措施

吸入：迅速脱离现场至空气新鲜处。保持呼吸道通畅。如呼吸困难，给输氧。呼吸、心跳停止，立即进行心肺复苏术。就医。

眼睛接触：立即分开眼睑，用流动清水或生理盐水彻底冲洗 10~15min。就医。

皮肤接触：立即脱去污染的衣着，用大量流动清水彻底冲洗，冲洗时间一般要求 20~30min。就医。

食入：用水漱口，禁止催吐。给饮牛奶或蛋清。就医。

灭火方法 消防人员必须穿全身耐酸碱消防服，佩戴空气呼吸器，在上风向灭火。尽可能将容器从火场移至空旷处。喷水保持火场容器冷却，直至灭火结束。

灭火剂：雾状水、泡沫、干粉、二氧化碳、沙土。

泄漏应急处置 隔离泄漏污染区，限制出入。消除所有点火源。建议应急处理人员戴空气呼吸器，穿防腐蚀、防毒服。穿上适当的防护服前严禁接触破裂的容器和泄漏物。尽可能切断泄漏源。防止泄漏物进入水体、下水道、地下室或有限空间。小量泄漏：用干燥的沙土或其他不燃材料吸收或覆盖，收集于容器中。大量泄漏：构筑围堤或挖坑收容。用泵转移至槽车或专用收集器内。

335. N-甲基-4-氨基苯酚硫酸盐

标　识

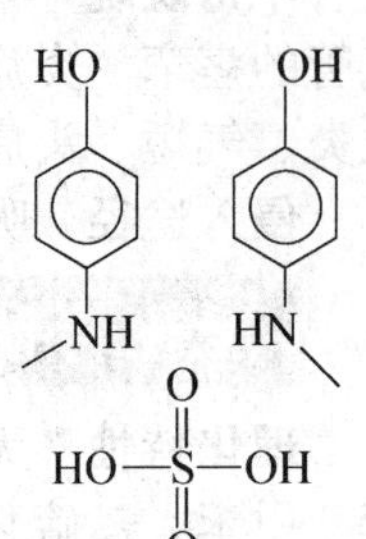

中文名称　*N*-甲基-4-氨基苯酚硫酸盐

英文名称　Bis(4-hydroxy-*N*-methylanilinium) sulphate

别名　4-甲氨基苯酚硫酸盐；米妥尔

分子式　$C_{14}H_{18}N_2O_2 \cdot H_2SO_4$

CAS 号　55-55-0

危害信息

燃烧与爆炸危险性　可燃。其粉体与空气混合能形成爆炸性混合物，遇明火高热有引起燃烧爆炸的危险。燃烧产生有毒的氮氧化物和硫氧化物气体。

禁忌物　强氧化剂。

毒性　小鼠经口 LD_{50}：565mg/kg；豚鼠经皮 LD_{50}：>1g/kg。

中毒表现　吸入后引起咳嗽、咽喉痛。对眼和皮肤有刺激性。

侵入途径　吸入、食入、经皮吸收。

环境危害　对水生生物有极高毒性，可能在水生环境中造成长期不利影响。

理化特性与用途

理化特性　白色至米黄色或灰色结晶或结晶粉末，对光敏感。溶于水，微溶于乙醇，不溶于乙醚。pH 值 3.5~ 4.5(50g/L 水)，熔点 260℃(分解)，相对密度(水=1)1.577，辛醇/水分配系数 0.79，引燃温度 531℃。

主要用途　用作显影剂，用于毛皮染色。

包装与储运

包装标志　杂项

包装类别　Ⅲ类

安全储运　储存于阴凉、通风的库房。远离火种、热源。避光保存。应与强氧化剂等隔离储运。搬运时轻装轻卸，防止容器受损。

紧急处置信息

急救措施

吸入：迅速脱离现场至空气新鲜处。保持呼吸道通畅。如呼吸困难，给输氧。呼吸、心跳停止，立即进行心肺复苏术。就医。

眼睛接触：立即分开眼睑，用流动清水或生理盐水彻底冲洗。就医。

皮肤接触：立即脱去污染的衣着，用流动清水彻底冲洗。就医。

食入：漱口，饮水。就医。

灭火方法　消防人员须穿全身消防服，佩戴正压自给式呼吸器，在上风向灭火。尽可能将容器从火场移至空旷处。喷水保持火场容器冷却，直至灭火结束。

灭火剂：雾状水、泡沫、二氧化碳、干粉、沙土。

泄漏应急处置 隔离泄漏污染区，限制出入。消除所有点火源。建议应急处理人员戴防尘口罩，穿防毒服。穿上适当的防护服前严禁接触破裂的容器和泄漏物。尽可能切断泄漏源。用塑料布覆盖泄漏物，减少飞散。勿使水进入包装容器内。用洁净的铲子收集泄漏物，置于干净、干燥、盖子较松的容器中，将容器移离泄漏区。

336. N-甲基氨基甲酰-2-氯酚

标　识

中文名称 *N*-甲基氨基甲酰-2-氯酚

英文名称 *N*-Methyl carbamyl-2- chlorophenol；2-Chlorophenyl methylcarbamate

别名 害扑威；2-氯苯基-*N*-甲基氨基甲酸酯

分子式 $C_8H_8ClNO_2$

CAS 号 3942-54-9

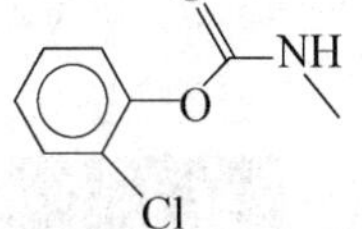

危害信息

燃烧与爆炸危险性 可燃。其粉体与空气混合能形成爆炸性混合物，遇明火高热有引起燃烧爆炸的危险。燃烧产生有毒的氮氧化物气体。在高温火场中，受热的容器或储罐有破裂和爆炸的危险。

禁忌物 强氧化剂

毒性 大鼠经口 LD_{50}：648mg/kg；小鼠经口 LD_{50}：150mg/kg；大鼠经皮 LD_{50}：>500mg/kg。

中毒表现 氨基甲酸酯类农药抑制胆碱酯酶，出现相应的症状。中毒症状有头痛、恶心、呕吐、腹痛、流涎、出汗、瞳孔缩小、步行困难、语言障碍，重者可发生全身痉挛、昏迷。

侵入途径 吸入、食入、经皮吸收。

理化特性与用途

理化特性 白色结晶，有轻微苯酚气味。微溶于水，溶于甲醇、乙醇、丙酮、二甲基甲酰胺。熔点 90~91℃，饱和蒸气压 1.11Pa(25℃)，辛醇/水分配系数 1.64。

主要用途 杀虫杀螨剂。用于防治水稻叶蝉、飞虱等害虫。

包装与储运

安全储运 储存于阴凉、通风的库房。远离火种、热源。应与强氧化剂等隔离储运。搬运时轻装轻卸，防止容器受损。

紧急处置信息

急救措施

吸入：迅速脱离现场至空气新鲜处。保持呼吸道通畅。如呼吸困难，给输氧。呼吸、心跳停止，立即进行心肺复苏术。就医。

眼睛接触：立即分开眼睑，用流动清水或生理盐水彻底冲洗。就医。

皮肤接触：立即脱去污染的衣着，用肥皂水和清水彻底冲洗。就医。

食入： 漱口，饮水。就医。

解毒剂：阿托品。

灭火方法　消防人员须穿全身消防服，佩戴正压自给式呼吸器，在上风向灭火。尽可能将容器从火场移至空旷处。喷水保持火场容器冷却，直至灭火结束。

灭火剂：雾状水、抗溶性泡沫、二氧化碳、干粉、沙土。

泄漏应急处置　隔离泄漏污染区，限制出入。消除所有点火源。建议应急处理人员戴防尘口罩，穿防毒服。穿上适当的防护服前严禁接触破裂的容器和泄漏物。尽可能切断泄漏源。用塑料布覆盖泄漏物，减少飞散。勿使水进入包装容器内。用洁净的铲子收集泄漏物，置于干净、干燥、盖子较松的容器中，将容器移离泄漏区。

337. 4-甲基苯磺酸 2,5-二丁氧基-4-(吗啉-4-基)重氮苯

标　识

中文名称　4-甲基苯磺酸 2，5-二丁氧基-4-(吗啉-4-基)重氮苯

英文名称　2，5-Dibutoxy-4-(morpholin-4-yl)benzenediazonium 4-methylbenzenesulfonate; Diazo W 6623-TS

别名　对甲基苯磺酸 2，5-二丁氧基-4-(吗啉-4-基)重氮苯

分子式　$C_{25}H_{35}N_3O_5S$

CAS 号　93672-52-7

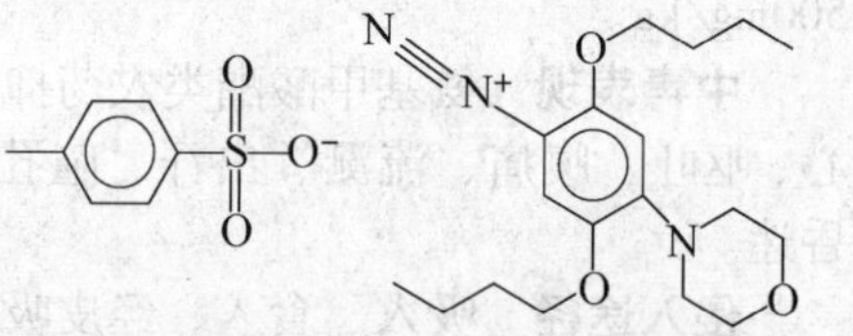

危害信息

禁忌物　强氧化剂。

中毒表现　食入有害。眼接触引起严重损害。对皮肤有致敏性。

侵入途径　吸入、食入。

环境危害　对水生生物有害，可能在水生环境中造成长期不利影响。

理化特性与用途

主要用途　医药原料。

包装与储运

安全储运　储存于阴凉、通风的库房。远离火种、热源。应与强氧化剂等隔离储运。搬运时轻装轻卸，防止容器受损。

紧急处置信息

急救措施

吸入： 迅速脱离现场至空气新鲜处。保持呼吸道通畅。如呼吸困难，给输氧。呼吸、心跳停止，立即进行心肺复苏术。就医。

眼睛接触： 立即分开眼睑，用流动清水或生理盐水彻底冲洗 10~15min。就医。

皮肤接触： 立即脱去污染的衣着，用大量流动清水彻底冲洗。就医。

食入： 漱口，饮水。就医。

泄漏应急处置 隔离泄漏污染区，限制出入。建议应急处理人员戴防尘口罩，穿防毒服。穿上适当的防护服前严禁接触破裂的容器和泄漏物。尽可能切断泄漏源。用塑料布覆盖泄漏物，减少飞散。勿使水进入包装容器内。用清净的铲子收集泄漏物，置于干净、干燥、盖子较松的容器中，将容器移离泄漏区。

338. (*Z*)-2′-甲基苯乙酮-4,6-二甲基-2-嘧啶腙

标 识

中文名称 (*Z*)-2′-甲基苯乙酮-4，6-二甲基-2-嘧啶腙

英文名称 (*Z*)-2′-Methyl acetophenone-4，6-dimethyl-2-pyrimidinyl hydrazone；Ferimzone

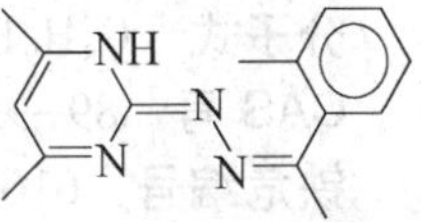

别名 嘧菌腙

分子式 $C_{15}H_{18}N_4$

CAS 号 89269-64-7

危害信息

禁忌物 强氧化剂。

毒性 大鼠经口 LD_{50}：525mg/kg；小鼠经口 LD_{50}：542mg/kg；大鼠吸入 LC_{50}：>3800mg/m^3；大鼠经皮 LD_{50}：>2mg/kg。

中毒表现 食入有害。对眼和皮肤有轻度刺激性。

侵入途径 吸入、食入、经皮吸收。

环境危害 对水生生物有毒，可能在水生环境中造成长期不利影响。

理化特性与用途

理化特性 无色结晶。不溶于水，溶于乙腈、氯仿、乙醇、乙酸乙酯、二甲苯。熔点175.5℃，相对密度(水=1)1.185，饱和蒸气压0.004mPa(20℃)，辛醇/水分配系数2.98。

主要用途 杀菌剂。用于水稻防治稻尾孢、稻长蠕孢、稻梨孢等病原菌引起的病害。

包装与储运

包装标志 杂项

包装类别 Ⅲ类

安全储运 储存于阴凉、通风的库房。远离火种、热源。应与强氧化剂等隔离储运。搬运时轻装轻卸，防止容器受损。

紧急处置信息

急救措施

吸入： 迅速脱离现场至空气新鲜处。保持呼吸道通畅。如呼吸困难，给输氧。呼吸、心跳停止，立即进行心肺复苏术。就医。

眼睛接触： 立即分开眼睑，用流动清水或生理盐水彻底冲洗。就医。

皮肤接触： 立即脱去污染的衣着，用肥皂水和清水彻底冲洗。就医。

食入： 漱口，饮水。就医。

泄漏应急处置 隔离泄漏污染区，限制出入。消除所有点火源。建议应急处理人员戴防尘口罩，穿防毒服。穿上适当的防护服前严禁接触破裂的容器和泄漏物。尽可能切断泄漏源。用塑料布覆盖泄漏物，减少飞散。勿使水进入包装容器内。用洁净的铲子收集泄漏物，置于干净、干燥、盖子较松的容器中，将容器移离泄漏区。

339. 甲基苄基溴

标　识

中文名称 甲基苄基溴

英文名称 α-Bromo-o-xylene ；o-Xylyl bromide；1-(Bromomethyl)-2-methylbenzene

别名 邻甲基溴化苄

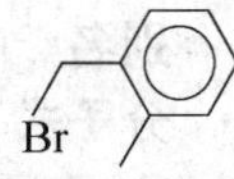

分子式 C_8H_9Br

CAS 号 89-92-9

铁危编号 61671

UN 号 1701；3417

危害信息

危险性类别 第 6 类 有毒品

燃烧与爆炸危险性 可燃。其蒸气与空气混合，能形成爆炸性混合物。受高热分解放出有毒的气体。若遇高热，容器内压增大，有开裂和爆炸的危险。

活性反应 与氧化剂可发生反应。

禁忌物 强氧化剂。

中毒表现 本品蒸气是强催泪剂，刺激眼和呼吸系统。皮肤黏膜直接接触可引起化学灼伤。吞食可造成口腔和胃肠道灼伤 。

侵入途径 吸入、食入。

理化特性与用途

理化特性 无色至黄色透明液体，有芳香气味。不溶于水，溶于乙醇、乙醚、丙酮、苯等有机溶剂。熔点 21℃，沸点 216~217℃(98.7kPa)，相对密度(水=1)1.381(23℃)，相对蒸气密度(空气=1)6.38，饱和蒸气压 0.114kPa(25℃)，辛醇/水分配系数 3.43，闪点 82℃。

主要用途 用于有机合成。

包装与储运

包装标志 有毒品

包装类别 Ⅱ类

安全储运 储存于阴凉、通风的库房。远离火种、热源。储存温度不超过 35℃，相对湿度不超过 80%。保持容器密封。应与强氧化剂、强碱、醇类等隔离储运。搬运时轻装轻卸，防止容器受损。

紧急处置信息

急救措施

吸入： 迅速脱离现场至空气新鲜处。保持呼吸道通畅。如呼吸困难，给输氧。呼吸、心跳停止，立即进行心肺复苏术。就医。

眼睛接触： 立即分开眼睑，用流动清水或生理盐水彻底冲洗10~15min。就医。

皮肤接触： 立即脱去污染的衣着，用大量流动清水彻底冲洗，冲洗时间一般要求20~30min。就医。

食入： 用水漱口，禁止催吐。给饮牛奶或蛋清。就医。

灭火方法 消防人员必须佩戴空气呼吸器，穿全身防火防毒服，在上风向灭火。尽可能将容器从火场移至空旷处。喷水保持火场容器冷却，直至灭火结束。处在火场中的容器若已变色或从安全泄压装置中发出响声，必须马上撤离。

灭火剂：雾状水、泡沫、干粉、二氧化碳、沙土。

泄漏应急处置 根据液体流动和蒸气扩散的影响区域划定警戒区，无关人员从侧风、上风向撤离至安全区。消除所有点火源。建议应急处理人员戴正压自给式呼吸器，穿防毒服。穿上适当的防护服前严禁接触破裂的容器和泄漏物。尽可能切断泄漏源。防止泄漏物进入水体、下水道、地下室或有限空间。小量泄漏：用干燥的沙土或其他不燃材料吸收或覆盖，收集于容器中。大量泄漏：构筑围堤或挖坑收容。用泵转移至槽车或专用收集器内。

340. 甲基丙烯酸6-(2,3-二甲基马来酰亚胺基)己酯

标　识

中文名称 甲基丙烯酸6-(2，3-二甲基马来酰亚胺基)己酯

英文名称 6-(2，3-Dimethylmaleimido)hexyl methacrylate；2-Propenoic acid，2-methyl-，6-(2，5-dihydro-3，4-dimethyl-2，5-dioxo-1H-pyrrol-1-yl)hexyl ester

分子式 $C_{16}H_{23}NO_4$

CAS号 63740-41-0

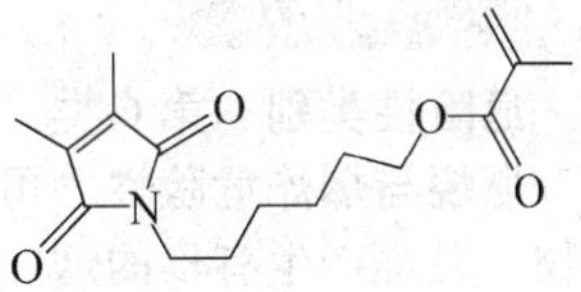

危害信息

燃烧与爆炸危险性 可燃。燃烧或受热分解产生有毒和刺激性的烟气。

禁忌物 强氧化剂。

中毒表现 本品对皮肤有致敏性。

侵入途径 吸入、食入。

理化特性与用途

理化特性 沸点413℃，相对密度(水=1)1.086，饱和蒸气压0.06mPa(25℃)，辛醇/水分配系数4.05，闪点204℃。

包装与储运

安全储运 储存于阴凉、通风的库房。远离火种、热源。应与强氧化剂等隔离储运。搬运时轻装轻卸，防止容器受损。

紧急处置信息

急救措施

吸入： 迅速脱离现场至空气新鲜处。保持呼吸道通畅。如呼吸困难，给输氧。呼吸、心跳停止，立即进行心肺复苏术。就医。

眼睛接触： 立即分开眼睑，用流动清水或生理盐水彻底冲洗。就医。

皮肤接触： 立即脱去污染的衣着，用肥皂水和清水彻底冲洗。就医。

食入： 漱口，饮水。就医。

泄漏应急处置 消除所有点火源。根据液体流动和蒸气扩散的影响区域划定警戒区，无关人员从侧风、上风向撤离至安全区。建议应急处理人员戴正压自给式呼吸器，穿防静电服。禁止接触或跨越泄漏物。尽可能切断泄漏源。防止泄漏物进入水体、下水道、地下室或有限空间。小量泄漏：用沙土或其他不燃材料吸收。使用洁净的无火花工具收集吸收材料。大量泄漏：构筑围堤或挖坑收容。用防爆泵转移至槽车或专用收集器内。

341. 甲基丙烯酸三丁基锡

标　识

中文名称 甲基丙烯酸三丁基锡

英文名称 Tributyl tin methacrylate；Tributyl(methacryloyloxy)stannane

分子式 $C_{16}H_{32}O_2Sn$

CAS 号 2155-70-6

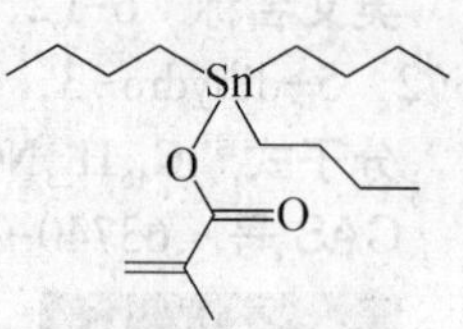

危害信息

危险性类别 第6类 有毒品

燃烧与爆炸危险性 可燃。其蒸气与空气混合能形成爆炸性混合物。燃烧产生有毒的烟气。在高温火场中，受热的容器有破裂和爆炸的危险。

禁忌物 强氧化剂。

毒性 大鼠经口 LD_{50}：160mg/kg；小鼠经口 LD_{50}：160mg/kg。

中毒表现 有机锡中毒的主要临床表现有：眼和鼻黏膜的刺激症状；中毒性神经衰弱综合征；重症出现中毒性脑病。溅入眼内引起结膜炎。可致变应性皮炎。摄入有机锡化合物可致中毒性脑水肿，可产生后遗症，如瘫痪、精神失常和智力障碍。

侵入途径 吸入、食入、经皮吸收。

职业接触限值 美国(ACGIH)：TLV-TWA 0.1mg/m^3，TLV-STEL 0.2mg/m^3[按 Sn 计][皮]。

环境危害 对水生生物有毒，可能在水生环境中造成长期不利影响。

理化特性与用途

理化特性　液体。不溶于水，熔点 17～20℃，沸点大于 300℃，相对密度(水=1) 1.565，饱和蒸气压 26.6mPa(20℃)，辛醇/水分配系数 4.14。

主要用途　用作塑料稳定剂、杀软体动物剂，用于船舶防污涂料等。

包装与储运

包装标志　有毒品

包装类别　Ⅲ类

安全储运　储存于阴凉、通风的库房。远离火种、热源。储存温度不超过 35℃，相对湿度不超过 80%。保持容器密封。应与强氧化剂等隔离储运。搬运时轻装轻卸，防止容器受损。

紧急处置信息

急救措施

吸入：迅速脱离现场至空气新鲜处。保持呼吸道通畅。如呼吸困难，给输氧。呼吸、心跳停止，立即进行心肺复苏术。就医。

眼睛接触：立即分开眼睑，用流动清水或生理盐水彻底冲洗。就医。

皮肤接触：立即脱去污染的衣着，用流动清水彻底冲洗。就医。

食入：饮适量温水，催吐(仅限于清醒者)。就医。

灭火方法　消防人员须穿全身消防服，佩戴空气呼吸器，在上风向灭火。尽可能将容器从火场移至空旷处。喷水保持火场容器冷却，直至灭火结束。

灭火剂：泡沫、二氧化碳、干粉、沙土。

泄漏应急处置　根据液体流动和蒸气扩散的影响区域划定警戒区，无关人员从侧风、上风向撤离至安全区。建议应急处理人员戴正压自给式呼吸器，穿防毒、防静电服。禁止接触或跨越泄漏物。尽可能切断泄漏源。防止泄漏物进入水体、下水道、地下室或有限空间。小量泄漏：用沙土或其他不燃材料吸收。使用洁净的无火花工具收集吸收材料。大量泄漏：构筑围堤或挖坑收容。用防爆泵转移至槽车或专用收集器内。

342. 甲基丙烯酸三硝基乙酯

标　识

中文名称　甲基丙烯酸三硝基乙酯

英文名称　Trinitroethyl methacrylate

分子式　$C_6H_7N_3O_8$

铁危编号　11079

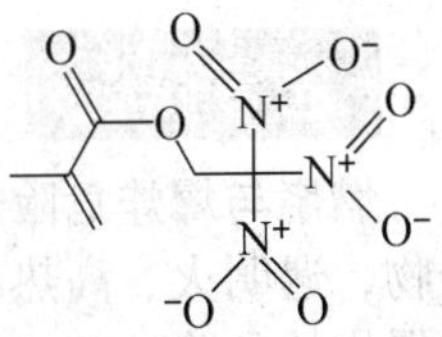

危害信息

危险性类别　第 1 类　爆炸品

燃烧与爆炸危险性　遇明火、高热或摩擦、撞击有引起爆炸的危险。

禁忌物　强氧化剂、强酸。

侵入途径 吸入、食入。

理化特性与用途

理化特性 白色或浅黄色结晶。不溶于水，溶于乙醇、乙醚、丙酮、石油醚。

主要用途 用于制备聚合物。

包装与储运

包装标志 爆炸品

安全储运 储存于阴凉、干燥、通风的爆炸品专用库房。远离火种、热源。储存温度不宜超过 32℃，相对湿度不超过 80%。若以水作稳定剂，储存温度应大于 1℃，相对湿度小于 80%。保持容器密封。应与其他爆炸品、氧化剂、还原剂、碱等隔离储运。采用防爆型照明、通风设施。禁止使用易产生火花的机械设备和工具。搬运时轻装轻卸，防止容器受损。禁止震动、撞击和摩擦 。

紧急处置信息

急救措施

吸入：脱离接触。如有不适感，就医。

眼睛接触：分开眼睑，用流动清水或生理盐水冲洗。如有不适感，就医。

皮肤接触：脱去污染的衣着，用肥皂水和清水冲洗。如有不适感，就医。

食入：漱口，饮水。就医。

泄漏应急处置 隔离泄漏污染区，限制出入。消除所有点火源。建议应急处理人员戴防尘口罩，穿防护服。穿上适当的防护服前严禁接触破裂的容器和泄漏物。尽可能切断泄漏源。用塑料布覆盖泄漏物，减少飞散。勿使水进入包装容器内。用洁净的铲子收集泄漏物，置于干净、干燥、盖子较松的容器中，将容器移离泄漏区。

343. 甲基丙烯酸-2-乙基己醇酯

标 识

中文名称 甲基丙烯酸-2-乙基己醇酯

英文名称 2-Ethyl hexyl methacrylate；2-Propenoic acid，2-methyl-，2-ethylhexyl ester

别名 2-甲基-2-丙烯酸-2-乙基己基酯

分子式 $C_{12}H_{22}O_2$

CAS 号 688-84-6

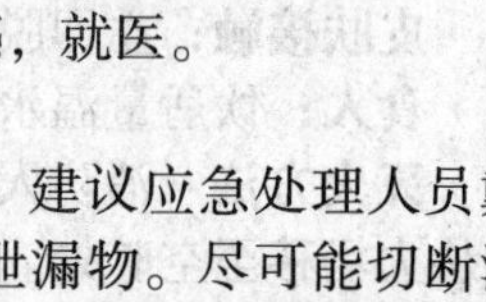

危害信息

燃烧与爆炸危险性 可燃。其蒸气与空气混合能形成爆炸性混合物，遇明火、高热有引起燃烧或爆炸的危险。在高温火场中，受热的容器或储罐有破裂和爆炸的危险。

禁忌物 强氧化剂。

毒性 大鼠经口 LD_{50}：>2000mg/kg。

中毒表现 对眼和皮肤有刺激性。

侵入途径 吸入、食入。

环境危害 对水生生物有毒，可能在水生环境中造成长期不利影响。

理化特性与用途

理化特性 无色液体。不溶于水。熔点-50℃，沸点218℃，相对密度(水=1)0.88，相对蒸气密度(空气=1)6.8，饱和蒸气压0.01Pa(20℃)，辛醇/水分配系数4.54，闪点92℃，引燃温度380℃。

主要用途 共聚单体。用于制乳液涂料、黏合剂、润滑油添加剂、黏度改性剂等。

包装与储运

包装标志 杂项

包装类别 Ⅲ类

安全储运 储存于阴凉、通风的库房。远离火种、热源。应与强氧化剂、强酸、强碱等隔离储运。搬运时轻装轻卸，防止容器受损。

紧急处置信息

急救措施

吸入：迅速脱离现场至空气新鲜处。保持呼吸道通畅。如呼吸困难，给输氧。呼吸、心跳停止，立即进行心肺复苏术。就医。

眼睛接触：立即分开眼睑，用流动清水或生理盐水彻底冲洗。就医。

皮肤接触：立即脱去污染的衣着，用流动清水彻底冲洗。就医。

食入：漱口，饮水。就医。

灭火方法 消防人员须穿全身消防服，佩戴空气呼吸器，在上风向灭火。尽可能将容器从火场移至空旷处。喷水保持火场容器冷却，直至灭火结束。处在火场中的容器若发生异常变化或发出异常声音，须马上撤离。

灭火剂：泡沫、二氧化碳、干粉、沙土。

泄漏应急处置 根据液体流动和蒸气扩散的影响区域划定警戒区，无关人员从侧风、上风向撤离至安全区。消除所有点火源。建议应急处理人员戴防毒面具，穿一般作业工作服。尽可能切断泄漏源。防止泄漏物进入水体、下水道、地下室或有限空间。小量泄漏：用干燥的沙土或其他不燃材料吸收或覆盖，收集于容器中。大量泄漏：构筑围堤或挖坑收容。用泵转移至槽车或专用收集器内。

344. 甲基丙烯酰胺

标 识

中文名称 甲基丙烯酰胺

英文名称 2-Methylacrylamide；Methacrylamide ；2-Methylpropenamide

别名 2-甲基丙烯酰胺

分子式 C_4H_7NO

CAS 号 79-39-0

O

H_2N

危害信息

燃烧与爆炸危险性 可燃。其粉体与空气混合，能形成爆炸性混合物。若遇高热，可发生聚合反应，放出大量热量而引起容器破裂和爆炸事故。

禁忌物 强酸、强氧化剂、强还原剂。

毒性 大鼠经口 LD_{50}：459mg/kg；大鼠经皮 LD_{50}：>6g/kg；人(男性)吸入 *TCLo*：3mg/m^3。

中毒表现 本品对眼睛、皮肤有刺激作用。

侵入途径 吸入、食入、经皮吸收。

理化特性与用途

理化特性 白色结晶或淡黄色固体。混溶于水，溶于乙醇、微溶于乙醚。熔点 108~112℃，沸点 215℃，相对密度(水=1)1.1~1.12，饱和蒸气压 0.014kPa(20℃)，辛醇/水分配系数-0.51，爆炸下限 2.0%，爆炸上限 15.1%。

主要用途 作为生产甲基丙烯酸甲酯的中间体，并用于有机合成。

包装与储运

安全储运 储存于阴凉、通风的库房。远离火种、热源。应与强氧化剂、强酸、碱类等隔离储运。

紧急处置信息

急救措施

吸入：迅速脱离现场至空气新鲜处。保持呼吸道通畅。如呼吸困难，给输氧。呼吸、心跳停止，立即进行心肺复苏术。就医。

眼睛接触：立即分开眼睑，用流动清水或生理盐水彻底冲洗。就医。

皮肤接触：立即脱去污染的衣着，用流动清水彻底冲洗。就医。

食入：漱口，饮水。就医。

灭火方法 消防人员须佩戴正压自给式呼吸器，穿全身消防服，在上风向灭火。尽可能将容器从火场移至空旷处。喷水保持火场容器冷却，直至灭火结束。

灭火剂：雾状水、泡沫、干粉、二氧化碳、沙土。

泄漏应急处置 隔离泄漏污染区，限制出入。消除所有点火源。建议应急处理人员戴防尘口罩，穿防毒服。穿上适当的防护服前严禁接触破裂的容器和泄漏物。尽可能切断泄漏源。用塑料布覆盖泄漏物，减少飞散。勿使水进入包装容器内。用洁净的铲子收集泄漏物，置于干净、干燥、盖子较松的容器中，将容器移离泄漏区。

345. 4-(11-甲基丙烯酰胺基十一酰胺基)苯磺酸钾

标　识

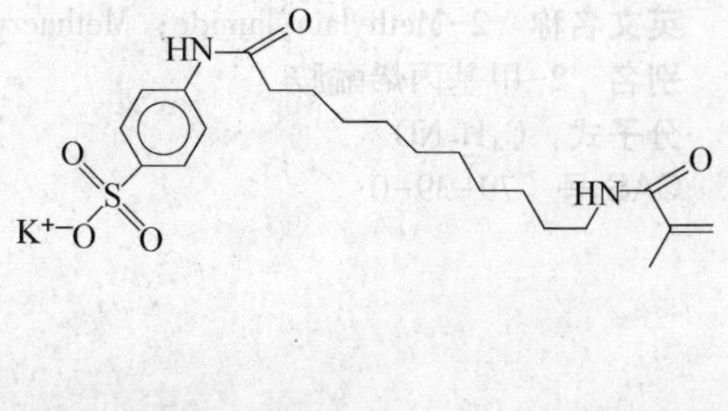

HN O O S K⁺⁻O O HN O

中文名称 4-(11-甲基丙烯酰胺基十一酰胺基)苯磺酸钾

英文名称 Potassium 4-(11-methacrylamidoundecanamido) benzenesulfonate

分子式 $C_{21}H_{31}N_2O_5S \cdot K$

CAS 号 174393-75-0

危害信息

禁忌物 强氧化剂、强酸。

中毒表现 本品对皮肤有致敏性。

侵入途径 吸入、食入。

理化特性与用途

理化特性 白色粉末。

主要用途 用作医药中间体。

包装与储运

安全储运 储存于阴凉、通风的库房。远离火种、热源。应与强氧化剂、强酸、碱类等隔离储运。

紧急处置信息

急救措施

吸入：迅速脱离现场至空气新鲜处。保持呼吸道通畅。如呼吸困难，给输氧。呼吸、心跳停止，立即进行心肺复苏术。就医。

眼睛接触：立即分开眼睑，用流动清水或生理盐水彻底冲洗。就医。

皮肤接触：立即脱去污染的衣着，用肥皂水和清水彻底冲洗。就医。

食入：漱口，饮水。就医。

泄漏应急处置 隔离泄漏污染区，限制出入。建议应急处理人员戴防尘口罩，穿防毒服。尽可能切断泄漏源。用塑料布覆盖泄漏物，减少飞散。勿使水进入包装容器内。用洁净的铲子收集泄漏物，置于干净、干燥、盖子较松的容器中，将容器移离泄漏区。

346. 2-甲基-1-丁硫醇

标　识

中文名称 2-甲基-1-丁硫醇

英文名称 2-Methyl-1-butanethiol；2-Methylbutane-1-thiol

分子式 $C_5H_{12}S$

CAS 号 1878-18-8

HS

危害信息

危险性类别 第 3 类 易燃液体

燃烧与爆炸危险性 易燃。其蒸气与空气混合能形成爆炸性混合物，遇明火、高热极易燃烧或爆炸。燃烧产生有毒的硫氧化物和硫化氢气体。在高温火场中，受热的容器或储罐有破裂和爆炸的危险。蒸气比空气重，能在较低处扩散到相当远的地方，遇火源会着火回燃和爆炸(闪爆)。

禁忌物 强氧化剂。

侵入途径 吸入、食入。

理化特性与用途

理化特性 无色透明液体，有刺激性气味。不溶于水。沸点 116.5℃，相对密度(水=1)0.84，相对蒸气密度(空气=1)3.59，饱和蒸气压 1.08Pa(25℃)，辛醇/水分配系数 2.67，闪点 19℃。

主要用途 暂时允许使用的食品用香料。

包装与储运

包装标志 易燃液体

包装类别 Ⅱ类

安全储运 储存于阴凉、通风的库房。远离火种、热源，避免阳光直射。储存温度不超过 37℃。炎热季节早晚运输，应与氧化剂、酸碱等隔离储运。禁止使用易产生火花的机械设备和工具。搬运时轻装轻卸，防止容器受损。

紧急处置信息

急救措施

吸入：脱离接触。如有不适感，就医。

眼睛接触：分开眼睑，用流动清水或生理盐水冲洗。如有不适感，就医。

皮肤接触：脱去污染的衣着，用肥皂水和清水冲洗。如有不适感，就医。

食入：漱口，饮水。就医。

灭火方法 消防人员须穿全身消防服，佩戴正压自给式呼吸器，在上风向灭火。尽可能将容器从火场移至空旷处。喷水保持火场容器冷却，直至灭火结束。处在火场中的容器若发生异常变化或发出异常声音，须马上撤离。

灭火剂：泡沫、二氧化碳、干粉、沙土。用水灭火无效。

泄漏应急处置 消除所有点火源。根据液体流动和蒸气扩散的影响区域划定警戒区，无关人员从侧风、上风向撤离至安全区。建议应急处理人员戴正压自给式呼吸器，穿防静电服。作业时使用的所有设备应接地。禁止接触或跨越泄漏物。尽可能切断泄漏源。防止泄漏物进入水体、下水道、地下室或有限空间。小量泄漏：用沙土或其他不燃材料吸收。使用洁净的无火花工具收集吸收材料。大量泄漏：构筑围堤或挖坑收容。用泡沫覆盖，减少蒸发。喷水雾能减少蒸发，但不能降低泄漏物在有限空间内的易燃性。用防爆泵转移至槽车或专用收集器内。

347. *N*-甲基二硫代氨基甲酸

标　识

中文名称 *N*-甲基二硫代氨基甲酸

英文名称 Methyldithiocarbamic acid；Metam；*N*-Methyl dithiocarbamic acid

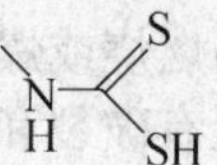

分子式 $C_2H_5NS_2$

CAS 号 144-54-7

危害信息

禁忌物 强氧化剂、强碱。

毒性 大鼠经口 LD_{50}：706mg/kg；大鼠吸入 LC_{50}：1.98mg/L（4h）。

侵入途径 吸入、食入。

环境危害 对水生生物有毒，可能在水生环境中造成长期不利影响。

理化特性与用途

理化特性 固体，有特殊臭味。溶于水。熔点（分解），相对密度（水=1）1.1~1.2，辛醇/水分配系数 1.15。

主要用途 用作杀虫剂和熏蒸消毒剂。

包装与储运

包装标志 杂项

包装类别 Ⅲ类

安全储运 储存于阴凉、通风的库房。远离火种、热源。应与强氧化剂等隔离储运。搬运时轻装轻卸，防止容器受损。

紧急处置信息

急救措施

吸入： 迅速脱离现场至空气新鲜处。保持呼吸道通畅。如呼吸困难，给输氧。呼吸、心跳停止，立即进行心肺复苏术。就医。

眼睛接触： 立即分开眼睑，用流动清水或生理盐水彻底冲洗。就医。

皮肤接触： 立即脱去污染的衣着，用肥皂水和清水彻底冲洗。就医。

食入： 漱口，饮水。就医。

泄漏应急处置 隔离泄漏污染区，限制出入。建议应急处理人员戴防尘口罩，穿防毒服，戴橡胶手套。穿上适当的防护服前严禁接触破裂的容器和泄漏物。尽可能切断泄漏源。用干燥的沙土或其他不燃材料覆盖泄漏物，然后用塑料布覆盖，减少飞散、避免雨淋。用洁净的铲子收集泄漏物，置于干净、干燥、盖子较松的容器中，将容器移离泄漏区。

348. 二甲基二硫代氨基甲酸锌

标 识

中文名称 二甲基二硫代氨基甲酸锌

英文名称 Ziram；Zinc dimethyl dithiocarbamate；Rubber Accelerant PZ

别名 橡胶促进剂 PZ；福美锌

分子式 $C_6H_{12}N_2S_4Zn$

CAS 号 137-30-4

N S Zn S N
S S

危害信息

危险性类别 第6类 有毒品

燃烧与爆炸危险性 可燃。其粉体与空气混合，能形成爆炸性混合物。受热分解，放出氮、硫的氧化物等毒性气体。

禁忌物 强氧化剂、强酸

毒性 大鼠经口 LD_{50}：267mg/kg；小鼠经口 LD_{50}：480mg/kg；大鼠吸入 LC_{50}：26mg/m³(2h)；小鼠吸入 LC_{50}：>1056mg/m³(2h)；大鼠经皮 LD_{50}：>6g/kg；兔经皮 LD_{50}：>2g/kg。

中毒表现 本品属有机硫类杀菌剂。误服后可出现恶心、呕吐、腹痛、腹泻。重者有神经系统先兴奋后抑制的表现，可出现呼吸麻痹、肝肾损害。对眼和呼吸道有刺激性。可引起接触性皮炎。

侵入途径 吸入、食入、经皮吸收。

理化特性与用途

理化特性 白色结晶或白色至淡黄色粉末。不溶于水，溶于二硫化碳、氯仿、苯、丙酮、稀碱和浓盐酸，微溶于二氯甲烷，不溶于乙醇、四氯化碳、乙酸乙酯。熔点240~250℃，相对密度(水=1)1.66，饱和蒸气压0.013mPa(25℃)，辛醇/水分配系数1.23。

主要用途 用作天然橡胶和合成橡胶的硫化促进剂和农用杀菌剂。

包装与储运

包装标志 有毒品

包装类别 Ⅲ类

安全储运 储存于阴凉、通风的库房。远离火种、热源。储存温度不超过35℃，相对湿度不超过85%。保持容器密封。应与强氧化剂等隔离储运。搬运时轻装轻卸，防止容器受损。

紧急处置信息

急救措施

吸入：迅速脱离现场至空气新鲜处。保持呼吸道通畅。如呼吸困难，给输氧。呼吸、心跳停止，立即进行心肺复苏术。就医。

眼睛接触：立即分开眼睑，用流动清水或生理盐水彻底冲洗。就医。

皮肤接触：立即脱去污染的衣着，用流动清水彻底冲洗。就医。

食入：饮适量温水，催吐(仅限于清醒者)。就医。

灭火方法 消防人员必须佩戴正压自给式呼吸器，穿全身防火防毒服，在上风向灭火。尽可能将容器从火场移至空旷处。喷水保持火场容器冷却，直至灭火结束。

灭火剂：雾状水、泡沫、干粉、二氧化碳、沙土。

泄漏应急处置 隔离泄漏污染区，限制出入。建议应急处理人员戴防尘口罩，穿防毒服。穿上适当的防护服前严禁接触破裂的容器和泄漏物。尽可能切断泄漏源。用塑料布覆盖泄漏物，减少飞散。勿使水进入包装容器内。用洁净的铲子收集泄漏物，置于干净、干燥、盖子较松的容器中，将容器移离泄漏区。

349. 1,3-二甲基-1,3-二(三甲基甲硅烷基)脲

标　识

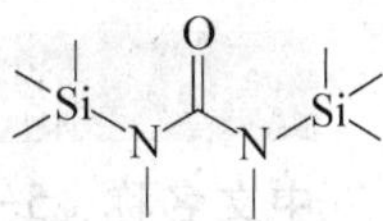

中文名称　1，3-二甲基-1，3-二(三甲基甲硅烷基)脲

英文名称　1，3-Dimethyl-1，3-bis(trimethylsilyl)urea

分子式　$C_9H_{24}N_2OSi_2$

CAS 号　10218-17-4

危害信息

燃烧与爆炸危险性　可燃。其蒸气与空气混合能形成爆炸性混合物，遇明火、高热可能引起燃烧或爆炸。燃烧产生有毒的氮氧化物气体。在高温火场中，受热的容器或储罐有破裂和爆炸的危险。

禁忌物　强氧化剂。

中毒表现　食入有害。对皮肤有刺激性。

侵入途径　吸入、食入。

理化特性与用途

理化特性　液体。微溶于水。熔点 22~23℃，沸点 225℃，相对密度(水=1)0.893，饱和蒸气压 12.1Pa(25℃)，辛醇/水分配系数 1.69，闪点 90℃。

主要用途　化工原料。

包装与储运

安全储运　储存于阴凉、通风的库房。远离火种、热源。应与强氧化剂等隔离储运。搬运时轻装轻卸，防止容器受损。

紧急处置信息

急救措施

吸入：迅速脱离现场至空气新鲜处。保持呼吸道通畅。如呼吸困难，给输氧。呼吸、心跳停止，立即进行心肺复苏术。就医。

眼睛接触：立即分开眼睑，用流动清水或生理盐水彻底冲洗。就医。

皮肤接触：立即脱去污染的衣着，用肥皂水和清水彻底冲洗。就医。

食入：漱口，饮水。就医。

灭火方法　消防人员须穿全身消防服，佩戴正压自给式呼吸器，在上风向灭火。尽可能将容器从火场移至空旷处。喷水保持火场容器冷却，直至灭火结束。处在火场中的容器若发生异常变化或发出异常声音，须马上撤离。

灭火剂：抗溶性泡沫、二氧化碳、干粉、沙土。

泄漏应急处置　消除所有点火源。根据液体流动和蒸气扩散的影响区域划定警戒区，无关人员从侧风、上风向撤离至安全区。建议应急处理人员戴正压自给式呼吸器，穿防静电、防腐、防毒服。作业时使用的所有设备应接地。禁止接触或跨越泄漏物。尽可能切断泄漏源。防止泄漏物进入水体、下水道、地下室或有限空间。小量泄漏：用沙土或其他不

燃材料吸收。使用洁净的无火花工具收集吸收材料。大量泄漏：构筑围堤或挖坑收容。用泡沫覆盖，减少蒸发。用防爆、耐腐蚀泵转移至槽车或专用收集器内。

350. 5-甲基-3-庚酮

标 识

中文名称 5-甲基-3-庚酮

英文名称 5-Methyl-3-heptanone; Ethyl sec-amyl ketone

别名 乙基仲戊基甲酮

分子式 $C_8H_{16}O$

CAS 号 541-85-5

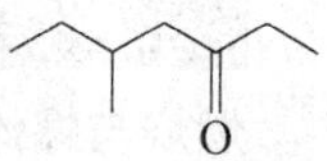

危害信息

危险性类别 第 3 类 易燃液体

燃烧与爆炸危险性 易燃。其蒸气与空气混合，能形成爆炸性混合物。蒸气比空气重，能在较低处扩散到相当远的地方，遇火源会着火回燃和爆炸(闪爆)。若遇高热，容器内压增大，有开裂和爆炸的危险。

禁忌物 强氧化剂、强碱、强酸。

毒性 大鼠经口 LD_{50}：3500mg/kg；小鼠经口 LD_{50}：3800mg/kg；兔经皮 LD_{50}：>16g/kg；大鼠吸入 $LCLo$：3484 ppm(8h)。

中毒表现 本品的毒性作用主要为刺激性，高浓度时有麻醉作用，其气味可使人头痛、恶心。少数情况下产生严重的全身反应。皮肤接触可有干燥、皲裂、皮炎。

侵入途径 吸入、食入、经皮吸收。

职业接触限值 中国：PC-TWA 130mg/m^3。

美国(ACGIH)：TLV-TWA 10ppm 。

理化特性与用途

理化特性 无色透明液体，有水果香味。不溶于水，易溶于多数有机溶剂。熔点-56.7℃，沸点 157~162℃，相对密度(水=1)0.82，相对蒸气密度(空气=1)4.4，饱和蒸气压 0.267kPa(25℃)，辛醇/水分配系数 2.15，闪点 43℃(闭杯)、57.2℃(开杯)。

主要用途 用作溶剂，也用作有机化合物的中间体。

包装与储运

包装标志 易燃液体

包装类别 Ⅲ类

安全储运 储存于阴凉、通风的库房。库温不宜超过 37℃。远离火种、热源。应与氧化剂、碱类、酸类等隔离储运。采用防爆型照明、通风设施。禁止使用易产生火花的机械设备和工具。搬运时轻装轻卸，防止容器受损。

紧急处置信息

急救措施

吸入：迅速脱离现场至空气新鲜处。保持呼吸道通畅。如呼吸困难，给输氧。呼吸、心跳停止，立即进行心肺复苏术。就医。

眼睛接触：立即分开眼睑，用流动清水或生理盐水彻底冲洗。就医。

皮肤接触：立即脱去污染的衣着，用流动清水彻底冲洗。就医。

食入：漱口，饮水。就医。

灭火方法 消防人员须佩戴防毒面具，穿全身消防服，在上风向灭火。尽可能将容器从火场移至空旷处。喷水保持火场容器冷却，直至灭火结束。处在火场中的容器若已变色或从安全泄压装置中发出响声，必须马上撤离。

灭火剂：雾状水、泡沫、干粉、二氧化碳、沙土。

泄漏应急处置 根据液体流动和蒸气扩散的影响区域划定警戒区，无关人员从侧风、上风向撤离至安全区。消除所有点火源。建议应急处理人员戴防毒面具，穿防毒、防静电服。作业时使用的所有设备应接地。禁止接触或跨越泄漏物。尽可能切断泄漏源。防止泄漏物进入水体、下水道、地下室或有限空间。小量泄漏：用沙土或其他不燃材料吸收。使用洁净的无火花工具收集吸收材料。大量泄漏：构筑围堤或挖坑收容。用泡沫覆盖，减少蒸发。喷水雾能减少蒸发，但不能降低泄漏物在有限空间内的易燃性。用防爆泵转移至槽车或专用收集器内。

351. 2-甲基环己醇

标 识

中文名称 2-甲基环己醇

英文名称 2-Methylcyclohexanol；*o*-Methylcyclohexanol

别名 邻甲基环己醇

分子式 $C_7H_{14}O$

CAS 号 583-59-5

铁危编号 32057

UN 号 2617

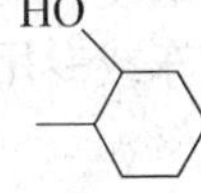

危害信息

危险性类别 第 3 类 易燃液体

燃烧与爆炸危险性 易燃。其蒸气与空气混合，能形成爆炸性混合物。在火场中，受热的容器有爆炸危险。蒸气比空气重，能在较低处扩散到相当远的地方，遇火源会着火回燃和爆炸(闪爆)。

活性反应 与氧化剂可发生反应。接触氧化剂会发生爆炸。

禁忌物 强氧化剂、酸酐、酰基氯。

毒性 小鼠肌肉内 LD_{50}：1000mg/kg。

中毒表现 吸入高浓度引起咳嗽、头痛。皮肤和眼接触：发红。

侵入途径 吸入、食入、经皮吸收。

理化特性与用途

理化特性 无色至稻草色液体，有椰油气味。微溶于水，混溶于乙醇、乙醚。熔点

-9.5℃，沸点165~166℃，相对密度(水=1)0.93，相对蒸气密度(空气=1)3.9，饱和蒸气压0.04kPa(25℃)，辛醇/水分配系数2.05，闪点58℃(闭杯)，引燃温度296℃，爆炸下限1.3%。

主要用途　用作橡胶、油、树脂、蜡及喷漆等的溶剂，也作为润滑剂的抗氧剂。

包装与储运

包装标志　易燃液体

包装类别　Ⅲ类

安全储运　储存于阴凉、通风的库房。远离火种、热源。库温不宜超过37℃。应与氧化剂等等隔离储运。采用防爆型照明、通风设施。禁止使用易产生火花的机械设备和工具。搬运时轻装轻卸，防止容器受损。

紧急处置信息

急救措施

吸入：迅速脱离现场至空气新鲜处。保持呼吸道通畅。如呼吸困难，给输氧。呼吸、心跳停止，立即进行心肺复苏术。就医。

眼睛接触：立即分开眼睑，用流动清水或生理盐水彻底冲洗。就医。

皮肤接触：立即脱去污染的衣着，用肥皂水和清水彻底冲洗。就医。

食入：漱口，饮水。就医。

灭火方法　消防人员须佩戴防毒面具，穿全身消防服，在上风向灭火。尽可能将容器从火场移至空旷处。喷水保持火场容器冷却，直至灭火结束。处在火场中的容器若已变色或从安全泄压装置中发出响声，必须马上撤离。

灭火剂：雾状水、泡沫、干粉、二氧化碳、沙土。

泄漏应急处置　消除所有点火源。根据液体流动和蒸气扩散的影响区域划定警戒区，无关人员从侧风、上风向撤离至安全区。建议应急处理人员戴正压自给式呼吸器，穿防静电服。作业时使用的所有设备应接地。禁止接触或跨越泄漏物。尽可能切断泄漏源。防止泄漏物进入水体、下水道、地下室或有限空间。小量泄漏：用沙土或其他不燃材料吸收。使用洁净的无火花工具收集吸收材料。大量泄漏：构筑围堤或挖坑收容。用泡沫覆盖，减少蒸发。喷水雾能减少蒸发，但不能降低泄漏物在有限空间内的易燃性。用防爆泵转移至槽车或专用收集器内。

352. 3-甲基环己醇

标　识

中文名称　3-甲基环己醇

英文名称　3-Methylcyclohexanol

别名　间甲基环己醇

分子式　$C_7H_{14}O$

CAS号　591-23-1

铁危编号　32057

UN号　2617

HO

危害信息

危险性类别 第3类 易燃液体

燃烧与爆炸危险性 易燃。其蒸气与空气混合，能形成爆炸性混合物。在火场中，受热的容器有爆炸危险。蒸气比空气重，能在较低处扩散到相当远的地方，遇火源会着火回燃和爆炸(闪爆)。

活性反应 与氧化剂可发生反应。接触氧化剂会发生爆炸。

禁忌物 强氧化剂、酰基氯、酸酐。

毒性 小鼠肌注 LD_{50}：1000mg/kg。

中毒表现 眼和皮肤接触有轻度刺激。

侵入途径 吸入、食入、经皮吸收

理化特性与用途

理化特性 无色至淡黄色透明液体，有类似薄荷的气味。沸点174℃，相对密度(水=1)0.92，闪点62℃(闭杯)，引燃温度295℃。

主要用途 用作橡胶、油、树脂、蜡及喷漆等的溶剂，也作为润滑剂的抗氧剂。

包装与储运

包装标志 易燃液体

包装类别 Ⅲ类

安全储运 储存于阴凉、通风的库房。远离火种、热源。库温不宜超过37℃。应与氧化剂、食用化学品等隔离储运。采用防爆型照明、通风设施。禁止使用易产生火花的机械设备和工具。搬运时轻装轻卸，防止容器受损。

紧急处置信息

急救措施

吸入：迅速脱离现场至空气新鲜处。保持呼吸道通畅。如呼吸困难，给输氧。呼吸、心跳停止，立即进行心肺复苏术。就医。

眼睛接触：立即分开眼睑，用流动清水或生理盐水彻底冲洗。就医。

皮肤接触：立即脱去污染的衣着，用肥皂水和清水彻底冲洗。就医。

食入：漱口，饮水。就医。

灭火方法 消防人员须佩戴防毒面具，穿全身消防服，在上风向灭火。尽可能将容器从火场移至空旷处。喷水保持火场容器冷却，直至灭火结束。处在火场中的容器若已变色或从安全泄压装置中发出响声，必须马上撤离。

灭火剂：雾状水、泡沫、干粉、二氧化碳、沙土。

泄漏应急处置 消除所有点火源。根据液体流动和蒸气扩散的影响区域划定警戒区，无关人员从侧风、上风向撤离至安全区。建议应急处理人员戴正压自给式呼吸器，穿防静电服。作业时使用的所有设备应接地。禁止接触或跨越泄漏物。尽可能切断泄漏源。防止泄漏物进入水体、下水道、地下室或有限空间。小量泄漏：用沙土或其他不燃材料吸收。使用洁净的无火花工具收集吸收材料。大量泄漏：构筑围堤或挖坑收容。用泡沫覆盖，减少蒸发。喷水雾能减少蒸发，但不能降低泄漏物在有限空间内的易燃性。用防爆泵转移至槽车或专用收集器内。

353. 4-甲基环己醇

标　识

中文名称　4-甲基环己醇

英文名称　4-Methylcyclohexanol；*p*-Methylcyclohexanol

别名　对甲基环己醇

分子式　$C_7H_{14}O$

CAS 号　589-91-3

铁危编号　32057

UN 号　2617

OH

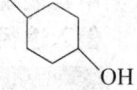

危害信息

危险性类别　第 3 类　易燃液体

燃烧与爆炸危险性　可燃。其蒸气与空气混合，能形成爆炸性混合物。在火场中，受热的容器有爆炸危险。蒸气比空气重，能在较低处扩散到相当远的地方，遇火源会着火回燃和爆炸(闪爆)。

活性反应　与氧化剂可发生反应。接触氧化剂会发生爆炸。

禁忌物　强氧化剂、酰基氯、酸酐。

中毒表现　吸入本品引起咳嗽、头痛。眼和皮肤接触：发红。

侵入途径　吸入、食入、经皮吸收。

理化特性与用途

理化特性　无色至淡黄色透明黏性液体，有芳香气味。微溶于水，混溶于普通有机溶剂。熔点-9.2℃(顺式)，沸点 173℃，相对密度(水=1)0.92，相对蒸气密度(空气=1)3.9，饱和蒸气压 0.04kPa(25℃)，辛醇/水分配系数 1.79，闪点 70℃(闭杯)，临界温度 363℃，临界压力 3.78MPa，引燃温度 295℃ 。

主要用途　用作橡胶、油、树脂、蜡和喷漆等的溶剂，也作为润滑剂的抗氧剂，也是有机合成中间体。

包装与储运

包装标志　易燃液体

包装类别　Ⅲ类

安全储运　储存于阴凉、通风的库房。远离火种、热源。库温不宜超过 37℃。应与氧化剂、食用化学品等隔离储运。采用防爆型照明、通风设施。禁止使用易产生火花的机械设备和工具。搬运时轻装轻卸，防止容器受损。

紧急处置信息

急救措施

吸入：迅速脱离现场至空气新鲜处。保持呼吸道通畅。如呼吸困难，给输氧。呼吸、心跳停止，立即进行心肺复苏术。就医。

眼睛接触： 立即分开眼睑，用流动清水或生理盐水彻底冲洗。就医。

皮肤接触： 立即脱去污染的衣着，用肥皂水和清水彻底冲洗。就医。

食入： 漱口，饮水。就医。

灭火方法 消防人员须佩戴防毒面具，穿全身消防服，在上风向灭火。尽可能将容器从火场移至空旷处。喷水保持火场容器冷却，直至灭火结束。处在火场中的容器若已变色或从安全泄压装置中发出响声，必须马上撤离。

灭火剂：雾状水、泡沫、干粉、二氧化碳、沙土。

泄漏应急处置 消除所有点火源。根据液体流动和蒸气扩散的影响区域划定警戒区，无关人员从侧风、上风向撤离至安全区。建议应急处理人员戴正压自给式呼吸器，穿防静电服。作业时使用的所有设备应接地。禁止接触或跨越泄漏物。尽可能切断泄漏源。防止泄漏物进入水体、下水道、地下室或有限空间。小量泄漏：用沙土或其他不燃材料吸收。使用洁净的无火花工具收集吸收材料。大量泄漏：构筑围堤或挖坑收容。用抗溶性泡沫覆盖，减少蒸发。喷水雾能减少蒸发，但不能降低泄漏物在有限空间内的易燃性。用防爆泵转移至槽车或专用收集器内。

354. *O*-甲基-*O*-环己基-4-氯苯基硫代磷酸酯

标　识

中文名称 *O*-甲基-*O*-环己基-4-氯苯基硫代磷酸酯

英文名称 *O*-Methyl-*O*-cyclohexyl-4-chlorophenylthiophosphate；*O*-Cyclohexyl-*O*-methyl-*S*-(4-chlorophenyl) phosphorothioate；Cerezin

分子式 $C_{13}H_{18}ClO_3PS$

CAS 号 2346-99-8

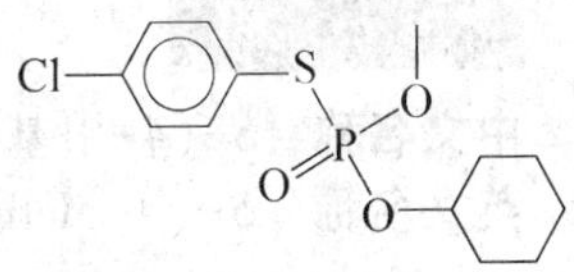

危害信息

危险性类别 第6类 有毒品

禁忌物 强氧化剂。

毒性 大鼠经口 LD_{50}：160mg/kg；小鼠经口 LD_{50}：60200μg/kg。

中毒表现 抑制体内胆碱酯酶活性，造成神经生理功能紊乱。大量误服出现急性有机磷中毒症状。表现有头痛、头昏、乏力、食欲不振、恶心、呕吐、腹痛、腹泻、流涎、瞳孔缩小、呼吸道分泌物增多、多汗、肌束震颤等。重度中毒者出现肺水肿、昏迷、呼吸麻痹、脑水肿。血胆碱酯酶活性降低。

侵入途径 吸入、食入、经皮吸收。

理化特性与用途

理化特性 固体。不溶于水。熔点291～308℃，饱和蒸气压0.3mPa(25℃)，辛醇/水分配系数4.17。

主要用途 用作农药。

包装与储运

包装标志 有毒品

包装类别　Ⅲ类

安全储运　储存于阴凉、通风的库房。远离火种、热源。储存温度不超过35℃，相对湿度不超过85%。保持容器密封。应与强氧化剂等隔离储运。搬运时轻装轻卸，防止容器受损。

紧急处置信息

急救措施

吸入：迅速脱离现场至空气新鲜处。保持呼吸道通畅。如呼吸困难，给输氧。呼吸、心跳停止，立即进行心肺复苏术。就医。

眼睛接触：分开眼睑，用流动清水或生理盐水冲洗。就医。

皮肤接触：立即脱去污染的衣着，用肥皂水及流动清水彻底冲洗污染的皮肤、头发、指甲等。就医。

食入：饮适量温水，催吐(仅限于清醒者)。就医。

解毒剂：阿托品、胆碱酯酶复能剂。

泄漏应急处置　隔离泄漏污染区，限制出入。建议应急处理人员戴防尘口罩，穿防毒服。穿上适当的防护服前严禁接触破裂的容器和泄漏物。尽可能切断泄漏源。用塑料布覆盖泄漏物，减少飞散。勿使水进入包装容器内。用洁净的铲子收集泄漏物，置于干净、干燥、盖子较松的容器中，将容器移离泄漏区。

355. S-(4-甲基磺酰氧苯基)-N-甲基硫代氨基甲酸酯

标　识

中文名称　S-(4-甲基磺酰氧苯基)-N-甲基硫代氨基甲酸酯

英文名称　S-(4-Methyl sulfonyloxyphenyl)-N-methyl thiocarbamate; Methasulfocarb

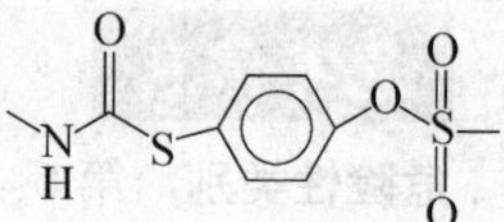

别名　磺菌威

分子式　$C_9H_{11}NO_4S_2$

CAS 号　66952-49-6

危害信息

危险性类别　第6类　有毒品

禁忌物　强氧化剂。

毒性　大鼠经口 LD_{50}：112mg/kg；小鼠经口 LD_{50}：262mg/kg；大鼠经皮 LD_{50}：>5g/kg。

中毒表现　氨基甲酸酯类农药抑制胆碱酯酶，出现相应的症状。中毒症状有头痛 、恶心、呕吐、腹痛、流涎、出汗、瞳孔缩小、步行困难、语言障碍，重者可发生全身痉挛、昏迷。

侵入途径　吸入、食入、经皮吸收。

理化特性与用途

理化特性　无色或白色结晶。难溶于水，溶于乙醇、丙酮、苯。熔点137.5~138.5℃，饱和蒸气压 0.006mPa(25℃)，辛醇/水分配系数 1.68。

主要用途 杀菌剂和植物生长调节剂。用于土壤，对由根腐属、镰孢属、腐毒属、木霉属、伏革菌属、毛霉属、丝核菌属及极毛杆菌属等病原菌引起的水稻枯萎病有效。

包装与储运

包装标志 有毒品

包装类别 Ⅲ类

安全储运 储存于阴凉、通风的库房。远离火种、热源。储存温度不超过 35℃，相对湿度不超过 85%。保持容器密封。应与强氧化剂等隔离储运。搬运时轻装轻卸，防止容器受损。

紧急处置信息

急救措施

吸入：迅速脱离现场至空气新鲜处。保持呼吸道通畅。如呼吸困难，给输氧。呼吸、心跳停止，立即进行心肺复苏术。就医。

眼睛接触：立即分开眼睑，用流动清水或生理盐水彻底冲洗。就医。

皮肤接触：立即脱去污染的衣着，用流动清水彻底冲洗。就医。

食入：饮适量温水，催吐(仅限于清醒者)。就医。

解毒剂：阿托品。

泄漏应急处置 隔离泄漏污染区，限制出入。消除所有点火源。建议应急处理人员戴防尘口罩，穿一般作业工作服。尽可能切断泄漏源。用塑料布覆盖泄漏物，减少飞散。勿使水进入包装容器内。用洁净的铲子收集泄漏物，置于干净、干燥、盖子较松的容器中，将容器移离泄漏区。

356. 甲基己基甲酮

标　识

中文名称 甲基己基甲酮

英文名称 2-Octanone；Methyl *n*-hexyl ketone

别名 2-辛酮；仲辛酮

分子式 $C_8H_{16}O$

CAS 号 111-13-7

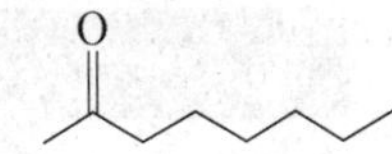

危害信息

燃烧与爆炸危险性 易燃。其蒸气与空气混合，能形成爆炸性混合物。若遇高热，容器内压增大，有开裂和爆炸的危险。

禁忌物 强氧化剂、强还原剂、强碱。

毒性 大鼠经口 LD_{50}：3089mg/kg；小鼠经口 LD_{50}：3100mg/kg；大鼠吸入 LC_{50}：>2132 ppm(6h)；兔经皮 LD_{50}：1337mg/kg。

中毒表现 低浓度对眼和上呼吸道刺激症状。高浓度对中枢神经系统有抑制作用。

侵入途径 吸入、食入、经皮吸收。

理化特性与用途

理化特性　无色至淡黄色透明液体，有水果香味。不溶于水，混溶于乙醇、乙醚。熔点-16℃，沸点173℃，相对密度(水=1)0.82(20℃/4℃)，相对蒸气密度(空气=1)4.4，饱和蒸气压0.18kPa(25℃)，辛醇/水分配系数2.37，闪点52℃(闭杯)。

主要用途　用于调制硝基漆和作为化学试剂，也用作香精。

包装与储运

安全储运　储存于阴凉、通风的库房。远离火种、热源。应与强氧化剂、强碱等隔离储运。搬运时轻装轻卸，防止容器受损。

紧急处置信息

急救措施

吸入：迅速脱离现场至空气新鲜处。保持呼吸道通畅。如呼吸困难，给输氧。呼吸、心跳停止，立即进行心肺复苏术。就医。

眼睛接触：立即分开眼睑，用流动清水或生理盐水彻底冲洗。就医。

皮肤接触：立即脱去污染的衣着，用流动清水彻底冲洗。就医。

食入：漱口，饮水。就医。

灭火方法　消防人员须佩戴防毒面具，穿全身消防服，在上风向灭火。尽可能将容器从火场移至空旷处。喷水保持火场容器冷却，直至灭火结束。处在火场中的容器若已变色或从安全泄压装置中发出响声，必须马上撤离。

灭火剂：雾状水、泡沫、干粉、二氧化碳、沙土。

泄漏应急处置　根据液体流动和蒸气扩散的影响区域划定警戒区，无关人员从侧风、上风向撤离至安全区。消除所有点火源。建议应急处理人员戴防毒面具，穿一般作业工作服。尽可能切断泄漏源。防止泄漏物进入水体、下水道、地下室或有限空间。小量泄漏：用干燥的沙土或其他不燃材料吸收或覆盖，收集于容器中。大量泄漏：构筑围堤或挖坑收容。用泵转移至槽车或专用收集器内。

357. 甲基膦酸二甲酯

标　识

中文名称　甲基膦酸二甲酯

英文名称　Dimethyl methylphosphonate; Phosphonic acid, methyl-, dimethyl ester

分子式　$C_3H_9O_3P$

CAS 号　756-79-6

危害信息

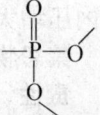

燃烧与爆炸危险性　易燃。其蒸气与空气混合能形成爆炸性混合物，遇明火、高热易燃烧或爆炸。燃烧产生具有腐蚀性的磷氧化物。在高温火场中，受热的容器或储罐有破裂和爆炸的危险

禁忌物　强氧化剂、强酸。

毒性　大鼠经口 LD_{50}：8210mg/kg；小鼠经口 LD_{50}：>6810mg/kg；大鼠吸入 LC_{50}：>36100mg/m^3(1h)；兔经皮 LD_{50}：>2g/kg。

中毒表现　对眼、皮肤、黏膜和上呼吸道有刺激性。有弱的胆碱酯酶抑制作用。

侵入途径　吸入、食入、经皮吸收

理化特性与用途

理化特性　无色透明液体。与水混溶，混溶于乙醇、乙醚、丙酮、苯、四氯化碳等。沸点 181℃，相对密度(水=1)1.16，饱和蒸气压 0.13kPa(25℃)，辛醇/水分配系数-0.61，闪点 43℃。

主要用途　广泛用作聚氨酯泡沫塑料、聚氨酯树脂、环氧树脂等材料的添加型阻燃剂；也用作溶剂、液压流体、消泡剂、增塑剂、稳定剂等。

包装与储运

安全储运　储存于阴凉、通风的库房。远离火种、热源。应与强氧化剂等隔离储运。搬运时轻装轻卸，防止容器受损。

紧急处置信息

急救措施

吸入：迅速脱离现场至空气新鲜处。保持呼吸道通畅。如呼吸困难，给输氧。呼吸、心跳停止，立即进行心肺复苏术。就医。

眼睛接触：分开眼睑，用流动清水或生理盐水冲洗。就医。

皮肤接触：立即脱去污染的衣着，用肥皂水及流动清水彻底冲洗污染的皮肤、头发、指甲等。就医。

食入：饮足量温水，催吐(仅限于清醒者)。口服活性炭。就医。

解毒剂：阿托品、胆碱酯酶复能剂。

灭火方法　消防人员须穿全身消防服，佩戴正压自给式呼吸器，在上风向灭火。尽可能将容器从火场移至空旷处。喷水保持火场容器冷却，直至灭火结束。处在火场中的容器若发生异常变化或发出异常声音，须马上撤离。

灭火剂：抗溶性泡沫、二氧化碳、干粉、沙土。

泄漏应急处置　消除所有点火源。根据液体流动和蒸气扩散的影响区域划定警戒区，无关人员从侧风、上风向撤离至安全区。建议应急处理人员戴正压自给式呼吸器，穿防静电服，戴橡胶耐油手套。作业时使用的所有设备应接地。禁止接触或跨越泄漏物。尽可能切断泄漏源。防止泄漏物进入水体、下水道、地下室或有限空间。小量泄漏：用沙土或其他不燃材料吸收。使用洁净的无火花工具收集吸收材料。大量泄漏：构筑围堤或挖坑收容。用抗溶性泡沫覆盖，减少蒸发。喷水雾能减少蒸发，但不能降低泄漏物在有限空间内的易燃性。用防爆泵转移至槽车或专用收集器内。

358. 甲基膦酰二氯

标　识

中文名称　甲基膦酰二氯

358. 甲基膦酰二氯

英文名称 Methyl phosphonic dichloride；Methyl dichlorophosphine oxide

别名 二氯甲基氧膦

分子式 CH_3Cl_2OP

CAS 号 676-97-1

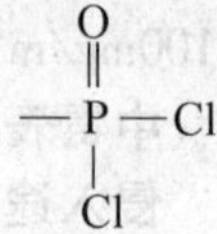

危害信息

危险性类别 第6类 有毒品

燃烧与爆炸危险性 可燃。其粉体与空气混合能形成爆炸性混合物，遇明火高热有引起燃烧爆炸的危险。在高温火场中，受热的容器有破裂和爆炸的危险 。燃烧或受热分解产生有毒和腐蚀性的烟气。

禁忌物 强氧化剂。

毒性 大鼠吸入 LC_{50}：26 ppm(4h)。

中毒表现 吸入或食入引起中毒。对呼吸道有刺激性，高浓度吸入引起肺水肿(可迟发)，重者引起死亡。有腐蚀性，眼和皮肤接触引起灼伤。

长期接触可引起肺刺激或支气管炎。

侵入途径 吸入、食入。

理化特性与用途

理化特性 白色结晶固体，有刺激性气味，有吸湿性。溶于水。熔点 32℃，沸点 163℃，相对密度(水=1)1.468，饱和蒸气压 1.48kPa(25℃)，辛醇/水分配系数-0.13，闪点 110℃(闭杯)。

主要用途 用于制含有甲基膦酸酯的寡核苷酸。

包装与储运

包装标志 有毒品

包装类别 Ⅰ类

安全储运 储存于阴凉、通风的库房。远离火种、热源。储存温度不超过 32℃，相对湿度不超过 80%。保持容器密封。应与强氧化剂、强碱、醇类等隔离储运。搬运时轻装轻卸，防止容器受损 。

紧急处置信息

急救措施

吸入：迅速脱离现场至空气新鲜处。保持呼吸道通畅。如呼吸困难，给输氧。呼吸、心跳停止，立即进行心肺复苏术。就医。

眼睛接触：立即分开眼睑，用流动清水或生理盐水彻底冲洗 10~15min。就医。

皮肤接触：立即脱去污染的衣着，用大量流动清水彻底冲洗，冲洗时间一般要求 20~30min。就医。

食入：用水漱口，禁止催吐。给饮牛奶或蛋清。就医。

灭火方法 消防人员须穿全身消防服，佩戴正压自给式呼吸器，在上风向灭火。尽可能将容器从火场移至空旷处。喷水保持火场容器冷却，直至灭火结束。

灭火剂：雾状水、抗溶性泡沫、二氧化碳、干粉、沙土。

泄漏应急处置 隔离泄漏污染区，限制出入。消除所有点火源。建议应急处理人员戴防尘口罩，穿一般作业工作服。尽可能切断泄漏源。用塑料布覆盖泄漏物，减少飞散。勿使水进入包装容器内。用洁净的铲子收集泄漏物，置于干净、干燥、盖子较松的容器中，将容器移离泄漏区。

359. N′-(2-甲基-4-氯苯基)-N,N-二甲基甲脒盐酸盐

标　识

中文名称　N′-(2-甲基-4-氯苯基)-N，N-二甲基甲脒盐酸盐

英文名称　Chlordimeformhydrochloride；N′-(4-Chloro-o-tolyl)-N，N-dimethylformamidine monohydrochloride；N2-(4-Chloro-o-tolyl)-N1，N1-dimethylformamidine hydorchloride

别名　杀虫脒盐酸盐

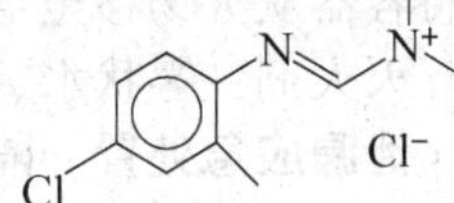

分子式　$C_{10}H_{13}ClN_2$. HCl

CAS 号　19750-95-9

危害信息

危险性类别　第 6 类　有毒品

燃烧与爆炸危险性　可燃。其粉体与空气混合能形成爆炸性混合物，遇明火高热有引起燃烧爆炸的危险。燃烧产生有毒和酸性烟雾。

禁忌物　强氧化剂。

毒性　大鼠经口 LD_{50}：225mg/kg；小鼠经口 LD_{50}：290mg/kg；大鼠经皮 LD_{50}：4g/kg；兔经皮 LD_{50}：>4g/kg。

欧盟法规 1272/2008/EC 将本品列为第 2 类致癌物——可疑的人类致癌物。

中毒表现　本品主要毒作用表现为意识障碍、高铁血红蛋白血症及出血性膀胱炎。短期内大量经皮肤、呼吸道吸收及口服致中毒出现头昏、头痛、乏力、胸闷、恶心、嗜睡、紫绀、尿急、尿频、尿痛、血尿，甚至昏迷。部分中毒者可有心肌损害。血高铁血红蛋白含量升高，大于 10%。

侵入途径　吸入、食入、经皮吸收。

环境危害　对水生生物有极高毒性，可能在水生环境中造成长期不利影响。

理化特性与用途

理化特性　无色结晶。溶于水，溶于甲醇，微溶于苯、己烷、氯仿。熔点 225～227℃(分解)，相对密度(水＝1) 1.11，相对蒸气密度(空气＝1) 8.03，饱和蒸气压 0.03mPa (20℃)，辛醇/水分配系数 2.89 。

主要用途　用作杀虫剂、杀螨剂。主要用于防治水稻螟虫，也可用于防治棉花红蜘蛛、红铃虫和果树红蜘蛛、介壳虫等。

包装与储运

包装标志　有毒品

包装类别　Ⅲ类

安全储运　储存于阴凉、通风的库房。远离火种、热源。储存温度不超过 35℃，相对湿度不超过 85%。保持容器密封。应与强氧化剂、强酸、碱等隔离储运。搬运时轻装轻卸，防止容器受损。

紧急处置信息

急救措施

吸入：立即脱离接触。如呼吸困难，给吸氧。如呼吸心跳停止，立即行心肺复苏术。就医。

眼睛接触：分开眼睑，用清水或生理盐水冲洗。就医。

皮肤接触：立即脱去污染衣着，用肥皂水或清水彻底冲洗。就医。

食入：饮足量温水，催吐(仅限于清醒者)。就医。

高铁血红蛋白血症，可用美蓝和维生素C治疗。

灭火方法 消防人员须穿全身消防服，佩戴正压自给式呼吸器，在上风向灭火。尽可能将容器从火场移至空旷处。喷水保持火场容器冷却，直至灭火结束。

灭火剂：雾状水、泡沫、二氧化碳、干粉、沙土。

泄漏应急处置 隔离泄漏污染区，限制出入。建议应急处理人员戴防尘口罩，穿防毒服。穿上适当的防护服前严禁接触破裂的容器和泄漏物。尽可能切断泄漏源。用塑料布覆盖泄漏物，减少飞散。勿使水进入包装容器内。用洁净的铲子收集泄漏物，置于干净、干燥、盖子较松的容器中，将容器移离泄漏区。

360. 甲基-3-氯-5-(4,6-二甲氧基-2-嘧啶基氨基甲酰基氨磺酰基)-1-甲基吡唑-4-甲酸酯

标　识

中文名称 甲基-3-氯-5-(4，6-二甲氧基-2-嘧啶基氨基甲酰基氨磺酰基)-1-甲基吡唑-4-甲酸酯

英文名称 Methyl-3- chloro-5-(4，6-dimethoxy-2-pyrimidinyl carbamoyl sulfamoyl)-1- methyl pyrazole-4-carboxylate；Halosulfuron-methyl

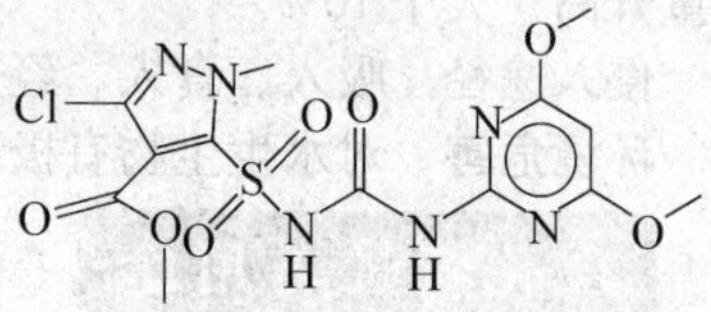

别名 氯吡嘧磺隆

分子式 $C_{13}H_{15}ClN_6O_7S$

CAS 号 100784-20-1

危害信息

燃烧与爆炸危险性 可燃。其粉体与空气混合能形成爆炸性混合物，遇明火高热有引起燃烧爆炸的危险。燃烧产生有毒的氮氧化物和硫氧化物气体。

禁忌物 强氧化剂。

毒性 大鼠腹腔内 LD_{50}：1164mg/kg；小鼠腹腔内 LD_{50}：1215mg/kg 。

侵入途径 吸入、食入。

环境危害 对水生生物有极高毒性，可能在水生环境中造成长期不利影响。

理化特性与用途

理化特性 白色粉末，有轻微的醋酸气味。熔点 176℃，相对密度(水=1)1.618，辛醇/水分配系数-0.02。

主要用途 除草剂。用于小麦、玉米、水稻、甘蔗、草坪等防除阔叶杂草和莎草科杂草。

包装与储运

包装标志 杂项

包装类别 Ⅲ类

安全储运 储存于阴凉、通风的库房。远离火种、热源。应与强氧化剂等隔离储运。搬运时轻装轻卸，防止容器受损。

紧急处置信息

急救措施

吸入：迅速脱离现场至空气新鲜处。保持呼吸道通畅。如呼吸困难，给输氧。呼吸、心跳停止，立即进行心肺复苏术。就医。

眼睛接触：立即分开眼睑，用流动清水或生理盐水彻底冲洗。就医。

皮肤接触：立即脱去污染的衣着，用肥皂水和清水彻底冲洗。就医。

食入：漱口，饮水。就医。

灭火方法 消防人员须穿全身消防服，佩戴正压自给式呼吸器，在上风向灭火。尽可能将容器从火场移至空旷处。喷水保持火场容器冷却，直至灭火结束。

灭火剂：雾状水、泡沫、二氧化碳、干粉、沙土。

泄漏应急处置 隔离泄漏污染区，限制出入。建议应急处理人员戴防尘口罩，穿防毒服。穿上适当的防护服前严禁接触破裂的容器和泄漏物。尽可能切断泄漏源。用塑料布覆盖泄漏物，减少飞散。勿使水进入包装容器内。用洁净的铲子收集泄漏物，置于干净、干燥、盖子较松的容器中，将容器移离泄漏区。

361. *N*-甲基-*N*-(1-萘基)单氟乙酰胺

标　识

中文名称 *N*-甲基-*N*-(1-萘基)单氟乙酰胺

英文名称 *N*-Methyl-*N*-(1-naphthyl) monofluoroacetamide; Nissol

别名 氟蚜螨

分子式 $C_{13}H_{12}FNO$

CAS 号 5903-13-9

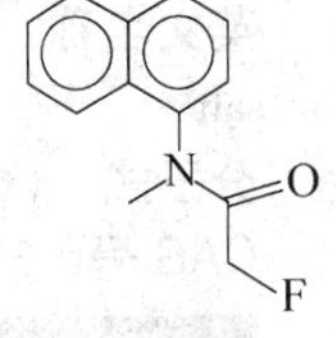

危害信息

危险性类别 第6类 有毒品

禁忌物 强氧化剂、强酸。

毒性 大鼠经口 LD_{50}：67mg/kg；小鼠经口 LD_{50}：200mg/kg；大鼠经皮 LD_{50}：213mg/kg；1750μg/kg 。

中毒表现 轻度中毒出现恶心、呕吐、头晕或单独皮疹；中度中毒出现四肢不规则抽搐；如出现昏迷、四肢强直性抽搐、呼吸加快且不规则则为重度中毒，可致死。

侵入途径 吸入、食入、经皮吸收。

环境危害 对水生生物有毒，可能在水生环境中造成长期不利影响。

理化特性与用途

理化特性 无色无臭固体。微溶于水。熔点86~88℃，饱和蒸气压2.7mPa(25℃)，辛醇/水分配系数2.37。

主要用途 用作农药。

包装与储运

包装标志 有毒品

包装类别 有毒品

安全储运 储存于阴凉、通风的库房。远离火种、热源。储存温度不超过35℃，相对湿度不超过85%。保持容器密封。应与强氧化剂等隔离储运。搬运时轻装轻卸，防止容器受损。

紧急处置信息

急救措施

吸入：迅速脱离现场至空气新鲜处。保持呼吸道通畅。如呼吸困难，给输氧。呼吸、心跳停止，立即进行心肺复苏术。就医。

眼睛接触：立即分开眼睑，用流动清水或生理盐水彻底冲洗。就医。

皮肤接触：立即脱去污染的衣着，用肥皂水和清水彻底冲洗。就医。

食入：饮适量温水，催吐(仅限于清醒者)。就医。

泄漏应急处置 隔离泄漏污染区，限制出入。建议应急处理人员戴防尘口罩，穿防毒服。穿上适当的防护服前严禁接触破裂的容器和泄漏物。尽可能切断泄漏源。用塑料布覆盖泄漏物，减少飞散。勿使水进入包装容器内。用洁净的铲子收集泄漏物，置于干净、干燥、盖子较松的容器中，将容器移离泄漏区。

362. 甲基砷酸铁

标　识

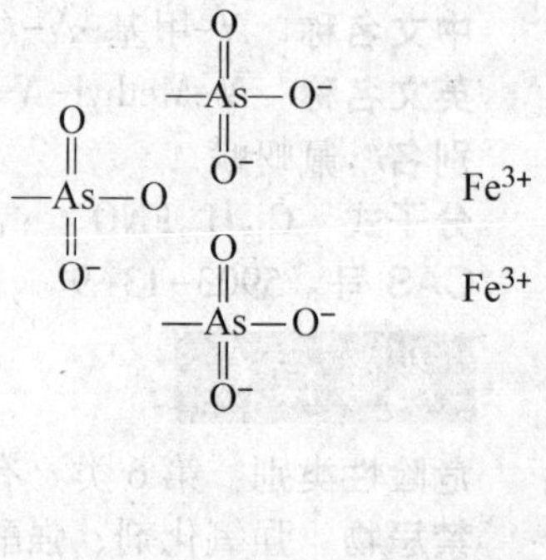

中文名称 甲基砷酸铁

英文名称 Iron methanearsonate; Methanearsonic acid, iron salt

分子式 $(CH_3AsO_3)_3Fe_2$

CAS号 33972-75-7

危害信息

燃烧与爆炸危险性 不燃。受热分解产生有毒、腐蚀性气体。

禁忌物 强氧化剂、强酸。

中毒表现 急性中毒可出现胃肠炎、神经系统损害，重者可引起休克、肾功能损害。砷中毒三日至三周出现急性周围神经病。部分患者出现中毒性肝、肾、心肌等损害。

侵入途径 吸入、食入、经皮吸收。

职业接触限值 美国(ACGIH)：TLV-TWA 1mg/m^3[按 Fe 计]。

理化特性与用途

理化特性 固体。难溶于水。

主要用途 用作农药、杀菌剂。

包装与储运

安全储运 储存于阴凉、通风的库房。远离火种、热源。应与强氧化剂等隔离储运。搬运时轻装轻卸，防止容器受损。

紧急处置信息

急救措施

吸入：迅速脱离现场至空气新鲜处。保持呼吸道通畅。如呼吸困难，给输氧。呼吸、心跳停止，立即进行心肺复苏术。就医。

眼睛接触：立即分开眼睑，用流动清水或生理盐水彻底冲洗。就医。

皮肤接触：立即脱去污染的衣着，用肥皂水和清水彻底冲洗。就医。

食入：饮适量温水，催吐(仅限于清醒者)。就医。

解毒剂：二巯基丙磺酸钠、二巯基丁二酸钠等。

泄漏应急处置 隔离泄漏污染区，限制出入。消除所有点火源。建议应急处理人员戴防尘口罩，穿防毒服。尽可能切断泄漏源。用塑料布覆盖泄漏物，减少飞散。勿使水进入包装容器内。用洁净的铲子收集泄漏物，置于干净、干燥、盖子较松的容器中，将容器移离泄漏区。

363. 甲基双乙磺丙烷

标　识

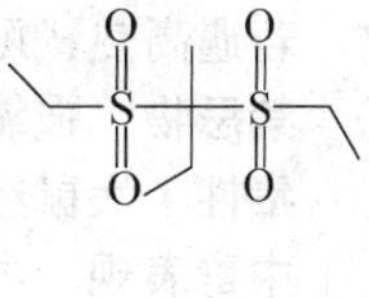

中文名称 甲基双乙磺丙烷

英文名称 2，2-Bis（ethylsulphonyl）butane；Sulfonethylmethane；Methyl sulfonal

别名 乙丁二砜；曲砜那

分子式 $C_8H_{18}O_4S_2$

CAS 号 76-20-0

危害信息

禁忌物 强氧化剂。

侵入途径 吸入、食入。

理化特性与用途

理化特性 无色无臭固体。微溶于水。熔点 74～76℃，沸点 444.4℃，相对密度(水=1)1.199，饱和蒸气压 2.3mPa(25℃)，辛醇/水分配系数 1.83。

主要用途 用作催眠剂。

包装与储运

安全储运　储存于阴凉、通风的库房。远离火种、热源。应与强氧化剂等隔离储运。搬运时轻装轻卸，防止容器受损。

紧急处置信息

急救措施

吸入：迅速脱离现场至空气新鲜处。保持呼吸道通畅。如呼吸困难，给输氧。呼吸、心跳停止，立即进行心肺复苏术。就医。

眼睛接触：立即分开眼睑，用流动清水或生理盐水彻底冲洗。就医。

皮肤接触：立即脱去污染的衣着，用肥皂水和清水彻底冲洗。就医。

食入：漱口，饮水。就医。

泄漏应急处置　迅速建立警戒区，无关人员撤离至安全区。应急人员应戴全面罩防尘口罩，穿防毒服。用洁净的铲子收集泄漏物。若大量泄漏，用塑料布、帆布覆盖，防止飞散。

364. 3-甲基戊二醛

标　识

中文名称　3-甲基戊二醛

英文名称　3-Methyl glutaraldehyde；3-Methyl pentanedial

别名　3-甲基-1，5-戊二醛

分子式　$C_6H_{10}O_2$

CAS 号　6280-15-5

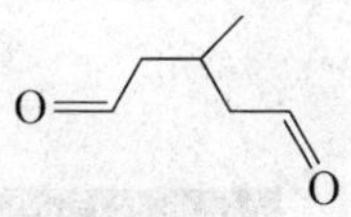

危害信息

燃烧与爆炸危险性　可燃。其蒸气与空气混合，能形成爆炸性混合物。若遇高热，可发生聚合反应，放出大量热量而引起容器破裂和爆炸事故。

禁忌物　强氧化剂、强酸。

毒性　大鼠经口 LD_{50}：780mg/kg；兔经皮 LD_{50}：300mg/kg。

中毒表现　本品对眼睛、皮肤及黏膜有刺激作用。

侵入途径　吸入、食入、经皮吸收。

理化特性与用途

理化特性　无色液体。微溶于水。沸点 197.3℃、82～84℃(1.9kPa)，相对密度(水=1)0.931，相对蒸气密度 4.0(空气=1)，饱和蒸气压 0.05kPa(25℃)，闪点 69.6℃。

主要用途　用于有机合成。

包装与储运

安全储运　储存于阴凉、通风的库房。远离火种、热源。应与强氧化剂、强酸等隔离储运。搬运时轻装轻卸，防止容器受损。

紧急处置信息

急救措施

吸入：迅速脱离现场至空气新鲜处。保持呼吸道通畅。如呼吸困难，给输氧。呼吸、心跳停止，立即进行心肺复苏术。就医。

眼睛接触：立即分开眼睑，用流动清水或生理盐水彻底冲洗。就医。

皮肤接触：立即脱去污染的衣着，用流动清水彻底冲洗。就医。

食入：漱口，饮水。就医。

灭火方法 消防人员须佩戴防毒面具，穿全身消防服，在上风向灭火。尽可能将容器从火场移至空旷处。喷水保持火场容器冷却，直至灭火结束。处在火场中的容器若已变色或从安全泄压装置中发出响声，必须马上撤离。

灭火剂：雾状水、泡沫、干粉、二氧化碳、沙土。

泄漏应急处置 根据液体流动和蒸气扩散的影响区域划定警戒区，无关人员从侧风、上风向撤离至安全区。消除所有点火源。建议应急处理人员戴正压自给式呼吸器，穿防毒服。穿上适当的防护服前严禁接触破裂的容器和泄漏物。尽可能切断泄漏源。防止泄漏物进入水体、下水道、地下室或有限空间。小量泄漏：用干燥的沙土或其他不燃材料吸收或覆盖，收集于容器中。大量泄漏：构筑围堤或挖坑收容。用泵转移至槽车或专用收集器内。

365. 甲基戊二烯

标　识

中文名称 甲基戊二烯

英文名称 Methylpentadiene；4-Methylpenta-1，3-diene

别名 4-甲基-1，3-戊二烯

分子式 C_6H_{10}

CAS 号 54363-49-4

铁危编号 31015

UN 号 2461

危害信息

危险性类别 第3类 易燃液体

燃烧与爆炸危险性 极易燃。其蒸气与空气混合能形成爆炸性混合物，遇明火、高热极易燃烧或爆炸。其蒸气比空气重，能在较低处扩散到相当远的地方，遇明火会引着回燃。遇高热能发生聚合反应。在高温火场中，受热的容器或储罐有破裂和爆炸的危险。

禁忌物 强氧化剂。

毒性 小鼠吸入 *LCLo*：12200 ppm(4h)。

侵入途径 吸入、食入。

理化特性与用途

理化特性 无色透明液体，有石油气味。不溶于水。熔点-137℃，沸点76.5℃，相对密度(水=1)0.718，饱和蒸气压18.62kPa(25℃)，辛醇/水分配系数2.99，临界温度

254℃，临界压力 3.49MPa，闪点-34℃ 。

主要用途 用于有机合成。

包装与储运

包装标志 易燃液体

包装类别 Ⅱ类

安全储运 储存于阴凉、通风的库房。远离火种、热源，避免阳光直射。储存温度不超过 29℃。炎热季节早晚运输，应与氧化剂等隔离储运。禁止使用易产生火花的机械设备和工具。灌装时注意控制流速，防止静电积聚。搬运时轻装轻卸，防止容器受损。

紧急处置信息

急救措施

吸入：迅速脱离现场至空气新鲜处。保持呼吸道通畅。如呼吸困难，给输氧。呼吸、心跳停止，立即进行心肺复苏术。就医。

眼睛接触：立即分开眼睑，用流动清水或生理盐水彻底冲洗。就医。

皮肤接触：立即脱去污染的衣着，用肥皂水和清水彻底冲洗。就医。

食入：漱口，饮水。就医。

灭火方法 消防人员须穿全身消防服，佩戴空气呼吸器，在上风向灭火。尽可能将容器从火场移至空旷处。喷水保持火场容器冷却，直至灭火结束。处在火场中的容器若发生异常变化或发出异常声音，须马上撤离。

灭火剂：泡沫、二氧化碳、干粉、沙土。用水灭火无效。

泄漏应急处置 消除所有点火源。根据液体流动和蒸气扩散的影响区域划定警戒区，无关人员从侧风、上风向撤离至安全区。建议应急处理人员戴正压自给式呼吸器，穿防毒、防静电服，戴橡胶耐油手套。作业时使用的所有设备应接地。禁止接触或跨越泄漏物。尽可能切断泄漏源。防止泄漏物进入水体、下水道、地下室或有限空间。小量泄漏：用沙土或其他不燃材料吸收。使用洁净的无火花工具收集吸收材料。大量泄漏：构筑围堤或挖坑收容。用泡沫覆盖，减少蒸发。喷水雾能减少蒸发，但不能降低泄漏物在有限空间内的易燃性。用防爆泵转移至槽车或专用收集器内。

366. 4-甲基戊酸

标　识

中文名称 4-甲基戊酸

英文名称 4-Methylpentanoic acid；4-Methylvaleric acid ；Isohexanoic acid

别名 异己酸

分子式 $C_6H_{12}O_2$

CAS 号 646-07-1

OH
O

危害信息

燃烧与爆炸危险性 可燃。其蒸气与空气混合，能形成爆炸性混合物。

禁忌物 强氧化剂、强碱。

毒性 大鼠经口 LD_{50}：2050mg/kg；兔经皮 LD_{50}：1050μL /kg。

中毒表现 对呼吸道、眼、皮肤有刺激性。

侵入途径 吸入、食入、经皮吸收。

理化特性与用途

理化特性 无色至淡棕色透明液体。微溶于水，溶于乙醇。熔点 -35℃，沸点 200.5℃，相对密度(水=1)0.922，相对蒸气密度(空气=1)4，饱和蒸气压 0.06kPa (25℃)，辛醇/水分配系数 1.98，闪点 97℃。

主要用途 用于有机合成，是制造增塑剂、药物、香料等的中间体。

包装与储运

安全储运 储存于阴凉、通风的库房。远离火种、热源。应与强氧化剂、碱类等隔离储运。搬运时轻装轻卸，防止容器受损。

紧急处置信息

急救措施

吸入：迅速脱离现场至空气新鲜处。保持呼吸道通畅。如呼吸困难，给输氧。呼吸、心跳停止，立即进行心肺复苏术。就医。

眼睛接触：立即分开眼睑，用流动清水或生理盐水彻底冲洗。就医。

皮肤接触：立即脱去污染的衣着，用肥皂水和清水彻底冲洗。就医。

食入：漱口，饮水。就医。

灭火方法 消防人员必须穿全身耐酸碱消防服，佩戴空气呼吸器，在上风向灭火。尽可能将容器从火场移至空旷处。喷水保持火场容器冷却，直至灭火结束。处在火场中的容器若已变色或从安全泄压装置中发出响声，必须马上撤离。

灭火剂：雾状水、泡沫、干粉、二氧化碳、沙土。

泄漏应急处置 根据液体流动和蒸气扩散的影响区域划定警戒区，无关人员从侧风、上风向撤离至安全区。消除所有点火源。建议应急处理人员戴防毒面具，穿防腐蚀服。穿上适当的防护服前严禁接触破裂的容器和泄漏物。尽可能切断泄漏源。防止泄漏物进入水体、下水道、地下室或有限空间。小量泄漏：用干燥的沙土或其他不燃材料吸收或覆盖，收集于容器中。大量泄漏：构筑围堤或挖坑收容。用耐腐蚀泵转移至槽车或专用收集器内。

367. 2-甲基-2-戊烯醛

标 识

中文名称 2-甲基-2-戊烯醛

英文名称 2-Methylpent-2-enal；2-Methyl-2-pentenal；2-Methyl-3-ethyl acrolein

O

别名 3-乙基-2-甲基丙烯醛；α-甲基-β-乙基丙烯醛

分子式 $C_6H_{10}O$

CAS 号 623-36-9

危害信息

危险性类别 第3类 易燃液体

燃烧与爆炸危险性 易燃。其蒸气与空气混合，能形成爆炸性混合物。蒸气比空气重，能在较低处扩散到相当远的地方，遇火源会着火回燃和爆炸(闪爆)。若遇高热，容器内压增大，有开裂和爆炸的危险。

禁忌物 强氧化剂、强碱、强酸。

毒性 大鼠经口 LD_{50}：4290mg/kg；大鼠吸入 LC_{50}：2000ppm(4h)；兔经皮 LD_{50}：4500μL/kg。

中毒表现 吸入：头晕、嗜睡。误服易呛入气管，引起吸入性肺炎。眼接触：刺激症状。皮肤接触：脱脂、干燥。

侵入途径 吸入、食入、经皮吸收。

理化特性与用途

理化特性 无色至淡黄色透明液体。溶于苯、乙醇、乙醚。沸点 136~138℃，相对密度(水=1)0.86，相对蒸气密度(空气=1)3.3，饱和蒸气压 0.93kPa(20℃)，辛醇/水分配系数 1.64，闪点 31.67℃。

主要用途 用于有机合成，用作食品调味剂。

包装与储运

包装标志 易燃液体

包装类别 Ⅲ类

安全储运 储存于阴凉、通风的库房。远离火种、热源，避免阳光直射。储存温度不超过37℃。炎热季节早晚运输，应与氧化剂、强酸、强碱等隔离储运。禁止使用易产生火花的机械设备和工具。搬运时轻装轻卸，防止容器受损。

紧急处置信息

急救措施

吸入：迅速脱离现场至空气新鲜处。保持呼吸道通畅。如呼吸困难，给输氧。呼吸、心跳停止，立即进行心肺复苏术。就医。

眼睛接触：立即分开眼睑，用流动清水或生理盐水彻底冲洗。就医。

皮肤接触：立即脱去污染的衣着，用流动清水彻底冲洗。就医。

食入：漱口，饮水。禁止催吐。就医。

灭火方法 消防人员须佩戴防毒面具，穿全身消防服，在上风向灭火。尽可能将容器从火场移至空旷处。喷水保持火场容器冷却，直至灭火结束。处在火场中的容器若已变色或从安全泄压装置中发出响声，必须马上撤离。

灭火剂：雾状水、泡沫、干粉、二氧化碳、沙土。

泄漏应急处置 根据液体流动和蒸气扩散的影响区域划定警戒区，无关人员从侧风、上风向撤离至安全区。消除所有点火源。建议应急处理人员戴防毒面具，穿防静电服。作业时使用的所有设备应接地。禁止接触或跨越泄漏物。尽可能切断泄漏源。防止泄漏物进入水体、下水道、地下室或有限空间。小量泄漏：用沙土或其他不燃材料吸收。使用洁净的无火花工具收集吸收材料。大量泄漏：构筑围堤或挖坑收容。用泡沫覆盖，减少蒸发。喷水雾能减少蒸发，但不能降低泄漏物在有限空间内的易燃性。用防爆泵转移至槽车或专用收集器内。

368. 甲基溴化镁［在乙醚中］

标　识

中文名称　甲基溴化镁［在乙醚中］

英文名称　Methyl magnesium bromide［in ethyl ether］；Methylmagnesium bromide

别名　格利雅溶液；溴化甲基镁的乙醚溶液；甲基溴化镁的乙醚溶液

分子式　CH_3BrMg　　— Mg — Br

CAS 号　75-16-1

铁危编号　43048

UN 号　1928

危害信息

危险性类别　第 4.3 类　遇湿易燃物品

燃烧与爆炸危险性　遇湿易燃。其蒸气比空气重，能在较低处扩散到相当远的地方，遇明火会引着回燃。与氧化剂能发生强烈反应。遇水强烈分解，放出易燃的气体。接触空气或在光照条件下可生成具有潜在爆炸危险性的过氧化物。若遇高热，容器内压增大，有开裂和爆炸的危险。

活性反应　遇水或酸能发生化学反应。与氧化剂能发生强烈反应。

禁忌物　氧化剂、还原剂、氧、醇类、酸、水。

中毒表现　黏膜、皮肤直接接触本品可引起化学灼伤和热烧伤。

侵入途径　吸入、食入、经皮吸收。

理化特性与用途

理化特性　通常为乙醚溶液。灰褐色液体。溶于乙醚、四氢呋喃，不溶于烃类。与水发生剧烈反应。相对密度(水=1)1.035，闪点-40℃ 。

主要用途　用于有机合成。

包装与储运

包装标志　遇湿易燃物品，易燃液体。

包装类别　Ⅰ类

安全储运　储存于阴凉、干燥、通风良好的专用库房内，远离火种、热源。防止阳光直射。库温不超过 32℃。相对湿度不超过 75%。包装必须密封，切勿受潮。应与氧化剂、还原剂、醇类等等隔离储运。不宜大量储存或久存。采用防爆型照明、通风设施。禁止使用易产生火花的机械设备和工具。

紧急处置信息

急救措施

吸入：迅速脱离现场至空气新鲜处。保持呼吸道通畅。如呼吸困难，给输氧。呼吸、心跳停止，立即进行心肺复苏术。就医。

眼睛接触：立即分开眼睑，用流动清水或生理盐水彻底冲洗 10~15min。就医。

皮肤接触：立即脱去污染的衣着，用大量流动清水彻底冲洗，冲洗时间一般要求 20~30min。就医。

食入：用水漱口，禁止催吐。给饮牛奶或蛋清。就医。

灭火方法　消防人员必须佩戴空气呼吸器，穿全身防火防毒服，在上风向灭火。尽可能将容器从火场移至空旷处。喷水保持火场容器冷却，直至灭火结束。处在火场中的容器若已变色或从安全泄压装置中发出响声，必须马上撤离。禁止用水和泡沫灭火。

灭火剂：干粉、二氧化碳、沙土。

泄漏应急处置　消除所有点火源。根据液体流动和蒸气扩散的影响区域划定警戒区，无关人员从侧风、上风向撤离至安全区。建议应急处理人员戴正压自给式呼吸器，穿防毒、防静电服。禁止接触或跨越泄漏物。尽可能切断泄漏源。防止泄漏物进入水体、下水道、地下室或有限空间。小量泄漏：用干燥的沙土或其他不燃材料覆盖泄漏物，用洁净的无火花工具收集泄漏物，置于一盖子较松的塑料容器中，待处置。大量泄漏：构筑围堤或挖坑收容。用防爆泵转移至槽车或专用收集器内。

369. 2-甲基-3-乙基丙烯醛

标　识

中文名称　2-甲基-3-乙基丙烯醛

英文名称　2-Methyl-3-ethyl acrolein

别名　2-甲基-2-戊烯醛

分子式　$C_6H_{10}O$

CAS 号　623-36-9

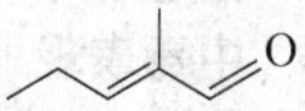

危害信息

危险性类别　第 3 类　易燃液体

燃烧与爆炸危险性　易燃。其蒸气与空气混合，能形成爆炸性混合物。若遇高热，可发生聚合反应，放出大量热量而引起容器破裂和爆炸事故。蒸气比空气重，能在较低处扩散到相当远的地方，遇火源会着火回燃和爆炸(闪爆)。

禁忌物　强氧化剂、强酸。

毒性　大鼠经口 LD_{50}：4290mg/kg；小鼠经口 LD_{50}：4290mg/kg；大鼠吸入 LC_{50}：2000ppm(4h)；小鼠吸入 LC_{50}：8000mg/m^3(4h)；兔经皮 LD_{50}：4500mg/kg。

中毒表现　本品对眼睛、皮肤有刺激作用。吸入、摄入或经皮肤吸收后对身体有害。

侵入途径　吸入、食入、经皮吸收。

理化特性与用途

理化特性　无色至黄色透明液体。溶于乙醇、乙醚、苯。沸点 136.5℃，相对密度(水=1)0.86，相对蒸气密度(空气=1)3.3，饱和蒸气压 0.93kPa(20℃)，辛醇/水分配系数 1.64，闪点 31℃ 。

主要用途　用于有机合成。

包装与储运

包装标志 易燃液体

包装类别 Ⅲ类

安全储运 储存于阴凉、通风的库房。远离火种、热源，避免阳光直射。储存温度不超过37℃。炎热季节早晚运输，应与氧化剂、强酸、胺类等隔离储运。禁止使用易产生火花的机械设备和工具。搬运时轻装轻卸，防止容器受损。

紧急处置信息

急救措施

吸入：迅速脱离现场至空气新鲜处。保持呼吸道通畅。如呼吸困难，给输氧。呼吸、心跳停止，立即进行心肺复苏术。就医。

眼睛接触：立即分开眼睑，用流动清水或生理盐水彻底冲洗。就医。

皮肤接触：立即脱去污染的衣着，用流动清水彻底冲洗。就医。

食入：漱口，饮水。就医。

灭火方法 消防人员须佩戴防毒面具，穿全身消防服，在上风向灭火。尽可能将容器从火场移至空旷处。喷水保持火场容器冷却，直至灭火结束。处在火场中的容器若已变色或从安全泄压装置中发出响声，必须马上撤离。

灭火剂：雾状水、泡沫、干粉、二氧化碳、沙土。

泄漏应急处置 根据液体流动和蒸气扩散的影响区域划定警戒区，无关人员从侧风、上风向撤离至安全区。消除所有点火源。建议应急处理人员戴正压自给式呼吸器，穿防静电服。作业时使用的所有设备应接地。禁止接触或跨越泄漏物。尽可能切断泄漏源。防止泄漏物进入水体、下水道、地下室或有限空间。小量泄漏：用沙土或其他不燃材料吸收。使用洁净的无火花工具收集吸收材料。大量泄漏：构筑围堤或挖坑收容。用泡沫覆盖，减少蒸发。喷水雾能减少蒸发，但不能降低泄漏物在有限空间内的易燃性。用防爆泵转移至槽车或专用收集器内。

370. 甲基异丙基醚

标　识

中文名称 甲基异丙基醚

英文名称 Isopropyl methyl ether；Methyl isopropyl ether；2-Methoxypropane

别名 2-甲氧基丙烷

分子式 $C_4H_{10}O$

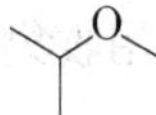

CAS 号 598-53-8

危害信息

危险性类别 第3类 易燃液体

燃烧与爆炸危险性 易燃。其蒸气与空气混合，能形成爆炸性混合物。蒸气比空气重，能在较低处扩散到相当远的地方，遇火源会着火回燃和爆炸(闪爆)。若遇高热，容器内压增大，有开裂和爆炸的危险。

活性反应 与氧化剂能发生强烈反应。

禁忌物 强氧化剂、强酸。

毒性 小鼠吸入 LC_{50}：407 g/m^3(15min)。

侵入途径 吸入、食入。

理化特性与用途

理化特性 无色液体。溶于水。沸点 30.77℃，相对密度(水=1)0.724，饱和蒸气压 80.47kPa(25℃)，辛醇/水分配系数 0.98，闪点 -47℃，临界温度 191.33℃，临界压力 3.76MPa。

主要用途 用作麻醉剂，用作医药中间体。

包装与储运

包装标志 易燃液体

包装类别 Ⅲ类

安全储运 储存于阴凉、通风的库房。远离火种、热源，避免阳光直射。储存温度不超过 37℃。炎热季节早晚运输，应与氧化剂、强酸等隔离储运。禁止使用易产生火花的机械设备和工具。搬运时轻装轻卸，防止容器受损。

紧急处置信息

急救措施

吸入：迅速脱离现场至空气新鲜处。保持呼吸道通畅。如呼吸困难，给输氧。呼吸、心跳停止，立即进行心肺复苏术。就医。

眼睛接触：立即分开眼睑，用流动清水或生理盐水彻底冲洗。就医。

皮肤接触：立即脱去污染的衣着，用流动清水彻底冲洗。就医。

食入：漱口，饮水。就医。

灭火方法 消防人员须佩戴防毒面具，穿全身消防服，在上风向灭火。尽可能将容器从火场移至空旷处。喷水保持火场容器冷却，直至灭火结束。处在火场中的容器若已变色或从安全泄压装置中发出响声，必须马上撤离。

灭火剂：雾状水、泡沫、干粉、二氧化碳、沙土。

泄漏应急处置 根据液体流动和蒸气扩散的影响区域划定警戒区，无关人员从侧风、上风向撤离至安全区。消除所有点火源。建议应急处理人员戴正压自给式呼吸器，穿防毒服。作业时使用的所有设备应接地。禁止接触或跨越泄漏物。尽可能切断泄漏源。防止泄漏物进入水体、下水道、地下室或有限空间。小量泄漏：用沙土或其他不燃材料吸收。使用洁净的无火花工具收集吸收材料。大量泄漏：构筑围堤或挖坑收容。用泡沫覆盖，减少蒸发。喷水雾能减少蒸发，但不能降低泄漏物在有限空间内的易燃性。用泵转移至槽车或专用收集器内。

371. 甲基异丙烯基醚

标　识

中文名称 甲基异丙烯基醚

英文名称 Isopropenyl methyl ether；2-Methoxy-1-propene；Methyl isopropenyl ether

别名 2-甲氧基-1-丙烯

分子式 C_4H_8O

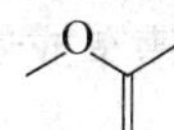

CAS 号 116-11-0

危害信息

危险性类别 第3类 易燃液体

燃烧与爆炸危险性 易燃。其蒸气与空气混合，能形成爆炸性混合物。蒸气比空气重，能在较低处扩散到相当远的地方，遇火源会着火回燃和爆炸(闪爆)。若遇高热，可发生聚合反应，放出大量热量而引起容器破裂和爆炸事故。

活性反应 与氧化剂能发生强烈反应。

禁忌物 强氧化剂、强酸。

毒性 大鼠经口 LD_{50}：1870μL/kg；兔经皮 LD_{50}：>20mL/kg；大鼠吸入 $LCLo$：64000 ppm(4h)。

中毒表现 本品具有刺激作用。

侵入途径 吸入、食入、经皮吸收。

理化特性与用途

理化特性 无色透明液体，有乙醚样气味。沸点35~36℃，相对密度(水=1)0.78，相对蒸气密度(空气=1)2.49，饱和蒸气压68.76kPa(25℃)，辛醇/水分配系数0.97，闪点-29℃，引燃温度180℃ 。

主要用途 用作化学中间体和实验室试剂。

包装与储运

包装标志 易燃液体

包装类别 Ⅰ类

安全储运 通常商品加有阻聚剂。储存于阴凉、通风的库房。远离火种、热源。库温不宜超过29℃。保持容器密封。应与氧化剂、酸类等隔离储运。采用防爆型照明、通风设施。禁止使用易产生火花的机械设备和工具。搬运时轻装轻卸，防止容器受损。

紧急处置信息

急救措施

吸入： 迅速脱离现场至空气新鲜处。保持呼吸道通畅。如呼吸困难，给输氧。呼吸、心跳停止，立即进行心肺复苏术。就医。

眼睛接触： 立即分开眼睑，用流动清水或生理盐水彻底冲洗。就医。

皮肤接触： 立即脱去污染的衣着，用流动清水彻底冲洗。就医。

食入： 漱口，饮水。就医。

灭火方法 消防人员须佩戴防毒面具，穿全身消防服，在上风向灭火。尽可能将容器从火场移至空旷处。喷水保持火场容器冷却，直至灭火结束。处在火场中的容器若已变色或从安全泄压装置中发出响声，必须马上撤离。用水灭火无效。

灭火剂：泡沫、干粉、二氧化碳、沙土。

泄漏应急处置 根据液体流动和蒸气扩散的影响区域划定警戒区，无关人员从侧风、上风向撤离至安全区。消除所有点火源。建议应急处理人员戴正压自给式呼吸器，穿防毒、防静电服。作业时使用的所有设备应接地。禁止接触或跨越泄漏物。尽可能切断泄漏源。防止泄漏物进入水体、下水道、地下室或有限空间。小量泄漏：用沙土或其他不燃材料吸收。使用洁净的无火花工具收集吸收材料。大量泄漏：构筑围堤或挖坑收容。用泡沫覆盖，减少蒸发。喷水雾能减少蒸发，但不能降低泄漏物在有限空间内的易燃性。用防爆泵转移至槽车或专用收集器内。

372. 甲基紫

标　识

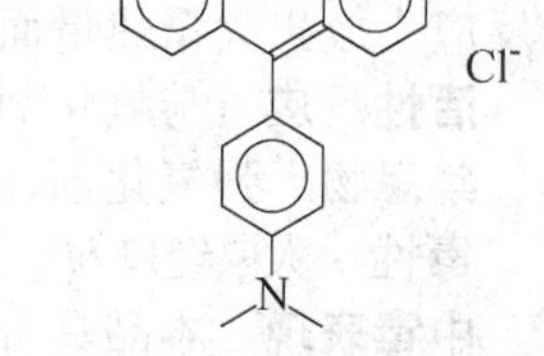

中文名称　甲基紫

英文名称　C. I. Basic Violet 3 ; Gentian violet ; Methyl violet

别名　结晶紫

分子式　$C_{25}H_{30}ClN_3$

CAS 号　548-62-9

危害信息

燃烧与爆炸危险性　可燃。其粉体与空气混合，能形成爆炸性混合物。受高热分解放出有毒的气体。

禁忌物　强氧化剂。

毒性　大鼠经口 LD_{50}：420mg/kg；小鼠经口 LD_{50}：96mg/kg。

欧盟法规 1272/2008/EC 将本品列为第 1B 类致癌物——可能对人类有致癌能力。

中毒表现　引起眼的严重损伤，角膜、结膜染成黑紫色，疼痛，睑肌痉挛，角膜上皮脱落，基质不透明如轻雾。吞食有毒，引起恶心、呕吐、腹痛、腹泻。龙胆紫涂敷面部溃疡，可造成持久染色。

侵入途径　吸入、食入。

环境危害　对水生生物有极高毒性，可能在水生环境中造成长期不利影响。

理化特性与用途

理化特性　绿色至深绿色粉末或浅绿色有金属光泽的片，具有极微臭味。溶于水，溶于乙醇、氯仿、乙二醇甲醚，不溶于乙醚。熔点 205～215℃（分解），相对密度（水=1）1.19，相对蒸气密度（空气=1）14.1，辛醇/水分配系数 0.51。

主要用途　用于纸张、皮革、羽毛等染色，医药上用作消毒防腐剂，也用作分析试剂及酸碱指示剂。

包装与储运

包装标志　杂项

包装类别　Ⅲ类

安全储运　储存于阴凉、通风的库房。远离火种、热源。防止阳光直射。包装密封。应与强氧化剂等隔离储运。搬运时轻装轻卸，防止容器受损。

紧急处置信息

急救措施

吸入：迅速脱离现场至空气新鲜处。保持呼吸道通畅。如呼吸困难，给输氧。呼吸、

心跳停止，立即进行心肺复苏术。就医。

眼睛接触：立即分开眼睑，用流动清水或生理盐水彻底冲洗10~15min。就医。

皮肤接触：立即脱去污染的衣着，用肥皂水和清水彻底冲洗。就医。

食入：漱口，饮水。就医。

灭火方法 消防人员须佩戴正压自给式呼吸器，穿全身消防服，在上风向灭火。尽可能将容器从火场移至空旷处。喷水保持火场容器冷却，直至灭火结束。

灭火剂：雾状水、泡沫、干粉、二氧化碳、沙土。

泄漏应急处置 隔离泄漏污染区，限制出入。消除所有点火源。建议应急处理人员戴防尘口罩，穿防毒服。穿上适当的防护服前严禁接触破裂的容器和泄漏物。尽可能切断泄漏源。用塑料布覆盖泄漏物，减少飞散。勿使水进入包装容器内。用洁净的铲子收集泄漏物，置于干净、干燥、盖子较松的容器中，将容器移离泄漏区。

373. 甲萘威粉剂

标识

中文名称 甲萘威粉剂

英文名称 Carbaryl；1-Naphthyl methylcarbamate；Sevin

别名 1-萘基-*N*-甲基氨基甲酸酯；西维因粉剂；胺甲萘粉剂

分子式 $C_{12}H_{11}NO_2$

CAS 号 63-25-2

铁危编号 61888

UN 号 2757

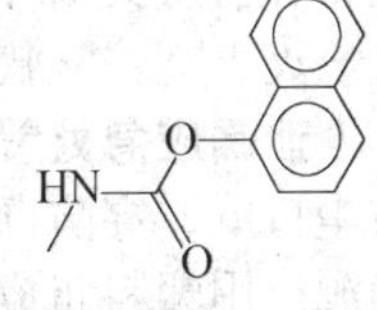

危害信息

危险性类别 第6类 有毒品

燃烧与爆炸危险性 可燃。受热分解放出有毒的氧化氮烟气。与强氧化剂反应有引起火灾或爆炸的危险。在火场中，容器受热有开裂或爆炸的危险。

活性反应 与强氧化剂接触可发生化学反应。

禁忌物 强氧化剂、强碱。

毒性 大鼠经口 LD_{50}：230mg/kg；大鼠经皮 LD_{50}：4g/kg；小鼠经口 LD_{50}：128mg/kg；兔经皮 LD_{50}：2g/kg。

中毒表现 氨基甲酸酯类农药抑制胆碱酯酶，出现相应的症状。中毒症状有头痛 、恶心、呕吐、腹痛、流涎、出汗、瞳孔缩小、步行困难、语言障碍，重者可发生全身痉挛、昏迷。

侵入途径 吸入、食入、经皮吸收。

职业接触限值 美国(ACGIH)：TLV-TWA 5mg/m^3。

环境危害 对水生生物有极高毒性。

理化特性与用途

理化特性 无色至浅褐色结晶。不溶于水，溶于多数极性有机溶剂。熔点142℃，沸点(分解)，相对密度(水=1)1.23，饱和蒸气压0.18mPa(25℃)，辛醇/水分配系数1.59，引燃温度 193~202℃。

主要用途 用作杀虫剂。

包装与储运

包装标志 有毒品

包装类别 Ⅲ类

安全储运 储存于阴凉、通风的库房。远离火种、热源。储存温度不超过 35℃，相对湿度不超过 85%。保持容器密封。应与强氧化剂、强碱等隔离储运。搬运时轻装轻卸，防止容器受损。

紧急处置信息

急救措施

吸入： 迅速脱离现场至空气新鲜处。保持呼吸道通畅。如呼吸困难，给输氧。呼吸、心跳停止，立即进行心肺复苏术。就医。

眼睛接触： 立即分开眼睑，用流动清水或生理盐水彻底冲洗。就医。

皮肤接触： 立即脱去污染的衣着，用流动清水彻底冲洗。就医。

食入： 饮适量温水，催吐(仅限于清醒者)。就医。

解毒剂：阿托品。

灭火方法 消防人员须佩戴正压自给式呼吸器，穿全身消防服，在上风向灭火。尽可能将容器从火场移至空旷处。喷水保持火场容器冷却，直至灭火结束。

灭火剂：雾状水、泡沫、干粉、二氧化碳、沙土。

泄漏应急处置 隔离泄漏污染区，限制出入。消除所有点火源。建议应急处理人员戴防尘口罩，穿防毒服。穿上适当的防护服前严禁接触破裂的容器和泄漏物。尽可能切断泄漏源。用塑料布覆盖泄漏物，减少飞散。勿使水进入包装容器内。用洁净的铲子收集泄漏物，置于干净、干燥、盖子较松的容器中，将容器移离泄漏区。

374. 甲酸苄酯

标　识

中文名称 甲酸苄酯

英文名称 Benzyl formate; Phenylmethyl formate

别名 甲酸苯甲酯

分子式 $C_8H_8O_2$

CAS 号 104-57-4

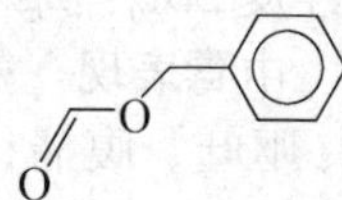

危害信息

燃烧与爆炸危险性 可燃。其蒸气与空气混合，能形成爆炸性混合物。高速冲击、流动、激荡后可因产生静电火花放电引起燃烧爆炸。蒸气比空气重，能在较低处扩散到相当远的地方，遇火源会着火回燃和爆炸(闪爆)。若遇高热，容器内压增大，有开裂和爆炸的危险。

活性反应 与氧化剂可发生反应。

禁忌物 强氧化剂、强酸、强碱。

毒性 大鼠经口 LD_{50}：1400mg/kg；兔经皮 LD_{50}：2mg/kg。

中毒表现 摄入或经皮肤接触有中等毒性。高浓度吸入有麻醉作用。

侵入途径 吸入、食入、经皮吸收。

理化特性与用途

理化特性 无色至淡黄色透明液体，有芳香气味。不溶于水，溶于醇类、酮类、油类、芳香烃、脂族烃和卤代烃等。沸点202~203℃，相对密度(水=1)1.082~1.092，相对蒸气密度(空气=1)4.7，辛醇/水分配系数1.53，闪点82℃，引燃温度379℃。

主要用途 用作有机溶剂、中间体、香料的成分等。

包装与储运

安全储运 储存于阴凉、通风的库房。远离火种、热源。应与强氧化剂等隔离储运。搬运时轻装轻卸，防止容器受损。

紧急处置信息

急救措施

吸入：迅速脱离现场至空气新鲜处。保持呼吸道通畅。如呼吸困难，给输氧。呼吸、心跳停止，立即进行心肺复苏术。就医。

眼睛接触：立即分开眼睑，用流动清水或生理盐水彻底冲洗。就医。

皮肤接触：立即脱去污染的衣着，用肥皂水和清水彻底冲洗。就医。

食入：漱口，饮水。就医。

灭火方法 消防人员须佩戴防毒面具，穿全身消防服，在上风向灭火。尽可能将容器从火场移至空旷处。喷水保持火场容器冷却，直至灭火结束。处在火场中的容器若已变色或从安全泄压装置中发出响声，必须马上撤离。

灭火剂：雾状水、泡沫、干粉、二氧化碳、沙土。

泄漏应急处置 消除所有点火源。根据液体流动和蒸气扩散的影响区域划定警戒区，无关人员从侧风、上风向撤离至安全区。建议应急处理人员戴正压自给式呼吸器，穿防静电服。作业时使用的所有设备应接地。禁止接触或跨越泄漏物。尽可能切断泄漏源。防止泄漏物进入水体、下水道、地下室或有限空间。小量泄漏：用沙土或其他不燃材料吸收。使用洁净的无火花工具收集吸收材料。大量泄漏：构筑围堤或挖坑收容。用泡沫覆盖，减少蒸发。喷水雾能减少蒸发，但不能降低泄漏物在有限空间内的易燃性。用防爆泵转移至槽车或专用收集器内。

375. 甲酸乙烯酯

标 识

中文名称 甲酸乙烯酯

英文名称 Vinyl formate；Formic acid，ethenyl ester

分子式 $C_3H_4O_2$

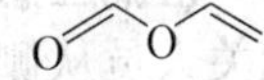

CAS号 692-45-5

铁危编号　32095

危害信息

危险性类别　第 3 类易燃液体

燃烧与爆炸危险性　易燃。其蒸气与空气混合，能形成爆炸性混合物。高速冲击、流动、激荡后可因产生静电火花放电引起燃烧爆炸。容易自聚，聚合反应随着温度的上升而急骤加剧。蒸气比空气重，能在较低处扩散到相当远的地方，遇火源会着火回燃和爆炸(闪爆)。若遇高热，容器内压增大，有开裂和爆炸的危险。

活性反应　与氧化剂可发生反应。

禁忌物　强氧化剂、强酸、强碱。

毒性　大鼠经口 LD_{50}：2820mg/kg；大鼠吸入 $LCLo$：2000ppm(4h)；兔经皮 LD_{50}：3170μL/kg。

中毒表现　摄入和皮肤接触有中度毒性。对眼睛有强烈刺激作用，对皮肤有轻度刺激作用。

侵入途径　吸入、食入、经皮吸收。

理化特性与用途

理化特性　无色液体。熔点-57.65℃，沸点 46.45℃，相对密度(水=1)0.96，相对蒸气密度(空气=1)2.41，饱和蒸气压 41.6kPa(25℃)，临界温度 201.85℃，临界压力 5.77MPa，辛醇/水分配系数 0.18，闪点 16℃。

主要用途　用作有机溶剂、杀虫剂、杀菌剂等。

包装与储运

包装标志　易燃液体

包装类别　Ⅲ类

安全储运　通常商品加有阻聚剂。储存于阴凉、通风的库房。远离火种、热源。库温不宜超过 37℃。应与氧化剂、酸类、碱类等隔离储运。不宜大量储存或久存。采用防爆型照明、通风设施。禁止使用易产生火花的机械设备和工具。搬运时轻装轻卸，防止容器受损。

紧急处置信息

急救措施

吸入：迅速脱离现场至空气新鲜处。保持呼吸道通畅。如呼吸困难，给输氧。呼吸、心跳停止，立即进行心肺复苏术。就医。

眼睛接触：立即分开眼睑，用流动清水或生理盐水彻底冲洗 10~15min。就医。

皮肤接触：立即脱去污染的衣着，用肥皂水和清水彻底冲洗。就医。

食入：漱口，饮水。就医。

灭火方法　消防人员必须佩戴空气呼吸器，穿全身防火防毒服，在上风向灭火。尽可能将容器从火场移至空旷处。喷水保持火场容器冷却，直至灭火结束。处在火场中的容器若已变色或从安全泄压装置中发出响声，必须马上撤离。用水灭火无效。

灭火剂：泡沫、干粉、二氧化碳、沙土。

泄漏应急处置　消除所有点火源。根据液体流动和蒸气扩散的影响区域划定警戒区，无关人员从侧风、上风向撤离至安全区。建议应急处理人员戴正压自给式呼吸器，穿防静电服。作业时使用的所有设备应接地。禁止接触或跨越泄漏物。尽可能切断泄漏源。防止泄漏物进入水体、下水道、地下室或有限空间。小量泄漏：用沙土或其他不燃材料吸收。使用洁净的无火花工具收集吸收材料。大量泄漏：构筑围堤或挖坑收容。用泡沫覆盖，减少蒸发。喷水雾能减少蒸发，但不能降低泄漏物在有限空间内的易燃性。用防爆泵转移至槽车或专用收集器内。

376. 甲酰胺

标 识

中文名称 甲酰胺

英文名称 Formamide；Methanamide

别名 氨基甲醛

分子式 CH_3NO

CAS 号 75-12-7

O⁀NH2

危害信息

燃烧与爆炸危险性 可燃。其蒸气与空气混合，能形成爆炸性混合物。燃烧或受热分解时，放出有毒的氮氧化物气体。

禁忌物 强氧化剂、酸类、碱。

毒性 大鼠经口 LD_{50}：4000mg/kg；小鼠经口 LD_{50}：2450mg/kg；大鼠吸入 LC_{50}：>3900 ppm(6h)；兔经皮 LD_{50}：17g/kg。

欧盟法规 1272/2008/EC 将本品列为第 1B 类生殖毒物——可能的人类生殖毒物。

中毒表现 对皮肤有轻微刺激性，偶可引起过敏。其蒸气或雾对眼睛、黏膜和上呼吸道有刺激作用。

侵入途径 吸入、食入、经皮吸收。

职业接触限值 美国(ACGIH)：TLV-TWA 10ppm[皮]。

理化特性与用途

理化特性 无色至淡黄色透明液体，有轻微的氨气味，具有吸湿性。混溶于水，混溶于甲醇、苯酚、二恶烷、乙酸、乙二醇、氯仿、石油醚，易溶于乙醚，不溶于乙醇。熔点 2.5℃，沸点 210℃，相对密度(水=1)1.13，相对蒸气密度(空气=1)1.55，饱和蒸气压 8.1Pa(25℃)，辛醇/水分配系数-1.51，燃烧热-568.2kJ/mol，闪点 154℃(开杯)，引燃温度>500℃，爆炸下限 2.7%，爆炸上限 19%。

主要用途 主要用作溶剂、软化剂，也用于制造甲酸和有机合成。

包装与储运

安全储运 储存于阴凉、干燥、通风的库房。远离火种、热源。应与强氧化剂、酸碱等隔离储运。避免使用铜制设备。搬运时轻装轻卸，防止容器受损。

紧急处置信息

急救措施

吸入：迅速脱离现场至空气新鲜处。保持呼吸道通畅。如呼吸困难，给输氧。呼吸、

心跳停止，立即进行心肺复苏术。就医。

眼睛接触：立即分开眼睑，用流动清水或生理盐水彻底冲洗。就医。

皮肤接触：立即脱去污染的衣着，用流动清水彻底冲洗。就医。

食入：漱口，饮水。就医。

灭火方法　消防人员须佩戴正压自给式呼吸器，穿全身消防服，在上风向灭火。尽可能将容器从火场移至空旷处。喷水保持火场容器冷却，直至灭火结束。

灭火剂：雾状水、抗溶性泡沫、干粉、二氧化碳、沙土。

泄漏应急处置　根据液体流动和蒸气扩散的影响区域划定警戒区，无关人员从侧风、上风向撤离至安全区。消除所有点火源。建议应急处理人员戴防毒面具，穿防毒服。穿上适当的防护服前严禁接触破裂的容器和泄漏物。尽可能切断泄漏源。防止泄漏物进入水体、下水道、地下室或有限空间。小量泄漏：用干燥的沙土或其他不燃材料吸收或覆盖，收集于容器中。大量泄漏：构筑围堤或挖坑收容。用泵转移至槽车或专用收集器内。

377. 甲氧滴滴涕

标　识

中文名称　甲氧滴滴涕

英文名称　Methoxychlor；1，1，1-Trichloro-2，2-bis(4-methoxyphenyl)ethane

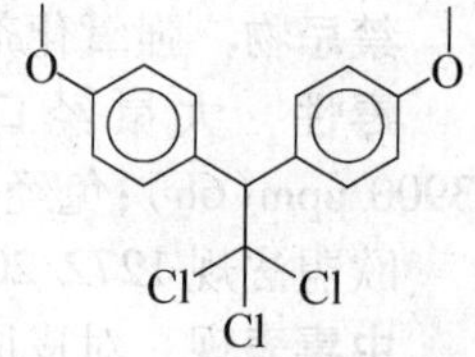

别名　1，1，1-三氯-2，2-双(对甲氧苯基)乙烷

分子式　$C_{16}H_{15}Cl_3O_2$

CAS 号　72-43-5

危害信息

燃烧与爆炸危险性　可燃。其粉体与空气混合，能形成爆炸性混合物，当达到一定浓度时，遇火星会发生爆炸。受高热分解放出有毒的气体。

禁忌物　强氧化剂、强碱。

毒性　大鼠经口 LD_{50}：1855mg/kg；小鼠经口 LD_{50}：510mg/kg；大鼠经皮 LD_{50}：>6g/kg；兔经皮 LD_{50}：>6g/kg；人经口 $LDLo$：6430mg/kg。

中毒表现　具刺激作用。过量接触引起头痛、虚弱、恶心、视觉模糊、流涎。大量接触引起呼吸困难、反射减弱、惊厥和中枢神经系统症状。反复接触可致肝、肾损害。本品毒性略低于 DDT，其毒作用类似 DDT，急性中毒病例少见。

侵入途径　吸入、食入。

职业接触限值　中国：PC-TWA 10mg/m^3。

美国(ACGIH)：TLV-TWA 10mg/m^3。

环境危害　对水生生物有极高毒性，可能在水生环境中造成长期不利影响。

理化特性与用途

理化特性　白色至淡黄色结晶或粉末，工业品为灰色粉末。不溶于水，易溶于多数有机溶剂。熔点 89℃，沸点 346℃(分解)，相对密度(水=1)1.41，相对蒸气密度(空气=1)12，饱和蒸气压 0.34mPa(25℃)，辛醇/水分配系数 4.68~5.08。

主要用途 用作杀虫剂。

包装与储运

包装标志 杂项

包装类别 Ⅲ类

安全储运 储存于阴凉、通风的库房。远离火种、热源。防止阳光直射。包装密封。应与氧化剂、碱类等隔离储运。

紧急处置信息

急救措施

吸入：迅速脱离现场至空气新鲜处。保持呼吸道通畅。如呼吸困难，给输氧。呼吸、心跳停止，立即进行心肺复苏术。就医。

眼睛接触：立即分开眼睑，用流动清水或生理盐水彻底冲洗。就医。

皮肤接触：立即脱去污染的衣着，用肥皂水和清水彻底冲洗。就医。

食入：漱口，饮水。就医。

灭火方法 消防人员须佩戴正压自给式呼吸器，穿全身消防服，在上风向灭火。尽可能将容器从火场移至空旷处。喷水保持火场容器冷却，直至灭火结束。

灭火剂：雾状水、泡沫、干粉、二氧化碳、沙土。

泄漏应急处置 隔离泄漏污染区，限制出入。消除所有点火源。建议应急处理人员戴防尘口罩，穿防毒服。穿上适当的防护服前严禁接触破裂的容器和泄漏物。尽可能切断泄漏源。用塑料布覆盖泄漏物，减少飞散。勿使水进入包装容器内。用洁净的铲子收集泄漏物，置于干净、干燥、盖子较松的容器中，将容器移离泄漏区。

378. 4-甲氧基苯胺

标 识

中文名称 4-甲氧基苯胺

英文名称 4-Methoxyaniline；*p*-Anisidine ；4-Methoxybenzenamine

别名 对茴香胺；对甲氧基苯胺；对氨基苯甲醚

分子式 C_7H_9NO

CAS 号 104-94-9

铁危编号 61784

UN 号 2431

H_2N O

危害信息

危险性类别 第6类 有毒品

燃烧与爆炸危险性 可燃。其粉体与空气混合，能形成爆炸性混合物。受高热分解放出有毒的气体。

活性反应 与强氧化剂接触可发生化学反应。

禁忌物 强氧化剂、强酸、酸酐、酰基氯。

毒性 大鼠经口 LD_{50}：1320mg/kg；大鼠经皮 LD_{50}：3200mg/kg；小鼠经口 LD_{50}：

1410mg/kg；兔经口 LD_{50}：2900mg/kg。

中毒表现 高铁血红蛋白血症形成剂。吸入、食入、皮肤吸收都能引起中毒，表现为头痛、头昏，口唇、指甲、皮肤发蓝，呼吸急促。严重时可以致死。刺激皮肤、黏膜。

侵入途径 吸入、食入、经皮吸收。

职业接触限值 中国：PC-TWA 0.5mg/m³[皮]。

美国(ACGIH)：TLV-TWA 0.5mg/m³[皮]。

理化特性与用途

理化特性 白色或黄色至棕色结晶固体，有氨样气味。微溶于水，易溶于乙醇、乙醚，溶于苯。熔点57℃，沸点243℃，相对密度(水=1)1.1，相对蒸气密度(空气=1)4.3，饱和蒸气压0.8Pa(25℃)，辛醇/水分配系数0.95，闪点122℃，引燃温度515℃，pH值8.8(53g/L水溶液)。

主要用途 主要用于制取冰染染料，也作为医药中间体。

包装与储运

包装标志 有毒品

包装类别 Ⅲ类

安全储运 储存于阴凉、通风的库房。远离火种、热源。储存温度不超过35℃，相对湿度不超过85%。保持容器密封。应与强氧化剂、强酸等隔离储运。搬运时轻装轻卸，防止容器受损。

紧急处置信息

急救措施

吸入：立即脱离接触。如呼吸困难，给吸氧。如呼吸心跳停止，立即行心肺复苏术。就医。

眼睛接触：分开眼睑，用清水或生理盐水冲洗。如有不适感，就医。

皮肤接触：立即脱去污染衣着，用肥皂水或清水彻底冲洗。就医。

食入：漱口，饮水。就医。

高铁血红蛋白血症，可用美蓝和维生素C治疗。

灭火方法 消防人员必须佩戴正压自给式呼吸器，穿全身防火防毒服，在上风向灭火。尽可能将容器从火场移至空旷处。喷水保持火场容器冷却，直至灭火结束。

灭火剂：雾状水、泡沫、干粉、二氧化碳、沙土。

泄漏应急处置 隔离泄漏污染区，限制出入。消除所有点火源。建议应急处理人员戴防尘口罩，穿防毒服。穿上适当的防护服前严禁接触破裂的容器和泄漏物。尽可能切断泄漏源。用塑料布覆盖泄漏物，减少飞散。勿使水进入包装容器内。用洁净的铲子收集泄漏物，置于干净、干燥、盖子较松的容器中，将容器移离泄漏区。

379. 3-甲氧基苯甲酰氯

标　识

中文名称 3-甲氧基苯甲酰氯

英文名称 3-Methoxybenzoyl chloride; *m*-Anisoyl chloride

别名 间甲氧基苯甲酰氯

分子式 $C_8H_7ClO_2$

CAS 号 1711-05-3

铁危编号 81123

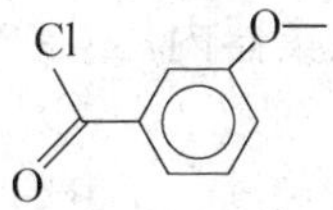

危害信息

危险性类别 第8类 腐蚀品

燃烧与爆炸危险性 可燃。遇水发生剧烈反应，散发出具有刺激性和腐蚀性的氯化氢气体。遇潮时对大多数金属有强腐蚀性。

活性反应 与氧化剂接触发生猛烈反应。遇水发生剧烈反应。

禁忌物 强氧化剂、强碱、醇类、水。

中毒表现 本品对呼吸道、眼和皮肤有强烈的刺激性。吸入后，可因喉及支气管的痉挛、炎症、水肿本品对黏膜、上呼，化学性肺炎或肺水肿而致死。接触后出现烧灼感、咳嗽、喘息、喉炎、气短、头痛、恶心和呕吐。

侵入途径 吸入、食入、经皮吸收。

理化特性与用途

理化特性 无色至淡黄色透明液体。在水中分解。沸点 123~125℃(2kPa)，相对密度(水=1)1.214，闪点 92℃。

主要用途 用于有机合成。

包装与储运

包装标志 腐蚀品

包装类别 Ⅱ类

安全储运 储存于阴凉、干燥、通风的库房。远离火种、热源。储存温度不超过 30℃，相对湿度不超过 75%。保持容器密封。应与强氧化剂、强碱、醇类等隔离储运。搬运时轻装轻卸，防止容器受损。

紧急处置信息

急救措施

吸入： 迅速脱离现场至空气新鲜处。保持呼吸道通畅。如呼吸困难，给输氧。呼吸、心跳停止，立即进行心肺复苏术。就医。

眼睛接触： 立即分开眼睑，用流动清水或生理盐水彻底冲洗 10~15min。就医。

皮肤接触： 立即脱去污染的衣着，用大量流动清水彻底冲洗，冲洗时间一般要求 20~30min。就医。

食入： 用水漱口，禁止催吐。给饮牛奶或蛋清。就医。

灭火方法 消防人员必须穿全身耐酸碱消防服，佩戴正压自给式呼吸器，在上风向灭火。尽可能将容器从火场移至空旷处。喷水保持容器冷却，直至灭火结束。禁止用水、泡沫和酸碱灭火剂灭火。

灭火剂：干粉、二氧化碳、沙土。

泄漏应急处置 根据液体流动和蒸气扩散的影响区域划定警戒区，无关人员从侧风、上风向撤离至安全区。消除所有点火源。建议应急处理人员戴正压自给式呼吸器，穿防酸碱服。穿上适当的防护服前严禁接触破裂的容器和泄漏物。尽可能切断泄漏源。防止泄漏物进入水体、下水道、地下室或有限空间。严禁用水处理。小量泄漏：用干燥的沙土或其他不燃材料覆盖泄漏物。大量泄漏：构筑围堤或挖坑收容。用耐腐蚀泵转移至槽车或专用收集器内。

380. 1-甲氧基-1,3-丁二烯

标　识

中文名称　1-甲氧基-1，3-丁二烯

英文名称　1-Methoxy-1，3-butadiene

分子式　C_5H_8O

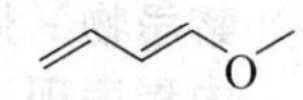

CAS 号　3036-66-6

危害信息

危险性类别　第 3 类　易燃液体

燃烧与爆炸危险性　易燃。其蒸气与空气混合，能形成爆炸性混合物。可发生聚合反应，放出大量热量而引起容器破裂和爆炸事故。蒸气比空气重，能在较低处扩散到相当远的地方，遇火源会着火回燃和爆炸(闪爆)。

活性反应　与氧化剂能发生强烈反应。

禁忌物　强氧化剂、强酸、卤代烃、卤素。

毒性　大鼠经口 LD_{50}：2140μL/kg。

中毒表现　本品对眼睛、皮肤、黏膜和上呼吸道具有刺激作用。

侵入途径　吸入、食入、经皮吸收。

理化特性与用途

理化特性　无色液体。溶于水，溶于乙醇、乙醚等多数有机溶剂。沸点 90~92℃，相对密度(水=1)0.836，饱和蒸气压 8.11kPa(25℃)，闪点-6℃(闭杯)。

主要用途　用作中间体。

包装与储运

包装标志　易燃液体

包装类别　Ⅱ类

安全储运　通常商品加有阻聚剂。储存于阴凉、通风的库房。远离火种、热源。库温不宜超过 37℃。应与氧化剂、酸类等隔离储运。采用防爆型照明、通风设施。禁止使用易产生火花的机械设备和工具。搬运时轻装轻卸，防止容器受损。

紧急处置信息

急救措施

吸入：迅速脱离现场至空气新鲜处。保持呼吸道通畅。如呼吸困难，给输氧。呼吸、心跳停止，立即进行心肺复苏术。就医。

眼睛接触：立即分开眼睑，用流动清水或生理盐水彻底冲洗。就医。

皮肤接触：立即脱去污染的衣着，用流动清水彻底冲洗。就医。

食入：漱口，饮水。就医。

灭火方法 消防人员须佩戴防毒面具，穿全身消防服，在上风向灭火。尽可能将容器从火场移至空旷处。喷水保持火场容器冷却，直至灭火结束。处在火场中的容器若已变色或从安全泄压装置中发出响声，必须马上撤离。用水灭火无效。

灭火剂：泡沫、干粉、二氧化碳、沙土。

泄漏应急处置 根据液体流动和蒸气扩散的影响区域划定警戒区，无关人员从侧风、上风向撤离至安全区。消除所有点火源。建议应急处理人员戴正压自给式呼吸器，穿防静电服。作业时使用的所有设备应接地。禁止接触或跨越泄漏物。尽可能切断泄漏源。防止泄漏物进入水体、下水道、地下室或有限空间。小量泄漏：用沙土或其他不燃材料吸收。使用洁净的无火花工具收集吸收材料。大量泄漏：构筑围堤或挖坑收容。用泡沫覆盖，减少蒸发。喷水雾能减少蒸发，但不能降低泄漏物在有限空间内的易燃性。用防爆泵转移至槽车或专用收集器内。

381. 3-甲氧基丁醛

标　识

中文名称 3-甲氧基丁醛

英文名称 3-Methoxy butyraldehyde；3-Methoxybutanal；β-Methoxybutyraldehyde

别名 β-甲氧基丁醛

分子式 $C_5H_{10}O_2$

CAS 号 5281-76-5

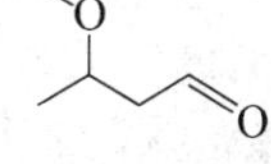

危害信息

危险性类别 第3类 易燃液体

燃烧与爆炸危险性 易燃。其蒸气与空气混合，能形成爆炸性混合物。若遇高热，容器内压增大，有开裂和爆炸的危险。

禁忌物 强氧化剂、强酸、强碱。

毒性 大鼠经口 LD_{50}：540μL/kg；大鼠吸入 *LCLo*：1000 ppm(4h)；兔经皮 LD_{50}：310μL/kg。

中毒表现 对眼、皮肤、黏膜和上呼吸道有刺激作用。

侵入途径 吸入、食入、经皮吸收。

理化特性与用途

理化特性 无色液体。沸点 128℃，相对密度(水=1)0.94，相对蒸气密度(空气=1)3.52，饱和蒸气压 1.46kPa(25℃)，闪点 60℃。

主要用途 用于有机合成。

包装与储运

包装标志 易燃液体

包装类别 Ⅲ类

安全储运 储存于阴凉、通风的库房。远离火种、热源。库温不宜超过 37℃。包装要求密封，不可与空气接触。应与氧化剂、酸类、碱类等隔离储运。采用防爆型照明、通风设施。禁止使用易产生火花的机械设备和工具。搬运时轻装轻卸，防止容器受损。

紧急处置信息

急救措施

吸入：迅速脱离现场至空气新鲜处。保持呼吸道通畅。如呼吸困难，给输氧。呼吸、心跳停止，立即进行心肺复苏术。就医。

眼睛接触：立即分开眼睑，用流动清水或生理盐水彻底冲洗。就医。

皮肤接触：立即脱去污染的衣着，用流动清水彻底冲洗。就医。

食入：漱口，饮水。就医。

灭火方法 消防人员须佩戴防毒面具，穿全身消防服，在上风向灭火。尽可能将容器从火场移至空旷处。喷水保持火场容器冷却，直至灭火结束。处在火场中的容器若已变色或从安全泄压装置中发出响声，必须马上撤离。

灭火剂：雾状水、泡沫、干粉、二氧化碳、沙土。

泄漏应急处置 根据液体流动和蒸气扩散的影响区域划定警戒区，无关人员从侧风、上风向撤离至安全区。消除所有点火源。建议应急处理人员戴正压自给式呼吸器，穿防毒、防静电服。作业时使用的所有设备应接地。禁止接触或跨越泄漏物。尽可能切断泄漏源。防止泄漏物进入水体、下水道、地下室或有限空间。小量泄漏：用沙土或其他不燃材料吸收。使用洁净的无火花工具收集吸收材料。大量泄漏：构筑围堤或挖坑收容。用泡沫覆盖，减少蒸发。喷水雾能减少蒸发，但不能降低泄漏物在有限空间内的易燃性。用防爆泵转移至槽车或专用收集器内。

382. 甲氧基乙酸

标　识

中文名称 甲氧基乙酸

英文名称 Methoxyacetic acid ; 2-Methoxyacetic acid

别名 甲氧基醋酸

分子式 $C_3H_6O_3$

CAS 号 625-45-6

O
O　　OH

危害信息

危险性类别 第 8 类 腐蚀品

燃烧与爆炸危险性 可燃。其蒸气与空气混合能形成爆炸性混合物，遇明火、高热有引起燃烧或爆炸的危险。在高温火场中，受热的容器或储罐有破裂和爆炸的危险。对金属具有腐蚀性。

禁忌物 强氧化剂、强碱。

毒性 大鼠经口 *LDLo*：2g/kg；大鼠经口 *TDLo*：650mg/kg。

欧盟法规 1272/2008/EC 将本品列为第 1B 类生殖毒物——可能的人类生殖毒物。

中毒表现 本品对眼和皮肤有腐蚀性。

侵入途径 吸入、食入。

理化特性与用途

理化特性 无色至淡黄色透明液体。易溶于水，溶于乙醇。pH 值 1.6（100g/L 水溶液），熔点 7~9℃，沸点 202~204℃，相对密度（水=1）1.17，饱和蒸气压 0.18kPa（20℃），辛醇/水分配系数-0.68，闪点 121℃（闭杯），引燃温度 300℃，爆炸下限 4.2%。

主要用途 是医药中间体，也用作催化剂。

包装与储运

包装标志 腐蚀品

包装类别 Ⅱ类

安全储运 储存于阴凉、通风的库房。远离火种、热源。储存温度不超过 32℃，相对湿度不超过 80%。保持容器密封。应与强氧化剂、强碱等隔离储运。搬运时轻装轻卸，防止容器受损。

紧急处置信息

急救措施

吸入：迅速脱离现场至空气新鲜处。保持呼吸道通畅。如呼吸困难，给输氧。呼吸、心跳停止，立即进行心肺复苏术。就医。

眼睛接触：立即分开眼睑，用流动清水或生理盐水彻底冲洗 10~15min。就医。

皮肤接触：立即脱去污染的衣着，用大量流动清水彻底冲洗，冲洗时间一般要求 20~30min。就医。

食入：用水漱口，禁止催吐。给饮牛奶或蛋清。就医。

灭火方法 消防人员须穿全身消防服，佩戴空气呼吸器，在上风向灭火。尽可能将容器从火场移至空旷处。喷水保持火场容器冷却，直至灭火结束。

灭火剂：泡沫、二氧化碳、干粉、沙土。

泄漏应急处置 消除所有点火源。根据液体流动和蒸气扩散的影响区域划定警戒区，无关人员从侧风、上风向撤离至安全区。建议应急处理人员戴正压自给式呼吸器，穿防静电服。禁止接触或跨越泄漏物。尽可能切断泄漏源。防止泄漏物进入水体、下水道、地下室或有限空间。小量泄漏：用沙土或其他不燃材料吸收。使用洁净的无火花工具收集吸收材料。大量泄漏：构筑围堤或挖坑收容。用泡沫覆盖，减少蒸发。用防爆泵转移至槽车或专用收集器内。

383. 3-甲氧基乙酸丁酯

标　识

中文名称 3-甲氧基乙酸丁酯

英文名称 3-Methoxybutyl acetate; 1-Butanol, 3-methoxy-, acetate; Butoxyl

别名 3-甲氧基丁基乙酸酯；乙酸-3-甲氧基丁酯

分子式 $C_7H_{14}O_3$

CAS 号 4435-53-4

铁危编号 32071

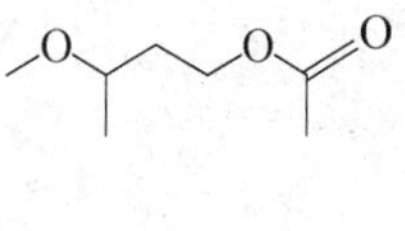

O O O

危害信息

燃烧与爆炸危险性 易燃。其蒸气与空气混合，能形成爆炸性混合物。蒸气比空气重，能在较低处扩散到相当远的地方，遇火源会着火回燃和爆炸(闪爆)。若遇高热，容器内压增大，有开裂和爆炸的危险。

活性反应 与氧化剂可发生反应。

禁忌物 强氧化剂。

毒性 大鼠经口 LD_{50}：4210mg/kg。

中毒表现 本品对眼和黏膜有刺激作用。

侵入途径 吸入、食入、经皮吸收。

理化特性与用途

理化特性 无色透明液体，略有辛辣气味。微溶于水，溶于多数有机溶剂。熔点-80℃，沸点 169~173℃，相对密度(水=1)0.951~0.960，相对蒸气密度(空气=1)5，饱和蒸气压 0.37kPa(25℃)，辛醇/水分配系数 1.01，闪点 62℃，引燃温度 410℃，爆炸下限 0.8%，爆炸上限 4.7%。

主要用途 用作树脂及涂料的溶剂。

包装与储运

安全储运 储存于阴凉、通风的库房。远离火种、热源。库温不宜超过 37℃。应与氧化剂等隔离储运。采用防爆型照明、通风设施。禁止使用易产生火花的机械设备和工具。搬运时轻装轻卸，防止容器受损。

紧急处置信息

急救措施

吸入： 迅速脱离现场至空气新鲜处。保持呼吸道通畅。如呼吸困难，给输氧。呼吸、心跳停止，立即进行心肺复苏术。就医。

眼睛接触： 立即分开眼睑，用流动清水或生理盐水彻底冲洗。就医。

皮肤接触： 立即脱去污染的衣着，用肥皂水和清水彻底冲洗。就医。

食入： 漱口，饮水。就医。

灭火方法 消防人员须佩戴防毒面具，穿全身消防服，在上风向灭火。尽可能将容器从火场移至空旷处。喷水保持火场容器冷却，直至灭火结束。处在火场中的容器若已变色或从安全泄压装置中发出响声，必须马上撤离。

灭火剂：雾状水、泡沫、干粉、二氧化碳、沙土。

泄漏应急处置 消除所有点火源。根据液体流动和蒸气扩散的影响区域划定警戒区，无关人员从侧风、上风向撤离至安全区。建议应急处理人员戴正压自给式呼吸器，穿防静电服。作业时使用的所有设备应接地。禁止接触或跨越泄漏物。尽可能切断泄漏源。防止泄漏物进入水体、下水道、地下室或有限空间。小量泄漏：用沙土或其他不燃材料吸收。使用洁净的无火花工具收集吸收材料。大量泄漏：构筑围堤或挖坑收容。用沙土或惰性物质吸收大量液体。用抗溶性泡沫覆盖，减少蒸发。喷水雾能减少蒸发，但不能降低泄漏物在有限空间内的易燃性。用防爆泵转移至槽车或专用收集器内。

384. 甲氧基异氰酸甲酯

标 识

中文名称 甲氧基异氰酸甲酯

英文名称 Methoxymethyl isocyanate; Isocyanic acid, methoxymethyl ester

别名 异氰酸基甲氧基甲烷

分子式 $C_3H_5NO_2$

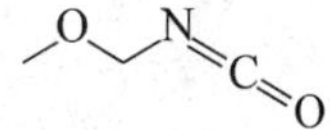

CAS 号 6427-21-0

铁危编号 31264

UN 号 2605

危害信息

危险性类别 第3类 易燃液体

燃烧与爆炸危险性 易燃。其蒸气与空气混合能形成爆炸性混合物，遇明火、高热易燃烧或爆炸。燃烧产生有毒的氮氧化物气体。在高温火场中，受热的容器或储罐有破裂和爆炸的危险。

禁忌物 强氧化剂。

中毒表现 对眼和呼吸道有刺激性。对皮肤和呼吸道有致敏性。

侵入途径 吸入、食入。

理化特性与用途

理化特性 无色液体，有刺激性气味。溶于水。沸点 90℃，相对密度（水=1）1.0693，临界温度 283℃，临界压力 4.18MPa，闪点 10℃。

主要用途 用作蛋白质和多肽化学中基团的可逆性保护剂。

包装与储运

包装标志 易燃液体，有毒品

包装类别 Ⅰ类

安全储运 储存于阴凉、通风的库房。远离火种、热源，避免阳光直射。储存温度不超过 35℃，相对湿度不超过 80%。保持容器密封。炎热季节早晚运输，应与氧化剂等隔离储运。禁止使用易产生火花的机械设备和工具。灌装时注意控制流速，防止静电积聚。搬运时轻装轻卸，防止容器受损。

紧急处置信息

急救措施

吸入：迅速脱离现场至空气新鲜处。保持呼吸道通畅。如呼吸困难，给输氧。呼吸、心跳停止，立即进行心肺复苏术。就医。

眼睛接触：立即分开眼睑，用流动清水或生理盐水彻底冲洗。就医。

皮肤接触：立即脱去污染的衣着，用肥皂水和清水彻底冲洗。就医。

食入：漱口，饮水。就医。

灭火方法 消防人员须穿全身消防服，佩戴正压自给式呼吸器，在上风向灭火。尽可

能将容器从火场移至空旷处。喷水保持火场容器冷却，直至灭火结束。处在火场中的容器若发生异常变化或发出异常声音，须马上撤离。

灭火剂：泡沫抗溶性泡沫、二氧化碳、干粉、沙土。用水灭火无效。

泄漏应急处置 根据液体流动和蒸气扩散的影响区域划定警戒区，无关人员从侧风、上风向撤离至安全区。消除所有点火源。建议应急处理人员戴正压自给式呼吸器，穿防毒服。作业时使用的所有设备应接地。穿上适当的防护服前严禁接触破裂的容器和泄漏物。尽可能切断泄漏源。防止泄漏物进入水体、下水道、地下室或有限空间。严禁用水处理。小量泄漏：用干燥的沙土或其他不燃材料覆盖泄漏物。大量泄漏：构筑围堤或挖坑收容。用泵转移至槽车或专用收集器内。

385. 钾钠合金

标　识

中文名称 钾钠合金

英文名称 Potassium sodium alloy；Potassium alloy，nonbase，K，Na

分子式 K·Na

CAS 号 11135-81-2；12532-69-3

铁危编号 43004

UN 号 1422

危害信息

危险性类别 第 4.3 类 遇湿易燃物品

燃烧与爆炸危险性 遇湿易燃。遇水放出易燃和爆炸性的气体(氢气)。

禁忌物 强氧化剂。

中毒表现 对眼和皮肤有腐蚀性。

侵入途径 吸入、食入

理化特性与用途

理化特性 液体。与水发生剧烈反应。熔点-11℃，沸点 784℃。

主要用途 用作核反应堆的冷却剂、反应催化剂和用于制其他化学品。

包装与储运

包装标志 遇湿易燃物品

包装类别 Ⅰ类

安全储运 储存于阴凉、干燥、通风的库房。远离火种、热源。储存温度不超过 32℃，相对湿度不超过 75%。保持容器密封，不可与水或潮湿空气接触。应与强氧化剂、酸、醇等隔离储运。禁止使用易产生火花的机械设备和工具。

紧急处置信息

急救措施

吸入：迅速脱离现场至空气新鲜处。保持呼吸道通畅。如呼吸困难，给输氧。呼吸、

心跳停止，立即进行心肺复苏术。就医。

眼睛接触： 立即分开眼睑，用流动清水或生理盐水彻底冲洗 10~15min。就医。

皮肤接触： 立即脱去污染的衣着，用大量流动清水彻底冲洗，冲洗时间一般要求 20~30min。就医。

食入： 用水漱口，禁止催吐。给饮牛奶或蛋清。就医。

灭火方法 消防人员须穿全身消防服，佩戴空气呼吸器，在上风向灭火。尽可能将容器从火场移至空旷处。喷水保持火场容器冷却，直至灭火结束。

灭火剂：干粉。禁止使用水和泡沫。

泄漏应急处置 隔离泄漏污染区，限制出入。消除点火源。建议应急处理人员戴空气呼吸器，穿防火、防腐蚀、防静电服。穿上适当的防护服前严禁接触破裂的容器和泄漏物。尽可能切断泄漏源。防止泄漏物进入水体、下水道、地下室或有限空间。用干燥的沙土覆盖或吸收。避免雨淋。收集泄漏物，置于干净、干燥、盖子较松的容器中，将容器移离泄漏区。

386. 间氨基苯磺酸

标 识

中文名称 间氨基苯磺酸

英文名称 Metanilic acid ; 3-Aminobenzenesulphonic acid; *m*-Sulfanilic acid

别名 3-氨基苯磺酸；间胺酸

分子式 $C_6H_7NO_3S$

CAS 号 121-47-1

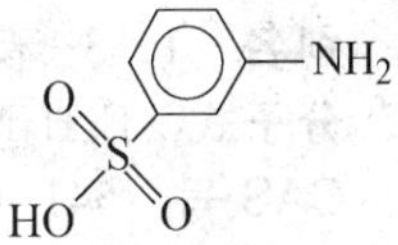

NH₂ O S HO O

危害信息

燃烧与爆炸危险性 可燃。其粉体与空气混合，能形成爆炸性混合物。受热分解，放出氮、硫的氧化物等毒性气体。

禁忌物 强氧化剂、强酸、强碱。

毒性 小鼠经口 LD_{50}：>3200mg/kg。

中毒表现 食入、吸入或经皮吸收对身体有害。对上呼吸道、眼睛和皮肤有刺激作用。

侵入途径 吸入、食入、经皮吸收。

理化特性与用途

理化特性 白色片状结晶或结晶性粉末。微溶于水，难溶于乙醇、乙醚，溶于浓盐酸。熔点(分解，大于 300℃)，相对密度(水=1)1.69，饱和蒸气压 0.03mPa(25℃)，辛醇/水分配系数-2.08。

主要用途 用于制造偶氮染料、硫化染料和香草醛等，也用于医药工业。

包装与储运

安全储运 储存于阴凉、通风的库房。远离火种、热源。应与氧化剂、酸类、碱类等隔离储运。

紧急处置信息

急救措施

吸入：迅速脱离现场至空气新鲜处。保持呼吸道通畅。如呼吸困难，给输氧。呼吸、心跳停止，立即进行心肺复苏术。就医。

眼睛接触：立即分开眼睑，用流动清水或生理盐水彻底冲洗。就医。

皮肤接触：立即脱去污染的衣着，用流动清水彻底冲洗。就医。

食入：漱口，饮水。就医。

灭火方法 消防人员必须穿全身耐酸碱消防服，佩戴正压自给式呼吸器，在上风向灭火。尽可能将容器从火场移至空旷处。喷水保持火场容器冷却，直至灭火结束。

灭火剂：雾状水、泡沫、干粉、二氧化碳、沙土。

泄漏应急处置 隔离泄漏污染区，限制出入。消除所有点火源。建议应急处理人员戴防尘口罩，穿防毒服。穿上适当的防护服前严禁接触破裂的容器和泄漏物。尽可能切断泄漏源。用塑料布覆盖泄漏物，减少飞散。勿使水进入包装容器内。用洁净的铲子收集泄漏物，置于干净、干燥、盖子较松的容器中，将容器移离泄漏区。

387. 间苯二胺二盐酸盐

标　识

中文名称 间苯二胺二盐酸盐

英文名称 *m*-Phenylenediamine dihydrochloride；1，3-Benzenediamine，dihydrochloride

别名 1，3-苯二胺盐酸盐

分子式 $C_6H_8N_2 \cdot 2HCl$

CAS 号 541-69-5

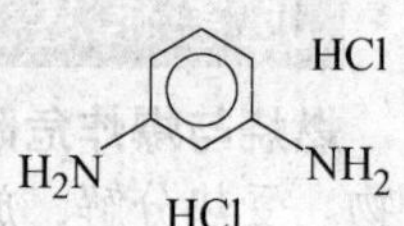

危害信息

燃烧与爆炸危险性 可燃。其粉体与空气混合能形成爆炸性混合物，遇明火高热有引起燃烧爆炸的危险。燃烧产生有毒的氮氧化物气体。在高温火场中，受热的容器或储罐有破裂和爆炸的危险。

禁忌物 强氧化剂、强酸。

毒性 大鼠腹腔内 LD_{50}：325mg/kg；小鼠腹腔内 LD_{50}：100mg/kg；小鼠皮下 LD_{50}：120mg/kg。

中毒表现 潜在的高铁血红蛋白形成剂。

侵入途径 吸入、食入、经皮吸收。

理化特性与用途

理化特性 白色或微红色结晶粉末。易溶于水，溶于乙醇。熔点 260℃（分解）。

主要用途 用作分析试剂和染料中间体，用于制造染发剂。

包装与储运

安全储运 储存于阴凉、通风的库房。远离火种、热源。应与强氧化剂等隔离储运。

紧急处置信息

急救措施

吸入：立即脱离接触。如呼吸困难，给吸氧。如呼吸心跳停止，立即行心肺复苏术。就医。

眼睛接触：分开眼睑，用清水或生理盐水冲洗。如有不适感，就医。

皮肤接触：立即脱去污染衣着，用肥皂水或清水彻底冲洗。就医。

食入：漱口，饮水。就医。

高铁血红蛋白血症，可用美蓝和维生素 C 治疗。

灭火方法 消防人员须穿全身消防服，佩戴正压自给式呼吸器，在上风向灭火。尽可能将容器从火场移至空旷处。喷水保持火场容器冷却，直至灭火结束。

灭火剂：雾状水、抗溶性泡沫、二氧化碳、干粉、沙土。

泄漏应急处置 隔离泄漏污染区，限制出入。消除所有点火源。建议应急处理人员戴防尘口罩，穿一般作业工作服。尽可能切断泄漏源。用塑料布覆盖泄漏物，减少飞散。勿使水进入包装容器内。用洁净的铲子收集泄漏物，置于干净、干燥、盖子较松的容器中，将容器移离泄漏区。

388. 间苯二酚二缩水甘油醚

标　识

中文名称 间苯二酚二缩水甘油醚

英文名称 Resorcinol diglycidyl ether; Diglycidyl resorcinol ether; *m*－Bis(2，3－epoxypropoxy)benzene

别名 二缩水甘油间苯二酚醚

分子式 $C_{12}H_{14}O_4$

CAS 号 101-90-6

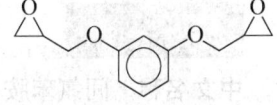

危害信息

燃烧与爆炸危险性 可燃。可能形成具有爆炸性的过氧化物。受高热发生剧烈分解，甚至发生爆炸。

禁忌物 强氧化剂。

毒性 大鼠经口 LD_{50}：2570mg/kg；小鼠经口 LD_{50}：980mg/kg。

IARC 致癌性评论：G2B，可疑人类致癌物。

欧盟法规 1272/2008/EC 将本品列为第 2 类致癌物——可疑的人类致癌物；第 2 类生殖细胞致突变物——由于可能导致人类生殖细胞可遗传突变而引起人们关注的物质。

中毒表现 本品对眼有强烈刺激性。对皮肤和呼吸道有刺激性。对皮肤有致敏性。

侵入途径 吸入、食入。

理化特性与用途

理化特性 黄色浆或黏性液体，稍有苯酚气味。微溶于水，混溶于多数有机溶剂。熔点 32~33℃，沸点 172℃(0.11kPa)，相对密度(水=1)1.21，相对蒸气密度(空气=1)7.7，辛醇/水分配系数 1.23，闪点 113℃(闭杯)。

主要用途 用作环氧树脂、有机化合物的稳定剂，聚硫橡胶和蛋白胶黏剂的固化剂。也用作烷基化剂。

包装与储运

安全储运 储存于阴凉、通风的库房。远离火种、热源。应与强氧化剂、强酸、胺类等隔离储运。

紧急处置信息

急救措施

吸入：迅速脱离现场至空气新鲜处。保持呼吸道通畅。如呼吸困难，给输氧。呼吸、心跳停止，立即进行心肺复苏术。就医。

眼睛接触：立即分开眼睑，用流动清水或生理盐水彻底冲洗 10~15min。就医。

皮肤接触：立即脱去污染的衣着，用流动清水彻底冲洗。就医。

食入：漱口，饮水。就医。

灭火方法 消防人员须佩戴防毒面具，穿全身消防服，在上风向灭火。尽可能将容器从火场移至空旷处。喷水保持火场容器冷却，直至灭火结束。

灭火剂：雾状水、泡沫、干粉、二氧化碳、沙土。

泄漏应急处置 隔离泄漏污染区，限制出入。消除所有点火源。建议应急处理人员戴正压自给式呼吸器，穿防毒服。穿上适当的防护服前严禁接触破裂的容器和泄漏物。尽可能切断泄漏源。用塑料布覆盖泄漏物，减少飞散。勿使水进入包装容器内。用洁净的铲子收集泄漏物，置于干净、干燥、盖子较松的容器中，将容器移离泄漏区。

389. 间氯苯胺

标　识

中文名称 间氯苯胺

英文名称 3-Chloroaniline；*m*-Chloroaniline

别名 间氨基氯苯；3-氯苯胺

分子式 C_6H_6ClN

CAS 号 108-42-9

Cl　NH_2

危害信息

危险性类别 第 6 类　有毒品

燃烧与爆炸危险性 可燃。其蒸气与空气混合，能形成爆炸性混合物。受高热分解，产生有毒的氮氧化物和氯化物气体。

禁忌物 强氧化剂、强酸。

毒性 大鼠经口 LD_{50}：256mg/kg；小鼠经口 LD_{50}：334mg/kg；大鼠经皮 LD_{50}：250mg/kg。

中毒表现 能引起高铁血红蛋白血症，对肝、肾有损害。能经无损皮肤吸收。

侵入途径 吸入、食入、经皮吸收。

环境危害 对水生生物有极高毒性，可能在水生环境中造成长期不利影响。

理化特性与用途

理化特性 无色至淡黄色液体，有香味。微溶于水，溶于多数有机溶剂。熔点-10℃，沸点230℃，相对密度(水=1)1.216，相对蒸气密度(空气=1)4.41，饱和蒸气压9Pa(20℃)，临界温度460℃，临界压力4.7MPa，燃烧热-770kJ/mol，辛醇/水分配系数1.88，闪点118℃(闭杯)，引燃温度>540℃，爆炸下限1.5%，爆炸上限8.8%。

主要用途 用于制染料、颜料、药物、杀虫剂等。

包装与储运

包装标志 有毒品

包装类别 Ⅲ类

安全储运 储存于阴凉、通风的库房。远离火种、热源。储存温度不超过35℃，相对湿度不超过85%。保持容器密封。应与强氧化剂、强酸等隔离储运。搬运时轻装轻卸，防止容器受损。

紧急处置信息

急救措施

吸入：立即脱离接触。如呼吸困难，给吸氧。如呼吸心跳停止，立即行心肺复苏术。就医。

眼睛接触：分开眼睑，用清水或生理盐水冲洗。如有不适感，就医。

皮肤接触：立即脱去污染衣着，用肥皂水或清水彻底冲洗。就医。

食入：漱口，饮水。就医。

高铁血红蛋白血症，可用美蓝和维生素C治疗。

灭火方法 消防人员必须佩戴正压自给式呼吸器，穿全身防火防毒服，在上风向灭火。尽可能将容器从火场移至空旷处。喷水保持火场容器冷却，直至灭火结束。

灭火剂：雾状水、泡沫、二氧化碳、沙土。

泄漏应急处置 根据液体流动和蒸气扩散的影响区域划定警戒区，无关人员从侧风、上风向撤离至安全区。消除所有点火源。建议应急处理人员戴防毒面具，穿防毒服。穿上适当的防护服前严禁接触破裂的容器和泄漏物。尽可能切断泄漏源。防止泄漏物进入水体、下水道、地下室或密闭性空间。小量泄漏：用干燥的沙土或其他不燃材料吸收或覆盖，收集于容器中。大量泄漏：构筑围堤或挖坑收容。用泵转移至槽车或专用收集器内。

390. 间氯苯甲酸

标　识

中文名称 间氯苯甲酸

英文名称 3-Chlorobenzoic acid；*m*-Chlorobenzoic acid

别名 3-氯苯甲酸

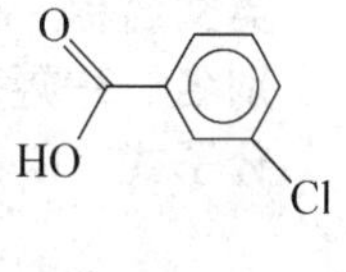

分子式 $C_7H_5ClO_2$

CAS号 535-80-8

危害信息

燃烧与爆炸危险性 可燃。其粉体与空气混合，能形成爆炸性混合物。受高热分解，放出腐蚀性、刺激性的烟雾。

禁忌物 强氧化剂、强酸、强碱。

毒性 大鼠腹腔内 LD_{50}：750mg/kg。

中毒表现 对眼、皮肤、黏膜和上呼吸道有刺激性。

侵入途径 吸入、食入。

理化特性与用途

理化特性 棱形结晶或白色粉末。不溶于冷水，溶于热水，溶于热苯，微溶四氯化碳、苯、二硫化碳、石油醚、乙醇、乙醚。熔点 158℃，沸点(升华)，相对密度(水=1)1.49，饱和蒸气压 0.31Pa(25℃)，辛醇/水分配系数 2.68，闪点 150℃。

主要用途 用于有机合成和用作染料、杀菌剂、药物中间体。

包装与储运

安全储运 储存于阴凉、通风的库房。远离火种、热源。应与强氧化剂、酸类、碱类等隔离储运。

紧急处置信息

急救措施

吸入：迅速脱离现场至空气新鲜处。保持呼吸道通畅。如呼吸困难，给输氧。呼吸、心跳停止，立即进行心肺复苏术。就医。

眼睛接触：立即分开眼睑，用流动清水或生理盐水彻底冲洗。就医。

皮肤接触：立即脱去污染的衣着，用流动清水彻底冲洗。就医。

食入：漱口，饮水。就医。

灭火方法 消防人员必须穿全身耐酸碱消防服，佩戴正压自给式呼吸器，在上风向灭火。尽可能将容器从火场移至空旷处。喷水保持火场容器冷却，直至灭火结束。

灭火剂：雾状水、泡沫、干粉、二氧化碳、沙土。

泄漏应急处置 隔离泄漏污染区，限制出入。消除所有点火源。建议应急处理人员戴防尘口罩，穿防毒服。穿上适当的防护服前严禁接触破裂的容器和泄漏物。尽可能切断泄漏源。用塑料布覆盖泄漏物，减少飞散。勿使水进入包装容器内。用洁净的铲子收集泄漏物，置于干净、干燥、盖子较松的容器中，将容器移离泄漏区。

391. 间羟基苯甲酸

标 识

中文名称 间羟基苯甲酸

英文名称 *m*-Hydroxybenzoic acid；3-Hydroxybenzoic acid

别名 3-羟基苯甲酸

分子式 $C_7H_6O_3$

HO O OH

CAS 号 99-06-9

危害信息

燃烧与爆炸危险性 可燃。其粉体与空气混合，能形成爆炸性混合物。受高热分解，放出刺激性烟气。

禁忌物 强氧化剂、强碱。

毒性 小鼠经口 LD_{50}：2g/kg。

中毒表现 对上呼吸道、眼睛和皮肤有刺激作用。

侵入途径 吸入、食入

理化特性与用途

理化特性 白色至灰白色粉末。微溶于水，溶于热乙醇、乙醚。熔点 201~204℃，沸点 345~346℃，相对密度(水=1)1.473，饱和蒸气压 20mPa(25℃)，辛醇/水分配系数 1.5，闪点 177℃。

主要用途 用作杀菌剂、防腐剂、增塑剂及医药的中间体，也可用来合成偶氮染料。

包装与储运

安全储运 储存于阴凉、通风的库房。远离火种、热源。应与强氧化剂、碱类等隔离储运。

紧急处置信息

急救措施

吸入： 迅速脱离现场至空气新鲜处。保持呼吸道通畅。如呼吸困难，给输氧。呼吸、心跳停止，立即进行心肺复苏术。就医。

眼睛接触： 立即分开眼睑，用流动清水或生理盐水彻底冲洗。就医。

皮肤接触： 立即脱去污染的衣着，用流动清水彻底冲洗。就医。

食入： 漱口，饮水。就医。

灭火方法 消防人员必须穿全身耐酸碱消防服，佩戴空气呼吸器，在上风向灭火。尽可能将容器从火场移至空旷处。喷水保持火场容器冷却，直至灭火结束。

灭火剂：雾状水、泡沫、干粉、二氧化碳、沙土。

泄漏应急处置 隔离泄漏污染区，限制出入。消除所有点火源。建议应急处理人员戴防尘口罩，穿防毒服。穿上适当的防护服前严禁接触破裂的容器和泄漏物。尽可能切断泄漏源。用塑料布覆盖泄漏物，减少飞散。勿使水进入包装容器内。用洁净的铲子收集泄漏物，置于干净、干燥、盖子较松的容器中，将容器移离泄漏区。

392. 间硝基苯甲醛

标　识

中文名称 间硝基苯甲醛

英文名称 3-Nitrobenzaldehyde；*m*-Nitrobenzaldehyde

别名 3-硝基苯甲醛

分子式　$C_7H_5NO_3$

CAS 号　99-61-6

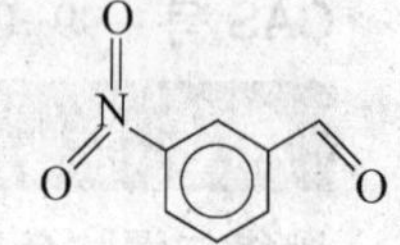

危害信息

燃烧与爆炸危险性　可燃。其粉体与空气混合，能形成爆炸性混合物。受高热分解，放出有毒、刺激性的烟雾。

禁忌物　强氧化剂、强酸、强碱。

毒性　小鼠腹腔内 *LD*：>500mg/kg。

中毒表现　本品对眼睛、皮肤、黏膜和上呼吸道有刺激作用。

侵入途径　吸入、食入。

理化特性与用途

理化特性　黄色至棕色粉末或颗粒。不溶于水，溶于乙醇、乙醚、氯仿等多数有机溶剂。熔点 56~59℃，沸点 285~290℃，相对密度(水=1)1.28，相对蒸气密度(空气=1)5.21，饱和蒸气压 0.1kPa(50℃)，辛醇/水分配系数 1.47。

主要用途　用于制造染料、药物、表面活性剂等。

包装与储运

安全储运　储存于阴凉、通风的库房。远离火种、热源。应与强氧化剂、酸类、碱类等隔离储运。

紧急处置信息

急救措施

吸入：迅速脱离现场至空气新鲜处。保持呼吸道通畅。如呼吸困难，给输氧。呼吸、心跳停止，立即进行心肺复苏术。就医。

眼睛接触：立即分开眼睑，用流动清水或生理盐水彻底冲洗。就医。

皮肤接触：立即脱去污染的衣着，用流动清水彻底冲洗。就医。

食入：漱口，饮水。就医。

灭火方法　消防人员须佩戴正压自给式呼吸器，穿全身消防服，在上风向灭火。尽可能将容器从火场移至空旷处。喷水保持火场容器冷却，直至灭火结束。

灭火剂：雾状水、泡沫、干粉、二氧化碳、沙土。

泄漏应急处置　隔离泄漏污染区，限制出入。消除所有点火源。建议应急处理人员戴防尘口罩，穿防毒服。穿上适当的防护服前严禁接触破裂的容器和泄漏物。尽可能切断泄漏源。用塑料布覆盖泄漏物，减少飞散。勿使水进入包装容器内。用洁净的铲子收集泄漏物，置于干净、干燥、盖子较松的容器中，将容器移离泄漏区。

393. 间异丙基甲苯

标　识

中文名称　间异丙基甲苯

英文名称　*m*-Isopropyltoluene

别名 (间)甲基异丙基苯

分子式 $C_{10}H_{14}$

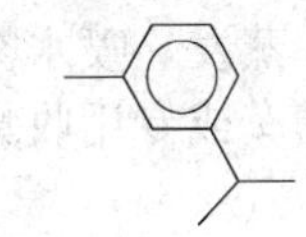

CAS 号 535-77-3

铁危编号 32039

UN 号 2046

危害信息

危险性类别 第3类 易燃液体

燃烧与爆炸危险性 易燃。其蒸气与空气混合，能形成爆炸性混合物。高速冲击、流动、激荡后可因产生静电火花放电引起燃烧爆炸。蒸气比空气重，能在较低处扩散到相当远的地方，遇火源会着火回燃和爆炸(闪爆)。若遇高热，容器内压增大，有开裂和爆炸的危险。

活性反应 与氧化剂可发生反应。

禁忌物 强氧化剂、酸类、卤素等。

侵入途径 吸入、食入。

理化特性与用途

理化特性 无色透明液体。微溶于水，混溶于乙醇、乙醚、丙酮。熔点-63.7℃，沸点175.1℃，相对密度(水=1)0.861，饱和蒸气压0.23kPa(25℃)，辛醇/水分配系数4.5，临界温度392.85℃，临界压力2.93MPa，闪点47℃，爆炸下限0.8%。

主要用途 用作溶剂，也用于制金属搽光剂、合成树脂、对苯二甲酸、甲苯酚、丙酮等。

包装与储运

包装标志 易燃液体

包装类别 Ⅲ类

安全储运 储存于阴凉、通风的库房。远离火种、热源，避免阳光直射。储存温度不超过37℃。炎热季节早晚运输，应与氧化剂等隔离储运。禁止使用易产生火花的机械设备和工具。灌装时注意控制流速，防止静电积聚。搬运时轻装轻卸，防止容器受损。

紧急处置信息

急救措施

吸入：脱离接触。如有不适感，就医。

眼睛接触：分开眼睑，用流动清水或生理盐水冲洗。如有不适感，就医。

皮肤接触：脱去污染的衣着，用流动清水冲洗。如有不适感，就医。

食入：漱口，饮水。就医。

灭火方法 消防人员须佩戴防毒面具，穿全身消防服，在上风向灭火。尽可能将容器从火场移至空旷处。喷水保持火场容器冷却，直至灭火结束。处在火场中的容器若已变色或从安全泄压装置中发出响声，必须马上撤离。

灭火剂：雾状水、泡沫、干粉、二氧化碳、沙土。

泄漏应急处置 消除所有点火源。根据液体流动和蒸气扩散的影响区域划定警戒区，无关人员从侧风、上风向撤离至安全区。建议应急处理人员戴正压自给式呼吸器，穿防静电服。作业时使用的所有设备应接地。禁止接触或跨越泄漏物。尽可能切断泄漏源。防止泄漏物进入水体、下水道、地下室或有限空间。小量泄漏：用沙土或其他不燃材料吸收。

使用洁净的无火花工具收集吸收材料。大量泄漏：构筑围堤或挖坑收容。用泡沫覆盖，减少蒸发。喷水雾能减少蒸发，但不能降低泄漏物在有限空间内的易燃性。用防爆泵转移至槽车或专用收集器内。

394. 碱式铬酸锌

标 识

中文名称 碱式铬酸锌

英文名称 Basic zinc chromate；Chromium zincoxide

别名 锌铬黄；锌黄

分子式 $ZrCrO_4$

CAS 号 13530-65-9

$$\mathrm{O{=}Cr(=O)(O^-)O^-}\quad Zn^{2+}$$

危害信息

燃烧与爆炸危险性 不燃，无特殊燃爆特性。

禁忌物 强酸。

毒性 六价铬化合物所致肺癌已列入《职业病分类和目录》，属职业性肿瘤。

IARC 致癌性评论：G1，确认人类致癌物。

欧盟法规 1272/2008/EC 将本品列为第 1B 类致癌物——可能对人类有致癌能力。

中毒表现 急性中毒表现为吸入后可引起急性呼吸道刺激症状、鼻出血、声音嘶哑、鼻黏膜黏膜萎缩，有时出现哮喘和紫绀。重者可发生化学性肺炎。口服可刺激和腐蚀消化道，引起恶心、呕吐、腹痛和血便等；重者出现呼吸困难、紫绀、休克、肝损害及急性肾功能衰竭等。皮肤或眼睛接触引起刺激或灼伤，可经皮肤吸收引起中毒死亡。对皮肤有致敏性。

慢性影响表现为有接触性皮炎、铬溃疡、鼻炎、鼻中隔穿孔及呼吸道炎症等。六价铬为对人的确认致癌物。

侵入途径 吸入、食入、经皮吸收。

职业接触限值 中国：PC-TWA 0.05mg/m³[按 Cr 计][G1]。

美国(ACGIH)：TLV-TWA 0.01mg/m³[按 Cr 计]。

环境危害 对水生生物有极高毒性，可能在水生环境中造成长期不利影响。

理化特性与用途

理化特性 柠檬黄棱形结晶或粉末。不溶于冷水，溶于酸、液氨，不溶于丙酮。熔点 316℃，相对密度(水=1)3.4。

主要用途 主要用于生产磷化底漆和其他涂料。

包装与储运

包装标志 杂项

包装类别 Ⅲ类

安全储运 储存于阴凉、通风的库房。远离火种、热源。应与强氧化剂、强酸等隔离储运。

紧急处置信息

急救措施

吸入： 迅速脱离现场至空气新鲜处。保持呼吸道通畅。如呼吸困难，给输氧。呼吸、心跳停止，立即进行心肺复苏术。就医。

眼睛接触： 分开眼睑，用流动清水或生理盐水冲洗。就医。

皮肤接触： 脱去污染的衣着，用肥皂水和清水彻底冲洗皮肤。就医。

食入： 饮足量温水，催吐。用清水或1%硫代硫酸钠溶液洗胃。给饮牛奶或蛋清。就医。

灭火方法 消防人员全身消防服，佩戴正压自给式呼吸器，在上风向灭火。尽可能将容器从火场移至空旷处。喷水保持火场容器冷却，直至灭火结束。

本品不燃，根据着火原因选择适当灭火剂灭火。

泄漏应急处置 隔离泄漏污染区，限制出入。建议应急处理人员戴防尘口罩，穿防毒服。禁止接触或跨越泄漏物。小量泄漏：用洁净的铲子收集泄漏物，置于干净、干燥、盖子较松的容器中，将容器移离泄漏区。大量泄漏：用水润湿，并筑堤收容。防止泄漏物进入水体、下水道、地下室或密闭性空间。

395. 碱式碳酸铋

标　识

中文名称 碱式碳酸铋

英文名称 Basic bismuth carbonate ; Bismuth subcarbonate; Dibismuth carbonate dioxide

别名 碳酸氧铋

分子式 $(BiO)_2CO_3$

CAS 号 5892-10-4

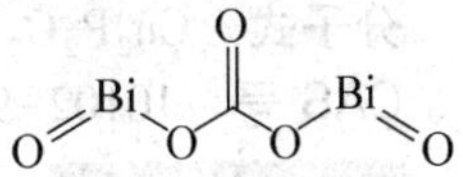

危害信息

燃烧与爆炸危险性 不燃，无特殊燃爆特性。

禁忌物 强酸、强碱。

毒性 大鼠经口 LD_{50}：22g/kg。

中毒表现 本品极难从皮肤黏膜吸收。未见职业性损害报道，非职业性的损害多由于口服或药物治疗引起，表现为肝肾损害，铋性口腔炎、齿龈炎、皮炎，甚至剥脱性皮炎。

侵入途径 吸入、食入。

理化特性与用途

理化特性 白色或微黄色粉末。不溶于水，不溶于乙醇，溶于硝酸、盐酸、浓乙酸、氯化铵溶液，微溶于碱金属碳酸盐溶液。分解温度308℃，相对密度(水=1)6.86。

主要用途 用作分析试剂，也用于铋盐、烟火制造，在制药工业用作收敛剂；还可作珠光塑料的添加剂和化妆品的附着剂等。

包装与储运

安全储运　储存于阴凉、通风的库房。远离火种、热源。应与酸类、强碱等隔离储运。

紧急处置信息

急救措施

吸入：脱离接触。如有不适感，就医。

眼睛接触：分开眼睑，用流动清水或生理盐水冲洗。如有不适感，就医。

皮肤接触：脱去污染的衣着，用流动清水冲洗。如有不适感，就医。

食入：漱口，饮水。就医。

灭火方法　消防人员全身消防服，佩戴正压自给式呼吸器，在上风向灭火。尽可能将容器从火场移至空旷处。喷水保持火场容器冷却，直至灭火结束。

本品不燃，根据着火原因选择适当灭火剂灭火。

泄漏应急处置　隔离泄漏污染区，限制出入。建议应急处理人员戴防尘口罩，穿一般作业工作服。尽可能切断泄漏源。用塑料布覆盖泄漏物，减少飞散。勿使水进入包装容器内。用洁净的铲子收集泄漏物，置于干净、干燥、盖子较松的容器中，将容器移离泄漏区。

396. 焦磷酸铜

标　识

中文名称　焦磷酸铜

英文名称　Copper pyrophosphate; Diphosphoric acid, copper salt

分子式　$Cu_2P_2O_7$

CAS 号　10102-90-6

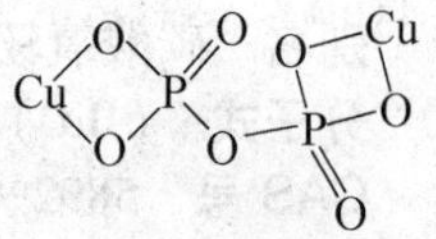

危害信息

燃烧与爆炸危险性　不燃。受热易分解放出有毒的磷氧化物。

中毒表现　对呼吸道、消化道和皮肤有刺激作用。口服可引起反射性呕吐及急性胃肠炎。铜有溶血作用和引起肝肾损害。

侵入途径　吸入、食入。

环境危害　对水生生物有极高毒性，可能在水生环境中造成长期不利影响。

理化特性与用途

理化特性　浅蓝色粉末。不溶于水，溶于酸、含有过量焦磷酸的溶液。熔点 1170℃。

主要用途　主要用于无氰电镀、印刷电路板、药物、催化异丁烯聚合制二聚异丁烯；用作分析试剂，配制磷酸盐颜料。

包装与储运

包装标志　杂项

包装类别　Ⅲ类

安全储运　储存于阴凉、通风的库房。远离火种、热源。应与强氧化剂等隔离储运。

紧急处置信息

急救措施

吸入：迅速脱离现场至空气新鲜处。保持呼吸道通畅。如呼吸困难，给输氧。呼吸、心跳停止，立即进行心肺复苏术。就医。

眼睛接触：立即分开眼睑，用流动清水或生理盐水彻底冲洗。就医。

皮肤接触：立即脱去污染的衣着，用肥皂水和清水彻底冲洗。就医。

食入：漱口，饮水。就医。

灭火方法 消防人员须穿全身消防服，佩戴正压自给式呼吸器，在上风向灭火。尽可能将容器从火场移至空旷处。喷水保持火场容器冷却，直至灭火结束。

本品不燃，根据着火原因选择适当灭火剂灭火。

泄漏应急处置 隔离泄漏污染区，限制出入。建议应急处理人员戴防尘口罩，穿防腐蚀、防毒服。穿上适当的防护服前严禁接触破裂的容器和泄漏物。尽可能切断泄漏源。用塑料布覆盖泄漏物，减少飞散。勿使水进入包装容器内。用洁净的铲子收集泄漏物，置于干净、干燥、盖子较松的容器中，将容器移离泄漏区。

397. 焦磷酸锡(Ⅱ)

标 识

中文名称 焦磷酸锡(Ⅱ)

英文名称 Ditin pyrophosphate；Tin pyrophosphate；Stannous pyrophosphate

别名 焦磷酸亚锡

分子式 $Sn_2P_2O_7$

CAS 号 15578-26-4

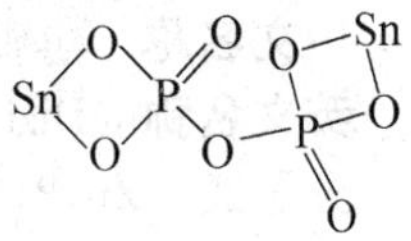

危害信息

燃烧与爆炸危险性 不燃。受热分解放出有毒的磷氧化物气体。

禁忌物 强氧化剂。

毒性 大鼠经口 LD_{50}：3805mg/kg。

中毒表现 对眼和呼吸道有刺激性。长期接触可引起锡尘肺。

侵入途径 吸入、食入。

职业接触限值 美国(ACGIH)：TLV-TWA 2mg/m^3[按 Sn 计]。

理化特性与用途

理化特性 白色粉末。不溶于水，溶于浓酸。熔点大于 400℃(分解)，相对密度(水=1)4.01。

主要用途 主要用于无氰电镀的镀锡；用作牙膏的填充剂；印染工业用于染色；陶瓷工业用于精制陶土；在涂料工业中适当加入可缓解油漆填料在油漆中的沉降速度，改善油漆性能。

包装与储运

安全储运 储存于阴凉、通风的库房。远离火种、热源。应与强氧化剂等隔离储运。

紧急处置信息

急救措施

吸入：迅速脱离现场至空气新鲜处。保持呼吸道通畅。如呼吸困难，给输氧。呼吸、心跳停止，立即进行心肺复苏术。就医。

眼睛接触：立即分开眼睑，用流动清水或生理盐水彻底冲洗。就医。

皮肤接触：立即脱去污染的衣着，用肥皂水和清水彻底冲洗。就医。

食入：漱口，饮水。就医。

灭火方法 消防人员须穿全身消防服，佩戴正压自给式呼吸器，在上风向灭火。尽可能将容器从火场移至空旷处。喷水保持火场容器冷却，直至灭火结束。

本品不燃，根据着火原因选择适当灭火剂灭火。

泄漏应急处置 隔离泄漏污染区，限制出入。建议应急处理人员戴防尘口罩，穿防毒服。穿上适当的防护服前严禁接触破裂的容器和泄漏物。尽可能切断泄漏源。用塑料布覆盖泄漏物，减少飞散。勿使水进入包装容器内。用洁净的铲子收集泄漏物，置于干净、干燥、盖子较松的容器中，将容器移离泄漏区。

398. 焦磷酸锌

标　识

中文名称 焦磷酸锌

英文名称 Dizinc pyrophosphate；Zinc pyrophosphate

分子式 $Zn_2P_2O_7$

CAS 号 7446-26-6

Zn^{2+} O^- O P O O^- P O^- O^- O Zn^{2+} O

危害信息

燃烧与爆炸危险性 不燃。受热易分解，放出有毒的磷氧化物。在高温火场中受热的容器或储罐有破裂和爆炸的危险。

禁忌物 强酸。

侵入途径 吸入、食入。

理化特性与用途

理化特性 白色结晶性粉末。不溶于水，溶于稀酸、碱、氨水。相对密度（水＝1）3.75，分解温度800℃。

主要用途 可用作颜料，用于锌的测定。

包装与储运

安全储运 储存于阴凉、通风的库房。远离火种、热源。应与强氧化剂等隔离储运。

紧急处置信息

急救措施

吸入：脱离接触。如有不适感，就医。

眼睛接触：分开眼睑，用流动清水或生理盐水冲洗。如有不适感，就医。

皮肤接触：脱去污染的衣着，用流动清水冲洗。如有不适感，就医。

食入：漱口，饮水。就医。

灭火方法 消防人员须穿全身消防服，佩戴正压自给式呼吸器，在上风向灭火。尽可能将容器从火场移至空旷处。喷水保持火场容器冷却，直至灭火结束。

本品不燃，根据着火原因选择适当灭火剂灭火。

泄漏应急处置 隔离泄漏污染区，限制出入。建议应急处理人员戴防尘口罩，穿防毒服。穿上适当的防护服前严禁接触破裂的容器和泄漏物。尽可能切断泄漏源。用塑料布覆盖泄漏物，减少飞散。勿使水进入包装容器内。用洁净的铲子收集泄漏物，置于干净、干燥、盖子较松的容器中，将容器移离泄漏区。

399. 焦油

标　识

中文名称 焦油

英文名称 Tars

铁危编号 31292A

危害信息

危险性类别 第3类 易燃液体

燃烧与爆炸危险性 易燃。其蒸气与空气混合，能形成爆炸性混合物，遇明火、高热可能引起燃或爆炸。若遇高热，容器内压增大，有开裂和爆炸的危险。

禁忌物 强氧化剂。

毒性 煤焦油所致皮肤癌已列入《职业病分类和目录》，属职业性肿瘤。

IARC致癌性评论：G1，确认人类致癌物(煤焦油)。

中毒表现 作用于皮肤，引起皮炎、痤疮、毛囊炎、光毒性皮炎、中毒性黑皮病、疣赘等。煤焦油可引起皮肤癌。

侵入途径 吸入、食入。

理化特性与用途

理化特性 黑色或黑褐色黏稠状液体，具有特殊气味。微溶于水，溶于苯、乙醇、乙醚等多数有机溶剂。相对密度(水=1)0.95~1.1 。

主要用途 多种化工产品的原料。

包装与储运

包装标志 易燃液体

包装类别 Ⅱ类

安全储运 储存于阴凉、通风的库房。远离火种、热源，避免阳光直射。储存温度不超过 37℃。炎热季节早晚运输，应与氧化剂等隔离储运。禁止使用易产生火花的机械设备和工具。灌装时注意控制流速，防止静电积聚。搬运时轻装轻卸，防止容器受损。

紧急处置信息

急救措施

吸入：迅速脱离现场至空气新鲜处。保持呼吸道通畅。如呼吸困难，给输氧。呼吸、心跳停止，立即进行心肺复苏术。就医。

眼睛接触：立即分开眼睑，用流动清水或生理盐水彻底冲洗。就医。

皮肤接触：立即脱去污染的衣着，用流动清水和肥皂水彻底冲洗。就医。

食入：漱口，饮水。就医。

灭火方法 消防人员必须佩戴正压自给式呼吸器，穿全身防火防毒服，在上风向灭火。尽可能将容器从火场移至空旷处。喷水保持火场容器冷却，直至灭火结束。处在火场中的容器若已变色或从安全泄压装置中发出响声，必须马上撤离。

灭火剂：雾状水、泡沫、干粉、二氧化碳、沙土。

泄漏应急处置 消除所有点火源。根据液体流动和蒸气扩散的影响区域划定警戒区，无关人员从侧风、上风向撤离至安全区。建议应急处理人员戴正压自给式呼吸器，穿防毒、防静电服。作业时使用的所有设备应接地。禁止接触或跨越泄漏物。尽可能切断泄漏源。防止泄漏物进入水体、下水道、地下室或有限空间。小量泄漏：用沙土或其他不燃材料吸收。使用洁净的无火花工具收集吸收材料。大量泄漏：构筑围堤或挖坑收容。用泡沫覆盖，减少蒸发。喷水雾能减少蒸发，但不能降低泄漏物在有限空间内的易燃性。用防爆泵转移至槽车或专用收集器内。

400. 芥酸酰胺

标　识

中文名称 芥酸酰胺

英文名称 (*Z*)-Docos-13-enamide；Erucamide

别名 二十二烯酸酰胺

分子式 $C_{22}H_{43}NO$

CAS 号 112-84-5

O
H_2N

危害信息

燃烧与爆炸危险性 可燃。其粉体与空气混合，能形成爆炸性混合物，当达到一定浓度时，遇火星会发生爆炸。燃烧产生有毒的氮氧化物气体。

禁忌物 强氧化剂、强酸。

毒性 大鼠经口 LD_{50}：>2000mg/kg 。

侵入途径 吸入、食入。

理化特性与用途

理化特性 米黄色薄片，有脂肪气味。不溶于水，微溶于乙醇、丙酮，溶于异丙醇。

熔点 75~80℃，沸点>200℃，相对密度(水=1)0.851(71℃)，饱和蒸气压<0.1kPa(20℃)，辛醇/水分配系数 5.3，闪点 230℃(开杯)。

主要用途　用作热塑性塑料的润滑剂、分离剂、防粘剂、内脱模剂。

包装与储运

安全储运　储存于阴凉、通风的库房。远离火种、热源。应与强氧化剂、酸类等隔离储运。

紧急处置信息

急救措施

吸入：迅速脱离现场至空气新鲜处。保持呼吸道通畅。如呼吸困难，给输氧。呼吸、心跳停止，立即进行心肺复苏术。就医。

眼睛接触：立即分开眼睑，用流动清水或生理盐水彻底冲洗。就医。

皮肤接触：立即脱去污染的衣着，用肥皂水和清水彻底冲洗。就医。

食入：漱口，饮水。就医。

灭火方法　消防人员必须佩戴正压自给式呼吸器，穿全身防火防毒服，在上风向灭火。尽可能将容器从火场移至空旷处。喷水保持火场容器冷却，直至灭火结束。

灭火剂：雾状水、泡沫、干粉、二氧化碳、沙土。

泄漏应急处置　隔离泄漏污染区，限制出入。消除所有点火源。建议应急处理人员戴防尘口罩，穿一般作业工作服。穿上适当的防护服前严禁接触破裂的容器和泄漏物。尽可能切断泄漏源。用塑料布覆盖泄漏物，减少飞散。勿使水进入包装容器内。用洁净的铲子收集泄漏物，置于干净、干燥、盖子较松的容器中，将容器移离泄漏区。

401. 精吡氟禾草灵

标　识

中文名称　精吡氟禾草灵

英文名称　Butyl (*R*)-2-(4-((5-(trifluoromethyl)-2-pyridinyl)oxy)phenoxy)propanoate；Fluazifop-*p*-butyl

别名　(*R*)-2-(4-((5-(三氟甲基)-2-吡啶基)氧基)苯氧基)丙酸丁酯

分子式　$C_{19}H_{20}F_3NO_4$

CAS 号　79241-46-6

危害信息

燃烧与爆炸危险性　易燃。其蒸气与空气混合能形成爆炸性混合物，遇明火、高热易燃烧或爆炸。在高温火场中，受热的容器或储罐有破裂和爆炸的危险。燃烧或受热分解产生有毒的烟气。

禁忌物　强氧化剂。

毒性　大鼠经口 LD_{50}：2712mg/kg；兔经皮 LD_{50}：>2g/kg。

欧盟法规 1272/2008/EC 将本品列为第 2 类生殖毒物——可疑的人类生殖毒物。

侵入途径　吸入、食入、经皮吸收。

环境危害 对水生生物有极高毒性，可能在水生环境中造成长期不利影响。

理化特性与用途

理化特性 淡黄色至棕色液体。不溶于水，与丙酮、甲醇、二氯甲烷、乙酸乙酯、甲苯等混溶。熔点5℃，沸点164℃(2.6Pa)，相对密度(水=1)1.21，饱和蒸气压0.033mPa(20℃)，辛醇/水分配系数4.5，闪点>50℃(闭杯)。

主要用途 苗后除草剂，用于防除大豆、棉花、马铃薯、烟草、蔬菜、亚麻、花生等作物田禾本科杂草。

包装与储运

包装标志 杂项

包装类别 Ⅲ类

安全储运 储存于阴凉、通风的库房。远离火种、热源。应与强氧化剂等隔离储运。搬运时轻装轻卸，防止容器受损。

紧急处置信息

急救措施

吸入：迅速脱离现场至空气新鲜处。保持呼吸道通畅。如呼吸困难，给输氧。呼吸、心跳停止，立即进行心肺复苏术。就医。

眼睛接触：立即分开眼睑，用流动清水或生理盐水彻底冲洗。就医。

皮肤接触：立即脱去污染的衣着，用肥皂水和清水彻底冲洗。就医。

食入：漱口，饮水。就医。

灭火方法 消防人员须穿全身消防服，佩戴正压自给式呼吸器，在上风向灭火。尽可能将容器从火场移至空旷处。喷水保持火场容器冷却，直至灭火结束。处在火场中的容器若发生异常变化或发出异常声音，须马上撤离。

灭火剂：泡沫、二氧化碳、干粉、沙土。

泄漏应急处置 根据液体流动和蒸气扩散的影响区域划定警戒区，无关人员从侧风、上风向撤离至安全区。消除所有点火源。应急人员应戴全面罩防毒面具，穿防毒服。采取关闭阀门或堵漏等措施切断泄漏源。防止流入河流、下水道、排洪沟、有限空间等。少量泄漏：用沙土等不燃材料吸收，收集于容器中待处置。大量泄漏：构筑围堤或挖坑收容泄漏物，收容的泄漏液用防爆泵转移至槽车或专用收集器内。

402. 聚氨酯树脂

标　识

中文名称 聚氨酯树脂

英文名称 Polyurethane resin；Urethane polymers

别名 聚氨酯

CAS号 9009-54-5

铁危编号 32145

UN号 1866

危害信息

危险性类别 第3类 易燃液体

燃烧与爆炸危险性 可燃。其粉体与空气混合能形成爆炸性混合物，遇明火高热有引起燃烧爆炸的危险。燃烧产生有毒的氮氧化物气体。

禁忌物 强氧化剂。

毒性 人吸入 *TCLo*：12mg/m^3(11 周，连续)。

侵入途径 吸入、食入。

理化特性与用途

理化特性 透明固体、白色粉末或乳白色悬浮体。

主要用途 用于制造塑料制品、耐磨合成橡胶制品、合成纤维、硬质和软质泡沫塑料制品、胶黏剂和涂料等。

包装与储运

包装标志 易燃液体

包装类别 Ⅲ类

安全储运 储存于阴凉、通风的库房。远离火种、热源，避免阳光直射。储存温度不超过37℃。炎热季节早晚运输，应与氧化剂等隔离储运。禁止使用易产生火花的机械设备和工具。灌装时注意控制流速，防止静电积聚。搬运时轻装轻卸，防止容器受损。

紧急处置信息

急救措施

吸入：脱离接触。如有不适感，就医。

眼睛接触：分开眼睑，用流动清水或生理盐水冲洗。如有不适感，就医。

皮肤接触：脱去污染的衣着，用肥皂水和清水冲洗。如有不适感，就医。

食入：漱口，饮水。就医。

灭火方法 消防人员须穿全身消防服，佩戴正压自给式呼吸器，在上风向灭火。尽可能将容器从火场移至空旷处。喷水保持火场容器冷却，直至灭火结束。

灭火剂：雾状水、泡沫、二氧化碳、干粉、沙土。

泄漏应急处置 隔离泄漏污染区，限制出入。建议应急处理人员戴防尘口罩，穿一般作业工作服。尽可能切断泄漏源。用塑料布覆盖泄漏物，减少飞散。用洁净的铲子收集泄漏物，置于干净、干燥、盖子较松的容器中，将容器移离泄漏区。

403. 聚丙烯［等规］

标　识

中文名称 聚丙烯［等规］

英文名称 1-Propene，homopolymer；Polypropylene

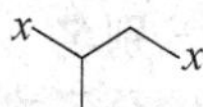

别名 等规聚丙烯

分子式 $(C_3H_6)_x$

CAS 号 9003-07-0

危害信息

燃烧与爆炸危险性 可燃。其粉体与空气混合，能形成爆炸性混合物。加热分解产生易燃气体。

禁忌物 强氧化剂、酸类、卤代烃、卤素等。

毒性 大鼠经口 LD_{50}：>8g/kg。

侵入途径 吸入、食入。

理化特性与用途

理化特性 白色半透明固体。不溶于水，不溶于冷有机溶剂，溶于沸四氯乙烷。熔点 165~170℃，相对密度(水=1)0.9~0.92，热变形温度 114℃，维卡软化点 149~151℃ 。

主要用途 用于制薄膜、单丝、纤维、编织袋、绳索、管材、板材、机械零件、汽车部件、电子电器部件、周转箱、容器、家具、地毯等。

包装与储运

安全储运 储存于阴凉、通风的库房。远离火种、热源。应与强氧化剂等隔离储运。

紧急处置信息

急救措施

吸入：脱离接触。如有不适感，就医。

眼睛接触：分开眼睑，用流动清水或生理盐水冲洗。如有不适感，就医。

皮肤接触：脱去污染的衣着，用流动清水冲洗。如有不适感，就医。

食入：漱口，饮水。就医。

灭火方法 消防人员必须佩戴空气呼吸器，穿全身防火防毒服，在上风向灭火。尽可能将容器从火场移至空旷处。喷水保持火场容器冷却，直至灭火结束。

灭火剂：雾状水、泡沫、干粉、二氧化碳、沙土。

泄漏应急处置 隔离泄漏污染区，限制出入。消除所有点火源。建议应急处理人员戴防尘口罩，穿一般作业工作服。穿上适当的防护服前严禁接触破裂的容器和泄漏物。尽可能切断泄漏源。用塑料布覆盖泄漏物，减少飞散。勿使水进入包装容器内。用洁净的铲子收集泄漏物，置于干净、干燥、盖子较松的容器中，将容器移离泄漏区。

404. 聚(乙氧基)壬基苯醚

标　识

中文名称 聚(乙氧基)壬基苯醚

英文名称 Glycols, polyethylene, mono(nonylphenyl) ether; Poly(oxyethylene)-nonyl phenyl ether

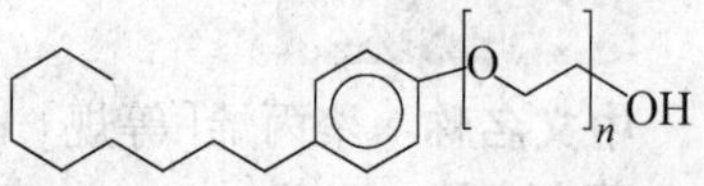

别名 壬基酚聚氧乙烯醚；乙氧基化壬基酚

分子式 $(C_2H_4O)_nC_{15}H_{24}O$

CAS 号 9016-45-9

危害信息

燃烧与爆炸危险性 可燃。在高温火场中，受热的容器或储罐有破裂和爆炸的危险。

禁忌物 强氧化剂。

毒性 大鼠经口 LD_{50}：1310mg/kg；兔经皮 LD_{50}：2000mg/kg 。

侵入途径 吸入、食入、经皮吸收。

理化特性与用途

理化特性 无色透明液体或淡黄色软膏体或白色固体。溶于水。熔点 42~43℃，相对密度(水=1)0.99~1.07，闪点 282℃。

主要用途 壬基酚聚氧乙烯醚是合成洗涤剂主要原料。在工业清洗、纺织印染、造纸、皮革化工、化纤油剂、油田助剂、农药、乳液聚合等工业领域有着广泛的应用。

包装与储运

安全储运 储存于阴凉、通风的库房。远离火种、热源。应与强氧化剂等隔离储运。搬运时轻装轻卸，防止容器受损。

紧急处置信息

急救措施

吸入：迅速脱离现场至空气新鲜处。保持呼吸道通畅。如呼吸困难，给输氧。呼吸、心跳停止，立即进行心肺复苏术。就医。

眼睛接触：立即分开眼睑，用流动清水或生理盐水彻底冲洗。就医。

皮肤接触：立即脱去污染的衣着，用流动清水彻底冲洗。就医。

食入：漱口，饮水。就医。

灭火方法 消防人员须穿全身消防服，佩戴空气呼吸器，在上风向灭火。尽可能将容器从火场移至空旷处。喷水保持火场容器冷却，直至灭火结束。

灭火剂：泡沫、二氧化碳、干粉、沙土。

泄漏应急处置 隔离泄漏污染区，限制出入。消除所有点火源。建议应急处理人员戴防尘口罩，穿一般作业工作服。穿上适当的防护服前严禁接触破裂的容器和泄漏物。尽可能切断泄漏源。用塑料布覆盖泄漏物，减少飞散。勿使水进入包装容器内。用洁净的铲子收集泄漏物，置于干净、干燥、盖子较松的容器中，将容器移离泄漏区。

405. 抗氧剂 1010

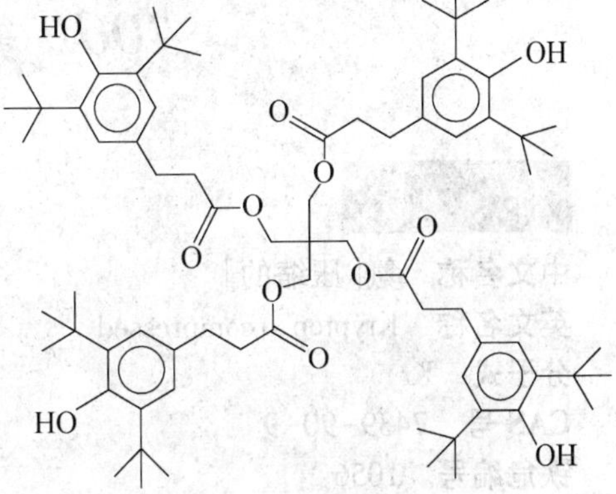

标　识

中文名称 抗氧剂 1010

英文名称 Pentaerythritol tetrakis(3-(3,5-di-tert-butyl-4- hydroxyphenyl)propionate);Irganox 1010 ; Antioxidant 1010

别名 四(3,5-二叔丁基-4-羟基)苯丙酸季戊四醇酯

分子式 $C_{73}H_{108}O_{12}$

CAS 号 6683-19-8

危害信息

燃烧与爆炸危险性 可燃。其粉体与空气混合，能形成爆炸性混合物。

禁忌物 强氧化剂。

毒性 大鼠经口 LD_{50}：>5000mg/kg；大鼠吸入 LC_{50}：>1950mg/m^3（4h）；兔经皮 LD_{50}：>3160mg/kg。

侵入途径 吸入、食入、经皮吸收。

理化特性与用途

理化特性 白色至灰白色结晶粉末。不溶于水。熔点 110～125℃，相对密度（水＝1）1.1～1.2，辛醇/水分配系数 0.23，闪点 297℃，引燃温度>350℃。

主要用途 广泛应用于聚乙烯、聚丙烯、聚酯、聚氨酯、聚苯乙烯、聚甲醛、ABS 树脂、聚酰胺、合成橡胶等高分子材料中，也是各种天然及合成油品的高级抗氧剂。

包装与储运

安全储运 储存于阴凉、通风的库房。远离火种、热源。应与强氧化剂等隔离储运。

紧急处置信息

急救措施

吸入：迅速脱离现场至空气新鲜处。保持呼吸道通畅。如呼吸困难，给输氧。呼吸、心跳停止，立即进行心肺复苏术。就医。

眼睛接触：立即分开眼睑，用流动清水或生理盐水彻底冲洗。就医。

皮肤接触：立即脱去污染的衣着，用流动清水彻底冲洗。就医。

食入：漱口，饮水。就医。

灭火方法 消防人员必须佩戴空气呼吸器，穿全身防火防毒服，在上风向灭火。尽可能将容器从火场移至空旷处。喷水保持火场容器冷却，直至灭火结束。

灭火剂：雾状水、泡沫、干粉、二氧化碳、沙土。

泄漏应急处置 隔离泄漏污染区，限制出入。消除所有点火源。建议应急处理人员戴防尘口罩，穿一般作业工作服。尽可能切断泄漏源。用塑料布覆盖泄漏物，减少飞散。勿使水进入包装容器内。用洁净的铲子收集泄漏物，置于干净、干燥、盖子较松的容器中，将容器移离泄漏区。

406. 氪［压缩的］

标　识

中文名称 氪［压缩的］

英文名称 Krypton，compressed

分子式 Kr

CAS 号 7439-90-9

铁危编号 1056

UN 号 22013

危害信息

危险性类别 第 2.2 类 不燃气体

燃烧与爆炸危险性 不燃。在高温火场中受热的容器有破裂和爆炸的危险。

中毒表现 本品在生理学上是惰性气体，仅在高浓度时，由于空气中氧分压降低才引起窒息。接触液态本品引起冻伤。

侵入途径 吸入

理化特性与用途

理化特性 无色无味的压缩气体。不溶于水。熔点-157℃，沸点-153℃，相对蒸气密度(空气=1)2.9，辛醇/水分配系数 1.2。

主要用途 用作 X 射线工作时的遮光材料；用于填充灯泡、灯管。

包装与储运

包装标志 不燃气体

安全储运 储存于阴凉、通风的库房或大型气柜。远离火源和热源。储存温度不超过30℃。运输时防止雨淋、曝晒。搬运时轻装轻卸，须戴好钢瓶安全帽和防震橡皮圈，防止钢瓶撞击。

紧急处置信息

急救措施

吸入：迅速脱离现场至空气新鲜处。保持呼吸道通畅。如呼吸困难，给输氧。呼吸、心跳停止，立即进行心肺复苏术。就医。

皮肤接触：如发生冻伤，用温水(38～42℃)复温，忌用热水或辐射热，不要揉搓。就医。

灭火方法 消防人员须穿全身消防服，佩戴空气呼吸器，在上风向灭火。尽可能将容器从火场移至空旷处。喷水保持火场容器冷却，直至灭火结束。

本品不燃，根据着火原因选择适当灭火剂灭火。

泄漏应急处置 大量泄漏：根据气体扩散的影响区域划定警戒区，无关人员从侧风、上风向撤离至安全区。建议应急处理人员戴正压自给式呼吸器，穿一般作业工作服。尽可能切断泄漏源。允许漏出气排入大气中。泄漏场所保持通风。

407. 醌肟腙

标　识

中文名称 醌肟腙

英文名称 Benquinox; *p*-Benzoquinone 1-benzoylhydrazone 4-oxime

分子式 $C_{13}H_{11}N_3O_2$

CAS 号 495-73-8

危害信息

危险性类别 第6类 有毒品

燃烧与爆炸危险性 可燃。燃烧产生有毒的氮氧化物气体。在高温火场中，受热的容器有破裂和爆炸的危险。

禁忌物 强氧化剂

毒性 大鼠经口 LD_{50}：100mg/kg；小鼠经口 LD_{50}：100mg/kg。

侵入途径 吸入、食入。

理化特性与用途

理化特性 黄色结晶或黄棕色粉末。不溶于水，易溶于碱，溶于有机溶剂，极易溶于甲酰胺。分解温度195℃。

主要用途 种子和土壤杀菌剂。用于保护种子和幼苗，防治腐霉菌和其他土壤真菌。

包装与储运

包装标志 有毒品

包装类别 Ⅲ类

安全储运 储存于阴凉、通风的库房。远离火种、热源。储存温度不超过35℃，相对湿度不超过85%。保持容器密封。应与强氧化剂等隔离储运。搬运时轻装轻卸，防止容器受损。

紧急处置信息

急救措施

吸入：迅速脱离现场至空气新鲜处。保持呼吸道通畅。如呼吸困难，给输氧。呼吸、心跳停止，立即进行心肺复苏术。就医。

眼睛接触：立即分开眼睑，用流动清水或生理盐水彻底冲洗。就医。

皮肤接触：立即脱去污染的衣着，用流动清水彻底冲洗。就医。

食入：饮适量温水，催吐（仅限于清醒者）。就医。

灭火方法 消防人员须穿全身消防服，佩戴正压自给式呼吸器，在上风向灭火。尽可能将容器从火场移至空旷处。喷水保持火场容器冷却，直至灭火结束。

灭火剂：雾状水、泡沫、二氧化碳、干粉、沙土。

泄漏应急处置 隔离泄漏污染区，限制出入。消除所有点火源。建议应急处理人员戴防尘口罩，穿一般作业工作服。尽可能切断泄漏源。用塑料布覆盖泄漏物，减少飞散。勿使水进入包装容器内。用洁净的铲子收集泄漏物，置于干净、干燥、盖子较松的容器中，将容器移离泄漏区。

408. 拉沙里菌素

标　识

中文名称 拉沙里菌素

英文名称 Lasalocid

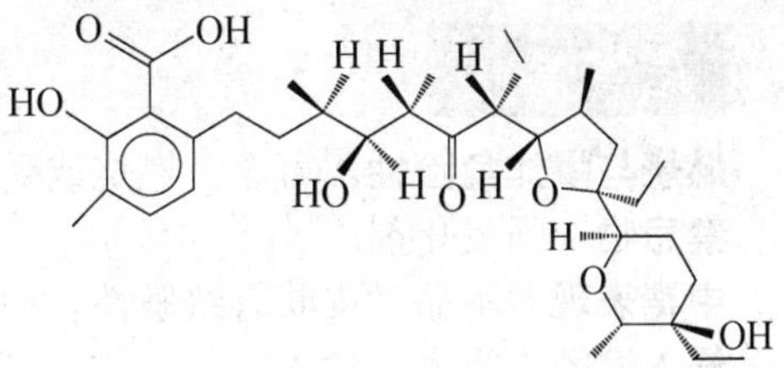

分子式 $C_{34}H_{54}O_8$

CAS号 11054-70-9

危害信息

燃烧与爆炸危险性 受热易分解产生有毒和刺激性烟气。

禁忌物 强氧化剂。

毒性 大鼠腹腔内 LD_{50}：8mg/kg。

中毒表现 对眼和皮肤有刺激性。

侵入途径 吸入、食入。

理化特性与用途

理化特性 白色至棕色粉末。微溶于水，可溶于大部分有机溶剂。熔点191~192℃(分解)。

主要用途 抗生素类饲料添加剂。

包装与储运

安全储运 储存于阴凉、通风的库房。远离火种、热源。应与强氧化剂等隔离储运。

紧急处置信息

急救措施

吸入：迅速脱离现场至空气新鲜处。保持呼吸道通畅。如呼吸困难，给输氧。呼吸、心跳停止，立即进行心肺复苏术。就医。

眼睛接触：立即分开眼睑，用流动清水或生理盐水彻底冲洗。就医。

皮肤接触：立即脱去污染的衣着，用流动清水彻底冲洗。就医。

食入：漱口，饮水。就医。

泄漏应急处置 隔离泄漏污染区，限制出入。建议应急处理人员戴防尘口罩，穿防酸碱服。穿上适当的防护服前严禁接触破裂的容器和泄漏物。尽可能切断泄漏源。用塑料布覆盖泄漏物，减少飞散，避免雨淋。用洁净的铲子收集泄漏物，置于干净、干燥、盖子较松的容器中，将容器移离泄漏区。

409. 藜芦酸4-氯丁酯

标　识

中文名称 藜芦酸4-氯丁酯

英文名称 4-Chlorobutyl veratrate; Benzoic acid, 3, 4-dimethoxy-, 4-chlorobutyl ester

别名 3, 4-二甲氧基苯甲酸4-氯丁酯

分子式 $C_{13}H_{17}ClO_4$

CAS号 69788-75-6

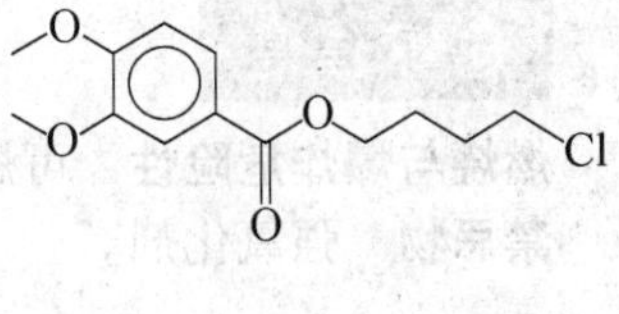

危害信息

燃烧与爆炸危险性 可燃。燃烧或受热分解产生腐蚀性烟气。

禁忌物 强氧化剂。

中毒表现 本品对皮肤有致敏性。

侵入途径 吸入、食入。

理化特性与用途

理化特性 不溶于水。沸点 386℃，相对密度(水 = 1) 1.154，饱和蒸气压 0.51mPa (25℃)，辛醇/水分配系数 3.48，闪点 151℃。

主要用途 用作精细化学品和合成中间体。

包装与储运

安全储运 储存于阴凉、通风的库房。远离火种、热源。应与强氧化剂等隔离储运。搬运时轻装轻卸，防止容器受损。

紧急处置信息

急救措施

吸入：迅速脱离现场至空气新鲜处。保持呼吸道通畅。如呼吸困难，给输氧。呼吸、心跳停止，立即进行心肺复苏术。就医。

眼睛接触：立即分开眼睑，用流动清水或生理盐水彻底冲洗。就医。

皮肤接触：立即脱去污染的衣着，用肥皂水和清水彻底冲洗。就医。

食入：漱口，饮水。就医。

灭火方法 消防人员须穿全身消防服，佩戴正压自给式呼吸器，在上风向灭火。尽可能将容器从火场移至空旷处。喷水保持火场容器冷却，直至灭火结束。

灭火剂：雾状水、泡沫、二氧化碳、干粉、沙土。

泄漏应急处置 隔离泄漏污染区，限制出入。消除所有点火源。建议应急处理人员戴防尘口罩，穿防毒服。穿上适当的防护服前严禁接触破裂的容器和泄漏物。尽可能切断泄漏源。用塑料布覆盖泄漏物，减少飞散。勿使水进入包装容器内。用洁净的铲子收集泄漏物，置于干净、干燥、盖子较松的容器中，将容器移离泄漏区。

410. 沥青

标　识

中文名称 沥青

英文名称 Pitch；Bitumen；Asphalt

CAS 号 61789-60-4

危害信息

燃烧与爆炸危险性 可燃。燃烧或受热分解放出有毒和刺激性烟雾。

禁忌物 强氧化剂。

毒性 欧盟法规 1272/2008/EC 将本品列为第 1B 类致癌物——可能对人类有致癌能力。

侵入途径 吸入、食入。

理化特性与用途

理化特性 黑色液体，半固体或固体。不溶于水，不溶于丙酮、乙醚、稀乙醇，溶于二硫化碳、四氯化碳等。沸点<470℃，相对密度 1.15～1.25 。闪点 204.4℃，引燃温度 485℃。

主要用途 用于涂料、塑料、橡胶等工业以及铺筑路面等。

包装与储运

安全储运 储存于阴凉、通风的库房。远离火种、热源。应与强氧化剂等隔离储运。

紧急处置信息

急救措施

吸入：脱离接触。如有不适感，就医。

眼睛接触：分开眼睑，用流动清水或生理盐水冲洗。如有不适感，就医。

皮肤接触：脱去污染的衣着，用肥皂水和清水冲洗。如有不适感，就医。

食入：漱口，饮水。就医。

灭火方法 消防人员必须佩戴空气呼吸器，穿全身防火防毒服，在上风向灭火。尽可能将容器从火场移至空旷处。喷水保持火场容器冷却，直至灭火结束。

灭火剂：雾状水、泡沫、干粉、二氧化碳、沙土。

泄漏应急处置 隔离泄漏污染区，限制出入。消除所有点火源。建议应急处理人员戴防尘口罩，穿防毒服。禁止接触或跨越泄漏物。用洁净的铲子收集泄漏物，置于干净、干燥、盖子较松的容器中，将容器移离泄漏区。

411. 连二亚硫酸钙

标　识

中文名称 连二亚硫酸钙

英文名称 Calcium dithionite；Calcium hydrosulfite

别名 亚硫酸氢钙

分子式 CaS_2O_4

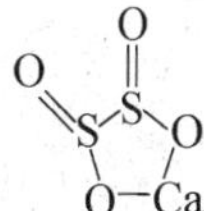

CAS 号 15512-36-4

铁危编号 42014

UN 号 1923

危害信息

危险性类别 第 4.2 类 自燃物品

燃烧与爆炸危险性 接触湿气或潮湿空气可能引起燃烧。与水发生剧烈或爆炸性反应，产生硫化氢和二氧化硫。在高温火场中，受热的容器或储罐有破裂和爆炸的危险。受热或在火场中，发生剧烈分解产生腐蚀性和有毒的烟气。

禁忌物　强酸。

中毒表现　对眼和皮肤有腐蚀性。

侵入途径　吸入、食入。

理化特性与用途

理化特性　无色或淡黄色液体，有强烈的硫气味。溶液能腐蚀金属。

主要用途　是强还原剂。

包装与储运

包装标志　自燃物品

包装类别　Ⅱ类

安全储运　储存于阴凉、通风的库房。远离火种、热源。储存温度不超过 32℃，相对湿度不超过 80%。保持容器密封，不可与空气接触。应与强氧化剂、酸、醇等隔离储运。禁止使用易产生火花的机械设备和工具。

紧急处置信息

急救措施

吸入：迅速脱离现场至空气新鲜处。保持呼吸道通畅。如呼吸困难，给输氧。呼吸、心跳停止，立即进行心肺复苏术。就医。

眼睛接触：立即分开眼睑，用流动清水或生理盐水彻底冲洗 10~15min。就医。

皮肤接触：立即脱去污染的衣着，用大量流动清水彻底冲洗，冲洗时间一般要求 20~30min。就医。

食入：用水漱口，禁止催吐。给饮牛奶或蛋清。就医。

灭火方法　消防人员须穿全身消防服，佩戴空气呼吸器，在上风向灭火。尽可能将容器从火场移至空旷处。喷水保持火场容器冷却，直至灭火结束。处在火场中的容器若发生异常变化或发出异常声音，须马上撤离。禁止用水灭火。

灭火剂：二氧化碳、苏打灰、干粉、沙土。

泄漏应急处置　严禁用水处理。隔离泄漏污染区，限制出入。消除所有点火源。建议应急处理人员戴防尘口罩，穿防毒、防静电服，戴乳胶手套。禁止接触或跨越泄漏物。保持泄漏物干燥。用干燥的沙土或其他不燃材料覆盖泄漏物，然后用塑料布覆盖，减少飞散、避免雨淋。用洁净的无火花工具收集泄漏物，置于一盖子较松的塑料容器中，待处置。

412. 连二亚硫酸钾

标　　识

中文名称　连二亚硫酸钾

英文名称　Dithionous acid, dipotassium salt ; Potassium dithionite

别名　低亚硫酸钾

分子式　$K_2S_2O_4$

CAS 号　14293-73-3

铁危编号　42013

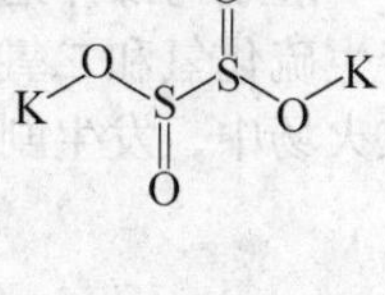

UN号 1929

危害信息

危险性类别 第4.2类 自燃物品

燃烧与爆炸危险性 可燃。与空气接触易自燃。燃烧产生有毒的硫氧化物气体。在高温火场中，受热的容器有破裂和爆炸危险。

禁忌物 强氧化剂、强酸。

中毒表现 对眼、上呼吸道和皮肤有刺激性。食入引起恶心、呕吐。

侵入途径 吸入、食入。

理化特性与用途

理化特性 白色至浅黄色粉末或片状固体。溶于水，不溶于乙醇。熔点190℃(分解)。

主要用途 用于制造染料和其他化学品。

包装与储运

包装标志 自燃物品

包装类别 Ⅱ类

安全储运 储存于阴凉、通风的库房。远离火种、热源。储存温度不超过32℃，相对湿度不超过80%。保持容器密封，不可与空气接触。应与强氧化剂、酸、醇等隔离储运。禁止使用易产生火花的机械设备和工具。

紧急处置信息

急救措施

吸入：迅速脱离现场至空气新鲜处。保持呼吸道通畅。如呼吸困难，给输氧。呼吸、心跳停止，立即进行心肺复苏术。就医。

眼睛接触：立即分开眼睑，用流动清水或生理盐水彻底冲洗。就医。

皮肤接触：立即脱去污染的衣着，用肥皂水和清水彻底冲洗。就医。

食入：漱口，饮水。就医。

灭火方法 消防人员须穿全身消防服，佩戴正压自给式呼吸器，在上风向灭火。尽可能将容器从火场移至空旷处。喷水保持火场容器冷却，直至灭火结束。禁止用水灭火。

灭火剂：干粉、二氧化碳、沙土。

泄漏应急处置 隔离泄漏污染区，限制出入。建议应急处理人员戴防尘口罩，穿防毒服，戴橡胶手套。穿上适当的防护服前严禁接触破裂的容器和泄漏物。尽可能切断泄漏源。用干燥的沙土或其他不燃材料覆盖泄漏物，然后用塑料布覆盖，减少飞散、避免雨淋。用洁净的铲子收集泄漏物，置于干净、干燥、盖子较松的容器中，将容器移离泄漏区。

413. 连二亚硫酸锌

标　识

中文名称 连二亚硫酸锌

413. 连二亚硫酸锌

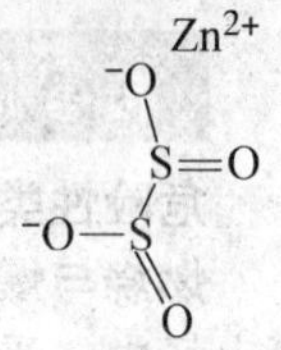

英文名称 Zinc dithionite; Dithionous acid, zinc salt ; Zinc hydrosulfite

分子式 ZnS_2O_4

CAS 号 7779-86-4

铁危编号 43508

UN 号 1931

危害信息

危险性类别 第 4.3 类 遇湿易燃物品

燃烧与爆炸危险性 不燃。与水接触产生二氧化硫。受热分解放出有毒的硫氧化物气体。

禁忌物 酸类。

中毒表现 对眼、上呼吸道和皮肤有刺激性。食入引起恶心、呕吐。

侵入途径 吸入、食入。

理化特性与用途

理化特性 细针状斜方晶系结晶或粉末，有轻微二氧化硫的气味。溶于水、氨。熔点 200℃（分解，二水合物）。

主要用途 用作漂白剂和还原剂。用于木材、纸浆、织物、植物油麻、动物胶、黏土和高岭土的漂白，甜菜和蔗糖溶液的处理，也可作采矿工业用浮选剂等。

包装与储运

包装标志 遇湿易燃物品

包装类别 Ⅱ类

安全储运 储存于阴凉、通风的库房。远离火种、热源。储存温度不超过 32℃，相对湿度不超过 75%。保持容器密封，不可与空气接触。应与氧化剂、酸、醇等隔离储运。禁止使用易产生火花的机械设备和工具。

紧急处置信息

急救措施

吸入：迅速脱离现场至空气新鲜处。保持呼吸道通畅。如呼吸困难，给输氧。呼吸、心跳停止，立即进行心肺复苏术。就医。

眼睛接触：立即分开眼睑，用流动清水或生理盐水彻底冲洗。就医。

皮肤接触：立即脱去污染的衣着，用肥皂水和清水彻底冲洗。就医。

食入：漱口，饮水。就医。

灭火方法 消防人员须穿全身消防服，佩戴空气呼吸器，在上风向灭火。尽可能将容器从火场移至空旷处。喷水保持火场容器冷却，直至灭火结束。

灭火剂：二氧化碳、干粉、沙土。

泄漏应急处置 严禁用水处理。隔离泄漏污染区，限制出入。消除所有点火源。建议应急处理人员戴防尘口罩，穿防毒服，戴乳胶手套。禁止接触或跨越泄漏物。保持泄漏物干燥。用干燥的沙土或其他不燃材料覆盖泄漏物，然后用塑料布覆盖，减少飞散、避免雨淋。用洁净的无火花工具收集泄漏物，置于一盖子较松的塑料容器中，待处置。

414. 联苯菊酯

标识

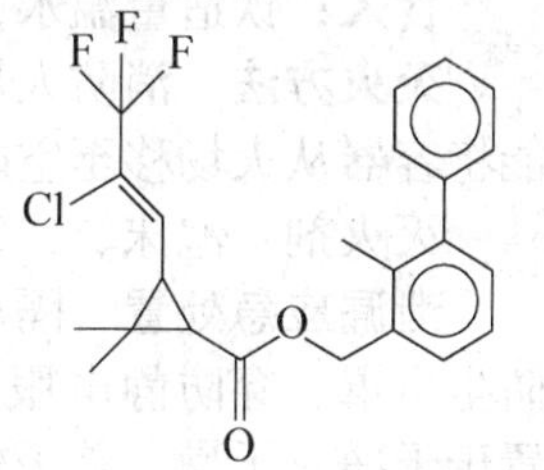

中文名称 联苯菊酯

英文名称 Cyclopropanecarboxylic acid, 3-(2-chloro-3, 3, 3-trifluoro-1-propenyl)-2, 2-dimethyl-, (2-methyl(1, 1′-biphenyl)-3-yl)methyl ester, (*Z*)-; Bifenthrin

别名 2-甲基联苯-3-基甲基-(*Z*)-(1*RS*, 3*RS*)3-(2-氯-3, 3, 3-三氟-1-丙烯基)2, 2-二甲基环丙烷甲酸酯；氟氯菊酯；天王星；虫螨灵

分子式 $C_{23}H_{22}ClF_3O_2$

CAS 号 82657-04-3

危害信息

危险性类别 第6类 有毒品

燃烧与爆炸危险性 可燃。燃烧或受热分解产生有毒和腐蚀性的气体。在高温火场中受热的容器有破裂和爆炸的危险。

禁忌物 强氧化剂。

毒性 大鼠经口 LD_{50}：54.5mg/kg；兔经皮 LD_{50}：>2g/kg。

中毒表现 本品属拟除虫菊酯类杀虫剂，该类杀虫剂为神经毒物。吸入引起上呼吸道刺激、头痛、头晕和面部感觉异常。食入引起恶心、呕吐和腹痛。重者出现出现阵发性抽搐、意识障碍、肺水肿，可致死。对眼有刺激性。对皮肤有致敏性。

侵入途径 吸入、食入、经皮吸收。

环境危害 对水生生物有极高毒性，可能在水生环境中造成长期不利影响。

理化特性与用途

理化特性 灰色至浅褐色蜡状固体。不溶于水，溶于丙酮、氯仿、二氯甲烷、乙醚等。熔点 69℃，相对密度(水=1)1.212，饱和蒸气压 0.023mPa(25℃)，辛醇/水分配系数≥6，闪点 165℃(开杯)、151℃(闭杯)。

主要用途 广谱拟除虫菊酯类杀虫杀螨剂。用于棉花、果树、茶树、蔬菜等作物防治多种害虫和害螨。

包装与储运

包装标志 有毒品

包装类别 Ⅱ类

安全储运 储存于阴凉、干燥、通风良好的库房。远离火种、热源。防止阳光直射。储存温度不超过 32℃，相对湿度不超过 85%。保持容器密封。应与氧化剂、强酸、碱类等等隔离储运。

紧急处置信息

急救措施

吸入：迅速脱离现场至空气新鲜处。保持呼吸道通畅。如呼吸困难，给输氧。呼吸、心跳停止，立即进行心肺复苏术。就医。

眼睛接触：立即分开眼睑，用流动清水或生理盐水彻底冲洗。就医。

皮肤接触：立即脱去污染的衣着，用流动清水彻底冲洗。就医。

食入：饮适量温水，催吐(仅限于清醒者)。就医。

灭火方法 消防人员须穿全身消防服，佩戴正压自给式呼吸器，在上风向灭火。尽可能将容器从火场移至空旷处。喷水保持火场容器冷却，直至灭火结束。

灭火剂：泡沫、二氧化碳、干粉、沙土。

泄漏应急处置 隔离泄漏污染区，限制出入。消除所有点火源。建议应急处理人员戴防尘口罩，穿防静电服。禁止接触或跨越泄漏物。小量泄漏：用洁净的铲子收集泄漏物，置于干净、干燥、盖子较松的容器中，将容器移离泄漏区。大量泄漏：用水润湿，并筑堤收容。防止泄漏物进入水体、下水道、地下室或有限空间。

415. 邻氨基苯磺酰胺

标 识

中文名称 邻氨基苯磺酰胺

英文名称 2-Aminobenzene sulfonamide；*o*-Aminobenzenesulphonamide

别名 2-氨基苯磺酰胺

分子式 $C_6H_8N_2O_2S$

CAS 号 3306-62-5

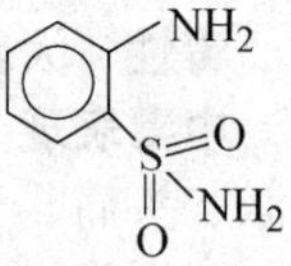

NH_2 / S(=O)(=O)NH_2

危害信息

燃烧与爆炸危险性 可燃。受热分解，放出氮、硫的氧化物等毒性气体 。在火场中，容器受热有开裂或爆炸的危险。

禁忌物 强氧化剂。

毒性 小鼠经口 *LDLo*：2500mg/kg。

中毒表现 本品对眼睛、黏膜和上呼吸道有刺激作用。

侵入途径 吸入、食入。

理化特性与用途

理化特性 白色片状或棱柱状结晶。微溶于水，溶于乙醇、乙酸。沸点 153~157℃。

主要用途 用作医药中间体。

包装与储运

安全储运 储存于阴凉、通风的库房。远离火种、热源。保持容器密闭。应与强氧化剂等隔离储运。

紧急处置信息

急救措施

吸入：迅速脱离现场至空气新鲜处。保持呼吸道通畅。如呼吸困难，给输氧。呼吸、

心跳停止，立即进行心肺复苏术。就医。

眼睛接触：立即分开眼睑，用流动清水或生理盐水彻底冲洗。就医。

皮肤接触：立即脱去污染的衣着，用流动清水彻底冲洗。就医。

食入：漱口，饮水。就医。

灭火方法 消防人员须佩戴正压自给式呼吸器，穿全身消防服，在上风向灭火。尽可能将容器从火场移至空旷处。喷水保持火场容器冷却，直至灭火结束。

灭火剂：雾状水、泡沫、干粉、二氧化碳、沙土。

泄漏应急处置 隔离泄漏污染区，限制出入。消除所有点火源。建议应急处理人员戴防尘口罩，穿防毒服。穿上适当的防护服前严禁接触破裂的容器和泄漏物。尽可能切断泄漏源。用塑料布覆盖泄漏物，减少飞散。勿使水进入包装容器内。用洁净的铲子收集泄漏物，置于干净、干燥、盖子较松的容器中，将容器移离泄漏区。

416. 邻氨基苯甲酸

标　识

中文名称 邻氨基苯甲酸

英文名称 Anthranilic acid ; *o*-Aminobenzoic acid; 2-Aminobenzoic acid

别名 2-氨基苯甲酸

分子式 $C_7H_7NO_2$

CAS 号 118-92-3

O
HO
H_2N

危害信息

燃烧与爆炸危险性 可燃。受热分解放出有毒的氧化氮烟气 。在火场中，容器受热有开裂或爆炸的危险。

禁忌物 强氧化剂、强酸、强碱。

毒性 大鼠经口 LD_{50}：5410mg/kg；小鼠经口 LD_{50}：1400mg/kg。

中毒表现 本品对眼睛、皮肤、黏膜和上呼吸道有刺激作用。

侵入途径 吸入、食入。

理化特性与用途

理化特性 无色至黄色片状物或白色至淡黄色针状结晶粉末。微溶于水，易溶于乙醇、乙醚、氯仿、吡啶，微溶于苯、三氟乙酸。熔点 144~148℃，沸点(升华)，相对密度(水=1)1.4，相对蒸气密度(空气=1)4.7，饱和蒸气压 0.04Pa(25℃)，辛醇/水分配系数 0.99~1.3，闪点 150℃，引燃温度>530℃。

主要用途 用作医药、染料、香料和农药的中间体，用于有机合成，也用作化学试剂。

包装与储运

安全储运 储存于阴凉、通风的库房。远离火种、热源。保持容器密闭。应与强氧化剂、酸类、碱类等隔离储运。

紧急处置信息

急救措施

吸入：迅速脱离现场至空气新鲜处。保持呼吸道通畅。如呼吸困难，给输氧。呼吸、心跳停止，立即进行心肺复苏术。就医。

眼睛接触：立即分开眼睑，用流动清水或生理盐水彻底冲洗。就医。

皮肤接触：立即脱去污染的衣着，用流动清水彻底冲洗。就医。

食入：漱口，饮水。就医。

灭火方法　消防人员必须穿全身耐酸碱消防服，佩戴正压自给式呼吸器，在上风向灭火。尽可能将容器从火场移至空旷处。喷水保持火场容器冷却，直至灭火结束。

灭火剂：雾状水、泡沫、干粉、二氧化碳、沙土。

泄漏应急处置　隔离泄漏污染区，限制出入。消除所有点火源。建议应急处理人员戴防尘口罩，穿防毒服。穿上适当的防护服前严禁接触破裂的容器和泄漏物。尽可能切断泄漏源。用塑料布覆盖泄漏物，减少飞散。勿使水进入包装容器内。用洁净的铲子收集泄漏物，置于干净、干燥、盖子较松的容器中，将容器移离泄漏区。

417. 邻苯二胺二盐酸盐

标　识

中文名称　邻苯二胺二盐酸盐

英文名称　*o*-Phenylenediamine dihydrochloride ; 1, 2-Benzenediamine, dihydrochloride

别名　盐酸邻苯二胺；1, 2-苯二胺二盐酸盐

分子式　$C_6H_8N_2 \cdot 2HCl$

CAS 号　615-28-1

NH_2　HCl
NH_2　HCl

危害信息

危险性类别　第 6 类　有毒品

燃烧与爆炸危险性　不燃。受热分解产生有毒和腐蚀性的烟气。

禁忌物　强氧化剂。

毒性　大鼠腹腔内 LD_{50}：290mg/kg；小鼠腹腔内 LD_{50}：200mg/kg。

欧盟法规 1272/2008/EC 将本品列为第 2 类致癌物——可疑的人类致癌物；第 2 类生殖细胞致突变物——由于可能导致人类生殖细胞可遗传突变而引起人们关注的物质。

中毒表现　食入和经皮吸收引起严重的局部和全身效应。全身效应有哮喘、胃炎(与侵入途径无关)、血压升高、头晕、震颤、惊厥，甚至昏迷。皮肤接触引起重度皮炎、荨麻疹。眼接触引起严重损害，甚至造成永久性失明。

侵入途径　吸入、食入、经皮吸收。

环境危害　对水生生物有极高毒性，可能在水生环境中造成长期不利影响。

理化特性与用途

理化特性　淡黄褐色结晶或淡粉色至紫色粉末。溶于水。熔点 258℃(分解)，相对蒸气密度(空气=1)6.24 。

主要用途 用于有机合成，也用作染料中间体。

包装与储运

包装标志 有毒品

包装类别 Ⅲ类

安全储运 储存于阴凉、通风的库房。远离火种、热源。储存温度不超过35℃，相对湿度不超过85%。保持容器密封。应与强氧化剂、强酸等隔离储运。搬运时轻装轻卸，防止容器受损。

紧急处置信息

急救措施

吸入：迅速脱离现场至空气新鲜处。保持呼吸道通畅。如呼吸困难，给输氧。呼吸、心跳停止，立即进行心肺复苏术。就医。

眼睛接触：立即分开眼睑，用流动清水或生理盐水彻底冲洗10~15min。就医。

皮肤接触：立即脱去污染的衣着，用大量流动清水彻底冲洗。就医。

食入：漱口，饮水。就医。

灭火方法 消防人员须穿全身消防服，佩戴正压自给式呼吸器，在上风向灭火。尽可能将容器从火场移至空旷处。喷水保持火场容器冷却，直至灭火结束。

本品不燃，根据火灾原因选择适当的灭火剂灭火。

泄漏应急处置 隔离泄漏污染区，限制出入。建议应急处理人员戴防尘口罩，穿防毒服。穿上适当的防护服前严禁接触破裂的容器和泄漏物。尽可能切断泄漏源。用塑料布覆盖泄漏物，减少飞散。勿使水进入包装容器内。用洁净的铲子收集泄漏物，置于干净、干燥、盖子较松的容器中，将容器移离泄漏区。

418. 邻苯二甲酸二(2-甲氧乙基)酯

标 识

中文名称 邻苯二甲酸二(2-甲氧乙基)酯

英文名称 Bis(2-methoxyethyl) phthalate; Phthalic acid, di(methoxyethyl) ester

别名 邻苯二甲酸二甲氧乙酯

分子式 $C_{14}H_{18}O_6$

CAS 号 117-82-8

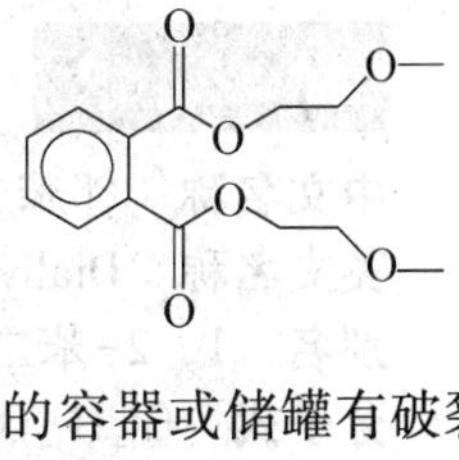

危害信息

燃烧与爆炸危险性 可燃。其蒸气与空气混合能形成爆炸性混合物，遇明火、高热有引起燃烧或爆炸的危险。在高温火场中，受热的容器或储罐有破裂和爆炸的危险。

禁忌物 石棉。

毒性 小鼠经口 LD_{50}：3200mg/kg；豚鼠经皮 LD_{50}：>20g/kg；大鼠经口 *LDLo*：2750mg/kg；大鼠吸入 *LCLo*：1595 ppm(6h)。

中毒表现 对眼和皮肤有轻度刺激性。

侵入途径 吸入、食入、经皮吸收。

理化特性与用途

理化特性 无色或淡黄色油状液体。微溶于水，与醇、丙酮、石油醚和油类等多种有机溶剂混溶，微溶于甘油、乙二醇。熔点-45℃，沸点340℃，相对密度(水=1)1.1596，饱和蒸气压0.03Pa(25℃)，辛醇/水分配系数1.11，闪点210℃(开杯)，引燃温度399℃。

主要用途 用作纤维素树脂、乙烯基树脂的增塑剂，也用作气相色谱固定液、三乙酸片基的增感剂和溶剂。

包装与储运

安全储运 储存于阴凉、通风的库房。远离火种、热源。保持容器密闭。应与强氧化剂等隔离储运。

紧急处置信息

急救措施

吸入：迅速脱离现场至空气新鲜处。保持呼吸道通畅。如呼吸困难，给输氧。呼吸、心跳停止，立即进行心肺复苏术。就医。

眼睛接触：立即分开眼睑，用流动清水或生理盐水彻底冲洗。就医。

皮肤接触：立即脱去污染的衣着，用肥皂水和清水彻底冲洗。就医。

食入：漱口，饮水。就医。

灭火方法 消防人员须穿全身消防服，佩戴空气呼吸器，在上风向灭火。尽可能将容器从火场移至空旷处。喷水保持火场容器冷却，直至灭火结束。

灭火剂：泡沫、二氧化碳、干粉、沙土。

泄漏应急处置 根据液体流动和蒸气扩散的影响区域划定警戒区，无关人员从侧风、上风向撤离至安全区。隔离泄漏污染区，限制出入。消除所有点火源。建议应急处理人员戴防毒面具，穿一般作业工作服。尽可能切断泄漏源。小量泄漏：用沙土或其他不燃材料吸收。使用洁净的无火花工具收集吸收材料。大量泄漏：构筑围堤或挖坑收容。用泡沫覆盖，减少蒸发。用泵转移至槽车或专用收集器内。

419. 邻苯二甲酸二丙烯酯

标　识

中文名称 邻苯二甲酸二丙烯酯

英文名称 Diallyl *o*-phthalate

别名 1，2-苯二甲酸二丙烯酯

分子式 $C_{14}H_{14}O_4$

CAS 号 131-17-9

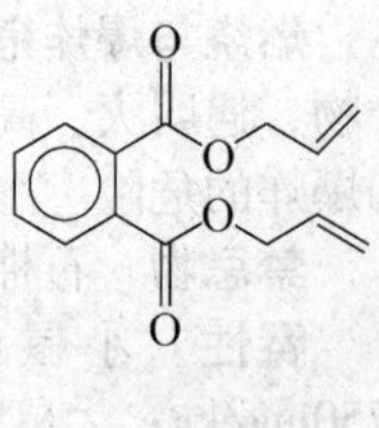

危害信息

燃烧与爆炸危险性 可燃。燃烧或受热分解产生有毒或刺激性烟气。

禁忌物 强氧化剂。

毒性 大鼠经口 LD_{50}：656mg/kg；大鼠吸入 LC_{50}：5200mg/m^3（1h）；兔经皮 LD_{50}：3300mg/kg。

中毒表现 吸入、摄入或经皮肤吸收后对身体有害。其蒸气或雾对眼睛、黏膜和上呼吸道有刺激作用。本品对人皮肤有轻度刺激作用。接触后可引起烧灼感、咳嗽、喉炎、气短、头痛、恶心和呕吐等。

侵入途径 吸入、食入、经皮吸收。

环境危害 对水生生物有极高毒性，可能在水生环境中造成长期不利影响。

理化特性与用途

理化特性 无色或淡黄色油状液体，有轻微催泪性气味。不溶于水，溶于多数有机溶剂。熔点-70℃，沸点 290℃，相对密度(水=1)1. 12，相对蒸气密度(空气=1)8. 3，饱和蒸气压 0. 15Pa(25℃)，辛醇/水分配系数 3. 23，闪点 166℃(闭杯)，引燃温度 385℃。

主要用途 用作增塑剂、交联剂、树脂的韧化剂等。

包装与储运

包装标志 杂项

包装类别 Ⅲ类

安全储运 通常商品加有阻聚剂。储存于阴凉、通风的库房。远离火种、热源。保持容器密闭。应与强氧化剂等隔离储运。

紧急处置信息

急救措施

吸入：迅速脱离现场至空气新鲜处。保持呼吸道通畅。如呼吸困难，给输氧。呼吸、心跳停止，立即进行心肺复苏术。就医。

眼睛接触：立即分开眼睑，用流动清水或生理盐水彻底冲洗。就医。

皮肤接触：立即脱去污染的衣着，用流动清水彻底冲洗。就医。

食入：漱口，饮水。就医。

灭火方法 消防人员须佩戴防毒面具，穿全身消防服，在上风向灭火。尽可能将容器从火场移至空旷处。喷水保持火场容器冷却，直至灭火结束。

灭火剂：雾状水、泡沫、干粉、二氧化碳、沙土。

泄漏应急处置 根据液体流动和蒸气扩散的影响区域划定警戒区，无关人员从侧风、上风向撤离至安全区。消除所有点火源。建议应急处理人员戴防毒面具，穿防毒服。穿上适当的防护服前严禁接触破裂的容器和泄漏物。尽可能切断泄漏源。防止泄漏物进入水体、下水道、地下室或受限空间。小量泄漏：用干燥的沙土或其他不燃材料吸收或覆盖，收集于容器中。大量泄漏：构筑围堤或挖坑收容。用泵转移至槽车或专用收集器内。

420. 邻苯二甲酸二甲酯

标　识

中文名称 邻苯二甲酸二甲酯

420. 邻苯二甲酸二甲酯

英文名称 Dimethyl phthalate；1，2-Benzenedicarboxylic acid，1，2-dimethyl ester

分子式 $C_{10}H_{10}O_4$

CAS 号 131-11-3

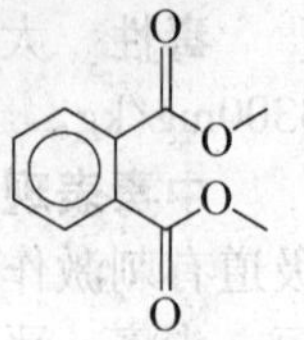

危害信息

燃烧与爆炸危险性 可燃。其蒸气与空气混合，能形成爆炸性混合物，遇明火、高热有引起燃烧爆炸的危险。

禁忌物 强氧化剂。

毒性 大鼠经口 LD_{50}：6800mg/kg；小鼠经口 LD_{50}：6800mg/kg；大鼠经皮 LD_{50}：>4800mg/kg。

中毒表现 对眼结膜有刺激作用，甚至引起灼伤。对皮肤无刺激和致敏作用。动物经口剂量大时可引起胃肠道刺激、中枢神经系统抑制、麻痹、血压降低。

侵入途径 吸入、食入、经皮吸收。

职业接触限值 美国(ACGIH)：TLV-TWA 5mg/m^3。

理化特性与用途

理化特性 无色或淡黄色油状液体，有轻微芳香气味。不溶于水，与乙醇、乙醚、氯仿混溶，不溶于石油醚。熔点 5.5℃，沸点 283.7℃，相对密度(水=1)1.19，相对蒸气密度(空气=1)6.69，饱和蒸气压 0.41Pa(25℃)，辛醇/水分配系数 1.47~2.12，闪点 146℃(闭杯)，引燃温度 490℃，爆炸下限 0.9%(180℃)，爆炸上限 8.0%(109℃)。

主要用途 用作增塑剂、溶剂、防蚊油等。

包装与储运

安全储运 储存于阴凉、通风的库房。远离火种、热源。保持容器密闭。应与强氧化剂等隔离储运。

紧急处置信息

急救措施

吸入：迅速脱离现场至空气新鲜处。保持呼吸道通畅。如呼吸困难，给输氧。呼吸、心跳停止，立即进行心肺复苏术。就医。

眼睛接触：立即分开眼睑，用流动清水或生理盐水彻底冲洗。就医。

皮肤接触：立即脱去污染的衣着，用流动清水彻底冲洗。就医。

食入：漱口，饮水。就医。

灭火方法 消防人员须佩戴防毒面具，穿全身消防服，在上风向灭火。尽可能将容器从火场移至空旷处。喷水保持火场容器冷却，直至灭火结束。

灭火剂：雾状水、泡沫、干粉、二氧化碳、沙土。

泄漏应急处置 根据液体流动和蒸气扩散的影响区域划定警戒区，无关人员从侧风、上风向撤离至安全区。消除所有点火源。建议应急处理人员戴防毒面具，穿防毒服。穿上适当的防护服前严禁接触破裂的容器和泄漏物。尽可能切断泄漏源。防止泄漏物进入水体、下水道、地下室或受限空间。小量泄漏：用干燥的沙土或其他不燃材料吸收或覆盖，收集于容器中。大量泄漏：构筑围堤或挖坑收容。用泵转移至槽车或专用收集器内。

421. 邻苯二甲酸二壬酯

标　识

中文名称　邻苯二甲酸二壬酯

英文名称　1, 2 - Benzenedicarboxylic acid, 1, 2 - dinonyl ester ; Dinonyl phthalate ; Dinonyl *o*-phthalate

别名　酞酸二壬酯

分子式　$C_{26}H_{42}O_4$

CAS 号　84-76-4

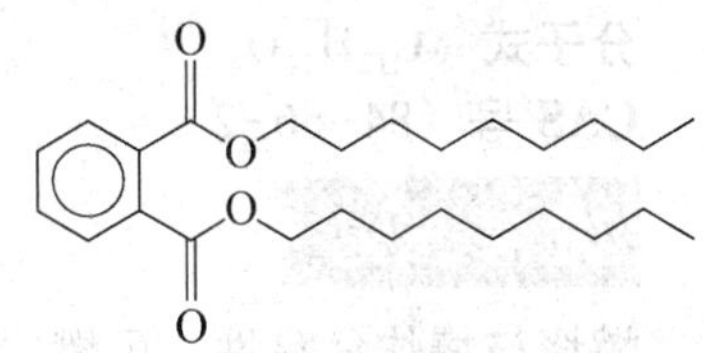

危害信息

燃烧与爆炸危险性　可燃。燃烧或受热分解产生有毒或刺激性烟气。

禁忌物　强氧化剂。

毒性　小鼠经口 LD_{50}：21500mg/kg。

侵入途径　吸入、食入。

理化特性与用途

理化特性　无色或黄色至棕色油状液体。不溶于水。沸点 413℃，相对密度(水=1) 0.97，相对蒸气密度(空气=1)13.7，饱和蒸气压 0.07mPa(25℃)，辛醇/水分配系数 9.52，闪点 216℃。

主要用途　用作塑料增塑剂、气相色谱固定液、溶剂、韧化剂。

包装与储运

安全储运　储存于阴凉、通风的库房。远离火种、热源。保持容器密闭。应与强氧化剂等隔离储运。

紧急处置信息

急救措施

吸入：脱离接触。如有不适感，就医。

眼睛接触：分开眼睑，用流动清水或生理盐水冲洗。如有不适感，就医。

皮肤接触：脱去污染的衣着，用流动清水冲洗。如有不适感，就医。

食入：漱口，饮水。就医。

灭火方法　消防人员须佩戴防毒面具，穿全身消防服，在上风向灭火。尽可能将容器从火场移至空旷处。喷水保持火场容器冷却，直至灭火结束。

灭火剂：雾状水、泡沫、干粉、二氧化碳、沙土。

泄漏应急处置　根据液体流动和蒸气扩散的影响区域划定警戒区，无关人员从侧风、上风向撤离至安全区。消除所有点火源。建议应急处理人员戴防毒面具，穿防毒服。穿上适当的防护服前严禁接触破裂的容器和泄漏物。尽可能切断泄漏源。防止泄漏物进入水体、下水道、地下室或有限空间。小量泄漏：用干燥的沙土或其他不燃材料吸收或覆盖，收集于容器中。大量泄漏：构筑围堤或挖坑收容。用泵转移至槽车或专用收集器内。

422. 邻苯二甲酸二乙酯

标　识

中文名称　邻苯二甲酸二乙酯

英文名称　1，2-Benzenedicarboxylic acid，1，2-diethyl ester；Diethyl *o*-phthalate

别名　酞酸二乙酯

分子式　$C_{12}H_{14}O_4$

CAS 号　84-66-2

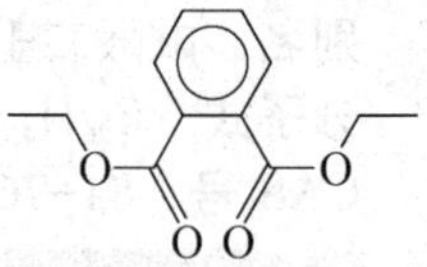

危害信息

燃烧与爆炸危险性　可燃。其蒸气与空气混合，能形成爆炸性混合物，遇明火高热有引起燃烧爆炸的危险。

禁忌物　强氧化剂、强酸。

毒性　大鼠经口 LD_{50}：9200～9500mg/kg；小鼠经口 LD_{50}：8600mg/kg；大鼠吸入 LC_{50}：>4.64mg/L(6h)；大鼠经皮 LD_{50}：> 22400mg/kg 。

中毒表现　吸入、摄入或经皮肤吸收后对身体有害。本品对皮肤、眼睛有刺激作用。其蒸气或雾对眼睛、黏膜和上呼吸道有刺激作用。接触后可引起头痛、头晕和呕吐。

侵入途径　吸入、食入、经皮吸收。

职业接触限值　美国(ACGIH)：TLV-TWA 5mg/m^3。

理化特性与用途

理化特性　无色透明油状液体。不溶于水，与醇类、酮类、酯类、芳烃等许多有机溶剂混溶。熔点-67～-44℃，沸点 295℃，相对密度(水=1)1.12，相对蒸气密度(空气=1)7.7，饱和蒸气压 0.28Pa(25℃)，燃烧热-5694.9kJ/mol，辛醇/水分配系数 2.47，闪点 117℃(闭杯)，引燃温度 457℃，爆炸下限 0.75% 。

主要用途　用作增塑剂、溶剂、润滑剂、定香剂、有色或稀有金属矿山浮选的起泡剂、气相色谱固定液、酒精变性剂、喷雾杀虫剂等。

包装与储运

安全储运　储存于阴凉、通风的库房。远离火种、热源。保持容器密闭。应与强氧化剂等隔离储运。

紧急处置信息

急救措施

吸入：迅速脱离现场至空气新鲜处。保持呼吸道通畅。如呼吸困难，给输氧。呼吸、心跳停止，立即进行心肺复苏术。就医。

眼睛接触：立即分开眼睑，用流动清水或生理盐水彻底冲洗。就医。

皮肤接触：立即脱去污染的衣着，用流动清水彻底冲洗。就医。

食入：漱口，饮水。就医。

灭火方法 消防人员须佩戴防毒面具，穿全身消防服，在上风向灭火。尽可能将容器从火场移至空旷处。喷水保持火场容器冷却，直至灭火结束。

灭火剂：雾状水、泡沫、干粉、二氧化碳、沙土。

泄漏应急处置 根据液体流动和蒸气扩散的影响区域划定警戒区，无关人员从侧风、上风向撤离至安全区。消除所有点火源。建议应急处理人员戴防毒面具，穿防毒服。穿上适当的防护服前严禁接触破裂的容器和泄漏物。尽可能切断泄漏源。防止泄漏物进入水体、下水道、地下室或有限空间。小量泄漏：用干燥的沙土或其他不燃材料吸收或覆盖，收集于容器中。大量泄漏：构筑围堤或挖坑收容。用泵转移至槽车或专用收集器内。

423. 邻苯二甲酸二异丙酯

标　识

中文名称 邻苯二甲酸二异丙酯

英文名称 Diisopropyl *o*－phthalate；Diisopropyl phthalate ；1，2－Benzenedicarboxylic acid，1，2-bis(1-methylethyl) ester

别名 酞酸二异丙酯

分子式 $C_{14}H_{18}O_4$

CAS 号 605-45-8

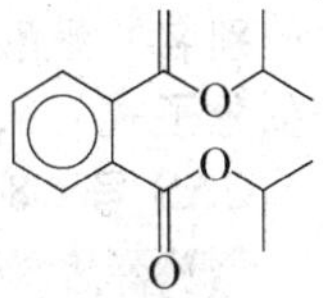

危害信息

燃烧与爆炸危险性 可燃。其蒸气与空气混合，能形成爆炸性混合物，遇明火高热有引起燃烧爆炸的危险。

禁忌物 强氧化剂。

毒性 小鼠腹腔内 *LDLo*：1251mg/kg。

侵入途径 吸入、食入。

理化特性与用途

理化特性 无色或淡黄色油状液体。不溶于水，混溶于乙醇、乙醚、苯。沸点 302℃，相对密度(水=1)1.06，饱和蒸气压 0.25Pa(25℃)，辛醇/水分配系数 2.83，闪点 140℃。

主要用途 用作塑料增塑剂，用于有机合成。

包装与储运

安全储运 储存于阴凉、通风的库房。远离火种、热源。保持容器密闭。应与强氧化剂等隔离储运。

紧急处置信息

急救措施

吸入：脱离接触。如有不适感，就医。

眼睛接触：分开眼睑，用流动清水或生理盐水冲洗。如有不适感，就医。

皮肤接触：脱去污染的衣着，用流动清水冲洗。如有不适感，就医。

食入：漱口，饮水。就医。

灭火方法 消防人员须佩戴防毒面具，穿全身消防服，在上风向灭火。尽可能将容器从火场移至空旷处。喷水保持火场容器冷却，直至灭火结束。

灭火剂：雾状水、泡沫、干粉、二氧化碳、沙土。

泄漏应急处置 根据液体流动和蒸气扩散的影响区域划定警戒区，无关人员从侧风、上风向撤离至安全区。消除所有点火源。建议应急处理人员戴防毒面具，穿一般作业工作服。尽可能切断泄漏源。防止泄漏物进入水体、下水道、地下室或有限空间。小量泄漏：用干燥的沙土或其他不燃材料吸收或覆盖，收集于容器中。大量泄漏：构筑围堤或挖坑收容。用泵转移至槽车或专用收集器内。

424. 邻苯二甲酸二异丁酯

标　识

中文名称 邻苯二甲酸二异丁酯

英文名称 Diisobutyl phthalate; 1, 2 - Benzenedicarboxylic acid, 1, 2 - bis (2 - methylpropyl) ester

别名 酞酸二异丁酯

分子式 $C_{16}H_{22}O_4$

CAS 号 84-69-5

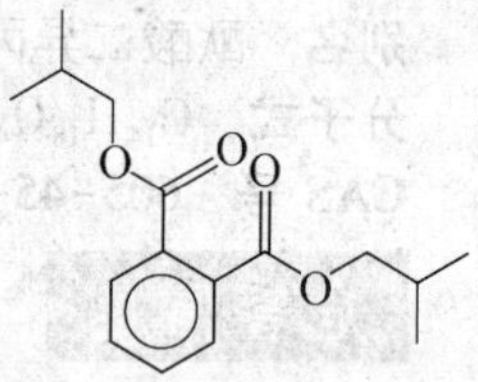

危害信息

燃烧与爆炸危险性 可燃。其蒸气与空气混合，能形成爆炸性混合物，遇明火高热有引起燃烧爆炸的危险。

禁忌物 强氧化剂。

毒性 大鼠经口 LD_{50}：15g/kg；小鼠经口 LD_{50}：10g/kg；豚鼠经皮 LD_{50}：10g/kg。

欧盟法规 1272/2008/EC 将本品列为第 1B 类生殖细胞致突变物——应认为可能引起人类生殖细胞可遗传突变的物质。

中毒表现 误服可引起头昏、恶心、呕吐。对眼有刺激性，引起流泪、畏光及结膜炎。

侵入途径 吸入、食入、经皮吸收。

环境危害 对水生生物有极高毒性，可能在水生环境中造成长期不利影响。

理化特性与用途

理化特性 无色油状液体。不溶于水，溶于四氯化碳。熔点-37℃，沸点 320℃，相对密度(水=1)1.04，相对蒸气密度(空气=1)9.6，饱和蒸气压 0.01Pa(20℃)，辛醇/水分配系数 4.11，闪点 185℃(开杯)，引燃温度 423℃，爆炸下限 0.4%。

主要用途 为常用主增塑剂之一。可作为纤维素树脂、乙烯基树脂、丁睛橡胶和氯化橡胶等的增塑剂。

包装与储运

包装标志 杂项

包装类别 Ⅲ类

安全储运 储存于阴凉、通风的库房。远离火种、热源。保持容器密闭。应与强氧化

剂等隔离储运。

紧急处置信息

急救措施

吸入： 脱离接触。如有不适感，就医。

眼睛接触： 分开眼睑，用流动清水或生理盐水冲洗。如有不适感，就医。

皮肤接触： 脱去污染的衣着，用流动清水冲洗。如有不适感，就医。

食入： 漱口，饮水。就医。

灭火方法 消防人员须佩戴防毒面具，穿全身消防服，在上风向灭火。尽可能将容器从火场移至空旷处。喷水保持火场容器冷却，直至灭火结束。

灭火剂：雾状水、泡沫、干粉、二氧化碳、沙土。

泄漏应急处置 根据液体流动和蒸气扩散的影响区域划定警戒区，无关人员从侧风、上风向撤离至安全区。消除所有点火源。建议应急处理人员戴防毒面具，穿防毒服。穿上适当的防护服前严禁接触破裂的容器和泄漏物。尽可能切断泄漏源。防止泄漏物进入水体、下水道、地下室或有限空间。小量泄漏：用干燥的沙土或其他不燃材料吸收或覆盖，收集于容器中。大量泄漏：构筑围堤或挖坑收容。用泵转移至槽车或专用收集器内。

425. 邻苯二甲酸二正庚酯

标　识

中文名称 邻苯二甲酸二正庚酯

英文名称 Di-*n*-heptyl phthalate；Diheptyl phthalate

分子式 $C_{22}H_{34}O_4$

CAS 号 3648-21-3

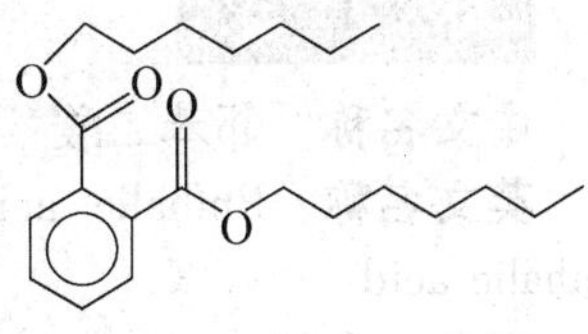

危害信息

燃烧与爆炸危险性 可燃。受热分解产生刺激性烟气。在高温火场中，受热的容器有破裂和爆炸的危险。

禁忌物 强氧化剂。

侵入途径 吸入、食入。

环境危害 对水生生物有极高毒性。

理化特性与用途

理化特性 无色透明油状液体。不溶于水，溶于苯、甲苯、汽油、煤油、矿油。熔点-46℃，沸点 360℃，相对密度(水=1)0.992，饱和蒸气压 0.28mPa(25℃)，辛醇/水分配系数 7.56，闪点 224℃(闭杯)。

主要用途 用作乙烯基树脂的增塑剂。

包装与储运

包装标志 杂项

包装类别 Ⅲ类

安全储运 储存于阴凉、通风的库房。远离火种、热源。保持容器密闭。应与强氧化剂等隔离储运。

紧急处置信息

急救措施

吸入： 脱离接触。如有不适感，就医。

眼睛接触： 分开眼睑，用流动清水或生理盐水冲洗。如有不适感，就医。

皮肤接触： 脱去污染的衣着，用流动清水冲洗。如有不适感，就医。

食入： 漱口，饮水。就医。

灭火方法 消防人员须穿全身消防服，佩戴空气呼吸器，在上风向灭火。尽可能将容器从火场移至空旷处。喷水保持火场容器冷却，直至灭火结束。

灭火剂：泡沫、二氧化碳、干粉、沙土。

泄漏应急处置 根据液体流动和蒸气扩散的影响区域划定警戒区，无关人员从侧风、上风向撤离至安全区。消除所有点火源。建议应急处理人员戴正压自给式呼吸器，穿防毒服。穿上适当的防护服前严禁接触破裂的容器和泄漏物。尽可能切断泄漏源。防止泄漏物进入水体、下水道、地下室或有限空间。小量泄漏：用干燥的沙土或其他不燃材料吸收或覆盖，收集于容器中。大量泄漏：构筑围堤或挖坑收容。用泵转移至槽车或专用收集器内。

426. 邻苯二酸

标　识

中文名称 邻苯二酸

英文名称 Phthalic acid；1，2 - Benzenedicarboxylic acid；*o* - Phthalic acid

O　O
OH HO

别名 酞酸

分子式 $C_8H_6O_4$

CAS 号 88-99-3

危害信息

燃烧与爆炸危险性 可燃。其粉体与空气混合，能形成爆炸性混合物，当达到一定浓度时，遇火星会发生爆炸。受高热分解，放出刺激性烟气。

禁忌物 强氧化剂。

毒性 大鼠(染毒途径不详)LD_{50}：1100mg/kg。小鼠经口 LD_{50}：2530mg/kg。

中毒表现 吸入：咳嗽、咽痛。皮肤、眼接触：发红。食入：咽痛。

侵入途径 吸入、食入。

理化特性与用途

理化特性 无色结晶或白色结晶粉末。微溶于水，溶于乙醇，微溶于乙醚，不溶于氯仿。熔点 230℃(分解)，分解温度 191℃，相对密度(水=1)1.6，相对蒸气密度(空气=1)5.7，饱和蒸气压 0.08mPa(25℃)，临界温度 527℃，临界压力 3.95MPa，燃烧热 -

3265. 6kJ/mol，辛醇/水分配系数 0. 73，闪点 168℃(闭杯)。

主要用途 用于合成染料、香料、药物。

包装与储运

安全储运 储存于阴凉、通风的库房。远离火种、热源。保持容器密闭。应与强氧化剂等隔离储运 。

紧急处置信息

急救措施

吸入：迅速脱离现场至空气新鲜处。保持呼吸道通畅。如呼吸困难，给输氧。呼吸、心跳停止，立即进行心肺复苏术。就医。

眼睛接触：立即分开眼睑，用流动清水或生理盐水彻底冲洗。就医。

皮肤接触：立即脱去污染的衣着，用肥皂水和清水彻底冲洗。就医。

食入：漱口，饮水。就医。

灭火方法 消防人员必须穿全身耐酸碱消防服，佩戴空气呼吸器，在上风向灭火。尽可能将容器从火场移至空旷处。喷水保持火场容器冷却，直至灭火结束。

灭火剂：雾状水、泡沫、干粉、二氧化碳、沙土。

泄漏应急处置 隔离泄漏污染区，限制出入。消除所有点火源。建议应急处理人员戴防尘口罩，穿耐酸碱防护服。穿上适当的防护服前严禁接触破裂的容器和泄漏物。尽可能切断泄漏源。用塑料布覆盖泄漏物，减少飞散。勿使水进入包装容器内。用洁净的铲子收集泄漏物，置于干净、干燥、盖子较松的容器中，将容器移离泄漏区。

427. 邻甲苯甲酸

标　识

中文名称 邻甲苯甲酸

英文名称 *o*-Toluic acid；2-Methylbenzoic acid ；2-Toluic acid

别名 2-甲基苯甲酸

分子式 $C_8H_8O_2$

CAS 号 118-90-1

O
HO

危害信息

燃烧与爆炸危险性 可燃。其粉体与空气混合，能形成爆炸性混合物。燃烧或受热分解产生有毒或刺激性烟气。

禁忌物 强氧化剂。

毒性 小鼠腹腔内 LD_{50}：422mg/kg。

中毒表现 本品有刺激作用。摄入、吸入或经皮肤吸收后对身体有害。

侵入途径 吸入、食入、经皮吸收。

理化特性与用途

理化特性 白色至淡黄色结晶或灰白色片状固体，有轻微的芳香气味。微溶于水，溶于乙醇、乙醚、氯仿。pH 值 3.1(饱和水溶液)，熔点 103~105℃，沸点 259，相对密度(水=1)1.06，辛醇/水分配系数 2.46，闪点 148℃，引燃温度 495℃。

主要用途 用作农用杀菌剂磷酰胺、香料、氯乙烯聚合引发剂 MBPO、间甲酚、彩色胶片显影剂等有机合成中间体。

包装与储运

安全储运 储存于阴凉、通风的库房。远离火种、热源。保持容器密闭。应与强氧化剂等隔离储运。

紧急处置信息

急救措施

吸入：迅速脱离现场至空气新鲜处。保持呼吸道通畅。如呼吸困难，给输氧。呼吸、心跳停止，立即进行心肺复苏术。就医。

眼睛接触：立即分开眼睑，用流动清水或生理盐水彻底冲洗。就医。

皮肤接触：立即脱去污染的衣着，用流动清水彻底冲洗。就医。

食入：漱口，饮水。就医。

灭火方法 消防人员必须穿全身耐酸碱消防服，佩戴空气呼吸器，在上风向灭火。尽可能将容器从火场移至空旷处。喷水保持火场容器冷却，直至灭火结束。

灭火剂：雾状水、泡沫、干粉、二氧化碳、沙土。

泄漏应急处置 隔离泄漏污染区，限制出入。消除所有点火源。建议应急处理人员戴防尘口罩，穿耐酸碱防护服。尽可能切断泄漏源。用塑料布覆盖泄漏物，减少飞散。勿使水进入包装容器内。用洁净的铲子收集泄漏物，置于干净、干燥、盖子较松的容器中，将容器移离泄漏区。

428. 邻羟基苯甲酸

标　识

中文名称 邻羟基苯甲酸

英文名称 Salicylic acid；2-Hydroxybenzoic acid

别名 水杨酸

分子式 $C_7H_6O_3$

CAS 号 69-72-7

O
OH
OH

危害信息

燃烧与爆炸危险性 可燃。其粉体与空气混合，能形成爆炸性混合物，遇明火高热有引起燃烧爆炸的危险。

禁忌物 强氧化剂、强碱。

毒性 大鼠经口 LD_{50}：891mg/kg；小鼠经口 LD_{50}：480mg/kg；大鼠经皮 LD_{50}：> 2g/kg。

中毒表现 本品粉尘对呼吸道有刺激性，吸入后引起咳嗽和胸部不适。对眼有刺激性，长时间接触可致眼损害。长时间或反复皮肤接触可引起皮炎，甚至发生灼伤。摄入发生胃肠道刺激、耳鸣及肾损害。

侵入途径 吸入、食入。

理化特性与用途

理化特性 白色细针状结晶或蓬松的结晶性粉末。不易溶于水，易溶于乙醇、乙醚、氯仿、苯、丙酮、松節油。pH 值 2.4(饱和水溶液)，熔点 159℃，升华点 76℃，沸点 211℃(2.66kPa)，相对密度(水=1)1.44，相对蒸气密度(空气=1)4.8，饱和蒸气压 114Pa(130℃)，辛醇/水分配系数 2.26，闪点 157℃(闭杯)，引燃温度 540℃，爆炸下限 1.1%。

主要用途 重要的精细化工原料。用作医药中间体、消毒防腐剂、食品防腐剂等。

包装与储运

安全储运 储存于阴凉、通风的库房。远离火种、热源。应与强氧化剂、碱类等等隔离储运。

紧急处置信息

急救措施

吸入：迅速脱离现场至空气新鲜处。保持呼吸道通畅。如呼吸困难，给输氧。呼吸、心跳停止，立即进行心肺复苏术。就医。

眼睛接触：立即分开眼睑，用流动清水或生理盐水彻底冲洗。就医。

皮肤接触：立即脱去污染的衣着，用流动清水彻底冲洗。就医。

食入：漱口，饮水。就医。

灭火方法 消防人员必须穿全身耐酸碱消防服，佩戴空气呼吸器，在上风向灭火。尽可能将容器从火场移至空旷处。喷水保持火场容器冷却，直至灭火结束。

灭火剂：雾状水、泡沫、干粉、二氧化碳、沙土。

泄漏应急处置 隔离泄漏污染区，限制出入。消除所有点火源。建议应急处理人员戴防尘口罩，穿耐酸碱防护服。穿上适当的防护服前严禁接触破裂的容器和泄漏物。尽可能切断泄漏源。用塑料布覆盖泄漏物，减少飞散。勿使水进入包装容器内。用洁净的铲子收集泄漏物，置于干净、干燥、盖子较松的容器中，将容器移离泄漏区。

429. 邻硝基苯甲酸

标　识

中文名称 邻硝基苯甲酸

英文名称 *o*-Nitrobenzoic acid; 2-Nitrobenzoic acid

别名 2-硝基苯甲酸

分子式 $C_7H_5NO_4$

CAS 号 552-16-9

危害信息

燃烧与爆炸危险性 可燃。燃烧或受高热分解，产生有毒的氮氧化物气体。

禁忌物　强氧化剂、强碱。

毒性　兔经口 LD_{50}：200mg/kg。

中毒表现　对上呼吸道、眼睛和皮肤有刺激作用。

侵入途径　吸入、食入。

理化特性与用途

理化特性　淡黄白色针状结晶或粉末。微溶于水，易溶于乙醇、乙醚、丙酮、甲醇，溶于氯仿，微溶于苯和二硫化碳。熔点 146~148℃，相对密度(水=1)1.575，饱和蒸气压 9.5mPa(25℃)，辛醇/水分配系数 1.46 。

主要用途　用作染料中间体及用于有机合成。

包装与储运

安全储运　储存于阴凉、通风的库房。远离火种、热源。保持容器密闭。应与强氧化剂、碱类等等隔离储运。

紧急处置信息

急救措施

吸入：迅速脱离现场至空气新鲜处。保持呼吸道通畅。如呼吸困难，给输氧。呼吸、心跳停止，立即进行心肺复苏术。就医。

眼睛接触：立即分开眼睑，用流动清水或生理盐水彻底冲洗。就医。

皮肤接触：立即脱去污染的衣着，用流动清水彻底冲洗。就医。

食入：饮适量温水，催吐(仅限于清醒者)。就医。

灭火方法　消防人员必须穿全身耐酸碱消防服，佩戴空气呼吸器，在上风向灭火。尽可能将容器从火场移至空旷处。喷水保持火场容器冷却，直至灭火结束。

灭火剂：雾状水、泡沫、干粉、二氧化碳、沙土。

泄漏应急处置　隔离泄漏污染区，限制出入。消除所有点火源。建议应急处理人员戴防尘口罩，穿耐酸碱防毒服。穿上适当的防护服前严禁接触破裂的容器和泄漏物。尽可能切断泄漏源。用塑料布覆盖泄漏物，减少飞散。勿使水进入包装容器内。用洁净的铲子收集泄漏物，置于干净、干燥、盖子较松的容器中，将容器移离泄漏区。

430. 磷酸钙

标　识

中文名称　磷酸钙

英文名称　Calcium phosphate，tribasic；Tricalcium phosphate

别名　磷酸三钙

分子式　$Ca_3(PO_4)_2$

CAS 号　7758-87-4

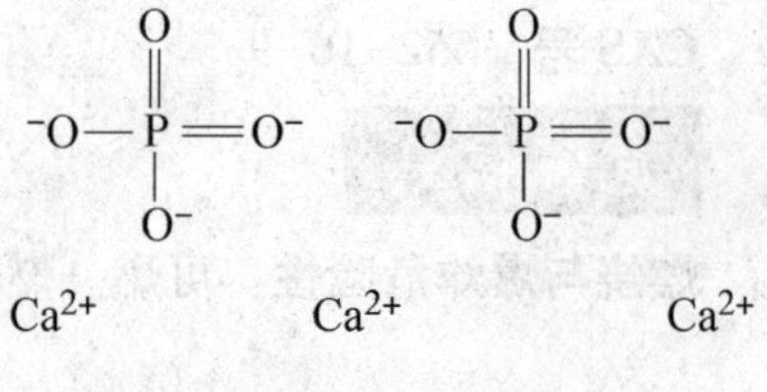

$^-O-P(=O)(-O^-)=O^-$　$^-O-P(=O)(-O^-)=O^-$

Ca^{2+}　Ca^{2+}　Ca^{2+}

危害信息

燃烧与爆炸危险性 不燃，无特殊燃爆特性。

禁忌物 强酸。

中毒表现 在生产加工、使用过程中，磷酸钙粉末可进入呼吸道，其职业危害取决于所含有杂质二氧化硅和氟。据有关资料报道，磷酸盐只有在剂量很大的情况下，才可能引起全身毒性作用，在一般生产条件下的剂量没有危险。

侵入途径 吸入、食入。

理化特性与用途

理化特性 白色结晶粉末或无定形粉末。不溶于水，不溶于乙醇、乙酸，溶于稀盐酸、硝酸。熔点 1670℃，相对密度(水=1)3.14 。

主要用途 用于制陶瓷、乳色玻璃、磷酸一钙、磨光粉、医药品、橡胶、媒染剂等。

包装与储运

安全储运 储存于阴凉、通风的库房。远离火种、热源。保持容器密闭。应与酸类等隔离储运。

紧急处置信息

急救措施

吸入：迅速脱离现场至空气新鲜处。就医。

眼睛接触：分开眼睑，用流动清水或生理盐水冲洗。就医。

皮肤接触：立即脱去污染的衣着，用肥皂水和清水彻底冲洗。如有不适感，就医。

食入：漱口，饮水。就医。

灭火方法 消防人员必须佩戴空气呼吸器，穿全身防火防毒服，在上风向灭火。尽可能将容器从火场移至空旷处。喷水保持火场容器冷却，直至灭火结束。

本品不燃，根据着火原因选择适当灭火剂灭火。

泄漏应急处置 隔离泄漏污染区，限制出入。建议应急处理人员戴防尘口罩，穿防毒服。穿上适当的防护服前严禁接触破裂的容器和泄漏物。尽可能切断泄漏源。用塑料布覆盖泄漏物，减少飞散。勿使水进入包装容器内。用洁净的铲子收集泄漏物，置于干净、干燥、盖子较松的容器中，将容器移离泄漏区。也可以用大量水冲洗，洗水稀释后放入废水系统。

431. 磷酸三(二甲苯酚)酯

标 识

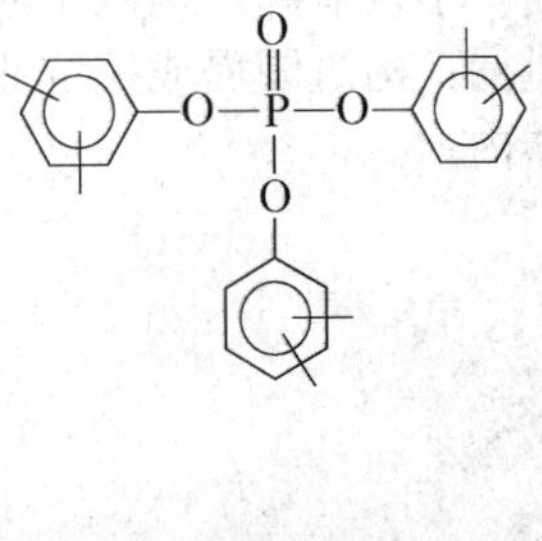

中文名称 磷酸三(二甲苯酚)酯

英文名称 Trixylyl phosphate; Tris (dimethylphenyl) phosphate

别名 磷酸二甲酚酯；磷酸三(二甲苯)酯

分子式 $C_{24}H_{27}O_4P$

431. 磷酸三(二甲苯酚)酯

CAS 号　25155-23-1

危害信息

燃烧与爆炸危险性　可燃。燃烧或受热分解产生有毒的氮氧化物和磷氧化物。在高温火场中，受热的容器或储罐有破裂和爆炸的危险。

禁忌物　强氧化剂。

毒性　大鼠经口 LD_{50}：>5000mg/kg；小鼠经口 LD_{50}：11800mg/kg；兔经皮 LD_{50}：>2000mg/kg。

中毒表现　大量吸入可引起共济失调。对眼和皮肤有轻度刺激性。

侵入途径　吸入、食入、经皮吸收。

环境危害　对水生生物有极高毒性，可能在水生环境中造成长期不利影响。

理化特性与用途

理化特性　无色油状液体。不溶于水，溶于一般有机溶剂。熔点-20℃，沸点243~165℃(1.33kPa)，相对密度(水=1)1.155，相对蒸气密度(空气=1)14.2，饱和蒸气压0.006mPa(30℃)，辛醇/水分配系数5.63，闪点232.2℃，引燃温度343℃。

主要用途　用作乙烯基树脂、纤维素树脂、天然和合成橡胶的增塑剂；用于抗燃汽轮机油。

包装与储运

包装标志　杂项

包装类别　Ⅲ类

安全储运　储存于阴凉、通风的库房。远离火种、热源。保持容器密闭。应与强氧化剂等隔离储运。

紧急处置信息

急救措施

吸入：迅速脱离现场至空气新鲜处。保持呼吸道通畅。如呼吸困难，给输氧。呼吸、心跳停止，立即进行心肺复苏术。就医。

眼睛接触：立即分开眼睑，用流动清水或生理盐水彻底冲洗。就医。

皮肤接触：立即脱去污染的衣着，用肥皂水和清水彻底冲洗。就医。

食入：漱口，饮水。就医 。

灭火方法　消防人员须穿全身消防服，佩戴正压自给式呼吸器，在上风向灭火。尽可能将容器从火场移至空旷处。喷水保持火场容器冷却，直至灭火结束。

灭火剂：泡沫、二氧化碳、干粉、沙土。

泄漏应急处置　根据液体流动和蒸气扩散的影响区域划定警戒区，无关人员从侧风、上风向撤离至安全区。消除所有点火源。建议应急处理人员戴防毒面具，穿防护服。禁止接触或跨越泄漏物。尽可能切断泄漏源。防止泄漏物进入水体、下水道、地下室或有限空间。小量泄漏：用沙土或其他不燃材料吸收。使用洁净的无火花工具收集吸收材料。大量泄漏：构筑围堤或挖坑收容。用泡沫覆盖，减少蒸发。用防爆泵转移至槽车或专用收集器内。

432. 硫代二丙酸十八烷基十二酯

标　识

中文名称　硫代二丙酸十八烷基十二酯

英文名称　Octadecyl 3-[[3-(dodecyloxy)-3-oxopropyl]thio]propionate；Lauryl-stearyl thiodipropionate

别名　3-[[3-(十二烷氧基)-3-氧代丙基]硫代]丙酸十八烷酯；硫代二丙酸月桂十八酯

分子式　$C_{36}H_{70}O_4S$

CAS 号　13103-52-1

危害信息

燃烧与爆炸危险性　可燃。燃烧或受热分解产生有毒的烟气。

禁忌物　强氧化剂。

侵入途径　吸入、食入。

理化特性与用途

理化特性　白色粉末。不溶于水，溶于甲苯。熔点 55~59℃，沸点 645℃，相对密度(水=1)0.93，闪点 295.3℃。

主要用途　用作聚烯烃的辅助抗氧剂。

包装与储运

安全储运　储存于阴凉、通风的库房。远离火种、热源。保持容器密闭。应与强氧化剂、强酸、强碱等隔离储运。

紧急处置信息

急救措施

吸入：迅速脱离现场至空气新鲜处。保持呼吸道通畅。如呼吸困难，给输氧。呼吸、心跳停止，立即进行心肺复苏术。就医。

眼睛接触：立即分开眼睑，用流动清水或生理盐水彻底冲洗。就医。

皮肤接触：立即脱去污染的衣着，用肥皂水和清水彻底冲洗。就医。

食入：漱口，饮水。就医。

灭火方法　消防人员须佩戴正压自给式呼吸器，穿全身消防服，在上风向灭火。尽可能将容器从火场移至空旷处。喷水保持火场容器冷却，直至灭火结束。

灭火剂：雾状水、泡沫、干粉、二氧化碳、沙土。

泄漏应急处置　隔离泄漏污染区，限制出入。消除所有点火源。建议应急处理人员戴防尘口罩，穿一般作业工作服。尽可能切断泄漏源。用塑料布覆盖泄漏物，减少飞散。勿使水进入包装容器内。用洁净的铲子收集泄漏物，置于干净、干燥、盖子较松的容器中，将容器移离泄漏区。

433. 硫代二丙酸双十二烷酯

标　识

中文名称　硫代二丙酸双十二烷酯

英文名称　Didodecyl 3，3′-thiodipropionate；Dilaurylthiodipropionate；Thiodipropionicacid dilauryl ester

别名　二月桂基硫代二丙酸酯

分子式　$C_{30}H_{58}O_4S$

CAS 号　123-28-4

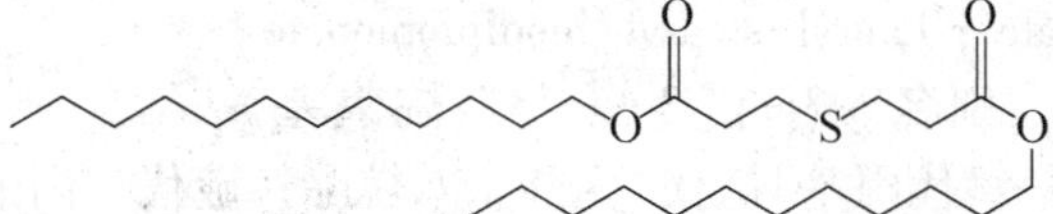

危害信息

燃烧与爆炸危险性　可燃。燃烧或受热分解产生有毒的烟气。

禁忌物　强氧化剂、强酸、强碱。

毒性　大鼠经口 LD_{50}：>2500mg/kg；小鼠经口 LD_{50}：>2000mg/kg。

中毒表现　对皮肤、黏膜有轻度刺激性。

侵入途径　吸入、食入、经皮吸收。

理化特性与用途

理化特性　白色结晶粉末或白色片状固体，稍有香味。不溶于水，不溶于乙醇，溶于多数有机溶剂。熔点 40~42℃，沸点 580. 8℃、240℃（0. 13kPa），相对密度（水=1）0. 915，饱和蒸气压 0. 44kPa（230℃），闪点>110℃。

主要用途　一种辅助抗氧剂，广泛用于聚乙烯、聚丙烯、ABS 树脂、合成橡胶、油脂。

包装与储运

安全储运　储存于阴凉、通风的库房。远离火种、热源。保持容器密闭。应与强氧化剂、强酸、强碱等隔离储运。

紧急处置信息

急救措施

吸入：迅速脱离现场至空气新鲜处。保持呼吸道通畅。如呼吸困难，给输氧。呼吸、心跳停止，立即进行心肺复苏术。就医。

眼睛接触：立即分开眼睑，用流动清水或生理盐水彻底冲洗。就医。

皮肤接触：立即脱去污染的衣着，用肥皂水和清水彻底冲洗。就医。

食入：漱口，饮水。就医。

灭火方法　消防人员须佩戴防毒面具，穿全身消防服，在上风向灭火。尽可能将容器从火场移至空旷处。喷水保持火场容器冷却，直至灭火结束。

灭火剂：雾状水、泡沫、干粉、二氧化碳、沙土。

泄漏应急处置　隔离泄漏污染区，限制出入。消除所有点火源。建议应急处理人员戴

防尘口罩，穿一般作业工作服。尽可能切断泄漏源。用塑料布覆盖泄漏物，减少飞散。勿使水进入包装容器内。用洁净的铲子收集泄漏物，置于干净、干燥、盖子较松的容器中，将容器移离泄漏区。

434. 硫代氰酸锌

标　识

中文名称　硫代氰酸锌

英文名称　Zinc thiocyanate；Thiocyanic acid，zinc salt

分子式　$Zn(SCN)_2$

CAS 号　557-42-6

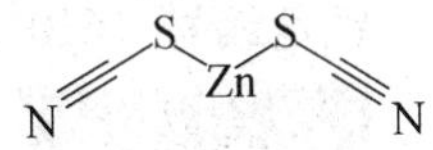

危害信息

燃烧与爆炸危险性　不燃。受热分解放出有毒的氮氧化物和硫氧化物气体。与酸接触可能释放出高毒的气体。在高温火场中，受热的容器或储罐有破裂和爆炸的危险。

禁忌物　强酸。

侵入途径　吸入、食入、经皮吸收。

理化特性与用途

理化特性　白色有吸湿性的结晶。易溶于水，溶于乙醇。熔点 225℃（分解）。

主要用途　纺织工业中用作染色助剂。

包装与储运

安全储运　储存于阴凉、干燥、通风的库房。远离火种、热源。保持容器密闭。应与强氧化剂、酸类等隔离储运。搬运时轻装轻卸，防止容器受损。

紧急处置信息

急救措施

吸入：迅速脱离现场至空气新鲜处。保持呼吸道通畅。如呼吸困难，给输氧。呼吸、心跳停止，立即进行心肺复苏术。就医。

眼睛接触：立即分开眼睑，用流动清水或生理盐水彻底冲洗。就医。

皮肤接触：立即脱去污染的衣着，用流动清水彻底冲洗。就医。

食入：漱口，饮水。就医。

灭火方法　消防人员须穿全身消防服，佩戴正压自给式呼吸器，在上风向灭火。尽可能将容器从火场移至空旷处。喷水保持火场容器冷却，直至灭火结束。

本品不燃，根据着火原因选择适当灭火剂灭火。

泄漏应急处置　隔离泄漏污染区，限制出入。建议应急处理人员戴防尘口罩，穿防毒服。穿上适当的防护服前严禁接触破裂的容器和泄漏物。尽可能切断泄漏源。用塑料布覆盖泄漏物，减少飞散。勿使水进入包装容器内。用洁净的铲子收集泄漏物，置于干净、干

燥、盖子较松的容器中，将容器移离泄漏区。

435. 硫化砷

标 识

中文名称 硫化砷

英文名称 Arsenic(Ⅲ)sulfide;Arsenic trisulfide

别名 三硫化砷

分子式 As_2S_3

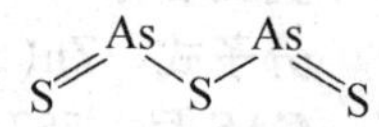

CAS 号 1303-33-9

铁危编号 61012

危害信息

危险性类别 第6类 有毒品

燃烧与爆炸危险性 不易燃,但在很高的温度下能被引燃。与水反应释放出有毒和易燃的气体。与强酸接触产生易燃的硫化氢。受热易分解放出有毒的硫氧化物气体。

毒性 大鼠经口 LD_{50}:185mg/kg;小鼠经口 LD_{50}:254mg/kg;大鼠经皮 LD_{50}:936mg/kg。

砷及其化合物所致肺癌、皮肤癌已列入《职业病分类和目录》,属职业性肿瘤。

IARC 致癌性评论:G1,确认人类致癌物。

中毒表现 急性中毒可出现胃肠炎、神经系统损害,重者可引起休克、肾功能损害。砷中毒3日至3周出现急性周围神经病。部分患者出现中毒性肝、肾、心肌等损害。

侵入途径 吸入、食入、经皮吸收。

职业接触限值 中国:PC-TWA 0.01mg/m^3,PC-STEL 0.02mg/m^3[按As计][G1]。

美国(ACGIH):TLV-TWA 0.01mg/m^3[按As计]。

环境危害 可能在水生环境中造成长期不利影响。

理化特性与用途

理化特性 黄色或橙色结晶或粉末。不溶于水,溶于碱、碳酸盐、碱金属硫化物、乙醇。熔点310℃,沸点707℃,相对密度(水=1)3.46 。

主要用途 用于制玻璃、半导体、颜料、油棉、光电导体及杀虫剂等。

包装与储运

包装标志 有毒品

包装类别 Ⅲ类

安全储运 储存于阴凉、通风的库房。远离火种、热源。储存温度不超过35℃,相对湿度不超过80%。保持容器密封。应与强氧化剂、强酸等隔离储运。搬运时轻装轻卸,防止容器受损。

紧急处置信息

急救措施

吸入:迅速脱离现场至空气新鲜处。保持呼吸道通畅。如呼吸困难,给输氧。呼吸、心跳停止,立即进行心肺复苏术。就医。

眼睛接触:立即分开眼睑,用流动清水或生理盐水彻底冲洗。就医。

皮肤接触:立即脱去污染的衣着,用肥皂水和清水彻底冲洗。就医。

食入:催吐、彻底洗胃,洗胃后服活性炭 30~50g(用水调成浆状),而后再服用硫酸镁或硫酸钠导泻。就医。

解毒剂用二巯基丙磺酸钠、二巯基丁二酸钠等。

灭火方法 消防人员须穿全身消防服,佩戴正压自给式呼吸器,在上风向灭火。尽可能将容器从火场移至空旷处。喷水保持火场容器冷却,直至灭火结束。

本品不易燃,根据着火原因选择适当灭火剂灭火。

泄漏应急处置 隔离泄漏污染区,限制出入。消除所有点火源。建议应急处理人员戴防尘口罩,穿一般作业工作服。尽可能切断泄漏源。用塑料布覆盖泄漏物,减少飞散。勿使水进入包装容器内。用洁净的铲子收集泄漏物,置于干净、干燥、盖子较松的容器中,将容器移离泄漏区。

436. 硫化亚砷

标　识

中文名称 硫化亚砷

英文名称 Arsenic(Ⅱ)sulfide; Arsenic disulfide

分子式 AsS

CAS 号 12044-79-0

As═S

危害信息

燃烧与爆炸危险性 不燃。受热易分解放出有毒的硫氧化物气体。

禁忌物 强氧化剂。

毒性 砷及其化合物所致肺癌、皮肤癌已列入《职业病分类和目录》，属职业性肿瘤。

IARC 致癌性评论：G1，确认人类致癌物。

中毒表现 急性中毒可出现胃肠炎、神经系统损害，重者可引起休克、肾功能损害。砷中毒 3 日至 3 周出现急性周围神经病。部分患者出现中毒性肝、肾、心肌等损害。

侵入途径 吸入、食入、经皮吸收。

职业接触限值 中国：PC-TWA 0.01mg/m^3，PC-STEL 0.02mg/m^3[按 As 计][G1]。美国(ACGIH)：TLV-TWA 0.01mg/m^3[按 As 计]。

理化特性与用途

理化特性 红棕色粉末。不溶于水。熔点 307℃，沸点 565℃，相对密度(水=1)3.5。

主要用途 用于皮革工业，用作脱毛剂、涂料颜料、除草剂、杀虫剂、灭鼠剂以及制作烟火等。

包装与储运

安全储运 储存于阴凉、干燥、通风的库房。远离火种、热源。保持容器密封。应与强氧化剂、强酸等隔离储运。搬运时轻装轻卸，防止容器受损。

紧急处置信息

急救措施

吸入：迅速脱离现场至空气新鲜处。保持呼吸道通畅。如呼吸困难，给输氧。呼吸、心跳停止，立即进行心肺复苏术。就医。

眼睛接触：立即分开眼睑，用流动清水或生理盐水彻底冲洗。就医。

皮肤接触：立即脱去污染的衣着，用肥皂水和清水彻底冲洗。就医。

食入：催吐、彻底洗胃，洗胃后服活性炭30~50g(用水调成浆状)，而后再服用硫酸镁或硫酸钠导泻。就医。

解毒剂用二巯基丙磺酸钠、二巯基丁二酸钠等。

灭火方法 消防人员须穿全身消防服，佩戴正压自给式呼吸器，在上风向灭火。尽可能将容器从火场移至空旷处。喷水保持火场容器冷却，直至灭火结束。

本品不燃，根据着火原因选择适当灭火剂灭火。

泄漏应急处置 隔离泄漏污染区，限制出入。消除所有点火源。建议应急处理人员戴防毒面具，穿防静电防腐蚀服。尽可能切断泄漏源。用塑料布覆盖泄漏物，减少飞散。用洁净的铲子收集泄漏物，置于干净、干燥、盖子较松的容器中，将容器移离泄漏区。

437. 硫环磷

标　识

中文名称 硫环磷

英文名称 Phosfolan; Diethyl 1,3-dithiolan-2-ylidenephosphoramidate

别名 2-(二乙氧基磷酰亚氨基)-1,3-二硫戊环

分子式 $C_7H_{14}NO_3PS_2$

CAS 号 947-02-4

铁危编号 61125

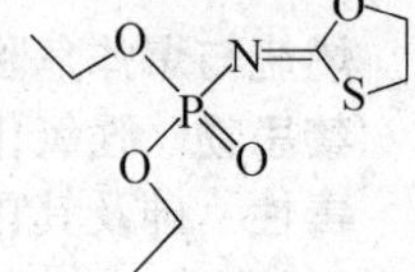

危害信息

危险性类别 第6类 有毒品

燃烧与爆炸危险性 可燃。燃烧或受热分解产生有毒的氮氧化物、硫氧化物和磷氧化物。在火场中,容器受热有开裂或爆炸的危险。

禁忌物 强氧化剂。

毒性 大鼠经口 LD_{50}:8900 μg/kg;小鼠经口 LD_{50}:12mg/kg;兔经皮 LD_{50}:23mg/kg;大鼠经皮 LD_{50}:100mg/kg。

根据《危险化学品目录》的备注,本品属剧毒化学品。

中毒表现 抑制体内胆碱酯酶活性,造成神经生理功能紊乱。大量误服出现急性有机磷中毒症状。表现有头痛、头昏、乏力、食欲不振、恶心、呕吐、腹痛、腹泻、流涎、瞳孔缩小、呼吸道分泌物增多、多汗、肌束震颤等。重度中毒者出现肺水肿、昏迷、呼吸麻痹、脑水肿。血胆碱酯酶活性降低。

侵入途径 吸入、食入、经皮吸收。

理化特性与用途

理化特性 无色至黄色固体。溶于水,溶于丙酮、苯、环己烷、乙醇、甲苯,微溶于乙醚,难溶于己烷。熔点36.5℃、37~45℃(工业品),沸点115~118℃(0.13Pa),饱和蒸气压7.05mPa(25℃),辛醇/水分配系数-1.77。

主要用途 内吸性杀虫剂。用于棉花等作物防治螨类、蚜虫和鳞翅目害虫。

包装与储运

包装标志 有毒品

包装类别 Ⅰ类

安全储运 储存于阴凉、通风的库房。远离火种、热源。储存温度不超过35℃,相对湿度不超过85%。保持容器密封。应与强氧化剂等隔离储运。搬运时轻装轻卸,防止容器受损。应严格执行剧毒品"双人收发、双人保管"制度。

紧急处置信息

急救措施

吸入:迅速脱离现场至空气新鲜处。保持呼吸道通畅。如呼吸困难,给输氧。呼吸、心跳停止,立即进行心肺复苏术。就医。

眼睛接触:分开眼睑,用流动清水或生理盐水冲洗。就医。

皮肤接触:立即脱去污染的衣着,用肥皂水及流动清水彻底冲洗污染的皮肤、头发、指甲等。就医。

食入:饮足量温水,催吐(仅限于清醒者)。口服活性炭。就医。

解毒剂:阿托品、胆碱酯酶复能剂。

灭火方法 消防人员须穿全身消防服,佩戴正压自给式呼吸器,在上风向灭火。尽可能将容器从火场移至空旷处。喷水保持火场容器冷却,直至灭火结束。

灭火剂:雾状水、泡沫、二氧化碳、干粉、沙土。

泄漏应急处置 隔离泄漏污染区,限制出入。消除所有点火源。建议应急处理人员戴防尘口罩,穿防毒服。穿上适当的防护服前严禁接触破裂的容器和泄漏物。尽可能切断泄漏源。用塑料布覆盖泄漏物,减少飞散。勿使水进入包装容器内。用洁净的铲子收集泄漏物,置于干净、干燥、盖子较松的容器中,将容器移离泄漏区。

438. 硫氰酸亚铜

标 识

中文名称 硫氰酸亚铜

英文名称 Cuprous thiocyanate;Copper(1+) thiocyanate

$N \equiv\!\!-\, S^{-} \quad Cu^{+}$

分子式 CuSCN

CAS号 1111-67-7

危害信息

燃烧与爆炸危险性　可燃。燃烧产生有毒的氮氧化物和硫氧化物气体。

活性反应　与强酸发生反应。

禁忌物　强酸。

中毒表现　对呼吸道、消化道和皮肤有刺激作用。口服可引起反射性呕吐及急性胃肠炎。铜有溶血作用和引起肝肾损害。

侵入途径　吸入、食入。

环境危害　对水生生物有极高毒性,可能在水生环境中造成长期不利影响。

理化特性与用途

理化特性　白色至淡黄色粉末,有吸湿性。几乎不溶于水,难溶于稀盐酸、乙醇、丙酮,能溶于氨水及乙醚,易溶于浓的碱金属硫氰酸盐溶液。熔点1084℃,相对密度(水=1)2.84。

主要用途　用作船舶防污涂料等。

包装与储运

包装标志　杂项

包装类别　Ⅲ类

安全储运　储存于阴凉、干燥、通风的库房。远离火种、热源。保持容器密闭。应与强氧化剂等隔离储运。

紧急处置信息

急救措施

吸入:迅速脱离现场至空气新鲜处。保持呼吸道通畅。如呼吸困难,给输氧。呼吸、心跳停止,立即进行心肺复苏术。就医。

眼睛接触:立即分开眼睑,用流动清水或生理盐水彻底冲洗。就医。

皮肤接触:立即脱去污染的衣着,用肥皂水和清水彻底冲洗。就医。

食入:漱口,饮水。就医。

灭火方法　消防人员须穿全身消防服,佩戴正压自给式呼吸器,在上风向灭火。尽可能将容器从火场移至空旷处。喷水保持火场容器冷却,直至灭火结束。

灭火剂:雾状水、泡沫、二氧化碳、干粉、沙土。

泄漏应急处置　隔离泄漏污染区,限制出入。建议应急处理人员戴防尘口罩,穿防毒服。穿上适当的防护服前严禁接触破裂的容器和泄漏物。尽可能切断泄漏源。用塑料布覆盖泄漏物,减少飞散,避免雨淋。用洁净的铲子收集泄漏物,置于干净、干燥、盖子较松的容器中,将容器移离泄漏区。

439. 硫双灭多威

标　识

中文名称　硫双灭多威

英文名称　Thiodicarb; Dimethyl *N*, *N*′-[thiobis[(methylimino) carbonyloxy]] bis (thioimidoacetate）

别名　硫双威

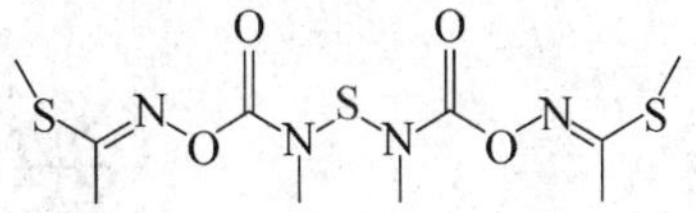

分子式　$C_{10}H_{18}N_4O_4S_3$

CAS 号　59669-26-0

危害信息

危险性类别　第 6 类　有毒品

燃烧与爆炸危险性　不燃。受热分解产生有毒和腐蚀性的气体。在火场中，容器有开裂和爆炸的危险。

禁忌物　强氧化剂。

毒性　大鼠经口 LD_{50}：39mg/kg；小鼠经口 LD_{50}：226mg/kg；220mg/m^3（4h）；兔经皮 LD_{50}：6310mg/kg。

中毒表现　抑制胆碱酯酶，产生相应的症状。中毒症状有头痛、恶心、呕吐、腹痛、流涎、出汗、瞳孔缩小、步行困难、语言障碍，重者可发生全身痉挛、昏迷。

侵入途径　吸入、食入、经皮吸收。

环境危害　对水生生物有极高毒性，可能在水生环境中造成长期不利影响。

理化特性与用途

理化特性　白色至淡黄褐色结晶或粉末，有硫磺气味。不溶于水，溶于二氯甲烷。熔点 173～174℃，相对密度（水=1）1.44，饱和蒸气压 9.31mPa（25℃），辛醇/水分配系数 1.7。

主要用途　杀虫剂。主要用于棉花、蔬菜、果树、烟草、葡萄、水稻、高粱、玉米、茶、大豆等防治各种鳞翅目害虫。

包装与储运

包装标志　有毒品

包装类别　Ⅱ类

安全储运　储存于阴凉、通风的库房。远离火种、热源。储存温度不超过 35℃，相对湿度不超过 85%。保持容器密封。应与强氧化剂、酸、碱等隔离储运。搬运时轻装轻卸，防止容器受损。

紧急处置信息

急救措施

吸入：迅速脱离现场至空气新鲜处。保持呼吸道通畅。如呼吸困难，给输氧。呼吸、心跳停止，立即进行心肺复苏术。就医。

眼睛接触：立即分开眼睑，用流动清水或生理盐水彻底冲洗。就医。

皮肤接触：立即脱去污染的衣着，用流动清水彻底冲洗。就医。

食入：饮适量温水，催吐（仅限于清醒者）。就医。

解毒剂：阿托品。

灭火方法　消防人员须穿全身消防服，佩戴正压自给式呼吸器，在上风向灭火。尽可能将容器从火场移至空旷处。喷水保持火场容器冷却，直至灭火结束。

本品不燃，根据周围火灾原因选择适当的灭火剂灭火。

泄漏应急处置　隔离泄漏污染区，限制出入。建议应急处理人员戴防尘口罩，穿防毒服。穿上适当的防护服前严禁接触破裂的容器和泄漏物。尽可能切断泄漏源。用塑料布覆盖泄漏物，减少飞散。勿使水进入包装容器内。用洁净的铲子收集泄漏物，置于干净、干燥、盖子较松的容器中,将容器移离泄漏区。

440. 硫酸苯肼(2∶1)

标 识

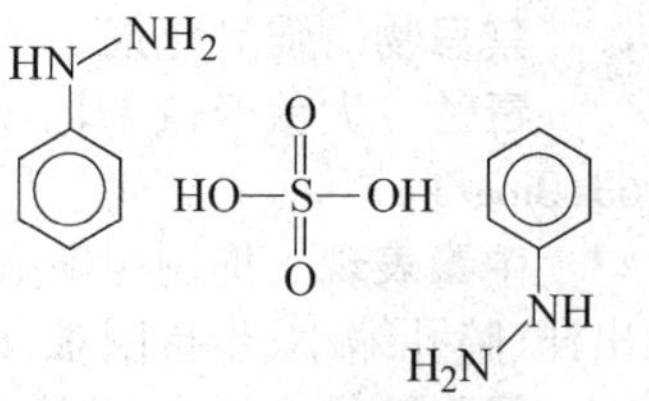

中文名称 硫酸苯肼(2∶1)

英文名称 Phenylhydrazinium sulphate (2∶1)

别名 苯肼硫酸盐

分子式 $(C_6H_8N_2)_2 \cdot H_2SO_4$

CAS 号 52033-74-6

铁危编号 61814

危害信息

危险性类别 第 6 类 有毒品

燃烧与爆炸危险性 可燃。燃烧产生有毒的氮氧化物和硫氧化物气体。在高温火场中,受热的容器有破裂和爆炸的危险。

毒性 欧盟法规 1272/2008/EC 将本品列为第 1B 类致癌物——可能对人类有致癌能力;第 2 类生殖细胞致突变物——由于可能导致人类生殖细胞可遗传突变而引起人们关注的物质。

中毒表现 吸入、食入或经皮吸收对身体有害。对眼和皮肤有刺激性。对皮肤有致敏性。长期反复接触有可能对身体造成损害。

侵入途径 吸入、食入、经皮吸收。

环境危害 对水生生物有极高毒性,可能在水生环境中造成长期不利影响。

理化特性与用途

理化特性 白色至淡黄色片状结晶。易溶于热水,微溶于乙醇,不溶于乙醚。相对蒸气密度(空气=1)10.84(计算值)。

主要用途 主要用于合成农药、医药、染料及合成其他有机物,用作有机试剂测定砷和锑。

包装与储运

包装标志 有毒品

包装类别 Ⅲ类

安全储运 储存于阴凉、通风的库房。远离火种、热源。储存温度不超过 35℃,相对湿度不超过 85%。保持容器密封。应与强氧化剂、强酸等隔离储运。搬运时轻装轻卸,防止容器受损。

紧急处置信息

急救措施

吸入:迅速脱离现场至空气新鲜处。保持呼吸道通畅。如呼吸困难,给输氧。呼吸、心跳停止,立即进行心肺复苏术。就医。

眼睛接触:立即分开眼睑,用流动清水或生理盐水彻底冲洗。就医。

皮肤接触:立即脱去污染的衣着,用肥皂水和清水彻底冲洗。就医。

食入:漱口,饮水。就医 。

灭火方法 消防人员须穿全身消防服,佩戴正压自给式呼吸器,在上风向灭火。尽可能将容器从火场移至空旷处。喷水保持火场容器冷却,直至灭火结束。

灭火剂:雾状水、抗溶性泡沫、二氧化碳、干粉、沙土。

泄漏应急处置 隔离泄漏污染区,限制出入。建议应急处理人员戴防尘口罩,穿防毒服。穿上适当的防护服前严禁接触破裂的容器和泄漏物。尽可能切断泄漏源。用塑料布覆盖泄漏物,减少飞散。勿使水进入包装容器内。用洁净的铲子收集泄漏物,置于干净、干燥、盖子较松的容器中,将容器移离泄漏区。

441. 硫酸镉

标 识

中文名称 硫酸镉

英文名称 Cadmium sulfate;Sulfuric acid, cadmium salt

分子式 $CdSO_4$

CAS 号 10124-36-4

铁危编号 61504

UN 号 2570

$$O^{-}-\overset{\overset{O}{\|}}{\underset{\underset{O}{\|}}{S}}-O^{-}\quad Ca^{2+}$$

危害信息

危险性类别 第 6 类 有毒品

燃烧与爆炸危险性 不燃,无特殊燃爆特性。受高热分解产生有毒的硫化物烟气。

禁忌物 强氧化剂。

毒性 大鼠经口 LD_{50}:280mg/kg;小鼠经口 LD_{50}:88mg/kg。

IARC 致癌性评论:G1,确认人类致癌物。

欧盟法规 1272/2008/EC 将本品列为第 1B 类致癌物——可能对人类有致癌能力;第 1B 类生殖细胞致突变物——应认为可能引起人类生殖细胞可遗传突变的物质 ;第 1B 类生殖毒性——可能的人类生殖毒物。

中毒表现 急性中毒:吸入含镉烟雾后出现呼吸道刺激、寒战、发热等类似金属烟雾热的症状,可发生化学性肺炎、肺水肿;误服后出现急剧的胃肠刺激,有恶心、呕吐、腹泻、腹痛、里急后重、全身乏力、肌肉疼痛和虚脱等。

慢性中毒:慢性中毒以肾功能损害(蛋白尿)为主要表现;少数可发生骨骼病变;其次还有缺铁性贫血、嗅觉减退或丧失、肺部损害等。

侵入途径 吸入、食入。

职业接触限值 中国:PC-TWA 0. 01mg/m^3,PC-STEL 0. 02mg/m^3[按 Cd 计][G1]。

美国(ACGIH):TLV-TWA 0. 01mg/m^3,0. 002mg/m^3[呼吸性颗粒物][按 Cd 计] 。

环境危害 对水生生物有极高毒性,可能在水生环境中造成长期不利影响。

理化特性与用途

理化特性 无色斜方晶体或白色固体。溶于水,不溶于乙醇。pH 值 4. 5~6(5%水溶液),熔点 1000℃,沸点(分解),相对密度(水=1)4.7。

主要用途 供制镉电池和镉肥,并用作消毒剂和收敛剂。

包装与储运

包装标志 有毒品

包装类别 Ⅱ类

安全储运 储存于阴凉、通风的库房。远离火种、热源。储存温度不超过 35℃,相对湿度不超过 85%。保持容器密封。搬运时轻装轻卸,防止容器受损。

紧急处置信息

急救措施

吸入:迅速脱离现场至空气新鲜处。保持呼吸道通畅。如呼吸困难,给输氧。呼吸、心跳停止,立即进行心肺复苏术。就医。

眼睛接触:立即分开眼睑,用流动清水或生理盐水彻底冲洗。就医。

皮肤接触:立即脱去污染的衣着,用肥皂水和清水彻底冲洗。就医。

食入:漱口,饮水。就医。

灭火方法 消防人员必须穿全身防火防毒服,佩戴正压自给式呼吸器,在上风向灭火。灭火时尽可能将容器从火场移至空旷处。

本品不燃,根据着火原因选择适当灭火剂灭火。

泄漏应急处置 隔离泄漏污染区,限制出入。建议应急处理人员戴防尘口罩,穿防毒服。穿上适当的防护服前严禁接触破裂的容器和泄漏物。尽可能切断泄漏源。用塑料布覆盖泄漏物,减少飞散。勿使水进入包装容器内。用洁净的铲子收集泄漏物,置于干净、干燥、盖子较松的容器中,将容器移离泄漏区。

442. 硫酸钠

标　识

中文名称 硫酸钠

英文名称 Sodium sulfate, anhydrous; Sulfuric acid disodium salt

别名 无水芒硝

分子式 Na_2SO_4

CAS 号 7757-82-6

Na^+ O⁻—S(=O)(=O)—O⁻ Na^+

危害信息

燃烧与爆炸危险性 不燃,无特殊燃爆特性。受热分解放出有毒的气体。

禁忌物 强酸、铝、镁。

毒性 小鼠经口 LD_{50}:5989mg/kg。

中毒表现 对眼睛和皮肤有刺激作用。食入后引起恶心、呕吐、腹痛和腹泻。

侵入途径 吸入、食入。

理化特性与用途

理化特性　单斜结晶或白色粉末。溶于水,不溶于乙醇。熔点888℃,沸点1700℃(分解),相对密度(水=1)2.68,pH值5~8(5%溶液)。

主要用途　主要用于纸浆、洗涤剂、玻璃、染料和纺织等工业部门,也用作水玻璃、群青和其他化工产品的原料。此外,还用于有色金属选矿、皮革、医药、瓷釉、合成纤维、油墨、橡胶及复合肥料、轻质材料的掺合剂及水泥、混凝土的添加剂。在有机化工产品的合成和制备中作催化剂。

包装与储运

安全储运　储存于阴凉、通风的库房。远离火种、热源。保持容器密闭。应与强酸等隔离储运。

紧急处置信息

急救措施

吸入:迅速脱离现场至空气新鲜处。保持呼吸道通畅。如呼吸困难,给输氧。呼吸、心跳停止,立即进行心肺复苏术。就医。

眼睛接触:立即分开眼睑,用流动清水或生理盐水彻底冲洗。就医。

皮肤接触:立即脱去污染的衣着,用流动清水彻底冲洗。就医。

食入:漱口,饮水。就医。

灭火方法　消防人员穿全身消防服,戴正压自给式呼吸器,在上风向灭火。灭火时尽可能将容器从火场移至空旷处。喷水保持容器冷却,直至灭火结束。

本品不燃,根据着火原因选择适当灭火剂灭火。

泄漏应急处置　隔离泄漏污染区,限制出入。建议应急处理人员戴防尘口罩,穿一般作业工作服。尽可能切断泄漏源。用塑料布覆盖泄漏物,减少飞散。勿使水进入包装容器内。用洁净的铲子收集泄漏物,置于干净、干燥、盖子较松的容器中,将容器移离泄漏区。

443. 硫酸锡(Ⅱ)

标　识

中文名称　硫酸锡(Ⅱ)

英文名称　Tin(Ⅱ)sulfate;Stannous sulfate

别名　硫酸亚锡

分子式　$SnSO_4$

CAS号　7488-55-3

$$O^- - \overset{\overset{O}{\|}}{\underset{\underset{O}{\|}}{S}} - O^- \quad Sn^{2+}$$

危害信息

燃烧与爆炸危险性　不燃,无特殊燃爆特性。受高热分解产生有毒的硫化物烟气。

禁忌物　强氧化剂。

毒性　大鼠经口 LD_{50}:2207mg/kg;小鼠经口 LD_{50}:2152mg/kg。

中毒表现　对眼和呼吸道有刺激性。长期呼吸道接触可引起锡尘肺。

侵入途径　吸入、食入。

职业接触限值　美国(ACGIH):TLV-TWA 2mg/m^3[按 Sn 计]。

理化特性与用途

理化特性　白色至淡黄色结晶或粉末。溶于水。pH 值 2(50g/L 水溶液),熔点 360℃,相对密度(水=1)4.15。

主要用途　电镀工业用作电镀液,印染工业用作媒染剂,也用作化学分析试剂等。

包装与储运

安全储运　储存于阴凉、通风的库房。远离火种、热源。保持容器密闭。应与强氧化剂、强酸等隔离储运。

紧急处置信息

急救措施

吸入:迅速脱离现场至空气新鲜处。保持呼吸道通畅。如呼吸困难,给输氧。呼吸、心跳停止,立即进行心肺复苏术。就医。

眼睛接触:立即分开眼睑,用流动清水或生理盐水彻底冲洗。就医。

皮肤接触:立即脱去污染的衣着,用肥皂水和清水彻底冲洗。就医。

食入:漱口,饮水。就医。

灭火方法　消防人员必须穿全身防火防毒服,佩戴正压自给式呼吸器,在上风向灭火。灭火时尽可能将容器从火场移至空旷处。

本品不燃,根据着火原因选择适当灭火剂灭火。

泄漏应急处置　隔离泄漏污染区,限制出入。消除所有点火源。建议应急处理人员戴防尘口罩,穿一般作业工作服。尽可能切断泄漏源。用塑料布覆盖泄漏物,减少飞散。勿使水进入包装容器内。用洁净的铲子收集泄漏物,置于干净、干燥、盖子较松的容器中,将容器移离泄漏区。

444. 硫酸银

标　识

$$Ag^+ \quad {}^-O-\overset{\overset{\displaystyle O}{\|}}{\underset{\underset{\displaystyle O}{\|}}{S}}-O^- \quad Ag^+$$

中文名称　硫酸银

英文名称　Silver sulfate;Sulfuric acid, disilver(1+) salt

分子式　Ag_2SO_4

CAS 号　10294-26-5

危害信息

燃烧与爆炸危险性　不燃。受热分解放出有毒的硫氧化物气体。

中毒表现　对眼有腐蚀性。长期接触银化合物,吸入或食入,可发生皮肤、眼、呼吸道全身性银质沉着症。皮肤色素沉着呈灰黑色或浅石板色。

侵入途径　吸入、食入。

环境危害　对水生生物有极高毒性,可能在水生环境中造成长期不利影响。

理化特性与用途

理化特性　白色至灰色结晶或白色结晶性粉末,遇光逐渐变黑色。溶于氨水、浓硫酸,不溶于乙醇。熔点 652.2℃,沸点 1085℃,相对密度(水=1)5.45。

主要用途　用于亚硝酸盐、钒酸盐、氟的比色测定和镀银。

包装与储运

包装标志　杂项

包装类别　Ⅲ类

安全储运　储存于阴凉、通风的库房。远离火种、热源。保持容器密闭。避光保存。应与强酸等隔离储运。

紧急处置信息

急救措施

吸入:迅速脱离现场至空气新鲜处。保持呼吸道通畅。如呼吸困难,给输氧。呼吸、心跳停止,立即进行心肺复苏术。就医。

眼睛接触:立即分开眼睑,用流动清水或生理盐水彻底冲洗 10~15min。就医。

皮肤接触:立即脱去污染的衣着,用大量流动清水彻底冲洗,冲洗时间一般要求 20~30min。就医。

食入:用水漱口,禁止催吐。给饮牛奶或蛋清。就医。

灭火方法　消防人员须穿全身消防服,佩戴正压自给式呼吸器,在上风向灭火。尽可能将容器从火场移至空旷处。喷水保持火场容器冷却,直至灭火结束。

本品不燃,根据着火原因选择适当灭火剂灭火。

泄漏应急处置　隔离泄漏污染区,限制出入。消除所有点火源。建议应急处理人员戴防尘口罩,穿防腐蚀、防毒服。穿上适当的防护服前严禁接触破裂的容器和泄漏物。尽可能切断泄漏源。用塑料布覆盖泄漏物,减少飞散。勿使水进入包装容器内。用洁净的铲子收集泄漏物,置于干净、干燥、盖子较松的容器中,将容器移离泄漏区。

445. 六氟硅酸铜(Ⅱ)

标　识

中文名称　六氟硅酸铜(Ⅱ)

英文名称　Copper hexafluorosilicate; Copper silicofluoride; Cupric fluosilicate

别名　氟硅酸铜

分子式　$CuSiF_6$

CAS 号　12062-24-7

$Cu^{2+}\ [SiF_6]^{2-}$

危害信息

禁忌物　强酸。

中毒表现　对眼和上呼吸道有刺激性。长期接触有可能引起氟骨症。

侵入途径　吸入、食入。

理化特性与用途

理化特性　四水合物为蓝色结晶固体，有吸湿性。溶于水，微溶于乙醇。熔点(分解)，相对密度(水=1)2.56。

主要用途　用作杀虫剂。

包装与储运

安全储运　储存于阴凉、干燥、通风的库房。远离火种、热源。保持容器密闭。应与强氧化剂等隔离储运。

紧急处置信息

急救措施

吸入：迅速脱离现场至空气新鲜处。保持呼吸道通畅。如呼吸困难，给输氧。呼吸、心跳停止，立即进行心肺复苏术。就医。

眼睛接触：立即分开眼睑，用流动清水或生理盐水彻底冲洗。就医。

皮肤接触：立即脱去污染的衣着，用肥皂水和清水彻底冲洗。就医。

食入：漱口，饮水。就医。

泄漏应急处置　隔离泄漏污染区，限制出入。消除所有点火源。建议应急处理人员戴防毒面具，穿防护服。尽可能切断泄漏源。用塑料布覆盖泄漏物，减少飞散。勿使水进入包装容器内。用洁净的铲子收集泄漏物，置于干净、干燥、盖子较松的容器中，将容器移离泄漏区。

446. 六氟砷酸锂

标　识

中文名称　六氟砷酸锂

英文名称　Lithium hexafluoroarsenate

分子式　$LiAsF_6$

CAS 号　29935-35-1

$[AsF_6]^- \ Li^+$

危害信息

燃烧与爆炸危险性　不燃。受热易分解产生有毒和刺激性烟气。

禁忌物　强酸。

毒性　砷及其化合物所致肺癌、皮肤癌已列入《职业病分类和目录》，属职业性肿瘤。

IARC 致癌性评论：G1，确认人类致癌物。

欧盟法规 1272/2008/EC 将本品列为第 1A 类致癌物——已知对人类有致癌能力。

中毒表现 急性中毒可出现胃肠炎、神经系统损害，重者可引起休克、肾功能损害。砷中毒三日至三周出现急性周围神经病。部分患者出现中毒性肝、肾、心肌等损害。

侵入途径 吸入、食入、经皮吸收。

职业接触限值 中国：PC-TWA 0.01mg/m^3，PC-STEL 0.02mg/m^3［按 As 计］［G1］。

美国(ACGIH)：TLV-TWA 0.01mg/m^3［按 As 计］。

理化特性与用途

理化特性 白色结晶或粉末。易溶于水，溶于乙二醇、四氢呋喃。沸点 280℃(分解)，分解温度 280℃。

主要用途 用于锂电池。

包装与储运

安全储运 储存于阴凉、干燥、通风的库房。远离火种、热源。保持容器密闭。应与强氧化剂等隔离储运。

紧急处置信息

急救措施

吸入：迅速脱离现场至空气新鲜处。保持呼吸道通畅。如呼吸困难，给输氧。呼吸、心跳停止，立即进行心肺复苏术。就医。

眼睛接触：立即分开眼睑，用流动清水或生理盐水彻底冲洗。就医。

皮肤接触：立即脱去污染的衣着，用肥皂水和清水彻底冲洗。就医。

食入：催吐、彻底洗胃，洗胃后服活性炭 30~50g(用水调成浆状)，而后再服用硫酸镁或硫酸钠导泻。就医。

解毒剂：二巯基丙磺酸钠、二巯基丁二酸钠等。

灭火方法 消防人员须穿全身消防服，佩戴空气呼吸器，在上风向灭火。尽可能将容器从火场移至空旷处。喷水保持火场容器冷却，直至灭火结束。

本品不燃，根据着火原因选择适当灭火剂灭火。

泄漏应急处置 隔离泄漏污染区，限制出入。消除所有点火源。建议应急处理人员戴防尘口罩，穿防毒服。穿上适当的防护服前严禁接触破裂的容器和泄漏物。尽可能切断泄漏源。用洁净的铲子收集泄漏物，置于干净、干燥、盖子较松的容器中，将容器移离泄漏区。

447. 1,4,5,6,7,7-六氯二环[2,2,1]庚-5-烯-2,3 二甲酸

标　识

中文名称 1，4，5，6，7，7-六氯二环[2，2，1]庚-5-烯-2，3 二甲酸

英文名称 1，4，5，6，7，7-Hexachlorobicyclo［2，2，1］-5-heptene-2，3-dicarboxylic acid；1，4，5，6，7，7-Hexachloro-8，9，10-trinorborn-5-ene-2，3- dicarboxylic acid；Chlorendic acid

别名 氯菌酸；氯桥酸

分子式 $C_9H_4Cl_6O_4$

CAS号　115-28-6

危害信息

燃烧与爆炸危险性　不易燃。受热易分解产生有毒和腐蚀性烟气。

禁忌物　强氧化剂、强碱。

毒性　大鼠经口 *LD*：>1g/kg；大鼠吸入 *LC*：>790mg/m^3(4h)。

IARC致癌性评论：G2B，可疑人类致癌物。

侵入途径　吸入、食入、经皮吸收。

理化特性与用途

理化特性　白色结晶固体或白色粉末。微溶于水，微溶于非极性溶剂，易溶于甲醇、乙醇、丙酮。熔点208~210℃，相对密度(水=1)1.814，饱和蒸气压0.001mPa(25℃)，辛醇/水分配系数2.30 。

主要用途　多种化合物的中间体。它具有优良的阻燃，防腐、固化性能。可制取阻燃树脂、防腐树脂、阻燃涂料、增塑剂、层压塑料、黏合剂。

包装与储运

安全储运　储存于阴凉、通风的库房。远离火种、热源。应与强氧化剂等隔离储运。

紧急处置信息

急救措施

吸入：迅速脱离现场至空气新鲜处。保持呼吸道通畅。如呼吸困难，给输氧。呼吸、心跳停止，立即进行心肺复苏术。就医。

眼睛接触：立即分开眼睑，用流动清水或生理盐水彻底冲洗。就医。

皮肤接触：立即脱去污染的衣着，用肥皂水和清水彻底冲洗。就医。

食入：漱口，饮水。就医。

泄漏应急处置　隔离泄漏污染区，限制出入。消除所有点火源。建议应急处理人员戴防毒面具，穿防护服。尽可能切断泄漏源。用塑料布覆盖泄漏物，减少飞散。勿使水进入包装容器内。用洁净的铲子收集泄漏物，置于干净、干燥、盖子较松的容器中，将容器移离泄漏区。

448. 1,2,3,4,5,6-六氯环己烷

标　识

中文名称　1，2，3，4，5，6-六氯环己烷

英文名称　1，2，3，4，5，6-Hexachlorocyclohexane；Benzene hexachloride

别名　六六六

分子式　$C_6H_6Cl_6$

CAS号　608-73-1

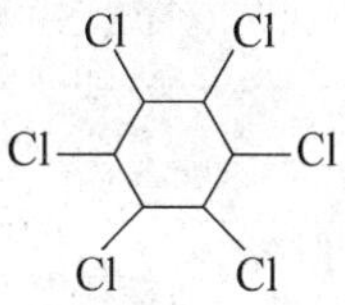

危害信息

危险性类别 第6类 有毒品

燃烧与爆炸危险性 不燃。受高热分解，放出腐蚀性、有毒的烟雾。在火场中，容器受热可能发生开裂或爆炸。

禁忌物 强氧化剂

毒性 大鼠经口 LD_{50}：100mg/kg；小鼠经口 LD_{50}：59mg/kg；大鼠吸入 LC_{50}：690mg/m^3（4h）；大鼠经皮 LD_{50}：900mg/kg。

IARC 致癌性评论：G2B，可疑人类致癌物。

中毒表现 急性中毒表现有头痛、恶心、呕吐、面赤、流泪、血衄、思睡。严重者发生心力衰竭及昏迷。重症可发生脑病及脊髓神经炎。口服中毒有恶心、呕吐、头痛、无力、抽搐、昏迷，可致死。可引起接触性皮炎。

慢性影响：神经衰弱综合征、末梢神经病及肝肾损害。

侵入途径 吸入、食入、经皮吸收。

职业接触限值 中国：PC-TWA 0.3mg/m^3，PC-STEL 0.5mg/m^3。

环境危害 对水生生物有极高毒性，可能在水生环境中造成长期不利影响。

理化特性与用途

理化特性 白色至淡黄色粉末或鳞片，有发霉的气味。熔点 112.5℃，相对密度（水=1）1.9，饱和蒸气压 0.06kPa（60℃），辛醇/水分配系数 4.26。

主要用途 用作杀虫剂。

包装与储运

包装标志 有毒品

包装类别 Ⅲ类

安全储运 储存于阴凉、通风的库房。远离火种、热源。储存温度不超过 35℃，相对湿度不超过 85%。保持容器密封。应与强氧化剂、强酸等隔离储运。搬运时轻装轻卸，防止容器受损。

紧急处置信息

急救措施

吸入： 迅速脱离现场至空气新鲜处。保持呼吸道通畅。如呼吸困难，给输氧。呼吸、心跳停止，立即进行心肺复苏术。就医。

眼睛接触： 立即分开眼睑，用流动清水或生理盐水彻底冲洗。就医。

皮肤接触： 立即脱去污染的衣着，用流动清水彻底冲洗。就医。

食入： 饮适量温水，催吐（仅限于清醒者）。就医。

灭火方法 消防人员必须佩戴正压自给式呼吸器，穿全身防火防毒服，在上风向灭火。尽可能将容器从火场移至空旷处。喷水保持火场容器冷却，直至灭火结束。

灭火剂：雾状水、泡沫、干粉、二氧化碳、沙土。

泄漏应急处置 隔离泄漏污染区，限制出入。建议应急处理人员戴防尘口罩，穿防毒服。穿上适当的防护服前严禁接触破裂的容器和泄漏物。尽可能切断泄漏源。用塑料布覆盖泄漏物，减少飞散。勿使水进入包装容器内。用洁净的铲子收集泄漏物，置于干净、干燥、盖子较松的容器中，将容器移离泄漏区。

449. 六氯氧化二苯

标　识

中文名称　六氯氧化二苯

英文名称　1, 1′-Oxybisbenzene hexachloro deriv. ; Chlorinated diphenyl oxide; Hexachlorophenyl ether

别名　氯化苯醚；氧化六氯二苯

分子式　$C_{12}H_4Cl_6O$

CAS 号　55720-99-5；31242-93-0

危害信息

燃烧与爆炸危险性　可燃。燃烧或受热分解时，放出有毒的刺激性氯化物烟气。

禁忌物　强氧化剂。

毒性　大鼠经口 *LD*：>500mg/kg。

中毒表现　皮肤长期、反复、过量接触，可在接触部位发生痤疮样变，且很痒。

侵入途径　吸入、食入。

职业接触限值　美国(ACGIH)：TLV-TWA 0.5mg/m^3。

理化特性与用途

理化特性　白色或淡黄色蜡状固体或液体。微溶于水，溶于甲醇，混溶于乙醚、芳烃。沸点 230～260℃、361.2℃，相对密度(水＝1)1.6，饱和蒸气压 7.98mPa(20℃)，闪点 122.5℃。

主要用途　用作化工生产的中间体，也用作高压油脂的成分和增塑剂；用于制阻燃聚合物，以及用作缓蚀剂、干洗剂、耐热润滑剂等。

包装与储运

安全储运　储存于阴凉、通风的库房。远离火种、热源。保持容器密闭。应与强氧化剂等隔离储运。

紧急处置信息

急救措施

吸入：迅速脱离现场至空气新鲜处。保持呼吸道通畅。如呼吸困难，给输氧。呼吸、心跳停止，立即进行心肺复苏术。就医。

眼睛接触：立即分开眼睑，用流动清水或生理盐水彻底冲洗。就医。

皮肤接触：立即脱去污染的衣着，用流动清水彻底冲洗。就医。

食入：漱口，饮水。就医。

灭火方法　消防人员须佩戴防毒面具，穿全身消防服，在上风向灭火。尽可能将容器从火场移至空旷处。喷水保持火场容器冷却，直至灭火结束。

灭火剂：雾状水、泡沫、干粉、二氧化碳、沙土。

泄漏应急处置　隔离泄漏污染区，限制出入。消除所有点火源。建议应急处理人员戴

防毒面具，穿一般作业工作服。尽可能切断泄漏源。用塑料布覆盖泄漏物，减少飞散。勿使水进入包装容器内。用洁净的铲子收集泄漏物，置于干净、干燥、盖子较松的容器中，将容器移离泄漏区。

450. 六偏磷酸钠

标　识

中文名称　六偏磷酸钠

英文名称　Sodium hexametaphosphate; Sodium metaphosphate

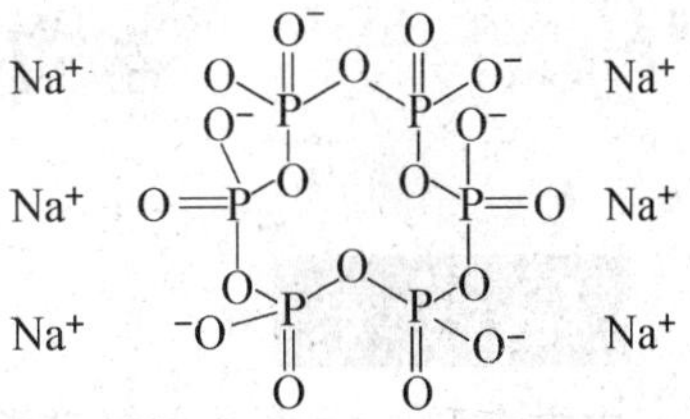

别名　偏磷酸钠玻璃

分子式　$Na_6(PO_3)_6$

CAS 号　10124-56-8

危害信息

燃烧与爆炸危险性　不燃，无特殊燃爆特性。受热分解释放出有毒的磷氧化物烟气。

禁忌物　强酸。

毒性　大鼠经口 LD_{50}：6200mg/kg；小鼠经口 LD_{50}：4320mg/kg。

中毒表现　六偏磷酸钠粉尘对眼、鼻腔、口腔、呼吸道黏膜有刺激作用。吸入可引起气管炎及支气管炎。溅入眼内引起结膜炎。误服后可造成消化道灼伤、黏膜糜烂、出血等。

侵入途径　吸入、食入。

理化特性与用途

理化特性　白色无臭结晶粉末或透明玻璃片状物。溶于水，不溶于有机溶剂。熔点640℃，相对密度(水=1)2.18。

主要用途　用于制造水处理剂，缓蚀剂，金属表面处理剂，水泥硬化促进剂，铜版纸浆料扩散剂以及石油钻探等。食品级的该产品主要用作品质改良剂，螯合剂，发酵膨松剂，pH 值调节剂等。

包装与储运

安全储运　储存于阴凉、通风的库房。远离火种、热源。保持容器密闭。应与强酸等隔离储运。搬运时轻装轻卸，防止容器受损。

紧急处置信息

急救措施

吸入：迅速脱离现场至空气新鲜处。保持呼吸道通畅。如呼吸困难，给输氧。呼吸、心跳停止，立即进行心肺复苏术。就医。

眼睛接触：立即分开眼睑，用流动清水或生理盐水彻底冲洗 10~15min。就医。

皮肤接触：立即脱去污染的衣着，用大量流动清水彻底冲洗，冲洗时间一般要求 20~

30min。就医。

食入： 用水漱口，禁止催吐。给饮牛奶或蛋清。就医。

灭火方法　消防人员必须穿全身防火防毒服，佩戴正压自给式呼吸器，在上风向灭火。灭火时尽可能将容器从火场移至空旷处。

本品不燃，根据着火原因选择适当灭火剂灭火。

泄漏应急处置　隔离泄漏污染区，限制出入。建议应急处理人员戴防尘口罩，穿防毒服。穿上适当的防护服前严禁接触破裂的容器和泄漏物。尽可能切断泄漏源。用塑料布覆盖泄漏物，减少飞散。勿使水进入包装容器内。用洁净的铲子收集泄漏物，置于干净、干燥、盖子较松的容器中，将容器移离泄漏区。

451. 六水合六氟硅酸镁

标　识

中文名称　六水合六氟硅酸镁

英文名称　Magnesium hexafluorosilicate hexahydrate; Magnesium fluorosilicate, hexahydrate

$$\left[\begin{array}{ccc} & F^- & \\ F^- & & F^- \\ & Si^{4+} & \\ F^- & & F^- \\ & F^- & \end{array}\right] Mg^{2+} \quad 6H_2O$$

别名　氟硅酸镁

分子式　$MgSiF_6 \cdot 6H_2O$

CAS 号　18972-56-0

危害信息

危险性类别　第 6 类　有毒品

燃烧与爆炸危险性　不燃，无特殊燃爆特性。受高热分解放出有毒气体。

禁忌物　强酸。

毒性　豚鼠经口 LD_{50}：200mg/kg。

中毒表现　对眼和上呼吸道有刺激性。长期接触有可能引起氟骨症。

侵入途径　吸入、食入。

理化特性与用途

理化特性　白色结晶或粉末，无气味。溶于水。熔点 120℃（分解），相对密度（水=1）1.79。

主要用途　用作混凝土硬化剂、防水剂、陶釉、聚合催化剂及木材防腐剂等。

包装与储运

包装标志　第 6 类　有毒品

包装类别　Ⅲ类

安全储运　储存于阴凉、通风的库房。远离火种、热源。储存温度不超过 35℃，相对湿度不超过 80%。保持容器密封。应与强酸等隔离储运。搬运时轻装轻卸，防止容器受损。

紧急处置信息

急救措施

吸入：迅速脱离现场至空气新鲜处。保持呼吸道通畅。如呼吸困难，给输氧。呼吸、心跳停止，立即进行心肺复苏术。就医。

眼睛接触：立即分开眼睑，用流动清水或生理盐水彻底冲洗。就医。

皮肤接触：立即脱去污染的衣着，用肥皂水和清水彻底冲洗。就医。

食入：饮足量温水，催吐(仅限于清醒者)。就医。

灭火方法 消防人员必须穿全身防火防毒服，戴空气呼吸器，在上风向灭火。灭火时尽可能将容器从火场移至空旷处。

本品不燃，根据着火原因选择适当灭火剂灭火。

泄漏应急处置 隔离泄漏污染区，限制出入。建议应急处理人员戴防尘口罩，穿防毒服。穿上适当的防护服前严禁接触破裂的容器和泄漏物。尽可能切断泄漏源。用塑料布覆盖泄漏物，减少飞散。勿使水进入包装容器内。用洁净的铲子收集泄漏物，置于干净、干燥、盖子较松的容器中，将容器移离泄漏区。

452. 六水合六氟硅酸锰

标　识

中文名称 六水合六氟硅酸锰

英文名称 Manganese hexafluorosilicate hexahydrate；Manganese(Ⅱ) silico fluoride

别名 氟硅酸锰

分子式 $MnSiF_6 \cdot 6H_2O$

CAS 号 25808-75-7

F^- F^- Si^{4+} F^- F^- F^- F^- Mn^{2+} $6H_2O$

危害信息

燃烧与爆炸危险性 不燃，无特殊燃爆特性。受高热分解放出有毒气体。

禁忌物 强酸。

侵入途径 吸入、食入。

职业接触限值 中国：PC-TWA 0.15mg/m^3[按 MnO_2计]。

美国(ACGIH)：TLV-TWA 0.2mg/m^3[按 Mn 计]。

理化特性与用途

理化特性 固体。

包装与储运

安全储运 储存于阴凉、通风的库房。远离火种、热源。保持容器密闭。应与强酸等隔离储运。

紧急处置信息

急救措施

吸入： 脱离接触。如有不适感，就医。

眼睛接触： 分开眼睑，用流动清水或生理盐水冲洗。如有不适感，就医。

皮肤接触： 脱去污染的衣着，用肥皂水和清水冲洗。如有不适感，就医。

食入： 漱口，饮水。就医。

灭火方法 消防人员必须穿全身防火防毒服，佩戴正压自给式呼吸器，在上风向灭火。灭火时尽可能将容器从火场移至空旷处。

本品不燃，根据着火原因选择适当灭火剂灭火。

泄漏应急处置 隔离泄漏污染区，限制出入。建议应急处理人员戴防尘口罩，穿防毒服。穿上适当的防护服前严禁接触破裂的容器和泄漏物。尽可能切断泄漏源。用塑料布覆盖泄漏物，减少飞散。勿使水进入包装容器内。用洁净的铲子收集泄漏物，置于干净、干燥、盖子较松的容器中，将容器移离泄漏区。

453. 六硝基二苯胺铵盐

标　识

中文名称 六硝基二苯胺铵盐

英文名称 Dipicrylamine ammonium salt；Benzenamine，2，4，6-trinitro-*N*-(2，4，6-trinitrophenyl)-，ammonium salt

别名 曙黄；二苦基胺铵盐

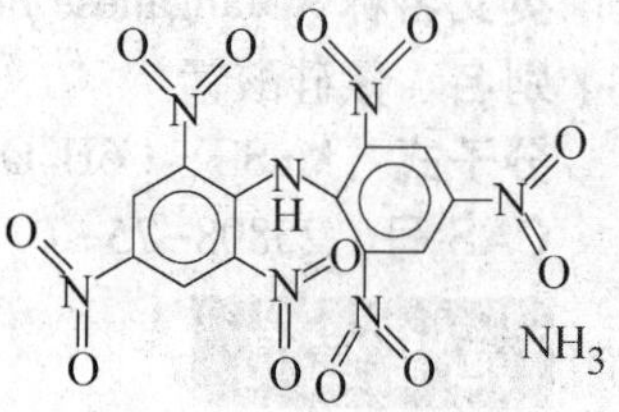

分子式 $C_{12}H_8N_8O_{12}$

CAS 号 2844-92-0

铁危编号 11074

危害信息

危险性类别 第 1 类 爆炸品

禁忌物 强氧化剂、强酸

中毒表现 苯的氨基、硝基化合物有引起高铁血红蛋白血症的作用。

侵入途径 吸入、食入、经皮吸收。

理化特性与用途

理化特性 红棕色结晶。微溶于水。

主要用途 用于检定钾盐，线粒体染色，显微照相中滤光器。

包装与储运

包装标志 爆炸品，有毒品。

安全储运 储存于阴凉、干燥、通风的爆炸品专用库房。远离火种、热源。储存温度不宜超过 32℃，相对湿度不超过 80%。若以水作稳定剂，储存温度应大于 1℃，相对湿度小于 80%。保持容器密封。应与其他爆炸品、氧化剂、还原剂、碱等隔离储运。采用防爆型照明、通风设施。禁止使用易产生火花的机械设备和工具。搬运时轻装轻卸，防止容器受损。禁止震动、撞击和摩擦。

紧急处置信息

急救措施

吸入：立即脱离接触。如呼吸困难，给吸氧。如呼吸心跳停止，立即行心肺复苏术。就医。

眼睛接触：分开眼睑，用清水或生理盐水冲洗。如有不适感，就医。

皮肤接触：立即脱去污染衣着，用肥皂水或清水彻底冲洗。就医。

食入：漱口，饮水。就医。

高铁血红蛋白血症，可用美蓝和维生素 C 治疗。

泄漏应急处置 隔离泄漏污染区，限制出入。消除所有点火源。建议应急处理人员戴防尘口罩，穿防毒服。穿上适当的防护服前严禁接触破裂的容器和泄漏物。尽可能切断泄漏源。用洁净的铲子收集泄漏物，置于干净、干燥、盖子较松的容器中，将容器移离泄漏区。

454. 六硝基-1,2-二苯乙烯

标　识

中文名称 六硝基-1，2-二苯乙烯

英文名称 2，2′，4，4′，6，6′-Hexanitrostilbene；Hexanitro-1，2-diphenylethylene

别名 六硝基芪

分子式 $C_{14}H_6N_6O_{12}$

CAS 号 20062-22-0

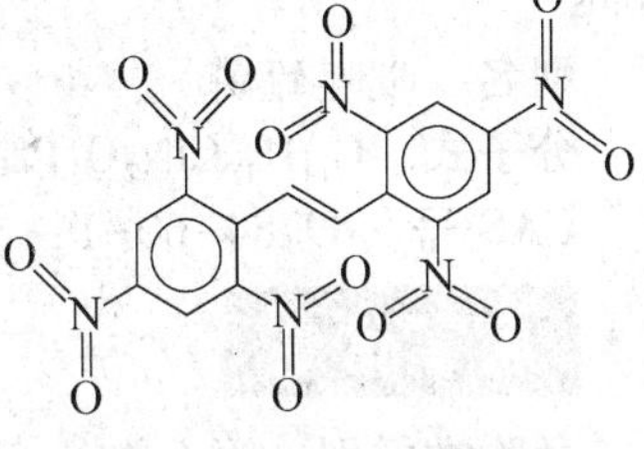

危害信息

危险性类别 第 1 类 爆炸品

燃烧与爆炸危险性 易燃。受撞击、摩擦、遇明火或其他点火源极易爆炸。燃烧产生有毒的氮氧化物气体。

禁忌物 强氧化剂。

侵入途径 吸入、食入。

理化特性与用途

理化特性 黄色结晶。不溶于水，微溶于二甲基甲酰胺。熔点 316℃，相对密度(水=1)1.74，辛醇/水分配系数 3.8，爆速 8350m/s。

主要用途 用作炸药。

包装与储运

包装标志 爆炸品。

安全储运 储存于阴凉、干燥、通风的爆炸品专用库房。远离火种、热源。储存温度不宜超过 32℃，相对湿度不超过 80%。若以水作稳定剂，储存温度应大于 1℃，相对湿度

小于80%。保持容器密封。应与其他爆炸品、还原剂、碱等隔离储运。采用防爆型照明、通风设施。禁止使用易产生火花的机械设备和工具。搬运时轻装轻卸，防止容器受损。禁止震动、撞击和摩擦。

紧急处置信息

急救措施

吸入：脱离接触。如有不适感，就医。

眼睛接触：分开眼睑，用流动清水或生理盐水冲洗。如有不适感，就医。

皮肤接触：脱去污染的衣着，用肥皂水和清水冲洗。如有不适感，就医。

食入：漱口，饮水。就医。

灭火方法 消防人员穿全身消防服，佩戴正压自给式呼吸器。消防人员须在防爆掩蔽处操作。遇大火切勿轻易接近。在物料附近失火，须用水保持容器冷却。用大量水灭火。禁止用沙土盖压。

泄漏应急处置 消除所有点火源。隔离泄漏污染区，限制出入。建议应急处理人员戴防尘口罩，穿防毒服，戴橡胶手套。作业时使用的所有设备应接地。禁止接触或跨越泄漏物。润湿泄漏物。严禁设法扫除干的泄漏物。

455. *O*-1-(4-氯苯基)-4-吡唑基-*O*-乙基-*S*-丙基硫代磷酸酯

标　识

中文名称 *O*-1-(4-氯苯基)-4-吡唑基-*O*-乙基-*S*-丙基硫代磷酸酯

英文名称 *O*-1-(4-Chlorophenyl)-4-pyrazolyl-*O*- ethyl-*S*-propyl phosphorothioate；Pyraclofos

别名 吡唑硫磷

分子式 $C_{14}H_{18}ClN_2O_3PS$

CAS 号 89784-60-1

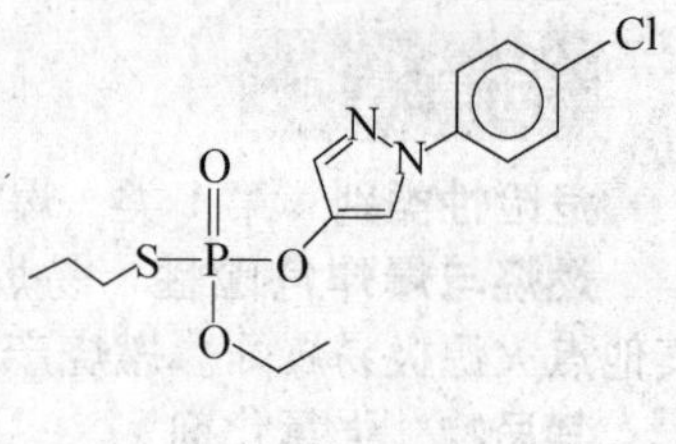

Cl N N O P O S O

危害信息

危险性类别 第6类 有毒品

禁忌物 强氧化剂、强酸。

毒性 大鼠经口 LD_{50}：237mg/kg；小鼠经口 LD_{50}：420mg/kg；大鼠经皮 LD_{50}：>2000mg/kg。

侵入途径 吸入、食入、经皮吸收。

理化特性与用途

理化特性 淡黄色油状液体。不溶于水，与多数有机溶剂混溶。沸点164℃(1.33Pa)，相对密度(水=1)1.271，饱和蒸气压0.0016mPa(20℃)，辛醇/水分配系数3.77。

主要用途 杀虫剂。用于果树、蔬菜、大田作物等防治鳞翅目害虫、螨类和线虫，也用于防治卫生害虫。

包装与储运

包装标志 有毒品

包装类别 Ⅲ类

安全储运 储存于阴凉、通风的库房。远离火种、热源。储存温度不超过35℃，相对湿度不超过85%。保持容器密封。应与强氧化剂、强酸强碱等隔离储运。搬运时轻装轻卸，防止容器受损。

紧急处置信息

急救措施

吸入：迅速脱离现场至空气新鲜处。保持呼吸道通畅。如呼吸困难，给输氧。呼吸、心跳停止，立即进行心肺复苏术。就医。

眼睛接触：立即分开眼睑，用流动清水或生理盐水彻底冲洗。就医。

皮肤接触：立即脱去污染的衣着，用肥皂水和清水彻底冲洗。就医。

食入：漱口，饮水。就医。

泄漏应急处置 根据液体流动和蒸气扩散的影响区域划定警戒区，无关人员从侧风、上风向撤离至安全区。建议应急处理人员戴正压自给式呼吸器，穿防毒服。穿上适当的防护服前严禁接触破裂的容器和泄漏物。尽可能切断泄漏源。防止泄漏物进入水体、下水道、地下室或有限空间。小量泄漏：用干燥的沙土或其他不燃材料吸收或覆盖，收集于容器中。大量泄漏：构筑围堤或挖坑收容。用泵转移至槽车或专用收集器内。

456. 1-(6-氯-3-吡啶基甲基)-*N*-硝基亚咪唑烷-2-基胺

标 识

中文名称 1-(6-氯-3-吡啶基甲基)-*N*-硝基亚咪唑烷-2-基胺

英文名称 1-(6-Chloro-3-pyridylmethyl)-*N*-nitroimidazolidin-2-ylideneamine; Imidacloprid

别名 吡虫啉

分子式 $C_9H_{10}ClN_5O_2$

CAS 号 138261-41-3

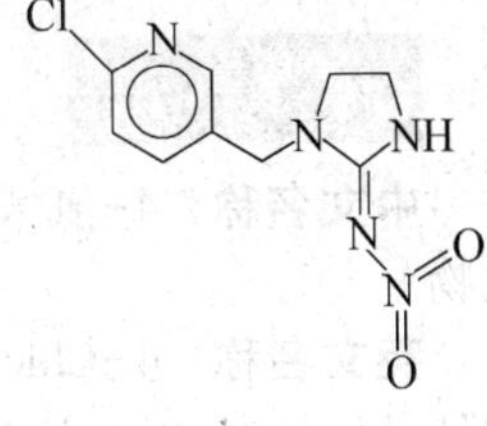

危害信息

燃烧与爆炸危险性 可燃。燃烧或受热分解产生有毒和刺激性的气体。

禁忌物 强氧化剂。

毒性 大鼠经口 LD_{50}：410mg/kg；小鼠经口 LD_{50}：98mg/kg；大鼠吸入 LC_{50}：>5.33g/m^3(4h)；大鼠经皮 LD_{50}：>5000mg/kg。

中毒表现 本品影响神经系统。食入后出现头昏、嗜睡、震颤和共济失调。

侵入途径 吸入、食入、经皮吸收。

环境危害 对水生生物有害，可能在水生环境中造成长期不利影响。

理化特性与用途

理化特性 无色结晶或米色粉末，有轻微的特性气味。微溶于水，溶于二氯甲烷，微溶于异丙醇、甲苯。熔点144℃，相对密度(水=1)1.54，辛醇/水分配系数0.57。

主要用途 内吸性杀虫剂。用于防治蚜虫、白粉虱及跳甲。

包装与储运

安全储运 储存于阴凉、通风的库房。远离火种、热源。保持容器密闭。应与强氧化剂等隔离储运。

紧急处置信息

急救措施

吸入：迅速脱离现场至空气新鲜处。保持呼吸道通畅。如呼吸困难，给输氧。呼吸、心跳停止，立即进行心肺复苏术。就医。

眼睛接触：立即分开眼睑，用流动清水或生理盐水彻底冲洗。就医。

皮肤接触：立即脱去污染的衣着，用肥皂水和清水彻底冲洗。就医。

食入：漱口，饮水。就医。

灭火方法 消防人员须穿全身消防服，佩戴正压自给式呼吸器，在上风向灭火。尽可能将容器从火场移至空旷处。喷水保持火场容器冷却，直至灭火结束。

灭火剂：雾状水、抗溶性泡沫、二氧化碳、干粉、沙土。

泄漏应急处置 隔离泄漏污染区，限制出入。建议应急处理人员戴防尘口罩，穿防毒服。穿上适当的防护服前严禁接触破裂的容器和泄漏物。尽可能切断泄漏源。用塑料布覆盖泄漏物，减少飞散。勿使水进入包装容器内。用洁净的铲子收集泄漏物，置于干净、干燥、盖子较松的容器中，将容器移离泄漏区。

457. 4-氯苄基-*N*-(2,4-二氯苯基)-2-(1H-1,2,4-三唑-1-基)硫代乙酰胺化物

标　识

中文名称 4-氯苄基-*N*-(2，4-二氯苯基)-2-(1H-1，2，4-三唑-1-基)硫代乙酰胺化物

英文名称 4-Chlorobenzyl-*N*-(2，4-dichloro- phenyl)-2-(1H-1，2，4-triazol-1-yl)thioacetamidate；Imibenconazole

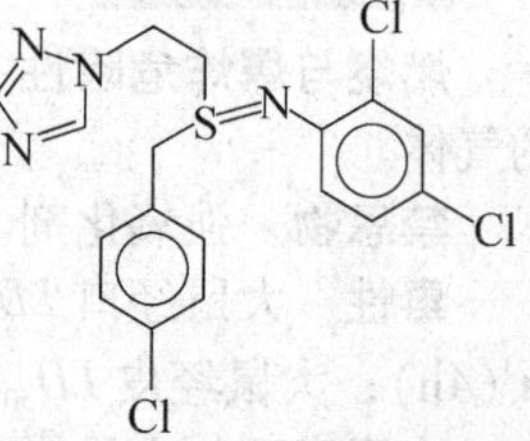

别名 亚胺唑；4-氯苄基-*N*-(2，4-二氯苯基)-2(1H-1，2，4-三唑-1-基)硫代乙酰胺酯

分子式 $C_{17}H_{13}Cl_3N_4S$

CAS 号 86598-92-7

危害信息

燃烧与爆炸危险性 可燃。在火场中，燃烧或受热分解产生有毒、腐蚀性和刺激性的气体。

禁忌物 强氧化剂。

毒性 大鼠经口 LD_{50}：2800mg/kg；小鼠经口 LD_{50}：>5g/kg；大鼠经皮 LD_{50}：>2g/kg；兔经皮 LD_{50}：>5g/kg。

侵入途径 吸入、食入、经皮吸收。

环境危害 对水生生物有极高毒性，可能在水生环境中造成长期不利影响。

理化特性与用途

理化特性 淡黄色结晶。不溶于水，溶于丙酮、苯，微溶于甲醇。熔点90℃，饱和蒸气压85nPa(25℃)，辛醇/水分配系数4.94。

主要用途 广谱内吸性杀虫剂。用于果树、草坪、蔬菜和园林植物防治多种害虫。

包装与储运

包装标志 杂项

包装类别 Ⅲ类

安全储运 储存于阴凉、通风的库房。远离火种、热源。保持容器密闭。应与强氧化剂等隔离储运。

紧急处置信息

急救措施

吸入：迅速脱离现场至空气新鲜处。保持呼吸道通畅。如呼吸困难，给输氧。呼吸、心跳停止，立即进行心肺复苏术。就医。

眼睛接触：立即分开眼睑，用流动清水或生理盐水彻底冲洗。就医。

皮肤接触：立即脱去污染的衣着，用肥皂水和清水彻底冲洗。就医。

食入：漱口，饮水。就医。

泄漏应急处置 隔离泄漏污染区，限制出入。消除所有点火源。建议应急处理人员戴防尘口罩，穿防毒服。穿上适当的防护服前严禁接触破裂的容器和泄漏物。尽可能切断泄漏源。用塑料布覆盖泄漏物，减少飞散。勿使水进入包装容器内。用洁净的铲子收集泄漏物，置于干净、干燥、盖子较松的容器中，将容器移离泄漏区。

458. 2-氯苄腈

标　识

中文名称 2-氯苄腈

英文名称 2-Chlorobenzonitrile；*o*-Chlorobenzonitrile

别名 邻氯苄腈

分子式 C_7H_4ClN

CAS 号 873-32-5

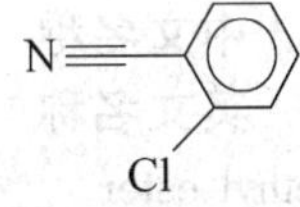

危害信息

燃烧与爆炸危险性 可燃。燃烧或受热分解产生有毒和腐蚀性的气体。

禁忌物 强氧化剂。

毒性　小鼠经口 LD_{50}：>300mg/kg。

中毒表现　腈类物质可抑制细胞呼吸，造成组织缺氧。腈类中毒出现恶心、呕吐、腹痛、腹泻、胸闷、乏力等症状，重者出现呼吸抑制、血压下降、昏迷、抽搐等。

侵入途径　吸入、食入、经皮吸收。

理化特性与用途

理化特性　白色至淡黄色结晶或白色结晶粉末。不溶于水，溶于乙醇、乙醚。熔点 43~46℃，沸点 232℃，相对密度(水=1)1.19，饱和蒸气压 1.6kPa(106℃)，辛醇/水分配系数 2.18，闪点 122℃。

主要用途　用作有机合成中间体，合成染料和药物。

包装与储运

安全储运　储存于阴凉、通风的库房。远离火种、热源。保持容器密闭。应与强氧化剂、强酸、强还原剂等隔离储运。

紧急处置信息

急救措施

吸入：迅速脱离现场至空气新鲜处。保持呼吸道通畅。如呼吸困难，给输氧。呼吸、心跳停止，立即进行心肺复苏术。就医。

眼睛接触：立即分开眼睑，用流动清水或生理盐水彻底冲洗。就医。

皮肤接触：立即脱去污染的衣着，用肥皂水和清水彻底冲洗。就医。

食入：饮适量温水，催吐(仅限于清醒者)。就医。

如出现腈类物质中毒症状，使用亚硝酸钠和硫代硫酸钠解毒剂，也可用硫代硫酸钠加口服对氨基苯丙酮。

灭火方法　消防人员须穿全身消防服，佩戴正压自给式呼吸器，在上风向灭火。尽可能将容器从火场移至空旷处。喷水保持火场容器冷却，直至灭火结束。

灭火剂：雾状水、泡沫、二氧化碳、干粉、沙土。

泄漏应急处置　隔离泄漏污染区，限制出入。消除所有点火源。建议应急处理人员戴防尘口罩，穿防毒服。穿上适当的防护服前严禁接触破裂的容器和泄漏物。尽可能切断泄漏源。用塑料布覆盖泄漏物，减少飞散。勿使水进入包装容器内。用洁净的铲子收集泄漏物，置于干净、干燥、盖子较松的容器中，将容器移离泄漏区。

459. (S)-2-氯丙酸甲酯

标　识

中文名称　(S)-2-氯丙酸甲酯

英文名称　Methyl (S)-2-chloropropionate；(S)-2-Chloropropanoic acid methyl ester

H　Cl　O　O

分子式　$C_4H_7ClO_2$

CAS 号　73246-45-4

危害信息

危险性类别 第3类 易燃液体

燃烧与爆炸危险性 易燃。其蒸气与空气混合能形成爆炸性混合物，遇明火、高热易燃烧或爆炸。在高温火场中，受热的容器或储罐有破裂和爆炸的危险。

禁忌物 强氧化剂。

中毒表现 对皮肤有刺激性。长期反复接触有可能引起器官损害。

侵入途径 吸入、食入

理化特性与用途

理化特性 无色至淡黄色透明液体。沸点80～82℃(14.63kPa)，相对密度(水=1)1.143，闪点32℃。

主要用途 用于有机合成，用作医药中间体。

包装与储运

包装标志 易燃液体

包装类别 Ⅲ类

安全储运 储存于阴凉、通风的库房。远离火种、热源，避免阳光直射。保持容器密闭。储存温度不超过37℃。炎热季节早晚运输。应与氧化剂、强酸、碱类等隔离储运。禁止使用易产生火花的机械设备和工具。灌装时注意控制流速，防止静电积聚。搬运时轻装轻卸，防止容器受损。

紧急处置信息

急救措施

吸入：迅速脱离现场至空气新鲜处。保持呼吸道通畅。如呼吸困难，给输氧。呼吸、心跳停止，立即进行心肺复苏术。就医。

眼睛接触：立即分开眼睑，用流动清水或生理盐水彻底冲洗。就医。

皮肤接触：立即脱去污染的衣着，用流动清水彻底冲洗。就医。

食入：漱口，饮水。就医。

灭火方法 消防人员须穿全身消防服，佩戴空气呼吸器，在上风向灭火。尽可能将容器从火场移至空旷处。喷水保持火场容器冷却，直至灭火结束。处在火场中的容器若发生异常变化或发出异常声音，须马上撤离。

灭火剂：泡沫、二氧化碳、干粉、沙土。

泄漏应急处置 消除所有点火源。根据液体流动和蒸气扩散的影响区域划定警戒区，无关人员从侧风、上风向撤离至安全区。建议应急处理人员戴正压自给式呼吸器，穿防毒、防静电服。作业时使用的所有设备应接地。禁止接触或跨越泄漏物。尽可能切断泄漏源。防止泄漏物进入水体、下水道、地下室或有限空间。小量泄漏：用沙土或其他不燃材料吸收。使用洁净的无火花工具收集吸收材料。大量泄漏：构筑围堤或挖坑收容。用泡沫覆盖，减少蒸发。喷水雾能减少蒸发，但不能降低泄漏物在有限空间内的易燃性。用防爆泵转移至槽车或专用收集器内。

460. 氯丙酮

标　识

中文名称　氯丙酮

英文名称　Chloroacetone；1-Chloropropanone ；Monochloropropanone

别名　一氯丙酮；1-氯-2-丙酮

分子式　C_3H_5ClO

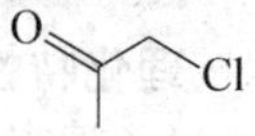

CAS 号　78-95-5

铁危编号　61601

UN 号　1695

危害信息

危险性类别　第 6 类　有毒品

燃烧与爆炸危险性　易燃。其蒸气与空气混合，能形成爆炸性混合物。燃烧或受热分解能放出剧毒和刺激性烟气。若遇高热，容器内压增大，有开裂和爆炸的危险 。

活性反应　与氧化剂接触发生猛烈反应。

禁忌物　强氧化剂、强碱。

毒性　大鼠经口 LD_{50}：100mg/kg；大鼠吸入 LC_{50}：262ppm（1h）；小鼠经口 LD_{50}：127mg/kg；兔经皮 LD_{50}：141mg/kg；豚鼠经皮 LD_{50}：100μL /kg。

中毒表现

吸入：咽痛、咳嗽、烧灼感、呼吸急促。皮肤：发红、痛、疱疹。眼：发红、痛、流泪、灼伤。食入：咽和胸部烧灼感。

侵入途径　吸入、食入、经皮吸收。

职业接触限值　中国：MAC 4mg/m^3［皮］。

美国(ACGIH)：TLV-C 1ppm［皮］。

理化特性与用途

理化特性　无色至黄褐色透明液体，有刺激性气味。溶于水，混溶于乙醇、乙醚、氯仿。熔点-45℃，沸点 120℃，相对密度(水=1)1.16，相对蒸气密度(空气=1)3.2，饱和蒸气压 1.6kPa(25℃)，辛醇/水分配系数 0.28，闪点 35℃(闭杯)，引燃温度 610℃，爆炸下限 3.4% 。

主要用途　用作有机合成中间体，用于染料、杀虫剂、药物、香料、抗氧剂、干燥剂、乙烯型感光树脂、彩色电影胶片偶联剂等的生产。

包装与储运

包装标志　易燃液体

包装类别　Ⅰ类

安全储运　储存于阴凉、通风良好的专用库房内。远离火种、热源。储存温度不超过 35℃，相对湿度不超过 80%。保持容器密封。应与氧化剂、碱类等隔离储运。采用防爆型照明、通风设施。禁止使用易产生火花的机械设备和工具。搬运时轻装轻卸，防止容器受损。

紧急处置信息

急救措施

吸入： 迅速脱离现场至空气新鲜处。保持呼吸道通畅。如呼吸困难，给输氧。呼吸、心跳停止，立即进行心肺复苏术。就医。

眼睛接触： 立即分开眼睑，用流动清水或生理盐水彻底冲洗 10~15min。就医。

皮肤接触： 立即脱去污染的衣着，用大量流动清水彻底冲洗，冲洗时间一般要求 20~30min。就医。

食入： 漱口，饮水。就医。

灭火方法 消防人员须佩戴正压自给式呼吸器，穿全身消防服，在上风向灭火。尽可能将容器从火场移至空旷处。喷水保持火场容器冷却，直至灭火结束。处在火场中的容器若已变色或从安全泄压装置中发出响声，必须马上撤离。

灭火剂：雾状水、泡沫、干粉、二氧化碳、沙土。

泄漏应急处置 消除所有点火源。根据液体流动和蒸气扩散的影响区域划定警戒区，无关人员从侧风、上风向撤离至安全区。建议应急处理人员戴正压自给式呼吸器，穿防毒、防静电服。作业时使用的所有设备应接地。禁止接触或跨越泄漏物。尽可能切断泄漏源。防止泄漏物进入水体、下水道、地下室或有限空间。小量泄漏：用沙土或其他不燃材料吸收。使用洁净的无火花工具收集吸收材料。大量泄漏：构筑围堤或挖坑收容。用泡沫覆盖，减少蒸发。喷水雾能减少蒸发，但不能降低泄漏物在有限空间内的易燃性。用防爆泵转移至槽车或专用收集器内。

461. (2S)-2-氯代丙酸

标　识

中文名称 (2*S*)-2-氯代丙酸

英文名称 (2*S*)-Chloropropanoic acid；L-2-Chloropropanoic acid

分子式 $C_3H_5ClO_2$

CAS 号 29617-66-1

危害信息

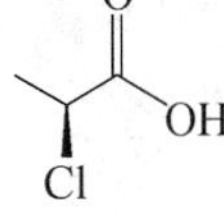

危险性类别 第 8 类 腐蚀品

燃烧与爆炸危险性 可燃。燃烧产生有毒烟雾。在高温火场中，受热的容器或储罐有破裂和爆炸的危险。具有腐蚀性。

禁忌物 强氧化剂。

毒性 大鼠经口 *TDLo*：750mg/kg。

中毒表现 食入或经皮吸收对身体有害。对眼和皮肤有腐蚀性。

侵入途径 吸入、食入、经皮吸收。

理化特性与用途

理化特性　无色至淡黄色透明液体，有刺激性气味。易溶于水。pH 值<1(200g/L 水溶液)，熔点 4℃，沸点 187℃，相对密度(水=1)1.249，相对蒸气密度(空气=1)3.74，饱和蒸气压 0.034kPa(25℃)，辛醇/水分配系数 0.3，闪点 107℃，引燃温度 550℃。

主要用途　用于制备苯氧丙酸类除草剂、右旋布洛芬、高 2，4-滴丙酸除草剂等。

包装与储运

包装标志　腐蚀品

包装类别　Ⅲ类

安全储运　储存于阴凉、通风的库房。远离火种、热源。储存温度不超过 32℃，相对湿度不超过 80%。保持容器密封。应与强氧化剂、强碱等隔离储运。搬运时轻装轻卸，防止容器受损。

紧急处置信息

急救措施

吸入：迅速脱离现场至空气新鲜处。保持呼吸道通畅。如呼吸困难，给输氧。呼吸、心跳停止，立即进行心肺复苏术。就医。

眼睛接触：立即分开眼睑，用流动清水或生理盐水彻底冲洗 10~15min。就医。

皮肤接触：立即脱去污染的衣着，用大量流动清水彻底冲洗，冲洗时间一般要求 20~30min。就医。

食入：用水漱口，禁止催吐。给饮牛奶或蛋清。就医。

灭火方法　消防人员须穿全身消防服，佩戴正压自给式呼吸器，在上风向灭火。尽可能将容器从火场移至空旷处。喷水保持火场容器冷却，直至灭火结束。

灭火剂：泡沫、二氧化碳、干粉、沙土。

泄漏应急处置　根据液体流动和蒸气扩散的影响区域划定警戒区，无关人员从侧风、上风向撤离至安全区。消除所有点火源。建议应急处理人员戴正压自给式呼吸器，穿防毒服。穿上适当的防护服前严禁接触破裂的容器和泄漏物。尽可能切断泄漏源。防止泄漏物进入水体、下水道、地下室或有限空间。小量泄漏：用干燥的沙土或其他不燃材料吸收或覆盖，收集于容器中。大量泄漏：构筑围堤或挖坑收容。用泵转移至槽车或专用收集器内。

462. 3-氯丁酮

标　识

中文名称　3-氯丁酮

英文名称　3-Chlorobutan-2-one；3-Chlorobutanone

别名　3-氯-2-丁酮

分子式　C_4H_7ClO

CAS 号　4091-39-8

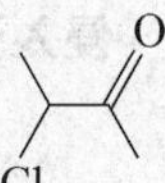

危害信息

危险性类别 第3类 易燃液体

燃烧与爆炸危险性 易燃。其蒸气与空气混合，能形成爆炸性混合物。受高热分解，放出腐蚀性、刺激性的烟雾。若遇高热，容器内压增大，有开裂和爆炸的危险。

禁忌物 强氧化剂、强碱。

毒性 大鼠吸入 *TCLo*：499mg/m^3(4h)。

中毒表现 本品为一种催泪性毒剂，其毒性比氯丙酮略高。对皮肤有刺激性作用，其蒸气或雾对眼睛、黏膜和上呼吸道有刺激作用。

侵入途径 吸入、食入、经皮吸收。

理化特性与用途

理化特性 黄色至棕色透明液体。溶于水。pH 值 2.4(25g/L 水溶液，20℃)，沸点 114~117℃，相对密度(水=1)1.05，饱和蒸气压 3.56kPa(25℃)，辛醇/水分配系数 0.44，闪点 23℃，引燃温度 460℃，爆炸下限 2.3%。

主要用途 用于有机合成。

包装与储运

包装标志 易燃液体

包装类别 Ⅲ类

安全储运 储存于阴凉、通风的库房。远离火种、热源，避免阳光直射。保持容器密闭。储存温度不超过 37℃。炎热季节早晚运输，应与氧化剂、强碱等隔离储运。禁止使用易产生火花的机械设备和工具。灌装时注意控制流速，防止静电积聚。搬运时轻装轻卸，防止容器受损。

紧急处置信息

急救措施

吸入： 迅速脱离现场至空气新鲜处。保持呼吸道通畅。如呼吸困难，给输氧。呼吸、心跳停止，立即进行心肺复苏术。就医。

眼睛接触： 立即分开眼睑，用流动清水或生理盐水彻底冲洗。就医。

皮肤接触： 立即脱去污染的衣着，用流动清水彻底冲洗。就医。

食入： 漱口，饮水。就医。

灭火方法 消防人员须佩戴正压自给式呼吸器，穿全身消防服，在上风向灭火。尽可能将容器从火场移至空旷处。喷水保持火场容器冷却，直至灭火结束。处在火场中的容器若已变色或从安全泄压装置中发出响声，必须马上撤离。

灭火剂：雾状水、泡沫、干粉、二氧化碳、沙土。

泄漏应急处置 根据液体流动和蒸气扩散的影响区域划定警戒区，无关人员从侧风、上风向撤离至安全区。消除所有点火源。建议应急处理人员戴防毒面具，穿防静电服。作业时使用的所有设备应接地。禁止接触或跨越泄漏物。尽可能切断泄漏源。防止泄漏物进入水体、下水道、地下室或有限空间。小量泄漏：用沙土或其他不燃材料吸收。使用洁净的无火花工具收集吸收材料。大量泄漏：构筑围堤或挖坑收容。用泡沫覆盖，减少蒸发。喷水雾能减少蒸发，但不能降低泄漏物在有限空间内的易燃性。用防爆泵转移至槽车或专用收集器内。

463. 2-氯-4,5-二甲基苯基-N-甲基氨基甲酸酯

标　识

中文名称　2-氯-4，5-二甲基苯基-*N*-甲基氨基甲酸酯

英文名称　2-Chloro-4，5-dimethylphenyl-*N*-methyl- carbamate；Carbanolate

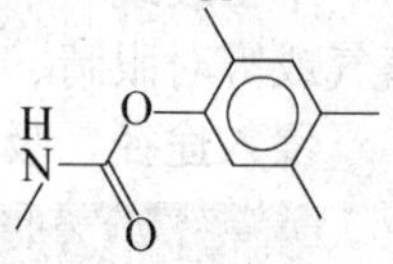

别名　氯灭杀威

分子式　$C_{10}H_{12}ClNO_2$

CAS 号　671-04-5

危害信息

危险性类别　第 6 类　有毒品

燃烧与爆炸危险性　可燃。燃烧或受热分解产生有毒和腐蚀性的气体。

禁忌物　强氧化剂。

毒性　大鼠经口 LD_{50}：30mg/kg；小鼠经口 LD_{50}：300mg/kg；大鼠经皮 LD_{50}：>1200mg/kg。

中毒表现　氨基甲酸酯类农药抑制胆碱酯酶，出现相应的症状。中毒症状有头痛 、恶心、呕吐、腹痛、流涎、出汗、瞳孔缩小、步行困难、语言障碍，重者可发生全身痉挛、昏迷。

侵入途径　吸入、食入、经皮吸收。

理化特性与用途

理化特性　白色结晶固体。不溶于水，溶于氯仿、丙酮、苯、甲苯。熔点 122.5～124℃，饱和蒸气压 122.6mPa(25℃)，辛醇/水分配系数 2.65。

主要用途　广谱触杀性杀虫剂。胆碱酯酶抑制剂。用于蔬菜、果树、水稻防治各种害虫。

包装与储运

包装标志　有毒品

包装类别　Ⅱ类

安全储运　储存于阴凉、通风的库房。远离火种、热源。储存温度不超过 35℃，相对湿度不超过 85%。保持容器密封。应与强氧化剂、强酸、强碱等隔离储运。搬运时轻装轻卸，防止容器受损。

紧急处置信息

急救措施

吸入：迅速脱离现场至空气新鲜处。保持呼吸道通畅。如呼吸困难，给输氧。呼吸、心跳停止，立即进行心肺复苏术。就医。

眼睛接触：立即分开眼睑，用流动清水或生理盐水彻底冲洗。就医。

皮肤接触：立即脱去污染的衣着，用流动清水彻底冲洗。就医。

食入：饮适量温水，催吐(仅限于清醒者)。就医。

解毒剂：阿托品。

灭火方法 消防人员须穿全身消防服，佩戴正压自给式呼吸器，在上风向灭火。尽可能将容器从火场移至空旷处。喷水保持火场容器冷却，直至灭火结束。

灭火剂：雾状水、泡沫、二氧化碳、干粉、沙土。

泄漏应急处置 隔离泄漏污染区，限制出入。消除所有点火源。建议应急处理人员戴防尘口罩，穿防毒工作服。尽可能切断泄漏源。用塑料布覆盖泄漏物，减少飞散。勿使水进入包装容器内。用洁净的铲子收集泄漏物，置于干净、干燥、盖子较松的容器中，将容器移离泄漏区。

464. 2-氯-1-(2,4-二氯苯基)乙烯基乙基甲基磷酸酯

标 识

中文名称 2-氯-1-(2，4-二氯苯基)乙烯基乙基甲基磷酸酯

英文名称 2-Chloro-1-(2，4-dichlorophenyl) vinyl ethyl methyl phosphate；Themivinphos

别名 稻丰磷

CAS 号 35996-61-3

危害信息

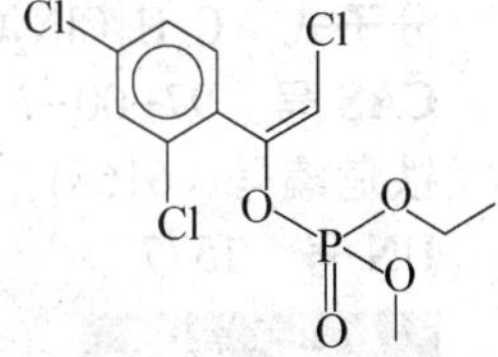

燃烧与爆炸危险性 可燃。燃烧产生刺激性、腐蚀性或有毒的烟气。

禁忌物 氧化剂、碱类。

急性毒性 大鼠经口 LD_{50}：130mg/kg(雄)，150mg/kg(雌)；小鼠经口 LD_{50}：250mg/kg(雄)，210mg/kg(雌)；大鼠经皮 LD_{50}：70mg/kg(雄)，60mg/kg(雌)。

侵入途径 吸入、食入、经皮吸收。

理化特性与用途

理化特性 淡黄褐色液体。微溶于水，易溶于乙醇、丙酮、已烷。沸点 124～125℃(0.133Pa)，蒸气压 1.33mPa(20℃)。

主要用途 主要用于防治黑尾叶蝉、稻褐飞虱、二化螟、稻灰飞虱。

包装与储运

安全储运 储存于阴凉、通风的库房。远离火种、热源。应与强氧化剂、强酸强碱等隔离储运。

紧急处置信息

急救措施

吸入：迅速脱离现场至空气新鲜处。保持呼吸道通畅。如呼吸困难，给输氧。呼吸、心跳停止，立即进行心肺复苏术。就医。

眼睛接触：分开眼睑，用流动清水或生理盐水冲洗。就医。

皮肤接触：立即脱去污染的衣着，用肥皂水及流动清水彻底冲洗污染的皮肤、头发、指甲等。就医。

食入：饮足量温水，催吐(仅限于清醒者)。口服活性炭。就医。

解毒剂：阿托品、胆碱酯酶复能剂。

灭火方法　消防人员必须佩戴正压自给式呼吸器，穿全身防火防毒服，在上风向灭火。尽可能将容器从火场移至空旷处。喷水保持火场容器冷却，直至灭火结束。

灭火剂：雾状水、泡沫、干粉、二氧化碳、沙土。

泄漏应急处置　根据液体流动和蒸气扩散的影响区域划定警戒区，无关人员从侧风、上风向撤离至安全区。建议应急处理人员戴正压自给式呼吸器，穿防毒服。穿上适当的防护服前严禁接触破裂的容器和泄漏物。尽可能切断泄漏源。防止泄漏物进入水体、下水道、地下室或有限空间。小量泄漏：用干燥的沙土或其他不燃材料吸收或覆盖，收集于容器中。大量泄漏：构筑围堤或挖坑收容。用泵转移至槽车或专用收集器内。

465. 1-氯-2,4-二硝基苯

标　识

中文名称　1-氯-2，4-二硝基苯

英文名称　1-Chloro-2，4-dinitrobenzene

分子式　$C_6H_3ClN_2O_4$

CAS 号　97-00-7

铁危编号　61681

UN 号　1577

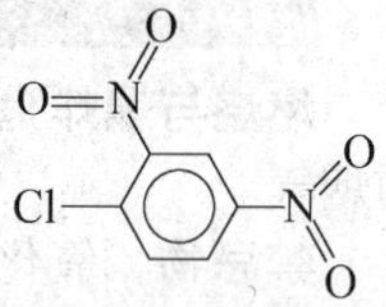

危害信息

危险性类别　第 6 类　有毒品

燃烧与爆炸危险性　可燃。其粉体与空气混合，能形成爆炸性混合物。在 150℃下受强烈震动能引起爆炸 。燃烧或受热分解产生有毒和腐蚀性的烟气。

禁忌物　强氧化剂。

毒性　大鼠经口 LD_{50}：640mg/kg；兔经皮 LD_{50}：130mg/kg。

中毒表现　本品为高铁血红蛋白形成剂。中毒后唇、指甲和皮肤出现紫绀。症状有头昏、头痛、气短、精神错乱、惊厥、昏迷等。

侵入途径　吸入、食入、经皮吸收。

环境危害　对水生生物有极高毒性，可能在水生环境中造成长期不利影响。

理化特性与用途

理化特性　淡黄色结晶，有杏仁气味。不溶于水，溶于乙醚、苯、二硫化碳。熔点 54℃，沸点 315℃，相对密度(水 = 1) 1.7，相对蒸气密度(空气 = 1) 6.98，饱和蒸气压 10mPa(20℃)，辛醇/水分配系数 2.17，闪点 179℃，引燃温度 432℃，爆炸下限 2.0%，爆炸上限 22%。

主要用途　用作染料和医药中间体。

包装与储运

包装标志 有毒品

包装类别 Ⅱ类

安全储运 储存于阴凉、通风的库房。远离火种、热源。储存温度不超过35℃，相对湿度不超过85%。保持容器密封。应与强氧化剂、强碱、氨等隔离储运。搬运时轻装轻卸，防止容器受损。

紧急处置信息

急救措施

吸入：立即脱离接触。如呼吸困难，给吸氧。如呼吸心跳停止，立即行心肺复苏术。就医。

眼睛接触：分开眼睑，用清水或生理盐水冲洗。如有不适感，就医。

皮肤接触：立即脱去污染衣着，用肥皂水或清水彻底冲洗。就医。

食入：饮适量温水，催吐(仅限于清醒者)。就医。

高铁血红蛋白血症，可用美蓝和维生素C治疗。

灭火方法 消防人员佩戴正压自给式呼吸器，穿全身消防服，在上风向灭火。消防人员须在有防爆掩蔽处操作。遇大火须远离以防炸伤。在物料附近失火，须用水保持容器冷却。

灭火剂：雾状水、泡沫、二氧化碳、干粉。

泄漏应急处置 隔离泄漏污染区，限制出入。消除所有点火源。建议应急处理人员戴防尘口罩，穿防毒服。穿上适当的防护服前严禁接触破裂的容器和泄漏物。尽可能切断泄漏源。用塑料布覆盖泄漏物，减少飞散。勿使水进入包装容器内。用洁净的铲子收集泄漏物，置于干净、干燥、盖子较松的容器中，将容器移离泄漏区。

466. N-(5-氯-3-((4-(二乙氨基)-2-甲苯基)亚氨基-4-甲基-6-氧代-1,4-环己二烯-1-基)苯甲酰胺

标　识

中文名称 N-(5-氯-3-((4-(二乙氨基)-2-甲苯基)亚氨基-4-甲基-6-氧代-1，4-环己二烯-1-基)苯甲酰胺

英文名称 N-(5-Chloro-3-((4-(diethylamino)-2-methylphenyl)imino-4-methyl-6-oxo-1，4-cyclohexadien-1-yl)benzamide

分子式 $C_{25}H_{26}ClN_3O_2$

CAS号 129604-78-0

危害信息

禁忌物 强氧化剂、强酸。

中毒表现 本品对皮肤有致敏性。

理化特性与用途

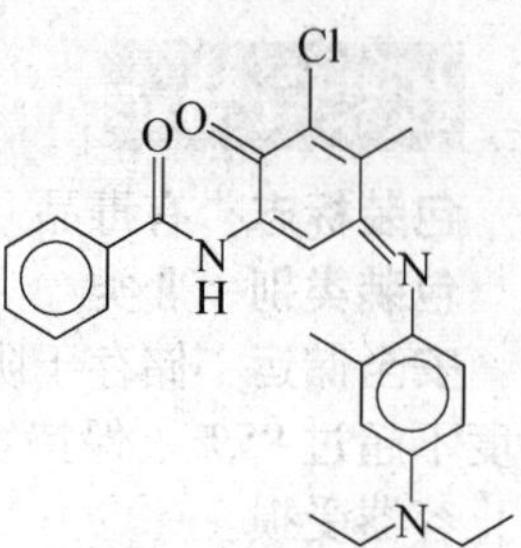

理化特性 不溶于水。相对密度(水=1)1.17，辛醇/水分配系数4.63。

主要用途 医药原料。

包装与储运

安全储运 储存于阴凉、通风的库房。远离火种、热源。保持容器密闭。应与强氧化剂等隔离储运。

紧急处置信息

急救措施

吸入：迅速脱离现场至空气新鲜处。保持呼吸道通畅。如呼吸困难，给输氧。呼吸、心跳停止，立即进行心肺复苏术。就医。

眼睛接触：立即分开眼睑，用流动清水或生理盐水彻底冲洗。就医。

皮肤接触：立即脱去污染的衣着，用肥皂水和清水彻底冲洗。就医。

食入：漱口，饮水。就医。

泄漏应急处置 隔离泄漏污染区，限制出入。消除所有点火源。建议应急处理人员戴防尘口罩，穿一般作业工作服。尽可能切断泄漏源。用塑料布覆盖泄漏物，减少飞散。勿使水进入包装容器内。用洁净的铲子收集泄漏物，置于干净、干燥、盖子较松的容器中，将容器移离泄漏区。

467. 2-氯-2′,6′-二乙基-*N*-(2-丙氧基乙基)乙酰苯胺

标　识

中文名称 2-氯-2′，6′-二乙基-*N*-(2-丙氧基乙基)乙酰苯胺

英文名称 2-Chloro-2′，6′-diethyl-*N*-(2-propoxyethyl) acetanilide；Pretilachlor

别名 丙草胺

分子式 $C_{17}H_{26}ClNO_2$

CAS 号 51218-49-6

危害信息

燃烧与爆炸危险性 可燃。在高温火场中，受热的容器或储罐有破裂和爆炸的危险。燃烧产生有毒的氮氧化物气体。

禁忌物 强氧化剂、强酸。

毒性 大鼠经口 LD_{50}：2200mg/kg；小鼠经口 LD_{50}：1800mg/kg；大鼠吸入 LC_{50}：>2800mg/m^3(4h)；大鼠经皮 LD_{50}：>3100mg/kg。

中毒表现 食入有害。对眼和皮肤有刺激性。对皮肤有致敏性。

侵入途径 吸入、食入、经皮吸收。

环境危害 对水生生物有极高毒性，可能在水生环境中造成长期不利影响。

理化特性与用途

理化特性 无色至淡黄色透明液体。不溶于水，易溶于苯、己烷、甲醇、二氯甲烷。熔点<25℃，沸点135℃(0.13Pa)，相对密度(水=1)1.076，饱和蒸气压0.133mPa(20℃)，辛醇/水分配系数4.08，闪点129℃。

主要用途 除草剂。用于水稻田防除稗草、鸭舌草、慈菇等多种杂草。

包装与储运

包装标志 杂项

包装类别 Ⅲ类

安全储运 储存于阴凉、通风的库房。远离火种、热源。保持容器密闭。应与强氧化剂等隔离储运。

紧急处置信息

急救措施

吸入: 迅速脱离现场至空气新鲜处。保持呼吸道通畅。如呼吸困难，给输氧。呼吸、心跳停止，立即进行心肺复苏术。就医。

眼睛接触: 立即分开眼睑，用流动清水或生理盐水彻底冲洗。就医。

皮肤接触: 立即脱去污染的衣着，用流动清水彻底冲洗。就医。

食入: 漱口，饮水。就医。

灭火方法 消防人员须穿全身消防服，佩戴正压自给式呼吸器，在上风向灭火。尽可能将容器从火场移至空旷处。喷水保持火场容器冷却，直至灭火结束。

灭火剂：泡沫、二氧化碳、干粉、沙土。

泄漏应急处置 消除所有点火源。根据液体流动和蒸气扩散的影响区域划定警戒区，无关人员从侧风、上风向撤离至安全区。建议应急处理人员戴正压自给式呼吸器，穿防静电服。作业时使用的所有设备应接地。禁止接触或跨越泄漏物。尽可能切断泄漏源。防止泄漏物进入水体、下水道、地下室或有限空间。小量泄漏：用沙土或其他不燃材料吸收。使用洁净的无火花工具收集吸收材料。大量泄漏：构筑围堤或挖坑收容。用泡沫覆盖，减少蒸发。用防爆泵转移至槽车或专用收集器内。

468. 氯化铵

标　识

中文名称 氯化铵

英文名称 Ammonium chloride

别名 硇砂

分子式 $(NH_4)Cl$

CAS 号 12125-02-9

危害信息

燃烧与爆炸危险性 不燃，无特殊燃爆特性。受高热分解产生有毒和刺激性的烟气。

禁忌物 强酸、强碱、铅、银。

毒性 大鼠经口 LD_{50}：1650mg/kg；小鼠经口 LD_{50}：1300mg/kg。

中毒表现 吸入后引起咳嗽、咽喉肿痛。对眼和皮肤有刺激性。食入引起恶心、呕吐。

侵入途径 吸入、食入。

职业接触限值 中国：PC-TWA 10mg/m^3；PC-STEL 20mg/m^3。

美国(ACGIH)：TLV-TWA 10mg/m^3，TLV-STEL 20mg/m^3[烟]。

理化特性与用途

理化特性 立方结晶或白色结晶粉末。溶于水，溶于甲醇、液氨，几乎不溶于丙酮、乙醚、乙酸乙酯。熔点 338℃，沸点 520℃，相对密度(水=1)1.5，相对蒸气密度(空气=1)1.9，饱和蒸气压 0.13kPa(160℃)。

主要用途 用于医药、干电池、织物印染、肥料、鞣革、电镀、洗涤剂等。

包装与储运

安全储运 储存于阴凉、通风的库房。远离火种、热源。保持容器密闭。应与强碱等等隔离储运。

紧急处置信息

急救措施

吸入：迅速脱离现场至空气新鲜处。保持呼吸道通畅。如呼吸困难，给输氧。呼吸、心跳停止，立即进行心肺复苏术。就医。

眼睛接触：立即分开眼睑，用流动清水或生理盐水彻底冲洗。就医。

皮肤接触：立即脱去污染的衣着，用流动清水彻底冲洗。就医。

食入：漱口，饮水。就医。

灭火方法 消防人员必须穿全身防火防毒服，佩戴正压自给式呼吸器，在上风向灭火。灭火时尽可能将容器从火场移至空旷处。

本品不燃，根据着火原因选择适当灭火剂灭火。

泄漏应急处置 隔离泄漏污染区，限制出入。建议应急处理人员戴防尘口罩，穿防毒服。穿上适当的防护服前严禁接触破裂的容器和泄漏物。尽可能切断泄漏源。用塑料布覆盖泄漏物，减少飞散。勿使水进入包装容器内。用洁净的铲子收集泄漏物，置于干净、干燥、盖子较松的容器中，将容器移离泄漏区。

469. 氯化氮

标　识

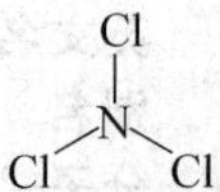

中文名称 氯化氮

英文名称 Nitrogen chloride；Nitrogen trichloride

别名 三氯化氮

分子式 NCl_3

CAS 号 10025-85-1

危害信息

危险性类别 第 5.1 类 氧化剂

燃烧与爆炸危险性 不燃。受撞击、摩擦，遇明火或其他点火源极易爆炸。与浓氨水、砷、四氧化二氮、硫化氢、三硫化氢、一氧化氮、臭氧、磷化氢、磷或其二硫化碳溶液、氰化钾固体或其水溶液、氢氧化钾溶液、硒等接触均能引发猛烈的爆炸性分解。

活性反应 与氧化剂、氢卤酸等接触发生爆炸。与浓氨水、砷、四氧化二氮、硫化氢、三硫化氢、一氧化氮、臭氧、磷化氢、磷或其二硫化碳溶液、氰化钾固体或其水溶液、氢氧化钾溶液、硒等接触均能引发猛烈的爆炸性分解。

禁忌物 还原剂、易燃或可燃物、水蒸气、活性金属粉末。

毒性 大鼠吸入 LC_{50}：112 ppm(1h)。

中毒表现 对眼、皮肤和呼吸道黏膜有强烈的刺激作用。中毒者可出现抽搐、角弓反张、意识障碍、哭闹、喊叫，类似癔病发作。

侵入途径 吸入、食入、经皮吸收。

理化特性与用途

理化特性 黄色油状液体，有刺激性气味。不溶于水，在水中缓慢分解。溶于氯仿、四氯化碳、三氯化磷、二硫化碳。熔点-40℃，沸点 71℃，相对密度(水=1)1.653，相对蒸气密度(空气=1)4.2，饱和蒸气压 20kPa(25℃)，闪点(爆炸)。

主要用途 用于漂白，也用于柠檬等水果的熏蒸处理。

包装与储运

包装标志 氧化剂，有毒品

包装类别 Ⅱ类

安全储运 储存于阴凉、通风的库房。远离火种、热源。库温不超过 30℃。相对湿度不超过 80%。保持容器密封。应与易(可)燃物、还原剂等隔离储运。搬运时轻装轻卸，防止容器受损。

紧急处置信息

急救措施

吸入：迅速脱离现场至空气新鲜处。保持呼吸道通畅。如呼吸困难，给输氧。呼吸、心跳停止，立即进行心肺复苏术。就医。

眼睛接触：立即分开眼睑，用流动清水或生理盐水彻底冲洗 10~15min。就医。

皮肤接触：立即脱去污染的衣着，用大量流动清水彻底冲洗，冲洗时间一般要求 20~30min。就医。

食入：用水漱口，禁止催吐。给饮牛奶或蛋清。就医。

灭火方法 消防人员必须穿特殊防护服，在掩蔽处操作。喷水保持火场容器冷却，直至灭火结束。

本品不燃，根据着火原因选择适当灭火剂灭火。

泄漏应急处置 根据液体流动和蒸气扩散的影响区域划定警戒区，无关人员从侧风、上风向撤离至安全区。建议应急处理人员戴正压自给式呼吸器，穿防毒服。勿使泄漏物与可燃物质(如木材、纸、油等)接触。穿上适当的防护服前严禁接触破裂的容器和泄漏物。尽可能切断泄漏源。喷雾状水抑制蒸气或改变蒸气云流向。勿使水进入包装容器内。小量泄漏：用蛭石、沙土等不燃性材料吸收泄漏物，置于容器中以待处理。大量泄漏：构筑围堤或挖坑收容。用泵转移至槽车或专用收集器内。

470. 氯化镍(Ⅱ)

标　识

中文名称　氯化镍(Ⅱ)

英文名称　Nickel dichloride；Nickel chloride

别名　氯化亚镍

分子式　$NiCl_2$

CAS 号　7718-54-9

Cl—Ni
\
Cl

危害信息

危险性类别　第 6 类　有毒品

燃烧与爆炸危险性　不燃。受热分解放出腐蚀性和有毒气体。在火场中，容器受热有开裂或爆炸的危险。

禁忌物　强氧化剂

毒性　大鼠经口 LD_{50}：105mg/kg；小鼠经口 LD_{50}：369mg/kg。

IARC 致癌性评论：G1，确认人类致癌物。

欧盟法规 1272/2008/EC 将本品列为第 1A 类致癌物——已知对人类有致癌能力；第 2 类生殖细胞致突变物——由于可能导致人类生殖细胞可遗传突变而引起人们关注的物质；第 1B 类生殖毒物——可能的人类生殖毒物。

中毒表现　接触者可发生接触性皮炎或过敏性湿疹。吸入本品粉尘，可发生支气管炎或支气管肺炎、过敏性肺炎，并可发生肾上腺皮质功能不全。镍化合物属致癌物。

侵入途径　吸入、食入。

职业接触限值　中国：PC-TWA 0.5mg/m^3[按 Ni 计][G1]。

美国(ACGIH)：TLV-TWA 0.2mg/m^3[按 Ni 计][可吸入性颗粒物]。

环境危害　对水生生物有极高毒性，可能在水生环境中造成长期不利影响。

理化特性与用途

理化特性　黄色或金黄色粉末。溶于水，溶于乙醇、氢氧化铵，不溶于氨。熔点 1001℃，升华点 937℃，相对密度(水=1)3.55，饱和蒸气压 3kPa(800℃)。

主要用途　用于镀镍、制隐显墨水及用作氨吸收剂、化学试剂等。

包装与储运

包装标志　有毒品

包装类别　Ⅱ类

安全储运　储存于阴凉、通风的库房。远离火种、热源。储存温度不超过 35℃，相对湿度不超过 85%。保持容器密封。应与强氧化剂等隔离储运。搬运时轻装轻卸，防止容器受损。

紧急处置信息

急救措施

吸入：迅速脱离现场至空气新鲜处。保持呼吸道通畅。如呼吸困难，给输氧。呼吸、

心跳停止，立即进行心肺复苏术。就医。

眼睛接触： 立即分开眼睑，用流动清水或生理盐水彻底冲洗。就医。

皮肤接触： 立即脱去污染的衣着，用肥皂水和清水彻底冲洗。就医。

食入： 漱口，饮水。就医。

灭火方法 消防人员须穿全身消防服，佩戴空气呼吸器，在上风向灭火。尽可能将容器从火场移至空旷处。喷水保持火场容器冷却，直至灭火结束。

本品不燃，根据着火原因选择适当灭火剂灭火。

泄漏应急处置 隔离泄漏污染区，限制出入。建议应急处理人员戴防尘口罩，穿防毒服。穿上适当的防护服前严禁接触破裂的容器和泄漏物。尽可能切断泄漏源。用塑料布覆盖泄漏物，减少飞散。勿使水进入包装容器内。用洁净的铲子收集泄漏物，置于干净、干燥、盖子较松的容器中，将容器移离泄漏区。

471. 氯化铅(Ⅱ)

标 识

中文名称 氯化铅(Ⅱ)

英文名称 Lead chloride; Lead dichloride

分子式 $PbCl_2$

CAS 号 7758-95-4

危害信息

Pb
Cl Cl

燃烧与爆炸危险性 不燃。受热易分解，产生有毒烟雾。

禁忌物 强氧化剂。

毒性 大鼠经口 LD_{50}: >1947mg/kg。

IARC 致癌性评论：G2A，可能人类致癌物。

欧盟法规 1272/2008/EC 将本品列为第 1A 类生殖毒物——已知的人类生殖毒物。

中毒表现 铅及其化合物损害造血、神经、消化系统及肾脏。职业中毒主要为慢性。神经系统主要表现为神经衰弱综合征，周围神经病，重者出现铅中毒性脑病。本品对眼有强烈刺激性。

职业接触限值 中国：PC-TWA 0.05mg/m^3[铅尘][按 Pb 计]，0.03mg/m^3[铅烟][按 Pb 计][G2A]。

美国(ACGIH)：TLV-TWA 0.05mg/m^3[按 Pb 计]。

环境危害 对水生生物有极高毒性，可能在水生环境中造成长期不利影响。

理化特性与用途

理化特性 白色斜方晶系针状结晶或粉末。微溶于水，微溶于稀盐酸、氨，不溶于乙醇。熔点 501℃，沸点 950℃，相对密度(水=1)5.85，相对蒸气密度(空气=1)9.59，饱和蒸气压 0.133kPa(547℃)，辛醇/水分配系数 1.35。

主要用途 用于制有机铅化合物、催化剂、铅黄等颜料和用作分析试剂。

包装与储运

包装标志　杂项

包装类别　Ⅲ类

安全储运　储存于阴凉、通风的库房。远离火种、热源。保持容器密闭。应与强氧化剂、强酸等隔离储运。

紧急处置信息

急救措施

吸入：迅速脱离现场至空气新鲜处。保持呼吸道通畅。如呼吸困难，给输氧。呼吸、心跳停止，立即进行心肺复苏术。就医。

眼睛接触：立即分开眼睑，用流动清水或生理盐水彻底冲洗 10~15min。就医。

皮肤接触：脱去污染的衣着，用流动清水冲洗。如有不适感，就医。

食入：漱口、饮水。就医。

解毒剂：依地酸二钠钙、二巯基丁二酸钠、二巯基丁二酸等。

灭火方法　消防人员须穿全身防火防毒服，佩戴正压自给式呼吸器，在上风向灭火。尽可能将容器从火场移至空旷处。喷水保持火场容器冷却，直至灭火结束。

本品不燃，根据着火原因选择适当灭火剂灭火。

泄漏应急处置　隔离泄漏污染区，限制出入。建议应急处理人员戴防尘口罩，穿防毒服。穿上适当的防护服前严禁接触破裂的容器和泄漏物。尽可能切断泄漏源。用塑料布覆盖泄漏物，减少飞散。勿使水进入包装容器内。用洁净的铲子收集泄漏物，置于干净、干燥、盖子较松的容器中，将容器移离泄漏区。

472. 氯化亚锡

标　识

中文名称　氯化亚锡

英文名称　Tin dichloride；Tin(Ⅱ) chloride；Stannous chloride

别名　二氯化锡

分子式　$SnCl_2$

CAS 号　7772-99-8

Sn
Cl　Cl

危害信息

燃烧与爆炸危险性　不燃，无特殊燃爆特性。受高热分解产生有毒的腐蚀性烟气。

禁忌物　氧化剂、强碱、水蒸气、钾、钠、过氧化氢。

毒性　大鼠经口 LD_{50}：700mg/kg；小鼠经口 LD_{50}：250mg/kg。

中毒表现　误服后可能发生胃肠道刺激反应，出现恶心、呕吐、腹泻症状。长期吸入锡粉尘，可引起锡肺。

侵入途径　吸入、食入

职业接触限值　美国(ACGIH)：TLV-TWA 2mg/m^3[按 Sn 计]。

环境危害 对水生生物有极高毒性，可能在水生环境中造成长期不利影响。

理化特性与用途

理化特性 无色至白色结晶或结晶粉末。溶于水，易溶于盐酸，溶于乙酸甲酯、异丙醇、吡啶、丙酮、乙醇，不溶于石脑油、二甲苯。pH 值 2(10%水溶液)，熔点 246℃，沸点 652℃(分解)，相对密度(水=1)3.95，饱和蒸气压 3.3kPa(427.9℃)。

主要用途 强还原剂。常用于纺织工业，还用于玻璃、搪瓷等工业。

包装与储运

包装标志 杂项

包装类别 Ⅲ类

安全储运 储存于阴凉、通风的库房。远离火种、热源。保持容器密闭。应与强氧化剂等隔离储运。

紧急处置信息

急救措施

吸入：迅速脱离现场至空气新鲜处。保持呼吸道通畅。如呼吸困难，给输氧。呼吸、心跳停止，立即进行心肺复苏术。就医。

眼睛接触：立即分开眼睑，用流动清水或生理盐水彻底冲洗。就医。

皮肤接触：立即脱去污染的衣着，用流动清水彻底冲洗。就医。

食入：漱口，饮水。就医。

灭火方法 消防人员必须穿全身防火防毒服，佩戴正压自给式呼吸器，在上风向灭火。灭火时尽可能将容器从火场移至空旷处。

本品不燃，根据着火原因选择适当灭火剂灭火。

泄漏应急处置 隔离泄漏污染区，限制出入。建议应急处理人员戴防尘口罩，穿防毒服。穿上适当的防护服前严禁接触破裂的容器和泄漏物。尽可能切断泄漏源。用塑料布覆盖泄漏物，减少飞散。勿使水进入包装容器内。用洁净的铲子收集泄漏物，置于干净、干燥、盖子较松的容器中，将容器移离泄漏区。

473. 2-氯甲基-3,4-二甲氧基吡啶盐酸盐

标　识

中文名称 2-氯甲基-3，4-二甲氧基吡啶盐酸盐

英文名称 2-Chloromethyl-3，4-dimethoxypyridinium chloride；2-(Chloromethyl)-3，4-dimethoxypyridinium hydrochloride

别名 3，4-二甲氧基-2-氯甲基吡啶翁盐酸盐

分子式 $C_8H_{10}ClNO_2 \cdot HCl$

CAS 号 72830-09-2

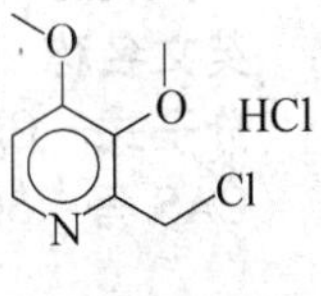

危害信息

燃烧与爆炸危险性 可燃。燃烧或受热分解产生有毒和腐蚀性烟气。

禁忌物 强氧化剂。

中毒表现 食入或经皮吸收对身体有害。长期或反复接触有可能引起器官损害。眼接触引起严重损害。对皮肤有刺激性和致敏性。

侵入途径 吸入、食入、经皮吸收。

环境危害 对水生生物有毒，可能在水生环境中造成长期不利影响。

理化特性与用途

理化特性 白色至淡黄色针状结晶或粉末。溶于水。熔点 155℃（分解），沸点 293.9℃，闪点 131.6℃。

主要用途 用作医药中间体，合成潘多拉唑钠盐。

包装与储运

包装标志 杂项

包装类别 Ⅲ类

安全储运 储存于阴凉、通风的库房。远离火种、热源。保持容器密闭。应与强氧化剂、强酸等隔离储运。

紧急处置信息

急救措施

吸入：迅速脱离现场至空气新鲜处。保持呼吸道通畅。如呼吸困难，给输氧。呼吸、心跳停止，立即进行心肺复苏术。就医。

眼睛接触：立即分开眼睑，用流动清水或生理盐水彻底冲洗 10~15min。就医。

皮肤接触：立即脱去污染的衣着，用大量流动清水彻底冲洗。就医。

食入：漱口，饮水。就医。

灭火方法 消防人员须穿全身消防服，佩戴正压自给式呼吸器，在上风向灭火。尽可能将容器从火场移至空旷处。喷水保持火场容器冷却，直至灭火结束。

灭火剂：雾状水、抗溶性泡沫、二氧化碳、干粉、沙土。

泄漏应急处置 隔离泄漏污染区，限制出入。消除所有点火源。建议应急处理人员戴防尘口罩，穿防毒服。穿上适当的防护服前严禁接触破裂的容器和泄漏物。尽可能切断泄漏源。用塑料布覆盖泄漏物，减少飞散。勿使水进入包装容器内。用洁净的铲子收集泄漏物，置于干净、干燥、盖子较松的容器中，将容器移离泄漏区。

474. 氯甲酸环戊酯

标　识

中文名称 氯甲酸环戊酯

英文名称 Cyclopentyl chloroformate；Cyclopentyloxycarbonyl chloride

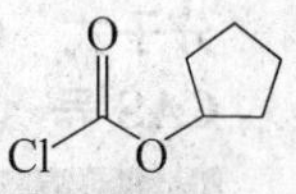

分子式 $C_6H_9ClO_2$

CAS 号 50715-28-1

O
Cl　O

危害信息

燃烧与爆炸危险性 可燃。燃烧或受热分解产生有毒和腐蚀性烟气。

禁忌物 强氧化剂。

中毒表现 吸入和食入有害。眼接触引起严重损害。对皮肤有致敏性。

侵入途径 吸入、食入。

理化特性与用途

理化特性 无色透明液体。微溶于冷水。沸点 173℃，相对密度(水=1)1.19，饱和蒸气压 0.17kPa(25℃)，辛醇/水分配系数 2.4，闪点 67℃。

主要用途 用作化工中间体。

包装与储运

安全储运 储存于阴凉、通风的库房。远离火种、热源。保持容器密闭。应与强氧化剂、强酸、强碱等隔离储运。

紧急处置信息

急救措施

吸入：迅速脱离现场至空气新鲜处。保持呼吸道通畅。如呼吸困难，给输氧。呼吸、心跳停止，立即进行心肺复苏术。就医。

眼睛接触：立即分开眼睑，用流动清水或生理盐水彻底冲洗 10~15min。就医。

皮肤接触：立即脱去污染的衣着，用肥皂水和清水彻底冲洗。就医。

食入：漱口，饮水。就医。

泄漏应急处置 消除所有点火源。根据液体流动和蒸气扩散的影响区域划定警戒区，无关人员从侧风、上风向撤离至安全区。建议应急处理人员戴正压自给式呼吸器，穿防静电服。作业时使用的所有设备应接地。禁止接触或跨越泄漏物。尽可能切断泄漏源。防止泄漏物进入水体、下水道、地下室或有限空间。小量泄漏：用沙土或其他不燃材料吸收。使用洁净的无火花工具收集吸收材料。大量泄漏：构筑围堤或挖坑收容。用泡沫覆盖，减少蒸发。喷水雾能减少蒸发，但不能降低泄漏物在有限空间内的易燃性。用防爆泵转移至槽车或专用收集器内。

475. 2-氯-*N*-(3-甲氧基-2-噻吩甲基)-2′,6′-二甲基乙酰苯胺

标　识

中文名称 2-氯-*N*-(3-甲氧基-2-噻吩甲基)-2′，6′-二甲基乙酰苯胺

英文名称 2-Chloro-*N*-(3-methoxy-2-thenyl)-2′，6′- dimethyl acetanilide；Thenylchlor

别名 噻吩草胺

分子式 $C_{16}H_{18}ClNO_2S$

CAS 号 96491-05-3

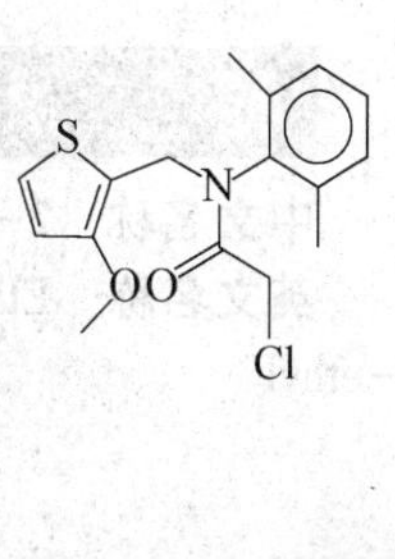

S N O O Cl

危害信息

燃烧与爆炸危险性 可燃。燃烧或受热分解产生有毒、腐蚀性和刺激性的烟气。

禁忌物 强氧化剂、强酸。

中毒表现 对眼和皮肤有刺激性。

环境危害 对水生生物有极高毒性，可能在水生环境中造成长期不利影响。

理化特性与用途

理化特性 白色固体，有轻微的硫磺气味。不溶于水。熔点 72～74℃，沸点 173～175℃(66.7Pa)，相对密度(水=1)1.19，饱和蒸气压 0.028mPa(25℃)，辛醇/水分配系数 3.53，闪点 224℃。

主要用途 除草剂。用于稻田防除一年生禾本科杂草和多数阔叶杂草。

包装与储运

包装标志 杂项

包装类别 Ⅲ类

安全储运 储存于阴凉、通风的库房。远离火种、热源。保持容器密闭。应与强氧化剂等隔离储运。

紧急处置信息

急救措施

吸入：迅速脱离现场至空气新鲜处。保持呼吸道通畅。如呼吸困难，给输氧。呼吸、心跳停止，立即进行心肺复苏术。就医。

眼睛接触：立即分开眼睑，用流动清水或生理盐水彻底冲洗。就医。

皮肤接触：立即脱去污染的衣着，用肥皂水和清水彻底冲洗。就医。

食入：漱口，饮水。就医。

灭火方法 消防人员须穿全身消防服，佩戴正压自给式呼吸器，在上风向灭火。尽可能将容器从火场移至空旷处。喷水保持火场容器冷却，直至灭火结束。

灭火剂：雾状水、泡沫、二氧化碳、干粉、沙土。

泄漏应急处置 隔离泄漏污染区，限制出入。消除所有点火源。建议应急处理人员戴防尘口罩，穿防毒服。穿上适当的防护服前严禁接触破裂的容器和泄漏物。尽可能切断泄漏源。用塑料布覆盖泄漏物，减少飞散。勿使水进入包装容器内。用洁净的铲子收集泄漏物，置于干净、干燥、盖子较松的容器中，将容器移离泄漏区。

476. 2-［4-(6-氯-2-喹喔啉氧基)苯氧基］丙酸乙酯

标　识

中文名称 2-［4-(6-氯-2-喹喔啉氧基)苯氧基］丙酸乙酯

英文名称 Ethyl 2-［4-(6-chloro-2-quinoxalinyloxy) phenoxy］Propionate; Quizalofop-p-ethyl

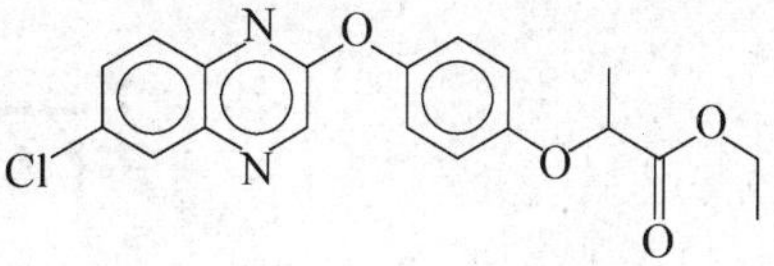

别名 精喹禾灵；禾草克

分子式 $C_{19}H_{17}ClN_2O_4$

CAS 号 100646-51-3

危害信息

燃烧与爆炸危险性 可燃。其粉体与空气混合能形成爆炸性混合物，遇明火高热有引起燃烧爆炸的危险。燃烧或受热分解产生有毒和腐蚀性的烟气。

禁忌物 强氧化剂。

毒性 大鼠经口 LD_{50}：1182mg/kg 。

中毒表现 苯氧类除草剂急性中毒后出现恶心、呕吐、腹痛、腹泻。轻度中毒表现头痛、头晕、嗜睡、无力、肌肉压痛、肌束颤动，严重者出现昏迷、抽搐、呼吸衰竭。重症者可出现肺水肿，以及肝肾损害。可有心律失常。

侵入途径 吸入、食入。

环境危害 对水生生物有极高毒性，可能在水生环境中造成长期不利影响。

理化特性与用途

理化特性 白色无臭结晶。不溶于水，溶于丙酮、乙酸乙酯、甲醇、二甲苯，易溶于1，2-二氯乙烷。熔点 76.5℃，沸点 220℃(26.6Pa)，相对密度(水=1)1.36，辛醇/水分配系数 4.28。

主要用途 苗后除草剂。用于棉花、大豆、花生、油菜、亚麻、苹果、葡萄及多种阔叶蔬菜作物田防除单子叶杂草。

包装与储运

包装标志 杂项

包装类别 Ⅲ类

安全储运 储存于阴凉、通风的库房。远离火种、热源。保持容器密闭。应与强氧化剂、强酸、强碱等隔离储运。

紧急处置信息

急救措施

吸入：迅速脱离现场至空气新鲜处。保持呼吸道通畅。如呼吸困难，给输氧。呼吸、心跳停止，立即进行心肺复苏术。就医。

眼睛接触：立即分开眼睑，用流动清水或生理盐水彻底冲洗。就医。

皮肤接触：立即脱去污染的衣着，用流动清水彻底冲洗。就医。

食入：漱口，饮水。就医。

灭火方法 消防人员须穿全身消防服，佩戴正压自给式呼吸器，在上风向灭火。尽可能将容器从火场移至空旷处。喷水保持火场容器冷却，直至灭火结束。

灭火剂：雾状水、泡沫、二氧化碳、干粉、沙土。

泄漏应急处置 隔离泄漏污染区，限制出入。消除所有点火源。建议应急处理人员戴防尘口罩，穿防毒服。穿上适当的防护服前严禁接触破裂的容器和泄漏物。尽可能切断泄漏源。用塑料布覆盖泄漏物，减少飞散。勿使水进入包装容器内。用洁净的铲子收集泄漏物，置于干净、干燥、盖子较松的容器中，将容器移离泄漏区。

477. 3-氯邻甲苯胺

标　识

中文名称　3-氯邻甲苯胺

英文名称　3-Chloro-*o*-toluidine；*m*-Chloro-*o*-toluidine ；2-Amino-6-chlorotoluene

别名　2-氯-6-氨基甲苯

分子式　C_7H_8ClN

CAS 号　87-60-5

危害信息

燃烧与爆炸危险性　可燃。其蒸气与空气混合，能形成爆炸性混合物。受高热分解放出有毒的、腐蚀性和刺激性的气体。若遇高热，容器内压增大，有开裂和爆炸的危险。

活性反应　与氧化剂可发生反应。

禁忌物　强氧化剂、酸类、酸酐、酰基氯。

毒性　大鼠经口 LD_{50}：574mg/kg。

中毒表现　直接接触可引起眼灼伤、皮肤刺激，吸入本品对呼吸道有刺激性。可能引起变性血红蛋白血症。反复接触可引起皮肤过敏反应。

侵入途径　吸入、食入、经皮吸收。

理化特性与用途

理化特性　黄色至棕红色透明液体，有芳香气味。微溶于水，不溶于乙醚、苯，溶于稀酸、热醇。熔点 2℃，沸点 245℃，相对密度(水=1)1.185，相对蒸气密度(空气=1)4.8，饱和蒸气压 5.45Pa(25℃)，辛醇/水分配系数 2.27，闪点>110℃，引燃温度 565℃。

主要用途　用作染料中间体。

包装与储运

安全储运　储存于阴凉、通风的库房。远离火种、热源。保持容器密闭。应与氧化剂、酸类、酸酐、酰基氯等隔离储运。

紧急处置信息

急救措施

吸入：立即脱离接触。如呼吸困难，给吸氧。如呼吸心跳停止，立即行心肺复苏术。就医。

眼睛接触：立即分开眼睑，用流动清水或生理盐水冲洗 10~15min。就医。

皮肤接触：立即脱去污染衣着，用肥皂水或清水彻底冲洗。就医。

食入：漱口，饮水。就医。

高铁血红蛋白血症，可用美蓝和维生素 C 治疗。

灭火方法　消防人员须佩戴正压自给式呼吸器，穿全身消防服，在上风向灭火。尽可能将容器从火场移至空旷处。喷水保持火场容器冷却，直至灭火结束。

灭火剂：雾状水、泡沫、干粉、二氧化碳、沙土。

泄漏应急处置　根据液体流动和蒸气扩散的影响区域划定警戒区，无关人员从侧风、

上风向撤离至安全区。消除所有点火源。建议应急处理人员戴防毒面具，穿防毒、防静电服。穿上适当的防护服前严禁接触破裂的容器和泄漏物。尽可能切断泄漏源。防止泄漏物进入水体、下水道、地下室或有限空间。小量泄漏：用干燥的沙土或其他不燃材料吸收或覆盖，收集于容器中。大量泄漏：构筑围堤或挖坑收容。用防爆泵转移至槽车或专用收集器内。

478. N-(3-氯-4-氯二氟甲基硫代苯基)N′，N′-二甲基脲

标识

中文名称 N-(3-氯-4-氯二氟甲基硫代苯基)N′，N′-二甲基脲

英文名称 N-(3-Chlor-4-chlordifluoromethyl thiophenyl) N′，N′-dimethyl urea；Fluothiuron

别名 氟硫隆

分子式 $C_{10}H_{10}Cl_2F_2N_2OS$

CAS 号 33439-45-1

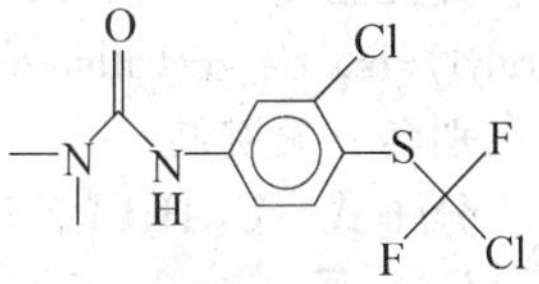

危害信息

燃烧与爆炸危险性 可燃。燃烧或受热分解产生有毒、腐蚀性和刺激性的烟气。

禁忌物 强氧化剂。

毒性 大鼠经口 LD_{50}：336mg/kg；小鼠经口 LD_{50}：668mg/kg；大鼠经皮 LD_{50}：>500mg/kg。

侵入途径 吸入、食入。

理化特性与用途

理化特性 固体。不溶于水。熔点 113.5℃，饱和蒸气压 0.27mPa(25℃)，辛醇/水分配系数 3.91。

主要用途 水田除草剂。用于水稻田防除稗草、牛毛草等一年生杂草。

包装与储运

安全储运 储存于阴凉、通风的库房。远离火种、热源。保持容器密闭。应与强氧化剂等隔离储运。

紧急处置信息

急救措施

吸入：迅速脱离现场至空气新鲜处。保持呼吸道通畅。如呼吸困难，给输氧。呼吸、心跳停止，立即进行心肺复苏术。就医。

眼睛接触：分开眼睑，用流动清水或生理盐水冲洗。就医。

皮肤接触：脱去污染的衣着，用流动清水冲洗。就医。

食入：漱口，饮水。就医。

灭火方法 消防人员须佩戴正压自给式呼吸器，穿全身消防服，在上风向灭火。尽可

能将容器从火场移至空旷处。喷水保持火场容器冷却，直至灭火结束。

灭火剂：雾状水、泡沫、干粉、二氧化碳、沙土。

泄漏应急处置 隔离泄漏污染区，限制出入。消除所有点火源。建议应急处理人员戴防尘口罩，穿防毒服。尽可能切断泄漏源。用塑料布覆盖泄漏物，减少飞散。勿使水进入包装容器内。用洁净的铲子收集泄漏物，置于干净、干燥、盖子较松的容器中，将容器移离泄漏区。

479. 3-氯-N-(3-氯-5-三氟甲基-2-吡啶基)-α,α,α-三氟-2,6-二硝基对甲苯胺

标识

中文名称 3-氯-N-(3-氯-5-三氟甲基-2-吡啶基)-α，α，α-三氟-2，6-二硝基对甲苯胺

英文名称 3-Chloro-N-(3-chloro-5-trifluoromethyl-2-pyridyl)-α，α，α-trifluoro-2，6-dinitro-p-toluidine；Fluazinam

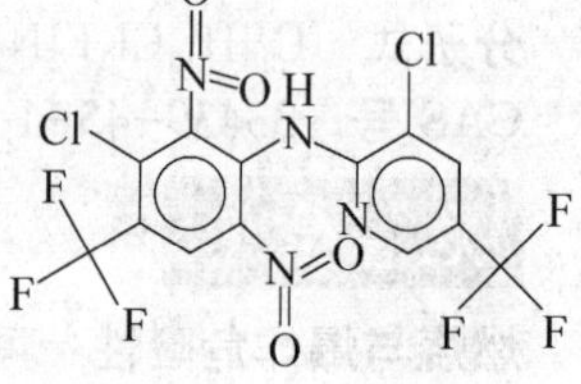

别名 氟啶胺

分子式 $C_{13}H_4Cl_2F_6N_4O_4$

CAS 号 79622-59-6

危害信息

危险性类别 第6类 有毒品

燃烧与爆炸危险性 可燃。燃烧或受热分解产生有毒、腐蚀性和刺激性气体。

禁忌物 强氧化剂、强酸。

毒性 大鼠吸入 LC_{50}：470mg/m³。

中毒表现 对眼和皮肤有刺激性。对皮肤有致敏性。

侵入途径 吸入、食入。

环境危害 对水生生物有极高毒性，可能在水生环境中造成长期不利影响。

理化特性与用途

理化特性 淡黄色结晶或黄色结晶粉末。不溶于水，溶于乙酸乙酯、丙酮、甲苯、乙醚、乙醇、甲醇、二氯乙烷等。熔点 115～117℃，相对密度(水=1)1.259，饱和蒸气压 7.44mPa(25℃)，辛醇/水分配系数 3.56。

主要用途 保护性杀菌剂。防治由灰葡萄孢引起的病害、十字花科植物根肿病、水稻猝倒病等，并有杀螨作用 。

包装与储运

包装标志 有毒品

包装类别 Ⅱ类

安全储运 储存于阴凉、通风的库房。远离火种、热源。储存温度不超过 35℃，相对湿度不超过 85%。保持容器密封。应与强氧化剂、强酸等隔离储运。搬运时轻装轻卸，防止容器受损。

紧急处置信息

急救措施

吸入：迅速脱离现场至空气新鲜处。保持呼吸道通畅。如呼吸困难，给输氧。呼吸、心跳停止，立即进行心肺复苏术。就医。

眼睛接触：立即分开眼睑，用流动清水或生理盐水彻底冲洗。就医。

皮肤接触：立即脱去污染的衣着，用流动清水彻底冲洗。就医。

食入：漱口，饮水。就医。

灭火方法 消防人员须穿全身消防服，佩戴正压自给式呼吸器，在上风向灭火。尽可能将容器从火场移至空旷处。喷水保持火场容器冷却，直至灭火结束。

灭火剂：雾状水、泡沫、二氧化碳、干粉、沙土。

泄漏应急处置 隔离泄漏污染区，限制出入。消除所有点火源。建议应急处理人员戴防尘口罩，穿防毒服。穿上适当的防护服前严禁接触破裂的容器和泄漏物。尽可能切断泄漏源。用塑料布覆盖泄漏物，减少飞散。勿使水进入包装容器内。用洁净的铲子收集泄漏物，置于干净、干燥、盖子较松的容器中，将容器移离泄漏区。

480. 1-氯萘

标　识

中文名称 1-氯萘

英文名称 1-Chloronaphthalene；α-Naphthyl chloride

别名 α-氯萘；α-氯代萘

分子式 $C_{10}H_7Cl$

CAS 号 90-13-1

铁危编号 61666

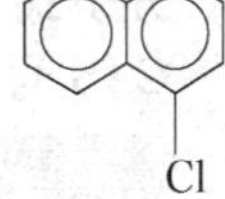

危害信息

危险性类别 第6类 有毒品

燃烧与爆炸危险性 可燃。燃烧或受热分解产生有毒或腐蚀性的烟气。

禁忌物 强氧化剂。

环境危害 对水生生物有极高毒性，可能在水生环境中造成长期不利影响。

理化特性与用途

理化特性 无色透明至琥珀色油状液体。不溶于水，溶于苯、氯苯、乙醇、乙醚、石油醚、四氯化碳、二硫化碳等。熔点-2.5℃，沸点259.3℃，相对密度(水=1)1.19382，相对蒸气密度(空气=1)5.6，饱和蒸气压3.86Pa(25℃)，辛醇/水分配系数3.9，闪点121℃(闭杯)，引燃温度558℃，爆炸下限1.0%，爆炸上限5.7%。

主要用途 用于有机合成，也可作为溶剂、分析试剂。

包装与储运

包装标志 有毒品

包装类别 Ⅲ类

安全储运 储存于阴凉、通风的库房。远离火种、热源。储存温度不超过 35℃，相对湿度不超过 80%。保持容器密封。应与强氧化剂、强酸等隔离储运。搬运时轻装轻卸，防止容器受损。

紧急处置信息

灭火方法 消防人员须佩戴防毒面具，穿全身消防服，在上风向灭火。尽可能将容器从火场移至空旷处。喷水保持火场容器冷却，直至灭火结束。

灭火剂：雾状水、泡沫、干粉、二氧化碳、沙土。

泄漏应急处置 根据液体流动和蒸气扩散的影响区域划定警戒区，无关人员从侧风、上风向撤离至安全区。消除所有点火源。建议应急处理人员戴防毒面具，穿防毒、防静电服。穿上适当的防护服前严禁接触破裂的容器和泄漏物。尽可能切断泄漏源。防止泄漏物进入水体、下水道、地下室或有限空间。小量泄漏：用干燥的沙土或其他不燃材料吸收或覆盖，收集于容器中。大量泄漏：构筑围堤或挖坑收容。用防爆泵转移至槽车或专用收集器内。

481. 4-氯-1-羟基丁烷-1-磺酸钠

标　识

中文名称 4-氯-1-羟基丁烷-1-磺酸钠

英文名称 Sodium 4-chloro-1-hydroxybutanesulfonate; 4-Chloro-1-hydroxybutane-1-sulphonic acid sodium salt

别名 4-氯-1-羟基丁烷磺酸钠

分子式 $C_4H_8ClO_4S \cdot Na$

CAS 号 54322-20-2

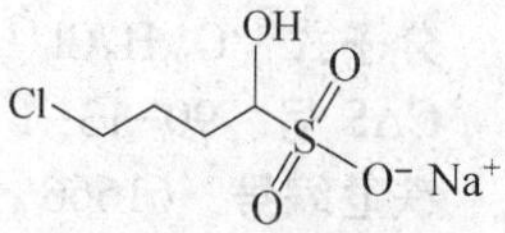

Cl, OH, S, O, O^- Na^+, O

危害信息

禁忌物 强氧化剂、强酸。

中毒表现 本品对眼有刺激性。对皮肤有致敏性。

侵入途径 吸入、食入。

理化特性与用途

理化特性 白色至灰白色粉末。

主要用途 作为医药中间体，用于制舒马曲坦。

包装与储运

安全储运 储存于阴凉、通风的库房。远离火种、热源。保持容器密闭。应与强氧化剂、强酸、强碱等隔离储运。

紧急处置信息

急救措施

吸入： 迅速脱离现场至空气新鲜处。保持呼吸道通畅。如呼吸困难，给输氧。呼吸、

心跳停止，立即进行心肺复苏术。就医。

眼睛接触：立即分开眼睑，用流动清水或生理盐水彻底冲洗。就医。

皮肤接触：立即脱去污染的衣着，用肥皂水和清水彻底冲洗。就医。

食入：漱口，饮水。就医。

泄漏应急处置 隔离泄漏污染区，限制出入。建议应急处理人员戴防尘口罩，穿防毒服。穿上适当的防护服前严禁接触破裂的容器和泄漏物。尽可能切断泄漏源。用塑料布覆盖泄漏物，减少飞散。勿使水进入包装容器内。用洁净的铲子收集泄漏物，置于干净、干燥、盖子较松的容器中，将容器移离泄漏区。

482. 2-氯-1,1,2-三氟乙基甲醚

标　识

中文名称 2-氯-1，1，2-三氟乙基甲醚

英文名称 2-Chloro-1，1，2-trifluoroethyl methyl ether；2-Chloro-1，1，2-trifluoro-1-methoxyethane

别名 2-氯-1，1，2-三氟-1-甲氧基乙烷

分子式 $C_3H_4ClF_3O$

CAS 号 425-87-6

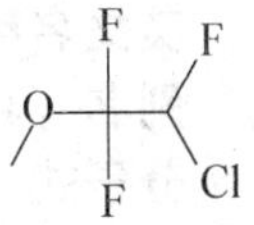

危害信息

燃烧与爆炸危险性 可燃。其蒸气与空气混合，能形成爆炸性混合物，遇明火、高热可能引起燃烧或爆炸。受高热分解，放出有毒的氟化物和氯化物气体。

禁忌物 强氧化剂、强酸、活性金属粉末。

毒性 大鼠经口 LD_{50}：5130mg/kg；兔经皮 LD_{50}：200μL/kg。

中毒表现 本品具有麻醉作用，对黏膜有刺激性。

侵入途径 吸入、食入、经皮吸收。

理化特性与用途

理化特性 无色液体。沸点 64.4℃(83.8kPa)，相对密度(水=1)1.364，饱和蒸气压 33.5kPa(25℃)，闪点 66℃。

主要用途 用于有机合成。

包装与储运

安全储运 储存于阴凉、通风的库房。远离火种、热源。保持容器密闭。应与氧化剂、酸类、活性金属粉末等隔离储运。

紧急处置信息

急救措施

吸入：迅速脱离现场至空气新鲜处。保持呼吸道通畅。如呼吸困难，给输氧。呼吸、心跳停止，立即进行心肺复苏术。就医。

眼睛接触：立即分开眼睑，用流动清水或生理盐水彻底冲洗。就医。

皮肤接触：立即脱去污染的衣着，用流动清水彻底冲洗。就医。

食入：漱口，饮水。就医。

灭火方法　消防人员须佩戴正压自给式呼吸器，穿全身消防服，在上风向灭火。尽可能将容器从火场移至空旷处。喷水保持火场容器冷却，直至灭火结束。处在火场中的容器若已变色或从安全泄压装置中发出响声，必须马上撤离。

灭火剂：雾状水、泡沫、干粉、二氧化碳、沙土灭火。

泄漏应急处置　根据液体流动和蒸气扩散的影响区域划定警戒区，无关人员从侧风、上风向撤离至安全区。消除所有点火源。建议应急处理人员戴正压自给式呼吸器，穿一般作业工作服。尽可能切断泄漏源。防止泄漏物进入水体、下水道、地下室或有限空间。小量泄漏：用干燥的沙土或其他不燃材料吸收或覆盖，收集于容器中。大量泄漏：构筑围堤或挖坑收容。用泵转移至槽车或专用收集器内。

483. 2-氯-1,1,1,2-四氟乙烷

标　识

中文名称　2-氯-1，1，1，2-四氟乙烷

英文名称　2- Chloro-1，1，1，2-tetrafluoroethane；HCFC 124

别名　氟利昂-124

分子式　C_2HClF_4

CAS 号　2837-89-0

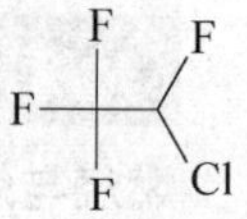

危害信息

危险性类别　第 2.2 类　不燃气体

燃烧与爆炸危险性　不燃。受高热分解产生有毒和刺激性的烟气。在高温火场中受热的容器有破裂和爆炸的危险。

禁忌物　强氧化剂。

中毒表现　高浓度吸入(如 20%)，可以引起精神错乱、肺刺激、震颤，罕见昏迷。这些表现一般为一过性，无后遗症。

侵入途径　吸入。

理化特性与用途

理化特性　无色液化气体。微溶于水。熔点-199℃，沸点-12℃，相对密度(水=1)1.364，相对蒸气密度(空气=1)4.7，饱和蒸气压 385kPa(25℃)，临界温度 122.2℃，临界压力 3.57，辛醇/水分配系数 1.86。

主要用途　用作制冷剂和氯氟烃取代物。

包装与储运

包装标志　不燃气体。

安全储运　储存于阴凉、通风的库房或大型气柜。远离火源和热源。储存温度不超过 30℃。运输时防止雨淋、曝晒。搬运时轻装轻卸，须戴好钢瓶安全帽和防震橡皮圈，防止钢瓶撞击。

紧急处置信息

急救措施

吸入： 迅速脱离现场至空气新鲜处。保持呼吸道通畅。如呼吸困难，给输氧。呼吸、心跳停止，立即进行心肺复苏术。就医。

灭火方法 消防人员须穿全身消防服，佩戴正压自给式呼吸器，在上风向灭火。尽可能将容器从火场移至空旷处。喷水保持火场容器冷却，直至灭火结束。不要将水直接喷向泄露处，以免冻冰。

根据着火原因选择适当灭火剂灭火。

泄漏应急处置 根据气体的影响区域划定警戒区，无关人员从侧风、上风向撤离至安全区。建议应急处理人员戴正压自给式呼吸器，禁止接触或跨越泄漏物。尽可能切断泄漏源。喷雾状水抑制蒸气或改变蒸气云流向，避免水流接触泄漏物。禁止用水直接冲击泄漏物或泄漏源。防止气体通过下水道、通风系统和有限空间扩散。漏出气允许排入大气中。泄漏场所保持通风。

484. 氯酸钙

标　识

中文名称 氯酸钙

英文名称 Calcium chlorate; Chloric acid, calcium salt

分子式 $Ca(ClO_3)_2$

CAS 号 10137-74-3

铁危编号 51036A

UN 号 1452

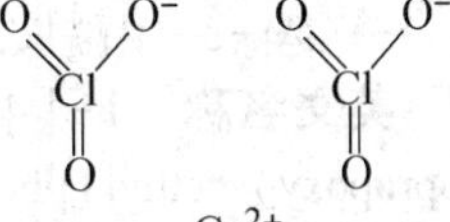

危害信息

危险性类别 第 5.1 类 氧化剂

燃烧与爆炸危险性 助燃。与可燃物混合形成易燃混合物。接触强酸可能引起爆炸。受热分解产生有毒或刺激性烟气。在高温火场中，受热的容器或储罐有破裂和爆炸的危险。

禁忌物 强酸。

毒性 大鼠经口 *LDLo*：4500mg/kg。

中毒表现 食入引起腹痛、恶心、呕吐、腹泻、气短、神志不清。对上呼吸道、眼和皮肤有刺激性。氯酸盐类为高铁血红蛋白形成剂，可引起肾损害。

侵入途径 吸入、食入。

理化特性与用途

理化特性 白色结晶或淡黄白色易潮解的单斜结晶。溶于水。熔点 340℃，相对密度（水=1）2.71。

主要用途 用于摄影，制烟火、氯酸钾，用作杀菌剂、除草剂、消毒剂等。

包装与储运

包装标志 氧化剂

包装类别 Ⅱ类

安全储运 储存于阴凉、干燥、通风的库房。远离火种、热源。储存温度不超过30℃，相对湿度不超过80%。保持容器密封。应与酸、可燃物、胺、还原剂等隔离储运。

紧急处置信息

急救措施

吸入：立即脱离接触。如呼吸困难，给吸氧。如呼吸心跳停止，立即行心肺复苏术。就医。

眼睛接触：分开眼睑，用清水或生理盐水冲洗。如有不适感，就医。

皮肤接触：立即脱去污染衣着，用肥皂水或清水彻底冲洗。就医。

食入：漱口，饮水。就医。

高铁血红蛋白血症，可用美蓝和维生素C治疗。

灭火方法 消防人员须穿全身消防服，佩戴正压自给式呼吸器，在上风向灭火。尽可能将容器从火场移至空旷处。喷水保持火场容器冷却，直至灭火结束。用大量水灭火。

泄漏应急处置 隔离泄漏污染区，限制出入。建议应急处理人员戴防尘口罩，穿防静电、防腐蚀服。穿上适当的防护服前严禁接触破裂的容器和泄漏物。尽可能切断泄漏源。避免泄漏物与可燃物接触。用塑料布覆盖泄漏物，减少飞散。勿使水进入包装容器内。用洁净的铲子收集泄漏物，置于干净、干燥、盖子较松的容器中，将容器移离泄漏区。

485. 1-[4-氯-3-((2,2,3,3,3-五氟丙氧基)甲基)苯基]-5-苯基-1H-1,2,4-三唑-3-甲酰胺

标　识

中文名称 1-[4-氯-3-((2，2，3，3，3-五氟丙氧基)甲基)苯基]-5-苯基-1H-1，2，4-三唑-3-甲酰胺

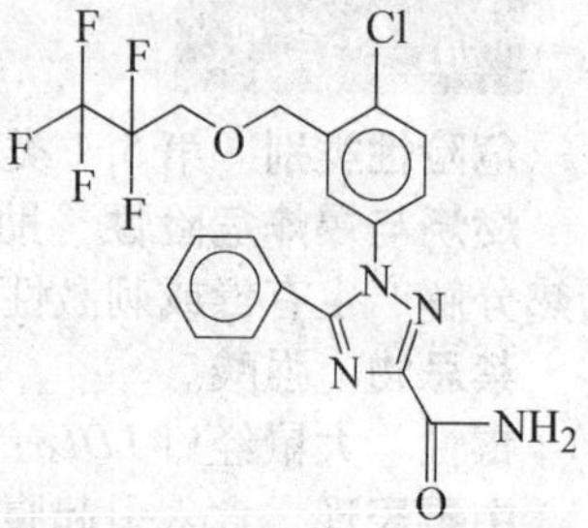

英文名称 1-[4-Chloro-3-((2，2，3，3，3-pentafluoropropoxy)methyl)phenyl]-5-phenyl-1H-1，2，4-triazole-3-carboxamide；Flupoxam

别名 氟胺草唑

分子式 $C_{19}H_{14}ClF_5N_4O_2$

CAS号 119126-15-7

危害信息

燃烧与爆炸危险性 可燃。燃烧或受高热分解产生有毒和腐蚀性烟气。

禁忌物 强氧化剂、强酸。

侵入途径 吸入、食入。

环境危害 对水生生物有毒，可能在水生环境中造成长期不利影响。

理化特性与用途

理化特性 白色至浅褐色无臭粉末。不溶于水。熔点144~148℃，相对密度(水=1)1.433，饱和蒸气压0.02mPa(25℃)，辛醇/水分配系数5.67。

主要用途 芽前苗后除草剂。用于防除小麦、大麦等谷物田的一年生阔叶杂草和禾本

科杂草。

包装与储运

包装标志 杂项

包装类别 Ⅲ类

安全储运 储存于阴凉、通风的库房。远离火种、热源。保持容器密闭。应与强氧化剂等隔离储运。

紧急处置信息

急救措施

吸入：迅速脱离现场至空气新鲜处。保持呼吸道通畅。如呼吸困难，给输氧。呼吸、心跳停止，立即进行心肺复苏术。就医。

眼睛接触：立即分开眼睑，用流动清水或生理盐水彻底冲洗。就医。

皮肤接触：立即脱去污染的衣着，用肥皂水和清水彻底冲洗。就医。

食入：漱口，饮水。就医。

泄漏应急处置 隔离泄漏污染区，限制出入。消除所有点火源。建议应急处理人员戴防毒面具，穿防护服。尽可能切断泄漏源。用塑料布覆盖泄漏物，减少飞散。勿使水进入包装容器内。用洁净的铲子收集泄漏物，置于干净、干燥、盖子较松的容器中，将容器移离泄漏区。

486. 2-氯硝基苯

标　识

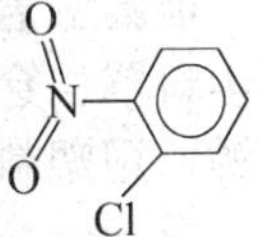

中文名称 2-氯硝基苯

英文名称 2-Chloronitrobenzene；*o*-Chloronitrobenzene

别名 邻氯硝基苯；1-氯-2-硝基苯

分子式 $C_6H_4ClNO_2$

CAS 号 88-73-3

危害信息

危险性类别 第6类 有毒品

燃烧与爆炸危险性 可燃。其粉体与空气混合，能形成爆炸性混合物，遇明火能燃烧或爆炸。受高热分解放出有毒和腐蚀性的气体。

禁忌物 强氧化剂。

毒性 大鼠经口 LD_{50}：268mg/kg；小鼠经口 LD_{50}：135mg/kg；兔经皮 LD_{50}：400mg/kg。

中毒表现 本品为高铁血红蛋白形成剂。中毒后唇、指甲和皮肤出现紫绀。症状有头昏、头痛、气短、精神错乱、惊厥、昏迷等。

侵入途径 吸入、食入、经皮吸收。

环境危害 对水生生物有极高毒性，可能在水生环境中造成长期不利影响。

理化特性与用途

理化特性 浅黄色单斜针状结晶，有芳香气味。微溶于水，易溶于乙醇、乙醚、丙酮、苯等有机溶剂。熔点33℃，沸点246℃，相对密度(水=1)1.368，(22/4℃)，相对蒸气密度(空气=1)5.4，饱和蒸气压0.6kPa(20℃)，辛醇/水分配系数2.24，临界温度484℃，临界压力3.98MPa，闪点124℃(闭杯)，引燃温度487℃，爆炸下限1.15%，爆炸上限13.1%。

主要用途 重要的有机合成中间体，用于生产染料、农药、医药和橡胶助剂。

包装与储运

包装标志 有毒品

包装类别 Ⅲ类

安全储运 储存于阴凉、通风的库房。远离火种、热源。储存温度不超过35℃，相对湿度不超过80%。保持容器密封。应与强氧化剂、强酸等隔离储运。搬运时轻装轻卸，防止容器受损。

紧急处置信息

急救措施

吸入：立即脱离接触。如呼吸困难，给吸氧。如呼吸心跳停止，立即行心肺复苏术。就医。

眼睛接触：分开眼睑，用清水或生理盐水冲洗。就医。

皮肤接触：立即脱去污染衣着，用肥皂水或清水彻底冲洗。就医。

食入：漱口，饮水。就医。

高铁血红蛋白血症，可用美蓝和维生素C治疗。

灭火方法 消防人员必须佩戴正压自给式呼吸器，穿全身防火防毒服，在上风向灭火。尽可能将容器从火场移至空旷处。喷水保持火场容器冷却，直至灭火结束。

灭火剂：雾状水、泡沫、干粉、二氧化碳、沙土。

泄漏应急处置 隔离泄漏污染区，限制出入。消除所有点火源。建议应急处理人员戴防尘口罩，穿防毒服。穿上适当的防护服前严禁接触破裂的容器和泄漏物。尽可能切断泄漏源。用塑料布覆盖泄漏物，减少飞散。勿使水进入包装容器内。用洁净的铲子收集泄漏物，置于干净、干燥、盖子较松的容器中，将容器移离泄漏区。

487. 4-氯-2-硝基苯酚

标 识

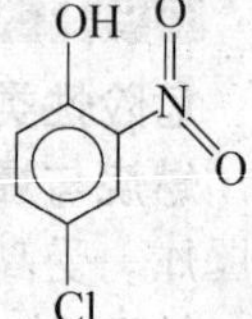

中文名称 4-氯-2-硝基苯酚

英文名称 4-Chloro-2-nitrophenol; 2-Nitro-4-chlorophenol

别名 4-氯-2-硝基酚

分子式 $C_6H_4ClNO_3$

CAS号 89-64-5

铁危编号 61716

危害信息

危险性类别 第6类 有毒品

燃烧与爆炸危险性 可燃。遇明火、高热可能引起燃烧。受高热分解放出有毒、腐蚀性和刺激性的气体 。在火场中，容器受热有开裂或爆炸的危险。

活性反应 与氧化剂可发生反应。

禁忌物 强氧化剂、强碱、强还原剂。

中毒表现 吸入、摄入或经皮肤吸收对身体有害。对眼睛、黏膜、呼吸道及皮肤有刺激作用。

侵入途径 吸入、食入、经皮吸收。

理化特性与用途

理化特性 黄色单斜棱状结晶或粉末。微溶于水，溶于乙醇、乙醚、氯仿。熔点84~88℃，饱和蒸气压1.03Pa(25℃)，辛醇/水分配系数2.46。

主要用途 用作染料中间体。

包装与储运

包装标志 有毒品

包装类别 Ⅲ类

安全储运 储存于阴凉、通风的库房。远离火种、热源。储存温度不超过35℃，相对湿度不超过85%。保持容器密封。应与强氧化剂、强酸等隔离储运。搬运时轻装轻卸，防止容器受损。

紧急处置信息

急救措施

吸入：迅速脱离现场至空气新鲜处。保持呼吸道通畅。如呼吸困难，给输氧。呼吸、心跳停止，立即进行心肺复苏术。就医。

眼睛接触：立即分开眼睑，用流动清水或生理盐水彻底冲洗。就医。

皮肤接触：立即脱去污染的衣着，用肥皂水和清水彻底冲洗。就医。

食入：漱口，饮水。就医。

灭火方法 消防人员须佩戴正压自给式呼吸器，穿全身消防服，在上风向灭火。尽可能将容器从火场移至空旷处。喷水保持火场容器冷却，直至灭火结束。

灭火剂：雾状水、泡沫、干粉、二氧化碳、沙土。

泄漏应急处置 隔离泄漏污染区，限制出入。消除所有点火源。建议应急处理人员戴防尘口罩，穿防毒服。穿上适当的防护服前严禁接触破裂的容器和泄漏物。尽可能切断泄漏源。用塑料布覆盖泄漏物，减少飞散。勿使水进入包装容器内。用洁净的铲子收集泄漏物，置于干净、干燥、盖子较松的容器中，将容器移离泄漏区。

488. 2-氯-2′-乙基-N-(2-甲氧基-1-甲基乙基)-6′-甲基乙酰苯胺

标 识

中文名称 2-氯-2′-乙基-N-(2-甲氧基-1-甲基乙基)-6′-甲基乙酰苯胺

Cl O N O

英文名称 2-Chloro-2′-ethyl-N-(2-methoxy-1- methylethyl)-6′-methyl acetanilide;Metolachlor

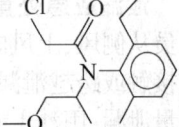

488. 2-氯-2′-乙基-*N*-(2-甲氧基-1-甲基乙基)-6′-甲基乙酰苯胺

别名 异丙甲草胺

分子式 $C_{15}H_{22}ClNO_2$

CAS 号 51218-45-2

危害信息

燃烧与爆炸危险性 可燃。燃烧或受热分解产生有毒的氮氧化物、氯化物气体。在高温火场中,受热的容器或储罐有破裂和爆炸的危险。

禁忌物 强氧化剂、强酸。

毒性 大鼠经口 LD_{50}:2200mg/kg;小鼠经口 LD_{50}:1150mg/kg;大鼠吸入 LC_{50}:>1750 mg/m^3(4h);大鼠经皮 LD_{50}:3170mg/kg;兔经皮 LD_{50}:>10g/kg。

中毒表现 中毒后出现腹痛、贫血、黄疸、尿色变深、高铁血红蛋白血症、紫绀、共济失调、惊厥、休克和中枢神经系统抑制等。可引起肝肾损害。对眼和皮肤有刺激性。对皮肤有致敏性。

侵入途径 吸入、食入、经皮吸收。

环境危害 对水生生物有极高毒性,可能在水生环境中造成长期不利影响。

理化特性与用途

理化特性 无色至茶色透明液体。不溶于水,混溶于苯、甲苯、二甲苯、二甲基甲酰胺、二氯乙烷、环己酮、甲醇、二氯甲烷,不溶于乙二醇、丙二醇、石油醚。熔点-62.1℃,沸点 100℃(0.13Pa),饱和蒸气压 4.2mPa(25℃),辛醇/水分配系数 3.13,闪点 190℃,引燃温度 435℃。

主要用途 选择性除草剂。用于油菜、棉花、向日葵、大豆、玉米、花生等作物田防除一年生禾本科杂草和某些阔叶草。

包装与储运

包装标志 杂项

包装类别 Ⅲ类

安全储运 储存于阴凉、通风的库房。远离火种、热源。保持容器密闭。应与强氧化剂等隔离储运。

紧急处置信息

急救措施

吸入:立即脱离接触。如呼吸困难,给吸氧。如呼吸心跳停止,立即行心肺复苏术。就医。

眼睛接触:分开眼睑,用清水或生理盐水冲洗。如有不适感,就医。

皮肤接触:立即脱去污染衣着,用肥皂水或清水彻底冲洗。就医。

食入:漱口,饮水。就医。

高铁血红蛋白血症,可用美蓝和维生素 C 治疗。

灭火方法 消防人员须穿全身消防服,佩戴正压自给式呼吸器,在上风向灭火。尽可能将容器从火场移至空旷处。喷水保持火场容器冷却,直至灭火结束。

灭火剂:泡沫、二氧化碳、干粉、沙土。

泄漏应急处置 消除所有点火源。根据液体流动和蒸气扩散的影响区域划定警戒区,无关人员从侧风、上风向撤离至安全区。建议应急处理人员戴正压自给式呼吸器,穿防静电服。禁止接触或跨越泄漏物。尽可能切断泄漏源。防止泄漏物进入水体、下水道、地下室或受限空间。小量泄漏:用沙土或其他不燃材料吸收。使用洁净的无火花工具收集吸收材料。大量泄漏:构筑围堤或挖坑收容。用泡沫覆盖,减少蒸发。用防爆泵转移至槽车或专用收集器内。

489. 氯乙缩醛

标　识

中文名称　氯乙缩醛

英文名称　2-Chloro-1，1-diethoxyethane ；2-Chloroacetal ；Chloroacetal

别名　氯乙醛缩二乙醇；2-氯-1，1-二乙氧基乙烷

分子式　$C_6H_{13}ClO_2$

CAS 号　621-62-5

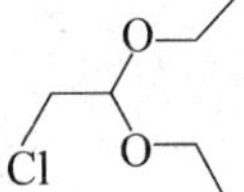

危害信息

危险性类别　第 3 类　易燃液体

燃烧与爆炸危险性　易燃。其蒸气与空气混合，能形成爆炸性混合物。受高热分解，放出腐蚀性、刺激性的烟雾。

禁忌物　强氧化剂、强酸。

中毒表现　本品具有刺激和麻醉作用。

侵入途径　吸入、食入、经皮吸收。

理化特性与用途

理化特性　无色至淡黄色透明液体。微溶于水。熔点-45℃，沸点 157℃，相对密度(水=1)1.02，相对蒸气密度(空气=1)5.3，饱和蒸气压 0.6kPa(20℃)，辛醇/水分配系数 1.46，闪点 29℃，爆炸下限 1.4% 。

主要用途　用作溶剂、化学中间体、增塑剂或在酸性条件下用来制取醛的原料。

包装与储运

包装标志　易燃液体

包装类别　Ⅲ类

安全储运　储存于阴凉、通风的库房。远离火种、热源，避免阳光直射。储存温度不超过 37℃。炎热季节早晚运输。保持容器密闭。应与氧化剂、强酸、醇类等隔离储运。禁止使用易产生火花的机械设备和工具。搬运时轻装轻卸，防止容器受损。

紧急处置信息

急救措施

吸入：迅速脱离现场至空气新鲜处。保持呼吸道通畅。如呼吸困难，给输氧。呼吸、心跳停止，立即进行心肺复苏术。就医。

眼睛接触：立即分开眼睑，用流动清水或生理盐水彻底冲洗。就医。

皮肤接触：立即脱去污染的衣着，用流动清水彻底冲洗。就医。

食入：漱口，饮水。就医。

灭火方法　消防人员必须佩戴正压自给式呼吸器，穿全身防火防毒服，在上风向灭火。尽可能将容器从火场移至空旷处。喷水保持火场容器冷却，直至灭火结束。处在火场中的

容器若已变色或从安全泄压装置中发出响声，必须马上撤离。

灭火剂：雾状水、泡沫、干粉、二氧化碳、沙土。

泄漏应急处置 根据液体流动和蒸气扩散的影响区域划定警戒区，无关人员从侧风、上风向撤离至安全区。消除所有点火源。建议应急处理人员戴防毒面具，穿防毒、防静电服。作业时使用的所有设备应接地。禁止接触或跨越泄漏物。尽可能切断泄漏源。防止泄漏物进入水体、下水道、地下室或有限空间。小量泄漏：用沙土或其他不燃材料吸收。使用洁净的无火花工具收集吸收材料。大量泄漏：构筑围堤或挖坑收容。用泡沫覆盖，减少蒸发。喷水雾能减少蒸发，但不能降低泄漏物在有限空间内的易燃性。用防爆泵转移至槽车或专用收集器内。

490. 2-氯乙酰胺

标 识

中文名称 2-氯乙酰胺

英文名称 2-Chloroacetamide ; Chloracetamide

别名 氯乙酰胺

分子式 C_2H_4ClNO

CAS 号 79-07-2

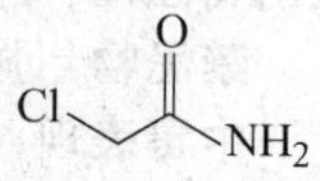

危害信息

危险性类别 第 6 类 有毒品

燃烧与爆炸危险性 可燃。燃烧或受热分解产生有毒和刺激性的氮氧化物和氯气。

禁忌物 强氧化剂、强酸。

毒性 大鼠经口 LD_{50}：138mg/kg；小鼠经口 LD_{50}：155mg/kg。

欧盟法规 1272/2008/EC 将本品列为第 2 类生殖毒物——可疑的人类生殖毒物。

中毒表现 食入有毒。对眼和皮肤有刺激性。对皮肤有致敏性。

侵入途径 吸入、食入。

理化特性与用途

理化特性 无色至淡黄色结晶或结晶性粉末，有特性气味。溶于水。熔点 120℃，分解温度 225℃，相对密度(水=1)0.84，相对蒸气密度(空气=1)3.2，饱和蒸气压 7Pa(20℃)，辛醇/水分配系数-0.53，闪点 170℃。

主要用途 用作除草剂、杀虫剂的中间体，用作工业防腐剂，如用于涂料、黏合剂、切削油等的防腐。

包装与储运

包装标志 有毒品

包装类别 Ⅱ类

安全储运 储存于阴凉、通风的库房。远离火种、热源。储存温度不超过 35℃，相对湿度不超过 85%。保持容器密封。应与强氧化剂、强还原剂、强酸、强碱等隔离储运。搬运时轻装轻卸，防止容器受损。

紧急处置信息

急救措施

吸入：迅速脱离现场至空气新鲜处。保持呼吸道通畅。如呼吸困难，给输氧。呼吸、心跳停止，立即进行心肺复苏术。就医。

眼睛接触：立即分开眼睑，用流动清水或生理盐水彻底冲洗。就医。

皮肤接触：立即脱去污染的衣着，用肥皂水和清水彻底冲洗。就医。

食入：漱口，饮水。就医。

灭火方法 消防人员须穿全身消防服，佩戴正压自给式呼吸器，在上风向灭火。尽可能将容器从火场移至空旷处。喷水保持火场容器冷却，直至灭火结束。

灭火剂：雾状水、泡沫、二氧化碳、干粉、沙土。

泄漏应急处置 隔离泄漏污染区，限制出入。建议应急处理人员戴防尘口罩，穿防毒服。穿上适当的防护服前严禁接触破裂的容器和泄漏物。尽可能切断泄漏源。用塑料布覆盖泄漏物，减少飞散。勿使水进入包装容器内。用洁净的铲子收集泄漏物，置于干净、干燥、盖子较松的容器中，将容器移离泄漏区。

491. 氯乙酰氯

标 识

中文名称 氯乙酰氯

英文名称 Chloroacetyl chloride；Monochloroacetyl chloride

分子式 $C_2H_2Cl_2O$

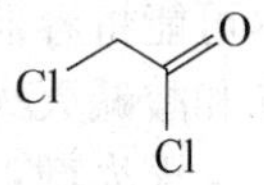

CAS 号 79-04-9

铁危编号 61157

UN 号 1752

危害信息

危险性类别 第6类 有毒品

燃烧与爆炸危险性 不燃，无特殊燃爆特性。受热分解放出包括光气和氯化氢的有毒、腐蚀性烟气。具有腐蚀性。

禁忌物 强氧化剂、水、醇类。

毒性 大鼠经口 LD_{50}：208mg/kg；小鼠经口 LD_{50}：220mg/kg；大鼠吸入 LC_{50}：660ppm（1h）；小鼠吸入 LC_{50}：1300ppm（2h）；大鼠经皮 LD_{50}：662mg/kg。

中毒表现 对眼睛、皮肤、黏膜和呼吸道有强烈的刺激作用。吸入后可能引起喉、支气管的炎症，化学性肺炎或肺水肿。

侵入途径 吸入、食入，经皮吸收。

职业接触限值 中国：PC-TWA 0.2mg/m^3，PC-STEL 0.6mg/m^3[皮]。

美国(ACGIH)：TLV-TWA 0.05ppm，TLV-STEL 0.15ppm[皮]。

环境危害 对水生生物有极高毒性。

理化特性与用途

理化特性 无色至黄色透明液体，有刺激性气味。溶于丙酮、乙醚、苯、四氯化碳、氯仿。熔点-22℃，沸点106℃，相对密度(水=1)1.4，相对蒸气密度(空气=1)3.9，蒸气压2.5kPa(20℃)，临界温度308℃，临界压力5.11MPa，辛醇/水分配系数-0.22。

主要用途 主要用作医药和农药的原料，尤其用于丁草胺、甲草胺等除草剂的生产。

包装与储运

包装标志 有毒品，腐蚀品

包装类别 Ⅰ类

安全储运 储存于阴凉、通风的库房。远离火种、热源。储存温度不超过30℃，相对湿度不超过75%。保持容器密封。应与强氧化剂、强碱、醇等隔离储运。搬运时轻装轻卸，防止容器受损。

紧急处置信息

急救措施

吸入：迅速脱离现场至空气新鲜处。保持呼吸道通畅。如呼吸困难，给输氧。呼吸、心跳停止，立即进行心肺复苏术。就医。

眼睛接触：立即分开眼睑，用流动清水或生理盐水彻底冲洗10~15min。就医。

皮肤接触：立即脱去污染的衣着，用大量流动清水彻底冲洗，冲洗时间一般要求20~30min。就医。

食入：用水漱口，禁止催吐。给饮牛奶或蛋清。就医。

灭火方法 消防人员须穿全身耐酸碱消防服，佩戴正压自给式呼吸器，在上风向灭火。尽可能将容器从火场移至空旷处。喷水保持火场容器冷却，直至灭火结束。禁止用水、泡沫和酸碱灭火剂灭火。

灭火剂：二氧化碳、干粉、沙土。

泄漏应急处置 根据液体流动和蒸气扩散的影响区域划定警戒区，无关人员从侧风、上风向撤离至安全区。建议应急处理人员戴正压自给式呼吸器，穿防酸碱服，戴橡胶耐酸碱手套。穿上适当的防护服前严禁接触破裂的容器和泄漏物。尽可能切断泄漏源。防止泄漏物进入水体、下水道、地下室或有限空间。严禁用水处理。小量泄漏：用干燥的沙土或其他不燃材料覆盖泄漏物。大量泄漏：构筑围堤或挖坑收容。用碎石灰石($CaCO_3$)、苏打灰(Na_2CO_3)或石灰(CaO)中和。用耐腐蚀泵转移至槽车或专用收集器内。

492. 5-氯-*N*-［2-［4-(2-乙氧基乙基)-2,3-二甲基苯氧基］乙基］-6-乙基嘧啶-4-胺

标 识

中文名称 5-氯-*N*-［2-［4-(2-乙氧基乙基)-2, 3-二甲基苯氧基］乙基］-6-乙基嘧啶-4-胺

英文名称 5-Chloro-*N*-［2-［4-(2- ethoxyethyl)-2, 3-dimethyl phenoxy］ethyl］-6-ethyl pyrimidin-4- amine; Pyrimidifen

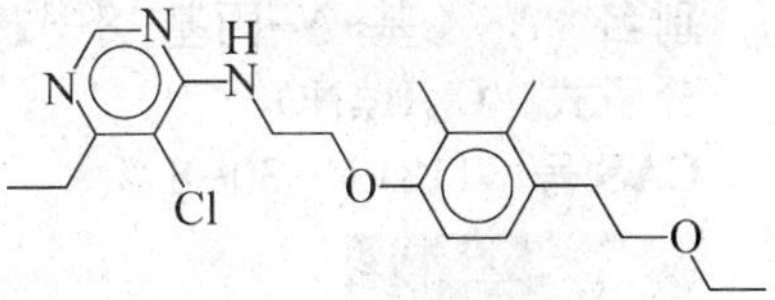

别名 嘧螨醚

分子式 $C_{20}H_{28}ClN_3O_2$

CAS 号 105779-78-0

危害信息

危险性类别 第6类 有毒品

禁忌物 强氧化剂。

毒性 大鼠经口 LD_{50}：115mg/kg；小鼠经口 LD_{50}：229mg/kg；大鼠经皮 LD_{50}：>2g/kg。

侵入途径 吸入、食入、经皮吸收。

环境危害 对水生生物有极高毒性，可能在水生环境中造成长期不利影响。

理化特性与用途

理化特性 无色结晶或白色结晶粉末。不溶于水，溶于甲醇、二甲亚砜、二甲苯、乙腈。熔点 69.4~70.9℃，相对密度(水=1)1.22，辛醇/水分配系数 4.59。

主要用途 杀虫、杀螨剂。用于苹果、蔬菜、茶等作物防治叶螨等害螨 。

包装与储运

包装标志 有毒品

包装类别 Ⅱ类

安全储运 储存于阴凉、通风的库房。远离火种、热源。储存温度不超过 35℃，相对湿度不超过 85%。保持容器密封。应与强氧化剂、强酸等隔离储运。搬运时轻装轻卸，防止容器受损。

紧急处置信息

急救措施

吸入：迅速脱离现场至空气新鲜处。保持呼吸道通畅。如呼吸困难，给输氧。呼吸、心跳停止，立即进行心肺复苏术。就医。

眼睛接触：立即分开眼睑，用流动清水或生理盐水彻底冲洗。就医。

皮肤接触：立即脱去污染的衣着，用流动清水彻底冲洗。就医。

食入：饮适量温水，催吐(仅限于清醒者)。就医。

泄漏应急处置 隔离泄漏污染区，限制出入。消除所有点火源。建议应急处理人员戴防尘口罩，穿防毒服。穿上适当的防护服前严禁接触破裂的容器和泄漏物。尽可能切断泄漏源。用塑料布覆盖泄漏物，减少飞散。勿使水进入包装容器内。用洁净的铲子收集泄漏物，置于干净、干燥、盖子较松的容器中，将容器移离泄漏区。

493. 螺环菌胺

标 识

中文名称 螺环菌胺

英文名称 Spiroxamine ; 1, 4-Dioxaspiro[4.5]decane-2-methanamine, 8-(1, 1-dimethylethyl)-*N*-ethyl-*N*-propyl-

别名　N-乙基-N-丙基-8-叔丁基-1，4-二氧杂螺[4.5]癸烷-2-甲胺；螺噁茂胺

分子式　$C_{18}H_{35}NO_2$

CAS 号　118134-30-8

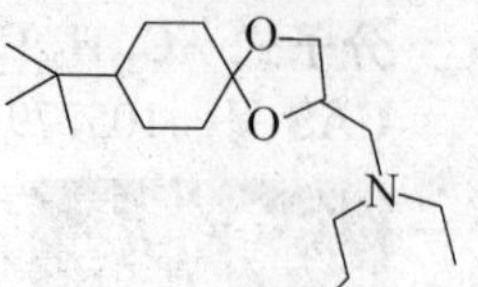

危害信息

燃烧与爆炸危险性　可燃。燃烧产生有毒的氮氧化物气体。

禁忌物　强氧化剂、强酸。

毒性　大鼠经口 LD_{50}：>500mg/kg；大鼠吸入 LC_{50}：1982 g/m^3(4h)；大鼠经皮 LD_{50}：1068mg/kg。

中毒表现　对眼、呼吸道和皮肤有刺激性。对皮肤有致敏性。

侵入途径　吸入、食入、经皮吸收。

理化特性与用途

理化特性　黄色液体。不溶于水。熔点<25℃，相对密度(水=1)0.93，饱和蒸气压17mPa(25℃)，辛醇/水分配系数5.5，闪点147℃，引燃温度255℃。

主要用途　内吸性杀菌剂。主要用于防治小麦白粉病、锈病和条纹病。

包装与储运

安全储运　储存于阴凉、通风的库房。远离火种、热源。保持容器密闭。应与强氧化剂等隔离储运。

紧急处置信息

急救措施

吸入：迅速脱离现场至空气新鲜处。保持呼吸道通畅。如呼吸困难，给输氧。呼吸、心跳停止，立即进行心肺复苏术。就医。

眼睛接触：立即分开眼睑，用流动清水或生理盐水彻底冲洗。就医。

皮肤接触：立即脱去污染的衣着，用肥皂水和清水彻底冲洗。就医。

食入：漱口，饮水。就医。

灭火方法　消防人员须穿全身消防服，佩戴正压自给式呼吸器，在上风向灭火。尽可能将容器从火场移至空旷处。喷水保持火场容器冷却，直至灭火结束。

灭火剂：雾状水、泡沫、二氧化碳、干粉、沙土。

泄漏应急处置　根据液体流动和蒸气扩散的影响区域划定警戒区，无关人员从侧风、上风向撤离至安全区。消除所有点火源。隔离泄漏污染区，限制出入。建议应急处理人员戴防毒面具，穿一般作业工作服。尽可能切断泄漏源。防止泄漏物进入水体、下水道、地下室或有限空间。小量泄漏：用干燥的沙土或其他不燃材料覆盖泄漏物。大量泄漏：构筑围堤或挖坑收容。用泵转移至槽车或专用收集器内。

494. 马来酸

标　识

中文名称　马来酸

英文名称 Maleic acid；2-Butenedioic acid（*Z*）-；cis-Butenedioic acid

别名 顺丁烯二酸

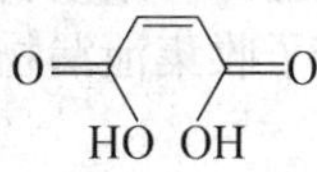

分子式 $C_4H_4O_4$

CAS 号 110-16-7

危害信息

危险性类别 第 8 类 腐蚀品

燃烧与爆炸危险性 可燃。燃烧或受高热分解，放出刺激性烟气。

禁忌物 碱类、氧化剂、还原剂。

毒性 大鼠经口 LD_{50}：708mg/kg；大鼠吸入 LC_{50}：>720mg/m^3(1h)；小鼠经口 LD_{50}：2400mg/kg；兔经皮 LD_{50}：1560mg/kg。

中毒表现 吸入引起咳嗽、呼吸费力。眼接触：发红、痛、视力模糊。

皮肤接触：发红，灼伤，可引起过敏反应。

食入：烧灼感。长期接触可影响肾功能。

侵入途径 吸入、食入、经皮吸收。

理化特性与用途

理化特性 无色或白色结晶，微有酸味。溶于水，易溶于乙醇，混溶于丙酮、冰醋酸，微溶于乙醚，不溶于苯、氯仿。熔点 131℃，沸点 135℃(分解)，相对密度(水=1) 1.59，相对蒸气密度(空气=1) 4.0，饱和蒸气压 4.77mPa(25℃)，辛醇/水分配系数 -0.48。

主要用途 主要用于生产农药马拉松、达净松，合成不饱和聚酯树脂、酒石酸、反丁烯二酸、琥珀酸等产品，顺丁烯二酸也用于涂料、食品和印染助剂及渍脂防腐剂等。

包装与储运

包装标志 腐蚀品

包装类别 Ⅱ类

安全储运 储存于阴凉、通风的库房。远离火种、热源。储存温度不超过 32℃，相对湿度不超过 80%。保持容器密封。应与强氧化剂、强碱等隔离储运。搬运时轻装轻卸，防止容器受损 。

紧急处置信息

急救措施

吸入：迅速脱离现场至空气新鲜处。保持呼吸道通畅。如呼吸困难，给输氧。呼吸、心跳停止，立即进行心肺复苏术。就医。

眼睛接触：立即分开眼睑，用流动清水或生理盐水彻底冲洗 10~15min。就医。

皮肤接触：立即脱去污染的衣着，用大量流动清水彻底冲洗，冲洗时间一般要求 20~30min。就医。

食入：用水漱口，禁止催吐。给饮牛奶或蛋清。就医。

灭火方法 消防人员须佩戴防毒面具，穿全身消防服，在上风向灭火。尽可能将容器从火场移至空旷处。喷水保持火场容器冷却，直至灭火结束。

灭火剂：雾状水、泡沫、干粉、二氧化碳、沙土。

泄漏应急处置 隔离泄漏污染区，限制出入。消除所有点火源。建议应急处理人员戴防尘口罩，穿防酸碱服。穿上适当的防护服前严禁接触破裂的容器和泄漏物。尽可能切断泄漏源。用塑料布覆盖泄漏物，减少飞散，避免雨淋。勿使水进入包装容器内。用洁净的铲子收集泄漏物，置于干净、干燥、盖子较松的容器中，将容器移离泄漏区。

495. 毛沸石

标　识

中文名称　毛沸石

英文名称　Erionite

分子式　$(Na_2, K_2, Ca, Mg)_4 \cdot 5\,Al_9\,Si_{27}\,O_{72} \cdot 27H_2O$

CAS 号　12510-42-8

危害信息

燃烧与爆炸危险性　不燃。受热分解放出有毒的气体。

毒性　毛沸石所致肺癌、胸膜间皮瘤已列入《职业病分类和目录》，属职业性肿瘤。

IARC 致癌性评论：G1，确认人类致癌物。

侵入途径　吸入、食入。

理化特性与用途

理化特性　白色、绿色、灰色或橙色透明或半透明结晶或微细纤维状结晶。不溶于水。熔点约 920℃，相对密度(水=1)2. 08~2. 16。

主要用途　用于建筑材料等。

包装与储运

安全储运　储存于阴凉、通风的库房。远离火种、热源。保持容器密闭。

紧急处置信息

急救措施

吸入：迅速脱离现场至空气新鲜处。保持呼吸道通畅。如呼吸困难，给输氧。呼吸、心跳停止，立即进行心肺复苏术。就医。

眼睛接触：立即分开眼睑，用流动清水或生理盐水彻底冲洗。就医。

皮肤接触：立即脱去污染的衣着，用肥皂水和清水彻底冲洗。就医。

食入：漱口，饮水。就医。

灭火方法　消防人员须穿全身防火防毒服，佩戴空气呼吸器，在上风向灭火。尽可能将容器从火场移至空旷处。喷水保持火场容器冷却，直至灭火结束。

本品不燃，根据着火原因选择适当灭火剂灭火。

泄漏应急处置　隔离泄漏污染区，限制出入。消除所有点火源。建议应急处理人员戴防尘口罩，穿一般作业工作服。尽可能切断泄漏源。用塑料布覆盖泄漏物，减少飞散。勿使水进入包装容器内。用洁净的铲子收集泄漏物，置于干净、干燥、盖子较松的容器中，将容器移离泄漏区。

496. 煤焦油

标 识

中文名称 煤焦油
英文名称 Coal tar
CAS 号 8007-45-2
铁危编号 31292B
UN 号 1136

危害信息

危险性类别 第 3 类 易燃液体

燃烧与爆炸危险性 易燃。其蒸气与空气混合能形成爆炸性混合物，遇明火、高热易燃烧或爆炸。燃烧产生有毒或刺激性烟气。在高温火场中，受热的容器或储罐有破裂和爆炸的危险。

活性反应 与氧化剂接触发生猛烈反应。

禁忌物 强氧化剂、酸类、碱类、卤素等。

毒性 煤焦油所致皮肤癌已列入《职业病分类和目录》，属职业性肿瘤。

IARC 致癌性评论：G1，确认人类致癌物。

欧盟法规 1272/2008/EC 将本品列为第 1A 类致癌物——已知对人类有致癌能力。

中毒表现 作用于皮肤，引起皮炎、痤疮、毛囊炎、光毒性皮炎、中毒性黑皮病、疣赘及癌肿。可引起鼻中隔损伤。

侵入途径 吸入、食入

职业接触限值 中国：PC-TWA 0.2mg/m^3[按苯溶物计][G1]。

美国(ACGIH)：TLV-TWA 0.2mg/m^3。

理化特性与用途

理化特性 褐色至黑色黏稠液体或半固体产物，芳烃、多环芳烃和含氮、氧、硫的杂环芳香烃的混合物。微溶于水，溶于苯、乙醚、二硫化碳、氯仿、乙醇和丙酮。相对密度(水=1)1.18~1.23，闪点 96℃(闭杯)。

理化特性 用于制取酚、萘、蒽、香豆酮树脂、吡啶、喹啉及其同系物和洗油、轻溶剂油、沥青等。

包装与储运

包装标志 易燃液体，腐蚀品[铁规]

包装类别 Ⅱ类

安全储运 储存于阴凉、通风的库房。保持容器密闭。远离火种、热源，避免阳光直射。储存温度不超过 37℃。炎热季节早晚运输。应与氧化剂等隔离储运。禁止使用易产生火花的机械设备和工具。搬运时轻装轻卸，防止容器受损。

紧急处置信息

急救措施

吸入：迅速脱离现场至空气新鲜处。保持呼吸道通畅。如呼吸困难，给输氧。呼吸、心跳停止，立即进行心肺复苏术。就医。

眼睛接触：立即分开眼睑，用流动清水或生理盐水彻底冲洗。就医。

皮肤接触：立即脱去污染的衣着，用肥皂水和清水彻底冲洗。就医。

食入：漱口，饮水。就医。

灭火方法　消防人员须穿全身防火防毒服，佩戴正压自给式呼吸器，在上风向灭火。尽可能将容器从火场移至空旷处。喷水保持火场容器冷却，直至灭火结束。处在火场中的容器若发生异常变化或发出异常声音，须马上撤离。

灭火剂：雾状水、泡沫、二氧化碳、干粉、沙土。

泄漏应急处置　消除所有点火源。根据液体流动和蒸气扩散的影响区域划定警戒区，无关人员从侧风、上风向撤离至安全区。建议应急处理人员戴正压自给式呼吸器，穿防毒、防静电服。作业时使用的所有设备应接地。禁止接触或跨越泄漏物。尽可能切断泄漏源。防止泄漏物进入水体、下水道、地下室或有限空间。小量泄漏：用沙土或其他不燃材料吸收。使用洁净的无火花工具收集吸收材料。大量泄漏：构筑围堤或挖坑收容。用泡沫覆盖，减少蒸发。喷水雾能减少蒸发，但不能降低泄漏物在有限空间内的易燃性。用防爆泵转移至槽车或专用收集器内。

497. 镁粉

标　识

中文名称　镁粉

英文名称　Magnesium powder

分子式　Mg

CAS 号　7439-95-4

铁危编号　43012；43501(有涂层的，粒度不小于 149μm)

UN 号　1418；2950(有涂层的，粒度不小于 149μm)

危害信息

危险性类别　第 4.3 类　遇湿易燃物品

燃烧与爆炸危险性　遇湿易燃。燃烧时产生强烈的白光并放出高热。粉体与空气混合能形成爆炸性混合物，当达到一定浓度时，遇火星会发生爆炸。

活性反应　遇氯、溴、碘、硫、磷、砷、和氧化剂剧烈反应。

禁忌物　酸类、酰基氯、卤素(氯、溴、碘)、强氧化剂、氯代烃、水、氧、硫、磷、砷。

毒性　大鼠气管内 *TDLo*：250mg/kg。

中毒表现　对眼、上呼吸道和皮肤有刺激性。吸入可引起咳嗽、胸痛等。口服对身体有害。

侵入途径　吸入、食入。

理化特性与用途

理化特性　银白色有金属光泽的粉末。不溶于冷水、碱液，溶于无机酸。熔点 651℃，沸点 1107℃，相对密度(水 = 1)1.74，相对蒸气密度(空气 = 1)0.84，蒸气压 0.13kPa

(621℃)，燃烧热-609.7kJ/mol，闪点500℃，引燃温度473℃，爆炸下限44~59mg/m^3。

主要用途 用作还原剂，制闪光粉、铅合金，冶金中作去硫剂，此外用于有机合成、照明剂等。

包装与储运

包装标志 遇湿易燃物品

包装类别 Ⅰ类；Ⅲ类(有涂层的,粒度不小于149μm)

安全储运 储存于阴凉、干燥、通风的库房。远离火种、热源。储存温度不超过32℃，相对湿度不超过75%。保持容器密封，不可与空气接触。应与强氧化剂、酸、醇等隔离储运。禁止使用易产生火花的机械设备和工具。

紧急处置信息

急救措施

吸入：迅速脱离现场至空气新鲜处。保持呼吸道通畅。如呼吸困难，给输氧。呼吸、心跳停止，立即进行心肺复苏术。就医。

眼睛接触：立即分开眼睑，用流动清水或生理盐水彻底冲洗。就医。

皮肤接触：立即脱去污染的衣着，用肥皂水和清水彻底冲洗。就医。

食入：漱口，饮水。就医。

灭火方法 消防人员须穿全身防火防毒服，佩戴空气呼吸器，在上风向灭火。尽可能将容器从火场移至空旷处。喷水保持火场容器冷却，直至灭火结束。严禁用水、泡沫和二氧化碳灭火。施救时对眼睛和皮肤需加保护，以免飞来炽粒烧伤身体、镁光灼伤眼睛影响视力。用干燥石墨粉和干砂闷熄火苗，隔绝空气。

泄漏应急处置 隔离泄漏污染区，限制出入。消除所有点火源。建议应急处理人员戴防尘口罩，戴防尘口罩，穿防静电服。禁止接触或跨越泄漏物。尽可能切断泄漏源。严禁用水处理。小量泄漏：用干燥的沙土或其他不燃材料覆盖泄漏物，然后用塑料布覆盖，减少飞散、避免雨淋。粉末泄漏：用塑料布或帆布覆盖泄漏物，减少飞散，保持干燥。在专家指导下清除。

498. 猛杀威

标　识

中文名称 猛杀威

英文名称 Promecarb；3-Methyl-5-(1-methylethyl)phenol methylcarbamate

别名 3-异丙基-5-甲基苯基甲基氨基甲酸酯

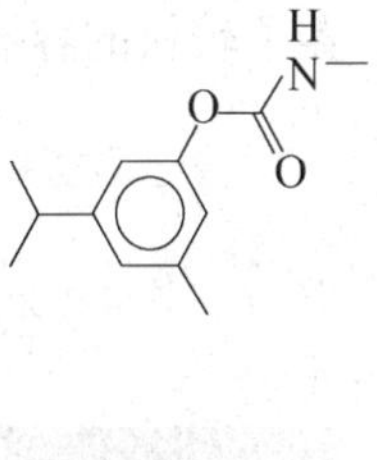

分子式 $C_{12}H_{17}NO_2$

CAS 号 2631-37-0

铁危编号 61888(粉剂，含量大于15%)；61889(乳剂，含量大于3%)

UN 号 2757

危害信息

危险性类别 第6类 有毒品

燃烧与爆炸危险性 不燃。受热分解产生有毒的一氧化碳和氮氧化物气体。

禁忌物 强氧化剂、强碱。

毒性 大鼠经口 LD_{50}：35mg/kg；小鼠经口 LD_{50}：16mg/kg；大鼠吸入 LC_{50}：>160mg/m^3(4h)；大鼠经皮 LD_{50}：450mg/kg；兔经皮 LD_{50}：11.6mL/kg。

中毒表现 中毒症状有头痛 、恶心、呕吐、腹痛、流涎、出汗、瞳孔缩小、步行困难、语言障碍，重者可发生全身痉挛、昏迷。

侵入途径 吸入、食入、经皮吸收。

环境危害 对水生生物有极高毒性，可能在水生环境中造成长期不利影响。

理化特性与用途

理化特性 无色无味结晶。不溶于水，易溶于甲醇、丙酮、二氯甲烷等多数有机溶剂。熔点 87~87.5℃，沸点 117℃(1.33kPa)，蒸气压 0.004kPa(25℃)，辛醇/水分配系数 3.1 。

主要用途 农用杀虫剂，用于防治鳞翅目和鞘翅目害虫。

包装与储运

包装标志 有毒品

包装类别 Ⅱ类

安全储运 储存于阴凉、通风的库房。远离火种、热源。储存温度不超过 35℃，相对湿度不超过 85%。保持容器密封。应与强氧化剂等隔离储运。搬运时轻装轻卸，防止容器受损。

紧急处置信息

急救措施

吸入：迅速脱离现场至空气新鲜处。保持呼吸道通畅。如呼吸困难，给输氧。呼吸、心跳停止，立即进行心肺复苏术。就医。

眼睛接触：立即分开眼睑，用流动清水或生理盐水彻底冲洗。就医。

皮肤接触：立即脱去污染的衣着，用流动清水彻底冲洗。就医。

食入：饮适量温水，催吐(仅限于清醒者)。就医。

解毒剂：阿托品。

灭火方法 消防人员须穿全身消防服，佩戴正压自给式呼吸器，在上风向灭火。尽可能将容器从火场移至空旷处。喷水保持火场容器冷却，直至灭火结束。

灭火剂：雾状水、泡沫、二氧化碳、干粉、沙土。

泄漏应急处置 隔离泄漏污染区，限制出入。建议应急处理人员戴防尘口罩，穿防毒服。穿上适当的防护服前严禁接触破裂的容器和泄漏物。尽可能切断泄漏源。用塑料布覆盖泄漏物，减少飞散。勿使水进入包装容器内。用洁净的铲子收集泄漏物，置于干净、干燥、盖子较松的容器中，将容器移离泄漏区。

499. 锰粉

标　识

中文名称 锰粉

英文名称 Manganese powder

分子式 Mn

CAS 号 7439-96-5

铁危编号 41506

危害信息

危险性类别 第 4.1 类 易燃固体

燃烧与爆炸危险性 易燃。其粉体与空气混合能形成爆炸性混合物。燃烧产生有害的氧化锰。

活性反应 遇水或酸能发生化学反应。与氯、氟、过氧化氢、硝酸、二氧化氮、磷、二氧化硫和氧化剂接触剧烈反应。

禁忌物 酸类、碱、卤素(如氯、氟)、磷、水、过氧化氢、硝酸、二氧化氮、二氧化硫和氧化剂。

毒性 大鼠经口 LD_{50}：9000mg/kg；人(男性)吸入 *TCLo*：2.3mg/m^3。

中毒表现 主要为慢性中毒，损害中枢神经系统尤以锥体外系统突出。

主要表现为头痛、头晕、记忆减退、嗜睡、心动过速、多汗、两腿沉重、走路速度减慢、口吃、易激动等。重者出现“锰性帕金森氏综合征”，特点为面部呆板、无力、情绪冷淡、语言含糊不情、四肢僵直、肌颤、走路前冲、后退极易跌倒、书写困难等。

侵入途径 吸入、食入。

职业接触限值 中国：PC-TWA 0.15mg/m^3[按 MnO_2计]。

美国(ACGIH)：TLV-TWA 0.2mg/m^3。

理化特性与用途

理化特性 灰白色粉末。易溶于稀的无机酸。熔点 1244℃，沸点 1962℃，相对密度(水=1)7.2，蒸气压 1Pa(955℃)，最低点燃温度 450℃(粉尘云)。

主要用途 用于制锰钢，也用于制防磁部件。

包装与储运

包装标志 易燃固体

包装类别 Ⅲ类

安全储运 储存于阴凉、通风的库房。远离火种、热源。储存温度不超过 35℃。保持容器密封。禁止使用易产生火花的机械设备和工具。应与强氧化剂、酸等隔离储运。

紧急处置信息

急救措施

吸入：迅速脱离现场至空气新鲜处。保持呼吸道通畅。如呼吸困难，给输氧。呼吸、心跳停止，立即进行心肺复苏术。就医。

眼睛接触：立即分开眼睑，用流动清水或生理盐水彻底冲洗。就医。

皮肤接触：立即脱去污染的衣着，用肥皂水和清水彻底冲洗。就医。

食入：漱口，饮水。就医。

灭火方法 消防人员须穿全身防火防毒服，佩戴空气呼吸器，在上风向灭火。尽可能将容器从火场移至空旷处。喷水保持火场容器冷却，直至灭火结束。

灭火剂：干粉、二氧化碳、沙土。

泄漏应急处置 隔离泄漏污染区，限制出入。建议应急处理人员戴防尘口罩，穿一般作业工作服。禁止接触或跨越泄漏物。小量泄漏：用洁净的铲子收集泄漏物，置于干净、干燥、盖子较松的容器中，将容器移离泄漏区。大量泄漏：用水润湿，并筑堤收容。防止泄漏物进入水体、下水道、地下室或有限空间

500. 锰酸钾

标　识

中文名称 锰酸钾

英文名称 Potassium manganate

分子式 K_2MnO_4

CAS 号 10294-64-1

铁危编号 51506

$$O=Mn(=O)(O^-K^+)-O^-K^+$$

危害信息

危险性类别 第 5.1 类 氧化剂

燃烧与爆炸危险性 助燃。与可燃物混合能形成爆炸性混合物。

禁忌物 强还原剂、强酸、活性金属粉末、有机物、易燃物如硫、磷等。

侵入途径 吸入、食入、经皮吸收。

职业接触限值 中国：PC-TWA 0.15mg/m^3［按 MnO_2计］。

美国(ACGIH)：TLV-TWA 0.2mg/m^3［按 Mn 计］。

理化特性与用途

理化特性 暗绿色正交晶系结晶。溶于水，溶于氢氧化钠水溶液。熔点 190℃(分解)，相对密度(水=1)2.78。

主要用途 用作纤维漂白剂、羊皮和羊毛的媒染剂、水的杀菌剂、精制油类，也用于印刷、电池和照相等。

包装与储运

包装标志 氧化剂

包装类别 Ⅱ类

安全储运 储存于阴凉、通风的库房。远离火种、热源。储存温度不超过 30℃，相对湿度不超过 80%。保持容器密封。应与酸、可燃物、硫、磷、还原剂等隔离储运。

紧急处置信息

急救措施

吸入：迅速脱离现场至空气新鲜处。保持呼吸道通畅。如呼吸困难，给输氧。呼吸、心跳停止，立即进行心肺复苏术。就医。

眼睛接触：立即分开眼睑，用流动清水或生理盐水彻底冲洗。就医。

皮肤接触：立即脱去污染的衣着，用肥皂水和清水彻底冲洗。就医。

食入：漱口，饮水。就医。

灭火方法 消防人员须穿全身防火防毒服，佩戴空气呼吸器，在上风向灭火。尽可能将容器从火场移至空旷处。喷水保持容器冷却，直至灭火结束。

本品不燃，根据着火原因选择适当灭火剂灭火。

泄漏应急处置 隔离泄漏污染区，限制出入。建议应急处理人员戴防尘口罩，穿防毒服。勿使泄漏物与可燃物质(如木材、纸、油等)接触。穿上适当的防护服前严禁接触破裂的容器和泄漏物。尽可能切断泄漏源。勿使水进入包装容器内。小量泄漏：用洁净的铲子收集泄漏物，置于干净、干燥、盖子较松的容器中，将容器移离泄漏区。大量泄漏：泄漏物回收后，用水冲洗泄漏区。

501. 迷迭香油

标　识

中文名称 迷迭香油

英文名称 Rosemary oil; Rosemarie oil

CAS 号 8000-25-7

铁危编号 32144

危害信息

危险性类别 第3类 易燃液体

燃烧与爆炸危险性 易燃。其蒸气与空气混合能形成爆炸性混合物，遇明火、高热易燃烧或爆炸。燃烧或受热分解产生有害的一氧化碳气体。在高温火场中，受热的容器或储罐有破裂和爆炸的危险。

活性反应 与氧化剂接触发生猛烈反应。

禁忌物 强氧化剂、酸类。

侵入途径 吸入、食入。

理化特性与用途

理化特性 无色至苍黄色液体，具有迷迭香的特征花香，稍带樟脑样气味。沸点175~176℃，相对密度(水=1)0.894~0.912，蒸气压0.27kPa(20℃)，闪点45.56℃(Tag 闭杯)。

主要用途 用于香水，化妆品，香皂和空气清新剂。具有很强的驱虫效果，亦是很好的天然防腐剂。也用于医药工业。

包装与储运

包装标志 易燃液体

包装类别 Ⅲ类

安全储运 储存于阴凉、通风的库房。保持容器密闭。远离火种、热源，避免阳光直射。储存温度不超过37℃。炎热季节早晚运输，应与氧化剂、酸等隔离储运。禁止使用易产生火花的机械设备和工具。搬运时轻装轻卸，防止容器受损。

紧急处置信息

急救措施

吸入： 脱离接触。如有不适感，就医。

眼睛接触： 分开眼睑，用流动清水或生理盐水冲洗。如有不适感，就医。

皮肤接触： 脱去污染的衣着，用流动清水冲洗。如有不适感，就医。

食入： 漱口，饮水。就医。

灭火方法 消防人员须穿全身消防服，佩戴防毒面具，在上风向灭火。尽可能将容器从火场移至空旷处。喷水保持火场容器冷却，直至灭火结束。处在火场中的容器若发生异常变化或发出异常声音，须马上撤离。

灭火剂：雾状水、泡沫、二氧化碳、干粉、沙土。

泄漏应急处置 消除所有点火源。根据液体流动和蒸气扩散的影响区域划定警戒区，无关人员从侧风、上风向撤离至安全区。建议应急处理人员戴正压自给式呼吸器，穿防静电服。作业时使用的所有设备应接地。禁止接触或跨越泄漏物。尽可能切断泄漏源。防止泄漏物进入水体、下水道、地下室或有限空间。小量泄漏：用沙土或其他不燃材料吸收。使用洁净的无火花工具收集吸收材料。大量泄漏：构筑围堤或挖坑收容。用泡沫覆盖，减少蒸发。喷水雾能减少蒸发，但不能降低泄漏物在有限空间内的易燃性。用防爆泵转移至槽车或专用收集器内。

502. 醚苯磺隆

标　识

中文名称 醚苯磺隆

英文名称 Triasulfuron; 1-[2-(2-Chloroethoxy) phenylsulfonyl]-3-(4-methoxy-6-methyl-1,3,5-triazin-2-yl) urea

别名 1-[2-(2-氯乙氧基)苯基磺酰基]-3-(4-甲氧基-6-甲基-1，3，5-三嗪-2-基)脲

分子式 $C_{14}H_{16}ClN_5O_5S$

CAS 号 82097-50-5

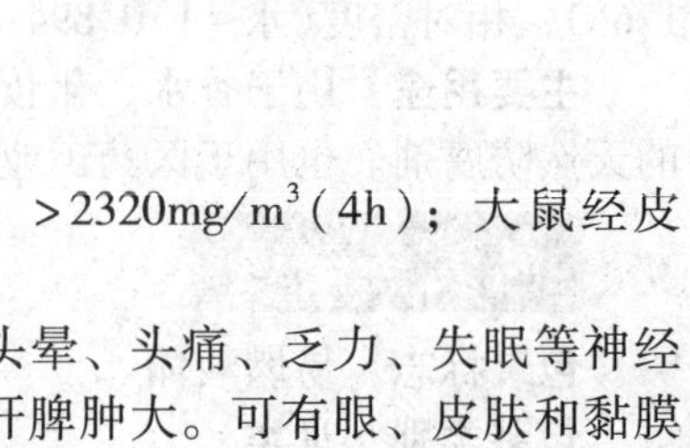

Cl　O　O　O　N　N　N　N　N　H　H　S　O

危害信息

燃烧与爆炸危险性 不易燃。受高热分解产生有毒的氮氧化物和硫氧化物气体。

禁忌物 强氧化剂。

毒性 大鼠经口 LD_{50}：>5000mg/kg；大鼠吸入 LC_{50}：>2320mg/m^3(4h)；大鼠经皮 LD_{50}：>2 g/kg；兔经皮 LD_{50}：>2000mg/kg。

中毒表现 大量口服脲类除草剂可引起中毒。可出现头晕、头痛、乏力、失眠等神经系统症状；恶心、呕吐等消化系统症状。严重者有贫血、肝脾肿大。可有眼、皮肤和黏膜的刺激作用。

侵入途径 吸入、食入、经皮吸收。

环境危害 对水生生物有极高毒性，可能在水生环境中造成长期不利影响。

理化特性与用途

理化特性 无色结晶或淡黄色粉末，有吸湿性。不溶于水，微溶于丙酮、二氯甲烷、

环己酮、甲醇。熔点 178℃，相对密度(水=1)1.5，饱和蒸气压<0.002mPa(25℃)，辛醇/水分配系数 1.1 。

主要用途　除草剂，用于禾谷类作物防除一年生阔叶杂草和某些禾本科杂草。

包装与储运

包装标志　杂项

包装类别　Ⅲ类

安全储运　储存于阴凉、通风的库房。远离火种、热源。保持容器密闭。应与强氧化剂等隔离储运。搬运时轻装轻卸，防止容器受损。

紧急处置信息

急救措施

吸入：迅速脱离现场至空气新鲜处。保持呼吸道通畅。如呼吸困难，给输氧。呼吸、心跳停止，立即进行心肺复苏术。就医。

眼睛接触：立即分开眼睑，用流动清水或生理盐水彻底冲洗。就医。

皮肤接触：立即脱去污染的衣着，用流动清水彻底冲洗。就医。

食入：漱口，饮水。就医。

灭火方法　消防人员须穿全身消防服，佩戴正压自给式呼吸器，在上风向灭火。尽可能将容器从火场移至空旷处。喷水保持火场容器冷却，直至灭火结束。

灭火剂：雾状水、泡沫、二氧化碳、干粉、沙土。

泄漏应急处置　隔离泄漏污染区，限制出入。建议应急处理人员戴防尘口罩，穿防毒服，戴橡胶手套。穿上适当的防护服前严禁接触破裂的容器和泄漏物。尽可能切断泄漏源。用干燥的沙土或其他不燃材料覆盖泄漏物，然后用塑料布覆盖，减少飞散、避免雨淋。用洁净的铲子收集泄漏物，置于干净、干燥、盖子较松的容器中，将容器移离泄漏区。

503. 脒基亚硝氨基脒基四氮烯[含水≥30%]

标　识

中文名称　脒基亚硝氨基脒基四氮烯[含水≥30%]

英文名称　Guanyl nitrosaminoguanylidene hydrazine, wetted with not less than 30% water, by mass; 4-Amidino-*N′*-nitroso-1-tetrazene-1-carboximidohydrazide

分子式　$C_2H_8N_{10}O$

CAS 号　109-27-3

铁危编号　11023

UN 号　0113

危害信息

危险性类别　第 1 类　爆炸品

燃烧与爆炸危险性　易爆。遇震动、摩擦、明火、高温可能发生爆炸。在高温火场中，受热的容器有破裂和爆炸的危险 。在火场中可能产生有毒和刺激性的烟气。

禁忌物　强氧化剂。

侵入途径 吸入、食入。

理化特性与用途

理化特性 无色至淡黄色蓬松结晶固体。不溶于冷水，在热水中分解。分解温度100℃，130℃爆炸，辛醇/水分配系数-0.54。

主要用途 与其他炸药混合用于制雷管。

包装与储运

包装标志 爆炸品

安全储运 储存于阴凉、干燥、通风的爆炸品专用库房。远离火种、热源。储存温度不宜超过32℃,相对湿度不超过80%。若以水作稳定剂，储存温度应大于1℃,相对湿度小于80%。保持容器密封。应与其他爆炸品、氧化剂、还原剂、碱等隔离储运。采用防爆型照明、通风设施。禁止使用易产生火花的机械设备和工具。搬运时轻装轻卸，防止容器受损。禁止震动、撞击和摩擦。

紧急处置信息

急救措施

吸入： 脱离接触。如有不适感，就医。

眼睛接触： 分开眼睑，用流动清水或生理盐水冲洗。如有不适感，就医。

皮肤接触： 脱去污染的衣着，用肥皂水和清水冲洗。如有不适感，就医。

食入： 漱口，饮水。就医。

灭火方法 消防人员须穿全身消防服，佩戴正压自给式呼吸器，在上风向灭火。尽可能将容器从火场移至空旷处。喷水保持火场容器冷却，直至灭火结束。用大量水灭火 。

泄漏应急处置 消除所有点火源。隔离泄漏污染区，限制出入。建议应急处理人员戴防尘口罩，穿防毒服，戴橡胶手套。作业时使用的所有设备应接地。禁止接触或跨越泄漏物。润湿泄漏物。严禁设法扫除干的泄漏物。

504. 脒基亚硝氨基脒基四氮烯[含水或水加乙醇≥30%]

标识

中文名称 脒基亚硝氨基脒基四氮烯[含水或水加乙醇≥30%]

英文名称 Guanyl nitrosaminoguanyltetrazene, wetted with not less than 30% water, or mixture of alcohol and water, by mass; Tetracene

别名 特屈拉辛；四氮烯

分子式 $C_2H_8N_{10}O$

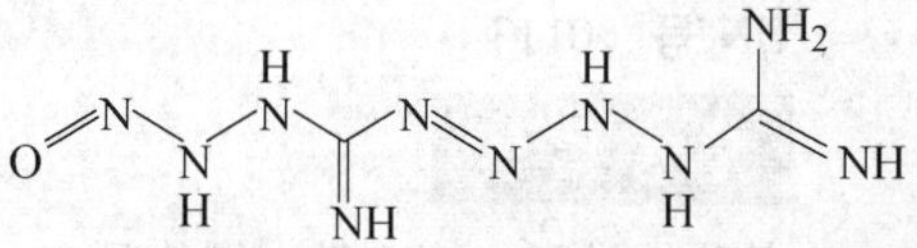

CAS 号 109-27-3

铁危编号 11024

危害信息

危险性类别 第1类 爆炸品

燃烧与爆炸危险性 易燃。粉尘与空气混合形成爆炸性混合物，受撞击、摩擦、遇明火或其他点火源极易爆炸。燃烧产生有毒的氮氧化物气体。高温火场中受热的容器有开裂和爆炸的危险。

禁忌物 强氧化剂。

侵入途径 吸入、食入。

理化特性与用途

理化特性 无色至淡黄色蓬松结晶固体。不溶于冷水，在热水中分解。分解温度100℃，130℃爆炸，辛醇/水分配系数-0.54。

包装与储运

包装标志 爆炸品

安全储运 储存于阴凉、干燥、通风的爆炸品专用库房。远离火种、热源。储存温度不宜超过32℃，相对湿度不超过80%。若以水作稳定剂，储存温度应大于1℃，相对湿度小于80%。保持容器密封。应与其他爆炸品、氧化剂、还原剂、碱等隔离储运。采用防爆型照明、通风设施。禁止使用易产生火花的机械设备和工具。搬运时轻装轻卸，防止容器受损。禁止震动、撞击和摩擦。

紧急处置信息

急救措施

吸入：脱离接触。如有不适感，就医。

眼睛接触：分开眼睑，用流动清水或生理盐水冲洗。如有不适感，就医。

皮肤接触：脱去污染的衣着，用肥皂水和清水冲洗。如有不适感，就医。

食入：漱口，饮水。就医。

灭火方法 消防人员须穿全身消防服，佩戴正压自给式呼吸器，在防爆掩蔽处操作。遇大火切勿轻易接近。在物料附近失火，须用水保持容器冷却。用大量水灭火。禁止用沙土盖压。

泄漏应急处置 消除所有点火源。隔离泄漏污染区，限制出入。建议应急处理人员戴防尘口罩，穿防毒服，戴橡胶手套。作业时使用的所有设备应接地。禁止接触或跨越泄漏物。收集泄漏物。

505. 嘧啶磷

标 识

中文名称 嘧啶磷

英文名称 Pirimiphos-ethyl；*O*-(2-Diethylamino-6-methylpyrimidin-4-yl) *O*,*O*-diethyl phosphorothioate

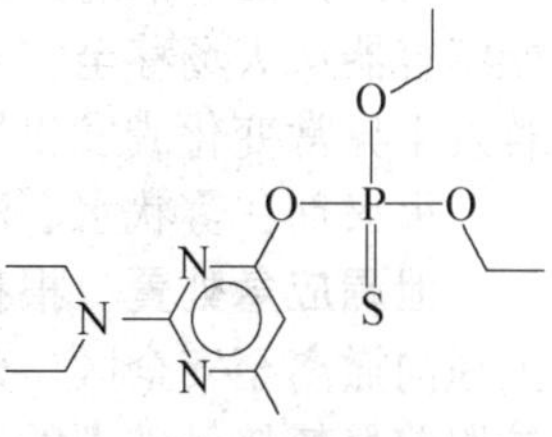

分子式 $C_{13}H_{24}N_3O_3PS$

CAS 号 23505-41-1

铁危编号 61874

危害信息

危险性类别 第6类 有毒品

燃烧与爆炸危险性 可燃。其蒸气与空气混合能形成爆炸性混合物。燃烧或受热分解产生有毒的一氧化碳、氮氧化物、氧化磷和氧化硫烟气。在高温火场中，受热的容器或储罐有破裂和爆炸的危险。

活性反应 与氧化剂可发生反应。

禁忌物 强氧化剂、强酸、强碱。

毒性 大鼠经口 LD_{50}：140mg/kg；小鼠经口 LD_{50}：105mg/kg；大鼠经皮 LD_{50}：1000mg/kg。

中毒表现 本品为中等毒有机磷杀虫剂，能使胆碱酯酶活性下降。中毒症状有头痛、头晕、恶心、呕吐、腹泻、流涎、多汗、瞳孔缩小、肌束震颤等。

侵入途径 吸入、食入、经皮吸收。

环境危害 对水生生物有极高毒性，可能在水生环境中造成长期不利影响。

理化特性与用途

理化特性 纯品为稻草色液体，工业品为棕红色液体，有硫醇气味。易溶于多数有机溶剂。熔点 15~18℃（工业品），沸点 194℃（分解），相对密度（水=1）1.14，蒸气压 0.039Pa(25℃)，辛醇/水分配系数 4.85，闪点>60℃。

主要用途 用作农用杀虫剂，防治土壤中和土壤表面的双翅目、鞘翅目害虫。

包装与储运

包装标志 有毒品

包装类别 Ⅱ类

安全储运 储存于阴凉、通风的库房。远离火种、热源。储存温度不超过 35℃，相对湿度不超过 85%。保持容器密封。应与强氧化剂、强酸、强碱等隔离储运。搬运时轻装轻卸，防止容器受损。

紧急处置信息

急救措施

吸入：迅速脱离现场至空气新鲜处。保持呼吸道通畅。如呼吸困难，给输氧。呼吸、心跳停止，立即进行心肺复苏术。就医。

眼睛接触：分开眼睑，用流动清水或生理盐水冲洗。就医。

皮肤接触：立即脱去污染的衣着，用肥皂水及流动清水彻底冲洗污染的皮肤、头发、指甲等。就医。

食入：饮足量温水，催吐(仅限于清醒者)。口服活性碳。就医。

解毒剂：阿托品、胆碱酯酶复能剂。

灭火方法 消防人员须穿全身消防服，佩戴正压自给式呼吸器，在上风向灭火。尽可能将容器从火场移至空旷处。喷水保持火场容器冷却，直至灭火结束。处在火场中的容器若发生异常变化或发出异常声音，须马上撤离。

灭火剂：雾状水、泡沫、二氧化碳、干粉、沙土。

泄漏应急处置 根据液体流动和蒸气扩散的影响区域划定警戒区，无关人员从侧风、上风向撤离至安全区。建议应急处理人员戴正压自给式呼吸器，穿防毒服。穿上适当的防护服前严禁接触破裂的容器和泄漏物。尽可能切断泄漏源。防止泄漏物进入水体、下水道、地下室或有限空间。小量泄漏：用干燥的沙土或其他不燃材料吸收或覆盖，收集于容器中。大量泄漏：构筑围堤或挖坑收容。用泵转移至槽车或专用收集器内。

506. 灭多威

标　识

中文名称 灭多威

英文名称 Methomyl；*N*-((Methylcarbamoyl)oxy)thioacetimidic acid，methyl ester

别名 *S*-甲基-*N*-(甲基氨基甲酰氧基)硫代乙酰亚胺酸酯

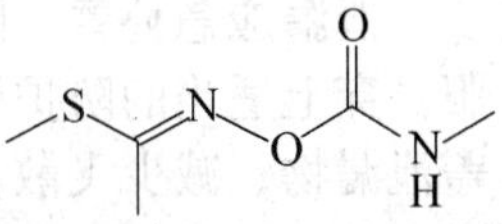

分子式 $C_5H_{10}N_2O_2S$

CAS 号 16752-77-5

铁危编号 61133(灭多虫)；61888(粉剂，含量3%~30%)；61889(乳剂)

危害信息

危险性类别 第6类 有毒品

燃烧与爆炸危险性 可燃。燃烧或受热分解产生有毒的一氧化碳、氮氧化物和氧化硫烟气。

禁忌物 强氧化剂、碱类。

毒性 大鼠经口 LD_{50}：12mg/kg；小鼠经口 LD_{50}：10mg/kg；大鼠吸入 LC_{50}：77ppm(4h)；大鼠经皮 LD_{50}：1000mg/kg；兔经皮 LD_{50}：556mg/kg；人经口 LD：12mg/kg。

中毒表现 主要症状包括流涎、流泪、视力模糊、震颤、惊厥、精神错乱、昏迷、恶心、呕吐、腹泻、腹痛，最后呼吸衰竭而死亡。

侵入途径 吸入、食入、经皮吸收。

职业接触限值 美国(ACGIH)：TLV-TWA 2.5mg/m^3。

环境危害 对水生生物有极高毒性，可能在水生环境中造成长期不利影响。

理化特性与用途

理化特性 白色结晶固体，有硫黄气味。溶于水，溶于多数有机溶剂。熔点78~79℃，相对密度(水=1)1.3，辛醇/水分配系数0.6。

主要用途 农用杀虫剂，用于防治棉铃虫、稻螟虫、蚜虫、象甲、蓟马等害虫，也可用于防治线虫。

包装与储运

包装标志 有毒品

包装类别 Ⅰ类

安全储运 储存于阴凉、通风的库房。远离火种、热源。储存温度不超过35℃，相对湿度不超过85%。保持容器密封。应与强氧化剂、强碱等隔离储运。搬运时轻装轻卸，防止容器受损。

紧急处置信息

急救措施

吸入： 迅速脱离现场至空气新鲜处。保持呼吸道通畅。如呼吸困难，给输氧。呼吸、心跳停止，立即进行心肺复苏术。就医。

眼睛接触：分开眼睑，用流动清水或生理盐水冲洗。就医。

皮肤接触：立即脱去污染的衣着，用肥皂水及流动清水彻底冲洗污染的皮肤、头发、指甲等。就医。

食入：饮足量温水，催吐(仅限于清醒者)。口服活性碳。就医。

解毒剂：阿托品。

灭火方法 消防人员须穿全身消防服，佩戴正压自给式呼吸器，在上风向灭火。尽可能将容器从火场移至空旷处。喷水保持火场容器冷却，直至灭火结束。

灭火剂：雾状水、泡沫、二氧化碳、干粉、沙土。

泄漏应急处置 隔离泄漏污染区，限制出入。建议应急处理人员戴防尘口罩，穿防毒服。穿上适当的防护服前严禁接触破裂的容器和泄漏物。尽可能切断泄漏源。用塑料布覆盖泄漏物，减少飞散。勿使水进入包装容器内。用洁净的铲子收集泄漏物，置于干净、干燥、盖子较松的容器中，将容器移离泄漏区。

507. 灭杀威

标 识

中文名称 灭杀威

英文名称 3,4-Xylyl methylcarbamate ; Xylylcarb

分子式 $C_{10}H_{13}NO_2$

CAS 号 2425-10-7

铁危编号 61888

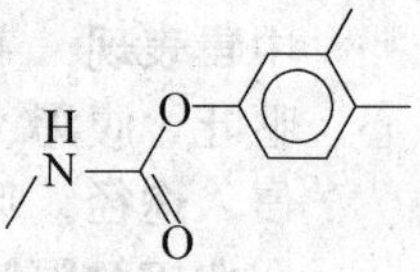

危害信息

危险性类别 第 6 类 有毒品

燃烧与爆炸危险性 可燃。燃烧或受热分解产生有毒的一氧化碳和氮氧化物烟气。

禁忌物 强氧化剂。

毒性 大鼠经口 LD_{50}：290mg/kg；小鼠经口 LD_{50}：45.5mg/kg；小鼠吸入 LC_{50}：>541mg/m^3；大鼠经皮 LD_{50}：>1000mg/kg。

中毒表现 氨基甲酸酯类农药抑制胆碱酯酶，出现相应的症状。中毒症状有头痛 、恶心、呕吐、腹痛、流涎、出汗、瞳孔缩小、步行困难、语言障碍，重者可发生全身痉挛、昏迷。

侵入途径 吸入、食入、经皮吸收。

环境危害 对水生生物有极高毒性，可能在水生环境中造成长期不利影响。

理化特性与用途

理化特性 白色结晶固体。微溶于水，溶于多数有机溶剂。熔点 79.5℃，沸点 123～130℃(0.013kPa)，蒸气压 0.080Pa(25℃)，辛醇/水分配系数 2.09。

主要用途 农用杀虫剂。用于防治水稻叶蝉、飞虱，蔬菜的鳞翅目害虫及果树介壳虫等。

包装与储运

包装标志 有毒品

包装类别 Ⅲ类

安全储运 储存于阴凉、通风的库房。远离火种、热源。储存温度不超过35℃，相对湿度不超过85%。保持容器密封。应与强氧化剂等隔离储运。搬运时轻装轻卸，防止容器受损。

紧急处置信息

急救措施

吸入： 迅速脱离现场至空气新鲜处。保持呼吸道通畅。如呼吸困难，给输氧。呼吸、心跳停止，立即进行心肺复苏术。就医。

眼睛接触： 分开眼睑，用流动清水或生理盐水冲洗。就医。

皮肤接触： 立即脱去污染的衣着，用肥皂水及流动清水彻底冲洗污染的皮肤、头发、指甲等。就医。

食入： 饮足量温水，催吐(仅限于清醒者)。口服活性炭。就医。

解毒剂：阿托品。

灭火方法 消防人员须穿全身消防服，佩戴正压自给式呼吸器，在上风向灭火。尽可能将容器从火场移至空旷处。喷水保持火场容器冷却，直至灭火结束。

灭火剂：雾状水、泡沫、二氧化碳、干粉、沙土。

泄漏应急处置 隔离泄漏污染区，限制出入。建议应急处理人员戴防尘口罩，穿防毒服。穿上适当的防护服前严禁接触破裂的容器和泄漏物。尽可能切断泄漏源。用塑料布覆盖泄漏物，减少飞散。勿使水进入包装容器内。用洁净的铲子收集泄漏物，置于干净、干燥、盖子较松的容器中，将容器移离泄漏区。

508. 灭瘟素的苄氨基苯磺酸盐

标　识

中文名称 灭瘟素的苄氨基苯磺酸盐

英文名称 Blasticidin-*S*-benzyl amino benzene sulfonate

分子式 $C_{17}H_{26}N_8O_5 \cdot C_{13}H_{13}NO_3S$

CAS 号 38162-93-5

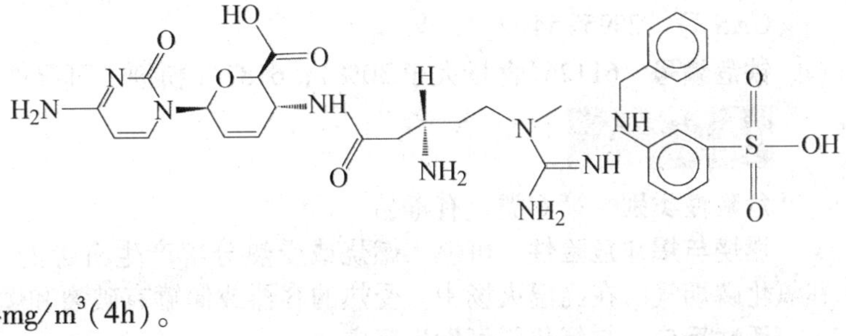

危害信息

危险性类别 第6类 有毒品

禁忌物 强氧化剂、强酸。

毒性 大鼠吸入 *LCLo*：$4mg/m^3$(4h)。

侵入途径 吸入、食入。

理化特性与用途

理化特性 浅褐色结晶粉末。不溶于水。熔点225~228℃。

主要用途 农用杀菌剂。

包装与储运

包装标志 有毒品

包装类别 Ⅲ类

安全储运 储存于阴凉、通风的库房。远离火种、热源。储存温度不超过35℃，相对湿度不超过85%。保持容器密封。应与强氧化剂等隔离储运。搬运时轻装轻卸，防止容器受损。

紧急处置信息

急救措施

吸入：迅速脱离现场至空气新鲜处。保持呼吸道通畅。如呼吸困难，给输氧。呼吸、心跳停止，立即进行心肺复苏术。就医。

眼睛接触：立即分开眼睑，用流动清水或生理盐水彻底冲洗。就医。

皮肤接触：立即脱去污染的衣着，用肥皂水和清水彻底冲洗。就医。

食入：漱口，饮水。就医。

泄漏应急处置 隔离泄漏污染区，限制出入。消除所有点火源。建议应急处理人员戴防尘口罩，穿防毒服。穿上适当的防护服前严禁接触破裂的容器和泄漏物。尽可能切断泄漏源。用塑料布覆盖泄漏物，减少飞散。勿使水进入包装容器内。用洁净的铲子收集泄漏物，置于干净、干燥、盖子较松的容器中，将容器移离泄漏区。

509. 灭蚜磷

标　识

中文名称 灭蚜磷

英文名称 Mecarbam; *S*-(*N*-Ethoxycarbonyl-*N*-methylcarbamoylmethyl) -*O*,*O*-diethyl phosphorodithioate

别名 *S*-(*N*-乙氧羰基-*N*-甲基氨基甲酰甲基)-*O*，*O*-二乙基二硫代磷酸酯

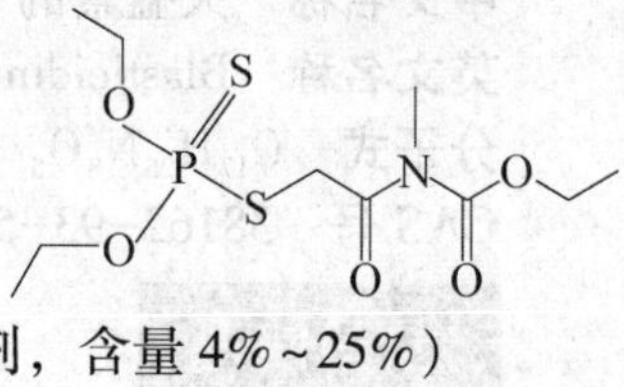

分子式 $C_{10}H_{20}NO_5PS_2$

CAS 号 2595-54-2

铁危编号 61126(含量大于30%)；61874(粉剂、可湿性粉剂，含量4%~25%)

危害信息

危险性类别 第6类 有毒品

燃烧与爆炸危险性 可燃。燃烧或受热分解产生有毒的一氧化碳、氮氧化物、氧化硫和氧化磷烟气。在高温火场中。受热的容器或储罐有破裂和爆炸的危险。

活性反应 与氧化剂可发生反应。

禁忌物 强氧化剂。

毒性 大鼠经口 LD_{50}：31mg/kg；小鼠经口 LD_{50}：106mg/kg；大鼠吸入 LC_{50}：700mg/m^3(6h)；大鼠经皮 LD_{50}：380mg/kg。

中毒表现 中毒后胆碱酯酶活性下降，出现头晕、眼花、无力、恶心、呕吐、多汗、流涎、瞳孔缩小、肌肉震颤等，重者昏迷、呼吸困难、肺水肿等。

侵入途径 吸入、食入、经皮吸收。

环境危害 对水生生物有极高毒性，可能在水生环境中造成长期不利影响。

理化特性与用途

理化特性 纯品为浅棕色液体。微溶于水，溶于醇类、芳香烃、酮类、酯类、氯化烃。熔点<25℃，沸点144℃(2.7Pa)，相对密度(水=1)1.222，辛醇/水分配系数2.29。

主要用途 农用杀虫剂。用于防治水稻、果树、蔬菜和茶叶等作物的害虫。

包装与储运

包装标志 有毒品

包装类别 Ⅱ类

安全储运 储存于阴凉、通风的库房。远离火种、热源。储存温度不超过35℃，相对湿度不超过85%。保持容器密封。应与强氧化剂、强酸等隔离储运。搬运时轻装轻卸，防止容器受损。

紧急处置信息

急救措施

吸入：迅速脱离现场至空气新鲜处。保持呼吸道通畅。如呼吸困难，给输氧。呼吸、心跳停止，立即进行心肺复苏术。就医。

眼睛接触：分开眼睑，用流动清水或生理盐水冲洗。就医。

皮肤接触：立即脱去污染的衣着，用肥皂水及流动清水彻底冲洗污染的皮肤、头发、指甲等。就医。

食入：饮足量温水，催吐(仅限于清醒者)。口服活性碳。就医。

解毒剂：阿托品、胆碱酯酶复能剂。

灭火方法 消防人员须穿全身防火防毒服，佩戴正压自给式呼吸器，在上风向灭火。尽可能将容器从火场移至空旷处。喷水保持火场容器冷却，直至灭火结束。

灭火剂：雾状水、泡沫、二氧化碳、干粉、沙土。

泄漏应急处置 根据液体流动和蒸气扩散的影响区域划定警戒区，无关人员从侧风、上风向撤离至安全区。消除所有点火源。建议应急处理人员戴正压自给式呼吸器，穿防毒服。作业时使用的所有设备应接地。禁止接触或跨越泄漏物。尽可能切断泄漏源。防止泄漏物进入水体、下水道、地下室或有限空间。小量泄漏：用沙土或其他不燃材料吸收。使用洁净的无火花工具收集吸收材料。大量泄漏：构筑围堤或挖坑收容。用泡沫覆盖，减少蒸发。用防爆泵转移至槽车或专用收集器内。

510. 莫能菌素

标　识

中文名称 莫能菌素

英文名称 Monensin

510. 莫能菌素

别名 莫能星

分子式 $C_{36}H_{62}O_{11}$

CAS 号 17090-79-8

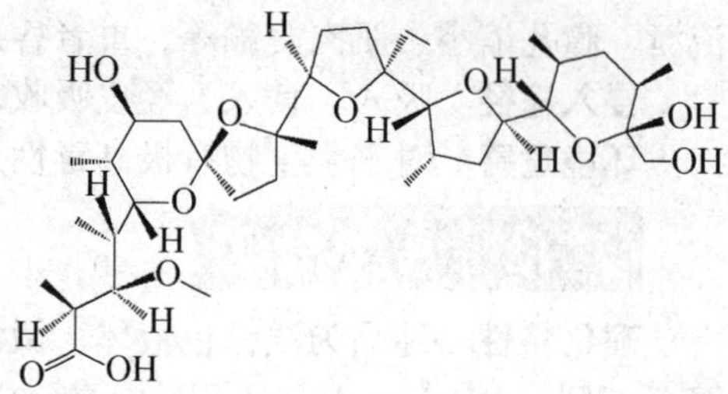

危害信息

危险性类别 第6类 有毒品

燃烧与爆炸危险性 可燃。燃烧或受热分解产生有毒或刺激性烟气。

禁忌物 强氧化剂。

毒性 大鼠经口 LD_{50}：100mg/kg；小鼠经口 LD_{50}：43800μg/kg。

中毒表现 过量口服引起横纹肌溶解、急性肾功能衰竭、心力衰竭，甚至死亡。对眼和皮肤有刺激性。

侵入途径 吸入、食入。

理化特性与用途

理化特性 结晶固体。微溶于水，溶于非极性溶剂。熔点103~105℃(一水物)，辛醇/水分配系数5.43。

主要用途 莫能菌素是聚醚类离子载体抗生素，主要用于防治鸡、羔羊、犊牛、兔球虫病和促进反刍动物生长。

包装与储运

包装标志 有毒品

包装类别 Ⅲ类

安全储运 储存于阴凉、通风的库房。远离火种、热源。储存温度不超过35℃，相对湿度不超过85%。保持容器密封。应与强氧化剂等隔离储运。搬运时轻装轻卸，防止容器受损。

紧急处置信息

急救措施

吸入：迅速脱离现场至空气新鲜处。保持呼吸道通畅。如呼吸困难，给输氧。呼吸、心跳停止，立即进行心肺复苏术。就医。

眼睛接触：立即分开眼睑，用流动清水或生理盐水彻底冲洗。就医。

皮肤接触：立即脱去污染的衣着，用流动清水彻底冲洗。就医。

食入：饮适量温水，催吐(仅限于清醒者)。就医。

灭火方法 消防人员须穿全身消防服，佩戴空气呼吸器，在上风向灭火。尽可能将容器从火场移至空旷处。喷水保持火场容器冷却，直至灭火结束。

灭火剂：雾状水、抗溶性泡沫、二氧化碳、干粉、沙土。

泄漏应急处置 隔离泄漏污染区，限制出入。建议应急处理人员戴防尘口罩，穿防毒服。尽可能切断泄漏源。用塑料布覆盖泄漏物，减少飞散。勿使水进入包装容器内。用洁净的铲子收集泄漏物，置于干净、干燥、盖子较松的容器中，将容器移离泄漏区。

511. 莫能菌素钠盐

标　识

中文名称　莫能菌素钠盐

英文名称　Monensin sodium salt；Monensin，monosodium salt

别名　莫能霉素钠

分子式　$C_{36}H_{61}O_{11}Na$

CAS 号　22373-78-0

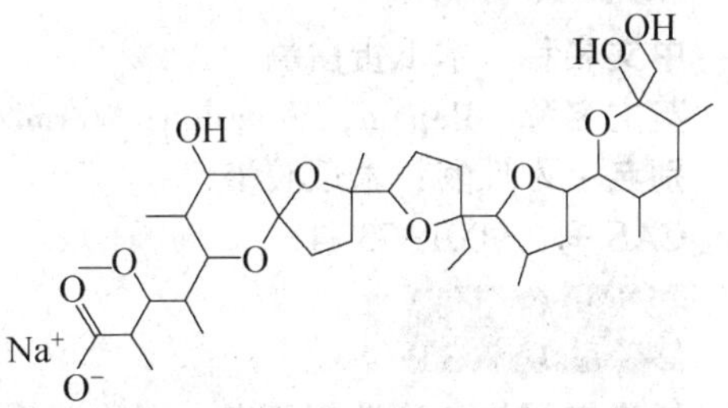

危害信息

危险性类别　第 6 类　有毒品

燃烧与爆炸危险性　不易燃。受高热分解产生有毒或刺激性烟气。

禁忌物　强氧化剂。

毒性　大鼠经口 LD_{50}：29mg/kg；小鼠经口 LD_{50}：44mg/kg。

中毒表现　过量口服引起横纹肌溶解、急性肾功能衰竭、心力衰竭，甚至死亡。

侵入途径　吸入、食入。

理化特性与用途

理化特性　浅褐色或淡橙黄色粉末。不溶于水，易溶于低级醇、低级酯、氯仿、丙酮、苯等有机溶剂。熔点 269℃，饱和蒸气压 0.3Pa(25℃)，辛醇/水分配系数 1.62。

主要用途　用作饲料添加剂(抗生素)。

包装与储运

包装标志　有毒品

包装类别　Ⅱ类

安全储运　储存于阴凉、通风的库房。远离火种、热源。储存温度不超过 35℃，相对湿度不超过 85%。保持容器密封。应与强氧化剂等隔离储运。搬运时轻装轻卸，防止容器受损。

紧急处置信息

急救措施

吸入：迅速脱离现场至空气新鲜处。保持呼吸道通畅。如呼吸困难，给输氧。呼吸、心跳停止，立即进行心肺复苏术。就医。

眼睛接触：立即分开眼睑，用流动清水或生理盐水彻底冲洗。就医。

皮肤接触：立即脱去污染的衣着，用流动清水彻底冲洗。就医。

食入：饮适量温水，催吐(仅限于清醒者)。就医。

灭火方法　消防人员须穿全身消防服，佩戴空气呼吸器，在上风向灭火。尽可能将容器从火场移至空旷处。喷水保持火场容器冷却，直至灭火结束。

灭火剂：雾状水、泡沫、二氧化碳、干粉、沙土。

泄漏应急处置 隔离泄漏污染区，限制出入。建议应急处理人员戴防尘口罩，穿防毒服。穿上适当的防护服前严禁接触破裂的容器和泄漏物。尽可能切断泄漏源。用塑料布覆盖泄漏物，减少飞散。勿使水进入包装容器内。用洁净的铲子收集泄漏物，置于干净、干燥、盖子较松的容器中，将容器移离泄漏区。

512. 木瓜蛋白酶

标　识

中文名称 木瓜蛋白酶

英文名称 Papain；Velardon；Vermizym

别名 木瓜酶；木瓜胶液

CAS 号 9001-73-4

危害信息

燃烧与爆炸危险性 可燃。燃烧或受热分解产生有毒的烟气。

禁忌物 强氧化剂。

毒性 大鼠经口 LD_{50}：>4 g/kg；小鼠经口 LD_{50}：12500mg/kg。

中毒表现 对眼、皮肤和呼吸道有刺激性。对呼吸道有致敏性。

侵入途径 吸入、食入。

理化特性与用途

理化特性 纯品的木瓜蛋白酶结晶为乳白色到黄色粉末状和针状，具有木瓜特有的气味；有一定的吸湿性，可溶于水和甘油，几乎不溶于乙醇、氯仿和乙醚等有机溶剂。最适作用温度为 65℃。

主要用途 用于防止啤酒冷藏的混浊，肉类嫩化，羊毛的防缩，牙齿上蛋白质沉积物的除去；临床上用于抗炎消肿、驱虫和辅助消化。

包装与储运

安全储运 储存于阴凉、通风的库房。远离火种、热源。保持容器密闭。应与强氧化剂、强酸等隔离储运。

紧急处置信息

急救措施

吸入：脱离接触。如有不适感，就医。

眼睛接触：分开眼睑，用流动清水或生理盐水冲洗。如有不适感，就医。

皮肤接触：脱去污染的衣着，用流动清水冲洗。如有不适感，就医。

食入：漱口，饮水。就医。

灭火方法 消防人员须穿全身消防服，佩戴空气呼吸器，在上风向灭火。尽可能将容器从火场移至空旷处。喷水保持火场容器冷却，直至灭火结束。

灭火剂：雾状水、抗溶性泡沫、二氧化碳、干粉、沙土。

泄漏应急处置 隔离泄漏污染区，限制出入。建议应急处理人员戴防尘口罩，穿一般

作业工作服。尽可能切断泄漏源。用塑料布覆盖泄漏物，减少飞散。用洁净的铲子收集泄漏物，置于干净、干燥、盖子较松的容器中，将容器移离泄漏区。

513. 钼酸铵

标　识

中文名称　钼酸铵

英文名称　Ammonium molybdate；Molybdic acid，diammonium salt

分子式　$(NH_4)_2MoO_4$

CAS 号　13106-76-8

$$\left[{}^{-}O-\overset{\overset{\textstyle O}{\|}}{\underset{\underset{\textstyle O}{\|}}{Mo}}-O^{-}\right]\quad \begin{matrix}NH_4^+\\ NH_4^+\end{matrix}$$

危害信息

燃烧与爆炸危险性　不燃，无特殊燃爆特性。受高热分解放出有毒的气体。

禁忌物　强酸。

毒性　大鼠经口 LD_{50}：680mg/kg。

中毒表现　吸入、摄入或经皮肤吸收后对身体有害，对眼睛、皮肤、黏膜和上呼吸道有刺激作用。

侵入途径　吸入、食入、经皮吸收。

职业接触限值　中国：PC-TWA 4mg/m^3［按 Mo 计］。

美国(ACGIH)：TLV-TWA 3mg/m^3［呼吸性］，10mg/m^3［可吸入性］［按 Mo 计］。

理化特性与用途

理化特性　无色至白色粉末或淡黄绿色粉末。溶于水。相对密度(水=1)1.4。

主要用途　用于制颜料,用于陶瓷、照相等行业，也用作实验室试剂。

包装与储运

安全储运　储存于阴凉、通风的库房。远离火种、热源。保持容器密闭。应与酸类等隔离储运。

紧急处置信息

急救措施

吸入：迅速脱离现场至空气新鲜处。保持呼吸道通畅。如呼吸困难，给输氧。呼吸、心跳停止，立即进行心肺复苏术。就医。

眼睛接触：立即分开眼睑，用流动清水或生理盐水彻底冲洗。就医。

皮肤接触：立即脱去污染的衣着，用流动清水彻底冲洗。就医。

食入：漱口，饮水。就医。

灭火方法　消防人员必须穿全身防火防毒服，佩戴空气呼吸器，在上风向灭火。灭火时尽可能将容器从火场移至空旷处。

本品不燃，根据着火原因选择适当灭火剂灭火。

泄漏应急处置　隔离泄漏污染区，限制出入。建议应急处理人员戴防尘口罩，穿防毒服。穿上适当的防护服前严禁接触破裂的容器和泄漏物。尽可能切断泄漏源。用塑料布覆盖泄漏物，减少飞散。勿使水进入包装容器内。用洁净的铲子收集泄漏物，置于干净、干燥、盖子较松的容器中，将容器移离泄漏区。

514. 内吸磷

标　识

中文名称　内吸磷

英文名称　Demeton；Phosphorothioic acid，*O*,*O*-diethyl-*O*-(2-(ethylthio)ethyl) ester, mixt. with *O*,*O*-diethyl-*S*-(2-(ethylthio)ethyl) phosphorothioate

别名　*O*，*O*-二乙基-*O*-(2-(乙硫基)乙基)硫代磷酸酯和 *O*，*O*-二乙基-*S*-(2-(乙硫基)乙基)硫代磷酸酯混剂；杀虱多

分子式　$C_8H_{19}O_3PS_2$

CAS 号　8065-48-3

铁危编号　61875

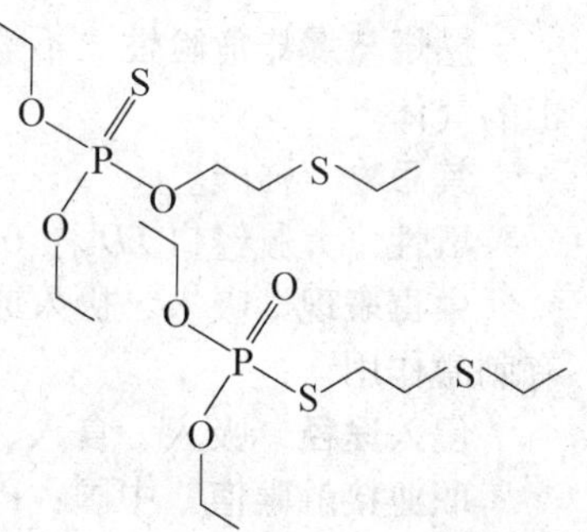

危害信息

危险性类别　第 6 类　有毒品

燃烧与爆炸危险性　可燃。受热分解，放出磷、硫的氧化物等毒性气体。

禁忌物　强氧化剂。

毒性　大鼠经口 LD_{50}：1700μg/kg；大鼠吸入 $LCLo$：15mg/m^3(4h)；大鼠经皮 LD_{50}：8200μg/kg；小鼠经口 LD_{50}：7850ug/kg；兔经皮 LD_{50}：24mg/kg。

根据《危险化学品目录》的备注，本品属剧毒化学品。

中毒表现　本品抑制胆碱酯酶活性。吸入、食入、经皮肤吸收都能引起中毒，表现为瞳孔缩小、唾液增多、出汗、肌痉挛、恶心、呕吐、腹泻、呼吸费力、头昏、惊厥、意识丧失等。

侵入途径　吸入、食入、经皮吸收。

职业接触限值　中国：PC-TWA 0.05mg/m^3[皮]。

美国(ACGIH)：TLV-TWA 0.05mg/m^3[皮]。

环境危害　对水生生物有极高毒性，可能在水生环境中造成长期不利影响。

理化特性与用途

理化特性　纯品是无色油状液体，工业品为棕色油状液体。溶于多数有机溶剂。沸点 134℃(0.27kPa)，相对密度(水=1)1.1，饱和蒸气压<10Pa(20℃)，辛醇/水分配系数 3.21(内吸磷)、2.09(异内吸磷)，引燃温度 464℃。

主要用途　农业上用于防治蚜虫、红蜘蛛、线虫等。

包装与储运

包装标志　有毒品

包装类别　Ⅱ类

安全储运　储存于阴凉、通风良好的专用库房内，应严格执行剧毒品“双人收发、双人保管”制度。远离火种、热源。库温不超过32℃。相对湿度不超过85%。保持容器密闭。应与氧化剂等隔离储运。搬运时轻装轻卸，防止容器受损。

紧急处置信息

急救措施

吸入：迅速脱离现场至空气新鲜处。保持呼吸道通畅。如呼吸困难，给输氧。呼吸、心跳停止，立即进行心肺复苏术。就医。

眼睛接触：分开眼睑，用流动清水或生理盐水冲洗。就医。

皮肤接触：立即脱去污染的衣着，用肥皂水及流动清水彻底冲洗污染的皮肤、头发、指甲等。就医。

食入：饮足量温水，催吐(仅限于清醒者)。口服活性炭。就医。

解毒剂：阿托品、胆碱酯酶复能剂。

灭火方法　消防人员必须佩戴正压自给式呼吸器，穿全身防火防毒服，在上风向灭火。尽可能将容器从火场移至空旷处。喷水保持火场容器冷却，直至灭火结束。

灭火剂：雾状水、泡沫、干粉、二氧化碳、沙土。

泄漏应急处置　根据液体流动和蒸气扩散的影响区域划定警戒区，无关人员从侧风、上风向撤离至安全区。建议应急处理人员戴正压自给式呼吸器，穿防毒服。穿上适当的防护服前严禁接触破裂的容器和泄漏物。尽可能切断泄漏源。防止泄漏物进入水体、下水道、地下室或有限空间。小量泄漏：用干燥的沙土或其他不燃材料吸收或覆盖，收集于容器中。大量泄漏：构筑围堤或挖坑收容。用泵转移至槽车或专用收集器内。

515. 氖[液化的]

标　识

中文名称　氖[液化的]

英文名称　Neon, refrigerated liquid; Neon

分子式　Ne

CAS号　7440-01-9

铁危编号　22009

UN号　1065

危害信息

危险性类别　第2.2类　不燃气体

燃烧与爆炸危险性　不燃，无特殊燃爆特性。若遇高热，容器内压增大，有开裂和爆炸的危险。

中毒表现　本品在生理学上是惰性气体，仅在高浓度时，由于空气中氧分压降低才引起窒息。

侵入途径　吸入。

理化特性与用途

理化特性　无色无气味的极冷液体。不溶于水。熔点-248.7℃，沸点-246.1℃，相对蒸气密度(空气=1)0.69 。

主要用途　大量用于高能物理研究，也是制造霓虹灯和指示灯的好原料，也可用来填充水银灯和钠蒸气灯。液体氖还用来做制冷剂。

包装与储运

包装标志　不燃气体。

安全储运　储存于阴凉、通风的库房或大型气柜。远离火源和热源。储存温度不超过30℃。运输时防止雨淋、曝晒。搬运时轻装轻卸，须戴好钢瓶安全帽和防震橡皮圈，防止钢瓶撞击。

紧急处置信息

急救措施

吸入：迅速脱离现场至空气新鲜处。保持呼吸道通畅。如呼吸困难，给输氧。呼吸、心跳停止，立即进行心肺复苏术。就医。

灭火方法　消防人员须佩戴防毒面具，穿全身消防服，在上风向灭火。喷水冷却容器。可能的话将容器从火场移至空旷处。

本品不燃，根据着火原因选择适当灭火剂灭火。

泄漏应急处置　大量泄漏：根据气体扩散的影响区域划定警戒区，无关人员从侧风、上风向撤离至安全区。建议应急处理人员戴正压自给式呼吸器，穿一般作业工作服。液体泄漏时穿防寒服。尽可能切断泄漏源。漏出气允许排入大气中。泄漏场所保持通风。

516. 2-萘磺酸

标　识

中文名称　2-萘磺酸

英文名称　2-Naphthalene sulfonic acid; Naphthalene-2-sulphonic acid

别名　β-萘磺酸

分子式　$C_{10}H_8O_3S$

CAS 号　120-18-3

UN 号　2585

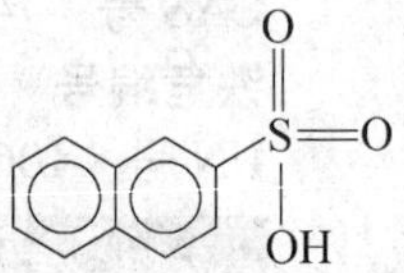

O
S=O
OH

危害信息

危险性类别　第 8 类腐蚀品

燃烧与爆炸危险性　可燃。燃烧或受高热分解产生有毒的硫化物、碳氧化物烟气。

禁忌物　强氧化剂、强碱、水蒸气。

毒性　大鼠经口 LD_{50}：400mg/kg 。

中毒表现　吸入、摄入或经皮肤吸收后对身体有害。对眼睛、皮肤、黏膜和上呼吸道有强烈的刺激作用。吸入后可引起喉和支气管的炎症、痉挛和水肿，肺水肿。中毒表现可有烧灼感、咳嗽、喘息、气短、头痛、恶心、呕吐等。还可引起皮肤过敏反应。

侵入途径　吸入、食入、经皮吸收。

理化特性与用途

理化特性 白色至微带棕色叶状的结晶，有吸湿性。易溶于水，溶于乙醇、乙醚。熔点 124℃，相对密度(水=1)1.441，辛醇/水分配系数0.63 。

主要用途 用于合成2-萘酚、2-萘酚磺酸、2-萘胺磺酸等，也用作中间体。

包装与储运

包装标志 腐蚀品

包装类别 Ⅲ类

安全储运 储存于阴凉、干燥、通风的库房。远离火种、热源。储存温度不超过 32℃，相对湿度不超过 80%。保持容器密封。应与强氧化剂、强碱等隔离储运。搬运时轻装轻卸，防止容器受损 。

紧急处置信息

急救措施

吸入：迅速脱离现场至空气新鲜处。保持呼吸道通畅。如呼吸困难，给输氧。呼吸、心跳停止，立即进行心肺复苏术。就医。

眼睛接触：立即分开眼睑，用流动清水或生理盐水彻底冲洗 10~15min。就医。

皮肤接触：立即脱去污染的衣着，用大量流动清水彻底冲洗，冲洗时间一般要求 20~30min。就医。

食入：用水漱口，禁止催吐。给饮牛奶或蛋清。就医。

灭火方法 消防人员必须穿全身耐酸碱消防服，佩戴正压自给式呼吸器，在上风向灭火。尽可能将容器从火场移至空旷处。喷水保持火场容器冷却，直至灭火结束。

灭火剂：雾状水、泡沫、干粉、二氧化碳、沙土。

泄漏应急处置 隔离泄漏污染区，限制出入。消除所有点火源。建议应急处理人员戴防尘口罩，穿防腐蚀、防毒服。穿上适当的防护服前严禁接触破裂的容器和泄漏物。尽可能切断泄漏源。用塑料布覆盖泄漏物，减少飞散。勿使水进入包装容器内。用洁净的铲子收集泄漏物，置于干净、干燥、盖子较松的容器中，将容器移离泄漏区。

517. 2-(2-萘氧基)丙酰替苯胺

标　识

中文名称 2-(2-萘氧基)丙酰替苯胺

英文名称 2-(2-Naphthalenyloxy)-*N*-phenylpropanamide ; Naproanilide; 2-Naphthyloxy propionanilide

别名 萘丙胺

分子式 $C_{19}H_{17}NO_2$

CAS 号 52570-16-8

危害信息

燃烧与爆炸危险性 可燃。燃烧或受热分解产生有毒的氮氧化物气体。

禁忌物　强氧化剂。

毒性　大鼠经口 LD_{50}：15g/kg；小鼠经口 LD_{50}：20g/kg；大鼠吸入 LC_{50}：>1670mg/m^3(4h)；大鼠经皮 LD_{50}：5g/kg 。

侵入途径　吸入、食入、经皮吸收。

理化特性与用途

理化特性　白色结晶。不溶于水，溶于丙酮。熔点 128℃，相对密度(水=1)1. 256，饱和蒸气压 66. 5Pa(110℃)，辛醇/水分配系数 4. 42，闪点 100℃。

主要用途　除草剂。用于防除一年生和多年生杂草。

包装与储运

安全储运　储存于阴凉、通风的库房。远离火种、热源。保持容器密闭。应与强氧化剂等隔离储运。

紧急处置信息

急救措施

吸入：迅速脱离现场至空气新鲜处。保持呼吸道通畅。如呼吸困难，给输氧。呼吸、心跳停止，立即进行心肺复苏术。就医。

眼睛接触：立即分开眼睑，用流动清水或生理盐水彻底冲洗。就医。

皮肤接触：立即脱去污染的衣着，用流动清水彻底冲洗。就医。

食入：漱口，饮水。就医 。

灭火方法　消防人员须穿全身消防服，佩戴正压自给式呼吸器，在上风向灭火。尽可能将容器从火场移至空旷处。喷水保持火场容器冷却，直至灭火结束。

灭火剂：雾状水、泡沫、二氧化碳、干粉、沙土。

泄漏应急处置　隔离泄漏污染区，限制出入。建议应急处理人员戴防尘口罩，穿防毒服。穿上适当的防护服前严禁接触破裂的容器和泄漏物。尽可能切断泄漏源。用塑料布覆盖泄漏物，减少飞散。勿使水进入包装容器内。用洁净的铲子收集泄漏物，置于干净、干燥、盖子较松的容器中，将容器移离泄漏区。

518. 1-萘氧基二氯化膦

标　识

中文名称　1-萘氧基二氯化膦

英文名称　1-Naphthoxyphosphorus dichloride

别名　1-萘氧二氯化膦

分子式　$C_{10}H_7Cl_2OP$

CAS 号　91270-74-5

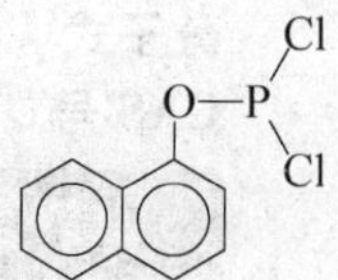

铁危编号 81129

危害信息

危险性类别 第8类 腐蚀品

燃烧与爆炸危险性 可燃。遇水或水蒸气反应放出有毒和易燃的气体。

活性反应 遇水或水蒸气反应。

禁忌物 强氧化剂、强碱、水蒸气。

侵入途径 吸入、食入。

理化特性与用途

理化特性 无色液体。溶于无水乙醇、乙醚。沸点180℃(2.4kPa)，相对密度(水=1)1.08(15℃)，饱和蒸气压2.4kPa(180℃)。

主要用途 用于有机分析中测定碳和氢。

包装与储运

包装标志 腐蚀品

包装类别 Ⅱ类

安全储运 储存于阴凉、通风的库房。远离火种、热源。储存温度不超过32℃，相对湿度不超过75%。保持容器密封。应与强氧化剂、强酸等隔离储运。搬运时轻装轻卸，防止容器受损。

紧急处置信息

灭火方法 消防人员必须佩戴正压自给式呼吸器，穿全身防火防毒服，在上风向灭火。尽可能将容器从火场移至空旷处。喷水保持火场容器冷却，直至灭火结束。禁止用水、泡沫和酸碱灭火剂灭火。

灭火剂：干粉、二氧化碳、沙土。

泄漏应急处置 根据液体流动和蒸气扩散的影响区域划定警戒区，无关人员从侧风、上风向撤离至安全区。消除所有点火源。建议应急处理人员戴正压自给式呼吸器，穿防酸碱服。穿上适当的防护服前严禁接触破裂的容器和泄漏物。尽可能切断泄漏源。防止泄漏物进入水体、下水道、地下室或有限空间。小量泄漏：用干燥的沙土或其他不燃材料吸收或覆盖，收集于容器中。大量泄漏：构筑围堤或挖坑收容。用耐腐蚀泵转移至槽车或专用收集器内。

519. 尼古丁

标 识

中文名称 尼古丁

英文名称 Nicotine；(*S*)-3-(1-Methyl-2-pyrrolidinyl)pyridine

别名 烟碱；1-甲基-2-(3-吡啶)吡咯烷

分子式 $C_{10}H_{14}N_2$

CAS 号 54-11-5

铁危编号 61868

UN 号 1654

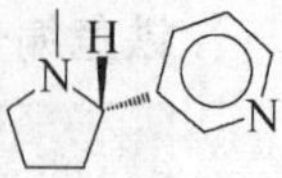

危害信息

危险性类别 第 6 类 有毒品

燃烧与爆炸危险性 可燃。其蒸气与空气混合，能形成爆炸性混合物。燃烧或受高热分解放出有毒的气体

活性反应 与氧化剂可发生反应。

禁忌物 强氧化剂。

毒性 大鼠经口 LD_{50}：50mg/kg；小鼠经口 LD_{50}：3340μg/kg；大鼠经皮 LD_{50}：140mg/kg；兔经皮 LD_{50}：50mg/kg；对人的致死剂量为 0.5~1mg/kg。

根据《危险化学品目录》的备注，本品属剧毒化学品。

中毒表现 吸入、食入、皮肤吸收都能引起中毒，表现为接触部位烧灼感，恶心、呕吐、惊厥，腹痛、腹泻，头痛、头昏，出汗，无力，精神恍惚。严重时呼吸肌麻痹，心搏暂停，可以致死。眼直接接触：发红，疼痛。

侵入途径 吸入、食入、经皮吸收。

职业接触限值 美国(ACGIH)：TLV-TWA 0.5mg/m^3[皮]。

理化特性与用途

理化特性 无色至淡黄色油状液体，有吡啶气味。混溶于水，易溶于乙醇、乙醚、氯仿、石油醚、煤油、油类。熔点-79℃，沸点 247℃，相对密度(水=1)1.01，相对蒸气密度(空气=1)5.61，饱和蒸气压 6Pa(20℃)，燃烧热-5967.8kJ/mol，辛醇/水分配系数 1.17，闪点 95℃(闭杯)，引燃温度 240℃，爆炸下限 0.7%，爆炸上限 4%。

主要用途 用于医药及杀虫剂等。

包装与储运

包装标志 有毒品

包装类别 Ⅱ类

安全储运 储存于阴凉、通风良好的专用库房内，应严格执行剧毒品“双人收发、双人保管”制度。储存温度不超过 35℃，相对湿度不超过 85%。保持容器密封。应与强氧化剂等隔离储运。搬运时轻装轻卸，防止容器受损。

紧急处置信息

急救措施

吸入：迅速脱离现场至空气新鲜处。保持呼吸道通畅。如呼吸困难，给输氧。呼吸、心跳停止，立即进行心肺复苏术。就医。

眼睛接触：立即分开眼睑，用流动清水或生理盐水彻底冲洗。就医。

皮肤接触：立即脱去污染的衣着，用流动清水彻底冲洗。就医。

食入：饮适量温水，催吐(仅限于清醒者)。就医。

灭火方法 消防人员必须佩戴正压自给式呼吸器，穿全身防火防毒服，在上风向灭火。尽可能将容器从火场移至空旷处。喷水保持火场容器冷却，直至灭火结束。灭火剂：雾状水、泡沫、干粉、二氧化碳、沙土。

泄漏应急处置 根据液体流动和蒸气扩散的影响区域划定警戒区，无关人员从侧风、上风向撤离至安全区。建议应急处理人员戴正压自给式呼吸器，穿防毒服。穿上适当的防护服前严禁接触破裂的容器和泄漏物。尽可能切断泄漏源。防止泄漏物进入水体、下水道、地下室或有限空间。小量泄漏：用干燥的沙土或其他不燃材料吸收或覆盖，收集于容器中。大量泄漏：构筑围堤或挖坑收容。用沙土或惰性物质吸收大量液体。用泵转移至槽车或专用收集器内。

520. 凝乳酶

标 识

中文名称 凝乳酶

英文名称 Rennin；Chymosin

别名 核糖核酸酶

CAS 号 9001-98-3

危害信息

燃烧与爆炸危险性 可燃。燃烧或受热分解产生有毒的烟气。

禁忌物 强氧化剂。

中毒表现 对眼、皮肤和呼吸道有刺激性。对呼吸道有致敏性。

侵入途径 吸入、食入。

理化特性与用途

理化特性 淡黄色粉末或颗粒或鳞片状物质，有吸湿性。可溶于水，水溶液一般呈棕黄色至深棕色。几乎不溶于乙醇、氯仿和乙醚。最适 pH 值 3.2~4.5。最适温度 35~45℃。

主要用途 可用作酶制剂。可应用于干酪制造，亦可用于酶凝干酪素及凝乳布丁的制造。

包装与储运

安全储运 储存于阴凉、干燥、通风的库房。远离火种、热源。保持容器密闭。应与强氧化剂、酸类等隔离储运。

紧急处置信息

急救措施

吸入： 脱离接触。如有不适感，就医。

眼睛接触： 分开眼睑，用流动清水或生理盐水冲洗。如有不适感，就医。

皮肤接触： 脱去污染的衣着，用流动清水冲洗。如有不适感，就医。

食入： 漱口，饮水。就医。

灭火方法 消防人员须穿全身消防服，佩戴空气呼吸器，在上风向灭火。尽可能将容器从火场移至空旷处。喷水保持火场容器冷却，直至灭火结束。

灭火剂：雾状水、抗溶性泡沫、二氧化碳、干粉、沙土。

泄漏应急处置 隔离泄漏污染区，限制出入。建议应急处理人员戴防尘口罩，穿一般作业工作服。尽可能切断泄漏源。用塑料布覆盖泄漏物，减少飞散。用洁净的铲子收集泄漏物，置于干净、干燥、盖子较松的容器中，将容器移离泄漏区。

521. 钕[浸在煤油中的]

标　识

中文名称 钕[浸在煤油中的]

英文名称 Neodymium [in kerosene]

别名 金属钕

分子式 Nd

CAS 号 7440-00-8；8008-20-6

铁危编号 32002

危害信息

危险性类别 第3类 易燃液体

燃烧与爆炸危险性 易燃。其蒸气与空气混合，能形成爆炸性混合物。与热水反应，生成易爆炸着火的氢气。

活性反应 与空气、卤素、氮、磷剧烈反应。与热水反应，生成易爆炸着火的氢气。

禁忌物 强氧化剂、强酸、卤素。

侵入途径 吸入、食入、经皮吸收。

职业接触限值 美国(ACGIH)：TLV-TWA 200mg/m^3[皮]。

理化特性与用途

理化特性 有银色光泽的金属。不溶于水。熔点1024℃，沸点3074℃，相对密度(水=1)7.003。

主要用途 用于冶金工业、生产钕盐等，用作玻璃着色剂。

包装与储运

包装标志 易燃液体

包装类别 Ⅲ类

安全储运 封存于固体石蜡或浸于煤油中。储存于阴凉、通风的库房。远离火种、热源。库温不宜超过37℃。包装要求密封，不可与空气接触。应与氧化剂、酸类、卤素等隔离储运。采用防爆型照明、通风设施。禁止使用易产生火花的机械设备和工具。搬运时轻装轻卸，防止容器受损。

紧急处置信息

急救措施

吸入：迅速脱离现场至空气新鲜处。如有不适，就医。

眼睛接触：分开眼睑，用流动清水或生理盐水冲洗，就医。

皮肤接触：脱去污染的衣着，用肥皂水和清水彻底冲洗皮肤。如有不适感，就医。

食入：漱口，饮水。就医。

灭火方法 消防人员须佩戴防毒面具，穿全身消防服，在上风向灭火。尽可能将容器从火场移至空旷处。喷水保持火场容器冷却，直至灭火结束。

灭火剂：干粉、沙土。

泄漏应急处置　隔离泄漏污染区，限制出入。消除所有点火源。建议应急处理人员戴防尘口罩，穿防静电服。禁止接触或跨越泄漏物。尽可能切断泄漏源。防止泄漏物进入水体、下水道、地下室或有限空间 。收集于适当的容器中。

522. 2,2′-偶氮-二-(2-甲基丁腈)

标　识

中文名称　2,2′-偶氮-二-(2-甲基丁腈)

英文名称　2,2′-Azobis(2-methylbutyronitrile); Butanenitrile, 2,2′-(1,2-diazenediyl) bis(2-methyl-

别名　偶氮二异戊腈

分子式　$C_{10}H_{16}N_4$

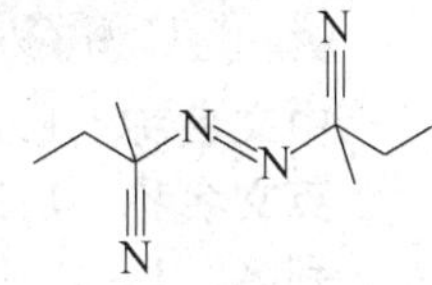

CAS 号　13472-08-7

铁危编号　41041

危害信息

危险性类别　第 4.1 类　易燃固体

燃烧与爆炸危险性　易燃。受热、摩擦、撞击等可能引起自燃或自分解。在高温火场中受热的容器有破裂和爆炸的危险。

禁忌物　强氧化剂。

毒性　大鼠经口 LD_{50}：337mg/kg；大鼠吸入 LC_{50}：>8900mg/m^3(4h)。

侵入途径　吸入、食入。

理化特性与用途

理化特性　白色结晶或粉末,不溶于水,溶于甲醇、乙醇、甲苯等有机溶剂。熔点 49～52℃，辛醇/水分配系数 3.38，活化能 125kJ/mol。

主要用途　乙烯基化合物的聚合引发剂。用于制造聚氯乙烯、聚丙烯腈、聚乙烯醇、合成纤维，用作塑料和橡胶的发泡剂 。

包装与储运

包装标志　易燃固体

包装类别　Ⅱ类

安全储运　储存于阴凉、通风的库房。远离火种、热源。储存温度不超过 35℃。保持容器密封。禁止使用易产生火花的机械设备和工具。应与强氧化剂等隔离储运。

紧急处置信息

急救措施

吸入：迅速脱离现场至空气新鲜处。保持呼吸道通畅。如呼吸困难，给输氧。呼吸、心跳停止，立即进行心肺复苏术。就医。

眼睛接触：立即分开眼睑，用流动清水或生理盐水彻底冲洗。就医。

皮肤接触：立即脱去污染的衣着，用肥皂水和清水彻底冲洗。就医。

食入：漱口，饮水。就医。

灭火方法 消防人员须穿全身消防服，佩戴正压自给式呼吸器，在上风向灭火。尽可能将容器从火场移至空旷处。喷水保持火场容器冷却，直至灭火结束。

灭火剂：雾状水、泡沫、二氧化碳、干粉、沙土。如火势很大，用大量水灭火。

泄漏应急处置 隔离泄漏污染区，限制出入。消除所有点火源。建议应急处理人员戴防尘口罩，穿防毒、防静电服。禁止接触或跨越泄漏物。小量泄漏：用洁净的铲子收集泄漏物，置于干净、干燥、盖子较松的容器中，将容器移离泄漏区。大量泄漏：用水润湿，并筑堤收容。防止泄漏物进入水体、下水道、地下室或有限空间。

523. 1,1'-偶氮-二-(六氢苄腈)

标识

中文名称 1,1'-偶氮-二-(六氢苄腈)

英文名称 1,1'-Azobis(1-cyclohexanecarbonitrile)；1,1'-Azodi-(hexahydrobenzonitrile)

别名 1, 1'-偶氮(氰基环已烷)

分子式 $C_{14}H_{20}N_4$

CAS 号 2094-98-6

铁危编号 41043

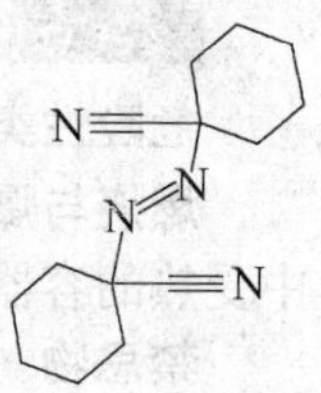

危害信息

危险性类别 第4.1类 易燃固体

燃烧与爆炸危险性 易燃。粉尘在空气中能形成爆炸性混合物。燃烧或受热易分解放出有毒气体。

禁忌物 强氧化剂。

侵入途径 吸入、食入。

理化特性与用途

理化特性 白色结晶粉末或白色至浅色固体。不溶于水，溶于苯、甲苯。熔点114～118℃，活化能14.9kJ/mol。

主要用途 油溶性偶氮引发剂，主要用作聚合引发剂。

包装与储运

包装标志 易燃固体

安全储运 储存于阴凉、通风的库房。远离火种、热源。储存温度不超过35℃。保持容器密封。禁止使用易产生火花的机械设备和工具。应与强酸、酸酐、氯仿、酰基氯、还原剂、氧化剂等隔离储运。

紧急处置信息

急救措施

吸入：脱离接触。如有不适感，就医。

眼睛接触：分开眼睑，用流动清水或生理盐水冲洗。如有不适感，就医。

皮肤接触：脱去污染的衣着，用流动清水冲洗。如有不适感，就医。

食入：漱口，饮水。就医。

灭火方法 消防人员须穿全身消防服，佩戴正压自给式呼吸器，在上风向隐蔽处灭火。尽可能将容器从火场移至空旷处。喷水保持火场容器冷却，直至灭火结束。

灭火剂：泡沫、二氧化碳、干粉。

泄漏应急处置 隔离泄漏污染区，限制出入。建议应急处理人员戴防尘口罩，穿防毒服。穿上适当的防护服前严禁接触破裂的容器和泄漏物。尽可能切断泄漏源。用塑料布覆盖泄漏物，减少飞散。勿使水进入包装容器内。用洁净的铲子收集泄漏物，置于干净、干燥、盖子较松的容器中，将容器移离泄漏区。

524. 哌嗪

标　识

中文名称 哌嗪

英文名称 Piperazine；1,4-Diazacyclohexane

别名 对二氮己环

分子式 $C_4H_{10}N_2$

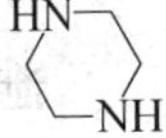

CAS 号 110-85-0

铁危编号 82518

UN 号 2579

危害信息

燃烧与爆炸危险性 可燃。其粉体与空气混合，能形成爆炸性混合物。燃烧或受热分解时，放出有毒的氮氧化物气体。具有腐蚀性。

禁忌物 强氧化剂、强酸、酰基氯、酸酐。

毒性 大鼠经口 LD_{50}：1900mg/kg；小鼠经口 LD_{50}：600mg/kg；小鼠吸入 LC_{50}：5400mg/m^3(2h)；兔经皮 LD_{50}：4mL/kg。

欧盟法规 1272/2008/EC 将本品列为第 2 类生殖毒物——可疑的人类生殖毒物。

中毒表现 吸入后出现烧灼感、咽痛、咳嗽、呼吸短促而费力、喘息，可发生肺水肿。**皮肤接触：**灼伤、疼痛、疱疹。眼接触：严重深度灼伤。吞食出现烧灼感、恶心、呕吐、头痛、无力、惊厥、休克或虚脱。

长期慢性接触可引起皮肤过敏反应或哮喘。

侵入途径 吸入、食入、经皮吸收。

理化特性与用途

理化特性 无色透明针状结晶或叶片状结晶，有氨的气味，具有强吸湿性。易溶于水，易溶于甘油、二醇类、氯仿、甲醇，微溶于苯，不溶于乙醚。pH 值 10.8~11.8(10%水溶液)，熔点 106℃，沸点 146℃，相对密度(水=1)1.1，相对蒸气密度(空气=1)3.0，饱和蒸气压 21Pa(20℃)，临界温度 365℃，临界压力 5.53MPa，燃烧热-2738kJ/mol，辛醇/水分配系数-1.17，闪点 65℃，引燃温度 320℃，爆炸下限 4%，爆炸上限 14% 。

主要用途　用于制造树脂、纤维、缓蚀剂、杀虫剂及药物等。

包装与储运

包装标志　腐蚀品

包装类别　Ⅲ类

安全储运　储存于阴凉、干燥、通风的库房。远离火种、热源。储存温度不超过30℃，相对湿度不超过80%。保持容器密封。应与强氧化剂、酸类等隔离储运。搬运时轻装轻卸，防止容器受损。

紧急处置信息

急救措施

吸入：迅速脱离现场至空气新鲜处。保持呼吸道通畅。如呼吸困难，给输氧。呼吸、心跳停止，立即进行心肺复苏术。就医。

眼睛接触：立即分开眼睑，用流动清水或生理盐水彻底冲洗10~15min。就医。

皮肤接触：立即脱去污染的衣着，用大量流动清水彻底冲洗，冲洗时间一般要求20~30min。就医。

食入：用水漱口，禁止催吐。给饮牛奶或蛋清。就医。

灭火方法　消防人员必须佩戴正压自给式呼吸器，穿全身防火防毒服，在上风向灭火。尽可能将容器从火场移至空旷处。喷水保持火场容器冷却，直至灭火结束。

灭火剂：雾状水、泡沫、干粉、二氧化碳、沙土。

泄漏应急处置　隔离泄漏污染区，限制出入。消除所有点火源。建议应急处理人员穿防酸碱服，佩戴防尘口罩。穿上适当的防护服前严禁接触破裂的容器和泄漏物。尽可能切断泄漏源。用塑料布覆盖泄漏物，减少飞散。勿使水进入包装容器内。用洁净的铲子收集泄漏物，置于干净、干燥、盖子较松的容器中，将容器移离泄漏区。

525. 2-(1-哌嗪基)乙胺

标　识

中文名称　2-(1-哌嗪基)乙胺

英文名称　1-Piperazineethanamine；*N*-(2-Aminoethyl)piperazine

别名　*N*-氨乙基哌嗪；氨基乙基对二氮己环

分子式　$C_6H_{15}N_3$

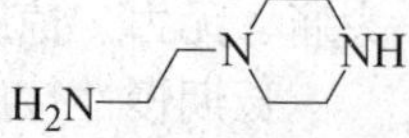

CAS号　140-31-8

铁危编号　82519

UN号　2815

危害信息

危险性类别　第8类　腐蚀品

燃烧与爆炸危险性　可燃。其蒸气与空气混合能形成爆炸性混合物，遇明火、高热易燃烧或爆炸。在高温火场中，受热的容器或储罐有破裂和爆炸的危险。燃烧或受热分解产生有毒的氮氧化物气体。

禁忌物 强氧化剂、强酸。

毒性 大鼠经口 LD_{50}：2140 μL/kg；兔经皮 LD_{50}：880 μL/kg。

中毒表现 低浓度吸入引起咳嗽和支气管痉挛。高浓度吸入可引起上呼吸道水肿和灼伤，罕见引起肺损伤。食入灼伤消化道。眼和皮肤接触引起灼伤。对皮肤有致敏性。

侵入途径 吸入、食入、经皮吸收。

环境危害 对水生生物有害，可能在水生环境中造成长期不利影响。

理化特性与用途

理化特性 无色至淡黄色透明液体，有氨样气味。混溶于水。熔点-19℃，沸点218~222℃，相对密度(水=1)0.985，相对蒸气密度(空气=1)4.4，饱和蒸气压10Pa(20℃)，辛醇/水分配系数-1.48，闪点88℃(闭杯)、93℃(开杯)，引燃温度315℃，爆炸下限1.6%，爆炸上限10.5%。

主要用途 用作环氧固化剂、药物中间体，用于制驱肠虫剂、表面活性剂和合成纤维等。

包装与储运

包装标志 腐蚀品

包装类别 Ⅲ类

安全储运 储存于阴凉、通风的库房。远离火种、热源。储存温度不超过30℃，相对湿度不超过80%。保持容器密封。应与强氧化剂、酸、酸酐、酰基氯、氯仿等隔离储运。避免使用铜、铝及其合金制设备。搬运时轻装轻卸，防止容器受损。

紧急处置信息

急救措施

吸入：迅速脱离现场至空气新鲜处。保持呼吸道通畅。如呼吸困难，给输氧。呼吸、心跳停止，立即进行心肺复苏术。就医。

眼睛接触：立即分开眼睑，用流动清水或生理盐水彻底冲洗10~15min。就医。

皮肤接触：立即脱去污染的衣着，用大量流动清水彻底冲洗，冲洗时间一般要求20~30min。就医。

食入：用水漱口，禁止催吐。给饮牛奶或蛋清。就医。

灭火方法 消防人员须穿全身消防服，佩戴正压自给式呼吸器，在上风向灭火。尽可能将容器从火场移至空旷处。喷水保持火场容器冷却，直至灭火结束。处在火场中的容器若发生异常变化或发出异常声音，须马上撤离。

灭火剂：泡沫、二氧化碳、干粉、沙土。

泄漏应急处置 根据液体流动和蒸气扩散的影响区域划定警戒区，无关人员从侧风、上风向撤离至安全区。消除所有点火源。建议应急处理人员戴防毒面具，穿一般作业工作服。尽可能切断泄漏源。防止泄漏物进入水体、下水道、地下室或有限空间。小量泄漏：用干燥的沙土或其他不燃材料吸收或覆盖，收集于容器中。大量泄漏：构筑围堤或挖坑收容。用泵转移至槽车或专用收集器内。

526. 硼酸

标　识

中文名称　硼酸

英文名称　Boric acid

分子式　H_3BO_3

CAS 号　10043-35-3

OH
B
HO　OH

危害信息

燃烧与爆炸危险性　不燃，无特殊燃爆特性。受高热分解放出有毒的气体。

禁忌物　碱类、钾。

毒性　大鼠经口 LD_{50}：2660mg/kg；小鼠经口 LD_{50}：3450mg/kg；大鼠吸入 *LCLo*：28mg/m^3(4h)；人(男性)*LDLo*：429mg/kg；人(女性)*LDLo*：200mg/kg。

欧盟法规 1272/2008/EC 将本品列为第 1B 类生殖毒物——可能的人类生殖毒物。

中毒表现　工业生产中，仅见引起皮肤刺激、结膜炎、支气管炎，一般无中毒发生。口服引起急性中毒，主要表现为胃肠道症状，有恶心、呕吐、腹痛、腹泻等，继之发生脱水、休克、昏迷或急性肾功能衰竭，可有高热、肝肾损害和惊厥，重者可致死。皮肤出现广泛鲜红色疹，重者成剥脱性皮炎。本品易被损伤皮肤吸收引起中毒。

慢性中毒：长期由胃肠道或皮肤吸收小量该品，可发生轻度消化道症状、皮炎、秃发以及肝肾损害。成人的内服致死量为 5~20g，婴儿则少于 5g。

侵入途径　吸入、食入、经皮吸收。

职业接触限值　美国(ACGIH)：TLV-TWA 2mg/m^3，TLV-STEL 6mg/m^3[可吸入性颗粒物]。

理化特性与用途

理化特性　白色粉末状结晶或三斜轴面鳞片状光泽结晶，有滑腻手感，无臭味。溶于水，溶于甲醇、乙二醇、甘油等。pH 值 5.1(1%溶液)，熔点 171℃，沸点 300℃(分解)，相对密度(水=1)1.435，辛醇/水分配系数 0.175 。

主要用途　用于玻璃、搪瓷、医药、化妆品等工业，以及制备硼和硼酸盐，并用作食物防腐剂和消毒剂等。

包装与储运

安全储运　储存于阴凉、通风的库房。远离火种、热源。保持容器密闭。应与碱类、钾等隔离储运。

紧急处置信息

急救措施

吸入：迅速脱离现场至空气新鲜处。保持呼吸道通畅。如呼吸困难，给输氧。呼吸、心跳停止，立即进行心肺复苏术。就医。

眼睛接触：立即分开眼睑，用流动清水或生理盐水彻底冲洗。就医。

皮肤接触： 立即脱去污染的衣着，用流动清水彻底冲洗。就医。

食入： 漱口，饮水。就医。

灭火方法 消防人员必须穿全身耐酸碱消防服，佩戴空气呼吸器，在上风向灭火。灭火时尽可能将容器从火场移至空旷处。喷水保持容器冷却，直至灭火结束。

本品不燃，根据着火原因选择适当灭火剂灭火。

泄漏应急处置 隔离泄漏污染区，限制出入。建议应急处理人员戴防尘口罩，穿防毒服。穿上适当的防护服前严禁接触破裂的容器和泄漏物。尽可能切断泄漏源。用塑料布覆盖泄漏物，减少飞散。勿使水进入包装容器内。用洁净的铲子收集泄漏物，置于干净、干燥、盖子较松的容器中，将容器移离泄漏区。

527. 硼酸铅

标 识

中文名称 硼酸铅

英文名称 Lead borate; Lead metaborate

别名 偏硼酸铅一水物

分子式 $Pb(BO_2)_2$

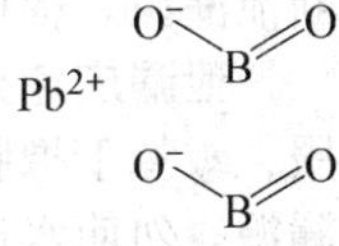

CAS 号 14720-53-7

铁危编号 61515

UN 号 2291

危害信息

危险性类别 第6类 有毒品

燃烧与爆炸危险性 不燃，无特殊燃爆特性。遇高热分解释出高毒烟气。具有腐蚀性。

毒性 IARC 致癌性评论：G2A，可能人类致癌物。

欧盟法规 1272/2008/EC 将本品列为第1A类生殖毒物——已知的人类生殖毒物。

中毒表现 铅及其化合物损害造血、神经系统、消化系统及肾脏。职业中毒主要为慢性。神经系统主要表现为神经衰弱综合征、周围神经病(以运动功能受累较明显)，重者出现铅中毒性脑病。消化系统表现有齿龈铅线、食欲不振、恶心、腹胀、腹泻或便秘；腹绞痛见于中等及较重病例。造血系统损害出现卟啉代谢障碍、贫血等。短时大量接触可发生急性或亚急性铅中毒，表现类似重症慢性铅中毒。

侵入途径 吸入、食入。

职业接触限值 中国：PC-TWA 0.05mg/m^3[铅尘][按 Pb 计]，0.03mg/m^3[铅烟][按 Pb 计][G2A]。

美国(ACGIH)：TLV-TWA 0.05mg/m^3[按 Pb 计]。

理化特性与用途

理化特性 白色粉末。不溶于水，不溶于乙醇，易溶于稀硝酸或沸乙酸。熔点 500℃(一水物，分解)，相对密度(水=1)5.6。

主要用途 用于铅玻璃制造，也用于防火涂料、油漆、油墨干燥剂、焊接剂和搪瓷工业等。

包装与储运

包装标志 有毒品

包装类别 Ⅲ类

安全储运 储存于阴凉、通风的库房。远离火种、热源。储存温度不超过35℃，相对湿度不超过85%。保持容器密封。应与强氧化剂、强碱等隔离储运。搬运时轻装轻卸，防止容器受损。

紧急处置信息

急救措施

吸入：迅速脱离现场至空气新鲜处。保持呼吸道通畅。如呼吸困难，给输氧。呼吸、心跳停止，立即进行心肺复苏术。就医。

眼睛接触：立即分开眼睑，用流动清水或生理盐水彻底冲洗。就医。

皮肤接触：立即脱去污染的衣着，用肥皂水和清水彻底冲洗。就医。

食入：漱口，饮水。就医。

解毒剂：依地酸二钠钙、二巯基丁二酸钠、二巯基丁二酸等。

灭火方法 消防人员必须佩戴正压自给式呼吸器，穿全身防火防毒服，在上风向灭火。尽可能将容器从火场移至空旷处。喷水保持火场容器冷却，直至灭火结束。灭火时尽量切断泄漏源。根据着火原因选择适当灭火剂灭火。

泄漏应急处置 隔离泄漏污染区，限制出入。建议应急处理人员戴防尘口罩，穿防毒服，戴氯丁橡胶手套。穿上适当的防护服前严禁接触破裂的容器和泄漏物。尽可能切断泄漏源。勿使水进入包装容器内。小量泄漏：用洁净的铲子收集泄漏物，置于干净、干燥、盖子较松的容器中，将容器移离泄漏区。大量泄漏：泄漏物回收后，用水冲洗泄漏区。

528. 硼酸三丙酯

标　识

中文名称 硼酸三丙酯

英文名称 Tripropyl borate; Boric acid, tripropyl ester

别名 硼酸正丙酯

分子式 $C_9H_{21}BO_3$

CAS 号 688-71-1

铁危编号 32107

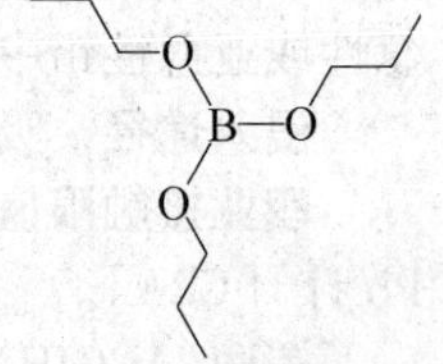

危害信息

危险性类别 第3类 易燃液体

燃烧与爆炸危险性 易燃。其蒸气与空气混合，能形成爆炸性混合物。蒸气比空气密度大，能在较低处扩散到相当远的地方，遇火源会着火回燃。

禁忌物 强氧化剂。

毒性 小鼠经口 LD_{50}：2080mg/kg。

中毒表现 吸入、摄入或经皮肤吸收后有害。有刺激作用。

侵入途径 吸入、食入、经皮吸收。

理化特性与用途

理化特性 无色透明液体。遇水迅速分解。能与乙醇、乙醚、苯等有机溶剂混溶。沸点175~177℃，相对密度(水=1)0.86，饱和蒸气压0.16kPa(25℃)，闪点32℃(闭杯)。

主要用途 用于有机合成，电子工业掺杂源，半导体硼扩散源。也用作溶剂。

包装与储运

包装标志 易燃液体

包装类别 Ⅲ类

安全储运 储存于阴凉、通风的库房。远离火种、热源，避免阳光直射。储存温度不超过37℃。炎热季节早晚运输。应与氧化剂、强酸等隔离储运。禁止使用易产生火花的机械设备和工具。灌装时注意控制流速，防止静电积聚。搬运时轻装轻卸，防止容器受损。

紧急处置信息

急救措施

吸入：迅速脱离现场至空气新鲜处。保持呼吸道通畅。如呼吸困难，给输氧。呼吸、心跳停止，立即进行心肺复苏术。就医。

眼睛接触：立即分开眼睑，用流动清水或生理盐水彻底冲洗。就医。

皮肤接触：立即脱去污染的衣着，用流动清水彻底冲洗。就医。

食入：漱口，饮水。就医。

灭火方法 消防人员须佩戴正压自给式呼吸器，穿全身消防服，在上风向灭火。尽可能将容器从火场移至空旷处。喷水保持火场容器冷却，直至灭火结束。处在火场中的容器若已变色或从安全泄压装置中发出声音，必须马上撤离。

灭火剂：雾状水、泡沫、干粉、二氧化碳、沙土。

泄漏应急处置 根据液体流动和蒸气扩散的影响区域划定警戒区，无关人员从侧风、上风向撤离至安全区。消除所有点火源。建议应急处理人员戴防毒面具，穿防毒、防静电服。穿上适当的防护服前严禁接触破裂的容器和泄漏物。尽可能切断泄漏源。防止泄漏物进入水体、下水道、地下室或有限空间。小量泄漏：用干燥的沙土或其他不燃材料吸收或覆盖，收集于容器中。大量泄漏：构筑围堤或挖坑收容。用防爆泵转移至槽车或专用收集器内。

529. 硼酸三甲酯

标　识

中文名称 硼酸三甲酯

英文名称 Trimethyl borate；Methyl borate

别名 硼酸甲酯；三甲氧基硼烷

分子式 $C_3H_9O_3B$

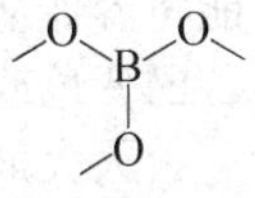

CAS号 121-43-7

铁危编号 31256

UN 号 2416

危害信息

危险性类别 第 3 类 易燃液体

燃烧与爆炸危险性 易燃。其蒸气与空气混合，能形成爆炸性混合物。遇水或水蒸气反应放出有毒和易燃的气体。蒸气比空气重，能在较低处扩散到相当远的地方，遇火源会着火回燃和爆炸(闪爆)。若遇高热，容器内压增大，有开裂和爆炸的危险。

活性反应 与氧化剂接触发生猛烈反应。

禁忌物 强氧化剂、强酸、水及水蒸气。

毒性 大鼠经口 LD_{50}：6140mg/kg；小鼠经口 LD_{50}：1290mg/kg；兔经皮 LD_{50}：1980μL/kg。

中毒表现

吸入：咳嗽、咽痛；

皮肤接触：发红、烧灼感；

眼接触：红、痛；

食入：烧灼感、腹痛。

侵入途径 吸入、食入、经皮吸收。

理化特性与用途

理化特性 无色液体，对湿气敏感，在空气中发烟。混溶于四氢呋喃、乙醚、异丙胺、已烷、甲醇、液体石蜡等。熔点-29℃，沸点 68℃，相对密度(水=1)0.915，相对蒸气密度(空气=1)3.6，饱和蒸气压 18kPa(25℃)，辛醇/水分配系数-1.9，闪点<27℃(闭杯)。

主要用途 用作溶剂、脱氢剂、杀虫剂及用于有机合成、半导体硼扩散原。

包装与储运

包装标志 易燃液体

包装类别 Ⅱ类

安全储运 储存于阴凉、干燥、通风良好的库房。远离火种、热源。库温不宜超过 37℃。保持容器密封。应与氧化剂、酸类等等隔离储运。采用防爆型照明、通风设施。禁止使用易产生火花的机械设备和工具。灌装时注意控制流速，防止静电积聚。搬运时轻装轻卸，防止容器受损。

紧急处置信息

急救措施

吸入：迅速脱离现场至空气新鲜处。保持呼吸道通畅。如呼吸困难，给输氧。呼吸、心跳停止，立即进行心肺复苏术。就医。

眼睛接触：立即分开眼睑，用流动清水或生理盐水彻底冲洗。就医。

皮肤接触：立即脱去污染的衣着，用肥皂水和清水彻底冲洗。就医。

食入：漱口，饮水。就医。

灭火方法 消防人员须佩戴正压自给式呼吸器，穿全身消防服，在上风向灭火。尽可能将容器从火场移至空旷处。喷水保持火场容器冷却，直至灭火结束。处在火场中的容器若已变色或从安全泄压装置中发出声音，必须马上撤离。禁止用水和泡沫灭火。

灭火剂：干粉、二氧化碳、沙土。

泄漏应急处置 消除所有点火源。根据液体流动和蒸气扩散的影响区域划定警戒区，

无关人员从侧风、上风向撤离至安全区。建议应急处理人员戴正压自给式呼吸器，穿防静电服。作业时使用的所有设备应接地。禁止接触或跨越泄漏物。尽可能切断泄漏源。防止泄漏物进入水体、下水道、地下室或有限空间。小量泄漏：用沙土或其他不燃材料吸收。使用洁净的无火花工具收集吸收材料。大量泄漏：构筑围堤或挖坑收容。用抗溶性泡沫覆盖，减少蒸发。喷水雾能减少蒸发，但不能降低泄漏物在有限空间内的易燃性。用防爆泵转移至槽车或专用收集器内。

530. 硼酸三乙酯

标　识

中文名称　硼酸三乙酯

英文名称　Triethyl borate；Triethoxyborane

别名　硼酸乙酯；三乙氧基硼烷

分子式　$C_6H_{15}BO_3$

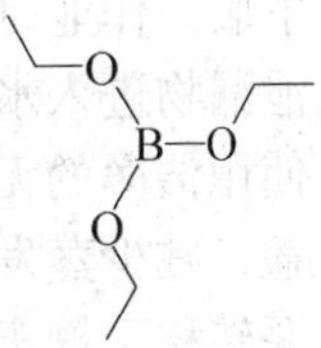

CAS 号　150-46-9

铁危编号　31256

UN 号　1176

危害信息

危险性类别　第 3 类　易燃液体

燃烧与爆炸危险性　易燃。其蒸气与空气混合，能形成爆炸性混合物。遇水分解生成乙醇和硼酸。蒸气比空气重，能在较低处扩散到相当远的地方，遇火源会着火回燃和爆炸(闪爆)。若遇高热，容器内压增大，有开裂和爆炸的危险。

活性反应　与氧化剂接触发生猛烈反应。

禁忌物　强氧化剂、强酸。

毒性　小鼠经口 LD_{50}：2100mg/kg。

侵入途径　吸入、食入、经皮吸收。

理化特性与用途

理化特性　无色透明液体。遇水分解。混溶于乙醇、乙醚。熔点-84.5℃，沸点 117~118℃，相对密度(水=1)0.858，相对蒸气密度(空气=1)5.04，辛醇/水分配系数-0.43，闪点 11℃。

主要用途　用于有机合成，制备高纯硼的原料、增塑剂和焊接助熔剂。

包装与储运

包装标志　易燃液体

包装类别　Ⅱ类

安全储运　储存于阴凉、干燥、通风良好的库房。远离火种、热源。库温不宜超过 37℃。保持容器密封。应与氧化剂、酸类等等隔离储运。采用防爆型照明、通风设施。禁止使用易产生火花的机械设备和工具。灌装时注意控制流速，防止静电积聚。搬运时轻装轻卸，防止容器受损。

紧急处置信息

急救措施

吸入： 迅速脱离现场至空气新鲜处。保持呼吸道通畅。如呼吸困难，给输氧。呼吸、心跳停止，立即进行心肺复苏术。就医。

眼睛接触： 立即分开眼睑，用流动清水或生理盐水彻底冲洗。就医。

皮肤接触： 立即脱去污染的衣着，用肥皂水和清水彻底冲洗。就医。

食入： 漱口，饮水。就医。

灭火方法 消防人员须佩戴正压自给式呼吸器，穿全身消防服，在上风向灭火。尽可能将容器从火场移至空旷处。喷水保持容器冷却，直至灭火结束。处在火场中的容器若已变色或从安全泄压装置中发出声音，必须马上撤离。禁止用水和泡沫灭火。

灭火剂：干粉、二氧化碳、沙土。

泄漏应急处置 消除所有点火源。根据液体流动和蒸气扩散的影响区域划定警戒区，无关人员从侧风、上风向撤离至安全区。建议应急处理人员戴正压自给式呼吸器，穿防静电服。作业时使用的所有设备应接地。禁止接触或跨越泄漏物。尽可能切断泄漏源。防止泄漏物进入水体、下水道、地下室或有限空间。小量泄漏：用沙土或其他不燃材料吸收。使用洁净的无火花工具收集吸收材料。大量泄漏：构筑围堤或挖坑收容。用抗溶性泡沫覆盖，减少蒸发。喷水雾能减少蒸发，但不能降低泄漏物在受限制空间内的易燃性。用防爆泵转移至槽车或专用收集器内。

531. 硼酸三异丙酯

标　识

中文名称 硼酸三异丙酯

英文名称 Triisopropyl borate；Trisisopropoxyborane

别名 硼酸(三)异丙酯；硼酸异丙酯

分子式 $C_9H_{21}BO_3$

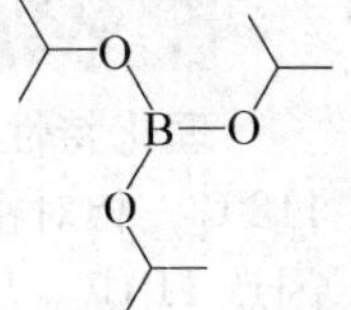

CAS 号 5419-55-6

铁危编号 32107

UN 号 2616

危害信息

危险性类别 第 3 类 易燃液体

燃烧与爆炸危险性 易燃。其蒸气与空气混合，能形成爆炸性混合物。若遇高热，容器内压增大，有开裂和爆炸的危险。

活性反应 与氧化剂可发生反应。

禁忌物 强氧化剂、水及水蒸气。

毒性 小鼠经口 LD_{50}：2500mg/kg。

侵入途径 吸入、食入、经皮吸收。

理化特性与用途

理化特性 无色透明液体。不溶于水。熔点-59℃，沸点 140℃，相对密度(水=1) 0.814，相对蒸气密度(空气=1)6.5，辛醇/水分配系数 0.83，闪点 17℃ 。

主要用途 用作溶剂、半导体硼扩散源，也用于制造其他化学品。

包装与储运

包装标志 易燃液体

包装类别 Ⅲ类

安全储运 储存于阴凉、干燥、通风良好的库房。远离火种、热源。库温不宜超过37℃。保持容器密封。应与氧化剂等隔离储运。采用防爆型照明、通风设施。禁止使用易产生火花的机械设备和工具。灌装时注意控制流速，防止静电积聚。搬运时轻装轻卸，防止容器受损。

紧急处置信息

急救措施

吸入：迅速脱离现场至空气新鲜处。保持呼吸道通畅。如呼吸困难，给输氧。呼吸、心跳停止，立即进行心肺复苏术。就医。

眼睛接触：立即分开眼睑，用流动清水或生理盐水彻底冲洗。就医。

皮肤接触：立即脱去污染的衣着，用肥皂水和清水彻底冲洗。就医。

食入：漱口，饮水。就医。

灭火方法 消防人员须佩戴正压自给式呼吸器，穿全身消防服，在上风向灭火。尽可能将容器从火场移至空旷处。喷水保持容器冷却，直至灭火结束。处在火场中的容器若已变色或从安全泄压装置中发出声音，必须马上撤离。禁止用水和泡沫灭火。

灭火剂：干粉、二氧化碳、沙土。

泄漏应急处置 消除所有点火源。根据液体流动和蒸气扩散的影响区域划定警戒区，无关人员从侧风、上风向撤离至安全区。建议应急处理人员戴正压自给式呼吸器，穿防毒、防静电服。作业时使用的所有设备应接地。禁止接触或跨越泄漏物。尽可能切断泄漏源。防止泄漏物进入水体、下水道、地下室或有限空间。小量泄漏：用沙土或其他不燃材料吸收。使用洁净的无火花工具收集吸收材料。大量泄漏：构筑围堤或挖坑收容。用抗溶性泡沫覆盖，减少蒸发。喷水雾能减少蒸发，但不能降低泄漏物在有限空间内的易燃性。用防爆泵转移至槽车或专用收集器内。

532. 偏二亚硫酸钠

标　识

中文名称 偏二亚硫酸钠

英文名称 Sodium metabisulfite；Disodium disulphite

别名 焦亚硫酸钠

分子式 $Na_2O_5S_2$

CAS 号 7681-57-4

O=S(O⁻)–S(=O)(=O)–O⁻ 　Na^+ 　Na^+

危害信息

燃烧与爆炸危险性 不燃，无特殊燃爆特性。

活性反应 与强氧化剂如铬酸酐、氯酸盐和高锰酸钾等接触，能发生强烈反应。

禁忌物 强酸、强氧化剂、铬酸酐、氯酸盐和高锰酸钾等。

毒性 大鼠经口 LD_{50}：1131mg/kg；大鼠经皮 LD_{50}：>2g/kg 。

中毒表现 对眼、皮肤有强烈刺激性，直接接触可引起灼伤。对呼吸道和皮肤有致敏性。

侵入途径 吸入、食入、经皮吸收。

职业接触限值 美国(ACGIH)：TLV-TWA 5mg/m^3。

理化特性与用途

理化特性 白色至淡黄色结晶或白色粉末，有二氧化硫的气味。易溶于水，微溶于乙醇。熔点 150℃(分解)，相对密度(水=1)1.4，辛醇/水分配系数-3.7。

主要用途 用作药用辅料，食品防腐剂和化学试剂。

包装与储运

安全储运 储存于阴凉、干燥、通风良好的库房。远离火种、热源。保持容器密封。应与氧化剂、酸类等隔离储运。

紧急处置信息

急救措施

吸入：迅速脱离现场至空气新鲜处。保持呼吸道通畅。如呼吸困难，给输氧。呼吸、心跳停止，立即进行心肺复苏术。就医。

眼睛接触：立即分开眼睑，用流动清水或生理盐水彻底冲洗 10~15min。就医。

皮肤接触：立即脱去污染的衣着，用大量流动清水彻底冲洗，冲洗时间一般要求 20~30min。就医。

食入：用水漱口，禁止催吐。给饮牛奶或蛋清。就医。

灭火方法 消防人员必须穿全身防火防毒服，佩戴正压自给式呼吸器，在上风向灭火。灭火时尽可能将容器从火场移至空旷处。喷水保持容器冷却，直至灭火结束。

本品不燃，根据着火原因选择适当灭火剂灭火。

泄漏应急处置 隔离泄漏污染区，限制出入。建议应急处理人员戴防尘口罩，穿防毒服。穿上适当的防护服前严禁接触破裂的容器和泄漏物。尽可能切断泄漏源。用塑料布覆盖泄漏物，减少飞散。勿使水进入包装容器内。用洁净的铲子收集泄漏物，置于干净、干燥、盖子较松的容器中，将容器移离泄漏区。

533. 偏磷酸

标　识

中文名称 偏磷酸

英文名称 Metaphosphoric acid

别名 二缩原磷酸

分子式 HPO_3

CAS 号 37267-86-0

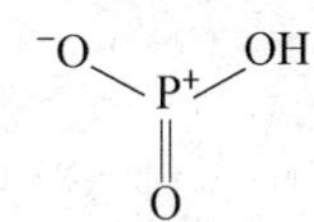

危害信息

危险性类别 第 8 类 腐蚀品

燃烧与爆炸危险性 不燃，无特殊燃爆特性。具有腐蚀性。受热分解产生有毒的氧化磷烟气。

活性反应 具有腐蚀性。

禁忌物 强碱。

毒性 大鼠经口 LD_{50}：6600mg/kg；兔经皮 LD_{50}：>7940mg/kg。

中毒表现 本品对黏膜、上呼吸道、眼和皮肤有强烈的刺激性。吸入后，可因喉及支气管的痉挛、炎症、水肿，化学性肺炎或肺水肿而致死。接触后出现烧灼感、咳嗽、喘息、喉炎、气短、头痛、恶心和呕吐。

侵入途径 吸入、食入、经皮吸收。

理化特性与用途

理化特性 无色透明结晶或玻璃状固体，易潮解。溶于水，溶于乙醇。相对密度(水=1)2.2~2.4，相对蒸气密度(空气=1)3.4，饱和蒸气压 0.004kPa(20℃)。

主要用途 用作催化剂、脱水剂、试剂。

包装与储运

包装标志 腐蚀品

包装类别 Ⅲ类

安全储运 储存于阴凉、干燥、通风的库房。远离火种、热源。储存温度不超过 30℃，相对湿度不超过 80%。保持容器密封。应与强氧化剂、强碱等隔离储运。搬运时轻装轻卸，防止容器受损。

紧急处置信息

急救措施

吸入：迅速脱离现场至空气新鲜处。保持呼吸道通畅。如呼吸困难，给输氧。呼吸、心跳停止，立即进行心肺复苏术。就医。

眼睛接触：立即分开眼睑，用流动清水或生理盐水彻底冲洗 10~15min。就医。

皮肤接触：立即脱去污染的衣着，用大量流动清水彻底冲洗，冲洗时间一般要求 20~30min。就医。

食入：用水漱口，禁止催吐。给饮牛奶或蛋清。就医。

灭火方法 消防人员必须穿全身耐酸碱消防服，佩戴空气呼吸器，在上风向灭火。灭火时尽可能将容器从火场移至空旷处。喷水保持容器冷却，直至灭火结束。

本品不燃，根据着火原因选择适当灭火剂灭火。

泄漏应急处置 隔离泄漏污染区，限制出入。建议应急处理人员戴防尘口罩，穿防酸碱服。穿上适当的防护服前严禁接触破裂的容器和泄漏物。尽可能切断泄漏源。用塑料布覆盖泄漏物，减少飞散。勿使水进入包装容器内。用洁净的铲子收集泄漏物，置于干净、干燥、盖子较松的容器中，将容器移离泄漏区。

534. 偏硼酸钡

标 识

中文名称 偏硼酸钡

英文名称 Barium metaborate；Barium diboron tetraoxide

分子式 BaB_2O_4

CAS 号 13701-59-2

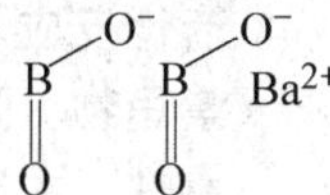

危害信息

燃烧与爆炸危险性 不燃。受热易分解放出有毒气体。在高温火场中，受热的容器或储罐有破裂和爆炸的危险。

禁忌物 强酸。

毒性 大鼠经口 LD_{50}：3800mg/kg；小鼠经口 LD_{50}：640mg/kg。

侵入途径 吸入、食入。

职业接触限值 中国：PC-TWA 0.5mg/m^3，PC-STEL 1.5mg/m^3［按 Ba 计］。

美国(ACGIH)：TLV-TWA 0.5mg/m^3［按 Ba 计］。

理化特性与用途

理化特性 白色斜方晶系结晶或粉末。微溶于水，易溶于盐酸。熔点 1060℃，相对密度(水=1)3.25~3.35 。

主要用途 用作杀真菌剂、阻燃剂和防锈颜料，也用于陶瓷、造纸、橡胶、纺织品及塑料等行业中。

包装与储运

安全储运 储存于阴凉、通风的库房。远离火种、热源。保持容器密闭。应与强氧化剂等隔离储运。

紧急处置信息

急救措施

吸入：迅速脱离现场至空气新鲜处。保持呼吸道通畅。如呼吸困难，给输氧。呼吸、心跳停止，立即进行心肺复苏术。就医。

眼睛接触：立即分开眼睑，用流动清水或生理盐水彻底冲洗。就医。

皮肤接触：立即脱去污染的衣着，用肥皂水和清水彻底冲洗。就医。

食入：漱口，饮水。就医。

灭火方法 消防人员须穿全身消防服，佩戴正压自给式呼吸器，在上风向灭火。尽可能将容器从火场移至空旷处。喷水保持火场容器冷却，直至灭火结束。

灭火剂：雾状水、抗溶性泡沫、二氧化碳、干粉、沙土。

泄漏应急处置 隔离泄漏污染区，限制出入。建议应急处理人员戴防尘口罩，穿防毒服。穿上适当的防护服前严禁接触破裂的容器和泄漏物。尽可能切断泄漏源。用塑料布覆盖泄漏物，减少飞散。勿使水进入包装容器内。用洁净的铲子收集泄漏物，置于干净、干

燥、盖子较松的容器中，将容器移离泄漏区。

535. 偏四氯乙烷

标　识

中文名称　偏四氯乙烷

英文名称　1,1,1,2-Tetrachloroethane；Tetrachloroethane

别名　1，1，1，2-四氯乙烷

分子式　$C_2H_2Cl_4$

CAS 号　630-20-6

铁危编号　61556

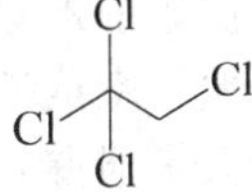

危害信息

危险性类别　第 6 类　有毒品

燃烧与爆炸危险性　不燃，无特殊燃爆特性。在潮湿空气中，特别在日光照射下，释放出腐蚀性很强的氯化氢烟雾。

禁忌物　强氧化剂、强碱、钾、钠等。

毒性　大鼠经口 LD_{50}：670mg/kg；大鼠吸入 LC_{50}：2100ppm（4h）；小鼠经口 LD_{50}：1500mg/kg；兔经皮 LD_{50}：20g/kg。

中毒表现　刺激眼、皮肤，表现为红、痛。

吸入中毒　头痛、恶心，呼吸短促。

食入：烧灼感，头痛，恶心。

侵入途径　吸入、食入、经皮吸收。

理化特性与用途

理化特性　无色至浅黄红色液体，有类似氯仿的气味。不溶于水，溶于丙酮、苯、氯仿，混溶于乙醇、乙醚。熔点-70.2℃，沸点 130.5℃，相对密度(水=1)1.54，饱和蒸气压 1.9kPa(25℃)，临界温度 369℃，临界压力 4.02MPa，燃烧热-837.84kJ/mol，辛醇/水分配系数 2.66。

主要用途　用作制造药物、虫胶、树脂、蜡和醋酸纤维等的溶剂及有机合成原料、生物碱的萃取剂，也用作杀虫剂、除草剂、干洗剂、灭火剂等。

包装与储运

包装标志　有毒品

包装类别　Ⅱ类

安全储运　储存于阴凉、通风的库房。远离火种、热源。储存温度不超过 35℃，相对湿度不超过 85%。保持容器密封。避免接触潮湿空气。避免阳光直射。应与强氧化剂、强碱等隔离储运。搬运时轻装轻卸，防止容器受损。

紧急处置信息

急救措施

吸入：迅速脱离现场至空气新鲜处。保持呼吸道通畅。如呼吸困难，给输氧。呼吸、心跳停止，立即进行心肺复苏术。就医。

眼睛接触：立即分开眼睑，用流动清水或生理盐水彻底冲洗。就医。

皮肤接触：立即脱去污染的衣着，用肥皂水和清水彻底冲洗。就医。

食入：漱口，饮水。就医。

灭火方法　消防人员须佩戴正压自给式呼吸器，穿全身消防服，在上风向灭火。尽可能将容器从火场移至空旷处。喷水保持火场容器冷却，直至灭火结束。灭火时尽量切断泄漏源，然后根据着火原因选择适当灭火剂灭火。

泄漏应急处置　根据液体流动和蒸气扩散的影响区域划定警戒区，无关人员从侧风、上风向撤离至安全区。建议应急处理人员戴正压自给式呼吸器，穿防毒服。穿上适当的防护服前严禁接触破裂的容器和泄漏物。尽可能切断泄漏源。防止泄漏物进入水体、下水道、地下室或有限空间。小量泄漏：用干燥的沙土或其他不燃材料吸收或覆盖，收集于容器中。大量泄漏：构筑围堤或挖坑收容。用泵转移至槽车或专用收集器内。

536. β-葡糖苷酶

标　识

中文名称　β-葡糖苷酶

英文名称　β- Glucosidase

别名　龙胆二糖酶；纤维二糖酶

CAS 号　9001-22-3

危害信息

燃烧与爆炸危险性　不易燃。受热分解产生有毒或刺激性烟气。

禁忌物　强氧化剂。

中毒表现　对呼吸道有致敏性。

侵入途径　吸入、食入。

理化特性与用途

理化特性　一种具有生物催化剂功能的蛋白质。粉红色结晶或白色至浅棕色粉末。溶于水。最适反应温度为 40~110 ℃。

主要用途　用于饲料工业，提高饲料的利用率；作为特殊的风味酶，应用于食品开发，如在果汁、果酒的制备上有较好的增香效果；也用于实验室。

包装与储运

安全储运　储存于阴凉、通风的库房。远离火种、热源。保持容器密闭。应与强氧化剂等隔离储运。

紧急处置信息

急救措施

吸入：脱离接触。如有不适感，就医。

眼睛接触：分开眼睑，用流动清水或生理盐水冲洗。如有不适感，就医。

皮肤接触：脱去污染的衣着，用流动清水冲洗。如有不适感，就医。

食入：漱口，饮水。就医。

灭火方法 消防人员须穿全身消防服，佩戴空气呼吸器，在上风向灭火。尽可能将容器从火场移至空旷处。喷水保持火场容器冷却，直至灭火结束。

灭火剂：雾状水、抗溶性泡沫、二氧化碳、干粉、沙土。

泄漏应急处置 隔离泄漏污染区，限制出入。建议应急处理人员戴防尘口罩，穿一般作业工作服。尽可能切断泄漏源。用塑料布覆盖泄漏物，减少飞散。用洁净的铲子收集泄漏物，置于干净、干燥、盖子较松的容器中，将容器移离泄漏区。

537. 七硫化四磷

标 识

中文名称 七硫化四磷

英文名称 Tetraphosphorus heptasulphide; Phosphorus hepta sulfide

别名 七硫化亚磷；七硫化磷

分子式 P_4S_7

CAS 号 12037-82-0

铁危编号 41004

UN 号 1339

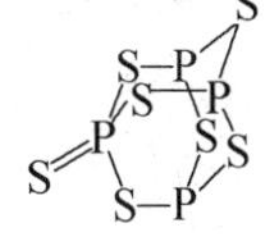

危害信息

危险性类别 第 4.1 类易燃固体

燃烧与爆炸危险性 易燃。与氧化剂混合能形成爆炸性混合物。受热或摩擦极易燃烧。与潮湿空气接触会发热以至燃烧。与大多数氧化剂如氯酸盐、硝酸盐、高氯酸盐或高锰酸盐等组成敏感度极高的爆炸性混合物。在火场中，容器受热有爆炸的危险。

禁忌物 强氧化剂如氯酸盐、硝酸盐、高氯酸盐或高锰酸盐等。

中毒表现 本品对眼、呼吸道和皮肤有刺激性。吞食可造成消化道化学灼伤。

侵入途径 吸入、食入。

环境危害 对水生生物有极高毒性。

理化特性与用途

理化特性 浅黄色单斜晶体或浅灰色粉末。熔点 310℃，沸点 523℃，相对密度(水=1)2.19。

主要用途 用于制造有机硫化物。

包装与储运

包装标志 易燃固体

包装类别 Ⅱ类

安全储运 储存于阴凉、干燥、通风良好的库房。库温不宜超过 35℃。远离火种、热源。保持容器密封。避免接触水和潮湿空气。应与氧化剂、酸类、强碱、醇类等隔离储运。

采用防爆型照明、通风设施。禁止使用易产生火花的机械设备和工具。

紧急处置信息

急救措施

吸入：迅速脱离现场至空气新鲜处。保持呼吸道通畅。如呼吸困难，给输氧。呼吸、心跳停止，立即进行心肺复苏术。就医。

眼睛接触：立即分开眼睑，用流动清水或生理盐水彻底冲洗 10~15min。就医。

皮肤接触：立即脱去污染的衣着，用大量流动清水彻底冲洗，冲洗时间一般要求 20~30min。就医。

食入：用水漱口，禁止催吐。给饮牛奶或蛋清。就医。

灭火方法　消防人员须佩戴正压自给式呼吸器，穿全身消防服，在上风向灭火。尽可能将容器从火场移至空旷处。喷水保持火场容器冷却，直至灭火结束。禁止用水和泡沫灭火。

灭火剂：干粉、二氧化碳、沙土。

泄漏应急处置　严禁用水处理。隔离泄漏污染区，限制出入。消除所有点火源。建议应急处理人员戴防尘口罩，穿防毒、防静电服。禁止接触或跨越泄漏物。尽可能切断泄漏源。保持泄漏物干燥。小量泄漏：用干燥的沙土或其他不燃材料覆盖泄漏物，然后用塑料布覆盖，减少飞散、避免雨淋。粉末泄漏：用塑料布或帆布覆盖泄漏物，减少飞散，保持干燥。在专家指导下清除。

538. 七氯

标　识

中文名称　七氯

英文名称　Heptachlor; 1,4,5,6,7,8,8-Heptachloro-3a,4,7,7a-tetrahydro-4,7-methano-1H-indene

别名　七氯化茚；1，4，5，6，7，8，8-七氯-3a、4、7、7a-四氢-4，7-甲撑-H-茚

分子式　$C_{10}H_5Cl_7$

CAS 号　76-44-8

铁危编号　61877

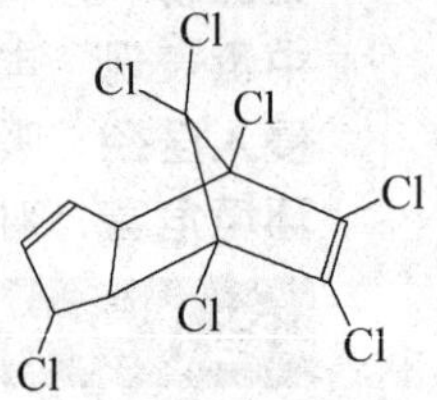

危害信息

危险性类别　第 6 类　有毒品

燃烧与爆炸危险性　不燃。受高热分解产生有毒和腐蚀性的烟气。

活性反应　与强氧化剂接触可发生化学反应。

禁忌物　强氧化剂、强碱、金属等。

毒性　大鼠经口 LD_{50}：40mg/kg；小鼠经口 LD_{50}：68mg/kg；大鼠经皮 LD_{50}：119mg/kg；兔经皮 LD_{50}：500mg/kg。

IARC 致癌性评论：G1，确认人类致癌物。

欧盟法规 1272/2008/EC 将本品列为第 2 类致癌物——可疑的人类致癌物。

中毒表现　吞食或吸入中毒表现为：腹痛、恶心、呕吐、腹泻、抽搐、肌肉震颤。

侵入途径 吸入、食入、经皮吸收。

职业接触限值 美国(ACGIH)：TLV-TWA 0.05mg/m^3[皮]。

环境危害 对水生生物有极高毒性，可能在水生环境中造成长期不利影响。

理化特性与用途

理化特性 白色至浅褐色结晶或蜡状固体，有樟脑气味。不溶于水，溶于乙醇、苯、丙酮等多数有机溶剂。熔点 95~96℃，沸点 145℃(0.2kPa)，分解温度 160℃，相对密度(水=1)1.6，饱和蒸气压 0.053Pa(25℃)，辛醇/水分配系数 5.27~5.44。

主要用途 用作杀虫剂。

包装与储运

包装标志 有毒品

包装类别 Ⅱ类

安全储运 储存于阴凉、通风的库房。远离火种、热源。储存温度不超过 35℃，相对湿度不超过 85%。保持容器密封。应与强氧化剂、强酸等隔离储运。搬运时轻装轻卸，防止容器受损。

紧急处置信息

急救措施

吸入：迅速脱离现场至空气新鲜处。保持呼吸道通畅。如呼吸困难，给输氧。呼吸、心跳停止，立即进行心肺复苏术。就医。

眼睛接触：立即分开眼睑，用流动清水或生理盐水彻底冲洗。就医。

皮肤接触：立即脱去污染的衣着，用流动清水彻底冲洗。就医。

食入：饮适量温水，催吐(仅限于清醒者)。就医。

灭火方法 消防人员须佩戴正压自给式呼吸器，穿全身消防服，在上风向灭火。尽可能将容器从火场移至空旷处。喷水保持火场容器冷却，直至灭火结束。

灭火剂：雾状水、泡沫、干粉、二氧化碳、沙土。

泄漏应急处置 隔离泄漏污染区，限制出入。建议应急处理人员戴防尘口罩，穿防毒服。穿上适当的防护服前严禁接触破裂的容器和泄漏物。尽可能切断泄漏源。用塑料布覆盖泄漏物，减少飞散。勿使水进入包装容器内。用洁净的铲子收集泄漏物，置于干净、干燥、盖子较松的容器中，将容器移离泄漏区。

539. 七水合硫酸锌

标 识

中文名称 七水合硫酸锌

英文名称 Zinc sulfate heptahydrate；Zinc vitriol (heptahydrate)

别名 锌矾

分子式 $ZnSO_4 \cdot 7H_2O$

CAS 号 7446-20-0

$$O^{-}-S(=O)(=O)-O^{-} \quad Zn^{2+} \quad 7H_2O$$

危害信息

燃烧与爆炸危险性 不燃。受热易分解放出有毒的硫氧化物气体。

毒性 大鼠经口 LD_{50}：1260mg/kg；小鼠经口 LD_{50}：200mg/kg。

中毒表现 吸入后引起咳嗽、咽喉疼痛、气短。对眼和皮肤有刺激性。食入出现腹痛、腹泻、恶心和呕吐。

侵入途径 吸入、食入。

环境危害 对水生生物有极高毒性，可能在水生环境中造成长期不利影响。

理化特性与用途

理化特性 白色结晶固体。易溶于水。pH 值 4.4~6(5%水溶液)，熔点 100℃，沸点>280℃，相对密度(水=1)1.97。

主要用途 是制造锌钡白和锌盐的主要原料；也可用作印染媒染剂，木材和皮革的保存剂，医药催吐剂；还可用于防止果树苗圃的病害和制造电缆。

包装与储运

包装标志 杂项

包装类别 Ⅲ类

安全储运 储存于阴凉、通风的库房。远离火种、热源。保持容器密闭。

紧急处置信息

急救措施

吸入：迅速脱离现场至空气新鲜处。保持呼吸道通畅。如呼吸困难，给输氧。呼吸、心跳停止，立即进行心肺复苏术。就医。

眼睛接触：立即分开眼睑，用流动清水或生理盐水彻底冲洗。就医。

皮肤接触：立即脱去污染的衣着，用流动清水彻底冲洗。就医。

食入：漱口，饮水。就医。

灭火方法 消防人员须穿全身消防服，佩戴正压自给式呼吸器，在上风向灭火。尽可能将容器从火场移至空旷处。喷水保持火场容器冷却，直至灭火结束。

本品不燃，根据着火原因选择适当灭火剂灭火。

泄漏应急处置 隔离泄漏污染区，限制出入。建议应急处理人员戴防尘口罩，穿防毒服。穿上适当的防护服前严禁接触破裂的容器和泄漏物。尽可能切断泄漏源。用塑料布覆盖泄漏物，减少飞散。勿使水进入包装容器内。用洁净的铲子收集泄漏物，置于干净、干燥、盖子较松的容器中，将容器移离泄漏区。

540. 2-[4-[(4-羟苯基)磺酰基]苯氧基]-4,4-二甲基-N-[5-[(甲磺酰基)氨基]-2-[4-(1,1,3,3-四甲基丁基)苯氧基]苯基]-3-氧代戊酰胺

标识

中文名称 2-[4-[(4-羟苯基)磺酰基]苯氧基]-4,4-二甲基-N-[5-[(甲磺酰基)氨

基]-2-[4-(1,1,3,3-四甲基丁基)苯氧基]苯基]-3-氧代戊酰胺

英文名称 2-[4-[(4-Hydroxyphenyl)sulfonyl]phenoxy]-4,4-dimethyl-*N*-[5-[(methylsulfonyl)amino]-2-[4-(1,1,3,3-tetramethylbutyl)phenoxy]phenyl]-3-oxopentanamide

分子式 $C_{40}H_{48}N_2O_9S_2$

CAS 号 135937-20-1

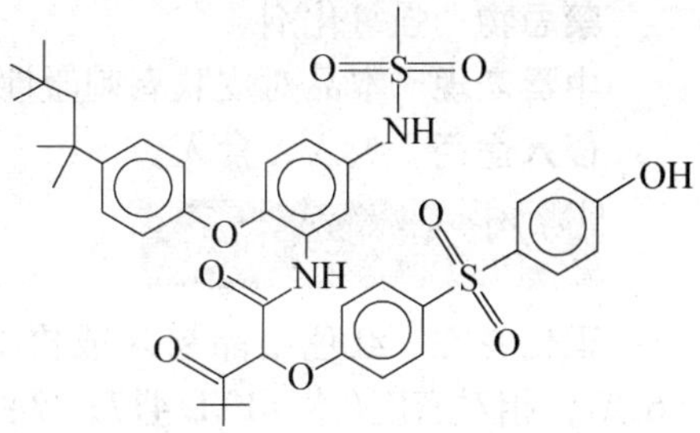

危害信息

禁忌物 强氧化剂。

侵入途径 吸入、食入。

环境危害 可能在水生环境中造成长期不利影响。

理化特性与用途

理化特性 不溶于水。相对密度(水=1)1.271，辛醇/水分配系数8.14。

主要用途 用作医药原料。

包装与储运

安全储运 储存于阴凉、通风的库房。远离火种、热源。保持容器密闭。应与强氧化剂等隔离储运。

紧急处置信息

急救措施

吸入：脱离接触。如有不适感，就医。

眼睛接触：分开眼睑，用流动清水或生理盐水冲洗。如有不适感，就医。

皮肤接触：脱去污染的衣着，用肥皂水和清水冲洗。如有不适感，就医。

食入：漱口，饮水。就医。

泄漏应急处置 隔离泄漏污染区，限制出入。建议应急处理人员戴防尘口罩，穿防毒服。穿上适当的防护服前严禁接触破裂的容器和泄漏物。尽可能切断泄漏源。用塑料布覆盖泄漏物，减少飞散。勿使水进入包装容器内。用洁净的铲子收集泄漏物，置于干净、干燥、盖子较松的容器中，将容器移离泄漏区。

541. 4-[(3-羟丙基)氨基]-3-硝基苯酚

标　识

中文名称 4-[(3-羟丙基)氨基]-3-硝基苯酚

英文名称 4-[(3-Hydroxypropyl)amino]-3-nitrophenol; 1-Hydroxy-3-nitro-4-(3-hydroxypropylamino)benzene

别名 3-硝基-4-羟丙氨基苯酚

分子式 $C_9H_{12}N_2O_4$

CAS 号 92952-81-3

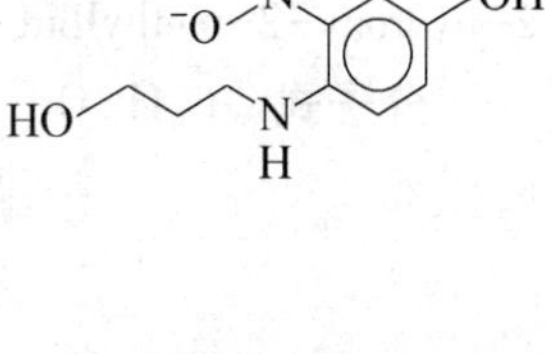

危害信息

燃烧与爆炸危险性 可燃。燃烧产生有毒的氮氧化物气体。

禁忌物 强氧化剂。

中毒表现 本品对皮肤有刺激性。

侵入途径 吸入、食入。

理化特性与用途

理化特性 红色结晶粉末或橙棕色粉末。微溶于水。熔点112～116℃(分解)，沸点465℃，相对密度(水=1)1.417，辛醇/水分配系数1.13，闪点219.1℃。

主要用途 用作染料中间体，头发护理剂和染发剂的原料。

包装与储运

安全储运 储存于阴凉、通风的库房。远离火种、热源。保持容器密闭。应与强氧化剂等隔离储运。

紧急处置信息

急救措施

吸入： 迅速脱离现场至空气新鲜处。保持呼吸道通畅。如呼吸困难，给输氧。呼吸、心跳停止，立即进行心肺复苏术。就医。

眼睛接触： 立即分开眼睑，用流动清水或生理盐水彻底冲洗。就医。

皮肤接触： 立即脱去污染的衣着，用流动清水彻底冲洗。就医。

食入： 漱口，饮水。就医。

灭火方法 消防人员须穿全身消防服，佩戴正压自给式呼吸器，在上风向灭火。尽可能将容器从火场移至空旷处。喷水保持火场容器冷却，直至灭火结束。

灭火剂：雾状水、泡沫、二氧化碳、干粉、沙土。

泄漏应急处置 隔离泄漏污染区，限制出入。消除所有点火源。建议应急处理人员戴防尘口罩，穿防毒服。穿上适当的防护服前严禁接触破裂的容器和泄漏物。尽可能切断泄漏源。用塑料布覆盖泄漏物，减少飞散。勿使水进入包装容器内。用洁净的铲子收集泄漏物，置于干净、干燥、盖子较松的容器中，将容器移离泄漏区。

542. 2-羟基-2-甲基-3-丁烯酸2-甲基丙酯

标　识

中文名称 2-羟基-2-甲基-3-丁烯酸2-甲基丙酯

英文名称 3-Butenoic acid,2-hydroxy-2-methyl-, 2-methylpropyl ester; 2-Methylpropyl 2-hydroxy-2-methylbut-3-enoate

分子式 $C_9H_{16}O_3$

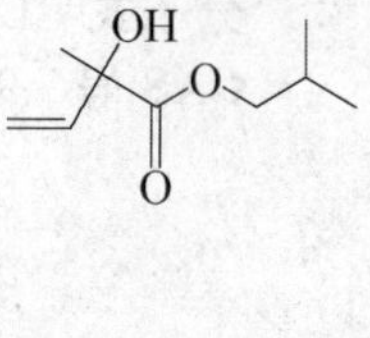

OH O O

CAS 号 72531-53-4

危害信息

燃烧与爆炸危险性 可燃。其蒸气与空气混合能形成爆炸性混合物，遇明火、高热有引起燃烧或爆炸的危险。在高温火场中，受热的容器或储罐有破裂和爆炸的危险。

禁忌物 强氧化剂、强碱、强酸。

中毒表现 本品对眼和皮肤有刺激性。

侵入途径 吸入、食入。

理化特性与用途

理化特性 微溶于水。沸点 234℃，相对密度(水 = 1) 0.992，饱和蒸气压 1.33Pa (25℃)，辛醇/水分配系数 1.67，闪点 88℃。

主要用途 用作香料成分。

包装与储运

安全储运 储存于阴凉、通风的库房。远离火种、热源。保持容器密闭。应与强氧化剂、强酸、强碱等隔离储运。搬运时轻装轻卸，防止容器受损。

紧急处置信息

急救措施

吸入： 迅速脱离现场至空气新鲜处。保持呼吸道通畅。如呼吸困难，给输氧。呼吸、心跳停止，立即进行心肺复苏术。就医。

眼睛接触： 立即分开眼睑，用流动清水或生理盐水彻底冲洗。就医。

皮肤接触： 立即脱去污染的衣着，用肥皂水和清水彻底冲洗。就医。

食入： 漱口，饮水。就医。

灭火方法 消防人员须穿全身消防服，佩戴空气呼吸器，在上风向灭火。尽可能将容器从火场移至空旷处。喷水保持火场容器冷却，直至灭火结束。处在火场中的容器若发生异常变化或发出异常声音，须马上撤离。

灭火剂：泡沫、二氧化碳、干粉、沙土。

泄漏应急处置 根据液体流动和蒸气扩散的影响区域划定警戒区，无关人员从侧风、上风向撤离至安全区。消除所有点火源。建议应急处理人员戴正压自给式呼吸器，穿防静电服，戴橡胶耐油手套。尽可能切断泄漏源。防止泄漏物进入水体、下水道、地下室或有限空间。小量泄漏：用干燥的沙土或其他不燃材料吸收或覆盖，收集于容器中。大量泄漏：构筑围堤或挖坑收容。用泵转移至槽车或专用收集器内。

543. [羟基(4-苯丁基)氧膦基]乙酸苄酯

标 识

中文名称 [羟基(4-苯丁基)氧膦基]乙酸苄酯

英文名称 Benzyl [hydroxy-(4-phenylbutyl) phosphinyl] acetate

分子式 $C_{19}H_{23}O_4P$

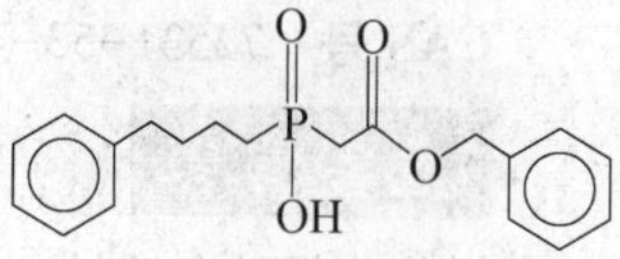

CAS 号 87460-09-1

危害信息

燃烧与爆炸危险性 可燃。燃烧或受热分解产生有毒或刺激性烟气。

禁忌物 强氧化剂。

中毒表现 眼接触可造成严重眼损害。

侵入途径 吸入、食入。

理化特性与用途

理化特性 白色或灰白色结晶或白色粉末。不溶于水。熔点 68~72℃，沸点 562℃，相对密度(水=1)1.191，辛醇/水分配系数 4.65，闪点 306℃。

主要用途 用作药物福辛普利的中间体。

包装与储运

安全储运 储存于阴凉、通风的库房。远离火种、热源。保持容器密闭。应与强氧化剂等隔离储运。

紧急处置信息

急救措施

吸入：迅速脱离现场至空气新鲜处。保持呼吸道通畅。如呼吸困难，给输氧。呼吸、心跳停止，立即进行心肺复苏术。就医。

眼睛接触：立即分开眼睑，用流动清水或生理盐水彻底冲洗 10~15min。就医。

皮肤接触：立即脱去污染的衣着，用流动清水彻底冲洗。就医。

食入：漱口，饮水。就医。

灭火方法 消防人员须穿全身消防服，佩戴正压自给式呼吸器，在上风向灭火。尽可能将容器从火场移至空旷处。喷水保持火场容器冷却，直至灭火结束。

泄漏应急处置 隔离泄漏污染区，限制出入。消除所有点火源。建议应急处理人员戴防尘口罩，穿防毒服。穿上适当的防护服前严禁接触破裂的容器和泄漏物。尽可能切断泄漏源。用塑料布覆盖泄漏物，减少飞散。勿使水进入包装容器内。用洁净的铲子收集泄漏物，置于干净、干燥、盖子较松的容器中，将容器移离泄漏区。

544. 3-羟基丙腈

标 识

中文名称 3-羟基丙腈

英文名称 3-Hydroxypropionitrile；Ethylene cyanohydrin

别名 氰化乙醇

分子式 C_3H_5NO

CAS 号 109-78-4

危害信息

燃烧与爆炸危险性 可燃。其蒸气与空气混合，能形成爆炸性混合物。受高热或与酸接触会产生剧毒的氰化物气体。

活性反应 受高热或与酸接触会产生剧毒的氰化物气体。与氯磺酸、发烟硫酸、硫酸、氢氧化钠能发生强烈反应。

禁忌物 氧化剂、水蒸气、酸类、碱类。

毒性 大鼠经口 LD_{50}：3200mg/kg；小鼠经口 LD_{50}：1800mg/kg；兔经皮 LD_{50}：5mL/kg 。

中毒表现 本品对眼睛、皮肤、黏膜和上呼吸道有刺激作用。食入可引起肾损害。

侵入途径 吸入、食入、经皮吸收。

理化特性与用途

理化特性 无色至淡黄色透明液体。混溶于水，混溶于乙醇、丙酮、甲乙酮、乙醚、氯仿，不溶于苯、四氯化碳。熔点-46℃，沸点 228℃(分解)，相对密度(水=1)1.04，相对蒸气密度(空气=1)2.45，饱和蒸气压 10.7kPa(25℃)，辛醇/水分配系数-0.94，闪点 129℃(开杯)，引燃温度 494℃，爆炸下限 2.3%，爆炸上限 12.1%。

主要用途 用于制造丙烯酸酯的中间体及用作纤维素酯和无机盐的溶剂。

包装与储运

安全储运 储存于阴凉、通风的库房。远离火种、热源。保持容器密闭。应与强氧化剂、强酸、碱类、强还原剂等隔离储运。搬运时轻装轻卸，防止容器受损。

紧急处置信息

急救措施

吸入：迅速脱离现场至空气新鲜处。保持呼吸道通畅。如呼吸困难，给输氧。呼吸、心跳停止，立即进行心肺复苏术。就医。

眼睛接触：立即分开眼睑，用流动清水或生理盐水彻底冲洗。就医。

皮肤接触：立即脱去污染的衣着，用肥皂水和清水彻底冲洗。就医。

食入：漱口，饮水。就医。

灭火方法 消防人员须佩戴正压自给式呼吸器，穿全身消防服，在上风向灭火。尽可能将容器从火场移至空旷处。禁止用水、泡沫和酸碱灭火剂灭火。

灭火剂：干粉、二氧化碳、沙土。

泄漏应急处置 根据液体流动和蒸气扩散的影响区域划定警戒区，无关人员从侧风、上风向撤离至安全区。消除所有点火源。建议应急处理人员戴防毒面具,穿防毒服。穿上适当的防护服前严禁接触破裂的容器和泄漏物。尽可能切断泄漏源。防止泄漏物进入水体、下水道、地下室或有限空间。小量泄漏：用干燥的沙土或其他不燃材料吸收或覆盖，收集于容器中。大量泄漏：构筑围堤或挖坑收容。用泵转移至槽车或专用收集器内。

545. 3-羟基丁酸甲酯

标　识

中文名称 3-羟基丁酸甲酯

英文名称 Methyl 3-hydroxybutyrate；Butyric acid, 3-hydroxy-, methyl ester

分子式 $C_5H_{10}O_3$

CAS 号 1487-49-6

危害信息

燃烧与爆炸危险性 可燃。其蒸气与空气混合，能形成爆炸性混合物。燃烧或受热分解产生有毒或刺激性的烟气。

禁忌物 氧化剂、碱、酸类。

中毒表现 对眼有强烈刺激性。

侵入途径 吸入、食入。

理化特性与用途

理化特性 无色透明液体，有水果香味。溶于水，溶于乙醇。沸点 158～160℃，相对密度(水=1)1.053～1.061，相对蒸气密度(空气=1)4.1，饱和蒸气压 0.11kPa(20℃)，辛醇/水分配系数-0.55，闪点 71.67℃(Tag 闭杯)。

主要用途 用作制香料和调味品的溶剂。

包装与储运

安全储运 储存于阴凉、通风的库房。远离火种、热源。保持容器密闭。应与氧化剂、碱酸等隔离储运。

紧急处置信息

急救措施

吸入：迅速脱离现场至空气新鲜处。保持呼吸道通畅。如呼吸困难，给输氧。呼吸、心跳停止，立即进行心肺复苏术。就医。

眼睛接触：立即分开眼睑，用大量流动清水或生理盐水彻底冲洗 10～15min。就医。

皮肤接触：立即脱去污染的衣着，用流动清水彻底冲洗。就医。

食入：漱口，饮水。就医。

灭火方法 消防人员须佩戴防毒面具，穿全身消防服，在上风向灭火。尽可能将容器从火场移至空旷处。喷水保持火场容器冷却，直至灭火结束。处在火场中的容器若已变色或从安全泄压装置发出响声，必须马上撤离。

灭火剂：水、雾状水、抗溶性泡沫、干粉、二氧化碳、沙土。

泄漏应急处置 根据液体流动和蒸气扩散的影响区域划定警戒区，无关人员从侧风、上风向撤离至安全区。消除所有点火源。建议应急处理人员戴防毒面具，穿一般作业工作服。尽可能切断泄漏源。防止泄漏物进入水体、下水道、地下室或有限空间。小量泄漏：用干燥的沙土或其他不燃材料吸收或覆盖，收集于容器中。大量泄漏：构筑围堤或挖坑收容。用泵转移至槽车或专用收集器内。

546. α-羟基己二醛

标　识

中文名称 α-羟基己二醛

英文名称 α-Hydroxyhexanedial；2-Hydroxyadipaldehyde

别名 2-羟基己二醛

分子式 $C_6H_{10}O_3$

CAS 号 141-31-1

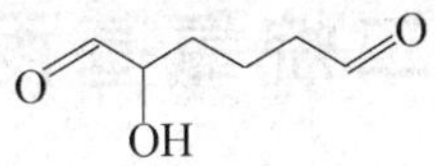

危害信息

燃烧与爆炸危险性 可燃。遇明火、高热或与氧化剂接触，有引起燃烧爆炸的危险。若遇高热，可发生聚合反应，放出大量热量而引起容器破裂和爆炸事故。

禁忌物 强氧化剂、强酸、强碱。

毒性 大鼠经口 LD_{50}：17g/kg；小鼠经口 LD_{50}：6g/kg；兔经皮 LD_{50}：>20 mL/kg。

中毒表现 吸入、摄入或经皮肤吸收后对身体可能有害。对皮肤有刺激作用。其蒸气或雾对眼睛、黏膜和上呼吸道有刺激作用。

侵入途径 吸入、食入、经皮吸收。

理化特性与用途

理化特性 无色至微黄色透明液体。熔点-3.5℃，沸点 230.7℃，相对密度(水=1) 1.083，饱和蒸气压 2.26kPa(20℃)，闪点 107.6℃。

主要用途 用作有机合成中间体，精细化学品，用于医药研发。

包装与储运

安全储运 储存于阴凉、通风的库房。远离火种、热源。保持容器密闭。应与强氧化剂、强酸强碱等隔离储运。搬运时轻装轻卸，防止容器受损。

紧急处置信息

急救措施

吸入：迅速脱离现场至空气新鲜处。保持呼吸道通畅。如呼吸困难，给输氧。呼吸、心跳停止，立即进行心肺复苏术。就医。

眼睛接触：立即分开眼睑，用流动清水或生理盐水彻底冲洗。就医。

皮肤接触：立即脱去污染的衣着，用流动清水彻底冲洗。就医。

食入：漱口，饮水。就医。

灭火方法 消防人员须佩戴防毒面具，穿全身消防服，在上风向灭火。尽可能将容器从火场移至空旷处。喷水保持火场容器冷却，直至灭火结束。

灭火剂：雾状水、泡沫、干粉、二氧化碳、沙土。

泄漏应急处置 根据液体流动和蒸气扩散的影响区域划定警戒区，无关人员从侧风、上风向撤离至安全区。消除所有点火源。建议应急处理人员戴防毒面具，穿一般作业工作服。作业时使用的所有设备应接地。禁止接触或跨越泄漏物。尽可能切断泄漏源。防止泄漏物进入水体、下水道、地下室或有限空间。小量泄漏：用沙土或其他不燃材料吸收。使用洁净的无火花工具收集吸收材料。大量泄漏：构筑围堤或挖坑收容。用泡沫覆盖，减少蒸发。用泵转移至槽车或专用收集器内。

547. 1-羟基-5-(2-甲基丙氧基碳酰胺基)-N-(3-十二烷氧基丙基)-2-萘甲酰胺

标　识

中文名称　1-羟基-5-(2-甲基丙氧基碳酰胺基)-N-(3-十二烷氧基丙基)-2-萘甲酰胺

英文名称　1-Hydroxy-5-(2-methylpropyloxycarbonylamino)-N-(3-dodecyloxypropyl)-2-naphthoamide

分子式　$C_{31}H_{48}N_2O_5$

CAS 号　110560-22-0

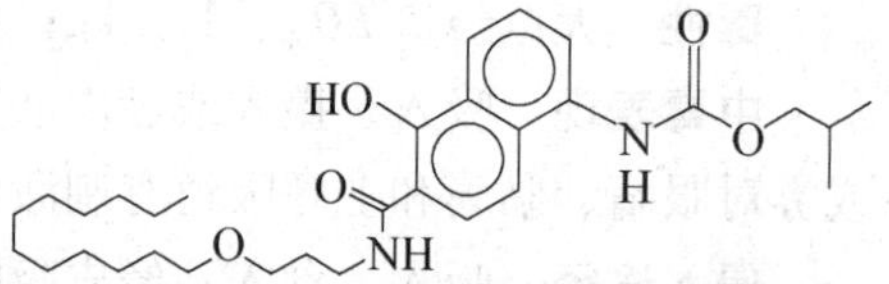

危害信息

禁忌物　强氧化剂、强酸。

侵入途径　吸入、食入。

环境危害　可能在水生环境中造成长期不利影响。

理化特性与用途

理化特性　不溶于水。相对密度(水=1)1.08，辛醇/水分配系数 9.65。

主要用途　用作医药原料。

包装与储运

安全储运　储存于阴凉、通风的库房。远离火种、热源。保持容器密闭。应与强氧化剂等隔离储运。

紧急处置信息

急救措施

吸入：脱离接触。如有不适感，就医。

眼睛接触：分开眼睑，用流动清水或生理盐水冲洗。如有不适感，就医。

皮肤接触：脱去污染的衣着，用肥皂水和清水冲洗。如有不适感，就医。

食入：漱口，饮水。就医。

泄漏应急处置　隔离泄漏污染区，限制出入。建议应急处理人员戴防尘口罩，穿防酸碱服。穿上适当的防护服前严禁接触破裂的容器和泄漏物。尽可能切断泄漏源。用塑料布覆盖泄漏物，减少飞散，避免雨淋。用洁净的铲子收集泄漏物，置于干净、干燥、盖子较松的容器中，将容器移离泄漏区。

548. 2-羟基-4-甲硫基丁酸

标　识

中文名称　2-羟基-4-甲硫基丁酸

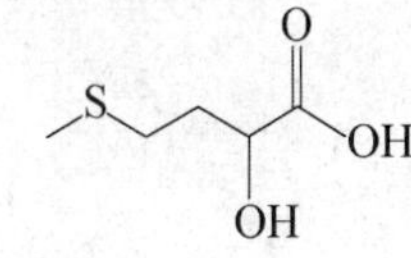

英文名称 2-Hydroxy-4-methyl thio butyric acid；Desmeninol

别名 液态羟基蛋氨酸

分子式 $C_5H_{10}O_3S$

CAS号 583-91-5

危害信息

燃烧与爆炸危险性 可燃。燃烧产生有毒的硫氧化物气体。具有腐蚀性。

禁忌物 强氧化剂、强碱。

毒性 大鼠经口 LD_{50}：3478mg/kg 。

中毒表现 对眼有腐蚀性。对皮肤有中度刺激性。

侵入途径 吸入、食入。

环境危害 对水生生物有害，可能在水生环境中造成长期不利影响。

理化特性与用途

理化特性 棕褐色黏稠液体，稍有含硫化合物的特殊臭气。溶于水。pH 值 1.0~2.5，沸点 130℃，相对密度(水=1)1.21~1.23，饱和蒸气压 11.9mPa(25℃)，辛醇/水分配系数 -0.07，闪点 121℃(闭杯)，引燃温度 160℃。

主要用途 用作饲料添加剂。

包装与储运

安全储运 储存于阴凉、通风的库房。远离火种、热源。保持容器密闭。应与强氧化剂等隔离储运。

紧急处置信息

急救措施

吸入：迅速脱离现场至空气新鲜处。保持呼吸道通畅。如呼吸困难，给输氧。呼吸、心跳停止，立即进行心肺复苏术。就医。

眼睛接触：立即分开眼睑，用流动清水或生理盐水彻底冲洗 10~15min。就医。

皮肤接触：立即脱去污染的衣着，用大量流动清水彻底冲洗。就医。

食入：漱口，饮水。就医。

灭火方法 消防人员须穿全身消防服，佩戴正压自给式呼吸器，在上风向灭火。尽可能将容器从火场移至空旷处。喷水保持火场容器冷却，直至灭火结束。

灭火剂：泡沫、二氧化碳、干粉、沙土。

泄漏应急处置 消除所有点火源。根据液体流动和蒸气扩散的影响区域划定警戒区，无关人员从侧风、上风向撤离至安全区。建议应急处理人员戴正压自给式呼吸器，穿防静电服。禁止接触或跨越泄漏物。尽可能切断泄漏源。防止泄漏物进入水体、下水道、地下室或受限空间。小量泄漏：用沙土或其他不燃材料吸收。使用洁净的无火花工具收集吸收材料。大量泄漏：构筑围堤或挖坑收容。用泡沫覆盖，减少蒸发。用泵转移至槽车或专用收集器内。

549. 8-羟基喹啉铜

标　识

中文名称　8-羟基喹啉铜

英文名称　Oxine-copper；Bis(8-quinolinolato) copper

别名　喹啉铜

分子式　$C_{18}H_{12}CuN_2O_2$

CAS 号　10380-28-6

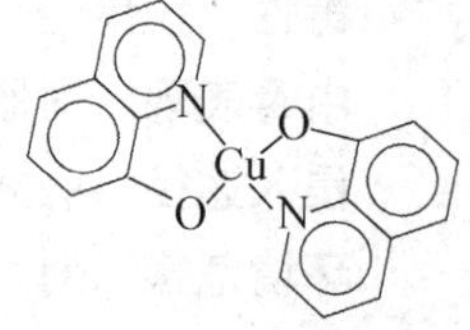

危害信息

燃烧与爆炸危险性　可燃。燃烧或受热分解产生有毒的氮氧化物气体。

禁忌物　强氧化剂。

毒性　大鼠经口 LD_{50}：9930mg/kg；小鼠经口 LD_{50}：3940mg/kg；兔经皮 LD_{50}：>2g/kg。

中毒表现　食入后引起腹痛、腹泻、呕吐和呼吸困难。

侵入途径　吸入、食入。

环境危害　对水生生物有极高毒性，可能在水生环境中造成长期不利影响。

理化特性与用途

理化特性　绿色至黄色固体或油绿色粉末。不溶于水和普通有机溶剂，微溶于吡啶。熔点小于 270℃(分解)，相对密度(水=1)1.63，辛醇/水分配系数 2.46。

主要用途　杀菌剂。用于谷类、亚麻、甜菜、向日葵、菜豆、豌豆防治各种真菌病害。

包装与储运

包装标志　杂项

包装类别　Ⅲ类

安全储运　储存于阴凉、通风的库房。远离火种、热源。保持容器密闭。应与强氧化剂等隔离储运。搬运时轻装轻卸，防止容器受损。

紧急处置信息

急救措施

吸入：迅速脱离现场至空气新鲜处。保持呼吸道通畅。如呼吸困难，给输氧。呼吸、心跳停止，立即进行心肺复苏术。就医。

眼睛接触：立即分开眼睑，用流动清水或生理盐水彻底冲洗。就医。

皮肤接触：立即脱去污染的衣着，用肥皂水和清水彻底冲洗。就医。

食入：漱口，饮水。就医。

灭火方法　消防人员须穿全身消防服，佩戴正压自给式呼吸器，在上风向灭火。尽可能将容器从火场移至空旷处。喷水保持火场容器冷却，直至灭火结束。

灭火剂：雾状水、泡沫、二氧化碳、干粉、沙土。

泄漏应急处置 隔离泄漏污染区，限制出入。建议应急处理人员戴防尘口罩，穿护服。穿上适当的防护服前严禁接触破裂的容器和泄漏物。尽可能切断泄漏源。用塑料布覆盖泄漏物，减少飞散。勿使水进入包装容器内。用洁净的铲子收集泄漏物，置于干净、干燥、盖子较松的容器中，将容器移离泄漏区。

550. 2-羟基-5-氯苯甲醛

标　识

中文名称 2-羟基-5-氯苯甲醛

英文名称 5-Chlorosalicylaldehyde ；5-Chloro-2-hydroxybenzaldehyde ；2-Hydroxy-5-chlorobenzaldehyde

别名 5-氯-2-羟基苯甲醛；5-氯水杨醛

分子式 $C_7H_5ClO_2$

CAS 号 635-93-8

Cl
O
HO

危害信息

燃烧与爆炸危险性 可燃。燃烧或受高热分解，放出腐蚀性、刺激性的烟雾。

禁忌物 强氧化剂、强碱。

毒性 小鼠静脉内 LD_{50}：56mg/kg。

中毒表现 吸入、摄入或经皮肤吸收本品后对身体有害。对眼睛、皮肤、黏膜和上呼吸道有刺激作用。

侵入途径 吸入、食入、经皮吸收。

理化特性与用途

理化特性 白色至淡黄色结晶粉末。不溶于水。熔点 100.3℃，沸点 228.8℃，相对密度(水=1)1.404，辛醇/水分配系数 2.65。

主要用途 用于合成药物、香料、染料，用作试剂。

包装与储运

安全储运 储存于阴凉、通风的库房。远离火种、热源。保持容器密闭。应与强氧化剂等隔离储运。

紧急处置信息

急救措施

吸入：迅速脱离现场至空气新鲜处。保持呼吸道通畅。如呼吸困难，给输氧。呼吸、心跳停止，立即进行心肺复苏术。就医。

眼睛接触：立即分开眼睑，用流动清水或生理盐水彻底冲洗。就医。

皮肤接触：立即脱去污染的衣着，用流动清水彻底冲洗。就医。

食入：漱口，饮水。就医。

灭火方法 消防人员须佩戴正压自给式呼吸器，穿全身消防服，在上风向灭火。尽可

能将容器从火场移至空旷处。喷水保持火场容器冷却，直至灭火结束。

灭火剂：雾状水、泡沫、干粉、二氧化碳、沙土。

泄漏应急处置 隔离泄漏污染区，限制出入。消除所有点火源。建议应急处理人员戴防尘口罩，穿一般作业工作服。尽可能切断泄漏源。用塑料布覆盖泄漏物，减少飞散。勿使水进入包装容器内。用洁净的铲子收集泄漏物，置于干净、干燥、盖子较松的容器中，将容器移离泄漏区。

551. 羟基乙酸

标 识

中文名称 羟基乙酸

英文名称 Hydroxyacetic acid；Glycolic acid ；2-Hydroxyacetic acid

别名 乙醇酸；甘醇酸

分子式 $C_2H_4O_3$

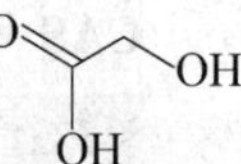

CAS 号 79-14-1

危害信息

燃烧与爆炸危险性 可燃。遇明火、高热可引起燃烧。与铝、锌和锡反应有引起火灾和爆炸的危险。受高热分解，放出刺激性烟气。

禁忌物 碱、氧化剂、还原剂。

毒性 大鼠经口 LD_{50}：1938mg/kg；大鼠吸入 LC_{50}：3600mg/m^3(4h)。

中毒表现 吸入后引起咳嗽、气短和咽喉肿痛。眼和皮肤接触引起灼伤。食入引起腹痛、烧灼感，甚至发生休克或虚脱。

侵入途径 吸入、食入。

理化特性与用途

理化特性 无色斜方针状结晶或半透明固体，易潮解。溶于水，溶于甲醇、乙醇、乙酸、丙酮、乙醚、乙酸乙酯，不溶于烃类。pH 值 2.5(0.5%水溶液)，熔点 80℃，沸点 100℃(分解)，相对密度(水=1)1.49，相对蒸气密度(空气=1)2.6，饱和蒸气压 2.67Pa(25℃)，辛醇/水分配系数 1.11，闪点>300℃，燃烧热-697.23kJ/mol 。

主要用途 用于纺织品、皮革和金属加工中，用作羊毛和耐纶的助染剂，也用于电镀、黏合剂和金属洗涤等 。

包装与储运

安全储运 储存于阴凉、通风的库房。远离火种、热源。保持容器密闭。应与氧化剂、还原剂、碱类、硫化物、氰化物等隔离储运。

紧急处置信息

急救措施

吸入：迅速脱离现场至空气新鲜处。保持呼吸道通畅。如呼吸困难，给输氧。呼吸、心跳停止，立即进行心肺复苏术。就医。

眼睛接触：立即分开眼睑，用流动清水或生理盐水彻底冲洗 10~15min。就医。

皮肤接触：立即脱去污染的衣着，用大量流动清水彻底冲洗，冲洗时间一般要求 20~30min。就医。

食入：用水漱口，禁止催吐。给饮牛奶或蛋清。就医。

灭火方法 消防人员必须穿全身耐酸碱消防服，佩戴正压自给式呼吸器，在上风向灭火。尽可能将容器从火场移至空旷处。喷水保持火场容器冷却，直至灭火结束。

灭火剂：雾状水、泡沫、干粉、二氧化碳、沙土。

泄漏应急处置 隔离泄漏污染区，限制出入。消除所有点火源。建议应急处理人员戴防尘口罩，穿防腐蚀、防毒服。穿上适当的防护服前严禁接触破裂的容器和泄漏物。尽可能切断泄漏源。用塑料布覆盖泄漏物，减少飞散。勿使水进入包装容器内。用洁净的铲子收集泄漏物，置于干净、干燥、盖子较松的容器中，将容器移离泄漏区。

552. 羟乙肼

标　识

中文名称 羟乙肼

英文名称 2-Hydrazinoethanol ; *N*-(2-Hydroxyethyl) hydrazine

别名 2-肼基乙醇；(2-羟乙基)肼

分子式 $C_2H_8N_2O$

CAS 号 109-84-2

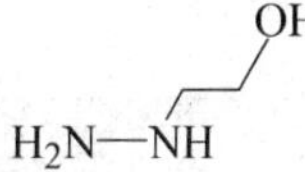

危害信息

危险性类别 第 6 类 有毒品

燃烧与爆炸危险性 遇明火、高热可燃，燃烧产生有毒的氮氧化物气体。在高温火场中，受热的容器或储罐有破裂和爆炸的危险。

禁忌物 强氧化剂。

毒性 小鼠经口 LD_{50}：139mg/kg；豚鼠经皮 *LDLo*：5 mL/kg。

侵入途径 吸入、食入、经皮吸收。

理化特性与用途

理化特性 无色黏稠液体。混溶于水，溶于低级醇，不溶于乙醚。熔点-70℃，沸点 219℃，相对密度(水=1)1.11，相对蒸气密度(空气=1)2.6，饱和蒸气压 3.07Pa(25℃)，闪点 73℃。

主要用途 用作有机合成中间体，燃料油的稳定剂，植物生长调节剂。

包装与储运

包装标志 有毒品

包装类别 Ⅲ类

安全储运 储存于阴凉、通风的库房。远离火种、热源。储存温度不超过 35℃，相对湿度不超过 85%。保持容器密封。应与强氧化剂等隔离储运。搬运时轻装轻卸，防止容器受损。

紧急处置信息

急救措施

吸入：迅速脱离现场至空气新鲜处。保持呼吸道通畅。如呼吸困难，给输氧。呼吸、心跳停止，立即进行心肺复苏术。就医。

眼睛接触：立即分开眼睑，用流动清水或生理盐水彻底冲洗。就医。

皮肤接触：立即脱去污染的衣着，用肥皂水和清水彻底冲洗。就医。

食入：饮适量温水，催吐(仅限于清醒者)。就医。

灭火方法 消防人员须穿全身消防服，佩戴正压自给式呼吸器，在上风向灭火。尽可能将容器从火场移至空旷处。喷水保持火场容器冷却，直至灭火结束。处在火场中的容器若发生异常变化或发出异常声音，须马上撤离。

灭火剂：抗溶性泡沫、二氧化碳、干粉、沙土。

泄漏应急处置 根据液体流动和蒸气扩散的影响区域划定警戒区，无关人员从侧风、上风向撤离至安全区。消除所有点火源。建议应急处理人员戴防毒面具,穿防毒服。穿上适当的防护服前严禁接触破裂的容器和泄漏物。尽可能切断泄漏源。防止泄漏物进入水体、下水道、地下室或有限空间。小量泄漏：用干燥的沙土或其他不燃材料吸收或覆盖，收集于容器中。大量泄漏：构筑围堤或挖坑收容。用泵转移至槽车或专用收集器内。

553. 氢[液化的]

标　识

中文名称 氢[液化的]

英文名称 Hydrogen, refrigerated liquid; Hydrogen

分子式 H_2　　H—H

CAS 号 1333-74-0

铁危编号 21002

UN 号 1966

危害信息

危险性类别 第 2.1 类 易燃液体

燃烧与爆炸危险性 易燃。与空气混合能形成爆炸性混合物，遇热或明火即爆炸。气体比空气轻，在室内使用和储存时，漏气上升滞留屋顶不易排出，遇火星会引起爆炸。氢气与氟、氯、溴等卤素会剧烈反应。

活性反应 与卤素剧烈反应。

禁忌物 卤素。

中毒表现 本品在生理学上是惰性气体，仅在高浓度时，由于空气中氧分压降低才引起窒息。在很高的分压下，氢气可呈现出麻醉作用。

侵入途径 吸入。

理化特性与用途

理化特性 无色无臭深冷液体。极微溶于水。熔点-259℃，沸点-253℃，相对密度

(水=1)0.07(-252.8℃)，相对蒸气密度(空气=1)0.07，饱和蒸气压 7.9kPa(-259℃)，引燃温度 500~571℃，爆炸下限 4%，爆炸上限 76%，临界温度-239.9℃，临界压力 1.30MPa。

主要用途 氢是重要工业原料，如生产合成氨和甲醇，也用来提炼石油，氢化有机物质作为收缩气体，用在氧氢焰熔接器和火箭燃料中。也广泛用于钨、钼、钴、铁等金属粉末和锗、硅的生产。

包装与储运

包装标志 易燃液体

安全储运 储存于阴凉、通风的库房或大型气柜。远离火源和热源。储存温度不超过 30℃。储存时，应与氧化剂隔离。禁止使用易产生火花的机械设备和工具。运输时防止雨淋、曝晒。搬运时轻装轻卸，须戴好钢瓶安全帽和防震橡皮圈，防止钢瓶撞击。

紧急处置信息

急救措施

吸入：迅速脱离现场至空气新鲜处。保持呼吸道通畅。如呼吸困难，给输氧。呼吸、心跳停止，立即进行心肺复苏术。就医。

灭火方法 消防人员必须佩戴空气呼吸器，穿全身防火防毒服，在上风向灭火。切断气源。若不能切断气源，则不允许熄灭正在燃烧着的火焰。尽可能将容器从火场移至空旷处。喷水保持火场容器冷却，直至灭火结束。

灭火剂：雾状水、泡沫、二氧化碳、干粉。

泄漏应急处置 消除所有点火源。根据气体扩散的影响区域划定警戒区，无关人员从侧风、上风向撤离至安全区。建议应急处理人员戴正压自给式呼吸器，穿防静电服。如果是液化气体泄漏，还应注意防冻伤。作业时使用的所有设备应接地。尽可能切断泄漏源。喷雾状水抑制蒸气或改变蒸气云流向。防止气体通过下水道、通风系统和有限空间扩散。隔离泄漏区，合理通风，直至气体散尽。

554. 氢过氧化 1,2,3,4-四氢化-1-萘

标　识

中文名称 氢过氧化 1,2,3,4-四氢化-1-萘

英文名称 1,2,3,4-Tetrahydro-1-naphthyl hydroperoxide；Tetralin hydroperoxide

别名 氢过氧化四氢萘

分子式 $C_{10}H_{12}O_2$

CAS 号 771-29-9

O–OH

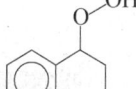

危害信息

危险性类别 第 5.2 类　有机过氧化物

燃烧与爆炸危险性 遇明火、热源可燃。受热可能发生爆炸。可能引燃可燃物。在高温火场中，受热的容器或储罐有破裂和爆炸的危险。

禁忌物 强氧化剂。

中毒表现　对眼和皮肤有腐蚀性。

侵入途径　吸入、食入。

环境危害　对水生生物有极高毒性，可能在水生环境中造成长期不利影响。

理化特性与用途

理化特性　固体，工业品为液体。不溶于水。熔点 54~56℃，沸点 254℃，相对密度(水=1)1.098，辛醇/水分配系数 2.7，临界温度 445℃，临界压力 3.76MPa。

主要用途　用作氧化剂，松节油的替代物。

包装与储运

包装标志　有机过氧化物

安全储运　储存于阴凉、低温、通风的不燃材料结构的库房，储存温度不超过 30℃，相对湿度不超过 80%，大量储存的库房内必须有自动喷水装置。远离火种、热源，防止阳光直射。应与还原剂、促进剂、有机物、可燃物及强酸等隔离储运。禁止使用易产生火花的机械设备和工具。禁止震动、撞击和摩擦。

紧急处置信息

急救措施

吸入：迅速脱离现场至空气新鲜处。保持呼吸道通畅。如呼吸困难，给输氧。呼吸、心跳停止，立即进行心肺复苏术。就医。

眼睛接触：立即分开眼睑，用流动清水或生理盐水彻底冲洗 10~15min。就医。

皮肤接触：立即脱去污染的衣着，用大量流动清水彻底冲洗，冲洗时间一般要求 20~30min。就医。

食入：用水漱口，禁止催吐。给饮牛奶或蛋清。就医。

灭火方法　消防人员须穿全身消防服，在上风向灭火。尽可能将容器从火场移至空旷处。喷水保持火场容器冷却，直至灭火结束。

灭火剂：雾状水、泡沫、二氧化碳、干粉。

泄漏应急处置　消除所有点火源。如为工业品，根据液体流动和蒸气扩散的影响区域划定警戒区，无关人员从侧风、上风向撤离至安全区。建议应急处理人员戴正压自给式呼吸器，穿防静电服。作业时使用的所有设备应接地。禁止接触或跨越泄漏物。尽可能切断泄漏源。防止泄漏物进入水体、下水道、地下室或有限空间。小量泄漏：用沙土或其他不燃材料吸收。使用洁净的无火花工具收集吸收材料。大量泄漏：构筑围堤或挖坑收容。用泡沫覆盖，减少蒸发。用防爆泵转移至槽车或专用收集器内。

555. 氢化铝钠

标　识

中文名称　氢化铝钠

英文名称　Sodium tetrahydridoaluminate ; Sodium aluminum hydride

别名　四氢化铝钠

分子式　$NaAlH_4$

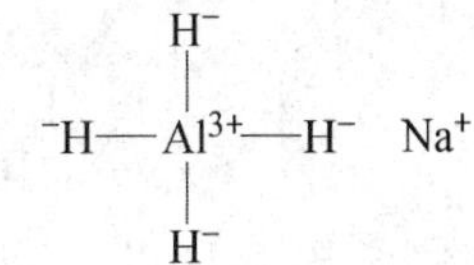

CAS号 13770-96-2

铁危编号 43023

UN号 2835

危害信息

危险性类别 第4.3类 遇湿易燃物品

燃烧与爆炸危险性 遇湿易燃。接触水或潮气能被引燃。遇明火、高热可燃。遇水剧烈反应放出易燃气体。在高温火场中，受热的容器有破裂和爆炸的危险。

禁忌物 酸类。

毒性 小鼠经口LD_{50}：740mg/kg。

中毒表现 对眼、皮肤和呼吸道有刺激性。

侵入途径 吸入、食入。

职业接触限值 美国(ACGIH)：TLV-TWA 1mg/m^3[呼吸性颗粒物]。

理化特性与用途

理化特性 白色结晶或灰色结晶粉末。与水反应。溶于四氢呋喃、二甲基溶纤剂。熔点183℃，相对密度(水=1)1.24。

主要用途 用作化学试剂、有机合成中间体、医药研究开发。

包装与储运

包装标志 遇湿易燃物品

包装类别 Ⅱ类

安全储运 储存于阴凉、干燥、通风的库房。远离火种、热源。储存温度不超过32℃，相对湿度不超过75%。保持容器密封，不可与空气接触。应与强氧化剂、酸、醇等隔离储运。禁止使用易产生火花的机械设备和工具。

紧急处置信息

急救措施

吸入：迅速脱离现场至空气新鲜处。保持呼吸道通畅。如呼吸困难，给输氧。呼吸、心跳停止，立即进行心肺复苏术。就医。

眼睛接触：立即分开眼睑，用流动清水或生理盐水彻底冲洗。就医。

皮肤接触：立即脱去污染的衣着，用肥皂水和清水彻底冲洗。就医。

食入：漱口，饮水。就医。

灭火方法 消防人员须穿全身消防服，佩戴正压自给式呼吸器，在上风向灭火。尽可能将容器从火场移至空旷处。喷水保持火场容器冷却，直至灭火结束。禁止用水灭火。

灭火剂：干粉、沙土。

泄漏应急处置 严禁用水处理。隔离泄漏污染区，限制出入。消除所有点火源。建议应急处理人员戴防尘口罩，穿防毒、防静电服，戴橡胶手套。禁止接触或跨越泄漏物。尽可能切断泄漏源。保持泄漏物干燥。用干燥的沙土或其他不燃材料覆盖泄漏物，然后用塑料布覆盖，减少飞散。避免雨淋。收集于适当的容器中待处置。

556. 氢氧化铬水合物

标　识

中文名称　氢氧化铬水合物

英文名称　Chromic（Ⅲ）hydroxide hydrate；Dichromium trioxide hydrate

别名　亚铬酸；水合氧化铬

分子式　$Cr(OH)_3 \cdot nH_2O$

CAS 号　1308-14-1

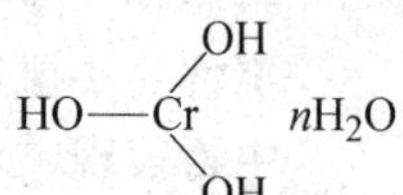

危害信息

燃烧与爆炸危险性　不燃。受热分解产生有毒和刺激性的气体。

禁忌物　强酸、强碱。

中毒表现　对皮肤、眼睛、黏膜有强烈刺激性，可引起流泪、皮炎、鼻黏膜充血、鼻中隔穿孔、肺炎等。

侵入途径　吸入、食入、经皮吸收。

职业接触限值　美国（ACGIH）：TLV-TWA 0.5m^3/mg［按 Cr 计］。

理化特性与用途

理化特性　灰绿色或灰蓝色无定形粉末或绿色胶状沉淀物。不溶于水，溶于酸、强碱。相对密度（水=1）2.9 。

主要用途　用于制取铬塑料及铬盐等。

包装与储运

安全储运　储存于阴凉、通风的库房。远离火种、热源。保持容器密闭。应与强氧化剂等隔离储运 。

紧急处置信息

急救措施

吸入：迅速脱离现场至空气新鲜处。保持呼吸道通畅。如呼吸困难，给输氧。呼吸、心跳停止，立即进行心肺复苏术。就医。

眼睛接触：立即分开眼睑，用流动清水或生理盐水彻底冲洗 10~15min。就医。

皮肤接触：立即脱去污染的衣着，用大量流动清水彻底冲洗，冲洗时间一般要求 20~30min。就医。

食入：用水漱口，禁止催吐。给饮牛奶或蛋清。就医。

灭火方法　消防人员穿全身消防服，佩戴正压自给式呼吸器，在上风向灭火。喷水保持火场容器冷却，直至灭火结束。尽可能将容器从火场移至空旷处。

本品不燃，根据着火原因选择适当灭火剂灭火。

泄漏应急处置　隔离泄漏污染区，限制出入。消除所有点火源。建议应急处理人员戴防尘口罩，穿防护服。尽可能切断泄漏源。用塑料布覆盖泄漏物，减少飞散。勿使水进入包装容器内。用洁净的铲子收集泄漏物，置于干净、干燥、盖子较松的容器中，将容器移离泄漏区。

557. 氢氧化铅

标　识

中文名称　氢氧化铅

英文名称　Lead hydroxide；Plumbous hydroxide

分子式　$Pb(OH)_2$

CAS 号　19783-14-3

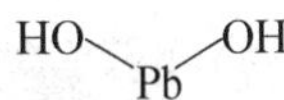

危害信息

燃烧与爆炸危险性　不燃。在火场中，可能产生有毒和刺激性的烟气。

禁忌物　强酸。

毒性　IARC 致癌性评论：G2A，可能人类致癌物。

欧盟法规 1272/2008/EC 将本品列为第 1A 类生殖毒物——已知的人类生殖毒物。

中毒表现　铅及其化合物损害造血、神经、消化系统及肾脏。职业中毒主要为慢性。神经系统主要表现为神经衰弱综合征，周围神经病，重者出现铅中毒性脑病。

侵入途径　吸入、食入。

职业接触限值　中国：PC-TWA 0.05mg/m^3[铅尘][按 Pb 计]；0.03mg/m^3[铅烟][按 Pb 计][G2A]。

美国(ACGIH)：TLV-TWA 0.05mg/m^3[按 Pb 计]。

理化特性与用途

理化特性　白色粉末状。微溶于水，溶于硝酸、碱、乙酸。分解温度 145℃，相对密度(水=1)7.59 。

主要用途　用于制铅的盐类。

包装与储运

安全储运　储存于阴凉、通风的库房。远离火种、热源。保持容器密闭。应与强氧化剂、强酸等隔离储运。

紧急处置信息

急救措施

吸入：迅速脱离现场至空气新鲜处。保持呼吸道通畅。如呼吸困难，给输氧。呼吸、心跳停止，立即进行心肺复苏术。就医。

眼睛接触：分开眼睑，用流动清水或生理盐水冲洗。如有不适感，就医。

皮肤接触：脱去污染的衣着，用流动清水冲洗。如有不适感，就医。

食入：漱口，饮水。就医。

解毒剂：依地酸二钠钙、二巯基丁二酸钠、二巯基丁二酸等。

灭火方法　消防人员须穿全身消防服，佩戴正压自给式呼吸器，在上风向灭火。尽可能将容器从火场移至空旷处。喷水保持火场容器冷却，直至灭火结束。

本品不燃，根据周围火灾原因选择适当的灭火剂灭火。

泄漏应急处置 隔离泄漏污染区，限制出入。建议应急处理人员戴防尘口罩，穿防毒服，戴防化学品手套。穿上适当的防护服前严禁接触破裂的容器和泄漏物。尽可能切断泄漏源。用塑料布覆盖泄漏物，减少飞散。勿使水进入包装容器内。用洁净的铲子收集泄漏物，置于干净、干燥、盖子较松的容器中，将容器移离泄漏区。

558. 氰

标　识

中文名称 氰

英文名称 Cyanogen；Ethanedinitrile ；Oxalonitrile

别名 乙二腈

分子式 C_2N_2

N≡—≡N

CAS 号 460-19-5

铁危编号 23028

UN 号 1026

危害信息

危险性类别 第 2. 3 类有毒气体

燃烧与爆炸危险性 易燃。与空气混合能形成爆炸性混合物。遇明火、高热能引起燃烧爆炸。蒸气比空气重，能在较低处扩散到相当远的地方，遇火源会着火回燃和爆炸(闪爆)。与强氧化剂反应有引起着火爆炸的危险。遇酸或酸气产生剧毒的烟雾。若遇高热，容器内压增大，有开裂和爆炸的危险。

活性反应 遇水或水蒸气、酸或酸气可发生反应。

禁忌物 水、酸类、强氧化剂。

毒性 大鼠吸入 LC_{50}：350ppm(1h)；人吸入 $TCLo$：16ppm。

中毒表现 吸入引起抽搐、咳嗽、眩晕、头痛、咽痛、呼吸费力、意识不清、呕吐。皮肤接触液态本品可发生冻伤。

侵入途径 吸入。

职业接触限值 中国：MAC：1mg/m^3[皮]。

美国(ACGIH)：TLV-TWA 10ppm。

理化特性与用途

理化特性 无色气体，有类似杏仁的气味。溶于水，易溶于乙醇、乙醚。熔点-27. 9℃，沸点-21. 2℃，相对密度(水=1)0. 95(-21℃)，相对蒸气密度(空气=1)1. 8，饱和蒸气压 571. 9kPa(25℃)，临界温度 128. 3℃，临界压力 6. 08MPa，辛醇/水分配系数 0. 07，爆炸下限 6. 6%，爆炸上限 42. 6%。

主要用途 用作熏蒸剂、火箭推进剂及有机合成原料，用于切割、焊接金属。

包装与储运

包装标志 有毒气体，易燃气体。

安全储运 储存于阴凉、通风的有毒气体专用库房。远离火种、热源。库温不宜超过30℃。保持容器密封。应与氧化剂、酸类、食用化学品等隔离储运。采用防爆型照明、通风设施。禁止使用易产生火花的机械设备和工具。储区应备有泄漏应急处理设备。

紧急处置信息

急救措施

吸入: 迅速脱离现场至空气新鲜处。休息保暖，保持呼吸道通畅，如呼吸困难，给输氧。呼吸、心跳停止，立即进行心肺复苏术。如出现中毒症状给予吸入亚硝酸异戊酯，将亚硝酸异戊酯的安瓿放在手帕里或单衣内打碎放在面罩内使伤员吸入15s，然后移去15s，重复5~6次。口服4-DMAP(4-二甲基氨基苯酚)1片(180mg)和PAPP(氨基苯丙酮)1片(90mg)。就医。

皮肤接触: 如发生冻伤，用温水(38~42℃)复温，忌用热水或辐射热，不要揉搓。出现中毒症状处理同吸入。就医。

灭火方法 消防人员必须佩戴正压自给式呼吸器，穿全身防火防毒服，在上风向灭火。切断气源，若不能切断气源，则不允许熄灭泄漏处的火焰。尽可能将容器从火场移至空旷处。禁止用水和泡沫灭火。

灭火剂：干粉、二氧化碳。

泄漏应急处置 消除所有点火源。根据气体扩散的影响区域划定警戒区，无关人员从侧风、上风向撤离至安全区。建议应急处理人员穿内置正压自给式呼吸器的全封闭防化服。如果是液化气体泄漏，还应注意防冻伤。作业时使用的所有设备应接地。禁止接触或跨越泄漏物。尽可能切断泄漏源。喷雾状水抑制蒸气或改变蒸气云流向，避免水流接触泄漏物。禁止用水直接冲击泄漏物或泄漏源。若可能翻转容器，使之逸出气体而非液体。防止气体通过下水道、通风系统和有限空间扩散。隔离泄漏区直至气体散尽。

559. 3-[2-[4-[2-(4-氰苯基)乙烯基]苯基]乙烯基]苄腈

标　识

中文名称 3-[2-[4-[2-(4-氰苯基)乙烯基]苯基]乙烯基]苄腈

英文名称 3-[2-[4-[2-(4-Cyanophenyl)vinyl]phenyl]vinyl]benzonitrile; 4,4′-Bis(3,4′-cyano-phenlene)-benzene; Optical Brightening Agent MP

别名 荧光增白剂 MP

分子式 $C_{24}H_{16}N_2$

CAS 号 79026-02-1

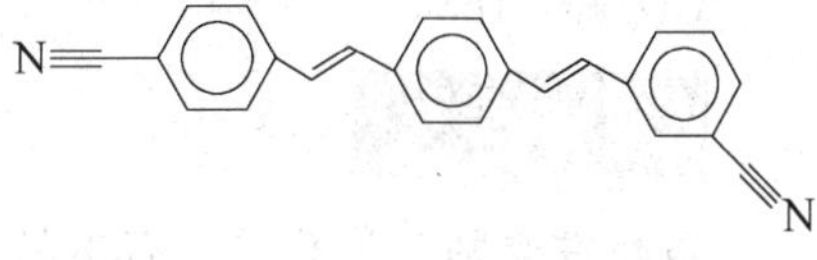

危害信息

燃烧与爆炸危险性 可燃。受热易分解，放出有毒的氰化物。

禁忌物 强氧化剂。

侵入途径 吸入、食入。

环境危害 可能在水生环境中造成长期不利影响。

理化特性与用途

理化特性　淡黄或浅绿色粉末。熔点 240~245℃。

主要用途　广泛应用于涤纶短纤维熔融纺丝增白，也可用于塑料增白。

包装与储运

安全储运　储存于阴凉、通风的库房。远离火种、热源。保持容器密闭。应与强氧化剂等隔离储运。

紧急处置信息

急救措施

吸入：脱离接触。如有不适感，就医。

眼睛接触：分开眼睑，用流动清水或生理盐水冲洗。如有不适感，就医。

皮肤接触：脱去污染的衣着，用肥皂水和清水冲洗。如有不适感，就医。

食入：漱口，饮水。就医。

灭火方法　消防人员须穿全身消防服，佩戴正压自给式呼吸器，在上风向灭火。尽可能将容器从火场移至空旷处。喷水保持火场容器冷却，直至灭火结束。

灭火剂：雾状水、泡沫、二氧化碳、干粉、沙土。

泄漏应急处置　隔离泄漏污染区，限制出入。建议应急处理人员戴防尘口罩，穿一般作业工作服。尽可能切断泄漏源。用塑料布覆盖泄漏物，减少飞散。勿使水进入包装容器内。用洁净的铲子收集泄漏物，置于干净、干燥、盖子较松的容器中，将容器移离泄漏区。

560. 氰化银（Ⅰ）

标　识

中文名称　氰化银（Ⅰ）

英文名称　Silver cyanide；Hydrocyanic acid silver salt

分子式　Ag(CN)　　N≡—Ag

CAS 号　506-64-9

铁危编号　61001

UN 号　1684

危害信息

危险性类别　第 6 类　有毒品

燃烧与爆炸危险性　不燃。受高热或与酸接触会产生剧毒的氰化物气体。与硝酸盐、亚硝酸盐、氯酸盐反应剧烈，有发生爆炸的危险。遇酸或露置空气中能吸收水分和二氧化碳分解出剧毒的氰化氢气体。在火场中，容器受热有开裂爆炸的危险。

活性反应　与酸反应。

禁忌物　酸类。

毒性　大鼠经口 LD_{50}：123mg/kg。

中毒表现 受高热或与酸接触，可产生氰化物气体，吸入后引起氰化物中毒，出现头痛、乏力、呼吸困难、皮肤黏膜呈鲜红色、抽搐、昏迷，甚至死亡。对眼和皮肤有刺激性。

长期接触银化合物可出现全身性银质沉着症，眼、鼻、喉、口腔、内脏器官和皮肤均可发生银质沉着。全身皮肤可呈灰黑色或浅石板色。高浓度反复接触可致肾损害。

侵入途径 吸入、食入。

职业接触限值 中国：MAC 1mg/m^3[皮][按CN计]。

美国(ACGIH)：TLV-TWA 0.01mg/m^3[按Ag计]。

理化特性与用途

理化特性 灰白色结晶或白色至浅灰色粉末。不溶于水，不溶于醇，溶于氨水、碘化钾、热稀硝酸、硫代硫酸钠溶液等。熔点320℃(分解)，相对密度(水=1)3.95，饱和蒸气压3.5mPa(25℃)，辛醇/水分配系数-0.69。

主要用途 用于医药、镀银和特殊分析。

包装与储运

包装标志 有毒品

包装类别 Ⅱ类

安全储运 储存于阴凉、通风的库房。远离火种、热源。储存温度不超过35℃，相对湿度不超过85%。保持容器密封。应与强氧化剂、强碱等隔离储运。搬运时轻装轻卸，防止容器受损。

紧急处置信息

急救措施

吸入：迅速脱离现场至空气新鲜处。保持呼吸道通畅。如呼吸困难，给输氧。呼吸、心跳停止，立即进行人工呼吸(勿用口对口)和胸外心脏按压术。如出现中毒症状给予吸氧和吸入亚硝酸异戊酯，将亚硝酸异戊酯的安瓿放在手帕里或单衣内打碎放在面罩内使伤员吸入15s，然后移去15s，重复5~6次。口服4-DMAP(4-二甲基氨基苯酚)1片(180mg)和PAPP(氨基苯丙酮)1片(90mg)。就医。

眼睛接触：立即分开眼睑，用大量流动清水或生理盐水彻底冲洗10~15min。如出现中毒症状，处理同吸入。

皮肤接触：立即脱去污染的衣着，用流动清水或5%硫代硫酸钠溶液彻底冲洗。如出现中毒症状，处理同吸入。

食入：如患者神志清醒，催吐，洗胃。如果出现中毒症状，处理同吸入。

灭火方法 发生火灾时应尽量抢救商品，防止包装破损，引起环境污染。消防人员必须佩戴正压自给式呼吸器，穿全身防火防毒服，在上风向灭火。喷水保持火场容器冷却，直至灭火结束。禁止使用酸碱灭火剂。

本品不燃，根据着火原因选择适当灭火剂灭火。

泄漏应急处置 隔离泄漏污染区，限制出入。消除所有点火源。建议应急处理人员戴防尘口罩，穿防毒服。尽可能切断泄漏源。用塑料布覆盖泄漏物，减少飞散。勿使水进入包装容器内。用洁净的铲子收集泄漏物，置于干净、干燥、盖子较松的容器中，将容器移离泄漏区。

561. α-氰基-3-苯氧基苄基-2,2-二氯-1-(4-乙氧基苯基)环丙烷甲酸酯

标　识

中文名称　α-氰基-3-苯氧基苄基-2,2-二氯-1-(4-乙氧基苯基)环丙烷甲酸酯

英文名称　α-Cyano-3-phenoxy benzyl-2,2-dichloro-1-(4-ethoxyphenyl) cyclopropane carboxylate；Cycloprothrin

别名　乙氰菊酯；杀螟菊酯

分子式　$C_{26}H_{21}Cl_2NO_4$

CAS 号　63935-38-6

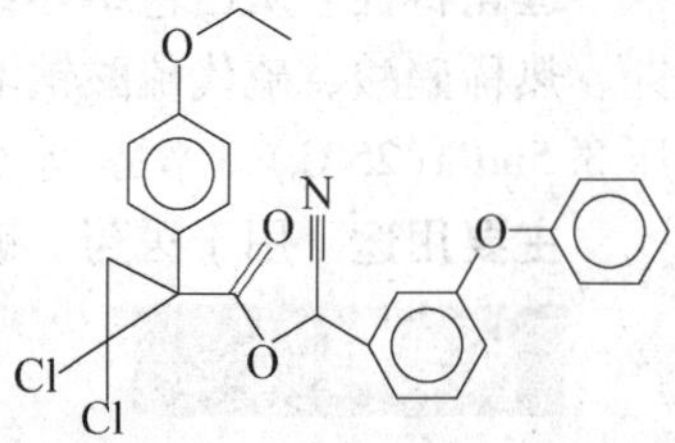

危害信息

燃烧与爆炸危险性　可燃。燃烧或受热分解产生有毒腐蚀性烟气。

禁忌物　强氧化剂。

毒性　大鼠经口 LD_{50}：>5g/kg；小鼠经口 LD_{50}：>5g/kg；大鼠吸入 LC_{50}：1500mg/m^3；大鼠经皮 LD_{50}：>2g/kg 。

中毒表现　本品属拟除虫菊酯类杀虫剂，该类杀虫剂为神经毒物。吸入引起上呼吸道刺激、头痛、头晕和面部感觉异常。食入引起恶心、呕吐和腹痛。重者出现出现阵发性抽搐、意识障碍、肺水肿，可致死。对眼有刺激性。对皮肤有致敏性。

侵入途径　吸入、食入、经皮吸收。

环境危害　对水生生物有极高毒性，可能在水生环境中造成长期不利影响。

理化特性与用途

理化特性　黄色至棕色黏稠液体。不溶于水，易溶于多数有机溶剂。熔点<25℃，沸点140~145℃(0.133Pa)，相对密度(水=1)1.256，辛醇/水分配系数 4.19 。

主要用途　广谱杀虫剂。用于水稻、蔬菜、果树、棉花等防治鳞翅目害虫、蚜虫、食心虫、象甲、叶蝉等害虫。

包装与储运

包装标志　杂项

包装类别　Ⅲ类

安全储运　储存于阴凉、通风的库房。远离火种、热源。应与强氧化剂等隔离储运。

紧急处置信息

急救措施

吸入：迅速脱离现场至空气新鲜处。保持呼吸道通畅。如呼吸困难，给输氧。呼吸、心跳停止，立即进行心肺复苏术。就医。

眼睛接触：立即分开眼睑，用流动清水或生理盐水彻底冲洗。就医。

皮肤接触：立即脱去污染的衣着，用肥皂水和清水彻底冲洗。就医。

食入：漱口，饮水。就医。

灭火方法 消防人员须穿全身消防服，佩戴正压自给式呼吸器，在上风向灭火。尽可能将容器从火场移至空旷处。喷水保持火场容器冷却，直至灭火结束。

灭火剂：雾状水、泡沫、二氧化碳、干粉、沙土。

泄漏应急处置 根据液体流动和蒸气扩散的影响区域划定警戒区，无关人员从侧风、上风向撤离至安全区。建议应急处理人员戴正压自给式呼吸器，穿防毒服。穿上适当的防护服前严禁接触破裂的容器和泄漏物。尽可能切断泄漏源。防止泄漏物进入水体、下水道、地下室或有限空间。小量泄漏：用干燥的沙土或其他不燃材料吸收或覆盖，收集于容器中。大量泄漏：构筑围堤或挖坑收容。用泵转移至槽车或专用收集器内。

562. 2-氰基丙烯酸甲酯

标　识

中文名称 2-氰基丙烯酸甲酯

英文名称 Methyl 2-cyanoacrylate ; Methyl cyanoacrylate ; Mecrilate

别名 氰基丙烯酸甲酯；美克立酯

分子式 $C_5H_5NO_2$

CAS 号 137-05-3

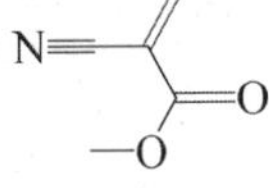

危害信息

燃烧与爆炸危险性 可燃。其蒸气与空气混合能形成爆炸性混合物，遇明火、高热易燃烧或爆炸。燃烧或受热分解产生有毒和刺激性烟气。在高温火场中，受热的容器或储罐有破裂和爆炸的危险。

禁忌物 强氧化剂。

毒性 大鼠经口 LD_{50}：1600mg/kg；大鼠吸入 LC_{50}：101 ppm（6h）；豚鼠经皮 LD_{50}：>10959mg/kg。

中毒表现 本品对眼、呼吸道和皮肤有刺激性。

侵入途径 吸入、食入、经皮吸收。

职业接触限值 美国(ACGIH)：TLV-TWA 0.2 ppm。

理化特性与用途

理化特性 无色或淡黄色透明液体。不溶于水，溶于乙醚、氯仿、四氯化碳、苯、二氧六环。熔点-40℃，沸点 66℃，相对密度(水=1)1.1，相对蒸气密度(空气=1)3.8，饱和蒸气压 24Pa(25℃)，辛醇/水分配系数 0.03，闪点 79℃。

主要用途 该品具有片刻聚合的特点，有强大的黏着力，用作胶黏剂和聚合物的单体，可用于皮肤手术切口和新鲜伤口的粘合。

包装与储运

安全储运 储存于阴凉、通风的库房。远离火种、热源。保持容器密闭。应与强氧化剂、强酸、强碱、胺类等隔离储运。搬运时轻装轻卸，防止容器受损。

紧急处置信息

急救措施

吸入: 迅速脱离现场至空气新鲜处。保持呼吸道通畅。如呼吸困难，给输氧。呼吸、心跳停止，立即进行心肺复苏术。就医。

眼睛接触: 立即分开眼睑，用流动清水或生理盐水彻底冲洗。就医。

皮肤接触: 立即脱去污染的衣着，用肥皂水和清水彻底冲洗。就医。

食入: 漱口，饮水。就医。

灭火方法　消防人员须穿全身消防服，佩戴正压自给式呼吸器，在上风向灭火。尽可能将容器从火场移至空旷处。喷水保持火场容器冷却，直至灭火结束。处在火场中的容器若发生异常变化或发出异常声音，须马上撤离。

灭火剂：泡沫、二氧化碳、干粉、沙土。

泄漏应急处置　消除所有点火源。根据液体流动和蒸气扩散的影响区域划定警戒区，无关人员从侧风、上风向撤离至安全区。建议应急处理人员戴正压自给式呼吸器，穿防静电服、防毒服。作业时使用的所有设备应接地。禁止接触或跨越泄漏物。尽可能切断泄漏源。防止泄漏物进入水体、下水道、地下室或有限空间。少量泄漏：用沙土或其他惰性材料吸收，收集于可密闭的容器中待处置。大量泄漏：围堤或挖坑收容，用防爆泵转移至容器中。

563. 3-氰基-*N*-(1,1-二甲基乙基)雄-3,5-二烯-17-*β*-甲酰胺

标　识

中文名称　3-氰基-*N*-(1,1-二甲基乙基)雄-3,5-二烯-17-*β*-甲酰胺

英文名称　3-cyano-*N*-(1,1-dimethylethyl)androsta-3,5-diene-17-*β*-carboxamide

分子式　$C_{25}H_{36}N_2O$

CAS 号　151338-11-3

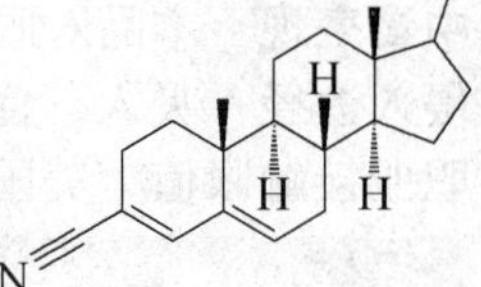

危害信息

燃烧与爆炸危险性　可燃。燃烧或受热分解产生有毒的氮氧化物气体。

禁忌物　强氧化剂、强酸。

侵入途径　吸入、食入。

环境危害　对水生生物有极高毒性，可能在水生环境中造成长期不利影响。

理化特性与用途

理化特性　不溶于水。沸点 569℃，相对密度(水=1)1.08，辛醇/水分配系数 5.29，闪点 298℃。

主要用途　用于制药。

包装与储运

包装标志　杂项

包装类别 Ⅲ类

安全储运 储存于阴凉、通风的库房。远离火种、热源。保持容器密闭。应与强氧化剂等隔离储运。

紧急处置信息

急救措施

吸入：脱离接触。如有不适感，就医。

眼睛接触：分开眼睑，用流动清水或生理盐水冲洗。如有不适感，就医。

皮肤接触：脱去污染的衣着，用肥皂水和清水冲洗。如有不适感，就医。

食入：漱口，饮水。就医。

灭火方法 消防人员须穿全身消防服，佩戴正压自给式呼吸器，在上风向灭火。尽可能将容器从火场移至空旷处。喷水保持火场容器冷却，直至灭火结束。

灭火剂：雾状水、泡沫、二氧化碳、干粉、沙土。

泄漏应急处置 根据液体流动和蒸气扩散的影响区域划定警戒区，无关人员从侧风、上风向撤离至安全区。消除所有点火源。建议应急处理人员戴正压自给式呼吸器，穿防静电服。作业时使用的所有设备应接地。禁止接触或跨越泄漏物。尽可能切断泄漏源。防止泄漏物进入水体、下水道、地下室或有限空间。少量泄漏：用沙土或其他惰性材料吸收，收集于可密闭的容器中待处置。大量泄漏：围堤或挖坑收容，用防爆泵转移至容器中。

564. *N*-[4-(4-氰基-2-呋喃亚甲基-2,5-二氢-5-氧代-3-呋喃基)苯基]丁烷-1-磺酰胺

标　　识

中文名称 *N*-[4-(4-氰基-2-呋喃亚甲基-2,5-二氢-5-氧代-3-呋喃基)苯基]丁烷-1-磺酰胺

英文名称 *N*-[4-(4-Cyano-2-furfurylidene-2,5-dihydro-5-oxo-3-furyl)phenyl]butane-1-sulfonamide

分子式 $C_{20}H_{18}N_2O_5S$

CAS 号 130016-98-7

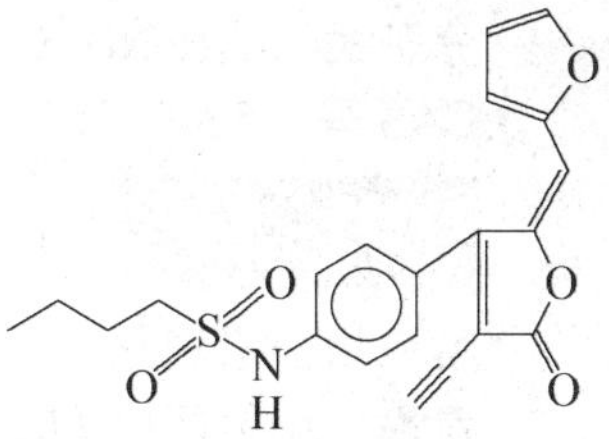

危害信息

燃烧与爆炸危险性 可燃。燃烧产生有毒的氮氧化物和硫氧化物气体。

禁忌物 强氧化剂、强酸。

侵入途径 吸入、食入。

环境危害 对水生生物有极高毒性，可能在水生环境中造成长期不利影响。

理化特性与用途

理化特性 不溶于水。沸点 582℃，相对密度(水=1)1.39，辛醇/水分配系数 4.54，闪点 306℃。

主要用途 医药原料。

包装与储运

包装标志 杂项

包装类别 Ⅲ类

安全储运 储存于阴凉、通风的库房。远离火种、热源。保持容器密闭。应与强氧化剂等隔离储运。

紧急处置信息

急救措施

吸入：脱离接触。如有不适感，就医。

眼睛接触：分开眼睑，用流动清水或生理盐水冲洗。如有不适感，就医。

皮肤接触：脱去污染的衣着，用肥皂水和清水冲洗。如有不适感，就医。

食入：漱口，饮水。就医。

灭火方法 消防人员须穿全身消防服，佩戴正压自给式呼吸器，在上风向灭火。尽可能将容器从火场移至空旷处。喷水保持火场容器冷却，直至灭火结束。

灭火剂：雾状水、泡沫、二氧化碳、干粉、沙土。

泄漏应急处置 隔离泄漏污染区，限制出入。消除所有点火源。建议应急处理人员戴防尘口罩，穿一般作业工作服。尽可能切断泄漏源。用塑料布覆盖泄漏物，减少飞散。勿使水进入包装容器内。用洁净的铲子收集泄漏物，置于干净、干燥、盖子较松的容器中，将容器移离泄漏区。

565. 氰硫基乙酸乙酯

标　识

中文名称 氰硫基乙酸乙酯

英文名称 Acetic acid, thiocyanato-, ethyl ester ; Ethyl thiocyanatoacetate

别名 杀线酯

分子式 $C_5H_7NO_2S$

CAS 号 5349-28-0

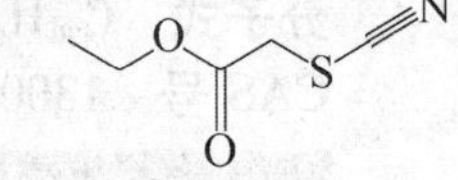

危害信息

禁忌物 强氧化剂、强酸。

毒性 小鼠经口 LD_{50}：52mg/kg。

中毒表现 食入有毒。

侵入途径 吸入、食入。

理化特性与用途

理化特性 工业品为无色或浅黄色液体。沸点 122～123℃(1.86kPa)，相对密度(水=1)1.175。

主要用途 触杀性杀线虫剂。用于防治水稻干尖线虫、谷实线虫、菊叶枯线虫。

包装与储运

安全储运 储存于阴凉、通风的库房。远离火种、热源。保持容器密闭。应与强氧化剂、强酸、强碱等隔离储运。

紧急处置信息

急救措施

吸入：迅速脱离现场至空气新鲜处。保持呼吸道通畅。如呼吸困难，给输氧。呼吸、心跳停止，立即进行心肺复苏术。就医。

眼睛接触：立即分开眼睑，用流动清水或生理盐水彻底冲洗。就医。

皮肤接触：立即脱去污染的衣着，用流动清水彻底冲洗。就医。

食入：饮适量温水，催吐(仅限于清醒者)。就医。

灭火方法 消防人员须穿全身消防服，佩戴正压自给式呼吸器，在上风向灭火。尽可能将容器从火场移至空旷处。喷水保持火场容器冷却，直至灭火结束。

灭火剂：雾状水、泡沫、二氧化碳、干粉、沙土。

泄漏应急处置 根据液体流动和蒸气扩散的影响区域划定警戒区，无关人员从侧风、上风向撤离至安全区。消除所有点火源。建议应急处理人员戴正压自给式呼吸器，穿防毒服。禁止接触或跨越泄漏物。尽可能切断泄漏源。防止泄漏物进入水体、下水道、地下室或有限空间。少量泄漏：用沙土或其他惰性材料吸收，收集于可密闭的容器中待处置。大量泄漏：围堤或挖坑收容，用泵转移至容器中。

566. 氰尿酰氯

标　识

中文名称 氰尿酰氯

英文名称 2,4,6-Trichloro-1,3,5-triazine ; Cyanuric chloride; Tricyanogen chloride

别名 三聚氰酰氯；2，4，6-三氯-1，3，5-三嗪

分子式 $C_3Cl_3N_3$

CAS 号 108-77-0

铁危编号 81641

UN 号 2670

危害信息

危险性类别 第 8 类 腐蚀品

燃烧与爆炸危险性 不燃。受高热分解产生有毒的氮氧化物和氯化物气体。受热或遇水分解放热，放出有毒的腐蚀性烟气。遇潮时对大多数金属有强腐蚀性。

禁忌物 强氧化剂、强酸、水、醇类。

毒性 大鼠经口 LD_{50}：485mg/kg；小鼠经口 LD_{50}：350mg/kg；小鼠吸入 LC_{50}：10mg/m^3。

中毒表现 吸入本品蒸气或烟雾引起烧灼感、咳嗽、咽痛、呼吸困难，数小时后出现肺水肿，也可出现哮喘。眼、皮肤接触：红、痛。食入本品引起腹痛、烧灼感，休克、

虚脱。

侵入途径　吸入、食入。

理化特性与用途

理化特性　无色单斜晶体，有刺激性气味，易吸潮发热，释放出气体。不溶于水，溶于乙醇、氯仿、四氯化碳、热乙醚、酮类和二恶烷。熔点154℃，沸点192℃，相对密度(水=1)1.32(20℃/4℃)，相对蒸气密度(空气=1)6.36，饱和蒸气压0.3kPa(70℃)，辛醇/水分配系数1.73。

主要用途　用作活性染料的中间体，也用于橡胶业，及制备药物、炸药和表面活性剂等，也可用作杀虫剂。

包装与储运

包装标志　腐蚀品

包装类别　Ⅱ类

安全储运　储存于阴凉、通风的库房。远离火种、热源。储存温度不超过30℃，相对湿度不超过75%。保持容器密封。应与强氧化剂、强碱、醇类等隔离储运。搬运时轻装轻卸，防止容器受损。

紧急处置信息

急救措施

吸入：迅速脱离现场至空气新鲜处。保持呼吸道通畅。如呼吸困难，给输氧。呼吸、心跳停止，立即进行心肺复苏术。就医。

眼睛接触：立即分开眼睑，用流动清水或生理盐水彻底冲洗10~15min。就医。

皮肤接触：立即脱去污染的衣着，用大量流动清水彻底冲洗，冲洗时间一般要求20~30min。就医。

食入：用水漱口，禁止催吐。给饮牛奶或蛋清。就医。

灭火方法　消防人员必须穿全身耐酸碱消防服，佩戴正压自给式呼吸器，在上风向灭火。尽可能将容器从火场移至空旷处。喷水保持火场容器冷却，直至灭火结束。禁止用水、泡沫和酸碱灭火剂灭火。

灭火剂：干粉、二氧化碳、沙土。

泄漏应急处置　隔离泄漏污染区，限制出入。建议应急处理人员戴防尘口罩，穿防酸碱服。穿上适当的防护服前严禁接触破裂的容器和泄漏物。尽可能切断泄漏源。小量泄漏：用干燥的沙土或其他不燃材料覆盖泄漏物，然后用塑料布覆盖，减少飞散、避免雨淋。用洁净的铲子收集泄漏物，置于干净、干燥、盖子较松的容器中，将容器移离泄漏区。

567. 氰酸钾

标　识

中文名称　氰酸钾

英文名称　Potassium cyanate；Cyanic acid，potassium salt

分子式　KOCN　　$N{\equiv}\!-\!O^{-}\ K^{+}$

CAS 号　590-28-3

危害信息

燃烧与爆炸危险性　不燃，无特殊燃爆特性。受高热或与酸接触会产生剧毒的氰化物气体。

活性反应　受高热或与酸接触会产生剧毒的氰化物气体。

禁忌物　酸类。

毒性　小鼠经口 LD_{50}：841mg/kg。

中毒表现　对皮肤、眼、口腔黏膜有高度刺激性。本品受高热或与酸接触产生剧毒氰化物气体。

侵入途径　吸入、食入、经皮吸收。

理化特性与用途

理化特性　白色四方结晶或粉末。溶于水，微溶于乙醇。pH 值>9.2（72g/100mL 水，70℃），熔点 315℃，沸点（分解），相对密度（水=1）2.056 。

主要用途　用于有机合成和制催眠药、麻醉药、除草剂 。

包装与储运

安全储运　储存于阴凉、通风的库房。远离火种、热源。保持容器密闭。应与酸类等隔离储运 。

紧急处置信息

急救措施

吸入：迅速脱离现场至空气新鲜处。保持呼吸道通畅。如呼吸困难，给输氧。呼吸、心跳停止，立即进行人工呼吸（勿用口对口）和胸外心脏按压术。如出现中毒症状给予吸氧和吸入亚硝酸异戊酯，将亚硝酸异戊酯的安瓿放在手帕里或单衣内打碎放在面罩内使伤员吸入 15s，然后移去 15s，重复 5~6 次。口服 4-DMAP（4-二甲基氨基苯酚）1 片（180mg）和 PAPP（氨基苯丙酮）1 片（90mg）。就医。

眼睛接触：立即分开眼睑，用大量流动清水或生理盐水彻底冲洗 10~15min。如出现中毒症状，处理同吸入。

皮肤接触：立即脱去污染的衣着，用流动清水或 5%硫代硫酸钠溶液彻底冲洗。如出现中毒症状，处理同吸入。

食入：如患者神志清醒，催吐，洗胃。如果出现中毒症状，处理同吸入。

灭火方法　消防人员必须穿全身防火防毒服，佩戴正压自给式呼吸器，在上风向灭火。灭火时尽可能将容器从火场移至空旷处。禁止使用酸碱灭火剂。

本品不燃，根据着火原因选择适当灭火剂灭火。

泄漏应急处置　隔离泄漏污染区，限制出入。建议应急处理人员戴防尘口罩，穿防毒服。穿上适当的防护服前严禁接触破裂的容器和泄漏物。尽可能切断泄漏源。用塑料布覆盖泄漏物，减少飞散。勿使水进入包装容器内。用洁净的铲子收集泄漏物，置于干净、干燥、盖子较松的容器中，将容器移离泄漏区。

568. β-巯基丙酸

标　识

中文名称　β-巯基丙酸

英文名称　3-Mercaptopropionic acid; β-Mercaptopropionic acid

别名　3-巯基丙酸

分子式　$C_3H_6O_2S$

CAS 号　107-96-0

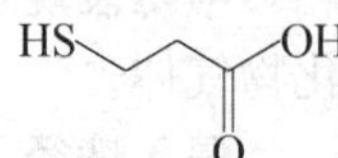

危害信息

危险性类别　第 8 类　腐蚀品

燃烧与爆炸危险性　可燃。其蒸气与空气混合，能形成爆炸性混合物。燃烧分解时，放出有毒的硫化氢气体。

禁忌物　碱、氧化剂、还原剂。

毒性　大鼠经口 LD_{50}：96mg/kg。

中毒表现　摄入、吸入或经皮肤吸收后对身体有害。本品对眼睛、皮肤、黏膜和上呼吸道有强烈刺激作用。吸入后可引起喉、支气管的炎症、水肿、痉挛，化学性肺炎或肺水肿。接触后可引起烧灼感、咳嗽、喉炎、气短、头痛、恶心和呕吐。

侵入途径　吸入、食入、经皮吸收。

理化特性与用途

理化特性　无色至淡黄色透明油状液体，有强烈的硫化物气味。溶于水，溶于苯、乙醇、乙醚。熔点 18℃，沸点 111℃(2kPa)，相对密度(水=1)1.218，饱和蒸气压 6.62Pa(25℃)，辛醇/水分配系数 0.43，闪点 93℃，引燃温度 350℃，爆炸下限 1.6%。

主要用途　用于有机合成、稳定剂、抗氧化剂、催化剂等。

包装与储运

包装标志　腐蚀品、有毒品

包装类别　Ⅱ类

安全储运　储存于阴凉、干燥、通风的库房。远离火种、热源。防止受潮。储存温度不超过 32℃，相对湿度不超过 80%。保持容器密封。应与强氧化剂、强碱等隔离储运。搬运时轻装轻卸，防止容器受损。

紧急处置信息

急救措施

吸入：迅速脱离现场至空气新鲜处。保持呼吸道通畅。如呼吸困难，给输氧。呼吸、心跳停止，立即进行心肺复苏术。就医。

眼睛接触：立即分开眼睑，用流动清水或生理盐水彻底冲洗 10~15min。就医。

皮肤接触：立即脱去污染的衣着，用大量流动清水彻底冲洗，冲洗时间一般要求 20~30min。就医。

食入：用水漱口，禁止催吐。给饮牛奶或蛋清。就医。

灭火方法 消防人员必须穿全身耐酸碱消防服，佩戴正压自给式呼吸器，在上风向灭火。尽可能将容器从火场移至空旷处。喷水保持火场容器冷却，直至灭火结束。

灭火剂：雾状水、泡沫、干粉、二氧化碳、沙土。

泄漏应急处置 根据液体流动和蒸气扩散的影响区域划定警戒区，无关人员从侧风、上风向撤离至安全区。消除所有点火源。建议应急处理人员戴正压自给式呼吸器，穿防毒服。穿上适当的防护服前严禁接触破裂的容器和泄漏物。尽可能切断泄漏源。防止泄漏物进入水体、下水道、地下室或有限空间。小量泄漏：用干燥的沙土或其他不燃材料吸收或覆盖，收集于容器中。大量泄漏：构筑围堤或挖坑收容。用泵转移至槽车或专用收集器内。

569. 5-巯基四唑并-1-乙酸

标　识

中文名称 5-巯基四唑并-1-乙酸

英文名称 5-Mercaptotetrazol-1-acetic acid; 2,5-Dihydro-5-thioxo-1H-tetrazol-1-acetic acid

别名 5-巯基四唑乙酸；5-巯基-1H-四氮唑-1-乙酸

分子式 $C_3H_4N_4O_2S$

CAS 号 57658-36-3

N N N N HS O OH

危害信息

危险性类别 第1类 爆炸品

禁忌物 强氧化剂、强碱。

侵入途径 吸入、食入。

理化特性与用途

理化特性 白色结晶或粉末。溶于水，易溶于乙酸乙酯，不溶于氯仿。熔点164～168℃，相对密度(水=1)1.99。

主要用途 医药中间体。主要用于合成头孢雷特。

包装与储运

包装标志 爆炸品

安全储运 储存于阴凉、干燥、通风的爆炸品专用库房。远离火种、热源。储存温度不宜超过32℃，相对湿度不超过80%。若以水作稳定剂，储存温度应大于1℃，相对湿度小于80%。保持容器密封。应与其他爆炸品、氧化剂、还原剂、碱等隔离储运。采用防爆型照明、通风设施。禁止使用易产生火花的机械设备和工具。搬运时轻装轻卸，防止容器受损。禁止震动、撞击和摩擦。

紧急处置信息

急救措施

吸入：脱离接触。如有不适感，就医。

眼睛接触：分开眼睑，用流动清水或生理盐水冲洗。如有不适感，就医。

皮肤接触：脱去污染的衣着，用肥皂水和清水冲洗。如有不适感，就医。

食入：漱口，饮水。就医。

泄漏应急处置 隔离泄漏污染区，限制出入。建议应急处理人员戴防尘口罩，穿防毒服。穿上适当的防护服前严禁接触破裂的容器和泄漏物。尽可能切断泄漏源。用塑料布覆盖泄漏物，减少飞散。勿使水进入包装容器内。用洁净的铲子收集泄漏物，置于干净、干燥、盖子较松的容器中，将容器移离泄漏区。

570. 全氯甲硫醇

标　识

中文名称 全氯甲硫醇

英文名称 Trichloromethanesulfenyl chloride；Perchloromethyl mercaptan

别名 三氯硫氯甲烷；过氯甲硫醇

分子式 CCl_4S

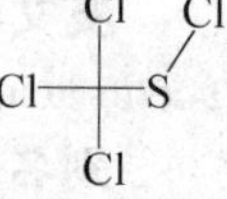

CAS 号 594-42-3

铁危编号 61089

UN 号 1670

危害信息

危险性类别 第 6 类　有毒品

燃烧与爆炸危险性 不燃，无特殊燃爆特性。在火场中，容器受热可能发生爆炸。受高热分解产生有毒和腐蚀性的烟气。

禁忌物 强氧化剂、强碱、水及水蒸气。

毒性 大鼠经口 LD_{50}：82.6mg/kg；大鼠吸入 LC_{50}：11ppm（1h）；小鼠经口 LD_{50}：400mg/kg；小鼠吸入 LC_{50}：296mg/m^3（2h）；兔经皮 LD_{50}：1410mg/kg。

根据《危险化学品目录》的备注，本品属剧毒化学品。

中毒表现 对皮肤、黏膜有强刺激性。吸入中毒表现为咳嗽、咽喉痛、呼吸困难、恶心、呕吐、惊厥，可致肺水肿。食入和经皮肤吸收都能引起全身中毒。

侵入途径 吸入、食入、经皮吸收。

职业接触限值 美国（ACGIH）：TLV-TWA 0.1ppm 。

理化特性与用途

理化特性 黄色至棕红色油状液体，有不愉快的气味。不溶于水，溶于乙醚。熔点<-78℃，沸点 147~148℃，相对密度（水=1）1.7，相对蒸气密度（空气=1）6.4，饱和蒸气压 0.4kPa（20℃），辛醇/水分配系数 3.47 。

主要用途 用于有机合成，用作染料、杀菌剂的中间体、熏蒸药。

包装与储运

包装标志 有毒品

包装类别 Ⅰ类

安全储运 保储存于阴凉、通风的库房。远离火种、热源。储存温度不超过35℃，相对湿度不超过80%。保持容器密封。应与强氧化剂、强碱、还原剂、醇类等隔离储运。搬运时轻装轻卸，防止容器受损。应严格执行剧毒品“双人收发、双人保管”制度。

紧急处置信息

急救措施

吸入：迅速脱离现场至空气新鲜处。保持呼吸道通畅。如呼吸困难，给输氧。呼吸、心跳停止，立即进行心肺复苏术。就医。

眼睛接触：立即分开眼睑，用流动清水或生理盐水彻底冲洗。就医。

皮肤接触：立即脱去污染的衣着，用流动清水彻底冲洗。就医。

食入：饮适量温水，催吐(仅限于清醒者)。就医。

灭火方法 消防人员必须穿全身耐酸碱消防服，佩戴正压自给式呼吸器，在上风向灭火。尽可能将容器从火场移至空旷处。喷水保持火场容器冷却，直至灭火结束。处在火场中的容器若已变色或从安全泄压装置中传出声音，必须马上撤离。禁止用水、泡沫和酸碱灭火剂灭火。

本品不燃，根据着火原因选择适当灭火剂灭火。

泄漏应急处置 根据液体流动和蒸气扩散的影响区域划定警戒区，无关人员从侧风、上风向撤离至安全区。建议应急处理人员戴正压自给式呼吸器，穿防毒服。作业时使用的所有设备应接地。穿上适当的防护服前严禁接触破裂的容器和泄漏物。勿使水进入包装容器内。尽可能切断泄漏源。防止泄漏物进入水体、下水道、地下室或有限空间。小量泄漏：用干燥的沙土或其他不燃材料覆盖泄漏物。大量泄漏：构筑围堤或挖坑收容。用泵转移至槽车或专用收集器内。

571. 1-壬醇

标　识

中文名称 1-壬醇

英文名称 1-Nonanol；Nonyl alcohol

别名 正壬醇

分子式 $C_9H_{20}O$

CAS 号 143-08-8

OH

危害信息

燃烧与爆炸危险性 可燃。其蒸气与空气混合，能形成爆炸性混合物 。受热分解产生刺激性的烟气。

禁忌物 强氧化剂。

毒性 大鼠经口 LD_{50}：3560mg/kg；小鼠经口 LD_{50}：6400mg/kg；小鼠吸入 LC_{50}：5500mg/m^3(2h)；5660 μL/kg。

中毒表现 对黏膜有刺激作用，经口有轻度毒性。

侵入途径 吸入、食入、经皮吸收。

环境危害 对水生生物有毒，可能在水生环境中造成长期不利影响。

理化特性与用途

理化特性 无色至淡黄色透明液体，有香茅油气味。微溶于水，混溶于乙醇、乙醚，易溶于四氯化碳。熔点-5℃，沸点213.3℃，相对密度(水=1)0.828，相对蒸气密度(空气=1)5.0，饱和蒸气压3.02Pa(25℃)，临界温度398.5℃，临界压力2.63MPa，燃烧热-5943.4kJ/mol,辛醇/水分配系数3.77，闪点75℃，引燃温度277℃，爆炸下限0.8%，爆炸上限6.1%。

主要用途 用作溶剂，用于制造增塑剂、表面活性剂、稳定剂、消泡剂。常用于花香型和果香型香精配方。

包装与储运

包装标志 杂项

包装类别 Ⅲ类

安全储运 储存于阴凉、通风的库房。远离火种、热源。保持容器密闭。应与氧化剂、强酸等隔离储运。搬运时轻装轻卸，防止包装和容器受损。

紧急处置信息

急救措施

吸入: 迅速脱离现场至空气新鲜处。保持呼吸道通畅。如呼吸困难，给输氧。呼吸、心跳停止，立即进行心肺复苏术。就医。

眼睛接触: 立即分开眼睑，用流动清水或生理盐水彻底冲洗。就医。

皮肤接触: 立即脱去污染的衣着，用流动清水彻底冲洗。就医。

食入: 漱口，饮水。就医。

灭火方法 消防人员须佩戴防毒面具，穿全身消防服，在上风向灭火。尽可能将容器从火场移至空旷处。喷水保持火场容器冷却，直至灭火结束。处在火场中的容器若已变色或从安全泄压装置中传出声音，必须马上撤离。

灭火剂：雾状水、泡沫、干粉、二氧化碳、沙土。

泄漏应急处置 根据液体流动和蒸气扩散的影响区域划定警戒区，无关人员从侧风、上风向撤离至安全区。消除所有点火源。建议应急处理人员戴防毒面具,穿防毒服。穿上适当的防护服前严禁接触破裂的容器和泄漏物。尽可能切断泄漏源。防止泄漏物进入水体、下水道、地下室或有限空间。小量泄漏：用干燥的沙土或其他不燃材料吸收或覆盖，收集于容器中。大量泄漏：构筑围堤或挖坑收容。用防爆泵转移至槽车或专用收集器内。

572. 壬二酸

标识

中文名称 壬二酸

英文名称 Azelaic acid; Nonanedioic acid ; 1,7-Heptanedicarboxylic acid

别名 杜鹃花酸

分子式 $C_9H_{16}O_4$

CAS 号 123-99-9

HO(O=)C–(CH2)7–C(=O)OH

危害信息

燃烧与爆炸危险性 可燃。燃烧或受高热分解，放出刺激性烟气。

禁忌物 碱、氧化剂、还原剂。

毒性 大鼠经口 LD_{50}：>5g/kg。

中毒表现 吸入或摄入对身体有害。对皮肤、眼睛、黏膜和上呼吸道有刺激作用。

侵入途径 吸入、食入。

理化特性与用途

理化特性 白色至微黄色斜棱晶、针状结晶体或粉末。微溶于冷水，溶于热水，溶于乙醇，微溶于乙醚、苯、二甲亚砜。熔点 106.5℃，沸点 357.1℃、286℃(13.3kPa)，相对密度(水=1)1.225，相对蒸气密度(空气=1)6.5，饱和蒸气压 0.13kPa(178℃)，辛醇/水分配系数 1.57，闪点 210℃(闭杯)。

主要用途 用作增塑剂，并用于醇酸树脂、漆、黏合剂和有机合成等，也广泛用于医药和化妆品 。

包装与储运

安全储运 储存于阴凉、通风的库房。远离火种、热源。保持容器密闭。应与氧化剂、还原剂、碱类等隔离储运 。搬运时轻装轻卸，防止包装和容器受损。

紧急处置信息

急救措施

吸入：迅速脱离现场至空气新鲜处。保持呼吸道通畅。如呼吸困难，给输氧。呼吸、心跳停止，立即进行心肺复苏术。就医。

眼睛接触：立即分开眼睑，用流动清水或生理盐水彻底冲洗。就医。

皮肤接触：立即脱去污染的衣着，用流动清水彻底冲洗。就医。

食入：漱口，饮水。就医。

灭火方法 消防人员必须穿全身耐酸碱消防服，佩戴空气呼吸器，在上风向灭火。尽可能将容器从火场移至空旷处。喷水保持火场容器冷却，直至灭火结束。

灭火剂：雾状水、泡沫、干粉、二氧化碳、沙土。

泄漏应急处置 隔离泄漏污染区，限制出入。消除所有点火源。建议应急处理人员戴防尘口罩，穿一般作业工作服。作业时使用的所有设备应接地。尽可能切断泄漏源。小量泄漏：用干燥的沙土或其他不燃材料覆盖泄漏物，然后用塑料布覆盖，减少飞散、避免雨淋。用洁净的铲子收集泄漏物，置于干净、干燥、盖子较松的容器中，将容器移离泄漏区。

573. 壬二酸二丁酯

标　识

中文名称 壬二酸二丁酯

英文名称 Dibutyl azelate；Azelaic acid, dibutyl ester

分子式　$C_{17}H_{32}O_4$

CAS 号　2917-73-9

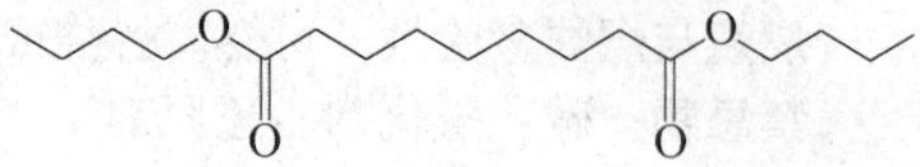

危害信息

燃烧与爆炸危险性　可燃。燃烧或受热分解产生刺激性烟气。

禁忌物　强氧化剂、强酸、强碱。

中毒表现　对眼睛、皮肤、黏膜有刺激作用。

侵入途径　吸入、食入。

理化特性与用途

理化特性　无色结晶。不溶于水。熔点 107～108℃，沸点 336℃，饱和蒸气压 0.04Pa（25℃），辛醇/水分配系数 5.81 。

主要用途　用作增塑剂，用于液压流体和润滑剂。

包装与储运

安全储运　储存于阴凉、通风的库房。远离火种、热源。保持容器密闭。应与氧化剂、酸类、碱类等隔离储运 。搬运时轻装轻卸，防止容器受损。

紧急处置信息

急救措施

吸入： 迅速脱离现场至空气新鲜处。保持呼吸道通畅。如呼吸困难，给输氧。呼吸、心跳停止，立即进行心肺复苏术。就医。

眼睛接触： 立即分开眼睑，用流动清水或生理盐水彻底冲洗。就医。

皮肤接触： 立即脱去污染的衣着，用流动清水彻底冲洗。就医。

食入： 漱口，饮水。就医。

灭火方法　消防人员须佩戴防毒面具，穿全身消防服，在上风向灭火。尽可能将容器从火场移至空旷处。喷水保持火场容器冷却，直至灭火结束。

灭火剂：雾状水、泡沫、干粉、二氧化碳、沙土。

泄漏应急处置　隔离泄漏污染区，限制出入。消除所有点火源。建议应急处理人员戴防尘口罩，穿一般作业工作服。尽可能切断泄漏源。用塑料布覆盖泄漏物，减少飞散。勿使水进入包装容器内。用洁净的铲子收集泄漏物，置于干净、干燥、盖子较松的容器中，将容器移离泄漏区。

574. 6-(壬基氨基)-6-氧代-过氧己酸

标　识

中文名称　6-(壬基氨基)-6-氧代-过氧己酸

英文名称　6-(Nonylamino)-6-oxo-peroxyhexanoic acid; 5-(Nonylcarbamoyl) pervaleric acid

分子式　$C_{15}H_{29}NO_4$

CAS 号 104788-63-8

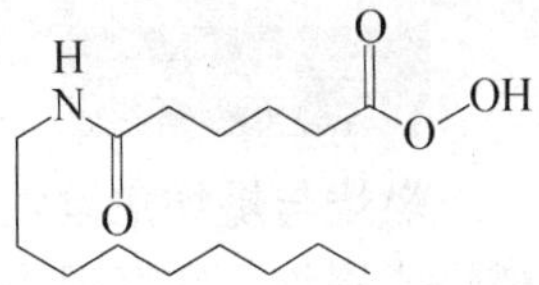

危害信息

危险性类别 第 5.2 类 有机过氧化物

禁忌物 强还原剂。

中毒表现 眼接触可造成严重损伤。对皮肤有致敏性。

侵入途径 吸入、食入。

环境危害 对水生生物有极高毒性，可能在水生环境中造成长期不利影响。

理化特性与用途

理化特性 微溶于水。相对密度(水=1)1.015，辛醇/水分配系数 3.58 。

主要用途 用作聚合引发剂、医药工业原料。

包装与储运

包装标志 有机过氧化物。

安全储运 储存于阴凉、低温、通风的不燃材料结构的库房，储存温度不超过 30℃，相对湿度不超过 80%，大量储存的库房内必须有自动喷水装置。远离火种、热源，防止阳光直射。应与还原剂、促进剂、有机物、可燃物及强酸等隔离储运。禁止使用易产生火花的机械设备和工具。禁止震动、撞击和摩擦。

紧急处置信息

急救措施

吸入：迅速脱离现场至空气新鲜处。保持呼吸道通畅。如呼吸困难，给输氧。呼吸、心跳停止，立即进行心肺复苏术。就医。

眼睛接触：立即分开眼睑，用流动清水或生理盐水彻底冲洗 10~15min。就医。

皮肤接触：立即脱去污染的衣着，用肥皂水和清水彻底冲洗。就医。

食入：漱口，饮水。就医。

泄漏应急处置 隔离泄漏污染区，限制出入。消除所有点火源。建议应急处理人员戴防尘口罩，穿防毒服。穿上适当的防护服前严禁接触破裂的容器和泄漏物。尽可能切断泄漏源。用塑料布覆盖泄漏物，减少飞散。勿使水进入包装容器内。用洁净的铲子收集泄漏物，置于干净、干燥、盖子较松的容器中，将容器移离泄漏区。

575. 壬酸

标 识

中文名称 壬酸

英文名称 Nonanoic acid ; Pelargonic acid

别名 洋绣球酸

分子式 $C_9H_{18}O_2$

CAS 号 112-05-0

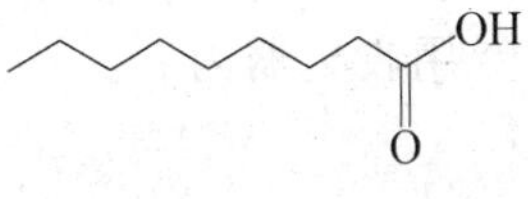

危害信息

燃烧与爆炸危险性 可燃。其蒸气与空气混合能形成爆炸性混合物，遇明火、高热易燃烧或爆炸。在高温火场中，受热的容器或储罐有破裂和爆炸的危险。

禁忌物 强氧化剂、强碱。

毒性 大鼠经口 LD_{50}：5000mg/kg；小鼠经口 LD_{50}：5000mg/kg；大鼠经皮 LD_{50}：2000mg/kg；兔经皮 LD_{50}：5000mg/kg；大鼠吸入 $LCLo$：3.8g/m^3(4h)。

中毒表现 对眼和皮肤有腐蚀性。

侵入途径 吸入、食入、经皮吸收。

理化特性与用途

理化特性 无色至淡黄色油状液体，有脂肪气味。微溶于水，溶于乙醇、乙醚和氯仿。熔点 12.4℃，沸点 254.5℃，相对密度(水=1)0.905，相对蒸气密度(空气=1)4.41，饱和蒸气压 0.22Pa(25℃)，临界温度 439℃，临界压力 2.35MPa，燃烧热-5456.1kJ/mol，辛醇/水分配系数 3.42，闪点 133℃(开杯)，引燃温度 405℃，爆炸下限 1.25。

主要用途 用作有机合成中间体，可制壬二酸、壬胺、壬醇；也用于生产壬酸酯类增塑剂，还用作油漆干燥剂；还用来配制椰子和浆果类香精。

包装与储运

安全储运 储存于阴凉、通风的库房。远离火种、热源。保持容器密闭。应与强氧化剂等隔离储运。

紧急处置信息

急救措施

吸入：迅速脱离现场至空气新鲜处。保持呼吸道通畅。如呼吸困难，给输氧。呼吸、心跳停止，立即进行心肺复苏术。就医。

眼睛接触：立即分开眼睑，用流动清水或生理盐水彻底冲洗 10~15min。就医。

皮肤接触：立即脱去污染的衣着，用大量流动清水彻底冲洗，冲洗时间一般要求 20~30min。就医。

食入：用水漱口，禁止催吐。给饮牛奶或蛋清。就医。

灭火方法 消防人员须穿全身消防服，佩戴空气呼吸器，在上风向灭火。尽可能将容器从火场移至空旷处。喷水保持火场容器冷却，直至灭火结束。

灭火剂：泡沫、二氧化碳、干粉、沙土。

泄漏应急处置 根据液体流动和蒸气扩散的影响区域划定警戒区，无关人员从侧风、上风向撤离至安全区。消除所有点火源。建议应急处理人员戴防毒面具，穿防毒服。穿上适当的防护服前严禁接触破裂的容器和泄漏物。尽可能切断泄漏源。防止泄漏物进入水体、下水道、地下室或有限空间。小量泄漏：用干燥的沙土或其他不燃材料吸收或覆盖，收集于容器中。大量泄漏：构筑围堤或挖坑收容。用泵转移至槽车或专用收集器内。

576. 壬酸乙酯

标　识

中文名称　壬酸乙酯

英文名称　Ethyl nonanoate ; Ethyl pelargonate

别名　洋绣球酸乙酯

分子式　$C_{11}H_{22}O_2$

CAS 号　123-29-5

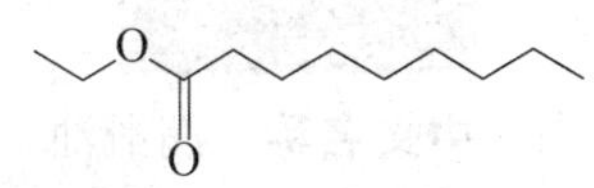

危害信息

燃烧与爆炸危险性　遇明火、高热可燃。燃烧或受热分解产生有毒或刺激性烟气。

禁忌物　强氧化剂、强酸、强碱。

毒性　大鼠经口 LD_{50}：>43g/kg；豚鼠经皮 LD_{50}：24g/kg。

中毒表现　对皮肤有刺激性。

侵入途径　吸入、食入。

理化特性与用途

理化特性　无色透明液体。不溶于水，溶于乙醇、乙醚、丙二醇等。熔点-45~-44℃，沸点 227~229℃，相对密度（水=1）0.866，相对蒸气密度（空气=1）6.4，饱和蒸气压 10.64Pa（25℃），辛醇/水分配系数 4.3，闪点 76.67℃（Tag 闭杯）。

主要用途　常用于配制食用香精以及葡萄酒、威士忌酒的香料，也可用作花香香精的变调剂。

包装与储运

安全储运　储存于阴凉、通风的库房。远离火种、热源。应与氧化剂、酸类、碱类等隔离储运。

紧急处置信息

急救措施

吸入：迅速脱离现场至空气新鲜处。保持呼吸道通畅。如呼吸困难，给输氧。呼吸、心跳停止，立即进行心肺复苏术。就医。

眼睛接触：立即分开眼睑，用流动清水或生理盐水彻底冲洗。就医。

皮肤接触：立即脱去污染的衣着，用流动清水彻底冲洗。就医。

食入：漱口，饮水。就医。

灭火方法　消防人员须佩戴防毒面具，穿全身消防服，在上风向灭火。尽可能将容器从火场移至空旷处。喷水保持火场容器冷却，直至灭火结束。处在火场中的容器若已变色或从安全泄压装置发出响声，必须马上撤离。

灭火剂：雾状水、泡沫、干粉、二氧化碳、沙土灭火。

泄漏应急处置　根据液体流动和蒸气扩散的影响区域划定警戒区，无关人员从侧风、

上风向撤离至安全区。消除所有点火源。建议应急处理人员戴防毒面具,穿防毒服。穿上适当的防护服前严禁接触破裂的容器和泄漏物。尽可能切断泄漏源。防止泄漏物进入水体、下水道、地下室或有限空间。小量泄漏：用干燥的沙土或其他不燃材料吸收或覆盖，收集于容器中。大量泄漏：构筑围堤或挖坑收容。用泵转移至槽车或专用收集器内。

577. 润滑油

标识

中文名称 润滑油

英文名称 Lubricating oil

别名 机油

危害信息

燃烧与爆炸危险性 可燃。燃烧或受热分解产生有毒或刺激性烟气。

禁忌物 强氧化剂。

中毒表现 急性吸入，可出现乏力、头晕、头痛、恶心，严重者可引起油脂性肺炎。长期接触者，暴露部位可发生油性痤疮和接触性皮炎。可引起神经衰弱综合征，呼吸道和眼刺激症状，慢性油脂性肺炎。

侵入途径 吸入、食入。

理化特性与用途

理化特性 润滑油是一种不挥发的油状润滑剂。润滑油常指石油润滑油。主要以来自原油蒸馏装置的润滑油馏分和渣油馏分为原料，通过溶剂脱沥青 、溶剂脱蜡、溶剂精制、加氢精制或酸碱精制、白土精制等工艺，得到合格的润滑油基础油，经过调合并加入添加剂后即成为润滑油产品。

主要用途 用于机械的摩擦部分，起润滑、冷却和密封作用。

包装与储运

安全储运 储存于阴凉、通风的库房。远离火种、热源。保持容器密闭。应与氧化剂等隔离储运。搬运时轻装轻卸，防止容器受损。

紧急处置信息

急救措施

吸入：迅速脱离现场至空气新鲜处。保持呼吸道通畅。如呼吸困难，给输氧。呼吸、心跳停止，立即进行心肺复苏术。就医。

眼睛接触：立即分开眼睑，用流动清水或生理盐水彻底冲洗。就医。

皮肤接触：立即脱去污染的衣着，用肥皂水和流动清水彻底冲洗。就医。

食入：漱口，饮水。就医。

灭火方法 消防人员须佩戴防毒面具，穿全身消防服，在上风向灭火。尽可能将容器从火场移至空旷处。喷水保持火场容器冷却，直至灭火结束。

灭火剂：雾状水、泡沫、干粉、二氧化碳、沙土。

泄漏应急处置 根据液体流动和蒸气扩散的影响区域划定警戒区，无关人员从侧风、上风向撤离至安全区。消除所有点火源。建议应急处理人员戴防毒面具，穿一般作业工作服。尽可能切断泄漏源。防止泄漏物进入水体、下水道、地下室或有限空间。小量泄漏：用干燥的沙土或其他不燃材料吸收或覆盖，收集于容器中。大量泄漏：构筑围堤或挖坑收容。用泵转移至槽车或专用收集器内。

578. 润滑脂

标　识

中文名称 润滑脂

英文名称 Lubricating greases；Grease

CAS 号 74869-21-9

危害信息

燃烧与爆炸危险性 可燃。燃烧产生具有腐蚀性和毒性气体。

禁忌物 强氧化剂。

毒性 大鼠经口 LD_{50}：2280mg/kg。

欧盟法规 1272/2008/EC 将本品列为第 1B 类致癌物——可能对人类有致癌能力。

侵入途径 吸入、食入。

理化特性与用途

理化特性 稠厚的油脂状半固体，有石油气味。熔点>140℃，相对密度(水=1)0.928(15℃)，饱和蒸气压<0.1kPa(20℃)，辛醇/水分配系数>4~6(计算值)，引燃温度>320℃。

主要用途 用于机械的摩擦部分，起润滑和密封作用。也用于金属表面，起填充空隙和防锈作用。

包装与储运

安全储运 储存于阴凉、通风的库房。远离火种、热源。保持容器密闭。应与强氧化剂等隔离储运。

紧急处置信息

急救措施

吸入：脱离接触。如有不适感，就医。

眼睛接触：分开眼睑，用流动清水或生理盐水冲洗。如有不适感，就医。

皮肤接触：脱去污染的衣着，用肥皂水和清水冲洗。如有不适感，就医。

食入：漱口，饮水。就医。

灭火方法 消防人员须穿全身消防服，佩戴空气呼吸器，在上风向灭火。尽可能将容器从火场移至空旷处。喷水保持火场容器冷却，直至灭火结束。

灭火剂：泡沫、二氧化碳、干粉、沙土。

泄漏应急处置 隔离泄漏污染区，限制出入。消除所有点火源。建议应急处理人员戴防尘口罩，穿一般作业工作服。尽可能切断泄漏源。用塑料布覆盖泄漏物，减少飞散。勿使水进入包装容器内。用洁净的铲子收集泄漏物，置于干净、干燥、盖子较松的容器中，将容器移离泄漏区。

579. 噻虫啉

标　识

中文名称　噻虫啉

英文名称　Thiacloprid；[3-[(6-Chloro-3-pyridinyl)methyl]-2- thiazolidinylidene]cyanamide

别名　[3-[(6-氯-3-吡啶基)甲基]-1，3-噻唑啉-2-亚基]氰胺

分子式　$C_{10}H_9ClN_4S$

CAS 号　111988-49-9

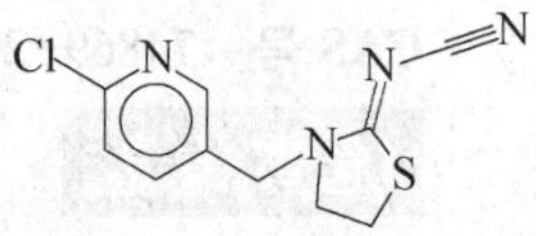

危害信息

燃烧与爆炸危险性　可燃。燃烧产生有毒的氮氧化物、硫氧化物和氯化物气体 。

禁忌物　强氧化剂。

毒性　大鼠经口 LD_{50}：444mg/kg；大鼠吸入 LC_{50}：1223mg/m^3(4h)；大鼠经皮 LD_{50}：>2000mg/kg 。

侵入途径　吸入、食入、经皮吸收。

环境危害　对水生生物有害，可能在水生环境中造成长期不利影响。

理化特性与用途

理化特性　淡黄色结晶粉末。不溶于水。熔点 136℃，沸点(分解，>270℃)，相对密度(水=1)1.46，辛醇/水分配系数 1.26(20℃)。

主要用途　内吸性杀虫剂。用于棉花、蔬菜、马铃薯、梨等防治蚜虫、粉虱、甲虫和潜叶蛾、蠹蛾等。

包装与储运

安全储运　储存于阴凉、通风的库房。远离火种、热源。保持容器密闭。应与强氧化剂等隔离储运 。搬运时，轻装轻卸，防止容器受损。

紧急处置信息

急救措施

吸入：迅速脱离现场至空气新鲜处。保持呼吸道通畅。如呼吸困难，给输氧。呼吸、心跳停止，立即进行心肺复苏术。就医。

眼睛接触：立即分开眼睑，用流动清水或生理盐水彻底冲洗。就医。

皮肤接触：立即脱去污染的衣着，用肥皂水和清水彻底冲洗。就医。

食入：漱口，饮水。就医。

灭火方法　消防人员须穿全身消防服，在上风向灭火。尽可能将容器从火场移至空旷

处。喷水保持火场容器冷却，直至灭火结束。

灭火剂：雾状水、泡沫、二氧化碳、干粉、沙土。

泄漏应急处置 隔离泄漏污染区，限制出入。建议应急处理人员戴防尘口罩，穿防毒服。穿上适当的防护服前严禁接触破裂的容器和泄漏物。尽可能切断泄漏源。用塑料布覆盖泄漏物，减少飞散。勿使水进入包装容器内。用洁净的铲子收集泄漏物，置于干净、干燥、盖子较松的容器中，将容器移离泄漏区。

580. 赛璐珞

标　识

中文名称 赛璐珞

英文名称 Celluloid

别名 硝化纤维塑料

CAS 号 8050-88-2

铁危编号 13014

UN 号 2000

危害信息

危险性类别 第 4.1 类 易燃固体

燃烧与爆炸危险性 易燃。其粉体与空气混合，能形成爆炸性混合物。久储会逐渐发热，若积热不散会引起自燃。

禁忌物 强氧化剂。

侵入途径 吸入、食入。

理化特性与用途

理化特性 有色或无色透明或不透明的片状物，质软而富有弹性。不溶于水，不溶于苯、甲苯，溶于乙醇、丙酮、乙酸乙酯。相对密度(水=1)1.35~1.6，引燃温度 180℃。

主要用途 主要用于制造乒乓球、眼镜架、玩具、钢笔杆、装璜品等。

包装与储运

包装标志 易燃固体

包装类别 Ⅲ类

安全储运 储存于阴凉、干燥、通风良好的库房。远离火种、热源。避免阳光直射。库温不宜超过 35℃。保持容器密封。应与氧化剂等隔离储运。采用防爆型照明、通风设施。禁止使用易产生火花的机械设备和工具。

紧急处置信息

急救措施

吸入：脱离接触。如有不适感，就医。

眼睛接触：分开眼睑，用流动清水或生理盐水冲洗。如有不适感，就医。

皮肤接触：脱去污染的衣着，用流动清水冲洗。如有不适感，就医。

食入：漱口，饮水。就医。

灭火方法 消防人员必须佩戴空气呼吸器，穿全身防火防毒服，在上风向灭火。尽可能将容器从火场移至空旷处。喷水保持火场容器冷却，直至灭火结束。

灭火剂：雾状水、泡沫、干粉、二氧化碳、沙土。

泄漏应急处置 消除所有点火源。隔离泄漏污染区，限制出入。建议应急处理人员戴防尘口罩，穿防毒服。禁止接触或跨越泄漏物。小量泄漏：用洁净的铲子收集泄漏物，置于干净、干燥、盖子较松的容器中，将容器移离泄漏区。大量泄漏：用水润湿，并筑堤收容。防止泄漏物进入水体、下水道、地下室或有限空间。

581. 三苯基氟化锡

标 识

中文名称 三苯基氟化锡

英文名称 Triphenyl tin fluoride；Fentin fluoride ；Fluorotriphenylstannane

分子式 $C_{18}H_{15}FSn$

CAS 号 379-52-2

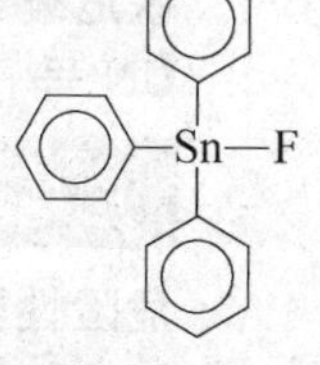

危害信息

危险性类别 第 6 类 有毒品

禁忌物 强氧化剂

毒性 兔经皮 LD_{50}：1000mg/kg；小鼠经口 $LDLo$：710mg/kg 。

中毒表现 有机锡中毒的主要临床表现有：眼和鼻黏膜的刺激症状；中毒性神经衰弱综合征；重症出现中毒性脑病。溅入眼内引起结膜炎。可致变应性皮炎。摄入有机锡化合物可致中毒性脑水肿，可产生后遗症，如瘫痪、精神失常和智力障碍。

侵入途径 吸入、食入、经皮吸收。

职业接触限值 美国(ACGIH)：TLV-TWA 0.1mg/m^3，TLV-STEL 0.2mg/m^3[按 Sn 计][皮]。

环境危害 对水生生物有极高毒性，可能在水生环境中造成长期不利影响。

理化特性与用途

理化特性 白色至灰白色粉末。不溶于水。熔点 357℃(分解)，相对密度(水=1)1.5，辛醇/水分配系数 3.62。

主要用途 用作杀菌剂、防污剂。

包装与储运

包装标志 有毒品

包装类别 Ⅲ类

安全储运 储存于阴凉、通风的库房。远离火种、热源。储存温度不超过 35℃，相对湿度不超过 85%。保持容器密封。应与强氧化剂等隔离储运。搬运时轻装轻卸，防止容器受损。

紧急处置信息

急救措施

吸入：迅速脱离现场至空气新鲜处。保持呼吸道通畅。如呼吸困难，给输氧。呼吸、心跳停止，立即进行心肺复苏术。就医。

眼睛接触：立即分开眼睑，用流动清水或生理盐水彻底冲洗。就医。

皮肤接触：立即脱去污染的衣着，用肥皂水和清水彻底冲洗。就医。

食入：漱口，饮水。就医。

泄漏应急处置 隔离泄漏污染区，限制出入。消除所有点火源。建议应急处理人员戴防尘口罩，穿防毒服。穿上适当的防护服前严禁接触破裂的容器和泄漏物。尽可能切断泄漏源。用塑料布覆盖泄漏物，减少飞散。勿使水进入包装容器内。用洁净的铲子收集泄漏物，置于干净、干燥、盖子较松的容器中，将容器移离泄漏区。

582. 三苯基氯硅烷

标 识

中文名称 三苯基氯硅烷

英文名称 Chlorotriphenylsilane ；Triphenylchlorosilane

别名 氯化三苯基硅烷

分子式 $C_{18}H_{15}ClSi$

CAS 号 76-86-8

铁危编号 81133

Si
Cl

危害信息

危险性类别 第 8 类 腐蚀品

燃烧与爆炸危险性 可燃。燃烧时，放出有毒气体。遇水或水蒸气发生剧烈反应释出有刺激性和腐蚀性的氯化氢烟雾。遇潮时具有强腐蚀性。

活性反应 遇水或水蒸气发生剧烈反应。

禁忌物 强氧化剂、水蒸气。

毒性 小鼠静脉 LD_{50}：56mg/kg。

中毒表现 氯硅烷类单体对眼、上呼吸道黏膜有强烈刺激性。局部可出现充血、水肿，甚至坏死。长时间接触高浓度，可引起支气管炎、肺充血和肺水肿。可致眼和皮肤灼伤。

侵入途径 吸入、食入。

理化特性与用途

理化特性 白色至米色结晶或白色粉末。易水解。溶于多数有机溶剂。熔点 91～96℃，沸点 378℃，相对密度(水=1)1.14 。

主要用途 用作制造高分子有机硅的原料，用于制药和用作有机合成中间体。

包装与储运

包装标志 腐蚀品，有毒品

包装类别　Ⅱ类

安全储运　储存于阴凉、干燥、通风的库房。远离火种、热源。储存温度不超过 30℃，相对湿度不超过 75%。包装必须密封，切勿受潮。应与强氧化剂、醇类等隔离储运。搬运时轻装轻卸，防止容器受损。

紧急处置信息

急救措施

吸入：迅速脱离现场至空气新鲜处。保持呼吸道通畅。如呼吸困难，给输氧。呼吸、心跳停止，立即进行心肺复苏术。就医。

眼睛接触：立即分开眼睑，用流动清水或生理盐水彻底冲洗 10~15min。就医。

皮肤接触：立即脱去污染的衣着，用大量流动清水彻底冲洗，冲洗时间一般要求 20~30min。就医。

食入：用水漱口，禁止催吐。给饮牛奶或蛋清。就医。

灭火方法　消防人员须佩戴正压自给式呼吸器，穿全身消防服，在上风向灭火。尽可能将容器从火场移至空旷处。喷水保持火场容器冷却，直至灭火结束。禁止用水和泡沫灭火。

灭火剂：干粉、二氧化碳、沙土。

泄漏应急处置　隔离泄漏污染区，限制出入。消除所有点火源。建议应急处理人员戴防尘口罩，穿防腐、防毒服。穿上适当的防护服前严禁接触破裂的容器和泄漏物。尽可能切断泄漏源。用塑料布覆盖泄漏物，减少飞散。勿使水进入包装容器内。用洁净的铲子收集泄漏物，置于干净、干燥、盖子较松的容器中，将容器移离泄漏区。

583. 三苯基氯化锡

标　识

中文名称　三苯基氯化锡

英文名称　Triphenyl tin chloride; Fentin chloride

分子式　$C_{18}H_{15}ClSn$

CAS 号　639-58-7

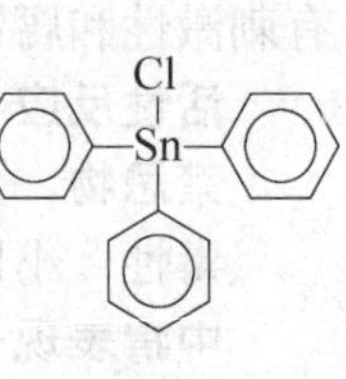

危害信息

危险性类别　第 6 类　有毒品

燃烧与爆炸危险性　可燃。燃烧或受热分解产生有毒和腐蚀性的烟气。在火场中，容器受热有引起开裂或爆炸的危险。

禁忌物　强氧化剂。

毒性　大鼠经口 LD_{50}：135mg/kg；小鼠经口 LD_{50}：18mg/kg。

中毒表现　有机锡中毒的主要临床表现有：眼和鼻黏膜的刺激症状；中毒性神经衰弱综合征；重症出现中毒性脑病。溅入眼内引起结膜炎。可致变应性皮炎。摄入有机锡化合物可致中毒性脑水肿，可产生后遗症，如瘫痪、精神失常和智力障碍。

侵入途径　吸入、食入、经皮吸收。

职业接触限值　美国（ACGIH）：TLV-TWA 0.1mg/m^3，TLV-STEL 0.2mg/m^3［按 Sn

计][皮]。

环境危害 对水生生物有极高毒性，可能在水生环境中造成长期不利影响。

理化特性与用途

理化特性 白色结晶或白色至灰白色粉末。不溶于水，溶于氯仿等有机溶剂。熔点103.5℃，沸点240℃(1.8kPa)，相对密度(水=1)1.49，饱和蒸气压0.73mPa(25℃)，辛醇/水分配系数4.19，闪点大于150℃，引燃温度大于250℃。

主要用途 用于制造农药、涂料、有机锡杀菌剂和防污剂等。

包装与储运

包装标志 有毒品

包装类别 Ⅲ类

安全储运 储存于阴凉、通风的库房。远离火种、热源。储存温度不超过35℃，相对湿度不超过85%。保持容器密封。应与强氧化剂等隔离储运。搬运时轻装轻卸，防止容器受损。

紧急处置信息

急救措施

吸入：迅速脱离现场至空气新鲜处。保持呼吸道通畅。如呼吸困难，给输氧。呼吸、心跳停止，立即进行心肺复苏术。就医。

眼睛接触：立即分开眼睑，用流动清水或生理盐水彻底冲洗。就医。

皮肤接触：立即脱去污染的衣着，用肥皂水和清水彻底冲洗。就医。

食入：饮适量温水，催吐(仅限于清醒者)。就医。

灭火方法 消防人员须穿全身消防服，佩戴正压自给式呼吸器，在上风向灭火。尽可能将容器从火场移至空旷处。喷水保持火场容器冷却，直至灭火结束。避免水进入容器。

灭火剂：雾状水、泡沫、二氧化碳、干粉、沙土。

泄漏应急处置 隔离泄漏污染区，限制出入。消除所有点火源。建议应急处理人员戴防尘口罩，穿防静电服。禁止接触或跨越泄漏物。小量泄漏：用洁净的铲子收集泄漏物，置于干净、干燥、盖子较松的容器中，将容器移离泄漏区。大量泄漏：用水润湿，并筑堤收容。防止泄漏物进入水体、下水道、地下室或有限空间。

584. 三苯基锡氯乙酸盐

标 识

中文名称 三苯基锡氯乙酸盐

英文名称 (Chloroacetoxy)triphenylstannane；Triphenyl tin chloroacetate

分子式 $C_{20}H_{17}ClO_2Sn$

CAS 号 7094-94-2

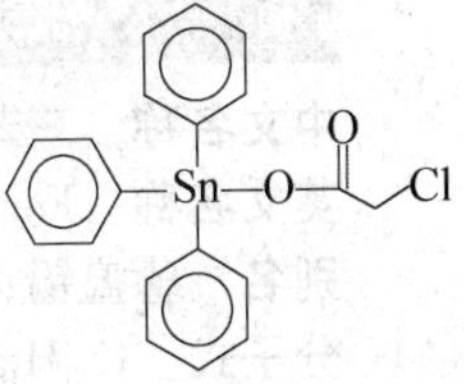

危害信息

禁忌物 强氧化剂、强酸。

中毒表现 有机锡中毒的主要临床表现有：眼和鼻黏膜的刺激症状；中毒性神经衰弱综合征；重症出现中毒性脑病。溅入眼内引起结膜炎。可致变应性皮炎。摄入有机锡化合物可致中毒性脑水肿，可产生后遗症，如瘫痪、精神失常和智力障碍。

侵入途径 吸入、食入、经皮吸收。

职业接触限值 美国（ACGIH）：TLV－TWA 0.1mg/m^3，TLV－STEL 0.2mg/m^3［按 Sn 计］［皮］。

环境危害 对水生生物有极高毒性，可能在水生环境中造成长期不利影响；严重海洋污染物。

理化特性与用途

理化特性 固体。熔点 158~159℃ 。

主要用途 船底涂料用防污剂。

包装与储运

包装标志 杂项

包装类别 Ⅲ类

安全储运 储存于阴凉、通风的库房。远离火种、热源。保持容器密闭。应与强氧化剂、强酸、碱类等隔离储运。

紧急处置信息

急救措施

吸入： 迅速脱离现场至空气新鲜处。保持呼吸道通畅。如呼吸困难，给输氧。呼吸、心跳停止，立即进行心肺复苏术。就医。

眼睛接触： 立即分开眼睑，用流动清水或生理盐水彻底冲洗。就医。

皮肤接触： 立即脱去污染的衣着，用肥皂水和清水彻底冲洗。就医。

食入： 漱口，饮水。就医。

灭火方法 消防人员须穿全身消防服，佩戴正压自给式呼吸器，在上风向灭火。尽可能将容器从火场移至空旷处。喷水保持火场容器冷却，直至灭火结束。避免水进入容器。

灭火剂：雾状水、泡沫、二氧化碳、干粉、沙土。

泄漏应急处置 隔离泄漏污染区，限制出入。消除所有点火源。建议应急处理人员戴防尘口罩，穿防毒服。穿上适当的防护服前严禁接触破裂的容器和泄漏物。尽可能切断泄漏源。用塑料布覆盖泄漏物，减少飞散。勿使水进入包装容器内。用洁净的铲子收集泄漏物，置于干净、干燥、盖子较松的容器中，将容器移离泄漏区。

585. 三苯基乙酸锡

标　　识

中文名称 三苯基乙酸锡

英文名称 Fentin acetate；Acetic acid，triphenylstannyl ester

别名 薯瘟锡；乙酰氧基三苯基锡

分子式 $C_{20}H_{18}O_2Sn$

CAS 号 900-95-8

铁危编号 61884

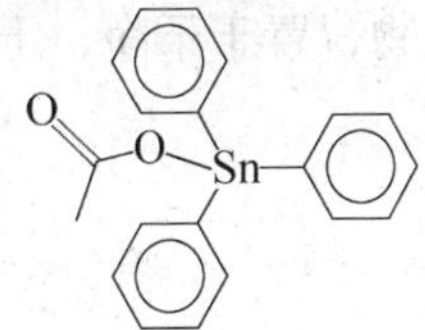

危害信息

危险性类别 第 6 类 有毒品

燃烧与爆炸危险性 受高热分解放出有毒的气体。

禁忌物 水、强氧化剂。

毒性 大鼠经口 LD_{50}：81mg/kg；小鼠经口 LD_{50}：81mg/kg；兔经皮 LD_{50}：2000mg/kg 。

欧盟法规 1272/2008/EC 将本品列为第 2 类致癌物——可疑的人类致癌物；第 2 类生殖毒物——可疑的人类生殖毒物。

中毒表现 主要引起神经系统损害。临床表现有头痛、头晕、精神萎靡、恶心、食欲减退等。对皮肤可引起接触性皮炎、过敏性皮炎。长期接触可引起神经衰弱综合征。

侵入途径 吸入、食入、经皮吸收。

职业接触限值 美国(ACGIH)：TLV-TWA 0.1mg/m^3，TLV-STEL 0.2mg/m^3[按 Sn 计][皮]。

环境危害 对水生生物有极高毒性，可能在水生环境中造成长期不利影响；严重海洋污染物。

理化特性与用途

理化特性 白色无气味针状结晶粉末。不溶于水，微溶于多数有机溶剂。熔点 122~124℃，相对密度(水=1)1.55(20℃)，蒸气压 0.06mPa(25℃)、1.9mPa(60℃)，辛醇/水分配系数 3.43 。

主要用途 用作农用杀菌剂。

包装与储运

包装标志 有毒品

包装类别 Ⅲ类

安全储运 储存于阴凉、干燥、通风良好的库房。远离火种、热源。防止阳光直射。防止受潮。储存温度不超过 35℃，相对湿度不超过 85%。保持容器密封。应与氧化剂、强酸、碱类等等隔离储运。

紧急处置信息

急救措施

吸入：迅速脱离现场至空气新鲜处。保持呼吸道通畅。如呼吸困难，给输氧。呼吸、心跳停止，立即进行心肺复苏术。就医。

眼睛接触：立即分开眼睑，用流动清水或生理盐水彻底冲洗。就医。

皮肤接触：立即脱去污染的衣着，用流动清水彻底冲洗。就医。

食入：饮适量温水，催吐(仅限于清醒者)。就医。

灭火方法 消防人员须佩戴正压自给式呼吸器，穿全身消防服，在上风向灭火。尽可能将容器从火场移至空旷处。喷水保持火场容器冷却，直至灭火结束。

灭火剂：雾状水、泡沫、干粉、二氧化碳、沙土。

泄漏应急处置 隔离泄漏污染区，限制出入。消除所有点火源。建议应急处理人员戴防尘口罩，穿防毒服。穿上适当的防护服前严禁接触破裂的容器和泄漏物。尽可能切断泄漏源。用塑料布覆盖泄漏物，减少飞散。勿使水进入包装容器内。用洁净的铲子收集泄漏物，置于干净、干燥、盖子较松的容器中，将容器移离泄漏区。

586. 三丙基氯化锡

标　识

中文名称　三丙基氯化锡

英文名称　Tripropyl tin chloride；Chlorotripropylstannane

分子式　$C_9H_{21}ClSn$

CAS 号　2279-76-7

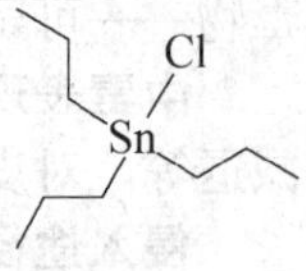

危害信息

燃烧与爆炸危险性　遇明火、高热可燃。燃烧或受高热分解放出有毒的气体。若遇高热，容器内压增大，有开裂和爆炸的危险。

禁忌物　强氧化剂。

毒性　小鼠静脉内 LD_{50}：4mg/kg。

中毒表现　有机锡中毒的主要临床表现有：眼和鼻黏膜的刺激症状；中毒性神经衰弱综合征；重症出现中毒性脑病。溅入眼内引起结膜炎。可致变应性皮炎。摄入有机锡化合物可致中毒性脑水肿，可产生后遗症，如瘫痪、精神失常和智力障碍。

侵入途径　吸入、食入、经皮吸收。

职业接触限值　美国(ACGIH)：TLV－TWA 0.1mg/m^3，TLV－STEL 0.2mg/m^3［按 Sn 计］［皮］。

环境危害　对水生生物有极高毒性，可能在水生环境中造成长期不利影响；严重海洋污染物。

理化特性与用途

理化特性　无色液体，有令人不愉快的气味。不溶于水。熔点－23.5℃，沸点 123℃(1.73kPa)，相对密度(水＝1)1.2678，饱和蒸气压 25Pa(25℃)，辛醇/水分配系数 3.23。

主要用途　用作除草剂。

包装与储运

包装标志　杂项

包装类别　Ⅲ类

安全储运　储存于阴凉、通风的库房。远离火种、热源。保持容器密闭。应与强氧化剂、强酸、碱类等隔离储运。

紧急处置信息

急救措施

吸入：迅速脱离现场至空气新鲜处。保持呼吸道通畅。如呼吸困难，给输氧。呼吸、心跳停止，立即进行心肺复苏术。就医。

眼睛接触：立即分开眼睑，用流动清水或生理盐水彻底冲洗。就医。

皮肤接触：立即脱去污染的衣着，用肥皂水和清水彻底冲洗。就医。

食入： 漱口，饮水。就医。

灭火方法　消防人员须佩戴正压自给式呼吸器，穿全身消防服，在上风向灭火。尽可能将容器从火场移至空旷处。喷水保持火场容器冷却，直至灭火结束。

灭火剂：雾状水、泡沫、干粉、二氧化碳、沙土。

泄漏应急处置　隔离泄漏污染区，限制出入。消除所有点火源。建议应急处理人员戴防尘口罩，穿防毒服。穿上适当的防护服前严禁接触破裂的容器和泄漏物。尽可能切断泄漏源。用塑料布覆盖泄漏物，减少飞散。勿使水进入包装容器内。用洁净的铲子收集泄漏物，置于干净、干燥、盖子较松的容器中，将容器移离泄漏区。

587. 三草酸铁三钠

标　识

中文名称　三草酸铁三钠

英文名称　Trisodium trioxalatoferrate; Trisodium bis[carboxylato(oxo)methoxy]ferrio oxalate

分子式　$C_6FeNa_3O_{12}$

CAS 号　555-34-0

危害信息

燃烧与爆炸危险性　可燃。在火场中受热分解产生有毒的烟气。

禁忌物　强氧化剂、强酸。

中毒表现　对眼、皮肤和黏膜有刺激性。

侵入途径　吸入、食入。

理化特性与用途

理化特性　固体。相对密度(水=1)1.95。

主要用途　用于摄影。

包装与储运

安全储运　储存于阴凉、通风的库房。远离火种、热源。保持容器密闭。应与强氧化剂等隔离储运。

紧急处置信息

急救措施

吸入： 迅速脱离现场至空气新鲜处。保持呼吸道通畅。如呼吸困难，给输氧。呼吸、心跳停止，立即进行心肺复苏术。就医。

眼睛接触： 立即分开眼睑，用流动清水或生理盐水彻底冲洗。就医。

皮肤接触： 立即脱去污染的衣着，用肥皂水和清水彻底冲洗。就医。

食入： 漱口，饮水。就医。

灭火方法　消防人员须穿全身消防服，佩戴正压自给式呼吸器，在上风向灭火。尽可能将容器从火场移至空旷处。喷水保持火场容器冷却，直至灭火结束。

灭火剂：雾状水、泡沫、二氧化碳、干粉、沙土。

泄漏应急处置 隔离泄漏污染区，限制出入。建议应急处理人员戴防尘口罩，穿防毒服。穿上适当的防护服前严禁接触破裂的容器和泄漏物。尽可能切断泄漏源。用塑料布覆盖泄漏物，减少飞散。勿使水进入包装容器内。用洁净的铲子收集泄漏物，置于干净、干燥、盖子较松的容器中，将容器移离泄漏区。

588. 三碘乙酸

标　识

中文名称 三碘乙酸

英文名称 Triiodoacetic acid

别名 三碘醋酸

分子式 $C_2HI_3O_2$

CAS 号 594-68-3

铁危编号 81610

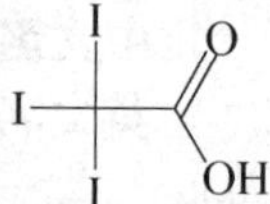

危害信息

危险性类别 第 8 类 腐蚀品

燃烧与爆炸危险性 不燃，无特殊燃爆特性。遇水剧烈反应，产生有毒气体。受热分解放出有毒气体。遇潮时对大多数金属有腐蚀性。

禁忌物 强氧化剂、强碱。

中毒表现 本品对黏膜、皮肤有腐蚀性。

侵入途径 吸入、食入。

理化特性与用途

理化特性 黄色结晶。溶于水，溶于乙醇、乙醚。熔点 150℃（分解）。

主要用途 用作试剂。

包装与储运

包装标志 腐蚀品

包装类别 Ⅱ类

安全储运 储存于阴凉、通风的库房。远离火种、热源。储存温度不超过 32℃，相对湿度不超过 80%。保持容器密封。应与强氧化剂、强碱等隔离储运。搬运时轻装轻卸，防止容器受损。

紧急处置信息

急救措施

吸入：迅速脱离现场至空气新鲜处。保持呼吸道通畅。如呼吸困难，给输氧。呼吸、心跳停止，立即进行心肺复苏术。就医。

眼睛接触：立即分开眼睑，用流动清水或生理盐水彻底冲洗 10~15min。就医。

皮肤接触：立即脱去污染的衣着，用大量流动清水彻底冲洗，冲洗时间一般要求 20~

30min。就医。

食入: 用水漱口，禁止催吐。给饮牛奶或蛋清。就医。

灭火方法 消防人员必须穿全身耐酸碱消防服，佩戴正压自给式呼吸器，在上风向灭火。灭火时尽可能将容器从火场移至空旷处。

本品不燃，根据着火原因选择适当灭火剂灭火。

泄漏应急处置 隔离泄漏污染区，限制出入。建议应急处理人员戴防尘口罩，穿防酸碱服。穿上适当的防护服前严禁接触破裂的容器和泄漏物。尽可能切断泄漏源。用塑料布覆盖泄漏物，减少飞散。勿使水进入包装容器内。用洁净的铲子收集泄漏物，置于干净、干燥、盖子较松的容器中，将容器移离泄漏区。

589. 三丁基铝

标　识

中文名称 三丁基铝

英文名称 Tributylaluminium ; Tri-*n*-butylaluminum

别名 三正丁基铝

分子式 $C_{12}H_{27}Al$

CAS 号 1116-70-7

铁危编号 42022

UN 号 3051

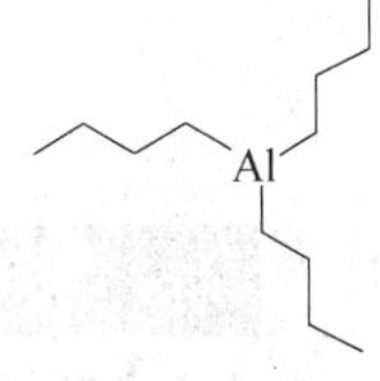

危害信息

危险性类别 第 4.2 类　自燃物品

燃烧与爆炸危险性 易燃。与水接触可能发生剧烈反应，甚至爆炸。接触潮湿空气可能引起燃烧。在高温火场中，受热的容器或储罐有破裂和爆炸的危险。

禁忌物 强氧化剂、强酸。

中毒表现 对眼和皮肤有强烈刺激性，可引起灼伤。吸入损害呼吸道。

侵入途径 吸入、食入。

理化特性与用途

理化特性 无色至淡黄色液体。与水发生剧烈反应。溶于乙醚、甲苯、己烷。熔点-26.7℃，沸点 110℃(0.4kPa)，相对密度(水=1)0.823，饱和蒸气压<0.1kPa(80℃)，燃烧热-388kJ/mol，辛醇/水分配系数 6.39 。

主要用途 用于生产有机锡化合物，用作烯烃聚合催化剂和有机合成中间体。

包装与储运

包装标志 自燃物品，遇湿易燃物品

包装类别 Ⅰ类

安全储运 储存于充满惰性气体的容器中，存放在阴凉、干燥、通风的库房。远离火种、热源。储存温度不超过 32℃，相对湿度不超过 75%。保持容器密封，不可与空气接触。应与强氧化剂、酸、醇等隔离储运。禁止使用易产生火花的机械设备和工具。

紧急处置信息

急救措施

吸入：迅速脱离现场至空气新鲜处。保持呼吸道通畅。如呼吸困难，给输氧。呼吸、心跳停止，立即进行心肺复苏术。就医。

眼睛接触：立即分开眼睑，用流动清水或生理盐水彻底冲洗 10~15min。就医。

皮肤接触：立即脱去污染的衣着，用大量流动清水彻底冲洗，冲洗时间一般要求 20~30min。就医。

食入：用水漱口，禁止催吐。给饮牛奶或蛋清。就医。

灭火方法 消防人员须穿全身消防服，佩戴空气呼吸器，在上风向灭火。尽可能将容器从火场移至空旷处。喷水保持火场容器冷却，直至灭火结束。处在火场中的容器若发生异常变化或发出异常声音，须马上撤离。不可用水、泡沫灭火。

灭火剂：干粉。

泄漏应急处置 根据液体流动和蒸气扩散的影响区域划定警戒区，无关人员从侧风、上风向撤离至安全区。隔离泄漏污染区，限制出入。消除所有点火源。建议应急处理人员戴空气呼吸器，穿防腐蚀服。穿上适当的防护服前严禁接触破裂的容器和泄漏物。尽可能切断泄漏源。用干沙土等覆盖。收集于可密闭的容器中。

590. 三丁基氯化锡

标　识

中文名称 三丁基氯化锡

英文名称 Tributyltin chloride；Chlorotributyltin

别名 氯化三丁基锡

分子式 $C_{12}H_{27}ClSn$

CAS 号 1461-22-9

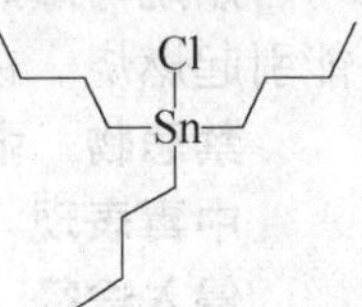

危害信息

危险性类别 第 6 类 有毒品

燃烧与爆炸危险性 可燃。燃烧产生腐蚀性气体。在高温火场中，受热的容器或储罐有破裂和爆炸的危险。

禁忌物 强氧化剂。

环境危害 对水生生物有极高毒性，可能在水生环境中造成长期不利影响。

理化特性与用途

理化特性 无色至淡黄色透明液体。不溶于冷水，溶于包括乙醇、庚烷、苯、甲苯等的普通有机溶剂。熔点-15℃，沸点 171~173℃(3.33kPa)，相对密度(水=1)1.2，相对蒸气密度(空气=1)11.2，饱和蒸气压 1.23Pa(25℃)，辛醇/水分配系数 4.76，闪点大于112℃，引燃温度大于 150℃。

主要用途 广泛用于木材防腐、船舶油漆、防啮齿动物电缆涂料等。同时作为医药中间体广泛应用于医药行业。

包装与储运

包装标志 有毒品

包装类别 Ⅲ类

安全储运 储存于阴凉、干燥、通风良好的库房。远离火种、热源。防止阳光直射。储存温度不超过35℃，相对湿度不超过85%。保持容器密封。应与氧化剂、强酸、碱类等隔离储运。

紧急处置信息

灭火方法 消防人员须穿全身消防服，佩戴正压自给式呼吸器，在上风向灭火。尽可能将容器从火场移至空旷处。喷水保持火场容器冷却，直至灭火结束。

灭火剂：泡沫、二氧化碳、干粉、沙土。

泄漏应急处置 根据液体流动和蒸气扩散的影响区域划定警戒区，无关人员从侧风、上风向撤离至安全区。消除所有点火源。建议应急处理人员戴防毒面具，穿防毒服。穿上适当的防护服前严禁接触破裂的容器和泄漏物。尽可能切断泄漏源。防止泄漏物进入水体、下水道、地下室或有限空间。小量泄漏：用干燥的沙土或其他不燃材料吸收或覆盖，收集于容器中。大量泄漏：构筑围堤或挖坑收容。用泵转移至槽车或专用收集器内。

591. 三丁基硼

标　识

中文名称 三丁基硼

英文名称 Tributyl borane；Tri-*n*-butyl borane

别名 三正丁基硼

分子式 $C_{12}H_{27}B$

CAS 号 122-56-5

铁危编号 42030

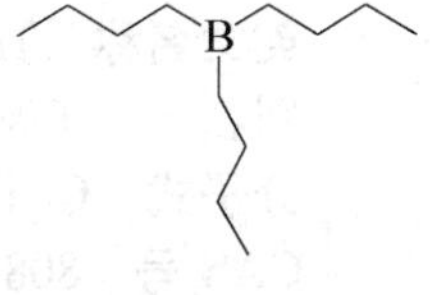

危害信息

危险性类别 第4.2类 自燃物品

燃烧与爆炸危险性 暴露在空气中能自燃。遇明火及氧化剂易燃烧。在火灾中释放出有毒的烟气。

禁忌物 氧化剂。

毒性 大鼠经口 LD_{50}：1125mg/kg。

侵入途径 吸入、食入、经皮吸收。

理化特性与用途

理化特性 无色至淡黄色液体，有刺激性气味。有自燃性。不溶于水，溶于多数有机溶剂。熔点-34℃，沸点209℃，相对密度(水=1)0.75，饱和蒸气压0.013kPa(20℃)，辛醇/水分配系数6.29，闪点-17℃。

主要用途 用于石油化工、有机合成以及用作催化剂等。

包装与储运

包装标志 自燃物品

包装类别 Ⅱ类

安全储运 储存于阴凉、通风的库房。远离火种、热源。库温不超过25℃。相对湿度不超过75%。包装要求密封，不可与空气接触。应与氧化剂等隔离储运。采用防爆型照明、通风设施。禁止使用易产生火花的机械设备和工具。

紧急处置信息

灭火方法 消防人员须佩戴防毒面具、穿全身消防服，在上风向灭火。尽可能将容器从火场移至空旷处。处在火场中的容器若已变色或从安全泄压装置中传出声音，必须马上撤离。禁止用水和泡沫灭火。

灭火剂：干粉、二氧化碳、沙土。

泄漏应急处置 根据液体流动和蒸气扩散的影响区域划定警戒区，无关人员从侧风、上风向撤离至安全区。消除所有点火源。建议应急处理人员戴正压自给式呼吸器，穿防毒、防静电服。禁止接触或跨越泄漏物。尽可能切断泄漏源。防止泄漏物进入水体、下水道、地下室或有限空间。小量泄漏：用干燥的沙土或其他不燃材料覆盖泄漏物，用洁净的无火花工具收集泄漏物，置于一盖子较松的塑料容器中，待处置。大量泄漏：构筑围堤或挖坑收容。用防爆泵转移至槽车或专用收集器内。

592. 三丁基氢氧化锡

标　识

中文名称 三丁基氢氧化锡

英文名称 Tributyl tin hydroxide

别名 三丁基锡氢氧化物

分子式 $C_{12}H_{29}OSn$

CAS号 80883-02-9

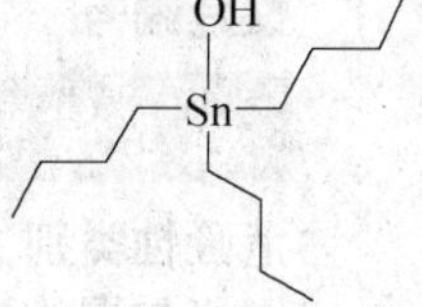

危害信息

燃烧与爆炸危险性 不燃。在高温火场中，受热的容器有破裂和爆炸的危险。

禁忌物 强氧化剂。

中毒表现 有机锡中毒的主要临床表现有：眼和鼻黏膜的刺激症状；中毒性神经衰弱综合征；重症出现中毒性脑病。溅入眼内引起结膜炎。可致变应性皮炎。摄入有机锡化合物可致中毒性脑水肿，可产生后遗症，如瘫痪、精神失常和智力障碍。

侵入途径 吸入、食入、经皮吸收。

职业接触限值 美国(ACGIH)：TLV-TWA 0.1mg/m^3，TLV-STEL 0.2mg/m^3[按Sn计][皮]。

环境危害 对水生生物有极高毒性，可能在水生环境中造成长期不利影响。

理化特性与用途

主要用途 用作医药中间体。

包装与储运

包装标志 杂项

包装类别 Ⅲ类

安全储运 储存于阴凉、通风的库房。远离火种、热源。保持容器密闭。应与强氧化剂、强酸、碱类等隔离储运。

紧急处置信息

急救措施

吸入：迅速脱离现场至空气新鲜处。保持呼吸道通畅。如呼吸困难，给输氧。呼吸、心跳停止，立即进行心肺复苏术。就医。

眼睛接触：立即分开眼睑，用流动清水或生理盐水彻底冲洗。就医。

皮肤接触：立即脱去污染的衣着，用肥皂水和清水彻底冲洗。就医。

食入：漱口，饮水。就医。

灭火方法 消防人员须穿全身消防服，佩戴正压自给式呼吸器，在上风向灭火。尽可能将容器从火场移至空旷处。喷水保持火场容器冷却，直至灭火结束。

本品不燃，根据着火原因选择适当灭火剂灭火。

593. 三丁基锡磺胺酸盐

标　识

中文名称 三丁基锡磺胺酸盐

英文名称 Tributyl tin sulfamate；((Aminosulfonyl)oxy)tributylstannane

分子式 $C_{12}H_{29}NO_3SSn$

CAS 号 6517-25-5

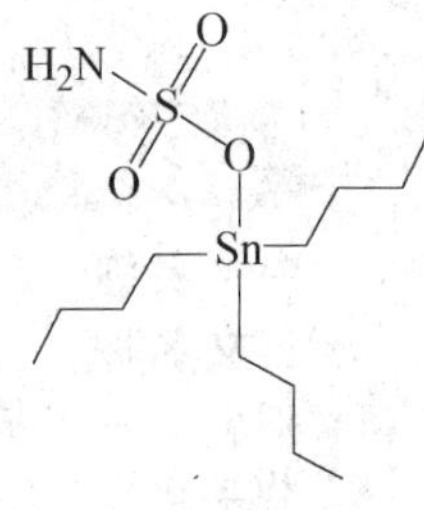

危害信息

燃烧与爆炸危险性 可燃。燃烧产生有毒的硫氧化物气体。在高温火场中，受热的容器有破裂和爆炸的危险。

禁忌物 强氧化剂、强酸。

中毒表现 有机锡中毒的主要临床表现有：眼和鼻黏膜的刺激症状；中毒性神经衰弱综合征；重症出现中毒性脑病。溅入眼内引起结膜炎。可致变应性皮炎。摄入有机锡化合物可致中毒性脑水肿，可产生后遗症，如瘫痪、精神失常和智力障碍。

侵入途径 吸入、食入、经皮吸收。

职业接触限值 美国(ACGIH)：TLV-TWA 0.1mg/m^3，TLV-STEL 0.2mg/m^3[按 Sn 计][皮]。

环境危害 对水生生物有极高毒性，可能在水生环境中造成长期不利影响。

理化特性与用途

理化特性　固体或液体。

主要用途　用作防腐剂和杀菌剂。

包装与储运

包装标志　杂项

包装类别　Ⅲ类

安全储运　储存于阴凉、通风的库房。远离火种、热源。保持容器密闭。应与强氧化剂、强酸、碱类等隔离储运。

紧急处置信息

急救措施

吸入：迅速脱离现场至空气新鲜处。保持呼吸道通畅。如呼吸困难，给输氧。呼吸、心跳停止，立即进行心肺复苏术。就医。

眼睛接触：立即分开眼睑，用流动清水或生理盐水彻底冲洗。就医。

皮肤接触：立即脱去污染的衣着，用肥皂水和清水彻底冲洗。就医。

食入：漱口，饮水。就医。

灭火方法　消防人员须穿全身消防服，佩戴正压自给式呼吸器，在上风向灭火。尽可能将容器从火场移至空旷处。喷水保持火场容器冷却，直至灭火结束。

灭火剂：雾状水、泡沫、二氧化碳、干粉、沙土。

泄漏应急处置　隔离泄漏污染区，限制出入。建议应急处理人员戴防尘口罩，穿防毒服。穿上适当的防护服前严禁接触破裂的容器和泄漏物。尽可能切断泄漏源。用塑料布覆盖泄漏物，减少飞散。勿使水进入包装容器内。用洁净的铲子收集泄漏物，置于干净、干燥、盖子较松的容器中，将容器移离泄漏区。

594. 三丁基锡十二酸盐

标　识

中文名称　三丁基锡十二酸盐

英文名称　Tributyl(lauroyloxy)stannane；Tributyl tin laurate

别名　三丁基锡月桂酸盐

分子式　$C_{24}H_{50}O_2Sn$

CAS 号　3090-36-6

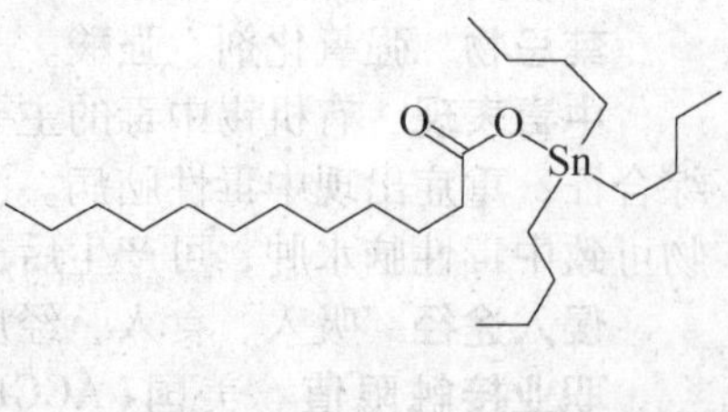

危害信息

危险性类别　第 6 类　有毒品

禁忌物　强氧化剂、强酸。

毒性　小鼠经口 LD_{50}：180mg/kg 。

中毒表现　有机锡中毒的主要临床表现有：眼和鼻黏膜的刺激症状；中毒性神经衰弱综合征；重症出现中毒性脑病。溅入眼内引起结膜炎。可致变应性皮炎。摄入有机锡化合物可致中毒性脑水肿，可产生后遗症，如瘫痪、精神失常和智力障碍。

侵入途径 吸入、食入、经皮吸收。

职业接触限值 美国(ACGIH)：TLV-TWA 0.1mg/m^3，TLV-STEL 0.2mg/m^3[按 Sn 计][皮]。

环境危害 对水生生物有极高毒性，可能在水生环境中造成长期不利影响

理化特性与用途

理化特性 液体或固体。不溶于水。熔点 23.5℃，沸点 156℃(1.3Pa)，饱和蒸气压 0.007mPa(25℃)，辛醇/水分配系数 8.15。

主要用途 用作渔网防污剂，用于生产船底防污涂料。

包装与储运

包装标志 有毒品

包装类别 Ⅲ类

安全储运 储存于阴凉、干燥、通风良好的库房。远离火种、热源。防止阳光直射。储存温度不超过 35℃，相对湿度不超过 85%。保持容器密封。应与氧化剂、强酸、碱类等等隔离储运。

紧急处置信息

急救措施

吸入：迅速脱离现场至空气新鲜处。保持呼吸道通畅。如呼吸困难，给输氧。呼吸、心跳停止，立即进行心肺复苏术。就医。

眼睛接触：立即分开眼睑，用流动清水或生理盐水彻底冲洗。就医。

皮肤接触：立即脱去污染的衣着，用肥皂水和清水彻底冲洗。就医。

食入：饮适量温水，催吐(仅限于清醒者)。就医。

灭火方法 消防人员须穿全身消防服，佩戴正压自给式呼吸器，在上风向灭火。尽可能将容器从火场移至空旷处。喷水保持火场容器冷却，直至灭火结束。

灭火剂：雾状水、泡沫、二氧化碳、干粉、沙土。

泄漏应急处置 隔离泄漏污染区，限制出入。消除所有点火源。建议应急处理人员戴防尘口罩，穿防毒服。穿上适当的防护服前严禁接触破裂的容器和泄漏物。尽可能切断泄漏源。用塑料布覆盖泄漏物，减少飞散。勿使水进入包装容器内。用洁净的铲子收集泄漏物，置于干净、干燥、盖子较松的容器中，将容器移离泄漏区。

595. 三丁基乙酸锡

标 识

O
Sn
O

中文名称 三丁基乙酸锡

英文名称 Tributyl tin acetate；Acetoxytributylstannane

分子式 $C_{14}H_{30}O_2Sn$

CAS 号 56-36-0

危害信息

危险性类别　第6类　有毒品

燃烧与爆炸危险性　可燃。燃烧或受热分解产生有毒或刺激性的烟气。

禁忌物　强氧化剂。

毒性　大鼠经口 LD_{50}：99mg/kg；小鼠经口 LD_{50}：46mg/kg；哺乳动物经皮 LD_{50}：>5g/kg。

中毒表现　有机锡中毒的主要临床表现有：眼和鼻黏膜的刺激症状；中毒性神经衰弱综合征；重症出现中毒性脑病。溅入眼内引起结膜炎。可致变应性皮炎。摄入有机锡化合物可致中毒性脑水肿，可产生后遗症，如瘫痪、精神失常和智力障碍。

侵入途径　吸入、食入、经皮吸收。

职业接触限值　美国(ACGIH)：TLV-TWA 0.1mg/m^3，TLV-STEL 0.2mg/m^3[按 Sn 计][皮]。

环境危害　对水生生物有极高毒性，可能在水生环境中造成长期不利影响。

理化特性与用途

理化特性　固体。对湿气敏感。不溶于水。熔点 84~87℃，沸点 323℃，相对密度(水=1)1.27，饱和蒸气压 0.359Pa(20℃)，辛醇/水分配系数 3.24。

主要用途　用作杀虫剂。

包装与储运

包装标志　有毒品

包装类别　Ⅲ类

安全储运　储存于阴凉、干燥、通风良好的库房。远离火种、热源。防止阳光直射。储存温度不超过35℃，相对湿度不超过85%。保持容器密封。应与氧化剂、强酸、碱类等隔离储运。

紧急处置信息

急救措施

吸入：迅速脱离现场至空气新鲜处。保持呼吸道通畅。如呼吸困难，给输氧。呼吸、心跳停止，立即进行心肺复苏术。就医。

眼睛接触：立即分开眼睑，用流动清水或生理盐水彻底冲洗。就医。

皮肤接触：立即脱去污染的衣着，用肥皂水和清水彻底冲洗。就医。

食入：饮适量温水，催吐(仅限于清醒者)。就医。

灭火方法　消防人员须穿全身消防服，佩戴正压自给式呼吸器，在上风向灭火。尽可能将容器从火场移至空旷处。喷水保持火场容器冷却，直至灭火结束。

灭火剂：雾状水、泡沫、二氧化碳、干粉、沙土。

泄漏应急处置　隔离泄漏污染区，限制出入。消除所有点火源。建议应急处理人员戴防尘口罩，穿防毒服。穿上适当的防护服前严禁接触破裂的容器和泄漏物。尽可能切断泄漏源。用塑料布覆盖泄漏物，减少飞散。勿使水进入包装容器内。用洁净的铲子收集泄漏物，置于干净、干燥、盖子较松的容器中，将容器移离泄漏区。

596. 三氟化氯

标　识

中文名称　三氟化氯

英文名称　Chlorine trifluoride；Chlorine fluoride

分子式　ClF_3

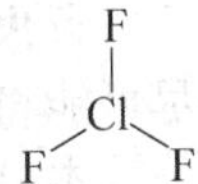

CAS 号　7790-91-2

铁危编号　23015

UN 号　1749

危害信息

危险性类别　第 2.3 类　有毒气体

燃烧与爆炸危险性　助燃。与可燃物接触易着火燃烧。能与多种物品发生具有危险性的强烈反应。遇有机物，立即自行燃烧爆炸。与水猛烈反应，放出氟化氢和氯气。

活性反应　与水猛烈反应，放出氟化氢和氯气。并能与砂子以及其他含硅物品(如玻璃、石棉等)强烈反应，也能与金属和非金属元素激烈反应。

禁忌物　强氧化剂、易燃或可燃物。

毒性　大鼠吸入 LC_{50}：229ppm（1h）；小鼠吸入 LC_{50}：178ppm（1h）；人吸入 *LCLo*：50ppm。

中毒表现　对皮肤黏膜有腐蚀性，引起眼深度灼伤，永久性视力丧失。吸入中毒表现为烧灼感、咳嗽、咽痛、呼吸困难，可在数小时后出现肺水肿。

侵入途径　吸入。

职业接触限值　中国：MAC 0.4mg/m^3。

美国(ACGIH)：TLV-C 0.1ppm。

理化特性与用途

理化特性　无色气体或黄绿色液体，有窒息性气味。与水反应。熔点-76℃，沸点12℃，相对密度(水=1)1.825(液体)，相对蒸气密度(空气=1)3.18，饱和蒸气压 1.33kPa(-71.8℃)，临界温度 154.5℃，临界压力 5.78MPa。

主要用途　用作氟化剂、燃烧剂、推进剂中的氧化剂、高温金属的切割油。

包装与储运

包装标志　有毒气体,氧化剂，腐蚀品。

包装类别　Ⅱ类

安全储运　储存于阴凉、通风的有毒气体专用库房。应严格执行剧毒品“双人收发、双人保管”制度。远离火种、热源。储存温度不超过 30℃，相对湿度不超过 75%。应与易(可)燃物、还原剂等隔离储运。运输时防止雨淋、曝晒。搬运时轻装轻卸，须戴好钢瓶安全帽和防震橡皮圈，防止钢瓶撞击。

紧急处置信息

急救措施

吸入：迅速脱离现场至空气新鲜处。保持呼吸道通畅。如呼吸困难，给输氧。呼吸、心跳停止，立即进行心肺复苏术。就医。

眼睛接触：立即分开眼睑，用流动清水或生理盐水彻底冲洗 10~15min。就医。

皮肤接触：立即脱去污染的衣着，用大量流动清水彻底冲洗，冲洗时间一般要求 20~30min。就医。

食入：用水漱口，禁止催吐。给饮牛奶或蛋清。就医。

灭火方法　消防人员必须佩戴正压自给式呼吸器，穿全身防火防毒服，在上风向灭火。尽可能将容器从火场移至空旷处。

本品不燃，根据着火原因选择适当灭火剂灭火。

泄漏应急处置　根据气体的影响区域划定警戒区，无关人员从侧风、上风向撤离至安全区。建议应急处理人员穿内置正压自给式呼吸器的全封闭防化服。禁止接触或跨越泄漏物。勿使泄漏物与可燃物质(如木材、纸、油等)接触。尽可能切断泄漏源。喷雾状水抑制蒸气或改变蒸气云流向，避免水流接触泄漏物。禁止用水直接冲击泄漏物或泄漏源。防止气体通过下水道、通风系统和有限空间扩散。隔离泄漏区直至气体散尽。泄漏场所保持通风。

597. 三氟化硼甲醚络合物

标　识

中文名称　三氟化硼甲醚络合物

英文名称　Boron trifluoride-dimethyl ether ; Dimethyl ether boron trifluoride

别名　三氟化硼-二甲醚络合物；三氟化硼二甲基氧基络合物

分子式　$C_2H_6OBF_3$

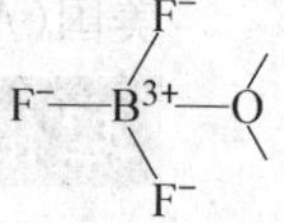

CAS 号　353-42-4

铁危编号　43047

UN 号　2965

危害信息

危险性类别　第 4. 3 类　遇湿易燃物品

燃烧与爆炸危险性　易燃。遇水放出易燃气体。蒸气与空气混合能形成爆炸性混合物。蒸气比空气重，沿地面扩散并易积存于低洼处，遇火源会着火回燃 。

毒性　豚鼠吸入 *LCLo*：50 ppm(4h)。

中毒表现　对眼和呼吸道有刺激性。

侵入途径　吸入、食入。

职业接触限值　美国(ACGIH)：TLV-TWA 2. 5mg/m^3[按 F 计] 。

理化特性与用途

理化特性　淡黄色至浅褐色液体，对湿气敏感。熔点-14℃，沸点 126~127℃，相对密度(水=1)1.239，相对蒸气密度(空气=1)3.93，闪点62℃，引燃温度234℃，爆炸下限6.4%，爆炸上限21.6%。

主要用途 很多有机反应的有效催化剂，稳定性较好，可作为烷基化的催化剂。

包装与储运

包装标志 遇湿易燃物品，易燃液体、腐蚀品。

包装类别 Ⅰ类

安全储运 储存于阴凉、干燥、通风的库房。远离火种、热源。储存温度不超过32℃，相对湿度不超过75%。保持容器密封，不可与空气接触。应与强氧化剂、酸、醇等隔离储运。禁止使用易产生火花的机械设备和工具。灌装时注意控制流速，防止静电积聚。搬运时轻装轻卸，防止容器受损。

紧急处置信息

急救措施

吸入：迅速脱离现场至空气新鲜处。保持呼吸道通畅。如呼吸困难，给输氧。呼吸、心跳停止，立即进行心肺复苏术。就医。

眼睛接触：立即分开眼睑，用流动清水或生理盐水彻底冲洗。就医。

皮肤接触：立即脱去污染的衣着，用肥皂水和清水彻底冲洗。就医。

食入：漱口，饮水。就医。

灭火方法 消防人员必须佩戴正压自给式呼吸器，穿全身防火防毒服，在上风向灭火。尽可能将容器从火场移至空旷处。喷水保持火场容器冷却，直至灭火结束。禁止用水灭火。

灭火剂：干粉、沙土。

泄漏应急处置 根据液体流动和蒸气扩散的影响区域划定警戒区，无关人员从侧风、上风向撤离至安全区。消除所有点火源。建议应急处理人员戴正压自给式呼吸器，穿防毒服。穿上适当的防护服前严禁接触破裂的容器和泄漏物。尽可能切断泄漏源。防止泄漏物进入水体、下水道、地下室或有限空间。少量泄漏：用干沙土或其他惰性材料吸收，收集于可密闭的容器中待处置。大量泄漏：围堤或挖坑收容，用防爆泵转移到容器或专用收集器中。

598. 三氟化硼乙酸酐

标　识

中文名称 三氟化硼乙酸酐

英文名称 Boron trifluoride acetic anhydride

别名 三氟化硼酐；三氟化硼醋酸酐

分子式 $C_4H_6O_3BF_3$

铁危编号 81103

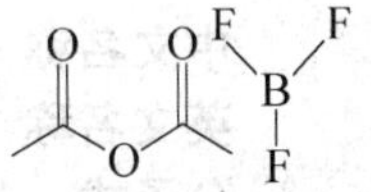

危害信息

危险性类别 第8类 腐蚀品

燃烧与爆炸危险性 可燃。燃烧或受热分解产生有毒和腐蚀性的烟气。具有腐蚀性。

禁忌物 氧化剂、碱类。

毒性 大鼠吸入 LC_{50}：436ppm(4h)（三氟化硼二水化物）。

中毒表现 本品对眼睛、黏膜、皮肤有强烈刺激作用。高浓度三氟化硼可致皮肤灼伤。

侵入途径 吸入、食入。

理化特性与用途

理化特性 白色结晶粉末，易潮解。

主要用途 用于有机合成。

包装与储运

包装标志 腐蚀品

包装类别 Ⅰ类

安全储运 储存于阴凉、干燥、通风的库房。远离火种、热源。储存温度不超过30℃，相对湿度不超过75%。保持容器密封。应与强氧化剂、强碱等隔离储运。搬运时轻装轻卸，防止容器受损。

紧急处置信息

急救措施

吸入：迅速脱离现场至空气新鲜处。保持呼吸道通畅。如呼吸困难，给输氧。呼吸、心跳停止，立即进行心肺复苏术。就医。

眼睛接触：立即分开眼睑，用流动清水或生理盐水彻底冲洗10~15min。就医。

皮肤接触：立即脱去污染的衣着，用大量流动清水彻底冲洗，冲洗时间一般要求20~30min。就医。

食入：用水漱口，禁止催吐。给饮牛奶或蛋清。就医。

灭火方法 消防人员必须穿全身耐酸碱消防服，佩戴正压自给式呼吸器，在上风向灭火。尽可能将容器从火场移至空旷处。喷水保持火场容器冷却，直至灭火结束。

灭火剂：雾状水、泡沫、干粉、二氧化碳、沙土。

泄漏应急处置 隔离泄漏污染区，限制出入。消除所有点火源。建议应急处理人员戴防尘口罩，穿防酸碱服。穿上适当的防护服前严禁接触破裂的容器和泄漏物。尽可能切断泄漏源。用塑料布覆盖泄漏物，减少飞散。勿使水进入包装容器内。用洁净的铲子收集泄漏物，置于干净、干燥、盖子较松的容器中，将容器移离泄漏区。

599. 三氟化砷(Ⅲ)

标　识

中文名称 三氟化砷(Ⅲ)

英文名称 Arsenous trifluoride；Trifluoroarsine；Arsenic trifluoride

分子式 AsF_3

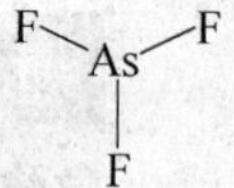

CAS号 7784-35-2

铁危编号 61013

UN号 1560

危害信息

危险性类别 第6类 有毒品

燃烧与爆炸危险性 不燃，无特殊燃爆特性。遇水或水蒸气、酸或酸气产生剧毒的烟雾。与三氧化磷剧烈反应。在潮湿条件下能腐蚀某些金属。受热分解产生有毒的气体。

活性反应 与酸类反应、与三氧化磷剧烈反应。

禁忌物 强氧化剂、酸类

毒性 小鼠吸入 *LCLo*：2000mg/m^3(10min)。

砷及其化合物所致肺癌、皮肤癌已列入《职业病分类和目录》，属职业性肿瘤。

IARC 致癌性评论：G1，确认人类致癌物。

中毒表现 急性中毒可出现胃肠炎、神经系统损害，重者可引起休克、肾功能损害。砷中毒3日至3周出现急性周围神经病。部分患者出现中毒性肝、肾、心肌等损害。

侵入途径 吸入、食入、经皮吸收。

职业接触限值 中国：PC-TWA 0.01mg/m^3；PC-STEL 0.02mg/m^3[按 As 计][G1]；PC-TWA 2mg/m^3[按F计]。

美国(ACGIH)：TLV-TWA 0.01mg/m^3[按 As 计]；TLV-TWA 2.5mg/m^3[按F计]。

环境危害 对水生生物有极高毒性，可能在水生环境中造成长期不利影响。

理化特性与用途

理化特性 无色透明发烟的油状液体。在水中分解。溶于氢氧化铵、乙醇、乙醚、苯。熔点-5.9℃，沸点57.8℃，相对密度(水=1)2.7，饱和蒸气压13.3kPa(13.2℃)。

主要用途 用作制造氟化物的中间体、催化剂、杀虫剂、离子植入源和掺杂剂等。

包装与储运

包装标志 有毒品

包装类别 Ⅰ类

安全储运 储存于阴凉、干燥、通风的库房。远离火种、热源。储存温度不超过35℃，相对湿度不超过85%。保持容器密封。应与强氧化剂、强碱等隔离储运。搬运时轻装轻卸，防止容器受损。

紧急处置信息

急救措施

吸入：迅速脱离现场至空气新鲜处。保持呼吸道通畅。如呼吸困难，给输氧。呼吸、心跳停止，立即进行心肺复苏术。就医。

眼睛接触：立即分开眼睑，用流动清水或生理盐水彻底冲洗。就医。

皮肤接触：立即脱去污染的衣着，用肥皂水和清水彻底冲洗。就医。

食入：催吐、彻底洗胃，洗胃后服活性炭30~50g(用水调成浆状)，而后再服用硫酸镁或硫酸钠导泻。就医。

解毒剂用二巯基丙磺酸钠、二巯基丁二酸钠等。

灭火方法 消防人员必须穿全身防火防毒服，佩戴正压自给式呼吸器，在上风向灭火。尽可能将容器从火场移至空旷处。喷水保持火场容器冷却，直至灭火结束。禁止用水。

本品不燃，根据着火原因选择适当灭火剂灭火。

泄漏应急处置 根据液体流动和蒸气扩散的影响区域划定警戒区，无关人员从侧风、上风向撤离至安全区。建议应急处理人员戴正压自给式呼吸器，穿防毒服，戴橡胶手套。

穿上适当的防护服前严禁接触破裂的容器和泄漏物。尽可能切断泄漏源。防止泄漏物进入水体、下水道、地下室或有限空间。小量泄漏：用干燥的沙土或其他不燃材料吸收或覆盖，收集于容器中。大量泄漏：构筑围堤或挖坑收容。用泵转移至槽车或专用收集器内。

600. 三氟甲苯

标　识

中文名称　三氟甲苯

英文名称　Benzotrifluoride；(Trifluoromethyl) benzene

别名　苯氟仿；苯三氟甲烷

分子式　$C_7H_5F_3$

CAS 号　98-08-8

铁危编号　31157

UN 号　2338

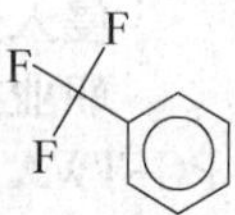

危害信息

危险性类别　第 3 类　易燃液体

燃烧与爆炸危险性　易燃。其蒸气与空气混合，能形成爆炸性混合物。与氧化剂接触猛烈反应。受高热分解放出有毒的气体。遇水分解释出剧毒并有刺激性的氢氟酸与苯甲酸。燃烧时产生剧毒的氟化物气体。高速冲击、流动、激荡后可因产生静电火花放电引起燃烧爆炸。蒸气比空气重，能在较低处扩散到相当远的地方，遇火源会着火回燃和爆炸(闪爆)。若遇高热，容器内压增大，有开裂和爆炸的危险。

活性反应　与氧化剂接触发生猛烈反应。

禁忌物　强氧化剂、强碱、强还原剂。

毒性　大鼠经口 LD_{50}：15g/kg；小鼠经口 LD_{50}：10g/kg；大鼠吸入 LC_{50}：70810mg/m^3(4h)；小鼠吸入 LC_{50}：92240mg/m^3(2h)。

侵入途径　吸入、食入、经皮吸收。

理化特性与用途

理化特性　无色至淡黄色透明液体，有芳香气味。不溶于水，混溶于乙醇、乙醚、丙酮、苯、四氯化碳、正庚烷。熔点-29.1℃，沸点 103.46℃，相对密度(水=1)1.19，相对蒸气密度(空气=1)5.04，饱和蒸气压 5.16kPa(25℃)，辛醇/水分配系数 3.01，闪点 12℃(闭杯)、15.6℃(开杯)，引燃温度 650℃，爆炸下限 1.4%。

主要用途　用于制造药品、染料中间体，也用于硫化剂、杀虫剂、溶剂及绝缘油制造，还用作溶剂。

包装与储运

包装标志　易燃液体

包装类别　Ⅱ类

安全储运　储存于阴凉、通风的库房。远离火种、热源。库温不宜超过 37℃。应与氧化剂、还原剂、碱类等隔离储运。采用防爆型照明、通风设施。禁止使用易产生火花的机械设备和工具。灌装时注意控制流速，防止静电积聚。搬运时轻装轻卸，防止容器受损。

紧急处置信息

急救措施

吸入：脱离接触。如有不适感，就医。

眼睛接触：分开眼睑，用流动清水或生理盐水冲洗。如有不适感，就医。

皮肤接触：脱去污染的衣着，用流动清水冲洗。如有不适感，就医。

食入：漱口，饮水。就医。

灭火方法 消防人员必须佩戴正压自给式呼吸器，穿全身防火防毒服，在上风向灭火。尽可能将容器从火场移至空旷处。喷水雾保持容器冷却，直至灭火结束。处在火场中的容器若已变色或从安全泄压装置中传出声音，必须马上撤离。禁止用水、泡沫和酸碱灭火剂灭火。

灭火剂：干粉、二氧化碳、沙土。

泄漏应急处置 消除所有点火源。根据液体流动和蒸气扩散的影响区域划定警戒区，无关人员从侧风、上风向撤离至安全区。建议应急处理人员戴正压自给式呼吸器，穿防毒、防静电服。作业时使用的所有设备应接地。禁止接触或跨越泄漏物。尽可能切断泄漏源。防止泄漏物进入水体、下水道、地下室或有限空间。小量泄漏：用沙土或其他不燃材料吸收。使用洁净的无火花工具收集吸收材料。大量泄漏：构筑围堤或挖坑收容。用防爆泵转移至槽车或专用收集器内。

601. 三氟甲烷磺酸

标　识

中文名称 三氟甲烷磺酸

英文名称 Trifluoromethane sulfonic acid; Triflic acid

别名 三氟甲磺酸

分子式 CHF_3O_3S

CAS 号 1493-13-6

```
       O   F
       ‖   |
HO—S—C—F
       ‖   |
       O   F
```

危害信息

燃烧与爆炸危险性 不燃。受热分解产生有毒或腐蚀性的气体。在高温火场中，受热的容器或储罐有破裂和爆炸的危险。

禁忌物 强氧化剂、强酸。

中毒表现 本品对眼有刺激性。

侵入途径 吸入、食入。

理化特性与用途

理化特性 无色至淡黄色透明液体，有强烈刺激性气味。与水混溶，溶于多数极性有机溶剂。熔点-40℃，沸点 162℃，相对密度(水＝1)1.69，相对蒸气密度(空气＝1)5.2，饱和蒸气压 1.0kPa(20℃)，辛醇/水分配系数-0.49 。

主要用途 用作异构化剂和烷基化剂。广泛用于医药、化工等行业。

包装与储运

安全储运 储存于阴凉、通风的库房。远离火种、热源。保持容器密闭。应与强氧化剂等隔离储运。

紧急处置信息

急救措施

吸入：脱离接触。如有不适感，就医。

眼睛接触：分开眼睑，用流动清水或生理盐水冲洗。如有不适感，就医。

皮肤接触：脱去污染的衣着，用肥皂水和清水冲洗。如有不适感，就医。

食入：漱口，饮水。就医。

灭火方法 消防人员须穿全身消防服，佩戴正压自给式呼吸器，在上风向灭火。尽可能将容器从火场移至空旷处。喷水保持火场容器冷却，直至灭火结束。

灭火剂：泡沫、二氧化碳、干粉、沙土。

泄漏应急处置 根据液体流动和蒸气扩散的影响区域划定警戒区，无关人员从侧风、上风向撤离至安全区。建议应急处理人员戴正压自给式呼吸器，穿防酸碱服，戴橡胶耐酸碱手套。穿上适当的防护服前严禁接触破裂的容器和泄漏物。尽可能切断泄漏源。防止泄漏物进入水体、下水道、地下室或有限空间。小量泄漏：用干燥的沙土或其他不燃材料覆盖泄漏物，用洁净的无火花工具收集泄漏物，置于一盖子较松的塑料容器中，待处置。大量泄漏：构筑围堤或挖坑收容。用耐腐蚀泵转移至槽车或专用收集器内。

602. 三氟氯甲烷

标　识

中文名称 三氟氯甲烷

英文名称 Chlorotrifluoromethane ；CFC-13 ；Trifluorochloromethane

别名 氟利昂-13

分子式 $CClF_3$

CAS 号 75-72-9

F, F, Cl, F

危害信息

危险性类别 第 2.2 类　不燃气体

燃烧与爆炸危险性 不燃。受热分解放出有毒和腐蚀性气体。在高温火场中，受热的容器有破裂和爆炸的危险。

禁忌物 强氧化剂。

毒性 大鼠吸入 20%浓度 2h，未见死亡；豚鼠在 20%的浓度下吸入 2h，为近似致死浓度。

中毒表现 有窒息作用。接触后可有头痛、恶心和眩晕。

侵入途径 吸入。

理化特性与用途

理化特性 无色液化气体，有醚的气味。不溶于水。熔点-181℃，沸点-81.4℃，相对密度(水=1)1.3，相对蒸气密度(空气=1)3.6，饱和蒸气压2846.2kPa(25℃)，临界温度28.8℃，临界压力3.86MPa，辛醇/水分配系数1.65。

主要用途 用作超低温致冷剂，也用作泡沫塑料的发泡剂。

包装与储运

包装标志 不燃气体

安全储运 储存于阴凉、通风的库房或大型气柜。远离火源和热源。储存温度不超过30℃。储存时，应与强氧化剂隔离。运输时防止雨淋、曝晒。搬运时轻装轻卸，须戴好钢瓶安全帽和防震橡皮圈，防止钢瓶撞击。

紧急处置信息

急救措施

吸入：迅速脱离现场至空气新鲜处。保持呼吸道通畅。如呼吸困难，给输氧。呼吸、心跳停止，立即进行心肺复苏术。就医。

灭火方法 消防人员须穿全身消防服，佩戴正压自给式呼吸器，在上风向灭火。尽可能将容器从火场移至空旷处。喷水保持火场容器冷却，直至灭火结束。

本品不燃，根据着火原因选择适当灭火剂灭火。

泄漏应急处置 根据气体扩散的影响区域划定警戒区，无关人员从侧风、上风向撤离至安全区。建议应急处理人员戴正压自给式呼吸器，穿一般作业工作服。液化气体泄漏时穿防寒服。禁止接触或跨越泄漏物。尽可能切断泄漏源。喷雾状水抑制蒸气或改变蒸气云流向，避免水流接触泄漏物。禁止用水直接冲击泄漏物或泄漏源。若可能翻转容器，使之逸出气体而非液体。防止气体通过下水道、通风系统和有限空间扩散。漏出气允许排入大气中。泄漏场所保持通风。

603. 三氟氯乙烯

标　识

中文名称 三氟氯乙烯

英文名称 Chlorotrifluoroethylene；1-Chloro-1,2,2-trifluoroethylene

别名 氯三氟乙烯

分子式 C_2ClF_3

CAS 号 79-38-9

铁危编号 23056

UN 号 1082

F F
F Cl

危害信息

危险性类别 第2.3类 有毒气体

燃烧与爆炸危险性　易燃。与空气混合能形成爆炸性混合物。蒸气比空气重，能在较低处扩散到相当远的地方，遇火源会着火回燃和爆炸(闪爆)燃烧时，产生有毒和腐蚀性烟气。

活性反应　与氧化剂接触发生反应。

禁忌物　强氧化剂、活性金属粉末。

毒性　大鼠吸入 LC_{50}：1000ppm(4h)；小鼠吸入 LC_{50}：3000ppm(7h)。

中毒表现　吸入可引起头晕、恶心。可发生肾脏损害。皮肤接触液态本品可引起冻伤。

侵入途径　吸入。

理化特性与用途

理化特性　无色气体，有醚样气味。微溶于水，溶于乙醚、苯、氯仿。熔点-158℃，沸点-28℃，相对密度(水=1)1.3，相对蒸气密度(空气=1)4.02，饱和蒸气压 612kPa(25℃)，临界温度 106.2℃，临界压力 4.07MPa，辛醇/水分配系数 1.65，闪点-27.8℃，爆炸下限 24%，爆炸上限 40.3%。

主要用途　用于制造树脂，用作中间体。

包装与储运

包装标志　有毒气体、易燃气体

安全储运　储存于阴凉、通风的易燃气体专用库房。远离火种、热源。库温不宜超过30℃。保持容器密封。应与氧化剂隔离。禁止使用易产生火花的机械设备和工具。运输时防止雨淋、曝晒。搬运时轻装轻卸，须戴好钢瓶安全帽和防震橡皮圈，防止钢瓶撞击。

紧急处置信息

急救措施

吸入： 迅速脱离现场至空气新鲜处。保持呼吸道通畅。如呼吸困难，给输氧。呼吸、心跳停止，立即进行心肺复苏术。就医。

皮肤接触： 如发生冻伤，用温水(38~42℃)复温，忌用热水或辐射热，不要揉搓。就医。

灭火方法　迅速切断气源。若不能切断气源，则不允许熄灭燃烧着的火焰。用水喷淋保护切断气源的人员。尽可能将容器移离泄漏区。喷水冷却容器，直至灭火结束。

灭火剂：雾状水、抗溶性泡沫、干粉、二氧化碳。

泄漏应急处置　消除所有点火源。根据气体的影响区域划定警戒区，无关人员从侧风、上风向撤离至安全区。建议应急处理人员戴正压自给式呼吸器，穿防静电服。液化气体泄漏时穿防静电、防寒服。作业时使用的所有设备应接地。禁止接触或跨越泄漏物。尽可能切断泄漏源。喷雾状水抑制蒸气或改变蒸气云流向，避免水流接触泄漏物。禁止用水直接冲击泄漏物或泄漏源。若可能翻转容器，使之逸出气体而非液体。防止气体通过下水道、通风系统和有限空间扩散。隔离泄漏区直至气体散尽。

604. 1,1,1-三氟-*N*-[(三氟甲基磺酰基)甲磺酰胺]锂盐

标　识

中文名称　1,1,1-三氟-N-[(三氟甲基磺酰基)甲磺酰胺]锂盐

英文名称 Methanesulfonamide, 1,1,1-trifluoro-*N*-((trifluoromethyl)sulfonyl)-, lithium salt; Lithium bis(trifluoromethylsulfonyl)imide

别名 双三氟甲烷磺酰亚胺锂

分子式 $C_2F_6NO_4S_2Li$

CAS 号 90076-65-6

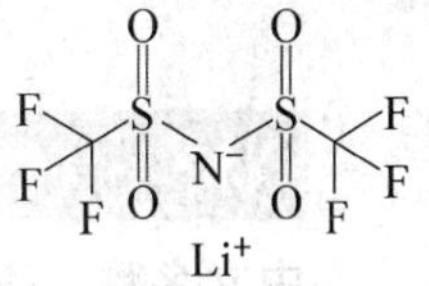

危害信息

危险性类别 第8类 腐蚀品

燃烧与爆炸危险性 不燃。受热分解产生有毒的氮氧化物和硫氧化物气体。

禁忌物 强氧化剂。

中毒表现 食入或经皮吸收有毒。对皮肤和眼有腐蚀性。长期接触可对身体造成损害。

侵入途径 吸入、食入、经皮吸收。

环境危害 对水生生物有害，可能在水生环境中造成长期不利影响。

理化特性与用途

理化特性 白色结晶或粉末，有吸湿性。溶于水。pH 值 6~8(100g/L 水，20℃)，熔点 234~238℃，沸点 380℃(分解)，相对密度(水=1)2.152，辛醇/水分配系数-1.19。

主要用途 用作锂电池电解液、反应催化剂和制备重要室温离子液体。

包装与储运

包装标志 腐蚀品，有毒品。

包装类别 Ⅱ类

安全储运 储存于阴凉、干燥、通风的库房。远离火种、热源。储存温度不超过30℃，相对湿度不超过80%。保持容器密封。应与强氧化剂等隔离储运。搬运时轻装轻卸，防止容器受损。

紧急处置信息

急救措施

吸入：迅速脱离现场至空气新鲜处。保持呼吸道通畅。如呼吸困难，给输氧。呼吸、心跳停止，立即进行心肺复苏术。就医。

眼睛接触：立即分开眼睑，用流动清水或生理盐水彻底冲洗 10~15min。就医。

皮肤接触：立即脱去污染的衣着，用大量流动清水彻底冲洗，冲洗时间一般要求 20~30min。就医。

食入：用水漱口，禁止催吐。给饮牛奶或蛋清。就医。

灭火方法 消防人员须穿全身消防服，佩戴正压自给式呼吸器，在上风向灭火。尽可能将容器从火场移至空旷处。喷水保持火场容器冷却，直至灭火结束。

灭火剂：雾状水、抗溶性泡沫、二氧化碳、干粉、沙土。

泄漏应急处置 隔离泄漏污染区，限制出入。消除所有点火源。建议应急处理人员戴防尘口罩，穿防静电服。禁止接触或跨越泄漏物。小量泄漏：用洁净的铲子收集泄漏物，置于干净、干燥、盖子较松的容器中，将容器移离泄漏区。大量泄漏：用水润湿，并筑堤收容。防止泄漏物进入水体、下水道、地下室或有限空间。

605. 三氟溴甲烷

标　识

中文名称　三氟溴甲烷

英文名称　Bromotrifluoromethane；Trifluorobromomethane ；Halon 1301

别名　制冷剂 R-13B1；溴三氟甲烷

分子式　$CBrF_3$

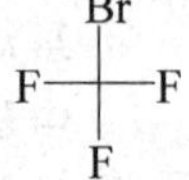

CAS 号　75-63-8

铁危编号　22049

UN 号　1009

危害信息

危险性类别　第 2.2 类　不燃气体

燃烧与爆炸危险性　不燃，无特殊燃爆特性。受热分解产生有毒的烟气。在火场中，容器受热可能发生爆炸。

禁忌物　强氧化剂、易燃或可燃物。

毒性　大鼠吸入 LC_{50}：84000ppm（15min）；小鼠吸入 LC_{50}：381g/m^3；豚鼠吸入 LC_{50}：88000ppm（15min）。

中毒表现　对皮肤有刺激作用，对眼睛、黏膜和上呼吸道有刺激作用。有迅速窒息作用。吸入高浓度的三氟溴甲烷可引起眩晕、定向障碍、共济失调、麻醉作用、恶心或呕吐。本品能增高心脏对肾上腺素的敏感性，引起心律失常。

侵入途径　吸入。

职业接触限值　美国（ACGIH）：TLV-TWA 1000ppm。

理化特性与用途

理化特性　无色无气味的气体。微溶于水，溶于氯仿。熔点-168℃，沸点-58℃，相对密度（水=1）1.5，相对蒸气密度（空气=1）5.1，饱和蒸气压 1434kPa（20℃），临界温度 67℃，临界压力 3.97MPa，辛醇/水分配系数 1.86。

主要用途　用作致冷剂，有机合成中间体等。

包装与储运

包装标志　不燃气体

安全储运　储存于阴凉、通风的库房或大型气柜。远离火源和热源。储存温度不超过 30℃。储存时，应与氧化剂隔离。运输时防止雨淋、曝晒。搬运时轻装轻卸，须戴好钢瓶安全帽和防震橡皮圈，防止钢瓶撞击。

紧急处置信息

急救措施

吸入：迅速脱离现场至空气新鲜处。保持呼吸道通畅。如呼吸困难，给输氧。呼吸、心跳停止，立即进行心肺复苏术。就医。

皮肤接触：如发生冻伤，用温水（38～42℃）复温，忌用热水或辐射热，不要揉搓。就医。

灭火方法　消防人员须佩戴正压自给式呼吸器，穿全身消防服，在上风向灭火。迅速切断气源。用水喷淋保护切断气源的人员。尽可能将容器从火场移至空旷处。喷水保持火场容器冷却，直至灭火结束。

本品不燃，根据着火原因选择适当灭火剂灭火。

泄漏应急处置　根据气体的影响区域划定警戒区，无关人员从侧风、上风向撤离至安全区。建议应急处理人员戴正压自给式呼吸器，穿一般作业工作服。液化气体泄漏时穿防寒服。禁止接触或跨越泄漏物。尽可能切断泄漏源。喷雾状水抑制蒸气或改变蒸气云流向，避免水流接触泄漏物。禁止用水直接冲击泄漏物或泄漏源。若可能翻转容器，使之逸出气体而非液体。防止气体通过下水道、通风系统和有限空间扩散。漏出气允许排入大气中。泄漏场所保持通风。

606. 三氟乙酰氯

标　识

中文名称　三氟乙酰氯

英文名称　Trifluoroacetyl chloride；2,2,2-Trifluoroacetyl chloride；Perfluoroacetyl chloride

别名　氯化三氟乙酰

分子式　C_2ClF_3O

CAS 号　354-32-5

铁危编号　23037

UN 号　3057

Cl　F　F　O　F

危害信息

危险性类别　第 2.3 类　有毒气体

燃烧与爆炸危险性　不燃，无特殊燃爆特性。遇水产生有毒气体。在火场中，容器受热可能发生爆炸。

活性反应　遇水或水蒸气反应。遇潮时对大多数金属有腐蚀性。

禁忌物　强还原剂、强酸、易燃或可燃物、水。

毒性　大鼠吸入 *LCLo*：35300ppb(6h)；小鼠吸入 *LCLo*：35300ppb(6h)。

中毒表现　对眼睛、皮肤、黏膜和上呼吸道具有剧烈的刺激作用。吸入后可引起喉、支气管的炎症、水肿和痉挛，化学性肺炎或肺水肿。接触后可有烧灼感、咳嗽、喘息、气短、头痛、恶心和呕吐。

侵入途径　吸入。

理化特性与用途

理化特性　无色气体，有刺激性气味。遇水分解。易溶于多数有机溶剂。熔点-146℃，沸点-27℃，相对蒸气密度(空气=1)4.6，饱和蒸气压 500.1kPa(25℃)。

主要用途　用作有机合成中间体。

包装与储运

包装标志 有毒气体，腐蚀品

安全储运 储存于阴凉、通风的库房或大型气柜。远离火源和热源。储存温度不超过30℃，相对湿度不超过75%。储存时，应与氧化剂、强碱、醇类隔离。运输时防止雨淋、曝晒。搬运时轻装轻卸，须戴好钢瓶安全帽和防震橡皮圈，防止钢瓶撞击。

紧急处置信息

急救措施

吸入：迅速脱离现场至空气新鲜处。休息保暖，保持呼吸道通畅，如呼吸困难，给输氧。呼吸、心跳停止，立即进行心肺复苏术。就医。

眼睛接触：立即分开眼睑，用流动清水冲洗至少15min。就医。

皮肤接触：立即脱去污染的衣着，用大量流动清水彻底冲洗。就医。

灭火方法 迅速切断气源。用水喷淋保护切断气源的人员，然后根据着火原因选择适当灭火剂灭火。消防人员须佩戴正压自给式呼吸器，穿全身消防服，在上风向灭火。尽可能将容器从火场移至空旷处。喷水保持火场容器冷却，直至灭火结束。

泄漏应急处置 根据气体的影响区域划定警戒区，无关人员从侧风、上风向撤离至安全区。建议应急处理人员穿内置正压自给式呼吸器的全封闭防化服。禁止接触或跨越泄漏物。尽可能切断泄漏源。防止气体通过下水道、通风系统和有限空间扩散。喷雾状水抑制蒸气或改变蒸气云流向，避免水流接触泄漏物。禁止用水直接冲击泄漏物或泄漏源。隔离泄漏区，合理通风，直至气体散尽。

607. 三甲胺溶液

标　识

中文名称 三甲胺溶液

英文名称 Trimethylamine, aqueous solution; Trimethylamine, 45%~50%(wt.) aqueous solution

别名 三甲胺45%~50%水溶液

分子式 C_3H_9N

CAS 号 75-50-3；7732-18-5

铁危编号 31267

UN 号 1297

危害信息

危险性类别 第3类 易燃液体

燃烧与爆炸危险性 易燃。蒸气与空气形成爆炸性混合物。蒸气比空气重，能沿地面传播到远处，遇点火源被引燃。在火场中受热分解放出有毒的烟气。与氧化剂接触猛烈反应。

禁忌物 强酸。

毒性 大鼠经口 LD_{50}：500mg/kg。

中毒表现 对人体的主要危害是对眼、鼻、咽喉和呼吸道的刺激作用。浓三甲胺水溶液能引起皮肤剧烈的烧灼感和潮红，洗去溶液后皮肤上仍可残留点状出血。长期接触感到眼、鼻、咽喉干燥不适。

侵入途径 吸入、经皮吸收。

职业接触限值 美国(ACGIH)：TLV-TWA 5ppm，TLV-STEL 15ppm。

理化特性与用途

理化特性 无色透明液体，有胺的气味。与水和乙醇混溶。pH 值 13，熔点-2℃，沸点 30~100℃，相对密度(水=1)0.86，闪点-7℃，引燃温度 190℃，爆炸下限 2%，爆炸上限 16.6%，辛醇/水分配系数-0.3。

主要用途 用作分析试剂和有机合成。用于制造消毒剂、浮选剂、杀虫剂、季铵盐和塑料等。

包装与储运

包装标志 易燃液体,腐蚀品

包装类别 Ⅱ类

安全储运 储存于阴凉、通风的库房。远离火种、热源，避免阳光直射。储存温度不超过 30℃。炎热季节早晚运输。保持容器密闭。应与氧化剂等隔离储运。禁止使用易产生火花的机械设备和工具。灌装时注意控制流速，防止静电积聚。搬运时轻装轻卸，防止容器受损。

紧急处置信息

急救措施

吸入：迅速脱离现场至空气新鲜处。保持呼吸道通畅。如呼吸困难，给输氧。呼吸、心跳停止，立即进行心肺复苏术。就医。

眼睛接触：立即分开眼睑，用流动清水或生理盐水彻底冲洗 10~15min。就医。

皮肤接触：立即脱去污染的衣着，用大量流动清水彻底冲洗，冲洗时间一般要求 20~30min。就医。

食入：用水漱口，禁止催吐。给饮牛奶或蛋清。就医。

灭火方法 消防人员须穿全身消防服，佩戴正压自给式呼吸器，在上风向灭火。尽可能将容器从火场移至空旷处。喷水保持火场容器冷却，直至灭火结束。处在火场中的容器若发生异常变化或发出异常声音，须马上撤离。

灭火剂：雾状水、抗溶性泡沫、干粉、二氧化碳。

泄漏应急处置 消除所有点火源。根据液体流动和蒸气扩散的影响区域划定警戒区，无关人员从侧风、上风向撤离至安全区。建议应急处理人员戴正压自给式呼吸器，穿防静电服，戴橡胶耐油手套。作业时使用的所有设备应接地。禁止接触或跨越泄漏物。尽可能切断泄漏源。防止泄漏物进入水体、下水道、地下室或有限空间。小量泄漏：用沙土或其他不燃材料吸收。使用洁净的无火花工具收集吸收材料。大量泄漏：构筑围堤或挖坑收容。用抗溶性泡沫覆盖，减少蒸发。喷水雾能减少蒸发，但不能降低泄漏物在有限空间内的易燃性。用防爆泵转移至槽车或专用收集器内。

608. 3,5,5-三甲基-1-己醇

标　识

中文名称　3,5,5-三甲基-1-己醇

英文名称　3,5,5-Trimethyl-1- hexanol；3,5,5-Trimethylhexanol

分子式　$C_9H_{20}O$

CAS 号　3452-97-9

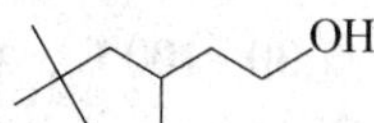

危害信息

燃烧与爆炸危险性　可燃。其蒸气与空气混合能形成爆炸性混合物，遇明火、高热易燃烧或爆炸。能与强氧化剂、无机酸等反应。在高温火场中，受热的容器或储罐有破裂和爆炸的危险。

禁忌物　强氧化剂。

中毒表现　对眼、皮肤和呼吸道有刺激性。长期接触可能损害肝肾。

侵入途径　吸入、食入。

环境危害　对水生生物有毒，可能在水生环境中造成长期不利影响。

理化特性与用途

理化特性　无色透明油状液体，有特性气味。不溶于水，溶于甲醇、丙酮、苯等有机溶剂。熔点-70℃，沸点 193~202℃，相对密度(水=1)0.83，相对蒸气密度(空气=1)5.0，饱和蒸气压 30Pa(20℃)，辛醇/水分配系数 3.1~3.5，闪点 93℃(开杯)、81.1℃(Tag 闭杯)。

主要用途　用作增塑剂、溶剂、香料和表面活性剂的原料。

包装与储运

包装标志　杂项

包装类别　Ⅲ类

安全储运　储存于阴凉、通风的库房。远离火种、热源。应与强氧化剂、酸类等隔离储运 。保持容器密闭。禁止使用易产生火花的机械设备和工具。搬运时轻装轻卸，防止容器受损。

紧急处置信息

急救措施

吸入：迅速脱离现场至空气新鲜处。保持呼吸道通畅。如呼吸困难，给输氧。呼吸、心跳停止，立即进行心肺复苏术。就医。

眼睛接触：立即分开眼睑，用流动清水或生理盐水彻底冲洗。就医。

皮肤接触：立即脱去污染的衣着，用肥皂水和清水彻底冲洗。就医。

食入：漱口，饮水。就医。

灭火方法　消防人员须穿全身消防服，佩戴空气呼吸器，在上风向灭火。尽可能将容器从火场移至空旷处。喷水保持火场容器冷却，直至灭火结束。处在火场中的容器若发生

异常变化或发出异常声音，须马上撤离。

灭火剂：泡沫、二氧化碳、干粉、沙土。

泄漏应急处置 根据液体流动和蒸气扩散的影响区域划定警戒区，无关人员从侧风、上风向撤离至安全区。消除所有点火源。建议应急处理人员戴防毒面具，穿防毒服。穿上适当的防护服前严禁接触破裂的容器和泄漏物。尽可能切断泄漏源。防止泄漏物进入水体、下水道、地下室或有限空间。小量泄漏：用干燥的沙土或其他不燃材料吸收或覆盖，收集于容器中。大量泄漏：构筑围堤或挖坑收容。用防爆泵转移至槽车或专用收集器内。

609. 2,2,4-三甲基己烷

标　识

中文名称 2,2,4-三甲基己烷

英文名称 2,2,4-Trimethyl hexane

别名 异壬烷

分子式 C_9H_{20}

CAS 号 16747-26-5

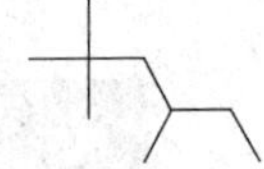

危害信息

危险性类别 第 3 类 易燃液体

燃烧与爆炸危险性 易燃。其蒸气与空气混合能形成爆炸性混合物，遇明火、高热易燃烧或爆炸。在高温火场中，受热的容器或储罐有破裂和爆炸的危险。

禁忌物 强氧化剂

侵入途径 吸入、食入。

理化特性与用途

理化特性 无色透明液体。不溶于水。熔点-120℃，沸点 126.5℃，相对密度(水=1) 0.716，饱和蒸气压 2.114kPa(25℃)，临界温度 300.55℃，临界压力 2.38MPa，辛醇/水分配系数 4.58，闪点 13℃(闭杯)。

主要用途 有机合成。

包装与储运

包装标志 易燃液体

包装类别 Ⅱ类

安全储运 储存于阴凉、通风的库房。远离火种、热源，避免阳光直射。储存温度不超过 37℃。炎热季节早晚运输。应与氧化剂等隔离储运。禁止使用易产生火花的机械设备和工具。灌装时注意控制流速，防止静电积聚。搬运时轻装轻卸，防止容器受损。

紧急处置信息

急救措施

吸入：脱离接触。如有不适感，就医。

眼睛接触：分开眼睑，用流动清水或生理盐水冲洗。如有不适感，就医。

皮肤接触：脱去污染的衣着，用肥皂水和清水冲洗。如有不适感，就医。

食入：漱口，饮水。就医。

灭火方法 消防人员须穿全身消防服，佩戴空气呼吸器，在上风向灭火。尽可能将容器从火场移至空旷处。喷水保持火场容器冷却，直至灭火结束。处在火场中的容器若发生异常变化或发出异常声音，须马上撤离。

灭火剂：泡沫、二氧化碳、干粉、沙土。用水灭火无效。

泄漏应急处置 消除所有点火源。根据液体流动和蒸气扩散的影响区域划定警戒区，无关人员从侧风、上风向撤离至安全区。建议应急处理人员戴正压自给式呼吸器，穿防静电服。作业时使用的所有设备应接地。禁止接触或跨越泄漏物。尽可能切断泄漏源。防止泄漏物进入水体、下水道、地下室或有限空间。小量泄漏：用沙土或其他不燃材料吸收。使用洁净的无火花工具收集吸收材料。大量泄漏：构筑围堤或挖坑收容。用泡沫覆盖，减少蒸发。喷水雾能减少蒸发，但不能降低泄漏物在有限空间内的易燃性。用防爆泵转移至槽车或专用收集器内。

610. 三甲基铝

标　识

中文名称 三甲基铝

英文名称 Trimethylaluminium；Aluminum，trimethyl-；Trimethylalane

分子式 C_3H_9Al

CAS 号 75-24-1

铁危编号 42022

UN 号 3051

危害信息

危险性类别 第 4.2 类 自燃物品

燃烧与爆炸危险性 在空气中自燃。其蒸气与空气混合能形成爆炸性混合物，遇明火、高热易燃烧或爆炸。在高温火场中，受热的容器或储罐有破裂和爆炸的危险。遇水剧烈反应。

禁忌物 强氧化剂。

中毒表现 对眼和皮肤有强烈刺激性，可引起灼伤。吸入损害呼吸道。

侵入途径 吸入、食入。

理化特性与用途

理化特性 无色透明液体。与水剧烈反应。溶于烃类溶剂。熔点 15℃，沸点 126℃，相对密度(水=1)0.752，饱和蒸气压 1.65kPa(25℃)，辛醇/水分配系数 1.97，闪点-18℃。

主要用途 用作甲基化剂，用于制半导体。

包装与储运

包装标志 自燃物品，遇湿易燃物品

包装类别 Ⅰ类

安全储运 储存于阴凉、通风的库房。远离火种、热源。储存温度不超过 32℃，相对湿度不超过 75%。保持容器密封。不可与空气接触。应与强氧化剂、酸、醇等隔离储运。禁止使用易产生火花的机械设备和工具。

紧急处置信息

急救措施

吸入：迅速脱离现场至空气新鲜处。保持呼吸道通畅。如呼吸困难，给输氧。呼吸、心跳停止，立即进行心肺复苏术。就医。

眼睛接触：立即分开眼睑，用流动清水或生理盐水彻底冲洗 10~15min。就医。

皮肤接触：立即脱去污染的衣着，用大量流动清水彻底冲洗，冲洗时间一般要求 20~30min。就医。

食入：用水漱口，禁止催吐。给饮牛奶或蛋清。就医。

灭火方法 消防人员须穿全身消防服，佩戴空气呼吸器，在上风向灭火。尽可能将容器从火场移至空旷处。喷水保持火场容器冷却，直至灭火结束。处在火场中的容器若发生异常变化或发出异常声音，须马上撤离。

灭火剂：干粉、沙土。禁止用水 。

泄漏应急处置 根据液体流动和蒸气扩散的影响区域划定警戒区，无关人员从侧风、上风向撤离至安全区。消除所有点火源。建议应急处理人员戴正压自给式呼吸器，穿防毒、防静电服。禁止接触或跨越泄漏物。尽可能切断泄漏源。防止泄漏物进入水体、下水道、地下室或有限空间。小量泄漏：用干燥的沙土或其他不燃材料覆盖泄漏物，用洁净的无火花工具收集泄漏物，置于一盖子较松的塑料容器中，待处置。大量泄漏：构筑围堤或挖坑收容。用防爆泵转移至槽车或专用收集器内。

611. 三甲基硼

标　识

中文名称 三甲基硼

英文名称 Trimethylborane ；Trimethyl boron

别名 三甲硼烷 ；甲基硼

分子式 C_3H_9B

CAS 号 593-90-8

铁危编号 42028

危害信息

危险性类别 第 4.2 类 自燃物品

燃烧与爆炸危险性 遇氧气、空气均会引起自燃而爆炸。遇火种、氧化剂有引起燃烧爆炸的危险。

禁忌物 强氧化剂、卤素。

中毒表现 吸入刺激呼吸道，引起眩晕、嗜睡、反应迟钝。

侵入途径 吸入。

理化特性与用途

理化特性 无色气体，有窒息性气味，具有自燃性。不溶于水，易溶于乙醇、乙醚。熔点-161.5℃，沸点-20.2℃，相对密度(水=1)0.625(-100℃)，相对蒸气密度(空气=1)2.3(21℃)，饱和蒸气压310kPa(21℃)，辛醇/水分配系数1.87。

主要用途 用于有机合成。

包装与储运

包装标志 自燃物品

包装类别 Ⅱ类

安全储运 储存于阴凉、通风的库房或大型气柜。远离火源和热源。储存温度不超过30℃，相对湿度不超过75%。储存时，应与氧化剂、卤素隔离。禁止使用易产生火花的机械设备和工具。运输时防止雨淋、曝晒。搬运时轻装轻卸，须戴好钢瓶安全帽和防震橡皮圈，防止钢瓶撞击。

紧急处置信息

急救措施

吸入：迅速脱离现场至空气新鲜处，保持呼吸道通畅，如呼吸困难，给输氧。呼吸、心跳停止，立即进行心肺复苏术。就医。

灭火方法 消防人员须佩戴防毒面具，穿全身消防服，在上风向灭火。切断气源，若不能切断气源，则不允许熄灭泄漏处的火焰。尽可能将容器从火场移至空旷处。禁止用水和泡沫灭火。

灭火剂：干粉、二氧化碳。

泄漏应急处置 根据气体扩散的影响区域划定警戒区，无关人员从侧风、上风向撤离至安全区。消除所有点火源。建议应急处理人员戴正压自给式呼吸器，穿防静电服。尽可能切断泄漏源。防止气体通过下水道、通风系统和有限空间扩散。如无危险，就地燃烧，同时喷雾状水使周围冷却，以防其他可燃物着火。或用管路导至炉中、凹地焚之。漏气容器要妥善处理，修复、检验后再用。

612. 2,4,4-三甲基-2-戊烯

标　识

中文名称 2,4,4-三甲基-2-戊烯

英文名称 2,4,4-Trimethyl-2-pentene; 2,4,4-Trimethylpent-2-ene

分子式 C_8H_{16}

CAS 号 107-40-4

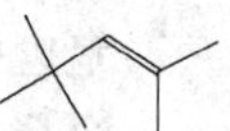

危害信息

危险性类别 第3类 易燃液体

燃烧与爆炸危险性 易燃。其蒸气与空气混合能形成爆炸性混合物，遇明火、高热极易燃烧或爆炸。在高温火场中，受热的容器或储罐有破裂和爆炸的危险。蒸气比空气重，

能在较低处扩散到相当远的地方，遇火源会着火回燃和爆炸(闪爆)。

禁忌物 强氧化剂。

中毒表现 具有刺激性。高浓度吸入对中枢神经系统有抑制作用。

侵入途径 吸入、食入。

理化特性与用途

理化特性 无色至极微黄色透明液体，有松节油气味。不溶于水，溶于乙醚、苯、氯仿。熔点-106℃，沸点104℃，相对密度(水=1)0.72，相对蒸气密度(空气=1)3.9，饱和蒸气压11.02kPa(38℃)，临界温度282℃，临界压力2.68MPa，辛醇/水分配系数4.0，闪点1.7℃(开杯)，引燃温度308℃。

主要用途 用于配制香料和用于有机合成。

包装与储运

包装标志 易燃液体

包装类别 Ⅱ类

安全储运 储存于阴凉、通风的库房。远离火种、热源，避免阳光直射。储存温度不超过37℃。炎热季节早晚运输。应与氧化剂等隔离储运。禁止使用易产生火花的机械设备和工具。灌装时注意控制流速，防止静电积聚。搬运时轻装轻卸，防止容器受损。

紧急处置信息

急救措施

吸入：迅速脱离现场至空气新鲜处。保持呼吸道通畅。如呼吸困难，给输氧。呼吸、心跳停止，立即进行心肺复苏术。就医。

眼睛接触：立即分开眼睑，用流动清水或生理盐水彻底冲洗。就医。

皮肤接触：立即脱去污染的衣着，用肥皂水和清水彻底冲洗。就医。

食入：漱口，饮水。就医。

灭火方法 消防人员须穿全身消防服，佩戴空气呼吸器，在上风向灭火。尽可能将容器从火场移至空旷处。喷水保持火场容器冷却，直至灭火结束。处在火场中的容器若发生异常变化或发出异常声音，须马上撤离。

灭火剂：泡沫、二氧化碳、干粉、沙土。用水灭火无效。

泄漏应急处置 消除所有点火源。根据液体流动和蒸气扩散的影响区域划定警戒区，无关人员从侧风、上风向撤离至安全区。建议应急处理人员戴正压自给式呼吸器，穿防静电、防毒服。作业时使用的所有设备应接地。禁止接触或跨越泄漏物。尽可能切断泄漏源。防止泄漏物进入水体、下水道、地下室或有限空间。小量泄漏：用沙土或其他不燃材料吸收。使用洁净的无火花工具收集吸收材料。大量泄漏：构筑围堤或挖坑收容。用泡沫覆盖，减少蒸发。喷水雾能减少蒸发，但不能降低泄漏物在有限空间内的易燃性。用防爆、耐腐蚀泵转移至槽车或专用收集器内。

613. 三甲基乙氧基硅烷

标 识

中文名称 三甲基乙氧基硅烷

613. 三甲基乙氧基硅烷

英文名称 Ethoxytrimethylsilane；Trimethylethoxysilane

别名 乙氧基三甲基硅烷

分子式 $C_5H_{14}OSi$

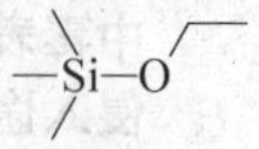

CAS 号 1825-62-3

铁危编号 32186

危害信息

危险性类别 第 3 类 易燃液体

燃烧与爆炸危险性 易燃。其蒸气与空气混合，能形成爆炸性混合物。与氧化剂接触猛烈反应。高速冲击、流动、激荡后可因产生静电火花放电引起燃烧爆炸。蒸气比空气重，能在较低处扩散到相当远的地方，遇火源会着火回燃和爆炸(闪爆)。

活性反应 与氧化剂接触发生猛烈反应。

禁忌物 强氧化剂、强酸、水及水蒸气。

毒性 大鼠经口 *LDLo*：1400mg/kg；大鼠吸入 *LCLo*：4000ppm(8h)。

中毒表现 对眼、呼吸系统和皮肤有刺激性。

侵入途径 吸入、食入、经皮吸收。

理化特性与用途

理化特性 无色透明液体。与水反应。混溶于多数有机溶剂。沸点 76℃，相对密度(水=1)0.757，相对蒸气密度(空气=1)4.1，饱和蒸气压 15.3kPa(25℃)，辛醇/水分配系数 2.33，闪点-18℃，引燃温度 280℃，爆炸下限 1.5%，爆炸上限 16.5%。

主要用途 用于硅有机化合物的合成，也用作憎水剂。

包装与储运

包装标志 易燃液体

包装类别 Ⅱ类

安全储运 储存于阴凉、通风的库房。远离火种、热源，避免阳光直射。储存温度不超过 37℃。炎热季节早晚运输。应与氧化剂等隔离储运。禁止使用易产生火花的机械设备和工具。灌装时注意控制流速，防止静电积聚。搬运时轻装轻卸，防止容器受损。

紧急处置信息

急救措施

吸入：迅速脱离现场至空气新鲜处。保持呼吸道通畅。如呼吸困难，给输氧。呼吸、心跳停止，立即进行心肺复苏术。就医。

眼睛接触：立即分开眼睑，用流动清水或生理盐水彻底冲洗。就医。

皮肤接触：立即脱去污染的衣着，用肥皂水和清水彻底冲洗。就医。

食入：漱口，饮水。就医。

灭火方法 消防人员须穿全身消防服，佩戴正压自给式呼吸器，在上风向灭火。尽可能将容器从火场移至空旷处。喷水保持火场容器冷却，直至灭火结束。灭火剂：泡沫、干粉、二氧化碳、沙土 。禁止用水。

泄漏应急处置 消除所有点火源。根据液体流动和蒸气扩散的影响区域划定警戒区，无关人员从侧风、上风向撤离至安全区。建议应急处理人员戴正压自给式呼吸器，穿防静电服。作业时使用的所有设备应接地。禁止接触或跨越泄漏物。尽可能切断泄漏源。防止泄漏物进入水体、下水道、地下室或有限空间。小量泄漏：用沙土或其他不燃材料吸收。

使用洁净的无火花工具收集吸收材料。大量泄漏：构筑围堤或挖坑收容。用泡沫覆盖，减少蒸发。喷水雾能减少蒸发，但不能降低泄漏物在有限空间内的易燃性。用防爆泵转移至槽车或专用收集器内。

614. 三硫代环庚二烯-3,4,6,7-四腈

标　识

中文名称　三硫代环庚二烯-3,4,6,7-四腈

英文名称　Trithiocycloheptadiene- 3,4,6,7-tetranitrile；TCH

分子式　$C_8N_4S_3$

CAS 号　49561-89-9

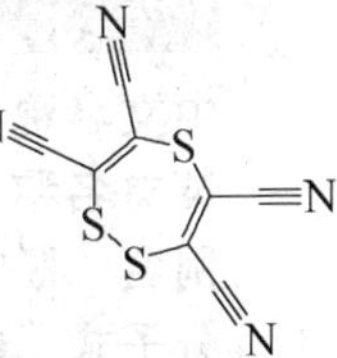

危害信息

危险性类别　第 6 类　有毒品

燃烧与爆炸危险性　可燃。燃烧产生有毒的硫氧化物、氮氧化物气体。

禁忌物　强氧化剂。

毒性　小鼠经口 LD_{50}：162mg/kg。

中毒表现　腈类物质可抑制细胞呼吸，造成组织缺氧。腈类中毒出现恶心、呕吐、腹痛、腹泻、胸闷、乏力等症状，重者出现呼吸抑制、血压下降、昏迷、抽搐等。

侵入途径　吸入、食入。

理化特性与用途

理化特性　固体。闪点 200℃。

主要用途　防治霉菌和番茄病。

包装与储运

包装标志　有毒品

包装类别　Ⅲ类

安全储运　储存于阴凉、通风的库房。远离火种、热源。储存温度不超过 35℃，相对湿度不超过 85%。保持容器密封。应与强氧化剂、强酸等隔离储运。搬运时轻装轻卸，防止容器受损。

紧急处置信息

急救措施

吸入：迅速脱离现场至空气新鲜处。保持呼吸道通畅。如呼吸困难，给输氧。呼吸、心跳停止，立即进行心肺复苏术。就医。

眼睛接触：立即分开眼睑，用流动清水或生理盐水彻底冲洗。就医。

皮肤接触：立即脱去污染的衣着，用肥皂水和清水彻底冲洗。就医。

食入：催吐，给服活性炭悬液。就医。

如出现腈类物质中毒症状，使用亚硝酸钠和硫代硫酸钠解毒剂，也可用硫代硫酸钠加口服对氨基苯丙酮。

灭火方法 消防人员须穿全身消防服，佩戴正压自给式呼吸器，在上风向灭火。尽可能将容器从火场移至空旷处。喷水保持火场容器冷却，直至灭火结束。

灭火剂：雾状水、泡沫、二氧化碳、干粉、沙土。

泄漏应急处置 隔离泄漏污染区，限制出入。消除所有点火源。建议应急处理人员戴防尘口罩，穿防静电服。禁止接触或跨越泄漏物。用洁净的铲子收集泄漏物，置于干净、干燥、盖子较松的容器中，将容器移离泄漏区。

615. 三硫代磷酸三丁酯

标　识

中文名称 三硫代磷酸三丁酯

英文名称 *S,S,S*-Tributyl trithiophosphate ；Tributyl trithiophosphate；Tribufos

别名 脱叶磷

分子式 $C_{12}H_{27}OPS_3$

CAS 号 78-48-8

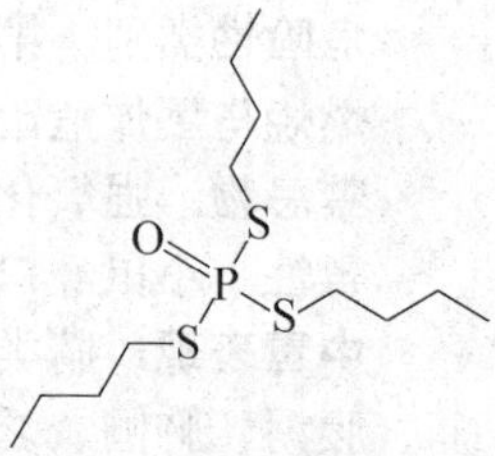

危害信息

危险性类别 第 6 类 有毒品

燃烧与爆炸危险性 不燃。受热分解产生有毒气体。在高温火场中，受热的容器有破裂和爆炸的危险。

禁忌物 强氧化剂

毒性 大鼠经口 LD_{50}：150mg/kg；小鼠经口 LD_{50}：77mg/kg；大鼠吸入 LC_{50}：2460mg/m^3(4h)；大鼠经皮 LD_{50}：168mg/kg ；兔经皮 LD_{50}：1093mg/kg。

中毒表现 误服后可出现恶心、呕吐、多汗、流涎、呼吸道分泌物增多和肌束震颤；严重者出现肺水肿、呼吸麻痹等。

侵入途径 吸入、食入、经皮吸收。

环境危害 对水生生物有极高毒性，可能在水生环境中造成长期不利影响。

理化特性与用途

理化特性 无色至淡黄色液体，有硫醇气味。熔点小于-25℃，沸点 210℃(100kPa)，相对密度(水=1)1.057，饱和蒸气压 0.7mPa(25℃)，辛醇/水分配系数 5.7 。

主要用途 用作棉花脱叶剂和植物生长调节剂。

包装与储运

包装标志 有毒品

包装类别 Ⅱ类

安全储运 储存于阴凉、通风的库房。远离火种、热源。储存温度不超过 35℃，相对湿度不超过 80%。保持容器密封。应与强氧化剂、强酸、碱类等隔离储运。搬运时轻装轻卸，防止容器受损。

紧急处置信息

急救措施

吸入：迅速脱离现场至空气新鲜处。保持呼吸道通畅。如呼吸困难，给输氧。呼吸、心跳停止，立即进行心肺复苏术。就医。

眼睛接触：分开眼睑，用流动清水或生理盐水冲洗。就医。

皮肤接触：立即脱去污染的衣着，用肥皂水及流动清水彻底冲洗污染的皮肤、头发、指甲等。就医。

食入：饮足量温水，催吐(仅限于清醒者)。口服活性碳。就医。

解毒剂：阿托品、胆碱酯酶复能剂。

灭火方法　消防人员须穿全身消防服，佩戴正压自给式呼吸器，在上风向灭火。尽可能将容器从火场移至空旷处。喷水保持火场容器冷却，直至灭火结束。

灭火剂：泡沫、二氧化碳、干粉、沙土。

泄漏应急处置　根据液体流动和蒸气扩散的影响区域划定警戒区，无关人员从侧风、上风向撤离至安全区。消除所有点火源。建议应急处理人员戴正压自给式呼吸器，穿防毒服。穿上适当的防护服前严禁接触破裂的容器和泄漏物。尽可能切断泄漏源。防止泄漏物进入水体、下水道、地下室或有限空间。小量泄漏：用干燥的沙土或其他不燃材料吸收或覆盖，收集于容器中。大量泄漏：构筑围堤或挖坑收容。用泵转移至槽车或专用收集器内。

616. 三硫化二磷

标　识

中文名称　三硫化二磷

英文名称　Diphosphorus trisulphide ；Phosphorus trisulfide；Phosphorus sulfide

别名　三硫化亚磷

分子式　P_2S_3

S=P–S–P=S

CAS 号　12165-69-4

铁危编号　41002

UN 号　1343

危害信息

危险性类别　第 4. 1 类　易燃固体

燃烧与爆炸危险性　易燃。受热或摩擦极易燃烧。与潮湿空气接触会发热，散发出有毒和易燃的气体。与大多数氧化剂如氯酸盐、硝酸盐、高氯酸盐或高锰酸盐等组成敏感度极高的爆炸性混合物。在火场中，容器受热可能发生爆炸。

禁忌物　强氧化剂如氯酸盐、硝酸盐、高氯酸盐或高锰酸盐等。

中毒表现　本品对眼和呼吸道和皮肤有刺激性。吞食可造成消化道化学灼伤。遇酸产生有毒气体。

侵入途径　吸入、食入、经皮吸收。

环境危害　对水生生物有极高毒性。

理化特性与用途

理化特性 黄色或浅黄色结晶或粉末，无臭无味，遇湿气分解。溶于水，溶于乙醇、乙醚、二硫化碳。熔点 290℃，沸点 490℃。

主要用途 用作化学试剂，用于制安全火柴。

包装与储运

包装标志 易燃固体

包装类别 Ⅱ类

安全储运 储存于阴凉、干燥、通风的库房。远离火种、热源。储存温度不超过 35℃。保持容器密封。禁止使用易产生火花的机械设备和工具。应与强氧化剂、醇类等隔离储运。搬运时轻装轻卸，防止容器受损。

紧急处置信息

急救措施

吸入：迅速脱离现场至空气新鲜处。保持呼吸道通畅。如呼吸困难，给输氧。呼吸、心跳停止，立即进行心肺复苏术。就医。

眼睛接触：立即分开眼睑，用流动清水或生理盐水彻底冲洗 10~15min。就医。

皮肤接触：立即脱去污染的衣着，用大量流动清水彻底冲洗，冲洗时间一般要求 20~30min。就医。

食入：用水漱口，禁止催吐。给饮牛奶或蛋清。就医。

灭火方法 消防人员须佩戴正压自给式呼吸器，穿全身消防服，在上风向灭火。尽可能将容器从火场移至空旷处。喷水保持火场容器冷却，直至灭火结束。禁止用水和泡沫灭火。

灭火剂：干粉、二氧化碳、沙土。

泄漏应急处置 严禁用水处理。隔离泄漏污染区，限制出入。消除所有点火源。建议应急处理人员戴防尘口罩，穿防毒、防静电服。禁止接触或跨越泄漏物。尽可能切断泄漏源。保持泄漏物干燥。小量泄漏：用干燥的沙土或其他不燃材料覆盖泄漏物，然后用塑料布覆盖，减少飞散、避免雨淋。粉末泄漏：用塑料布或帆布覆盖泄漏物，减少飞散，保持干燥。在专家指导下清除。

617. 三硫化四磷

标　识

中文名称 三硫化四磷

英文名称 Tetraphosphorus trisulfide；Phosphorus sesquisulfide；Phosphorus sulfide

别名 三硫化磷

分子式 P_4S_3

CAS 号 1314-85-8

铁危编号 41003

UN 号 1341

危害信息

危险性类别 第4.1类 易燃固体

燃烧与爆炸危险性 易燃。受热或摩擦极易燃烧。燃烧时生成有毒的二氧化硫气体。遇热水水解，生成硫化氢气体。与潮湿空气接触会发热，散发出有毒和易燃的气体。与大多数氧化剂如氯酸盐、硝酸盐、高氯酸盐或高锰酸盐等组成敏感度极高的爆炸性混合物。在火场中，容器受热可能发生爆炸。

禁忌物 强氧化剂如氯酸盐、硝酸盐、高氯酸盐或高锰酸盐等。

毒性 兔经口 *LDLo*：95mg/kg。

中毒表现 本品对眼和呼吸道和皮肤有刺激性，接触本品的制火柴工人，易发皮炎或眼结膜炎。吞食可造成消化道化学灼伤。

侵入途径 吸入、食入、经皮吸收。

环境危害 对水生生物有极高毒性。

理化特性与用途

理化特性 浅黄绿色斜方针状结晶。不溶于水，溶于硝酸、二硫化碳、苯、三氯化磷。熔点172.5℃，沸点407.5℃，相对密度(水=1)2.03(20℃/4℃)，引燃温度100℃。

主要用途 用于制造火柴、火柴盒的摩擦面，也用于有机合成等。

包装与储运

包装标志 易燃固体

包装类别 Ⅱ类

安全储运 储存于阴凉、干燥、通风的库房。远离火种、热源。储存温度不超过35℃。保持容器密封。禁止使用易产生火花的机械设备和工具。应与强氧化剂、醇类等隔离储运。

紧急处置信息

急救措施

吸入：迅速脱离现场至空气新鲜处。保持呼吸道通畅。如呼吸困难，给输氧。呼吸、心跳停止，立即进行心肺复苏术。就医。

眼睛接触：立即分开眼睑，用流动清水或生理盐水彻底冲洗10~15min。就医。

皮肤接触：立即脱去污染的衣着，用大量流动清水彻底冲洗，冲洗时间一般要求20~30min。就医。

食入：用水漱口，禁止催吐。给饮牛奶或蛋清。就医。

灭火方法 消防人员须佩戴正压自给式呼吸器，穿全身消防服，在上风向灭火。尽可能将容器从火场移至空旷处。喷水保持火场容器冷却，直至灭火结束。禁止用水和泡沫灭火。

灭火剂：干粉、二氧化碳、沙土。

泄漏应急处置 严禁用水处理。隔离泄漏污染区，限制出入。消除所有点火源。建议应急处理人员戴防尘口罩，穿防毒、防静电服。禁止接触或跨越泄漏物。尽可能切断泄漏源。保持泄漏物干燥。小量泄漏：用干燥的沙土或其他不燃材料覆盖泄漏物，然后用塑料布覆盖，减少飞散、避免雨淋。粉末泄漏：用塑料布或帆布覆盖泄漏物，减少飞散，保持干燥。在专家指导下清除。

618. 三硫磷

标　识

中文名称　三硫磷

英文名称　Carbophenothion；*S*-(((*p*-Chlorophenyl)thio)methyl) *O*,*O*-diethyl phosphorodithioate

别名　*S*-(((4-氯苯基)硫代)甲基)-*O*，*O*-二乙基二硫代磷酸酯；三赛昂

分子式　$C_{11}H_{16}ClO_2PS_3$

CAS 号　786-19-6

铁危编号　61874

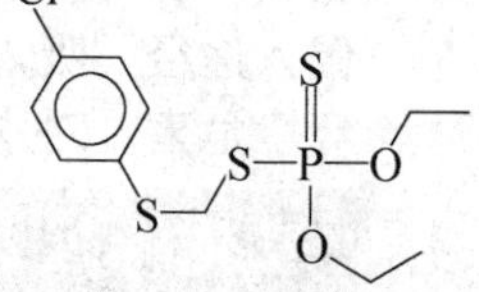

危害信息

危险性类别　第 6 类　有毒品

燃烧与爆炸危险性　可燃。受热分解，放出氧化磷和氯化物的毒性气体。

禁忌物　强氧化剂、强碱。

毒性　大鼠经口 LD_{50}：6800μg/kg；大鼠经皮 LD_{50}：27mg/kg；小鼠经口 LD_{50}：218mg/kg；兔经口 LD_{50}：1250mg/kg；兔经皮 LD_{50}：1270mg/kg。

中毒表现　吸入、食入、经皮肤吸收都能引起中毒，表现为瞳孔缩小、唾液增多、出汗、肌痉挛、恶心、呕吐、腹泻、呼吸费力、头昏、惊厥、意识丧失。

侵入途径　吸入、食入、经皮吸收。

环境危害　对水生生物有极高毒性，可能在水生环境中造成长期不利影响。

理化特性与用途

理化特性　灰白色至浅琥珀酸液体，稍有硫醇气味。不溶于水，混溶于多数有机溶剂。沸点 82℃(1.33Pa)，相对密度(水=1)1.3，相对蒸气密度(空气=1)11.8，饱和蒸气压 0.04mPa(20℃)，辛醇/水分配系数 5.1。

主要用途　农用杀虫剂、杀螨剂。主要可用于防治棉花、果树等作物上的蚜、蚧；果树锈壁虱、卷叶虫等。对螨类有特效，能杀死幼螨、若螨及成螨。

包装与储运

包装标志　有毒品

包装类别　Ⅱ类

安全储运　储存于阴凉、通风良好的专储存于阴凉、通风的库房。远离火种、热源。储存温度不超过 35℃，相对湿度不超过 85%。保持容器密封。应与强氧化剂等隔离储运。搬运时轻装轻卸，防止容器受损。

紧急处置信息

急救措施

吸入：迅速脱离现场至空气新鲜处。保持呼吸道通畅。如呼吸困难，给输氧。呼吸、心跳停止，立即进行心肺复苏术。就医。

眼睛接触： 分开眼睑，用流动清水或生理盐水冲洗。就医。

皮肤接触： 立即脱去污染的衣着，用肥皂水及流动清水彻底冲洗污染的皮肤、头发、指甲等。就医。

食入： 饮足量温水，催吐(仅限于清醒者)。口服活性碳。就医。

解毒剂：阿托品、胆碱酯酶复能剂。

灭火方法 消防人员必须佩戴正压自给式呼吸器，穿全身防火防毒服，在上风向灭火。尽可能将容器从火场移至空旷处。喷水保持火场容器冷却，直至灭火结束。

灭火剂：雾状水、泡沫、干粉、二氧化碳、沙土。

泄漏应急处置 根据液体流动和蒸气扩散的影响区域划定警戒区，无关人员从侧风、上风向撤离至安全区。建议应急处理人员戴正压自给式呼吸器，穿防毒服。穿上适当的防护服前严禁接触破裂的容器和泄漏物。尽可能切断泄漏源。防止泄漏物进入水体、下水道、地下室或有限空间。小量泄漏：用干燥的沙土或其他不燃材料吸收或覆盖，收集于容器中。大量泄漏：构筑围堤或挖坑收容。用泵转移至槽车或专用收集器内。

619. 1,2,3-三氯苯

标　识

中文名称 1,2,3-三氯苯

英文名称 1,2,3-Trichlorobenzene；vic-Trichlorobenzene

别名 连三氯苯

分子式 $C_6H_3Cl_3$

CAS 号 87-61-6

铁危编号 61658

Cl Cl Cl

危害信息

危险性类别 第6类 有毒品

燃烧与爆炸危险性 可燃。其粉体与空气混合，能形成爆炸性混合物。在空气中受热分解释出剧毒的光气和氯化氢气体。

活性反应 与氧化剂接触发生猛烈反应。

禁忌物 强氧化剂、铝。

毒性 大鼠经口 LD_{50}：1830mg/kg。

中毒表现 引起眼、呼吸道、皮肤有刺激性。

食入： 腹痛、腹泻、恶心、呕吐。

侵入途径 吸入、食入、经皮吸收。

理化特性与用途

理化特性 白色片状结晶或白色固体，有卫生球的气味。不溶于水，微溶于乙醇，易溶于乙醚、苯、二硫化碳。熔点 53.5℃，沸点 218.5℃，相对密度(水=1)1.45，相对蒸气密度(空气=1)6.26，饱和蒸气压 17.3Pa(25℃)，临界温度 489.5℃，临界压力 3.01MPa，辛醇/水分配系数 4.05，闪点 112.7℃(闭杯)，引燃温度 571℃，爆炸下限 2.5%，爆炸上限 6.6%。

主要用途 用于有机合成，用作溶剂、润滑剂、杀虫剂等。

包装与储运

包装标志　有毒品

包装类别　Ⅲ类

安全储运　储存于阴凉、通风的库房。远离火种、热源。储存温度不超过 35℃，相对湿度不超过 85%。保持容器密封。应与强氧化剂等隔离储运。搬运时轻装轻卸，防止容器受损。

紧急处置信息

急救措施

吸入：迅速脱离现场至空气新鲜处。保持呼吸道通畅。如呼吸困难，给输氧。呼吸、心跳停止，立即进行心肺复苏术。就医。

眼睛接触：立即分开眼睑，用流动清水或生理盐水彻底冲洗。就医。

皮肤接触：立即脱去污染的衣着，用肥皂水和清水彻底冲洗。就医。

食入：漱口，饮水。就医。

灭火方法　消防人员必须佩戴正压自给式呼吸器，穿全身防火防毒服，在上风向灭火。尽可能将容器从火场移至空旷处。喷水保持火场容器冷却，直至灭火结束。

灭火剂：雾状水、泡沫、干粉、二氧化碳、沙土。

泄漏应急处置　隔离泄漏污染区，限制出入。消除所有点火源。建议应急处理人员戴防尘口罩，穿防毒工作服。尽可能切断泄漏源。用塑料布覆盖泄漏物，减少飞散。勿使水进入包装容器内。用洁净的铲子收集泄漏物，置于干净、干燥、盖子较松的容器中，将容器移离泄漏区。

620. 三氯三氟乙烷

标　识

中文名称　三氯三氟乙烷

英文名称　Trichlorotrifluoroethane；1,1,1-Trichlorotrifluoroethane

别名　1，1，1-三氯三氟乙烷

分子式　$C_2Cl_3F_3$

CAS 号　354-58-5

铁危编号　61573

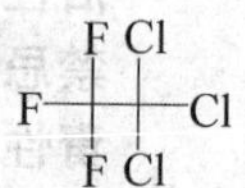

危害信息

危险性类别　第 6 类　有毒品

燃烧与爆炸危险性　不易燃。受高热分解产生有毒和腐蚀性烟气。

禁忌物　强氧化剂。

毒性　大鼠经口 LD_{50}：43000mg/kg 。

中毒表现　长时间接触有麻醉作用。对眼和皮肤有刺激性。国外有因职业性接触本品引起死亡的病例，死因为心律紊乱。

侵入途径　吸入、食入、经皮吸收。

职业接触限值 美国(ACGIH)：TLV-TWA 1000ppm；TLV-STEL 1250ppm。

环境危害 对水生生物有毒，可能在水生环境中造成长期不利影响。

理化特性与用途

理化特性 无色透明液体。不溶于水，溶于乙醇、乙醚、氯仿。熔点 14.2℃，沸点 46.1℃，相对密度(水=1)1.579，饱和蒸气压 47.9kPa(25℃)，辛醇/水分配系数 3.09，引燃温度 680℃。

主要用途 惰性有机溶剂，可用作有机氟精细化学品、新型农药和医药原料。

包装与储运

包装标志 有毒品

包装类别 Ⅲ类

安全储运 储存于阴凉、通风的库房。远离火种、热源。储存温度不超过 35℃，相对湿度不超过 85%。保持容器密封。应与强氧化剂等隔离储运。搬运时轻装轻卸，防止容器受损。应严格执行剧毒品“双人收发、双人保管”制度。

紧急处置信息

急救措施

吸入：迅速脱离现场至空气新鲜处。保持呼吸道通畅。如呼吸困难，给输氧。呼吸、心跳停止，立即进行心肺复苏术。就医。

眼睛接触：立即分开眼睑，用流动清水或生理盐水彻底冲洗。就医。

皮肤接触：立即脱去污染的衣着，用肥皂水和清水彻底冲洗。就医。

食入：漱口，饮水。就医。

灭火方法 消防人员穿全身消防服，佩戴正压自给式呼吸器，在上风向灭火。喷水冷却容器，直至灭火结束。可能的话将容器从火场移至空旷处。

灭火剂：雾状水、泡沫、干粉。

泄漏应急处置 根据液体流动和蒸气扩散的影响区域划定警戒区，无关人员从侧风、上风向撤离至安全区。建议应急处理人员戴正压自给式呼吸器，穿防毒服。穿上适当的防护服前严禁接触破裂的容器和泄漏物。尽可能切断泄漏源。防止泄漏物进入水体、下水道、地下室或有限空间。小量泄漏：用干燥的沙土或其他不燃材料吸收或覆盖，收集于容器中。大量泄漏：构筑围堤或挖坑收容。用泵转移至槽车或专用收集器内。

621. 三氯杀螨砜

标　识

中文名称 三氯杀螨砜

英文名称 Tetradifon；4-Chlorophenyl 2,4,5-trichlorophenyl sulfone ；2,4,4′,5-Tetrachlorodiphenyl sulfone

别名 1，2，4-三氯-5-[(4-氯苯基)磺酰]苯

分子式 $C_{12}H_6Cl_4O_2S$

CAS 号 116-29-0

Cl Cl Cl Cl O S O

铁危编号 61876

危害信息

危险性类别 第6类 有毒品

燃烧与爆炸危险性 不燃。受热分解产生包括硫氧化物和氯化氢的烟气。

禁忌物 强氧化剂

毒性 大鼠经口 LD_{50}：566mg/kg。

侵入途径 吸入、食入。

环境危害 对水生生物有极高毒性，可能在水生环境中造成长期不利影响。

理化特性与用途

理化特性 无色结晶或白色结晶粉末，工业品为黄色至淡棕色结晶。不溶于水，微溶于乙醇，溶于氯仿、丙酮、苯、芳烃。熔点148～149℃，相对密度(水=1)1.5，饱和蒸气压<0.001Pa(20℃)，辛醇/水分配系数4.61。

主要用途 用作杀虫剂，一般加工为20%的可湿性粉等。用于柑橘、咖啡、果树、葡萄、苗木、观赏植物等防治螨类。

包装与储运

包装标志 有毒品

包装类别 Ⅱ类

安全储运 储存于阴凉、通风的库房。远离火种、热源。储存温度不超过35℃，相对湿度不超过85%。保持容器密封。应与强氧化剂等隔离储运。搬运时轻装轻卸，防止容器受损。

紧急处置信息

急救措施

吸入：迅速脱离现场至空气新鲜处。保持呼吸道通畅。如呼吸困难，给输氧。呼吸、心跳停止，立即进行心肺复苏术。就医。

眼睛接触：立即分开眼睑，用流动清水或生理盐水彻底冲洗。就医。

皮肤接触：立即脱去污染的衣着，用肥皂水和清水彻底冲洗。就医。

食入：漱口，饮水。就医。

灭火方法 消防人员必须佩戴空气呼吸器、穿全身防火防毒服，在上风向灭火。尽可能将容器从火场移至空旷处。喷水保持火场容器冷却，直至灭火结束。

灭火剂：雾状水、泡沫、干粉、二氧化碳、沙土。

泄漏应急处置 隔离泄漏污染区，限制出入。消除所有点火源。建议应急处理人员戴防尘口罩，穿防毒服。穿上适当的防护服前严禁接触破裂的容器和泄漏物。尽可能切断泄漏源。用塑料布覆盖泄漏物，减少飞散。勿使水进入包装容器内。用洁净的铲子收集泄漏物，置于干净、干燥、盖子较松的容器中，将容器移离泄漏区。

622. 三氯硝基乙烯

标　识

中文名称 三氯硝基乙烯

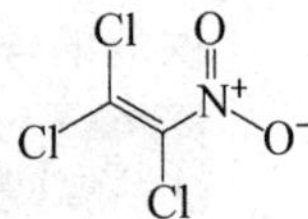

英文名称 Trichloronitroethylene

分子式 $C_2Cl_3NO_2$

CAS 号 4607-81-2

危害信息

燃烧与爆炸危险性 可燃。燃烧产生有毒的氮氧化物和磷氧化物气体。在高温火场中，受热的容器或储罐有破裂和爆炸的危险。

禁忌物 强氧化剂。

侵入途径 吸入、食入。

理化特性与用途

理化特性 黄色透明液体。微溶于水。沸点 55℃(0.53kPa)，相对密度(水=1)1.655，相对蒸气密度(空气=1)6.0 。

主要用途 用作杀菌剂。

包装与储运

安全储运 储存于阴凉、通风的库房。远离火种、热源。保持容器密闭。应与强氧化剂等隔离储运。搬运时轻装轻卸，防止容器受损。

紧急处置信息

急救措施

吸入：脱离接触。如有不适感，就医。

眼睛接触：分开眼睑，用流动清水或生理盐水冲洗。如有不适感，就医。

皮肤接触：脱去污染的衣着，用肥皂水和清水冲洗。如有不适感，就医。

食入：漱口，饮水。就医。

灭火方法 消防人员须穿全身消防服，佩戴正压自给式呼吸器，在上风向灭火。尽可能将容器从火场移至空旷处。喷水保持火场容器冷却，直至灭火结束。

灭火剂：抗溶性泡沫、二氧化碳、干粉、沙土。

泄漏应急处置 根据液体流动和蒸气扩散的影响区域划定警戒区，无关人员从侧风、上风向撤离至安全区。消除所有点火源。建议应急处理人员戴正压自给式呼吸器，穿防毒服。禁止接触或跨越泄漏物。尽可能切断泄漏源。防止泄漏物进入水体、下水道、地下室或有限空间。少量泄漏：用沙土和其他惰性材料吸收，收集于可密闭的容器中待处置。大量泄漏：围堤或挖坑收容，用泵转移到容器中。

623. 三氯一氟甲烷

标　识

中文名称 三氯一氟甲烷

英文名称 Trichlorofluoromethane；Fluorotrichloromethane ；CFC-11

别名 氟利昂-11

分子式 CCl_3F

623. 三氯一氟甲烷

CAS 号 75-69-4

铁危编号 22047

F
Cl—C—Cl
Cl

危害信息

危险性类别 第 2.2 类 不燃气体

燃烧与爆炸危险性 不燃，无特殊燃爆特性。受高热分解，放出有毒和腐蚀性的氟化物和氯化物气体。若遇高热，容器内压增大，有开裂和爆炸的危险。

禁忌物 强氧化剂。

毒性 大鼠经口 LD：>352mg/kg；大鼠吸入 LC_{50}：13pph(15min)；小鼠吸入 LC_{50}：10pph(30min)。

中毒表现 高浓度吸入后出现心律不齐、精神错乱、倦睡、神志不清。眼接触引起红肿、疼痛。直接接触液态本品有可能引起冻伤。

侵入途径 吸入、食入。

职业接触限值 美国(ACGIH)：TLV-C 1000ppm。

理化特性与用途

理化特性 无色气体或高度挥发性液体。微溶于水，溶于乙醇、乙醚和其他有机溶剂。熔点-111℃，沸点 23~24℃，相对密度(水=1)1.49，相对蒸气密度(空气=1)5.04，饱和蒸气压 89kPa(20℃)，临界温度 198℃，临界压力 4.38MPa，辛醇/水分配系数 2.53 。

主要用途 用作致冷剂、气雾剂、灭火剂、干洗剂和发泡剂等。

包装与储运

包装标志 不燃气体

安全储运 储存于阴凉、通风的库房或大型气柜。远离火源和热源。储存温度不超过 30℃。运输时防止雨淋、曝晒。搬运时轻装轻卸，须戴好钢瓶安全帽和防震橡皮圈，防止钢瓶撞击。

紧急处置信息

急救措施

吸入：迅速脱离现场至空气新鲜处。保持呼吸道通畅。如呼吸困难，给输氧。呼吸、心跳停止，立即进行心肺复苏术。就医。

眼睛接触：立即分开眼睑，用流动清水或生理盐水彻底冲洗。就医。

皮肤接触：如发生冻伤，用温水(38~42℃)复温，忌用热水或辐射热，不要揉搓。就医。

灭火方法 消防人员须佩戴正压自给式呼吸器，穿全身消防服，在上风向灭火。切断气源。喷水冷却容器，可能的话将容器从火场移至空旷处。

本品不燃，根据着火原因选择适当灭火剂灭火。

泄漏应急处置 根据气体扩散的影响区域划定警戒区，无关人员从侧风、上风向撤离至安全区。建议应急处理人员戴正压自给式呼吸器，穿一般作业防护服。液化气体泄漏时穿防寒服。禁止接触或跨越泄漏物。尽可能切断泄漏源。喷雾状水抑制蒸气或改变蒸气云流向，避免水流接触泄漏物。禁止用水直接冲击泄漏物或泄漏源。若可能翻转容器，使之逸出气体而非液体。防止气体通过下水道、通风系统和有限空间扩散。漏出气允许排入大气中。泄漏场所保持通风。

624. 三(羟甲基)硝基甲烷

标　识

中文名称　三(羟甲基)硝基甲烷

英文名称　2-(Hydroxymethyl)-2-nitro-1,3-propanediol；Nitromethylidynetrimethanol；Tri(hydroxymethyl)nitromethane

别名　2-羟甲基-2-硝基-1，3-丙二醇

分子式　$C_4H_9NO_5$

CAS 号　126-11-4

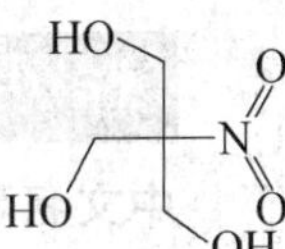

危害信息

燃烧与爆炸危险性　遇明火、高热可燃。燃烧或受热分解产生有毒的烟气

禁忌物　强还原剂、无机碱、碱金属、卤代烷烃、金属氢化物、金属烷氧化物、氨、胺等。

毒性　大鼠经口 LD_{50}：1900mg/kg；小鼠经口 LD_{50}：1900mg/kg；大鼠吸入 LC_{50}：2400mg/m^3(4h)；兔经皮 LD_{50}：>5000mg/kg。

中毒表现　吸入、摄入或经皮肤吸收对身体有害。对眼、黏膜、上呼吸道和皮肤有刺激性。对皮肤有致敏性。

侵入途径　吸入、食入、经皮吸收。

理化特性与用途

理化特性　白色至黄色粉末，无气味。易溶于水，溶于极性溶剂如甲醇、乙醇、异丙醇，不溶于非极性溶剂。熔点 214℃(纯品)、165℃，饱和蒸气压 0.2mPa(25℃)，辛醇/水分配系数-1.66。

主要用途　用作酚树脂固化剂及制造三氨基甲烷的原料。可用作有机合成中间体、增塑剂以及火药原料，也用作消毒杀菌剂和防腐剂。

包装与储运

安全储运　储存于阴凉、通风的库房。远离火种、热源。保持容器密闭。应与氧化剂、碱类等隔离储运。

紧急处置信息

急救措施

吸入：迅速脱离现场至空气新鲜处。保持呼吸道通畅。如呼吸困难，给输氧。呼吸、心跳停止，立即进行心肺复苏术。就医。

眼睛接触：立即分开眼睑，用流动清水或生理盐水彻底冲洗。就医。

皮肤接触：立即脱去污染的衣着，用流动清水彻底冲洗。就医。

食入：漱口，饮水。就医。

灭火方法　消防人员须佩戴正压自给式呼吸器，穿全身消防服，在上风向灭火。尽可能将容器从火场移至空旷处。喷水保持火场容器冷却，直至灭火结束。

灭火剂：雾状水、泡沫、干粉、二氧化碳、沙土。

泄漏应急处置 隔离泄漏污染区，限制出入。建议应急处理人员戴防尘口罩，穿防毒服。穿上适当的防护服前严禁接触破裂的容器和泄漏物。尽可能切断泄漏源。用塑料布覆盖泄漏物，减少飞散。勿使水进入包装容器内。用洁净的铲子收集泄漏物，置于干净、干燥、盖子较松的容器中，将容器移离泄漏区。

625. 三烯丙基胺

标 识

中文名称 三烯丙基胺

英文名称 Triallylamine；Tris(2-propenyl)amine

别名 三(2-丙烯基)胺；三烯丙胺

分子式 $C_9H_{15}N$

CAS 号 102-70-5

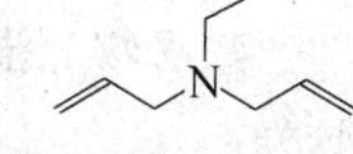

铁危编号 32122

UN 号 2610

危害信息

危险性类别 第3类 易燃液体

燃烧与爆炸危险性 易燃。其蒸气与空气混合，能形成爆炸性混合物，遇明火、高热能引起燃烧爆炸。蒸气比空气重，能在较低处扩散到相当远的地方，遇火源会着火回燃和爆炸(闪爆)。遇明火、高热能发生爆炸性的聚合。若遇高热，容器内压增大，有开裂和爆炸的危险。

活性反应 与氧化剂可发生反应。

禁忌物 强氧化剂、强酸、强碱。

毒性 大鼠经口 LD_{50}：1030mg/kg；小鼠经口 LD_{50}：492mg/kg；大鼠吸入 LC_{50}：554ppm(8h)；兔经皮 LD_{50}：400μL /kg；人吸入 $TCLo$：13ppm(5min)。

中毒表现 浓度0.5ppm就有明显霉臭味、黏膜刺激、胸部不适；>50ppm引起咳嗽、恶心、眩晕、头痛。皮肤接触引起严重刺激。

侵入途径 吸入、食入、经皮吸收。

理化特性与用途

理化特性 无色或深棕色液体，有氨的气味。微溶于水，溶于乙醇、乙醚、丙酮、苯。熔点<-70℃，沸点155.5℃，相对密度(水=1)0.809(20℃)，相对蒸气密度(空气=1)4.73，饱和蒸气压0.48kPa(25℃)，临界温度319℃，临界压力2.46MPa，辛醇/水分配系数2.59，闪点39.4℃。

主要用途 用于制药,用作化工合成中间体。

包装与储运

包装标志 易燃液体，腐蚀品

包装类别 Ⅲ类

安全储运 储存于阴凉、通风的库房。远离火种、热源。保持容器密闭。储存温度不超过30℃，相对湿度不超过80%。应与氧化剂、酸类、碱类等隔离储运。采用防爆型照明、通风设施。禁止使用易产生火花的机械设备和工具。灌装时注意控制流速，防止静电积聚。搬运时轻装轻卸，防止容器受损。

紧急处置信息

急救措施

吸入：迅速脱离现场至空气新鲜处。保持呼吸道通畅。如呼吸困难，给输氧。呼吸、心跳停止，立即进行心肺复苏术。就医。

眼睛接触：立即分开眼睑，用流动清水或生理盐水彻底冲洗10~15min。就医。

皮肤接触：立即脱去污染的衣着，用大量流动清水彻底冲洗，冲洗时间一般要求20~30min。就医。

食入：用水漱口，禁止催吐。给饮牛奶或蛋清。就医。

灭火方法 消防人员须佩戴正压自给式呼吸器，穿全身消防服，在上风向灭火。尽可能将容器从火场移至空旷处。喷水保持火场容器冷却，直至灭火结束。处在火场中的容器若已变色或从安全泄压装置中传出声音，必须马上撤离。

灭火剂：雾状水、泡沫、干粉、二氧化碳、沙土。

泄漏应急处置 消除所有点火源。根据液体流动和蒸气扩散的影响区域划定警戒区，无关人员从侧风、上风向撤离至安全区。建议应急处理人员戴正压自给式呼吸器，穿防静电、防腐蚀、防毒服。作业时使用的所有设备应接地。禁止接触或跨越泄漏物。尽可能切断泄漏源。防止泄漏物进入水体、下水道、地下室或有限空间。小量泄漏：用沙土或其他不燃材料吸收。使用洁净的无火花工具收集吸收材料。大量泄漏：构筑围堤或挖坑收容。用泡沫覆盖，减少蒸发。喷水雾能减少蒸发，但不能降低泄漏物在有限空间内的易燃性。用防爆、耐腐蚀泵转移至槽车或专用收集器内。

626. 2,4,6-三硝基苯酚钠

标 识

中文名称 2,4,6-三硝基苯酚钠

英文名称 Sodium 2,4,6-trinitrophenate；Sodium picrate

别名 苦味酸钠

分子式 $C_6H_3N_3O_7 \cdot Na$

CAS号 3324-58-1

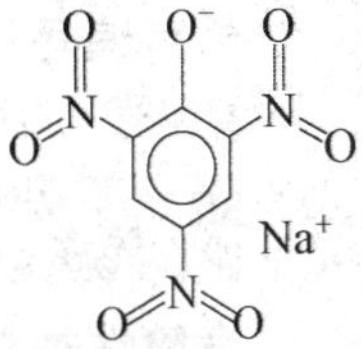

危害信息

燃烧与爆炸危险性 易燃。受撞击、摩擦、遇明火或其他点火源极易爆炸。燃烧产生有毒的氮氧化物气体。在高温火场中，受热的容器有破裂和爆炸的危险。

禁忌物 强氧化剂、强酸。

侵入途径 吸入、食入。

理化特性与用途

理化特性 黄色细小针状结晶，易潮解。溶于水，溶于乙醇和甲醇。熔点 121～123℃，320℃发生爆炸。

主要用途 用作炸药。

包装与储运

安全储运 储存于阴凉、通风的库房。远离火种、热源。保持容器密闭。应与强氧化剂等隔离储运 。搬运时轻装轻卸，避免撞击、摩擦。

紧急处置信息

急救措施

吸入： 脱离接触。如有不适感，就医。

眼睛接触： 分开眼睑，用流动清水或生理盐水冲洗。如有不适感，就医。

皮肤接触： 脱去污染的衣着，用肥皂水和清水冲洗。如有不适感，就医。

食入： 漱口，饮水。就医。

灭火方法 消防人佩戴正压自给式呼吸器，穿全身消防服，在防爆掩蔽处操作。遇大火切勿轻易接近。在物料附近失火，须用水保持容器冷却。用大量水灭火。禁止用沙土盖压。

泄漏应急处置 消除所有点火源。隔离泄漏污染区，限制出入。建议应急处理人员戴防尘口罩，穿防毒服。作业时使用的所有设备应接地。禁止接触或跨越泄漏物。润湿泄漏物。严禁设法扫除干的泄漏物。在专家指导下清除。

627. 三硝基苯磺酸

标　识

中文名称 三硝基苯磺酸

英文名称 2,4,6-Trinitrobenzenesulphonic acid ; Trinitrobenzene sulphonic acid

别名 2，4，6-三硝基苯磺酸

分子式 $C_6H_3N_3O_9S$

CAS 号 2508-19-2

铁危编号 11065

UN 号 0386

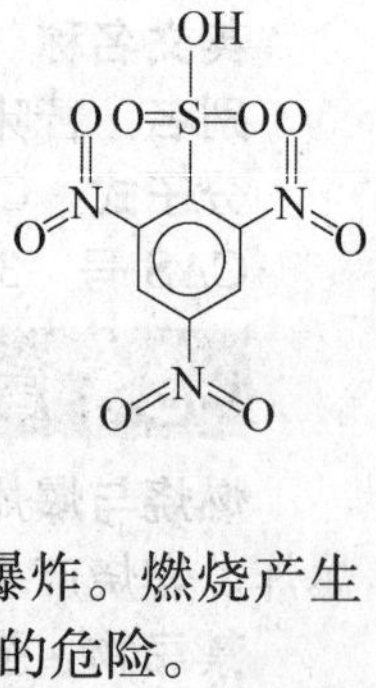

危害信息

危险性类别 第 1 类 爆炸品

燃烧与爆炸危险性 易燃。受撞击、摩擦、遇明火或其他点火源极易爆炸。燃烧产生有毒的氮氧化物和硫氧化物气体。在高温火场中，受热的容器有破裂和爆炸的危险。

禁忌物 强氧化剂、强碱。

毒性 大鼠直肠内 *TDLo*：20～171. 4mg/kg。

中毒表现 吸入或食入有毒。眼和皮肤接触可引起灼伤。对皮肤有致敏性。

理化特性与用途

理化特性 淡黄色砂样固体。溶于水。相对密度(水=1)0.955，辛醇/水分配系数0.42。

主要用途 用于研究和用作炸药。

包装与储运

包装标志 爆炸品

安全储运 储存于阴凉、干燥、通风的爆炸品专用库房。远离火种、热源。储存温度不宜超过32℃，相对湿度不超过80%。若以水作稳定剂，储存温度应大于1℃，相对湿度小于80%。保持容器密封。应与其他爆炸品、氧化剂、还原剂、碱等隔离储运。采用防爆型照明、通风设施。禁止使用易产生火花的机械设备和工具。搬运时轻装轻卸，防止容器受损。禁止震动、撞击和摩擦。

紧急处置信息

急救措施

吸入：迅速脱离现场至空气新鲜处。保持呼吸道通畅。如呼吸困难，给输氧。呼吸、心跳停止，立即进行心肺复苏术。就医。

眼睛接触：立即分开眼睑，用流动清水或生理盐水彻底冲洗10~15min。就医。

皮肤接触：立即脱去污染的衣着，用大量流动清水彻底冲洗，冲洗时间一般要求20~30min。就医。

食入：用水漱口，禁止催吐。给饮牛奶或蛋清。就医。

灭火方法 消防人员穿全身消防服，佩戴正压自给式呼吸器，在防爆掩蔽处操作。遇大火切勿轻易接近。在物料附近失火，须用水保持容器冷却。用大量水灭火。禁止用沙土盖压。

泄漏应急处置 消除所有点火源。隔离泄漏污染区，限制出入。建议应急处理人员戴防尘口罩，穿防毒服，戴橡胶手套。作业时使用的所有设备应接地。禁止接触或跨越泄漏物。润湿泄漏物。严禁设法扫除干的泄漏物。

628. 2,4,6-三硝基苯磺酸钠

标　识

中文名称 2,4,6-三硝基苯磺酸钠

英文名称 Sodium 2,4,6-trinitrobenzene-sulfonate; Picrylsulfonic acid sodium salt dihydrate

别名 苦基磺酸钠

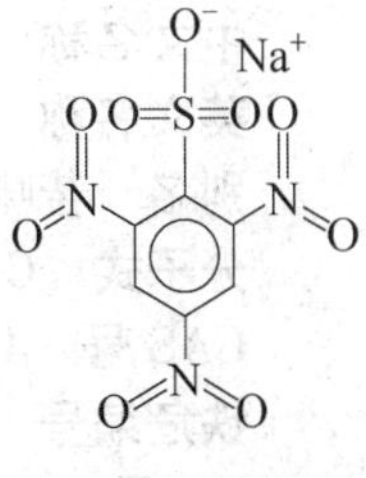

分子式 $C_6H_3N_3O_9S \cdot Na$

CAS 号 5400-70-4

铁危编号 11066

危害信息

危险性类别 第1类　爆炸品

燃烧与爆炸危险性 受撞击、摩擦、遇明火或其他点火源极易爆炸。燃烧产生有毒的氮氧化物和硫氧化物气体。

禁忌物 强氧化剂、强酸。

侵入途径 吸入、食入。

理化特性与用途

理化特性 白色至淡黄色结晶或粉末。溶于水。熔点大于 300，相对密度(水＝1)1.984。

主要用途 用于有机合成。

包装与储运

包装标志 爆炸品

安全储运 储存于阴凉、干燥、通风的爆炸品专用库房。远离火种、热源。储存温度不宜超过 32℃，相对湿度不超过 80%。若以水作稳定剂，储存温度应大于 1℃，相对湿度小于 80%。保持容器密封。应与其他爆炸品、氧化剂、还原剂、碱等隔离储运。采用防爆型照明、通风设施。禁止使用易产生火花的机械设备和工具。搬运时轻装轻卸，防止容器受损。禁止震动、撞击和摩擦。

紧急处置信息

急救措施

吸入：脱离接触。如有不适感，就医。

眼睛接触：分开眼睑，用流动清水或生理盐水冲洗。如有不适感，就医。

皮肤接触：脱去污染的衣着，用肥皂水和清水冲洗。如有不适感，就医。

食入：漱口，饮水。就医。

灭火方法 消防人员穿全身消防服，佩戴正压自给式呼吸器，在防爆掩蔽处操作。遇大火切勿轻易接近。在物料附近失火，须用水保持容器冷却。用大量水灭火。禁止用沙土盖压。

泄漏应急处置 消除所有点火源。隔离泄漏污染区，限制出入。建议应急处理人员戴防尘口罩，穿防毒服，戴橡胶手套。作业时使用的所有设备应接地。禁止接触或跨越泄漏物。润湿泄漏物。严禁设法扫除干的泄漏物。

629. 三硝基苯乙醚

标　识

中文名称 三硝基苯乙醚

英文名称 Benzene, 2-ethoxy-1,3,5-trinitro-; Trinitrophenetole

别名 苦味酸乙酯

分子式 $C_8H_7N_3O_7$

CAS 号 4732-14-3

铁危编号 11063

UN 号 0218

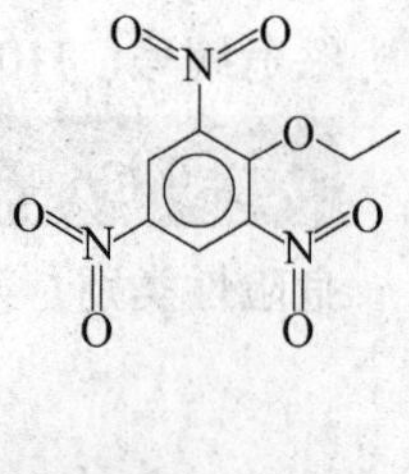

危害信息

危险性类别 第1类 爆炸品

燃烧与爆炸危险性 受撞击、摩擦、遇明火或其他点火源极易爆炸。燃烧产生有毒的氮氧化物气体。在高温火场中，受热的容器有破裂和爆炸的危险。

禁忌物 强氧化剂。

侵入途径 吸入、食入。

理化特性与用途

理化特性 黄色针状结晶。微溶于水，易溶于乙醇、乙醚、丙酮。熔点76~78℃，辛醇/水分配系数2.02，爆速6880m/s。

主要用途 用作炸药。

包装与储运

包装标志 爆炸品

安全储运 储存于阴凉、干燥、通风的爆炸品专用库房。远离火种、热源。储存温度不宜超过32℃,相对湿度不超过80%。若以水作稳定剂，储存温度应大于1℃,相对湿度小于80%。保持容器密封。应与其他爆炸品、氧化剂、还原剂、碱等隔离储运。采用防爆型照明、通风设施。禁止使用易产生火花的机械设备和工具。搬运时轻装轻卸，防止容器受损。禁止震动、撞击和摩擦。

紧急处置信息

急救措施

吸入：脱离接触。如有不适感，就医。

眼睛接触：分开眼睑，用流动清水或生理盐水冲洗。如有不适感，就医。

皮肤接触：脱去污染的衣着，用肥皂水和清水冲洗。如有不适感，就医。

食入：漱口，饮水。就医。

灭火方法 消防人员穿全身消防服，佩戴正压自给式呼吸器，在防爆掩蔽处操作。遇大火切勿轻易接近。在物料附近失火，须用水保持容器冷却。用大量水灭火。禁止用沙土盖压。

泄漏应急处置 消除所有点火源。隔离泄漏污染区，限制出入。建议应急处理人员戴防尘口罩，穿防毒服，戴橡胶手套。作业时使用的所有设备应接地。禁止接触或跨越泄漏物。润湿泄漏物。严禁设法扫除干的泄漏物。

630. 三硝基间苯二酚铅

标　识

中文名称 三硝基间苯二酚铅

英文名称 Lead trinitroresorcinate；Lead styphnate

别名 收敛酸铅

分子式 $C_6H_3H_3O_9 \cdot Pb$

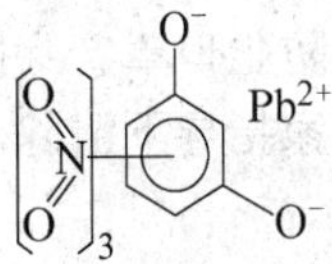

CAS 号 63918-97-8

铁危编号 11022

UN 号 0130

危害信息

危险性类别 第 1 类 爆炸品

燃烧与爆炸危险性 受撞击、摩擦、遇明火或其他点火源极易爆炸。长期受热可能发生爆炸。燃烧产生有毒的氮氧化物、铅氧化物气体 。

禁忌物 强氧化剂。

毒性 欧盟法规 1272/2008/EC 将本品列为第 1A 类生殖毒物——已知的人类生殖毒物。

中毒表现 可引起高铁血红蛋白血症；分解时，放出有毒的氮氧化物及铅烟雾。

侵入途径 吸入、食入。

环境危害 对水生生物有极高毒性，可能在水生环境中造成长期不利影响。

理化特性与用途

理化特性 橘黄至褐色结晶，日光下可分解。不溶于水，不溶于乙醚、氯仿、苯、甲苯，微溶于乙醇、丙酮。爆炸温度 260 ~ 310℃，密度 3. 02g/cm^3（固体），饱和蒸气压 0. 14Pa(25℃)。

主要用途 与叠氮化铅混合作为起爆药，用于雷管装药。

包装与储运

包装标志 爆炸品

安全储运 储存过程中应保持不少于 20% 的水作稳定剂。储存于阴凉、干燥、通风的爆炸品专用库房。库温不低于 1℃。相对湿度小于 80%。远离火种、热源。应与氧化剂、食用化学品等隔离储运。采用防爆型照明、通风设施。禁止使用易产生火花的机械设备和工具。禁止震动、撞击和摩擦。

紧急处置信息

急救措施

吸入： 迅速脱离现场至空气新鲜处。保持呼吸道通畅。如呼吸困难，给输氧。呼吸、心跳停止，立即进行心肺复苏术。就医。

眼睛接触： 立即分开眼睑，用流动清水或生理盐水彻底冲洗。就医。

皮肤接触： 立即脱去污染的衣着，用肥皂水和清水彻底冲洗。就医。

食入： 漱口，饮水。就医。

灭火方法 消防人员穿全身消防服，佩戴正压自给式呼吸器，在有防爆掩蔽处操作。遇大火切勿轻易接近。禁止用沙土压盖。用大量水灭火。

泄漏应急处置 隔离泄漏污染区，限制出入。消除所有点火源。建议应急处理人员戴防尘口罩，穿防毒工作服。作业时使用的所有设备应接地。禁止接触或跨越泄漏物。在专家指导下清除。

631. 2,4,6-三硝基间苯二酚铅

标　识

中文名称　2,4,6-三硝基间苯二酚铅

英文名称　Lead 2,4,6-trinitro-*m*-phenylene dioxide; Lead 2,4,6-trinitroresorcinoxide; Lead styphnate

别名　收敛酸铅

分子式　$C_6H_3N_3O_8 \cdot Pb$

CAS 号　15245-44-0

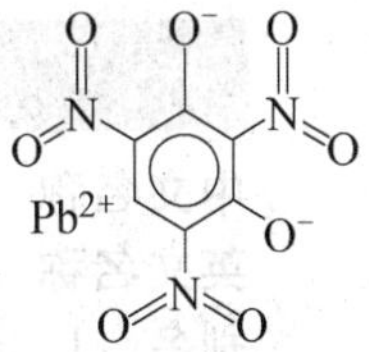

危害信息

危险性类别　第 1 类　爆炸品

燃烧与爆炸危险性　受撞击、摩擦、遇明火或其他点火源极易爆炸。在高温火场中，受热的容器或储罐有破裂和爆炸的危险。长期受热可能发生爆炸。受热分解产生有毒的烟气。

禁忌物　强氧化剂。

毒性　欧盟法规 1272/2008/EC 将本品列为第 1A 类生殖毒物——已知的人类生殖毒物。

中毒表现　吸入或食入对身体有害。长期反复接触可能对器官造成损害。

侵入途径　吸入、食入、经皮吸收。

环境危害　对水生生物有极高毒性，可能在水生环境中造成长期不利影响。

理化特性与用途

理化特性　黄色至橙色结晶。几乎不溶于水，不溶于乙醚、氯仿、苯、甲苯，微溶于丙酮、甲醇、乙酸。熔点 260~310℃（爆炸），相对密度（水=1）3.1，爆燃点 275℃，爆速 5200m/s 。

主要用途　用作起爆药。

包装与储运

包装标志　爆炸品

安全储运　储存过程中应保持不少于 20%的水作稳定剂。储存于阴凉、干燥、通风的爆炸品专用库房。库温不低于 1℃。相对湿度小于 80%。远离火种、热源。应与氧化剂、食用化学品等隔离储运。采用防爆型照明、通风设施。禁止使用易产生火花的机械设备和工具。禁止震动、撞击和摩擦。

紧急处置信息

急救措施

吸入：迅速脱离现场至空气新鲜处。保持呼吸道通畅。如呼吸困难，给输氧。呼吸、心跳停止，立即进行心肺复苏术。就医。

眼睛接触：分开眼睑，用流动清水或生理盐水冲洗。如有不适感，就医。

皮肤接触：脱去污染的衣着，用流动清水冲洗。如有不适感，就医。

食入：漱口，饮水。就医。

灭火方法 消防人员穿全身消防服，佩戴正压自给式呼吸器，在防爆掩蔽处操作。遇大火切勿轻易接近。在物料附近失火，须用水保持容器冷却。用大量水灭火。禁止用沙土盖压。

泄漏应急处置 消除所有点火源。隔离泄漏污染区，限制出入。建议应急处理人员戴防尘口罩，穿防毒服，戴橡胶手套。作业时使用的所有设备应接地。禁止接触或跨越泄漏物。润湿泄漏物。严禁设法扫除干的泄漏物。

632. 三硝基萘

标　识

中文名称 三硝基萘

英文名称 Trinitronaphthalene; 1,3,6-Trinitronaphthalene

别名 1，3，6-三硝基萘

分子式 $C_{10}H_5N_3O_6$

CAS 号 55810-17-8

铁危编号 11070

UN 号 0217

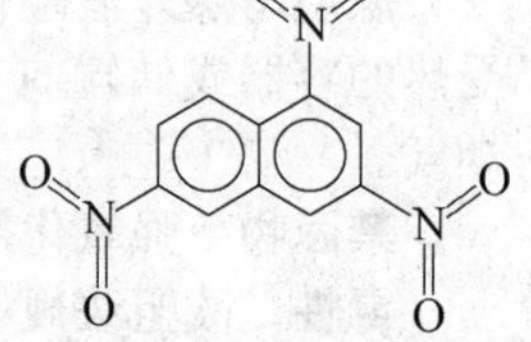

危害信息

危险性类别 第1类 爆炸品

燃烧与爆炸危险性 可燃。遇明火、高热能引起燃烧爆炸。燃烧产生有毒的氮氧化物气体。在高温火场中，受热的容器有破裂和爆炸的危险。

禁忌物 强氧化剂、强酸。

侵入途径 吸入、食入。

理化特性与用途

理化特性 黄色至淡褐色结晶粉末。不溶于水。沸点 465.9℃，相对密度（水=1）1.654，闪点 243.6℃。

主要用途 用于炸药。

包装与储运

包装标志 爆炸品

安全储运 储存于阴凉、干燥、通风的爆炸品专用库房。远离火种、热源。储存温度不宜超过 32℃，相对湿度不超过 80%。若以水作稳定剂，储存温度应大于 1℃，相对湿度小于 80%。保持容器密封。应与其他爆炸品、氧化剂、还原剂、碱等隔离储运。采用防爆型照明、通风设施。禁止使用易产生火花的机械设备和工具。搬运时轻装轻卸，防止容器受损。禁止震动、撞击和摩擦。

紧急处置信息

急救措施

吸入：脱离接触。如有不适感，就医。

眼睛接触： 分开眼睑，用流动清水或生理盐水冲洗。如有不适感，就医。

皮肤接触： 脱去污染的衣着，用肥皂水和清水冲洗。如有不适感，就医。

食入： 漱口，饮水。就医。

灭火方法 消防人员须穿全身消防服，佩戴正压自给式呼吸器，在上风向灭火。尽可能将容器从火场移至空旷处。喷水保持火场容器冷却，直至灭火结束。

灭火剂：雾状水、泡沫、二氧化碳、干粉。

泄漏应急处置 消除所有点火源。隔离泄漏污染区，限制出入。建议应急处理人员戴防尘口罩，穿防毒服，戴橡胶手套。作业时使用的所有设备应接地。禁止接触或跨越泄漏物。润湿泄漏物。严禁设法扫除干的泄漏物。

633. 三溴化碘

标 识

中文名称 三溴化碘

英文名称 Iodine tribromide

分子式 Br_3I

CAS 号 7789-58-4

铁危编号 81526

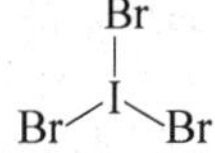

危害信息

危险性类别 第 8 类 腐蚀品

燃烧与爆炸危险性 不燃，无特殊燃爆特性。受热或遇水分解，放出有毒的腐蚀性气体，有时会发生爆炸。具有腐蚀性。

活性反应 遇 H 发泡剂会引起燃烧。与还原剂能发生强烈反应。

禁忌物 还原剂、酸类、碱类、水。

中毒表现 本品有腐蚀性，其蒸气对眼睛、皮肤和黏膜有极强的刺激性。遇水放出有毒的溴化氢。

侵入途径 吸入、食入。

理化特性与用途

理化特性 深棕色液体，有刺激性气味。溶于水，溶于乙醇。相对密度（水=1）3.41（20℃）。

主要用途 用于医药，用作氧化剂等。

包装与储运

包装标志 腐蚀品

包装类别 Ⅱ类

安全储运 储存于阴凉、通风的库房。远离火种、热源。储存温度不超过 30℃，相对湿度不超过 75%。保持容器密封。应与酸碱、还原剂等隔离储运。搬运时轻装轻卸，防止容器受损。

紧急处置信息

急救措施

吸入：迅速脱离现场至空气新鲜处。保持呼吸道通畅。如呼吸困难，给输氧。呼吸、心跳停止，立即进行心肺复苏术。就医。

眼睛接触：立即分开眼睑，用流动清水或生理盐水彻底冲洗 10~15min。就医。

皮肤接触：立即脱去污染的衣着，用大量流动清水彻底冲洗，冲洗时间一般要求 20~30min。就医。

食入：用水漱口，禁止催吐。给饮牛奶或蛋清。就医。

灭火方法 消防人员必须佩戴正压自给式呼吸器，穿全身防火防毒服，在上风向灭火。尽可能将容器从火场移至空旷处。喷水保持火场容器冷却，直至灭火结束。禁止用水、泡沫和酸碱灭火剂灭火。

本品不燃，根据着火原因选择适当灭火剂灭火。

泄漏应急处置 根据液体流动和蒸气扩散的影响区域划定警戒区，无关人员从侧风、上风向撤离至安全区。建议应急处理人员戴正压自给式呼吸器，穿防酸碱服。穿上适当的防护服前严禁接触破裂的容器和泄漏物。尽可能切断泄漏源。防止泄漏物进入水体、下水道、地下室或有限空间。小量泄漏：用干燥的沙土或其他不燃材料吸收或覆盖，收集于容器中。大量泄漏：构筑围堤或挖坑收容。用耐腐蚀泵转移至槽车或专用收集器内。

634. 三盐基硫酸铅

标 识

中文名称 三盐基硫酸铅

英文名称 Tribasic lead sulfate；Lead oxide sulfate；Tetralead trioxide sulphate

别名 三碱式硫酸铅；硫酸三氧化四铅

分子式 $Pb_4O_3(SO_4)$

CAS 号 12202-17-4

$$[Pb^{2+}]_4 [O^{2-}]_3 \quad ^{-}O-\overset{O}{\underset{O}{\overset{\|}{\underset{\|}{S}}}}-O^{-}$$

危害信息

燃烧与爆炸危险性 不燃。受热易分解。在高温火场中，受热的容器有破裂和爆炸的危险。

毒性 大鼠经口 LD_{50}：>2500mg/kg；大鼠经皮 LD_{50}：>10000mg/kg。

IARC 致癌性评论：G2A，可能人类致癌物。

欧盟法规 1272/2008/EC 将本品列为第 1A 类生殖毒物——已知的人类生殖毒物。

中毒表现 铅及其化合物损害造血、神经、消化系统及肾脏。职业中毒主要为慢性。神经系统主要表现为神经衰弱综合征，周围神经病，重者出现铅中毒性脑病。

侵入途径 吸入、食入。

职业接触限值 中国：PC-TWA 0.05mg/m^3[铅尘][按 Pb 计]，0.03mg/m^3[铅烟][按 Pb 计][G2A]。

美国(ACGIH)：TLV-TWA 0.05mg/m^3[按 Pb 计]。

理化特性与用途

理化特性 白色或带微黄色粉末。不溶于水，不溶于有机溶剂，溶于热醋酸铵、碱类、硝酸、热浓盐酸等。熔点>350℃，相对密度(水=1)6.5~7.1。

主要用途 主要用作聚氯乙烯塑料不透明或半透明制品的稳定剂。此外，也用于颜料生产等。

包装与储运

安全储运 储存于阴凉、通风的库房。远离火种、热源。保持容器密闭。应与强氧化剂等隔离储运。搬运时轻装轻卸，防止包装或容器受损。

紧急处置信息

急救措施

吸入：迅速脱离现场至空气新鲜处。保持呼吸道通畅。如呼吸困难，给输氧。呼吸、心跳停止，立即进行心肺复苏术。就医。

眼睛接触：立即分开眼睑，用流动清水或生理盐水彻底冲洗。就医。

皮肤接触：立即脱去污染的衣着，用肥皂水和清水彻底冲洗。就医。

食入：漱口，饮水。就医。

解毒剂：依地酸二钠钙、二巯基丁二酸钠、二巯基丁二酸等。

灭火方法 消防人员须穿全身消防服，佩戴正压自给式呼吸器，在上风向灭火。尽可能将容器从火场移至空旷处。喷水保持火场容器冷却，直至灭火结束。

本品不燃，根据着火原因选择适当灭火剂灭火。

泄漏应急处置 隔离泄漏污染区，限制出入。建议应急处理人员戴防毒面具，穿防毒服。尽可能切断泄漏源。用塑料布覆盖泄漏物，减少飞散。勿使水进入包装容器内。用洁净的铲子收集泄漏物，置于干净、干燥、盖子较松的容器中，将容器移离泄漏区。

635. 三氧化二镍

标　识

中文名称 三氧化二镍

英文名称 Nickelic oxide；Dinickel trioxide；Nickel sesquioxide

别名 氧化高镍；黑色氧化镍

分子式 Ni_2O_3

CAS 号 1314-06-3

危害信息

燃烧与爆炸危险性 不燃，无特殊燃爆特性。

禁忌物 强酸。

毒性 小鼠皮下 LD_{50}：50mg/kg。

IARC 致癌性评论：G1，确认人类致癌物。

欧盟法规 1272/2008/EC 将本品列为第 1A 类致癌物——已知对人类有致癌能力。

中毒表现 吸入后对呼吸道有刺激性。可引起哮喘和肺嗜酸细胞增多症，可致支气管炎。对眼有刺激性。皮肤接触可引起皮炎和湿疹，常伴有剧烈瘙痒，称之为“镍痒症”。

侵入途径 吸入、食入。

职业接触限值 中国：PC-TWA 1mg/m^3[按 Ni 计]。

美国(ACGIH)：TLV-TWA 0.2 mg/m^3[可吸入性颗粒物][按 Ni 计]。

环境危害 可能在水生环境中造成长期不利影响。

理化特性与用途

理化特性 深灰黑色固体或粉末。不溶于水，溶于硫酸、盐酸、硝酸、氨水。分解温度 600℃，相对密度(水=1)4.84。

主要用途 用作陶瓷、玻璃、搪瓷的颜料，并用于制镍粉。

包装与储运

安全储运 储存于阴凉、通风的库房。远离火种、热源。保持容器密闭。应与酸类、还原剂等隔离储运。

紧急处置信息

急救措施

吸入：迅速脱离现场至空气新鲜处。保持呼吸道通畅。如呼吸困难，给输氧。呼吸、心跳停止，立即进行心肺复苏术。就医。

眼睛接触：立即分开眼睑，用流动清水或生理盐水彻底冲洗。就医。

皮肤接触：立即脱去污染的衣着，用肥皂水和清水彻底冲洗。就医。

食入：漱口，饮水。就医。

灭火方法 消防人员必须穿全身防火防毒服，佩戴正压自给式呼吸器，在上风向灭火。灭火时尽可能将容器从火场移至空旷处。

本品不燃，根据着火原因选择适当灭火剂灭火。

泄漏应急处置 隔离泄漏污染区，限制出入。建议应急处理人员戴防尘口罩，穿防毒服。穿上适当的防护服前严禁接触破裂的容器和泄漏物。尽可能切断泄漏源。用塑料布覆盖泄漏物，减少飞散。勿使水进入包装容器内。用洁净的铲子收集泄漏物，置于干净、干燥、盖子较松的容器中，将容器移离泄漏区。

636. 三氧化二铅

标　识

中文名称 三氧化二铅

英文名称 Lead trioxide；Lead(Ⅲ) oxide；Lead sesquioxide

分子式 Pb_2O_3

CAS 号 1314-27-8

危害信息

燃烧与爆炸危险性 不燃，无特殊燃爆特性。受高热分解产生有毒的烟气。

毒性 IARC 致癌性评论：G2A，可能人类致癌物。

欧盟法规 1272/2008/EC 将本品列为第 1A 类生殖毒物——已知的人类生殖毒物。

中毒表现 无机铅化物中毒表现为：口内金属味、恶心、呕吐、腹绞痛、血压升高、抽搐等。并损害肝、肾、血液系统、神经系统。

侵入途径 吸入、食入。

职业接触限值 中国：PC-TWA 0.05mg/m^3[铅尘][按 Pb 计]，0.03mg/m^3[铅烟][按 Pb 计]。

美国(ACGIH)：TLV-TWA 0.05mg/m^3[按 Pb 计]。

环境危害 对水生生物有极高毒性，可能在水生环境中造成长期不利影响。

理化特性与用途

理化特性 微红黄色固体或橙黄色粉末。不溶于水，溶于酸、碱液。熔点 370℃，相对密度(水=1)8.32~9.16。

主要用途 用于电子、陶瓷、冶金、油漆等工业部门及用作试剂等。

包装与储运

包装标志 杂项

包装类别 Ⅲ类

安全储运 储存于阴凉、通风的库房。远离火种、热源。保持容器密闭。应与酸类等隔离储运 。搬运时，轻装轻卸防止包装或容器受损。

紧急处置信息

急救措施

吸入：迅速脱离现场至空气新鲜处。保持呼吸道通畅。如呼吸困难，给输氧。呼吸、心跳停止，立即进行心肺复苏术。就医。

眼睛接触：立即分开眼睑，用流动清水或生理盐水彻底冲洗。就医。

皮肤接触：立即脱去污染的衣着，用肥皂水和清水彻底冲洗。就医。

食入：漱口，饮水。就医。

解毒剂：依地酸二钠钙、二巯基丁二酸钠、二巯基丁二酸等。

灭火方法 消防人员穿全身消防服，佩戴正压自给式呼吸器，在上风向灭火。喷水保持容器冷却，直至灭火结束。

本品不燃，根据着火原因选择适当灭火剂灭火。

泄漏应急处置 隔离泄漏污染区，限制出入。建议应急处理人员戴防尘口罩，穿防毒服。穿上适当的防护服前严禁接触破裂的容器和泄漏物。尽可能切断泄漏源。用塑料布覆盖泄漏物，减少飞散。勿使水进入包装容器内。用洁净的铲子收集泄漏物，置于干净、干燥、盖子较松的容器中，将容器移离泄漏区。

637. 三氧化钼

标　识

中文名称 三氧化钼

637. 三氧化钼

英文名称 Molybdenum trioxide；Molybdenum oxide (MoO_3)

分子式 MoO_3

CAS 号 1313-27-5

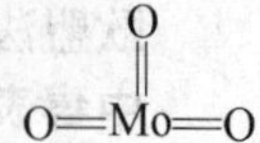

危害信息

燃烧与爆炸危险性 不燃，无特殊燃爆特性。在火场中产生有毒烟气。

禁忌物 强酸。

毒性 大鼠经口 LD_{50}：2689mg/kg；大鼠吸入 LC_{50}：>5840mg/m³(4h)；大鼠经皮 LD_{50}：>2g/kg。

欧盟法规 1272/2008/EC 将本品列为第 2 类致癌物——可疑的人类致癌物 。

中毒表现 引起呼吸道刺激和眼的严重刺激。长期接触可致尘肺，还会有贫血、血尿酸增高。

侵入途径 吸入、食入。

职业接触限值 中国：PC-TWA 4mg/m³[按 Mo 计]。

理化特性与用途

理化特性 白色斜方结晶或微黄色至微蓝色粉末或颗粒。微溶于水，溶于浓无机酸、碱金属氢氧化物溶液。熔点 795℃，沸点 1155℃(升华)，相对密度(水=1)4.69(26℃/4℃)，饱和蒸气压 133kPa(955℃)。

主要用途 用于制各种钼盐、钼金属，为酚及醇等的还原剂。

包装与储运

安全储运 储存于阴凉、通风的库房。远离火种、热源。保持容器密闭。应与酸类等隔离储运。

紧急处置信息

急救措施

吸入：迅速脱离现场至空气新鲜处。保持呼吸道通畅。如呼吸困难，给输氧。呼吸、心跳停止，立即进行心肺复苏术。就医。

眼睛接触：立即分开眼睑，用流动清水或生理盐水彻底冲洗。就医。

皮肤接触：立即脱去污染的衣着，用肥皂水和清水彻底冲洗。就医。

食入：漱口，饮水。就医。

灭火方法 消防人员必须穿全身防毒消防服，佩戴正压自给式呼吸器，在上风向灭火。灭火时尽可能将容器从火场移至空旷处。

本品不燃，根据着火原因选择适当灭火剂灭火。

泄漏应急处置 隔离泄漏污染区，限制出入。建议应急处理人员戴防尘口罩，穿一般作业工作服。尽可能切断泄漏源。用塑料布覆盖泄漏物，减少飞散。勿使水进入包装容器内。用洁净的铲子收集泄漏物，置于干净、干燥、盖子较松的容器中，将容器移离泄漏区。

638. 三氧化锑

标　识

中文名称　三氧化锑
英文名称　Antimony oxide ; Antimony trioxide
别名　亚锑酐
分子式　Sb_2O_3
CAS 号　1309-64-4

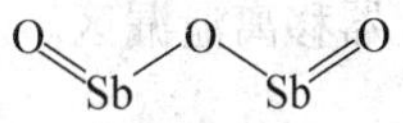

危害信息

燃烧与爆炸危险性　不燃，无特殊燃爆特性。在火场中产生有毒的烟气

禁忌物　还原剂、酸类、碱类。

毒性　大鼠经口 LD_{50}：>34600mg/kg；兔经皮 *LDLo*：2g/kg。

IARC 致癌性评论：G2B，可疑人类致癌物。

欧盟法规 1272/2008/EC 将本品列为第 2 类致癌物——可疑的人类致癌物。

中毒表现　急性中毒：吸入后引起上呼吸道刺激、头痛、恶心、呕吐、呼吸困难。对眼睛和皮肤有刺激性。摄入后引起胃肠道刺激、恶心、呕吐、口腔和咽喉烧伤及中枢神经系统抑制。

慢性影响：可致肝、肾损害。接触工人出现血压变化及心电图异常。可致皮肤损害，引起皮肤干燥、皲裂，还可出现皮炎或湿疹。

侵入途径　吸入、食入、经皮吸收。

职业接触限值　中国：PC-TWA 0.5mg/m^3[按 Sb 计]。

美国(ACGIH)：TLV-TWA 0.5mg/m^3[按 Sb 计]。

理化特性与用途

理化特性　白色结晶粉末。微溶于水，不溶于稀硫酸、硝酸，溶于稀盐酸、氢氧化碱溶液等。熔点 656℃，沸点 1550℃(部分升华)，相对密度(水=1)5.2，饱和蒸气压 0.13kPa(574℃)。

主要用途　用于制搪瓷、颜料、吐酒石、药物，并用作填充物、媒染剂等。

包装与储运

安全储运　储存于阴凉、通风的库房。远离火种、热源。保持容器密闭。应与还原剂、酸类、碱类等隔离储运 。搬运时轻装轻卸，防止包装或容器受损。

紧急处置信息

急救措施

吸入：迅速脱离现场至空气新鲜处。保持呼吸道通畅。如呼吸困难，给输氧。呼吸、心跳停止，立即进行心肺复苏术。就医。

眼睛接触：立即分开眼睑，用流动清水或生理盐水彻底冲洗。就医。

皮肤接触：立即脱去污染的衣着，用流动清水彻底冲洗。就医。

食入：漱口，饮水。就医。

灭火方法 消防人员必须穿全身防毒消防服，佩戴正压自给式呼吸器，在上风向灭火。灭火时尽可能将容器从火场移至空旷处。

本品不燃，根据着火原因选择适当灭火剂灭火。

泄漏应急处置 隔离泄漏污染区，限制出入。建议应急处理人员戴防尘口罩，穿防毒服。作业时使用的所有设备应接地。穿上适当的防护服前严禁接触破裂的容器和泄漏物。尽可能切断泄漏源。用干燥的沙土或其他不燃材料覆盖泄漏物，然后用塑料布覆盖，减少飞散、避免雨淋。用洁净的铲子收集泄漏物，置于干净、干燥、盖子较松的容器中，将容器移离泄漏区。

639. 三氧杂环己烷

标　识

中文名称 三氧杂环己烷

英文名称 1,3,5-Trioxane；*s*-Trioxane ；Metaformaldehyde

别名 三聚甲醛；对称三噁烷

分子式 $C_3H_6O_3$

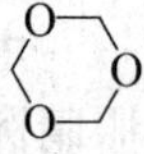

CAS 号 110-88-3

铁危编号 41532

危害信息

危险性类别 第 4.1 类 易燃固体

燃烧与爆炸危险性 易燃。其粉体与空气混合，能形成爆炸性混合物，遇明火、高热或与氧化剂接触，有引起燃烧爆炸的危险。接触强酸或受热分解放出有毒的甲醛气体。

禁忌物 氧化剂、酸类。

毒性 大鼠经口 LD_{50}：8190mg/kg；大鼠吸入 LC_{50}：>206000mg/m^3(4h)。

欧盟法规 1272/2008/EC 将本品列为第 2 类生殖毒物——可疑的人类生殖毒物。

中毒表现 吸入本品粉尘对呼吸道有刺激作用。有致敏作用。

侵入途径 吸入、食入、经皮吸收。

理化特性与用途

理化特性 无色或白色结晶，有轻微的甲醛气味。微溶于水，微溶于戊烷、石油醚，易溶于乙醇、乙醚、酮类、卤代烃、芳烃等。熔点 64℃，沸点 114.5℃(100.95kPa)，相对密度(水=1)1.17(65℃)，相对蒸气密度(空气=1)3.1，饱和蒸气压 1.73kPa(25℃)，辛醇/水分配系数-0.43，闪点 45℃，引燃温度 414℃，爆炸下限 3.6%，爆炸上限 29% 。

主要用途 用作工程塑料聚甲醛及其他化学品的中间体，并用作消毒杀菌剂等。

包装与储运

包装标志 易燃固体

包装类别 Ⅲ类

安全储运 储存于阴凉、通风的库房。远离火种、热源。库温不宜超过35℃。保持容器密闭。应与氧化剂、酸类等隔离储运。采用防爆型照明、通风设施。禁止使用易产生火花的机械设备和工具。

紧急处置信息

急救措施

吸入：迅速脱离现场至空气新鲜处。保持呼吸道通畅。如呼吸困难，给输氧。呼吸、心跳停止，立即进行心肺复苏术。就医。

眼睛接触：立即分开眼睑，用流动清水或生理盐水彻底冲洗。就医。

皮肤接触：立即脱去污染的衣着，用肥皂水和清水彻底冲洗。就医。

食入：漱口，饮水。就医。

灭火方法 消防人员须佩戴空气呼吸器，穿全身消防服，在上风向灭火。尽可能将容器从火场移至空旷处。喷水保持火场容器冷却，直至灭火结束。

灭火剂：雾状水、泡沫、干粉、二氧化碳、沙土

泄漏应急处置 隔离泄漏污染区，限制出入。消除所有点火源。建议应急处理人员戴防尘口罩，穿防毒、防静电服。禁止接触或跨越泄漏物。小量泄漏：用洁净的铲子收集泄漏物，置于干净、干燥、盖子较松的容器中，将容器移离泄漏区。大量泄漏：用水润湿，并筑堤收容。防止泄漏物进入水体、下水道、地下室或有限空间。

640. 三乙醇铵-2,4-二硝基-6-(1-甲基丙基)酚盐

标　识

中文名称 三乙醇铵-2，4-二硝基-6-(1-甲基丙基)酚盐

英文名称 Triethanol ammonium-2,4-dinitro-6-(1-methyl propyl) phenolate; Phenol, 2-sec-butyl-4,6-dinitro-, 2,2′,2″- nitrilotriethanol salt ; Dinoseb-trolamine

别名 地乐酚三乙醇胺盐

分子式 $C_{16}H_{27}N_3O_8$

CAS 号 6420-47-9

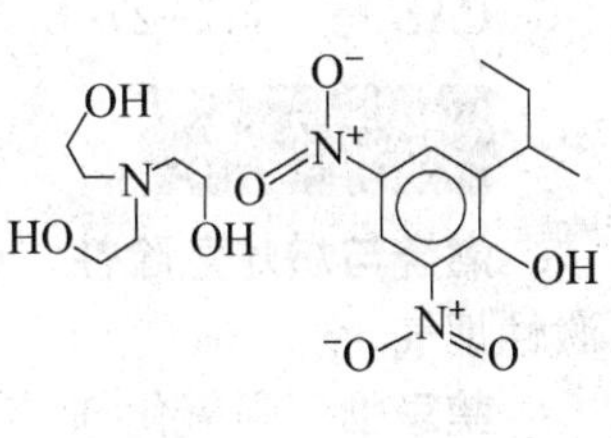

危害信息

危险性类别 第6类 有毒品

禁忌物 强氧化剂、强酸。

毒性 大鼠经口 LD_{50}：37mg/kg；大鼠经皮 LD_{50}：80mg/kg。

侵入途径 吸入、食入、经皮吸收。

理化特性与用途

理化特性 液体。不溶于水。饱和蒸气压 0.09mPa(25℃)，辛醇/水分配系数 3.67。

主要用途 用作杀虫剂。

包装与储运

包装标志 有毒品

包装类别 Ⅱ类

安全储运 储存于阴凉、通风的库房。远离火种、热源。储存温度不超过35℃，相对湿度不超过85%。保持容器密封。应与强氧化剂等隔离储运。搬运时轻装轻卸，防止容器受损。

紧急处置信息

急救措施

吸入：迅速脱离现场至空气新鲜处。保持呼吸道通畅。如呼吸困难，给输氧。呼吸、心跳停止，立即进行心肺复苏术。就医。

眼睛接触：立即分开眼睑，用流动清水或生理盐水彻底冲洗。就医。

皮肤接触：立即脱去污染的衣着，用肥皂水和清水彻底冲洗。就医。

食入：饮适量温水，催吐(仅限于清醒者)。就医。

泄漏应急处置 根据液体流动和蒸气扩散的影响区域划定警戒区，无关人员从侧风、上风向撤离至安全区。消除所有点火源。建议应急处理人员戴防毒面具，穿防毒服。尽可能切断泄漏源。防止泄漏物进入水体、下水道、地下室或有限空间。小量泄漏：用干燥的沙土或其他不燃材料吸收或覆盖，收集于容器中。大量泄漏：构筑围堤或挖坑收容。用泵转移至槽车或专用收集器内。

641. 三乙二醇

标　识

中文名称 三乙二醇

英文名称 Triethylene glycol；2,2′-(Ethylenedioxy)diethanol

别名 三甘醇

分子式 $C_6H_{14}O_4$

CAS号 112-27-6

HO O O OH

危害信息

燃烧与爆炸危险性 遇明火、高热可燃，燃烧产生辛辣或刺激性烟气。

禁忌物 强氧化剂。

毒性 大鼠经口 LD_{50}：17g/kg；小鼠经口 LD_{50}：20000mg/kg；兔经皮 LD_{50}：>20mL/kg；人经口 $LDLo$：5g/kg。

侵入途径 吸入、食入、经皮吸收。

理化特性与用途

理化特性 无色至淡黄色黏性液体，有吸湿性。混溶于水，混溶于乙醇、苯、甲苯，微溶于乙醚，不溶于石油醚。熔点-7~-5℃，沸点285℃，相对密度(水=1)1.12，相对蒸气密度(空气=1)5.2，饱和蒸气压0.02Pa(20℃)，临界温度524℃，临界压力3.3MPa，燃烧热-3566kJ/mol，辛醇/水分配系数-1.9~-1.24，闪点165℃(闭杯)，引燃温度371℃，爆炸下限0.9%，爆炸上限9.2%。

主要用途 作为溶剂用于硝化纤维、各种树脂、树胶，也可用于气相色谱以及有机合成。

包装与储运

安全储运 储存于阴凉、通风的库房。远离火种、热源。保持容器密闭。应与强氧化剂、强酸、碱类等隔离储运。搬运时轻装轻卸，防止容器受损。

紧急处置信息

急救措施

吸入：脱离接触。如有不适感，就医。

眼睛接触：分开眼睑，用流动清水或生理盐水冲洗。如有不适感，就医。

皮肤接触：脱去污染的衣着，用流动清水冲洗。如有不适感，就医。

食入：漱口，饮水。就医。

灭火方法 消防人员须佩戴空气呼吸器，穿全身消防服，在上风向灭火。尽可能将容器从火场移至空旷处。喷水保持火场容器冷却，直至灭火结束。

灭火剂：水、雾状水、抗溶性泡沫、干粉、二氧化碳、沙土。

泄漏应急处置 根据液体流动和蒸气扩散的影响区域划定警戒区，无关人员从侧风、上风向撤离至安全区。消除所有点火源。建议应急处理人员戴防毒面具，穿一般作业工作服。尽可能切断泄漏源。防止泄漏物进入水体、下水道、地下室或有限空间。小量泄漏：用干燥的沙土或其他不燃材料吸收或覆盖，收集于容器中。大量泄漏：构筑围堤或挖坑收容。用泵转移至槽车或专用收集器内。

642. 三乙基氯化锡

标 识

中文名称 三乙基氯化锡

英文名称 Chlorotriethyl stannane；Triethyltin chloride

别名 氯化三乙基锡

分子式 $C_6H_{15}ClSn$

CAS 号 994-31-0

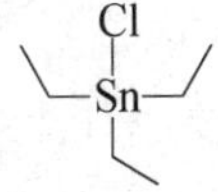

危害信息

燃烧与爆炸危险性 可燃。其蒸气与空气混合，能形成爆炸性混合物。燃烧分解时，放出有毒的刺激性氯化物烟气 。

禁忌物 强氧化剂。

毒性 大鼠腹腔内 LD_{50}：5160 μg/kg 。

中毒表现 有机锡中毒的主要临床表现有：眼和鼻黏膜的刺激症状；中毒性神经衰弱综合征；重症出现中毒性脑病。溅入眼内引起结膜炎。可致变应性皮炎。摄入有机锡化合物可致中毒性脑水肿，可产生后遗症，如瘫痪、精神失常和智力障碍。

侵入途径 吸入、食入、经皮吸收。

职业接触限值 中国：PC-TWA 0.05mg/m^3，PC-STEL 0.1mg/m^3[皮]。

美国(ACGIH)：TLV-TWA 0.1mg/m^3，TLV-STEL 0.2mg/m^3[按 Sn 计][皮]。

环境危害 对水生生物有极高毒性，可能在水生环境中造成长期不利影响。

理化特性与用途

理化特性 无色液体，对湿气敏感。不溶于水，溶于多数有机溶剂。熔点 10℃，沸点 210℃，相对密度(水=1)1.43，饱和蒸气压 0.26kPa(25℃)。

主要用途 在工业上用作电缆、油漆、造纸、木材等的防霉剂。也用于有机合成。

包装与储运

包装标志 杂项

包装类别 Ⅲ类

安全储运 储存于阴凉、通风的库房。远离火种、热源。保持容器密闭。应与氧化剂、强酸等隔离储运 。搬运时，轻装轻卸，防止包装或容器受损。

紧急处置信息

急救措施

吸入：迅速脱离现场至空气新鲜处。保持呼吸道通畅。如呼吸困难，给输氧。呼吸、心跳停止，立即进行心肺复苏术。就医。

眼睛接触：立即分开眼睑，用流动清水或生理盐水彻底冲洗。就医。

皮肤接触：立即脱去污染的衣着，用流动清水彻底冲洗。就医。

食入：漱口，饮水。就医。

灭火方法 消防人员必须佩戴正压自给式呼吸器，穿全身防火防毒服，在上风向灭火。尽可能将容器从火场移至空旷处。喷水保持火场容器冷却，直至灭火结束。

灭火剂：雾状水、泡沫、干粉、二氧化碳、沙土。

泄漏应急处置 根据液体流动和蒸气扩散的影响区域划定警戒区，无关人员从侧风、上风向撤离至安全区。消除所有点火源。建议应急处理人员戴防毒面具，穿防毒服。穿上适当的防护服前严禁接触破裂的容器和泄漏物。尽可能切断泄漏源。防止泄漏物进入水体、下水道、地下室或有限空间。小量泄漏：用干燥的沙土或其他不燃材料吸收或覆盖，收集于容器中。大量泄漏：构筑围堤或挖坑收容。用泵转移至槽车或专用收集器内。

643. 三乙酸锑

标 识

中文名称 三乙酸锑

英文名称 Antimony triacetate；Acetic acid，antimony salt

别名 三醋酸锑；乙酸锑

分子式 $C_6H_9O_6Sb$

CAS 号 6923-52-0

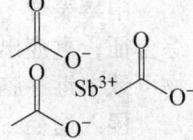

危害信息

燃烧与爆炸危险性 遇明火、高热可燃。受高热分解，放出腐蚀性、刺激性的烟雾。

禁忌物 强氧化剂。

毒性 大鼠经口 LD_{50}：4480mg/kg；兔经皮 LD_{50}：>12800mg/kg。

中毒表现 本品对眼睛有刺激性。可引起气管炎、胃肠炎、头痛、头晕、疲乏、无力等。

侵入途径 吸入、食入、经皮吸收。

职业接触限值 中国：PC-TWA 0.5mg/m^3[按 Sb 计]。

美国(ACGIH)：TLV-TWA 0.5mg/m^3[按 Sb 计]。

环境危害 对水生生物有毒，可能在水生环境中造成长期不利影响。

理化特性与用途

理化特性 白色至灰白色结晶或粉末，对湿气敏感。溶于乙二醇、甲苯、二甲苯。熔点 126~131℃，相对密度(水=1)1.22。

主要用途 用作聚酯和合成纤维生产的催化剂。

包装与储运

包装标志 杂项

包装类别 Ⅲ类

安全储运 储存于阴凉、通风的库房。远离火种、热源。保持容器密闭。应与氧化剂等隔离储运 。搬运时应轻装轻卸，防止容器或包装受损。

紧急处置信息

急救措施

吸入：迅速脱离现场至空气新鲜处。保持呼吸道通畅。如呼吸困难，给输氧。呼吸、心跳停止，立即进行心肺复苏术。就医。

眼睛接触：立即分开眼睑，用流动清水或生理盐水彻底冲洗。就医。

皮肤接触：立即脱去污染的衣着，用流动清水彻底冲洗。就医。

食入：漱口，饮水。就医。

灭火方法 消防人员须佩戴正压自给式呼吸器，穿全身消防服，在上风向灭火。尽可能将容器从火场移至空旷处。喷水保持火场容器冷却，直至灭火结束。

灭火剂：雾状水、泡沫、干粉、二氧化碳、沙土。

泄漏应急处置 隔离泄漏污染区，限制出入。消除所有点火源。建议应急处理人员戴防尘口罩，穿防毒服。穿上适当的防护服前严禁接触破裂的容器和泄漏物。尽可能切断泄漏源。用塑料布覆盖泄漏物，减少飞散。勿使水进入包装容器内。用洁净的铲子收集泄漏物，置于干净、干燥、盖子较松的容器中，将容器移离泄漏区。

644. 1,1,3-三乙氧基己烷

标　识

中文名称 1,1,3-三乙氧基己烷

英文名称 1,1,3-Triethoxyhexane；Hexanal, 3-ethoxy-, diethyl acetal

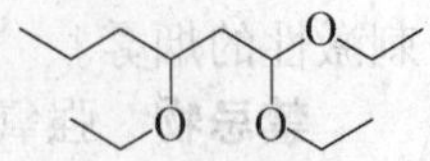

分子式 $C_{12}H_{26}O_3$
CAS 号 101-33-7

危害信息

燃烧与爆炸危险性 遇明火、高热可燃。若遇高热，容器内压增大，有开裂和爆炸的危险。

禁忌物 强氧化剂、强酸、强碱、卤素。

毒性 大鼠经口 LD_{50}：17 mL/kg。

中毒表现 本品具有刺激性。

侵入途径 吸入、食入、经皮吸收。

理化特性与用途

理化特性 液体。不溶于水。熔点-100℃，沸点 133℃(6.65kPa)，相对密度(水=1) 0.87，相对蒸气密度(空气=1)7.5，闪点 99℃。

主要用途 用作中间体。

包装与储运

安全储运 储存于阴凉、通风的库房。远离火种、热源。保持容器密闭。应与氧化剂等隔离储运 。搬运时应轻装轻卸，防止容器受损。

紧急处置信息

急救措施

吸入：迅速脱离现场至空气新鲜处。保持呼吸道通畅。如呼吸困难，给输氧。呼吸、心跳停止，立即进行心肺复苏术。就医。

眼睛接触：立即分开眼睑，用流动清水或生理盐水彻底冲洗。就医。

皮肤接触：立即脱去污染的衣着，用流动清水彻底冲洗。就医。

食入：漱口，饮水。就医。

灭火方法 消防人员须佩戴防毒面具、穿全身消防服，在上风向灭火。尽可能将容器从火场移至空旷处。喷水保持火场容器冷却，直至灭火结束。处在火场中的容器若已变色或从安全泄压装置中发出声音，必须马上撤离。

灭火剂：雾状水、泡沫、干粉、二氧化碳、沙土。

泄漏应急处置 根据液体流动和蒸气扩散的影响区域划定警戒区，无关人员从侧风、上风向撤离至安全区。消除所有点火源。建议应急处理人员戴防毒面具,穿防静电服。穿上适当的防护服前严禁接触破裂的容器和泄漏物。尽可能切断泄漏源。防止泄漏物进入水体、下水道、地下室或有限空间。小量泄漏：用干燥的沙土或其他不燃材料吸收或覆盖，收集于容器中。大量泄漏：构筑围堤或挖坑收容。用防爆泵转移至槽车或专用收集器内。

645. 三乙氧基甲基硅烷

标　识

中文名称 三乙氧基甲基硅烷

英文名称 Methyltriethoxysilane; Triethoxy(methyl)silane

别名 甲基三乙氧基硅烷

分子式 $C_7H_{18}O_3Si$

CAS 号 2031-67-6

铁危编号 61866

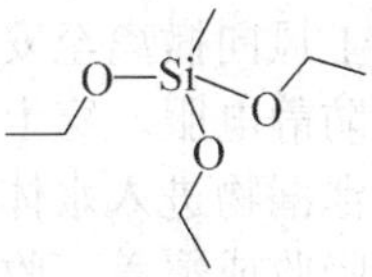

危害信息

危险性类别 第6类 有毒品

燃烧与爆炸危险性 易燃。其蒸气与空气混合，能形成爆炸性混合物。其蒸气比空气重，能沿地面传播到远处，遇点火源引燃并发生回燃。受高热分解放出有毒和刺激性的气体。

活性反应 与强氧化剂接触可发生化学反应。

禁忌物 强氧化剂、强酸、水蒸气 。

毒性 大鼠经口 LD_{50}：8570μL/kg；大鼠吸入 *LCLo*：4000ppm(8h)；兔经皮 LD_{50}：13300μL/kg 。

中毒表现 吸入高浓度引起头昏、嗜睡、运动不协调。食入时易进入气管，引起吸入性肺炎。

侵入途径 吸入、食入。

理化特性与用途

理化特性 无色透明液体。不溶于水，溶于乙醇、乙醚、丙酮、汽油。熔点-40℃，沸点 141~143℃，相对密度(水=1)0.89，相对蒸气密度(空气=1)6.15，饱和蒸气压 1.46kPa(20℃)，辛醇/水分配系数 0.8，闪点 23℃，引燃温度 220℃。

主要用途 用于有机硅化合物制造，如制取有机硅玻璃树脂及其他树脂；用于橡胶、医药工业。

包装与储运

包装标志 易燃液体，有毒品

包装类别 Ⅲ类

安全储运 储存于阴凉、干燥、通风良好的库房。远离火种、热源。库温不超过 32℃。相对湿度不超过 80%。保持容器密封。应与氧化剂、酸类等隔离储运。禁止使用易产生火花的机械设备和工具。灌装时注意控制流速，防止静电积聚。搬运时轻装轻卸，防止容器受损。

紧急处置信息

急救措施

吸入： 迅速脱离现场至空气新鲜处。保持呼吸道通畅。如呼吸困难，给输氧。呼吸、心跳停止，立即进行心肺复苏术。就医。

眼睛接触： 立即分开眼睑，用流动清水或生理盐水彻底冲洗。就医。

皮肤接触： 立即脱去污染的衣着，用肥皂水和清水彻底冲洗。就医。

食入： 漱口，饮水，不要催吐。就医。

灭火方法 消防人员须佩戴正压自给式呼吸器，穿全身消防服，在上风向灭火。尽可能将容器从火场移至空旷处。喷水保持火场容器冷却，直至灭火结束。处在火场中的容器若已变色或从安全泄压装置中发出声音，必须马上撤离。

灭火剂：雾状水、泡沫、干粉、二氧化碳、沙土。

泄漏应急处置 根据液体流动和蒸气扩散的影响区域划定警戒区，无关人员从侧风、上风向撤离至安全区。消除所有点火源。建议应急处理人员戴正压自给式呼吸器，穿防毒、防静电服。穿上适当的防护服前严禁接触破裂的容器和泄漏物。尽可能切断泄漏源。防止泄漏物进入水体、下水道、地下室或有限空间。小量泄漏：用干燥的沙土或其他不燃材料吸收或覆盖，收集于容器中。大量泄漏：构筑围堤或挖坑收容。用防爆泵转移至槽车或专用收集器内 。

646. 三异丁酸甘油酯

标 识

中文名称 三异丁酸甘油酯

英文名称 Glycerol triisobutyrate ；Glyceryl triisobutyrate

分子式 $C_{15}H_{26}O_6$

CAS 号 14295-64-8

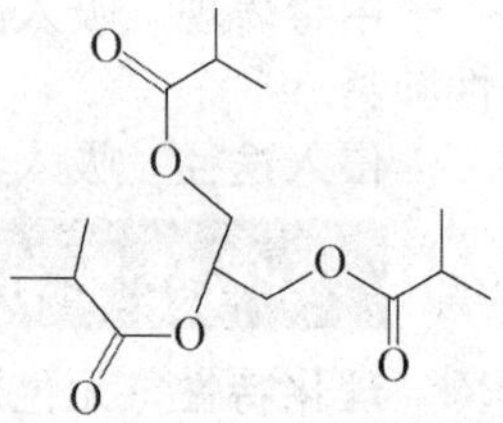

危害信息

燃烧与爆炸危险性 遇明火、高热可燃，燃烧产生有毒或刺激性烟气。

禁忌物 强氧化剂、强酸、强碱。

侵入途径 吸入、食入。

理化特性与用途

理化特性 无色或浅黄色液体，有特殊气味。不溶于水。沸点 327.7℃，相对密度(水=1)1.049，闪点 136.6℃。

主要用途 用作制造食品、肥皂、蜡烛、黏胶剂等的原料，也用作溶剂和增塑剂。

包装与储运

安全储运 储存于阴凉、通风的库房。远离火种、热源。保持容器密闭。应与氧化剂、酸类、碱类等隔离储运 。搬运时轻装轻卸，防止容器受损。

紧急处置信息

急救措施

吸入：脱离接触。如有不适感，就医。

眼睛接触：分开眼睑，用流动清水或生理盐水冲洗。如有不适感，就医。

皮肤接触：脱去污染的衣着，用流动清水冲洗。如有不适感，就医。

食入：漱口，饮水。就医。

灭火方法 消防人员须佩戴防毒面具，穿全身消防服，在上风向灭火。尽可能将容器从火场移至空旷处。喷水保持火场容器冷却，直至灭火结束。处在火场中的容器若已变色或从安全泄压装置中发出声音，必须马上撤离。

灭火剂：雾状水、泡沫、干粉、二氧化碳、沙土。

泄漏应急处置 根据液体流动和蒸气扩散的影响区域划定警戒区，无关人员从侧风、上风向撤离至安全区。消除所有点火源。建议应急处理人员戴防毒面具，穿一般作业工作服。尽可能切断泄漏源。防止泄漏物进入水体、下水道、地下室或有限空间。小量泄漏：用干燥的沙土或其他不燃材料吸收或覆盖，收集于容器中。大量泄漏：构筑围堤或挖坑收容。用泵转移至槽车或专用收集器内。

647. 砷酸铜

标 识

中文名称 砷酸铜

英文名称 Copper(Ⅱ)arsenate；Arsenic acid，copper salt

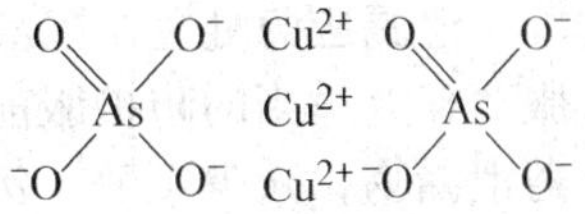

分子式 $Cu_3(AsO_4)_2$

CAS 号 7778-41-8；10103-61-4

铁危编号 61012

危害信息

危险性类别 第 6 类 有毒品

燃烧与爆炸危险性 不燃。受热易分解放出有毒气体。在高温火场中，受热的容器或储罐有破裂和爆炸的危险。

毒性 砷及其化合物所致肺癌、皮肤癌已列入《职业病分类和目录》，属职业性肿瘤。

IARC 致癌性评论：G1，确认人类致癌物。

欧盟法规 1272/2008/EC 将本品列为第 1A 类致癌物——已知对人类有致癌能力。

中毒表现 急性中毒可出现胃肠炎、神经系统损害，重者可引起休克、肾功能损害。砷中毒三日至三周出现急性周围神经病。部分患者出现中毒性肝、肾、心肌等损害。

侵入途径 吸入、食入、经皮吸收。

职业接触限值 中国：PC-TWA 0.01mg/m^3，PC-STEL 0.02mg/m^3[按 As 计][G1]。

美国(ACGIH)：TLV-TWA 0.01mg/m^3[按 As 计]。

环境危害 对水生生物有害，可能在水生环境中造成长期不利影响。

理化特性与用途

理化特性 蓝色或浅蓝绿色粉末。不溶于水，溶于氨、稀酸。熔点 1100℃，相对密度(水=1)5.2。

主要用途 用作除草剂、杀虫剂、灭鼠剂。

包装与储运

包装标志 有毒品

包装类别 Ⅲ类

安全储运 储存于阴凉、通风的库房。远离火种、热源。储存温度不超过 35℃，相对湿度不超过 85%。保持容器密封。应与强氧化剂、强碱等隔离储运。搬运时轻装轻卸，防止容器受损。

紧急处置信息

急救措施

吸入：迅速脱离现场至空气新鲜处。保持呼吸道通畅。如呼吸困难，给输氧。呼吸、心跳停止，立即进行心肺复苏术。就医。

眼睛接触：立即分开眼睑，用流动清水或生理盐水彻底冲洗。就医。

皮肤接触：立即脱去污染的衣着，用肥皂水和清水彻底冲洗。就医。

食入：催吐、彻底洗胃，洗胃后服活性炭 30~50g(用水调成浆状)，而后再服用硫酸镁或硫酸钠导泻。就医。

解毒剂用二巯基丙磺酸钠、二巯基丁二酸钠等。

灭火方法　消防人员须穿全身消防服，佩戴正压自给式呼吸器，在上风向灭火。尽可能将容器从火场移至空旷处。喷水保持火场容器冷却，直至灭火结束。

本品不燃，根据着火原因选择适当灭火剂灭火。

泄漏应急处置　隔离泄漏污染区，限制出入。建议应急处理人员戴防尘口罩，穿防毒服。穿上适当的防护服前严禁接触破裂的容器和泄漏物。尽可能切断泄漏源。用塑料布覆盖泄漏物，减少飞散。勿使水进入包装容器内。用洁净的铲子收集泄漏物，置于干净、干燥、盖子较松的容器中，将容器移离泄漏区。

648. 十八烷

标　识

中文名称　十八烷

英文名称　Octadecane；*n*-Octadecane

别名　正十八烷

分子式　$C_{18}H_{38}$

CAS 号　593-45-3

危害信息

燃烧与爆炸危险性　可燃。其蒸气与空气混合，能形成爆炸性混合物，遇明火、高热可能引起燃烧爆炸。

禁忌物　强氧化剂、酸类、碱类、卤素等。

中毒表现　对眼和皮肤有刺激性。

侵入途径　吸入、食入。

理化特性与用途

理化特性　无色液体或白色固体。不溶于水，溶于乙醇、乙醚、丙酮、石油醚。熔点 28.2℃，沸点 316.3℃，相对密度(水=1)0.777，相对蒸气密度(空气=1)8.8，饱和蒸气压 0.133kPa(119℃)，辛醇/水分配系数 9.18，临界温度 476℃，临界压力 1.29MPa，闪点 166℃，引燃温度 235，爆炸下限 0.4%，爆炸上限 2.7% 。

主要用途　用于中间体，还用作气相色谱固定液和色谱分析标准物质。

包装与储运

安全储运 储存于阴凉、通风的库房。远离火种、热源。保持容器密闭。应与氧化剂等隔离储运 。搬运时轻装轻卸，防止容器受损。

紧急处置信息

急救措施

吸入：迅速脱离现场至空气新鲜处。保持呼吸道通畅。如呼吸困难，给输氧。呼吸、心跳停止，立即进行心肺复苏术。就医。

眼睛接触：立即分开眼睑，用流动清水或生理盐水彻底冲洗。就医。

皮肤接触：立即脱去污染的衣着，用流动清水彻底冲洗。就医。

食入：漱口，饮水。就医。

灭火方法 消防人员须佩戴防毒面具，穿全身消防服，在上风向灭火。尽可能将容器从火场移至空旷处。喷水保持火场容器冷却，直至灭火结束。

灭火剂：雾状水、泡沫、干粉、二氧化碳、沙土。

泄漏应急处置 根据液体流动和蒸气扩散的影响区域划定警戒区，无关人员从侧风、上风向撤离至安全区。消除所有点火源。建议应急处理人员戴防毒面具，穿一般作业工作服。尽可能切断泄漏源。防止泄漏物进入水体、下水道、地下室或有限空间。小量泄漏：用干燥的沙土或其他不燃材料吸收或覆盖，收集于容器中。大量泄漏：构筑围堤或挖坑收容。用泵转移至槽车或专用收集器内。

649. 十八烷酰氯

标 识

中文名称 十八烷酰氯

英文名称 Stearoyl chloride；Octadecanoyl chloride

别名 硬脂酰氯；十八(烷)酰氯；十八酰氯

分子式 $C_{18}H_{35}ClO$

CAS 号 112-76-5

铁危编号 81633

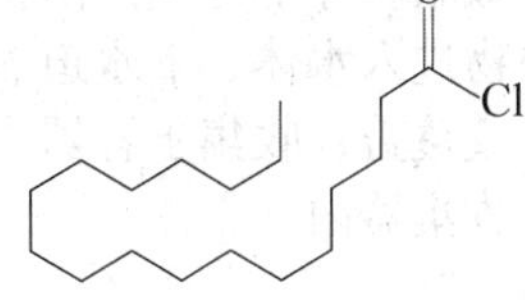

危害信息

危险性类别 第 8 类 腐蚀品

燃烧与爆炸危险性 可燃。受热分解释出高毒和腐蚀性的烟雾。遇水或水蒸气反应放热并产生有毒的腐蚀性气体。遇潮时能腐蚀大多数金属及有机组织。

活性反应 遇水或水蒸气反应。

禁忌物 水、醇类、强氧化剂、强碱。

毒性 大鼠经口 LD_{50}：7500mg/kg 。

中毒表现 本品对呼吸道、眼和皮肤有强烈的刺激性。吸入后，可因喉及支气管的痉挛、炎症、水肿，化学性肺炎或肺水肿而致死。接触后出现烧灼感、咳嗽、喘息、喉炎、气短、头痛、恶心和呕吐。

侵入途径 吸入、食入、经皮吸收。

理化特性与用途

理化特性 白色至黄色透明液体。溶于热乙醇、烃类、醚类等。熔点 23℃，沸点 174℃(0.27kPa)、215℃(2kPa)，相对密度(水=1)0.897，饱和蒸气压 260Pa(176℃)，辛醇/水分配系数 7.39，闪点 165℃，引燃温度 230℃。

主要用途 主要用作彩色电影胶片成色剂的中间体，也用于醇的酯化及其他有机化合物的原料。

包装与储运

包装标志 腐蚀品

包装类别 Ⅱ类

安全储运 储存于阴凉、干燥、通风的库房。远离火种、热源。储存温度不超过 30℃，相对湿度不超过 75%。保持容器密封。应与强氧化剂、强酸、醇类等隔离储运。搬运时轻装轻卸，防止容器受损。

紧急处置信息

急救措施

吸入：迅速脱离现场至空气新鲜处。保持呼吸道通畅。如呼吸困难，给输氧。呼吸、心跳停止，立即进行心肺复苏术。就医。

眼睛接触：立即分开眼睑，用流动清水或生理盐水彻底冲洗 10~15min。就医。

皮肤接触：立即脱去污染的衣着，用大量流动清水彻底冲洗，冲洗时间一般要求 20~30min。就医。

食入：用水漱口，禁止催吐。给饮牛奶或蛋清。就医。

灭火方法 消防人员必须穿全身耐酸碱消防服，佩戴正压自给式呼吸器，在上风向灭火。尽可能将容器从火场移至空旷处。禁止用水、泡沫和酸碱灭火剂灭火。

灭火剂：干粉、二氧化碳、沙土。

泄漏应急处置 根据液体流动和蒸气扩散的影响区域划定警戒区，无关人员从侧风、上风向撤离至安全区。消除所有点火源。建议应急处理人员戴正压自给式呼吸器，穿防酸碱服。穿上适当的防护服前严禁接触破裂的容器和泄漏物。尽可能切断泄漏源。防止泄漏物进入水体、下水道、地下室或有限空间。小量泄漏：用干燥的沙土或其他不燃材料吸收或覆盖，收集于容器中。大量泄漏：构筑围堤或挖坑收容。用耐腐蚀泵转移至槽车或专用收集器内。

650. 十二烷基苯磺酸

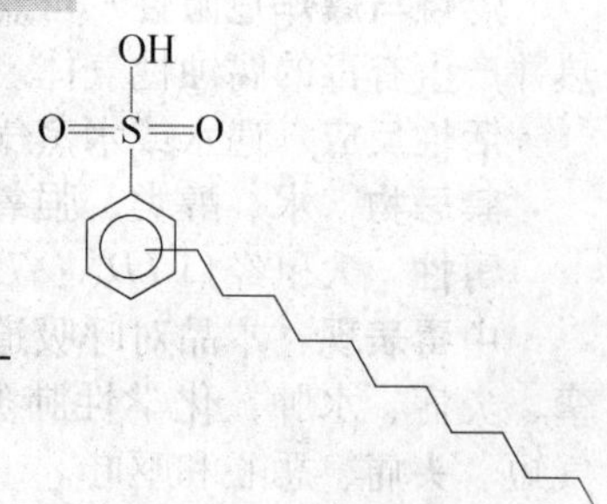

标　识

中文名称 十二烷基苯磺酸

英文名称 Dodecyl benzene sulfonic acid; Laurylbenzenesulfonic acid

分子式 $C_{18}H_{30}O_3S$

CAS 号 27176-87-0

危害信息

燃烧与爆炸危险性 可燃。遇明火、高热可能引起燃烧，燃烧产生有毒的硫氧化物气体。

禁忌物 强氧化剂、强碱。

毒性 大鼠经口 LD_{50}：650mg/kg。

中毒表现 本品可致皮肤和眼睛灼伤。

侵入途径 吸入、食入、经皮吸收。

环境危害 对水生生物有毒，可能在水生环境中造成长期不利影响。

理化特性与用途

理化特性 黄色至棕色液体。熔点 10℃，沸点>204.5℃，相对密度(水=1)1，辛醇/水分配系数 1.96/4.78，闪点 148.9℃(开杯)，分解温度>204.5℃ 。

主要用途 用于生产家用合成洗涤剂、纤维工业的染色助剂、普通清洗剂、农药用乳化剂、羊毛和合成纤维清洗剂等。

包装与储运

包装标志 杂项

包装类别 Ⅲ类

安全储运 储存于阴凉、通风的库房。远离火种、热源。保持容器密闭。应与强氧化剂等隔离储运 。搬运时轻装轻卸，防止容器或包装受损。

紧急处置信息

急救措施

吸入：迅速脱离现场至空气新鲜处。保持呼吸道通畅。如呼吸困难，给输氧。呼吸、心跳停止，立即进行心肺复苏术。就医。

眼睛接触：立即分开眼睑，用流动清水或生理盐水彻底冲洗 10~15min。就医。

皮肤接触：立即脱去污染的衣着，用大量流动清水彻底冲洗，冲洗时间一般要求 20~30min。就医。

食入：用水漱口，禁止催吐。给饮牛奶或蛋清。就医。

灭火方法 消防人员须穿全身消防服，佩戴正压自给式呼吸器，在上风向灭火。尽可能将容器从火场移至空旷处。喷水保持火场容器冷却，直至灭火结束。

灭火剂：泡沫、二氧化碳、干粉、沙土。

泄漏应急处置 根据液体流动和蒸气扩散的影响区域划定警戒区，无关人员从侧风、上风向撤离至安全区。消除所有点火源。建议应急处理人员戴防毒面具,穿防毒服。穿上适当的防护服前严禁接触破裂的容器和泄漏物。尽可能切断泄漏源。防止泄漏物进入水体、下水道、地下室或有限空间。小量泄漏：用干燥的沙土或其他不燃材料吸收或覆盖，收集于容器中。大量泄漏：构筑围堤或挖坑收容。用沙土或惰性物质吸收大量液体。用泵转移至槽车或专用收集器内。

651. 3-十二烷基-1-(1,2,2,6,6-五甲基-4-哌啶基)-2,5-吡咯烷二酮

标　识

中文名称　3-十二烷基-1-(1,2,2,6,6-五甲基-4-哌啶基)-2,5-吡咯烷二酮

英文名称　3-Dodecyl-(1-(1,2,2,6,6-pentamethyl-4-piperidin)-yl)-2,5-pyrrolidindione; Dodecyl-*N*-(1,2,2,6,6-pentamethyl-4-piperidinyl)-succinimide

别名　十二烷基-*N*-(1，2，2，6，6-五甲基-4-哌啶基)琥珀酰亚胺

分子式　$C_{26}H_{48}N_2O_2$

CAS 号　106917-30-0

—$(CH_2)_{11}$ O N N— O

危害信息

危险性类别　第 6 类　有毒品

燃烧与爆炸危险性　可燃。遇明火、高热能引起燃烧，燃烧产生有毒的氮氧化物气体。在高温火场中，受热的容器或储罐有破裂和爆炸的危险。

禁忌物　强氧化剂、强酸。

中毒表现　食入或吸入对身体可造成急性损害。对眼和皮肤有腐蚀性。长期反复接触可能对器官造成损害。

侵入途径　吸入、食入。

环境危害　对水生生物有极高毒性，可能在水生环境中造成长期不利影响。

理化特性与用途

理化特性　黄色黏性液体。沸点 220℃(93Pa)，相对密度(水=1)0.963，辛醇/水分配系数 5，闪点 110℃(闭杯)。

主要用途　用于医药工业，用作光稳定剂。

包装与储运

包装标志　有毒品

包装类别　Ⅲ类

安全储运　储存于阴凉、通风的库房。远离火种、热源。储存温度不超过 35℃，相对湿度不超过 85%。保持容器密封。应与强氧化剂、强酸等隔离储运。搬运时轻装轻卸，防止容器受损。

紧急处置信息

急救措施

吸入：迅速脱离现场至空气新鲜处。保持呼吸道通畅。如呼吸困难，给输氧。呼吸、心跳停止，立即进行心肺复苏术。就医。

眼睛接触：立即分开眼睑，用流动清水或生理盐水彻底冲洗 10~15min。就医。

皮肤接触：立即脱去污染的衣着，用大量流动清水彻底冲洗，冲洗时间一般要求 20~30min。就医。

食入：用水漱口，禁止催吐。给饮牛奶或蛋清。就医。

灭火方法 消防人员须穿全身消防服，佩戴正压自给式呼吸器，在上风向灭火。尽可能将容器从火场移至空旷处。喷水保持火场容器冷却，直至灭火结束。处在火场中的容器若发生异常变化或发出异常声音，须马上撤离。

灭火剂：泡沫、二氧化碳、干粉、沙土。

泄漏应急处置 根据液体流动和蒸气扩散的影响区域划定警戒区，无关人员从侧风、上风向撤离至安全区。消除所有点火源。建议应急处理人员戴防毒面具,穿防毒服。穿上适当的防护服前严禁接触破裂的容器和泄漏物。尽可能切断泄漏源。防止泄漏物进入水体、下水道、地下室或有限空间。小量泄漏：用干燥的沙土或其他不燃材料吸收或覆盖，收集于容器中。大量泄漏：构筑围堤或挖坑收容。用泵转移至槽车或专用收集器内。

652. 十二(烷)酰氯

标 识

中文名称 十二(烷)酰氯

英文名称 Lauroyl chloride；Dodecanoyl chloride

别名 月桂酰氯

分子式 $C_{12}H_{23}ClO$

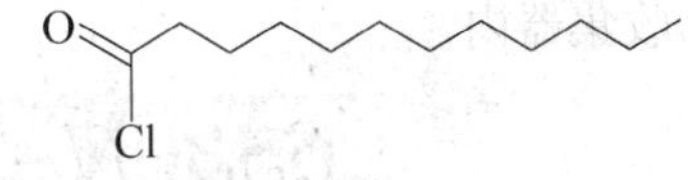

CAS 号 112-16-3

铁危编号 81633

危害信息

危险性类别 第8类 腐蚀品

燃烧与爆炸危险性 可燃。受热分解释出高毒和腐蚀性的烟雾。遇水或水蒸气反应放热并产生有毒的腐蚀性气体。遇潮时对大多数金属有腐蚀性。

禁忌物 强氧化剂、强酸、强碱、水、醇类。

中毒表现 误服引起口腔、咽喉和消化道灼伤，眼和皮肤接触引起灼伤。吸入蒸气刺激呼吸道。

侵入途径 吸入、食入、经皮吸收。

理化特性与用途

理化特性 无色至淡黄色透明液体。在水和醇中分解。混溶于乙醚、苯。熔点-17℃，沸点145℃(2.4kPa)、134~137℃(1.46kPa)，相对密度(水=1)0.946，相对蒸气密度(空气=1)7.54，饱和蒸气压1.47kPa(137℃)，辛醇/水分配系数4.44，闪点140℃。

主要用途 用于制药工业和有机合成。合成表面活性剂、聚合引发剂、发泡剂等。

包装与储运

包装标志 腐蚀品

包装类别 Ⅱ类

安全储运 储存于阴凉、干燥、通风的库房。远离火种、热源。储存温度不超过30℃，相对湿度不超过75%。保持容器密封。应与强氧化剂、强碱、酸类、醇类等隔离储运。搬运时轻装轻卸，防止容器受损。

紧急处置信息

急救措施

吸入： 迅速脱离现场至空气新鲜处。保持呼吸道通畅。如呼吸困难，给输氧。呼吸、心跳停止，立即进行心肺复苏术。就医。

眼睛接触： 立即分开眼睑，用流动清水或生理盐水彻底冲洗10~15min。就医。

皮肤接触： 立即脱去污染的衣着，用大量流动清水彻底冲洗，冲洗时间一般要求20~30min。就医。

食入： 用水漱口，禁止催吐。给饮牛奶或蛋清。就医。

灭火方法 消防人员必须穿全身耐酸碱消防服，佩戴正压自给式呼吸器，在上风向灭火。尽可能将容器从火场移至空旷处。喷水保持容器冷却，直至灭火结束。禁止用水、泡沫和酸碱灭火剂灭火。

灭火剂：干粉、二氧化碳、沙土。

泄漏应急处置 根据液体流动和蒸气扩散的影响区域划定警戒区，无关人员从侧风、上风向撤离至安全区。消除所有点火源。建议应急处理人员戴正压自给式呼吸器，穿防酸碱服。穿上适当的防护服前严禁接触破裂的容器和泄漏物。尽可能切断泄漏源。防止泄漏物进入水体、下水道、地下室或有限空间。小量泄漏：用干燥的沙土或其他不燃材料吸收或覆盖，收集于容器中。大量泄漏：构筑围堤或挖坑收容。用耐腐蚀泵转移至槽车或专用收集器内。

653. *N*-(3-十六烷氧基-2-羟丙基)-*N*-(2-羟乙基)棕榈酸酰胺

标　识

中文名称 *N*-(3-十六烷氧基-2-羟丙基)-*N*-(2-羟乙基)棕榈酸酰胺

英文名称 *N*-(3-Hexadecyloxy-2-hydroxyprop-1-yl)-*N*-(2-hydroxyethyl) palmitamide; Sphingolipid E

分子式 $C_{37}H_{75}NO_4$

CAS号 110483-07-3

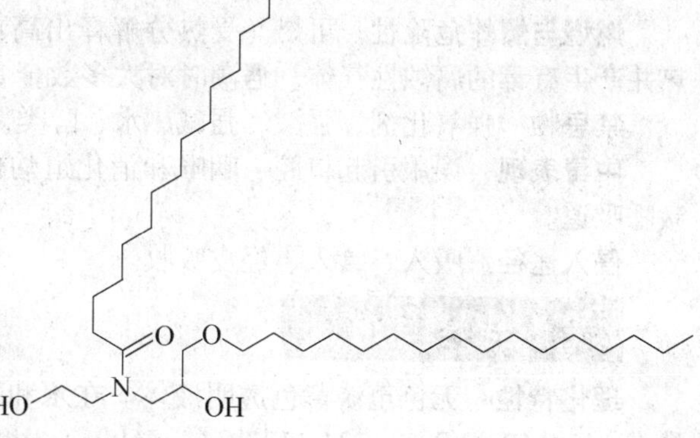

危害信息

禁忌物 强氧化剂、强酸

毒性 大鼠经口 LD_{50}：>5000mg/kg；小鼠经口 LD_{50}：>5000mg/kg；大鼠经皮 LD_{50}：>2000mg/kg(24h)。

侵入途径 吸入、食入、经皮吸收。

环境危害 可能在水生环境中造成长期不利影响。

理化特性与用途

理化特性 不溶于水。相对密度(水=1)0.926，辛醇/水分配系数14.3。

主要用途 在制洗发剂中用作冲洗和调理添加剂。

包装与储运

安全储运 储存于阴凉、通风的库房。远离火种、热源。保持容器密闭。应与强氧化剂等隔离储运。

紧急处置信息

急救措施

吸入： 迅速脱离现场至空气新鲜处。保持呼吸道通畅。如呼吸困难，给输氧。呼吸、心跳停止，立即进行心肺复苏术。就医。

眼睛接触： 立即分开眼睑，用流动清水或生理盐水彻底冲洗。就医。

皮肤接触： 立即脱去污染的衣着，用肥皂水和清水彻底冲洗。就医。

食入： 漱口，饮水。就医。

灭火方法 消防人员必须穿全身耐酸碱消防服，佩戴正压自给式呼吸器，在上风向灭火。尽可能将容器从火场移至空旷处。喷水保持容器冷却，直至灭火结束。

灭火剂：雾状水、干粉、泡沫、二氧化碳。

泄漏应急处置 隔离泄漏污染区，限制出入。建议应急处理人员戴防尘口罩，穿防酸碱服。穿上适当的防护服前严禁接触破裂的容器和泄漏物。尽可能切断泄漏源。用塑料布覆盖泄漏物，减少飞散，避免雨淋。用洁净的铲子收集泄漏物，置于干净、干燥、盖子较松的容器中，将容器移离泄漏区。

654. 十三烷基苯磺酸

标　识

中文名称 十三烷基苯磺酸

英文名称 Tridecyl benzene sulfonic acid

分子式 $C_{19}H_{32}O_3S$

CAS 号 25496-01-9

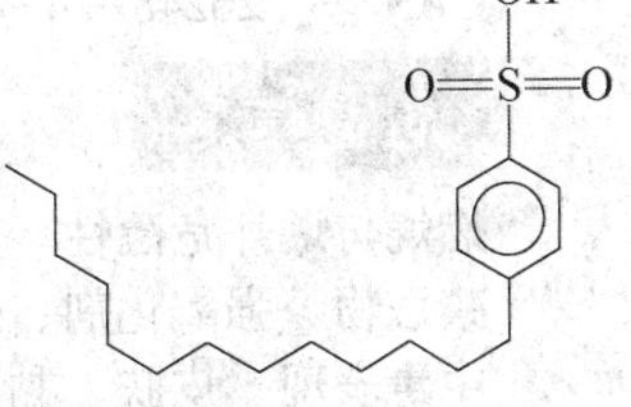

危害信息

燃烧与爆炸危险性 可燃。燃烧产生有毒的硫氧化物气体。在高温火场中，受热的容器有破裂和爆炸的危险。

禁忌物 强氧化剂、强碱。

中毒表现 本品对眼和皮肤有刺激性。

侵入途径 吸入、食入。

环境危害 对水生生物有毒。

理化特性与用途

理化特性 液体或固体。不溶于水。辛醇/水分配系数 2.52/4.51。

主要用途 用于生产家用合成洗涤剂、纤维工业的染色助剂、普通清洗剂、农药用乳化剂、羊毛和合成纤维清洗剂等。

包装与储运

安全储运 储存于阴凉、通风的库房。远离火种、热源。保持容器密闭。应与强氧化剂等隔离储运。

紧急处置信息

急救措施

吸入：迅速脱离现场至空气新鲜处。保持呼吸道通畅。如呼吸困难，给输氧。呼吸、心跳停止，立即进行心肺复苏术。就医。

眼睛接触：立即分开眼睑，用流动清水或生理盐水彻底冲洗。就医。

皮肤接触：立即脱去污染的衣着，用肥皂水和清水彻底冲洗。就医。

食入：漱口，饮水。就医。

灭火方法 消防人员须穿全身消防服，佩戴正压自给式呼吸器，在上风向灭火。尽可能将容器从火场移至空旷处。喷水保持火场容器冷却，直至灭火结束。

灭火剂：泡沫、二氧化碳、干粉、沙土。

泄漏应急处置 隔离泄漏污染区，限制出入。消除所有点火源。建议应急处理人员戴防尘口罩，穿防毒服。穿上适当的防护服前严禁接触破裂的容器和泄漏物。尽可能切断泄漏源。用塑料布覆盖泄漏物，减少飞散。勿使水进入包装容器内。用洁净的铲子收集泄漏物，置于干净、干燥、盖子较松的容器中，将容器移离泄漏区。

655. 十三烷基苯磺酸钠

标　识

中文名称 十三烷基苯磺酸钠

英文名称 Sodium tridecylbenzenesulphonate；Tridecylbenzenesulfonic acid，sodium salt

分子式 $C_{19}H_{31}O_3S \cdot Na$

CAS 号 26248-24-8

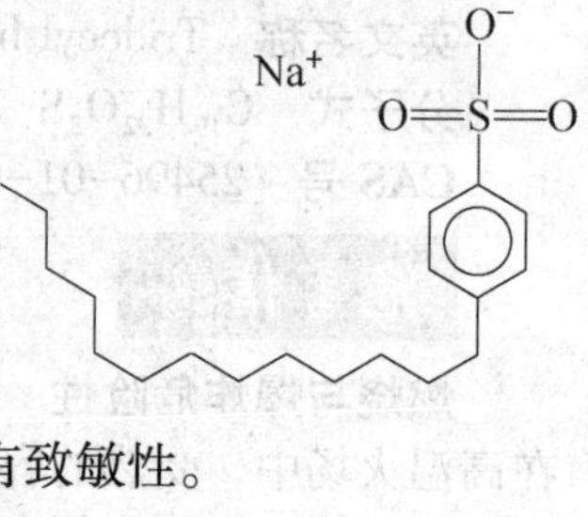

危害信息

燃烧与爆炸危险性 可燃。受高热分解放出有毒的气体。

禁忌物 强氧化剂、强酸。

中毒表现 皮肤、黏膜持续接触本品溶液可致刺痛。对皮肤有致敏性。

侵入途径 吸入、食入、经皮吸收。

环境危害 对水生生物有毒。

理化特性与用途

理化特性 固体。不溶于水。辛醇/水分配系数 2.52。

主要用途 用于生产洗衣剂、清洗剂，也用于石油和聚合物生产。

包装与储运

安全储运 储存于阴凉、通风的库房。远离火种、热源。保持容器密闭。应与强氧化

剂等隔离储运 。搬运时轻装轻卸，防止容器受损。

紧急处置信息

急救措施

吸入： 迅速脱离现场至空气新鲜处。保持呼吸道通畅。如呼吸困难，给输氧。呼吸、心跳停止，立即进行心肺复苏术。就医。

眼睛接触： 立即分开眼睑，用流动清水或生理盐水彻底冲洗。就医。

皮肤接触： 立即脱去污染的衣着，用肥皂水和清水彻底冲洗。就医。

食入： 漱口，饮水。就医。

灭火方法 消防人员须佩戴正压自给式呼吸器，穿全身消防服，在上风向灭火。尽可能将容器从火场移至空旷处。喷水保持火场容器冷却，直至灭火结束。

灭火剂：雾状水、泡沫、干粉、二氧化碳、沙土。

泄漏应急处置 隔离泄漏污染区，限制出入。消除所有点火源。建议应急处理人员戴防尘口罩，穿防毒服。穿上适当的防护服前严禁接触破裂的容器和泄漏物。尽可能切断泄漏源。用塑料布覆盖泄漏物，减少飞散。勿使水进入包装容器内。用洁净的铲子收集泄漏物，置于干净、干燥、盖子较松的容器中，将容器移离泄漏区。

656. 十四烷基苯磺酸

标　识

中文名称 十四烷基苯磺酸

英文名称 Tetradecyl benzene sulfonic acid

分子式 $C_{20}H_{34}O_3S$

CAS 号 30776-59-1

OH
O=S=O

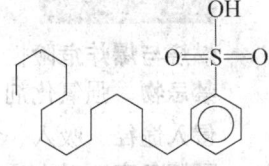

危害信息

燃烧与爆炸危险性 可燃。受高热分解放出有毒的气体。

禁忌物 强氧化剂、强碱。

侵入途径 吸入、食入。

环境危害 对水生生物有极高毒性。

理化特性与用途

理化特性 固体。相对密度(水=1)1.033 。

主要用途 用于生产洗涤剂。

包装与储运

急救措施

吸入： 脱离接触。如有不适感，就医。

眼睛接触： 分开眼睑，用流动清水或生理盐水冲洗。如有不适感，就医。

皮肤接触： 脱去污染的衣着，用流动清水冲洗。如有不适感，就医。

食入： 漱口，饮水。就医。

包装标志 杂项

包装类别 Ⅲ类

安全储运 储存于阴凉、通风的库房。远离火种、热源。保持容器密闭。应与强氧化剂等隔离储运 。搬运时轻装轻卸，防止包装或容器受损。

紧急处置信息

灭火方法 消防人员须穿全身消防服，佩戴正压自给式呼吸器，在上风向灭火。尽可能将容器从火场移至空旷处。喷水保持火场容器冷却，直至灭火结束。

灭火剂：泡沫、二氧化碳、干粉、沙土。

泄漏应急处置 隔离泄漏污染区，限制出入。消除所有点火源。建议应急处理人员戴防尘口罩，穿防毒服。穿上适当的防护服前严禁接触破裂的容器和泄漏物。尽可能切断泄漏源。用塑料布覆盖泄漏物，减少飞散。勿使水进入包装容器内。用洁净的铲子收集泄漏物，置于干净、干燥、盖子较松的容器中，将容器移离泄漏区。

657. 十四烷基苯磺酸钠

标　识

中文名称 十四烷基苯磺酸钠

英文名称 Sodium tetradecyl benzene sulfonate

分子式 $C_{20}H_{33}O_3S \cdot Na$

CAS 号 28348-61-0

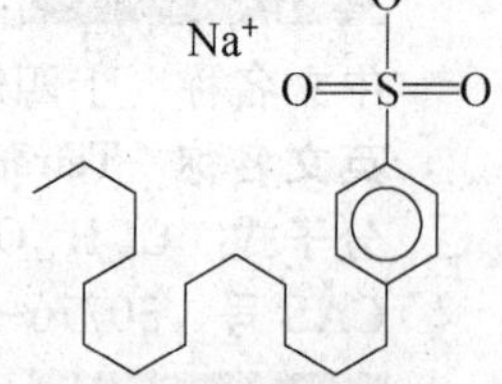

危害信息

燃烧与爆炸危险性 可燃。受高热分解放出有毒的气体。

禁忌物 强氧化剂、强酸。

侵入途径 吸入、食入。

环境危害 对水生生物有极高毒性。

理化特性与用途

理化特性 固体。不溶于水。辛醇/水分配系数 3.98。

主要用途 用于生产家用合成洗涤剂、纤维工业染色助剂、普通清洗剂、农药乳化剂、羊毛和合成纤维清洗剂等。

包装与储运

包装标志 杂项

包装类别 Ⅲ类

安全储运 储存于阴凉、通风的库房。远离火种、热源。保持容器密闭。应与强氧化剂等隔离储运。搬运时轻装轻卸，防止容器受损。

紧急处置信息

灭火方法 消防人员须佩戴正压自给式呼吸器，穿全身消防服，在上风向灭火。尽可

能将容器从火场移至空旷处。喷水保持火场容器冷却，直至灭火结束。

灭火剂：雾状水、泡沫、干粉、二氧化碳、沙土。

泄漏应急处置 隔离泄漏污染区，限制出入。消除所有点火源。建议应急处理人员戴防尘口罩，穿防毒服。穿上适当的防护服前严禁接触破裂的容器和泄漏物。尽可能切断泄漏源。用塑料布覆盖泄漏物，减少飞散。勿使水进入包装容器内。用洁净的铲子收集泄漏物，置于干净、干燥、盖子较松的容器中，将容器移离泄漏区。

658. 十烷基苯磺酸

标 识

中文名称 十烷基苯磺酸

英文名称 Decyl benzene sulfonic acid；*p*-Decylbenzenesulphonic acid

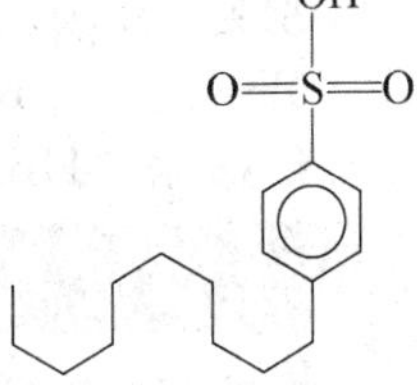

别名 癸基苯磺酸

分子式 $C_{16}H_{26}O_3S$

CAS 号 140-60-3

危害信息

燃烧与爆炸危险性 可燃。燃烧产生有毒的氮氧化物和硫氧化物气体。在高温火场中，受热的容器有破裂和爆炸的危险。

禁忌物 强氧化剂、强碱。

毒性 大鼠经口 LD_{50}：1420mg/kg；兔经皮 LD_{50}：>2000mg/kg。

侵入途径 吸入、食入、经皮吸收。

环境危害 对水生生物有毒。

理化特性与用途

理化特性 固体。溶于水。相对密度(水=1)1.077。

主要用途 用作洗衣粉、洗衣膏、工业洗涤剂的原料。

包装与储运

安全储运 储存于阴凉、通风的库房。远离火种、热源。保持容器密闭。应与强氧化剂等隔离储运 。搬运时轻装轻卸，防止容器受损。

紧急处置信息

急救措施

吸入：迅速脱离现场至空气新鲜处。保持呼吸道通畅。如呼吸困难，给输氧。呼吸、心跳停止，立即进行心肺复苏术。就医。

眼睛接触：立即分开眼睑，用流动清水或生理盐水彻底冲洗。就医。

皮肤接触：立即脱去污染的衣着，用肥皂水和清水彻底冲洗。就医。

食入：漱口，饮水。就医。

灭火方法 消防人员须穿全身消防服，佩戴正压自给式呼吸器，在上风向灭火。尽可能将容器从火场移至空旷处。喷水保持火场容器冷却，直至灭火结束。

灭火剂：雾状水、抗溶性泡沫、二氧化碳、干粉、沙土。

泄漏应急处置 隔离泄漏污染区，限制出入。建议应急处理人员戴防尘口罩，穿防毒服，戴橡胶手套。穿上适当的防护服前严禁接触破裂的容器和泄漏物。尽可能切断泄漏源。用干燥的沙土或其他不燃材料覆盖泄漏物，然后用塑料布覆盖，减少飞散、避免雨淋。用洁净的铲子收集泄漏物，置于干净、干燥、盖子较松的容器中，将容器移离泄漏区。

659. 十溴二苯醚

标 识

中文名称 十溴二苯醚

英文名称 Decabromodiphenyl ether；Decabromodiphenyl oxide

别名 十溴联苯醚

分子式 $C_{12}Br_{10}O$

CAS 号 1163-19-5

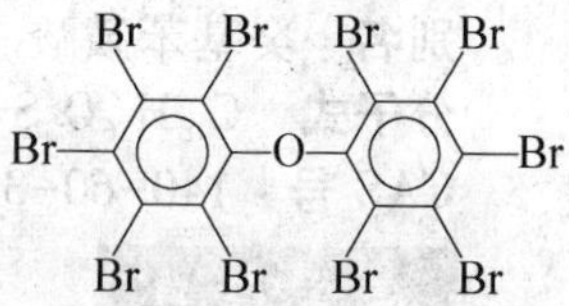

Br Br Br Br
Br O Br
Br Br Br Br

危害信息

燃烧与爆炸危险性 不易燃。受热分解产生高毒或刺激性的烟气。

禁忌物 强氧化剂。

毒性 大鼠经口 LD_{50}：2g/kg；兔经皮 LD_{50}：2g/kg(24h)。

侵入途径 吸入、食入、经皮吸收。

理化特性与用途

理化特性 白色至淡黄色粉末。不溶于水。熔点 300～310℃，沸点 425℃(分解)，相对密度(水=1)3.0，饱和蒸气压 0.67kPa(306℃)，辛醇/水分配系数 12.11。

主要用途 添加型阻燃剂。广泛用于聚乙烯、聚丙烯、ABS 树脂、聚对苯二甲酸丁二醇酯、聚对苯二甲酸乙二醇酯以及硅橡胶、三元乙丙橡胶制品中。

包装与储运

安全储运 储存于阴凉、通风的库房。远离火种、热源。保持容器密闭。应与强氧化剂、氟、氯、溴等隔离储运。

紧急处置信息

急救措施

吸入：迅速脱离现场至空气新鲜处。保持呼吸道通畅。如呼吸困难，给输氧。呼吸、心跳停止，立即进行心肺复苏术。就医。

眼睛接触：立即分开眼睑，用流动清水或生理盐水彻底冲洗。就医。

皮肤接触：立即脱去污染的衣着，用肥皂水和清水彻底冲洗。就医。

食入：漱口，饮水。就医。

灭火方法 消防人员须穿全身消防服，在上风向灭火。尽可能将容器从火场移至空旷处。喷水保持火场容器冷却，直至灭火结束。

灭火剂：雾状水、泡沫、二氧化碳、干粉、沙土。

泄漏应急处置 隔离泄漏污染区，限制出入。消除所有点火源。建议应急处理人员戴防毒面具，穿防毒服。尽可能切断泄漏源。用塑料布覆盖泄漏物，减少飞散。勿使水进入包装容器内。用洁净的铲子收集泄漏物，置于干净、干燥、盖子较松的容器中，将容器移离泄漏区。

660. 十一烷基苯磺酸钠

标 识

中文名称 十一烷基苯磺酸钠

英文名称 Sodium undecylbenzenesulphonate; Benzenesulfonic acid, undecyl-, sodium salt

分子式 $C_{17}H_{27}O_3S \cdot Na$

CAS 号 27636-75-5

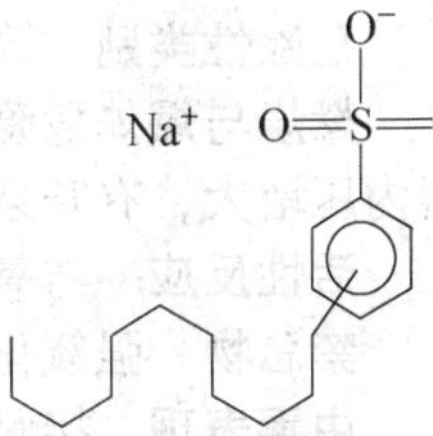

危害信息

燃烧与爆炸危险性 可燃。受高热分解放出有毒或腐蚀性的气体。

禁忌物 强氧化剂、强酸。

侵入途径 吸入、食入。

中毒表现 对眼和皮肤有刺激性。

环境危害 对水生生物有毒。

理化特性与用途

理化特性 液体或固体。辛醇/水分配系数 2.51。

主要用途 用于制造洗涤剂。

包装与储运

安全储运 储存于阴凉、通风的库房。远离火种、热源。保持容器密闭。应与强氧化剂等隔离储运。搬运时轻装轻卸，防止容器受损。

紧急处置信息

急救措施

吸入：迅速脱离现场至空气新鲜处。保持呼吸道通畅。如呼吸困难，给输氧。呼吸、心跳停止，立即进行心肺复苏术。就医。

眼睛接触：立即分开眼睑，用流动清水或生理盐水彻底冲洗。就医。

皮肤接触：立即脱去污染的衣着，用肥皂水和清水彻底冲洗。就医。

食入：漱口，饮水。就医。

灭火方法 消防人员须佩戴正压自给式呼吸器，穿全身消防服，在上风向灭火。尽可能将容器从火场移至空旷处。喷水保持火场容器冷却，直至灭火结束。

灭火剂：雾状水、泡沫、干粉、二氧化碳、沙土。

泄漏应急处置 隔离泄漏污染区，限制出入。消除所有点火源。建议应急处理人员戴防尘口罩，穿防毒服。穿上适当的防护服前严禁接触破裂的容器和泄漏物。尽可能切断泄

漏源。用塑料布覆盖泄漏物，减少飞散。勿使水进入包装容器内。用洁净的铲子收集泄漏物，置于干净、干燥、盖子较松的容器中，将容器移离泄漏区。

661. 石油焦油

标　识

中文名称　石油焦油

英文名称　Petroleum tar

铁危编号　31292A

危害信息

危险性类别　第 3 类　易燃液体

燃烧与爆炸危险性　易燃。其蒸气与空气混合，能形成爆炸性混合物。若遇高热，容器内压增大，有开裂和爆炸的危险。

活性反应　与氧化剂接触发生猛烈反应。

禁忌物　强氧化剂、酸类、碱类、卤素等。

中毒表现　接触石油焦油的工人，皮肤损害较多见，表现为色素沉着、干燥、裸露部灼痛、毛囊增生、黑头粉刺、毛细血管扩张、多发疣。随着工龄的增加，色素沉着加重，毛细血管扩张数增多，皮肤脱屑。某些病例在皮肤病部位出现扁平细胞癌。

侵入途径　吸入、食入、经皮吸收。

理化特性与用途

理化特性　褐色至黑色油状液体。

主要用途　经加工可得汽油、煤油、柴油、润滑油和石蜡等。

包装与储运

包装标志　易燃液体

包装类别　Ⅲ类

安全储运　储存于阴凉、通风的库房。远离火种、热源，避免阳光直射。储存温度不超过 37℃。炎热季节早晚运输，应与氧化剂等隔离储运。禁止使用易产生火花的机械设备和工具。灌装时注意控制流速，防止静电积聚。搬运时轻装轻卸，防止容器受损。

紧急处置信息

急救措施

吸入： 迅速脱离现场至空气新鲜处。保持呼吸道通畅。如呼吸困难，给输氧。呼吸、心跳停止，立即进行心肺复苏术。就医。

眼睛接触： 立即分开眼睑，用流动清水或生理盐水彻底冲洗。就医。

皮肤接触： 立即脱去污染的衣着，用肥皂水和清水彻底冲洗。就医。

食入： 漱口，饮水。就医。

灭火方法　消防人员必须佩戴正压自给式呼吸器，穿全身防毒消防服，在上风向灭火。尽可能将容器从火场移至空旷处。喷水保持火场容器冷却，直至灭火结束。处在火场中的容器若已变色或从安全泄压装置中发出声音，必须马上撤离。

灭火剂：雾状水、泡沫、干粉、二氧化碳、沙土。

泄漏应急处置 消除所有点火源。根据液体流动和蒸气扩散的影响区域划定警戒区，无关人员从侧风、上风向撤离至安全区。建议应急处理人员戴正压自给式呼吸器，穿防毒、防静电服。作业时使用的所有设备应接地。禁止接触或跨越泄漏物。尽可能切断泄漏源。防止泄漏物进入水体、下水道、地下室或有限空间。小量泄漏：用沙土或其他不燃材料吸收。使用洁净的无火花工具收集吸收材料。大量泄漏：构筑围堤或挖坑收容。用泡沫覆盖，减少蒸发。喷水雾能减少蒸发，但不能降低泄漏物在有限空间内的易燃性。用防爆泵转移至槽车或专用收集器内。

662. 石油脚子油

标 识

中文名称 石油脚子油

英文名称 Foots oil (petroleum); Foots oil

别名 残余蜡

CAS 号 64742-67-2

危害信息

燃烧与爆炸危险性 可燃。燃烧或受热分解产生有毒或刺激性烟气。

禁忌物 强氧化剂。

毒性 欧盟法规 1272/2008/EC 将本品列为第 1B 类致癌物——可能对人类有致癌能力。

侵入途径 吸入、食入。

理化特性与用途

理化特性 棕色至褐色膏状物，有石油气味。微溶于水。熔点 36~45℃，沸点 350~520℃，密度 0.8~0.85g/cm^3，相对蒸气密度(空气=1)>5，饱和蒸气压 0.001Pa(20℃)，辛醇/水分配系数>6，闪点>200℃(闭杯)。

主要用途 广泛用于纺织、皮革、橡胶工业，用于制凡士林、白油等。

包装与储运

安全储运 储存于阴凉、通风的库房。远离火种、热源。应与强氧化剂等隔离储运。搬运时轻装轻卸，防止容器受损。

紧急处置信息

急救措施

吸入：脱离接触。如有不适感，就医。

眼睛接触：分开眼睑，用流动清水或生理盐水冲洗。如有不适感，就医。

皮肤接触：脱去污染的衣着，用肥皂水和清水冲洗。如有不适感，就医。

食入：漱口，饮水。就医。

灭火方法 消防人员须穿全身消防服，佩戴正压自给式呼吸器，在上风向灭火。尽可

能将容器从火场移至空旷处。喷水保持火场容器冷却，直至灭火结束。

灭火剂：泡沫、二氧化碳、干粉、沙土。

泄漏应急处置 隔离泄漏污染区，限制出入。消除所有点火源。建议应急处理人员戴防尘口罩，穿一般作业工作服。尽可能切断泄漏源。用塑料布覆盖泄漏物，减少飞散。勿使水进入包装容器内。用洁净的铲子收集泄漏物，置于干净、干燥、盖子较松的容器中，将容器移离泄漏区。

663. 石油疏松石蜡

标　识

中文名称 石油疏松石蜡

英文名称 Slack wax (petroleum); Slack wax

别名 疏松石蜡

CAS 号 64742-61-6

危害信息

燃烧与爆炸危险性 可燃。受热易分解放出有毒气体。在高温火场中，受热的容器有破裂和爆炸的危险。

禁忌物 强氧化剂。

毒性 欧盟法规 1272/2008/EC 将本品列为第 1B 类致癌物——可能对人类有致癌能力。

侵入途径 吸入、食入。

理化特性与用途

理化特性 浅棕色至深棕色固体。不溶于水。熔点 57~63℃，沸点>300℃，相对密度(水=1)0.85~0.92，饱和蒸气压<1.3Pa(25℃)，辛醇/水分配系数>6，闪点>180℃。

主要用途 作为各种蜡制品的辅料，可应用于凡士林、化工调合蜡等。

包装与储运

安全储运 储存于阴凉、通风的库房。远离火种、热源。保持容器密闭。应与强氧化剂等隔离储运。搬运时轻装轻卸，防止容器受损。

紧急处置信息

急救措施

吸入：脱离接触。如有不适感，就医。

眼睛接触：分开眼睑，用流动清水或生理盐水冲洗。如有不适感，就医。

皮肤接触：脱去污染的衣着，用肥皂水和清水冲洗。如有不适感，就医。

食入：漱口，饮水。就医。

灭火方法 消防人员须穿全身消防服，佩戴正压自给式呼吸器，在上风向灭火。尽可能将容器从火场移至空旷处。喷水保持火场容器冷却，直至灭火结束。禁止用水灭火。

灭火剂：雾状水、泡沫、二氧化碳、干粉、沙土。

泄漏应急处置 隔离泄漏污染区，限制出入。消除所有点火源。建议应急处理人员戴

防尘口罩，穿一般作业工作服。尽可能切断泄漏源。用塑料布覆盖泄漏物，减少飞散。勿使水进入包装容器内。用洁净的铲子收集泄漏物，置于干净、干燥、盖子较松的容器中，将容器移离泄漏区。

664. 铈[浸在煤油中的]

标　识

中文名称　铈[浸在煤油中的]

英文名称　Cerium, metal

别名　金属铈

分子式　Ce

CAS 号　7440-45-1/8008-20-6

铁危编号　32002

危害信息

危险性类别　第 3 类　易燃液体

燃烧与爆炸危险性　易燃。其蒸气与空气混合，能形成爆炸性混合物。与热水反应，生成易爆炸着火的氢气。

活性反应　与空气、卤素、氮、磷剧烈反应。与热水反应，生成易爆炸着火的氢气。

禁忌物　强氧化剂、强酸、卤素。

侵入途径　吸入、食入。

理化特性与用途

理化特性　灰色固体。与水反应。溶于无机酸。熔点 815℃，沸点 3257℃，相对密度(水=1)6.75。

主要用途　用作合金添加剂，还原剂，及用于生产铈盐等，也用于医药、制革、玻璃、纺织等工业。

包装与储运

包装标志　易燃液体

包装类别　Ⅲ类

安全储运　储存于阴凉、通风的库房。远离火种、热源。库温不宜超过 37℃。包装要求密封，不可与空气接触。应与氧化剂、酸类、卤素等隔离储运。采用防爆型照明、通风设施。禁止使用易产生火花的机械设备和工具。搬运时轻装轻卸，防止容器受损。

紧急处置信息

急救措施

吸入：迅速脱离现场至空气新鲜处。保持呼吸道通畅。如呼吸困难，给输氧。呼吸、心跳停止，立即进行心肺复苏术。就医。

眼睛接触：立即分开眼睑，用流动清水或生理盐水彻底冲洗。就医。

皮肤接触：立即脱去污染的衣着，用肥皂水和清水彻底冲洗。就医。

食入： 漱口，饮水。就医。

灭火方法 消防人员须佩戴防毒面具，穿全身消防服，在上风向灭火。尽可能将容器从火场移至空旷处。喷水保持火场容器冷却，直至灭火结束。禁止用水和泡沫灭火。

灭火剂：干粉、沙土。

泄漏应急处置 隔离泄漏污染区，限制出入。消除所有点火源。建议应急处理人员戴防尘口罩，穿防静电服。禁止接触或跨越泄漏物。尽可能切断泄漏源。防止泄漏物进入水体、下水道、地下室或有限空间 。收集泄漏物置于容器中，并浸在煤油中。

665. 叔丁基苯

标　识

中文名称 叔丁基苯

英文名称 tert-Butylbenzene

别名 2-甲基-2-苯基丙烷；叔丁苯

分子式 $C_{10}H_{14}$

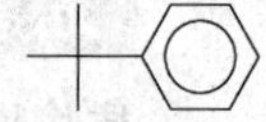

CAS 号 98-06-6

铁危编号 32040

UN 号 2709

危害信息

危险性类别 第 3 类 易燃液体

燃烧与爆炸危险性 易燃。其蒸气与空气混合，能形成爆炸性混合物，遇明火、高热能引起燃烧爆炸。高速冲击、流动、激荡后可因产生静电火花放电引起燃烧爆炸。蒸气比空气重，能在较低处扩散到相当远的地方，遇火源会着火回燃和爆炸(闪爆)。若遇高热，容器内压增大，有开裂和爆炸的危险。

活性反应 与氧化剂可发生反应。

禁忌物 强氧化剂、酸类、卤素等。

毒性 大鼠经口 *LDLo*：10mL/kg。

中毒表现 吸入、摄入或经皮肤吸收对机体有害。具有刺激作用。

侵入途径 吸入、食入、经皮吸收。

理化特性与用途

理化特性 无色至黄色透明液体。不溶于水，混溶于乙醇、乙醚、丙酮、苯。熔点 -57. 8℃，沸点 169℃，相对密度(水=1)0. 867，相对蒸气密度(空气=1)4. 62，饱和蒸气压 0. 29kPa(25℃)，燃烧热-5866. 5kJ/mol，闪点 60℃(开杯)，引燃温度 450℃，爆炸下限 0. 7%(100℃)，爆炸上限 5. 7%(100℃)。

主要用途 用于有机合成，也用作溶剂。

包装与储运

包装标志 易燃液体

包装类别 Ⅲ类

安全储运 储存于阴凉、通风的库房。库温不宜超过37℃。远离火种、热源。保持容器密闭。应与氧化剂等隔离储运。采用防爆型照明、通风设施。禁止使用易产生火花的机械设备和工具。搬运时轻装轻卸，防止容器受损。

紧急处置信息

急救措施

吸入：迅速脱离现场至空气新鲜处。保持呼吸道通畅。如呼吸困难，给输氧。呼吸、心跳停止，立即进行心肺复苏术。就医。

眼睛接触：立即分开眼睑，用流动清水或生理盐水彻底冲洗。就医。

皮肤接触：立即脱去污染的衣着，用肥皂水和清水彻底冲洗。就医。

食入：漱口，饮水。就医。

灭火方法 消防人员须佩戴防毒面具，穿全身消防服，在上风向灭火。尽可能将容器从火场移至空旷处。喷水保持火场容器冷却，直至灭火结束。处在火场中的容器若已变色或从安全泄压装置中发出声音，必须马上撤离。

灭火剂：雾状水、泡沫、干粉、二氧化碳、沙土。

泄漏应急处置 消除所有点火源。根据液体流动和蒸气扩散的影响区域划定警戒区，无关人员从侧风、上风向撤离至安全区。建议应急处理人员戴正压自给式呼吸器，穿防静电服。作业时使用的所有设备应接地。禁止接触或跨越泄漏物。尽可能切断泄漏源。防止泄漏物进入水体、下水道、地下室或有限空间。小量泄漏：用沙土或其他不燃材料吸收。使用洁净的无火花工具收集吸收材料。大量泄漏：构筑围堤或挖坑收容。用泡沫覆盖，减少蒸发。喷水雾能减少蒸发，但不能降低泄漏物在有限空间内的易燃性。用防爆泵转移至槽车或专用收集器内。

666. *N*-叔丁基-2-苯并噻唑亚磺酰胺

标 识

中文名称 *N*-叔丁基-2-苯并噻唑亚磺酰胺

英文名称 *N*-(tert-Butyl)-2-benzothiazole sulfenamide; *N*-(1,1-Dimethylethyl) benzothiazolesulfenamide

别名 促进剂NS

分子式 $C_{11}H_{14}N_2S_2$

CAS号 95-31-8

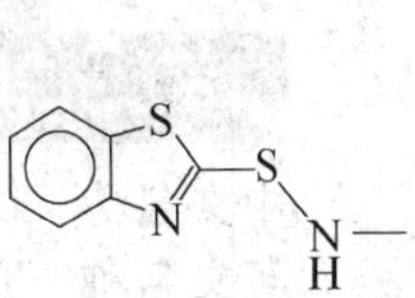

危害信息

燃烧与爆炸危险性 可燃。其粉体与空气混合能形成爆炸性混合物，遇明火高热有引起燃烧爆炸的危险。燃烧产生有毒的氮氧化物和硫氧化物气体。

禁忌物 强氧化剂。

毒性 大鼠经口 LD_{50}：>6000mg/kg；兔经皮 LD_{50}：>7940mg/kg。

中毒表现 本品对皮肤有致敏性。

侵入途径 吸入、食入、经皮吸收。

环境危害 对水生生物有极高毒性，可能在水生环境中造成长期不利影响。

理化特性与用途

理化特性 淡黄色粉末或薄片。不溶于水，溶于多数有机溶剂。熔点104℃，相对密度(水=1)1.29，饱和蒸气压0.14mPa(25℃)，辛醇/水分配系数4.38。

主要用途 用于天然胶、顺丁、丁苯、异戊橡胶及天然胶的再生胶中作后效性促进剂。

包装与储运

包装标志 杂项

包装类别 Ⅲ类

安全储运 储存于阴凉、通风的库房。远离火种、热源。保持容器密闭。应与强氧化剂等隔离储运 。搬运时轻装轻卸，防止容器受损。

紧急处置信息

急救措施

吸入：迅速脱离现场至空气新鲜处。保持呼吸道通畅。如呼吸困难，给输氧。呼吸、心跳停止，立即进行心肺复苏术。就医。

眼睛接触：立即分开眼睑，用流动清水或生理盐水彻底冲洗。就医。

皮肤接触：立即脱去污染的衣着，用流动清水彻底冲洗。就医。

食入：漱口，饮水。就医。

灭火方法 消防人员须穿全身消防服，佩戴正压自给式呼吸器，在上风向灭火。尽可能将容器从火场移至空旷处。喷水保持火场容器冷却，直至灭火结束。

灭火剂：雾状水、泡沫、二氧化碳、干粉、沙土。

泄漏应急处置 隔离泄漏污染区，限制出入。消除所有点火源。建议应急处理人员戴防尘口罩，穿防毒服。穿上适当的防护服前严禁接触破裂的容器和泄漏物。尽可能切断泄漏源。用塑料布覆盖泄漏物，减少飞散。勿使水进入包装容器内。用洁净的铲子收集泄漏物，置于干净、干燥、盖子较松的容器中，将容器移离泄漏区。

667. O-3-叔丁基苯基 *N*-(6-甲氧基-2-吡啶基)-*N*-甲基硫代氨基甲酸酯

标　识

中文名称 *O*-3-叔丁基苯基-*N*-(6-甲氧基-2-吡啶基)-*N*-甲基硫代氨基甲酸酯

英文名称 Thiocarbamic acid, *N*-(6-methoxy-2-pyridyl)-*N*-methyl-, *O*-3- tert-butylphenyl ester; Pyributicarb

别名 稗草丹；稗草畏

分子式 $C_{18}H_{22}N_2O_2S$

CAS 号 88678-67-5

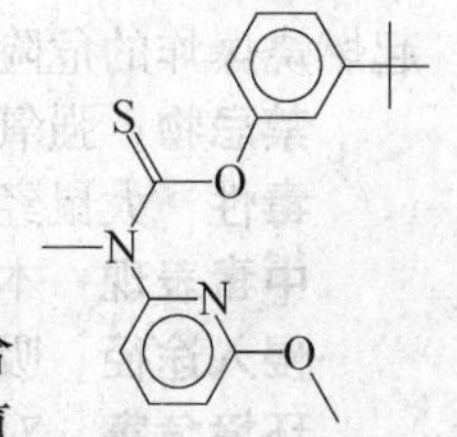

危害信息

燃烧与爆炸危险性 不易燃，其粉体与空气混合能形成爆炸性混合物，遇明火高热有引起燃烧爆炸的危险，燃烧产生有毒的氮氧化物和硫氧化物气体。

禁忌物 强氧化剂。

毒性 大鼠经口 LD_{50}：>5g/kg；小鼠经口 LD_{50}：>5g/kg；大鼠吸入 LC_{50}：>6520mg/m^3（4h）；大鼠经皮 LD_{50}：>5g/kg。

侵入途径 吸入、食入、经皮吸收。

环境危害 对水生生物有极高毒性，可能在水生环境中造成长期不利影响。

理化特性与用途

理化特性 白色结晶固体。不溶于水。熔点86℃，饱和蒸气压0.27mPa(40℃)，辛醇/水分配系数5.18。

主要用途 用作除草剂、杀菌剂。

包装与储运

包装标志 杂项

包装类别 Ⅲ类

安全储运 储存于阴凉、通风的库房。远离火种、热源。应与强氧化剂等隔离储运。

紧急处置信息

急救措施

吸入：迅速脱离现场至空气新鲜处。保持呼吸道通畅。如呼吸困难，给输氧。呼吸、心跳停止，立即进行心肺复苏术。就医。

眼睛接触：立即分开眼睑，用流动清水或生理盐水彻底冲洗。就医。

皮肤接触：立即脱去污染的衣着，用肥皂水和清水彻底冲洗。就医。

食入：漱口，饮水。就医。

灭火方法 消防人员须穿全身消防服，在上风向灭火。尽可能将容器从火场移至空旷处。喷水保持火场容器冷却，直至灭火结束。

灭火剂：雾状水、泡沫、二氧化碳、干粉、沙土。

668. N-(4-叔丁基苄基)-4-氯-3-乙基-1-甲基吡唑-5-甲酰胺

标识

中文名称 N-(4-叔丁基苄基)-4-氯-3-乙基-1-甲基吡唑-5-甲酰胺

英文名称 N-(4-t-Butyl benzyl)-4-chloro-3-ethyl-1-methyl pyrazole-5-carboxamide；Tebufenpyrad

别名 吡螨胺

分子式 $C_{18}H_{24}ClN_3O$

CAS号 119168-77-3

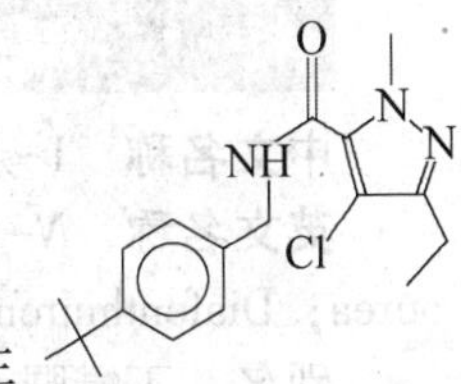

危害信息

燃烧与爆炸危险性 可燃，遇明火、高热可能引起燃烧，燃烧产生有毒和腐蚀性的烟气。

禁忌物 强氧化剂。

毒性 大鼠经口 LD_{50}：595mg/kg；小鼠经口 LD_{50}：224mg/kg；大鼠吸入 LC_{50}：2660mg/m^3；大鼠经皮 LD_{50}：>2g/kg。

中毒表现 食入或吸入有害。对眼有刺激性。对皮肤有致敏性。

侵入途径 吸入、食入、经皮吸收。

环境危害 对水生生物有极高毒性，可能在水生环境中造成长期不利影响。

理化特性与用途

理化特性 无色或灰白色结晶。不溶于水，溶于丙酮、甲醇、氯仿、乙腈、己烷、苯。熔点 61~62℃，相对密度(水=1)1.0214，辛醇/水分配系数 4.61。

主要用途 杀螨剂。用于果树防治多种螨类。

包装与储运

包装标志 杂项

包装类别 Ⅲ类

安全储运 储存于阴凉、通风的库房。远离火种、热源。保持容器密闭。应与强氧化剂等隔离储运 。搬运时轻装轻卸，防止容器受损。

紧急处置信息

急救措施

吸入：迅速脱离现场至空气新鲜处。保持呼吸道通畅。如呼吸困难，给输氧。呼吸、心跳停止，立即进行心肺复苏术。就医。

眼睛接触：立即分开眼睑，用流动清水或生理盐水彻底冲洗。就医。

皮肤接触：立即脱去污染的衣着，用流动清水彻底冲洗。就医。

食入：漱口，饮水。就医。

灭火方法 消防人员须穿全身消防服，佩戴正压自给式呼吸器，在上风向灭火。尽可能将容器从火场移至空旷处。喷水保持火场容器冷却，直至灭火结束。

灭火剂：雾状水、泡沫、二氧化碳、干粉、沙土。

泄漏应急处置 隔离泄漏污染区，限制出入。消除所有点火源。建议应急处理人员戴防毒面具，穿防毒服。尽可能切断泄漏源。用塑料布覆盖泄漏物，减少飞散。勿使水进入包装容器内。用洁净的铲子收集泄漏物，置于干净、干燥、盖子较松的容器中，将容器移离泄漏区。

669. 1-叔丁基-3-(2,6-二异丙基-4-苯氧基苯基)硫脲

标　识

中文名称 1-叔丁基-3-(2,6-二异丙基-4-苯氧基苯基)硫脲

英文名称 *N*-(2,6-Bis(1-methylethyl)-4-phenoxyphenyl)-*N′*-(1,1- dimethylethyl) thiourea；Diafenthiuron；1-*t*-Butyl-3-(2,6-diisopropyl-4-phenoxy phenyl) thiourea

别名 丁醚脲

分子式 $C_{23}H_{32}N_2OS$

CAS 号 80060-09-9

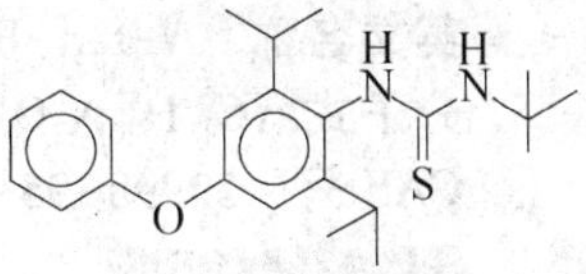

危害信息

危险性类别 第 6 类 有毒品

燃烧与爆炸危险性 不燃。受高热分解产生有毒的氮氧化物和硫氧化物等气体。

禁忌物 强氧化剂。

毒性 大鼠经口 LD_{50}：2068mg/kg；558mg/m^3(14h)；大鼠经皮 LD_{50}：>2g/kg。

侵入途径 吸入、食入、经皮吸收。

环境危害 对水生生物有极高毒性，可能在水生环境中造成长期不利影响。

理化特性与用途

理化特性 白色粉末。不溶于水，溶于丙酮、环己酮、二氯甲烷、甲苯、二甲苯等。熔点 145.8℃，辛醇/水分配系数 6。

主要用途 杀虫、杀螨剂。广泛用于棉花、果树、茶树防治蚜虫、叶蝉和粉虱。

包装与储运

包装标志 有毒品

包装类别 Ⅱ类

安全储运 储存于阴凉、通风的库房。远离火种、热源。储存温度不超过 32℃，相对湿度不超过 85%。保持容器密封。应与强氧化剂、强碱等隔离储运。搬运时轻装轻卸，防止容器受损。

紧急处置信息

急救措施

吸入： 迅速脱离现场至空气新鲜处。保持呼吸道通畅。如呼吸困难，给输氧。呼吸、心跳停止，立即进行心肺复苏术。就医。

眼睛接触： 立即分开眼睑，用流动清水或生理盐水彻底冲洗。就医。

皮肤接触： 立即脱去污染的衣着，用流动清水彻底冲洗。就医。

食入： 漱口，饮水。就医。

灭火方法 消防人员须穿全身消防服，佩戴正压自给式呼吸器，在上风向灭火。尽可能将容器从火场移至空旷处。喷水保持火场容器冷却，直至灭火结束。

灭火剂：雾状水、泡沫、二氧化碳、干粉、沙土。

泄漏应急处置 隔离泄漏污染区，限制出入。消除所有点火源。建议应急处理人员戴防尘口罩，穿防毒服。穿上适当的防护服前严禁接触破裂的容器和泄漏物。尽可能切断泄漏源。用塑料布覆盖泄漏物，减少飞散。勿使水进入包装容器内。用洁净的铲子收集泄漏物，置于干净、干燥、盖子较松的容器中，将容器移离泄漏区。

670. *N*-(叔丁基)-3-甲基吡啶-2-酰胺

标　识

中文名称 *N*-(叔丁基)-3-甲基吡啶-2-酰胺

英文名称 *N*-tert-Butyl-3-methylpicolinamide

分子式 $C_{11}H_{16}N_2O$

CAS 号 32998-95-1

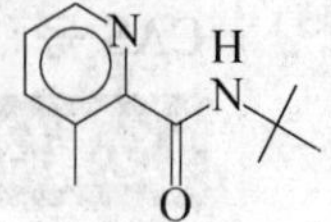

危害信息

燃烧与爆炸危险性 遇明火高热可能引起燃烧，燃烧或受高热分解产生有毒的烟气。

禁忌物 强氧化剂、强酸。

侵入途径 吸入、食入。

环境危害 对水生生物有害，可能在水生环境中造成长期不利影响。

理化特性与用途

理化特性 固体。微溶于水。熔点 56~58℃，沸点 333℃，相对密度(水=1)1.018，饱和蒸气压 0.02Pa(25℃)，辛醇/水分配系数 1.47，闪点 156℃。

主要用途 用作生化试剂、医药中间体。

包装与储运

安全储运 储存于阴凉、通风的库房。远离火种、热源。保持容器密闭。应与强氧化剂、强碱、酸类等隔离储运。

紧急处置信息

急救措施

吸入：脱离接触。如有不适感，就医。

眼睛接触：分开眼睑，用流动清水或生理盐水冲洗。如有不适感，就医。

皮肤接触：脱去污染的衣着，用肥皂水和清水冲洗。如有不适感，就医。

食入：漱口，饮水。就医。

灭火方法 消防人员须穿全身消防服，佩戴正压自给式呼吸器，在上风向灭火。尽可能将容器从火场移至空旷处。喷水保持火场容器冷却，直至灭火结束。

灭火剂：雾状水、抗溶性泡沫、二氧化碳、干粉、沙土。

泄漏应急处置 隔离泄漏污染区，限制出入。消除所有点火源。建议应急处理人员戴防尘口罩，穿防毒服。穿上适当的防护服前严禁接触破裂的容器和泄漏物。尽可能切断泄漏源。用塑料布覆盖泄漏物，减少飞散。勿使水进入包装容器内。用洁净的铲子收集泄漏物，置于干净、干燥、盖子较松的容器中，将容器移离泄漏区。

671. 叔丁基三氯硅烷

标　识

中文名称 叔丁基三氯硅烷

英文名称 tert-Butyltrichlorosilane；Silane，trichloro(1,1-dimethylethyl)-

别名 三氯(1，1-二甲基乙基)硅烷

分子式 $C_4H_9Cl_3Si$

CAS 号 18171-74-9
铁危编号 81133

$$(CH_3)_3C-SiCl_3$$

危害信息

危险性类别 第 8 类 腐蚀品

燃烧与爆炸危险性 易燃固体，遇明火、高热易燃。与氧化剂接触猛烈反应。遇水或水蒸气发生剧烈反应释出有刺激性和腐蚀性的氯化氢烟雾。遇潮时对大多数金属有强腐蚀性。

活性反应 与氧化剂接触发生猛烈反应。遇水或水蒸气发生剧烈反应。

禁忌物 强氧化剂、酸类、强碱、酸酐。

中毒表现 氯硅烷类单体对眼、上呼吸道黏膜有强烈刺激性。局部可出现充血、水肿，甚至坏死。长时间接触高浓度，可引起支气管炎、肺充血和肺水肿。可致眼和皮肤灼伤。

侵入途径 吸入、食入、经皮吸收。

理化特性与用途

理化特性 白色结晶，有刺激性气味。不溶于水，溶于苯、乙醚等多数有机溶剂。熔点 98℃，沸点 132 ~ 134℃，相对密度（水 = 1）1.16，相对蒸气密度（空气 = 1）6.4，闪点 40℃。

主要用途 用于制造硅酮树脂和含硅的化合物。

包装与储运

包装标志 腐蚀品,有毒品

包装类别 Ⅱ类

安全储运 储存于阴凉、干燥、通风的库房。远离火种、热源。储存温度不超过 30℃，相对湿度不超过 75%。保持容器密封。应与强氧化剂、强碱等隔离储运。搬运时轻装轻卸，防止容器受损。

紧急处置信息

急救措施

吸入：迅速脱离现场至空气新鲜处。保持呼吸道通畅。如呼吸困难，给输氧。呼吸、心跳停止，立即进行心肺复苏术。就医。

眼睛接触：立即分开眼睑，用流动清水或生理盐水彻底冲洗 10~15min。就医。

皮肤接触：立即脱去污染的衣着，用大量流动清水彻底冲洗，冲洗时间一般要求 20~30min。就医。

食入：用水漱口，禁止催吐。给饮牛奶或蛋清。就医。

灭火方法 消防人员必须佩戴正压自给式呼吸器，穿全身防毒消防服，在上风向灭火。尽可能将容器从火场移至空旷处。喷水保持火场容器冷却，直至灭火结束。禁止用水和泡沫灭火。

灭火剂：干粉、二氧化碳、沙土。

泄漏应急处置 隔离泄漏污染区，限制出入。消除所有点火源。建议应急处理人员戴防尘口罩，穿防腐蚀、防毒服。穿上适当的防护服前严禁接触破裂的容器和泄漏物。尽可能切断泄漏源。用塑料布覆盖泄漏物，减少飞散。勿使水进入包装容器内。用洁净的铲子收集泄漏物，置于干净、干燥、盖子较松的容器中，将容器移离泄漏区。

672. (S)-N-叔丁基-1,2,3,4-四氢异喹啉-3-甲酰胺

标　识

中文名称　(S)-N-叔丁基-1,2,3,4-四氢异喹啉-3-甲酰胺

英文名称　(S)-N-tert-Butyl-1,2,3,4-tetrahydro-3-isoquinolinecarboxamide

别名　(S)-1，2，3，4-四氢异喹啉-3-羧丁酰胺

分子式　$C_{14}H_{20}N_2O$

CAS 号　149182-72-9

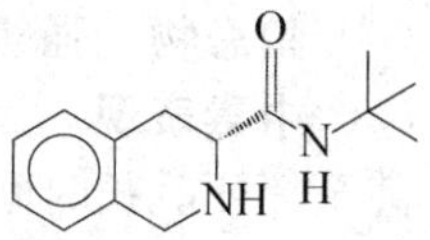

危害信息

燃烧与爆炸危险性　可燃，遇明火高热可能引起燃烧。燃烧或受高热分解产生有毒的氮氧化物气体。

禁忌物　强氧化剂。

中毒表现　食入有害。

侵入途径　吸入、食入。

环境危害　对水生生物有害，可能在水生环境中造成长期不利影响。

理化特性与用途

理化特性　白色结晶粉末。微溶于水。熔点 98~99℃，沸点 427℃，相对密度(水=1) 1.049，饱和蒸气压 0.02mPa(25℃)，辛醇/水分配系数 1.18，闪点 167℃。

主要用途　药物中间体，用于合成沙坦联苯、氟虫胺等药物。

包装与储运

安全储运　储存于阴凉、通风的库房。远离火种、热源。保持容器密闭。应与强氧化剂等隔离储运 。搬运时轻装轻卸，防止容器受损。

紧急处置信息

急救措施

吸入：迅速脱离现场至空气新鲜处。保持呼吸道通畅。如呼吸困难，给输氧。呼吸、心跳停止，立即进行心肺复苏术。就医。

眼睛接触：立即分开眼睑，用流动清水或生理盐水彻底冲洗。就医。

皮肤接触：立即脱去污染的衣着，用肥皂水和清水彻底冲洗。就医。

食入：漱口，饮水。就医。

灭火方法　消防人员须穿全身消防服，佩戴正压自给式呼吸器，在上风向灭火。尽可能将容器从火场移至空旷处。喷水保持火场容器冷却，直至灭火结束。

灭火剂：雾状水、泡沫、二氧化碳、干粉、沙土。

泄漏应急处置　隔离泄漏污染区，限制出入。消除所有点火源。建议应急处理人员戴防尘口罩，穿防毒服。穿上适当的防护服前严禁接触破裂的容器和泄漏物。尽可能切断泄漏源。用塑料布覆盖泄漏物，减少飞散。勿使水进入包装容器内。用洁净的铲子收集泄漏物，置于干净、干燥、盖子较松的容器中，将容器移离泄漏区。

673. N-叔丁基-N′-(4-乙基苯甲酰基)-3,5-二甲基苯甲酰肼

标　识

中文名称　N-叔丁基-N′-(4-乙基苯甲酰基)-3,5-二甲基苯甲酰肼

英文名称　N-tert-Butyl-N′-(4-ethylbenzoyl)-3,5-dimethylbenzohydrazide；Tebufenozide

别名　虫酰肼

分子式　$C_{22}H_{28}N_2O_2$

CAS 号　112410-23-8

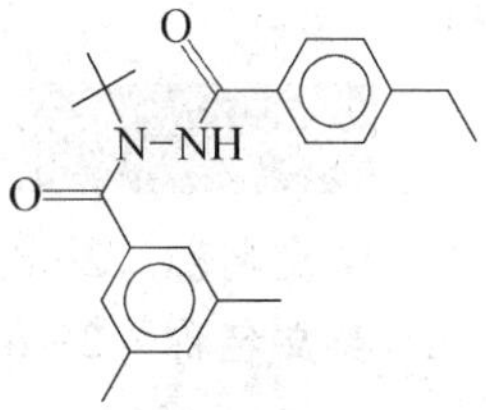

危害信息

燃烧与爆炸危险性　遇明火高热引起燃烧。燃烧或受高热分解产生有毒的氮氧化物。

禁忌物　强氧化剂。

毒性　大鼠经口 LD_{50}：>5000mg/kg；大鼠吸入 LC_{50}：>4.5g/m^3(4h)；大鼠经皮 LD_{50}：5000mg/kg。

侵入途径　吸入、食入、经皮吸收。

环境危害　对水生生物有毒，可能在水生环境中造成长期不利影响。

理化特性与用途

理化特性　灰白色粉末。不溶于水，微溶于有机溶剂。熔点 191℃，相对密度(水=1) 1.03，辛醇/水分配系数 4.25 。

主要用途　杀虫剂。用于防治水稻、果树、蔬菜的鳞翅目害虫。

包装与储运

包装标志　杂项

包装类别　Ⅲ类

安全储运　储存于阴凉、通风的库房。远离火种、热源。保持容器密闭。应与强氧化剂等隔离储运 。搬运时轻装轻卸，防止容器受损。

紧急处置信息

急救措施

吸入：迅速脱离现场至空气新鲜处。保持呼吸道通畅。如呼吸困难，给输氧。呼吸、心跳停止，立即进行心肺复苏术。就医。

眼睛接触：立即分开眼睑，用流动清水或生理盐水彻底冲洗。就医。

皮肤接触：立即脱去污染的衣着，用肥皂水和清水彻底冲洗。就医。

食入：漱口，饮水。就医。

灭火方法　消防人员须穿全身消防服，佩戴正压自给式呼吸器，在上风向灭火。尽可

能将容器从火场移至空旷处。喷水保持火场容器冷却，直至灭火结束。

灭火剂：雾状水、泡沫、二氧化碳、干粉、沙土。

泄漏应急处置 隔离泄漏污染区，限制出入。消除所有点火源。建议应急处理人员戴防毒面具,穿防毒服。尽可能切断泄漏源。用塑料布覆盖泄漏物，减少飞散。勿使水进入包装容器内。用洁净的铲子收集泄漏物，置于干净、干燥、盖子较松的容器中，将容器移离泄漏区。

674. 2-叔丁亚氨基-3-异丙基-5-苯基-4H-1,3,5-噻二嗪-4-酮

标识

中文名称 2-叔丁亚氨基-3-异丙基-5-苯基-4H-1，3，5-噻二嗪-4-酮

英文名称 2 - tert - Butylimino - 3 - isopropyl - 5 - phenyl - 4H - 1 , 3 , 5 - thia diazine - 4 - one；Buprofezin

别名 噻嗪酮；扑虱灵

分子式 $C_{16}H_{23}N_3OS$

CAS 号 69327-76-0

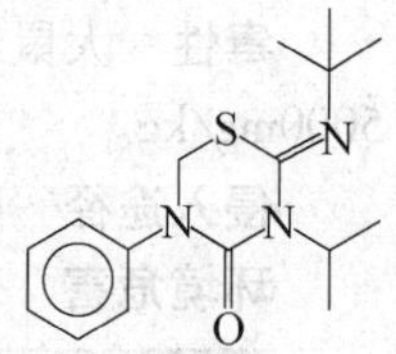

危害信息

燃烧与爆炸危险性 遇明火高热可燃。燃烧或受高热分解产生有毒的氮氧化物和硫氧化物。

禁忌物 强氧化剂。

毒性 大鼠经口 LD_{50}：2198mg/kg；小鼠经口 LD_{50}：>5g/kg；大鼠经皮 LD_{50}：>5g/kg。

中毒表现 食入、吸入、经皮接触本品有害。过量摄入本品可引起情绪低落、轻度肌群失调和腹胀。对眼睛有中度刺激性，对皮肤有轻度刺激性。

侵入途径 吸入、食入、经皮吸收。

环境危害 对水生生物有极高毒性，可能在水生环境中造成长期不利影响。

理化特性与用途

理化特性 纯品为白色结晶，工业品为白色至淡黄色结晶粉末。不溶于水，溶于氯仿、苯、甲苯、丙酮。熔点 105℃，相对密度(水=1)1. 18，饱和蒸气压 1. 25mPa(25℃)，辛醇/水分配系数 4. 3 。

主要用途 杀虫杀螨剂。用于棉花、柑橘、马铃薯、蔬菜等作物防治鞘翅目、半翅目等害虫。

包装与储运

包装标志 杂项

包装类别 Ⅲ类

安全储运 储存于阴凉、通风的库房。远离火种、热源。保持容器密闭。应与强氧化

剂等隔离储运。搬运时轻装轻卸，防止容器受损。

紧急处置信息

急救措施

吸入：迅速脱离现场至空气新鲜处。保持呼吸道通畅。如呼吸困难，给输氧。呼吸、心跳停止，立即进行心肺复苏术。就医。

眼睛接触：立即分开眼睑，用流动清水或生理盐水彻底冲洗。就医。

皮肤接触：立即脱去污染的衣着，用肥皂水和清水彻底冲洗。就医。

食入：漱口，饮水。就医。

灭火方法 消防人员须穿全身消防服，佩戴正压自给式呼吸器，在上风向灭火。尽可能将容器从火场移至空旷处。喷水保持火场容器冷却，直至灭火结束。

灭火剂：雾状水、泡沫、二氧化碳、干粉、沙土。

泄漏应急处置 隔离泄漏污染区，限制出入。消除所有点火源。建议应急处理人员戴防尘口罩，穿防毒服。穿上适当的防护服前严禁接触破裂的容器和泄漏物。尽可能切断泄漏源。用塑料布覆盖泄漏物，减少飞散。勿使水进入包装容器内。用洁净的铲子收集泄漏物，置于干净、干燥、盖子较松的容器中，将容器移离泄漏区。

675. 叔辛胺

标 识

中文名称 叔辛胺

英文名称 tert-Octylamine；1，1，3，3-Tetramethylbutylamine

别名 1,1,3,3-四甲基丁胺

分子式 $C_8H_{19}N$

CAS 号 107-45-9

铁危编号 32121

NH_2

危害信息

危险性类别 第 3 类 易燃液体

燃烧与爆炸危险性 易燃。其蒸气与空气混合，能形成爆炸性混合物，遇明火、高热能引起燃烧爆炸。与氧化剂可发生反应。蒸气比空气重，能在较低处扩散到相当远的地方，遇火源会着火回燃和爆炸(闪爆)。若遇高热，容器内压增大，有开裂和爆炸的危险。燃烧或受热分解产生有毒或腐蚀性烟气。

活性反应 与氧化剂可发生反应。

禁忌物 强氧化剂、酸类、酰基氯、酸酐。

毒性 大鼠经口 LD_{50}：218mg/kg；兔经皮 LD_{50}：>3000mg/kg。

中毒表现 对皮肤、眼睛有刺激作用；吸入引起面部潮红、恶心、眩晕、头痛、支气管炎，亦可出现精神错乱、神志不清，偶见惊厥；摄入引起恶心、呕吐甚或呕血以及精神症状。

侵入途径 吸入、食入、经皮吸收。

理化特性与用途

理化特性　无色透明液体，有氨的气味。不溶于水，溶于多数有机溶剂。熔点-67℃，沸点 137~143℃，相对密度(水=1)0.805，相对蒸气密度(空气=1)4.46，饱和蒸气压 1.33kPa(25℃)，辛醇/水分配系数 2.32，闪点 32℃。

主要用途　用作橡胶促进剂、杀虫剂及染料、药物制造的中间体。

包装与储运

包装标志　易燃液体,腐蚀品。

包装类别　Ⅱ类

安全储运　储存于阴凉、通风的库房。库温不宜超过 37℃。远离火种、热源。保持容器密闭。应与氧化剂、酸类等等隔离储运。采用防爆型照明、通风设施。禁止使用易产生火花的机械设备和工具。灌装时注意控制流速，防止静电积聚。搬运时轻装轻卸，防止容器受损。

紧急处置信息

急救措施

吸入：迅速脱离现场至空气新鲜处。保持呼吸道通畅。如呼吸困难，给输氧。呼吸、心跳停止，立即进行心肺复苏术。就医。

眼睛接触：立即分开眼睑，用流动清水或生理盐水彻底冲洗 10~15min。就医。

皮肤接触：立即脱去污染的衣着，用大量流动清水彻底冲洗，冲洗时间一般要求 20~30min。就医。

食入：用水漱口，禁止催吐。给饮牛奶或蛋清。就医。

灭火方法　消防人员须佩戴正压自给式呼吸器，穿全身消防服，在上风向灭火。尽可能将容器从火场移至空旷处。喷水保持火场容器冷却，直至灭火结束。处在火场中的容器若已变色或从安全泄压装置中发出声音，必须马上撤离。

灭火剂：雾状水、泡沫、干粉、二氧化碳、沙土。

泄漏应急处置　消除所有点火源。根据液体流动和蒸气扩散的影响区域划定警戒区，无关人员从侧风、上风向撤离至安全区。建议应急处理人员戴正压自给式呼吸器，穿防静电、防腐蚀、防毒服。作业时使用的所有设备应接地。禁止接触或跨越泄漏物。尽可能切断泄漏源。防止泄漏物进入水体、下水道、地下室或有限空间。小量泄漏：用沙土或其他不燃材料吸收。使用洁净的无火花工具收集吸收材料。大量泄漏：构筑围堤或挖坑收容。用泡沫覆盖，减少蒸发。喷水雾能减少蒸发，但不能降低泄漏物在有限空间内的易燃性。用防爆、耐腐蚀泵转移至槽车或专用收集器内。

676. 树脂酸铝

标　识

中文名称　树脂酸铝

英文名称　Aluminum resinate；Resin acids and Rosin acids，aluminum salts

别名　松香酸铝

分子式 $C_{60}H_{87}O_6 \cdot Al$

CAS 号 61789-65-9

铁危编号 41542

UN 号 2715

危害信息

危险性类别 第 4.1 类 易燃固体

燃烧与爆炸危险性 易燃。其粉体或锯削等易引起爆炸或燃烧。燃烧或受热易分解放出有毒或刺激性烟雾。

禁忌物 强氧化剂。

侵入途径 吸入、食入。

理化特性与用途

理化特性 褐色至银灰色结晶。不溶于水。

主要用途 用作油漆的干燥剂。

包装与储运

包装标志 易燃固体

包装类别 Ⅲ类

安全储运 储存于阴凉、通风的库房。远离火种、热源。储存温度不超过 35℃。保持容器密封。禁止使用易产生火花的机械设备和工具。应与强氧化剂等隔离储运。搬运时轻装轻卸，防止容器受损。

紧急处置信息

急救措施

吸入：脱离接触。如有不适感，就医。

眼睛接触：分开眼睑，用流动清水或生理盐水冲洗。如有不适感，就医。

皮肤接触：脱去污染的衣着，用肥皂水和清水冲洗。如有不适感，就医。

食入：漱口，饮水。就医。

灭火方法 消防人员须穿全身消防服，佩戴空气呼吸器，在上风向灭火。尽可能将容器从火场移至空旷处。喷水保持火场容器冷却，直至灭火结束。

灭火剂：雾状水、泡沫、二氧化碳、干粉、沙土。

泄漏应急处置 隔离泄漏污染区，限制出入。消除所有点火源。建议应急处理人员戴防尘口罩，穿防护服。禁止接触或跨越泄漏物。用洁净的无火花工具收集泄漏物，置于干净、干燥、盖子较松的容器中，将容器移离泄漏区。

677. 树脂酸锰

标 识

中文名称 树脂酸锰

英文名称 Manganese resinate；Resin acids and Rosin acids，manganese salts

别名 树脂酸和松香酸锰盐

CAS 号 9008-34-8

铁危编号 41543

UN 号 1330

危害信息

危险性类别 第 4.1 类 易燃固体

燃烧与爆炸危险性 易燃。其粉体或锯削等易引起爆炸或燃烧。燃烧或受热易分解放出有毒或刺激性烟雾 在高温火场中，受热的容器或储罐有破裂和爆炸的危险。

禁忌物 强氧化剂。

侵入途径 吸入、食入。

理化特性与用途

理化特性 深棕色至黑色固体块状物或浅茶色粉末。不溶于水。

主要用途 用于降低沥青在室温下的黏度。

包装与储运

包装标志 易燃固体

包装类别 Ⅲ类

安全储运 储存于阴凉、通风的库房。远离火种、热源。储存温度不超过 35℃。保持容器密封。禁止使用易产生火花的机械设备和工具。应与强氧化剂等隔离储运。

紧急处置信息

急救措施

吸入：脱离接触。如有不适感，就医。

眼睛接触：分开眼睑，用流动清水或生理盐水冲洗。如有不适感，就医。

皮肤接触：脱去污染的衣着，用肥皂水和清水冲洗。如有不适感，就医。

食入：漱口，饮水。就医。

灭火方法 消防人员须穿全身消防服，佩戴正压自给式呼吸器，在上风向灭火。尽可能将容器从火场移至空旷处。喷水保持火场容器冷却，直至灭火结束。

灭火剂：雾状水、泡沫、二氧化碳、干粉、沙土。

泄漏应急处置 隔离泄漏污染区，限制出入。建议应急处理人员戴防尘口罩，穿一般作业防护服。尽可能切断泄漏源。用塑料布覆盖泄漏物，减少飞散。用洁净的无火花工具收集泄漏物，置于干净、干燥、盖子较松的容器中，将容器移离泄漏区。

678. 树脂酸锌

标　识

中文名称 树脂酸锌

英文名称 Resin acids and Rosin acids, zinc salts ; Zinc resinate

别名 树脂酸与松香酸锌盐

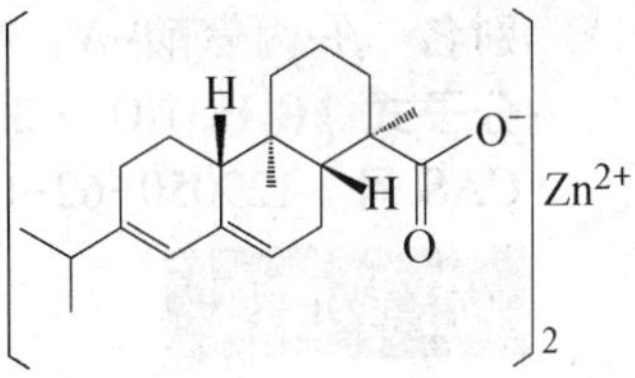

分子式 $C_{40}H_{58}O_4Zn$
CAS 号 9010-69-9
铁危编号 41545
UN 号 2714

危害信息

危险性类别 第 4.1 类 易燃固体

燃烧与爆炸危险性 易燃。其粉体或锯削等易引起爆炸或燃烧。燃烧或受热易分解放出有毒或刺激性烟雾在高温火场中，受热的容器有破裂和爆炸的危险。

禁忌物 强氧化剂。

侵入途径 吸入、食入。

理化特性与用途

理化特性 无色至琥珀色固体。不溶于水。

主要用途 用作涂料催干剂，用作润湿剂，也是压敏胶和热熔胶的成分。

包装与储运

包装标志 易燃固体

包装类别 Ⅲ类

安全储运 储存于阴凉、通风的库房。远离火种、热源。储存温度不超过 35℃。保持容器密封。禁止使用易产生火花的机械设备和工具。应与强氧化剂等隔离储运。

紧急处置信息

急救措施

吸入：脱离接触。如有不适感，就医。

眼睛接触：分开眼睑，用流动清水或生理盐水冲洗。如有不适感，就医。

皮肤接触：脱去污染的衣着，用肥皂水和清水冲洗。如有不适感，就医。

食入：漱口，饮水。就医。

灭火方法 消防人员须穿全身消防服，佩戴正压自给式呼吸器，在上风向灭火。尽可能将容器从火场移至空旷处。喷水保持火场容器冷却，直至灭火结束。

灭火剂：雾状水、泡沫、二氧化碳、干粉、沙土。

泄漏应急处置 隔离泄漏污染区，限制出入。建议应急处理人员戴防尘口罩，穿一般作业防护服。尽可能切断泄漏源。用塑料布覆盖泄漏物，减少飞散。用洁净的无火花工具收集泄漏物，置于干净、干燥、盖子较松的容器中，将容器移离泄漏区。

679. *N*,*N*-双(羧甲基)-*β*-氨基丙酸三钠盐

标　识

中文名称 *N*,*N*-双(羧甲基)-*β*-氨基丙酸三钠盐

英文名称 *β*-Alanine, *N*,*N*-bis(carboxymethyl)-, trisodium salt; *β*-Alanine, *N*,*N*-bis(carboxymethyl)-, sodium salt

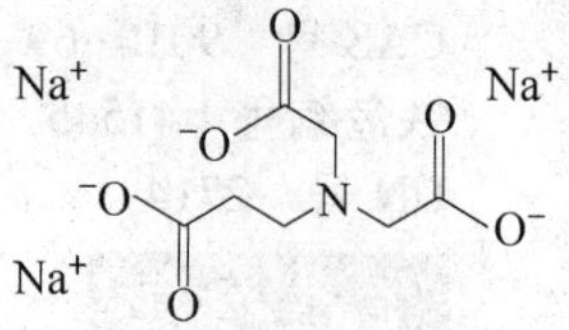

别名 β-丙氨酸-N，N-二乙酸三钠

分子式 $C_7H_{11}NO_6 \cdot 3Na$

CAS 号 129050-62-0

危害信息

危险性类别 第 8 类 腐蚀品

禁忌物 强氧化剂。

中毒表现 本品对眼和皮肤有腐蚀性。

侵入途径 吸入、食入。

环境危害 对水生生物有害，可能在水生环境中造成长期不利影响。

理化特性与用途

理化特性 医药原料。

包装与储运

包装标志 腐蚀品

包装类别 Ⅲ类

安全储运 储存于阴凉、通风的库房。远离火种、热源。储存温度不超过 30℃。保持容器密封。应与强氧化剂、强碱等隔离储运。搬运时轻装轻卸，防止容器受损。

紧急处置信息

急救措施

吸入：迅速脱离现场至空气新鲜处。保持呼吸道通畅。如呼吸困难，给输氧。呼吸、心跳停止，立即进行心肺复苏术。就医。

眼睛接触：立即分开眼睑，用流动清水或生理盐水彻底冲洗 10~15min。就医。

皮肤接触：立即脱去污染的衣着，用大量流动清水彻底冲洗，冲洗时间一般要求 20~30min。就医。

食入：用水漱口，禁止催吐。给饮牛奶或蛋清。就医。

泄漏应急处置 隔离泄漏污染区，限制出入。建议应急处理人员穿防静电防腐蚀服。尽可能切断泄漏源。用塑料布覆盖泄漏物，减少飞散。勿使水进入包装容器内。用洁净的铲子收集泄漏物，置于干净、干燥、盖子较松的容器中，将容器移离泄漏区。

680. 3,6-双(2-氯苯基)-1,2,4,5-四嗪

标 识

中文名称 3,6-双(2-氯苯基)-1,2,4,5-四嗪

英文名称 3,6-Bis(o-chlorophenyl)-1,2,4,5-tetrazine ; Clofentezine; 3,6-Bis(2-chlorophenyl)-1,2,4,5-tetrazine

别名 四螨嗪

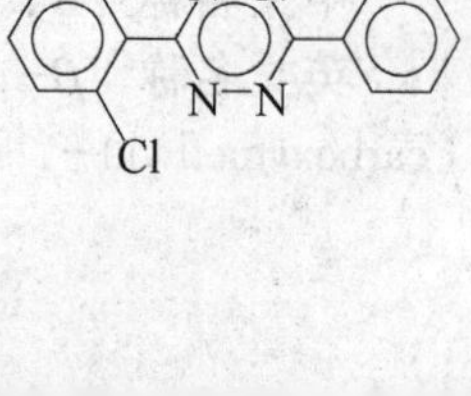

分子式 $C_{14}H_8Cl_2N_4$

CAS 号 74115-24-5

危害信息

燃烧与爆炸危险性 可燃，遇明火高热可引起燃烧。燃烧或受热分解产生有毒的氮氧化物和氯化氢等气体。

禁忌物 强氧化剂。

毒性 大鼠经口 LD_{50}：>3200mg/kg；小鼠经口 LD_{50}：>3200mg/kg；大鼠经皮 LD_{50}：>1332mg/kg。

侵入途径 吸入、食入、经皮吸收。

理化特性与用途

理化特性 白色结晶或洋红色粉末。不溶于水。微溶于丙酮、苯。熔点 182～185℃，相对密度(水=1)1.51，辛醇/水分配系数 3.1。

主要用途 杀螨剂。用于柑橘、棉花、观赏植物和一些蔬菜作物防治全爪螨等螨类。

包装与储运

安全储运 储存于阴凉、通风的库房。远离火种、热源。保持容器密闭。应与强氧化剂等隔离储运。搬运时轻装轻卸，防止容器受损。

紧急处置信息

急救措施

吸入：迅速脱离现场至空气新鲜处。保持呼吸道通畅。如呼吸困难，给输氧。呼吸、心跳停止，立即进行心肺复苏术。就医。

眼睛接触：立即分开眼睑，用流动清水或生理盐水彻底冲洗。就医。

皮肤接触：立即脱去污染的衣着，用肥皂水和清水彻底冲洗。就医。

食入：漱口，饮水。就医。

灭火方法 消防人员须穿全身消防服，佩戴正压自给式呼吸器，在上风向灭火。尽可能将容器从火场移至空旷处。喷水保持火场容器冷却，直至灭火结束。

灭火剂：雾状水、泡沫、二氧化碳、干粉、沙土。

泄漏应急处置 隔离泄漏污染区，限制出入。建议应急处理人员戴防尘口罩，穿防毒服。尽可能切断泄漏源。用塑料布覆盖泄漏物，减少飞散。勿使水进入包装容器内。用洁净的铲子收集泄漏物，置于干净、干燥、盖子较松的容器中，将容器移离泄漏区。

681. 双[2-(5-氯-4-硝基-2-氧苯偶氮基)-5-磺基-1-萘酚基]铬酸三钠

标 识

中文名称 双[2-(5-氯-4-硝基-2-氧苯偶氮基)-5-磺基-1-萘酚基]铬酸三钠

英文名称 Trisodium bis[2-(5-chloro-4-nitro-2-oxidophenylazo)-5-sulphonato-1-naphtholato]chromate(1-)；Acid Blue 349

分子式 $C_{32}H_{14}Cl_2CrN_6O_{14}S_2 \cdot 3Na$

CAS 号 93952-24-0

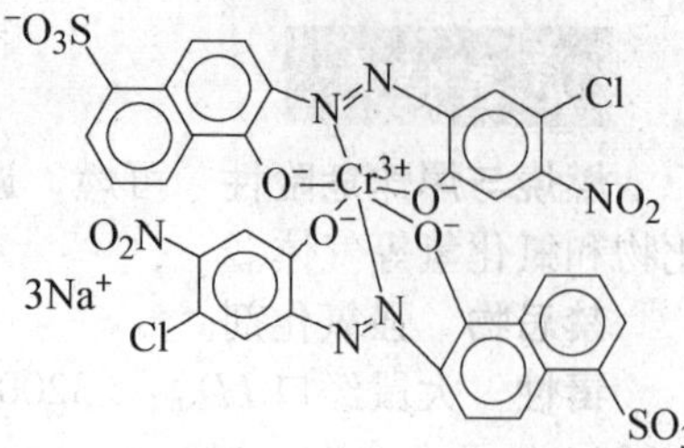

危害信息

禁忌物 强氧化剂。

中毒表现 眼接触可引起严重眼损害。

侵入途径 吸入、食入。

理化特性与用途

理化特性 用作染料和医药原料。

包装与储运

安全储运 储存于阴凉、通风的库房。远离火种、热源。保持容器密闭。应与强氧化剂等隔离储运 。搬运时轻装轻卸，防止容器受损。

紧急处置信息

急救措施

吸入： 迅速脱离现场至空气新鲜处。保持呼吸道通畅。如呼吸困难，给输氧。呼吸、心跳停止，立即进行心肺复苏术。就医。

眼睛接触： 立即分开眼睑，用流动清水或生理盐水彻底冲洗 10~15min。就医。

皮肤接触： 立即脱去污染的衣着，用流动清水彻底冲洗。就医。

食入： 漱口，饮水。就医。

泄漏应急处置 隔离泄漏污染区，限制出入。建议应急处理人员戴防尘口罩，穿防毒服。穿上适当的防护服前严禁接触破裂的容器和泄漏物。尽可能切断泄漏源。用塑料布覆盖泄漏物，减少飞散。勿使水进入包装容器内。用洁净的铲子收集泄漏物，置于干净、干燥、盖子较松的容器中，将容器移离泄漏区。

682. 双(氢化牛油烷基)二甲基氯化铵

标 识

中文名称 双(氢化牛油烷基)二甲基氯化铵

英文名称 Bis(hydrogenated tallow alkyl) dimethyl ammonium chloride; Quaternary ammonium compounds, bis(hydrogenated tallow alkyl)dimethyl, chlorides

分子式 $C_{38}H_{80}ClN(C_{18})$

CAS 号 61789-80-8

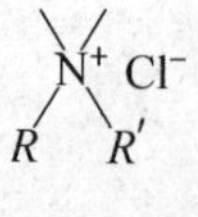

危害信息

燃烧与爆炸危险性 易燃，其蒸气与空气混合能形成爆炸性混合物，遇明火、高热极易燃烧或爆炸。在高温火场中，受热的容器或储罐有破裂和爆炸的危险 。受热分解产生有毒和腐蚀性烟气。

禁忌物 强氧化剂、强酸。

毒性 大鼠经口 LD_{50}：>9850mg/kg ；小鼠经口 LD_{50}：>576mg/kg。

侵入途径 吸入、食入、经皮吸收。

环境危害 对水生生物有极高毒性，可能在水生环境中造成长期不利影响。

理化特性与用途

理化特性 固体。不溶于水。熔点67℃，分解温度135℃，辛醇/水分配系数3.8。含15%异丙醇的本品的理化数据如下：无色至白色糊状物。溶于水。熔点30～45℃，沸点135℃(分解)，相对密度(水=1)0.87，饱和蒸气压17kPa(50℃)，辛醇/水分配系数3.8，闪点25℃(闭杯)，引燃温度385℃，爆炸下限2%，爆炸上限13%，pH值4～6(10g/L,20℃)。

主要用途 合成表面活性剂。

包装与储运

包装标志 杂项

包装类别 Ⅲ类

安全储运 储存于阴凉、通风的库房。远离火种、热源。保持容器密闭。应与强氧化剂等隔离储运。搬运时轻装轻卸，防止容器受损。

紧急处置信息

急救措施

吸入：迅速脱离现场至空气新鲜处。保持呼吸道通畅。如呼吸困难，给输氧。呼吸、心跳停止，立即进行心肺复苏术。就医。

眼睛接触：立即分开眼睑，用流动清水或生理盐水彻底冲洗。就医。

皮肤接触：立即脱去污染的衣着，用肥皂水和清水彻底冲洗。就医。

食入：漱口，饮水。就医。

灭火方法 消防人员须穿全身消防服，佩戴正压自给式呼吸器，在上风向灭火。尽可能将容器从火场移至空旷处。喷水保持火场容器冷却，直至灭火结束。

灭火剂：雾状水、泡沫、二氧化碳、干粉、沙土。

泄漏应急处置 隔离泄漏污染区，限制出入。消除所有点火源。建议应急处理人员戴防尘口罩，穿防毒服。穿上适当的防护服前严禁接触破裂的容器和泄漏物。尽可能切断泄漏源。用塑料布覆盖泄漏物，减少飞散。勿使水进入包装容器内。用洁净的铲子收集泄漏物，置于干净、干燥、盖子较松的容器中，将容器移离泄漏区。

683. 双(三丁基锡)-2,3-二溴丁二酸盐

标　识

中文名称 双(三丁基锡)-2,3-二溴丁二酸盐

英文名称 (*R*＊,*S*＊)-8,9-Dibromo-5,5,12,12-tetrabutyl-7,10-dioxo-6,11- dioxa-5,12-distannahexadecane；Bis(tributyl tin)-2,3- dibromosuccinate

分子式 $C_{28}H_{56}Br_2O_4Sn_2$

CAS号 31732-71-5

危害信息

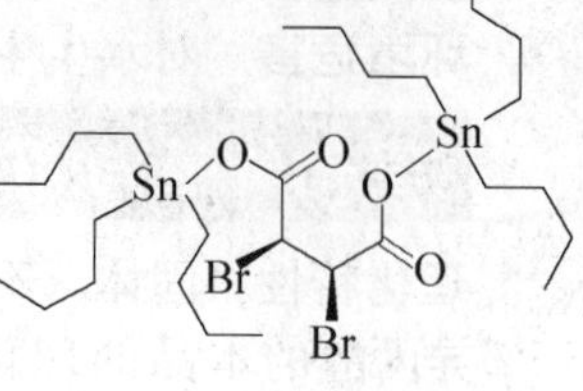

禁忌物 强氧化剂、强酸。

中毒表现 有机锡中毒的主要临床表现有：眼和鼻黏膜的刺激症状；中毒性神经衰弱综合征；重症出现中毒性脑病。溅入眼内引起结膜炎。可致变应性皮炎。摄入有机锡化合物可致中毒性脑水肿，可产生后遗症，如瘫痪、精神失常和智力障碍。

侵入途径 吸入、食入、经皮吸收。

职业接触限值 美国（ACGIH）：TLV－TWA 0.1mg/m^3，TLV－STEL 0.2mg/m^3［按 Sn 计］［皮］。

环境危害 对水生生物有极高毒性，可能在水生环境中造成长期不利影响。

理化特性与用途

理化特性 固体。

主要用途 用作制造船底防污涂料。

包装与储运

包装标志 杂项

包装类别 Ⅲ类

安全储运 储存于阴凉、通风的库房。远离火种、热源。保持容器密闭。应与强氧化剂等隔离储运 。搬运时轻装轻卸，防止容器受损。

紧急处置信息

急救措施

吸入：迅速脱离现场至空气新鲜处。保持呼吸道通畅。如呼吸困难，给输氧。呼吸、心跳停止，立即进行心肺复苏术。就医。

眼睛接触：立即分开眼睑，用流动清水或生理盐水彻底冲洗。就医。

皮肤接触：立即脱去污染的衣着，用肥皂水和清水彻底冲洗。就医。

食入：漱口，饮水。就医。

泄漏应急处置 隔离泄漏污染区，限制出入。建议应急处理人员戴防尘口罩，穿防毒服。穿上适当的防护服前严禁接触破裂的容器和泄漏物。尽可能切断泄漏源。用塑料布覆盖泄漏物，减少飞散。勿使水进入包装容器内。用洁净的铲子收集泄漏物，置于干净、干燥、盖子较松的容器中，将容器移离泄漏区。

684. 双（三丁基锡）反丁烯二酸盐

标　识

中文名称 双（三丁基锡）反丁烯二酸盐

英文名称 Bis（tributyl tin）fumarate；（*E*）－5，5，12，12－Tetrabutyl－7，10－dioxo－6，11－dioxa－5，12－ distannahexadec－8－ene

别名 双（三丁基锡）富马酸盐

分子式 $C_{28}H_{56}O_4Sn_2$

CAS 号 6454-35-9

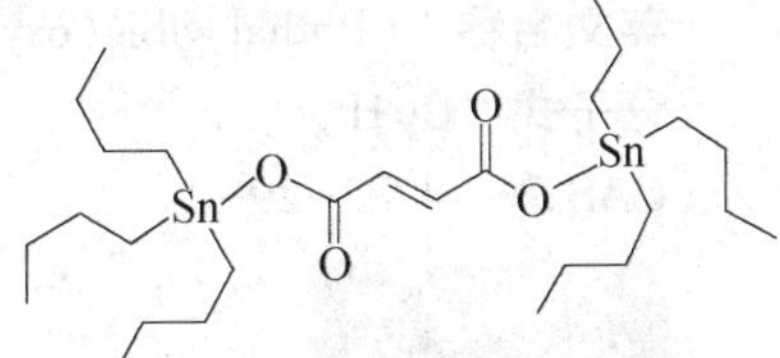

危害信息

禁忌物 强氧化剂、强酸。

中毒表现 有机锡中毒的主要临床表现有：眼和鼻黏膜的刺激症状；中毒性神经衰弱综合征；重症出现中毒性脑病。溅入眼内引起结膜炎。可致变应性皮炎。摄入有机锡化合物可致中毒性脑水肿，可产生后遗症，如瘫痪、精神失常和智力障碍。

侵入途径 吸入、食入、经皮吸收。

职业接触限值 美国（ACGIH）：TLV-TWA 0.1mg/m^3，TLV-STEL 0.2mg/m^3［按 Sn 计］［皮］。

环境危害 对水生生物有极高毒性，可能在水生环境中造成长期不利影响。

理化特性与用途

理化特性 液体或固体。

主要用途 用于颜料、涂料、阻燃剂、稳定剂等。

包装与储运

包装标志 杂项

包装类别 Ⅲ类

安全储运 储存于阴凉、通风的库房。远离火种、热源。保持容器密闭。应与强氧化剂等隔离储运 。搬运时轻装轻卸，防止容器受损。

紧急处置信息

急救措施

吸入：迅速脱离现场至空气新鲜处。保持呼吸道通畅。如呼吸困难，给输氧。呼吸、心跳停止，立即进行心肺复苏术。就医。

眼睛接触：立即分开眼睑，用流动清水或生理盐水彻底冲洗。就医。

皮肤接触：立即脱去污染的衣着，用肥皂水和清水彻底冲洗。就医。

食入：漱口，饮水。就医。

灭火方法 消防人员须穿全身消防服，佩戴正压自给式呼吸器，在上风向灭火。尽可能将容器从火场移至空旷处。喷水保持火场容器冷却，直至灭火结束。

灭火剂：雾状水、泡沫、二氧化碳、干粉、沙土。

泄漏应急处置 隔离泄漏污染区，限制出入。建议应急处理人员戴防尘口罩，穿防毒服，戴橡胶手套。尽可能切断泄漏源。禁止接触或跨越泄漏物。用塑料布覆盖泄漏物，减少飞散。勿使水进入包装容器内。用洁净的铲子收集泄漏物，置于干净、干燥、盖子较松的容器中，将容器移离泄漏区。

685. 双(三丁基锡)邻苯二甲酸盐

标　识

中文名称 双(三丁基锡)邻苯二甲酸盐

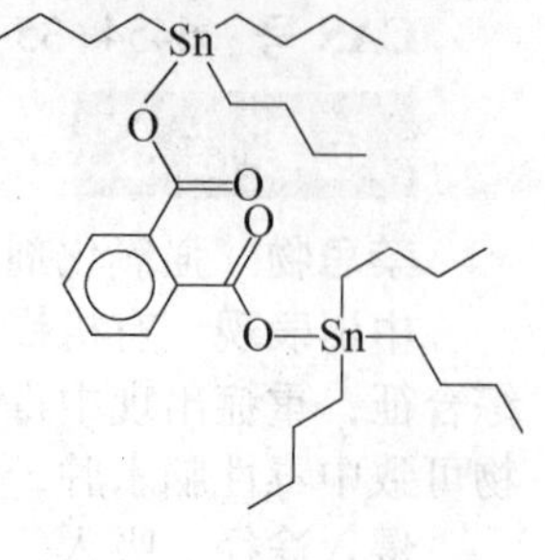

英文名称 (Phthaloylbis(oxy))bis(tributylstannane)；Bis(tributyl tin) phthalate

分子式 $C_{32}H_{58}O_4Sn_2$

CAS 号 4782-29-0

危害信息

禁忌物 强氧化剂、强酸。

中毒表现 有机锡中毒的主要临床表现有：眼和鼻黏膜的刺激症状；中毒性神经衰弱综合征；重症出现中毒性脑病。溅入眼内引起结膜炎。可致变应性皮炎。摄入有机锡化合物可致中毒性脑水肿，可产生后遗症，如瘫痪、精神失常和智力障碍。

侵入途径 吸入、食入、经皮吸收。

职业接触限值 美国（ACGIH）：TLV-TWA 0.1mg/m^3，TLV-STEL 0.2mg/m^3［按 Sn 计］［皮］。

环境危害 对水生生物有极高毒性，可能在水生环境中造成长期不利影响。

理化特性与用途

理化特性 固体。熔点 35~36℃。

主要用途 用于颜料、涂料、防锈剂等。

包装与储运

包装标志 杂项

包装类别 Ⅲ类

安全储运 储存于阴凉、通风的库房。远离火种、热源。保持容器密闭。应与强氧化剂等隔离储运。搬运时轻装轻卸，防止容器受损。

紧急处置信息

急救措施

吸入：迅速脱离现场至空气新鲜处。保持呼吸道通畅。如呼吸困难，给输氧。呼吸、心跳停止，立即进行心肺复苏术。就医。

眼睛接触：立即分开眼睑，用流动清水或生理盐水彻底冲洗。就医。

皮肤接触：立即脱去污染的衣着，用肥皂水和清水彻底冲洗。就医。

食入：漱口，饮水。就医。

灭火方法 消防人员须穿全身消防服，佩戴正压自给式呼吸器，在上风向灭火。尽可能将容器从火场移至空旷处。喷水保持火场容器冷却，直至灭火结束。

灭火剂：雾状水、泡沫、二氧化碳、干粉、沙土。

泄漏应急处置 隔离泄漏污染区，限制出入。建议应急处理人员戴防尘口罩，穿防毒服，戴橡胶手套。尽可能切断泄漏源。禁止接触或跨越泄漏物。用塑料布覆盖泄漏物，减少飞散。勿使水进入包装容器内。用洁净的铲子收集泄漏物，置于干净、干燥、盖子较松的容器中，将容器移离泄漏区。

686. 双(三丁基锡)顺丁烯二酸盐

标　识

中文名称　双(三丁基锡)顺丁烯二酸盐

英文名称　Bis(tributyl tin) maleate; Tributyltin maleate

分子式　$C_{28}H_{56}O_4Sn_2$

CAS 号　14275-57-1

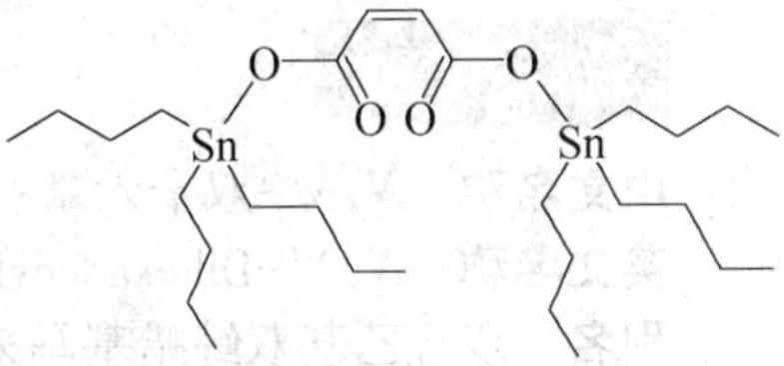

危害信息

燃烧与爆炸危险性　可燃。在高温火场中，受热的容器有破裂和爆炸的危险。

禁忌物　强氧化剂、强酸。

中毒表现　有机锡中毒的主要临床表现有：眼和鼻黏膜的刺激症状；中毒性神经衰弱综合征；重症出现中毒性脑病。溅入眼内引起结膜炎。可致变应性皮炎。摄入有机锡化合物可致中毒性脑水肿，可产生后遗症，如瘫痪、精神失常和智力障碍。

侵入途径　吸入、食入、经皮吸收。

职业接触限值　美国(ACGIH)：TLV-TWA 0.1mg/m^3，TLV-STEL 0.2mg/m^3[按 Sn 计][皮]。

环境危害　对水生生物有极高毒性，可能在水生环境中造成长期不利影响。

理化特性与用途

理化特性　液体或固体。

主要用途　用于制造海洋防污材料。

包装与储运

包装标志　杂项

包装类别　Ⅲ类

安全储运　储存于阴凉、通风的库房。远离火种、热源。保持容器密闭。应与强氧化剂等隔离储运。搬运时轻装轻卸，防止容器受损。

紧急处置信息

急救措施

吸入：迅速脱离现场至空气新鲜处。保持呼吸道通畅。如呼吸困难，给输氧。呼吸、心跳停止，立即进行心肺复苏术。就医。

眼睛接触：立即分开眼睑，用流动清水或生理盐水彻底冲洗。就医。

皮肤接触：立即脱去污染的衣着，用肥皂水和清水彻底冲洗。就医。

食入：漱口，饮水。就医。

灭火方法　消防人员须穿全身消防服，佩戴正压自给式呼吸器，在上风向灭火。尽可能将容器从火场移至空旷处。喷水保持火场容器冷却，直至灭火结束。

灭火剂：雾状水、泡沫、二氧化碳、干粉、沙土。

泄漏应急处置 隔离泄漏污染区，限制出入。建议应急处理人员戴防尘口罩，穿防毒服，戴橡胶手套。穿上适当的防护服前严禁接触破裂的容器和泄漏物。尽可能切断泄漏源。用塑料布覆盖，减少飞散、避免雨淋。用洁净的铲子收集泄漏物，置于干净、干燥、盖子较松的容器中，将容器移离泄漏区。

687. N,N′-双十六基-N,N′-二(2-羟乙基)丙二酰胺

标 识

中文名称 N,N′-双十六基-N,N′-二(2-羟乙基)丙二酰胺

英文名称 N,N′-Dihexadecyl-N,N′-bis(2-hydroxyethyl)propanediamide；Questamide H

别名 双羟乙基双鲸蜡基马来酰胺

分子式 $C_{39}H_{78}N_2O_4$

CAS 号 149591-38-8

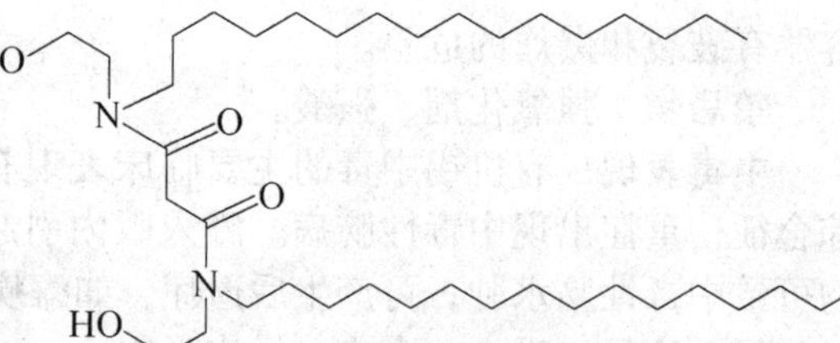

危害信息

禁忌物 强氧化剂

毒性 欧盟法规 1272/2008/EC 将本品列为第 2 类生殖毒物——可疑的人类生殖毒物。

中毒表现 本品对眼有刺激性。

侵入途径 吸入、食入。

环境危害 可能在水生环境中造成长期不利影响。

理化特性与用途

理化特性 乳白色蜡状粉体，略有甜味。熔点 71~77℃，相对密度(水=1)0.945。

主要用途 神经酰胺类似物，用于化妆品。

包装与储运

安全储运 储存于阴凉、通风的库房。远离火种、热源。保持容器密闭。应与强氧化剂等隔离储运 。搬运时轻装轻卸，防止容器受损。

紧急处置信息

急救措施

吸入：迅速脱离现场至空气新鲜处。保持呼吸道通畅。如呼吸困难，给输氧。呼吸、心跳停止，立即进行心肺复苏术。就医。

眼睛接触：立即分开眼睑，用流动清水或生理盐水彻底冲洗。就医。

皮肤接触：立即脱去污染的衣着，用肥皂水和清水彻底冲洗。就医。

食入：漱口，饮水。就医。

泄漏应急处置 隔离泄漏污染区，限制出入。消除所有点火源。建议应急处理人员戴防尘口罩，穿防毒服。穿上适当的防护服前严禁接触破裂的容器和泄漏物。尽可能切断泄漏源。用塑料布覆盖泄漏物，减少飞散。勿使水进入包装容器内。用洁净的铲子收集泄漏物，置于干净、干燥、盖子较松的容器中，将容器移离泄漏区。

688. *N*,*N'*-双(2,2,6,6-四甲基-4-哌啶基)-1,3-苯二甲酰胺

标　识

中文名称　*N*,*N'*-双(2,2,6,6-四甲基-4-哌啶基)-1,3-苯二甲酰胺

英文名称　*N*,*N'*-Bis(2,2,6,6-tetramethyl-4-piperidyl)isophthalamide

别名　受阻尼龙稳定剂

分子式　$C_{26}H_{42}N_4O_2$

CAS 号　42774-15-2

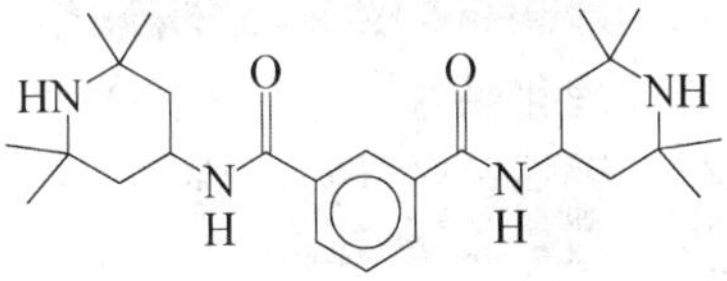

危害信息

禁忌物　强氧化剂、强酸。

中毒表现　食入有害。对眼有刺激性。

侵入途径　吸入、食入。

理化特性与用途

理化特性　白色结晶或结晶性粉末。不溶于水，溶于二甲基乙酰胺、乙酸。熔点 270~274℃，沸点 605.1℃，相对密度(水=1)1.09 。

主要用途　用作多功能聚酰胺添加剂。

包装与储运

安全储运　储存于阴凉、通风的库房。远离火种、热源。应与强氧化剂等隔离储运。

紧急处置信息

急救措施

吸入：迅速脱离现场至空气新鲜处。保持呼吸道通畅。如呼吸困难，给输氧。呼吸、心跳停止，立即进行心肺复苏术。就医。

眼睛接触：立即分开眼睑，用流动清水或生理盐水彻底冲洗。就医。

皮肤接触：立即脱去污染的衣着，用肥皂水和清水彻底冲洗。就医。

食入：漱口，饮水。就医。

泄漏应急处置　隔离泄漏污染区，限制出入。消除所有点火源。建议应急处理人员戴防尘口罩，穿一般作业工作服。尽可能切断泄漏源。用塑料布覆盖泄漏物，减少飞散。勿使水进入包装容器内。用洁净的铲子收集泄漏物，置于干净、干燥、盖子较松的容器中，将容器移离泄漏区。

689. 双(2,2,6,6-四甲基-4-哌啶基)丁二酸酯

标　识

中文名称　双(2,2,6,6-四甲基-4-哌啶基)丁二酸酯

英文名称 Bis(2,2,6,6-tetramethyl-4-piperidyl) succinate; Butanedioic acid, bis(2,2,6,6-tetramethyl-4-piperidinyl) ester

分子式 $C_{22}H_{40}N_2O_4$

CAS 号 62782-03-0

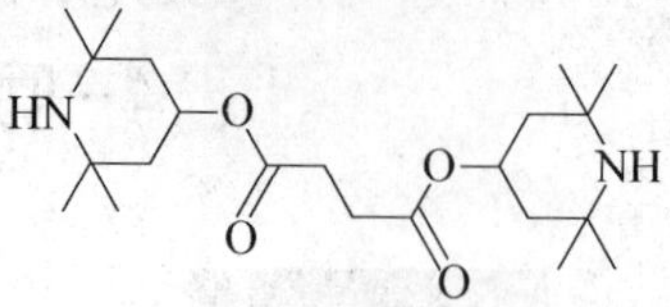

危害信息

禁忌物 强氧化剂。

中毒表现 对眼有刺激性。

侵入途径 吸入、食入。

理化特性与用途

理化特性 用作紫外光吸收剂，用于织物抗菌整理。

包装与储运

安全储运 储存于阴凉、通风的库房。远离火种、热源。保持容器密闭。应与强氧化剂等隔离储运 。搬运时轻装轻卸，防止容器受损。

紧急处置信息

急救措施

吸入：迅速脱离现场至空气新鲜处。保持呼吸道通畅。如呼吸困难，给输氧。呼吸、心跳停止，立即进行心肺复苏术。就医。

眼睛接触：立即分开眼睑，用流动清水或生理盐水彻底冲洗。就医。

皮肤接触：立即脱去污染的衣着，用肥皂水和清水彻底冲洗。就医。

食入：漱口，饮水。就医。

泄漏应急处置 隔离泄漏污染区，限制出入。建议应急处理人员戴防尘口罩，穿防毒服。穿上适当的防护服前严禁接触破裂的容器和泄漏物。尽可能切断泄漏源。用塑料布覆盖泄漏物，减少飞散。勿使水进入包装容器内。用洁净的铲子收集泄漏物，置于干净、干燥、盖子较松的容器中，将容器移离泄漏区。

690. 双乙磺酰丙烷

标　识

中文名称 双乙磺酰丙烷

英文名称 2,2-Bis(ethylsulfonyl); Sulfonmethane; Sulfonal propane

别名 乙丙二砜

分子式 $C_7H_{16}O_4S_2$

CAS 号 115-24-2

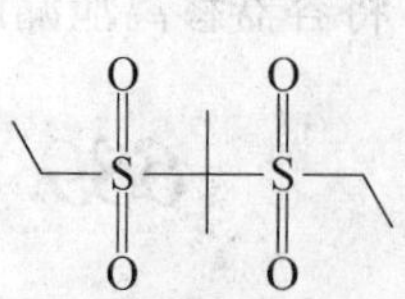

危害信息

禁忌物 强氧化剂。

毒性 豚鼠经口 *LDLo*：8500mg/kg；兔经口 *LDLo*：3g/kg；狗经口 *LDLo*：900mg/kg。

侵入途径 吸入、食入。

理化特性与用途

理化特性 白色结晶固体。微溶于水。熔点 124~126℃，沸点 300℃，相对密度(水=1)1.23，饱和蒸气压 5.28mPa(25℃)，辛醇/水分配系数 1.34。

主要用途 用作杀鼠剂。

包装与储运

安全储运 储存于阴凉、通风的库房。远离火种、热源。保持容器密闭。应与强氧化剂等隔离储运。搬运时轻装轻卸，防止容器受损。

紧急处置信息

急救措施

吸入： 迅速脱离现场至空气新鲜处。保持呼吸道通畅。如呼吸困难，给输氧。呼吸、心跳停止，立即进行心肺复苏术。就医。

眼睛接触： 立即分开眼睑，用流动清水或生理盐水彻底冲洗。就医。

皮肤接触： 立即脱去污染的衣着，用肥皂水和清水彻底冲洗。就医。

食入： 漱口，饮水。就医。

泄漏应急处置 隔离泄漏污染区，限制出入。消除所有点火源。建议应急处理人员戴防毒面具,穿防毒服。尽可能切断泄漏源。用塑料布覆盖泄漏物，减少飞散。勿使水进入包装容器内。用洁净的铲子收集泄漏物，置于干净、干燥、盖子较松的容器中，将容器移离泄漏区。

691. 1,3-双(乙烯基磺酰基乙酰氨基)丙烷

标　识

中文名称 1,3-双(乙烯基磺酰基乙酰氨基)丙烷

英文名称 1,3-Bis(vinylsulfonylacetamido)propane

分子式 $C_{11}H_{18}N_2O_6S_2$

CAS 号 93629-90-4

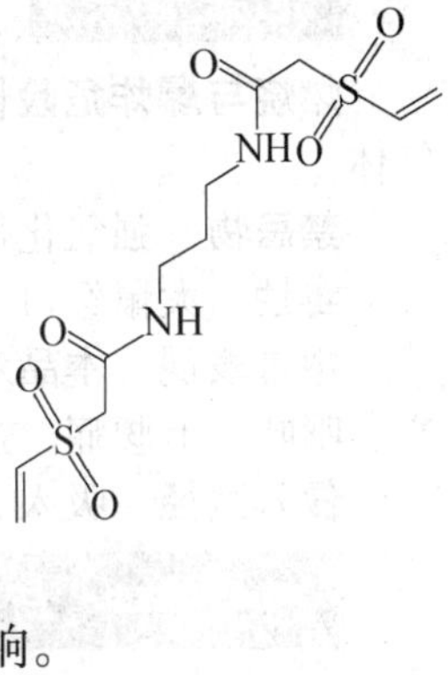

危害信息

禁忌物 强氧化剂。

毒性 欧盟法规 1272/2008/EC 将本品列为第 2 类生殖细胞致突变物——由于可能导致人类生殖细胞可遗传突变而引起人们关注的物质。

中毒表现 眼接触可造成严重损害。对皮肤有致敏性。

侵入途径 吸入、食入。

环境危害 对水生生物有害，可能在水生环境中造成长期不利影响。

理化特性与用途

理化特性 白色粉末。微溶于水。熔点 105℃，相对密度(水=1)1.33，辛醇/水分配系

数-2.29。

主要用途 用作水溶性聚合物的改性剂、凝胶化剂。

包装与储运

安全储运 储存于阴凉、通风的库房。远离火种、热源。保持容器密闭。应与强氧化剂等隔离储运。搬运时轻装轻卸，防止容器受损。

紧急处置信息

急救措施

吸入： 迅速脱离现场至空气新鲜处。保持呼吸道通畅。如呼吸困难，给输氧。呼吸、心跳停止，立即进行心肺复苏术。就医。

眼睛接触： 立即分开眼睑，用流动清水或生理盐水彻底冲洗 10~15min。就医。

皮肤接触： 立即脱去污染的衣着，用肥皂水和清水彻底冲洗。就医。

食入： 漱口，饮水。就医。

泄漏应急处置 隔离泄漏污染区，限制出入。消除所有点火源。建议应急处理人员戴防尘口罩，穿一般作业工作服。尽可能切断泄漏源。用塑料布覆盖泄漏物，减少飞散。勿使水进入包装容器内。用洁净的铲子收集泄漏物，置于干净、干燥、盖子较松的容器中，将容器移离泄漏区。

692. 水杨酰胺

标　识

中文名称 水杨酰胺

英文名称 Salicylamide；2-Hydroxybenzamide

别名 邻羟基苯甲酰胺

分子式 $C_7H_7NO_2$

CAS 号 65-45-2

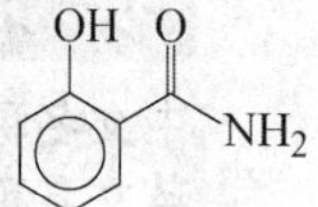

危害信息

燃烧与爆炸危险性 遇明火、高热能引起燃烧。燃烧或受热分解放出有毒的氮氧化物气体。

禁忌物 强氧化剂、强酸、强碱。

毒性 大鼠经口 LD_{50}：980mg/kg；小鼠经口 LD_{50}：300mg/kg。

中毒表现 本品对眼睛有刺激作用。摄入可引起中毒，量大时可引起眩晕、嗜睡、恶心、呕吐、上腹痛、过敏反应等。过量接触可产生沮丧、血压低，最后呼吸停止。

侵入途径 吸入、食入。

理化特性与用途

理化特性 白色至微红色结晶或粉末，有苦味。微溶于水，易溶于碱液，溶于氯仿、乙醇、乙醚，微溶于石脑油、四氯化碳。熔点 139~142℃，沸点 181.5℃(1.86kPa)，相对密度(水=1)1.175(140℃/4℃)，饱和蒸气压 0.92mPa(25℃)，辛醇/水分配系数 1.28，闪点 146.3℃ 。

主要用途 用于有机合成和防腐。解热镇痛药。

包装与储运

安全储运 储存于阴凉、通风的库房。远离火种、热源。保持容器密闭。应与氧化剂、还原剂、酸类、碱类等隔离储运 。搬运时轻装轻卸，防止容器受损。

紧急处置信息

急救措施

吸入：迅速脱离现场至空气新鲜处。保持呼吸道通畅。如呼吸困难，给输氧。呼吸、心跳停止，立即进行心肺复苏术。就医。

眼睛接触：立即分开眼睑，用流动清水或生理盐水彻底冲洗。就医。

皮肤接触：立即脱去污染的衣着，用流动清水彻底冲洗。就医。

食入：漱口，饮水。就医。

灭火方法 消防人员须佩戴正压自给式呼吸器，穿全身消防服，在上风向灭火。尽可能将容器从火场移至空旷处。喷水保持火场容器冷却，直至灭火结束。

灭火剂：雾状水、泡沫、干粉、二氧化碳、沙土。

泄漏应急处置 隔离泄漏污染区，限制出入。消除所有点火源。建议应急处理人员戴防尘口罩，穿防毒服。穿上适当的防护服前严禁接触破裂的容器和泄漏物。尽可能切断泄漏源。用塑料布覆盖泄漏物，减少飞散。勿使水进入包装容器内。用洁净的铲子收集泄漏物，置于干净、干燥、盖子较松的容器中，将容器移离泄漏区。

693. 四氨硝酸镍

标　识

中文名称 四氨硝酸镍

英文名称 Nickel nitrate tetraamine；Nickel ammonium nitrate

别名 硝酸镍铵

分子式 $Ni(NO_3)_2 \cdot 4NH_3 \cdot 2H_2O$

铁危编号 51522

UN 号 1477

危害信息

危险性类别 第 5.1 类 氧化剂

燃烧与爆炸危险性 可燃。与还原剂、有机物、易燃物如硫、磷或金属粉末等混合可形成爆炸性混合物，经摩擦、震动或撞击可引起燃烧或爆炸。受热分解放出有毒的氧化氮烟气。

禁忌物 还原剂、易燃或可燃物、活性金属粉末、硫、磷。

毒性 IARC 致癌性评论：G1，确认人类致癌物。

中毒表现 吸入、摄入或经皮肤吸收后对身体有害。对眼睛、皮肤、黏膜和上呼吸道有刺激作用。接触其粉尘或烟雾可患呼吸道炎症和肺炎。

侵入途径 吸入、食入、经皮吸收。

职业接触限值 中国：PC-TWA 0.5mg/m^3[按 Ni 计][G1]。

美国(ACGIH)：TLV-TWA 0.1mg/m^3。

理化特性与用途

理化特性 绿色结晶。溶于水，不溶于乙醇。

主要用途 用于镀镍，分析磷、硫、锰等。

包装与储运

包装标志 氧化剂

包装类别 Ⅱ类

安全储运 储存于阴凉、通风的库房。远离火种、热源。储存温度不超过 30℃，相对湿度不超过 80%。保持容器密封。应与酸、可燃物、胺、还原剂等隔离储运。搬运时轻装轻卸，避免摩擦、震动、撞击，防止包装或容器受损 。

紧急处置信息

急救措施

吸入：迅速脱离现场至空气新鲜处。保持呼吸道通畅。如呼吸困难，给输氧。呼吸、心跳停止，立即进行心肺复苏术。就医。

眼睛接触：立即分开眼睑，用流动清水或生理盐水彻底冲洗。就医。

皮肤接触：立即脱去污染的衣着，用流动清水彻底冲洗。就医。

食入：漱口，饮水。就医。

灭火方法 消防人员必须穿全身防火防毒服，佩戴正压自给式呼吸器，在上风向灭火。灭火时尽可能将容器从火场移至空旷处。喷水保持火场容器冷却，直至灭火结束。禁止用沙土压盖。

灭火剂：水、雾状水、泡沫。

泄漏应急处置 隔离泄漏污染区，限制出入。建议应急处理人员戴防尘口罩，穿防毒工作服。尽可能切断泄漏源。用塑料布覆盖泄漏物，减少飞散。勿使水进入包装容器内。用洁净的铲子收集泄漏物，置于干净、干燥、盖子较松的容器中，将容器移离泄漏区。

694. 2,3,5,6-四氟苯甲酸

标　　识

中文名称 2,3,5,6-四氟苯甲酸

英文名称 2,3,5,6-Tetrafluorobenzoic acid

别名 2，3，5，6-四氟安息香酸

分子式 $C_7H_2F_4O_2$

CAS 号 652-18-6

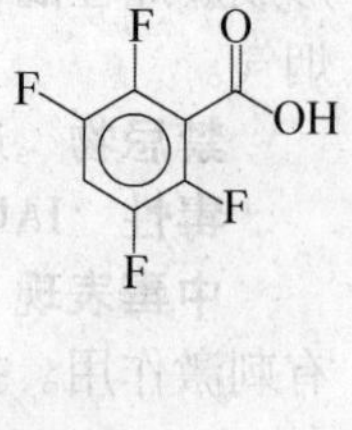

危害信息

禁忌物 强氧化剂。

中毒表现 眼接触引起严重损害。对皮肤有刺激性。

侵入途径 吸入、食入。

理化特性与用途

理化特性 白色至淡黄色结晶或粉末。熔点148~152℃，沸点227.9℃。

主要用途 医药、农药、染料中间体，如用于合成抗炎消菌药和外科手术用局部麻醉剂，也用于合成有机氟杀虫剂、除草剂、植物生长调节剂等。

包装与储运

安全储运 储存于阴凉、通风的库房。远离火种、热源。保持容器密闭。应与强氧化剂、碱类等隔离储运。搬运时轻装轻卸，防止容器受损。

紧急处置信息

急救措施

吸入：迅速脱离现场至空气新鲜处。保持呼吸道通畅。如呼吸困难，给输氧。呼吸、心跳停止，立即进行心肺复苏术。就医。

眼睛接触：立即分开眼睑，用流动清水或生理盐水彻底冲洗10~15min。就医。

皮肤接触：立即脱去污染的衣着，用肥皂水和清水彻底冲洗。就医。

食入：漱口，饮水。就医。

灭火方法 消防人员必须穿全身防火防毒服，佩戴正压自给式呼吸器，在上风向灭火。灭火时尽可能将容器从火场移至空旷处。喷水保持火场容器冷却，直至灭火结束。

灭火剂：雾状水、泡沫、干粉、二氧化碳。

泄漏应急处置 隔离泄漏污染区，限制出入。消除所有点火源。建议应急处理人员戴防尘口罩，穿防毒服。穿上适当的防护服前严禁接触破裂的容器和泄漏物。尽可能切断泄漏源。用塑料布覆盖泄漏物，减少飞散。勿使水进入包装容器内。用洁净的铲子收集泄漏物，置于干净、干燥、盖子较松的容器中，将容器移离泄漏区。

695. 四氟苯菊酯

标　识

中文名称 四氟苯菊酯

英文名称 Transfluthrin; Cyclopropanecarboxylic acid, 3-(2,2-dichloroethenyl)-2,2-dimethyl-, (2,3,5,6-tetrafluorophenyl)methyl ester, (1*R*,3*S*)-

别名 2，3，5，6-四氟苄基（1*R*，3*S*）-3-（2，2-二氯乙烯基）-2，2-二甲基环丙烷羧酸酯

分子式 $C_{15}H_{12}Cl_2F_4O_2$

CAS号 118712-89-3

危害信息

燃烧与爆炸危险性 遇明火、高热可燃。燃烧或受热分解产生有毒的烟气。

禁忌物　强氧化剂。

中毒表现　本品属拟除虫菊酯类杀虫剂，该类杀虫剂为神经毒物。吸入引起上呼吸道刺激、头痛、头晕和面部感觉异常。食入引起恶心、呕吐和腹痛。重者出现出现阵发性抽搐、意识障碍、肺水肿，可致死。对眼有刺激性。对皮肤有致敏性。

侵入途径　吸入、食入、经皮吸收。

环境危害　对水生生物有极高毒性，可能在水生环境中造成长期不利影响。

理化特性与用途

理化特性　无色结晶。不溶于水，溶于已烷、异丙醇、甲苯、二氯甲烷等多数有机溶剂。熔点32℃，沸点135℃(10Pa)，相对密度(水=1)1.5072，饱和蒸气压0.4mPa(20℃)，辛醇/水分配系数5.46。

主要用途　杀虫剂。用于防治卫生害虫。

包装与储运

包装标志　杂项

包装类别　Ⅲ类

安全储运　储存于阴凉、通风的库房。远离火种、热源。保持容器密闭。应与强氧化剂、强酸、碱类等隔离储运。搬运时轻装轻卸，防止容器受损。

紧急处置信息

急救措施

吸入：迅速脱离现场至空气新鲜处。保持呼吸道通畅。如呼吸困难，给输氧。呼吸、心跳停止，立即进行心肺复苏术。就医。

眼睛接触：立即分开眼睑，用流动清水或生理盐水彻底冲洗。就医。

皮肤接触：立即脱去污染的衣着，用肥皂水和清水彻底冲洗。就医。

食入：漱口，饮水。就医。

灭火方法　消防人员须穿全身消防服，佩戴正压自给式呼吸器，在上风向灭火。尽可能将容器从火场移至空旷处。喷水保持火场容器冷却，直至灭火结束。

灭火剂：雾状水、泡沫、二氧化碳、干粉、沙土。

泄漏应急处置　隔离泄漏污染区，限制出入。消除所有点火源。建议应急处理人员戴防毒面具,穿防毒服。尽可能切断泄漏源。用塑料布覆盖泄漏物，减少飞散。勿使水进入包装容器内。用洁净的铲子收集泄漏物，置于干净、干燥、盖子较松的容器中，将容器移离泄漏区。

696. 四氟(代)肼

标　识

中文名称　四氟(代)肼

英文名称　Dinitrogen tetrafluoride；Nitrogen fluoride；Tetrafluorohydrazine

别名　1，1，2，2-四氟代肼；四氟化二氮

分子式　N_2F_4

CAS 号 10036-47-2

铁危编号 23031

F_2N-NF_2

危害信息

危险性类别 第 2.3 类 有毒气体

燃烧与爆炸危险性 不燃，无特殊燃爆特性。受热、撞击或在容器中受压时能引起爆炸。遇氢气自燃，并引起爆炸。

活性反应 与还原剂接触能引起爆炸性反应，与三氯化氮、氧气接触会发生剧烈反应。

禁忌物 强还原剂、易燃或可燃物、氧。

毒性 大鼠吸入 *LCLo*：50ppm(4h)；豚鼠吸入 LC_{50}：900ppm(1h)。

中毒表现 吸入可引起高铁血红蛋白血症。接触液化气体可引起冻伤。本品热解放出氮氧化物和氟化氢气体。

侵入途径 吸入。

理化特性与用途

理化特性 无色有毒的反应性气体，有刺激性气味。微溶于水。熔点-163℃，沸点-73℃，相对密度(水=1)1.5(-100℃)。

主要用途 用作火箭和导弹燃料的氧化剂和用于有机合成等。

包装与储运

包装标志 有毒气体

包装类别 Ⅱ类

安全储运 储存于阴凉、通风的有毒气体专用库房。库温不宜超过 30℃。远离火种、热源。应与易(可)燃物、强碱、醇类、还原剂等隔离储运。运输时防止雨淋、曝晒。搬运时轻装轻卸，须戴好钢瓶安全帽和防震橡皮圈，防止钢瓶撞击。

紧急处置信息

急救措施

吸入：迅速脱离现场至空气新鲜处。保持呼吸道通畅。如呼吸困难，给输氧。呼吸、心跳停止，立即进行心肺复苏术。就医。

皮肤接触：如发生冻伤，用温水(38～42℃)复温，忌用热水或辐射热，不要揉搓。就医。

高铁血红蛋白血症，可用美蓝和维生素 C 治疗。

灭火方法 消防人员必须佩戴正压自给式呼吸器，穿全身防火防毒服，在上风向灭火。迅速切断气源。用水喷淋保护切断气源的人员，然后根据着火原因选择适当灭火剂灭火。尽可能将容器从火场移至空旷处。喷水保持火场容器冷却，直至灭火结束。

泄漏应急处置 消除所有点火源。根据气体扩散的影响区域划定警戒区，无关人员从侧风、上风向撤离至安全区。建议应急处理人员穿内置正压自给式呼吸器的全封闭防化服。如果是液化气体泄漏，还应注意防冻伤。禁止接触或跨越泄漏物。尽可能切断泄漏源。若可能翻转容器，使之逸出气体而非液体。防止气体通过下水道、通风系统和有限空间扩散。喷雾状水抑制蒸气或改变蒸气云流向，避免水流接触泄漏物。禁止用水直接冲击泄漏物或泄漏源。隔离泄漏区直至气体散尽。

697. 四氟化硫

标 识

中文名称 四氟化硫

英文名称 Sulphur tetrafluoride; Sulfur fluoride, (T-4)- ; Tetrafluorosulfurane

分子式 SF_4

CAS 号 7783-60-0

铁危编号 23019

UN 号 2418

F
|
F—S—F
|
F

危害信息

危险性类别 第 2.3 类 有毒气体

燃烧与爆炸危险性 不燃，无特殊燃爆特性。遇水或水蒸气、酸或酸气产生剧毒的烟雾。腐蚀性很强，可腐蚀玻璃和大多数金属。在火场中，容器受热可能发生开裂或爆炸。受高热分解产生有毒或腐蚀性烟气。

活性反应 遇水或水蒸气、酸或酸气可发生反应。

禁忌物 水蒸气、酸类、活性金属粉末。

毒性 大鼠吸入 *LCLo*: 19ppm(4h)。

中毒表现 本品与水或潮湿空气反应产生二氧化硫和氟化氢，对皮肤黏膜有腐蚀性，引起眼深度灼伤。接触液化气可发生冻伤。吸入中毒表现为烧灼感、咳嗽、咽痛、头痛、恶心、呕吐、呼吸困难，可在数小时后出现肺水肿。

侵入途径 吸入。

职业接触限值 美国(ACGIH): TLV-CL 0.1 ppm。

理化特性与用途

理化特性 无色气体，有刺激性气味。与水反应。易溶于苯。熔点-124℃，沸点-40℃,相对密度(水=1)1.95(-78℃)，相对蒸气密度(空气=1)3.78，饱和蒸气压2024.3kPa(25℃)，临界温度90.9℃。

主要用途 用作氟化剂和杀虫剂的中间体。

包装与储运

包装标志 有毒气体，腐蚀品。

包装类别 Ⅱ类

安全储运 储存于阴凉、干燥、通风的有毒气体专用库房。库温不宜超过 30℃，相对湿度不超过 75%。远离火种、热源。应与酸类、醇类、胺类等隔离储运。运输时防止雨淋、曝晒。搬运时轻装轻卸，须戴好钢瓶安全帽和防震橡皮圈，防止钢瓶撞击。

紧急处置信息

急救措施

吸入: 迅速脱离现场至空气新鲜处。保持呼吸道通畅。如呼吸困难，给输氧。呼吸、心跳停止，立即进行心肺复苏术。就医。

眼睛接触：立即分开眼睑，用流动清水或生理盐水彻底冲洗 10~15min。就医。

皮肤接触：立即脱去污染的衣着，用大量流动清水彻底冲洗。如发生冻伤，用温水（38~42℃）复温，忌用热水或辐射热，不要揉搓。就医。

灭火方法 消防人员必须佩戴正压自给式呼吸器，穿全身防火防毒服，在上风向灭火。切断气源。尽可能将容器从火场移至空旷处。喷水保持火场容器冷却，直至灭火结束。处在火场中的容器若已变色或从安全泄压装置中传出声音，必须马上撤离。禁止用水、泡沫和酸碱灭火剂灭火。

泄漏应急处置 根据气体扩散的影响区域划定警戒区，无关人员从侧风、上风向撤离至安全区。建议应急处理人员穿内置正压自给式呼吸器的全封闭防化服。如果是液化气体泄漏，还应注意防冻伤。禁止接触或跨越泄漏物。尽可能切断泄漏源。防止气体通过下水道、通风系统和有限空间扩散。若可能翻转容器，使之逸出气体而非液体。喷雾状水抑制蒸气或改变蒸气云流向，避免水流接触泄漏物。禁止用水直接冲击泄漏物或泄漏源。隔离泄漏区，合理通风，直至气体散尽。

698. 2,3,5,6-四氟-4-甲基苄基-(*Z*)-3-(2-氯-3,3,3-三氟-1-丙烯基)-2,2-二甲基环丙烷甲酸酯

标　识

中文名称 2,3,5,6-四氟-4-甲基苄基-(*Z*)-3-(2-氯-3,3,3-三氟-1-丙烯基)-2,2-二甲基环丙烷甲酸酯

英文名称 2,3,5,6-Tetrafluoro-4-methylbenzyl-(*Z*)-3-(2-chloro-3,3,3-trifluoro-1-propenyl)-2,2-dimethyl cyclopropane carboxylate；Tefluthrin

别名 七氟菊酯

分子式 $C_{17}H_{14}ClF_7O_2$

CAS 号 79538-32-2

危害信息

危险性类别 第 6 类　有毒品

燃烧与爆炸危险性 遇明火高热可能引起燃烧。燃烧产生有毒的氮氧化物气体。

禁忌物 强氧化剂。

毒性 大鼠经口 LD_{50}：22mg/kg；小鼠经口 LD_{50}：45mg/kg；大鼠经皮 LD_{50}：148mg/kg。

中毒表现 本品属拟除虫菊酯类杀虫剂，该类杀虫剂为神经毒物。吸入引起上呼吸道刺激、头痛、头晕和面部感觉异常。食入引起恶心、呕吐和腹痛。重者出现阵发性抽搐、意识障碍、肺水肿，可致死。对眼有刺激性。对皮肤有致敏性。

侵入途径 吸入、食入、经皮吸收。

环境危害 对水生生物有极高毒性，可能在水生环境中造成长期不利影响。

理化特性与用途

理化特性 无色或米色固体。不溶于水，溶于丙酮、二氯乙烷、甲苯、乙酸乙酯、己

烷、甲苯。熔点 44.6℃，沸点 156℃(0.133kPa)，饱和蒸气压 7.98mPa(20℃)，辛醇/水分配系数 6.5，闪点 124℃。

主要用途　土壤杀虫剂。用于处理土壤或种子，防治各种土栖鞘翅目、鳞翅目和双翅目害虫。

包装与储运

包装标志　有毒品

包装类别　Ⅱ类

安全储运　储存于阴凉、通风的库房。远离火种、热源。储存温度不超过 35℃，相对湿度不超过 85%。保持容器密封。应与强氧化剂、强酸、碱类等隔离储运。搬运时轻装轻卸，防止容器受损。

紧急处置信息

急救措施

吸入：迅速脱离现场至空气新鲜处。保持呼吸道通畅。如呼吸困难，给输氧。呼吸、心跳停止，立即进行心肺复苏术。就医。

眼睛接触：立即分开眼睑，用流动清水或生理盐水彻底冲洗。就医

皮肤接触：立即脱去污染的衣着，用流动清水彻底冲洗。就医。

食入：饮适量温水，催吐(仅限于清醒者)。就医。

灭火方法　消防人员须穿全身消防服，佩戴正压自给式呼吸器，在上风向灭火。尽可能将容器从火场移至空旷处。喷水保持火场容器冷却，直至灭火结束。

灭火剂：雾状水、泡沫、二氧化碳、干粉、沙土。

泄漏应急处置　隔离泄漏污染区，限制出入。消除所有点火源。建议应急处理人员戴防尘口罩，穿防毒服。穿上适当的防护服前严禁接触破裂的容器和泄漏物。尽可能切断泄漏源。用塑料布覆盖泄漏物，减少飞散。勿使水进入包装容器内。用洁净的铲子收集泄漏物，置于干净、干燥、盖子较松的容器中，将容器移离泄漏区。

699. 四氟硼酸锂

标　识

中文名称　四氟硼酸锂

英文名称　Lithium tetrafluoroborate；Lithium tetrafluoroborate，anhydrous

别名　氟硼酸锂

分子式　$LiBF_4$

CAS 号　14283-07-9

$$\begin{array}{c} F^- \\ | \\ F^- - B^{3+} - F^- \quad Li^+ \\ | \\ F^- \end{array}$$

危害信息

燃烧与爆炸危险性　不燃。在高温火场中，受热的容器有破裂和爆炸的危险 。受热分解产生有毒或腐蚀性的烟气。

禁忌物　强酸。

中毒表现　对眼和上呼吸道有刺激性。长期接触有可能引起氟骨症。

侵入途径 吸入、食入。

理化特性与用途

理化特性 白色至灰色粉末。溶于水。分解温度 275℃，相对密度(水=1)0.852。

主要用途 用作锂电池的电解液。

包装与储运

安全储运 储存于阴凉、通风的库房。远离火种、热源。保持容器密闭。应与强酸、强氧化剂等隔离储运 。搬运时轻装轻卸，防止容器受损。

紧急处置信息

急救措施

吸入：迅速脱离现场至空气新鲜处。保持呼吸道通畅。如呼吸困难，给输氧。呼吸、心跳停止，立即进行心肺复苏术。就医。

眼睛接触：立即分开眼睑，用流动清水或生理盐水彻底冲洗。就医。

皮肤接触：立即脱去污染的衣着，用肥皂水和清水彻底冲洗。就医。

食入：漱口，饮水。就医。

灭火方法 消防人员须穿全身消防服，佩戴正压自给式呼吸器，在上风向灭火。尽可能将容器从火场移至空旷处。喷水保持火场容器冷却，直至灭火结束。

本品不燃，根据着火原因选择适当灭火剂灭火。

泄漏应急处置 隔离泄漏污染区，限制出入。建议应急处理人员戴防尘口罩，穿防毒服，戴橡胶手套。穿上适当的防护服前严禁接触破裂的容器和泄漏物。尽可能切断泄漏源。用干燥的沙土或其他不燃材料覆盖泄漏物，然后用塑料布覆盖，减少飞散、避免雨淋。用洁净的铲子收集泄漏物，置于干净、干燥、盖子较松的容器中，将容器移离泄漏区。

700. 四氟硼酸钠

标　识

中文名称 四氟硼酸钠

英文名称 Sodium tetrafluoroborate；Sodium fluoborate

别名 氟硼酸钠

分子式 $NaBF_4$

CAS 号 13755-29-8

F
|
F—B⁻—F　Na⁺
|
F

危害信息

燃烧与爆炸危险性 不燃。受热分解放出有毒气体。在高温火场中，受热的容器有破裂和爆炸的危险。

禁忌物 强酸。

毒性 大鼠皮下 LD_{50}：550mg/kg 。

中毒表现 对眼和上呼吸道有刺激性。长期接触有可能引起氟骨症。

侵入途径 吸入、食入。

理化特性与用途

理化特性　白色至浅灰色结晶粉末。易溶于水，微溶于醇。熔点384℃，相对密度(水=1)2.47。

主要用途　在纺织印染工业中用作树脂整理催化剂；用作氧化抑制剂；用于非金属的精练助熔剂、涂料、氟化剂以及用作化学试剂等。

包装与储运

安全储运　储存于阴凉、通风的库房。远离火种、热源。保持容器密闭。应与强氧化剂等隔离储运 。搬运时轻装轻卸，防止容器受损。

紧急处置信息

急救措施

吸入：迅速脱离现场至空气新鲜处。保持呼吸道通畅。如呼吸困难，给输氧。呼吸、心跳停止，立即进行心肺复苏术。就医。

眼睛接触：立即分开眼睑，用流动清水或生理盐水彻底冲洗。就医。

皮肤接触：立即脱去污染的衣着，用肥皂水和清水彻底冲洗。就医。

食入：漱口，饮水。就医。

灭火方法　消防人员须穿全身消防服，佩戴正压自给式呼吸器，在上风向灭火。尽可能将容器从火场移至空旷处。喷水保持火场容器冷却，直至灭火结束。

本品不燃，根据着火原因选择适当灭火剂灭火。

泄漏应急处置　隔离泄漏污染区，限制出入。建议应急处理人员戴防尘口罩，穿防酸碱服。穿上适当的防护服前严禁接触破裂的容器和泄漏物。尽可能切断泄漏源。用塑料布覆盖泄漏物，减少飞散。勿使水进入包装容器内。用洁净的铲子收集泄漏物，置于干净、干燥、盖子较松的容器中，将容器移离泄漏区。

701. 1,1,3,3-四甲基丁基过氧化氢[工业纯]

标　识

中文名称　1,1,3,3-四甲基丁基过氧化氢[工业纯]

英文名称　1,1,3,3-Tetramethyl butyl hydroperoxide (technically pure); 2-Hydroperoxy-2,4,4-trimethylpentane

别名　1, 1, 3, 3-四甲基丁基氢过氧化物

分子式　$C_8H_{18}O_2$

CAS 号　5809-08-5

铁危编号　52019

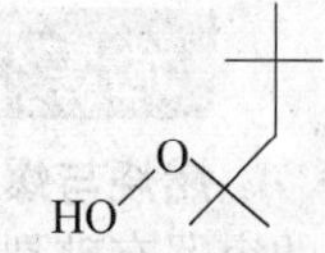

危害信息

危险性类别　第5.2类　有机过氧化物

燃烧与爆炸危险性　易燃。其蒸气与空气混合能形成爆炸性混合物，遇明火、高热易燃烧或爆炸。受热或受污染可能发生爆炸。可能引燃易燃物。受热易自动加速分解。在高

温火场中，受热的容器或储罐有破裂和爆炸的危险。

禁忌物 还原剂。

中毒表现 食入或直接接触(眼和皮肤)可引起严重损伤或灼伤。

侵入途径 吸入、食入。

理化特性与用途

理化特性 无色至黄色透明液体。不溶于水，溶于饱和脂肪烃和芳族烃。熔点-6℃、<-15℃，沸点(分解)，相对密度(水=1)0.89，饱和蒸气压1.7kPa(48℃)，闪点49~51℃，活性氧含量9.6%~10%，自动加速分解温度60℃。

主要用途 用作聚合引发剂。

包装与储运

包装标志 有机过氧化物。

安全储运 储存于阴凉、低温、通风的不燃材料结构的库房，储存温度不超过30℃，相对湿度不超过80%，大量储存的库房内必须有自动喷水装置。远离火种、热源，防止阳光直射。应与还原剂、促进剂、有机物、可燃物及强酸等隔离储运。禁止使用易产生火花的机械设备和工具。禁止震动、撞击和摩擦。

紧急处置信息

急救措施

吸入：迅速脱离现场至空气新鲜处。保持呼吸道通畅。如呼吸困难，给输氧。呼吸、心跳停止，立即进行心肺复苏术。就医。

眼睛接触：立即分开眼睑，用流动清水或生理盐水彻底冲洗10~15min。就医。

皮肤接触：立即脱去污染的衣着，用大量流动清水彻底冲洗，冲洗时间一般要求20~30min。就医。

食入：用水漱口，禁止催吐。给饮牛奶或蛋清。就医。

灭火方法 消防人员须穿全身消防服，佩戴空气呼吸器，在上风向灭火。尽可能将容器从火场移至空旷处。喷水保持火场容器冷却，直至灭火结束。处在火场中的容器若发生异常变化或发出异常声音，须马上撤离。

灭火剂：泡沫、二氧化碳、干粉、沙土。

泄漏应急处置 根据液体流动和蒸气扩散的影响区域划定警戒区，无关人员从侧风、上风向撤离至安全区。消除所有点火源。建议应急处理人员戴防毒面具，穿防毒服。穿上适当的防护服前严禁接触破裂的容器和泄漏物。尽可能切断泄漏源。防止泄漏物进入水体、下水道、地下室或有限空间。小量泄漏：用干燥的沙土或其他不燃材料吸收或覆盖，收集于容器中。大量泄漏：构筑围堤或挖坑收容。用防爆泵转移至槽车或专用收集器内。

702. 四甲基邻苯二甲酸氢铵

标　识

中文名称 四甲基邻苯二甲酸氢铵

英文名称 Methanaminium, *N*,*N*,*N*-trimethyl-, 1,2-benzenedicarboxylate

别名　邻苯二甲酸单四甲基铵盐

分子式　$C_{12}H_{17}NO_4$

CAS 号　79723-02-7

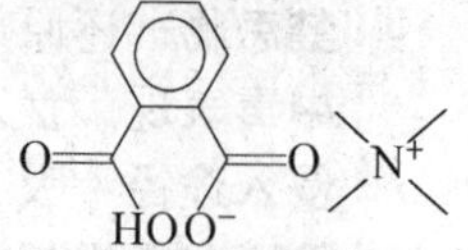

危害信息

燃烧与爆炸危险性　遇明火、高热、火花可燃。燃烧或受热分解产生有毒的烟气。

禁忌物　强氧化剂、强酸。

侵入途径　吸入、食入。

理化特性与用途

理化特性　白色结晶，有胺样气味。部分溶于水。熔点 148～150℃，闪点>93.3℃。

主要用途　用作实验室试剂和中间体。

包装与储运

安全储运　储存于阴凉、通风的库房。远离火种、热源。保持容器密闭。应与强氧化剂等隔离储运。搬运时轻装轻卸，防止容器受损。

紧急处置信息

急救措施

吸入：脱离接触。如有不适感，就医。

眼睛接触：分开眼睑，用流动清水或生理盐水冲洗。如有不适感，就医。

皮肤接触：脱去污染的衣着，用肥皂水和清水冲洗。如有不适感，就医。

食入：漱口，饮水。就医。

灭火方法　消防人员须穿全身消防服，佩戴正压自给式呼吸器，在上风向灭火。尽可能将容器从火场移至空旷处。喷水保持火场容器冷却，直至灭火结束。

灭火剂：雾状水、泡沫、二氧化碳、干粉、沙土。

泄漏应急处置　隔离泄漏污染区，限制出入。消除所有点火源。建议应急处理人员戴防尘口罩，穿防毒服。穿上适当的防护服前严禁接触破裂的容器和泄漏物。尽可能切断泄漏源。用塑料布覆盖泄漏物，减少飞散。勿使水进入包装容器内。用洁净的铲子收集泄漏物，置于干净、干燥、盖子较松的容器中，将容器移离泄漏区。

703. 四甲基铅

标　识

中文名称　四甲基铅

英文名称　Tetramethyl lead；Tetramethylplumbane

别名　四甲铅

分子式　$C_4H_{12}Pb$

CAS 号　75-74-1

铁危编号　61097

危害信息

危险性类别 第6类 有毒品

燃烧与爆炸危险性 易燃。其蒸气与空气混合，能形成爆炸性混合物，遇明火、高热能引起燃烧爆炸。与强氧化剂可发生猛烈反应。加热至90℃以上可能发生爆炸。燃烧或受热分解产生有毒的烟气。

活性反应 与氧化剂可发生反应。

禁忌物 强氧化剂、强酸。

毒性 大鼠经口 LD_{50}：105mg/kg；大鼠吸入 LC：>9840mg/m^3(1h)；小鼠吸入 LC_{50}：8500mg/m^3(30min)；兔经皮 *LDLo*：3391mg/kg。

欧盟法规 1272/2008/EC 将本品列为第1A类生殖毒物——已知的人类生殖毒物。

中毒表现 本品易挥发达空气有害浓度，吸入、皮肤接触都能引起中毒。表现为头昏、头痛、恶心、惊厥、意识丧失，迟发脑病可以致死。食入引起腹痛、烧灼感、腹泻及中枢神经症状。

侵入途径 吸入、食入、经皮吸收。

职业接触限值 美国(ACGIH)：TLV-TWA 0.15mg/m^3[皮]。

环境危害 对水生生物有极高毒性，可能在水生环境中造成长期不利影响。

理化特性与用途

理化特性 无色油状液体，微有发霉的气味。微溶于水，微溶于苯、石油醚、乙醇、乙醚，混溶于脂肪、油类。熔点-27.5℃，沸点110℃(1.33kPa)，相对密度(水=1)2.0，相对蒸气密度(空气=1)6.5，饱和蒸气压3.0kPa(20℃)，辛醇/水分配系数6.2，闪点37.8℃(闭杯)，引燃温度254℃，爆炸下限1.8%。

主要用途 作为内燃机燃料汽油的抗爆添加剂。

包装与储运

包装标志 有毒品

包装类别 Ⅱ类

安全储运 储存于阴凉、通风的库房。远离火种、热源。储存温度不超过35℃，相对湿度不超过85%。保持容器密封。应与强氧化剂、强酸等隔离储运。搬运时轻装轻卸，防止容器受损。

紧急处置信息

急救措施

吸入：迅速脱离现场至空气新鲜处。保持呼吸道通畅。如呼吸困难，给输氧。呼吸、心跳停止，立即进行心肺复苏术。就医。

眼睛接触：立即分开眼睑，用流动清水或生理盐水彻底冲洗。就医。

皮肤接触：立即脱去污染的衣着，用流动清水彻底冲洗。就医。

食入：饮适量温水，催吐(仅限于清醒者)。就医。

灭火方法 消防人员须佩戴正压自给式呼吸器，穿全身消防服，在上风向灭火。尽可能将容器从火场移至空旷处。喷水保持火场容器冷却，直至灭火结束。处在火场中的容器若已变色或从安全泄压装置发出响声，必须马上撤离。

灭火剂：雾状水、泡沫、干粉、二氧化碳、沙土。

泄漏应急处置 根据液体流动和蒸气扩散的影响区域划定警戒区，无关人员从侧风、上风向撤离至安全区。消除所有点火源。建议应急处理人员戴正压自给式呼吸器，穿防毒、防静电服。穿上适当的防护服前严禁接触破裂的容器和泄漏物。尽可能切断泄漏源。防止泄漏物进入水体、下水道、地下室或有限空间。小量泄漏：用干燥的沙土或其他不燃材料吸收或覆盖，收集于容器中。大量泄漏：构筑围堤或挖坑收容。用防爆泵转移至槽车或专用收集器内。

704. 四硫化四砷

标　识

中文名称 四硫化四砷

英文名称 Tetraarsenic tetrasulfide

分子式 As_4S_4

CAS 号 12279-90-2

危害信息

燃烧与爆炸危险性 可燃，但不易引燃。受热易分解放出有毒的硫氧化物气体。在火场中，容器受热可能发生爆炸。

禁忌物 强氧化剂、强酸。

毒性 砷及其化合物所致肺癌、皮肤癌已列入《职业病分类和目录》，属职业性肿瘤。

IARC 致癌性评论：G1，确认人类致癌物。

中毒表现 急性中毒可出现胃肠炎、神经系统损害，重者可引起休克、肾功能损害。砷中毒三日至三周出现急性周围神经病。部分患者出现中毒性肝、肾、心肌等损害。

侵入途径 吸入、食入、经皮吸收。

职业接触限值 中国：PC-TWA 0.01mg/m^3，PC-STEL 0.02mg/m^3[按 As 计][G1]。

美国(ACGIH)：TLV-TWA 0.01mg/m^3[按 As 计]。

理化特性与用途

理化特性 红色或橙黄色单斜结晶。不溶于水，微溶于苯。熔点 320℃，沸点 565℃，相对密度(水=1)3.5，饱和蒸气压 0.14Pa(250℃)。

主要用途 用于制取其他砷化合物及用作玻璃、颜料、焰火等的原料。还可用作解毒剂和杀虫剂等。也用于印染工业。

包装与储运

安全储运 储存于阴凉、通风的库房。远离火种、热源。保持容器密闭。应与强氧化剂等隔离储运。搬运时轻装轻卸，防止容器受损。

紧急处置信息

急救措施

吸入：迅速脱离现场至空气新鲜处。保持呼吸道通畅。如呼吸困难，给输氧。呼吸、心跳停止，立即进行心肺复苏术。就医。

眼睛接触：立即分开眼睑，用流动清水或生理盐水彻底冲洗。就医。

皮肤接触：立即脱去污染的衣着，用肥皂水和清水彻底冲洗。就医。

食入：催吐、彻底洗胃，洗胃后服活性炭30~50g(用水调成浆状)，而后再服用硫酸镁或硫酸钠导泻。就医。

解毒剂用二巯基丙磺酸钠、二巯基丁二酸钠等。

灭火方法 消防人员须穿全身消防服，佩戴正压自给式呼吸器，在上风向灭火。尽可能将容器从火场移至空旷处。喷水保持火场容器冷却，直至灭火结束。

灭火剂：雾状水、干粉、泡沫、二氧化碳、干沙。

泄漏应急处置 隔离泄漏污染区，限制出入。消除所有点火源。建议应急处理人员戴防毒面具,穿防毒服。尽可能切断泄漏源。用塑料布覆盖泄漏物，减少飞散。勿使水进入包装容器内。用洁净的铲子收集泄漏物，置于干净、干燥、盖子较松的容器中，将容器移离泄漏区。

705. 四氯苯基三氯硅烷

标　识

中文名称 四氯苯基三氯硅烷

英文名称 Tetrachlorobenzoltrichlorosilane；Trichloro(tetrachlorophenyl)silane

别名 三氯(四氯苯基)硅烷

分子式 C_6HCl_7Si

CAS 号 33434-63-8

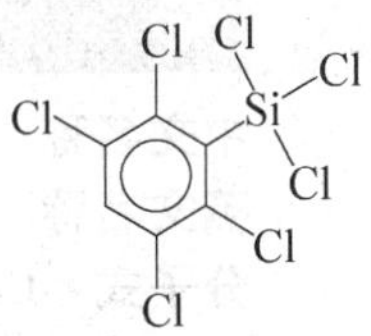

危害信息

危险性类别 第8类 腐蚀品

燃烧与爆炸危险性 可燃。其粉体与空气混合，能形成爆炸性混合物。与水反应产生易燃、有毒或腐蚀性气体。受高热分解产生有毒的腐蚀性烟气。

禁忌物 强氧化剂、强酸、水。

中毒表现 本品对眼和皮肤有腐蚀性。

侵入途径 吸入、食入。

理化特性与用途

理化特性 白色固体，有刺激性气味。易水解。熔点41~44℃，沸点125~126℃(0.53kPa)、319.5℃，密度1.7g/cm³，闪点159.6℃。

主要用途 制备有机硅聚合物的原料之一。

包装与储运

包装标志 腐蚀品

包装类别 Ⅱ类

安全储运 储存于阴凉、干燥、通风的库房。远离火种、热源。储存温度不超过30℃，相对湿度不超过75%。保持容器密封。应与强氧化剂、醇类、酸类等隔离储运。搬运时轻装轻卸，防止容器受损。

紧急处置信息

急救措施

吸入：迅速脱离现场至空气新鲜处。保持呼吸道通畅。如呼吸困难，给输氧。呼吸、心跳停止，立即进行心肺复苏术。就医。

眼睛接触：立即分开眼睑，用流动清水或生理盐水彻底冲洗 10~15min。就医。

皮肤接触：立即脱去污染的衣着，用大量流动清水彻底冲洗，冲洗时间一般要求 20~30min。就医。

食入：用水漱口，禁止催吐。给饮牛奶或蛋清。就医。

灭火方法 消防人员须佩戴正压自给式呼吸器，穿全身消防服，在上风向灭火。尽可能将容器从火场移至空旷处。喷水保持火场容器冷却，直至灭火结束。

灭火剂：雾状水、泡沫、干粉、二氧化碳、沙土。

泄漏应急处置 隔离泄漏污染区，限制出入。消除所有点火源。建议应急处理人员戴防尘口罩，穿耐腐蚀工作服。尽可能切断泄漏源。用塑料布覆盖泄漏物，减少飞散。勿使水进入包装容器内。用洁净的铲子收集泄漏物，置于干净、干燥、盖子较松的容器中，将容器移离泄漏区

706. 2,3,4,5-四氯苯甲酰氯

标　识

中文名称 2,3,4,5-四氯苯甲酰氯

英文名称 2,3,4,5-Tetrachlorobenzoyl chloride；2,3,4,5-Tetrachlorobenzoic acid chloride

分子式 C_7HCl_5O

CAS 号 42221-52-3

Cl O Cl Cl Cl Cl

危害信息

危险性类别 第 8 类 腐蚀品

禁忌物 强氧化剂。

中毒表现 食入有害。对皮肤有腐蚀性和致敏性。

侵入途径 吸入、食入。

理化特性与用途

理化特性 固体。熔点 40℃。

主要用途 用于有机合成。

包装与储运

包装标志 腐蚀品

包装类别 Ⅱ类

安全储运 储存于阴凉、干燥、通风的库房。远离火种、热源。储存温度不超过 30℃，相对湿度不超过 75%。保持容器密封。避免接触潮湿空气。应与强氧化剂、酸等隔离储运。搬运时轻装轻卸，防止容器受损。

紧急处置信息

急救措施

吸入: 迅速脱离现场至空气新鲜处。保持呼吸道通畅。如呼吸困难，给输氧。呼吸、心跳停止，立即进行心肺复苏术。就医。

眼睛接触: 立即分开眼睑，用流动清水或生理盐水彻底冲洗10~15min。就医。

皮肤接触: 立即脱去污染的衣着，用大量流动清水彻底冲洗，冲洗时间一般要求20~30min。就医。

食入: 用水漱口，禁止催吐。给饮牛奶或蛋清。就医。

泄漏应急处置 隔离泄漏污染区，限制出入。消除所有点火源。建议应急处理人员戴防尘口罩，穿耐腐蚀工作服。尽可能切断泄漏源。用塑料布覆盖泄漏物，减少飞散。勿使水进入包装容器内。用洁净的铲子收集泄漏物，置于干净、干燥、盖子较松的容器中，将容器移离泄漏区。

707. 四氯化铅

标 识

中文名称 四氯化铅

英文名称 Lead tetrachloride; Plumbane, tetrachloro-

分子式 $PbCl_4$

CAS号 13463-30-4

铁危编号 81049

```
      Cl
      |
Cl—Pb—Cl
      |
      Cl
```

危害信息

危险性类别 第8类 腐蚀品

燃烧与爆炸危险性 不燃。受高热能引起剧烈分解，甚至爆炸。遇潮能分解出有毒的氯化氢烟雾。

禁忌物 水、醇类、碱类。

毒性 IARC致癌性评论：G2A，可能人类致癌物。

欧盟法规1272/2008/EC将本品列为第1A类生殖毒物——已知的人类生殖毒物。

中毒表现 铅及其化合物损害造血、神经、消化系统及肾脏。职业中毒主要为慢性。神经系统主要表现为神经衰弱综合征，周围神经病，重者出现铅中毒性脑病。

侵入途径 吸入、食入。

职业接触限值 中国：PC-TWA 0.05mg/m^3[铅尘][按Pb计]，0.03mg/m^3[铅烟][按Pb计]。

美国(ACGIH)：TLV-TWA 0.05mg/m^3[按Pb计]。

理化特性与用途

理化特性 黄色油状发烟液体。溶于乙醇、乙醚。熔点-15℃，沸点105℃(爆炸)，相对密度(水=1)3.18，分解温度约50℃。

主要用途 用于有机盐合成。

包装与储运

包装标志　腐蚀品，有毒品

包装类别　Ⅱ类

安全储运　储存于阴凉、干燥、通风良好的库房。远离火种、热源。库温不超过 30℃。相对湿度不超过 75%。保持容器密封。避免与水、潮湿空气接触。应与醇类、碱类等隔离储运。搬运时轻装轻卸，防止容器受损。

紧急处置信息

急救措施

吸入：迅速脱离现场至空气新鲜处。保持呼吸道通畅。如呼吸困难，给输氧。呼吸、心跳停止，立即进行心肺复苏术。就医。

眼睛接触：分开眼睑，用流动清水或生理盐水冲洗。如有不适感，就医。

皮肤接触：脱去污染的衣着，用流动清水冲洗。如有不适感，就医。

食入：漱口，饮水。就医。

解毒剂：依地酸二钠钙、二巯基丁二酸钠、二巯基丁二酸等。

灭火方法　消防人员必须穿全身耐酸碱消防服，佩戴正压自给式呼吸器，在上风向灭火。尽可能将容器从火场移至空旷处。喷水保持火场容器冷却，直至灭火结束。

灭火剂：根据着火原因选择适当灭火剂灭火。

泄漏应急处置　根据液体流动和蒸气扩散的影响区域划定警戒区，无关人员从侧风、上风向撤离至安全区。建议应急处理人员戴正压自给式呼吸器，穿防腐、防毒服。穿上适当的防护服前严禁接触破裂的容器和泄漏物。尽可能切断泄漏源。防止泄漏物进入水体、下水道、地下室或有限空间。小量泄漏：用干燥的沙土或其他不燃材料吸收或覆盖，收集于容器中。大量泄漏：构筑围堤或挖坑收容。用耐腐蚀泵转移至槽车或专用收集器内。

708. 四硼酸钠十水合物

标　识

中文名称　四硼酸钠十水合物

英文名称　Disodium tetraborate decahydrate；Borax ；Sodium borate，decahydrate

别名　焦硼酸钠十水合物；硼砂

分子式　$Na_2B_4O_7 \cdot 10H_2O$

CAS 号　1303-96-4

危害信息

燃烧与爆炸危险性　不燃。受热分解产生有毒的烟气。

禁忌物　强氧化剂。

毒性　大鼠经口 LD_{50}：2660mg/kg ；小鼠经口 LD_{50}：2000mg/kg。

中毒表现　可对鼻黏膜、眼睛和呼吸道产生刺激作用，误服可致消化道刺激症状，出现恶心、呕吐、腹泻等。

侵入途径　吸入、食入。

职业接触限值　美国(ACGIH)：TLV-TWA 2mg/m^3，TLV-STEL 6mg/m^3[吸入性]。

理化特性与用途

理化特性　白色单斜结晶或白色至灰色粉末。溶于水，不溶于乙醇、酸。pH 值 9.5(5%水溶液)，熔点 75℃，沸点 320℃，相对密度(水=1)1.73。

主要用途　用作色层分析试剂,缓冲剂,金属助熔剂。

包装与储运

安全储运　储存于阴凉、通风的库房。远离火种、热源。保持容器密闭。应与强酸等隔离储运。搬运时轻装轻卸，防止容器受损。

紧急处置信息

急救措施

吸入：迅速脱离现场至空气新鲜处。保持呼吸道通畅。如呼吸困难，给输氧。呼吸、心跳停止，立即进行心肺复苏术。就医。

眼睛接触：立即分开眼睑，用流动清水或生理盐水彻底冲洗。就医。

皮肤接触：立即脱去污染的衣着，用肥皂水和清水彻底冲洗。就医。

食入：漱口，饮水。就医。

灭火方法　消防人员穿全身消防服，佩戴正压自给式呼吸器，在上风向灭火。喷水保持火场容器冷却，直至灭火结束。尽可能将容器从火场移至空旷处。

本品不燃，根据着火原因选择适当灭火剂灭火。

泄漏应急处置　隔离泄漏污染区，限制出入。消除所有点火源。建议应急处理人员戴防尘口罩，穿一般作业工作服。尽可能切断泄漏源。用塑料布覆盖泄漏物，减少飞散。勿使水进入包装容器内。用洁净的铲子收集泄漏物，置于干净、干燥、盖子较松的容器中，将容器移离泄漏区。

709.(S)-2,3,5,6-四氢-6-苯基咪唑并(2,1-b)噻唑

标　识

中文名称　(S)-2,3,5,6-四氢-6-苯基咪唑并(2,1-b)噻唑

英文名称　(S)-2,3,5,6-Tetrahydro-6-phenyl imidazo(2,1-b)thiazole；Tetramisole

别名　四咪唑

分子式　$C_{11}H_{12}N_2S$

CAS 号　5036-02-2

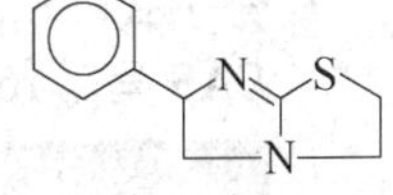

危害信息

危险性类别　第6类　有毒品

燃烧与爆炸危险性　可燃。燃烧或受热分解产生有毒和刺激性烟气。

禁忌物　强氧化剂。

侵入途径　吸入、食入。

理化特性与用途

理化特性 无臭或几乎无臭的白色到乳白色结晶粉末或针状结晶。不溶于水，溶于氯仿。熔点 87~89℃。

主要用途 一种广谱驱肠虫药，主要用于驱蛔虫及勾虫。

包装与储运

包装标志 有毒品

包装类别 Ⅲ类

安全储运 储存于阴凉、通风的库房。远离火种、热源。储存温度不超过 35℃，相对湿度不超过 85%。保持容器密封。应与强氧化剂等隔离储运。搬运时轻装轻卸，防止容器受损。

紧急处置信息

急救措施

吸入：脱离接触。如有不适感，就医。

眼睛接触：分开眼睑，用流动清水或生理盐水冲洗。如有不适感，就医。

皮肤接触：脱去污染的衣着，用肥皂水和清水冲洗。如有不适感，就医。

食入：漱口，饮水。就医。

泄漏应急处置 隔离泄漏污染区，限制出入。消除所有点火源。建议应急处理人员戴防尘口罩，穿防毒服。尽可能切断泄漏源。用塑料布覆盖泄漏物，减少飞散。勿使水进入包装容器内。用洁净的铲子收集泄漏物，置于干净、干燥、盖子较松的容器中，将容器移离泄漏区。

710. (S)-2,3,5,6-四氢-6-苯基咪唑并(2,1-b)噻唑盐酸盐

标　识

中文名称 (*S*)-2,3,5,6-四氢-6-苯基咪唑并(2,1-b)噻唑盐酸盐

英文名称 (*S*)-2,3,5,6-Tetrahydro-6-phenyl imidazo (2,1-b) thiazole hydrochloride; Levamisole hydrochloride

别名 盐酸左旋咪唑

分子式 $C_{11}H_{12}N_2S \cdot HCl$

CAS 号 16595-80-5

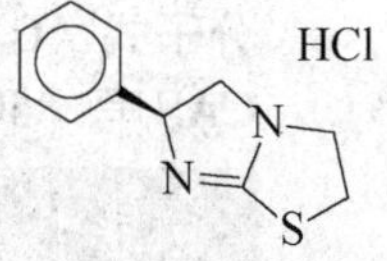

危害信息

危险性类别 第 6 类 有毒品

燃烧与爆炸危险性 可燃。其粉体与空气混合能形成爆炸性混合物，遇明火高热有引起燃烧爆炸的危险。燃烧产生有毒的氮氧化物气体。

禁忌物 强氧化剂、强酸。

毒性 大鼠经口 LD_{50}：180mg/kg；小鼠经口 LD_{50}：223mg/kg。

侵入途径 吸入、食入。

理化特性与用途

理化特性 白色或微黄色结晶性粉末。易溶于氯仿，难溶于丙酮。pH 值 3.0~4.5(5%水溶液)，熔点 226~231℃，引燃温度 570℃。

主要用途 一种高效低毒的驱虫药,主要用于蛔虫病,钩虫病,也用于丝片病。用作农药和免疫调节剂。

包装与储运

包装标志 有毒品

包装类别 Ⅲ类

安全储运 储存于阴凉、通风的库房。远离火种、热源。储存温度不超过 35℃，相对湿度不超过 85%。保持容器密封。应与强氧化剂等隔离储运。搬运时轻装轻卸，防止容器受损。

紧急处置信息

急救措施

吸入：迅速脱离现场至空气新鲜处。保持呼吸道通畅。如呼吸困难，给输氧。呼吸、心跳停止，立即进行心肺复苏术。就医。

眼睛接触：立即分开眼睑，用流动清水或生理盐水彻底冲洗。就医。

皮肤接触：立即脱去污染的衣着，用流动清水彻底冲洗。就医。

食入：饮适量温水，催吐(仅限于清醒者)。就医。

灭火方法 消防人员须穿全身消防服，佩戴正压自给式呼吸器，在上风向灭火。尽可能将容器从火场移至空旷处。喷水保持火场容器冷却，直至灭火结束。

灭火剂：雾状水、泡沫、二氧化碳、干粉、沙土。

泄漏应急处置 隔离泄漏污染区，限制出入。消除所有点火源。建议应急处理人员戴防尘口罩，穿防毒服。穿上适当的防护服前严禁接触破裂的容器和泄漏物。尽可能切断泄漏源。用塑料布覆盖泄漏物，减少飞散。勿使水进入包装容器内。用洁净的铲子收集泄漏物，置于干净、干燥、盖子较松的容器中，将容器移离泄漏区。

711. 1,2,5,6-四氢化苯甲醛

标 识

中文名称 1,2,5,6-四氢化苯甲醛

英文名称 1,2,5,6-Tetrahydrobenzaldehyde; 3-Cyclohexene-1-carboxaldehyde

别名 3-环己烯甲醛；1，2，3，6-四氢苯甲醛

分子式 $C_7H_{10}O$

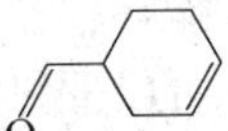

CAS 号 100-50-5

铁危编号 32058

UN 号 2498

危害信息

危险性类别 第3类 易燃液体

燃烧与爆炸危险性 易燃。其蒸气与空气混合，能形成爆炸性混合物。遇热释出酸性烟雾。蒸气比空气重，能在较低处扩散到相当远的地方，遇火源会着火回燃和爆炸(闪爆)。若遇高热，容器内压增大，有开裂和爆炸的危险。

活性反应 与氧化剂可发生反应。

禁忌物 强碱、强氧化剂、强还原剂。

毒性 大鼠经口 LD_{50}：5750mg/kg；小鼠经口 LD_{50}：2460μL/kg；大鼠吸入 LC_{50}：2000ppm(4h)；兔经皮 LD_{50}：1300μL/kg。

中毒表现 本品对皮肤、眼睛、黏膜和上呼吸道有剧烈刺激作用。吸入后可引起喉、支气管的痉挛、水肿、炎症，化学性肺炎或肺水肿。接触后可有烧灼感、咳嗽、眩晕、气短、头痛、恶心和呕吐等。

侵入途径 吸入、食入、经皮吸收。

理化特性与用途

理化特性 无色至黄色透明液体，有令人愉快的气味。微溶于水，溶于甲醇、苯、丙酮，微溶于四氯化碳。沸点163~164℃，相对密度(水=1)0.94，相对蒸气密度(空气=1)3.8，饱和蒸气压0.24kPa(25℃)，辛醇/水分配系数1.89，闪点57℃。

主要用途 用作合成环氧化合物的中间体和织物耐水改性剂。

包装与储运

包装标志 易燃液体

包装类别 Ⅲ类

安全储运 储存于阴凉、通风的库房。远离火种、热源。库温不宜超过37℃。保持容器密闭。应与氧化剂、还原剂、碱类等隔离储运。采用防爆型照明、通风设施。禁止使用易产生火花的机械设备和工具。灌装时注意控制流速，防止静电积聚。搬运时轻装轻卸，防止容器受损。

紧急处置信息

急救措施

吸入：迅速脱离现场至空气新鲜处。保持呼吸道通畅。如呼吸困难，给输氧。呼吸、心跳停止，立即进行心肺复苏术。就医。

眼睛接触：立即分开眼睑，用流动清水或生理盐水彻底冲洗10~15min。就医。

皮肤接触：立即脱去污染的衣着，用大量流动清水彻底冲洗，冲洗时间一般要求20~30min。就医。

食入：用水漱口，禁止催吐。给饮牛奶或蛋清。就医。

灭火方法 消防人员必须佩戴空气呼吸器，穿全身防火防毒服，在上风向灭火。尽可能将容器从火场移至空旷处。喷水保持火场容器冷却，直至灭火结束。处在火场中的容器若已变色或从安全泄压装置发出响声，必须马上撤离。

灭火剂：雾状水、泡沫、干粉、二氧化碳、沙土。

泄漏应急处置 消除所有点火源。根据液体流动和蒸气扩散的影响区域划定警戒区，无关人员从侧风、上风向撤离至安全区。建议应急处理人员戴正压自给式呼吸器，穿防毒、防静电服。作业时使用的所有设备应接地。禁止接触或跨越泄漏物。尽可能切断泄漏源。

防止泄漏物进入水体、下水道、地下室或有限空间。小量泄漏：用沙土或其他不燃材料吸收。使用洁净的无火花工具收集吸收材料。大量泄漏：构筑围堤或挖坑收容。用泡沫覆盖，减少蒸发。喷水雾能减少蒸发，但不能降低泄漏物在有限空间内的易燃性。用防爆泵转移至槽车或专用收集器内。

712. 四氢化吡咯

标　识

中文名称　四氢化吡咯

英文名称　Pyrrolidine；Tetrahydropyrrole

别名　吡咯烷；四氢氮杂茂

分子式　C_4H_9N

CAS 号　123-75-1

铁危编号　31203

UN 号　1922

危害信息

危险性类别　第 3 类　易燃液体

燃烧与爆炸危险性　易燃。其蒸气与空气混合，能形成爆炸性混合物，遇明火、高热极易燃烧爆炸。高温时分解，释出剧毒的氮氧化物气体。高速冲击、流动、激荡后可因产生静电火花放电引起燃烧爆炸。蒸气比空气重，能在较低处扩散到相当远的地方，遇火源会着火回燃和爆炸(闪爆)。若遇高热，容器内压增大，有开裂和爆炸的危险。

活性反应　与氧化剂接触发生猛烈反应。

禁忌物　酸类、酸酐、强氧化剂、二氧化碳。

毒性　大鼠经口 LD_{50}：300mg/kg；小鼠经口 LD_{50}：450mg/kg；小鼠吸入 LC_{50}：1300mg/m^3(2h)。

中毒表现　对皮肤黏膜有刺激性和腐蚀性。吸入后可引起抽搐、咳嗽、咽痛、头痛、恶心、呕吐。皮肤或眼接触可致灼伤、视物模糊。吞食引起抽搐、咽痛、呕吐。

侵入途径　吸入、食入、经皮吸收。

理化特性与用途

理化特性　无色至淡黄色液体，有强烈的氨气味。混溶于水，溶于乙醇、乙醚，微溶于苯、氯仿。pH 值 12.9(1000g/L 水)，熔点-63℃，沸点 89℃，相对密度(水=1)0.85，相对蒸气密度(空气=1)2.45，饱和蒸气压 8.34kPa(25℃)，临界温度 295.55℃，临界压力 5.61MPa，燃烧热-2821kJ/mol，辛醇/水分配系数 0.46，闪点 3℃(闭杯)，引燃温度 345℃，爆炸下限 2.9%，爆炸上限 13%。

主要用途　用于制造药品、杀虫剂、杀菌剂、防霉剂、橡胶促进剂，以及环氧树脂固化剂和阻聚剂等。

包装与储运

包装标志　易燃液体，腐蚀品

包装类别 Ⅱ类

安全储运 储存于阴凉、通风的库房。远离火种、热源。库温不宜超过37℃。保持容器密闭。应与氧化剂、酸类等隔离储运。采用防爆型照明、通风设施。禁止使用易产生火花的机械设备和工具。灌装时注意控制流速，防止静电积聚。搬运时轻装轻卸，防止容器受损。

紧急处置信息

急救措施

吸入：迅速脱离现场至空气新鲜处。保持呼吸道通畅。如呼吸困难，给输氧。呼吸、心跳停止，立即进行心肺复苏术。就医。

眼睛接触：立即分开眼睑，用流动清水或生理盐水彻底冲洗10~15min。就医。

皮肤接触：立即脱去污染的衣着，用大量流动清水彻底冲洗，冲洗时间一般要求20~30min。就医。

食入：用水漱口，禁止催吐。给饮牛奶或蛋清。就医。

灭火方法 消防人员须佩戴正压自给式呼吸器，穿全身消防服，在上风向灭火。尽可能将容器从火场移至空旷处。喷水保持火场容器冷却，直至灭火结束。处在火场中的容器若已变色或从安全泄压装置发出响声，必须马上撤离。

灭火剂：雾状水、泡沫、干粉、二氧化碳、沙土。

泄漏应急处置 消除所有点火源。根据液体流动和蒸气扩散的影响区域划定警戒区，无关人员从侧风、上风向撤离至安全区。建议应急处理人员戴正压自给式呼吸器，穿防静电、防腐蚀、防毒服。作业时使用的所有设备应接地。禁止接触或跨越泄漏物。尽可能切断泄漏源。防止泄漏物进入水体、下水道、地下室或有限空间。小量泄漏：用沙土或其他不燃材料吸收。使用洁净的无火花工具收集吸收材料。大量泄漏：构筑围堤或挖坑收容。用泡沫覆盖，减少蒸发。喷水雾能减少蒸发，但不能降低泄漏物在有限空间内的易燃性。用防爆、耐腐蚀泵转移至槽车或专用收集器内。

713. 四氢糠胺

标　识

中文名称 四氢糠胺

英文名称 Tetrahydrofurfurylamine；2-(Aminomethyl)tetrahydrofuran

别名 2-四氢糠胺

分子式 $C_5H_{11}NO$

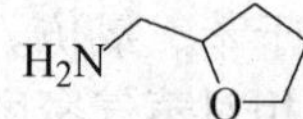

CAS号 4795-29-3

铁危编号 32134

UN号 2943

危害信息

危险性类别 第3类 易燃液体

燃烧与爆炸危险性 易燃。其蒸气与空气混合，能形成爆炸性混合物，遇明火、高热能引起燃烧爆炸。蒸气比空气重，能在较低处扩散到相当远的地方，遇火源会着火回燃和爆炸(闪爆)。若遇高热，容器内压增大，有开裂和爆炸的危险。

活性反应 与氧化剂可发生反应。

禁忌物 强氧化剂、酸类、酰基氯、酸酐、二氧化碳。

毒性 小鼠腹腔内 LD_{50}：200mg/kg。

中毒表现 引起灼伤。对皮肤有致敏性。

侵入途径 吸入、食入、经皮吸收。

理化特性与用途

理化特性 无色至淡黄色透明液体，有胺气味。混溶于水。沸点 153～154℃(99kPa)，相对密度(水=1)0.98，相对蒸气密度(空气=1)3.5，辛醇/水分配系数-0.12，闪点 45℃。

主要用途 用作中间体，合成医药、农业和工业化学品。

包装与储运

包装标志 易燃液体

包装类别 Ⅲ类

安全储运 储存于阴凉、通风的库房。远离火种、热源。库温不宜超过 37℃。保持容器密闭。应与氧化剂、酸类等等隔离储运。采用防爆型照明、通风设施。禁止使用易产生火花的机械设备和工具。灌装时注意控制流速，防止静电积聚。搬运时轻装轻卸，防止容器受损。

紧急处置信息

急救措施

吸入：迅速脱离现场至空气新鲜处。保持呼吸道通畅。如呼吸困难，给输氧。呼吸、心跳停止，立即进行心肺复苏术。就医。

眼睛接触：立即分开眼睑，用流动清水或生理盐水彻底冲洗 10～15min。就医。

皮肤接触：立即脱去污染的衣着，用大量流动清水彻底冲洗，冲洗时间一般要求 20～30min。就医。

食入：用水漱口，禁止催吐。给饮牛奶或蛋清。就医。

灭火方法 消防人员须佩戴正压自给式呼吸器，穿全身消防服，在上风向灭火。尽可能将容器从火场移至空旷处。喷水保持火场容器冷却，直至灭火结束。处在火场中的容器若已变色或从安全泄压装置发出响声，必须马上撤离。

灭火剂：雾状水、抗溶性泡沫、干粉、二氧化碳、沙土。

泄漏应急处置 消除所有点火源。根据液体流动和蒸气扩散的影响区域划定警戒区，无关人员从侧风、上风向撤离至安全区。建议应急处理人员戴正压自给式呼吸器，穿防静电服。作业时使用的所有设备应接地。禁止接触或跨越泄漏物。尽可能切断泄漏源。防止泄漏物进入水体、下水道、地下室或有限空间。小量泄漏：用沙土或其他不燃材料吸收。使用洁净的无火花工具收集吸收材料。大量泄漏：构筑围堤或挖坑收容。用沙土或惰性物质吸收大量液体。用抗溶性泡沫覆盖，减少蒸发。喷水雾能减少蒸发，但不能降低泄漏物在有限空间内的易燃性。用防爆泵转移至槽车或专用收集器内。

714. 四氢-2-糠酸甲酯

标　识

中文名称　四氢-2-糠酸甲酯

英文名称　Methyl tetrahydro-2-furancarboxylate；2-Furancarboxylic acid，tetrahydro-，methyl ester

别名　2-四氢糠酸甲酯

分子式　$C_6H_{10}O_3$

CAS 号　37443-42-8

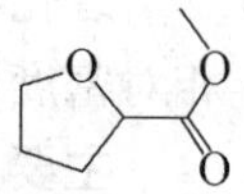

危害信息

燃烧与爆炸危险性　可燃。其蒸气与空气混合能形成爆炸性混合物，遇明火、高热易燃烧或爆炸。在高温火场中，受热的容器或储罐有破裂和爆炸的危险。

禁忌物　强氧化剂、强酸。

中毒表现　对眼有腐蚀性，可引起严重眼损伤。

侵入途径　吸入、食入。

理化特性与用途

理化特性　无色透明易挥发液体。易溶于水，易氯仿和乙醇。沸点 180℃(90.4kPa)，相对密度(水=1)1.11，相对蒸气密度(空气=1)4.48，饱和蒸气压 0.35kPa(25℃)，辛醇/水分配系数-0.15，闪点 64℃，引燃温度 311℃。

主要用途　用作医药中间体和溶剂。

包装与储运

安全储运　储存于阴凉、通风的库房。远离火种、热源。保持容器密闭。应与强氧化剂等隔离储运。搬运时轻装轻卸，防止容器受损。

紧急处置信息

急救措施

吸入：迅速脱离现场至空气新鲜处。保持呼吸道通畅。如呼吸困难，给输氧。呼吸、心跳停止，立即进行心肺复苏术。就医。

眼睛接触：立即分开眼睑，用流动清水或生理盐水彻底冲洗 10~15min。就医。

皮肤接触：立即脱去污染的衣着，用大量流动清水彻底冲洗。就医。

食入：漱口，饮水。就医。

灭火方法　消防人员须穿全身消防服，佩戴空气呼吸器，在上风向灭火。尽可能将容器从火场移至空旷处。喷水保持火场容器冷却，直至灭火结束。处在火场中的容器若发生异常变化或发出异常声音，须马上撤离。

灭火剂：抗溶性泡沫、二氧化碳、干粉、沙土。

泄漏应急处置　消除所有点火源。根据液体流动和蒸气扩散的影响区域划定警戒区，无关人员从侧风、上风向撤离至安全区。建议应急处理人员戴正压自给式呼吸器，穿防静

电服，戴橡胶耐油手套。作业时使用的所有设备应接地。禁止接触或跨越泄漏物。尽可能切断泄漏源。防止泄漏物进入水体、下水道、地下室或有限空间。小量泄漏：用沙土或其他不燃材料吸收。使用洁净的无火花工具收集吸收材料。大量泄漏：构筑围堤或挖坑收容。用泡沫覆盖，减少蒸发。用防爆泵转移至槽车或专用收集器内。

715. 四水合硫酸铍

标　识

中文名称　四水合硫酸铍

英文名称　Beryllium sulfate tetrahydrate

别名　硫酸铍四水合物

分子式　$BeSO_4 \cdot 4H_2O$

CAS 号　7787-56-6

铁危编号　61025

O=S(=O)(O⁻)O⁻　Be^{2+}　$4H_2O$

危害信息

危险性类别　第6类　有毒品

燃烧与爆炸危险性　不燃，无特殊燃爆特性。遇高热防出有毒烟气。

毒性　大鼠静脉内 LD_{50}：3850 ：μg/kg；小鼠腹腔内 LD_{50}：41mg/kg。

IARC 致癌性评论：G1，确认人类致癌物。

欧盟法规 1272/2008/EC 将本品列为第 1B 类致癌物——可能对人类有致癌能力。

中毒表现　吸入可引起化学性支气管炎、化学性肺炎。皮肤接触可引起接触性皮炎、铍溃疡和皮肤肉芽肿。铍及其化合物属致癌物。

侵入途径　吸入、食入、经皮吸收。

职业接触限值　中国：PC-TWA 0.0005mg/m^3，PC-STEL 0.001mg/m^3[按 Be 计][G1]。

美国(ACGIH)：TLV-TWA 0.00005mg/m^3[按 Be 计][可吸入性][皮][敏]。

环境危害　对水生生物有毒，可能在水生环境中造成长期不利影响。

理化特性与用途

理化特性　白色结晶固体或粉末。溶于水，不溶于有机溶剂。熔点 100℃，沸点 580℃，相对密度(水=1)1.713 。

主要用途　工业上用于制作铍盐、陶瓷及用作化学试剂 。

包装与储运

包装标志　有毒品

包装类别　Ⅱ类

安全储运　储存于阴凉、通风的库房。远离火种、热源。储存温度不超过 35℃，相对湿度不超过 85%。保持容器密封。应与强氧化剂、强碱等隔离储运。搬运时轻装轻卸，防止容器受损。

紧急处置信息

急救措施

吸入: 迅速脱离现场至空气新鲜处。保持呼吸道通畅。如呼吸困难，给输氧。呼吸、心跳停止，立即进行心肺复苏术。就医。

眼睛接触: 立即分开眼睑，用流动清水或生理盐水彻底冲洗。就医。

皮肤接触: 立即脱去污染的衣着，用流动清水彻底冲洗。就医。

食入: 漱口，饮水。就医。

灭火方法 消防人员必须穿全身防火防毒服，佩戴正压自给式呼吸器，在上风向灭火。灭火时尽可能将容器从火场移至空旷处。

本品不燃，根据着火原因选择适当灭火剂灭火。

泄漏应急处置 隔离泄漏污染区，限制出入。建议应急处理人员戴防尘口罩，穿防毒服。穿上适当的防护服前严禁接触破裂的容器和泄漏物。尽可能切断泄漏源。用塑料布覆盖泄漏物，减少飞散。勿使水进入包装容器内。用洁净的铲子收集泄漏物，置于干净、干燥、盖子较松的容器中，将容器移离泄漏区。

716. 2,3,4,6-四硝基苯胺

标　识

中文名称 2,3,4,6-四硝基苯胺

英文名称 2,3,4,6-Tetranitroaniline；Benzenamine，2,3,4,6-tetranitro-

别名 四硝基苯胺

分子式 $C_6H_3N_5O_8$

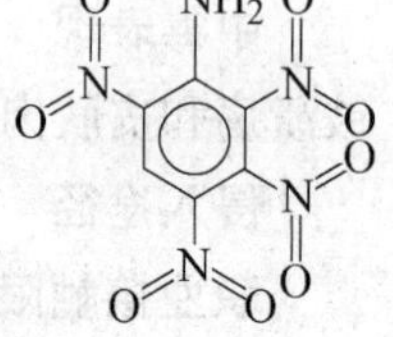

CAS 号 3698-54-2

铁危编号 11068

UN 号 0207

危害信息

危险性类别 第 1 类 爆炸品

燃烧与爆炸危险性 易燃。受撞击、摩擦、遇明火或其他点火源极易爆炸。燃烧产生有毒的氮氧化物气体。在高温火场中，受热的容器有破裂和爆炸的危险。

禁忌物 强氧化剂、强酸。

毒性 狗皮下 *LDLo*：2500mg/kg。

中毒表现 苯的硝基、氨基化合物有引起高铁血红蛋白的作用。

侵入途径 吸入、食入、经皮吸收。

理化特性与用途

理化特性 黄色结晶固体。不溶于水。熔点 170℃，沸点(爆炸)，相对密度(水=1)1.963 。

主要用途 一种烈性炸药。

包装与储运

包装标志 爆炸品

安全储运 储存于阴凉、干燥、通风的爆炸品专用库房。远离火种、热源。储存温度不宜超过32℃,相对湿度不超过80%。若以水作稳定剂，储存温度应大于1℃,相对湿度小于80%。保持容器密封。应与其他爆炸品、氧化剂、还原剂、碱等隔离储运。采用防爆型照明、通风设施。禁止使用易产生火花的机械设备和工具。搬运时轻装轻卸，防止容器受损。禁止震动、撞击和摩擦。

紧急处置信息

急救措施

吸入：立即脱离接触。如呼吸困难，给吸氧。如呼吸心跳停止，立即行心肺复苏术。就医。

眼睛接触：分开眼睑，用清水或生理盐水冲洗。就医。

皮肤接触：立即脱去污染衣着，用肥皂水或清水彻底冲洗。就医。

食入：漱口，饮水。就医。

高铁血红蛋白血症，可用美蓝和维生素C治疗。

灭火方法 消防人员穿全身消防服，佩戴正压自给式呼吸器，在防爆掩蔽处操作。遇大火切勿轻易接近。在物料附近失火，须用水保持容器冷却。用大量水灭火。禁止用沙土盖压。

泄漏应急处置 消除所有点火源。隔离泄漏污染区，限制出入。建议应急处理人员戴防尘口罩，穿防毒服。作业时使用的所有设备应接地。禁止接触或跨越泄漏物。润湿泄漏物。严禁设法扫除干的泄漏物。在专家指导下清除。

717. 四硝基萘胺

标　识

中文名称 四硝基萘胺

英文名称 Tetranitro-1-naphthylamine

分子式 $C_{10}H_5N_5O_8$

铁危编号 11072

危害信息

危险性类别 第1类 爆炸品

燃烧与爆炸危险性 易燃。受撞击、摩擦、遇明火或其他点火源极易爆炸。燃烧产生有毒的氮氧化物气体。在高温火场中，受热的容器有破裂和爆炸的危险。

禁忌物 强氧化剂、强酸。

侵入途径 吸入、食入。

理化特性与用途

理化特性　黄色结晶或结晶性粉末。不溶于水，微溶于乙醇。熔点约 200℃，沸点(爆炸)。

主要用途　用作炸药。

包装与储运

包装标志　爆炸品

安全储运　储存于阴凉、干燥、通风的爆炸品专用库房。远离火种、热源。储存温度不宜超过 32℃，相对湿度不超过 80%。若以水作稳定剂，储存温度应大于 1℃，相对湿度小于 80%。保持容器密封。应与其他爆炸品、氧化剂、还原剂、碱等隔离储运。采用防爆型照明、通风设施。禁止使用易产生火花的机械设备和工具。搬运时轻装轻卸，防止容器受损。禁止震动、撞击和摩擦。

紧急处置信息

急救措施

吸入：脱离接触。如有不适感，就医。

眼睛接触：分开眼睑，用流动清水或生理盐水冲洗。如有不适感，就医。

皮肤接触：脱去污染的衣着，用肥皂水和清水冲洗。如有不适感，就医。

食入：漱口，饮水。就医。

灭火方法　消防人员穿全身消防服，佩戴正压自给式呼吸器，在防爆掩蔽处操作。遇大火切勿轻易接近。在物料附近失火，须用水保持容器冷却。用大量水灭火。禁止用砂沙土盖压。

泄漏应急处置　消除所有点火源。隔离泄漏污染区，限制出入。建议应急处理人员戴防尘口罩，穿防毒服，戴橡胶手套。作业时使用的所有设备应接地。禁止接触或跨越泄漏物。润湿泄漏物。严禁设法扫除干的泄漏物。

718. 四溴菊酯

标　识

中文名称　四溴菊酯

英文名称　Tralomethrin; alpha-Cyano-3-phenoxybenzyl 2,2-dimethyl-3-(1,2,2,2-tetrabromoethyl)cyclopropanecarboxylate

别名　溴氯氰聚酯

分子式　$C_{22}H_{19}Br_4NO_3$

CAS 号　66841-25-6

Br Br Br Br O O N

危害信息

危险性类别　第 6 类　有毒品

燃烧与爆炸危险性　遇明火、高热可能引起燃烧。燃烧或受热分解产生高毒和腐蚀性的气体 。

禁忌物 强氧化剂。

毒性 大鼠经口 LD_{50}：99mg/kg；大鼠吸入 $LCLo$：286mg/m^3(4h)；兔经皮 LD_{50}：>2g/kg。

中毒表现 本品属拟除虫菊酯类杀虫剂，该类杀虫剂为神经毒物。吸入引起上呼吸道刺激、头痛、头晕和面部感觉异常。食入引起恶心、呕吐和腹痛。重者出现出现阵发性抽搐、意识障碍、肺水肿，可致死。对眼有刺激性。对皮肤有致敏性。

侵入途径 吸入、食入、经皮吸收。

环境危害 对水生生物有极高毒性，可能在水生环境中造成长期不利影响。

理化特性与用途

理化特性 黄色至橙黄色树脂状物。不溶于水，溶于多数有机溶剂。熔点 138~148℃，相对密度(水=1)1.7，辛醇/水分配系数 7.56 。

主要用途 用作杀虫剂。

包装与储运

包装标志 有毒品

包装类别 Ⅲ类

安全储运 储存于阴凉、通风的库房。远离火种、热源。储存温度不超过 35℃，相对湿度不超过 85%。保持容器密封。应与强氧化剂、强酸等隔离储运。搬运时轻装轻卸，防止容器受损。

紧急处置信息

急救措施

吸入：迅速脱离现场至空气新鲜处。保持呼吸道通畅。如呼吸困难，给输氧。呼吸、心跳停止，立即进行心肺复苏术。就医。

眼睛接触：立即分开眼睑，用流动清水或生理盐水彻底冲洗。就医。

皮肤接触：立即脱去污染的衣着，用肥皂水和清水彻底冲洗。就医。

食入：饮适量温水，催吐(仅限于清醒者)。就医。

灭火方法 消防人员须穿全身消防服，佩戴正压自给式呼吸器，在上风向灭火。尽可能将容器从火场移至空旷处。喷水保持火场容器冷却，直至灭火结束。

灭火剂：雾状水、泡沫、二氧化碳、干粉、沙土。

泄漏应急处置 隔离泄漏污染区，限制出入。消除所有点火源。建议应急处理人员戴防尘口罩，穿防毒服。尽可能切断泄漏源。用塑料布覆盖泄漏物，减少飞散。用洁净的铲子收集泄漏物，置于干净、干燥、盖子较松的容器中，将容器移离泄漏区。

719. 四乙基四氟硼酸铵

标　识

中文名称 四乙基四氟硼酸铵

英文名称 Tetraethyl ammonium tetrafluoroborate；Ethanaminium，*N*,*N*,*N*-triethyl-，tetrafluoroborate

别名 四氟硼酸四乙胺

分子式 $C_8H_{20}N \cdot BF_4$

CAS 号 429-06-1

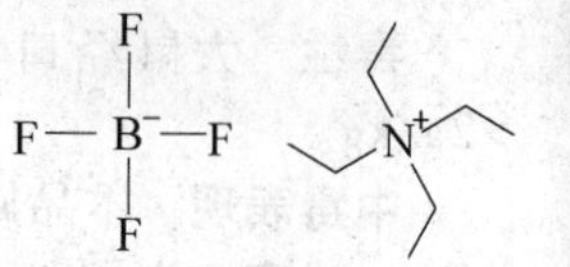

危害信息

燃烧与爆炸危险性 不易燃。受热分解产生有毒、腐蚀性或刺激性气体。

禁忌物 强酸。

中毒表现 对眼和上呼吸道有刺激性。长期接触有可能引起氟骨症。

侵入途径 吸入、食入。

理化特性与用途

理化特性 白色至类白色晶体。溶于水。熔点≥300℃。

主要用途 用作相转移催化剂。

包装与储运

安全储运 储存于阴凉、通风的库房。远离火种、热源。保持容器密闭。应与强氧化剂等隔离储运 。搬运时轻装轻卸，防止容器受损。

紧急处置信息

急救措施

吸入：迅速脱离现场至空气新鲜处。保持呼吸道通畅。如呼吸困难，给输氧。呼吸、心跳停止，立即进行心肺复苏术。就医。

眼睛接触：立即分开眼睑，用流动清水或生理盐水彻底冲洗。就医。

皮肤接触：立即脱去污染的衣着，用肥皂水和清水彻底冲洗。就医。

食入：漱口，饮水。就医。

灭火方法 消防人员须穿全身消防服，佩戴正压自给式呼吸器，在上风向灭火。尽可能将容器从火场移至空旷处。喷水保持火场容器冷却，直至灭火结束。

灭火剂：雾状水、抗溶性泡沫、二氧化碳、干粉、沙土。

泄漏应急处置 隔离泄漏污染区，限制出入。消除所有点火源。建议应急处理人员戴防尘口罩，穿防护服。尽可能切断泄漏源。用塑料布覆盖泄漏物，减少飞散。勿使水进入包装容器内。用洁净的铲子收集泄漏物，置于干净、干燥、盖子较松的容器中，将容器移离泄漏区。

720. 四唑并-1-乙酸

标　识

中文名称 四唑并-1-乙酸

英文名称 1H-Tetrazol-1-acetic acid ; Tetrazol-1-acetic acid

别名 四氮唑乙酸

分子式 $C_3H_4N_4O_2$

CAS 号 21732-17-2

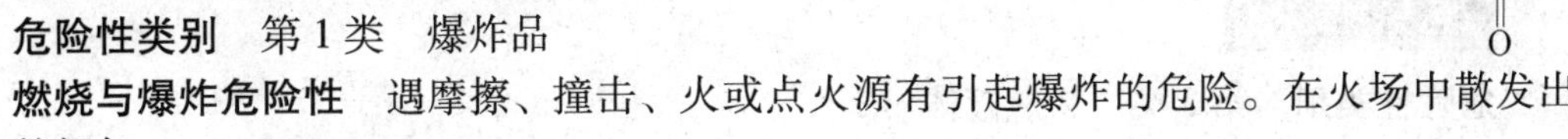

危害信息

危险性类别 第 1 类 爆炸品

燃烧与爆炸危险性 遇摩擦、撞击、火或点火源有引起爆炸的危险。在火场中散发出有毒的烟气。

禁忌物 强氧化剂、强碱。

侵入途径 吸入、食入。

理化特性与用途

理化特性 白色结晶粉末。易溶于水。熔点 128~131℃，相对密度(水=1)1.78 。

主要用途 用作医药中间体。

包装与储运

包装标志 爆炸品

安全储运 储存于阴凉、干燥、通风的爆炸品专用库房。远离火种、热源。储存温度不宜超过 32℃,相对湿度不超过 80%。若以水作稳定剂，储存温度应大于 1℃,相对湿度小于 80%。保持容器密封。应与其他爆炸品、氧化剂、还原剂、碱等隔离储运。采用防爆型照明、通风设施。禁止使用易产生火花的机械设备和工具。搬运时轻装轻卸，防止容器受损。禁止震动、撞击和摩擦。

紧急处置信息

急救措施

吸入：脱离接触。如有不适感，就医。

眼睛接触：分开眼睑，用流动清水或生理盐水冲洗。如有不适感，就医。

皮肤接触：脱去污染的衣着，用肥皂水和清水冲洗。如有不适感，就医。

食入：漱口，饮水。就医。

灭火方法 消防人员须穿全身消防服，佩戴正压自给式呼吸器，在上风向安全处灭火。尽可能将容器从火场移至空旷处。喷水保持火场容器冷却，直至灭火结束。

灭火剂：雾状水、泡沫、二氧化碳、干粉。

泄漏应急处置 隔离泄漏污染区，限制出入。消除所有点火源。建议应急处理人员戴防尘口罩，穿防毒服。穿上适当的防护服前严禁接触破裂的容器和泄漏物。尽可能切断泄漏源。用塑料布覆盖泄漏物，减少飞散。用洁净的铲子收集泄漏物，置于干净、干燥、盖子较松的容器中，将容器移离泄漏区。

721. 松焦油

标 识

中文名称 松焦油

英文名称 Pine tar；Pine tar oil；Pinetar

别名 松馏油

721. 松焦油

CAS 号 8011-48-1

铁危编号 31292C

危害信息

危险性类别 第 3 类 易燃液体

燃烧与爆炸危险性 可燃。其蒸气与空气混合能形成爆炸性混合物，遇明火、高热可能引起燃烧或爆炸。燃烧产生有毒气体。在高温火场中，受热的容器或储罐有破裂和爆炸的危险。

禁忌物 强氧化剂。

侵入途径 吸入、食入。

理化特性与用途

理化特性 褐色至黑色黏性液体，有强烈气味。熔点 25℃，沸点 200~220℃，相对密度(水=1)0.99~1.05，闪点 61~150℃。

主要用途 用作橡胶软化剂、木材防腐剂、医用防腐剂，也用于矿石浮选、制油毡、油漆、塑料等。

包装与储运

包装标志 易燃液体，腐蚀品[铁规]

包装类别 Ⅲ类

安全储运 储存于阴凉、通风的库房。远离火种、热源，避免阳光直射。储存温度不超过 37℃。炎热季节早晚运输。保持容器密闭。应与氧化剂等隔离储运。禁止使用易产生火花的机械设备和工具。灌装时注意控制流速，防止静电积聚。搬运时轻装轻卸，防止容器受损。

紧急处置信息

急救措施

吸入：脱离接触。如有不适感，就医。

眼睛接触：分开眼睑，用流动清水或生理盐水冲洗。如有不适感，就医。

皮肤接触：脱去污染的衣着，用肥皂水和清水冲洗。如有不适感，就医。

食入：漱口，饮水。就医。

灭火方法 消防人员须穿全身消防服，佩戴空气呼吸器，在上风向灭火。尽可能将容器从火场移至空旷处。喷水保持火场容器冷却，直至灭火结束。处在火场中的容器若发生异常变化或发出异常声音，须马上撤离。

灭火剂：泡沫、二氧化碳、干粉、沙土。

泄漏应急处置 消除所有点火源。根据液体流动和蒸气扩散的影响区域划定警戒区，无关人员从侧风、上风向撤离至安全区。建议应急处理人员戴正压自给式呼吸器，穿防毒、防静电服。作业时使用的所有设备应接地。禁止接触或跨越泄漏物。尽可能切断泄漏源。防止泄漏物进入水体、下水道、地下室或有限空间。小量泄漏：用沙土或其他不燃材料吸收。使用洁净的无火花工具收集吸收材料。大量泄漏：构筑围堤或挖坑收容。用泡沫覆盖，减少蒸发。用防爆泵转移至槽车或专用收集器内。

722. 松香

标　识

中文名称　松香

英文名称　Rosin；Gum rosin；Colophony

CAS号　8050-09-7

危害信息

燃烧与爆炸危险性　遇明火、高热可燃。燃烧或受热分解产生有毒或刺激性烟气。

禁忌物　强氧化剂。

毒性　大鼠经口 LD_{50}：7600mg/kg；小鼠经口 LD_{50}：4100mg/kg；大鼠吸入 LC_{50}：110mg/m^3。

中毒表现　中毒表现有：口腔、胃烧灼感，口渴、恶心、呕吐、腹泻、腹痛、头晕、眩晕、兴奋、尿痛，尿检有蛋白、红细胞、管型。对眼和皮肤有轻度刺激性。对呼吸道和皮肤有致敏性。

侵入途径　吸入、食入。

环境危害　对水生生物有毒，可能在水生环境中造成长期不利影响。

理化特性与用途

理化特性　淡黄色或棕色透明固体，质硬而脆，有轻微松节油气味。不溶于水。熔点100~150℃，沸点>300℃，相对密度(水=1)1.07，闪点180℃，最小点火能10mJ。

主要用途　重要的化工原料，广泛应用于肥皂、造纸、油漆和涂料、油墨、黏合剂、橡胶、电气、食品等工业部门。

包装与储运

安全储运　储存于阴凉、通风的库房。远离火种、热源。保持容器密闭。应与强氧化剂等隔离储运。搬运时轻装轻卸，防止容器受损。

紧急处置信息

急救措施

吸入：迅速脱离现场至空气新鲜处。保持呼吸道通畅。如呼吸困难，给输氧。呼吸、心跳停止，立即进行心肺复苏术。就医。

眼睛接触：立即分开眼睑，用流动清水或生理盐水彻底冲洗。就医。

皮肤接触：立即脱去污染的衣着，用流动清水彻底冲洗。就医。

食入：漱口，饮水。就医。

灭火方法　消防人员须穿全身消防服，佩戴空气呼吸器，在上风向灭火。尽可能将容器从火场移至空旷处。喷水保持火场容器冷却，直至灭火结束。

灭火剂：雾状水、泡沫、二氧化碳、干粉、沙土。

泄漏应急处置　隔离泄漏污染区，限制出入。消除所有点火源。建议应急处理人员戴防尘口罩，穿防静电服。禁止接触或跨越泄漏物。用洁净的铲子收集泄漏物，置于干净、干燥、盖子较松的容器中，将容器移离泄漏区。

723. 酸性紫 49

标　识

中文名称　酸性紫 49

英文名称　Benzyl violet 4B; α-(4-(4-Dimethylamino-α-(4-(ethyl(3-sodiosulphonatobenzyl)amino) phenyl)benzylidene)cyclohexa-2,5-dienylidene(ethyl)ammonio)toluene-3-sulphonate; Acid Violet 49

别名　*N*-(4-((4-(二甲氨基)苯基)(4-(乙基((3-磺基苯基)甲基)氨基)苯基)亚甲基)-2, 5-亚环己二烯基)-*N*-乙基-3-磺基苯甲铵内盐钠盐

分子式　$C_{39}H_{41}N_3O_6S_2 \cdot Na$

CAS 号　1694-09-3

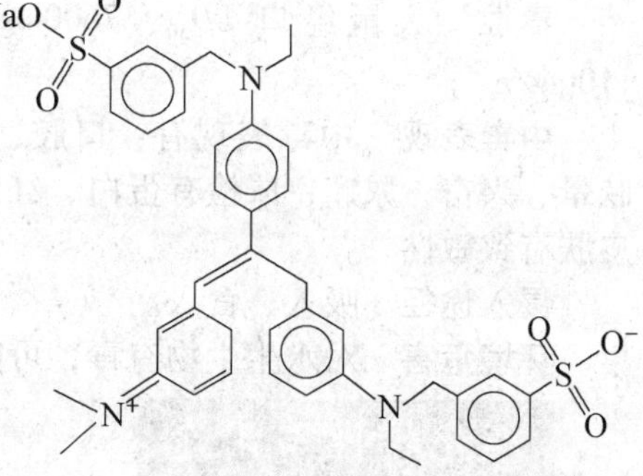

危害信息

燃烧与爆炸危险性　遇明火、高热可能引起燃烧。燃烧或受热分解产生有毒或刺激性烟气。

禁忌物　强氧化剂、强碱。

毒性　IARC 致癌性评论：G2B，可疑人类致癌物。

欧盟法规 1272/2008/EC 将本品列为第 2 类致癌物——可疑的人类致癌物。

侵入途径　吸入、食入。

理化特性与用途

理化特性　深藏青色粉末。溶于水，溶于乙醇，不溶于植物油。熔点 245~250℃。

主要用途　适用于羊毛、蚕丝的染色以及羊毛、蚕丝、锦纶、黏胶织物的直接印花。还可用于皮革、纸张、电化铝、肥皂、墨水和食品的着色。也可以制成颜料。

包装与储运

安全储运　储存于阴凉、通风的库房。远离火种、热源。保持容器密闭。应与强氧化剂等隔离储运 。搬运时轻装轻卸，防止容器受损。

紧急处置信息

急救措施

吸入：迅速脱离现场至空气新鲜处。保持呼吸道通畅。如呼吸困难，给输氧。呼吸、心跳停止，立即进行心肺复苏术。就医。

眼睛接触：立即分开眼睑，用流动清水或生理盐水彻底冲洗。就医。

皮肤接触：立即脱去污染的衣着，用肥皂水和清水彻底冲洗。就医。

食入：漱口，饮水。就医。

泄漏应急处置　隔离泄漏污染区，限制出入。建议应急处理人员戴防尘口罩，穿一般防酸碱工作服。尽可能切断泄漏源。用塑料布覆盖泄漏物，减少飞散。勿使水进入包装容器内。

用洁净的铲子收集泄漏物，置于干净、干燥、盖子较松的容器中，将容器移离泄漏区。

724. N-羧甲基-N-(2-(2-羟基乙氧基)乙基)氨基乙酸二钠

标　识

中文名称　N-羧甲基-N-(2-(2-羟基乙氧基)乙基)氨基乙酸二钠

英文名称　Disodium N-carboxymethyl-N-(2-(2-hydroxyethoxy)ethyl)glycinate

分子式　$C_8H_{15}NO_6 \cdot 2Na$

CAS 号　92511-22-3

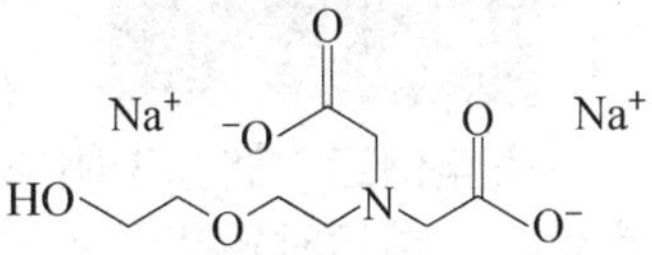

Na+ ⁻O O Na+ HO O N O⁻

危害信息

禁忌物　强氧化剂、强酸。

中毒表现　眼接触可造成严重眼损害。

侵入途径　吸入、食入。

理化特性与用途

理化特性　医药原料。

包装与储运

安全储运　储存于阴凉、通风的库房。远离火种、热源。保持容器密闭。应与强氧化剂等隔离储运 。搬运时轻装轻卸，防止容器受损。

紧急处置信息

急救措施

吸入：迅速脱离现场至空气新鲜处。保持呼吸道通畅。如呼吸困难，给输氧。呼吸、心跳停止，立即进行心肺复苏术。就医。

眼睛接触：立即分开眼睑，用流动清水或生理盐水彻底冲洗 10~15min。就医。

皮肤接触：立即脱去污染的衣着，用流动清水彻底冲洗。就医。

食入：漱口，饮水。就医。

725. 钛酸钡

标　识

中文名称　钛酸钡

英文名称　Barium titanium trioxide ; Barium titanate

分子式　$BaTiO_3$

CAS 号　12047-27-7

O Ba Ti=O O

危害信息

燃烧与爆炸危险性 不燃。受热分解放出有毒气体。

禁忌物 强酸。

毒性 大鼠经口 LD_{50}：>12g/kg 。

侵入途径 吸入、食入。

理化特性与用途

理化特性 白色或灰白色粉末。不溶于水。熔点 1625℃，相对密度(水=1)6.08。

主要用途 用于陶瓷电容器和电子部件。

包装与储运

安全储运 储存于阴凉、通风的库房。远离火种、热源。保持容器密闭。与强酸等隔离储存。搬运时轻装轻卸，防止容器受损。

紧急处置信息

急救措施

吸入：迅速脱离现场至空气新鲜处。保持呼吸道通畅。如呼吸困难，给输氧。呼吸、心跳停止，立即进行心肺复苏术。就医。

眼睛接触：立即分开眼睑，用流动清水或生理盐水彻底冲洗。就医。

皮肤接触：立即脱去污染的衣着，用肥皂水和清水彻底冲洗。就医。

食入：漱口，饮水。就医。

灭火方法 消防人员须穿全身消防服，佩戴空气呼吸器，在上风向灭火。尽可能将容器从火场移至空旷处。喷水保持火场容器冷却，直至灭火结束。

本品不燃，根据着火原因选择适当灭火剂灭火。

泄漏应急处置 隔离泄漏污染区，限制出入。消除所有点火源。建议应急处理人员戴防毒面具,穿防腐蚀服。尽可能切断泄漏源。用塑料布覆盖泄漏物，减少飞散。勿使水进入包装容器内。用洁净的铲子收集泄漏物，置于干净、干燥、盖子较松的容器中，将容器移离泄漏区。

726. 碳酸钙

标　识

中文名称 碳酸钙

英文名称 Calcium carbonate；Carbonic acid calcium salt

别名 石灰石

分子式 $CaCO_3$

CAS 号 471-34-1

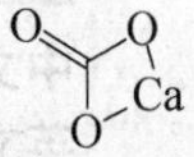

危害信息

燃烧与爆炸危险性 不燃，无特殊燃爆特性。

禁忌物 强酸。

毒性 大鼠经口 LD_{50}：6450mg/kg。

中毒表现 对眼和皮肤有刺激性。从事开采加工的工人常出现上呼吸道炎症、支气管炎，可伴有肺气肿。X线胸片上出现淋巴结钙化，肺纹理增强。作业工人患尘肺主要与本品中所含有二氧化硅杂质有关。

侵入途径 吸入、食入

理化特性与用途

理化特性 白色晶体或粉末。熔点825℃，沸点(分解)，相对密度(水=1)2.7~2.9。

主要用途 用于制水泥、陶瓷、石灰、钙盐、牙膏、染料、颜料、矿泉水、人造石、油灰、中和剂、催化剂、填料、医药品等。

包装与储运

安全储运 储存于阴凉、通风的库房。应与酸类等隔离储运。

紧急处置信息

急救措施

吸入：迅速脱离现场至空气新鲜处。保持呼吸道通畅。如呼吸困难，给输氧。呼吸、心跳停止，立即进行心肺复苏术。就医。

眼睛接触：立即分开眼睑，用流动清水或生理盐水彻底冲洗。就医。

皮肤接触：立即脱去污染的衣着，用流动清水彻底冲洗。就医。

食入：漱口，饮水。就医。

灭火方法 尽可能将容器从火场移至空旷处。

本品不燃，根据着火原因选择适当灭火剂灭火。

泄漏应急处置 隔离泄漏污染区，限制出入。建议应急处理人员戴防尘口罩，穿一般作业工作服。尽可能切断泄漏源。用塑料布覆盖泄漏物，减少飞散。勿使水进入包装容器内。用洁净的铲子收集泄漏物，置于干净、干燥、盖子较松的容器中，将容器移离泄漏区。

727. 碳酸镉

标 识

中文名称 碳酸镉

英文名称 Cadmium carbonate

分子式 $CdCO_3$

CAS 号 513-78-0

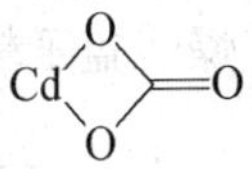

危害信息

燃烧与爆炸危险性 不燃。遇热分解放出有毒气体。

禁忌物 强酸。

毒性 大鼠经口 LD_{50}：438mg/kg；小鼠经口 LD_{50}：310mg/kg；大鼠吸入 $LCLo$：203mg/m^3(2h)。

IARC 致癌性评论：G1，确认人类致癌物。

中毒表现 急性中毒：吸入含镉烟雾后出现呼吸道刺激、寒战、发热等类似金属烟雾热的症状，可发生化学性肺炎、肺水肿；误服后出现急剧的胃肠刺激，有恶心、呕吐、腹泻、腹痛、里急后重、全身乏力、肌肉疼痛和虚脱等。

慢性中毒：慢性中毒以肾功能损害(蛋白尿)为主要表现；少数可发生骨骼病变；其次还有缺铁性贫血、嗅觉减退或丧失、肺部损害等。

侵入途径 吸入、食入。

职业接触限值 中国：PC-TWA 0.01mg/m^3，PC-STEL 0.02mg/m^3[按 Cd 计][G1]。

美国(ACGIH)：TLV-TWA 0.01mg/m^3，0.002mg/m^3[呼吸性][按 Cd 计]。

环境危害 对水生生物有极高毒性，可能在水生环境中造成长期不利影响。

理化特性与用途

理化特性 白色六角形结晶或粉末。不溶于水，溶于浓铵盐溶液、稀酸。熔点 357℃，分解温度>357℃，相对密度(水=1)4.26。

主要用途 用于制造涤纶的中间体和绝缘材料。用作玻璃色素的助熔剂，有机反应的催化剂、塑料增塑剂和稳定剂，以及生产镉盐的原料。

包装与储运

包装标志 杂项

包装类别 Ⅲ类

安全储运 储存于阴凉、通风的库房。保持容器密闭。与强酸隔离储存。搬运时轻装轻卸，防止容器受损。

紧急处置信息

急救措施

吸入：迅速脱离现场至空气新鲜处。保持呼吸道通畅。如呼吸困难，给输氧。呼吸、心跳停止，立即进行心肺复苏术。就医。

眼睛接触：立即分开眼睑，用流动清水或生理盐水彻底冲洗。就医。

皮肤接触：立即脱去污染的衣着，用流动清水彻底冲洗。就医。

食入：漱口，饮水。就医。

灭火方法 消防人员须穿全身防火防毒服，佩戴正压自给式呼吸器，在上风向灭火。尽可能将容器从火场移至空旷处。喷水保持火场容器冷却，直至灭火结束。

本品不燃，根据着火原因选择适当灭火剂灭火。

泄漏应急处置 隔离泄漏污染区，限制出入。建议应急处理人员戴防尘口罩，穿防毒服。穿上适当的防护服前严禁接触破裂的容器和泄漏物。尽可能切断泄漏源。用塑料布覆盖泄漏物，减少飞散。勿使水进入包装容器内。用洁净的铲子收集泄漏物，置于干净、干燥、盖子较松的容器中，将容器移离泄漏区。

728. 碳酸铬

标　识

中文名称 碳酸铬

英文名称 Dichromium tricarbonate

分子式 $Cr_2(CO_3)_3$

CAS 号 6449-00-9

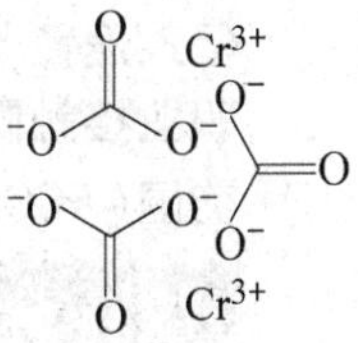

危害信息

禁忌物 强酸。

中毒表现 对呼吸道和皮肤有致敏性。

侵入途径 吸入、食入。

职业接触限值 美国(ACGIH)：TLV-TWA 0.5mg/m^3。

理化特性与用途

理化特性 固体。不溶于水，溶于酸、强碱溶液。

主要用途 用于制铬盐。

包装与储运

安全储运 储存于阴凉、通风的库房。远离火种、热源。保持容器密闭。应与氧化剂等隔离储运。

紧急处置信息

急救措施

吸入：迅速脱离现场至空气新鲜处。保持呼吸道通畅。如呼吸困难，给输氧。呼吸、心跳停止，立即进行心肺复苏术。就医。

眼睛接触：立即分开眼睑，用流动清水或生理盐水彻底冲洗。就医。

皮肤接触：立即脱去污染的衣着，用流动清水彻底冲洗。就医。

食入：漱口，饮水。就医。

泄漏应急处置 隔离泄漏污染区，限制出入。建议应急处理人员戴防尘口罩，穿防毒服，戴橡胶手套。穿上适当的防护服前严禁接触破裂的容器和泄漏物。尽可能切断泄漏源。用塑料布覆盖泄漏物，减少飞散。勿使水进入包装容器内。用洁净的铲子收集泄漏物，置于干净、干燥、盖子较松的容器中，将容器移离泄漏区。

729. 碳酸锰（Ⅱ）

标　识

中文名称 碳酸锰（Ⅱ）

英文名称 Manganese carbonate；Manganous carbonate

别名 碳酸亚锰

分子式 $MnCO_3$

CAS 号 598-62-9

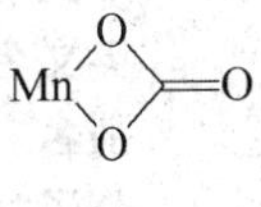

危害信息

燃烧与爆炸危险性 不燃。受热分解放出有毒和腐蚀性的烟雾。

禁忌物 酸类。

侵入途径 吸入、食入。

职业接触限值 中国：PC-TWA 0.15mg/m^3［按 MnO_2 计］。

美国(ACGIH)：TLV-TWA 0.2mg/m^3［按 Mn 计］。

理化特性与用途

理化特性 白色至粉色结晶或粉末。不溶于水，不溶于乙醇、氨，溶于稀无机酸。熔点>200℃(分解)，相对密度(水=1)3.7，饱和蒸气压 0.47mPa(25℃)，辛醇/水分配系数 -1.32。

主要用途 制造电信器材软磁铁氧体、合成二氧化锰和制造其他锰盐的原料。用作脱硫的催化剂，瓷釉、涂料和清漆的颜料。也用作肥料和饲料添加剂。用于医药，电焊条辅料等，用作生产电解金属锰的原料。

包装与储运

安全储运 储存于阴凉、通风的库房。远离火种、热源。保持容器密闭。应与氧化剂、酸类等隔离储运。

紧急处置信息

急救措施

吸入：脱离接触。如有不适感，就医。

眼睛接触：分开眼睑，用流动清水或生理盐水冲洗。如有不适感，就医。

皮肤接触：脱去污染的衣着，用流动清水冲洗。如有不适感，就医。

食入：漱口，饮水。就医。

灭火方法 消防人员须穿全身防火防毒服，佩戴正压自给式呼吸器，在上风向灭火。尽可能将容器从火场移至空旷处。喷水保持火场容器冷却，直至灭火结束。尽可能将容器从火场移至空旷处。

本品不燃，根据着火原因选择适当灭火剂灭火。

泄漏应急处置 隔离泄漏污染区，限制出入。消除所有点火源。建议应急处理人员戴防尘口罩，穿防护服。尽可能切断泄漏源。用塑料布覆盖泄漏物，减少飞散。勿使水进入包装容器内。用洁净的铲子收集泄漏物，置于干净、干燥、盖子较松的容器中，将容器移离泄漏区。

730. 碳酸氢铵

标　识

中文名称 碳酸氢铵

英文名称 Ammonium bicarbonate；Ammonium hydrogencarbonate

别名 酸式碳酸铵

分子式 NH_4HCO_3

CAS 号 1066-33-7

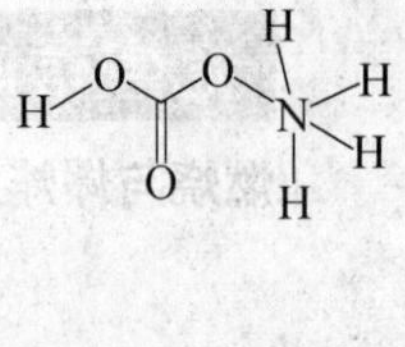

危害信息

燃烧与爆炸危险性 不燃，无特殊燃爆特性。受热分解产生有毒的烟气。

禁忌物 强氧化剂、强酸。

毒性 大鼠经口 LD_{50}：1576mg/kg。

中毒表现 刺激眼和呼吸道，引起咳嗽、咽痛；眼发红、疼痛。

侵入途径 吸入、食入、经皮吸收。

理化特性与用途

理化特性 白色单斜或斜方晶体，有氨样气味。溶于水，不溶于乙醇、丙酮、苯。pH 值 8(50g/L 水)，熔点 35~60℃(分解)，相对密度(水=1)1.58，相对蒸气密度(空气=1)2.7，饱和蒸气压 7.85kPa(25℃)。

主要用途 用于制氨盐、灭火剂、除脂剂、药物、发酵粉。

包装与储运

安全储运 储存于阴凉、通风的库房。远离火种、热源。保持容器密闭。应与酸类等隔离储运 。搬运时轻装轻卸，防止容器受损。

紧急处置信息

急救措施

吸入：迅速脱离现场至空气新鲜处。保持呼吸道通畅。如呼吸困难，给输氧。呼吸、心跳停止，立即进行心肺复苏术。就医。

眼睛接触：立即分开眼睑，用流动清水或生理盐水彻底冲洗。就医。

皮肤接触：立即脱去污染的衣着，用肥皂水和清水彻底冲洗。就医。

食入：漱口，饮水。就医。

灭火方法 消防人员必须穿全身耐酸碱消防服，佩戴空气呼吸器灭火。尽可能将容器从火场移至空旷处。喷水保持火场容器冷却，直至灭火结束。

本品不燃，根据着火原因选择适当灭火剂灭火。

泄漏应急处置 隔离泄漏污染区，限制出入。建议应急处理人员戴防尘口罩，穿防毒服。尽可能切断泄漏源。用塑料布覆盖泄漏物，减少飞散。勿使水进入包装容器内。用洁净的铲子收集泄漏物，置于干净、干燥、盖子较松的容器中，将容器移离泄漏区。

731. 碳酸氢钾

标　识

中文名称 碳酸氢钾

英文名称 Potassium bicarbonate；Potassium hydrogencarbonate

别名 重碳酸钾；酸式碳酸钾

分子式 $KHCO_3$

CAS 号 298-14-6

O
K⁺
HO　O⁻

危害信息

燃烧与爆炸危险性 不燃，无特殊燃爆特性。受热分解产生有毒或刺激性烟气。

禁忌物 酸类。

毒性 大鼠经口 LD_{50}：>2000mg/kg。

中毒表现 对眼睛、皮肤、黏膜有刺激作用。

侵入途径 吸入、食入。

理化特性与用途

理化特性 白色结晶或粉末。溶于水。熔点(分解)，相对密度(水=1)2.17，pH 值 8.2(0.1mol/L 溶液)。

主要用途 医药及制纯碳酸钾用。用于生产碳酸钾、醋酸钾、亚砷酸钾。也用于叶面喷施以及用作石油和化学品之灭火剂 。

包装与储运

安全储运 储存于阴凉、通风的库房。远离火种、热源。保持容器密闭。应与酸类等隔离储运。

紧急处置信息

急救措施

吸入：迅速脱离现场至空气新鲜处。保持呼吸道通畅。如呼吸困难，给输氧。呼吸、心跳停止，立即进行心肺复苏术。就医。

眼睛接触：立即分开眼睑，用流动清水或生理盐水彻底冲洗。就医。

皮肤接触：立即脱去污染的衣着，用流动清水彻底冲洗。就医。

食入：漱口，饮水。就医。

灭火方法 消防人员穿全身消防服，佩戴空气呼吸器，在上风向灭火。尽可能将容器从火场移至空旷处。喷水保持火场容器冷却，直至灭火结束。

本品不燃，根据着火原因选择适当灭火剂灭火。

泄漏应急处置 隔离泄漏污染区，限制出入。建议应急处理人员戴防尘口罩，穿一般作业工作服。尽可能切断泄漏源。用塑料布覆盖泄漏物，减少飞散。勿使水进入包装容器内。用洁净的铲子收集泄漏物，置于干净、干燥、盖子较松的容器中，将容器移离泄漏区。

732. 羰基氟

标　识

中文名称 羰基氟

英文名称 Carbonyl fluoride；Carbonyl difluoride；Fluorophosgene

别名 氟化碳酰；碳酰氟；氟光气

分子式 CF_2O

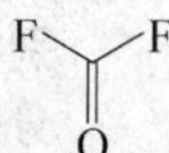

CAS 号 353-50-4

铁危编号 23035

UN号 2417

危害信息

危险性类别 第2.3类 有毒气体

燃烧与爆炸危险性 不燃，无特殊燃爆特性。受热分解产生有毒气体。遇水或潮湿空气分解放出有毒和腐蚀性气体。具有强腐蚀性。

禁忌物 强氧化剂、水蒸气。

毒性 大鼠吸入 LC_{50}：360ppm(1h)。

中毒表现 吸入气体产生咽部不适、咳嗽、呼吸困难等，经数小时至十几小时潜伏期后发生肺水肿。皮肤接触液化气可发生冻伤，眼接触发生严重深度灼伤。

侵入途径 吸入。

职业接触限值 中国：PC-TWA 5mg/m^3，PC-STEL 10mg/m^3。

美国(ACGIH)：TLV-TWA 2ppm，TLV-STEL 5ppm。

理化特性与用途

理化特性 无色气体，具有强烈的刺激性气味，有吸湿性。遇水分解。溶于乙醇。熔点-114℃，沸点-83℃，相对密度(水=1)1.39(-190℃)，相对蒸气密度(空气=1)2.3，饱和蒸气压5918.5kPa(25℃)。

主要用途 用于有机合成，生产氟塑料，用作军用毒气等。

包装与储运

包装标志 有毒气体，腐蚀品。

安全储运 储存于阴凉、通风的库房或大型气柜。远离火源和热源。储存温度不超过30℃，相对湿度不超过75%。储存时，应与氧化剂、醇类隔离。运输时防止雨淋、曝晒。搬运时轻装轻卸，须戴好钢瓶安全帽和防震橡皮圈，防止钢瓶撞击。

紧急处置信息

急救措施

吸入：迅速脱离现场至空气新鲜处。保持呼吸道通畅。如呼吸困难，给输氧。呼吸、心跳停止，立即进行心肺复苏术。就医。

眼睛接触：立即分开眼睑，用流动清水或生理盐水彻底冲洗10~15min。就医。

皮肤接触：如发生冻伤，用温水(38~42℃)复温，忌用热水或辐射热，不要揉搓。就医。

灭火方法 消防人员必须佩戴正压自给式呼吸器，穿全身防火防毒服，在上风向灭火。迅速切断气源，用水喷淋保护切断气源的人员，然后根据着火原因选择适当灭火剂灭火。尽可能将容器从火场移至空旷处。喷水保持火场容器冷却，直至灭火结束。

泄漏应急处置 根据气体的影响区域划定警戒区，无关人员从侧风、上风向撤离至安全区。建议应急处理人员穿内置正压自给式呼吸器的全封闭防化服。如果是液化气体泄漏，还应注意防冻伤。禁止接触或跨越泄漏物。尽可能切断泄漏源。防止气体通过下水道、通风系统和有限空间扩散。若可能翻转容器，使之逸出气体而非液体。喷雾状水抑制蒸气或改变蒸气云流向，避免水流接触泄漏物。禁止用水直接冲击泄漏物或泄漏源。隔离泄漏区，合理通风，直至气体散尽。

733. 羰基硫

标　识

中文名称　羰基硫

英文名称　Carbonyl sulfide；Carbon oxide sulfide；Carbon oxysulfide

别名　氧硫化碳；硫化碳酰；硫化羰

分子式　COS

S═C═O

CAS 号　463-58-1

铁危编号　23033

UN 号　2204

危害信息

危险性类别　第 2.3 类　有毒气体

燃烧与爆炸危险性　易燃。与空气混合能形成爆炸性混合物。遇水产生有毒气体 。在火场中，容器受热有开裂或爆炸的危险。

活性反应　与氧化剂接触发生猛烈反应。遇水或水蒸气反应。

禁忌物　强氧化剂、碱类。

毒性　大鼠吸入 LC_{50}：2270mg/m^3。

中毒表现　本品对肺有轻微刺激性，主要作用于中枢神经系统，严重中毒时可引起抽搐，乃至发生呼吸麻痹而死亡。

侵入途径　吸入。

理化特性与用途

理化特性　无色气体，具有硫化物的气味。微溶于水，溶于乙醇、甲苯，易溶于氢氧化钾、二硫化碳。熔点-138.8℃，沸点-50.2℃，相对密度(水=1)1.24(-87℃)，相对蒸气密度(空气=1)2.1(20℃)，饱和蒸气压 1201.5kPa(21℃)，临界温度 105℃，临界压力 5.95MPa，辛醇/水分配系数-1.33，爆炸下限 12%，爆炸上限 29% 。

主要用途　合成含硫的有机化合物。

包装与储运

包装标志　有毒气体，易燃气体

安全储运　储存于阴凉、通风的有毒气体专用库房。远离火源和热源。储存温度不超过 30℃。储存时，应与氧化剂、强碱隔离。禁止使用易产生火花的机械设备和工具。运输时防止雨淋、曝晒。搬运时轻装轻卸，须戴好钢瓶安全帽和防震橡皮圈，防止钢瓶撞击。

紧急处置信息

急救措施

吸入：迅速脱离现场至空气新鲜处。保持呼吸道通畅。如呼吸困难，给输氧。呼吸、心跳停止，立即进行心肺复苏术。就医。

灭火方法　消防人员必须佩戴空气呼吸器、穿全身防火防毒服，在上风向灭火。迅速切断气源。用水喷淋保护切断气源的人员。尽可能将容器从火场移至空旷处。喷水保持火场容器冷却，直至灭火结束。

灭火剂：干粉、二氧化碳。

泄漏应急处置 消除所有点火源。根据气体扩散的影响区域划定警戒区，无关人员从侧风、上风向撤离至安全区。建议应急处理人员穿内置正压自给式呼吸器的全封闭防化服。作业时使用的所有设备应接地。禁止接触或跨越泄漏物。尽可能切断泄漏源。喷雾状水抑制蒸气或改变蒸气云流向，避免水流接触泄漏物。禁止用水直接冲击泄漏物或泄漏源。防止气体通过下水道、通风系统和有限空间扩散。隔离泄漏区，合理通风，直至气体散尽。

734. 锑

标识

中文名称 锑

英文名称 Antimony

分子式 Sb

CAS 号 7440-36-0

铁危编号 61505

UN 号 2871

危害信息

危险性类别 第 6 类 有毒品

燃烧与爆炸危险性 遇明火、高热可燃。粉体与空气可形成爆炸性混合物，当达到一定浓度时，遇火星会发生爆炸。在火场中容器受热有爆炸的危险。与氧化剂剧烈反应有引起着火和爆炸的危险。

禁忌物 强氧化剂。

毒性 大鼠经口 LD_{50}：100mg/kg；人吸入 *TCLo*：13.5mg/m^3(4h)。

中毒表现 锑对黏膜有刺激作用，可引起内脏损害。

急性中毒：接触较高浓度引起化学性结膜炎、鼻炎、咽炎、喉炎、支气管炎、肺炎。口服引起急性胃肠炎。全身症状有疲乏无力、头晕、头痛、四肢肌肉酸痛。可引起心、肝、肾损害。

慢性影响：常出现头痛、头晕、易兴奋、失眠、乏力、胃肠功能紊乱、黏膜刺激症状。可引起鼻中隔穿孔；在锑冶炼过程中可引起锑尘肺；对皮肤有明显的刺激作用和致敏作用。

侵入途径 吸入、食入。

职业接触限值 中国：PC-TWA 0.5mg/m^3[按 Sb 计]。

美国(ACGIH)：TLV-TWA 0.5mg/m^3。

理化特性与用途

理化特性 银灰色有光泽的金属或深灰色有光泽的粉末。不溶于水，熔点 630℃，沸点 1635℃，相对密度(水=1)6.7，饱和蒸气压 0.133kPa(886℃)。

主要用途 用于制造合金、半导体、蓄电池等。

包装与储运

包装标志 有毒品

包装类别 Ⅱ类

安全储运 储存于阴凉、通风的库房。远离火种、热源。储存温度不超过35℃，相对湿度不超过80%。保持容器密封。应与强氧化剂、酸类等隔离储运。搬运时轻装轻卸，防止容器受损

紧急处置信息

急救措施

吸入：迅速脱离现场至空气新鲜处。保持呼吸道通畅。如呼吸困难，给输氧。呼吸、心跳停止，立即进行心肺复苏术。就医。

眼睛接触：立即分开眼睑，用流动清水或生理盐水彻底冲洗。就医。

皮肤接触：立即脱去污染的衣着，用流动清水彻底冲洗。就医。

食入：漱口，饮水。就医。

灭火方法 消防人员必须佩戴正压自给式呼吸器，穿全身防火防毒服，在上风向灭火。尽可能将容器从火场移至空旷处。喷水保持火场容器冷却，直至灭火结束。禁止用二氧化碳和酸碱灭火剂灭火。

灭火剂：干粉、干沙。

泄漏应急处置 隔离泄漏污染区，限制出入。建议应急处理人员戴防尘口罩，穿一般作业工作服。尽可能切断泄漏源。用塑料布覆盖泄漏物，减少飞散。勿使水进入包装容器内。用洁净的铲子收集泄漏物，置于干净、干燥、盖子较松的容器中，将容器移离泄漏区。

735. 添加剂 O

标　识

中文名称 添加剂 O

英文名称 2,4-Di-tert-butylphenyl 3,5-Di-tert-butyl-4-hydroxybenzoate；UV-120

别名 3，5-二叔丁基-4-羟基苯甲酸-2，4-二叔丁基苯酯；光稳定剂120

分子式 $C_{29}H_{42}O_3$

CAS 号 4221-80-1

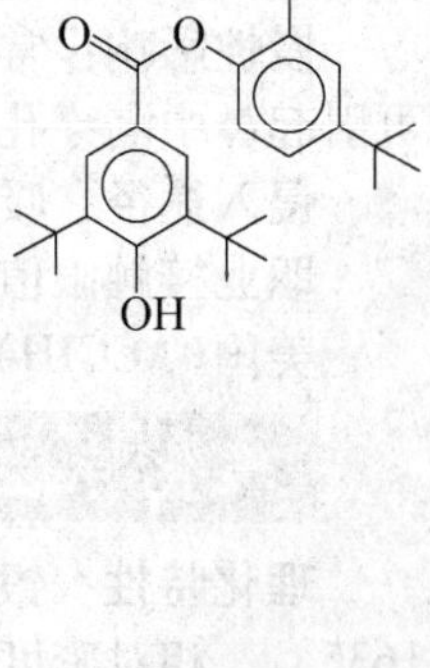

O O

OH

危害信息

燃烧与爆炸危险性 遇明火、高热可燃。燃烧或受热分解产生有毒的气体。

禁忌物 强氧化剂。

侵入途径 吸入、食入。

理化特性与用途

理化特性 白色结晶粉末。不溶于水，不溶于乙醇，溶于甲苯、乙酸乙酯。熔点195~197℃，沸点521.3℃，相对密度(水=1)1.001 。

主要用途 用作聚乙烯、聚氯乙烯、聚丙烯、ABS 树脂、不饱和聚酯、聚甲醛等的紫外线吸收剂。

包装与储运

安全储运 储存于阴凉、通风的库房。远离火种、热源。保持容器密闭。应与氧化剂等隔离储运 。搬运时轻装轻卸，防止容器受损。

紧急处置信息

急救措施

吸入：脱离接触。如有不适感，就医。

眼睛接触：分开眼睑，用流动清水或生理盐水冲洗。如有不适感，就医。

皮肤接触：脱去污染的衣着，用流动清水冲洗。如有不适感，就医。

食入：漱口，饮水。就医。

灭火方法 消防人员须佩戴防毒面具，穿全身消防服，在上风向灭火。尽可能将容器从火场移至空旷处。喷水保持火场容器冷却，直至灭火结束。

灭火剂：雾状水、泡沫、干粉、二氧化碳、沙土。

泄漏应急处置 隔离泄漏污染区，限制出入。消除所有点火源。建议应急处理人员戴防尘口罩，穿一般作业防护服。尽可能切断泄漏源。用塑料布覆盖泄漏物，减少飞散。勿使水进入包装容器内。用洁净的铲子收集泄漏物，置于干净、干燥、盖子较松的容器中，将容器移离泄漏区。

736. 甜菜宁

标　识

中文名称 甜菜宁

英文名称 Phenmedipham；Methyl *m*-hydroxycarbanilate *m*-methylcarbanilate；Methyl 3-(3-methylcarbaniloyloxy) carbanilate

别名 3-(3-甲基苯基氨基甲酰氧基)苯基氨基甲酸甲酯

分子式 $C_{16}H_{16}N_2O_4$

CAS 号 13684-63-4

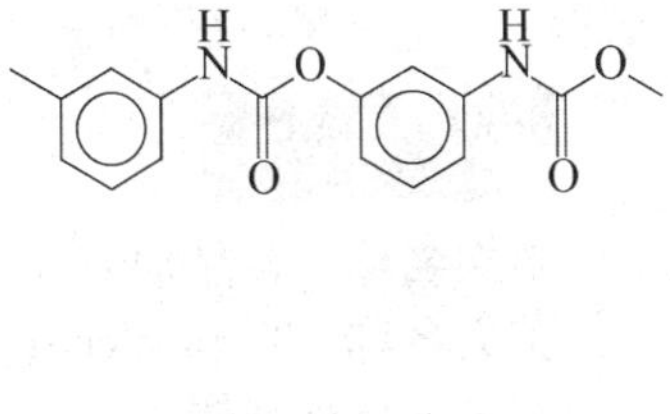

危害信息

燃烧与爆炸危险性 遇明火高热可能引起燃烧。燃烧产生有毒的氮氧化物气体。

禁忌物 强氧化剂

毒性 大鼠经口 LD_{50}：4g/kg；小鼠经口 LD_{50}：>8g/kg ；大鼠经皮 LD_{50}：>500mg/kg；兔经皮 LD_{50}：10 mL/kg。

中毒表现 大量口服可引起中毒。对皮肤有较强的刺激性，可引起接触性皮炎。

侵入途径 吸入、食入、经皮吸收。

环境危害 对水生生物有极高毒性，可能在水生环境中造成长期不利影响。

理化特性与用途

理化特性 无色结晶或白色粉末。不溶于水，溶于极性有机溶剂。熔点 143 ~ 144℃，密度 0.25 ~ 0.3g/cm^3，饱和蒸气压 1.3nPa（25℃），辛醇/水分配系数 3.59，闪点 74℃（闭杯）。

主要用途 苗后除草剂。用于甜菜、草莓等作物防除阔叶杂草。

包装与储运

包装标志 杂项

包装类别 Ⅲ类

安全储运 储存于阴凉、通风的库房。远离火种、热源。保持容器密闭。应与强氧化剂等隔离储运 。搬运时轻装轻卸，防止容器受损。

紧急处置信息

急救措施

吸入：迅速脱离现场至空气新鲜处。保持呼吸道通畅。如呼吸困难，给输氧。呼吸、心跳停止，立即进行心肺复苏术。就医。

眼睛接触：立即分开眼睑，用流动清水或生理盐水彻底冲洗。就医。

皮肤接触：立即脱去污染的衣着，用肥皂水和清水彻底冲洗。就医。

食入：漱口，饮水。就医。

灭火方法 消防人员须穿全身消防服，佩戴正压自给式呼吸器，在上风向灭火。尽可能将容器从火场移至空旷处。喷水保持火场容器冷却，直至灭火结束。

灭火剂：雾状水、泡沫、二氧化碳、干粉、沙土。

泄漏应急处置 隔离泄漏污染区，限制出入。建议应急处理人员戴防尘口罩，穿防毒服。穿上适当的防护服前严禁接触破裂的容器和泄漏物。尽可能切断泄漏源。用塑料布覆盖泄漏物，减少飞散。勿使水进入包装容器内。用洁净的铲子收集泄漏物，置于干净、干燥、盖子较松的容器中，将容器移离泄漏区。

737. 萜品油烯

标　识

中文名称 萜品油烯

英文名称 Terpinolene；*p*-Mentha-1,4(8)-diene ；4-Isopropylidene-1-methylcyclohexene

别名 异松油烯

分子式 $C_{10}H_{16}$

CAS 号 586-62-9

铁危编号 32141

UN 号 2541

危害信息

危险性类别 第 3 类 易燃液体

燃烧与爆炸危险性 遇明火、高热易燃。其蒸气与空气混合，能形成爆炸性混合物，遇明火、高热能引起燃烧爆炸。其蒸气比空气重，能沿地面传播到相当远处，遇点火源引燃并发生回燃。受热或在火场中，可能发生爆炸性的聚合。若遇高热，容器内压增大，有开裂和爆炸的危险。

活性反应 与氧化剂可发生反应。

禁忌物 强氧化剂。

毒性 大鼠经口 LD_{50}：4390mg/kg；兔经皮 LD_{50}：>5 mL/kg 。

中毒表现 吞食本品引起腹痛、呕吐、腹泻、心动过速、呼吸困难、蛋白尿、无尿、瞻妄、昏迷。呕吐可引发吸入性肺炎。

侵入途径 吸入、食入。

理化特性与用途

理化特性 无色至浅琥珀色透明油状液体，有松木的芳香气味。不溶于水，混溶于乙醇、乙醚，溶于苯、氯仿、乙二醇。沸点 185℃，相对密度(水=1)0.8623(20℃/4℃)，相对蒸气密度(空气=1)4.7，饱和蒸气压 98.8Pa(24℃)，辛醇/水分配系数 4.47，闪点 37.2℃(闭杯)。

主要用途 用作香料的原料、树脂等的溶剂，也用于制造塑料和树脂。

包装与储运

包装标志 易燃液体

包装类别 Ⅲ类

安全储运 储存于阴凉、通风的库房。远离火种、热源。库温不宜超过 37℃。保持容器密闭。应与氧化剂等隔离储运。采用防爆型照明、通风设施。禁止使用易产生火花的机械设备和工具。搬运时轻装轻卸，防止容器受损 。

紧急处置信息

急救措施

吸入：迅速脱离现场至空气新鲜处。保持呼吸道通畅。如呼吸困难，给输氧。呼吸、心跳停止，立即进行心肺复苏术。就医。

眼睛接触：立即分开眼睑，用流动清水或生理盐水彻底冲洗。就医。

皮肤接触：立即脱去污染的衣着，用肥皂水和清水彻底冲洗。就医。

食入：漱口，饮水。不要催吐。就医。

灭火方法 消防人员须佩戴正压自给式呼吸器，穿全身消防服，在上风向灭火。尽可能将容器从火场移至空旷处。喷水保持火场容器冷却，直至灭火结束。处在火场中的容器若已变色或从安全泄压装置中传出声音，必须马上撤离。

灭火剂：雾状水、泡沫、干粉、二氧化碳、沙土。

泄漏应急处置 消除所有点火源。根据液体流动和蒸气扩散的影响区域划定警戒区，无关人员从侧风、上风向撤离至安全区。建议应急处理人员戴正压自给式呼吸器，穿防静电服。作业时使用的所有设备应接地。禁止接触或跨越泄漏物。尽可能切断泄漏源。防止泄漏物进入水体、下水道、地下室或有限空间。小量泄漏：用沙土或其他不燃材料吸收。使用洁净的无火花工具收集吸收材料。大量泄漏：构筑围堤或挖坑收容。用泡沫覆盖，减少蒸发。喷水雾能减少蒸发，但不能降低泄漏物在有限空间内的易燃性。用防爆泵转移至槽车或专用收集器内。

738. 铁铈齐

标　识

中文名称　铁铈齐

英文名称　Ferrocerium

CAS 号　69523-06-4

铁危编号　41008

UN 号　1323

危害信息

危险性类别　第 4.1 类　易燃固体

燃烧与爆炸危险性　金属粉末遇摩擦、热和明火可燃。粉体与空气能形成爆炸性混合物。在高温火场中受热的容器有破裂和爆炸的危险。遇水发生剧烈或爆炸性的反应。

禁忌物　强氧化剂。

侵入途径　吸入、食入。

理化特性与用途

理化特性　白色至浅色合金。不溶于水(遇水缓慢分解)，熔点 927℃，沸点 3760℃。

主要用途　用作打火石。

包装与储运

包装标志　易燃固体

包装类别　Ⅱ类

安全储运　储存于阴凉、干燥、通风的库房。远离火种、热源。储存温度不超过 35℃。保持容器密封。禁止使用易产生火花的机械设备和工具。应与强氧化剂等隔离储运。

紧急处置信息

急救措施

吸入：脱离接触。如有不适感，就医。

眼睛接触：分开眼睑，用流动清水或生理盐水冲洗。如有不适感，就医。

皮肤接触：脱去污染的衣着，用肥皂水和清水冲洗。如有不适感，就医。

食入：漱口，饮水。就医。

灭火方法　消防人员须穿全身消防服，佩戴正压自给式呼吸器，在上风向灭火。尽可能将容器从火场移至空旷处。喷水保持火场容器冷却，直至灭火结束。不可用水、二氧化碳和泡沫灭火。

灭火剂：干粉、沙土。

泄漏应急处置　建议应急处理人员戴防尘口罩，穿一般作业防护服。尽可能切断泄漏源。用塑料布覆盖泄漏物，减少飞散。勿使水进入包装容器内。用洁净的铲子收集泄漏物，置于干净、干燥、盖子较松的容器中，将容器移离泄漏区。

739. 铜粉

标　识

中文名称　铜粉

英文名称　Copper powder；Copper metal powder；Copper

别名　金属铜粉

分子式　Cu

CAS 号　7440-50-8

危害信息

燃烧与爆炸危险性　铜粉可燃。其粉体与空气混合，能形成爆炸性混合物。在火场中产生包括铜烟雾和氧化铜的有毒气体。

禁忌物　强酸、强氧化剂、卤素。

毒性　小鼠腹腔内 LD_{50}：3.5mg/kg；人经口 *TDLo*：120μg/kg。

中毒表现　大量吸入铜烟雾可引起金属烟热。患者有寒战、体温升高，伴有呼吸道刺激症状。

长期接触铜尘的工人常发生接触性皮炎和鼻、眼的刺激症状，引起咽痛、咳嗽、鼻塞、鼻炎等，甚至引起鼻中隔穿孔。长期吸入尚可引起肺部纤维组织增生。食入引起恶心、呕吐。

侵入途径　吸入、食入。

职业接触限值　中国：PC-TWA 1mg/m^3[铜尘]。

美国(ACGIH)：TLV-TWA 0.2mg/m^3[铜尘]。

理化特性与用途

理化特性　微红色有光泽具延展性的金属或红棕色粉末。熔点 1083℃，沸点 2595℃，相对密度(水=1)8.9，饱和蒸气压 0.133kPa(1628℃)，引燃温度 700℃(粉云)。

主要用途　供制造化学用具、电力用具、建筑材料和其他工业装置及用具。

包装与储运

安全储运　储存于阴凉、通风的库房。远离火种、热源。保持容器密闭。应与氧化剂、酸类、卤素等隔离储运。

紧急处置信息

急救措施

吸入：迅速脱离现场至空气新鲜处。保持呼吸道通畅。如呼吸困难，给输氧。呼吸、心跳停止，立即进行心肺复苏术。就医。

眼睛接触：立即分开眼睑，用流动清水或生理盐水彻底冲洗。就医。

皮肤接触：立即脱去污染的衣着，用肥皂水和清水彻底冲洗。就医。

食入：漱口，饮水。就医。

灭火方法　消防人员必须佩戴空气呼吸器，穿全身防火防毒服，在上风向灭火。尽可能将容器从火场移至空旷处。喷水保持火场容器冷却状态，直至灭火结束。

灭火剂：干粉、干沙。

泄漏应急处置 隔离泄漏污染区，限制出入。建议应急处理人员戴防尘口罩，穿防护服。穿上适当的防护服前严禁接触破裂的容器和泄漏物。尽可能切断泄漏源。用塑料布覆盖泄漏物，减少飞散。勿使水进入包装容器内。用洁净的铲子收集泄漏物，置于干净、干燥、盖子较松的容器中，将容器移离泄漏区。

740. 1-(2′-脱氧-5′-O-三苯甲基-β-D-苏戊呋喃糖基)胸腺嘧啶

标　识

中文名称 1-(2′-脱氧-5′-O-三苯甲基-β-D-苏戊呋喃糖基)胸腺嘧啶

英文名称 1-(2′-Deoxy-5′-O-trityl-β-D-threopentofuranosyl)thymine

分子式 $C_{29}H_{28}N_2O_5$

CAS 号 55612-11-8

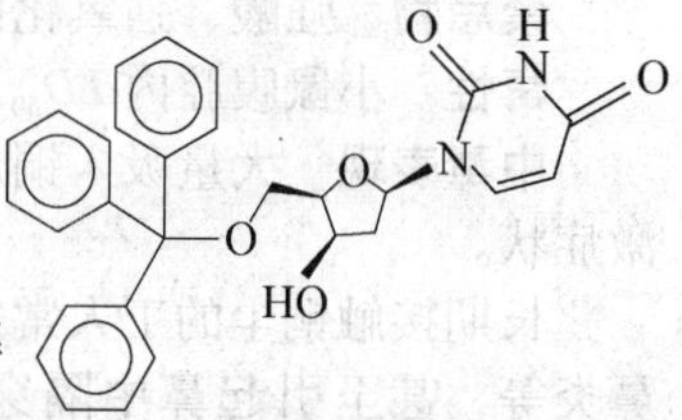

危害信息

燃烧与爆炸危险性 遇明火、高热可燃。燃烧或受热分解产生有毒的氮氧化物气体。

禁忌物 强氧化剂。

侵入途径 吸入、食入。

环境危害 可能在水生环境中造成长期不利影响。

理化特性与用途

理化特性 白色粉末。不溶于水，溶于氯仿、二氯甲烷、甲醇。熔点 246~248℃，相对密度(水=1)1.275(20℃)，辛醇/水分配系数 5。

主要用途 用作化学中间体。

包装与储运

安全储运 储存于阴凉、通风的库房。远离火种、热源。保持容器密闭。应与强氧化剂等隔离储运。

紧急处置信息

急救措施

吸入：脱离接触。如有不适感，就医。

眼睛接触：分开眼睑，用流动清水或生理盐水冲洗。如有不适感，就医。

皮肤接触：脱去污染的衣着，用肥皂水和清水冲洗。如有不适感，就医。

食入：漱口，饮水。就医。

灭火方法 消防人员须穿全身消防服，佩戴正压自给式呼吸器，在上风向灭火。尽可能将容器从火场移至空旷处。喷水保持火场容器冷却，直至灭火结束。

灭火剂：雾状水、泡沫、二氧化碳、干粉、沙土。

泄漏应急处置 隔离泄漏污染区，限制出入。消除所有点火源。建议应急处理人员戴防尘口罩，穿防毒服。穿上适当的防护服前严禁接触破裂的容器和泄漏物。尽可能切断泄漏源。用塑料布覆盖泄漏物，减少飞散。勿使水进入包装容器内。用洁净的铲子收集泄漏物，置于干净、干燥、盖子较松的容器中，将容器移离泄漏区。

741. 烷基磷酸酯

标 识

中文名称 烷基磷酸酯

英文名称 EP Antiwear Additive T305; Mannich base EP/AW additive

别名 305 极压/抗磨添加剂

危害信息

燃烧与爆炸危险性 遇明火、高热可燃。燃烧或受热分解产生有毒的烟气。

禁忌物 强氧化剂、强酸。

中毒表现 对眼有刺激性。

侵入途径 吸入、食入。

理化特性与用途

理化特性 25℃以上为棕红色油状液体，具有吸水性。闪点≥110℃。

主要用途 主要用于配制重负荷车辆齿轮油，也可用于重负荷和中负荷工业齿轮油。

包装与储运

安全储运 储存于阴凉、通风的库房。远离火种、热源。保持容器密闭。应与氧化剂、酸类等隔离储运。搬运时轻装轻卸，防止容器受损。

紧急处置信息

急救措施

吸入：迅速脱离现场至空气新鲜处。保持呼吸道通畅。如呼吸困难，给输氧。呼吸、心跳停止，立即进行心肺复苏术。就医。

眼睛接触：立即分开眼睑，用流动清水或生理盐水彻底冲洗。就医。

皮肤接触：立即脱去污染的衣着，用肥皂水和清水彻底冲洗。就医。

食入：漱口，饮水。就医。

灭火方法 消防人员须佩戴防毒面具，穿全身消防服，在上风向灭火。尽可能将容器从火场移至空旷处。喷水保持火场容器冷却，直至灭火结束。处在火场中的容器若已变色或从安全泄压装置中发出声音，必须马上撤离。

灭火剂：雾状水、泡沫、干粉、二氧化碳、沙土。

泄漏应急处置 根据液体流动和蒸气扩散的影响区域划定警戒区，无关人员从侧风、上风向撤离至安全区。消除所有点火源。建议应急处理人员戴防毒面具，穿一般作业防护服。尽可能切断泄漏源。防止泄漏物进入水体、下水道、地下室或有限空间。小量泄漏：

用干燥的沙土或其他不燃材料吸收或覆盖，收集于容器中。大量泄漏：构筑围堤或挖坑收容。用泵转移至槽车或专用收集器内。

742. 胃蛋白酶

标　识

中文名称　胃蛋白酶

英文名称　Pepsin A；Saccharated pepsin

别名　胃酶

CAS 号　9001-75-6

危害信息

燃烧与爆炸危险性　遇明火、高热可燃。燃烧或受高热分解产生有毒的气体。

禁忌物　强氧化剂。

中毒表现　对眼、皮肤和呼吸道有刺激性。对呼吸道有致敏性。

侵入途径　吸入、食入。

理化特性与用途

理化特性　白色或淡黄色的粉末。溶于水，不溶于乙醇、乙醚、氯仿。

主要用途　常用于因食蛋白性食物过多所致消化不良、病后恢复期消化功能减退以及慢性萎缩性胃炎、胃癌、恶性贫血所致的胃蛋白酶缺乏。

包装与储运

安全储运　储存于阴凉、通风的库房。远离火种、热源。保持容器密闭。应与强氧化剂、强酸等隔离储运。

紧急处置信息

急救措施

吸入：脱离接触。如有不适感，就医。

眼睛接触：分开眼睑，用流动清水或生理盐水冲洗。如有不适感，就医。

皮肤接触：脱去污染的衣着，用流动清水冲洗。如有不适感，就医。

食入：漱口，饮水。就医。

灭火方法　消防人员须穿全身消防服，佩戴空气呼吸器，在上风向灭火。尽可能将容器从火场移至空旷处。喷水保持火场容器冷却，直至灭火结束。

灭火剂：雾状水、抗溶性泡沫、二氧化碳、干粉、沙土。

泄漏应急处置　隔离泄漏污染区，限制出入。建议应急处理人员戴防尘口罩，穿一般作业工作服。尽可能切断泄漏源。用塑料布覆盖泄漏物，减少飞散。用洁净的铲子收集泄漏物，置于干净、干燥、盖子较松的容器中，将容器移离泄漏区。

743. 温石棉

标　识

中文名称　温石棉

英文名称　Chrysotile; Chrysotile asbestos

分子式　$Mg_3H_2(SiO_4)_2 \cdot H_2O$

CAS 号　12001-29-5

铁危编号　61906

UN 号　2590

$$[Mg^{2+}]_3 \left[HO-\overset{O^-}{\underset{O^-}{Si}}-O^- \right]_2 \quad H_2O$$

危害信息

危险性类别　第 6 类　有毒品

燃烧与爆炸危险性　不燃，无特殊燃爆特性。

毒性　石棉所致肺癌、间皮瘤已列入《职业病分类和目录》，属职业性肿瘤。

IARC 致癌性评论：G1，确认人类致癌物。

中毒表现　长期接触石棉者可引起石棉肺，病人有咳嗽、胸痛、呼吸困难等。晚期并发肺心病，出现水肿等心力衰竭现象。本品有致癌性，可引起肺癌和胸膜间皮瘤。

侵入途径　吸入、食入。

职业接触限值　中国：PC-TWA 0.8mg/m^3[粉尘]，0.8f/mL[纤维][G1]。

美国(ACGIH)：TLV-TWA 0.1f/cc[呼吸性]。

理化特性与用途

理化特性　白色、灰色、绿色或淡黄色纤维状固体。不溶于水。熔点 800～850℃，相对密度(水=1)2.2～2.6。

主要用途　用作耐温材料、熔炉砖和刹车片等。

包装与储运

包装标志　有毒品

包装类别　Ⅲ类

安全储运　储存于阴凉、通风的库房。远离火种、热源。储存温度不超过 35℃，相对湿度不超过 85%。保持容器密封。应与强酸、强碱等隔离储运。搬运时轻装轻卸，防止容器受损。

紧急处置信息

急救措施

吸入：迅速脱离现场至空气新鲜处。保持呼吸道通畅。如呼吸困难，给输氧。呼吸、心跳停止，立即进行心肺复苏术。就医。

眼睛接触：立即分开眼睑，用流动清水或生理盐水彻底冲洗。就医。

皮肤接触：立即脱去污染的衣着，用流动清水彻底冲洗。就医。

食入：漱口，饮水。就医。

灭火方法　消防人员必须穿全身防火防毒服，佩戴自给式呼吸器，在上风向灭火。灭火时尽可能将容器从火场移至空旷处。

本品不燃，根据着火原因选择适当灭火剂灭火。

泄漏应急处置　隔离泄漏污染区，限制出入。建议应急处理人员戴防毒面具，穿防毒服。尽可能切断泄漏源。用塑料布覆盖泄漏物，减少飞散。勿使水进入包装容器内。用洁净的铲子收集泄漏物，置于干净、干燥、盖子较松的容器中，将容器移离泄漏区。

744. 五氟化砷(Ⅴ)

标　识

中文名称　五氟化砷(Ⅴ)

英文名称　Pentafluoroarsorane；Arsenic pentafluoride

分子式　AsF_5

CAS 号　7784-36-3

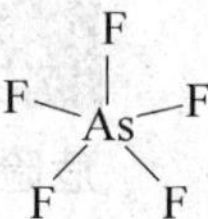

危害信息

危险性类别　第 2.2 类　不燃气体

燃烧与爆炸危险性　不易燃。与可燃物接触可能引起燃烧或爆炸。在火场中容器受热可能发生爆炸。受热分解可能产生有毒和腐蚀性烟气。

活性反应　与酸类反应。

禁忌物　强氧化剂、酸类。

毒性　砷及其化合物所致肺癌、皮肤癌已列入《职业病分类和目录》，属职业性肿瘤。

IARC 致癌性评论：G1，确认人类致癌物。

中毒表现　急性中毒可出现胃肠炎、神经系统损害，重者可引起休克、肾功能损害。砷中毒三日至三周出现急性周围神经病。部分患者出现中毒性肝、肾、心肌等损害。

侵入途径　吸入、食入、经皮吸收。

职业接触限值　中国：PC-TWA 0.01mg/m^3，PC-STEL　0.02mg/m^3[按 As 计][G1]；PC-TWA 2mg/m^3[按 F 计]。

美国(ACGIH)：TLV-TWA 0.01mg/m^3[按 As 计]；TLV-TWA 2.5mg/m^3[按 F 计]。

理化特性与用途

理化特性　无色气体，在空气中形成白色烟雾。遇水分解。溶于乙醇、乙醚、苯。熔点-79.8℃，沸点-52.8℃，密度 2.138g/cm^3，饱和蒸气压 1568kPa(20℃)。

包装与储运

包装标志　不燃气体

安全储运　储存于阴凉、干燥、通风的库房或大型气柜。远离火源和热源。储存温度不超过 30℃。运输时防止雨淋、曝晒。搬运时轻装轻卸，须戴好钢瓶安全帽和防震橡皮圈，防止钢瓶撞击。

紧急处置信息

急救措施

吸入：迅速脱离现场至空气新鲜处。保持呼吸道通畅。如呼吸困难，给输氧。呼吸、

心跳停止，立即进行心肺复苏术。就医。

眼睛接触：立即分开眼睑，用流动清水或生理盐水彻底冲洗。就医。

皮肤接触：立即脱去污染的衣着，用肥皂水和清水彻底冲洗。就医。

食入：催吐、彻底洗胃，洗胃后服活性炭 30~50g（用水调成浆状），而后再服用硫酸镁或硫酸钠导泻。就医。

解毒剂用二巯基丙磺酸钠、二巯基丁二酸钠等。

灭火方法 切断气源。若不能切断气源，则不允许熄灭泄漏处的火焰。消防人员须穿全身消防服，在上风向灭火。喷水保持火场容器冷却，直至灭火结束。尽可能将容器从火场移至空旷处。处在火场中的容器若已变色或从安全泄压装置中发出声音，必须马上撤离。

灭火剂：二氧化碳、干粉、沙土。禁止用水。

泄漏应急处置 根据气体扩散的影响区域划定警戒区，无关人员从侧风、上风向撤离至安全区。建议应急处理人员穿内置正压自给式呼吸器的全封闭防化服，戴橡胶手套。如果是液化气体泄漏，还应注意防冻伤。禁止接触或跨越泄漏物。喷雾状水抑制蒸气或改变蒸气云流向，避免水流接触泄漏物。禁止用水直接冲击泄漏物或泄漏源。若可能翻转容器，使之逸出气体而非液体。防止气体通过下水道、通风系统和有限空间扩散。隔离泄漏区直至气体散尽。泄漏场所保持通风。

745. 五氟化锑

标　识

中文名称 五氟化锑

英文名称 Antimony pentafluoride；Antimony fluoride；Antimony（Ⅴ）fluoride

别名 氟化锑（Ⅴ）

分子式 SbF_5

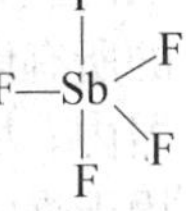

CAS 号 7783-70-2

铁危编号 81061

UN 号 1732

危害信息

危险性类别 第 8 类 腐蚀品

燃烧与爆炸危险性 不燃。与可燃物接触易着火燃烧。遇水产生有毒和腐蚀性气体。遇潮时对玻璃、其他硅质材料及大多数金属有强腐蚀性。在火场中散发出有毒和腐蚀性烟气。

活性反应 接触有机物有引起燃烧的危险。遇磷酸盐能强烈反应。遇水剧烈反应。

禁忌物 水、醇类、易燃或可燃物。

毒性 小鼠吸入 LC_{50}：270mg/m^3。

中毒表现 对眼、皮肤、呼吸道有腐蚀性，造成灼伤，吸入蒸气可引起肺水肿。食入本品引起腹痛、腹泻、恶心、呕吐。吸收引起全身中毒，发生心、肝、肾损伤。

侵入途径 吸入、食入、经皮吸收。

职业接触限值 中国：PC-TWA 0.5mg/m^3［按 Sb 计］；PC-TWA 2mg/m^3［按 F 计］。

美国（ACGIH）：TLV-TWA 0.5mg/m^3［按 Sb 计］；TLV-TWA 2.5mg/m^3［按 F 计］。

理化特性与用途

理化特性 无色透明油状液体，有刺激性气味，有吸湿性。溶于无水乙醇。熔点 8.3℃，沸点 141℃，相对密度(水=1)3.0，相对蒸气密度(空气=1)2.2，饱和蒸气压 1.33kPa(25℃)。

主要用途 用于制取锑化合物，用作氟化剂和催化剂等。

包装与储运

包装标志 腐蚀品，有毒品

包装类别 Ⅱ类

安全储运 储存于阴凉、干燥、通风的库房。远离火种、热源。储存温度不超过 30℃，相对湿度不超过 75%。保持容器密封。避免接触水和潮湿空气。应与醇类等隔离储运。搬运时轻装轻卸，防止容器受损。

紧急处置信息

急救措施

吸入：迅速脱离现场至空气新鲜处。保持呼吸道通畅。如呼吸困难，给输氧。呼吸、心跳停止，立即进行心肺复苏术。就医。

眼睛接触：立即分开眼睑，用流动清水或生理盐水彻底冲洗 10~15min。就医。

皮肤接触：立即脱去污染的衣着，用大量流动清水彻底冲洗，冲洗时间一般要求 20~30min。就医。

食入：用水漱口，禁止催吐。给饮牛奶或蛋清。就医。

灭火方法 消防人员必须佩戴正压自给式呼吸器，穿全身防火防毒服，在上风向灭火。尽可能将容器从火场移至空旷处。灭火时尽量切断泄漏源。

本品不燃，根据着火原因选择适当灭火剂灭火。

泄漏应急处置 根据液体流动和蒸气扩散的影响区域划定警戒区，无关人员从侧风、上风向撤离至安全区。建议应急处理人员戴正压自给式呼吸器，穿防腐、防毒服。作业时使用的所有设备应接地。穿上适当的防护服前严禁接触破裂的容器和泄漏物。勿使水进入包装容器内。尽可能切断泄漏源。防止泄漏物进入水体、下水道、地下室或有限空间。小量泄漏：用干燥的沙土或其他不燃材料覆盖泄漏物。大量泄漏：构筑围堤或挖坑收容。用碎石灰石($CaCO_3$)、苏打灰(Na_2CO_3)或石灰(CaO)中和。用耐腐蚀泵转移至槽车或专用收集器内。

746. 五氟氯乙烷

标　识

中文名称 五氟氯乙烷

英文名称 Chloropentafluoroethane；Monochloropentafluoroethane；CFC-115

别名 氯五氟乙烷；氟利昂 115

分子式 C_2ClF_5

CAS 号 76-15-3

铁危编号 22043

UN 号 1020

F Cl
F—+—+—F
F F

危害信息

危险性类别 第 2.2 类 不燃气体

燃烧与爆炸危险性 不燃。在高温火场中，受热的容器有破裂和爆炸的危险。受热分解放出腐蚀性和有毒烟雾。

禁忌物 强氧化剂。

毒性 大鼠吸入 LC_{50}：4880g/m^3(4h)。

中毒表现 高浓度引起窒息。直接接触液态本品可引起冻伤。

侵入途径 吸入。

职业接触限值 中国：PC-TWA 5000mg/m^3。

美国(ACGIH)：TLV-TWA 1000ppm。

理化特性与用途

理化特性 无色气体，稍有醚的气味。不溶于水，溶于乙醇、乙醚。熔点-106℃，沸点-39℃，相对密度(水=1)1.3，相对蒸气密度(空气=1)5.3，饱和蒸气压 797kPa(20℃)，临界温度 80℃，临界压力 3.12MPa，辛醇/水分配系数 2.4。

主要用途 用作低温致冷剂、气溶胶喷射剂、绝缘气、刻蚀剂等。

包装与储运

包装标志 不燃气体

安全储运 储存于阴凉、通风的库房或大型气柜。远离火源和热源。储存温度不超过 30℃。运输时防止雨淋、曝晒。搬运时轻装轻卸，须戴好钢瓶安全帽和防震橡皮圈，防止钢瓶撞击。

紧急处置信息

急救措施

吸入：迅速脱离现场至空气新鲜处。保持呼吸道通畅。如呼吸困难，给输氧。呼吸、心跳停止，立即进行心肺复苏术。就医。

皮肤接触：如发生冻伤，用温水(38~42℃)复温，忌用热水或辐射热，不要揉搓。就医。

灭火方法 切断气源。消防人员须佩带正压自给式呼吸器，穿全身防火防毒服，在上风向灭火。喷水保持火场容器冷却，直至灭火结束。尽可能将容器从火场移至空旷处。

本品不燃，根据着火原因选择适当灭火剂灭火。

泄漏应急处置 根据气体的影响区域划定警戒区，无关人员从侧风、上风向撤离至安全区。应急人员应戴正压自给式呼吸器。采取关闭阀门或堵漏等措施切断气源。漏出气允许排入大气中。泄漏场所保持通风。

747. 2,2,4,4,6-五甲基庚烷

标　识

中文名称 2，2，4，4，6-五甲基庚烷

英文名称 2，2，4，4，6-Pentamethyl heptane

747. 2,2,4,4,6-五甲基庚烷

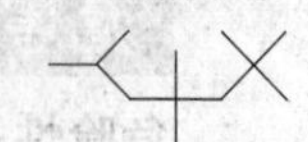

别名 异十二烷

分子式 $C_{12}H_{26}$

CAS 号 62199-62-6

UN 号 2286

危害信息

燃烧与爆炸危险性 易燃。其蒸气与空气混合，能形成爆炸性混合物，遇明火、高热能引起燃烧爆炸。在火场中，受热的容器有爆炸危险。高速冲击、流动、激荡后可因产生静电火花放电引起燃烧爆炸。若遇高热，容器内压增大，有开裂和爆炸的危险。

活性反应 与氧化剂可发生反应。

禁忌物 强氧化剂、强酸、强碱、卤素。

侵入途径 吸入、食入、经皮吸收。

理化特性与用途

理化特性 无色液体。不溶于水。熔点-67℃，沸点 177.8℃，相对密度(水=1)0.75，相对蒸气密度(空气=1)5.9，饱和蒸气压 0.3kPa(20℃)，闪点 43℃，引燃温度 430℃，爆炸下限 0.5%，爆炸上限 4.0%。

主要用途 用作溶剂。

包装与储运

包装标志 易燃液体

包装类别 Ⅲ类

安全储运 储存于阴凉、通风的库房。远离火种、热源。库温不宜超过 37℃。保持容器密闭。应与氧化剂等隔离储运。采用防爆型照明、通风设施。禁止使用易产生火花的机械设备和工具。灌装时注意控制流速，防止静电积聚。搬运时轻装轻卸，防止容器受损。

紧急处置信息

急救措施

吸入：迅速脱离现场至空气新鲜处。保持呼吸道通畅。如呼吸困难，给输氧。呼吸、心跳停止，立即进行心肺复苏术。就医。

眼睛接触：立即分开眼睑，用流动清水或生理盐水彻底冲洗。就医。

皮肤接触：立即脱去污染的衣着，用肥皂水和清水彻底冲洗。就医。

食入：漱口，饮水。就医。

灭火方法 消防人员须佩戴空气呼吸器，穿全身消防服，在上风向灭火。尽可能将容器从火场移至空旷处。喷水保持火场容器冷却，直至灭火结束。处在火场中的容器若已变色或从安全泄压装置中发出声音，必须马上撤离。

灭火剂：雾状水、泡沫、干粉、二氧化碳、沙土。

泄漏应急处置 消除所有点火源。根据液体流动和蒸气扩散的影响区域划定警戒区，无关人员从侧风、上风向撤离至安全区。建议应急处理人员戴正压自给式呼吸器，穿防静电服。作业时使用的所有设备应接地。禁止接触或跨越泄漏物。尽可能切断泄漏源。防止泄漏物进入水体、下水道、地下室或有限空间。小量泄漏：用沙土或其他不燃材料吸收。使用洁净的无火花工具收集吸收材料。大量泄漏：构筑围堤或挖坑收容。用泡沫覆盖，减少蒸发。喷水雾能减少蒸发，但不能降低泄漏物在有限空间内的易燃性。用防爆泵转移至槽车或专用收集器内。

748. 五氯苯酚

标　识

中文名称　五氯苯酚

英文名称　Pentachlorophenol；2，3，4，5，6-Pentachlorophenol

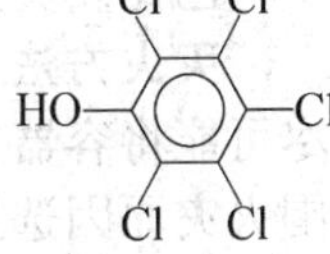

别名　五氯酚

分子式　C_6HCl_5O

CAS 号　87-86-5

铁危编号　61876

UN 号　3155

危害信息

危险性类别　第 6 类　有毒品

燃烧与爆炸危险性　不燃，无特殊燃爆特性。受高热分解产生有毒和腐蚀性烟气。

禁忌物　强氧化剂、强碱、酰基氯、酸酐。

毒性　大鼠经口 LD_{50}：27mg/kg；大鼠吸入 LC_{50}：355mg/m^3；小鼠经口 LD_{50}：36mg/kg；小鼠吸入 LC_{50}：225mg/m^3；大鼠经皮 LD_{50}：96mg/kg；人经口 $LDLo$：401mg/kg。

根据《危险化学品目录》的备注，本品属剧毒化学品。

IARC 致癌性评论：G2B，可疑人类致癌物。

欧盟法规 1272/2008/EC 将本品列为第 2 类致癌物——可疑的人类致癌物。

中毒表现　食入、吸入、经皮肤吸收均可致中毒，表现为局部烧灼痛，全身高热，多汗、烦渴，头痛、恶心、上腹痛，呼吸加快，心动过速，肌肉强直性痉挛，意识不清，可在数小时内死于循环衰竭。

侵入途径　吸入、食入、经皮吸收。

职业接触限值　中国：PC-TWA 0.3mg/m^3[皮]。

美国(ACGIH)：TLV-TWA 0.5mg/m^3[皮]。

理化特性与用途

理化特性　无色或白色针状结晶，有苯酚气味。微溶于水，易溶于乙醚，溶于多数有机溶剂。熔点 191℃，沸点 309℃，相对密度(水=1)1.98，相对蒸气密度(空气=1)9.2，饱和蒸气压 0.02Pa(20℃)，辛醇/水分配系数 5.01。

主要用途　除草剂、杀虫剂、杀菌剂。主要用于木材防腐及灭杀白蚁。

包装与储运

包装标志　有毒品

包装类别　Ⅱ类

安全储运　储存于阴凉、通风的库房。远离火种、热源。储存温度不超过 35℃，相对湿度不超过 85%。保持容器密封。应与强氧化剂、强碱等隔离储运。搬运时轻装轻卸，防止容器受损。应严格执行剧毒品“双人收发、双人保管”制度。

紧急处置信息

急救措施

吸入：迅速脱离现场至空气新鲜处，保持呼吸道通畅，如呼吸困难，给输氧。呼吸、心跳停止，立即进行心肺复苏术。就医。

眼睛接触：立即分开眼睑，用流动清水冲洗。就医。

皮肤接触：立即脱去污染的衣着，用肥皂水和水彻底冲洗。就医。

食入：漱口，给服活性炭浆。就医。

巴比妥类药、阿斯匹林、阿托品对本品有增毒作用，不宜应用。

灭火方法 消防人员必须穿全身防火防毒服，佩戴正压自给式呼吸器，在上风向灭火。尽可能将容器从火场移至空旷处。喷水保持容器冷却，直至灭火结束。本品不燃，根据周围火灾原因选择适当的灭火剂灭火。

灭火剂：雾状水、泡沫、干粉、二氧化碳、沙土。

泄漏应急处置 隔离泄漏污染区，限制出入。建议应急处理人员戴防尘口罩，穿防毒服。穿上适当的防护服前严禁接触破裂的容器和泄漏物。尽可能切断泄漏源。用塑料布覆盖泄漏物，减少飞散。勿使水进入包装容器内。用洁净的铲子收集泄漏物，置于干净、干燥、盖子较松的容器中，将容器移离泄漏区。

749. 五氯化铌

标　识

中文名称 五氯化铌

英文名称 Niobium pentachloride；Niobium chloride；Columbium pentachloride

别名 氯化铌

分子式 $NbCl_5$

CAS 号 10026-12-7

铁危编号 81515

Cl Cl Nb Cl Cl Cl

危害信息

危险性类别 第8类 腐蚀品

燃烧与爆炸危险性 不燃，无特殊燃爆特性。受热分解产生有毒和腐蚀性烟气。遇水或水蒸气发生剧烈反应，释放出有刺激性和腐蚀性的氯化氢烟雾。具有腐蚀性。

活性反应 遇水或水蒸气发生剧烈反应。

禁忌物 强酸、水蒸气。

毒性 大鼠经口 LD_{50}：1400mg/kg；小鼠经口 LD_{50}：829mg/kg。

中毒表现 对眼和皮肤有腐蚀性。

侵入途径 吸入、食入。

理化特性与用途

理化特性 淡黄色结晶或粉末，具有强吸湿性。与水反应。溶于乙醇、浓盐酸、四氯化碳。熔点 204.7~209.5℃，沸点 254℃，相对密度(水=1)2.75。

主要用途 用作试剂、制造纯铌的原料、中间体。

包装与储运

包装标志 腐蚀品

包装类别 Ⅱ类

安全储运 储存于阴凉、干燥、通风的库房。远离火种、热源。储存温度不超过30℃，相对湿度不超过75%。保持容器密封。避免接触潮湿空气。应与强氧化剂、强酸、强碱、醇类等隔离储运。搬运时轻装轻卸，防止容器受损。

紧急处置信息

急救措施

吸入：迅速脱离现场至空气新鲜处。保持呼吸道通畅。如呼吸困难，给输氧。呼吸、心跳停止，立即进行心肺复苏术。就医。

眼睛接触：立即分开眼睑，用流动清水或生理盐水彻底冲洗10~15min。就医。

皮肤接触：立即脱去污染的衣着，用大量流动清水彻底冲洗，冲洗时间一般要求20~30min。就医。

食入：用水漱口，禁止催吐。给饮牛奶或蛋清。就医。

灭火方法 消防人员必须穿全身防火防毒服，佩戴正压自给式呼吸器，在上风向灭火。灭火时尽可能将容器从火场移至空旷处。禁止用水、泡沫和酸碱灭火剂灭火。

本品不燃，根据着火原因选择适当灭火剂灭火。

泄漏应急处置 隔离泄漏污染区，限制出入。建议应急处理人员戴防尘口罩，穿防酸碱服。穿上适当的防护服前严禁接触破裂的容器和泄漏物。尽可能切断泄漏源。用塑料布覆盖泄漏物，减少飞散。勿使水进入包装容器内。用洁净的铲子收集泄漏物，置于干净、干燥、盖子较松的容器中，将容器移离泄漏区。

750. 五氯化砷

标　识

中文名称 五氯化砷

英文名称 Arsenic pentachloride；Pentachloroarsorane

分子式 $AsCl_5$

CAS 号 22441-45-8

Cl
Cl—As—Cl
Cl　Cl

危害信息

危险性类别 第2.3类 有毒气体

燃烧与爆炸危险性 不易燃。受热分解产生有毒和腐蚀性烟气。在火场中容器受热有开裂或爆炸的危险。

毒性 砷及其化合物所致肺癌、皮肤癌已列入《职业病分类和目录》，属职业性肿瘤。

IARC致癌性评论：G1，确认人类致癌物。

中毒表现 长期反复接触，对消化、神经、血液、心血管、和呼吸系统，肝、肾和皮肤造成损害。对眼和皮肤有刺激性。

侵入途径　吸入。

职业接触限值　中国：PC-TWA 0.01mg/m^3，PC-STEL 0.02mg/m^3[按 As 计][G1]。美国(ACGIH)：TLV-TWA 0.01mg/m^3[按 As 计]。

理化特性与用途

理化特性　无色液化气体。溶于二硫化碳、乙醚。熔点-50℃(分解)，沸点-25℃(分解)。

主要用途　用作化学试剂和工业气体掺杂。

包装与储运

包装标志　有毒气体

安全储运　储存于阴凉、通风的有毒气体专用库房。远离火源和热源。储存温度不超过 30℃。储存时，应与还原剂隔离。运输时防止雨淋、曝晒。搬运时轻装轻卸，须戴好钢瓶安全帽和防震橡皮圈，防止钢瓶撞击。

紧急处置信息

急救措施

吸入：迅速脱离现场至空气新鲜处。保持呼吸道通畅。如呼吸困难，给输氧。呼吸、心跳停止，立即进行心肺复苏术。就医。

眼睛接触：分开眼睑，用流动清水或生理盐水冲洗。如有不适感，就医。

皮肤接触：脱去污染的衣着，用流动清水冲洗。如有不适感，就医。

解毒剂有二巯基丙磺酸钠、二巯基丁二酸钠等。

泄漏应急处置　根据气体扩散的影响区域划定警戒区，无关人员从侧风、上风向撤离至安全区。建议应急处理人员穿内置正压自给式呼吸器的全封闭防化服，戴橡胶手套。如果是液化气体泄漏，还应注意防冻伤。禁止接触或跨越泄漏物。喷雾状水抑制蒸气或改变蒸气云流向，避免水流接触泄漏物。禁止用水直接冲击泄漏物或泄漏源。若可能翻转容器，使之逸出气体而非液体。防止气体通过下水道、通风系统和有限空间扩散。隔离泄漏区直至气体散尽。泄漏场所保持通风。

751. 五氯化钽

标　识

中文名称　五氯化钽

英文名称　Tantalum(V)chloride；Tantalum pentachloride

别名　氯化钽

分子式　$TaCl_5$

CAS 号　7721-01-9

铁危编号　81516

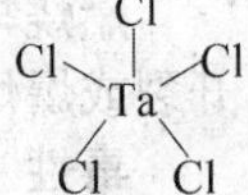

危害信息

危险性类别　第 8 类　腐蚀品

燃烧与爆炸危险性 不燃，无特殊燃爆特性。受热分解产生有毒和腐蚀性烟气。遇水剧烈反应，产生有毒气体。遇潮时对大多数金属有腐蚀性。

活性反应 遇水反应。遇潮时对大多数金属有腐蚀性。

禁忌物 强碱、水蒸气。

毒性 大鼠经口 LD_{50}：1900mg/kg。

中毒表现 对眼和皮肤有腐蚀性。

侵入途径 吸入、食入。

理化特性与用途

理化特性 白色至淡黄色结晶粉末，易潮解。与水反应。微溶于乙醇，溶于王水、浓硫酸、氯仿、四氯化碳、二硫化碳。熔点 221℃，沸点 242℃，相对密度(水=1)3.68。

主要用途 用于医药，用作纯金属钽的原料、中间体、有机物氯化剂。

包装与储运

包装标志 腐蚀品

包装类别 Ⅱ类

安全储运 储存于阴凉、干燥、通风的库房。远离火种、热源。储存温度不超过 30℃，相对湿度不超过 75%。保持容器密封。避免接触潮气。应与醇类、强碱等隔离储运。搬运时轻装轻卸，防止容器受损。

紧急处置信息

急救措施

吸入：迅速脱离现场至空气新鲜处。保持呼吸道通畅。如呼吸困难，给输氧。呼吸、心跳停止，立即进行心肺复苏术。就医。

眼睛接触：立即分开眼睑，用流动清水或生理盐水彻底冲洗 10~15min。就医。

皮肤接触：立即脱去污染的衣着，用大量流动清水彻底冲洗，冲洗时间一般要求 20~30min。就医。

食入：用水漱口，禁止催吐。给饮牛奶或蛋清。就医。

灭火方法 消防人员必须穿全身防火防毒服，佩戴正压自给式呼吸器，在上风向灭火。灭火时尽可能将容器从火场移至空旷处。禁止用水、泡沫和酸碱灭火剂灭火。

本品不燃，根据着火原因选择适当灭火剂灭火。

泄漏应急处置 隔离泄漏污染区，限制出入。建议应急处理人员戴防尘口罩，穿防酸碱服。穿上适当的防护服前严禁接触破裂的容器和泄漏物。尽可能切断泄漏源。用塑料布覆盖泄漏物，减少飞散。勿使水进入包装容器内。用洁净的铲子收集泄漏物，置于干净、干燥、盖子较松的容器中，将容器移离泄漏区。

752. 五氯联苯

标　识

中文名称 五氯联苯

英文名称 Pentachloro(1，1′-biphenyl)；Pentachlorobiphenyl

分子式 $C_{12}H_5Cl_5$

CAS 号 25429-29-2

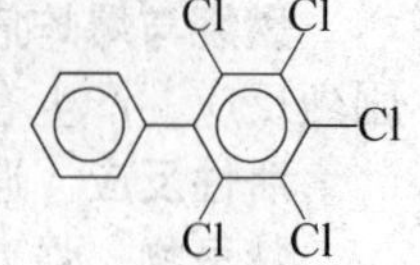

危害信息

燃烧与爆炸危险性 遇明火、高热可燃。受高热分解产生有毒的腐蚀性烟气。

禁忌物 强氧化剂。

中毒表现 长期接触本品主要引起肝脏损害和痤疮性皮炎。误服可引起恶心、昏睡、皮肤和指甲色素沉着、脸面浮肿、皮肤痤疮、胃肠功能紊乱等。本品蒸气压低，吸入中毒可能性小。本品可经胎盘进入胎儿体内。

侵入途径 吸入、食入、经皮吸收。

理化特性与用途

理化特性 无色或黄色透明的黏稠油状液体。不溶于水，溶于多数有机溶剂。沸点 340~375℃，相对密度(水=1)1.44，辛醇/水分配系数 5.68，闪点 178.1℃。

主要用途 用作电介质、增塑剂，也用于油漆工业。

包装与储运

安全储运 储存于阴凉、通风的库房。远离火种、热源。保持容器密闭。应与氧化剂等隔离储运。搬运时轻装轻卸，防止容器受损。

紧急处置信息

急救措施

吸入：迅速脱离现场至空气新鲜处。保持呼吸道通畅。如呼吸困难，给输氧。呼吸、心跳停止，立即进行心肺复苏术。就医。

眼睛接触：立即分开眼睑，用流动清水或生理盐水彻底冲洗。就医。

皮肤接触：立即脱去污染的衣着，用流动清水彻底冲洗。就医。

食入：漱口，饮水。就医。

灭火方法 消防人员须佩戴正压自给式呼吸器，穿全身消防服，在上风向灭火。尽可能将容器从火场移至空旷处。喷水保持火场容器冷却，直至灭火结束。处在火场中的容器若已变色或从安全泄压装置中发出声音，必须马上撤离。

灭火剂：雾状水、泡沫、干粉、二氧化碳、沙土。

泄漏应急处置 根据液体流动和蒸气扩散的影响区域划定警戒区，无关人员从侧风、上风向撤离至安全区。消除所有点火源。建议应急处理人员戴防毒面具，穿防毒服。穿上适当的防护服前严禁接触破裂的容器和泄漏物。尽可能切断泄漏源。防止泄漏物进入水体、下水道、地下室或有限空间。小量泄漏：用干燥的沙土或其他不燃材料吸收或覆盖，收集于容器中。大量泄漏：构筑围堤或挖坑收容。用泵转移至槽车或专用收集器内。

753. 五氯硝基苯

标　识

中文名称 五氯硝基苯

英文名称 Pentachloronitrobenzene；Quintozene；Quintobenzene

别名 硝基五氯苯

分子式 $C_6Cl_5NO_2$

CAS 号 82-68-8

铁危编号 61680

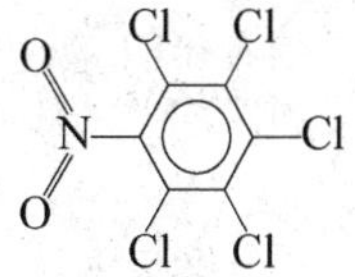

危害信息

危险性类别 第 6 类 有毒品

燃烧与爆炸危险性 可燃。受高热分解，产生有毒的氮氧化物和氯化物气体。

活性反应 与强氧化剂接触可发生化学反应。

禁忌物 强还原剂、强氧化剂、强碱。

毒性 大鼠经口 LD_{50}：1100mg/kg；大鼠吸入 LC_{50}：1400mg/m^3；小鼠经口 LD_{50}：1400mg/kg；小鼠吸入 LC_{50}：2000mg/m^3；兔经皮 LD：>4g/kg。

中毒表现 引起皮肤过敏反应。眼接触引起结膜角膜炎。

侵入途径 吸入、食入、经皮吸收。

职业接触限值 美国(ACGIH)：TLV-TWA 0.5mg/m^3。

环境危害 对水生生物有极高毒性，可能在水生环境中造成长期不利影响。

理化特性与用途

理化特性 无色至淡黄色结晶或粉末，有发霉的气味。不溶于水，微溶于乙醇、苯、氯仿、二硫化碳。熔点 146℃，沸点 328℃，相对密度(水=1)1.72，相对蒸气密度(空气=1)10.2，饱和蒸气压 0.007Pa(20℃)，辛醇/水分配系数 4.77。

主要用途 用作中间体，及用于土壤杀菌、除草等。

包装与储运

包装标志 有毒品

包装类别 Ⅲ类

安全储运 储存于阴凉、通风的库房。远离火种、热源。储存温度不超过 35℃，相对湿度不超过 85%。保持容器密封。应与强氧化剂等隔离储运。搬运时轻装轻卸，防止容器受损。

紧急处置信息

急救措施

吸入：迅速脱离现场至空气新鲜处。保持呼吸道通畅。如呼吸困难，给输氧。呼吸、心跳停止，立即进行心肺复苏术。就医。

眼睛接触：立即分开眼睑，用流动清水或生理盐水彻底冲洗。就医。

皮肤接触：立即脱去污染的衣着，用肥皂水和清水彻底冲洗。就医。

食入：漱口，饮水。就医。

灭火方法 消防人员必须佩戴正压自给式呼吸器，穿全身防火防毒服，在上风向灭火。尽可能将容器从火场移至空旷处。喷水保持火场容器冷却，直至灭火结束。

灭火剂：雾状水、泡沫、干粉、二氧化碳、沙土。

泄漏应急处置 隔离泄漏污染区，限制出入。消除所有点火源。建议应急处理人员戴防尘口罩，穿防毒服。穿上适当的防护服前严禁接触破裂的容器和泄漏物。尽可能切断泄

漏源。用塑料布覆盖泄漏物，减少飞散。勿使水进入包装容器内。用洁净的铲子收集泄漏物，置于干净、干燥、盖子较松的容器中，将容器移离泄漏区。

754. 五水合硫酸铜(Ⅱ)

标　识

中文名称　五水合硫酸铜(Ⅱ)

英文名称　Copper(Ⅱ)sulfate pentahydrate；Blue vitriol

别名　蓝矾

分子式　$CuSO_4.5H_2O$

CAS 号　7758-99-8

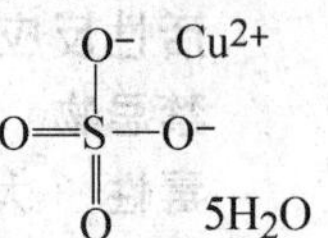

危害信息

燃烧与爆炸危险性　不燃。高热易分解产生有毒的硫氧化物气体。

毒性　大鼠经口 LD_{50}：300mg/kg；小鼠经口 LD_{50}：43mg/kg；大鼠经皮 LD_{50}：>2g/kg。

中毒表现　本品对胃肠道有强烈刺激作用，误服引起恶心、呕吐、口内有铜性味、胃烧灼感。严重者有腹绞痛、呕血、黑便。可造成严重肾损害和溶血，出现黄疸、贫血、肝大、血红蛋白尿、急性肾功能衰竭。对眼和皮肤有刺激性。

长期接触可发生接触性皮炎和鼻、眼刺激，并出现胃肠道症状。

侵入途径　吸入、食入、经皮吸收。

环境危害　对水生生物有极高毒性，可能在水生环境中造成长期不利影响。

理化特性与用途

理化特性　蓝色或深蓝色三斜结晶，或蓝色颗粒，或浅蓝色粉末。溶于水，不溶于多数有机溶剂。熔点 110℃(分解)，沸点>150℃(分解，脱水)，相对密度(水=1)2.286，相对蒸气密度(空气=1)8.64，辛醇/水分配系数-0.17。

主要用途　用来制取其他铜盐，也用作纺织品媒染剂、农业杀虫剂、杀菌剂、并用于镀铜。

包装与储运

包装标志　杂项

包装类别　Ⅲ类

安全储运　储存于阴凉、通风的库房。远离火种、热源。保持容器密闭。应与强氧化剂等隔离储运。

紧急处置信息

急救措施

吸入：迅速脱离现场至空气新鲜处。保持呼吸道通畅。如呼吸困难，给输氧。呼吸、心跳停止，立即进行心肺复苏术。就医。

眼睛接触：立即分开眼睑，用流动清水或生理盐水彻底冲洗。就医。

皮肤接触：立即脱去污染的衣着，用流动清水彻底冲洗。就医。

食入：误服者用0.1%亚铁氰化钾或硫代硫酸钠洗胃。给饮牛奶或蛋清。就医。

灭火方法 消防人员须穿全身消防服，佩戴正压自给式呼吸器，在上风向灭火。尽可能将容器从火场移至空旷处。喷水保持火场容器冷却，直至灭火结束。

本品不燃，根据着火原因选择适当灭火剂灭火。

泄漏应急处置 隔离泄漏污染区，限制出入。建议应急处理人员戴防尘口罩，穿一般作业工作服。尽可能切断泄漏源。用塑料布覆盖泄漏物，减少飞散，避免雨淋。勿使水进入包装容器内。用洁净的铲子收集泄漏物，置于干净、干燥、盖子较松的容器中，将容器移离泄漏区。

755. 五氧化二氮

标　识

中文名称 五氧化二氮

英文名称 Dinitrogen pentaoxide；Nitrogen pentoxide

别名 硝酐

分子式 N_2O_5

CAS 号 10102-03-1

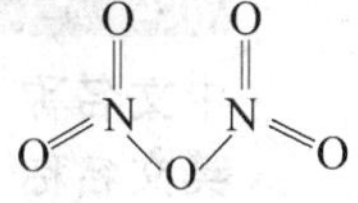

危害信息

危险性类别 第8类 腐蚀品

燃烧与爆炸危险性 助燃。与可燃物混合能形成爆炸性混合物。受热分解放出有毒的氧化氮烟气。受高热、撞击或与易燃物、有机物接触，有发生爆炸的危险。

禁忌物 强还原剂、水、易燃或可燃物、活性金属粉末。

中毒表现 分解后生成具有高毒性的氮氧化物气体，吸入氮氧化物气体可引起肺部损害。与水反应形成强酸，对组织具有腐蚀性。

侵入途径 吸入、食入。

理化特性与用途

理化特性 无色柱状结晶，极易潮解。与水反应生成硝酸。溶于氯仿。熔点30℃，沸点47℃（升华），相对密度（水=1）1.642，饱和蒸气压53.32kPa（24℃）。

主要用途 用作炸药、硝化剂。

包装与储运

包装标志 腐蚀品

包装类别 Ⅱ类

安全储运 储存于阴凉、干燥、通风良好的库房。远离火种、热源。库温不超过10℃。相对湿度不超过75%。包装必须密封，切勿受潮。应与易（可）燃物、还原剂等等隔离储运。

紧急处置信息

急救措施

吸入：迅速脱离现场至空气新鲜处。保持呼吸道通畅。如呼吸困难，给输氧。呼吸、

心跳停止，立即进行心肺复苏术。就医。

眼睛接触： 立即分开眼睑，用流动清水或生理盐水彻底冲洗 10~15min。就医。

皮肤接触： 立即脱去污染的衣着，用大量流动清水彻底冲洗，冲洗时间一般要求 20~30min。就医。

食入： 用水漱口，禁止催吐。给饮牛奶或蛋清。就医。

灭火方法 消防人员必须佩戴正压自给式呼吸器，穿全身防火防毒服，在上风向灭火。遇大火须远离以防炸伤。灭火时尽可能将容器从火场移至空旷处。

本品不燃，根据着火原因选择适当灭火剂灭火。

泄漏应急处置 隔离泄漏污染区，限制出入。建议应急处理人员戴防尘口罩，穿防毒服。穿上适当的防护服前严禁接触破裂的容器和泄漏物。尽可能切断泄漏源。用塑料布覆盖泄漏物，减少飞散。勿使水进入包装容器内。用洁净的铲子收集泄漏物，置于干净、干燥、盖子较松的容器中，将容器移离泄漏区。

756. 五氧化二碘

标 识

中文名称 五氧化二碘

英文名称 Diiodine pentaoxide；Iodine pentoxide

别名 碘酐

分子式 I_2O_5

CAS 号 12029-98-0

铁危编号 51516

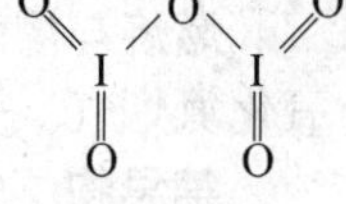

危害信息

危险性类别 第 5.1 类 氧化剂

燃烧与爆炸危险性 助燃，可加速燃烧。可引燃可燃物。与烃类混合可能发生爆炸性反应。受热易分解放出有毒、腐蚀性气体。在高温火场中受热的容器有破裂和爆炸的危险。

禁忌物 强氧化剂。

侵入途径 吸入、食入。

理化特性与用途

理化特性 针状结晶或白色至淡黄色粉末。溶于水，溶于甲醇，不溶于无水乙醇、乙醚、氯仿、二硫化碳。熔点约 300℃(分解)，相对密度(水=1)5.0。

主要用途 用作氧化剂，用于定量分析一氧化碳。

包装与储运

包装标志 氧化剂，有毒品

包装类别 Ⅱ类

安全储运 储存于阴凉、通风的库房。远离火种、热源。储存温度不超过 30℃，相对湿度不超过 80%。保持容器密封。应与酸、可燃物、胺、还原剂等隔离储运。搬运时轻装轻卸，防止容器受损。

紧急处置信息

急救措施

吸入：脱离接触。如有不适感，就医。

眼睛接触：分开眼睑，用流动清水或生理盐水冲洗。如有不适感，就医。

皮肤接触：脱去污染的衣着，用肥皂水和清水冲洗。如有不适感，就医。

食入：漱口，饮水。就医。

灭火方法 消防人员须穿全身消防服，佩戴正压自给式呼吸器，在上风向灭火。尽可能将容器从火场移至空旷处。喷水保持火场容器冷却，直至灭火结束。

灭火剂：泡沫、干粉、二氧化碳。

泄漏应急处置 隔离泄漏污染区，限制出入。消除所有点火源。建议应急处理人员戴防毒面具，穿防静电防腐蚀服。尽可能切断泄漏源。用塑料布覆盖泄漏物，减少飞散。勿使水进入包装容器内。用洁净的铲子收集泄漏物，置于干净、干燥、盖子较松的容器中，将容器移离泄漏区。

757. 戊二酸

标　识

中文名称 戊二酸

英文名称 Glutaric acid；Pentanedioic acid；1，5-Pentanedioic acid

别名 1，3-丙烷二羧酸

分子式 $C_5H_8O_4$

CAS 号 110-94-1

危害信息

燃烧与爆炸危险性 遇明火、高热可燃。受高热分解，放出有毒或刺激性烟气。

禁忌物 碱类、氧化剂、还原剂。

毒性 小鼠经口 LD_{50}：6g/kg。

中毒表现 对眼、呼吸道、皮肤有刺激作用。

侵入途径 吸入、食入。

理化特性与用途

理化特性 无色单斜棱晶或白色粉末。易溶于无水乙醇、乙醚，溶于苯、氯仿、浓硫酸，微溶于石油醚。熔点 98℃，沸点 302~304℃（分解），相对密度（水=1）1.4，相对蒸气密度（空气=1）4.5，饱和蒸气压 2.2Pa（18.5℃），辛醇/水分配系数-0.47/-0.08。

主要用途 用于有机合成。

包装与储运

安全储运 储存于阴凉、通风的库房。远离火种、热源。保持容器密闭。应与氧化剂、还原剂、碱类等隔离储运。搬运时轻装轻卸，防止容器受损。

紧急处置信息

急救措施

吸入：迅速脱离现场至空气新鲜处。保持呼吸道通畅。如呼吸困难，给输氧。呼吸、心跳停止，立即进行心肺复苏术。就医。

眼睛接触：立即分开眼睑，用流动清水或生理盐水彻底冲洗。就医。

皮肤接触：立即脱去污染的衣着，用肥皂水和清水彻底冲洗。就医。

食入：漱口，饮水。就医。

灭火方法 消防人员必须穿全身耐酸碱消防服、佩戴空气呼吸器，在上风向灭火。尽可能将容器从火场移至空旷处。喷水保持火场容器冷却，直至灭火结束。

灭火剂：雾状水、泡沫、干粉、二氧化碳、沙土。

泄漏应急处置 隔离泄漏污染区，限制出入。消除所有点火源。建议应急处理人员戴防尘口罩，穿防毒服。作业时使用的所有设备应接地。穿上适当的防护服前严禁接触破裂的容器和泄漏物。尽可能切断泄漏源。小量泄漏：用干燥的沙土或其他不燃材料覆盖泄漏物，然后用塑料布覆盖，减少飞散、避免雨淋。用洁净的铲子收集泄漏物，置于干净、干燥、盖子较松的容器中，将容器移离泄漏区。

758. 戊基三氯硅烷

标 识

中文名称 戊基三氯硅烷

英文名称 Pentyl trichloro silane；Trichloropentylsilane；Amyl trichlorosilane

别名 三氯戊基硅烷

分子式 $C_5H_{11}Cl_3Si$

CAS 号 107-72-2

铁危编号 81133

UN 号 1728

Cl
Si—Cl
Cl

危害信息

危险性类别 第 8 类 腐蚀品

燃烧与爆炸危险性 遇明火、高热可燃。其蒸气与空气混合，能形成爆炸性混合物。燃烧或受热分解产生有毒和腐蚀性烟气。在火场中，容器受热有开裂或爆炸的危险。

活性反应 与氧化剂接触发生猛烈反应。遇水或水蒸气发生剧烈反应。

禁忌物 强氧化剂、强碱、水蒸气。

毒性 大鼠经口 LD_{50}：2340mg/kg；大鼠吸入 $LCLo$：2000ppm（4h）；兔经皮 LD_{50}：780μL/kg。

中毒表现 急性吸入引起喷嚏、胸痛、窒息感、喉炎，可发展为肺炎、肺水肿。可有鼻、口腔黏膜溃疡、出血。皮肤接触引起灼伤。眼接触引起灼伤、角膜糜烂，甚至失明。食入引起食道和胃灼伤，吞咽困难。

侵入途径 吸入、食入。

理化特性与用途

理化特性 无色至淡黄色透明液体，有刺激性气味。遇水分解。混溶于多数有机溶剂。沸点 172℃，相对密度(水=1)1.133(20℃/4℃)，饱和蒸气压 0.46kPa(25℃)，辛醇/水分配系数 3.97，闪点 63℃(开杯)，爆炸下限 3.4%，爆炸上限≥9.5%。

主要用途 制备高分子有机硅化合物。

包装与储运

包装标志 腐蚀品，有毒品

包装类别 Ⅱ类

安全储运 储存于阴凉、干燥、通风的库房。远离火种、热源。储存温度不超过 30℃，相对湿度不超过 75%。保持容器密封。应与强氧化剂等隔离储运。搬运时轻装轻卸，防止容器受损。

紧急处置信息

急救措施

吸入: 迅速脱离现场至空气新鲜处。保持呼吸道通畅。如呼吸困难，给输氧。呼吸、心跳停止，立即进行心肺复苏术。就医。

眼睛接触: 立即分开眼睑，用流动清水或生理盐水彻底冲洗 10~15min。就医。

皮肤接触: 立即脱去污染的衣着，用大量流动清水彻底冲洗，冲洗时间一般要求 20~30min。就医。

食入: 用水漱口，禁止催吐。给饮牛奶或蛋清。就医。

灭火方法 消防人员必须穿全身耐酸碱消防服，佩戴正压自给式呼吸器，在上风向灭火。尽可能将容器从火场移至空旷处。喷水保持火场容器冷却，直至灭火结束。

灭火剂：干粉、二氧化碳、沙土。禁止用水。

泄漏应急处置 消除所有点火源。根据液体流动和蒸气扩散的影响区域划定警戒区，无关人员从侧风、上风向撤离至安全区。建议应急处理人员戴正压自给式呼吸器，穿防静电、防腐、防毒服。作业时使用的所有设备应接地。穿上适当的防护服前严禁接触破裂的容器和泄漏物。尽可能切断泄漏源。防止泄漏物进入水体、下水道、地下室或有限空间。严禁用水处理。小量泄漏：用干燥的沙土或其他不燃材料覆盖泄漏物。大量泄漏：构筑围堤或挖坑收容。用沙土或惰性物质吸收大量液体。用防爆、耐腐蚀泵转移至槽车或专用收集器内。

759. 2-戊炔

标 识

中文名称 2-戊炔

英文名称 Pent-2-yne；2-Pentyne

别名 乙基甲基乙炔

分子式 C_5H_8

CAS 号 627-21-4

铁危编号 31018

危害信息

危险性类别 第 3 类 易燃液体

燃烧与爆炸危险性 极易燃。其蒸气与空气混合，能形成爆炸性混合物。高速冲击、流动、激荡后可因产生静电火花放电引起燃烧爆炸。其蒸气能传播到相当远处，遇点火源引燃并回燃。若遇高热，容器内压增大，有开裂和爆炸的危险。

活性反应 与氧化剂接触发生猛烈反应。

禁忌物 强氧化剂、碱金属、碱土金属、重金属及重金属盐、卤素。

中毒表现 吸入高浓度，或可引起中枢神经抑制。

理化特性与用途

理化特性 无色至淡黄色透明液体。微溶于水。熔点-109℃，沸点 56~57℃，相对密度(水=1)0.71，饱和蒸气压 31.4kPa(25℃)，辛醇/水分配系数 2.08，闪点-30℃。

主要用途 用作溶剂。

包装与储运

包装标志 易燃液体

包装类别 Ⅰ类

安全储运 储存于阴凉、通风的库房。远离火种、热源。库温不宜超过 29℃。包装要求密封，不可与空气接触。应与氧化剂、酸类等隔离储运。不宜大量储存或久存。采用防爆型照明、通风设施。禁止使用易产生火花的机械设备和工具。灌装时注意控制流速，防止静电积聚。搬运时轻装轻卸，防止容器受损。

紧急处置信息

急救措施

吸入：迅速脱离现场至空气新鲜处。保持呼吸道通畅。如呼吸困难，给输氧。呼吸、心跳停止，立即进行心肺复苏术。就医。

眼睛接触：立即分开眼睑，用流动清水或生理盐水彻底冲洗。就医。

皮肤接触：立即脱去污染的衣着，用肥皂水和清水彻底冲洗。就医。

食入：漱口，饮水。就医。

灭火方法 消防人员须佩戴空气呼吸器，穿全身消防服，在上风向灭火。尽可能将容器从火场移至空旷处。喷水保持火场容器冷却，直至灭火结束。处在火场中的容器若已变色或从安全泄压装置中发出声音，必须马上撤离。用水灭火无效。

灭火剂：泡沫、干粉、二氧化碳、沙土。

泄漏应急处置 消除所有点火源。根据液体流动和蒸气扩散的影响区域划定警戒区，无关人员从侧风、上风向撤离至安全区。建议应急处理人员戴正压自给式呼吸器，穿防静电服。作业时使用的所有设备应接地。禁止接触或跨越泄漏物。尽可能切断泄漏源。防止泄漏物进入水体、下水道、地下室或有限空间。小量泄漏：用沙土或其他不燃材料吸收。使用洁净的无火花工具收集吸收材料。大量泄漏：构筑围堤或挖坑收容。用泡沫覆盖，减少蒸发。喷水雾能减少蒸发，但不能降低泄漏物在有限空间内的易燃性。用防爆泵转移至槽车或专用收集器内。

760. 芴丁酸

标　识

中文名称　芴丁酸

英文名称　Flurenol；9-Hydroxyfluorene-9-carboxylic acid

别名　9-羟基-9-芴甲酸

分子式　$C_{14}H_{10}O_3$

CAS 号　467-69-6

危害信息

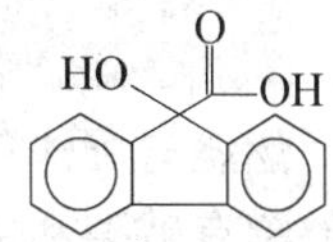

燃烧与爆炸危险性　可燃。其粉体与空气混合能形成爆炸性混合物，遇明火高热有引起燃烧爆炸的危险。燃烧或受热分解产生有毒烟气。

禁忌物　强氧化剂。

毒性　大鼠经口 LD_{50}：>10g/kg；小鼠经口 LD_{50}：>5g/kg；大鼠经皮 LD_{50}：>10g/kg。

侵入途径　吸入、食入、经皮吸收。

理化特性与用途

理化特性　白色或米黄色粉末。不溶于水，溶于氯仿、甲醇、乙醇。熔点 165℃（分解），辛醇/水分配系数 2.3。

主要用途　植物生长调节剂，也是芴类调节剂的中间体。

包装与储运

安全储运　储存于阴凉、通风的库房。远离火种、热源。保持容器密闭。应与强氧化剂等隔离储运。搬运时轻装轻卸，防止容器受损。

紧急处置信息

急救措施

吸入：脱离接触。如有不适感，就医。

眼睛接触：分开眼睑，用流动清水或生理盐水冲洗。如有不适感，就医。

皮肤接触：脱去污染的衣着，用肥皂水和清水冲洗。如有不适感，就医。

食入：漱口，饮水。就医。

灭火方法　消防人员须穿全身消防服，佩戴空气呼吸器，在上风向灭火。尽可能将容器从火场移至空旷处。喷水保持火场容器冷却，直至灭火结束。

灭火剂：雾状水、抗溶性泡沫、二氧化碳、干粉、沙土。

泄漏应急处置　隔离泄漏污染区，限制出入。建议应急处理人员戴防尘口罩，穿防毒服，戴橡胶手套。尽可能切断泄漏源。用塑料布覆盖泄漏物，减少飞散。勿使水进入包装容器内。用洁净的铲子收集泄漏物，置于干净、干燥、盖子较松的容器中，将容器移离泄漏区。

761. 4-烯丙基-1,2-二甲氧基苯

标　识

中文名称　4-烯丙基-1，2-二甲氧基苯

英文名称　4-Allyl-1，2-dimethoxybenzene；Methyl eugenol；4-Allylveratrole

别名　甲基丁香酚；丁香酚甲醚

分子式　$C_{11}H_{14}O_2$

CAS 号　93-15-2

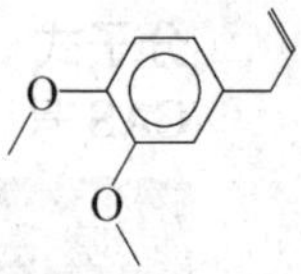

危害信息

燃烧与爆炸危险性　遇明火、高热可燃。在高温火场中，受热的容器或储罐有破裂和爆炸的危险。

禁忌物　强氧化剂。

毒性　大鼠经口 LD_{50}：810mg/kg；大鼠吸入 LC_{50}：>4800mg/m^3；兔经皮 LD_{50}：>2025mg/kg。

侵入途径　吸入、食入、经皮吸收。

环境危害　对水生生物有害，可能在水生环境中造成长期不利影响。

理化特性与用途

理化特性　无色至淡黄色液体，有微香味。不溶于水，溶于多数有机溶剂。熔点-4℃，沸点 254.7℃，相对密度（水=1）1.032～1.036，饱和蒸气压 1.6Pa（25℃），燃烧热-6109kJ/mol，辛醇/水分配系数 3.03，闪点 99℃（闭杯）。

主要用途　可作丁香香气的提调剂，也可用于食用香精，以及昆虫诱杀剂。

包装与储运

安全储运　储存于阴凉、通风的库房。远离火种、热源。保持容器密闭。应与强氧化剂等隔离储运。搬运时轻装轻卸，防止容器受损。

紧急处置信息

急救措施

吸入：脱离接触。如有不适感，就医。

眼睛接触：分开眼睑，用流动清水或生理盐水冲洗。如有不适感，就医。

皮肤接触：脱去污染的衣着，用肥皂水和清水冲洗。如有不适感，就医。

食入：漱口，饮水。就医。

灭火方法　消防人员须穿全身消防服，佩戴空气呼吸器，在上风向灭火。尽可能将容器从火场移至空旷处。喷水保持火场容器冷却，直至灭火结束。处在火场中的容器若发生异常变化或发出异常声音，须马上撤离。

灭火剂：泡沫、二氧化碳、干粉、沙土。

泄漏应急处置　消除所有点火源。根据液体流动和蒸气扩散的影响区域划定警戒区，无关人员从侧风、上风向撤离至安全区。建议应急处理人员戴正压自给式呼吸器，穿防静

电服，戴橡胶耐油手套。作业时使用的所有设备应接地。禁止接触或跨越泄漏物。尽可能切断泄漏源。防止泄漏物进入水体、下水道、地下室或有限空间。小量泄漏：用沙土或其他不燃材料吸收。使用洁净的无火花工具收集吸收材料。大量泄漏：构筑围堤或挖坑收容。用泡沫覆盖，减少蒸发。用防爆泵转移至槽车或专用收集器内。

762. N-(2-(1-烯丙基-4,5-二氰基咪唑-2-基偶氮)-5-(二丙氨基)苯基)-乙酰胺

标　识

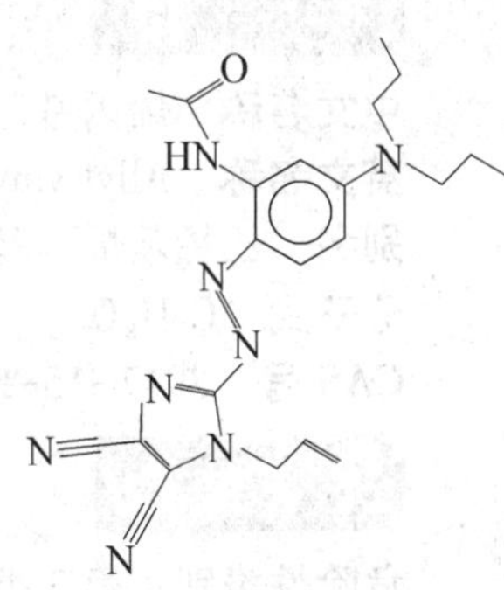

中文名称　*N*-(2-(1-烯丙基-4，5-二氰基咪唑-2-基偶氮)-5-(二丙氨基)苯基)-乙酰胺

英文名称　*N*-(2-(1-Allyl-4，5-dicyanoimidazol-2-ylazo)-5-(dipropylamino)phenyl)-acetamide；Acetamide，*N*-(2-((4，5-dicyano-1-(2-propenyl)-1H-imidazol-2-yl)azo)-5-(dipropylamino)phenyl)-

分子式　$C_{22}H_{26}N_8O$

CAS 号　123590-00-1

危害信息

燃烧与爆炸危险性　遇明火、高热可燃。燃烧或受热分解产生有毒的氮氧化物气体。

禁忌物　强氧化剂、强酸。

侵入途径　吸入、食入。

环境危害　可能在水生环境中造成长期不利影响。

理化特性与用途

理化特性　沸点 687.7℃，相对密度(水=1)1.18，闪点 369.7℃。

主要用途　医药中间体。

包装与储运

安全储运　储存于阴凉、通风的库房。远离火种、热源。保持容器密闭。应与强氧化剂等隔离储运。搬运时轻装轻卸，防止容器受损。

紧急处置信息

急救措施

吸入：脱离接触。如有不适感，就医。

眼睛接触：分开眼睑，用流动清水或生理盐水冲洗。如有不适感，就医。

皮肤接触：脱去污染的衣着，用肥皂水和清水冲洗。如有不适感，就医。

食入：漱口，饮水。就医。

灭火方法　消防人员须穿全身消防服，佩戴正压自给式呼吸器，在上风向灭火。尽可能将容器从火场移至空旷处。喷水保持火场容器冷却，直至灭火结束。

灭火剂：雾状水、泡沫、二氧化碳、干粉、沙土。

泄漏应急处置 隔离泄漏污染区，限制出入。消除所有点火源。建议应急处理人员戴防毒面具，穿防静电防腐蚀服。尽可能切断泄漏源。用塑料布覆盖泄漏物，减少飞散。勿使水进入包装容器内。用洁净的铲子收集泄漏物，置于干净、干燥、盖子较松的容器中，将容器移离泄漏区。

763. 烯丙基乙烯基醚

标　识

中文名称 烯丙基乙烯基醚

英文名称 Allyl vinyl ether；1-Propene，3-(ethenyloxy)-；Vinyl allyl ether

别名 乙烯基烯丙基醚

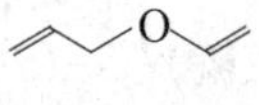

分子式 C_5H_8O

CAS 号 3917-15-5

危害信息

危险性类别 第 3 类 易燃液体

燃烧与爆炸危险性 遇明火、高热极易燃。其蒸气与空气混合，能形成爆炸性混合物。若遇高热，可发生聚合反应，放出大量热量而引起容器破裂和爆炸事故。蒸气比空气重，能在较低处扩散到相当远的地方，遇火源会着火回燃和爆炸(闪爆)。

活性反应 与氧化剂能发生强烈反应。

禁忌物 强氧化剂、强酸。

毒性 大鼠经口 LD_{50}：550mg/kg；大鼠吸入 $LCLo$：8000ppm(4h)。

侵入途径 吸入、食入。

理化特性与用途

理化特性 微溶于水。沸点 65～68℃，相对密度(水=1)0.781，辛醇/水分配系数 1.27，闪点 <-5℃。

主要用途 用作中间体。

包装与储运

包装标志 易燃液体

包装类别 Ⅱ类

安全储运 通常商品加有阻聚剂。储存于阴凉、通风的库房。远离火种、热源。储存温度不超过 37℃。炎热季节早晚运输。保持容器密闭。避免接触空气。应与氧化剂、酸类等隔离储运。禁止使用易产生火花的机械设备和工具。灌装时注意控制流速，防止静电积聚。搬运时轻装轻卸，防止容器受损。

紧急处置信息

急救措施

吸入：迅速脱离现场至空气新鲜处。保持呼吸道通畅。如呼吸困难，给输氧。呼吸、心跳停止，立即进行心肺复苏术。就医。

眼睛接触： 立即分开眼睑，用流动清水或生理盐水彻底冲洗。就医。

皮肤接触： 立即脱去污染的衣着，用流动清水彻底冲洗。就医。

食入： 漱口，饮水。就医。

灭火方法　消防人员须佩戴空气呼吸器，穿全身消防服，在上风向灭火。尽可能将容器从火场移至空旷处。喷水保持火场容器冷却，直至灭火结束。处在火场中的容器若已变色或从安全泄压装置中发出声音，必须马上撤离。用水灭火无效。

灭火剂：泡沫、干粉、二氧化碳、沙土。

泄漏应急处置　根据液体流动和蒸气扩散的影响区域划定警戒区，无关人员从侧风、上风向撤离至安全区。消除所有点火源。建议应急处理人员戴正压自给式呼吸器，穿防毒、防静电服。作业时使用的所有设备应接地。禁止接触或跨越泄漏物。尽可能切断泄漏源。防止泄漏物进入水体、下水道、地下室或有限空间。小量泄漏：用沙土或其他不燃材料吸收。使用洁净的无火花工具收集吸收材料。大量泄漏：构筑围堤或挖坑收容。用泡沫覆盖，减少蒸发。喷水雾能减少蒸发，但不能降低泄漏物在有限空间内的易燃性。用防爆泵转移至槽车或专用收集器内。

764. 硒化氢

标　识

中文名称　硒化氢

英文名称　Hydrogen selenide；Dihydrogen selenide

分子式　H_2Se

CAS 号　7783-07-5

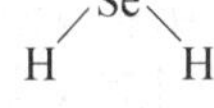

铁危编号　23007

UN 号　2202

危害信息

危险性类别　第 2.3 类　有毒气体

燃烧与爆炸危险性　遇明火、高热易燃。与空气混合能形成爆炸性混合物。在火场中，容器受热有爆炸危险。燃烧或受热分解产生有毒的烟气。

活性反应　与氧化剂接触发生猛烈反应。

禁忌物　强氧化剂、水、硝酸。

毒性　大鼠吸 $LCLo$：20mg/m^3(1h)；豚鼠吸入 LC_{50}：300ppb(8h)。

中毒表现　本品刺激眼和呼吸系统，吸入引起烧灼感、咳嗽、咽痛、恶心、呼吸困难、衰弱无力，严重者出现肺炎、肺水肿。皮肤接触液化气可发生冻伤。

侵入途径　吸入。

职业接触限值　中国：PC-TWA 0.15mg/m^3，PC-STEL 0.3mg/m^3[按 Se 计]。

美国(ACGIH)：TLV-TWA 0.05ppm。

理化特性与用途

理化特性　无色气体，有恶臭气味。溶于水，溶于二硫化碳、光气。熔点-66℃，沸点-41℃，相对密度(水=1)2.1(液体)，相对蒸气密度(空气=1)2.8，饱和蒸气压 878kPa

(21℃)，临界温度137℃，临界压力9.22MPa。

主要用途　半导体用料，制金属硒化物和含硒的有机化合物等。

包装与储运

包装标志　有毒气体，易燃气体

包装类别　Ⅱ类

安全储运　储存于阴凉、通风的有毒气体专用库房。远离火种、热源。库温不宜超过30℃。保持容器密封。应与氧化剂、酸类等隔离储运。采用防爆型照明、通风设施。禁止使用易产生火花的机械设备和工具。储区应备有泄漏应急处理设备。

紧急处置信息

急救措施

吸入：迅速脱离现场至空气新鲜处。保持呼吸道通畅。如呼吸困难，给输氧。呼吸、心跳停止，立即进行心肺复苏术。就医。

皮肤接触：如发生冻伤，用温水（38~42℃）复温，忌用热水或辐射热，不要揉搓。就医。

灭火方法　消防人员必须佩戴正压自给式呼吸器，穿全身防火防毒服，在上风向灭火。切断气源。若不能切断气源，则不允许熄灭泄漏处的火焰。用水喷淋保护切断气源的人员。尽可能将容器从火场移至空旷处。喷水保持火场容器冷却，直至灭火结束。处在火场中的容器若已变色或从安全泄压装置中发出声音，必须马上撤离。

灭火剂：雾状水、干粉、二氧化碳、泡沫。

泄漏应急处置　消除所有点火源。根据气体扩散的影响区域划定警戒区，无关人员从侧风、上风向撤离至安全区。建议应急处理人员穿内置正压自给式呼吸器的全封闭防化服。作业时使用的所有设备应接地。禁止接触或跨越泄漏物。尽可能切断泄漏源。喷雾状水抑制蒸气或改变蒸气云流向，避免水流接触泄漏物。禁止用水直接冲击泄漏物或泄漏源。防止气体通过下水道、通风系统和有限空间扩散。隔离泄漏区直至气体散尽。如没有危险，可考虑引燃漏出气，以消除有毒气体的影响。

765. 锡

标　识

中文名称　锡

英文名称　Tin；Tin，metal

分子式　Sn

CAS号　7440-31-5

危害信息

燃烧与爆炸危险性　粉尘可燃。其粉体与空气混合，能形成爆炸性混合物。

禁忌物　强氧化剂、强酸。

中毒表现　对眼睛、皮肤、黏膜和上呼吸道有刺激作用。长期吸入锡的烟雾或粉尘可引起锡尘肺(或锡末沉着症)。金属锡因不易吸收，基本无毒。职业性急、慢性锡中毒罕见，中毒多因食用受锡污染的罐装食品引起。引起中毒的最低浓度均为250mg/kg；主要为恶心、呕吐、腹泻等急性胃肠炎表现，实验室检查可见尿锡明显升高。

侵入途径　吸入、食入。

理化特性与用途

理化特性　银白色带光泽的软金属或银白色至灰色粉末。不溶于水，微溶于稀硝酸，溶于盐酸、硫酸、王水、碱。熔点231.9℃，沸点2260℃，相对密度(水=1)7.2，饱和蒸气压133.3Pa(1492℃)，引燃温度630℃(粉尘云)，430℃(粉尘层)，爆炸下限190g/m^3。

主要用途　用于制白铁板、巴毕脱合金、锡箔、活字金、合金、化学药品等。

包装与储运

安全储运　储存于阴凉、通风的库房。远离火种、热源。保持容器密闭。应与氧化剂、酸类等隔离储运。

紧急处置信息

急救措施

吸入：迅速脱离现场至空气新鲜处。保持呼吸道通畅。如呼吸困难，给输氧。呼吸、心跳停止，立即进行心肺复苏术。就医。

眼睛接触：立即分开眼睑，用流动清水或生理盐水彻底冲洗。就医。

皮肤接触：立即脱去污染的衣着，用肥皂水和清水彻底冲洗。就医。

食入：漱口，饮水。就医。

灭火方法　消防人员须佩戴防毒面具，穿全身消防服，在上风向灭火。尽可能将容器从火场移至空旷处。喷水保持火场容器冷却，直至灭火结束。

灭火剂：干粉、沙土。

泄漏应急处置　隔离泄漏污染区，限制出入。建议应急处理人员戴防尘口罩，穿一般作业工作服。尽可能切断泄漏源。用塑料布覆盖泄漏物，减少飞散。勿使水进入包装容器内。用洁净的铲子收集泄漏物，置于干净、干燥、盖子较松的容器中，将容器移离泄漏区。

766. 氙[液化的]

标　识

中文名称　氙[液化的]

英文名称　Xenon，refrigerated liquid

分子式　Xe

CAS号　7440-63-3

铁危编号　22015

UN号　2036

危害信息

危险性类别　第2.2类　不燃气体

燃烧与爆炸危险性　不燃，无特殊燃爆特性。若遇高热，容器内压增大，有开裂和爆炸的危险。

中毒表现　本品在生理学上是惰性气体，仅在高浓度时，由于空气中氧分压降低才引起窒息。接触液态本品可引起冻伤。

侵入途径　吸入。

理化特性与用途

理化特性　无色无气味的深冷液体。微溶于水。熔点-111.8℃，沸点-108.1℃，相对蒸气密度（空气=1）4.5，饱和蒸气压 5.83MPa（15℃），临界温度 16.5℃，临界压力 5.84MPa，辛醇/水分配系数 1.4。

主要用途　用于制造摄影用闪光灯。

包装与储运

包装标志　不燃气体

包装类别　Ⅲ类

安全储运　储存于阴凉、通风的库房或大型气柜。远离火源和热源。储存温度不超过30℃。运输时防止雨淋、曝晒。搬运时轻装轻卸，须戴好钢瓶安全帽和防震橡皮圈，防止钢瓶撞击。

紧急处置信息

急救措施

吸入：迅速脱离现场至空气新鲜处。保持呼吸道通畅。如呼吸困难，给输氧。呼吸、心跳停止，立即进行心肺复苏术。就医。

皮肤接触：如发生冻伤，用温水（38 ~ 42℃）复温，忌用热水或辐射热，不要揉搓。就医。

灭火方法　消防人员须佩戴防毒面具，穿全身消防服，在上风向灭火。喷水冷却容器，可能的话将容器从火场移至空旷处。

本品不燃，根据着火原因选择适当灭火剂灭火。

泄漏应急处置　大量泄漏：根据气体扩散的影响区域划定警戒区，无关人员从侧风、上风向撤离至安全区。建议应急处理人员戴正压自给式呼吸器，穿一般作业工作服。液体泄漏时穿防寒服。尽可能切断泄漏源。漏出气允许排入大气中。泄漏场所保持通风。

767. 硝化丙三醇乙醇溶液［含硝化甘油 1%~10%］

标　　识

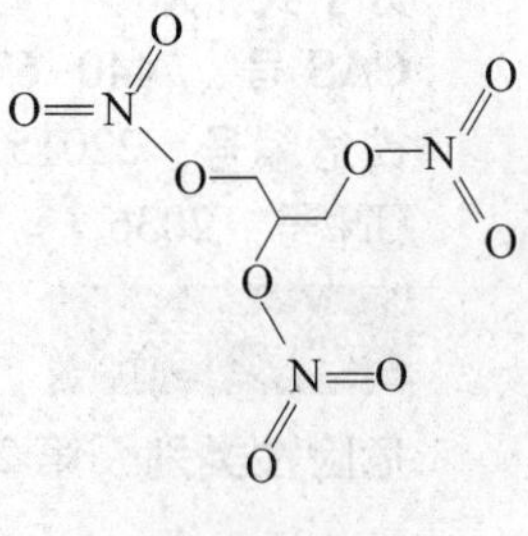

中文名称　硝化丙三醇乙醇溶液［含硝化甘油 1% ~ 10%］

英文名称　Nitroglycerin solution in alcohol with more than 1% but not more than 10% nitroglycerin

别名　硝化甘油乙醇溶液［含硝化甘油 1% ~ 10%］

分子式　$C_3H_5N_3O_9/C_2H_6O$

CAS 号　55-63-0

铁危编号 11034

UN 号 0144

危害信息

危险性类别 第 1 类 爆炸品

燃烧与爆炸危险性 高度易燃。其蒸气与空气混合能形成爆炸性混合物，遇明火、高热极易燃烧或爆炸。燃烧产生有毒的氮氧化物气体。在高温火场中，受热的容器或储罐有破裂和爆炸的危险。

禁忌物 强氧化剂。

侵入途径 吸入、食入。

理化特性与用途

理化特性 无色透明液体。沸点 78℃，相对密度（水 = 1）0.8，饱和蒸气压 5.9kPa（20℃），闪点小于 23 ℃，引燃温度 425℃（乙醇），爆炸下限 3.5%（乙醇），爆炸上限 15%（乙醇）。

主要用途 用于药物。

包装与储运

包装标志 爆炸品

安全储运 储存于阴凉、干燥、通风库房。远离火种、热源。储存温度不宜超过 32℃，相对湿度不超过 80%。保持容器密封。应与其他爆炸品、氧化剂、还原剂、碱等隔离储运。采用防爆型照明、通风设施。禁止使用易产生火花的机械设备和工具。搬运时轻装轻卸，防止容器受损。禁止震动、撞击和摩擦。

紧急处置信息

急救措施

吸入：脱离接触。如有不适感，就医。

眼睛接触：分开眼睑，用流动清水或生理盐水冲洗。如有不适感，就医。

皮肤接触：脱去污染的衣着，用肥皂水和清水冲洗。如有不适感，就医。

食入：漱口，饮水。就医。

灭火方法 消防人员须穿全身消防服，佩戴正压自给式呼吸器，在上风向灭火。尽可能将容器从火场移至空旷处。喷水保持火场容器冷却，直至灭火结束。处在火场中的容器若发生异常变化或发出异常声音，须马上撤离。

灭火剂：泡沫、二氧化碳、干粉、沙土。用水灭火无效。

泄漏应急处置 消除所有点火源。根据液体流动和蒸气扩散的影响区域划定警戒区，无关人员从侧风、上风向撤离至安全区。建议应急处理人员戴正压自给式呼吸器，穿防毒、防静电服，戴橡胶耐油手套。作业时使用的所有设备应接地。禁止接触或跨越泄漏物。尽可能切断泄漏源。防止泄漏物进入水体、下水道、地下室或有限空间。小量泄漏：用沙土或其他不燃材料吸收。使用洁净的无火花工具收集吸收材料。大量泄漏：构筑围堤或挖坑收容。用沙土、惰性物质或蛭石吸收大量液体。用泡沫覆盖，减少蒸发。喷水雾能减少蒸发，但不能降低泄漏物在有限空间内的易燃性。用防爆泵转移至槽车或专用收集器内。

768. 硝化淀粉［干的或含水<20%］

标　识

中文名称　硝化淀粉［干的或含水<20%］

英文名称　Nitrostarch，dry or wetted with less than 20% water，by mass；Starch，nitrate

CAS 号　9056-38-6

铁危编号　11031

UN 号　0146

危害信息

危险性类别　第 1 类　爆炸品

燃烧与爆炸危险性　易燃。受撞击、摩擦、遇明火或其他点火源极易爆炸。燃烧产生有毒的氮氧化物气体。

禁忌物　强氧化剂。

侵入途径　吸入、食入。

理化特性与用途

理化特性　橙色结晶或白色至黄色粉末。不溶于水，溶于丙酮。

主要用途　用作炸药。

包装与储运

包装标志　爆炸品

安全储运　储存于阴凉、干燥、通风的爆炸品专用库房。远离火种、热源。储存温度不宜超过 32℃，相对湿度不超过 80%。若以水作稳定剂，储存温度应大于 1℃，相对湿度小于 80%。保持容器密封。应与其他爆炸品、氧化剂、还原剂、碱等隔离储运。采用防爆型照明、通风设施。禁止使用易产生火花的机械设备和工具。搬运时轻装轻卸，防止容器受损。禁止震动、撞击和摩擦。

紧急处置信息

急救措施

吸入：脱离接触。如有不适感，就医。

眼睛接触：分开眼睑，用流动清水或生理盐水冲洗。如有不适感，就医。

皮肤接触：脱去污染的衣着，用肥皂水和清水冲洗。如有不适感，就医。

食入：漱口，饮水。就医。

灭火方法　消防人员穿全身消防服，佩戴正压自给式呼吸器，在防爆掩蔽处操作。遇大火切勿轻易接近。在物料附近失火，须用水保持容器冷却。用大量水灭火。禁止用沙土盖压。

泄漏应急处置　消除所有点火源。隔离泄漏污染区，限制出入。建议应急处理人员戴防尘口罩，穿防护服。作业时使用的所有设备应接地。禁止接触或跨越泄漏物。小量泄漏：用大量水冲洗，经水稀释后放入废水系统。大量泄漏：用水润湿，并筑堤收容。通过慢慢加入大量水保持泄漏物湿润。

769. 硝化纤维素

标　识

中文名称　硝化纤维素

英文名称　Nitrocellulose；Cellulose nitrate

别名　硝化棉；硝基纤维素；棉体火棉胶

CAS 号　9004-70-0

铁危编号　41031

UN 号　2556

危害信息

危险性类别　第 4.1 类　易燃固体

燃烧与爆炸危险性　易燃。干燥时易爆炸。受撞击、摩擦，遇明火或其他点火源极易着火或爆炸。暴露在空气中能自燃。在火场中容器受热有爆炸危险。在火场中产生有毒的烟气。

活性反应　遇到氧化剂以及大多数有机胺(对苯二甲胺等)会发生燃烧和爆炸。

禁忌物　强氧化剂、胺类。

毒性　大鼠经口 LD_{50}：>5g/kg；小鼠经口 LD_{50}：>5g/kg。

中毒表现　长期接触能引起头痛、恶心、呕吐、中枢神经抑制。对眼和呼吸道有刺激性。

侵入途径　吸入。

理化特性与用途

理化特性　白色或微黄色纤维状或纸浆状物质或白色颗粒。通常用水、醇、乙醚或其他溶剂润湿。不溶于水，溶于丙酮、酯类。熔点 160～170℃(引燃)，相对密度(水=1) 1.66，闪点 12.8℃，引燃温度 160～170℃。

主要用途　用于生产赛璐珞、影片、漆片、炸药等。

包装与储运

包装标志　易燃固体

包装类别　Ⅱ类

安全储运　储存于阴凉、通风的库房。远离火种、热源。库温不宜超过 35℃。保持容器密封。应与氧化剂等等隔离储运。采用防爆型照明、通风设施。禁止使用易产生火花的机械设备和工具。

紧急处置信息

急救措施

吸入：脱离接触。如有不适感，就医。

眼睛接触：分开眼睑，用流动清水或生理盐水冲洗。如有不适感，就医。

皮肤接触：脱去污染的衣着，用流动清水冲洗。如有不适感，就医。

食入： 漱口，饮水。就医。

灭火方法　消防人员须穿全身消防服，佩戴正压自给式呼吸器，在上风向、安全距离以外灭火。消防人员须在有防爆掩蔽处操作。禁止用沙土压盖。

灭火剂：水、雾状水、泡沫、干粉、二氧化碳。

泄漏应急处置　消除所有点火源。隔离泄漏污染区，限制出入。建议应急处理人员戴防尘口罩，穿防护服。作业时使用的所有设备应接地。禁止接触或跨越泄漏物。小量泄漏：用大量水冲洗，洗水稀释后放入废水系统。大量泄漏：用水润湿，并筑堤收容。通过慢慢加入大量水保持泄漏物湿润。

770. 4-硝基苯氨基乙基脲

标　识

中文名称　4-硝基苯氨基乙基脲

英文名称　(2-((4-Nitrophenyl)amino)ethyl)urea；(2-(*p*-Nitroanilino)ethyl)urea

分子式　$C_9H_{12}N_4O_3$

CAS 号　27080-42-8

H_2N O ^-O N^+ N NH_2 O

危害信息

燃烧与爆炸危险性　遇明火、高热可燃。燃烧或受热分解产生有毒烟气。

禁忌物　强氧化剂。

中毒表现　本品对皮肤有致敏性。

侵入途径　吸入、食入。

环境危害　对水生生物有害，可能在水生环境中造成长期不利影响。

理化特性与用途

理化特性　微溶于水。沸点 457℃，相对密度(水 = 1) 1.372，饱和蒸气压 0.002mPa (25℃)，辛醇/水分配系数 0.6。

主要用途　用于头发护理产品。

包装与储运

安全储运　储存于阴凉、通风的库房。远离火种、热源。保持容器密闭。应与强氧化剂等隔离储运。搬运时轻装轻卸，防止容器受损。

紧急处置信息

急救措施

吸入： 迅速脱离现场至空气新鲜处。保持呼吸道通畅。如呼吸困难，给输氧。呼吸、心跳停止，立即进行心肺复苏术。就医。

眼睛接触： 立即分开眼睑，用流动清水或生理盐水彻底冲洗。就医。

皮肤接触： 立即脱去污染的衣着，用肥皂水和清水彻底冲洗。就医。

食入： 漱口，饮水。就医。

泄漏应急处置　隔离泄漏污染区，限制出入。消除所有点火源。建议应急处理人员戴

防尘口罩，穿防毒服。穿上适当的防护服前严禁接触破裂的容器和泄漏物。尽可能切断泄漏源。用塑料布覆盖泄漏物，减少飞散。勿使水进入包装容器内。用洁净的铲子收集泄漏物，置于干净、干燥、盖子较松的容器中，将容器移离泄漏区。

771. 1-(4-硝基苯基)-3-(3-吡啶基甲基)脲

标　识

中文名称　1-(4-硝基苯基)-3-(3-吡啶基甲基)脲

英文名称　1-(4-Nitrophenyl)-3-(3-pyridyl methyl)urea)；Pyrinuron

别名　灭鼠优

分子式　$C_{13}H_{12}N_4O_3$

CAS 号　53558-25-1

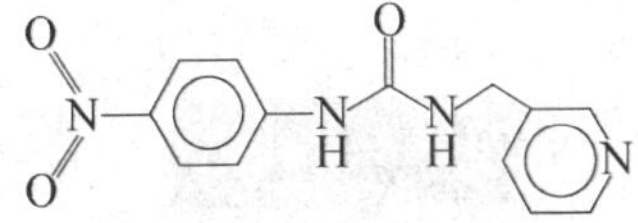

危害信息

危险性类别　第 6 类　有毒品

燃烧与爆炸危险性　不燃。受高热产生有毒的氮氧化物气体。在火场中，容器受热有开裂或爆炸的危险。

禁忌物　强氧化剂、强酸。

毒性　大鼠经口 LD_{50}：6200 μg/kg；小鼠经口 LD_{50}：56500 μg/kg。

根据《危险化学品目录》的备注，本品属剧毒化学品。

中毒表现　口服中毒早期出现恶心、呕吐、腹痛、食欲减退。随后出现体位性低血压、四肢疼痛性感觉异常、肌力减退、视物障碍、精神错乱、昏迷、抽搐等神经系统功能障碍症状。血糖、尿糖可升高。

侵入途径　吸入、食入。

理化特性与用途

理化特性　黄色或黄绿色粉末。不溶于水，不溶于多种有机溶剂。熔点 223~225℃(分解)，辛醇/水分配系数 2.09。

主要用途　速效杀鼠剂。用于防治挪威大鼠、屋顶鼠、小家鼠、松鼠等。

包装与储运

包装标志　有毒品

包装类别　Ⅰ类

安全储运　储存于阴凉、通风的库房。远离火种、热源。储存温度不超过 35℃，相对湿度不超过 85%。保持容器密封。应与强氧化剂等隔离储运。搬运时轻装轻卸，防止容器受损。应严格执行剧毒品“双人收发、双人保管”制度。

紧急处置信息

急救措施

吸入：迅速脱离现场至空气新鲜处。保持呼吸道通畅。如呼吸困难，给输氧。呼吸、心跳停止，立即进行心肺复苏术。就医。

眼睛接触：立即分开眼睑，用流动清水或生理盐水彻底冲洗。就医。

皮肤接触：立即脱去污染的衣着，用流动清水彻底冲洗。就医。

食入：饮适量温水，催吐(仅限于清醒者)。就医。

解毒剂：烟酰胺。

灭火方法　消防人员须穿全身消防服，在上风向灭火。尽可能将容器从火场移至空旷处。喷水保持火场容器冷却，直至灭火结束。

本品不燃，根据周围火灾原因选择适当的灭火剂。灭火

泄漏应急处置　隔离泄漏污染区，限制出入。建议应急处理人员戴防尘口罩，穿防毒服。穿上适当的防护服前严禁接触破裂的容器和泄漏物。尽可能切断泄漏源。用塑料布覆盖泄漏物，减少飞散。勿使水进入包装容器内。用洁净的铲子收集泄漏物，置于干净、干燥、盖子较松的容器中，将容器移离泄漏区。

772. 2-(3-硝基苯亚甲基)乙酰乙酸甲酯

标　识

中文名称　2-(3-硝基苯亚甲基)乙酰乙酸甲酯

英文名称　Methyl 3-nitrobenzylideneacetoacetate；2-((3-Nitrophenyl)methylene)-3-oxo-butanoic acid methyl ester

分子式　$C_{12}H_{11}NO_5$

CAS 号　39562-17-9

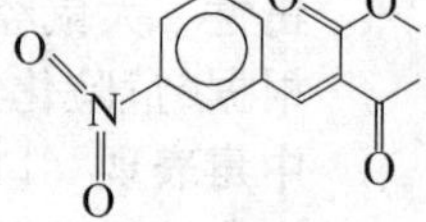

危害信息

燃烧与爆炸危险性　遇明火、高热可燃。燃烧或受高热分解产生有毒的氮氧化物气体。

禁忌物　强氧化剂。

中毒表现　本品对皮肤有致敏性。

侵入途径　吸入、食入。

环境危害　对水生生物有极高毒性，可能在水生环境中造成长期不利影响。

理化特性与用途

理化特性　黄色固体。熔点 158℃，沸点 387℃，相对密度(水=1)1.296，饱和蒸气压 0.43mPa(25℃)，闪点 172℃。

主要用途　用作有机合成和药物中间体。

包装与储运

包装标志　杂项

包装类别　Ⅲ类

安全储运　储存于阴凉、通风的库房。远离火种、热源。保持容器密闭。应与强氧化剂、强酸、强碱等隔离储运。搬运时轻装轻卸，防止容器受损。

紧急处置信息

急救措施

吸入：迅速脱离现场至空气新鲜处。保持呼吸道通畅。如呼吸困难，给输氧。呼吸、心跳停止，立即进行心肺复苏术。就医。

眼睛接触：立即分开眼睑，用流动清水或生理盐水彻底冲洗。就医。

皮肤接触：立即脱去污染的衣着，用肥皂水和清水彻底冲洗。就医。

食入：漱口，饮水。就医。

灭火方法 消防人员须穿全身消防服，佩戴正压自给式呼吸器，在上风向灭火。尽可能将容器从火场移至空旷处。喷水保持火场容器冷却，直至灭火结束。

灭火剂：雾状水、泡沫、二氧化碳、干粉、沙土。

泄漏应急处置 隔离泄漏污染区，限制出入。建议应急处理人员戴防尘口罩，穿防毒服。消除所有点火源。穿上适当的防护服前严禁接触破裂的容器和泄漏物。尽可能切断泄漏源。用塑料布覆盖泄漏物，减少飞散。勿使水进入包装容器内。用洁净的铲子收集泄漏物，置于干净、干燥、盖子较松的容器中，将容器移离泄漏区。

773. 3-硝基苯乙酮

标　识

中文名称 3-硝基苯乙酮

英文名称 3-Nitroacetophenone；*m*-Nitroacetophenone

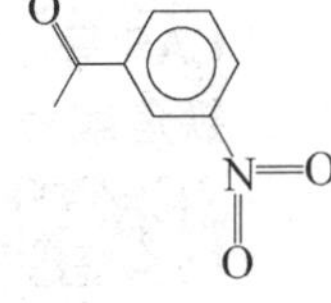

别名 间硝基苯乙酮；3-硝基乙酰苯

分子式 $C_8H_7NO_3$

CAS 号 121-89-1

危害信息

燃烧与爆炸危险性 遇明火、高热可燃。受热分解放出有毒的氧化氮烟气。

禁忌物 强氧化剂、强还原剂、强酸。

毒性 大鼠经口 LD_{50}：3250mg/kg；兔经皮 LD_{50}：3 mL/kg。

侵入途径 吸入、食入、经皮吸收。

理化特性与用途

理化特性 白色至浅米色结晶粉末。不溶于水，溶于乙醚，微溶于乙醇。熔点 81℃，沸点 202℃，饱和蒸气压 0.32Pa(25℃)，辛醇/水分配系数 1.42，闪点 100℃。

主要用途 用作增感剂，生产染料和其他有机化合物的中间体。

包装与储运

安全储运 储存于阴凉、通风的库房。远离火种、热源。保持容器密闭。应与氧化剂、还原剂、酸碱等隔离储运。搬运时轻装轻卸，防止容器受损。

紧急处置信息

急救措施

吸入：迅速脱离现场至空气新鲜处。保持呼吸道通畅。如呼吸困难，给输氧。呼吸、心跳停止，立即进行心肺复苏术。就医。

眼睛接触：立即分开眼睑，用流动清水或生理盐水彻底冲洗。就医。

皮肤接触：立即脱去污染的衣着，用流动清水彻底冲洗。就医。

食入：漱口，饮水。就医。

灭火方法 消防人员必须佩戴正压自给式呼吸器，穿全身防火防毒服，在上风向灭火。尽可能将容器从火场移至空旷处。喷水保持火场容器冷却，直至灭火结束。

灭火剂：雾状水、泡沫、干粉、二氧化碳、沙土。

泄漏应急处置 隔离泄漏污染区，限制出入。消除所有点火源。建议应急处理人员戴防尘口罩，穿一般作业工作服。尽可能切断泄漏源。用塑料布覆盖泄漏物，减少飞散。勿使水进入包装容器内。用洁净的铲子收集泄漏物，置于干净、干燥、盖子较松的容器中，将容器移离泄漏区。

774. 硝基苊

标 识

中文名称 硝基苊

英文名称 5-Nitroacenaphthene；1，2-Dihydro-5-nitroacenaphthylene

别名 5-硝基苊

分子式 $C_{12}H_9NO_2$

CAS 号 602-87-9

铁危编号 41516

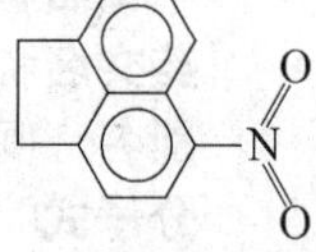

危害信息

危险性类别 第4.1类 易燃固体

燃烧与爆炸危险性 遇明火、高热易燃。燃烧或受热分解放出有毒的氧化氮烟气。

禁忌物 强氧化剂、强还原剂。

毒性 IARC 致癌性评论：G2B，可疑人类致癌物。

欧盟法规 1272/2008/EC 将本品列为第 1B 类致癌物——可能对人类有致癌能力。

侵入途径 吸入、食入。

理化特性与用途

理化特性 黄色针状结晶或粉末。不溶于水，溶于乙醇、乙醚、石油醚、热水。熔点102~103℃，饱和蒸气压 3.52MPa(25℃)，辛醇/水分配系数 3.85。

主要用途 用于有机合成，用作染料中间体及电子工业增感剂。

包装与储运

包装标志 易燃固体

包装类别 Ⅲ类

安全储运 储存于阴凉、通风的库房。库温不宜超过 35℃。远离火种、热源。保持容器密闭。应与氧化剂、还原剂等隔离储运。采用防爆型照明、通风设施。禁止使用易产生火花的机械设备和工具。搬运时轻装轻卸，防止容器受损。

紧急处置信息

急救措施

吸入：迅速脱离现场至空气新鲜处。保持呼吸道通畅。如呼吸困难，给输氧。呼吸、心跳停止，立即进行心肺复苏术。就医。

眼睛接触：立即分开眼睑，用流动清水或生理盐水彻底冲洗。就医。

皮肤接触：立即脱去污染的衣着，用肥皂水和清水彻底冲洗。就医。

食入：漱口，饮水。就医。

灭火方法 消防人员须戴穿全身消防服，佩戴正压自给式呼吸器，在上风向灭火。尽可能将容器从火场移至空旷处。喷水保持火场容器冷却，直至灭火结束。

灭火剂：雾状水、泡沫、干粉、二氧化碳、沙土。

泄漏应急处置 隔离泄漏污染区，限制出入。消除所有点火源。建议应急处理人员戴防尘口罩，穿防毒服。禁止接触或跨越泄漏物。小量泄漏：用洁净的铲子收集泄漏物，置于干净、干燥、盖子较松的容器中，将容器移离泄漏区。大量泄漏：用水润湿，并筑堤收容。防止泄漏物进入水体、下水道、地下室或有限空间。

775. 硝基甲烷

标　识

中文名称 硝基甲烷

英文名称 Nitromethane

分子式 CH_3NO_2

CAS 号 75-52-5

铁危编号 32020

UN 号 1261

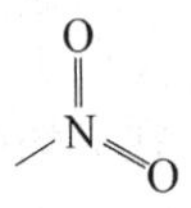

危害信息

危险性类别 第 3 类　易燃液体

燃烧与爆炸危险性 遇明火、高热易燃。其蒸气与空气混合，能形成爆炸性混合物。蒸气比空气重，能沿地面传播到相当远处，遇点火源引燃并回燃。强烈震动、冲击或摩擦能引起爆炸性分解。与强氧化剂、强还原剂猛烈反应，有引起着火、爆炸的危险。在火场中，放出有毒的氮氧化物气体。

活性反应 遇无机碱类、氧化剂、烃类、胺类及三氯化铝、六甲基苯等均能引起燃烧爆炸。

禁忌物 强还原剂、酸类、碱类、卤代烷烃、金属氢化物、金属烷氧化物、氨、胺类等。

毒性 大鼠经口 LD_{50}：940mg/kg；小鼠经口 LD_{50}：950mg/kg；大鼠吸入 $LCLo$：12750mg/m^3(1h)。

IARC 致癌性评论：G2B，可疑人类致癌物。

中毒表现 中毒症状有头昏、站立不稳、意识不清、紫绀。高铁血红蛋白增高。可有肝、肾损害。

职业接触限值 中国：PC-TWA 50mg/m^3[G2B]。

美国(ACGIH)：TLV-TWA 20ppm。

理化特性与用途

理化特性 无色油状液体，有不愉快的气味。溶于乙醇、乙醚、丙酮、四氯化碳和碱。

熔点-28.6℃，沸点101℃，相对密度(水=1)1.14，相对蒸气密度(空气=1)2.1，饱和蒸气压3.7kPa(20℃)，辛醇/水分配系数-0.35，临界温度315℃，临界压力6.3MPa，燃烧热-708.4kJ/mol，闪点35℃，引燃温度418℃，爆炸下限7.3%，爆炸上限63%，pH值6.12。

主要用途 用作溶剂、火箭燃料、汽油添加剂以及用于有机合成。

包装与储运

包装标志 易燃液体

包装类别 Ⅱ类

安全储运 储存于阴凉、通风的库房。库温不宜超过37℃。远离火种、热源。保持容器密封。应与氧化剂、还原剂、酸类、碱类等等隔离储运。采用防爆型照明、通风设施。禁止使用易产生火花的机械设备和工具。灌装时注意控制流速，防止静电积聚。搬运时轻装轻卸，防止容器受损。

紧急处置信息

急救措施

吸入：立即脱离接触。如呼吸困难，给吸氧。如呼吸心跳停止，立即行心肺复苏术。就医。

眼睛接触：分开眼睑，用清水或生理盐水冲洗。就医。

皮肤接触：立即脱去污染衣着，用肥皂水或清水彻底冲洗。就医。

食入：漱口，饮水。就医。

高铁血红蛋白血症，可用美蓝和维生素C治疗。

灭火方法 消防人员须戴正压自给式呼吸器，穿全身消防服，在安全距离以外，在上风向灭火。尽可能将容器从火场移至空旷处。喷水保持火场容器冷却，直至灭火结束。处在火场中的容器若已变色或从安全泄压装置中发出声音，必须马上撤离。

灭火剂：雾状水、泡沫、二氧化碳、干粉。

泄漏应急处置 消除所有点火源。根据液体流动和蒸气扩散的影响区域划定警戒区，无关人员从侧风、上风向撤离至安全区。建议应急处理人员戴正压自给式呼吸器，穿防静电服，戴橡胶耐油手套。作业时使用的所有设备应接地。禁止接触或跨越泄漏物。尽可能切断泄漏源。防止泄漏物进入水体、下水道、地下室或有限空间。小量泄漏：用沙土或其他不燃材料吸收。使用洁净的无火花工具收集吸收材料。大量泄漏：构筑围堤或挖坑收容。用抗溶性泡沫覆盖，减少蒸发。喷水雾能减少蒸发，但不能降低泄漏物在有限空间内的易燃性。用防爆泵转移至槽车或专用收集器内。

776. 硝基脲

标　识

中文名称 硝基脲

英文名称 Nitrourea；*N*-Nitrocarbamide

别名 *N*-硝基脲

分子式 $CH_3N_3O_3$

CAS号 556-89-8

铁危编号 11028

UN号 0147

H_2N–C(=O)–NH–N(=O)=O

危害信息

危险性类别 第1类 爆炸品

燃烧与爆炸危险性 遇明火、高热有严重火灾危险。受热、冲击等有爆炸危险。与还原剂混合，发生剧烈反应直至发生爆轰。燃烧产生有毒的氮氧化物气体。在高温火场中，受热的容器有破裂和爆炸的危险。

禁忌物 强氧化剂。

侵入途径 吸入、食入。

理化特性与用途

理化特性 无色至白色结晶性粉末。微溶于水，溶于乙醇、乙醚、丙酮和乙酸，不溶于氯仿、苯。熔点158.5℃(分解)，相对密度(水=1)1.557，辛醇/水分配系数-1.65。

主要用途 用于有机合成和生化研究。用作炸药。

包装与储运

包装标志 爆炸品

安全储运 储存于阴凉、干燥、通风的爆炸品专用库房。远离火种、热源。储存温度不宜超过32℃，相对湿度不超过80%。若以水作稳定剂，储存温度应大于1℃，相对湿度小于80%。保持容器密封。应与其他爆炸品、氧化剂、还原剂、碱等隔离储运。采用防爆型照明、通风设施。禁止使用易产生火花的机械设备和工具。搬运时轻装轻卸，防止容器受损。禁止震动、撞击和摩擦。

紧急处置信息

急救措施

吸入：脱离接触。如有不适感，就医。

眼睛接触：分开眼睑，用流动清水或生理盐水冲洗。如有不适感，就医。

皮肤接触：脱去污染的衣着，用肥皂水和清水冲洗。如有不适感，就医。

食入：漱口，饮水。就医。

灭火方法 消防人员须穿全身消防服，佩戴正压自给式呼吸器，在上风向安全处灭火。尽可能将容器从火场移至空旷处。喷水保持火场容器冷却，直至灭火结束。用大量水灭火。

泄漏应急处置 隔离泄漏污染区，限制出入。消除所有点火源。建议应急处理人员戴防尘口罩，穿防毒服。穿上适当的防护服前严禁接触破裂的容器和泄漏物。尽可能切断泄漏源。用塑料布覆盖泄漏物，减少飞散。勿使水进入包装容器内。用洁净的铲子收集泄漏物，置于干净、干燥、盖子较松的容器中，将容器移离泄漏区。

777. 硝酸铒

标　识

中文名称 硝酸铒

英文名称 Erbium trinitrate；Nitric acid，erbium(3+)salt

分子式 $Er(NO_3)_3$

CAS号 10168-80-6

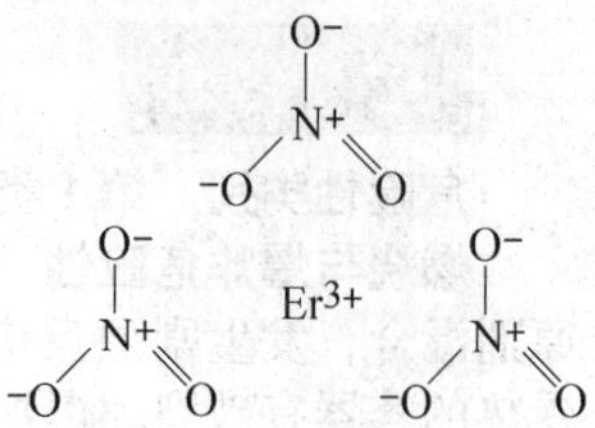

铁危编号 51523

UN 号 1465

危害信息

危险性类别 第 5.1 类 氧化剂

燃烧与爆炸危险性 助燃。接触可燃物可能引起火灾。受热易分解产生有毒的氮氧化物气体，在高温火场中受热的容器有破裂和爆炸的危险。

禁忌物 强酸、还原剂。

毒性 大鼠腹腔内 LD_{50}：177mg/kg；大鼠静脉内 LD_{50}：27.46mg/kg。

侵入途径 吸入、食入。

理化特性与用途

理化特性 淡红色结晶或粉红色固体，有吸湿性。溶于水，溶于乙醇。

主要用途 主要用于玻璃，陶瓷和化学工业添加剂、催化剂。用作制其他铒产品的原料。

包装与储运

包装标志 氧化剂

包装类别 Ⅱ类

安全储运 储存于阴凉、干燥、通风的库房。远离火种、热源。储存温度不超过 30℃，相对湿度不超过 80%。保持容器密封。应与酸、可燃物、胺、还原剂等隔离储运。搬运时轻装轻卸，防止容器受损。

紧急处置信息

急救措施

吸入： 迅速脱离现场至空气新鲜处。保持呼吸道通畅。如呼吸困难，给输氧。呼吸、心跳停止，立即进行心肺复苏术。就医。

眼睛接触： 立即分开眼睑，用流动清水或生理盐水彻底冲洗 10~15min。就医。

皮肤接触： 立即脱去污染的衣着，用大量流动清水彻底冲洗，冲洗时间一般要求 20~30min。就医。

食入： 用水漱口，禁止催吐。给饮牛奶或蛋清。就医。

灭火方法 消防人员须穿全身消防服，佩戴正压自给式呼吸器，在上风向灭火。尽可能将容器从火场移至空旷处。喷水保持火场容器冷却，直至灭火结束。大量水灭火，禁止用干粉、二氧化碳、泡沫。

泄漏应急处置 隔离泄漏污染区，限制出入。消除所有点火源。建议应急处理人员戴防尘口罩，穿防毒服。穿上适当的防护服前严禁接触破裂的容器和泄漏物。尽可能切断泄漏源。避免泄漏物与可燃物等接触。用塑料布覆盖泄漏物，减少飞散。勿使水进入包装容器内。用洁净的铲子收集泄漏物，置于干净、干燥、盖子较松的容器中，将容器移离泄漏区。

778. 硝酸镓

标　识

中文名称 硝酸镓

英文名称 Gallium nitrate；Gallium trinitrate

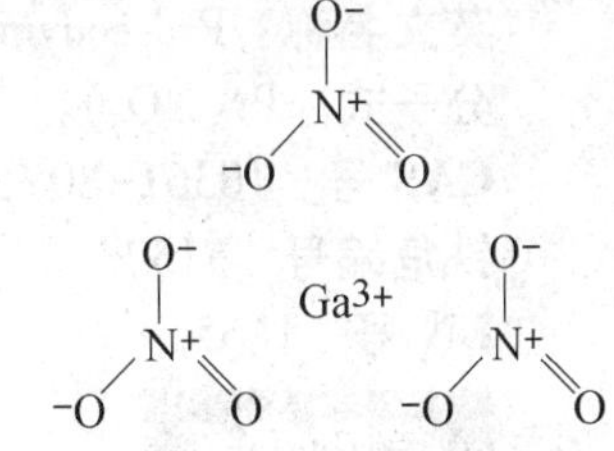

分子式 $Ga(NO_3)_3$

CAS 号 13494-90-1

铁危编号 51522

危害信息

危险性类别 第 5.1 类 氧化剂

燃烧与爆炸危险性 助燃，能加速燃烧。接触可燃物可引起火灾。在高温火场中受热的容器有破裂和爆炸的危险。受热分解产生有毒的烟气。

禁忌物 酸类、还原剂。

毒性 小鼠经口 LD_{50}：4360mg/kg。

侵入途径 吸入、食入。

理化特性与用途

理化特性 白色结晶。易溶于水，溶于乙醇，不溶于乙醚。熔点 110℃（分解）。

主要用途 用作制取镓化合物的原料。

包装与储运

包装标志 氧化剂

包装类别 Ⅱ类

安全储运 储存于阴凉、通风的库房。远离火种、热源。储存温度不超过 30℃，相对湿度不超过 80%。保持容器密封。应与酸、可燃物、胺、还原剂等隔离储运搬运时轻装轻卸，防止容器受损。

紧急处置信息

急救措施

吸入：迅速脱离现场至空气新鲜处。保持呼吸道通畅。如呼吸困难，给输氧。呼吸、心跳停止，立即进行心肺复苏术。就医。

眼睛接触：立即分开眼睑，用流动清水或生理盐水彻底冲洗 10~15min。就医。

皮肤接触：立即脱去污染的衣着，用大量流动清水彻底冲洗，冲洗时间一般要求 20~30min。就医。

食入：用水漱口，禁止催吐。给饮牛奶或蛋清。就医。

灭火方法 消防人员须穿全身消防服，佩戴正压自给式呼吸器，在上风向灭火。尽可能将容器从火场移至空旷处。喷水保持火场容器冷却，直至灭火结束。不要用干粉、二氧化碳和泡沫灭火。用大量水灭火。

泄漏应急处置 隔离泄漏污染区，限制出入。消除所有点火源。建议应急处理人员戴防尘口罩，穿防毒服。禁止接触或跨越泄漏物。避免泄漏物与可燃物等接触。小量泄漏：用洁净的铲子收集泄漏物，置于干净、干燥、盖子较松的容器中，将容器移离泄漏区。大量泄漏：用水润湿，并筑堤收容。防止泄漏物进入水体、下水道、地下室或有限空间

779. 硝酸镨

标　识

中文名称 硝酸镨

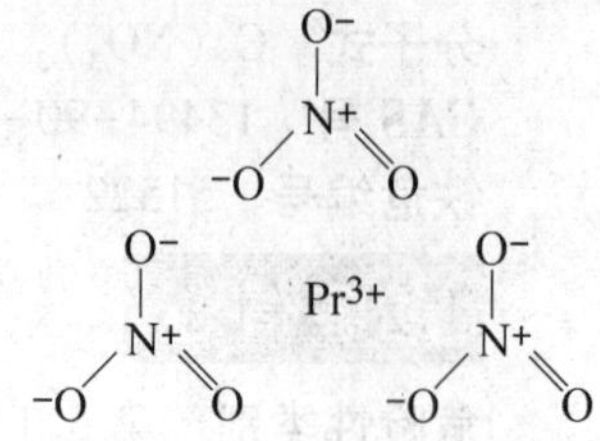

英文名称 Praseodymium nitrate；Praseodymium trinitrate

分子式 $Pr(NO_3)_3$

CAS 号 10361-80-5

铁危编号 51523

UN 号 1465

危害信息

危险性类别 第 5.1 类 氧化剂

燃烧与爆炸危险性 助燃。与可燃物接触可能引起火灾。受热易分解放出有毒的氮氧化物气体。在高温火场中，受热的容器有破裂和爆炸的危险。

禁忌物 还原剂。

毒性 大鼠经口 LD_{50}：1859mg/kg。

侵入途径 吸入、食入。

理化特性与用途

理化特性 绿色粒状结晶或绿白色固体。易溶于水，易溶于无水胺、乙醇、乙醚、乙腈。

主要用途 用于生产催化剂、其他镨产品，用于化工、陶瓷工业，用作化学试剂。

包装与储运

包装标志 氧化剂

包装类别 Ⅱ类

安全储运 储存于阴凉、通风的库房。远离火种、热源。储存温度不超过 30℃，相对湿度不超过 80%。保持容器密封。应与酸、可燃物、胺、还原剂等隔离储运。搬运时轻装轻卸，防止容器受损。

紧急处置信息

急救措施

吸入：迅速脱离现场至空气新鲜处。保持呼吸道通畅。如呼吸困难，给输氧。呼吸、心跳停止，立即进行心肺复苏术。就医。

眼睛接触：立即分开眼睑，用流动清水或生理盐水彻底冲洗 10~15min。就医。

皮肤接触：立即脱去污染的衣着，用大量流动清水彻底冲洗，冲洗时间一般要求 20~30min。就医。

食入：用水漱口，禁止催吐。给饮牛奶或蛋清。就医。

灭火方法 消防人员须穿全身消防服，佩戴正压自给式呼吸器，在上风向灭火。尽可能将容器从火场移至空旷处。喷水保持火场容器冷却，直至灭火结束。

灭火剂：雾状水、抗溶性泡沫、二氧化碳、干粉、沙土。

泄漏应急处置 隔离泄漏污染区，限制出入。建议应急处理人员戴防尘口罩，穿防毒服。穿上适当的防护服前严禁接触破裂的容器和泄漏物。尽可能切断泄漏源。避免泄漏物与可燃物等接触。用塑料布覆盖泄漏物，减少飞散。勿使水进入包装容器内。用洁净的铲子收集泄漏物，置于干净、干燥、盖子较松的容器中，将容器移离泄漏区。

780. 硝酸羟胺

标　识

中文名称　硝酸羟胺

英文名称　Hydroxylamine nitrate; Hydroxylammonium nitrate

别名　羟胺硝酸

分子式　$H_3NO.HNO_3$

CAS 号　13465-08-2

铁危编号　81005

危害信息

危险性类别　第 8 类　腐蚀品

燃烧与爆炸危险性　不燃。明火、火花、受热、冲击可能导致爆炸。有强腐蚀性。加热至 100℃以上挥发分解，并易爆炸。

禁忌物　易燃或可燃物、碱类。

侵入途径　吸入、食入。

环境危害　对水生生物有极高毒性。

理化特性与用途

理化特性　无色结晶。易溶于水，易溶于多数有机溶剂。熔点 48℃，沸点 100℃（分解），密度 1.09g/mL(20℃)。

主要用途　用作试剂。

包装与储运

包装标志　腐蚀品，有毒品

包装类别　Ⅱ类

安全储运　储存于阴凉、通风的库房。远离火种、热源。储存温度不超过 30℃，相对湿度不超过 75%。保持容器密封。应与强碱等隔离储运。搬运时轻装轻卸，防止容器受损。避免冲击、震动。

紧急处置信息

急救措施

吸入：迅速脱离现场至空气新鲜处。保持呼吸道通畅。如呼吸困难，给输氧。呼吸、心跳停止，立即进行心肺复苏术。就医。

眼睛接触：立即分开眼睑，用流动清水或生理盐水彻底冲洗 10~15min。就医。

皮肤接触：立即脱去污染的衣着，用大量流动清水彻底冲洗，冲洗时间一般要求 20~30min。就医。

食入：用水漱口，禁止催吐。给饮牛奶或蛋清。就医。

灭火方法　消防人员必须穿全身防火防毒服，佩戴正压自给式呼吸器，在上风向灭火。灭火时尽可能将容器从火场移至空旷处。

本品不燃，根据着火原因选择适当灭火剂灭火。

泄漏应急处置　隔离泄漏污染区，限制出入。建议应急处理人员戴防尘口罩，穿耐腐蚀防护服。穿上适当的防护服前严禁接触破裂的容器和泄漏物。尽可能切断泄漏源。用塑料布覆盖泄漏物，减少飞散。勿使水进入包装容器内。用洁净的铲子收集泄漏物，置于干净、干燥、盖子较松的容器中，将容器移离泄漏区。

781. 硝酸钐

标　识

中文名称　硝酸钐

英文名称　Samarium(Ⅲ)nitrate, hexahydrate

别名　六水合硝酸钐

分子式　$Sm(NO_3)_3 \cdot 6H_2O$

CAS 号　13759-83-6

铁危编号　51523

UN 号　1465

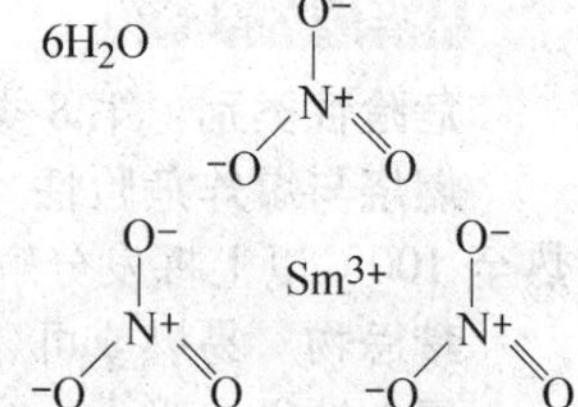

危害信息

危险性类别　第 5.1 类　氧化剂

燃烧与爆炸危险性　助燃，能加速燃烧。与还原剂和可燃物反应可能引起着火。受热分解放出有毒的氮氧化物气体。在高温火场中，受热的容器有破裂和爆炸的危险。

禁忌物　强酸、还原剂。

毒性　大鼠经口 LD_{50}：2900mg/kg。

侵入途径　吸入、食入。

理化特性与用途

理化特性　黄色结晶或结晶性粉末，易潮解。溶于水，溶于乙醇。熔点 78~79℃，相对密度(水=1)2.375。

主要用途　用作催化剂和化学试剂等。

包装与储运

包装标志　氧化剂

包装类别　Ⅱ类

安全储运　储存于阴凉、通风的库房。远离火种、热源。储存温度不超过 30℃，相对湿度不超过 80%。保持容器密封。应与酸、可燃物、胺、还原剂等隔离储运。搬运时轻装轻卸，防止容器受损。

紧急处置信息

急救措施

吸入：迅速脱离现场至空气新鲜处。保持呼吸道通畅。如呼吸困难，给输氧。呼吸、心跳停止，立即进行心肺复苏术。就医。

眼睛接触：立即分开眼睑，用流动清水或生理盐水彻底冲洗 10~15min。就医。

皮肤接触：立即脱去污染的衣着，用大量流动清水彻底冲洗，冲洗时间一般要求 20~30min。就医。

食入：用水漱口，禁止催吐。给饮牛奶或蛋清。就医。

灭火方法　消防人员须穿全身消防服，佩戴正压自给式呼吸器，在上风向灭火。尽可能将容器从火场移至空旷处。喷水保持火场容器冷却，直至灭火结束。禁止用干粉、二氧化碳、沙土灭火。用大量水灭火。

泄漏应急处置　隔离泄漏污染区，限制出入。建议应急处理人员戴防尘口罩，穿防酸碱服。穿上适当的防护服前严禁接触破裂的容器和泄漏物。尽可能切断泄漏源。避免泄漏物接触可燃物。用塑料布覆盖泄漏物，减少飞散。勿使水进入包装容器内。用洁净的铲子收集泄漏物，置于干净、干燥、盖子较松的容器中，将容器移离泄漏区。

782. 硝酸氧锆

标　识

中文名称　硝酸氧锆

英文名称　Zirconium dinitrate oxide；Bis(nitrato)oxozirconium；Zirconyl nitrate

别名　硝酸锆酰；二硝酸氧化锆

分子式　$ZrO(NO_3)_2$

CAS 号　13826-66-9

铁危编号　51522

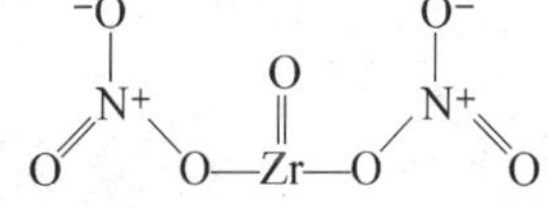

危害信息

危险性类别　第 5.1 类　氧化剂

燃烧与爆炸危险性　助燃。与还原剂和可燃物反应可能引起着火。受热易分解放出有毒气体。在高温火场中，受热的容器有破裂和爆炸的危险。

禁忌物　还原剂、强酸。

毒性　大鼠经口 LD_{50}：2500mg/kg。

侵入途径　吸入、食入。

职业接触限值　中国：PC-TWA 5mg/m^3，PC-STEL 10mg/m^3[按 Zr 计]。

美国(ACGIH)：TLV-TWA 5mg/m^3，TLV-STEL 10mg/m^3[按 Zr 计]。

理化特性与用途

理化特性　白色结晶或粉末，有潮解性。易溶于水和乙醇。沸点(分解)，相对密度(水=1)1.45。

主要用途　用作测定钾和氟化物的试剂，用于发光剂和耐火材料的制造，也用于电子、仪表、冶金工业。

包装与储运

包装标志　氧化剂

包装类别　Ⅲ类

安全储运 储存于阴凉、通风的库房。远离火种、热源。储存温度不超过30℃，相对湿度不超过80%。保持容器密封。应与酸、可燃物、胺、还原剂等隔离储运。搬运时轻装轻卸，防止容器受损。

紧急处置信息

急救措施

吸入：迅速脱离现场至空气新鲜处。保持呼吸道通畅。如呼吸困难，给输氧。呼吸、心跳停止，立即进行心肺复苏术。就医。

眼睛接触：立即分开眼睑，用流动清水或生理盐水彻底冲洗10~15min。就医。

皮肤接触：立即脱去污染的衣着，用大量流动清水彻底冲洗，冲洗时间一般要求20~30min。就医。

食入：用水漱口，禁止催吐。给饮牛奶或蛋清。就医。

灭火方法 消防人员须穿全身消防服，佩戴正压自给式呼吸器，在上风向灭火。尽可能将容器从火场移至空旷处。喷水保持火场容器冷却，直至灭火结束。用大量水灭火。

泄漏应急处置 隔离泄漏污染区，限制出入。建议应急处理人员戴防尘口罩，穿防酸碱服。穿上适当的防护服前严禁接触破裂的容器和泄漏物。尽可能切断泄漏源。用塑料布覆盖泄漏物，减少飞散。勿使水进入包装容器内。用洁净的铲子收集泄漏物，置于干净、干燥、盖子较松的容器中，将容器移离泄漏区。

783. 硝酸重氮苯

标　识

中文名称 硝酸重氮苯

英文名称 Benzene diazonium nitrate; Diazobenzene nitrate

别名 硝酸苯重氮盐

分子式 $C_6H_5N_2 \cdot NO_3$

CAS号 619-97-6

铁危编号 11030

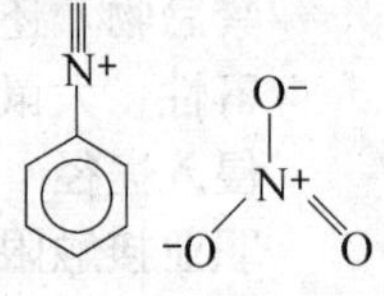

危害信息

危险性类别 第1类 爆炸品

燃烧与爆炸危险性 遇明火、高温、受撞击，有引起燃烧爆炸的危险。燃烧产生有毒的氮氧化物气体。在高温火场中，受热的容器有破裂和爆炸的危险。

禁忌物 强氧化剂、强酸。

侵入途径 吸入、食入。

理化特性与用途

理化特性 无色针状结晶。易溶于水，微溶于乙醇，不溶于乙醚。相对密度(水=1)1.37，相对蒸气密度(空气=1)5.8，爆燃点93℃，燃烧热3277kJ/mol。

包装与储运

包装标志 爆炸品

安全储运 储存于阴凉、干燥、通风的爆炸品专用库房。远离火种、热源。储存温度不宜超过32℃，相对湿度不超过80%。若以水作稳定剂，储存温度应大于1℃，相对湿度小于80%。保持容器密封。应与其他爆炸品、氧化剂、还原剂、碱等隔离储运。采用防爆型照明、通风设施。禁止使用易产生火花的机械设备和工具。搬运时轻装轻卸，防止容器受损。禁止震动、撞击和摩擦。

紧急处置信息

急救措施

吸入：脱离接触。如有不适感，就医。

眼睛接触：分开眼睑，用流动清水或生理盐水冲洗。如有不适感，就医。

皮肤接触：脱去污染的衣着，用肥皂水和清水冲洗。如有不适感，就医。

食入：漱口，饮水。就医。

灭火方法 消防人员须穿全身消防服，佩戴正压自给式呼吸器，在上风向、安全处灭火。尽可能将容器从火场移至空旷处。喷水保持火场容器冷却，直至灭火结束。

灭火剂：雾状水、抗溶性泡沫、二氧化碳、干粉、沙土。

泄漏应急处置 隔离泄漏污染区，限制出入。消除所有点火源。建议应急处理人员戴防尘口罩，穿防毒服。穿上适当的防护服前严禁接触破裂的容器和泄漏物。尽可能切断泄漏源。用塑料布覆盖泄漏物，减少飞散。勿使水进入包装容器内。用洁净的铲子收集泄漏物，置于干净、干燥、盖子较松的容器中，将容器移离泄漏区。

784. 辛烷异构体

标　识

中文名称 辛烷异构体

英文名称 Octane isomers

分子式 C_8H_{18}

铁危编号 31109

UN号 1262

危害信息

危险性类别 第3类 易燃液体

燃烧与爆炸危险性 遇明火高热易燃。其蒸气与空气混合能形成爆炸性混合物，遇明火、高热易燃烧或爆炸。在高温火场中，受热的容器或储罐有破裂和爆炸的危险。高速冲击、流动、激荡后可因产生静电火花放电引起燃烧爆炸。蒸气比空气重，能在较低处扩散到相当远的地方，遇火源会着火回燃或爆炸(闪爆)。

禁忌物 强氧化剂。

中毒表现 高浓度吸入后引起咳嗽、头痛、头晕、恶心、呕吐、倦睡、精神错乱、昏迷等。对眼有刺激性，引起红肿、疼痛。皮肤接触引起红肿和干燥。

侵入途径　吸入、食入。

职业接触限值　中国：PC-TWA 500mg/m^3［辛烷］。

美国(ACGIH)：TLV-TWA 300ppm。

理化特性与用途

理化特性　无色透明液体。不溶于水。

主要用途　用于有机合成。

包装与储运

包装标志　易燃液体

包装类别　Ⅱ类

安全储运　储存于阴凉、通风的库房。远离火种、热源，避免阳光直射。储存温度不超过37℃。炎热季节早晚运输，应与氧化剂等隔离储运。禁止使用易产生火花的机械设备和工具。灌装时注意控制流速，防止静电积聚。搬运时轻装轻卸，防止容器受损。

紧急处置信息

急救措施

吸入：迅速脱离现场至空气新鲜处。保持呼吸道通畅。如呼吸困难，给输氧。呼吸、心跳停止，立即进行心肺复苏术。就医。

眼睛接触：立即分开眼睑，用流动清水或生理盐水彻底冲洗。就医。

皮肤接触：立即脱去污染的衣着，用肥皂水和清水彻底冲洗。就医。

食入：饮水，禁止催吐。就医。

灭火方法　消防人员须穿全身消防服，佩戴空气呼吸器，在上风向灭火。尽可能将容器从火场移至空旷处。喷水保持火场容器冷却，直至灭火结束。处在火场中的容器若发生异常变化或发出异常声音，须马上撤离。

灭火剂：泡沫、二氧化碳、干粉、沙土。

泄漏应急处置　消除所有点火源。根据液体流动和蒸气扩散的影响区域划定警戒区，无关人员从侧风、上风向撤离至安全区。建议应急处理人员戴正压自给式呼吸器，穿防静电服。作业时使用的所有设备应接地。禁止接触或跨越泄漏物。尽可能切断泄漏源。防止泄漏物进入水体、下水道、地下室或有限空间。小量泄漏：用沙土或其他不燃材料吸收。使用洁净的无火花工具收集吸收材料。大量泄漏：构筑围堤或挖坑收容。用泡沫覆盖，减少蒸发。喷水雾能减少蒸发，但不能降低泄漏物在有限空间内的易燃性。用防爆泵转移至槽车或专用收集器内。

785. 新癸酰氯

标　识

中文名称　新癸酰氯

英文名称　Neodecanoyl chloride；Neodecanoic chloride

别名　十碳酰氯

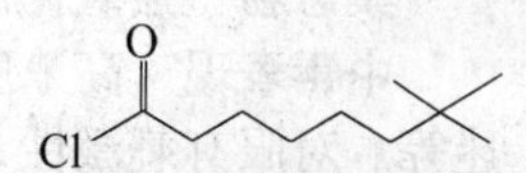

分子式 $C_{10}H_{19}ClO$

CAS 号 40292-82-8

危害信息

危险性类别 第 8 类 腐蚀品

燃烧与爆炸危险性 可燃。其蒸气能与空气形成爆炸性混合物。遇水反应释放出易燃或有毒的气体。

禁忌物 强氧化剂。

毒性 大鼠吸入 *LCLo*：118ppm(4h)。

中毒表现 吸入可致死。眼和皮肤接触引起严重灼伤和损害。

侵入途径 吸入、食入、经皮吸收。

理化特性与用途

理化特性 无色至淡黄色透明液体，有强烈的刺激性气味。遇水分解。溶于乙醚和其他有机溶剂。熔点<-50℃，沸点 100℃(2.8kPa)，相对密度(水=1)0.95，饱和蒸气压 27.5Pa(25℃)，闪点 92℃，引燃温度 315℃，爆炸下限 5.4%，爆炸上限 9.9%。

主要用途 重要的有机中间体，用于合成农药、医药和有机过氧化物等。

包装与储运

包装标志 腐蚀品，有毒品

包装类别 Ⅱ类

安全储运 储存于阴凉、干燥、通风的库房。远离火种、热源。储存温度不超过 30℃，相对湿度不超过 75%。保持容器密封。应与强氧化剂、强酸等隔离储运。搬运时轻装轻卸，防止容器受损。

紧急处置信息

急救措施

吸入：迅速脱离现场至空气新鲜处。保持呼吸道通畅。如呼吸困难，给输氧。呼吸、心跳停止，立即进行心肺复苏术。就医。

眼睛接触：立即分开眼睑，用流动清水或生理盐水彻底冲洗 10~15min。就医。

皮肤接触：立即脱去污染的衣着，用大量流动清水彻底冲洗，冲洗时间一般要求 20~30min。就医。

食入：用水漱口，禁止催吐。给饮牛奶或蛋清。就医。

灭火方法 消防人员须穿全身防腐蚀消防服，佩戴正压自给式呼吸器，在上风向灭火。尽可能将容器从火场移至空旷处。喷水保持火场容器冷却，直至灭火结束。灭火剂：泡沫、二氧化碳、干粉、沙土。

泄漏应急处置 根据液体流动和蒸气扩散的影响区域划定警戒区，无关人员从侧风、上风向撤离至安全区。消除所有点火源。建议应急处理人员戴正压自给式呼吸器，穿防毒服。作业时使用的所有设备应接地。禁止接触或跨越泄漏物。尽可能切断泄漏源。防止泄漏物进入水体、下水道、地下室或有限空间。小量泄漏：用沙土或其他不燃材料吸收。使用洁净的无火花工具收集吸收材料。大量泄漏：构筑围堤或挖坑收容。用泡沫覆盖，减少蒸发。用泵转移至槽车或专用收集器内。

786. 2-溴烯丙基溴

标　识

中文名称　2-溴烯丙基溴

英文名称　2，3-Dibromopropene；2-Bromoallyl bromide

别名　2，3-二溴丙烯

分子式　$C_3H_4Br_2$

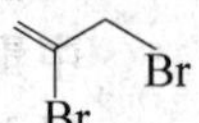

CAS 号　513-31-5

铁危编号　31302

危害信息

燃烧与爆炸危险性　遇明火、高热可燃。其蒸气与空气混合，能形成爆炸性混合物，遇明火、高热极易燃烧爆炸。其蒸气比空气重，能沿地面传播到相当远处，遇点火源引燃并发生回燃。受高热分解产生有毒的溴化物气体。若遇高热，容器内压增大，有开裂和爆炸的危险。

活性反应　与氧化剂接触发生猛烈反应。

禁忌物　强氧化剂。

毒性　小鼠静脉 LD_{50}：100mg/kg。

中毒表现　蒸气或雾对眼、黏膜和上呼吸道有刺激性。接触后引起烧灼感、咳嗽、喘息、喉炎、气短、头痛、恶心和呕吐。

侵入途径　吸入、食入、经皮吸收。

理化特性与用途

理化特性　淡黄色至黄褐色透明液体，具有催泪性，有类似溴的气味。储存中颜色逐渐变深。不溶于水。沸点 141℃、42~44℃(2.26kPa)，相对密度(水=1)2.13，饱和蒸气压 1.01kPa(25℃)，辛醇/水分配系数 2.42，闪点 81℃。

主要用途　用于有机合成。

包装与储运

包装标志　易燃液体[铁规]

包装类别　Ⅲ类

安全储运　储存于阴凉、通风的库房。远离火种、热源。保持容器密闭。应与强氧化剂等隔离储运。搬运时轻装轻卸，防止容器受损。

紧急处置信息

急救措施

吸入：迅速脱离现场至空气新鲜处。保持呼吸道通畅。如呼吸困难，给输氧。呼吸、心跳停止，立即进行心肺复苏术。就医。

眼睛接触：立即分开眼睑，用流动清水或生理盐水彻底冲洗。就医。

皮肤接触：立即脱去污染的衣着，用肥皂水和清水彻底冲洗。就医。

食人：漱口，饮水。就医。

灭火方法 消防人员须佩戴正压自给式呼吸器，穿全身消防服，在上风向灭火。尽可能将容器从火场移至空旷处。喷水保持火场容器冷却，直至灭火结束。处在火场中的容器若已变色或从安全泄压装置中发出声音，必须马上撤离。

灭火剂：雾状水、泡沫、干粉、二氧化碳、沙土。

泄漏应急处置 根据液体流动和蒸气扩散的影响区域划定警戒区，无关人员从侧风、上风向撤离至安全区。消除所有点火源。建议应急处理人员戴正压自给式呼吸器，穿防毒服。作业时使用的所有设备应接地。禁止接触或跨越泄漏物。尽可能切断泄漏源。防止泄漏物进入水体、下水道、地下室或有限空间。小量泄漏：用沙土或其他不燃材料吸收。使用洁净的无火花工具收集吸收材料。大量泄漏：构筑围堤或挖坑收容。用泡沫覆盖，减少蒸发。用泵转移至槽车或专用收集器内。

787. 溴代环戊烷

标 识

中文名称 溴代环戊烷

英文名称 Bromocyclopentane

别名 环戊基溴

Br—(环戊基)

分子式 C_5H_9Br

CAS 号 137-43-9

铁危编号 32032

危害信息

危险性类别 第3类 易燃液体

燃烧与爆炸危险性 遇明火、高热易燃。其蒸气与空气混合，能形成爆炸性混合物。受高热分解产生有毒的溴化物气体。若遇高热，容器内压增大，有开裂和爆炸的危险。

活性反应 与氧化剂可发生反应。

禁忌物 强氧化剂、强碱。

侵入途径 吸入、食入、经皮吸收。

理化特性与用途

理化特性 无色至淡黄色透明液体，有类似樟脑的气味。久储变棕色。不溶于水。沸点137~139℃，相对密度(水=1)1.39，辛醇/水分配系数2.95，闪点35℃。

主要用途 用于有机合成、医药等。

包装与储运

包装标志 易燃液体

包装类别 Ⅲ类

安全储运 储存于阴凉、通风的库房。库温不宜超过37℃。远离火种、热源。保持容器密闭。应与氧化剂、碱类等隔离储运。采用防爆型照明、通风设施。禁止使用易产生火花的机械设备和工具。灌装时注意控制流速，防止静电积聚。搬运时轻装轻卸，防止容器受损。

紧急处置信息

急救措施

吸入：迅速脱离现场至空气新鲜处。保持呼吸道通畅。如呼吸困难，给输氧。呼吸、心跳停止，立即进行心肺复苏术。就医。

眼睛接触：立即分开眼睑，用流动清水或生理盐水彻底冲洗。就医。

皮肤接触：立即脱去污染的衣着，用肥皂水和清水彻底冲洗。就医。

食入：漱口，饮水。就医。

灭火方法　消防人员须佩戴正压自给式呼吸器，穿全身消防服，在上风向灭火。尽可能将容器从火场移至空旷处。喷水保持火场容器冷却，直至灭火结束。处在火场中的容器若已变色或从安全泄压装置中发出声音，必须马上撤离。

灭火剂：雾状水、泡沫、干粉、二氧化碳、沙土。

泄漏应急处置　消除所有点火源。根据液体流动和蒸气扩散的影响区域划定警戒区，无关人员从侧风、上风向撤离至安全区。建议应急处理人员戴正压自给式呼吸器，穿防静电服。作业时使用的所有设备应接地。禁止接触或跨越泄漏物。尽可能切断泄漏源。防止泄漏物进入水体、下水道、地下室或有限空间。小量泄漏：用沙土或其他不燃材料吸收。使用洁净的无火花工具收集吸收材料。大量泄漏：构筑围堤或挖坑收容。用泡沫覆盖，减少蒸发。喷水雾能减少蒸发，但不能降低泄漏物在有限空间内的易燃性。用防爆泵转移至槽车或专用收集器内。

788. α-溴丁酸

标　识

中文名称　α-溴丁酸

英文名称　2-Bromobutyric acid；α-Bromobutyric acid

别名　2-溴丁酸

分子式　$C_4H_7BrO_2$

CAS 号　80-58-0

O
OH
Br

危害信息

危险性类别　第 8 类　腐蚀品

燃烧与爆炸危险性　可燃。其蒸气与空气混合，能形成爆炸性混合物。受高热分解产生有毒的溴化物气体。

禁忌物　强氧化剂、强碱、强还原剂、铝。

中毒表现　本品对眼睛、皮肤、黏膜和上呼吸道有强烈刺激作用。吸入后可引起喉、支气管的炎症、水肿、痉挛，化学性肺炎或肺水肿。接触后可引起烧灼感、咳嗽、喘息、气短、头痛、恶心和呕吐。长期接触本品可引起溴中毒。

侵入途径　吸入、食入。

理化特性与用途

理化特性　黄色透明液体。溶于水，溶于乙醇、乙醚。熔点-4℃，沸点 214~217℃，相对密度(水=1)1.56，饱和蒸气压 14Pa(25℃)，辛醇/水分配系数 1.42，闪点>112℃。

主要用途 用作农药、医药中间体，用于有机合成。

包装与储运

包装标志 腐蚀品

包装类别 Ⅱ类

安全储运 储存于阴凉、通风的库房。远离火种、热源。储存温度不超过32℃，相对湿度不超过80%。保持容器密封。应与强氧化剂、碱类等隔离储运。搬运时轻装轻卸，防止容器受损。

紧急处置信息

急救措施

吸入：迅速脱离现场至空气新鲜处。保持呼吸道通畅。如呼吸困难，给输氧。呼吸、心跳停止，立即进行心肺复苏术。就医。

眼睛接触：立即分开眼睑，用流动清水或生理盐水彻底冲洗10~15min。就医。

皮肤接触：立即脱去污染的衣着，用大量流动清水彻底冲洗，冲洗时间一般要求20~30min。就医。

食入：用水漱口，禁止催吐。给饮牛奶或蛋清。就医。

灭火方法 消防人员必须穿全身耐酸碱消防服，佩戴正压自给式空气呼吸器，在上风向灭火。尽可能将容器从火场移至空旷处。喷水保持火场容器冷却，直至灭火结束。

灭火剂：雾状水、泡沫、干粉、二氧化碳、沙土。

泄漏应急处置 根据液体流动和蒸气扩散的影响区域划定警戒区，无关人员从侧风、上风向撤离至安全区。消除所有点火源。建议应急处理人员戴正压自给式呼吸器，穿防腐蚀、防毒服。穿上适当的防护服前严禁接触破裂的容器和泄漏物。尽可能切断泄漏源。防止泄漏物进入水体、下水道、地下室或有限空间。小量泄漏：用干燥的沙土或其他不燃材料吸收或覆盖，收集于容器中。大量泄漏：构筑围堤或挖坑收容。用耐腐蚀泵转移至槽车或专用收集器内。

789. 2-溴丁烷

标　识

中文名称 2-溴丁烷

英文名称 2-Bromobutane; sec-Butyl bromide

别名 溴代仲丁烷；仲丁基溴

分子式 C_4H_9Br

CAS号 78-76-2

Br

危害信息

危险性类别 第3类 易燃液体

燃烧与爆炸危险性 易燃。其蒸气与空气混合能形成爆炸性混合物，遇明火、高热极易燃烧或爆炸。在高温火场中，受热的容器或储罐有破裂和爆炸的危险。蒸气比空气重，能在较低处扩散到相当远的地方，遇火源会着火回燃和爆炸(闪爆)。燃烧或受热分解产生有毒的烟气。

禁忌物 强氧化剂。

中毒表现 高浓度吸入对中枢神经系统有抑制作用。

侵入途径 吸入、食入。

理化特性与用途

理化特性 无色至淡黄色透明液体，有令人愉快的气味。不溶于水，混溶于丙酮、苯，溶于乙醇、乙醚。熔点-112℃，沸点 91.2℃，相对密度(水=1)1.25，相对蒸气密度(空气=1)4.7，饱和蒸气压 7.58kPa(25℃)，辛醇/水分配系数 2.58，闪点 21℃(闭杯)，引燃温度 265℃，爆炸下限 2.6%，爆炸上限 6.6%。

主要用途 有机合成中用作烷基化剂，用作溶剂等。

包装与储运

包装标志 易燃液体

包装类别 Ⅱ类

安全储运 储存于阴凉、通风的库房。库温不宜超过 37℃。远离火种、热源。保持容器密闭。应与氧化剂等隔离储运。采用防爆型照明、通风设施。禁止使用易产生火花的机械设备和工具。灌装时注意控制流速，防止静电积聚。搬运时轻装轻卸，防止容器受损。

紧急处置信息

急救措施

吸入：迅速脱离现场至空气新鲜处。保持呼吸道通畅。如呼吸困难，给输氧。呼吸、心跳停止，立即进行心肺复苏术。就医。

眼睛接触：立即分开眼睑，用流动清水或生理盐水彻底冲洗。就医。

皮肤接触：立即脱去污染的衣着，用肥皂水和清水彻底冲洗。就医。

食入：漱口，饮水。就医。

灭火方法 消防人员须穿全身消防服，佩戴正压自给式呼吸器，在上风向灭火。尽可能将容器从火场移至空旷处。喷水保持火场容器冷却，直至灭火结束。处在火场中的容器若发生异常变化或发出异常声音，须马上撤离。

灭火剂：泡沫、二氧化碳、干粉、沙土。用水灭火无效。

泄漏应急处置 消除所有点火源。根据液体流动和蒸气扩散的影响区域划定警戒区，无关人员从侧风、上风向撤离至安全区。建议应急处理人员戴正压自给式呼吸器，穿防静电服，戴橡胶耐油手套。作业时使用的所有设备应接地。禁止接触或跨越泄漏物。尽可能切断泄漏源。防止泄漏物进入水体、下水道、地下室或有限空间。小量泄漏：用沙土或其他不燃材料吸收。使用洁净的无火花工具收集吸收材料。大量泄漏：构筑围堤或挖坑收容。用泡沫覆盖，减少蒸发。喷水雾能减少蒸发，但不能降低泄漏物在有限空间内的易燃性。用防爆泵转移至槽车或专用收集器内。

790. 2-(4-溴二氟甲氧基苯基)-2-甲基丙基-3-苯氧基苄基醚

标　识

中文名称 2-(4-溴二氟甲氧基苯基)-2-甲基丙基-3-苯氧基苄基醚

英文名称 2-(4-Bromodifluoromethoxy phenyl)-2-methyl propyl-3- phenoxy benzyl ether; Halfenprox

别名 苄螨醚

分子式 $C_{24}H_{23}BrF_2O_3$

CAS 号 111872-58-3

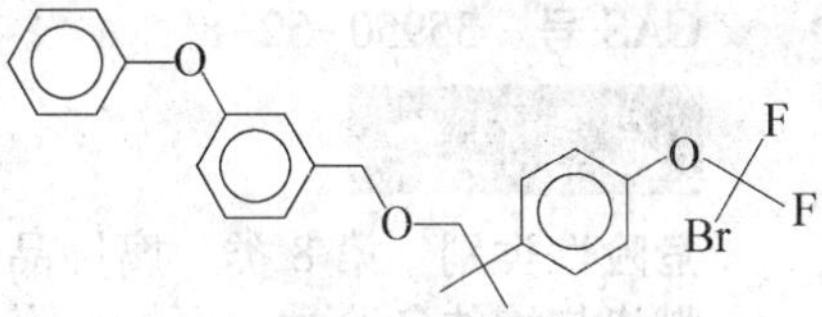

危害信息

危险性类别 第6类 有毒品

燃烧与爆炸危险性 遇明火、高热可能引起燃烧。燃烧或受热分解产生有毒的烟气。

禁忌物 强氧化剂。

毒性 大鼠经口 LD_{50}：132mg/kg；大鼠吸入 LC_{50}：0.36mg/L。

侵入途径 吸入、食入。

环境危害 对水生生物有极高毒性，可能在水生环境中造成长期不利影响。

理化特性与用途

理化特性 无色透明液体。不溶于水。熔点<25℃，沸点 291℃，相对密度(水=1) 1.318，饱和蒸气压 0.106mPa(25℃)，辛醇/水分配系数 4.1。

主要用途 广谱性杀螨剂。用于柑橘、果树、蔬菜、茶树、观赏植物防治多种螨类。

包装与储运

包装标志 有毒品

包装类别 Ⅱ类

安全储运 储存于阴凉、通风的库房。远离火种、热源。储存温度不超过 35℃，相对湿度不超过 85%。保持容器密封。应与强氧化剂等隔离储运。搬运时轻装轻卸，防止容器受损。

紧急处置信息

急救措施

吸入：迅速脱离现场至空气新鲜处。保持呼吸道通畅。如呼吸困难，给输氧。呼吸、心跳停止，立即进行心肺复苏术。就医。

眼睛接触：立即分开眼睑，用流动清水或生理盐水彻底冲洗。就医。

皮肤接触：立即脱去污染的衣着，用流动清水彻底冲洗。就医。

食入：饮适量温水，催吐(仅限于清醒者)。就医。

泄漏应急处置 消除所有点火源。根据液体流动和蒸气扩散的影响区域划定警戒区，无关人员从侧风、上风向撤离至安全区。建议应急处理人员戴正压自给式呼吸器，穿防毒服，戴橡胶手套。禁止接触或跨越泄漏物。尽可能切断泄漏源。防止泄漏物进入水体、下水道、地下室或有限空间。小量泄漏：用沙土或其他不燃材料吸收。使用洁净的工具收集吸收材料。大量泄漏：构筑围堤或挖坑收容。用泵转移至槽车或专用收集器内。

791. 2-溴-1-(2-呋喃基)-2-硝基乙烯

标 识

中文名称 2-溴-1-(2-呋喃基)-2-硝基乙烯

英文名称 2-(2-Bromo-2-nitroethenyl)furan；2-Bromo-1-(2-furyl)-2-nitroethylene

别名 2-(2-溴-2-硝基乙烯基)呋喃

分子式 $C_6H_4BrNO_3$

CAS 号 35950-52-8

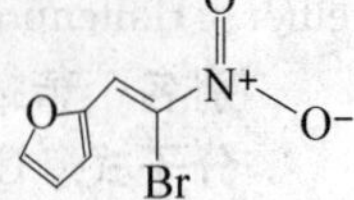

危害信息

危险性类别 第 8 类 腐蚀品

燃烧与爆炸危险性 可燃。燃烧产生有毒的氮氧化物气体。

禁忌物 强氧化剂。

中毒表现 食入有害。长期或反复接触可造成器官损害。对皮肤有腐蚀性和致敏性。

侵入途径 吸入、食入。

环境危害 对水生生物有极高毒性，可能在水生环境中造成长期不利影响。

理化特性与用途

理化特性 微溶于水。沸点 254℃，相对密度（水 = 1）1.078，饱和蒸气压 3.9Pa（25℃），辛醇/水分配系数 2.08，闪点 107℃。

包装与储运

包装标志 腐蚀品

包装类别 Ⅲ类

安全储运 储存于阴凉、通风的库房。远离火种、热源。储存温度不超过 30℃。保持容器密封。应与强氧化剂、强酸等隔离储运。搬运时轻装轻卸，防止容器受损。

紧急处置信息

急救措施

吸入：迅速脱离现场至空气新鲜处。保持呼吸道通畅。如呼吸困难，给输氧。呼吸、心跳停止，立即进行心肺复苏术。就医。

眼睛接触：立即分开眼睑，用流动清水或生理盐水彻底冲洗 10~15min。就医。

皮肤接触：立即脱去污染的衣着，用大量流动清水彻底冲洗，冲洗时间一般要求 20~30min。就医。

食入：用水漱口，禁止催吐。给饮牛奶或蛋清。就医。

灭火方法 消防人员须穿全身消防服，佩戴正压自给式呼吸器，在上风向灭火。尽可能将容器从火场移至空旷处。喷水保持火场容器冷却，直至灭火结束。

灭火剂：雾状水、抗溶性泡沫、二氧化碳、干粉、沙土。

泄漏应急处置 隔离泄漏污染区，限制出入。消除所有点火源。建议应急处理人员戴防尘口罩，穿防毒服，戴橡胶手套。穿上适当的防护服前严禁接触破裂的容器和泄漏物。尽可能切断泄漏源。用塑料布覆盖泄漏物，减少飞散。勿使水进入包装容器内。用洁净的铲子收集泄漏物，置于干净、干燥、盖子较松的容器中，将容器移离泄漏区。

792. 溴化钾

标　识

中文名称 溴化钾

英文名称 Potassium bromide

分子式 KBr

K^+ Br^-

CAS 号 7758-02-3

危害信息

燃烧与爆炸危险性 不燃，无特殊燃爆特性。

禁忌物 强酸、金属盐类。

毒性 大鼠经口 LD_{50}：3070mg/kg；小鼠经口 LD_{50}：3120mg/kg。

中毒表现 吸入对呼吸道有刺激性。对眼和皮肤有刺激性。摄入后引起头痛、头晕、恶心、呕吐、胃肠道刺激症状。

侵入途径 吸入、食入。

理化特性与用途

理化特性 无色结晶或白色颗粒或粉末，味咸，吸湿。溶于水，溶于甘油，微溶于乙醇、乙醚。熔点 730℃，沸点 1435℃，相对密度（水 = 1）2.75，饱和蒸气压 0.13kPa（795℃）。

主要用途 感光材料工业用于制造感光胶片、显影药、底片加厚剂、调色剂和彩色照片漂白剂等。医药上用作神经镇静剂(三溴片)。此外还用于化学分析试剂。

包装与储运

安全储运 储存于阴凉、干燥、通风的库房。远离火种、热源。保持容器密闭。应与氧化剂、酸类、金属盐类等隔离储运。搬运时轻装轻卸，防止容器受损。

紧急处置信息

急救措施

吸入：迅速脱离现场至空气新鲜处。保持呼吸道通畅。如呼吸困难，给输氧。呼吸、心跳停止，立即进行心肺复苏术。就医。

眼睛接触：立即分开眼睑，用流动清水或生理盐水彻底冲洗。就医。

皮肤接触：立即脱去污染的衣着，用流动清水彻底冲洗。就医。

食入：漱口，饮水。就医。

灭火方法 消防人员必须穿全身防火防毒服，佩戴正压自给式呼吸器，在上风向灭火。灭火时尽可能将容器从火场移至空旷处。

本品不燃，根据着火原因选择适当灭火剂灭火。

泄漏应急处置 隔离泄漏污染区，限制出入。建议应急处理人员戴防尘口罩，穿防毒服。穿上适当的防护服前严禁接触破裂的容器和泄漏物。尽可能切断泄漏源。用塑料布覆盖泄漏物，减少飞散。勿使水进入包装容器内。用洁净的铲子收集泄漏物，置于干净、干燥、盖子较松的容器中，将容器移离泄漏区。

793. 溴化氢

标　识

中文名称 溴化氢

英文名称　Hydrogen bromide；Hydrobromic acid　H—Br

别名　溴化氢[无水的]

分子式　HBr

CAS 号　10035-10-6

铁危编号　23004

UN 号　1048

危害信息

危险性类别　第 2.3 类　有毒气体

燃烧与爆炸危险性　不燃。与强碱、胺类、臭氧、强氧化剂和许多有机物猛烈反应，有引起着火和爆炸的危险。与金属反应释放出易燃和爆炸性的氢气。在火场中，容器受热有爆炸的危险，并散发出有毒的烟气。

活性反应　能与普通金属发生反应，放出氢气而与空气形成爆炸性混合物。纯品在空气中较稳定，但遇光及热易被氧化而游离出溴。遇溴氧能发生爆炸性反应。

禁忌物　强氧化剂、碱类。

毒性　大鼠吸入 LC_{50}：2858ppm(1h)；小鼠吸入 LC_{50}：814ppm(1h)。

中毒表现　对皮肤黏膜有腐蚀性，皮肤发红、起疱；引起眼深度灼伤。吸入中毒表现为烧灼感、咳嗽、咽痛、呼吸困难，可在数小时后出现肺水肿。液化气可引起皮肤冻伤。

侵入途径　吸入。

职业接触限值　中国：MAC 10mg/m^3。

美国(ACGIH)：TLV-C 3ppm。

理化特性与用途

理化特性　无色气体，有刺激性气味。易溶于水，易溶于乙醇、有机溶剂。熔点-87℃，沸点-67℃，相对密度(水=1)1.8，相对蒸气密度(空气=1)2.8，饱和蒸气压2445kPa(20℃)，临界温度 89.8℃，临界压力 8.56MPa。

主要用途　作为有机及无机溴化物制造的原料，也用于制触媒及药物。

包装与储运

包装标志　有毒气体，腐蚀品

安全储运　储存于阴凉、通风的库房或大型气柜。远离火源和热源。储存温度不超过30℃，相对湿度不超过 75%。储存时，应与氧化剂、强碱等隔离。运输时防止雨淋、曝晒。搬运时轻装轻卸，须戴好钢瓶安全帽和防震橡皮圈，防止钢瓶撞击。

紧急处置信息

急救措施

吸入：迅速脱离现场至空气新鲜处。保持呼吸道通畅。如呼吸困难，给输氧。呼吸、心跳停止，立即进行心肺复苏术。就医。

眼睛接触：立即分开眼睑，用流动清水或生理盐水彻底冲洗 10~15min。就医。

皮肤接触：立即脱去污染的衣着，用大量流动清水彻底冲洗。如发生冻伤，用温水(38~42℃)复温，忌用热水或辐射热，不要揉搓。就医。

灭火方法　消防人员必须穿全身耐酸碱消防服，佩戴正压自给式空气呼吸器，在上风向灭火。切断气源。尽可能将容器从火场移至空旷处。喷水保持火场容器冷却，直至灭火结束。

本品不燃，根据着火原因选择适当灭火剂灭火。

泄漏应急处置 根据气体扩散的影响区域划定警戒区，无关人员从侧风、上风向撤离至安全区。建议应急处理人员穿内置正压自给式呼吸器的全封闭防化服。禁止接触或跨越泄漏物。尽可能切断泄漏源。防止气体通过下水道、通风系统和有限空间扩散。高浓度泄漏区，喷氨水或其他稀碱液中和。隔离泄漏区，合理通风，直至气体散尽。

794. 溴化银

标　识

中文名称 溴化银

英文名称 Silver bromide

分子式 AgBr

CAS 号 7785-23-1

Ag—Br

危害信息

燃烧与爆炸危险性 不燃。受热易分解放出有毒气体。在高温火场中，受热的容器有破裂和爆炸的危险。

禁忌物 强酸。

中毒表现 长期接触银化合物，吸入或食入，可发生皮肤、眼、呼吸道全身性银质沉着症。皮肤色素沉着呈灰黑色或浅石板色。

侵入途径 吸入、食入。

理化特性与用途

理化特性 黄色立方晶体或粉末。不溶于水。熔点432℃，沸点700℃，相对密度(水=1)6.47。

主要用途 用作分析试剂，用于制摄影胶卷和感光纸。

包装与储运

安全储运 储存于阴凉、通风的库房。远离火种、热源。保持容器密闭。避光保存。应与强氧化剂等隔离储运。

紧急处置信息

急救措施

吸入：迅速脱离现场至空气新鲜处。保持呼吸道通畅。如呼吸困难，给输氧。呼吸、心跳停止，立即进行心肺复苏术。就医。

眼睛接触：立即分开眼睑，用流动清水或生理盐水彻底冲洗。就医。

皮肤接触：立即脱去污染的衣着，用肥皂水和清水彻底冲洗。就医。

食入：漱口，饮水。就医。

灭火方法 消防人员须穿全身消防服，佩戴正压自给式呼吸器，在上风向灭火。尽可能将容器从火场移至空旷处。喷水保持火场容器冷却，直至灭火结束。

本品不燃，根据着火原因选择适当灭火剂灭火。

泄漏应急处置　隔离泄漏污染区，限制出入。建议应急处理人员戴防尘口罩，穿防毒服。穿上适当的防护服前严禁接触破裂的容器和泄漏物。尽可能切断泄漏源。用塑料布覆盖泄漏物，减少飞散。勿使水进入包装容器内。用洁净的铲子收集泄漏物，置于干净、干燥、盖子较松的容器中，将容器移离泄漏区。

795. 2-溴-2-甲基丙烷

标　识

中文名称　2-溴-2-甲基丙烷

英文名称　2-Bromo-2-methylpropane；tert-Butyl bromide

别名　溴代叔丁烷；叔丁基溴

分子式　C_4H_9Br

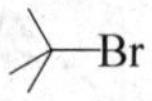

CAS 号　507-19-7

危害信息

危险性类别　第 3 类　易燃液体

燃烧与爆炸危险性　遇明火、高热易燃。其蒸气与空气混合能形成爆炸性混合物，遇明火、高热可能引起燃烧或爆炸。在高温火场中，受热的容器或储罐有破裂和爆炸的危险。蒸气比空气重，能在较低处扩散到相当远的地方，遇火源会着火回燃和爆炸(闪爆)。燃烧或受热分解产生有毒的烟气。

禁忌物　强氧化剂。

毒性　大鼠腹腔内 LD_{50}：1250mg/kg；小鼠腹腔内 LD_{50}：4400mg/kg。

中毒表现　对眼和皮肤有刺激性。

侵入途径　吸入、食入。

理化特性与用途

理化特性　无色至黄棕色液体。不溶于水，混溶于有机溶剂。熔点-16.2℃，沸点 73.3℃，相对密度(水=1)1.2125(25℃/4℃)，相对蒸气密度(空气=1)4.8，饱和蒸气压 17.96kPa(25℃)，辛醇/水分配系数 2.54，闪点 18℃。

主要用途　用于有机合成，用作溶剂和实验室试剂。

包装与储运

包装标志　易燃液体

包装类别　Ⅱ类

安全储运　储存于阴凉、通风的库房。远离火种、热源，避免阳光直射。储存温度不超过 37℃。炎热季节早晚运输。保持容器密闭。应与氧化剂等隔离储运。禁止使用易产生火花的机械设备和工具。灌装时注意控制流速，防止静电积聚。搬运时轻装轻卸，防止容器受损。

紧急处置信息

急救措施

吸入：迅速脱离现场至空气新鲜处。保持呼吸道通畅。如呼吸困难，给输氧。呼吸、

心跳停止，立即进行心肺复苏术。就医。

眼睛接触：立即分开眼睑，用流动清水或生理盐水彻底冲洗。就医。

皮肤接触：立即脱去污染的衣着，用肥皂水和清水彻底冲洗。就医。

食入：漱口，饮水。就医。

灭火方法 消防人员须穿全身消防服，佩戴空气呼吸器，在上风向灭火。尽可能将容器从火场移至空旷处。喷水保持火场容器冷却，直至灭火结束。处在火场中的容器若发生异常变化或发出异常声音，须马上撤离。

灭火剂：泡沫、二氧化碳、干粉、沙土。

泄漏应急处置 消除所有点火源。根据液体流动和蒸气扩散的影响区域划定警戒区，无关人员从侧风、上风向撤离至安全区。建议应急处理人员戴正压自给式呼吸器，穿防静电服。作业时使用的所有设备应接地。禁止接触或跨越泄漏物。尽可能切断泄漏源。防止泄漏物进入水体、下水道、地下室或有限空间。小量泄漏：用沙土或其他不燃材料吸收。使用洁净的无火花工具收集吸收材料。大量泄漏：构筑围堤或挖坑收容。用泡沫覆盖，减少蒸发。喷水雾能减少蒸发，但不能降低泄漏物在有限空间内的易燃性。用防爆泵转移至槽车或专用收集器内。

796. 溴硫磷

标 识

中文名称 溴硫磷

英文名称 Bromophos；*O*-(4-Bromo-2，5-dichlorophenyl)*O*，*O*-dimethyl phosphorothioate

别名 *O*-(4-溴-2，5-二氯苯基)-*O*，*O*-二甲基硫代磷酸酯

分子式 $C_8H_8BrCl_2O_3PS$

CAS 号 2104-96-3

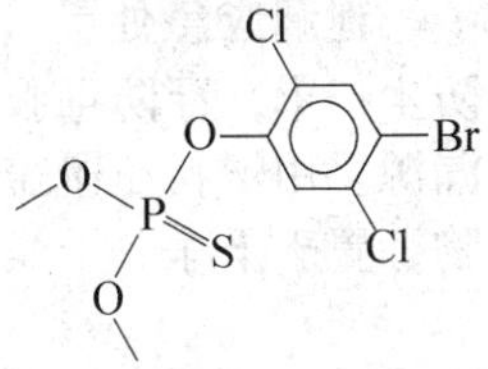

危害信息

燃烧与爆炸危险性 遇明火、高热可燃。其粉体与空气混合，能形成爆炸性混合物，当达到一定浓度时，遇火星会发生爆炸。遇高热分解释出高毒烟气。

禁忌物 强氧化剂

毒性 大鼠经口 LD_{50}：1600mg/kg；大鼠吸入 LC_{50}：33g/kg；小鼠经 LD_{50}：2829mg/kg；大鼠经皮 LD_{50}：>5g/kg；兔经皮 LD_{50}：2181mg/kg。

中毒表现 急性中毒多系口服引起。表现有头痛、头昏、食欲减退、恶心、呕吐、腹痛、腹泻、流涎、瞳孔缩小、呼吸道分泌物增多、多汗、肌束震颤等。重者出现肺水肿、脑水肿、昏迷、呼吸麻痹。部分病例可有心、肝、肾损害。少数严重病例在意识恢复后数周或数月发生周围神经病。个别严重病例可发生迟发性猝死。血胆碱酯酶活性降低。

慢性中毒：有神经衰弱综合征、多汗、肌束震颤等。血胆碱酯酶活性降低。对皮肤有刺激和致敏作用，可引起皮炎。

侵入途径 吸入、食入、经皮吸收。

环境危害 对水生生物有极高毒性，可能在水生环境中造成长期不利影响。

理化特性与用途

理化特性 淡黄色或黄色结晶，有霉臭气味。微溶于水，溶于多数有机溶剂。熔点53~54℃，沸点140~142℃(1.33Pa)，相对密度(水=1)1.32，饱和蒸气压0.017Pa(20℃)，辛醇/水分配系数5.21。

主要用途 用作农用和卫生用杀虫剂。

包装与储运

包装标志 杂项

包装类别 Ⅲ类

安全储运 储存于阴凉、通风的库房。远离火种、热源。保持容器密闭。应与强氧化剂等隔离储运。搬运时轻装轻卸，防止容器受损。

紧急处置信息

急救措施

吸入：迅速脱离现场至空气新鲜处。保持呼吸道通畅。如呼吸困难，给输氧。呼吸、心跳停止，立即进行心肺复苏术。就医。

眼睛接触：分开眼睑，用流动清水或生理盐水冲洗。就医。

皮肤接触：立即脱去污染的衣着，用肥皂水及流动清水彻底冲洗污染的皮肤、头发、指甲等。就医。

食入：饮足量温水，催吐(仅限于清醒者)。口服活性炭。就医。

解毒剂：阿托品、胆碱酯酶复能剂。

灭火方法 消防人员必须佩戴正压自给式呼吸器，穿全身防火防毒服，在上风向灭火。尽可能将容器从火场移至空旷处。喷水保持火场容器冷却，直至灭火结束。

灭火剂：雾状水、泡沫、干粉、二氧化碳、沙土。

泄漏应急处置 隔离泄漏污染区，限制出入。消除所有点火源。建议应急处理人员戴防尘口罩，穿防毒服。穿上适当的防护服前严禁接触破裂的容器和泄漏物。尽可能切断泄漏源。用塑料布覆盖泄漏物，减少飞散。勿使水进入包装容器内。用洁净的铲子收集泄漏物，置于干净、干燥、盖子较松的容器中，将容器移离泄漏区。

797. 5-溴-8-内酰亚胺

标 识

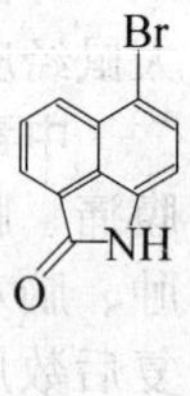

Br
NH
O

中文名称 5-溴-8-内酰亚胺

英文名称 5-Bromo-8-naphtholactam

别名 5-溴-8-萘内酰胺

分子式 $C_{11}H_6BrNO$

CAS 号 24856-00-6

危害信息

燃烧与爆炸危险性 可燃。在高温火场中，受热的容器有破裂和爆炸的危险。燃烧或受热分解产生有毒烟气。

禁忌物 强氧化剂、强酸。

中毒表现 食入有害。对皮肤有致敏性。

侵入途径 吸入、食入。

环境危害 对水生生物有极高毒性，可能在水生环境中造成长期不利影响。

理化特性与用途

理化特性 固体。熔点 265～265.5℃，相对密度(水=1)1.727，饱和蒸气压 0.4Pa (25℃)，辛醇/水分配系数 3.13。

包装与储运

包装标志 杂项

包装类别 Ⅲ类

安全储运 储存于阴凉、通风的库房。远离火种、热源。保持容器密闭。应与强氧化剂等隔离储运。搬运时轻装轻卸，防止容器受损。

紧急处置信息

急救措施

吸入：迅速脱离现场至空气新鲜处。保持呼吸道通畅。如呼吸困难，给输氧。呼吸、心跳停止，立即进行心肺复苏术。就医。

眼睛接触：立即分开眼睑，用流动清水或生理盐水彻底冲洗。就医。

皮肤接触：立即脱去污染的衣着，用肥皂水和清水彻底冲洗。就医。

食入：漱口，饮水。就医。

灭火方法 消防人员须穿全身消防服，佩戴正压自给式呼吸器，在上风向灭火。尽可能将容器从火场移至空旷处。喷水保持火场容器冷却，直至灭火结束。

灭火剂：雾状水、泡沫、二氧化碳、干粉、沙土。

泄漏应急处置 隔离泄漏污染区，限制出入。消除所有点火源。建议应急处理人员戴防尘口罩，穿防毒服。穿上适当的防护服前严禁接触破裂的容器和泄漏物。尽可能切断泄漏源。用塑料布覆盖泄漏物，减少飞散。勿使水进入包装容器内。用洁净的铲子收集泄漏物，置于干净、干燥、盖子较松的容器中，将容器移离泄漏区。

798. 1-溴-2,2,2-三氟乙烷

标　识

中文名称 1-溴-2，2，2-三氟乙烷

英文名称 1-Bromo-2，2，2-trifluoroethane；2-Bromo-1，1，1-trifluoroethane

别名 一溴三氟乙烷

分子式 $C_2H_2BrF_3$

CAS 号 421-06-7

危害信息

燃烧与爆炸危险性 不燃，无特殊燃爆特性。若遇高热，容器内压增大，

有开裂和爆炸的危险。

禁忌物　强氧化剂。

毒性　小鼠吸入 LC_{50}：240g/m^3(2h)。

侵入途径　吸入、食入。

理化特性与用途

理化特性　无色液体。熔点-93.9℃，沸点 26℃，相对密度(水=1)1.788，辛醇/水分配系数 2.08。

主要用途　用于有机合成。

包装与储运

安全储运　储存于阴凉、通风的库房。远离火种、热源。保持容器密闭。应与强氧化剂等隔离储运。搬运时轻装轻卸，防止容器受损。

紧急处置信息

急救措施

吸入：迅速脱离现场至空气新鲜处。保持呼吸道通畅。如呼吸困难，给输氧。呼吸、心跳停止，立即进行心肺复苏术。就医。

眼睛接触：立即分开眼睑，用流动清水或生理盐水彻底冲洗。就医。

皮肤接触：立即脱去污染的衣着，用流动清水彻底冲洗。就医。

食入：漱口，饮水。就医。

灭火方法　消防人员须佩戴正压自给式呼吸器，穿全身消防服，在上风向灭火。尽可能将容器从火场移至空旷处。喷水保持火场容器冷却，直至灭火结束。处在火场中的容器若已变色或从安全泄压装置中发出声音，必须马上撤离。灭火时尽量切断泄漏源，然后根据着火原因选择适当灭火剂灭火。

泄漏应急处置　根据液体流动和蒸气扩散的影响区域划定警戒区，无关人员从侧风、上风向撤离至安全区。建议应急处理人员戴正压自给式呼吸器，穿防毒服。穿上适当的防护服前严禁接触破裂的容器和泄漏物。尽可能切断泄漏源。防止泄漏物进入水体、下水道、地下室或有限空间。小量泄漏：用干燥的沙土或其他不燃材料吸收或覆盖，收集于容器中。大量泄漏：构筑围堤或挖坑收容。用泵转移至槽车或专用收集器内。

799. 1,1′-[1,3-亚苯基二(亚甲基)]二[3-甲基-1H-吡咯-2,5-二酮]

标　识

中文名称　1，1′-[1，3-亚苯基二(亚甲基)]二[3-甲基-1H-吡咯-2，5-二酮]

英文名称　1，3-Bis(3-methyl-2，5-dioxo-1H-pyrrolinylmethyl)benzene；1，3-Bis(citraconimidomethylene)benzene

别名　1，3-双(柠康亚酰胺甲基)苯

分子式　$C_{18}H_{16}N_2O_4$

CAS 号　119462-56-5

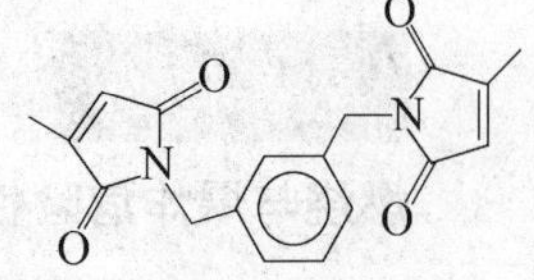

危害信息

燃烧与爆炸危险性 遇明火、高热可燃。燃烧或受热分解产生有毒的氮氧化物气体。

禁忌物 强氧化剂。

毒性 大鼠经口 LD_{50}：> 2000mg/kg；大鼠经皮 LD_{50}：> 2000mg/kg。

侵入途径 吸入、食入、经皮吸收。

环境危害 对水生生物有极高毒性，可能在水生环境中造成长期不利影响。

理化特性与用途

理化特性 白色粉末。不溶于水。熔点 85~92℃，相对密度(水=1)1.28。

主要用途 橡胶工业中用作抗硫化返原剂，也作为医药中间体。

包装与储运

包装标志 杂项

包装类别 Ⅲ类

安全储运 储存于阴凉、通风的库房。远离火种、热源。保持容器密闭。应与强氧化剂等隔离储运。搬运时轻装轻卸，防止容器受损。

紧急处置信息

急救措施

吸入：迅速脱离现场至空气新鲜处。保持呼吸道通畅。如呼吸困难，给输氧。呼吸、心跳停止，立即进行心肺复苏术。就医。

眼睛接触：立即分开眼睑，用流动清水或生理盐水彻底冲洗。就医。

皮肤接触：立即脱去污染的衣着，用肥皂水和清水彻底冲洗。就医。

食入：漱口，饮水。就医。

灭火方法 消防人员须穿全身消防服，佩戴正压自给式呼吸器，在上风向灭火。尽可能将容器从火场移至空旷处。喷水保持火场容器冷却，直至灭火结束。

灭火剂：雾状水、泡沫、二氧化碳、干粉、沙土。

泄漏应急处置 隔离泄漏污染区，限制出入。消除所有点火源。建议应急处理人员戴防毒面具，穿防护服。尽可能切断泄漏源。用塑料布覆盖泄漏物，减少飞散。勿使水进入包装容器内。用洁净的铲子收集泄漏物，置于干净、干燥、盖子较松的容器中，将容器移离泄漏区。

800. N,N′-1,4-亚苯基双(2-(2-甲氧基-4-硝基苯基)偶氮)-3-氧代丁酰胺

标　识

中文名称 N，N′-1，4-亚苯基双(2-(2-甲氧基-4-硝基苯基)偶氮)-3-氧代丁酰胺

英文名称 N，N′-1，4-Phenylenebis(2-(2-methoxy-4-nitrophenyl)azo)-3-oxobutanamide

分子式 $C_{28}H_{26}N_8O_{10}$

CAS 号　83372-55-8

危害信息

禁忌物　强氧化剂、强酸。

侵入途径　吸入、食入。

环境危害　可能在水生环境中造成长期不利影响。

理化特性与用途

理化特性　不溶于水。相对密度(水=1)1.46，辛醇/水分配系数7.62。

主要用途　用作颜料。

包装与储运

安全储运　储存于阴凉、通风的库房。远离火种、热源。保持容器密闭。应与强氧化剂等隔离储运。搬运时轻装轻卸，防止容器受损。

紧急处置信息

急救措施

吸入：脱离接触。如有不适感，就医。

眼睛接触：分开眼睑，用流动清水或生理盐水冲洗。如有不适感，就医。

皮肤接触：脱去污染的衣着，用肥皂水和清水冲洗。如有不适感，就医。

食入：漱口，饮水。就医。

泄漏应急处置　隔离泄漏污染区，限制出入。建议应急处理人员戴防尘口罩，穿防毒服。穿上适当的防护服前严禁接触破裂的容器和泄漏物。尽可能切断泄漏源。用塑料布覆盖泄漏物，减少飞散。勿使水进入包装容器内。用洁净的铲子收集泄漏物，置于干净、干燥、盖子较松的容器中，将容器移离泄漏区。

801. *N*,*N*′-亚丙基双(二硫代氨基甲酸)锌

标　识

中文名称　*N*, *N*′-亚丙基双(二硫代氨基甲酸)锌

英文名称　Zinc *N*, *N*′-propylene bis(dithiocarbamate); Propineb

别名　丙森锌；甲基锌乃浦

分子式　$C_5H_8N_2S_4Zn$

CAS 号　12071-83-9

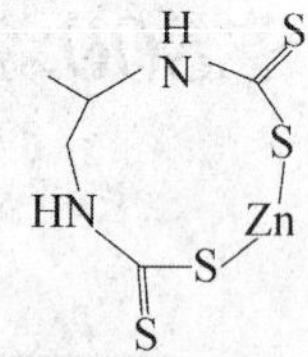

危害信息

燃烧与爆炸危险性　可燃，但不易点燃。在火场中产生有毒、腐蚀性或刺激性的烟气。在火场中，容器受热有爆炸的危险。

禁忌物　强氧化剂。

毒性　大鼠经口 LD_{50}：8500mg/kg；大鼠吸入 LC_{50}：>693mg/m^3(4h)；大鼠经皮 LD_{50}：>1g/kg。

中毒表现　本品属有机硫类杀菌剂。误服后可出现恶心、呕吐、腹痛、腹泻。重者有神经系统先兴奋后抑制的表现，可出现呼吸麻痹、肝肾损害。对眼和呼吸道有刺激性。可引起接触性皮炎。本品对皮肤有致敏性。

侵入途径　吸入、食入、经皮吸收。

环境危害　对水生生物有极高毒性，可能在水生环境中造成长期不利影响。

理化特性与用途

理化特性　白色或微黄色粉末。不溶于水。相对密度(水=1)1.813，饱和蒸气压0.16mPa(20℃)，辛醇/水分配系数2.06。

主要用途　保护性杀菌剂。用于果树、马铃薯、葡萄、茶树、啤酒花和烟草防治白粉病、霜霉病、疫病、炭疽病等。

包装与储运

包装标志　杂项

包装类别　Ⅲ类

安全储运　储存于阴凉、通风的库房。远离火种、热源。保持容器密闭。应与强氧化剂等隔离储运。搬运时轻装轻卸，防止容器受损。

紧急处置信息

急救措施

吸入：迅速脱离现场至空气新鲜处。保持呼吸道通畅。如呼吸困难，给输氧。呼吸、心跳停止，立即进行心肺复苏术。就医。

眼睛接触：立即分开眼睑，用流动清水或生理盐水彻底冲洗。就医。

皮肤接触：立即脱去污染的衣着，用流动清水彻底冲洗。就医。

食入：漱口，饮水。就医。

灭火方法　消防人员须穿全身消防服，佩戴正压自给式呼吸器，在上风向灭火。尽可能将容器从火场移至空旷处。喷水保持火场容器冷却，直至灭火结束。

灭火剂：雾状水、泡沫、二氧化碳、干粉、沙土。

泄漏应急处置　隔离泄漏污染区，限制出入。消除所有点火源。建议应急处理人员戴防毒面具，穿防毒服。尽可能切断泄漏源。用塑料布覆盖泄漏物，减少飞散。勿使水进入包装容器内。用洁净的铲子收集泄漏物，置于干净、干燥、盖子较松的容器中，将容器移离泄漏区。

802. 1,1′-亚甲基二氨基硫脲

标　识

中文名称　1，1′-亚甲基二氨基硫脲

英文名称　Bisthiosemi；1，1′-Methylene di(thiosemicarbazide)

别名　双鼠脲

分子式　$C_3H_{10}N_6S_2$

CAS 号　39603-48-0

$H_2N-C(=S)-NH-NH-CH_2-NH-NH-C(=S)-NH_2$

危害信息

危险性类别 第6类 有毒品

禁忌物 强氧化剂。

毒性 大鼠经口 LD_{50}：6350 μg/kg；小鼠经口 LD_{50}：30400 μg/kg；大鼠经皮 LD_{50}：> 500mg/kg。

中毒表现 食入可致死。

侵入途径 吸入、食入、经皮吸收。

理化特性与用途

理化特性 白色结晶粉末。不溶于水，溶于二甲基亚砜。熔点 171～174℃(分解)，饱和蒸气压 0.45mPa(25℃)，辛醇/水分配系数-3.25。

主要用途 速效杀鼠剂，可有效地防除褐鼠、大鼠和日本田鼠。

包装与储运

包装标志 有毒品

包装类别 Ⅱ类

安全储运 储存于阴凉、通风的库房。远离火种、热源。储存温度不超过 35℃，相对湿度不超过 85%。保持容器密封。应与强氧化剂、强酸等隔离储运。搬运时轻装轻卸，防止容器受损。

紧急处置信息

急救措施

吸入：迅速脱离现场至空气新鲜处。保持呼吸道通畅。如呼吸困难，给输氧。呼吸、心跳停止，立即进行心肺复苏术。就医。

眼睛接触：立即分开眼睑，用流动清水或生理盐水彻底冲洗。就医。

皮肤接触：立即脱去污染的衣着，用流动清水彻底冲洗。就医。

食入：饮适量温水，催吐(仅限于清醒者)。就医。

泄漏应急处置 隔离泄漏污染区，限制出入。消除所有点火源。建议应急处理人员戴防毒面具，穿防毒服。尽可能切断泄漏源。用塑料布覆盖泄漏物，减少飞散。勿使水进入包装容器内。用洁净的铲子收集泄漏物，置于干净、干燥、盖子较松的容器中，将容器移离泄漏区。

803. *N*,*N*″-(亚甲基二-4,1-亚苯基)二［*N*′-十八烷基脲］

标 识

中文名称 *N*，*N*″-(亚甲基二-4，1-亚苯基)二［*N*′-十八烷基脲］

英文名称 3，3′-dioctadecyl-1，1′-methylenebis(4，1-phenylene)diurea；Diureas

别名 双脲

分子式 $C_{51}H_{88}N_4O_2$

CAS 号　43136-14-7

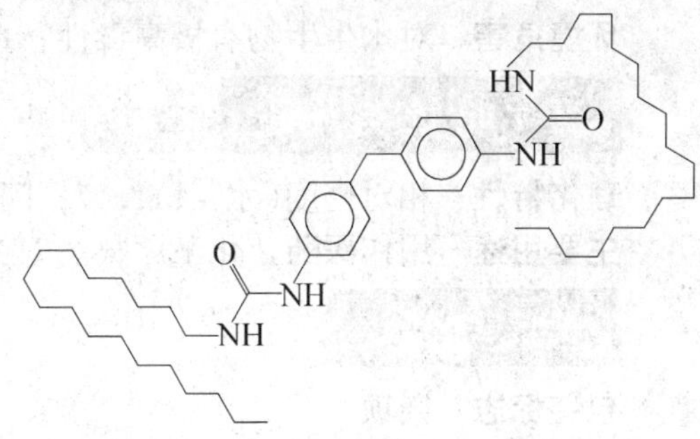

危害信息

禁忌物　强氧化剂。

侵入途径　吸入、食入。

环境危害　可能在水生环境中造成长期不利影响。

理化特性与用途

理化特性　不溶于水。相对密度(水=1)0.969，辛醇/水分配系数 20.05。

主要用途　化工原料。

包装与储运

安全储运　储存于阴凉、通风的库房。远离火种、热源。保持容器密闭。应与强氧化剂等隔离储运。搬运时轻装轻卸，防止容器受损。

紧急处置信息

急救措施

吸入：脱离接触。如有不适感，就医。

眼睛接触：分开眼睑，用流动清水或生理盐水冲洗。如有不适感，就医。

皮肤接触：脱去污染的衣着，用肥皂水和清水冲洗。如有不适感，就医。

食入：漱口，饮水。就医。

泄漏应急处置　隔离泄漏污染区，限制出入。消除所有点火源。建议应急处理人员戴防尘口罩，穿防护服。尽可能切断泄漏源。用塑料布覆盖泄漏物，减少飞散。勿使水进入包装容器内。用洁净的铲子收集泄漏物，置于干净、干燥、盖子较松的容器中，将容器移离泄漏区。

804. *N*,*N″*-(亚甲基二-4,1-亚苯基)二[*N′*-环己基脲]

标　　识

中文名称　*N*，*N″*-(亚甲基二-4，1-亚苯基)二[*N′*-环己基脲]

英文名称　3，3′-dicyclohexyl-1，1′-methylenebis(4，1-phenylene)diurea；*N*，*N″*-(methylenedi-4，1-phenylene)bis *N′*-cyclohexyl-Urea

分子式　$C_{27}H_{36}N_4O_2$

CAS 号　58890-25-8

危害信息

燃烧与爆炸危险性　可燃。燃烧产生有毒的氮氧化物气体。

禁忌物　强氧化剂。

中毒表现　本品对皮肤有致敏性。

侵入途径　吸入、食入。

环境危害 对水生生物有极高毒性，可能在水生环境中造成长期不利影响。

理化特性与用途

理化特性 相对密度(水=1)1.17，闪点156℃。

主要用途 用作医药、化工原料。

包装与储运

包装标志 杂项

包装类别 Ⅲ类

安全储运 储存于阴凉、通风的库房。远离火种、热源。保持容器密闭。应与强氧化剂等隔离储运。搬运时轻装轻卸，防止容器受损。

紧急处置信息

急救措施

吸入：迅速脱离现场至空气新鲜处。保持呼吸道通畅。如呼吸困难，给输氧。呼吸、心跳停止，立即进行心肺复苏术。就医。

眼睛接触：立即分开眼睑，用流动清水或生理盐水彻底冲洗。就医。

皮肤接触：立即脱去污染的衣着，用肥皂水和清水彻底冲洗。就医。

食入：漱口，饮水。就医。

灭火方法 消防人员须穿全身消防服，佩戴正压自给式呼吸器，在上风向灭火。尽可能将容器从火场移至空旷处。喷水保持火场容器冷却，直至灭火结束。

灭火剂：雾状水、泡沫、二氧化碳、干粉、沙土。

泄漏应急处置 隔离泄漏污染区，限制出入。消除所有点火源。建议应急处理人员戴防尘口罩，穿防护服。尽可能切断泄漏源。用塑料布覆盖泄漏物，减少飞散。勿使水进入包装容器内。用洁净的铲子收集泄漏物，置于干净、干燥、盖子较松的容器中，将容器移离泄漏区。

805. 4,4′-亚甲基双(2-乙基)苯胺

标　识

中文名称 4，4′-亚甲基双(2-乙基)苯胺

英文名称 4，4′-Methylenebis(2-ethylaniline)；4，4′-Methylenebis(o-ethylaniline)；Bis(4-amino-3-ethylphenyl)methane

别名 4，4′-亚甲基双(邻乙基)苯胺；硬化剂 ME-DDM

分子式 $C_{17}H_{22}N_2$

CAS 号 19900-65-3

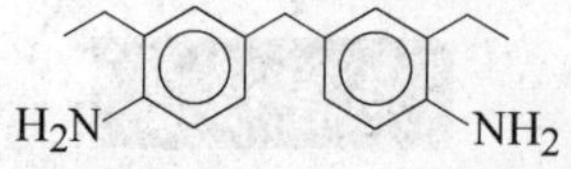

危害信息

燃烧与爆炸危险性 可燃。燃烧产生有毒的氮氧化物气体。在高温火场中，受热的容器或储罐有破裂和爆炸的危险。

禁忌物 强氧化剂、强酸。

毒性 欧盟法规 1272/2008/EC 将本品列为第 2 类致癌物——可疑的人类致癌物。

中毒表现 食入有害。

侵入途径 吸入、食入。

环境危害 对水生生物有极高毒性，可能在水生环境中造成长期不利影响。

理化特性与用途

理化特性 琥珀色黏稠状液体，稍有气味。沸点 426℃，相对密度(水=1)1.1，辛醇/水分配系数 3.6，闪点 101.7℃。

主要用途 用作聚氨酯弹性体、聚脲树脂及环氧树脂固化剂。

包装与储运

包装标志 杂项

包装类别 Ⅲ类

安全储运 储存于阴凉、通风的库房。远离火种、热源。保持容器密闭。应与强氧化剂、酸、酰基氯、酸酐、氯仿等隔离储运。搬运时轻装轻卸，防止容器受损。

紧急处置信息

急救措施

吸入：迅速脱离现场至空气新鲜处。保持呼吸道通畅。如呼吸困难，给输氧。呼吸、心跳停止，立即进行心肺复苏术。就医。

眼睛接触：立即分开眼睑，用流动清水或生理盐水彻底冲洗。就医。

皮肤接触：立即脱去污染的衣着，用肥皂水和清水彻底冲洗。就医。

食入：漱口，饮水。就医。

灭火方法 消防人员须穿全身消防服，佩戴正压自给式呼吸器，在上风向灭火。尽可能将容器从火场移至空旷处。喷水保持火场容器冷却，直至灭火结束。

灭火剂：泡沫、二氧化碳、干粉、沙土。

泄漏应急处置 消除所有点火源。根据液体流动和蒸气扩散的影响区域划定警戒区，无关人员从侧风、上风向撤离至安全区。建议应急处理人员戴正压自给式呼吸器，穿防护服。禁止接触或跨越泄漏物。尽可能切断泄漏源。防止泄漏物进入水体、下水道、地下室或有限空间。小量泄漏：用沙土或其他不燃材料吸收。使用洁净的无火花工具收集吸收材料。大量泄漏：构筑围堤或挖坑收容。用泡沫覆盖，减少蒸发。用防爆泵转移至槽车或专用收集器内。

806. 亚磷酸二氢铅

标　识

中文名称 亚磷酸二氢铅

英文名称 Lead phosphite, dibasic; Lead dibasic phosphite

别名 二盐基亚磷酸铅

分子式 $Pb(PbO)_2HPO_3$

CAS 号 1344-40-7

$^{-}O \quad Pb^{2+} \quad O^{-}$

$Pb{=}O \quad P \quad Pb{=}O$

OH

铁危编号 41005

UN 号 2989

危害信息

危险性类别 第 4.1 类 易燃固体

燃烧与爆炸危险性 遇明火、热、摩擦等易燃。与氧化剂混合能形成爆炸性混合物，遇到火星或遇热，易于燃烧，甚至在缺氧时燃烧仍能持续。粉体、粉尘、切削等可能发生爆炸或燃烧。

禁忌物 强氧化剂。

毒性 大鼠经口 LD_{50}：>6g/kg。

IARC 致癌性评论：G2A，可能人类致癌物。

欧盟法规 1272/2008/EC 将本品列为第 1A 类生殖毒物——已知的人类生殖毒物。

中毒表现 铅及其化合物损害造血、神经、消化系统及肾脏。职业中毒主要为慢性。神经系统主要表现为神经衰弱综合征，周围神经病，重者出现铅中毒性脑病。

侵入途径 吸入、食入。

职业接触限值 中国：PC-TWA 0.05mg/m^3[铅尘][按 Pb 计]，0.03mg/m^3[铅烟][按 Pb 计]。

美国(ACGIH)：TLV-TWA 0.05mg/m^3[按 Pb 计]。

环境危害 对水生生物有极高毒性，可能在水生环境中造成长期不利影响。

理化特性与用途

理化特性 白色微细针状结晶或粉末。200℃左右变成灰黑色，450℃左右变成黄色。不溶于水，不溶于多数有机溶剂。相对密度(水=1)6.94。

主要用途 用作聚氯乙烯的热稳定剂。

包装与储运

包装标志 易燃固体

包装类别 Ⅱ类

安全储运 储存于阴凉、通风的库房。库温不宜超过 35℃。远离火种、热源。保持容器密闭。应与氧化剂、食用化学品等隔离储运。采用防爆型照明、通风设施。禁止使用易产生火花的机械设备和工具。

紧急处置信息

急救措施

吸入：迅速脱离现场至空气新鲜处。保持呼吸道通畅。如呼吸困难，给输氧。呼吸、心跳停止，立即进行心肺复苏术。就医。

眼睛接触：立即分开眼睑，用流动清水或生理盐水彻底冲洗。就医。

皮肤接触：立即脱去污染的衣着，用肥皂水和清水彻底冲洗。就医。

食入：漱口，饮水。就医。

解毒剂：依地酸二钠钙、二巯基丁二酸钠、二巯基丁二酸等。

灭火方法 消防人员须佩戴防毒面具，穿全身消防服，在上风向灭火。尽可能将容器从火场移至空旷处。喷水保持火场容器冷却，直至灭火结束。

灭火剂：雾状水、泡沫、干粉、二氧化碳、沙土。

泄漏应急处置 隔离泄漏污染区，限制出入。消除所有点火源。建议应急处理人员戴

防尘口罩，穿防毒、防静电服。禁止接触或跨越泄漏物。小量泄漏：用洁净的铲子收集泄漏物，置于干净、干燥、盖子较松的容器中，将容器移离泄漏区。大量泄漏：用水润湿，并筑堤收容。防止泄漏物进入水体、下水道、地下室或有限空间。

807. 亚磷酸三甲酯

标　识

中文名称　亚磷酸三甲酯

英文名称　Trimethyl phosphite；Trimethoxyphosphine

别名　亚磷酸甲酯

分子式　$C_3H_9O_3P$

CAS 号　121-45-9

铁危编号　32110

UN 号　2329

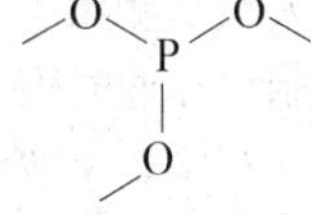

危害信息

危险性类别　第3类　易燃液体

燃烧与爆炸危险性　易燃。其蒸气与空气混合，能形成爆炸性混合物，高热能引起燃烧爆炸。受热分解产生有毒的氧化磷烟气。蒸气比空气重，能在较低处扩散到相当远的地方，遇火源会着火回燃和爆炸(闪爆)。若遇高热，容器内压增大，有开裂和爆炸的危险。

活性反应　与氧化剂可发生反应。

禁忌物　强氧化剂、强碱、水。

毒性　大鼠经口 LD_{50}：1600mg/kg；大鼠吸入 LC_{50}：>10000ppm(4h)；兔经皮 LD_{50}：2600mg/kg。

中毒表现　刺激眼、皮肤、上呼吸道。

侵入途径　吸入、食入、经皮吸收。

理化特性与用途

理化特性　无色液体，有刺激性气味。不溶于水，易溶于乙醇、乙醚，溶于己烷、苯、丙酮、四氯化碳、煤油等。熔点-78℃，沸点111.5℃，相对密度(水=1)1.1，相对蒸气密度(空气=1)4.3，饱和蒸气压3.2kPa(25℃)，辛醇/水分配系数-0.73，闪点23℃(闭杯)，引燃温度250℃。

主要用途　制造杀虫剂的原料，阻燃聚合物的中间体，织物防火剂。

包装与储运

包装标志　易燃液体

包装类别　Ⅲ类

安全储运　储存于阴凉、通风的库房。远离火种、热源，避免阳光直射。储存温度不超过37℃。炎热季节早晚运输。保持容器密闭。应与氧化剂、碱类等隔离储运。禁止使用易产生火花的机械设备和工具。灌装时注意控制流速，防止静电积聚。搬运时轻装轻卸，防止容器受损。

紧急处置信息

急救措施

吸入：迅速脱离现场至空气新鲜处。保持呼吸道通畅。如呼吸困难，给输氧。呼吸、心跳停止，立即进行心肺复苏术。就医。

眼睛接触：立即分开眼睑，用流动清水或生理盐水彻底冲洗。就医。

皮肤接触：立即脱去污染的衣着，用肥皂水和清水彻底冲洗。就医。

食入：漱口，饮水。就医。

灭火方法 消防人员必须佩戴正压自给式呼吸器，穿全身防火防毒服，在上风向灭火。尽可能将容器从火场移至空旷处。喷水保持火场容器冷却，直至灭火结束。处在火场中的容器若已变色或从安全泄压装置中发出声音，必须马上撤离。

灭火剂：雾状水、泡沫、干粉、二氧化碳、沙土。

泄漏应急处置 消除所有点火源。根据液体流动和蒸气扩散的影响区域划定警戒区，无关人员从侧风、上风向撤离至安全区。建议应急处理人员戴正压自给式呼吸器，穿防毒、防静电服。作业时使用的所有设备应接地。禁止接触或跨越泄漏物。尽可能切断泄漏源。防止泄漏物进入水体、下水道、地下室或有限空间。小量泄漏：用沙土或其他不燃材料吸收。使用洁净的无火花工具收集吸收材料。大量泄漏：构筑围堤或挖坑收容。用泡沫覆盖，减少蒸发。喷水雾能减少蒸发，但不能降低泄漏物在有限空间内的易燃性。用防爆泵转移至槽车或专用收集器内。

808. 亚磷酸三乙酯

标 识

中文名称 亚磷酸三乙酯

英文名称 Triethyl phosphite；Triethoxyphosphine

别名 三乙基亚磷酸酯；三乙氧基膦

分子式 $C_6H_{15}O_3P$

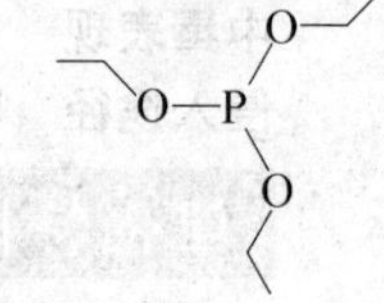

CAS 号 122-52-1

铁危编号 32110

UN 号 2323

危害信息

危险性类别 第3类 易燃液体

燃烧与爆炸危险性 易燃。其蒸气与空气混合，能形成爆炸性混合物，遇明火、高热能引起燃烧爆炸。受热分解产生有毒的氧化磷烟气。若遇高热，容器内压增大，有开裂和爆炸的危险。

活性反应 与氧化剂可发生反应。

禁忌物 强氧化剂、强碱、水。

毒性 大鼠经口 LD_{50}：1840mg/kg；小鼠经口 LD_{50}：3720mg/kg。大鼠吸入 LC_{50}：11063mg/m^3(6h)；小鼠吸入 LC_{50}：6203mg/m^3(6h)；兔经皮 LD_{50}：2800mg/kg。

中毒表现 接触本品或其蒸气，刺激皮肤和眼。

侵入途径 吸入、食入、经皮吸收。

理化特性与用途

理化特性 无色透明液体，有特殊气味。不溶于水，溶于乙醇、乙醚、丙酮、苯等多数有机溶剂。熔点-112℃，沸点157~159℃，相对密度(水=1)0.97，相对蒸气密度(空气=1)5.8，饱和蒸气压0.37kPa(25℃)，辛醇/水分配系数0.74，闪点54℃(闭杯)，引燃温度250℃，爆炸下限3.75%，爆炸上限42.5%。

主要用途 作为农药中间体及塑料的增塑剂和稳定剂，润滑油和油脂的添加剂。

包装与储运

包装标志 易燃液体

包装类别 Ⅲ类

安全储运 储存于阴凉、通风的库房。远离火种、热源，避免阳光直射。储存温度不超过37℃。炎热季节早晚运输。保持容器密闭。应与氧化剂、碱类等隔离储运。禁止使用易产生火花的机械设备和工具。灌装时注意控制流速，防止静电积聚。搬运时轻装轻卸，防止容器受损。

紧急处置信息

急救措施

吸入：迅速脱离现场至空气新鲜处。保持呼吸道通畅。如呼吸困难，给输氧。呼吸、心跳停止，立即进行心肺复苏术。就医。

眼睛接触：立即分开眼睑，用流动清水或生理盐水彻底冲洗。就医。

皮肤接触：立即脱去污染的衣着，用肥皂水和清水彻底冲洗。就医。

食入：漱口，饮水。就医。

灭火方法 消防人员须佩戴正压自给式呼吸器，穿全身消防服，在上风向灭火。尽可能将容器从火场移至空旷处。喷水保持火场容器冷却，直至灭火结束。处在火场中的容器若已变色或从安全泄压装置中发出声音，必须马上撤离。

灭火剂：雾状水、泡沫、干粉、二氧化碳、沙土。

泄漏应急处置 消除所有点火源。根据液体流动和蒸气扩散的影响区域划定警戒区，无关人员从侧风、上风向撤离至安全区。建议应急处理人员戴正压自给式呼吸器，穿防静电服。作业时使用的所有设备应接地。禁止接触或跨越泄漏物。尽可能切断泄漏源。防止泄漏物进入水体、下水道、地下室或有限空间。小量泄漏：用沙土或其他不燃材料吸收。使用洁净的无火花工具收集吸收材料。大量泄漏：构筑围堤或挖坑收容。用泡沫覆盖，减少蒸发。喷水雾能减少蒸发，但不能降低泄漏物在有限空间内的易燃性。用防爆泵转移至槽车或专用收集器内。

809. 亚氯酸钙

标　识

中文名称 亚氯酸钙

英文名称 Calcium chlorite；Chlorous acid，calcium salt

分子式 $Ca(ClO_2)_2$

CAS 号　14674-72-7

铁危编号　51046

UN 号　1453

O=Cl-O-Ca-O-Cl=O

危害信息

危险性类别　第 5.1 类　氧化剂

燃烧与爆炸危险性　助燃，在火灾的情况下能加速燃烧。受热易发生爆炸性的分解反应。在高温火场中，受热的容器有破裂和爆炸危险。能引燃可燃物。

禁忌物　还原剂。

毒性　小鼠腹腔内 LD_{50}：>200mg/kg。

中毒表现　本品对眼、皮肤和呼吸道有刺激性。

侵入途径　吸入、食入。

理化特性与用途

理化特性　白色颗粒状固体。相对密度(水=1)2.71。

主要用途　用作杀菌剂和强氧化剂。

包装与储运

包装标志　氧化剂

包装类别　Ⅱ类

安全储运　储存于阴凉、通风的库房。远离火种、热源。储存温度不超过 30℃，相对湿度不超过 80%。保持容器密封。应与酸、可燃物、胺、还原剂等隔离储运。搬运时轻装轻卸，防止容器受损。

紧急处置信息

急救措施

吸入：迅速脱离现场至空气新鲜处。保持呼吸道通畅。如呼吸困难，给输氧。呼吸、心跳停止，立即进行心肺复苏术。就医。

眼睛接触：立即分开眼睑，用流动清水或生理盐水彻底冲洗。就医。

皮肤接触：立即脱去污染的衣着，用肥皂水和清水彻底冲洗。就医。

食入：漱口，饮水。就医。

灭火方法　消防人员须穿全身消防服，佩戴正压自给式呼吸器，在上风向灭火。尽可能将容器从火场移至空旷处。喷水保持火场容器冷却，直至灭火结束。用大量水灭火。

泄漏应急处置　隔离泄漏污染区，限制出入。建议应急处理人员戴防尘口罩，穿防毒服，戴氯丁橡胶手套。勿使泄漏物与可燃物质(如木材、纸、油等)接触。穿上适当的防护服前严禁接触破裂的容器和泄漏物。尽可能切断泄漏源。勿使水进入包装容器内。小量泄漏：用洁净的铲子收集泄漏物，置于干净、干燥、盖子较松的容器中，将容器移离泄漏区。大量泄漏：泄漏物回收后，用水冲洗泄漏区。

810. 亚氯酸钠

标　识

中文名称　亚氯酸钠

英文名称 Sodium chlorite；Chlorous acid，sodium salt

分子式 $NaClO_2$

CAS 号 7758-19-2

铁危编号 51046

UN 号 1496

Na^+ O=Cl–O^-

危害信息

危险性类别 第 5.1 类 氧化剂

燃烧与爆炸危险性 助燃，能加速其他物质燃烧。接触还原剂和有机物有着火、爆炸危险。在高温火场中，受热的容器或储罐有破裂和爆炸的危险。加热到 200℃时，该物质分解产生有毒和腐蚀性烟气，并有燃烧和爆炸危险。与酸类、铵化合物、磷、硫等反应有爆炸危险。

禁忌物 强氧化剂、强酸。

毒性 大鼠经口 LD_{50}:165mg/kg;小鼠经口 LD_{50}:350mg/kg;大鼠吸入 LC_{50}:230mg/m^3(4h)。

中毒表现 吸入后引起咳嗽、咽喉疼痛。对眼和皮肤出现红肿、疼痛。食入后引起腹痛、呕吐。

侵入途径 吸入、食入、经皮吸收。

环境危害 对水生生物有极高毒性，可能在水生环境中造成长期不利影响。

理化特性与用途

理化特性 白色结晶或结晶性粉末，有轻微的氯气味。溶于水，微溶于乙醇。熔点(分解)180~200℃，相对密度(水=1)2.5。

主要用途 一种高效漂白剂，用于漂白织物、纤维、纸浆、食糖、淀粉、油脂及植物等。也广泛用作杀菌灭藻剂。

包装与储运

包装标志 氧化剂

包装类别 Ⅱ类

安全储运 储存于阴凉、通风的库房。远离火种、热源。储存温度不超过 30℃，相对湿度不超过 80%。保持容器密封。应与酸、可燃物、胺、还原剂等隔离储运。搬运时轻装轻卸，防止容器受损。

紧急处置信息

急救措施

吸入：迅速脱离现场至空气新鲜处。保持呼吸道通畅。如呼吸困难，给输氧。呼吸、心跳停止，立即进行心肺复苏术。就医。

眼睛接触：立即分开眼睑，用流动清水或生理盐水彻底冲洗。就医。

皮肤接触：立即脱去污染的衣着，用肥皂水和清水彻底冲洗。就医。

食入：漱口，饮水。就医。

灭火方法 消防人员须穿全身消防服，佩戴正压自给式呼吸器，在上风向灭火。尽可能将容器从火场移至空旷处。喷水保持火场容器冷却，直至灭火结束。用大量水灭火。

泄漏应急处置 隔离泄漏污染区，限制出入。建议应急处理人员戴防尘口罩，穿防毒服，戴氯丁橡胶手套。勿使泄漏物与可燃物质(如木材、纸、油等)接触。穿上适当的防护服前严禁接触破裂的容器和泄漏物。尽可能切断泄漏源。勿使水进入包装容器内。小量泄漏：用洁净的铲子收集泄漏物，置于干净、干燥、盖子较松的容器中，将容器移离泄漏区。

大量泄漏：泄漏物回收后，用水冲洗泄漏区。

811. 亚硒酸

标　识

中文名称　亚硒酸

英文名称　Selenious acid；Selenium dioxide，monohydrated

分子式　H_2SeO_3

CAS 号　7783-00-8

铁危编号　61015

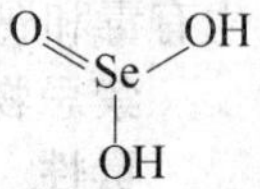

危害信息

危险性类别　第 6 类　有毒品

燃烧与爆炸危险性　不燃。在高温火场中受热的容器有破裂和爆炸的危险。受热分解产生有毒的烟气。

禁忌物　强氧化剂、强酸。

毒性　大鼠经口 *LDLo*：25mg/kg；兔经皮 LD_{50}：4mg/kg。

中毒表现　对皮肤、黏膜有强刺激性，可致灼伤。

侵入途径　吸入、食入、经皮吸收。

职业接触限值　中国：PC-TWA 0.1mg/m^3[按 Se 计]。

美国(ACGIH)：TLV-TWA 0.2mg/m^3[按 Se 计]。

理化特性与用途

理化特性　无色透明结晶或白色结晶性粉末，有吸湿性。易溶于水，易溶于乙醇，不溶于氨。熔点 70℃(分解)，相对密度(水=1)3.004，饱和蒸气压 0.27kPa(25℃)，辛醇/水分配系数-3.18。

主要用途　用于有机合成、医药，用作生物碱的试剂和氧化剂。

包装与储运

包装标志　有毒品

包装类别　Ⅱ类

安全储运　储存于阴凉、干燥、通风的库房。远离火种、热源。储存温度不超过 35℃，相对湿度不超过 85%。保持容器密封。应与强氧化剂、强碱等隔离储运。搬运时轻装轻卸，防止容器受损。

紧急处置信息

急救措施

吸入：迅速脱离现场至空气新鲜处。保持呼吸道通畅。如呼吸困难，给输氧。呼吸、心跳停止，立即进行心肺复苏术。就医。

眼睛接触：立即分开眼睑，用流动清水或生理盐水彻底冲洗 10~15min。就医。

皮肤接触：立即脱去污染的衣着，用大量流动清水彻底冲洗，冲洗时间一般要求20~30min。就医。

食入：用水漱口，禁止催吐。给饮牛奶或蛋清。就医。

灭火方法 防人员须穿全身消防服，佩戴正压自给式呼吸器，在上风向灭火。尽可能将容器从火场移至空旷处。喷水保持火场容器冷却，直至灭火结束。

本品不燃，根据周围火灾原因选择适当的灭火剂灭火。

泄漏应急处置 隔离泄漏污染区，限制出入。建议应急处理人员戴防尘口罩，穿防毒服。穿上适当的防护服前严禁接触破裂的容器和泄漏物。尽可能切断泄漏源。用塑料布覆盖泄漏物，减少飞散。勿使水进入包装容器内。用洁净的铲子收集泄漏物，置于干净、干燥、盖子较松的容器中，将容器移离泄漏区。

812. 4-亚硝基苯胺

标 识

中文名称 4-亚硝基苯胺

英文名称 4-Nitrosoaniline；*p*-Nitrosoaniline

别名 对亚硝基苯胺

分子式 $C_6H_6N_2O$

CAS号 659-49-4

O=N—⟨苯环⟩—NH_2

危害信息

燃烧与爆炸危险性 遇明火、高热可燃。燃烧或受热分解产生有毒的氮氧化物气体。

禁忌物 强氧化剂、强酸。

中毒表现 吸入、食入或经皮吸收对身体有害。对皮肤有刺激性和致敏性。苯的氨基硝基化合物可引起高铁血红蛋白血症。

侵入途径 吸入、食入、经皮吸收。

理化特性与用途

理化特性 固体。微溶于水。熔点173.5℃，沸点271℃，相对密度(水=1)1.23，饱和蒸气压0.8Pa(25℃)，辛醇/水分配系数0.95，闪点118℃。

包装与储运

安全储运 储存于阴凉、通风的库房。远离火种、热源。保持容器密闭。应与强氧化剂等隔离储运。搬运时轻装轻卸，防止容器受损。

紧急处置信息

急救措施

吸入：迅速脱离现场至空气新鲜处。保持呼吸道通畅。如呼吸困难，给输氧。呼吸、心跳停止，立即进行心肺复苏术。就医。

眼睛接触：立即分开眼睑，用流动清水或生理盐水彻底冲洗。就医。

皮肤接触：立即脱去污染的衣着，用肥皂水和清水彻底冲洗。就医。

食入：漱口，饮水。就医。

高铁血红蛋白血症，可用美蓝和维生素 C 治疗。

灭火方法　消防人员须穿全身消防服，佩戴正压自给式呼吸器，在上风向灭火。尽可能将容器从火场移至空旷处。喷水保持火场容器冷却，直至灭火结束。

灭火剂：雾状水、抗溶性泡沫、二氧化碳、干粉、沙土。

泄漏应急处置　隔离泄漏污染区，限制出入。消除所有点火源。建议应急处理人员戴防尘口罩，穿防毒服。穿上适当的防护服前严禁接触破裂的容器和泄漏物。尽可能切断泄漏源。用塑料布覆盖泄漏物，减少飞散。勿使水进入包装容器内。用洁净的铲子收集泄漏物，置于干净、干燥、盖子较松的容器中，将容器移离泄漏区。

813. N-亚硝基二乙醇胺

标　识

中文名称　N-亚硝基二乙醇胺

英文名称　2，2′-(Nitrosoimino)bisethanol；N-Nitrosodiethanolamine

别名　二乙醇亚硝胺

分子式　$C_4H_{10}N_2O_3$

CAS 号　1116-54-7

HO　OH　N　O=N

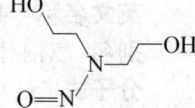

危害信息

燃烧与爆炸危险性　可燃。燃烧或受热分解产生有毒的氮氧化物气体。在高温火场中，受热的容器或储罐有破裂和爆炸的危险。

禁忌物　强氧化剂、强酸。

毒性　大鼠经口 LD_{50}：7500mg/kg。

IARC 致癌性评论：G2B，可疑人类致癌物。

侵入途径　吸入、食入。

理化特性与用途

理化特性　黄色至深褐色黏性液体。与水混溶，溶于极性有机溶剂，不溶于非极性有机溶剂。沸点 114℃(0.2kPa)，相对密度(水=1)1.28，饱和蒸气压 66.5mPa(25℃)，辛醇/水分配系数-1.28。

主要用途　供研究用。

包装与储运

安全储运　储存于阴凉、通风的库房。远离火种、热源。保持容器密闭。应与强氧化剂等隔离储运。搬运时轻装轻卸，防止容器受损。

紧急处置信息

急救措施

吸入：迅速脱离现场至空气新鲜处。保持呼吸道通畅。如呼吸困难，给输氧。呼吸、心跳停止，立即进行心肺复苏术。就医。

眼睛接触：立即分开眼睑，用流动清水或生理盐水彻底冲洗。就医。

皮肤接触：立即脱去污染的衣着，用肥皂水和清水彻底冲洗。就医。

食入：漱口，饮水。就医。

灭火方法 消防人员须穿全身消防服，佩戴正压自给式呼吸器，在上风向灭火。尽可能将容器从火场移至空旷处。喷水保持火场容器冷却，直至灭火结束。

灭火剂：抗溶性泡沫、二氧化碳、干粉、沙土。

泄漏应急处置 根据液体流动和蒸气扩散的影响区域划定警戒区，无关人员从侧风、上风向撤离至安全区。隔离泄漏污染区，限制出入。建议应急处理人员戴正压自给式呼吸器，穿防毒服。禁止接触或跨越泄漏物。尽可能切断泄漏源。防止泄漏物进入水体、下水道、地下室或有限空间。小量泄漏：用沙土或其他不燃材料吸收。使用洁净的无火花工具收集吸收材料。大量泄漏：构筑围堤或挖坑收容。用泡沫覆盖，减少蒸发。用泵转移至槽车或专用收集器内。

814. 亚硝酸银

标　识

中文名称 亚硝酸银

英文名称 Silver nitrite; Nitrous acid, silver(1+) salt

分子式 $AgNO_2$

CAS 号 7783-99-5

O=N—O⁻ Ag⁺

危害信息

危险性类别 第 5.1 类 氧化剂

燃烧与爆炸危险性 助燃。受热或污染可能发生爆炸。接触可燃物可能引起火灾。受热分解放出有毒的氮氧化物气体。在高温火场中，受热的容器或储罐有破裂和爆炸的危险。

活性反应 与强还原剂、强酸发生反应。

禁忌物 强还原剂、强酸。

中毒表现 眼接触有刺激性。长期接触银化合物，吸入或食入，可发生皮肤、眼、呼吸道全身性银质沉着症。皮肤色素沉着呈灰黑色或浅石板色。

侵入途径 吸入、食入。

理化特性与用途

理化特性 淡黄色针状结晶或黄色至绿色粉末。微溶于水，溶于乙酸、氨水和亚硝酸盐溶液，不溶于乙醇。熔点 140℃，相对密度(水=1)4.45。

主要用途 用于有机合成和化学分析(标定高锰酸钾溶液)。

包装与储运

包装标志 氧化剂

包装类别 Ⅱ类

安全储运 储存于阴凉、通风的库房。远离火种、热源。储存温度不超过 30℃，相对湿度不超过 80%。保持容器密封。避免光照。应与酸、可燃物、胺、还原剂等隔离储运。

搬运时轻装轻卸，防止容器受损。

紧急处置信息

急救措施

吸入：迅速脱离现场至空气新鲜处。保持呼吸道通畅。如呼吸困难，给输氧。呼吸、心跳停止，立即进行心肺复苏术。就医。

眼睛接触：立即分开眼睑，用流动清水或生理盐水彻底冲洗。就医。

皮肤接触：立即脱去污染的衣着，用肥皂水和清水彻底冲洗。就医。

食入：漱口，饮水。就医。

灭火方法 消防人员须穿全身消防服，佩戴正压自给式呼吸器，在上风向灭火。尽可能将容器从火场移至空旷处。喷水保持火场容器冷却，直至灭火结束。切勿将水流直接射至熔融物，以免引起严重的流淌火灾或引起剧烈的沸溅。

灭火剂：泡沫、干粉、干砂、雾状水。

泄漏应急处置 隔离泄漏污染区，限制出入。建议应急处理人员戴防尘口罩，穿防毒服，戴橡胶手套。勿使泄漏物与可燃物质(如木材、纸、油等)接触。穿上适当的防护服前严禁接触破裂的容器和泄漏物。尽可能切断泄漏源。勿使水进入包装容器内。用洁净的铲子收集泄漏物，置于干净、干燥、盖子较松的容器中，将容器移离泄漏区。

815. 亚硝酸正戊酯

标　识

中文名称 亚硝酸正戊酯

英文名称 Amyl nitrite; *n*-Amyl nitrite

别名 亚硝酸戊酯

分子式 $C_5H_{11}NO_2$

CAS 号 463-04-7

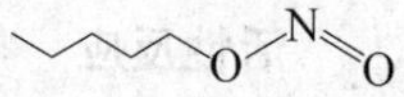

铁危编号 31253

UN 号 1113

危害信息

危险性类别 第 3 类 易燃液体

燃烧与爆炸危险性 易燃。其蒸气与空气混合，能形成爆炸性混合物，遇明火、高热极易燃烧爆炸。燃烧时，放出有毒气体。蒸气比空气重，能在较低处扩散到相当远的地方，遇火源会着火回燃和爆炸(闪爆)。若遇高热，容器内压增大，有开裂和爆炸的危险。

活性反应 与氧化剂接触发生猛烈反应。

禁忌物 强还原剂、强酸、水。

毒性 小鼠皮下 *LDLo*：30000mg/kg。

中毒表现 吸入引起皮肤潮红、搏动性头痛、头晕、血压下降、脉快。本品为高铁血红蛋白形成剂，干扰血液的携氧能力，引起头痛、头晕、紫绀等。眼接触出现流泪、红肿、视力模糊。对皮肤有刺激性。

慢性影响：贫血、皮肤过敏。长期接触可对其产生耐受性，如突然停止接触，可发生心绞痛。

侵入途径　吸入、食入。

理化特性与用途

理化特性　无色至淡黄色透明液体，有水果香味。不溶于水，溶于乙醇、乙醚、苯、丙酮等多数有机溶剂。沸点104.5℃，相对密度(水=1)0.88，相对蒸气密度(空气=1)4.0，饱和蒸气压0.53kPa(25℃)，辛醇/水分配系数2.85，闪点10℃，引燃温度210℃。

主要用途　用作有机合成中间体。用于医药和制其他化学品。

包装与储运

包装标志　易燃液体

包装类别　Ⅱ类

安全储运　储存于阴凉、干燥、通风良好的库房。远离火种、热源。库温不宜超过37℃。保持容器密封。应与还原剂、酸类等等隔离储运。采用防爆型照明、通风设施。禁止使用易产生火花的机械设备和工具。灌装时注意控制流速，防止静电积聚。搬运时轻装轻卸，防止容器受损。

紧急处置信息

急救措施

吸入：迅速脱离现场至空气新鲜处。保持呼吸道通畅。如呼吸困难，给输氧。呼吸、心跳停止，立即进行心肺复苏术。就医。

眼睛接触：立即分开眼睑，用流动清水或生理盐水彻底冲洗。就医。

皮肤接触：立即脱去污染的衣着，用肥皂水和清水彻底冲洗。就医。

食入：漱口，饮水。就医。

灭火方法　消防人员须佩戴正压自给式呼吸器，穿全身消防服，在上风向灭火。尽可能将容器从火场移至空旷处。喷水保持火场容器冷却，直至灭火结束。处在火场中的容器若已变色或从安全泄压装置中发出声音，必须马上撤离。

灭火剂：雾状水、泡沫、干粉、二氧化碳、沙土。

泄漏应急处置　消除所有点火源。根据液体流动和蒸气扩散的影响区域划定警戒区，无关人员从侧风、上风向撤离至安全区。建议应急处理人员戴正压自给式呼吸器，穿防静电服。作业时使用的所有设备应接地。禁止接触或跨越泄漏物。尽可能切断泄漏源。防止泄漏物进入水体、下水道、地下室或有限空间。小量泄漏：用沙土或其他不燃材料吸收。使用洁净的无火花工具收集吸收材料。大量泄漏：构筑围堤或挖坑收容。用泡沫覆盖，减少蒸发。喷水雾能减少蒸发，但不能降低泄漏物在有限空间内的易燃性。用防爆泵转移至槽车或专用收集器内。

816. N,N′-亚乙基双(二硫代氨基甲酸锌)双(N,N-二甲基二硫代氨基甲酸盐)

标　识

中文名称　N，N′-亚乙基双(二硫代氨基甲酸锌)双(N，N-二甲基二硫代氨基甲酸盐)

英文名称 *N*, *N'*-Ethylenebis(thiocarbamoythiozinc)bis(*N*, *N*-dimethyl(-dithiocarbamate); Polycarbamate

别名 福代锌；代森福美锌

分子式 $C_{10}H_{18}N_4S_8Zn_2$

CAS 号 64440-88-6

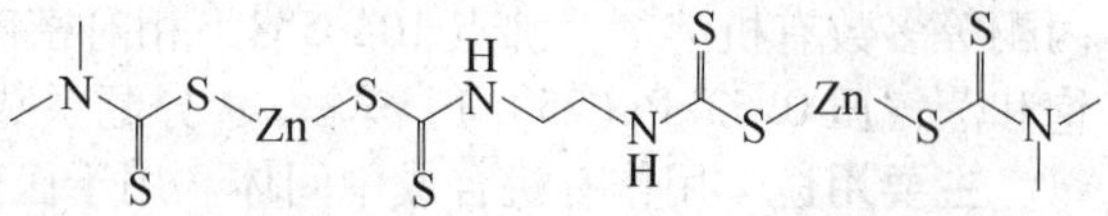

危害信息

危险性类别 第 6 类 有毒品

燃烧与爆炸危险性 可燃。燃烧或受热分解产生酸性和有毒气体。

禁忌物 强氧化剂。

毒性 大鼠经口 LD_{50}: 686mg/kg。

中毒表现 误服有机硫类杀菌剂后可出现恶心、呕吐、腹痛、腹泻等症状。重者可有神经系统先兴奋后抑制的表现，可出现呼吸麻痹、肝肾损害。对皮肤黏膜有刺激性。

侵入途径 吸入、食入。

环境危害 对水生生物有极高毒性，可能在水生环境中造成长期不利影响。

理化特性与用途

理化特性 灰白色或褐色粉末。不溶于水，溶于二甲基甲酰和二甲基亚砜。

主要用途 农药杀菌剂，用于果树、蔬菜、豆类及茶树。

包装与储运

包装标志 有毒品

包装类别 Ⅱ类

安全储运 储存于阴凉、通风的库房。远离火种、热源。储存温度不超过 35℃，相对湿度不超过 85%。保持容器密封。应与强氧化剂等隔离储运。搬运时轻装轻卸，防止容器受损。

紧急处置信息

急救措施

吸入：迅速脱离现场至空气新鲜处。保持呼吸道通畅。如呼吸困难，给输氧。呼吸、心跳停止，立即进行心肺复苏术。就医。

眼睛接触：立即分开眼睑，用流动清水或生理盐水彻底冲洗。就医。

皮肤接触：立即脱去污染的衣着，用流动清水彻底冲洗。就医。

食入：漱口，饮水。就医。

灭火方法 消防人员须穿全身消防服，佩戴正压自给式呼吸器，在上风向灭火。尽可能将容器从火场移至空旷处。喷水保持火场容器冷却，直至灭火结束。

灭火剂：雾状水、泡沫、二氧化碳、干粉、沙土。

泄漏应急处置 隔离泄漏污染区，限制出入。建议应急处理人员戴防尘口罩，穿防毒服。穿上适当的防护服前严禁接触破裂的容器和泄漏物。尽可能切断泄漏源。用塑料布覆盖泄漏物，减少飞散。勿使水进入包装容器内。用洁净的铲子收集泄漏物，置于干净、干燥、盖子较松的容器中，将容器移离泄漏区。

817. 亚油酸

标　识

中文名称 亚油酸

英文名称 Linoleic acid；（Z，Z）-9，12-Octadecadienoic acid

别名 十八碳二烯酸

分子式 $C_{18}H_{32}O_2$

CAS 号 60-33-3

O
OH

危害信息

燃烧与爆炸危险性 可燃。燃烧或受热分解产生有毒或刺激性烟气。

禁忌物 碱、氧化剂、还原剂。

毒性 小鼠经口 LD_{50}：>50g/kg。

中毒表现 有局部轻度刺激作用。摄入后能引起恶心、呕吐。

侵入途径 吸入、食入。

理化特性与用途

理化特性 无色至淡黄色油状液体。不溶于水，易溶于苯、丙酮、乙醇、乙醚，混溶于二甲基甲酰胺、油类等。熔点-5℃，沸点 229～230℃（2.13kPa）、365.2℃，相对密度（水=1）0.902，相对蒸气密度（空气=1）9.7，饱和蒸气压 0.1mPa（25℃），辛醇/水分配系数 7.05，闪点>110℃。

主要用途 用作涂料及清漆中的干性油，也用于制造药物。

包装与储运

安全储运 储存于阴凉、通风的库房。远离火种、热源。包装要求密封，不可与空气接触。避免阳光直射。应与氧化剂、还原剂、碱类等隔离储运。搬运时轻装轻卸，防止容器受损。

紧急处置信息

急救措施

吸入：迅速脱离现场至空气新鲜处。保持呼吸道通畅。如呼吸困难，给输氧。呼吸、心跳停止，立即进行心肺复苏术。就医。

眼睛接触：立即分开眼睑，用流动清水或生理盐水彻底冲洗。就医。

皮肤接触：立即脱去污染的衣着，用流动清水彻底冲洗。就医。

食入：漱口，饮水。就医。

灭火方法 消防人员须佩戴空气呼吸器，穿全身消防服，在上风向灭火。尽可能将容器从火场移至空旷处。喷水保持火场容器冷却，直至灭火结束。

灭火剂：雾状水、泡沫、干粉、二氧化碳、沙土。

泄漏应急处置 根据液体流动和蒸气扩散的影响区域划定警戒区，无关人员从侧风、上风向撤离至安全区。消除所有点火源。建议应急处理人员戴防毒面具，穿一般作业工作服。尽可能切断泄漏源。防止泄漏物进入水体、下水道、地下室或有限空间。小量泄漏：用干燥的沙土或其他不燃材料吸收或覆盖，收集于容器中。大量泄漏：构筑围堤或挖坑收容。用泵转移至槽车或专用收集器内。

818. 氩[液化的]

标　识

中文名称　氩[液化的]
英文名称　Argon，refrigerated liquid
分子式　Ar
CAS 号　7440-37-1
铁危编号　22012
UN 号　1963

危害信息

危险性类别　第 2.2 类　不燃气体

燃烧与爆炸危险性　不燃，无特殊燃爆特性。若遇高热，容器内压增大，有开裂和爆炸的危险。

中毒表现　本品在生理学上是惰性气体，仅在高浓度时，由于空气中氧分压降低才引起窒息。接触液态本品可引起冻伤。

侵入途径　吸入。

理化特性与用途

理化特性　无色无气味的深冷液体。微溶于水。熔点-189.2℃，沸点-185.9℃，相对蒸气密度(空气=1)1.38，辛醇/水分配系数 0.94。

主要用途　用作电灯泡的填充气体，焊接用保护气体等。

包装与储运

包装标志　不燃气体

安全储运　储存于阴凉、通风的库房或大型气柜。远离火源和热源。储存温度不超过30℃。运输时防止雨淋、曝晒。搬运时轻装轻卸，须戴好钢瓶安全帽和防震橡皮圈，防止钢瓶撞击。

紧急处置信息

急救措施

吸入：迅速脱离现场至空气新鲜处。保持呼吸道通畅。如呼吸困难，给输氧。呼吸、心跳停止，立即进行心肺复苏术。就医。

皮肤接触：如发生冻伤，用温水(38～42℃)复温，忌用热水或辐射热，不要揉搓。就医。

灭火方法　消防人员须佩戴防毒面具，穿全身消防服，在上风向灭火。切断气源。喷水冷却容器，可能的话将容器从火场移至空旷处。

本品不燃，根据着火原因选择适当灭火剂灭火。

泄漏应急处置 大量泄漏：根据气体扩散的影响区域划定警戒区，无关人员从侧风、上风向撤离至安全区。建议应急处理人员戴正压自给式呼吸器，穿一般作业工作服。液体泄漏时穿防寒服。尽可能切断泄漏源。漏出气允许排入大气中。泄漏场所保持通风。

819. 盐霉素

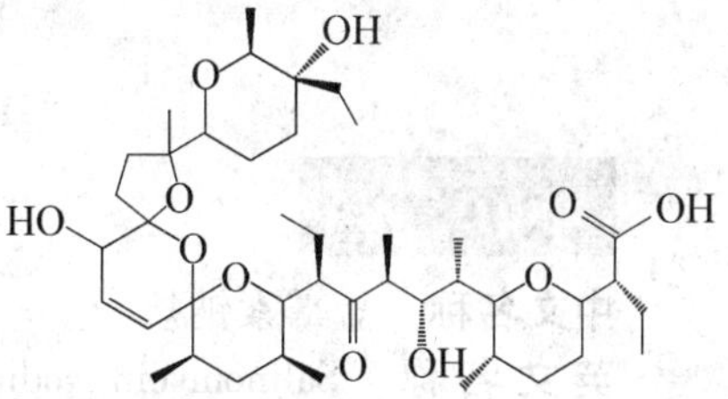

标 识

中文名称 盐霉素

英文名称 Salinomycin

别名 沙利霉素

分子式 $C_{42}H_{70}O_{11}$

CAS 号 53003-10-4

危害信息

危险性类别 第6类 有毒品

燃烧与爆炸危险性 可燃。燃烧或受热分解产生有毒或和刺激性烟气。

禁忌物 强氧化剂。

毒性 大鼠经口 LD_{50}：50mg/kg。

侵入途径 吸入、食入。

理化特性与用途

理化特性 粉末。不溶于水。熔点 112.5～113.5℃，沸点 839℃，辛醇/水分配系数 8.53。

主要用途 用于防治鸡球虫病和促进畜禽生长。

包装与储运

包装标志 有毒品

包装类别 Ⅱ类

安全储运 储存于阴凉、通风的库房。远离火种、热源。储存温度不超过 35℃，相对湿度不超过 85%。保持容器密封。应与强氧化剂等隔离储运。搬运时轻装轻卸，防止容器受损。

紧急处置信息

急救措施

吸入：迅速脱离现场至空气新鲜处。保持呼吸道通畅。如呼吸困难，给输氧。呼吸、心跳停止，立即进行心肺复苏术。就医。

眼睛接触：立即分开眼睑，用流动清水或生理盐水彻底冲洗。就医。

皮肤接触：立即脱去污染的衣着，用肥皂水和清水彻底冲洗。就医。

食入：漱口，饮水。就医。

灭火方法 消防人员须穿全身消防服，佩戴空气呼吸器，在上风向灭火。尽可能将容

器从火场移至空旷处。喷水保持火场容器冷却，直至灭火结束。

灭火剂：雾状水、泡沫、二氧化碳、干粉、沙土。

泄漏应急处置 隔离泄漏污染区，限制出入。建议应急处理人员戴防尘口罩，穿防毒服。穿上适当的防护服前严禁接触破裂的容器和泄漏物。尽可能切断泄漏源。用塑料布覆盖泄漏物，减少飞散。勿使水进入包装容器内。用洁净的铲子收集泄漏物，置于干净、干燥、盖子较松的容器中，将容器移离泄漏区。

820. 盐霉素钠盐

标识

中文名称 盐霉素钠盐

英文名称 Salinomycin sodium; Salinomycin, monosodium salt

分子式 $C_{42}H_{70}O_{11} \cdot Na$

CAS 号 55721-31-8

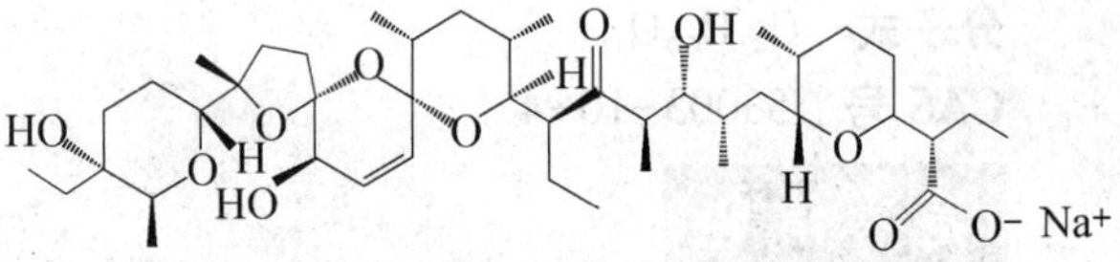

危害信息

危险性类别 第6类 有毒品

燃烧与爆炸危险性 可燃。燃烧或受热分解产生有毒或刺激性烟气。

禁忌物 强酸。

侵入途径 吸入、食入。

理化特性与用途

理化特性 白色至淡黄色结晶或粉末。不溶于水。熔点 140~142℃。

主要用途 安全有效的抗球虫药，可用于鸡饲料。

包装与储运

包装标志 有毒品

包装类别 Ⅱ类

安全储运 储存于阴凉、通风的库房。远离火种、热源。储存温度不超过 35℃，相对湿度不超过 85%。保持容器密封。应与强氧化剂等隔离储运。搬运时轻装轻卸，防止容器受损。

紧急处置信息

急救措施

吸入：脱离接触。如有不适感，就医。

眼睛接触：分开眼睑，用流动清水或生理盐水冲洗。如有不适感，就医。

皮肤接触：脱去污染的衣着，用肥皂水和清水冲洗。如有不适感，就医。

食入：漱口，饮水。就医。

灭火方法 消防人员须穿全身消防服，佩戴正压自给式呼吸器，在上风向灭火。尽可能将容器从火场移至空旷处。喷水保持火场容器冷却，直至灭火结束。

灭火剂：雾状水、泡沫、二氧化碳、干粉、沙土。

泄漏应急处置 隔离泄漏污染区，限制出入。消除所有点火源。建议应急处理人员戴防尘口罩，穿防毒服。穿上适当的防护服前严禁接触破裂的容器和泄漏物。尽可能切断泄漏源。用塑料布覆盖泄漏物，减少飞散。勿使水进入包装容器内。用洁净的铲子收集泄漏物，置于干净、干燥、盖子较松的容器中，将容器移离泄漏区。

821. 盐酸苯胺

标　识

中文名称 盐酸苯胺

英文名称 Aniline hydrochloride；Benzenamine，hydrochloride；Anilinium chloride

别名 苯胺盐酸盐

分子式 $C_6H_7N \cdot HCl$

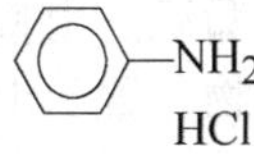

CAS 号 142-04-1

铁危编号 61747

UN 号 1548

危害信息

危险性类别 第 6 类　有毒品

燃烧与爆炸危险性 可燃。受高热或接触酸分解产生有毒和的腐蚀性烟气。与强氧化剂猛烈反应有引起着火和爆炸的危险。

活性反应 与强氧化剂接触可发生化学反应。

禁忌物 强氧化剂、强酸。

毒性 大鼠经口 LD_{50}：840mg/kg；小鼠经口 LD_{50}：841mg/kg。

中毒表现 吸入中毒：咳嗽、咽痛，唇、指甲、皮肤发蓝，头昏、头痛、恶心、惊厥、意识不清。食入和皮肤吸收中毒表现同吸入。对眼和皮肤有刺激性。对皮肤有致敏性。

侵入途径 吸入、食入、经皮吸收。

理化特性与用途

理化特性 白色至灰白色结晶或粉末，有吸湿性，接触空气或见光颜色变深。溶于水。熔点 196~202℃，沸点 245℃，相对密度(水=1)1.22，相对蒸气密度(空气=1)4.46，辛醇/水分配系数-2.61，闪点 193℃(开杯)。

主要用途 用于有机合成，用于制染料和印刷油墨。

包装与储运

包装标志 有毒品

包装类别 Ⅱ类

安全储运 储存于阴凉、干燥、通风的库房。远离火种、热源。储存温度不超过 35℃，相对湿度不超过 85%。保持容器密封。避免接触空气和阳光直射。应与强氧化剂、强酸、碱类等隔离储运。搬运时轻装轻卸，防止容器受损。

紧急处置信息

急救措施

吸入：立即脱离接触。如呼吸困难，给吸氧。如呼吸心跳停止，立即行心肺复苏术。就医。

眼睛接触：分开眼睑，用清水或生理盐水冲洗。就医。

皮肤接触：立即脱去污染衣着，用肥皂水或清水彻底冲洗。就医。

食入：漱口，饮水。就医。

高铁血红蛋白血症，可用美蓝和维生素 C 治疗。

灭火方法 消防人员必须佩戴正压自给式呼吸器，穿全身防火防毒服，在上风向灭火。尽可能将容器从火场移至空旷处。喷水保持火场容器冷却，直至灭火结束。

灭火剂：雾状水、泡沫、干粉、二氧化碳、沙土。

泄漏应急处置 隔离泄漏污染区，限制出入。消除所有点火源。建议应急处理人员戴防尘口罩，穿防毒服。穿上适当的防护服前严禁接触破裂的容器和泄漏物。尽可能切断泄漏源。用塑料布覆盖泄漏物，减少飞散。勿使水进入包装容器内。用洁净的铲子收集泄漏物，置于干净、干燥、盖子较松的容器中，将容器移离泄漏区。

822. 盐酸苯肼

标　识

中文名称 盐酸苯肼

英文名称 Phenylhydrazine hydrochloride；Phenylhydrazinium chloride

别名 苯肼盐酸盐

分子式 $C_6H_8N_2 \cdot HCl$

CAS 号 59-88-1；27140-08-5

铁危编号 61814

H_2N
HCl HN—⌬

危害信息

危险性类别 第 6 类 有毒品

燃烧与爆炸危险性 可燃。燃烧或受热分解产生有毒和刺激性的烟气。在火场中，容器受热有开裂或爆炸的危险。

禁忌物 强氧化剂。

毒性 小鼠经口 LD_{50}：2100mg/kg；兔经皮 LD_{50}：500mg/kg。

侵入途径 吸入、食入、经皮吸收。

环境危害 对水生生物有极高毒性，可能在水生环境中造成长期不利影响。

理化特性与用途

理化特性 白色至褐色固体或白色粉末，微有芳香气味。溶于水。熔点 243～246℃，沸点(分解)，饱和蒸气压 5Pa(25℃)，辛醇/水分配系数-2.27。

主要用途 用作医药、农药中间体及染料中间体。

包装与储运

包装标志 有毒品

包装类别 Ⅲ类

安全储运 储存于阴凉、通风的库房。远离火种、热源。储存温度不超过35℃，相对湿度不超过85%。保持容器密封。应与氧化剂等隔离储运。搬运时轻装轻卸，防止容器受损。

紧急处置信息

急救措施

吸入：迅速脱离现场至空气新鲜处。保持呼吸道通畅。如呼吸困难，给输氧。呼吸、心跳停止，立即进行心肺复苏术。就医。

眼睛接触：立即分开眼睑，用流动清水或生理盐水彻底冲洗。就医。

皮肤接触：立即脱去污染的衣着，用肥皂水和清水彻底冲洗。就医。

食入：漱口，饮水。就医。

灭火方法 消防人员须穿全身消防服，佩戴正压自给式呼吸器，在上风向灭火。尽可能将容器从火场移至空旷处。喷水保持火场容器冷却，直至灭火结束。

灭火剂：雾状水、抗溶性泡沫、二氧化碳、干粉、沙土。

泄漏应急处置 隔离泄漏污染区，限制出入。建议应急处理人员戴防尘口罩，穿防毒服。穿上适当的防护服前严禁接触破裂的容器和泄漏物。尽可能切断泄漏源。用塑料布覆盖泄漏物，减少飞散。勿使水进入包装容器内。用洁净的铲子收集泄漏物，置于干净、干燥、盖子较松的容器中，将容器移离泄漏区。

823. 盐酸羟胺

标　识

中文名称 盐酸羟胺

英文名称 Hydroxylamine hydrochloride；Hydroxylammonium chloride

别名 盐酸胲

分子式 $NH_2OH \cdot HCl$

CAS号 5470-11-1

铁危编号 81531

HO—NH_2

HCl

危害信息

危险性类别 第8类 腐蚀品

燃烧与爆炸危险性 不燃，无特殊燃爆特性。受高热分解，放出腐蚀性、刺激性的烟雾。

禁忌物 强氧化剂。

毒性 大鼠经口 LD_{50}：141mg/kg；小鼠经口 LD_{50}：408mg/kg。

欧盟法规1272/2008/EC将本品列为第2类致癌物——可疑的人类致癌物。

中毒表现 本品可引起高铁血红蛋白血症。吸入或食入后引起口唇、指甲和皮肤紫绀，头痛，头昏，恶心，精神错乱，惊厥，甚至神志不清。对眼和皮肤有刺激性。对皮肤有致敏性。

侵入途径 吸入、食入、经皮吸收。

理化特性与用途

理化特性 无色或灰白色结晶，有像醇的气味。易溶于水，溶于乙醇、甘油，不溶于乙醚。熔点 151~152℃(分解)，沸点(分解)，相对密度(水=1)1.67，pH 值 2.5~3.5(5%水溶液)。

主要用途 用作分析试剂及还原剂，也用于有机合成及彩色影片的洗印。

包装与储运

包装标志 腐蚀品

包装类别 Ⅱ类

安全储运 储存于阴凉、通风的库房。远离火种、热源。储存温度不超过 32℃，相对湿度不超过 80%。保持容器密封。应与强酸、醇类等隔离储运。搬运时轻装轻卸，防止容器受损。

紧急处置信息

急救措施

吸入：立即脱离接触。如呼吸困难，给吸氧。如呼吸心跳停止，立即行心肺复苏术。就医。

眼睛接触：分开眼睑，用清水或生理盐水冲洗。如有不适感，就医。

皮肤接触：立即脱去污染衣着，用肥皂水或清水彻底冲洗。就医。

食入：饮足量温水，催吐(仅限于清醒者)。就医。

高铁血红蛋白血症，可用美蓝和维生素 C 治疗。

灭火方法 消防人员必须穿全身防火防毒服，佩戴正压自给式呼吸器，在上风向灭火。灭火时尽可能将容器从火场移至空旷处。

本品不燃，根据着火原因选择适当灭火剂灭火。

泄漏应急处置 隔离泄漏污染区，限制出入。建议应急处理人员戴防尘口罩，穿防腐蚀、防毒服。穿上适当的防护服前严禁接触破裂的容器和泄漏物。尽可能切断泄漏源。用塑料布覆盖泄漏物，减少飞散。勿使水进入包装容器内。用洁净的铲子收集泄漏物，置于干净、干燥、盖子较松的容器中，将容器移离泄漏区。

824. 氧［液化的］

标　识

中文名称 氧［液化的］

英文名称 Oxygen，refrigerated liquid；Oxygen(liquid)

别名 液氧

分子式 O_2　　O=O

CAS 号 7782-44-7

铁危编号 22001

UN 号 1073

危害信息

危险性类别 第 2.2 类 不燃气体

燃烧与爆炸危险性 助燃，能增强燃烧物质的火势。与可燃物、还原剂性物质反应有引起着火、爆炸的危险。在火场中，容器受热有开裂或爆炸的危险。

活性反应 与大多数活性物质反应，与活性金属等还原剂反应。

禁忌物 还原剂。

中毒表现 常压下，当氧的浓度超过 40%时，有可能发生氧中毒。

肺型：见于在氧分压 100~200kPa 条件下，时间超过 6~12h。开始时出现胸骨后不适感、轻咳，进而胸闷、胸骨后烧灼感和呼吸困难，咳嗽加剧；严重时可发生肺水肿，甚至出现呼吸窘迫综合征。脑型：见于氧分压超过 300kPa 连续 2~3h 时，先出现面部肌肉抽动、面色苍白、眩晕、心动过速、虚脱，继而全身强直性抽搐、昏迷、呼吸衰竭而死亡。眼型：长期处于氧分压为 60~100kPa（相当于吸入氧浓度 40%左右）的条件下可发生眼损害，严重者可失明。

侵入途径 吸入。

理化特性与用途

理化特性 液氧为浅蓝色液体。溶于水。熔点-218.4℃，沸点-183℃，相对密度（水=1）1.14，相对蒸气密度（空气=1）1.43，饱和蒸气压 1kPa（-211.9℃），辛醇/水分配系数 0.65，临界温度-118.95℃，临界压力 5.08MPa。

主要用途 液氧具有广泛的工业和医学用途。液氧是一种重要的氧化剂，用于航天工业中。用于制液氧炸药、金属切割和焊接等。

包装与储运

包装标志 不燃气体，氧化剂。

安全储运 储存于阴凉、通风的库房或大型气柜。远离火源和热源。储存温度不超过 30℃。运输时防止雨淋、曝晒。搬运时轻装轻卸，须戴好钢瓶安全帽和防震橡皮圈，防止钢瓶撞击。

紧急处置信息

急救措施

吸入：迅速脱离现场至空气新鲜处。保持呼吸道通畅。呼吸、心跳停止，立即进行心肺复苏术。就医。

灭火方法 消防人员穿全身消防服，佩戴正压自给式呼吸器，在上风向灭火。喷水冷却容器，可能的话将容器从火场移至空旷处。

本品不燃，根据着火原因选择适当灭火剂灭火。

泄漏应急处置 消除所有点火源。根据气体扩散的影响区域划定警戒区，无关人员从侧风、上风向撤离至安全区。建议应急处理人员戴正压自给式呼吸器，穿一般作业工作服。勿使泄漏物与可燃物质（如木材、纸、油等）接触。尽可能切断泄漏源。喷雾状水抑制蒸气或改变蒸气云流向。漏出气允许排入大气中。隔离泄漏区直至气体散尽。液体泄漏时穿防冻服。

825. 氧代-((2,2,6,6-四甲基-4-哌啶基)氨基)乙酰肼

标　识

中文名称　氧代-((2，2，6，6-四甲基-4-哌啶基)氨基)乙酰肼

英文名称　Oxo-((2，2，6，6-tetramethylpiperidin-4-yl)amino)acetohydrazide；Acetic acid，oxo((2，2，6，6-tetramethyl-4-piperidinyl)amino)-，hydrazide

分子式　$C_{11}H_{22}N_4O_2$

CAS号　122035-71-6

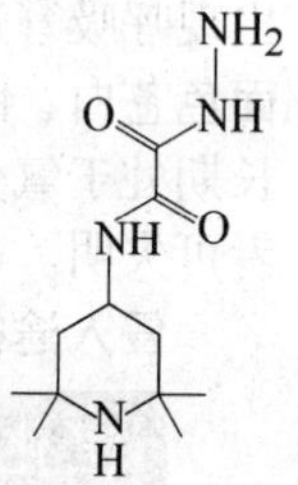

危害信息

禁忌物　强氧化剂。

中毒表现　眼接触可引起严重损伤。对皮肤有致敏性。

侵入途径　吸入、食入。

理化特性与用途

理化特性　相对密度(水=1)1.13。

主要用途　医药原料。

包装与储运

安全储运　储存于阴凉、通风的库房。远离火种、热源。保持容器密闭。应与强氧化剂等隔离储运。

紧急处置信息

急救措施

吸入：迅速脱离现场至空气新鲜处。保持呼吸道通畅。如呼吸困难，给输氧。呼吸、心跳停止，立即进行心肺复苏术。就医。

眼睛接触：立即分开眼睑，用流动清水或生理盐水彻底冲洗10~15min。就医。

皮肤接触：立即脱去污染的衣着，用流动清水彻底冲洗。就医。

食入：漱口，饮水。就医。

泄漏应急处置　隔离泄漏污染区，限制出入。消除所有点火源。建议应急处理人员戴防毒面具，穿防静电防腐蚀服。尽可能切断泄漏源。用塑料布覆盖泄漏物，减少飞散。勿使水进入包装容器内。用洁净的铲子收集泄漏物，置于干净、干燥、盖子较松的容器中，将容器移离泄漏区。

826. 氧化钡

标　识

中文名称　氧化钡

英文名称 Barium oxide；Baryta

别名 重土；一氧化钡

分子式 BaO

Ba═O

CAS 号 1304-28-5

铁危编号 61503

UN 号 1884

危害信息

危险性类别 第 6 类 有毒品

燃烧与爆炸危险性 不燃。与水、四氧化二氮、羟胺、三氧化硫、硫化氢等猛烈反应，有引起着火、爆炸的危险。在火场中，容器受热有开裂或爆炸的危险。在火场中产生有毒的气体。

禁忌物 酸类、酰基氯、酸酐。

毒性 小鼠腹腔内 LD_{50}：146mg/kg；小鼠皮下 LD_{50}：50mg/kg。

中毒表现 吸入氧化钡粉尘引起咳嗽、咽喉痛。眼及皮肤接触，引起红、痛。食入引起腹痛、腹泻、恶心、呕吐、肌肉麻痹、心律不齐、高血压，甚至死亡。

侵入途径 吸入、食入。

理化特性与用途

理化特性 白色固体或白色至乳白色粉末。微溶于冷水，溶于热水，溶于酸、乙醇。熔点 1923℃，沸点 2000℃，相对密度(水=1)5.7。

主要用途 用作气体的干燥剂，用于制造过氧化钡和钡盐等。

包装与储运

包装标志 有毒品

包装类别 Ⅱ类

安全储运 储存于阴凉、通风的库房。远离火种、热源。储存温度不超过 35℃，相对湿度不超过 85%。保持容器密封。应与酸类等隔离储运。搬运时轻装轻卸，防止容器受损。

紧急处置信息

急救措施

吸入：迅速脱离现场至空气新鲜处。保持呼吸道通畅。如呼吸困难，给输氧。呼吸、心跳停止，立即进行心肺复苏术。就医。

眼睛接触：立即分开眼睑，用流动清水或生理盐水彻底冲洗。就医。

皮肤接触：立即脱去污染的衣着，用肥皂水和清水彻底冲洗。就医。

食入：漱口，饮水。口服硫酸钠。就医。

灭火方法 消防人员须佩戴正压自给式呼吸器，穿全身消防服，在上风向灭火。尽可能将容器从火场移至空旷处。喷水保持火场容器冷却，直至灭火结束。

本品不燃，根据着火原因选择适当灭火剂灭火。

泄漏应急处置 隔离泄漏污染区，限制出入。建议应急处理人员戴防尘口罩，穿防毒服。作业时使用的所有设备应接地。穿上适当的防护服前严禁接触破裂的容器和泄漏物。尽可能切断泄漏源。小量泄漏：用干燥的沙土或其他不燃材料覆盖泄漏物，然后用塑料布覆盖，减少飞散、避免雨淋。用洁净的铲子收集泄漏物，置于干净、干燥、盖子较松的容器中，将容器移离泄漏区。

827. 氧化铬(Ⅲ)

标　识

中文名称　氧化铬(Ⅲ)

英文名称　Chromium sesquioxide; Dichromium trioxide

别名　三氧化二铬；氧化铬绿

分子式　Cr_2O_3

CAS 号　1308-38-9

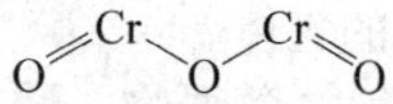

危害信息

燃烧与爆炸危险性　不燃。在火场中产生有毒的烟气。

活性反应　与甘油、二氟化氧、锂、三氟化氯发生反应。

禁忌物　强氧化剂、可燃物。

毒性　哺乳动物 LD_{50}：621mg/kg。

中毒表现　对呼吸道有刺激性，吸入后引起咳嗽。对眼有刺激性。对呼吸道和皮肤有致敏性。

侵入途径　吸入、食入。

职业接触限值　美国(ACGIH)：TLV-TWA 0.5mg/m³[按 Cr 计]。

环境危害　对水生生物有极高毒性，可能在水生环境中造成长期不利影响。

理化特性与用途

理化特性　淡绿色至深绿色六角形结晶或粉末。不溶于水，不溶于乙醇、丙酮。熔点 2435℃，沸点 4000℃，相对密度(水=1)5.22。

主要用途　用于制合金、磨料、颜料、半导体、催化剂等。

包装与储运

包装标志　杂项

包装类别　Ⅲ类

安全储运　储存于阴凉、通风的库房。远离火种、热源。保持容器密闭。应与氧化剂、可燃物等隔离储运。搬运时轻装轻卸，防止容器受损。

紧急处置信息

急救措施

吸入：迅速脱离现场至空气新鲜处。保持呼吸道通畅。如呼吸困难，给输氧。呼吸、心跳停止，立即进行心肺复苏术。就医。

眼睛接触：立即分开眼睑，用流动清水或生理盐水彻底冲洗。就医。

皮肤接触：立即脱去污染的衣着，用流动清水彻底冲洗。就医。

食入：漱口，饮水。就医。

灭火方法　消防人员必须佩戴正压自给式呼吸器，穿全身防火防毒服，在上风向灭火。尽可能将容器从火场移至空旷处。喷水保持火场容器冷却，直至灭火结束。切勿将水流直接射至熔融物，以免引起严重的流淌火灾或引起剧烈的沸溅。

本品不燃，根据着火原因选择适当灭火剂灭火。

泄漏应急处置 隔离泄漏污染区，限制出入。消除所有点火源。建议应急处理人员戴防尘口罩，穿一般作业防护服。尽可能切断泄漏源。用塑料布覆盖泄漏物，减少飞散。勿使水进入包装容器内。用洁净的铲子收集泄漏物，置于干净、干燥、盖子较松的容器中，将容器移离泄漏区。

828. 氧化汞(Ⅱ)

标　识

中文名称 氧化汞(Ⅱ)

英文名称 Mercury(Ⅱ)oxide；Mercuric oxide(red)

分子式 HgO

CAS 号 21908-53-2

铁危编号 61509

UN 号 1641

Hg═O

危害信息

危险性类别 第6类 有毒品

燃烧与爆炸危险性 不燃，但能增强火场的火势。接触有机物有引起燃烧的危险。受高热分解放出有毒的气体。

禁忌物 强氧化剂、强酸等。

毒性 大鼠经口 LD_{50}：18mg/kg；大鼠经皮 LD_{50}：315mg/kg；小鼠经口 LD_{50}：16mg/kg。

根据《危险化学品目录》的备注，本品属剧毒化学品。

中毒表现 急性中毒：起病急，有头痛、头晕、乏力、失眠、多梦、口腔炎、发热等全身症状。患者可有食欲不振、恶心、腹痛、腹泻等。部分患者皮肤出现红色斑丘疹。严重者可发生间质性肺炎及肾损害。

慢性中毒：有神经衰弱综合征；易兴奋症；精神情绪障碍，如胆怯、害羞、易怒、爱哭等；汞毒性震颤；口腔炎。少数病例有肝、肾损伤。

侵入途径 吸入、食入、经皮吸收。

职业接触限值 美国(ACGIH)：TLV-TWA 0.025mg/m^3[按 Hg 计][皮]。

理化特性与用途

理化特性 黄色、橙黄色或红色结晶状粉末。不溶于水，不溶于乙醇、乙醚、丙酮、碱、氨，溶于稀盐酸、硝酸等。熔点 500℃(分解)，相对密度(水=1)11~11.29。

主要用途 用作氧化剂，并用于制有机汞化合物、医药制剂、分析试剂、陶瓷用颜料等。

包装与储运

包装标志 有毒品

包装类别 Ⅱ类

安全储运 储存于阴凉、通风的库房。远离火种、热源。保持容器密闭。应与强氧化

剂、强酸等隔离储运。搬运时轻装轻卸，防止容器受损。应严格执行剧毒品“双人收发、双人保管”制度。

紧急处置信息

急救措施

吸入：迅速脱离现场至空气新鲜处。保持呼吸道通畅。如呼吸困难，给输氧。呼吸、心跳停止，立即进行心肺复苏术。就医。

眼睛接触：立即分开眼睑，用流动清水或生理盐水彻底冲洗。就医。

皮肤接触：立即脱去污染的衣着，用流动清水彻底冲洗。就医。

食入：口服蛋清、牛奶或豆浆。就医。

解毒剂：二巯基丙磺酸钠、二巯基丁二酸钠、青霉胺。

灭火方法 消防人员须佩戴正压自给式呼吸器，穿全身消防服，在上风向灭火。尽可能将容器从火场移至空旷处。喷水保持火场容器冷却，直至灭火结束。

本品不燃，根据着火原因选择适当灭火剂灭火。

泄漏应急处置 隔离泄漏污染区，限制出入。建议应急处理人员戴防尘口罩，穿防毒服。穿上适当的防护服前严禁接触破裂的容器和泄漏物。尽可能切断泄漏源。用塑料布覆盖泄漏物，减少飞散。勿使水进入包装容器内。用洁净的铲子收集泄漏物，置于干净、干燥、盖子较松的容器中，将容器移离泄漏区。

829. 氧化钴

标　识

中文名称 氧化钴

英文名称 Cobalt oxide; Cobalt(Ⅱ)oxide; Cobalt monoxide

别名 一氧化钴

分子式 CoO

Co=O

CAS 号 1307-96-6

危害信息

燃烧与爆炸危险性 不燃，无特殊燃爆特性。

禁忌物 强还原剂、强酸。

毒性 大鼠经口 LD_{50}：202mg/kg。

IARC 致癌性评论：G2B，可疑人类致癌物。

中毒表现 吸入后引起咳嗽、咽痛、呼吸费力、呼吸急促；眼接触引起红肿、疼痛；对皮肤有致敏性；食入引起腹痛、恶心、呕吐，严重者出现心肌损害。

侵入途径 吸入、食入。

职业接触限值 中国：PC-TWA 0.05mg/m^3，PC-STEL 0.1mg/m^3[按 Co 计]。

美国(ACGIH)：TLV-TWA 0.02mg/m^3[按 Co 计]。

环境危害 对水生生物有极高毒性，可能在水生环境中造成长期不利影响。

理化特性与用途

理化特性 橄榄绿色至红色立方或六角形结晶或灰色粉末。不溶于水，不溶于乙醇，溶于酸、碱。熔点1935℃，相对密度(水=1)5.7~6.7。

主要用途 用于制油漆颜料、陶瓷釉料和钴催化剂等。

包装与储运

包装标志 杂项

包装类别 Ⅲ类

安全储运 储存于阴凉、通风的库房。远离火种、热源。保持容器密闭。应与还原剂、酸类等隔离储运。搬运时轻装轻卸，防止容器受损。

紧急处置信息

急救措施

吸入：迅速脱离现场至空气新鲜处。保持呼吸道通畅。如呼吸困难，给输氧。呼吸、心跳停止，立即进行心肺复苏术。就医。

眼睛接触：立即分开眼睑，用流动清水或生理盐水彻底冲洗。就医。

皮肤接触：立即脱去污染的衣着，用流动清水彻底冲洗。就医。

食入：漱口，饮水。就医。

灭火方法 消防人员必须穿全身防火防毒服，佩戴正压自给式呼吸器，在上风向灭火。灭火时尽可能将容器从火场移至空旷处。

本品不燃，根据着火原因选择适当灭火剂灭火。

泄漏应急处置 隔离泄漏污染区，限制出入。建议应急处理人员戴防尘口罩，穿防毒服。穿上适当的防护服前严禁接触破裂的容器和泄漏物。尽可能切断泄漏源。用塑料布覆盖泄漏物，减少飞散。勿使水进入包装容器内。用洁净的铲子收集泄漏物，置于干净、干燥、盖子较松的容器中，将容器移离泄漏区。

830. 氧化铝

标　识

中文名称 氧化铝

英文名称 Aluminum oxide；gamma-Alumina

别名 矾土

分子式 Al_2O_3

O=Al–O–Al=O

CAS 号 1344-28-1

危害信息

燃烧与爆炸危险性 不燃，无特殊燃爆特性。

禁忌物 强氧化剂、环氧乙烷、三氟化氯、强酸等。

毒性 小鼠腹腔内 LD_{50}：>3600mg/kg。

中毒表现 对黏膜和上呼吸道有刺激作用。经呼吸道吸入其粉尘可引起肺部轻度纤维化，肺部和肺淋巴结有大量的铝沉积。

侵入途径 吸入、食入。

职业接触限值 中国：PC-TWA 4mg/m^3[总尘]。

美国(ACGIH)：TLV-TWA 1mg/m³[呼吸性颗粒物]。

理化特性与用途

理化特性　白色结晶粉末。不溶于水，不溶于非极性溶剂，微溶于酸、碱。熔点2054℃，沸点3000℃，相对密度(水=1)3.97，饱和蒸气压0.13kPa(2158℃)。

主要用途　制金属铝的基本原料；也用于制各种耐火砖、耐火坩埚、耐火管、耐高温实验仪器；还可作研磨剂、阻燃剂、填充料等。

包装与储运

安全储运　储存于阴凉、干燥、通风良好的库房。保持容器密闭。远离火种、热源。应与氧化剂、酸碱等隔离储运。搬运时轻装轻卸，防止容器受损。

紧急处置信息

急救措施

吸入：迅速脱离现场至空气新鲜处。保持呼吸道通畅。如呼吸困难，给输氧。呼吸、心跳停止，立即进行心肺复苏术。就医。

眼睛接触：立即分开眼睑，用流动清水或生理盐水彻底冲洗。就医。

皮肤接触：立即脱去污染的衣着，用流动清水彻底冲洗。就医。

食入：漱口，饮水。就医。

灭火方法　消防人员必须穿全身防火防毒服，佩戴正压自给式呼吸器，在上风向灭火。灭火时尽可能将容器从火场移至空旷处。

本品不燃，根据着火原因选择适当灭火剂灭火。

泄漏应急处置　隔离泄漏污染区，限制出入。建议应急处理人员戴防尘口罩，穿一般作业防护服。尽可能切断泄漏源。用塑料布覆盖泄漏物，减少飞散。勿使水进入包装容器内。用洁净的铲子收集泄漏物，置于干净、干燥、盖子较松的容器中，将容器移离泄漏区。

831. 氧化镍

标　识

中文名称　氧化镍

英文名称　Nickel oxide；Nickel monoxide

别名　一氧化镍

分子式　NiO

CAS 号　1313-99-1

Ni═O

危害信息

燃烧与爆炸危险性　不燃，无特殊燃爆特性。在火场中，散发出有毒或刺激性烟气。与碘和硫化氢发生剧烈反应，有引起着火和爆炸的危险。

禁忌物　强酸、过氧化氢。

毒性　大鼠经口 LD_{50}：5g/kg。

IARC 致癌性评论：G1，确认人类致癌物。

欧盟法规 1272/2008/EC 将本品列为第 1A 类致癌物——已知对人类有致癌能力。

中毒表现 可引起接触过敏性皮炎，过敏性哮喘。长期吸入可引起鼻炎、鼻窦炎、鼻中隔穿孔、尘肺。

侵入途径 吸入、食入。

职业接触限值 中国：PC-TWA 1mg/m^3[按 Ni 计][G1]。

美国(ACGIH)：TLV-TWA 0.2mg/m^3[按 Ni 计][可吸入性颗粒物]。

理化特性与用途

理化特性 黑绿色立方晶体或绿色粉末。不溶于水，不溶于碱液，溶于酸、氢氧化铵、氰化钾等。熔点 1984℃，相对密度(水=1)6.7，饱和蒸气压<0.1kPa(1000℃)。

主要用途 用作陶瓷和玻璃的颜料，用于燃料电池，用于制不锈钢和其他合金。

包装与储运

安全储运 储存于阴凉、通风的库房。远离火种、热源。保持容器密闭。应与酸类等隔离储运。搬运时轻装轻卸，防止容器受损。

紧急处置信息

急救措施

吸入：迅速脱离现场至空气新鲜处。保持呼吸道通畅。如呼吸困难，给输氧。呼吸、心跳停止，立即进行心肺复苏术。就医。

眼睛接触：立即分开眼睑，用流动清水或生理盐水彻底冲洗。就医。

皮肤接触：立即脱去污染的衣着，用肥皂水和清水彻底冲洗。就医。

食入：漱口，饮水。就医。

灭火方法 消防人员必须穿全身防火防毒服，佩戴正压自给式呼吸器，在上风向灭火。灭火时尽可能将容器从火场移至空旷处。

本品不燃，根据着火原因选择适当灭火剂灭火。

泄漏应急处置 隔离泄漏污染区，限制出入。建议应急处理人员戴防尘口罩，穿防毒服。穿上适当的防护服前严禁接触破裂的容器和泄漏物。尽可能切断泄漏源。用塑料布覆盖泄漏物，减少飞散。勿使水进入包装容器内。用洁净的铲子收集泄漏物，置于干净、干燥、盖子较松的容器中，将容器移离泄漏区。

832. 氧化铜

标　识

中文名称 氧化铜

英文名称 Copper oxide；Copper oxide black

分子式 CuO

CAS 号 1317-38-0

Cu=O

危害信息

燃烧与爆炸危险性 不燃，无特殊燃爆特性。与粉状铝、镁、氢、苯胺高氯酸盐、苯二甲酸酐加热可能发生爆炸。

禁忌物　强还原剂、铝、碱金属。

毒性　大鼠经口 LD_{50}：470mg/kg。

中毒表现　吸入大量氧化铜烟雾可引起金属烟热，出现寒战、体温升高，同时可伴有呼吸道刺激症状。

长期接触，可见呼吸道及眼结膜刺激、鼻衄、鼻黏膜出血点或溃疡，甚至鼻中隔穿孔以及皮炎，也可出现胃肠道症状。长期吸入尚可引起肺部纤维组织增生。

侵入途径　吸入、食入。

职业接触限值　中国：PC-TWA 0.2mg/m^3［铜烟］，1mg/m^3［铜尘］［按 Cu 计］。

美国(ACGIH)：TLV-TWA 0.2mg/m^3［铜烟］，1mg/m^3［铜尘和雾］［按 Cu 计］。

理化特性与用途

理化特性　单斜结晶或黑褐色粉末。不溶于水，不溶于乙醇，溶于稀酸、氰化钾、氯化铵、碳酸铵溶液。熔点 1326℃，沸点 1026℃(分解)，相对密度(水=1)6.4。

主要用途　制人造丝、陶瓷、釉及搪瓷、电池、石油脱硫剂、杀虫剂，也供制氢、催化剂、绿色玻璃等用。

包装与储运

安全储运　储存于阴凉、通风的库房。远离火种、热源。保持容器密闭。应与还原剂、碱金属等隔离储运。搬运时轻装轻卸，防止容器受损。

紧急处置信息

急救措施

吸入：迅速脱离现场至空气新鲜处。保持呼吸道通畅。如呼吸困难，给输氧。呼吸、心跳停止，立即进行心肺复苏术。就医。

眼睛接触：立即分开眼睑，用流动清水或生理盐水彻底冲洗。就医。

皮肤接触：立即脱去污染的衣着，用流动清水彻底冲洗。就医。

食入：漱口，饮水。就医。

灭火方法　消防人员穿全身消防服，佩戴正压自给式呼吸器，在上风向灭火。灭火时尽可能将容器从火场移至空旷处。

本品不燃，根据着火原因选择适当灭火剂灭火。

泄漏应急处置　隔离泄漏污染区，限制出入。建议应急处理人员戴防尘口罩，穿防毒服。穿上适当的防护服前严禁接触破裂的容器和泄漏物。尽可能切断泄漏源。用塑料布覆盖泄漏物，减少飞散。勿使水进入包装容器内。用洁净的铲子收集泄漏物，置于干净、干燥、盖子较松的容器中，将容器移离泄漏区。

833. 氧化锌

标　识

中文名称　氧化锌

英文名称　Zinc oxide；Zinc White

别名 锌白

分子式 ZnO

Zn═O

CAS 号 1314-13-2

危害信息

燃烧与爆炸危险性 不燃，无特殊燃爆特性。受热分解产生有毒的烟气。

活性反应 与镁能发生剧烈的反应。

禁忌物 强氧化剂、镁。

毒性 小鼠经口 LD_{50}：7950mg/kg；小鼠吸入 LC_{50}：2500mg/m^3；人经口 *LDLo*：500mg/kg。

中毒表现 吸入氧化锌烟尘 4～8h 后，可出现金属烟热。口内有金属甜味、口渴、咽痒，进而胸部发闷、咳嗽、气短、无力、肌肉关节酸痛，并可伴有头痛、恶心、呕吐、腹痛等，然后出现寒战、发热、白细胞数增加。

侵入途径 吸入、食入。

职业接触限值 中国：PC-TWA 3mg/m^3，PC-STEL 5mg/m^3。

美国(ACGIH)：TLV-TWA 2mg/m^3，TLV-STEL 10mg/m^3[呼吸性颗粒物]。

理化特性与用途

理化特性 白色至浅黄白色粉末或六角形结晶。不溶于水，不溶于乙醇，溶于酸、碱。熔点 1975℃，相对密度(水=1)5.6。

主要用途 广泛地应用于塑料、硅酸盐制品、合成橡胶、润滑油、油漆涂料、药膏、黏合剂、食品、电池、阻燃剂等产品的制作中。

包装与储运

安全储运 储存于阴凉、通风的库房。远离火种、热源。保持容器密闭。应与酸类等隔离储运。搬运时轻装轻卸，防止容器受损。

紧急处置信息

急救措施

吸入：迅速脱离现场至空气新鲜处。保持呼吸道通畅。如呼吸困难，给输氧。呼吸、心跳停止，立即进行心肺复苏术。就医。

眼睛接触：立即分开眼睑，用流动清水或生理盐水彻底冲洗。就医。

皮肤接触：立即脱去污染的衣着，用流动清水彻底冲洗。就医。

食入：漱口，饮水。就医。

灭火方法 消防人员穿全身消防服，佩戴正压自给式呼吸器，在上风向灭火。尽可能将容器从火场移至空旷处。喷水保持火场容器冷却，直至灭火结束。

本品不燃，根据着火原因选择适当灭火剂灭火。

泄漏应急处置 隔离泄漏污染区，限制出入。建议应急处理人员戴防尘口罩，穿防毒服。穿上适当的防护服前严禁接触破裂的容器和泄漏物。尽可能切断泄漏源。用塑料布覆盖泄漏物，减少飞散。勿使水进入包装容器内。用洁净的铲子收集泄漏物，置于干净、干燥、盖子较松的容器中，将容器移离泄漏区。

834. 一氟乙酸对溴苯胺

标　识

中文名称　一氟乙酸对溴苯胺

英文名称　4′-Bromo-2-fluoroacetanilide；Monofluoroaceto-*p*-bromo-anilide；FABA

别名　氟蛴胺；氟乙酰溴苯胺

分子式　C_8H_7BrFNO

CAS 号　351-05-3

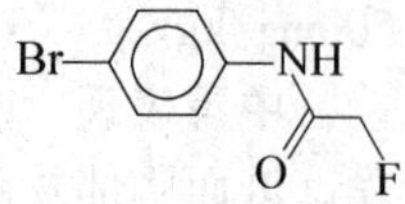

危害信息

危险性类别　第 6 类　有毒品

燃烧与爆炸危险性　可燃。燃烧或受热分解产生有毒和腐蚀性烟气。

禁忌物　强氧化剂。

毒性　大鼠经口 LD_{50}：29mg/kg；小鼠经口 LD_{50}：87mg/kg；小鼠吸入 LC_{50}：650mg/m^3；大鼠经皮 LD_{50}：7mg/kg。

根据《危险化学品目录》的备注，本品属剧毒化学品。

侵入途径　吸入、食入、经皮吸收。

理化特性与用途

理化特性　白色结晶。不溶于水，溶于丙酮、苯，微溶于甲醇、乙醇。熔点 151℃，饱和蒸气压 4.2mPa(25℃)，辛醇/水分配系数 2.26。

主要用途　杀虫剂、杀螨剂。用于柑橘、苹果树防治矢尖蚧和害螨。

包装与储运

包装标志　有毒品

包装类别　Ⅰ类

安全储运　储存于阴凉、通风的库房。远离火种、热源。储存温度不超过 35℃，相对湿度不超过 80%。保持容器密封。应与强氧化剂、强酸等隔离储运。搬运时轻装轻卸，防止容器受损。应严格执行剧毒品“双人收发、双人保管”制度。

紧急处置信息

急救措施

吸入：迅速脱离现场至空气新鲜处。保持呼吸道通畅。如呼吸困难，给输氧。呼吸、心跳停止，立即进行心肺复苏术。就医。

眼睛接触：立即分开眼睑，用流动清水或生理盐水彻底冲洗。就医。

皮肤接触：立即脱去污染的衣着，用流动清水彻底冲洗。就医。

食入：饮适量温水，催吐(仅限于清醒者)。就医。

灭火方法　消防人员穿全身消防服，佩戴正压自给式呼吸器，在上风向灭火。尽可能将容器从火场移至空旷处。喷水保持火场容器冷却，直至灭火结束。

灭火剂：雾状水、干粉、泡沫、二氧化碳。

泄漏应急处置 隔离泄漏污染区，限制出入。消除所有点火源。建议应急处理人员戴防尘口罩，穿防毒服，戴橡胶手套。穿上适当的防护服前严禁接触破裂的容器和泄漏物。尽可能切断泄漏源。用塑料布覆盖泄漏物，减少飞散。勿使水进入包装容器内。用洁净的铲子收集泄漏物，置于干净、干燥、盖子较松的容器中，将容器移离泄漏区。

835. 一氯二苯醚

标 识

中文名称 一氯二苯醚

英文名称 1-Chloro-4-phenoxybenzene；Monochlorodiphenyl oxide；*p*-Chlorophenyl phenyl ether

别名 4-氯二苯醚

分子式 $C_{12}H_9ClO$

CAS号 7005-72-3

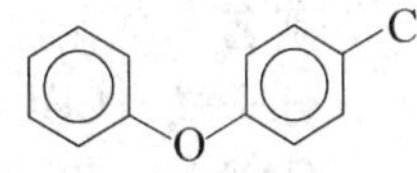

危害信息

燃烧与爆炸危险性 遇明火、高热可燃。在空气中易氧化形成具有爆炸性的过氧化物。

禁忌物 强氧化剂。

中毒表现 皮肤接触可致皮炎且奇痒。

侵入途径 吸入、食入、经皮吸收。

理化特性与用途

理化特性 无色至淡黄色透明液体，有醚的气味，易挥发。不溶于水，易溶于多数有机溶剂。熔点-8℃，沸点284~285℃，相对密度(水=1)1.193，饱和蒸气压0.36Pa(25℃)，辛醇/水分配系数4.08，闪点113℃。

主要用途 用作中间体。

包装与储运

安全储运 储存于阴凉、通风的库房。远离火种、热源。保持容器密闭。避免接触空气。应与氧化剂等隔离储运。搬运时轻装轻卸，防止容器受损。

紧急处置信息

急救措施

吸入：迅速脱离现场至空气新鲜处。保持呼吸道通畅。如呼吸困难，给输氧。呼吸、心跳停止，立即进行心肺复苏术。就医。

眼睛接触：立即分开眼睑，用流动清水或生理盐水彻底冲洗。就医。

皮肤接触：立即脱去污染的衣着，用肥皂水和清水彻底冲洗。就医。

食入：漱口，饮水。就医。

灭火方法 消防人员须佩戴正压自给式呼吸器，穿全身消防服，在上风向灭火。尽可能将容器从火场移至空旷处。喷水保持火场容器冷却，直至灭火结束。处在火场中的容器若已变色或从安全泄压装置中发出声音，必须马上撤离。

灭火剂：雾状水、泡沫、干粉、二氧化碳、沙土。

泄漏应急处置 根据液体流动和蒸气扩散的影响区域划定警戒区，无关人员从侧风、上风向撤离至安全区。消除所有点火源。建议应急处理人员戴防毒面具，穿一般作业工作服。尽可能切断泄漏源。防止泄漏物进入水体、下水道、地下室或有限空间。小量泄漏：用干燥的沙土或其他不燃材料吸收或覆盖，收集于容器中。大量泄漏：构筑围堤或挖坑收容。用泵转移至槽车或专用收集器内。

836. 一氯二氟甲烷

标　识

中文名称 一氯二氟甲烷

英文名称 Chlorodifluoromethane；Monochlorodifluoromethane

别名 二氟氯甲烷；氟利昂 22

分子式 $CHClF_2$

CAS 号 75-45-6

铁危编号 22039

UN 号 1018

F Cl F

危害信息

危险性类别 第 2.2 类 不燃气体

燃烧与爆炸危险性 在常温常压下不燃，但与空气混合，在压力和接触强火源的情况下可燃。受热分解产生有毒和腐蚀性气体。若遇高热，容器内压增大，有开裂和爆炸的危险。

禁忌物 强氧化剂。

毒性 大鼠吸入 LC_{50}：35 pph(15min)；小鼠吸入 LC_{50}：1380g/m^3(2h)。

中毒表现 高浓度吸入引起心律不齐、头昏、精神错乱、神志不清。对眼有刺激性，引起红肿、疼痛。直接接触液态本品可引起冻伤。

侵入途径 吸入。

职业接触限值 中国：PC-TWA 3500mg/m^3。

美国(ACGIH)：TLV-TWA 1000ppm。

理化特性与用途

理化特性 无色气体，有似四氯化碳的气味。微溶于水，溶于乙醚、丙酮、氯仿。熔点-146℃，沸点-40.8℃，相对密度(水=1)1.21，相对蒸气密度(空气=1)3.0，饱和蒸气压 90.8kPa(20℃)，辛醇/水分配系数 1.08，引燃温度 632℃。

主要用途 用作致冷剂及气溶杀虫药发射剂等。

包装与储运

包装标志 不燃气体

安全储运 储存于阴凉、通风的库房或大型气柜。远离火源和热源。储存温度不超过 30℃。运输时防止雨淋、曝晒。搬运时轻装轻卸，须戴好钢瓶安全帽和防震橡皮圈，防止钢瓶撞击。

紧急处置信息

急救措施

吸入：迅速脱离现场至空气新鲜处。保持呼吸道通畅。如呼吸困难，给输氧。呼吸、心跳停止，立即进行心肺复苏术。就医

眼睛接触：立即分开眼睑，用流动清水或生理盐水彻底冲洗。就医。

皮肤接触：如发生冻伤，用温水(38~42℃)复温，忌用热水或辐射热，不要揉搓。就医。

灭火方法 消防人员须佩戴正压自给式呼吸器，穿全身消防服，在上风向灭火。尽可能将容器从火场移至空旷处。喷水保持火场容器冷却，直至灭火结束。处在火场中的容器若已变色或从安全泄压装置中发出声音，必须马上撤离。

本品不燃，根据着火原因选择适当灭火剂灭火。

泄漏应急处置 根据气体扩散的影响区域划定警戒区，无关人员从侧风、上风向撤离至安全区。建议应急处理人员戴正压自给式呼吸器，穿一般作业工作服。液化气体泄漏时穿防寒服。禁止接触或跨越泄漏物。尽可能切断泄漏源。喷雾状水抑制蒸气或改变蒸气云流向，避免水流接触泄漏物。禁止用水直接冲击泄漏物或泄漏源。若可能翻转容器，使之逸出气体而非液体。防止气体通过下水道、通风系统和有限空间扩散。漏出气允许排入大气中。泄漏场所保持通风。

837. 一氯化苯醚

标 识

中文名称 一氯化苯醚

英文名称 Monochlorophenyl ether; Chlorophenoxy benzene

别名 1-氯-4-苯氧基苯

分子式 $C_{12}H_9ClO$

CAS 号 55398-86-2

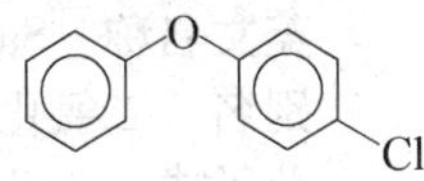

危害信息

燃烧与爆炸危险性 遇明火、高热可燃。燃烧分解时，放出有毒的刺激性氯化物烟气。

禁忌物 强氧化剂。

毒性 豚鼠经口 *LDLo*：600mg/kg。

中毒表现 皮肤长期、反复、过量接触引起皮肤发生痤疮样变且奇痒。

侵入途径 吸入、食入。

理化特性与用途

理化特性 无色黏性液体。不溶于水，溶于甲醇。沸点 153(1.1kPa)，相对密度(水=1)1.19，饱和蒸气压 0.71Pa(25℃)，闪点 128.1℃。

主要用途 用作化工生产的中间体。

包装与储运

安全储运 储存于阴凉、通风的库房。远离火种、热源。保持容器密闭。应与强氧化

剂等隔离储运。搬运时轻装轻卸，防止容器受损。

紧急处置信息

急救措施

吸入： 迅速脱离现场至空气新鲜处。保持呼吸道通畅。如呼吸困难，给输氧。呼吸、心跳停止，立即进行心肺复苏术。就医。

眼睛接触： 立即分开眼睑，用流动清水或生理盐水彻底冲洗。就医。

皮肤接触： 立即脱去污染的衣着，用流动清水彻底冲洗。就医。

食入： 漱口，饮水。就医。

灭火方法 消防人员须佩戴正压自给式呼吸器，穿全身消防服，在上风向灭火。尽可能将容器从火场移至空旷处。喷水保持火场容器冷却，直至灭火结束。处在火场中的容器若已变色或从安全泄压装置中发出声音，必须马上撤离。

灭火剂：雾状水、泡沫、干粉、二氧化碳、沙土。

泄漏应急处置 根据液体流动和蒸气扩散的影响区域划定警戒区，无关人员从侧风、上风向撤离至安全区。消除所有点火源。建议应急处理人员戴防毒面具，穿一般作业工作服。尽可能切断泄漏源。防止泄漏物进入水体、下水道、地下室或有限空间。小量泄漏：用干燥的沙土或其他不燃材料吸收或覆盖，收集于容器中。大量泄漏：构筑围堤或挖坑收容。用泵转移至槽车或专用收集器内。

838. 一氯化硫

标　识

中文名称 一氯化硫

英文名称 Sulfur chloride；Disulphur dichloride；Sulfur monochloride

别名 二氯化二硫

分子式 S_2Cl_2

Cl—S—S—Cl

CAS 号 10025-67-9

铁危编号 81032

UN 号 1828

危害信息

危险性类别 第 8 类腐蚀品

燃烧与爆炸危险性 可燃。燃烧或受热分解产生有毒和腐蚀性烟气。在火场中，容器受热有开裂或爆炸的危险。与水或潮气发生反应，散发出刺激性和腐蚀性的氯化氢气体。遇潮时对大多数金属有强腐蚀性。

活性反应 与水或潮气发生反应。

禁忌物 酸类、碱类、醇类、过氧化物、水、碱金属。

毒性 小鼠吸入 LC_{50}：150ppm。

中毒表现 吸入蒸气引起烧灼感、咳嗽、咽痛呼吸困难，数小时后可出现肺水肿。眼接触引起深度灼伤，视力丧失。皮肤接触，引起灼伤起疱疹。食入引起食道、胃灼伤，上腹痛，休克，虚脱。

侵入途径 吸入、食入、经皮吸收。

职业接触限值 美国(ACGIH)：TLV-C 1ppm。

理化特性与用途

理化特性 淡琥珀色至淡黄红色油状液体，有窒息性气味。遇水分解。溶于乙醇、乙醚、苯、二硫化碳、四氯化碳、乙酸戊酯、油类。熔点-77℃，沸点138℃，相对密度(水=1)1.7，相对蒸气密度(空气=1)4.7，饱和蒸气压0.9kPa(20℃)，闪点118.5℃(闭杯)，引燃温度234℃。

主要用途 用作氯化剂或硫化剂。制造有机化学品、硫染料、杀虫剂中用作中间体和氯化剂；用于橡胶冷硫化；用作植物油聚合催化剂和软木硬化等。

包装与储运

包装标志 腐蚀品

包装类别 Ⅰ类

安全储运 储存于阴凉、通风的库房。远离火种、热源。库温不超过30℃。相对湿度不超过75%。应与酸类、碱类、醇类、碱金属等隔离储运。搬运时轻装轻卸，防止容器受损。

紧急处置信息

急救措施

吸入： 迅速脱离现场至空气新鲜处。保持呼吸道通畅。如呼吸困难，给输氧。呼吸、心跳停止，立即进行心肺复苏术。就医。

眼睛接触： 立即分开眼睑，用流动清水或生理盐水彻底冲洗10~15min。就医。

皮肤接触： 立即脱去污染的衣着，用大量流动清水彻底冲洗，冲洗时间一般要求20~30min。就医。

食入： 用水漱口，禁止催吐。给饮牛奶或蛋清。就医。

灭火方法 消防人员必须佩戴空气呼吸器，穿全身防火防毒服，在上风向灭火。尽可能将容器从火场移至空旷处。喷水雾保持容器冷却，直至灭火结束。

灭火剂：干粉、二氧化碳。禁止用水。

泄漏应急处置 根据液体流动和蒸气扩散的影响区域划定警戒区，无关人员从侧风、上风向撤离至安全区。消除所有点火源。建议应急处理人员戴正压自给式呼吸器，穿防酸碱服。穿上适当的防护服前严禁接触破裂的容器和泄漏物。尽可能切断泄漏源。勿使泄漏物与可燃物质(如木材、纸、油等)接触。防止泄漏物进入水体、下水道、地下室或有限空间。小量泄漏：用干燥的沙土或其他不燃材料覆盖泄漏物，用洁净的无火花工具收集泄漏物，置于一盖子较松的塑料容器中，待处置。大量泄漏：构筑围堤或挖坑收容。用耐腐蚀泵转移至槽车或专用收集器内。

839. 一氯乙酸钠

标　识

中文名称 一氯乙酸钠

英文名称　Sodium chloroacetate；Sodium monochloroacetate

别名　氯醋酸钠；氯乙酸钠

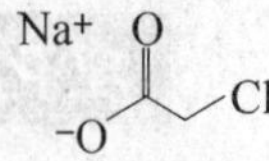

分子式　$C_2H_2ClO_2 \cdot Na$

CAS 号　3926-62-3

铁危编号　61610

UN 号　2659

危害信息

危险性类别　第 6 类　有毒品

燃烧与爆炸危险性　可燃，但不易引燃。受高热分解产生有毒和腐蚀性烟气。在火场中，容器受热有开裂或爆炸的危险。

禁忌物　强氧化剂、强酸、强碱。

毒性　大鼠经口 LD_{50}：95mg/kg；小鼠经口 LD_{50}：165mg/kg。

中毒表现　吸入引起咳嗽、咽痛、烧灼感。皮肤：刺激。眼接触：发红、疼痛。食入：腹痛、恶心、呕吐、惊厥。经胃肠吸收引起心、肾损害。

侵入途径　吸入、食入。

理化特性与用途

理化特性　白色结晶或粉末，易潮解。易溶于水，微溶于甲醇，不溶于丙酮、苯和四氯化碳。熔点 199℃，分解温度 150~200℃，辛醇/水分配系数-3.47，闪点 270℃(闭杯)。

主要用途　广泛用于石油化工、有机化工、合成制药、农药、染料用化工和金属加工等工业部门。

包装与储运

包装标志　有毒品

包装类别　Ⅲ类

安全储运　储存于阴凉、干燥、通风的库房。远离火种、热源。储存温度不超过 35℃，相对湿度不超过 85%。保持容器密封。应与强氧化剂、强酸等隔离储运。搬运时轻装轻卸，防止容器受损。

紧急处置信息

急救措施

吸入：迅速脱离现场至空气新鲜处。保持呼吸道通畅。如呼吸困难，给输氧。呼吸、心跳停止，立即进行心肺复苏术。就医。

眼睛接触：立即分开眼睑，用流动清水或生理盐水彻底冲洗。就医。

皮肤接触：立即脱去污染的衣着，用流动清水彻底冲洗。就医。

食入：饮适量温水，催吐(仅限于清醒者)。就医。

灭火方法　消防人员必须穿全身防火防毒服，佩戴正压自给式呼吸器，在上风向灭火。灭火时尽可能将容器从火场移至空旷处。喷水雾保持容器冷却，直至灭火结束。

灭火剂：雾状水、抗溶性泡沫、干粉、二氧化碳、沙土。

泄漏应急处置　隔离泄漏污染区，限制出入。建议应急处理人员戴防尘口罩，穿防毒服。穿上适当的防护服前严禁接触破裂的容器和泄漏物。尽可能切断泄漏源。用塑料布覆盖泄漏物，减少飞散。勿使水进入包装容器内。用洁净的铲子收集泄漏物，置于干净、干燥、盖子较松的容器中，将容器移离泄漏区。

840. 一氧化锰

标　识

中文名称　一氧化锰

英文名称　Manganese oxide；Manganese(Ⅱ)oxide；Manganous oxide

别名　氧化亚锰

分子式　MnO

CAS 号　1344-43-0

Mn═O

危害信息

燃烧与爆炸危险性　不燃，无特殊燃爆特性。

禁忌物　强氧化剂、强酸。

毒性　大鼠气管内 *LD*：>50mg/kg；小鼠皮下 LD_{50}：1g/kg。

中毒表现　过量的锰进入机体可引起中毒。主要损害中枢神经系统，尤其是锥体外系统。工业生产中急性中毒少见，若短时间吸入大量本品烟尘，可发生"金属烟热"，病人出现头痛、头昏、胸闷、咽干、气急、恶心、寒战、高热、大汗。

慢性中毒表现有神经衰弱综合征，植物神经功能紊乱，重者出现中毒性精神病；锥体外系受损表现有肌张力增高、震颤、言语障碍、步态异常等。

侵入途径　吸入、食入。

职业接触限值　中国：PC-TWA 0.15mg/m^3[按 MnO_2计]。

美国(ACGIH)：TLV-TWA 0.2mg/m^3[按 MnO_2计]。

理化特性与用途

理化特性　绿色立方结晶或灰绿色粉末。不溶于水，溶于酸。熔点 1650℃，相对密度(水=1)5.43(20℃)。

主要用途　用作生产铁氧体的原料、涂料和清漆的干燥剂、肥料等，也用于医药、冶炼、焊接、织物还原印染、玻璃着色、油脂漂白等。

包装与储运

安全储运　储存于阴凉、通风的库房。远离火种、热源。保持容器密闭。应与强氧化剂、强酸等隔离储运。搬运时轻装轻卸，防止容器受损。

紧急处置信息

急救措施

吸入：迅速脱离现场至空气新鲜处。保持呼吸道通畅。如呼吸困难，给输氧。呼吸、心跳停止，立即进行心肺复苏术。就医。

眼睛接触：立即分开眼睑，用流动清水或生理盐水彻底冲洗。就医。

皮肤接触：立即脱去污染的衣着，用肥皂水和清水彻底冲洗。就医。

食入：漱口，饮水。就医。

灭火方法　消防人员必须穿全身防火防毒服，佩戴正压自给式呼吸器，在上风向灭火。

灭火时尽可能将容器从火场移至空旷处。

本品不燃，根据着火原因选择适当灭火剂灭火。

泄漏应急处置 隔离泄漏污染区，限制出入。建议应急处理人员戴防尘口罩，穿防毒服。穿上适当的防护服前严禁接触破裂的容器和泄漏物。尽可能切断泄漏源。用塑料布覆盖泄漏物，减少飞散。勿使水进入包装容器内。用洁净的铲子收集泄漏物，置于干净、干燥、盖子较松的容器中，将容器移离泄漏区。

841. 胰蛋白酶

标　识

中文名称 胰蛋白酶

英文名称 Trypsin；Parenzyme

别名 胰蛋白酵素

分子式 $C_6H_{15}O_{12}P_3$

CAS 号 9002-07-7

危害信息

燃烧与爆炸危险性 不易燃。燃烧或受热分解产生有毒或刺激性的烟气。

禁忌物 强氧化剂。

毒性 大鼠经口 LD_{50}：>5g/kg；小鼠经口 LD_{50}：1450mg/kg。

侵入途径 吸入、食入。

理化特性与用途

理化特性 白色至淡黄色结晶或无定形粉末。溶于水，不溶于乙醇、甘油。熔点115℃。最适工作 pH 值为 8，最适工作温度为 37℃。

主要用途 用于外科上各种溃疡和发炎坏疽、创伤唑损伤、瘘孔等产生的水肿。

包装与储运

安全储运 储存于阴凉、干燥、通风的库房。远离火种、热源。保持容器密闭。避光保存。应与强氧化剂等隔离储运。

紧急处置信息

急救措施

吸入：脱离接触。如有不适感，就医。

眼睛接触：分开眼睑，用流动清水或生理盐水冲洗。如有不适感，就医。

皮肤接触：脱去污染的衣着，用流动清水冲洗。如有不适感，就医。

食入：漱口，饮水。就医。

灭火方法 消防人员须穿全身消防服，佩戴正压自给式呼吸器，在上风向灭火。尽可能将容器从火场移至空旷处。喷水保持火场容器冷却，直至灭火结束。

灭火剂：雾状水、抗溶性泡沫、二氧化碳、干粉、沙土。

泄漏应急处置 隔离泄漏污染区，限制出入。建议应急处理人员戴防尘口罩，穿一般

作业工作服。尽可能切断泄漏源。用塑料布覆盖泄漏物，减少飞散。用洁净的铲子收集泄漏物，置于干净、干燥、盖子较松的容器中，将容器移离泄漏区。

842. 乙拌磷

标　识

中文名称　乙拌磷

英文名称　Disulfoton；Phosphorodithioic acid，*O*，*O*-diethyl-*S*-(2-(ethylthio)ethyl)ester

别名　敌死通；*O*，*O*-二乙基-*S*-[2-(乙硫基)乙基]二硫代磷酸酯

分子式　$C_8H_{19}O_2PS_3$

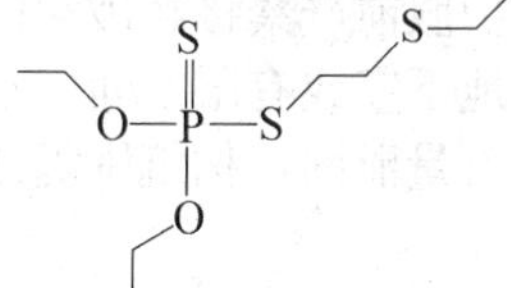

CAS 号　298-04-4

铁危编号　61874

危害信息

危险性类别　第6类　有毒品

燃烧与爆炸危险性　可燃。燃烧或受热分解，放出高毒的磷、硫的氧化物烟气。

禁忌物　强氧化剂、碱类。

毒性　大鼠经口 LD_{50}：2600μg/kg；小鼠经口 LD_{50}：4800μg/kg；大鼠吸入 LC_{50}：200mg/m^3；大鼠经皮 LD_{50}：6mg/kg。

根据《危险化学品目录》的备注，本品属剧毒化学品。

中毒表现　吸入、食入、经皮肤吸收都能引起中毒，表现为瞳孔缩小、唾液增多、出汗、肌痉挛、恶心、呕吐、腹泻、呼吸费力、头昏、惊厥、意识丧失。

侵入途径　吸入、食入、经皮吸收。

职业接触限值　美国(ACGIH)：TLV-TWA：0.05mg/m^3[皮]。

环境危害　对水生生物有极高毒性，可能在水生环境中造成长期不利影响。

理化特性与用途

理化特性　无色至棕色油状液体，有硫的气味。不溶于水，易溶于多数有机溶剂。熔点-25℃，沸点132～133℃(0.2kPa)，相对密度(水=1)1.14(20℃/4℃)，饱和蒸气压0.02Pa(20℃)，辛醇/水分配系数4.02，闪点133℃。

主要用途　用作杀虫剂、杀螨剂。

包装与储运

包装标志　有毒品

包装类别　Ⅰ类

安全储运　储存于阴凉、通风的库房。远离火种、热源。储存温度不超过35℃，相对湿度不超过85%。保持容器密封。应与强氧化剂、强酸等隔离储运。搬运时轻装轻卸，防止容器受损。应严格执行剧毒品“双人收发、双人保管”制度。

紧急处置信息

急救措施

吸入：迅速脱离现场至空气新鲜处。保持呼吸道通畅。如呼吸困难，给输氧。呼吸、

心跳停止，立即进行心肺复苏术。就医。

眼睛接触：分开眼睑，用流动清水或生理盐水冲洗。就医。

皮肤接触：立即脱去污染的衣着，用肥皂水及流动清水彻底冲洗污染的皮肤、头发、指甲等。就医。

食入：饮足量温水，催吐(仅限于清醒者)。口服活性炭。就医。

解毒剂：阿托品、胆碱酯酶复能剂。

灭火方法　消防人员必须佩戴正压自给式呼吸器，穿全身防火防毒服，在上风向灭火。尽可能将容器从火场移至空旷处。喷水保持火场容器冷却，直至灭火结束。

灭火剂：雾状水、泡沫、干粉、二氧化碳、沙土。

泄漏应急处置　根据液体流动和蒸气扩散的影响区域划定警戒区，无关人员从侧风、上风向撤离至安全区。建议应急处理人员戴正压自给式呼吸器，穿防毒服。穿上适当的防护服前严禁接触破裂的容器和泄漏物。尽可能切断泄漏源。防止泄漏物进入水体、下水道、地下室或有限空间。小量泄漏：用干燥的沙土或其他不燃材料吸收或覆盖，收集于容器中。大量泄漏：构筑围堤或挖坑收容。用泵转移至槽车或专用收集器内。

843. 乙醇钠

标　识

中文名称　乙醇钠

英文名称　Sodium ethanolate；Sodium ethylate；Sodium ethoxide

别名　乙氧基钠

分子式　C_2H_5NaO

CAS 号　141-52-6

铁危编号　82018

O^- Na^+

危害信息

危险性类别　第 8 类　腐蚀品

燃烧与爆炸危险性　易燃。遇水剧烈反应，有引起着火或爆炸的危险。燃烧时放出有毒的烟雾。在火场中，容器受热有开裂或爆炸的危险。

活性反应　与氧化剂能发生强烈反应。

禁忌物　强氧化剂、酸类、水。

中毒表现　本品经呼吸道和消化道吸收，能腐蚀眼睛、皮肤和黏膜。接触后有刺激感、喉痛、咳嗽、呼吸困难，腹痛、腹泻、呕吐、肺水肿。皮肤及眼睛接触引起灼伤。

侵入途径　吸入、食入。

理化特性与用途

理化特性　白色或微黄色粉末。具有吸湿性。遇水分解为氢氧化钠和乙醇。在空气中易分解，颜色变深。熔点 260℃(分解)，相对密度(水=1)0.868，相对蒸气密度(空气=1)1.6，辛醇/水分配系数 -2.69，闪点 30℃，引燃温度 50~60℃。

主要用途　作为强碱催化剂和乙氧基化剂用于医药、农药合成，用作分析试剂。

包装与储运

包装标志 自燃物品，腐蚀品。

包装类别 Ⅱ类

安全储运 储存于阴凉、干燥、通风良好的库房。远离火种、热源。防止阳光直射。储存温度不超过30℃，相对湿度不超过80%。保持容器密封。避免接触潮湿空气。应与氧化剂、酸类、醇类等等隔离储运。采用防爆型照明、通风设施。禁止使用易产生火花的机械设备和工具。搬运时轻装轻卸，防止容器受损。

紧急处置信息

急救措施

吸入： 迅速脱离现场至空气新鲜处。保持呼吸道通畅。如呼吸困难，给输氧。呼吸、心跳停止，立即进行心肺复苏术。就医。

眼睛接触： 立即分开眼睑，用流动清水或生理盐水彻底冲洗10~15min。就医。

皮肤接触： 立即脱去污染的衣着，用大量流动清水彻底冲洗，冲洗时间一般要求20~30min。就医。

食入： 用水漱口，禁止催吐。给饮牛奶或蛋清。就医。

灭火方法 消防人员须佩戴正压自给式呼吸器，穿全身消防服，在上风向灭火。尽可能将容器从火场移至空旷处。喷水保持火场容器冷却，直至灭火结束。禁止用水和泡沫灭火。

灭火剂：干粉、二氧化碳、沙土。

泄漏应急处置 隔离泄漏污染区，限制出入。消除所有点火源。建议应急处理人员戴防尘口罩，穿防静电、防腐蚀服。作业时使用的所有设备应接地。穿上适当的防护服前严禁接触破裂的容器和泄漏物。尽可能切断泄漏源。严禁用水处理。用干燥的沙土或其他不燃材料覆盖泄漏物，然后用塑料布覆盖，减少飞散、避免雨淋。用洁净的无火花工具收集泄漏物，置于一盖子较松的塑料容器中，待处置。

844. 乙醇钠乙醇溶液

标　识

中文名称 乙醇钠乙醇溶液

英文名称 Sodium ethylate solution，in ethyl alcohol

别名 乙氧基钠乙醇溶液

分子式 C_2H_5ONa/C_2H_5OH

CAS号 141-52-6/64-17-5

铁危编号 31163

O^- Na^+

危害信息

危险性类别 第3类 易燃液体

燃烧与爆炸危险性 极易燃。其蒸气与空气混合能形成爆炸性混合物，遇明火、高热极易燃烧或爆炸。燃烧产生有毒的、腐蚀性刺激性气体。在高温火场中，受热的容器或储罐有破裂和爆炸的危险。

禁忌物 强氧化剂。

侵入途径 吸入、食入。

理化特性与用途

理化特性 黄色至褐色液体，有乙醇样气味。混溶于水(分解)。沸点91℃，相对密度(水=1)0.868，饱和蒸气压3.8kPa(20℃)，闪点9℃，引燃温度425℃，爆炸下限3.5%，爆炸上限28%。

主要用途 用作强碱性催化剂、乙氧基化剂以及作为还原剂用于有机合成、医药合成等。

包装与储运

包装标志 易燃液体，腐蚀品

包装类别 Ⅱ类

安全储运 储存于阴凉、通风的库房。远离火种、热源，避免阳光直射。储存温度不超过37℃。炎热季节早晚运输，应与氧化剂等隔离储运。禁止使用易产生火花的机械设备和工具。灌装时注意控制流速，防止静电积聚。搬运时轻装轻卸，防止容器受损。

紧急处置信息

急救措施

吸入：迅速脱离现场至空气新鲜处。保持呼吸道通畅。如呼吸困难，给输氧。呼吸、心跳停止，立即进行心肺复苏术。就医。

眼睛接触：立即分开眼睑，用流动清水或生理盐水彻底冲洗10~15min。就医。

皮肤接触：立即脱去污染的衣着，用大量流动清水彻底冲洗，冲洗时间一般要求20~30min。就医。

食入：用水漱口，禁止催吐。给饮牛奶或蛋清。就医。

灭火方法 消防人员须穿全身消防服，佩戴空气呼吸器，在上风向灭火。尽可能将容器从火场移至空旷处。喷水保持火场容器冷却，直至灭火结束。处在火场中的容器若发生异常变化或发出异常声音，须马上撤离。

灭火剂：干粉、二氧化碳、雾状水。

泄漏应急处置 消除所有点火源。根据液体流动和蒸气扩散的影响区域划定警戒区，无关人员从侧风、上风向撤离至安全区。建议应急处理人员戴正压自给式呼吸器，穿防毒、防静电服，戴橡胶耐油手套。作业时使用的所有设备应接地。禁止接触或跨越泄漏物。尽可能切断泄漏源。防止泄漏物进入水体、下水道、地下室或受限空间。小量泄漏：用沙土或其他不燃材料吸收。使用洁净的无火花工具收集吸收材料。大量泄漏：构筑围堤或挖坑收容。用泡沫覆盖，减少蒸发。喷水雾能减少蒸发，但不能降低泄漏物在有限空间内的易燃性。用防爆泵转移至槽车或专用收集器内。

845. 乙二醇异丙醚

标　识

中文名称 乙二醇异丙醚

英文名称 Isopropoxyethanol；Ethylene glycol isopropyl ether

别名 2-异丙氧基乙醇

分子式 $C_5H_{12}O_2$

CAS 号 109-59-1

铁危编号 32069

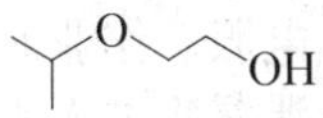

危害信息

危险性类别 第 3 类 易燃液体

燃烧与爆炸危险性 易燃。其蒸气与空气混合，能形成爆炸性混合物，遇明火、高热能引起燃烧爆炸。蒸气比空气重，能在较低处扩散到相当远的地方，遇火源会着火回燃和爆炸(闪爆)。接触空气或在光照条件下可生成具有潜在爆炸危险性的过氧化物。若遇高热，容器内压增大，有开裂和爆炸的危险。燃烧或受热分解产生有毒和刺激性的烟气。

活性反应 与氧化剂可发生反应。

禁忌物 强氧化剂、强酸。

毒性 大鼠经口 LD_{50}：5660μL/kg；小鼠经口 LD_{50}：4900mg/kg；大鼠吸入 LC_{50}：3100mg/m^3(4h)；小鼠吸入 LC_{50}：1930ppm(7h)；兔经皮 LD_{50}：1600μL/kg。

中毒表现 吸入引起咳嗽；皮肤接触：发红，可经皮吸收；眼接触：红、痛；食入引起恶心。

侵入途径 吸入、食入、经皮吸收。

理化特性与用途

理化特性 无色至淡黄色透明液体，稍有醚的气味。混溶于水和乙醇、乙醚，溶于丙酮等多数有机溶剂。熔点-60℃，沸点 142~144℃、139. 5~144. 5℃(99kPa)，相对密度(水=1)0. 903，相对蒸气密度(空气=1)3. 6，饱和蒸气压 0. 44kPa(20℃)，辛醇/水分配系数 0. 05，闪点 33℃(闭杯)、44(开杯)，引燃温度 240℃，爆炸下限 1. 6%，爆炸上限 13%。

主要用途 用作油漆、涂料的成分，树脂的溶剂等。

包装与储运

包装标志 易燃液体

包装类别 Ⅲ类

安全储运 储存于阴凉、通风的库房。远离火种、热源，避免阳光直射。储存温度不超过 37℃。炎热季节早晚运输。保持容器密闭。应与氧化剂、酸类等隔离储运。禁止使用易产生火花的机械设备和工具。灌装时注意控制流速，防止静电积聚。搬运时轻装轻卸，防止容器受损。

紧急处置信息

急救措施

吸入：迅速脱离现场至空气新鲜处。保持呼吸道通畅。如呼吸困难，给输氧。呼吸、心跳停止，立即进行心肺复苏术。就医。

眼睛接触：立即分开眼睑，用流动清水或生理盐水彻底冲洗。就医。

皮肤接触：立即脱去污染的衣着，用肥皂水和清水彻底冲洗。就医。

食入：漱口，饮水。就医。

灭火方法 消防人员须佩戴正压自给式呼吸器，穿全身消防服，在上风向灭火。尽可

能将容器从火场移至空旷处。喷水保持火场容器冷却，直至灭火结束。处在火场中的容器若已变色或从安全泄压装置中发出声音，必须马上撤离。

灭火剂：雾状水、泡沫、干粉、二氧化碳、沙土。

泄漏应急处置 消除所有点火源。根据液体流动和蒸气扩散的影响区域划定警戒区，无关人员从侧风、上风向撤离至安全区。建议应急处理人员戴正压自给式呼吸器，穿防静电服。作业时使用的所有设备应接地。禁止接触或跨越泄漏物。尽可能切断泄漏源。防止泄漏物进入水体、下水道、地下室或有限空间。小量泄漏：用沙土或其他不燃材料吸收。使用洁净的无火花工具收集吸收材料。大量泄漏：构筑围堤或挖坑收容。用泡沫覆盖，减少蒸发。喷水雾能减少蒸发，但不能降低泄漏物在有限空间内的易燃性。用防爆泵转移至槽车或专用收集器内。

846. 乙二酸

标　识

中文名称 乙二酸

英文名称 Ethanedioic acid；Oxalic acid

别名 草酸

分子式 $C_2H_2O_4$

CAS 号 144-62-7

O　O
HO　OH

危害信息

燃烧与爆炸危险性 可燃。受热分解产生有毒或刺激性烟气。与强氧化剂猛烈反应有引起着火、爆炸的危险。

禁忌物 碱、酰基氯、碱金属。

毒性 狗经口 *LDLo*：1g/kg；小鼠腹腔内 LD_{50}：270mg/kg；人(女性)经口 *LDLo*：600mg/kg。

中毒表现 本品具有强烈刺激性和腐蚀性。其粉尘或浓溶液可导致皮肤、眼或黏膜的严重损害。口服腐蚀口腔和消化道，出现胃肠道反应、虚脱、抽搐、休克而引起死亡，肾脏发生明显损害，甚至发生尿毒症。可在体内与钙离子结合而发生低血钙。长期吸入引起神经衰弱综合征，头痛，呕吐，鼻黏膜溃疡，尿中出现蛋白，贫血等。

侵入途径 吸入、食入、经皮吸收。

职业接触限值 中国：PC-TWA 1mg/m^3，PC-STEL 2mg/m^3。

美国(ACGIH)：TLV-TWA 1mg/m^3，TLV-STEL 2mg/m^3。

理化特性与用途

理化特性 无色至白色粉末或结晶固体。溶于水，易溶于乙醇，微溶于乙醚，不溶于苯、氯仿、石油醚。熔点 189.5℃(分解)，沸点(升华)，相对密度(水=1)1.9，相对蒸气密度(空气=1)4.3，饱和蒸气压 0.031Pa(25℃)，燃烧热-245.6kJ/mol，辛醇/水分配系数-0.81，pH 值 1.3(水溶液)。

主要用途 主要用于生产抗菌素和冰片等药物以及用作提炼稀有金属的溶剂、染料还原剂、鞣革剂等。

包装与储运

安全储运 储存于阴凉、干燥、通风良好的库房。远离火种、热源。保持容器密封。应与强氧化剂、碱类等隔离储运。搬运时轻装轻卸，防止容器受损。

紧急处置信息

急救措施

吸入：迅速脱离现场至空气新鲜处。保持呼吸道通畅。如呼吸困难，给输氧。呼吸、心跳停止，立即进行心肺复苏术。就医。

眼睛接触：立即分开眼睑，用流动清水或生理盐水彻底冲洗10~15min。就医。

皮肤接触：立即脱去污染的衣着，用大量流动清水彻底冲洗，冲洗时间一般要求20~30min。就医。

食入：用水漱口，禁止催吐。给饮牛奶或蛋清。就医。

灭火方法 消防人员必须穿全身耐酸碱消防服，佩戴空气呼吸器，在上风向灭火。尽可能将容器从火场移至空旷处。喷水保持火场容器冷却，直至灭火结束。

灭火剂：雾状水、泡沫、干粉、二氧化碳、沙土。

泄漏应急处置 隔离泄漏污染区，限制出入。消除所有点火源。建议应急处理人员戴防尘口罩，穿防毒服。作业时使用的所有设备应接地。穿上适当的防护服前严禁接触破裂的容器和泄漏物。尽可能切断泄漏源。小量泄漏：用干燥的沙土或其他不燃材料覆盖泄漏物，然后用塑料布覆盖，减少飞散、避免雨淋。用洁净的铲子收集泄漏物，置于干净、干燥、盖子较松的容器中，将容器移离泄漏区。

847. 乙二酸铵盐

标　识

中文名称 乙二酸铵盐

英文名称 Diammonium oxalate；Ammonium oxalate

别名 草酸铵

分子式 $C_2H_8N_2O_4$

CAS 号 1113-38-8

O=C(O⁻)C(=O)O⁻ NH_4^+ NH_4^+

危害信息

燃烧与爆炸危险性 可燃。燃烧或受热分解产生有毒和腐蚀性的烟气。

禁忌物 强氧化剂、强酸。

中毒表现 对眼、皮肤和呼吸道有刺激性。可引起中枢神经系统和肾损害。

侵入途径 吸入、食入。

理化特性与用途

理化特性 无色结晶固体。溶于水，微溶于乙醇。熔点以下缓慢分解。相对密度(水=1)1.5，辛醇/水分配系数-2.3。

主要用途 作分析试剂，有机合成中间体。

包装与储运

安全储运　储存于阴凉、通风的库房。远离火种、热源。保持容器密闭。应与强氧化剂等隔离储运。搬运时轻装轻卸，防止容器受损。

紧急处置信息

急救措施

吸入：迅速脱离现场至空气新鲜处。保持呼吸道通畅。如呼吸困难，给输氧。呼吸、心跳停止，立即进行心肺复苏术。就医。

眼睛接触：立即分开眼睑，用流动清水或生理盐水彻底冲洗。就医。

皮肤接触：立即脱去污染的衣着，用肥皂水和清水彻底冲洗。就医。

食入：漱口，饮水。就医。

灭火方法　消防人员须穿全身消防服，佩戴正压自给式呼吸器，在上风向灭火。尽可能将容器从火场移至空旷处。喷水保持火场容器冷却，直至灭火结束。

灭火剂：雾状水、抗溶性泡沫、二氧化碳、干粉、沙土。

泄漏应急处置　隔离泄漏污染区，限制出入。建议应急处理人员戴防尘口罩，穿防腐蚀服。穿上适当的防护服前严禁接触破裂的容器和泄漏物。尽可能切断泄漏源。用塑料布覆盖泄漏物，减少飞散，避免雨淋。用洁净的铲子收集泄漏物，置于干净、干燥、盖子较松的容器中，将容器移离泄漏区。

848. 乙二酰氯

标　识

中文名称　乙二酰氯

英文名称　Oxalyl chloride；Ethanedioyl chloride；Ethanedioyl dichloride

别名　草酰氯；氯化乙二酰

分子式　$C_2Cl_2O_2$

CAS 号　79-37-8

铁危编号　81116

Cl　O
O　Cl

危害信息

危险性类别　第 8 类　腐蚀品

燃烧与爆炸危险性　可燃。遇水剧烈反应，产生易燃和有毒的气体。与钾-钠合金混合能发生爆炸性反应。燃烧或受热分解产生有毒和腐蚀性烟气。在火场中，容器受热有开裂或爆炸的危险。

活性反应　与钾 -钠合金接触剧烈反应。

禁忌物　碱类、水、醇类。

毒性　大鼠吸入 LC_{50}：1840ppm(1h)。

中毒表现　具有强烈的刺激性，可引起皮肤和黏膜的严重灼伤。少量吸入，引起食欲减退，以后出现咳嗽、呼吸困难、易疲劳、腹泻、呕吐、头痛、气喘、视力减退等。

侵入途径　吸入、食入。

理化特性与用途

理化特性 无色至淡黄色透明液体，有刺激性气味。遇水和醇发生剧烈分解。溶于乙醚、苯、氯仿、甲苯、四氢呋喃。熔点-12℃，沸点63.5℃，相对密度(水=1)1.478，相对蒸气密度(空气=1)4.4，饱和蒸气压23.2kPa(19℃)，辛醇/水分配系数-1.81，闪点>100℃。

主要用途 用于有机氯化物制备，也用于制作军用毒气，还用于合成农药、医药等。

包装与储运

包装标志 腐蚀品

包装类别 Ⅱ类

安全储运 储存于阴凉、干燥、通风的库房。远离火种、热源。储存温度不超过30℃，相对湿度不超过75%。保持容器密封。避免接触水喝潮湿空气。应与强氧化剂、碱类、醇类等隔离储运。搬运时轻装轻卸，防止容器受损。

紧急处置信息

急救措施

吸入：迅速脱离现场至空气新鲜处。保持呼吸道通畅。如呼吸困难，给输氧。呼吸、心跳停止，立即进行心肺复苏术。就医。

眼睛接触：立即分开眼睑，用流动清水或生理盐水彻底冲洗10~15min。就医。

皮肤接触：立即脱去污染的衣着，用大量流动清水彻底冲洗，冲洗时间一般要求20~30min。就医。

食入：用水漱口，禁止催吐。给饮牛奶或蛋清。就医。

灭火方法 消防人员必须穿全身耐酸碱消防服，佩戴正压自给式呼吸器，在上风向灭火。尽可能将容器从火场移至空旷处。处在火场中的容器若已变色或从安全泄压装置中发出声音，必须马上撤离。禁止用水、泡沫和酸碱灭火剂灭火。

灭火剂：干粉、二氧化碳、沙土。

泄漏应急处置 根据液体流动和蒸气扩散的影响区域划定警戒区，无关人员从侧风、上风向撤离至安全区。建议应急处理人员戴正压自给式呼吸器，穿防酸碱服。穿上适当的防护服前严禁接触破裂的容器和泄漏物。尽可能切断泄漏源。防止泄漏物进入水体、下水道、地下室或有限空间。小量泄漏：用干燥的沙土或其他不燃材料吸收或覆盖，收集于容器中。大量泄漏：构筑围堤或挖坑收容。用耐腐蚀泵转移至槽车或专用收集器内。

849. 5-乙基-5-苯基-2,4,6-(1H,3H,5H)-嘧啶三酮

标　识

中文名称 5-乙基-5-苯基-2，4，6-(1H，3H，5H)-嘧啶三酮

英文名称 Phenobarbital；5-Ethyl-5-phenyl-2，4，6-(1H，3H，5H)-pyrimidinetrione

别名 苯巴比妥

分子式 $C_{12}H_{12}N_2O_3$

CAS号 50-06-6

危害信息

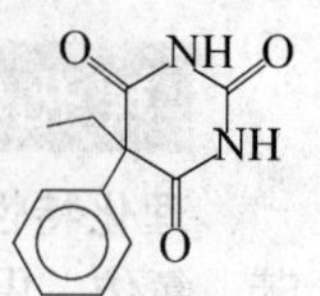

危险性类别 第6类 有毒品

燃烧与爆炸危险性 可燃。燃烧或受热分解产生有毒的氮氧化物气体。

禁忌物 强氧化剂。

毒性 大鼠经口 LD_{50}：162mg/kg；小鼠经口 LD_{50}：112mg/kg。

IARC 致癌性评论：G2B，可疑人类致癌物。

中毒表现 中毒者常出现昏睡、讲话含糊不清、眼球震颤、共济失调；重者出现低血压、低体温、深度昏迷，可致死。过敏反应有红斑性皮炎、固定红斑，少数发生剥脱性皮炎。

侵入途径 吸入、食入。

理化特性与用途

理化特性 白色无臭结晶或结晶性粉末。微溶于水，不溶于苯，微溶于二甲亚砜，溶于乙醇、乙醚、氯仿、碱溶液等。熔点 174~178℃，相对密度(水=1)1.354，辛醇/水分配系数 1.47。

主要用途 用作镇静和催眠药物。

包装与储运

包装标志 有毒品

包装类别 Ⅲ类

安全储运 储存于阴凉、通风的库房。远离火种、热源。储存温度不超过 35℃，相对湿度不超过 85%。保持容器密封。防止阳光直射。应与强氧化剂、强酸等隔离储运。搬运时轻装轻卸，防止容器受损。

紧急处置信息

急救措施

吸入：迅速脱离现场至空气新鲜处。保持呼吸道通畅。如呼吸困难，给输氧。呼吸、心跳停止，立即进行心肺复苏术。就医。

眼睛接触：立即分开眼睑，用流动清水或生理盐水彻底冲洗。就医。

皮肤接触：立即脱去污染的衣着，用流动清水彻底冲洗。就医。

食入：饮适量温水，催吐(仅限于清醒者)。就医。

灭火方法 消防人员须穿全身消防服，佩戴正压自给式呼吸器，在上风向灭火。尽可能将容器从火场移至空旷处。喷水保持火场容器冷却，直至灭火结束。

灭火剂：雾状水、抗溶性泡沫、二氧化碳、干粉、沙土。

泄漏应急处置 隔离泄漏污染区，限制出入。消除所有点火源。建议应急处理人员戴防尘口罩，穿一般作业工作服。尽可能切断泄漏源。用塑料布覆盖泄漏物，减少飞散。勿使水进入包装容器内。用洁净的铲子收集泄漏物，置于干净、干燥、盖子较松的容器中，将容器移离泄漏区。

850. 2-乙基丁胺

标　　识

中文名称 2-乙基丁胺

英文名称 2-Ethylbutylamine；1-Amino-2-ethylbutane

别名 2-乙基正丁胺

分子式 $C_6H_{15}N$

CAS 号 617-79-8

铁危编号 31300

危害信息

危险性类别 第 3 类 易燃液体

燃烧与爆炸危险性 易燃。其蒸气与空气混合，能形成爆炸性混合物。蒸气比空气重，能在较低处扩散到相当远的地方，遇火源会着火回燃和爆炸(闪爆)。若遇高热，容器内压增大，有开裂和爆炸的危险。燃烧或受热分解产生有毒的氮氧化物烟气。

活性反应 与氧化剂接触发生猛烈反应。

禁忌物 酸类、酰基氯、酸酐、强氧化剂。

毒性 大鼠经口 LD_{50}：390mg/kg；小鼠经口 LD_{50}：418mg/kg；大鼠吸入 LC_{50}：500ppm(4h)；兔经皮 LD_{50}：2mL/kg。

中毒表现 吸入、摄入或经皮肤吸收对身体有害。本品严重损害粘膜、上呼吸道、眼和皮肤。吸入后可因喉、支气管的痉挛和水肿，化学性肺炎或肺水肿而致死。长时间接触可引起强烈刺激或灼伤。

侵入途径 吸入、食入、经皮吸收。

理化特性与用途

理化特性 水白色至淡黄色液体，有胺的气味。溶于甲醇、乙醇、乙醚、乙酸乙酯、丙酮、芳烃、脂族烃、矿物油、油酸和硬脂酸等。熔点 20℃，沸点 125℃，相对密度(水=1)0.776(20℃/20℃)，相对蒸气密度(空气=1)3.49，饱和蒸气压 2.0kPa(25℃)，辛醇/水分配系数 1.74，闪点 14℃。

主要用途 用于有机合成。

包装与储运

包装标志 易燃液体

包装类别 Ⅱ类

安全储运 储存于阴凉、通风的库房。远离火种、热源，避免阳光直射。储存温度不超过 37℃。炎热季节早晚运输。保持容器密闭。应与氧化剂、强酸等隔离储运。禁止使用易产生火花的机械设备和工具。灌装时注意控制流速，防止静电积聚。搬运时轻装轻卸，防止容器受损。

紧急处置信息

急救措施

吸入：迅速脱离现场至空气新鲜处。保持呼吸道通畅。如呼吸困难，给输氧。呼吸、心跳停止，立即进行心肺复苏术。就医。

眼睛接触：立即分开眼睑，用流动清水或生理盐水彻底冲洗 10~15min。就医。

皮肤接触：立即脱去污染的衣着，用大量流动清水彻底冲洗，冲洗时间一般要求 20~30min。就医。

食入：用水漱口，禁止催吐。给饮牛奶或蛋清。就医。

灭火方法 消防人员必须佩戴正压自给式呼吸器，穿全身防火防毒服，在上风向灭火。

尽可能将容器从火场移至空旷处。喷水保持火场容器冷却，直至灭火结束。处在火场中的容器若已变色或从安全泄压装置中发出声音，必须马上撤离。

灭火剂：雾状水、泡沫、干粉、二氧化碳、沙土。

泄漏应急处置 消除所有点火源。根据液体流动和蒸气扩散的影响区域划定警戒区，无关人员从侧风、上风向撤离至安全区。建议应急处理人员戴正压自给式呼吸器，穿防静电、防腐蚀、防毒服。作业时使用的所有设备应接地。禁止接触或跨越泄漏物。尽可能切断泄漏源。防止泄漏物进入水体、下水道、地下室或有限空间。小量泄漏：用沙土或其他不燃材料吸收。使用洁净的无火花工具收集吸收材料。大量泄漏：构筑围堤或挖坑收容。用泡沫覆盖，减少蒸发。喷水雾能减少蒸发，但不能降低泄漏物在有限空间内的易燃性。用防爆、耐腐蚀泵转移至槽车或专用收集器内。

851. 2-乙基己醛

标　识

中文名称 2-乙基己醛

英文名称 2-Ethyl hexanal; 2-Ethylhexaldehyde

别名 乙基己醛；丁基乙基乙醛

分子式 $C_8H_{16}O$

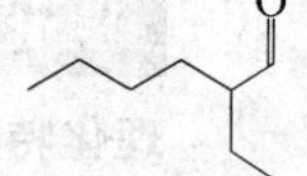

CAS 号 123-05-7

铁危编号 32075

UN 号 1191

危害信息

危险性类别 第3类 易燃液体

燃烧与爆炸危险性 易燃。其蒸气与空气混合，能形成爆炸性混合物，遇明火、高热能引起燃烧爆炸。蒸气比空气重，能在较低处扩散到相当远的地方，遇火源会着火回燃和爆炸(闪爆)。长期接触氧或空气能形成具有潜在爆炸性的过氧化物。若遇高热，容器内压增大，有开裂和爆炸的危险。

活性反应 与氧化剂可发生反应。

禁忌物 强氧化剂、强碱。

毒性 大鼠经口 LD_{50}：5750mg/kg；小鼠经口 LD_{50}：3078mg/kg；大鼠吸入 $LCLo$：4000ppm(4h)；兔经皮 LD_{50}：5040μL/kg。

中毒表现 吸入引起咳嗽、咽痛。眼睛接触引起红肿、疼痛。对皮肤有刺激性。食入引起腹痛、恶心、呕吐。

侵入途径 吸入、食入、经皮吸收。

理化特性与用途

理化特性 无色或黄色液体，稍有气味。微溶于水，微溶于四氯化碳，混溶于多数有机溶剂。熔点-85℃，沸点163℃，相对密度(水=1)0.85，相对蒸气密度(空气=1)4.5，饱和蒸气压200Pa(20℃)，辛醇/水分配系数2.71，闪点46℃(闭杯)、52℃(开杯)，引燃温度180℃，爆炸下限0.85%，爆炸上限7.2%。

主要用途 供有机合成、香料用，用作消毒剂。

包装与储运

包装标志 易燃液体

包装类别 Ⅲ类

安全储运 储存于阴凉、通风的库房。远离火种、热源，避免阳光直射。储存温度不超过37℃。炎热季节早晚运输，应与氧化剂、强酸、碱类、强还原剂等隔离储运。禁止使用易产生火花的机械设备和工具。灌装时注意控制流速，防止静电积聚。搬运时轻装轻卸，防止容器受损。

紧急处置信息

急救措施

吸入： 迅速脱离现场至空气新鲜处。保持呼吸道通畅。如呼吸困难，给输氧。呼吸、心跳停止，立即进行心肺复苏术。就医。

眼睛接触： 立即分开眼睑，用流动清水或生理盐水彻底冲洗。就医。

皮肤接触： 立即脱去污染的衣着，用肥皂水和清水彻底冲洗。就医。

食入： 漱口，饮水。就医。

灭火方法 消防人员须佩戴空气呼吸器，穿全身消防服，在上风向灭火。尽可能将容器从火场移至空旷处。喷水保持火场容器冷却，直至灭火结束。处在火场中的容器若已变色或从安全泄压装置中发出声音，必须马上撤离。

灭火剂：雾状水、泡沫、干粉、二氧化碳、沙土。

泄漏应急处置 消除所有点火源。根据液体流动和蒸气扩散的影响区域划定警戒区，无关人员从侧风、上风向撤离至安全区。建议应急处理人员戴正压自给式呼吸器，穿防静电服。作业时使用的所有设备应接地。禁止接触或跨越泄漏物。尽可能切断泄漏源。防止泄漏物进入水体、下水道、地下室或有限空间。小量泄漏：用沙土或其他不燃材料吸收。使用洁净的无火花工具收集吸收材料。大量泄漏：构筑围堤或挖坑收容。用泡沫覆盖，减少蒸发。喷水雾能减少蒸发，但不能降低泄漏物在有限空间内的易燃性。用防爆泵转移至槽车或专用收集器内。

852. 4-(2-(3-乙基-4-甲基-2-氧-3-吡咯啉-甲酰胺基)乙基)苯磺酰胺

标　识

中文名称 4-(2-(3-乙基-4-甲基-2-氧-3-吡咯啉-甲酰胺基)乙基)苯磺酰胺

英文名称 4-(2-((3-Ethyl-4-methyl-2-oxo-pyrrolin-1-yl) carboxamido) ethyl) benzenesulfonamide

别名 格列美脲磺胺

分子式 $C_{16}H_{21}N_3O_4S$

CAS 号 119018-29-0

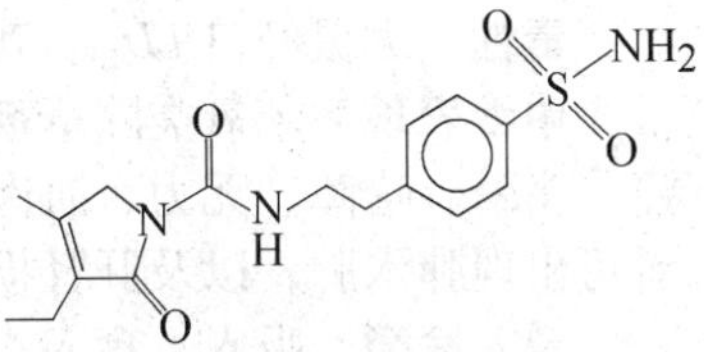

O NH$_2$ S O O N N H O

危害信息

禁忌物 强氧化剂、强酸。

侵入途径 吸入、食入。

环境危害 对水生生物有害，可能在水生环境中造成长期不利影响。

理化特性与用途

理化特性 白色至淡黄色结晶粉末。微溶于水，溶于二氯甲烷、二甲亚砜、甲醇。熔点 178~183℃，相对密度(水=1)1.30，辛醇/水分配系数 0.43。

主要用途 格列美脲中间体。

包装与储运

安全储运 储存于阴凉、通风的库房。远离火种、热源。保持容器密闭。应与强氧化剂等隔离储运。

紧急处置信息

急救措施

吸入：脱离接触。如有不适感，就医。

眼睛接触：分开眼睑，用流动清水或生理盐水冲洗。如有不适感，就医。

皮肤接触：脱去污染的衣着，用肥皂水和清水冲洗。如有不适感，就医。

食入：漱口，饮水。就医。

泄漏应急处置 隔离泄漏污染区，限制出入。消除所有点火源。建议应急处理人员戴防毒面具，穿防毒服。尽可能切断泄漏源。用塑料布覆盖泄漏物，减少飞散。勿使水进入包装容器内。用洁净的铲子收集泄漏物，置于干净、干燥、盖子较松的容器中，将容器移离泄漏区。

853. S-乙基-2-(4-氯-2-甲基苯氧基)硫代乙酸酯

标　识

中文名称 *S*-乙基-2-(4-氯-2-甲基苯氧基)硫代乙酸酯

英文名称 *S*-Ethyl(4-chloro-2-methylphenoxy)ethanethioate；*S*-Ethyl 2-(4-chloro-2-methyl phenoxy)thioacetate；MCPA-thioethyl

别名 2 甲 4 氯乙硫酯

分子式 $C_{11}H_{13}ClO_2S$

CAS 号 25319-90-8

危害信息

燃烧与爆炸危险性 可燃。燃烧或受热分解产生有毒的硫氧化物、氯化物烟气。

禁忌物 强氧化剂、强碱。

毒性 大鼠经口 LD_{50}：790mg/kg；小鼠经口 LD_{50}：750mg/kg。

中毒表现 苯氧类除草剂急性中毒后出现恶心、呕吐、腹痛、腹泻。轻度中毒表现头痛、头晕、嗜睡、无力、肌肉压痛、肌束颤动，严重者出现昏迷、抽搐、呼吸衰竭。重症者可出现肺水肿，以及肝肾损害。可有心律失常。

侵入途径 吸入、食入。

环境危害 对水生生物有极高毒性，可能在水生环境中造成长期不利影响。

理化特性与用途

理化特性 白色针状结晶。不溶于水，溶于己烷，易溶于丙酮、二甲苯。熔点 41.5℃，沸点 165℃(0.93kPa)，饱和蒸气压 21mPa(20℃)，辛醇/水分配系数 4.05。

主要用途 除草剂。用于多种作物防除一年生和多年生阔叶杂草。

包装与储运

包装标志 杂项

包装类别 Ⅲ类

安全储运 储存于阴凉、通风的库房。远离火种、热源。保持容器密闭。应与强氧化剂、强酸、强碱等隔离储运。搬运时轻装轻卸，防止容器受损。

紧急处置信息

急救措施

吸入：迅速脱离现场至空气新鲜处。保持呼吸道通畅。如呼吸困难，给输氧。呼吸、心跳停止，立即进行心肺复苏术。就医。

眼睛接触：立即分开眼睑，用流动清水或生理盐水彻底冲洗。就医。

皮肤接触：立即脱去污染的衣着，用流动清水彻底冲洗。就医。

食入：漱口，饮水。就医。

灭火方法 消防人员须穿全身消防服，佩戴正压自给式呼吸器，在上风向灭火。尽可能将容器从火场移至空旷处。喷水保持火场容器冷却，直至灭火结束。

灭火剂：雾状水、泡沫、二氧化碳、干粉、沙土。

泄漏应急处置 隔离泄漏污染区，限制出入。消除所有点火源。建议应急处理人员戴防尘口罩，穿防毒服。穿上适当的防护服前严禁接触破裂的容器和泄漏物。尽可能切断泄漏源。用塑料布覆盖泄漏物，减少飞散。勿使水进入包装容器内。用洁净的铲子收集泄漏物，置于干净、干燥、盖子较松的容器中，将容器移离泄漏区。

854. 1-乙基-6,7,8-三氟-1,4-二氢-4-氧代-3-喹啉甲酸乙酯

标识

中文名称 1-乙基-6，7，8-三氟-1，4-二氢-4-氧代-3-喹啉甲酸乙酯

英文名称 Ethyl 1-ethyl-6，7，8-trifluoro-1，4-dihydro-4-oxoquinoline-3-carboxylate

分子式 $C_{14}H_{12}F_3NO_3$

CAS 号 100501-62-0

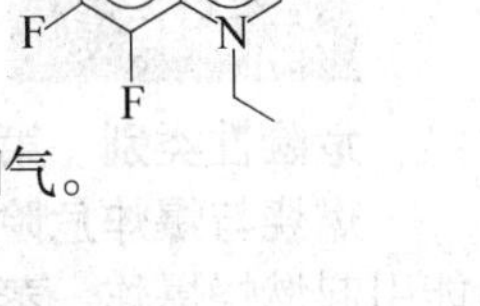

危害信息

燃烧与爆炸危险性 可燃。燃烧或受热分解产生有毒和腐蚀性的烟气。

禁忌物 强氧化剂。

中毒表现 本品对皮肤有致敏性。

侵入途径 吸入、食入。

环境危害　对水生生物有害，可能在水生环境中造成长期不利影响。

理化特性与用途

理化特性　类白色结晶性粉末。熔点 204～208℃，沸点 392.3℃，相对密度(水=1) 1.363，闪点 191℃。

主要用途　用作药物中间体。

包装与储运

安全储运　储存于阴凉、通风的库房。远离火种、热源。保持容器密闭。应与强氧化剂、强碱、强碱等隔离储运。搬运时轻装轻卸，防止容器受损。

紧急处置信息

急救措施

吸入：迅速脱离现场至空气新鲜处。保持呼吸道通畅。如呼吸困难，给输氧。呼吸、心跳停止，立即进行心肺复苏术。就医。

眼睛接触：立即分开眼睑，用流动清水或生理盐水彻底冲洗。就医。

皮肤接触：立即脱去污染的衣着，用肥皂水和清水彻底冲洗。就医。

食入：漱口，饮水。就医。

灭火方法　消防人员须穿全身消防服，佩戴正压自给式呼吸器，在上风向灭火。尽可能将容器从火场移至空旷处。喷水保持火场容器冷却，直至灭火结束。

灭火剂：雾状水、泡沫、二氧化碳、干粉、沙土。

泄漏应急处置　隔离泄漏污染区，限制出入。建议应急处理人员戴防尘口罩，穿防毒服。穿上适当的防护服前严禁接触破裂的容器和泄漏物。尽可能切断泄漏源。用塑料布覆盖泄漏物，减少飞散。勿使水进入包装容器内。用洁净的铲子收集泄漏物，置于干净、干燥、盖子较松的容器中，将容器移离泄漏区。

855. 乙基三乙氧基硅烷

标　识

中文名称　乙基三乙氧基硅烷

英文名称　Ethyltriethoxysilane；Triethoxy(ethyl)silane

别名　三乙氧基乙基硅烷

分子式　$C_8H_{20}O_3Si$

CAS 号　78-07-9

铁危编号　32135

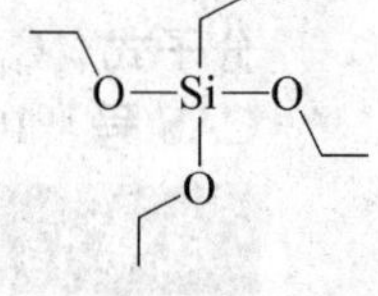

危害信息

危险性类别　第 3 类　易燃液体

燃烧与爆炸危险性　易燃。其蒸气与空气混合，能形成爆炸性混合物，遇明火、高热能引起燃烧爆炸。蒸气比空气重，能沿地面传播到相当远处，遇点火源引燃并回燃。若遇高热，容器内压增大，有开裂和爆炸的危险。接触水能释放出易燃气体。燃烧或受热分解产生有毒烟气。

活性反应　与氧化剂可发生反应。

禁忌物　强氧化剂、强酸。

毒性　大鼠经口 LD_{50}：14g/kg；兔经皮 LD_{50}：16mL/kg。

侵入途径　吸入、食入、经皮吸收。

理化特性与用途

理化特性　无色透明液体，有特殊气味，在潮湿的空气中缓慢分解。不溶于水，混溶于乙醇、乙醚等。熔点－78℃，沸点 158～159℃，相对密度(水＝1)0.896，饱和蒸气压 1.33kPa(50℃)，辛醇/水分配系数 1.29，闪点 29℃，引燃温度 235℃。

主要用途　用作合成高分子有机硅化合物的原料。

包装与储运

包装标志　易燃液体

包装类别　Ⅲ类

安全储运　储存于阴凉、干燥、通风良好的库房。远离火种、热源。库温不宜超过 37℃。包装必须密封，切勿受潮。应与氧化剂、酸类、醇类等隔离储运。采用防爆型照明、通风设施。禁止使用易产生火花的机械设备和工具。灌装时注意控制流速，防止静电积聚。搬运时轻装轻卸，防止容器受损。

紧急处置信息

急救措施

吸入：迅速脱离现场至空气新鲜处。保持呼吸道通畅。如呼吸困难，给输氧。呼吸、心跳停止，立即进行心肺复苏术。就医。

眼睛接触：立即分开眼睑，用流动清水或生理盐水彻底冲洗。就医。

皮肤接触：立即脱去污染的衣着，用肥皂水和清水彻底冲洗。就医。

食入：漱口，饮水。就医。

灭火方法　消防人员须佩戴正压自给式呼吸器，穿全身消防服，在上风向灭火。尽可能将容器从火场移至空旷处。喷水保持火场容器冷却，直至灭火结束。处在火场中的容器若已变色或从安全泄压装置中发出声音，必须马上撤离。

灭火剂：雾状水、泡沫、干粉、二氧化碳、沙土。避免使用直流水。

泄漏应急处置　消除所有点火源。根据液体流动和蒸气扩散的影响区域划定警戒区，无关人员从侧风、上风向撤离至安全区。建议应急处理人员戴正压自给式呼吸器，穿防静电服。作业时使用的所有设备应接地。禁止接触或跨越泄漏物。尽可能切断泄漏源。防止泄漏物进入水体、下水道、地下室或有限空间。小量泄漏：用沙土或其他不燃材料吸收。使用洁净的无火花工具收集吸收材料。大量泄漏：构筑围堤或挖坑收容。用泡沫覆盖，减少蒸发。喷水雾能减少蒸发，但不能降低泄漏物在有限空间内的易燃性。用防爆泵转移至槽车或专用收集器内。

856. 乙基烯丙基醚

标　识

中文名称　乙基烯丙基醚

856. 乙基烯丙基醚

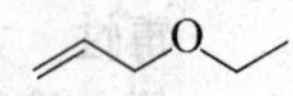

英文名称　Ethyl allyl ether；Allyl ethyl ether；1-Propene，3-ethoxy-

别名　烯丙基乙基醚

分子式　$C_5H_{10}O$

CAS 号　557-31-3

铁危编号　31186

UN 号　2335

危害信息

危险性类别　第 3 类　易燃液体

燃烧与爆炸危险性　易燃。其蒸气与空气混合，能形成爆炸性混合物。蒸气比空气重，能沿地面传播到相当远处，遇点火源引燃并回燃。容易自聚。若遇高热，容器内压增大，有开裂和爆炸的危险。燃烧或受热分解产生遇到的烟气。

活性反应　与氧化剂接触发生猛烈反应。

禁忌物　强氧化剂、强酸。

侵入途径　吸入、食入。

理化特性与用途

理化特性　无色透明液体。不溶于水，混溶于乙醇、乙醚。沸点 67.6℃，相对密度(水=1)0.76，饱和蒸气压 20.35kPa(20℃)，辛醇/水分配系数 1.40，闪点-21℃。

主要用途　用于有机合成。

包装与储运

包装标志　易燃液体，有毒品

包装类别　Ⅱ类

安全储运　通常商品加有稳定剂。储存于阴凉、通风的库房。远离火种、热源。储存温度不超过 32℃，相对湿度不超过 80%。包装要求密封。不可与空气接触。应与氧化剂、酸类、醇类等隔离储运。不宜大量储存或久存。采用防爆型照明、通风设施。禁止使用易产生火花的机械设备和工具。灌装时注意控制流速，防止静电积聚。搬运时轻装轻卸，防止容器受损。

紧急处置信息

急救措施

吸入：迅速脱离现场至空气新鲜处。保持呼吸道通畅。如呼吸困难，给输氧。呼吸、心跳停止，立即进行心肺复苏术。就医。

眼睛接触：立即分开眼睑，用流动清水或生理盐水彻底冲洗。就医。

皮肤接触：立即脱去污染的衣着，用肥皂水和清水彻底冲洗。就医。

食入：漱口，饮水。就医。

灭火方法　消防人员须佩戴空气呼吸器，穿全身消防服，在上风向灭火。尽可能将容器从火场移至空旷处。喷水保持火场容器冷却，直至灭火结束。处在火场中的容器若已变色或从安全泄压装置中发出声音，必须马上撤离。用水灭火无效。

灭火剂：泡沫、干粉、二氧化碳、沙土。

泄漏应急处置　消除所有点火源。根据液体流动和蒸气扩散的影响区域划定警戒区，无关人员从侧风、上风向撤离至安全区。建议应急处理人员戴正压自给式呼吸器，穿防毒、防静电服。作业时使用的所有设备应接地。禁止接触或跨越泄漏物。尽可能切断泄漏源。

防止泄漏物进入水体、下水道、地下室或有限空间。小量泄漏：用沙土或其他不燃材料吸收。使用洁净的无火花工具收集吸收材料。大量泄漏：构筑围堤或挖坑收容。用泡沫覆盖，减少蒸发。喷水雾能减少蒸发，但不能降低泄漏物在有限空间内的易燃性。用防爆泵转移至槽车或专用收集器内。

857. *O*-乙基-*O*-(6-硝基-间甲苯基-仲丁基)硫代磷酰胺酯

标识

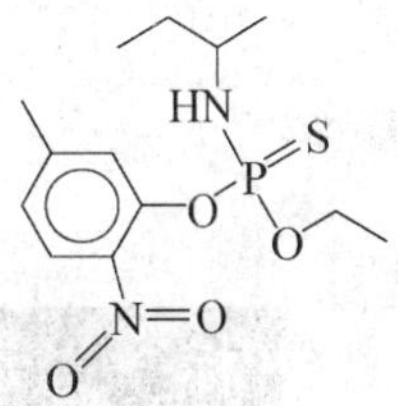

中文名称 *O*-乙基-*O*-(6-硝基-间甲苯基-仲丁基)硫代磷酰胺酯

英文名称 *O*-Ethyl-*O*-(6-nitro-*m*-tolyl-sec-butyl) phosphoramidothioate; Butamifos

别名 抑草磷

分子式 $C_{13}H_{21}N_2O_4PS$

CAS 号 36335-67-8

危害信息

燃烧与爆炸危险性 可燃。燃烧或受热分解产生有毒的氮氧化物和硫氧化物气体。在高温火场中，受热的容器或储罐有破裂和爆炸的危险。

禁忌物 强氧化剂。

毒性 大鼠经口 LD_{50}：630mg/kg；小鼠经口 LD_{50}：400mg/kg；大鼠经皮 LD_{50}：>4g/kg；小鼠经皮 LD_{50}：>5g/kg。

侵入途径 吸入、食入、经皮吸收。

环境危害 对水生生物有极高毒性，可能在水生环境中造成长期不利影响。

理化特性与用途

理化特性 棕黄色液体。不溶于水，溶于二甲苯、甲醇、丙酮等有机溶剂。熔点<25℃，分解温度230℃，饱和蒸气压84mPa(27℃)，辛醇/水分配系数4.62，闪点192℃。

主要用途 芽前除草剂。用于大豆、蔬菜、草坪田防除一年生杂草。

包装与储运

包装标志 杂项

包装类别 Ⅲ类

安全储运 储存于阴凉、通风的库房。远离火种、热源。保持容器密闭。应与强氧化剂等隔离储运。搬运时轻装轻卸，防止容器受损。

紧急处置信息

急救措施

吸入： 迅速脱离现场至空气新鲜处。保持呼吸道通畅。如呼吸困难，给输氧。呼吸、心跳停止，立即进行心肺复苏术。就医。

眼睛接触： 立即分开眼睑，用流动清水或生理盐水彻底冲洗。就医。

皮肤接触： 立即脱去污染的衣着，用流动清水彻底冲洗。就医。

食入： 漱口，饮水。就医。

灭火方法 消防人员须穿全身消防服，佩戴正压自给式呼吸器，在上风向灭火。尽可能将容器从火场移至空旷处。喷水保持火场容器冷却，直至灭火结束。处在火场中的容器若发生异常变化或发出异常声音，须马上撤离。

灭火剂：泡沫、二氧化碳、干粉、沙土。

泄漏应急处置 根据液体流动和蒸气扩散的影响区域划定警戒区，无关人员从侧风、上风向撤离至安全区。消除所有点火源。建议应急处理人员戴正压自给式呼吸器，穿防毒服。穿上适当的防护服前严禁接触破裂的容器和泄漏物。尽可能切断泄漏源。防止泄漏物进入水体、下水道、地下室或有限空间。小量泄漏：用沙土或其他不燃材料吸收。使用洁净的无火花工具收集吸收材料。大量泄漏：构筑围堤或挖坑收容。用泡沫覆盖，减少蒸发。用泵转移至槽车或专用收集器内。

858. 乙基溴硫磷

标　识

中文名称 乙基溴硫磷

英文名称 Bromophos ethyl；Phosphorothioic acid，*O*-(4-bromo-2，5-dichlorophenyl) *O*，*O*-diethyl ester

别名 *O*-(4-溴-2，5-二氯苯基)-*O*，*O*-二乙基硫代磷酸酯

分子式 $C_{10}H_{12}BrCl_2O_3PS$

CAS 号 4824-78-6

铁危编号 61875

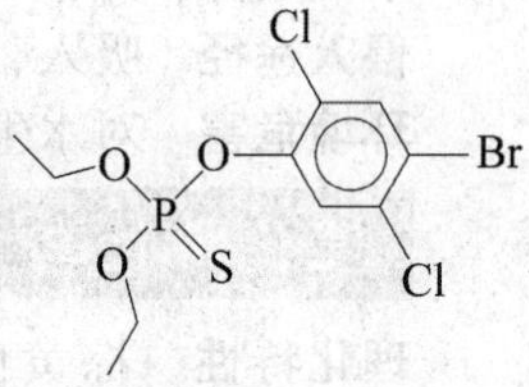

危害信息

危险性类别 第6类 有毒品

燃烧与爆炸危险性 可燃。遇高热分解释出高毒烟气。若遇高热，容器内压增大，有开裂和爆炸的危险。

活性反应 与氧化剂可发生反应。

禁忌物 强氧化剂。

毒性 大鼠经口 LD_{50}：52mg/kg；小鼠经口 LD_{50}：210mg/kg；大鼠经皮 LD_{50}：1000mg/kg；兔经皮 LD_{50}：500mg/kg。

中毒表现 本品为中等毒有机磷杀虫剂，抑制胆碱酯酶。中毒症状有头痛、头晕、恶心、呕吐、腹泻、流涎、多汗、瞳孔缩小、脑水肿、肌束震颤、肺水肿等。

侵入途径 吸入、食入、经皮吸收。

环境危害 对水生生物有极高毒性，可能在水生环境中造成长期不利影响。

理化特性与用途

理化特性 无色至淡黄色液体，几乎无气味。不溶于水，溶于大多数有机溶剂。沸点122～123℃(0.13Pa)，相对密度(水=1)1.52～1.55，蒸气压6.1mPa(30℃)，辛醇/水分配系数6.15，闪点100℃。

主要用途 杀虫剂，有一定杀螨活性。用于防治多种作物的害虫和螨类。

包装与储运

包装标志 有毒品

包装类别 Ⅱ类

安全储运 储存于阴凉、通风的库房。远离火种、热源。防止阳光直射。储存温度不超过32℃，相对湿度不超过85%。保持容器密封。应与氧化剂等隔离储运。搬运时轻装轻卸，防止容器受损。

紧急处置信息

急救措施

吸入：迅速脱离现场至空气新鲜处。保持呼吸道通畅。如呼吸困难，给输氧。呼吸、心跳停止，立即进行心肺复苏术。就医。

眼睛接触：分开眼睑，用流动清水或生理盐水冲洗。就医。

皮肤接触：立即脱去污染的衣着，用肥皂水及流动清水彻底冲洗污染的皮肤、头发、指甲等。就医。

食入：饮足量温水，催吐(仅限于清醒者)。口服活性炭。就医。

解毒剂：阿托品、胆碱酯酶复能剂。

灭火方法 消防人员须佩戴正压自给式呼吸器，穿全身消防服，在上风向灭火。尽可能将容器从火场移至空旷处。喷水保持火场容器冷却，直至灭火结束。处在火场中的容器若已变色或从安全泄压装置中发出声音，必须马上撤离。

灭火剂：雾状水、泡沫、干粉、二氧化碳、沙土。

泄漏应急处置 根据液体流动和蒸气扩散的影响区域划定警戒区，无关人员从侧风、上风向撤离至安全区。消除所有点火源。建议应急处理人员戴正压自给式呼吸器，穿防毒服。穿上适当的防护服前严禁接触破裂的容器和泄漏物。尽可能切断泄漏源。防止泄漏物进入水体、下水道、地下室或有限空间。小量泄漏：用干燥的沙土或其他不燃材料吸收或覆盖，收集于容器中。大量泄漏：构筑围堤或挖坑收容。用泵转移至槽车或专用收集器内。

859. 乙基正丁基醚

标　识

中文名称 乙基正丁基醚

英文名称 Butyl ethyl ether；Ethyl butyl ether；Butane，1-ethoxy-

别名 丁基乙基醚

分子式 $C_6H_{14}O$

CAS号 628-81-9

铁危编号 31185

UN号 1179

危害信息

危险性类别 第3类 易燃液体

燃烧与爆炸危险性　极易燃。其蒸气与空气混合能形成爆炸性混合物，遇明火、高热极易燃烧或爆炸。在高温火场中，受热的容器或储罐有破裂和爆炸的危险。蒸气比空气重，能在较低处扩散到相当远的地方，遇火源会着火回燃或爆炸(闪爆)。燃烧或受热分解产生有毒烟气。

禁忌物　强氧化剂。

毒性　大鼠经口 LD_{50}：1870mg/kg；小鼠吸入 LC_{50}：153g/m^3(15min)。

中毒表现　本品有麻醉作用。

侵入途径　吸入、食入。

理化特性与用途

理化特性　无色透明液体。微溶于水，混溶于乙醇、乙醚、丙酮。熔点-124℃，沸点91~92℃，相对密度(水=1)0.75，相对蒸气密度(空气=1)3.7，饱和蒸气压 6.9kPa(25℃)，闪点 4℃(闭杯)，引燃温度 184℃。

主要用途　用作溶剂。

包装与储运

包装标志　易燃液体

包装类别　Ⅱ类

安全储运　储存于阴凉、通风的库房。远离火种、热源，避免阳光直射。储存温度不超过 37℃。炎热季节早晚运输。保持容器密闭。应与氧化剂、强酸等隔离储运。禁止使用易产生火花的机械设备和工具。灌装时注意控制流速，防止静电积聚。搬运时轻装轻卸，防止容器受损。

紧急处置信息

急救措施

吸入：迅速脱离现场至空气新鲜处。保持呼吸道通畅。如呼吸困难，给输氧。呼吸、心跳停止，立即进行心肺复苏术。就医。

眼睛接触：立即分开眼睑，用流动清水或生理盐水彻底冲洗。就医。

皮肤接触：立即脱去污染的衣着，用肥皂水和清水彻底冲洗。就医。

食入：饮水，禁止催吐。就医。

灭火方法　消防人员须穿全身消防服，佩戴空气呼吸器，在上风向灭火。尽可能将容器从火场移至空旷处。喷水保持火场容器冷却，直至灭火结束。处在火场中的容器若发生异常变化或发出异常声音，须马上撤离。

灭火剂：抗溶性泡沫、二氧化碳、干粉、沙土。用水灭火无效。

泄漏应急处置　消除所有点火源。根据液体流动和蒸气扩散的影响区域划定警戒区，无关人员从侧风、上风向撤离至安全区。建议应急处理人员戴正压自给式呼吸器，穿防静电服。作业时使用的所有设备应接地。禁止接触或跨越泄漏物。尽可能切断泄漏源。防止泄漏物进入水体、下水道、地下室或有限空间。小量泄漏：用沙土或其他不燃材料吸收。使用洁净的无火花工具收集吸收材料。大量泄漏：构筑围堤或挖坑收容。用泡沫覆盖，减少蒸发。喷水雾能减少蒸发，但不能降低泄漏物在有限空间内的易燃性。用防爆泵转移至槽车或专用收集器内。

860. 乙硫基乙醇

标　识

中文名称　乙硫基乙醇

英文名称　2-(Ethylthio)ethanol; Ethyl 2-hydroxyethyl sulfide

别名　羟基乙硫醚；α-乙硫基乙醇

分子式　$C_4H_{10}OS$

CAS 号　110-77-0

铁危编号　61595

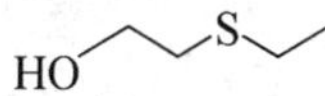

危害信息

危险性类别　第6类　有毒品

燃烧与爆炸危险性　可燃。其蒸气与空气混合，能形成爆炸性混合物。受高热分解放出有毒和刺激性的气体。

禁忌物　强氧化剂。

毒性　大鼠经口 LD_{50}：2320mg/kg。

中毒表现　对眼睛、皮肤、黏膜和上呼吸道有强烈刺激作用。接触后，可引起烧灼感、咳嗽、喉炎、气短、头痛、恶心和呕吐。

侵入途径　吸入、食入、经皮吸收。

理化特性与用途

理化特性　无色至淡黄色透明液体，微有臭味。溶于水，溶于多数有机溶剂。熔点-100℃，沸点182~184℃，相对密度(水=1)1.02，相对蒸气密度(空气=1)3.66，蒸气压25Pa(25℃)，辛醇/水分配系数0.44，闪点>110℃。

主要用途　用作杀虫剂、润滑油和切削油添加剂、浮选剂、增塑剂等的中间体。

包装与储运

包装标志　有毒品

包装类别　Ⅱ类

安全储运　储存于阴凉、通风的库房。远离火种、热源。防止阳光直射。储存温度不超过32℃，相对湿度不超过85%。保持容器密封。应与氧化剂等隔离储运。搬运时轻装轻卸，防止容器受损。

紧急处置信息

急救措施

吸入：迅速脱离现场至空气新鲜处。保持呼吸道通畅。如呼吸困难，给输氧。呼吸、心跳停止，立即进行心肺复苏术。就医。

眼睛接触：立即分开眼睑，用流动清水或生理盐水彻底冲洗。就医。

皮肤接触：立即脱去污染的衣着，用肥皂水和清水彻底冲洗。就医。

食入：漱口，饮水。就医。

灭火方法 消防人员须佩戴正压自给式呼吸器，穿全身消防服，在上风向灭火。尽可能将容器从火场移至空旷处。喷水保持火场容器冷却，直至灭火结束。处在火场中的容器若已变色或从安全泄压装置中发出声音，必须马上撤离。

灭火剂：雾状水、泡沫、干粉、二氧化碳、沙土。

泄漏应急处置 根据液体流动和蒸气扩散的影响区域划定警戒区，无关人员从侧风、上风向撤离至安全区。消除所有点火源。建议应急处理人员戴正压自给式呼吸器，穿防毒服。穿上适当的防护服前严禁接触破裂的容器和泄漏物。尽可能切断泄漏源。防止泄漏物进入水体、下水道、地下室或有限空间。小量泄漏：用干燥的沙土或其他不燃材料吸收或覆盖，收集于容器中。大量泄漏：构筑围堤或挖坑收容。用泵转移至槽车或专用收集器内。

861. 乙醛肟

标　识

中文名称 乙醛肟

英文名称 Acetaldehyde oxime；Ethylidenehydroxylamine

别名 亚乙基羟胺；亚乙基胲

分子式 C_2H_5NO

CAS 号 107-29-9

铁危编号 32128

UN 号 2332

N　OH

危害信息

危险性类别 第3类 易燃液体

燃烧与爆炸危险性 易燃。其蒸气与空气混合，能形成爆炸性混合物。蒸气比空气重，能传播到相当远处，遇点火源引燃并回燃。在火场中，容器受热有开裂或爆炸的危险。燃烧分解时，放出有毒的氮氧化物气体。能腐蚀铁及其他金属。

活性反应 本品会自动氧化形成具有爆炸性的过氧化物。能腐蚀铁及其他金属。

禁忌物 强氧化剂、强酸。

毒性 小鼠腹腔内 LD_{50}：100mg/kg。

中毒表现 接触引起呼吸道、眼和皮肤刺激。

侵入途径 吸入、食入、经皮吸收。

理化特性与用途

理化特性 无色液体或针状结晶，有刺激性气味。易溶于水、乙醇、乙醚。熔点 44~46℃，沸点 115℃，相对密度(水=1)0.969，饱和蒸气压 1.73kPa(25℃)，辛醇/水分配系数 -0.13，闪点 40℃(开杯)，引燃温度 380℃，爆炸下限 4.2%，爆炸上限 50%。

主要用途 用于有机合成。

包装与储运

包装标志 易燃液体

包装类别 Ⅲ类

安全储运 储存于阴凉、通风的库房。远离火种、热源。库温不宜超过37℃。保持容器密闭。应与氧化剂、酸类等隔离储运。采用防爆型照明、通风设施。禁止使用易产生火花的机械设备和工具。灌装时注意控制流速，防止静电积聚。搬运时轻装轻卸，防止容器受损。

紧急处置信息

急救措施

吸入：迅速脱离现场至空气新鲜处。保持呼吸道通畅。如呼吸困难，给输氧。呼吸、心跳停止，立即进行心肺复苏术。就医。

眼睛接触：立即分开眼睑，用流动清水或生理盐水彻底冲洗。就医。

皮肤接触：立即脱去污染的衣着，用肥皂水和清水彻底冲洗。就医。

食入：漱口，饮水。就医。

灭火方法 消防人员须佩戴正压自给式呼吸器，穿全身消防服，在上风向灭火。尽可能将容器从火场移至空旷处。喷水保持火场容器冷却，直至灭火结束。处在火场中的容器若已变色或从安全泄压装置中发出声音，必须马上撤离。

灭火剂：雾状水、泡沫、干粉、二氧化碳、沙土。

泄漏应急处置 消除所有点火源。根据液体流动和蒸气扩散的影响区域划定警戒区，无关人员从侧风、上风向撤离至安全区。建议应急处理人员戴正压自给式呼吸器，穿防静电服。作业时使用的所有设备应接地。禁止接触或跨越泄漏物。尽可能切断泄漏源。防止泄漏物进入水体、下水道、地下室或有限空间。小量泄漏：用沙土或其他不燃材料吸收。使用洁净的无火花工具收集吸收材料。大量泄漏：构筑围堤或挖坑收容。用抗溶性泡沫覆盖，减少蒸发。喷水雾能减少蒸发，但不能降低泄漏物在有限空间内的易燃性。用防爆泵转移至槽车或专用收集器内。

862. 乙炔二羰酰胺

标　识

中文名称 乙炔二羰酰胺

英文名称 Acetylene dicarboxamide；Cellocidin；2-Butynediamide

别名 叶枯炔

分子式 $C_4H_4N_2O_2$

CAS 号 543-21-5

危害信息

危险性类别 第6类 有毒品

燃烧与爆炸危险性 可燃。燃烧或受热分解产生有毒的氮氧化物气体。

禁忌物 强氧化剂。

毒性 小鼠经口 LD_{50}：89200 μg/kg；小鼠经皮 LD_{50}：667mg/kg。

中毒表现 食入或经皮肤吸收可引起中毒。

侵入途径 吸入、食入、经皮吸收。

理化特性与用途

理化特性 白色柱状结晶。微溶于水，微溶于乙醇、有机溶剂。熔点 217℃(分解)，饱和蒸气压 0.11mPa(25℃)，辛醇/水分配系数-3.38，闪点 216℃。

主要用途 农用杀菌剂。用于防治水稻白叶枯病和柑橘溃疡病。

包装与储运

包装标志 有毒品

包装类别 Ⅲ类

安全储运 储存于阴凉、通风的库房。远离火种、热源。储存温度不超过 35℃，相对湿度不超过 85%。保持容器密封。应与强氧化剂等隔离储运。搬运时轻装轻卸，防止容器受损。

紧急处置信息

急救措施

吸入：迅速脱离现场至空气新鲜处。保持呼吸道通畅。如呼吸困难，给输氧。呼吸、心跳停止，立即进行心肺复苏术。就医。

眼睛接触：立即分开眼睑，用流动清水或生理盐水彻底冲洗。就医。

皮肤接触：立即脱去污染的衣着，用流动清水彻底冲洗。就医。

食入：饮适量温水，催吐(仅限于清醒者)。就医。

灭火方法 消防人员须穿全身消防服，佩戴正压自给式呼吸器，在上风向灭火。尽可能将容器从火场移至空旷处。喷水保持火场容器冷却，直至灭火结束。灭火剂：雾状水、抗溶性泡沫、二氧化碳、干粉、沙土。

泄漏应急处置 隔离泄漏污染区，限制出入。建议应急处理人员戴防尘口罩，穿防毒服。穿上适当的防护服前严禁接触破裂的容器和泄漏物。尽可能切断泄漏源。用塑料布覆盖泄漏物，减少飞散。勿使水进入包装容器内。用洁净的铲子收集泄漏物，置于干净、干燥、盖子较松的容器中，将容器移离泄漏区。

863. 乙酸-2-甲氧基-1-甲基乙基酯

标　识

中文名称 乙酸-2-甲氧基-1-甲基乙基酯

英文名称 2-Methoxy-1-methylethyl acetate；1-Methoxy-2-propyl acetate

别名 丙二醇甲醚醋酸酯

分子式 $C_6H_{12}O_3$

CAS 号 108-65-6

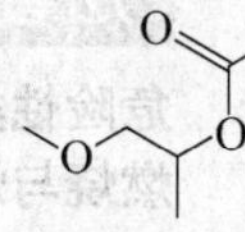

危害信息

危险性类别 第 3 类 易燃液体

燃烧与爆炸危险性 易燃。其蒸气与空气混合能形成爆炸性混合物，遇明火、高热易燃烧或爆炸。在高温火场中，受热的容器或储罐有破裂和爆炸的危险。蒸气比空气重，能在较低处扩散到相当远的地方，遇火源会着火回燃和爆炸(闪爆)。

禁忌物 强氧化剂。

毒性 大鼠经口 LD_{50}：8532mg/kg；小鼠经口 LD_{50}：750mg/kg；兔经皮 LD_{50}：>5g/kg。

中毒表现 吸入后引起咳嗽、头晕、头痛、恶心和气短。摄入后引起腹痛、腹泻，甚至神志不清。对眼和皮肤有刺激性。

侵入途径 吸入、食入、经皮吸收。

理化特性与用途

理化特性 无色透明吸湿性液体，有醚的气味。溶于水。熔点-87℃，沸点146℃，相对密度(水=1)0.96，相对蒸气密度(空气=1)4.6，饱和蒸气压0.52kPa(25℃)，辛醇/水分配系数0.36，闪点42℃(闭杯)，引燃温度315℃，爆炸下限1.5%，爆炸上限7.0%。

主要用途 主要用于油墨、油漆、墨水、纺织染料、纺织油剂的溶剂，也可用于液晶显示器生产中的清洗剂。

包装与储运

包装标志 易燃液体

包装类别 Ⅲ类

安全储运 储存于阴凉、通风的库房。远离火种、热源。库温不宜超过37℃。保持容器密闭。应与氧化剂、强酸、强碱等隔离储运。采用防爆型照明、通风设施。禁止使用易产生火花的机械设备和工具。灌装时注意控制流速，防止静电积聚。搬运时轻装轻卸，防止容器受损。

紧急处置信息

急救措施

吸入：迅速脱离现场至空气新鲜处。保持呼吸道通畅。如呼吸困难，给输氧。呼吸、心跳停止，立即进行心肺复苏术。就医。

眼睛接触：立即分开眼睑，用流动清水或生理盐水彻底冲洗。就医。

皮肤接触：立即脱去污染的衣着，用肥皂水和清水彻底冲洗。就医。

食入：漱口，饮水。就医。

灭火方法 消防人员须穿全身消防服，佩戴空气呼吸器，在上风向灭火。尽可能将容器从火场移至空旷处。喷水保持火场容器冷却，直至灭火结束。处在火场中的容器若发生异常变化或发出异常声音，须马上撤离。

灭火剂：抗溶性泡沫、二氧化碳、干粉、沙土。

泄漏应急处置 根据液体流动和蒸气扩散的影响区域划定警戒区，无关人员从侧风、上风向撤离至安全区。消除所有点火源。建议应急处理人员戴防毒面具，穿防毒服。穿上适当的防护服前严禁接触破裂的容器和泄漏物。尽可能切断泄漏源。防止泄漏物进入水体、下水道、地下室或有限空间。小量泄漏：用干燥的沙土或其他不燃材料吸收或覆盖，收集于容器中。大量泄漏：构筑围堤或挖坑收容。用泵转移至槽车或专用收集器内。

864. 乙酸2-乙酰氧甲基-4-苄基氧-1-丁基酯

标　识

中文名称 乙酸2-乙酰氧甲基-4-苄基氧-1-丁基酯

英文名称 2-Acetoxymethyl-4-benzyloxybut-1-yl acetate

分子式 $C_{16}H_{22}O_5$

CAS 号 131266-10-9

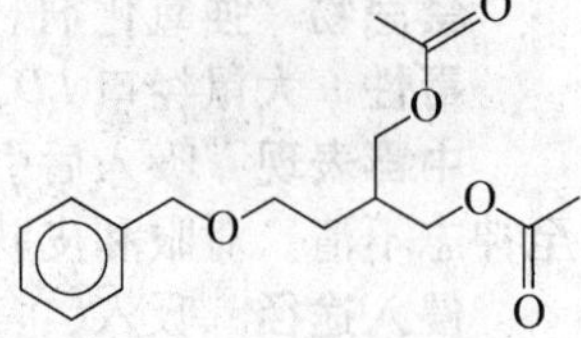

危害信息

燃烧与爆炸危险性 可燃。燃烧或受热分解产生有毒或刺激性烟气。

禁忌物 强氧化剂。

侵入途径 吸入、食入。

理化特性与用途

理化特性 微溶于水。沸点 390℃，相对密度（水 = 1）1.098，饱和蒸气压 0.37mPa（25℃），辛醇/水分配系数 2.52，闪点 169℃。

主要用途 医药原料。

包装与储运

安全储运 储存于阴凉、通风的库房。远离火种、热源。保持容器密闭。应与强氧化剂、强酸、强碱等隔离储运。搬运时轻装轻卸，防止容器受损。

紧急处置信息

急救措施

吸入： 脱离接触。如有不适感，就医。

眼睛接触： 分开眼睑，用流动清水或生理盐水冲洗。如有不适感，就医。

皮肤接触： 脱去污染的衣着，用肥皂水和清水冲洗。如有不适感，就医。

食入： 漱口，饮水。就医。

灭火方法 消防人员须穿全身消防服，佩戴正压自给式呼吸器，在上风向灭火。尽可能将容器从火场移至空旷处。喷水保持火场容器冷却，直至灭火结束。

灭火剂：雾状水、泡沫、二氧化碳、干粉、沙土。

泄漏应急处置 隔离泄漏污染区，限制出入。消除所有点火源。建议应急处理人员戴防尘口罩，穿一般作业工作服。尽可能切断泄漏源。用塑料布覆盖泄漏物，减少飞散。勿使水进入包装容器内。用洁净的铲子收集泄漏物，置于干净、干燥、盖子较松的容器中，将容器移离泄漏区。

865. 乙酸钡

标　识

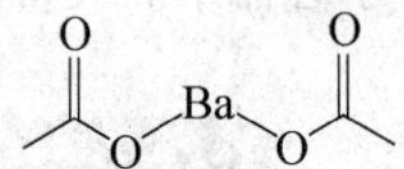

中文名称 乙酸钡

英文名称 Barium acetate; Barium di(acetate)

别名 醋酸钡

分子式 $C_4H_6BaO_4$

CAS 号 543-80-6

铁危编号 61852

危害信息

危险性类别 第6类 有毒品

燃烧与爆炸危险性 不燃。受热分解产生有毒和刺激性烟气。

禁忌物 强氧化剂、酸类。

毒性 大鼠经口 LD_{50}：921mg/kg。

中毒表现 具有局部刺激和全身性毒作用。误服后出现进行性肌麻痹、心律紊乱、血压降低等，可死于心律紊乱和呼吸肌麻痹。长期接触可致口腔炎、鼻炎、结膜炎、脱发等。

侵入途径 吸入、食入

职业接触限值 中国：PC-TWA 0.5mg/m^3，PC-STEL 1.5mg/m^3［按Ba计］。美国(ACGIH)：TLV-TWA 0.5mg/m^3［按Ba计］。

理化特性与用途

理化特性 无色至白色结晶或粉末。易溶于水，微溶于甲醇。相对密度(水=1)2.468，辛醇/水分配系数 -0.58。

主要用途 用于钙盐的分析，用作硫酸盐和铬酸盐的沉淀剂、织物印染的媒染剂、有机合成的催化剂，以及制备其他乙酸盐。

包装与储运

包装标志 有毒品

包装类别 Ⅲ类

安全储运 储存于阴凉、通风的库房。远离火种、热源。防止阳光直射。储存温度不超过35℃，相对湿度不超过85%。保持容器密封。应与氧化剂、酸类等隔离储运。搬运时轻装轻卸，防止容器受损。

紧急处置信息

急救措施

吸入：迅速脱离现场至空气新鲜处。保持呼吸道通畅。如呼吸困难，给输氧。呼吸、心跳停止，立即进行心肺复苏术。就医。

眼睛接触：立即分开眼睑，用流动清水或生理盐水彻底冲洗。就医。

皮肤接触：立即脱去污染的衣着，用肥皂水和清水彻底冲洗。就医。

食入：漱口，饮水。口服硫酸钠。就医。

灭火方法 消防人员必须佩戴正压自给式呼吸器，穿全身防火防毒服，在上风向灭火。尽可能将容器从火场移至空旷处。喷水保持火场容器冷却，直至灭火结束。

本品不燃，根据周围火灾原因选择适当的灭火剂灭火。

泄漏应急处置 隔离泄漏污染区，限制出入。建议应急处理人员戴防尘口罩，穿防毒服。穿上适当的防护服前严禁接触破裂的容器和泄漏物。尽可能切断泄漏源。用塑料布覆盖泄漏物，减少飞散。勿使水进入包装容器内。用洁净的铲子收集泄漏物，置于干净、干燥、盖子较松的容器中，将容器移离泄漏区。

866. 乙酸苯乙酯

标　识

中文名称　乙酸苯乙酯

英文名称　Phenethyl acetate；2-Phenylethyl acetate

别名　醋酸苯乙酯

分子式　$C_{10}H_{12}O_2$

CAS 号　103-45-7

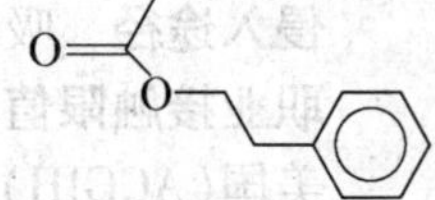

危害信息

燃烧与爆炸危险性　可燃。燃烧产生有毒的一氧化碳气体。若遇高热，容器内压增大，有开裂和爆炸的危险。

活性反应　与氧化剂能发生强烈反应。

禁忌物　强氧化剂。

毒性　大鼠经口 LD_{50}：3670mg/kg；小鼠经口 LD_{50}：3670mg/kg；兔经皮 LD_{50}：6210mg/kg；大鼠吸入 LC_{50}：>500mg/m^3。

侵入途径　吸入、食入、经皮吸收。

理化特性与用途

理化特性　无色至淡黄色液体，有水果香味。微溶于水，溶于乙醇、乙醚等。熔点-31℃，沸点 232~239℃，相对蒸气密度(空气=1)5.67，蒸气压 4Pa(20℃)，辛醇/水分配系数 2.3，闪点 105℃，引燃温度 450℃。

主要用途　主要用作食品、日用品香料成分。

包装与储运

安全储运　储存于阴凉、通风的库房。远离火种、热源。保持容器密闭。应与强氧化剂、强碱等隔离储运。搬运时轻装轻卸，防止容器受损。

紧急处置信息

急救措施

吸入：迅速脱离现场至空气新鲜处。保持呼吸道通畅。如呼吸困难，给输氧。呼吸、心跳停止，立即进行心肺复苏术。就医。

眼睛接触：立即分开眼睑，用流动清水或生理盐水彻底冲洗。就医。

皮肤接触：立即脱去污染的衣着，用肥皂水和清水彻底冲洗。就医。

食入：漱口，饮水。就医。

灭火方法　消防人员须佩戴空气呼吸器，穿全身消防服，在上风向灭火。尽可能将容器从火场移至空旷处。喷水保持火场容器冷却，直至灭火结束。

灭火剂：雾状水、泡沫、干粉、二氧化碳、沙土。

泄漏应急处置　根据液体流动和蒸气扩散的影响区域划定警戒区，无关人员从侧风、上风向撤离至安全区。消除所有点火源。建议应急处理人员戴防毒面具，穿一般作业工作服。尽可能切断泄漏源。防止泄漏物进入水体、下水道、地下室或有限空间。小量泄漏：用干燥的沙土或其他不燃材料吸收或覆盖，收集于容器中。大量泄漏：构筑围堤或挖坑收容。用泵转移至槽车或专用收集器内。

867. 乙酸苯酯

标　识

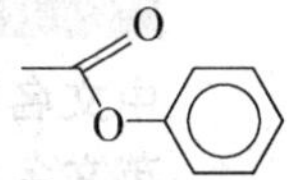

中文名称　乙酸苯酯

英文名称　Phenyl acetate；Acetic acid，phenyl ester

别名　醋酸苯酯

分子式　$C_8H_8O_2$

CAS 号　122-79-2

危害信息

燃烧与爆炸危险性　可燃。其蒸气与空气混合，能形成爆炸性混合物。若遇高热，容器内压增大，有开裂和爆炸的危险。

禁忌物　强氧化剂、强酸、强碱、强还原剂。

毒性　大鼠经口 LD_{50}：1630 μL/kg；兔经皮 LD_{50}：8 mL/kg。

中毒表现　对眼和皮肤有刺激性，引起红肿、疼痛。

侵入途径　吸入、食入、经皮吸收。

理化特性与用途

理化特性　无色或浅棕色液体，有苯酚气味。不溶于水，与乙醇、乙醚、氯仿等混溶。熔点-30℃，沸点 196℃，相对密度(水=1)1.07，相对蒸气密度(空气=1)4.7，辛醇/水分配系数 1.49，闪点 80℃，引燃温度>450℃。

主要用途　用作溶剂、有机合成中间体、试剂等。

包装与储运

安全储运　储存于阴凉、通风的库房。远离火种、热源。保持容器密闭。应与强氧化剂、还原剂、强酸、碱类、等隔离储运。搬运时轻装轻卸，防止容器受损。

紧急处置信息

急救措施

吸入：迅速脱离现场至空气新鲜处。保持呼吸道通畅。如呼吸困难，给输氧。呼吸、心跳停止，立即进行心肺复苏术。就医。

眼睛接触：立即分开眼睑，用流动清水或生理盐水彻底冲洗。就医。

皮肤接触：立即脱去污染的衣着，用流动清水彻底冲洗。就医。

食入：漱口，饮水。就医。

灭火方法　消防人员须佩戴空气呼吸器，穿全身消防服，在上风向灭火。尽可能将容器从火场移至空旷处。喷水保持火场容器冷却，直至灭火结束。处在火场中的容器若已变色或从安全泄压装置中发出声音，必须马上撤离。

灭火剂：雾状水、泡沫、干粉、二氧化碳、沙土。

泄漏应急处置 根据液体流动和蒸气扩散的影响区域划定警戒区，无关人员从侧风、上风向撤离至安全区。消除所有点火源。建议应急处理人员戴防毒面具，穿一般作业工作服。尽可能切断泄漏源。防止泄漏物进入水体、下水道、地下室或有限空间。小量泄漏：用干燥的沙土或其他不燃材料吸收或覆盖，收集于容器中。大量泄漏：构筑围堤或挖坑收容。用泵转移至槽车或专用收集器内。

868. 乙酸苄酯

标　识

中文名称 乙酸苄酯

英文名称 Benzyl acetate；Acetic acid，phenylmethyl ester

别名 乙酸苯甲酯

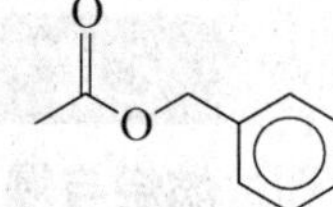

分子式 $C_9H_{10}O_2$

CAS 号 140-11-4

危害信息

燃烧与爆炸危险性 可燃。其蒸气与空气混合，能形成爆炸性混合物。与强氧化剂反应有引起着火或爆炸的危险。若遇高热，容器内压增大，有开裂和爆炸的危险。燃烧时产生刺激性烟气。

禁忌物 强氧化剂、酸类、碱、强还原剂。

毒性 大鼠经口 LD_{50}：2490mg/kg；小鼠经口 LD_{50}：830mg/kg；兔经皮 LD_{50}：>5g/kg；人吸入 TCLo：50 ppm。

中毒表现 吸入、摄入或经皮肤吸收后可能有害。对皮肤有刺激作用。对眼睛、黏膜和上呼吸道有刺激作用。本品有麻醉作用。

侵入途径 吸入、食入、经皮吸收。

职业接触限值 美国(ACGIH)：TLV-TWA 10ppm。

理化特性与用途

理化特性 无色透明液体，有梨样气味。不溶于水，混溶于乙醇、乙醚，溶于苯、氯仿、丙酮等。熔点-51℃，沸点 213℃，相对密度(水=1)1.05(25℃/4℃)，相对蒸气密度(空气=1)5.1，饱和蒸气压 190Pa(25℃)，辛醇/水分配系数 1.96，闪点 90℃(闭杯)，引燃温度 460℃，爆炸下限 0.9%，爆炸上限 8.4%。

主要用途 纯品用于配制茉莉型等花香香精和皂用香精，普通品用作树脂的溶剂，也用于喷漆、油墨等。

包装与储运

安全储运 储存于阴凉、通风的库房。远离火种、热源。保持容器密闭。应与强氧化剂、还原剂、酸类、碱类等隔离储运。搬运时轻装轻卸，防止容器受损。

紧急处置信息

急救措施

吸入：迅速脱离现场至空气新鲜处。保持呼吸道通畅。如呼吸困难，给输氧。呼吸、心跳停止，立即进行心肺复苏术。就医。

眼睛接触：立即分开眼睑，用流动清水或生理盐水彻底冲洗。就医。

皮肤接触：立即脱去污染的衣着，用流动清水彻底冲洗。就医。

食入：漱口，饮水。就医。

灭火方法 消防人员须佩戴空气呼吸器，穿全身消防服，在上风向灭火。尽可能将容器从火场移至空旷处。喷水保持火场容器冷却，直至灭火结束。处在火场中的容器若已变色或从安全泄压装置中发出声音，必须马上撤离。

灭火剂：雾状水、泡沫、干粉、二氧化碳、沙土。

泄漏应急处置 根据液体流动和蒸气扩散的影响区域划定警戒区，无关人员从侧风、上风向撤离至安全区。消除所有点火源。建议应急处理人员戴防毒面具，穿一般作业工作服。尽可能切断泄漏源。防止泄漏物进入水体、下水道、地下室或有限空间。小量泄漏：用干燥的沙土或其他不燃材料吸收或覆盖，收集于容器中。大量泄漏：构筑围堤或挖坑收容。用泵转移至槽车或专用收集器内。

869. 乙酸庚酯

标　识

中文名称 乙酸庚酯

英文名称 Heptyl acetate；*n*-Heptyl acetate

别名 乙酸正庚酯

分子式 $C_9H_{18}O_2$

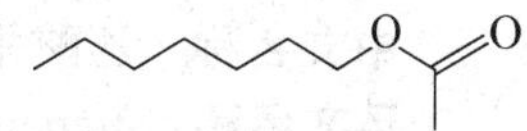

CAS 号 112-06-1

危害信息

燃烧与爆炸危险性 可燃。若遇高热，容器内压增大，有开裂和爆炸的危险。燃烧或受热分解产生有毒或刺激性烟气。

禁忌物 强氧化剂、强酸、强碱。

毒性 大鼠经口 LD_{50}：>5g/kg；兔经皮 LD_{50}：>5g/kg。

中毒表现 吸入、食入或经皮吸收对身体有害。对眼、皮肤和黏膜有刺激性。

侵入途径 吸入、食入、经皮吸收。

理化特性与用途

理化特性 无色液体，有玫瑰香梨的香气。不溶于水，溶于乙醇、乙醚。熔点-50.2℃，沸点 193℃，相对密度(水=1)0.862~0.872，相对蒸气密度(空气=1)5.5，饱和蒸气压 66Pa(25℃)，辛醇/水分配系数 3.32，闪点 67.8℃。

主要用途 食用香料，用于调制杏、椰子和菠萝等果香型香精；用于有机合成。

包装与储运

安全储运 储存于阴凉、通风的库房。远离火种、热源。保持容器密闭。应与强氧化剂、酸类、碱类等隔离储运。搬运时轻装轻卸，防止容器受损。

紧急处置信息

急救措施

吸入: 迅速脱离现场至空气新鲜处。保持呼吸道通畅。如呼吸困难，给输氧。呼吸、心跳停止，立即进行心肺复苏术。就医。

眼睛接触: 立即分开眼睑，用流动清水或生理盐水彻底冲洗。就医。

皮肤接触: 立即脱去污染的衣着，用流动清水彻底冲洗。就医。

食入: 漱口，饮水。就医。

灭火方法　消防人员须佩戴空气呼吸器，穿全身消防服，在上风向灭火。尽可能将容器从火场移至空旷处。喷水保持火场容器冷却，直至灭火结束。处在火场中的容器若已变色或从安全泄压装置中发出声音，必须马上撤离。

灭火剂：雾状水、泡沫、干粉、二氧化碳、沙土。

泄漏应急处置　根据液体流动和蒸气扩散的影响区域划定警戒区，无关人员从侧风、上风向撤离至安全区。消除所有点火源。建议应急处理人员戴防毒面具，穿防毒服。穿上适当的防护服前严禁接触破裂的容器和泄漏物。尽可能切断泄漏源。防止泄漏物进入水体、下水道、地下室或有限空间。小量泄漏：用干燥的沙土或其他不燃材料吸收或覆盖，收集于容器中。大量泄漏：构筑围堤或挖坑收容。用泵转移至槽车或专用收集器内。

870. 乙酸汞(Ⅱ)

标　识

中文名称　乙酸汞(Ⅱ)

英文名称　Mercury(Ⅱ)acetate; Mercury di(acetate)

别名　乙酸高汞

分子式　$C_4H_6O_4 \cdot Hg$

CAS 号　1600-27-7

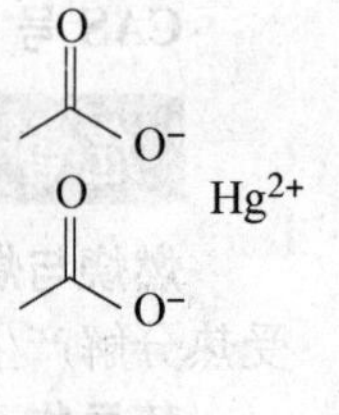

危害信息

危险性类别　第 6 类　有毒品

燃烧与爆炸危险性　不燃。受热分解产生有毒和刺激性烟气。在火场中，容器受热有开裂或爆炸的危险。

禁忌物　强氧化剂、强酸。

毒性　大鼠经口 LD_{50}：40.9mg/kg；大鼠经皮 LD_{50}：570mg/kg；小鼠经口 LD_{50}：23.9mg/kg。

根据《危险化学品目录》的备注，本品属剧毒化学品。

中毒表现　有刺激作用。如吸入、摄入或经皮吸收后对身体有害，严重者可致死。侵犯神经系统，引起进行性神经麻痹、共济失调、精神障碍等。

侵入途径　吸入、食入、经皮吸收。

职业接触限值　中国：PC-TWA 0.01mg/m³，PC-STEL 0.03mg/m³[皮][按 Hg 计]。

美国(ACGIH)：TLV-TWA 0.025mg/m³[皮][按 Hg 计]。

环境危害　对水生生物有极高毒性，可能在水生环境中造成长期不利影响。

理化特性与用途

理化特性 黄白色结晶或粉末。溶于水，溶于乙醇、乙醚。熔点 179℃(分解)，相对密度(水=1)3.28，相对蒸气密度(空气=1)11，饱和蒸气压 0.023kPa(25℃)，辛醇/水分配系数-1.28。

主要用途 用于合成有机汞化合物，用作有机合成催化剂、分析试剂，也用于医药工业。

包装与储运

包装标志 有毒品

包装类别 Ⅱ类

安全储运 储存于阴凉、通风的库房。远离火种、热源。储存温度不超过 35℃，相对湿度不超过 85%。保持容器密封。应与强氧化剂、强酸等隔离储运。搬运时轻装轻卸，防止容器受损。应严格执行剧毒品“双人收发、双人保管”制度。

紧急处置信息

急救措施

吸入：迅速脱离现场至空气新鲜处。保持呼吸道通畅。如呼吸困难，给输氧。呼吸、心跳停止，立即进行心肺复苏术。就医。

眼睛接触：立即分开眼睑，用流动清水或生理盐水彻底冲洗。就医。

皮肤接触：立即脱去污染的衣着，用流动清水彻底冲洗。就医。

食入：饮适量温水，催吐(仅限于清醒者)。就医。

解毒剂：二巯基丙磺酸钠、二巯基丁二酸钠、青霉胺。

灭火方法 消防人员须穿全身消防服，佩戴正压自给式呼吸器，在上风向灭火。尽可能将容器从火场移至空旷处。喷水保持火场容器冷却，直至灭火结束。

本品不燃，根据周围火灾原因选择适当的灭火剂灭火。

泄漏应急处置 隔离泄漏污染区，限制出入。建议应急处理人员戴防尘口罩，穿防毒服。穿上适当的防护服前严禁接触破裂的容器和泄漏物。尽可能切断泄漏源。用塑料布覆盖泄漏物，减少飞散。勿使水进入包装容器内。用洁净的铲子收集泄漏物，置于干净、干燥、盖子较松的容器中，将容器移离泄漏区。

871. 乙酸钴

标 识

中文名称 乙酸钴

英文名称 Cobalt acetate; Cobalt di(acetate)

别名 醋酸钴

分子式 $(C_2H_3O_2)_2 \cdot Co$

CAS 号 71-48-7

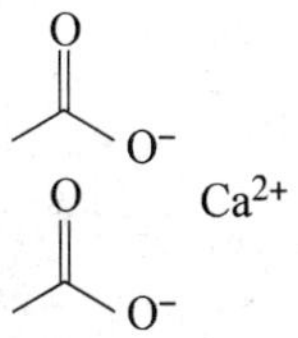

危害信息

燃烧与爆炸危险性 不燃。受高热分解放出有毒或刺激性的烟气。与强氧化剂反应有引起着火的危险。

禁忌物　强氧化剂、强酸。

毒性　大鼠经口 LD_{50}：503mg/kg。

IARC 致癌性评论：G2B，可疑人类致癌物。

欧盟法规 1272/2008/EC 将本品列为第 1B 类致癌物——可能对人类有致癌能力；第 2 类生殖细胞致突变物——由于可能导致人类生殖细胞可遗传突变而引起人们关注的物质；第 1B 类生殖毒物——可能的人类生殖毒物。

中毒表现　吸入可引起咽炎、呕吐、腹绞痛、小腿无力等。对皮肤和呼吸道有致敏性。对眼有刺激作用。长期口服引起甲状腺肿大和功能低下，可致肾、肺及心脏损害。

侵入途径　吸入、食入。

职业接触限值　美国(ACGIH)：TLV-TWA 0.02mg/m^3[按 Co 计]。

理化特性与用途

理化特性　淡粉红色或紫色结晶，有醋味。易溶于水。pH 值 6.8，熔点 298℃(分解)，相对密度(水=1)1.71，辛醇/水分配系数-0.58。

主要用途　主要用作聚酯催化剂、冰醋酸氧化剂，还可用于制造隐显墨水、油漆催干剂、饲料添加剂、泡沫稳定剂、陶瓷颜料等。

包装与储运

安全储运　储存于阴凉、干燥、通风良好的库房。远离火种、热源。保持容器密封。应与强氧化剂、酸类等隔离储运。搬运时轻装轻卸，防止容器受损。

紧急处置信息

急救措施

吸入：迅速脱离现场至空气新鲜处。保持呼吸道通畅。如呼吸困难，给输氧。呼吸、心跳停止，立即进行心肺复苏术。就医。

眼睛接触：立即分开眼睑，用流动清水或生理盐水彻底冲洗。就医。

皮肤接触：立即脱去污染的衣着，用流动清水彻底冲洗。就医。

食入：漱口，饮水。就医。

灭火方法　消防人员须佩戴正压自给式呼吸器，穿全身消防服，在上风向灭火。尽可能将容器从火场移至空旷处。喷水保持火场容器冷却，直至灭火结束。

本品不燃，根据周围火灾原因选择适当的灭火剂灭火。

泄漏应急处置　隔离泄漏污染区，限制出入。消除所有点火源。建议应急处理人员戴防尘口罩，穿防毒服。穿上适当的防护服前严禁接触破裂的容器和泄漏物。尽可能切断泄漏源。用塑料布覆盖泄漏物，减少飞散。勿使水进入包装容器内。用洁净的铲子收集泄漏物，置于干净、干燥、盖子较松的容器中，将容器移离泄漏区。

872. 乙酸环己酯

标　识

中文名称　乙酸环己酯

英文名称 Cyclohexyl acetate；Acetic acid，cyclohexyl ester

别名 环己基乙酸酯；醋酸环己酯

分子式 $C_8H_{14}O_2$

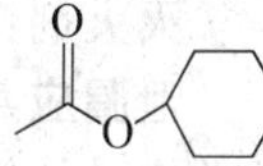

CAS 号 622-45-7

铁危编号 32096

UN 号 2243

危害信息

危险性类别 第 3 类 易燃液体

燃烧与爆炸危险性 易燃。其蒸气与空气混合，能形成爆炸性混合物，遇明火、高热能引起燃烧爆炸。蒸气比空气重，能在较低处扩散到相当远的地方，遇火源会着火回燃和爆炸(闪爆)。若遇高热，容器内压增大，有开裂和爆炸的危险。与强氧化剂反应有引起着火或爆炸的危险。

活性反应 与氧化剂可发生反应。

禁忌物 强氧化剂、强碱。

毒性 大鼠经口 LD_{50}：6730μL/kg；兔经皮 LD_{50}：10mL/kg；人吸入 *TCLo*：3000mg/kg(45min)。

中毒表现 吸入本品引起咳嗽、咽痛。食入引起嗜睡、意识障碍。对眼和皮肤有刺激性。

侵入途径 吸入、食入、经皮吸收。

理化特性与用途

理化特性 无色至浅黄色油状液体，有水果香味。不溶于水，易溶于乙醇、乙醚。熔点-77℃，沸点 177℃，相对密度(水=1)0.97，相对蒸气密度(空气=1)4.9，饱和蒸气压 0.93kPa(30℃)，辛醇/水分配系数 2.64，闪点 58℃(闭杯)，引燃温度 330℃，爆炸下限 0.9%。

主要用途 用于化学合成，用作香料和树脂、油漆的溶剂。

包装与储运

包装标志 易燃液体

包装类别 Ⅲ类

安全储运 储存于阴凉、通风的库房。远离火种、热源。库温不宜超过 37℃。保持容器密闭。应与氧化剂、碱类等隔离储运。采用防爆型照明、通风设施。禁止使用易产生火花的机械设备和工具。灌装时注意控制流速，防止静电积聚。搬运时轻装轻卸，防止容器受损。

紧急处置信息

急救措施

吸入：迅速脱离现场至空气新鲜处。保持呼吸道通畅。如呼吸困难，给输氧。呼吸、心跳停止，立即进行心肺复苏术。就医。

眼睛接触：立即分开眼睑，用流动清水或生理盐水彻底冲洗。就医。

皮肤接触：立即脱去污染的衣着，用肥皂水和清水彻底冲洗。就医。

食入：漱口，饮水。就医。

灭火方法 消防人员须佩戴空气呼吸器，穿全身消防服，在上风向灭火。尽可能将容器从火场移至空旷处。喷水保持火场容器冷却，直至灭火结束。处在火场中的容器若已变色或从安全泄压装置中发出声音，必须马上撤离。

灭火剂：雾状水、泡沫、干粉、二氧化碳、沙土。

泄漏应急处置　消除所有点火源。根据液体流动和蒸气扩散的影响区域划定警戒区，无关人员从侧风、上风向撤离至安全区。建议应急处理人员戴正压自给式呼吸器，穿防静电服。作业时使用的所有设备应接地。禁止接触或跨越泄漏物。尽可能切断泄漏源。防止泄漏物进入水体、下水道、地下室或有限空间。小量泄漏：用沙土或其他不燃材料吸收。使用洁净的无火花工具收集吸收材料。大量泄漏：构筑围堤或挖坑收容。用泡沫覆盖，减少蒸发。喷水雾能减少蒸发，但不能降低泄漏物在有限空间内的易燃性。用防爆泵转移至槽车或专用收集器内。

873. 乙酸甲氧基乙基汞

标　识

中文名称　乙酸甲氧基乙基汞

英文名称　2-Methoxyethylmercury acetate；Methoxyethyl mercury acetate

别名　醋酸甲氧基乙基汞

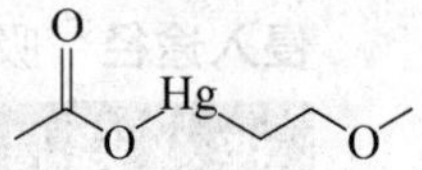

分子式　$C_5H_{10}HgO_3$

CAS 号　151-38-2

铁危编号　61093

UN 号　2025

危害信息

危险性类别　第 6 类　有毒品

燃烧与爆炸危险性　可燃，但不易点燃。在火场中，容器受热有开裂或爆炸的危险。受高热分解放出有毒的气体。

禁忌物　强氧化剂、强酸。

毒性　大鼠经口 LD_{50}：25mg/kg；小鼠经口 LD_{50}：45mg/kg。

根据《危险化学品目录》的备注，本品属剧毒化学品。

中毒表现　进入人体后蓄积性极大，易因蓄积引起中毒。主要损害中枢神经系统。可发生肾脏损害。口服可引起急性胃肠炎。此外，尚可引起心脏、肝脏和皮肤的损害。

侵入途径　吸入、食入、经皮吸收。

职业接触限值　中国：PC-TWA 0.01mg/m^3，PC-STEL 0.03mg/m^3[皮][按 Hg 计]。

美国(ACGIH)：TLV-TWA 0.1mg/m^3[皮][按 Hg 计]。

环境危害　对水生生物有极高毒性，可能在水生环境中造成长期不利影响；严重海洋污染物。

理化特性与用途

理化特性　白色结晶。溶于水，易溶于包括甲醇、乙二醇在内的极性溶剂。熔点 40～42℃，蒸气压 6.0Pa(25℃)，辛醇/水分配系数 -0.6。

主要用途 用作种子消毒剂。

包装与储运

包装标志 有毒品

包装类别 Ⅱ类

安全储运 储存于阴凉、通风良好的专用库房内。应严格执行剧毒化学品管理制度。远离火种、热源。防止阳光直射。储存温度不超过35℃，相对湿度不超过85%。保持容器密封。应与氧化剂、酸类等隔离储运。搬运时轻装轻卸，防止容器受损。

紧急处置信息

急救措施

吸入：迅速脱离现场至空气新鲜处。保持呼吸道通畅。如呼吸困难，给输氧。呼吸、心跳停止，立即进行心肺复苏术。就医。

眼睛接触：立即分开眼睑，用流动清水或生理盐水彻底冲洗。就医。

皮肤接触：立即脱去污染的衣着，用流动清水彻底冲洗。就医。

食入：口服蛋清、牛奶或豆浆。就医。

解毒剂：二巯基丙磺酸钠、二巯基丁二酸钠、青霉胺。

灭火方法 消防人员须佩戴正压自给式呼吸器，穿全身消防服，在上风向灭火。尽可能将容器从火场移至空旷处。喷水保持火场容器冷却，直至灭火结束。

灭火剂：雾状水、泡沫、干粉、二氧化碳、沙土。

泄漏应急处置 隔离泄漏污染区，限制出入。消除所有点火源。建议应急处理人员戴防尘口罩，穿防毒服。穿上适当的防护服前严禁接触破裂的容器和泄漏物。尽可能切断泄漏源。用塑料布覆盖泄漏物，减少飞散。勿使水进入包装容器内。用洁净的铲子收集泄漏物，置于干净、干燥、盖子较松的容器中，将容器移离泄漏区。

874. 乙酸铍

标　识

中文名称 乙酸铍

英文名称 Beryllium di(acetate)；Beryllium acetate

别名 醋酸铍

分子式 $C_4H_6BeO_4$

CAS号 543-81-7

铁危编号 61094

UN号 1566

O, O⁻, O, O⁻, Be^{2+}

危害信息

危险性类别 第6类 有毒品

燃烧与爆炸危险性 不燃。受热分解产生有毒和刺激性的烟气。

禁忌物 强氧化剂。

毒性 小鼠吸入 LC_{50}：42mg/m³(2h)。

IARC 致癌性评论：G1，确认人类致癌物。

欧盟法规 1272/2008/EC 将本品列为第 1B 类致癌物——可能对人类有致癌能力。

中毒表现 吸入引起的急性中毒可发生支气管炎、支气管肺炎，发生呼吸困难、发绀等症状。皮肤接触可引起接触性皮炎和过敏性皮炎。长期接触粉尘引起慢性铍肺。

侵入途径 吸入、食入、经皮吸收。

职业接触限值 中国：PC-TWA 0.0005mg/m^3，PC-STEL 0.001mg/m^3［按 Be 计］［G1］。

美国(ACGIH)：TLV-TWA 0.002mg/m^3，TLV-STEL 0.01mg/m^3［按 Be 计］。

环境危害 对水生生物有毒，可能在水生环境中造成长期不利影响。

理化特性与用途

理化特性 白色结晶粉末或片状固体。不溶于水、乙醇和其他有机溶剂。熔点 295℃（分解），相对密度(水=1)2.94，饱和蒸汽压 0.34Pa(117.9℃)，辛醇/水分配系数 -1.38。

主要用途 仅用于研究。

包装与储运

包装标志 有毒品

包装类别 Ⅱ类

安全储运 储存于阴凉、通风的库房。远离火种、热源。防止阳光直射。存温度不超过 35℃，相对湿度不超过 85%。保持容器密封。应与氧化剂等隔离储运。搬运时轻装轻卸，防止容器受损。

紧急处置信息

急救措施

吸入：迅速脱离现场至空气新鲜处。保持呼吸道通畅。如呼吸困难，给输氧。呼吸、心跳停止，立即进行心肺复苏术。就医。

眼睛接触：立即分开眼睑，用流动清水或生理盐水彻底冲洗。就医。

皮肤接触：立即脱去污染的衣着，用肥皂水和清水彻底冲洗。就医。

食入：漱口，饮水。就医。

灭火方法 消防人员须佩戴正压自给式呼吸器，穿全身消防服，在上风向灭火。尽可能将容器从火场移至空旷处。喷水保持火场容器冷却，直至灭火结束。

本品不燃，根据周围火灾原因选择适当的灭火剂灭火。

泄漏应急处置 隔离泄漏污染区，限制出入。消除所有点火源。建议应急处理人员戴防尘口罩，穿防毒服。穿上适当的防护服前严禁接触破裂的容器和泄漏物。尽可能切断泄漏源。用塑料布覆盖泄漏物，减少飞散。勿使水进入包装容器内。用洁净的铲子收集泄漏物，置于干净、干燥、盖子较松的容器中，将容器移离泄漏区。

875. 乙酸铅

标　识

中文名称 乙酸铅

英文名称 Lead acetate

别名 醋酸铅；乙酸铅三水合物

分子式 $C_4H_6O_4 \cdot Pb \cdot 3H_2O$

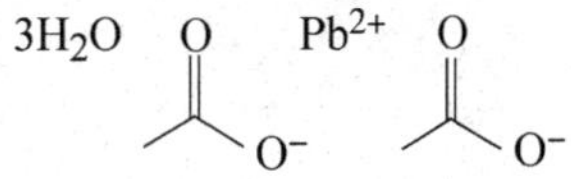

CAS 号 6080-56-4

铁危编号 61853

UN 号 1616

$3H_2O$ O Pb^{2+} O O^- O^-

危害信息

危险性类别 第6类 有毒品

燃烧与爆炸危险性 不燃。受高热分解放出有毒和刺激性的烟气。

禁忌物 强酸、强碱。

毒性 大鼠经口 LD_{50}：4665mg/kg。

欧盟法规 1272/2008/EC 将本品列为第 1A 类生殖毒物——已知的人类生殖毒物。

中毒表现 吸入、食入可引起全身中毒，表现为头痛、恶心、呕吐、腹绞痛、便秘，惊厥，意识丧失。损伤神经系统、血液、肾脏。对呼吸道、眼有刺激性。

侵入途径 吸入、食入、经皮吸收。

环境危害 对水生生物有毒，可能在水生环境中造成长期不利影响。

理化特性与用途

理化特性 无色透明晶体，微有乙酸气味，工业品为灰褐色块状固体。溶于水，微溶于乙醇，易溶于甘油。熔点 75℃，沸点(分解)，相对密度(水=1)2.55，相对蒸气密度(空气=1)13.1。

主要用途 用于制取铅盐、铅颜料，也用于生物染色、有机合成和制药工业。

包装与储运

包装标志 有毒品

包装类别 Ⅲ类

安全储运 储存于阴凉、通风的库房。远离火种、热源。防止阳光直射。存温度不超过 35℃，相对湿度不超过 85%。保持容器密封。应与强氧化剂、强酸等等隔离储运。搬运时轻装轻卸，防止容器受损。

紧急处置信息

急救措施

吸入：迅速脱离现场至空气新鲜处。保持呼吸道通畅。如呼吸困难，给输氧。呼吸、心跳停止，立即进行心肺复苏术。就医。

眼睛接触：立即分开眼睑，用流动清水或生理盐水彻底冲洗。就医。

皮肤接触：立即脱去污染的衣着，用肥皂水和清水彻底冲洗。就医。

食入：漱口，饮水。就医。

灭火方法 消防人员必须佩戴正压自给式呼吸器，穿全身防火防毒服，在上风向灭火。尽可能将容器从火场移至空旷处。喷水保持火场容器冷却，直至灭火结束。

本品不燃，根据周围火灾原因选择适当的灭火剂灭火。

泄漏应急处置 隔离泄漏污染区，限制出入。建议应急处理人员戴防尘口罩，穿防毒服。穿上适当的防护服前严禁接触破裂的容器和泄漏物。尽可能切断泄漏源。用塑料布覆盖泄漏物，减少飞散。勿使水进入包装容器内。用洁净的铲子收集泄漏物，置于干净、干

燥、盖子较松的容器中，将容器移离泄漏区。

876. 乙酸壬酯

标　识

中文名称　乙酸壬酯

英文名称　Nonyl acetate；*n*-Nonanyl acetate

别名　乙酸正壬酯

分子式　$C_{11}H_{22}O_2$

CAS 号　143-13-5

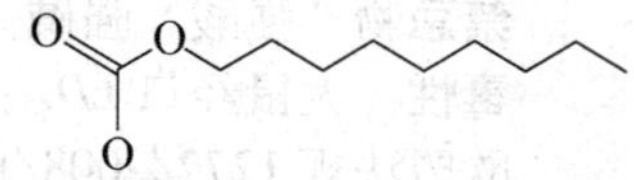

危害信息

燃烧与爆炸危险性　可燃。与强氧化剂反应有引起着火的危险。若遇高热，容器内压增大，有开裂和爆炸的危险。燃烧或受热分解产生有毒和刺激性烟气。

禁忌物　强氧化剂、强酸、强碱。

毒性　大鼠经口 LD_{50}：>5g/kg；大鼠经皮 LD_{50}：>5g/kg。

侵入途径　吸入、食入、经皮吸收。

理化特性与用途

理化特性　无色透明液体，有刺激性气味。不溶于水，溶于乙醇、乙醚。熔点-26℃，沸点 212℃，相对密度(水=1)0.862~0.870，饱和蒸气压 26Pa(25℃)，辛醇/水分配系数 4.43，闪点>100℃(Tag 闭杯)。

主要用途　用于有机合成。还可用于日化香精和食用香精的调配，主要用于调配花果香型香精。

包装与储运

安全储运　储存于阴凉、通风的库房。远离火种、热源。保持容器密闭。应与强氧化剂、酸类、碱类等隔离储运。搬运时轻装轻卸，防止容器受损。

紧急处置信息

急救措施

吸入：迅速脱离现场至空气新鲜处。保持呼吸道通畅。如呼吸困难，给输氧。呼吸、心跳停止，立即进行心肺复苏术。就医。

眼睛接触：立即分开眼睑，用流动清水或生理盐水彻底冲洗。就医。

皮肤接触：立即脱去污染的衣着，用流动清水彻底冲洗。就医。

食入：漱口，饮水。就医。

灭火方法　消防人员须佩戴空气呼吸器，穿全身消防服，在上风向灭火。尽可能将容器从火场移至空旷处。喷水保持火场容器冷却，直至灭火结束。

灭火剂：泡沫、二氧化碳、干粉、沙土。

泄漏应急处置　根据液体流动和蒸气扩散的影响区域划定警戒区，无关人员从侧风、上风向撤离至安全区。消除所有点火源。建议应急处理人员戴防毒面具，穿防毒服。穿上适当的防护服前严禁接触破裂的容器和泄漏物。尽可能切断泄漏源。防止泄漏物进入水体、下水道、地下室或有限空间。小量泄漏：用干燥的沙土或其他不燃材料吸收或覆盖，收集于容器中。大量泄漏：构筑围堤或挖坑收容。用泵转移至槽车或专用收集器内。

877. 乙酸三氟化硼

标识

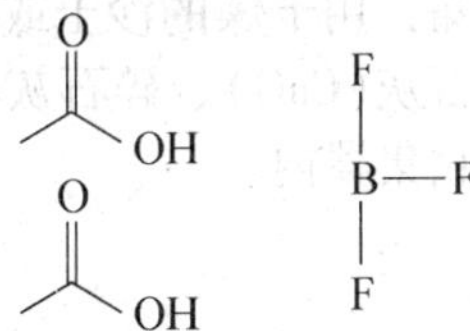

中文名称 乙酸三氟化硼

英文名称 Acetic acid boron trifluoride; Boron trifluoride -acetic acid complex

别名 三氟化硼乙酸络合物

分子式 $BF_3 \cdot 2CH_3COOH$

CAS 号 373-61-5

铁危编号 81612

UN 号 1742(液)；3419(固)

危害信息

危险性类别 第8类 腐蚀品

燃烧与爆炸危险性 可燃。遇水剧烈反应，释放出腐蚀性和有毒气体。受高热分解放出有毒的气体。具有强腐蚀性。

禁忌物 强氧化剂、水。

侵入途径 吸入、食入、经皮吸收。

理化特性与用途

理化特性 淡黄色至黄棕色透明液体。与水反应。混溶于硫酸。熔点-47℃，沸点 140~148℃，相对密度(水=1)1.345，蒸气压 0.9kPa(20℃)，闪点 84℃。

主要用途 用作有机合成催化剂。

包装与储运

包装标志 腐蚀品

包装类别 Ⅲ类

安全储运 储存于阴凉、干燥、通风良好的库房。远离火种、热源。避免接触潮气。防止阳光直射。储存温度不超过 30℃，相对湿度不超过 75%。保持容器密封。应与氧化剂、强碱、醇类等等隔离储运。搬运时轻装轻卸，防止容器受损。

紧急处置信息

急救措施

吸入：迅速脱离现场至空气新鲜处。保持呼吸道通畅。如呼吸困难，给输氧。呼吸、心跳停止，立即进行心肺复苏术。就医。

眼睛接触：立即分开眼睑，用流动清水或生理盐水彻底冲洗 10~15min。就医。

皮肤接触：立即脱去污染的衣着，用大量流动清水彻底冲洗，冲洗时间一般要求 20~

30min。就医。

食入：用水漱口，禁止催吐。给饮牛奶或蛋清。就医。

灭火方法　消防人员必须佩戴正压自给式呼吸器，穿全身耐酸碱消防服，在上风向灭火。尽可能将容器从火场移至空旷处。喷水保持火场容器冷却，直至灭火结束。处在火场中的容器若已变色或从安全泄压装置中发出声音，必须马上撤离。禁止用水和泡沫灭火。

灭火剂：干粉、二氧化碳、沙土。

泄漏应急处置　根据液体流动和蒸气扩散的影响区域划定警戒区，无关人员从侧风、上风向撤离至安全区。建议应急处理人员戴正压自给式呼吸器，穿防酸碱服。作业时使用的所有设备应接地。穿上适当的防护服前严禁接触破裂的容器和泄漏物。勿使水进入包装容器内。尽可能切断泄漏源。防止泄漏物进入水体、下水道、地下室或有限空间。小量泄漏：用干燥的沙土或其他不燃材料覆盖泄漏物。大量泄漏：构筑围堤或挖坑收容。用农用石灰（CaO）、碎石灰石（$CaCO_3$）或碳酸氢钠（$NaHCO_3$）中和。用耐腐蚀泵转移至槽车或专用收集器内。

878. 乙酸双氧铀

标　识

中文名称　乙酸双氧铀

英文名称　Bis(acetato-*O*)dioxouranium; Uranium, bis(acetato-*O*)dioxo-; Uranyl acetate

分子式　$C_4H_6O_6U$

CAS 号　6159-44-0（二水物）；541-09-3（无水物）

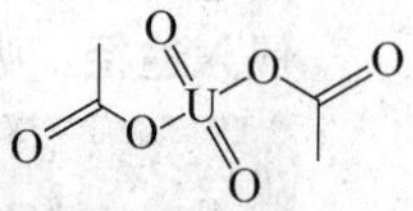

危害信息

危险性类别　第 7 类　放射性物品

燃烧与爆炸危险性　可燃。在火场中产生有毒的烟气。

禁忌物　强还原剂、氧化剂。

毒性　大鼠经口 LD_{50}：204mg/kg（无水物）；小鼠经口 LD_{50}：242mg/kg（无水物）。

中毒表现　对眼、皮肤和呼吸道有刺激性。铀及其盐类主要引起肾损害。

侵入途径　吸入、食入、经皮吸收。

职业接触限值　美国（ACGIH）：TLV-TWA 0.2mg/m^3，TLV-STEL 0.6/mg/m^3[按 U 计]。

理化特性与用途

理化特性　黄色结晶粉末，微有醋味。溶于水，微溶于乙醇。熔点 80℃（分解，二水物）、110℃，分解温度 275℃，相对密度（水=1）2.89（二水物），饱和蒸气压 85.9mPa（25℃），辛醇/水分配系数 1.42。

主要用途　广泛用作负染色剂和核染剂，它可以与核酸发生独有的化学反应。

包装与储运

包装标志　放射性物品

安全储运 储存于专业放射性物品储存库。远离火种、热源。保持容器密闭。应与还原剂、氧化剂等隔离储运。保持容器密封。搬运时轻装轻卸，防止容器受损。

紧急处置信息

急救措施

吸入： 迅速脱离现场至空气新鲜处。保持呼吸道通畅。如呼吸困难，给输氧。呼吸、心跳停止，立即进行心肺复苏术。就医。

眼睛接触： 立即分开眼睑，用流动清水或生理盐水彻底冲洗。就医。

皮肤接触： 立即脱去污染的衣着，用肥皂水和清水彻底冲洗。就医。

食入： 饮足量温水，催吐(仅限于清醒者)。就医。

解毒剂：喹氨酸。

灭火方法 消防人员须穿全身消防服，佩戴正压自给式呼吸器，在上风向灭火。尽可能将容器从火场移至空旷处。喷水保持火场容器冷却，直至灭火结束。

灭火剂：雾状水、抗溶性泡沫、二氧化碳、干粉、沙土。

泄漏应急处置 隔离泄漏污染区，限制出入。建议应急处理人员戴防尘口罩，穿防毒服。穿上适当的防护服前严禁接触破裂的容器和泄漏物。尽可能切断泄漏源。用塑料布覆盖泄漏物，减少飞散。勿使水进入包装容器内。用洁净的铲子收集泄漏物，置于干净、干燥、盖子较松的容器中，将容器移离泄漏区。

879. 乙酸铜

标 识

中文名称 乙酸铜

英文名称 Cupric acetate；Copper di(acetate)

别名 醋酸铜

分子式 $C_4H_6O_4 \cdot Cu$

CAS 号 142-71-2

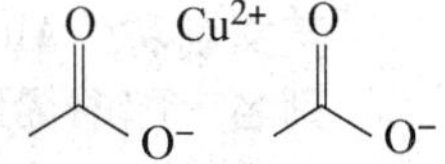

危害信息

燃烧与爆炸危险性 不燃。在火场中产生有毒和刺激性烟气。

禁忌物 强氧化剂、强酸。

毒性 大鼠经口 LD_{50}：501mg/kg；小鼠经口 LD_{50}：196mg/kg。

中毒表现 对呼吸道、肺、眼和皮肤有刺激性。

侵入途径 吸入、食入。

环境危害 对水生生物有毒，可能在水生环境中造成长期不利影响。

理化特性与用途

理化特性 一水合物为蓝绿色结晶固体或粉末，有轻微的醋酸气味。微溶于水。熔点115℃，沸点240℃，相对密度(水=1)1.9，辛醇/水分配系数-1.38。

主要用途 用作分析试剂，有机合成催化剂、杀虫剂、杀菌剂、印染固色剂，制备巴黎绿的中间体。

包装与储运

包装标志 杂项

包装类别 Ⅲ类

安全储运 储存于阴凉、通风的库房。远离火种、热源。保持容器密闭。应与强氧化剂、强酸等隔离储运。搬运时轻装轻卸，防止容器受损。

紧急处置信息

急救措施

吸入：迅速脱离现场至空气新鲜处。保持呼吸道通畅。如呼吸困难，给输氧。呼吸、心跳停止，立即进行心肺复苏术。就医。

眼睛接触：立即分开眼睑，用流动清水或生理盐水彻底冲洗。就医。

皮肤接触：立即脱去污染的衣着，用肥皂水和清水彻底冲洗。就医。

食入：漱口，饮水。就医。

灭火方法 消防人员须穿全身消防服，佩戴正压自给式呼吸器，在上风向灭火。尽可能将容器从火场移至空旷处。喷水保持火场容器冷却，直至灭火结束。

本品不燃，根据周围火灾原因选择适当的灭火剂灭火。

泄漏应急处置 隔离泄漏污染区，限制出入。建议应急处理人员戴防尘口罩，穿防毒服，戴橡胶手套。穿上适当的防护服前严禁接触破裂的容器和泄漏物。尽可能切断泄漏源。用干燥的沙土或其他不燃材料覆盖泄漏物，然后用塑料布覆盖，减少飞散、避免雨淋。用洁净的铲子收集泄漏物，置于干净、干燥、盖子较松的容器中，将容器移离泄漏区。

880. 乙酸烯丙酯

标　识

中文名称 乙酸烯丙酯

英文名称 Allyl acetate；2-Propenyl acetate

别名 醋酸烯丙酯

分子式 $C_5H_8O_2$

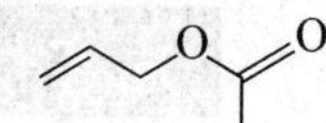

CAS 号 591-87-7

铁危编号 31233

UN 号 2333

危害信息

危险性类别 第 3 类 易燃液体

燃烧与爆炸危险性 易燃。其蒸气与空气混合，能形成爆炸性混合物。容易自聚。高速冲击、流动、激荡后可因产生静电火花放电引起燃烧爆炸。蒸气比空气重，能在较低处扩散到相当远的地方，遇火源会着火回燃和爆炸(闪爆)。若遇高热，容器内压增大，有开裂和爆炸的危险。

活性反应 与氧化剂接触发生猛烈反应。

禁忌物 强氧化剂、碱、过氧化物。

毒性 大鼠经口 LD_{50}：130mg/kg；小鼠经口 LD_{50}：170mg/kg；大鼠吸入 LC_{50}：1000ppm(1h)；兔经皮 LD_{50}：1021mg/kg。

中毒表现 本品蒸气对眼、鼻、喉、支气管有刺激性，吸入后引起鼻出血、声嘶、咳嗽、胸部紧束感。高浓度吸入可发生肺水肿，出现严重的呼吸困难。对眼和皮肤有刺激性。

侵入途径 吸入、食入、经皮吸收。

理化特性与用途

理化特性 无色透明液体。微溶于水，混溶于乙醇、乙醚，溶于丙酮。凝固点-96℃，沸点 103.5℃，相对密度(水=1)0.928，相对蒸气密度(空气=1)3.45，饱和蒸气压 3.6kPa(20℃)，辛醇/水分配系数 0.97，闪点 6℃，引燃温度 374℃，燃烧热-2749kJ/mol，爆炸下限 2.1%，爆炸上限 13%。

主要用途 用于树脂及黏合剂的合成。

包装与储运

包装标志 易燃液体，有毒品

包装类别 Ⅱ类

安全储运 储存于阴凉、通风的库房。远离火种、热源。储存温度不超过 32℃，相对湿度不超过 85%。保持容器密封。应与氧化剂、碱类、过氧化物等隔离储运。采用防爆型照明、通风设施。禁止使用易产生火花的机械设备和工具。灌装时注意控制流速，防止静电积聚。搬运时轻装轻卸，防止容器受损。

紧急处置信息

急救措施

吸入：迅速脱离现场至空气新鲜处。保持呼吸道通畅。如呼吸困难，给输氧。呼吸、心跳停止，立即进行心肺复苏术。就医。

眼睛接触：立即分开眼睑，用流动清水或生理盐水彻底冲洗。就医。

皮肤接触：立即脱去污染的衣着，用流动清水彻底冲洗。就医。

食入：饮适量温水，催吐(仅限于清醒者)。就医。

灭火方法 消防人员须佩戴空气呼吸器，穿全身消防服，在上风向灭火。尽可能将容器从火场移至空旷处。喷水保持火场容器冷却，直至灭火结束。处在火场中的容器若已变色或从安全泄压装置中发出声音，必须马上撤离。用水灭火无效。

灭火剂：泡沫、干粉、二氧化碳、沙土。

泄漏应急处置 消除所有点火源。根据液体流动和蒸气扩散的影响区域划定警戒区，无关人员从侧风、上风向撤离至安全区。建议应急处理人员戴正压自给式呼吸器，穿防毒、防静电服。作业时使用的所有设备应接地。禁止接触或跨越泄漏物。尽可能切断泄漏源。防止泄漏物进入水体、下水道、地下室或有限空间。小量泄漏：用沙土或其他不燃材料吸收。使用洁净的无火花工具收集吸收材料。大量泄漏：构筑围堤或挖坑收容。用泡沫覆盖，减少蒸发。喷水雾能减少蒸发，但不能降低泄漏物在有限空间内的易燃性。用防爆泵转移至槽车或专用收集器内。

881. 乙酸辛酯

标　识

中文名称 乙酸辛酯

英文名称 Octyl acetate；*n*-Octyl acetate

别名　醋酸辛酯

分子式　$C_{10}H_{20}O_2$

CAS 号　112-14-1

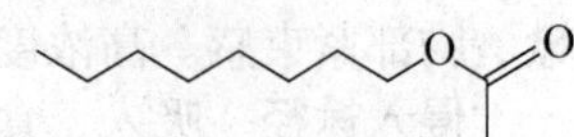

危害信息

燃烧与爆炸危险性　可燃。其蒸气与空气混合，能形成爆炸性混合物。若遇高热，容器内压增大，有开裂和爆炸的危险。

禁忌物　强氧化剂、强碱。

毒性　大鼠经口 LD_{50}：3g/kg；兔经皮 LD_{50}：>5g/kg。

中毒表现　对眼、皮肤黏膜和上呼吸道有刺激作用。

侵入途径　吸入、食入、经皮吸收。

理化特性与用途

理化特性　无色透明液体。不溶于水，溶于乙醇、固定油。熔点-38~-37℃，沸点206~211℃，相对密度(水=1)0.868，相对蒸气密度(空气=1)5.9，饱和蒸气压0.026kPa(25℃)，辛醇/水分配系数3.81，闪点86℃，引燃温度268℃，爆炸下限0.76%，爆炸上限8.14%。

主要用途　用于有机合成；用作树脂、涂料的溶剂；也可用于食用香料。

包装与储运

安全储运　储存于阴凉、通风的库房。远离火种、热源。保持容器密闭。应与强氧化剂、碱类等隔离储运。搬运时轻装轻卸，防止容器受损。

紧急处置信息

急救措施

吸入：迅速脱离现场至空气新鲜处。保持呼吸道通畅。如呼吸困难，给输氧。呼吸、心跳停止，立即进行心肺复苏术。就医。

眼睛接触：立即分开眼睑，用流动清水或生理盐水彻底冲洗。就医。

皮肤接触：立即脱去污染的衣着，用流动清水彻底冲洗。就医。

食入：漱口，饮水。就医。

灭火方法　消防人员须佩戴空气呼吸器，穿全身消防服，在上风向灭火。尽可能将容器从火场移至空旷处。喷水保持火场容器冷却，直至灭火结束。处在火场中的容器若已变色或从安全泄压装置中发出声音，必须马上撤离。

灭火剂：雾状水、泡沫、干粉、二氧化碳、沙土。

泄漏应急处置　根据液体流动和蒸气扩散的影响区域划定警戒区，无关人员从侧风、上风向撤离至安全区。消除所有点火源。建议应急处理人员戴防毒面具，穿一般作业工作服。尽可能切断泄漏源。防止泄漏物进入水体、下水道、地下室或有限空间。小量泄漏：用干燥的沙土或其他不燃材料吸收或覆盖，收集于容器中。大量泄漏：构筑围堤或挖坑收容。用泵转移至槽车或专用收集器内。

882. 乙酸亚汞

标　识

中文名称　乙酸亚汞

英文名称 Acetic acid, mercury(1+)salt; Mercurous acetate

别名 醋酸亚汞

分子式 $C_2H_3HgO_2$

CAS 号 631-60-7

铁危编号 61851

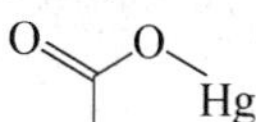

危害信息

危险性类别 第6类 有毒品

燃烧与爆炸危险性 不燃。在火场中，容器受热有开裂或爆炸的危险。受高热分解放出有毒的烟气。

禁忌物 强氧化剂。

毒性 大鼠经口 LD_{50}：175mg/kg；小鼠经口 LD_{50}：150mg/kg；大鼠经皮 LD_{50}：960mg/kg。

中毒表现 进入体内易因蓄积引起中毒。主要损害中枢神经系统，出现神经衰弱综合征、精神障碍、向心性视野缩小等；可发生肾脏损害，重者可致急性肾功能衰竭。

侵入途径 吸入、食入、经皮吸收。

职业接触限值 中国：PC-TWA 0.01mg/m^3，PC-STEL 0.03mg/m^3[皮][按 Hg 计]。

美国(ACGIH)：TLV-TWA 0.1mg/m^3[皮][按 Hg 计]。

环境危害 对水生生物有极高毒性，可能在水生环境中造成长期不利影响。

理化特性与用途

理化特性 白色有光泽的片状结晶，见光变色。溶于水、稀酸，不溶于乙醇、乙醚。熔点(分解)，相对密度(水=1)3.27，辛醇/水分配系数-0.87。

主要用途 用于医药工业，用作催化剂。

包装与储运

包装标志 有毒品

包装类别 Ⅱ类

安全储运 储存于阴凉、通风的库房。远离火种、热源。防止阳光直射。储存温度不超过35℃，相对湿度不超过85%。保持容器密封。应与强氧化剂等等隔离储运。搬运时轻装轻卸，防止容器受损。

紧急处置信息

急救措施

吸入：迅速脱离现场至空气新鲜处。保持呼吸道通畅。如呼吸困难，给输氧。呼吸、心跳停止，立即进行心肺复苏术。就医。

眼睛接触：立即分开眼睑，用流动清水或生理盐水彻底冲洗。就医。

皮肤接触：立即脱去污染的衣着，用流动清水彻底冲洗。就医。

食入：口服蛋清、牛奶或豆浆。就医。

解毒剂：二巯基丙磺酸钠、二巯基丁二酸钠、青霉胺。

灭火方法 消防人员须佩戴正压自给式呼吸器，穿全身消防服，在上风向灭火。尽可能将容器从火场移至空旷处。喷水保持火场容器冷却，直至灭火结束。

本品不燃，根据周围火灾原因选择适当的灭火剂灭火。

泄漏应急处置 隔离泄漏污染区，限制出入。建议应急处理人员戴防尘口罩，穿防毒服。穿上适当的防护服前严禁接触破裂的容器和泄漏物。尽可能切断泄漏源。用塑料布覆盖泄漏物，减少飞散。勿使水进入包装容器内。用洁净的铲子收集泄漏物，置于干净、干燥、盖子较松的容器中，将容器移离泄漏区。

883. 乙酸亚铊

标　识

中文名称　乙酸亚铊

英文名称　Thallium(Ⅰ)acetate

别名　乙酸铊；醋酸铊

分子式　$C_2H_3O_2Tl$

CAS 号　563-68-8

铁危编号　61095

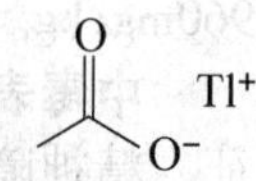

危害信息

危险性类别　第6类　有毒品

燃烧与爆炸危险性　可燃，但不易引燃。受热分解产生有毒的烟气。在火场中，容器受热有爆炸的危险。

禁忌物　强氧化剂、强酸。

毒性　大鼠经口 LD_{50}：41.3mg/kg；小鼠经口 LD_{50}：35mg/kg。

中毒表现　粉尘能刺激眼睛、鼻。易经皮肤吸收。中毒多半是由误服引起，主要损害中枢神经系统、周围神经、胃肠道和肾脏。此外，引起毛发脱落、皮疹。

侵入途径　吸入、食入、经皮吸收。

职业接触限值　中国：PC-TWA 0.05mg/m^3，PC-STEL 0.1mg/m^3[按 Tl 计][皮]。

环境危害　对水生生物有毒，可能在水生环境中造成长期不利影响。

理化特性与用途

理化特性　白色至灰白色结晶或粉末，易潮解。溶于水、乙醇。熔点 128~130℃，相对密度(水=1)3.68。

主要用途　用于生产脱发剂、杀虫剂和用作分析试剂。

包装与储运

包装标志　有毒品

包装类别　Ⅱ类

安全储运　储存于阴凉、干燥、通风良好的专用库房内。远离火种、热源。防止阳光直射。储存温度不超过 35℃，相对湿度不超过 85%。保持容器密封。应与氧化剂、酸类等隔离储运。搬运时轻装轻卸，防止容器受损。

紧急处置信息

急救措施

吸入：迅速脱离现场至空气新鲜处。保持呼吸道通畅。如呼吸困难，给输氧。呼吸、

心跳停止，立即进行心肺复苏术。就医。

眼睛接触：立即分开眼睑，用流动清水或生理盐水彻底冲洗。就医。

皮肤接触：立即脱去污染的衣着，用流动清水彻底冲洗。就医。

食入：饮适量温水，催吐(仅限于清醒者)。就医。

解毒剂：普鲁士蓝。

灭火方法 消防人员须佩戴正压自给式呼吸器，穿全身消防服，在上风向灭火。尽可能将容器从火场移至空旷处。喷水保持火场容器冷却，直至灭火结束。

灭火剂：雾状水、泡沫、干粉、二氧化碳、沙土。

泄漏应急处置 隔离泄漏污染区，限制出入。消除所有点火源。建议应急处理人员戴防尘口罩，穿防毒服。穿上适当的防护服前严禁接触破裂的容器和泄漏物。尽可能切断泄漏源。用塑料布覆盖泄漏物，减少飞散。勿使水进入包装容器内。用洁净的铲子收集泄漏物，置于干净、干燥、盖子较松的容器中，将容器移离泄漏区。

884. 乙酸-2-乙基己酯

标　识

中文名称 乙酸-2-乙基己酯

英文名称 2-Ethylhexyl acetate；Octyl acetate

别名 醋酸异辛酯

分子式 $C_{10}H_{20}O_2$

CAS 号 103-09-3

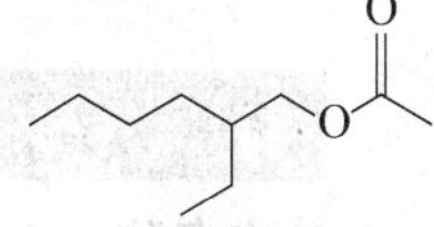

危害信息

燃烧与爆炸危险性 遇明火、高热可燃。其蒸气与空气混合，能形成爆炸性混合物。若遇高热，容器内压增大，有开裂和爆炸的危险。

禁忌物 强氧化剂、强酸、强碱。

毒性 大鼠经口 LD_{50}：3g/kg；小鼠经口 LD_{50}：>3200mg/kg；大鼠吸入 LC：>1100 ppm (6h)；豚鼠经皮 LD_{50}：>20mL/kg。

中毒表现 对眼和、皮肤和上呼吸道有刺激性。

侵入途径 吸入、食入、经皮吸收。

理化特性与用途

理化特性 无色液体。不溶于水，混溶于乙醇、乙醚、油类及其他有机溶剂。熔点-80℃，沸点 196~199℃，相对密度(水=1)0.87，相对蒸气密度(空气=1)5.93，饱和蒸气压 0.03kPa(25℃)，辛醇/水分配系数 3.74，闪点 71℃，引燃温度 295℃，爆炸下限 0.7%，爆炸上限 8.2%。

主要用途 用作纤维素、树脂、油类、蜡的溶剂等。

包装与储运

安全储运 储存于阴凉、通风的库房。远离火种、热源。保持容器密闭。应与强氧化剂、酸类、碱类等隔离储运。搬运时轻装轻卸，防止容器受损。

紧急处置信息

急救措施

吸入：迅速脱离现场至空气新鲜处。保持呼吸道通畅。如呼吸困难，给输氧。呼吸、心跳停止，立即进行心肺复苏术。就医。

眼睛接触：立即分开眼睑，用流动清水或生理盐水彻底冲洗。就医。

皮肤接触：立即脱去污染的衣着，用流动清水彻底冲洗。就医。

食入：漱口，饮水。就医。

灭火方法 消防人员须佩戴空气呼吸器，穿全身消防服，在上风向灭火。尽可能将容器从火场移至空旷处。喷水保持火场容器冷却，直至灭火结束。处在火场中的容器若已变色或从安全泄压装置中发出声音，必须马上撤离。

灭火剂：雾状水、泡沫、干粉、二氧化碳、沙土。

泄漏应急处置 根据液体流动和蒸气扩散的影响区域划定警戒区，无关人员从侧风、上风向撤离至安全区。消除所有点火源。建议应急处理人员戴防毒面具，穿一般作业工作服。尽可能切断泄漏源。防止泄漏物进入水体、下水道、地下室或有限空间。小量泄漏：用干燥的沙土或其他不燃材料吸收或覆盖，收集于容器中。大量泄漏：构筑围堤或挖坑收容。用泵转移至槽车或专用收集器内。

885. 乙酸异丙烯酯

标　识

中文名称 乙酸异丙烯酯

英文名称 Isopropenyl acetate; 1-Propen-2-ol, 2-acetate

别名 醋酸异丙烯酯

分子式 $C_5H_8O_2$

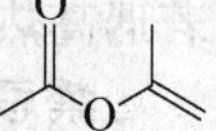

CAS 号 108-22-5

铁危编号 31132

UN 号 2403

危害信息

危险性类别 第 3 类 易燃液体

燃烧与爆炸危险性 易燃。其蒸气与空气混合，能形成爆炸性混合物。容易自聚。高速冲击、流动、激荡后可因产生静电火花放电引起燃烧爆炸。蒸气比空气重，能在较低处扩散到相当远的地方，遇火源会着火回燃和爆炸(闪爆)。若遇高热，容器内压增大，有开裂和爆炸的危险。

活性反应 与氧化剂接触发生猛烈反应。

禁忌物 氧化剂、碱类、酸类。

毒性 大鼠经口 LD_{50}：3000mg/kg。

中毒表现 接触高浓度蒸气引起中枢神经抑制。

侵入途径 吸入、食入、经皮吸收。

理化特性与用途

理化特性 无色至微黄色透明液体。微溶于水，溶于乙醇、丙酮，易溶于乙醚。熔点-92.9℃，沸点97℃，相对密度(水=1)0.92，相对蒸气密度(空气=1)3.45，饱和蒸气压6.01kPa(25℃)，辛醇/水分配系数1.28，闪点16℃(闭杯)，引燃温度431℃，爆炸下限1.9%。

主要用途 用作分析试剂，用于合成药物和香精、香料。

包装与储运

包装标志 易燃液体

包装类别 Ⅱ类

安全储运 通常商品加有阻聚剂。储存于阴凉、通风的库房。远离火种、热源。库温不宜超过37℃。保持容器密闭。应与氧化剂、酸类、碱类等隔离储运。不宜大量储存或久存。采用防爆型照明、通风设施。禁止使用易产生火花的机械设备和工具。灌装时注意控制流速，防止静电积聚。搬运时轻装轻卸，防止容器受损。

紧急处置信息

急救措施

吸入： 迅速脱离现场至空气新鲜处。保持呼吸道通畅。如呼吸困难，给输氧。呼吸、心跳停止，立即进行心肺复苏术。就医。

眼睛接触： 立即分开眼睑，用流动清水或生理盐水彻底冲洗。就医。

皮肤接触： 立即脱去污染的衣着，用肥皂水和清水彻底冲洗。就医。

食入： 漱口，饮水。就医。

灭火方法 消防人员须佩戴空气呼吸器，穿全身消防服，在上风向灭火。尽可能将容器从火场移至空旷处。喷水保持火场容器冷却，直至灭火结束。处在火场中的容器若已变色或从安全泄压装置中发出声音，必须马上撤离。

灭火剂：雾状水、泡沫、干粉、二氧化碳、沙土。

泄漏应急处置 消除所有点火源。根据液体流动和蒸气扩散的影响区域划定警戒区，无关人员从侧风、上风向撤离至安全区。建议应急处理人员戴正压自给式呼吸器，穿防静电服。作业时使用的所有设备应接地。禁止接触或跨越泄漏物。尽可能切断泄漏源。防止泄漏物进入水体、下水道、地下室或有限空间。小量泄漏：用沙土或其他不燃材料吸收。使用洁净的无火花工具收集吸收材料。大量泄漏：构筑围堤或挖坑收容。用抗溶性泡沫覆盖，减少蒸发。喷水雾能减少蒸发，但不能降低泄漏物在有限空间内的易燃性。用防爆泵转移至槽车或专用收集器内。

886. 乙酸正己酯

标　识

中文名称 乙酸正己酯

英文名称 Hexyl acetate；*n*-Hexyl acetate

别名 醋酸己酯；醋酸正己酯

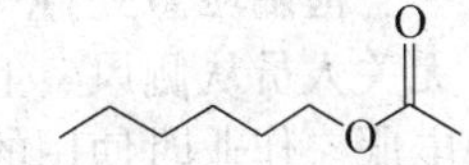

分子式 $C_8H_{16}O_2$

CAS 号 142-92-7

铁危编号 32096

危害信息

危险性类别 第 3 类 易燃液体

燃烧与爆炸危险性 易燃。其蒸气与空气混合，能形成爆炸性混合物。高速冲击、流动、激荡后可因产生静电火花放电引起燃烧爆炸。蒸气比空气重，能在较低处扩散到相当远的地方，遇火源会着火回燃和爆炸(闪爆)。若遇高热，容器内压增大，有开裂和爆炸的危险。

活性反应 与氧化剂可发生反应。

禁忌物 强氧化剂、强酸、强还原剂、强碱。

毒性 大鼠经口 LD_{50}：41500μL/kg；兔经皮 LD_{50}：>5g/kg。

中毒表现 接触引起头痛、眩晕、恶心，眼和呼吸道刺激。

侵入途径 吸入、食入、经皮吸收。

理化特性与用途

理化特性 无色至淡黄色油状液体，有梨香味。不溶于水，易溶于乙醇、乙醚等。熔点-80.9℃，沸点171.5℃，相对密度(水=1)0.871，相对蒸气密度(空气=1)4.9，辛醇/水分配系数2.83，闪点37.2℃，爆炸下限1%，爆炸上限7.5%。

主要用途 用作纤维素酯和树脂的溶剂。

包装与储运

包装标志 易燃液体

包装类别 Ⅲ类

安全储运 储存于阴凉、通风的库房。远离火种、热源。库温不宜超过37℃。保持容器密闭。应与氧化剂、还原剂、酸类等隔离储运。采用防爆型照明、通风设施。禁止使用易产生火花的机械设备和工具。灌装时注意控制流速，防止静电积聚。搬运时轻装轻卸，防止容器受损。

紧急处置信息

急救措施

吸入：迅速脱离现场至空气新鲜处。保持呼吸道通畅。如呼吸困难，给输氧。呼吸、心跳停止，立即进行心肺复苏术。就医。

眼睛接触：立即分开眼睑，用流动清水或生理盐水彻底冲洗。就医。

皮肤接触：立即脱去污染的衣着，用肥皂水和清水彻底冲洗。就医。

食入：漱口，饮水。就医。

灭火方法 消防人员须佩戴空气呼吸器，穿全身消防服，在上风向灭火。尽可能将容器从火场移至空旷处。喷水保持火场容器冷却，直至灭火结束。处在火场中的容器若已变色或从安全泄压装置中发出声音，必须马上撤离。

灭火剂：雾状水、泡沫、干粉、二氧化碳、沙土。

泄漏应急处置 消除所有点火源。根据液体流动和蒸气扩散的影响区域划定警戒区，无关人员从侧风、上风向撤离至安全区。建议应急处理人员戴正压自给式呼吸器，穿防静电服。作业时使用的所有设备应接地。禁止接触或跨越泄漏物。尽可能切断泄漏源。防止泄漏物进入水体、下水道、地下室或有限空间。小量泄漏：用沙土或其他不燃材料吸收。使用洁净的无火花工具收集吸收材料。大量泄漏：构筑围堤或挖坑收容。用泡沫覆盖，减少蒸发。喷水雾能减少蒸发，但不能降低泄漏物在有限空间内的易燃性。用防爆泵转移至槽车或专用收集器内。

887. 乙酸仲己酯

标　识

中文名称　乙酸仲己酯

英文名称　1，3-Dimethylbutyl acetate；sec-Hexyl acetate；Methyl amyl acetate

别名　2-乙酸-4-甲基戊酯

分子式　$C_8H_{16}O_2$

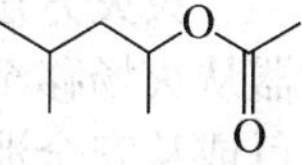

CAS 号　108-84-9

铁危编号　32096

UN 号　1233

危害信息

危险性类别　第 3 类　易燃液体

燃烧与爆炸危险性　易燃。其蒸气与空气混合，能形成爆炸性混合物。高速冲击、流动、激荡后可因产生静电火花放电引起燃烧爆炸。蒸气比空气重，能在较低处扩散到相当远的地方，遇火源会着火回燃和爆炸(闪爆)。若遇高热，容器内压增大，有开裂和爆炸的危险。

活性反应　与氧化剂可发生反应。

禁忌物　强氧化剂、强还原剂、强酸、强碱。

毒性　大鼠经口 LD_{50}：6160mg/kg；大鼠吸入 $LCLo$：2000ppm(4h)；兔经皮 LD_{50}：>20mL/kg。

中毒表现　接触引起头痛、眩晕、恶心、咽痛，眼和呼吸道刺激。

侵入途径　吸入、食入、经皮吸收。

职业接触限值　中国：PC-TWA 300mg/m^3。

美国(ACGIH)：TLV-TWA 50ppm。

理化特性与用途

理化特性　无色液体，有轻微的水果香味。不溶于水，易溶于乙醇、乙醚等。熔点-64℃，沸点 146℃，相对密度(水=1)0.86，相对蒸气密度(空气=1)5.0，饱和蒸气压 0.53kPa(20℃)，临界温度 319℃，临界压力 2.63MPa，燃烧热-2442kJ/mol，辛醇/水分配系数 2.68，闪点 43.3℃(开杯)、45℃(闭杯)，引燃温度 265.5℃，爆炸下限 0.9%，爆炸上限 5.7%。

主要用途　用作硝化纤维素及油漆的溶剂，也用于香料和化妆品工业。

包装与储运

包装标志　易燃液体

包装类别 Ⅲ类

安全储运 储存于阴凉、通风的库房。远离火种、热源。库温不宜超过37℃。保持容器密闭。应与氧化剂、还原剂、酸类等等隔离储运。采用防爆型照明、通风设施。禁止使用易产生火花的机械设备和工具。灌装时注意控制流速，防止静电积聚。搬运时轻装轻卸，防止容器受损。

紧急处置信息

急救措施

吸入：迅速脱离现场至空气新鲜处。保持呼吸道通畅。如呼吸困难，给输氧。呼吸、心跳停止，立即进行心肺复苏术。就医。

眼睛接触：立即分开眼睑，用流动清水或生理盐水彻底冲洗。就医。

皮肤接触：立即脱去污染的衣着，用肥皂水和清水彻底冲洗。就医。

食入：漱口，饮水。就医。

灭火方法 消防人员须佩戴空气呼吸器，穿全身消防服，在上风向灭火。尽可能将容器从火场移至空旷处。喷水保持火场容器冷却，直至灭火结束。处在火场中的容器若已变色或从安全泄压装置中发出声音，必须马上撤离。

灭火剂：雾状水、泡沫、干粉、二氧化碳、沙土。

泄漏应急处置 消除所有点火源。根据液体流动和蒸气扩散的影响区域划定警戒区，无关人员从侧风、上风向撤离至安全区。建议应急处理人员戴正压自给式呼吸器，穿防静电服。作业时使用的所有设备应接地。禁止接触或跨越泄漏物。尽可能切断泄漏源。防止泄漏物进入水体、下水道、地下室或有限空间。小量泄漏：用沙土或其他不燃材料吸收。使用洁净的无火花工具收集吸收材料。大量泄漏：构筑围堤或挖坑收容。用泡沫覆盖，减少蒸发。喷水雾能减少蒸发，但不能降低泄漏物在有限空间内的易燃性。用防爆泵转移至槽车或专用收集器内。

888. 乙烯基甲基醚

标　识

中文名称 乙烯基甲基醚

英文名称 Methyl vinyl ether; Vinyl methyl ether; Methoxyethene

别名 乙烯基甲醚；甲基乙烯醚

分子式 C_3H_6O

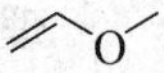

CAS 号 107-25-5

铁危编号 21042

UN 号 1087

危害信息

危险性类别 第2.1类 易燃气体

燃烧与爆炸危险性 易燃。与空气混合能形成爆炸性混合物，遇明火、高热能引起燃烧或爆炸。蒸气比空气重，能在较低处扩散到相当远的地方，遇火源会着火回燃和爆炸(闪爆)。长期接触空气可能形成具有潜在爆炸危险的过氧化物。若遇高热，容器内压增大，有开裂和爆炸的危险。

活性反应 与氧化剂接触发生反应。

禁忌物 酸类、强氧化剂、卤素。

毒性 大鼠经口 LD_{50}：4900mg/kg。大鼠吸入 LC_{50}：>64000ppm。兔经皮 LD_{50}：>8g/kg。大鼠经皮 LD_{50}：>2mL/kg。

中毒表现 吸入中毒表现为视力模糊、头痛、头晕、兴奋、意识丧失。吸入液体引起化学性肺炎。蒸气刺激眼，液体引起皮肤冻伤。

侵入途径 吸入。

理化特性与用途

理化特性 无色液化气体，有香味。微溶于水，易溶于乙醇、乙醚、丙酮，溶于有机溶剂。熔点-122℃，沸点6℃，相对密度(水=1)0.77(0℃/4℃)，相对蒸气密度(空气=1)2.0，饱和蒸气压175.56kPa(20℃)，辛醇/水分配系数0.42，闪点-56℃(开杯)，引燃温度287℃，爆炸下限2.6%，爆炸上限39%。

主要用途 用于有机合成及医药工业。

包装与储运

包装标志 易燃气体

包装类别 Ⅱ类

安全储运 储存于阴凉、通风的易燃气体专用库房。远离火种、热源。库温不宜超过30℃。包装要求密封，不可与空气接触。应与氧化剂、酸类、卤素等隔离储运。不宜大量储存或久存。采用防爆型照明、通风设施。禁止使用易产生火花的机械设备和工具。储区应备有泄漏应急处理设备。搬运时轻装轻卸，防止容器受损

紧急处置信息

急救措施

吸入：迅速脱离现场至空气新鲜处。保持呼吸道通畅。如呼吸困难，给输氧。呼吸、心跳停止，立即进行心肺复苏术。就医。

眼睛接触：立即分开眼睑，用流动清水或生理盐水彻底冲洗。就医。

皮肤接触：如发生冻伤，用温水(38~42℃)复温，忌用热水或辐射热，不要揉搓。就医。

灭火方法 消防人员须佩戴空气呼吸器，穿全身消防服，在上风向灭火。迅速切断气源，若不能切断气源，则不允许熄灭泄漏处的火焰。尽可能将容器从火场移至空旷处。喷水保持火场容器冷却，直至灭火结束。用水喷淋保护切断气源的人员。

灭火剂：干粉、抗溶性泡沫、二氧化碳、雾状水。

泄漏应急处置 消除所有点火源。根据气体的影响区域划定警戒区，无关人员从侧风、上风向撤离至安全区。建议应急处理人员戴正压自给式呼吸器，穿防静电服。液化气体泄漏时穿防静电、防寒服。作业时使用的所有设备应接地。禁止接触或跨越泄漏物。尽可能切断泄漏源。若可能翻转容器，使之逸出气体而非液体。喷雾状水抑制蒸气或改变蒸气云流向，避免水流接触泄漏物。禁止用水直接冲击泄漏物或泄漏源。防止气体通过下水道、通风系统和有限空间扩散。隔离泄漏区，合理通风，直至气体散尽。

889. 乙烯基乙醚

标 识

中文名称 乙烯基乙醚

英文名称 Vinyl ethyl ether; Ethoxyethene; Ethyl vinyl ether

别名 乙氧基乙烯；乙基乙烯醚

分子式 C_4H_8O

CAS 号 109-92-2

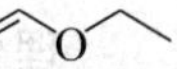

铁危编号 31029

UN 号 1302

危害信息

危险性类别 第3类 易燃液体

燃烧与爆炸危险性 极易燃。其蒸气与空气混合，能形成爆炸性混合物。在空气中久置后能形成有爆炸性的过氧化物。容易自聚。高速冲击、流动、激荡后可因产生静电火花放电引起燃烧爆炸。蒸气比空气重，能在较低处扩散到相当远的地方，遇火源会着火回燃和爆炸(闪爆)。与氧化剂和酸类反应，有引起着火和爆炸的危险。若遇高热，容器内压增大，有开裂和爆炸的危险。

活性反应 与氧化剂接触发生猛烈反应。

禁忌物 强氧化剂、氧、酸类。

毒性 大鼠经口 LD_{50}：8160μL/kg；大鼠吸入 $LCLo$：16000ppm(4h)；小鼠吸入 LC_{50}：324g/m^3(15min)；兔经皮 LD_{50}：>20mL/kg。

中毒表现 本品快速蒸发达有害浓度，引起步态不稳、眩晕、嗜睡、头痛、意识不清。

侵入途径 吸入、食入、经皮吸收。

理化特性与用途

理化特性 无色透明液体，有类似乙醚的气味。微溶于水，溶于丙酮、苯、氯仿等多数有机溶剂。熔点-115℃，沸点 36℃，相对密度(水=1)0.8，相对蒸气密度(空气=1)2.5，饱和蒸气压 57kPa(20℃)，辛醇/水分配系数 1.04，闪点-46℃，引燃温度 202℃，爆炸下限 1.3%，爆炸上限 28%。

主要用途 用作化学中间体。

包装与储运

包装标志 易燃液体

包装类别 Ⅰ类

安全储运 储存于阴凉、通风的库房。远离火种、热源。库温不宜超过 29℃。保持容器密封。应与氧化剂、酸类等隔离储运。不宜大量储存或久存。采用防爆型照明、通风设施。禁止使用易产生火花的机械设备和工具。灌装时注意控制流速，防止静电积聚。搬运时轻装轻卸，防止容器受损。

紧急处置信息

急救措施

吸入：迅速脱离现场至空气新鲜处。保持呼吸道通畅。如呼吸困难，给输氧。呼吸、心跳停止，立即进行心肺复苏术。就医。

眼睛接触：立即分开眼睑，用流动清水或生理盐水彻底冲洗。就医。

皮肤接触：立即脱去污染的衣着，用肥皂水和清水彻底冲洗。就医。

食入：漱口，饮水。就医。

灭火方法 消防人员须佩戴空气呼吸器，穿全身消防服，在上风向灭火。尽可能将容器从火场移至空旷处。喷水保持火场容器冷却，直至灭火结束。处在火场中的容器若已变色或从安全泄压装置中发出声音，必须马上撤离。用水灭火无效。

灭火剂：泡沫、干粉、二氧化碳、沙土。

泄漏应急处置 消除所有点火源。根据液体流动和蒸气扩散的影响区域划定警戒区，无关人员从侧风、上风向撤离至安全区。建议应急处理人员戴正压自给式呼吸器，穿防静电服。作业时使用的所有设备应接地。禁止接触或跨越泄漏物。尽可能切断泄漏源。防止泄漏物进入水体、下水道、地下室或有限空间。小量泄漏：用沙土或其他不燃材料吸收。使用洁净的无火花工具收集吸收材料。大量泄漏：构筑围堤或挖坑收容。用泡沫覆盖，减少蒸发。喷水雾能减少蒸发，但不能降低泄漏物在有限空间内的易燃性。用防爆泵转移至槽车或专用收集器内。

890. 乙烯基乙炔

标 识

中文名称 乙烯基乙炔

英文名称 1-Buten-3-yne；Butenyne；Vinyl acetylene

别名 1-丁烯-3-炔

分子式 C_4H_4

CAS 号 689-97-4

铁危编号 21060

危害信息

危险性类别 第 2.1 类 易燃气体

燃烧与爆炸危险性 易燃。与空气混合能形成爆炸性混合物。在空气中非常容易氧化生成过氧化物，受热或撞击、甚至轻微摩擦即发生爆炸。气体比空气重，能在较低处扩散到相当远的地方，遇火源会着火回燃和爆炸(闪爆)。在火场中，容器内压增大有开裂或爆炸的危险。

活性反应 在空气中非常容易氧化生成过氧化物。能与浓硫酸、发烟硝酸猛烈反应，甚至发生爆炸。与 1，3-丁二烯或氧发生爆炸性反应。

禁忌物 强氧化剂、碱金属、碱土金属、重金属及重金属盐、卤素。

毒性 小鼠吸入 LC_{50}：97200mg/m^3(2h)。

中毒表现 吸入高浓度引起咳嗽、恶心、嗜睡、头痛、眩晕、疲乏，直至意识不清。

侵入途径 吸入。

理化特性与用途

理化特性 无色气体，有类似乙炔的气味。微溶于水，溶于苯。沸点5℃，相对密度(水=1)0.7095(0℃)，相对蒸气密度(空气=1)1.8，饱和蒸气压179.5kPa(25℃)，临界温度218℃，临界压力5.01MPa，辛醇/水分配系数1.4，爆炸下限2%，爆炸上限100%。

主要用途 在工业上是重要的烯炔烃化合物，用于制备合成橡胶的单体2-氯-[1，3]-丁二烯等。

包装与储运

包装标志 易燃气体

安全储运 储存于阴凉、通风的易燃气体专用库房。远离火种、热源。库温不宜超过30℃。保持容器密封。避免接触空气。应与氧化剂、酸类、氧等隔离储运。采用防爆型照明、通风设施。禁止使用易产生火花的机械设备和工具。储区应备有泄漏应急处理设备。搬运时轻装轻卸，防止容器受损。

紧急处置信息

急救措施

吸入：迅速脱离现场至空气新鲜处。保持呼吸道通畅，如呼吸困难，给输氧。呼吸、心跳停止，立即进行心肺复苏术。就医。

灭火方法 切断气源，用水喷淋保护切断气源的人员，若不能切断气源，则不允许熄灭泄漏处的火焰。消防人员须佩戴空气呼吸器，穿全身消防服，在上风向灭火。尽可能将容器从火场移至空旷处。喷水保持火场容器冷却，直至灭火结束。

灭火剂：雾状水、干粉、二氧化碳。

泄漏应急处置 消除所有点火源。根据气体的影响区域划定警戒区，无关人员从侧风、上风向撤离至安全区。建议应急处理人员戴正压自给式呼吸器，穿防静电服。作业时使用的所有设备应接地。禁止接触或跨越泄漏物。尽可能切断泄漏源。喷雾状水抑制蒸气或改变蒸气云流向，避免水流接触泄漏物。禁止用水直接冲击泄漏物或泄漏源。防止气体通过下水道、通风系统和受限空间扩散。隔离泄漏区，合理通风，直至气体散尽。

891. 乙烯基正丁基醚

标　识

中文名称 乙烯基正丁基醚

英文名称 Vinyl butyl ether；Butyl vinyl ether；Butane，1-(ethenyloxy)-

别名 正丁基乙烯(基)醚；正丁氧基乙烯；乙烯(基)正丁醚

分子式 $C_6H_{12}O$

CAS号 111-34-2

铁危编号 311987

UN号 2352

危害信息

危险性类别 第3类 易燃液体

燃烧与爆炸危险性 易燃。其蒸气与空气混合，能形成爆炸性混合物。容易自聚。高速冲击、流动、激荡后可因产生静电火花放电引起燃烧爆炸。蒸气比空气重，能在较低处扩散到相当远的地方，遇火源会着火回燃和爆炸(闪爆)。若遇高热，容器内压增大，有开裂和爆炸的危险。

活性反应 与氧化剂接触发生猛烈反应。

禁忌物 强氧化剂、强酸。

毒性 大鼠经口 LD_{50}：10g/kg；大鼠吸入 $LCLo$：16000ppm(4h)；小鼠吸入 LC_{50}：62g/m^3(4h)；兔经皮 LD_{50}：4240μL/kg。

侵入途径 吸入、食入、经皮吸收。

理化特性与用途

理化特性 无色透明液体。微溶于水，溶于乙醇、乙醚、丙酮、苯。熔点-92℃，沸点94℃，相对密度(水=1)0.788(20℃/20℃)，相对蒸气密度(空气=1)3.45，饱和蒸气压6.53kPa(25℃)，辛醇/水分配系数1.89，闪点-9℃(开杯)，引燃温度255℃。

主要用途 用于有机合成。

包装与储运

包装标志 易燃液体

包装类别 Ⅱ类

安全储运 通常商品加有稳定剂。储存于阴凉、通风的库房。远离火种、热源。库温不宜超过37℃。包装要求密封，不可与空气接触。应与氧化剂、酸类等隔离储运。不宜大量储存或久存。采用防爆型照明、通风设施。禁止使用易产生火花的机械设备和工具。灌装时注意控制流速，防止静电积聚。搬运时轻装轻卸，防止容器受损。

紧急处置信息

急救措施

吸入：迅速脱离现场至空气新鲜处。保持呼吸道通畅。如呼吸困难，给输氧。呼吸、心跳停止，立即进行心肺复苏术。就医。

眼睛接触：立即分开眼睑，用流动清水或生理盐水彻底冲洗。就医。

皮肤接触：立即脱去污染的衣着，用肥皂水和清水彻底冲洗。就医。

食入：漱口，饮水。就医。

灭火方法 消防人员须佩戴空气呼吸器，穿全身消防服，在上风向灭火。尽可能将容器从火场移至空旷处。喷水保持火场容器冷却，直至灭火结束。处在火场中的容器若已变色或从安全泄压装置中发出声音，必须马上撤离。用水灭火无效。

灭火剂：泡沫、干粉、二氧化碳、沙土。

泄漏应急处置 消除所有点火源。根据液体流动和蒸气扩散的影响区域划定警戒区，无关人员从侧风、上风向撤离至安全区。建议应急处理人员戴正压自给式呼吸器，穿防静电服。作业时使用的所有设备应接地。禁止接触或跨越泄漏物。尽可能切断泄漏源。防止泄漏物进入水体、下水道、地下室或有限空间。小量泄漏：用沙土或其他不燃材料吸收。使用洁净的无火花工具收集吸收材料。大量泄漏：构筑围堤或挖坑收容。用泡沫覆盖，减少蒸发。喷水雾能减少蒸发，但不能降低泄漏物在有限空间内的易燃性。用防爆泵转移至槽车或专用收集器内。

892. 乙烯菌核利

标　识

中文名称　乙烯菌核利

英文名称　Vinclozolin；3-(3，5-Dichlorophenyl)-5-ethenyl-5-methyl-2，4-oxazolidinedione

别名　3-(3，5-二氯苯基)-5-甲基-5-乙烯基-1，3-噁唑烷-2，4-二酮；农利灵

分子式　$C_{12}H_9Cl_2NO_3$

CAS 号　50471-44-8

铁危编号　61894

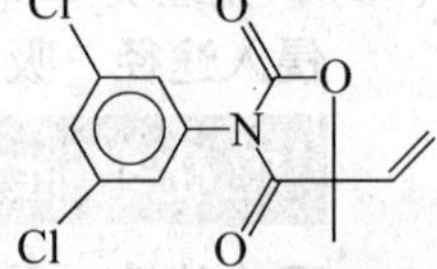

危害信息

危险性类别　第 6 类　有毒品

燃烧与爆炸危险性　可燃，但不易点燃。在火场中，容器内压增大有开裂或爆炸的危险。受高热分解放出有毒的烟气。

禁忌物　强氧化剂。

毒性　大鼠经口 LD_{50}：10000mg/kg；小鼠经口 LD_{50}：>10000mg/kg；兔经皮 LD_{50}：>5000mg/kg；大鼠吸入 LC_{50}：29100mg/m^3(4h)。

欧盟法规 1272/2008/EC 将本品列为第 2 类致癌物——可疑的人类致癌物；第 1B 类生殖毒物——可能的人类生殖毒物。

侵入途径　吸入、食入、经皮吸收。

环境危害　对水生生物有毒，可能在水生环境中造成长期不利影响。

理化特性与用途

理化特性　无色结晶或白色固体。微溶于水，溶于丙酮、苯、氯仿、乙酸乙酯、环己酮。熔点 108℃，沸点 131℃(6.65Pa)，相对密度(水=1)1.51，蒸气压 0.016mPa(20℃)，辛醇/水分配系数 3.1。

主要用途　触杀性保护杀菌剂。用于果树、啤酒花、蔬菜和观赏植物防治灰霉病、褐斑病、菌核病、白粉病等。

包装与储运

包装标志　有毒品

包装类别　Ⅲ类

安全储运　储存于阴凉、通风的库房。远离火种、热源。储存温度不超过 35℃，相对湿度不超过 85%。保持容器密封。应与强氧化剂等隔离储运。搬运时轻装轻卸，防止容器受损。

紧急处置信息

急救措施

吸入：迅速脱离现场至空气新鲜处。保持呼吸道通畅。如呼吸困难，给输氧。呼吸、心跳停止，立即进行心肺复苏术。就医。

眼睛接触：立即分开眼睑，用流动清水或生理盐水彻底冲洗。就医。

皮肤接触：立即脱去污染的衣着，用肥皂水和清水彻底冲洗。就医。

食入：漱口，饮水。就医。

灭火方法 消防人员必须佩戴正压自给式呼吸器，穿全身防火防毒服，在上风向灭火。尽可能将容器从火场移至空旷处。喷水保持火场容器冷却，直至灭火结束。

灭火剂：雾状水、泡沫、干粉、二氧化碳、沙土。

泄漏应急处置 隔离泄漏污染区，限制出入。建议应急处理人员戴防尘口罩，穿防毒服。穿上适当的防护服前严禁接触破裂的容器和泄漏物。尽可能切断泄漏源。用塑料布覆盖泄漏物，减少飞散。勿使水进入包装容器内。用洁净的铲子收集泄漏物，置于干净、干燥、盖子较松的容器中，将容器移离泄漏区。

893. 乙烯利

标　识

中文名称 乙烯利

英文名称 2-Chloroethylphosphonic acid；Ethephon

别名 2-氯乙基膦酸；乙烯磷

分子式 $C_2H_6ClO_3P$

CAS 号 16672-87-0

铁危编号 81629

Cl—CH₂CH₂—P(=O)(OH)—OH

危害信息

危险性类别 第 8 类 腐蚀品

燃烧与爆炸危险性 不燃。受高热分解放出有毒的烟气。

禁忌物 强氧化剂、强碱。

毒性 大鼠经口 LD_{50}：3400mg/kg；小鼠经口 LD_{50}：2850mg/kg；兔经皮 LD_{50}：5730mg/kg。

中毒表现 对皮肤、眼睛有刺激作用，对黏膜有酸蚀作用。误服出现烧灼感、恶心、呕吐（呕吐物呈棕黑色），后可出现瞳孔缩小、肺水肿、昏迷。胆碱酯酶活性降低。

侵入途径 吸入、食入、经皮吸收。

环境危害 对水生生物有害，可能在水生环境中造成长期不利影响。

理化特性与用途

理化特性 白色针状结晶或白色蜡状固体。易溶于水、甲醇、乙醇、丙酮、乙二醇、丙二醇，微溶于苯、甲苯，不溶于石油醚。熔点 74~75℃，沸点 265℃（分解），相对密度（水=1）1.58，相对蒸气密度（空气=1）4.9，蒸气压 0.013mPa（25℃），辛醇/水分配系数 -0.22。

主要用途 植物生长调节剂。可用于各种瓜果、棉花、烟草、小麦、高粱、橡胶树、漆树等。

包装与储运

包装标志 腐蚀品

包装类别 Ⅲ类

安全储运 储存于阴凉、通风的库房。远离火种、热源。储存温度不超过30℃，相对湿度不超过75%。保持容器密封。应与强氧化剂、强碱、醇类等隔离储运。搬运时轻装轻卸，防止容器受损。

紧急处置信息

急救措施

吸入：迅速脱离现场至空气新鲜处。保持呼吸道通畅。如呼吸困难，给输氧。呼吸、心跳停止，立即进行心肺复苏术。就医。

眼睛接触：立即分开眼睑，用流动清水或生理盐水彻底冲洗。就医。

皮肤接触：立即脱去污染的衣着，用肥皂水和清水彻底冲洗。就医。

食入：用水漱口，禁止催吐。给饮牛奶或蛋清。就医。

解毒剂：阿托品。

灭火方法 消防人员须佩戴正压自给式呼吸器，穿全身消防服，在上风向灭火。尽可能将容器从火场移至空旷处。喷水保持火场容器冷却，直至灭火结束。

本品不燃，根据周围火灾原因选择适当的灭火剂灭火。

泄漏应急处置 隔离泄漏污染区，限制出入。建议应急处理人员戴防尘口罩，穿防腐蚀、防毒服。穿上适当的防护服前严禁接触破裂的容器和泄漏物。尽可能切断泄漏源。用塑料布覆盖泄漏物，减少飞散。勿使水进入包装容器内。用洁净的铲子收集泄漏物，置于干净、干燥、盖子较松的容器中，将容器移离泄漏区。

894. 乙烯-2-氯乙醚

标　识

中文名称 乙烯-2-氯乙醚

英文名称 Vinyl 2-chloroethyl ether；2-Chloroethyl vinyl ether

别名 乙烯(2-氯乙基)醚；(2-氯乙基)乙烯醚

分子式 C_4H_7ClO

CAS号 110-75-8

铁危编号 31191

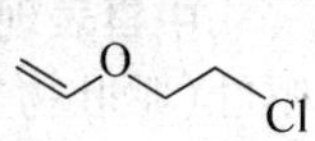

危害信息

危险性类别 第3类 易燃液体

燃烧与爆炸危险性 易燃。其蒸气与空气混合，能形成爆炸性混合物。容易自聚。受高热分解产生有毒的烟气。在空气中容易氧化生成过氧化物，受热可能发生爆炸。高速冲击、流动、激荡后可因产生静电火花放电引起燃烧爆炸。蒸气比空气重，能在较低处扩散到相当远的地方，遇火源会着火回燃和爆炸(闪爆)。若遇高热，容器内压增大，有开裂和爆炸的危险。

活性反应 与氧化剂接触发生猛烈反应。

禁忌物 强氧化剂、强酸、强碱。

毒性 大鼠经口 LD_{50}：210mg/kg；大鼠吸入 $LCLo$：250ppm（4h）；兔经皮 LD_{50}：2400mg/kg。

中毒表现 本品对眼有刺激性。

侵入途径 吸入、食入、经皮吸收。

理化特性与用途

理化特性 无色至淡黄色透明液体。微溶于水，易溶于乙醇、乙醚，微溶于氯仿。熔点-70℃，沸点109℃，相对密度(水=1)1.0495(20℃/4℃)，相对蒸气密度(空气=1)3.7，饱和蒸气压3.56kPa(20℃)，辛醇/水分配系数1.17，闪点27℃(开杯)。

主要用途 用于聚合物单体、药物及纤维素醚的制造。

包装与储运

包装标志 易燃液体

包装类别 Ⅱ类

安全储运 通常商品加有阻聚剂。储存于阴凉、通风的库房。远离火种、热源。库温不宜超过37℃。保持容器密闭。避免接触空气。应与氧化剂、酸类、碱类等隔离储运。不宜大量储存或久存。采用防爆型照明、通风设施。禁止使用易产生火花的机械设备和工具。灌装时注意控制流速，防止静电积聚。搬运时轻装轻卸，防止容器受损。

紧急处置信息

急救措施

吸入：迅速脱离现场至空气新鲜处。保持呼吸道通畅。如呼吸困难，给输氧。呼吸、心跳停止，立即进行心肺复苏术。就医。

眼睛接触：立即分开眼睑，用流动清水或生理盐水彻底冲洗。就医。

皮肤接触：立即脱去污染的衣着，用流动清水彻底冲洗。就医。

食入：饮适量温水，催吐(仅限于清醒者)。就医。

灭火方法 消防人员须佩戴正压自给式呼吸器，穿全身消防服，在上风向灭火。尽可能将容器从火场移至空旷处。喷水保持火场容器冷却，直至灭火结束。处在火场中的容器若已变色或从安全泄压装置中发出声音，必须马上撤离。

灭火剂：雾状水、泡沫、干粉、二氧化碳、沙土。

泄漏应急处置 消除所有点火源。根据液体流动和蒸气扩散的影响区域划定警戒区，无关人员从侧风、上风向撤离至安全区。建议应急处理人员戴正压自给式呼吸器，穿防静电服。作业时使用的所有设备应接地。禁止接触或跨越泄漏物。尽可能切断泄漏源。防止泄漏物进入水体、下水道、地下室或有限空间。小量泄漏：用沙土或其他不燃材料吸收。使用洁净的无火花工具收集吸收材料。大量泄漏：构筑围堤或挖坑收容。用泡沫覆盖，减少蒸发。喷水雾能减少蒸发，但不能降低泄漏物在有限空间内的易燃性。用防爆泵转移至槽车或专用收集器内。

895. 乙烯三乙氧基硅烷

标　识

中文名称 乙烯三乙氧基硅烷

英文名称 Vinyltriethoxy silane；Triethoxy(vinyl)silane

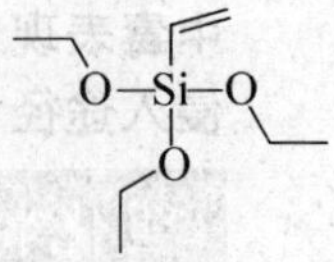

别名 三乙氧基乙烯硅烷

分子式 $C_8H_{18}O_3Si$

CAS 号 78-08-0

铁危编号 32135

危害信息

危险性类别 第 3 类 易燃液体

燃烧与爆炸危险性 易燃。其蒸气与空气混合，能形成爆炸性混合物，遇明火、高热能引起燃烧爆炸。若遇高热，容器内压增大，有开裂和爆炸的危险。燃烧或受热分解产生有毒的烟气。

活性反应 与氧化剂可发生反应。

禁忌物 强氧化剂、强酸、水及水蒸气。

毒性 大鼠经口 LD_{50}：8mL/kg；大鼠吸入 *LCLo*：4000ppm(4h)；兔经皮 LD_{50}：10mL/kg；小鼠吸入 *LCLo*：23g/kg。

中毒表现 吸入后引起头痛、头昏、恶心和共济失调。大量吸入可能致死。对眼有刺激性。食入有害。

侵入途径 吸入、食入。

理化特性与用途

理化特性 无色透明液体。不溶于水，混溶于乙醇、乙醚、苯。沸点 160~161℃，相对密度(水=1)0.903，相对蒸气密度(空气=1)7.5，饱和蒸气压 0.30kPa(25℃)，辛醇/水分配系数 1.16，闪点 34℃，爆炸下限 0.53%，爆炸上限 15%。

主要用途 用作硅酮的中间体，广泛用于硅烷交联聚乙烯电缆和管材。

包装与储运

包装标志 易燃液体

包装类别 Ⅲ类

安全储运 储存于阴凉、干燥、通风的库房。库温不宜超过 37℃。远离火种、热源。保持容器密闭。避免接触潮气。应与氧化剂、强酸等隔离储运。采用防爆型照明、通风设施。禁止使用易产生火花的机械设备和工具。灌装时注意控制流速，防止静电积聚。搬运时轻装轻卸，防止容器受损。

紧急处置信息

急救措施

吸入：迅速脱离现场至空气新鲜处。保持呼吸道通畅。如呼吸困难，给输氧。呼吸、心跳停止，立即进行心肺复苏术。就医。

眼睛接触：立即分开眼睑，用流动清水或生理盐水彻底冲洗。就医。

皮肤接触：立即脱去污染的衣着，用肥皂水和清水彻底冲洗。就医。

食入：漱口，饮水。就医。

灭火方法 消防人员须佩戴正压自给式呼吸器，穿全身消防服，在上风向灭火。尽可能将容器从火场移至空旷处。喷水保持火场容器冷却，直至灭火结束。处在火场中的容器若已变色或从安全泄压装置中发出声音，必须马上撤离。

灭火剂：雾状水、泡沫、干粉、二氧化碳、沙土。

泄漏应急处置 消除所有点火源。根据液体流动和蒸气扩散的影响区域划定警戒区，

无关人员从侧风、上风向撤离至安全区。建议应急处理人员戴正压自给式呼吸器，穿防静电服。作业时使用的所有设备应接地。禁止接触或跨越泄漏物。尽可能切断泄漏源。防止泄漏物进入水体、下水道、地下室或有限空间。小量泄漏：用沙土或其他不燃材料吸收。使用洁净的无火花工具收集吸收材料。大量泄漏：构筑围堤或挖坑收容。用泡沫覆盖，减少蒸发。喷水雾能减少蒸发，但不能降低泄漏物在有限空间内的易燃性。用防爆泵转移至槽车或专用收集器内。

896. (2-乙酰胺基-5-氟-4-异硫氰基苯氧基)乙酸乙酯

标识

中文名称 (2-乙酰胺基-5-氟-4-异硫氰基苯氧基)乙酸乙酯

英文名称 Acetic acid, 2-(2-(acetylamino)-5-fluoro-4-isothiocyanatophenoxy)-, ethyl ester; Ethyl(2-acetylamino-5-fluoro-4-isothiocyanatophenoxy)acetate

分子式 $C_{13}H_{13}FN_2O_4S$

CAS 号 147379-38-2

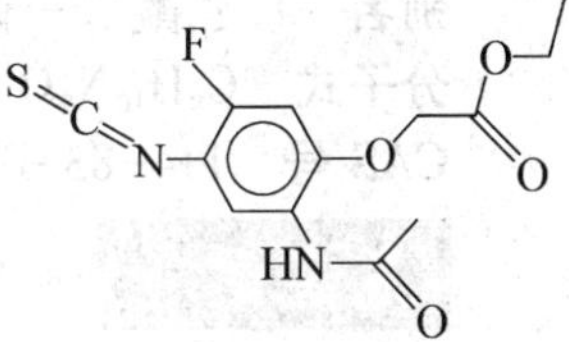

危害信息

燃烧与爆炸危险性 可燃。燃烧或受热分解产生有毒的烟气。

禁忌物 强氧化剂。

侵入途径 吸入、食入。

环境危害 对水生生物有极高毒性，可能在水生环境中造成长期不利影响。

理化特性与用途

理化特性 不溶于水。沸点 464℃，相对密度(水=1)1.29，辛醇/水分配系数 2.96，闪点 234℃。

主要用途 医药原料。

包装与储运

包装标志 杂项

包装类别 Ⅲ类

安全储运 储存于阴凉、通风的库房。远离火种、热源。保持容器密闭。应与强氧化剂、强酸、强碱等隔离储运。搬运时轻装轻卸，防止容器受损。

紧急处置信息

急救措施

吸入：脱离接触。如有不适感，就医。

眼睛接触：分开眼睑，用流动清水或生理盐水冲洗。如有不适感，就医。

皮肤接触：脱去污染的衣着，用肥皂水和清水冲洗。如有不适感，就医。

食入：漱口，饮水。就医。

灭火方法 消防人员须佩戴正压自给式呼吸器，穿全身消防服，在上风向灭火。尽可能将容器从火场移至空旷处。喷水保持火场容器冷却，直至灭火结束。

灭火剂：雾状水、泡沫、干粉、二氧化碳、沙土。

泄漏应急处置 根据液体流动和蒸气扩散的影响区域划定警戒区，无关人员从侧风、上风向撤离至安全区。消除所有点火源。建议应急处理人员戴防毒面具，穿一般作业工作服。尽可能切断泄漏源。防止泄漏物进入水体、下水道、地下室或有限空间。小量泄漏：用干燥的沙土或其他不燃材料吸收或覆盖，收集于容器中。大量泄漏：构筑围堤或挖坑收容。用泵转移至槽车或专用收集器内。

897. 乙酰苯肼

标　识

中文名称 乙酰苯肼

英文名称 1-Acetyl-2-phenylhydrazine；Acetyl phenylhydrazine

别名 1-乙酰-2-苯肼

分子式 $C_8H_{10}N_2O$

CAS 号 114-83-0

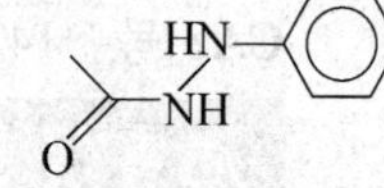

危害信息

危险性类别 第6类 有毒品

燃烧与爆炸危险性 可燃。燃烧或受热分解产生有毒的烟气。

禁忌物 强氧化剂、强酸、强碱、还原剂。

毒性 小鼠经口 LD_{50}：270mg/kg。

中毒表现 本品对眼睛、皮肤、黏膜和上呼吸道有刺激作用。中毒时，轻者头痛、面色苍白、食欲减退、腹痛和腹泻；重者头痛、头晕、呼吸急促、高铁血红蛋白血症。

侵入途径 吸入、食入、经皮吸收。

环境危害 对水生生物有毒，可能在水生环境中造成长期不利影响。

理化特性与用途

理化特性 白色至灰白色结晶或粉末。溶于热水、乙醇、苯，微溶于乙醚。熔点 128～132℃，蒸气压 9.7mPa(25℃)，辛醇/水分配系数 0.74。

主要用途 用作医药和化学中间体。

包装与储运

包装标志 有毒品

包装类别 Ⅲ类

安全储运 储存于阴凉、通风的库房。远离火种、热源。防止阳光直射。储存温度不超过 35℃，相对湿度不超过 85%。保持容器密封。应与氧化剂、还原剂、酸类、碱类等等隔离储运。搬运时轻装轻卸，防止容器受损。

紧急处置信息

急救措施

吸入：立即脱离接触。如呼吸困难，给吸氧。如呼吸心跳停止，立即行心肺复苏术。就医。

眼睛接触：分开眼睑，用清水或生理盐水冲洗。就医。

皮肤接触：立即脱去污染衣着，用肥皂水或清水彻底冲洗。就医。

食入：漱口，饮水。就医。

高铁血红蛋白血症，可用美蓝和维生素 C 治疗。

灭火方法 消防人员须佩戴正压自给式呼吸器，穿全身消防服，在上风向灭火。尽可能将容器从火场移至空旷处。喷水保持火场容器冷却，直至灭火结束。

灭火剂：雾状水、泡沫、干粉、二氧化碳、沙土。

泄漏应急处置 隔离泄漏污染区，限制出入。消除所有点火源。建议应急处理人员戴防尘口罩，穿防毒服。穿上适当的防护服前严禁接触破裂的容器和泄漏物。尽可能切断泄漏源。用塑料布覆盖泄漏物，减少飞散。勿使水进入包装容器内。用洁净的铲子收集泄漏物，置于干净、干燥、盖子较松的容器中，将容器移离泄漏区。

898. 乙酰碘

标　识

中文名称 乙酰碘

英文名称 Acety1 iodide；Ethanoyl iodide

别名 碘乙酰；碘化乙酰

分子式 C_2H_3IO

CAS 号 507-02-8

铁危编号 81114

UN 号 1898

危害信息

危险性类别 第 8 类　腐蚀品

燃烧与爆炸危险性 可燃，但不易引燃。遇水产生易燃、有毒气体。遇潮时对大多数金属有强腐蚀性。燃烧或受热分解产生有毒的烟气。

活性反应 遇水或乙醇发生反应。

禁忌物 强氧化剂、醇类、水蒸气。

中毒表现 本品对眼睛、皮肤和黏膜有刺激作用。吸入或误服可引起中毒。毒性比乙酰氯、乙酰溴强。蒸气对呼吸道黏膜有强烈刺激和腐蚀性。遇水或水蒸气产生有毒或腐蚀性的烟雾。

侵入途径 吸入、食入。

理化特性与用途

理化特性 无色发烟液体，接触潮气或空气变成棕色。溶于乙醚、苯。沸点 105～

108℃，相对密度(水=1)2.07，饱和蒸气压4.31kPa(25℃)，辛醇/水分配系数0.03。

主要用途 用于有机合成。

包装与储运

包装标志 腐蚀品

包装类别 Ⅱ类

安全储运 储存于阴凉、干燥、通风的库房。远离火种、热源。储存温度不超过30℃，相对湿度不超过75%。保持容器密封。应与强氧化剂、强碱、醇类等隔离储运。搬运时轻装轻卸，防止容器受损。

紧急处置信息

急救措施

吸入：迅速脱离现场至空气新鲜处。保持呼吸道通畅。如呼吸困难，给输氧。呼吸、心跳停止，立即进行心肺复苏术。就医。

眼睛接触：立即分开眼睑，用流动清水或生理盐水彻底冲洗10~15min。就医。

皮肤接触：立即脱去污染的衣着，用大量流动清水彻底冲洗，冲洗时间一般要求20~30min。就医。

食入：用水漱口，禁止催吐。给饮牛奶或蛋清。就医。

灭火方法 消防人员必须穿全身耐酸碱消防服，佩戴正压自给式呼吸器，在上风向灭火。尽可能将容器从火场移至空旷处。喷水保持容器冷却，直至灭火结束。禁止用水、泡沫和酸碱灭火剂灭火。

灭火剂：干粉、二氧化碳、沙土。

泄漏应急处置 根据液体流动和蒸气扩散的影响区域划定警戒区，无关人员从侧风、上风向撤离至安全区。建议应急处理人员戴正压自给式呼吸器，穿防酸碱服。穿上适当的防护服前严禁接触破裂的容器和泄漏物。尽可能切断泄漏源。防止泄漏物进入水体、下水道、地下室或有限空间。严禁用水处理。小量泄漏：用干燥的沙土或其他不燃材料覆盖泄漏物。大量泄漏：构筑围堤或挖坑收容。用碎石灰石($CaCO_3$)、苏打灰(Na_2CO_3)或石灰(CaO)中和。用耐腐蚀泵转移至槽车或专用收集器内。

899. 4-乙酰基吗啉

标　　识

中文名称 4-乙酰基吗啉

英文名称 4-Acetyl-morpholine；*N*-Acetylmorpholine

别名 *N*-乙酰基吗啉

分子式 $C_6H_{11}NO_2$

CAS号 1696-20-4

危害信息

燃烧与爆炸危险性 可燃。其蒸气与空气混合，能形成爆炸性混合物。燃烧或受热分解产生有毒和腐蚀性烟气。若遇高热，容器内压增大，有开裂和爆炸的危险。

活性反应　与氧化剂能发生强烈反应。

禁忌物　强氧化剂。

毒性　大鼠经口 LD_{50}：6130mg/kg；兔经皮 LD_{50}：7.5mL/kg。

侵入途径　吸入、食入、经皮吸收。

理化特性与用途

理化特性　无色至微黄色透明液体。与水混溶，溶于乙醇、丙酮。熔点 9~14.5℃，沸点 245.5℃，相对密度(水=1)1.11，相对蒸气密度(空气=1)4.45，蒸气压 2.66Pa(25℃)，辛醇/水分配系数 -0.87，闪点 122℃，引燃温度 320℃。

主要用途　重要农药中间体和优良的天然气和合成气酸性气体脱除剂。

包装与储运

安全储运　储存于阴凉、通风的库房。远离火种、热源。保持容器密闭。应与强氧化剂等隔离储运。搬运时轻装轻卸，防止容器受损。

紧急处置信息

急救措施

吸入：迅速脱离现场至空气新鲜处。保持呼吸道通畅。如呼吸困难，给输氧。呼吸、心跳停止，立即进行心肺复苏术。就医。

眼睛接触：立即分开眼睑，用流动清水或生理盐水彻底冲洗。就医。

皮肤接触：立即脱去污染的衣着，用肥皂水和清水彻底冲洗。就医。

食入：漱口，饮水。就医。

灭火方法　消防人员须佩戴正压自给式呼吸器，穿全身消防服，在上风向灭火。尽可能将容器从火场移至空旷处。喷水保持火场容器冷却，直至灭火结束。

灭火剂：雾状水、抗溶性泡沫、干粉、二氧化碳、沙土。

泄漏应急处置　根据液体流动和蒸气扩散的影响区域划定警戒区，无关人员从侧风、上风向撤离至安全区。消除所有点火源。建议应急处理人员戴防毒面具，穿一般作业工作服。尽可能切断泄漏源。防止泄漏物进入水体、下水道、地下室或有限空间。小量泄漏：用干燥的沙土或其他不燃材料吸收或覆盖，收集于容器中。大量泄漏：构筑围堤或挖坑收容。用泵转移至槽车或专用收集器内。

900. N-(3-乙酰基-2-羟苯基)-4-(4-苯基丁氧基)苯甲酰胺

标　识

中文名称　N-(3-乙酰基-2-羟苯基)-4-(4-苯基丁氧基)苯甲酰胺

英文名称　N-(3-Acetyl-2-hydroxyphenyl)-4-(4-phenylbutoxy)benzamide

别名　3-[4-(4-苯基丁氧基)苯甲酰基氨基]-2-羟基苯乙酮

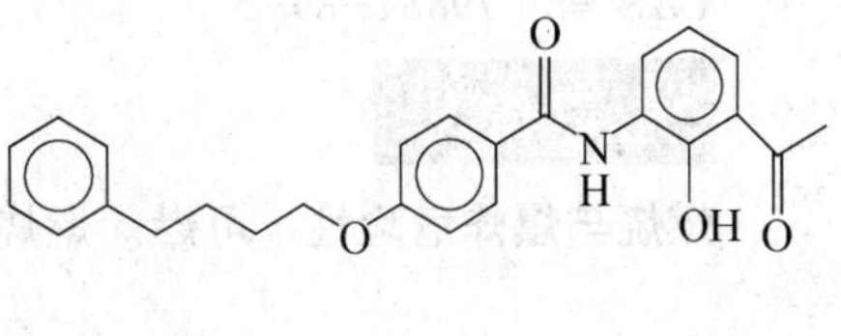

分子式　$C_{25}H_{25}NO_4$

CAS 号　136450-06-1

O N H OH O O

危害信息

燃烧与爆炸危险性　可燃。燃烧或受热分解产生有毒的烟气。

禁忌物　强氧化剂。

侵入途径　吸入、食入。

环境危害　可能在水生环境中造成长期不利影响。

理化特性与用途

理化特性　不溶于水。沸点 528℃，相对密度(水=1)1.213，辛醇/水分配系数 6.62，闪点 273℃。

主要用途　用作医药原料。

包装与储运

安全储运　储存于阴凉、通风的库房。远离火种、热源。保持容器密闭。应与强氧化剂等隔离储运。搬运时轻装轻卸，防止容器受损。

紧急处置信息

急救措施

吸入：脱离接触。如有不适感，就医。

眼睛接触：分开眼睑，用流动清水或生理盐水冲洗。如有不适感，就医。

皮肤接触：脱去污染的衣着，用肥皂水和清水冲洗。如有不适感，就医。

食入：漱口，饮水。就医。

灭火方法　消防人员须穿全身消防服，佩戴正压自给式呼吸器，在上风向灭火。尽可能将容器从火场移至空旷处。喷水保持火场容器冷却，直至灭火结束。

灭火剂：雾状水、泡沫、二氧化碳、干粉、沙土。

泄漏应急处置　隔离泄漏污染区，限制出入。消除所有点火源。建议应急处理人员戴防尘口罩，穿防毒服。穿上适当的防护服前严禁接触破裂的容器和泄漏物。尽可能切断泄漏源。用塑料布覆盖泄漏物，减少飞散。勿使水进入包装容器内。用洁净的铲子收集泄漏物，置于干净、干燥、盖子较松的容器中，将容器移离泄漏区。

901. 3′-(3-乙酰基-4-羟苯基)-1,1-二乙脲

标　　识

中文名称　3′-(3-乙酰基-4-羟苯基)-1，1-二乙脲

英文名称　3′-(3-acetyl-4-hydroxyphenyl)-1，1-diethylurea；Urea，*N*′-(3-acetyl-4-hydroxyphenyl)-*N*，*N*-diethyl-；A-1354

分子式　$C_{13}H_{18}N_2O_3$

CAS 号　79881-89-3

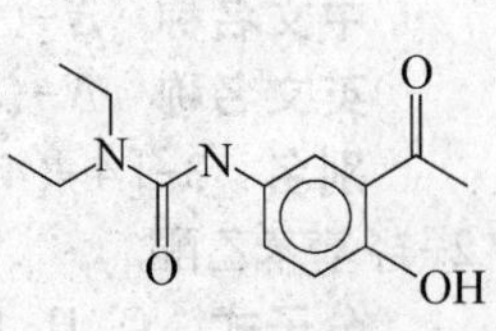

O
N　N
O　OH

危害信息

燃烧与爆炸危险性　可燃。燃烧或受热分解产生有毒的烟气。

禁忌物 强氧化剂、强酸。

中毒表现 食入有害。长期反复接触可能对器官造成损害。

侵入途径 吸入、食入。

理化特性与用途

理化特性 橙黄色固体。微溶于水。熔点 142～143℃，沸点 451℃，相对密度（水=1）1.196，辛醇/水分配系数 2.3，闪点 226℃。

主要用途 用作合成药物塞利洛尔的中间体。

包装与储运

安全储运 储存于阴凉、干燥、通风的库房。远离火种、热源。保持容器密闭。应与强氧化剂、强酸等隔离储运。搬运时轻装轻卸，防止容器受损。

紧急处置信息

急救措施

吸入：迅速脱离现场至空气新鲜处。保持呼吸道通畅。如呼吸困难，给输氧。呼吸、心跳停止，立即进行心肺复苏术。就医。

眼睛接触：立即分开眼睑，用流动清水或生理盐水彻底冲洗。就医。

皮肤接触：立即脱去污染的衣着，用肥皂水和清水彻底冲洗。就医。

食入：漱口，饮水。就医。

灭火方法 消防人员须穿全身消防服，佩戴正压自给式呼吸器，在上风向灭火。尽可能将容器从火场移至空旷处。喷水保持火场容器冷却，直至灭火结束。

灭火剂：雾状水、泡沫、二氧化碳、干粉、沙土。

泄漏应急处置 隔离泄漏污染区，限制出入。消除所有点火源。建议应急处理人员戴防尘口罩，穿防毒服。穿上适当的防护服前严禁接触破裂的容器和泄漏物。尽可能切断泄漏源。用塑料布覆盖泄漏物，减少飞散。勿使水进入包装容器内。用洁净的铲子收集泄漏物，置于干净、干燥、盖子较松的容器中，将容器移离泄漏区。

902. N-（3-（（2-（乙酰基氧）乙基）苄基氨基）-4-甲氧基苯基）乙酰胺

标 识

中文名称 *N*-（3-（（2-（乙酰基氧）乙基）苄基氨基）-4-甲氧基苯基）乙酰胺

英文名称 *N*-（3-（（2-Acetyloxy）ethyl）（phenyl-methyl）amino）-4-methoxyphenylacetamide；2-Methoxy-5-（acetylamino）-*N*-（2-acetoxyethyl）-*N*-benzylaniline

分子式 $C_{20}H_{24}N_2O_4$

CAS 号 70693-57-1

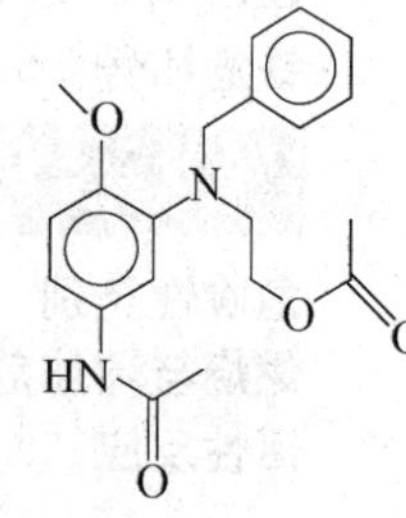

危害信息

燃烧与爆炸危险性 可燃。燃烧或受热分解产生有毒的烟气。

禁忌物 强氧化剂、强酸。

中毒表现 对眼和皮肤有腐蚀性。

侵入途径 吸入、食入。

环境危害 对水生生物有害，可能在水生环境中造成长期不利影响。

理化特性与用途

理化特性 沸点549.1℃，相对密度(水=1)1.195，闪点285.9℃。

包装与储运

安全储运 储存于阴凉、通风的库房。远离火种、热源。保持容器密闭。应与强氧化剂等隔离储运。搬运时轻装轻卸，防止容器受损。

紧急处置信息

急救措施

吸入：迅速脱离现场至空气新鲜处。保持呼吸道通畅。如呼吸困难，给输氧。呼吸、心跳停止，立即进行心肺复苏术。就医。

眼睛接触：立即分开眼睑，用流动清水或生理盐水彻底冲洗10~15min。就医。

皮肤接触：立即脱去污染的衣着，用大量流动清水彻底冲洗，冲洗时间一般要求20~30min。就医。

食入：用水漱口，禁止催吐。给饮牛奶或蛋清。就医。

灭火方法 消防人员须穿全身消防服，佩戴正压自给式呼吸器，在上风向灭火。尽可能将容器从火场移至空旷处。喷水保持火场容器冷却，直至灭火结束。

灭火剂：雾状水、泡沫、二氧化碳、干粉、沙土。

泄漏应急处置 隔离泄漏污染区，限制出入。消除所有点火源。建议应急处理人员戴防尘口罩，穿防毒服。穿上适当的防护服前严禁接触破裂的容器和泄漏物。尽可能切断泄漏源。用塑料布覆盖泄漏物，减少飞散。勿使水进入包装容器内。用洁净的铲子收集泄漏物，置于干净、干燥、盖子较松的容器中，将容器移离泄漏区。

903. 乙酰基乙酰邻氯苯胺

标　识

中文名称 乙酰基乙酰邻氯苯胺

英文名称 2-Chloroacetoacetanilide；*N*-(2-Chlorophenyl)-3-oxo-butanamide

别名 邻氯乙酰基乙酰苯胺

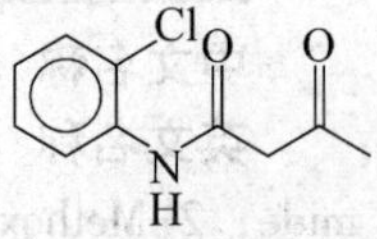

分子式 $C_{10}H_{10}ClNO_2$

CAS号 93-70-9

铁危编号 61773

危害信息

危险性类别 第6类 有毒品

燃烧与爆炸危险性 可燃。燃烧或受高热分解产生有毒和腐蚀性烟气。

活性反应 与氧化剂能发生强烈反应。

禁忌物 强氧化剂。

毒性 大鼠经口 LD_{50}：11600mg/kg。

侵入途径 吸入、食入、经皮吸收。

理化特性与用途

理化特性 白色鳞片状结晶粉末。不溶于水、乙醚，溶于乙醇。熔点 105～107℃，相对密度(水=1)1.438(20℃)，蒸气压 13.3Pa(20℃)，辛醇/水分配系数 1.343，闪点 177℃(开杯)。

主要用途 主要用于制造 5-吡唑啉酮等中性染料的中间体及汉沙黄 10G 色淀、颜料黄 GP 等；也用于生产香料等。

包装与储运

包装标志 有毒品

包装类别 Ⅲ类

安全储运 储存于阴凉、通风的库房。远离火种、热源。储存温度不超过 35℃，相对湿度不超过 85%。保持容器密封。应与强氧化剂等隔离储运。搬运时轻装轻卸，防止容器受损。

紧急处置信息

急救措施

吸入：迅速脱离现场至空气新鲜处。保持呼吸道通畅。如呼吸困难，给输氧。呼吸、心跳停止，立即进行心肺复苏术。就医。

眼睛接触：立即分开眼睑，用流动清水或生理盐水彻底冲洗。就医。

皮肤接触：立即脱去污染的衣着，用肥皂水和清水彻底冲洗。就医。

食入：漱口，饮水。就医。

灭火方法 消防人员必须佩戴正压自给式呼吸器，穿全身防火防毒服，在上风向灭火。尽可能将容器从火场移至空旷处。喷水保持火场容器冷却，直至灭火结束。

灭火剂：雾状水、泡沫、干粉、二氧化碳、沙土。

泄漏应急处置 隔离泄漏污染区，限制出入。消除所有点火源。建议应急处理人员戴防尘口罩，穿一般作业工作服。尽可能切断泄漏源。用塑料布覆盖泄漏物，减少飞散。勿使水进入包装容器内。用洁净的铲子收集泄漏物，置于干净、干燥、盖子较松的容器中，将容器移离泄漏区。

904. 乙酰甲胺磷

标　识

中文名称 乙酰甲胺磷

英文名称 Acephate；Acetylphosphoramidothioic acid *O*，*S*-dimethyl ester

别名 *O*，*S*-二甲基乙酰基硫代磷酰胺；杀虫灵；高灭磷

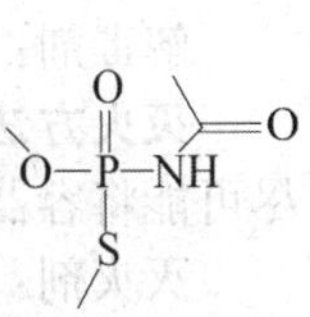

分子式 $C_4H_{10}NO_3PS$

CAS 号 30560-19-1

铁危编号 61874

危害信息

危险性类别 第6类 有毒品

燃烧与爆炸危险性 可燃。燃烧或受热分解，放出氮、磷的氧化物等毒性气体。在火场中，容器内压增大有开裂或爆炸的危险。

禁忌物 强氧化剂、强碱。

毒性 大鼠经口 LD_{50}：700mg/kg；大鼠经皮 LD_{50}：>2500mg/kg；小鼠经口 LD_{50}：233mg/kg；小鼠吸入 $LCLo$：2200mg/m^3(5h)；兔经皮 LD_{50}：2000mg/kg。

中毒表现 本品属有机磷酸酯类农药。该类农药抑制体内胆碱酯酶，造成神经生理功能紊乱。有机磷农药急性中毒系误服引起。中毒表现有头痛、头昏、食欲减退、恶心、呕吐、腹痛、腹泻、流涎、瞳孔缩小、呼吸道分泌物增多、多汗、肌束震颤等。重症出现肺水肿、昏迷、呼吸麻痹、脑水肿，少数重度中毒者在临床症状消失后数周出现神经病。接触有机磷农药工人可有头晕、头痛、无力、失眠、多汗、四肢麻木、肌肉跳动等。血胆碱酯酶活性降低。

侵入途径 吸入、食入、经皮吸收。

职业接触限值 中国：PC-TWA 0.3mg/m^3[皮]。

理化特性与用途

理化特性 无色结晶或无色至白色固体，有刺激性气味。易溶于水，易溶于乙醇、丙酮，微溶于苯、乙酸乙酯。熔点92~93℃，相对密度(水=1)1.35，饱和蒸气压0.2mPa(24℃)，辛醇/水分配系数-0.85。

主要用途 广谱杀虫剂。用于蔬菜、果树、烟草、棉花、水稻、小麦、油菜等作物防治鳞翅目害虫。

包装与储运

包装标志 有毒品

包装类别 Ⅲ类

安全储运 储存于阴凉、通风的库房。远离火种、热源。储存温度不超过35℃，相对湿度不超过85%。保持容器密封。应与强氧化剂、强碱等隔离储运。搬运时轻装轻卸，防止容器受损。

紧急处置信息

急救措施

吸入：迅速脱离现场至空气新鲜处。保持呼吸道通畅。如呼吸困难，给输氧。呼吸、心跳停止，立即进行心肺复苏术。就医。

眼睛接触：分开眼睑，用流动清水或生理盐水冲洗。就医。

皮肤接触：立即脱去污染的衣着，用肥皂水及流动清水彻底冲洗污染的皮肤、头发、指甲等。就医。

食入：饮足量温水，催吐(仅限于清醒者)。口服活性炭。就医。

解毒剂：阿托品、胆碱酯酶复能剂。

灭火方法 消防人员必须佩戴正压自给式呼吸器，穿全身防火防毒服，在上风向灭火。尽可能将容器从火场移至空旷处。喷水保持火场容器冷却，直至灭火结束。

灭火剂：雾状水、泡沫、干粉、二氧化碳、沙土。

泄漏应急处置 隔离泄漏污染区，限制出入。建议应急处理人员戴防尘口罩，穿防毒服。穿上适当的防护服前严禁接触破裂的容器和泄漏物。尽可能切断泄漏源。用塑料布覆盖泄漏物，减少飞散。勿使水进入包装容器内。用洁净的铲子收集泄漏物，置于干净、干燥、盖子较松的容器中，将容器移离泄漏区。

905. (S)-α-(乙酰硫)苯丙酸

标　识

中文名称 (S)-α-(乙酰硫)苯丙酸

英文名称 (S)-α-(Acetylthio)benzenepropanoic acid; (S)-2-Acetylthio-3-phenylpropanoic acid

别名 (S)-2-乙酰硫-3-苯基丙酸

分子式 $C_{11}H_{12}O_3S$

CAS 号 76932-17-7

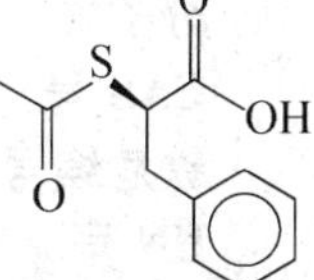

危害信息

燃烧与爆炸危险性 可燃。燃烧或受热分解产生有毒和刺激性烟气。

禁忌物 强氧化剂、强碱。

中毒表现 食入有害。眼接触引起严重损害。对皮肤有致敏性。

侵入途径 吸入、食入。

理化特性与用途

理化特性 白色固体。微溶于水，溶于氯仿、二氯甲烷、乙酸乙酯、甲醇。熔点 41~43℃，沸点 359℃，相对密度(水=1)1.26，饱和蒸气压 1.18mPa(25℃)，辛醇/水分配系数 2.57，闪点 171℃。

主要用途 一种生化试剂，IMP 金属-β-内酰胺酶抑制剂。

包装与储运

安全储运 储存于阴凉、通风的库房。远离火种、热源。保持容器密闭。应与强氧化剂、强碱等隔离储运。搬运时轻装轻卸，防止容器受损。

紧急处置信息

急救措施

吸入：迅速脱离现场至空气新鲜处。保持呼吸道通畅。如呼吸困难，给输氧。呼吸、心跳停止，立即进行心肺复苏术。就医。

眼睛接触：立即分开眼睑，用流动清水或生理盐水彻底冲洗 10~15min。就医。

皮肤接触：立即脱去污染的衣着，用大量流动清水彻底冲洗。就医。

食入：漱口，饮水。就医。

灭火方法 消防人员须穿全身消防服，佩戴正压自给式呼吸器，在上风向灭火。尽可能将容器从火场移至空旷处。喷水保持火场容器冷却，直至灭火结束。

灭火剂：雾状水、泡沫、二氧化碳、干粉、沙土。

泄漏应急处置　隔离泄漏污染区，限制出入。消除所有点火源。建议应急处理人员戴防尘口罩，穿防腐蚀、防毒服。穿上适当的防护服前严禁接触破裂的容器和泄漏物。尽可能切断泄漏源。用塑料布覆盖泄漏物，减少飞散。勿使水进入包装容器内。用洁净的铲子收集泄漏物，置于干净、干燥、盖子较松的容器中，将容器移离泄漏区。

906. 乙酰亚砷酸铜

标　识

中文名称　乙酰亚砷酸铜

英文名称　Copper acetoarsenite；C. I. pigment Green 21

别名　醋酸亚砷酸铜；翡翠绿；巴黎绿

分子式　$C_2H_3AsCuO_4$

CAS 号　12002-03-8

铁危编号　61009

UN 号　1585

危害信息

危险性类别　第 6 类　有毒品

燃烧与爆炸危险性　可燃，但不易点燃。受高热或接触酸或酸雾放出剧毒的烟雾。在火场中，容器内压增大有开裂或爆炸的危险。

活性反应　遇水或与空气中的二氧化碳作用生成亚砷酸。

禁忌物　强酸、水、二氧化碳。

毒性　大鼠经口 LD_{50}：22mg/kg；小鼠经口 LD_{50}：45mg/kg；兔经口 LD_{50}：13mg/kg。

中毒表现　吸入或误服会中毒。在水中水解或受空气中碳酸气的作用，生成亚砷酸，对皮肤黏膜有刺激性，能引起皮炎、结膜炎等。

侵入途径　吸入、食入。

环境危害　对水生生物有极高毒性，可能在水生环境中造成长期不利影响；海洋污染物。

理化特性与用途

理化特性　翡翠绿色结晶粉末。不溶于水，不溶于乙醇，溶于酸类。熔点(分解，>345℃)，沸点(分解)，相对密度(水=1)>1.1(20℃)。

主要用途　绿色颜料，主要用于古建筑物、船底涂料、防虫涂料等。

包装与储运

包装标志　有毒品

包装类别　Ⅱ类

安全储运　储存于阴凉、干燥、通风良好的专用库房内。远离火种、热源。防止阳光直射。储存温度不超过 35℃，相对湿度不超过 85%。保持容器密封。应与酸类、二氧化碳等隔离储运。搬运时轻装轻卸，防止容器受损。

紧急处置信息

急救措施

吸入：迅速脱离现场至空气新鲜处。保持呼吸道通畅。如呼吸困难，给输氧。呼吸、心跳停止，立即进行心肺复苏术。就医。

眼睛接触：立即分开眼睑，用流动清水或生理盐水彻底冲洗。就医。

皮肤接触：立即脱去污染的衣着，用肥皂水和清水彻底冲洗。就医。

食入：催吐、彻底洗胃，洗胃后服活性炭30~50g(用水调成浆状)，而后再服用硫酸镁或硫酸钠导泻。就医。

解毒剂：出现砷中毒用二巯基丙磺酸钠、二巯基丁二酸钠等治疗。

灭火方法 消防人员须佩戴正压自给式呼吸器，穿全身消防服，在上风向灭火。尽可能将容器从火场移至空旷处。喷水保持火场容器冷却，直至灭火结束。

灭火剂：雾状水、泡沫、干粉、二氧化碳、沙土。

泄漏应急处置 隔离泄漏污染区，限制出入。建议应急处理人员戴防尘口罩，穿防毒服。穿上适当的防护服前严禁接触破裂的容器和泄漏物。尽可能切断泄漏源。用塑料布覆盖泄漏物，减少飞散。勿使水进入包装容器内。用洁净的铲子收集泄漏物，置于干净、干燥、盖子较松的容器中，将容器移离泄漏区。

907. 乙酰乙酸丁酯

标　识

中文名称 乙酰乙酸丁酯

英文名称 Butyl acetoacetate；Butyl 3-oxobutanoate

别名 3-氧代丁酸丁酯

分子式 $C_8H_{14}O_3$

CAS 号 591-60-6

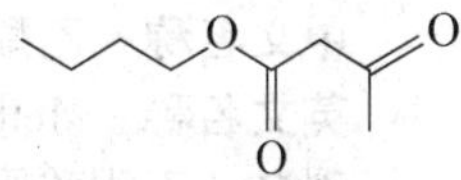

危害信息

燃烧与爆炸危险性 遇明火、高热可燃。若遇高热，容器内压增大，有开裂和爆炸的危险。燃烧或受热分解产生有毒或刺激性烟气。

禁忌物 强氧化剂、强酸、强碱。

毒性 大鼠经口 LD_{50}：11260mg/kg。

中毒表现 对眼睛、皮肤、黏膜有刺激作用。

侵入途径 吸入、食入。

理化特性与用途

理化特性 无色透明液体，有水果香味。微溶于水，溶于乙醇、油脂。熔点-35.6℃，沸点100~103℃(2.13kPa)、205℃，相对密度(水=1)0.976，相对蒸气密度(空气=1)5.55，饱和蒸气压0.032kPa(25℃)，辛醇/水分配系数0.78，闪点79.44℃(Tag闭杯)。

主要用途 用于有机合成，用作食品香料。

包装与储运

安全储运 储存于阴凉、通风的库房。远离火种、热源。保持容器密闭。应与强氧化剂、酸类、碱类等隔离储运。搬运时轻装轻卸，防止容器受损。

紧急处置信息

急救措施

吸入：迅速脱离现场至空气新鲜处。保持呼吸道通畅。如呼吸困难，给输氧。呼吸、心跳停止，立即进行心肺复苏术。就医。

眼睛接触：立即分开眼睑，用流动清水或生理盐水彻底冲洗。就医。

皮肤接触：立即脱去污染的衣着，用流动清水彻底冲洗。就医。

食入：漱口，饮水。就医。

灭火方法 消防人员须佩戴空气呼吸器，穿全身消防服，在上风向灭火。尽可能将容器从火场移至空旷处。喷水保持火场容器冷却，直至灭火结束。处在火场中的容器若已变色或从安全泄压装置中发出声音，必须马上撤离。

灭火剂：雾状水、泡沫、干粉、二氧化碳、沙土。

泄漏应急处置 根据液体流动和蒸气扩散的影响区域划定警戒区，无关人员从侧风、上风向撤离至安全区。消除所有点火源。建议应急处理人员戴防毒面具，穿一般作业工作服。尽可能切断泄漏源。防止泄漏物进入水体、下水道、地下室或有限空间。小量泄漏：用干燥的沙土或其他不燃材料吸收或覆盖，收集于容器中。大量泄漏：构筑围堤或挖坑收容。用泵转移至槽车或专用收集器内。

908. 乙酰乙酸甲酯

标　识

中文名称 乙酰乙酸甲酯

英文名称 Methyl acetoacetate；Butanoic acid，3-oxo-，methyl ester

别名 丁酮酸甲酯

分子式 $C_5H_8O_3$

CAS 号 105-45-3

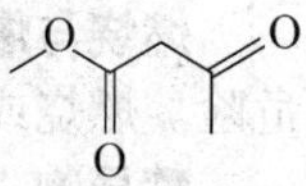

危害信息

燃烧与爆炸危险性 可燃。其蒸气与空气混合，能形成爆炸性混合物。若遇高热，容器内压增大，有开裂和爆炸的危险。燃烧或受热分解产生有毒或刺激性烟气。

禁忌物 氧化剂、碱。

毒性 大鼠经口 LD_{50}：2.58g/kg。

中毒表现 吸入、摄入或经皮肤吸收后对身体有害。本品对眼睛和皮肤有刺激作用。

侵入途径 吸入、食入、经皮吸收。

理化特性与用途

理化特性 无色透明液体，有芳香气味。溶于水，与乙醇、乙醚混溶。熔点-27℃，沸点 171.7℃，相对密度(水=1)1.076，相对蒸气密度(空气=1)4.0，饱和蒸气压 0.1kPa(20℃)，辛醇/水分配系数-0.26，闪点 77℃(闭杯)，引燃温度 280℃，爆炸下限 1.4%，爆炸上限 14.5%。

主要用途 用作农药原料，制备杀虫剂、除草剂、杀菌剂；用作染料原料；用作溶剂、螯合剂、树脂改性剂，印刷油墨的增黏剂、聚合催化剂、制备铝、铬等金属络合物；也用作疏水剂。

包装与储运

安全储运 储存于阴凉、通风的库房。远离火种、热源。保持容器密闭。应与强氧化剂、碱类等隔离储运。搬运时轻装轻卸，防止容器受损。

紧急处置信息

急救措施

吸入：迅速脱离现场至空气新鲜处。保持呼吸道通畅。如呼吸困难，给输氧。呼吸、心跳停止，立即进行心肺复苏术。就医。

眼睛接触：立即分开眼睑，用流动清水或生理盐水彻底冲洗。就医。

皮肤接触：立即脱去污染的衣着，用流动清水彻底冲洗。就医。

食入：漱口，饮水。就医。

灭火方法 消防人员须佩戴空气呼吸器，穿全身消防服，在上风向灭火。尽可能将容器从火场移至空旷处。喷水保持火场容器冷却，直至灭火结束。处在火场中的容器若已变色或从安全泄压装置中发出声音，必须马上撤离。

灭火剂：水、雾状水、抗溶性泡沫、干粉、二氧化碳、沙土。

泄漏应急处置 根据液体流动和蒸气扩散的影响区域划定警戒区，无关人员从侧风、上风向撤离至安全区。消除所有点火源。建议应急处理人员戴防毒面具，穿一般作业工作服。尽可能切断泄漏源。防止泄漏物进入水体、下水道、地下室或有限空间。小量泄漏：用干燥的沙土或其他不燃材料吸收或覆盖，收集于容器中。大量泄漏：构筑围堤或挖坑收容。用防爆泵转移至槽车或专用收集器内。

909. 乙酰乙酸乙酯

标　识

中文名称 乙酰乙酸乙酯

英文名称 Ethyl acetoacetate；Butanoic acid，3-oxo-，ethyl ester

别名 3-氧代丁酸乙酯

分子式 $C_6H_{10}O_3$

CAS 号 141-97-9

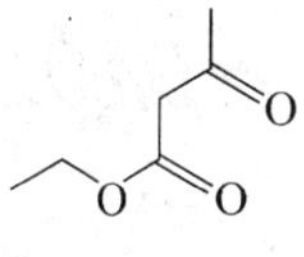

危害信息

燃烧与爆炸危险性 可燃。其蒸气与空气混合，能形成爆炸性混合物。若遇高热，容器内压增大，有开裂和爆炸的危险。燃烧或受热分解产生有毒或刺激性烟气。

禁忌物 酸类、碱类、还原剂、氧化剂。

毒性　大鼠经口 LD_{50}：3980mg/kg；小鼠经口 LD_{50}：5105mg/kg；兔经皮 LD：>20 mL/kg。

中毒表现　对皮肤有刺激作用。吸入、摄入或经皮肤吸收后对身体有害。对眼睛、黏膜和上呼吸道有刺激作用。

侵入途径　吸入、食入、经皮吸收。

理化特性与用途

理化特性　无色至黄色透明液体，有果香味。微溶于水，溶于苯、氯仿，混溶于乙醚、丙酮。熔点-45℃，沸点 180.8℃，相对密度(水=1)1.021，相对蒸气密度(空气=1)4.48，饱和蒸气压 0.1kPa(20℃)，辛醇/水分配系数 0.27，燃烧热-2435kJ/mol，闪点 70℃，引燃温度 295℃，爆炸下限 1%，爆炸上限 54%。

主要用途　用于有机合成及合成染料和药物，用作溶剂、食品增味剂等。

包装与储运

安全储运　储存于阴凉、通风的库房。远离火种、热源。保持容器密闭。应与强氧化剂、酸类、碱类等隔离储运。搬运时轻装轻卸，防止容器受损。

紧急处置信息

急救措施

吸入：迅速脱离现场至空气新鲜处。保持呼吸道通畅。如呼吸困难，给输氧。呼吸、心跳停止，立即进行心肺复苏术。就医。

眼睛接触：立即分开眼睑，用流动清水或生理盐水彻底冲洗。就医。

皮肤接触：立即脱去污染的衣着，用流动清水彻底冲洗。就医。

食入：漱口，饮水。就医。

灭火方法　消防人员须佩戴空气呼吸器，穿全身消防服，在上风向灭火。尽可能将容器从火场移至空旷处。喷水保持火场容器冷却，直至灭火结束。处在火场中的容器若已变色或从安全泄压装置中发出声音，必须马上撤离。

灭火剂：水、雾状水、抗溶性泡沫、干粉、二氧化碳、沙土。

泄漏应急处置　消除所有点火源。根据液体流动和蒸气扩散的影响区域划定警戒区，无关人员从侧风、上风向撤离至安全区。建议应急处理人员戴防毒面具，穿防毒、防静电服。穿上适当的防护服前严禁接触破裂的容器和泄漏物。尽可能切断泄漏源。防止泄漏物进入水体、下水道、地下室或有限空间。小量泄漏：用干燥的沙土或其他不燃材料吸收或覆盖，收集于容器中。大量泄漏：构筑围堤或挖坑收容。用防爆泵转移至槽车或专用收集器内。

910. 3-乙酰乙酰胺基-4-甲氧甲苯基-6-磺酸钠

标　识

中文名称　3-乙酰乙酰胺基-4-甲氧甲苯基-6-磺酸钠

英文名称　Benzenesulfonic acid，4-((1，3-dioxobutyl)amino)-5-methoxy-2-methyl-，monosodium salt；Sodium 3-acetoacetylamino-4-methoxytolyl-6-sulfonate

别名 乙酰乙酰克利西丁磺酸钠盐

分子式 $C_{12}H_{15}NO_6S \cdot Na$

CAS 号 133167-77-8

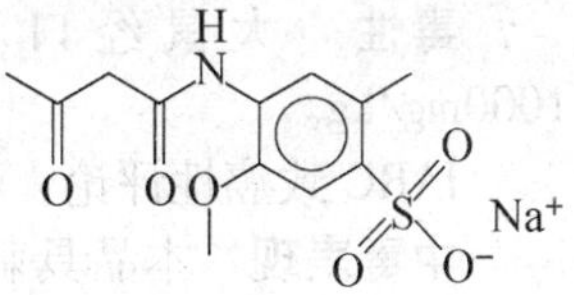

危害信息

禁忌物 强氧化剂、强酸。

中毒表现 本品对皮肤有致敏性。

侵入途径 吸入、食入。

理化特性与用途

理化特性 灰白色粉末。

主要用途 用作医药、染料及有机颜料的中间体。

包装与储运

安全储运 储存于阴凉、通风的库房。远离火种、热源。保持容器密闭。应与强氧化剂等隔离储运。搬运时轻装轻卸，防止容器受损。

紧急处置信息

急救措施

吸入：迅速脱离现场至空气新鲜处。保持呼吸道通畅。如呼吸困难，给输氧。呼吸、心跳停止，立即进行心肺复苏术。就医。

眼睛接触：立即分开眼睑，用流动清水或生理盐水彻底冲洗。就医。

皮肤接触：立即脱去污染的衣着，用流动清水彻底冲洗。就医。

食入：漱口，饮水。就医。

泄漏应急处置 隔离泄漏污染区，限制出入。建议应急处理人员戴防尘口罩，穿防毒服。穿上适当的防护服前严禁接触破裂的容器和泄漏物。尽可能切断泄漏源。用塑料布覆盖泄漏物，减少飞散。勿使水进入包装容器内。用洁净的铲子收集泄漏物，置于干净、干燥、盖子较松的容器中，将容器移离泄漏区。

911. 乙酰乙氧基苯胺

标　识

中文名称 乙酰乙氧基苯胺

英文名称 Phenacetin；*p*-Acetophenetidide

别名 对乙酰乙氧基苯胺；非那西丁；乙酰对氨基苯乙醚

分子式 $C_{10}H_{13}NO_2$

CAS 号 62-44-2

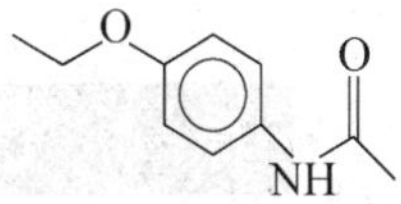

危害信息

燃烧与爆炸危险性 可燃。燃烧或受热分解产生有毒的烟气。

禁忌物 强氧化剂、强还原剂、强酸、强碱。

毒性　大鼠经口 LD_{50}：1650mg/m^3；小鼠经口 LD_{50}：866mg/kg；兔经皮 LD_{50}：1000mg/kg。

IARC 致癌性评论：G2A，可能人类致癌物。

中毒表现　本品具刺激作用。吸入、摄入或经皮肤吸收对身体有害。进入体内形成高铁血红蛋白，引起缺氧、紫绀。

侵入途径　吸入、食入、经皮吸收。

理化特性与用途

理化特性　白色有光泽的鳞片状结晶或白色结晶粉末。微溶于水，微溶于苯、乙醚，溶于甘油、乙醇、丙酮，易溶于嘧啶。熔点 133 ~ 138℃，沸点 242 ~ 245℃，蒸气压 0.084mPa(25℃)，辛醇/水分配系数 1.58，闪点 149℃(闭杯)。

主要用途　用作有机合成原料、药物、毛发漂白中的过氧化氢稳定剂，用于有机微量分析。

包装与储运

安全储运　储存于阴凉、通风的库房。远离火种、热源。保持容器密闭。应与强氧化剂、强酸、碱类等隔离储运。搬运时轻装轻卸，防止容器受损。

紧急处置信息

急救措施

吸入：立即脱离接触。如呼吸困难，给吸氧。如呼吸心跳停止，立即行心肺复苏术。就医。

眼睛接触：分开眼睑，用清水或生理盐水冲洗。就医。

皮肤接触：立即脱去污染衣着，用肥皂水或清水彻底冲洗。就医。

食入：漱口，饮水。就医。

高铁血红蛋白血症，可用美蓝和维生素 C 治疗。

灭火方法　消防人员须佩戴正压自给式呼吸器，穿全身消防服，在上风向灭火。尽可能将容器从火场移至空旷处。喷水保持火场容器冷却，直至灭火结束。

灭火剂：雾状水、泡沫、干粉、二氧化碳、沙土。

泄漏应急处置　隔离泄漏污染区，限制出入。消除所有点火源。建议应急处理人员戴防尘口罩，穿防毒服。穿上适当的防护服前严禁接触破裂的容器和泄漏物。尽可能切断泄漏源。用塑料布覆盖泄漏物，减少飞散。勿使水进入包装容器内。用洁净的铲子收集泄漏物，置于干净、干燥、盖子较松的容器中，将容器移离泄漏区。

912. 乙氧呋草黄

标　识

中文名称　乙氧呋草黄

英文名称　Ethofumesate；5 - Benzofuranol，2 - ethoxy - 2，3 - dihydro-3，3-dimethyl-，methanesulfonate

别名　2-乙氧基-3，3-二甲基-2H-1-苯并呋喃-5-基甲磺酸酯

分子式 $C_{13}H_{18}O_5S$
CAS 号 26225-79-6

危害信息

燃烧与爆炸危险性 可燃，但不易引燃。燃烧或受热分解产生有毒的烟气。

禁忌物 强氧化剂。

毒性 大鼠经口 LD_{50}：1130mg/kg；小鼠经口 LD_{50}：>1600mg/kg；大鼠经皮 LD_{50}：1440mg/kg。

侵入途径 吸入、食入、经皮吸收。

理化特性与用途

理化特性 白色结晶固体，有芳香气味。不溶于水，溶于丙酮、二氯甲烷、二甲亚砜、乙酸乙酯等。熔点 70~72℃，相对密度(水=1)1.29，饱和蒸气压 0.65mPa(25℃)，辛醇/水分配系数 2.7。

主要用途 牙前苗后除草剂。

包装与储运

安全储运 储存于阴凉、通风的库房。远离火种、热源。保持容器密闭。应与强氧化剂、酸碱等隔离储运。搬运时轻装轻卸，防止容器受损。

紧急处置信息

急救措施

吸入：迅速脱离现场至空气新鲜处。保持呼吸道通畅。如呼吸困难，给输氧。呼吸、心跳停止，立即进行心肺复苏术。就医。

眼睛接触：立即分开眼睑，用流动清水或生理盐水彻底冲洗。就医。

皮肤接触：立即脱去污染的衣着，用肥皂水和清水彻底冲洗。就医。

食入：漱口，饮水。就医。

灭火方法 消防人员须穿全身消防服，佩戴正压自给式呼吸器，在上风向灭火。尽可能将容器从火场移至空旷处。喷水保持火场容器冷却，直至灭火结束。

灭火剂：雾状水、泡沫、二氧化碳、干粉、沙土。

泄漏应急处置 隔离泄漏污染区，限制出入。消除所有点火源。建议应急处理人员戴防尘口罩，穿防毒服。穿上适当的防护服前严禁接触破裂的容器和泄漏物。尽可能切断泄漏源。用塑料布覆盖泄漏物，减少飞散。勿使水进入包装容器内。用洁净的铲子收集泄漏物，置于干净、干燥、盖子较松的容器中，将容器移离泄漏区。

913. 4′-乙氧基-2-苯并咪唑酰苯胺

标　识

中文名称 4′-乙氧基-2-苯并咪唑酰苯胺
英文名称 4′-Ethoxy-2-benzimidazoleanilide
分子式 $C_{16}H_{15}N_3O_2$

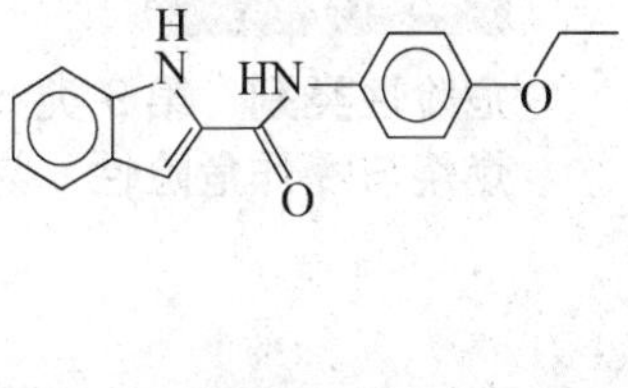

CAS 号　120187-29-3

危害信息

禁忌物　强氧化剂、强酸。

毒性　欧盟法规 1272/2008/EC 将本品列为第 2 类生殖细胞致突变物——由于可能导致人类生殖细胞可遗传突变而引起人们关注的物质。

侵入途径　吸入、食入。

理化特性与用途

理化特性　固体。不溶于水。熔点 201~202℃，相对密度(水=1)1.311，辛醇/水分配系数 3.24。

主要用途　医药原料。

包装与储运

安全储运　储存于阴凉、通风的库房。远离火种、热源。保持容器密闭。应与强氧化剂等隔离储运。搬运时轻装轻卸，防止容器受损。

紧急处置信息

急救措施

吸入：迅速脱离现场至空气新鲜处。保持呼吸道通畅。如呼吸困难，给输氧。呼吸、心跳停止，立即进行心肺复苏术。就医。

眼睛接触：立即分开眼睑，用流动清水或生理盐水彻底冲洗。就医。

皮肤接触：立即脱去污染的衣着，用肥皂水和清水彻底冲洗。就医。

食入：漱口，饮水。就医。

泄漏应急处置　隔离泄漏污染区，限制出入。消除所有点火源。建议应急处理人员戴防毒面具，穿防毒服。尽可能切断泄漏源。用塑料布覆盖泄漏物，减少飞散。勿使水进入包装容器内。用洁净的铲子收集泄漏物，置于干净、干燥、盖子较松的容器中，将容器移离泄漏区。

914. 2-乙氧基-3,4-二氢-1,2-吡喃

标　识

中文名称　2-乙氧基-3，4-二氢-1，2-吡喃

英文名称　2-Ethoxy-3，4-dihydro-2H-pyran；3，4-Dihydro-2H-pyran-2-yl ethyl ether；2-Ethoxy-3，4-dihydro-1，2-pyran

分子式　$C_7H_{12}O_2$

CAS 号　103-75-3

危害信息

危险性类别　第 3 类　易燃液体

燃烧与爆炸危险性　易燃。其蒸气与空气混合，能形成爆炸性混合物。燃烧或受热分

解产生有毒或刺激性烟气。若遇高热，容器内压增大，有开裂和爆炸的危险。

活性反应 与强氧化剂接触可发生化学反应。

禁忌物 强氧化剂。

毒性 大鼠经口 LD_{50}：6160mg/kg；兔经皮 LD_{50}：3560mg/kg。

侵入途径 吸入、食入、经皮吸收。

理化特性与用途

理化特性 液体。不溶于水。熔点-100℃，沸点 143℃，相对密度(水=1)0.97(20℃/20℃)，辛醇/水分配系数 0.8，闪点 44℃(开杯)。

主要用途 用于有机合成，用作稳定剂、中间体。

包装与储运

包装标志 易燃液体

包装类别 Ⅲ类

安全储运 储存于阴凉、通风的库房。远离火种、热源。防止阳光直射。储存温度不超过 37℃。保持容器密封。应与氧化剂等隔离储运。采用防爆型照明、通风设施。禁止使用易产生火花的机械设备和工具。灌装时注意控制流速，防止静电积聚。搬运时轻装轻卸，防止容器受损。

紧急处置信息

急救措施

吸入：迅速脱离现场至空气新鲜处。保持呼吸道通畅。如呼吸困难，给输氧。呼吸、心跳停止，立即进行心肺复苏术。就医。

眼睛接触：立即分开眼睑，用流动清水或生理盐水彻底冲洗。就医。

皮肤接触：立即脱去污染的衣着，用肥皂水和清水彻底冲洗。就医。

食入：漱口，饮水。就医。

灭火方法 消防人员须佩戴空气呼吸器，穿全身消防服，在上风向灭火。尽可能将容器从火场移至空旷处。喷水保持火场容器冷却，直至灭火结束。处在火场中的容器若已变色或从安全泄压装置中发出声音，必须马上撤离。

灭火剂：雾状水、泡沫、干粉、二氧化碳、沙土。

泄漏应急处置 根据液体流动和蒸气扩散的影响区域划定警戒区，无关人员从侧风、上风向撤离至安全区。消除所有点火源。建议应急处理人员戴防毒面具，穿防静电服。作业时使用的所有设备应接地。禁止接触或跨越泄漏物。尽可能切断泄漏源。防止泄漏物进入水体、下水道、地下室或有限空间。小量泄漏：用沙土或其他不燃材料吸收。使用洁净的无火花工具收集吸收材料。大量泄漏：构筑围堤或挖坑收容。用泡沫覆盖，减少蒸发。喷水雾能减少蒸发，但不能降低泄漏物在有限空间内的易燃性。用防爆泵转移至槽车或专用收集器内。

915. 3-乙氧基-4-羟基苯甲醛

标　识

中文名称 3-乙氧基-4-羟基苯甲醛

英文名称 3-Ethoxy-4-hydroxybenzaldehyde; Ethyl vanillin

别名 乙基香兰素

分子式 $C_9H_{10}O_3$

CAS 号 121-32-4

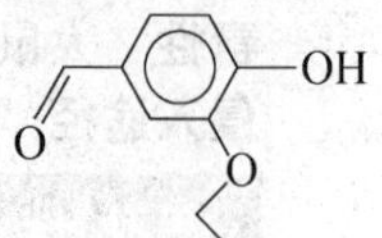

危害信息

燃烧与爆炸危险性 可燃。燃烧或受高热分解放出有毒的气体。

禁忌物 强氧化剂。

毒性 大鼠经口 LD_{50}：1590mg/kg；兔经皮 LD_{50}：>7940mg/kg。

中毒表现 本品有刺激、致敏作用。有强烈的气味，可防止过量的接触。

侵入途径 吸入、食入、经皮吸收。

理化特性与用途

理化特性 白色或微黄色针状结晶，有强烈的香草醛气味。微溶于水，溶于乙醇、乙醚、苯、氯仿、甘油、丙二醇。熔点 76~79℃，沸点 285~294℃，蒸气压 1.38mPa(25℃)，辛醇/水分配系数 1.58，闪点 100℃。

主要用途 用作香料的增香剂。

包装与储运

安全储运 储存于阴凉、通风的库房。远离火种、热源。保持容器密封，严禁与空气接触。应与强氧化剂等隔离储运。搬运时轻装轻卸，防止容器受损。

紧急处置信息

急救措施

吸入：迅速脱离现场至空气新鲜处。保持呼吸道通畅。如呼吸困难，给输氧。呼吸、心跳停止，立即进行心肺复苏术。就医。

眼睛接触：立即分开眼睑，用流动清水或生理盐水彻底冲洗。就医。

皮肤接触：立即脱去污染的衣着，用肥皂水和清水彻底冲洗。就医。

食入：漱口，饮水。就医。

灭火方法 消防人员须佩戴空气呼吸器，穿全身消防服，在上风向灭火。尽可能将容器从火场移至空旷处。喷水保持火场容器冷却，直至灭火结束。

灭火剂：雾状水、泡沫、干粉、二氧化碳、沙土。

泄漏应急处置 隔离泄漏污染区，限制出入。消除所有点火源。建议应急处理人员戴防尘口罩，穿防毒服。穿上适当的防护服前严禁接触破裂的容器和泄漏物。尽可能切断泄漏源。用塑料布覆盖泄漏物，减少飞散。勿使水进入包装容器内。用洁净的铲子收集泄漏物，置于干净、干燥、盖子较松的容器中，将容器移离泄漏区。

916. 4′-乙氧基乙酰苯胺

标　识

中文名称 4′-乙氧基乙酰苯胺

英文名称 Phenacetin；*p*-Acetophenetidide

别名 对乙酰氨基苯乙醚；非那西酊

分子式 $C_{10}H_{13}NO_2$

CAS 号 62-44-2

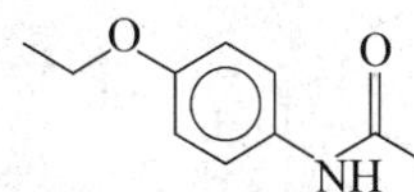

危害信息

燃烧与爆炸危险性 可燃。燃烧或受热分解产生有毒的烟气。

禁忌物 强氧化剂。

毒性 大鼠经口 LD_{50}：1650mg/kg；小鼠经口 LD_{50}：866mg/kg；小鼠吸入 LC_{50}：33900mg/m^3。

IARC 致癌性评论：G2A，可能人类致癌物。

中毒表现 血液系统损害表现为高铁血红蛋白血症；可见溶血性贫血及白细胞减少。严重中毒可发生兴奋、激动、幻觉、谵妄、惊厥，以后可转为抑制、木僵、昏睡。可引起肝肾损害及心血管系统改变。可引起药疹。

侵入途径 吸入、食入。

理化特性与用途

理化特性 白色结晶粉末，无臭。不溶于水，易溶于嘧啶，溶于乙醇、丙酮，微溶于苯、乙醚。熔点 133~138℃，沸点 252℃，相对密度(水=1)1.359，饱和蒸气压 0.09mPa(25℃)，辛醇/水分配系数 1.58，燃烧热-5455kJ/mol，闪点 149℃(闭杯)。

主要用途 用作止痛药。

包装与储运

安全储运 储存于阴凉、通风的库房。远离火种、热源。保持容器密闭。应与强氧化剂等隔离储运。搬运时轻装轻卸，防止容器受损。

紧急处置信息

急救措施

吸入：立即脱离接触。如呼吸困难，给吸氧。如呼吸心跳停止，立即行心肺复苏术。就医。

眼睛接触：分开眼睑，用清水或生理盐水冲洗。如有不适感，就医。

皮肤接触：立即脱去污染衣着，用肥皂水或清水彻底冲洗。就医。

食入：饮足量温水，催吐(仅限于清醒者)。就医。

高铁血红蛋白血症，可用美蓝和维生素 C 治疗。

灭火方法 消防人员须穿全身消防服，佩戴正压自给式呼吸器，在上风向灭火。尽可能将容器从火场移至空旷处。喷水保持火场容器冷却，直至灭火结束。

灭火剂：雾状水、泡沫、二氧化碳、干粉、沙土。

泄漏应急处置 隔离泄漏污染区，限制出入。消除所有点火源。建议应急处理人员戴防尘口罩，穿防毒服。穿上适当的防护服前严禁接触破裂的容器和泄漏物。尽可能切断泄漏源。用塑料布覆盖泄漏物，减少飞散。勿使水进入包装容器内。用洁净的铲子收集泄漏物，置于干净、干燥、盖子较松的容器中，将容器移离泄漏区。

917. 2-异丙基苯酚

标　识

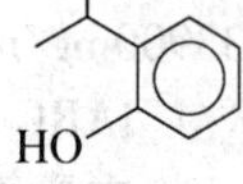

中文名称　2-异丙基苯酚

英文名称　2-Isopropylphenol；*o*-Isopropylphenol

别名　邻异丙基苯酚

分子式　$C_9H_{12}O$

CAS 号　88-69-7

铁危编号　83507

危害信息

危险性类别　第 8.3 类　其他腐蚀品

燃烧与爆炸危险性　可燃。燃烧或遇热分解出高毒的烟气。

活性反应　与氧化剂可发生反应。

禁忌物　氧化剂、酸酐、酰基氯。

毒性　小鼠静脉内 LD_{50}：100mg/kg。

侵入途径　吸入、食入、经皮吸收。

理化特性与用途

理化特性　无色至淡黄色液体。不溶于水，溶于乙醇、甲苯等。熔点 15~16℃，沸点 212~213℃，相对密度(水=1)1.012，饱和蒸气压<6.65Pa(25℃)，辛醇/水分配系数 2.88，闪点 88.9℃。

主要用途　主要用于合成杀虫剂；用作增塑剂、表面活性剂、香料合成中间体。

包装与储运

包装标志　腐蚀品

包装类别　Ⅲ类

安全储运　储存于阴凉、通风的库房。远离火种、热源。应与氧化剂、酸类等隔离储运。保持容器密封。搬运时轻装轻卸，防止容器受损。

紧急处置信息

急救措施

吸入：迅速脱离现场至空气新鲜处。保持呼吸道通畅。如呼吸困难，给输氧。呼吸、心跳停止，立即进行心肺复苏术。就医。

眼睛接触：立即分开眼睑，用大量流动清水或生理盐水彻底冲洗 10~15min。就医。

皮肤接触：立即脱去污染衣物，用大量流动清水彻底冲洗，冲洗后即用浸过 30%~50% 酒精棉花擦洗创面至无酚味为止(注意不能将患处浸泡于酒精溶液中)。如有条件可用数块浸有聚乙二醇(300 或 400)的海绵反复擦洗污染部位，至少 20min。然后再用大量水冲洗 10min 以上。就医。

食入：漱口，给服植物油 15~30mL，催吐。对食入时间长者禁用植物油，可口服牛奶或蛋清。就医。

灭火方法 消防人员必须佩戴空气呼吸器，穿全身防火防毒服，在上风向灭火。尽可能将容器从火场移至空旷处。喷水保持火场容器冷却，直至灭火结束。处在火场中的容器若已变色或从安全泄压装置中发出声音，必须马上撤离。

灭火剂：雾状水、泡沫、干粉、二氧化碳、沙土。

泄漏应急处置 根据液体流动和蒸气扩散的影响区域划定警戒区，无关人员从侧风、上风向撤离至安全区。消除所有点火源。建议应急处理人员戴正压自给式呼吸器，穿防酸碱服。穿上适当的防护服前严禁接触破裂的容器和泄漏物。尽可能切断泄漏源。防止泄漏物进入水体、下水道、地下室或有限空间。小量泄漏：用干燥的沙土或其他不燃材料吸收或覆盖，收集于容器中。大量泄漏：构筑围堤或挖坑收容。用耐腐蚀泵转移至槽车或专用收集器内。

918. 3-异丙基苯酚

标　识

中文名称 3-异丙基苯酚

英文名称 3-Isopropylphenol；*m*-Isopropylphenol

别名 间异丙酚；间异丙基苯酚

分子式 $C_9H_{12}O$

CAS 号 618-45-1

铁危编号 83507

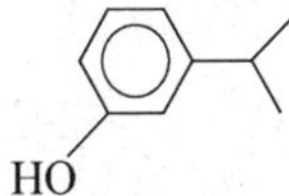

危害信息

危险性类别 第 8.3 类　其他腐蚀品

燃烧与爆炸危险性 可燃。燃烧或遇热分解出高毒的烟气。

活性反应 与氧化剂可发生反应。

禁忌物 氧化剂、酸酐、酰基氯。

毒性 小鼠经口 LD_{50}：1360mg/kg。

侵入途径 吸入、食入、经皮吸收。

理化特性与用途

理化特性 黄色至褐色透明液体或固体。微溶于水。熔点 23~26℃，沸点 228℃，相对密度(水=1)0.994，饱和蒸气压 6.65Pa(25℃)，辛醇/水分配系数 2.97，闪点 104.44℃。

主要用途 为氨基甲酸酯类杀草木剂异丙威的中间体。

包装与储运

包装标志 腐蚀品

包装类别 Ⅲ类

安全储运 储存于阴凉、通风的库房。远离火种、热源。应与氧化剂、酸类等隔离储运。保持容器密封。搬运时轻装轻卸，防止容器受损。

紧急处置信息

急救措施

吸入：迅速脱离现场至空气新鲜处。保持呼吸道通畅。如呼吸困难，给输氧。呼吸、心跳停止，立即进行心肺复苏术。就医。

眼睛接触：立即分开眼睑，用大量流动清水或生理盐水彻底冲洗 10~15min。就医。

皮肤接触：立即脱去污染衣物，用大量流动清水彻底冲洗，冲洗后即用浸过 30%~50% 酒精棉花擦洗创面至无酚味为止(注意不能将患处浸泡于酒精溶液中)。如有条件可用数块浸有聚乙二醇(300 或 400)的海绵反复擦洗污染部位，至少 20min。然后再用大量水冲洗 10min 以上。就医。

食入：漱口，给服植物油 15~30mL，催吐。对食入时间长者禁用植物油，可口服牛奶或蛋清。就医。

灭火方法　消防人员须佩戴空气呼吸器，穿全身消防服，在上风向灭火。尽可能将容器从火场移至空旷处。喷水保持火场容器冷却，直至灭火结束。

灭火剂：雾状水、泡沫、干粉、二氧化碳、沙土。

泄漏应急处置　隔离泄漏污染区，限制出入。消除所有点火源。建议应急处理人员戴防尘口罩，穿防酸碱服。穿上适当的防护服前严禁接触破裂的容器和泄漏物。尽可能切断泄漏源。用塑料布覆盖泄漏物，减少飞散。勿使水进入包装容器内。用洁净的铲子收集泄漏物，置于干净、干燥、盖子较松的容器中，将容器移离泄漏区。

919. 4-异丙基苯酚

标　识

中文名称　4-异丙基苯酚

英文名称　*p*-Isopropylphenol；4-(1-Methylethyl)phenol

别名　对异丙基苯酚

分子式　$C_9H_{12}O$

CAS 号　99-89-8

铁危编号　83507

危害信息

危险性类别　第 8.3 类　其他腐蚀品

燃烧与爆炸危险性　可燃。燃烧或遇热分解出高毒的烟气。

活性反应　与氧化剂可发生反应。

禁忌物　氧化剂、酸酐、酰基氯。

毒性　小鼠经口 LD_{50}：875mg/kg。

侵入途径　吸入、食入、经皮吸收。

理化特性与用途

理化特性　白色至淡黄色结晶，或白色至米色固体。微溶于水，易溶于乙醇、乙醚。熔点 60~64℃，沸点 212~213℃，相对密度(水=1)0.98，相对蒸气密度(空气=1)4.7，饱和蒸气压 0.13kPa(67℃)，辛醇/水分配系数 2.9，闪点 108℃。

主要用途 用于有机合成，用于合成多种药物。

包装与储运

包装标志 腐蚀品

包装类别 Ⅲ类

安全储运 储存于阴凉、通风的库房。远离火种、热源。应与氧化剂、酸类等隔离储运。保持容器密封。搬运时轻装轻卸，防止容器受损。

紧急处置信息

急救措施

吸入：迅速脱离现场至空气新鲜处。保持呼吸道通畅。如呼吸困难，给输氧。呼吸、心跳停止，立即进行心肺复苏术。就医。

眼睛接触：立即分开眼睑，用大量流动清水或生理盐水彻底冲洗 10~15min。就医。

皮肤接触：立即脱去污染衣物，用大量流动清水彻底冲洗，冲洗后即用浸过 30%~50% 酒精棉花擦洗创面至无酚味为止(注意不能将患处浸泡于酒精溶液中)。如有条件可用数块浸有聚乙二醇(300 或 400)的海绵反复擦洗污染部位，至少 20min。然后再用大量水冲洗 10min 以上。就医。

食入：漱口，给服植物油 15~30mL，催吐。对食入时间长者禁用植物油，可口服牛奶或蛋清。就医。

灭火方法 消防人员须佩戴空气呼吸器，穿全身消防服，在上风向灭火。尽可能将容器从火场移至空旷处。喷水保持火场容器冷却，直至灭火结束。

灭火剂：雾状水、泡沫、干粉、二氧化碳、沙土。

泄漏应急处置 隔离泄漏污染区，限制出入。消除所有点火源。建议应急处理人员戴防尘口罩，穿防酸碱服。穿上适当的防护服前严禁接触破裂的容器和泄漏物。尽可能切断泄漏源。用塑料布覆盖泄漏物，减少飞散。勿使水进入包装容器内。用洁净的铲子收集泄漏物，置于干净、干燥、盖子较松的容器中，将容器移离泄漏区。

920. *N*-异丙基丙烯酰胺

标　识

中文名称 *N*-异丙基丙烯酰胺

英文名称 *N*-Isopropyl acrylamide；*N*-(1-Methylethyl)-2-propenamide

别名 *N*-(1-甲基乙基)-2-丙烯酰胺

分子式 $C_6H_{11}NO$

CAS 号 2210-25-5

O NH

危害信息

燃烧与爆炸危险性 可燃。燃烧或受热分解产生有毒的烟气。

禁忌物 强氧化剂、强碱。

毒性 大鼠经口 LD_{50}：350mg/kg；小鼠经口 LD_{50}：419mg/kg。

中毒表现 本品具中等毒性。对皮肤有刺激作用。中毒后可出现头痛、头昏、乏力、食欲不振等症状。

侵入途径 吸入、食入、经皮吸收。

理化特性与用途

理化特性 白色至灰白色结晶粉末。溶于水。熔点 60～65℃，沸点 89～92℃（0.27kPa），蒸气压 0.27kPa（83℃），辛醇/水分配系数 0.57。

主要用途 用于有机合成，用于制备织物黏合剂、纸张胶黏剂、清洗剂和化妆品。

包装与储运

安全储运 储存于阴凉、通风的库房。远离火种、热源。保持容器密封，严禁与空气接触。应与强氧化剂等隔离储运。搬运时轻装轻卸，防止容器受损。

紧急处置信息

急救措施

吸入：迅速脱离现场至空气新鲜处。保持呼吸道通畅。如呼吸困难，给输氧。呼吸、心跳停止，立即进行心肺复苏术。就医。

眼睛接触：立即分开眼睑，用流动清水或生理盐水彻底冲洗。就医。

皮肤接触：立即脱去污染的衣着，用肥皂水和清水彻底冲洗。就医。

食入：漱口，饮水。就医。

灭火方法 消防人员须佩戴正压自给式呼吸器，穿全身消防服，在上风向灭火。尽可能将容器从火场移至空旷处。喷水保持火场容器冷却，直至灭火结束。

灭火剂：雾状水、泡沫、干粉、二氧化碳、沙土。

泄漏应急处置 隔离泄漏污染区，限制出入。消除所有点火源。建议应急处理人员戴防尘口罩，穿防毒服。穿上适当的防护服前严禁接触破裂的容器和泄漏物。尽可能切断泄漏源。用塑料布覆盖泄漏物，减少飞散。勿使水进入包装容器内。用洁净的铲子收集泄漏物，置于干净、干燥、盖子较松的容器中，将容器移离泄漏区。

921. 异丙基缩水甘油醚

标　识

中文名称 异丙基缩水甘油醚

英文名称 Isopropyl glycidyl ether；2，3-Epoxypropyl isopropyl ether

别名 2，3-环氧丙基异丙基醚；1，2-环氧-3-异丙氧基丙烷

分子式 $C_6H_{12}O_2$

CAS 号 4016-14-2

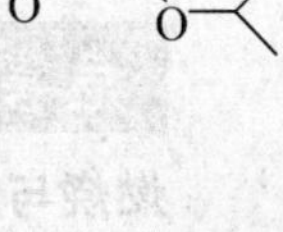

危害信息

危险性类别 第 3 类　易燃液体

燃烧与爆炸危险性 易燃。其蒸气与空气混合，能形成爆炸性混合物。接触空气或光

照，可能生成具有爆炸性的过氧化物。蒸气比空气重，能在较低处扩散到相当远的地方，遇火源会着火回燃和爆炸(闪爆)。若遇高热，容器内压增大，有开裂和爆炸的危险。燃烧或受热分解产生有毒或刺激性的烟气。

活性反应 与氧化剂可发生反应。

禁忌物 强氧化剂、胺类、酸类。

毒性 大鼠经口 LD_{50}：4200mg/kg；兔经皮 LD_{50}：9650mg/kg。

侵入途径 吸入、食入、经皮吸收。

职业接触限值 美国(ACGIH)：TLV-TWA 50ppm，TLV-STEL 75ppm。

理化特性与用途

理化特性 无色透明液体，有醚的气味。溶于水、醇类、酮类。沸点 137℃，相对密度(水=1)0.92，相对蒸气密度(空气=1)4.15，蒸气压 1.25kPa(25℃)，辛醇/水分配系数 0.5，闪点 33℃(闭杯)。

主要用途 用作环氧树脂反应性稀释剂，有机化合物稳定剂及合成醚、酯的中间体。

包装与储运

包装标志 易燃液体

包装类别 Ⅲ类

安全储运 储存于阴凉、通风的库房。远离火种、热源。保持容器密闭。避免接触空气和阳光直射。储存温度不超过 37℃。炎热季节早晚运输，应与氧化剂等隔离储运。禁止使用易产生火花的机械设备和工具。灌装时注意控制流速，防止静电积聚。搬运时轻装轻卸，防止容器受损。

紧急处置信息

急救措施

吸入：迅速脱离现场至空气新鲜处。保持呼吸道通畅。如呼吸困难，给输氧。呼吸、心跳停止，立即进行心肺复苏术。就医。

眼睛接触：立即分开眼睑，用流动清水或生理盐水彻底冲洗。就医。

皮肤接触：立即脱去污染的衣着，用肥皂水和清水彻底冲洗。就医。

食入：漱口，饮水。就医。

灭火方法 消防人员须佩戴空气呼吸器，穿全身消防服，在上风向灭火。尽可能将容器从火场移至空旷处。喷水保持火场容器冷却，直至灭火结束。处在火场中的容器若已变色或从安全泄压装置中发出声音，必须马上撤离。

灭火剂：雾状水、泡沫、干粉、二氧化碳、沙土。

泄漏应急处置 根据液体流动和蒸气扩散的影响区域划定警戒区，无关人员从侧风、上风向撤离至安全区。消除所有点火源。建议应急处理人员戴防毒面具，穿一般作业工作服。作业时使用的所有设备应接地。禁止接触或跨越泄漏物。尽可能切断泄漏源。防止泄漏物进入水体、下水道、地下室或有限空间。小量泄漏：用沙土或其他不燃材料吸收。使用洁净的无火花工具收集吸收材料。大量泄漏：构筑围堤或挖坑收容。用抗溶性泡沫覆盖，减少蒸发。喷水雾能减少蒸发，但不能降低泄漏物在有限空间内的易燃性。用防爆泵转移至槽车或专用收集器内。

922. S-[2-(异丙基亚硫酰基)乙基]-O,O-二甲基硫代磷酸酯

标　识

中文名称　S-[2-(异丙基亚硫酰基)乙基]-O,O-二甲基硫代磷酸酯

英文名称　S-[2-(Isopropylsulphinyl)ethyl]-O,O-dimethyl phosphorothioate

分子式　$C_7H_{17}O_4PS_2$

CAS 号　2635-50-9

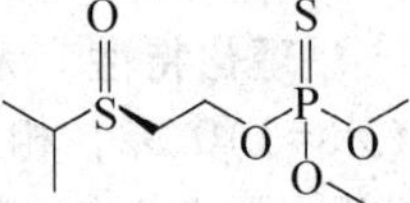

危害信息

危险性类别　第 6 类　有毒品

燃烧与爆炸危险性　遇明火、高热可燃。燃烧或受热分解产生有毒的烟气。

禁忌物　强氧化剂、强酸。

侵入途径　吸入、食入、经皮吸收。

理化特性与用途

理化特性　不溶于水。沸点 383℃,相对密度(水=1)1.271,饱和蒸气压 1.3mPa(25℃),辛醇/水分配系数-0.39,闪点 185℃。

包装与储运

包装标志　有毒品

包装类别　Ⅲ类

安全储运　储存于阴凉、通风的库房。远离火种、热源。储存温度不超过 35℃,相对湿度不超过 85%。保持容器密封。应与强氧化剂、强酸等隔离储运。搬运时轻装轻卸,防止容器受损。

紧急处置信息

急救措施

吸入:迅速脱离现场至空气新鲜处。保持呼吸道通畅。如呼吸困难,给输氧。呼吸、心跳停止,立即进行心肺复苏术。就医。

眼睛接触:立即分开眼睑,用流动清水或生理盐水彻底冲洗。就医。

皮肤接触:立即脱去污染的衣着,用流动清水彻底冲洗。就医。

食入:漱口,饮水。就医。

泄漏应急处置　隔离泄漏污染区,限制出入。消除所有点火源。建议应急处理人员戴防尘口罩,穿防毒服。穿上适当的防护服前严禁接触破裂的容器和泄漏物。尽可能切断泄漏源。用塑料布覆盖泄漏物,减少飞散。勿使水进入包装容器内。用洁净的铲子收集泄漏物,置于干净、干燥、盖子较松的容器中,将容器移离泄漏区。

923. 异丙基乙烯基醚

标识

中文名称 异丙基乙烯基醚

英文名称 2-(Vinyloxy)propane; Vinyl isopropyl ether

别名 乙烯基异丙基醚

分子式 $C_5H_{10}O$

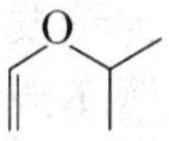

CAS 号 926-65-8

铁危编号 31053

危害信息

危险性类别 第3类 易燃液体

燃烧与爆炸危险性 极易燃。其蒸气与空气混合，能形成爆炸性混合物。接触空气或在光照条件下可生成具有潜在爆炸危险性的过氧化物。容易自聚，聚合反应随着温度的上升而急骤加剧。若遇高热，容器内压增大，有开裂和爆炸的危险。

活性反应 与氧化剂接触发生猛烈反应。

禁忌物 强氧化剂、强酸、氧。

侵入途径 吸入、食入、经皮吸收。

理化特性与用途

理化特性 淡黄色液体。微溶于水。熔点-140℃，沸点55.5℃，相对密度(水=1)0.754(20℃)，相对蒸气密度(空气=1)3，蒸气压26kPa(20℃)，辛醇/水分配系数1.33，闪点-32℃。

主要用途 用于有机合成。

包装与储运

包装标志 易燃液体

包装类别 Ⅱ类

安全储运 通常商品加有阻聚剂。储存于阴凉、通风的库房。远离火种、热源。防止阳光直射。库温不宜超过29℃。保持容器密封。严禁与空气接触。应与氧化剂、酸类等隔离储运。不宜大量储存或久存。采用防爆型照明、通风设施。禁止使用易产生火花的机械设备和工具。灌装时注意控制流速，防止静电积聚。搬运时轻装轻卸，防止容器受损。

紧急处置信息

急救措施

吸入：迅速脱离现场至空气新鲜处。保持呼吸道通畅。如呼吸困难，给输氧。呼吸、心跳停止，立即进行心肺复苏术。就医。

眼睛接触：立即分开眼睑，用流动清水或生理盐水彻底冲洗。就医。

皮肤接触：立即脱去污染的衣着，用肥皂水和清水彻底冲洗。就医。

食入：漱口，饮水。就医。

灭火方法 消防人员须佩戴空气呼吸器，穿全身消防服，在上风向灭火。尽可能将容器从火场移至空旷处。喷水保持火场容器冷却，直至灭火结束。处在火场中的容器若已变色或从安全泄压装置中发出声音，必须马上撤离。用水灭火无效。

灭火剂：泡沫、干粉、二氧化碳、沙土。

泄漏应急处置 消除所有点火源。根据液体流动和蒸气扩散的影响区域划定警戒区，无关人员从侧风、上风向撤离至安全区。建议应急处理人员戴正压自给式呼吸器，穿防静电服。作业时使用的所有设备应接地。禁止接触或跨越泄漏物。尽可能切断泄漏源。防止泄漏物进入水体、下水道、地下室或有限空间。小量泄漏：用沙土或其他不燃材料吸收。使用洁净的无火花工具收集吸收材料。大量泄漏：构筑围堤或挖坑收容。用泡沫覆盖，减少蒸发。喷水雾能减少蒸发，但不能降低泄漏物在有限空间内的易燃性。用防爆泵转移至槽车或专用收集器内。

924. 异丙硫醇

标　识

中文名称 异丙硫醇

英文名称 2-Propanethiol; Isopropyl mercaptan

别名 硫代异丙醇；2-巯基丙烷

分子式 C_3H_8S

CAS 号 75-33-2

铁危编号 31035

UN 号 2402

SH

危害信息

危险性类别 第 3 类　易燃液体

燃烧与爆炸危险性 极易燃。其蒸气与空气混合，能形成爆炸性混合物，遇明火、高热极易燃烧爆炸。遇水释出有毒的腐蚀性气体。蒸气比空气重，能在较低处扩散到相当远的地方，遇火源会着火回燃和爆炸(闪爆)。若遇高热，容器内压增大，有开裂和爆炸的危险。

活性反应 与氧化剂接触发生猛烈反应。遇强酸能分解释放出有毒气体。

禁忌物 强氧化剂、酸类、酸酐、酰基氯、碱金属。

毒性 大鼠经口 LD_{50}：7117mg/kg；大鼠吸入 LC_{50}：>25000ppm(24h)。

中毒表现 有令人厌恶的强烈嗅味，引起头痛、恶心。高浓度蒸气引起意识不清、紫绀、肢端寒冷感、脉搏增快、肺水肿。液体刺激皮肤。

侵入途径 吸入、食入、经皮吸收。

理化特性与用途

理化特性 无色液体，有极其讨厌的气味。微溶于水，溶于氯仿，混溶于乙醇、乙醚，易溶于丙酮。熔点-131℃，沸点 57~60℃，相对密度(水=1)0.8143(20℃/4℃)，相对蒸气密度(空气=1)2.6，饱和蒸气压 36.8kPa(25℃)，辛醇/水分配系数 1.68，闪点-34.4℃(开杯)。

主要用途 石油分析用的标准，也用于有机合成，用作天然气加臭剂。

包装与储运

包装标志　易燃液体

包装类别　Ⅱ类

安全储运　储存于阴凉、通风的库房。远离火种、热源。库温不宜超过29℃。包装要求密封。不可与空气接触。应与氧化剂、酸类、碱金属等隔离储运。采用防爆型照明、通风设施。禁止使用易产生火花的机械设备和工具。灌装时注意控制流速，防止静电积聚。搬运时轻装轻卸，防止容器受损。

紧急处置信息

急救措施

吸入：迅速脱离现场至空气新鲜处。保持呼吸道通畅。如呼吸困难，给输氧。呼吸、心跳停止，立即进行心肺复苏术。就医。

眼睛接触：立即分开眼睑，用流动清水或生理盐水彻底冲洗。就医。

皮肤接触：立即脱去污染的衣着，用肥皂水和清水彻底冲洗。就医。

食入：漱口，饮水。就医。

灭火方法　消防人员须佩戴正压自给式呼吸器，穿全身消防服，在上风向灭火。尽可能将容器从火场移至空旷处。喷水保持火场容器冷却，直至灭火结束。处在火场中的容器若已变色或从安全泄压装置中发出声音，必须马上撤离。用水灭火无效。

灭火剂：泡沫、干粉、二氧化碳、沙土。

泄漏应急处置　消除所有点火源。根据液体流动和蒸气扩散的影响区域划定警戒区，无关人员从侧风、上风向撤离至安全区。建议应急处理人员戴正压自给式呼吸器，穿防静电服。作业时使用的所有设备应接地。禁止接触或跨越泄漏物。尽可能切断泄漏源。防止泄漏物进入水体、下水道、地下室或有限空间。小量泄漏：用沙土或其他不燃材料吸收。使用洁净的无火花工具收集吸收材料。大量泄漏：构筑围堤或挖坑收容。用泡沫覆盖，减少蒸发。喷水雾能减少蒸发，但不能降低泄漏物在有限空间内的易燃性。用防爆泵转移至槽车或专用收集器内。

925. 异狄氏剂

标　识

中文名称　异狄氏剂

英文名称　Endrin; Hexachloroepoxyoctahydro-endo, endo-dimethanonapthalene

别名　(1*R*, 4*S*, 5*R*, 8*S*)-1, 2, 3, 4, 10, 10-六氯-1, 4, 4a, 5, 6, 7, 8, 8a-八氢-6, 7-环氧-1, 4:5, 8-二亚甲基萘

分子式　$C_{12}H_8Cl_6O$

CAS号　72-20-8

铁危编号　61876

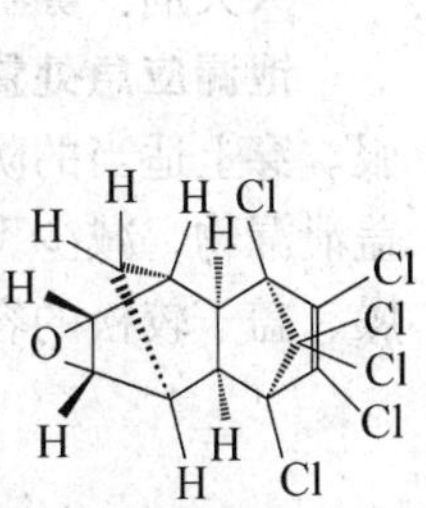

危害信息

危险性类别　第6类　有毒品

燃烧与爆炸危险性 不燃。受高热分解放出有毒的烟气。在火场中，容器内压增大，有开裂或爆炸的危险。

禁忌物 强氧化剂、强酸。

毒性 大鼠经口 LD_{50}：3mg/kg；大鼠经皮 LD_{50}：12mg/kg。

根据《危险化学品目录》的备注，本品属剧毒化学品。

中毒表现 本品为高毒杀虫剂。中毒后症状有头痛、眩晕、乏力、食欲不振、视力模糊、失眠、震颤等，重者引起昏迷。

侵入途径 吸入、食入。

职业接触限值 美国(ACGIH)：TLV-TWA 0.1mg/m^3[皮]。

环境危害 对水生生物有极高毒性，可能在水生环境中造成长期不利影响。

理化特性与用途

理化特性 白色或米色结晶固体。不溶于水，溶于丙酮、苯、二甲苯、四氯化碳，微溶于醇类、石油烃。熔点 200℃，分解温度约 245℃(低于沸点)，相对密度(水=1)1.7，蒸气压 0.399mPa(20℃)，辛醇/水分配系数 5.34。

主要用途 用作农用杀虫剂。

包装与储运

包装标志 有毒品

包装类别 Ⅱ类

安全储运 储存于阴凉、通风良好的专用库房内，应严格执行剧毒化学品管理制度。远离火种、热源。防止阳光直射。储存温度不超过 35℃，相对湿度不超过 85%。保持容器密封。应与氧化剂、强酸等隔离储运。搬运时轻装轻卸，防止容器受损。应严格执行剧毒品“双人收发、双人保管”制度。

紧急处置信息

急救措施

吸入：迅速脱离现场至空气新鲜处。保持呼吸道通畅。如呼吸困难，给输氧。呼吸、心跳停止，立即进行心肺复苏术。就医。

眼睛接触：立即分开眼睑，用流动清水或生理盐水彻底冲洗。就医。

皮肤接触：立即脱去污染的衣着，用流动清水彻底冲洗。就医。

食入：饮适量温水，催吐(仅限于清醒者)。就医。

灭火方法 消防人员必须佩戴正压自给式呼吸器，穿全身防火防毒服，在上风向灭火。尽可能将容器从火场移至空旷处。喷水保持火场容器冷却，直至灭火结束。

灭火剂：雾状水、泡沫、干粉、二氧化碳、沙土。

泄漏应急处置 隔离泄漏污染区，限制出入。建议应急处理人员戴防尘口罩，穿防毒服。穿上适当的防护服前严禁接触破裂的容器和泄漏物。尽可能切断泄漏源。用塑料布覆盖泄漏物，减少飞散。勿使水进入包装容器内。用洁净的铲子收集泄漏物，置于干净、干燥、盖子较松的容器中，将容器移离泄漏区。

926. 异丁基乙烯基醚[抑制了的]

标　识

中文名称　异丁基乙烯基醚[抑制了的]

英文名称　Isobutyl vinyl ether;Propane,1-(ethenyloxy)-2-methyl-

别名　乙烯基异丁醚;异丁基乙烯(基)醚;乙烯(基)异丁醚;异丁氧基乙烯

分子式　$C_6H_{12}O$

CAS 号　109-53-5

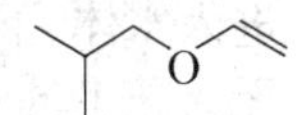

铁危编号　31187

UN 号　1304

危害信息

危险性类别　第 3 类　易燃液体

燃烧与爆炸危险性　易燃。其蒸气与空气混合,能形成爆炸性混合物。接触空气或在光照条件下可生成具有潜在爆炸危险性的过氧化物。容易自聚,聚合反应随着温度的上升而急骤加剧。蒸气比空气重,沿地面扩散到相当远的地方,遇火源会着火回燃和爆炸(闪爆)。若遇高热,容器内压增大,有开裂和爆炸的危险。

活性反应　与氧化剂接触发生猛烈反应。

禁忌物　强氧化剂、强酸。

毒性　大鼠经口 LD_{50}:17000mg/kg;兔经皮 LD_{50}:15200mg/kg。

侵入途径　吸入、食入、经皮吸收。

理化特性与用途

理化特性　无色透明液体,有醚样气味。微溶于水,溶于乙醇、乙醚。熔点-112℃,沸点 83~85℃,相对密度(水=1)0.769,相对蒸气密度(空气=1)3.45,蒸气压 8.9kPa(20℃),辛醇/水分配系数 1.82,闪点 15℃(闭杯),引燃温度 195℃,爆炸下限 1.4%,爆炸上限 7.8%。

主要用途　用于制造涂料、黏合剂及用作化学中间体。

包装与储运

包装标志　易燃液体

包装类别　Ⅱ类

安全储运　通常商品加有阻聚剂。储存于阴凉、通风的库房。远离火种、热源。防止阳光直射。库温不宜超过 37℃。保持容器密封。严禁与空气接触。应与氧化剂、酸类等等隔离储运。不宜久存。采用防爆型照明、通风设施。禁止使用易产生火花的机械设备和工具。灌装时注意控制流速,防止静电积聚。搬运时轻装轻卸,防止容器受损。

紧急处置信息

急救措施

吸入:迅速脱离现场至空气新鲜处。保持呼吸道通畅。如呼吸困难,给输氧。呼吸、心跳停止,立即进行心肺复苏术。就医。

眼睛接触:立即分开眼睑,用流动清水或生理盐水彻底冲洗。就医。

皮肤接触:立即脱去污染的衣着,用肥皂水和清水彻底冲洗。就医。

食入:漱口,饮水。就医。

灭火方法　消防人员须佩戴空气呼吸器,穿全身消防服,在上风向灭火。尽可能将容器从火场移至空旷处。喷水保持火场容器冷却,直至灭火结束。处在火场中的容器若已变色或从安全泄压装置中发出声音,必须马上撤离。用水灭火无效。

灭火剂:泡沫、干粉、二氧化碳、沙土。

泄漏应急处置　消除所有点火源。根据液体流动和蒸气扩散的影响区域划定警戒区,无关人员从侧风、上风向撤离至安全区。建议应急处理人员戴正压自给式呼吸器,穿防静电服。作业时使用的所有设备应接地。禁止接触或跨越泄漏物。尽可能切断泄漏源。防止泄漏物进入水体、下水道、地下室或有限空间。小量泄漏:用沙土或其他不燃材料吸收。使用洁净的无火花工具收集吸收材料。大量泄漏:构筑围堤或挖坑收容。用泡沫覆盖,减少蒸发。喷水雾能减少蒸发,但不能降低泄漏物在有限空间内的易燃性。用防爆泵转移至槽车或专用收集器内。喷雾状水驱散蒸气、稀释液体泄漏物。

927. 异丁酸甲酯

标　识

中文名称　异丁酸甲酯

英文名称　Methyl isobutyrate; Methyl 2-methylpropionate

别名　2-甲基丙酸甲酯

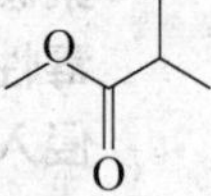

分子式　$C_5H_{10}O_2$

CAS 号　547-63-7

铁危编号　31240

危害信息

危险性类别　第 3 类　易燃液体

燃烧与爆炸危险性　易燃。其蒸气与空气混合，能形成爆炸性混合物。燃烧或受热分解产生有毒的烟气。若遇高热，容器内压增大，有开裂和爆炸的危险。

活性反应　与氧化剂接触发生猛烈反应。

禁忌物　氧化剂、酸类、碱类。

毒性　大鼠经口 LD_{50}: 16000mg/kg; 小鼠吸入 LC_{50}: 25500mg/m^3(2h)。

中毒表现　给动物致死剂量时发生皮毛粗糙、共济失调、气急、呼吸困难、抽搐和体温降低等表现。

侵入途径　吸入、食入、经皮吸收。

理化特性与用途

理化特性　无色透明易流动液体，有果香味。微溶于水，混溶于乙醇、乙醚。熔点 -85~-84℃，沸点 90~93℃，相对密度(水=1)0.89，相对蒸气密度(空气=1)3.5，蒸气压 6.56kPa(25℃)，燃烧热-2906kJ/mol(液体)，临界温度 267.65℃，临界压力 3.43MPa，辛醇/水分配系数 1.28，闪点 3.3℃，引燃温度 440℃。

主要用途　用作溶剂及用于有机合成，也用作气相色谱分析标准和食用香料。

包装与储运

包装标志 易燃液体

包装类别 Ⅱ类

安全储运 储存于阴凉、通风的库房。远离火种、热源。防止阳光直射。库温不宜超过37℃。保持容器密封。应与氧化剂、酸类、碱类等隔离储运。采用防爆型照明、通风设施。禁止使用易产生火花的机械设备和工具。灌装时注意控制流速，防止静电积聚。搬运时轻装轻卸，防止容器受损。

紧急处置信息

急救措施

吸入：迅速脱离现场至空气新鲜处。保持呼吸道通畅。如呼吸困难，给输氧。呼吸、心跳停止，立即进行心肺复苏术。就医。

眼睛接触：立即分开眼睑，用流动清水或生理盐水彻底冲洗。就医。

皮肤接触：立即脱去污染的衣着，用肥皂水和清水彻底冲洗。就医。

食入：漱口，饮水。就医。

灭火方法 消防人员须佩戴空气呼吸器，穿全身消防服，在上风向灭火。尽可能将容器从火场移至空旷处。喷水保持火场容器冷却，直至灭火结束。处在火场中的容器若已变色或从安全泄压装置中发出声音，必须马上撤离。用水灭火无效。

灭火剂：泡沫、干粉、二氧化碳、沙土。

泄漏应急处置 消除所有点火源。根据液体流动和蒸气扩散的影响区域划定警戒区，无关人员从侧风、上风向撤离至安全区。建议应急处理人员戴正压自给式呼吸器，穿防静电服。作业时使用的所有设备应接地。禁止接触或跨越泄漏物。尽可能切断泄漏源。防止泄漏物进入水体、下水道、地下室或有限空间。小量泄漏：用沙土或其他不燃材料吸收。使用洁净的无火花工具收集吸收材料。大量泄漏：构筑围堤或挖坑收容。用泡沫覆盖，减少蒸发。喷水雾能减少蒸发，但不能降低泄漏物在有限空间内的易燃性。用防爆泵转移至槽车或专用收集器内。

928. 异丁酸异丙酯

标　识

中文名称 异丁酸异丙酯

英文名称 Isopropyl isobutyrate；Propanoic acid，2-methyl-，1-methylethyl ester

别名 2-甲基丙酸1-甲基乙酯

分子式 $C_7H_{14}O_2$

CAS号 617-50-5

铁危编号 31242

UN号 2406

危害信息

危险性类别 第3类 易燃液体

燃烧与爆炸危险性　易燃。其蒸气与空气混合能形成爆炸性混合物，遇明火、高热极易燃烧或爆炸。在高温火场中，受热的容器或储罐有破裂和爆炸的危险。蒸气比空气重，能在较低处扩散到相当远的地方，遇火源会着火回燃和爆炸(闪爆)。

禁忌物　强氧化剂。

侵入途径　吸入、食入。

理化特性与用途

理化特性　无色至淡黄色透明液体，有强烈水果香气。微溶于水，溶于大多数有机溶剂。沸点 120~121℃，相对密度(水=1)0.869，饱和蒸气压 2.13kPa(25℃)，辛醇/水分配系数 2.19，闪点 16.67℃(Tag 闭杯)。

主要用途　用于调配食用香精和用作溶剂。

包装与储运

包装标志　易燃液体

包装类别　Ⅱ类

安全储运　储存于阴凉、通风的库房。远离火种、热源。避免阳光直射。储存温度不超过 37℃。炎热季节早晚运输。保持容器密闭。应与氧化剂等隔离储运。禁止使用易产生火花的机械设备和工具。灌装时注意控制流速，防止静电积聚。搬运时轻装轻卸，防止容器受损。

紧急处置信息

急救措施

吸入：脱离接触。如有不适感，就医。

眼睛接触：分开眼睑，用流动清水或生理盐水冲洗。如有不适感，就医。

皮肤接触：脱去污染的衣着，用肥皂水和清水冲洗。如有不适感，就医。

食入：漱口，饮水。就医。

灭火方法　消防人员须穿全身消防服，佩戴空气呼吸器，在上风向灭火。尽可能将容器从火场移至空旷处。喷水保持火场容器冷却，直至灭火结束。处在火场中的容器若发生异常变化或发出异常声音，须马上撤离。

灭火剂：抗溶性泡沫、二氧化碳、干粉、沙土。用水灭火无效。

泄漏应急处置　消除所有点火源。根据液体流动和蒸气扩散的影响区域划定警戒区，无关人员从侧风、上风向撤离至安全区。建议应急处理人员戴正压自给式呼吸器，穿防静电服。作业时使用的所有设备应接地。禁止接触或跨越泄漏物。尽可能切断泄漏源。防止泄漏物进入水体、下水道、地下室或有限空间。小量泄漏：用沙土或其他不燃材料吸收。使用洁净的无火花工具收集吸收材料。大量泄漏：构筑围堤或挖坑收容。用泡沫覆盖，减少蒸发。喷水雾能减少蒸发，但不能降低泄漏物在有限空间内的易燃性。用防爆、耐腐蚀泵转移至槽车或专用收集器内。

929. 异丁酰氯

标　识

中文名称　异丁酰氯

英文名称 Isobutyryl chloride；2-Methylpropanoyl chloride

别名 2-甲基丙酰氯；氯化异丁酰；氯异丁酰

分子式 C_4H_7ClO

CAS 号 79-30-1

铁危编号 31221

UN 号 2395

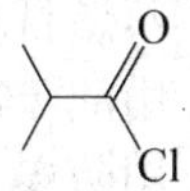

危害信息

危险性类别 第 3 类 易燃液体

燃烧与爆炸危险性 易燃。其蒸气与空气混合，能形成爆炸性混合物。蒸气比空气重，能在较低处扩散到相当远的地方，遇火源会着火回燃和爆炸。受热分解能放出剧毒的光气。与水和水蒸气发生反应，放出有毒的腐蚀性气体。若遇高热，容器内压增大，有开裂和爆炸的危险。

活性反应 与氧化剂接触发生猛烈反应。

禁忌物 强氧化剂、水、醇类、强碱。

毒性 大鼠经口 LD_{50}：1000mg/kg；兔经皮 LD_{50}：>2000mg/kg。

中毒表现 引起皮肤严重灼伤，眼损伤。

侵入途径 吸入、食入、经皮吸收。

理化特性与用途

理化特性 无色液体，有刺鼻臭味。与水反应，混溶于乙醚。熔点-90℃，沸点 92℃，相对密度(水=1)1.017，相对蒸气密度(空气=1)3.7，饱和蒸气压 7.34kPa(25℃)，辛醇/水分配系数 0.44，闪点 1℃。

主要用途 用作有机合成中间体。

包装与储运

包装标志 易燃液体，腐蚀品

包装类别 Ⅱ类

安全储运 储存于阴凉、干燥、通风良好的库房。远离火种、热源。储存温度不超过 30℃，相对湿度不超过 75%。保持容器密封。应与氧化剂、醇类、碱类等隔离储运。不宜久存，以免变质。采用防爆型照明、通风设施。禁止使用易产生火花的机械设备和工具。灌装时注意控制流速，防止静电积聚。搬运时轻装轻卸，防止容器受损。

紧急处置信息

急救措施

吸入：迅速脱离现场至空气新鲜处。保持呼吸道通畅。如呼吸困难，给输氧。呼吸、心跳停止，立即进行心肺复苏术。就医。

眼睛接触：立即分开眼睑，用流动清水或生理盐水彻底冲洗 10~15min。就医。

皮肤接触：立即脱去污染的衣着，用大量流动清水彻底冲洗，冲洗时间一般要求 20~30min。就医。

食入：用水漱口，禁止催吐。给饮牛奶或蛋清。就医。

灭火方法 消防人员必须穿全身耐酸碱消防服，佩戴正压自给式呼吸器，在上风向灭火。尽可能将容器从火场移至空旷处。喷水保持火场容器冷却，直至灭火结束。处在火场中的容器若已变色或从安全泄压装置中发出声音，必须马上撤离。禁止用水。

灭火剂：泡沫、干粉、二氧化碳、沙土。

泄漏应急处置 消除所有点火源。根据液体流动和蒸气扩散的影响区域划定警戒区，无关人员从侧风、上风向撤离至安全区。建议应急处理人员戴正压自给式呼吸器，穿防静电、防腐蚀、防毒服。作业时使用的所有设备应接地。禁止接触或跨越泄漏物。尽可能切断泄漏源。防止泄漏物进入水体、下水道、地下室或有限空间。小量泄漏：用沙土或其他不燃材料吸收。使用洁净的无火花工具收集吸收材料。大量泄漏：构筑围堤或挖坑收容。用泡沫覆盖，减少蒸发。喷水雾能减少蒸发，但不能降低泄漏物在有限空间内的易燃性。用防爆、耐腐蚀泵转移至槽车或专用收集器内。

930. 异丁子香酚

标　识

中文名称 异丁子香酚

英文名称 Isoeugenol；2-Methoxy-4-propenyl phenol

别名 4-丙烯基-2-甲氧基苯酚；对丙烯基邻甲氧基苯酚

分子式 $C_{10}H_{12}O_2$

CAS 号 97-54-1

HO

危害信息

燃烧与爆炸危险性 遇明火、高热可燃。燃烧或受热分解产生有毒或刺激性烟气。

禁忌物 强氧化剂。

毒性 大鼠经口 LD_{50}：1560mg/kg。

侵入途径 吸入、食入、经皮吸收。

理化特性与用途

理化特性 淡黄色油状液体，有丁香气味。微溶于水，溶于乙醇、乙醚、氯仿、丙二醇等。熔点-10℃，沸点 266~268℃，相对密度(水=1)1.08，相对蒸气密度(空气=1)5.7，蒸气压 0.093kPa(25℃)，辛醇/水分配系数 3.04，闪点 112℃(闭杯)。

主要用途 用于医药、配制香精、生产香兰素等。

包装与储运

安全储运 储存于阴凉、通风的库房。远离火种、热源。保持容器密闭。应与强氧化剂等隔离储运。搬运时轻装轻卸，防止容器受损。

紧急处置信息

急救措施

吸入：迅速脱离现场至空气新鲜处。保持呼吸道通畅。如呼吸困难，给输氧。呼吸、心跳停止，立即进行心肺复苏术。就医。

眼睛接触：立即分开眼睑，用流动清水或生理盐水彻底冲洗 10~15min。就医。

皮肤接触：立即脱去污染的衣着，用大量流动清水彻底冲洗，冲洗时间一般要求 20~30min。就医。

食入：用水漱口，禁止催吐。给饮牛奶或蛋清。就医。

灭火方法 消防人员须佩戴空气呼吸器，穿全身消防服，在上风向灭火。尽可能将容器从火场移至空旷处。喷水保持火场容器冷却，直至灭火结束。

灭火剂：雾状水、泡沫、干粉、二氧化碳、沙土。

泄漏应急处置 根据液体流动和蒸气扩散的影响区域划定警戒区，无关人员从侧风、上风向撤离至安全区。消除所有点火源。建议应急处理人员戴防毒面具，穿防毒服。穿上适当的防护服前严禁接触破裂的容器和泄漏物。尽可能切断泄漏源。防止泄漏物进入水体、下水道、地下室或有限空间。小量泄漏：用干燥的沙土或其他不燃材料吸收或覆盖，收集于容器中。大量泄漏：构筑围堤或挖坑收容。用泵转移至槽车或专用收集器内。

931. 异佛尔酮

标　识

中文名称 异佛尔酮

英文名称 Isophorone；3，5，5-Trimethyl-2-cyclohexen-1-one

别名 3，5，5-三甲基-2-环己烯-1-酮

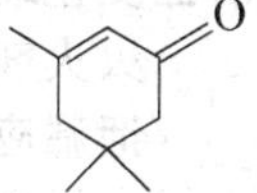

分子式 $C_9H_{14}O$

CAS 号 78-59-1

铁危编号 61654

UN 号 2328

危害信息

危险性类别 第 6 类 有毒品

燃烧与爆炸危险性 可燃。其蒸气与空气混合，能形成爆炸性混合物。燃烧或受高热分解放出有毒的烟气。在火场中，容器内压增大，有开裂或爆炸的危险。

禁忌物 强氧化剂、强碱、胺类。

毒性 大鼠经口 LD_{50}：2330mg/kg；小鼠经口 LD_{50}：2000mg/kg；兔经皮 LD_{50}：1500mg/kg。

欧盟法规 1272/2008/EC 将本品列为第 2 类致癌物——可疑的人类致癌物。

中毒表现 接触者出现疲倦，不适感，眼、鼻和喉刺激感，较高浓度出现恶心、头痛、头晕、酒醉状和窒息感。

侵入途径 吸入、食入、经皮吸收。

职业接触限值 中国：MAC 30mg/m^3。

美国(ACGIH)：TLV-C 28mg/m^3。

理化特性与用途

理化特性 水白色至淡黄色液体，有薄荷香味。微溶于水，易溶于多数有机溶剂。熔点-8℃，沸点 215℃，相对密度(水=1)0.921，相对蒸气密度(空气=1)4.8，蒸气压 40Pa(20℃)，燃烧热-5196kJ/mol，临界温度 421℃，临界压力 3.13MPa，辛醇/水分配系数 1.67，闪点 84℃(闭杯)，引燃温度 460℃，爆炸下限 0.8%，爆炸上限 3.8%。

主要用途 用作油类、树脂、塑料、涂料、漆、硝基纤维的溶剂及化学合成中间体。

包装与储运

包装标志　有毒品

包装类别　Ⅱ类

安全储运　储存于阴凉、通风的库房。远离火种、热源。储存温度不超过 35℃，相对湿度不超过 85%。保持容器密封。应与强氧化剂、碱等隔离储运。搬运时轻装轻卸，防止容器受损。

紧急处置信息

急救措施

吸入：迅速脱离现场至空气新鲜处。保持呼吸道通畅。如呼吸困难，给输氧。呼吸、心跳停止，立即进行心肺复苏术。就医。

眼睛接触：立即分开眼睑，用流动清水或生理盐水彻底冲洗。就医。

皮肤接触：立即脱去污染的衣着，用肥皂水和清水彻底冲洗。就医。

食入：漱口，饮水。就医。

灭火方法　消防人员必须佩戴空气呼吸器，穿全身防火防毒服，在上风向灭火。尽可能将容器从火场移至空旷处。喷水保持火场容器冷却，直至灭火结束。处在火场中的容器若已变色或从安全泄压装置中发出声音，必须马上撤离。

灭火剂：雾状水、泡沫、干粉、二氧化碳、沙土。

泄漏应急处置　根据液体流动和蒸气扩散的影响区域划定警戒区，无关人员从侧风、上风向撤离至安全区。消除所有点火源。建议应急处理人员戴防毒面具，穿防毒服。穿上适当的防护服前严禁接触破裂的容器和泄漏物。尽可能切断泄漏源。防止泄漏物进入水体、下水道、地下室或有限空间。小量泄漏：用干燥的沙土或其他不燃材料吸收或覆盖，收集于容器中。大量泄漏：构筑围堤或挖坑收容。用泵转移至槽车或专用收集器内。

932. 异佛尔酮二异氰酸酯

标　识

中文名称　异佛尔酮二异氰酸酯

英文名称　Isophorone diisocyanate; 3-Isocyanatomethyl-3, 5, 5-trimethylcyclohexyl isocyanate

别名　二异氰酸异佛尔酮酯

分子式　$C_{12}H_{18}N_2O_2$

CAS 号　4098-71-9

铁危编号　61654

UN 号　2290

N=C=O

O=C=N

危害信息

危险性类别　第 6 类　有毒品

燃烧与爆炸危险性　可燃。其蒸气与空气混合，能形成爆炸性混合物。燃烧或受热分解产生有毒的烟气。受热或在强碱、金属化合物的影响下可能发生聚合。若遇高热，容器内压增大，有开裂和爆炸的危险 与酸类、碱类、醇类、胺类、酰胺类、酚类和硫醇类发生剧烈反应，有引起中毒、着火和爆炸危险。

活性反应 与氧化剂可发生反应。

禁忌物 强氧化剂、碱类、醇类、胺类、水。

毒性 大鼠经口 LD_{50}：4825mg/kg；大鼠经皮 LD_{50}：1060mg/kg；大鼠吸入 LC_{50}：123mg/m^3(4h)。

侵入途径 吸入、食入、经皮吸收。

职业接触限值 中国：PC-TWA 0.05mg/m^3，PC-STEL 0.1mg/m^3。

美国(ACGIH)：TLV-TWA 0.005ppm。

环境危害 对水生生物有毒，可能在水生环境中造成长期不利影响。

理化特性与用途

理化特性 无色至微黄色液体，有刺激性气味。混溶于酯类、酮类、醚类和烃类。熔点-60℃，沸点158℃(1.33kPa)，相对密度(水=1)1.06，蒸气压0.04Pa(20℃)，辛醇/水分配系数4.75，闪点155℃(闭杯)、163℃(开杯)，引燃温度430℃，爆炸下限0.7%，爆炸上限4.5%。

主要用途 用于生产耐光和化学稳定的聚氨酯油漆、涂料、弹性体等。

包装与储运

包装标志 有毒品

包装类别 Ⅱ类

安全储运 储存于阴凉、干燥、通风良好的库房。远离火种、热源。防止阳光直射。储存温度不超过35℃，相对湿度不超过80%。保持容器密封，严禁与空气接触。应与氧化剂、碱类、醇类、胺类等隔离储运。搬运时轻装轻卸，防止容器受损。

紧急处置信息

急救措施

吸入：迅速脱离现场至空气新鲜处。保持呼吸道通畅。如呼吸困难，给输氧。呼吸、心跳停止，立即进行心肺复苏术。就医。

眼睛接触：立即分开眼睑，用流动清水或生理盐水彻底冲洗。就医。

皮肤接触：立即脱去污染的衣着，用肥皂水和清水彻底冲洗。就医。

食入：漱口，饮水。就医。

灭火方法 消防人员必须佩戴正压自给式呼吸器，穿全身防火防毒服，在上风向灭火。尽可能将容器从火场移至空旷处。喷水保持火场容器冷却，直至灭火结束。

灭火剂：雾状水、泡沫、干粉、二氧化碳、沙土。

泄漏应急处置 根据液体流动和蒸气扩散的影响区域划定警戒区，无关人员从侧风、上风向撤离至安全区。建议应急处理人员戴正压自给式呼吸器，穿防毒服。作业时使用的所有设备应接地。穿上适当的防护服前严禁接触破裂的容器和泄漏物。尽可能切断泄漏源。防止泄漏物进入水体、下水道、地下室或有限空间。严禁用水处理。小量泄漏：用干燥的沙土或其他不燃材料覆盖泄漏物。大量泄漏：构筑围堤或挖坑收容。用泵转移至槽车或专用收集器内。

933. 异庚烯

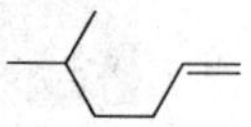

标　识

中文名称　异庚烯

英文名称　Isoheptene

分子式　C_7H_{14}

CAS 号　68975-47-3

铁危编号　31011

UN 号　2287

危害信息

危险性类别　第 3 类　易燃液体

燃烧与爆炸危险性　极易燃。其蒸气与空气混合能形成爆炸性混合物，遇明火、高热极易燃烧或爆炸。在高温火场中，受热的容器或储罐有破裂和爆炸的危险。蒸气比空气重，能在较低处扩散到相当远的地方，遇火源会着火回燃和爆炸(闪爆)。

禁忌物　强氧化剂。

侵入途径　吸入、食入。

理化特性与用途

理化特性　无色液体。不溶于水。沸点 90℃，闪点-18℃。

主要用途　用于制其他化学品。

包装与储运

包装标志　易燃液体

包装类别　Ⅱ类

安全储运　储存于阴凉、通风的库房。远离火种、热源。避免阳光直射。储存温度不超过 29℃。炎热季节早晚运输。保持容器密闭。应与氧化剂等隔离储运。禁止使用易产生火花的机械设备和工具。灌装时注意控制流速，防止静电积聚。搬运时轻装轻卸，防止容器受损。

紧急处置信息

急救措施

吸入：脱离接触。如有不适感，就医。

眼睛接触：分开眼睑，用流动清水或生理盐水冲洗。如有不适感，就医。

皮肤接触：脱去污染的衣着，用肥皂水和清水冲洗。如有不适感，就医。

食入：漱口，饮水。就医。

灭火方法　消防人员须穿全身消防服，佩戴空气呼吸器，在上风向灭火。尽可能将容器从火场移至空旷处。喷水保持火场容器冷却，直至灭火结束。处在火场中的容器若发生异常变化或发出异常声音，须马上撤离。

灭火剂：泡沫、二氧化碳、干粉、沙土。用水灭火无效。

泄漏应急处置　消除所有点火源。根据液体流动和蒸气扩散的影响区域划定警戒区，

无关人员从侧风、上风向撤离至安全区。建议应急处理人员戴正压自给式呼吸器，穿防静电服，戴橡胶耐油手套。作业时使用的所有设备应接地。禁止接触或跨越泄漏物。尽可能切断泄漏源。防止泄漏物进入水体、下水道、地下室或有限空间。小量泄漏：用沙土或其他不燃材料吸收。使用洁净的无火花工具收集吸收材料。大量泄漏：构筑围堤或挖坑收容。用泡沫覆盖，减少蒸发。喷水雾能减少蒸发，但不能降低泄漏物在限制性空间内的易燃性。用防爆泵转移至槽车或专用收集器内。

934. 异己烯

标　识

中文名称　异己烯

英文名称　Isohexene；2-Methylpentene

别名　2-甲基戊烯

分子式　C_6H_{12}

CAS 号　27236-46-0

铁危编号　31010

UN 号　2288

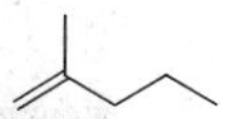

危害信息

危险性类别　第 3 类　易燃液体

燃烧与爆炸危险性　极易燃。其蒸气与空气混合能形成爆炸性混合物，遇明火、高热极易燃烧或爆炸。在高温火场中，受热的容器或储罐有破裂和爆炸的危险。蒸气比空气重，能在较低处扩散到相当远的地方，遇火源会着火回燃和爆炸(闪爆)。

禁忌物　强氧化剂。

侵入途径　吸入、食入。

理化特性与用途

理化特性　无色液体。熔点-133℃，沸点 55℃，临界温度 223℃，临界压力 3.29MPa，辛醇/水分配系数 2.65，闪点-32.2℃。

主要用途　用作溶剂。

包装与储运

包装标志　易燃液体

包装类别　Ⅱ类

安全储运　储存于阴凉、通风的库房。远离火种、热源。避免阳光直射。储存温度不超过 29℃。炎热季节早晚运输。保持容器密闭。应与氧化剂等隔离储运。禁止使用易产生火花的机械设备和工具。灌装时注意控制流速，防止静电积聚。搬运时轻装轻卸，防止容器受损。

紧急处置信息

急救措施

吸入：脱离接触。如有不适感，就医。

眼睛接触：分开眼睑，用流动清水或生理盐水冲洗。如有不适感，就医。

皮肤接触：脱去污染的衣着，用肥皂水和清水冲洗。如有不适感，就医。

食入：漱口，饮水。就医。

灭火方法　消防人员须穿全身消防服，佩戴空气呼吸器，在上风向灭火。尽可能将容器从火场移至空旷处。喷水保持火场容器冷却，直至灭火结束。处在火场中的容器若发生异常变化或发出异常声音，须马上撤离。

灭火剂：泡沫、二氧化碳、干粉、沙土。用水灭火无效。

泄漏应急处置　消除所有点火源。根据液体流动和蒸气扩散的影响区域划定警戒区，无关人员从侧风、上风向撤离至安全区。建议应急处理人员戴正压自给式呼吸器，穿防静电服，戴橡胶耐油手套。作业时使用的所有设备应接地。禁止接触或跨越泄漏物。尽可能切断泄漏源。防止泄漏物进入水体、下水道、地下室或有限空间。小量泄漏：用沙土或其他不燃材料吸收。使用洁净的无火花工具收集吸收材料。大量泄漏：构筑围堤或挖坑收容。用泡沫覆盖，减少蒸发。喷水雾能减少蒸发，但不能降低泄漏物在限制性空间内的易燃性。用防爆泵转移至槽车或专用收集器内。

935. 异硫氰酸甲酯

标　识

中文名称　异硫氰酸甲酯

英文名称　Methyl isothiocyanate；Isothiocyanatomethane

别名　硫代异氰酸甲酯；甲基芥子油

分子式　C_2H_3NS

CAS 号　556-61-6

铁危编号　31265

UN 号　2477

S═C═N╱

危害信息

危险性类别　第 3 类　易燃液体

燃烧与爆炸危险性　易燃。其蒸气与空气混合，能形成爆炸性混合物。燃烧或受热分解产生有毒的氮氧化物、氰化氢和硫化物气体。在火场中，容器内压增大，有开裂或爆炸的危险。

活性反应　与氧化剂接触发生猛烈反应。

禁忌物　强氧化剂、强碱、水、酸类、醇类、胺类。

毒性　大鼠经口 LD_{50}：72mg/kg；小鼠经口 LD_{50}：90mg/kg；大鼠吸入 LC_{50}：1900mg/m^3（1h）；大鼠经皮 LD_{50}：2780mg/kg；小鼠经皮 LD_{50}：1820mg/kg；兔经皮 LD_{50}：33mg/kg；人(女性)经口 $LDLo$：1000mg/kg。

中毒表现　吸入浓度高于 20mg/m^{3}时，眼刺痛、流泪、剧烈呛咳；皮肤接触引起红肿、水泡；成人食入 50g，可致死；可引起皮肤过敏。

侵入途径　吸入、食入、经皮吸收。

理化特性与用途

理化特性　无色结晶或黄色至浅橙色固体，有像辣根的气味。溶于水，易溶于普通有机溶剂，如甲醇、乙醇、丙酮、环己酮、二氯甲烷、氯仿、四氯化碳、苯、二甲苯、石油醚等。熔点35~36℃，沸点119℃，相对密度(水=1)1.069(37℃/4℃)，相对蒸气密度(空气=1)2.53，饱和蒸气压0.47kPa(25℃)，辛醇/水分配系数0.94，闪点30℃(闭杯)，引燃温度370℃。

主要用途 用作军用毒剂，也用于制备农业杀虫剂。

包装与储运

包装标志 易燃液体，有毒品

包装类别 Ⅱ类

安全储运 储存于阴凉、通风的库房。远离火种、热源。储存温度不超过35℃，相对湿度不超过85%。保持容器密闭。应与氧化剂、酸类、碱类、醇类等隔离储运。采用防爆型照明、通风设施。禁止使用易产生火花的机械设备和工具。灌装时注意控制流速，防止静电积聚。搬运时轻装轻卸，防止容器受损。

紧急处置信息

急救措施

吸入：迅速脱离现场至空气新鲜处。保持呼吸道通畅。如呼吸困难，给输氧。呼吸、心跳停止，立即进行心肺复苏术。就医。

眼睛接触：立即分开眼睑，用流动清水或生理盐水彻底冲洗10~15min。就医。

皮肤接触：立即脱去污染的衣着，用大量流动清水彻底冲洗，冲洗时间一般要求20~30min。就医。

食入：用水漱口，禁止催吐。给饮牛奶或蛋清。就医。

灭火方法 消防人员须佩戴正压自给式呼吸器，穿全身消防服，在上风向灭火。尽可能将容器从火场移至空旷处。喷水保持火场容器冷却，直至灭火结束。

灭火剂：雾状水、泡沫、干粉、二氧化碳、沙土。

泄漏应急处置 隔离泄漏污染区，限制出入。消除所有点火源。建议应急处理人员戴防尘口罩，穿防毒服。穿上适当的防护服前严禁接触破裂的容器和泄漏物。尽可能切断泄漏源。用塑料布覆盖泄漏物，减少飞散。勿使水进入包装容器内。用洁净的铲子收集泄漏物，置于干净、干燥、盖子较松的容器中，将容器移离泄漏区。

936. 异硫氰酸-1-萘酯

标　识

中文名称 异硫氰酸-1-萘酯

英文名称 α-Naphthyl isothiocyanate；1-Naphthyl isothiocyanate；1-Isothiocyanatonaphthalene

别名 萘基芥子油

分子式 $C_{11}H_7NS$

CAS号 551-06-4

铁危编号 61656

N=C=S

危害信息

危险性类别 第6类 有毒品

燃烧与爆炸危险性 可燃。其粉体与空气混合，能形成爆炸性混合物。燃烧或受高热分解放出有毒的烟气。

活性反应 与强氧化剂接触可发生化学反应。

禁忌物 醇类、强碱、胺类、酸类、强氧化剂。

毒性 大鼠经口 LD_{50}：200mg/kg；小鼠经口 LD_{50}：105mg/kg。

中毒表现 引起眼、呼吸道、皮肤刺激和皮肤过敏。

侵入途径 吸入、食入。

理化特性与用途

理化特性 白色针状结晶或粉末，无臭无味。不溶于水，易溶于苯、丙酮、乙醚、热乙醇。熔点 58℃，沸点 100℃(0.027kPa)，相对密度(水=1)1.81，饱和蒸气压 17.6mPa(25℃)，辛醇/水分配系数 4.34。

主要用途 用于有机合成及作为测定脂肪族伯胺和仲胺的试剂，也用作杀虫剂。

包装与储运

包装标志 有毒品

包装类别 Ⅱ类

安全储运 储存于阴凉、通风的库房。远离火种、热源。储存温度不超过 35℃，相对湿度不超过 85%。保持容器密封。应与强氧化剂、强酸、强碱、醇类等隔离储运。搬运时轻装轻卸，防止容器受损。

紧急处置信息

急救措施

吸入：迅速脱离现场至空气新鲜处。保持呼吸道通畅。如呼吸困难，给输氧。呼吸、心跳停止，立即进行心肺复苏术。就医。

眼睛接触：立即分开眼睑，用流动清水或生理盐水彻底冲洗。就医。

皮肤接触：立即脱去污染的衣着，用流动清水彻底冲洗。就医。

食入：饮适量温水，催吐(仅限于清醒者)。就医。

灭火方法 消防人员须佩戴正压自给式呼吸器，穿全身消防服，在上风向灭火。尽可能将容器从火场移至空旷处。喷水保持火场容器冷却，直至灭火结束。禁止使用酸碱灭火剂。

灭火剂：雾状水、泡沫、干粉、二氧化碳、沙土。

泄漏应急处置 隔离泄漏污染区，限制出入。消除所有点火源。建议应急处理人员戴防尘口罩，穿防毒服。穿上适当的防护服前严禁接触破裂的容器和泄漏物。尽可能切断泄漏源。用塑料布覆盖泄漏物，减少飞散。勿使水进入包装容器内。用洁净的铲子收集泄漏物，置于干净、干燥、盖子较松的容器中，将容器移离泄漏区。

937. 异氯磷

标　识

中文名称 异氯磷

英文名称 Phosphorothioic acid, *O*-(2-chloro-4-nitrophenyl) *O*, *O*-dimethyl ester; Dicapthon;

别名 *O*, *O*-二甲基-*O*-(2-氯-4-硝基苯基)硫代磷酸酯

分子式 $C_8H_9ClNO_5PS$

CAS 号 2463-84-5

铁危编号 61874

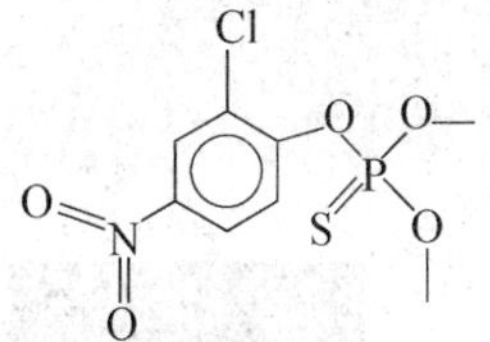

危害信息

危险性类别 第6类 有毒品

燃烧与爆炸危险性 可燃。燃烧或受高热分解放出有毒的烟气。

禁忌物 强氧化剂。

毒性 大鼠经口 LD_{50}：294mg/kg；小鼠经口 LD_{50}：331mg/kg。

中毒表现 中等毒有机磷杀虫剂。对胆碱酯酶有抑制作用。中毒表现有头痛、无力、恶心、呕吐、胸闷、流涎、腹痛、瞳孔缩小、肌肉震颤、抽搐、肺水肿、脑水肿等。

侵入途径 吸入、食入、经皮吸收。

理化特性与用途

理化特性 结晶或白色固体。不溶于水，溶于丙酮、环己酮、环己烷、甲苯、二甲苯、乙酸乙酯、乙二醇、丙二醇等。熔点 52～53℃，蒸气压 0.48mPa(20℃)，辛醇/水分配系数 3.58。

主要用途 触杀性杀虫剂、杀螨剂。用于室内和牛厩，对蚜虫、叶螨、厕蝇和蚊子有效。

包装与储运

包装标志 有毒品

包装类别 Ⅱ类

安全储运 储存于阴凉、通风的库房。远离火种、热源。储存温度不超过 35℃，相对湿度不超过 80%。保持容器密封。应与强氧化剂等隔离储运。搬运时轻装轻卸，防止容器受损。

紧急处置信息

急救措施

吸入：迅速脱离现场至空气新鲜处。保持呼吸道通畅。如呼吸困难，给输氧。呼吸、心跳停止，立即进行心肺复苏术。就医。

眼睛接触：分开眼睑，用流动清水或生理盐水冲洗。就医。

皮肤接触：立即脱去污染的衣着，用肥皂水及流动清水彻底冲洗污染的皮肤、头发、指甲等。就医。

食入：饮足量温水，催吐(仅限于清醒者)。口服活性炭。就医。

解毒剂：阿托品、胆碱酯酶复能剂。

灭火方法 消防人员须佩戴正压自给式呼吸器，穿全身消防服，在上风向灭火。尽可能将容器从火场移至空旷处。喷水保持火场容器冷却，直至灭火结束。

灭火剂：雾状水、泡沫、干粉、二氧化碳、沙土。

泄漏应急处置 隔离泄漏污染区，限制出入。消除所有点火源。建议应急处理人员戴防尘口罩，穿防毒服。穿上适当的防护服前严禁接触破裂的容器和泄漏物。尽可能切断泄

漏源。用塑料布覆盖泄漏物，减少飞散。勿使水进入包装容器内。用洁净的铲子收集泄漏物，置于干净、干燥、盖子较松的容器中，将容器移离泄漏区。

938. 异氰基乙酸乙酯

标　识

中文名称　异氰基乙酸乙酯

英文名称　Ethyl isocyanoacetate

别名　异氰乙酸乙酯

分子式　$C_5H_7NO_2$

CAS 号　2999-46-4

铁危编号　61648

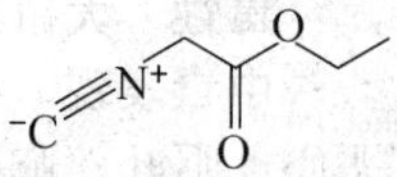

危害信息

危险性类别　第 6 类　有毒品

燃烧与爆炸危险性　可燃。燃烧或受高热分解放出有毒的烟气。在火场中，容器内压增大，有开裂或爆炸的危险。

活性反应　与强氧化剂接触可发生化学反应。

禁忌物　强氧化剂、强还原剂、强酸、强碱、水。

中毒表现　对呼吸道、眼、皮肤有刺激性。

侵入途径　吸入、食入、经皮吸收。

理化特性与用途

理化特性　无色至浅棕色液体，有特殊气味。微溶于水，混溶于乙醇、乙醚。沸点 194～196℃，相对密度（水=1）1.035，相对蒸气密度（空气=1）3.9，饱和蒸气压 0.13kPa（67.8℃），闪点 84℃。

主要用途　用于有机合成，用作医药合成中间体。

包装与储运

包装标志　有毒品

包装类别　Ⅲ类

安全储运　储存于阴凉、干燥、通风的库房。远离火种、热源。储存温度不超过 35℃，相对湿度不超过 80%。保持容器密封。避免接触湿气。应与强氧化剂、强碱、醇类等隔离储运。搬运时轻装轻卸，防止容器受损。

紧急处置信息

急救措施

吸入：迅速脱离现场至空气新鲜处。保持呼吸道通畅。如呼吸困难，给输氧。呼吸、心跳停止，立即进行心肺复苏术。就医。

眼睛接触：立即分开眼睑，用流动清水或生理盐水彻底冲洗。就医。

皮肤接触：立即脱去污染的衣着，用肥皂水和清水彻底冲洗。就医。

食入：漱口，饮水。就医。

灭火方法 消防人员须佩戴正压自给式呼吸器，穿全身消防服，在上风向灭火。尽可能将容器从火场移至空旷处。喷水保持火场容器冷却，直至灭火结束。处在火场中的容器若已变色或从安全泄压装置中发出声音，必须马上撤离。禁止使用酸碱灭火剂。

灭火剂：雾状水、泡沫、干粉、二氧化碳、沙土。

泄漏应急处置 根据液体流动和蒸气扩散的影响区域划定警戒区，无关人员从侧风、上风向撤离至安全区。消除所有点火源。建议应急处理人员戴正压自给式呼吸器，穿防毒服。尽可能切断泄漏源。防止泄漏物进入水体、下水道、地下室或有限空间。小量泄漏：用沙土、干燥石灰或苏打灰混合。大量泄漏：构筑围堤或挖坑收容。用泵转移至槽车或专用收集器内。

939. 异氰酸丙酯

标　识

中文名称 异氰酸丙酯

英文名称 Propyl isocyanate；1-Isocyanatopropane

别名 异氰酸正丙酯

分子式 C_4H_7NO

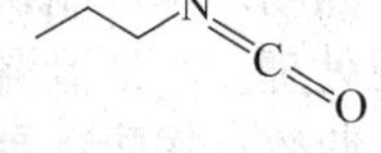

CAS 号 110-78-1

铁危编号 61144

UN 号 2482

危害信息

危险性类别 第6类 有毒品

燃烧与爆炸危险性 易燃。其蒸气与空气混合，能形成爆炸性混合物。蒸气比空气重，能在较低处扩散到相当远的地方，遇火源会着火回燃和爆炸(闪爆)。若遇高热，容器内压增大，有开裂和爆炸的危险。燃烧或受热分解产生有毒烟气。

活性反应 与氧化剂接触发生猛烈反应。

禁忌物 水、醇类、强碱、酸类、强氧化剂。

毒性 小鼠经静脉 LD_{50}：56mg/kg。

侵入途径 吸入、食入、经皮吸收。

理化特性与用途

理化特性 无色至淡黄色透明液体，有刺激性气味。不溶于水(与水反应)。熔点-30℃，沸点 83～84℃，相对密度(水=1)0.895，相对蒸气密度(空气=1)2.93，饱和蒸气压 6.65kPa(19℃)，辛醇/水分配系数 1.77，闪点-1℃。

主要用途 作为有机合成原料，用于制其他化学品和杀虫剂。

包装与储运

包装标志 有毒品，易燃液体

包装类别 Ⅰ类

安全储运 储存于阴凉、干燥、通风良好的库房。远离火种、热源。储存温度不超过

35℃，相对湿度不超过85%。保持容器密封。避免接触湿气。应与氧化剂、酸类、碱类、醇类、食用化学品等隔离储运。采用防爆型照明、通风设施。禁止使用易产生火花的机械设备和工具。灌装时注意控制流速，防止静电积聚。搬运时轻装轻卸，防止容器受损。

紧急处置信息

急救措施

吸入：迅速脱离现场至空气新鲜处。保持呼吸道通畅。如呼吸困难，给输氧。呼吸、心跳停止，立即进行心肺复苏术。就医。

眼睛接触：立即分开眼睑，用流动清水或生理盐水彻底冲洗。就医。

皮肤接触：立即脱去污染的衣着，用肥皂水和清水彻底冲洗。就医。

食入：漱口，饮水。就医。

灭火方法 消防人员须佩戴正压自给式呼吸器，穿全身消防服，在上风向灭火。尽可能将容器从火场移至空旷处。喷水保持火场容器冷却，直至灭火结束。处在火场中的容器若已变色或从安全泄压装置中发出声音，必须马上撤离。禁止用水和泡沫灭火。

灭火剂：干粉、二氧化碳、沙土。

泄漏应急处置 消除所有点火源。根据液体流动和蒸气扩散的影响区域划定警戒区，无关人员从侧风、上风向撤离至安全区。建议应急处理人员戴正压自给式呼吸器，穿防毒、防静电服。作业时使用的所有设备应接地。穿上适当的防护服前严禁接触破裂的容器和泄漏物。尽可能切断泄漏源。防止泄漏物进入水体、下水道、地下室或有限空间。严禁用水处理。小量泄漏：用干燥的沙土或其他不燃材料覆盖泄漏物。大量泄漏：构筑围堤或挖坑收容。用防爆泵转移至槽车或专用收集器内。

940. 异氰酸对硝基苯

标　识

中文名称 异氰酸对硝基苯

英文名称 4-Nitrophenyl isocyanate; *p*-Nitrophenyl isocyanate; Isocyanic acid, *p*-nitrophenyl ester

别名 对硝基苯异氰酸酯；异氰酸对硝基苯酯；异氰酸-4-硝基苯酯

分子式 $C_7H_4N_2O_3$

CAS号 100-28-7

铁危编号 61653

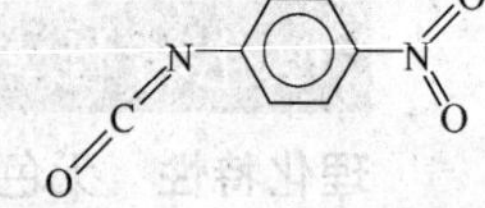

危害信息

危险性类别 第6类 有毒品

燃烧与爆炸危险性 可燃。其粉体与空气混合，能形成爆炸性混合物。遇水或水蒸气分解放出有毒的气体。燃烧或受热分解产生有毒的烟气。

禁忌物 强氧化剂、强酸、强碱。

毒性 大鼠经口 LD_{50}：1600mg/kg；豚鼠经皮 LD_{50}：10mL/kg。

中毒表现 引起眼、呼吸道、皮肤刺激。

侵入途径 吸入、食入。

理化特性与用途

理化特性 亮黄色针状结晶或黄色固体，无气味。与水反应。易溶于乙醚、苯。熔点57℃，沸点136～137℃（1.46kPa），相对蒸气密度（空气=1）5.7，饱和蒸气压0.67Pa（25℃），辛醇/水分配系数2.99，闪点>110℃。

主要用途 用作医药和农药的中间体，测定醇、伯胺、仲胺和氨基酸的试剂。

包装与储运

包装标志 有毒品

包装类别 Ⅲ类

安全储运 储存于阴凉、干燥、通风的库房。远离火种、热源。储存温度不超过35℃，相对湿度不超过85%。保持容器密封。应与强氧化剂、酸碱等隔离储运。搬运时轻装轻卸，防止容器受损。

紧急处置信息

急救措施

吸入：迅速脱离现场至空气新鲜处。保持呼吸道通畅。如呼吸困难，给输氧。呼吸、心跳停止，立即进行心肺复苏术。就医。

眼睛接触：立即分开眼睑，用流动清水或生理盐水彻底冲洗。就医。

皮肤接触：立即脱去污染的衣着，用肥皂水和清水彻底冲洗。就医。

食入：漱口，饮水。就医。

灭火方法 消防人员须佩戴正压自给式呼吸器，穿全身消防服，在上风向灭火。尽可能将容器从火场移至空旷处。喷水保持火场容器冷却，直至灭火结束。

灭火剂：雾状水、泡沫、干粉、二氧化碳、沙土。

泄漏应急处置 隔离泄漏污染区，限制出入。消除所有点火源。建议应急处理人员戴防尘口罩，穿防毒服。穿上适当的防护服前严禁接触破裂的容器和泄漏物。尽可能切断泄漏源。用塑料布覆盖泄漏物，减少飞散。勿使水进入包装容器内。用洁净的铲子收集泄漏物，置于干净、干燥、盖子较松的容器中，将容器移离泄漏区。

941. 异氰酸对溴苯酯

标　识

中文名称 异氰酸对溴苯酯

英文名称 *p*-Bromophenyl isocyanate；4-Bromophenyl isocyanate；1-Bromo-4-isocyanatobenzene

别名 异氰酸-4-溴苯酯

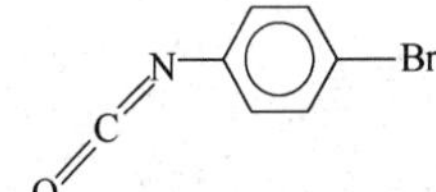

分子式 C_7H_4BrNO

CAS号 2493-02-9

铁危编号 61653

危害信息

危险性类别 第6类 有毒品

燃烧与爆炸危险性　可燃。其粉体与空气混合，能形成爆炸性混合物。燃烧或受高热分解放出有毒的烟气。

活性反应　与强氧化剂接触可发生化学反应。

禁忌物　强氧化剂、强碱、水、醇类、胺类、酸类。

毒性　大鼠经口 LD_{50}：>3200mg/kg。

中毒表现　对呼吸道、眼、皮肤有刺激性。可引起呼吸道和皮肤的过敏反应。

侵入途径　吸入、食入。

理化特性与用途

理化特性　白色结晶或白色至米黄色固体粉末，有刺激性气味。与水反应。易溶于乙醚。熔点 42~44℃，沸点 226℃、158℃(1.86kPa)，相对密度(水=1)1.51，相对蒸气密度(空气=1)5.7，饱和蒸气压 1.87kPa(158℃)，辛醇/水分配系数 3.48，闪点 109℃。

主要用途　用作有机合成中间体。

包装与储运

包装标志　有毒品

包装类别　Ⅲ类

安全储运　储存于阴凉、干燥、通风的库房。远离火种、热源。储存温度不超过 35℃，相对湿度不超过 85%。保持容器密封。应与强氧化剂、酸碱等隔离储运。搬运时轻装轻卸，防止容器受损。

紧急处置信息

急救措施

吸入：迅速脱离现场至空气新鲜处。保持呼吸道通畅。如呼吸困难，给输氧。呼吸、心跳停止，立即进行心肺复苏术。就医。

眼睛接触：立即分开眼睑，用流动清水或生理盐水彻底冲洗。就医。

皮肤接触：立即脱去污染的衣着，用肥皂水和清水彻底冲洗。就医。

食入：漱口，饮水。就医。

灭火方法　消防人员须佩戴正压自给式呼吸器，穿全身消防服，在上风向灭火。尽可能将容器从火场移至空旷处。喷水保持火场容器冷却，直至灭火结束。禁止使用酸碱灭火剂。

灭火剂：雾状水、泡沫、干粉、二氧化碳、沙土。

泄漏应急处置　隔离泄漏污染区，限制出入。消除所有点火源。建议应急处理人员戴防尘口罩，穿防毒服。穿上适当的防护服前严禁接触破裂的容器和泄漏物。尽可能切断泄漏源。用塑料布覆盖泄漏物，减少飞散。勿使水进入包装容器内。用洁净的铲子收集泄漏物，置于干净、干燥、盖子较松的容器中，将容器移离泄漏区。

942. 异氰酸-2,3-二氯苯酯

标　识

中文名称　异氰酸-2，3-二氯苯酯

英文名称 1，2-Dichloro-3-isocyanatobenzene；2，3-Dichlorophenyl isocyanate

别名 2，3-二氯苯基异氰酸酯

分子式 $C_7H_3Cl_2NO$

CAS 号 41195-90-8

铁危编号 61109

UN 号 2250

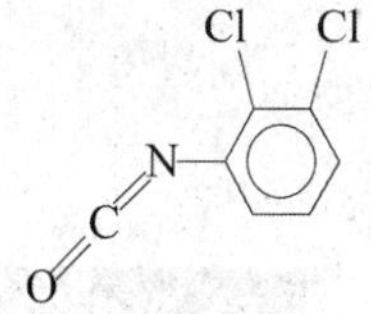

危害信息

危险性类别 第 6 类 有毒品

燃烧与爆炸危险性 可燃。燃烧或遇高热分解释出高毒烟气。若遇高热，容器内压增大，有开裂和爆炸的危险。

活性反应 与氧化剂可发生反应。与醇类发生剧烈反应。

禁忌物 强氧化剂、强酸、强碱、醇类、胺类、水。

侵入途径 吸入、食入、经皮吸收。

理化特性与用途

理化特性 无色至淡黄色透明液体。不溶于水。沸点 247℃、58℃(0.133kPa)，相对密度(水=1)1.424，相对蒸气密度(空气=1)6.48，蒸气压 4.0Pa(25℃)，辛醇/水分配系数 3.71，闪点>110℃。

主要用途 用于有机合成。

包装与储运

包装标志 有毒品

包装类别 Ⅱ类

安全储运 储存于阴凉、干燥、通风良好的库房。远离火种、热源。防止阳光直射。储存温度不超过 35℃，相对湿度不超过 85%。保持容器密封。应与氧化剂、碱类、醇类、胺类等隔离储运。搬运时轻装轻卸，防止容器受损。

紧急处置信息

急救措施

吸入：脱离接触。如有不适感，就医。

眼睛接触：分开眼睑，用流动清水或生理盐水冲洗。如有不适感，就医。

皮肤接触：脱去污染的衣着，用流动清水冲洗。如有不适感，就医。

食入：漱口，饮水。就医。

灭火方法 消防人员必须佩戴正压自给式呼吸器，穿全身防毒消防服，在上风向灭火。尽可能将容器从火场移至空旷处。喷水保持火场容器冷却，直至灭火结束。

灭火剂：雾状水、泡沫、干粉、二氧化碳、沙土。

泄漏应急处置 根据液体流动和蒸气扩散的影响区域划定警戒区，无关人员从侧风、上风向撤离至安全区。消除所有点火源。建议应急处理人员戴正压自给式呼吸器，穿防毒服。穿上适当的防护服前严禁接触破裂的容器和泄漏物。尽可能切断泄漏源。防止泄漏物进入水体、下水道、地下室或有限空间。严禁用水处理。小量泄漏：用干燥的沙土或其他不燃材料覆盖泄漏物。大量泄漏：构筑围堤或挖坑收容。用泵转移至槽车或专用收集器内。

943. 异氰酸-2,5-二氯苯酯

标　识

中文名称　异氰酸-2，5-二氯苯酯

英文名称　2，5-Dichlorophenyl isocyanate；1，4-Dichloro-2-isocyanatobenzene

别名　2，5-二氯苯基异氰酸酯

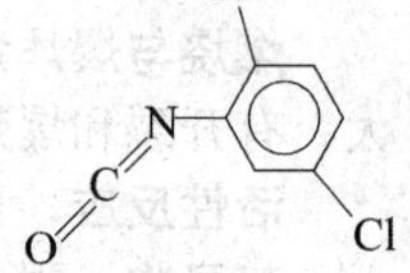

分子式　$C_7H_3Cl_2NO$

CAS 号　5392-82-5

铁危编号　61109

UN 号　2250

危害信息

危险性类别　第 6 类　有毒品

燃烧与爆炸危险性　可燃。燃烧或遇高热分解释出高毒烟气。若遇高热，容器内压增大，有开裂和爆炸的危险

活性反应　与醇类发生剧烈反应。

禁忌物　强氧化剂、强碱、水、醇类、胺类。

侵入途径　吸入、食入、经皮吸收。

理化特性与用途

理化特性　白色固体。溶于多数有机溶剂。熔点 29 ~ 31℃，沸点 120 ~ 125℃ (2.66kPa)，蒸气压 5.32Pa(25℃)，辛醇/水分配系数 3.77，闪点>110℃。

主要用途　用于有机合成。

包装与储运

包装标志　有毒品

包装类别　Ⅱ类

安全储运　储存于阴凉、干燥、通风良好的库房。远离火种、热源。防止阳光直射。储存温度不超过 35℃，相对湿度不超过 85%。保持容器密封。应与氧化剂、碱类、醇类、胺类等隔离储运。搬运时轻装轻卸，防止容器受损。

紧急处置信息

急救措施

吸入：脱离接触。如有不适感，就医。

眼睛接触：分开眼睑，用流动清水或生理盐水冲洗。如有不适感，就医。

皮肤接触：脱去污染的衣着，用流动清水冲洗。如有不适感，就医。

食入：漱口，饮水。就医。

灭火方法　消防人员须佩戴正压自给式呼吸器，穿全身消防服，在上风向灭火。尽可能将容器从火场移至空旷处。喷水保持火场容器冷却，直至灭火结束。

灭火剂：雾状水、泡沫、干粉、二氧化碳、沙土。

泄漏应急处置 隔离泄漏污染区，限制出入。消除所有点火源。建议应急处理人员戴防尘口罩，穿防毒服。穿上适当的防护服前严禁接触破裂的容器和泄漏物。尽可能切断泄漏源。用塑料布覆盖泄漏物，减少飞散。勿使水进入包装容器内。用洁净的铲子收集泄漏物，置于干净、干燥、盖子较松的容器中，将容器移离泄漏区。

944. 异氰酸-2,6-二氯苯酯

标 识

中文名称 异氰酸-2，6-二氯苯酯

英文名称 Isocyanic acid 2，6-dichlorophenyl ester；1，3-Dichloro-2-isocyanatobenzene

别名 2，6-二氯苯基异氰酸酯

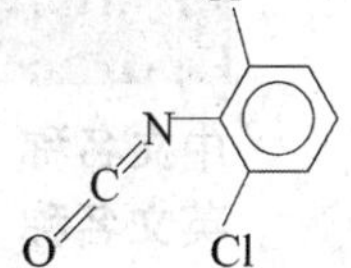

分子式 $C_7H_3Cl_2NO$

CAS 号 39920-37-1

铁危编号 61109

UN 号 2250

危害信息

危险性类别 第 6 类 有毒品

燃烧与爆炸危险性 可燃。燃烧或遇高热分解释出高毒烟气。若遇高热，容器内压增大，有开裂和爆炸的危险。

禁忌物 强氧化剂、强碱、水、醇类、胺类。

侵入途径 吸入、食入、经皮吸收。

理化特性与用途

理化特性 白色结晶或块状固体，有令人不愉快的气味。遇水分解。溶于多数有机溶剂。熔点 42~44℃，沸点 101℃(0.67kPa)，闪点 76℃。

主要用途 用于有机合成。

包装与储运

包装标志 有毒品

包装类别 Ⅱ类

安全储运 储存于阴凉、干燥、通风良好的库房。远离火种、热源。防止阳光直射。储存温度不超过 35℃，相对湿度不超过 85%。保持容器密封。应与氧化剂、碱类、醇类、胺类等隔离储运。搬运时轻装轻卸，防止容器受损。

紧急处置信息

急救措施

吸入：脱离接触。如有不适感，就医。

眼睛接触：分开眼睑，用流动清水或生理盐水冲洗。如有不适感，就医。

皮肤接触：脱去污染的衣着，用流动清水冲洗。如有不适感，就医。

食入：漱口，饮水。就医。

灭火方法　消防人员须佩戴正压自给式呼吸器，穿全身消防服，在上风向灭火。尽可能将容器从火场移至空旷处。喷水保持火场容器冷却，直至灭火结束。

灭火剂：雾状水、泡沫、干粉、二氧化碳、沙土。

泄漏应急处置　隔离泄漏污染区，限制出入。建议应急处理人员戴防尘口罩，穿防毒服。消除所有点火源。穿上适当的防护服前严禁接触破裂的容器和泄漏物。尽可能切断泄漏源。用干燥的沙土或其他不燃材料覆盖泄漏物，然后用塑料布覆盖，减少飞散、避免雨淋。勿使水进入包装容器内。用洁净的铲子收集泄漏物，置于干净、干燥、盖子较松的容器中，将容器移离泄漏区。

945. 异氰酸-β-萘酯

标　识

中文名称　异氰酸-β-萘酯

英文名称　β-Naphthyl isocyanate；2-Naphthyl isocyanate

别名　异氰酸-2-萘酯

分子式　$C_{11}H_7NO$

CAS 号　2243-54-1

铁危编号　61653

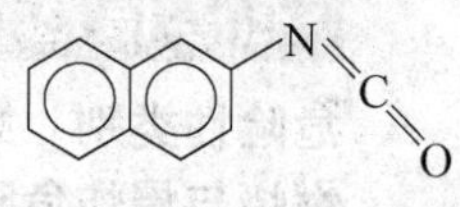

危害信息

危险性类别　第 6 类　有毒品

燃烧与爆炸危险性　可燃。燃烧或受高热分解放出有毒的烟气。

活性反应　与强氧化剂接触可发生化学反应。

禁忌物　氧化剂、酸类、碱类、水蒸气。

侵入途径　吸入、食入。

理化特性与用途

理化特性　无色片状结晶或白色至灰白色固体。不溶于水，易溶于苯、乙醚。熔点 52~57℃，沸点 83℃(0.027kPa)。

主要用途　用于有机合成。

包装与储运

包装标志　有毒品

包装类别　Ⅱ类

安全储运　储存于阴凉、干燥、通风良好的库房。远离火种、热源。防止阳光直射。储存温度不超过 35℃，相对湿度不超过 85%。保持容器密封。应与氧化剂、碱类、醇类、胺类等隔离储运。搬运时轻装轻卸，防止容器受损。

紧急处置信息

急救措施

吸入：脱离接触。如有不适感，就医。

眼睛接触：分开眼睑，用流动清水或生理盐水冲洗。如有不适感，就医。

皮肤接触：脱去污染的衣着，用流动清水冲洗。如有不适感，就医。

食入：漱口，饮水。就医。

灭火方法 消防人员须佩戴正压自给式呼吸器，穿全身消防服，在上风向灭火。尽可能将容器从火场移至空旷处。喷水保持火场容器冷却，直至灭火结束。禁止使用酸碱灭火剂。

灭火剂：雾状水、泡沫、干粉、二氧化碳、沙土。

泄漏应急处置 隔离泄漏污染区，限制出入。消除所有点火源。建议应急处理人员戴防尘口罩，穿防毒服。尽可能切断泄漏源。用塑料布覆盖泄漏物，减少飞散。勿使水进入包装容器内。用洁净的铲子收集泄漏物，置于干净、干燥、盖子较松的容器中，将容器移离泄漏区。

946. 异氰酸-1-萘酯

标 识

中文名称 异氰酸-1-萘酯

英文名称 1-Napthyl isocyanate；1-Isocyanatonaphthalene

别名 异氰酸-α-萘酯

分子式 $C_{11}H_7NO$

CAS 号 86-84-0

铁危编号 61653

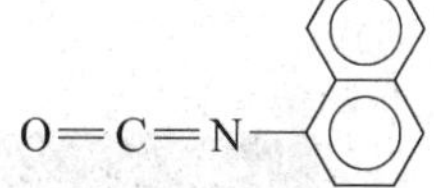

危害信息

危险性类别 第6类 有毒品

燃烧与爆炸危险性 可燃。燃烧或受高热分解放出有毒的烟气。若遇高热，容器内压增大，有开裂和爆炸的危险。

活性反应 与氧化剂可发生反应。

禁忌物 强氧化剂、强碱、水、酸类、醇类、胺类。

毒性 大鼠经口 *LD*：>2000mg/kg。

中毒表现 吸入有害。对呼吸道有刺激和致敏作用。对皮肤有刺激性。眼接触引起严重损害。

侵入途径 吸入、食入。

理化特性与用途

理化特性 无色液体，有辛辣气味。遇水分解。溶于乙醇、乙醚、氯仿。熔点4℃，沸点267℃，相对密度(水=1)1.18，闪点135℃。

主要用途 用于有机合成及检定醇类、伯胺、仲胺、卤素、苯酚。

包装与储运

包装标志 有毒品

包装类别 Ⅱ类

安全储运　储存于阴凉、干燥、通风良好的库房。远离火种、热源。防止阳光直射。储存温度不超过35℃，相对湿度不超过85%。保持容器密封。应与氧化剂、碱类、醇类、胺类等等隔离储运。搬运时轻装轻卸，防止容器受损。

紧急处置信息

急救措施

吸入：迅速脱离现场至空气新鲜处。保持呼吸道通畅。如呼吸困难，给输氧。呼吸、心跳停止，立即进行心肺复苏术。就医。

眼睛接触：立即分开眼睑，用流动清水或生理盐水彻底冲洗10~15min。就医。

皮肤接触：立即脱去污染的衣着，用肥皂水和清水彻底冲洗。就医。

食入：漱口，饮水。就医。

灭火方法　消防人员须佩戴正压自给式呼吸器，穿全身消防服，在上风向灭火。尽可能将容器从火场移至空旷处。喷水保持火场容器冷却，直至灭火结束。处在火场中的容器若已变色或从安全泄压装置中发出声音，必须马上撤离。

灭火剂：雾状水、泡沫、干粉、二氧化碳、沙土。

泄漏应急处置　根据液体流动和蒸气扩散的影响区域划定警戒区，无关人员从侧风、上风向撤离至安全区。消除所有点火源。建议应急处理人员戴正压自给式呼吸器，穿防毒服。穿上适当的防护服前严禁接触破裂的容器和泄漏物。尽可能切断泄漏源。防止泄漏物进入水体、下水道、地下室或有限空间。小量泄漏：用干燥的沙土或其他不燃材料吸收或覆盖，收集于容器中。大量泄漏：构筑围堤或挖坑收容。用泵转移至槽车或专用收集器内。

947. 异氰酸三氟甲苯酯

标　识

中文名称　异氰酸三氟甲苯酯

英文名称　α，α，α-Trifluoro-3-tolyl isocyanate；Isocyanatobenzotrifluoride

别名　3-三氟甲苯基异氰酸酯

分子式　$C_8H_4F_3NO$

CAS 号　329-01-1

铁危编号　61109

UN 号　2285

F　N=C=O　F　F

危害信息

危险性类别　第6类　有毒品

燃烧与爆炸危险性　易燃。其蒸气与空气混合，能形成爆炸性混合物。蒸气能传播到相当远处，遇点火源点燃并回燃。燃烧或遇高热分解释出高毒烟气。

禁忌物　强氧化剂、强碱、水、醇类、胺类。

毒性　大鼠经口 LD_{50}：975mg/kg；小鼠经口 LD_{50}：975mg/kg；大鼠吸入 LC_{50}：3600mg/m^3。

中毒表现　高浓度对眼睛、皮肤、黏膜和上呼吸道有强烈刺激性。引起过敏反应。接触后可引起头痛、恶心、呕吐、咳嗽、气短等症状。

侵入途径 吸入、食入、经皮吸收。

理化特性与用途

理化特性 无色或淡黄色透明液体，有刺激性气味。不溶于水(在水中分解)，溶于有机溶剂。熔点-25℃，沸点54~55℃(1.466kPa)、172℃，相对密度(水=1)1.336(20℃)，蒸气压0.189kPa(20℃)，辛醇/水分配系数3.56，闪点58℃，引燃温度360℃，爆炸下限1.3%，爆炸上限12%。

主要用途 用于合成除草剂氟草隆。

包装与储运

包装标志 有毒品，易燃液体。

包装类别 Ⅱ类

安全储运 储存于阴凉、干燥、通风良好的库房。远离火种、热源。储存温度不超过35℃，相对湿度不超过85%。保持容器密封。应与氧化剂、酸类、碱类、醇类、食用化学品等隔离储运。采用防爆型照明、通风设施。禁止使用易产生火花的机械设备和工具。灌装时注意控制流速，防止静电积聚。搬运时轻装轻卸，防止容器受损。

紧急处置信息

急救措施

吸入：迅速脱离现场至空气新鲜处。保持呼吸道通畅。如呼吸困难，给输氧。呼吸、心跳停止，立即进行心肺复苏术。就医。

眼睛接触：立即分开眼睑，用流动清水或生理盐水彻底冲洗。就医。

皮肤接触：立即脱去污染的衣着，用肥皂水和清水彻底冲洗。就医。

食入：漱口，饮水。就医。

灭火方法 消防人员必须佩戴正压自给式呼吸器，穿全身防火防毒服，在上风向灭火。尽可能将容器从火场移至空旷处。喷水保持火场容器冷却，直至灭火结束。处在火场中的容器若已变色或从安全泄压装置中发出声音，必须马上撤离。

灭火剂：雾状水、泡沫、干粉、二氧化碳、沙土。

泄漏应急处置 消除所有点火源。根据液体流动和蒸气扩散的影响区域划定警戒区，无关人员从侧风、上风向撤离至安全区。建议应急处理人员戴正压自给式呼吸器，穿防毒、防静电服。作业时使用的所有设备应接地。穿上适当的防护服前严禁接触破裂的容器和泄漏物。尽可能切断泄漏源。防止泄漏物进入水体、下水道、地下室或有限空间。严禁用水处理。小量泄漏：用干燥的沙土或其他不燃材料覆盖泄漏物。大量泄漏：构筑围堤或挖坑收容。用防爆泵转移至槽车或专用收集器内。

948. 异氰酸十八酯

标　识

中文名称 异氰酸十八酯

英文名称 Octadecyl isocyanate；1-Isocyanatooctadecane；Stearyl isocyanate

别名 十八(烷基)异氰酸酯；十八烷基异氰酸酯

948. 异氰酸十八酯

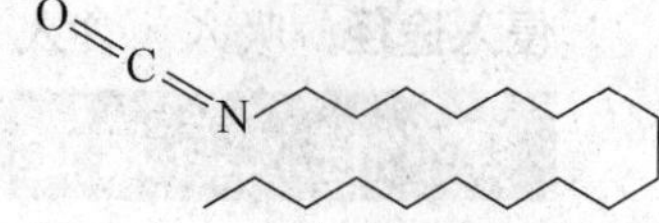

分子式 $C_{19}H_{37}NO$

CAS 号 112-96-9

铁危编号 61653

危害信息

危险性类别 第 6 类 有毒品

燃烧与爆炸危险性 可燃。燃烧或受高热分解放出有毒的烟气。在火场中，容器压力增大，有开裂或爆炸的危险。

活性反应 与强氧化剂接触可发生化学反应。

禁忌物 强氧化剂、强碱、水、酸类、醇类、胺类。

毒性 小鼠静脉 LD_{50}：100mg/kg。

中毒表现 对呼吸道、眼、皮肤有刺激性。可引起呼吸道过敏反应。

侵入途径 吸入、食入。

理化特性与用途

理化特性 无色或淡黄色微混浊液体。易溶于苯、乙醚等有机溶剂。熔点 15~16℃，沸点 172℃(0.67kPa)，相对密度(水=1)0.86，饱和蒸气压 0.13kPa(154℃)，闪点 184℃(开杯)。

主要用途 主要用作印染助剂；毛纺织品柔软剂 VS 的合成原料，也可用于防水织物表面处理。

包装与储运

包装标志 有毒品

包装类别 Ⅱ类

安全储运 储存于阴凉、干燥、通风良好的库房。远离火种、热源。防止阳光直射。储存温度不超过 35℃，相对湿度不超过 85%。保持容器密封。应与氧化剂、碱类、醇类、胺类等隔离储运。搬运时轻装轻卸，防止容器受损。

紧急处置信息

急救措施

吸入：迅速脱离现场至空气新鲜处。保持呼吸道通畅。如呼吸困难，给输氧。呼吸、心跳停止，立即进行心肺复苏术。就医。

眼睛接触：立即分开眼睑，用流动清水或生理盐水彻底冲洗。就医。

皮肤接触：立即脱去污染的衣着，用肥皂水和清水彻底冲洗。就医。

食入：漱口，饮水。就医。

灭火方法 消防人员必须佩戴正压自给式呼吸器，穿全身防火防毒服，在上风向灭火。尽可能将容器从火场移至空旷处。喷水保持火场容器冷却，直至灭火结束。禁止使用酸碱灭火剂。

灭火剂：雾状水、泡沫、干粉、二氧化碳、沙土。

泄漏应急处置 根据液体流动和蒸气扩散的影响区域划定警戒区，无关人员从侧风、上风向撤离至安全区。消除所有点火源。建议应急处理人员戴正压自给式呼吸器，穿防毒服。穿上适当的防护服前严禁接触破裂的容器和泄漏物。尽可能切断泄漏源。防止泄漏物进入水体、下水道、地下室或有限空间。小量泄漏：用干燥的沙土或其他不燃材料吸收或覆盖，收集于容器中。大量泄漏：构筑围堤或挖坑收容。用泵转移至槽车或专用收集器内。

949. 异氰酸叔丁酯

标　识

中文名称　异氰酸叔丁酯

英文名称　tert-Butyl isocyanate；2-Isocyanato-2-methylpropane

别名　叔丁基异氰酸酯

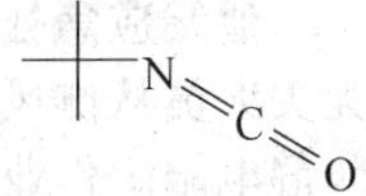

分子式　C_5H_9NO

CAS 号　1609-86-5

铁危编号　61144

UN 号　2484

危害信息

危险性类别　第 3 类　易燃液体

燃烧与爆炸危险性　易燃。其蒸气与空气混合，能形成爆炸性混合物。燃烧或受热分解释出高毒烟雾。容易自聚，聚合反应随着温度的上升而急骤加剧。若遇高热，容器内压增大，有开裂和爆炸的危险。

活性反应　与氧化剂接触发生猛烈反应。

禁忌物　强氧化剂、强碱、水、酸类、醇类、胺类。

中毒表现　对眼睛、皮肤、黏膜和上呼吸道有强烈刺激性。可引起过敏反应。长时间接触，引起头痛、头晕、咳嗽、胸痛及肺水肿等。

侵入途径　吸入、食入、经皮吸收。

理化特性与用途

理化特性　无色透明液体，有刺激性气味。微溶于水(与水反应)。沸点 85~86℃，相对密度(水=1)0.868，相对蒸气密度(空气=1)>1，蒸气压 7.58kPa(25℃)，辛醇/水分配系数 2.15，闪点-4℃。

主要用途　有机合成中间体，用于生产农药。

包装与储运

包装标志　有毒品，易燃液体

包装类别　Ⅰ类

安全储运　储存于阴凉、干燥、通风良好的库房。远离火种、热源。储存温度不超过 35℃，相对湿度不超过 85%。保持容器密封。应与氧化剂、酸类、碱类、醇类、食用化学品等隔离储运。采用防爆型照明、通风设施。禁止使用易产生火花的机械设备和工具。灌装时注意控制流速，防止静电积聚。搬运时轻装轻卸，防止容器受损。

紧急处置信息

急救措施

吸入：迅速脱离现场至空气新鲜处。保持呼吸道通畅。如呼吸困难，给输氧。呼吸、心跳停止，立即进行心肺复苏术。就医。

眼睛接触：立即分开眼睑，用流动清水或生理盐水彻底冲洗 10~15min。就医。

皮肤接触：立即脱去污染的衣着，用大量流动清水彻底冲洗，冲洗时间一般要求 20~30min。就医。

食入：用水漱口，禁止催吐。给饮牛奶或蛋清。就医。

灭火方法　消防人员必须佩戴正压自给式呼吸器，穿全身防火防毒服，在上风向灭火。尽可能将容器从火场移至空旷处。喷水保持火场容器冷却，直至灭火结束。处在火场中的容器若已变色或从安全泄压装置中发出声音，必须马上撤离。用水灭火无效。

灭火剂：泡沫、干粉、二氧化碳、沙土。

泄漏应急处置　消除所有点火源。根据液体流动和蒸气扩散的影响区域划定警戒区，无关人员从侧风、上风向撤离至安全区。建议应急处理人员戴正压自给式呼吸器，穿防毒、防静电服。作业时使用的所有设备应接地。穿上适当的防护服前严禁接触破裂的容器和泄漏物。尽可能切断泄漏源。防止泄漏物进入水体、下水道、地下室或有限空间。严禁用水处理。小量泄漏：用干燥的沙土或其他不燃材料覆盖泄漏物。大量泄漏：构筑围堤或挖坑收容。用防爆泵转移至槽车或专用收集器内。

950. 异氰酸乙酯

标　识

中文名称　异氰酸乙酯

英文名称　Ethyl isocyanate；Isocyanatoethane

别名　乙基异氰酸酯

分子式　C_3H_5NO

O═C═N⁀

CAS 号　109-90-0

铁危编号　31264

UN 号　2481

危害信息

危险性类别　第 3 类　易燃液体

燃烧与爆炸危险性　易燃。其蒸气与空气混合，能形成爆炸性混合物。蒸气比空气重，能在较低处扩散到相当远的地方，遇火源会着火回燃和爆炸(闪爆)。容易自聚。高速冲击、流动、激荡后可因产生静电火花放电引起燃烧爆炸。若遇高热，容器内压增大，有开裂和爆炸的危险。燃烧或受热分解产生高毒的烟气。

活性反应　与氧化剂接触发生猛烈反应。

禁忌物　水、醇类、强碱、酸类、强氧化剂。

毒性　大鼠经口 *LDLo*：230mg/kg；大鼠吸入 *LCLo*：240mg/m^3(6h)。

中毒表现　高浓度吸入可引起咳嗽、咳痰、胸痛和呼吸困难。

侵入途径　吸入、食入、经皮吸收。

理化特性与用途

理化特性　无色液体，有刺激性气味。混溶于乙醇、乙醚，溶于氯化烃、芳烃。沸点 60℃，相对密度(水=1)0.90，相对蒸气密度(空气=1)2.45，饱和蒸气压 1.73kPa(27℃)，辛醇/水分配系数 1.28，临界温度 256℃，临界压力 4.36MPa，闪点-6℃。

主要用途 作为有机合成原料，合成药物和杀虫剂。

包装与储运

包装标志 易燃液体，有毒品

包装类别 Ⅰ类

安全储运 储存于阴凉、干燥、通风良好的库房。远离火种、热源。储存温度不超过 35℃，相对湿度不超过 85%。保持容器密封。应与氧化剂、酸类、碱类、醇类、食用化学品等隔离储运。采用防爆型照明、通风设施。禁止使用易产生火花的机械设备和工具。灌装时注意控制流速，防止静电积聚。搬运时轻装轻卸，防止容器受损。

紧急处置信息

急救措施

吸入： 迅速脱离现场至空气新鲜处。保持呼吸道通畅。如呼吸困难，给输氧。呼吸、心跳停止，立即进行心肺复苏术。就医。

眼睛接触： 立即分开眼睑，用流动清水或生理盐水彻底冲洗。就医。

皮肤接触： 立即脱去污染的衣着，用肥皂水和清水彻底冲洗。就医。

食入： 漱口，饮水。就医。

灭火方法 消防人员须佩戴正压自给式呼吸器，穿全身消防服，在上风向灭火。尽可能将容器从火场移至空旷处。喷水保持火场容器冷却，直至灭火结束。处在火场中的容器若已变色或从安全泄压装置中发出声音，必须马上撤离。禁止用水和泡沫灭火。

灭火剂：干粉、二氧化碳、沙土。

泄漏应急处置 消除所有点火源。根据液体流动和蒸气扩散的影响区域划定警戒区，无关人员从侧风、上风向撤离至安全区。建议应急处理人员戴正压自给式呼吸器，穿防毒、防静电服。作业时使用的所有设备应接地。穿上适当的防护服前严禁接触破裂的容器和泄漏物。尽可能切断泄漏源。防止泄漏物进入水体、下水道、地下室或有限空间。严禁用水处理。小量泄漏：用干燥的沙土或其他不燃材料覆盖泄漏物。大量泄漏：构筑围堤或挖坑收容。用防爆泵转移至槽车或专用收集器内。

951. 异氰酸异丙酯

标　识

中文名称 异氰酸异丙酯

英文名称 Isopropyl isocyanate; Propane, 2-isocyanato-

别名 异丙基异氰酸酯

分子式 C_4H_7NO

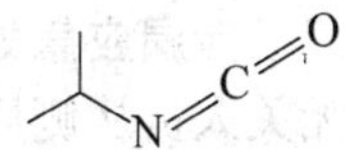

CAS 号 1795-48-8

铁危编号 31164

UN 号 2483

危害信息

危险性类别 第 3 类 易燃液体

燃烧与爆炸危险性 易燃。其蒸气与空气混合，能形成爆炸性混合物。蒸气比空气重，能在较低处扩散到相当远的地方，遇火源会着火回燃和爆炸(闪爆)。燃烧或受热分解释出高毒烟雾。容易自聚，聚合反应随着温度的上升而急骤加剧。若遇高热，容器内压增大，有开裂和爆炸的危险。

活性反应 与氧化剂接触发生猛烈反应。

禁忌物 强氧化剂、强碱、水、醇类、胺类、酸类。

中毒表现 对眼睛、皮肤、黏膜和上呼吸道有刺激性。有致敏作用，可引起哮喘。长时间接触能引起头痛、头晕、恶心、肺水肿及胸痛等。

侵入途径 吸入、食入、经皮吸收。

理化特性与用途

理化特性 无色至淡黄色液体，有刺激性气味。不溶于水(遇水分解)。沸点 74~75℃，相对密度(水=1)0.866，相对蒸气密度(空气=1)>1，辛醇/水分配系数 1.69，闪点 -2.8℃。

主要用途 用于有机合成。

包装与储运

包装标志 易燃液体，有毒品

包装类别 Ⅰ类

安全储运 储存于阴凉、干燥、通风良好的库房。远离火种、热源。储存温度不超过35℃，相对湿度不超过85%。保持容器密封。应与氧化剂、酸类、碱类、醇类、食用化学品等隔离储运。采用防爆型照明、通风设施。禁止使用易产生火花的机械设备和工具。灌装时注意控制流速，防止静电积聚。搬运时轻装轻卸，防止容器受损。

紧急处置信息

急救措施

吸入：迅速脱离现场至空气新鲜处。保持呼吸道通畅。如呼吸困难，给输氧。呼吸、心跳停止，立即进行心肺复苏术。就医。

眼睛接触：立即分开眼睑，用流动清水或生理盐水彻底冲洗。就医。

皮肤接触：立即脱去污染的衣着，用肥皂水和清水彻底冲洗。就医。

食入：漱口，饮水。就医。

灭火方法 消防人员须佩戴正压自给式呼吸器，穿全身消防服，在上风向灭火。尽可能将容器从火场移至空旷处。喷水保持火场容器冷却，直至灭火结束。处在火场中的容器若已变色或从安全泄压装置中发出声音，必须马上撤离。用水灭火无效。

灭火剂：泡沫、干粉、二氧化碳、沙土。

泄漏应急处置 消除所有点火源。根据液体流动和蒸气扩散的影响区域划定警戒区，无关人员从侧风、上风向撤离至安全区。建议应急处理人员戴正压自给式呼吸器，穿防毒、防静电服。作业时使用的所有设备应接地。穿上适当的防护服前严禁接触破裂的容器和泄漏物。尽可能切断泄漏源。防止泄漏物进入水体、下水道、地下室或有限空间。严禁用水处理。小量泄漏：用干燥的沙土或其他不燃材料覆盖泄漏物。大量泄漏：构筑围堤或挖坑收容。用防爆泵转移至槽车或专用收集器内。

952. 异氰酸异丁酯

标　识

中文名称　异氰酸异丁酯

英文名称　2-Methylpropyl isocyanate；Isobutyl isocyanate

别名　1-异氰酸基-2-甲基丙烷

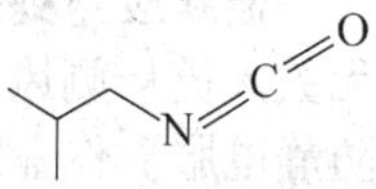

分子式　C_5H_9NO

CAS 号　1873-29-6

铁危编号　31264

UN 号　2486

危害信息

危险性类别　第 3 类　易燃液体

燃烧与爆炸危险性　易燃。其蒸气与空气混合能形成爆炸性混合物，遇明火、高热极易燃烧或爆炸。燃烧或受热分解产生高毒的烟气。在高温火场中，受热的容器或储罐有破裂和爆炸的危险。蒸气比空气重，能在较低处扩散到相当远的地方，遇火源会着火回燃和爆炸(闪爆)。

禁忌物　强氧化剂。

中毒表现　食入、吸入或经皮吸收产生强烈毒性作用。对皮肤、眼和黏膜有强烈刺激性，可引起灼伤。

侵入途径　吸入、食入、经皮吸收。

理化特性与用途

理化特性　无色液体，有刺激性气味。不溶于水。沸点 106℃，相对密度(水=1)0.87，相对蒸气密度(空气=1)3.0，饱和蒸气压 1.41kPa(20℃)，辛醇/水分配系数 2.19，闪点 22.8℃。

主要用途　用于制杀虫剂和药物。

包装与储运

包装标志　易燃液体，有毒品

包装类别　Ⅱ类

安全储运　储存于阴凉、干燥、通风良好的库房。远离火种、热源。储存温度不超过35℃，相对湿度不超过 85%。保持容器密封。应与氧化剂、酸类、碱类、醇类、食用化学品等隔离储运。采用防爆型照明、通风设施。禁止使用易产生火花的机械设备和工具。灌装时注意控制流速，防止静电积聚。搬运时轻装轻卸，防止容器受损。

紧急处置信息

急救措施

吸入：迅速脱离现场至空气新鲜处。保持呼吸道通畅。如呼吸困难，给输氧。呼吸、心跳停止，立即进行心肺复苏术。就医。

眼睛接触: 立即分开眼睑，用流动清水或生理盐水彻底冲洗 10~15min。就医。

皮肤接触: 立即脱去污染的衣着，用大量流动清水彻底冲洗，冲洗时间一般要求 20~30min。就医。

食入: 用水漱口，禁止催吐。给饮牛奶或蛋清。就医。

灭火方法 消防人员须穿全身消防服，佩戴正压自给式呼吸器，在上风向灭火。尽可能将容器从火场移至空旷处。喷水保持火场容器冷却，直至灭火结束。处在火场中的容器若发生异常变化或发出异常声音，须马上撤离。

灭火剂：泡沫、二氧化碳、干粉、沙土。用水灭火无效。

泄漏应急处置 消除所有点火源。根据液体流动和蒸气扩散的影响区域划定警戒区，无关人员从侧风、上风向撤离至安全区。建议应急处理人员戴正压自给式呼吸器，穿防毒、防静电服。作业时使用的所有设备应接地。穿上适当的防护服前严禁接触破裂的容器和泄漏物。尽可能切断泄漏源。防止泄漏物进入水体、下水道、地下室或有限空间。严禁用水处理。小量泄漏：用干燥的沙土或其他不燃材料覆盖泄漏物。大量泄漏：构筑围堤或挖坑收容。用防爆泵转移至槽车或专用收集器内。

953. 异氰酸正丁酯

标　识

中文名称 异氰酸正丁酯

英文名称 Butyl isocyanate; *n*-Butyl isocyanate

别名 异氰酸丁酯

分子式 C_5H_9NO

CAS 号 111-36-4

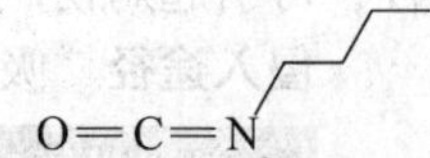

铁危编号 61144

UN 号 2485

危害信息

危险性类别 第 3 类 易燃液体

燃烧与爆炸危险性 易燃。其蒸气与空气混合，能形成爆炸性混合物。容易自聚。高速冲击、流动、激荡后可因产生静电火花放电引起燃烧爆炸。蒸气比空气重，能在较低处扩散到相当远的地方，遇火源会着火回燃和爆炸(闪爆)。燃烧或受热分解产生高毒的烟气。

活性反应 与氧化剂接触发生猛烈反应。

禁忌物 水、醇类、强碱、酸类、强氧化剂。

毒性 大鼠经口 LD_{50}: 600mg/kg; 小鼠经口 LD_{50}: 150mg/kg; 大鼠吸入 LC_{50}: 3000mg/m^3; 小鼠吸入 LC_{50}: 680mg/m^3; 豚鼠经皮 LD_{50}: 1000mg/kg。

中毒表现 可有咳嗽、皮肤搔痒、眼刺激症状。

侵入途径 吸入、食入、经皮吸收。

理化特性与用途

理化特性 无色液体。微溶于水(与水反应)。熔点<-70℃，沸点 115℃，相对密度(水=1)0.9，相对蒸气密度(空气=1)3.4，饱和蒸气压 2.1kPa(20℃)，辛醇/水分配系数

2.26，闪点 11℃(闭杯)，引燃温度 425℃，爆炸下限 1.3%，爆炸上限 10%。

主要用途 作为有机合成原料，合成杀虫剂、杀菌剂等。

包装与储运

包装标志 有毒品，易燃液体

包装类别 Ⅰ类

安全储运 储存于阴凉、干燥、通风良好的库房。远离火种、热源。储存温度不超过35℃，相对湿度不超过 85%。保持容器密封。应与氧化剂、酸类、碱类、醇类、食用化学品等隔离储运。采用防爆型照明、通风设施。禁止使用易产生火花的机械设备和工具。灌装时注意控制流速，防止静电积聚。搬运时轻装轻卸，防止容器受损。

紧急处置信息

急救措施

吸入：迅速脱离现场至空气新鲜处。保持呼吸道通畅。如呼吸困难，给输氧。呼吸、心跳停止，立即进行心肺复苏术。就医。

眼睛接触：立即分开眼睑，用流动清水或生理盐水彻底冲洗。就医。

皮肤接触：立即脱去污染的衣着，用肥皂水和清水彻底冲洗。就医。

食入：漱口，饮水。就医。

灭火方法 消防人员必须佩戴正压自给式呼吸器，穿全身防火防毒服，在上风向灭火。尽可能将容器从火场移至空旷处。喷水保持火场容器冷却，直至灭火结束。处在火场中的容器若已变色或从安全泄压装置中发出声音，必须马上撤离。禁止用水和泡沫灭火。

灭火剂：干粉、二氧化碳、沙土。

泄漏应急处置 消除所有点火源。根据液体流动和蒸气扩散的影响区域划定警戒区，无关人员从侧风、上风向撤离至安全区。建议应急处理人员戴正压自给式呼吸器，穿防毒、防静电服。作业时使用的所有设备应接地。穿上适当的防护服前严禁接触破裂的容器和泄漏物。尽可能切断泄漏源。防止泄漏物进入水体、下水道、地下室或有限空间。严禁用水处理。小量泄漏：用干燥的沙土或其他不燃材料覆盖泄漏物。大量泄漏：构筑围堤或挖坑收容。用沙土或惰性物质吸收大量液体。用防爆泵转移至槽车或专用收集器内。

954. (异)戊酸

标　识

中文名称 (异)戊酸

英文名称 Isovaleric acid；3-Methylbutanoic acid

别名 3-甲基丁酸

分子式 $C_5H_{10}O_2$

CAS 号 503-74-2

危害信息

危险性类别 第 8 类 腐蚀品

燃烧与爆炸危险性 可燃。其蒸气与空气混合，能形成爆炸性混合物，遇明火、高热可能引起燃烧或爆炸。在火场中，容器内压增大，有开裂或爆炸的危险。

禁忌物 氧化剂、强还原剂、碱类。

毒性 大鼠经口 LD_{50}：1037mg/kg；小鼠经口 LD_{50}：1375mg/kg；兔经皮 LD_{50}：310 μL/kg。

中毒表现 吸入、摄入或经皮肤吸收后对身体有害。可引起灼伤。对眼睛、皮肤、黏膜和上呼吸道具有强烈刺激作用，吸入后可引起喉、支气管的炎症、水肿、痉挛，化学性肺炎或肺水肿。接触后可引起烧灼感、咳嗽、喘息、气短、头痛、恶心和呕吐等。

侵入途径 吸入、食入、经皮吸收。

环境危害 对水生生物有害，可能在水生环境中造成长期不利影响。

理化特性与用途

理化特性 无色至淡黄色透明液体，有令人不愉快的气味。溶于水，溶于乙醇、乙醚、氯仿。pH 值 3(30%水溶液)，熔点-29.3℃，沸点 175~177℃，相对密度(水=1)0.926~0.928，相对蒸气密度(空气=1)3.5，饱和蒸气压 0.06kPa(25℃)，辛醇/水分配系数 1.16，闪点 70℃，引燃温度 440℃，爆炸下限 1.6%，爆炸上限 6.8%。

主要用途 用于制备香料和用于有机合成。

包装与储运

包装标志 腐蚀品

包装类别 Ⅱ类

安全储运 储存于阴凉、通风的库房。远离火种、热源。储存温度不超过 32℃，相对湿度不超过 80%。保持容器密封。应与强氧化剂、强碱等隔离储运。搬运时轻装轻卸，防止容器受损。

紧急处置信息

急救措施

吸入：迅速脱离现场至空气新鲜处。保持呼吸道通畅。如呼吸困难，给输氧。呼吸、心跳停止，立即进行心肺复苏术。就医。

眼睛接触：立即分开眼睑，用流动清水或生理盐水彻底冲洗 10~15min。就医。

皮肤接触：立即脱去污染的衣着，用大量流动清水彻底冲洗，冲洗时间一般要求 20~30min。就医。

食入：用水漱口，禁止催吐。给饮牛奶或蛋清。就医。

灭火方法 消防人员必须穿全身耐酸碱消防服，佩戴空气呼吸器，在上风向灭火。尽可能将容器从火场移至空旷处。喷水保持火场容器冷却，直至灭火结束。处在火场中的容器若已变色或从安全泄压装置中发出声音，必须马上撤离。

灭火剂：雾状水、泡沫、干粉、二氧化碳、沙土。

泄漏应急处置 根据液体流动和蒸气扩散的影响区域划定警戒区，无关人员从侧风、上风向撤离至安全区。消除所有点火源。建议应急处理人员戴防毒面具，穿防腐、防毒服。穿上适当的防护服前严禁接触破裂的容器和泄漏物。尽可能切断泄漏源。防止泄漏物进入水体、下水道、地下室或有限空间。小量泄漏：用干燥的沙土或其他不燃材料吸收或覆盖，收集于容器中。大量泄漏：构筑围堤或挖坑收容。用农用石灰(CaO)、碎石灰石($CaCO_3$)或碳酸氢钠($NaHCO_3$)中和。用耐腐蚀泵转移至槽车或专用收集器内。

955. 异戊酸甲酯

标识

中文名称 异戊酸甲酯

英文名称 Methyl isovalerate；Methyl 3-methylbutanoate

别名 3-甲基丁酸甲酯

分子式 $C_6H_{12}O_2$

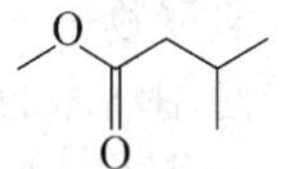

CAS 号 556-24-1

铁危编号 31244

UN 号 2400

危害信息

危险性类别 第 3 类 易燃液体

燃烧与爆炸危险性 易燃。其蒸气与空气混合，能形成爆炸性混合物。蒸气比空气重，能在较低处扩散到相当远的地方，遇火源会着火回燃和爆炸(闪爆)。燃烧或受热分解产生有毒或刺激性烟气。若遇高热，容器内压增大，有开裂和爆炸的危险。

活性反应 与氧化剂接触发生猛烈反应。

禁忌物 强氧化剂。

毒性 小鼠吸入 LC_{50}：20250mg/m^3(2h)。

侵入途径 吸入、食入、经皮吸收。

理化特性与用途

理化特性 无色或淡黄色透明液体，有苹果香味。沸点 115~117℃，相对密度(水=1)0.881，相对蒸气密度(空气=1)4.0，蒸气压 1.86kPa(20℃)，辛醇/水分配系数 1.59，闪点 16℃。

主要用途 用作溶剂，也用于有机合成。

包装与储运

包装标志 易燃液体

包装类别 Ⅱ类

安全储运 储存于阴凉、通风的库房。远离火种、热源。防止阳光直射。库温不宜超过 37℃。保持容器密封。应与氧化剂、强酸、碱类等隔离储运。采用防爆型照明、通风设施。禁止使用易产生火花的机械设备和工具。灌装时注意控制流速，防止静电积聚。搬运时轻装轻卸，防止容器受损。

紧急处置信息

急救措施

吸入：迅速脱离现场至空气新鲜处。保持呼吸道通畅。如呼吸困难，给输氧。呼吸、心跳停止，立即进行心肺复苏术。就医。

眼睛接触：立即分开眼睑，用流动清水或生理盐水彻底冲洗。就医。

皮肤接触：立即脱去污染的衣着，用肥皂水和清水彻底冲洗。就医。

食入：漱口，饮水。就医。

灭火方法 消防人员须佩戴空气呼吸器，穿全身消防服，在上风向灭火。尽可能将容器从火场移至空旷处。喷水保持火场容器冷却，直至灭火结束。处在火场中的容器若已变色或从安全泄压装置中发出声音，必须马上撤离。

灭火剂：雾状水、泡沫、干粉、二氧化碳、沙土。

泄漏应急处置 消除所有点火源。根据液体流动和蒸气扩散的影响区域划定警戒区，无关人员从侧风、上风向撤离至安全区。建议应急处理人员戴正压自给式呼吸器，穿防静电服。作业时使用的所有设备应接地。禁止接触或跨越泄漏物。尽可能切断泄漏源。防止泄漏物进入水体、下水道、地下室或有限空间。小量泄漏：用沙土或其他不燃材料吸收。使用洁净的无火花工具收集吸收材料。大量泄漏：构筑围堤或挖坑收容。用泡沫覆盖，减少蒸发。喷水雾能减少蒸发，但不能降低泄漏物在有限空间内的易燃性。用防爆泵转移至槽车或专用收集器内。

956. 异戊烯

标　识

中文名称 异戊烯

英文名称 2-Methylbutene；Isopentenes

别名 2-甲基丁烯

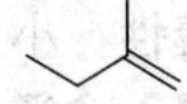

分子式 C_5H_{10}

CAS 号 26760-64-5

铁危编号 31007

UN 号 2371

危害信息

危险性类别 第 3 类 易燃液体

燃烧与爆炸危险性 极易燃。其蒸气与空气混合能形成爆炸性混合物，遇明火、高热极易燃烧或爆炸。在高温火场中，受热的容器或储罐有破裂和爆炸的危险。蒸气比空气重，能在较低处扩散到相当远的地方，遇火源会着火回燃和爆炸(闪爆)。

禁忌物 强氧化剂。

中毒表现 高浓度吸入引起头痛、头晕，甚至昏厥。对眼和皮肤有刺激性，可引起灼伤。

侵入途径 吸入、食入。

理化特性与用途

理化特性 无色透明液体，有石油样气味。熔点-134℃，沸点 34.5~36℃，相对密度(水=1)0.66，饱和蒸气压 47.7kPa(18℃)，临界温度 194℃，临界压力 3.68MPa，辛醇/水分配系数 2.72，闪点-45℃，引燃温度 290℃。

主要用途 主要用于脱氢或氧化脱氢制异戊二烯。也可用作提高无铅汽油辛烷值的添加剂。

包装与储运

包装标志 易燃液体

包装类别 Ⅱ类

安全储运 储存于阴凉、通风的库房。远离火种、热源，避免阳光直射。储存温度不超过29℃。炎热季节早晚运输。保持容器密闭。应与氧化剂等隔离储运。禁止使用易产生火花的机械设备和工具。灌装时注意控制流速，防止静电积聚。搬运时轻装轻卸，防止容器受损。

紧急处置信息

急救措施

吸入：迅速脱离现场至空气新鲜处。保持呼吸道通畅。如呼吸困难，给输氧。呼吸、心跳停止，立即进行心肺复苏术。就医。

眼睛接触：立即分开眼睑，用流动清水或生理盐水彻底冲洗10~15min。就医。

皮肤接触：立即脱去污染的衣着，用大量流动清水彻底冲洗，冲洗时间一般要求20~30min。就医。

食入：用水漱口，禁止催吐。给饮牛奶或蛋清。就医。

灭火方法 消防人员须穿全身消防服，佩戴空气呼吸器，在上风向灭火。尽可能将容器从火场移至空旷处。喷水保持火场容器冷却，直至灭火结束。处在火场中的容器若发生异常变化或发出异常声音，须马上撤离。

灭火剂：泡沫、二氧化碳、干粉、沙土。用水灭火无效。

泄漏应急处置 消除所有点火源。根据液体流动和蒸气扩散的影响区域划定警戒区，无关人员从侧风、上风向撤离至安全区。建议应急处理人员戴正压自给式呼吸器，穿防静电服，戴橡胶耐油手套。作业时使用的所有设备应接地。禁止接触或跨越泄漏物。尽可能切断泄漏源。防止泄漏物进入水体、下水道、地下室或有限空间。小量泄漏：用沙土或其他不燃材料吸收。使用洁净的无火花工具收集吸收材料。大量泄漏：构筑围堤或挖坑收容。用泡沫覆盖，减少蒸发。喷水雾能减少蒸发，但不能降低泄漏物在限制性空间内的易燃性。用防爆泵转移至槽车或专用收集器内。

957. 异戊酰氯

标　识

中文名称 异戊酰氯

英文名称 Isovaleryl chloride; 3-Methyl butanoyl chloride

别名 3-甲基丁酰氯

分子式 C_5H_9ClO

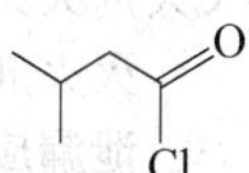

CAS 号 108-12-3

铁危编号 81115

UN 号 2502

危害信息

危险性类别 第8类 腐蚀品

燃烧与爆炸危险性 易燃。其蒸气与空气混合，能形成爆炸性混合物。燃烧或受热分解产生高毒的烟气。遇水反应，放出具有刺激性和腐蚀性的氯化氢气体。遇潮时对大多数金属有腐蚀性。若遇高热，容器内压增大，有开裂和爆炸的危险。

活性反应 与氧化剂接触发生猛烈反应。遇水反应，放出具有刺激性和腐蚀性的氯化氢气体。

禁忌物 强氧化剂、强碱、水、醇类。

中毒表现 吸入引起喉和支气管的痉挛、炎症和水肿，化学性肺炎和肺水肿。接触后可引起头痛、恶心、咳嗽等。

侵入途径 吸入、食入。

理化特性与用途

理化特性 无色至淡黄色透明液体，有刺激性气味。微溶于水(在水中分解)，溶于部分有机溶剂。沸点114~117℃，相对密度(水=1)0.989，相对蒸气密度(空气=1)>1，辛醇/水分配系数0.93，闪点18℃。

主要用途 用于有机合成。

包装与储运

包装标志 腐蚀品，易燃液体

包装类别 Ⅱ类

安全储运 储存于阴凉、干燥、通风良好的库房。远离火种、热源。防止阳光直射。储存温度不超过30℃，相对湿度不超过75%。保持容器密封。应与氧化剂、碱类、醇类、食用化学品等隔离储运。采用防爆型照明、通风设施。禁止使用易产生火花的机械设备和工具。灌装时注意控制流速，防止静电积聚。搬运时轻装轻卸，防止容器受损。

紧急处置信息

急救措施

吸入：迅速脱离现场至空气新鲜处。保持呼吸道通畅。如呼吸困难，给输氧。呼吸、心跳停止，立即进行心肺复苏术。就医。

眼睛接触：立即分开眼睑，用流动清水或生理盐水彻底冲洗10~15min。就医。

皮肤接触：立即脱去污染的衣着，用大量流动清水彻底冲洗，冲洗时间一般要求20~30min。就医。

食入：用水漱口，禁止催吐。给饮牛奶或蛋清。就医。

灭火方法 消防人员必须穿全身耐酸碱消防服，佩戴正压自给式呼吸器，在上风向灭火。尽可能将容器从火场移至空旷处。喷水保持火场容器冷却，直至灭火结束。处在火场中的容器若已变色或从安全泄压装置中发出声音，必须马上撤离。禁止用水、泡沫和酸碱灭火剂灭火。

灭火剂：干粉、二氧化碳、沙土。

泄漏应急处置 根据液体流动和蒸气扩散的影响区域划定警戒区，无关人员从侧风、上风向撤离至安全区。消除所有点火源。建议应急处理人员戴正压自给式呼吸器，穿防静电、防腐蚀服。作业时使用的所有设备应接地。穿上适当的防护服前严禁接触破裂的容器和泄漏物。尽可能切断泄漏源。防止泄漏物进入水体、下水道、地下室或有限空间。严禁用水处理。小量泄漏：用干燥的沙土或其他不燃材料覆盖泄漏物。大量泄漏：构筑围堤或挖坑收容。用防爆、耐腐蚀泵转移至槽车或专用收集器内。

958. 银

标　识

中文名称　银

英文名称　Silver；Argentum

分子式　Ag

CAS 号　7440-22-4

铁危编号　43013

UN 号　1396

危害信息

危险性类别　第 4.3 类　遇湿易燃物品

燃烧与爆炸危险性　银本身不燃，但其粉尘、粉体可燃。与乙炔生成对冲击敏感的化合物。与酸反应有引起着火的危险。

禁忌物　强氧化剂。

毒性　小鼠经口 LD_{50}：100mg/kg。

中毒表现　眼接触有刺激性。长期接触可发生皮肤、眼、呼吸道全身性银质沉着症。皮肤色素沉着呈灰黑色或浅石板色。

侵入途径　吸入、食入。

职业接触限值　美国(ACGIH)：TLV-TWA 0.1mg/m^3[尘，烟]。

理化特性与用途

理化特性　白色有光泽的固体。熔点 962℃，沸点 2212℃，相对密度(水=1)10.5，饱和蒸气压 0.13kPa(1357℃)。

主要用途　常用来制作灵敏度极高的物理仪器元件；用于制合金、焊药、银箔、银盐、化学仪器等。

包装与储运

包装标志　遇湿易燃物品

包装类别　Ⅱ类

安全储运　储存于阴凉、通风的库房。远离火种、热源。储存温度不超过 32℃，相对湿度不超过 75%。保持容器密封。不可与空气接触。应与强氧化剂、酸、醇等隔离储运。禁止使用易产生火花的机械设备和工具。搬运时轻装轻卸，防止容器受损。

紧急处置信息

急救措施

吸入：迅速脱离现场至空气新鲜处。保持呼吸道通畅。如呼吸困难，给输氧。呼吸、心跳停止，立即进行心肺复苏术。就医。

眼睛接触：立即分开眼睑，用流动清水或生理盐水彻底冲洗。就医。

皮肤接触：立即脱去污染的衣着，用流动清水彻底冲洗。就医。

食入：饮适量温水，催吐(仅限于清醒者)。就医。

灭火方法 消防人员须穿全身消防服，佩戴空气呼吸器，在上风向灭火。尽可能将容器从火场移至空旷处。喷水保持火场容器冷却，直至灭火结束。不要用水、二氧化碳和泡沫灭火。

灭火剂：沙土、干粉。

泄漏应急处置 隔离泄漏污染区，限制出入。建议应急处理人员戴防尘口罩，穿一般作业工作服。尽可能切断泄漏源。用塑料布覆盖泄漏物，减少飞散。勿使水进入包装容器内。用洁净的铲子收集泄漏物，置于干净、干燥、盖子较松的容器中，将容器移离泄漏区。

959. 萤蒽

标 识

中文名称 萤蒽

英文名称 Fluoranthene；1，2-(1，8-Naphthalenediyl)benzene

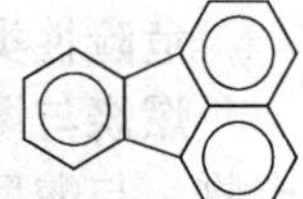

分子式 $C_{16}H_{10}$

CAS 号 206-44-0

铁危编号 83510

危害信息

危险性类别 第 8 类 腐蚀品

燃烧与爆炸危险性 遇明火、高热可燃。燃烧产生有毒或刺激性的烟气。

活性反应 与氧化剂能发生强烈反应。

禁忌物 强氧化剂。

毒性 大鼠经口 LD_{50}：2000mg/kg；兔经皮 LD_{50}：3180mg/kg。

侵入途径 吸入、食入、经皮吸收。

环境危害 对水生生物有极高毒性，可能在水生环境中造成长期不利影响。

理化特性与用途

理化特性 无色至淡黄色针状结晶或淡黄色至绿色粉末。不溶于水，溶于乙醇、乙醚、苯、乙酸、氯仿、二硫化碳等。熔点 105～113℃，沸点 380～384℃，相对密度(水=1) 1.252(0℃/4℃)，蒸气压 1.23mPa(25℃)，辛醇/水分配系数 5.16，闪点 198℃。

主要用途 用于制造荧光染料、药物，用作环氧树脂胶稳定剂、非磁性金属表面擦伤荧光剂，也用于合成树脂和工程塑料等。

包装与储运

包装标志 腐蚀品

包装类别 Ⅲ类

安全储运 储存于阴凉、通风的库房。远离火种、热源。保持容器密封。应与强氧化剂等隔离储运。搬运时轻装轻卸，防止容器受损。

紧急处置信息

急救措施

吸入：迅速脱离现场至空气新鲜处。保持呼吸道通畅。如呼吸困难，给输氧。呼吸、

心跳停止，立即进行心肺复苏术。就医。

眼睛接触： 立即分开眼睑，用流动清水或生理盐水彻底冲洗 10~15min。就医。

皮肤接触： 立即脱去污染的衣着，用大量流动清水彻底冲洗，冲洗时间一般要求 20~30min。就医。

食入： 用水漱口，禁止催吐。给饮牛奶或蛋清。就医。

灭火方法 消防人员须佩戴空气呼吸器，穿全身消防服，在上风向灭火。尽可能将容器从火场移至空旷处。喷水保持火场容器冷却，直至灭火结束。

灭火剂：雾状水、泡沫、干粉、二氧化碳、沙土。

泄漏应急处置 隔离泄漏污染区，限制出入。消除所有点火源。建议应急处理人员戴防尘口罩，穿耐腐蚀服。穿上适当的防护服前严禁接触破裂的容器和泄漏物。尽可能切断泄漏源。用塑料布覆盖泄漏物，减少飞散。勿使水进入包装容器内。用洁净的铲子收集泄漏物，置于干净、干燥、盖子较松的容器中，将容器移离泄漏区。

960. 蝇毒磷

标　识

中文名称 蝇毒磷

英文名称 Coumaphos; *O*-3-Chloro-4-methyl-7-coumarinyl-*O*, *O*-diethyl phosphorothioate

别名 *O*, *O*-二乙基-*O*-(3-氯-4-甲基香豆素-7-基)硫代磷酸酯；蝇毒硫磷

分子式 $C_{14}H_{16}ClO_5PS$

CAS 号 56-72-4

铁危编号 61874

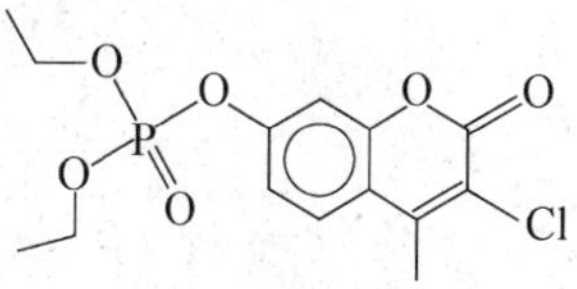

危害信息

危险性类别 第 6 类　有毒品

燃烧与爆炸危险性 可燃，但不易点燃。燃烧或受高热分解产生高毒烟气。

禁忌物 强氧化剂。

毒性 大鼠经口 LD_{50}：13mg/kg；小鼠经口 LD_{50}：28mg/kg；兔经皮 LD_{50}：500mg/kg；大鼠吸入 LC_{50}：303mg/kg。

中毒表现 能使全血胆碱酯酶活性下降，引起头痛、头晕、恶心、出汗、流涎、瞳孔缩小、肌肉震颤、抽搐、呼吸困难，重者常伴有肺水肿、脑水肿，可死于呼吸衰竭。

侵入途径 吸入、食入、经皮吸收。

环境危害 对水生生物有极高毒性，可能在水生环境中造成长期不利影响。

理化特性与用途

理化特性 无色或棕色结晶，微有硫磺气味。微溶于水、丙酮、氯仿。熔点 91℃，相对密度(水=1)1.47，蒸气压 0.013mPa(20℃)，辛醇/水分配系数 4.13。

主要用途 杀虫剂。用于防治家畜的寄生虫及蚊子。对双翅目害虫有效。

包装与储运

包装标志 有毒品

包装类别 Ⅱ类

安全储运 储存于阴凉、通风良好的专用库房内，应严格执行剧毒化学品管理制度。远离火种、热源。防止阳光直射。储存温度不超过35℃，相对湿度不超过85%。保持容器密封。应与氧化剂、食用化学品等隔离储运。搬运时轻装轻卸，防止容器受损。

紧急处置信息

急救措施

吸入：迅速脱离现场至空气新鲜处。保持呼吸道通畅。如呼吸困难，给输氧。呼吸、心跳停止，立即进行心肺复苏术。就医。

眼睛接触：分开眼睑，用流动清水或生理盐水冲洗。就医。

皮肤接触：立即脱去污染的衣着，用肥皂水及流动清水彻底冲洗污染的皮肤、头发、指甲等。就医。

食入：饮足量温水，催吐(仅限于清醒者)。口服活性炭。就医。

解毒剂：阿托品、胆碱酯酶复能剂。

灭火方法 消防人员必须佩戴正压自给式呼吸器，穿全身防火防毒服，在上风向灭火。尽可能将容器从火场移至空旷处。喷水保持火场容器冷却，直至灭火结束。

灭火剂：雾状水、泡沫、干粉、二氧化碳、沙土。

泄漏应急处置 隔离泄漏污染区，限制出入。建议应急处理人员戴防尘口罩，穿防毒服。穿上适当的防护服前严禁接触破裂的容器和泄漏物。尽可能切断泄漏源。用塑料布覆盖泄漏物，减少飞散。勿使水进入包装容器内。用洁净的铲子收集泄漏物，置于干净、干燥、盖子较松的容器中，将容器移离泄漏区。

961. 硬脂酸丁酯

标　识

中文名称 硬脂酸丁酯

英文名称 Butyl stearate；Octadecanoic acid，butyl ester

别名 十八酸丁酯

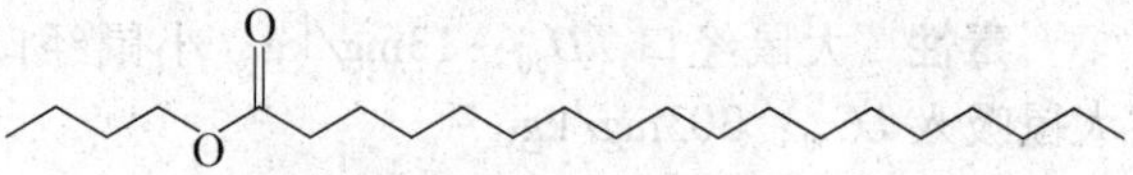

分子式 $C_{22}H_{44}O_2$

CAS 号 123-95-5

危害信息

燃烧与爆炸危险性 遇明火、高热可燃。燃烧或受热分解产生有毒或刺激性烟气。

活性反应 与氧化剂能发生强烈反应。

禁忌物 强氧化剂、强酸、强碱。

毒性 大鼠经口 LD_{50}：32g/kg。

中毒表现 对皮肤有刺激性。

侵入途径 吸入、食入。

理化特性与用途

理化特性 无色或淡黄色液体或蜡样油性固体。不溶于水，溶于乙醇、乙醚、植物油、矿物油，易溶于丙酮。熔点 19～27℃，沸点 343℃、199℃(0.53kPa)，相对密度(水=1) 0.854，相对蒸气密度(空气=1)11.4，饱和蒸气压 0.77mPa(25℃)，辛醇/水分配系数 9.7，闪点 160℃(闭杯)，引燃温度 355℃。

主要用途　多种树脂加工时的内润滑剂，主要用于聚氯乙烯透明软质和硬质挤塑、注塑。还可用作织物的润滑剂，防水剂，润滑油的添加剂，化妆品的基料等。

包装与储运

安全储运　储存于阴凉、通风的库房。远离火种、热源。保持容器密闭。应与强氧化剂、强酸、强碱等隔离储运。搬运时轻装轻卸，防止容器受损。

紧急处置信息

急救措施

吸入： 迅速脱离现场至空气新鲜处。保持呼吸道通畅。如呼吸困难，给输氧。呼吸、心跳停止，立即进行心肺复苏术。就医。

眼睛接触： 立即分开眼睑，用流动清水或生理盐水彻底冲洗。就医。

皮肤接触： 立即脱去污染的衣着，用流动清水彻底冲洗。就医。

食入： 漱口，饮水。就医。

灭火方法　消防人员须佩戴空气呼吸器，穿全身消防服，在上风向灭火。尽可能将容器从火场移至空旷处。喷水保持火场容器冷却，直至灭火结束。

灭火剂：雾状水、泡沫、干粉、二氧化碳、沙土。

泄漏应急处置　根据液体流动和蒸气扩散的影响区域划定警戒区，无关人员从侧风、上风向撤离至安全区。消除所有点火源。建议应急处理人员戴防毒面具，穿一般作业工作服。尽可能切断泄漏源。防止泄漏物进入水体、下水道、地下室或有限空间。小量泄漏：用干燥的沙土或其他不燃材料吸收或覆盖，收集于容器中。大量泄漏：构筑围堤或挖坑收容。用泵转移至槽车或专用收集器内。

962. 硬脂酸镉

标　识

中文名称　硬脂酸镉

英文名称　Cadmium distearate; Cadmium stearate

别名　十八酸镉盐

分子式　$C_{36}H_{70}O_4 \cdot Cd$

CAS 号　2223-93-0

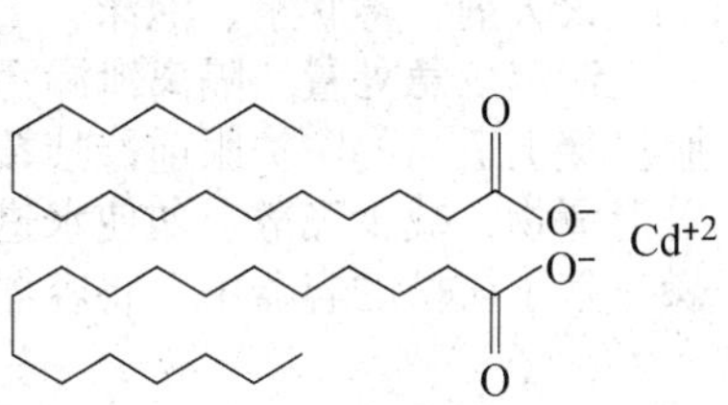

危害信息

危险性类别　第 6 类　有毒品

燃烧与爆炸危险性　本身不燃。其粉体接触热、明火、强氧化剂等可能有火灾或爆炸危险。受高热分解产生有毒的烟气。

禁忌物　强氧化剂、强酸。

毒性　大鼠经口 LD_{50}：1125mg/kg；小鼠经口 LD_{50}：590mg/kg；大鼠吸入 LC_{50}：

130mg/m³(2h)。

IARC 致癌性评论：G1，确认人类致癌物。

中毒表现 急性中毒：吸入含镉烟雾后出现呼吸道刺激、寒战、发热等类似金属烟雾热的症状，可发生化学性肺炎、肺水肿；误服后出现急剧的胃肠刺激，有恶心、呕吐、腹泻、腹痛、里急后重、全身乏力、肌肉疼痛和虚脱等。

慢性中毒：慢性镉中毒以肾功能损害(蛋白尿)为主要表现；少数可发生骨骼病变；其次还有缺铁性贫血、嗅觉减退或丧失、肺部损害等。

侵入途径 吸入、食入。

职业接触限值 中国：PC-TWA 0.01mg/m³，PC-STEL 0.02mg/m³[按 Cd 计][G1]。

美国(ACGIH)：TLV-TWA 0.01mg/m³，0.002mg/m³[呼吸性颗粒物][按 Cd 计]。

环境危害 对水生生物有极高毒性，可能在水生环境中造成长期不利影响。

理化特性与用途

理化特性 白色或微黄色粉末，有轻微脂肪气味。不溶于水，而溶于热的乙醇中。熔点106℃，沸点767℃，相对密度(水=1)1.21，饱和蒸气压 0.31MPa(25℃)，辛醇/水分配系数7.38。

主要用途 用作聚氯乙烯的润滑剂和稳定剂。

包装与储运

包装标志 有毒品

包装类别 Ⅱ类

安全储运 储存于阴凉、通风的库房。远离火种、热源。储存温度不超过35℃，相对湿度不超过85%。保持容器密封。应与强氧化剂等隔离储运。搬运时轻装轻卸，防止容器受损。

紧急处置信息

急救措施

吸入：迅速脱离现场至空气新鲜处。保持呼吸道通畅。如呼吸困难，给输氧。呼吸、心跳停止，立即进行心肺复苏术。就医。

眼睛接触：立即分开眼睑，用流动清水或生理盐水彻底冲洗。就医。

皮肤接触：立即脱去污染的衣着，用流动清水彻底冲洗。就医。

食入：漱口，饮水。就医。

灭火方法 消防人员须穿全身消防服，佩戴正压自给式呼吸器，在上风向灭火。尽可能将容器从火场移至空旷处。喷水保持火场容器冷却，直至灭火结束。

灭火剂：雾状水、泡沫、二氧化碳、干粉、沙土。

泄漏应急处置 隔离泄漏污染区，限制出入。建议应急处理人员戴防尘口罩，穿防毒服。穿上适当的防护服前严禁接触破裂的容器和泄漏物。尽可能切断泄漏源。用塑料布覆盖泄漏物，减少飞散。勿使水进入包装容器内。用洁净的铲子收集泄漏物，置于干净、干燥、盖子较松的容器中，将容器移离泄漏区。

963. 硬脂酸甲酯

标 识

中文名称 硬脂酸甲酯

英文名称 Methyl stearate；Octadecanoic acid，methyl ester

分子式 $C_{19}H_{38}O_2$

CAS 号 112-61-8

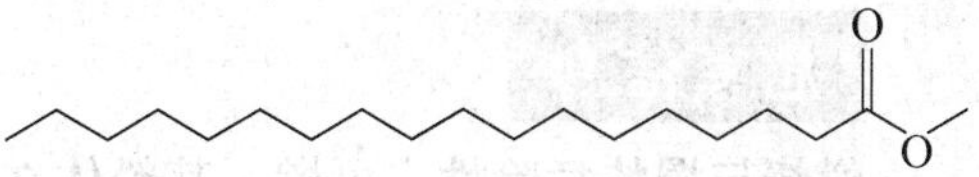

危害信息

燃烧与爆炸危险性 遇明火、高热可燃。燃烧或受高热分解产生有毒或刺激性烟气。能与强氧化剂发生猛烈反应。

活性反应 与氧化剂能发生强烈反应。

禁忌物 强氧化剂、强酸、强碱。

侵入途径 吸入、食入。

职业接触限值 美国(ACGIH)：TLV-TWA 10mg/m^3。

理化特性与用途

理化特性 白色结晶或半固体。不溶于水，溶于乙醇、乙醚、氯仿。熔点 39.1℃，沸点 215(2kPa)、443℃，相对密度(水=1)0.8498，饱和蒸气压 0.02mPa(25℃)，辛醇/水分配系数 8.35，闪点 153℃。

主要用途 用作硬脂酸洗涤剂、乳化剂、润湿剂、稳定剂、树脂润滑剂、增塑剂等的中间体，以及润滑油的成分等。

包装与储运

安全储运 储存于阴凉、通风的库房。远离火种、热源。保持容器密闭。应与强氧化剂、强酸、强碱等隔离储运。搬运时轻装轻卸，防止容器受损。

紧急处置信息

急救措施

吸入：迅速脱离现场至空气新鲜处。保持呼吸道通畅。如呼吸困难，给输氧。呼吸、心跳停止，立即进行心肺复苏术。就医。

眼睛接触：立即分开眼睑，用流动清水或生理盐水彻底冲洗。就医。

皮肤接触：立即脱去污染的衣着，用流动清水彻底冲洗。就医。

食入：漱口，饮水。就医。

灭火方法 消防人员须佩戴空气呼吸器，穿全身消防服，在上风向灭火。尽可能将容器从火场移至空旷处。喷水保持火场容器冷却，直至灭火结束。

灭火剂：雾状水、泡沫、干粉、二氧化碳、沙土。

泄漏应急处置 隔离泄漏污染区，限制出入。消除所有点火源。建议应急处理人员戴防尘口罩，穿一般作业防护服。尽可能切断泄漏源。用塑料布覆盖泄漏物，减少飞散。勿使水进入包装容器内。用洁净的铲子收集泄漏物，置于干净、干燥、盖子较松的容器中，将容器移离泄漏区。

964. 硬脂酸锌

标　识

中文名称 硬脂酸锌

英文名称 Zinc stearate；Octadecanoic acid，zinc salt

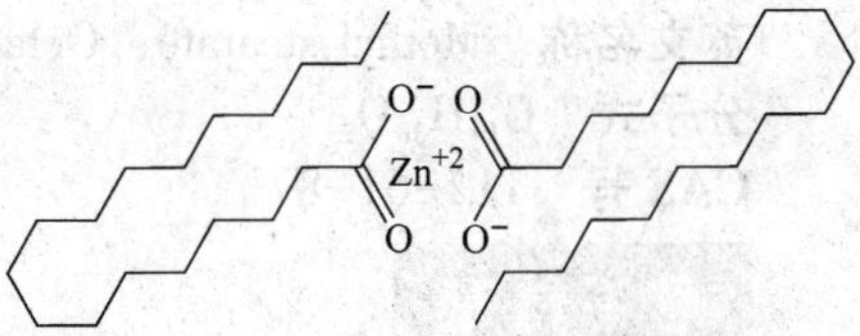

别名 十八酸锌
分子式 $C_{36}H_{70}O_4 \cdot Zn$
CAS 号 557-05-1

危害信息

燃烧与爆炸危险性 可燃。其粉体在空气中分散，能形成爆炸性混合物。在用气动输送、灌装时可能产生静电。燃烧或受高热分解产生有毒或刺激性烟气。

禁忌物 强氧化剂、强酸。

毒性 大鼠经口 LD_{50}：>10g/kg；小鼠经口 LD_{50}：>10g/kg。

中毒表现 长期吸入硬脂酸锌粉尘可引肺部损害，患者有气促、咳嗽、咳痰等症状。

侵入途径 吸入、食入。

职业接触限值 美国(ACGIH)：TLV-TWA 10mg/m^3。

理化特性与用途

理化特性 细白色粉末，手感滑腻，有脂肪气味。不溶于水，溶于热乙醇、松节油、苯等其他有机溶剂。熔点 130℃，相对密度(水=1)1.1，辛醇/水分配系数 1.2，闪点 277℃(开杯)，引燃温度 420℃，爆炸下限 20g/m^3。

主要用途 用作橡胶制品的软化润滑剂、纺织品的打光剂、聚氯乙烯塑料的稳定剂、油漆和珐琅的平光剂以及化妆品面粉的原料等。

包装与储运

安全储运 储存于阴凉、通风的库房。远离火种、热源。保持容器密闭。应与强氧化剂、强酸、强碱等隔离储运。搬运时轻装轻卸，防止容器受损。

紧急处置信息

急救措施

吸入：迅速脱离现场至空气新鲜处。保持呼吸道通畅。如呼吸困难，给输氧。呼吸、心跳停止，立即进行心肺复苏术。就医。

眼睛接触：立即分开眼睑，用流动清水或生理盐水彻底冲洗。就医。

皮肤接触：立即脱去污染的衣着，用流动清水彻底冲洗。就医。

食入：漱口，饮水。就医。

灭火方法 消防人员必须佩戴空气呼吸器，穿全身防火防毒服，在上风向灭火。尽可能将容器从火场移至空旷处。喷水保持火场容器冷却，直至灭火结束。

灭火剂：雾状水、泡沫、干粉、二氧化碳、沙土。

泄漏应急处置 隔离泄漏污染区，限制出入。消除所有点火源。建议应急处理人员戴防尘口罩，穿一般作业防护服。尽可能切断泄漏源。用塑料布覆盖泄漏物，减少飞散。勿使水进入包装容器内。用洁净的铲子收集泄漏物，置于干净、干燥、盖子较松的容器中，将容器移离泄漏区。

965. 硬脂酸乙酯

标 识

中文名称 硬脂酸乙酯

英文名称 Ethyl stearate; Octadecanoic acid, ethyl ester

别名 十八酸乙酯

分子式 $C_{20}H_{40}O_2$

CAS 号 111-61-5

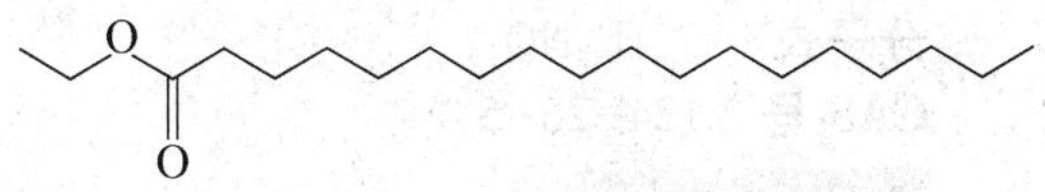

危害信息

燃烧与爆炸危险性 遇明火、高热可燃。燃烧或受高热分解产生有毒或刺激性烟气。能与强氧化剂发生猛烈反应。

活性反应 与氧化剂能发生强烈反应。

禁忌物 强氧化剂、强酸、强碱。

毒性 大鼠经口 LD_{50}：>5g/kg；兔经皮 LD_{50}：>5g/kg。

中毒表现 对眼和皮肤有刺激性。

侵入途径 吸入、食入、经皮吸收。

理化特性与用途

理化特性 白色结晶或黄色或浅黄色固体。不溶于水，溶于乙醇、乙醚。熔点 30~39℃，沸点 213~215℃(2.0kPa)，饱和蒸气压 4mPa(25℃)，辛醇/水分配系数 8.72，闪点 >110℃。

主要用途 用作润滑剂、抗水剂、软化剂、乳化剂等，用于制香料。

包装与储运

安全储运 储存于阴凉、通风的库房。远离火种、热源。保持容器密闭。应与强氧化剂、强酸、强碱等隔离储运。搬运时轻装轻卸，防止容器受损。

紧急处置信息

急救措施

吸入：迅速脱离现场至空气新鲜处。保持呼吸道通畅。如呼吸困难，给输氧。呼吸、心跳停止，立即进行心肺复苏术。就医。

眼睛接触：立即分开眼睑，用流动清水或生理盐水彻底冲洗。就医。

皮肤接触：立即脱去污染的衣着，用流动清水彻底冲洗。就医。

食入：漱口，饮水。就医。

灭火方法 消防人员须佩戴空气呼吸器，穿全身消防服，在上风向灭火。尽可能将容器从火场移至空旷处。喷水保持火场容器冷却，直至灭火结束。

灭火剂：雾状水、泡沫、干粉、二氧化碳、沙土。

泄漏应急处置 隔离泄漏污染区，限制出入。消除所有点火源。建议应急处理人员戴防尘口罩，穿一般作业防护服。尽可能切断泄漏源。用塑料布覆盖泄漏物，减少飞散。勿使水进入包装容器内。用洁净的铲子收集泄漏物，置于干净、干燥、盖子较松的容器中，将容器移离泄漏区。

966. 硬脂酰胺

标　识

中文名称 硬脂酰胺

英文名称 Stearamide；Octadecanamide

别名 十八酰胺

分子式 $C_{18}H_{37}NO$

CAS 号 124-26-5

危害信息

燃烧与爆炸危险性 遇明火、高热可燃。燃烧或受热分解产生高毒的烟气。

禁忌物 强氧化剂、强酸。

侵入途径 吸入、食入、经皮吸收。

理化特性与用途

理化特性 无色或淡黄色片状固体。不溶于水，微溶于丙酮、苯，溶于乙醚、氯仿、热乙醇。熔点 96~109℃，沸点 250~251℃(1.596kPa)，辛醇/水分配系数 6.7。

主要用途 用作纤维油剂原料、热固性树脂润滑剂原料、印刷油墨添加剂等。用作PVC、聚烯烃、聚苯乙烯等塑料的爽滑剂和脱模剂。

包装与储运

安全储运 储存于阴凉、通风的库房。远离火种、热源。保持容器密闭。应与强氧化剂等隔离储运。搬运时轻装，防止容器受损。

紧急处置信息

急救措施

吸入：迅速脱离现场至空气新鲜处。保持呼吸道通畅。如呼吸困难，给输氧。呼吸、心跳停止，立即进行心肺复苏术。就医。

眼睛接触：立即分开眼睑，用流动清水或生理盐水彻底冲洗。就医。

皮肤接触：立即脱去污染的衣着，用肥皂水和清水彻底冲洗。就医。

食入：漱口，饮水。就医。

灭火方法 消防人员须佩戴正压自给式呼吸器，穿全身消防服，在上风向灭火。尽可能将容器从火场移至空旷处。喷水保持火场容器冷却，直至灭火结束。

灭火剂：雾状水、泡沫、干粉、二氧化碳、沙土。

泄漏应急处置 隔离泄漏污染区，限制出入。消除所有点火源。建议应急处理人员戴防尘口罩，穿一般作业防护服。尽可能切断泄漏源。用塑料布覆盖泄漏物，减少飞散。勿使水进入包装容器内。用洁净的铲子收集泄漏物，置于干净、干燥、盖子较松的容器中，将容器移离泄漏区。

967. 油酸甲氧基乙酯

标　识

中文名称 油酸甲氧基乙酯

英文名称 2-Methoxyethyl oleate；9-Octadecenoic acid(*Z*)-，2-methoxyethyl ester

别名 十八烯酸甲氧基乙酯

分子式 $C_{21}H_{40}O_3$

CAS 号 111-10-4

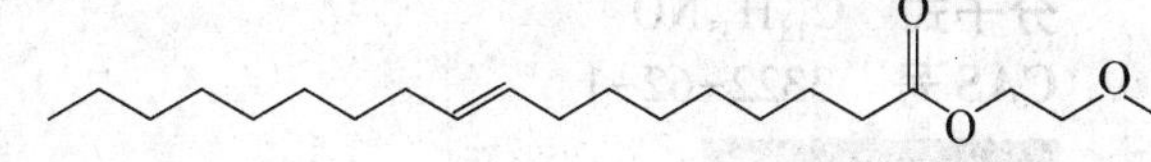

危害信息

燃烧与爆炸危险性 遇明火、高热可燃。燃烧或受热分解产生有毒或刺激性烟气。若遇高热，容器内压增大，有开裂和爆炸的危险。

活性反应 与氧化剂可发生反应。

禁忌物 强氧化剂。

毒性 大鼠经口 LD_{50}：16000mg/kg。

侵入途径 吸入、食入、经皮吸收。

理化特性与用途

理化特性 浅黄色油状液体。不溶于水，微溶于甘油、乙二醇，溶于甲醇、乙醇、丙酮、乙酸乙酯、油类、烃类。熔点-20℃，沸点 188～225℃(0.53kPa)，相对密度(水=1) 0.902(20℃/20℃)，相对蒸气密度(空气=1)11.8，闪点 197℃，引燃温度 228℃。

主要用途 用作乙烯基树脂的辅助增塑剂。

包装与储运

安全储运 储存于阴凉、通风的库房。远离火种、热源。保持容器密闭。应与强氧化剂等隔离储运。搬运时轻装轻卸，防止容器受损。

紧急处置信息

急救措施

吸入： 迅速脱离现场至空气新鲜处。保持呼吸道通畅。如呼吸困难，给输氧。呼吸、心跳停止，立即进行心肺复苏术。就医。

眼睛接触： 立即分开眼睑，用流动清水或生理盐水彻底冲洗。就医。

皮肤接触： 立即脱去污染的衣着，用肥皂水和清水彻底冲洗。就医。

食入： 漱口，饮水。就医。

灭火方法 消防人员须佩戴空气呼吸器，穿全身消防服，在上风向灭火。尽可能将容器从火场移至空旷处。喷水保持火场容器冷却，直至灭火结束。

灭火剂：雾状水、泡沫、干粉、二氧化碳、沙土。

泄漏应急处置 根据液体流动和蒸气扩散的影响区域划定警戒区，无关人员从侧风、上风向撤离至安全区。消除所有点火源。建议应急处理人员戴防毒面具，穿一般作业防护服。尽可能切断泄漏源。防止泄漏物进入水体、下水道、地下室或有限空间。小量泄漏：用干燥的沙土或其他不燃材料吸收或覆盖，收集于容器中。大量泄漏：构筑围堤或挖坑收容。用泵转移至槽车或专用收集器内。

968. 油酸酰胺

标 识

中文名称 油酸酰胺

英文名称 9-Octadeceneamide

别名 油酰胺

分子式 $C_{18}H_{35}NO$
CAS 号 3322-62-1

危害信息

燃烧与爆炸危险性 遇明火、高热可燃。燃烧或受热分解产生高毒的烟气。
禁忌物 强氧化剂。
侵入途径 吸入、食入。

理化特性与用途

理化特性 白色片状或粉末状固体。不溶于水，溶于酮、酯、乙醇、乙醚。熔点 72~76℃，沸点 433.3℃，相对密度(水=1)0.879，闪点 210℃，引燃温度 235℃。
主要用途 用作聚乙烯、聚丙烯吹塑薄膜滑爽剂、抗静电剂、颜料和染料的分散剂、印刷油墨的添加剂、涂料打字复写的配合剂及纤维油剂等。

包装与储运

安全储运 储存于阴凉、通风的库房。远离火种、热源。保持容器密闭。应与强氧化剂等隔离储运。搬运时轻装轻卸，防止容器受损。

紧急处置信息

急救措施
吸入： 脱离接触。如有不适感，就医。
眼睛接触： 分开眼睑，用流动清水或生理盐水冲洗。如有不适感，就医。
皮肤接触： 脱去污染的衣着，用流动清水冲洗。如有不适感，就医。
食入： 漱口，饮水。就医。
灭火方法 消防人员须佩戴正压自给式呼吸器，穿全身消防服，在上风向灭火。尽可能将容器从火场移至空旷处。喷水保持火场容器冷却，直至灭火结束。
灭火剂：雾状水、泡沫、干粉、二氧化碳、沙土。
泄漏应急处置 隔离泄漏污染区，限制出入。消除所有点火源。建议应急处理人员戴防尘口罩，穿防毒服。穿上适当的防护服前严禁接触破裂的容器和泄漏物。尽可能切断泄漏源。用塑料布覆盖泄漏物，减少飞散。勿使水进入包装容器内。用洁净的铲子收集泄漏物，置于干净、干燥、盖子较松的容器中，将容器移离泄漏区。

969. 有机硅树脂

标　识

中文名称 有机硅树脂
英文名称 Organosilicone resin; Silsesquioxanes, Me Ph
别名 甲基苯基硅树脂
CAS 号 67763-03-5
铁危编号 31297

危害信息

危险性类别 第 3 类 易燃液体

燃烧与爆炸危险性 遇明火、高热可燃。燃烧或受热分解产生有毒的烟气。在高温火场中，受热的容器或储罐有破裂和爆炸的危险。

禁忌物 强氧化剂。

侵入途径 吸入、食入。

理化特性与用途

主要用途 作为电绝缘漆、涂料、模塑料、层压材料、脱模剂、防潮剂，在电子电器、航空、建筑等工业部门获得广泛应用。

包装与储运

包装标志 易燃液体

包装类别 Ⅲ类

安全储运 储存于阴凉、通风的库房。远离火种、热源。避免阳光直射。储存温度不超过37℃。炎热季节早晚运输。保持容器密闭。应与氧化剂等隔离储运。灌装时搬运时轻装轻卸，防止容器受损。

紧急处置信息

急救措施

吸入：脱离接触。如有不适感，就医。

眼睛接触：分开眼睑，用流动清水或生理盐水冲洗。如有不适感，就医。

皮肤接触：脱去污染的衣着，用肥皂水和清水冲洗。如有不适感，就医。

食入：漱口，饮水。就医。

灭火方法 消防人员须穿全身消防服，佩戴正压自给式呼吸器，在上风向灭火。尽可能将容器从火场移至空旷处。喷水保持火场容器冷却，直至灭火结束。

灭火剂：泡沫、二氧化碳、干粉、沙土。

泄漏应急处置 隔离泄漏污染区，限制出入。消除所有点火源。建议应急处理人员戴防尘口罩，穿防毒服。穿上适当的防护服前严禁接触破裂的容器和泄漏物。尽可能切断泄漏源。用塑料布覆盖泄漏物，减少飞散。勿使水进入包装容器内。用洁净的铲子收集泄漏物，置于干净、干燥、盖子较松的容器中，将容器移离泄漏区。

970. 右旋反式苯氰菊酯

标　识

中文名称 右旋反式苯氰菊酯

英文名称 Cyphenothrin; alpha - Cyano - 3 - phenoxybenzyl 2, 2 - dimethyl - 3 - (2 - methylprop-1-enyl) cyclopropanecarboxylate

别名 苯醚氰菊酯

分子式 $C_{24}H_{25}NO_3$

CAS 号 39515-40-7

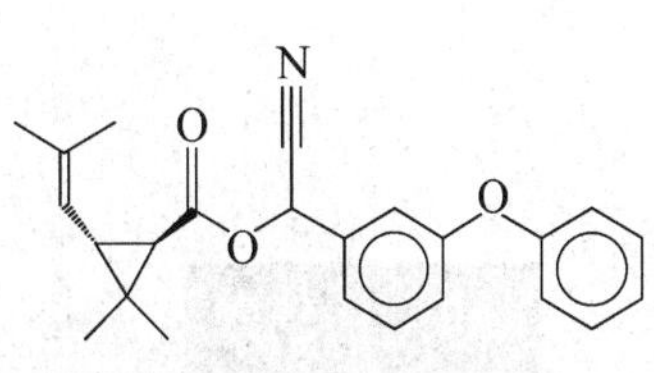

危害信息

危险性类别 第6类 有毒品

燃烧与爆炸危险性　遇明火、高热可燃。燃烧或受热分解产生有毒的烟气。在高温火场中，受热的容器有破裂和爆炸的危险。

禁忌物　强氧化剂。

毒性　大鼠经口 LD_{50}：318mg/kg；大鼠经皮 LD_{50}：>5g/kg。

中毒表现　本品属拟除虫菊酯类杀虫剂，该类杀虫剂为神经毒物。吸入引起上呼吸道刺激、头痛、头晕和面部感觉异常。食入引起恶心、呕吐和腹痛。重者出现出现阵发性抽搐、意识障碍、肺水肿，可致死。对眼有刺激性，重者引起角膜损伤。对皮肤有致敏性。

侵入途径　吸入、食入、经皮吸收。

环境危害　对水生生物有极高毒性，可能在水生环境中造成长期不利影响。

理化特性与用途

理化特性　黄色黏性液体。不溶于水。熔点小于 25℃，沸点 154℃(13. 3Pa)，相对密度(水=1)1. 08，饱和蒸气压 0. 12mPa(20℃)，辛醇/水分配系数 6. 62。

主要用途　用作杀虫剂。

包装与储运

包装标志　有毒品

包装类别　Ⅱ类

安全储运　储存于阴凉、通风的库房。远离火种、热源。储存温度不超过 35℃，相对湿度不超过 85%。保持容器密封。应与强氧化剂等隔离储运。搬运时轻装轻卸，防止容器受损。

紧急处置信息

急救措施

吸入：迅速脱离现场至空气新鲜处。保持呼吸道通畅。如呼吸困难，给输氧。呼吸、心跳停止，立即进行心肺复苏术。就医。

眼睛接触：立即分开眼睑，用流动清水或生理盐水彻底冲洗。就医。

皮肤接触：立即脱去污染的衣着，用肥皂水和清水彻底冲洗。就医。

食入：漱口，饮水。就医。

灭火方法　消防人员须穿全身消防服，佩戴正压自给式呼吸器，在上风向灭火。尽可能将容器从火场移至空旷处。喷水保持火场容器冷却，直至灭火结束。

灭火剂：泡沫、二氧化碳、干粉、沙土。

泄漏应急处置　根据液体流动和蒸气扩散的影响区域划定警戒区，无关人员从侧风、上风向撤离至安全区。建议应急处理人员戴正压自给式呼吸器，穿防毒服。穿上适当的防护服前严禁接触破裂的容器和泄漏物。尽可能切断泄漏源。防止泄漏物进入水体、下水道、地下室或有限空间。小量泄漏：用干燥的沙土或其他不燃材料吸收或覆盖，收集于容器中。大量泄漏：构筑围堤或挖坑收容。用泵转移至槽车或专用收集器内。

971. 鱼藤酮

标　识

中文名称　鱼藤酮

英文名称　Rotenone；(2*R*, 6a*S*, 12a*S*)-1, 2, 6, 6a, 12, 12a-Hexahydro-2-isopropenyl-8, 9-dimethoxychromeno(3, 4-b)furo(2, 3-H)chromen-6-one

别名 (2*R*, 6a*S*, 12a*S*)-1, 2, 6, 6a, 12, 12a-六氢-2-异丙烯基-8, 9-二甲氧基苯丙吡喃[3, 4-b]呋喃并[2, 3-H]吡喃-6-酮；鱼藤精

分子式 $C_{23}H_{22}O_6$

CAS 号 83-79-4

铁危编号 61904

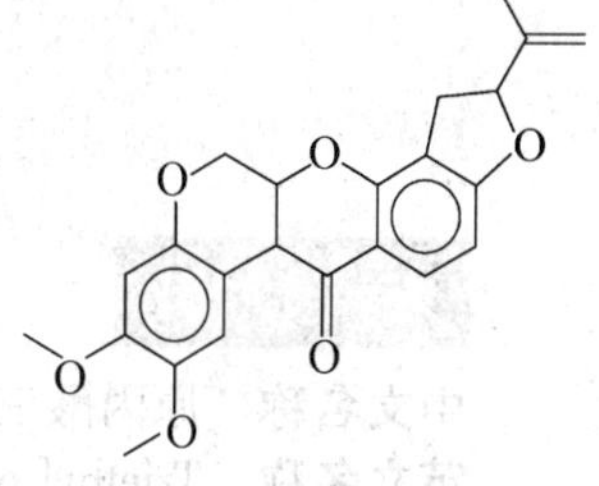

危害信息

危险性类别 第6类 有毒品

燃烧与爆炸危险性 遇明火、高热可燃。燃烧或受热分解产生有毒或刺激性烟气。

禁忌物 强氧化剂、碱类。

毒性 大鼠经口 LD_{50}：60mg/kg；小鼠经口 LD_{50}：350mg/kg。

中毒表现 误服会中毒。急性中毒可出现恶心、呕吐、胃痛、腹泻、惊厥、震颤。对肝、肾有损害作用。对眼睛、皮肤有刺激作用。

侵入途径 吸入、食入。

职业接触限值 美国(ACGIH)：TLV-TWA 5ppm。

环境危害 对水生生物有极高毒性，可能在水生环境中造成长期不利影响。

理化特性与用途

理化特性 无色至浅棕色六角板状结晶或结晶性粉末。不溶于水，溶于乙醇、乙醚、丙酮、氯仿、乙酸和其他有机溶剂。熔点 165~166℃，沸点 210~220℃(0.067kPa)，相对密度(水=1)1.27(20℃)，蒸气压 0.106Pa(20℃)，辛醇/水分配系数 4.1。

主要用途 杀虫剂。主要用于蔬菜、果树、茶树、花卉等防治鳞翅目、半翅目、双翅目、膜翅目、缨翅目、蜱螨亚纲等多种害虫，也可防治卫生害虫及用于生化研究。

包装与储运

包装标志 有毒品

包装类别 Ⅲ类

安全储运 储存于阴凉、干燥、通风良好的库房。远离火种、热源。防止阳光直射。储存温度不超过35℃，相对湿度不超过85%。保持容器密封。应与氧化剂、碱类等等隔离储运。搬运时轻装轻卸，防止容器受损。

紧急处置信息

急救措施

吸入：迅速脱离现场至空气新鲜处。保持呼吸道通畅。如呼吸困难，给输氧。呼吸、心跳停止，立即进行心肺复苏术。就医。

眼睛接触：立即分开眼睑，用流动清水或生理盐水彻底冲洗。就医。

皮肤接触：立即脱去污染的衣着，用流动清水彻底冲洗。就医。

食入：饮适量温水，催吐(仅限于清醒者)。就医。

灭火方法 消防人员须佩戴空气呼吸器，穿全身消防服，在上风向灭火。尽可能将容器从火场移至空旷处。喷水保持火场容器冷却，直至灭火结束。

灭火剂：雾状水、泡沫、干粉、二氧化碳、沙土。

泄漏应急处置 隔离泄漏污染区，限制出入。建议应急处理人员戴防尘口罩，穿防毒服。穿上适当的防护服前严禁接触破裂的容器和泄漏物。尽可能切断泄漏源。用塑料布覆

盖泄漏物，减少飞散。勿使水进入包装容器内。用洁净的铲子收集泄漏物，置于干净、干燥、盖子较松的容器中，将容器移离泄漏区。

972. 原丙酸三乙酯

标　识

中文名称　原丙酸三乙酯

英文名称　Triethyl orthopropionate；Orthopropionic acid，triethyl ester

别名　三乙氧基丙烷；1，1，1-三乙氧基丙烷；原丙酸乙酯

分子式　$C_9H_{20}O_3$

CAS 号　115-80-0

铁危编号　32097

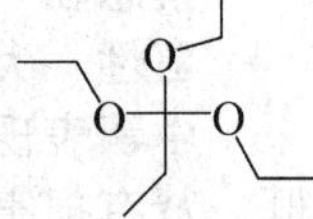

危害信息

危险性类别　第 3 类　易燃液体

燃烧与爆炸危险性　易燃。其蒸气与空气混合，能形成爆炸性混合物。蒸气比空气重，能在较低处扩散到相当远的地方，遇火源会着火回燃和爆炸(闪爆)。在火场中，容器内压增大，有开裂或爆炸的危险。

活性反应　与氧化剂可发生反应。

禁忌物　强氧化剂、强酸、强碱。

侵入途径　吸入、食入、经皮吸收。

理化特性与用途

理化特性　无色透明液体，有点芳香气味。不溶于水(在水中分解)，溶于乙醇、乙醚。沸点 155~160℃，相对密度(水=1)0.886，辛醇/水分配系数 3.1，闪点 60℃。

主要用途　用作分析试剂、胶片增感剂，并用于有机合成、染料和制药工业。

包装与储运

包装标志　易燃液体

包装类别　Ⅲ类

安全储运　储存于阴凉、通风的库房。远离火种、热源。库温不宜超过 37℃。保持容器密闭。应与氧化剂、酸类、碱类等隔离储运。采用防爆型照明、通风设施。禁止使用易产生火花的机械设备和工具。灌装时注意控制流速，防止静电积聚。搬运时轻装轻卸，防止容器受损。

紧急处置信息

急救措施

吸入：迅速脱离现场至空气新鲜处。就医。

眼睛接触：分开眼睑，用流动清水或生理盐水冲洗，就医。

皮肤接触：脱去污染的衣着，用肥皂水和清水彻底冲洗皮肤，如有不适感，就医。

食入：漱口，尽量饮水，不要催吐。就医。

灭火方法　消防人员穿全身消防服，佩戴空气呼吸器，在上风向灭火。尽可能将容器从火场移至空旷处。喷水保持火场容器冷却，直至灭火结束。

灭火剂：雾状水、泡沫、干粉、二氧化碳、沙土。

泄漏应急处置 消除所有点火源。根据液体流动和蒸气扩散的影响区域划定警戒区，无关人员从侧风、上风向撤离至安全区。建议应急处理人员戴正压自给式呼吸器，穿防静电服。作业时使用的所有设备应接地。禁止接触或跨越泄漏物。尽可能切断泄漏源。防止泄漏物进入水体、下水道、地下室或有限空间。小量泄漏：用沙土或其他不燃材料吸收。使用洁净的无火花工具收集吸收材料。大量泄漏：构筑围堤或挖坑收容。用泡沫覆盖，减少蒸发。喷水雾能减少蒸发，但不能降低泄漏物在有限空间内的易燃性。用防爆泵转移至槽车或专用收集器内。

973. 月桂酸乙酯

标　识

中文名称 月桂酸乙酯

英文名称 Ethyl laurate；Dodecanoic acid，ethyl ester

别名 十二烷酸乙酯

分子式 $C_{14}H_{28}O_2$

CAS 号 106-33-2

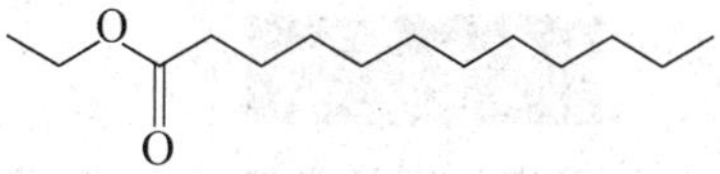

危害信息

燃烧与爆炸危险性 遇明火、高热可燃。燃烧或受热分解产生有毒的烟气。在火场中，容器内压增大，有开裂或爆炸的危险。

禁忌物 强氧化剂、强酸、强碱。

侵入途径 吸入、食入。

理化特性与用途

理化特性 无色至淡黄色透明液体，有水果气味。不溶于水，溶于乙醇，易溶于乙醚。熔点-10℃，沸点 269~271℃，相对密度(水=1)0.867，相对蒸气密度(空气=1)7.8，饱和蒸气压 0.7Pa(25℃)，辛醇/水分配系数 5.71，闪点 100℃(Tag 闭杯)。

主要用途 用作香料和有机中间体。

包装与储运

包装类别 Ⅱ类

安全储运 储存于阴凉、通风的库房。远离火种、热源。保持容器密闭。应与强氧化剂、强酸、强碱等隔离储运。搬运时轻装轻卸，防止容器受损。

紧急处置信息

急救措施

吸入： 脱离接触。如有不适感，就医。

眼睛接触： 分开眼睑，用流动清水或生理盐水冲洗。如有不适感，就医。

皮肤接触： 脱去污染的衣着，用流动清水冲洗。如有不适感，就医。

食入： 漱口，饮水。就医。

灭火方法 消防人员穿全身消防服，佩戴空气呼吸器，在上风向灭火。尽可能将容器从火场移至空旷处。喷水保持火场容器冷却，直至灭火结束。

灭火剂：雾状水、泡沫、干粉、二氧化碳、沙土。

泄漏应急处置 根据液体流动和蒸气扩散的影响区域划定警戒区，无关人员从侧风、上风向撤离至安全区。消除所有点火源。建议应急处理人员戴防毒面具，穿一般作业防护服。尽可能切断泄漏源。防止泄漏物进入水体、下水道、地下室或有限空间。小量泄漏：用干燥的沙土或其他不燃材料吸收或覆盖，收集于容器中。大量泄漏：构筑围堤或挖坑收容。用泵转移至槽车或专用收集器内。

974. 月桂酰胺

标　识

中文名称 月桂酰胺

英文名称 Dodecanamide；Lauramide

别名 十二碳酰胺

分子式 $C_{12}H_{25}NO$

CAS 号 1120-16-7

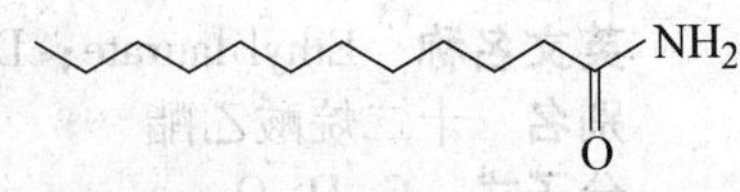

危害信息

燃烧与爆炸危险性 遇明火、高热可燃。燃烧或受热分解产生高毒烟气。

禁忌物 强氧化剂、强酸、强碱。

侵入途径 吸入、食入。

理化特性与用途

理化特性 固体。不溶于水，易溶于乙醇。熔点 110℃，沸点 200℃(1.6kPa)，相对密度(水=1)0.88，饱和蒸气压 13.3mPa(25℃)，辛醇/水分配系数 3.75。

主要用途 用于有机合成和用作香料。

包装与储运

包装类别 Ⅱ类

安全储运 储存于阴凉、通风的库房。远离火种、热源。保持容器密闭。应与强氧化剂、强酸、强碱等隔离储运。搬运时轻装轻卸，防止容器受损。

紧急处置信息

急救措施

吸入：脱离接触。如有不适感，就医。

眼睛接触：分开眼睑，用流动清水或生理盐水冲洗。如有不适感，就医。

皮肤接触：脱去污染的衣着，用流动清水冲洗。如有不适感，就医。

食入：漱口，饮水。就医。

灭火方法 消防人员穿全身消防服，佩戴空气呼吸器，在上风向灭火。尽可能将容器从火场移至空旷处。喷水保持火场容器冷却，直至灭火结束。

灭火剂：雾状水、泡沫、干粉、二氧化碳、沙土。

泄漏应急处置 隔离泄漏污染区，限制出入。消除所有点火源。建议应急处理人员戴防尘口罩，穿防毒服。穿上适当的防护服前严禁接触破裂的容器和泄漏物。尽可能切断泄

漏源。用塑料布覆盖泄漏物，减少飞散。勿使水进入包装容器内。用洁净的铲子收集泄漏物，置于干净、干燥、盖子较松的容器中，将容器移离泄漏区。

975. 云母带

标识

中文名称 云母带
英文名称 Mica Tapes
别名 耐火云母带
铁危编号 42508

危害信息

危险性类别 第4.2类 自燃物品
燃烧与爆炸危险性 不燃。受热易分解放出有毒气体。

理化特性与用途

理化特性 云母带是由白云母纸或金云母纸与补强用电工无碱玻璃纤维布配以适当的胶黏剂经烘焙干燥后分切而成的绝缘材料，具有优良的耐高温性能和耐燃烧性能。

主要用途 适用于制造各种耐火电线电缆中主要耐火绝缘层。

包装与储运

包装标志 自燃物品
包装类别 Ⅲ类
安全储运 储存于阴凉、通风的库房。远离火种、热源。储存温度不超过35℃。保持容器密封。应与强氧化剂等隔离储运。搬运时轻装轻卸，防止容器受损。

紧急处置信息

灭火方法 消防人员须穿全身消防服，佩戴正压自给式呼吸器，在上风向灭火。尽可能将容器从火场移至空旷处。喷水保持火场容器冷却，直至灭火结束。

灭火剂：雾状水、泡沫、二氧化碳、干粉、沙土。

泄漏应急处置 隔离泄漏污染区，限制出入。消除所有点火源。建议应急处理人员戴防毒面具，穿防护服。尽可能切断泄漏源。用塑料布覆盖泄漏物，减少飞散。勿使水进入包装容器内。用洁净的铲子收集泄漏物，置于干净、干燥、盖子较松的容器中，将容器移离泄漏区。

976. 杂戊醇

标识

中文名称 杂戊醇
英文名称 Fusel oil；Isoamyl fusel oil

别名 杂醇油

CAS 号 8013-75-0

铁危编号 32053

UN 号 1105

危害信息

危险性类别 第 3 类 易燃液体

燃烧与爆炸危险性 易燃。其蒸气与空气混合能形成爆炸性混合物，遇明火、高热易燃烧或爆炸。在高温火场中，受热的容器或储罐有破裂和爆炸的危险。蒸气比空气重，能在较低处扩散到相当远的地方，遇火源会着火回燃和爆炸(闪爆)。

禁忌物 强氧化剂。

侵入途径 吸入、食入。

理化特性与用途

理化特性 精制品为其外观呈无色至淡黄色挥发性油状液体状，无臭，略呈威士忌酒似香味。溶于乙醇、乙醚、水。沸点 128～130℃，相对密度(水=1)0.807～0.813，闪点 41.67～50.5℃。

主要用途 规定为允许使用的食用香料，主要用以配制果酒、白兰地、朗姆酒和水果型香精。也用作溶剂。

包装与储运

包装标志 易燃液体

包装类别 Ⅲ类

安全储运 储存于阴凉、通风的库房。远离火种、热源，避免阳光直射。储存温度不超过 37℃。炎热季节早晚运输。保持容器密闭。应与氧化剂等隔离储运。禁止使用易产生火花的机械设备和工具。灌装时注意控制流速，防止静电积聚。搬运时轻装轻卸，防止容器受损。

紧急处置信息

急救措施

吸入：脱离接触。如有不适感，就医。

眼睛接触：分开眼睑，用流动清水或生理盐水冲洗。如有不适感，就医。

皮肤接触：脱去污染的衣着，用肥皂水和清水冲洗。如有不适感，就医。

食入：漱口，饮水。就医。

灭火方法 消防人员须穿全身消防服，佩戴空气呼吸器，在上风向灭火。尽可能将容器从火场移至空旷处。喷水保持火场容器冷却，直至灭火结束。处在火场中的容器若发生异常变化或发出异常声音，须马上撤离。

灭火剂：泡沫、二氧化碳、干粉、沙土。

泄漏应急处置 消除所有点火源。根据液体流动和蒸气扩散的影响区域划定警戒区，无关人员从侧风、上风向撤离至安全区。建议应急处理人员戴正压自给式呼吸器，穿防静电服。作业时使用的所有设备应接地。禁止接触或跨越泄漏物。尽可能切断泄漏源。防止泄漏物进入水体、下水道、地下室或有限空间。小量泄漏：用沙土或其他不燃材料吸收。使用洁净的无火花工具收集吸收材料。大量泄漏：构筑围堤或挖坑收容。用抗溶性泡沫覆盖，减少蒸发。喷水雾能减少蒸发，但不能降低泄漏物在有限空间内的易燃性。用防爆泵转移至槽车或专用收集器内。喷雾状水驱散蒸气、稀释液体泄漏物。

977. 增效砜

标　识

中文名称　增效砜

英文名称　Piperonyl sulfoxide; Sulfoxide; 1-(3, 4-Methylenedioxyphenyl) isopropyl octyl sulphoxide

别名　1-甲基-2-(3，4-亚甲基二氧基苯基)乙基辛基亚砜

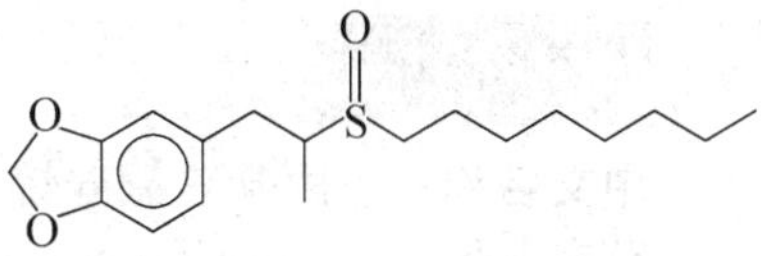

分子式　$C_{18}H_{28}O_3S$

CAS 号　120-62-7

危害信息

燃烧与爆炸危险性　可燃。燃烧或受高热分解放出有毒的烟气。若遇高热，容器内压增大，有开裂和爆炸的危险。

活性反应　与氧化剂可发生反应。

禁忌物　强氧化剂。

毒性　大鼠经口 LD_{50}：2000mg/kg；兔经皮 LD_{50}：9000mg/kg。

侵入途径　吸入、食入、经皮吸收。

环境危害　对水生生物有极高毒性。

理化特性与用途

理化特性　淡黄色至琥珀色黏性液体，稍有气味。不溶于水，溶于多数有机溶剂(除石油醚外)。相对密度(水=1)1.06~1.09(25℃)，蒸气压 0.0097mPa(25℃)，辛醇/水分配系数 4.89。

主要用途　增效剂。用作菊酯类、鱼藤酮及鱼尼汀的增效剂。

包装与储运

包装标志　杂项

包装类别　Ⅲ类

安全储运　储存于阴凉、通风的库房。远离火种、热源。保持容器密闭。应与强氧化剂等隔离储运。搬运时轻装轻卸，防止容器受损。

紧急处置信息

急救措施

吸入：迅速脱离现场至空气新鲜处。保持呼吸道通畅。如呼吸困难，给输氧。呼吸、心跳停止，立即进行心肺复苏术。就医。

眼睛接触：立即分开眼睑，用流动清水或生理盐水彻底冲洗。就医。

皮肤接触：立即脱去污染的衣着，用肥皂水和清水彻底冲洗。就医。

食入：漱口，饮水。就医。

灭火方法　消防人员必须佩戴正压自给式呼吸器，穿全身防毒消防服，在上风向灭火。尽可能将容器从火场移至空旷处。喷水保持火场容器冷却，直至灭火结束。

灭火剂：雾状水、泡沫、干粉、二氧化碳、沙土。

泄漏应急处置 根据液体流动和蒸气扩散的影响区域划定警戒区，无关人员从侧风、上风向撤离至安全区。消除所有点火源。建议应急处理人员戴防毒面具，穿防毒服。穿上适当的防护服前严禁接触破裂的容器和泄漏物。尽可能切断泄漏源。防止泄漏物进入水体、下水道、地下室或有限空间。小量泄漏：用干燥的沙土或其他不燃材料吸收或覆盖，收集于容器中。大量泄漏：构筑围堤或挖坑收容。用泵转移至槽车或专用收集器内。

978. 正丙基三氯硅烷

标　识

中文名称 正丙基三氯硅烷

英文名称 Trichloro(propyl)silane；n-Propyl trichlorosilane

别名 三氯丙基硅烷；丙基三氯硅烷

分子式 $C_3H_7Cl_3Si$

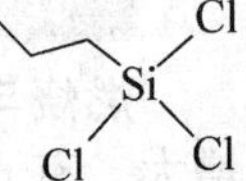

CAS 号 141-57-1

铁危编号 81133

UN 号 1816

危害信息

危险性类别 第 8 类　腐蚀品

燃烧与爆炸危险性 易燃。其蒸气与空气混合，能形成爆炸性混合物。遇水或水蒸气反应放热并产生有毒的腐蚀性气体。燃烧或受高热分解产生有毒和腐蚀性烟气。蒸气比空气重，沿地面扩散到相当远的地方，遇火源会着火回燃和爆炸(闪爆)。若遇高热，容器内压增大，有开裂和爆炸的危险。

活性反应 与氧化剂可发生反应。遇水或水蒸气反应放热并产生有毒的腐蚀性气体。

禁忌物 强氧化剂、强酸、强碱、水。

中毒表现 对眼睛、皮肤、黏膜和上呼吸道有强烈刺激作用。接触后，可引起头痛、咳嗽、喉炎、气短、恶心、呕吐等症状。

侵入途径 吸入、食入、经皮吸收。

理化特性与用途

理化特性 无色液体，有刺激性气味。溶于部分有机溶剂。沸点 123.5℃，相对密度(水=1)1.195(20℃/25℃)，相对蒸气密度(空气=1)6.12，蒸气压 3.83kPa(20℃)。辛醇/水分配系数 2.99，闪点 37℃(闭杯)、37.8℃(开杯)。

主要用途 用作聚硅氧烷中间体。

包装与储运

包装标志 腐蚀品，有毒品

包装类别 Ⅱ类

安全储运 储存于阴凉、干燥、通风良好的库房。远离火种、热源。防止阳光直射。储存温度不超过 30℃，相对湿度不超过 75%。保持容器密封，切勿受潮。应与氧化剂、酸类、碱类、醇类等隔离储运。采用防爆型照明、通风设施。禁止使用易产生火花的机械设备和工具。搬运时轻装轻卸，防止容器受损。

紧急处置信息

急救措施

吸入：迅速脱离现场至空气新鲜处。保持呼吸道通畅。如呼吸困难，给输氧。呼吸、心跳停止，立即进行心肺复苏术。就医。

眼睛接触：立即分开眼睑，用流动清水或生理盐水彻底冲洗10~15min。就医。

皮肤接触：立即脱去污染的衣着，用大量流动清水彻底冲洗，冲洗时间一般要求20~30min。就医。

食入：用水漱口，禁止催吐。给饮牛奶或蛋清。就医。

灭火方法 消防人员必须佩戴正压自给式呼吸器，穿全身防火防毒服，在上风向灭火。尽可能将容器从火场移至空旷处。喷水保持火场容器冷却，直至灭火结束。处在火场中的容器若已变色或从安全泄压装置中发出声音，必须马上撤离。禁止用水和泡沫灭火。

灭火剂：干粉、二氧化碳、沙土。

泄漏应急处置 消除所有点火源。根据液体流动和蒸气扩散的影响区域划定警戒区，无关人员从侧风、上风向撤离至安全区。建议应急处理人员戴正压自给式呼吸器，穿防静电、防腐蚀、防毒服。作业时使用的所有设备应接地。穿上适当的防护服前严禁接触破裂的容器和泄漏物。尽可能切断泄漏源。防止泄漏物进入水体、下水道、地下室或有限空间。严禁用水处理。小量泄漏：用干燥的沙土或其他不燃材料覆盖泄漏物。大量泄漏：构筑围堤或挖坑收容。用防爆、耐腐蚀泵转移至槽车或专用收集器内。

979. N-正丁基苯胺

标　识

中文名称 N-正丁基苯胺

英文名称 N-Butyl aniline；N-(n-Butyl)aniline

别名 N-丁基苯胺

分子式 $C_{10}H_{15}N$

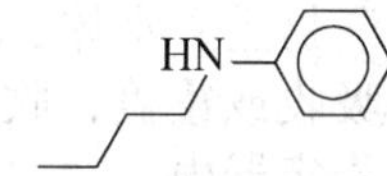

CAS号 1126-78-9

铁危编号 61078

UN号 2738

危害信息

危险性类别 第6类 有毒品

燃烧与爆炸危险性 可燃。其蒸气与空气混合，能形成爆炸性混合物。受热分解释出高毒烟雾。若遇高热，容器内压增大，有开裂和爆炸的危险。燃烧或受热分解产生高毒的烟气。

活性反应 与氧化剂能发生强烈反应。

禁忌物 强氧化剂、强酸。

毒性 大鼠经口 LD_{50}：1620mg/kg；兔经皮 LD_{50}：5990mg/kg。

中毒表现 误服、与皮肤接触或吸入蒸气会中毒。对眼睛、皮肤有强烈刺激作用。遇热分解释出有毒的氮氧化物烟雾。

侵入途径 吸入、食入、经皮吸收。

理化特性与用途

理化特性　无色或橙黄色透明液体，有苯胺气味。不溶于水，溶于乙醚，易溶于乙醇。熔点-14.4℃，沸点241℃，相对密度(水=1)0.93，相对蒸气密度(空气=1)5.1，蒸气压12.1Pa(25℃)，辛醇/水分配系数3.58，闪点107℃。

主要用途　用作染料中间体，也用于有机合成。

包装与储运

包装标志　有毒品

包装类别　Ⅱ类

安全储运　储存于阴凉、通风的库房。远离火种、热源。防止阳光直射。储存温度不超过35℃，相对湿度不超过85%。保持容器密封。应与氧化剂、酸类等等隔离储运。搬运时轻装轻卸，防止容器受损。

紧急处置信息

急救措施

吸入：迅速脱离现场至空气新鲜处。保持呼吸道通畅。如呼吸困难，给输氧。呼吸、心跳停止，立即进行心肺复苏术。就医。

眼睛接触：立即分开眼睑，用流动清水或生理盐水彻底冲洗10~15min。就医。

皮肤接触：立即脱去污染的衣着，用大量流动清水彻底冲洗，冲洗时间一般要求20~30min。就医。

食入：用水漱口，禁止催吐。给饮牛奶或蛋清。就医。

灭火方法　消防人员必须佩戴正压自给式呼吸器，穿全身防火防毒服，在上风向灭火。尽可能将容器从火场移至空旷处。喷水保持火场容器冷却，直至灭火结束。

灭火剂：雾状水、泡沫、干粉、二氧化碳、沙土。

泄漏应急处置　根据液体流动和蒸气扩散的影响区域划定警戒区，无关人员从侧风、上风向撤离至安全区。消除所有点火源。建议应急处理人员戴正压自给式呼吸器，穿防毒服。穿上适当的防护服前严禁接触破裂的容器和泄漏物。尽可能切断泄漏源。防止泄漏物进入水体、下水道、地下室或有限空间。小量泄漏：用干燥的沙土或其他不燃材料吸收或覆盖，收集于容器中。大量泄漏：构筑围堤或挖坑收容。用泵转移至槽车或专用收集器内。

980. 正丁基三氯硅烷

标　识

中文名称　正丁基三氯硅烷

英文名称　Butyltrichlorosilane；Trichlorobutylsilane；*n*-Butyl trichlorosilane

别名　丁基三氯硅烷；三氯丁基硅烷

分子式　$C_4H_9Cl_3Si$

CAS 号　7521-80-4

铁危编号　81133

UN 号　1747

Cl Si Cl Cl

危害信息

危险性类别 第8类 腐蚀品

燃烧与爆炸危险性 易燃。其蒸气与空气混合，能形成爆炸性混合物。遇水发生剧烈反应，散发出具有刺激性和腐蚀性的氯化氢气体。遇潮时对大多数金属有腐蚀性。蒸气比空气重，沿地面扩散到相当远的地方，遇火源会着火回燃和爆炸(闪爆)。燃烧或受高热分解放出有毒的气体。

活性反应 遇水发生剧烈反应，散发出具有刺激性和腐蚀性的氯化氢气体。

禁忌物 强氧化剂、强碱、水、强酸。

中毒表现 本品为具腐蚀性的毒物。蒸气对皮肤、黏膜有刺激性、腐蚀性。

侵入途径 吸入、食入、经皮吸收。

理化特性与用途

理化特性 无色液体，有刺激性气味。不溶于水，溶于苯、乙醚、甲苯、乙酸乙酯、庚烷。沸点148.5℃，相对密度(水=1)1.16(20℃)，相对蒸气密度(空气=1)6.4，蒸气压0.73kPa(25℃)，辛醇/水分配系数3.48，闪点54℃(开杯)，爆炸下限3.4%，爆炸上限≥9.5%。

主要用途 用作聚硅氧烷中间体。

包装与储运

包装标志 腐蚀品，有毒品

包装类别 Ⅱ类

安全储运 储存于阴凉、干燥、通风良好的库房。远离火种、热源。防止阳光直射。储存温度不超过30℃，相对湿度不超过75%。保持容器密封，切勿受潮。应与氧化剂、碱类、酸类、醇类等隔离储运。采用防爆型照明、通风设施。禁止使用易产生火花的机械设备和工具。搬运时轻装轻卸，防止容器受损。

紧急处置信息

急救措施

吸入：迅速脱离现场至空气新鲜处。保持呼吸道通畅。如呼吸困难，给输氧。呼吸、心跳停止，立即进行心肺复苏术。就医。

眼睛接触：立即分开眼睑，用流动清水或生理盐水彻底冲洗10~15min。就医。

皮肤接触：立即脱去污染的衣着，用大量流动清水彻底冲洗，冲洗时间一般要求20~30min。就医。

食入：用水漱口，禁止催吐。给饮牛奶或蛋清。就医。

灭火方法 消防人员须佩戴正压自给式呼吸器，穿全身消防服，在上风向灭火。尽可能将容器从火场移至空旷处。喷水保持火场容器冷却，直至灭火结束。处在火场中的容器若已变色或从安全泄压装置中发出声音，必须马上撤离。禁止用水和泡沫灭火。

灭火剂：干粉、二氧化碳、沙土。

泄漏应急处置 消除所有点火源。根据液体流动和蒸气扩散的影响区域划定警戒区，无关人员从侧风、上风向撤离至安全区。建议应急处理人员戴正压自给式呼吸器，穿防静电、防腐蚀、防毒服。作业时使用的所有设备应接地。穿上适当的防护服前严禁接触破裂的容器和泄漏物。尽可能切断泄漏源。防止泄漏物进入水体、下水道、地下室或有限空间。严禁用水处理。小量泄漏：用干燥的沙土或其他不燃材料覆盖泄漏物。大量泄漏：构筑围堤或挖坑收容。用沙土或惰性物质吸收大量液体。用防爆、耐腐蚀泵转移至槽车或专用收集器内。

981. 正丁酸乙烯酯

标　识

中文名称　正丁酸乙烯酯

英文名称　Vinyl butyrate；Butanoic acid，ethenyl ester

别名　乙烯基丁酸酯；丁酸乙烯酯

分子式　$C_6H_{10}O_2$

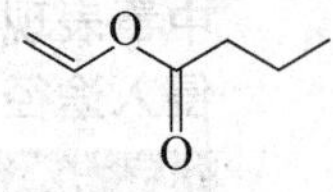

CAS 号　123-20-6

铁危编号　31143

UN 号　2838

危害信息

危险性类别　第 3 类　易燃液体

燃烧与爆炸危险性　易燃。其蒸气与空气混合，能形成爆炸性混合物。高速冲击、流动、激荡后可因产生静电火花放电引起燃烧爆炸。蒸气比空气重，能在较低处扩散到相当远的地方，遇火源会着火回燃和爆炸(闪爆)。若遇高热，容器内压增大，有开裂和爆炸的危险。

活性反应　与氧化剂可发生反应。

禁忌物　氧化剂、酸类、碱类、卤素、过氧化物。

毒性　大鼠经口 LD_{50}：8530mg/kg；大鼠吸入 $LCLo$：4000ppm(4h)；兔经皮 LD_{50}：>8mL/kg。

侵入途径　吸入、食入、经皮吸收。

理化特性与用途

理化特性　无色挥发性液体。微溶于水。熔点-80℃，沸点 116.7℃，相对密度(水=1)0.9，相对蒸气密度(空气=1)4.0，辛醇/水分配系数 1.71，闪点 20℃(开杯)。

主要用途　用作水型涂料的聚合单体，也用于制造塑料。

包装与储运

包装标志　易燃液体

包装类别　Ⅲ类

安全储运　储存于阴凉、通风的库房。远离火种、热源。避光保存。库温不宜超过 37℃。保持容器密封。应与氧化剂、酸类、碱类、卤素等隔离储运。不宜大量储存或久存。采用防爆型照明、通风设施。禁止使用易产生火花的机械设备和工具。灌装时注意控制流速，防止静电积聚。搬运时轻装轻卸，防止容器受损。

紧急处置信息

急救措施

吸入：迅速脱离现场至空气新鲜处。保持呼吸道通畅。如呼吸困难，给输氧。呼吸、心跳停止，立即进行心肺复苏术。就医。

眼睛接触：立即分开眼睑，用流动清水或生理盐水彻底冲洗。就医。

皮肤接触：立即脱去污染的衣着，用肥皂水和清水彻底冲洗。就医。

食入：漱口，饮水。就医。

灭火方法 消防人员须佩戴空气呼吸器，穿全身消防服，在上风向灭火。尽可能将容器从火场移至空旷处。喷水保持火场容器冷却，直至灭火结束。处在火场中的容器若已变色或从安全泄压装置中发出声音，必须马上撤离。

灭火剂：雾状水、泡沫、干粉、二氧化碳、沙土。

泄漏应急处置 消除所有点火源。根据液体流动和蒸气扩散的影响区域划定警戒区，无关人员从侧风、上风向撤离至安全区。建议应急处理人员戴正压自给式呼吸器，穿防静电服。作业时使用的所有设备应接地。禁止接触或跨越泄漏物。尽可能切断泄漏源。防止泄漏物进入水体、下水道、地下室或有限空间。小量泄漏：用沙土或其他不燃材料吸收。使用洁净的无火花工具收集吸收材料。大量泄漏：构筑围堤或挖坑收容。用抗溶性泡沫覆盖，减少蒸发。喷水雾能减少蒸发，但不能降低泄漏物在有限空间内的易燃性。用防爆泵转移至槽车或专用收集器内。

982. 正丁酰氯

标　识

中文名称 正丁酰氯

英文名称 Butyryl chloride

别名 氯化丁酰；氯丁酰；丁酰氯

分子式 C_4H_7ClO

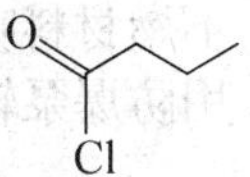

CAS 号 141-75-3

铁危编号 31221

UN 号 2353

危害信息

危险性类别 第3类 易燃液体

燃烧与爆炸危险性 易燃。其蒸气与空气混合，能形成爆炸性混合物。受热分解能放出剧毒的光气。与水和水蒸气发生反应，放出有毒的腐蚀性气体。若遇高热，容器内压增大，有开裂和爆炸的危险。

活性反应 与氧化剂接触发生猛烈反应。

禁忌物 水、强碱、醇类、强氧化剂。

毒性 吸入和吞食有毒，眼和皮肤接触引起严重酸灼伤。

侵入途径 吸入、食入、经皮吸收。

理化特性与用途

理化特性 无色至淡黄色透明液体，具有刺激性气味。遇水和醇分解。熔点-89℃，沸点102℃，相对密度(水=1)1.026，饱和蒸气压5.5kPa(25℃)，闪点18℃，引燃温度280℃，爆炸下限2.5%，爆炸上限7.3%。

主要用途 用作有机合成原料，在医药上作为生产利尿酸的原料。

包装与储运

包装标志 易燃液体，腐蚀品

包装类别 Ⅱ类

安全储运 储存于阴凉、干燥、通风良好的库房。远离火种、热源。防止阳光直射。

储存温度不超过30℃，相对湿度不超过75%。保持容器密封，切勿受潮。应与氧化剂、碱类、酸类、醇类等隔离储运。采用防爆型照明、通风设施。禁止使用易产生火花的机械设备和工具。搬运时轻装轻卸，防止容器受损。

紧急处置信息

急救措施

吸入： 迅速脱离现场至空气新鲜处。保持呼吸道通畅。如呼吸困难，给输氧。呼吸、心跳停止，立即进行心肺复苏术。就医。

眼睛接触： 立即分开眼睑，用流动清水或生理盐水彻底冲洗10~15min。就医。

皮肤接触： 立即脱去污染的衣着，用大量流动清水彻底冲洗，冲洗时间一般要求20~30min。就医。

食入： 用水漱口，禁止催吐。给饮牛奶或蛋清。就医。

灭火方法　消防人员必须穿全身耐酸碱消防服，佩戴正压自给式呼吸器，在上风向灭火。尽可能将容器从火场移至空旷处。处在火场中的容器若已变色或从安全泄压装置中发出声音，必须马上撤离。禁止用水和泡沫灭火。

灭火剂：干粉、二氧化碳、沙土。

泄漏应急处置　消除所有点火源。根据液体流动和蒸气扩散的影响区域划定警戒区，无关人员从侧风、上风向撤离至安全区。建议应急处理人员戴正压自给式呼吸器，穿防静电、防腐蚀、防毒服。作业时使用的所有设备应接地。禁止接触或跨越泄漏物。尽可能切断泄漏源。防止泄漏物进入水体、下水道、地下室或有限空间。小量泄漏：用沙土或其他不燃材料吸收。使用洁净的无火花工具收集吸收材料。大量泄漏：构筑围堤或挖坑收容。用防爆泵转移至槽车或专用收集器内。

983. 正庚醇

标　识

中文名称　正庚醇

英文名称　1-Heptanol；*n*-Heptanol；Heptyl alcohol

分子式　$C_7H_{16}O$

CAS号　111-70-6

OH

危害信息

燃烧与爆炸危险性　可燃。其蒸气与空气混合，能形成爆炸性混合物。在火场中，容器内压增大，有开裂或爆炸的危险。

禁忌物　强氧化剂、酰基氯、酸酐。

毒性　大鼠经口 LD_{50}：500mg/kg；小鼠经口 LD_{50}：1500mg/kg；小鼠吸入 LC_{50}：6600mg/m^3(2h)；兔经皮 LD_{50}：2g/kg。

中毒表现　对眼、皮肤和呼吸道有刺激性。高浓度吸入影响中枢神经系统。液体直接进入肺部引起化学性肺炎。

侵入途径　吸入、食入、经皮吸收。

理化特性与用途

理化特性　无色透明的液体，有芳香气味。微溶于水，混溶于乙醇、乙醚，微溶于四氯化碳。熔点-34℃，沸点 176℃，相对密度(水=1)0.82，相对蒸气密度(空气=1)4.01，饱和蒸气压 15Pa(20℃)，临界温度 359.5℃，临界压力 3.135MPa，燃烧热-4637.9kJ/mol，辛醇/水分配系数 2.62，闪点 70℃(闭杯)，引燃温度 275℃，爆炸下限 0.9%。

主要用途 用作溶剂，用于有机合成和香料制备。

包装与储运

安全储运 储存于阴凉、通风的库房。远离火种、热源。保持容器密闭。应与强氧化剂等隔离储运。搬运时轻装轻卸，防止容器受损。

紧急处置信息

急救措施

吸入：迅速脱离现场至空气新鲜处。保持呼吸道通畅。如呼吸困难，给输氧。呼吸、心跳停止，立即进行心肺复苏术。就医。

眼睛接触：立即分开眼睑，用流动清水或生理盐水彻底冲洗。就医。

皮肤接触：立即脱去污染的衣着，用流动清水彻底冲洗。就医。

食入：漱口，饮水。禁止催吐。就医。

灭火方法 消防人员须佩戴空气呼吸器，穿全身消防服，在上风向灭火。尽可能将容器从火场移至空旷处。喷水保持火场容器冷却，直至灭火结束。处在火场中的容器若已变色或从安全泄压装置中发出声音，必须马上撤离。

灭火剂：雾状水、泡沫、干粉、二氧化碳、沙土。

泄漏应急处置 根据液体流动和蒸气扩散的影响区域划定警戒区，无关人员从侧风、上风向撤离至安全区。消除所有点火源。建议应急处理人员戴防毒面具，穿防毒服。穿上适当的防护服前严禁接触破裂的容器和泄漏物。尽可能切断泄漏源。防止泄漏物进入水体、下水道、地下室或有限空间。小量泄漏：用干燥的沙土或其他不燃材料吸收或覆盖，收集于容器中。大量泄漏：构筑围堤或挖坑收容。用泵转移至槽车或专用收集器内。

984. 正戊酸

标　识

中文名称 正戊酸

英文名称 Pentanoic acid；*n*-Valeric acid

别名 戊酸

分子式 $C_5H_{10}O_2$

CAS 号 109-52-4

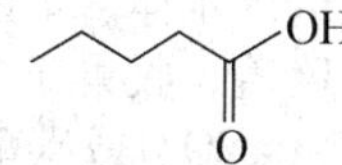

危害信息

危险性类别 第 8 类 腐蚀品

燃烧与爆炸危险性 可燃。其蒸气与空气混合，能形成爆炸性混合物。燃烧或受热分解产生有毒的烟气。在火场中，容器内压增大，有开裂或爆炸的危险。

禁忌物 氧化剂、还原剂、碱类。

毒性 小鼠经口 LD_{50}：600mg/kg；小鼠吸入 LC_{50}：4100mg/m^3(2h)。

中毒表现 吸入、摄入或经皮肤吸收后对身体有害。可引起灼伤。对眼睛、皮肤、黏膜和上呼吸道具有强烈刺激作用。吸入后，可引起喉、支气管的炎症、水肿、痉挛，化学性肺炎或肺水肿。接触后可引起烧灼感、咳嗽、喘息、气短、头痛、恶心和呕吐等。

侵入途径 吸入、食入、经皮吸收。

环境危害 对水生生物有害，可能在水生环境中造成长期不利影响。

理化特性与用途

理化特性 无色至黄色透明液体，有令人讨厌的气味。微溶于水，易溶于乙醇、乙醚，微溶于氯仿。熔点-34.5℃，沸点186~187℃，相对密度(水=1)0.94，相对蒸气密度(空气=1)3.52，饱和蒸气压0.02kPa(20℃)，临界温度367℃，临界压力3.6MPa，燃烧热-2837.8kJ/mol，辛醇/水分配系数1.39，闪点86℃(闭杯)，引燃温度400℃，爆炸下限1.6%，爆炸上限7.6%。

主要用途 用于香料制备和有机合成、制药工业，也用作溶剂。

包装与储运

包装标志 腐蚀品

包装类别 Ⅱ类

安全储运 储存于阴凉、通风的库房。远离火种、热源。储存温度不超过32℃，相对湿度不超过80%。保持容器密封。应与强氧化剂、强碱等隔离储运。搬运时轻装轻卸，防止容器受损。

紧急处置信息

急救措施

吸入：迅速脱离现场至空气新鲜处。保持呼吸道通畅。如呼吸困难，给输氧。呼吸、心跳停止，立即进行心肺复苏术。就医。

眼睛接触：立即分开眼睑，用流动清水或生理盐水彻底冲洗10~15min。就医。

皮肤接触：立即脱去污染的衣着，用大量流动清水彻底冲洗，冲洗时间一般要求20~30min。就医。

食入：用水漱口，禁止催吐。给饮牛奶或蛋清。就医。

灭火方法 消防人员必须佩戴空气呼吸器，穿全身防毒消防服，在上风向灭火。尽可能将容器从火场移至空旷处。喷水保持火场容器冷却，直至灭火结束。处在火场中的容器若已变色或从安全泄压装置中发出声音，必须马上撤离。

灭火剂：雾状水、泡沫、干粉、二氧化碳、沙土。

泄漏应急处置 根据液体流动和蒸气扩散的影响区域划定警戒区，无关人员从侧风、上风向撤离至安全区。消除所有点火源。建议应急处理人员戴防毒面具，穿防腐蚀、防毒服。穿上适当的防护服前严禁接触破裂的容器和泄漏物。尽可能切断泄漏源。防止泄漏物进入水体、下水道、地下室或有限空间。小量泄漏：用干燥的沙土或其他不燃材料吸收或覆盖，收集于容器中。大量泄漏：构筑围堤或挖坑收容。用农用石灰(CaO)、碎石灰石($CaCO_3$)或碳酸氢钠($NaHCO_3$)中和。用耐腐蚀泵转移至槽车或专用收集器内。

985. 正戊酸甲酯

标　识

中文名称 正戊酸甲酯

英文名称 Methyl valerate；Methyl *n*-valerate

别名 缬草酸甲酯

分子式 $C_6H_{12}O_2$

CAS 号 624-24-8

铁危编号 31244

UN 号 2400

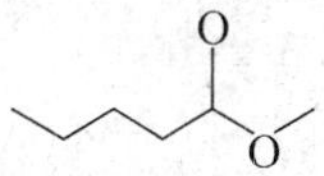

危害信息

危险性类别 第 3 类 易燃液体

燃烧与爆炸危险性 易燃。其蒸气与空气混合，能形成爆炸性混合物。若遇高热，容器内压增大，有开裂和爆炸的危险。与强氧化剂反应有引起着火的危险。

活性反应 与氧化剂接触发生猛烈反应。

禁忌物 氧化剂、酸类、碱类。

毒性 小鼠吸入 LC_{50}：6600mg/m^3(2h)。

侵入途径 吸入、食入、经皮吸收。

理化特性与用途

理化特性 无色至淡黄色透明油状液体，有水果香味。微溶于水，混溶于乙醇、乙醚。熔点-91℃，沸点 126℃，相对密度(水=1)0.89，蒸气压 2.54kPa(25℃)，辛醇/水分配系数 1.96，闪点 22℃。

主要用途 用作溶剂、分析试剂。

包装与储运

包装标志 易燃液体

包装类别 Ⅱ类

安全储运 储存于阴凉、通风的库房。远离火种、热源。防止阳光直射。库温不宜超过 37℃。保持容器密封。应与氧化剂、酸类、碱类等隔离储运。采用防爆型照明、通风设施。禁止使用易产生火花的机械设备和工具。灌装时注意控制流速，防止静电积聚。搬运时轻装轻卸，防止容器受损。

紧急处置信息

急救措施

吸入：迅速脱离现场至空气新鲜处。保持呼吸道通畅。如呼吸困难，给输氧。呼吸、心跳停止，立即进行心肺复苏术。就医。

眼睛接触：立即分开眼睑，用流动清水或生理盐水彻底冲洗。就医。

皮肤接触：立即脱去污染的衣着，用肥皂水和清水彻底冲洗。就医。

食入：漱口，饮水。就医。

灭火方法 消防人员须佩戴空气呼吸器，穿全身消防服，在上风向灭火。尽可能将容器从火场移至空旷处。喷水保持火场容器冷却，直至灭火结束。处在火场中的容器若已变色或从安全泄压装置中发出声音，必须马上撤离。

灭火剂：雾状水、泡沫、干粉、二氧化碳、沙土。

泄漏应急处置 消除所有点火源。根据液体流动和蒸气扩散的影响区域划定警戒区，无关人员从侧风、上风向撤离至安全区。建议应急处理人员戴正压自给式呼吸器，穿防静电服。作业时使用的所有设备应接地。禁止接触或跨越泄漏物。尽可能切断泄漏源。防止泄漏物进入水体、下水道、地下室或有限空间。小量泄漏：用沙土或其他不燃材料吸收。使用洁净的无火花工具收集吸收材料。大量泄漏：构筑围堤或挖坑收容。用泡沫覆盖，减少蒸发。喷水雾能减少蒸发，但不能降低泄漏物在有限空间内的易燃性。用防爆泵转移至槽车或专用收集器内。

986. 正辛腈

标　识

中文名称　正辛腈

英文名称　Octanenitrile；1-Cyanoheptane

别名　庚基氰；辛腈

分子式　$C_8H_{15}N$

CAS 号　124-12-9

铁危编号　61629

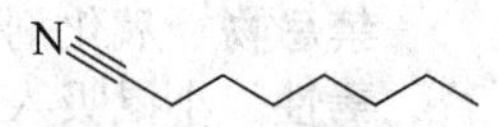

危害信息

危险性类别　第6类　有毒品

燃烧与爆炸危险性　可燃。其蒸气与空气混合，能形成爆炸性混合物。燃烧或受高热分解放出有毒的烟气。在火场中，容器内压增大，有爆炸危险。

禁忌物　强氧化剂、强还原剂、强酸、强碱。

毒性　小鼠经口 LD_{50}：1764mg/kg。

中毒表现　吸入高浓度蒸气可引起咳嗽、恶心、头痛、头昏。食入：唾液分泌增多、恶心、惊厥、痉挛、昏迷。可经皮肤吸收。

侵入途径　吸入、食入、经皮吸收。

理化特性与用途

理化特性　无色至淡黄色透明液体。不溶于水，微溶于乙醇，溶于乙醚。熔点-45℃，沸点198~200℃，相对密度(水=1)0.814，相对蒸气密度(空气=1)4.3，饱和蒸气压0.05kPa(25℃)，辛醇/水分配系数2.75，闪点73℃。

主要用途　用作中间体。

包装与储运

包装标志　有毒品，易燃液体[铁规]

包装类别　Ⅲ类

安全储运　储存于阴凉、通风的库房。远离火种、热源。储存温度不超过35℃，相对湿度不超过85%。保持容器密封。应与强氧化剂、强酸、强碱等隔离储运。搬运时轻装轻卸，防止容器受损。

紧急处置信息

急救措施

吸入：迅速脱离现场至空气新鲜处。保持呼吸道通畅。如呼吸困难，给输氧。呼吸、心跳停止，立即进行心肺复苏术。就医。

眼睛接触：立即分开眼睑，用流动清水或生理盐水彻底冲洗。就医。

皮肤接触：立即脱去污染的衣着，用肥皂水和清水彻底冲洗。就医。

食入：催吐，给服活性炭悬液。就医。

如出现腈类物质中毒症状，使用亚硝酸钠和硫代硫酸钠解毒剂，也可用硫代硫酸钠加口服对氨基苯丙酮。

灭火方法 消防人员须佩戴正压自给式呼吸器，穿全身消防服，在上风向灭火。尽可能将容器从火场移至空旷处。喷水保持火场容器冷却，直至灭火结束。处在火场中的容器若已变色或从安全泄压装置中发出声音，必须马上撤离。

灭火剂：雾状水、泡沫、干粉、二氧化碳、沙土。

泄漏应急处置 根据液体流动和蒸气扩散的影响区域划定警戒区，无关人员从侧风、上风向撤离至安全区。消除所有点火源。建议应急处理人员戴正压自给式呼吸器，穿防毒服。作业时使用的所有设备应接地。禁止接触或跨越泄漏物。尽可能切断泄漏源。防止泄漏物进入水体、下水道、地下室或有限空间。小量泄漏：用沙土或其他不燃材料吸收。使用洁净的无火花工具收集吸收材料。大量泄漏：构筑围堤或挖坑收容。用泡沫覆盖，减少蒸发。喷水雾能减少蒸发，但不能降低泄漏物在有限空间内的易燃性。用泵转移至槽车或专用收集器内。

987. 仲高碘酸钠

标　识

中文名称 仲高碘酸钠

英文名称 Trisodium dihydrogen orthoperiodate；Trisodium paraperiodate

别名 一缩原高碘酸钠

分子式 $Na_3H_2IO_6$

CAS 号 13940-38-0

铁危编号 51513

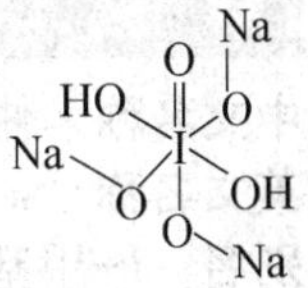

危害信息

危险性类别 第 5.1 类 氧化剂

燃烧与爆炸危险性 助燃，在火场中能加速燃烧。可能引燃可燃物。与烃类可能发生爆炸性反应。受热分解放出有毒和腐蚀性烟雾。在高温火场中，受热的容器有破裂和爆炸的危险。

禁忌物 还原剂。

毒性 对眼、上呼吸道、黏膜和皮肤有刺激性。

侵入途径 吸入、食入。

理化特性与用途

理化特性 无色针状固体，对光敏感。微溶于水，溶于浓氢氧化钠溶液，易溶于稀硝酸。熔点>310℃，相对密度(水=1)3.86。

主要用途 在分析中作氧化剂。

包装与储运

包装标志 氧化剂

包装类别 Ⅱ类

安全储运 储存于阴凉、干燥、通风的库房。远离火种、热源。避光保存。储存温度不超过30℃，相对湿度不超过80%。保持容器密封。应与酸、可燃物、胺、还原剂等隔离储运。搬运时轻装轻卸，防止容器受损。

紧急处置信息

急救措施

吸入：脱离接触。如有不适感，就医。

眼睛接触：分开眼睑，用流动清水或生理盐水冲洗。如有不适感，就医。

皮肤接触：脱去污染的衣着，用肥皂水和清水冲洗。如有不适感，就医。

食入：漱口，饮水。就医。

灭火方法 消防人员须穿全身消防服，佩戴正压自给式呼吸器，在上风向安全处灭火。尽可能将容器从火场移至空旷处。喷水保持火场容器冷却，直至灭火结束。

灭火剂：水、雾状水。

泄漏应急处置 隔离泄漏污染区，限制出入。建议应急处理人员戴防尘口罩，穿防毒服，戴橡胶手套。勿使泄漏物与可燃物质(如木材、纸、油等)接触。穿上适当的防护服前严禁接触破裂的容器和泄漏物。尽可能切断泄漏源。勿使水进入包装容器内。小量泄漏：用洁净的铲子收集泄漏物，置于干净、干燥、盖子较松的容器中，将容器移离泄漏区。大量泄漏：泄漏物回收后，用水冲洗泄漏区。

988. 仲戊胺

标　识

中文名称 仲戊胺

英文名称 sec-Amylamine；1-Methylbutylamine

别名 1-甲基丁胺

分子式 $C_5H_{13}N$

CAS 号 625-30-9；63493-28-7

铁危编号 31275

UN 号 1106

NH_2

危害信息

危险性类别 第 3 类 易燃液体

燃烧与爆炸危险性 易燃。其蒸气与空气混合能形成爆炸性混合物，遇明火、高热易燃烧或爆炸。燃烧或受热分解产生有毒的烟气。在高温火场中，受热的容器或储罐有破裂和爆炸的危险。

禁忌物 强氧化剂、强酸。

中毒表现 吸入高浓度本品蒸气或雾，引起呼吸道损伤，重者可因喉和支气管强烈刺激、痉挛，化学性肺炎或肺水肿而死亡。食入可引起消化道灼伤。可引起眼和皮肤灼伤。

侵入途径 吸入、食入、经皮吸收。

理化特性与用途

理化特性 淡黄色透明液体。沸点 91℃，相对密度(水=1)0.74，闪点 35℃(闭杯)。

包装与储运

安全储运 储存于阴凉、通风的库房。远离火种、热源，避免阳光直射。储存温度不超过37℃。炎热季节早晚运输。保持容器密闭。应与氧化剂等隔离储运。禁止使用易产生火花的机械设备和工具。灌装时注意控制流速，防止静电积聚。搬运时轻装轻卸，防止容器受损。

紧急处置信息

急救措施

吸入：迅速脱离现场至空气新鲜处。保持呼吸道通畅。如呼吸困难，给输氧。呼吸、心跳停止，立即进行心肺复苏术。就医。

眼睛接触：立即分开眼睑，用流动清水或生理盐水彻底冲洗10~15min。就医。

皮肤接触：立即脱去污染的衣着，用大量流动清水彻底冲洗，冲洗时间一般要求20~30min。就医。

食入：用水漱口，禁止催吐。给饮牛奶或蛋清。就医。

灭火方法 消防人员须穿全身消防服，佩戴正压自给式呼吸器，在上风向灭火。尽可能将容器从火场移至空旷处。喷水保持火场容器冷却，直至灭火结束。处在火场中的容器若发生异常变化或发出异常声音，须马上撤离。

灭火剂：泡沫、二氧化碳、干粉、沙土。

泄漏应急处置 消除所有点火源。根据液体流动和蒸气扩散的影响区域划定警戒区，无关人员从侧风、上风向撤离至安全区。建议应急处理人员戴正压自给式呼吸器，穿防静电服。作业时使用的所有设备应接地。禁止接触或跨越泄漏物。尽可能切断泄漏源。防止泄漏物进入水体、下水道、地下室或有限空间。小量泄漏：用沙土或其他不燃材料吸收。使用洁净的无火花工具收集吸收材料。大量泄漏：构筑围堤或挖坑收容。用泡沫覆盖，减少蒸发。喷水雾能减少蒸发，但不能降低泄漏物在有限空间内的易燃性。用防爆泵转移至槽车或专用收集器内。

989. 重氮氨基苯

标　识

中文名称 重氮氨基苯

英文名称 Diazoamino benzene；1，3-Diphenyltriazene

别名 1，3-二苯基-1-三氮烯；苯氨基重氮苯；三氮二苯

分子式 $C_{12}H_{11}N_3$

CAS号 136-35-6

铁危编号 41053

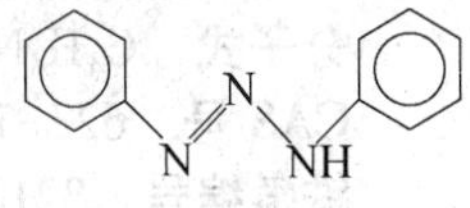

危害信息

危险性类别 第4.1类 易燃固体

燃烧与爆炸危险性 可燃。悬浮在空气中的粉尘，达到一定浓度可能发生爆炸。强烈震动，加热至150℃或急剧加热至熔点以上时，会发生爆炸。

禁忌物 强氧化剂、强酸。

侵入途径 吸入、食入。

理化特性与用途

理化特性 金黄色小晶体或橙色固体。不溶于水，易溶于苯、乙醚、热乙醇。熔点

98℃，沸点 150℃(爆炸)，相对蒸气密度(空气=1)6.8，饱和蒸气压 0.13Pa(25℃)，辛醇/水分配系数 3.99。

主要用途 用作染料中间体和分析试剂，用于有机合成。

包装与储运

包装标志 易燃固体，有毒品

包装类别 Ⅰ类

安全储运 储存于阴凉、通风的库房。远离火种、热源。储存温度不超过 35℃，相对湿度不超过 85%。保持容器密封。禁止使用易产生火花的机械设备和工具。应与强氧化剂等隔离储运。搬运时轻装轻卸，防止容器受损。

紧急处置信息

急救措施

吸入：脱离接触。如有不适感，就医。

眼睛接触：分开眼睑，用流动清水或生理盐水冲洗。如有不适感，就医。

皮肤接触：脱去污染的衣着，用流动清水冲洗。如有不适感，就医。

食入：漱口，饮水。就医。

灭火方法 消防人员须佩戴正压自给式呼吸器，穿全身消防服，在上风向灭火。遇大火，消防人员须在有防护掩蔽处操作。

灭火剂：雾状水、泡沫、干粉、二氧化碳。

泄漏应急处置 隔离泄漏污染区，限制出入。消除所有点火源。建议应急处理人员戴防尘口罩，穿防毒服。穿上适当的防护服前严禁接触破裂的容器和泄漏物。用洁净的无火花工具收集泄漏物，置于一盖子较松的塑料容器中，待处置。

990. 重氮乙酸乙酯

标　识

中文名称 重氮乙酸乙酯

英文名称 Ethyl diazoacetate；Diazoacetic acid，ethyl ester

别名 重氮醋酸乙酯

分子式 $C_4H_6N_2O_2$

CAS 号 623-73-4

铁危编号 32105

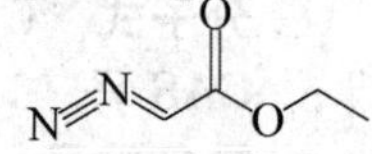

危害信息

危险性类别 第 3 类　易燃液体

燃烧与爆炸危险性 易燃。急剧加热可能导致爆炸。遇酸产生有毒气体。在火场中产生有毒的烟气。

活性反应 接触酸或酸气能产生有毒气体。

禁忌物 强氧化剂、酸类。

毒性 大鼠经口 LD_{50}：400mg/kg。

中毒表现 吞食可引起恶心、疼痛、呕吐，如呛入呼吸道，引起化学性肺炎。

侵入途径 吸入、食入、经皮吸收。

理化特性与用途

理化特性 黄色油状液体，有辛辣气味。微溶于水，混溶于乙醇、乙醚。熔点-22℃，沸点140~141℃(95.8kPa)，相对密度(水=1)1.085，相对蒸气密度(空气=1)3.9，辛醇/水分配系数1.96，闪点27℃。

主要用途 用于有机合成。

包装与储运

包装标志 易燃液体

包装类别 Ⅲ类

安全储运 储存于阴凉、通风的库房。远离火种、热源。库温不宜超过37℃。保持容器密封。应与氧化剂、酸类、食用化学品等隔离储运。采用防爆型照明、通风设施。禁止使用易产生火花的机械设备和工具。灌装时注意控制流速，防止静电积聚。搬运时轻装轻卸，防止容器受损。

紧急处置信息

急救措施

吸入：脱离接触。如有不适感，就医。

眼睛接触：分开眼睑，用流动清水或生理盐水冲洗。如有不适感，就医。

皮肤接触：脱去污染的衣着，用流动清水冲洗。如有不适感，就医。

食入：漱口，饮水。不要催吐。就医。

灭火方法 消防人员须佩戴正压自给式呼吸器，穿全身消防服，在上风向灭火。遇大火，消防人员须在有防护掩蔽处操作。尽可能将容器从火场移至空旷处。喷水保持火场容器冷却，直至灭火结束。处在火场中的容器若已变色或从安全泄压装置中发出声音，必须马上撤离。

灭火剂：雾状水、泡沫、干粉、二氧化碳、沙土。

泄漏应急处置 消除所有点火源。根据液体流动和蒸气扩散的影响区域划定警戒区，无关人员从侧风、上风向撤离至安全区。建议应急处理人员戴正压自给式呼吸器，穿防静电服。作业时使用的所有设备应接地。禁止接触或跨越泄漏物。尽可能切断泄漏源。防止泄漏物进入水体、下水道、地下室或有限空间。小量泄漏：用沙土或其他不燃材料吸收。使用洁净的无火花工具收集吸收材料。大量泄漏：构筑围堤或挖坑收容。用泡沫覆盖，减少蒸发。喷水雾能减少蒸发，但不能降低泄漏物在有限空间内的易燃性。用防爆泵转移至槽车或专用收集器内。

991. 重铬酸

标　识

中文名称 重铬酸

英文名称 Dichromic acid

分子式 $H_2Cr_2O_7$

CAS号 13530-68-2

$$HO-\overset{\overset{O}{\|}}{\underset{\underset{O}{\|}}{Cr}}-O-\overset{\overset{O}{\|}}{\underset{\underset{O}{\|}}{Cr}}-OH$$

危害信息

危险性类别 第6类 有毒品

燃烧与爆炸危险性 不燃。受热可能发生爆炸。与烃类可能发生爆炸性反应。可引燃可燃物。受热易分解放出有毒气体。在高温火场中，受热的容器有破裂和爆炸的危险。与金属反应放出氢气。

禁忌物 强碱。

毒性 六价铬化合物所致肺癌已列入《职业病分类和目录》，属职业性肿瘤。

IARC 致癌性评论：G1，确认人类致癌物。

欧盟法规 1272/2008/EC 将本品列为第 1B 类致癌物——可能对人类有致癌能力。

中毒表现 急性中毒表现为吸入后可引起急性呼吸道刺激症状、鼻出血、声音嘶哑、鼻黏膜萎缩，有时出现哮喘和紫绀。重者可发生化学性肺炎。口服可刺激和腐蚀消化道，引起恶心、呕吐、腹痛和血便等；重者出现呼吸困难、紫绀、休克、肝损害及急性肾功能衰竭等。皮肤或眼睛接触引起刺激或灼伤，可经皮肤吸收引起中毒死亡。

慢性影响表现为有接触性皮炎、铬溃疡、鼻炎、鼻中隔穿孔及呼吸道炎症等。六价铬为对人的确认致癌物。

侵入途径 吸入、食入、经皮吸收。

职业接触限值 美国(ACGIH)：TLV-TWA 0.05mg/m^3[按 Cr 计]。

环境危害 对水生生物有极高毒性，可能在水生环境中造成长期不利影响。

理化特性与用途

理化特性 红色液体。溶于水。相对密度(水=1)1.66。

主要用途 用作氧化剂、催化剂、颜料、染料、染色剂、电镀、金属表面处理剂等。

包装与储运

包装标志 有毒品，腐蚀品

包装类别 Ⅱ类

安全储运 储存于阴凉、通风的库房。远离火种、热源。储存温度不超过30℃，相对湿度不超过80%。保持容器密封。保持容器密闭。应与还原剂剂、强碱等隔离储运。搬运时轻装轻卸，防止容器受损。

紧急处置信息

急救措施

吸入：迅速脱离现场至空气新鲜处。保持呼吸道通畅。如呼吸困难，给输氧。呼吸、心跳停止，立即进行心肺复苏术。就医。

眼睛接触：分开眼睑分开眼睑，用流动清水或生理盐水冲洗。就医。

皮肤接触：脱去污染的衣着，用肥皂水和清水彻底冲洗皮肤。就医。

食入：饮足量温水，催吐。用清水或 1%硫代硫酸钠溶液洗胃。给饮牛奶或蛋清。就医。

灭火方法 消防人员须佩戴正压自给式呼吸器，穿全身防毒消防服，在上风向灭火。尽可能将容器从火场移至空旷处。喷水保持火场容器冷却，直至灭火结束。

本品不燃，根据着火原因选择适当灭火剂灭火。

泄漏应急处置 根据液体流动和蒸气扩散的影响区域划定警戒区，无关人员从侧风、上风向撤离至安全区。建议应急处理人员戴正压自给式呼吸器，穿防腐蚀、防毒服，戴橡胶手套。勿使泄漏物与可燃物质(如木材、纸、油等)接触。穿上适当的防护服前严禁接触破裂的容器和泄漏物。喷雾状水抑制蒸气或改变蒸气云流向。防止泄漏物进入水体、下水道、地下室或有限空间。小量泄漏：用大量水冲洗，洗水稀释后放入废水系统。大量泄漏：用碎石灰石($CaCO_3$)、苏打灰(Na_2CO_3)或石灰(CaO)中和。在专家指导下清除。

992. 重铬酸钡

标　识

中文名称　重铬酸钡

英文名称　Dichromic acid, barium salt, dihydrate; Barium dichromate

别名　重铬酸钡二水合物

分子式　$BaCr_2O_7 \cdot 2H_2O$

CAS 号　10031-16-0

铁危编号　51520

UN 号　1439

$^{-}O-Cr(=O)_2-O-Cr(=O)_2-O^{-}$　Ba^{2+}　H_2O　H_2O

危害信息

危险性类别　第 5.1 类　氧化剂

燃烧与爆炸危险性　助燃。与有机物、还原剂、可燃物接触或混合时，有引起燃烧爆炸的危险。受热分解产生有毒和腐蚀性的烟气。

禁忌物　强酸、易燃或可燃物。

毒性　六价铬化合物所致肺癌已列入《职业病分类和目录》，属职业性肿瘤。

IARC 致癌性评论：G1，确认人类致癌物。

欧盟法规 1272/2008/EC 将本品列为第 1B 类致癌物——可能对人类有致癌能力。

中毒表现　急性中毒表现为吸入后可引起急性呼吸道刺激症状、鼻出血、声音嘶哑、鼻黏膜萎缩，有时出现哮喘和紫绀。重者可发生化学性肺炎。口服可刺激和腐蚀消化道，引起恶心、呕吐、腹痛和血便等；重者出现呼吸困难、紫绀、休克、肝损害及急性肾功能衰竭等。皮肤或眼睛接触引起刺激或灼伤，可经皮肤吸收引起中毒死亡。对皮肤有致敏性。

慢性影响表现为有接触性皮炎、铬溃疡、鼻炎、鼻中隔穿孔及呼吸道炎症等。六价铬为对人的确认致癌物。

侵入途径　吸入、食入、经皮吸收。

职业接触限值　中国：PC-TWA 0.05mg/m^3[按 Cr 计][G1]。

美国(ACGIH)：TLV-TWA 0.05mg/m^3[按 Cr 计]。

环境危害　对水生生物有极高毒性，可能在水生环境中造成长期不利影响。

理化特性与用途

理化特性　淡红棕色针状结晶。微溶于水，溶于酸。熔点 120℃($-2H_2O$)。

主要用途　用于制造铬酸盐和陶瓷工业。

包装与储运

包装标志　氧化剂

包装类别　Ⅱ类

安全储运　储存于阴凉、通风的库房。库温不超过 30℃。相对湿度不超过 80%。远离火种、热源。防止阳光直射。包装密封。应与还原剂、酸类、易(可)燃物等隔离储运。搬运时轻装轻卸，防止容器受损。

紧急处置信息

急救措施

吸入：迅速脱离现场至空气新鲜处。保持呼吸道通畅。如呼吸困难，给输氧。呼吸、心跳停止，立即进行心肺复苏术。就医。

眼睛接触：分开眼睑，用流动清水或生理盐水冲洗。就医。

皮肤接触：脱去污染的衣着，用肥皂水和清水彻底冲洗皮肤。就医。

食入：饮足量温水，催吐。用清水或1%硫代硫酸钠溶液洗胃。给饮牛奶或蛋清。就医。

灭火方法 消防人员必须穿全身防毒消防服，佩戴正压自给式呼吸器，在上风向灭火。灭火时尽可能将容器从火场移至空旷处。

本品不燃，根据着火原因选择适当灭火剂灭火。

泄漏应急处置 隔离泄漏污染区，限制出入。建议应急处理人员戴防尘口罩，穿防毒服。勿使泄漏物与可燃物质(如木材、纸、油等)接触。穿上适当的防护服前严禁接触破裂的容器和泄漏物。尽可能切断泄漏源。勿使水进入包装容器内。小量泄漏：用洁净的铲子收集泄漏物，置于干净、干燥、盖子较松的容器中，将容器移离泄漏区。大量泄漏：泄漏物回收后，用水冲洗泄漏区。

993. 重铬酸钾

标 识

中文名称 重铬酸钾

英文名称 Potassium dichromate；Dichromic acid，dipotassium salt

分子式 $K_2Cr_2O_7$

CAS号 7778-50-9

铁危编号 51520

UN号 1439

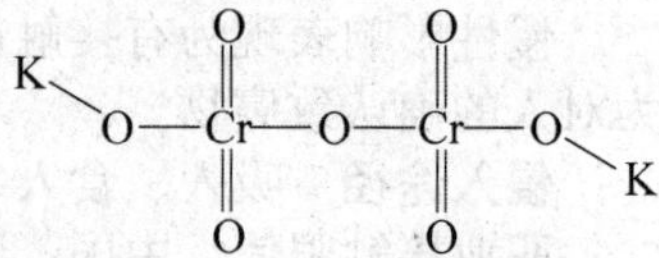

危害信息

危险性类别 第5.1类 氧化剂

燃烧与爆炸危险性 助燃。与有机物、还原剂、可燃物接触或混合时，有引起燃烧爆炸的危险。受热分解产生有毒和腐蚀性的烟气。与肼能发生爆炸性反应。

活性反应 与还原剂发生反应。

禁忌物 还原剂。

毒性 大鼠经口 LD_{50}：17mg/kg；小鼠经口 LD_{50}：190mg/kg；兔经皮 LD_{50}：403mg/kg。

六价铬化合物所致肺癌已列入《职业病分类和目录》，属职业性肿瘤。

IARC致癌性评论：G1，确认人类致癌物。

欧盟法规1272/2008/EC将本品列为第1B类致癌物——可能对人类有致癌能力；第1B类生殖细胞致突变物——应认为可能引起人类生殖细胞可遗传突变的物质；第1B类生殖毒物——可能的人类生殖毒物。

中毒表现 急性中毒 吸入后可引起急性呼吸道刺激症状、鼻出血、声音嘶哑、鼻黏膜萎缩，有时出现哮喘和紫绀。重者可发生化学性肺炎。口服可刺激和腐蚀消化道，引起恶心、呕吐、腹痛和血便等；重者出现呼吸困难、紫绀、休克、肝损害及急性肾功能衰竭等。对眼和皮肤有腐蚀性。对呼吸道和皮肤有致敏性。

慢性影响 有接触性皮炎、铬溃疡、鼻炎、鼻中隔穿孔及呼吸道炎症等。六价铬为对人的确认致癌物。

侵入途径 吸入、食入、经皮吸收。

职业接触限值 中国：PC-TWA 0.05mg/m^3[按 Cr 计][G1]。

美国(ACGIH)：TLV-TWA 0.05mg/m^3[按 Cr 计]。

环境危害 对水生生物有极高毒性，可能在水生环境中造成长期不利影响。

理化特性与用途

理化特性 橙红色三斜晶体。溶于水，不溶于乙醇。pH 值 4(5%水溶液)，熔点 398℃，分解温度 500℃，相对密度(水=1)2.67。

主要用途 用于皮革、火柴、印染、化学、电镀等工业。

包装与储运

包装标志 氧化剂

包装类别 Ⅱ类

安全储运 储存于阴凉、通风的库房。库温不超过 30℃。相对湿度不超过 80%。远离火种、热源。防止阳光直射。包装密封。应与还原剂、酸类、易(可)燃物等隔离储运。搬运时轻装轻卸，防止容器受损。

紧急处置信息

急救措施

吸入：迅速脱离现场至空气新鲜处。保持呼吸道通畅。如呼吸困难，给输氧。呼吸、心跳停止，立即进行心肺复苏术。就医。

眼睛接触：分开眼睑，用流动清水或生理盐水冲洗。就医。

皮肤接触：脱去污染的衣着，用肥皂水和清水彻底冲洗皮肤。就医。

食入：饮足量温水，催吐。用清水或 1%硫代硫酸钠溶液洗胃。给饮牛奶或蛋清。就医。

灭火方法 消防人员必须佩戴正压自给式呼吸器，穿全身防毒消防服，在上风向灭火。尽可能将容器从火场移至空旷处。喷水保持火场容器冷却，直至灭火结束。

本品不燃，根据着火原因选择适当灭火剂灭火。

泄漏应急处置 隔离泄漏污染区，限制出入。建议应急处理人员戴防尘口罩，穿防毒服。穿上适当的防护服前严禁接触破裂的容器和泄漏物。尽可能切断泄漏源。用塑料布覆盖泄漏物，减少飞散。勿使水进入包装容器内。用洁净的铲子收集泄漏物，置于干净、干燥、盖子较松的容器中，将容器移离泄漏区。

994. 重铬酸铯

标 识

中文名称 重铬酸铯

英文名称 Caesium dichromate

$$Cs^+ \; {}^-O-Cr(=O)_2-O-Cr(=O)_2-O^- \; Cs^+$$

分子式 $Cs_2Cr_2O_7$

CAS 号 13530-67-1

铁危编号 51520

UN 号 1439

危害信息

危险性类别 第 5.1 类 氧化剂

燃烧与爆炸危险性 助燃。与有机物、还原剂、可燃物接触或混合时，有引起燃烧爆炸的危险。受热分解产生有毒和腐蚀性的烟气。在高温火场中，受热的容器有破裂和爆炸的危险。

活性反应 与还原剂发生发应。

禁忌物 还原剂、强酸。

毒性 六价铬化合物所致肺癌已列入《职业病分类和目录》，属职业性肿瘤。

IARC 致癌性评论：G1，确认人类致癌物。

欧盟法规 1272/2008/EC 将本品列为第 1B 类致癌物——可能对人类有致癌能力。

中毒表现 急性中毒表现为吸入后可引起急性呼吸道刺激症状、鼻出血、声音嘶哑、鼻黏膜萎缩，有时出现哮喘和紫绀。重者可发生化学性肺炎。口服可刺激和腐蚀消化道，引起恶心、呕吐、腹痛和血便等；重者出现呼吸困难、紫绀、休克、肝损害及急性肾功能衰竭等。皮肤或眼睛接触引起刺激或灼伤，可经皮肤吸收引起中毒死亡。对皮肤有致敏性。

慢性影响表现为有接触性皮炎、铬溃疡、鼻炎、鼻中隔穿孔及呼吸道炎症等。六价铬为对人的确认致癌物。

侵入途径 吸入、食入、经皮吸收。

职业接触限值 中国：PC-TWA 0.05mg/m^3[按 Cr 计][G1]。

美国(ACGIH)：TLV-TWA 0.05mg/m^3[按 Cr 计]。

环境危害 对水生生物有极高毒性，可能在水生环境中造成长期不利影响。

理化特性与用途

理化特性 灰白色结晶固体或橙色结晶粉末。溶于水。

主要用途 用作分析试剂，也用于荧光屏、光电管的制造。

包装与储运

包装标志 氧化剂

包装类别 Ⅱ类

安全储运 储存于阴凉、通风的库房。库温不超过 30℃。相对湿度不超过 80%。远离火种、热源。防止阳光直射。包装密封。应与还原剂、酸类、易(可)燃物等隔离储运。搬运时轻装轻卸，防止容器受损。

紧急处置信息

急救措施

吸入：迅速脱离现场至空气新鲜处。保持呼吸道通畅。如呼吸困难，给输氧。呼吸、心跳停止，立即进行心肺复苏术。就医。

眼睛接触：分开眼睑分开眼睑，用流动清水或生理盐水冲洗。如有不适感，就医。

皮肤接触：脱去污染的衣着，用肥皂水和清水彻底冲洗皮肤。如有不适感，就医。

食入：饮足量温水，催吐。用清水或 1%硫代硫酸钠溶液洗胃。给饮牛奶或蛋清。就医。

灭火方法　消防人员须穿全身消防服，佩戴正压自给式呼吸器，在上风向灭火。尽可能将容器从火场移至空旷处。喷水保持火场容器冷却，直至灭火结束。禁止用干粉、二氧化碳和泡沫灭火。用大量水灭火。

泄漏应急处置　隔离泄漏污染区，限制出入。建议应急处理人员戴防尘口罩，穿防毒、防静电服。禁止接触或跨越泄漏物。小量泄漏：用洁净的铲子收集泄漏物，置于干净、干燥、盖子较松的容器中，将容器移离泄漏区。大量泄漏：用水润湿，并筑堤收容。防止泄漏物进入水体、下水道、地下室或密闭性空间。

995. 重铬酸锌

标　识

中文名称　重铬酸锌

英文名称　Zinc dichromate；Zinc bichromate

分子式　$ZnCr_2O_7$

CAS 号　14018-95-2

铁危编号　51520

UN 号　1439

$$^{-}O-\overset{\overset{O}{\|}}{\underset{\underset{O}{\|}}{Cr}}-O-\overset{\overset{O}{\|}}{\underset{\underset{O}{\|}}{Cr}}-O^{-}\quad Zn^{2+}$$

危害信息

危险性类别　第 5.1 类　氧化剂

燃烧与爆炸危险性　助燃。受热易分解放出有毒气体。

禁忌物　还原剂。

毒性　六价铬化合物所致肺癌已列入《职业病分类和目录》，属职业性肿瘤。

IARC 致癌性评论：G1，确认人类致癌物。

欧盟法规 1272/2008/EC 将本品列为第 1B 类致癌物——可能对人类有致癌能力。

中毒表现　急性中毒表现为吸入后可引起急性呼吸道刺激症状、鼻出血、声音嘶哑、鼻黏膜萎缩，有时出现哮喘和紫绀。重者可发生化学性肺炎。口服可刺激和腐蚀消化道，引起恶心、呕吐、腹痛和血便等；重者出现呼吸困难、紫绀、休克、肝损害及急性肾功能衰竭等。皮肤或眼睛接触引起刺激或灼伤，可经皮肤吸收引起中毒死亡。对皮肤有致敏性。

慢性影响表现为有接触性皮炎、铬溃疡、鼻炎、鼻中隔穿孔及呼吸道炎症等。六价铬为对人的确认致癌物。

侵入途径　吸入、食入、经皮吸收。

职业接触限值　中国：PC-TWA 0.05mg/m^3［按 Cr 计］［G1］。

美国(ACGIH)：TLV-TWA 0.05mg/m^3［按 Cr 计］。

环境危害　对水生生物有极高毒性，可能在水生环境中造成长期不利影响。

理化特性与用途

理化特性　浅红棕色或橙黄色结晶，有吸湿性。易溶于冷水，不溶于乙醇、乙醚，溶于酸类。

主要用途　用作颜料、防腐剂。

包装与储运

包装标志　氧化剂

包装类别 Ⅱ类

安全储运 储存于阴凉、干燥、通风的库房。库温不超过30℃。相对湿度不超过80%。远离火种、热源。防止阳光直射。包装密封。应与还原剂、酸类、易(可)燃物等隔离储运。搬运时轻装轻卸，防止容器受损。

紧急处置信息

急救措施

吸入： 迅速脱离现场至空气新鲜处。保持呼吸道通畅。如呼吸困难，给输氧。呼吸、心跳停止，立即进行心肺复苏术。就医。

眼睛接触： 分开眼睑分开眼睑，用流动清水或生理盐水冲洗。如有不适感，就医。

皮肤接触： 脱去污染的衣着，用肥皂水和清水彻底冲洗皮肤。如有不适感，就医。

食入： 饮足量温水，催吐。用清水或1%硫代硫酸钠溶液洗胃。给饮牛奶或蛋清。就医。

灭火方法 消防人员须穿全身消防服，佩戴正压自给式呼吸器，在上风向灭火。尽可能将容器从火场移至空旷处。喷水保持火场容器冷却，直至灭火结束。

本品不燃，根据着火原因选择适当灭火剂灭火。

泄漏应急处置 隔离泄漏污染区，限制出入。建议应急处理人员戴防尘口罩，穿防毒服，戴橡胶手套。穿上适当的防护服前严禁接触破裂的容器和泄漏物。尽可能切断泄漏源。用干燥的沙土或其他不燃材料覆盖泄漏物，然后用塑料布覆盖，减少飞散、避免雨淋。用洁净的铲子收集泄漏物，置于干净、干燥、盖子较松的容器中，将容器移离泄漏区。

996. 棕榈酸乙酯

标　识

中文名称 棕榈酸乙酯

英文名称 Ethyl palmitate; Hexadecanoic acid, ethyl ester

别名 十六烷酸乙酯

分子式 $C_{18}H_{36}O_2$

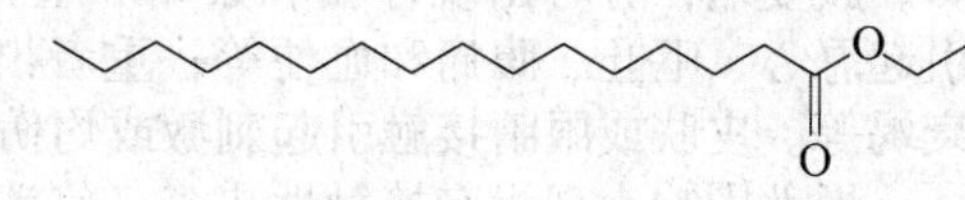

CAS 号 628-97-7

危害信息

燃烧与爆炸危险性 可燃。燃烧或受热分解产生有毒或刺激性烟气。

禁忌物 强氧化剂、强酸、强碱。

侵入途径 吸入、食入。

理化特性与用途

理化特性 无色透明液体或白色固体。不溶于水，溶于乙醇、乙醚、丙酮、苯和氯仿等。熔点24℃，沸点192~193℃(1.33kPa)、303℃，相对密度(水=1)0.85，辛醇/水分配系数7.74，闪点110℃(Tag闭杯)。

主要用途 用于增塑剂、润滑剂、有机合成和香精香料等。

包装与储运

安全储运 储存于阴凉、通风的库房。远离火种、热源。保持容器密闭。应与强氧化

剂、强酸、强碱等隔离储运。搬运时轻装轻卸，防止容器受损。

紧急处置信息

急救措施

吸入：脱离接触。如有不适感，就医。

眼睛接触：分开眼睑，用流动清水或生理盐水冲洗。如有不适感，就医。

皮肤接触：脱去污染的衣着，用流动清水冲洗。如有不适感，就医。

食入：漱口，饮水。就医。

灭火方法 消防人员须佩戴空气呼吸器，穿全身消防服，在上风向灭火。尽可能将容器从火场移至空旷处。喷水保持火场容器冷却，直至灭火结束。

灭火剂：雾状水、泡沫、干粉、二氧化碳、沙土。

泄漏应急处置 隔离泄漏污染区，限制出入。消除所有点火源。建议应急处理人员戴防尘口罩，穿一般作业防护服。尽可能切断泄漏源。用塑料布覆盖泄漏物，减少飞散。勿使水进入包装容器内。用洁净的铲子收集泄漏物，置于干净、干燥、盖子较松的容器中，将容器移离泄漏区。

997. 唑虫酰胺

标　识

中文名称 唑虫酰胺

英文名称 Tolfenpyrad；4-Chloro-3-ethyl-1-methyl-*N*-(4-(*p*-tolyloxy)benzyl)pyrazole-5-carboxamide

别名 4-氯-3-乙基-1-甲基-*N*-((4-(4-甲基苯氧基)苯基)-甲基)-1H 吡唑-5-甲酰胺

分子式 $C_{21}H_{22}ClN_3O_2$

CAS 号 129558-76-5

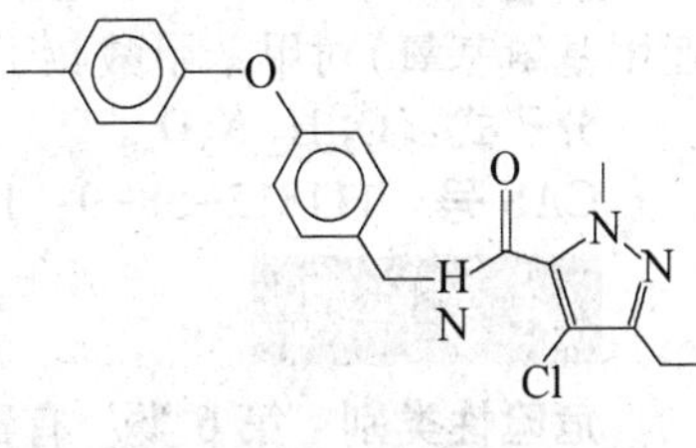

危害信息

危险性类别 第6类 有毒品

禁忌物 强氧化剂。

中毒表现 摄入或吸入对身体有害。对眼和皮肤有刺激性。长期反复接触可能对器官产生损害。

侵入途径 吸入、食入。

环境危害 可能在水生环境中造成长期不利影响。

理化特性与用途

理化特性 类白色固体粉末。不溶于水，溶于甲苯，微溶于己烷、甲醇。熔点 87.8～88.2℃，相对密度(水=1)1.18，辛醇/水分配系数 5.61。

主要用途 广谱杀虫剂。用于多种作物防治鳞翅目、半翅目、鞘翅目、双翅目、蓟马及螨类。

包装与储运

包装标志 有毒品

包装类别 Ⅲ类

安全储运 储存于阴凉、通风的库房。远离火种、热源。储存温度不超过35℃，相对湿度不超过85%。保持容器密封。应与强氧化剂等隔离储运。搬运时轻装轻卸，防止容器受损。

紧急处置信息

急救措施

吸入：迅速脱离现场至空气新鲜处。保持呼吸道通畅。如呼吸困难，给输氧。呼吸、心跳停止，立即进行心肺复苏术。就医。

眼睛接触：立即分开眼睑，用流动清水或生理盐水彻底冲洗。就医。

皮肤接触：立即脱去污染的衣着，用肥皂水和清水彻底冲洗。就医。

食入：漱口，饮水。就医。

泄漏应急处置 隔离泄漏污染区，限制出入。消除所有点火源。建议应急处理人员戴防尘口罩，穿防毒服。尽可能切断泄漏源。用塑料布覆盖泄漏物，减少飞散。勿使水进入包装容器内。用洁净的铲子收集泄漏物，置于干净、干燥、盖子较松的容器中，将容器移离泄漏区。

998. 唑螨酯

标　识

中文名称 唑螨酯

英文名称 *t*-Butyl(*E*)-*α*-(1, 3-dimethyl-5-phenoxypyrazol-4-ylmethyleneaminooxy)-*p*-toluate; Fenpyroximate

别名 (*E*)-*α*-(1, 3-二甲基-5-苯氧基吡唑-4-基亚甲基氨基氧)对甲苯甲酸叔丁酯

分子式 $C_{24}H_{27}N_3O_4$

CAS 号 111812-58-9; 134098-61-6

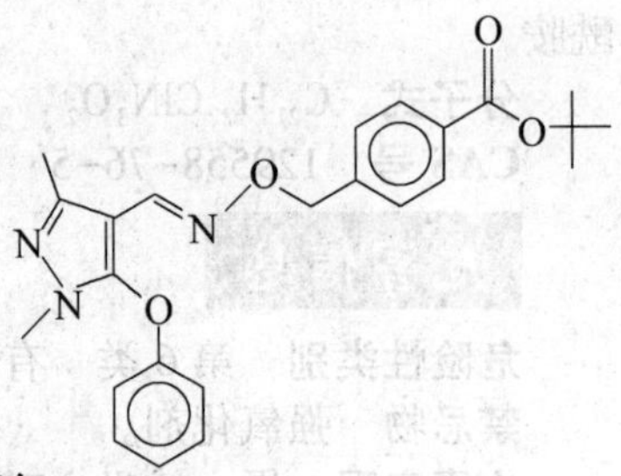

危害信息

危险性类别 第6类 有毒品

燃烧与爆炸危险性 可燃。燃烧或受热分解产生有毒的烟气。

禁忌物 强氧化剂。

毒性 大鼠经口 LD_{50}：245mg/kg；小鼠经口 LD_{50}：440mg/kg；330mg/m^3(4h)；大鼠经皮 LD_{50}：>2g/kg。

中毒表现 对皮肤有致敏性。

侵入途径 吸入、食入、经皮吸收。

环境危害 对水生生物有极高毒性，可能在水生环境中造成长期不利影响。

理化特性与用途

理化特性 白色结晶。不溶于水，溶于二氯甲烷、氯仿、四氢呋喃等。熔点101.1~102.4℃，相对密度(水=1)1.25，饱和蒸气压0.007mPa(25℃)，辛醇/水分配系数5.01。

主要用途 杀螨剂，用于防治红叶螨、全爪螨以及其他植物性螨类。

包装与储运

包装标志 有毒品

包装类别 Ⅱ类

安全储运 储存于阴凉、通风的库房。远离火种、热源。储存温度不超过35℃，相对湿度不超过85%。保持容器密封。应与强氧化剂、强酸、强碱等隔离储运。搬运时轻装轻卸，防止容器受损。

紧急处置信息

急救措施

吸入： 迅速脱离现场至空气新鲜处。保持呼吸道通畅。如呼吸困难，给输氧。呼吸、心跳停止，立即进行心肺复苏术。就医。

眼睛接触： 立即分开眼睑，用流动清水或生理盐水彻底冲洗。就医。

皮肤接触： 立即脱去污染的衣着，用流动清水彻底冲洗。就医。

食入： 漱口，饮水。就医。

灭火方法 消防人员须穿全身消防服，佩戴正压自给式呼吸器，在上风向灭火。尽可能将容器从火场移至空旷处。喷水保持火场容器冷却，直至灭火结束。

灭火剂：雾状水、泡沫、二氧化碳、干粉、沙土。

泄漏应急处置 隔离泄漏污染区，限制出入。建议应急处理人员戴防尘口罩，穿防毒服。穿上适当的防护服前严禁接触破裂的容器和泄漏物。尽可能切断泄漏源。用塑料布覆盖泄漏物，减少飞散。勿使水进入包装容器内。用洁净的铲子收集泄漏物，置于干净、干燥、盖子较松的容器中，将容器移离泄漏区。

卷 索 引

中文名称	卷序
A	
AES	Ⅰ
吖啶	Ⅱ
阿巴姆	Ⅰ
阿苯唑	Ⅴ
阿尼林油	Ⅰ
阿司匹林	Ⅴ
阿特拉津	Ⅰ
阿托品	Ⅴ
阿畏达	Ⅲ
阿西通	Ⅰ
矮壮素	Ⅱ
艾氏剂	Ⅱ
安氟醚	Ⅴ
安果	Ⅱ
安硫磷	Ⅱ
安妥	Ⅱ
安息香醛	Ⅰ
安息香酸	Ⅰ
安息香酸汞	Ⅱ
安息香酸甲酯	Ⅰ
桉叶油	Ⅴ
桉叶油醇	Ⅱ
氨苯砜	Ⅱ
N-氨丙基吗啉	Ⅳ
氨丁基二甲基缩醛	Ⅴ
4-氨基安替比林	Ⅳ
4-氨基-2-(氨甲基)苯酚二盐酸盐	Ⅴ
氨基苯	Ⅰ
1-氨基-4-(4-苯氨磺酰基-3-磺基苯胺基)蒽醌-2-磺酸二钠	Ⅴ
2-氨基苯酚	Ⅰ
3-氨基苯酚	Ⅰ
4-氨基苯酚	Ⅰ
2-氨基苯酚-4-(2′-甲氧基)磺酰乙胺盐酸盐	Ⅴ
5-氨基-3-苯基-1-(双(*N*,*N*-二甲基氨基氧膦基))-1,2,4-三唑	Ⅲ
3-氨基苯甲腈	Ⅱ
4-氨基苯甲酸	Ⅳ
3-氨基苯甲酸	Ⅲ
4-氨基苯甲酸-2-乙基已酯	Ⅴ
2-氨基苯硫酚	Ⅱ
2-氨基苯胂酸	Ⅱ
4-氨基苯胂酸	Ⅱ
4-氨基苯胂酸钠	Ⅱ
4-氨基吡啶	Ⅰ
2-氨基吡啶	Ⅱ
3-氨基吡啶	Ⅱ
3-氨基苄胺	Ⅴ
N-(3-氨基丙基)-*N*-甲基-1,3-丙二胺	Ⅴ
3-氨基丙腈	Ⅲ
2-氨基丙烷	Ⅲ
1-氨基丙烷	Ⅰ
3-氨基丙烯	Ⅲ
8-氨基氮杂萘	Ⅲ
6-氨基氮杂萘	Ⅳ
2-氨基丁醇	Ⅲ
2-氨基-1-丁醇	Ⅳ
4-氨基-1-丁醇	Ⅳ
1-氨基丁烷	Ⅱ
3-氨基-2-丁烯酸-2-(*N*-苄基-*N*-甲氨基)乙酯	Ⅳ
2-氨基-9,10-蒽二酮	Ⅱ
α-氨基蒽醌	Ⅱ
1-氨基蒽醌	Ⅱ
2-氨基蒽醌	Ⅱ
4-氨基二苯胺	Ⅰ
2-氨基二苯硫醚	Ⅴ
1-氨基-3,4-二甲苯	Ⅳ
1-氨基-2,3-二甲基苯	Ⅱ
1-氨基-2,4-二甲基苯	Ⅱ

中文名称	卷序
1-氨基-2,5-二甲基苯	Ⅱ
1-氨基-2,6-二甲基苯	Ⅱ
1-氨基-3,4-二甲基苯	Ⅳ
1-氨基-3,5-二甲基苯	Ⅱ
4-氨基-*N*,*N*-二甲基苯胺	Ⅱ
1-氨基-3,4-二氯苯	Ⅱ
3-氨基-2,5-二氯苯甲酸	Ⅳ
4-氨基-3,5-二氯-2,6-二氟吡啶	Ⅳ
O-(4-氨基-3,5-二氯-6-氟-2-吡啶氧基)乙酸甲酯	Ⅳ
5-氨基-1-(2,6-二氯-4-(三氟甲基)苯基)-3-氰基-4-((三氟甲基)亚磺酰基)吡唑	Ⅳ
1-氨基-2,6-二硝基苯	Ⅱ
2-氨基-4,6-二硝基苯酚	Ⅱ
2-氨基-5-二乙基氨基戊烷	Ⅱ
4-氨基酚	Ⅰ
4-氨基-3-氟苯酚	Ⅴ
氨基庚烷	Ⅰ
1-氨基庚烷	Ⅰ
氨基胍重碳酸盐	Ⅳ
氨基化锂	Ⅳ
氨基化钠	Ⅳ
氨基环戊烷	Ⅱ
氨基环己烷	Ⅰ
氨基磺酸	Ⅰ
氨基磺酸铵	Ⅴ
2-氨基磺酰基-*N*,*N*-二甲基烟酰胺	Ⅳ
2-氨基磺酰基-6-(三氟甲基)吡啶-3-羧酸甲酯	Ⅳ
1-氨基己烷	Ⅰ
2-氨基甲苯	Ⅰ
3-氨基甲苯	Ⅱ
4-氨基甲苯	Ⅱ
(2-(氨基甲基)苯基)乙酰氯盐酸盐	Ⅴ
氨基-3-甲基吡啶	Ⅳ
2-氨基-4-甲基吡啶	Ⅳ
2-氨基-6-甲基吡啶	Ⅳ
3-氨基-*N*-甲基苄胺	Ⅴ
2-氨基-2-甲基-1-丙醇	Ⅴ
1-氨基-2-甲基丙烷	Ⅲ
3-(氨基甲基)庚烷	Ⅱ
4-氨基-*N*-甲基-α-甲苯磺胺盐酸盐	Ⅳ
8-氨基-7-甲基喹啉	Ⅴ
6-氨基-*N*-甲基萘磺酰胺	Ⅴ
2-氨基-4-甲基戊烷	Ⅱ
氨基甲烷	Ⅰ
3-氨基-4-甲氧基乙酰苯胺	Ⅳ
3-氨基喹啉	Ⅱ
4-氨基喹啉	Ⅱ
6-氨基喹啉	Ⅳ
8-氨基喹啉	Ⅲ
氨基锂	Ⅳ
2-氨基联苯	Ⅱ
4-氨基联苯	Ⅰ
4-氨基邻二甲苯	Ⅳ
氨基硫代酯	Ⅰ
2-氨基-1,3-硫氮杂茂	Ⅱ
2-氨基-4-氯苯酚	Ⅲ
5-氨基-4-氯-2-苯基哒嗪-3(2H)-酮	Ⅴ
3-氨基-4-氯苯甲酸十六烷基酯	Ⅴ
2-氨基-4-氯酚	Ⅲ
2-氨基-4-氯甲苯	Ⅱ
2-氨基-4-氯-6-甲氧基嘧啶	Ⅴ
2-氨基-3-氯-5-三氟甲基吡啶	Ⅴ
2-氨基萘	Ⅱ
2-氨基-5-萘酚-7-磺酸	Ⅰ
2-氨基-1-萘磺酸	Ⅰ
3-氨基-2-萘甲酸	Ⅲ
3-氨基-2-萘酸	Ⅲ
4-氨基偶氮苯	Ⅳ
2-氨基-4-皮考林	Ⅳ
2-氨基-6-皮考林	Ⅳ
2-氨基-β-皮考林	Ⅳ
(3*S*,4a,8a*S*)-2-((2*R*,3*S*)-3-氨基-2-羟基-4-苯基丁基)-*N*-叔丁基十氢异喹啉-3-甲酰胺	Ⅳ
1-氨基-4-羟基蒽醌	Ⅲ
L-2-氨基-4-((羟基)(甲基)-氧膦基)丁酰-L-丙氨酰-L-丙氨酸的钠盐	Ⅳ
2-氨基-4-(羟基(甲基)氧膦基)丁酸	Ⅳ
L-2-氨基-4-((羟基)(甲基)氧膦基)丁酰-L-丙氨酰-L-丙氨酸	Ⅳ
氨基氰酸铅盐	Ⅴ
1-氨基壬烷	Ⅲ
2-氨基噻唑	Ⅱ

中文名称	卷序
2-(2-氨基-1,3-噻唑-4-基)-(*Z*)-2-甲氧基亚氨基乙酰氯盐酸盐	Ⅴ
5-氨基-2,4,6-三碘异酞酰氯	Ⅳ
3-氨基三氟甲苯	Ⅱ
1-氨基-2,4,5-三氯苯	Ⅱ
1-氨基-2,4,6-三氯苯	Ⅱ
氨基三亚甲基膦酸	Ⅰ
氨基三乙酸	Ⅰ
氨基三唑	Ⅱ
1-氨基十一烷	Ⅲ
氨基酸酰胺	Ⅰ
7-氨基-3-((5-羧甲基-4-甲基-1,3-噻唑-2-基硫)甲基)-8-氧代-5-硫代-1-氮杂环[4. 2. 0]-2-辛烯-2-羧酸	Ⅴ
1-氨基戊烷	Ⅰ
氨基酰胺	Ⅰ
2-氨基-5-硝基苯酚	Ⅱ
2-氨基-4-硝基苯酚	Ⅲ
2-((4-氨基-2-硝基苯基)氨基)苯甲酸	Ⅴ
2-氨基-5-硝基苯甲腈	Ⅳ
2-氨基-1-硝基萘	Ⅱ
2-氨基辛烷	Ⅳ
2-氨基乙醇	Ⅰ
N-(2-氨基乙基)-1,2-乙二胺	Ⅱ
氨基乙腈	Ⅲ
氨基乙烷	Ⅰ
2-氨基-6-乙氧基-4-甲氨基-1,3,5-三嗪	Ⅴ
2-(2-氨基乙氧基)乙醇	Ⅱ
α-氨基异戊酰胺	Ⅴ
氨腈	Ⅴ
氨气	Ⅰ
氨溶液	Ⅰ
氨水	Ⅰ
N-氨乙基吗啉	Ⅲ
胺丙畏	Ⅴ
胺甲萘粉剂	Ⅳ
胺菊酯	Ⅲ
胺吸磷	Ⅲ
奥克托金	Ⅱ
B	
BTA	Ⅰ
八氟丙烷	Ⅱ
八氟代-1-醇	Ⅲ
八氟-2-丁烯	Ⅱ
八氟环丁烷	Ⅱ
八氟戊醇	Ⅲ
八氟异丁烯	Ⅱ
八甲基环四硅氧烷	Ⅴ
八甲基焦磷酰胺	Ⅱ
八甲磷	Ⅱ
八氯莰烯	Ⅱ
1,3,4,5,6,7,8,8-八氯-1,3,3a,4,7,7a-六氢-4,7-亚甲基异苯并呋喃	Ⅲ
1,2,4,5,6,7,8,8-八氯-2,3,3a,4,7,7a-六氢-4,7-亚甲基茚	Ⅱ
八氯萘	Ⅲ
(3aα,4α,7α,7aα)-八氢-4,7-亚甲基-3aH-茚-3a-甲酸乙酯	Ⅳ
八羰基二钴	Ⅲ
八溴二苯醚	Ⅴ
巴丹	Ⅲ
巴豆醇	Ⅱ
巴豆基氯	Ⅱ
巴豆腈	Ⅱ
巴豆醛	Ⅱ
巴豆醛缩二乙醇	Ⅳ
巴豆炔	Ⅱ
巴豆酸	Ⅱ
巴豆酸酐	Ⅳ
巴豆酸甲酯	Ⅱ
巴豆酸乙烯酯	Ⅲ
巴豆酸乙酯	Ⅱ
巴毒磷	Ⅱ
巴尔板	Ⅲ
巴黎绿	Ⅳ
拔头油	Ⅰ
钯	Ⅳ
白降汞	Ⅱ
白克松	Ⅴ
白矿油	Ⅰ
白蜡油	Ⅰ
白磷	Ⅱ
白砒	Ⅰ
白炭黑	Ⅲ
白陶土	Ⅰ

中文名称	卷序
白油	Ⅰ
白油原料	Ⅰ
百草枯	Ⅱ
百菌清	Ⅲ
百菌酮	Ⅲ
百克敏	Ⅳ
百里酚	Ⅴ
百里坦	Ⅲ
百治磷	Ⅱ
败脂酸甲酯	Ⅰ
败脂酸乙酯	Ⅰ
拜丹	Ⅲ
稗草畏	Ⅳ
斑脱岩	Ⅰ
半胱胺	Ⅲ
半精炼石蜡	Ⅰ
拌种胺	Ⅴ
拌种剂	Ⅲ
保米磷	Ⅱ
保棉磷	Ⅱ
保险粉	Ⅰ
钡	Ⅱ
钡基润滑脂	Ⅰ
743钡皂	Ⅰ
倍半碳酸钠	Ⅴ
倍硫磷	Ⅱ
倍硫磷亚砜	Ⅳ
倍氰松	Ⅲ
苯	Ⅰ
4-(苯氨基)苯酚	Ⅰ
苯氨基重氮苯	Ⅳ
苯胺	Ⅰ
2′-苯胺基-3′-甲基-6′-二戊氨基螺(异苯并呋喃-1(1H),9′-咕吨)-3-酮	Ⅴ
苯胺灵	Ⅲ
苯胺盐酸盐	Ⅳ
苯巴比妥	Ⅳ
1-(3-苯丙基)-2-甲基吡啶鎓溴化物	Ⅴ
苯并吡啶	Ⅱ
1,2-苯并蒽	Ⅲ
苯并蒽	Ⅲ
苯并蒽酮	Ⅲ

中文名称	卷序
N-((1,4-苯并二噁烷-2-基)羰基)哌嗪盐酸盐	Ⅳ
苯并呋喃	Ⅱ
苯并(a)芘	Ⅰ
苯并(e)芘	Ⅴ
3,4-苯并芘	Ⅰ
苯并噻唑	Ⅴ
2-苯并噻唑基硫代丁二酸二-叔-(十二~十四)烷基铵	Ⅳ
2-苯并噻唑基-N-吗啉基硫醚	Ⅰ
苯并三氮唑	Ⅰ
苯并三氮唑脂肪铵盐	Ⅰ
1H-苯并三唑	Ⅰ
3-(2H-苯并三唑-2-基)-4-羟基-5-(1-甲基丙基)苯磺酸单钠盐	Ⅴ
1,2-苯并异噻唑基-3(2H)-酮	Ⅴ
1,2-苯并异噻唑-3(2H)-酮锂盐	Ⅴ
1,2-苯并异噻唑-3(2H)-酮钠盐	Ⅲ
苯并荧蒽	Ⅴ
苯草醚	Ⅴ
苯哒嗪硫磷	Ⅳ
苯代丙腈	Ⅲ
苯代丁腈	Ⅲ
苯代三聚氰胺甲醛树脂	Ⅳ
苯代乙二醇	Ⅲ
苯丁锡	Ⅲ
1,2-苯二胺	Ⅳ
1,3-苯二胺	Ⅱ
1,4-苯二胺	Ⅰ
1,4-苯二胺二盐酸盐	Ⅳ
1,2-苯二酚	Ⅰ
1,3-苯二酚	Ⅰ
1,4-苯二甲酸	Ⅰ
1,3-苯二甲酸	Ⅰ
1,4-苯二甲酸二甲酯	Ⅰ
1,3-苯二甲酸二(4-(乙烯氧基)丁基)酯	Ⅳ
1,2-苯二甲酸二异癸酯	Ⅰ
6-苯二甲酰氨基过氧己酸	Ⅳ
1,2-苯二甲酰氯	Ⅱ
1,3-苯二甲酰氯	Ⅱ
1,4-苯二碳酰二氯	Ⅱ
苯二乙烯	Ⅴ
苯酚	Ⅰ

中文名称	卷序
苯酚钠	Ⅱ
苯氟仿	Ⅳ
苯氟磺胺	Ⅴ
苯酐	Ⅰ
苯磺酸	Ⅳ
苯磺酸钠	Ⅳ
苯磺酰胺	Ⅳ
S-2-苯磺酰基氨基乙基-*O*,*O*-二异丙基二硫代磷酸酯	Ⅴ
苯磺酰肼	Ⅰ
苯磺酰氯	Ⅰ
苯基氨基甲酸-2-((3-碘-2-丙炔基)氧)乙醇酯	Ⅴ
N-苯基氨基甲酸异丙酯	Ⅲ
苯基苯	Ⅰ
1-苯基-3-吡唑烷酮	Ⅴ
2-苯基-1,3-丙二醇	Ⅴ
3-苯基丙腈	Ⅲ
1-苯基丙烷	Ⅰ
2-苯基丙烯	Ⅰ
苯基丁腈	Ⅲ
4-苯基-1-丁烯	Ⅴ
N-苯基-对苯二胺	Ⅰ
苯基二氯化磷	Ⅱ
苯基环己烷	Ⅳ
2-苯基己腈	Ⅴ
苯基甲基二乙氧基硅烷	Ⅲ
苯基芥子油	Ⅲ
苯基联氨	Ⅰ
苯基膦	Ⅴ
苯基硫醇	Ⅲ
苯基氯	Ⅰ
N-苯基-1-萘胺	Ⅰ
N-苯基-2-萘胺	Ⅰ
4-(苯基偶氮)苯胺	Ⅳ
苯基羟胺	Ⅲ
苯基氰	Ⅰ
苯基取代的硫代吗啉	Ⅳ
苯基(2,4,6-三甲基苯基)甲酮	Ⅴ
苯基三甲基氯化铵	Ⅴ
苯基三氯硅烷	Ⅱ
1-苯基十二烷	Ⅰ
苯基双(2,4,6-三甲基苯甲酰基)氧化膦	Ⅴ

中文名称	卷序
苯基溴化镁	Ⅳ
2-苯基乙硫醇	Ⅱ
N-苯基乙酰胺	Ⅱ
苯基异氰酸酯	Ⅲ
苯甲胺	Ⅰ
苯甲醇	Ⅰ
2-苯甲基吡啶	Ⅱ
4-苯甲基吡啶	Ⅱ
苯甲腈	Ⅰ
苯甲醚	Ⅰ
苯甲醛	Ⅰ
苯甲酸	Ⅰ
苯甲酸苄酯	Ⅲ
苯甲酸丁酯	Ⅲ
苯甲酸汞	Ⅱ
苯甲酸甲酯	Ⅰ
苯甲酸乙酯	Ⅲ
苯甲酸异丙酯	Ⅲ
苯甲酸正丁酯	Ⅲ
苯甲酸正己酯	Ⅲ
苯甲酰胺	Ⅳ
苯甲酰丙烯酸乙酯	Ⅳ
苯甲酰氯	Ⅰ
苯甲酰氧基苯-4-磺酸钠	Ⅳ
2-(苯甲氧基)萘	Ⅴ
苯甲氧基碳酰氯	Ⅱ
苯腈磷	Ⅲ
苯腈硫磷	Ⅲ
苯肼	Ⅰ
苯均四酸二酐	Ⅱ
苯菌灵	Ⅲ
苯胩	Ⅱ
1,4-苯醌	Ⅰ
苯醌	Ⅰ
苯来特	Ⅲ
苯磷化二氯	Ⅱ
苯膦酰二氯	Ⅱ
苯硫代磷酰二氯	Ⅱ
苯硫酚	Ⅲ
苯硫磷	Ⅱ
苯硫威	Ⅳ
苯醚	Ⅴ
苯嗪草酮	Ⅴ

中文名称	卷序
苯绕蒽酮	Ⅲ
苯噻隆	Ⅴ
苯噻氰	Ⅲ
苯噻酰草胺	Ⅳ
苯三氮唑	Ⅰ
苯三氟甲烷	Ⅳ
苯三唑十八胺	Ⅳ
苯三唑衍生物	Ⅰ
苯三唑脂肪胺盐	Ⅰ
苯胂化二氯	Ⅲ
苯胂化氧	Ⅲ
苯霜灵	Ⅳ
1,2,4,5-苯四酸酐	Ⅱ
苯酸甲酯	Ⅰ
苯缩水甘油醚	Ⅳ
苯妥因	Ⅴ
苯酰胺	Ⅳ
苯线磷	Ⅲ
S-4-苯氧丁基-*N*,*N*-二甲基硫代氨基甲酸酯	Ⅳ
3-苯氧基苄基 3-(2,2-二氯乙烯)-2,2-二甲基环丙烷羧酸酯	Ⅱ
苯氧基醋酸	Ⅳ
苯氧基钠	Ⅱ
N-(苯氧基羰基)-L-缬氨酸甲酯	Ⅴ
2-苯氧基乙醇	Ⅲ
苯氧基乙酸	Ⅳ
苯氧喹啉	Ⅴ
苯氧氯化膦	Ⅱ
苯氧威	Ⅴ
1-苯乙胺	Ⅴ
β-苯乙醇	Ⅲ
苯乙醇腈	Ⅱ
苯乙二醇	Ⅲ
2-苯乙基异氰酸酯	Ⅴ
苯乙腈	Ⅰ
苯乙醚	Ⅳ
苯乙醛	Ⅳ
苯乙炔	Ⅱ
苯乙酸	Ⅳ
苯乙酮	Ⅰ
苯乙烯	Ⅰ
苯乙烯-丙烯晴共聚物	Ⅰ
苯乙烯-丁二烯-苯乙烯热塑性弹性体	Ⅰ
苯乙烯化苯酚	Ⅰ
苯乙烯-4-磺酰氯	Ⅴ
苯乙烯焦油	Ⅰ
苯乙烯-马来酸酐-丙烯酸二十二酯共聚物	Ⅰ
苯乙烯-马来酰十八亚胺共聚物	Ⅰ
苯乙酰氯	Ⅱ
苯扎氯铵	Ⅰ
苯扎溴铵	Ⅰ
苯佐卡因	Ⅲ
比欠	Ⅲ
吡草醚	Ⅴ
吡草酮	Ⅳ
吡虫啉	Ⅳ
吡啶	Ⅱ
γ-吡啶胺	Ⅰ
2-(3-吡啶基)-哌啶	Ⅳ
2-(3-吡啶基)-哌啶硫酸盐	Ⅳ
3-吡啶羧酸-2-(4,5-二氢-4-甲基-4-(1-甲基乙基)-5-氧-1H-咪唑-2-基)酯	Ⅴ
吡氟草胺	Ⅴ
吡氟禾草灵	Ⅴ
吡菌磷	Ⅴ
吡咯	Ⅱ
吡咯烷	Ⅳ
2-吡咯烷酮	Ⅱ
α-吡咯烷酮	Ⅱ
吡螨胺	Ⅳ
吡喃灵	Ⅴ
吡蚜酮	Ⅴ
吡氧磷	Ⅴ
吡唑硫磷	Ⅳ
吡唑特	Ⅳ
蓖麻油	Ⅰ
避虫醇	Ⅴ
扁桃腈	Ⅱ
苄胺	Ⅰ
苄草丹	Ⅴ
苄草唑	Ⅳ
苄醇	Ⅰ
4-苄基吡啶	Ⅱ
2-苄基吡啶	Ⅱ

中文名称	卷序
2-苄基-2-(二甲氨基)-1-(4-吗啉代苯基)-1-丁酮	V
苄基二甲胺	II
S-苄基-*N*-(1,2-二甲基丙基)-*N*-乙基硫代氨基甲酸酯	IV
S-苄基-*O*,*O*-二乙基硫代磷酸酯	II
苄基氯	II
苄基氰	I
苄基溴	III
S-苄基-*S*-乙基二硫代磷酸丁酯	IV
3-(2-(3-苄基-4-乙氧基-2,5-二氧代咪唑烷-1-基)-4,4-二甲基-3-氧代戊酰胺基)-4-氯苯甲酸十二基酯	IV
1-苄基-5-乙氧基-2,4-咪唑烷二酮	V
苄硫醇	II
苄氯三唑醇	V
苄螨醚	IV
苄氰	I
4-苄氧基-4′-(2,3-环氧-2-甲基丙-1-基氧)二苯砜	V
变干油	I
变性淀粉	I
变压器气相干燥油(变干油,沧州炼油厂)	I
标准异辛烷	I
标准正庚烷	I
表氯醇	I
表面活性剂 1292	I
表面活性剂 1227	I
表溴醇	II
冰醋酸	I
冰晶石	III
冰片	II
丙胺	I
丙胺氟磷	V
丙苯	I
丙苯磺隆	V
丙虫磷	IV
丙虫硫磷	IV
2-丙醇	I
1-丙醇	I
丙醇酸	II
1,2-丙二胺	II
1,3-丙二胺	II
1,3-丙二胺四乙酸	IV
1,3-丙二醇	III
1,2-丙二醇	I
丙二醇单丁醚	III
丙二醇单甲醚	III
1,2-丙二醇二硝酸酯	V
1,2-丙二醇碳酸酯	IV
丙二醇乙醚	II
丙二腈	II
丙二酸	IV
丙二酸二乙酯	IV
丙二酸铊	II
丙二酸亚铊	II
丙二烯	II
丙二酰氯	II
丙环唑	V
1,3-丙磺酸内酯	V
丙(基)苯	V
丙基碘	II
4-丙基环己酮	V
丙基环戊烷	III
1-丙基磷酸环酐	IV
丙基硫氧嘧啶	V
丙基氯	I
丙基氰	I
丙基三氯硅烷	IV
S-丙基-*N*-乙基-*N*-丁基硫代氨基甲酸酯	III
丙基乙炔	II
丙腈	II
丙硫克百威	V
丙硫特普	V
丙醚	II
β-丙内酯	IV
丙醛	I
丙炔	I
2-丙炔-1-醇	I
丙炔醇	I
丙炔恶草酮	V
丙炔氟草胺	V
丙三醇	I
丙三醇聚氧丙烯醚	I
丙三醇聚氧乙烯聚氧丙烯醚	I

中文名称	卷序
丙三醇聚氧乙烯醚磷酸酯	Ⅰ
丙森锌	Ⅳ
丙酸	Ⅰ
丙酸苯汞	Ⅲ
丙酸丙酯	Ⅴ
丙酸丁酯	Ⅰ
丙酸酐	Ⅰ
丙酸-2-甲基丙酯	Ⅰ
丙酸甲酯	Ⅰ
丙酸戊酯	Ⅰ
丙酸烯丙酯	Ⅳ
丙酸乙烯酯	Ⅲ
丙酸乙酯	Ⅰ
丙酸异丙酯	Ⅴ
丙酸异丁酯	Ⅰ
丙酸异戊酯	Ⅰ
丙酸正丁酯	Ⅰ
丙酸正戊酯	Ⅰ
丙酸仲丁酯	Ⅳ
丙酮	Ⅰ
丙酮基丙酮	Ⅳ
丙酮氰醇	Ⅰ
丙酮缩二甲醇	Ⅱ
丙酮肟	Ⅰ
丙烷	Ⅰ
丙烯	Ⅰ
2-丙烯-1-醇	Ⅱ
4-丙烯基-2-甲氧基苯酚	Ⅳ
丙烯基氰	Ⅱ
2-丙烯基三氯硅烷	Ⅲ
丙烯腈	Ⅰ
丙烯腈-丙烯酸钾共聚物	Ⅰ
丙烯腈-丁二烯-苯乙烯三元共聚物	Ⅰ
2-丙烯-1-硫醇	Ⅱ
丙烯醛(抑制了的)	Ⅱ
丙烯醛	Ⅰ
丙烯醛二乙缩醛	Ⅱ
丙烯酸	Ⅰ
丙烯酸-丙烯磺酸钠共聚物	Ⅰ
丙烯酸-丙烯酸甲酯共聚物	Ⅰ
丙烯酸-丙烯酸-β-羟丙酯-次磷酸钠调聚物	Ⅰ
丙烯酸-丙烯酸-β-羟丙酯-次磷酸钠共聚物	Ⅰ
丙烯酸-丙烯酸-β-羟丙酯共聚物	Ⅰ
丙烯酸-丙烯酸酯共聚物	Ⅰ
丙烯酸-丙烯酰胺共聚物	Ⅰ
丙烯酸-2-丙烯酰基-2-甲基丙磺酸钠-次磷酸钠调聚物	Ⅰ
丙烯酸-2-丙烯酰基-2-甲基丙基膦酸共聚物	Ⅰ
丙烯酸-AMPS-次磷酸钠共聚物	Ⅰ
丙烯酸-次膦酸的调聚物	Ⅰ
丙烯酸丁酯	Ⅰ
丙烯酸多元共聚物	Ⅰ
丙烯酸-2-(二甲基氨基)乙酯	Ⅳ
丙烯酸癸酯	Ⅲ
丙烯酸-2,3-环氧丙酯	Ⅳ
丙烯酸己酯	Ⅳ
2-丙烯酸-(1-甲基-1,2-亚乙基)双(β-甲氧乙基)酯	Ⅴ
丙烯酸甲酯	Ⅰ
丙烯酸氯乙酯	Ⅲ
丙烯酸-马来酸酐共聚物	Ⅰ
丙烯酸羟丙酯三元共聚物	Ⅰ
丙烯酸-2-羟乙酯	Ⅲ
丙烯酸氰乙酯	Ⅲ
丙烯酸叔丁酯	Ⅴ
丙烯酸-亚甲基丁二酸共聚物	Ⅰ
丙烯酸-衣康酸共聚物	Ⅰ
丙烯酸-2-乙基丁酯	Ⅲ
丙烯酸-2-乙基己酯	Ⅰ
2-丙烯酸-2-乙基-2-(羟基甲基)-1,3-丙二酯	Ⅲ
丙烯酸-乙烯基磺酸共聚物	Ⅰ
丙烯酸乙酯	Ⅰ
丙烯酸异丁酯(抑制了的)	Ⅲ
丙烯酸异辛酯	Ⅰ
丙烯酸正丁酯	Ⅰ
丙烯酸酯-马来酸酐共聚物	Ⅰ
丙烯酸酯-马来酸酐-乙酸乙烯酯共聚物	Ⅰ
丙烯酸酯与醚共聚物	Ⅰ
丙烯酰胺	Ⅰ
丙烯酰胺-丙烯磺酸钠共聚物	Ⅰ
丙烯酰胺-丙烯腈共聚物	Ⅰ

中文名称	卷序
丙烯酰胺-丙烯酸钾共聚物	Ⅰ
丙烯酰胺和马来酸酐共聚物	Ⅰ
丙烯酰胺基甘醇酸甲酯(含≥0.1%丙烯酰胺)	Ⅴ
丙烯酰胺基甲氧基乙酸甲酯(含≥0.1%丙烯酰胺)	Ⅳ
丙烯酰胺-甲基丙烯酸二甲氨基乙酯共聚物	Ⅰ
丙烯酰氯	Ⅳ
丙酰胺	Ⅳ
丙酰氯	Ⅱ
丙酰溴	Ⅱ
丙溴磷	Ⅴ
4-丙氧基苯甲醛	Ⅳ
并苯	Ⅰ
菠萝蛋白酶	Ⅳ
铂	Ⅴ
铂重整原料油	Ⅰ
不对称二甲基硒脲	Ⅱ
不对称二甲肼	Ⅱ
不育津	Ⅲ
C	
CHP	Ⅰ
CMHPG	Ⅰ
彩色油墨溶剂油	Ⅰ
莱草畏	Ⅱ
菜油	Ⅰ
菜籽油	Ⅰ
残虫畏	Ⅲ
残杀威	Ⅲ
草胺膦	Ⅳ
草甘膦	Ⅲ
草克乐	Ⅲ
草克死	Ⅱ
草硫膦	Ⅴ
草灭畏	Ⅳ
草乃敌	Ⅱ
草酸	Ⅳ
草酸铵	Ⅳ
草酸钡	Ⅲ
草酸丁酯	Ⅲ
草酸二丁酯	Ⅲ
草酸二甲酯	Ⅲ
草酸二乙酯	Ⅲ
草酸钙	Ⅳ
草酸高铁铵	Ⅳ
草酸甲酯	Ⅲ
草酸钾	Ⅳ
草酸锰	Ⅳ
草酸钠	Ⅳ
草酸钛	Ⅳ
草酸钛钾	Ⅳ
草酸钍	Ⅳ
草酸锌	Ⅳ
草酸亚铁	Ⅳ
草酸亚锡	Ⅳ
草酸盐类	Ⅴ
草酸乙酯	Ⅲ
草完隆	Ⅴ
草肟威	Ⅲ
草酰氯	Ⅳ
草芽畏	Ⅱ
柴油	Ⅲ
柴油芳烃	Ⅰ
柴油机油	Ⅰ
柴油流动改进剂	Ⅰ
常压蜡油	Ⅰ
超氧化钾	Ⅳ
超氧化钠	Ⅳ
车用柴油	Ⅰ
车用汽油	Ⅰ
车用无铅汽油	Ⅰ
车用乙醇汽油	Ⅰ
车用乙醇汽油调和组分油	Ⅰ
赤血盐	Ⅲ
虫螨灵	Ⅳ
虫螨畏	Ⅴ
虫酰肼	Ⅳ
虫线磷	Ⅱ
抽出油	Ⅰ
6号抽提溶剂油	Ⅰ
抽余油	Ⅰ
稠二萘	Ⅴ
臭碱	Ⅰ
臭碳五	Ⅰ
臭氧	Ⅲ

中文名称	卷序
除草定	Ⅴ
除草醚	Ⅲ
除虫菊	Ⅴ
除虫菊素	Ⅱ
除虫菊素Ⅱ	Ⅴ
除虫菊酯	Ⅱ
除虫脲	Ⅲ
除害威	Ⅳ
除线磷	Ⅱ
船用内燃机燃料油	Ⅰ
纯碱	Ⅰ
醇酸树脂	Ⅳ
磁性氧化铁红	Ⅴ
次氮基三(亚甲基)三膦酸	Ⅰ
次氮基三乙酸	Ⅰ
次磷酸	Ⅱ
次膦酸基聚丙烯酸	Ⅰ
次硫化镍	Ⅴ
次氯酸钠	Ⅰ
4,4′,4″-次乙基三苯酚	Ⅴ
次乙基双硬脂酰胺	Ⅰ
次乙酸铅	Ⅲ
粗酚	Ⅰ
粗汽油	Ⅰ
粗石蜡	Ⅰ
促进剂 M	Ⅰ
促进剂 NS	Ⅳ
促进剂 D	Ⅲ
促进剂 BZ	Ⅲ
促进剂 CBS(CZ)	Ⅰ
促进剂 DCBS(DZ)	Ⅰ
促进剂 DIP	Ⅰ
促进剂 EZ	Ⅲ
促进剂 MBTS(DM)	Ⅰ
促进剂 NOBS	Ⅰ
促进剂 SDC	Ⅲ
促进剂 TBBS	Ⅰ
促进剂 TMTM	Ⅲ
醋酐	Ⅰ
醋醛	Ⅰ
醋酸	Ⅰ
醋酸钡	Ⅳ
醋酸苯汞	Ⅰ

中文名称	卷序
醋酸苯乙酯	Ⅳ
醋酸第二丁酯	Ⅲ
醋酸-2-丁氧基乙酯	Ⅲ
醋酸丁酯	Ⅰ
醋酸酐	Ⅰ
醋酸镉	Ⅲ
醋酸汞	Ⅰ
醋酸钴	Ⅳ
醋酸环己酯	Ⅳ
醋酸己酯	Ⅳ
醋酸甲氧基乙基汞	Ⅳ
醋酸甲酯	Ⅰ
醋酸镁	Ⅲ
醋酸钠,无水	Ⅰ
醋酸镍	Ⅲ
醋酸铍	Ⅳ
醋酸铅	Ⅳ
醋酸叔丁酯	Ⅰ
醋酸铊	Ⅳ
醋酸铜	Ⅳ
醋酸烯丙酯	Ⅳ
醋酸锌	Ⅲ
醋酸亚汞	Ⅳ
醋酸亚砷酸铜	Ⅳ
醋酸乙烯酯	Ⅰ
醋酸乙酯	Ⅰ
醋酸异丙烯酯	Ⅳ
醋酸异丙酯	Ⅰ
醋酸异丁酯	Ⅲ
醋酸正丙酯	Ⅲ
醋酸正己酯	Ⅳ
醋酸仲丁酯	Ⅲ
醋酰胺	Ⅰ
催化碳四橡胶原料	Ⅰ
D	
D1221	Ⅰ
DDDMAC	Ⅰ
DINP	Ⅰ
DMAM	Ⅰ
DMF	Ⅰ
DMSO	Ⅰ
哒草特	Ⅳ
哒螨灵	Ⅴ

中文名称	卷序
达拉朋钠	Ⅲ
大豆抽提溶剂油	Ⅰ
大红色基 GGS	Ⅱ
大隆	Ⅲ
大苏打	Ⅰ
代森铵	Ⅰ
代森硫	Ⅴ
代森锰	Ⅱ
代森锰锌	Ⅴ
代森钠	Ⅰ
代森锌	Ⅰ
丹宁酸	Ⅰ
单过氧草酸-*O*,*O*-叔丁基-*O*-二十二基酯	Ⅳ
单宁	Ⅰ
(*Z*)-单-9-十八烯酸脱水山梨醇酯	Ⅰ
单十二酸脱水山梨醇酯	Ⅰ
单烯基丁二酰亚胺	Ⅰ
单氧化二氯	Ⅲ
单乙醇胺	Ⅰ
单乙酸甘油酯	Ⅲ
胆矾	Ⅰ
氮	Ⅰ
氮丙啶	Ⅱ
氮川三乙酸	Ⅳ
氮化锂	Ⅲ
氮己环	Ⅲ
氮芥	Ⅲ
氮气	Ⅰ
10-氮(杂)蒽	Ⅱ
((1*R*,4*S*)-2-氮杂二环[2.2.1]庚-5-烯-3-酮	Ⅴ
1-氮杂环丙烷	Ⅱ
1-氮杂-2,4-环戊二烯	Ⅱ
9-氮杂芴	Ⅱ
氘	Ⅳ
导热油	Ⅰ
导生 A	Ⅰ
道路石油沥青	Ⅰ
稻丰散	Ⅱ
稻宁	Ⅲ
稻瘟净	Ⅱ
稻瘟灵	Ⅳ

中文名称	卷序
稻瘟酞	Ⅲ
灯用煤油	Ⅰ
灯油	Ⅰ
低分子聚丁二烯	Ⅱ
低聚甲醛	Ⅱ
低硫低芳烃特种溶剂油	Ⅰ
2,4-滴	Ⅱ
2,4-滴丙酸	Ⅲ
滴滴滴	Ⅲ
滴滴涕	Ⅱ
滴滴伊	Ⅲ
2,4-滴丁酸	Ⅱ
2,4-滴丁酯	Ⅰ
2,4-滴钠	Ⅱ
2,4-滴盐	Ⅴ
狄氏剂	Ⅱ
敌百虫	Ⅰ
敌稗	Ⅱ
敌草腈	Ⅳ
敌草净	Ⅴ
敌草快	Ⅱ
敌草隆	Ⅱ
敌草特	Ⅴ
敌稻瘟	Ⅱ
敌敌畏	Ⅱ
敌恶磷	Ⅱ
敌磺钠	Ⅱ
敌菌丹	Ⅴ
敌菌灵	Ⅴ
敌菌酮	Ⅱ
敌螨通	Ⅲ
敌灭生	Ⅴ
敌鼠	Ⅱ
敌鼠灵	Ⅱ
敌死通	Ⅳ
敌瘟磷	Ⅱ
敌蚜胺	Ⅱ
敌蝇威	Ⅱ
涤纶	Ⅰ
地胺磷	Ⅴ
地虫硫磷	Ⅴ
地乐酚	Ⅱ
地乐酯	Ⅱ

中文名称	卷序
地麦威	Ⅴ
地散磷	Ⅴ
第三丁基过苯二甲酸	Ⅲ
第三丁硫醇	Ⅲ
碲	Ⅲ
碲化氢	Ⅲ
碲酸钠	Ⅱ
碘	Ⅳ
4-碘苯酚	Ⅲ
碘苯腈	Ⅱ
1-碘丙烷	Ⅱ
2-碘丙烷	Ⅱ
3-碘-2-丙烯	Ⅳ
3-碘-1-丙烯	Ⅱ
碘醋酸	Ⅱ
碘代叔丁烷	Ⅲ
碘代异丁烷	Ⅱ
碘代正丁烷	Ⅱ
碘代正戊烷	Ⅱ
1-碘丁烷	Ⅱ
2-碘丁烷	Ⅱ
碘仿	Ⅲ
4-碘酚	Ⅲ
碘钙石	Ⅱ
碘化二正辛基铝	Ⅴ
碘化高汞	Ⅰ
碘化高锡	Ⅲ
碘化镉	Ⅲ
碘化汞	Ⅰ
碘化汞钾	Ⅱ
碘化钾汞	Ⅱ
碘化铅	Ⅳ
碘化氢(无水)	Ⅳ
碘化氢溶液	Ⅲ
碘化氰	Ⅲ
碘化锑	Ⅲ
碘化亚砷	Ⅲ
碘化亚铊	Ⅱ
碘化亚铜	Ⅳ
碘化乙酰	Ⅳ
碘化银	Ⅲ
1-碘-2-甲基丙烷	Ⅱ
2-碘-2-甲基丙烷	Ⅲ

中文名称	卷序
碘甲烷	Ⅰ
碘酸	Ⅱ
碘酸铵	Ⅱ
碘酸钡	Ⅱ
碘酸钙	Ⅱ
碘酸镉	Ⅱ
碘酸钾	Ⅱ
碘酸钾合二碘酸	Ⅳ
碘酸锂	Ⅱ
碘酸钠	Ⅱ
碘酸铅	Ⅱ
碘酸氢钾	Ⅱ
碘酸锶	Ⅱ
碘酸铁	Ⅱ
碘酸锌	Ⅱ
碘酸银	Ⅱ
1-碘戊烷	Ⅱ
碘酰苯	Ⅴ
3-碘硝基苯	Ⅱ
2-碘硝基苯	Ⅱ
1-碘-2-硝基苯	Ⅱ
1-碘-3-硝基苯	Ⅱ
1-碘-4-硝基苯	Ⅱ
2-(2-碘乙基)-1,3-丙二醇二乙酸酯	Ⅳ
碘乙酸	Ⅱ
碘乙酸乙酯	Ⅲ
碘乙烷	Ⅱ
碘乙酰	Ⅳ
电缆沥青	Ⅰ
电石	Ⅰ
电石气	Ⅰ
α-淀粉酶	Ⅳ
靛红酸酐	Ⅴ
叠氮化钡(干的或含水<50%)	Ⅲ
叠氮化钡(含水>50%)	Ⅲ
叠氮化钠	Ⅰ
叠氮化铅	Ⅲ
叠氮化氢	Ⅲ
3-叠氮基磺酰基苯甲酸	Ⅳ
叠氮镁	Ⅳ
叠氮铅	Ⅲ
叠氮酸	Ⅲ
叠氮银	Ⅲ

中文名称	卷序
叠合汽油	Ⅰ
丁胺醇	Ⅳ
丁苯	Ⅲ
丁苯胶	Ⅰ
丁苯胶乳	Ⅰ
丁苯吗啉	Ⅴ
丁苯热塑橡胶	Ⅰ
丁苯橡胶	Ⅰ
丁草胺	Ⅲ
丁草特	Ⅲ
丁醇	Ⅰ
1-丁醇	Ⅰ
2-丁醇	Ⅱ
3-丁醇醛	Ⅱ
1,4-丁二胺	Ⅰ
1,3-丁二醇	Ⅲ
2,3-丁二醇	Ⅲ
丁二醇单甲基醚	Ⅲ
丁二醇单乙基醚	Ⅲ
1,4-丁二醇二缩水甘油醚	Ⅴ
2,2′-(1,4-丁二基二(氧亚甲基))二环氧乙烷	Ⅴ
丁二腈	Ⅰ
丁二醛	Ⅳ
丁二炔	Ⅲ
丁二酸	Ⅳ
丁二酸二丙酯	Ⅲ
丁二酸二丁酯	Ⅳ
丁二酸二乙酯	Ⅳ
丁二酸二正丙酯	Ⅲ
丁二酸双异辛酯磺酸钙	Ⅰ
2,3-丁二酮	Ⅱ
1,3-丁二烯	Ⅰ
丁二酰氯	Ⅱ
丁二酰亚胺	Ⅱ
N-丁基苯胺	Ⅳ
5-丁基-1-H-苯并三唑钠	Ⅴ
2-(1-丁基-2-苯基-3,5-二氧代-1,2,4-三唑烷-4-基)-5′-(3-十二烷磺酰基-2-甲基丙酰氨基)-2′-甲氧基-4,4-二甲基-3-氧代戊酰苯胺	Ⅳ
2-(4-(*N*-丁基-*N*-苯乙基氨基)苯基)乙烯-1,1,2-三腈	Ⅴ
N-丁基吡咯烷	Ⅳ
α-丁基-α-对氯苯基-1H-1,2,4-三唑-1-甲基己腈	Ⅴ
丁基-2,3-环氧丙基醚	Ⅱ
N-丁基甲胺	Ⅲ
1-丁基-2-甲基溴化吡啶	Ⅴ
丁基锂	Ⅰ
丁基磷酸	Ⅱ
2-丁基硫醇	Ⅱ
2-丁基-4-氯-5-甲酰基咪唑	Ⅴ
N-丁基-2-(4-吗啉基羰基)苯甲酰胺	Ⅳ
丁基氰	Ⅲ
丁基-(*R*)-2-(4-(4-氰基-2-氟苯氧基)苯氧基)丙酸酯	Ⅳ
丁基溶纤剂	Ⅰ
丁基三苯基硼酸四丁铵盐	Ⅴ
丁基三环己基锡	Ⅴ
丁基三氯硅烷	Ⅳ
丁基三乙二醇	Ⅲ
2-丁基-2-乙基-1,5-戊二胺	Ⅳ
丁基乙烯	Ⅰ
丁基异氰酸酯	Ⅳ
丁间二醇	Ⅲ
丁腈	Ⅰ
丁腈胶	Ⅰ
丁腈胶乳	Ⅰ
丁腈橡胶	Ⅰ
丁硫醇	Ⅴ
丁硫环磷	Ⅴ
丁硫克百威	Ⅴ
丁醚脲	Ⅳ
丁内酰胺	Ⅱ
γ-丁内酯	Ⅳ
β-丁内酯	Ⅴ
丁醛肟	Ⅱ
丁醛肟威	Ⅲ
1-丁炔	Ⅱ
2-丁炔	Ⅱ
1-丁炔-3-醇	Ⅴ
1,4-丁炔二醇	Ⅱ
3-丁炔-2-酮	Ⅳ
丁噻隆	Ⅴ
丁酸	Ⅰ

中文名称	卷序
丁酸丙酯	Ⅰ
丁酸丁酯	Ⅰ
丁酸酐	Ⅰ
丁酸甲酯	Ⅲ
丁酸戊酯	Ⅰ
丁酸烯丙酯	Ⅳ
丁酸乙烯酯	Ⅳ
丁酸乙酯	Ⅰ
2-丁酮	Ⅰ
2-丁酮酸	Ⅰ
丁酮威	Ⅴ
2-丁酮肟	Ⅴ
丁烷	Ⅰ
丁蜗锡	Ⅰ
丁烯	Ⅰ
1-丁烯	Ⅰ
2-丁烯(顺式)	Ⅰ
丁烯醇	Ⅱ
2-丁烯-1-醇	Ⅱ
丁烯二酰氯(反式)	Ⅱ
2-丁烯腈	Ⅱ
3-丁烯腈	Ⅱ
丁烯磷	Ⅱ
2-丁烯醛(抑制了的)	Ⅱ
2-丁烯酸	Ⅱ
丁烯酸	Ⅱ
丁烯酸酐	Ⅳ
2-丁烯酸甲酯	Ⅱ
丁烯酸乙烯酯	Ⅲ
2-丁烯酸乙酯	Ⅱ
丁烯缩醛	Ⅳ
3-丁烯-2-酮	Ⅱ
丁烯酮	Ⅱ
丁酰胺	Ⅳ
丁酰氯	Ⅳ
丁香酚甲醚	Ⅳ
1-丁氧基-2-丙醇	Ⅴ
3-丁氧基-1-丙醇	Ⅲ
1-(2-丁氧基丙氧基)-2-丙醇	Ⅴ
2-丁氧基乙醇	Ⅰ
1-丁氧基-2-乙氧基乙烷	Ⅲ
N-(丁氧甲基)-α-氯-*N*-(2,6-二乙基苯基)乙酰胺	Ⅲ

中文名称	卷序
啶虫咪	Ⅳ
啶嘧磺隆	Ⅴ
冬青油	Ⅲ
毒扁豆碱	Ⅴ
毒草胺	Ⅱ
毒虫威	Ⅴ
毒菌锡	Ⅲ
毒毛旋花苷 G	Ⅴ
毒毛旋花苷 K	Ⅴ
毒壤磷	Ⅲ
毒杀芬	Ⅱ
毒鼠碱	Ⅰ
毒鼠磷	Ⅴ
毒水芹酸	Ⅲ
毒死蜱	Ⅱ
杜鹃花酸	Ⅳ
杜烯	Ⅱ
煅烧石油焦	Ⅰ
对氨基苯丙酮	Ⅲ
对氨基苯酚	Ⅰ
对氨基苯磺酸	Ⅳ
对氨基苯磺酰胺	Ⅲ
对氨基苯甲醚	Ⅳ
对氨基苯甲酸	Ⅳ
对氨基苯甲酸乙酯	Ⅲ
对氨基苯醛	Ⅳ
对氨基苯胂酸	Ⅱ
对氨基苯胂酸钠	Ⅱ
对氨基苯乙醚	Ⅱ
对氨基吡啶	Ⅰ
对氨基-*N*,*N*-二甲基苯胺	Ⅱ
对氨基联苯	Ⅰ
对氨基氯苯	Ⅱ
对氨基萘磺酸	Ⅳ
对氨基-2′,3-偶氮甲苯	Ⅱ
对氨基溴化苯	Ⅱ
对氨基乙酰苯胺	Ⅱ
对苯二胺	Ⅰ
对苯二酚	Ⅰ
对苯二甲酸	Ⅰ
对苯二甲酸二甲酯	Ⅰ
对苯二甲酸二乙酯	Ⅲ
对苯二甲酰氯	Ⅱ

中文名称	卷序
对苯二甲酯乙酯	Ⅲ
对苯酚磺酸	Ⅱ
对苯基苯胺	Ⅰ
对苯醌	Ⅰ
对苄氧基苯酚	Ⅳ
对丙烯基邻甲氧基苯酚	Ⅳ
对丙氧基苯醛	Ⅳ
对称二苯肼	Ⅰ
对称二氯二乙醚	Ⅰ
敌诱酮	Ⅱ
对称二氯乙烯	Ⅱ
对称三噁烷	Ⅳ
对称三硝基苯	Ⅱ
对称三硝基苯甲酸(干的或含水<30%)	Ⅲ
对碘苯酚	Ⅲ
对二氨基联苯	Ⅱ
对二氮己环	Ⅳ
对二氟苯	Ⅰ
对二甲氨基苯甲醛	Ⅳ
对二甲苯	Ⅰ
对二甲苯磺酸	Ⅳ
对二甲基氨基苯基硫酸重氮盐	Ⅳ
对二甲基氨基苯醛	Ⅳ
对二甲基氨基苯重氮磺酸钠	Ⅱ
对二甲基氨基偶氮苯	Ⅲ
对二甲基氨基偶氮苯	Ⅴ
对二甲基氨基偶氮苯磺酸钠	Ⅲ
对二氯苯	Ⅰ
对二硝基苯	Ⅱ
对二硝基二苯基羰(酰)二肼	Ⅱ
对二溴苯	Ⅲ
对二亚硝基苯	Ⅱ
对二乙基苯	Ⅰ
对二异丙基苯	Ⅲ
对氟苯胺	Ⅱ
对氟苯甲酸	Ⅲ
对茴香胺	Ⅳ
对甲苯胺	Ⅱ
对甲苯磺氯代酰胺钠	Ⅰ
对甲苯磺酸(硫酸含量≤5%)	Ⅴ
对甲苯磺酸	Ⅳ
对甲苯磺酸甲酯	Ⅳ
对甲苯磺酸铁(Ⅲ)	Ⅴ
对甲苯磺酰基苯胺苯汞	Ⅱ
对甲苯磺酰氯	Ⅱ
对甲苯基氰	Ⅱ
对甲苯甲酸	Ⅲ
对甲苯硫酚	Ⅱ
对甲苯醛	Ⅳ
对甲酚	Ⅰ
对甲基苯胺	Ⅳ
对甲基苯磺酰异氰酸酯	Ⅴ
对甲基苯甲腈	Ⅱ
对甲基苯乙烯	Ⅰ
对氟甲苯	Ⅱ
对甲基环己醇	Ⅳ
对甲基氯化苄	Ⅲ
对甲基异丙基苯	Ⅱ
对甲氧苯基缩水甘油酸甲酯	Ⅴ
对甲氧基苯胺	Ⅳ
对甲氧基苯醛	Ⅳ
对甲氧基氯化苄	Ⅲ
对甲氧基硝基苯	Ⅱ
对硫磷	Ⅰ
对硫氰酸苯胺	Ⅱ
对氯苯胺	Ⅱ
对氯苯酚	Ⅱ
3-对氯苯基-1,1-二甲基脲	Ⅲ
3-对氯苯基-1,1-二甲基脲三氯乙酸季铵盐	Ⅴ
3-对氯苯基-1-甲氧基-1-甲基脲	Ⅲ
对氯苯甲基氯	Ⅱ
对氯苯甲酰氯	Ⅱ
对氯苯硫醇	Ⅱ
对氯苯乙烯	Ⅲ
对氯苄基对氯苯基硫醚	Ⅲ
对氯苄基氯	Ⅱ
对氯代苯氧基乙酸	Ⅲ
对氯氟苯	Ⅱ
对氯化汞苯甲酸	Ⅱ
对氯甲苯	Ⅱ
对氯邻氨基苯酚	Ⅲ
对氯邻氨基(苯)酚	Ⅲ
对氯邻甲苯胺	Ⅱ
对氯邻硝基苯胺	Ⅱ
对氯邻硝基甲苯	Ⅱ

中文名称	卷序
对氯三氟苄	Ⅲ
对氯三氟甲苯	Ⅲ
对羟基安息香酸甲酯	Ⅲ
对羟基苯磺酸	Ⅱ
对羟基苯甲醚	Ⅰ
对羟基苯甲酸	Ⅳ
对羟基苯甲酸丙酯	Ⅲ
对羟基苯甲酸甲酯	Ⅲ
对羟基苯醛	Ⅳ
对羟基二苯胺	Ⅰ
对氰基苯甲酸	Ⅱ
对叔丁基苯酚	Ⅰ
对叔丁基儿茶酚	Ⅰ
对叔丁基酚	Ⅰ
对叔丁基甲苯	Ⅳ
对叔丁基邻苯二酚	Ⅰ
对酞酸	Ⅰ
2-(对-特丁基苯氧基)异丙基-2′-氯乙基亚硫酸酯	Ⅲ
对戊基环己酮	Ⅴ
对硝基苯胺	Ⅰ
对硝基苯酚	Ⅰ
对硝基苯酚钠	Ⅰ
对硝基苯磺酰氯	Ⅱ
对硝基苯甲醚	Ⅱ
对硝基苯甲醛	Ⅳ
对硝基苯甲酸	Ⅳ
对硝基苯甲酰胺	Ⅰ
对硝基苯甲酰氯	Ⅱ
对硝基苯肼	Ⅱ
对硝基苯胂酸	Ⅱ
对硝基苯乙腈	Ⅱ
对硝基苯乙醚	Ⅱ
对硝基苯异氰酸酯	Ⅳ
4-(对硝基苄基)吡啶	Ⅱ
对硝基苄基氯	Ⅱ
对硝基苄基氰	Ⅱ
对硝基苄基溴	Ⅱ
对硝基碘苯	Ⅱ
对硝基酚钠	Ⅰ
对硝基甲苯	Ⅲ
对硝基联苯	Ⅲ
对硝基邻氨基(苯)酚	Ⅲ
对硝基邻甲苯胺	Ⅱ
对硝基邻甲氧基苯胺	Ⅱ
对硝基氯苯	Ⅰ
对硝基氯(化)苄	Ⅱ
对硝基溴苯	Ⅱ
对硝基溴(化)苄	Ⅱ
对辛基苯酚	Ⅳ
对溴苯胺	Ⅱ
对溴苯酚	Ⅱ
对溴苯磺酰氯	Ⅱ
3-对溴苯基-1-甲氧基甲基脲	Ⅲ
对溴苯甲醚	Ⅰ
对溴苯甲酰甲基溴	Ⅲ
对溴苯甲酰氯	Ⅱ
对溴苯肼	Ⅰ
N-(对溴苄基)-2-单氟乙酰胺	Ⅳ
对溴茴香醚	Ⅰ
对溴基溴化苯乙酮	Ⅲ
对溴甲苯	Ⅱ
对溴邻二甲苯	Ⅱ
对亚硝基苯酚	Ⅲ
对亚硝基二甲基苯胺	Ⅲ
对亚硝基二乙(基)苯胺	Ⅱ
对亚硝基酚	Ⅲ
对乙基硝基苯	Ⅱ
对乙酰氨基苯胺	Ⅱ
对乙酰氨基苯乙醚	Ⅳ
对乙酰乙氧基苯胺	Ⅳ
对乙氧基苯胺	Ⅱ
对乙氧基硝基苯	Ⅱ
对异丙基苯酚	Ⅳ
对异丙基甲苯	Ⅱ
对异硫氰基苯胺	Ⅱ
多果定	Ⅱ
多聚甲醛	Ⅴ
多聚磷酸	Ⅱ
多聚乙醛	Ⅲ
多菌灵	Ⅴ
多硫化铵	Ⅴ
多硫化钡	Ⅱ
多硫化钙	Ⅴ
多硫化钾	Ⅴ
多硫化钠	Ⅴ

中文名称	卷序
多氯联苯	Ⅱ
多氯三联苯	Ⅳ
多羟基化合物磷酸混酯	Ⅰ
多烯基丁二酰亚胺	Ⅰ
多效油性剂 T406	Ⅰ
多溴联苯	Ⅳ
多亚乙基多胺	Ⅰ
多乙烯多胺	Ⅰ
多元醇磷酸酯	Ⅰ
E	
锇	Ⅲ
锇(酸)酐	Ⅲ
锇酸酐	Ⅲ
噁烷	Ⅰ
苊	Ⅱ
噁草酮	Ⅴ
噁虫威	Ⅱ
噁霉灵	Ⅴ
噁唑禾草灵	Ⅴ
噁唑菌酮	Ⅴ
噁唑磷	Ⅴ
恩诺沙星	Ⅲ
蒽	Ⅱ
蒽油	Ⅳ
儿茶酚	Ⅰ
二-2-丙烯基胺	Ⅳ
二氨合二异氰酸根络锌	Ⅴ
1,2-二氨基苯	Ⅰ
1,4-二氨基苯	Ⅰ
2,4-二氨基-6-苯基-1,3,5-三嗪	Ⅴ
2,4-二氨基苯甲醚	Ⅱ
1,3-二氨基丙烷	Ⅰ
1,2-二氨基丙烷	Ⅱ
1,4-二氨基丁烷	Ⅰ
4,4′-二氨基二苯砜	Ⅱ
4,4′-二氨基二苯基二硫	Ⅱ
4,4′二氨基二苯基甲烷	Ⅱ
4,4′-二氨基二苯硫醚	Ⅴ
4,4′-二氨基二苯醚	Ⅱ
3,3′-二氨基二丙胺	Ⅱ
4,4-二氨基-3,3-二甲基二苯基甲烷	Ⅴ
4,4′-二氨基-3,3′-二氯二苯基甲烷	Ⅳ
2,6-二氨基-3,5-二乙基甲苯	Ⅳ
1,10-二氨基癸烷	Ⅲ
1,2-二氨基环己烷	Ⅱ
1,6-二氨基己烷	Ⅰ
2,4-二氨基甲苯	Ⅱ
2,5-二氨基甲苯	Ⅱ
4,4′-二氨基-2-甲基偶氮苯	Ⅴ
1,3-二(氨基甲酰硫)-2-二甲基氨基丙烷	Ⅲ
2,4-二氨基-5-甲氧甲基嘧啶	Ⅴ
4,4′-二氨基联苯	Ⅱ
二氨基镁	Ⅳ
1,4-二氨基-2-氰基-3-(2-丁基-2H-四氮唑-5-基)-9,10-二氢-9,10-蒽醌	Ⅴ
S-((4,6-二氨基-1,3,5-三嗪-2-基)甲基)-*O*,*O*-二甲基二硫代磷酸酯	Ⅲ
1,2-二氨基乙烷	Ⅰ
二苯胺	Ⅲ
二苯并吡啶	Ⅱ
二苯并(a,h)蒽	Ⅴ
二苯二氯硅烷	Ⅳ
二苯汞	Ⅲ
二苯胍	Ⅲ
二苯基苯	Ⅲ
N,*N*′-二苯基对苯二胺	Ⅲ
二苯基二甲氧基硅烷	Ⅳ
二苯基二氯硅烷	Ⅳ
二苯基二硒	Ⅱ
二苯基汞	Ⅲ
5,5-二苯基海因	Ⅴ
二苯基甲烷-4,4-二异氰酸酯	Ⅴ
二苯基硫卡巴腙	Ⅲ
二苯基氯胂	Ⅱ
二苯基镁	Ⅳ
5,5-二苯基-2,4-咪唑烷二酮	Ⅴ
二苯基溴甲烷	Ⅱ
2-二苯基乙酰基-1,3-茚二酮	Ⅱ
二苯甲烷	Ⅱ
4,4′-二苯甲烷二异氰酸酯	Ⅰ
1,2-二苯肼	Ⅰ
二苯醚	Ⅴ
二苯亚硝胺	Ⅱ
1,2-二苯乙烷	Ⅲ
二苄基二硫	Ⅰ

中文名称	卷序
二苄基二硫醚	Ⅰ
二苄醚	Ⅴ
二丙胺	Ⅲ
二丙二醇	Ⅰ
二丙二醇单丁醚	Ⅲ
二丙二醇甲醚	Ⅲ
二丙基-4-甲基硫代苯基磷酸酯	Ⅳ
二丙基(甲)酮	Ⅱ
二丙基硫	Ⅱ
N,*N*-二丙基硫代氨基甲酸-*S*-乙酯	Ⅱ
二丙硫醚	Ⅱ
二丙酮脎	Ⅱ
二丙烯草胺	Ⅴ
二丙烯酸二乙二醇酯	Ⅴ
二碘化汞	Ⅰ
二碘甲烷	Ⅱ
3-(((二丁氨基)硫代甲基))硫代)丙酸甲酯	Ⅴ
二丁氨基乙醇	Ⅱ
二丁胺	Ⅱ
二丁基二硫代氨基甲酸钼	Ⅰ
二丁基二硫代氨基甲酸铅	Ⅰ
二丁基二硫代氨基甲酸锑	Ⅰ
二丁基二硫代氨基甲酸锌	Ⅲ
二丁基二氯化锡	Ⅲ
二丁基二(十二酸)锡	Ⅱ
二丁基二月桂酸锡	Ⅱ
二丁基甲酮	Ⅲ
二丁基萘磺酸钠	Ⅰ
二丁基锡氢硼烷	Ⅴ
二丁基氧化锡	Ⅱ
N,*N*-二丁基乙醇胺	Ⅱ
二丁醚	Ⅱ
二丁氧基四甘醇醚	Ⅲ
2,2′-二丁氧基乙醚	Ⅲ
1,2-二丁氧基乙烷	Ⅲ
二-L-对薄荷烯	Ⅴ
N,*N*-二(2-(对甲苯磺酰氧)乙基)-对甲苯磺酰胺	Ⅴ
二噁类化合物	Ⅳ
二噁烷	Ⅰ
S,*S*′-(1,4-二噁烷-2,3-二基)双(*O*,*O*-二乙基二硫代磷酸酯)	Ⅱ

中文名称	卷序
二噁项	Ⅴ
二((1,1-二甲基-2-丙炔基)氧基)二甲基硅烷	Ⅴ
2,5-二(1,1-二甲基丁基)对苯二酚	Ⅴ
2-(2,4-二(1,1-二甲基乙基)苯氧基)-*N*-(2-羟基-5-甲基苯基)己酰胺	Ⅳ
二(1,1-二甲基乙基)过氧化物	Ⅰ
2,4-二(1,1-二甲基乙基)环己酮	Ⅴ
二芳基二硫代磷酸锌	Ⅰ
1,3-二氟苯	Ⅱ
1,2-二氟苯	Ⅰ
1,4-二氟苯	Ⅰ
二氟醋酸	Ⅲ
二氟代磷酸(无水)	Ⅲ
二氟二氯甲烷	Ⅳ
1,1-二氟-1,2-二氯乙烷	Ⅲ
二氟二溴甲烷	Ⅱ
二氟化钴	Ⅱ
二氟化铅	Ⅱ
二氟化氢铵	Ⅱ
二氟化铜	Ⅱ
二氟化锡	Ⅳ
二氟化氧	Ⅱ
二氟磷酸(无水)	Ⅲ
2,3-二氟-5-氯吡啶	Ⅴ
2,4-二氟-3-氯硝基苯	Ⅴ
二氟氯溴甲烷	Ⅲ
1,1-二氟-1-氯乙烷	Ⅲ
2,4-二氟-α-(1H-1,2,4-三唑-1-基)乙酰苯盐酸盐	Ⅴ
1,2-二氟四氯乙烷	Ⅴ
二氟乙酸	Ⅲ
1,1-二氟乙烷	Ⅲ
1,1-二氟乙烯	Ⅱ
二甘醇	Ⅱ
二甘醇胺	Ⅱ
二甘醇单己基醚	Ⅴ
二甘醇二丙烯酸酯	Ⅴ
二甘醇二硝酸酯	Ⅱ
二(8-胍基辛基)胺	Ⅲ
二环庚二烯	Ⅱ
二环(2,2,1)庚-2,5-二烯	Ⅱ
二环己胺	Ⅰ

中文名称	卷序
二环己基甲烷-4,4′-二异氰酸酯	Ⅴ
N,*N*′-二环己基碳二亚胺	Ⅴ
二环戊基二甲氧基硅烷	Ⅴ
二(2-环氧丙基)醚	Ⅱ
N,*N*-二环已基-2-苯并噻唑次磺酰胺	Ⅰ
二黄原酸	Ⅴ
1,3-二磺酰肼苯	Ⅱ
二已基醚	Ⅲ
N-(4-(4-(二甲氨基)苯基)(4-(乙基((3-磺基苯基)甲基)氨基)苯基)亚甲基)-2,5-亚环已二烯-1-基)-*N*-乙基-3-磺基苯甲铵内盐钠盐	Ⅳ
3-二甲氨基-1-丙胺	Ⅲ
二甲氨基丙胺	Ⅲ
1-(二甲氨基)-2-丙醇	Ⅱ
3-(二甲氨基)-1-丙醇	Ⅱ
3-(二甲氨基)丙基脲	Ⅴ
β-二甲氨基丙腈	Ⅱ
3-二甲氨基丙腈	Ⅱ
2-二甲氨基-5,6-二甲基嘧啶-4-基-*N*,*N*-二甲基氨基甲酸酯	Ⅱ
二甲氨基环已烷	Ⅱ
6-二甲氨基-1-已醇	Ⅴ
2-(2-(2-(二甲氨基)乙氧基乙基)甲氨基)-乙醇	Ⅴ
二甲胺	Ⅰ
二甲氨基磺酰氯	Ⅴ
2-(二甲氨基)乙腈	Ⅱ
1,2-二甲苯	Ⅰ
二甲苯	Ⅴ
N,*N*-二甲苯胺	Ⅱ
3,4-二甲苯胺	Ⅳ
二甲苯胺	Ⅴ
2,4-二甲苯酚	Ⅲ
2,3-二甲苯酚	Ⅱ
2,5-二甲苯酚	Ⅱ
2,6-二甲苯酚	Ⅱ
3,4-二甲苯酚	Ⅱ
3,5-二甲苯酚	Ⅱ
N-(2′,6′-二甲苯基)-2-哌啶甲酰胺盐酸盐	Ⅳ
二甲苯麝香	Ⅴ
二甲草胺	Ⅴ

中文名称	卷序
二甲次胂酸	Ⅱ
2,6-二甲酚	Ⅳ
二甲酚	Ⅰ
2,4-二甲酚	Ⅲ
4-二甲基氨基苯重氮磺酸钠	Ⅱ
2-二甲基氨基甲酰基-3-甲基-5-吡唑基-*N*,*N*-二甲基氨基甲酸酯	Ⅱ
二甲基氨基甲酰氯	Ⅳ
二甲基氨基氰	Ⅲ
5-二甲基氨基-1,2,3-三噻烷草酸盐	Ⅳ
2-二甲基氨基乙醇	Ⅱ
二甲基氨基乙腈	Ⅱ
N,*N*-二甲基氨基乙腈	Ⅱ
3,4-二甲基苯胺	Ⅳ
2,3-二甲基苯胺	Ⅱ
2,4-二甲基苯胺	Ⅱ
2,5-二甲基苯胺	Ⅱ
2,6-二甲基苯胺	Ⅱ
3,5-二甲基苯胺	Ⅱ
N,*N*-二甲基苯胺	Ⅱ
N,*N*-二甲基苯胺四(五氟苯基)硼酸盐	Ⅴ
2,2-二甲基-1,3-苯并二氧戊环-4-醇	Ⅴ
2,2-二甲基-1,3-苯并间二氧杂环戊烯-*N*-甲基氨基甲酸酯	Ⅱ
N,*N*-二甲基苯-1,3-二胺	Ⅴ
2,6-二甲基苯酚	Ⅳ
二甲基苯酚	Ⅰ
1,1-二甲基-3-苯基脲	Ⅲ
1,1-二甲基-3-苯基脲鎓三氯乙酸盐	Ⅴ
4-((2,4-二甲基苯基)偶氮)-3-羟基-2,7-萘二磺酸二钠)	Ⅴ
3,5-二甲基苯甲酰氯	Ⅴ
2,4-二甲基苯乙烯	Ⅱ
2,4-二甲基吡啶	Ⅱ
2,5-二甲基吡啶	Ⅱ
2,6-二甲基吡啶	Ⅱ
3,4-二甲基吡啶	Ⅱ
3,5-二甲基吡啶	Ⅱ
二甲基吡啶氯化苄季铵盐	Ⅰ
N,*N*-二甲基苄胺	Ⅱ
N,*N*-二甲基丙胺	Ⅳ
N,*N*-二甲基丙醇胺	Ⅱ

中文名称	卷序
N,N-二甲基-1,3-丙二胺	Ⅲ
(Z)-2,2-二甲基-1,3-丙二醇二-9-十八碳烯酸酯	Ⅲ
N,N-二(2-甲基丙基)胺	Ⅱ
3,3-二((1,1-二甲基丙基)二氧代)丁酸乙酯	Ⅳ
2,2-二甲基丙酸-3-甲基-3-丁烯基酯	Ⅴ
2,2-二甲基丙酸甲酯	Ⅱ
2,2-二甲基丙烷	Ⅰ
二甲基丙烯酸乙二醇酯	Ⅲ
N,N-二甲基丙烯酰胺	Ⅲ
1,3-二甲基丁胺	Ⅱ
N-(1,3 二甲基丁基)-N′-苯基-对苯二胺	Ⅰ
3,3-二甲基-2-丁酮	Ⅱ
2,2-二甲基丁烷	Ⅰ
2,3-二甲基丁烷	Ⅱ
2,3-二甲基-1-丁烯	Ⅱ
2,3-二甲基-2-丁烯	Ⅱ
N,N-二甲基对苯二胺	Ⅱ
N,N-二甲基对甲苯胺	Ⅴ
8-(3,3′-二甲基-4′-(4-((对甲苯基)磺酰氧基)苯基偶氮)-1,1′-联苯-4-偶氮基)-7-羟基-1,3-萘二磺酸的二钠盐	Ⅴ
二甲基-S-对氯苯基硫代磷酸酯	Ⅳ
O,O-二甲基-O-(对氰基苯基)硫代磷酸酯	Ⅲ
N,N-二甲基对亚硝基苯胺	Ⅲ
3,3′-二甲基-4,4′-二氨基二环己基甲烷	Ⅴ
3,3′-二甲基-4,4′-二氨基联苯	Ⅱ
O,O-二甲基-S-((4,6-二氨基-1,3,5-三嗪-2-甲基))二硫代磷酸酯	Ⅲ
N,N-二甲基-2,2-二苯乙酰胺	Ⅱ
2,5-二甲基-1,4-二噁烷	Ⅴ
4,4′-二甲基-1,3-二噁烷	Ⅱ
二甲基二噁烷	Ⅱ
二甲基-3-((二甲氧基磷氧基)氧代)-2-戊烯二酸酯	Ⅱ
二甲基二硫	Ⅰ
二甲基二硫代氨基甲酸三苯基锡	Ⅳ
二甲基二硫代氨基甲酸铁	Ⅲ
二甲基二硫代氨基甲酸铜	Ⅴ
二甲基二硫代氨基甲酸锌	Ⅱ
二甲基二氯硅烷	Ⅱ
1, 3-二甲基-1, 3-二(三甲基甲硅烷基)脲	Ⅳ
二甲基二烯丙基氯化铵的均聚物	Ⅰ
O,O-二甲基-O-(1,2-二溴-2,2-二氯乙基)磷酸酯	Ⅱ
二甲基二乙氧基硅烷	Ⅱ
O,O-二甲基-S-(1,2-二(乙氧基羰基)乙基)二硫代磷酸酯	Ⅲ
2,5-二甲基呋喃	Ⅱ
3,4-二甲基庚烷	Ⅴ
2,4-二甲基庚烷	Ⅴ
2,3-二甲基庚烷	Ⅴ
3,3-二甲基庚烷	Ⅴ
2,2-二甲基庚烷	Ⅴ
2,5-二甲基庚烷	Ⅱ
3,5-二甲基庚烷	Ⅱ
4,4-二甲基庚烷	Ⅱ
2,6-二甲基-3-庚烯	Ⅱ
二甲基汞	Ⅴ
二甲基硅油	Ⅰ
2,5-二甲基-2,5-过氧化二氢己烷(含量≤82%,含水)	Ⅴ
二甲基琥珀酰肼	Ⅲ
N,N-二甲基环己胺	Ⅱ
1-(3,3-二甲基环己基)-4-戊烯-1-酮	Ⅴ
1,2-二甲基环己烷	Ⅳ
1,1-二甲基环己烷	Ⅱ
1,3-二甲基环己烷	Ⅱ
1,4-二甲基环己烷	Ⅱ
α,α-二甲基环己烷丙醇	Ⅴ
1,2-二甲基环戊烷	Ⅱ
1,1-二甲基环戊烷	Ⅳ
1,3-二甲基环戊烷	Ⅳ
二甲基磺酸-1,4-丁二醇酯	Ⅲ
2,5-二甲基-1,5-己二烯	Ⅴ
2,5-二甲基-2,4-己二烯	Ⅱ
2,5-二甲基己烷	Ⅲ
2,2-二甲基己烷	Ⅱ
2,3-二甲基己烷	Ⅱ
2,4-二甲基己烷	Ⅱ
O,O-二甲基-S-甲基氨基甲酰甲基二硫代磷酸酯	Ⅱ

中文名称	卷序
O,O-二甲基-S-(N-甲基氨基甲酰甲基)硫代磷酸酯	Ⅲ
二甲基-4-(甲基硫代)苯基磷酸酯	Ⅴ
2,4-二甲基-6-(1-甲基-十五烷基)苯酚	Ⅴ
O,O-二甲基-O-(3-甲基-4-硝基苯基)硫代磷酸酯	Ⅲ
3,5-二甲基-4-(甲硫基)苯基甲基氨基甲酸酯	Ⅱ
O,O-二甲基-O-4-甲硫基-3-甲苯基硫代磷酸酯	Ⅱ
二甲基甲酰胺	Ⅰ
N,N-二甲基甲酰胺	Ⅰ
O,O-二甲基-S-(N-甲酰基-N-甲基氨基甲酰甲基)二硫代磷酸酯	Ⅱ
O,O-二甲基-O-(2-甲氧甲酰基-1-甲基)乙烯基磷酸酯	Ⅲ
O,O-二甲基-S-(N-甲氧乙基)-氨基甲酰甲基二硫代磷酸酯	Ⅲ
N,N-二甲基间硝基苯胺	Ⅱ
N,N-二甲基肼	Ⅱ
1,1-二甲基肼	Ⅱ
1,2-二甲基肼	Ⅱ
二甲基聚硅氧烷	Ⅰ
N,N′-二甲基联苯胺	Ⅴ
3,3′-二甲基联苯胺	Ⅱ
1,1-二甲基-4,4′-联吡啶鎓双硫酸甲酯盐	Ⅴ
1,1′-二甲基-4,4′-联吡啶阳离子	Ⅱ
3-二甲基磷氧基-N,N-二甲基异丁烯酰胺	Ⅱ
O,S-二甲基硫代磷酰胺酯	Ⅱ
O,O′-二甲基硫代磷酰氯	Ⅱ
O,O-二甲基-O-(2-氯-2-二乙胺基甲酰基-1-甲基乙烯基)磷酸酯	Ⅱ
N,N-二甲基-N′-(3-氯-4-甲苯基)脲	Ⅲ
(Z)-O,O-二甲基-O-(2-氯-1-(2,4,5-三氯苯基)乙烯基)磷酸酯	Ⅲ
O,O-二甲基-O-(2-氯-4-硝基苯基)硫代磷酸酯	Ⅳ
二甲基氯乙缩醛	Ⅱ
2,6-二甲基吗啉	Ⅱ
二甲基镁	Ⅱ

中文名称	卷序
1,2-二甲基-1H-咪唑	Ⅴ
1,1-二甲基哌啶翁氯化物	Ⅴ
1,4-二甲基哌嗪	Ⅱ
N,N′-二甲基哌嗪	Ⅱ
N,N-二甲基-2-羟基乙胺	Ⅱ
5,5-二甲基全氢化嘧啶-2-酮-4-(三氟甲基)-α-(4-三氟甲基苯乙烯基)亚肉桂基)腙	Ⅴ
二甲基溶纤剂	Ⅲ
3,3-二甲基-5-(2,2,3-三甲基-3-环戊烯-1-基)-4-戊烯-2-醇	Ⅴ
O,O-二甲基-O-(2,4,5-三氯苯基)硫代磷酸酯	Ⅲ
二甲基-(2,2,2-三氯-1-羟基乙基)膦酸酯	Ⅰ
4,4-二甲基-3,5,8-三氧杂双环[5,1,0]辛烷	Ⅴ
二甲基砷酸钠	Ⅲ
N,N-二甲基十二胺	Ⅰ
N,N-二甲基十二烷基胺	Ⅰ
N,N-二甲基十二烷基-N-氧化胺	Ⅳ
2,5-二甲基-2,5-双(过氧化叔丁基)己烷	Ⅲ
3,3′-((3,3′-二甲基-4,4′-双亚苯基)双偶氮)双(5-氨基-4-羟基-2,7-萘二磺酸)四钠盐	Ⅴ
O,O-二甲基-S-(酞酰亚胺甲基)二硫代磷酸酯	Ⅲ
二甲基酮	Ⅰ
二甲基酮肟	Ⅰ
2,3-二甲基戊醛	Ⅱ
2,4-二甲基-3-戊酮	Ⅱ
2,2-二甲基戊烷	Ⅰ
3,3-二甲基戊烷	Ⅰ
2,3-二甲基戊烷	Ⅰ
2,4-二甲基戊烷	Ⅰ
2,2-二甲基-4-戊烯醛	Ⅳ
二甲基硒	Ⅲ
N,N-二甲基硒脲	Ⅱ
3,5-二甲基硝基苯	Ⅱ
2,3-二甲基硝基苯	Ⅱ
3,4-二甲基硝基苯	Ⅲ
1,3-二甲基-4-硝基苯	Ⅱ

中文名称	卷序
2,4-二甲基硝基苯	Ⅱ
2,6-二甲基硝基苯	Ⅱ
2,5-二甲基硝基苯	Ⅱ
1,2-二甲基-3-硝基苯	Ⅱ
1,3-二甲基-2-硝基苯	Ⅱ
1,3-二甲基-5-硝基苯	Ⅱ
1,4-二甲基-2-硝基苯	Ⅱ
O,*O*-二甲基-*O*,4-硝基苯基硫代磷酸酯	Ⅱ
3,7-二甲基-2,6-辛二烯醛	Ⅴ
3,7-二甲基辛腈	Ⅳ
二甲基锌	Ⅱ
3,4-二甲基溴化苯	Ⅱ
N,*N*′-(2,2-二甲基亚丙基)六亚甲基二胺	Ⅴ
二甲基亚砜	Ⅰ
6,6-二甲基-2-亚甲基-二环(3,1,1)-庚烷	Ⅱ
2,2-二甲基-3-亚甲基双环(2,2,1)庚烷	Ⅱ
二甲基亚硝胺	Ⅱ
N,*N*-二甲基-4-亚硝基苯胺	Ⅲ
4-(4,4-二甲基-3-氧代-1-吡唑烷基)-苯甲酸	Ⅴ
7,7-二甲基-3-氧杂-6-氮杂-1-辛醇	Ⅴ
2,5-二甲基氧(杂)茂	Ⅱ
N,*N*-二甲基乙胺	Ⅴ
1,1-二甲基乙胺	Ⅰ
N,*N*-二甲基乙醇胺	Ⅱ
N,*N*-二甲基乙二胺	Ⅴ
4-(1,1-二甲基乙基)-1,2-苯二酚	Ⅰ
2-(1,1-二甲基乙基)苯酚	Ⅲ
1-((2-(1,1-二甲基乙基)-环己基)氧)-2-丁醇	Ⅴ
二甲基乙基甲醇	Ⅲ
1,1-二甲基乙基-1-甲基-1-苯基乙基过氧化物	Ⅳ
二甲基乙炔	Ⅱ
N,*N*-二甲基乙酰胺	Ⅴ
O,*S*-二甲基乙酰基硫代磷酰胺	Ⅳ
二甲基乙氧基硅烷	Ⅴ
N,*N*-二甲基异丙醇胺	Ⅱ
二甲硫	Ⅰ
二甲硫醚	Ⅰ
二甲醚	Ⅰ
二甲胂酸	Ⅱ
二甲胂酸钠	Ⅲ
二甲威	Ⅴ
二甲戊乐灵	Ⅲ
二甲硒	Ⅲ
二甲亚砜	Ⅰ
1,4-二甲氧基苯	Ⅳ
1-((2,5-二甲氧基苯基)偶氮)-2-萘酚	Ⅴ
2,6-二甲氧基苯甲酰氯	Ⅱ
4,6-二甲氧基-2-(苯氧基羰基)氨基嘧啶	Ⅴ
3,4-二甲氧基苯乙腈	Ⅲ
1,2-二甲氧基丙烷	Ⅴ
2,2-二甲氧基丙烷	Ⅱ
1,3-二甲氧基丁烷	Ⅳ
3,3′-二甲氧基-4,4′-二氨基联苯	Ⅲ
3,3′-((3,3′-二甲氧基-4,4′-二亚苯基)双(偶氮))双(5-氨基-4-羟基-2,7-萘二磺酸)四钠盐	Ⅴ
1-二甲氧基甲基-2-硝基苯	Ⅴ
二甲氧基甲烷	Ⅱ
3,3′-二甲氧基联苯胺	Ⅲ
3,3′-二甲氧基联苯胺二盐酸盐	Ⅱ
2,3-二甲氧基马钱子碱	Ⅴ
二甲氧基双(1-甲基乙基)硅烷	Ⅴ
1,1-二甲氧基乙烷	Ⅱ
1,2-二甲氧基乙烷	Ⅲ
1,1-二(2-甲氧基乙氧基)乙烷	Ⅳ
1,2-二(3-甲氧羰基-2-硫脲基)苯	Ⅲ
二甲乙醚	Ⅰ
二聚丙烯醛(稳定的)	Ⅲ
二聚环戊二烯	Ⅰ
二聚酸	Ⅰ
二聚戊烯	Ⅲ
二聚亚油酸	Ⅰ
二苦胺	Ⅴ
二苦基胺	Ⅱ
二磷化三镁	Ⅱ
二磷酰甲基琥珀酸	Ⅴ
4,4′-二硫代二苯胺	Ⅱ
2,2′二硫代二苯骈噻唑	Ⅰ
二硫代二乙酸双(2-乙基已基)酯	Ⅳ

中文名称	卷序
二硫代磷酸的 *O*-乙基-*O*-(4-甲基硫代苯基)-*S*-正丙酯	Ⅳ
二硫代磷酸-*O*,*O*-二甲基-*S*-(α-乙羧基)苄基酯	Ⅱ
二硫代磷酸-*O*,*O*′-(硫代二-4,1-亚苯基)-*O*,*O*,*O*′,*O*′-四乙基酯	Ⅲ
二硫代磷酸-*O*-乙基-*S*,*S*-二苯酯	Ⅱ
二硫代四乙基秋兰姆	Ⅲ
二硫化丙基丙烯	Ⅴ
二硫化二异丙基黄原酸酯	Ⅰ
二硫化钼	Ⅰ
二硫化钼锂基润滑脂	Ⅰ
二硫化三镍	Ⅴ
二硫化四苄基秋兰姆	Ⅴ
二硫化四甲基秋兰姆	Ⅰ
二硫化碳	Ⅰ
二硫化硒	Ⅱ
二硫酰氯	Ⅱ
1,3-二硫杂环戊烷-2-叉丙二酸二异丙酯	Ⅳ
1,1-二氯-1-硝基乙烷	Ⅱ
1,4-二氯苯	Ⅰ
1,2-二氯苯	Ⅰ
2,3-二氯苯胺	Ⅱ
2,4-二氯苯胺	Ⅱ
2,5-二氯苯胺	Ⅱ
2,6-二氯苯胺	Ⅱ
3,4-二氯苯胺	Ⅱ
2,3-二氯苯酚	Ⅲ
2,4-二氯苯酚	Ⅳ
2,5-二氯苯酚	Ⅲ
2,6-二氯苯酚	Ⅳ
3,4-二氯苯酚	Ⅲ
2-(2,4-二氯苯基)-2-(2-丙烯基)环氧乙烷	Ⅴ
N-(3,4-二氯苯基)丙酰胺	Ⅱ
3-(3,4-二氯苯基)-1,1-二甲基脲	Ⅱ
O-(2,4-二氯苯基)-*O*,*O*-二乙基硫代磷酸酯	Ⅱ
3-(2,4-二氯苯基)-6-氟喹唑啉-2,4(1H,3H)-二酮	Ⅳ
3-(3,5-二氯苯基)-5-甲基-5-乙烯基-1,3-噁唑烷-2,4-二酮	Ⅳ
3-(3,4-二氯苯基)-1-甲氧基-1-甲基脲	Ⅲ
二氯苯基三氯硅烷	Ⅱ
(±)-2-(2,4-二氯苯基)-3-(1H-1,2,4-三唑-1-基)-1-丙醇	Ⅴ
(±)2-(2,4-二氯苯基)-3-(1H-1,2,4-三唑-1-基)丙基-1,1,2,2-四氟乙基醚	Ⅴ
2-(2,4-二氯苯基)-1-(1H-1,2,4-三唑-1-基)-4-戊烯-2-醇	Ⅴ
O-2,4-二氯苯基-*O*-乙基-*S*-丙基二硫代磷酸酯	Ⅳ
2,6-二氯苯基异氰酸酯	Ⅳ
3,4-二氯苯基异氰酸酯	Ⅱ
2,3-二氯苯基异氰酸酯	Ⅳ
2,5-二氯苯基异氰酸酯	Ⅳ
2,4-二氯苯基异氰酸酯	Ⅳ
4-(2,4-二氯苯甲酰基)-1,3-二甲基-5-吡唑基-4-甲苯磺酸盐	Ⅳ
2-(4-(2,4-二氯苯甲酰基)-1,3-二甲基-5-吡唑基氧)乙酰苯酮	Ⅳ
2,4-二氯苯甲酰氯	Ⅱ
2,6-二氯苯甲腈	Ⅳ
4-(3,4-二氯苯偶氮基)-2,6-仲丁基苯酚	Ⅴ
3,4-二氯苯偶氮硫代氨基甲酰胺	Ⅴ
二氯苯胂	Ⅲ
(+)-*R*-2-(2,4-二氯苯氧基)丙酸	Ⅴ
2-(2,4-二氯苯氧基)丙酸	Ⅲ
2-(2,4-二氯苯氧基)-(*R*)-丙酸钾	Ⅳ
4-(2,4-二氯苯氧基)丁酸	Ⅱ
二-(4-氯苯氧基)甲烷	Ⅲ
2,4-二氯苯氧基乙基硫酸酯单钠盐	Ⅴ
2,4-二氯苯氧基乙酸	Ⅱ
2,4-二氯苯氧乙酸钠	Ⅱ
2,4-二氯苯氧乙酸正丁酯	Ⅰ
二氯吡啶酸	Ⅳ
3,4-二氯苄基氯	Ⅱ
1,3-二氯-2-丙醇	Ⅱ
二氯丙醛	Ⅱ
2,3-二氯丙醛	Ⅱ
2,2-二氯丙酸	Ⅲ
2,2-二氯丙酸钠	Ⅲ

中文名称	卷序
1,3-二氯-2-丙酮	Ⅱ
1,3-二氯丙酮	Ⅱ
1,2-二氯丙烷	Ⅰ
1,3-二氯丙烷	Ⅱ
1,1-二氯丙烯	Ⅴ
1,2-二氯丙烯	Ⅱ
1,3-二氯丙烯	Ⅱ
2,3-二氯丙烯	Ⅱ
二氯醋酸	Ⅱ
二氯醋酸甲酯	Ⅱ
二氯代苯肼	Ⅱ
二氯代丁烯醛酸	Ⅱ
1,3-二氯代甘油	Ⅱ
1,4-二氯-2-丁炔	Ⅳ
1,4-二氯丁烷	Ⅱ
1,3-二氯-2-丁烯	Ⅱ
1,4-二氯-2-丁烯	Ⅱ
4,4′-二氯二苯乙醇酸乙酯	Ⅱ
4,4′-二氯二丁基醚	Ⅱ
二氯二丁基锡	Ⅲ
1-(3,5-二氯-2,4-二氟苯基)-3-(2,6-二氟苯甲酰基)脲	Ⅳ
二氯二氟乙烷	Ⅲ
二氯二甲吡啶酚	Ⅴ
3,5-二氯-*N*-(1,1-二甲基-2-丙炔基)苯甲酰胺	Ⅳ
二氯二甲基硅烷	Ⅱ
1,3-二氯-5,5-二甲基咪唑烷-2,4-二酮	Ⅴ
3,5-二氯-2,6-二甲基-4-羟基吡啶	Ⅴ
二氯二硝基甲烷	Ⅳ
二氯二乙基硅烷	Ⅱ
二氯二乙基锡	Ⅲ
二氯二乙硫醚	Ⅱ
2,4-二氯酚	Ⅳ
2,5-二氯酚	Ⅲ
3,4-二氯酚	Ⅲ
2,6-二氯酚	Ⅳ
2,3-二氯酚	Ⅲ
2,4-二氯-1-氟苯	Ⅴ
1,1-二氯-1-氟代乙烷	Ⅴ
2-((二氯氟甲基)-硫)-1H-异吲哚-1,3-(2H)-二酮	Ⅴ
N-二氯氟甲硫基-*N*,*N*′-二甲基-*N*-苯基氨基磺酰胺	Ⅴ
二氯硅烷	Ⅱ
2,4-二氯过氧化苯甲酰	Ⅲ
二氯海因	Ⅴ
二氯化苯肼	Ⅱ
二氯化苄	Ⅱ
二氯化二硫	Ⅳ
二氯化二硒	Ⅱ
二氯化汞	Ⅰ
二氯化钴	Ⅲ
二氯化膦苯	Ⅱ
二氯化硫	Ⅰ
二氯化锰	Ⅲ
二氯化钛	Ⅳ
二氯化锡	Ⅳ
二氯化乙基铝	Ⅱ
二氯化乙基胂	Ⅲ
二氯化乙烯	Ⅰ
2,4-二氯甲苯	Ⅱ
2,5-二氯甲苯	Ⅱ
2,6-二氯甲苯	Ⅱ
3,4-二氯甲苯	Ⅱ
1,3-二氯-2-甲基苯	Ⅱ
2,4-二氯-1-甲基苯	Ⅱ
(二氯甲基)苯	Ⅱ
1,2-二氯-4-甲基苯	Ⅱ
1,4-二氯-2-甲基苯	Ⅱ
二氯甲基苯基硅烷	Ⅱ
二氯(甲基)硅烷	Ⅱ
二氯甲基膦	Ⅳ
二(氯甲基)醚	Ⅱ
O-(二氯(甲硫基)苯基)-*O*,*O*-二乙基硫代磷酸酯	Ⅲ
二氯甲醚	Ⅱ
二氯甲烷	Ⅰ
3,6-二氯-2-甲氧基苯甲酸	Ⅱ
3,6-二氯-2-甲氧基苯甲酸钠	Ⅳ
2-(4-(2,4-二氯间甲苯酰)-1,3-二甲基-5-吡唑基氧)-4-甲基苯乙酮	Ⅳ
二氯喹啉酸	Ⅲ
3,3′-二氯联苯胺	Ⅱ
3,3′-二氯联苯胺盐酸盐	Ⅱ

中文名称	卷序
3,3′-二氯联苯-4,4′-二胺	Ⅱ
2,6-二氯硫代苯甲酰胺	Ⅲ
二氯硫化碳	Ⅱ
1,4-二氯-2-(1,1,2,3,3,3-六氟丙氧基)-5-硝基苯	Ⅴ
2,3-二氯六氟-2-丁烯	Ⅲ
二氯-(3-(3-氯-4-氟苯基)丙基)甲基硅烷	Ⅴ
1,2-二氯-4-(氯甲基)苯	Ⅱ
2,3-二氯-1,4-萘醌	Ⅱ
二氯萘醌	Ⅱ
2,2-二氯-*N*-(2-羟基-1-(羟甲基)-2-(4-硝基苯基)乙基)乙酰胺	Ⅳ
2,6-二氯-4-三氟甲基苯胺	Ⅴ
2,3-二氯-5-三氟甲基吡啶	Ⅴ
2′,4-二氯-α,α,α-三氟-4′-硝基间甲苯磺酰苯胺	Ⅳ
2,2-二氯-1,1,1-三氟乙烷	Ⅳ
1,1-二氯-2,2-双(4-氯苯基)乙烷	Ⅲ
1,1-二氯-2,2-双(4-氯苯基)乙烯	Ⅲ
1,3-二氯四氟丙酮	Ⅱ
1,2-二氯-1,1,2,2-四氟乙烷	Ⅱ
二氯四氟乙烷	Ⅱ
3,5-二氯-4-(1,1,2,2-四氟乙氧基)苯胺	Ⅳ
二氯五氟丙烷	Ⅳ
1,5-二氯戊烷	Ⅱ
二氯烯丹	Ⅲ
1,4-二氯-2-硝基苯	Ⅲ
1,2-二氯-4-硝基苯	Ⅱ
2,3-二氯硝基苯	Ⅳ
3,4-二氯硝基苯	Ⅱ
2,5-二氯硝基苯	Ⅲ
1,2-二氯-3-硝基苯	Ⅳ
2,5-二氯硝基苯	Ⅳ
2,6-二氯-4-硝基苯胺	Ⅱ
2,4-二氯-6-硝基苯酚	Ⅳ
2,4-二氯-6-硝基苯酚钠盐	Ⅳ
2,4-二氯-1-(4-硝基苯氧基)苯	Ⅲ
2,6-二氯-4-硝基茴香醚	Ⅴ
2′,5-二氯-4′-硝基水杨酰替苯胺	Ⅱ
二氯亚锡	Ⅳ
二氯氧化二苯	Ⅳ
二氯氧化锆	Ⅰ
二氯氧化硒	Ⅲ
2,4-二氯-3-乙基苯酚	Ⅴ
1,3-二氯-5-乙基-5-甲基-2,4-咪唑烷二酮	Ⅴ
二(2-氯乙基)硫醚	Ⅱ
3′,5′-二氯-4′-乙基-2′-羟基棕榈酸酰苯胺	Ⅳ
2,4-二氯-3-乙基-6-硝基苯酚	Ⅴ
二氯乙腈	Ⅱ
二氯乙醚	Ⅰ
2,2-二氯乙醛	Ⅱ
二氯乙醛	Ⅱ
二氯乙炔	Ⅲ
二氯乙胂	Ⅲ
二氯乙酸	Ⅱ
二氯乙酸甲酯	Ⅱ
1,1-二氯乙烷	Ⅰ
1,2-二氯乙烷	Ⅰ
二氯乙烷(对称)	Ⅰ
1,1-二氯乙烯	Ⅰ
1,2-二氯乙烯	Ⅱ
二氯乙酰氯	Ⅱ
2,2-二氯乙酰氯	Ⅱ
二氯异丙醚	Ⅰ
二氯异氰尿酸	Ⅰ
二氯异氰尿酸钠	Ⅲ
二茂铁	Ⅰ
EDTA 二钠盐	Ⅰ
二(哌啶基硫代羰基)二硫化物	Ⅴ
二硼烷	Ⅲ
二(2-羟丙基)醚	Ⅰ
2,4-二羟基苯甲醛	Ⅳ
2,5-二羟基苯甲酸	Ⅳ
2,3-二羟基丙醇十二酸酯	Ⅰ
4-(4-(1,3-二羟基丙-2-基)苯氨基)-1,8-二羟基-5-硝基蒽醌	Ⅴ
1,4-二羟基-2-丁炔	Ⅱ
2,3-二羟基丁烷	Ⅲ
1,3-二羟基-2,4-二亚硝基苯	Ⅱ
2,2′-二羟基二乙胺	Ⅰ
2,4-二羟基-*N*-(2-甲氧基苯基)苯甲酰胺	Ⅳ

中文名称	卷序
二羟基聚氧化丙烯醚	Ⅰ
3,6-二羟基邻苯二甲腈	Ⅱ
2,2′-二羟基六氯二苯甲烷	Ⅲ
二羟基吲哚	Ⅴ
1,4-二羟甲基环己烷	Ⅰ
二嗪磷	Ⅱ
2,3-二氢吡喃	Ⅳ
2,3-二氢-6-丙基-2-硫代-4(1H)-嘧啶酮	Ⅴ
2,3-二氢-2,2-二甲基苯并呋喃-7-基-*N*-甲基氨基甲酸酯	Ⅱ
二氢化镁	Ⅱ
二氢化脂二甲基氯化铵	Ⅳ
1,4-二氢-1-环丙基-7-(4-乙基-1-哌嗪基)-6-氟-4-氧-3-喹啉羧酸	Ⅲ
5,6-二氢-2-甲基-2H-环戊并(d)异噻唑-3(4H)-酮	Ⅴ
二氢六氯铂酸	Ⅱ
S-3,4-二氢-4-氧苯并(d)(1,2,3)-三嗪-3-基甲基-*O*,*O*-二甲基二硫代磷酸酯	Ⅱ
O-(1,6-二氢-6-氧代-1-苯基-3-哒嗪基)-*O*,*O*-二乙基硫代磷酸酯	Ⅳ
二氢氧化镍	Ⅲ
二氰胺钠	Ⅲ
二氰蒽醌	Ⅲ
2,3-二氰-5,6-二氯苯醌	Ⅳ
二氰合金酸钾	Ⅳ
1,2-二氰基苯	Ⅴ
1,3-二氰基丙烷	Ⅲ
1,4-二氰基丁烷	Ⅰ
2,3-二氰基对苯二酚	Ⅱ
2,3-二氰基-1,4-二硫代蒽醌	Ⅲ
1,6-二氰基己烷	Ⅱ
1,5-二氰基戊烷	Ⅱ
1,2-二氰基乙烷	Ⅰ
二氰甲烷	Ⅱ
二巯基丙醇	Ⅲ
3,4-二巯基甲苯	Ⅱ
2,5-二巯基甲基-1,4-二噻烷	Ⅴ
二壬基萘磺酸钡	Ⅰ
二壬基萘磺酸锌	Ⅰ
二噻农	Ⅲ
二(三(2-甲基-2-苯基丙基)锡)氧化物	Ⅲ
二(3-(三甲氧基甲硅烷基)丙基)胺	Ⅴ
二十二烯酸酰胺	Ⅳ
6,9-二(十六基氧甲基)-4,7-二氧杂壬烷-1,2,9-三醇	Ⅴ
3,5-二(十四烷基氧羰基)苯亚磺酸	Ⅴ
3,5-二(十四烷基氧羰基)苯亚磺酸钠盐	Ⅴ
3-二十烷基-4-亚二十一烷基-2-氧杂环丁酮	Ⅴ
(11*Z*)-11-二十烯酸	Ⅰ
2,6-二叔丁基苯酚	Ⅰ
2,6-二叔丁基对甲酚	Ⅰ
2,6-二叔丁基-α-二甲氨基对甲酚	Ⅰ
2,2-二(叔丁基过氧)丁烷	Ⅲ
1,1-二叔丁基过氧化环己烷	Ⅰ
二叔丁基过氧化物	Ⅰ
2,6-二叔丁基-4-甲酚	Ⅴ
二水合醋酸锌	Ⅴ
二水合二氯异氰尿酸钠	Ⅴ
二水合氯化钡	Ⅳ
二水合氯化铜铵	Ⅳ
二水合重铬酸锂	Ⅳ
N,*N*-二(羧甲基)甘氨酸	Ⅰ
二缩水甘油醚	Ⅱ
二缩原磷酸	Ⅳ
二戊胺	Ⅲ
二戊基苯	Ⅲ
二烯丙胺	Ⅳ
二烯丙基	Ⅱ
4-二烯丙基氨基-3,5-二甲基苯基-*N*-甲基氨基甲酸酯	Ⅳ
二烯丙基胺	Ⅳ
N,*N*-二烯丙基-2,2-二氯乙酰胺	Ⅲ
二烯丙基硫醚	Ⅱ
N,*N*-二烯丙基氯代乙酰胺	Ⅴ
二烯丙基醚	Ⅱ
二烯丙基氰胺	Ⅱ
二硝基(苯)酚	Ⅴ
4,6-二硝基-2-氨基苯酚	Ⅱ
4,6-二硝基-2-氨基苯酚锆(干的或含水<20%)	Ⅳ
4,6-二硝基-2-氨基苯酚钠	Ⅳ
二硝基巴豆酸酯	Ⅳ

中文名称	卷序
1,2-二硝基苯	Ⅱ
1,3-二硝基苯	Ⅱ
1,4-二硝基苯	Ⅱ
2,4-二硝基苯胺	Ⅰ
2,6-二硝基苯胺	Ⅱ
3,5-二硝基苯胺	Ⅱ
2,5-二硝基苯酚(含水≥15%)	Ⅱ
2,4-二硝基苯酚	Ⅰ
2,4-二硝基苯酚(含水≥15%)	Ⅲ
γ-二硝基苯酚	Ⅱ
二硝基(苯)酚碱金属盐(干的或含水<15%)	Ⅳ
2,4-二硝基苯磺酰氯	Ⅱ
2,4-二硝基-*N*-苯基苯胺	Ⅱ
2,4-二硝基苯甲醚	Ⅱ
3,5-二硝基苯甲酰氯	Ⅱ
2,4-二硝基苯肼	Ⅱ
1,3-二硝基丙烷	Ⅱ
2,6-二硝基对甲酚	Ⅱ
2,4-二硝基二苯胺	Ⅱ
4,4′-二硝基二苯基二氨基脲	Ⅱ
2,6-二硝基-*N*,*N*-二丙基-4-(三氟甲基)苯胺	Ⅳ
2,4-二硝基酚	Ⅲ
2,4-二硝基酚	Ⅰ
2,4-二硝基-1-氟苯	Ⅱ
2,4-二硝基茴香醚	Ⅱ
3,5-二硝基甲苯	Ⅴ
2,5-二硝基甲苯	Ⅴ
3,4-二硝基甲苯	Ⅴ
2,3-二硝基甲苯	Ⅴ
2,4-二硝基甲苯	Ⅱ
2,6-二硝基甲苯	Ⅱ
2,6-二硝基-4-甲基苯酚	Ⅱ
2,4-二硝基间苯二酚(干的或含水<15%)	Ⅲ
二硝基联苯	Ⅱ
2,2′-二硝基联苯	Ⅱ
4,6-二硝基邻甲苯酚	Ⅱ
二硝基邻甲苯酚钠	Ⅲ
二硝基邻甲酚铵	Ⅱ
4,6-二硝基邻甲酚铵	Ⅱ
二硝基邻甲酚钠(含水≥15%)	Ⅲ

中文名称	卷序
2,4-二硝基硫氰基苯	Ⅲ
2,4-二硝基氯苯	Ⅰ
3,4-二硝基氯苯	Ⅲ
2,4-二硝基氯苯	Ⅰ
3,5-二硝基氯化苯甲酰	Ⅱ
2,4-二硝基氯化苄	Ⅱ
1,5-二硝基萘	Ⅱ
1,8-二硝基萘	Ⅳ
2,4-二硝基萘酚	Ⅱ
2,4-二硝基-1-萘酚	Ⅱ
2,7-二硝基芴	Ⅱ
1,3-二硝基-4-溴苯	Ⅱ
1,2-二硝基-4-溴化苯	Ⅱ
二硝基重氮酚	Ⅱ
二硝散	Ⅲ
二硝酸丙二醇酯	Ⅴ
二硝特丁酚	Ⅲ
二硝托胺	Ⅴ
1,3-二溴苯	Ⅱ
1,2-二溴苯	Ⅲ
1,4-二溴苯	Ⅲ
2,4-二溴苯胺	Ⅱ
2,5-二溴苯胺	Ⅱ
4,4′-二溴苯乙醇酸异丙酯	Ⅲ
2,4′-二溴苯乙酮	Ⅲ
2,3-二溴-1-丙醇	Ⅴ
2,3-二溴丙腈	Ⅳ
1,3-二溴丙烷	Ⅴ
1,2-二溴丙烷	Ⅱ
2,3-二溴丙烯	Ⅳ
2,2-二溴-3-次氮基丙酰胺	Ⅰ
1,2-二溴-3-丁酮	Ⅱ
3,4-二溴丁酮	Ⅱ
二溴二氟甲烷	Ⅱ
二溴二氟乙烷	Ⅲ
1,2-二溴-1,1-二氟乙烷	Ⅲ
二溴化丙烯	Ⅱ
二溴化汞	Ⅰ
二溴化亚甲基	Ⅱ
二溴化乙烯	Ⅱ
二溴甲烷	Ⅱ
二溴磷	Ⅱ
二溴氯丙烷	Ⅱ

中文名称	卷序
1,2-二溴-3-氯丙烷	Ⅱ
1,2-二溴-1-氯乙烷	Ⅳ
3,5-二溴-4-羟基苄腈	Ⅱ
3,5-二溴-4-羟基-4′-硝基偶氮苯	Ⅳ
2,2-二溴氰乙酰胺	Ⅰ
二溴四氟乙烷	Ⅳ
2,2-二溴-2-硝基乙醇	Ⅴ
1,1-二溴乙烷	Ⅲ
1,2-二溴乙烷	Ⅱ
1,3-二(2,2-亚丙基)苯双(过氧化新癸酰)	Ⅳ
N,*N*′-二亚水杨-1,2-丙二胺	Ⅰ
N,*N*′-二亚水杨基-1,2-二氨基丙烷	Ⅱ
1,4-二亚硝基苯	Ⅱ
2,4-二亚硝基-1,3-苯二酚	Ⅱ
2,4-二亚硝基间苯二酚	Ⅱ
3,7-二亚硝基-1,3,5,7-四氮杂双环(3,3,1)壬烷	Ⅱ
N,*N*′-二亚硝基五亚甲基四胺(含钝感剂的)	Ⅱ
二亚乙基三胺	Ⅱ
二亚乙基三胺五亚甲基膦酸	Ⅰ
二亚乙基三胺五乙酸	Ⅰ
二亚异丙腙	Ⅱ
二盐基邻苯二甲酸铅	Ⅳ
二盐基性亚硫酸铅	Ⅳ
二盐基亚磷酸铅	Ⅳ
5-(2,4-二氧代-1,2,3,4-四氢嘧啶)-3-氟-2-羟甲基四氢呋喃	Ⅳ
二氧化钡	Ⅱ
二氧化碲	Ⅲ
二氧化丁二烯	Ⅳ
二氧化二聚环戊二烯	Ⅳ
二氧化二戊烯	Ⅳ
二氧化钙	Ⅱ
二氧化硅	Ⅲ
二氧化钌	Ⅲ
二氧化硫	Ⅰ
二氧化硫脲	Ⅳ
二氧化氯	Ⅰ
二氧化镁	Ⅲ
二氧化锰	Ⅳ
二氧化钠	Ⅱ
二氧化镍	Ⅴ
二氧化铅	Ⅱ
二氧化锶	Ⅱ
1,1-二氧化四氢噻吩	Ⅰ
二氧化钛	Ⅳ
二氧化碳(液化的)	Ⅳ
二氧化碳	Ⅰ
二氧化萜二烯	Ⅳ
二氧化钍	Ⅲ
二氧化硒	Ⅱ
二氧化锡	Ⅳ
二氧化锌	Ⅱ
二氧化乙烯基环己烯	Ⅳ
1,4-二氧己环	Ⅰ
二氧威	Ⅴ
1,3-二氧戊环	Ⅱ
1,4-二氧杂环己烷	Ⅰ
1,3-二氧杂环戊烷	Ⅱ
二乙氨基苯	Ⅱ
4-(二乙氨基)甲苯	Ⅱ
5-二乙氨基-2-戊酮	Ⅳ
2-二乙氨基乙醇	Ⅲ
S-(2-(二乙氨基)乙基)-*O*,*O*-二乙基硫赶磷酸酯	Ⅲ
N-二乙氨基乙基氯	Ⅲ
二乙胺	Ⅰ
2-(二乙胺基)甲苯	Ⅲ
二乙醇胺	Ⅰ
二乙醇缩乙醛	Ⅰ
二乙二醇	Ⅱ
二乙二醇单丁基醚	Ⅲ
二乙二醇单丁基醚醋酸酯	Ⅲ
二乙二醇单甲基醚	Ⅲ
二乙二醇单甲基醚醋酸酯	Ⅲ
二乙二醇单乙基醚	Ⅲ
二乙二醇单乙基醚醋酸酯	Ⅳ
二乙二醇二丁醚	Ⅲ
二乙二醇二甲醚	Ⅴ
二乙二醇二硝酸酯	Ⅱ
二乙二醇二乙烯基醚	Ⅳ
二乙二醇甲醚	Ⅲ
二乙二醇乙醚	Ⅲ

中文名称	卷序
N-(3-(4-(二乙基氨基)-2-甲基苯基)亚氨基)-6-氧代-1,4-环己二烯-1-基-乙酰胺	Ⅳ
二乙基氨基甲酰氯	Ⅴ
二乙基氨腈	Ⅱ
1,2-二乙基苯	Ⅱ
1,3-二乙基苯	Ⅱ
N,N-二乙基苯胺	Ⅱ
2,6-二乙基苯胺	Ⅴ
N-(2,6-二乙基苯基)-N-甲氧基甲基-氯乙酰胺	Ⅰ
O,O-二乙基-O-(1-苯基-1,2,4-三唑-3-基)硫代磷酸酯	Ⅲ
O,O-二乙基-O-吡嗪-2-基-硫代磷酸酯	Ⅱ
二乙基-S-苄基-硫代磷酸酯	Ⅳ
N,N-二乙基-1,3-丙二胺	Ⅱ
2,2-二乙基丙烷	Ⅰ
N,N-二乙基对苯二胺	Ⅴ
二乙基对苯二胺硫酸盐	Ⅲ
N,N-二乙基对苯二胺盐酸盐	Ⅲ
N,N-二乙基对甲基苯胺	Ⅱ
O,O-二乙基-O-(对(甲基亚磺酰基)苯基)硫代磷酸酯	Ⅱ
N,N-二乙基-1,3-二氨基丙烷	Ⅱ
N,N-二乙基-N′,N′-二甲基-1,3-丙二胺	Ⅴ
N,N-二乙基二硫代氨基甲酸-2-氯烯丙酯	Ⅱ
二乙基二硫代氨基甲酸钠	Ⅲ
二乙基二硫代氨基甲酸锌	Ⅲ
二乙基二氯硅烷	Ⅱ
二乙基二氯化锡	Ⅲ
O,O-二乙基-S-(3,4-二氢-4-氧代苯并(d)-(1,2,3)-三氮苯-3-基甲基)二硫代磷酸酯	Ⅲ
二乙基汞	Ⅱ
二(2-乙基己基)胺	Ⅲ
二(2-乙基己基)磷酸酯	Ⅱ
二(2-乙基己基)醚	Ⅲ
N,N-二(2-乙基己基)-((1,2,4-三唑-1-基)甲基)胺	Ⅴ
N,N-二乙基-2-甲基苯胺	Ⅲ
N,N-二乙基-3-甲基-1,4-苯二胺盐酸盐	Ⅳ
O,O-二乙基-O-(4-甲基香豆素基-7)硫代磷酸酯	Ⅲ
二乙基甲酮	Ⅰ
二乙基甲酰胺	Ⅲ
N,N-二乙基甲酰胺	Ⅲ
N,N-二乙基间甲苯酰胺	Ⅳ
二乙基肼	Ⅳ
1,2-二乙基肼	Ⅴ
N,N-二乙基邻甲苯胺	Ⅲ
二乙基硫	Ⅲ
O,O′-二乙基硫代磷酰氯	Ⅱ
1,3-二乙基硫脲	Ⅲ
二乙基氯化铝	Ⅰ
O,O-二乙基-O-(3-氯-4-甲基香豆素-7-基)硫代磷酸酯	Ⅳ
O,O-二乙基-S-2-氯-1-酞酰亚胺基乙基二硫代磷酸酯	Ⅱ
二乙基镁	Ⅱ
D,L-(N,N-二乙基-2-羟基-2-苯乙酰胺)	Ⅳ
O,O-二乙基-O-((α-氰基亚苄氨基)氧)硫代磷酸酯	Ⅲ
二乙基溶纤剂	Ⅰ
N,N-二乙基-3-(2,4,6-三甲基苯基磺酰基)-1H-1,2,4-三唑-1-甲酰胺	Ⅳ
O,O-二乙基-O-3,5,6-三氯-2-吡啶基硫代磷酸酯	Ⅱ
O,O-二乙基-S-叔丁基硫甲基二硫代磷酸酯	Ⅴ
二乙基四硫	Ⅰ
二乙基四硫化物	Ⅰ
二乙(基)酮	Ⅰ
N,N-二乙基-1,4-戊二胺	Ⅱ
二乙基硒	Ⅳ
O,O-二乙基-O-(4-硝基苯基)硫代磷酸酯	Ⅰ
二乙基锌	Ⅱ
N-二乙基亚硝胺	Ⅲ
N,N-二乙基-4-亚硝基苯胺	Ⅱ
N,N-二乙基乙胺	Ⅲ
N,N-二乙基乙醇胺	Ⅲ

中文名称	卷序
N,N-二乙基乙二胺	Ⅳ
二乙基(乙基二甲基硅烷醇)铝	Ⅴ
O,O-二乙基-S-(乙硫基)甲基二硫代磷酸酯	Ⅱ
O,O-二乙基-S-(2-(乙硫基)乙基)二硫代磷酸酯	Ⅳ
O,O-二乙基-O-(2-(乙硫基)乙基)硫代磷酸酯和O,O-二乙基-S-(2-(乙硫基)乙基)硫代磷酸酯混剂	Ⅳ
二乙基乙醛	Ⅱ
二乙基乙酸	Ⅳ
N,N-二乙基乙烯二胺	Ⅳ
O,O-二乙基-S-异丙基氨基甲酰甲基二硫代磷酸酯	Ⅱ
O,O-二乙基-O-(2-异丙基-6-甲基-4-嘧啶基)硫代磷酸酯	Ⅱ
二乙肼	Ⅳ
N,N-二乙肼	Ⅳ
二乙硫醚	Ⅲ
二乙醚	Ⅰ
二乙炔	Ⅲ
二乙烯苯	Ⅰ
二乙烯基苯	Ⅰ
1,2-二乙烯基苯	Ⅲ
二乙烯基醚(抑制了的)	Ⅱ
二乙烯基乙炔	Ⅰ
二乙烯三胺五亚甲基膦酸	Ⅰ
二乙烯三胺五乙酸	Ⅰ
二乙烯酮	Ⅱ
N,N'-二乙酰联苯胺	Ⅴ
二乙酰乙酸甲酯	Ⅳ
1,2-二乙氧基丙烷	Ⅴ
1,3-二乙氧基丙烷	Ⅴ
3,3-二乙氧基丙烯	Ⅱ
二乙氧基二甲基硅烷	Ⅱ
4-(3-(二乙氧基甲基甲硅烷基丙氧基)-2,2,6,6-四甲基)哌啶	Ⅴ
二乙氧基甲烷	Ⅱ
2-(二乙氧基磷酰亚氨基)-1,3-二硫戊环	Ⅳ
1,1-二乙氧基乙烷	Ⅰ
1,2-二乙氧基乙烷	Ⅰ
N,N-二异丙氨基乙醇	Ⅱ

中文名称	卷序
二异丙胺	Ⅰ
二异丙醇胺	Ⅰ
二异丙醇二乳酸钛二铵	Ⅰ
二异丙基	Ⅱ
1,4-二异丙基苯	Ⅲ
二异丙基苯基过氧化氢	Ⅲ
N,N'-二异丙基对苯二胺	Ⅰ
二异丙基二硫代磷酸锑	Ⅱ
二异丙基甲酮	Ⅱ
N,N-二异丙基硫代氨基甲酸-S-2,3-二氯烯丙基酯	Ⅲ
N,N-二异丙基硫代氨基甲酸-S-2,3,3-三氯烯丙基酯	Ⅲ
N,N-二异丙基乙胺	Ⅱ
N,N-二异丙基乙醇胺	Ⅱ
二异丁胺	Ⅱ
二异丁基甲酮	Ⅳ
二异丁基氯化铝	Ⅲ
二异丁基酮	Ⅳ
二异丁烯	Ⅰ
1,6-二异氰酸根合-2,4,4-三甲基己烷	Ⅴ
1,6-二异氰酸根合-2,2,4-三甲基-己烷	Ⅴ
1,5-二异氰酸萘酯	Ⅲ
二异氰酸异佛尔酮酯	Ⅳ
二异戊胺	Ⅲ
二异戊醚	Ⅱ
二异辛胺	Ⅲ
二油酸新戊二醇酯	Ⅲ
二元乙丙橡胶	Ⅰ
二月桂基硫代二丙酸酯	Ⅳ
二正丙胺	Ⅲ
二(正)丙醚	Ⅱ
二正丁胺	Ⅱ
2-(二正丁基氨基)乙醇	Ⅳ
二正丁醚	Ⅱ
二正庚胺	Ⅳ
二正戊胺	Ⅲ
N,N'-二仲丁基-1,4-苯二胺	Ⅰ
N,N'-二仲丁基对苯二胺	Ⅰ
F	
发动机清洗剂	Ⅰ
发汗脱蜡油	Ⅰ
发硫磷	Ⅱ

中文名称	卷序
发泡级聚苯乙烯	Ⅰ
发泡剂 AC	Ⅰ
发泡剂 H	Ⅱ
发泡剂 BSH	Ⅰ
发泡剂 ADC	Ⅰ
发泡剂 N	Ⅰ
发烟硫酸	Ⅰ
发烟硝酸	Ⅰ
伐虫脒	Ⅴ
番木鳖碱	Ⅴ
凡士林原料油	Ⅰ
矾土	Ⅳ
钒	Ⅰ
钒酸铵	Ⅲ
钒酸酐	Ⅰ
钒酸钠	Ⅲ
钒铁	Ⅴ
反-4-苯基-L-脯氨酸	Ⅳ
4-(反-4-丙基环己基)乙酰苯	Ⅴ
反丁烯二酸	Ⅰ
反丁烯二酸二乙酯	Ⅲ
反-4-(4′-氟苯基)-3-羟甲基-*N*-甲基哌啶	Ⅴ
1-(4-(反-4-庚基环己基)苯基)乙烷	Ⅴ
反-5-氨基-6-羟基-2,2-二甲基-1,3-二氧杂环庚烷	Ⅴ
(±)-反-4-(4-氟苯基)-3-羟甲基-1-甲基哌啶	Ⅴ
反-4-环己基-L-脯氨酸-盐酸盐	Ⅴ
反十六烷酸-3,7-二甲基-2,6-辛二烯酯	Ⅳ
(*S*,*S*)-反-4-乙酰胺基-5,6-二氢-6-甲基-7,7-二氧代-4H-噻吩并(2,3,b)噻喃-2-磺酰胺	Ⅳ
芳烃抽余油	Ⅰ
防冻油	Ⅰ
防老剂 PPD	Ⅲ
防老剂 NBC	Ⅲ
防老剂 BHT	Ⅴ
防老剂 RD	Ⅰ
防老剂 SP	Ⅰ
防老剂 4020	Ⅰ
防老剂 4010NA	Ⅰ
防老剂 264	Ⅰ
防老剂 300	Ⅴ
防老剂 A	Ⅰ
防老剂 DMPPD	Ⅰ
防老剂 IPPD	Ⅰ
防老剂丁	Ⅰ
防老剂甲	Ⅰ
T706 防锈剂	Ⅰ
701B 防锈剂	Ⅰ
702 防锈剂	Ⅰ
T701 防锈剂	Ⅰ
T704 防锈剂	Ⅰ
T702A 防锈剂	Ⅰ
T746 防锈剂	Ⅰ
T708 防锈剂	Ⅰ
T743 防锈剂	Ⅰ
防锈乳化油	Ⅰ
防锈添加剂 T705	Ⅰ
防锈油	Ⅰ
放线菌酮	Ⅴ
非草隆	Ⅲ
非那西丁	Ⅳ
非那西酊	Ⅳ
菲	Ⅲ
1,10-菲咯啉	Ⅴ
肥酸	Ⅰ
肥酸乙酯	Ⅳ
翡翠绿	Ⅳ
分散剂 T154	Ⅰ
154 分散剂	Ⅰ
分散剂 CMN	Ⅰ
分散剂 M-9	Ⅰ
T151 分散剂	Ⅰ
152 分散剂	Ⅰ
155 分散剂	Ⅰ
T155 分散剂	Ⅰ
C.I. 分散蓝	Ⅴ
分散耐晒桃红 B	Ⅲ
分子筛脱蜡原料油	Ⅰ
吩噻嗪	Ⅲ
3-(吩噻嗪-10-基)丙酸	Ⅴ
芬硫磷	Ⅴ
芬螨酯	Ⅳ
酚醛树脂	Ⅰ

中文名称	卷序
丰索磷	Ⅱ
风梨醛	Ⅳ
砜拌磷	Ⅴ
砜吸磷	Ⅴ
呋草酮	Ⅴ
呋喃	Ⅰ
2,5-呋喃二酮	Ⅰ
2-呋喃甲胺	Ⅱ
呋喃甲醇	Ⅰ
呋喃甲醛	Ⅰ
呋喃甲酰氯	Ⅱ
呋线威	Ⅴ
伏杀硫磷	Ⅱ
氟	Ⅲ
氟胺氰菊酯	Ⅳ
氟苯	Ⅱ
2-氟苯胺	Ⅱ
3-氟苯胺	Ⅱ
4-氟苯胺	Ⅱ
3-(4-氟苯基)-1-异丙基吲哚	Ⅴ
2-氟苯甲酸	Ⅲ
3-氟苯甲酸	Ⅲ
4-氟苯甲酸	Ⅲ
氟苯脲	Ⅳ
1-(3-(4-氟苯氧基)丙基)-3-甲氧基-4-哌啶酮	Ⅴ
氟吡乙禾灵	Ⅴ
3-氟丙基硫醇	Ⅲ
3-氟丙酸	Ⅳ
1-氟-2-丙酮	Ⅱ
氟丙酮	Ⅱ
氟醋酸	Ⅰ
氟醋酸乙酯	Ⅱ
氟代苯	Ⅱ
氟担菌宁	Ⅴ
4-氟丁醇	Ⅲ
4-氟丁醛	Ⅳ
4-氟丁酸	Ⅳ
4-氟丁酸甲酯	Ⅲ
氟啶胺	Ⅳ
氟啶嘧磺隆	Ⅴ
4′-氟-2,2-二甲氧基乙酰苯	Ⅴ
1-氟-2,4-二硝基苯	Ⅱ

中文名称	卷序
氟仿	Ⅰ
氟锆酸钾	Ⅱ
氟光气	Ⅳ
氟硅酸	Ⅰ
氟硅酸钡	Ⅱ
氟硅酸钙	Ⅳ
氟硅酸镉	Ⅴ
氟硅酸钾	Ⅱ
氟硅酸镁	Ⅱ
氟硅酸锰	Ⅳ
氟硅酸钠	Ⅰ
氟硅酸铜	Ⅳ
氟硅酸锡	Ⅳ
氟硅酸锌	Ⅱ
氟硅唑	Ⅴ
氟化铵	Ⅱ
氟化钡	Ⅱ
氟化钙	Ⅳ
氟化锆	Ⅱ
氟化镉	Ⅱ
氟化铬	Ⅱ
氟化钴	Ⅱ
氟化硅	Ⅲ
氟化过氯酰	Ⅱ
氟化钾	Ⅱ
氟化锂	Ⅱ
氟化磷	Ⅲ
氟化铝	Ⅱ
氟化铝钠	Ⅲ
氟化钠	Ⅱ
氟化铍	Ⅱ
氟化铅	Ⅱ
氟化氢	Ⅰ
氟化氢铵	Ⅱ
氟化氢钾	Ⅱ
氟化氢钠	Ⅱ
氟化氢溶液	Ⅰ
氟化铷	Ⅱ
氟化铯	Ⅱ
氟化钛钾	Ⅳ
氟化碳酰	Ⅳ
氟化锑	Ⅲ
氟化铜	Ⅱ

中文名称	卷序
氟化锌	Ⅱ
氟化亚磷	Ⅲ
氟化亚砷	Ⅲ
氟化亚锑	Ⅲ
氟化亚锡	Ⅳ
氟环唑	Ⅴ
氟磺隆	Ⅴ
氟磺酸	Ⅱ
氟己酸乙酯	Ⅲ
1-氟己烷	Ⅲ
氟己烷	Ⅲ
2-氟甲苯	Ⅱ
3-氟甲苯	Ⅱ
4-氟甲苯	Ⅱ
1-氟-3-甲基苯	Ⅱ
6-氟-2-甲基-3-(4-甲基硫代苄基)茚	Ⅴ
氟甲烷	Ⅱ
氟节胺	Ⅳ
氟乐灵	Ⅳ
氟利昂-11	Ⅰ
氟利昂-12	Ⅰ
氟利昂-13	Ⅰ
氟利昂-21	Ⅲ
氟利昂-112	Ⅴ
氟利昂-113	Ⅲ
氟利昂-115	Ⅲ
氟利昂-124	Ⅱ
氟利昂-143	Ⅱ
氟利昂-152	Ⅲ
氟利昂-22	Ⅰ
氟利昂-23	Ⅰ
氟磷酸二异丙酯	Ⅳ
氟磷酸异丙酯	Ⅳ
氟硫隆	Ⅳ
氟氯菊酯	Ⅳ
氟氯氰菊酯	Ⅴ
氟螨噻	Ⅴ
氟硼酸	Ⅱ
氟硼酸镉	Ⅱ
氟硼酸锂	Ⅳ
氟硼酸镁	Ⅳ
氟硼酸钠	Ⅳ
氟硼酸铅	Ⅱ
氟氢酸	Ⅰ
氟噻草胺	Ⅴ
氟三丁基锡	Ⅲ
2-氟-5-三氟甲基吡啶	Ⅴ
氟三己基锡	Ⅴ
氟三戊基锡	Ⅴ
氟鼠灵	Ⅴ
μ-氟-双(三乙基铝)钾	Ⅴ
氟钛酸钾	Ⅳ
氟钽酸钾	Ⅲ
氟烷	Ⅴ
5-氟戊胺	Ⅲ
氟酰胺	Ⅴ
氟橡胶	Ⅰ
1-氟辛烷	Ⅲ
氟乙腈	Ⅲ
氟乙醛	Ⅳ
氟乙酸	Ⅰ
氟乙酸钾	Ⅱ
氟乙酸钠	Ⅱ
氟乙酸乙酯	Ⅱ
氟乙烷	Ⅰ
氟乙烯	Ⅰ
2-氟乙酰胺	Ⅱ
氟乙酰胺	Ⅱ
氟蚁腙	Ⅴ
福尔马林	Ⅰ
福化利	Ⅳ
福美甲胂	Ⅱ
福美铁	Ⅲ
福美锌	Ⅱ
腐肉碱	Ⅰ
腐殖酸-栲胶磺化交联木质素磺酸盐	Ⅰ
富含芳香族的碳氢化合物	Ⅳ
富马酸	Ⅰ
富马酸二丁酯	Ⅲ
富马酸二乙酯	Ⅲ
富马酰氯	Ⅱ
富民农	Ⅱ
G	
钙(粉)	Ⅱ
钙硝石	Ⅲ

中文名称	卷序
干气	I
甘醇	I
甘汞	Ⅲ
甘露糖醇六硝酸酯	V
甘油	I
甘油三丙酸酯	Ⅲ
甘油三丁酸酯	Ⅲ
甘油三硝酸酯	Ⅲ
柑橘红 2 号	V
橄苦岩	Ⅲ
刚玉	V
高丙体六六六	Ⅱ
高氮聚异丁烯基丁二酰亚胺	I
高碘酸	Ⅱ
高碘酸铵	Ⅱ
高碘酸钾	Ⅱ
高碘酸钠	Ⅱ
高碱性磷酸戊酯	Ⅲ
高铼酸铵	Ⅱ
高铼酸钾	Ⅱ
高硫石油焦	I
高氯酸	I
高氯酸铵	I
高氯酸钡	Ⅱ
高氯酸钙	Ⅱ
高氯酸钾	Ⅱ
高氯酸锂	Ⅱ
高氯酸镁	Ⅱ
高氯酸钠	Ⅱ
高氯酸铅	Ⅱ
高氯酸锶	Ⅳ
高氯酸亚铁	Ⅳ
高氯酸银	Ⅱ
高锰酸钡	Ⅱ
高锰酸钙	Ⅱ
高锰酸钾	I
高锰酸钠	Ⅱ
高锰酸锌	Ⅱ
高密度喷气燃料	I
高灭磷	Ⅳ
高硼酸钠	Ⅱ
(高)铅酸钙	Ⅳ
高闪点喷气燃料	I
高铁酸钾	I
高效甲霜灵	V
高效氯氟氰菊酯	V
高效油溶性缓蚀剂 T771	I
锆粉	Ⅱ
格利雅溶液	Ⅳ
镉	Ⅲ
铬	Ⅲ
铬酐	Ⅲ
铬红	Ⅳ
铬黄	Ⅳ
铬明矾	I
铬酸钡	V
铬酸铋	Ⅳ
铬酸二钾	Ⅲ
铬酸钙	Ⅲ
铬酸酐	Ⅲ
铬酸铬	V
铬酸钾	Ⅲ
铬酸钠	I
铬酸铅	Ⅳ
铬酸溶液	Ⅱ
铬酸锶	V
铬酸锌	Ⅳ
铬酸锌钾	Ⅳ
铬酸氧铅	Ⅳ
铬酸银	Ⅳ
铬酰氯	Ⅱ
庚胺	I
2-庚醇	Ⅳ
3-庚醇	Ⅳ
庚二腈	Ⅱ
1,6-庚二炔	Ⅳ
1,6-庚二烯	Ⅲ
庚基氰	Ⅳ
庚硫醇	Ⅲ
1-庚炔	Ⅱ
庚酸	Ⅲ
庚酸烯丙酯	Ⅲ
2-庚酮	Ⅱ
3-庚酮	Ⅱ
4-庚酮	Ⅱ
庚烷异构体	Ⅳ

中文名称	卷序
2-庚烯(顺式)	Ⅲ
3-庚烯	Ⅰ
1-庚烯	Ⅰ
庚烯磷	Ⅴ
工业白油	Ⅰ
工业凡士林	Ⅰ
工业酚	Ⅰ
工业钙基脂	Ⅰ
工业己烷	Ⅰ
工业石炭酸	Ⅰ
工业用裂解碳四	Ⅰ
工业用液体氢氧化钠	Ⅰ
工业脂	Ⅰ
汞	Ⅰ
汞氰化钾	Ⅲ
AM/AMPS 共聚物	Ⅰ
AA/HPA 共聚物	Ⅰ
枸橼酸	Ⅰ
谷乐生	Ⅱ
钴	Ⅴ
固态石蜡	Ⅴ
瓜胶	Ⅰ
瓜叶菊素 I	Ⅴ
瓜叶菊素 II	Ⅴ
管道防腐沥青	Ⅰ
光气	Ⅰ
光稳定剂 120	Ⅳ
硅仿	Ⅲ
硅粉(非晶形的)	Ⅲ
硅氟酸	Ⅰ
硅化钙	Ⅱ
硅化镁	Ⅳ
硅锂	Ⅱ
硅锂合金	Ⅱ
硅氯仿	Ⅲ
硅酸二钠	Ⅴ
硅酸铝铂	Ⅳ
硅酸钠	Ⅰ
硅酸铅	Ⅱ
硅酸四甲酯	Ⅲ
硅酸四乙基酯	Ⅰ
硅酸乙酯	Ⅰ
硅铁(30%≤含硅<90%)	Ⅳ
硅铁锂	Ⅳ
硅烷	Ⅰ
硅橡胶	Ⅰ
癸醇	Ⅰ
1-癸醇	Ⅰ
癸二胺	Ⅲ
癸二酸二丙酯	Ⅳ
癸二酸二丁酯	Ⅳ
癸二酸二甲酯	Ⅳ
癸二酸二壬酯	Ⅳ
癸二酸二辛酯	Ⅳ
癸二酸二乙酯	Ⅳ
癸二酰氯	Ⅱ
癸基苯磺酸	Ⅳ
癸基苯磺酸钠	Ⅴ
癸甲氯铵	Ⅰ
2-癸硫基乙胺盐酸盐	Ⅴ
癸硼烷	Ⅲ
1-癸炔	Ⅲ
癸酸	Ⅰ
癸酸乙酯	Ⅲ
癸烷	Ⅰ
1-癸烯	Ⅰ
果虫磷	Ⅴ
过苯甲酸	Ⅲ
过碘酸	Ⅱ
过碘酸铵	Ⅱ
过碘酸钾	Ⅱ
过二硫酸铵	Ⅰ
过二硫酸钾	Ⅰ
过二硫酸钠	Ⅰ
过(二)碳酸钠	Ⅴ
过甲酸	Ⅱ
过铼酸铵	Ⅱ
过铼酸钾	Ⅱ
过磷酸钙	Ⅰ
过硫酸铵	Ⅰ
过硫酸钾	Ⅰ
过硫酸钠	Ⅰ
过氯甲硫醇	Ⅳ
过氯酸	Ⅰ
过氯酸铵	Ⅰ
过氯酸钡	Ⅱ

中文名称	卷序
过氯酸钙	Ⅱ
过氯酸钾	Ⅱ
过氯酸锂	Ⅱ
过氯酸镁	Ⅱ
过氯酸钠	Ⅱ
过氯酸铅	Ⅱ
过氯酸银	Ⅱ
过氯酰氟	Ⅱ
过锰酸钡	Ⅱ
过锰酸钙	Ⅱ
过锰酸钾	Ⅰ
过锰酸钠	Ⅱ
过锰酸锌	Ⅱ
过硼酸钠	Ⅱ
过碳酰胺	Ⅱ
过溴化 2-羟乙基铵	Ⅴ
过氧化钡	Ⅱ
过氧化苯甲酸叔丁酯	Ⅰ
过氧化苯甲酰	Ⅰ
过氧化醋酸叔丁酯	Ⅱ
过氧化丁二酸	Ⅱ
过氧化 2-丁酮	Ⅱ
过氧化对氯苯甲酰	Ⅱ
过氧化二苯甲酰	Ⅰ
过氧化二(对氯苯甲酰)	Ⅱ
过氧化二(2,4-二氧苯甲酰)	Ⅲ
过氧化(二)琥珀酸	Ⅱ
过氧化二(4-甲基苯甲酰)	Ⅳ
过氧化二叔丁基	Ⅰ
过氧化二叔丁烷	Ⅰ
过氧化二碳酸二(2-乙基己基)酯	Ⅰ
过氧化二碳酸二乙酯	Ⅱ
过氧化二碳酸二异丙酯	Ⅰ
过氧化二碳酸二正丙酯	Ⅱ
过氧化二碳酸二仲丁酯	Ⅱ
过氧化二(2-乙基己基)二碳酸酯	Ⅰ
过氧化二乙酰	Ⅰ
过氧化二异丙苯	Ⅰ
过氧化二月桂酰	Ⅲ
过氧化二正丙基二碳酸酯	Ⅱ
过氧化二仲丁基二碳酸酯	Ⅱ
过氧化钙	Ⅱ
过氧化环已酮	Ⅱ
过氧化甲乙酮	Ⅱ
过氧化钾	Ⅱ
过氧化锂	Ⅱ
过氧化镁	Ⅲ
过氧化钠	Ⅱ
过氧化尿素	Ⅱ
过氧化脲	Ⅱ
过氧化铅	Ⅱ
过氧化羟基二异丙苯	Ⅲ
过氧化氢	Ⅰ
过氧化氢苯甲酰	Ⅲ
过氧化氢(对)孟烷	Ⅳ
过氧化氢二异丙苯	Ⅲ
过氧化氢叔丁基	Ⅱ
过氧化氢异丙苯	Ⅰ
过氧化氢异丙基	Ⅴ
过氧化十二烷酰	Ⅲ
过氧化十二酰	Ⅲ
过氧化叔丁醇	Ⅱ
过氧化双(3,5,5-三甲基己酰)	Ⅰ
过氧化锶	Ⅱ
过氧化特戊酸叔丁酯	Ⅰ
过氧化锑	Ⅲ
过氧化锌	Ⅱ
过氧化 2-乙基己酸叔丁酯	Ⅰ
过氧化乙酸叔丁酯	Ⅱ
过氧化乙酰	Ⅰ
过氧化乙酰苯甲酰	Ⅱ
过氧化乙酰磺酰环己烷(含量≤82%,含水≥12%)	Ⅴ
过氧化异壬酰	Ⅰ
过氧乙酸	Ⅱ
过乙酸	Ⅱ
过蚁酸	Ⅱ
H	
HCFC-124	Ⅳ
HPCMT	Ⅰ
HPMA	Ⅰ
铪	Ⅱ
海波	Ⅰ
海伯隆	Ⅰ
海葱糖甙	Ⅴ
海军燃料油	Ⅰ

中文名称	卷序
海藻酸钠	Ⅰ
害扑威	Ⅳ
氦(液化的)	Ⅳ
氦	Ⅰ
氦气	Ⅰ
汉生胶	Ⅰ
航空煤油	Ⅰ
航空汽油	Ⅰ
航空润滑油	Ⅰ
航空洗涤汽油	Ⅰ
120 号溶剂油	Ⅰ
皓矾	Ⅰ
禾草丹	Ⅴ
禾草敌	Ⅴ
禾草克	Ⅳ
合成磺酸钡	Ⅰ
合成磺酸钙	Ⅰ
合成磺酸钠	Ⅰ
褐块石棉	Ⅴ
褐煤焦油	Ⅴ
褐煤栲胶改性木质素	Ⅰ
褐藻胶	Ⅰ
褐藻酸钠	Ⅰ
黑降汞	Ⅲ
黑色氧化汞	Ⅲ
黑索金	Ⅰ
红丹	Ⅲ
红矾铵	Ⅲ
红磷	Ⅴ
胡椒基丁醚	Ⅲ
胡萝卜酸乙酯	Ⅳ
琥珀腈	Ⅰ
琥珀醛	Ⅳ
琥珀酸	Ⅳ
琥珀酸二烷酯磺酸钠	Ⅰ
琥珀酸二异辛酯磺酸钠	Ⅰ
琥珀酸二正丁酯	Ⅳ
琥珀酸乙酯	Ⅳ
琥珀酰氯	Ⅱ
琥珀酰亚胺	Ⅱ
花椒毒素	Ⅳ
花生一烯酸	Ⅰ
华果	Ⅲ
化工轻油	Ⅰ
化工专用溶剂油	Ⅰ
环丙氟灵	Ⅴ
1-环丙基-6,7-二氟-1,4-二氢-4-氧代喹啉-3-羧酸	Ⅳ
环丙基甲醇	Ⅱ
环丙烷	Ⅰ
1,1-环丙烷二甲酸二甲酯	Ⅴ
环丙酰胺酸	Ⅳ
环丙唑醇	Ⅳ
环丁砜	Ⅰ
环丁烷	Ⅳ
环庚草醚	Ⅴ
环庚(间)三烯	Ⅱ
1,3,5-环庚三烯	Ⅱ
环庚酮	Ⅰ
环庚烷	Ⅱ
环庚烯	Ⅱ
环己胺	Ⅰ
环己醇	Ⅰ
1,2-环己二胺	Ⅱ
1,3-环己二烯	Ⅱ
1,4-环己二烯	Ⅱ
2,5-环己二烯-1,4-二酮	Ⅰ
环己基苯	Ⅳ
2-环己基丁烷	Ⅴ
N-环己基-1,1-二氧-苯并(b)噻吩-2-甲酰胺	Ⅳ
N-环己基环己胺亚硝酸盐	Ⅴ
环己基甲基二甲氧基硅烷	Ⅴ
环己基甲酸	Ⅰ
环己基甲烷	Ⅰ
2-环己基联苯	Ⅴ
环己基硫醇	Ⅲ
环己基氯	Ⅰ
环己基三氯硅烷	Ⅱ
环己基叔丁烷	Ⅲ
环己基溴	Ⅳ
环己基乙酸酯	Ⅳ
环己基异丁烷	Ⅴ
1-环己基正丁烷	Ⅰ
环己甲酸	Ⅰ
环己硫醇	Ⅲ

中文名称	卷序
环己酮	Ⅰ
环己烷	Ⅰ
1,4-环己烷二甲醇	Ⅰ
1,4-环己烷化二甲醇化二乙烯基醚	Ⅴ
环己烯	Ⅰ
环己烯基三氯硅烷	Ⅱ
3-环己烯-1-腈	Ⅲ
环己烯酮	Ⅳ
环己乙酸	Ⅲ
环吗啉	Ⅲ
环嗪酮	Ⅴ
环三次甲基三硝胺(含水≥15%)	Ⅰ
环十二醇	Ⅰ
环十二碳三烯	Ⅲ
1,5,9-环十二烷三烯	Ⅲ
环四亚甲基四硝胺	Ⅱ
环烷酸	Ⅰ
环烷酸钙	Ⅰ
环烷酸钴	Ⅱ
环烷酸镁	Ⅰ
环烷酸镍	Ⅰ
环烷酸铅	Ⅰ
环烷酸铜	Ⅰ
环烷酸锌	Ⅰ
环戊胺	Ⅱ
环戊醇	Ⅱ
环戊二茂铁	Ⅰ
环戊二烯	Ⅰ
1,3-环戊二烯	Ⅰ
环戊基氯	Ⅱ
环戊基溴	Ⅳ
环戊基乙酸	Ⅲ
环戊酮	Ⅰ
环戊烷	Ⅰ
环戊烯	Ⅱ
环酰菌胺	Ⅳ
1,5-环辛二烯	Ⅱ
1,3-环辛二烯	Ⅴ
1,3,5,7-环辛四烯	Ⅱ
环辛四烯	Ⅱ
环辛烷	Ⅱ
环辛烯	Ⅱ
1,2-环氧-3-苯氧基丙烷	Ⅳ

中文名称	卷序
2,3-环氧-1-丙醇	Ⅳ
环氧丙基苯基醚	Ⅳ
环氧丙基丁醚	Ⅱ
2,3-环氧丙基-2-乙基环己基醚	Ⅴ
2,3-环氧丙基异丙基醚	Ⅳ
2,3-环氧丙醛	Ⅱ
1,3-环氧丙烷	Ⅴ
1,2-环氧丙烷	Ⅰ
环氧丙烷	Ⅰ
3,4-环氧丁酸异丁酯	Ⅳ
1,2-环氧丁烷	Ⅰ
1,2-环氧环己烷	Ⅰ
环氧环己烷	Ⅰ
环氧氯丙烷	Ⅰ
环氧氯丙烷-多亚乙基多胺缩聚物	Ⅰ
环氧氯丙烷-二甲胺缩聚物	Ⅰ
环氧嘧磺隆	Ⅳ
环氧树脂	Ⅰ
环氧辛烷	Ⅲ
1,2-环氧-3-溴丙烷	Ⅱ
环氧溴丙烷	Ⅱ
1,2-环氧乙基苯	Ⅲ
环氧乙烷	Ⅰ
1,2-环氧-4-乙烯基环己烷	Ⅳ
1,2-环氧-3-乙氧基丙烷	Ⅴ
1,2-环氧-3-异丙氧基丙烷	Ⅳ
N-环己基-2-苯骈噻唑次磺酰胺	Ⅰ
2-环己烯-1-酮	Ⅳ
黄草伏	Ⅴ
黄丹	Ⅲ
黄单细胞多糖	Ⅰ
黄胶	Ⅰ
黄矿物油	Ⅰ
黄蜡油	Ⅰ
黄磷	Ⅱ
黄石蜡	Ⅰ
黄血盐	Ⅲ
黄原胶	Ⅰ
黄月砂	Ⅰ
黄樟脑	Ⅴ
黄樟素	Ⅴ
磺胺	Ⅲ
磺胺苯汞	Ⅱ

中文名称	卷序
磺胺酸	Ⅳ
磺胺乙汞	Ⅱ
4-磺苯基-6-((1-氧代壬基)氨基)己酸钠	Ⅴ
磺化丙酮甲醛缩聚物	Ⅰ
磺化单宁	Ⅰ
磺化酚醛树脂	Ⅰ
磺化琥珀酸二仲辛酯钠盐	Ⅰ
磺化沥青	Ⅰ
磺化木质素	Ⅰ
磺化木质素酚醛树脂	Ⅰ
磺基乙酸	Ⅳ
磺甲基酚醛树脂	Ⅰ
磺甲基化聚丙烯酰胺	Ⅰ
磺甲基化栲胶	Ⅰ
磺菌胺	Ⅳ
磺菌威	Ⅳ
磺噻隆	Ⅴ
磺酸钠	Ⅰ
磺酰胺	Ⅳ
磺酰胺酸	Ⅰ
4,4′-磺酰二苯胺	Ⅱ
磺酰磺隆	Ⅳ
4,4′-磺酰基双(2-(2-丙烯基))苯酚	Ⅴ
磺酰氯	Ⅱ
磺乙基淀粉	Ⅰ
灰锰养	Ⅰ
回火油	Ⅰ
茴香醚	Ⅰ
2号混合苯	Ⅰ
混合二甲酚	Ⅰ
混合二硝基氯苯(主要是2,4-二硝氯化苯和2,6-二硝基氯化苯)	Ⅰ
混合氯化二烷基二甲基铵	Ⅰ
混合碳九	Ⅰ
混合碳十	Ⅰ
混合碳四	Ⅰ
混合碳五	Ⅰ
活性白土	Ⅰ
活性漂土	Ⅰ
活性炭	Ⅰ
火碱	Ⅰ
13号机械油	Ⅰ

中文名称	卷序
J	
J酸	Ⅰ
机油	Ⅳ
361极压抗磨剂	Ⅰ
353极压抗磨剂	Ⅰ
351极压抗磨剂	Ⅰ
T304极压抗磨剂	Ⅰ
T301极压抗磨剂	Ⅰ
T305极压抗磨剂	Ⅰ
T307极压抗磨剂	Ⅰ
T306极压抗磨剂	Ⅰ
T309极压抗磨剂	Ⅰ
T323极压抗磨剂	Ⅰ
T321极压抗磨剂	Ⅰ
T352极压抗磨剂	Ⅰ
305极压/抗磨添加剂	Ⅳ
几奴尼	Ⅰ
3-己醇	Ⅱ
1-己醇	Ⅳ
2-己醇	Ⅰ
1,6-己二胺	Ⅰ
己二胺四亚甲基膦酸	Ⅰ
己二醇	Ⅲ
1,6-己二醇二丙烯酸酯	Ⅳ
N,*N*′-1,6-己二基二(*N*-(2,2,6,6-四甲基-4-哌啶))-甲酰胺	Ⅳ
1,6-己二基双-氨基甲酸双(2-(2-(1-乙戊基)-3-噁唑烷基)乙基)酯	Ⅳ
己二腈	Ⅰ
己二醛	Ⅳ
己二酸	Ⅰ
己二酸丁酯	Ⅱ
己二酸二丁氧基乙酯	Ⅲ
己二酸二丁酯	Ⅱ
己二酸二辛酯	Ⅲ
己二酸二(2-乙基-己醇)酯	Ⅳ
己二酸二(2-乙基)己酯	Ⅲ
己二酸二乙酯	Ⅳ
2,5-己二酮	Ⅳ
己二烯	Ⅳ
1,3-己二烯	Ⅱ
1,4-己二烯	Ⅱ
1,5-己二烯	Ⅱ

中文名称	卷序
2,4-己二烯	Ⅱ
己二酰二氯	Ⅱ
己基卡必醇	Ⅴ
己基氯	Ⅰ
己基醚	Ⅲ
(3*S*,4*S*)-3-己基-4-((*R*)-2-羟基十三烷基)-2-氧杂环丁酮	Ⅴ
己基三氯硅烷	Ⅱ
己基溴	Ⅲ
己腈	Ⅱ
1-己硫醇	Ⅱ
己内酰胺	Ⅰ
己醛	Ⅰ
1-己炔	Ⅱ
2-己炔	Ⅱ
3-己炔	Ⅱ
己炔醇	Ⅲ
1-己炔-3-醇	Ⅲ
1,2,6-己三醇	Ⅲ
己酸	Ⅱ
己酸甲酯	Ⅲ
己酸烯丙酯	Ⅳ
己酸乙酯	Ⅱ
2-己酮	Ⅱ
3-己酮	Ⅱ
己烷油	Ⅰ
己烯	Ⅰ
1-己烯	Ⅰ
2-己烯	Ⅱ
Z-3-(3-己烯基氧)丙腈	Ⅴ
5-己烯-2-酮	Ⅱ
己酰氯	Ⅱ
2-(己氧基)乙醇	Ⅴ
己唑醇	Ⅴ
季铵盐	Ⅰ
季戊四醇	Ⅰ
季戊四醇四硝酸酯	Ⅱ
季戊炸药	Ⅱ
加打萨宗	Ⅲ
加氢戊烯	Ⅰ
夹硫氮(杂)蒽	Ⅲ
2-甲氨基-4-甲氧基-6-甲基均三嗪	Ⅴ
2-甲氨基乙醇	Ⅲ

中文名称	卷序
甲胺磷	Ⅱ
甲拌磷	Ⅱ
甲苯	Ⅰ
甲苯-3,4-二硫酚	Ⅱ
甲苯胺	Ⅴ
甲苯-2,4-二胺	Ⅱ
甲苯二胺硫酸盐	Ⅱ
甲苯二异氰酸酯	Ⅰ
2,6-甲苯二异氰酸酯	Ⅴ
2,4-甲苯二异氰酸酯	Ⅱ
甲苯-2,4-二异氰酸酯	Ⅱ
甲苯氟磺胺	Ⅳ
4-甲苯磺酰氯	Ⅱ
3-甲苯基-*N*-甲基氨基甲酸酯	Ⅲ
(4-甲苯基)-1,3,5-三甲苯基磺酸盐	Ⅴ
α-甲苯硫醇	Ⅱ
4-甲苯硫酚	Ⅱ
3-甲苯硫酚	Ⅱ
甲丙硫磷	Ⅳ
甲丙醚	Ⅱ
甲草胺	Ⅰ
甲醇	Ⅰ
甲醇钾	Ⅴ
甲醇锂	Ⅴ
甲醇钠	Ⅱ
甲酚	Ⅳ
甲氟磷	Ⅱ
甲硅烷	Ⅰ
甲磺隆	Ⅴ
甲磺酸	Ⅳ
甲磺酸甲酯	Ⅴ
甲磺酸铅	Ⅴ
甲磺酸铜	Ⅴ
甲磺酸锡(Ⅱ)盐	Ⅴ
甲磺酸乙酯	Ⅴ
1-(3-甲磺酰氧基-5-三苯甲氧甲基-2-D-呋喃基)胸腺嘧啶	Ⅴ
N-甲基-4-氨基苯酚硫酸盐	Ⅳ
甲基氨基甲酸-2,3-二氢-2-甲基-7-苯并呋喃酯	Ⅴ
O-甲基氨基甲酰基-1-二甲氨基甲酰-1-甲硫基甲醛肟	Ⅲ

中文名称	卷序
O-(甲基氨基甲酰基)-2-甲基-2-甲硫基丙醛肟	Ⅲ
N-甲基氨基甲酰-2-氯酚	Ⅳ
N-((4-甲基氨基)-3-硝基苯基)二乙醇胺	Ⅴ
2-甲基氨基乙醇	Ⅲ
2-甲基苯胺	Ⅰ
3-甲基苯胺	Ⅱ
4-甲基苯胺	Ⅱ
N-甲基苯胺	Ⅱ
2-甲基苯并噁唑	Ⅲ
2-甲基苯并氧氮唑	Ⅲ
2-甲基-1,4-苯二胺	Ⅱ
4-甲基苯酚	Ⅰ
3-甲基苯酚	Ⅰ
2-甲基苯酚	Ⅰ
4-甲基苯磺酸-2,5-二丁氧基-4-(吗啉-4-基)重氮苯	Ⅳ
2-甲基-2-苯基丙烷	Ⅳ
甲基苯基二氯硅烷	Ⅱ
甲基苯基二乙氧基硅烷	Ⅲ
α-甲基苯基甲醇	Ⅱ
1-((2-甲基苯基)偶氮)-2-萘酚	Ⅴ
2-甲基-4-苯基戊醇	Ⅴ
2-甲基苯甲腈	Ⅱ
4-甲基苯甲腈	Ⅱ
4-甲基苯甲醛	Ⅳ
4-甲基苯甲酸	Ⅲ
3-甲基苯甲酸	Ⅲ
2-甲基苯甲酸	Ⅳ
2-甲基苯硫酚	Ⅱ
甲基苯噻隆	Ⅴ
β-甲基苯戊醇	Ⅴ
4-(4-甲基苯氧基)-1,1′-联苯	Ⅴ
(Z)-2′-甲基苯乙酮-4,6-二甲基-2-嘧啶腙	Ⅳ
4-甲基苯乙烯(抑制了的)	Ⅰ
α-甲基苯乙烯	Ⅰ
4-甲基吡啶	Ⅴ
3-甲基吡啶	Ⅱ
β-甲基吡啶	Ⅱ
2-甲基吡啶	Ⅰ
1,1-甲基-2-(3-吡啶)吡咯烷硫酸盐	Ⅲ

中文名称	卷序
1-甲基-2-(3-吡啶)吡咯烷	Ⅳ
N-甲基吡咯烷酮	Ⅰ
1-甲基-2-吡咯烷酮	Ⅰ
5-甲基吡嗪-2-羧酸	Ⅴ
3-甲基吡唑-5-基二甲基氨基甲酸酯	Ⅴ
α-甲基苄醇	Ⅱ
2-甲基-2-苄基-3-丁烯腈	Ⅴ
甲基苄基溴	Ⅳ
2-甲基丙胺	Ⅲ
2-甲基-2-丙胺	Ⅰ
2-甲基-2-丙醇	Ⅰ
2-甲基-1-丙醇	Ⅰ
1-甲基-4-丙基苯	Ⅴ
1-甲基-3-丙基苯	Ⅴ
甲基丙基(甲)酮	Ⅰ
甲基丙基醚	Ⅱ
2-(1-甲基丙基)-4-叔丁基苯酚	Ⅴ
2-甲基-1-丙硫醇	Ⅲ
2-甲基丙醛	Ⅰ
2-甲基丙酸	Ⅲ
2-甲基丙酸丁酯	Ⅲ
2-甲基丙酸甲酯	Ⅳ
2-甲基丙酸辛酯	Ⅰ
2-甲基丙酸乙酯	Ⅲ
3-甲基丙酮酸	Ⅰ
2-甲基丙烷	Ⅰ
2-甲基丙烯	Ⅰ
甲基丙烯腈	Ⅱ
2-甲基丙烯腈	Ⅱ
2-甲基丙烯醛	Ⅱ
β-甲基丙烯醛	Ⅱ
α-甲基丙烯醛	Ⅱ
α-甲基丙烯酸	Ⅰ
甲基丙烯酸	Ⅰ
2-甲基-2-丙烯酸-2-丙烯基酯	Ⅴ
2-甲基-2-丙烯酸的均聚物	Ⅰ
甲基丙烯酸二甲基氨基乙酯	Ⅰ
甲基丙烯酸-6-(2,3-二甲基马来酰亚胺基)己酯	Ⅳ
甲基丙烯酸甲酯	Ⅰ
2-甲基-2-丙烯酸甲酯	Ⅰ
甲基丙烯酸2-羟丙酯	Ⅲ
甲基丙烯酸2-羟乙酯	Ⅲ

中文名称	卷序
甲基丙烯酸三丁基锡	Ⅳ
甲基丙烯酸三硝基乙酯	Ⅳ
甲基丙烯酸十二烷基酯	Ⅲ
甲基丙烯酸缩水甘油酯	Ⅴ
甲基丙烯酸-2-乙基己醇酯	Ⅳ
甲基丙烯酸 2-乙基己酯	Ⅲ
2-甲基-2-丙烯酸乙酯	Ⅱ
甲基丙烯酸乙酯	Ⅱ
2-甲基丙烯酸异丁酯	Ⅱ
甲基丙烯酸异丁酯	Ⅱ
甲基丙烯酸月桂酯	Ⅲ
甲基丙烯酸正丁酯	Ⅰ
甲基丙烯酰胺	Ⅳ
4-(11-甲基丙烯酰胺基十一酰胺基)苯磺酸钾	Ⅳ
2-甲基丙酰氯	Ⅳ
甲基橙	Ⅲ
2-甲基氮丙啶	Ⅱ
2-甲基-2-氮杂二环[2,2, 1]庚烷	Ⅴ
6-甲基氮杂萘	Ⅱ
甲基碘	Ⅰ
甲基(1-((丁氨基)甲酰)-1H-苯并咪唑-2-基)氨基甲酸酯	Ⅲ
3-甲基丁胺	Ⅲ
N-甲基丁胺	Ⅲ
2-甲基-1-丁醇	Ⅴ
2-甲基-2-丁醇	Ⅲ
3-甲基-1-丁醇	Ⅰ
3-甲基-2-丁醇	Ⅱ
N,*N*-二(3-甲基丁基)胺	Ⅲ
甲基丁基(甲)酮	Ⅱ
甲基丁基醚	Ⅱ
2-甲基-2-丁硫醇	Ⅱ
2-甲基-1-丁硫醇	Ⅳ
3-甲基-1-丁硫醇	Ⅲ
3-甲基丁醛	Ⅰ
3-甲基丁炔	Ⅲ
2-甲基-3-丁炔-2-醇	Ⅱ
3-甲基-3-丁炔醇	Ⅱ
3-甲基丁酸甲酯	Ⅳ
3-甲基-2-丁酮	Ⅰ
3-甲基丁酮	Ⅰ
2-甲基丁烷	Ⅰ

中文名称	卷序
2-甲基丁烯	Ⅱ
2-甲基-1-丁烯	Ⅱ
2-甲基-2-丁烯	Ⅱ
3-甲基-1-丁烯	Ⅱ
2-甲基-1-丁烯-3-炔	Ⅱ
3-甲基-3-丁烯-2-酮	Ⅱ
3-甲基丁酰氯	Ⅳ
甲基丁香酚	Ⅳ
甲基毒虫畏	Ⅴ
甲基毒死蜱	Ⅴ
甲基对硫磷	Ⅱ
4-甲基-*N*,*N*-二(2-(((4-甲苯基)磺酰)氨基)乙基)苯磺酰胺	Ⅴ
2-甲基-4-(1,1-二甲基乙基)-6-(1-甲基-十五基)-苯酚	Ⅴ
甲基-2-(4,6-二甲氧基-2-嘧啶基氧)-6-(1-(甲氧基亚氨基)乙基)苯甲酸酯	Ⅴ
N-甲基二硫代氨基甲酸	Ⅳ
甲基二硫代氨基甲酸钠	Ⅴ
甲基二硫代氨基甲酸锌	Ⅳ
6-甲基-1,3-二硫杂环戊烯并(4,5,b)喹啉-2-二酮	Ⅴ
甲基二氯硅烷	Ⅱ
2-甲基-5,6-二氢-1,4-氧硫杂环己二烯-3-甲酰苯胺	Ⅲ
2-甲基-1,3-二硝基苯	Ⅱ
1-甲基-2,4-二硝基苯	Ⅱ
2-甲基-3,5-二硝基苯并胺	Ⅴ
2-甲基-4,6-二硝基苯酚	Ⅱ
2-甲基-1,3-二氧戊环	Ⅲ
甲基二乙醇胺	Ⅰ
2-甲基呋喃	Ⅱ
甲基氟	Ⅱ
5-甲基-3-庚酮	Ⅳ
2-甲基庚烷	Ⅱ
4-甲基庚烷	Ⅱ
甲基汞	Ⅲ
201 甲基硅油	Ⅰ
甲基硅油	Ⅰ
甲基环己醇	Ⅴ
2-甲基环己醇	Ⅳ
3-甲基环己醇	Ⅳ
4-甲基环己醇	Ⅳ

中文名称	卷序
O-甲基-*O*-环己基-4-氯苯基硫代磷酸酯	Ⅳ
α-甲基-环己基乙醛	Ⅴ
2-甲基环己酮	Ⅱ
甲基环己酮	Ⅴ
甲基环己烷	Ⅰ
α-甲基环己烷乙酸乙酯	Ⅴ
4-甲基环己烯	Ⅱ
4-甲基-1-环己烯	Ⅱ
β-甲基环十二基乙醇	Ⅴ
甲基环戊二烯	Ⅴ
甲基环戊二烯三羰基锰	Ⅰ
甲基环戊烷	Ⅰ
1-甲基-1-环戊烯	Ⅱ
1-甲基环戊烯	Ⅱ
甲基黄	Ⅲ
甲基磺草酮	Ⅴ
甲基磺酸	Ⅳ
甲基磺酰氯	Ⅲ
S-(4-甲基磺酰氧苯基)-*N*-甲基硫代氨基甲酸酯	Ⅳ
甲基己基甲酮	Ⅳ
5-甲基-2-己酮	Ⅱ
2-甲基己烷	Ⅱ
3-甲基己烷	Ⅱ
3-(*N*-甲基-*N*-(4-甲氨基-3-硝基苯基)氨基)-1,2-丙二醇盐酸盐	Ⅴ
2-甲基-4-(2-甲苯基)二氮烯基苯胺	Ⅱ
2(或3)甲基-4-(甲苯基偶氮)苯胺	Ⅱ
4-甲基-*N*-(甲基磺酰基)苯磺酰胺	Ⅴ
2-甲基-1-(4-(甲基硫代)苯基)-2-(4-吗啉基)-1-丙酮	Ⅴ
甲基甲酰胺	Ⅰ
N-甲基甲酰胺	Ⅰ
3-甲基-6-甲氧基苯胺	Ⅱ
4-甲基-间苯二胺硫酸盐	Ⅴ
甲基芥子油	Ⅳ
甲基肼	Ⅱ
甲基肼氨	Ⅴ
2-甲基喹啉	Ⅱ
4-甲基喹啉	Ⅱ
6-甲基喹啉	Ⅱ
7-甲基喹啉	Ⅱ
8-甲基喹啉	Ⅱ
甲基联	Ⅴ
甲基联胺	Ⅱ
甲基膦酸二甲酯	Ⅳ
甲基膦酰二氯	Ⅳ
甲基硫菌灵	Ⅲ
甲基硫茂	Ⅱ
3-甲基六氢吡啶	Ⅱ
4-甲基六氢吡啶	Ⅱ
2-甲基六氢吡啶	Ⅱ
甲基氯	Ⅰ
N′-(2-甲基-4-氯苯基)-*N*,*N*-二甲基甲脒盐酸盐	Ⅳ
甲基-3-氯-5-(4,6-二甲氧基-2-嘧啶基氨基甲酰基氨磺酰基)-1-甲基吡唑-4-甲酸酯	Ⅳ
甲基氯仿	Ⅰ
甲基氯硅烷	Ⅱ
2-甲基氯化苄	Ⅲ
3-甲基氯化苄	Ⅲ
4-甲基氯化苄	Ⅲ
甲基氯甲醚	Ⅱ
N-甲基吗啉	Ⅱ
4-甲基吗啉	Ⅱ
4-(2-(1-甲基-2-(4-吗啉基)乙氧基)乙基)吗啉	Ⅴ
1-甲基-1H-咪唑	Ⅴ
甲基嘧啶磷	Ⅴ
甲基内吸磷-O	Ⅴ
甲基内吸磷	Ⅱ
α-甲基萘	Ⅱ
1-甲基萘	Ⅱ
2-甲基萘	Ⅱ
β-甲基萘	Ⅱ
N-甲基-*N*-(1-萘基)单氟乙酰胺	Ⅳ
N-甲基哌啶	Ⅱ
1-甲基哌啶	Ⅱ
2-甲基哌啶	Ⅱ
3-甲基哌啶	Ⅱ
4-甲基哌啶	Ⅱ
甲基硼	Ⅳ
甲基氰	Ⅰ

中文名称	卷序
甲基溶纤剂	Ⅰ
3-甲基噻吩	Ⅱ
甲基三硫磷	Ⅱ
甲基三氯硅烷	Ⅱ
N-甲基三嗪	Ⅴ
甲基三乙氧基硅烷	Ⅳ
5-甲基-1,2,4-三唑并(3,4,b)(1,3)苯并噻唑	Ⅲ
甲基杀螟威	Ⅲ
甲基砷酸钙	Ⅲ
甲基砷酸铁	Ⅳ
甲基胂酸	Ⅱ
甲基胂酸二钠	Ⅱ
甲基胂酸锌	Ⅱ
甲基胂酸一钠	Ⅱ
甲基叔丁基(甲)酮	Ⅱ
甲基叔丁基醚	Ⅰ
甲基双乙磺丙烷	Ⅳ
2-甲基-5-(1,1,3,3-四甲基丁基)对苯二酚	Ⅴ
2-甲基四氢呋喃	Ⅱ
甲基四氢呋喃	Ⅱ
2-甲基 3-戊醇	Ⅲ
2-甲基-1-戊醇	Ⅱ
2-甲基-2-戊醇	Ⅱ
3-甲基-3-戊醇	Ⅱ
4-甲基戊-2-醇	Ⅱ
2-甲基-2,4-戊二醇	Ⅲ
3-甲基戊二醛	Ⅳ
甲基戊二烯	Ⅳ
2-甲基-1,3-戊二烯	Ⅲ
3-甲基-1,3-戊二烯	Ⅲ
4-甲基-1,3-戊二烯	Ⅲ
2-甲基-1,4-戊二烯	Ⅲ
3-甲基-1,4-戊二烯	Ⅲ
甲基戊基(甲)酮	Ⅱ
3-(3-甲基-3-戊基)-5-异噁唑基胺	Ⅴ
4-甲基戊腈	Ⅱ
α-甲基戊醛	Ⅱ
2-甲基戊醛	Ⅱ
3-甲基-1-戊炔-3-醇	Ⅱ
4-甲基戊酸	Ⅳ
4-甲基-2-戊酮	Ⅰ

中文名称	卷序
2-甲基-3-戊酮	Ⅱ
3-甲基-2-戊酮	Ⅱ
2-甲基戊烷	Ⅰ
3-甲基戊烷	Ⅰ
2-甲基-1-戊烯	Ⅱ
2-甲基-2-戊烯	Ⅱ
3-甲基-1-戊烯	Ⅱ
3-甲基-2-戊烯	Ⅱ
4-甲基-1-戊烯	Ⅱ
4-甲基-2-戊烯	Ⅱ
2-甲基-2-戊烯醛	Ⅳ
3-甲基-2-戊烯-4-炔醇	Ⅱ
4-甲基-3-戊烯-2-酮	Ⅱ
2-甲基烯丙醇	Ⅱ
甲基烯丙基氯	Ⅱ
甲基纤维素	Ⅲ
4-甲基-2-硝基(苯)酚	Ⅱ
N-(4-甲基-2-硝基苯基)乙醇胺	Ⅴ
2-甲基-1-硝基蒽醌	Ⅴ
1-甲基-3-硝基-1-亚硝基胍	Ⅴ
7-甲基-1,6-辛二烯	Ⅴ
甲基锌	Ⅱ
甲基锌乃浦	Ⅳ
甲基溴	Ⅰ
3-甲基溴苯	Ⅱ
2-甲(基)溴苯	Ⅱ
甲基溴化镁(在乙醚中)	Ⅳ
甲基溴化镁的乙醚溶液	Ⅳ
6-甲基-5-溴-3-仲丁基脲嘧啶	Ⅴ
甲基-1,3-亚苯基二异氰酸酯	Ⅴ
1-甲基-2-(3,4-亚甲基二氧基苯基)乙基辛基亚砜	Ⅳ
4-甲基-8-亚甲基-三环(3,3,1,13,7)癸-2-醇	Ⅴ
N-甲基-*N*-亚硝基氨基甲酸乙酯	Ⅲ
1-甲基-2-亚硝基苯	Ⅲ
2-甲基-4-亚硝基苯酚	Ⅱ
1-甲基-1-亚硝基脲	Ⅲ
(1-甲基亚乙基)-2-丙酮腙	Ⅰ
(1-甲基亚乙基)二-4,1-亚苯基四苯基磷酸酯	Ⅲ
4-甲基亚乙基硫脲	Ⅴ

中文名称	卷序
2,2′-((1-甲基亚乙基)双(4,1-亚苯基甲醛))双环氧乙烷	Ⅴ
1-甲基乙胺	Ⅲ
甲基乙拌磷	Ⅱ
甲基乙拌磷亚砜	Ⅴ
(4-(1-甲基乙基)苯基)(4-甲基苯基)碘鎓四(五氟代苯基)硼酸盐	Ⅴ
2-甲基-3-乙基丙烯醛	Ⅳ
N-(1-甲基乙基)-2-丙烯酰胺	Ⅳ
甲基乙基(甲)酮	Ⅰ
2-甲基-3-乙基戊烷	Ⅱ
甲基乙炔	Ⅰ
甲基乙烯基(甲)酮	Ⅱ
甲基乙烯基酮	Ⅴ
甲基乙烯醚	Ⅳ
2-(1-甲基乙氧基)苯基甲基氨基甲酸酯	Ⅲ
甲基异丙基(甲)酮	Ⅰ
甲基异丙基醚	Ⅳ
甲基异丙烯基醚	Ⅳ
甲基异丙烯(甲)酮	Ⅱ
2-甲基-*N*-(3-异丙氧基苯基)苯甲酰胺	Ⅴ
甲基异丁基甲醇	Ⅱ
甲基异丁基甲酮	Ⅰ
3-甲基-4,5-异噁唑二酮-4-((2-氯(苯基)腙)	Ⅱ
1-甲基异喹啉	Ⅱ
甲基异氰酸酯	Ⅰ
甲基异戊基(甲)酮	Ⅱ
N-甲基正丁胺	Ⅲ
甲基仲丁基(甲)酮	Ⅱ
甲基紫	Ⅳ
甲硫醇	Ⅰ
3-甲硫基-4-氨基-6-叔丁基-4,5-二氢-1,2,4-三嗪-5-酮	Ⅲ
3-甲硫基-2-丁酮-*O*-甲基氨基甲酰基肟	Ⅴ
2-甲硫基4,6-双(异丙氨基)-1,3,5-三嗪	Ⅲ
甲硫磷	Ⅴ
甲硫醚	Ⅰ
甲硫威	Ⅱ
2-甲-4-氯	Ⅱ
2-甲-4-氯丙酸	Ⅱ
甲氯叉威	Ⅲ

中文名称	卷序
2-甲-4-氯丁酸	Ⅱ
甲醚	Ⅰ
甲萘威粉剂	Ⅳ
甲哌鎓	Ⅴ
甲氰菊酯	Ⅴ
甲醛溶液	Ⅰ
甲醛水	Ⅰ
甲醛缩二甲醇	Ⅱ
甲醛缩二乙醇	Ⅱ
甲醛亚硫酸氢钠	Ⅲ
甲胂二钠	Ⅱ
甲胂一钠	Ⅱ
甲霜灵	Ⅱ
甲酸	Ⅰ
甲酸2-丙烯酯	Ⅱ
甲酸苄酯	Ⅳ
甲酸丙酯	Ⅱ
甲酸丁酯	Ⅱ
甲酸镉	Ⅴ
甲酸环已酯	Ⅱ
甲酸已酯	Ⅱ
甲酸3-甲基-1-丁酯	Ⅱ
甲酸甲基环已酯	Ⅳ
甲酸甲酯	Ⅱ
甲酸戊酯	Ⅱ
甲酸烯丙酯	Ⅱ
甲酸乙烯酯	Ⅳ
甲酸乙酯	Ⅱ
甲酸异丙酯	Ⅱ
甲酸异丁酯	Ⅱ
甲酸异戊酯	Ⅱ
甲酸正丁酯	Ⅱ
甲酸正已酯	Ⅱ
甲酸正戊酯	Ⅱ
甲缩醛	Ⅱ
甲烷	Ⅰ
甲烷磺酸	Ⅳ
甲烷磺酰氯	Ⅲ
甲酰胺	Ⅳ
2-(-2-甲酰肼基)-4-(5-硝基-2-呋喃基)噻唑	Ⅴ
2-(4-(4-甲氧苯基)-6-苯基-1,3,5-三嗪-2-基)苯酚	Ⅴ

中文名称	卷序
(4-甲氧苯基)亚甲基丙二酸双(1,2,2,6,6-五甲基-4-哌啶基)酯	Ⅴ
甲氧滴滴涕	Ⅳ
甲氧滴涕	Ⅴ
甲氧基苯	Ⅰ
3-甲氧基苯胺	Ⅱ
2-甲氧基苯胺	Ⅱ
4-甲氧基苯胺	Ⅳ
4-甲氧基苯酚	Ⅰ
1-(*p*-甲氧基苯基)乙醛肟	Ⅴ
4-甲氧基苯甲醛	Ⅳ
2-甲氧基苯甲酰氯	Ⅱ
3-甲氧基苯甲酰氯	Ⅳ
1-甲氧基-2-丙胺	Ⅴ
1-甲氧基-2-丙醇	Ⅴ
2-甲氧基丙醇	Ⅴ
3-甲氧基-1-丙醇	Ⅲ
2-甲氧基-1-丙醇乙酸酯	Ⅴ
β-甲氧基丙腈	Ⅲ
1-甲氧基丙烷	Ⅱ
3-甲氧基丙烯酸甲酯	Ⅴ
1-甲氧基-1,3-丁二烯	Ⅳ
3-甲氧基丁基乙酸酯	Ⅳ
3-甲氧基丁醛	Ⅳ
1-甲氧基丁烷	Ⅱ
1-甲氧基-2,4-二硝基苯	Ⅱ
4-甲氧基-4-甲基-2-戊酮	Ⅱ
1-(2-甲氧基-2-甲基乙氧基)-2-丙醇	Ⅴ
4-甲氧基间苯二胺	Ⅱ
4-甲氧基氯化苄	Ⅲ
甲氧基钠	Ⅱ
2-甲氧基-4,6-双(乙氨基)均三嗪	Ⅲ
2-甲氧基-4-硝基苯胺	Ⅱ
(*E*)-α-(甲氧基亚氨基)-2-((2-甲苯氧甲基)苯基)乙酸甲酯	Ⅴ
2-甲氧基乙醇	Ⅰ
2-甲氧基乙基乙烯基醚	Ⅲ
甲氧基乙酸	Ⅳ
3-甲氧基乙酸丁酯	Ⅳ
甲氧基乙烷	Ⅱ
N-(2-甲氧基乙酰基)-*N*-(2,6-二甲苯基)-DL-α-氨基丙酸甲酯	Ⅱ
甲氧基异氰酸甲酯	Ⅳ
甲氧隆	Ⅴ
甲氧咪草烟	Ⅴ
甲氧亚氨基呋喃乙酸铵盐	Ⅴ
甲乙醚	Ⅱ
甲乙酮	Ⅰ
钾	Ⅱ
钾铬矾	Ⅰ
钾碱	Ⅰ
钾明矾	Ⅰ
钾钠合金	Ⅳ
假枯烯	Ⅰ
间氨基苯酚	Ⅰ
间氨基苯磺酸	Ⅳ
间氨基苯甲腈	Ⅱ
间氨基苯甲酸	Ⅲ
间氨基吡啶	Ⅱ
间氨基氟苯	Ⅱ
间氨基氯苯	Ⅳ
间苯二胺	Ⅱ
间苯二胺二盐酸盐	Ⅳ
间苯二酚	Ⅰ
间苯二酚二缩水甘油醚	Ⅳ
1,3-间苯二甲胺	Ⅴ
间苯二甲酸	Ⅰ
间苯二腈	Ⅴ
间苯二酰氯	Ⅱ
间苯三酚	Ⅱ
间二氟苯	Ⅱ
间二磺酰肼苯	Ⅱ
间二甲苯	Ⅰ
间二氯苯	Ⅰ
间-二氯苯	Ⅰ
间二氰基	Ⅴ
间二硝基苯	Ⅱ
间二硝基苯胺	Ⅰ
间二溴苯	Ⅱ
间二乙基苯	Ⅱ
间-二乙烯基苯	Ⅴ
间氟苯胺	Ⅱ
间氟苯甲酸	Ⅲ
间氟甲苯	Ⅱ
间甲苯胺	Ⅱ
4-间甲苯基偶氮间甲苯胺	Ⅱ

中文名称	卷序
间甲苯甲酸	Ⅲ
间甲苯硫酚	Ⅱ
间甲酚	Ⅰ
间甲基环己醇	Ⅳ
间甲基氯化苄	Ⅲ
(间)甲基异丙基苯	Ⅳ
间甲氧基苯胺	Ⅱ
间甲氧基苯甲酰氯	Ⅳ
间甲氧基硝基苯	Ⅱ
间氯苯氨基甲酸异丙酯	Ⅲ
间氯苯胺	Ⅱ
间-氯苯胺	Ⅳ
间氯苯酚	Ⅱ
间氯苯甲酸	Ⅳ
间氯氟苯	Ⅱ
间氯甲苯	Ⅱ
间氯三氟苄	Ⅲ
间羟基苯胺	Ⅰ
间羟基苯甲酸	Ⅳ
间(三氟甲基)苯胺	Ⅱ
间戊二烯	Ⅰ
间硝基苯胺	Ⅰ
间硝基苯酚	Ⅱ
间硝基苯磺酸	Ⅱ
间硝基苯磺酸钠	Ⅴ
间硝基苯磺酰氯	Ⅱ
间硝基苯甲醚	Ⅱ
间硝基苯甲醛	Ⅳ
间硝基苯甲酸	Ⅲ
间硝基苯甲酰氯	Ⅲ
间硝基苯甲酰溴	Ⅱ
间硝基苯肼	Ⅱ
间硝基苄基氯	Ⅱ
间硝基碘苯	Ⅱ
间硝基对甲苯胺	Ⅱ
间硝基二甲苯胺	Ⅱ
间硝基甲苯	Ⅱ
间-硝基甲苯	Ⅴ
间硝基氯苯	Ⅰ
间硝基氯(化)苄	Ⅱ
间硝基溴苯	Ⅱ
间溴苯胺	Ⅱ
间溴苯酚	Ⅱ
间溴甲苯	Ⅱ
间溴硝基苯	Ⅱ
间异丙酚	Ⅳ
间异丙基苯酚	Ⅳ
间异丙基甲苯	Ⅳ
减水剂 UNF	Ⅰ
碱式铬酸锌	Ⅳ
碱式氯化铝	Ⅰ
碱式碳酸铋	Ⅳ
碱式碳酸铍	Ⅲ
碱式碳酸铜	Ⅲ
碱式碳酸锌	Ⅰ
碱式乙酸铅	Ⅲ
碱性蓝 41	Ⅲ
建筑石油沥青	Ⅰ
2,5-降冰片二烯	Ⅱ
T803D 降凝剂	Ⅰ
801 降凝剂	Ⅰ
803C 降凝剂	Ⅰ
814 降凝剂	Ⅰ
803A 降凝剂	Ⅰ
降凝剂 T804	Ⅰ
803B 降凝剂	Ⅰ
降失水剂	Ⅰ
胶酸二乙酯	Ⅲ
焦棓酚	Ⅴ
焦磷酸钠	Ⅴ
焦磷酸四乙酯	Ⅲ
焦磷酸铜	Ⅳ
焦磷酸锡(Ⅱ)	Ⅳ
焦磷酸锌	Ⅳ
焦磷酸氧钒	Ⅴ
焦硫酰二氯	Ⅱ
焦硫酰氯	Ⅱ
焦硼酸钠十水合物	Ⅳ
焦亚硫酸钠	Ⅳ
焦油	Ⅳ
脚子油	Ⅳ
杰酸	Ⅰ
洁尔灭	Ⅰ
结晶紫	Ⅳ
解草胺	Ⅴ
芥酸酰胺	Ⅳ

中文名称	卷序
芥子气	Ⅱ
金刚砂	Ⅴ
金属钝化剂	Ⅰ
金属钙粉	Ⅱ
金属锆粉	Ⅱ
金属钾	Ⅱ
551 金属减活剂	Ⅰ
561 金属减活剂	Ⅰ
金属锂	Ⅱ
金属钠	Ⅲ
金属钕	Ⅳ
金属清洗剂	Ⅰ
金属铷	Ⅲ
金属铯	Ⅲ
金属铈	Ⅳ
金属锶	Ⅲ
金属铊	Ⅲ
金属钛粉	Ⅱ
锦纶-66	Ⅰ
锦纶-6	Ⅰ
锦纶-66 盐	Ⅰ
腈苯唑	Ⅴ
腈化二氯甲烷	Ⅱ
腈菌唑	Ⅴ
腈肟磷	Ⅲ
精吡氟禾草灵	Ⅳ
精制碳五	Ⅰ
鲸蜡醇	Ⅰ
(4-肼苯基)-*N*-甲基甲基磺酰胺盐酸盐	Ⅴ
2-肼基乙醇	Ⅳ
肼菌酮	Ⅱ
肼-三硝基甲烷	Ⅴ
净洗剂 6501	Ⅰ
久效磷	Ⅴ
久效威	Ⅴ
酒精	Ⅰ
聚氨基甲酸酯树脂	Ⅴ
聚氨酯弹性体	Ⅰ
聚氨酯树脂	Ⅳ
聚氨酯橡胶	Ⅰ
聚苯乙烯	Ⅰ
聚苯乙烯磺酸钠	Ⅰ
聚苯乙烯焦油	Ⅰ
聚苯乙烯油性剂	Ⅰ
聚丙烯(等规)	Ⅳ
聚丙烯腈	Ⅰ
聚丙烯酸	Ⅰ
聚丙烯酸钠	Ⅰ
聚丙烯酸酯	Ⅰ
聚丙烯酰胺	Ⅰ
聚醋酸乙烯酯	Ⅰ
聚丁二烯	Ⅰ
聚丁二烯油	Ⅰ
聚丁烯胺	Ⅰ
聚对苯二甲酸丙二酯	Ⅰ
聚对苯二甲酸丁二酯	Ⅰ
聚对苯二甲酸乙二酯	Ⅰ
聚二甲基硅氧烷(201 型)	Ⅰ
聚二甲基硅油	Ⅰ
聚二烯丙基二甲基氯化铵	Ⅰ
聚合碱式硫酸铁	Ⅰ
聚合硫酸铁	Ⅰ
聚合氯化铝	Ⅰ
聚合汽油	Ⅰ
聚环氧琥珀酸盐	Ⅰ
聚环氧氯丙烷吡啶季铵盐	Ⅰ
聚环氧乙烷-环氧丙烷醚	Ⅰ
聚磺基苯乙烯	Ⅰ
聚己二酸己二胺	Ⅰ
聚己内酰胺树脂	Ⅰ
聚季铵盐-6	Ⅰ
聚季铵盐	Ⅰ
聚甲基丙烯酸	Ⅰ
聚甲基丙烯酸酯	Ⅰ
聚甲醛	Ⅱ
聚硫橡胶	Ⅰ
聚氯乙烯	Ⅰ
聚醚 330、303	Ⅰ
360 聚醚	Ⅰ
聚醚 210、220、204	Ⅰ
聚醚 403	Ⅰ
聚醚 635	Ⅰ
聚醚多元醇 MN-3050	Ⅰ
聚醚酰亚胺	Ⅰ
聚羟甲基丙烯酰胺	Ⅰ
聚四氟乙烯	Ⅰ

中文名称	卷序
聚酞菁钴	Ⅰ
聚天冬氨酸	Ⅰ
聚铁	Ⅰ
聚维酮 K30	Ⅰ
聚 α-2-烯烃	Ⅰ
聚 α-3-烯烃	Ⅰ
聚 α-4-烯烃	Ⅰ
聚 α-烯烃合成油	Ⅰ
聚 α-2-烯烃降凝剂	Ⅰ
聚 α-3-烯烃降凝剂	Ⅰ
聚 α-4-烯烃降凝剂	Ⅰ
聚酰胺-66 树脂	Ⅰ
聚酰胺-66 盐	Ⅰ
聚 *N*,*N*-亚甲基双丙烯酰胺	Ⅰ
聚亚乙基聚胺	Ⅰ
聚氧乙烯聚氧丙烯丙二醇单醚	Ⅰ
聚氧乙烯聚氧丙烯单丁基醚	Ⅰ
聚氧乙烯醚丙三醇磷酸酯	Ⅰ
聚氧乙烯氢化羊毛脂	Ⅰ
聚乙二醇	Ⅰ
聚乙烯	Ⅰ
聚乙烯吡咯烷酮	Ⅰ
聚乙烯醇	Ⅰ
聚乙烯-醋酸乙烯酯	Ⅰ
聚乙烯低聚物	Ⅰ
聚乙烯基正丁基醚	Ⅰ
聚乙烯蜡	Ⅰ
聚乙烯乙酸乙烯酯	Ⅰ
聚(乙氧基)壬基苯醚	Ⅳ
聚异丁烯	Ⅰ
聚异丁烯丁二酰亚胺	Ⅰ
聚异丁烯丁二酰亚胺(低氮)	Ⅰ
聚异戊二烯	Ⅰ
聚酯	Ⅰ
军柴	Ⅰ
军舰用燃料油	Ⅰ
军用柴油	Ⅰ
均苯四甲酸二酐	Ⅱ
均三甲苯	Ⅰ
均三氯苯	Ⅲ
均四甲苯	Ⅱ
菌螨酚	Ⅲ
菌霉净	Ⅰ

中文名称	卷序
K	
K12	Ⅰ
咔唑	Ⅱ
咖啡因	Ⅴ
卡草胺	Ⅲ
卡可地钠	Ⅲ
卡可基钠	Ⅲ
卡可基酸	Ⅱ
卡可酸钠	Ⅲ
卡松	Ⅰ
开蓬	Ⅴ
凯松	Ⅰ
2-莰醇	Ⅱ
2-莰酮	Ⅲ
莰烯	Ⅱ
糠胺	Ⅱ
糠醇	Ⅰ
糠基硫醇	Ⅱ
糠醛	Ⅰ
糠酰氯	Ⅱ
抗静电剂 T1501	Ⅰ
抗螨唑	Ⅴ
抗磨剂 T-302	Ⅰ
911 或 912 抗泡剂	Ⅰ
901 抗泡沫剂	Ⅰ
抗鼠灵	Ⅳ
抗蚜威	Ⅱ
T501 抗氧防胶剂	Ⅰ
抗氧剂 1076	Ⅲ
702 抗氧剂	Ⅰ
抗氧剂 2246	Ⅰ
521 抗氧剂	Ⅰ
T502 抗氧剂	Ⅰ
抗氧剂 1010	Ⅳ
抗氧剂 DSTP	Ⅲ
抗氧抗腐蚀剂 T201	Ⅰ
T202 抗氧抗腐蚀剂	Ⅰ
T203 抗氧抗腐蚀剂	Ⅰ
T204 抗氧抗腐蚀剂	Ⅰ
T205 抗氧抗腐蚀剂	Ⅰ
苛性钾	Ⅰ
苛性钠	Ⅰ
颗粒白土	Ⅰ

中文名称	卷序
可发性聚苯乙烯	Ⅰ
可力丁	Ⅲ
可杀得101	Ⅲ
克百威	Ⅱ
克草丹	Ⅲ
克打净P	Ⅲ
克菌丹	Ⅲ
克菌强	Ⅰ
1,6-克列夫酸	Ⅲ
克啉菌	Ⅲ
克杀螨	Ⅴ
克死螨	Ⅲ
克瘟散	Ⅱ
克瘟唑	Ⅲ
克线磷	Ⅲ
氪(压缩的)	Ⅳ
空白汽油	Ⅰ
空气压缩机油	Ⅰ
空压机油	Ⅰ
孔雀绿草酸盐	Ⅴ
孔雀绿盐酸盐	Ⅴ
枯草杆菌蛋白酶	Ⅴ
枯基过氧化氢	Ⅰ
枯烯	Ⅰ
(η-枯烯)-(η-环戊二烯基)铁六氟锑酸盐	Ⅴ
(η-枯烯)-(η-环戊二烯基)铁三氟甲磺酸盐	Ⅴ
苦氨酸	Ⅱ
苦基胺	Ⅱ
苦基氯	Ⅱ
苦土	Ⅰ
苦味酸	Ⅰ
苦味酸铵	Ⅱ
苦味酸甲酯	Ⅱ
苦杏仁油	Ⅰ
快杀稗	Ⅲ
快速渗透剂T	Ⅰ
宽馏分喷气燃料	Ⅰ
喹禾糠酯	Ⅴ
喹禾灵	Ⅳ
喹啉	Ⅱ
4-喹啉基胺	Ⅱ

中文名称	卷序
1-((2-喹啉基-羰基)氧)-2,5-吡咯烷酮	Ⅴ
喹硫磷	Ⅴ
喹螨醚	Ⅴ
喹哪啶	Ⅱ
醌肟腙	Ⅳ
L	
LPG	Ⅰ
LRG	Ⅰ
拉开粉	Ⅰ
拉沙里菌素	Ⅳ
拉索	Ⅰ
蜡膏	Ⅰ
兰109	Ⅰ
兰708	Ⅰ
蓝矾	Ⅰ
莨菪胺	Ⅴ
酪酸	Ⅰ
乐果	Ⅱ
乐杀螨	Ⅱ
乐万通	Ⅲ
勒皮啶	Ⅱ
雷酸汞	Ⅴ
雷琐辛	Ⅰ
冷气虹-11	Ⅰ
冷榨脱蜡油	Ⅰ
藜芦碱	Ⅴ
藜芦酸-4-氯丁酯	Ⅳ
锂	Ⅱ
立克命	Ⅲ
丽春红G	Ⅴ
丽春红3R	Ⅴ
利谷隆	Ⅲ
沥青	Ⅳ
连苯三酚	Ⅴ
连二亚硫酸钙	Ⅳ
连二亚硫酸钾	Ⅳ
连二亚硫酸钠	Ⅰ
连二亚硫酸锌	Ⅳ
连三甲苯	Ⅱ
连三氯苯	Ⅳ
1,1′-联苯	Ⅰ
联苯	Ⅰ

中文名称	卷序
1,1′-联苯-2-酚钠盐	Ⅴ
2-联苯基胺	Ⅱ
联苯菊酯	Ⅳ
联苯-联苯醚	Ⅰ
联苯醚	Ⅰ
联大茴香胺	Ⅲ
联三苯	Ⅲ
联乙烯	Ⅰ
炼厂干气	Ⅰ
两性表面活性剂 BS-12	Ⅰ
两性酚醛树脂	Ⅰ
裂化原料油	Ⅰ
裂解碳四抽余油	Ⅰ
裂解碳五	Ⅰ
邻氨基苯酚	Ⅰ
邻氨基苯磺酰胺	Ⅳ
邻氨基苯甲醚	Ⅱ
邻氨基苯甲酸	Ⅳ
邻氨基苯硫醇	Ⅱ
邻氨基苯硫酚	Ⅱ
邻氨基苯胂酸	Ⅱ
邻氨基吡啶	Ⅱ
邻氨基对甲苯甲醚	Ⅱ
邻氨基对硝基苯酚	Ⅲ
邻氨基对硝基(苯)酚	Ⅲ
邻氨基氰(化)苯	Ⅱ
邻氨基甲苯	Ⅰ
邻氨基偶氮甲苯	Ⅱ
邻氨基溴化苯	Ⅱ
邻氨基乙苯	Ⅱ
邻苯二胺	Ⅰ
邻苯二胺二盐酸盐	Ⅳ
邻苯二酚	Ⅰ
邻苯二甲腈	Ⅴ
邻苯二甲酸苄基丁基酯	Ⅲ
邻苯二甲酸二(2-甲氧乙基)酯	Ⅳ
邻苯二甲酸二丙烯酯	Ⅳ
邻苯二甲酸二丁酯	Ⅲ
邻苯二甲酸二癸酯	Ⅲ
邻苯二甲酸二甲酯	Ⅳ
邻苯二甲酸二铅	Ⅳ
邻苯二甲酸二壬酯	Ⅳ
邻苯二甲酸二辛酯	Ⅰ

中文名称	卷序
邻苯二甲酸二乙酯	Ⅳ
邻苯二甲酸二异丙酯	Ⅳ
邻苯二甲酸二异丁酯	Ⅳ
邻苯二甲酸二异癸酯	Ⅰ
邻苯二甲酸二异壬酯	Ⅰ
邻苯二甲酸二异辛酯	Ⅰ
邻苯二甲酸二正庚酯	Ⅳ
邻苯二甲酸酐	Ⅰ
邻苯二甲酰氯	Ⅱ
邻苯二甲酰亚胺	Ⅱ
邻苯二酸	Ⅳ
邻苯基苯胺	Ⅱ
邻苯基苯酚	Ⅲ
邻苯基苯酸钠	Ⅴ
邻二氨基苯	Ⅰ
邻二氟苯	Ⅰ
邻二甲苯	Ⅰ
邻二氯苯	Ⅰ
邻二硝基苯	Ⅰ
邻二溴苯	Ⅲ
邻二乙基苯	Ⅱ
邻氟苯胺	Ⅱ
邻氟苯甲酸	Ⅲ
邻氟甲苯	Ⅱ
邻甲苯胺	Ⅰ
邻甲苯基氰	Ⅱ
邻甲苯甲酸	Ⅳ
邻甲苯硫酚	Ⅱ
邻甲酚	Ⅰ
邻甲呋喃	Ⅱ
邻甲基苯酚	Ⅰ
邻甲基苯甲腈	Ⅱ
邻甲基苯乙烯	Ⅴ
邻甲(基)氟苯	Ⅱ
邻甲基环己醇	Ⅳ
邻甲基环己酮	Ⅱ
邻甲基氯化苄	Ⅲ
邻甲基溴化苄	Ⅳ
邻甲氧基苯胺	Ⅱ
邻甲氧基苯酚	Ⅲ
邻甲氧基苯甲酰氯	Ⅱ
邻甲氧基联苯胺	Ⅲ
邻甲氧基硝基苯	Ⅱ

中文名称	卷序
邻联(二)茴香胺	Ⅲ
邻氯苯胺	Ⅱ
邻氯苯酚	Ⅱ
邻氯苯甲酸	Ⅲ
邻氯苯乙烯	Ⅴ
邻氯对氨基苯甲醚	Ⅱ
邻氯对硝基苯胺	Ⅱ
邻氯对硝基苯酚	Ⅲ
邻氯甲苯	Ⅱ
邻氯(三氟甲基)苯	Ⅱ
邻氯硝基苯	Ⅰ
邻氯乙酰基乙酰苯胺	Ⅳ
邻羟基苯胺	Ⅰ
邻羟基苯甲醛	Ⅲ
邻羟基苯甲酸	Ⅳ
邻羟基苯甲酸钠	Ⅲ
邻羟基苯甲酸异戊酯	Ⅲ
邻叔丁基苯酚	Ⅲ
邻酞酸二异辛酯	Ⅰ
邻硝基苯胺	Ⅰ
邻硝基苯酚	Ⅱ
邻硝基苯磺酰氯	Ⅱ
邻硝基苯甲醚	Ⅱ
邻硝基苯甲酸	Ⅳ
邻硝基苯甲酰氯	Ⅱ
邻硝基苯肼	Ⅱ
邻硝基苯乙醚	Ⅱ
邻硝基苄基氯	Ⅱ
邻硝基碘苯	Ⅱ
邻硝基对甲苯胺	Ⅱ
邻硝基-1,4-二氯苯	Ⅲ
邻硝基甲苯	Ⅱ
邻硝基联苯	Ⅱ
邻硝基氯苯	Ⅰ
邻硝基氯化苄	Ⅱ
邻硝基溴苯	Ⅱ
邻硝基乙苯	Ⅱ
邻溴苯胺	Ⅱ
邻溴(苯)酚	Ⅱ
邻溴苯甲酰氯	Ⅱ
邻溴苄基氰	Ⅱ
邻溴甲苯	Ⅱ
邻溴硝基苯	Ⅱ

中文名称	卷序
邻亚硝基甲苯	Ⅲ
邻乙基苯胺	Ⅱ
邻乙氧基苯胺	Ⅴ
邻乙氧基硝基苯	Ⅱ
邻异丙基苯酚	Ⅳ
邻-仲丁基苯酚	Ⅴ
林丹	Ⅱ
磷胺	Ⅱ
磷化钙	Ⅴ
磷化钾	Ⅱ
磷化铝	Ⅱ
磷化镁	Ⅱ
磷化钠	Ⅱ
磷化氢	Ⅱ
磷化三氢	Ⅱ
磷化锶	Ⅱ
磷化锡	Ⅱ
磷化锌	Ⅱ
磷君	Ⅲ
磷酸	Ⅰ
磷酸二苯甲苯酯	Ⅲ
磷酸二苯辛酯	Ⅲ
磷酸二甲酚酯	Ⅳ
磷酸-*O*,*O*-二甲基-*O*-2,2-二氯乙烯基酯	Ⅱ
磷酸2,2-二氯乙烯基-2-乙基亚硫酰基乙基甲酯	Ⅴ
磷酸二氢钠	Ⅲ
磷酸-2,3-二溴-1-丙酯	Ⅲ
磷酸二异辛酯	Ⅱ
磷酸二正丁基苯基酯	Ⅴ
磷酸二正丁酯	Ⅴ
磷酸钙	Ⅳ
磷酸酐	Ⅰ
磷酸甲苯二苯酯	Ⅲ
磷酸甲酯	Ⅲ
磷酸钠	Ⅲ
磷酸铅	Ⅲ
磷酸氢氧化氧钒	Ⅴ
磷酸三苯酯	Ⅲ
磷酸三丙酯	Ⅲ
磷酸三丁酯	Ⅰ

中文名称	卷序
磷酸三(二甲苯酚)酯	Ⅳ
磷酸三(2,3-二溴丙基)酯	Ⅲ
磷酸三钙	Ⅳ
磷酸三甲苯酯	Ⅰ
磷酸三甲酚酯	Ⅰ
磷酸三甲酯	Ⅲ
磷酸三(2-氯乙酯)	Ⅲ
磷酸三钠	Ⅲ
磷酸三辛酯	Ⅰ
磷酸三(2-乙基己)酯	Ⅰ
磷酸三乙酯	Ⅲ
磷酸氧钒	Ⅴ
磷酸基汞	Ⅱ
磷酸乙基汞	Ⅱ
磷酸-2-乙基己基二苯酯	Ⅲ
磷酰氯	Ⅲ
磷酰溴	Ⅲ
2-膦酸丁烷-1,2,4-三羧酸	Ⅰ
膦酸二丁酯	Ⅰ
N-(膦酸基甲基)甘氨酸	Ⅲ
T-1804 流动改进剂	Ⅰ
1804 流动改进剂	Ⅰ
硫铵	Ⅰ
硫钡合剂	Ⅱ
2-硫醇基苯并噻唑	Ⅰ
硫代苯酚	Ⅲ
硫代醋酸	Ⅱ
1-硫代丁醇	Ⅲ
硫代二丙酸十八烷基十二酯	Ⅳ
硫代二丙酸双十八酯	Ⅲ
硫代二丙酸双十二烷酯	Ⅳ
硫代二丙酸月桂十八酯	Ⅳ
4,4′-硫代二邻甲酚	Ⅴ
硫代二氯化磷苯	Ⅱ
2,2′-硫代二乙醇	Ⅴ
硫代呋喃	Ⅱ
2-硫代呋喃甲醇	Ⅱ
硫代磷酸胺盐	Ⅰ
硫代磷酸苯酯	Ⅰ
硫代磷酸-*O*,*O*-二甲基-*O*-(3,5,6-三氯-2-吡啶基)酯	Ⅴ
硫代磷酰氯	Ⅱ
硫代硫酸钠	Ⅰ

中文名称	卷序
硫代氯甲酸乙酯	Ⅱ
硫代尿素	Ⅰ
硫代氰基乙酸异冰片酯	Ⅱ
硫代氰酸锌	Ⅳ
4,4′-硫代双(6-叔丁基-3-甲基苯酚)	Ⅴ
硫代乙醇酸	Ⅱ
硫代乙醚	Ⅲ
硫代乙酸	Ⅱ
硫代乙酰胺	Ⅴ
硫代异丙醇	Ⅳ
硫代异氰酸甲酯	Ⅳ
硫代正丙醇	Ⅲ
硫丹	Ⅱ
硫氮(杂)茂	Ⅲ
硫二甘醇	Ⅴ
硫光气	Ⅱ
硫化钡	Ⅱ
硫化促进剂 H	Ⅰ
硫化促进剂 TETD	Ⅲ
硫化促进剂 TMTD	Ⅰ
硫化钙	Ⅴ
硫化镉	Ⅲ
硫化钴	Ⅴ
硫化剂 DCBP	Ⅲ
硫化剂 DCP	Ⅰ
硫化钾	Ⅱ
硫化碱	Ⅰ
硫化鲸鱼油	Ⅰ
硫化棉籽油	Ⅰ
硫化钠	Ⅰ
硫化镍	Ⅴ
硫化铅	Ⅲ
硫化切削油	Ⅰ
硫化氢	Ⅰ
硫化砷	Ⅳ
硫化碳酰	Ⅳ
硫化羰	Ⅳ
硫化烷基酚钙	Ⅰ
硫化烯烃棉籽油	Ⅰ
硫化硒	Ⅱ
硫化亚砷	Ⅳ
硫化亚锑	Ⅲ
硫化亚铁	Ⅰ

中文名称	卷序
硫化异丁烯	Ⅰ
硫环磷	Ⅳ
硫磺	Ⅰ
硫菌灵	Ⅲ
硫菌威	Ⅴ
硫磷伯仲醇基锌盐	Ⅰ
硫磷丁辛基锌盐	Ⅰ
硫磷化聚异丁烯钡盐	Ⅰ
硫磷双辛基碱性锌盐	Ⅰ
硫磷酸含氮衍生物	Ⅰ
硫磷烷基酚锌盐	Ⅰ
硫磷仲醇基锌盐	Ⅰ
硫脲	Ⅰ
硫氢丙烷	Ⅲ
硫氢化钠	Ⅱ
硫氢基乙酸	Ⅱ
硫氢乙烷	Ⅲ
硫氰化铵	Ⅲ
硫氰化钙	Ⅱ
硫氰化汞	Ⅱ
硫氰化钾	Ⅲ
硫氰化钠	Ⅰ
2-(硫氰基甲基硫代)苯并噻唑	Ⅲ
硫氰酸	Ⅲ
硫氰酸铵	Ⅲ
硫氰酸苄	Ⅱ
硫氰酸苄酯	Ⅱ
硫氰酸 2-(2-丁氧基乙氧基)乙酯	Ⅴ
硫氰酸丁酯	Ⅱ
硫氰酸对氨基苯酯	Ⅱ
硫氰酸钙	Ⅱ
硫氰酸汞	Ⅱ
硫氰酸甲酯	Ⅱ
硫氰酸钾	Ⅲ
硫氰酸钠	Ⅰ
硫氰酸铊(I)	Ⅴ
硫氰酸戊酯	Ⅲ
硫氰酸亚铜	Ⅳ
硫氰酸乙酯	Ⅱ
硫氰酸异丙酯	Ⅱ
硫氰酸异戊酯	Ⅱ
硫双灭多威	Ⅳ
硫双威	Ⅳ
硫酸	Ⅰ
硫酸-8-羟基喹啉	Ⅴ
硫酸铵	Ⅰ
硫酸苯肼(2：1)	Ⅳ
硫酸二氨基甲苯	Ⅱ
硫酸二甲酯	Ⅰ
硫酸二乙酯	Ⅱ
硫酸二异丙酯	Ⅴ
硫酸酐	Ⅰ
硫酸锆	Ⅲ
硫酸镉	Ⅳ
硫酸铬钾	Ⅰ
硫酸汞	Ⅱ
硫酸钴	Ⅱ
硫酸胲	Ⅱ
硫酸化烟碱	Ⅲ
硫酸甲酯	Ⅰ
硫酸肼	Ⅲ
硫酸联氨	Ⅲ
硫酸铝	Ⅰ
硫酸铝钾	Ⅰ
硫酸镁	Ⅲ
硫酸锰	Ⅲ
硫酸钠	Ⅳ
硫酸镍	Ⅲ
硫酸铍	Ⅱ
硫酸铅	Ⅱ
硫酸羟胺	Ⅱ
硫酸氢钾	Ⅱ
硫酸氢钠	Ⅱ
硫酸三氧化四铅	Ⅳ
硫酸三乙基锡	Ⅱ
硫酸铊	Ⅰ
硫酸铜	Ⅰ
硫酸锡(Ⅱ)	Ⅳ
硫酸锌(七水合物)	Ⅰ
硫酸锌	Ⅴ
硫酸亚锰	Ⅲ
硫酸亚铊	Ⅰ
硫酸亚铁	Ⅲ
硫酸亚锡	Ⅳ
硫酸烟碱	Ⅲ
硫酸乙酯	Ⅱ

中文名称	卷序
硫酸银	Ⅳ
硫烯	Ⅰ
硫酰氟	Ⅱ
硫酰氯	Ⅱ
硫氧粉	Ⅰ
C_4 馏分	Ⅰ
C_5 馏分	Ⅰ
C_9 馏分	Ⅰ
C_{10}馏分	Ⅰ
C_{11}馏分	Ⅰ
六氟丙酮	Ⅱ
六氟丙烯	Ⅱ
六氟-2,3-二氯-2-丁烯	Ⅲ
六氟锆酸钾	Ⅱ
六氟硅酸铵	Ⅱ
六氟硅酸钡	Ⅱ
六氟硅酸钾	Ⅱ
六氟硅酸镁	Ⅱ
六氟硅酸钠	Ⅰ
六氟硅酸铅	Ⅴ
六氟硅酸铜(Ⅱ)	Ⅳ
六氟硅酸锌	Ⅱ
六氟合磷氢酸(无水)	Ⅱ
六氟化苯	Ⅲ
六氟化碲	Ⅱ
六氟化硫	Ⅱ
六氟化钨	Ⅱ
六氟化硒	Ⅱ
六氟磷酸	Ⅱ
六氟砷酸锂	Ⅳ
六氟锑酸二苯基(4-苯基苯硫基)锍盐	Ⅴ
六氟锑酸二苄基苯基锍	Ⅴ
六氟乙烷	Ⅱ
六甲基苯	Ⅲ
六甲基二硅氮烷	Ⅱ
六甲基二硅醚	Ⅱ
六甲基二硅烷	Ⅱ
六甲基二硅烷胺	Ⅱ
六甲基二硅氧烷	Ⅱ
六甲基磷酰胺	Ⅴ
六甲基乙烷	Ⅱ
六六六	Ⅳ

中文名称	卷序
(1*R*,4*S*,5*R*,8*S*)-1,2,3,4,10,10-六氯-1,4,4a,5,6,7,8,8a-八氢-6,7-环氧-1,4：5,8-二亚甲基萘	Ⅳ
六氯苯	Ⅲ
六氯苯醚	Ⅲ
六氯丙酮	Ⅱ
六氯-1,3-丁二烯	Ⅱ
1,4,5,6,7,7-六氯二环(2,2,1)庚-5-烯-2,3 二甲酸	Ⅳ
六氯化苯	Ⅱ
1,2,3,4,5,6-六氯环己烷	Ⅳ
六氯环己烷	Ⅱ
六氯环戊二烯	Ⅱ
六氯-环氧八氢-二亚甲基萘	Ⅱ
六氯萘	Ⅴ
(1,4,5,6,7,7-六氯-8,9,10-三降冰片-5-烯-2,3-亚基双亚甲基)亚硫酸酯	Ⅱ
六氯氧化二苯	Ⅳ
六氯乙烷	Ⅰ
六偏磷酸钠	Ⅳ
六羟基聚氧化丙烯醚	Ⅰ
六氢-4-甲基邻苯二甲酸酐	Ⅴ
六氢苯酚	Ⅰ
六氢苯基乙酸	Ⅲ
六氢吡啶	Ⅲ
六氢对二甲苯	Ⅱ
六氢化苯	Ⅰ
六氢化苯胺	Ⅰ
六氢化苯甲酸	Ⅰ
六氢化甲苯	Ⅰ
(2*R*,6a*S*,12a*S*)-1,2,6,6a,12,12a-六氢-2-异丙烯基-8,9-二甲氧基苯丙吡喃(3,4,b)呋喃并(2,3,h)吡喃-6-酮	Ⅳ
六水合六氟硅酸镁	Ⅳ
六水合六氟硅酸锰	Ⅳ
六水合氯酸镁	Ⅱ
六水合硝酸镍	Ⅰ
六戊基二锡氧烷	Ⅴ
2,4,6,2′,4′,6′-六硝基二苯胺	Ⅱ
六硝基二苯胺铵盐	Ⅳ
六硝基二苯硫(干的或含水<10%)	Ⅲ
六硝基二苯硫(含水≥10%)	Ⅲ
六硝基-1,2-二苯乙烯	Ⅳ

中文名称	卷序
六硝基甘露醇	Ⅴ
六溴联苯	Ⅲ
六亚甲基二胺	Ⅰ
六亚甲基二胺已二酸盐	Ⅰ
六亚甲基二胺四亚甲基膦酸	Ⅰ
六亚甲基亚胺	Ⅲ
咯喹酮	Ⅴ
龙胶	Ⅰ
龙脑	Ⅱ
隆杀鼠剂	Ⅲ
2,6-卢剔啶	Ⅱ
3,4-卢剔啶	Ⅱ
2,4-卢剔啶	Ⅱ
2,5-卢剔啶	Ⅱ
3,5-卢剔啶	Ⅱ
铝板、箔冷轧制基础油(沧州炼油厂)	Ⅰ
铝箔油	Ⅰ
铝粉(无涂层的)	Ⅱ
铝基润滑脂	Ⅰ
铝基脂	Ⅰ
铝酸钠	Ⅰ
铝银粉	Ⅱ
绿草定	Ⅲ
绿矾	Ⅲ
绿谷隆	Ⅲ
绿麦隆	Ⅲ
4-氯-2-氨基苯甲醚	Ⅱ
4-氯-2-氨基苯酚	Ⅲ
4-氯-2-氨基(苯)酚	Ⅲ
2-氯-4-氨基苯甲醚	Ⅱ
2-氯-6-氨基甲苯	Ⅳ
2-氯-4-氨基甲苯	Ⅲ
氯胺-T	Ⅰ
氯胺	Ⅰ
氯苯	Ⅰ
3-氯苯胺	Ⅱ
2-氯苯胺	Ⅱ
4-氯苯胺	Ⅱ
4-氯-1,2-苯二胺	Ⅴ
2-氯苯酚	Ⅱ
4-氯苯酚	Ⅱ
3-氯苯酚	Ⅱ
氯苯砜	Ⅲ

中文名称	卷序
N-(3-氯苯基)氨基甲酸(4-氯丁炔-2-基)酯	Ⅲ
4-氯苯基苯砜	Ⅲ
2-(2-(4-氯苯基)-2-苯基乙酰基)茚-1,3-二酮	Ⅱ
O-1-(4-氯苯基)-4-吡唑基-*O*-乙基-*S*-丙基硫代磷酸酯	Ⅳ
1-(4-氯苯基)-3-(2,6-二氟苯甲酰基)脲	Ⅲ
4-(3-(4-氯苯基)-3-(3,4-二甲氧基苯基)丙烯酰)吗啉	Ⅴ
(*E*)-3-(2-氯苯基)-2-(4-氟苯基)丙烯醛	Ⅴ
1-(((2*S*,3*S*)-3-(2-氯苯基)-2-(4-氟苯基)环氧乙烷-2-基)甲基)-1,2,4-三唑	Ⅴ
(*E*,*Z*)-4-氯苯基(环丙基)酮-*O*-(4-硝基苯甲基)肟	Ⅴ
(3-氯苯基)-(4-甲氧基-3-硝基苯基)-2-甲酮	Ⅴ
S-(((4-氯苯基)硫代)甲基)-*O*,*O*-二乙基二硫代磷酸酯	Ⅳ
S-((4-氯苯基)硫)甲基)-*O*,*O*-二甲基二硫代磷酸酯	Ⅱ
2-氯苯基-4-氯苯基-*α*-嘧啶-5-基甲醇	Ⅲ
氯苯基三氯硅烷	Ⅱ
(*E*)-5-((4-氯苯基)亚甲基)-2,2-二甲基环戊酮	Ⅴ
DL-*α*-(2-(4-氯-苯基)乙基)-*α*-(1,1-二甲基乙基)-1H-1,2,4-三唑-1-乙醇	Ⅴ
2-氯苯甲醛	Ⅴ
3-氯苯甲酸	Ⅳ
2-氯苯甲酸	Ⅲ
4-氯苯甲酸对甲苯酯	Ⅴ
4-氯苯甲酰氯	Ⅱ
4-氯苯硫醇	Ⅱ
氯苯脒	Ⅲ
氯苯嘧啶醇	Ⅲ
1-(4-氯苯氧基)-1-(1H-1,2,4-三唑-1-基)-3,3-二甲基-丁-2-醇	Ⅲ

中文名称	卷序
1-(4-氯苯氧基)-1-(1H-1,2,4-三唑-1-基)-3,3-二甲基-丁-2-酮	Ⅲ
2-氯苯乙酮	Ⅴ
4-氯苯乙烯	Ⅲ
2-氯吡啶	Ⅱ
1-(6-氯-3-吡啶基甲基)-*N*-硝基亚咪唑烷-2-基胺	Ⅳ
氯吡多	Ⅴ
氯吡嘧磺隆	Ⅳ
2-氯苄叉丙二腈	Ⅴ
4-氯苄基-*N*-(2,4-二氯苯基)-2-(1H-1,2,4-三唑-1-基)硫代乙酰胺化物	Ⅳ
S-4-氯苄基二乙基硫代氨基甲酸酯	Ⅴ
4-氯苄基氯	Ⅱ
2-氯苄腈	Ⅳ
2-氯丙醇	Ⅱ
1-氯-2-丙醇	Ⅱ
2-氯-1-丙醇	Ⅱ
3-氯-1-丙醇	Ⅱ
3-氯-1,2-丙二醇	Ⅱ
2-(3-氯丙基)-2,5,5-三甲基-1,3-二噁烷	Ⅴ
3-氯丙腈	Ⅱ
β-氯丙腈	Ⅱ
2-氯丙酸	Ⅱ
β-氯丙酸	Ⅱ
α-氯丙酸	Ⅱ
3-氯丙酸	Ⅱ
α-氯丙酸甲酯	Ⅱ
2-氯丙酸甲酯	Ⅱ
(*S*)-2-氯丙酸甲酯	Ⅳ
α-氯丙酸乙酯	Ⅱ
2-氯丙酸乙酯	Ⅱ
3-氯丙酸乙酯	Ⅱ
2-氯丙酸异丙酯	Ⅴ
1-氯-2-丙酮	Ⅳ
1,1,1,3,3,3-氯-2-丙酮	Ⅱ
氯丙酮	Ⅳ
1-氯丙烷	Ⅰ
2-氯丙烷	Ⅰ
2-氯丙烯	Ⅰ
3-氯丙烯	Ⅰ
1-氯丙烯腈	Ⅲ
氯丙锡	Ⅱ
氯铂酸	Ⅱ
氯铂酸铵	Ⅴ
氯铂酸钾	Ⅴ
氯铂酸钠	Ⅴ
氯草敏	Ⅴ
氯醋酸	Ⅰ
氯醋酸酐	Ⅱ
氯醋酸甲酯	Ⅱ
氯醋酸钠	Ⅳ
氯醋酸叔丁酯	Ⅱ
氯醋酸乙酯	Ⅱ
(2*S*)-2-氯代丙酸	Ⅳ
氯代环已烷	Ⅰ
氯代异丁烷	Ⅱ
氯代正丁烷	Ⅰ
氯代正已烷	Ⅰ
氯代正戊烷	Ⅱ
氯代仲丁烷	Ⅰ
氯丹	Ⅱ
2-氯-1,3-丁二烯	Ⅰ
氯丁二烯	Ⅰ
4-氯丁炔-α-基-3′-氯苯氨基甲酸酯	Ⅲ
3-氯丁酸乙酯	Ⅱ
2-氯丁酸乙酯	Ⅱ
4-氯丁酸乙酯	Ⅱ
3-氯丁酮	Ⅳ
2-氯丁烷	Ⅰ
1-氯丁烷	Ⅰ
1-氯-2-丁烯	Ⅱ
3-氯-1-丁烯	Ⅱ
氯丁酰	Ⅳ
氯丁橡胶	Ⅰ
3-氯对氨基甲苯	Ⅲ
2-氯对甲苯胺	Ⅲ
3-氯对甲苯胺	Ⅲ
2-氯-对甲苯磺酰氯	Ⅴ
氯锇酸铵	Ⅱ
2-氯-2,2-二苯基乙酸乙酯	Ⅴ
4-氯二苯醚	Ⅳ
2-氯-4,5-二氟苯甲酸	Ⅴ
4-氯-3,5-二甲酚	Ⅴ
氯二甲酚	Ⅴ

中文名称	卷序
2-氯-4,5-二甲基苯基-*N*-甲基氨基甲酸酯	Ⅳ
2-氯-1,1-二甲氧基乙烷	Ⅱ
2-氯-1-(2,4-二氯苯基)乙烯基二甲基磷酸酯	Ⅴ
2-氯-1-(2,4-二氯苯基)乙烯基乙基甲基磷酸酯	Ⅳ
3-氯-1,2-二羟基丙烷	Ⅱ
S-6-氯-2,3-二氢-2-氧代-1,3-苯并噁唑-3-基甲基-*O*,*O*-二乙基二硫代磷酸酯	Ⅱ
4-氯-1,2-二硝基苯	Ⅲ
1-氯-2,4-二硝基苯	Ⅳ
α-氯-2,4-二硝基甲苯	Ⅱ
N-(5-氯-3-(4-二乙氨基-2-甲苯基亚氨基)-4-甲基-6-氧代-1,4-环已二烯基)氨基甲酸乙酯	Ⅴ
N-(5-氯-3-(4-二乙氨基-2-甲苯基)亚氨基-4-甲基-6-氧代-1,4-环已二烯-1-基)苯甲酰胺	Ⅳ
N-(5-氯-3-((4-二乙氨基-2-甲基苯基)亚氨基)-4-甲基-6-氧代-1,4-环已二烯-1-基)乙酰胺	Ⅴ
2-氯-2′,6′-二乙基-*N*-(2-丙氧基乙基)乙酰苯胺	Ⅳ
1-氯-*N*,*N*-二乙基-1,1-二苯基-1-苯基甲基磷酰胺	Ⅴ
氯仿	Ⅰ
氯封端的二甲基(硅氧烷与聚硅氧烷)	Ⅱ
氯封端的聚(二甲基硅氧烷)	Ⅱ
3-氯氟苯	Ⅱ
1-氯-3-氟苯	Ⅱ
1-氯-4-氟苯	Ⅱ
1-((3-(3-氯-4-氟苯)丙基)二甲基甲硅烷基)-4-乙氧基苯	Ⅴ
氯氟吡氧乙酸	Ⅴ
氯氟氰菊酯	Ⅱ
α-氯甘油	Ⅱ
2-氯汞苯酚	Ⅱ
4-氯汞苯甲酸	Ⅱ
氯化氨基汞	Ⅱ
氯化铵	Ⅳ
氯化铵汞	Ⅱ
氯化钡	Ⅰ
氯化苯汞	Ⅱ
氯化苯磺酰	Ⅰ
氯化苯醚	Ⅲ
氯化苄	Ⅱ
氯化氮	Ⅳ
氯化碲	Ⅲ
氯化碘	Ⅱ
氯化丁酰	Ⅳ
氯化锇铵	Ⅱ
氯化二苯胂	Ⅱ
氯化-2,4-二氯苯甲酰	Ⅱ
氯化二乙基铝	Ⅰ
氯化二异丁基铝	Ⅲ
氯化钒	Ⅲ
氯化钙	Ⅴ
氯化高汞	Ⅰ
氯化锆	Ⅲ
氯化镉	Ⅲ
氯化汞	Ⅰ
氯化钴	Ⅲ
氯化硅	Ⅰ
氯化环己烷	Ⅳ
氯化环戊烷	Ⅱ
氯化磺酰甲烷	Ⅲ
氯化甲基汞	Ⅱ
氯化甲氧基乙基汞	Ⅴ
氯化间硝基苯甲酰	Ⅲ
氯化钶	Ⅳ
氯化苦	Ⅲ
氯化镧	Ⅰ
氯化铑	Ⅲ
氯化锂	Ⅲ
氯化钌	Ⅲ
氯化磷	Ⅲ
氯化磷酰	Ⅲ
氯化铝	Ⅰ
氯化铝	Ⅰ
氯化(2-氯乙基)三甲基铵	Ⅱ
氯化锰	Ⅲ
氯化钼	Ⅲ
1-氯化萘	Ⅱ
氯化镍	Ⅰ

中文名称	卷序
氯化镍(Ⅱ)	Ⅳ
氯化钕	Ⅲ
氯化硼	Ⅲ
氯化铍	Ⅱ
氯化铅(Ⅱ)	Ⅳ
氯化氢	Ⅰ
氯化氰	Ⅱ
氯化肉豆蔻基二甲基苄基铵	Ⅰ
氯化三丙基锡	Ⅱ
氯化三丁基锡	Ⅳ
氯化三氟乙酰	Ⅳ
氯化三甲基硅烷	Ⅲ
氯化十六烷基吡啶	Ⅰ
氯化石蜡	Ⅰ
氯化铈	Ⅰ
氯化双十八烷基二甲基铵	Ⅰ
氯化双十二烷基二甲基铵	Ⅰ
氯化双辛烷基二甲基铵	Ⅰ
氯化双月桂基二甲基铵	Ⅰ
氯化铊	Ⅲ
氯化钛	Ⅰ
氯化钽	Ⅳ
氯化铜	Ⅰ
氯化筒箭毒碱	Ⅱ
氯化硒	Ⅱ
氯化锡	Ⅲ
氯化辛癸基二甲铵	Ⅰ
氯化锌	Ⅰ
氯化溴	Ⅱ
氯化亚砜	Ⅱ
氯化亚汞	Ⅲ
氯化亚镍	Ⅳ
氯化亚砷	Ⅲ
氯化亚铊	Ⅲ
氯化亚钛	Ⅰ
氯化亚锑	Ⅲ
氯化亚铜	Ⅴ
氯化亚硒酰	Ⅲ
氯化亚锡	Ⅳ
氯化乙二酰	Ⅳ
氯化乙基丙氧基铝	Ⅴ
氯化乙基汞	Ⅱ
氯化乙酰	Ⅲ

中文名称	卷序
氯化异丁酰	Ⅳ
氯化锗	Ⅲ
7-氯-1-环丙基-6-氟-1,4-二氢-4-氧代喹啉-3-羧酸	Ⅴ
3-氯-1,2-环氧丙烷	Ⅰ
R-1-氯-2,3-环氧丙烷	Ⅴ
氯磺化聚乙烯	Ⅰ
氯磺隆	Ⅴ
氯磺酸	Ⅱ
氯磺酸甲酯	Ⅱ
氯磺酸乙酯	Ⅲ
1-氯己烷	Ⅰ
α-氯甲苯	Ⅱ
2-氯甲苯	Ⅱ
3-氯甲苯	Ⅱ
4-氯甲苯	Ⅱ
2-(4-氯-2-甲苯氧基)丙酸	Ⅱ
4-(4-氯-2-甲苯氧基)丁酸	Ⅱ
4-氯-2-甲苯氧基乙酸	Ⅱ
4-氯-2-甲酚	Ⅲ
2-氯-5-甲酚	Ⅱ
2-氯-4-甲磺酰基苯甲酸	Ⅴ
5-氯-2-甲基苯胺	Ⅱ
N'-(4-氯-2-甲基苯基)-*N*,*N*-二甲基甲脒	Ⅲ
2-氯-5-甲基吡啶	Ⅴ
N-(2-(6-氯-7-甲基吡唑(1,5,b)-1,2,4-三唑-4-基)丙基)-2-(2,4-二叔戊基苯氧基)辛酰胺	Ⅴ
1-氯-2-甲基丙烷	Ⅱ
2-氯-2-甲基丙烷	Ⅱ
3-氯-2-甲基-1-丙烯	Ⅱ
1-氯-3-甲基丁烷	Ⅲ
2-氯-2-甲基丁烷	Ⅱ
氯甲基二(4-氟苯基)乙基硅烷	Ⅴ
2-氯甲基-3,4-二甲氧基吡啶盐酸盐	Ⅳ
S-(氯甲基)-*O*,*O*-二乙基二硫代磷酸酯	Ⅱ
氯(甲基)硅烷	Ⅱ
氯甲基甲醚	Ⅱ
氯甲基氰	Ⅱ
氯甲基三甲硅烷	Ⅲ
2-氯-*N*-(1-甲基乙基)-*N*-乙酰苯胺	Ⅱ
氯甲基乙醚	Ⅱ

中文名称	卷序
氯甲硫磷	Ⅱ
氯甲桥萘	Ⅱ
氯甲醛肟	Ⅱ
氯甲酸苯酯	Ⅱ
氯甲酸苄酯	Ⅱ
氯甲酸丙酯	Ⅲ
氯甲酸丁酯	Ⅲ
氯甲酸环戊酯	Ⅳ
氯甲酸甲酯	Ⅱ
氯甲酸氯甲酯	Ⅱ
氯甲酸三氯甲酯	Ⅱ
氯甲酸戊酯	Ⅱ
氯甲酸烯丙酯	Ⅰ
氯甲酸-2-乙基己酯	Ⅱ
氯甲酸乙酯	Ⅱ
氯甲酸异丙酯	Ⅱ
氯甲酸异丁酯	Ⅱ
氯甲酸正丙酯	Ⅲ
氯甲酸正丁酯	Ⅲ
氯甲酸正戊酯	Ⅱ
氯甲烷	Ⅰ
氯甲肟	Ⅱ
3-氯-4-甲氧基苯胺	Ⅱ
5-氯-2-甲氧基苯胺	Ⅱ
2-氯-*N*-(3-甲氧基-2-噻吩甲基)-2′,6′-二甲基乙酰苯胺	Ⅳ
氯甲氧基乙烷	Ⅱ
4-氯间甲酚	Ⅱ
氯菊酯	Ⅱ
2-(4-(6-氯-2-喹喔啉氧基)苯氧基)丙酸乙酯	Ⅳ
4-氯邻甲苯胺	Ⅱ
3-氯邻甲苯胺	Ⅳ
5-氯邻甲苯胺	Ⅱ
4-氯邻甲苯胺盐酸盐	Ⅱ
4-氯邻甲酚	Ⅲ
氯硫磷	Ⅴ
N-(3-氯-4-氯二氟甲基硫代苯基)-*N*′,*N*′-二甲基脲	Ⅳ
2-氯-5-(4-氯-5-二氟甲氧基-1-甲基吡唑-3-基)-4-氟苯氧基乙酸	Ⅴ
氯(3-(3-氯-4-氟苯基)丙基)二甲基硅烷	Ⅴ

中文名称	卷序
3-氯-*N*-(3-氯-5-三氟甲基-2-吡啶基)-α,α,α-三氟-2,6-二硝基对甲苯胺	Ⅳ
氯霉素	Ⅳ
氯灭杀威	Ⅳ
氯灭鼠灵	Ⅱ
α-氯萘	Ⅱ
1-氯萘	Ⅳ
2-氯萘	Ⅲ
β-氯萘	Ⅲ
N-(6-氯-3-吡啶甲基)-*N*′-氰基-*N*-甲基乙脒(反式)	Ⅳ
氯气	Ⅰ
氯羟吡啶	Ⅴ
5-氯-2-羟基苯胺	Ⅲ
4-氯-1-羟基丁烷-1-磺酸钠	Ⅳ
2-氯-5-羟基甲苯	Ⅱ
4-氯-*N*-(2-羟基乙基)-2-硝基苯胺	Ⅴ
氯桥酸	Ⅳ
2-氯-4-(1-氰基-1-甲基乙基氨基)-6-乙氨基-1,3,5-三嗪	Ⅲ
氯氰菊酯	Ⅱ
氯醛	Ⅲ
α-氯醛糖	Ⅱ
氯炔草灵	Ⅲ
2-氯三氟甲苯	Ⅱ
4-氯三氟甲苯	Ⅲ
1-氯-4-(三氟甲基)苯	Ⅲ
1-氯-2-(三氟甲基)苯	Ⅱ
2-氯-1,1,2-三氟乙基二氟甲基醚	Ⅴ
2-氯-1,1,2-三氟乙基甲醚	Ⅳ
氯三氟乙烯	Ⅳ
2-氯-*N*,*N*,6-三甲基嘧啶-4-胺	Ⅴ
2-氯-1-(2,4,5-三氯苯基)乙烯基二甲基磷酸酯	Ⅴ
氯鼠酮	Ⅱ
2-氯-4,6-双(乙氨基)-1,3,5-三嗪	Ⅲ
2-氯-4,6-双(异丙氨基)-1,3,5-三嗪	Ⅲ
2-氯-1,1,1,2-四氟乙烷	Ⅳ
1-氯-1,2,2,2-四氟乙烷	Ⅱ
氯酸铵	Ⅱ
氯酸钡	Ⅱ
氯酸钙	Ⅳ
氯酸钾	Ⅱ

中文名称	卷序
氯酸镁	Ⅱ
氯酸钠	Ⅱ
氯酸溶液(浓度≤10%)	Ⅴ
氯酸锶	Ⅱ
氯酸铊	Ⅱ
氯酸铜	Ⅱ
氯酸锌	Ⅱ
氯酸银	Ⅱ
氯碳酸甲酯	Ⅱ
1-(4-氯-3-((2,2,3,3,3-五氟丙氧基)甲基)苯基)-5-苯基-1H-1,2,4-三唑-3-甲酰胺	Ⅳ
3-氯-4,5-二氟三氟甲苯	Ⅴ
3-氯-4,5,α,α,α-五氟甲苯	Ⅴ
1-氯戊烷	Ⅱ
氯硝胺	Ⅱ
2-氯硝基苯	Ⅳ
1-氯-3-硝基苯	Ⅰ
2-氯-4-硝基苯胺	Ⅱ
4-氯-2-硝基苯胺	Ⅱ
2-氯-4-硝基(苯)酚	Ⅲ
4-氯-2-硝基苯酚	Ⅳ
1-氯-1-硝基丙烷	Ⅱ
2-氯-2-硝基丙烷	Ⅱ
4-氯-2-硝基酚	Ⅳ
4-氯-2-硝基甲苯	Ⅱ
2-氯-4-硝基甲苯	Ⅲ
1-氯-1-硝基乙烷	Ⅲ
氯硝散	Ⅱ
1-氯-3-溴丙烷	Ⅱ
1-氯-2-溴丙烷	Ⅱ
氯溴甲烷	Ⅱ
1-氯-2-溴乙烷	Ⅱ
氯亚胺硫磷	Ⅱ
氯亚铂酸铵	Ⅴ
氯亚铂酸钾	Ⅴ
氯亚明	Ⅰ
氯氧化锆	Ⅰ
2-氯-6-乙氨基-4-硝基苯酚	Ⅴ
2-氯-4-乙氨基-6-异丙氨基-1,3,5-三嗪	Ⅰ
氯乙醇	Ⅰ
2-氯乙醇	Ⅰ
2-氯乙基二甲胺	Ⅲ
2-氯乙基二乙胺	Ⅲ
氯乙基汞	Ⅱ
2-氯-2′-乙基-*N*-(2-甲氧基-1-甲基乙基)-6′-甲基乙酰苯胺	Ⅳ
2-氯乙基膦酸	Ⅳ
5-(2-氯乙基)-6-氯-1,3-二氢-吲哚-2-(2H)-酮	Ⅴ
(2-氯乙基)乙烯醚	Ⅳ
氯乙腈	Ⅱ
氯乙醛	Ⅱ
氯乙酸	Ⅰ
氯乙酸酐	Ⅱ
氯乙酸甲酯	Ⅱ
氯乙酸钠	Ⅳ
氯乙酸叔丁酯	Ⅱ
氯乙酸乙酯	Ⅱ
氯乙酸异丙酯	Ⅴ
氯乙缩醛	Ⅳ
氯乙烷	Ⅰ
氯乙烯	Ⅰ
氯乙酰	Ⅲ
2-氯乙酰胺	Ⅳ
氯乙酰氯	Ⅳ
5-氯-*N*-(2-(4-(2-乙氧基乙基)-2,3-二甲基苯氧基)乙基)-6-乙基嘧啶-4-胺	Ⅳ
1-氯异丙醇	Ⅱ
3-氯-2-(异丙硫基)苯胺	Ⅴ
氯异丁酰	Ⅳ
5-氯吲哚-2-酮	Ⅴ
氯油	Ⅲ
2-氯正丁酸乙酯	Ⅱ
3-氯正丁酸乙酯	Ⅱ
4-氯正丁酸乙酯	Ⅱ
2-氯-5-仲十六烷基氢醌	Ⅴ
氯唑磷	Ⅴ
17-(5,5-二甲基-1,3-二氧杂环己-2-基)-1,4-二烯-3-酮	Ⅴ
螺环菌胺	Ⅳ
M	
MEK	Ⅰ
MTBE	Ⅰ

中文名称	卷序
麻黄碱	V
马拉硫磷	Ⅲ
马拉赛昂	Ⅲ
马拉松	Ⅲ
马来酸	Ⅳ
马来酸二丁基锡	Ⅲ
马来酸二丁酯	Ⅲ
马来酸二己酯	Ⅲ
马来酸二甲酯	Ⅲ
马来酸二烯丙酯	Ⅲ
马来酸二乙酯	Ⅲ
马来酸二正丙酯	Ⅲ
马来酸酐	I
马来酸酐-苯乙烯磺酸共聚物	I
马来酸酐-丙烯酸共聚物	I
马来酸酐-乙酸乙烯酯共聚物	I
马来酰肼	Ⅲ
马钱子碱	I
吗草快	V
吗草快硫酸盐	V
吗啉	I
1-(4-吗啉基苯基)-1-丁酮	V
4-吗啉碳酰氯	V
麦草畏	Ⅱ
麦角钙化(甾)醇	V
麦穗宁	V
螨完锡	Ⅲ
毛地黄毒苷	V
毛沸石	Ⅳ
毛果芸香碱	V
茅草枯	Ⅲ
茅草枯钠盐	Ⅲ
茂	I
茂硫磷	V
煤焦油	Ⅳ
煤油	I
镁粉	Ⅳ
猛杀威	Ⅳ
锰	V
锰粉	Ⅳ
锰酸钾	Ⅳ
咪鲜胺	V
咪唑菌酮	V

中文名称	卷序
咪唑啉聚氧乙烯醚	I
咪唑啉乙酸盐	I
咪唑烟酸	V
迷迭香油	Ⅳ
醚苯磺隆	Ⅳ
醚化淀粉	I
醚菊酯	V
醚菌酯	V
米蚩酮	V
米螨	Ⅳ
脒基亚硝氨基脒基甲氮烯(含水≥30%)	Ⅳ
脒基亚硝氨基脒基四氮烯(含水或水加乙醇≥30%)	Ⅳ
密斑油	I
密陀僧	Ⅲ
嘧草醚	V
嘧啶磷	Ⅳ
嘧菌醇	V
嘧菌酯	V
嘧菌腙	Ⅳ
嘧螨醚	Ⅳ
蜜胺	I
棉果威	V
棉隆	V
棉油	I
棉籽油	I
灭草敌	V
灭草灵	V
灭草隆	Ⅲ
灭草松	Ⅱ
灭草特	Ⅲ
灭草唑	V
灭除威	V
灭多威	Ⅳ
灭害威	V
灭黑穗药	Ⅲ
灭菌丹	Ⅲ
灭菌磷	V
灭螨猛	V
灭那虫	Ⅲ
灭雀灵	Ⅱ
灭杀威	Ⅳ
灭鼠肼	V

中文名称	卷序
灭鼠宁	Ⅲ
灭鼠威	Ⅳ
灭鼠优	Ⅳ
灭瘟素的苄氨基苯磺酸盐	Ⅳ
灭线磷	Ⅴ
灭锈胺	Ⅴ
灭蚜磷	Ⅳ
灭蚜灵	Ⅲ
灭蚜硫磷	Ⅲ
灭蚁灵	Ⅲ
明矾	Ⅰ
莫能菌素	Ⅳ
莫能菌素钠盐	Ⅳ
木醇	Ⅰ
木瓜蛋白酶	Ⅳ
木精	Ⅰ
木钠	Ⅰ
木素磺酸钠	Ⅰ
木质素磺酸盐	Ⅰ
钼	Ⅴ
钼粉	Ⅲ
钼酸铵	Ⅳ
钼酸钙	Ⅲ
钼酸钠	Ⅰ
N	
内吸磷-*S*	Ⅴ
内吸磷-*O*	Ⅴ
内吸磷	Ⅳ
纳夫妥 AS-BS	Ⅲ
钠	Ⅲ
钠硼氢	Ⅲ
钠硝石	Ⅰ
EDTMP 钠盐	Ⅰ
氖(液化的)	Ⅳ
氖	Ⅲ
奈斯勒试剂	Ⅱ
萘	Ⅰ
α-萘胺	Ⅱ
β-萘胺	Ⅱ
1-萘胺	Ⅱ
2-萘胺	Ⅱ
1-萘胺-4-磺酸	Ⅳ
1-萘胺-6-磺酸	Ⅲ
1-萘胺盐酸盐	Ⅱ
萘丙胺	Ⅳ
萘草胺一钠盐	Ⅴ
1,5-萘二胺	Ⅴ
1,8-萘二甲酸酐	Ⅱ
萘二异氰酸酯	Ⅲ
1-萘酚	Ⅲ
β-萘酚	Ⅰ
2-萘酚	Ⅰ
α-萘酚	Ⅲ
萘酚 AS-BS	Ⅲ
1,8-萘酐	Ⅱ
萘磺汞	Ⅲ
2-萘磺酸	Ⅳ
萘磺酸甲醛缩聚物	Ⅰ
1-萘-*N*-甲基氨基甲酸酯	Ⅳ
萘基芥子油	Ⅳ
α-萘基硫脲	Ⅱ
N-1-萘基酞氨酸	Ⅲ
1-(1-萘甲基)喹啉鎓氯化物	Ⅴ
α-萘甲腈	Ⅱ
1-萘甲腈	Ⅱ
α-萘甲酸	Ⅱ
1-萘硫脲	Ⅱ
萘满	Ⅲ
1-萘酸	Ⅲ
萘酸铅	Ⅰ
萘酸铜	Ⅰ
萘酸锌	Ⅰ
萘烷	Ⅲ
1-萘氧二氯化膦	Ⅳ
2-(2-萘氧基)丙酰替苯胺	Ⅳ
1-萘氧基二氯化膦	Ⅳ
α-萘乙酸	Ⅱ
β-萘乙酸	Ⅱ
1-萘乙酸	Ⅱ
2-萘乙酸	Ⅱ
硇砂	Ⅳ
尼奥宗 D	Ⅰ
尼古丁	Ⅳ
尼龙-66	Ⅰ
尼龙-6	Ⅰ
尼龙-66 盐	Ⅰ

中文名称	卷序
尼哦油	Ⅰ
尿素	Ⅰ
尿素甲醛树脂	Ⅰ
脲	Ⅰ
脲醛树脂	Ⅰ
镍	Ⅲ
柠檬醛	Ⅴ
柠檬酸	Ⅰ
柠檬酸三乙酯	Ⅲ
凝乳酶	Ⅳ
农利灵	Ⅳ
钕(浸在煤油中的)	Ⅳ
O	
偶氮苯	Ⅲ
2,2′-偶氮二(2,4-二甲基戊腈)	Ⅰ
2,2′-偶氮二(2-甲基丙基咪)二盐酸盐	Ⅴ
2,2′-偶氮-二(2-甲基丁腈)	Ⅳ
偶氮二甲基戊腈	Ⅰ
偶氮二甲酰胺	Ⅰ
1,1′-偶氮-二(六氢苄腈)	Ⅳ
偶氮二酰胺	Ⅰ
偶氮二异丁腈	Ⅰ
偶氮二异庚腈	Ⅰ
偶氮磷	Ⅴ
P	
PAAS	Ⅰ
PES	Ⅰ
PHMA	Ⅰ
PVP	Ⅰ
PX	Ⅰ
哌草丹	Ⅴ
哌草磷	Ⅴ
哌啶	Ⅲ
哌嗪	Ⅳ
哌嗪二盐酸盐	Ⅴ
2-(1-哌嗪基)乙胺	Ⅳ
α-蒎烯	Ⅱ
β-蒎烯	Ⅱ
抛光沥青	Ⅰ
泡花碱	Ⅰ
RT 培司	Ⅰ
喷气燃料	Ⅰ
硼	Ⅲ

中文名称	卷序
硼氟化铵	Ⅲ
硼酐	Ⅴ
硼氢化钾	Ⅲ
硼氢化锂	Ⅲ
硼氢化铝	Ⅲ
硼氢化钠	Ⅲ
硼砂	Ⅰ
硼酸	Ⅳ
硼酸甲酯	Ⅳ
硼酸钾	Ⅰ
硼酸钠	Ⅰ
硼酸铅	Ⅳ
硼酸三丙酯	Ⅳ
硼酸三甲酯	Ⅳ
硼酸三烯丙基酯	Ⅲ
硼酸三烯丙酯	Ⅲ
硼酸三乙酯	Ⅳ
硼酸(三)异丙酯	Ⅳ
硼酸三异丙酯	Ⅳ
硼酸盐	Ⅰ
硼酸乙酯	Ⅳ
硼酸异丙酯	Ⅳ
硼酸正丙酯	Ⅳ
膨润土	Ⅰ
膨土岩	Ⅰ
砒	Ⅰ
砒霜	Ⅰ
铍粉	Ⅲ
α-皮考林	Ⅰ
3-皮考林	Ⅱ
皮蝇磷	Ⅲ
皮脂酸二辛酯	Ⅳ
苉	Ⅲ
偏二氟乙烯	Ⅱ
偏二氯乙烯	Ⅰ
偏二亚硫酸钠	Ⅳ
偏钒酸铵	Ⅲ
偏钒酸钠	Ⅲ
偏过碘酸钠	Ⅱ
偏磷酸	Ⅳ
偏磷酸钠玻璃	Ⅳ
偏铝酸钠	Ⅰ
偏氯乙烯	Ⅰ

中文名称	卷序
偏硼酸钡	Ⅳ
偏三甲苯	Ⅰ
偏四氯乙烷	Ⅳ
偏锑酸钠	Ⅰ
偏亚砷酸钾	Ⅲ
偏亚砷酸钠	Ⅰ
偏亚砷酸锌	Ⅲ
漂白粉	Ⅰ
漂白水	Ⅰ
平平加 O	Ⅰ
破乳剂 PR-23	Ⅰ
破乳剂	Ⅰ
扑草净	Ⅲ
扑打散	Ⅲ
扑打杀	Ⅲ
扑灭津	Ⅲ
扑虱灵	Ⅳ
β-葡糖苷酶	Ⅳ
葡萄糖酸钠	Ⅰ
普钙	Ⅰ
普通淬火油	Ⅰ
Q	
七氟丁醇	Ⅲ
七氟丁酸	Ⅲ
七氟菊酯	Ⅳ
七氟钽酸钾	Ⅲ
七硫化磷	Ⅳ
七硫化四磷	Ⅳ
七硫化亚磷	Ⅳ
七氯	Ⅳ
七氯化茚	Ⅳ
七氯环氧	Ⅴ
1,4,5,6,7,8,8-七氯-3a、4、7、7a-四氢-4,7-亚甲基-H-茚	Ⅳ
七水合硫酸锌	Ⅳ
汽车制动液	Ⅰ
汽轮机油	Ⅰ
汽油(-18℃≤闪点<23℃)	Ⅴ
汽油	Ⅰ
汽油机油	Ⅰ
铅	Ⅲ
铅白	Ⅲ
铅丹	Ⅲ

中文名称	卷序
嵌二萘	Ⅲ
强氯精	Ⅰ
羟(2-(苯磺酰胺基)苯甲酸根合)锌	Ⅴ
2-(4-((4-羟苯基)磺酰基)苯氧基)-4,4-二甲基-*N*-(5-((甲磺酰基)氨基)-2-(4-(1,1,3,3-四甲基丁基)苯氧基)苯基)-3-氧代戊酰胺	Ⅳ
4-((3-羟丙基)氨基)-3-硝基苯酚	Ⅳ
羟丙基淀粉	Ⅰ
羟丙基瓜尔胶	Ⅰ
羟丙基羧甲基田菁胶	Ⅰ
羟丙基田菁胶	Ⅰ
羟基胺	Ⅴ
(羟基(4-苯丁基)氧膦基)乙酸	Ⅴ
(羟基(4-苯丁基)氧膦基)乙酸苄酯	Ⅳ
3-(羟基苯基氧膦基)丙酸	Ⅴ
4-羟基苯甲醛	Ⅳ
2-羟基苯甲醛	Ⅲ
4-羟基苯甲酸	Ⅳ
4-羟基苯甲酸丙酯	Ⅲ
R-2-(4-羟基苯氧基)丙酸	Ⅴ
5-(α-羟基-α-吡啶-2-基苄基)-7-(α-吡啶-2-基亚苄基)-5-降冰片烯-2,3-二甲酰亚胺	Ⅲ
2-羟基丙胺	Ⅲ
3-羟基丙二硫醇-(1,2)	Ⅲ
2-羟基丙腈	Ⅲ
3-羟基丙腈	Ⅳ
2-羟基丙酸	Ⅱ
2-羟基丙酸丁酯	Ⅲ
2-羟基丙酸甲酯	Ⅲ
2-羟基丙酸乙酯	Ⅲ
2-羟基丙烷-1,2,3-三羧酸	Ⅰ
2-羟基-1,2,3-丙烷三羧酸三乙酯	Ⅲ
3-羟基丁醛	Ⅱ
3-羟基丁酸甲酯	Ⅳ
3-羟基-2-丁酮	Ⅱ
4-羟基二苯胺	Ⅰ
4-羟基-3,5-二碘苯腈	Ⅱ
1-羟基-2,4-二甲苯	Ⅲ
1-羟基-3,4-二甲基苯	Ⅱ
1-羟基-2,6-二甲基苯	Ⅱ
1-羟基-2,5-二甲基苯	Ⅱ

中文名称	卷序
1-羟基-3,5-二甲基苯	Ⅱ
1-羟基-2,3-二甲基苯	Ⅱ
β-(4′-羟基-3,5-二叔丁基苯基)丙酸十八碳醇酯	Ⅲ
2-羟基-4-(N,N-二正丁基)氨基-2′-羧基二苯甲酮	Ⅴ
羟基环己烷	Ⅰ
羟基环戊烷	Ⅱ
2-羟基-3-磺酸基丙基淀粉	Ⅰ
α-羟基己二醛	Ⅳ
3-羟基己炔	Ⅲ
2-羟基-2-甲基丙腈	Ⅰ
2-羟基-2-甲基丙酸乙酯	Ⅱ
1-羟基-5-(2-甲基丙氧基碳酰胺基)-N-(3-十二烷氧基丙基)-2-萘甲酰胺	Ⅳ
2-羟基-2-甲基-3-丁烯酸 2-甲基丙酯	Ⅳ
4-羟基-4-甲基-2-戊酮	Ⅱ
2-羟基-2-甲基戊烷	Ⅱ
2-羟基-4-甲硫基丁酸	Ⅳ
α-羟基聚(甲基-(3-(2,2,6,6-四甲基哌啶-4-基氧)丙基)硅氧烷)	Ⅴ
8-羟基喹啉铜	Ⅳ
2-羟基联苯	Ⅲ
2-羟基膦酰基乙酸	Ⅴ
4-羟基氯苯	Ⅱ
2-羟基-5-氯苯甲醛	Ⅳ
羟基氯化铵	Ⅳ
羟基氯化铝	Ⅰ
2-羟基萘	Ⅰ
4-羟基萘-1-磺酸苄基三丁基铵	Ⅴ
β-羟基萘甲酸	Ⅲ
3 羟基-4-((2,4,5-三甲基苯基)偶氮)-2,7-萘二磺酸二钠	Ⅴ
1-羟基-2-叔丁基苯	Ⅲ
3-羟基四氢呋喃	Ⅲ
5-羟基-2-戊酮	Ⅱ
2-羟基-5-硝基苯胺	Ⅲ
3-羟基-N-(3-硝基苯基)-2-萘甲酰胺	Ⅲ
羟基亚乙基二膦酸	Ⅰ
羟基亚乙基二膦酸四钠	Ⅰ
3-羟基-5-氧代-3-环己烯-1-羧酸乙酯	Ⅴ
羟基亚乙基二膦酸	Ⅰ
羟基乙硫醚	Ⅳ

中文名称	卷序
羟基乙酸	Ⅳ
2-(2-(2-羟基乙氧基)乙基)-2-氮杂-二环(2,2,1)庚烷	Ⅴ
2-羟基异丁酸乙酯	Ⅱ
3-羟基异己烷	Ⅲ
6-羟基吲哚	Ⅴ
2-羟基-正辛氧基二苯甲酮	Ⅲ
N-羟甲基丙烯酰胺	Ⅲ
羟甲基环丙烷	Ⅱ
5-羟甲基噻唑	Ⅴ
羟锈宁	Ⅲ
2-羟乙基苦氨酸	Ⅴ
羟乙基六氯均三嗪	Ⅴ
N-羟乙基吗啉	Ⅲ
羟乙基纤维素	Ⅰ
羟乙肼	Ⅳ
嗪草酮	Ⅲ
氢(液化的)	Ⅳ
氢	Ⅰ
氢碘酸	Ⅲ
氢氟酸	Ⅰ
氢过氧化-1,2,3,4-四氢化-1-萘	Ⅳ
氢化钡	Ⅲ
氢化二聚十二碳烯	Ⅴ
氢化钙	Ⅲ
氢化锆	Ⅲ
氢化钾	Ⅲ
氢化锂	Ⅲ
氢化铝	Ⅲ
氢化铝锂	Ⅲ
氢化铝钠	Ⅳ
氢化镁	Ⅱ
氢化钠	Ⅲ
氢化三聚十二碳烯	Ⅴ
氢化钛	Ⅲ
氢化羊毛脂聚氧乙烯醚	Ⅰ
氢醌	Ⅰ
氢醌苄基醚	Ⅳ
氢醌单甲醚	Ⅰ
氢醌二甲基醚	Ⅳ
氢硫化钠	Ⅱ
氢硫基乙烷	Ⅲ
氢氯酸	Ⅰ

中文名称	卷序
氢硼化钾	Ⅲ
氢硼化锂	Ⅲ
氢硼化铝	Ⅲ
氢气	Ⅰ
氢氰酸	Ⅰ
氢溴酸	Ⅰ
氢氧化钡	Ⅲ
氢氧化钙	Ⅲ
氢氧化镉	Ⅴ
氢氧化铬水合物	Ⅳ
氢氧化钾	Ⅰ
氢氧化锂	Ⅲ
氢氧化锂水合物	Ⅴ
氢氧化钠	Ⅰ
氢氧化镍	Ⅲ
氢氧化铍	Ⅲ
氢氧化铅	Ⅳ
氢氧化铷	Ⅲ
氢氧化铯	Ⅲ
氢氧化四丁基铵(40%水溶液)	Ⅲ
氢氧化四甲铵	Ⅲ
氢氧化四乙基铵	Ⅲ
氢氧化铜	Ⅲ
轻柴油	Ⅰ
轻芳烃	Ⅰ
轻汽油	Ⅰ
轻石脑油	Ⅰ
轻碳四	Ⅰ
轻质裂解焦油	Ⅰ
轻质重整液	Ⅰ
T108 清净剂	Ⅰ
氰	Ⅳ
氰氨化钙	Ⅲ
N-(4-(3-(4-氰苯基)脲基)-3-羟苯基)-2-(2,4-二叔戊基苯氧基)辛酰胺	Ⅴ
O-(4-氰苯基)-*O*-乙基苯基硫代膦酸酯	Ⅲ
3-(2-(4-(2-(4-氰苯基)乙烯基)苯基)乙烯基)苄腈	Ⅳ
氰草津	Ⅲ
氰氟草酯	Ⅳ
氰化钡	Ⅲ
氰化碘	Ⅲ
氰化钙	Ⅲ
氰化高汞	Ⅲ
氰化高铜	Ⅲ
氰化镉	Ⅴ
氰化汞	Ⅲ
氰化汞钾	Ⅲ
氰化钾	Ⅰ
氰化钾汞	Ⅲ
氰化金钾	Ⅳ
氰化氯	Ⅱ
氰化钠	Ⅰ
氰化镍	Ⅲ
氰化铅	Ⅲ
氰化氢	Ⅰ
氰化三氯甲烷	Ⅲ
氰化铜	Ⅲ
氰化铜钠	Ⅲ
氰化锌	Ⅲ
氰化溴	Ⅲ
氰化亚镍	Ⅲ
氰化亚铜	Ⅲ
氰化亚铜钾	Ⅲ
氰化亚铜钠	Ⅲ
氰化亚铜(三)钾	Ⅲ
氰化亚铜三钾	Ⅲ
氰化亚铜三钠	Ⅲ
氰化乙醇	Ⅳ
氰化异丁烷	Ⅲ
氰化银	Ⅲ
氰化银(Ⅰ)	Ⅳ
氰化银钾	Ⅲ
2-(1-氰环己基)醋酸乙酯	Ⅴ
氰基苯	Ⅰ
4-氰基苯甲酸	Ⅱ
α-氰基-3-苯氧苄基-3-(2-氯-3,3,3-三氟丙烯基)-2,2-二甲基环丙烷羧酸酯	Ⅱ
α-氰基-3-苯氧基苄基 3-(2,2-二氯乙烯基)-2,2-二甲基环丙烷羧酸酯	Ⅱ
α-氰基-3-苯氧基苄基-2,2-二氯-1-(4-乙氧基苯基)环丙烷甲酸酯	Ⅳ
α-氰基苯氧基苄基(1*R*,3*R*)-3-(2,2-二溴乙烯基)-2,2-二甲基环丙烷羧酸酯	Ⅱ

中文名称	卷序
(*RS*)-*α*-氰基-3-苯氧基苄基(*RS*)-2-(4-氯苯基)-3-甲基丁酸酯	Ⅲ
3-氰基吡啶	Ⅲ
2-氰基丙烯酸甲酯	Ⅳ
2-氰基-2-丙烯酸乙酯	Ⅴ
氰(基)醋酸	Ⅲ
3-氰基-*N*-(1,1-二甲基乙基)雄-3,5-二烯-17-β-甲酰胺	Ⅳ
4-((5-氰基-1,6-二氢-2-羟基-1,4-二甲基-6-氧代-3-吡啶基)偶氮)苯甲酸-2-苯氧基乙基酯	Ⅴ
N-氰基二烯丙基胺	Ⅱ
N-氰基二乙胺	Ⅱ
N-(4-(4-氰基-2-呋喃亚甲基-2,5-二氢-5-氧代-3-呋喃基)苯基)丁烷-1-磺酰胺	Ⅳ
氰基胍	Ⅲ
氰基甲酸甲酯	Ⅲ
氰基甲酸乙酯	Ⅲ
1-氰基萘	Ⅱ
3-氰基-3,5,5-三甲基环己酮	Ⅴ
2-氰基-4-硝基苯胺	Ⅳ
2-氰基-*N*-((乙胺基)羧基)-2-(甲氧亚胺基)乙酰胺	Ⅴ
氰(基)乙酸	Ⅲ
氰基乙酸丁酯	Ⅲ
氰基乙酸甲酯	Ⅲ
氰基乙酸钠	Ⅲ
氰基乙酸乙酯	Ⅲ
氰基乙烯	Ⅰ
氰基乙酰胺	Ⅲ
氰硫基乙酸乙酯	Ⅳ
氰尿酸	Ⅲ
氰尿酰氯	Ⅳ
氰脲酰胺	Ⅰ
氰酸钾	Ⅳ
氰酸钠	Ⅲ
S-氰戊菊酯	Ⅴ
氰戊菊酯	Ⅲ
氰亚金酸钾	Ⅳ
氰氧化汞	Ⅲ
2-氰乙基丙烯酸酯	Ⅲ
(4-(((2-氰乙基)硫代)甲基)-2-噻唑基)胍	Ⅴ
氰乙酸丁酯	Ⅲ
氰乙酸乙酯	Ⅲ
秋水仙素	Ⅴ
巯基苯	Ⅲ
巯基苯并噻唑	Ⅰ
β-巯基丙酸	Ⅳ
1-巯基丙烷	Ⅲ
2-巯基丙烷	Ⅳ
1-巯基己烷	Ⅱ
2-巯基甲苯	Ⅱ
4-巯基甲苯	Ⅱ
巯基甲烷	Ⅰ
5-巯基四唑并-1-乙酸	Ⅳ
巯基辛烷	Ⅲ
2-巯基乙醇	Ⅰ
β-巯基乙醇	Ⅰ
巯基乙酸	Ⅱ
巯基乙烷	Ⅲ
4-巯甲基-3,6-二硫杂-1,8-辛二硫醇	Ⅴ
巯乙胺	Ⅲ
去蜡油	Ⅰ
全氟丙酮	Ⅱ
全氟丙烷	Ⅱ
全氟丙烯	Ⅱ
全氟丁酸	Ⅲ
全氟-2-丁烯	Ⅱ
全氟甲基环己烷	Ⅰ
全氟乙烷	Ⅱ
全氟乙烯	Ⅰ
全氟异丁烯	Ⅱ
全氯代苯	Ⅲ
全氯-1,3-丁二烯	Ⅱ
全氯环戊二烯	Ⅱ
全氯甲硫醇	Ⅳ
全氯乙烷	Ⅰ
全氯乙烯	Ⅰ
全氰乙烯	Ⅲ
炔丙醇	Ⅰ
炔氧甲基季铵盐	Ⅰ

R

中文名称	卷序
燃料油	Ⅰ

中文名称	卷序
A 燃料油	Ⅰ
燃料渣油	Ⅰ
燃气轮机液体燃料	Ⅰ
壤虫磷	Ⅲ
SIS 热塑性弹性体	Ⅰ
SBS 热塑性弹性体	Ⅰ
人造芥子油	Ⅲ
壬胺	Ⅲ
1-壬醇	Ⅳ
壬二酸	Ⅳ
壬二酸二丁酯	Ⅳ
壬二酸二辛酯	Ⅲ
壬二酸二-2-乙基己酯	Ⅲ
壬二酸二乙酯	Ⅲ
6-(壬基氨基)-6-氧代-过氧己酸	Ⅳ
壬基苯酚	Ⅰ
壬基酚	Ⅰ
壬基酚聚氧乙烯醚	Ⅰ
壬基酚聚氧乙烯醚硫酸钠	Ⅰ
壬基三氯硅烷	Ⅲ
壬酸	Ⅳ
壬酸乙酯	Ⅳ
壬酮-5	Ⅲ
壬烷	Ⅰ
1-壬烯	Ⅰ
2-壬烯	Ⅱ
3-壬烯	Ⅱ
4-壬烯	Ⅱ
1 号溶剂	Ⅰ
溶剂橙 2	Ⅴ
溶剂黄	Ⅴ
C.I. 溶剂黄 3	Ⅱ
6 号溶剂油	Ⅰ
溶剂油(70、90、190、260 号)	Ⅰ
200 号溶剂油	Ⅰ
熔融树脂酸钙	Ⅲ
鞣酸	Ⅰ
肉豆蔻酸	Ⅰ
肉豆蔻酰氯	Ⅲ
铷	Ⅲ
乳百灵	Ⅰ
乳化剂 1231	Ⅰ
乳化剂 OP	Ⅰ
M-74 乳剂	Ⅳ
乳腈	Ⅲ
乳酸	Ⅱ
乳酸丁酯	Ⅲ
乳酸甲酯	Ⅲ
乳酸锑	Ⅲ
乳酸乙酯	Ⅲ
乳酸异丁酯	Ⅴ
乳酸正丁酯	Ⅴ
乳香油	Ⅲ
软化油	Ⅰ
软麻油	Ⅰ
软木酮	Ⅰ
软木烷	Ⅱ
软脂酸	Ⅰ
润滑剂 EBS	Ⅰ
润滑油	Ⅳ
润滑油基础油	Ⅰ
润滑脂	Ⅳ
S	
SAF	Ⅰ
噻虫啉	Ⅳ
噻二唑衍生物	Ⅰ
噻吩	Ⅱ
噻吩草胺	Ⅳ
噻吩磺隆	Ⅴ
(2-噻吩基甲基)丙二酸单乙酯	Ⅴ
噻氟隆	Ⅴ
噻菌灵	Ⅲ
噻螨酮	Ⅴ
噻嗪酮	Ⅳ
噻唑	Ⅲ
2-(噻唑-4-基)苯并咪唑	Ⅲ
噻唑磷	Ⅴ
赛果	Ⅲ
赛力散	Ⅰ
赛璐珞	Ⅳ
赛松	Ⅴ
三苯胺	Ⅴ
三苯基氟化锡	Ⅳ
三苯基甲基氯化鏻	Ⅴ
三苯基磷乙酸叔丁酯	Ⅴ
三苯(基)膦	Ⅲ

中文名称	卷序
三苯基氯硅烷	Ⅳ
三苯基氯化锡	Ⅳ
三苯基氢氧化锡	Ⅲ
三苯基锡氯乙酸盐	Ⅳ
三苯基乙酸锡	Ⅳ
N-三苯甲基吗啉	Ⅱ
4-三苯甲基吗啉	Ⅱ
三苯羟基锡	Ⅲ
三丙二醇	Ⅲ
三丙二醇单甲醚	Ⅲ
三丙基铝	Ⅲ
三丙基氯化锡	Ⅳ
三丙铝	Ⅲ
三丙酸甘油酯	Ⅲ
三(2-丙烯基)胺	Ⅳ
三草酸铁三钠	Ⅳ
三草酰铁酸三铵	Ⅳ
2,4,6-三(1-氮丙啶基)-1,3,5-三嗪	Ⅲ
三氮二苯	Ⅳ
三氮化银	Ⅲ
三氮杂十一亚甲基二胺	Ⅰ
三碘苯酚	Ⅲ
三碘醋酸	Ⅳ
三碘化砷	Ⅲ
三碘化锑	Ⅲ
三碘甲烷	Ⅲ
三碘乙酸	Ⅳ
三丁基氟化锡	Ⅲ
三丁基磷烷	Ⅲ
三丁基膦	Ⅲ
三丁基铝	Ⅳ
三丁基氯化锡	Ⅳ
三丁基硼	Ⅳ
三丁基氢氧化锡	Ⅳ
三丁基四癸基鏻四氟硼酸盐	Ⅴ
三丁基锡磺酸盐	Ⅳ
三丁基锡十二(月桂)酸盐	Ⅳ
三丁基氧化锡	Ⅰ
三丁基乙酸锡	Ⅳ
三丁氯苄鏻	Ⅴ
三丁酸甘油酯	Ⅲ
2,4,6-三((二甲氨基)甲基)苯酚	Ⅴ
2,3,4-三氟苯胺	Ⅴ
1,1,1-三氟-2-丙酮	Ⅲ
三氟丙酮	Ⅲ
三氟醋酸	Ⅲ
三氟醋酸酐	Ⅲ
三氟醋酸乙酯	Ⅲ
三氟碘甲烷	Ⅴ
三氟化氮	Ⅲ
三氟化铬	Ⅱ
三氟化磷	Ⅲ
三氟化铝	Ⅱ
三氟化氯	Ⅳ
三氟化硼	Ⅰ
三氟化硼醋酸酐	Ⅳ
三氟化硼酐	Ⅳ
三氟化硼甲醚络合物	Ⅳ
三氟化硼四氢呋喃	Ⅲ
三氟化硼四氢呋喃络和物	Ⅲ
三氟化硼乙胺	Ⅲ
三氟化硼乙醚	Ⅰ
三氟化硼乙醚络合物	Ⅰ
三氟化硼乙酸酐	Ⅳ
三氟化硼乙酸络合物	Ⅳ
三氟化砷(Ⅲ)	Ⅳ
三氟化砷	Ⅲ
三氟化锑	Ⅲ
三氟化溴	Ⅲ
三氟甲苯	Ⅳ
3-三氟甲苯基异氰酸酯	Ⅳ
3-三氟甲基苯胺	Ⅱ
2-(3-三氟甲基苯氧基)-3-(*N*-2,4-二氟苯基氨基羰基)吡啶	Ⅴ
三氟甲基碘	Ⅴ
三氟甲基氯苯	Ⅲ
三氟甲烷磺酸	Ⅳ
三氟-3-氯甲苯	Ⅲ
三氟-4-氯甲苯	Ⅲ
三氟氯甲烷	Ⅳ
1,1,1-三氟-2-氯乙烷	Ⅲ
三氟氯乙烯	Ⅳ
1,1,1-三氟-*N*-((三氟甲基磺酰基)甲磺酰胺)锂盐	Ⅳ
1,1,2-三氟-1,2,2-三氯乙烷	Ⅲ
3,4,5-三氟溴苯	Ⅴ

中文名称	卷序
三氟溴甲烷	Ⅳ
三氟溴氯乙烷	Ⅴ
三氟溴乙烯	Ⅲ
2,2,2-三氟乙醇	Ⅱ
三氟乙酸	Ⅲ
三氟乙酸酐	Ⅲ
三氟乙酸乙酯	Ⅲ
1,1,1-三氟乙烷	Ⅱ
三氟乙酰苯胺	Ⅲ
三氟乙酰氯	Ⅳ
α,α,α-三氟-3-异丙氧基-邻甲苯甲酰苯胺	Ⅴ
三甘醇	Ⅳ
三甘醇单甲醚	Ⅲ
三甘醇二丙烯酸酯	Ⅴ
三甘醇二甲醚	Ⅴ
三环己基氯化锡	Ⅴ
三环己基氢氧化锡	Ⅴ
三(环己基)-1,2,4-三唑-1-基锡	Ⅲ
三环锡	Ⅴ
三环唑	Ⅲ
O,*O*,*O*-三(2(或4)-(壬烷~癸烷)异烷基苯基)硫代磷酸酯	Ⅴ
((*N*-(3-三甲氨基丙基)氨磺酰)甲基磺基酞菁)铜钠盐	Ⅴ
三甲胺	Ⅰ
三甲胺(无水)	Ⅲ
三甲胺溶液	Ⅳ
三甲苯	Ⅴ
1,2,3-三甲苯	Ⅱ
1,2,4-三甲基苯	Ⅰ
1,3,5-三甲基苯	Ⅰ
2,4,5-三甲基苯胺	Ⅴ
β,β-3-三甲基苯丙醇	Ⅴ
α,α,γ-三甲基苯丁腈	Ⅴ
2,4,6-三甲基吡啶	Ⅲ
三(2-甲基氮丙啶)氧化磷	Ⅲ
三(2-甲基氮杂环丙烯)氧化磷	Ⅲ
2,2,3-三甲基丁烷	Ⅱ
2,4,6-三甲基二苯甲酮	Ⅴ
2,2,4-三甲基-1,2-二氢喹啉聚合物	Ⅰ
3,5,5-三甲基-2-环己烯-1-酮	Ⅳ
3,5,5-三甲基己醇	Ⅲ

中文名称	卷序
3,5,5-三甲基-1-己醇	Ⅳ
2,2,4-三甲基己烷	Ⅳ
2,2,5-三甲基己烷	Ⅰ
三甲基甲醇	Ⅰ
三甲基铝	Ⅳ
三甲基氯硅烷	Ⅲ
三甲基氯甲基硅烷	Ⅲ
三甲基氯乙酰	Ⅲ
三甲基硼	Ⅳ
2,3,5-三甲基氢醌	Ⅴ
2,6,8-三甲基-4-壬酮	Ⅲ
三甲基三氯化二铝	Ⅲ
6,6,10-三甲基双环-3,1,1-庚-2-烯	Ⅱ
2,2,4-三甲基-1,3-戊二醇	Ⅲ
4-(2,4,4-三甲基戊基碳酰氧)苯磺酸钠盐	Ⅴ
2,2,3-三甲基戊烷	Ⅰ
2,3,4-三甲基戊烷	Ⅰ
2,4,4-三甲基-1-戊烯	Ⅰ
2,4,4-三甲基-2-戊烯	Ⅳ
1,3,3-三甲基-2-氧杂二环(2,2,2)辛烷	Ⅱ
三甲基乙酸甲酯	Ⅱ
三甲基乙酰氯	Ⅲ
三甲基乙氧基硅烷	Ⅳ
三甲氧基丁烷	Ⅲ
三甲氧基环硼氧烷	Ⅲ
三甲氧基甲烷	Ⅲ
三甲氧基硼烷	Ⅳ
三甲氧基硼氧烷	Ⅲ
1,1,1-三甲氧基乙烷	Ⅱ
三碱式硫酸铅	Ⅳ
三聚丙烯	Ⅴ
三聚醋醛	Ⅲ
三聚甲醛	Ⅳ
三聚氰胺	Ⅰ
三聚氰胺甲醛树脂	Ⅴ
三聚氰酸	Ⅲ
三聚氰酸三烯丙酯	Ⅲ
三聚氰酰氯	Ⅳ
三聚乙醛	Ⅲ
三聚蚁醛	Ⅳ
三聚异丁烯	Ⅴ
三联苯	Ⅴ

中文名称	卷序
三硫代环庚二烯-3,4,6,7-四腈	Ⅳ
三硫代磷酸三丁酯	Ⅳ
三硫化二磷	Ⅳ
三硫化二锑	Ⅲ
三硫化磷	Ⅳ
三硫化四磷	Ⅳ
三硫化锑	Ⅲ
三硫化亚磷	Ⅳ
三硫磷	Ⅳ
1,2,3-三氯苯	Ⅳ
1,3,5-三氯苯	Ⅲ
1,2,4-三氯苯	Ⅲ
2,4,5-三氯苯胺	Ⅱ
2,4,6-三氯苯胺	Ⅱ
2,4,5-三氯苯酚	Ⅲ
2,4,6-三氯苯酚	Ⅲ
三氯(苯基)硅烷	Ⅱ
2,3,6-三氯苯甲酸	Ⅱ
2-(2,4,5-三氯苯氧基)丙酸	Ⅱ
2,4,5-三氯苯氧乙酸	Ⅱ
2,3,5-三氯吡啶	Ⅴ
((3,5,6-三氯-2-吡啶)氧基)乙酸	Ⅲ
三氯吡氧乙酸	Ⅲ
三氯丙基硅烷	Ⅳ
1,2,3-三氯丙烷	Ⅰ
三氯醋酸	Ⅲ
三氯醋酸甲酯	Ⅲ
三氯丁基硅烷	Ⅳ
2,3,4-三氯-1-丁烯	Ⅴ
三氯(二氯苯基)硅烷	Ⅱ
1,1,1-三氯-1-(3,4-二氯苯基)乙酸乙酯	Ⅲ
1,2,4-三氯-3,5-二硝基苯	Ⅱ
2,4,6-三氯酚	Ⅲ
2,4,5-三氯酚	Ⅲ
三氯硅烷	Ⅲ
三氯化苄	Ⅰ
三氯化氮	Ⅳ
三氯化碘	Ⅲ
三氯化钒	Ⅲ
三氯化铬	Ⅰ
三氯化铑	Ⅲ
三氯化钌	Ⅲ
三氯化磷	Ⅰ
三氯化铝	Ⅰ
三氯化铝	Ⅰ
三氯化铝六水合物	Ⅴ
三氯化萘	Ⅴ
三氯化钕	Ⅲ
三氯化硼	Ⅲ
三氯化三甲基二铝	Ⅲ
三氯化三甲基(二)铝	Ⅲ
三氯化砷	Ⅲ
三氯化铈	Ⅰ
三氯化钛	Ⅰ
三氯化锑	Ⅲ
三氯化铁	Ⅴ
三氯环已基硅烷	Ⅱ
三氯-3-环已烯基-1-硅烷	Ⅱ
三氯(已基)硅烷	Ⅱ
α,α,α-三氯甲苯(98-07-7)	Ⅰ
三氯甲基吡啶	Ⅴ
三氯甲基硅烷	Ⅱ
三氯甲基氰	Ⅲ
N-三氯甲硫基苯邻二甲酰亚胺	Ⅲ
N-三氯甲硫基-1,2,3,6-四氢苯邻二甲酰亚胺	Ⅲ
三氯甲烷	Ⅰ
三氯硫磷	Ⅱ
三氯硫氯甲烷	Ⅳ
三氯(氯苯基)硅烷	Ⅱ
1,2,4-三氯-5-((4-氯苯基)磺酰)苯	Ⅳ
三氯三氟丙酮	Ⅱ
1,1,3-三氯-1,3,3-三氟丙酮	Ⅱ
1,3,5-三氯-2,4,6-三氟化苯	Ⅲ
1,3,5-三氯三氟化苯	Ⅲ
1,1,2-三氯三氟乙烷	Ⅲ
三氯三氟乙烷	Ⅳ
2,4,6-三氯-1,3,5-三嗪	Ⅳ
三氯杀虫酯	Ⅲ
三氯杀螨醇	Ⅲ
三氯杀螨砜	Ⅳ
三氯十八烷基硅烷	Ⅲ
三氯十二烷基硅烷	Ⅲ
1,1,1-三氯-2,2-双(对甲氧苯基)乙烷	Ⅳ
1,1,1-三氯-2,2-双(4-甲氧苯基)乙烷	Ⅴ

中文名称	卷序
2,2,2-三氯-1,1-双(4-氯苯基)乙醇	Ⅲ
1,1,1-三氯-2,2-双(*p*-氯苯基)乙烷	Ⅱ
三氯烯丹	Ⅲ
三氯硝基甲烷	Ⅲ
三氯硝基乙烯	Ⅳ
三氯辛基硅烷	Ⅲ
1,2-*O*-(2,2,2-三氯亚乙基)-*α*-D-呋喃葡萄糖	Ⅱ
三氯氧钒	Ⅲ
三氯氧化钒	Ⅲ
三氯氧化磷	Ⅲ
三氯氧磷	Ⅲ
三氯一氟甲烷	Ⅳ
三氯一氧化钒	Ⅲ
三氯乙基硅烷	Ⅲ
三氯乙腈	Ⅲ
三氯乙醛(无水的,抑制了的)	Ⅲ
三氯乙酸	Ⅲ
三氯乙酸甲酯	Ⅲ
三氯乙酸钠	Ⅴ
1,1,1-三氯乙烷	Ⅰ
1,1,2-三氯乙烷	Ⅰ
三氯乙烯	Ⅰ
三氯乙烯硅烷	Ⅲ
三氯乙酰氯	Ⅲ
三氯异氰尿酸	Ⅰ
1,3,5-三羟基苯	Ⅱ
1,1,1-三(4-羟基苯基)乙烷	Ⅴ
3,4,5-三羟基苯甲酸十二酯	Ⅴ
3,4,5-三羟基苯甲酸辛酯	Ⅴ
3,4,5-三羟基苯甲酸正丙酯	Ⅴ
三羟基聚氧化丙烯醚	Ⅰ
1,1,1-三羟甲基丙烷	Ⅲ
三(羟甲基)硝基甲烷	Ⅳ
三(羟乙基)胺	Ⅰ
1,3,5-三(2-羟乙基)-*S*-六氢三嗪	Ⅴ
三氢化铝	Ⅲ
三氢化锑	Ⅴ
三赛昂	Ⅳ
三缩四乙二醇	Ⅰ
三碳化四铝	Ⅲ
三烷基硼烷	Ⅴ
三西	Ⅱ
三烯丙胺	Ⅳ
三烯丙基胺	Ⅳ
三烯丙基硼酸酯	Ⅲ
2,4,6-三(烯丙氧基)均三嗪	Ⅲ
三硝基安息香酸	Ⅲ
1,3,5-三硝基苯(干的或含水<30%)	Ⅱ
2,4,6-三硝基苯胺	Ⅱ
2,4,6-三硝基苯酚(干的或含水<30%)	Ⅰ
2,4,6-三硝基苯酚铵(含水<10%)	Ⅱ
2,4,6-三硝基苯酚钠	Ⅳ
三硝基苯磺酸	Ⅳ
2,4,6-三硝基苯磺酸钠	Ⅳ
2,4,6-三硝基苯甲醚	Ⅱ
三硝基苯甲酸(含水≥30%)	Ⅲ
2,4,6-三硝基苯甲酸	Ⅲ
2,4,6-三硝基苯甲酸(含水≥30%)	Ⅲ
2,4,6-三硝基苯甲硝胺	Ⅱ
三硝基苯乙醚	Ⅳ
2,4,6-三硝基甲苯(干的或含水<30%)	Ⅱ
2,4,6-三硝基间苯二酚	Ⅱ
三硝基间苯二酚铅	Ⅳ
2,4,6-三硝基间苯二酚铅	Ⅳ
2,4,6-三硝基间二甲苯	Ⅴ
2,4,6-三硝基间甲酚	Ⅲ
2,4,6-三硝基氯(化)苯	Ⅱ
三硝基萘	Ⅳ
2,4,7-三硝基芴酮	Ⅲ
三辛基锡烷	Ⅴ
2,4,6-三溴苯胺	Ⅱ
2,4,6-三溴苯酚	Ⅲ
三溴醋酸	Ⅲ
2,4,6-三溴酚	Ⅲ
三溴化碘	Ⅳ
三溴化磷	Ⅲ
三溴化铝(无水)	Ⅲ
三溴化硼	Ⅲ
三溴化三甲基(二)铝	Ⅲ
三溴化三甲基二铝	Ⅲ
三溴化三甲基铝	Ⅲ
三溴化砷	Ⅲ
三溴化锑	Ⅲ
三溴甲烷	Ⅲ
三溴氧(化)磷	Ⅲ

中文名称	卷序
三溴乙醛	Ⅲ
三溴乙酸	Ⅲ
三溴乙烯	Ⅲ
三亚甲基	Ⅰ
三亚甲基氯醇	Ⅱ
三亚乙基蜜胺	Ⅲ
三盐基硫酸铅	Ⅳ
三氧化二氮	Ⅲ
三氧化二钒	Ⅲ
三氧化二铬	Ⅳ
三氧化二钴	Ⅲ
三氧化二磷	Ⅲ
三氧化二镍	Ⅳ
三氧化二硼	Ⅴ
三氧化二铅	Ⅳ
三氧化二砷	Ⅰ
三氧化二铊	Ⅲ
三氧化二铁	Ⅴ
三氧化二铟	Ⅲ
三氧化钒	Ⅲ
三氧化铬(无水)	Ⅲ
三氧化磷	Ⅲ
三氧化硫	Ⅰ
三氧化钼	Ⅳ
三氧化铊	Ⅲ
三氧化锑	Ⅳ
三氧化钨	Ⅲ
三氧化硒	Ⅲ
三氧杂环己烷	Ⅳ
三氧杂十一烷-1,11-二醇	Ⅰ
三乙胺	Ⅲ
三乙醇铵-2,4-二硝基-6-(1-甲基丙基)酚盐	Ⅳ
三乙醇胺	Ⅰ
三乙醇胺钛酸异丙酯	Ⅰ
三乙醇胺油酸皂	Ⅰ
三乙二醇	Ⅳ
三乙二醇丁基醚	Ⅲ
三乙二醇甲醚	Ⅲ
三乙二醇乙醚	Ⅲ
三乙基铝	Ⅰ
三乙基氯化锡	Ⅳ
三乙基硼	Ⅲ
三乙基锑	Ⅲ
三乙磷酸酯	Ⅲ
三乙四胺六乙酸	Ⅲ
三乙酸甘油酯	Ⅲ
三乙酸基氨	Ⅳ
三乙酸锑	Ⅳ
三乙烯四胺	Ⅰ
三乙氧基丙烷	Ⅳ
1,1,3-三乙氧基丙烷	Ⅲ
1,3,3-三乙氧基丙烷	Ⅲ
1,1,1-三乙氧基丙烷	Ⅳ
1,1,3-三乙氧基己烷	Ⅳ
3-三乙氧基甲硅烷基-1-丙胺	Ⅴ
三乙氧基甲基硅烷	Ⅳ
三乙氧基甲烷	Ⅲ
三乙氧基硼烷	Ⅳ
三乙氧基乙基硅烷	Ⅳ
三乙氧基乙烯硅烷	Ⅳ
三乙氧基异丁基硅烷	Ⅴ
三异丙醇胺	Ⅲ
三(异丙烯氧)基苯基硅烷	Ⅴ
三异丁基铝	Ⅰ
三异丁酸甘油酯	Ⅳ
三油酸清凉醇酯	Ⅰ
三油酰基钛酸异丙酯	Ⅰ
三正丙胺	Ⅲ
三(正)丁胺	Ⅲ
1,2,4-三唑	Ⅴ
1H-1,2,4-三唑-3-胺	Ⅱ
三唑苯噻	Ⅲ
三唑醇	Ⅲ
三唑二甲酮	Ⅲ
三唑环锡	Ⅲ
三唑磷	Ⅲ
三唑磷胺	Ⅲ
三唑硫磷	Ⅲ
三唑酮	Ⅲ
三唑锡	Ⅲ
色酚 AS-BS	Ⅲ
铯	Ⅲ
杀草强	Ⅱ
杀虫环	Ⅳ
杀虫磺	Ⅴ

中文名称	卷序
杀虫净	Ⅳ
杀虫灵	Ⅳ
杀虫脒(含量>50%)	Ⅲ
杀虫威	Ⅴ
杀虫畏	Ⅲ
杀菌剂 1227	Ⅰ
杀螺胺	Ⅱ
杀螺吗啉	Ⅱ
杀螨醇	Ⅲ
杀螨砜	Ⅲ
杀螨醚	Ⅲ
杀螨脒	Ⅲ
杀螨特	Ⅲ
杀灭菊酯	Ⅲ
杀螟丹	Ⅲ
杀螟腈	Ⅲ
杀螟菊酯	Ⅳ
杀螟磷	Ⅲ
杀螟硫磷	Ⅲ
杀螟松	Ⅲ
杀扑磷	Ⅴ
杀虱多	Ⅳ
杀鼠醚	Ⅲ
杀线威	Ⅲ
杀藻氰	Ⅲ
刹车油	Ⅰ
山梨醇酐单月桂酸酯	Ⅰ
山梨糖醇酐单油酸酯	Ⅰ
山梨糖醇酐三油酸酯	Ⅰ
山梨糖醇酐油酸酯聚氧乙烯醚	Ⅰ
山奈	Ⅰ
山奈钾	Ⅰ
山奈钠	Ⅰ
山萮酸酰胺基丙基-二甲基-(二羟丙基)氯化铵	Ⅴ
商品渣油	Ⅰ
烧碱	Ⅰ
麝香草酚	Ⅴ
砷	Ⅰ
砷化氢	Ⅲ
砷酸	Ⅲ
砷酸铵	Ⅲ
砷酸二铵	Ⅲ
砷酸二钠	Ⅲ
砷酸钙	Ⅲ
砷(酸)酐	Ⅲ
砷酸汞	Ⅲ
砷酸镁	Ⅲ
砷酸钠(一氢)	Ⅲ
砷酸铅	Ⅲ
砷酸氢二铵	Ⅲ
砷酸氢汞	Ⅲ
砷酸氢铅	Ⅴ
砷酸三钙	Ⅲ
砷酸三乙酯	Ⅴ
砷酸铁	Ⅲ
砷酸铜	Ⅳ
砷酸锌	Ⅲ
砷烷	Ⅲ
胂	Ⅲ
渗透剂 BX	Ⅰ
升汞	Ⅰ
生石灰	Ⅲ
生物苄呋菊酯	Ⅴ
尸胺	Ⅱ
失水苹果酸酐	Ⅰ
十八胺	Ⅰ
十八醇	Ⅰ
十八酸钙	Ⅰ
十八酸镉盐	Ⅳ
十八酸铝	Ⅰ
十八酸镁	Ⅴ
十八酸钠	Ⅴ
十八酸铅	Ⅰ
十八酸锌	Ⅳ
十八酸乙酯	Ⅳ
十八碳二烯酸	Ⅳ
十八碳二烯酸二聚体	Ⅰ
十八烷	Ⅳ
十八烷基胺	Ⅰ
十八烷基二甲苯磺酸钙	Ⅴ
十八烷基二甲基苄基氯化铵	Ⅰ
十八烷基三氯硅烷	Ⅲ
十八烷基异氰酸酯	Ⅳ
十八(烷基)异氰酸酯	Ⅳ
十八烷腈	Ⅲ

中文名称	卷序
十八(烷)酸	Ⅰ
十八烷酰氯	Ⅳ
十八(烷)酰氯	Ⅳ
十八烯	Ⅲ
十八烯酸	Ⅰ
9-十八烯酸丁酯	Ⅰ
十八烯酸甲氧基乙酯	Ⅳ
(*Z*)-9-十八烯酸-2-羟基乙基酯	Ⅰ
十八酰胺	Ⅳ
十八酰氯	Ⅳ
十二醇	Ⅲ
十二醇硫酸钠	Ⅰ
十二环吗啉	Ⅴ
十二硫醇	Ⅲ
十二氯代八氢-1,3,4-亚甲基-1H-环丁并(c,d)双茂	Ⅲ
十二水合硫酸铬钾	Ⅰ
十二酸单甘油酯	Ⅰ
十二碳烷	Ⅲ
十二碳烯	Ⅲ
十二碳酰胺	Ⅳ
十二烷	Ⅲ
1,12-十二烷二醇	Ⅲ
十二烷二元醇	Ⅲ
十二烷基苯磺酸	Ⅳ
十二烷基苯磺酸铵	Ⅰ
十二烷基苯磺酸钙	Ⅰ
十二烷基苯磺酸钠	Ⅰ
1-十二烷基-2-吡咯烷酮	Ⅴ
N-十二烷基吡咯烷酮	Ⅴ
十二烷基醇硫酸钠	Ⅰ
十二烷基二甲基苄基氯化铵	Ⅰ
十二烷基二甲基苄基溴化铵	Ⅰ
N-十二烷基-*N*,*N*-二甲基苄基溴化铵	Ⅰ
十二烷基二甲基氧化胺	Ⅳ
十二烷基硫醇	Ⅲ
十二烷基三甲基氯化铵	Ⅰ
十二烷基三氯硅烷	Ⅲ
十二烷基甜菜碱	Ⅰ
3-十二烷基-1-(1,2,2,6,6-五甲基-4-哌啶基)-2,5-吡咯烷二酮	Ⅳ
十二(烷)酸	Ⅰ
十二烷酸乙酯	Ⅳ
十二烷酰氯	Ⅳ
十二(烷)酰氯	Ⅳ
1-十二烯	Ⅲ
十二烯基丁二酸	Ⅰ
十二酰甲胺乙酸钠	Ⅰ
十氟化二硫	Ⅲ
十九烷	Ⅲ
十六醇	Ⅰ
十六酸	Ⅰ
十六烷	Ⅲ
N-十六烷基(或十八烷基)-*N*-十六烷基(或十八烷基)苯甲酰胺	Ⅴ
十六烷基氯化吡啶	Ⅰ
十六烷基三甲基氯化铵	Ⅰ
十六烷基三甲基溴化铵	Ⅰ
十六烷基三氯硅烷	Ⅲ
十六烷酸乙酯	Ⅳ
N-(3-十六烷氧基-2-羟丙基)-*N*-(2-羟乙基)棕榈酸酰胺	Ⅳ
十六烯	Ⅲ
1-十六烯	Ⅲ
十硼氢	Ⅲ
十硼烷	Ⅲ
十七烯基咪唑啉	Ⅰ
十氢化萘	Ⅲ
十氢萘	Ⅲ
十三吗啉	Ⅲ
十三烷	Ⅲ
十三烷基苯磺酸	Ⅳ
十三烷基苯磺酸钠	Ⅳ
4-十三烷基-2,6-二甲基吗啉	Ⅲ
十水四硼酸钠	Ⅰ
十四酸	Ⅰ
十四烷	Ⅲ
十四烷基苯磺酸	Ⅳ
十四烷基苯磺酸钠	Ⅳ
十四烷基二甲基苄基氯化铵	Ⅰ
十四烷酰氯	Ⅲ
十烷基苯磺酸	Ⅳ
十烷基苯磺酸钠	Ⅴ
十五代氟辛酸铵	Ⅴ
十溴二苯醚	Ⅳ
十一胺	Ⅲ

中文名称	卷序
十一氟(三氟甲基)环己烷	Ⅰ
十一酸	Ⅲ
十一碳烷	Ⅲ
十一烷	Ⅲ
十一烷基苯磺酸	Ⅴ
十一烷基苯磺酸铵	Ⅴ
十一烷基苯磺酸钠	Ⅳ
石灰氮	Ⅲ
石蜡	Ⅰ
石蜡油	Ⅰ
石脑油	Ⅰ
石炭酸	Ⅰ
石油	Ⅰ
石油苯	Ⅰ
石油苯磺酸钠	Ⅰ
石油磺酸钡	Ⅰ
石油磺酸钙	Ⅰ
石油磺酸钠	Ⅰ
石油混合二甲苯	Ⅰ
石油甲苯	Ⅰ
石油焦	Ⅰ
石油焦油	Ⅳ
石油脚子油	Ⅳ
石油精	Ⅰ
石油裂解气	Ⅲ
石油醚	Ⅰ
石油汽油	Ⅴ
石油石脑油	Ⅴ
石油疏松石蜡	Ⅳ
石油酸	Ⅰ
石油酸铅	Ⅰ
石油脂型防锈油	Ⅰ
士的宁	Ⅰ
铈(浸在煤油中的)	Ⅳ
收敛酸	Ⅱ
收敛酸铅	Ⅳ
叔丁胺	Ⅰ
叔丁苯	Ⅳ
叔丁醇	Ⅰ
叔丁基苯	Ⅳ
N-叔丁基-2-苯并噻唑次磺酰胺	Ⅰ
N-叔丁基-*N*-(2-苯并噻唑磺基)-2-苯并噻唑次磺酰亚胺	Ⅴ

中文名称	卷序
N-叔丁基-2-苯并噻唑亚磺酰胺	Ⅳ
2-叔丁基苯酚	Ⅲ
4-叔丁基苯酚	Ⅰ
O-3-叔丁基苯基-*N*-(6-甲氧基-2-吡啶基)-*N*-甲基硫代氨基甲酸酯	Ⅳ
2-(4-叔丁基苯基)乙醇	Ⅴ
4-((4-叔丁基苯基)乙氧基)喹唑啉	Ⅴ
N-(4-叔丁基苄基)-4-氯-3-乙基-1-甲基吡唑-5-甲酰胺	Ⅳ
叔丁基碘	Ⅲ
2-叔丁基对甲酚	Ⅰ
叔丁基-4-((((1,3-二甲基-5-苯氧基-4-吡唑基)亚甲基)氨基氧)甲基)苯甲酸酯	Ⅳ
5-叔丁基-3-(2,4-二氯-5-异丙氧苯基)-1,3,4-噁二唑-2(3H)-酮	Ⅴ
1-叔丁基-3-(2,6-二异丙基-4-苯氧基苯基)硫脲	Ⅳ
叔丁基过苯二甲酸	Ⅲ
叔丁基过苯甲酸酯	Ⅰ
叔丁基过氧化氢	Ⅴ
叔丁基过氧化-2-乙基己酸酯	Ⅰ
叔丁基环己烷	Ⅲ
N-(叔丁基)-3-甲基吡啶-2-酰胺	Ⅳ
叔丁基甲醚	Ⅰ
叔丁基硫醇	Ⅲ
叔丁基氯	Ⅱ
3-(3-叔丁基-4-羟苯基)丙酸	Ⅴ
1-(5-叔丁基-1,3,4,-噻二唑-2-基)-1,3-二甲基脲	Ⅴ
叔丁基三氯硅烷	Ⅳ
叔丁基胂	Ⅴ
(*S*)-*N*-叔丁基-1,2,3,4-四氢异喹啉-3-甲酰胺	Ⅳ
N-叔丁基-*N*-(4-乙基苯甲酰基)-3,5-二甲基苯甲酰肼	Ⅳ
叔丁基异氰酸酯	Ⅳ
叔丁硫醇	Ⅲ
2-叔丁亚氨基-3-异丙基-5-苯基-4H-1,3,5-噻二嗪-4-酮	Ⅳ
1-叔丁氧基-2-丙醇	Ⅴ
叔戊醇	Ⅲ
N-叔戊基-2-苯并噻唑亚磺酰胺	Ⅴ

中文名称	卷序
叔戊基氯	Ⅱ
叔戊硫醇	Ⅱ
叔辛胺	Ⅳ
疏松石蜡	Ⅳ
蔬果磷	Ⅴ
熟石灰	Ⅲ
鼠克星	Ⅲ
鼠立死	Ⅴ
鼠特灵	Ⅲ
鼠完	Ⅲ
薯瘟锡	Ⅳ
AS 树脂	Ⅰ
SAN 树脂	Ⅰ
ABS 树脂	Ⅰ
EVA 树脂	Ⅰ
树脂酸钙	Ⅲ
树脂酸钴	Ⅲ
树脂酸铝	Ⅳ
树脂酸锰	Ⅳ
树脂酸锌	Ⅳ
树脂酸亚钴	Ⅲ
双苯汞亚甲基二萘磺酸酯	Ⅲ
双苯酰草胺	Ⅱ
双丙甘醇	Ⅰ
双丙酮醇	Ⅱ
双(*N*,*N*-二丁基二硫代胺基)镍	Ⅲ
双(2-二甲氨基乙基)二硫化物二盐酸盐	Ⅴ
双(二甲胺基)磷酰氟	Ⅱ
双(2-二甲基氨基乙基)醚(双二甲胺乙基醚)	Ⅴ
1,2-双(二甲基氨基)乙烷	Ⅲ
双(二甲基二硫代氨基甲酸)锌	Ⅱ
双(二甲基硫代氨基甲酰硫基)甲基胂	Ⅱ
4,4′-双(*O*,*O*-二甲基硫代磷酰氧基)苯硫醚	Ⅲ
3,5-双((3,5-二叔丁基-4-羟基)苄基)-2,4,6-三甲基苯酚	Ⅴ
N,*N*-双(*O*,*O*-二烷基二硫代磷酸-5-亚甲基)十八胺	Ⅰ
4-(双(4-(二乙氨基)苯基)甲基)苯-1,2-二甲磺酸	Ⅴ
双酚 A	Ⅲ
双酚 A 双(二苯基磷酸酯)	Ⅲ
双(4-氟苯基)-甲基-(1,2,4-三唑-4-基甲基)硅烷	Ⅴ
双氟磺草胺	Ⅴ
双胍辛胺	Ⅲ
双光气	Ⅱ
双癸基二甲基氯化铵	Ⅰ
2,2-双(过氧化叔丁基)丁烷	Ⅲ
1,1-双(过氧化叔丁基)环己烷	Ⅰ
双环戊二烯	Ⅰ
双环戊二烯基铁	Ⅰ
双(2,3-环氧丙基)醚(二环氧甘油醚)	Ⅴ
双环氧乙烷	Ⅳ
双-2,5-己烷	Ⅲ
1,2-双(3-甲基苯氧基)乙烷	Ⅴ
双甲基丙烯酸乙二醇酯	Ⅲ
1,4-双甲基磺氧基丁烷	Ⅲ
O,*O*-双(1-甲基乙基)-*S*-(苯基甲基)硫代磷酸酯	Ⅲ
双甲脒	Ⅴ
双硫磷	Ⅲ
双硫腙	Ⅲ
3,6-双(2-氯苯基)-1,2,4,5-四嗪	Ⅳ
1,1-双(4-氯苯基)乙醇	Ⅲ
双(4-氯丁基)醚	Ⅱ
双氯酚	Ⅰ
双(2-氯-1-甲基乙基)醚	Ⅰ
双(2-(5-氯-4-硝基-2-氧苯偶氮基)-5-磺基-1-萘酚基)铬酸三钠	Ⅳ
双(2-氯乙基)胺盐酸盐	Ⅲ
双(2-氯乙基)甲胺	Ⅲ
双(氯乙基)甲胺	Ⅲ
双(2-氯乙基)醚	Ⅰ
双茂	Ⅰ
2,2-双(4′-羟基苯基)丙烷	Ⅲ
2,2-双(羟甲基)丁酸	Ⅴ
双(氢化牛油烷基)二甲基氯化铵	Ⅳ
双氰胺	Ⅲ
1,1-双(4-氰氧苯基)乙烷	Ⅴ
双(*β*-氰乙基)胺	Ⅲ
双(氰乙基)胺	Ⅲ
双(2-氰乙基)醚	Ⅱ
双乳酸双异丙基钛酸铵	Ⅰ
双(三丁基锡)-2,3-二溴丁二酸盐	Ⅳ

中文名称	卷序
双(三丁基锡)反丁烯二酸盐	Ⅳ
双(三丁基锡)邻苯二甲酸盐	Ⅳ
双(三丁基锡)顺丁烯二酸盐	Ⅳ
双三丁基氧化锡	Ⅰ
双(3,5,5-三甲基己酰)过氧化物	Ⅰ
双(3,5,6-三氯-2-羟基苯)甲烷	Ⅲ
双三乙醇胺双异丙基钛酸酯	Ⅰ
双十八烷基二甲基氯化铵	Ⅰ
双(4-十二基苯基)碘鎓(OC-6-11)-六氟锑酸盐	Ⅴ
双十二烷基二甲基氯化铵	Ⅰ
N,*N*′-双十六基-*N*,*N*′-二(2-羟乙基)丙二酰胺	Ⅳ
双叔丁基	Ⅱ
α,α′-双(叔丁基过氧基)二异丙苯	Ⅰ
双叔丁基过氧异丙基苯	Ⅰ
1,4(或1,3-)-双叔丁基过氧异丙基苯	Ⅰ
N,*N*'-双(2,2,6,6-四甲基-4-哌啶基)-1,3-苯二甲酰胺	Ⅳ
双(2,2,6,6-四甲基-4-哌啶基)丁二酸酯	Ⅳ
双(3-羧基-4-羟基苯磺酸)肼	Ⅴ
N,*N*-双(羧甲基)-β-氨基丙酸三钠盐	Ⅳ
N,*N*-(双(羧甲基)-3-氨基)-2-羟基丙酸三钠盐	Ⅴ
双戊烯	Ⅲ
双烯基丁二酰亚胺	Ⅰ
1,3-双((4-硝基苯基)氨基)脲	Ⅱ
双辛基二甲基氯化铵	Ⅰ
2,2-双(4-溴苯基)-2-羟基乙酸异丙酯	Ⅲ
双氧水	Ⅰ
双乙磺酰丙烷	Ⅳ
3,4-双乙酸基-1-丁烯	Ⅴ
1,3-双(乙烯基磺酰基乙酰氨基)丙烷	Ⅳ
双乙烯酮	Ⅱ
1,4-双(2-(乙烯氧基)乙氧基)苯	Ⅴ
双乙酰	Ⅱ
双异丁烯	Ⅰ
2,5-双-异氰酸根甲基-二环(2,2,1)庚烷	Ⅴ
霜脲氰	Ⅴ
水玻璃	Ⅰ
水合α-氨基乙酰基-L-精氨酸	Ⅲ
水合肼	Ⅰ
水合联氨	Ⅰ
水合氯醛	Ⅴ
水合氧化铬	Ⅳ
水解聚丙烯腈铵盐	Ⅰ
水解聚丙烯腈钾铵盐	Ⅰ
水解聚丙烯腈钾盐	Ⅰ
水解聚丙烯腈钠盐	Ⅰ
水解聚马来酸酐	Ⅰ
水煤气	Ⅰ
水芹醛	Ⅰ
次氯酸锂	Ⅳ
水杨醛	Ⅲ
水杨酸	Ⅳ
水杨酸甲酯	Ⅲ
水杨酸钠	Ⅲ
水杨酸异戊酯	Ⅲ
水杨酰胺	Ⅳ
水-乙二醇液压油	Ⅰ
水银	Ⅰ
顺丁胶	Ⅰ
顺-2-丁烯	Ⅰ
顺丁烯二酸	Ⅳ
顺丁烯二酸二丙酯	Ⅲ
顺丁烯二酸二丁基锡	Ⅲ
顺丁烯二酸二丁酯	Ⅲ
顺丁烯二酸二己酯	Ⅲ
顺丁烯二酸二烯丙酯	Ⅲ
顺丁烯二酸二仲辛酯磺酸钠	Ⅰ
顺丁烯二酸酐	Ⅰ
顺丁烯二酰肼	Ⅲ
顺丁橡胶	Ⅰ
顺二十碳-11-烯酸	Ⅰ
顺酐	Ⅰ
顺式-1-苯甲酰-4-((4-甲磺酰基)氧)-L-脯氨酸	Ⅴ
顺式1,4-聚丁二烯	Ⅰ
顺式-1,4-聚丁二烯橡胶	Ⅰ
顺式1,4-聚异戊二烯	Ⅰ
顺式-1-(3-氯丙基)-2,6-二甲基哌啶盐酸盐	Ⅴ
顺式氯氰菊酯	Ⅴ
顺式氰戊菊酯	Ⅴ

中文名称	卷序
顺式-9-十八(碳)烯酸	Ⅰ
斯盘 20	Ⅰ
斯盘 80	Ⅰ
斯盘 85	Ⅰ
锶	Ⅲ
1,4,5,8-四氨基蒽醌	Ⅴ
四氨硝酸镍	Ⅳ
四苯基锡	Ⅲ
四苯锡	Ⅲ
四碘化锡	Ⅲ
1,1,3,3-四丁基-1,3-二锡氧基二辛酸酯	Ⅴ
四丁基锡	Ⅲ
四丁锡	Ⅲ
1,4,7,10-四(对甲苯磺酰基)-1,4,7,10-四氮杂环十二烷	Ⅴ
2,3,5,6-四氟苯甲酸	Ⅳ
四氟苯菊酯	Ⅳ
四氟丙醇	Ⅲ
四氟(代)肼	Ⅳ
四氟化硅	Ⅲ
四氟化硫	Ⅳ
四氟化碳	Ⅲ
2,3,5,6-四氟-4-甲基苄基-(*Z*)-3-(2-氯-3,3,3-三氟-1-丙烯基)-2,2-二甲基环丙烷甲酸酯	Ⅳ
四氟甲烷	Ⅲ
四氟醚唑	Ⅴ
四氟硼酸锂	Ⅳ
四氟硼酸钠	Ⅳ
四氟乙烯	Ⅰ
四甘醇	Ⅰ
P,*P*,*P*′,*P*′-四(*O*-甲氧基苯基)丙烷-1,3-二膦	Ⅴ
四环己基锡	Ⅴ
1,2,4,5-四甲苯	Ⅱ
四甲基丁二腈	Ⅴ
1,1,3,3-四甲基丁基过氧化氢(工业纯)	Ⅳ
2,2,3,3-四甲基丁烷	Ⅱ
四甲基硅	Ⅲ
四甲基硅烷	Ⅲ
四甲基(甲)酮连氮	Ⅰ
2,2’-((3,3′5,5′-四甲基(1,1′-联苯基)-4,4′-二基)二氧亚甲基))联(二)环氧乙烷	Ⅴ

中文名称	卷序
3,3,5,5-四甲基联苯双酚二缩水甘油醚	Ⅴ
四甲基邻苯二甲酸氢铵	Ⅳ
四甲基铅	Ⅳ
N,*N*,*N*,*N*-四甲基-4,4′-双氨基双环己基甲烷	Ⅴ
(1,1,4,4-四甲基四亚甲基)二(叔丁基)过氧化物	Ⅲ
2,4,6,8-四甲基-1,3,5,7-四氧杂环辛烷	Ⅲ
四甲基锡	Ⅲ
2,5,7,7-四甲基辛醛	Ⅴ
2,4,4,7-四甲基-6-辛烯-3-酮	Ⅴ
四甲基-1,2-亚乙基二胺	Ⅲ
四甲基一硫化秋兰姆	Ⅲ
四甲基乙二胺	Ⅲ
N,*N*,*N*′,*N*′-四甲基乙二胺	Ⅲ
四甲基乙烯	Ⅱ
四甲铅	Ⅳ
四甲氧基硅烷	Ⅲ
四聚丙烯	Ⅴ
四聚乙醛	Ⅲ
四磷酸	Ⅱ
四磷酸六乙酯	Ⅲ
四硫化四砷	Ⅳ
1,2,3,5-四氯苯	Ⅱ
1,2,3,4-四氯苯	Ⅲ
1,2,4,5-四氯苯	Ⅲ
2,4,5,6-四氯-1,3-苯二甲腈	Ⅲ
2,3,4,5-四氯苯酚	Ⅲ
2,3,4,6-四氯苯酚	Ⅲ
2,3,5,6-四氯苯酚	Ⅲ
四氯苯基三氯硅烷	Ⅳ
2,3,4,5-四氯苯甲酰氯	Ⅳ
四氯苯醌	Ⅴ
四氯苯酞	Ⅲ
1,1,3,3-四氯-2-丙酮	Ⅲ
1,1,1,3-四氯丙酮	Ⅱ
1,1,3,3-四氯丙酮	Ⅲ
四氯丙酮	Ⅱ
四氯丙烯	Ⅲ
1,1,2,3-四氯丙烯	Ⅲ
四氯对苯二腈	Ⅴ
2,3,7,8-四氯二苯并对二恶英	Ⅴ
四氯二氟乙烷	Ⅲ

中文名称	卷序
4,4,5,5-四氯-1,3-二氧戊环-2-酮	Ⅴ
2,3,4,6-四氯酚	Ⅲ
四氯硅烷	Ⅰ
2,4,2′,4′-四氯过氧化二苯甲酰	Ⅲ
四氯化铂酸二钠	Ⅴ
四氯化碲	Ⅲ
四氯化锆	Ⅲ
四氯化硅	Ⅰ
四氯化硫	Ⅲ
四氯化萘	Ⅴ
1,2,3,4-四氯化萘	Ⅱ
四氯化铅	Ⅳ
四氯化钛	Ⅰ
四氯化碳	Ⅰ
四氯化硒	Ⅲ
四氯化锡(无水)	Ⅲ
四氯化锗	Ⅲ
α,α,α,4-四氯甲苯	Ⅴ
2,3,5,6-四氯-4-(甲磺酰)吡啶	Ⅴ
四氯甲烷	Ⅰ
四氯间苯二腈	Ⅲ
四氯邻苯二甲酸酐	Ⅴ
1,2,3,4-四氯萘	Ⅱ
2,3,5,6-四氯硝基苯	Ⅲ
1,2,4,5-四氯-3-硝基苯	Ⅲ
1,1,1,2-四氯乙烷	Ⅳ
1,1,2,2-四氯乙烷	Ⅴ
四氯乙烯	Ⅰ
四螨嗪	Ⅳ
四硼酸钾	Ⅰ
四硼酸钠	Ⅰ
四硼酸钠十水合物	Ⅳ
四羟基聚氧化丙烯醚	Ⅰ
(*S*)-2,3,5,6-四氢-6-苯基咪唑并(2,1-b)噻唑	Ⅳ
(*S*)-2,3,5,6-四氢-6-苯基咪唑并(2,1-b)噻唑盐酸盐	Ⅳ
1,2,3,6-四氢吡啶	Ⅱ
四氢吡喃	Ⅲ
四氢氮杂茂	Ⅳ
四氢呋喃	Ⅰ
2,5-四氢呋喃二甲醇	Ⅴ
四氢-2-呋喃甲醇	Ⅲ

中文名称	卷序
四氢化苯	Ⅰ
1,2,5,6-四氢化苯甲醛	Ⅳ
四氢化吡咯	Ⅳ
四氢化吡咯	Ⅳ
四氢化铝锂	Ⅲ
四氢化萘	Ⅲ
四氢化噻喃-3-甲醛	Ⅴ
四氢化锗	Ⅴ
四氢糠胺	Ⅳ
四氢糠醇	Ⅲ
四氢-2-糠酸甲酯	Ⅳ
四氢硫杂茂	Ⅲ
3-(1,2,3,4-四氢-1-萘基)-4-羟基香豆素	Ⅲ
四氢噻吩	Ⅲ
3,4,5,6,-四氢酞酰亚胺甲基(±)顺反式菊酸酯	Ⅲ
1,2,3,4-四氢-6-硝基喹喔啉	Ⅴ
(*S*)-(-)-1,2,3,4-四氢-3-异喹啉甲酸苄酯对甲苯磺酸盐	Ⅴ
R-四氢罂粟碱盐酸盐	Ⅴ
四氰基代乙烯	Ⅲ
四氰乙烯	Ⅲ
3,3′,5,5′-四叔丁基联苯-2,2′-二酚	Ⅴ
四水合硫酸铍	Ⅳ
四水合钼酸铵	Ⅰ
四碳酰镍	Ⅲ
四羰基镍	Ⅲ
四(2,4-戊二酮)锆	Ⅰ
2,3,4,6-四硝基苯胺	Ⅳ
四硝基甲烷	Ⅲ
1,2,3,4-四硝基咔唑	Ⅴ
四硝基萘	Ⅲ
四硝基萘胺	Ⅳ
四溴化碳	Ⅲ
四溴化锡	Ⅲ
四溴化乙炔	Ⅰ
2,2,6,6-四(溴甲基)-4-氧杂-1,7-庚二醇	Ⅴ
四溴甲烷	Ⅲ
四溴菊酯	Ⅳ
1,1,2,2-四溴乙烷	Ⅰ
四亚甲基二胺	Ⅰ

中文名称	卷序
四亚甲基砜	Ⅰ
四氧化锇	Ⅲ
四氧化二氮	Ⅲ
四氧化三锰	Ⅲ
四氧化(三)铅	Ⅲ
四乙二醇二丁醚	Ⅲ
O,O,O,O-四乙基二硫代焦磷酸酯	Ⅱ
四乙基二硫代双甲硫羰酰胺	Ⅲ
四乙基焦磷酸酯	Ⅲ
四乙基铅	Ⅰ
四乙基氢氧化铵	Ⅲ
四乙基四氟硼酸铵	Ⅳ
O,O,O′,O′-四乙基-S,S′-亚甲基双(二硫代磷酸酯)	Ⅲ
四乙铅	Ⅰ
四乙烯五胺	Ⅰ
四乙酰丙酮锆	Ⅰ
四乙氧基硅烷	Ⅰ
四乙氧基钛	Ⅲ
四正丁氧基铪	Ⅴ
四唑并-1-乙酸	Ⅳ
四唑嘧磺隆	Ⅴ
松焦油	Ⅳ
松节油	Ⅲ
松节油混合萜	Ⅴ
松香	Ⅳ
松香酸钠	Ⅰ
松香酸钠皂	Ⅰ
松油	Ⅴ
松油苯二甲酸	Ⅰ
α-松油萜	Ⅱ
苏打	Ⅰ
苏米硫磷	Ⅲ
苏米松	Ⅲ
速灭虫	Ⅲ
速灭菊酯	Ⅲ
速灭磷	Ⅲ
速灭杀丁	Ⅲ
速灭松	Ⅲ
速灭威	Ⅲ
酸式氟化钾	Ⅱ
酸式氟化钠	Ⅱ
酸式磷酸丁酯	Ⅱ

中文名称	卷序
酸式磷酸二异辛酯	Ⅱ
酸式磷酸戊酯	Ⅲ
酸式硫酸钾	Ⅱ
酸式硫酸钠	Ⅱ
酸式碳酸铵	Ⅳ
酸式碳酸钠	Ⅰ
酸式亚硫酸钙	Ⅲ
酸式亚硫酸钠	Ⅰ
酸性大红	Ⅴ
酸性碘酸钾	Ⅱ
C.I. 酸性红 114	Ⅴ
酸性紫 49	Ⅳ
蒜醇	Ⅱ
羧基丁苯胶乳	Ⅰ
羧基丁腈胶乳	Ⅰ
羧甲基淀粉	Ⅰ
羧甲基钠盐田菁胶	Ⅰ
羧甲基葡萄糖	Ⅰ
羧甲基羟丙基爪尔胶	Ⅰ
N-羧甲基-N-(2-(2-羟基乙氧基)乙基)氨基乙酸二钠	Ⅳ
羧甲基氰乙基纤维素	Ⅰ
羧甲基田菁胶	Ⅰ
羧甲基纤维素	Ⅰ
羧甲基纤维素钠	Ⅰ
缩苹果酸	Ⅳ
缩苹果酰氯	Ⅱ
(R)-缩水甘油	Ⅴ
缩水甘油苯醚	Ⅳ
缩水甘油醛	Ⅱ
T	
T1201 金属钝化剂	Ⅰ
T106	Ⅰ
T-201	Ⅰ
TBC	Ⅰ
TBP	Ⅰ
TDI	Ⅰ
TFE	Ⅰ
THF	Ⅰ
TOP	Ⅰ
铊	Ⅲ
钛白粉	Ⅳ
钛粉(含水≥25%)	Ⅱ

中文名称	卷序
钛酸钡	Ⅳ
钛酸(四)乙酯	Ⅲ
钛酸(四)异丙酯	Ⅲ
钛酸(四)正丙酯	Ⅲ
钛酸正丙酯	Ⅲ
钛酸酯偶联剂-1	Ⅰ
钛酸酯偶联剂 NDZ-105	Ⅰ
酞胺硫磷	Ⅲ
酞酐	Ⅰ
酞酸	Ⅳ
酞酸苄基丁酯	Ⅲ
酞酸二壬酯	Ⅳ
酞酸二乙酯	Ⅳ
酞酸二异丙酯	Ⅳ
酞酸二异癸酯	Ⅰ
钽	Ⅴ
炭黑	Ⅴ
炭黑油	Ⅰ
碳酐	Ⅰ
碳化钙	Ⅰ
碳化铝	Ⅲ
碳九芳烃溶剂油	Ⅰ
碳九馏分	Ⅰ
碳氯灵	Ⅲ
碳氯特灵	Ⅲ
碳氢制冷剂 R-600a	Ⅰ
碳十馏分	Ⅰ
碳十一馏分	Ⅰ
碳四馏分	Ⅰ
碳酸钡	Ⅲ
碳酸丙二醇酯	Ⅳ
碳酸丙酯	Ⅲ
碳酸二丙酯	Ⅲ
碳酸(二)甲酯	Ⅲ
碳酸(二)乙酯	Ⅲ
碳酸二异丙酯	Ⅲ
碳酸二异丁酯	Ⅲ
碳酸二正丁酯	Ⅲ
碳酸钙	Ⅳ
碳酸酐	Ⅰ
碳酸镉	Ⅳ
碳酸铬	Ⅳ
碳酸甲基-4-环辛烯-1-基酯	Ⅴ
碳酸钾	Ⅰ
碳酸锂	Ⅲ
碳酸锰(Ⅱ)	Ⅳ
碳酸钠	Ⅰ
碳酸镍	Ⅲ
碳酸铍	Ⅲ
碳酸气	Ⅰ
碳酸铅	Ⅲ
碳酸氢铵	Ⅳ
碳酸氢钾	Ⅳ
碳酸氢钠	Ⅰ
碳酸铊	Ⅲ
碳酸铜	Ⅲ
碳酸亚锰	Ⅳ
碳酸亚铊	Ⅲ
碳酸氧铋	Ⅳ
碳五馏分	Ⅰ
碳酰胺	Ⅰ
碳酰二胺	Ⅰ
碳酰氟	Ⅳ
碳酰氯	Ⅰ
羰基氟	Ⅳ
羰基钴	Ⅲ
羰基硫	Ⅳ
羰基镍	Ⅲ
羰基铁	Ⅲ
2-特丁基-4,6-二硝酚	Ⅲ
特丁硫磷	Ⅴ
特丁通	Ⅴ
特氟隆	Ⅰ
特乐酚	Ⅲ
特里隆 A	Ⅰ
特普	Ⅲ
特屈儿	Ⅱ
2-特戊酰-1,3-茚满二酮	Ⅲ
特种煤油	Ⅰ
特种煤油型溶剂油	Ⅰ
特种切削油	Ⅰ
特种溶剂油	Ⅰ
梯恩梯	Ⅱ
锑	Ⅳ
锑粉	Ⅲ
锑化氢	Ⅲ

中文名称	卷序
锑化三氢	Ⅲ
锑酸酐	Ⅲ
锑酸钠	Ⅰ
2,4,5-涕	Ⅱ
2,4,5-涕丙酸	Ⅱ
涕滴伊	Ⅲ
涕灭克	Ⅲ
涕灭威	Ⅲ
天然气	Ⅰ
天王星	Ⅳ
L-天仙子胺	Ⅴ
添加剂 O	Ⅳ
添加剂 1215	Ⅰ
添加剂 M	Ⅲ
田乐磷-O	Ⅴ
田乐磷-S	Ⅴ
甜菜宁	Ⅳ
1,8-萜二烯	Ⅲ
萜品油烯	Ⅳ
铁丹	Ⅴ
铁氰化钾	Ⅲ
铁钸齐	Ⅳ
通用内燃机油	Ⅰ
铜	Ⅴ
铜粉	Ⅳ
头孢普罗侧链	Ⅴ
透明橘黄 G	Ⅱ
透平油	Ⅰ
土菌灵	Ⅴ
吐氏酸	Ⅰ
吐温-80	Ⅰ
退热冰	Ⅱ
托拜厄斯酸	Ⅰ
托力丁贝司	Ⅱ
脱臭煤油	Ⅰ
脱芳溶剂油(D40,D60,D80,D110,D70)	Ⅰ
脱戊烷油	Ⅰ
1-(2-脱氧-5-*O*-三苯甲基-*β*-D-苏戊呋喃糖基)胸腺嘧啶	Ⅳ
V	
VAE	Ⅰ
W	
烷醇酰胺	Ⅰ
烷基苯	Ⅰ
烷基苯磺酸	Ⅰ
烷基苯磺酸钠	Ⅰ
烷基苯料	Ⅰ
烷基多苷	Ⅰ
烷基多糖苷	Ⅰ
烷基酚	Ⅰ
烷基磺酸钙	Ⅰ
烷基磺酸钠	Ⅰ
烷基磷酸咪唑啉盐	Ⅰ
烷基磷酸酯	Ⅳ
烷基铝	Ⅴ
烷基镁	Ⅴ
烷基咪唑啉	Ⅰ
烷基萘	Ⅰ
烷基铅	Ⅴ
烷基水杨酸钙	Ⅰ
烷基水杨酸铬	Ⅰ
烷基糖苷	Ⅰ
威百亩	Ⅴ
威菌磷	Ⅲ
维尔烯酸	Ⅰ
维生素 D3	Ⅴ
维生素 D2	Ⅴ
萎锈灵	Ⅲ
胃蛋白酶	Ⅳ
温石棉	Ⅳ
蜗螺净	Ⅱ
蜗牛敌	Ⅲ
肟菌酯	Ⅴ
肟硫磷	Ⅲ
乌尔丝 D	Ⅰ
乌洛托品	Ⅰ
乌头碱	Ⅴ
钨	Ⅲ
钨酸钠	Ⅰ
无定形硅粉	Ⅲ
无花果蛋白酶	Ⅴ
无水氟化氢	Ⅰ
无水肼	Ⅰ
无水联氨	Ⅰ
无水硫化钾	Ⅱ
无水氯化铜(Ⅱ)	Ⅴ

中文名称	卷序
无水芒硝	Ⅳ
无水三甲胺	Ⅲ
无水三氯化铝	Ⅰ
无水亚硫酸钠	Ⅰ
无味煤油	Ⅰ
五氟丙醇	Ⅲ
五氟化铋	Ⅲ
五氟化碘	Ⅲ
五氟化磷	Ⅲ
五氟化硫	Ⅲ
五氟化氯	Ⅲ
五氟化砷(Ⅴ)	Ⅳ
五氟化锑	Ⅳ
五氟化溴	Ⅲ
五氟氯乙烷	Ⅳ
五甲苯	Ⅲ
五甲基庚烷	Ⅴ
2,2,4,4,6-五甲基庚烷	Ⅳ
五硫化二磷	Ⅰ
五硫化二锑	Ⅲ
五硫化磷	Ⅰ
五硫化锑	Ⅲ
五氯苯	Ⅴ
五氯苯酚	Ⅳ
五氯吡啶	Ⅲ
1,1,2,2,3-五氯丙烷	Ⅲ
五氯酚	Ⅳ
五氯酚钠	Ⅰ
1,2,3,4,5-五氯酚钠	Ⅰ
五氯化磷	Ⅲ
五氯化钼	Ⅲ
五氯化铌	Ⅳ
五氯化砷	Ⅳ
五氯化钽	Ⅳ
五氯化锑	Ⅲ
五氯联苯	Ⅳ
五氯萘	Ⅴ
五氯硝基苯	Ⅳ
五氯乙烷	Ⅲ
五硼烷	Ⅲ
五羟基已酸钠	Ⅰ
五水合硫酸铜(Ⅱ)	Ⅳ
五羰基铁	Ⅲ
五溴苯酚	Ⅲ
五溴二苯醚	Ⅴ
五溴酚	Ⅲ
五溴化磷	Ⅲ
五氧化二氮	Ⅳ
五氧化二碘	Ⅳ
五氧化二钒	Ⅰ
五氧化二磷	Ⅰ
五氧化二砷	Ⅲ
五氧化二钽	Ⅲ
五氧化二锑	Ⅲ
五氧化砷	Ⅲ
1-戊胺	Ⅰ
戊胺	Ⅰ
戊草丹	Ⅳ
1-戊醇	Ⅰ
2-戊醇	Ⅰ
1,5-戊二胺	Ⅱ
1,5-戊二醇	Ⅲ
戊二腈	Ⅲ
戊二醛	Ⅰ
戊二酸	Ⅳ
戊二酸二乙酯	Ⅲ
2,4-戊二酮	Ⅰ
1,3-戊二烯	Ⅰ
1,4-戊二烯	Ⅱ
戊基磷酸酯	Ⅲ
戊基氯	Ⅱ
戊基氰	Ⅱ
戊基三氯硅烷	Ⅳ
戊基溴	Ⅲ
戊腈	Ⅲ
1-戊硫醇	Ⅱ
1,4-戊内酯	Ⅲ
γ-戊内酯	Ⅲ
戊硼烷	Ⅲ
戊醛	Ⅲ
1-戊炔	Ⅱ
2-戊炔	Ⅳ
戊炔草胺	Ⅳ
戊酸丁酯	Ⅲ
戊酸戊酯	Ⅲ
戊酸乙酯	Ⅲ

中文名称	卷序
2-戊酮	Ⅰ
3-戊酮	Ⅰ
戊烷	Ⅰ
戊烷发泡剂	Ⅰ
戊烷油	Ⅰ
1-戊烯	Ⅰ
2-戊烯	Ⅰ
4-戊烯醛	Ⅲ
1-戊烯-3-酮	Ⅱ
戊酰氯	Ⅲ
戊硝酚	Ⅴ
戊唑醇	Ⅴ
茐丁酸	Ⅳ
X	
西草净	Ⅴ
西拉硫磷	Ⅲ
西玛津	Ⅲ
西玛通	Ⅲ
西维因粉剂	Ⅳ
烯丙胺	Ⅲ
烯丙醇	Ⅱ
烯丙基丙酮	Ⅱ
1-烯丙基丙烯	Ⅱ
烯丙基碘	Ⅱ
4-烯丙基-1,2-二甲氧基苯	Ⅳ
N-(2-(1-烯丙基-4,5-二氰基咪唑-2-基偶氮)-5-(二丙氨基)苯基)-乙酰胺	Ⅳ
烯丙基2,3-环氧丙基醚	Ⅰ
烯丙基芥子油	Ⅲ
烯丙基硫醇	Ⅱ
烯丙基硫醚	Ⅱ
烯丙基氯	Ⅰ
1-烯丙基-3-氯-4-氟苯	Ⅴ
烯丙基醚	Ⅱ
烯丙基氰	Ⅱ
烯丙基三氯硅烷(稳定了的)	Ⅲ
烯丙基缩水甘油醚	Ⅰ
烯丙基溴	Ⅲ
烯丙基乙基醚	Ⅳ
烯丙基乙烯基醚	Ⅳ
烯丙基异硫氰酸酯	Ⅲ
烯丙基-正丙基二硫醚	Ⅴ
烯丙菊酯	Ⅴ

中文名称	卷序
烯丙醛	Ⅰ
烯基丁二酸	Ⅰ
烯酰吗啉	Ⅴ
烯唑醇	Ⅴ
硒粉	Ⅲ
硒化镉	Ⅲ
硒化氢	Ⅳ
硒化锌	Ⅲ
硒酸	Ⅲ
硒酸钾	Ⅲ
硒酸钠(十水物)	Ⅲ
锡	Ⅳ
D系列溶剂油	Ⅰ
纤维素甲醚	Ⅲ
纤维素酶	Ⅴ
纤维素羟乙基醚	Ⅰ
氙(液化的)	Ⅳ
氙	Ⅲ
线性低密度聚乙烯	Ⅰ
香豆酮	Ⅱ
香茅烯	Ⅰ
橡胶工业用溶剂油	Ⅰ
橡胶沥青	Ⅰ
消螨酚	Ⅴ
消螨通	Ⅲ
消泡剂XD-4000	Ⅰ
硝铵	Ⅰ
硝化丙三醇(含不挥发、不溶于水的钝感剂≥40%)	Ⅲ
硝化丙三醇乙醇溶液(含硝化甘油1%~10%)	Ⅳ
硝化淀粉(干的或含水<20%)	Ⅳ
硝化甘油	Ⅲ
硝化棉	Ⅳ
硝化纤维素	Ⅳ
硝化纤维塑料	Ⅳ
硝化乙二醇	Ⅲ
5-硝基-2-氨基(苯)酚	Ⅱ
4-硝基-2-氨基(苯)酚	Ⅲ
4-硝基-2-氨基苯酚	Ⅲ
5-硝基-2-氨基苯甲醚	Ⅱ
硝基苯	Ⅰ

中文名称	卷序
5-((2-硝基-4-((苯氨基)磺酰基)苯基)氨基)-2-(苯氨基)苯磺酸钠	Ⅴ
4-硝基苯氨基乙基脲	Ⅳ
3-硝基苯胺	Ⅰ
4-硝基苯胺	Ⅰ
2-硝基苯胺	Ⅰ
5-硝基苯并三唑	Ⅱ
2-硝基苯酚	Ⅱ
3-硝基苯酚	Ⅱ
4-硝基苯酚	Ⅰ
4-硝基苯酚钠盐	Ⅰ
3-硝基苯磺酸	Ⅱ
2-硝基苯磺酰氯	Ⅱ
3-硝基苯磺酰氯	Ⅱ
4-硝基苯磺酰氯	Ⅱ
1-(4-硝基苯基)-3-(3-吡啶基甲基)脲	Ⅳ
2-硝基-2-苯基-1,3-丙二醇	Ⅴ
4-(4-硝基苯甲基)吡啶	Ⅱ
3-硝基苯甲醚	Ⅱ
2-硝基苯甲醚	Ⅱ
4-硝基苯甲醚	Ⅱ
3-硝基苯甲醛	Ⅳ
4-硝基苯甲酸	Ⅳ
3-硝基苯甲酸	Ⅲ
4-硝基苯甲酰胺	Ⅰ
3-硝基苯甲酰氯	Ⅲ
2-硝基苯甲酰氯	Ⅱ
4-硝基苯甲酰氯	Ⅱ
3-硝基苯甲酰溴	Ⅱ
2-硝基苯肼	Ⅱ
3-硝基苯肼	Ⅱ
4-硝基苯肼	Ⅱ
4-(4-硝基苯偶氮基)-2,6-二仲丁基苯酚	Ⅴ
4-硝基苯胂酸	Ⅱ
2-(3-硝基苯亚甲基)乙酰乙酸甲酯	Ⅳ
4-硝基苯乙腈	Ⅱ
4-硝基苯乙醚	Ⅱ
2-硝基苯乙醚	Ⅱ
3-硝基苯乙酮	Ⅳ
4-(4-硝基苄基)吡啶	Ⅱ
4-硝基苄基氯	Ⅱ
硝基丙烷	Ⅴ

中文名称	卷序
1-硝基丙烷	Ⅱ
2-硝基丙烷	Ⅱ
4-硝基碘苯	Ⅱ
2-硝基丁烷	Ⅴ
1-硝基丁烷	Ⅱ
硝基苊	Ⅳ
5-硝基苊	Ⅳ
2-硝基-4,5-二(苄氧基)苯乙腈	Ⅴ
3-硝基-1,2-二甲苯	Ⅱ
3-硝基-*N*,*N*-二甲基苯胺	Ⅱ
4-硝基酚钠	Ⅰ
硝基胍(含水≥20%)	Ⅲ
2-硝基甲苯	Ⅱ
3-硝基甲苯	Ⅱ
4-硝基甲苯	Ⅱ
2-硝基-4-甲苯胺	Ⅱ
3-硝基-4-甲苯胺	Ⅱ
2-硝基-4-甲苯酚	Ⅱ
硝基甲烷	Ⅳ
4-硝基间二甲苯	Ⅱ
硝基连三氮杂茚	Ⅱ
2-硝基联苯	Ⅱ
4-硝基联苯	Ⅲ
4-硝基邻二甲苯	Ⅲ
5-硝基邻甲苯胺	Ⅴ
4-硝基邻甲苯胺	Ⅱ
4-硝基氯苯	Ⅰ
2-硝基氯苯	Ⅰ
1-硝基-1-氯丙烷	Ⅱ
2-硝基-2-氯丙烷	Ⅱ
3-硝基氯化苄	Ⅱ
6-硝基-2-氯甲苯	Ⅲ
4-硝基-2-氯甲苯	Ⅲ
β-硝基萘	Ⅱ
α-硝基萘	Ⅱ
1-硝基萘	Ⅱ
2-硝基萘	Ⅱ
4-硝基-1-萘胺	Ⅲ
4-硝基萘胺	Ⅲ
1-硝基-2-萘胺	Ⅱ
硝基脲	Ⅳ
3-硝基-4-羟丙氨基苯酚	Ⅳ
4-硝基-1-羟基苯	Ⅰ

中文名称	卷序
3-((2-硝基-4-(三氟甲基)苯基)氨基)-1,2-丙二醇	Ⅴ
硝基三氯甲烷	Ⅲ
硝基五氯苯	Ⅳ
硝基纤维素	Ⅳ
3-硝基溴苯	Ⅱ
4-硝基溴苯	Ⅱ
4-硝基溴化苄	Ⅱ
2-(3-硝基亚苄基)乙酰乙酸乙酯	Ⅴ
硝基乙烷	Ⅲ
硝氯磷	Ⅴ
硝石	Ⅰ
硝酸	Ⅰ
硝酸铵	Ⅰ
硝酸铵铈	Ⅲ
硝酸钯	Ⅲ
硝酸钡	Ⅲ
硝酸苯汞	Ⅲ
硝酸铋	Ⅲ
硝酸丙酯	Ⅲ
硝酸铒	Ⅳ
硝酸钙	Ⅲ
硝酸高汞	Ⅰ
硝酸高铁	Ⅲ
硝酸锆	Ⅲ
硝酸镉	Ⅲ
硝酸镉四水合物	Ⅴ
硝酸铬	Ⅲ
硝酸汞	Ⅰ
硝酸钴	Ⅲ
硝酸胍	Ⅲ
硝酸镓	Ⅳ
硝酸 γ-甲基丁酯	Ⅲ
硝酸甲酯	Ⅲ
硝酸钾	Ⅰ
硝酸镧	Ⅲ
硝酸铑	Ⅲ
硝酸锂	Ⅲ
硝酸铝	Ⅲ
硝酸镁	Ⅲ
硝酸锰	Ⅲ
硝酸钠	Ⅰ
硝酸脲	Ⅲ
硝酸镍	Ⅰ
硝酸镍铵	Ⅳ
硝酸钕	Ⅲ
硝酸铍	Ⅲ
硝酸镨	Ⅳ
硝酸铅	Ⅲ
硝酸羟胺	Ⅳ
硝酸铯	Ⅲ
硝酸钐	Ⅳ
硝酸铈	Ⅲ
硝酸铈铵	Ⅲ
硝酸锶	Ⅲ
硝酸铊	Ⅲ
硝酸铁	Ⅲ
硝酸铜	Ⅲ
硝酸戊酯	Ⅲ
硝酸辛酯	Ⅰ
硝酸锌	Ⅲ
硝酸亚氨脲	Ⅲ
硝酸亚钯	Ⅲ
硝酸亚汞	Ⅲ
硝酸亚钴	Ⅲ
硝酸亚锰	Ⅲ
硝酸亚铊	Ⅲ
硝酸氧锆	Ⅳ
硝酸乙酯	Ⅲ
硝酸钇	Ⅲ
硝酸异丙酯	Ⅲ
硝酸异戊酯	Ⅲ
硝酸异辛酯	Ⅰ
硝酸铟	Ⅲ
硝酸银	Ⅰ
硝酸铀	Ⅲ
硝酸铀酰	Ⅲ
硝酸正丙酯	Ⅲ
硝酸正丁酯	Ⅲ
硝酸重氮苯	Ⅳ
小苏打	Ⅰ
笑气	Ⅲ
缬草酸甲酯	Ⅳ
泻盐	Ⅲ
2-辛胺	Ⅳ
辛胺	Ⅲ

中文名称	卷序
2-辛醇	Ⅴ
辛二腈	Ⅱ
辛二烯	Ⅲ
辛基苯酚	Ⅰ
1-辛基磺酸钠	Ⅲ
1-辛基-2-吡咯烷酮	Ⅴ
N-辛基吡咯烷酮	Ⅴ
辛基酚	Ⅰ
N-辛基己内酰胺	Ⅴ
N-辛基膦酸二(2-乙基己)酯	Ⅴ
辛基三氯硅烷	Ⅲ
2-辛基-3(2H)-异噻唑酮	Ⅴ
辛腈	Ⅳ
辛硫醇	Ⅲ
2-(辛硫基)乙醇	Ⅴ
辛硫磷	Ⅲ
辛醛	Ⅲ
4-辛炔	Ⅱ
1-辛炔	Ⅱ
2-辛炔	Ⅱ
3-辛炔	Ⅱ
辛酸	Ⅰ
辛酸甲酯	Ⅲ
辛酸亚锡	Ⅲ
辛酸乙酯	Ⅲ
3-辛酮	Ⅴ
2-辛酮	Ⅳ
1-辛烷磺酸钠	Ⅲ
辛烷异构体	Ⅳ
1-辛烯	Ⅰ
2-辛烯	Ⅰ
辛酰碘苯腈	Ⅴ
辛酰氯	Ⅲ
锌白	Ⅳ
锌矾	Ⅰ
锌粉	Ⅲ
锌粉尘	Ⅲ
锌黄	Ⅳ
锌灰	Ⅲ
锌氯粉	Ⅰ
新癸酰氯	Ⅳ
新己烷	Ⅰ
新洁尔灭	Ⅰ

中文名称	卷序
新七烯	Ⅰ
新戊二醇二缩水甘油醚	Ⅴ
新戊酸甲酯	Ⅱ
新戊烷	Ⅰ
新戊酰氯	Ⅲ
秀谷隆	Ⅲ
溴	Ⅲ
溴苯	Ⅲ
2-溴苯胺	Ⅱ
3-溴苯胺	Ⅱ
4-溴苯胺	Ⅱ
2-溴苯酚	Ⅱ
3-溴苯酚	Ⅱ
4-溴苯酚	Ⅱ
4-溴苯磺酰氯	Ⅱ
N′-(4-溴苯基)-*N*-甲氧基-*N*-甲基脲	Ⅲ
4-溴苯甲醚	Ⅰ
4-溴苯甲酰甲基溴	Ⅲ
2-溴苯甲酰氯	Ⅱ
4-溴苯甲酰氯	Ⅱ
溴苯腈	Ⅱ
溴苯腈庚酸酯	Ⅴ
溴苯腈辛酸酯	Ⅴ
4-溴苯肼	Ⅰ
溴苯膦	Ⅱ
2-溴苯乙腈	Ⅱ
2-溴苯乙酮	Ⅱ
3-溴丙腈	Ⅱ
β-溴丙腈	Ⅱ
3-溴丙炔	Ⅱ
3-溴-1-丙炔	Ⅱ
α-溴丙酸	Ⅱ
β-溴丙酸	Ⅱ
2-溴丙酸	Ⅱ
3-溴丙酸	Ⅱ
溴丙酮	Ⅲ
2-溴丙烷	Ⅲ
1-溴丙烷	Ⅱ
3-溴丙烯	Ⅴ
3-溴-1-丙烯	Ⅲ
2-溴丙酰溴	Ⅱ
溴醋酸	Ⅲ
溴醋酸甲酯	Ⅲ

中文名称	卷序
溴醋酸叔丁酯	Ⅲ
溴醋酸乙酯	Ⅲ
溴醋酸异丙酯	Ⅲ
溴醋酸异丁酯	Ⅲ
溴醋酸正丙酯	Ⅲ
α-溴代苯乙酮	Ⅱ
溴代环戊烷	Ⅳ
溴代乙烷	Ⅲ
溴代异丙烷	Ⅲ
溴代异丁烷	Ⅱ
溴代异戊烷	Ⅱ
溴代正丙烷	Ⅱ
溴代正丁烷	Ⅲ
溴代正戊烷	Ⅲ
溴敌隆	Ⅲ
溴敌拿鼠	Ⅲ
α-溴丁酸	Ⅳ
2-溴丁酸	Ⅳ
溴丁酮	Ⅲ
1-溴丁烷	Ⅲ
2-溴丁烷	Ⅳ
1-溴-3,5-二氟苯	Ⅴ
2-(4-溴二氟甲氧基苯基)-2-甲基丙基-3-苯氧基苄基醚	Ⅳ
3-溴-1,2-二甲苯	Ⅱ
4-溴-1,2-二甲基苯	Ⅱ
O-(4-溴-2,5-二氯苯基)-*O*,*O*-二甲基硫代磷酸酯	Ⅳ
O-(4-溴-2,5-二氯苯基)-*O*,*O*-二乙基硫代磷酸酯	Ⅳ
O-(4-溴-2,5-二氯苯基)-*O*-甲基苯基硫代磷酸酯	Ⅱ
1-溴-2,4-二硝基苯	Ⅱ
4-溴-1,2-二硝基苯	Ⅱ
溴仿	Ⅲ
溴酚肟	Ⅴ
2-溴-1-(2-呋喃基)-2-硝基乙烯	Ⅳ
溴化苄	Ⅲ
溴(化)丙酰	Ⅱ
溴化碘	Ⅲ
溴化高汞	Ⅰ
溴化汞	Ⅰ
溴化甲基镁的乙醚溶液	Ⅳ
溴化钾	Ⅳ
溴化锂	Ⅰ
溴化磷酰	Ⅲ
溴化铝	Ⅲ
溴化氯	Ⅱ
溴化硼	Ⅲ
溴化氢	Ⅳ
溴化氢(无水的)	Ⅳ
溴化氢水溶液	Ⅰ
溴化氰	Ⅲ
溴化铊	Ⅲ
溴化锑	Ⅲ
溴化锡	Ⅲ
溴化-2-溴丙酰	Ⅱ
溴化溴乙酰	Ⅲ
溴化亚汞	Ⅲ
溴化亚砷	Ⅲ
溴化亚铊	Ⅲ
溴化 1-乙基-1-甲基吡咯烷鎓(盐)	Ⅴ
溴化乙酰溴	Ⅲ
溴化异丙烷	Ⅲ
溴化银	Ⅳ
溴化正丁基	Ⅲ
溴环己烷	Ⅳ
4-溴基溴化苯乙酮	Ⅲ
2-溴己酸	Ⅲ
溴己烷	Ⅲ
α-溴甲苯	Ⅲ
4-溴甲苯	Ⅱ
2-溴甲苯	Ⅱ
3-溴甲苯	Ⅱ
1-溴-4-甲基苯	Ⅱ
5-溴-3-(1-甲基-2-吡咯烷基甲基)-1H-吲哚	Ⅴ
2-溴-2-甲基丙酸乙酯	Ⅱ
2-溴-2-甲基丙烷	Ⅳ
1-溴-2-甲基丙烷	Ⅱ
1-溴-3-甲基丁烷	Ⅱ
4-溴甲基-3-甲氧基苯甲酸甲酯	Ⅴ
溴甲烷	Ⅰ
1-溴-4-甲氧基苯	Ⅰ
4-溴联苯	Ⅴ

中文名称	卷序
3-(3,4′-溴(1,1′-联苯)-4-基)-3-羟基-1-苯丙基-4-羟基-2H-1-苯并吡喃-2-酮	Ⅲ
3-(3-(4′-溴联苯-4-基)-1,2,3,4-四氢-1-萘基)-4-羟基香豆素	Ⅲ
溴联苯杀鼠隆	Ⅲ
3-溴邻二甲苯	Ⅱ
溴硫磷	Ⅳ
4-溴-2-(4-氯苯基)-1-(乙氧甲基)-5-(三氟甲基)-1H-吡咯-3-腈	Ⅴ
1-溴-3-氯丙烷	Ⅱ
2-溴-1-氯丙烷	Ⅱ
溴氯二甲基海因	Ⅰ
3-溴-1-氯-5,5-二甲基乙内酰脲	Ⅰ
4-溴-2-氯氟苯	Ⅴ
溴氯海因	Ⅰ
溴氯甲烷	Ⅱ
2-溴-2-氯-1,1,1-三氟乙烷	Ⅴ
1-溴-2-氯乙烷	Ⅱ
5-溴-8-内酰亚胺	Ⅳ
溴氰菊酯	Ⅱ
溴醛	Ⅲ
1-溴-3,4,5-三氟苯	Ⅴ
1-溴-2,2,2-三氟乙烷	Ⅳ
溴三氟乙烯	Ⅲ
溴鼠灵	Ⅲ
溴素	Ⅲ
溴酸钡	Ⅲ
溴酸镉	Ⅲ
溴酸钾	Ⅲ
溴酸镁	Ⅲ
溴酸钠	Ⅲ
溴酸铅	Ⅲ
溴酸锶	Ⅲ
溴酸锌	Ⅲ
溴酸银	Ⅲ
1-溴-9-(4,4,5,5,5-五氟戊硫基)壬烷	Ⅴ
溴戊烷	Ⅲ
2-溴戊烷	Ⅱ
2-溴烯丙基溴	Ⅳ
溴硝醇	Ⅴ
2-溴硝基苯	Ⅱ
2-溴-2-硝基丙醇	Ⅴ

中文名称	卷序
1,1′-(溴亚甲基)二苯	Ⅱ
2-溴乙醇	Ⅱ
溴乙基氰	Ⅱ
2-溴乙基乙基醚	Ⅱ
2-溴乙基乙醚	Ⅱ
溴乙酸	Ⅲ
溴乙酸丙酯	Ⅲ
溴乙酸甲酯	Ⅲ
溴乙酸叔丁酯	Ⅲ
溴乙酸乙酯	Ⅲ
溴乙酸异丙酯	Ⅲ
溴乙酸异丁酯	Ⅲ
溴乙酸正丙酯	Ⅲ
溴乙烷	Ⅲ
溴乙烯	Ⅲ
溴乙酰苯	Ⅱ
溴乙酰溴	Ⅲ
2-(2-溴乙氧基)茴香醚	Ⅴ
2-溴异丁酸乙酯	Ⅱ
溴正丁烷	Ⅲ
畜虫磷	Ⅴ
絮凝剂3号	Ⅰ

Y

中文名称	卷序
压缩机油	Ⅰ
压榨油	Ⅰ
牙托水	Ⅰ
蚜灭磷	Ⅴ
3,3′-亚氨基二丙胺	Ⅱ
1,1′-亚氨基二-2-丙醇	Ⅰ
β,β′-亚氨基二丙腈	Ⅲ
亚胺磷	Ⅲ
亚胺硫磷	Ⅲ
1,1′-(1,3-亚苯基二(亚甲基))二(3-甲基-1H-吡咯-2,5-二酮)	Ⅳ
1,1′-(1,3-亚苯基二氧)二(3-(2-(2-丙烯基)苯氧基)2-丙醇)	Ⅴ
2,2′-(1,4-亚苯基)双-4H-3,1-苯并噁嗪-4-酮	Ⅴ
N,*N*′-1,4-亚苯基双(2-(2-甲氧基-4-硝基苯基)偶氮)-3-氧代丁酰胺	Ⅳ
4,4′-(1,2-亚苯基)双(3-硫代脲基甲酸乙酯)	Ⅲ
亚丙基二氯	Ⅱ

中文名称	卷序
N,N′-1,3-亚丙基二(2-(乙烯基磺酰基))乙酰胺	Ⅴ
N,N′-亚丙基双(二硫代氨基甲酸)锌	Ⅳ
亚丙基亚胺	Ⅱ
亚碲酸钠	Ⅲ
亚砜磷	Ⅴ
亚铬酸	Ⅳ
1,6-亚己基二异氰酸酯	Ⅴ
亚甲基丁二酸	Ⅲ
1,1′-亚甲基二氨基硫脲	Ⅳ
1,1′-亚甲基二苯	Ⅱ
亚甲基二氯	Ⅰ
1,1′-亚甲二(4-异氰酸基环己烷)	Ⅴ
N,N″-(亚甲基二-4,1-亚苯基)二(N′-十八烷基脲)	Ⅳ
N,N″-(亚甲基二-4,1-亚苯基)二(N′-环己基脲)	Ⅳ
4-4′-亚甲基二(氧亚乙基硫代)二苯酚	Ⅴ
亚甲基聚丙烯酰胺	Ⅰ
4,4′-亚甲基双(2,6-二叔丁基酚)	Ⅰ
4,4′-亚甲基双苯胺	Ⅱ
2,2′-亚甲基双(4-甲基-6-叔丁基苯酚)	Ⅰ
亚甲基双硫氰酸酯	Ⅴ
2,2′-亚甲基双(4-氯苯酚)	Ⅰ
3,3′-亚甲基双(4-羟基香豆素)	Ⅱ
2,2′-亚甲基-双(3,4,6-三氯苯酚)	Ⅲ
亚甲基双(4,1-亚苯基)二异氰酸酯	Ⅴ
4,4′-亚甲基双(2-乙基)苯胺	Ⅳ
4,4′-亚甲基双(2-异丙基-6-甲基苯胺)	Ⅴ
1,1-亚甲基双(4-异氰酸根合苯)	Ⅰ
4-亚甲基-2-氧杂环丁烷酮	Ⅱ
4,4′-亚甲双(2,6-二甲基苯基氰酸酯)	Ⅴ
2,2′-亚肼基双乙酸	Ⅴ
亚磷酸	Ⅰ
亚磷酸二丁酯	Ⅰ
亚磷酸二氢铅	Ⅳ
亚磷酸酐	Ⅲ
亚磷(酸)酐	Ⅲ
亚磷酸三苯酯	Ⅲ
亚磷酸三丁酯	Ⅲ
亚磷酸三甲酯	Ⅳ
亚磷酸三邻甲苯酯	Ⅲ
亚磷酸三乙酯	Ⅳ

中文名称	卷序
亚磷酸三异丙酯	Ⅲ
亚磷酸正丁酯	Ⅲ
亚硫酸	Ⅲ
亚硫酸酐	Ⅰ
亚硫酸钠	Ⅰ
亚硫酸氢铵	Ⅰ
亚硫酸氢钙	Ⅲ
亚硫酸氢钠	Ⅰ
亚硫酰(二)氯	Ⅱ
亚氯酸钙	Ⅳ
亚氯酸钠	Ⅳ
亚砒酸钙	Ⅲ
亚砒酸钠	Ⅰ
亚砷酸钙	Ⅲ
亚砷(酸)酐	Ⅰ
亚砷酸钾	Ⅲ
亚砷酸钠	Ⅰ
亚砷酸铅	Ⅲ
亚砷酸氢铜	Ⅲ
亚砷酸锶	Ⅲ
亚砷酸铜	Ⅲ
亚砷酸锌	Ⅲ
亚锑酐	Ⅳ
亚铁氰化钾	Ⅲ
亚铜氰化钾	Ⅲ
4,4′-(9H-9-亚芴基)二(2-氯苯胺)	Ⅴ
4,4′-(9H-9-亚芴基)双酚	Ⅴ
亚硒酐	Ⅱ
亚硒酸	Ⅳ
亚硒酸钡	Ⅲ
亚硒酸钠	Ⅲ
亚硒酸铜	Ⅲ
亚硒酸锌	Ⅲ
亚硝酐	Ⅲ
4-亚硝基苯胺	Ⅳ
4-亚硝基苯酚	Ⅲ
N-亚硝基-N-丙基-1-丙胺	Ⅲ
N-亚硝基二苯胺	Ⅱ
N-亚硝基二丙胺	Ⅲ
N-亚硝基二甲胺	Ⅱ
4-亚硝基-N,N-二甲基苯胺	Ⅲ
N-亚硝基二乙胺	Ⅲ
亚硝基二乙醇胺	Ⅳ

中文名称	卷序
4-亚硝基-*N*,*N*-二乙基苯胺	Ⅱ
4-亚硝基酚	Ⅲ
N-亚硝基甲基氨基甲酸乙酯	Ⅴ
亚硝基甲脲	Ⅲ
亚硝基甲替尿烷	Ⅲ
4-亚硝基邻甲酚	Ⅱ
亚硝基硫酸	Ⅰ
N-亚硝基吗啉	Ⅴ
亚硝酸铵	Ⅲ
亚硝酸钡	Ⅲ
亚硝酸丙酯	Ⅲ
亚硝酸 α,α-二甲基乙酯	Ⅲ
亚硝酸钙	Ⅲ
亚硝酸甲酯	Ⅲ
亚硝酸钾	Ⅲ
亚硝酸钠	Ⅰ
亚硝酸镍	Ⅲ
亚硝酸叔丁酯	Ⅲ
亚硝酸乙酯	Ⅲ
亚硝酸异丙酯	Ⅲ
亚硝酸异丁酯	Ⅲ
亚硝酸异戊酯	Ⅲ
亚硝酸银	Ⅳ
亚硝酸正丙酯	Ⅲ
亚硝酸正丁酯	Ⅲ
亚硝酸正戊酯	Ⅳ
亚硝酸仲丁酯	Ⅴ
亚硝酰硫酸	Ⅰ
亚硝酰氯	Ⅲ
1,2-亚乙基二醇	Ⅰ
亚乙基二氯	Ⅰ
亚乙基胲	Ⅳ
5-亚乙基降冰片烯-2	Ⅴ
1,1′-亚乙基-2,2′-联吡啶鎓盐二溴化物	Ⅱ
亚乙基硫脲	Ⅴ
1,8-亚乙基萘	Ⅱ
亚乙基羟胺	Ⅳ
1,2-亚乙基双二硫代氨基甲酸铵	Ⅰ
1,2-亚乙基双二硫代氨基甲酸锰	Ⅱ
1,2-亚乙基双二硫代氨基甲酸钠	Ⅰ
1,2-亚乙基双二硫代氨基甲酸锌	Ⅰ
N,*N*′-亚乙基双(二硫代氨基甲酸锌)双(*N*,*N*-二甲基二硫代氨基甲酸盐)	Ⅳ
2,2′-亚乙烯基双(5-(4-吗啉基-6-苯胺基-1,3,5-三嗪-2-氨基)苯磺酸)二钠盐	Ⅴ
亚油酸	Ⅳ
氩	Ⅰ
氩(液化的)	Ⅳ
氩气	Ⅰ
烟碱	Ⅳ
烟磺酰胺	Ⅳ
延胡索酸	Ⅰ
盐霉素	Ⅳ
盐霉素钠盐	Ⅳ
盐酸	Ⅰ
盐酸-4-氨基-*N*,*N*-二乙苯胺	Ⅲ
盐酸苯胺	Ⅳ
盐酸苯肼	Ⅳ
盐酸-3,3′-二甲氧基-4,4′-二氨基联苯	Ⅱ
盐酸3,3′-二氯联苯胺	Ⅱ
盐酸4-氯邻甲苯胺	Ⅱ
盐酸-α-萘胺	Ⅱ
盐酸羟胺	Ⅳ
盐酸杀螨脒	Ⅴ
盐酸双(2-氯乙基)胺	Ⅲ
盐酸左旋咪唑	Ⅳ
燕麦敌	Ⅲ
燕麦敌一号	Ⅲ
燕麦灵	Ⅲ
羊脂醛	Ⅲ
羊脂酸	Ⅰ
阳离子翠蓝 GB	Ⅰ
阳离子反相破乳剂	Ⅰ
阳离子聚丙烯酰胺	Ⅰ
阳离子蓝	Ⅰ
阳离子蓝 X-GRL	Ⅲ
阳离子蓝 X-GRRL	Ⅲ
阳离子乳化沥青	Ⅰ
氧(液化的)	Ⅳ
氧	Ⅰ
氧丙环	Ⅰ
3-氧代-2-(苯基亚甲基)丁酸甲酯	Ⅴ
4-(1-氧代-2-丙烯基)吗啡啉	Ⅴ
氧代丁酸	Ⅰ
4,4′-氧代双苯磺酰肼	Ⅴ
氧代-((2,2,6,6-四甲基-4-哌啶基)氨基)乙酰肼	Ⅳ

中文名称	卷序
1,4-氧氮杂环己烷	Ⅰ
4,4′-氧二苯胺	Ⅱ
3,3′-氧二丙腈	Ⅱ
N-氧二亚乙基-2-苯并噻唑次磺酰胺	Ⅰ
氧化钡	Ⅳ
氧化苯乙烯	Ⅲ
氧化丙烯	Ⅰ
氧化氮	Ⅲ
氧化碲	Ⅲ
氧化丁烯	Ⅰ
β,β'-氧化二丙腈	Ⅱ
氧化二丁基锡	Ⅱ
氧化钙	Ⅲ
氧化高钴	Ⅲ
氧化高镍	Ⅳ
氧化高锡	Ⅳ
氧化镉	Ⅲ
氧化铬(Ⅲ)	Ⅳ
氧化铬绿	Ⅳ
氧化汞(Ⅱ)	Ⅳ
氧化汞	Ⅰ
氧化钴	Ⅳ
氧化环己烯	Ⅰ
氧化乐果	Ⅲ
氧化沥青料	Ⅰ
氧化钌	Ⅲ
氧化铝	Ⅳ
氧化铝陶瓷	Ⅴ
氧化氯二苯	Ⅴ
氧化镁	Ⅰ
氧化锰	Ⅲ
氧化钠	Ⅲ
氧化镍	Ⅳ
氧化偶氮苯	Ⅴ
氧化硼	Ⅴ
氧化铍	Ⅲ
氧化铅	Ⅲ
氧化石油脂钡皂	Ⅰ
氧化铊	Ⅲ
氧化钽	Ⅲ
氧化铁	Ⅴ
氧化铜	Ⅳ
氧化钍	Ⅲ

中文名称	卷序
氧化萎锈灵	Ⅴ
氧化钨	Ⅲ
氧化辛烯	Ⅲ
氧化锌	Ⅳ
氧化亚氮	Ⅲ
氧化亚汞	Ⅲ
氧化亚锰	Ⅳ
氧化亚铜	Ⅴ
氧化乙烯	Ⅰ
氧化铟	Ⅲ
氧化铟锡	Ⅴ
氧环唑	Ⅴ
氧己环	Ⅲ
氧乐果	Ⅲ
氧硫化碳	Ⅳ
氧氯化氮	Ⅲ
氧氯化锆	Ⅴ
氧氯化铬	Ⅱ
氧氯化磷	Ⅲ
氧氯化硫	Ⅱ
氧氯化铜	Ⅲ
氧氯化硒	Ⅲ
氧气	Ⅰ
氧氰化汞	Ⅲ
4,4′-氧双邻苯二甲酸酐	Ⅴ
4,4′-氧双(亚乙基硫代)二酚	Ⅴ
氧溴化磷	Ⅲ
氧茚	Ⅱ
7-氧杂二环[4,1,0]庚烷	Ⅰ
氧杂环戊烷	Ⅰ
氧杂茂	Ⅰ
7-氧杂双环[2,2,1]庚烷-2,3-二羧酸	Ⅱ
椰子酸二乙醇胺缩合物	Ⅰ
野麦畏	Ⅲ
野燕枯	Ⅴ
叶枯炔	Ⅳ
页岩油	Ⅴ
液氨	Ⅰ
液氮	Ⅲ
液化石油气	Ⅰ
液氯	Ⅰ
S-1 液体	Ⅰ
液体凡士林	Ⅰ

中文名称	卷序
液体石蜡	Ⅰ
液压油(L-HL)	Ⅰ
一氮化锂	Ⅲ
一碘化铊	Ⅱ
一氟二氯甲烷	Ⅲ
一氟乙酸对溴苯胺	Ⅳ
一甲胺	Ⅰ
一甲肼	Ⅴ
一硫代乙二醇	Ⅰ
一氯丙酮	Ⅳ
一氯代苯	Ⅰ
一氯二苯醚	Ⅳ
一氯二氟甲烷	Ⅳ
一氯二氟溴甲烷	Ⅲ
一氯二氟乙烷	Ⅲ
一氯二硝基苯	Ⅴ
一氯二乙基铝	Ⅰ
一氯化苯醚	Ⅳ
一氯化碘	Ⅱ
一氯化硫	Ⅳ
一氯化铊	Ⅲ
一氯三氟乙烷	Ⅲ
一氯杀螨砜	Ⅲ
一氯五氟化苯	Ⅲ
一氯五氟乙烷	Ⅲ
一氯乙醛	Ⅱ
一氯乙酸	Ⅰ
一氯乙酸钠	Ⅳ
一水合肼	Ⅰ
一水合硫酸锰	Ⅴ
一水合偏钨酸钠	Ⅴ
一缩二丙二醇	Ⅰ
一溴二氯甲烷	Ⅴ
一溴化碘	Ⅲ
一溴化汞	Ⅲ
一溴化铊	Ⅲ
一溴三氟乙烷	Ⅳ
一溴一氯二氟甲烷	Ⅲ
一氧化钡	Ⅳ
一氧化氮	Ⅲ
一氧化二氮(压缩的)	Ⅲ
一氧化二氯	Ⅲ
一氧化汞	Ⅰ
一氧化钴	Ⅳ
一氧化锰	Ⅳ
一氧化钠	Ⅲ
一氧化镍	Ⅳ
一氧化铍	Ⅲ
一氧化铅	Ⅲ
一氧化碳	Ⅰ
一氧化乙烯基环己烯	Ⅳ
一乙酸甘油酯	Ⅲ
一乙酸间苯二酚酯	Ⅲ
衣康酸	Ⅲ
胰蛋白酶	Ⅳ
胰凝乳朊酶	Ⅴ
4-乙氨基-3-硝基苯甲酸	Ⅴ
乙胺	Ⅰ
乙拌磷	Ⅳ
乙苯	Ⅰ
乙丙共聚物粘度指数改进剂	Ⅰ
乙丙醚	Ⅲ
乙丙橡胶	Ⅰ
乙醇	Ⅰ
乙醇钾	Ⅴ
乙醇钠	Ⅳ
乙醇钠乙醇溶液	Ⅳ
乙醇酸	Ⅳ
乙底酸	Ⅰ
乙二胺	Ⅰ
乙二胺四甲叉膦酸	Ⅰ
乙二胺四亚甲基膦酸钠	Ⅰ
乙二胺四亚甲基膦酸	Ⅰ
乙二胺四乙酸	Ⅰ
乙二胺四乙酸二钠	Ⅰ
乙二醇	Ⅰ
乙二醇苯基醚	Ⅲ
乙二醇单丙基醚	Ⅲ
乙二醇单丙烯酸酯	Ⅲ
乙二醇单醋酸酯	Ⅲ
乙二醇单丁醚	Ⅰ
乙二醇单甲基丙烯酸酯	Ⅲ
乙二醇单十八酸酯	Ⅰ
乙二醇单 2-乙基丁醚	Ⅲ
乙二醇单乙醚	Ⅰ
乙二醇单乙酸酯	Ⅲ

中文名称	卷序
乙二醇单硬脂酸酯	Ⅰ
乙二醇丁醚	Ⅰ
乙二醇二醋酸酯	Ⅲ
乙二醇二丁醚	Ⅲ
乙二醇二甲醚	Ⅲ
乙二醇(二氯乙酸酯)	Ⅴ
乙二醇二硝酸酯	Ⅲ
乙二醇二乙醚	Ⅰ
乙二醇二乙酸酯	Ⅲ
乙二醇甲基乙烯基醚	Ⅲ
乙二醇甲醚	Ⅰ
乙二醇甲醚乙酸酯	Ⅲ
乙二醇叔丁基乙基醚	Ⅲ
乙二醇一己醚	Ⅴ
乙二醇一甲醚	Ⅰ
乙二醇乙醚	Ⅰ
乙二醇乙醚乙酸酯	Ⅲ
乙二醇乙酸酯	Ⅲ
乙二醇异丙醚	Ⅳ
N,*N′*-1,2-乙二基双十八(碳)酰胺	Ⅰ
乙二腈	Ⅴ
乙二醛	Ⅰ
乙二酸	Ⅳ
乙二酸铵盐	Ⅳ
乙二酸钡	Ⅲ
乙二酸二丁酯	Ⅲ
乙二酸二甲酯	Ⅲ
乙二酸二乙酯	Ⅲ
乙二酰氯	Ⅳ
乙酐	Ⅰ
乙基保棉磷	Ⅲ
乙基苯	Ⅰ
N-乙基 2-(苯氨基羰基氧基)丙酰胺	Ⅲ
2-乙基苯胺	Ⅱ
N-乙基苯胺	Ⅱ
5-乙基-5-苯基-2,4,6-(1H,3H,5H)-嘧啶三酮	Ⅳ
α-乙基吡啶	Ⅱ
γ-乙基吡啶	Ⅱ
2-乙基吡啶	Ⅱ
3-乙基吡啶	Ⅱ
4-乙基吡啶	Ⅱ

中文名称	卷序
N-(1-乙基丙基)-3,4-二甲基-2,6-二硝基苯胺	Ⅲ
乙基丙基(甲)酮	Ⅱ
乙基丙基醚	Ⅲ
乙基碘	Ⅱ
2-乙基丁胺	Ⅳ
2-乙基丁醇	Ⅱ
2-乙基-1-丁醇	Ⅱ
1-乙基丁醇	Ⅱ
2-乙基丁醛	Ⅱ
2-乙基丁酸	Ⅳ
2-乙基-1-丁烯	Ⅱ
2-(2-乙基丁氧基)乙醇	Ⅲ
乙基对氨基苯基(甲)酮	Ⅲ
乙基二氯硅烷	Ⅲ
乙基二氯化铝	Ⅱ
乙基二氯胂	Ⅲ
2-乙基-1-(2-(1,3-二氧杂环己基)乙基)-溴化吡啶鎓	Ⅴ
N-乙基二异丙胺	Ⅱ
乙基氟	Ⅰ
6-乙基-5-氟-4(3H)-嘧啶酮	Ⅴ
N-(乙基汞)对甲苯磺酰替苯胺	Ⅱ
乙基谷硫磷	Ⅲ
乙基环己烷	Ⅲ
乙基环戊烷	Ⅲ
2-乙基己胺	Ⅱ
2-乙基己醇钠	Ⅴ
2-乙基-1,3-己二醇	Ⅲ
3-((2-乙基己基)氧)-1,2-丙二醇	Ⅴ
2-乙基己基乙烯基醚	Ⅲ
2-乙基己醛	Ⅳ
2-乙基己酸	Ⅰ
2-乙基己酸乙烯酯	Ⅲ
2-乙基-1-己烯	Ⅲ
2-乙基己烯-1	Ⅲ
N-乙基-3-甲基苯胺	Ⅱ
5-乙基-2-甲基吡啶	Ⅱ
3-乙基-2-甲基-2-(3-甲基丁基)-1,3-氧氮杂环戊烷	Ⅴ
乙基-3-甲基-4-(甲硫基)苯基-*N*-异丙基磷酰胺	Ⅲ
N-乙基-*N*-甲基哌啶鎓碘化物	Ⅴ

中文名称	卷序
2,2-乙基甲基噻唑烷	Ⅴ
3-乙基-2-甲基戊烷	Ⅱ
4-(2-(3-乙基-4-甲基-2-氧-3-吡咯啉-甲酰胺基)乙基)苯磺酰胺	Ⅳ
乙基甲基乙炔	Ⅳ
4-乙基-2-甲基-2-异戊基-1,3-噁唑烷	Ⅴ
N-乙基间甲苯胺	Ⅱ
乙基硫醇	Ⅲ
N-乙基六氢吡啶	Ⅱ
乙基氯	Ⅰ
S-乙基-2-(4-氯-2-甲基苯氧基)硫代乙酸酯	Ⅳ
N-乙基吗啉	Ⅱ
4-乙基吗啉	Ⅱ
N-乙基-1-萘胺	Ⅱ
N-乙基-α-萘胺	Ⅱ
1-乙基哌啶	Ⅱ
乙基硼	Ⅲ
5-乙基-2-皮考林	Ⅱ
O-乙基羟胺	Ⅴ
7-乙基-3-(2-羟乙基)吲哚	Ⅴ
乙基氰	Ⅱ
乙基溶纤剂	Ⅰ
1-乙基-6,7,8-三氟-1,4-二氢-4-氧代-3-喹啉甲酸乙酯	Ⅳ
O-乙基-*O*-2,4,5-三氯苯基乙基硫代磷酸酯	Ⅲ
乙基三氯硅烷	Ⅲ
乙基三乙氧基硅烷	Ⅳ
乙基叔丁基醚	Ⅴ
S-乙基双(2-甲丙基)硫代氨基甲酸酯	Ⅲ
乙基四磷酸酯	Ⅲ
乙基烯丙基醚	Ⅳ
乙基香兰素	Ⅳ
4-乙基硝基苯	Ⅱ
1-乙基-2-硝基苯	Ⅱ
1-乙基-4-硝基苯	Ⅱ
O-乙基 *O*-(4-硝基苯基)苯基硫代膦酸酯	Ⅱ
O-乙基-*O*-(6-硝基-间-甲苯基-仲丁基)硫代磷酰胺酯	Ⅳ
乙基溴	Ⅲ
乙基溴硫磷	Ⅳ
乙基乙炔	Ⅱ
5-乙基-2-乙烯吡啶	Ⅲ
乙基乙烯醚	Ⅳ
2-乙基己基-2′-乙基己基磷酸酯	Ⅱ
乙基异丙基(甲)酮	Ⅱ
乙基异氰酸酯	Ⅳ
乙基正丁基(甲)酮	Ⅱ
乙基正丁基醚	Ⅳ
乙基仲戊基甲酮	Ⅳ
乙腈	Ⅰ
乙菌利	Ⅴ
乙肼	Ⅲ
乙硫苯威	Ⅴ
乙硫醇	Ⅲ
乙硫基乙醇	Ⅳ
α-乙硫基乙醇	Ⅳ
S-(2-(乙硫基)乙基)-*O*,*O*-二甲基二硫代磷酸酯	Ⅱ
S-(2-(乙硫基)乙基)-*O*,*O*-二甲基硫代磷酸酯	Ⅱ
乙硫磷	Ⅲ
乙螨唑	Ⅴ
乙醚	Ⅰ
乙嘧酚	Ⅴ
乙嘧硫磷	Ⅴ
乙硼烷	Ⅲ
乙醛	Ⅰ
乙醛缩二甲醇	Ⅱ
乙醛肟	Ⅳ
乙炔	Ⅰ
乙炔苯	Ⅱ
2-乙炔-2-丁醇	Ⅱ
乙炔二羰酰胺	Ⅳ
乙炔铜	Ⅰ
乙炔银	Ⅲ
乙酸	Ⅰ
乙酸-1-乙基戊酯	Ⅳ
乙酸钡	Ⅳ
乙酸苯汞	Ⅰ
乙酸苯乙酯	Ⅳ
乙酸苯酯	Ⅳ
乙酸苄酯	Ⅳ
乙酸丙酯	Ⅲ

中文名称	卷序
乙酸-2-丁氧基乙酯	Ⅲ
乙酸丁酯	Ⅰ
乙酸酐	Ⅰ
乙酸高汞	Ⅳ
乙酸镉	Ⅲ
乙酸庚酯	Ⅳ
乙酸汞	Ⅰ
乙酸汞(Ⅱ)	Ⅳ
乙酸钴	Ⅳ
乙酸环己酯	Ⅳ
2-乙酸-4-甲基戊酯	Ⅳ
乙酸(甲基-*O*,*N*,*N*-氧化偶氮基)甲酯	Ⅴ
乙酸-3-甲氧基丁酯	Ⅳ
乙酸-2-甲氧基-1-甲基乙基酯	Ⅳ
乙酸甲氧基乙基汞	Ⅳ
乙酸-2-甲氧基乙酯	Ⅲ
乙酸甲酯	Ⅰ
乙酸镁	Ⅲ
乙酸钠,无水	Ⅰ
乙酸钠	Ⅰ
乙酸镍	Ⅲ
乙酸铍	Ⅳ
乙酸铅	Ⅳ
乙酸铅(Ⅱ)	Ⅴ
乙酸铅(Ⅱ)三水合物	Ⅴ
乙酸 2-羟基乙酯	Ⅲ
乙酸壬酯	Ⅳ
乙酸三氟化硼	Ⅳ
乙酸叔丁酯	Ⅰ
乙酸双氧铀	Ⅳ
乙酸铊	Ⅳ
乙酸铜	Ⅳ
乙酸戊酯	Ⅲ
乙酸烯丙酯	Ⅳ
乙酸辛酯	Ⅳ
乙酸锌	Ⅲ
乙酸锌(二水合物)	Ⅴ
乙酸亚汞	Ⅳ
乙酸亚铊	Ⅳ
乙酸乙二醇甲醚	Ⅲ
乙酸乙二醇乙醚	Ⅲ
乙酸乙基丁酯	Ⅴ
乙酸-2-乙基己酯	Ⅳ

中文名称	卷序
乙酸乙烯酯	Ⅰ
乙酸 2-乙酰氧甲基-4-苄基氧-1-丁基酯	Ⅳ
乙酸 2-乙氧基乙酯	Ⅲ
乙酸乙酯	Ⅰ
乙酸异丙烯酯	Ⅳ
乙酸异丙酯	Ⅰ
乙酸异丁酯	Ⅲ
乙酸正丙酯	Ⅲ
乙酸正己酯	Ⅳ
乙酸正戊酯	Ⅲ
乙酸仲丁酯	Ⅲ
乙酸仲己酯	Ⅳ
乙缩醛	Ⅰ
乙烷	Ⅰ
乙烯	Ⅰ
2-乙烯吡啶	Ⅱ
乙烯-醋酸乙烯共聚物	Ⅰ
2,2′-(1,2-乙烯二基双(3-磺基-4,1-亚苯基)亚氨基(6-((2-氰乙基)(2-羟基丙基)氨基)-1,3,5-三嗪-4,2-二基)亚氨基)双-1,4-苯二磺酸六钠盐	Ⅴ
乙烯硅	Ⅴ
4-乙烯-1-环己烯	Ⅱ
乙烯基苯	Ⅰ
α-乙烯基吡啶	Ⅱ
2-乙烯基吡啶	Ⅱ
3-乙烯基吡啶	Ⅱ
4-乙烯基吡啶	Ⅱ
1-乙烯基-2-吡咯烷酮	Ⅴ
N-乙烯基吡咯烷酮	Ⅴ
1-乙烯基-2-吡咯烷酮聚合物	Ⅰ
乙烯基丁酸酯	Ⅳ
乙烯基氟	Ⅰ
4-乙烯基环己烯	Ⅱ
乙烯基甲苯	Ⅴ
乙烯基甲基醚	Ⅳ
O,*O*′-(乙烯基甲基亚甲硅基)二((4-甲基戊-2-酮)肟)	Ⅴ
乙烯基甲醚	Ⅳ
4-乙烯基间二甲苯	Ⅱ
N-乙烯基咔唑	Ⅴ
乙烯基氯	Ⅰ

中文名称	卷序
乙烯基醚	Ⅱ
乙烯基氰	Ⅰ
乙烯(基)三氯硅烷	Ⅲ
乙烯基溴	Ⅲ
乙烯基乙基甲酮	Ⅱ
乙烯基乙醚	Ⅳ
乙烯基乙炔	Ⅳ
乙烯基乙酸异丁酯	Ⅴ
乙烯基异丙基醚	Ⅳ
乙烯(基)异丁醚	Ⅳ
乙烯基异丁醚	Ⅳ
乙烯基正丁基醚	Ⅳ
乙烯(基)正丁醚	Ⅳ
乙烯焦油	Ⅰ
乙烯菌核利	Ⅳ
乙烯利	Ⅳ
乙烯磷	Ⅳ
乙烯(2-氯乙基)醚	Ⅳ
乙烯-2-氯乙醚	Ⅳ
乙烯三乙氧基硅烷	Ⅳ
乙烯酮	Ⅴ
乙烯-2-乙基己基醚	Ⅲ
乙烯-乙酸乙烯酯共聚物	Ⅰ
乙酰胺	Ⅰ
(2-乙酰胺基-5-氟-4-异硫氰基苯氧基)乙酸乙酯	Ⅳ
乙酰苯	Ⅰ
乙酰苯胺	Ⅱ
乙酰苯肼	Ⅳ
1-乙酰-2-苯肼	Ⅳ
3-乙酰-1-丙醇	Ⅱ
乙酰丙酮	Ⅰ
乙酰碘	Ⅳ
乙酰对氨基苯乙醚	Ⅳ
N-乙酰对苯二胺	Ⅱ
乙酰过氧化苯甲酰	Ⅱ
3-乙酰基-1-苯基吡咯烷-3,4-二酮	Ⅴ
4-乙酰基吗啉	Ⅳ
N-乙酰基吗啉	Ⅳ
N-(3-乙酰基-2-羟苯基)-4-(4-苯基丁氧基)苯甲酰胺	Ⅳ
3′-(3-乙酰基-4-羟苯基)-1,1-二乙脲	Ⅳ
N-(3-((2-(乙酰基氧)乙基)苄基氨基)-4-甲氧基苯基)乙酰胺	Ⅳ
乙酰基乙酰邻氯苯胺	Ⅳ
乙酰甲胺磷	Ⅳ
乙酰甲基甲醇	Ⅱ
3-(α-乙酰甲基-4-氯苄基)-4-羟基香豆素	Ⅱ
N-α-乙酰-L-精氨酸	Ⅲ
(*S*)-α-(乙酰硫)苯丙酸	Ⅳ
3-(乙酰硫)-2-甲基-丙酸甲酯	Ⅴ
乙酰氯	Ⅲ
乙酰水杨酸	Ⅴ
乙酰溴	Ⅰ
乙酰亚砷酸铜	Ⅳ
乙酰氧基三苯基锡	Ⅳ
(3β,5α,6β)-3-(乙酰氧)-5-溴-6-羟基-雄-17-酮	Ⅴ
乙酰乙酸丁酯	Ⅳ
乙酰乙酸甲酯	Ⅳ
乙酰乙酸乙酯	Ⅳ
3-乙酰乙酰胺基-4-甲氧基苯磺酸三(2-(2-羟基乙氧基)乙基)铵盐	Ⅴ
3-乙酰乙酰胺基-4-甲氧甲苯基-6-磺酸钠	Ⅳ
乙酰乙酰克利西丁磺酸钠盐	Ⅳ
乙酰乙氧基苯胺	Ⅳ
乙氧呋草黄	Ⅳ
乙氧基苯	Ⅳ
4-乙氧基苯胺	Ⅱ
4′-乙氧基-2-苯并咪唑酰苯胺	Ⅳ
2-(4-乙氧基苯基)-2-甲基丙基-3-苯氧基-苄基醚	Ⅴ
1-乙氧基-2-丙醇	Ⅱ
1-乙氧基丙烷	Ⅲ
2-乙氧基-2,2′-二甲基乙烷	Ⅴ
2-乙氧基-3,4-二氢-1,2-吡喃	Ⅳ
1-乙氧基-甲基丙烷	Ⅰ
乙氧基钠	Ⅳ
3-乙氧基-4-羟基苯甲醛	Ⅳ
乙氧基三甲基硅烷	Ⅳ
2-乙氧基乙醇	Ⅰ
乙氧基乙烯	Ⅳ
4′-乙氧基乙酰苯胺	Ⅳ

中文名称	卷序
乙氧喹啉	Ⅴ
乙氧嘧磺隆	Ⅴ
乙酯杀螨醇	Ⅱ
钇	Ⅴ
蚁醛溶液	Ⅰ
蚁酸	Ⅰ
异艾氏剂	Ⅴ
异拌磷	Ⅴ
异丙胺	Ⅲ
异丙苯	Ⅰ
异丙醇	Ⅰ
异丙醇胺	Ⅲ
异丙醇铝	Ⅴ
异丙稻瘟净	Ⅲ
N-异丙基苯胺	Ⅴ
3-异丙基-4H-2,1,3-苯并噻二嗪-4-酮 2,2-二氧化物	Ⅱ
3-异丙基苯酚	Ⅳ
2-异丙基苯酚	Ⅳ
4-异丙基苯酚	Ⅳ
N-异丙基-*N'*-苯基-对苯二胺	Ⅰ
N-异丙基丙烯酰胺	Ⅳ
异丙基碘	Ⅱ
异丙基黄原酸钠	Ⅴ
2-异丙基-2-(1-甲基丁基)-1,3-二甲氧基丙烷	Ⅴ
异丙基氯	Ⅰ
异丙基氰	Ⅲ
异丙基缩水甘油醚	Ⅳ
异丙基溴	Ⅲ
S-(2-(异丙基亚硫酰基)乙基)-*O*,*O*-二甲基硫代磷酸酯	Ⅳ
异丙基乙烯	Ⅱ
异丙基乙烯基醚	Ⅳ
异丙基异氰酸酯	Ⅳ
异丙甲草胺	Ⅳ
异丙硫醇	Ⅳ
异丙隆	Ⅴ
异丙威	Ⅴ
异丙烯基苯	Ⅰ
异丙烯基氯	Ⅰ
异丙烯基乙炔	Ⅱ
2-异丙氧基乙醇	Ⅳ
异稻瘟净	Ⅲ
异狄氏剂	Ⅳ
异地乐酚	Ⅲ
异丁胺	Ⅲ
异丁醇	Ⅰ
异丁(基)苯	Ⅴ
异丁基碘	Ⅱ
异丁基环戊烷	Ⅴ
异丁基氯	Ⅱ
异丁基氰	Ⅲ
异丁基溴	Ⅱ
4,4'-异丁基亚乙基联苯酚	Ⅴ
异丁基乙烯基醚(抑制了的)	Ⅳ
异丁基乙烯(基)醚	Ⅳ
异丁基异丙基二甲氧基硅烷	Ⅴ
异丁腈	Ⅲ
异丁硫醇	Ⅲ
异丁醛	Ⅰ
异丁酸	Ⅲ
异丁酸丁酯	Ⅲ
异丁酸酐	Ⅲ
异丁酸甲酯	Ⅳ
异丁酸辛酯	Ⅰ
异丁酸乙酯	Ⅲ
异丁酸异丙酯	Ⅳ
异丁酸异丁酯	Ⅲ
异丁酸正丙酯	Ⅲ
异丁烷	Ⅰ
异丁烯	Ⅰ
异丁烯醇	Ⅱ
异丁烯酸甲酯	Ⅰ
异丁烯酸正丁酯	Ⅰ
异丁酰氯	Ⅳ
异丁氧基乙烯	Ⅳ
异丁子香酚	Ⅳ
异噁唑草酮	Ⅴ
异佛尔酮	Ⅳ
异佛尔酮二胺	Ⅴ
异佛尔酮二异氰酸酯	Ⅳ
异庚烯	Ⅳ
异己酸	Ⅳ
异己酮	Ⅰ
异己烷	Ⅰ

中文名称	卷序
异己烯	Ⅳ
4-异硫氰基苯胺	Ⅱ
异硫氰酸苯酯	Ⅲ
异硫氰酸甲酯	Ⅳ
异硫氰酸-1-萘酯	Ⅳ
异硫氰酸烯丙酯	Ⅲ
异硫氰酸乙酯	Ⅲ
异柳磷	Ⅴ
异氯磷	Ⅳ
异氰基乙酸乙酯	Ⅳ
异氰基乙烷	Ⅲ
异氰尿酸三缩水甘油酯	Ⅴ
异氰酸-3,4-二氯苯酯	Ⅱ
异氰酸苯酯	Ⅲ
异氰酸丙酯	Ⅳ
异氰酸对硝基苯	Ⅳ
异氰酸对硝基苯酯	Ⅳ
异氰酸对溴苯酯	Ⅳ
异氰酸-2,4-二氯苯酯	Ⅳ
异氰酸-2,3-二氯苯酯	Ⅳ
异氰酸-2,5-二氯苯酯	Ⅳ
异氰酸-2,6-二氯苯酯	Ⅳ
2-(异氰酸根合磺酰)苯甲酸乙酯	Ⅴ
3-异氰酸根合磺酰基-2-噻吩-羧酸甲酯	Ⅴ
2-(异氰酸根合磺酰甲基)苯甲酸甲酯	Ⅴ
1-(1-异氰酸根合-1-甲基乙基)-3-(1-甲基乙烯基)苯	Ⅴ
异氰酸甲酯	Ⅰ
异氰酸-α-萘酯	Ⅳ
异氰酸-2-萘酯	Ⅳ
异氰酸-1-萘酯	Ⅳ
异氰酸-β-萘酯	Ⅳ
异氰酸三氟甲苯酯	Ⅳ
异氰酸十八酯	Ⅳ
异氰酸叔丁酯	Ⅳ
异氰酸-4-硝基苯酯	Ⅳ
异氰酸-4-溴苯酯	Ⅳ
异氰酸乙酯	Ⅳ
异氰酸异丙酯	Ⅳ
异氰酸异丁酯	Ⅳ
异氰酸正丙酯	Ⅳ
异氰酸正丁酯	Ⅳ
异氰乙酸乙酯	Ⅳ

中文名称	卷序
异噻唑啉酮	Ⅰ
异十二烷	Ⅳ
异松油烯	Ⅳ
异索威	Ⅴ
异戊胺	Ⅲ
异戊醇	Ⅰ
异戊二烯	Ⅰ
异戊基氯	Ⅲ
异戊基氰	Ⅱ
异戊基溴	Ⅱ
异戊腈	Ⅲ
异戊硫醇	Ⅲ
异戊醛	Ⅰ
(异)戊酸	Ⅳ
异戊酸甲酯	Ⅳ
异戊酸乙酯	Ⅲ
异戊烷	Ⅰ
异戊烯	Ⅳ
β-异戊烯	Ⅱ
异戊酰氯	Ⅳ
异辛胺	Ⅱ
异辛醇	Ⅰ
异辛基苯酚	Ⅰ
异辛烯	Ⅲ
异亚丙基丙酮	Ⅱ
1H-异吲哚-1,3(2H)-二酮	Ⅱ
抑草磷	Ⅳ
抑草生	Ⅲ
抑霉唑	Ⅴ
抑霉唑硫酸盐,水溶液	Ⅴ
抑芽丹	Ⅲ
益硫磷	Ⅴ
益棉磷	Ⅲ
益赛昂	Ⅲ
因毒磷	Ⅴ
阴离子聚丙烯酰胺	Ⅰ
茵草敌	Ⅱ
茵多杀	Ⅱ
茵多酸	Ⅱ
铟	Ⅲ
银	Ⅳ
银氰化钾	Ⅲ
引发剂 IPP	Ⅰ

中文名称	卷序
引发剂 TBPV	Ⅰ
引发剂 A	Ⅰ
引发剂 BPO	Ⅰ
引发剂 C	Ⅰ
引发剂 CP-10	Ⅰ
引发剂 K	Ⅰ
引发剂 CP-02	Ⅰ
引发剂 DP-275B	Ⅰ
引发剂 O	Ⅰ
引发剂 EHP	Ⅰ
引发剂 OT	Ⅰ
(*S*)-吲哚啉-2-羧酸	Ⅴ
茚	Ⅴ
罂粟碱	Ⅴ
荧光增白剂 71	Ⅴ
萤蒽	Ⅳ
萤石	Ⅳ
蝇毒	Ⅳ
蝇毒磷	Ⅳ
硬脂胺	Ⅰ
硬脂醇	Ⅰ
硬脂腈	Ⅲ
硬脂酸	Ⅰ
硬脂酸丁酯	Ⅳ
硬脂酸钙	Ⅰ
硬脂酸镉	Ⅳ
硬脂酸甲酯	Ⅳ
硬脂酸铝	Ⅰ
硬脂酸镁	Ⅴ
硬脂酸钠	Ⅴ
硬脂酸铅	Ⅰ
硬脂酸锌	Ⅳ
硬脂酸乙酯	Ⅳ
硬脂酰胺	Ⅳ
硬脂酰氯	Ⅳ
2,6-油	Ⅰ
油菜籽油	Ⅰ
油墨原料油	Ⅰ
油漆工业用溶剂油	Ⅰ
油漆溶剂油	Ⅰ
油酸	Ⅰ
油酸丁酯	Ⅰ
油酸环氧酯	Ⅰ
油酸甲氧基乙酯	Ⅳ
油酸三乙醇胺	Ⅰ
油酸酰胺	Ⅳ
油酸乙二醇酯	Ⅰ
油酰胺	Ⅳ
N-油酰肌氨酸十八胺	Ⅰ
油酰基肌氨酸钠	Ⅰ
油酰替肌氨酸钠	Ⅰ
406 油性剂	Ⅰ
T406 油性剂	Ⅳ
401 油性剂	Ⅰ
403 油性剂	Ⅰ
404 油性剂	Ⅰ
405 油性剂	Ⅰ
油毡沥青	Ⅰ
铀	Ⅴ
有机锆	Ⅰ
有机硅树脂	Ⅳ
有机钛交联剂 HA-1	Ⅰ
莠灭净	Ⅴ
莠去津	Ⅰ
右旋反式苯氰菊酯	Ⅳ
鱼雷燃料	Ⅰ
鱼尼汀	Ⅴ
鱼藤精	Ⅳ
鱼藤酮	Ⅳ
育畜磷	Ⅴ
愈创木酚	Ⅲ
原丙酸三乙酯	Ⅳ
原丙酸乙酯	Ⅳ
原硅酸乙酯	Ⅰ
原甲酸(三)甲酯	Ⅲ
原甲酸三乙酯	Ⅲ
原甲酸乙酯	Ⅲ
原砷酸	Ⅲ
原亚砷酸锶	Ⅲ
原乙酸三甲酯	Ⅱ
原油	Ⅰ
月桂醇	Ⅲ
月桂醇硫酸钠	Ⅰ
月桂基苯磺酸钙	Ⅰ
月桂基三甲基氯化铵	Ⅰ
月桂硫醇	Ⅲ

中文名称	卷序
月桂酸	Ⅰ
月桂酸丙三醇酯	Ⅰ
月桂酸乙酯	Ⅳ
月桂酰胺	Ⅳ
月桂酰基肌氨酸钠	Ⅰ
月桂酰氯	Ⅳ
月石砂	Ⅰ
云母带	Ⅳ
匀染剂 1227	Ⅰ
匀染剂 1827	Ⅰ
孕-5-烯-3,20-二酮双(乙二醇缩酮)	Ⅴ
Z	
杂酚	Ⅰ
杂戊醇	Ⅳ
再生煤油	Ⅰ
再生纤维素	Ⅰ
增甘膦	Ⅳ
增塑剂 TCP	Ⅰ
增效砜	Ⅳ
增效醚	Ⅲ
增效散	Ⅴ
T-601 增自食其果黏剂	Ⅰ
渣油	Ⅰ
轧制油	Ⅰ
602 黏度指数改进剂	Ⅰ
612 黏度指数改进剂	Ⅰ
T-601 黏度指数改进剂	Ⅰ
T-603 黏度指数改进剂	Ⅰ
黏结剂专用溶剂油	Ⅰ
黏氯酸	Ⅱ
樟脑	Ⅲ
樟脑油	Ⅴ
锗烷	Ⅴ
针状焦	Ⅰ
针状石油焦	Ⅰ
正丙胺	Ⅰ
正丙醇	Ⅰ
正丙基环戊烷	Ⅲ
正丙基三氯硅烷	Ⅳ
正丙基溴	Ⅱ
正丙硫醇	Ⅲ
正丙醛	Ⅰ
正丙烷	Ⅰ

中文名称	卷序
2-正丙氧基乙醇	Ⅲ
正丁胺	Ⅱ
正丁苯	Ⅲ
正丁醇	Ⅰ
正丁基苯	Ⅲ
N-正丁基苯胺	Ⅳ
2-正丁基-苯并(d)异噻唑-3-酮	Ⅴ
α-正丁基苯乙腈	Ⅴ
正丁基碘	Ⅱ
N-正丁基对氨基酚	Ⅰ
正丁基环己烷	Ⅰ
正丁基环戊烷	Ⅰ
正丁基锂	Ⅰ
正丁基氯	Ⅰ
正丁基三氯硅烷	Ⅳ
正丁基缩水甘油醚	Ⅱ
正丁基溴	Ⅲ
正丁基乙炔	Ⅱ
正丁基乙烯(基)醚	Ⅳ
正丁腈	Ⅰ
正丁硫醇	Ⅲ
正丁醛	Ⅰ
正丁酸	Ⅰ
正丁酸甲酯	Ⅲ
正丁酸乙烯酯	Ⅳ
正丁酸乙酯	Ⅰ
正丁酸异丙酯	Ⅲ
正丁酸正丙酯	Ⅰ
正丁酸正丁酯	Ⅰ
正丁烷	Ⅰ
正丁酰氯	Ⅳ
正丁氧基乙烯	Ⅳ
正锆酸四乙酰丙酮酯	Ⅰ
正庚胺	Ⅰ
正庚醇	Ⅳ
正庚醛	Ⅰ
正庚炔	Ⅱ
正庚烯	Ⅰ
正硅酸甲酯	Ⅲ
正硅酸乙酯	Ⅰ
正癸酸	Ⅰ
正癸烷	Ⅰ
正癸烯	Ⅰ

中文名称	卷序
正己胺	Ⅰ
正己醇	Ⅳ
正己基锂	Ⅴ
正己硫醇	Ⅱ
正己醛	Ⅰ
正己酸甲酯	Ⅲ
正己酸乙酯	Ⅱ
正己烷	Ⅴ
正己酰氯	Ⅱ
正磷酸	Ⅰ
正壬醇	Ⅳ
正壬烷	Ⅰ
正十二烷基胍乙酸盐	Ⅱ
2-正十六烷基对苯二酚	Ⅴ
正戊胺	Ⅰ
正戊醇	Ⅰ
正戊基碘	Ⅱ
4-正戊基环己基酮	Ⅴ
正戊基溴	Ⅲ
正戊硫醇	Ⅱ
正戊醛	Ⅲ
(正)戊酸	Ⅳ
正戊酸甲酯	Ⅳ
正戊酸乙酯	Ⅲ
正戊烷	Ⅰ
正戊烯	Ⅰ
正辛腈	Ⅳ
正辛硫醇	Ⅲ
脂肪醇聚氧乙烯醚	Ⅰ
直接湖蓝 5B	Ⅴ
直接蓝 14	Ⅴ
酯菌胺	Ⅴ
制冷剂 R-12B	Ⅲ
制冷剂 R-13B1	Ⅳ
制冷剂 R-14	Ⅲ
制冷剂 R-40	Ⅰ
制冷剂 R-161	Ⅰ
制冷剂 R-152a	Ⅲ
制冷剂-F22	Ⅰ
制冷气体 RC318	Ⅱ
制冷气体 R41	Ⅱ
制冷气体 R114	Ⅱ
制冷气体 R116	Ⅱ

中文名称	卷序
制冷气体 R218	Ⅱ
治螟磷	Ⅱ
智利硝	Ⅰ
中国红	Ⅳ
仲丁醇	Ⅱ
仲丁基碘	Ⅱ
2-仲丁基-4,6-二硝基苯酚	Ⅱ
2-仲丁基-4,6-二硝基苯基-3-甲基丁-2-烯酸酯	Ⅱ
2-仲丁基-4,6-二硝基苯基异丙基碳酸酯	Ⅲ
2-仲丁基-4,6-二硝基苯基乙酸酯	Ⅱ
仲丁基氯	Ⅰ
仲丁硫醇	Ⅱ
仲丁通	Ⅴ
仲丁威	Ⅴ
仲高碘酸钠	Ⅳ
仲己醇	Ⅰ
仲甲醛	Ⅱ
仲戊胺	Ⅳ
仲戊醇	Ⅰ
仲戊基溴	Ⅱ
仲辛醇	Ⅴ
仲(乙)醛	Ⅲ
重氮氨基苯	Ⅳ
重氮醋酸乙酯	Ⅳ
重氮二硝基苯酚	Ⅱ
重氮甲烷	Ⅲ
重氮乙酸乙酯	Ⅳ
重铬酸	Ⅳ
重铬酸铵	Ⅲ
重铬酸钡	Ⅳ
重铬酸钡二水合物	Ⅳ
重铬酸钾	Ⅳ
重铬酸钠(二水合物)	Ⅴ
重铬酸铯	Ⅳ
重铬酸锌	Ⅳ
重碳酸钾	Ⅳ
重土	Ⅳ
重亚硫酸钠	Ⅰ
重油	Ⅰ
A 重油	Ⅰ
苎烯	Ⅲ

中文名称	卷序
专用锭子油	Ⅰ
兹克威	Ⅴ
紫铜矾	Ⅲ
紫铜盐	Ⅲ
紫外线吸收剂 UV-531	Ⅲ
棕榈醇	Ⅰ
棕榈酸	Ⅰ
棕榈酸乙酯	Ⅳ
阻燃剂 BDP	Ⅲ
SMT-88 钻井液降黏剂	Ⅰ
唑草胺	Ⅳ
唑草酯	Ⅴ
唑虫酰胺	Ⅳ
唑啶草酮	Ⅴ
唑菌酮	Ⅲ
唑螨酯	Ⅳ

参 考 文 献

1 《化学化工大词典》编委会. 化学化工大词典. 北京：化学工业出版社，2003
2 《化工百科全书》编委会. 化工百科全书. 北京：化学工业出版社，1998
3 化学工业出版社. 中国化工产品大全. 北京：化学工业出版社，2005
4 危险化学品目录(2015 年版，国家安全生产监督管理局公告[2015]第 5 号)
5 全国危险化学品管理标准化技术委员会秘书处. 常用危险化学品包装储运手册. 北京：化学工业出版社，2004
6 中华人民共和国铁道部. 铁路危险货物运输规则[铁运(2008)174 号]. 北京：中国铁道出版社
7 中华人民共和国铁道部. 铁路危险货物品名表(2009 版). 北京：中国铁道出版社，2009
8 中华人民共和国交通部. 各类危险货物引言和明细表. 北京：人民交通出版社，1997
9 GB 12268—2012 危险货物品名表
10 GB/T 16483—2008 化学品安全技术说明书　内容和项目顺序
11 GB 15603—1995 常用化学危险品贮存通则
12 GBZ 2. 1—2007 工作场所有害因素职业接触限值　第 1 部分：化学有害因素
13 GB 17914—2013 易燃易爆性商品储藏养护技术条件
14 GB 17915—2013 腐蚀性商品储藏养护技术条件
15 GB 17916—2013 毒害性商品储藏养护技术条件
16 《新编危险物品安全手册》编委会. 新编危险物品安全手册. 北京：化学工业出版社，2001
17 国家经贸委安全生产局. 作业场所化学品安全管理. 北京：中国石化出版社，2000
18 中华人民共和国公安部消防局，国家化学品登记注册中心. 危险化学品应急处置速查手册. 北京：中国人事出版社，2002
19 《化学危险品消防与急救手册》编委会. 化学危险品消防与急救手册. 北京：化学工业出版社，1994
20 张荣主. 危险化学品安全技术. 北京：化学工业出版社，2005
21 郑瑞文. 危险品防火. 北京：化学工业出版社，2003
22 中国石油化工总公司安全监督局. 石油化工安全技术(中级本). 北京：中国石化出版社，1998
23 张德义，张海峰. 石油化工危险化学品实用手册. 北京：中国石化出版社，2006
24 Rechard P. Pohanish Stanley A. Greene. 有害化学品安全手册. 中国石化青岛安全工程研究院，译. 北京：中国石化出版社，2003
25 周国泰，佘启元. 中国劳动防护用品实用全书. 北京：中国劳动出版社，1997
26 祖因希. 液化石油气操作技术与安全管理. 北京：化学工业出版社，2004
27 郑瑞文. 生产工艺防火. 北京：化学工业出版社，1998
28 李正，周振. 油气田消防. 北京：中国石化出版社，2000
29 赵庆贤，邵辉. 危险化学品安全管理. 北京：中国石化出版社，2005
30 赵庆平. 消防特勤手册. 杭州：浙江人民出版社，2000
31 郑瑞文，刘海辰. 消防安全技术. 北京：化学工业出版社，2004
32 冀和平，崔慧峰. 防火防爆技术. 北京：化学工业出版社，2004
33 王广生，张海峰，窦苏娅，等. 石油化工原料与产品安全手册. 北京：中国石化出版社，1996
34 张维凡，张海峰. 常用化学危险物品安全手册. 第一、二卷. 北京：中国医药科技出版社，1992
35 张维凡，张海峰. 常用化学危险物品安全手册. 第三、四卷. 北京：化学工业出版社，1994
36 张维凡，张海峰. 常用化学危险物品安全手册. 第五、六卷. 北京：中国石化出版社，1998
37 张海峰. 危险化学品安全技术全书. 第 2 版. 北京：化学工业出版社，2008
38 王道，程水源. 环境有害化学品实用手册. 北京：中国环境科学出版社，2007
39 董华模. 化学物的毒性及其环境保护参数手册. 北京：人民卫生出版社，1988
40 汪晶，和德科，汪尧衢编译. 环境评价数据手册 有毒物质鉴定值. 北京：化学工业出版社，1988
41 国家化学品登记注册中心. 危险化学品安全管理法规与标准汇编. 修订版. 北京：中国人事出版社，2003
42 中国安全生产科学研究院. 危险化学品安全丛书——危险化学品法规选. 北京：化学工业出版

社，2005
43 国家环境保护局有毒化学品管理办公室，化工部北京化工研究院环境保护研究所. 化学品毒性、法规、环境数据手册. 北京：中国环境科学出版社，1992
44 何凤生. 中华职业医学. 北京：人民卫生出版社，1999
45 任引津，等. 实用急性中毒全书. 北京：人民卫生出版社，2003
46 夏元洵. 化学物质毒性全书. 上海：上海科学技术文献出版社，1991
47 任引津，张寿林. 急性化学物中毒救援手册. 上海：上海医科大学出版社，1994
48 江泉观，纪云晶，常元勋. 环境化学毒物防治手册. 北京：化学工业出版社，2004
49 王莹，顾祖维，张胜年，等. 现代职业医学. 北京：人民卫生出版社，1996
50 王世俊. 金属中毒. 第2版. 北京：人民卫生出版社，1988
51 岳茂兴. 危险化学品安全丛书——危险化学品事故急救. 北京：化学工业出版社，2005
52 马良，杨守生. 危险化学品安全丛书——危险化学品消防. 北京：化学工业出版社，2005
53 张少岩. 危险化学品安全丛书——危险化学品包装. 北京：化学工业出版社，2005
54 李立明主译. 最新危险化学品应急救援指南. 北京：中国协和医科大学出版社，2003
55 王心如. 毒理学基础. 第4版. 北京：人民卫生出版社，2003
56 金泰廙. 职业卫生与职业医学. 第5版. 北京：人民卫生出版社，2003
57 孟紫强. 环境毒理学. 北京：中国环境科学出版社，2000
58 中国疾病预防控制中心职业卫生与中毒控制所，全国职业卫生标准委员会. 高毒物品作业职业病危害防护实用指南. 北京：化学工业出版社，2004
59 International Programme on Chemical Safety(IPCS) and the Commission of the European Union (EC). International Chemical Safety Cards (ICSC)
60 L. Bretherick. Bretherick's Handbook of Reactive Chemical Hazards, 7th Edition . London : Butterworths, 2006
61 Robert E. Lega. The Sigma-Aldrich Library Chemical Safety Data. 2nd ed. Sigma-Aldrich Corporation, 1988
62 European Chemicals Bureau(ECB). European Chemical Substances Information System(ESIS), 2006
63 EPA/NOAA. Computer-Aided Management of Emergency Operations(CAMEO), 2006
64 United States National Library of Medicine(NLM). Hazardous Substances Data Bank(HSDB), 2006
65 National Institute of Occupational Safety and Health(NIOSH). Registry of Toxic Effects of Chemical Substances (RTECS), 2006
66 WHO/International Agency for Research on Cancer (IARC). Complete List of Agents evaluated and their classification, 2006
67 Canadian Centre for Occupational Health and Safety. CHEMINFO Database, 2006
68 National Institute of Technology and Evaluation(NITE). Chemical Risk Information Platform(CHRIP), 2005
69 ChemWatch Database & Management System, 2006